国家科学技术学术著作出版基金资助出版

钢中非金属夹杂物

张立峰　著

北　京
冶　金　工　业　出　版　社
2021

内容提要

本书系统地阐述了钢中非金属夹杂物的形核、长大、变形和去除机理，结合典型钢种实例，详细介绍了钢铁冶金流程各个环节对钢中非金属夹杂物的控制理论和方法。

本书可供冶金领域科研人员、工程技术人员阅读，也可作为大专院校冶金工程专业高年级学生的教学参考书。

图书在版编目(CIP)数据

钢中非金属夹杂物/张立峰著．—北京：冶金工业出版社，2019.6（2021.11 重印）

ISBN 978-7-5024-8081-3

Ⅰ.①钢…　Ⅱ.①张…　Ⅲ.①钢—非金属夹杂（金属缺陷）—研究　Ⅳ.①TG142.1

中国版本图书馆 CIP 数据核字（2019）第 102714 号

钢中非金属夹杂物

出版发行	冶金工业出版社	**电　话**	(010)64027926
地　址	北京市东城区嵩祝院北巷 39 号	**邮　编**	100009
网　址	www.mip1953.com	**电子信箱**	service@mip1953.com

责任编辑　刘小峰　曾　媛　美术编辑　郑小利　版式设计　孙跃红

责任校对　李　娜　责任印制　李玉山

北京捷迅佳彩印刷有限公司印刷

2019 年 6 月第 1 版，2021 年 11 月第 2 次印刷

787mm×1092mm　1/16；61.5 印张；1489 千字；959 页

定价 390.00 元

投稿电话　(010)64027932　投稿信箱　tougao@cnmip.com.cn

营销中心电话　(010)64044283

冶金工业出版社天猫旗舰店　yjgycbs.tmall.com

（本书如有印装质量问题，本社营销中心负责退换）

序

张立峰教授是我国研究钢中非金属夹杂物的知名学者，他20多年来始终坚持在自己的研究领域，努力钻研，不断深入，不断前进。本书是关于他在钢中非金属夹杂物研究领域所取得的学术成果的一部专著。与以前出版的关于钢中非金属夹杂物方面的专著相比，本书具有如下新颖的内容：（1）追溯了研究非金属夹杂物的起源和历史，强调了非金属夹杂物对钢材性能的影响和需要关注的研究方向，提出了钢的洁净度指数，讨论了钢中总氧含量和非金属夹杂物中 Al_2O_3 含量的影响。（2）讨论了非金属夹杂物相关的理论基础，包括非金属夹杂物形核长大理论、非金属夹杂物脱氧生成热力学理论、非金属夹杂物多相元反应动力学理论、非金属夹杂物气泡浮选理论、非金属夹杂物润湿行为和界面现象理论、非金属夹杂物凝固捕捉理论、非金属夹杂物凝固冷却和加热转变理论、非金属夹杂物轧制变形理论以及第二相氧化物冶金理论等。（3）依据自己的科研内容，归纳出关于非金属夹杂物的若干项控制技术，包括精准钙处理非金属夹杂物改性技术、精炼渣非金属夹杂物改性技术、铁合金辅料设计技术、钢包吹氩和真空精炼高效去除非金属夹杂物技术、凝固−冷却过程非金属夹杂物控制技术、轧制−热处理过程非金属夹杂物控制技术、非金属夹杂物水口结瘤控制技术和洁净钢用耐火材料控制技术等实践应用。

本书提出了“微小非金属夹杂物是钢的天然存在物，就像钢中化学元素例如碳元素的存在一样”“非金属夹杂物并不是钢的所有问题，但是所有钢都有非金属夹杂物的问题”“没有洁净的铁合金就没有洁净钢”等新颖的认识。本书在实际钢液脱氧的热力学，精准钙处理的热力学和生产实践，“钢液−精炼渣−耐火材料−夹杂物−铁合金−空气”多相体系下非金属夹杂物成分和数量的动态变化，非金属夹杂物在钢渣界面、气泡表面、凝固前沿、钢和耐火材料界面的微观行为，固体钢加热和轧制过程中非金属夹杂物的动态变化等方面的研究可能处在该领域的前沿地位。

钢中非金属夹杂物是钢品质非常重要的标志之一。钢中非金属夹杂物的成分、性质、尺寸、形貌和分布直接决定了钢铁产品质量、加工性能和使用性能。近年来，我国钢铁产业在工艺技术和产业规模等方面都取得了长足的进展，然而目前我国高品质钢产品的实物质量在稳定性、可靠性和适用性等方面仍有待进一步深入研究和提高，其原因之一就是我国在学术界和产业界还没有完全建立高品质钢生产全流程过程钢中非金属夹杂物控制的系统理论和工艺基础。钢中非金属夹杂物是一个多维度、多尺度的工程系统，在不同的冶金工序/装置内随着时间和空间的改变、温度和环境条件的变化，非金属夹杂物的成分变化复杂，非金属夹杂物的尺寸从形核的纳米级别演变到卷渣的厘米级别，以及非金属夹杂物的分布规律复杂而难以预测。钢中非金属夹杂物方面的研究应该从传统的孤立的镜像研究逐渐走向动态、连续、多因子、跨尺度的研究。应该致力研究非金属夹杂物的成分设计、生产过程非金属夹杂物的多维控制，包括凝固和轧制过程非金属夹杂物的析出和演变，甚至钢产品服役过程全生命周期的过程控制，这将对高品质钢的进步起到卓越的推动作用。张立峰教授是向这方面努力的青年学者代表之一。他多年来一直从事钢中非金属夹杂物相关理论及工艺研究，探索了有关高品质钢中非金属夹杂物控制集成创新理论和技术，成果还广泛应用于我国许多钢铁企业，为我国洁净钢生产的技术进步和我国钢铁工业的产、学、研创新合作做出了卓越的贡献。如今，他将相关研究成果整理、归纳成书，令人高兴。特向钢铁界的同行们郑重推荐此书。

本书可为我国钢铁冶金领域从事科研、生产、教学的科技工作者，以及企业、研究院和高校的管理人员提供有益的参考，也为中国钢铁工业的技术升级，特别是对实物质量升级和品牌塑造起到促进作用。

殷瑞钰

2019年5月15日于北京

前　　言

1994年夏天，我第一次接触“钢中非金属夹杂物”这个词汇。当时我在北京科技大学冶金系攻读五年一贯制直读博士学位，在研究生一年级结束后的暑假，我的导师蔡开科教授给了我一些英文文献让我阅读，主要是美国钢铁年会的学术论文，大概有20篇左右，其中一篇是芬兰Hollapa教授关于连铸中间包冶金和非金属夹杂物的文章，这是我读的关于非金属夹杂物方面的第一篇英文论文。我用了一周的时间完成阅读，做了近20页的笔记，并对钢中非金属夹杂物和中间包冶金产生了浓厚的兴趣，也开启了我对冶金工程研究的热爱之心。多年以后，我和Hollapa教授成了朋友，我曾对他说起这个往事，他脸上浮现出的欣慰，让我清晰地体会到科研工作者真正的追求就是自己的科研成果被别人所认可。1994年的那个夏天之后，我更加大量阅读相关学术论文，每遇到一篇优秀的文章，都会有心旷神怡、醍醐灌顶的感觉。我博士论文《纯净钢控制的理论与工艺》的主要内容是关于低碳铝镇静钢中非金属夹杂物的控制和中间包冶金，和我阅读的第一篇英文文章的领域相吻合。人生都是缘分，这个偶然的开始确定了我几十年来的科研重心——钢中非金属夹杂物。

关于钢中非金属夹杂物，我现在最想说的一句话是：“钢中非金属夹杂物是钢的天然组分，研究夹杂物的去除只是其中一个方面，更重要的是研究其对钢性能的影响及其生成机理和控制方略。”人们系统研究钢中非金属夹杂物最早开始于20世纪30年代，Benedicks和Lofquist讨论了显微镜在研究非金属夹杂物上的作用，并强调了夹杂物的“pathological aspects”。这个词的中文意思是“病理学因素”，也就是强调了夹杂物是钢的“disease”。钢中非金属夹杂物对钢有害的结论近100年来根深蒂固。但是，这个观念必须全面改变。外来的大颗粒夹杂物的确是对钢有害的，但是每吨钢中有10^{13}~10^{15}个微小夹杂物是钢天然存在的组分，就像钢中化学元素（例如碳）的存在一样。这些微小夹杂物的存在有时候有害处，但是，钢不是一个单质，任何钢种的钢都是混合物，这些微小夹杂物是不可能被去除干净的。关于钢中非金属夹杂物，除了研究它们的危害之外，更应该研究不同夹杂物是如何影响钢性能的。钢中微小夹杂物在数量上占绝大多数，它们当中很大一部分对钢的性能有好的影响。这些微小夹杂物在生成机理上是可以研究清楚的，从而确定其控制方略，进而改善钢的质量。从微小夹杂物对钢的性能可能有好的一面上来说，民国时期使用的“介在物”——介于钢基体里的非金属物质——这个词更中性一些。这一名称一直在中国台湾和日本学术界使用。从中性角度，中文应该把“钢中非金属夹杂物”修改为“钢中第二相非金属粒子”，英文应该从 Non-metallic Inclusions 修改为 Second Phase Non-metallic Particles。

在钢中非金属夹杂物的观察阶段最杰出的研究者之一是曾任瑞典金属研究所所长的 Roland Kiessling 教授，他和 Nils Lange 一起出版了“Non-metallic Inclusions in Steel”一书，并在以后 20 多年中进行了若干补充。尽管该书没有过多涉及钢中非金属夹杂物形成、长大及去除的热力学和动力学，但可以称得上是钢中非金属夹杂物领域最杰出的著作之一。Kiessling 教授在这个领域进行连续 20 多年的细致修订，让我看到了一个科研工作者对自己科研领域的热爱和坚持，堪称学习的榜样和楷模。

1998 年我获得博士学位，之后在日本东北大学做了两年的博士后研究，基本上只做了一项科研——气泡浮选去除钢中非金属夹杂物。此外，还针对气固液三相接触线的线张力（line tension）提出了自己的公式，尽管使用的人还不多，但年轻留华期才敢于问天的气魄体现得淋漓尽致。2000 年 8 月我在德国克劳斯塔尔工业大学，把德国化学界 Kampmann 和 Kahlweit 关于水溶液中物质形核长大的研究引入到钢液中非金属夹杂物的研究，以元素原子和氧化物假分子为起点对夹杂物的形核长大进行了数值求解，并考虑了布朗碰撞的影响，当时这在本领域是走在前沿的。后来我在美国伊利诺大学、挪威科技大学和美国密苏里科技大学的十几年的科研也主要针对钢中非金属夹杂物的基础研究以及与钢液三维宏观流动相结合的数值模拟仿真。

我真正收获最多的是 2012 年回国工作以来的科研经历。在过去 7 年多时间里，我访问了近 80 家钢铁企业，共计 300 多次，与 50 多家企业进行合作，针对不同生产技术条件、不同钢种对钢中非金属夹杂物的生成机理和控制技术进行了深入的研究。在国外 14 年的学术生涯中所得到的基础理论知识在国内钢铁企业得到了全方面的应用，理论联系实际开展科研工作，最终结果是得出了很多打破常规的结论。例如，针对非金属夹杂物对 304 不锈钢抛光性影响的研究得出结论，夹杂物的总量可以不用太多要求，但对于夹杂物中 Al_2O_3 含量一定要超低；针对帘线钢和切割丝用钢的研究得出结论，要切断所加主要合金中杂质元素 Al 和 Ca 的来源；针对 GCr15 轴承钢得出结论，钢中总氧不但要超低，夹杂物中 CaO 含量也要超低；针对重轨钢得出结论，SiCaBa 脱氧剂的加入量要精准，不是加入越多效果越好；针对管线钢和冷镦钢等钙处理钢种得出结论，向钢液中加入含钙包芯线的量要实现每一个钢种、每一炉都精准化，过多或者过少都会引起缺陷。诸如此类的结论都是在不同的炼钢厂、多次工业试验、无数取样分析得出数据之后分析总结而得到的，这些结论在目前的学术论文和教科书中是不太常见的。

《钢中非金属夹杂物》一书是我在过去25年里与科研团队一起在钢中非金属夹杂物方面所做科研工作的系统总结。本书从结构上分为四个部分：钢中非金属夹杂物的表征和检测、钢中非金属夹杂物形成与控制的热力学和动力学、钢中非金属夹杂物相关的界面现象、典型钢种钢中非金属夹杂物控制。第一部分详细讨论了非金属夹杂物对钢性能的影响及非金属夹杂物的表征和检测方法，并讨论了钢洁净度指数（非金属夹杂物指数）的概念；第二部分详细讨论了纯铁和实际钢液脱氧的热力学、精准钙处理的热力学和工业实践、铁合金质量对钢中非金属夹杂物的影响、“钢-渣-耐火材料-合金-空气-夹杂物”多相体系下非金属夹杂物成分和尺寸变化的动力学；第三部分讨论了非金属夹杂物之间聚合的理论基础、非金属夹杂物形核长大的动力学及其在RH精炼和连铸中间包过程中的应用、非金属夹杂物在钢渣界面的行为、非金属夹杂物与气泡相互作用的微观理论以及气泡浮选去除钢液中非金属夹杂物的应用、非金属夹杂物在钢凝固前沿的行为以及在连铸坯中非金属夹杂物分布预测中应用、固体钢加热和轧制过程中非金属夹杂物成分变化和形状变化的行为、连铸过程中水口的结瘤、钢中第二相粒子和钢基体的相互作用以及对钢性能的影响；第四部分讨论了铝脱氧钙处理冷镦钢（方坯）、硅锰脱氧不锈钢（宽板坯）中非金属夹杂物的控制实例。

国家建设的需要对高品质钢提出了更为紧迫的要求。我认为，影响钢品质高低主要有四个因素：洁净化、精准化、均质化和细晶化。洁净化主要是钢中非金属夹杂物的控制；精准化是钢成分的窄窗口控制；均质化是元素的偏析控制；细晶化是晶粒大小的控制。本书归纳了一些重要的结论，例如：尽管非金属夹杂物不是钢的所有问题，但是所有钢都有非金属夹杂物的问题；解决了非金属夹杂物的问题，就解决了钢三分之一以上的问题，钢中非金属夹杂物的研究是符合国家重大需求的；应该深入研究实际钢液脱氧的热力学而不是仅研究纯铁脱氧的热力学；没有洁净的铁合金就没有洁净钢；非金属夹杂物成分和尺寸变化的终点不是连铸中间包，在钢凝固、冷却和连铸坯加热及轧制过程中非金属夹杂物的成分和尺寸还在变化。但是，在钢中非金属夹杂物方面还有很多没有理清的理论问题，例如：关于非金属夹杂物的很多热力学和动力学参数还远远不足；脱氧初始阶段纳米级别的基础现象还不清晰，经典理论的应用还有缺陷，目前科研条件又不能直接在线观察纳米级别的脱氧化学反应，这还是一个待开发的领域；非金属夹杂物的数量、大小和成分在冶金反应器内的钢液中三维动态分布，以及在钢产品中三维位置分布还没有全面研究，特别是非金属夹杂物成分在钢液和钢产品中分布和变化动力学还有待深入研究。

国内目前的科研设备普遍好于国外，研究生的学术基础和勤奋度也普遍优于国外。这些年我在钢中非金属夹杂物的领域取得的一些成果是和科研团队的年轻老师、博士生、硕士生一起努力奋战的结果。忘不了每天近16多小时连续工作、无数个深夜和节假日加班的日子，也忘不了我和亲爱的学生们因为学术问题而争执的场景。一些学生毕业后已经在国内很多高校成为了教师，成为继续在这一领域奋战的新力量。在这里，我要特别感谢任英、杨文、段豪剑、罗艳、刘洋、张莹、王强强、程礼梅、凌海涛、李菲、张学伟、王宇峰、沈平、任磊、杨小刚、王升千、李树森、郭长波、李明、任强、段加恒、方文、成功、赵星、张井伟等同学的努力工作。本书中一些章节来自我指导学生的博士研究和硕士研究，例如，第4章的内容主要来自刘洋的博士研究，第7章的内容主要来自张莹的博士研究，第9、11和12章主要来自段豪剑的博士研究，第10.6节主要来自凌海涛的博士研究，第13章主要来自王宇峰和王强强的博士研究，第15章部分内容来自郭长波和任强的博士研究。

近期还将完成《钢中非金属夹杂物图集》《不锈钢中非金属夹杂物》《管线钢中非金属夹杂物》《铝脱氧钢中非金属夹杂物控制》《硅脱氧钢中非金属夹杂物控制》的编写和出版工作。这几本书和2017年出版的《轴承钢中非金属夹杂物和元素偏析》，更加详细地展现实际钢种中非金属夹杂物的生成机理和控制技术。

感谢中组部、科技部、教育部、国家自然科学基金委、国防科工局、中国金属学会、中国钢铁工业协会、北京市科委、广西省科技厅等机构对我科研工作的大力支持。感谢国家科学技术学术著作出版基金对本书的支持。

感谢众多钢铁企业对我科研工作的大力支持和帮助，包括：首钢京唐钢铁联合责任有限公司、首钢股份公司迁安钢铁公司、首钢智新迁安电磁材料有限公司、宝钢不锈钢有限公司、宝钢德盛不锈钢有限公司、上海梅山钢铁股份有限公司、新疆八一钢铁股份有限公司、宝钢股份中央研究院武汉分院、河北钢铁集团（石家庄钢铁有限责任公司、邯郸钢铁集团有限责任公司、宣化钢铁集团有限责任公司、唐山不锈钢有限责任公司、河钢集团钢研总院、河钢乐亭钢铁有限公司）、鞍山钢铁公司、攀钢集团攀枝花钢钒有限公司、福建三钢闽光股份有限公司、内蒙古包钢钢联股份有限公司、黑龙江建龙钢铁有限公司、中冶南方工程技术有限公司、中天钢铁集团有限公司、邢台钢铁有限责任公司、首钢吉泰安有限公司、抚顺特殊钢股份有限公司、青岛特殊钢铁有限公司、太原钢铁公司、南京钢铁股份有限公司、北海诚德镍业有限公司、广西柳州钢铁

（集团）公司、武钢集团昆明钢铁股份有限公司、山钢股份莱芜分公司、凌源钢铁股份有限公司、唐山新宝泰钢铁有限公司、北方重工集团有限公司、中国石油集团石油管工程技术研究院、武安市运丰冶金工业有限公司等。

感谢我的导师蔡开科教授！师恩如海，蔡先生是我进入洁净钢和非金属夹杂物研究领域的引路人。蔡先生于2014年驾鹤而去，弟子悲痛至今，每一次回忆都禁不住热泪盈眶。在20岁时到北京科技大学攻读硕博学位之前，我给蔡先生写的信中表达了希望能成为蔡先生弟子的愿望。其中有一句话写道："有了您—— 一位好的老师，学生从20岁起就有了正确的人生方向，学生一定继续努力，成为让您引以为豪的人。"学生一直不懈努力，不负当年之诺。

感谢我在国外14年科研教学过程中的老师、同事和朋友们，特别感谢日本东北大学的谷口尚司教授、德国克劳斯塔尔工业大学的Woflgang Pluschkell教授、美国伊利诺大学的Brian G. Thomas教授和密苏里科技大学的Kent Pleaslee教授。

特别感谢殷瑞钰院士在百忙之中不断指导我在非金属夹杂物领域做新的开拓。殷院士严谨追求学术的精神是我前进道路上的光，指导我前行、鼓励我拼搏。感谢殷瑞钰院士不辞辛苦为本书撰写序言。

还有很多对本书有许多重要贡献的学者们，这里无法一一表达感谢，敬请谅解。

"路漫漫其修远兮，吾将上下而求索。"屈原的这句话时刻提醒我们，任何学术问题的研究都是没有终点的。经过几十年来针对钢中非金属夹杂物的研究，我对这一领域有了很深的感情，任何一个新的发现和突破、新的非金属夹杂物形貌，都能让我非常快乐，获得深深的满足感。希望本书能鼓励更多的学术同仁一起在钢中非金属夹杂物方面做更深入的研究，共同为中国高品质钢质量的全面提升做出贡献，为国家先进制造业的进步起到推动作用。

张立峰
2019年5月1日于北京科技大学

目　录

第一部分　钢中非金属夹杂物表征与检测

第二部分　钢中非金属夹杂物形成与控制的热力学和动力学

第三部分　钢中非金属夹杂物相关的界面现象

第四部分　典型钢种钢中非金属夹杂物控制

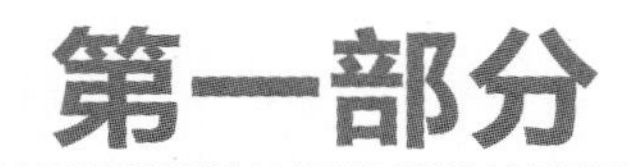

第一部分 钢中非金属夹杂物表征与检测

1 钢中非金属夹杂物简述

2 钢中非金属夹杂物的检测和表征方法

1 钢中非金属夹杂物简述

中国的粗钢产量已经从1990年的5153万吨上升至2018年的9.28亿吨。一方面，随着钢质量不断提升，2017年钢材出口量累计达7543万吨，2018年出口量为6934万吨；另一方面，一些钢种的质量还不能满足国内一些特殊领域的需求，还依赖进口，2018年钢材进口量为1316.7万吨，但从2003年开始钢材的进口已经呈现随着年代递减的趋势（图1-1）。中国有相当一部分钢的质量已经达到国际水平，在国际上也具备一定的竞争力。这主要是在钢的洁净化、均质化和细晶化以及钢生产的低能耗、低污染及低成本上都取得了巨大的进步。非金属夹杂物的控制是钢洁净化最重要的一部分。本章主要介绍钢中非金属夹杂物研究的历史、非金属夹杂物的分类及对钢性能的影响，并对钢洁净度指数给予了定义，本章的最后讨论了关于钢中非金属夹杂物几个需要关注的问题。

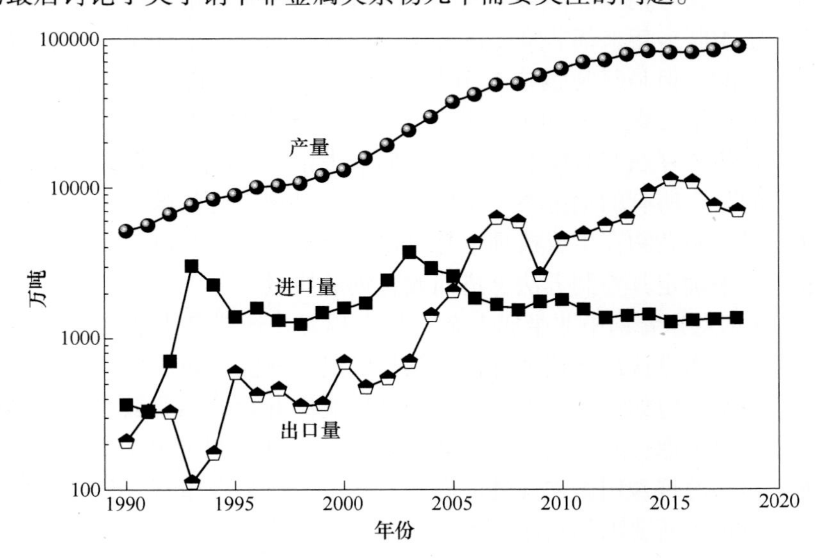

图1-1 1990~2018年我国钢铁产量、出口量及进口量的情况

1.1 洁净钢与非金属夹杂物

高品质钢所谓的“品质”一般包括四个方面的内容，即洁净化、精准化、均质化和细晶化。精准化是指钢液成分的窄窗口控制，包括合金成分的精准控制，例如精准钙处理；均质化主要是指元素的偏析以及各种析出相的均匀分布；细晶化主要是指钢的晶粒要细化、要均匀；洁净化则主要指钢的洁净度的控制，也就是洁净钢的概念。洁净钢一般包括两方面的内容：一是钢中非金属夹杂物的控制；二是钢中杂质元素的控制。杂质元素既包括钢中的氧、氮、磷、硫、氢，对于某些钢种还包括碳（如IF钢），此外也包括钢中一些

痕迹元素，如铅、锡和锌元素等。随着钢液精炼技术的进步，钢中杂质元素的控制越来越容易实现，而钢中非金属夹杂物的控制一直是所有钢种生产的主要问题之一。目前来看，钢的洁净化基本就是指钢中非金属夹杂物的控制。解决了钢中非金属夹杂物的问题，基本上可以解决高品质钢1/3的问题。换句话说，非金属夹杂物不是钢的所有问题，但所有钢都有非金属夹杂物的问题。

钢的洁净度在文献中是一个广受关注的论题。1980年，Kiessling主要对模铸的洁净钢生产做了全面论述，总结了钢中非金属夹杂物，钢中氧、氮、磷、硫、氢和残余微量元素（As、Sn、Sb、Se、Cu、Zn、Pb、Cd、Te和Bi等元素）的控制[1]。1992年，Mu和Holappa又做了详细的文献论述[2]。1999年，Cramb在文献综述中又增加了热力学内容[3]。1992年，McPherson和McLean论述了连续铸钢中的非金属夹杂物，重点强调夹杂物类型（氧化物、硫化物、氧化物和硫化物的复合夹杂物、氮化物和碳氮化物）、夹杂物分布和在连铸过程中检测夹杂物的方法[4]。2003年，Zhang和Thomas论述了洁净钢的概念、钢中非金属夹杂物的检测方法、钢中杂质元素的控制，以及在钢包、中间包和连铸机等生产步骤改善钢洁净度的操作实践[5]。

钢中非金属夹杂物是钢的天然组分，研究钢中非金属夹杂物的去除只是其中一个方面，更重要的是研究其对钢性能的影响及其生成机理和控制方略。钢中非金属夹杂物对钢质量有害这个说法100多年来都非常根深蒂固，现在必须全面改变了。外来的大颗粒夹杂物对钢质量是有害的，但是每吨钢中有10^{13}~10^{15}个微小夹杂物，它们是钢的天然存在的组分，就像钢中的化学元素（例如碳）的存在一样。钢中的微小夹杂物在数量上占绝大多数，这些微小夹杂物的存在有时候有害处，它们当中很大一部分对钢性能是可以产生好的影响的。更重要的是，所有的钢都不是单质，而是混合物，这些微小夹杂物是不可能被完全去除的。这些微小夹杂物在生成机理上是可以研究清楚的，所以，可以通过研究非金属夹杂物的生成机理来确定其控制方法，进而改善钢的质量。

“洁净钢”并不意味着钢中非金属夹杂物越少越好，还要考虑适合于钢的用途成本问题。如果非金属夹杂物直接或间接地降低了钢材的组织性能、使用性能或其他性能，那么这种钢就不是洁净钢；但如果这些夹杂物对钢材性能没有影响，那么这种钢就可以被认为是洁净钢，而不需要考虑这些非金属夹杂物的数量、形状、尺寸及分布。可见“洁净钢”主要是针对钢材和它的特殊用途来说的。因此，对于汽车车身用钢、具有高冲击韧性的海洋平台用钢及冷拔钢丝所要求的洁净度水平是不同的（表1-1）。另外，还应该意识到随着产品厚度的减小，对洁净度的要求也会变得更加严格。

表1-1 不同钢种对于钢中杂质元素含量和非金属夹杂物尺寸的要求

钢 种	有害元素含量上限	夹杂物尺寸上限	文献
汽车板IF钢	[C]≤30ppm，[N]≤30ppm，T.O.≤30ppm	100μm	[5]
DI罐	[C]≤30ppm，[N]≤30ppm，T.O.≤20ppm	20μm	[5]
管线钢	[S]≤30ppm，[N]≤35ppm，T.O.≤30ppm	100μm	[5]
滚珠轴承钢	T.O.≤10ppm	15μm	[5]
高端轴承钢	T.O.≤5ppm	15μm	[6]
轮胎帘线钢	[H]≤2ppm，[N]≤40ppm，T.O.≤15ppm	10μm或20μm	[5]
厚板	[H]≤2ppm，[N]30~40ppm，T.O.≤20ppm	单个夹杂13μm；点簇状夹杂200μm	[5]

续表 1-1

钢 种	有害元素含量上限	夹杂物尺寸上限	文献
高端线材	[N]≤60ppm，T. O. ≤30ppm	20μm	[5]
高牌号无取向硅钢	[S]≤15ppm，[N]≤20ppm，T. O. ≤20ppm	—	[7]
低牌号无取向硅钢	[S]≤30ppm，[N]≤20ppm，T. O. ≤20ppm	—	[7]
取向硅钢	T. O. ≤20ppm	—	[8]
304 不锈钢	[S]≤60ppm，T. O. ≤60ppm	B 类夹杂物≤1. 5 级	[9]
>300km/h 重轨钢	[H]≤1. 5ppm，[N]≤80ppm，T. O. ≤20ppm	A≤2. 0 级；其他类别≤1. 0 级	[10]
>200km/h 重轨钢	[H]≤1. 5ppm，[N]≤80ppm，T. O. ≤20ppm	A≤2. 5 级；其他类别≤1. 5 级	[10]
气门弹簧钢	[S]≤40ppm，T. O. ≤15ppm	尺寸<120μm	[11]

1. 2 钢中非金属夹杂物研究的历史和进展

洁净钢的核心是钢中的非金属夹杂物。国内外对夹杂物的表述可以追溯到一百多年以前，关于钢中非金属夹杂物的研究可以分为三个历史阶段。

1. 2. 1 钢中非金属夹杂物的观察阶段

夹杂物现在的英文为“inclusion”，但最开始发现夹杂物的时候，还没有出现“inclusion”这个词。1905 年，Howorth 发现了钢中夹杂物，并称之为“greenish-coloured markings”[12]。1906 年，Percy 将观察到的夹杂物缺陷称为“blisters”；同年 Law 将之描述为“diseases in steel”和“ghost lines”[13]。次年，Law 在另一篇论文中表述为“non metallic impurities”[14]。直到 1916 年，Sauveur 在其论文中首次将夹杂物称为“enclosure”和“inclusion”[15,16]。1918 年，McCance 首次表达为“non-metallic inclusions”[17]，并沿用至今。1919 年，Styri 还在其学术论文里把夹杂物称为“flakes”[18,19]。

1905 年，Howorth[12] 发现镍基钢的裂纹缺陷中的非金属夹杂物。该夹杂物是硫化锰与硅酸盐的复合夹杂物（图 1-2），其硅酸盐成分为 46. 61% 氧化硅、48. 08%氧化锰、3. 39% 氧化铝和 1. 92% 铁的氧化物。

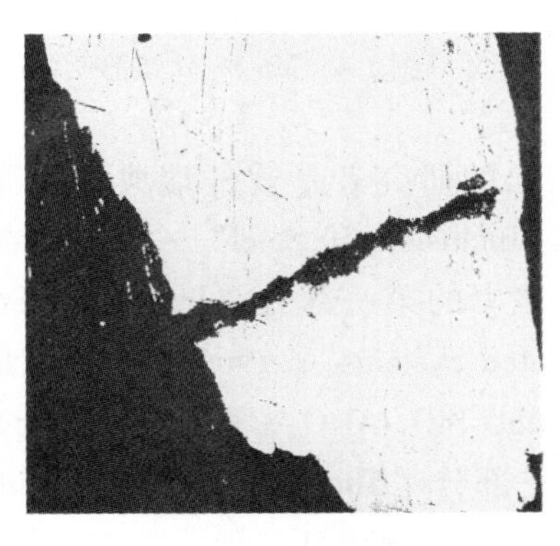

(a) 镍基钢中的裂纹

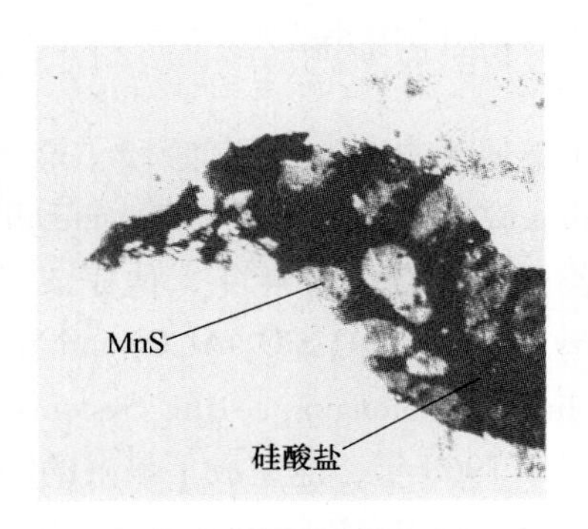

(b) 裂纹中的夹杂物形貌

图 1-2 1905 年文献报道的“第一张”钢中非金属夹杂物照片[12]

碳还原炼铁导致铁水中碳过高，所以才产生了喷吹氧气去除铁水中碳的转炉炼钢方法。由于炼钢过程中喷吹了氧气，又造成钢中的氧过高，所以才会在炉外精炼中进行脱氧处理，而脱氧处理则是钢液中产生内生氧化物夹杂物的根本原因。脱氧技术在历史上有一个逐步进步和改善的过程。

随着不同脱氧剂的演变，所观察到的夹杂物不同。1920 年，Whiteley 采用氢气脱氧，减少钢中的氧含量[20]。1923 年，Giolitti 改用锰作为脱氧剂；同年，Styri 提出了钢精炼理论与实践的观点。直到 1931 年，Herty 才选择硅作为脱氧剂。紧接着 1933 年，Portevin 首次提出使用铝作为脱氧剂。次年，Urban 等人采用了多种材料作为脱氧剂，依次是钙、锆、铝及硅脱氧。

正是采用不同脱氧剂去除钢中氧含量和冶炼技术的进步，于 1926 年 Dickenson[21] 发现了铸锭中硅酸盐夹杂物（图 1-3）。1933 年，Portevin[22] 在 Mn-Si-Al 镇静钢中发现了氧化物-硫化物-氮化物复合夹杂物（图 1-4），同时他还首次发现簇状氧化铝夹杂物（图 1-5）。1963 年，Kiessling[23] 采用电子探针的方法观察到中碳钢渣中的球形夹杂物（图 1-6）。1970 年，Rege 等[24] 观察到二维、三维树枝状的 Al_2O_3 夹杂物（图 1-7）。1996 年，Yin[25] 使用原位分析钢中 Al_2O_3 的碰撞、聚集及长大的形成机理（图 1-8）。很多学者和研究人员都检测到不同类型的夹杂物，为进一步研究夹杂物特征奠定了基础。

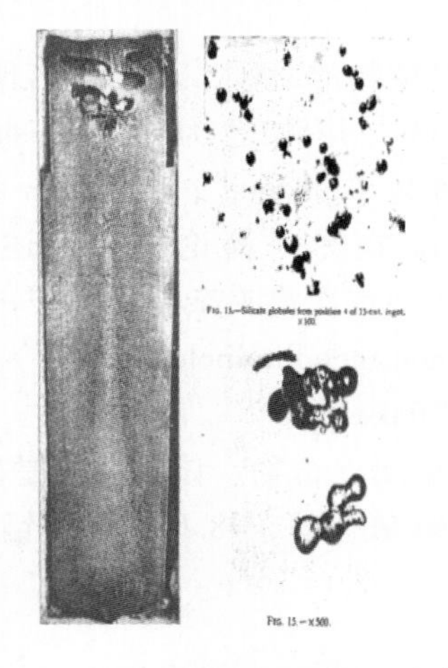

图 1-3 铸锭中的硅酸盐夹杂[21]

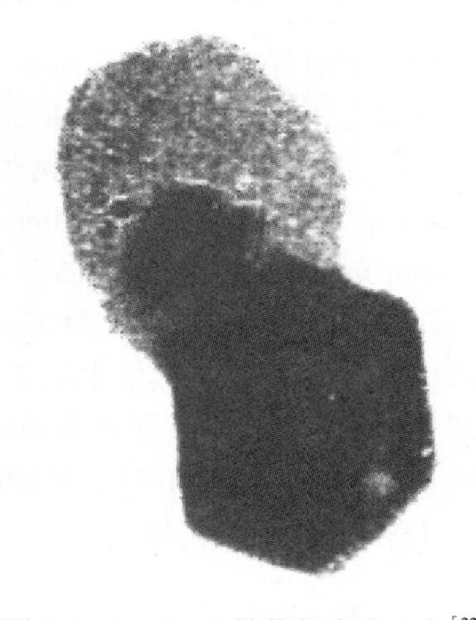

图 1-4 Mn-Si-Al 镇静钢中的夹杂[22]

在钢中非金属夹杂物的观察阶段，最杰出的研究者是曾任瑞典金属研究所所长的 Roland Kiessling 教授，他出版了“Non-metallic Inclusions in Steel”一书，并在 20 余年的时间里进行了若干的补充。1964 年，他完成了该书的第一部分“Inclusions Belonging to the Pseudo-Ternary System MnO-SiO_2-Al_2O_3 and Related Systems”；1966 年，他完成了该书的第二部分“Inclusions Belonging to the Systems MgO-SiO_2-Al_2O_3，CaO-SiO_2-Al_2O_3 and Related Oxide Systems”；1968 年，他完成了该书的第三部分“The Origin and Behavior of Inclusions and Their Influence on the Properties of Steels”；1968～1976 年，他对前三部分进行了补充并完成了该书的第四部分“Supplement to Parts Ⅰ-Ⅲ Including Literature Survey”；1989 年，他又完成了该书的第五部分，除了针对前四部分进行了补充之外，还对铁粉和钢粉末中的

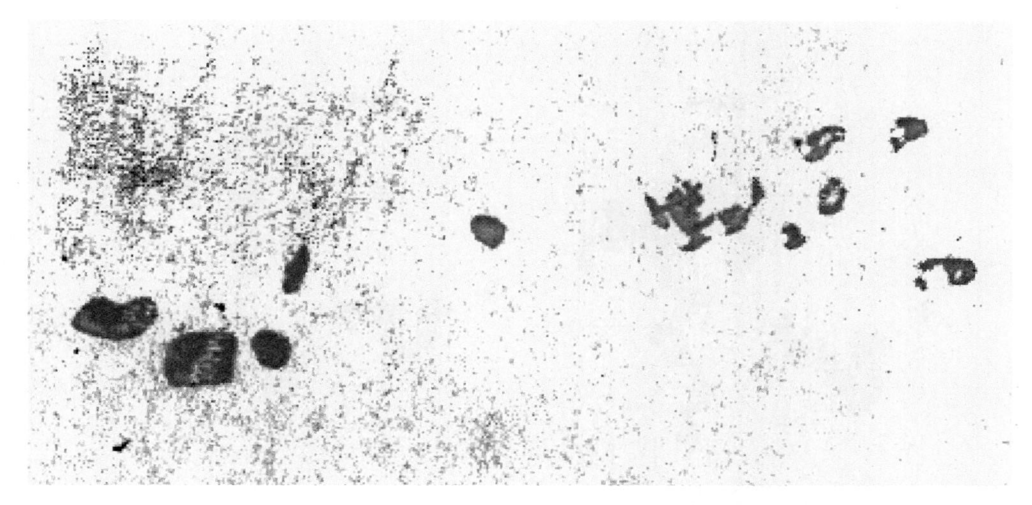

图 1-5 “第一张”簇状氧化铝夹杂照片（1100×）[22]

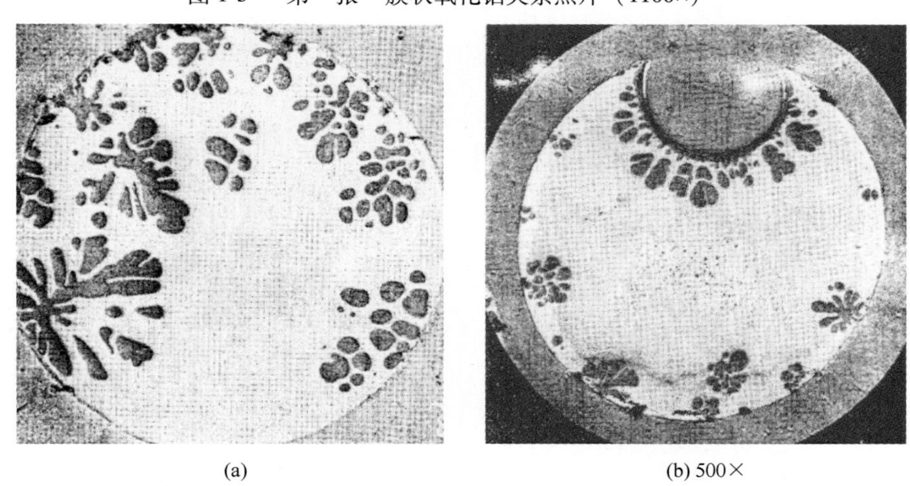

(a) (b) 500×

图 1-6 硅锰氧化物类的夹杂物（在钢液中为液态）[23]

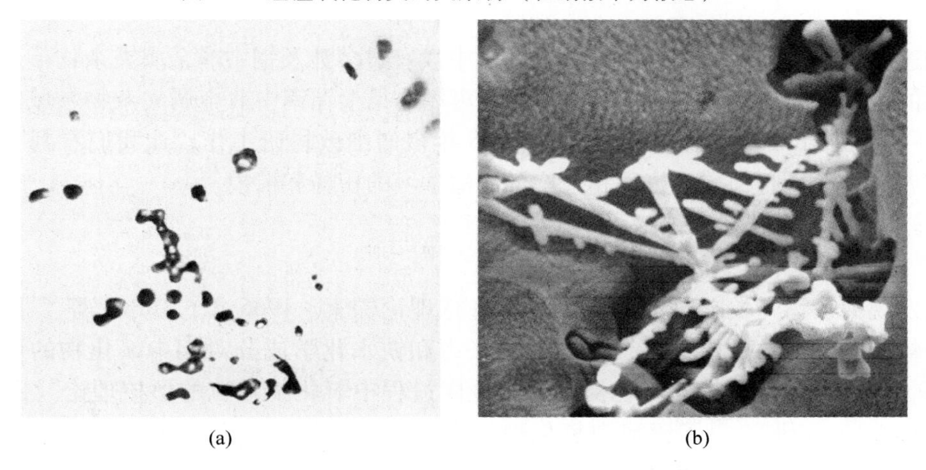

(a) (b)

图 1-7 2D（a）和 3D（b）Al_2O_3 夹杂[24]

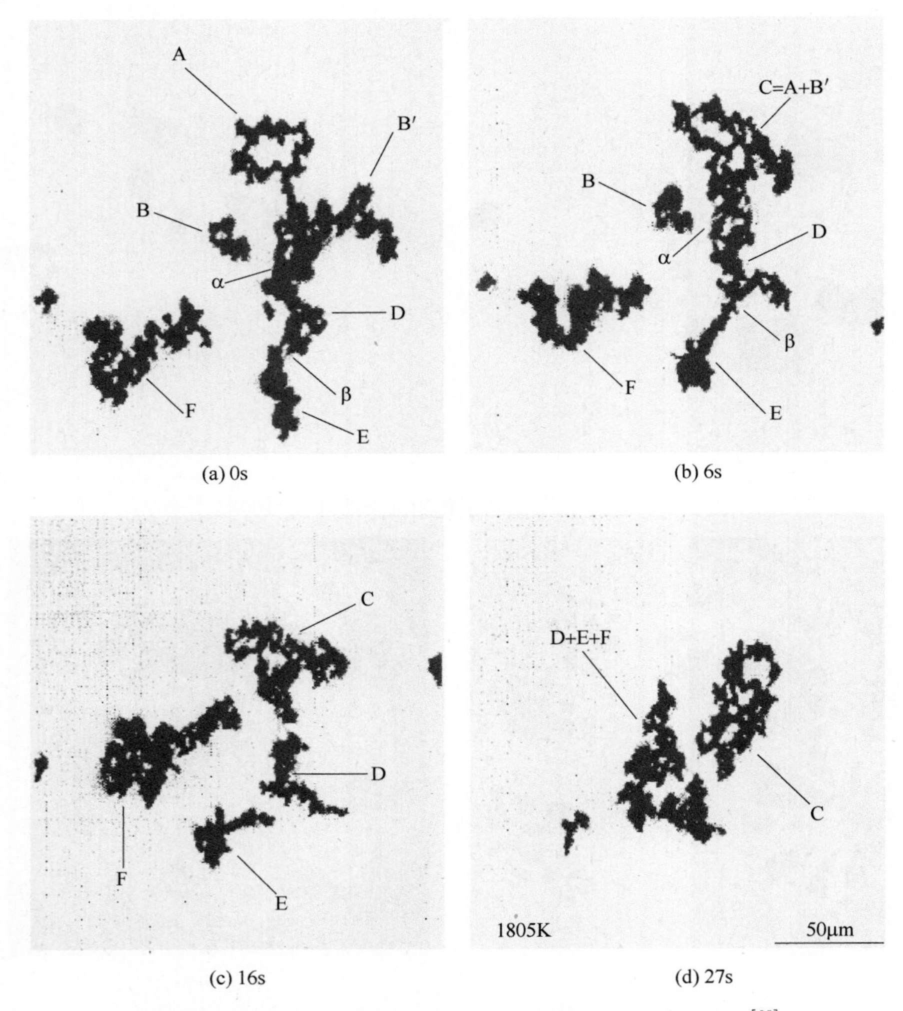

(a) 0s (b) 6s

(c) 16s (d) 27s

图 1-8 在 1805K 低碳铝镇静钢中簇状夹杂物随时间的变化[25]

夹杂物进行了探讨。尽管 Kiessling 教授的书中没有过多涉及钢中非金属夹杂物形成、长大及去除的热力学和动力学，但他的这本书也可以称得上在钢中非金属夹杂物领域最杰出的著作之一。Kiessling 教授在这领域进行了 25 年多的细致科研工作，让我们看到了一个科研工作者对自己科研领域的热爱和坚持，堪称学习的榜样和楷模。

1.2.2 钢中非金属夹杂物理论形成阶段

从发现夹杂物开始，研究人员就对其进行理论探索。1966 年，Turpin 等[26]提出了在铁水中氧化物夹杂的形核理论，得出界面张力和铁水化学成分对钢中氧化物的形核影响（图 1-9）。同年，Gordon 等[27]也提出了在凝固过程中氧化物颗粒的形核理论（图 1-10）。次年，Turkdogan 研究[28]了钢液中氧化物的形核、长大及上浮机理（图 1-11）。1968 年，Lindborg 等[29]系统地得出了脱氧产物长大和分离[30]的碰撞模型（图 1-12）。1976 年，Ebneth 等[31,32]进行了钢中非金属夹杂物碰撞长大和上浮去除的理论及实验研究（图 1-13）。

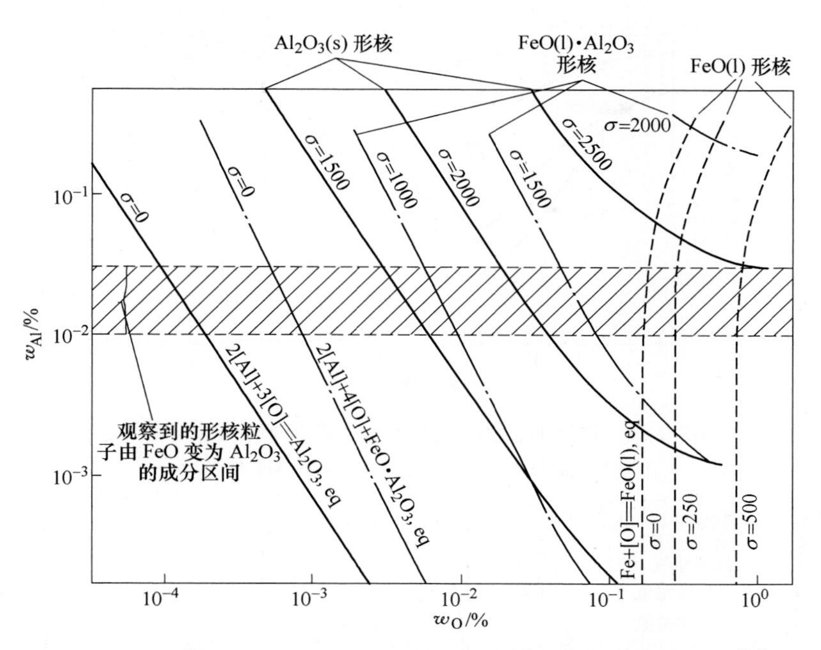

图 1-9 1536℃时界面张力和化学成分对钢液中 Al_2O_3 形核的影响[26]

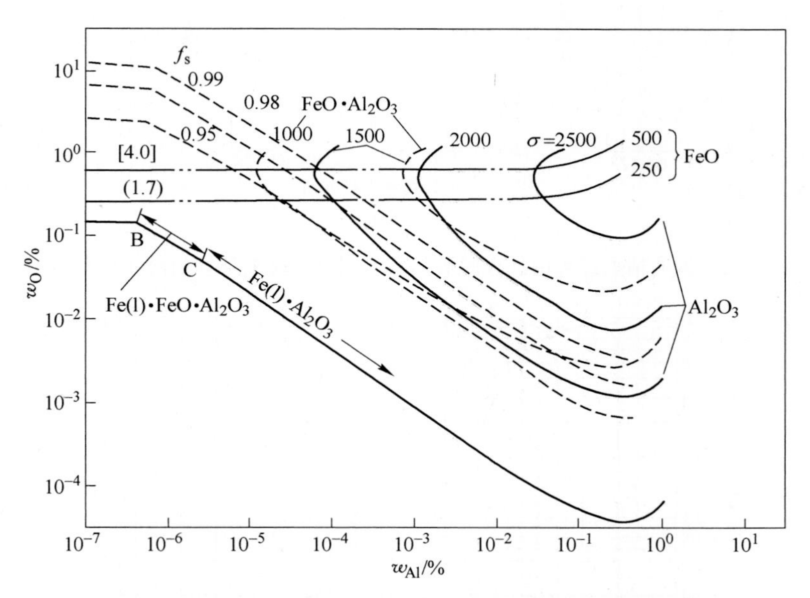

图 1-10 钢液凝固过程中 Al_2O_3 夹杂物形成的 Al-O 相图[27]

（研究了凝固分率和界面张力对夹杂物形成的影响）

1.2.3 钢中非金属夹杂物的长大和去除与钢液宏观流体流动相结合的数值模拟仿真阶段

随着计算机技术的迅速发展，很多科研人员在前人对夹杂物理论研究的基础上，开始采用数值模拟仿真的方法来预测夹杂物在钢液中的行为。首先求解冶金反应器中流体流

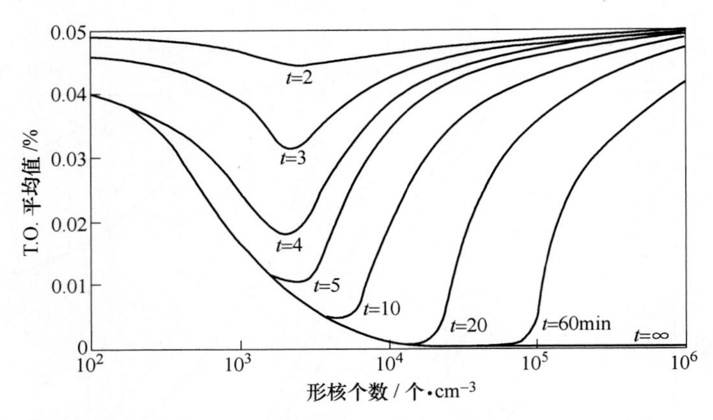

图 1-11 钢液中总氧变化和形核个数以及时间的关系[28]

（T. O. 初始 = 0. 05%，T. O. 平衡 = 0，钢液深度为 200cm）

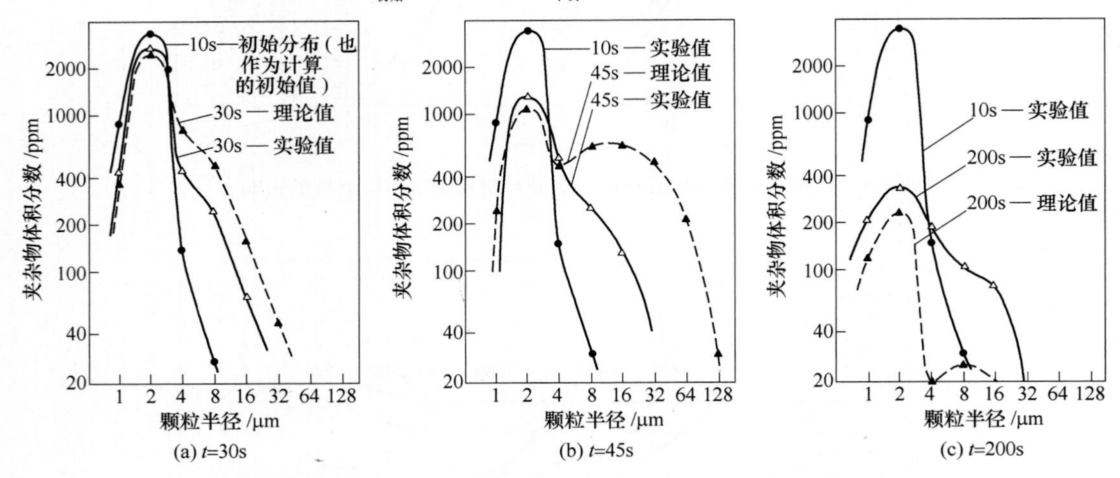

(a) t=30s (b) t=45s (c) t=200s

图 1-12 钢液精炼过程中加入脱氧剂后不同时间时夹杂物的尺寸分布图[30]

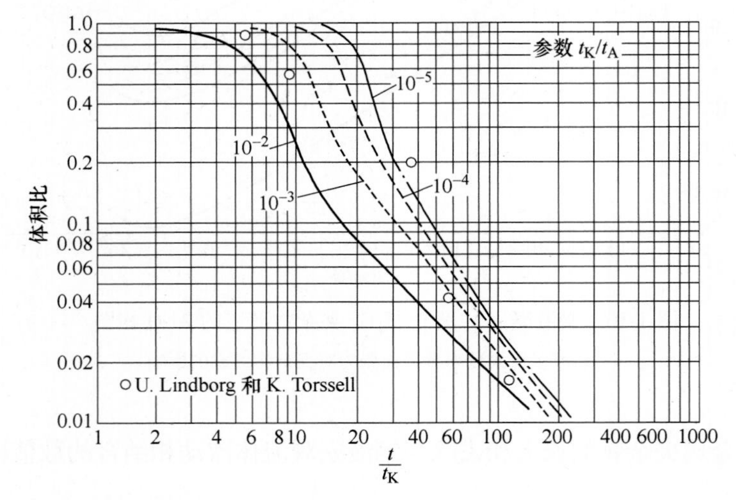

图 1-13 考虑碰撞长大的钢液中夹杂物的去除率及其尺寸的关系[31,32]

（研究了搅拌功对夹杂物长大和去除的影响）

动，然后把夹杂物的运动、碰撞聚合等方式的长大、气泡浮选去除和运动至钢液表面的去除和流体流动耦合起来计算。Sawada 等[30] 在 1980 年采用 CFD 首次模拟了结晶器中钢液三维的流动情况（图 1-14）。1993 年，Joo 等[33] 研究了中间包内钢液的流动情况，并模拟了夹杂物的去除情况（图 1-15）。随着计算机的功能变得越来越强大，将钢液的宏观流动和夹杂物行为相结合的模拟研究越来越多[34,35]。

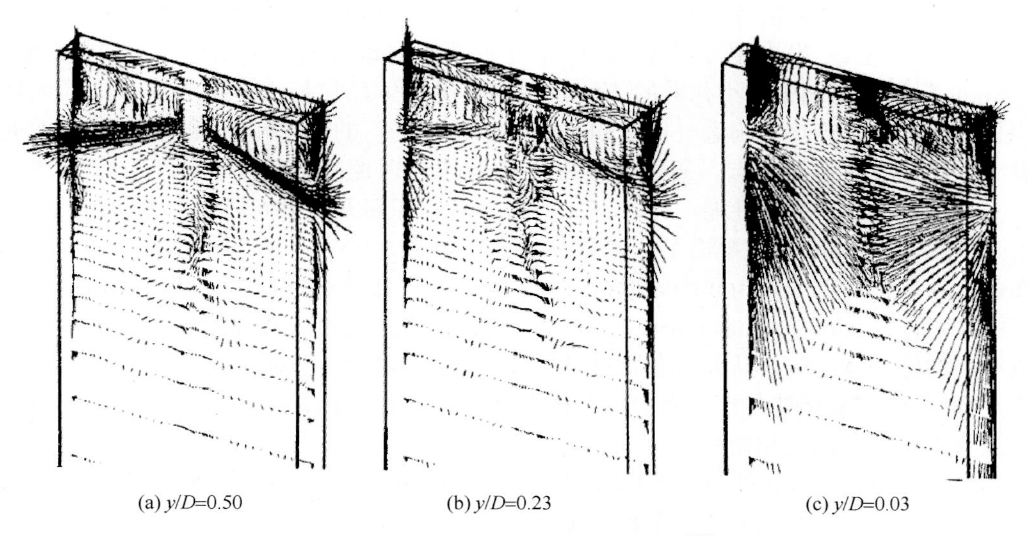

图 1-14　结晶器中三维流场的模拟[30]

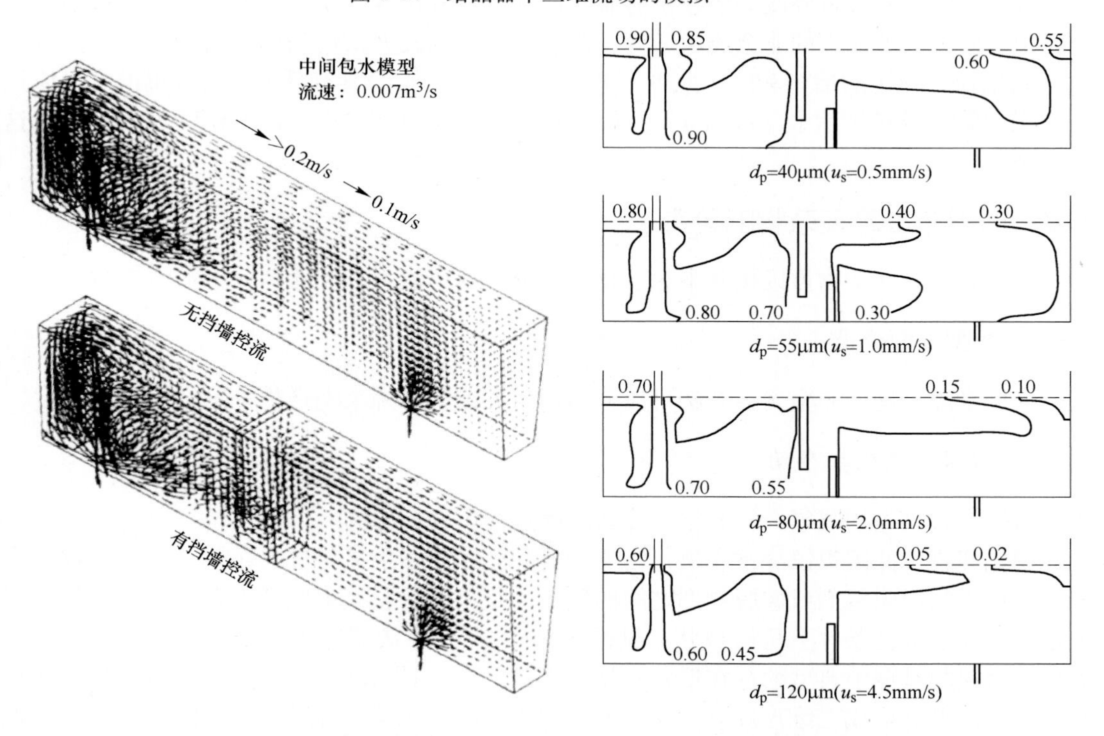

图 1-15　中间包内钢液流动和夹杂物去除的数值模拟[33]

1.2.4 钢中非金属夹杂物利用的研究——钢中第二相粒子冶金

大尺寸的夹杂物严重危害钢材产品的性能和质量，通常会通过各种措施尽可能去除钢中大尺寸的夹杂物，以提高钢材的洁净度；然而，并不是所有的夹杂物都对钢材只有危害没有益处。通过对钢中夹杂物、凝固析出物和外来粒子进行恰当的控制，可以实现细化组织和提高钢材韧性、强度等。20 世纪 60 年代，有学者发现了焊缝金属中存在的小尺寸夹杂物[36,37]。20 世纪 70 年代，人们发现这些夹杂物有改变焊缝的组织和性能的作用。Kanazawa 等[38]提出钢中细小弥散的 TiN 粒子阻止奥氏体晶粒长大，生成更多的晶内铁素体，从而可提升焊缝热影响区（heat affected zone，HAZ）的强度和韧性。这一发现改变了所有夹杂物都有危害的观点。通过对钢中夹杂物的合理控制利用，不但不会危害产品质量，甚至可以提升产品的性能。1990 年，在日本名古屋召开的第 6 届国际钢铁大会上，日本冶金学者 Mizoguchi 首次提出了“氧化物冶金”的概念[39-41]。通过在钢中形成细小弥散分布的含钛氧化物粒子作为非均匀形核质点，可以在焊接冷却过程中诱导奥氏体晶粒内部的晶内铁素体（intra-granular ferrite，IGF）形成，使原来的奥氏体晶粒被生成的针状铁分割成细小的铁素体晶粒，从而改善焊接热影响区晶粒和组织。Harrsion 和 Farrar[42]发现低合金高强度钢中 1μm 左右的夹杂物可以在焊接冷却过程中诱发钢中晶内铁素体形核，改善焊缝热影响区的强度和韧性。

利用钢中非金属夹杂物改善钢的性能这一领域被称之为“夹杂物工程（inclusion engineering）”[43]，有人称之为“夹杂物冶金（inclusion metallurgy）”。但是，随着研究越来越深入，对钢性能有重要改善的粒子有脱氧产物、钢液在凝固冷却和加热过程中析出的非金属相、向钢液中加入的非金属粒子等，已经不是单纯的夹杂物利用的概念，也不是单纯的“氧化物”粒子的冶金功能，此外“夹杂物”这个词本身具有贬义，更准确的定义应该是“钢中第二相粒子冶金（metallurgy of second phase in steel）”。本书第 17 章专门讨论这一问题。

1.3 钢中非金属夹杂物的分类

钢中非金属夹杂物可以按其来源、化学成分、变形能力、尺寸等分为不同类型。

1.3.1 依据来源分类

依据来源，钢中非金属夹杂物可以分为内生夹杂物和外来夹杂物。

1.3.1.1 内生夹杂物

内生夹杂物包括脱氧产物和钢水冷却凝固过程中的析出物。

脱氧产物：低碳铝镇静钢中氧化铝夹杂物和硅镇静钢中氧化硅夹杂物，产生于钢中溶解氧和加入的铝脱氧剂或硅脱氧剂之间的反应，是典型的脱氧生成的夹杂物[44-63]。氧化铝夹杂物在高氧浓度条件下呈树枝状，见图 1-16[64]。点簇状氧化铝夹杂物来自脱氧或二次氧化，为铝脱氧钢中典型的存在形式，见图 1-17。由于具有较高的界面能，氧化铝夹杂物易通过碰撞聚合形成三维点簇状。点簇状夹杂物内每个单体直径约为 1~5μm[62,63]。其他颗粒碰撞、分离或聚集之前，这些单体可能是花瓣形或多面体形夹杂物[65]，见图 1-18。另外，图 1-16 为珊瑚状氧化铝夹杂物，它们应该是原始树枝状或点簇状氧化铝夹杂通过

“Ostwald-ripening”[61-63,66-70]作用而形成的。由于在钢水中为液态或玻璃质状态，硅脱氧生成的夹杂物通常为球形，也可以聚集成点簇状，见图 1-19。

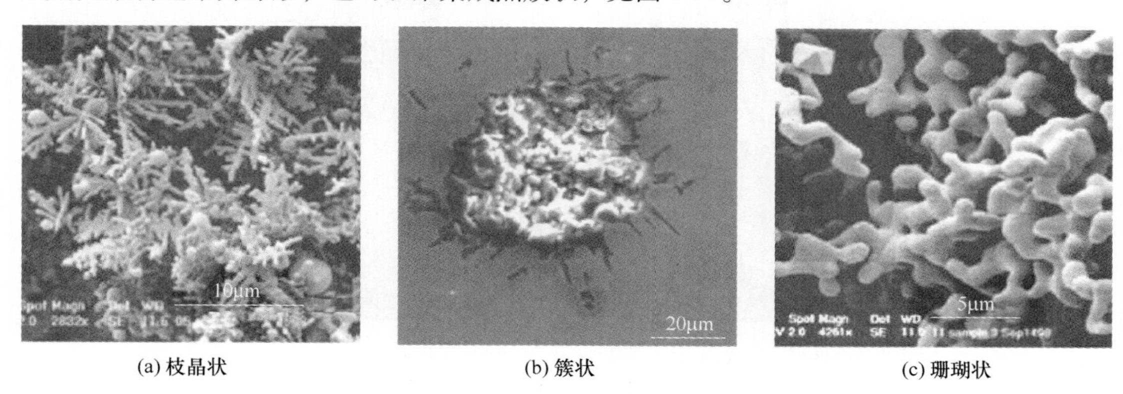

(a) 枝晶状　(b) 簇状　(c) 珊瑚状

图 1-16　纯铁脱氧期间形成的 Al_2O_3 夹杂物[64]

图 1-17　低碳钢铝脱氧期间的点簇状 Al_2O_3 夹杂物[62,63]

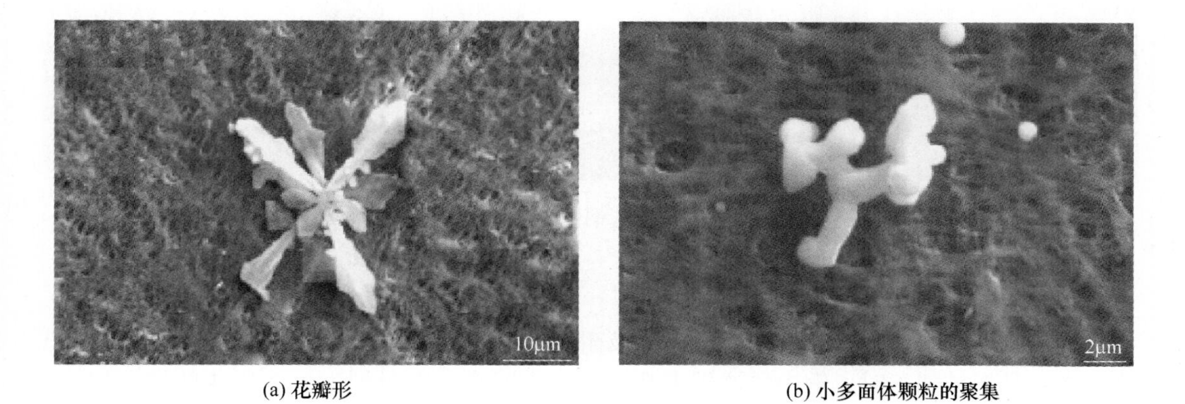

(a) 花瓣形　(b) 小多面体颗粒的聚集

图 1-18　低碳铝镇静钢脱氧过程中形成的 Al_2O_3 夹杂物[65]

图 1-19　球形 SiO_2 夹杂物的聚集

钢水冷却和凝固过程中产生的沉淀析出夹杂物：在冷却期间，液态钢水中溶解氧、氮、硫的浓度变大，同时这些元素的溶解度减小。这样造成氧化铝、氮化铝和硫化物的沉淀析出。凝固过程中硫化物在枝晶间析出，也经常以钢水中已存在的氧化物为核心析出。这类夹杂物通常较小（<10μm）。图 1-20 为在低碳钢中的 AlN 夹杂物，且形成于基体凝固过程中或凝固之后[71]。

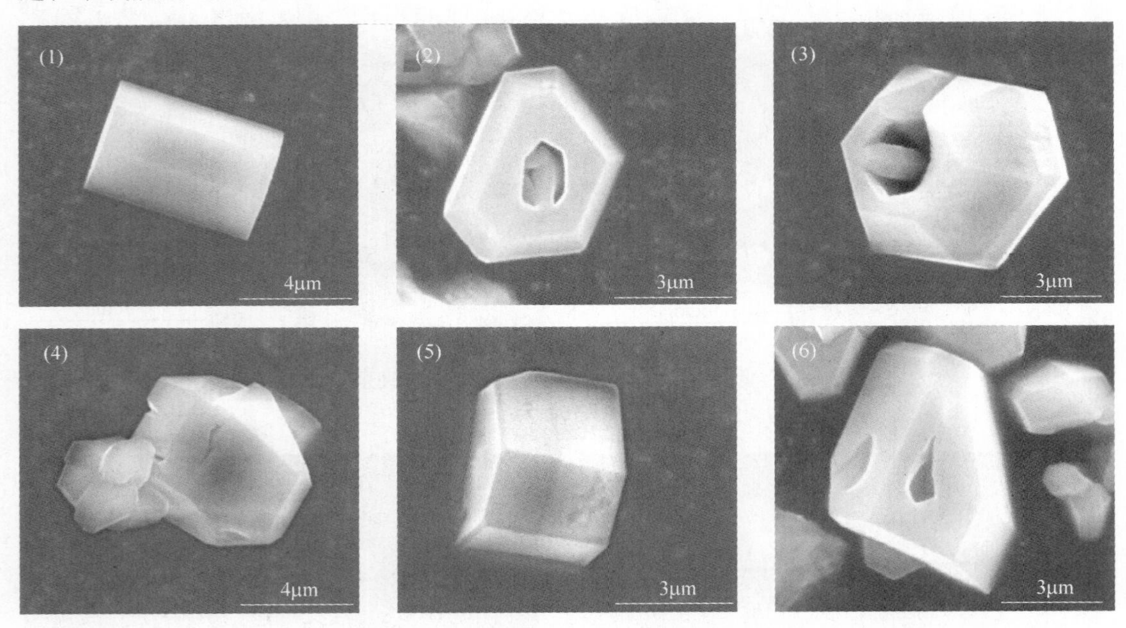

图 1-20　超低碳钢中 AlN 形貌图[71]

1.3.1.2　外来夹杂物

外来夹杂物主要是钢水和外界（卷渣及耐火材料侵蚀）之间偶然的化学和机械作用产物。在产品机械加工时，钢中的这类夹杂物可产生噪声，在机加工表面形成凹坑和划痕，容易引起断裂，以及造成工具磨损。钢中外来夹杂物的含量可通过大样电解的方法测定，如图 1-21 所示[72]。

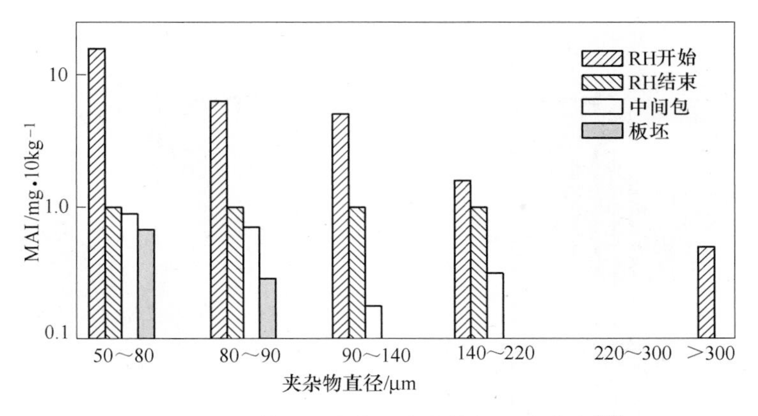

图 1-21 连铸板坯中大型夹杂物的尺寸分布[72]

外来夹杂物有以下几个共同特性：

(1) 尺寸大，来自耐火材料侵蚀的夹杂物通常比卷渣造成的夹杂物要大[73]。

(2) 复合成分及多相结构，主要由下列现象造成：由于钢水和渣中 SiO_2、FeO 和 MnO 以及炉衬耐火材料之间的多元反应造成夹杂物成分复杂，产生的 Al_2O_3 可以覆在这些夹杂物表面；由于外来夹杂物尺寸较大，它们在运动时，容易吸收捕获脱氧产物，如 Al_2O_3 夹杂物（图 1-22）；外来夹杂物作为异相形核核心，在钢水中运动的新夹杂物以此为核心沉淀析出（图 1-23）；渣或者二次氧化产物与炉衬耐火材料或其脱落物之间的反应。

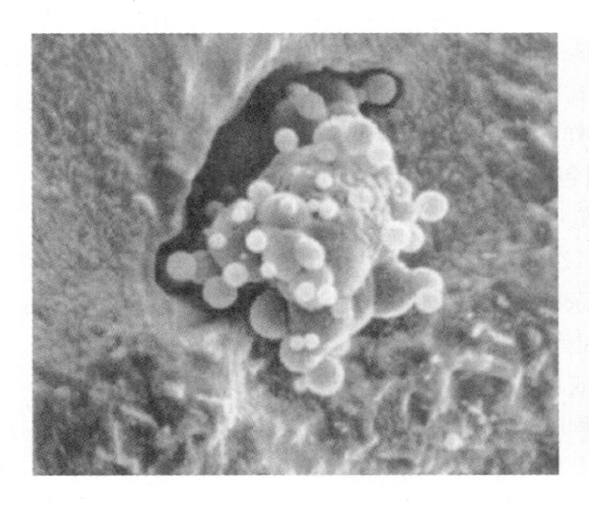

图 1-22 低碳铝镇静钢中的点簇状夹杂物[74,75]

(3) 形状不规则，但卷渣或者脱氧产物氧化硅类夹杂物为球形。球形外来夹杂物通常尺寸较大（>50μm）并且大多数为多相，但球形脱氧产物夹杂物通常较小并且单相。

(4) 相比小尺寸的夹杂物而言数量较少。

(5) 与小尺寸的夹杂物均匀弥散分布不同，外来夹杂物分布有两个特点：一是在钢中零星分布，这是由于此类夹杂物通常是在浇铸和凝固时被捕捉，具有偶然性；二是经常出

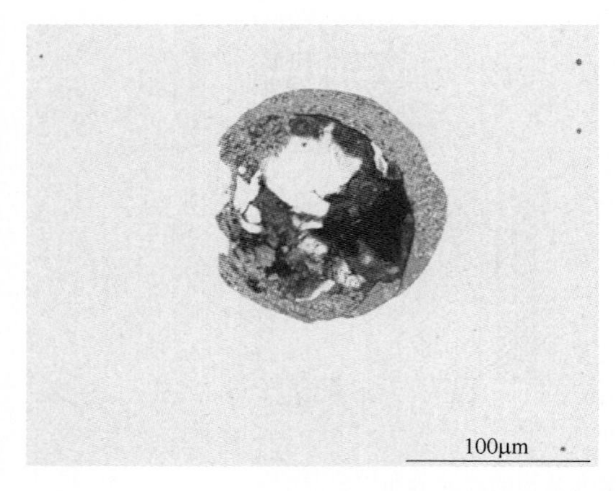

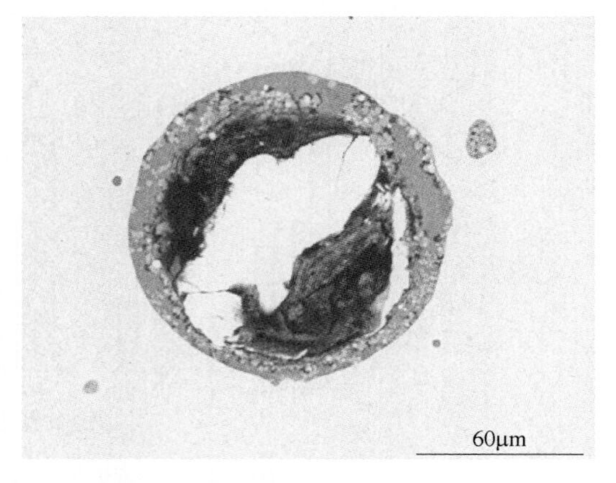

图 1-23　不锈钢中的典型的外来夹杂物（铝硅酸盐）

现在表层附近，这是因为它们容易上浮去除，所以只集中在凝固速度最快的区域或者在某些方面上浮受阻的区域。

（6）由于此类夹杂物尺寸大，相比小尺寸的夹杂物而言，它们对钢性能危害更大。

不论外来夹杂物的来源在哪，问题都在于这类大尺寸的夹杂物为何没有迅速上浮而去除。原因可能是：（1）在浇铸之前，在冶炼、运输或钢包、中间包等其他冶金容器的侵蚀过程中，此类夹杂物形成较晚造成上浮时间不足；（2）缺乏足够的过热度[75]；（3）在凝固过程中由于流场流动影响造成结晶器保护渣卷入，或者已上浮的夹杂物在未完全进入渣中之前被重新卷入。外来夹杂物总是与实际操作相关，通常可以根据其尺寸和化学成分判断来源，而且其来源主要就是二次氧化、卷渣、包衬侵蚀和化学反应。

二次氧化产生的外来夹杂物：钢中二次氧化产生的大型夹杂物最常见的形式为图 1-16 和图 1-17 所示的点簇状 Al_2O_3 夹杂物。空气作为二次氧化的主要来源，以下列方式进入钢液：（1）在钢水注入处强烈的湍流造成中间包钢水表面吸入空气；（2）钢水从钢包进入中间包以及从中间包进入结晶器的水口连接处吸入空气；（3）在浇铸过程中，钢包、中间包和结晶器钢水表面的空气渗透。在此类二次氧化过程中，脱氧元素（如 Al、Ca 和 Si 等）优先氧化，氧化产物发展成为非金属夹杂物，通常比脱氧夹杂物大 1~2 个数量级[76]。防止此类二次氧化的方法是在浇铸过程中防止钢液暴露于空气中，其措施有：（1）在钢包长水口和中间包浸入式水口连接处采用钢环或透气砖环吹入惰性气体形成气幕保护；（2）浇铸前在中间包内充入保护气体以及浇铸过程中在中间包钢液表面采用气体保护[77]；（3）控制钢包内的气体吹入避免形成渣眼。二次氧化的另一来源是渣和包衬耐火材料中的 SiO_2、FeO 和 MnO。此类二次氧化产物是钢水靠近渣或包衬界面时并与之发生反应的产物，由此生成的氧化铝夹杂物尺寸较大且含有各种成分。

$$SiO_2/FeO/MnO + [Al] \longrightarrow [Si]/[Fe]/[Mn] + Al_2O_3 \tag{1-1}$$

上述反应能够侵蚀包衬耐火材料表面并可使其表面凹凸不平，从而改变包衬壁附近的钢水流场，并且引起包衬的破损加速；包衬破损产生的大型外来夹杂物以及卷入的渣可以捕捉小夹杂物，如脱氧产物，也可以作为异相形核核心产生新的夹杂物，这就使得外来夹杂物的成分变得比较复杂。为了防止来自渣和包衬耐火材料的二次氧化，应该使这些材料保持较低的 FeO、MnO 和 SiO_2 含量。有文献表明，较低自由 SiO_2 含量的高铝质或氧化锆质砖具有更好的适用性[78]。

卷渣造成的外来夹杂物：任何冶炼上或钢水传递上的操作，尤其是在钢水从一种容器到另一种容器时，均会引起渣钢间的剧烈混合，造成渣颗粒悬浮在钢液中[73,79,80]。卷渣形成的夹杂物尺寸在 10~300μm，含有大量的 CaO 和 MgO 成分[75]，在钢水温度下通常为液态，因此在外形上为球形（图 1-21）。使用 H 型中间包并且通过两个钢包注入可以在换钢包期间减少卷渣夹杂物[81]。对于连铸工艺，下列因素可能造成钢水卷渣：（1）钢水从钢包到中间包和从中间包到结晶器时，尤其是敞开浇铸时；（2）钢水上表面出现漩涡时；（3）钢水上表面有乳化现象时，尤其当搅拌气体超过临界气体流量时[82]；（4）结晶器弯月面扰动[82-85]；（5）渣的特性，尤其是界面张力和黏度[86]。钢水与熔融保护渣之间的界面张力决定了弯月面的高度和卷渣的难易[87]，如 $CaO\text{-}SiO_2\text{-}Al_2O_3$ 系保护渣与纯铁之间的界面张力为 1.4N/m 时产生的弯月面高度约为 8mm。表面活性物质（如硫、钢中的 Al 被渣中 FeO 氧化反应所形成的界面）均可降低表面张力。极低表面张力下的化学反应能够通过 Marangoni 效应在界面产生自发扰动，使界面发生乳化，在钢水中产生不期望的渣的颗粒。

包衬耐火材料侵蚀/腐蚀造成的外来夹杂物：耐火材料的侵蚀物包括砖块上的砂粒、松散的脏物、破损的砖块以及陶瓷类的内衬颗粒，是一类极为常见的典型的固态大型外来夹杂物的来源，与钢包和中间包本身材料有关。它们通常尺寸较大，外形不规则[88-91]，见图 1-24。外来夹杂物可以作为氧化铝的异相形核核心，可以包含中心颗粒（图 1-16 和图 1-17）或者聚集其他内生夹杂物。耐火材料侵蚀产物或机械作用产生的夹杂物会完全损害原本非常纯净的钢的质量。一些研究者曾经做过实验，将内衬试样浸入到熔体（钢水[92-97]或熔渣[98-100]）中研究侵蚀过程，发现在 1550~1600℃ 的钢水中形成了类似玻璃状的耐火材料以及在砖块表面的反应层[95,99,101]，并且在内衬表面堵塞的大型夹杂物也能被冲入钢液中。

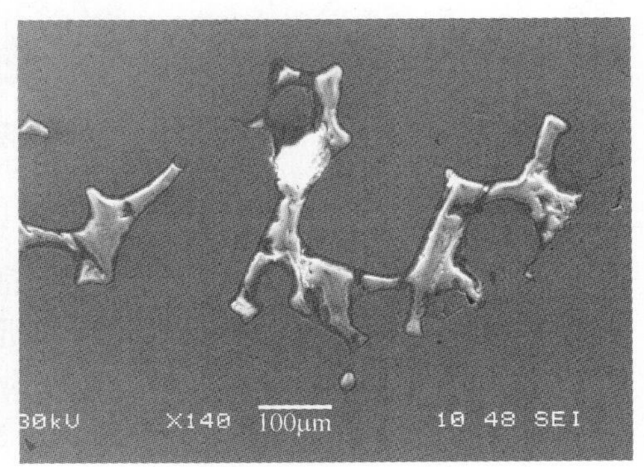

图 1-24　来自内衬耐火材料的典型外来夹杂物[95]

化学反应产生的外来夹杂物：钙处理操作不当时，通过化学反应可以产生变性氧化物夹杂物[44,102-106]。鉴别这种来源的夹杂物较为困难，例如，含有 CaO 的夹杂物也可能是由卷渣造成的[104]。

1.3.2　依据形态和分布分类

根据夹杂物的形态和分布，标准图谱分为 A、B、C、D 和 Ds 五大类。这五大类夹杂物代表最常观察到的夹杂物的类型和形态。

A 类夹杂物（以硫化物为代表）：具有高的延展性，有较宽范围形态比的单个灰色夹杂物，一般端部呈圆角。硫化物又分为三类：Ⅰ为球状硫化物；Ⅱ为片状或棒状硫化物；Ⅲ为尖角状硫化物。Ⅰ类和Ⅱ类硫化物产生于协同共晶，Ⅲ类硫化物产生于离异共晶，如 CaS、FeS、MnS、MnS-FeS 等。在硫化物夹杂中除了 S、Ca、Fe 以外，往往还含有少量 Mg、Al、Si 等元素。有时，硫化物以氧化铝等氧化物为核心形核，形成硫化物包裹 B 类不可变形夹杂物的情况。

B 类夹杂物（氧化铝基）：大多没有形变，带角，形态比小（一般小于 3），黑色或带蓝色的颗粒，沿轧制方向排成一行，至少有 3 个颗粒。氧化铝夹杂物是脆性夹杂物，主要来源于铝脱氧产物和耐火材料，常聚集为团簇状，轧制过程中沿轧制方向排列为点状或串状。在铝脱氧钢中，钢中非金属夹杂物主要为 Al_2O_3。图 1-25 为铝镇静钢用非水溶液电解法分离出来的树枝状的 Al_2O_3 夹杂物。钢中镁铝尖晶石夹杂物也属于 B 类夹杂物，它是钢中酸溶铝与渣或者冶金反应器耐火材料中的氧化镁生成的硬脆性夹杂物，具有稳定的体心立方结构，熔点较高（2135℃），硬度大（HV 210~240MPa）。

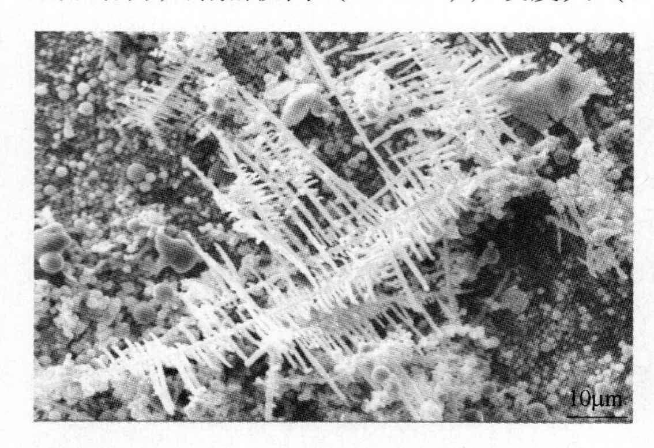

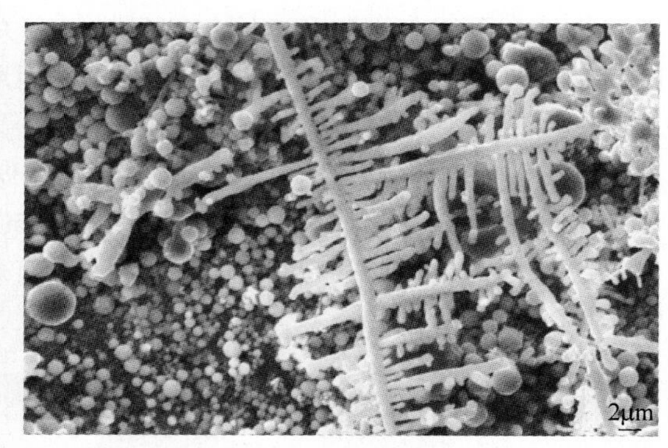

图 1-25　树枝状的 Al_2O_3 夹杂物

C 类夹杂物（硅酸盐、球状可变形）：具有高的延展性的单个黑色或深灰色夹杂物，一般端部呈锐角，如硅酸亚铁、硅酸亚锰、铁锰硅酸盐等。

D 类夹杂物（球状氧化物、不可变形）：轧制过程中不变形，带角或圆形，形态比小（一般小于 3），黑色或带蓝色、无规则分布的颗粒。铸坯中非金属夹杂物绝大多数为硅酸盐类夹杂物，主要组分为 SiO_2、Al_2O_3、MnO、CaO、MgO，还含极少量 TiO_2，其形貌以球状为主，尺寸很小，绝大多数在 2~10μm。

Ds 类（球状单个大颗粒夹杂物）：圆形或近似圆形，直径不小于 13μm 的单颗粒夹杂物，其主要成分可分为含钙的铝酸盐和镁铝尖晶石（部分包裹 CaS）。

1.3.3　依据变形能力分类

夹杂物的变形能力一般沿用 Malkiewicz 和 Rudnik[107] 提出的夹杂物变形性指数 ν 来表

示。ν 为钢铁材料热加工状态下夹杂物的真实伸长率与基体材料的真实伸长率之比。当夹杂物变形性指数 $\nu=0$ 时，夹杂物根本不能变形而只有金属变形，金属变形时夹杂物与基体之间产生滑动，因而界面结合力下降，并沿金属形变方向产生微裂纹和空洞，成为疲劳裂纹源；当夹杂物变形性指数 $\nu=1$ 时，夹杂物与金属基体一起变形，因而变形后夹杂物与基体仍然保持良好的结合。

钢材制品加工变形时，钢中各类夹杂物的变形性不同，按其变形性可分为脆性夹杂物、塑性夹杂物、半塑性夹杂物和点状不变形夹杂物四类。

脆性夹杂物（不可变形夹杂物）：指那些不具有塑性的氧化物和复杂氧化物及氮化物。当钢在热加工变形时，这类夹杂物的形状和尺寸不发生变化，但夹杂物的分布有变化。钢在热加工变形后，氧化物和氮化物沿钢延伸方向排列成串，呈点链状。这类夹杂物有刚玉（图 1-26），尖晶石氧化物和钒、钛的氮化物等。

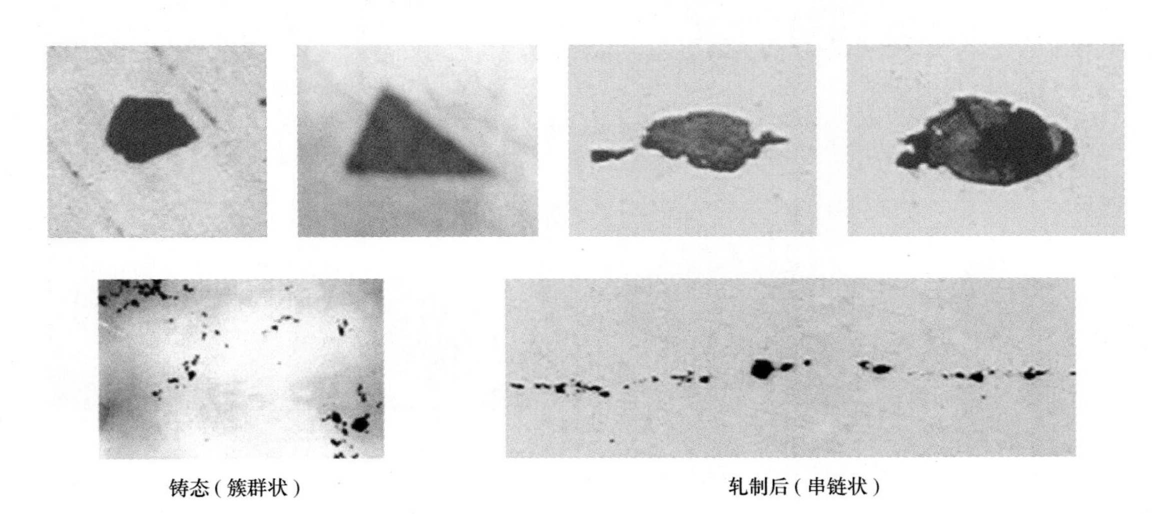

图 1-26　脆性夹杂物（Al_2O_3）

塑性夹杂物（可变形夹杂物）：这类夹杂物在钢材经受加工变形时具有良好的塑性，沿加工方向延伸成条带状。这类夹杂物有含 SiO_2 量较低的铁锰硅酸盐、硫化锰（MnS）、(Fe，Mn)S 等（图 1-27）。硫化锰（MnS）是具有高变形率的夹杂物（$\nu=1$），它从室温一直到很宽的温度范围内均保持良好的变形性，由于与钢基体的变形特征相似，所以在夹杂物与钢基体之间的交界面处结合很好，毫无产生横裂纹的倾向，并能够沿加工变形的方向成条带分布。

半塑性夹杂物：一般指各种复杂的铝酸钙盐夹杂物。其中，塑性夹杂物作为夹杂物的基体，在热加工变形过程中产生塑性变形，但分布在基体中的脆性夹杂物（如铝酸钙、尖晶石型的双氧化物等）不变形。钢经热变形后，塑性夹杂物随着钢基体的变形而延伸，而脆性夹杂物仍保持原来的几何形状，只是彼此之间的距离被拉长。

点状不变形夹杂物：这类夹杂物在钢锭中或在铸钢中呈球形或点状，钢经变形后夹杂物保持球状或点状不变，如硫化钙、铝酸钙（图 1-28）。

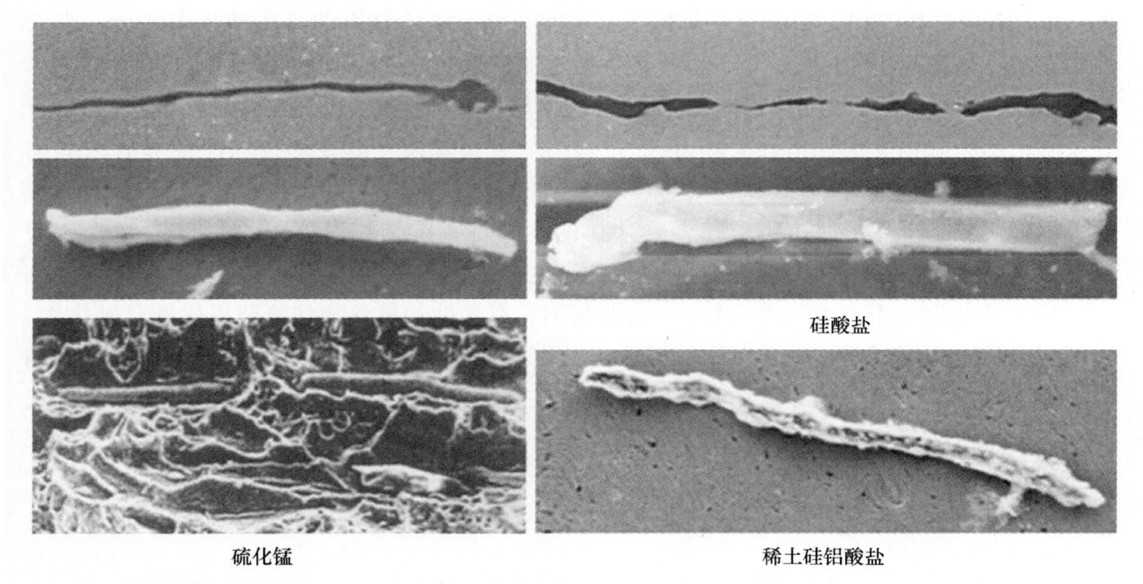

图 1-27　塑性夹杂物（热加工后）

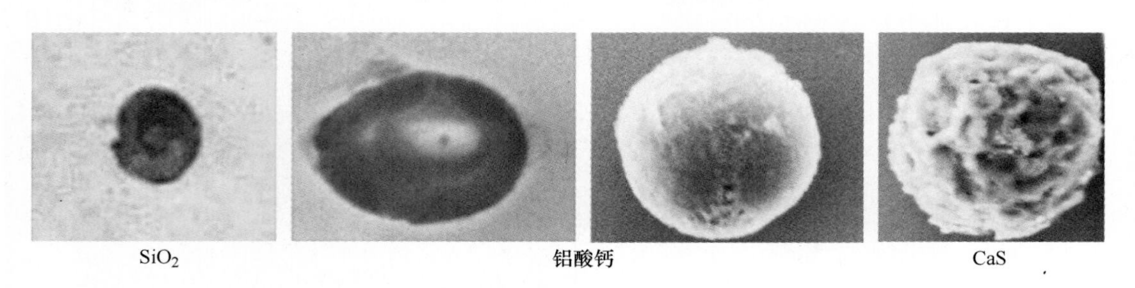

图 1-28　点状不变形夹杂物

1.3.4　依据尺寸大小分类

钢中非金属夹杂物，按其尺寸大小不同可分为宏观夹杂物、显微夹杂物和超显微夹杂物三类。

宏观夹杂物（大颗粒夹杂物）：尺寸大于 50μm 的夹杂物，这一类夹杂物用肉眼或放大镜即可观察到，主要是混入钢中的外来夹杂物；其次，钢液的二次氧化也是大型夹杂物的主要来源，因为研究发现在大气中浇铸的钢中大型夹杂物的数量明显多于氩气保护下浇铸的钢。宏观夹杂物多产生在钢锭的表皮部位和沉淀晶带。有的报告在同一锭内，表皮处的夹杂物和沉淀晶带的夹杂物并不相同。对连铸钢坯来说，大颗粒夹杂物多产生在表皮附近；在弧形连铸的条件下，大颗粒夹杂物多产生在弧内侧距表面一定距离的部位。宏观夹杂物的含量通常并不与钢锭的含氧量成正比，仅占钢中夹杂物总量的很小部分，一般不到各类夹杂物总体积的 1%。尽管如此，它对钢的表面质量和内部质量都危害甚大。

微观夹杂物（小颗粒夹杂物）：尺寸在 1～5μm 之间的夹杂物，因为要用显微镜才能观察到故又叫显微夹杂物。研究发现，钢中微观夹杂物的数量与脱氧后钢中溶解氧的含量之间存在很好的对应关系。微观夹杂物主要是脱氧产物和凝固过程中的再生夹杂物。而在冷凝时形成的再生夹杂物，基本上是氧化物和硫化物。由于凝固时结晶速度的变化，钢的成分偏析及化学反应的进行，这些夹杂物在钢中的分布是不均匀的，从而明显影响钢的疲劳性能和降低钢的韧性等。

超显微夹杂物：尺寸小于 1μm 的夹杂物。钢中的超显微夹杂物主要是三次夹杂物和四次夹杂物，一般认为钢中此类夹杂物数量很多，但对绝大多数的钢性能的危害不大，而对硅钢的磁性能影响较大。

1.4　钢中非金属析出相

钢中非金属析出相主要是指在钢液冷却和凝固过程中以及钢的中间产品（例如铸锭和连铸坯）在加热过程中固体钢的基体中析出的非金属相。此类非金属析出相主要包括氧化物、硫化物、氮化物和碳化物。此类析出相是沿晶界均质形核形成成分单一的析出相，例如含 Ti、V、Nb、Mo 的碳化物和氮化物及纯的硫化锰；或者是在原有夹杂物表面非均质形核形成的析出相，例如在原有夹杂物表面析出的氧化物和硫化锰。

氧化物析出相：呈球状，其尺寸与氧化物夹杂物相比较小，一般小于 10μm。

硫化物析出相：除了高硫的易切削钢之外，高温钢液中一般没有 MnS 夹杂物，MnS 析出相主要在凝固过程中和固体钢中析出[108]。硫化物析出相在钢凝固过程中在枝晶间析出，也以钢水中氧化物为核心析出。对于在枝晶间析出的 MnS 析出相，其长度可以有几百微米。图 1-29 为非水溶液电解出铸坯重轨钢中纯 MnS 及其复合析出相。一般 MgS 析出相在钢的凝固过程中析出。在钢液中生成的 CaS 被称为夹杂物；当钢中 Ca 含量适量时，在钢的凝固和冷却过程中析出的 CaS，则称为析出相。

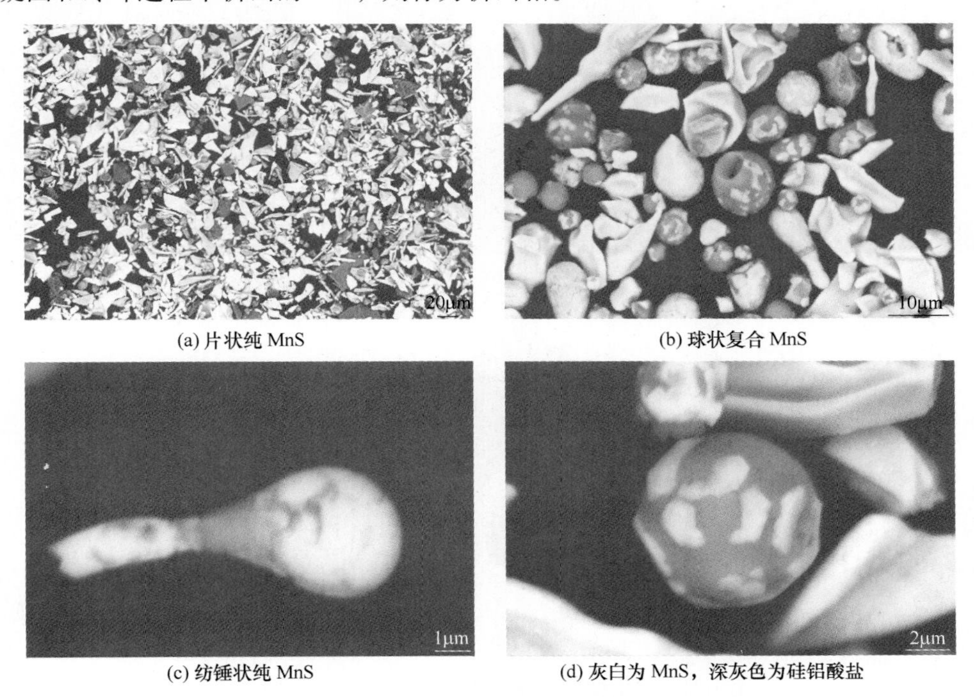

(a) 片状纯 MnS　(b) 球状复合 MnS
(c) 纺锤状纯 MnS　(d) 灰白为 MnS，深灰色为硅铝酸盐

图 1-29　重轨钢铸坯中的 MnS 析出相

氮化物析出相：一般在钢的凝固和加热过程中析出。当在钢中加入与氮亲和力较大的元素，如 Ti、V、Al 等时，能形成 TiN、VN、AlN 等氮化物。氮化物的尺寸与其生成温度有关，如 TiN 可以在较高温度（钢的凝固温度）附近生成，其尺寸较大，可达数百微米；通常钢中 AlN、VN 的析出温度较低，其尺寸较小，有的只有数纳米左右。图 1-30 为无取向硅钢中电解分离出来的 AlN 析出相，尺寸在 5μm 以下[7,109]。图 1-31 为在高铝铸锭中的 AlN 析出相[110]。图 1-32 为重轨钢电解分离出来的 Ti(C，N）析出相，尺寸可以达到几十微米[111]。

图 1-30　无取向硅钢中电解出来的 AlN 析出相[7,109]

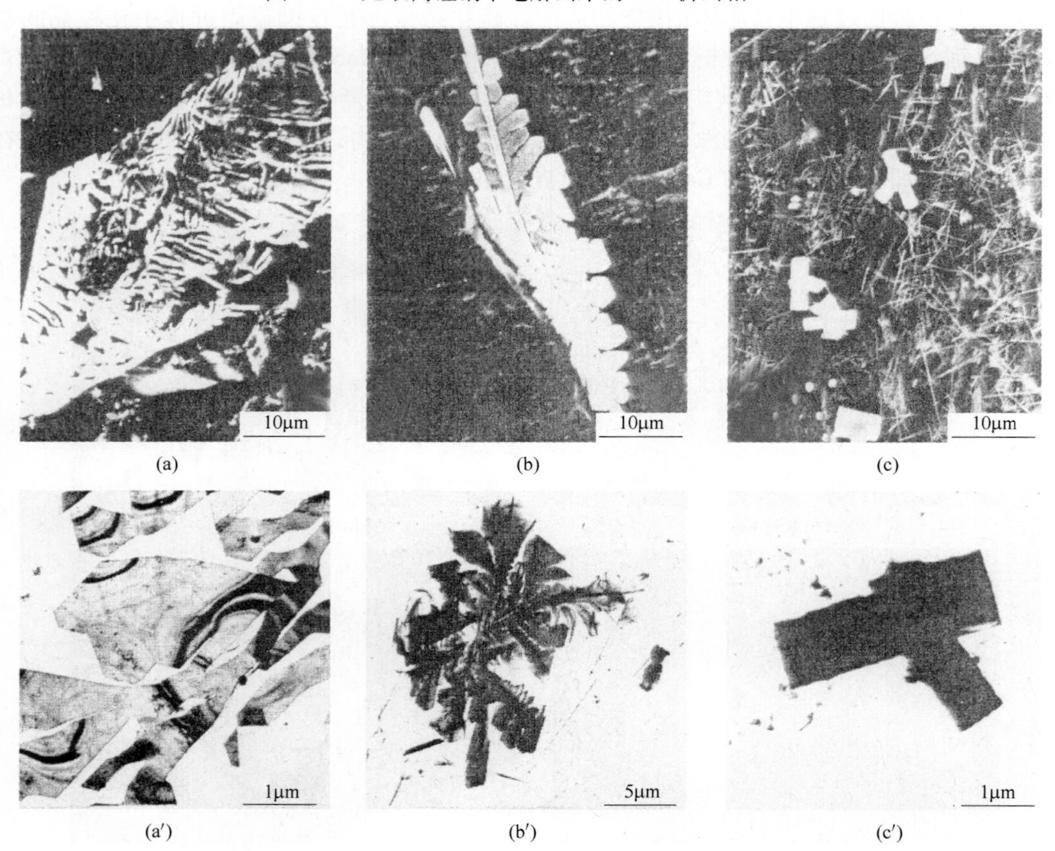

图 1-31　高铝铸锭氮化铝析出相的 SEM 和 TEM 图

(a)(a′) 平板状；(b)(b′) 羽毛状；(c)(c′) 枝杈状[110]

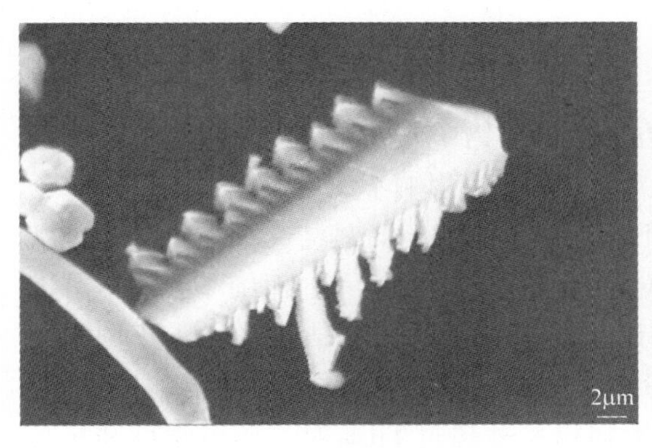

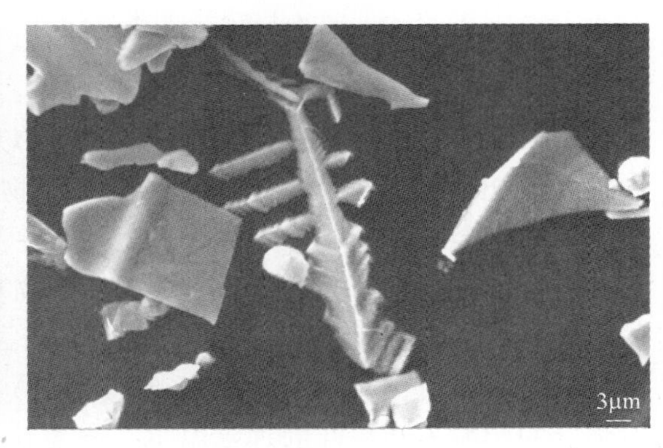

图 1-32 重轨钢中电解分离出来的 Ti(C，N) 夹杂物[111]

碳化物析出相：不同钢种中的碳化物析出相的尺寸变化很大，碳化物影响钢的偏析和钢材性能，尤其对轴承钢的影响很大[112,113]。

1.5 钢中非金属夹杂物对钢材性能的影响

非金属夹杂物是影响铸坯质量的一个重要问题，是造成铸坯修磨工作量的增加或废坯的一个重要原因。Ginzburg 和 Ballas 论述了连铸板坯和热轧产品的缺陷，其中很多都与夹杂物有关[114]。钢的机械性能很大程度上取决于产生应力集中的夹杂物和沉淀析出物的体积、尺寸、分布、化学成分以及形态，其中夹杂物尺寸分布尤为重要。图 1-33 显示出钢中夹杂物的分布密度越高，钢的综合性能越差[114]。独立点状和弥散分布的小尺寸夹杂物对钢的性能影响较小，而大型夹杂物在数量上远少于小尺寸夹杂物，但它们所占的总体积分数可能很大，因而对钢材的性能影响较大[115]。

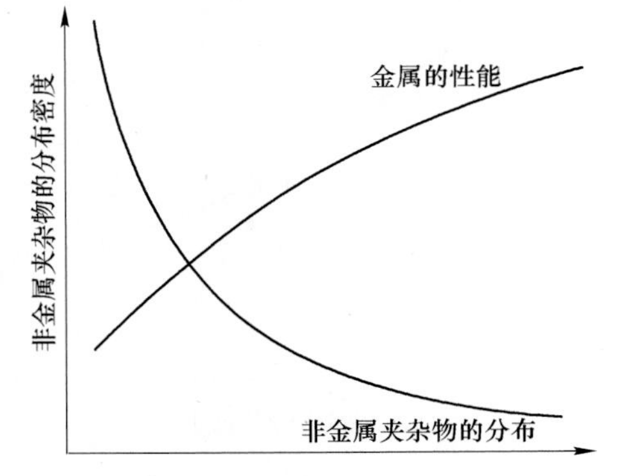

图 1-33 金属与非金属夹杂物分布的关系[114]

随着氧化物或硫化物的增多，钢的延塑性有所下降。当高强度低延塑性合金中存在夹杂物时，钢的断裂强度减小。类似的由夹杂物引起的性能下降可以在不同的应变速率（慢的、快的或周期性的）下进行的各种测试中观察到，如蠕变性能、冲击性能和疲劳性能[116]。大型外来夹杂物可以引起各种缺陷，如表面质量降低、抛光性变差、抗腐蚀性能降低、抗 HIC（氢致裂纹）性能降低及一些异常情况（线性和分层缺陷）[117,118]。

因而，钢中非金属夹杂物的存在，通常被认为是有害的。非金属夹杂物对钢的力学性能的影响，主要表现在对钢的强度、塑性、韧性、疲劳等诸多性能的影响。这些影响不仅取决于夹杂物的类型，还取决于夹杂物的形态、尺寸、数量以及分布规律。因此，冶炼过程中应采取各种技术措施尽可能降低其含量，并合理地调整夹杂物的类型、形态、尺寸及分布等，使夹杂物对钢材性能的影响降低到最低限度。

1.5.1　夹杂物对强度的影响

一般采用钢中硫含量[115]和超声波[116]的方法来研究钢中非金属夹杂物对钢材强度的影响。这些研究结果都表明钢中非金属夹杂物对钢材的强度影响不大[115-117]。

钢中非金属夹杂物对钢材的强度影响并不是一成不变的，而是与夹杂物尺寸密切相关。一般说来，尺寸大、数量集中的夹杂物对钢材强度的影响较大，而细小、弥散分布的夹杂物在一定程度上可以改善钢材强度。试验结果表明，在烧结铁中加入不同尺寸（0.01~35μm）、不同形状（球形和棱角的）、不同比例（0~8%）的氧化铝颗粒后，其对强度的影响不是线性的。室温下，当氧化铝颗粒尺寸超过 1μm 时，屈服强度和抗拉强度均随着夹杂物尺寸增加而降低[118]。高硅钢中非金属夹杂物对强度的影响也有相似的规律，如图 1-34 所示[119]。然而，钢中非金属夹杂物尺寸减小到某个数值时，例如小于 0.05μm 的氧化铝夹杂物，钢的屈服强度和抗拉强度随着夹杂物尺寸的降低均有提高，如图 1-35 所示[118]。此外，屈服和抗拉强度还与夹杂物的面积百分数和体积比有关。

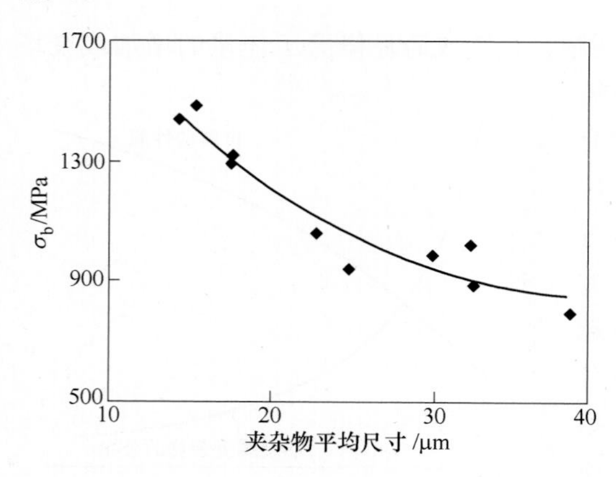

图 1-34　夹杂物平均尺寸对高硅钢抗拉强度的影响[119]

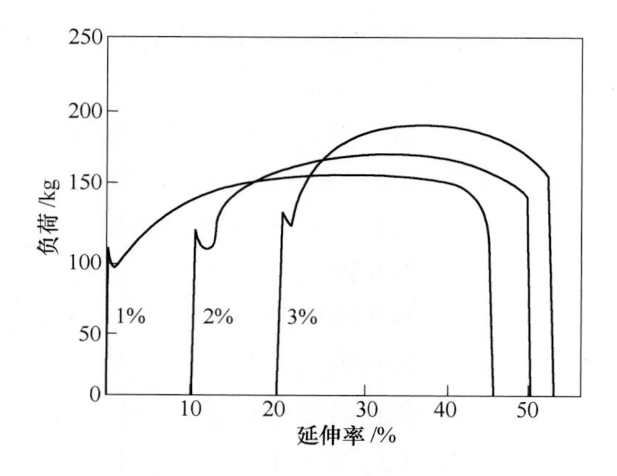

图 1-35　含有 0.05μm 球状 Al_2O_3 夹杂的烧结铁的室温拉伸曲线[118]

钢中非金属夹杂物的类别也对钢材的强度产生不同的影响。表 1-2 为非金属夹杂物的级别与类型对帘线钢强度的影响[117]。由表 1-2 可以看出，B 和 D 类夹杂物比 A 和 C 类夹杂物对帘线钢盘条的抗拉强度影响更大，这主要由夹杂物本身性质决定。B、D 类夹杂物属于硬脆型，延展性差不易变形；而 A、C 类夹杂物延展性较高。另外，非金属夹杂物级别越高，盘条基体的抗拉强度越差，这主要是由于非金属夹杂物破坏了盘条基体的连续性。图 1-36 给出了 A 和 B 类夹杂物级别对 H13 钢强度的影响[120]。可以看出，当 A 类夹杂物级别在 0~0.5 级时，屈服强度和抗拉强度都处于最高值；随着 A 类夹杂物级别上升至 1.5 级时，强度指标均明显下降，这也是由于 A 类夹杂物本身具有一定的塑性的缘故；但随着 A 类夹杂物级别的进一步升高，强度指标下降趋势更明显。B 类夹杂物级别也有着同样的结论。

表 1-2 非金属夹杂物的级别与类型对帘线钢强度的影响[117]

序号	抗拉强度/MPa	非金属夹杂物类级别	
		A 类、C 类	B 类、D 类
1	900~1000	2.5~3.0	>2.0
2	1000~1100	1.5~2.0	1.0~1.5
3	>1100	0.5~1.5	0.5~1.0

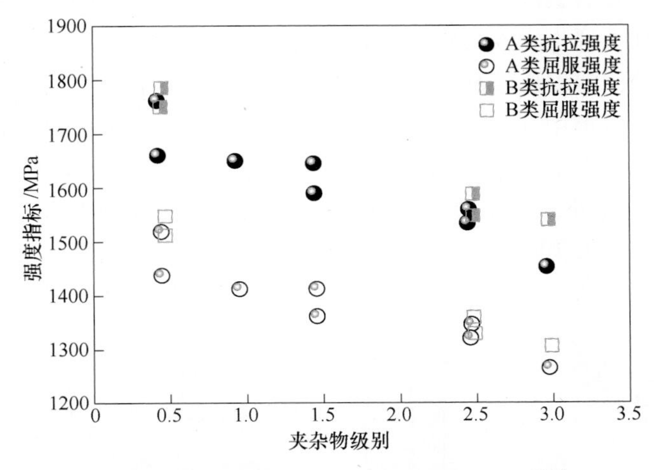

图 1-36 夹杂物级别对 H13 钢强度的影响[120]

此外，在拉伸试验时，易沿夹杂物产生裂纹，使钢丝在变形情况下易断裂，并使钢丝弯曲值和扭转值降低。图 1-37 为捻股工序断裂的撕裂状断口在扫描电子显微镜下的整体和局部形貌，可以观察到夹杂物脱落后的凹坑[117]。

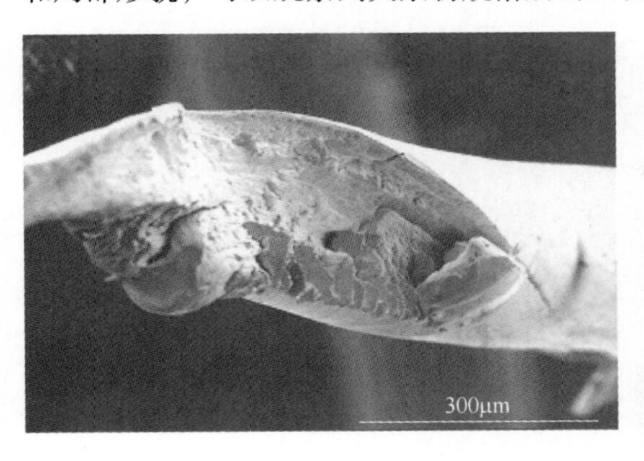

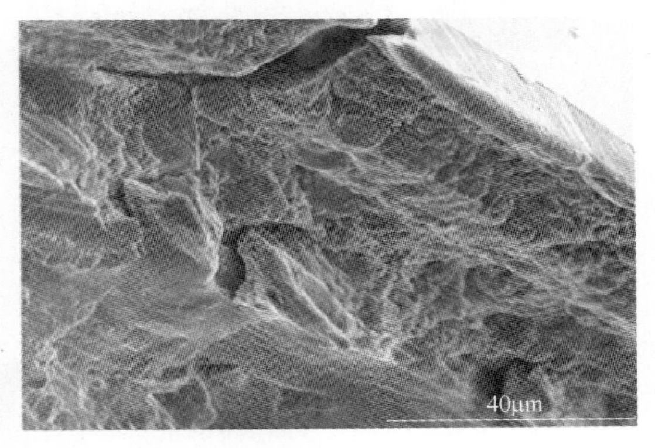

(a) (b)

图 1-37 帘线钢捻股工序断裂的撕裂状断口 SEM 形貌[117]

200 系列奥氏体不锈钢产品在使用过程中也会产生类似的断裂现象，但这是内部 MnS 夹杂物与应力腐蚀共同作用的结果。不锈钢的腐蚀断裂可以通过降低 MnS 尺寸或者改变夹杂物的形态来改善。通常，钢中氧含量会影响硫在钢中的溶解度，对钢液中硫化锰的凝固过程有重要影响。氧含量较高时，硫元素在钢中的溶解度低，硫化锰在钢液凝固的前期较高温度下析出，硫化锰呈球状分布于钢中（称为Ⅰ类 MnS）；当氧含量较低时，钢液中硫元素的溶解度增加，硫化物在钢液凝固末期析出，硫化锰呈网状沿晶界析出（称为Ⅱ类 MnS）。同时，高的氧含量使得硫化锰生长温度范围增加，其尺寸较钢液凝固末期析出的晶界硫化物大。如果钢中的氧量低，并有过量铝、较高的碳或硅、磷、铬、锆等元素时，硫化锰则以块状形貌析出（也称为Ⅲ类硫化锰）。此外，冷却速率对钢中硫化锰夹杂的析出也有重要的影响，随着钢液冷却速率的增大，硫化锰的数目增多、尺寸变小[121,122]。

近年来研究发现，稀土元素与硫的亲和力比锰更强，可以取代锰形成 RE_2S_3。同时稀土元素在硫化锰中的固溶度比较高，RE_2S_3 和固溶稀土的硫化锰多为球状。图 1-38 给出了稀土元素铈对 202 不锈钢中非金属夹杂物的影响[123]。添加 0.016%的铈元素可以使 MnS 球化。硫化锰球化后，钢的强度显著提高，但添加过量的稀土元素后钢的强度反而会降低，如图 1-39 所示。此外，添加稀土 Ce 或 Sm 微合金化后，42CrMoTiB 钢纵向试样的夹杂物级别以及夹杂物含量大幅降低、硫化物球化。同时，加入碱土钡元素还可以降低重轨钢中氧化铝含量，钢中夹杂物主要为硫化物和氧化物与硫化物的复合型夹杂物。

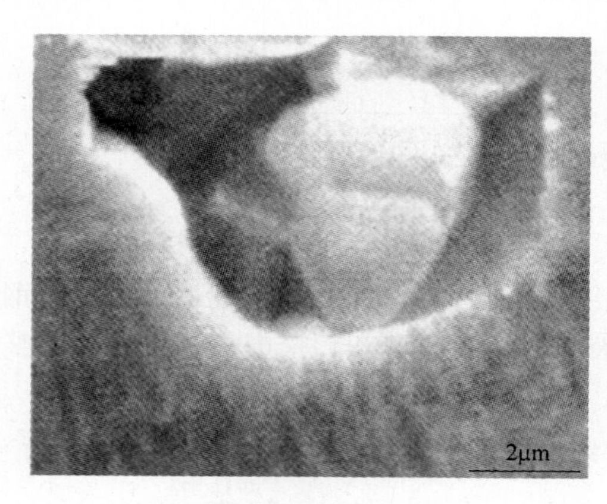

(a) 不含稀土时 Al_2O_3 形貌

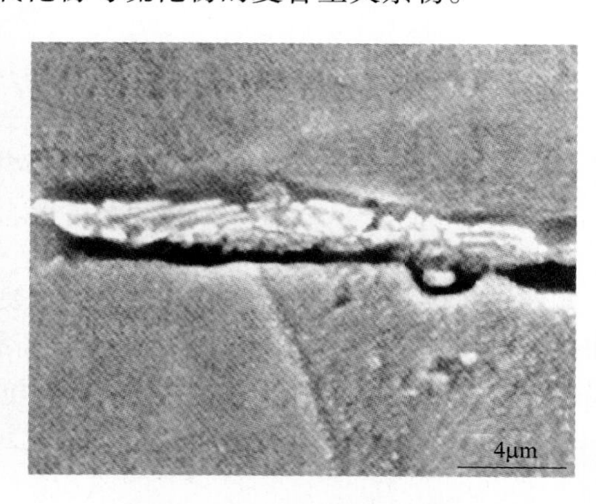

(b) 不含稀土时MnS形貌

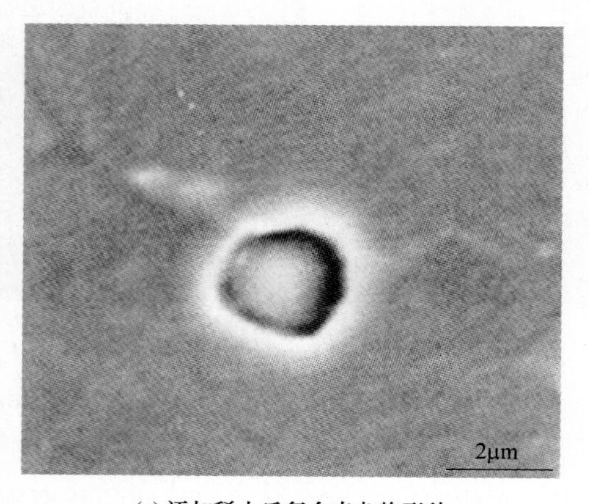

(c) 添加稀土后复合夹杂物形貌

图 1-38　稀土铈含量对 202 不锈钢非金属夹杂物形貌的影响[123]

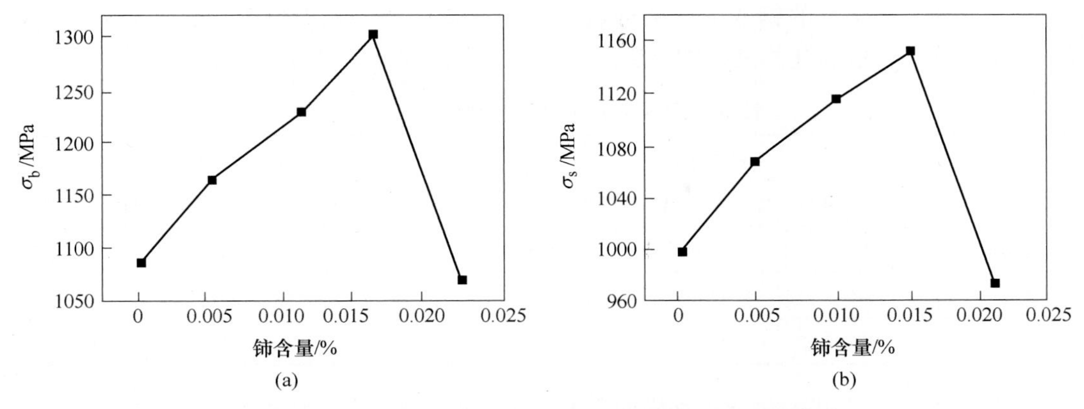

图 1-39 稀土铈元素含量对 202 不锈钢的强度的影响[123]

1.5.2 夹杂物对塑性的影响

塑性又称为范性，是指在外力作用下金属能够发生塑性变形而不破坏其完整性的能力。金属的塑性一般用表示金属破坏时的最大变形程度的塑性指数来量度和表示，如拉伸金属断裂时的延伸率和断面收缩率等。

钢的延伸率通常包括出现颈缩前的均匀延伸率部分和颈缩后的局部延伸率部分。非金属夹杂物对钢的塑性影响主要表现在对后者的影响，而通常钢的局部延伸率占的比率较小。因此，夹杂物对钢材的塑性影响不太显著。

非金属夹杂物的数量和形状对钢的塑性都有一定的影响。研究表明，高强度钢的横向断面收缩率随夹杂物总量的增加而降低，如图 1-40 所示。非金属夹杂物的形状对钢的塑性影响主要表现在横向延性。这是因为钢中纵向试样的带状夹杂物与加载方向一致，应力集中主要发生在横向试样的带状夹杂物上。有学者采用一般电炉和真空自耗炉熔炼 AI-SI4330M 不锈钢，并对比硫化物对钢的横纵方向上的塑性影响。结果表明，真空自耗炉熔炼的钢中含硫量仅为 0.005%，几乎没有发现带状硫化物夹杂，而一般电炉熔炼的钢中硫含量为 0.019%，接近真空自耗熔炼硫含量的 4 倍。两者的力学性能对比见表 1-3[124]。可

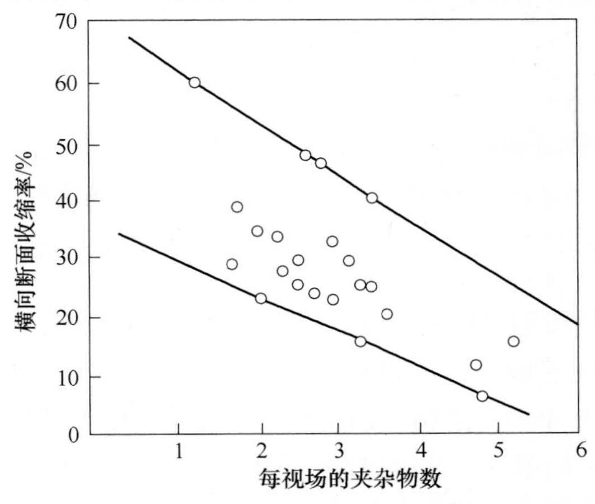

图 1-40 夹杂物数量对高强钢横向断面收缩率的影响

以看出，一般电炉熔炼的钢的横向断面收缩率比纵向明显降低；而采用真空自耗熔炼的钢，由于消除了带状硫化物夹杂物，横向与纵向的断面收缩率没有发现明显的差别。

表 1-3　不同熔炼方法对钢强度的影响[124]

项目	普通电炉			真空自耗炉		
	屈服强度/MPa	抗拉强度/MPa	断面收缩率/%	屈服强度/MPa	抗拉强度/MPa	断面收缩率/%
厚度方向	1387	1538	14.0	1383	1529	60.6
横向	1346	1538	31.0	1375	1524	60.1
纵向	1418	1589	56.0	1385	1531	63.2

图 1-41 给出了带状硫化物对钢横向断面收缩率的影响[124]。随着带状夹杂物数量的增加，其横向断面收缩率显著降低，而且降低的趋势比通常夹杂物更为明显（见图 1-40）。另外，由于带状夹杂物主要是硫化物，锻造变形过程中随着锻造比的增加，硫化物沿着钢基体变形方向自由伸长，使得断面收缩率的各向异性增强。图 1-42 为硫化物的纵向和横向长度比对 Mn-Mo-S 低合金钢横向延伸率的影响。可以明显看出，随着硫含量或硫化物长度比的增加，横向延伸率明显下降。分析拉伸试样的断口形貌发现，断裂一般都出现在夹杂物与基体的界面处，因此，在拉伸过程中，钢中夹杂物一般是显微裂纹出现的主要原因，是断裂失效的发源地。钢中夹杂物数量增加，形成显微裂纹的几率不仅提高，还会增加显微裂纹相互连接的几率，导致断裂失效和降低钢的塑性。

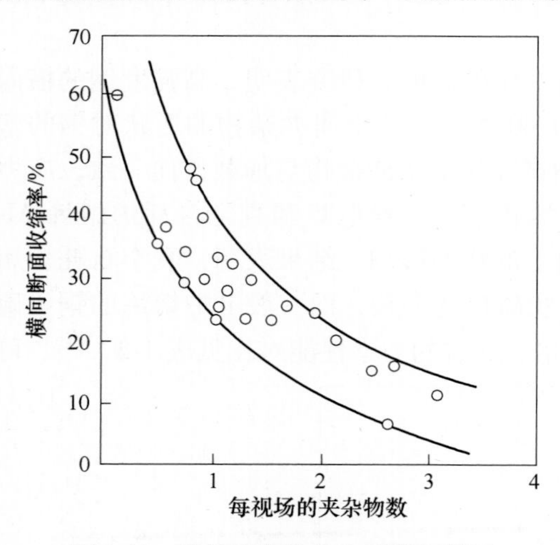

图 1-41　带状硫化物夹杂对横向断面收缩率的影响[124]

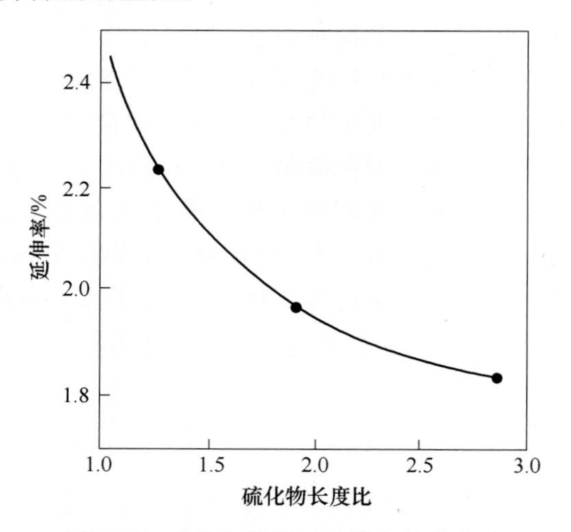

图 1-42　硫化物的纵向、横向长度比对 Mn-Mo-S 低合金钢横向延伸率的影响[124]

此外，非金属夹杂物级别对钢的塑性也有着重要的影响。图 1-43 给出了 A、B 类非金属物级别对 H13 钢塑性的影响[120]。可以看出，当 A 类夹杂物级别范围在 0~0.5 时，断面收缩率和延伸率较高，当 A 类夹杂物级别达到 1.5 级时，塑性指标稍有降低，这也是因为 A 类夹杂物本身具有一定的塑性特征的缘故。但随着 A 类夹杂物级别的进一步提高，塑性指标明显下降。B 类夹杂物与 A 类夹杂物对 H13 钢塑性的影响规律基本一致，但是氧化铝等夹杂物属于脆性夹杂物、不易变形。B类夹杂物在热加工及拉伸过程中难以随基体进行塑性变形，两者变形程度上的差别使得在夹杂物与钢基体交界处形成裂纹源，造成失效和危害钢的力学性能。在一定的试验条件下，当A类夹杂物级别小于0.5时，此时B类夹杂物对H13钢力学性能的影响更突出，并且随着B类夹杂物级别的逐渐增加，塑性指标均呈下降趋势。

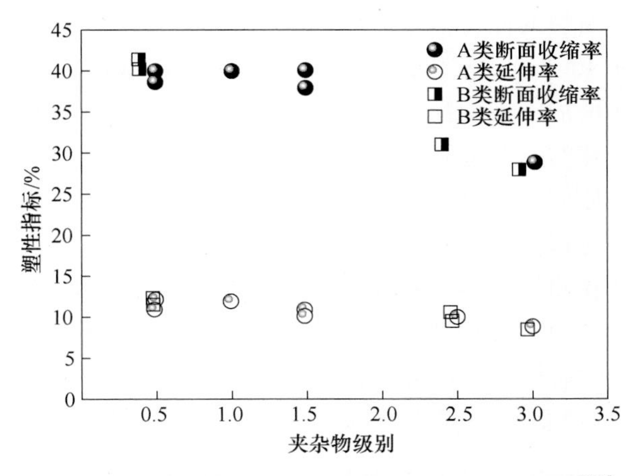

图 1-43　A、B类夹杂物级别对H13钢塑性的影响[120]

徐永波等[125]采用装有拉伸台的扫描电镜对15碳钢和Cr25Ni20不锈钢的塑性断裂过程进行了原位动态观察，对钢断裂过程裂纹的形核以及扩展过程进行了分析。发现在发生塑性断裂之前，碳钢通过滑移、不锈钢通过孪生方式发生了大量塑性变形，在塑性变形过程中遇到非金属夹杂物的情形如图1-44和图1-45所示。拉伸方向为照片的水平方向，由图1-44可以清楚地看出，两个滑移系统的滑移线彼此相交而产生的割阶，从而可以判断每一滑移系统所受到的剪切力的方向（如箭头所示）。图1-45观察得到金属基体中的滑移与孪晶中的滑移相对于孪生面互为对称。随着金属应变的增大，基体中开动的滑移系增多，滑移线数目不断增多、滑移线间距逐渐缩小。随着塑性变形的进行，还会出现交滑移。

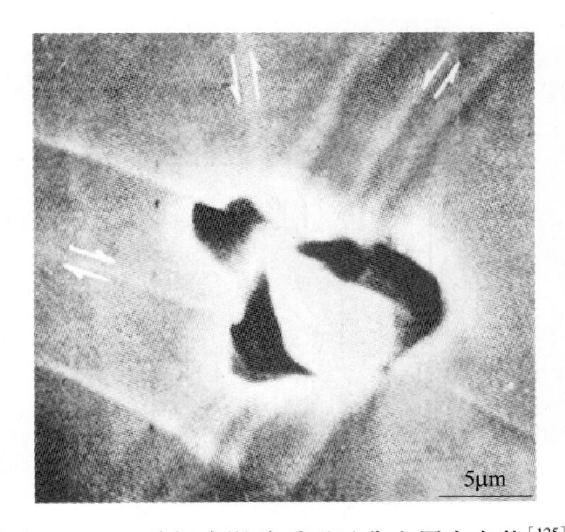

图 1-44　15碳钢中滑移系通过非金属夹杂物[125]

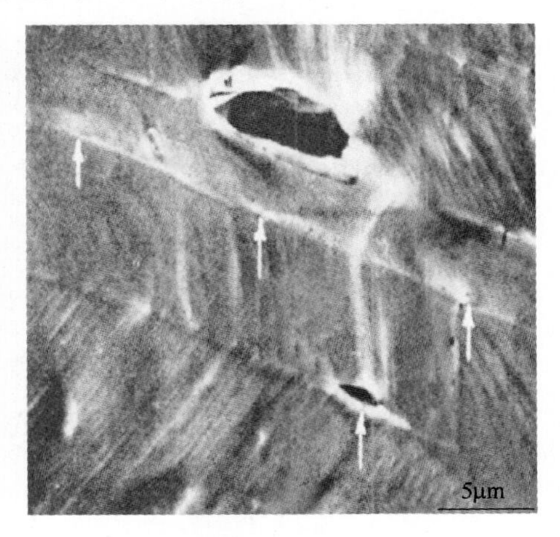

图 1-45　Cr25Ni20不锈钢中孪生变形遇到夹杂物[125]

同时，钢中非金属夹杂物和金属基体界面处产生大量的位错，随着位错数目的增加会在界面处形成位错塞积，位错塞积不仅会造成在夹杂物和钢基体界面处产生应力集中，而且界面的结合强度要比夹杂物本身以及金属基体的强度小。因此，夹杂物和钢基体界面处也是裂纹容易产生的地方。当运动着的位错受到阻塞造成的应力集中超过金属基体与夹杂物之间界面结合强度时，就会在夹杂物和钢基体界面处出现开裂。图 1-46 为 15 碳钢裂纹形核、扩展、连接以及断裂的原位观察[125]。可以看出，微裂纹首先在铝酸盐夹杂物和钢基体界面处形核（图 1-46（a）），裂纹一旦成核，其尖端随应变的增大而不断发生钝化。随着拉伸过程中应变的增加，夹杂物所产生的裂纹沿拉伸方向变宽的速率逐渐增加，同时夹杂物尺寸对微裂纹变宽的速率也有影响，大尺寸的夹杂物所产生的裂纹沿拉伸方向变宽速率更大。继续增大拉伸应力，新形核的裂纹尖端也将钝化，由于先后钝化的裂纹尖端之间的金属基体的流变和滑移，当其强度小于剪切应力的作用时，在新微裂纹处就会发生剪切断裂，在铝酸盐夹杂物和钢基体界面附近裂纹逐渐连接在一起，使主裂纹向前进一步扩展（图 1-46（b）和（c）），并最终出现断裂。在 15 碳钢中还存在另一种夹杂物——硫化锰，硫化锰同样也会阻碍钢中位错的滑移，产生应力集中，它对微裂纹影响规律和铝酸盐相似。图 1-47 给出了 15 碳钢中 MnS 夹杂物裂纹尖端逐渐钝化的 SEM 原位观察结果。

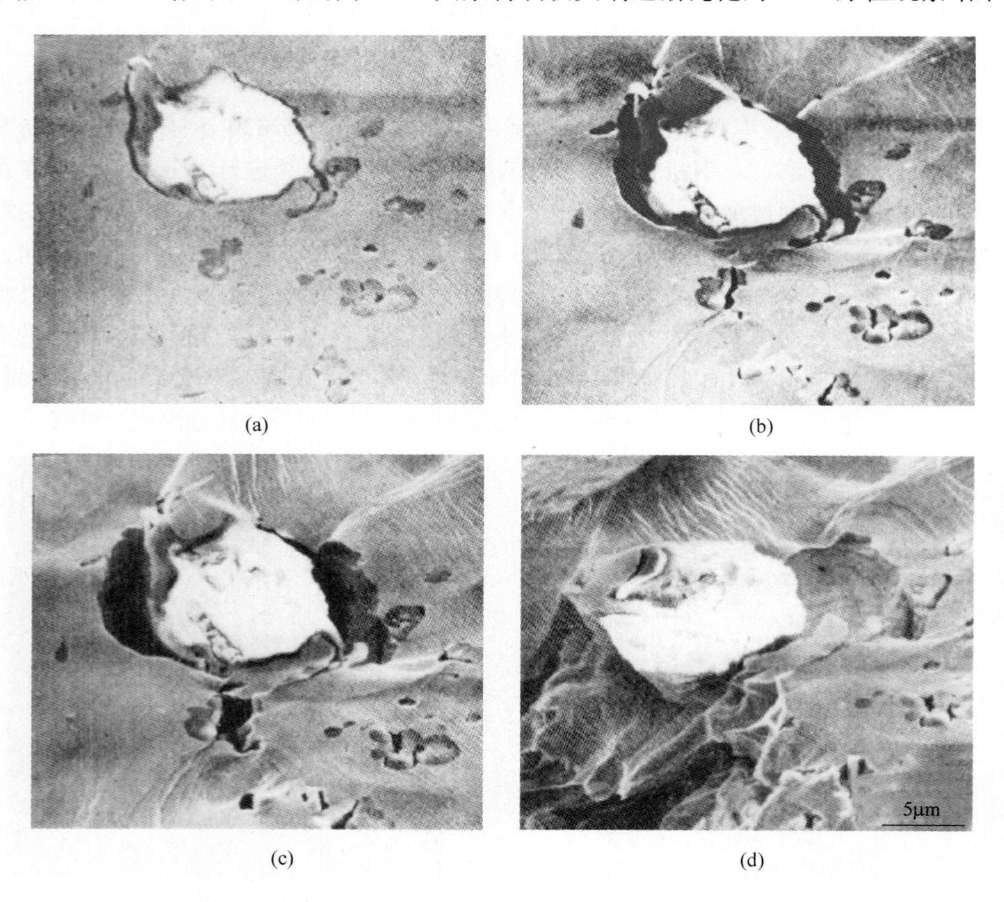

(a)　(b)　(c)　(d)

图 1-46　15 碳钢中裂纹在铝酸盐/钢基体处形核、扩展、连接以及断裂的原位观察[125]

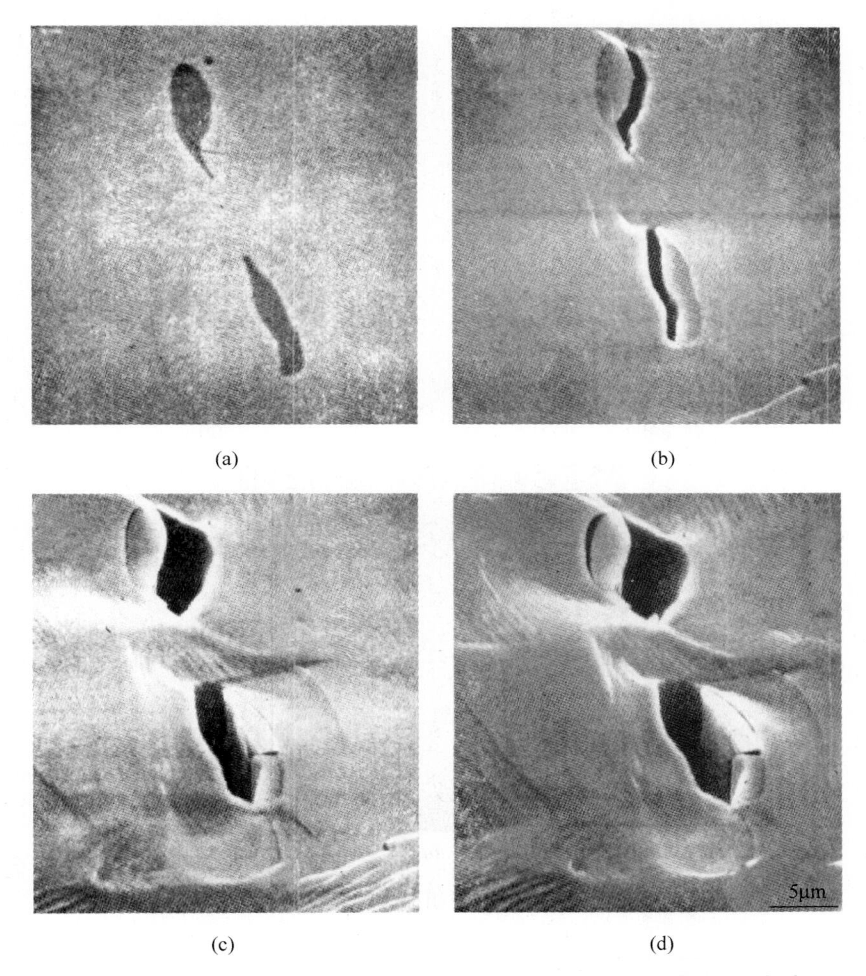

图 1-47 15 碳钢中裂纹在硫化锰/钢基体处形核以及断裂尖端钝化[125]

前边已经提到，对于不锈钢来说，其塑性变形主要是通过孪晶方式来实现的。孪晶变形时，其微裂纹萌生位置和位错变形不同，裂纹在金属基体与第二相（σ 相）之间的界面上沿孪晶界面首先形核，而不是在夹杂物和金属基体的界面处形核，并在 σ 相中解理开裂，如图 1-48（a）所示。不锈钢的微裂纹的扩展方式和碳钢也不同，微裂纹不是沿夹杂物和金属界面扩展，而是在界面形核后随着应变的增大沿着 σ 相逐渐扩展，如图 1-48（b）所示。同时 σ 相内部产生新的微裂纹，而且裂纹很平直，如图 1-48（c）所示。通常认为形变孪晶的扩展速度比滑移要快，在孪晶扩展过程中，一旦被阻塞，在孪晶前端会产生高的应力集中，从而导致裂纹的产生。

在讨论非金属夹杂物对钢的强度影响时，我们提到稀土元素可以改变夹杂物的形态，使得硫化锰夹杂球化，从而提高其屈服和抗拉强度。同样，稀土元素也可以改善钢的塑性。图 1-49 给出了稀土元素铈含量对 202 不锈钢塑性的影响[123]。可以看出，随着铈元素添加量的增加，钢的横向延伸率和横向断面收缩率均逐渐提高；当铈的添加量达到 0.016%时，其横向延伸率和横向断面收缩率均达到最高值；继续添加稀土元素，钢的塑

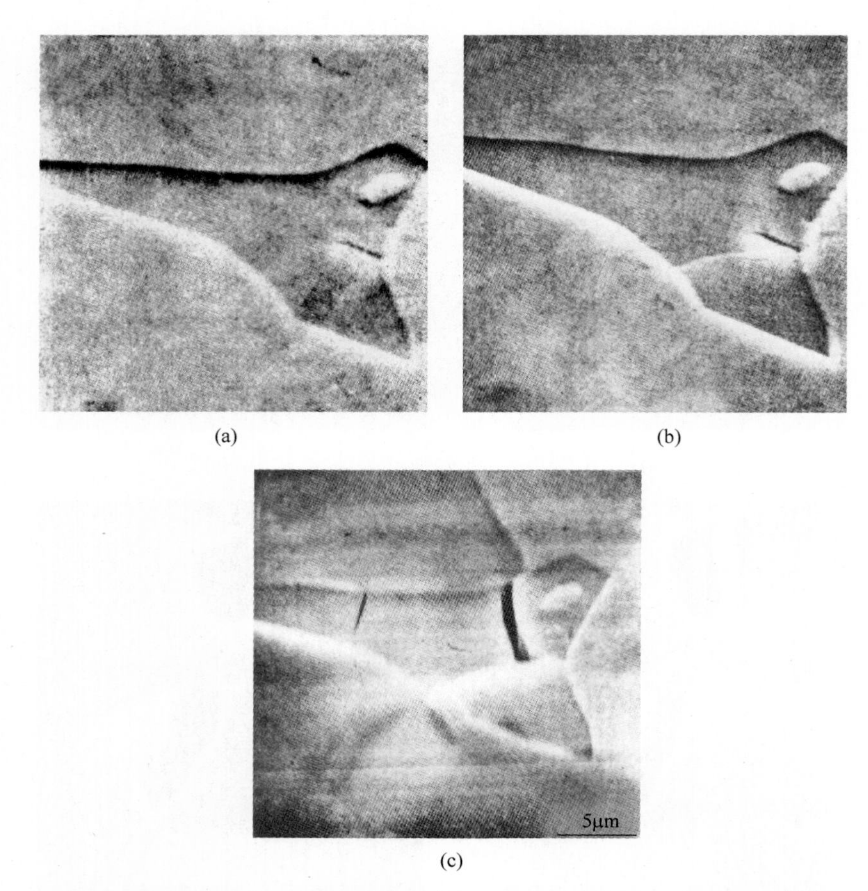

图 1-48　Cr25Ni20 不锈钢裂纹在 σ 相/基体界面成核并在 σ 相中扩展[125]

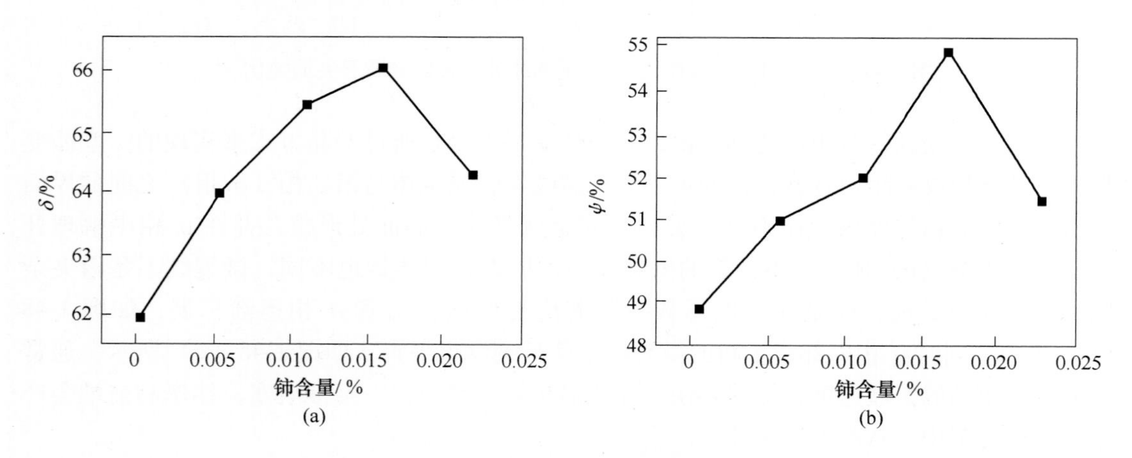

图 1-49　铈元素对 202 不锈钢塑性的影响[123]

性不再增加而是有所降低。图 1-50 表明，在 18Ni 马氏体时效钢中加入稀土镧元素，钢的延伸率和断面收缩率均显著提高，当镧的添加量达到 0.017%时，其延伸率和断面收缩率均达到最高值；继续添加稀土镧元素，钢的塑性降低[126]。研究表明，42CrMoTiB 钢中添加稀土 Ce 或 Sm 微合金化后，夹杂物级别以及夹杂物含量大幅降低，钢的延伸率和断面收缩率分别由 6%和 22%提高至 8%和 30%[127]。

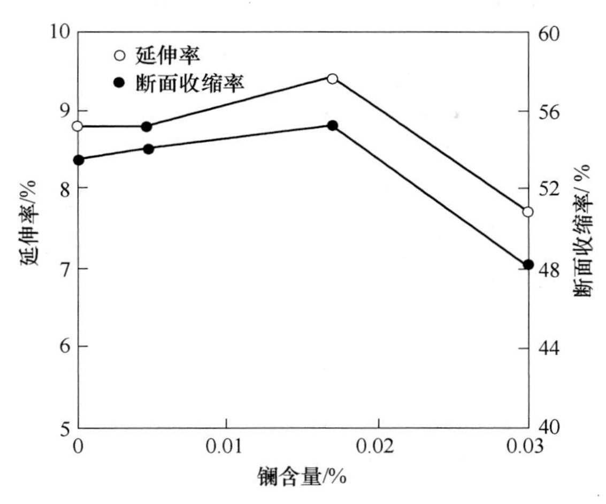

图 1-50 稀土镧元素对 18Ni 马氏体时效钢塑性的影响[126]

1.5.3 夹杂物对韧性的影响

金属的韧性是指金属受到外力作用发生变形到破坏（断裂）时，单位体积吸收的变形功。韧性实质上仍是塑性，不过是特指采用变形功来表示塑性。变形功越大，金属的塑性、韧性越好。韧性好，说明材料具有良好的动力工作性能。金属的韧性和其他力学性能一样，都是金属自身的一种属性。韧性和塑性是两个概念，韧性是材料强度和塑性的综合表现。如果材料抵抗变形断裂的能力用强度来表征，在载荷应力小于屈服极限时，材料处于弹性变形阶段，在弹性变形过程中材料吸收的能量就是它的弹性；继续增加载荷，材料将进入塑性变形阶段，材料从塑性变形开始到断裂全过程中吸收的能量则是它的韧性。塑性变形的总变形量称为材料的塑性指标。一般说来，因韧性不足而引起的各种脆断是材料服役过程中最危险的失效方式，钢的强度越高，其脆断的危险越大。通常，材料的韧性一般采用以下指标进行表征[128]。

带缺口试样的冲击韧性：冲击韧性是反映金属材料对外来冲击负荷的抵抗能力，一般由冲击韧性值（a_K）和冲击功（A_K）表示，其单位分别为 J/cm^2 和 J。冲击韧性指标的实际意义在于揭示材料的变脆倾向。冲击韧性或冲击功试验（简称“冲击试验”），根据试验温度不同可分为常温、低温和高温冲击试验三种；若按试样缺口形状又可分为“V”形缺口和“U”形缺口冲击试验两种。冲击韧度 a_K 表示材料在冲击载荷作用下抵抗变形和断裂的能力。A_K 值的大小表示材料的韧性好坏。一般把 a_K 值低的材料称为脆性材料，a_K 值高的材料称为韧性材料。A_K 值取决于材料本身及其状态，同时还与试样的形状、尺寸有关。A_K 值对材料的内部结构缺陷、显微组织的变化很敏感，如夹杂物、偏析、气泡、内部裂纹、钢的回火脆性、晶粒粗化等都会降低 a_K 值；同种材料的试样，缺口越深、越尖锐，缺口处应力集中程度越大，越容易变形和断裂，冲击功越小，材料表现出来的脆性越高。因此，不同种类和尺寸的试样，其 a_K 或 A_K 值不能直接比较。

脆性转变的临界脆化温度：一般说来，温度对材料的韧性有着十分重要的影响。材料在高温下通常韧性较高，a_K值随温度的降低而减小，韧性大小随着温度呈非线性变化，且在某一温度范围内，a_K值发生急剧降低，这种现象称为冷脆，此温度范围称为“韧脆转变温度（T_K）”。图 1-51 给出了钢的这种变化规律[129]。此图表明两种钢在室温下的冲击韧性基本相等，但从临界脆化温度角度考虑，则 A 钢显著优于 B 钢。

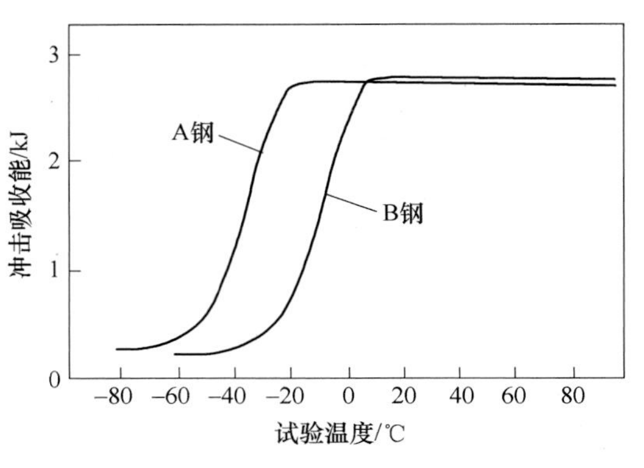

图 1-51　夏氏冲击试验[129]

断裂韧性：断裂韧性是材料阻止宏观裂纹失稳扩展能力的度量，也是材料抵抗脆性破坏的韧性参数。它和裂纹本身的大小、形状及外加应力大小无关。断裂韧性是材料固有的特性，只与材料本身、热处理及加工工艺有关。断裂韧性也是应力强度因子的临界值，常用断裂前物体吸收的能量或外界对物体所做的功表示，例如应力-应变曲线下的面积。韧性材料因具有大的断裂伸长值，所以有较大的断裂韧性，而脆性材料一般断裂韧性较小。对高强度钢或超高强度钢来说，存在一种重要的失效形式，即低应力脆断。发生低应力脆断时，材料上的载荷应力小于材料的屈服极限。通常，材料内部在冶炼、轧制、热处理等各种制造过程中不可避免地产生某种微裂纹，若无损伤检验时没有被发现，那么在使用过程中，由于应力集中、疲劳、腐蚀等原因，裂纹会进一步扩展。当裂纹尺寸达到临界尺寸时，就会发生低应力脆断。这种失效的实质是材料内部裂纹逐步扩展的结果。设其所需要的应力是 σ_f，裂纹的半长为 α，裂纹呈张开型且它的尖端处于平面应变状态，则有：

$$K_{IC} = \sigma_f \sqrt{\pi\alpha} \tag{1-2}$$

K_{IC}称为平面应变断裂韧性，它表征材料阻止裂纹扩展的能力，也反映了裂纹尖端所处应力场的特点。

目前，钢的断裂韧性有 3 种模型[130]：

（1）Rice 早期提出：

$$K_{IC} = \overline{2E\sigma_s S} \tag{1-3}$$

式中，E 为试样的弹性模量；σ_s 为屈服强度；S 为夹杂物平均间距。

（2）Krafft 修正模型：

$$K_{IC} = (\sigma_s + \sigma_b + En/2)(2\pi d_T)^{0.5} \tag{1-4}$$

式中，n 为应变硬化指数；d_T 为断裂过程区尺寸。

（3）Raphupathy 则将根据图像仪测定的夹杂物参数代入 Rice 方程，其中：

$$S = \left(\frac{\pi}{6V_v}\right)^{\frac{1}{3}} \bar{a} \tag{1-5}$$

式中，$\bar{a}$ 为夹杂物平均尺寸。

在室温下钢中非金属氧化物的含量及形态对钢的韧性（如断面收缩率和冲击韧性等）有很大影响，提高钢韧性的一个重要方向是钢的洁净化，尤其是钢中氧和硫元素的控制。

研究表明[131]，采用 $CaO-CaF_2-Al-Ca$ 脱硫、脱氧后，铝镇静钢中硫和总氧含量显著降低，可以提高钢的冲击韧性，如图 1-52 所示。

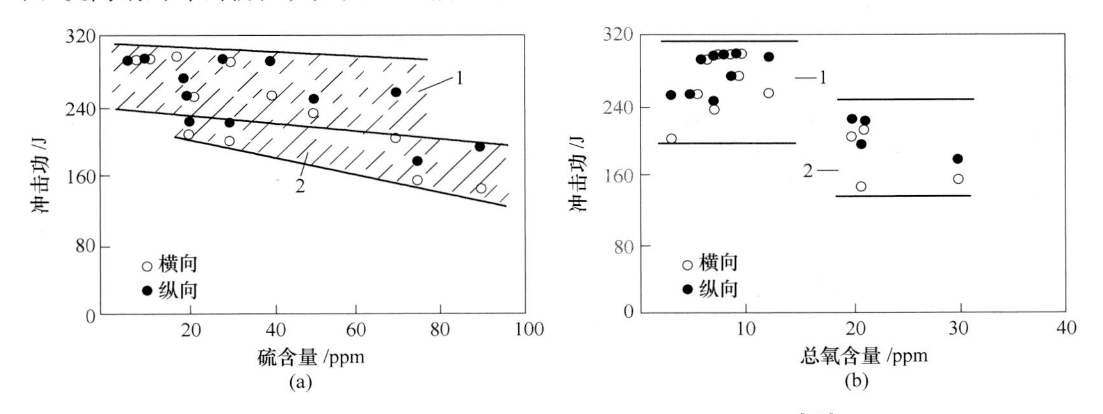

图 1-52　硫和总氧含量对铝镇静钢冲击韧性的影响[131]

1—经过 $CaO-CaF_2-Al-Ca$ 脱硫、脱氧处理；2—经过 $CaO-CaF_2-Al$ 脱硫、脱氧处理

此外，温度对钢的冲击韧性也有着重要的影响[131]。图 1-53（a）为未经处理铝镇静钢的冲击韧性随温度变化的曲线。由图可以看出，未经处理前钢中硫含量和氧含量较高，钢的冲击韧性较差，尤其是低温冲击韧性。而且横向韧性和纵向差别较大，存在较严重的各向异性。韧性的各向异性是由钢中硫含量较高生成了硫化锰夹杂导致的。由于硫化锰夹杂属于易变形夹杂物，在冲击过程中沿着受力方向延伸，导致钢横向和纵向性能不同。图 1-53（b）为经 $CaO-CaF_2-Al$ 脱硫处理后钢的冲击韧性随温度变化的曲线。由图可知，$CaO-CaF_2-Al$ 脱硫处理后，钢中硫和全氧含量都降低，钢的冲击韧性与未经处理前相比，室温时提高近 1 倍，低温（-60℃）的冲击韧性提高 3~4 倍，而且钢的各向异性得到了显著减轻。这是因为钢中硫和总氧含量降低使得钢中的 MnS 和 Al_2O_3 夹杂物转变成硫化钙和铝酸钙。图 1-53（c）展示了经 $CaO-CaF_2-Al-Ca$ 处理后钢的冲击韧性随温度变化的曲线。由图可以看出，添加 $CaO-CaF_2-Al-Ca$ 脱硫和氧处理后，钢中的硫和全氧含量进一步降低，使得钢的冲击韧性得到进一步提高。与 $CaO-CaF_2-Al$ 脱硫处理处理相比，室温下的冲击韧性值提高大约 50%，低温下（-60℃）的冲击韧性提高近 2 倍，而且钢的各向异性已经基本完全消除。这说明降低钢中氧和硫含量是提高钢韧性的一个重要方法。

另外，硫含量对钢的 U 形和 V 形缺口的断裂韧性都有影响，但其影响程度有所差别[132,133]。图 1-54 给出了不同温度下两种车轮钢 U 形和 V 形缺口试样的冲击功。60S 和 10S 两种车轮钢的主要差别在硫含量上，10S 车轮钢的硫含量为 10ppm，60S 车轮钢的硫含量为 60ppm。由图可知：60S 和 10S 车轮钢的韧脆转化温度分别约为-40℃和-20℃。图 1-55 为不同温度下车轮钢 V 形缺口试样的冲击功随硫含量的变化。从图中可知，适当提高钢中硫含量有利于改善钢的断裂韧性[134]。

除了硫含量影响钢的韧性外，杂质磷含量也会对钢的韧性造成影响[135]。一般来说磷元素含量过高会降低钢的韧性，适当降低钢中磷元素的含量可以提高钢的冲击韧性。图 1-56 为 4340 钢中磷含量及回火温度对 V 形缺口试样韧性影响的结果。由图可以看出，在整个回火温度范围内，磷含量为 30ppm 的钢的冲击韧性明显优于磷含量为 300ppm 时钢的

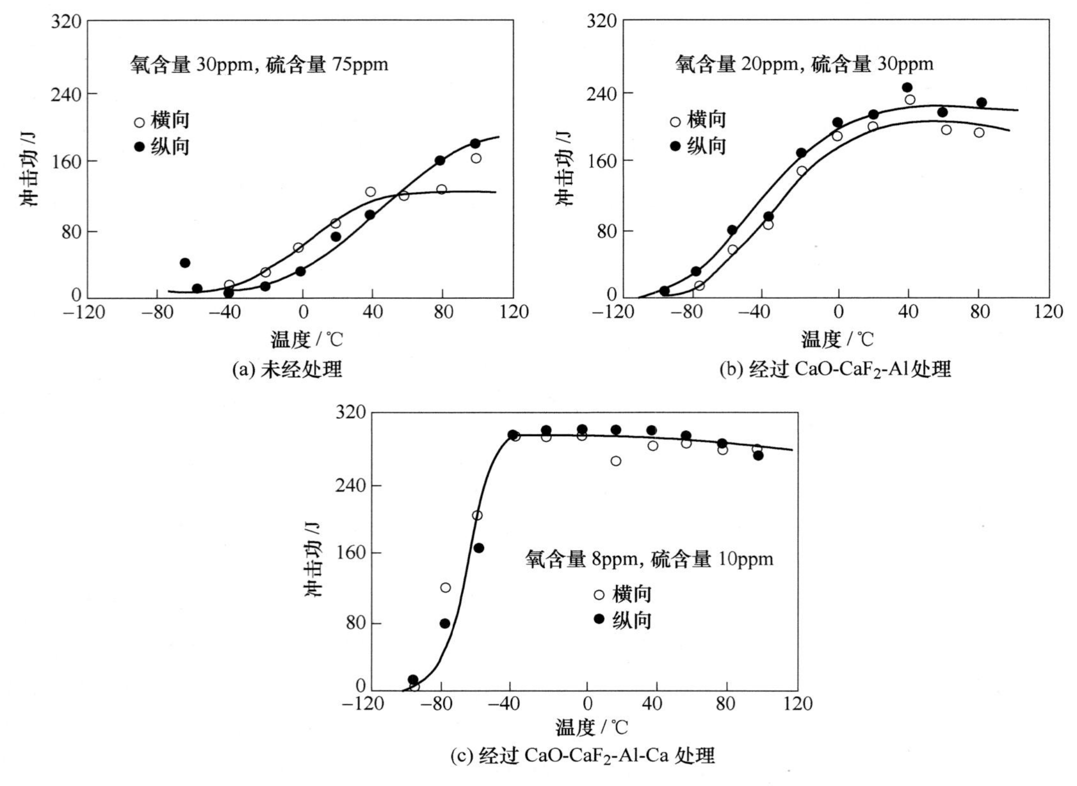

图 1-53　铝镇静钢的冲击韧性与温度的关系[131]

韧性。同时，在磷含量固定的条件下，钢的冲击韧性随着回火温度的提高呈现先增加、后减小、再增加的趋势。250~400℃范围内冲击韧性随着退火温度升高而降低，这是由回火马氏体脆性导致的。

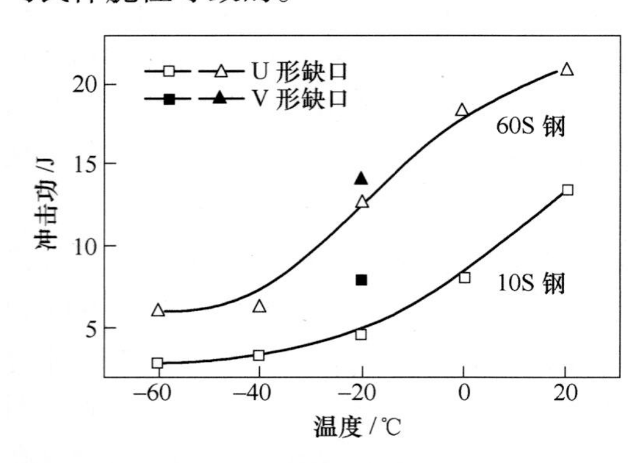

图 1-54　不同温度下两种车轮钢 U 形和 V 形缺口试样的冲击功[132,133]

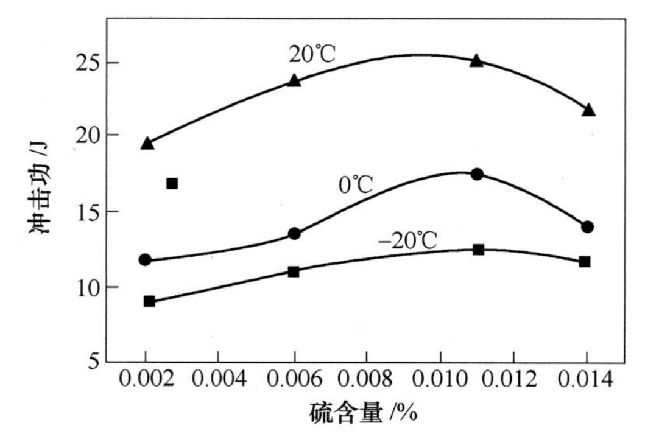

图 1-55　不同温度下车轮钢 V 形缺口试样的冲击功随硫含量的变化[134]

非金属夹杂物的特征，如类型、形态、级别、数量、尺寸等对钢的韧性影响也很大。图 1-57 给出了 42CrMo 钢中硫化锰最大尺寸对钢冲击韧性的影响[136]。可明显看出，随着硫化锰最大尺寸增加，钢的冲击韧性降低。

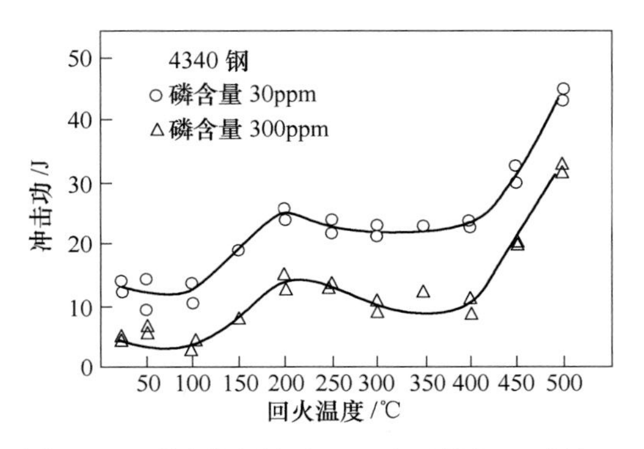

图 1-56　不同磷含量下 4340 奥氏体钢 V 形缺口冲击功与回火温度的关系[135]

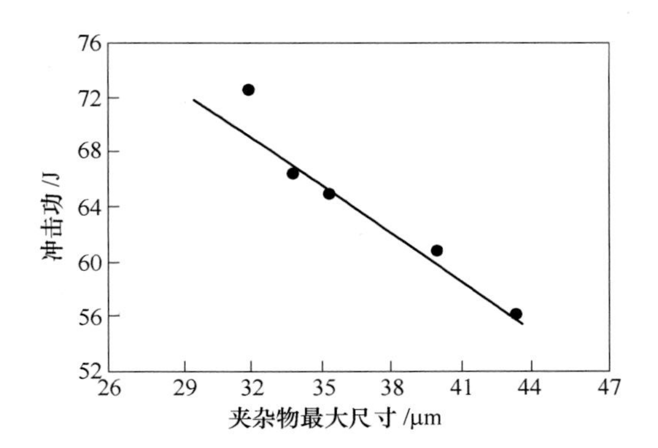

图 1-57　42CrMo 钢中硫化锰夹杂物最大尺寸对钢冲击韧性的影响[136]

钢中夹杂物间距和含量对钢的断裂韧性有着重要的影响。一般说来，采用两种方法测量夹杂物的间距：一种是金相法，按照式（1-6）进行计算[124]；另一种方法在同一放大倍数下，测量扫面电镜照片中韧窝中心的夹杂物间距，最后取平均值。图 1-58 为夹杂物间距对 42CrMo 钢冲击韧性的影响[136]。可以看出随着夹杂物间距增加，钢的断裂韧性逐渐提高。因此，夹杂物弥散分布对钢的韧性有利。夹杂物的含量对钢断裂韧性的影响规律如图 1-59 所示，可以看出随着夹杂物数量的增加，钢的断裂韧性急剧降低。

$$\bar{d} = (A/N)^{0.5} \tag{1-6}$$

式中，$\bar{d}$ 为夹杂物平均间距；A 为测量总面积；N 为夹杂物总数。

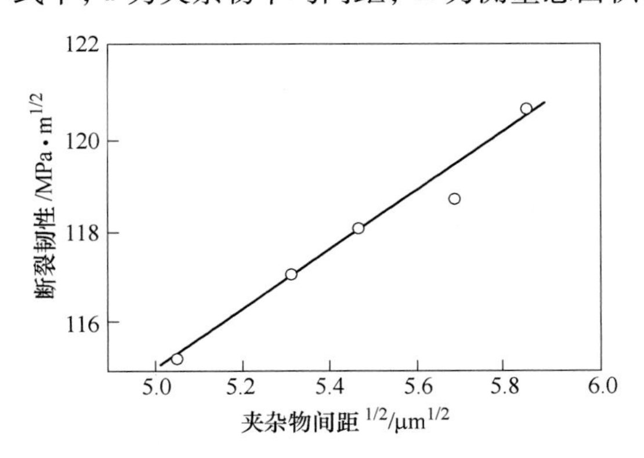

图 1-58　夹杂物间距对 42CrMo 钢冲击韧性的影响[136]

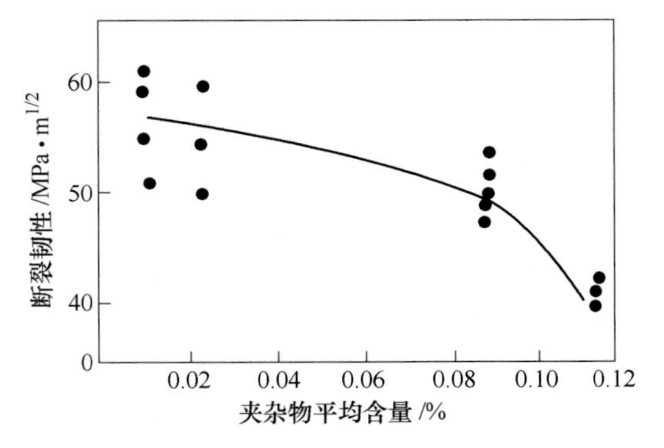

图 1-59　夹杂物含量对钢断裂韧性的影响[136]

同改善钢的强度和塑性一样，钢中添加稀土元素使夹杂物变性，从而改善钢的韧性。图 1-60 给出了稀土元素含量和高强钢中稀土夹杂物数量的关系[137]。可以看出，在稀土含量不太高条件下，稀土夹杂物数量随钢中稀土量的增加而增大，如稀土含量从 0.018%到 0.021%，稀土夹杂物总量增加 6%，且以球状、近球状细小弥散分布的稀土硫氧化物夹杂为主。稀土夹杂物数量增加，钢的冲击功逐渐增加，继续添加稀土元素，钢的韧性开始降低，如图 1-61 所示。稀土镧对 18Ni 马氏体时效钢冲击韧性的影响规律相同[123]，当镧含量为 0.017%时，钢的韧性达到最优值，如图 1-62 所示。

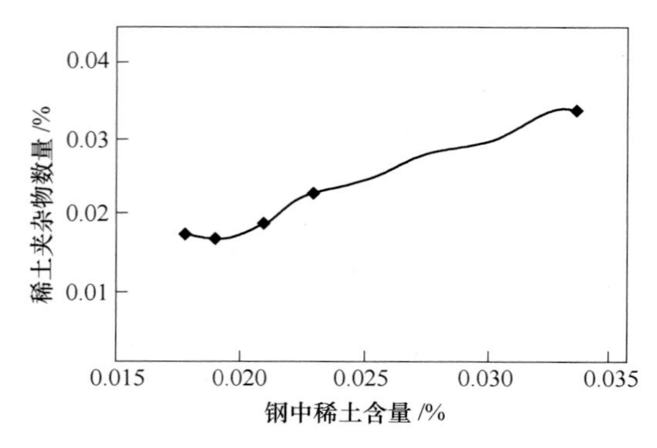

图 1-60　稀土元素含量和稀土夹杂物数量的关系[137]

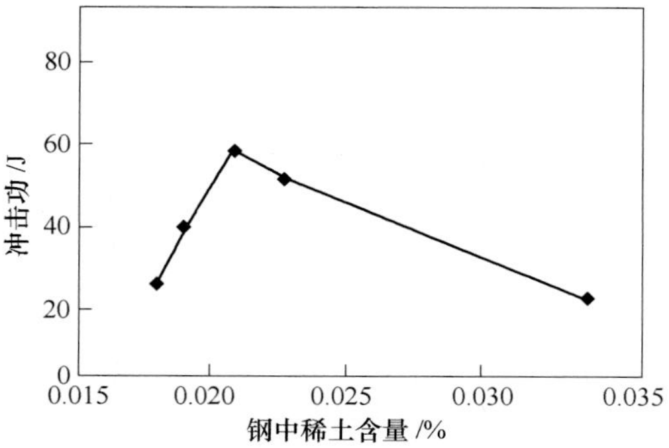

图 1-61　稀土元素含量和冲击韧性的关系[137]

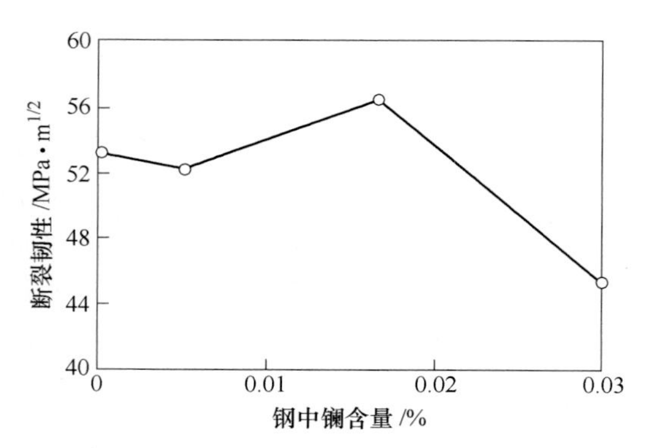

图 1-62　稀土镧元素对 18Ni 马氏体时效钢的影响[137]

钢中稀土和硫含量的比值显然会影响夹杂物的形态，从而影响钢的韧性[138]。图 1-63 给出了硅锰钢中稀土和硫含量的比值对其冲击韧性的影响。可以明显看出，钢中硫化物夹杂物的形态和硅锰钢的冲击韧性均受到稀土和硫含量的比值 RE/S（质量比）的影响，RE/S = 1. 25 是控制钢中硫化物夹杂形态的临界值。当 RE/S≥1. 25 时，硫化物夹杂的形态为Ⅰ、Ⅲ型，这时 A_K≥28J；当 RE/S<1. 25 时，以Ⅱ型硫化物夹杂为主，冲击功 A_K<28J。稀土元素不仅是强脱硫剂，而且是强脱氧剂。因此要得到高的稀土残量，必须控制钢中的氧含量。另外，钢中氧含量决定硫的溶解度和活度，从而影响硫化物在钢中的存在形态。图 1-64 为硅锰钢中硫化物夹杂物的形态、钢的冲击韧性与钢中总氧含量（T. O. ）的关系。由图可以看出，随着钢中残余氧含量的变化，钢中硫化物夹杂的形态和冲击韧性也相应变化；冲击韧性的变化规律为：当 T. O. >70ppm 时，硫化物形态以Ⅱ型为主，冲击韧性低；当 T. O. =30～70ppm 时，硫化物形态以Ⅰ、Ⅲ型为主，冲击韧性高；当 T. O. <30ppm 时，硫化物形态既有Ⅰ、Ⅲ型，又有Ⅱ型，冲击韧性也是高低变化。

1. 5. 4　夹杂物对疲劳性能的影响

金属的疲劳是指在实际使用中，钢部件承受交变载荷作用，机件在这种交变载荷下经过较长时间的工作而发生断裂的现象。疲劳是钢部件破坏的最常见原因。疲劳断裂与静载荷条件下的断裂不同，无论在静载荷下表现脆性或韧性的材料，在疲劳断裂时都不产生明

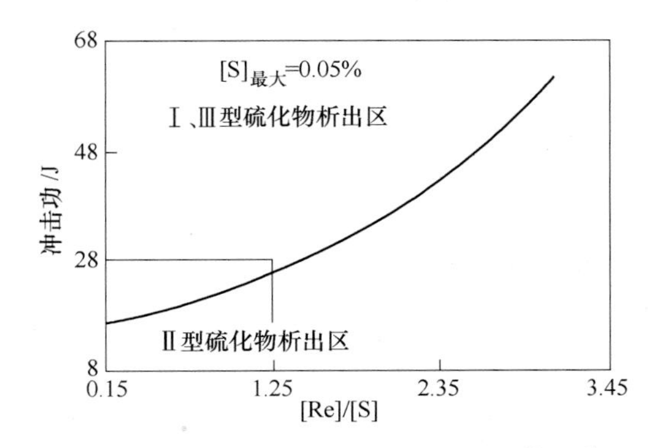

图 1-63　硅锰钢中稀土和硫含量的比值对其冲击韧性的影响[138]

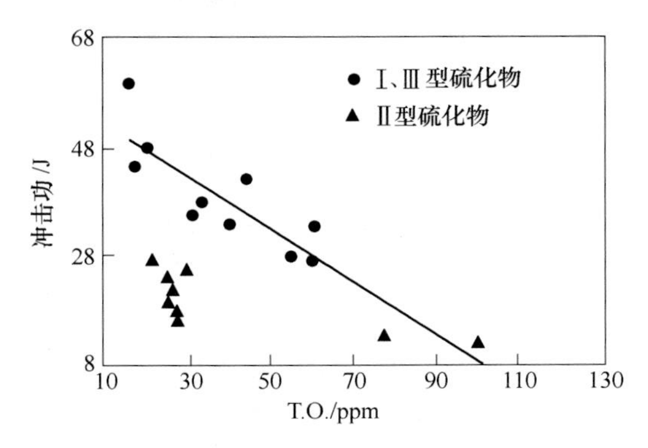

图 1-64　硅锰钢中硫化物夹杂的形态、钢的冲击韧性与钢中残余氧含量的关系[138]

显的塑性变形，断裂是突然发生、难以预测的，因此往往造成非常危险的事故。研究结果表明，产生疲劳断裂的主要原因是由于钢部件表面缺陷、钢中夹杂物和组织不良引起的。疲劳破坏以许多不同的形式出观，它包括仅有外加应力或应变波动造成的机械疲劳。

疲劳可以从不同的角度来进行分类。按载荷受力方式的不同，疲劳可以分为拉压疲劳、弯曲疲劳、扭转疲劳等；按温度的不同，可以分为高温疲劳和低温疲劳；按介质的不同可以分为空气疲劳和腐蚀疲劳。以上这些疲劳的分类方法都不能体现出疲劳的本质。目前，一般认为按照零件从受载荷开始直至破坏所经历的载荷循环周次来进行分类[139]：

（1）低周疲劳：又称低循环疲劳，是指金属材料在反复变化的大应变或大应力作用下，材料的局部应力往往超过材料的屈服极限，在断裂过程中产生较大的塑性变形，通常定义为破坏循环周次低于 10^4 ~ 10^5的疲劳。其特点是作用于构件的应力水平较高，材料处于塑性状态，应力和应变呈非线性关系，且疲劳性能主要取决于材料的塑性，与材料的强度关系不大。对于低周疲劳来说，材料的疲劳性能由循环应力-应变曲线和应变-寿命曲线来表征。此外，低周疲劳是用应变作为参量的，所以低周疲劳又称为应变疲劳或塑性疲劳。

（2）高周疲劳：指金属材料在低应力（一般低于材料的屈服强度）作用下循环周次较高的疲劳，一般循环周次高于 10^5。高周疲劳寿命主要取决于材料本身的强度。材料高周疲劳的疲劳抗力一般采用疲劳极限和应力-寿命曲线（*S-N* 曲线）来表征。高周疲劳是循环应力较低、破坏周次较高的一种疲劳，所以也称其为应力疲劳或弹性疲劳。因高周疲劳是各种机械中最常见的，故又简称疲劳。

（3）超高周疲劳：一般指破坏循环周次在 10^8 ~ 10^{12}范围内的疲劳（very high cycle fatigue，VHCF）[140]。20 世纪 80 年代，日本学者提出钢铁材料在超过 10^7的应力循环出现疲劳破坏。二十余年后，学者们借助于超声疲劳试验或高频率常规疲劳试验方法开展了循环周次在 10^8以上的疲劳实验研究。长期以来，传统疲劳的研究受试验条件和试验设备载荷频率的限制，高周疲劳研究范围被限制在 10^7周次以内。传统疲劳研究认为材料在 10^7周次附近存在一个疲劳极限，构件载荷应力幅度低于该疲劳极限，则材料有无限寿命[128]。由于超高周疲劳发生在传统疲劳极限以下，其循环应力幅远低于材料的屈服强度，且疲劳行为涉及超长寿命下服役零件的安全性，因此材料在 10^7 周次以上的超高周疲劳性能的研究工作开始受到工程界的广泛重视。

1.5.4.1　钢中夹杂物的变形率对疲劳性能的影响

根据变形率可以分析夹杂物在钢变形过程中的力学行为，通过夹杂物和钢基体的界面对单个夹杂物进行研究。在疲劳裂纹源处通常存在热轧时变形率较低的夹杂物，例如 Al_2O_3 或 TiN 脆性夹杂物。这种低变形率的夹杂物不能传递基体中存在的应力，在夹杂物和钢基体界面处就可能会形成显微裂纹，从而诱发钢中疲劳裂纹。而且，由于夹杂物与钢基体的热膨胀系数不同，在夹杂物周围基体中产生一种径向的拉应力（即镶嵌应力）。这种拉应力和施加的循环应力双重作用，促使疲劳裂纹优先在靠近夹杂物的基体中形成。降低夹杂物的熔点不仅可以有效地增加其塑性变形能力，细化夹杂物，还可以消除应力集中。Kawahara 等[141]开发出超纯净的 Cr-Si 气门弹簧钢，大大降低了因夹杂物引起的疲劳断裂，延长了疲劳寿命，且使疲劳应力幅值提高了 30MPa 以上。对于钢材中变形性能较好的硫化物夹杂物，在一般承受载荷下，硫化物与钢基体的界面上不容易形成显微裂纹。这是由于冷却时在热膨胀系数高的硫化物周围产生残余应力，而硫化物在钢加工的各个阶段都参与变形，并随钢基体以相同的方式改变其形状，使硫化物夹杂物与钢基体之间界面的结合力不被破坏。因此在夹杂物和钢基体界面处不会形成显微孔隙和空洞。

1.5.4.2　夹杂物的数量对疲劳性能的影响

通常夹杂物的数量多，疲劳强度就低；反之，疲劳强度则高。图 1-65 为轴承钢中氧化物夹杂数量与疲劳寿命的关系[124]。可以明显看出，氧化物数量的增加使得轴承钢疲劳寿命迅速降低。日本並木邦夫等[142]指出弹簧钢中的总氧从 21～33ppm 降到 11ppm，提高了疲劳极限。日本大同特殊钢在钢的疲劳源上，观察到超低氧钢中 Al_2O_3 和 TiN 夹杂物的尺寸明显小于常规处理钢中的夹杂物尺寸，且钢的疲劳源上夹杂物出现的几率减少，甚至在钢的疲劳源处根本看不见夹杂物。采用不同的冶炼方法获得的钢中夹杂物数量不同，因此钢的疲劳强度也不同，如图 1-66 和图 1-67 所示[124,140]。

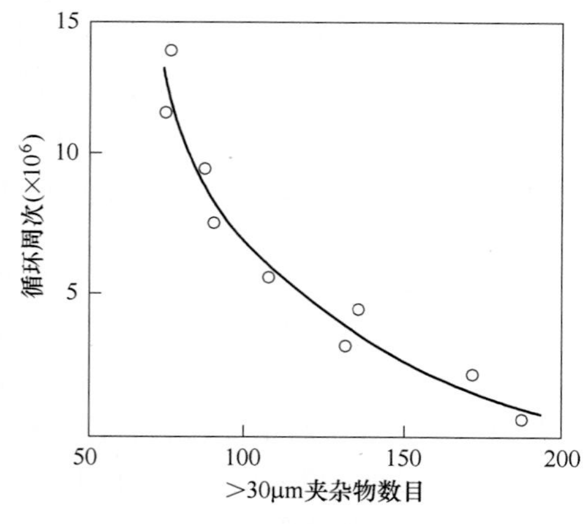

图 1-65　夹杂物数量对轴承钢疲劳寿命的影响[124]

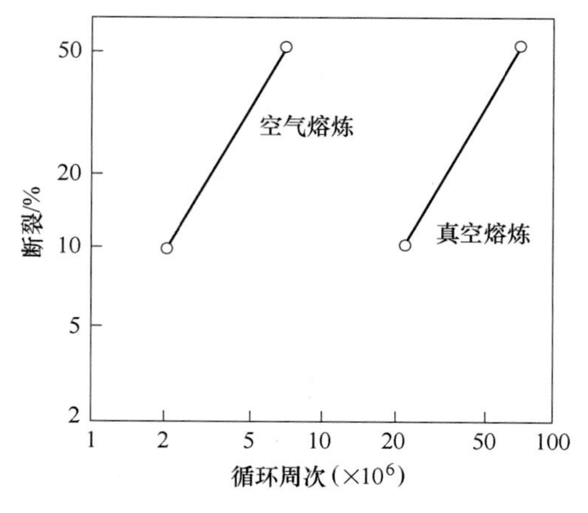

图 1-66　冶炼方式对轴承钢疲劳寿命的影响[124]

1.5.4.3 夹杂物尺寸对疲劳性能的影响

一般夹杂物尺寸对钢材疲劳极限的影响要远高于夹杂物含量的影响。在夹杂物形状不变的条件下，夹杂物尺寸对疲劳极限的影响如图 1-68 所示[143]。可以看出，随夹杂物尺寸增大，钢的疲劳极限逐渐降低；而且，钢的强度值越高，夹杂物尺寸变化所引起的疲劳强度变化越显著。Duckworth 等[144]提出了影响疲劳性能的夹杂物“临界尺寸”的概念。假定夹杂物不在表面，并且大于临界尺寸，则钢的强度降低因子 K_f 与夹杂物直径 D 的立方根成正比：

$$K_f \propto D^{1/3} \tag{1-7}$$

式中，K_f 为钢中存在和不存在直径为 D 的夹杂物时疲劳极限的比值。

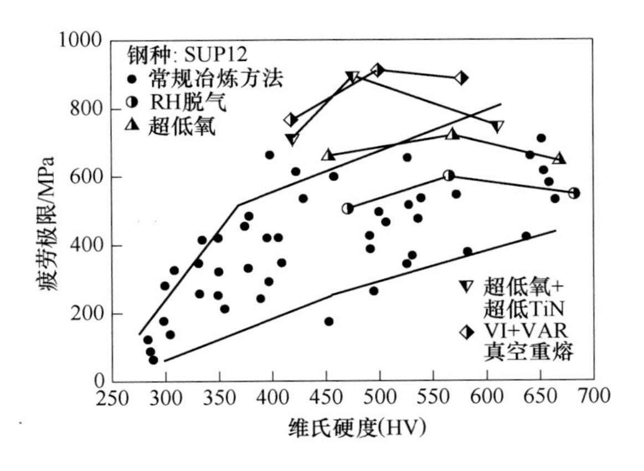

图 1-67 冶炼方法对弹簧钢的疲劳性能的影响[142]

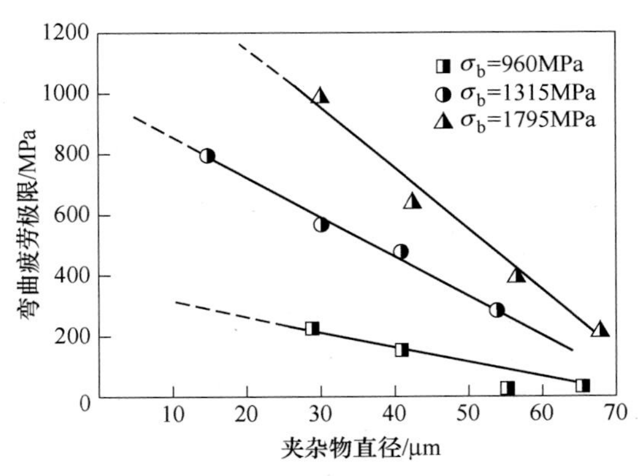

图 1-68 弯曲疲劳极限与成为疲劳破坏起点的夹杂物平均直径间的关系[149]

若夹杂物尺寸小于其临界值，则对疲劳寿命无影响。张德堂[145]指出，当夹杂物尺寸小于几微米时，夹杂物萌生疲劳裂纹的几率非常小；但当夹杂物尺寸大于 10μm 时，疲劳裂纹则在夹杂物周围萌生。当应力水平增加时，夹杂物尺寸对疲劳寿命的影响更加严重。Kawada 等[146]指出，只有当抗拉强度高于某一临界值时夹杂物对高强度钢的疲劳极限才会产生影响。该临界值受夹杂物尺寸的影响。图 1-69 给出了 35CrMo 车轴钢中夹杂物尺寸和疲劳的应力幅值的关系[147]。可以看出，随着夹杂物尺寸的增大，引起疲劳破坏的临界应力逐渐降低。若疲劳小试样危险体积（危险体积指大于试样所受最大应力 90%所对应区域包含的体积）内最大夹杂物尺寸为 36μm，则夹杂物引起试样发生疲劳破坏的临界应力为 685MPa。这说明由于危险体积的增加，材料内存在更大尺寸的夹杂物，从而导致材料的疲劳强度降低。同时，钢中疲劳微裂纹处最大夹杂物尺寸对钢的疲劳性能也有重要的影响。图 1-70 给出了汽车车轮用钢疲劳裂纹处最大夹杂物尺寸对疲劳强度的影响[148]。可以看出，疲劳寿命高于 150 万次的测试试样中不存在大尺寸的夹杂物，最大尺寸为 15μm；而疲劳寿命低于 50 万次的疲劳试样中，均存在尺寸大于 30μm 的大尺寸夹杂物。因此，钢的疲劳寿命主要由大尺寸夹杂物决定。

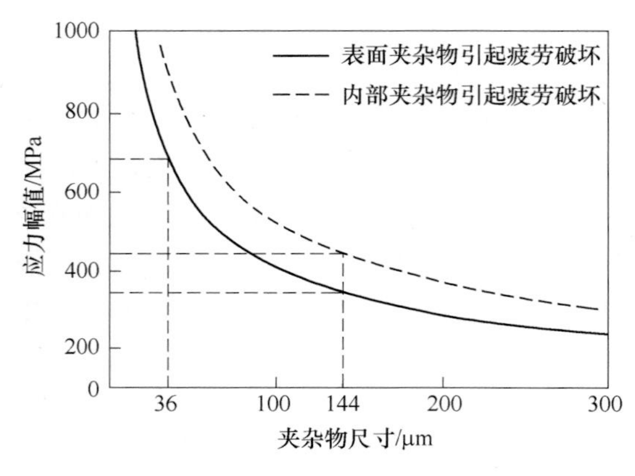

图 1-69　35CrMo 车轴钢中应力幅值与临界夹杂物尺寸的关系[147]

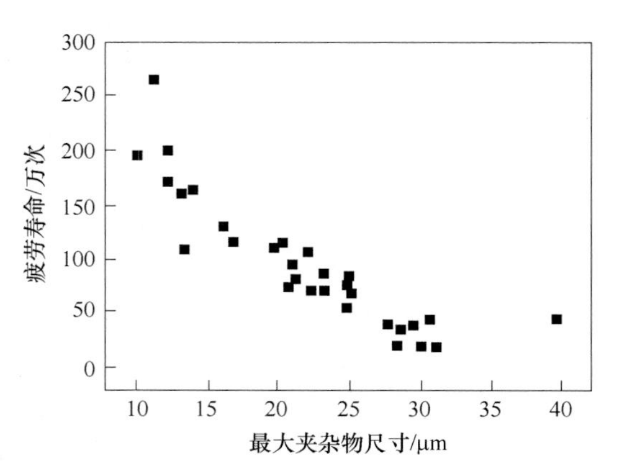

图 1-70　高强度车轮钢疲劳裂纹处最大夹杂物尺寸对疲劳强度的影响[148]

1.5.4.4　夹杂物的形状对疲劳性能的影响

通常，夹杂物的曲率半径越小，其引起的应力集中越严重。这是由于在疲劳载荷作用下，夹杂物的不规则边缘最易产生应力集中，进而发展为微裂纹。随疲劳载荷次数的增加，微裂纹逐渐扩展，最终导致材料发生疲劳断裂。在交变应力作用下，裂纹优先在垂直于拉应力方向的夹杂物尖角处形成，而且尖角微裂纹的扩展速率也比球状夹杂物要大得多。因此，形状不规则和多棱角的夹杂物较曲率半径大的圆杆状夹杂物对疲劳性能的危害性更大[150,151]。图 1-71（a）为 18Mn2SiVB 非调质钢低周疲劳极限断口的夹杂物的 SEM 形貌，从图中可以看出，钢中夹杂物呈现不规则的块状。图 1-71（b）为高周疲劳极限（>150 万次）试样的断口的 SEM 形貌。与低周疲劳夹杂物不同，这时夹杂物呈短杆状分布。因此，控制夹杂物的形貌使之球化，是提高钢疲劳强度的一个重要途径。

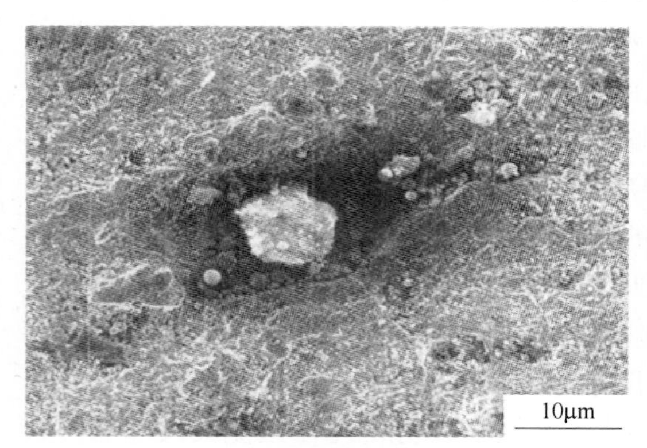

(a) 低周疲劳极限(35万次)

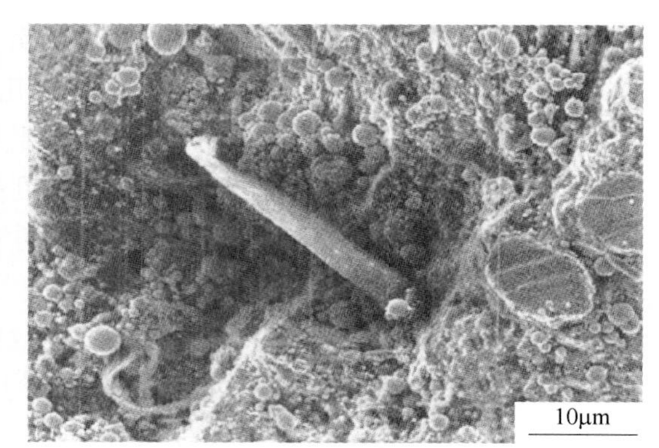

(b) 高周疲劳极限(>150万次)

图 1-71　18Mn2SiVB 非调质钢夹杂物形状对疲劳极限的影响[150,151]

1.5.4.5　夹杂物分布对疲劳性能的影响

Duckworth[144] 和 Kawada[146] 指出，相同尺寸的夹杂物在试样横截面上的位置不同，而对疲劳性能的影响不同。Melander 等[152]研究了 Weibull 图中，位于或极接近试样表面的尺寸约 20μm 的夹杂物引起的疲劳破坏。如图 1-72 所示，几乎所有的破坏均由氧化铝、铝酸钙或硫化锰与前两者的复合夹杂物引起，或者很可能起源于夹杂物引起的空洞；未发现纯粹的硫化锰或氮化物引起破坏，所有的疲劳源均位于试样的表面，夹杂物尺寸约 10～20μm。可见，应力水平对临界夹杂物的分布位置有显著的影响。在低应力水平下，疲劳破坏大多由次表面的夹杂物引起；而在高应力水平下，疲劳破坏则主要由表面或近表面的夹杂物引起[153]，如图 1-69 所示。

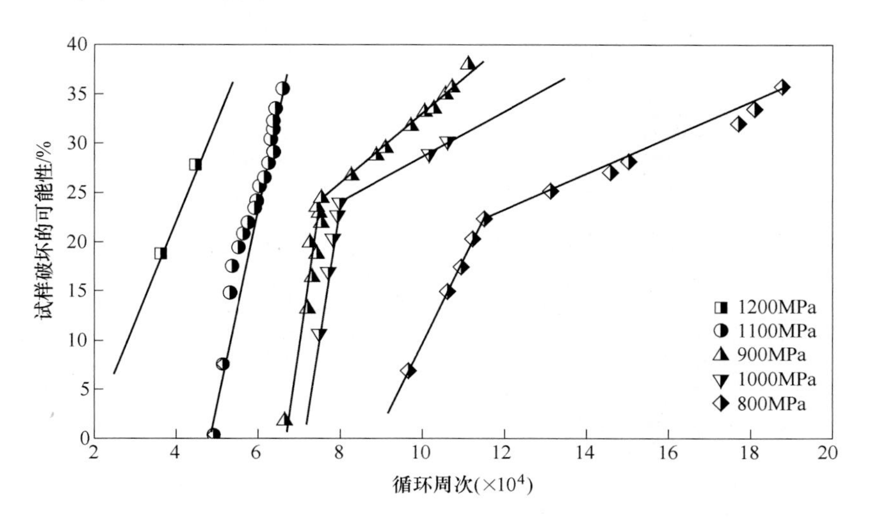

图 1-72 五种应力幅下的 Weibull 图（$R=-1$）[152]

1.5.4.6 夹杂物类型对疲劳性能的影响

非金属夹杂物类型，尤其是脆性夹杂物一般是疲劳裂纹源[154]。图 1-73 为尺寸为 100μm×55μm 的颗粒状氧化物夹杂在最大应力为 560MPa 时，不同受载循环周次下裂纹萌生和扩展的 SEM 结果。由于氧化物夹杂物比较脆，材料加工或试样制备过程中会形成微裂纹，因而原位疲劳试验前，夹杂物内就存在一些微裂纹，如图 1-73（a）中白色箭头所示。随着循环周次的增加，夹杂物内部的裂纹逐渐变宽，但还未向基体扩展。当循环周次达到 1710815 时，靠近夹杂物左侧突出部分的基体中萌生了一条裂纹，夹杂物内部也萌生了一条新的裂纹，如图 1-73（b）所示。当循环周次达到 2048705 时，在夹杂物右侧基体中又萌生了一条裂纹，如图 1-73（c）所示，此时夹杂物左侧基体中的裂纹长度已达 20μm。此后，随着循环周次进一步增加，裂纹在夹杂物两侧的基体中不断扩展。当循环周次为 2887767 时，裂纹明显变宽，夹杂物下端与基体脱粘，裂纹左端扩展到试样边缘，如图1-73（h）所示。此时，裂纹总长约占整个试样宽度的 40%。当循环周次达到 2898713 时，试样突然断裂。因此，疲劳裂纹由非金属夹杂物内部萌生、扩展直至试样断裂。

综上所述，钢材的疲劳性能受夹杂物的变形率、数量、尺寸、形状、分布和在基体的位置等多重因素共同影响，不是单一的对应关系，这些因素对疲劳寿命的定性影响是明确的。表 1-4 总结了国内外研究夹杂物对钢基体疲劳性能影响的成果。

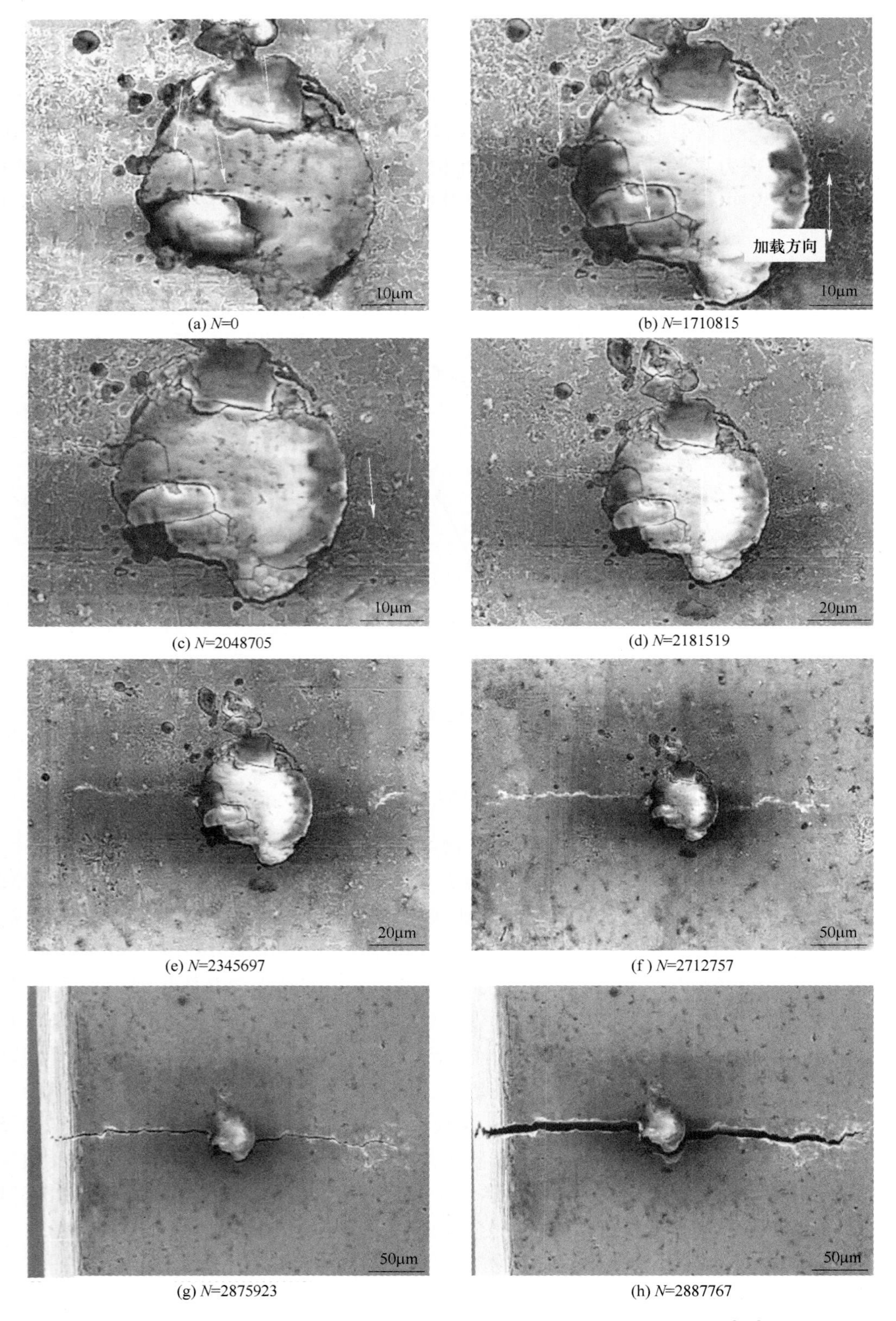

图 1-73　疲劳载荷作用下 X80 管线钢中夹杂物导致裂纹萌生与扩展[154]

表 1-4 夹杂物对钢疲劳性能的影响

作者	主要内容	年份	文献
Duckworth, et al	提出了影响疲劳性能的夹杂物“临界尺寸”的概念。假定夹杂物不在表面，并且大于临界尺寸，则钢的强度降低因子 K_f 与夹杂物直径 D 的立方根成正比	1963	[144]
Kawada, et al	相同尺寸的夹杂物在试样横截面上的位置不同，而对疲劳性能的影响不同	1971	[146]
並木邦夫，等	弹簧钢中总氧从 21～33ppm 降到 11ppm，提高了疲劳极限。且在钢的疲劳源上，观察到超低氧钢中 Al_2O_3 和 TiN 夹杂物的尺寸明显小于常规处理钢中的夹杂物尺寸，且钢的疲劳源上夹杂物出现的几率减少，甚至在钢的疲劳源处根本看不见夹杂物	1986	[142]
张德堂	当夹杂物尺寸小于几微米时，夹杂物萌生疲劳裂纹的几率非常小；但当夹杂物尺寸大于 10μm 时，疲劳裂纹则在夹杂物周围萌生。当应力水平增加时，夹杂物尺寸对疲劳寿命的影响更加严重	1989	[145]
Kawahara, et al	开发出超纯净的 Cr-Si 气门弹簧钢，大大降低了因夹杂物引起的疲劳断裂，延长了疲劳寿命，且使疲劳应力幅值提高了 30MPa 以上	1992	[141]
Melander, et al	应力水平对临界夹杂物的分布位置有显著的影响。在低应力水平下，疲劳破坏大多由次表面的夹杂物引起；而在高应力水平下，疲劳破坏则主要由表面或近表面的夹杂物引起	1993	[152]
殷瑞钰，等	夹杂物尺寸对疲劳极限的影响比夹杂物数量显著得多，在夹杂物形状不变的条件下，随着夹杂物尺寸增大，疲劳极限呈线性降低	1995	[149]
薛正良，等	弹簧在服役过程中承受最大应力的区域是弹簧表面，因此那些位于材料表面或皮下的大颗粒不变形夹杂物对材料的疲劳性能最有害，疲劳断口上成为疲劳源的夹杂物尺寸大多在 25～30μm 之间	2002	[155]
Murakami 和 Miller	研究了不同粒径的球状夹杂物引起的疲劳裂纹	2005	[156]
Murakami, et al	在对疲劳断裂应力与夹杂物尺寸和分布关系研究过程中发现，夹杂物的形貌、尺寸、分布以及和钢基体的黏合力都可能影响钢材的疲劳强度，并引入临界应力强度影响因子范围 ΔK_{th}（$\Delta K_{th}=K_{max}-K_{min}$）来表征	2008	[153]

1.5.5 夹杂物对切削性能的影响

钢中夹杂物和钢基体各自的硬度、弹性和塑性之间的差异，以及夹杂物和基体界面上结合力的大小，均对钢材的切削性能有重要的影响。一般说来，夹杂物的硬度，尤其是弹性和塑性，与钢基体的差异是很大的，这对切削加工是有利的。在切削过程中，夹杂物和基体产生塑性变形程度不一致，故将在界面上形成裂纹以及裂纹传播，使切屑易与基体分离。夹杂物和基体界面上的结合力一般都较弱，因此在某种意义上说界面是一个裂纹源，或者是一个潜在裂纹，这样在切削过程中将使切屑易于从母体上分离开，降低切削力。

在钙硫系易切削钢中，李西林等[157]研究了夹杂物特征参数与刀具寿命之间的关系。夹杂物尺寸对刀具寿命有显著影响。作为易切削钢中应力集中源的非金属夹杂物[158]，其应力效应随其尺寸增加而增加，随之而来的是切削性能改善、刀具寿命提高。微细夹杂物对刀具寿命的影响程度小，而大颗粒夹杂物的数量主要决定刀具寿命。

夹杂物分布均匀度对刀具寿命的贡献应归于夹杂物在剪切变形区的行为。在剪切区的高应力梯度场作用下，假若钢中夹杂物分布均匀，应力传播便会产生某种周期性效应，使裂纹扩展进而碎裂导致切削所需要的能量减少，这有利于减少切削阻力，提高刀具寿命。图 1-74 为夹杂物均匀度对刀具寿命的作用。随着夹杂物均匀度的提高，刀具寿命不断提高，两者之间呈指数关系。

夹杂物尺寸对切削性能的影响是更大的。当夹杂物的直径大于临界尺寸后，才能有效地起到改善刀具寿命的作用。因而，起决定作用的不是夹杂物总数，而是有效夹杂物数（见图 1-75）。从图中可以看出：单位视场上夹杂物总数与刀具寿命的相关性不明显，而单位视场上有效夹杂物数量与刀具寿命之间有较好的指数关系。

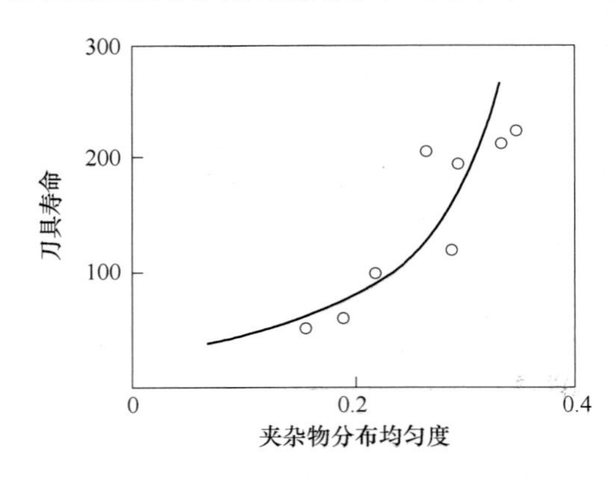

图 1-74　夹杂物分布对刀具寿命的影响[158]

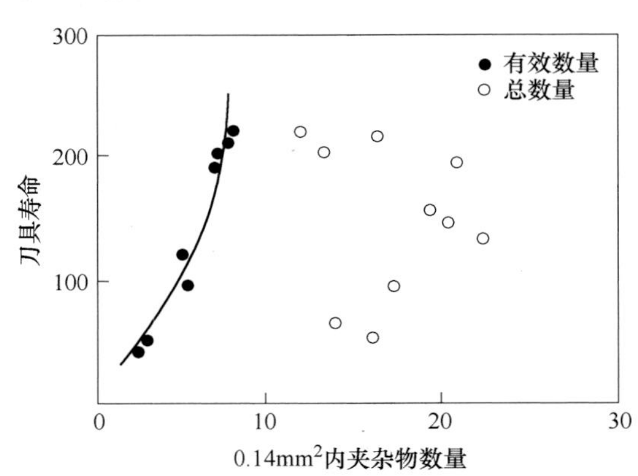

图 1-75　夹杂物数量对刀具寿命的影响[157]

夹杂物类型对切削性能的影响也是不可忽略的。目前普遍认为 Al_2O_3、SiO_2 等夹杂物对易切削钢的损害最大，为了减少此类夹杂物的不利作用，采用钙和稀土元素来变性夹杂物。

采用钙处理[159]可起到的作用有：（1）硫化物包裹着硬度较高的氧化物，从而降低夹杂物硬度；（2）夹杂物变性后在刀具后面形成一层钙长石型薄膜，这层保护膜抑制了刀具中易氧化元素在切削过程中的扩散，有润滑作用，可减少刀具磨损，延长刀具寿命。

钢中加入稀土元素[160]后，钢中夹杂物的数量增多，这将增加夹杂物和基体的界面，有利于切削。稀土硫化物和稀土氧硫化物的塑性变形能力和钢相差很大，稀土硫化物在轧制时是不变形的，因此在切削时，在刀具的作用下，稀土硫化物和钢的基体将产生不同的应变，由于应变量不一致，而在界面上形成裂纹，这样使切削变容易。同时稀土硫化物和稀土氧硫化物是以球状形式存在钢中。岩田一明[161]认为球状夹杂物在切削过程中所产生的空洞势必使钢的切削力下降，使刀具磨损下降。

刘永铨等[162]还研究了球形稀土夹杂物对钢的切削性能机制，如图 1-76 所示。在金属切削过程中，刀具前方被切削的钢材基体内存在一个球状夹杂物。随着刀具向前推进，当夹杂物接近第一剪切带（图 1-76（a)(1)）时，在剪切应力作用下，夹杂物开始与基体剥离而生成显微孔洞。此时，夹杂物虽受到基体所施加的压力（N）和摩擦力（f）的作用，但由于 N 和 f 都不够大，还不足以使夹杂物发生滚动。当夹杂物进入第一剪切带后（图 1-76（a)(2)），由于基体发生剧烈的剪切变形，基体对夹杂物所施加的摩擦力急剧加大，

而 N 的增加远比 f 小，在摩擦力 f 的作用下，夹杂物在显微孔洞中发生滚动，同时也促进了显微孔洞的急剧扩展。随着夹杂物脱离第一剪切带（图 1-76（a)(3)），由于基体的强烈变形使温度升高，基体发生软化，从而导致显微孔洞在压应力作用下发生焊合，结果使 N 与 f 的方向均发生偏移，如图 1-76（b)(2）所示。刀具前刀面对切屑排除的阻滞作用使 N 仍在不断增加，但 f 则因基体剪切应变的急剧降低而已经大大减弱。N 与 f 的合力 F 的方向向着夹杂物与基体两接触面的中点连线移动，从而对夹杂物产生了强烈的剪切作用。同时，夹杂物也由于受到基体塑变热的影响而使其强度有所下降。于是，在合力的作用下，夹杂物被切断。由于此刻显微孔洞的焊合过程仍在继续进行，故被切断的夹杂物并未完全分离，而是被基体包裹在其中，如图 1-76（b)(3）所示（对应图 1-76（a)(4)）。

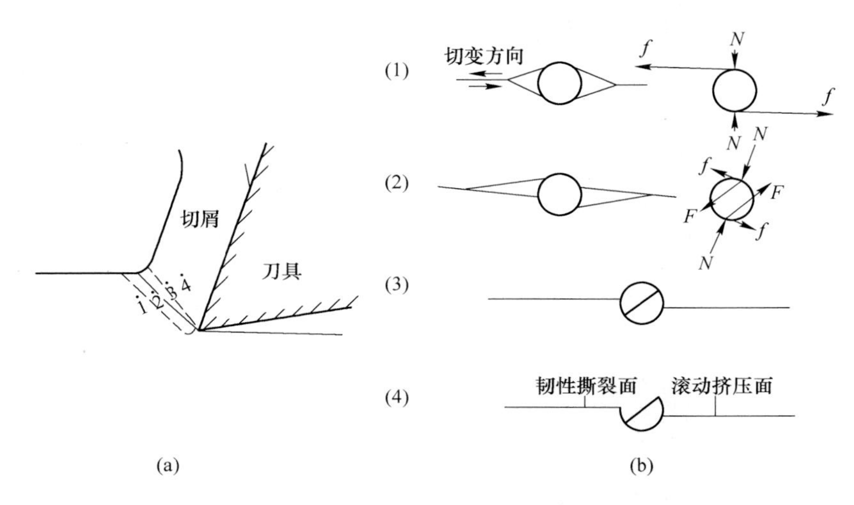

图 1-76 夹杂物切削过程中球状稀土夹杂物的滚动机制示意图[162]

1.5.6 夹杂物对热脆性能的影响

当钢中含有某些非金属夹杂物（如氮化铝、硫化铁等）时，钢会出现热脆现象。所谓热脆是指对钢进行热加工（如锻造、轧制）时，加热温度常在 1000℃ 以上，钢的表面会出现裂纹，甚至导致钢的断裂，这种现象称为钢的“热脆”或“红脆”。例如板坯在高温轧制过程中，板材表面会产生一些细小的裂纹，从而影响钢的机械强度和韧性。

使钢产生热脆的夹杂物大致分为两类：第一类是由于夹杂物在热加工过程中出现并存在于晶界处，影响钢的应力分布和降低晶粒间结合力，从而使钢在热加工过程中产生裂纹；第二类是由于夹杂物自身熔点很低，在钢的热加工过程中发生熔解现象，使钢在熔解处出现裂纹。

现代的炼钢工艺中，钢水脱氧主要以加入铝的合金为主。铝作为较好的脱氧剂，在高温下与钢中的氧结合生成氧化铝夹杂。经过铝脱氧后的钢中氮化铝对钢的热脆性影响较大[163]。钢中氮化铝主要是在铸坯从奥氏体到奥氏体+铁素体的过程中析出，并一直存在于奥氏体晶界处。奥氏体晶界处的氮化铝降低了晶粒间的结合力，晶粒的可迁移性相对减弱，从而使铸坯在轧制过程中，铸坯表面在晶界处断裂，产生表面裂纹。

钢中硫化物同样也会使钢出现热脆现象。钢中硫化物主要以硫化铁和硫化锰的形式存在。由于硫化锰塑性较好，对钢的热脆性能影响较小。而硫化铁在钢中是不允许存在的。硫化铁熔点低，属于第二类夹杂物，熔点大约为 988℃，并且在晶界上析出、呈网状分布。在高温下经压力加工时，硫化铁在晶界处熔解，从而导致钢内部裂纹的产生，即出现所谓的热脆现象[164]。为避免硫化铁的产生，一般在钢中加入一定量的锰形成高熔点的硫化锰，从而降低钢的热脆现象对钢的结构和性能的危害。

钢的热脆现象的出现会极大地降低钢的韧性和强度，因此在夹杂物处理过程中，应尽量减少以上两类夹杂物的数量，提高钢水的纯净度，避免在轧制过程中有裂纹的出现而导致钢的性能降低。

1.5.7　夹杂物对表面光洁度的影响（实例）

1.5.7.1　易拉罐飞边裂纹[165-169]

低碳铝镇静钢易拉罐用钢如果冲压性能不好容易造成边部裂纹，与轴和轴承存在同样的疲劳寿命问题。在易拉罐制造加工过程中（冲压）造成飞边裂纹的夹杂物典型尺寸为 50~150μm，成分为 CaO-Al_2O_3（图 1-77（a）[168]）。这些夹杂物的主要来源是连铸中间包覆盖渣，在换钢包时卷入钢液。这类夹杂物的成分和低碳铝镇静钢连铸板坯中其他夹杂物的比较如图 1-77（b）所示。

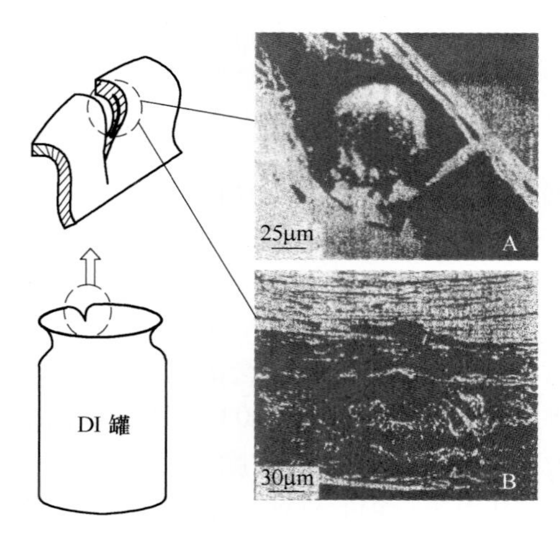

(a) 夹杂物形态和成分

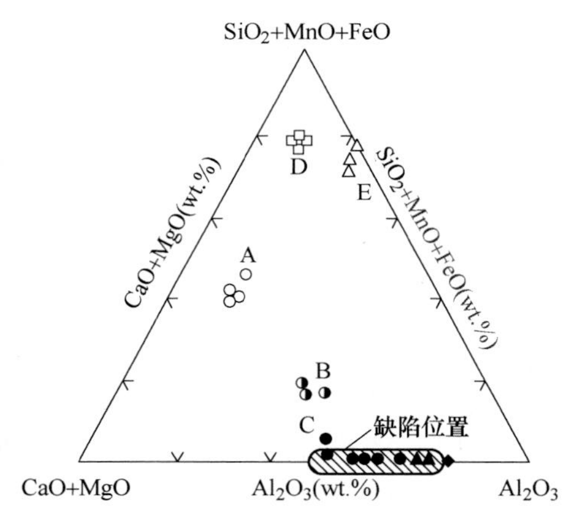

(b) 连铸板坯分离出的夹杂物相图关系

图 1-77　冲压过程中由于夹杂物造成的飞边裂纹[166]

（a）夹杂物 A 和 B：CaO 15%~30%，Al_2O_3 65%~85%，SiO_2<3.6%，MgO<1.0%，Na_2O 2%~8%；

（b）夹杂物类型出现的比率：

A	Ca-Al-Si-(Na-)O	25%
B	Ca-Al-Si-(Na-)O	10%
C	Ca-Al-(Na-)O	26%
D	Si-Ti-Ca-Al-Mn-O	32%
E	Si-O	8%

Byrne 和 Cramb[169-171]认为在这种缺陷中有两种类型的外来夹杂物。第一种含有较高的 Ca、Mg、Al 和 O（来自渣，或者是钢包壁侵蚀物和水口堵塞物），第二种含有较高的 Ca、Na 和 Al 以及微量的 Mg 及 O（来自结晶器保护渣）。

1.5.7.2　冷轧板渣斑点[169-172]

观察到两种类型的外来渣斑点[169-172]。第一种含有 Ca、Mg、Al 和 O，第二种含有 Ca、Na、Mg、Al 和 O。渣斑点在化学成分上类似于在飞边裂纹中发现的夹杂物。图 1-78 为冷轧板上渣斑点缺陷的示例[172]。

图 1-78　冷轧板渣斑点缺陷

1.5.7.3　冷轧板线形缺陷

线形缺陷出现在冷轧板卷的表面，宽度从几十微米到 1mm，长度从 0.1m 到 1m[173]。这种表面缺陷被认为来源于板坯靠近表面处（皮下 15mm 以内）捕获的非金属夹杂物。该缺陷又称条状缺陷（slivers），如果伴随有压延的气泡，则又称铅芯缺陷（pencil pipe）。对汽车用低碳铝镇静钢板来说，条形缺陷是致命的，不仅造成表面涂层不美观，而且引起变形性能问题。从炼钢到连铸的来源方面分析冷轧板的条状缺陷（slivers）主要有三种类型：（1）铁氧化物[169-171]；（2）氧化铝[90,169-171,174]；（3）外来氧化物夹杂[90,100,169-172,174,175]，见图 1-79～图 1-81。某些钢厂如内陆钢厂[176]、National 钢厂[177]和川崎钢厂[178]分别通过使用 SrO_2[169-171]和 La 作为示踪剂[174]以及通过比较条状缺陷和结晶器保护渣的成分[90]，发现一些条状缺陷来自结晶器保护渣。结晶器保护渣熔融不均造成高熔点低黏度氧化物相存在，容易引起卷渣。在开浇初期，结晶器保护渣不能及时形成润滑所必需的足够的液相层，而是形成固相、半熔融和熔融的保护渣组成状态，这种组成容易造成头坯卷渣[179]。

如果这些线形缺陷中包含有夹杂物中存在的硬颗粒，如锰尖晶石、铬锰尖晶石或尖晶石，在钢板抛光时这些硬颗粒可能脱落而引起划痕[100]。如果条形缺陷非常严重时，钢板外层可能撕裂。图 1-82[67]显示了在酸洗槽中发现的钢板上的缺陷和一张造成这个缺陷的夹杂物的显微照片。EPMA 分析表明，这个缺陷是结晶器保护渣卷入造成的。

在成品上较严重的铅笔芯缺陷称作铅笔形气泡缺陷[173]，是一种管状表面缺陷，光滑且轻微凸起于表面，典型尺寸约 1mm 宽，150～300mm 长[173,174,180]（图 1-83[173]）。这种缺陷被认为是在退火时钢中被捕获的气泡被压延形成气室然后膨胀而形成的，在钢水中气泡运动时黏附在其表面的夹杂物会使这种缺陷更为严重。Zhang 和 Taniguchi 曾对此有过全面的论述[181]，并对钢水中夹杂物和气泡之间的相互作用做过水模型研究。

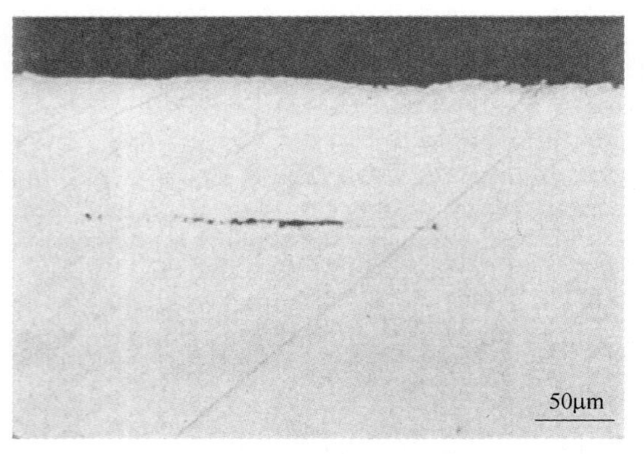

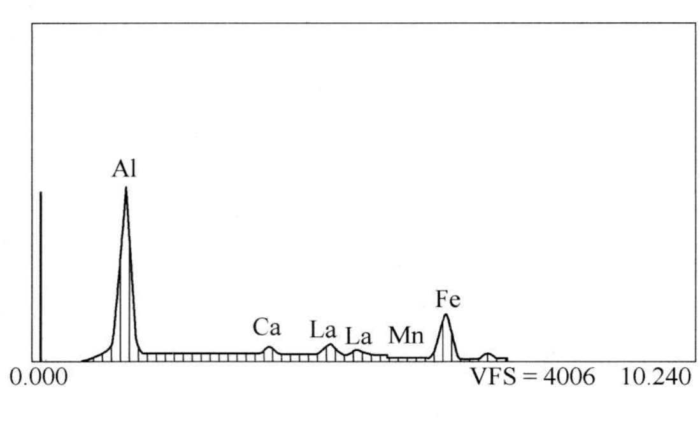

图 1-79 钢板横断面皮下铅笔芯缺陷和化学成分[173]

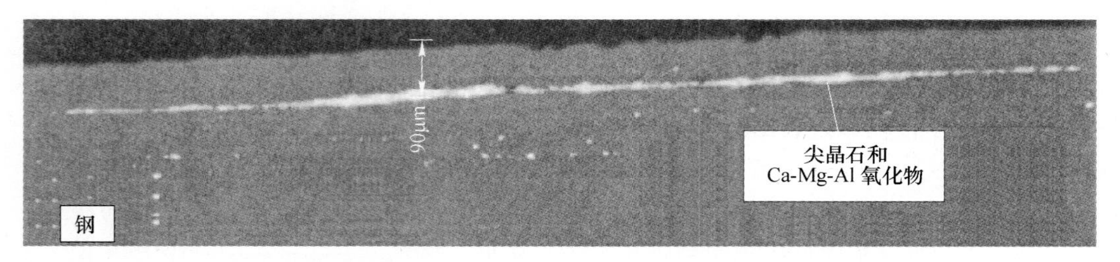

图 1-80 钢板纵向断面夹杂物条形缺陷[171]

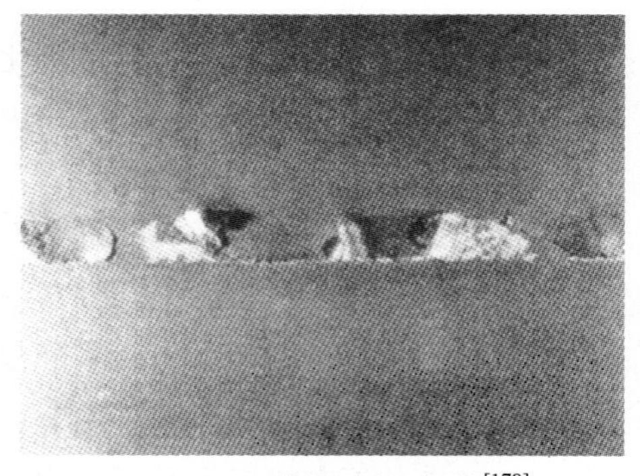

(a) T-304(不锈钢头坯)钢板[178]

(b) 文献[172]

图 1-81 严重的条形缺陷

1.5.7.4 热轧板结疤缺陷

热轧钢板产生的各类缺陷中，结疤缺陷所占的比例较高。结疤缺陷一般附着在热轧钢板表面，多以单个或成串凹坑出现，形貌为深浅不一、延伸量较小的凹坑，呈现叶状、羽状、条状、鱼鳞状、舌端状等。

冷艳红等[180]认为，转炉渣和精炼渣是导致热轧板结疤缺陷的主要原因（图 1-84、图 1-85）。转炉渣引起的结疤缺陷位于热轧板端部，有大面积凹坑，深度较大，有明显手感，

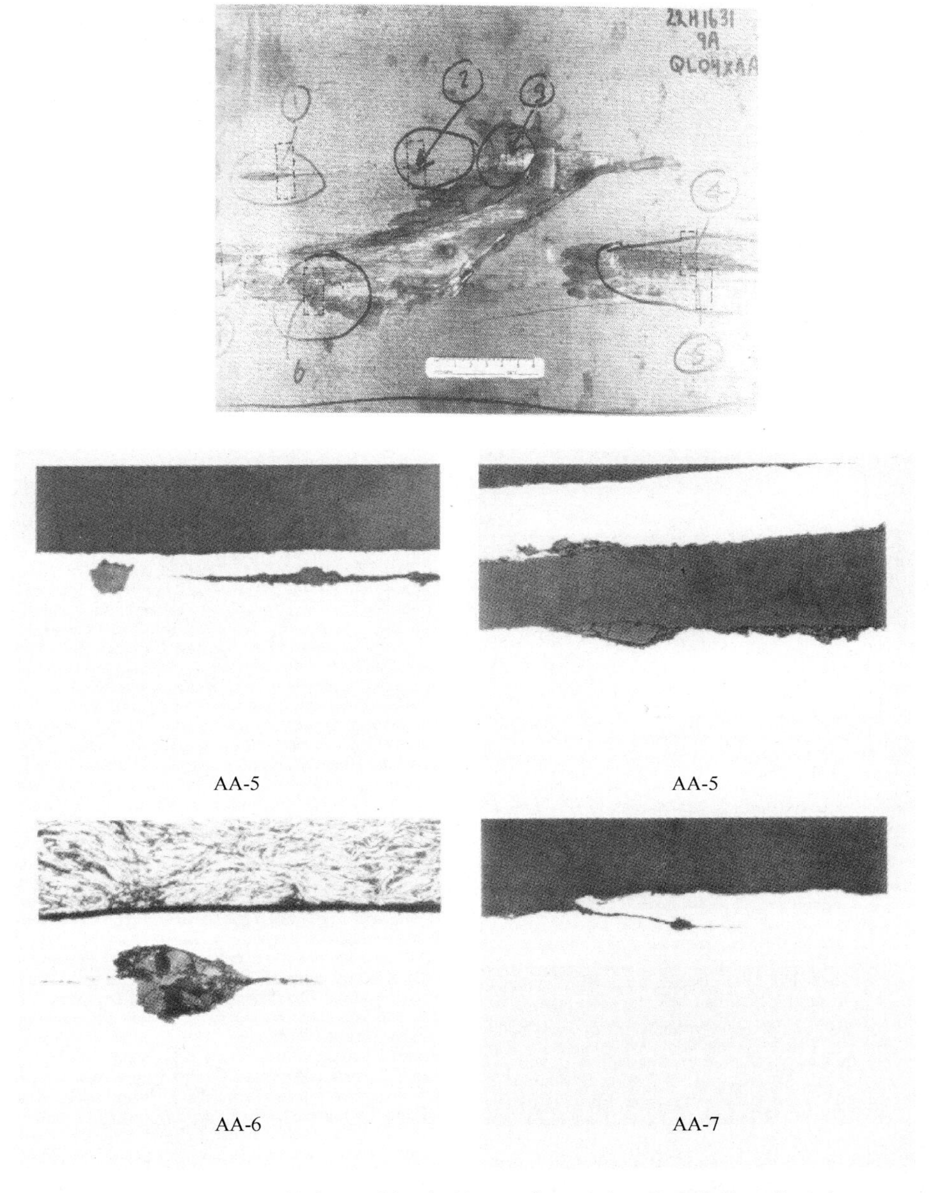

图 1-82　酸洗后的缺陷和试样上标号 5~7 位置处发现的夹杂物显微照片
（6 号位置的成分：Si、Fe、Al、Ca、Na、O）[100]

坑内有部分突起，且有灰褐色物质。由微观形貌图可以看出，试样有大片层状物质脱落，且该层状物质与基体连接疏松，该缺陷呈散沙状分布。能谱分析显示，缺陷部位夹杂物较多，主要成分为 Ca，还含有部分 Mg、S 和少量的 Si 元素，即缺陷处夹杂物多为 CaO-SiO_2-MgO 复合夹杂物。精炼渣引起的结疤缺陷为直径约 20mm 的大面积疤坑，深度较大，有明显手感，坑内有部分突起。能谱分析显示，缺陷部位夹杂物较多，主要成分为 Ca、Si、Mg，还含有少量的 Al 和 S 元素。缺陷处夹杂物为 CaO-SiO_2-MgO-Al_2O_3 复合夹杂物。

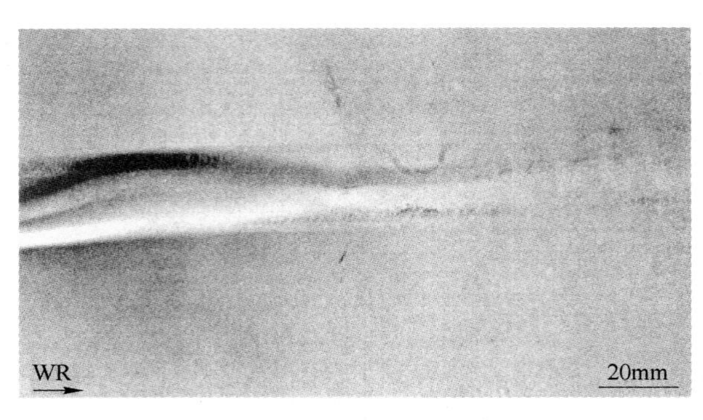

图 1-83　钢板表面典型的铅笔形气泡缺陷[173]

(a) 宏观形貌

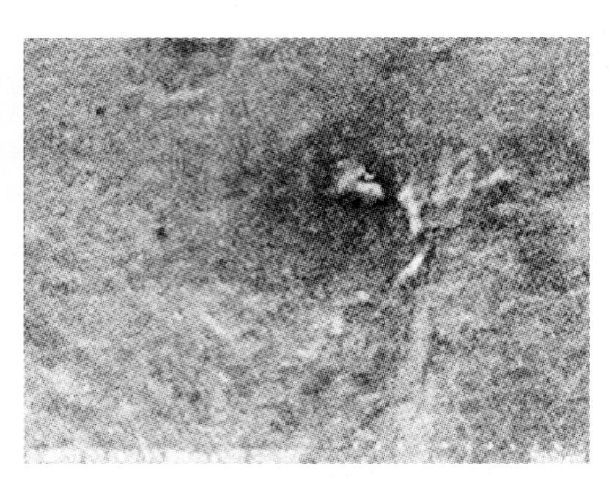

(b) 微观形貌

图 1-84　转炉渣引起的结疤缺陷[181]

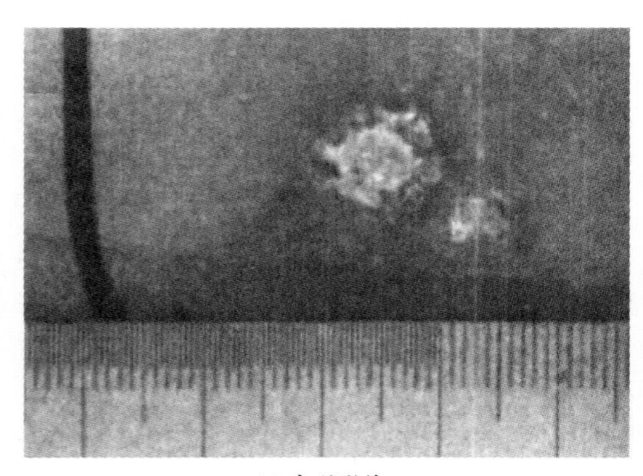

(a) 宏观形貌

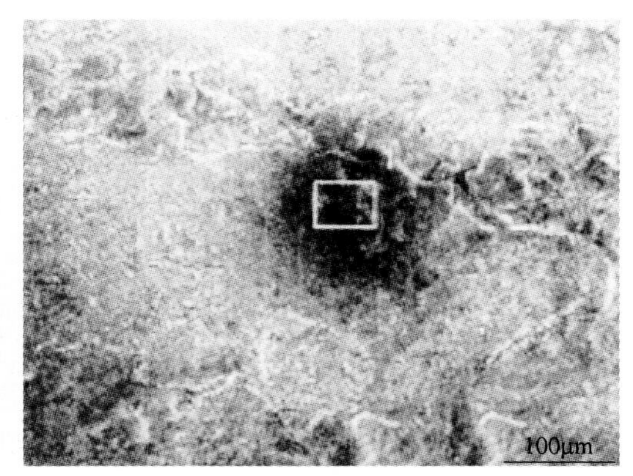

(b) 微观形貌

图 1-85　精炼渣引起的结疤缺陷[181]

曾松盛等[182]研究 Q345B 热轧板结疤缺陷产生原因时发现，在缺陷试样近表层夹杂物缺陷较多，出现了复合的大颗粒夹杂物，外围尺寸达到 71μm；但心部大块夹杂物相对较少，主要呈现为细长条状 MnS。从板面试样观察裂纹，发现在试样中球形夹杂物较多，且有许多分布在裂纹夹缝中，对试样进行夹杂物评级为 Ds 2.5 级，属于较重大级别，如图 1-86 所示。

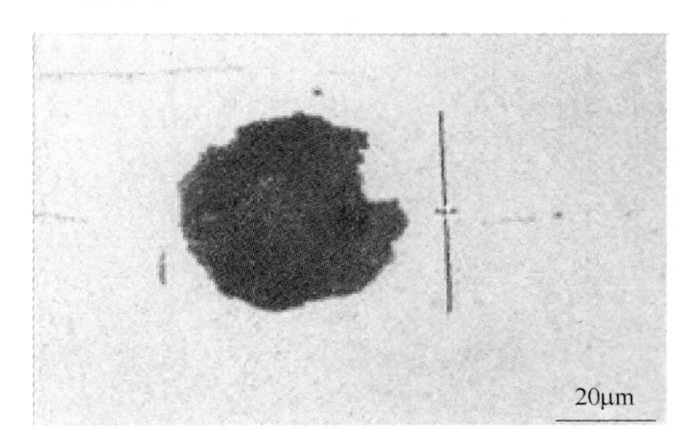

(a) 大型夹杂物

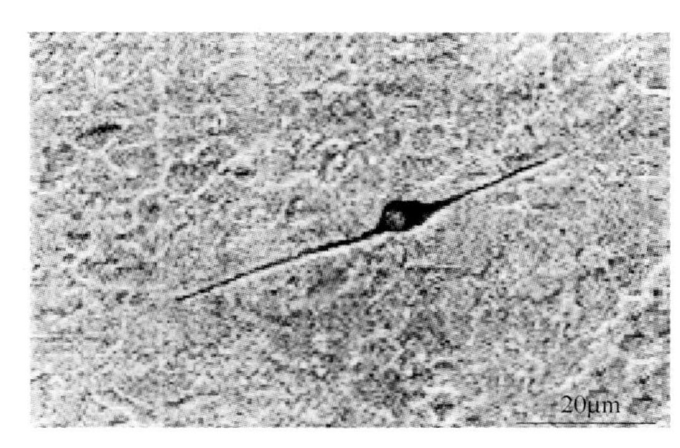

(b) 板面裂纹中夹杂物

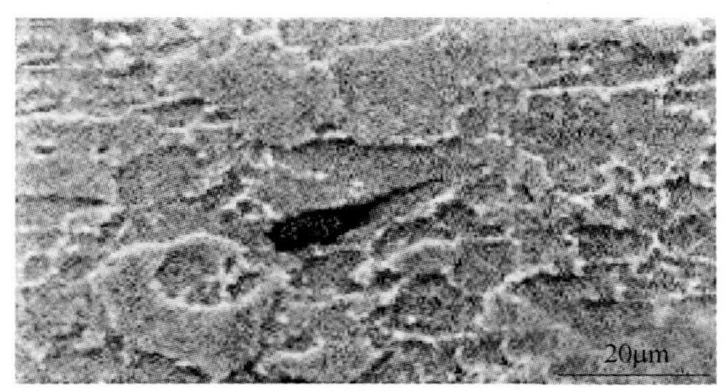

(c) 板面裂纹中夹杂物

图 1-86　结疤缺陷中的夹杂物[182]

1.5.7.5　氢致裂纹

在含有硫化氢的油、气环境中，由于氢原子渗入钢内而产生的裂纹称为氢致裂纹（图 1-87[183]）。在大多数情况下，氢致裂纹都源于夹杂物，钢中的塑性夹杂物和脆性夹杂物都是产生氢致裂纹的主要根源。

钢中的硫化物，尤其是 MnS 夹杂，是导致氢致裂纹的主要原因。研究表明：当钢中［%S］>0.005%时，随着钢中 S 含量的增加，氢致裂纹的敏感性显著增加；当钢中［%S］<0.0012%时，氢致裂纹的敏感性明显降低[184]。然而由于 S 易与 Mn 结合生成 MnS 夹杂物，当 MnS 夹杂物变成粒状夹杂物时，随着钢强度的增加，单纯降低 S 含量不能防止氢致裂纹。如 X65 级管线钢，当 S 含量降到 20ppm 时，其裂纹长度比仍高达 30%以上。

MnS 夹杂物的形态同样影响着钢的抗氢致裂纹性能，钙处理可以很好地控制钢中夹杂物的形态，从而改善抗氢致裂纹能力[185]。当钢中硫含量为 0.002%~0.005%时，随着 Ca/S 的增加，钢的氢致裂纹敏感性下降。但是，当 Ca/S 达到一定值时，形成 CaS 夹杂物，氢致裂纹会显著增加。因此，对于低硫钢来说，Ca/S 应控制在一个极其狭窄的范围内，否则，钢的抗氢致裂纹能力明显减弱。而对于 S 低于 0.002%的超低硫钢，即便形成了 CaS 夹杂物，由于其含量相对较少，Ca/S 可以控制在一个更广的范围内。

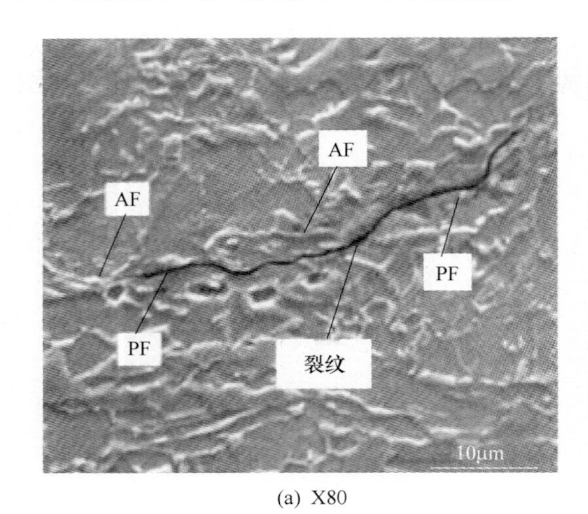

(a) X80

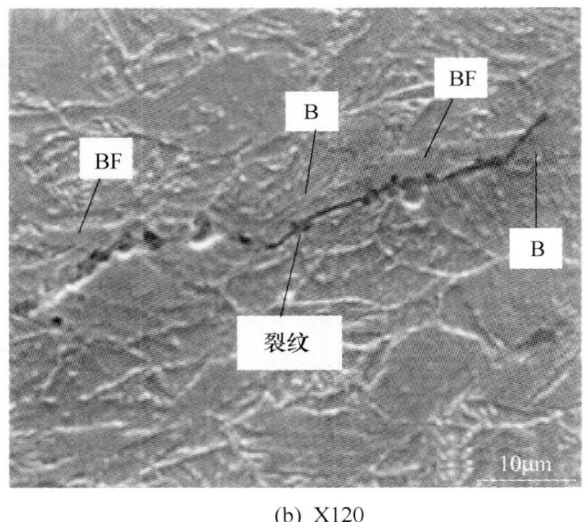

(b) X120

图 1-87　氢致裂纹微观形貌[183]

钢中的氧化物夹杂也是产生氢致裂纹的根源之一，尤其是当氧化物夹杂直径大于50μm 时，将严重恶化钢的抗氢致裂纹性能[186]。为了防止钢中出现直径大于 50μm 的氧化物夹杂，减少氧化物夹杂数量，一般控制钢中氧含量小于 0. 0015%。

钢中的 Ti(C, N) 也能引发氢致裂纹[187]。通常，氢致裂纹都在大颗粒的矩形 Ti(C, N) 夹杂开始，随后裂纹扩展，破坏钢材性能。5μm 左右的矩形 Ti(C, N) 引发氢致裂纹的敏感性比其他尺寸范围的 Ti(C, N) 更大。低钛高锰合金钢引起的氢致裂纹通常是穿晶形式，但随着钛含量的增加，氢致裂纹的产生转变成晶内形式。

1.6　关于钢洁净度指数的讨论

1.6.1　总氧含量（T. O.）作为钢洁净度指数的不足之处

前文详细讨论了洁净钢的概念，到底有无一个指标可以表达钢的洁净度，这是一个值得讨论的问题。例如，在 20 世纪 90 年代，有学者提出用钢中总氧含量（T. O.）作为钢洁净度的标准，并一度被广泛使用。如表 1-1 所示，对于汽车板用 IF 钢要求钢中 T. O. < 30ppm，对于高端轴承要求 T. O. <5ppm，帘线钢要求 T. O. <15ppm。表 1-5 总结了很多钢厂生产低碳铝镇静钢时钢中总氧含量的控制水平。目前国内外先进钢厂生产低碳铝镇静钢时，钢中 T. O. 可以很稳定地控制在 30ppm 以下，甚至达到 15ppm 的水平。

表 1-5　低碳铝镇静钢中总氧含量的控制水平　(ppm)

钢　厂	精炼方法	钢包	中间包	结晶器	连铸坯	年份	文献
美洲							
Inland No. 4 BOF shop	LMF	30	24	21	15	1990	
Armco Steel, Middletown Works		60~105	15~40，平均 25		16. 9~23. 8	1991	[5]
Armco Steel, Ashland Works			16. 3			1993	
US Steel, Lorain Works					13~17	1991	

续表 1-5

钢厂	精炼方法	钢包	中间包	结晶器	连铸坯	年份	文献
National Steel, Great Lake					<31~36	1991	[5]
				20~40		1994	
			25~50,平均 40			1995	
北美一些钢厂		20~35		20~30	10~15	1991	
Timken Steel, Harrison Plant				20~30		1991	
Usiminas, 巴西					20 (13①)	1993	
Dofasco, 加拿大			19		13	1994	
LTV Steel, Cleveland Works			21~27			1995	
Sammi Atlas Inc., Atlas Stainless Steels	吹气搅拌处理	36~45	30~38			1995	
Lukens Steel			16~20			1995	
Weirton Steelmaking Shop			23±10	22±12		1995	
欧洲							
Cokerill Sambre/CRM					<30 (20①)	1991	
Mannesmannröhren-Werke, Hüttenwerk Huckingen					<20	1991	
芬兰某钢厂		48±2	32	38	17	1993	
Hüttenwerke Krupp Mannesmann					10~20	1998	
Dillinger, 德国			10~15	11		1993	
					≤15	1994	
	真空脱气	10~15				2000	
Hoogovens Ijmuiden, 荷兰			15~32			1994	
British Steel, Ravenscraig Works	DH				15.4	1985	
	深喷粉				11	1985	
British Steel					<10	1994	
Linz, 奥地利					16	1994	
Voest-Alpine Stahl Linz GmbH	RH	27±4		21±2		1998	
Sollac Dunkirk, 法国	RH		20~50			1997	
Sidmar, 比利时		37				2000	
亚洲							
Kawasaki Steel, Chiba Works	RH	40			20	1989	
Kawasaki Steel, Mizushima Works	LF+RH	30			26	1986	
			34.7			1989	
				<30		1991	
	KTB	<25~40			<55	1996	
NKK, Traditional RH	RH	17				1993	
NKK, PERM for RH	RH+PERM	7				1993	

续表 1-5

钢　厂	精炼方法	钢包	中间包	结晶器	连铸坯	年份	文献
NKK，Traditional VOD	VOD	33.8				1993	[5]
NKK，PERM for VOD	VOD+PERM	25.1				1993	
NKK，Keihin，#1					<20	1991	
NKK，Keihin，#5					<28	1991	
Kobe Steel，Kakogawa Works			15~45			1992	
Kobe Steel		25	22		13	1992	
Nippon Steel，Nagoya Works	RH	10~30				1989	
Nippon Steel，Yawata Works	吹 Ar 搅拌	82	45		44	1974	
Nippon Steel，Yawata works					26	1989	
The Japan Steel Works，Muroran Plant	LRF	<20				1987	
Posco	RH	25~31				1993	
					<27	1991	
					<10	1991	
台湾中钢	RH	<30			12	1994	
宝钢	CAS-OB	172.5	93		48.8	1992	
	RH	72			30	1994	
	RH	70	57	21~51	13.8~17.5	1995	
	CAS	73~100	38~53		14~17	1999	
	RH		23		10	1999	
武钢一厂	LF-VD	≤15				1999	
武钢二厂	RH	71~73			37~39	1995	
	RH				30~50	1999	
	RH-KTB	43~75				1999	
	RH（压力容器钢）	28~34	24~26		12~19	2000	
武钢三厂	RH	35~41	26~37		13~22	1999	
攀钢	RH-MFB	20~24				2000	
	吹 Ar 搅拌				15.2	2000	
马钢	ASEA-SKF	18~24				2000	
凌钢	LF	15	15			2018	内控
新宝泰钢厂	无	>200	150		150	2018	内控
南京钢铁	LF	<45				2016	内控
	VD	<30	15			2016	内控
梅山钢铁	LF	26~37				2018	内控
	RH	9	13~18		12~13	2018	内控
迁钢钢铁	RH	15	8~10		约 8	2018	[188]
京唐钢铁	RH	25	17		8~10	2018	内控

① 超纯净钢。

随着钢洁净度研究的进展，发现 T. O. 代表钢洁净度的不足——钢中 T. O. 含量不能代表钢中大颗粒夹杂物水平。这里做如下一个简单的分析。目前，低碳铝镇静钢稳态浇铸过程中连铸坯大颗粒夹杂物（>50μm）的含量一般控制在 10mg/10kg 钢以下的水平，有的甚至控制在 1mg/10kg 钢的水平[189]。假设夹杂物密度为 $3500kg/m^3$，固态钢的密度为 $7800kg/m^3$，每个用来定氧的钢样一般为 $\phi5mm\times10mm$，质量约为 $1.53\times10^{-3}kg$。图 1-88 表明，这么小的钢样，对于大颗粒夹杂物含量为 10mg/10kg 钢的钢来说，只能检测到一个<100μm 的夹杂物，对于大颗粒夹杂物含量为 1mg/10kg 钢的钢来说，无法检测到任何>50μm 的夹杂物。所以总氧只代表了钢中<50μm 的夹杂物的含量。对于<50μm 的夹杂物，主要来源于钢水脱氧之后的内生夹杂物。钢产品的缺陷有时候是由于钢中大颗粒夹杂物造成的，而大颗粒夹杂物又主要来源于卷渣、水口结瘤物脱落、二次氧化等外生夹杂物。因此，钢中总氧含量并不能完全代表钢水的真实洁净度，特别是稳态浇铸条件下的 T. O. 水平无法代表非稳态浇铸过程钢的洁净度。

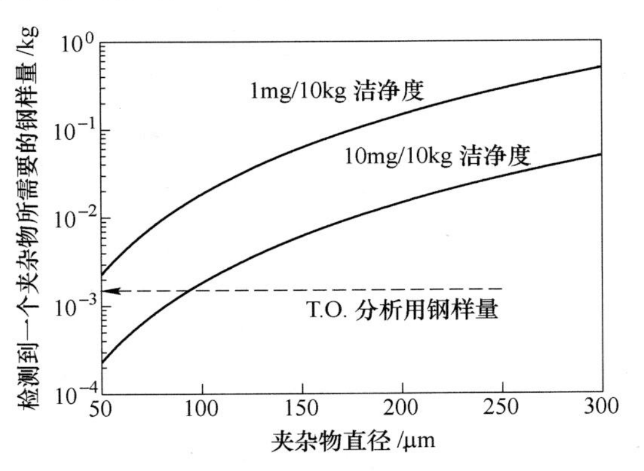

图 1-88　能检测到一个一定粒径夹杂物所需要的钢样量[189]

从夹杂物的分析方法来说，显微镜观察的也主要是<50μm 的夹杂物。大样电解法分析的主要是钢中>50μm 的夹杂物，是评价钢中大颗粒夹杂物非常有效的方法。当然大样电解法也有其缺点，例如在分级过程中团簇状（cluster）夹杂物有可能被破碎，而且部分夹杂物化学成分可能在电解液中被腐蚀或者发生化学反应等。大样电解法使用了弱酸性的盐溶液（$FeSO_4$ 或者 $CuSO_4$）作为电解液，能够部分保留夹杂物的碱性化学成分（如 MgO、CaO 等），但是无法保留硫化物的组分。超声波扫描、显微镜观察、硫印、X 射线、SEM、渣成分分析、耐火材料观察等也能评价钢中大颗粒夹杂物的某些方面。评估钢的洁净度没有一个简单而又完美的方法，在实际钢铁生产中，需要结合几种方法同时评估钢的洁净度。例如，新日铁对小夹杂物采用测定总氧和电子束熔化的方法评估，而采用 Slime 大样电解法和 EB-EV 法检测大型夹杂物[190]；Usinor 钢厂对小夹杂物采用总氧测定加上 FTD、OES-PDA、IA 和 SEM 方法，对大型夹杂物采用电解和 MIDAS 法[190]；北京科技大学评估钢的洁净度一般对小夹杂物采用总氧测定、显微镜观察，扫描电镜检测（SEM），对大颗粒夹杂物采用 Slime 电解和 SEM 检测，根据吸氮量判断二次氧化，分析渣成分来分析夹杂物的去除和卷渣情况。

实际生产中发现，对汽车板等低碳铝镇静钢，T. O. <30ppm 钢板表面还是会出现线状缺陷，研究已经表明这些缺陷来自卷渣、水口结瘤物脱落，或者是初生坯壳的凝固钩捕捉大颗粒夹杂物或者捕捉带有夹杂物的气泡造成的[191]。一些厂家生产轴承钢的时候，T. O. 已经稳定控制在 5ppm 以下，但还是发现产品中有几百微米大小的 Al_2O_3-MgO-CaO 复合夹杂物，调查表明其来自连铸过程中间包水口结瘤物的脱落[113]。在调查硅脱氧 304 不锈钢的线鳞缺陷过程中，发现即使钢中 T. O. 从 45ppm 降低到 12ppm，不锈钢产品还是会出现抛光缺陷，调查表明该缺陷主要是由于夹杂物中 Al_2O_3、MgO 和 CaO 含量过高引起的；而

如果把夹杂物中 Al_2O_3 稳定降低到 5%以下时，即使是钢中 T. O. 大于 45ppm，也不会出现抛光缺陷[192]。这表明在一些实际情况下，钢的洁净度不是钢中 T. O. 过高或者过低的问题。

1.6.2　连铸过程中稳态浇铸与非稳态浇铸对钢洁净度的影响

钢中夹杂物控制涉及夹杂物的数量、大小和尺寸分布、化学成分以及形态的控制。夹杂物尺寸尤其重要，因为大颗粒夹杂物是钢缺陷发生的主要原因之一。有时在一炉钢中仅仅一个大型夹杂物就可造成严重缺陷。虽然大型夹杂物在数量上远少于小尺寸夹杂物，但它们所占的总体积分数却有可能很大[193]。几十年来，科研工作者对钢水洁净度的研究主要集中在针对某一装备水平钢水洁净度能控制在什么水平这个问题上。以低碳铝镇静钢为例，几十家钢铁公司发表了他们所能控制的钢中总氧含量的水平[5]。目前很多家钢厂均能把总氧控制在 10~15ppm 超低水平内，但产品缺陷仍然时有发生，这主要是因为所报道的 10~15ppm 总氧是指稳态浇铸情况下的总氧含量，但缺陷的发生来源于非稳态浇铸过程中生成的大颗粒夹杂物[194]。例如，在低碳铝镇静钢制造加工易拉罐过程中（冲压）造成飞边裂纹的夹杂物典型尺寸为 50~150μm，研究表明，这些夹杂物的主要来源是连铸中间包覆盖渣在换钢包时卷入钢液[166]，或者是钢包壁侵蚀物和水口堵塞物[168,169,195]，或者来自结晶器保护渣[168,169,195]。汽车用低碳铝镇静钢冷轧板的条状缺陷（slivers）（如果伴随有压延的气泡则称为铅芯缺陷（pencil pipe），严重的气泡和夹杂物相结合的缺陷又称为串状鼓泡缺陷（pencil blister）[172]）主要来源之一是非稳态浇铸过程中结晶器保护渣的卷入[100,168,169,173-177,195]。

非稳态浇铸有四类情况：

第一类非稳态浇铸：专门指一个浇铸周期的开浇阶段、换钢包期间、换水口期间以及浇铸末期，这一时期钢水液面波动较大，拉速变化频繁，卷渣和吸气都很严重。其余的浇铸期间称为稳态浇铸期间。这是最常见的一类非稳态浇铸操作。图 1-89 对比了冷镦钢精炼和连铸过程中钢中 T. O. 和氮含量的变化[196]。在 LF 出站到连铸开浇过程中，钢中 T. O. 含量不断上升，这是由于钢包下渣氧化、中间包覆盖剂氧化、空气二次氧化等因素

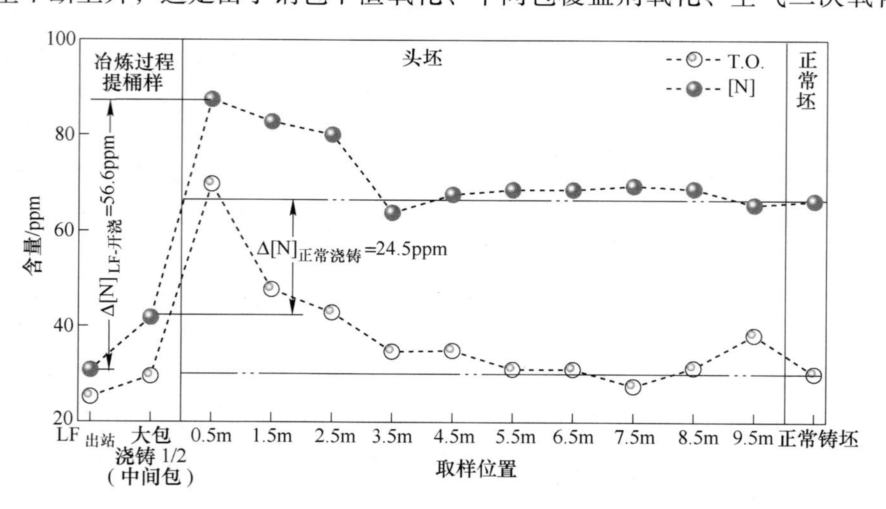

图 1-89　钢中 T. O. 和［N］随取样位置的变化[196]

造成。在连铸开浇阶段，钢中总氧含量高达 70ppm，随着连铸的进行，沿拉坯方向钢中总氧含量不断降低，在头坯 3. 5m 处铸坯中总氧含量基本达到正常铸坯水平。钢中氮含量变化趋势与总氧变化趋势类似。氮含量的增加主要是吸氮造成，LF 出站到正常连铸铸坯过程增氮量达 35ppm，二次氧化严重。

第二类非稳态浇铸：浇铸过程中因为一系列的原因（如水口逐渐结瘤）造成拉速、钢水液面的波动，所有的这些都能引起渣的卷入和大气的吸入。图 1-90 为浇铸低碳铝镇静钢时连铸结晶器液面位置（l_t）的变化，这是直接采集的工厂生产数据。值得说明的是很多炼钢工作者都错误地把该数据认为是液面波动。实际上，液面位置不是液面波动。液面波动是指液面以一个平均位置为基础点进行上下移动的幅度。图 1-90 显示出浇铸时目标位置设在距离结晶器顶部 100mm 的地方，所以采集到的液面位置在 100mm 处上下振荡。该图应该经过平滑处理（Smoothing），由于在一段长时间的浇铸中液位波动的参考平面会发生变化，所以利用 Smoothing 中的相邻逐个平均算法对数据进行平滑取平均值，即得到液位的平均位置（$\overline{l_t}$），然后用各时间点的波动位置减去对应的平均位置即为该时间点的液面的实际波动值（Δl）。通过比较不同取点得到的效果，决定取 1200 个时间点（现场 1s 中采集 16 次液位波动数据），即每 75s 取平均值进行数据的平滑处理。浇铸时连铸工艺参数为拉速 1. 3m/min，浇铸断面 1000mm×237mm，无电磁制动。平滑处理得到液面平均位置 $\overline{l_t}$ 如图 1-91 所示。图 1-92 中的液位波动为浇铸中固定点的实际波动大小由式（1-8）得到。液位波动随时间延长而增加一般表明水口结瘤越来越严重，导致水口开口度变化。

$$\Delta l = l_t - \overline{l_t} \tag{1-8}$$

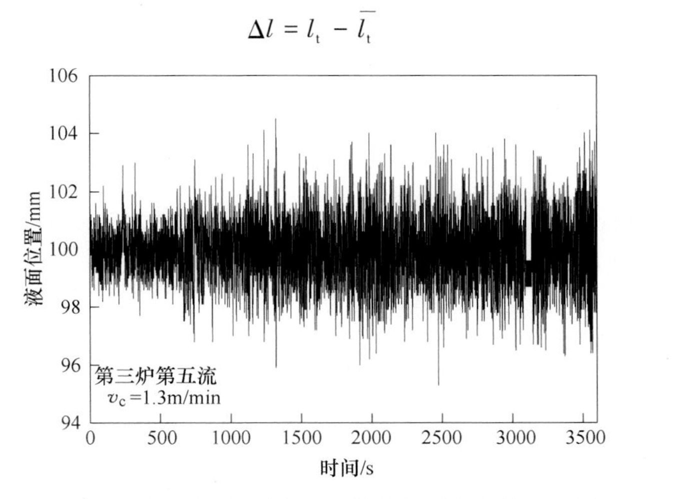

图 1-90 浇铸低碳铝镇静钢时连铸结晶器液面位置的变化

第三类非稳态浇铸：无论钢包、中间包还是结晶器中，钢水的流动都是湍流状态。而湍流本身就是一个非稳态的概念，图 1-93 显示了结晶器水模型中某两点钢水流动速度随时间的变化。可以讲，非稳态是绝对的，而稳态是相对的。

第四类非稳态浇铸：有一些意外的原因可以造成非稳态浇铸，比如流动控制装置被冲垮，或者钢包到中间包的长水口在浇铸过程中脱落，或者中间包到结晶器水口完全堵塞，连铸机漏钢等。该种非稳态情况对钢水的污染更加严重。

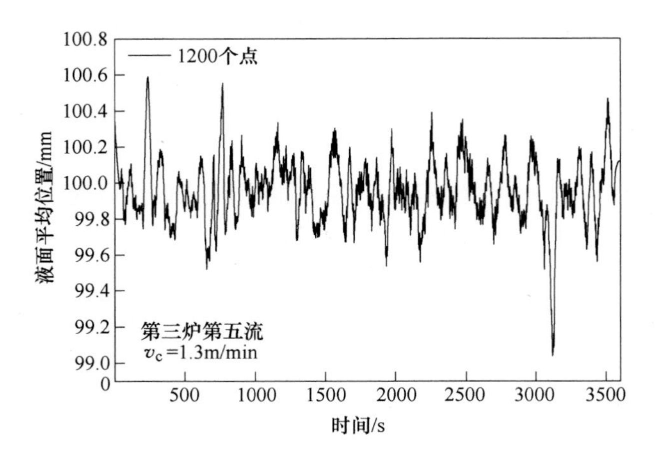

图 1-91　浇铸低碳铝镇静钢时连铸结晶器平均液位位置变化

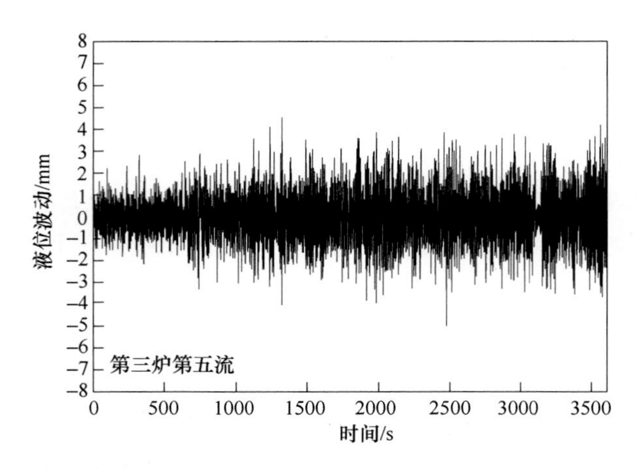

图 1-92　浇铸低碳铝镇静钢时连铸结晶器液位波动随时间的变化

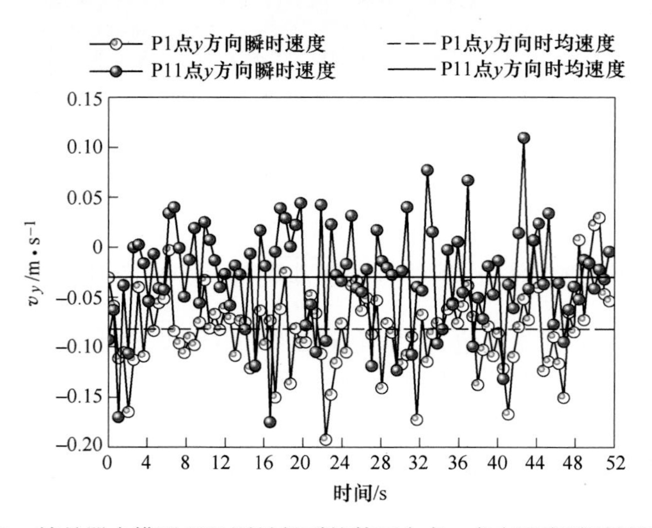

图 1-93　结晶器水模型 PIV 测量得到的某两个点 y 方向速度随时间的变化

图 1-94 为典型的第一类非稳态浇铸工况下中间包钢水中总氧含量和铸坯中缺陷的变化的情况。在第一炉开浇和换钢包时缺陷和总氧含量都很高，之后逐渐降低下来；而且，第一炉的洁净度比以后的几炉要差一些。因此，第一类非稳态浇铸工况下钢水洁净度的控制，主要应该关注两个问题：一是尽量改善非稳态浇铸过程中钢水的洁净度；二是尽量使非稳态浇铸的时间减少，即尽快达到稳态浇铸条件。图 1-94 说明第一炉总氧含量比中间炉次高[197]。一种改进换钢包过渡阶段质量的操作方法是关闭进入结晶器的钢流直至中间包充满并且通过塞棒吹入气体促进夹杂物上浮[198]；另一种是打开新换钢包时采用浸入式开浇，采用这种方法 Dofasco 钢厂将总氧从 41±14ppm 降至 31±6ppm，大大改善了浇铸周期内过渡段的铸坯质量。

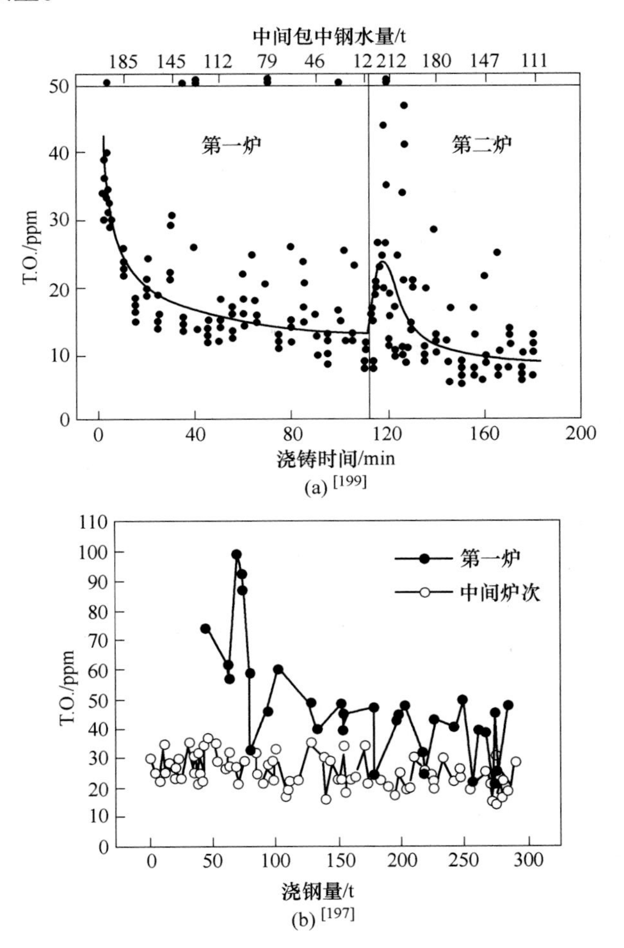

图 1-94　不同炉次中间包钢水中 T. O. 含量和时间的关系曲线

钢洁净度的优劣不能以某一个时刻钢中夹杂物的数量为绝对依据，还要看非稳态持续多长的时间。图 1-95 为几种典型的浇铸过程中钢水清洁度控制的示意图。尽管工况 3 的夹杂物含量低于工况 2，但工况 3 的非稳态浇铸时间太长，因此洁净度控制得并不好。工况 1 操作条件下，钢中夹杂物含量少，而且非稳态浇铸时间短，所以是控制得最好的例子。另外，应该注意到，三个工况的最低夹杂物控制水平（稳态浇铸条件）是一样的，所以如

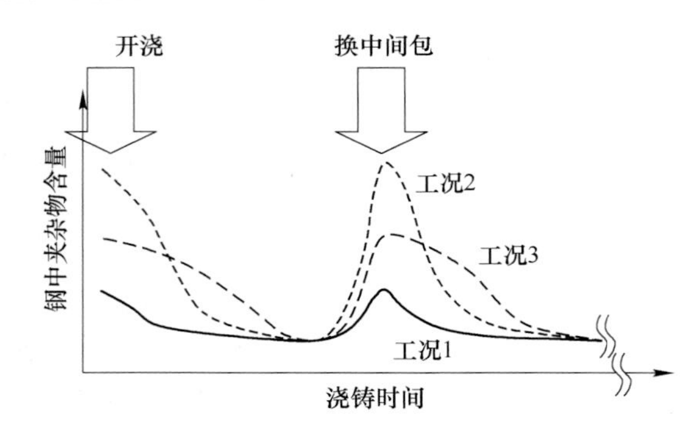

图 1-95 几种钢水洁净度控制的例子

果只比较最低夹杂物的水平（即稳态浇铸条件下的总氧含量），不能看出三个工况操作条件下钢水洁净度的差别。

所以，钢水洁净度水平最好的情况是：非稳态持续时间短、且在非稳态期间钢中非金属夹杂物控制水平好。

1.6.3 关于非金属夹杂物数量和个数表征的几个经典问题

对钢中非金属夹杂物的表征包括总量多少、尺寸大小分布、化学成分、三维形貌和在钢中的空间分布五个方面。此外，还有一个时间上的动态变化，即在不同时间和不同温度下，夹杂物五个表征内容会有所变化。

1.6.3.1 如何计算夹杂物的平均含量和平均尺寸

使用显微镜对夹杂物二维形貌开始观察时，夹杂物的二维数量密度一般由下式来计算：

$$I = \frac{\sum (d_i n_i)}{B} \frac{4}{\pi D^2 N} \tag{1-9}$$

式中，I 为相当于 B 当量尺寸的单位面积上的夹杂物个数，个/mm²；在很多人的研究中 B 取 7.5μm；d_i 为 i 范围内的夹杂物平均直径，μm，例如，对于<2μm 的夹杂物 d_1 = 1.25μm，对于 2~4μm 的夹杂物 d_2 = 3.75μm，对于 4~10μm 的夹杂物 d_3 = 7.5μm，对于 >10μm的夹杂物 d_4 = 15μm；n_i 为对应于 i 尺度的夹杂物数量；D 为显微镜视野的直径，mm，与显微镜的放大倍数有关；N 为观察的视野数。

实际上，式（1-9）给出的都是单位面积的夹杂物个数，而不是单位体积内的夹杂物个数（三维数量密度）。式（1-9）中使用的是夹杂物的直径而不是夹杂物的截面积，这样会低估夹杂物的数量。例如，图 1-96（a）和（b）是一个长度为 22.5μm 的串状夹杂物，其含有 3 个 7.5μm 直径的子夹杂物。但是对于图 1-96（c）的球状夹杂物，其直径是 22.5μm，那么按照式（1-9），其相当于 22.5/7.5 = 3 个 7.5μm 直径的夹杂物，但这是错误的，实际上图 1-96（c）所示的夹杂物相当于（22.5/7.5）^{2} = 9 个 7.5μm 直径的夹杂物。所以应该使用下式来计算夹杂物的二维数量密度：

$$I = \frac{\sum(d_i^2 n_i)}{B^2} \frac{4}{\pi D^2 N} \tag{1-10}$$

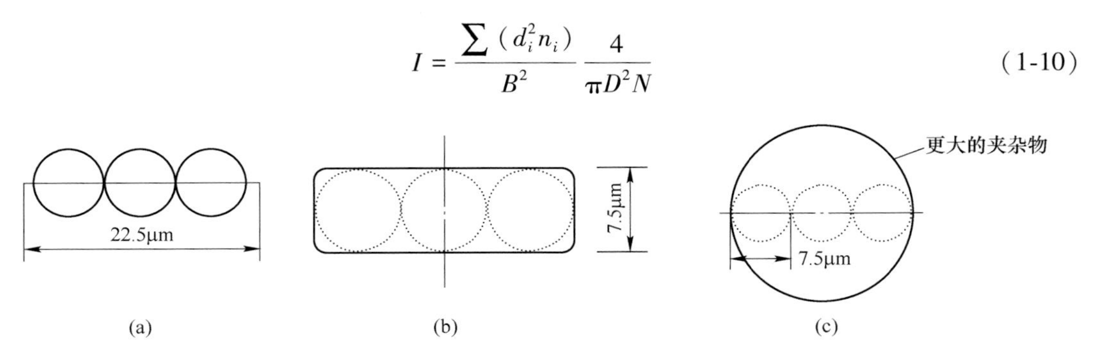

图 1-96　不同角度分析夹杂物的大小和数量

同样，在计算夹杂物平均尺寸时，很多学者，甚至一些自动扫描电镜的内部处理软件都错误地使用式（1-11）来计算夹杂物的平均直径。而正确的计算公式应该是式（1-12）。例如，对于图 1-97 中尺寸分布的夹杂物，由式（1-11）计算得到的平均直径为 1. 31μm，而由式（1-12）计算得到的平均直径为 1. 57μm（图 1-98）。越是针对大的夹杂物，这两个

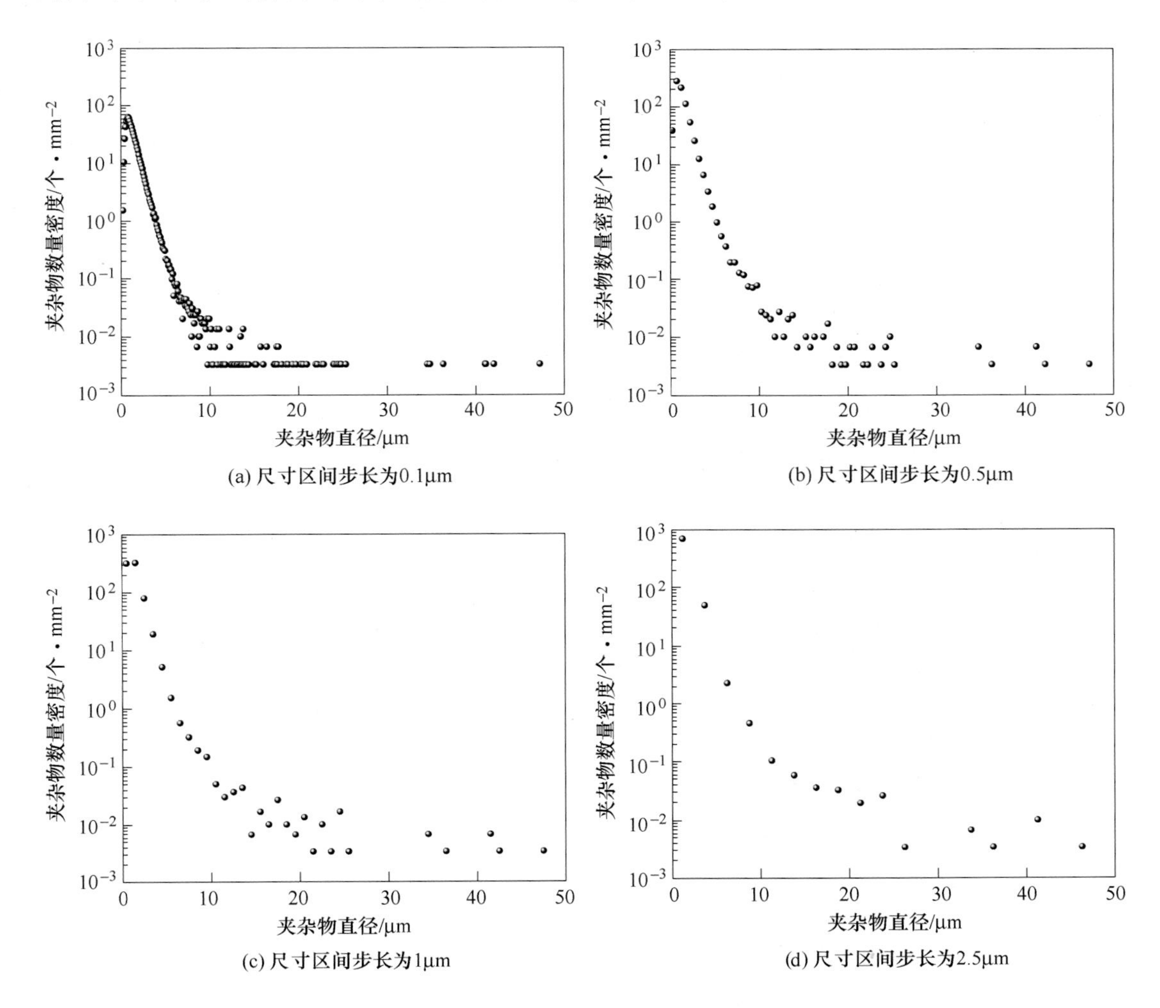

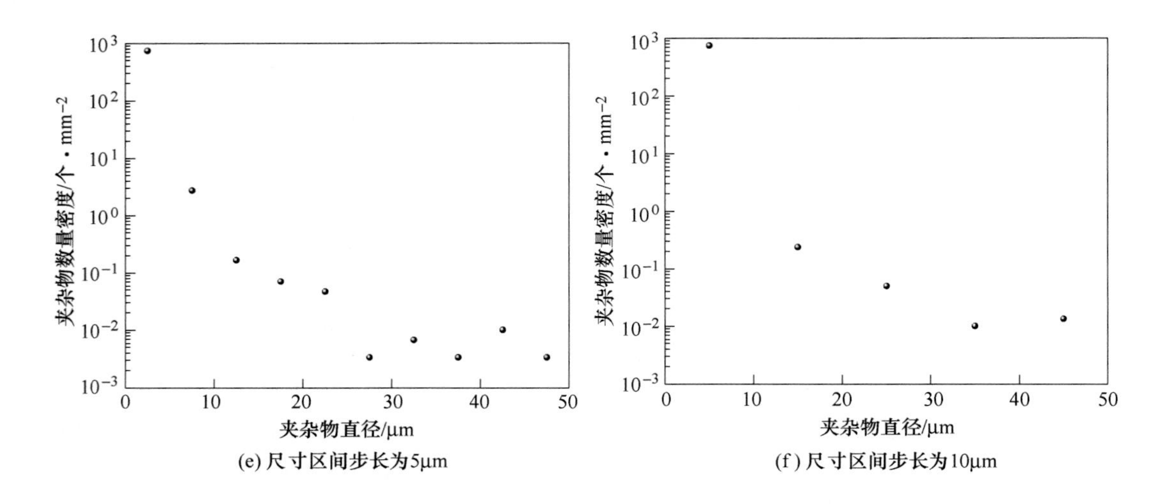

(e) 尺寸区间步长为5μm (f) 尺寸区间步长为10μm

图 1-97 同样数量的夹杂物在尺寸区间步长不同的情况下夹杂物的数量密度分布

公式计算得出的值差别越大。

$$d_{\text{ave}} = \frac{\sum (d_i n_i)}{\sum n_i} \tag{1-11}$$

$$d_{\text{ave}} = \sqrt{\frac{\sum (d_i^2 n_i)}{\sum n_i}} \tag{1-12}$$

1.6.3.2 夹杂物尺寸组的大小和数量的关系

二维观察得出夹杂物的数量密度时，另一个经典问题是夹杂物分组区间的大小问题。夹杂物分组区间越小，每个区间所对应的夹杂物数量越少，夹杂物的数量和尺寸的关系越趋近于水平线。如果夹杂物的分组区间足够小，夹杂物的数量要么是1，要么为0。图1-97显示的是针对同样一个钢样品，同样的夹杂物分析结果情况下，当分组区间不同时，夹杂物的数量密度分布的变化情况。该样品是RH真空处理IF钢过程中加铝脱氧2min后取得的，使用自动扫描电镜分析，扫描面积为 296.34mm^2，检测到夹杂物总个数为223052个。可以看出，当分组区间不同时夹杂物尺寸分布变化很大，而实际上这是针对同样的分析结果，也就是说钢的洁净度是一样的。所以，在发表夹杂物尺寸分布结果的时候，一定要注明夹杂物的尺寸区间步长是多大。

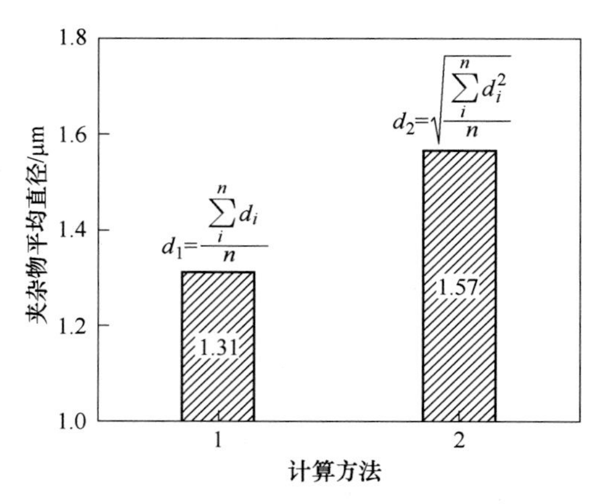

图 1-98 夹杂物平均直径计算方法对比

1.6.3.3 如何把二维的夹杂物尺寸分布结果转化为三维的结果

在钢样品的二维截面上观察得到的夹杂物数量密度的单位是个/mm^2，如何把二维数量密度转变为三维的数量密度（个/m^3）是十分重要的。例如，在夹杂物的形核长大和碰撞聚合的数值模拟过程中，使用的都是夹杂物的三维数量密度。

本书作者在其研究中提出了一个简单的办法把二维数量密度转化为三维数量密度[200]。该方法假定二维观察得到的夹杂物数量就是在与夹杂物直径相同值的厚度的三维钢基体内的所有夹杂物的数量，那么二维数量密度和三维数量密度的关系式可以表达为：

$$n_{3D} = \frac{n_{2D}}{d} \tag{1-13}$$

式中，n_{3D}为三维钢基体中的夹杂物数量密度，个/m^3；n_{2D}为显微镜观察得到的二维数量密度，个/m^2；d 为夹杂物的直径，m。

实际上，把二维的观察结果转化为三维的结果是一个体视学的问题[201-204]。日本的Suito 在这方面做了很多研究[205,206]。二维观察得到的夹杂物尺寸永远小于夹杂物的三维实际尺寸，如图 1-99 所示。图中，d_A 为二维观察下的直径，而 d_V为夹杂物的实际直径（三维钢基体内的夹杂物空间直径，spatial diameter）。

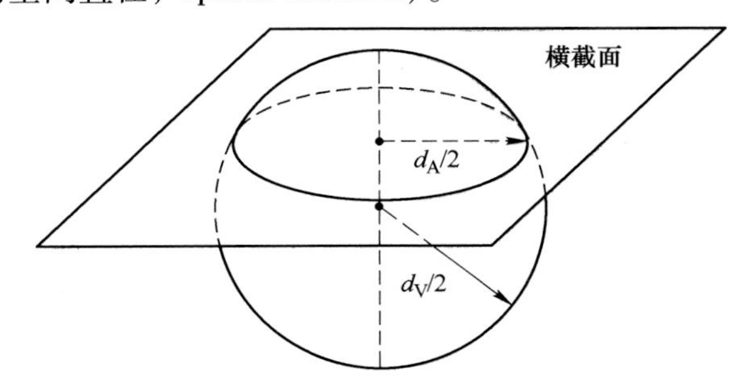

图 1-99 钢样品二维截面看到的夹杂物直径（d_A）和三维基体中夹杂物实际直径（d_V）示意图

在粉体理论中，夹杂物的二维调和平均直径 $\bar{d}_A$（harmonic mean diameter）为：

$$\frac{1}{\bar{d}_A} = \frac{1}{n}\sum_{i=1}^{n}\frac{1}{d_{Ai}} \tag{1-14}$$

$$\bar{d}_A = \frac{n}{\sum_{i=1}^{n}\frac{1}{d_{Ai}}} \tag{1-15}$$

根据体视学的基本原理，二维调和直径和三维平均直径的关系如下[201-204]：

$$\bar{d}_V = \frac{\pi}{2}\bar{d}_A \tag{1-16}$$

Fullman 提出三维数量和二维数量的关系为[204]：

$$n_{3D} = \frac{n_{2D}}{\bar{d}_V} = \frac{2}{\pi}\frac{n_{2D}}{\bar{d}_A} \tag{1-17}$$

式（1-13）和式（1-17）相比相差一个系数，这个系数考虑了二维观察的夹杂物尺寸和夹杂物在三维钢基体中的实际尺寸之间的差别。

图 1-100~图 1-103 为文献中关于夹杂物三维尺寸分布的研究结果。

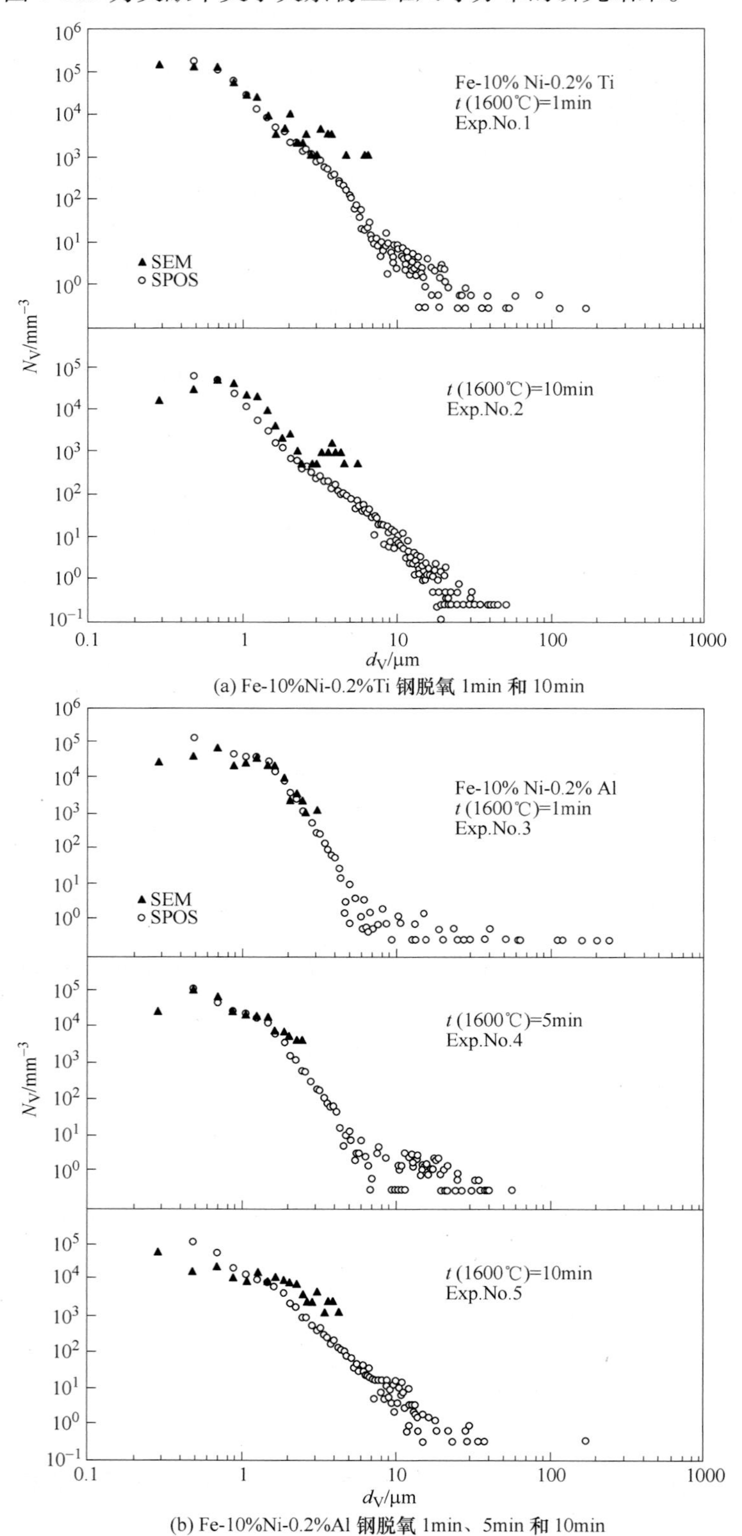

(a) Fe-10%Ni-0.2%Ti 钢脱氧 1min 和 10min

(b) Fe-10%Ni-0.2%Al 钢脱氧 1min、5min 和 10min

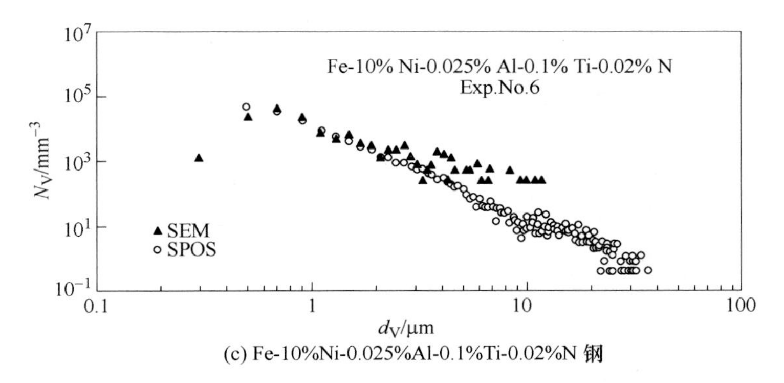

(c) Fe-10%Ni-0.025%Al-0.1%Ti-0.02%N 钢

图 1-100　Suito 等用两种不同方法测量得到的 Fe-10%Ni-0.2%Ti 钢脱氧 1min 和 10min 的夹杂物三维尺寸和数量密度分布[206]

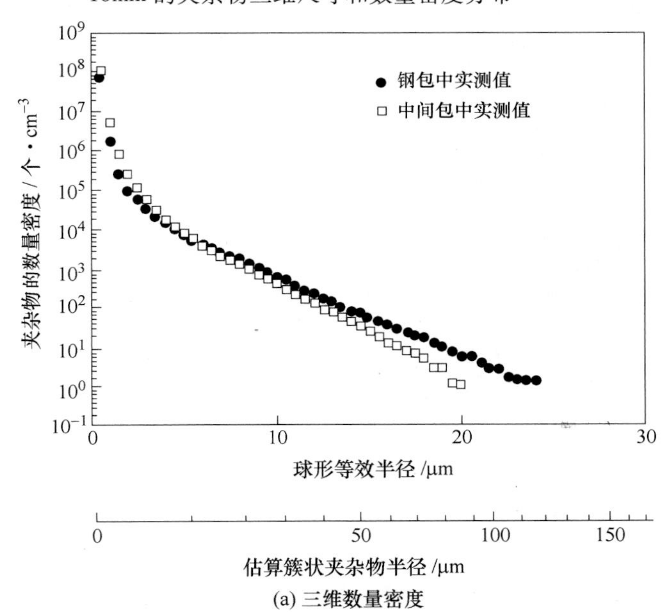

(a) 三维数量密度

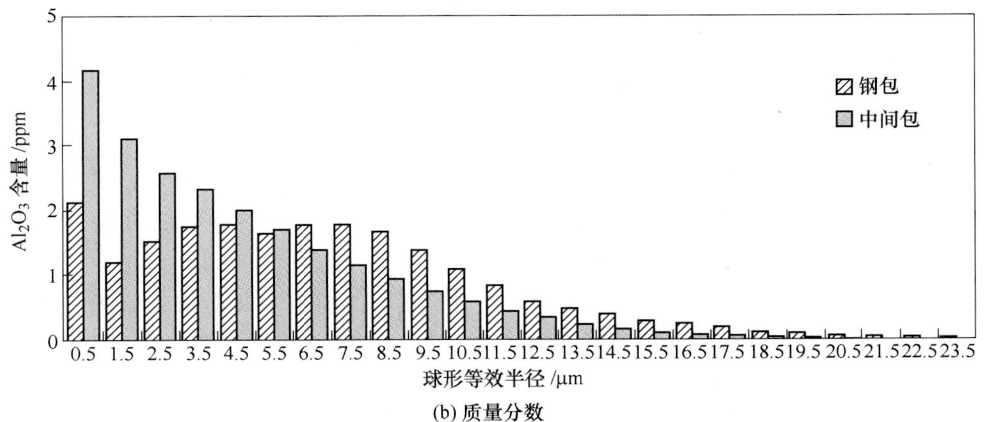

(b) 质量分数

图 1-101　Miki 等测量得到的低碳铝镇静钢钢包和中间包钢水中夹杂物的数量密度和尺寸分布（尺寸分布区间为半径 1.0μm）[207]

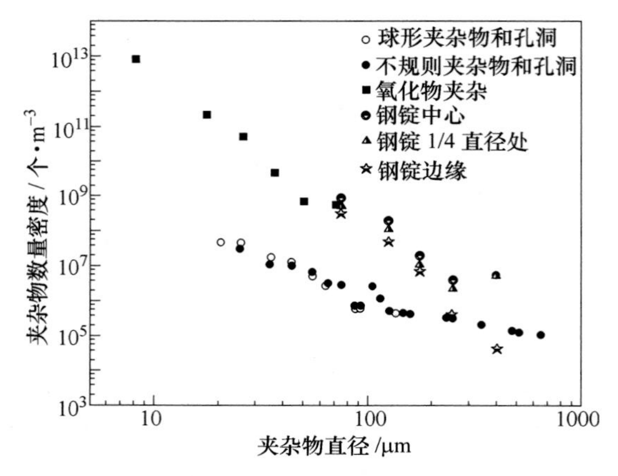

图 1-102　Franklin[208]、张立峰等[200]和 Miki 等[209]测量得到的模铸铸锭中夹杂物的数量密度和尺寸分布

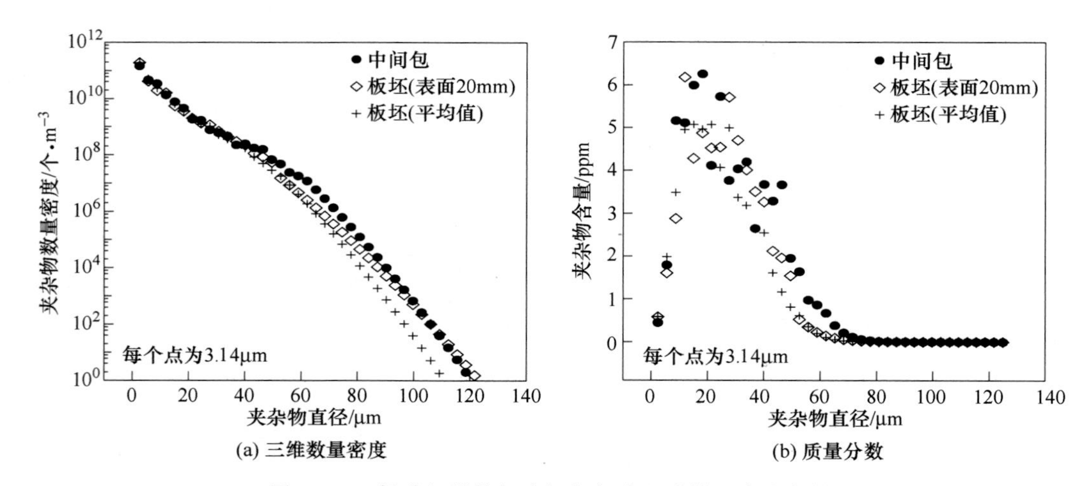

图 1-103　低碳铝镇静钢中间包钢水和连铸坯中夹杂物的数量密度和尺寸分布[210]

1.6.4　钢的洁净度指数

前文已经得出结论，钢水洁净度水平最好的情况是非稳态持续时间短，且钢中非金属夹杂物控制水平好。要使钢液中杂质元素的含量满足要求，钢中非金属夹杂物也要满足要求。

对于除了含硫高的易切削钢和非调质钢之外的钢种，与钢中非金属夹杂物相关的钢的洁净度指数主要包括 T. O. 和夹杂物中的 Al_2O_3 含量。铝脱氧钢主要强调 T. O. 含量，硅脱氧钢主要强调夹杂物中的 Al_2O_3 含量。

对于铝脱氧钢且不进行钙处理的情况，钢中 T. O. 含量越低越好，例如：轴承钢要求 T. O. 低于 5ppm，IF 钢要求 T. O. 低于 20ppm，其他的低碳铝镇静钢一般要求 T. O. 低于 40ppm。尽管钢水满足这些条件，但还是会出现和夹杂物相关的问题，例如水口结瘤过于严重，或者水口结瘤物脱落造成轴承钢产品探伤不和的问题，或者板材表面出现与结晶器吹气和卷渣相关的线状缺陷问题（汽车板）。

对于铝脱氧钢且进行钙处理的情况，以管线钢为例，钢中 T. O. 一般可以控制在 20ppm 以上。但是有两个问题必须要解决：（1）有一个最佳喂钙量的问题，喂钙量与钙的收得率、喂钙的效率、钢水成分和温度有关；（2）夹杂物的控制目标是什么，有些品种希望控制在 Al_2O_3-CaO-MgO 三元夹杂物的 1600℃液相区的靠 Al_2O_3 的一侧，这样夹杂物既能够低熔点不引起水口结瘤，而且在轧制过程中不会生成长链状夹杂物缺陷；有些钢种希望夹杂物控制在 Al_2O_3-CaO-MgO 三元夹杂物的 1600℃液相区的靠 CaO 的一侧，这要求加钙量更高一些，这样钢中钙足够可以在钢水中生成 CaS 夹杂物并去除，避免轧板和产品中出现过多的 MnS 夹杂物，避免产品在使用过程中出现硫的缺陷。

对于硅脱氧钢，钢中总氧不用太低，适当就好；主要目标应该是控制夹杂物中的 Al_2O_3 含量。例如，帘线钢中 T. O. 控制到 20~25ppm 是可以的，不必要像很多学者建议的控制在 15ppm 以下；弹簧钢中 T. O. 可以控制在 15ppm 左右；不锈钢中 T. O. 可以在 40ppm 左右。但是，这些钢中夹杂物的成分变得更加重要。这又分两种情况：第一种是热加工产品，加热温度在 1000℃以上的情况，夹杂物的熔点控制在 900~1200℃即可，这种情况下夹杂物中可以含有 20%左右的 Al_2O_3。这样钢的加工温度和夹杂物的熔点相近，所有夹杂物的变形能力很好；第二种情况是冷加工产品（以帘线钢为例），钢产品的加工温度是室温，所以夹杂物的变形和其 1000℃以上的熔点没有关系，这种情况下夹杂物的变形能力主要和其杨氏模量有关，杨氏模量越小，夹杂物变形能力越好。这就要求夹杂物中 Al_2O_3+MgO 越少越好，最好小于 5%。已有研究表明，夹杂物中的 Al_2O_3 含量和 MgO 含量是相互关联的，这是因为 MgO 主要来源于 MgO 质耐火材料的溶损。因为 MgO 从耐火材料进入钢液的主要方式之一是通过与钢中的酸溶铝发生置换反应来进行的，所以只要控制好夹杂物中的 Al_2O_3 含量就能控制好夹杂物中的 MgO 含量。

总结而言，钢中氧化物夹杂控制的洁净度指数 I_{clean} 可以用下式表示。对于铝脱氧钢，式中 y 为零，夹杂物的控制主要强调钢中 T. O. 含量要低；对于硅脱氧钢，式中 x 为零，夹杂物的控制主要强调夹杂物中的 Al_2O_3 含量要低。

$$I_{clean} = x\,\mathrm{T.O.} + y(Al_2O_3)$$

对含硫高的易切削钢和非调质钢，这一指数不适用，因为夹杂物主要控制目标变为钢中硫化物夹杂形貌和数量的控制，当然氧化物夹杂的控制也十分重要。对于高铝钢，上述指数也不适用，因为这时钢中 AlN 的控制成为夹杂物控制的主要任务。

基于此洁净度指数和本书作者多年来针对多个钢种中非金属夹杂物的深入研究，提出图 1-104 所示的钢中非金属夹杂物控制方法，针对铝脱氧有钙处理的管线钢和冷镦钢、以 IF 钢为代表的无钙处理的铝脱氧钢、铝脱氧有钙处理高硫的齿轮钢和易切削钢及硅锰脱氧的帘线钢、切割丝用钢、弹簧钢、不锈钢等钢种都提出了相应的钢中非金属夹杂物控制方法。

1.7　关于钢中非金属夹杂物几个需要关注的研究方向

从 1905 年至今已经 110 多年了，但关于钢中非金属夹杂物的研究仍然是炼钢工作者的研究热点，甚至可以说仍然是让炼钢工作者头疼的问题之一。这恰恰反映了钢中非金属

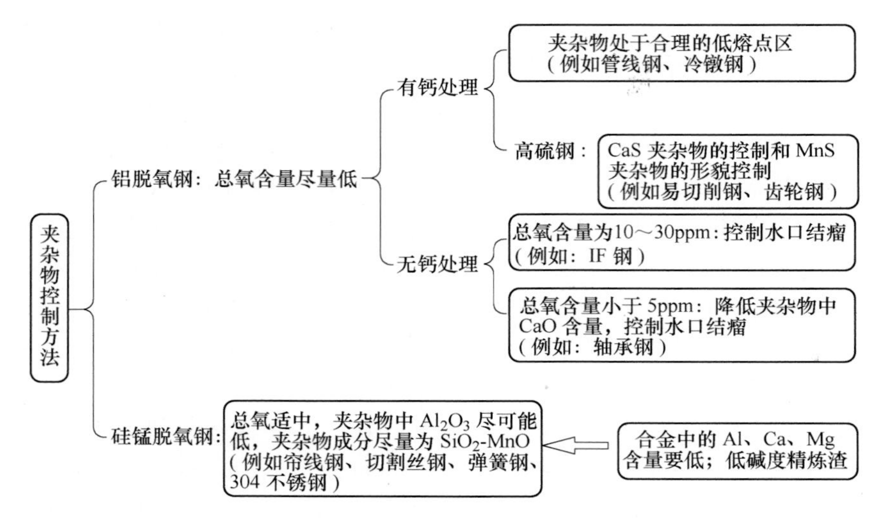

图 1-104　典型钢种钢中非金属夹杂物控制方法

夹杂物的复杂性。在某个钢种上可以成功控制夹杂物的策略和方法在其他钢种上可能就变得无效，甚至同一钢种的炉与炉之间夹杂物的控制策略也不能完全一样。

关于钢中非金属夹杂物的研究已经有很多的突破，钢水的洁净度也得到了很大的提高。例如，钢中总氧代表了钢水的洁净度，但是只能代表钢中小颗粒夹杂物的数量，无法代表钢中大颗粒夹杂物的数量。钢水精炼之后，钢中总氧一般都可以控制在 20ppm 以下，对于一些钢种甚至可以控制在 3ppm 以下。这一数字，在 20 世纪 90 年代的中国炼钢厂还处于 40~100ppm 的水平。

关于冶金反应器钢液中夹杂物的去除方面，值得注意的一个问题是连铸结晶器本身最多去除来自中间包钢水的 10%的总氧，包括使用电磁制动的情况。不要指望在结晶器去解决钢液洁净度问题。在中间包冶金作用上，由于最近 30 年炉外精炼水平的提高，精炼结束后总氧已经很低，所以也不要指望中间包能去除更多的夹杂物。中间包毕竟是一个耐火材料容器，有来自耐火材料、覆盖剂和空气的二次氧化，存在污染问题。因此，对于炉外精炼已经达到很低总氧的钢的连铸过程，中间包的作用主要是钢液的过渡容器，应该尽量缩短钢液在中间包的停留时间，防止二次污染的发生，而不是 20 年以前普遍强调的放置流动控制装置增加钢水停留时间。钢液洁净度的改善主要在炉外精炼这一道工序。

迄今为止，关于钢中非金属夹杂物的研究还有若干尚未完善解决和需要深入研究的课题，甚至是一直被误解的问题。本节只对其中的几个方面做一些基本的探讨。

1.7.1　夹杂物三维形貌的揭示

自 20 世纪 70 年代开始，文献中出现了树枝状 Al_2O_3 的三维形貌的报道[211]。在此之前钢中树枝状和珊瑚状的 Al_2O_3 在二维条件下表现为一群单独颗粒的 Al_2O_3 粒子，因此被命名为“群落状” Al_2O_3（图 1-105）。当真正揭示了 Al_2O_3 夹杂物的三维形貌后，才知道“群落状”是错误的，这些夹杂物粒子是一个大的树枝状和珊瑚状的 Al_2O_3 夹杂物的一部分。因此，揭示钢中夹杂物的三维形貌是非常重要的。

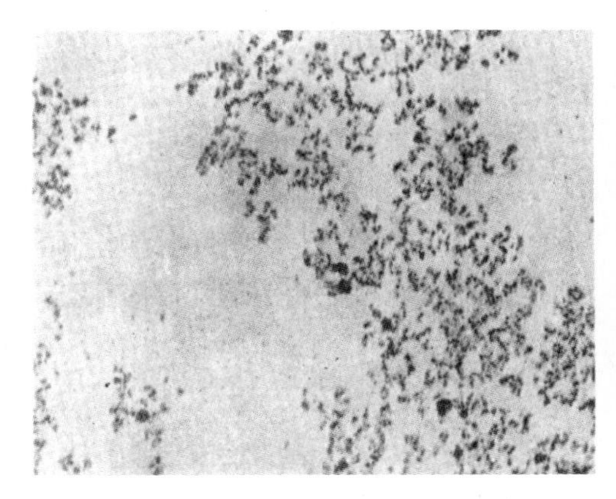
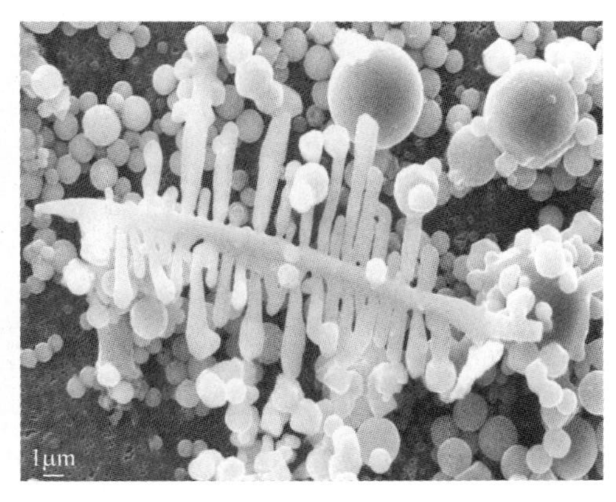

图 1-105 钢中珊瑚状的 Al_2O_3 二维[212]和三维形貌

揭示钢中非金属夹杂物三维形貌的办法有很多，值得关注的有下面几种：一种是北京科技大学方克明教授发明的、现在得到推广应用的非水溶液电解法。这一方法的好处是 MnS 夹杂物和其他与水和弱酸溶液很容易发生反应的成分都能够保留下来并维持其原始形貌。本书作者近年来用该方法从重轨钢中分离出来片状的 MnS 夹杂物（图 1-106），这些夹杂物沿晶界分布。而在二维条件下，这类片状 MnS 夹杂物都表现为条状。如果不揭示夹杂物的真实三维形貌，则很容易误解其真实形态。第二种是 CT 扫描法（图 1-107），该方法的好处是不用破坏钢样，就可把钢样中夹杂物的三维形貌都显现出来。第三种是超声波检测法，但从得到的夹杂物图片质量和信号信息上，到目前为止还远不如 CT 扫描法。

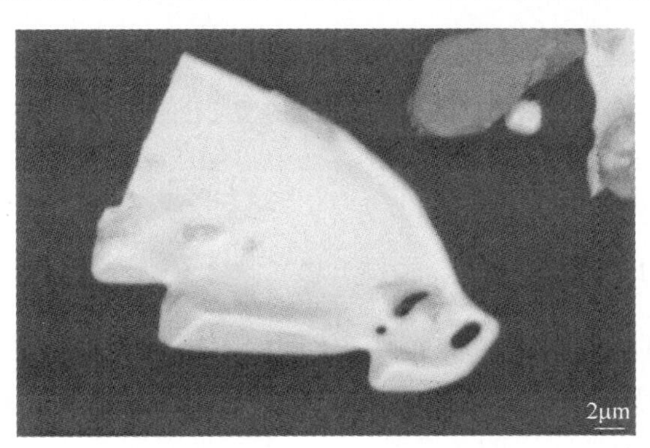

图 1-106 非水溶液电解法从重轨钢中分离出来的 MnS 夹杂物

到目前为止，除了本书作者的课题组外，国内的钢铁公司和钢铁冶金的院校还没有把这种尖端的 CT 扫描装置用于钢中非金属夹杂物研究和钢产品缺陷的研究上，这是国内研发部门需要尽快考虑的问题。

当然，一些和夹杂物相关的缺陷，可以直接用扫描电镜对其进行三维观察，例如对连铸过程中浸入式水口的结瘤物进行喷碳后可以直接在扫描电镜下观察。图 1-108 为本书作者的课题组在 2007 年在水口结瘤处发现的，由很多片状 Al_2O_3 基夹杂物组成的大的花朵状的夹杂物[213]。

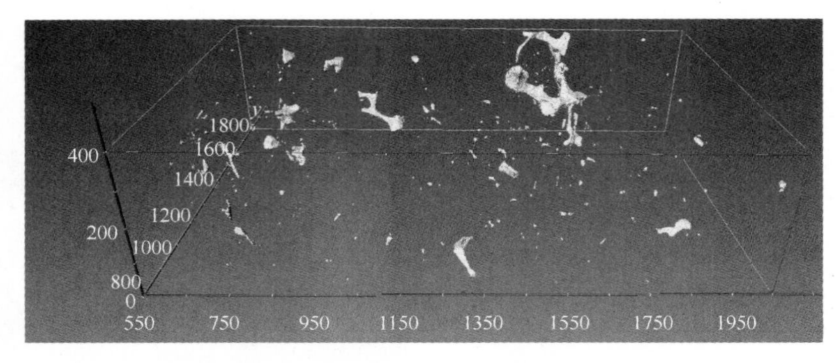

图 1-107　CT 扫描法得到的重轨钢铸坯非金属夹杂物和疏松缺陷的三维形貌

图 1-108　由很多片状 Al_2O_3 组成的大尺寸的花朵状的夹杂物
（5.65% MgO，73.67% Al_2O_3，2.33% SiO_2，6.40% CaO）[213]

1.7.2　复合脱氧的热力学

目前各个版本的《炼钢学》教科书中关于脱氧的热力学的讨论主要还是单个元素脱氧的热力学。图 1-109 为典型的钢中单元素脱氧条件下，钢中脱氧剂元素和钢中溶解氧的对应关系。位于下面的曲线所对应的元素要比上面曲线所对应的元素活泼，所以下面的金属元素可以把上面金属氧化物中的金属置换出来。

图 1-109 列出的 Cr、Mn、Si、Al、Ca 等元素都是广泛使用的钢液的脱氧元素。例如，在不锈钢生产过程中，一开始加入 Cr 调整成分，因此钢中形成了大量的 Cr_2O_3 夹杂物。但在铸坯中几乎没有 Cr_2O_3 的存在，这主要是由于在精炼过程中又加入了大量的硅铁和锰铁，硅和锰都可以把 Cr_2O_3 氧化物中的 Cr 置换出来。但是，由于任何一个钢种都有十种以上的金属元素成分，在冶炼过程中也加入多种合金。即使加入的合金是为了调整成分而不是为了脱氧，但由于合金元素和溶解氧反应的吉布斯能为负，钢液的复合脱氧成为必然。单元素脱氧在工业现场中几乎是不可能出现的。

现在的教科书中，即使是有关于二元复合脱氧的描述，也是浅尝辄止，没有描述钢中

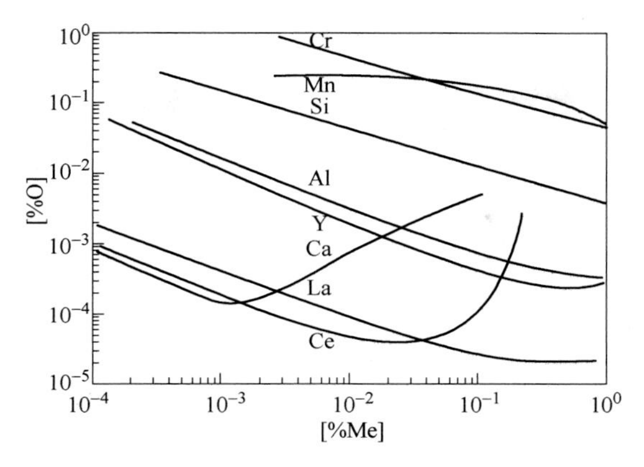

图 1-109 1600℃条件下纯铁液单元素脱氧条件下钢中脱氧剂元素和钢中溶解氧的对应关系[214]

复合夹杂物生成的热力学。复合脱氧的热力学十分复杂，以钢中铝脱氧和钙脱氧（或者是铝脱氧钢进行钙处理的情况）为例进行说明。1600℃下纯铁中［Al］-［O］平衡关系如图 1-110 所示[215]。脱氧产物是 Al_2O_3，当钢液中溶解铝含量增加时，钢液中溶解氧先增加后减少，溶解氧最低可达 1～3ppm。1600℃下纯铁中［Ca］-［O］平衡关系如图 1-111 所示[215]。钙脱氧的产物是 CaO，当钢液中溶解钙含量增加时，钢液中溶解氧先减少后增加，溶解氧最低可达 1~2ppm。但是，当纯铁被铝和钙复合脱氧的时候，由于生成物有很多包括 Al_2O_3、$CaO \cdot 6Al_2O_3$（简称 CA_6）、$CaO \cdot 2Al_2O_3$（简称 CA_2）、$CaO \cdot Al_2O_3$（简称 CA）、$3CaO \cdot Al_2O_3$（简称 C_3A）、$12CaO \cdot 7Al_2O_3$（简称 $C_{12}A_7$）、CaO 等产物，所以生成夹杂物的稳定相图就很复杂，如图 1-112 所示。在 1600℃条件下，$C_{12}A_7$和 C_3A 是液态夹杂物，其他夹杂物是固态夹杂物。如果研究的不是纯铁，而是一个实际的钢种，情况还会发生变化。例如对于一个典型管线钢，钢中［Ca］-［O］平衡关系如图 1-113 所示[216]，对比图 1-111 可以看出，管线钢和纯铁中［Ca］-［O］平衡关系相差极大。因此，讨论某一个钢种复合脱氧的时候，仅仅参考教科书里的单元素脱氧的数据和曲线是远远不够的。研究实际钢种的复合脱氧更重要，这对研究钢中由于脱氧产生的非金属夹杂物更有实际意义。然而，这方面的研究在国内还很少，在国际上尽管有一些，但也没有系统化。在实际钢种

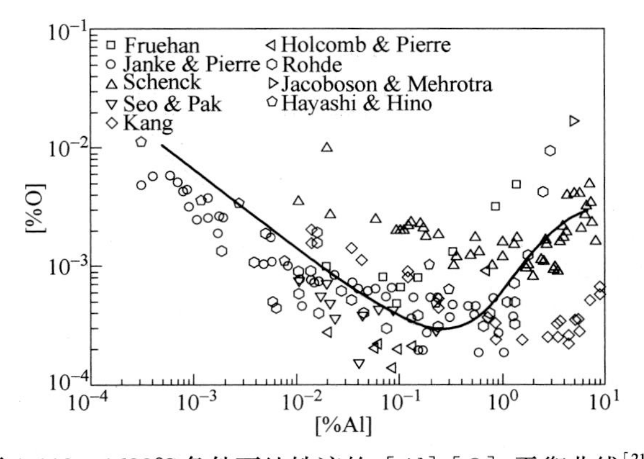

图 1-110 1600℃条件下纯铁液的［Al］-［O］平衡曲线[215]

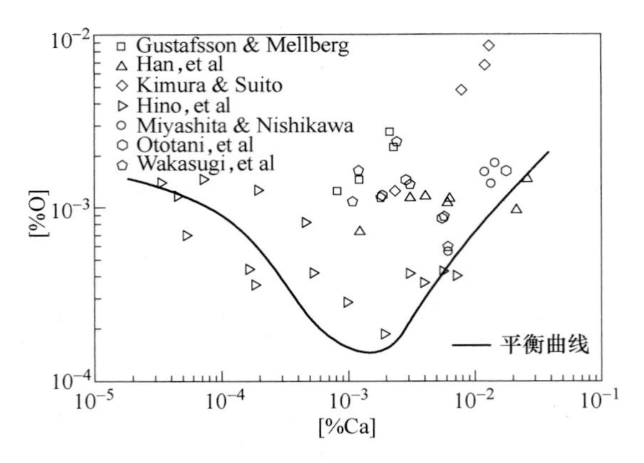

图 1-111　1600℃条件下纯铁液的［Ca］-［O］平衡曲线

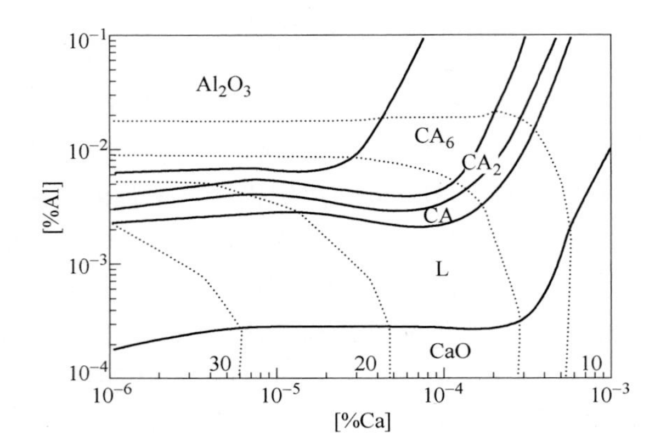

图 1-112　1600℃下纯铁中［Al］-［Ca］-［O］系夹杂物的稳定相图[217]

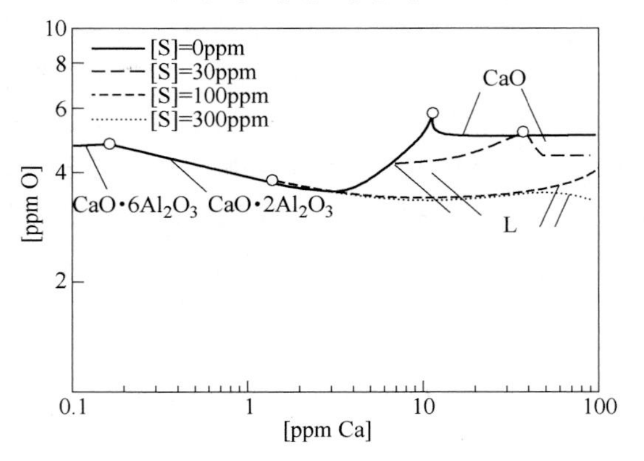

图 1-113　1600℃条件下管线钢（0.064%C、0.23%Si、1.6%Mn、0.04%Al）的［Ca］-［O］平衡曲线[216]

的复合脱氧热力学这方面的研究应该得到加强并且十分迫切。可以说，在没有研究清楚复合脱氧的热力学的条件下，想控制好钢中的脱氧夹杂物就成为一个不可能的任务。

1.7.3　钢液的钙处理和夹杂物变形能力控制

对钢液进行钙处理以改性钢中非金属夹杂物从 20 世纪 60 年代开始得到关注[218]，并于 80 年代开始得到推广应用。钙处理的基本概念就是用在钢中比 Al 活泼的金属 Ca，把钢中以 Al_2O_3 为代表的固体夹杂物中的 Al 部分置换出来，生成低熔点的、在钢水中表现为液态的钙铝酸盐，简称为夹杂物的低熔点控制（inclusions with low melting temperature）。20 世纪 80 年代开始，日本学者对夹杂物低熔点控制进行了深入的关注并予以广泛研究。他们认为在钢液中为液态的夹杂物在后续的轧制和加工过程中也易于变形。因此，把这方面的研究进一步强调为夹杂物的塑性化控制，或者是夹杂物变形能力控制（deformation abality of inlcusions）。图 1-114 为典型的 Al_2O_3-SiO_2-MnO 系三元相图[219]，中间灰色区域是熔点为 1100~1200℃的区域。很多文献都报道说为了有很好的变形性能，夹杂物的成分应该控制在这一低熔点区域以内，基本认为只要把夹杂物的熔点控制在钢液熔点以下就算成功。

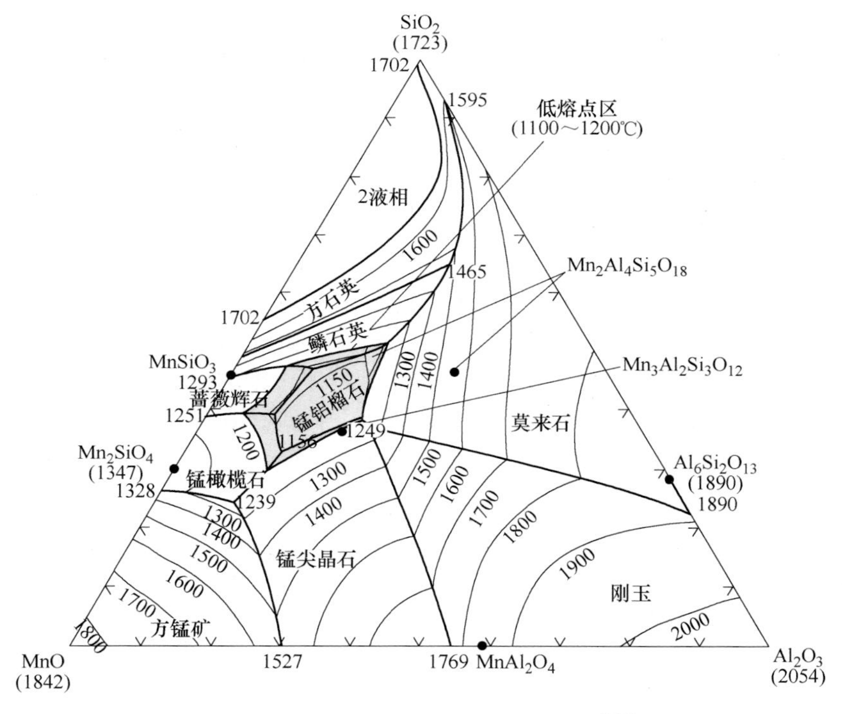

图 1-114　Al_2O_3-SiO_2-MnO 系三元相图[219]

图 1-115 为 1600℃下钢中有 Al_2O_3 系夹杂物钙处理前后的形貌变化[216]。钙处理之前，钢中夹杂物主要为棱角分明的 Al_2O_3 夹杂物，钙处理后夹杂物为球形的液态钙铝酸盐夹杂物。因此，大量工业实践已经证明钙处理可以成功改性 Al_2O_3 夹杂物使其变为低熔点的夹杂物。

但是，关于钙处理的重要性被逐渐放大，包括：对 Al_2O_3 较高的氧化物夹杂物的改性，降低其熔点，解决水口结瘤问题；改变簇状、串状 Al_2O_3 的形貌，形成球状化的钙铝酸盐，减小后续材料中出现应力集中问题，提高材料的力学性能；形成以含 CaS 的复合硫化物，改变硫化物形貌，避免Ⅱ类 MnS 的出现，减弱了钢材的各向异性，提高钢材抗 HIC 性能等。日本学者甚至出了《钙洁净钢》一本书，我国学者在 20 世纪 90 年代初将这本书

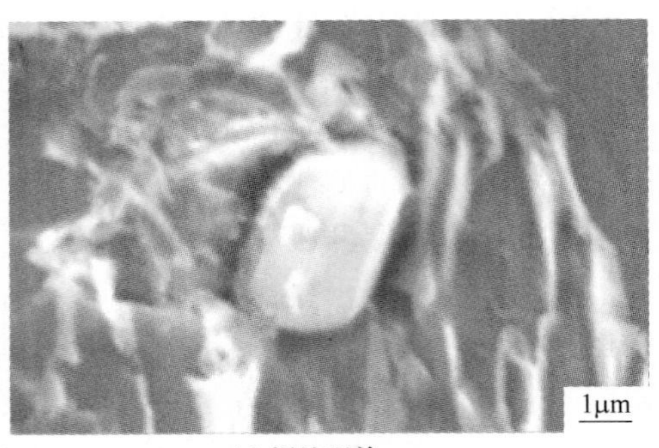

(a) 钙处理前

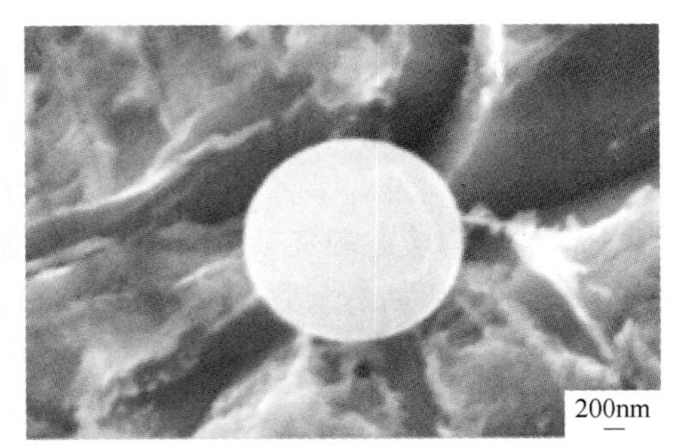

(b) 钙处理后

图 1-115　钢中有 Al_2O_3 系夹杂物钙处理前后形貌变化[216]

翻译成中文。似乎钢液钙处理成了解决非金属夹杂物问题的灵丹妙药。

钙处理最初的目的，也是其最本质的目的，就是把钢液中的固体夹杂物改性为液态，这样在浇铸过程中就不会黏附在浸入式水口内壁和出口造成水口结瘤堵塞。合理的钙处理可以减轻水口结瘤，提高连浇炉数，在国内外的钢厂中已经得到广泛的应用。但是，钙处理的直接目的不是让夹杂物有更好的变形性能。钙处理其余的“好处”都是其他学者慢慢地“发现”和“总结”的。

关于钢水的钙处理和夹杂物变形能力控制方面，还存在如下若干误解：

（1）误解之一：低熔点的夹杂物在轧制和加工过程中的变形能力很好。

这是一个典型的误解。举例来说，冰的熔点为零度，钢的熔点一般大于 1500℃，但在固体条件下，钢的变形能力要远大于冰的变形能力。同理，在轧制和加工过程中夹杂物是熔点较低的液态，如果因此就认为该夹杂物的变形能力肯定是很好的就片面了，实际上不是这种情况。

图 1-116 显示的是某钢厂冶炼帘线钢四炉全流程（LF 精炼→中间包→铸坯→线材）钢中非金属夹杂物平均的液相线温度和固相线温度的变化。图中的每一个点都是 5000 个以上的夹杂物的平均成分条件下的液相线温度和固相线温度。可以看出，夹杂物的液相线温度在 1200～1700℃之间、固相线在 940～960℃之间。而该厂该钢种的轧制开始温度在 1200℃以下、轧制终了温度在 700℃左右。150mm×150mm 的铸坯被最终轧制成 5.5mm 的盘条。也就是说在轧制温度降低到 940℃以前，夹杂物是处于软化温度（固相线）之上、熔点（固相线）之下。在这一阶段，夹杂物尽管不是液态，但处于软化状态，具有一定的变形能力。但是当轧制温度降低到 940℃以下后，夹杂物就完全变成了固态，其变形能力就和其熔点不再有任何关系。

更需要强调的是，这些帘线钢盘条拉拔成汽车轮胎子午线的过程是在室温下进行的，即使是拉拔过程中产生一定的热量，拉拔丝的温度最高也就在 200℃左右。所以帘线钢盘条拉拔成汽车轮胎子午线过程中非金属夹杂物的变形能力和其熔点没有任何关系。如果仅仅针对夹杂物的低熔点化控制，那肯定是不全面的，达不到有效、稳定提高拔丝长度又不断丝的目的。

那么，在固态条件下的夹杂物的变形能力到底和什么有关系呢？答案是夹杂物的化学成分。在上面的帘线钢盘条室温拉拔过程中，非金属夹杂物处于固体状态，有的 20μm 夹

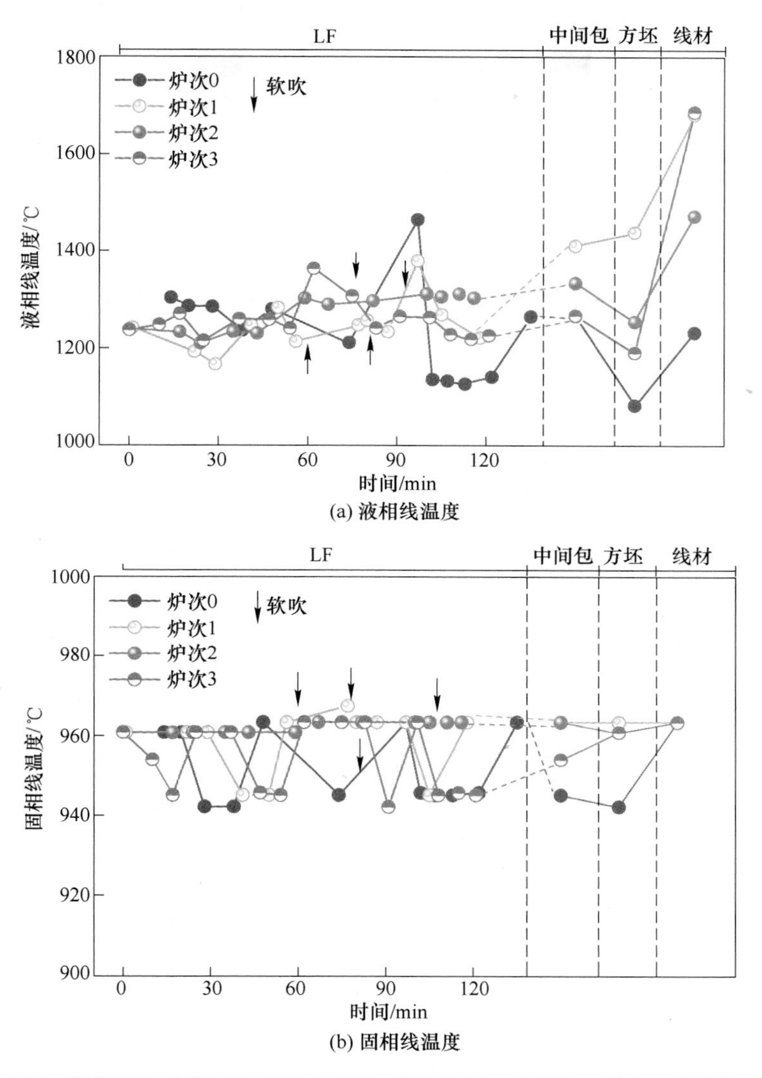

(a) 液相线温度

(b) 固相线温度

图 1-116　某钢厂冶炼帘线钢四炉全流程（LF 精炼→中间包→铸坯→线材）钢中非金属夹杂物的液相线温度和固相线温度的变化

杂物能引起断丝（以 Al_2O_3-MgO-CaO-SiO_2 夹杂物为代表），有的 20μm 夹杂物却不能引起断丝（以 SiO_2-MnO 夹杂物为代表），这说明了夹杂物化学成分是影响其在固态条件下的变形能力的最关键的因素。图 1-117 为本书作者的学术梯队研究得到的帘线钢轧制过程中夹杂物的成分和其变形能力的关系。可以看出，夹杂物的变形能力随着其（Al_2O_3+MgO）/（SiO_2+MnO）的比值的降低而增加，该图也表明，同样成分条件下的大颗粒夹杂物的变形能力小于小颗粒夹杂物的变形能力。

所以，仅仅研究夹杂物的低熔点化，认为夹杂物在钢水温度下处于液相区的观点是不全面的。关于夹杂物成分和变形能力的对应关系的研究很少，应该在这点上着力进行研究，得出钢中各种典型成分的夹杂物的变形能力的定量关系，从而为夹杂物的控制找到正确的方向。

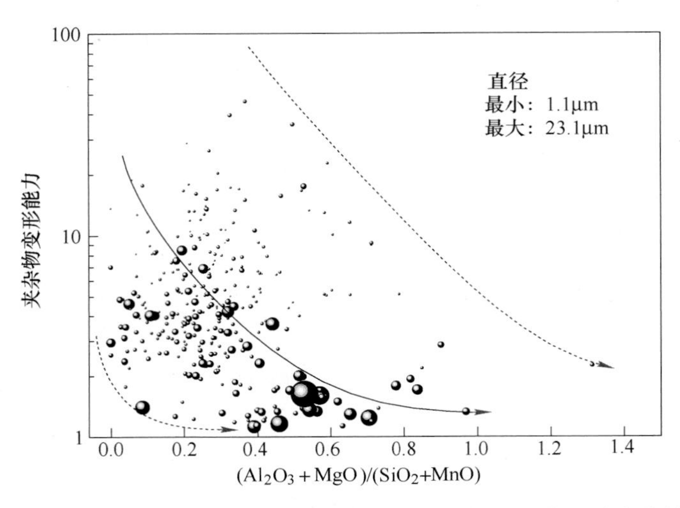

图 1-117　帘线钢轧制过程中非金属夹杂物的变形能力和其化学成分的关系

（2）误解之二：钢液钙处理过程中加入钢水的钙越多越好。

关于钢液钙处理方面，本书作者在 2012~2019 年之间曾经访问过国内 80 家钢铁企业，其中 2/3 的钢厂在炉外精炼过程中进行钙处理。但是如何有效地进行钙处理，迄今为止，有些钢厂做了理论探索，但在生产中应用效果不是很理想。也就是说，喂钙量的精准热力学计算和钙处理的动力学方面的理论研究还不完美。关于钙处理过程中加多少钙合金、喂多少钙线，基本处于下面几个情况：1）一些钢厂认为喂钙量越多越好；2）一些钢厂发现如果不喂钙可以浇铸 5 炉，但喂钙之后反而水口更易于结瘤，导致连浇炉数下降；3）一些钢厂根据实际的结瘤情况来调整喂钙量，即如果水口结瘤严重了，就增加喂钙量；如果增加喂钙量导致水口结瘤更严重，就降低喂钙量，没有明确的理论依据；4）一些钢厂的技术人员简单把钢中钙铝比或者钢中钙含量固定在一个固定值或者一定范围之内；5）一些人做了简化，简单地认为钢中钙含量应该大致和钢中总氧含量相等。

上述这些情况都是不全面的。合理的喂钙量要和钢中总氧含量（氧化物夹杂物）、原始夹杂物的成分（特别是 Al_2O_3 的含量）、钢液成分（特别是钢中酸溶铝和硫含量）、温度等因素密切相关。如果每一炉的这些因素不同，则喂钙量不同。这是由喂钙过程中的化学反应热力学决定的。从这一结论我们可以得出钢液成分和洁净度窄成分控制的重要性。成分变化越少、钢液的洁净度越稳定，加钙量越恒定，不至于每一炉都调整喂钙量。

图 1-118 给出了本书作者的课题组计算的具体钢水条件下，随着钙的加入钢中主要夹杂物的变化情况[220]。这里存在一个加钙量的窗口问题。最低加钙量是指在此加钙量之前，钢中既有固态夹杂物也可能有液态夹杂物，而在此加钙量之后，随着更多钙的加入，夹杂物都是液态的。最大加钙量是指在此之后，如果继续增加喂钙量，则会生成固体的 CaS 夹杂物，而 CaS 夹杂物也会引起水口结瘤。因此，在钙处理过程中，加钙的多少有一个范围，加钙过多或者过少都会引起钢液中固体夹杂物的增多，从而增加水口结瘤的可能性，影响钢液的可浇性。

由于精准加钙量控制的困难，现在又出现了否定钙处理冶金效果的趋势。其实，炉外精炼钙处理成功与否主要由四个方面确定：1）含钙合金的正确的加入方式，加钙的过程

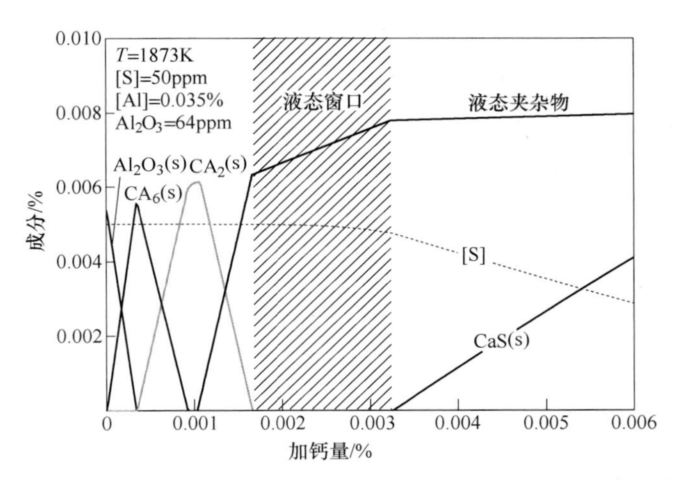

图 1-118 钙的加入量对钢液中夹杂物主要成分的调节和控制作用[220]

中尽量避免增加钢水的总氧含量；2）精准加钙量的热力学计算；3）加钙后合适的软吹时间；4）连铸过程中有效的保护浇铸措施、防止从大气中吸氧是保证加钙处理效果持续到最后的关键。

到目前为止，国内的钢铁企业还没有处理好这四点，轻易地否定钙处理效果是不对的。当然不是所有的钢种都需要进行钙处理。对于轴承钢和帘线钢，坚决不能进行钙处理，因为这类钢种对夹杂物的尺寸和成分非常敏感。在精炼过程中尽量地去除钢中大颗粒夹杂物是解决这类钢中夹杂物问题的主要措施。对管线钢，由于在浇铸过程中水口结瘤过于严重，一般要进行钙处理。而对于弹簧钢、不锈钢等钢种，是否进行钙处理需要视具体情况而定。

（3）误解之三：液体夹杂物易于在钢渣界面去除—— 夹杂物和钢液、精炼渣的界面现象。

很多学者认为液体夹杂物易于从钢液中去除到渣相，认为这是夹杂物低熔点处理的一个优点。其实，夹杂物从钢液到液渣相的去除过程是一个多相界面现象——钢液相、夹杂物相和液渣相。夹杂物在钢渣界面的去除过程至少包括三个环节：1）夹杂物随着钢液运动向钢渣界面靠近；2）夹杂物和钢渣界面碰撞，形成一个钢液的薄膜；3）如果在碰撞过程中薄膜破裂形成三相接触，则夹杂物被渣相捕捉，随后逐渐进入渣相；如果在碰撞过程中薄膜没有破裂，则夹杂物返回钢液从而无法在这一次碰撞过程中去除。

夹杂物和渣相的碰撞以及钢液薄膜的破裂和钢水、渣相与夹杂物之间的界面张力、接触角密切相关（表 1-6），是可以用理论分析得出定量结果的[221]。夹杂物能否从钢液中去除到渣相还与钢水的湍流特征有关。图 1-119 为中间包钢液流动和夹杂物碰撞长大耦合计算得到的钢中不同夹杂物的去除情况[221]。可以看出，液态的 $12CaO \cdot 7Al_2O_3$ 夹杂物是去除最慢的，而固态的 Al_2O_3 夹杂物是去除最快的。这是因为 $12CaO \cdot 7Al_2O_3$ 和钢液的接触角最小，低于 90°，渣相和夹杂物相之间的钢液薄膜不易破裂所致。因此，在钢液中的液态夹杂物的确不易造成水口结瘤，但比固体夹杂物难于从渣相去除。所以，在铸坯中大颗粒低熔点夹杂物的出现几率要比同等尺寸的固体夹杂物多很多，这类夹杂物在轧制之后可能会形成链状夹杂物缺陷（图 1-120）。如前面所讨论的一样，这类低熔点夹杂物在轧制的后半程已经完全固态化，不见得有很好的变形能力，因此被轧碎成链状的夹杂物。

表 1-6 钢液中 Al_2O_3、SiO_2、$MgO \cdot Al_2O_3$ 和 $12CaO \cdot 7Al_2O_3$ 夹杂物的物理性质[221]

夹杂物	Hamaker 常数/J	密度/kg · m^{-3}	表面张力/N · m^{-1}	接触角/(°)
Al_2O_3	2.3×10^{-20}	3990	1.389	144
SiO_2	3.1×10^{-20}	2500	1.409	115
$MgO \cdot Al_2O_3$	0.98×10^{-20}	3912	1.425	134.1
$12CaO \cdot 7Al_2O_3$	0.85×10^{-20}	2700	1.409	54.3

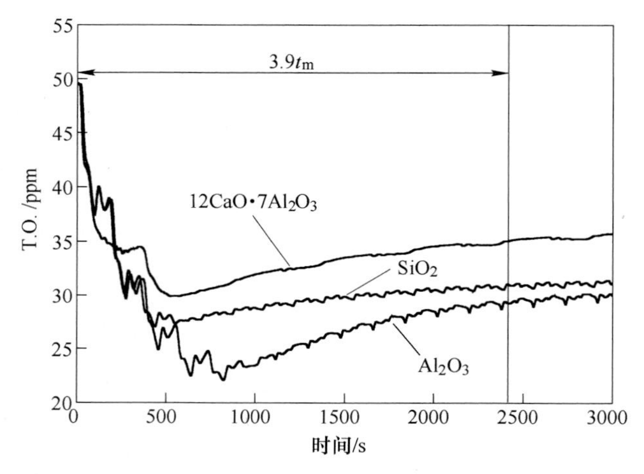

图 1-119 中间包钢液中不同成分夹杂物向渣相的去除情况随时间的变化[221]

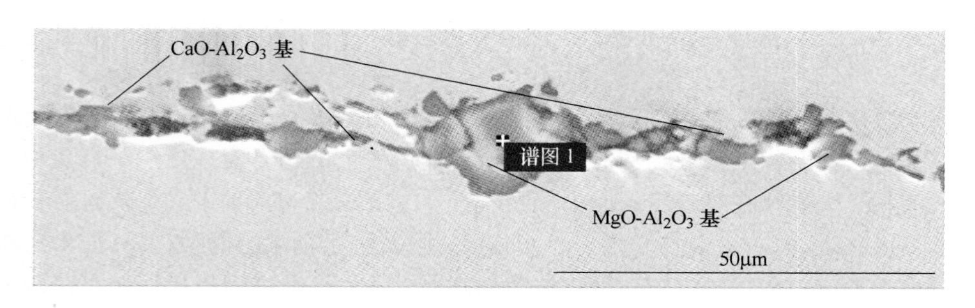

图 1-120 热轧板中有镁铝尖晶石核心的链状 Al-Mg-Ca-O 系夹杂物[222]

（4）误解之四：钢液钙处理只能通过加入含钙合金进行。

长期以来，很多学者心目中的钢液的钙处理只能通过向钢液中加入钙合金来实现。其实钙处理也发生在精炼渣和钢液以及夹杂物的反应过程。对于铝脱氧钢，在使用很高碱度渣的条件下，由于渣中 CaO 含量很高，所以在渣和钢液的界面之间会发生 CaO 的分解反应，分解出来的溶解钙传递到钢水中，会置换 Al_2O_3 夹杂物中的铝生成钙铝酸盐。以轴承钢为例（图 1-121），在出钢和 LF 精炼过程中强铝脱氧，最开始的夹杂物主要是纯的 Al_2O_3，但由于钢液中酸溶铝含量较高，和钢包内衬的 MgO 发生置换反应，使钢中大量的

Al_2O_3 夹杂物变成了 $MgO \cdot Al_2O_3$ 尖晶石夹杂物，而随后夹杂物中 CaO 含量也逐渐增加，形成了复合的 $CaO \cdot MgO \cdot Al_2O_3$ 夹杂物。夹杂物中 CaO 的增加主要是由于液态渣中 CaO 在钢渣界面分解为［Ca］和［O］，然后向钢液中传递，遇到夹杂物后会与夹杂物结合生成复合的夹杂物。这是典型的渣中 CaO 改变夹杂物成分的例子，很多钢种的精炼过程中都有这种现象。但是，这种渣钢之间的钙处理过程，很难控制生成液态的含 CaO 夹杂物，会大量生成固态的 CaO · MgO、$CaO \cdot MgO \cdot Al_2O_3$ 夹杂物，造成水口结瘤和浇铸的困难。

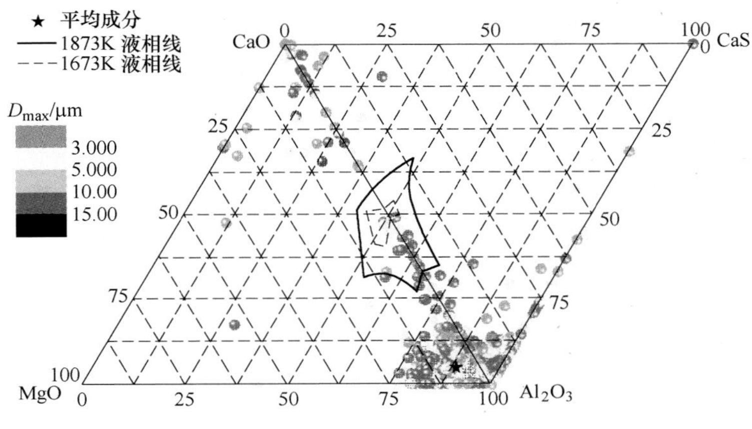

(a) 精炼初期，主要以纯的 Al_2O_3 为主

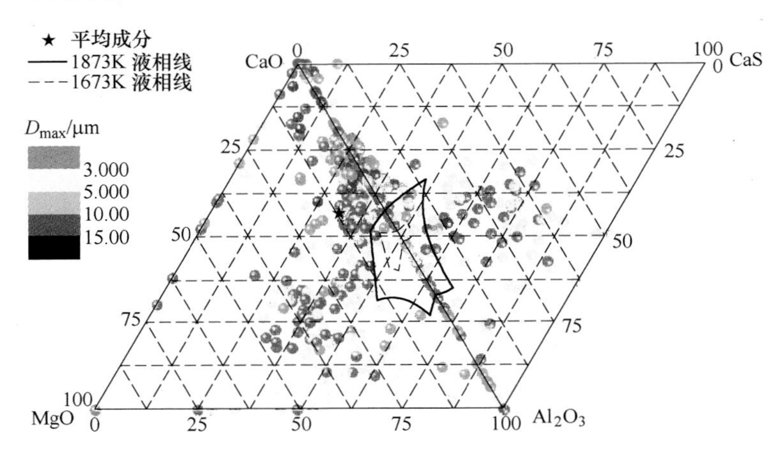

(b) 精炼末期，主要以复合的 $CaO \cdot MgO \cdot Al_2O_3$ 夹杂物为主

图 1-121　轴承钢 LF 精炼过程中两个时刻夹杂物成分的变化

在一些钢厂的生产实践中还发现，LF 炉电极加热的效率和夹杂物中的 CaO 分数直接相关。对于加热化渣好的炉次，渣迅速成为液态，此外，LF 过程中的钢渣剧烈混合等因

素一起作用使 CaO 在钢渣界面的分解反应变得迅速。

所以，钙处理的方式有两个：一是向钢液中加入钙合金、喂含钙线，二是通过加强高 CaO 渣和钢液的钢渣反应。目前广泛使用的通过弯管在渣液面以上一定距离加入钙线的方法，由于钙金属的活泼性，在喂钙线期间，钙线和渣及空气中的氧发生剧烈的氧化反应，而使得钢液中总氧增加 6ppm 甚至更高；而通过钢渣反应进行的钙处理则基本可以避免这一现象。

但是，如前所述，现在一些轧制后的产品中，往往出现链状的 $CaO \cdot MgO \cdot Al_2O_3$ 夹杂物。一些钢厂的轴承钢轧材中出现了这类大颗粒夹杂物。针对轴承钢浇铸水口结瘤物的调查发现，结瘤物中也含有很多的固体 $CaO \cdot MgO \cdot Al_2O_3$ 夹杂物。如果这些结瘤物在浇铸过程中脱落，则会造成严重的夹杂物缺陷。因此，对于轴承钢这类的钢种，是应该避免这种钢渣之间的钙处理反应的。具体的措施如在 LF 之后的真空精炼之前进行扒渣处理，如果使用的是 VD，则需要进行浅真空处理，这样会降低钢渣之间的反应。

1.7.4 精炼渣对夹杂物的调控能力

精炼渣对钢中非金属夹杂物的数量多少和成分等都有很大的影响，这方面的研究还没有受到足够的重视，在理论上也没有进行深入的探讨。除了精炼渣的物理性能（黏度、表面张力等）的影响外，精炼渣的成分对钢中夹杂物的调节能力更为显著。理论上讲，如果钢液和液态渣处于平衡态，则钢中非金属夹杂物和渣成分应该一致。但是，两个原因使得这种平衡态变得不可能：一是耐火材料的参与，使得一直存在着钢液-液态精炼渣-耐火材料之间的非稳态反应，不可能出现平衡态；二是，即使没有耐火材料的参与，钢液和液态精炼渣之间反应如果达到平衡态也需要非常长的时间（至少 20h 以上），而几十分钟的炉外精炼是无法达到平衡态的。但是，即使无法达到平衡态，希望钢中非金属夹杂物处于什么成分，就应该使用相近成分的精炼渣。

关于精炼渣成分对夹杂物的调节能力上，一个重要的因素就是二元碱度（CaO/SiO_2）。包括本书作者在内的一些国内外学者研究得出一个结论：精炼渣碱度越高，精炼过程中就可以去除更多的夹杂物；精炼渣碱度越低，钢中夹杂物越多，但夹杂物中 Al_2O_3 含量越低，如图 1-122 所示。这一结论应该在所有的炼钢工作者中推广应用。

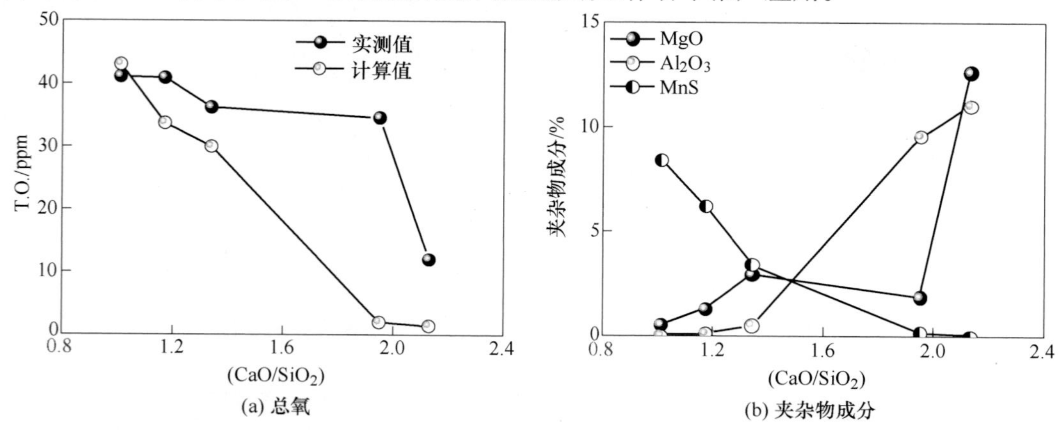

图 1-122 304 不锈钢炉渣碱度对钢中总氧和夹杂物成分的影响

但是，炉渣碱度调节夹杂物成分的理论原因还没有被深入的探讨，也还没有浅显易懂的解释。高碱度渣适合于铝脱氧钢，特别是轴承钢等铝脱氧的高端钢种；低碱度渣适合于SiMn脱氧的钢种，例如帘线钢等。

从钢中［Si］-［O］和［Mn-O］平衡图我们知道，在纯铁液中与［Si］平衡的溶解氧含量在20ppm左右，与［Mn］平衡的溶解氧在100ppm左右。所以SiMn脱氧的钢中总氧要比铝脱氧钢高一些。但是，一些SiMn脱氧的钢种最终钢中总氧要小于20ppm（例如帘线钢），这是由于两个原因：（1）渣中不断加入CaC_2、SiC或者C粉造成的扩散脱氧的结果；（2）夹杂物不是单一的SiO_2和MnO，而是复合夹杂物SiO_2-MnO，甚至含有少量的Al_2O_3等成分，这时候夹杂物中SiO_2的活度就小于1，那么［Si］-［O］平衡曲线就变了（图1-123）。如果SiO_2的活度为0.1，与［Si］平衡的溶解氧降低为10ppm；如果夹杂物中SiO_2活度为0.01，与［Si］平衡的溶解氧就降低为2~3ppm。这样，尽管使用了低碱度渣，SiMn脱氧钢中的总氧也能控制在20ppm以下，并且，由于低碱度渣的使用，夹杂物中Al_2O_3含量也能被很好地控制在很低的范围内。

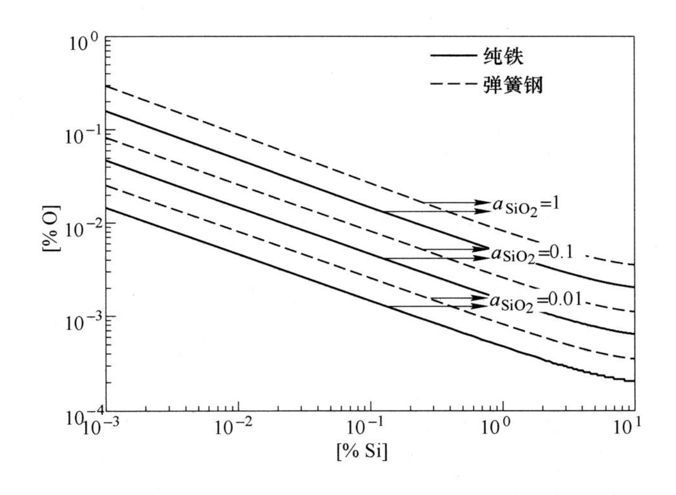

图1-123　夹杂物中SiO_2活度对纯铁和弹簧钢中溶解氧的影响

此外，根据前面描述的在理想情况下达到平衡液态渣成分和夹杂物成分一致的观点，有些学者和企业开发了CaO·MgO·Al_2O_3的液态渣系。在某钢种上应用此渣系，发现LF处理之后在103mm^2上发现136个大于5μm的夹杂物。其中纯Al_2O_3夹杂物4个，CaO-Al_2O_3夹杂物6个，MgO-Al_2O_3夹杂物8个，CaO-Al_2O_3-MgO夹杂物56个。但是，所有的CaO-Al_2O_3-MgO夹杂物的熔点都在1600℃以上（图1-124）。这说明，通过炉外精炼的几十分钟，很难把夹杂物的成分真正的和渣成分控制到同一水平，二者成分尽量趋于一致就可以了。

对于不同的钢种，特别是不同的特殊钢，夹杂物的控制策略应该是不同的，精炼渣成分的选择也是不同的。国内在这方面的研发投入非常少。这应该是特殊钢夹杂物控制策略的一个重点方向。

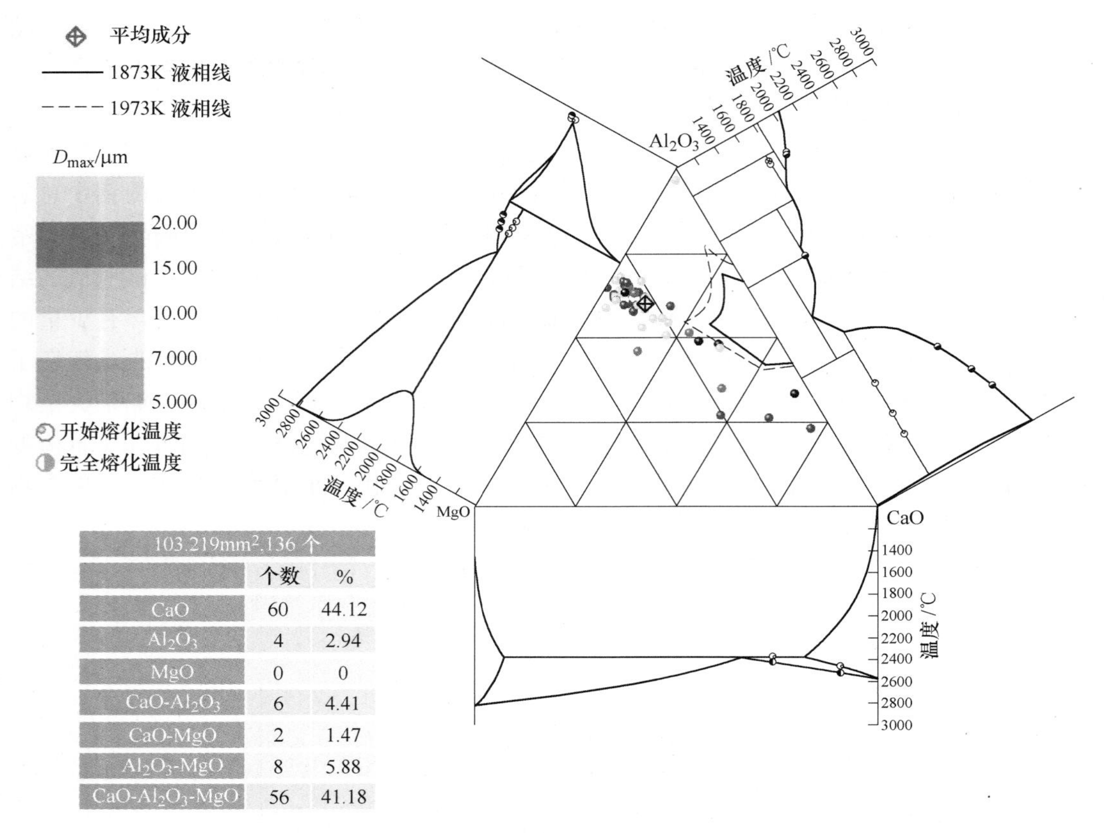

103.219mm²,136 个		
	个数	%
CaO	60	44.12
Al_2O_3	4	2.94
MgO	0	0
CaO-Al_2O_3	6	4.41
CaO-MgO	2	1.47
Al_2O_3-MgO	8	5.88
CaO-Al_2O_3-MgO	56	41.18

图 1-124　在某钢厂某钢种 LF 精炼过程中使用低熔点 CaO · MgO · Al_2O_3 的渣系得到的钢中非金属夹杂物的成分分布

1.7.5　合金和辅料质量对夹杂物的影响

合金就像是饮食炒菜的味精等调节味道的佐料。合金不同决定了不同钢种的不同性能，这方面的影响已经成为共识。但是，合金对夹杂物的影响还远远没有得到足够的关注。很多钢厂生产 SiMn 脱氧钢时，最后发现夹杂物中 Al_2O_3 含量却较高。例如，帘线钢中含 Al_2O_3 的夹杂物引起的断丝，SiMn 脱氧表带用 304 不锈钢由于夹杂物中 Al_2O_3 含量过高引起的抛光缺陷等。很多研究人员都很迷惑这些 Al_2O_3 是从哪里来的，甚至在没有去仔细思考其来源的情况下使用钙处理等方法去改性夹杂物。

在 SiMn 脱氧钢的条件下，夹杂物中的 Al_2O_3 来源基本有两个：

（1）纯的大颗粒的三角状或者块状的 Al_2O_3 夹杂物（含 $Al_2O_3$90%）基本上是来源于浸入式水口部位的耐火材料。图 1-125 为在帘线钢轧材中发现的纯 Al_2O_3 夹杂物，呈现典型的大尺寸三角状，并且在轧制过程发生了破碎。在钢包和中间包中由于钢水对耐火材料的机械冲刷剥落的大颗粒夹杂物几乎不可能进入结晶器，因为其尺寸比较大，易于上浮去除。这就是在铸坯和轧材中很难发现纯 MgO 夹杂物的原因。但是，中间包包底靠近出口的地方和浸入式水口本身的 Al_2O_3 基耐火材料有可能被机械冲刷进入结晶器。而结晶器去除夹杂物的能力是非常低的，特别是对于方坯用的直筒型浸入式水口情况，剥落的耐火材料会进入液相穴很深而被凝固前沿捕捉；或者是在大方坯连铸使用四通孔的情况下，由于出口射流的携带，夹杂物被直接冲刷至结晶器内的凝固坯壳的凝固前沿而被捕捉，形成铸坯表层内的大颗粒夹杂物。这部分夹杂物由于在钢水里存在的时间短，更多地保持了耐火材料的原始成分，所以以纯的 Al_2O_3 为主。

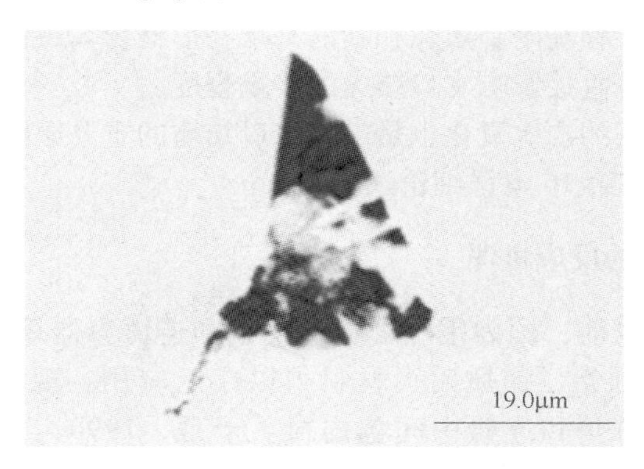

图 1-125　帘线钢轧材中发现的纯 Al_2O_3 夹杂物

（2）对于复合的、含 Al_2O_3 的夹杂物，主要来源是合金及辅料中的金属铝。图 1-126 为由高 Al_2O_3 含量夹杂物引起的帘线钢冷拉拔过程断丝，夹杂物中 Al_2O_3 含量高达 67%，且除了 Al_2O_3 外，还含有不少 MgO、SiO_2 和 CaO。为了降低 SiMn 脱氧钢中复合夹杂物中的 Al_2O_3 含量，最重要的手段是仔细检查合金和辅料中哪些含有过多的金属铝。把原料中的铝的来源断掉，就基本可以解决夹杂物中 Al_2O_3 含量高的问题。否则，如果已经生成含 Al_2O_3 高的夹杂物，再想办法变性改质去掉夹杂物的 Al_2O_3 就变得既复杂又困难了。但是，这一点恰恰是目前绝大多数炼钢工作者和科研人员所忽视的问题。大家都在关注钢液中已经存在的夹杂物如何改性其成分，而忽略了其产生的原因，忘记了从源头上解决这一问题。当然，使用含铝超低的合金和辅料会增加一些生产成本。

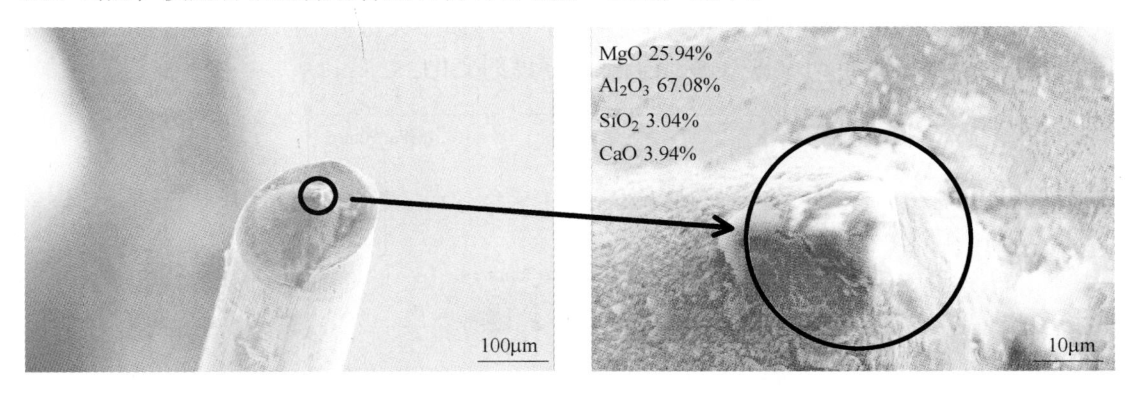

图 1-126　高 Al_2O_3 含量夹杂物引起的帘线钢拉拔断丝

1.7.6　关于水口结瘤机理的几个问题

水口结瘤是铝脱氧钢连铸过程中都会遇到的问题。所谓的某钢种的可浇性不好，就是指浇铸过程中，大量夹杂物黏附在水口上，造成水口结瘤，严重的情况下甚至几乎堵塞水口，造成浇铸困难。毋庸置疑，水口结瘤是夹杂物引起的。

关于水口结瘤需要强调的几个问题是：

（1）不只是 Al_2O_3 夹杂物能引起水口结瘤，钢液里所有的固体夹杂物都会黏附在水口上形成水口结瘤。

（2）水口结瘤是夹杂物黏附、熟化和新的夹杂物形核长大共同作用的结果。

（3）水口预热的好坏直接影响水口结瘤的严重程度。

（4）在水口附近吸气的二次氧化也是加重水口结瘤的重要原因之一。

这部分内容将在本书第 16 章详细论述。

1.7.7　耐火材料和钢液的反应机理

在 20 世纪 80 年代以前，国内钢铁公司的炼钢和连铸容器用的耐火材料主要是高铝质。从 20 世纪 90 年代开始，镁质耐火材料得以广泛应用。现在，高 MgO 质耐火材料被广泛用于炼钢炉、精炼炉和连铸中间包内衬。于是，1990 年以后，关于钢中 $MgO \cdot Al_2O_3$ 夹杂物形成机理的研究开始多了起来。$MgO \cdot Al_2O_3$ 夹杂物中的 MgO 只能有三个来源：（1）合金中的 Mg；（2）精炼渣中的 MgO；（3）耐火材料中的 MgO。经过多年研究，本书作者得出结论，耐火材料中的 MgO 是 $MgO \cdot Al_2O_3$ 夹杂物中 MgO 的主要来源。关于耐火材料和钢水相互作用、耐火材料中的 MgO 进入钢水的机理，文献中也有一些探讨，提出了碳还原机理、钢水中夹杂物和耐火材料中的 MgO 直接反应机理以及置换反应机理等[223]。

钢液中酸溶铝和耐火材料中的 MgO 发生置换反应是形成钢中 $MgO \cdot Al_2O_3$ 夹杂物的主要原因（见下面的几个化学反应）。研究发现，钢液中酸溶铝越高，钢中 $MgO \cdot Al_2O_3$ 夹杂物越多。实验也清晰地发现了 MgO 质耐火材料表面和钢水之间形成的 $MgO \cdot Al_2O_3$ 尖晶石层。因此，使用 MgO 质耐火材料情况下冶炼铝脱氧钢，钢液中存在 $MgO \cdot Al_2O_3$ 尖晶石夹杂物就成为必然。解决之道是尽量减轻 $MgO \cdot Al_2O_3$ 尖晶石夹杂物的形成，也就是从耐火材料的强度和致密度上着手。图 1-127 显示了 MgO 质耐火材料不同强度和钢液的不同接触时间条件下生成的 $MgO \cdot Al_2O_3$ 尖晶石层的厚度的变化。

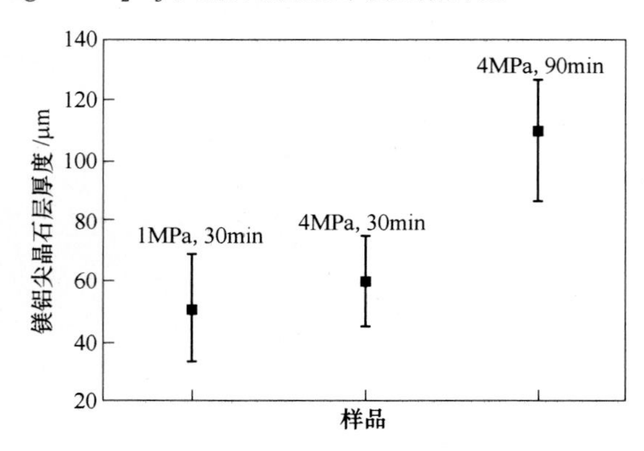

图 1-127　MgO 质耐火材料的强度和与钢液的接触时间对其与钢液之间生成的 $MgO \cdot Al_2O_3$ 尖晶石层的厚度的影响

耐火材料界面：　$2[Al] + 3(MgO) = (Al_2O_3) + 3[Mg]$

钢液：　$[Mg] + [O] = (MgO)$

钢液：　$(MgO) + (Al_2O_3) = (MgO \cdot Al_2O_3)$

因此，本书作者研究建立了一套热力学数据库，又进一步通过编程开发了夹杂物-钢液-耐火材料反应模型，模型考虑了一阶和二阶相互作用系数的热力学参数。典型计算结果如图 1-128 所示[224]。由图可知，随着钢中溶解氧含量的增加，MgO 耐火材料溶解所需临界溶解铝增加明显；随着钢中溶解镁含量增加，所需临界酸溶铝含量略有增加。

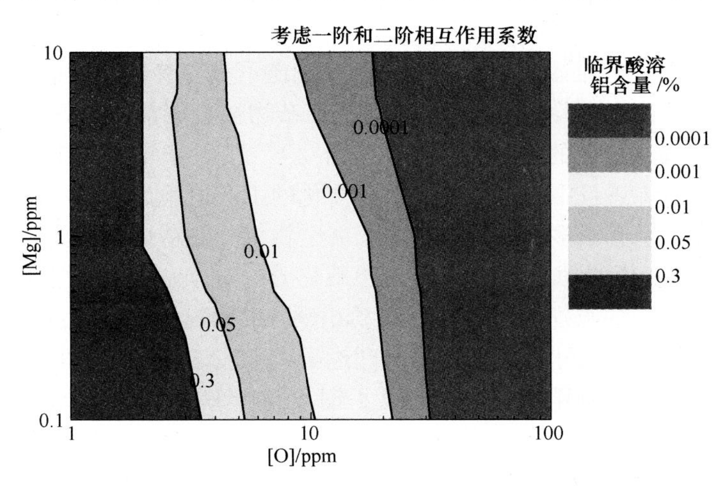

图 1-128　不同钢液成分下 MgO 耐火材料被溶解的临界酸溶铝含量[224]

根据研究计算结果，图 1-129 提出了 MgO 耐火材料在不同成分的 Al 脱氧钢中溶解的两种机理。MgO 耐火材料的溶解受到氧含量的影响，当钢液中氧含量高于某一临界值时，MgO 耐火材料在钢液中的溶解主要由 MgO 耐火材料与钢液中 Al 和 O 元素之间的反应引起，如图 1-129（b）所示；而当钢液中氧含量低于这一临界值时，MgO 耐火材料在钢液中的溶解主要是由自身分解引起的，如图 1-129（a）所示。

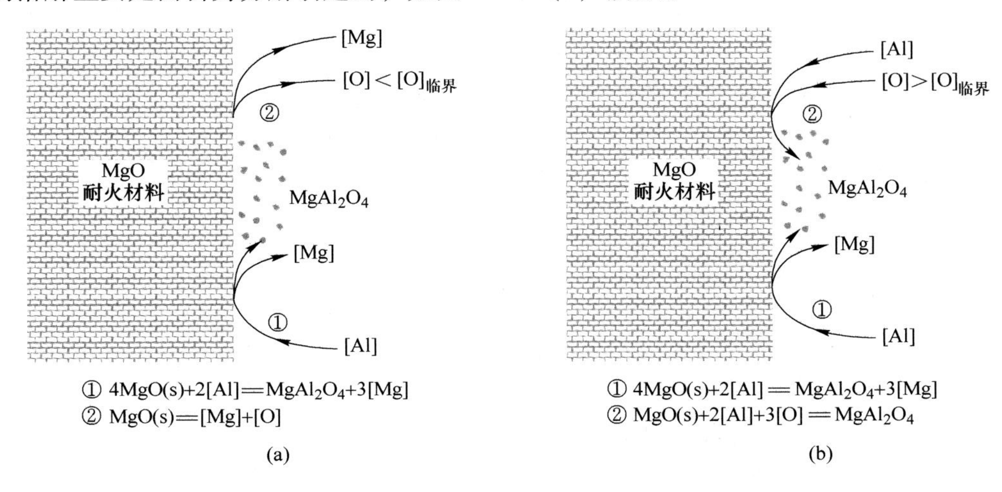

图 1-129　MgO 耐火材料在不同成分的 Al 脱氧钢中的溶解机理[224]

关于耐火材料和钢液的反应机理，目前的研究还远远不够深入，因为这涉及钢液-耐火材料-渣-气四相界面的现象和反应，以及和钢水的化学反应。这一点需要在今后做深入的探讨。

1.7.8 夹杂物尺寸和成分的瞬态变化和多尺度的动力学

关于钢中夹杂物尺寸变化的动力学研究有很多，夹杂物形核和碰撞长大的动力学方面也得到了很多的关注[63,221,225-227]。但是，迄今为止，把分子级别（Al_2O_3 夹杂物的直径大致 0.3nm）的夹杂物的形核现象，并长大到 100μm 级别的跨了 7~8 个数量级的现象与钢水的宏观（米的级别）三维多相流动相耦合的研究还不多。有若干文献对夹杂物在钢凝固前沿被捕捉进行了理论和实验研究[228-234]，但把夹杂物被凝固前沿捕捉和钢水宏观（米的级别）三维多相流动相耦合的研究还十分不完善[228,235]。关于钢中非金属夹杂物的化学成分的瞬态变化、在精炼过程中不同阶段的成分变化的工业试验试样和实验室实验的试样分析研究最近十年里已经有很多报道。但是关于夹杂物成分在精炼过程中随时间和工艺操作（特别是合金加入）变化的动力学理论研究还不完善[236,237]。此外，把夹杂物成分的瞬态变化和钢水的宏观（米的级别）三维多相流动相耦合的研究还没有见到报道。这三点都是关于钢中非金属夹杂物在尺寸和成分变化的理论研究上应该深入研究的重要课题。

本书作者的学术团队利用耦合反应建立了钢液-渣-夹杂物-合金-耐火材料-空气六相动力学模型，模型的反应示意图如图 1-130 所示[238]。模型包含的反应包括：钢-渣反应、钢-夹杂物反应、耐火材料向渣中溶解、耐火材料向钢液中溶解、合金向钢液中溶解、空气对钢液的二次氧化、夹杂物向渣中上浮去除。渣改质剂对渣相成分的影响暂时没有加入计算。根据建立的动力学模型，可以对不同时刻的精炼渣成分、钢液成分和夹杂物成分进行精准预测，典型计算结果如图 1-131 所示[238]。由图 1-131（a）可知，随着钢中脱氧剂铝的加入，钢液中［Al］$_s$ 含量迅速上升；随后随着反应的进行，钢中［Al］$_s$ 含量逐渐降

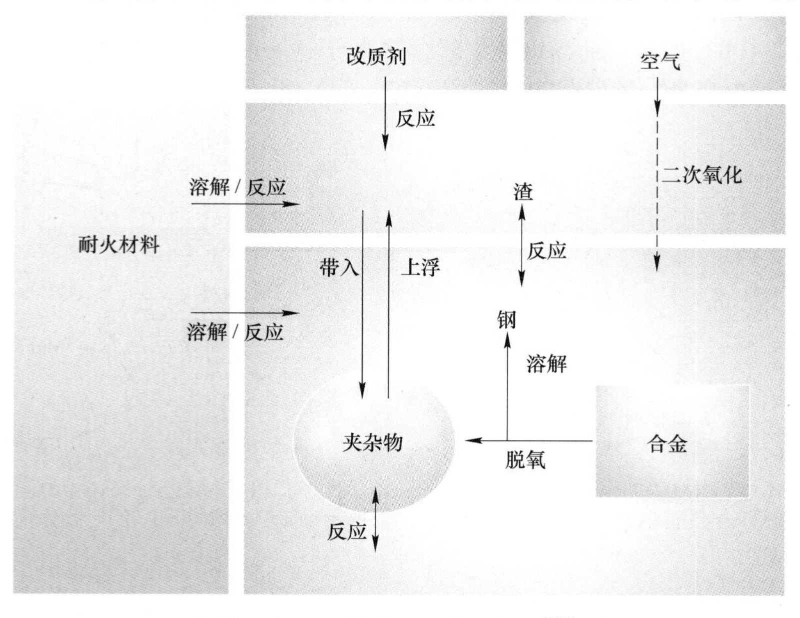

图 1-130 六相模型反应示意图[238]

低。图 1-131（b）为夹杂物成分随时间的变化结果。随着反应的进行，夹杂物中 Al_2O_3 含量逐渐降低，CaS 含量呈现相反的增加趋势。随着反应 1000s 以后，夹杂物的成分变化不大。计算的曲线与实验检测点结果非常相似，说明此模型的预测结果具有良好的准确性。此模型可以广泛用于精准预测在加合金、调整渣成分、吹氩搅拌等实际操作下冶金反应器内不同位置、不同时刻的钢液成分、渣成分、夹杂物成分和数量的瞬态行为变化，为冶炼过程中钢中夹杂物成分的在线控制提供理论指导。

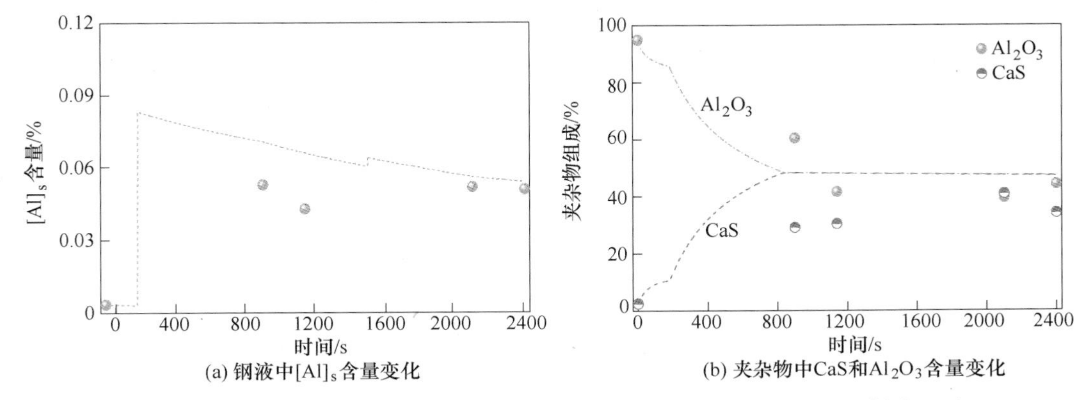

图 1-131 夹杂物中 CaS 和 Al_2O_3 含量的计算结果和实验结果对比[238]

1.7.9 结语

钢中非金属夹杂物对钢质量有重要的影响。国内关于钢中非金属夹杂物的研究，从 20 世纪 80 年代初期，几乎是从零开始。30 多年来，这方面的研究取得了举世瞩目的学术成果。本节专门讨论了关于钢中非金属夹杂物方面目前的研究还不够深入，且值得深入研究的几个主要的科研点。包括夹杂物的三维形貌的检测、复合脱氧的热力学、钢液的钙处理、非金属夹杂物变形能力和其熔点与成分的关系、精炼渣对夹杂物的调控能力特别是渣碱度对夹杂物成分和数量的影响、合金和辅料质量对夹杂物成分的影响、连铸过程浸入式水口结瘤的机理、耐火材料和钢液的反应机理、夹杂物尺寸和成分随时间变化的动力学以及和宏观流场的耦合研究等。

本节也讨论了目前关于这些科研点的一些误解和一些被忽略的重要方面及相关原因，例如对钢液钙处理的几个误解、对夹杂物变形能力和其熔点及成分之间关系的误解、没有重视复合脱氧热力学的基础研究、忽视合金质量对钢中非金属夹杂物的影响等。

对于特殊钢中夹杂物的控制而言，本节讨论的几个问题尤为重要。从工艺上，对于希望促进钢渣反应的钢种，LF →VD 双联工艺有其优越性；但对于希望抑制钢渣反应的钢种，LF →RH 双联工艺是更好的选择。因为特钢冶炼过程中加入多种合金，所以其夹杂物问题尤为复杂，前面讨论的几个问题就变得非常尖锐，例如复合脱氧问题、钙处理问题、精炼渣问题、水口结瘤问题、夹杂物变性问题等。对于不同的特殊钢，精炼渣的选择应该有所不同，夹杂物的控制策略也应该有所不同。这方面的研究还远远不够系统、不够完善。

明确这些科研点并着力进行科学研究，对钢中非金属夹杂物的控制有很好的指导作用。这些科研点中有些是很快就可以解决的问题，有些还需要一定时间的探索，值得科研工作者尽快关注。如果在以后的5~10年内解决这些问题并能用于指导生产实践，将有利于解决钢中非金属夹杂物问题。

参考文献

[1] Kiessling R. Clean steel- a debatable concept [J]. Met. Sci., 1980, 15 (5): 161-172.

[2] Mu D, Holappa L. Production of Clean Steel: Literature Survey [R]. Gov. Res. Announc. Index (USA), 1993: 44.

[3] Cramb A W. High purity, low residual and clean steels. In: Briant, Ed. Impurities in Engineered Materials: Impact, Reliability and Control [M]. New York: Marcel Dekker Inc., 1999: 49-89.

[4] McPherson N A, McLean A. Continuous Casting, Volume Seven: Tundish to Mold Transfer Operations [M]. ISS, Warrendale, PA, 1992: 1-61.

[5] Zhang L, Thomas B G. State of the art in evaluation and control of steel cleanliness [J]. ISIJ Inter., 2003, 43 (3): 271-291.

[6] Sugimoto S, Oi S. Development of high productivity process of ultra-high-cleanliness bearing steel [J]. Sanyo Technical Report, 2018, 25 (1): 50-54.

[7] 罗艳. 高牌号无取向硅钢中非金属析出相研究 [D]. 北京：北京科技大学，2018.

[8] Luo Y, Yang W, Ren Q, et al. Evolution of non-metallic inclusions and precipitates in oriented silicon steel [J]. Metallurgical and Materials Transactions B, 2018, 49 (3): 926-932.

[9] 任英. 304不锈钢中夹杂物的控制 [D]. 北京：北京科技大学，2017.

[10] 王玉昌，张家泉. 高速重轨钢洁净度与均质性控制关键技术 [J]. 中国冶金，2015, 25 (4): 7-11.

[11] 胡阳，陈伟庆，韩怀宾，等. 国内外气门簧用弹簧钢线材质量对比 [J]. 炼钢，2015, 31 (6): 47-52.

[12] Howorth H G. Coloured markings in test-piece fractures [with discussion and correspondence] [J]. Journal of the Iron and Steel Institute, 1905, 68 (Ⅱ): 301-319.

[13] Law E F. Brittleness and blisters in thin steel sheets [discussion and correspondence] [J]. Journal of the Iron and Steel Institute, 1906, 69 (Copyright 2004, IEE): 134-160.

[14] Law E F. Non-metallic impurities in steel [J]. Journal of the Iron and Steel Institute, 1907, 74 (Ⅱ): 94-105.

[15] Sauveur A. An investigation dealing with the occurrence of alumina inclusions in steel [J]. Metallurgical and Chemical Engineering, 1916, 15 (3): 149-151.

[16] Sauveur A. Detecting alumina inclusions in steel [J]. Iron Age, 1916: 180-181.

[17] McCance A. Non-metallic inclusions: Their constitution and occurrence in steel [J]. JISI, 1918, 97: 239-292.

[18] Styri H. Flaky fractures and their possible elimination [J]. Chemical and Metallurgical Engineering, 1919, 20 (9): 478-483.

[19] Styri H. Observations on so-called “flakes” in steel [J]. Chemical and Metallurgical Engineering, 1919,

20 (7): 342-351.

[20] Whiteley J H. Deoxidation of steel with hydrogen [with correspondence] [J]. Journal of the Iron and Steel Institute, 1920, 102 (2): 143-157.

[21] Dickenson J H S. A note on the distribution of silicates in steel ingot [J]. Iron and Steel Institute, 1926.

[22] Portevin A N, Perrin R J. Iron and Steel Inst., 1933, 127 (1): 153-187.

[23] Kiessling R, Bergh S, Lange N. Analysis of slag inclusions in plain carbon steels by the electron-pron microanalyser [J]. Journal of the Iron and Steel Institute, 1963: 509.

[24] Rege R, Szekeres E, Forgeng W. Three-dimensional view of alumina clusters in aluminum-killed low-carbon steel [J]. Metallurgical and Materials Transactions B, 1970, 1 (9): 2652-2653.

[25] Yin H, Shibata H, Emi T, et al. In-situ observation of collision, agglomeration and cluster formation of alumina inclusion particles on steel melts [J]. ISIJ International, 1997, 37 (10): 936-945.

[26] Turpin M, Elliott J. Nucleation of oxide inclusions in iron melts [J]. Iron Steel Inst. J., 1966, 204 (3): 217-225.

[27] Forward G, Elliott J F. Nucleation of oxide particles during solidification [J]. J. Metals, 1967, 19 (5): 54-59.

[28] Turkdogan E. Nucleation, growth, and flotation of oxide inclusions in liquid steel [J]. Iron Steel Inst., 1966, 204 (9): 914.

[29] Lindborg U, Torssell K. A collision model for the growth and separation of deoxidation products [J]. Trans. Met. Soc. AIME, 1968, 242 (1): 94-102.

[30] Sawada I, Tanaka H, Takigawa I. Numerical study of fluid flow in the continuous casting mold [C]. IISC. The Sixth International Iron and Steel Congress, 1990: 3: 334-339.

[31] Ebneth G, Ruttiger K. A theoretical model to calculate the coagulation of liquid and solid oxide particles in flowing liquid steel [J]. Arch. Eisenhuttenwes., 1976, 47 (5): 277-281.

[32] Ebneth G, Ruttiger K. A theoretical model to calculate the coagulation of liquid and solid oxide particles in flowing liquid steel considering elimination and pouring processes [J]. Arch. Eisenhuttenwes., 1976, 47 (5): 339-343.

[33] Joo S, Han J, Guthrie R. Inclusion behavior and heat-transfer phenomena in steelmaking tundish operations: Part Ⅱ. Mathematical model for liquid steel in tundishes [J]. Metallurgical Transactions B, 1993, 24 (5): 767-777.

[34] Zhang J, Lee H-G. Numerical modeling of nucleation and growth of inclusions in molten steel based on mean processing parameters [J]. ISIJ Inter., 2004, 44 (10): 1629-1638.

[35] Ling H, Zhang L, Li H. Mathematical modeling on the growth and removal of non-metallic inclusions in the molten steel in a two-strand continuous casting tundish [J]. Metallurgical and Materials Transactions B: Process Metallurgy and Materials Processing Science, 2016, 47 (5): 2991-3012.

[36] Katoh K. Investigation of nonmetallic inclusions in mild steel weld metals [J]. IIW DOC ll-A-158-65, 1965.

[37] Cloor K, Christensen N, Maehle C, et al. Nonmetallic inclusions in weld metal [J]. IIW DOC ll-A-106-63, 1963.

[38] Kanazawa S, Nakashima A, Okamoto K. Improved toughness of weld fussion zone by fine tin particles and development of a steel for large heat input welding [J]. Tetsu-to-Hagane, 1975, 61 (11): 2589-2603.

[39] Mizoguehi S, Takamura J C. Control of oxides as inoculant [C]. Proceedings of the 6th International Iron

and Steel Congress, Nagoya, ISIJ, 1990: 598-604.

[40] Mizoguehi S, Takamura J C. Roles of oxides in steels performance-metallurgy of oxides in steels [C]. Proceedings of the 6th International Iron and Steel Congress, Nagoya, ISIJ, 1990: 591-597.

[41] Sawai T, Wako M, Ueshima Y, et al. Effect of Zr on the precipitation of MnS in low carbon steels [C]. Proceedings of the 6th International Iron and Steel Congress, Nagoya, ISIJ, 1990: 605-611.

[42] Harrison P L, Farrar R A. Influence of oxygen-rich inclusions on the $\gamma \rightarrow \alpha$ phase transformation in high-strength low-alloy (HSLA) steel weld metals [J]. Journal of Materials Science, 1981, 16 (8): 2218-2226.

[43] Wijk O. Inclusion engineering [C]. In: Scaninject Ⅶ Proceedings1995, MEFOS, Sweden: Lulea, 1995: 35-67.

[44] Wilson A D. Clean steel technology-fundamental to the development of high performance steels. In: Mahaney, Ed. Advances in the Production and Use of Steel with Improved Internal Cleanliness [M]. American Society for Testing and Materials (ASTM): West Conshohocken, USA, 1999: 73-88.

[45] Kawawa T, Ohkubo M. A kinetics on deoxidation of steel [J]. Trans. ISIJ, 1968, 8: 203-219.

[46] Bettembourg J P, Dieudonne J, Gautier J J, et al. Study of deoxidation by aluminum on an industrial scale [C]. International Conference on Production and Application of Clean Steels, The Iron and Steel Institute, London, Balatonfured, Hungary, 1970: 59-67.

[47] Grethen E, Philipe L. Kinetics of deoxidation reactions [C]. International Conference on Production and Application of Clean Steels, The Iron and Steel Institute, London, Balatonfured, Hungary, 1970: 29-34.

[48] Turkdogan E T. Deoxidation of steel [J]. JISI, 1972, 210 (1): 21-36.

[49] Asano K, Nakano T. Deoxidation of molten steel with deoxidizer [J]. Trans. ISIJ, 1972, 12: 343-349.

[50] Nakanishi K, Szekely J. Deoxidation kinetics in a turbulent flow field [J]. Trans. ISIJ, 1975, 15: 522-530.

[51] Nakanishi K, Szekely J, Fujii T, et al. Stirring and its effect on aluminum deoxidation of steel in the ASEA-SKF furnace: Part Ⅰ. Plant scale measurements and preliminary analysis [J]. Metal. Trans. B., 1975, 6B (3): 111-118.

[52] Hosoda H, Sano N, Matsushita Y. Growth and change of deoxidation products in deoxidation with silicon and silicon-manganese in liquid iron [J]. Trans. ISIJ, 1976, 16: 115-121.

[53] Olette M, Gatellier C. Deoxidation of liquid steel [C]. Gibb, Ed. Information Symposium of Casting and Solidification of Steel. Guildford: IPC Science and Technology Press Ltd., 1977: 1-60.

[54] Fujisawa T. Deoxidation of molten steel and physical chemistry of nonmetallic inclusions [C]. Nishiyama Memorial Seminar, ISIJ, Tokyo, 1988: 89-120.

[55] Udupa K R, Subramanian S, Sastry D H, et al. Studies on inclusion characterization in electroslag refined EN24 steel [J]. Materials Forum, 1993, 17: 225-234.

[56] Horwath J A, Goodrich G M. Micro-inclusion classification in steel casting [J]. AFS Transactions, 1995, 103: 495-510.

[57] Fan D, Liu G. Discussion of deoxidation process in ASEA-SKF ladle refining furnace [J]. Steelmaking (in Chinese), 2000, 16 (1): 43-46.

[58] Kravchenko V A, Kirsanov V M, Staroseletskij M I, et al. On variation of compositions of non-metallic inclusions in vacuum-processed steel wheel steel depending on its deoxidation method [J].

Metallurgicheskayai Gornorudnaya Promyshlennost' (Russia), 2000, 1 (1): 26-30.

[59] Beskow K, Jia J, Lupis C H P, et al. Chemical characteristics of inclusions formed at various stages during the ladle treatment of steel [J]. Ironmaking and Steelmaking, 2002, 29 (6): 427-435.

[60] Beskow K, Viswanathan N N, Jonsson L, et al. Study of the deoxidation of steel with aluminum wire injection in a gas-stirred ladle [J]. Metal. & Material Trans. B., 2001, 32B (2): 319-328.

[61] Zhang L, Thomas B G. Alumina inclusion behavior during steel deoxidation [C]. Associazione Italiana di Metallurgia. 7th European Electric Steelmaking Conference, Venice, Italy, 2002: Ⅱ: 2.77-2.86.

[62] Zhang L, Pluschkell W, Thomas B G. Nucleation and growth of alumina inclusions during steel deoxidation [C]. 85th Steelmaking Conference Proceedings, ISS, Warrandale, PA, 2002: 463-476.

[63] Zhang L, Pluschkell W. Nucleation and growth kinetics of inclusions during liquid steel deoxidation [J]. Ironmaking & Steelmaking, 2003, 30 (2): 106-110.

[64] Rastogi R, Cramb A W. Inclusion formation and agglomeration in aluminum-killed steels [C]. 2001 Steelmaking Conference Proceedings, ISS, Warrendale: Baltimore, Maryland, USA, 2001: 789-829.

[65] Yang W, Wang X. Characteristics of alumina-based inclusions in low carbon Al-killed steel under no-stirring condition [J]. Steel Research International, 2013, 84 (999): 1-14.

[66] Wagner C. Zt. Elektrochemie, 1961, 65: 581-591.

[67] Ostwald W. Z. Phys. Chem., 1900, 34: 495.

[68] Kahlweit M. Further considerations on the theory of aging (Ostwald ripening) [J]. Berichte der Bunsen-Gesellschaft physikalische Chemie, 1974, 78 (10): 997-1001.

[69] Ratke L, Thieringer W K. The influence of particle motion on Ostwald ripening in liquids [J]. Acta Metall., 1985, 33 (10): 1793-1802.

[70] Lifshitz I M, Slyozov V V. The kinetics of precipitation from supersaturated solid solutions [J]. J. Phys. Chem. Solids, 1961, 19 (1-2): 35-50.

[71] Luo Y, Zhang L, Yang W, et al. Precipitation of nitrides in non-oriented silicon steel [J]. Ironmaking and Steelmaking, 2017: 1-11.

[72] Zhang L, Thomas B G, Cai K, et al. Inclusion investigation during clean steel production at Baosteel [C]. ISSTech2003, ISS, Warrandale, PA, 2003: 141-156.

[73] Pickering F B. Effect of processing parameters on the origin of non-metallic inclusions [C]. International Conference on Production and Application of Clean Steels, The Iron and Steel Institute, London, Balatonfured, Hungary, 1970: 75-91.

[74] Braun T B, Elliott J F, Flemings M C. The clustering of alumina inclusions [J]. Metal. Trans. B, 1979, 10B (6): 171-184.

[75] Jack R. Investigation and metallographic examination of large non-metallic inclusions in fully killed steel [J]. Met. Forum, 1979, 2 (2): 87-97.

[76] Schlatter R. Review of teeming stream protection systems for ingot casting [J]. Steel Times, 1986 (8): 432-436.

[77] Hughes K P, Schade C T, Shepherd M A. Improvement in the internal quality of continuously cast slabs at Lukens Steel [J]. Iron & Steelmaker, 1995, 22 (6): 35-41.

[78] Sumitomo K, Hashio M, Kishida T, et al. Bottom pouring and ingot quality at Sumitomo Metal Industries [J]. Iron and Steel Engineer, 1985, 62 (3): 54-61.

[79] Datta R, Prasad A, Kumar S, et al. Genesis of exogenous inclusions in concast plate products [J]. Steel

Times International, 1991, 15 (2): 40-41.

[80] Cramb A W, Byrne M. Tundish slag entrainment at Bethlehem's Burns Harbor (Indiana) Slab Caster [C]. 67th Steelmaking Conference Proc., ISS, Warrendale, PA, 1984: 5-13.

[81] Murayama N, Osaki M, Kimura H, et al. The development of "H-shaped tundish" featuring a new function of simultaneous pouring by two ladles [C]. Steelmaking Conference Proceedings, ISS, Warrendale, PA, Chicago, IL. 1990: 424-431.

[82] Teshima T, Kubota J, Suzuki M, et al. Influence of casting conditions on molten steel flow in continuous casting mold at high speed casting of slabs [J]. Tetsu-to-Hagane, 1993, 79 (5): 576-582.

[83] Wei T, Oeters F. A model test for emulsion in gas-stirred ladles [J]. Steel Research, 1992, 63 (2): 60-68.

[84] Iguchi M, Sumida Y, Okada R, et al. Evaluation of the critical gas flow rate using water model for the entrapment of slag into a metal bath subject to gas injection [J]. Tetsu-to-Hagane, 1993, 79 (5): 569-575.

[85] Kim S-H, Fruehan R J. Physical modeling of liquid/liquid mass transfer in gas stirred ladles [J]. Metall. Trans. B, 1987, 18B (2): 381-390.

[86] Harman J M, Cramb A W. A study of the effect of fluid physical properties upon droplet emulsification [C]. Steelmaking Conference Proceedings, ISS, Warrendale, PA, 1996: 773-784.

[87] Marston H F. High quality ingots: The design of bottom pouring powders [C]. 69th Steelmaking Conference Proceedings, ISS, Warrendale, PA, 1986: 107-119.

[88] Dekkers R, Blanpain B, Wollants P. Steel cleanliness at Sidmar [C]. ISSTech2003 Conference Proceedings, ISS, Warrandale, PA, 2003: 197-209.

[89] Ichinoe M, Mori H, Kajioka H, et al. Production of clean steel at Yawata Works [C]. International Conference on Production and Application of Clean Steels, The Iron and Steel Institute, London, Balatonfured, Hungary, 1970: 137-166.

[90] Leach J C C. Production of clean steel [C]. International Conference on Production and Application of Clean Steels, The Iron and Steel Institute, London, Balatonfured, Hungary, 1970: 105-114.

[91] Malinochka Y N, Kurasov A N, Ionts E P, et al. Nature of coarse inclusions in ingots of low alloy steels [J]. Steel in the USSR, 1990, 20 (1): 50-54.

[92] Shultz R L. Attack of alumino-silicate refractories by high manganese steel [C]. Steelmaking Conference Proceedings, ISS, 1979: 232-235.

[93] Yamanaka A, Ichiashi H. Dissolution of refractory elements to titanium alloy in VAR [J]. ISIJ Int., 1992, 32 (5): 600-606.

[94] Tsujino R, Tanaka A, Imamura A, et al. Mechanism of deposition of inclusions and metal on ZrO_2-CaO-C immersion nozzle in continuous casting [J]. Tetsu-to-Hagane, 1994, 80 (10): 31-36.

[95] Hassall G, Bain K, Jones N, et al. Modelling of ladle glaze interactions [J]. Ironmaking and Steelmaking, 2002, 29 (5): 383-389.

[96] Sahajwalla V, Khanna R, Spink J. Interfacial phenomena during interactions of graphite-alumina refractories with liquid steel [C]. ISSTech2003 Conference Proceedings, ISS, Warrandale, PA. 2003: 653-664.

[97] Kapilashrami E, Jakobssom A, Seetharaman S. Reactions between refractories and molten iron in steelmaking process [C]. 59th Electric Furnace Conference and 19th Process Technology Conference Proceedings, ISS, Warrendale, PA, 2001: 59: 277-286.

[98] Maheshwari M D, Mukherjee T, Irani J J. Inclusion distribution in ingots as guide to segregation mechanism [J]. Ironmaking and Steelmaking, 1982, 9 (4): 168-177.

[99] Riaz S, Mills K C, Bain K. Experimental examination of slag/refractory interface [J]. Ironmaking and Steelmaking, 2002, 29 (2): 107-113.

[100] Byrne M, Cramb A W. Operating experience with large tundishes [J]. Iron & Steelmaker, 1988, 15 (10): 45-53.

[101] Wright P W. The origins of exogenous inclusions: Some obeservations [J]. Met. Forum, 1979, 2 (2): 82-86.

[102] McDonald M M, Ludwigson D C. Fractographic examination in the scanning electron microscope as a tool in evaluating through-thickness tension test results [J]. ASTM J. Test. Eval., 1983, 11 (3): 165-173.

[103] Trojan P K. Inclusion-forming reactions. In: ASM International. ASM Handbook [M]. 1988, 15 (Casting): 88-97.

[104] Ferro L, Petroni J, Dalmaso D, et al. Steel cleanliness in continuous casting slabs [A]. Steelmaking Conference Proceeding [C]. Warrendale, PA, ISS, 1996, 79: 497-502.

[105] Sjoqvist T, Jung S, Jonsson P, et al. Influence of calcium carbide slag additions on inclusions characteristics in steel [J]. Ironmaking and Steelmaking, 2000, 27 (5): 373-380.

[106] Larsen K, Fruehan R J. Calcium modification of oxide inclusions [J]. Iron & Steelmaker (ISS Trans.), 1991, 12: 125-132.

[107] Malkiewicz T, Rudnik S. Deformation of non-metallic inclusions during rolling of steel [J]. Journal of the Iron and Steel Institute, 1963, 201 (1): 33.

[108] 张学伟，张立峰，杨文，等. 凝固过程重轨钢中 MnS 粒子形核与长大动力学分析 [J]. 钢铁研究学报，2017，29 (9)：724-731.

[109] Luo Yan, Alberto Nava Conejo, Zhang Lifeng, Chen Lingfeng, Cheng Lin. Effect of superheat, cooling rate, and refractory composition on the formation of non-metallic inclusions in non-oriented electrical steels [J]. Metallurgical and Materials Transactions B, 2015, 46 (5): 2348-2360.

[110] Aritomi N, Gunji K. Inclusions in iron ingots deoxidized with aluminum and solodified unidirectionally [J]. Trans. Jpn. Met., 1981, 22 (1): 43-56.

[111] 张学伟. 重轨钢中 MnS 夹杂物形貌分析与控制研究 [D]. 北京：北京科技大学，2017.

[112] 王升千. GCr15 轴承钢低倍检验孔洞的形成机理及控制研究 [D]. 北京：北京科技大学，2016.

[113] 张立峰，王升千，段加恒. 轴承钢中非金属夹杂物和元素偏析 [M]. 北京：冶金工业出版社，2017.

[114] 朱民进. 钢中非金属夹杂物对性能的影响 [J]. 电气牵引，2005 (2)：55-56.

[115] 李代锺. 钢中的非金属夹杂物 [M]. 北京：科学出版社，1983.

[116] Thornton P. The influence of nonmetallic inclusions on the mechanical properties of steel: A review [J]. Journal of Materials Science, 1971, 6 (4): 347-356.

[117] 赵贤平，李静宇，苏白兰，等. 索氏体含量及非金属夹杂物对 SWRH82B 盘条抗拉强度的影响 [J]. 河南冶金，2007，15 (B09)：50-52.

[118] 杨金艳，凌晨，汤建忠，等. 非金属夹杂物对钢帘线盘条抗拉强度及断裂行为影响 [J]. 金属热处理，2012，37 (2)：32-36.

[119] 李言祥，陈祥. 非金属夹杂物对等温淬火高硅铸钢力学性能的影响 [J]. 铸造，2000，49 (9)：525-528.

[120] 杨接明. 夹杂物对 H13 钢机械性能的影响 [D]. 贵阳：贵州大学，2010.
[121] 李代钟. 钢中硫化物夹杂物球化和对钢性能的影响 [J]. 钢铁研究学报，1992，4 (2)：97-101.
[122] Pehlke R, Fuwa T. Control of sulphur in liquid iron and steel [J]. International Metals Reviews, 1985, 30 (1): 125-140.
[123] 蔡国君，董方. 稀土铈对 1Cr18Mn8Ni5N 不锈钢腐蚀规律的影响 [J]. 内蒙古科技大学学报，2010，29 (1)：34-38.
[124] 张德堂. 钢中非金属夹杂物鉴别 [M]. 北京：国防工业出版社，1991.
[125] 徐永波，刘民治，李恒武，等. 几种钢延性断裂微观过程的动态观察 [J]. 金属学报，1979，15 (3)：367-372.
[126] 惠卫军，李荣，翁宇庆. 稀土对 18Ni (350) 马氏体时效钢的夹杂物和韧塑性的影响 [J]. 钢铁研究学报，1996，1.
[127] 斯庭智. 稀土对 42CrMoTiB 钢夹杂物和力学性能的影响 [J]. 特殊钢，2013，34 (3)：56-59.
[128] 束德林. 工程材料力学性能 [M]. 北京：机械工业出版社，2003.
[129] 蒋国昌. 纯净钢及二次精炼 [M]. 上海：上海科学技术出版社，1996.
[130] 曾光廷，李静媛，罗学厚. 非金属夹杂物与钢的韧性研究 [J]. 材料科学与工程，2000，18 (2)：87-99.
[131] 许中波. 钢中夹杂物含量及其形态对钢力学性能的影响 [J]. 钢铁研究学报，1994，6 (4)：18-23.
[132] 马跃，潘涛，江波，等. S 含量对高速车轮钢断裂韧性影响的研究 [J]. 金属学报，2011，47 (8)：978-983.
[133] Raghupathy V, Srinivasan V, Krishnan H, et al. The effect of sulphide inclusions on fracture toughness and fatigue crack growth in 12 wt% Cr steels [J]. Journal of Materials Science, 1982, 17 (7): 2112-2126.
[134] 余音宏，潘涛，尹建成，等. S 含量对高速车轮钢性能和夹杂物的影响 [J]. 钢铁，2013，48 (10)：57-62.
[135] Materkowski J P, Krauss G. Tempered martensite embrittlement in SAE4340 steel [J]. Metallurgical Transactions A, 1979, 10 (11): 1643-1651.
[136] 李静媛，魏成富，孙维礼，等. 兵器材料科学与工程，1992，15 (1)：40-44.
[137] 张路明，林勤，李军，等. 高强耐候钢中稀土含量对夹杂物和性能的影响规律 [J]. 稀土，2006，26 (5)：65-68.
[138] 高义民，李继文，张祖临. 硫化物夹杂形态对硅锰钢冲击韧性的影响 [J]. 西安交通大学学报，2000，34 (3)：74-77.
[139] 李守信，翁宇庆，惠卫军，等. 高强度钢超高周疲劳性能：非金属夹杂物的影响 [M]. 北京：冶金工业出版社，2010.
[140] Stanzl-Tscheggs S E, Mayer H, Stich A. Variable amplitude loading in the very high - cycle fatigue regime [F]. Fatigue and Fracture of Engineering Materials and Structures, 2002, 25 (8-9): 887-896.
[141] Kawahara J, Tanabe K, Banno T, et al. Advance of valve spring steel [J]. Wire Journal International (USA), 1992, 25 (11): 55-61.
[142] 並木邦夫，礒川憲二. Development of high performance gear steels. DSG steels [J]. 日本金属学会会報，1990，29 (4)：262-264.
[143] 惠卫军，董瀚，陈思联. 非金属夹杂物和表面状态对高强度弹簧钢疲劳性能的影响 [J]. 特殊钢，

1998, 19 (6): 8-14.

[144] Duckworth W, Lneson E. The effects of externally introduced alumina particles on the fatigue life of EN24 steel [J]. Clean Steel, 1963, 77: 87-103.

[145] 张德堂. 钢中非金属夹杂物对疲劳性能的影响 [J]. 理化检验: 物理分册, 1989, 25 (5): 3-7.

[146] Kawada Y, Kodama S. A review on the effect of nonmetallic inclusions on the fatigue strength of steels [J]. J. Jpn. Soc. Strength Fract. Mater., 1971, 6: 1-17.

[147] 沈训梁, 鲁连涛, 姜洪峰, 等. 车轴钢小试样及实物车轴中夹杂物尺寸对疲劳强度影响的差异分析 [J]. 机械工程学报, 2010, (16): 48-52.

[148] 赵凤晓, 李会, 许晓嫦, 等. 夹杂物尺寸对汽车车轮用钢疲劳寿命的影响 [J]. 矿冶工程, 2013 (1): 101-105.

[149] 殷瑞钰. 钢的质量现代进展: 特殊钢. 下篇 [M]. 北京: 冶金工业出版社, 1995.

[150] 吴化, 闫肃, 杨友, 等. 18Mn2SiVB 非调质钢中夹杂物对其疲劳性能的影响 [J]. 金属热处理, 2006, 31 (3): 88-90.

[151] Doi Y, Kitamura S, Abe H. Microbial synthesis and characterization of poly (3-hydroxybutyrate-co-3-hydroxyhexanoate) [J]. Macromolecules, 1995, 28 (14): 4822-4828.

[152] Melander A, Larsson M. The effect of stress amplitude on the cause of fatigue crack initiation in a spring steel [J]. International Journal of Fatigue, 1993, 15 (2): 119-131.

[153] Murakami Y, Fukushima Y, Toyama K, et al. Fatigue crack path and threshold in mode Ⅱ and mode Ⅲ loadings [J]. Engineering Fracture Mechanics, 2008, 75 (3): 306-318.

[154] 李少华, 曾燕屏, 仝珂. 疲劳载荷作用下 X80 管线钢夹杂物的微观行为 [J]. 石油学报, 2012, 33 (3): 506-512.

[155] 薛正良, 李正邦. 不同生产工艺对高强度弹簧钢夹杂物尺寸分布及疲劳性能的影响 [J]. 钢铁, 2002, 37 (1): 22-25.

[156] Murakami Y, Miller K. What is fatigue damage? A view point from the observation of low cycle fatigue process [J]. International Journal of Fatigue, 2005, 27 (8): 991-1005.

[157] 李西林, 孙卫平, 张尔柏, 等. 易切削结构钢中非金属夹杂物与切削性能的相关性 [J]. 北京钢铁学院学报, 1987, 9 (2): 1-7.

[158] Radtke D, Schreiber D. Steel Time, 1966, 193: 5.

[159] 蔡淑卿, 滕梅, 李吉夫, 等. 非金属夹杂物对钙系与钙硫系易切削钢切削性能的影响 [J]. 钢铁研究学报, 2000, 12 (2): 54-59.

[160] 张颢, 赵麦群, 陈立人, 等. 稀土对 40CrMnMoRES 钢夹杂物形态和切削性能的影响 [J]. 机械工程材料, 2003, 27 (11): 43-46.

[161] 岩田一明. 走查型電子顯微鏡内微小切削による切削機構の解析 [J]. 精密机械, 1977, 43: 3.

[162] 刘永铨, 李新阳, 高洪启, 等. 球状稀土夹杂物改善易切削钢切削性能机制的研究 [J]. 东北工学院学报, 1986, 49 (4): 28-33.

[163] 高新军, 王三忠, 王洪顺. 板坯的热脆性与淬火处理 [J]. 连铸, 2005 (6): 28-29.

[164] 张平, 陈小工. 钢中非金属夹杂物对汽车零件生产工艺和使用性能的影响 [J]. 装备维修技术, 2001 (2): 57-60.

[165] Matsudo K, Shimomura T, Kobayashi H, et al. Effect of non-metallic inclusions on flange cracking of a drawn and ironed can from tinplate [J]. Trans. Iron Steel Inst. Jpn., 1983, 23 (5): 410-416.

[166] Komai T. Source of exogenous inclusions and reduction of their amount in the continuous casting process

[J]. Tetsu-to-Hagane, 1981, 67 (8): 1152-1161.

[167] Byrne M, Fenicle T W, Cramb A W. The sources of exogenous inclusions in continuous cast, aluminum-killed steels [C]. Steelmaking Conference Proceedings, 1985, 68: 451-461.

[168] Byrne M, Fenicle T W, Cramb A W. The sources of exogenous inclusions in continuous cast, aluminum-killed steels [J]. Iron & Steelmaker, 1988, 15 (6): 41-50.

[169] Byrne M, Fenicle T W, Cramb A W. The sources of exogenous inclusions in continuous cast, aluminum-killed steels [J]. ISS Trans., 1989, 10: 51-60.

[170] Pavlov V V, Drobyshevskaya I S, Nikulina M D. Surface defects of deep-drawing steel strip [J]. Stal′ (Russia), 1992, 11: 73-74.

[171] Yin H, Tsai H T. Application of cathodoluminescence microscopy (CLM) in steel research [C]. ISSTech2003 Conference Proceedings, ISS, Warrandale, PA, 2003: 217-226.

[172] Gass R, Knoepke H, Moscoe J, et al. Conversion of Ispat Inland′s No. 1 Slab Caster to vertical bending [C]. ISSTech2003 Conference Proceedings, ISS, Warrandale, PA, 2003: 3-18.

[173] Rocabois P, Pontoire J N, Delville V, et al. Different slivers type observed in Solla Steel Plants and improved practice to reduce surface defects on cold roll sheet [C]. ISSTech2003 Conference Proceedings, ISS, Warrandale, PA, 2003: 995-1006.

[174] Jungreithmeier A, Pissenberger E, Burgstaller K, et al. Production of ULC IF steel grades at Voestalpine Stahl GmbH, Linz [C]. ISSTech2003 Conference Proceedings, ISS, Warrandale, PA, 2003: 227-240.

[175] Tsai H T, Sammon W J, Hazelton D E. Characterization and countermeasures for sliver defects in cold rolled products [C]. Steelmaking Conf. Proc., Iron and Steel Society, Warrendale, PA, 1990: 49-59.

[176] Chakraborty S, Hill W. Reduction of aluminum slivers at Great Lakes No. 2 CC [C]. 77th Steelmaking Conf. Proc., ISS, Warrendale, PA, 1994, 77: 389-395.

[177] Uehara H, Osanai H, Hasunuma J, et al. Continuous casting technology of hot cycle operations of tundish for clean steel slabs [J]. La Revue de Metallurgie - CIT, 1998, 95 (10): 1273-1285.

[178] Obman A R, Germanoski W T, Sussman R C. Surface and subsurface defects on stainless steel first slabs [C]. 64th Steelmaking Conference Proc., ISS, Warrendale, PA, 1981: 254-258.

[179] Zhang L, Taniguchi S. Fundamentals of inclusion removal from liquid steel by attachments to rising bubbles [J]. Iron & Steelmaker, 2001, 28 (9): 55-79.

[180] 冷艳红，宋进英，田亚强．钢板结疤缺陷的种类及形成原因［J］．钢铁钒钛，2013 (1): 93-98.

[181] Zhang L, Taniguchi S. Fundamentals of inclusions removal from liquid steel by bubbles flotation [J]. International Materials Reviews, 2000, 45 (2): 59-82.

[182] 曾松盛，成小军，周明伟，等．Q345B 热轧板板面结疤缺陷产生原因分析［J］．中国冶金，2012 (2): 14-18, 24.

[183] 彭先华，刘静，黄峰，等．微观组织对管线钢氢致裂纹扩展方式及氢捕获效率的影响［J］．腐蚀与防护，2013, 34 (10): 882-885.

[184] 任学冲，褚武扬，李金许，等．夹杂对氢鼓泡形成的影响［J］．金属学报，2007 (7): 673-677.

[185] 张彩军，蔡开科，袁伟霞．管线钢硫化物夹杂及钙处理效果研究［J］．钢铁，2006 (8): 31-33.

[186] 王新华，王立峰．硬线钢中非金属夹杂物控制［J］．金属制品，2005 (5): 14-18, 25.

[187] Todoshchenko O M I, Yagodzinskyy Y, Saukkonen T, et al. Role of non-metallic inclusions in hydrogen embrittlement of high-strength carbon steels with different microalloying [J]. Metallurgical and Materials Transactions A, 2014, 45A: 4742-4747.

[188] 胡志远，任强，张立峰. W800无取向电工钢中氧化物演变规律 [J]. 钢铁研究学报，2018，30 (4)：282-287.

[189] Zhang L. State of the art in the control of inclusions in tire cord steels [J]. Steel Research International, 2006, 77 (3): 258-269.

[190] Burty M, Louis C, Dunand P, et al. Methodology of steel cleanliness assessment [J]. La Revue de Metallurgie - CIT, 2000, 97 (6): 775-782.

[191] Zhang X, Ren Y, Zhang L. Influence of casting parameters on hooks and entrapped inclusions at the subsurface of continuous casting slabs [J]. Metallurgical and Materials Transactions A, 2018, 49A: in press.

[192] Ren Y, Zhang L, Fang W, et al. Effect of slag composition on inclusions in Si-deoxidized 18Cr-8Ni stainless steels [J]. Metallurgical and Materials Transactions B, 2016, 47B: 1024-1034.

[193] Hansen T, Jonsson P. Some ideas of determining the macro inclusion characteristic during steelmaking [C]. 2001 Electric Furnace Conference Proceedings, ISS, Warrendale, PA, 2001, 59: 71-81.

[194] Nam S H, Kwon O D, Yang D W, et al. Improvement of steel cleanliness in ladle exchange period [C]. 78th Steelmaking Conference Proceedings, ISS, Warrendale, PA, 1995, 78: 551-556.

[195] Byrne M, Fenicle T W, Cramb A W. The sources of exogenous inclusions in continuous cast, aluminum-killed steels [C]. Steelmaking Conference Proceedings, Iron and Steel Society, Warrendale, PA, 1985, 68: 451-461.

[196] 张立峰，方文，任英，等. 冷镦钢SWRCH22A头坯洁净度研究 [J]. 炼钢，2016，32 (1)：55-60.

[197] Rasmussem P. Improvements to steel cleanliness at Dofasco's #2 Melt Shop [C]. 77th Steelmaking Conference Proceedings, ISS, Warrendale, PA, 1994: 219-224.

[198] Chakraborty S, Hill W. Improvement in steel cleanliness at Great Lakes No. 2 Continuous Caster [C]. 78th Steelmaking Conf. Proc., ISS, Warrendale, PA, 1995, 78: 401-413.

[199] Hoh B, Jacobi H, Wiemer H, et al. Improvement of cleanliness in continuous casting [C]. 4th International Conference Continuous Casting, Verlag Stahl Eisen GmbH, Dusseldorf, Germany, Brussels, 1988: 211-222.

[200] Zhang L, Rietow B, Eakin K, et al. Large inclusions in plain-carbon steel ingots cast by bottom teeming [J]. ISIJ Int., 2006, 46 (5): 670-679.

[201] Dehoff R T. Quantitative serial sectioning analysis: A preview [J]. Journal of Microscopy, 1983, 131: 259-263.

[202] Dehoff R T, Rhines F N. Quantitative Microscopy [M]. New York/London: McGraw-Hill, 1968.

[203] Dehoff R T, Rhines F N. Determination of the number of particles per unit volume from measurements made on random plane sections: The general cylinder and the ellipsoid [J]. Trans. AIME, 1961, 221: 975-985.

[204] Fullman R L. Measurement of particle sizes in opaque bodies [J]. Trans. AIME, 1953, 197: 447-452.

[205] Inoue R, Ueda S, Ariyama T, et al. Extraction of nonmetallic inclusion particles containing MgO from steel [J]. ISIJ International, 2011, 51 (12): 2050-2055.

[206] Karasev A V, Suito H. Analysis of size distribution of inclusions in metal by using single-particle optical sensing method [J]. ISIJ International, 2001, 41 (11): 1357-1365.

[207] Miki Y, Thomas B G. Modeling of inclusion removal in a tundish [J]. Metall. Mater. Trans. B, 1999,

30B (4): 639-654.

[208] Franklin A G. The sampling problem and the importance of inclusion size distribution [C]. International Conference on Production and Application of Clean Steels, The Iron and Steel Institute, London, Balatonfured, Hungary, 1970: 241-247.

[209] Miki Y, Kitaoka H, Sakuraya T, et al. Mechanism for separation of inclusions from molten steel stirred with a rotating electro-magnetic field [J]. Tetsu-to-Hagane, 1992, 78 (3): 431-438.

[210] Zhang L, Zhi J, Mei F, et al. Basic oxygen furnace based steelmaking processes and cleanliness control at Baosteel [J]. Ironmaking & Steelmaking, 2006, 33 (2): 129-139.

[211] Rege R A, Szekeres E S, Forgeng W D. Three-dimensional view of alumina clusters in aluminum-killed low-carbon steel [J]. Met. Trans. AIME, 1970, 1 (9): 2652-2653.

[212] Herty C H. The Physical Chemistry of Steel Making [M]. Mining and Metallurgical Advisory Boards, 1934.

[213] Liu S, Niu S, Liang M, et al. Investigation on nozzle clogging during steel billet continuous casting process [C]. Proccedings of AISTech2007 Iron & Steel Technology Conference and Exposition, AIST, Warrandale, PA, 2007, vol. Ⅱ: 771-780.

[214] Ren Y, Zhang L, Yu L, et al. Yield of Y, La, Ce in high temperature alloy during electroslag remelting process [J]. Metallurgical Research and Technology, 2016, 113 (4): 405.

[215] 张立峰，李燕龙，任英．钢中非金属夹杂物的相关基础研究（Ⅱ）--夹杂物检测方法及脱氧热力学基础 [J]. 钢铁，2013 (12): 1-8.

[216] Ren Y, Zhang L, Li S. Transient inclusions evolution during calcium modification in linepipe steels [J]. ISIJ International, 2014, 54 (12): 2772-2779.

[217] Ren Y, Wang Y, Li S, et al. Detection of non-metallic inclusions in steel continuous casting billets [J]. Metallurgical and Materials Transactions B, 2014, 45 (4): 1291-1303.

[218] Hilty D C, Popp V T. Improving the influence of calcium on inclusion control [C]. Electric Furnace Proceedings, 1969: 52-66.

[219] Eisenhuttenleute (VDEh) V D. Slag Atlas, 2nd edition [J]. Verlag Stahleisen GmbH, 1995.

[220] 方文，任英，张立峰，等．Si 脱氧不锈钢精确钙处理热力学计算 [C]. 第十八届冶金反应工程学学术会议论文集，2014: 60-67.

[221] 凌海涛．中间包内夹杂物碰撞长大和去除的研究 [D]. 北京：北京科技大学，2016: 80-95.

[222] Yang S, Wang Q, Zhang L, et al. Formation and modification of MgO · Al_2O_3-based inclusions in alloy steels [J]. Metallurgical and Materials Transactions B, 2012, 43 (4): 731-750.

[223] Liu S, Zuo X, Zhang L, et al. Inclusions, lining materials and nozzle clogging during middle carbon steel billet continuous casting process [C]. Clean Steel 2007, Hungary, 2007: 272-282.

[224] Huang F, Zhang L, Zhang Y, et al. Kinetic modeling for the dissolution of MgO lining refractory in Al-killed steels [J]. Metallurgical and Materials Transactions B, 2017, 48B (4): 2195-2206.

[225] Zhang L, Taniguchi S, Cai K. Fluid flow and inclusion removal in continuous casting tundish [J]. Metal. & Material Trans. B., 2000, 31B (2): 253-266.

[226] Söder M. Growth and removal of inclusions during ladle stirring [D]. KTH, 2001.

[227] Turkdogan E T. Nucleation, growth, and flotation of oxide inclusions in liquid steel [J]. JISI, 1966: 914-919.

[228] Wang Q, Zhang L. Determination for the entrapment criterion of non-metallic inclusions by the

solidification front during steel centrifugal continuous casting [J]. Metallurgical and Materials Transactions B, 2016, 47A (3): 1933-1949.

[229] Kaptay G. Reduced critical solidification front velocity of particles engulfment due to an interfacial active solute in the liquid metal [J]. Metallurgical and Materials Transactions A, 2002, 33A (6): 1869-1873.

[230] Kaptay G, Kelemen K K. The forces acting on a sphere moving towards a solidification front due to an interfacial energy gradient at the sphere/liquid interface [J]. ISIJ International, 2001, 41 (3): 305-307.

[231] Bolling G F, Cisse J A. A theory for the interaction of particles with a solidification front [J]. Journal of Crystal Growth, 1971, 10: 55-66.

[232] Stefanescu D M, Catalina A V. Note: Calculation of the critical velocity for the pusying/engulfment transition of nonmetallic inclusions in steel [J]. ISIJ Int., 1998, 38 (5): 503-505.

[233] Shangguan D, Ahuja S, Stefanescu D M. An analytical model for the interaction between an insoluble particle and an advancing solid/liquid interface [J]. Metallurgical Transactions A, 1992, 23A (2): 669-680.

[234] Shangguan D, Stefanescu D M. In situ observation of interactions between gaseous inclusions and an advancing solid/liquid interface [J]. Metallurgical Transactions B, 1991, 22B (6): 385-389.

[235] Zhang L. Modeling on the entrapment of non-metallic inclusions in steel continuous casting billets [J]. JOM, 2012, 64 (9): 1063-1074.

[236] Harada A, Maruoka N, Shibata H, et al. Kinetic analysis of compositional changes in inclusions during ladle refining [J]. ISIJ International, 2013, 54 (11): 2569-2577.

[237] Harada A, Maruoka N, Shibata H, et al. A kinetic model to predict the compositions of metal, slag and inclusions during ladle refining: Part 1. Basic concept and application [J]. ISIJ International, 2013, 53 (12): 2110-2117.

[238] Zhang Y, Ren Y, Zhang L. Kinetic study on compositional variations of inclusions, steel and slag during refining process [J]. Metallurgical Research and Technology, 2018, 155 (4): 415.

2 钢中非金属夹杂物的检测和表征方法

钢中夹杂物主要以非金属化合态存在,包括氧化物、硫化物、氮化物及复合夹杂物等,其破坏钢的连续性及组织均匀性。夹杂物的几何形状、化学成分、物理性能等不仅影响钢的加工性能和理化性能，而且影响钢的力学性能和疲劳性能。要实现对夹杂物的精确控制首先需要有能够精确检测和表征钢中夹杂物的方法。

一般来说需要分析的夹杂物特征包括：定量参数（数量、尺寸等）、形貌、分布以及化学成分等。本书作者[1]对钢中夹杂物表征检测的间接方法进行了总结，包括全氧含量、增氮、铝损、耐火材料侵蚀、炉渣成分变化、示踪剂、浸入式水口堵塞以及最终产品检测等。而目前工业生产和科研工作中常用的直接检测方法也已有人做过总结[2-4]。最近几年随着科技的进步和人们的探索，夹杂物的表征方法有了新的进展。本章对各种表征方法进行了分类和分析，并对它们相互间的关系进行了对比。

在炼钢生产的各个阶段都应该对夹杂物数量、尺寸分布、形状以及成分进行检测。检测方法有直接法和间接法，直接法准确但比较昂贵，间接法速度快、成本低，但其结果只能作为相关的参考依据。Dawson 等在 1988 年总结了 9 种方法，把它们分为“离线”法和“在线”法[5-12]。本书作者和 Thomas 论述了约 30 种钢中夹杂物检测方法[13]。本章又增加了几种最新的方法，并详细讨论几种可以将夹杂物提取出来的方法。

2.1 检测和表征夹杂物的直接方法

2.1.1 钢样品截面上的夹杂物表征

以下几种传统方法可直接表征钢样二维截面上的夹杂物，后五种可以测定夹杂物成分。

2.1.1.1 金相显微镜观察（MMO）[6,14,15]

图 2-1 所示为金相显微镜观察到的典型玻璃质球状 SiO_2 夹杂物。这种方法只能显示夹杂物的二维截面，但实际中夹杂物是三维的。鉴别非金属夹杂物在金相显微镜下进行，利用明视场观察夹杂物的颜色、形态、大小和分布；在暗视场下观察夹杂物的固有色彩和透明度；在偏振光正交下观察夹杂物的各种光学性质，从而判断夹杂物的类型，根据夹杂物的分布情况及数量评定相应的级别，评判其对钢材性能的影响。

钢中非金属夹杂物在显微镜下的特征及鉴定：

（1）明视场下观察：在明视场下是通过观察夹杂物的形状、分布、变形行为、大小、数量、组织、反射本领及其色彩等项目来识别夹杂物的属类。

（2）夹杂物的外形：夹杂物的外形有规则的几何形状，像玻璃质 SiO_2 呈球状，TiN 呈

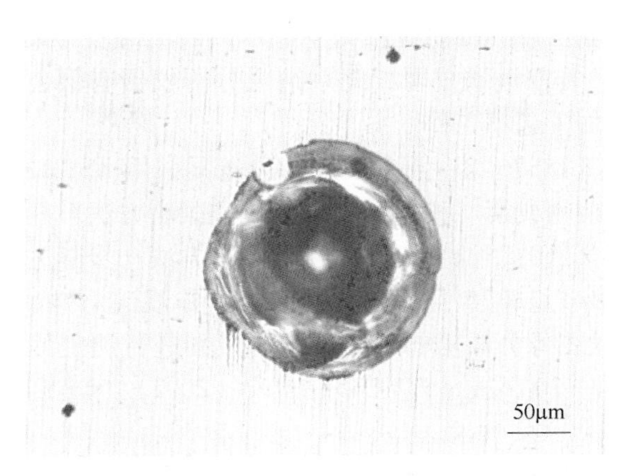

图 2-1　钢中夹杂物的光学显微镜图片

方形；不规则的形状，如 FeO 呈卵形，铝硅酸盐呈脆性破碎粒状。

（3）夹杂物的分布：一般的硅酸盐呈单独的孤粒形状分布，Al_2O_3 和 FeO · MnO 等氧化物聚集成群呈串状分布，而 FeS 及 FeS · FeO 则沿晶界分布。

（4）夹杂物的透明度和色彩：夹杂物的透明度可分为透明、不透明两类。透明的夹杂物在暗场下显得十分明亮，如硅酸盐夹杂物在暗场和偏光下有明显的反光能力，硅酸盐夹杂物在暗场下透明，并有反光的环圈，在偏光下有暗黑十字现象；而硫化物、氧化铁在明场下没有反光能力；TiN 夹杂在明场下反光能力较强，呈金黄色；MnS 在明场下显灰蓝色。

（5）夹杂物的定量分析方法：金相法是夹杂物定量分析应用最为广泛的一种简便方法，即利用金相显微镜进行对比或长度指数法测定钢中夹杂物的含量。对比法是将被测样品中的夹杂物多少、分布、大小及形状等情况与标准评级图片进行对比评级的方法。现根据我国制定的标准 GB 10561—89，该标准尚在继续完善之中。GB 10561—89 根据夹杂物的来源和大小分成两大类（显微夹杂物和宏观夹杂物），其定量结果的表示方法有：1）每个试样中每类夹杂物的最高级别；2）数个试样中每类夹杂物最高级别的算术平均值；3）每个试样每类夹杂物最高级别的总和。遵循的原则是每个试样的夹杂物评级结果是试样检验面上每类夹杂物粗系和细系最严重视场的评级结果。

（6）长度指数法：该方法是以夹杂物的长度指数来表示它们在钢中的含量，其测定方法是在检验面上均匀地选定 15 个视场，用测微目镜分别测量 15 个视场中每一夹杂物的长度和个数，然后以相应指数相乘，所得乘积相加，最后求出每类夹杂物的总含量。

总之，根据夹杂物在显微镜下的特征，用金相显微方法检验可以定性定量地鉴定钢中非金属夹杂物的级别[16]。

2.1.1.2　图像分析（IA）[15,17,18]

这种方法比 MMO 法有所改进，不再用肉眼观察，而是通过高速计算机视频扫描显微镜图像来表征，图像通过设定灰度值来识别明场与暗场。

首批 3 个国家标准是基于自动图像分析技术与体视学原理制定的。该系列标准制定工作由全国钢标准化技术委员会牵头，湖北新冶钢有限公司（大冶特殊钢股份有限公司）、北京科技大学、冶金工业信息标准研究院为主起草，武汉钢铁（集团）公司、抚顺特殊钢（集团）有限责任公司、首都钢铁公司、北京纳克分析仪器有限公司、黄石理工学院、东北特殊钢集团公司等参加了起草工作。

（1）国家标准 GB/T 18876 第一部分：本部分等同采用 ASTME1245—2000《应用自动图像分析测定金属中夹杂物或第二相组织含量的标准试验方法》标准，主要对钢和其他金属中夹杂或第二相组织含量的图像分析与体视学测定方法与步骤进行了标准化规定。

（2）国家标准 GB/T 18876 第二部分：本部分规定了依据 GB/T 10561—2005/ISO4967：1998 应用自动图像分析对非金属夹杂物级别进行测定的各种步骤，同时以附录形式给出按 GB/T 18254—2002 或 ASTME45—1997（2002）标准测定非金属夹杂物级别所需的参数及公式。

（3）国家标准 GB/T 18876 第三部分：本部分描述了钢中碳化物级别的自动图像定量测量方法，适用于按我国标准 GB/T 18254—2002 进行评级的高碳铬轴承钢中碳化物液析、碳化物带状级别的自动评定等。但本部分没有涉及珠光体、碳化物网状等组织的级别自动评定[19]。

2.1.1.3　硫印分析[20,21]

硫印是一种应用较普遍的并且廉价的金相方法，通过腐蚀含硫高的区域来鉴别微观夹杂物和裂纹。它作为另一种二维方法同样只能观察二维截面。钢的硫印检验方法（GB/T 4236—2016），由全国钢标准化技术委员会组织武汉钢铁股份有限公司、冶金工业信息标准研究院起草；本标准是使用银盐和硫酸，通过接触印迹的方法来确定钢中硫化物夹杂的分布位置，为钢的宏观检验方法。

硫在钢中以硫化锰及硫化铁的形式存在，为了显示硫化物夹杂的分布情况，可用稀硫酸与之作用，从而产生硫化氢气体，其反应如下：

$$FeS + H_2SO_4 \longrightarrow FeSO_4 + H_2S\uparrow$$

$$MnS + H_2SO_4 \longrightarrow MnSO_4 + H_2S\uparrow$$

再利用产生的硫化氢气体与照相纸上的卤化银发生作用，产生硫化银的沉淀，此沉淀物呈深棕色的痕迹存在于相纸上，其位置即是钢材上硫化物处，其化学反应式如下：

$$H_2S + 2AgBr \longrightarrow Ag_2S\downarrow + 2HBr$$

当钢材中硫化物含量较多时，上述的化学反应必将剧烈，此时，残留在照相纸上的棕色硫化银痕迹较大，且色泽也较深。由此，可根据照相纸上棕色痕迹的大小及其色泽的深浅，来反映出钢材中硫化物的大小及其含量的多少，从而可以定性地推测出硫对钢材性能的影响。如硫印相纸上的棕色痕迹较小且均匀，其色泽又较淡的话，则可说明钢材中硫化物较小，且分布均匀，硫的含量较低，表明对钢材性能的影响较小；如果在硫印相纸上出现聚集分布的深棕色大点子，说明钢材中有严重的硫偏析缺陷，同时由硫印痕迹的色泽也可说明钢材中硫的含量较高，对钢材性能的危害较大。

由钢的结晶规律可知，硫在钢中的分布是不会很均一的，往往在钢材或制件的中心部位含量较高，边缘地区较少。图 2-2 为圆钢坯横截面的硫印照片，可以清晰看到硫偏析在钢材截面上的分布情况、明显的树枝状组织，以及在圆钢坯截面中间部位区域由硫析集点构成的变形的方形偏析。但有时由于偏析的缘故，也会使硫聚集于钢材或制件的边缘地区。为此，必须截取钢材或制品的整个横截面来进行硫印试验，以期能全面正确地反映出硫在整个截面上分布的情况。由于锻件均经受过热加工变形，钢中硫化物必然会变形并依加工变形方向分布，此时应选取纵向截面来进行试验，以反映硫化物在变形后的分布情况。图 2-3 为沸腾钢热加工后纵向截面之硫印结果，图中显示出硫呈明显的带状分布，硫的偏析甚为严重。

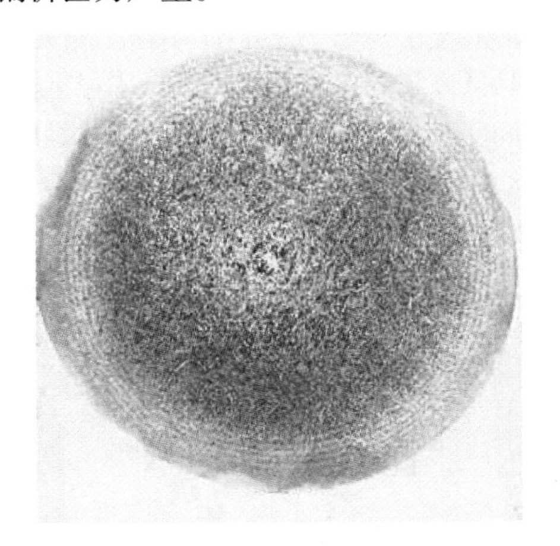

图 2-2　圆钢坯横截面的硫印照片

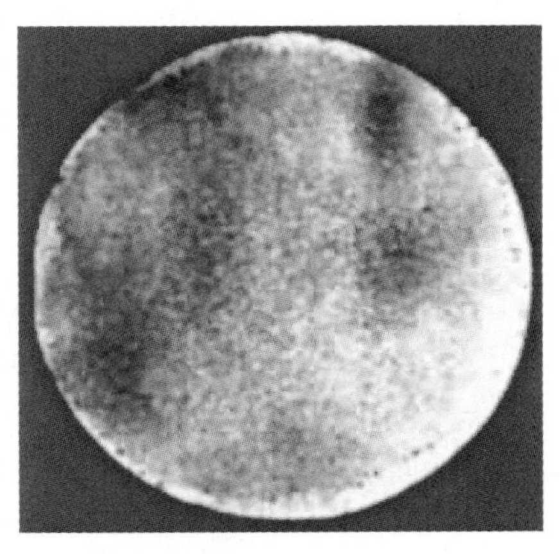

图 2-3　沸腾钢热加工后纵向截面的硫印结果

对于有些大型锻件，由于截面过大，致使硫印操作发生困难，此时可采取分区截取试样，但要编好号，以便在试验后将硫印相纸拼接起来，这样就可以全面真实地反映出整个锻件上硫的分布情况。若分截试样有困难，可采用大张的相纸或数张相纸拼接起来进行试验，但应在拼接的相纸背面标上记号，以保证试验结果不发生误差。

将欲做硫印试验的钢材或制品，用锯床或切片机截取纵向或横向断面，在用氧-乙炔火焰切割取样时，应自切割面刨去 30mm，以消除选取试样时因受热而改变的组织的热影响作用。切取的试样，再用车床或刨床进行加工，最好再用 1/0 砂纸打光加工面或用磨床磨光试样表面，使加工面的光洁度达到∇6 ~ ∇7（R_a = 1. 6 ~ 3. 2μm）为佳。加工的试样如不及时进行试验，可用油涂敷在加工后的表面上，以防试样表面氧化或生锈。在进行硫印试样前，应先用汽油或酒精将试样表面上的油污初步洗清，然后用棉花蘸四氯化碳擦拭试样表面，直至试样表面上的油污完全除尽，然后可做硫印试验。接触硫化物多的部位的印相纸呈现褐色或黑色，硫化物少的部位不变色，保存相片时，水洗后、定影、干燥即可，其实验流程见图 2-4。

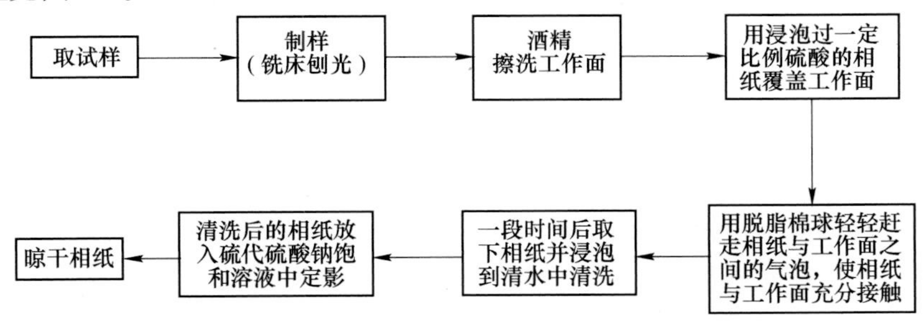

图 2-4　硫印实验流程

硫印法的优点是能够清晰地显示 S 偏析情况，并代表 C 偏析情况。传统检验方法显示连铸坯凝固组织和缺陷的效果都不太好，其中硫印检验的主要缺点是当铸坯硫质量分数小于 0.005%时，硫印检验片的效果很差，往往是一张“白片”。

2.1.1.4　扫描电镜（SEM）分析[22,23]

该方法可以清晰地显示出单个夹杂物的二维形貌和成分（图 2-5 和图 2-6）。成分也可以通过电子探针微观分析仪（EPMA）来测定[24]。但该方法需要广泛的观察试样去寻找和发现夹杂物。扫描电子显微镜以其高分辨率、大景深的特点，为钢铁材料检测纳米级夹杂物提供了可能，在钢铁行业的产品开发、质量检验和缺陷分析等方面，成为强有力的工具和检测手段。

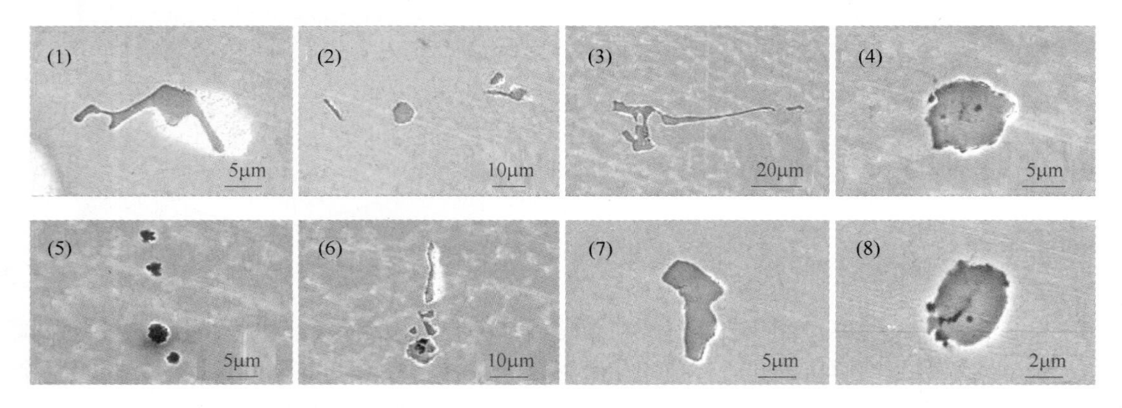

图 2-5　MnS 夹杂扫描电镜二维形貌

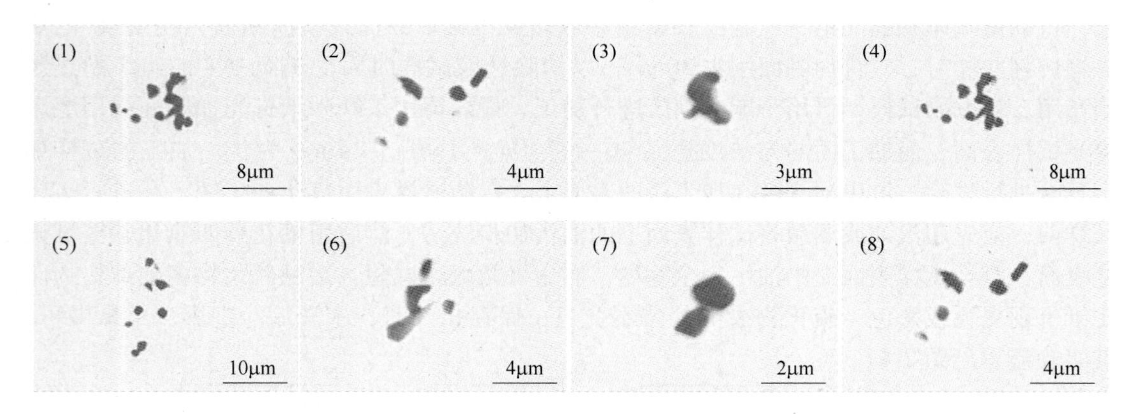

图 2-6　Al_2O_3 夹杂扫描电镜二维形貌

目前，基于 ASPEX 扫描电镜二维平面分析的表征方法更能准确分析钢中的夹杂物，而且基于二维平面分析的表征方法在生产和科研中占主导，下面简要介绍 ASPEX 检测。ASPEX 又称夹杂物自动分析电镜系统，它由计算机控制，能够对很大面积范围内的平面和粒子进行自动成像和元素分析。此系统为微小范围内的可视化定位提供了一个集成的 SEM 和 EDX 平台，并且可无缝地提供高倍率图像，每个检测到的粒子图像都会被自动存储。ASPEX 能够同时检测得到钢中大量夹杂物的尺寸、形貌、面积、数量、位置以及成分；同时其还配备有强大的后处理系统，能够很好地对得到的夹杂物数据进行分析。图 2-7 为采用 ASPEX 扫描得到的钙处理后夹杂物成分实例[25]，在 109mm^2 的试样上检测到 8720 个 1μm 以上的夹杂物，得到更为准确的夹杂物成分分布，发现有部分夹杂物液态化转变不完全，同时也有部分夹杂物因钙处理过度而处于液相区之外。

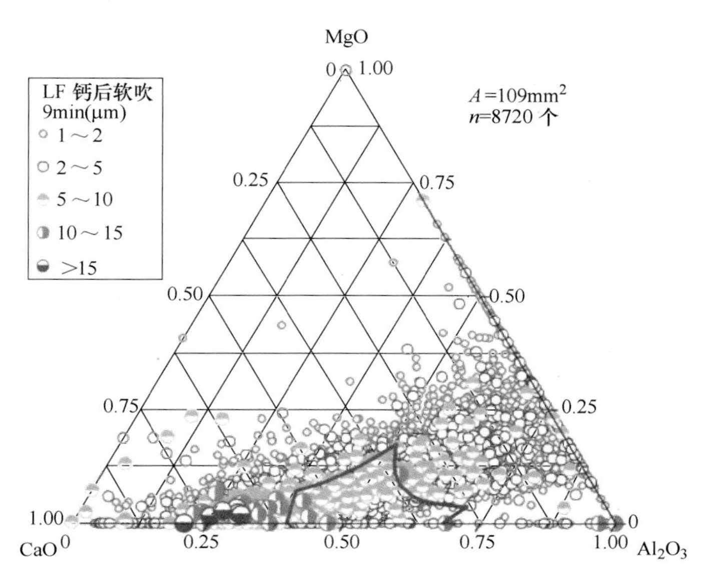

图 2-7 ASPEX 夹杂物扫描结果

此方法的优点是能够快速准确地对夹杂物进行自动检测，且能够同时得到夹杂物各参数数据；试样检测面积大，检测的夹杂物粒子数量多，检测结果更具代表性。缺点同其他大部分二维检测的局限性一样，即对簇群状夹杂物检测的准确性不高，可能将一个簇群状夹杂物检测成为几个小夹杂物粒子，造成数量和尺寸的偏差。

2.1.1.5 脉冲识别分析光发射光谱测定法（OES-PDA）[21,26-28]

OES 法可分析钢中的溶解元素。夹杂物会引起高密度的火花峰值（相对于来自溶解元素的背景信号），再被计数赋给 PDA 指数[29]。

2.1.1.6 激光微探针质量光谱分析法（LAMMS）[30]

选择在电离开始值之上的最低激光强度用脉冲激光束照射单体颗粒，得到适用于其由化学状态而定的特性光谱类型。与参考试样结果相比较，LAMMS 光谱峰值与各元素相关联。

此法是由英国、法国、原联邦德国三国发展的一种新的分析技术，叫做激光微探针—激光激发离子质量分析器。激光微探针发射光谱分析（简称激光探针分析），也称激光显微光谱分析，是发射光谱分析的一个分支，具有微区取样、微损分析的特长，它是目前微区分析的主要手段之一。通常的发射光谱分析方法，是将被分析的样品置于光谱纯石墨电极的孔穴中，用电弧使之蒸发和激发，所发射的光经光谱仪分解为光谱，根据光谱中谱线的波长和强度进行定性和定量分析。这种方法耗样 10~30mg。实际工作中有时不容许损耗这么多的样品，如古董、文物的分析，要求实物经分析后没有肉眼可辨的明显损伤；又如样品上的异常疵点、斑痕、微粒的分析，常常不能把它们剥离出来。在这些情况下，要求有一种能够微区、微损、灵敏、能原位（即无需把分析物剥离出来）分析的方法。LAMMS 法利用激光光束能量集中的特点，把激光打在被分析部位，只有肉眼不易觉察的针眼大小的轻微损耗，就能完成探查和分析的任务。其设备由激光器、显微聚焦系统、辅助激发光源和光谱仪四个部分组成，如图 2-8 所示[31]。

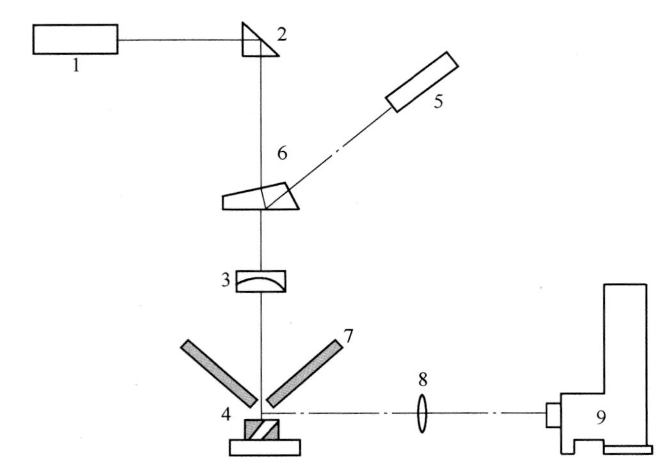

图 2-8　激光探针分析仪示意图

1—激光器；2—全反射棱镜；3—显微镜；4—样品和载样台；5—目镜；
6—棱镜；7—辅助激发电极；8—光谱仪照明系统；9—光谱仪

激光微探针有一系列优点，包括：（1）能进行全元素分析；（2）灵敏度高，相对探测极限可到 0.1ppm，绝对探测极限可到 10^{-20}g；（3）空间分辨好，横向分辨可到 1μm，深度分辨可到 20nm；（4）质量分辨好，$M/\Delta M=500$；（5）分析速度快，分析一个点只要 100μs，比其他技术快 10^5 倍；（6）能分析固体、液体和气体样品，能分析毫米级厚样品和纳米级薄的样品。

但这种技术的缺点是：（1）定量精度较差，现在达到的最好精度为 0.1%；（2）对样品不是无损分析。

激光微探针能进行 1μm^{3}体积的微区分析，特别适用于生物和材料科学中的微区元素分析。利用激光微探针对一系列材料进行了分析。对 W-Ni-Fe 合金进行分析时，不仅可以区分出三种金属的同位素成分，还可以观察到合金里所含的氢。这样高的分辨能力和从氢到钨的动态测量范围，是其他任何一种现有的分析技术所不能达到的[32]。

2.1.1.7　X 射线光电子分光法（XPS）[24]

该方法使用 X 射线测定大于 10μm 的单个夹杂物化学成分。

X 射线光电子能谱是一种分析固体表面元素组成成分及化学状态的方法，也是确定材料的表面化学价态的唯一分析方法。近年来随着化学、物理与材料科学相互渗透，促进了交叉学科不断发展，XPS 技术越来越得到科学工作者的青睐。随着科学技术的不断发展，现在生产的 XPS 能谱仪性能有了很大提高，而且软件功能全面，操作更加自动化[33]。

XPS 已成为广泛应用的表面分析技术，因为它可以提供表面化学状态的信息，可以进行定量分析，并且适用于绝缘体的表面。从 20 世纪 90 年代起，XPS 在一些工业分析实验室中的作用开始有所改变，新一代 XPS 仪器需要满足以下的要求：单位面积中有较高的灵敏度，较高的空间分辨率，样品的精确定位，化学状态成像，高速的多点深度分布测量，非破坏性测试。

目前至少有 PHI 和 FISONS（VG）两家公司提供商品化的 XPS 成像电子能谱仪。这些仪器的特点有：（1）用电子枪代替灯丝来轰击靶材料，所产生的 X 射线源的面积可以比较小；（2）用 X 射线单色仪来提高光源的单色性，从而使能量分辨率可以提高到 0.3eV，并且 X 射线经单色仪聚焦后在样品上的照射面积比较小，例如 1mm^2 以下，而单位面积上的光照强度是比较大的；（3）用了很好的电子透镜与聚焦系统，可以将光电子以面阵的形式通过电子能量分析器；（4）用通道板电子倍增器加 CCD 照相机采集二维的 XPS 元素像。FISONS 的 ESCA2000 仪器可以得到 1μm 的空间分辨率；PHI 公司的 Quantum2000 的分辨率是 10μm，但同时可以得到每个像素中的 XPS 谱[34]。

2.1.1.8 俄歇电子分光法（AES）[24]

该方法使用电子束测定平坦试样表面附近小区域的化学成分。近年来，俄歇电子能谱仪（AES）在材料表面化学成分分析、表面元素定性和半定量分析、元素深度分布分析及微区分析方面崭露头角。AES 的优点是：在距表面 0.5~2nm 范围内，灵敏度高、分析速度快，能探测周期表上 He 以后的所有元素。最初，俄歇电子能谱仪主要用于研究工作，现已成为一种常规分析测试手段，可以用于半导体技术、冶金、催化、矿物加工和晶体生长等许多领域。俄歇效应虽早在 1925 年已被发现，但获得实际应用却是在 1968 年以后。材料在成型过程中，由于不同的加工条件，导致材料内部某些合金元素或杂质元素在自由表面或内界面（例如晶界）处发生偏析。偏析的存在严重影响材料的性能。但是偏析有时仅仅发生在界面的几个原子层范围内，在俄歇电子能谱分析方法出现以前，很难得到确凿的实验证实。具有极高表面灵敏度的俄歇电子能谱仪，为成功解释各种和界面化学成分有关的材料性能特点，提供了有效的分析手段。目前，在材料科学领域的许多课题中，如金属和合金晶界脆断、蠕变、腐蚀，粉末冶金，金属和陶瓷的烧结、焊接和扩散连接工艺，复合材料以及半导体材料和器件的制造工艺等，俄歇电子能谱仪的应用十分活跃。

俄歇电子能谱仪的基本原理是，在高能电子束与固体样品相互作用时，原子内壳层电子因电离激发而留下一个空位，较外层电子会向这一能级跃迁，原子在释放能量过程中，可以发射一个具有特征能量的 X 射线光子，也可以将这部分能量传递给另一个外层电子，引起进一步电离，从而发射一个具有特征能量的俄歇电子。检测俄歇电子的能量和强度，可以获得有关表层化学成分的定性和定量信息。新一代的俄歇电子能谱仪多采用场发射电子枪，其优点是空间分辨率高，束流密度大；缺点是价格贵，维护复杂，对真空要求高。除 H 和 He 外，所有原子受激发后都可产生俄歇电子，通过俄歇电子能谱不但能测量样品表面的元素组分和化学态，而且分析元素范围宽，表面灵敏度高。显微 AES 是很有特色的分析功能。显微 AES 是采用聚焦电子束，在样品上做光栅式扫描，扫描与显示荧光屏同步，得到样品的显微二次电子图像（SEM 像为样品的形貌显微像）；在放大的 SEM 像上，找到要分析的位置（点、区域或线），将电子束聚焦到要分析的位置，采集俄歇信号，得到样品上指定局域点元素信号；也可以根据特征俄歇谱峰，设定能量窗口，得到指定方向元素及其化学价态的线分布或指定区域内二维面分布，即俄歇像（SAM）。无论 SEM 像还是 SAM 像，其主要技术指标均为空间分辨率，主要取决于聚焦电子束的束斑尺寸。显然，一定条件下入射电子束斑越小，SEM 和 SAM 的分辨率越好，但此时有效采样面积减小，俄歇信号减弱。

为能得到高信噪比和高能量分辨率的俄歇信号，扫描俄歇能谱仪中采用了一系列的新技术，如新型高传输率电子传输透镜系统、高质量的电子能量分析器和接收探测器，还配备有计算机、专业软件以及高精度自动样品定位系统。目前，SAM 分析技术已经很成熟，技术性能和可操作性得到很大提高。俄歇电子能谱仪具有很高表面灵敏度，在材料表面分析测试方面有着不可替代的作用。通过正确测定和解释 AES 的特征能量、强度、峰位移、谱线形状和宽度等信息，能直接或间接地获得固体表面的组成、浓度、化学状态等多种信息，所以在国内外材料表面分析方面 AES 技术得到广泛运用。

所以，俄歇电子能谱仪作为一种检测和研究材料表面有关性能的现代精密分析仪器，其应用领域早已突破传统的金属和合金范围，扩展到纳米薄膜技术、微电子技术和光电子技术领域。目前，它的真空系统、电子束激发源系统、数据采集和处理系统等都有了极大的发展，达到了很高的水平。未来将朝着高空间分辨率、大束流密度的方向发展。俄歇电子能谱仪未来在新材料研制、材料表面性能测试与表征中都将发挥不可估量的作用[35]。

2.1.1.9 阴极电子激发光显微镜（cathodoluminescence microscopy，CLM）[36]

在显微镜下，阴极射线（电子束）激发钢样表面，产生阴极电子激发光（cathodoluminescence，CL）。CL 的颜色取决于金属离子类型、电场和压力，据此可以探测夹杂物。非金属物质 CL 显色如表 2-1 所示。

表 2-1 非金属物质 CL 显色

物 质	CL 显色
Al_2O_3	红色
Al_2O_3>3%MgO	绿色（细颗粒）
$CaO \cdot 6Al_2O_3$	绿色（细针状）
$3CaO \cdot 5Al_2O_3$	金色
$5CaO \cdot 3Al_2O_3$	绿棕色
Mg-Al 尖晶石	亮绿色
CaS	亮橙色
Ca-Al-Si 玻璃态氧化物	深棕色到红色
$2CaO \cdot SiO_2$	棕色
Al-Si 莫来石	深紫色
天然 MgO	蓝紫色到紫罗兰色
加热后的 MgO	深棕色
ZrO_2	水鸭绿到亮苹果绿
锆石	湛海蓝到海绿色

该检测设备最主要的部件是电子枪，电子枪是电子显微镜的光源。电子枪是通过高压获得的高亮度的照明源，因电镜要求极高的分辨率，所以要求电镜光源必须具有高发射强度、面积极小的束流光源，电子束有极高的稳定度，这就要求阴极电子束流有高度的稳定性。热阴极电子枪如图 2-9 所示。当用低频或高频加热电子枪阴极到很高温度时，阴极中自由电子的动能很大，在电子动能增加到可以克服阳离子的吸引力时就逸出阴极表面，形成电子束流。电子显微镜普遍采用的是这种电子枪[37]。

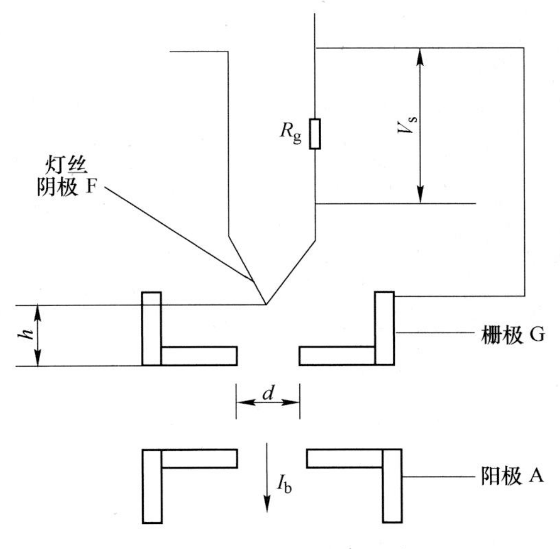

图 2-9 三极式电子枪示意图

h—灯丝高度；d—栅极孔直径

使用 CLM 方法检测出的钢中典型非金属夹杂物类缺陷如图 2-10 和图 2-11 所示。

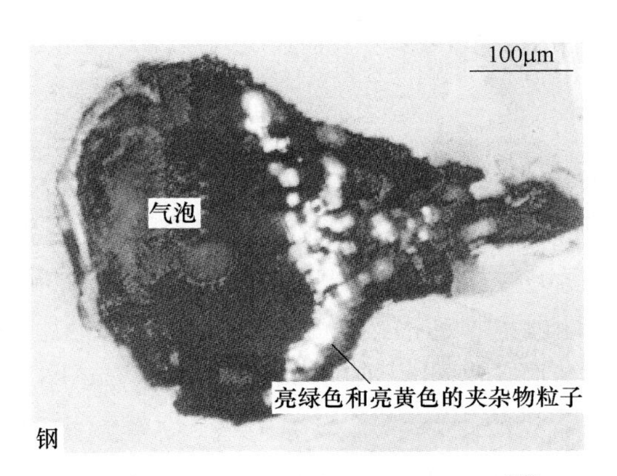

图 2-10 气泡表面的点簇状夹杂物[36]

图 2-11 冷轧板渣斑点缺陷[36]

利用阴极发光仪检测夹杂物主要是结合光学显微镜（optical microscope）、电子扫描显微镜（scanning electron microscope，SEM）、光谱仪（spectrometer）、能谱仪（energy dispersive spectrometer，EDS）等手段建立不同成分夹杂物的快速鉴别方法，以及在此基础上的夹杂物表征。图 2-12 为 CLM-SEM-EDS 联合对 Si-Mn 脱氧碳素钢中夹杂物的分析结果。

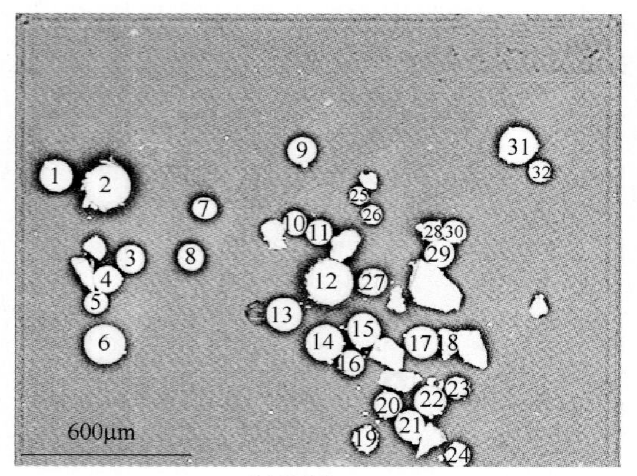

(a) SEM

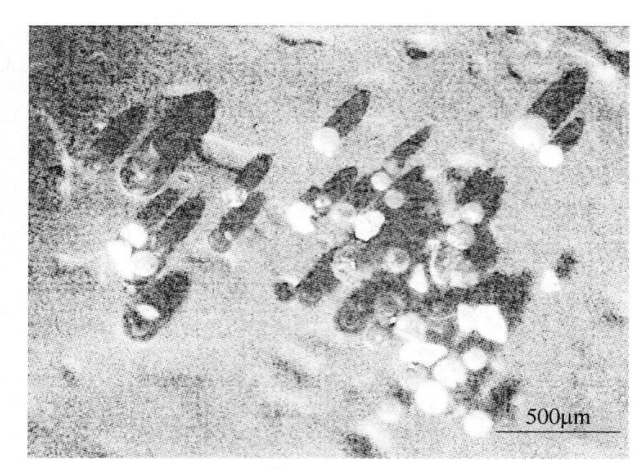

(b) CLM

EDS 检测结果　(%)

序号	SiO_2	CaO	MnO	Al_2O_2	MgO	CaS	MnS
4	60.13	16.25	10.15	11.55	1.15	0.78	0.00
9	64.15	24.17	4.73	4.51	0.71	1.73	0.00
18	70.56	2.75	5.95	18.10	1.24	1.40	0.00
21	54.30	18.33	18.63	3.87	1.19	3.69	0.00
22	48.54	25.89	13.37	8.64	1.51	2.05	0.00
23	76.73	0.00	6.29	13.14	0.79	2.59	0.45
24	43.37	8.18	38.80	6.67	1.17	1.81	0.00
31	8.74	0.00	37.89	0.90	0.16	14.03	38.27
32	50.65	8.82	29.80	7.00	2.38	1.34	0.00

图 2-12　阴极发光仪与 SEM-EDS 结合检测夹杂物

对于钢中 Al_2O_3 夹杂物，日本东北大学 Imashuku 等对其阴极发光图像色彩进行了分析，研究了 Cr、Ti、Mg 等不同元素对显色的影响，得到利用阴极发光仪对常见 $MgAl_2O_4$ 和 Al_2O_3 夹杂物的快速鉴别方法[38,39]。对于钢中钙铝酸盐夹杂物，日本东北大学 Imashuku 等利用阴极发光图像结合光谱建立了 Al 脱氧 Ca 处理钢中钙铝酸盐夹杂物成分的快速鉴别方法，以区分 $CaAl_2O_4$、$Ca_3Al_{10}O_{18}$和易造成水口结瘤、塞棒侵蚀的 $Ca_{12}Al_{14}O_{33}$、$CaAl_4O_7$、$CaAl_{12}O_{19}$、Al_2O_3 夹杂物[40]。在日本新日铁 Toh 等“冷坩埚悬浮熔炼+夹杂物电解提取”方法[41]基础上，美国安塞乐米塔尔公司 Kaushik 等介绍了一种涉及阴极发光的钢洁净度评价方法“重熔纽扣（remelt button）+CLM”[42,43]，该方法能在 30s 内快速熔化钢样而不会

导致 Al_2O_3 夹杂物的聚集，夹杂物上浮到铸锭表面，能实现传统 SEM 分析不能达到的夹杂物三维形貌分析。美国安塞乐米塔尔公司 Yin 利用阴极发光仪对高铝高强钢及水口结瘤物进行了表征，其中 $MgO \cdot Al_2O_3$ 在阴极发光仪下显亮绿色，CaS 显橙黄色[44]，如图 2-13 所示。

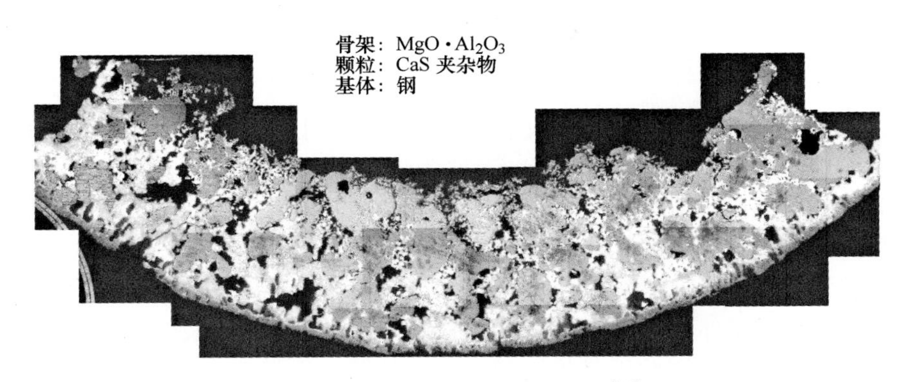

图 2-13　水口结瘤阴极发光图像[44]

2.1.1.10　原位分析法

该技术（OPA）是对被分析对象的原始状态的化学成分和结构进行分析的一项技术[45,46]。通过对无预燃、连续扫描激发的火花放电所产生的光谱信号进行高速的数据采集和解析，可以测定较大尺寸样品表面不同位置的原始状态下的化学成分和含量信息。当其检测到较大尺寸夹杂物时，如 $CaO\text{-}SiO_2\text{-}Al_2O_3$ 系夹杂物，反映 Ca、Si 和 Al 含量的火花光谱强度会出现奇异增长（异常光谱），由该异常光谱的强度和持续范围可以得到该夹杂物的含量、数量和尺寸大小等信息。张乔英采用 OPA 分析得到 IF 钢铸坯亚表层不同厚度夹杂物的数量分布[47]，如图 2-14 所示，发现大尺寸夹杂物主要分布在铸坯表层 3.5mm 以内。

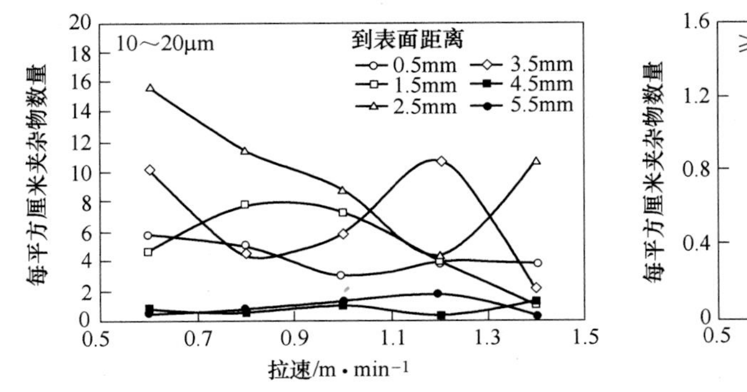

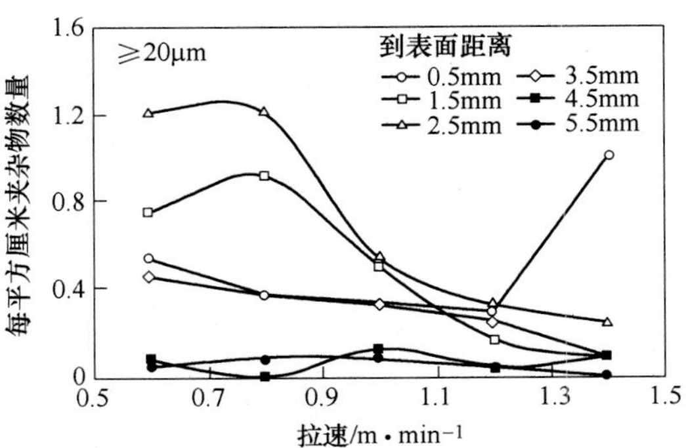

图 2-14　通过 OPA 分析得到的 IF 钢铸坯亚表层夹杂物数量

原位分析的优点包括：试样检测面较大，对检测面的光洁度要求不太高，检测速度快，能同时检测元素偏析；缺点包括：检测步长较宽，只能检测二维平面上的大尺寸夹杂物，对小尺寸夹杂检测灵敏度低，检测精确度小。

2.1.2　固态钢基体上的夹杂物三维表征

本节介绍几种直接测定三维钢基体中夹杂物的方法。其中，前三种用超声波或 X 射线扫描试样，后四种必须先从钢中分离出夹杂物。

2.1.2.1　传统的超声波扫描（CUS）[48-51]

超声波振子（压电式较为典型）发射声波，借助一对凝胶体将声波传入试样，声波在试样中传播，在后壁反射回超声波振子，示波器分析比较原始输入脉冲和反射信号的数值就可以得到试样内部质量情况。声波通道上的阻碍物会散射声波能量。使用这种非破坏性的方法可以探测和统计固态钢样内大于 20μm 的夹杂物。

超声波检测在钢铁企业已被广泛应用，常规应用于检测 200μm 以上的缺陷。超声波检测夹杂物是基于钢基体与缺陷之间的声学性能差异。传统的超声波检测系统所使用的探头频率一般小于 10MHz，因此很难检测到更小的缺陷。而随着高频探头的发展，如 30～100MHz 探头的使用，已可以检测到直径小于 100μm 的缺陷（包括气孔或者夹杂物）[52,53]。然而随着探头频率的增加，超声波信号的穿透深度越浅，所检测的材料厚度也越薄。此外，超声波检测的精度受试样表面质量和组织均匀性影响很大，要求试样检测面光洁和组织均匀，且晶粒大小需小于所检测的缺陷大小。图 2-15 为超声波检测得到的粒径为 0.191mm 的夹杂物粒子，夹杂物位置位于图中十字线交叉处，其中通过 B 扫描可以看到夹杂物在 Z 方向的位置，通过 C 扫描可以得到夹杂物在 X-Y 面的位置。

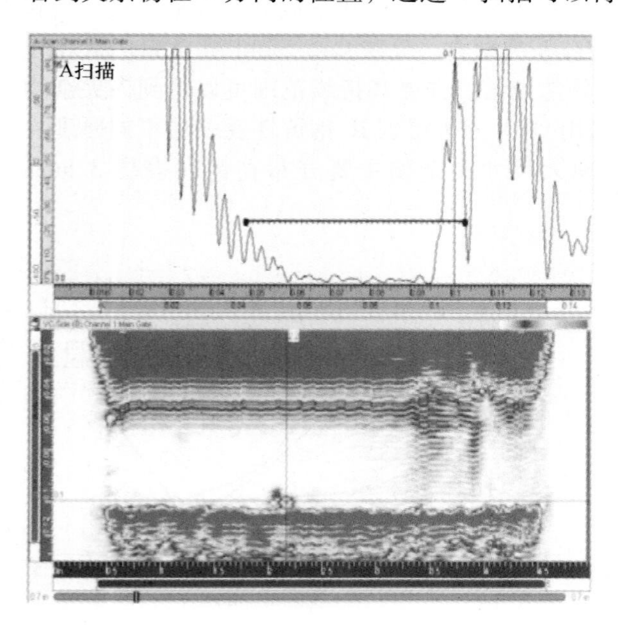

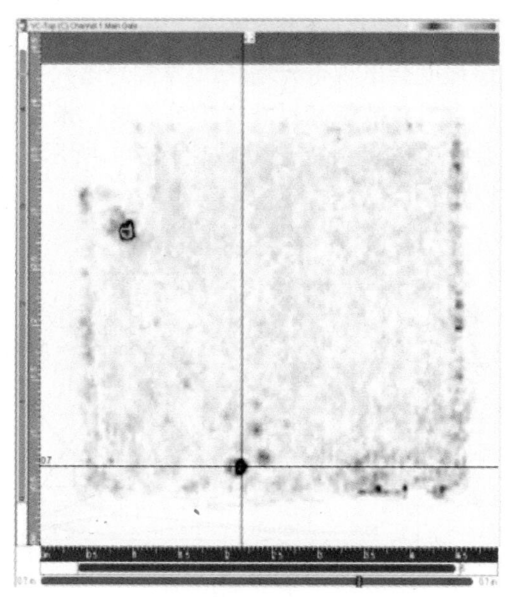

图 2-15　超声波检测实例

超声波检测的主要优点是可以在线无损检测，并且可以对试样中的缺陷进行定位；此外，检测的试样体积很大，因此可以减少遗漏大的有害夹杂的可能性。缺点是不能检测小尺寸夹杂物，并且不能很好区分缺陷类别，如气孔和夹杂物。

采用超声波进行检测的还有 MIDAS 方法。通过对试样进行轧制，使试样组织更为细小均匀，并且夹杂物也相对更大，从而增加了检测的准确性。

2.1.2.2　曼内斯曼夹杂物分析法（MIDAS）[54]

试样首先被轧制以去除孔隙，然后用超声波扫描检测固相夹杂物和复合固相夹杂物以及气孔。该方法最近改名为液态取样热轧制（LSHP）法[21,55,56]。

2.1.2.3　扫描声学显微镜（SAM）[57]

该方法用一个螺旋形探测器（例如一个可靠的超声波系统）扫描一个锥形试样，自动探测试样表面的每一个位置的夹杂物，由于样品做成锥形，因此螺旋探测器可以检测从产品表面到中心线范围的夹杂物。

2.1.2.4　X 射线探测[9,58-61]

该方法通过穿过固态钢样的 X 射线衰减变化来探测夹杂物。把试样分成几个圆片，每个分别用常规 X 射线测试，打印透度计（测量 X 射线穿透力的仪器）接收信号用于图像分析，这样可以合成出夹杂物分布情况。

2.1.2.5　酸蚀法[62]

该方法用酸腐蚀钢的基体，使钢的基体表面降低，从而将夹杂物凸显出来，然后对其结构和成分进行观察与分析。以铁元素为主的钢样基体与酸的反应速度快，而 Al_2O_3 和 SiO_2 等夹杂物基本上不与酸发生反应。酸蚀法的实验过程通常为：首先将钢样预磨、抛光，然后用酒精清洗，在表面皿中用一定浓度的 HCl 溶液进行酸蚀。若干时间后拿出钢样，烘干后便可放入扫描电镜观察。观测完后，可继续酸蚀，再烘干，如此重复操作。如图 2-16 中所示（a1）~（a4）为酸蚀 60s，（b1）~（b4）为酸蚀 120s，（c1）~（c4）为酸蚀 240s，（d1）~（d4）为酸蚀 480s，（e1）~（e4）为酸蚀 720s，可以看到，夹杂物在钢的基体中从表层逐渐裸露，三维形貌逐渐清晰，其缺点是不耐酸的硫化物基本被溶解。

2.1.2.6　化学溶解（Chemical Dissolution）[7,22,63,64]

该方法是将钢样全部溶解萃取钢中夹杂物，然后再使用 SEM 等检测方法来分析夹杂物的形貌和成分。该方法能够获得三维夹杂物形貌。如图 2-17 所示，对铝脱氧钢取样分析，间隔 10min 取一次，一共取 7 组试样，依次取到 60min，经过酸溶，过滤到孔径是 0.2μm 的聚碳酸酯膜上，喷碳处理，经扫描电镜（SEM）观察 Al_2O_3 夹杂物的形貌变化。从图 2-17（a）中可以看到大量的树枝状和球状的 Al_2O_3；图 2-17（b）为 20min 后的 Al_2O_3 夹杂物形貌，夹杂物开始碰撞、聚集；图 2-17（c）为 40min 后的 Al_2O_3 夹杂物形貌，夹杂物聚合在一起；图 2-17（d）为 60min 后的 Al_2O_3 夹杂物形貌，其角部逐渐圆润，尺寸减小，数量降低。

这种方法的缺点是酸会溶解夹杂物内的硫化物（如 MnS、FeS 和 CaS）和氧化物（如 FeO、MnO、CaO 和 MgO），所以该方法适合于检测 Al_2O_3、SiO_2 和 TiN 夹杂物等。图 2-18

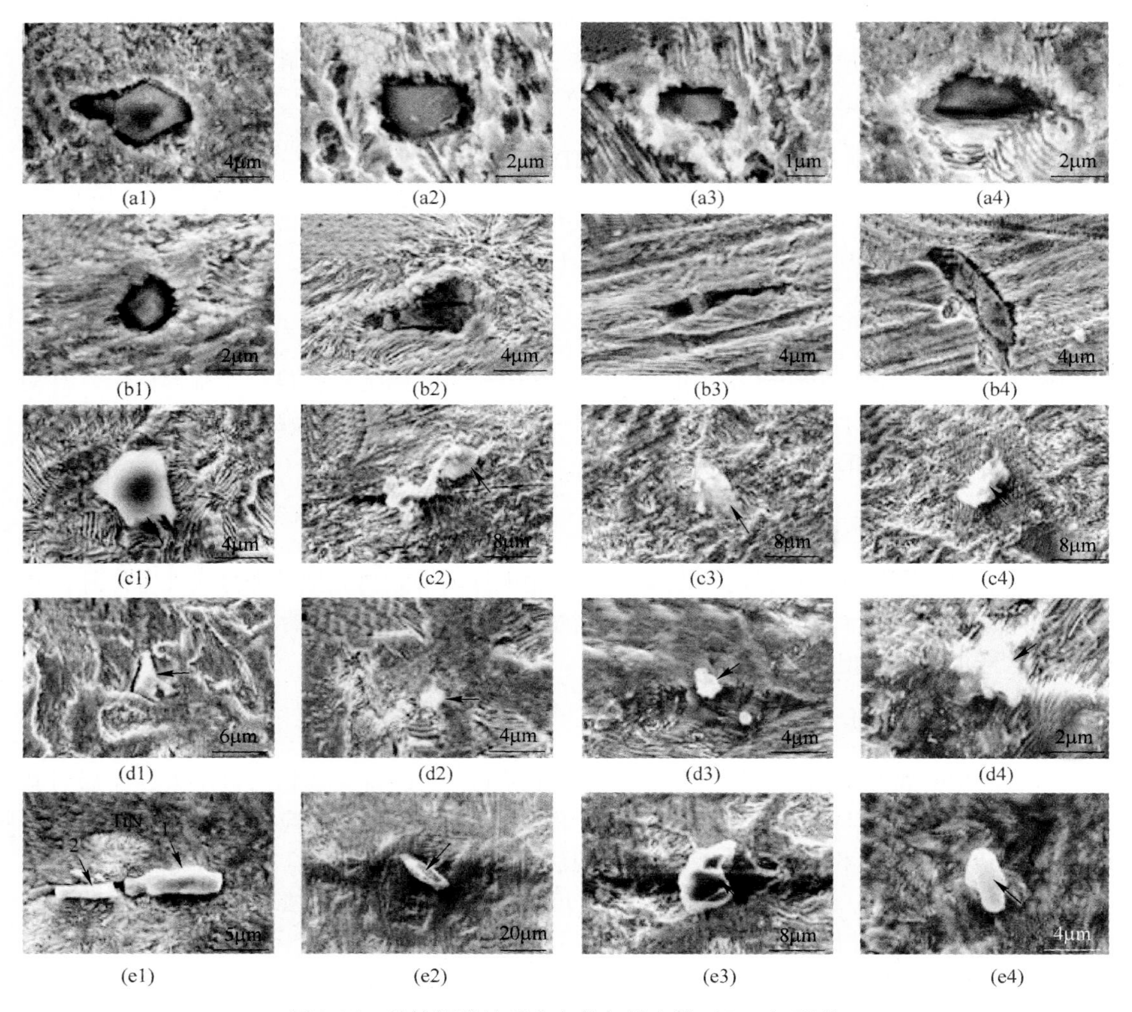

(a1)　(a2)　(a3)　(a4)

(b1)　(b2)　(b3)　(b4)

(c1)　(c2)　(c3)　(c4)

(d1)　(d2)　(d3)　(d4)

(e1)　(e2)　(e3)　(e4)

图 2-16　重轨钢酸蚀后夹杂物扫描电镜（SEM）形貌

为酸溶后夹杂物过滤到聚碳酸酯膜上，经过喷碳处理，在扫描电镜下观察到的形貌。图 2-18 中，（a）、（c）和（f）为硅铝酸盐，是出钢时用硅锰脱氧形成的产物；（b）和（g）为镁铝尖晶石，可能是镁制耐火材料中的氧化镁被侵蚀，与钢液中的非金属氧化物发生化学反应生成的；（d）为复合夹杂物；（e）为硅铝酸钙；（h）为二氧化硅。

采用 1∶1 的盐酸水溶液将钢基体溶化，再利用一定孔隙度的聚碳酸酯膜或硝酸纤维素膜对溶液进行过滤，从而使夹杂物附着于滤膜上，再经过喷碳后即可以通过 SEM 观察夹杂物的清晰三维形貌[65]。为了提高溶蚀速度，通常会将盐酸加热到 80℃。在滤膜孔隙很小的情况下，则需要采用抽滤或者压滤的方式来过滤夹杂物。对于某些易溶于盐酸的夹杂物，则采用有机溶液进行溶蚀，例如溴的甲醇溶液[66]或者碘的甲醇溶液[67]，这时候需要的反应时间更长。图 2-19 为通过溴的甲醇溶液溶蚀萃取得到的 Al_2O_3 夹杂[15]。

这个方法的优点是操作简单，能够观察到夹杂物的三维形貌；缺点是比较耗时间，尤

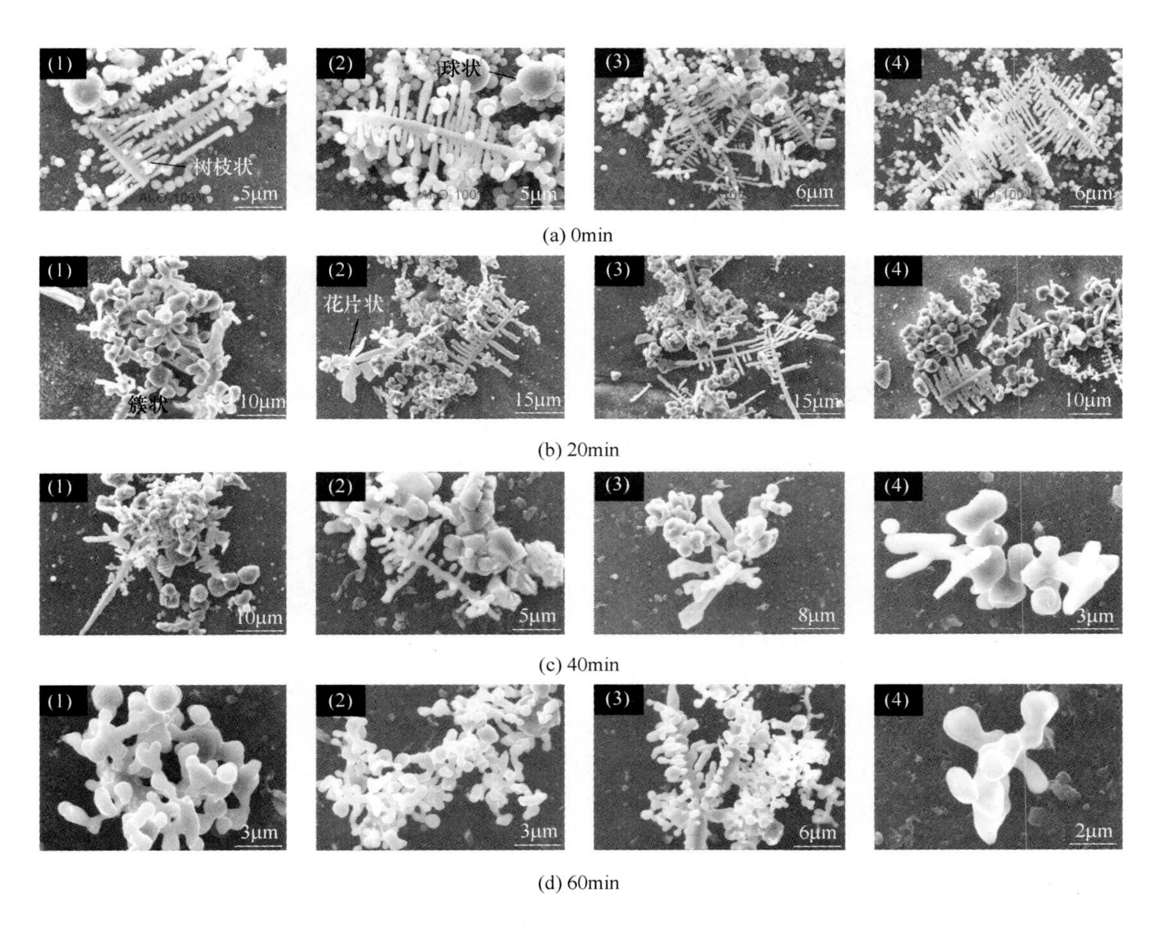

(a) 0min

(b) 20min

(c) 40min

(d) 60min

图 2-17　氧化铝夹杂物随时间变化的扫描电镜（SEM）形貌

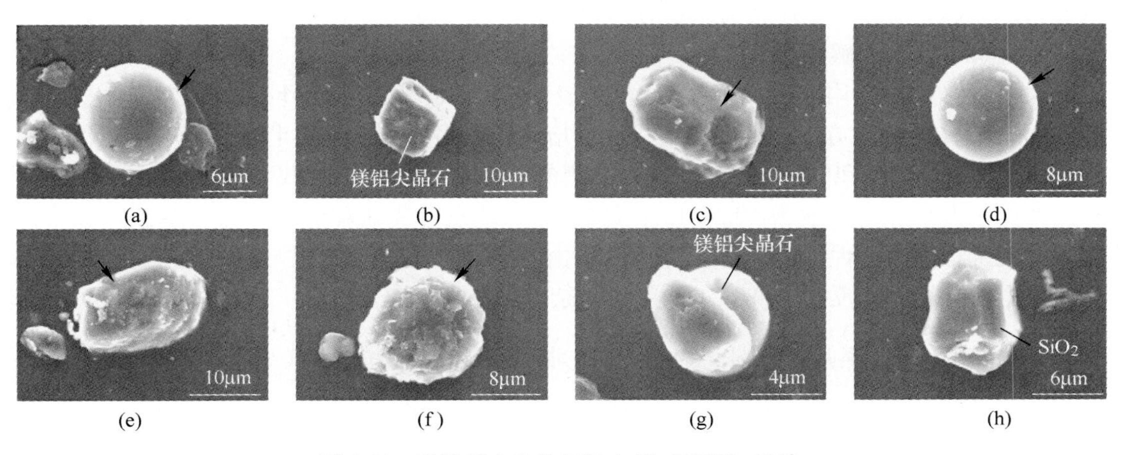

(a)　(b)　(c)　(d)

(e)　(f)　(g)　(h)

图 2-18　酸溶后夹杂物扫描电镜（SEM）形貌

其是采用有机溶液做溶剂时往往需要几天甚至一周以上的时间，而且检测的试样体积也较小，并且只适合于几种夹杂物类型，局限性大。

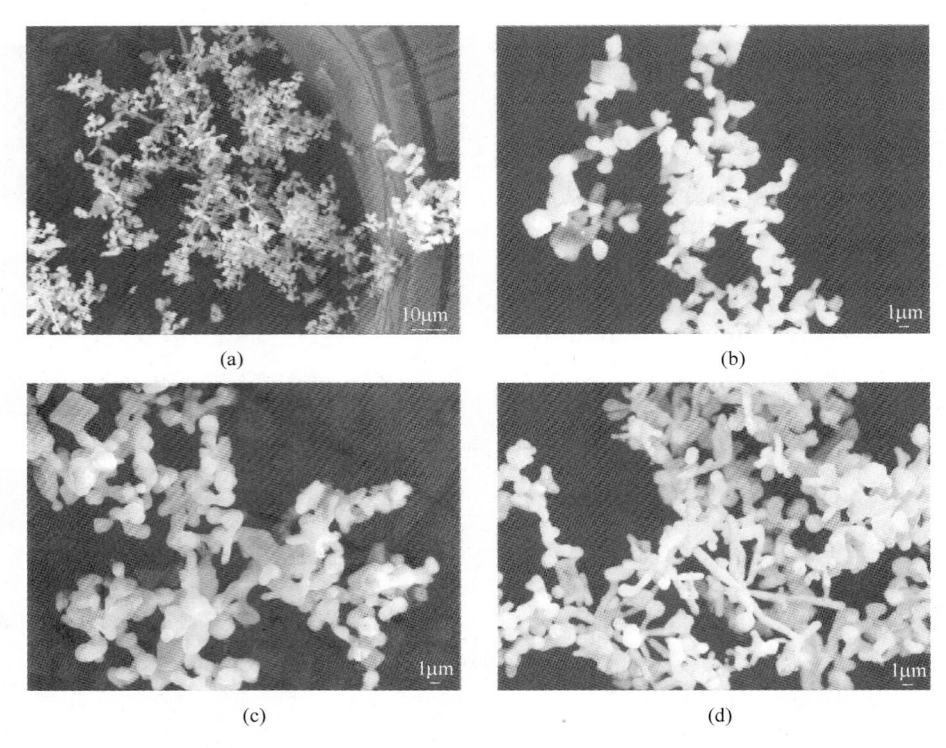

(a)　(b)　(c)　(d)

图 2-19　通过溴的甲醇溶液溶蚀萃取得到的 Al_2O_3 夹杂

2.1.2.7　电解萃取法：大样电解法（Slime 法）

电解萃取法是利用钢中夹杂物和基体电化学性质的不同，在适当的电解液和电流密度下进行电解分离的方法。电解时以试样作为阳极，电解后夹杂物保留在阳极泥中，然后经过淘洗、磁选、还原等工序将夹杂物分离出来，并进行称量和化学分析。电解萃取方法分为大样电解和小样电解。

大样电解法所采用的电解液大多为弱酸性水溶液[68]，如 4% $FeCl_2$ + 6% $FeSO_4$ + 5% $ZnCl_2$ + 0.3%HCl，此方法目前在企业生产中应用比较多，利用大样电解方法萃取到的加铝后夹杂物形貌如图 2-20 所示。其优点是检测的试样量大，能够很好地收集钢中不规则分布的大尺寸夹杂物（一般为 50μm 以上夹杂物）。缺点首先是耗时长，其次会破坏钢中的不稳定夹杂物，如碱性氧化物和硫化物等；由于时间长，一些小尺寸夹杂物也会被溶解；此外，由于电解后的反复淘洗，一些簇状夹杂物容易被打碎。

2.1.2.8　电解萃取法：小样电解法（非水溶液电解法）

小样电解法以试样为阳极，不锈钢片为阴极，在电解槽中通电电解。电解液是以无水甲醇为溶剂的有机溶液，组成包括界面活性剂、络合剂、缓冲剂及适当的还原剂。为了防止空气中的氧对电解过程的影响，在电解时不断向电解槽中通入氮气；同时，为了降低夹杂物表面活性，采取了加冰浴装置处理。钢中非金属夹杂物电解分离的主要过程为：试样电解→超声波清洗阳极→淘洗→磁分离→洗涤→烘干→称重→夹杂物组成或性能检测。其

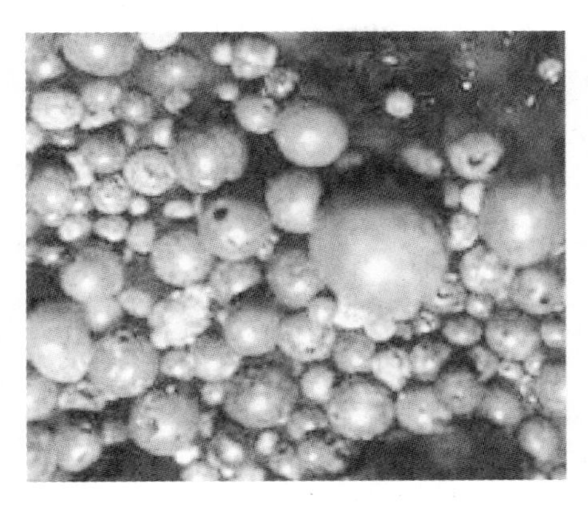

图 2-20　大样电解萃取到的夹杂物形貌

优点为微米级的钛氧化物、钛氮化物都能利用电解完整的萃取出来，电解萃取夹杂是目前观察细小夹杂物形貌和尺寸的最好方法之一[69]。其实验装置如图 2-21 所示。

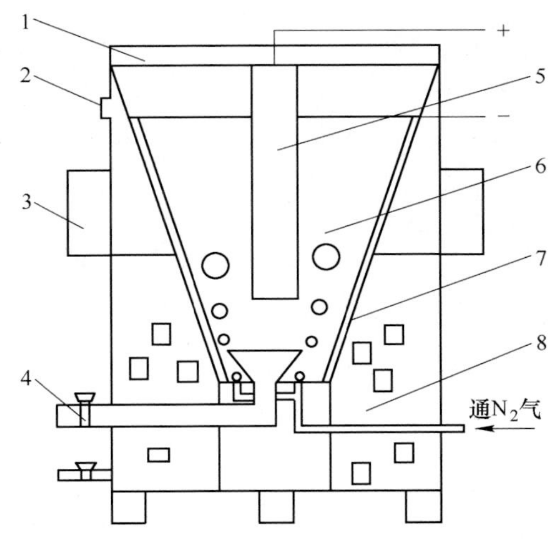

图 2-21　电解法实验装置图

1—保护盖；2—加冰水口；3—手柄；4—阀门；5—阳极；
6—电解液；7—阴极；8—冰水混合物

该方法采用的电解液为无水有机溶液[70,71]。该方法弥补了大样电解的部分缺陷，即不会对钢中不稳定夹杂物和硫化物等造成损伤，能够很好地保留钢中各类夹杂物形貌，小尺寸夹杂物也能够很好地得到萃取，如图 2-22～图 2-24 所示。但其同样具有耗时长的缺点，此外由于试样较小，对于随机分布的大尺寸外来夹杂的检测准确性不如大样电解。因此，大样电解适合外来大尺寸夹杂物的萃取，而小样电解更适合于内生的较小尺寸夹杂物的萃取。

图 2-24 为图 2-22 中放大的夹杂物三维形貌。可以清晰地观察到板状的硫化锰多为单独析出，如图 2-24（b）、（c）、（e）所示；而球状硅铝酸盐外包裹点状的硫化锰，形成复合夹杂物，如图 2-24（a）、（f）、（g）、（h）和（i）所示。

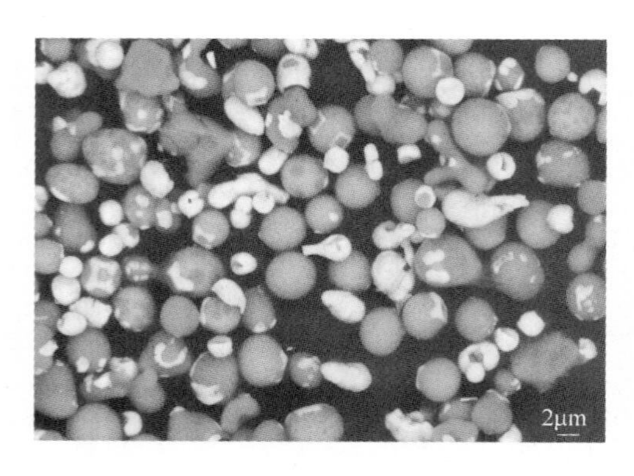

图 2-22　通过小样电解得到的夹杂物
（白色为 MnS，黑色球状为硅酸盐+MnS）

图 2-23　硅钢分离出来的 AlN 以及与 MnS 形成的复合夹杂物形貌

2.1.2.9　电子束熔化法（EB）[72]

在真空下用电子束将铝镇静钢试样熔化，使夹杂物上浮至表面，在熔融的试样顶部形成一层富集层。普通 EB 指数是夹杂物富集层的特定区域，现在一种经改善提高后的方法（EB-EV-极大值）能够估算夹杂物尺寸分布[73]。

钢样在真空下通过电子束熔化，钢液由一个水冷铜模收集形成一个小熔池，夹杂物粒子则集中在液面的一小块面积，如图 2-25 所示。此方法的主要优点是：夹杂物的上浮效率高，检测面上的夹杂物数量远远大于浓缩前的表面，试样尺寸也更大，因此准确性更高；此外夹杂物受污染少，能够保持夹杂物原始状态。主要缺点包括：对于碳钢来说会发生碳沸腾问题，从而导致氧化物数量的减少；在熔炼过程中低熔点夹杂物容易烧结成团，增加夹杂物尺寸评价的难度；此外这个设备也较贵。

2.1.2.10　冷坩埚熔化法[21]

夹杂物首先聚集在用电子束熔化的试样表面，冷却后，再溶解试样表层，过滤出溶液中的夹杂物。该方法可以熔化更大的试样，改进了电子束熔融法，并且可以检测 SiO_2。在这个方法中，试样在冷坩埚上熔化。铜坩埚由多段组成，每一段都是水冷，如图 2-26 所

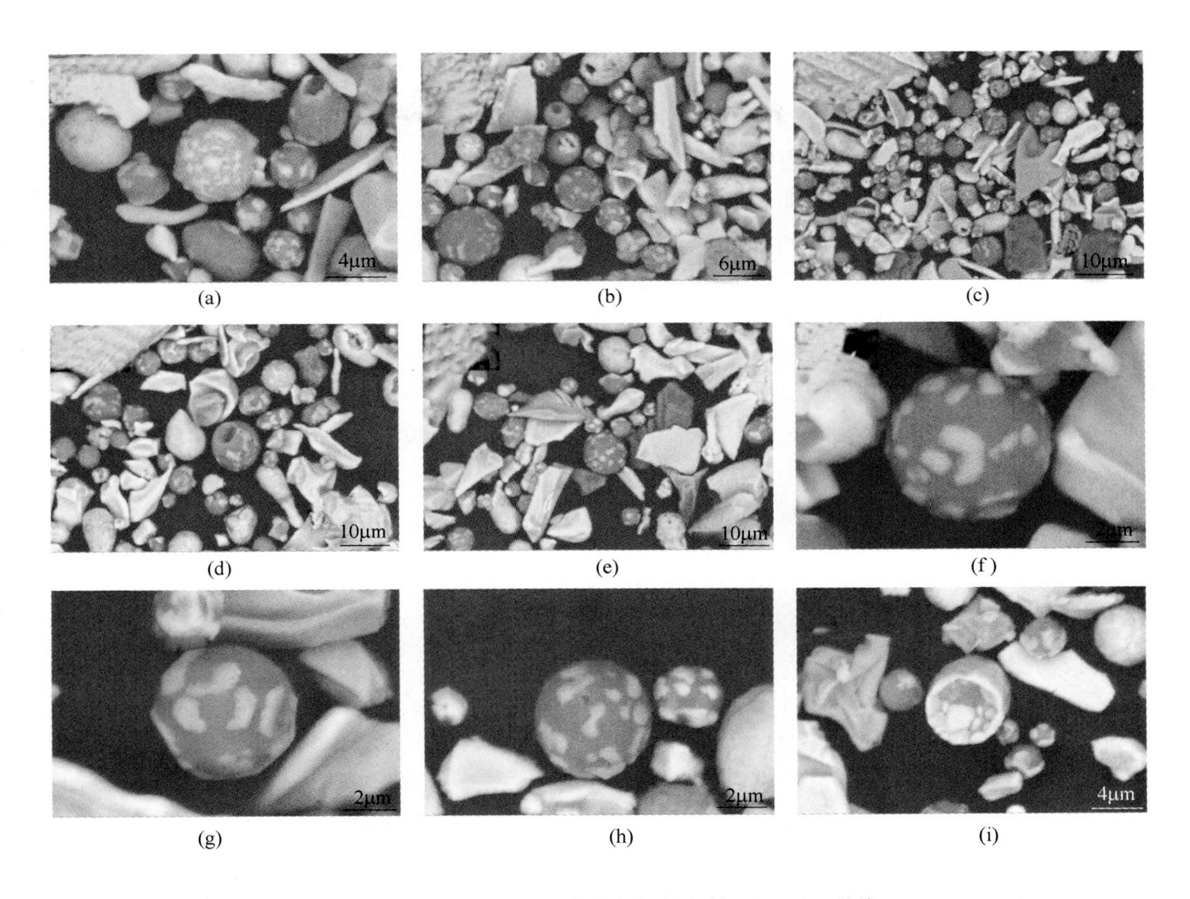

图 2-24　重轨钢电解后夹杂物扫描电镜（SEM）形貌

示[74]。在坩埚周围绕有线圈并通上高频电流。坩埚里的狭缝保证了作用于试样上的涡电流方向同坩埚上的一致，导致试样和坩埚之间产生一个斥力，使得试样悬浮于坩埚上。试样中各尺寸的夹杂物粒子在试样熔化过程中会上浮至重熔的钢液表面，从而利于 SEM 观察，如图 2-27 所示[4]。

此方法的主要优点包括：分析的试样能够达 100g，因此结果具有统计意义，并且熔化过程很快；可以在一定压力的氩气条件下操作，因此避免了碳沸腾问题；夹杂物的收集效率与 EBBM 差不多，但比 EBBM 要便宜。

电子束枪
电子束
夹杂物
试样
水冷铜模

图 2-25　电子束熔炼法示意图

2.1.2.11　分步热力分解（FTD）[29]

当试样温度超过它的熔点，夹杂物就会上浮至表面而暴露出来。不同氧化物夹杂物在不同的温度下有选择性地被还原，例如以 Al_2O_3 为基础的氧化物在 1400℃或 1600℃，耐火材料夹杂物在 1900℃。全部氧含量是在每个加热阶段测量的氧含量的总和。

2.1.2.12　磁性颗粒检测法（MPI）[7,75,76]

该方法又称磁漏区域检测法，能够测出薄钢板内大于 30μm 的夹杂物。检测过程为在钢板内部产生一个平行于钢板表面的均匀磁场，如果有异常（如夹杂物或气孔）存在，磁化系数的差异将会使磁场发生弯曲并延伸至钢板表面以外。该方法的主要缺点是很难分别检测紧靠在一起的夹杂物。电磁法也被用来检测金属内部质量。一个常用的方法是磁漏通量检测法，此方法主要用于板卷或者铸坯试样以及热轧板试样的内部质量检测。其基本原理如图 2-28 所示[77]，当一个缺陷或者夹杂物出现在铁磁材料的近表面时会产生一个磁漏通量，在夹杂物位置的磁阻相比于试样其他位置会显著增大。如果磁性材料的磁化近饱和，磁通量会被不连续的夹杂物位置扰乱，从而进入缺陷位置的上部空间形成一个磁漏通量，而这个磁漏通量能够被磁传感器检测到。这个方法只对长条状夹杂物比较敏感，夹杂物太短的话不容易从背景噪声中区分；同时，如果夹杂物过于长，超过了最佳值，则它们也会因为过于微细而不能对磁场产生明显的影响，从而也检测不到。

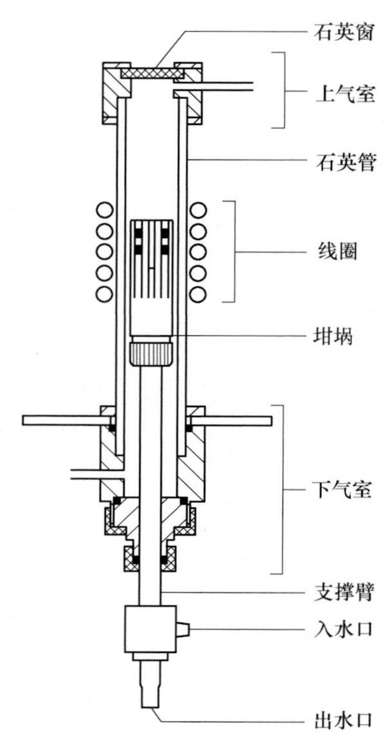

图 2-26　水冷坩埚重熔法示意图

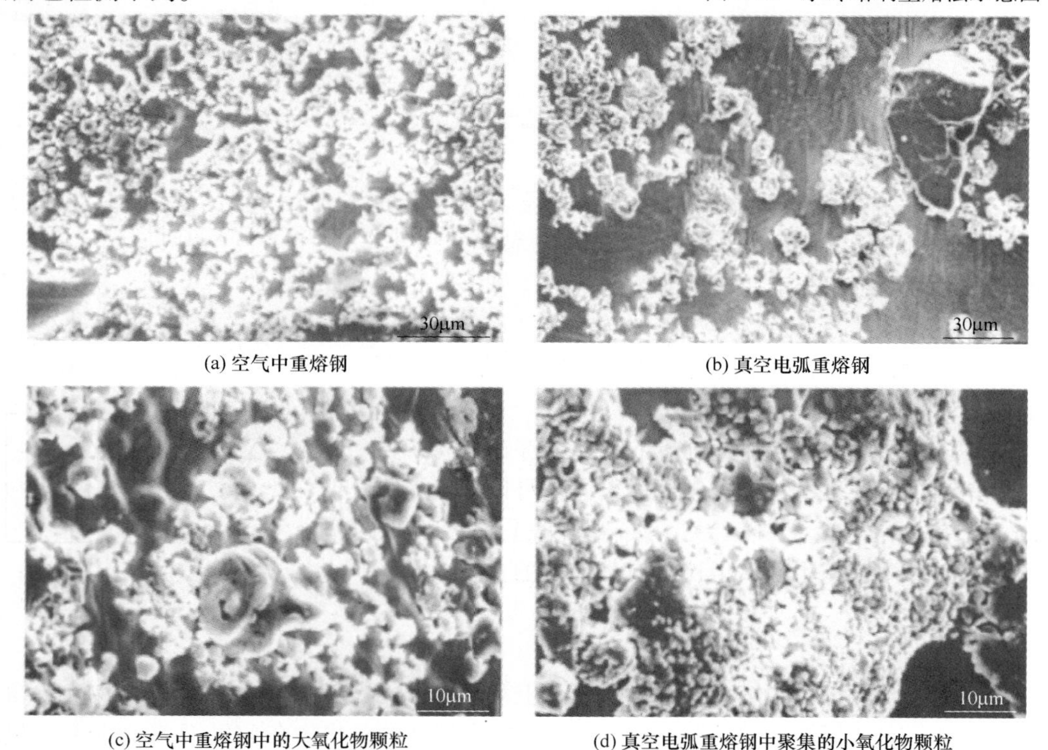

(a) 空气中重熔钢　(b) 真空电弧重熔钢

(c) 空气中重熔钢中的大氧化物颗粒　(d) 真空电弧重熔钢中聚集的小氧化物颗粒

图 2-27　水冷坩埚重熔法试样表面收集到的夹杂物

2.1.2.13 Micro-CT 法

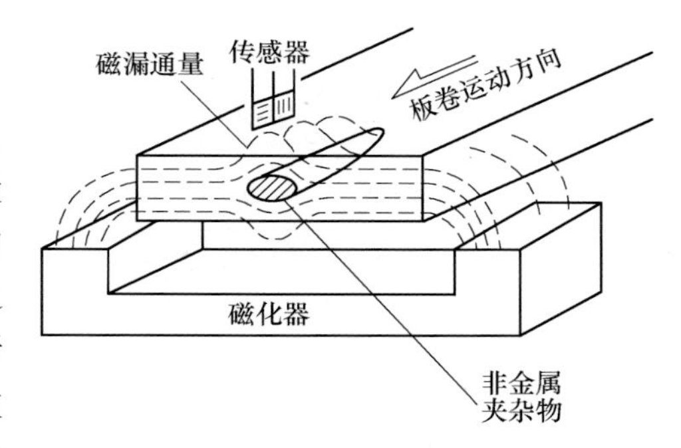

图 2-28 磁漏通量方法的原理

该法又称为 X 射线计算机微断层扫描技术，它可以通过从不同角度拍摄的一系列 X 射线投射图片来重现试样的内部结构，获得夹杂物的三维形貌。微断层扫描技术与医用 CT 的不同之处在于其拥有更高的空间分辨率，此外在微断层扫描中试样是旋转着的而射线发射器和接收器是固定的[78]。近些年来由于 X 射线管技术的进步，Micro-CT 的空间分辨率已经达到几微米。用标准仪器时图片几乎不放大，而使用带微距的 X 射线管时可以获得放大 5~10 倍的图片。此外，还可通过锥形光束[79]和超亮同步加速器辐射 X 射线[80]来提高检测效果。图 2-29为通过 Micro-CT 检测到的一个典型球状夹杂物的 3D 重现图[81]。然而这个方法也很难区分气孔和夹杂物，因此有时候有必要对试样进行适度的轧制以使试样中的气孔闭合；再者，这个方法的投资比较大，运行成本也较高。

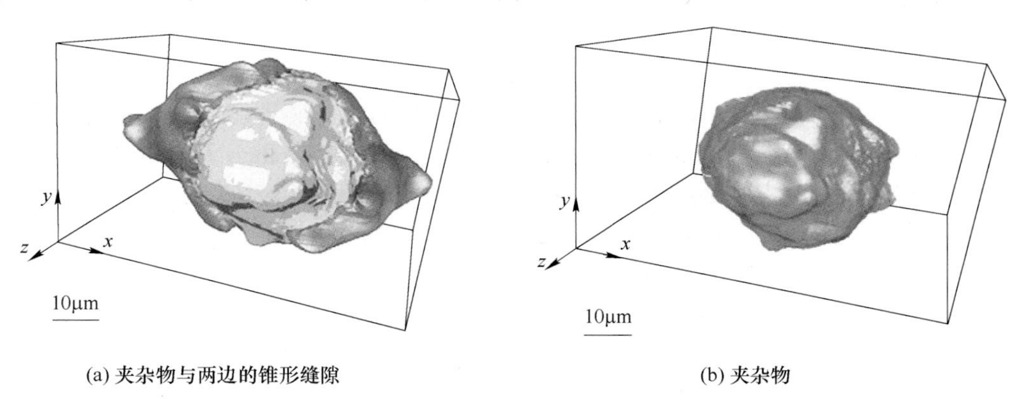

(a) 夹杂物与两边的锥形缝隙　　(b) 夹杂物

图 2-29 Micro-CT 检测的球状夹杂物的 3D 重现图

2.1.2.14 电敏感区法

基于电敏感区原理的在线测试法又称为 ESZ 法，它是以阻抗脉冲技术原理为依据实现检测的，适用于钢液中夹杂物粒子数量密度和尺寸分布的在线测试。电敏感区原理如图 2-30 所示[82-84]。将一侧壁打孔的绝缘材质取样管插入被测导电液体中，图 2-30（a）中给出了取样管沿小孔径向的剖面图，若小孔内充满电场，且各点均有一定的电位，则此时的小孔区成为电敏感区。当有一个绝缘粒子（直径为 d）通过电敏感区（直径为 D，即孔径）时，会影响电敏感区内电场分布，改变电敏感区的电性质。若导电液体电阻率远小于粒子的电阻率，则最终会导致电敏感区内电阻值升高。在有电流通过的情况下，这种电阻的变化表现为在 $t_3 \sim t_1$ 区间连续的电压脉冲，如图 2-30（b）所示。该脉冲变化的幅度与非导电微粒的体积及小孔孔径有关。当小孔孔径确定时，脉冲变化的幅度就与非导电微粒的体积有一定的比例关系；脉冲变化的宽度与非导电微粒在导电液体中运动的速度及取样管壁

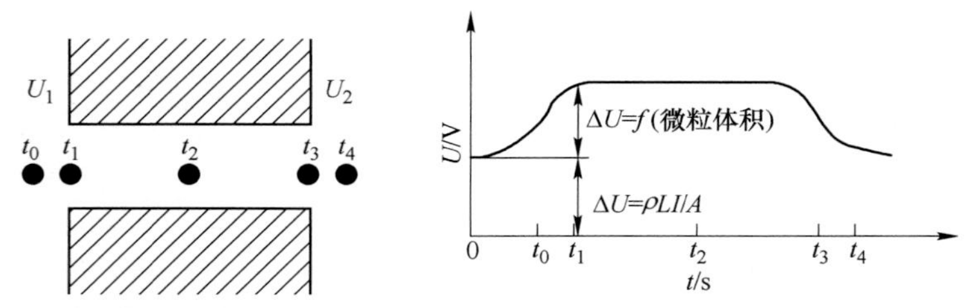

(a) 沿取样管侧壁小孔轴向剖面图　(b) 绝缘粒子通过电敏感区时所引起的电压脉冲

图 2-30　电敏感区原理图

厚有关；脉冲个数等于通过电敏感区的粒子数。可见，通过适当检测方法获取电压脉冲，并通过分析便可间接得到夹杂物颗粒的粒径信息。然而此方法不能得到夹杂物粒子的形貌和成分信息。

2.1.3　夹杂物分离后夹杂物的尺寸分布

将夹杂物从钢中分离出来后，有下面几种方法可以得出夹杂物尺寸三维分布。

2.1.3.1　库尔特（Coulter）计数法[85]

该方法原理即 2.1.2.14 节的电敏感区法。当颗粒通过传感器微孔时，由于改变了微孔缝隙内的电导率，可以据此变化进行测定。该方法可以测定 Slime 大样电解分离得到的夹杂物和悬浮在水中的夹杂物的尺寸和分布。Coulter 计数法是检测悬液中颗粒的数量及大小的有效方法，已在化工、冶金、环保、医药卫生等行业的微细颗粒检验等方面得到应用。其原理如图 2-31 所示。将等渗电解质溶液稀释的颗粒悬液倒入一个不导电的容器中，再将小孔管插入到颗粒悬液中，在小孔管内侧充满稀释液，并在其内外各置一个电极，当颗粒通过小孔时，由于颗粒具有非传导性的性质，因此，将引起内外电极间的电阻增加，产生一个脉冲。脉冲变化的次数代表颗粒通过小孔的个数，其脉冲高度表征颗粒体积的大小。现有 Coulter 技术采用的方法是在两电极间加上一个恒流源，使内外电极间电阻的变化转换成电压的变化。由于颗粒稀释液本身有较大的电阻率，并且由于小孔孔径很小，在没有颗粒通过小孔时，内外电极间的电阻仍然有数十千欧，相对于这一电阻值，颗粒通过小孔时电阻的变化（即信号）则很微弱，最大变化量只有几个欧姆，显然其电压的变化也很微弱。为此，提出了采用微分检测来提高信号探测灵敏度的方法[86]。

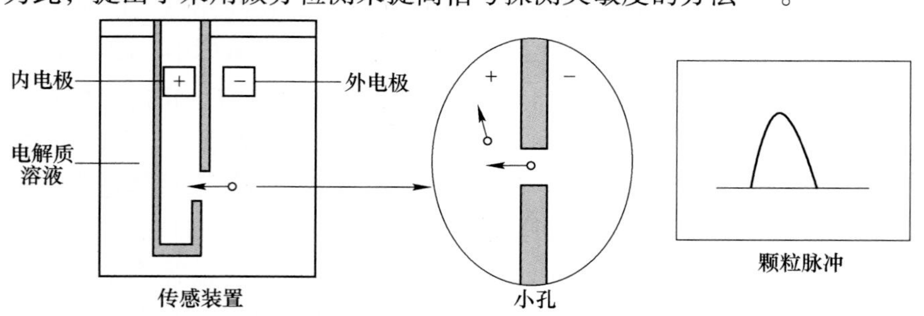

图 2-31　Coulter 原理

2.1.3.2　照相闪光散射法[87,88]

夹杂物采用如 Slime 大样电解法从试样中分离提取出来后，其照相闪光散射信号可以用来分析评价尺寸分布。光散射法颗粒粒度分布测量具有测量速度快、重复性好、可测粒径范围广、可进行非接触测量等优点，现在向提高测量精度、改进反演算法、在线监测的方向发展。实现了光散射法粒度测试和形状分析的计算机模拟，可以不受物理条件局限进行各种因素试验，为仪器的测试误差分析和改进提供了有效的手段。

光散射法测定颗粒大小与形状的优点：(1) 测量范围广，可以测量微米至亚微米级的颗粒，这正是当今粒度测量涉及的主要区间；(2) 由于光的透射性，可以实现非接触测量，因而，对被测样品的干扰也就很小，从而减小了测量的系统误差；(3) 光散射法中，光电转换元件的响应时间都很短，可以实现快速测量；(4) 光散射法与计算机配合使用，易于实现测量过程的自动化；(5) 光散射法可以同时反映颗粒的粒度和形状信息，可以全面表征颗粒的特性，方便开发集粒度、形状为一体的颗粒测试仪器。

正是由于光散射法这些优点，加上电子计算机技术与激光技术本身的发展，使得这种方法得到了日趋完善。由 ISO/TC 技术委员会提交的国际标准草案 ISO/DIS 13320，其中 SC4 分会第六小组提交的就是激光衍射法测量粒度的国际标准草案。

光散射式激光粒度仪的基本原理：小角前向光散射式激光粒度仪的基本装置如图 2-32 所示，主要由激光光源、扩束准直系统、样品池、傅里叶变换透镜、环形接收器、微型计算机系统组成。来自激光发生器的窄光束，经扩束准直系统后变为一平行光，照射到含有颗粒群的样品池上。颗粒群产生的散射光经傅里叶变换透镜会聚后，由放置在后焦面上的多元光电探测器组成。光电探测器由多个独立的半圆环状探测单元组成，其作用是将每个环面上的颗粒群的远场散射光转换成相应的电信号输出，电信号经放大及 A/D 转换后输入计算机。由于散射光能分布、强弱与样品池中的被测颗粒的粒径与数目有着一一对应的关系，计算机即可依据测得的各环上的散射光能值，调用事先编制好的程序，反演出颗粒尺寸分布等参数[89]。

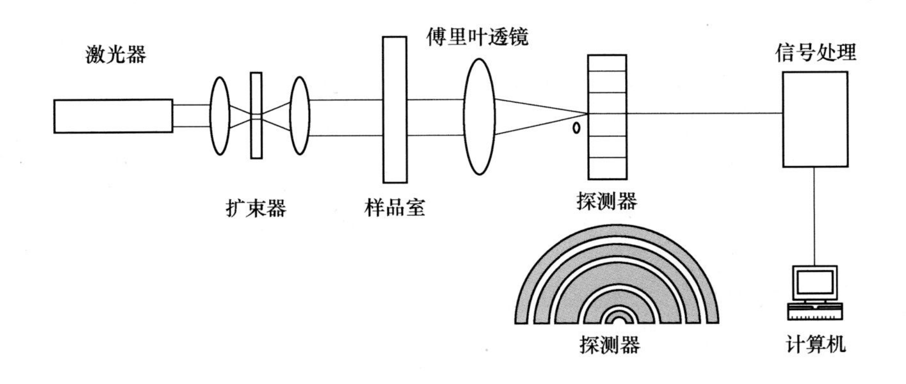

图 2-32　测量装置原理组成图

2.1.3.3　激光衍射颗粒尺寸分析仪（LDPSA）[21]

这种激光技术可以用来分析从钢样中分离出来的夹杂物的尺寸分布。英国马尔文（Malvem）公司生产的激光衍射颗粒度分析仪是根据夫朗和费衍射理论开发的，激光通过被测颗粒将出现夫朗和费衍射，不同粒径的颗粒产生的衍射光随角度的分布不同，根据激光通过颗粒后的衍射能量分布及其相应的衍射角可以计算出颗粒样品的粒径分布，仪器工作原理如图 2-33 所示。来自激光器中的一束窄光束经滤光后，平行地照射在样品池中的被测颗粒群上，由颗粒群产生的衍射光经聚焦透镜会聚后在其焦面上形成衍射图，利用位于焦平面上的一种特制的环形光电探测器进行信号的光电变换，然后，将来自光电检测器中的信号送入计算机中，采用预先编制的优化统计程序进行计算分析即可快速得出颗粒群的尺寸分布。该方法具有检测速度快、测量范围广、测量精度高、重复性好、适用对象广、不受被测颗粒折射率的影响、可在线测量等优点[90]。

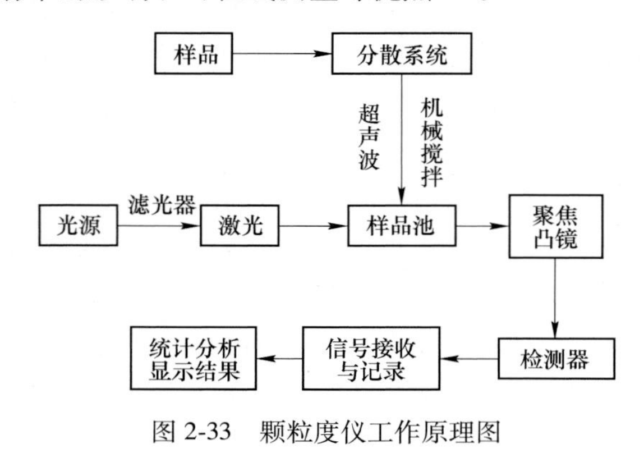

图 2-33　颗粒度仪工作原理图

2.1.4　钢液内夹杂物的直接评价

下面几种方法能够测定在钢液内的夹杂物数量与尺寸分布。

2.1.4.1　用于液态体系的超声波技术[12,91-93]

这种方法通过接收超声波脉冲的反射在线探测液态金属中的夹杂物。传统的检测方法虽然具有成本低、对检验设备要求不高、分析准确等优点，但有一个共同的缺点是需要对被检钢材进行切样检验，检测滞后于生产，无法将检测信息及时地反馈于生产现场。检测出的成分或组成不合格的钢材只能作为劣质品或废品处理，造成不可避免的经济损失。在线检测液态金属洁净度，可以克服以上弊端，为改进钢的冶炼工艺、提高钢的质量提供重要的依据。

在金属冶炼过程中，对液态或凝固过程中的金属施加超声波作用可以达到对金属液进行脱气、去除夹杂物、提高反应速度、促进凝固组织细化等明显的冶金效果。但是，超声波在冶金生产的高温环境中实际应用还存在一定的困难，如何将超声波导入金属熔体成为急需解决的重点问题。若将超声波探头直接插入金属液中，会使探头受热熔化损坏而引起金属污染；而将超声波作用于液面上部时，由于超声波在空气和金属交界面上的反射会造成利用效率低。近年来，利用高频磁场和静磁场的叠加、高频交流电和静磁场的叠加、交变磁场的单独作用，在金属液内直接产生电磁超声波。研究表明，通过对金属液局部施加高频电磁力的作用，在金属液全场范围内生成电磁超声波是可能并可行的，这为超声波在冶金行业的应用提供了可能。在以往研究的基础上，有研究提出了利用电磁超声波对液态金属洁净度进行在线检测的新思路，利用水模型模拟实验探索了利用超声波在线检测金属液中夹杂物的可行性，为电磁超声波的实际应用寻找理论依据。装置简图如图 2-34 所示。

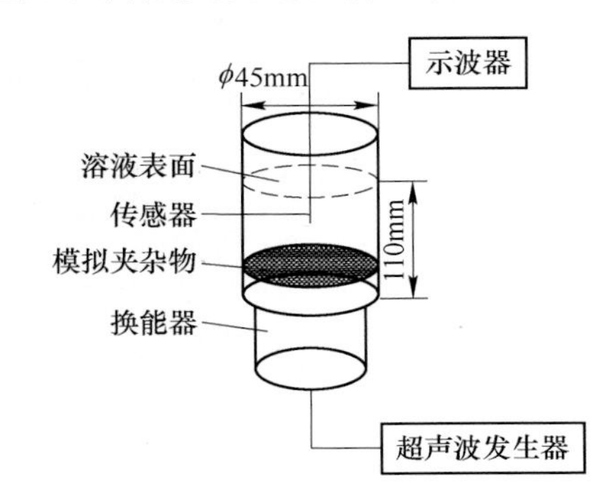

图 2-34　装置简图

对夹杂物粒径和浓度变化对超声波传播的影响进行考察，得到以下结论：（1）溶液中存在夹杂物时，超声波的强度都减小，波形也发生较大变化；当溶液中存在相同浓度、相同粒径的不同夹杂物时，超声波的衰减程度不同。（2）粒径相同的情况下，超声波的强度随着夹杂物浓度的增加呈非线性减小；浓度相同时，超声波声压随着夹杂物粒径的增大而减小，而且超声波对夹杂物浓度和粒径的变化反应灵敏。

因此，可以根据超声波压力和波形的变化得出金属液中夹杂物的种类、大小和数量，利用超声波检测液态金属中金属及非金属夹杂物是有可能的。但是，需要指出的是，在实际应用中，需要对液态金属和夹杂物的种类和特性进行深入分析和比较。该研究为将来利用电磁超声波在线检测液态金属洁净度的研究提供了重要依据[94]。

2.1.4.2　液态金属洁净度分析仪（LIMCA）[93,95,96]

这种在线的传感器采用了 Coulter 计数器的原理来直接测定液态金属内的夹杂物。这种方法一般用于铝等金属。液态金属洁净度分析仪（LIMCA）技术是基于非金属夹杂物比熔化钢水的电导率大的原理实现的。它可以在夹杂物通过一窄口进入试样管时对其特性进行测定[97]。

LIMCA 最大的结构特点在于其内部均为模块设计，如图 2-35 所示。这就使其内部各结构之间既相互关联又各自独立。这种结构给设备维护和检修带来极大的方便，可使操作者通过设备显示状态及时发现并解决问题。

LIMCA 系统的传感器系统基于电子感知空间（ESZ）方法，如图 2-36 所示。传感器是由一个底部带小孔的电子绝缘玻璃管构成，浸入到铝熔体来进行分析。电极定位在玻璃管的里面和外面，并且嵌入在液态铝中。检测时给设备通一恒定电流，铝熔体中的渣通过小孔时可短暂增加电路电阻。事实上，当一个渣进入到小孔中时，它置换出的导电流体导致暂时的电阻增加。电阻增加产生一个电压脉冲。电压脉冲的数量是显示渣含量多少的一个参数；电压脉冲的大小是显示渣大小的一个参数。因此，通过电脑示波器中电压的显示即可得知渣的大小与数量[98]。

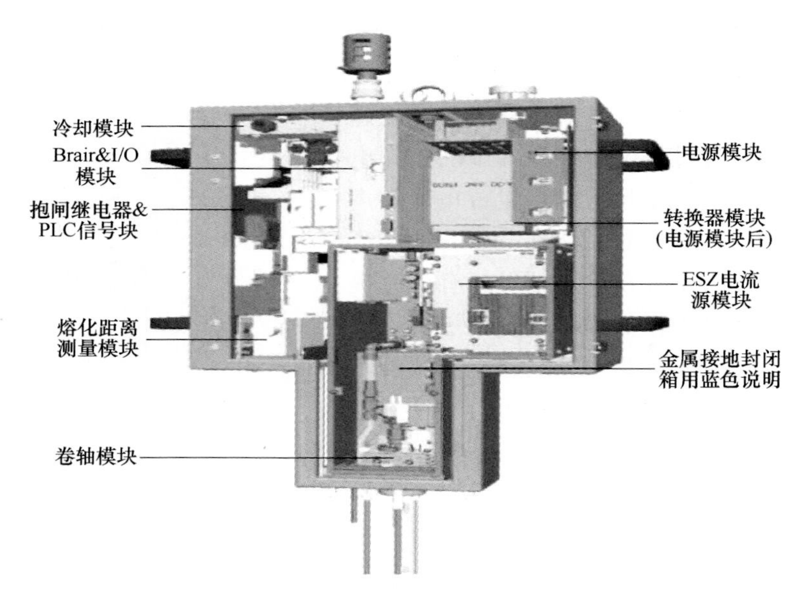

图 2-35　分析器内部主要模块

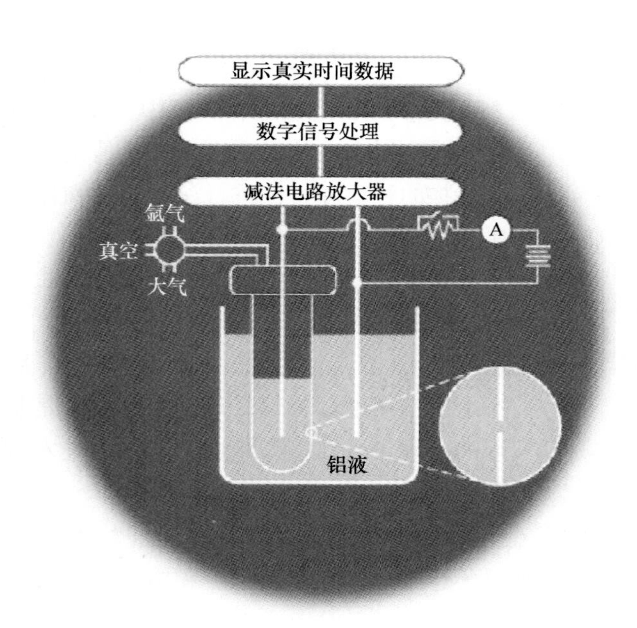

图 2-36　LIMCA 工作原理

2.1.4.3　高温共聚焦扫描显微镜[99-101]

这种原位分析方法能够观察夹杂物单体在钢水表面的运动行为，包括它们的形核、碰撞、聚集和在界面力作用下的推进。图 2-37 显示了用这种方法探测到的 Al_2O_3 夹杂物形成点簇状的过程[97]。VL2000DX-SVF17SP 高温激光共聚焦扫描显微镜（见图 2-38）是由日本 Lasertec 公司生产的用于原位动态观察研究材料加热和冷却过程行为的高温成像系统。

该系统主要由紫光显微镜、红外金相加热炉观测系统 SVF17SP、可编程温度控制器 SVF-PRC、光学显微镜 SVF-IM3、气流系统、冷却系统、微机系统等部分组成。金相加热炉采用 1.5kW 卤素光源红外射线辐射加热，经椭圆球形反射集光室形成直径 10mm、高度 10mm 的圆柱形超高温加热空间，最高加热温度为 1700℃。

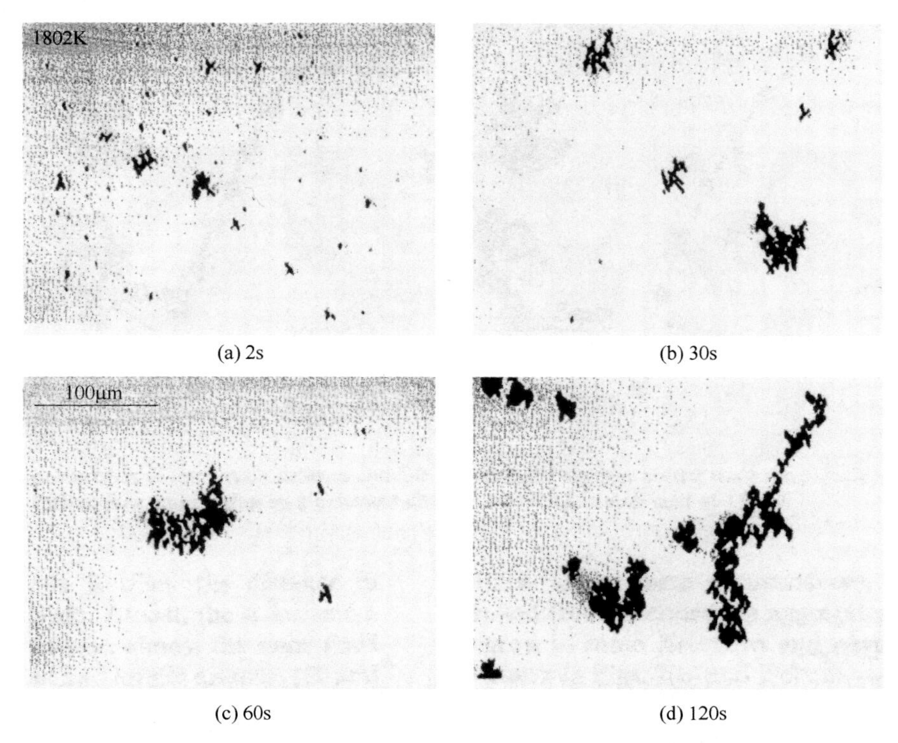

(a) 2s　(b) 30s　(c) 60s　(d) 120s

图 2-37　共焦扫描激光显微镜观察到的钢水表面 Al_2O_3 夹杂物形成点簇状的过程[92]

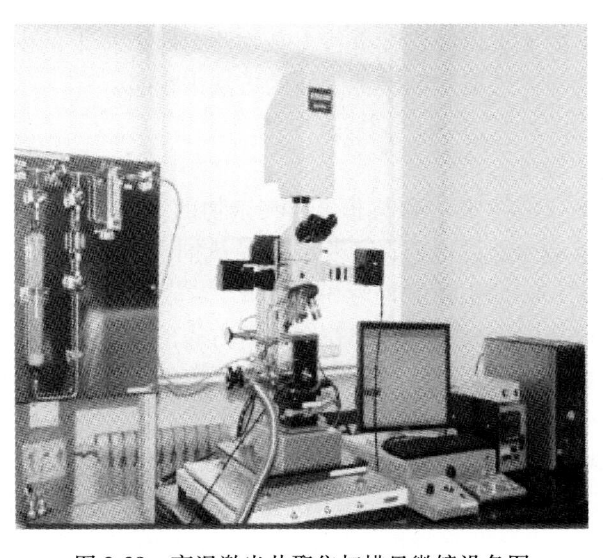

图 2-38　高温激光共聚焦扫描显微镜设备图

图 2-39 为 MnS 形成过程的动态原位观察结果。当温度降低至 1414℃时，观察到的凝固组织如图 2-39（a）所示。图 2-39（a）所示光亮圈为固相奥氏体，间隙为尚未凝固的钢液。此时，可以看到枝晶间有少量吸附的树枝状复合 MnS。图 2-39（b）为 1390℃原位观察视场中的凝固情况，此时白亮的枝晶间隙处可以观察到第二相生成，其放大后的典型形貌如图 2-39（c）所示。第二相呈不规则长条状沿间隙分布，尺寸较大。为了确定第二相的类型，实验结束后将凝固试样用扫描电镜和能谱观察，可知第二相主要为 MnS 夹杂物。由 MnS 的形貌和分布特征可知，属于第二类 MnS[102]。

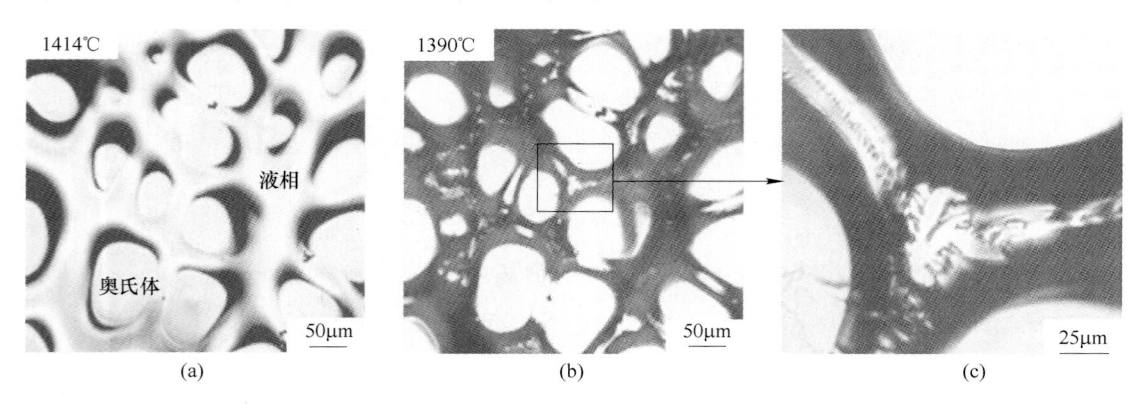

图 2-39　MnS 形成过程的动态原位观察

2.1.4.4　电磁可视化成像（EV）[103]

这种基于洛仑兹力的探测系统可以使夹杂物加速向金属熔融试样以及高导电性不透明液体的上表面运动。该技术优于其他在线方法。

2.2　检测和评价夹杂物的间接方法

由于成本、时间上的要求以及直接进行夹杂物测定时取样上的困难，在钢铁工业，钢的洁净度一般用总氧含量、吸氮量和其他间接的方法来衡量。

2.2.1　总氧测定[104-106]

钢中总氧是自由氧（溶解氧）和与非金属夹杂物的结合氧之和。自由氧或称“活性”氧用定氧探头可以很容易地测量得到，主要受与脱氧剂（如铝）之间的热力学平衡控制。因为自由氧变化不大（1600℃铝镇静钢为 3～5ppm[107,108]），所以总氧就可以用来间接衡量钢中氧化物夹杂总数量。由于大型夹杂物在钢中所占比例不大，这样，总氧含量可以真实地反映出小尺寸氧化物夹杂的含量水平。钢水试样测定的总氧含量与产品中条形缺陷发生率大体相关，如图 2-40 所示[106]。特别的，中间包试样通常用来表明洁净度，作为铸坯处理的依据。例如，川崎钢厂要求中间包钢样总氧含量小于 30ppm 时冷轧钢板就可以直接发货而无需特别检测[105]。表 2-2 列出了一些钢厂在每一个工艺阶段低碳铝镇静钢中的总氧水平，表 2-2 中空格表示无法获得数据。从表 2-2 可以得出以下结论：随着新技术的采用，低碳铝镇静钢中总氧含量逐年减少。如 Nippon 钢厂的总氧含量从 20 世纪 70 年代的 40～

50ppm[109]降到 90 年代的 20ppm[110]；使用 RH 装置的钢厂总氧含量（10~30ppm）低于使用钢包气体搅拌的钢厂的总氧含量（35~45ppm）；在每个工艺阶段之后通常总氧含量下降：钢包 40ppm、中间包 25ppm、结晶器 20ppm、铸坯 15ppm。

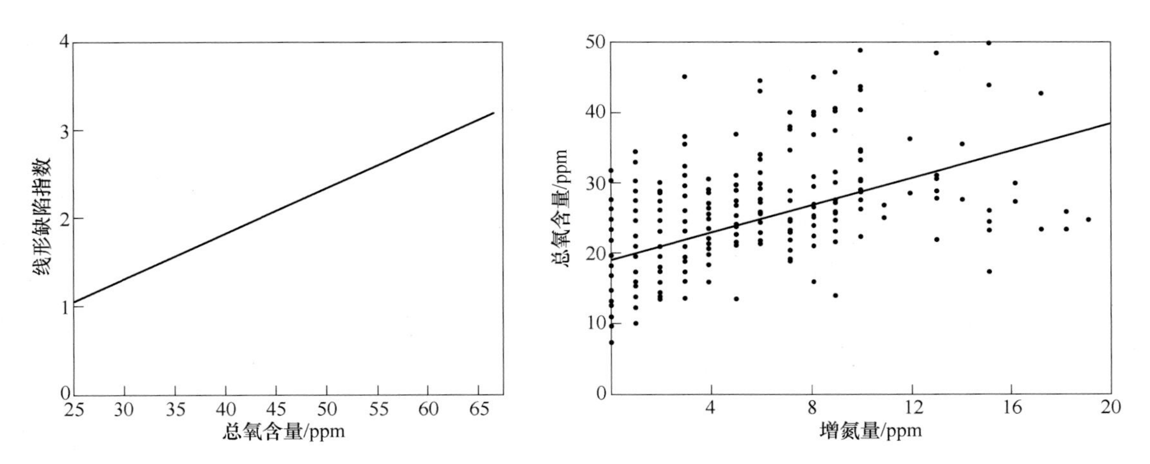

图 2-40　中间包 T. O. 和成品线形缺陷指数之间的关系以及吸氮量和总氧之间的关系

表 2-2　低碳铝镇静钢（超洁净钢）各工艺阶段总氧含量　　　　（ppm）

钢　厂	精炼	钢包	中间包	结晶器	板坯	年份	参考文献
美　洲							
Inland No. 4 BOF shop	LMF	30	24	21	15	1990	[111]
	RH-OB	60~80	8~30			2003	[112]
Armco Steel，Middletown Works		60~105	15~40 平均 25		16. 9~23. 8	1991	[105]
Armco Steel，Ashland Works			16. 3			1993	[113]
US Steel，Lorain Works					12~17	1991	[114]
National Steel，Great Lake					<31~36	1991	[105]
				20~40		1994	[115]
			25~50 平均 40			1995	[116]
北美一些钢厂		20~35		20~30	10~15	1991	[117]
Timken Steel，Harrison Plant				20~30		1991	[57]
Usiminas，巴西					20（13①）	1993	[104]
Dofasco，加拿大			19		13	1994	[118，119]
LTV Steel，Cleveland Works			21~27			1995	[120]
Sammi Atlas Inc.，Atlas Stainless Steels	气体搅拌	36~45	30~38			1995	[106]
Lukens Steel			16~20			1995	[121]
Weirton Steelmaking Shop			23±10	22±12		1995	[122]

续表 2-2

钢　　厂	精炼	钢包	中间包	结晶器	板坯	年份	参考文献
欧　　洲							
Cokerill Sambre/CRM					<30（20①）	1991	[105]
CRM，比利时			20~35			1990	[123]
Mannesmannröhren-Werke，Hüttenwerk Huckingen					<20	1991	[105]
芬兰某钢厂		48±12	32	38	17	1993	[124]
Hüttenwerke Krupp Mannesmann					10~20	1998	[125]
Dillinger，德国			10~15	11		1993	[126]
					≤15	1994	[127]
	真空脱气	10~15				2000	[128]
Hoogovens Ijmuiden，Netherlands			15~32			1994	[129]
British Steel，Ravenscraig Works	DH				15.4	1985	[130]
	深喷粉				11	1985	[130]
British Steel					<10	1994	[131]
Linz，奥地利					16	1994	[132]
Voest-Alpine Stahl Linz GmbH	RH	27±4		21±2		1998	[133]
	RH	25~30			25	2003	[134]
Sollac Dunkirk，法国	RH		20~50			1997	[135]
Sidmar，比利时		37				2000	[136]
	吹 Ar 搅拌	40~50					[137]
	吹 Ar 搅拌（LCSK 钢）	40~60					[137]
亚　　洲							
Kawasaki Steel，Chiba Works	RH	40			20	1989	[138]
Kawasaki Steel，Mizushima Works	LF+RH	30			26	1986	[139]
			34.7			1989	[140]
				<30		1991	[105]
	KTB	<25~40			<55	1996	[141]
NKK，Traditional RH	RH	17				1993	[142]
NKK，PERM for RH	RH + PERM	7				1993	[142]
NKK，Traditional VOD	VOD	33.8				1993	[142]
NKK，PERM for VOD	VOD + PERM	25.1				1993	[142]
NKK，Keihin，#1					<20	1991	[105]
NKK，Keihin，#5					<28	1991	[105]
Nippon Steel，Nagoya Works	RH	10~30				1989	[143]
Nippon Steel，Yawata Works	吹 Ar 搅拌	82	45		44	1974	[109]

续表 2-2

钢　　厂	精炼	钢包	中间包	结晶器	板坯	年份	参考文献
Nippon Steel，Yawata Works					26	1989	[110]
POSCO	RH	25~31				1993	[144]
					<27	1991	[105]
					<10①	1991	[105]
中国台湾	RH	<30			12	1994	[145]
宝钢	CAS-OB	172.5	93		48.8	1992	[20]
	RH	72			30	1994	[20]
	RH	70	57	21~51	13.8~17.5	1995	[20]
	CAS	72~100	38~53		14~17	1999	[146]
	RH		23		10	1999	[147]
武钢一炼钢厂	LF-VD	≤15				1999	[148]
武钢二炼钢厂	RH	71~73			37~39	1995	[149]
	RH				30~50	1999	[150]
	RH-KTB	42~75				1999	[151]
	RH（压力容器钢）	28~34	24~26		12~19	2000	[152]
武钢三炼钢厂	RH	35~41	26~37		12~22	1999	[148]
攀钢	RH-MFB	20~24				2000	[153]
	吹 Ar 搅拌				15.2	2000	[154]
马钢	ASEA-SKF	18~24				2000	[155，156]

① 超纯净钢。

2.2.2 吸氮量衡量

钢水在各个炼钢容器中的氮含量的差异是钢水在运输传递过程中是否吸入空气的一个指标。因此，吸氮量可作为总氧含量、钢的洁净度和来源于二次氧化夹杂物质量问题的一个粗略的间接衡量方法。例如，Weirton 钢厂在洁净钢生产时，将钢水从钢包到中间包的吸氮量限制在临界值 10ppm 以下[122,157]。由于在钢水与空气界面上，氧气吸附动力学要快得多，因此吸氧量总是比吸氮量大数倍[158]。此外，在低氧含量和硫含量时氮气吸附较快[114,126]，所以为减少吸氮量，最好是在出钢以后进行脱氧。钢厂现场测量证实，在出钢过程中脱氧，吸氮量为 10~20ppm，而在出钢后脱氧，吸氮量减少到 5ppm [159]。

表 2-3 总结了几家钢厂在生产低碳铝镇静钢时各个工艺阶段的最小吸氮量[20,111,113,118,126,130,147-149,157,158,160-164]。因为取样问题而可能使氮含量变得较高，所以没有在中间包和结晶器内进行测量。从表 2-3 可以得到以下结论：(1) 绝大多数钢厂生产低碳铝镇静钢时的氮含量在 30~40ppm，主要受冶炼转炉和电炉操作控制，但精炼和保护操作也有影响。(2) 由于新技术的采用和操作上的改善，吸氮量逐年降低。例如，在 Sollac Dunkirk 钢厂中间包到结晶器的吸氮量从 1988 年的 9ppm 减少到 1992 年的 1ppm。(3) 总体来说，从钢包到结晶器吸氮量能够控制在 1~3ppm。为减少空气吸入，采取最佳的传递操作方式，在稳定浇铸状态下吸氮量能够降至 1ppm 以下。

表 2-3　各钢厂吸氮量　(ppm)

钢　厂	钢包→中间包	中间包→结晶器	钢包→结晶器	年份	参考文献
Bethlehem Steel Corp.			~10	1986	[165]
			<0.7	1989	
Dofasco	<1	0.3		1992	[118]
		0.52		1995	[160]
Weirton Steel			4~10	<1993	[157]
			<5	1993	[157]
Armco, Ashland Works		2		1993	[113]
Inland Steel, No. 4 BOF Shop	3			1990	[111]
	1~2			2003	[112]
US Steel, Fairfield Works	4			1995	[161]
	7.5			>1995	[161]
IMEXSA Steel, 墨西哥			5	1996	[163]
Sollac Dunkirk, 法国		9		1988	[162]
		1		1992	[162]
	3			<1995	[162]
	0.5~1.3			1995	[162]
Dillinger Steel, 德国			5	1993	[126]
British Steel, Ravenscraig Works, 英国	3	1.8		1985	[130]
CST (Companhia Siderurgica de Tubarao), 巴西			0.9~1.3		[166]
Nippon Steel, Nagoya Works, 日本	0~2			2000	[158]
宝钢			1~5	1995	[20]
			1.5	1999	[147]
武钢二炼钢厂			3.8~9.3	1995	[149]
	2~4	4.2~5.5		1999	[164]
武钢三炼钢厂			0~5	1999	[148]

2.2.3　溶解铝等活泼元素成分的浓度变化

对于低碳铝镇静钢，溶解铝减少也可以说明存在二次氧化。然而因为溶解铝也能被渣再次氧化，所以这个指标没有吸氮量衡量准确。硅、锰的增加也能用来评价二次氧化过程。

2.2.4　耐火材料内衬观察[167-173]

分析操作前后耐火材料内衬成分的变化能够用来估计夹杂物吸附于内衬以及内衬侵蚀情况。同样，通过比较渣中物质及元素含量和夹杂物成分，能够将复合氧化物夹杂的起源与耐火材料内衬侵蚀联系起来[20]。

2.2.5 渣成分测量

首先，分析操作前后渣成分变化，用来估计渣吸附夹杂物的情况。其次，比较通过渣中物质及元素含量和夹杂物的成分，能够将复合氧化物夹杂的来源与卷渣联系起来[20]。然而由于取样上的困难，以及必须考虑热力学平衡上的变化，上述方法较为困难。

2.2.6 判定外来夹杂物来自渣和内衬侵蚀的示踪剂研究[59,173-182]

氧化物示踪剂可以添加到钢包、中间包、结晶器、模铸中注管、顶盖的内衬和渣中。钢中典型夹杂物可用 SEM 和其他方法来分析。如果在这些夹杂物中发现了氧化物示踪剂，就可确定这些夹杂物的来源。表 2-4 总结了几种示踪剂研究结果。

表 2-4 实施添加氧化物示踪剂判断外来夹杂物来源

研究者	内 容	年份	文献
Mori, et al	氧化物 La_2O_3 加入炼钢炉渣	1965	[183]
Middleton, et al	氧化物 CeO_2 加入型砂；炉渣加入 Ba；钢包耐火材料加 Zr 和 Ba；水口加 Ba	1967	[174]
Ichinoe, et al	La 加入铝，铝添加入结晶器	1970	[59]
Benko, et al	渣和内衬中加入 Ba 探测外来氧化物夹杂的来源	1972	[175]
Zeder, et al	钢包加 La；钢包塞棒加 Yb；中注管砖加 Sm，星型砖加 Eu，浇道砖加 Ho	1980	[176]
Komai, et al	低碳铝镇静钢连铸中间包覆盖渣加 SrO	1981	[177]
Cramb, et al	钢包渣加 BaO；中间包渣加 CeO_2；研究连铸卷渣	1984	[184]
Byrne, et al	钢包渣加 BaO；中间包渣加 CeO_2；结晶器保护渣加 SrO_2	1985	[178]
	钢包长水口套管和中间包渣加 CeO_2	1988	[173]
Burty, et al	RH-OB 加铝脱氧后钢水中加入 La，然后搅拌 5min，研究二次氧化、水口堵塞和夹杂物上浮进入顶渣情况	1994	[179]
Zhang, et al	钢包渣加 $BaCO_3$，中间包渣加 $SrCO_3$，结晶器保护渣加 La_2O_3，用于研究 LCAK 连铸生产	1995	[180]
Zhang, et al	结晶器保护渣加 La_2O_3，分析 28 个渣夹杂物中有 17 个含结晶器保护渣成分	1996	[181]
Rocabois, et al	精炼加铝镇静后钢水中加 La，研究条形缺陷（slivers）的起源	2003	[182]

2.2.7 浸入式水口堵塞

由于堵塞造成的浸入式水口（SEN）寿命缩短表明钢水洁净度很差。生产低碳铝镇静钢时典型的堵塞物成分为：51.7% Al_2O_3，44% Fe，2.3% MnO，1.4% SiO_2，0.6% CaO。可以看出水口堵塞常常是由于小 Al_2O_3 夹杂物和凝固钢水同时聚集造成的[136]。因此，SEN 堵塞发生次数是另一个可以评价钢水洁净度的粗略的方法。Kemeny [185] 和 Thomas [186] 曾经论述过 SEN 堵塞原因和防止方法。

2.3 钢产品性能评价

2.3.1 成品测试

洁净度的最终测定是采用破坏性的机械测试来测量钢板成品的变形性能、深冲性能或弯曲性能，或者是测试样本或样品的疲劳寿命。钢板的另外一些测试还包括氢致裂纹测试和磁检验。一个例子是在超声波疲劳测试中的夹杂物检测法[187]。需要用这些测试来证实一些事实，例如极小夹杂物（<1μm）的潜在益处，并不影响洁净度。

前面的讨论表明评价钢的洁净度没有一个简单划一的方法，一些方法用于质量监测较好，而另一些方法更适用于问题研究。因此，针对一定的生产操作，需要结合几种方法来对钢的洁净度做一个准确的评价。例如，Nippon 钢厂对小夹杂物采用测定总氧和电子束熔化方法评价，而采用 Slime 大样电解法和 EB-EV 法检测大型夹杂物[29]。Usinor 钢厂对小夹杂物采用总氧测定加上 FTD、OES-PDA、IA 和 SEM 方法，对大型夹杂物采用电解和 MIDAS 法[29]。宝钢对小夹杂物采用总氧测定、MMO、XPS 和 SEM，对大型夹杂物采用 Slime 电解和 SEM，根据吸氮量判断二次氧化，分析渣成分用来研究吸收夹杂物和卷渣[20]。

因为外来夹杂物可能产生于几种来源的共同作用，所以防止产生外来夹杂物的方法就不可能是单一的。只有把所有这些来源以及去除机理正确结合起来，才能减少钢中大型非金属夹杂物的存在。为检测钢中外来夹杂物，下列方法较为合适：超声波扫描、显微镜观察、硫印、Slime（电解）、X 射线、SEM、渣成分分析、耐火材料观察。

2.3.2　产品性能评价

夹杂物对钢性能的影响不容小视。过去大量的实验证明，夹杂物的存在对钢的性能有着致命的危害。下面简单介绍夹杂物对以下一些性能的影响。

2.3.2.1　韧性

据研究表明，对钢韧性有明显影响的非金属夹杂物主要为硫化物夹杂。由于硫化物为质软夹杂，在热加工过程中极易变形，其在钢材中主要以细长的链状形态存在。这样的形态对钢的横向性能有着很大的影响，尤其是当大量链状硫化物存在时，对钢的横向性能有着致命的危害。图 2-41 为以硫化物夹杂作为裂纹源所引发的中厚钢板冷弯开裂机理。

钢板中存在着形貌为细长链状，且含量较多的硫化物（图 2-41(a)）。冷弯时在变形量最大的部位产生以硫化物夹杂为核心的应力集中，应力集中使得基体与硫化物夹杂的界面出现分离，应力集中区域形成微小的孔隙（图 2-41(b)）。在冷弯变形量进一步加大时，这些微小的孔隙将不断长大，细小的孔隙合并形成显微裂纹（图 2-41(c)）。当钢板继续弯曲时，这些显微裂纹逐步扩展并形成了微裂纹，微裂纹扩展合并成了裂纹甚至是裂缝（图 2-41(d)），钢板最终发生了冷弯开裂。

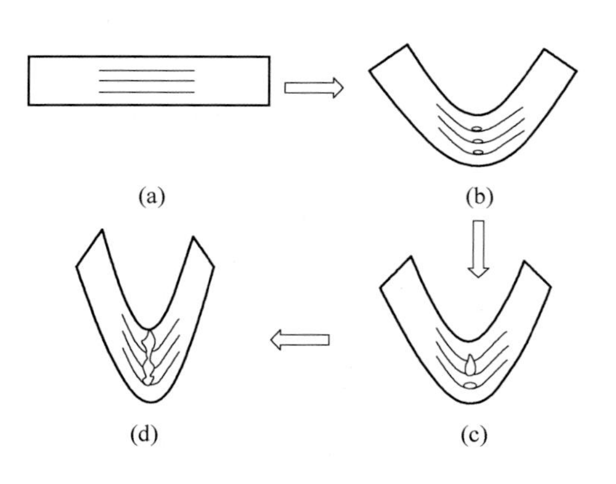

图 2-41　硫化物夹杂引发的断裂机理示意图

2.3.2.2 强度

据研究表明，当钢中的夹杂物使延伸率降低到某一临界值时，将会导致拉伸试样在颈缩之前发生断裂，这使得钢的抗拉强度也会降低。另外，硬质夹杂物对钢的屈服强度的影响与其尺寸有较大的关系。当硬质夹杂物的尺寸小到某一数量级时，将会起到强化作用，提高钢的强度。

2.3.2.3 夹杂物和疲劳性能

钢中的夹杂物对其疲劳性能的影响主要取决于夹杂物的形状、尺寸、类型、分布、数量以及与钢基体的结合方式等。其中对基体疲劳性能影响较大的是那些与基体结合力较差、尺寸大的脆性夹杂物，如大尺寸的球状不变形的夹杂物。另外，钢的强度水平越高，夹杂物对疲劳极限的有害影响也越显著。

2.3.2.4 夹杂物变形率对疲劳的影响

夹杂物的形变率对疲劳性能有着很大的影响。如形变率很低的硬质氧化物或氮化物夹杂，它们极易成为疲劳源并导致钢的疲劳断裂。因为形变率很低的硬质夹杂物在钢基体中不能很好地传递应力，并且由于夹杂物的热膨胀系数与钢基体的不同，所以在夹杂物附近的钢基体中存在镶嵌应力。在该应力的作用下，疲劳裂纹将优先在夹杂物附近的基体中产生。而对于形变率较高的夹杂，如硫化物夹杂，由于其在钢的热加工过程中一直伴随着基体的变形而变形，在该类夹杂物与基体的界面上不易形成应力集中，因此在界面处不易形成空洞，故不易成为疲劳断裂时的裂纹源。

2.3.2.5 夹杂物数量和尺寸对疲劳的影响

夹杂物的数量与尺寸对钢疲劳性能也有很大的影响。有研究表明，相比夹杂物的含量，其尺寸对疲劳寿命的影响要更加明显。从图 2-42 中可以看出，随着夹杂物尺寸的增加，钢的疲劳强度明显下降；并且，钢的强度越高，其疲劳强度由于尺寸的增加而下降的趋势越明显。

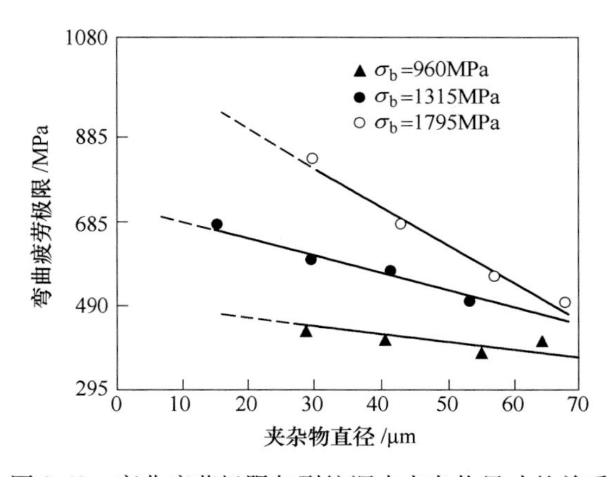

图 2-42 弯曲疲劳极限与裂纹源中夹杂物尺寸的关系

前人在研究中提出了“夹杂物的临界尺寸”概念。当夹杂物的尺寸小于该临界尺寸时，该夹杂物不易成为疲劳断裂的裂纹源；反之，当夹杂物的尺寸大于该临界值，那么该夹杂物极易成为疲劳断裂时的裂纹源。影响夹杂物临界尺寸的因素主要有夹杂物的成分、夹杂物的位置以及钢本身的硬度值。试样中不同位置处的夹杂物临界尺寸不同。越靠近试样表面夹杂物的临界尺寸越小。因此，表面的夹杂物比在次表面的夹杂物对钢的疲劳性能危害要大得多。研究表明，大多数的疲劳破坏起源于试样表面或次表面的夹杂物。

2.3.2.6　夹杂物形状及分布对疲劳的影响

带尖角的硬质夹杂物比球状的夹杂物在钢基体中所产生的应力集中要大得多，裂纹会优先在该类夹杂物的尖角处产生，而且此处产生的裂纹的扩展速度比球状夹杂物的也要快得多。有文献指出，对于尺寸相同的夹杂物，当其在构件的位置不同时，对疲劳性能的影响也显著不同。由夹杂物临界尺寸可以了解到，在不同位置处的临界夹杂物尺寸大小不同，其中表面处的临界夹杂物的尺寸最小。对于尺寸一定的夹杂物，当其在表面时可能大于临界尺寸，而在内部时则可能小于临界尺寸。由此可以看出，在表面可以成为引起疲劳断裂的裂纹源，在内部可能不从该夹杂物处起裂[188]。

2.4　本章小结

钢中夹杂物的精确控制需要合适的夹杂物表征和评价方法与之匹配。随着钢铁工业的发展，近些年夹杂物的表征和评价方法也有了新的进展。通过在试样检测体积、获得的夹杂物信息类别、分析的时间长短以及各自优缺点等方面对各种夹杂物表征和评价方法进行阐述，发现各种表征和评价方法都有自身的优势和局限性，没有哪一种单独的检测方法可以描绘出所有夹杂物的分布以及得到所需要的夹杂物信息。为了实现夹杂物的精准表征目标往往需要对各种表征和评价方法进行适当组合。各表征和评价方法的检测时间从几分钟到几天不等，分析的试样质量也从几毫克到几百克。钢中非金属夹杂物的统计分析越来越有必要并且受到重视，各生产和科研单位需根据自身的需求来选择合适的夹杂物表征和评价方法。

随着相关检测和表征技术的进步，钢中非金属夹杂物的表征和评价方法还会有进一步的发展。本书附录部分列出了使用若干方法检测和表征得到的不同钢种中的非金属夹杂物的形貌和成分。

参 考 文 献

[1] Zhang L F. Indirect methods of detecting and evaluating inclusions in steel-a review [J]. Journal of Iron and Steel Research, International, 2006, 13 (4): 1-8.

[2] 薛正良，李正邦，张家雯. 钢的纯净度的评价方法 [J]. 钢铁研究学报，2003 (1): 62-66.

[3] 程晓舫，胡宇. 钢中夹杂物分析方法探讨 [J]. 金属制品，2006, 32 (4): 52-54.

[4] Atkinson H V, Shi G. Characterization of inclusions in clean steels: A review including the statistics of extremes methods [J]. Progress in Materials Science, 2003, 48 (5): 457-520.

[5] Dawson S, Mountford N D G, Sommerville I D, et al. The evaluation of metal cleanliness in the steel industry part Ⅰ: Introduction [J]. Iron & Steelmaker, 1988, 15 (7): 42-43.

[6] Dawson S, Mountford N D G, Sommerville I D, et al. The evaluation of metal cleanliness in the steel industry part Ⅱ [J]. Iron & Steelmaker, 1988, 15 (8): 34-36.

[7] Dawson S, Mountford N D G, Sommerville I D, et al. The evaluation of metal cleanliness in the steel industry part Ⅲ [J]. Iron & Steelmaker, 1988, 15 (9): 56-57.

[8] Dawson S, Mountford N D G, Sommerville I D, et al. The evaluation of metal cleanliness in the steel industry part Ⅳ [J]. Iron & Steelmaker, 1988, 15 (10): 54-55.

[9] Dawson S, Mountford N D G, Sommerville I D, et al. The evaluation of metal cleanliness in the steel industry part Ⅴ [J]. Iron & Steelmaker, 1988, 15 (11): 63-64.

[10] Dawson S, Mountford N D G, Sommerville I D, et al. The evaluation of metal cleanliness in the steel industry part Ⅵ [J]. Iron & Steelmaker, 1988, 15 (12): 26-28.

[11] Dawson S, Mountford N D G, Sommerville I D, et al. The evaluation of metal cleanliness in the steel industry part Ⅶ [J]. Iron & Steelmaker, 1989, 16 (1): 44-45.

[12] Dawson S, Mountford N D G, Sommerville I D, et al. The evaluation of metal cleanliness in the steel industry part Ⅷ [J]. Iron & Steelmaker, 1989, 16 (2): 36-37.

[13] Zhang L, Thomas B G. State of the art in evaluation and control of steel cleanliness [J]. ISIJ Inter., 2003, 43 (3): 271-291.

[14] Allmand T R. A review of methods for assessing nonmetallic inclusions in steel [J]. JISI, 1958, 190: 359-372.

[15] Kiessling R. Clean steel-a debatable concept [J]. Met. Sci., 1980, 15 (5): 161-172.

[16] 杨桂荣，王祖宽．钢中非金属夹杂物的金相鉴定 [J]. 河北理工学院学报，1999，21 (2): 22-26.

[17] Angeli J, Flobholzer H, Jandl K, et al. Qualitative and quantitative examinations of microscopic steel cleanliness in slab samples [J]. La Revue de Metallurgie-CIT, 1999, 96 (4): 521-527.

[18] Lunner S E. Origin and types of slag inclusions in non-stabilized austenitic acid-resistant steel [C]. International Conference on Production and Application of Clean Steels, The Iron and Steel Institute, London, Balatonfured, Hungary, 1970: 124-136.

[19] 赵咏秋，刘国权，栾燕．应用自动图像分析测定钢和其他金属中金相组织，夹杂物含量和级别的标准试验方法 [C]. 第十二届中国体视学与图像分析学术会议论文集，2008.

[20] Zhang L, Cai K. Project report: Cleanliness investigation of low carbon Al-killed steel in Baosteel [R]. BaoSteel, Shanghai, 1997.

[21] Hansen T, Jonsson P. Some ideas of determining the macro inclusion characteristic during steelmaking [C]. 2001 Electric Furnace Conference Proceedings. ISS, Warrendale, PA, 2001, 59: 71-81.

[22] Rastogi R, Cramb A W. Inclusion formation and agglomeration in aluminum-killed steels [C]. 2001 Steelmaking Conference Proceedings, ISS, Warrendale, Baltimore, Maryland, USA, 2001: 789-829.

[23] Rastogi R, Cramb A W. Inclusion formation and agglomeration in aluminum-killed steels [R]. 2003.

[24] Matsuta H, Sato T, Oku M. Chemical stete analysis of inclusions in IF steel by EPMA and Auger eletron spectroscopy [J]. ISIJ Int., 1996, 36 (Supplement): S125-127.

[25] 杨晓江，徐志荣，王新华．低碳铝镇静钢洁净度及非金属夹杂物的研究 [J]. 钢铁研究，2008 (2): 14-18.

[26] Goransson M, Reinholdsson F, Willman K. Evaluation of liquid steel samples for the determination of microinclusion characteristics by spark-induced optical emission spectroscopy [J]. Iron & Steelmaker, 1999, 26 (5): 53-58.

[27] Ruby-Meyer F, Willay G. Rapid identification of inclusions in steel by OES-PDA technique [J]. Revue de Metallurgie-CIT, 1997, 94 (3): 367-378.

[28] Meilland R, Hocquaux H, Louis C, et al. Rapid characterization of heterogeneities (inclusions and segregation) by spectral techniques [J]. La Revue de Metallurgie-CIT, 1999, 96 (1): 88-97.

[29] Burty M, Louis C, Dunand P, et al. Methodology of steel cleanliness assessment [J]. La Revue de Metallurgie-CIT, 2000, 97 (6): 775-782.

[30] Saitoh T, Kikuchi T, Furuya K. Application of laser microprobe mass spectrometry (LAMMS) to a state analysis of non-metallic inclusions and precipitates in a Ti-added ultra low carbon steel [J]. ISIJ Int., 1996, 36 (Supplement): S121-124.

[31] 王林根．激光微探针发射光谱分析 [J]. 化学世界，1986 (4): 20.

[32] 郭华聪．激光微探针—激光激发离子质量分析器 [J]. 物理，1987 (11): 11.

[33] 叶小燕，姚文清，朱永法，等．X 射线光电子能谱扩展新方法的研究 [J]. 实验技术与管理，2003, 17 (6): 17-20.

[34] 王迅．X 射线光电子能谱仪研究与应用 [J]. 国际学术动态，1996 (3): 30.

[35] 张录，平李晖，刘亚平．俄歇电子能谱仪在材料分析中的应用 [J]. 分析仪器，2009 (4): 14-17.

[36] Yin H, Tsai H T. Application of cathodoluminescence microscopy (CLM) in steel research [C]. ISTech2003 Conference Proceedings, ISS, Warrandale, PA, 2003: 217-226.

[37] 杨煜升，牛吉山．电子显微镜中影响阴极电子束流的因素分析 [J]. 山西农业大学学报：自然科学版，1996, 16 (3): 287-289.

[38] Imashuku S, Ono K, Shishido R, et al. Cathodoluminescence analysis for rapid identification of alumina and $MgAl_2O_4$ spinel inclusions in steels [J]. Materials Characterization, 2017, 131: 210-216.

[39] Imashuku S, Ono K, Wagatsuma K. Rapid phase mapping in heat-treated powder mixture of alumina and magnesia utilizing cathodoluminescence: Rapid phase mapping in heat-treated Al_2O_3 and MgO powder utilizing Cl [J]. X-Ray Spectrometry, 2017, 46: 131-135.

[40] Imashuku S, Wagatsuma K. Rapid identification of calcium aluminate inclusions in steels using cathodoluminescence analysis [J]. Metallurgical & Materials Transactions B, 2018, 49 (5): 2868-2874.

[41] Toh T, Yamamura H, Kondoh H, et al. Inclusions behavior analysis during levitation melting of steel in cold crucible for application to cleanliness assessment [J]. ISIJ International, 2005, 45 (7): 984-990.

[42] Kaushik P, Pielet H, Yin H. Inclusion characterisation-tool for measurement of steel cleanliness and process control: Part 1 [J]. Ironmaking & Steelmaking, 2009, 36 (8): 572-582.

[43] Kaushik P, Pielet H, Yin H. Inclusion characterisation-tool for measurement of steel cleanliness and process control: Part 2 [J]. Ironmaking & Steelmaking, 2009, 36 (8): 572-582.

[44] Yin H. Inclusion characterization and thermodynamics for high-Al advanced high strength steels [C]. AISTech 2005, Charlotte, North Carolina, USA, 2005: 89-97.

[45] 王海舟．原位统计分布分析—材料研究及质量判据的新技术 [J]. 中国科学：B 辑，2002, 32 (6): 481-484.

[46] 杨志军，王海舟．用原位分析方法研究连铸板坯的偏析和夹杂 [J]. 钢铁，2003, 38 (3): 61-63.

[47] Zhang Q, Wang L, Wang X. Influence of casting speed variation during unsteady continuous casting on non-metallic inclusions in IF steel slabs [J]. ISIJ Inter., 2006, 46 (10): 1421-1426.

[48] Batia N K, Chaskelis H H. Determination of minimum flaw size detectable by ultrasonics in titanium alloy plates [J]. NDT International, 1985, 18 (5): 261-264.

[49] Bastien P. The possibilities and limitations of ultrasonics in the nondestructive testing of steel [J]. NDT International, 1977, 10 (6): 297-305.

[50] Eckel J A, Glaws P C, Wolfe J O, et al. Clean engineering steels-process at the end of the twentieth century [C]. Mahaney, Ed. Advances in the Production and Use of Steel with Improved Internal Cleanliness, Ameican Society for Testing and Materials (ASTM), West Conshohocken, USA, 1999: 1-11.

[51] Lund T B, Olund L K P. Improving production, control and properties of bearing steels intended for demanding applications [C]. Mahaney, Ed. Advances in the Production and Use of Steel with Improved Internal Cleanliness, Ameican Society for Testing and Materials (ASTM), West Conshohocken, USA, 1999: 32-48.

[52] Ploegaert H, van der Stel J. Small inhomogeneities in flat steel products: To be seen or not to be seen? [J]. Revue de Metallurgie, Cahiers d'Informations Techniques (France), 1996, 93 (1): 111-118.

[53] Auclair G, Meilland R, Meyer F. Methods for assessment of cleanliness in superclean steels. Application to bearing steels [J]. Revue de Metallurgie, Cahiers d'Informations Techniques (France), 1996, 93 (1): 119-130.

[54] Debiesme B, Poissonnet I, Choquet P, et al. Steel cleanliness at Sollac Dunkerque [J]. Revue de Metallurgie-CIT, 1993, 90 (3): 387-394.

[55] Sjokvist T, Goransson M, Jonsson P, et al. Influence of ferromanganese additions on microalloyed engineering steel [J]. Ironmaking and Steelmaking, 2003, 30 (1): 73-80.

[56] Eriksson R. Heat transfer, inclusion characteristics and fluid flow phenomena during up-hill teeming [D]. Royal University of Technology, 2001.

[57] Glaws P C, Fryan R V, Keener D M. The influence of electromagnetic stirring on inclusion distribution as measured by ultrasonic inspection [C]. 74th Steelmaking Conference Proceedings, ISS, Warrendale, PA, 1991: 247-264.

[58] Betteridge W, Sharpe R S. The study of segregations and inclusions in steel by microradiagraphy [J]. JISI, 1948, 158: 185-191.

[59] Ichinoe M, Mori H, Kajioka H, et al. Production of clean steel at Yawata works [C]. International Conference on Production and Application of Clean Steels, The Iron and Steel Institute, London, Balatonfured, Hungary, 1970: 137-166.

[60] Strauss S D. Nondestructive examination [J]. Power, 1983 (June): S1-S16.

[61] Sussman R C, Burns M, Huang X, et al. Inclusion particle behavior in a continuous slab casting mold [C]. 10th Process Technology Conference Proc., Iron and Steel Society, Warrendale, PA, Toronto, Canada, 1992: 291-304.

[62] 张立峰，李树森，王建伟，等．酸蚀法观察钢中夹杂物的三维形貌 [J]. 钢铁，2009，44 (3): 75-80.

[63] Rooney T E, Stapleton A G. The iodine method for the determination of oxides in steel [J]. JISI, 1935, 31: 249-254.

[64] Braun T B, Elliott J F, Flemings M C. The clustering of alumina inclusions [J]. Metal. Trans. B, 1979, 10B (6): 171-184.

[65] Fernandes M, Cheung N, Garcia A. Investigation of nonmetallic inclusions in continuously cast carbon steel by dissolution of the ferritic matrix [J]. Materials characterization, 2002, 48 (4): 255-261.

[66] Doo W, Kim D, Kang S, et al. Measurement of the 2-dimensional fractal dimensions of alumina clusters formed in an ultra low carbon steel melt during RH process [J]. ISIJ Inter., 2007, 47 (7): 1070-1072.

[67] Wasai K, Mukai K, Miyanaga A. Observation of inclusion in aluminum deoxidized iron [J]. ISIJ Inter., 2002, 42 (5): 459-466.

[68] 孙辰龄．钢中大型夹杂物的提取与分离 [J]. 北京科技大学学报，1994，16 (4): 392-395.

[69] Fang K, Ni R. Research on determination of the rare-earth content in metal phases of steel [J]. Metallurgical Transactions A, 1986, 17 (2): 315-323.

[70] 方克明，熊仲明，张鑫．钢中夹杂物研究方法的探索 [C]. 冶金物理化学论文集，北京：冶金工业出版社，1997：18.

[71] 尚德礼，王国承，吕春风，等．非水溶液电解法分析钢中夹杂物的实验研究 [J]. 冶金丛刊，2007，172 (16)：7.

[72] Nuri Y, Umezawa K. Development of separation and evaluation technique of non-metallic inclusions in steel by electron beam melting [J]. Tetsu-to-Hagane, 1989, 75 (10): 1897-1904.

[73] Murakami Y. Inclusion rating by statistics of extreme values and its application on fatigue strength prediction and quality control of materials [J]. Journal of Research of the National Institute of Standards and Technology, 1994, 99 (4): 345-351.

[74] Barnard L, Brooks R F, Quested P N, et al. Evaluation of alloy cleanness using cold crucible melting [J]. Ironmaking & Steelmaking, 1993, 20 (5): 344-349.

[75] Kuguminato H, Izumiyama Y, Ono T, et al. Magnetic-particle testing for micro-inclusion detection on tinplate for drawn and ironed (DI) can [J]. Kawasaki Steel Tech. Rep., 1980, 12 (2): 331-338.

[76] Webster G R, Madritch J M, Perfetti G A, et al. Inclusion detection in tin mill products using magnetic particle method [J]. Iron & Steelmaker, 1985, 12 (10): 18-27.

[77] Matsuoka Y, Naganuma Y, Nakamura Y. Development of nonmetallic inclusion detection system by magnetic leakage flux method [J]. Nippon Steel Technical Report (Japan), 1991 (49): 63-69.

[78] Dierick M, Cnudde V, Masschaele B, et al. Micro-CT of fossils preserved in amber [J]. Nuclear Instruments and Methods in Physics Research Section A: Accelerators, Spectrometers, Detectors and Associated Equipment, 2007, 580 (1): 641-643.

[79] Lin C L, Miller J D. Cone beam X-ray microtomography for three-dimensional liberation analysis in the 21st century [J]. International journal of mineral processing, 1996, 47 (1): 61-73.

[80] Nakai Y, Shiozawa D, Morikage Y, et al. Observation of inclusions and defects in steels by micro computed-tomography using ultrabright synchrotron radiation [C]. John E Allison, Wayne Jones J, James M Larsen, et al, Ed. Fourth International Conference on Very High Cycle Fatigue, The Minerals, Metals & Materials Society. 2007: 67-72.

[81] Stienon A, Fazekas A, Buffière J-Y, et al. A new methodology based on X-ray micro-tomography to estimate stress concentrations around inclusions in high strength steels [J]. Materials Science and Engineering: A, 2009, 513: 376-383.

[82] 申亚曦，王绍纯，刘新华．电敏感区法在非金属夹杂物在线检测中应用 [J]. 北京科技大学学报，1996，18 (3)：272-275.

[83] 韩传基，许荣昌，蔡开科，等．在线检测非金属夹杂物的方法 [J]. 北京科技大学学报，2000，22 (3)：209-211.

[84] STONE R P, GLAWS P C. Experience with an innovative on-line inclusion determination system for liquid steel [J]. Iron & Steel Technology, 2009, 6 (7): 42-48.

[85] Venkatadri A S. Mechanism of formation of non-metalli inclusions in aluminum-killed steel [J]. Trans. ISIJ, 1978, 18: 591-600.

[86] 黄民双，张春光．基于 Coulter 原理的微细颗粒探测新方法 [J]. 仪器仪表学报，2001，22 (5)：483-484.

[87] Chino A, Kawai Y, Kutsumi H, et al. Applicability of several estimation methods of inclusions in steel [J]. ISIJ Int., 1996, 36 (Supplement): S144-147.

[88] Suito H, Takahashi J, Karasev A. Issues on inclusion size distribution measurement [C]. 11st Ultra-Clean Steel Symposium of High Temperature Process Committee of ISIJ, 1998: 1-20.
[89] 王清华. 光散射法颗粒大小与形状分析 [D]. 南京: 南京工业大学, 2003.
[90] 侯轶, 李友明, 田英姿, 等. 激光衍射颗粒度仪在废水处理中的应用 [J]. 仪器仪表学报, 2003, 24 (z2).
[91] Mansfield T L. Ultrasonic technology for measuring molten aluminum quality [J]. Mater. Eval., 1983, 41 (6): 743-747.
[92] Dawson S, Walker D, Mountford N, et al. The application of ultrasonics to steel ladle metallurgy [J]. Canadian Institute of Mining and Metallurgy, 1988: 80-91.
[93] Guthrie R I L, Lee H C. On-line measurements of inclusions in steelmaking operations [A]. Steelmaking Conference Proceedings [C]. Toronto: ISS, Warrendale, PN15086, USA, 1992, 75: 799-805.
[94] 苑轶, 王强, 范科博, 等. 利用超声波在线检测液态金属洁净度的模拟研究 [J]. 中国科技论文在线, 2008, 3 (11): 825-828.
[95] Guthrie R I L. On the detection, behavior and control of inclusions in liquid metals [C]. Katz, Landefeld, Ed. Foundry Process-Their Chemistry and Physics. New York-London: Plenum Press, 1988: 447-466.
[96] Harris D J, Otterman B A, Sellers B T, et al. Development of casting practices for defect-free steel [C]. Schade, Ed. Tundish metallurgy, Vol. Ⅱ, ISS, Warrendale, PA, 1991: 33-40.
[97] Smmerville I D, Mountford N D G, Mountford P H, et al. 液态金属洁净度的在线检测 [C]. 2001 中国钢铁年会, 北京, 2001: 7.
[98] 张延丽, 时利. 影响 LIMCA CM 测渣系统的因素及其对铸造工艺的改进 [J]. 轻合金加工技术, 2013 (5): 33-36.
[99] Yin H, Shibata H, Emi T, et al. "In-situ" observation of collision, agglomeration and cluster formation of alumina inclusions particles on steel melts [J]. ISIJ Int., 1997, 37 (10): 936-945.
[100] Yin H, Shibata H, Emi T, et al. Characteristics of agglomeration of various inclusion particles on molten steel surface [J]. ISIJ Int., 1997, 37 (10): 946-955.
[101] Shibata H, Yin H, Yoshinaga S, et al. "In-situ" observation of engulfment and pushing of nonmetallic inclusions in steel melt by advancing melt/solid interface [J]. ISIJ Int., 1998, 38 (2): 149-156.
[102] 邵肖静, 钢中硫化锰夹杂物的生成行为和微细化研究 [D]. 北京: 北京科技大学, 2008.
[103] Makarov S, Ludwig R, Apelian D. Electromagnetic visualization technique for non-metallic inclusions in a melt [J]. Meas. Sci. Technol., 1999, 10 (11): 1047-1053.
[104] Schade J. The measurement of steel cleanliness [J]. Steel Technology International, 1993: 149.
[105] Burns M T, Schade J, Newkirk C. Recent developments in measuring steel cleanliness at Armco Steel Company [C]. 74th Steelmaking Conference Proceedings, ISS, Warrendale, PA, 1991: 513-523.
[106] Bonilla C. Slivers in continuous casting [C]. 78th Steelmaking Conference Proceedings, ISS, Warrendale, PA, 1995: 743-752.
[107] Ito K. Science of molten steel production [C]. 165th-166th Nishiyama Memorial Seminar, ISIJ, Tokyo, 1997: 1-24.
[108] Olette M, Catellier C. Effect of additions of calcium, magnesium or rare earth elements on the cleanness of steels. [C]. 2nd Int. Conf. on Clean Steel. Balatonfured, Hungary: Metal Soc., London, UK, 1983: 165-185.
[109] Okohira K, Sato N, Mori H. Observation of three-dimensional shapes of inclusions in low-carbon aluminum-killed steel by scanning electron microscope [J]. Trans. ISIJ, 1974, 14: 103-109.

[110] Stolte G. Stahl und Eisen, 1989, 109 (22): 1089-1094.

[111] Tsai H T, Sammon W J, Hazelton D E. Characterization and countermeasures for sliver defects in cold rolled products [C]. Steelmaking Conf. Proc., Iron and Steel Society, Warrendale, PA, 1990: 49-59.

[112] Pielet H M, Tsai H T, Gass R T. Characterization of inclusions in TiSULC steels from degasser to mold [C]. ISSTech2003 Conference Proceedings, ISS, Warrandale, PA, 2003: 241-253.

[113] Brown W A, Kinney M A, Schade J. Tundish life improvements at armco steel's ashland slab caster [J]. Iron & Steelmaker, 1993, 20 (6): 29-36.

[114] Turkdogan E T, Bogan R S, Gilbert S. Metallurgical and other advantages of slag-aided steel deoxidation during furnace tapping [C]. 74th Steelmaking Conference Proceedings, ISS, Warrendale, PA, 1991: 423-434.

[115] Chakraborty S, Hill W. Reduction of aluminum slivers at Great Lakes No. 2 CC [C]. 77th Steelmaking Conf. Proc., ISS, Warrendale, PA, 1994: 77: 389-395.

[116] Chakraborty S, Hill W. Improvement in steel cleanliness at Great Lakes No. 2 continuous caster [C]. 78th Steelmaking Conf. Proc., ISS, Warrendale, PA, 1995, 78: 401-413.

[117] Stolte G, Teworte R, Wahle H J. Experience with advanced secondary steelmaking technologies [C]. 74th Steelmaking Coneference Proceedings, ISS, Warrendale, PA, 1991: 471-480.

[118] Cameron S R. The reduction of tundish nozzle clogging during continuous casting at Dofasco [C]. 75th Steelmaking Conference Proc., ISS, Warrendale, PA, 1992: 327-332.

[119] Rasmussem P. Improvements to steel cleanliness at Dofasco's #2 Melt Shop [C]. 77th Steelmaking Conference Proceedings, ISS, Warrendale, PA, 1994: 219-224.

[120] Crowley R W, Lawson G D, Jardine B R. Cleanliness improvements using a turbulence-suppressing tundish impact pad [C]. 78th Steelmaking Conference Proceedings, ISS, Warrendale, PA, 1995: 629-635.

[121] Hughes K P, Schade C T, Shepherd M A. Improvement in the internal quality of continuously cast slabs at Lukens Steel [J]. Iron & Steelmaker, 1995, 22 (6): 35-41.

[122] Melville S D, Brinkmeyer L. Evaluating steelmaking and casting prectice which affect quality [C]. 78th Steelmaking Conference Proceedings, ISS, Warrendale, PA, 1995: 563-569.

[123] Marique C, Dony A, Nyssen P. The bubbling of inert gas in the tundish, a means to improve the steel cleanliness [C]. Steelmaking Conf. Proc., ISS, Warrendale, PA, 1990: 461-467.

[124] Kuchar L, Holappa L. Prevention of steel melt reoxidation by covering powders in tundish [C]. 76th Steelmaking Conference Proceeding, ISS, Warrendale, PA, 1993: 495-502.

[125] Jacobi H, Ehrenberg H-J, Wunnenberg K. Developement of the cleanness of different steels for flat and round products [J]. Stahl und Eisen, 1998, 118 (11): 87-94.

[126] Bannenberg N, Harste K. Improvement in steel cleanliness by tundish inertisation [J]. La Revue de Metallurgie-CIT, 1993, 90 (1): 71-76.

[127] Bannenberg N, Lachmund H, Prothmann B. Secondary metallurgy for clean steel production by tank degasser [C]. 77th Steelmaking Conference Proceedings, ISS, Warrendale, PA, 1994: 135-143.

[128] Bannenberg N, Bruckhaus R, Hüllen M, et al. Planning and start-up of the new secondary metallurgical center at Dillinger Hütte [J]. Stahl und Eisen, 2000, 120 (9): 67-72.

[129] Tiekink W K, Brockhoff J P, Maes R. Total oxygen measurements at Hoogovens Ijmuiden BOS No. 2 [C]. 77th Steelmaking Conference Proceeding, ISS, Warrendale, PA, 1994: 49-51.

[130] McPherson N A. Continuous cast clean steel [C]. Steelmaking Conference Proceedings, ISS, Warrenda-

le, PA, 1985: 13-25.

[131] Barradell D V. The development of secondary steelmaking process routes for the successful continuous casting of flat product [C]. 2nd European Continuous Casting Conference/6th International Roling Conference, VDEh, Dusseldorf, 1994: 1-8.

[132] Nartz H. Measures taken in secondary steelmaking and continuous casting to influence type, shape, size and number of non-metallic inclusions in flat product [C]. 2nd European Continuous Casting Conference/6th International Roling Conference, VDEh, Dusseldorf, 1994: 63-70.

[133] Flobholzer H, Jandl K, Jungreithmeier A, et al. Use of an RH facility for the production of sheet grades at Voest-Alpine Stahl Linz GmbH [J]. Stahl und Eisen, 1998, 118 (8): 63-66.

[134] Jungreithmeier A, Pissenberger E, Burgstaller K, et al. Production of ULC IF steel grades at Voestalpine Stahl GmbH, Linz [C]. ISSTech2003 Conference Proceedings, ISS, Warrandale, PA, 2003: 227-240.

[135] Burty M, Dunand P, Pitt J P. Control of dwi steel cleanliness by lanthanum tracing of deoxidation inclusions, ladle slag treatment and a methodical approach [C]. 80th Steelmaking Conference Proceedings, ISS, Warrendale, PA, 1997: 647-653.

[136] Vermeulen Y, Coletti B, Wollants P, et al. Clogging in submerged entry nozzle [J]. Steel Res., 2000, 71 (10): 391-395.

[137] Dekkers R, Blanpain B, Wollants P. Steel cleanliness at Sidmar [C]. ISSTech2003 Conference Proceedings, ISS, Warrandale, PA, 2003: 197-209.

[138] Kondo H, Kameyama K, Nishikawa H, et al. Comprehensive refining process by Q-BOP-RH route for ultra low carbon steel [C]. 1989 Steelmaking Conference Proceedings, 1989: 191-197.

[139] Nadif M, Neyret D. Manufacturing of ultra low carbon and nitrogen steels (c<50ppm and n<30ppm). Part Ⅱ [J]. La Revue de Metallurgie-CIT, 1990, 87 (2): 146-155.

[140] Bessho N, Yamasaki H, Fujii T, et al. Removal of inclusion from molten steel in continuous casting tundish [J]. ISIJ Int., 1992, 32 (1): 157-163.

[141] Ehara T, Kurose Y, Fujimura T. Mass production of high quality IF steel at Mizushima Works [C]. 79th Steelmaking Conference Proceeding, ISS, Warrendale, PA, 1996: 485-486.

[142] Matsuno M, Kikuchi Y, Komatsu M, et al. Development of new deoxidation technique for RH degassers [J]. Iron & Steelmaker, 1993, 20 (7): 35-38.

[143] Hatakeyama T, Mizukami Y, Iga K, et al. Development of secondary refining process using RH vacuum degasser at Nagoya Works [C]. 72nd Steelmaking Conference Proceedings, ISS, Warrendale, PA, 1989: 219-225.

[144] Lee C M, Choi I S, Bak B G, et al. Production of high purity aluminum killed steel [J]. La Revue de Metallurgie-CIT, 1993, 90 (4): 501-506.

[145] Li J. Clean steel and zero inclusion steel [C]. 7th China Steel Quality and Inclusion Symposium Proceedings, China Socity of Metal, Beijing, 1995: 12.

[146] Shi G, Zhang L, Zheng Y, et al. Investigation on non-metallic inclusions in LCAK steel produced by BOF-CAS-CC production route [J]. Iron & Steel (in Chinese), 2000, 35 (3): 12-15.

[147] Cui J, Baosteel-China Metal Society Report (2000) [R]. Zhang, Ed. 2000.

[148] Wang X, Wisco-China Metal Society Report (2000) [R]. Zhang, Editor 2000.

[149] Wang L. Cleanliness investigation of low carbon Al-killed steel [D]. Beijing: University of Science Technology Beijing, 1996: 20.

[150] Yu Z. Production and technology of No. 3 Steelmaking Plant at WISCO [J]. Iron & Steel (in Chinese),

1999, 34 (supplement): 316-318.

[151] Liu J, Zhang Z, Liu L. Development of RH-KTB technology at WISCO [J]. Iron & Steel (in Chinese), 1999, 34 (supplement): 527-530.

[152] Zhou Y, Yuan F, Ma Q, et al. Cleanliness of high pressure gas cylinder steel produced by BOF-RH-CC production route [J]. Iron & Steel (in Chinese), 2001, 36 (2): 16-19.

[153] Li Y, Xue N, Wang M. Metallurgical effect of RH-MFB [J]. Steelmaking (in Chinese), 2000, 16 (6): 38-41.

[154] Li Y, Zhang D, Zhao K, et al. Application of technology for cleaning molten steel for high speed continuous casting of slab [J]. Iron & Steel (in Chinese), 2000, 35 (8): 21-23.

[155] Fan D, Liu G. Discussion of deoxidation process in ASEA-SKF ladle refining furnace [J]. Steelmaking (in Chinese), 2000, 16 (1): 43-46.

[156] Liu J, Zhang Z, Liu L. Development PF RH-KTB technology in WISCO [J]. Steelmaking (in Chinese), 1999, 15 (1): 43-46.

[157] Armstrong S. Tundish practices at Weirton Steel for improved steel cleanliness [C]. 76th Steelmaking Conference Proceeding, ISS, Warrendale, PA, 1993: 475-481.

[158] Sasai K, Mizukami Y. Reoxidation bahavior of molten steel in tundish [J]. ISIJ Int., 2000, 40 (1): 40-47.

[159] Fruehan R J. Future steelmaking technologies and the role of basic research [J]. Iron & Steelmaker, 1996, 23 (7): 25-34.

[160] Cameron S R, Creces D L, Smith K B. The evaluated and installation of an SEN quick change system at Dofasco [C]. 78th Steelmaking Conference Proceeding, ISS, Warrendale, PA, 1995: 255-259.

[161] Perkin C, Flynn K. Bloom cleanliness correlated to LMF and casting parameters [C]. 78th Steelmaking Conference Proceedings, ISS, Warrendale, PA, 1995: 431-438.

[162] Tassot P, Anselme A D, Radot J P. Improvements in ladle-to-mold refractories and argon distribution to reduce nitrogen pick-up and nozzle clogging at Sollac Dunkirk [C]. 78th Steelmaking Conference Proceedings, ISS, Warrendale, PA, 1995: 465-470.

[163] Tapia V H, Morales R D, Camacho J, et al. The influence of the tundish powder on steel cleanliness and nozzle clogging [C]. 79th Steelmaking Conference Proceedings, ISS, Warrendale, PA, 1996: 539-547.

[164] Luo Z, Cai K. Investigation and measures of improving the cleanness of liquid steel at No. 2 Steelmaking Plant of WISCO [J]. Iron & Steel (in Chinese), 1999, 34 (supplement): 531-535.

[165] Schmidt M, Russo T J, Bederka D J. Steel shrouding and tundish flow control to improve cleanliness and reduce plugging [C]. Steelmaking Conf. Proc. 1990, ISS, Warrendale, PA, 1990: 451-460.

[166] Caldeira E A, Azevedo C, Santana V G, et al. Development of low carbon low nitrigen steel at Companhia Siderurgica de Tubarao (CST) [C]. ISSTech2003 Conference Proceedings, ISS, Warrandale, PA, 2003: 211-216.

[167] Shultz R L. Attack of alumino-silicate refractories by high manganese steel [C]. Steelmaking Conference Proceedings, 1979, 62: 232-235.

[168] Yamanaka A, Ichiashi H. Dissolution of refractory elements to titanium alloy in VAR [J]. ISIJ Inter., 1992, 32 (5): 600-606.

[169] Tsujino R, Tanaka A, Imamura A, et al. Mechanism of deposition of inclusions and metal on ZrO_2-CaO-C immersion nozzle in continuous casting [J]. Tetsu-to-Hagane, 1994, 80 (10): 31-36.

[170] Hassall G, Bain K, Jones N, Warman M. Modelling of ladle glaze interactions [J]. Ironmaking &

Steelmaking, 2002, 29 (5): 383-389.

[171] Maheshwari M D, Mukherjee T, Irani J J. Inclusion distribution in ingots as guide to segregation mechanism [J]. Ironmaking and Steelmaking, 1982, 9 (4): 168-177.

[172] Riaz S, Mills K C, Bain K. Experimental examination of slag/refractory interface [J]. Ironmaking and Steelmaking, 2002, 29 (2): 107-113.

[173] Byrne M, Cramb A W. Operating experience with large tundishes [J]. Iron and Steelmaker, 1988, 15 (10): 45-53.

[174] Middleton J M, Cauwood B. Exogenous inclusions in steel castings [J]. Brit. Foundryman, 1967, 60 (8): 320-330.

[175] Benko G, Simon S, Szarka G. Tracing the origin of exogenous oxide inclusions in killed and rimming steels by mean of subsequesntly activated tracer elements [J]. Neue Hutte, 1972, 17 (1): 40-44.

[176] Zeder H, Pocze L. Marking of refractory materials with inactive tracers to determine the origins of exogenous inclusions in steel [J]. Berg Huttenmann. Monatsh., 1980, 125 (1): 1-5.

[177] Komai T. Source of exogenous inclusions and reduction of their amount in the continuous casting process [J]. Tetsu-to-Hagane, 1981, 67 (8): 1152-1161.

[178] Byrne M, Fenicle T W, Cramb A W. The sources of exogenous inclusions in continuous cast, aluminum-killed steels [C]. Steelmaking Conference Proceedings, 1985, 68: 451-461.

[179] Burty M, Dunand P, Ritt J, et al. Control of DWI steel cleanliness by lanthanum tracing of deoxidation inclusions ladle slag treatment and a methodical approach [C]. Ironmaking Conference Proceedings, 1997, 56: 711-717.

[180] Zhang L, Cai K, Project report: Cleanliness investigation of low carbo Al-killed steel produced by LD-RH-CC process at WISCO [R]. Wuhan, 1995.

[181] Zhang X, Cai K, Project report: Investigation of inclusion behavior of 16MnR steel at WISCO [R]. Wuhan, 1996.

[182] Rocabois P, Pontoire J-N, Delville V, et al. Different slivers type observed in solla steel plants and improved practice to reduce surface defects on cold roll sheet [C]. ISSTech2003 Conference Proceedings, ISS, Warrandale, PA, 2003: 995-1006.

[183] Mori. Tetsu-to-Hagane, 1965, 51: 1930.

[184] Cramb A W, Byrne M. Tundish slag entrainment at Bethlehem's Burns Harbor (Indiana) slab caster [C]. 67th Steelmaking Conference Proc., ISS, Warrendale, PA, 1984: 5-13.

[185] Kemeny F L. Tundish nozzle clogging-measurement and prevention [C]. Mclean Symposium Proceedings, ISS, Warrendale, PA, 1998: 103-110.

[186] Thomas B G, Bai H. Tundish nozzle clogging-application of computational models [C]. 78th Steelmaking Conf. Proc., Iron and Steel Society, Warrendale, PA, 2001: 895-912.

[187] Furuya Y, Matsuoka S, Abe T. Inclusion inspection method in ultra-sonic fatigue test [J]. Tetsu-to-Hagane, 2002, 88 (10): 643-650.

[188] 周玉华. 51CrV4 弹簧钢中的夹杂物对其性能的影响 [D]. 南京：南京理工大学, 2010.

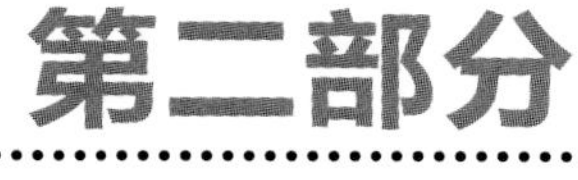

第二部分

钢中非金属夹杂物形成与控制的热力学和动力学

3 钢中非金属夹杂物生成热力学

不断增长的高质量钢的要求,促使炼钢生产者不断提高产品洁净度。早在酸性转炉底吹炼钢的年代，在氧气转炉吹炼过程中吹氧脱碳后，大量溶解氧进入钢水，把这些多余的氧从钢水中去除也就成为冶金工作者的主要任务之一。冶金工作者就把钢中的氧含量作为一个衡量钢材洁净度的重要指标。然而，在冶金文献中第一次出现“脱氧”这个名词，是在第一次世界大战以后的 1916 年[1]。脱氧剂的选择也从最初的锰、硅，发展到铝、钙等比铁活泼的金属元素。钢水脱氧就会形成氧化物，这是钢中内生夹杂物最大的来源。钢的机械性能很大程度上取决于能产生应力集中的夹杂物尺寸、分布、化学成分以及形态。大部分的非金属夹杂物都是在脱氧过程中产生的[2,3]。同时脱氧也是生产洁净钢的重要技术，对精炼过程中夹杂物的去除、夹杂物类型的控制、组织的细化以及提高钢的性能有重要的作用。

国内外学者已经对钢的脱氧过程热力学做了大量的基础研究。国际上大学里炼钢学的主要教科书是在 20 世纪 50~80 年代之间出版的，后续的一些教材都或多或少地以这些教材为基础扩编而成。一些经典的炼钢学基础的书籍是 1948 年出版的“The Physical Chemistry of Process Metallurgy”，1963 年 Bodsworth 出版的“Physical Chemistry of Iron and Steel Manufacture”，1989 年 Oeters 出版的“Metallurgy of Steelmaking”（德文版）和 1996 年 Turkdogan 出版的“Fundamentals of Steelmaking”（图 3-1）。现代中文教材中使用的图多出自欧美几本比较老的经典教材。

THE
PHYSICAL CHEMISTRY
OF
PROCESS METALLURGY
Discussions of the Faraday Society

No. 4, 1948

LONDON
BUTTERWORTHS
1961

(a) 1948 年

Physical Chemistry of
Iron and Steel Manufacture
C. BODSWORTH

LONGMANS

(b) 1963 年

(c) 1989 年

(d) 1996 年

图 3-1　四本经典炼钢学教材的封面

但是，到目前为止，很多炼钢学教科书中，金属元素（如锰、硅、铝等）脱氧的热力学曲线主要是一元脱氧（单个金属元素脱氧）的热力学曲线。在钢水精炼过程中，每炉加入的合金种类很多，多金属元素共同脱氧（复合脱氧）是不争的事实。到目前为止，对复合脱氧时钢中脱氧热力学平衡关系的研究还不完善。

本章针对钢中典型的一元脱氧、二元脱氧和三元脱氧过程中非金属夹杂物生成的热力学进行了系统的研究，重点讨论了二元脱氧和三元脱氧的热力学。研究的结果可以用于预测在反应平衡条件下钢中非金属夹杂物生成和夹杂物改性的研究。

3.1　纯铁液中氧化物生成热力学

3.1.1　一元脱氧纯铁液中夹杂物的生成

3.1.1.1　Al 脱氧钢中夹杂物的生成

铝是目前钢铁生产过程中最常用的脱氧剂之一，由于铝是极强的脱氧元素，所以它常被用为终脱氧剂。使用铝为脱氧剂，当钢液中铝的化学当量超过氧时，会生成 Al_2O_3 和 AlN。小尺寸的 Al_2O_3 和 AlN 可以起到促进形核和细化组织的作用，然而大尺寸的簇状 Al_2O_3 会导致堵塞水口，影响钢铁的生产。因此，加入适量的脱氧剂既可以节约成本，又可以提高钢的质量。

图 3-2 为 1934 年 Herty 研究观察到的钢中氧化铝夹杂物二维形貌[4]，可见 Al_2O_3 夹杂物主要为许多的点状夹杂物聚集在一起。然而，针对铝脱氧初始钢酸溶后氧化铝夹杂物的

三维形貌（见图 3-3）[5]，发现这些群落状的夹杂物实际是一个大的珊瑚形的夹杂物，此外 Al_2O_3 夹杂物的形状还包括球形、枝晶状、花瓣状、薄片状、不规则形貌、带有侵蚀坑的形貌，其中前五种占主要部分。

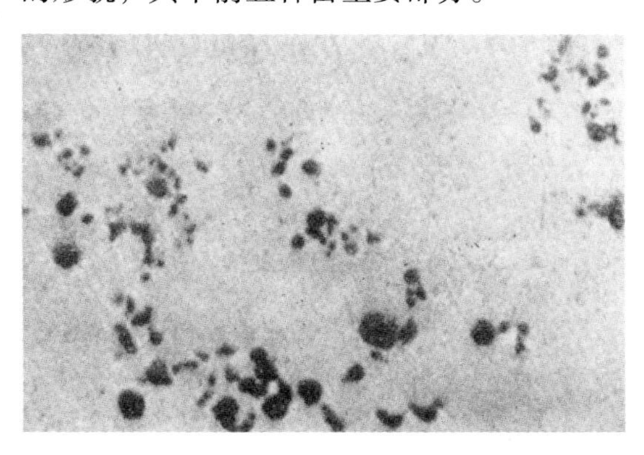
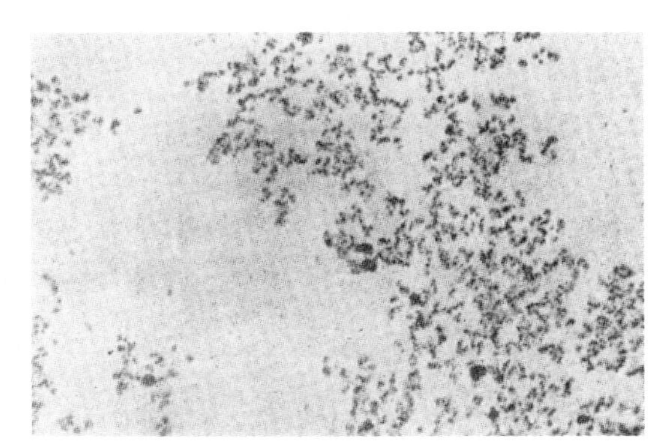

图 3-2 1934 年 Herty 得到的钢中氧化铝夹杂物二维形貌[4]

(a) (b) (c) (d)

图 3-3 钢中氧化铝夹杂物形貌[5]

铝脱氧反应的方程和反应的 $\log K$ 如式（3-1）~式（3-6）[6]：

$$(Al_2O_3) = 2[Al] + 3[O] \tag{3-1}$$

$$\log K = 11.62 - 45300/T \tag{3-2}$$

$$e_O^{Al} = 1.90 - 5750/T \tag{3-3}$$

$$e_{Al}^{O} = 3.21 - 9720/T \tag{3-4}$$

$$e_{Al}^{Al} = 80.5/T \tag{3-5}$$

$$e_O^{O} = 0.76 - 1750/T \tag{3-6}$$

图 3-4 为 1873K 下纯铁液中 Al-O 平衡曲线。当溶解 Al 含量增加时，溶解氧先降低后增加，溶解氧最低可达几个 ppm。可知，在实验室冶炼高铝钢时，需要注意 Al 含量过高会使溶解氧含量回升的影响。但在实际生产中，由于钢中同时存在其他脱氧合金元素，这种氧回升现象不明显。

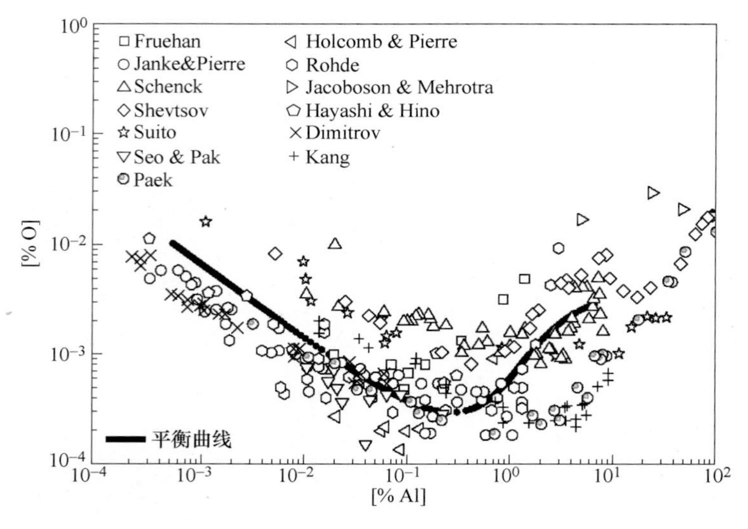

图 3-4　1873K 下纯铁液中 Al-O 平衡曲线

图 3-5[5] 为钢中氧化铝夹杂物析出长大机理示意图。当 Al 被加入钢中后，Al 和 O 可以迅速反应生成 Al_2O_3 夹杂物。由于不同位置的元素浓度过饱和度不同，氧化铝夹杂物形状随过饱和度的降低而从树枝状逐渐向块状夹杂物演变，此时夹杂物的棱角分明。随着反应的进行，夹杂物不断聚合长大，逐渐烧结表面变得光滑圆润没有棱角。整个过程中都伴随着部分夹杂物的上浮去除。

3.1.1.2　Mg 脱氧钢中夹杂物的生成

镁处理在铸钢与特殊钢上有着广泛的应用，近年来在超纯净碳钢上的应用也越来越受重视。周德光[7] 等研究了镁在轴承钢中的应用，指出：微量镁能改善轴承钢的碳化物，含镁轴承钢的碳化物颗粒细小均匀，几乎未发现碳化物液析；微量镁能改善轴承钢的性能，当镁含量增加到 0.002%～0.003%时，其抗拉强度和屈服强度增加 5%，塑性基本保持不变。王厚昕等[8] 研究了焊丝钢中镁的应用，得到：在脱氧合金中加入适量镁可以提高脱氧剂的脱氧能力和夹杂物的变性能力。镁处理对管线钢洁净度的影响结果如图 3-6 所示[9,10]。镁处理可以提高钢水的洁净度，可以得到较小弥散的夹杂物，改善钢的性能。

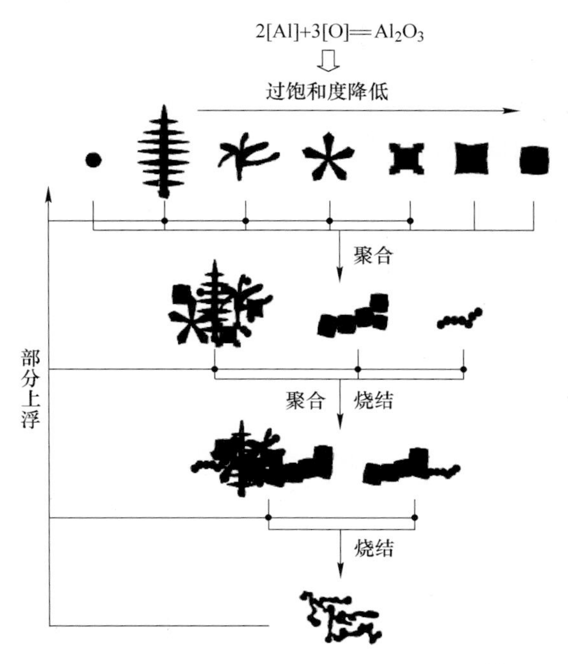

图 3-5　钢中氧化铝夹杂物析出长大机理[5]

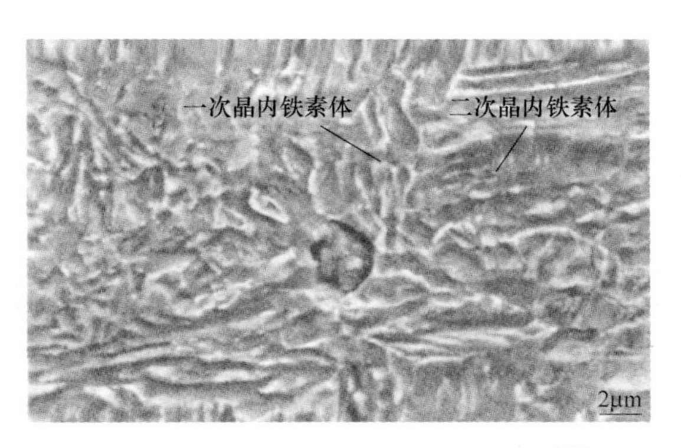

图 3-6　镁处理钢中针状铁素体的形核[10]

镁脱氧反应的方程和反应的 $\log K$ 如式（3-7）~式（3-16）[6]：

$$(MgO) = [Mg] + [O] \tag{3-7}$$

$$\log K = -4.28 - 4700/T \tag{3-8}$$

$$e_{O}^{Mg} = 630 - 1.705 \times 10^{6}/T \tag{3-9}$$

$$e_{Mg}^{O} = 958 - 2.592 \times 10^{6}/T \tag{3-10}$$

$$e_{Mg}^{Mg} = 0 \tag{3-11}$$

$$e_{O}^{O} = 0.76 - 1750/T \tag{3-12}$$

$$r_{Mg}^{O} = -1.904 \times 10^{6} + 4.222 \times 10^{9}/T \tag{3-13}$$

$$r_{Mg}^{MgO} = 2.143 \times 10^{5} - 5.156 \times 10^{8}/T \tag{3-14}$$

$$r_{O}^{Mg} = 7.05 \times 10^{4} - 1.696 \times 10^{8}/T \tag{3-15}$$

$$r_{O}^{MgO} = -2.513 \times 10^{6} + 5.573 \times 10^{9}/T \tag{3-16}$$

图 3-7 为 1873K 下纯铁液中 Mg-O 平衡曲线。随着溶解 Mg 含量增加，溶解氧含量先降低后增加，溶解氧最低可达几个 ppm 左右。可见 Mg 具有较强的脱氧能力，但是由于镁元素的沸点（1170.0 ℃）很低，在炼钢温度下，镁加入钢液中迅速变为气态，容易迅速上浮排出钢液，造成镁元素的收得率很低，同时钢中加镁容易产生喷溅等危险。因此，现场生产中直接向钢液中加入镁元素的应用还不是很广泛，钢液中的镁大多数来自加入合金、精炼渣和高镁质耐火材料。

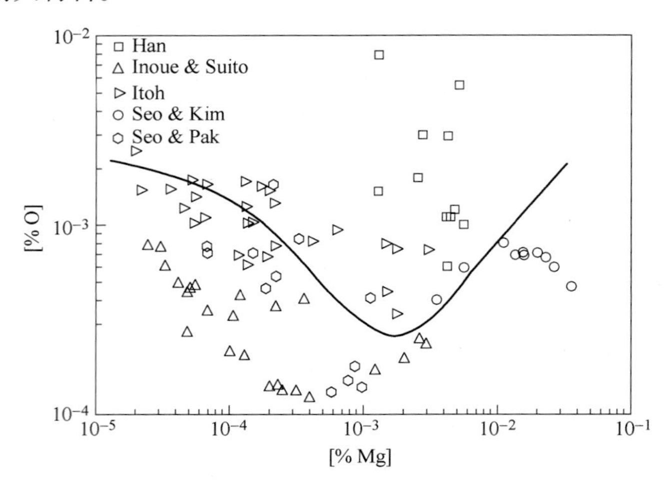

图 3-7　1873K 下纯铁液中 Mg-O 平衡曲线

3.1.1.3　Ti 脱氧钢中夹杂物的生成

钛是一些高级别钢种中重要的合金元素[11]。钛是铁素体形成元素，在 Fe-Cr 相图中可使 $\alpha+\gamma/\alpha$ 相界向低铬方向移动。含钛铁素体不锈钢一般均具有单一的纯铁素体组织；钛的氧化物可以诱导晶内铁素体形核，有着细化组织、提高钢材强度和韧性的效果。实验证明钢中 TiO_x 夹杂物对钢的树枝晶组织生长有一定的影响作用（图 3-8）[12]。

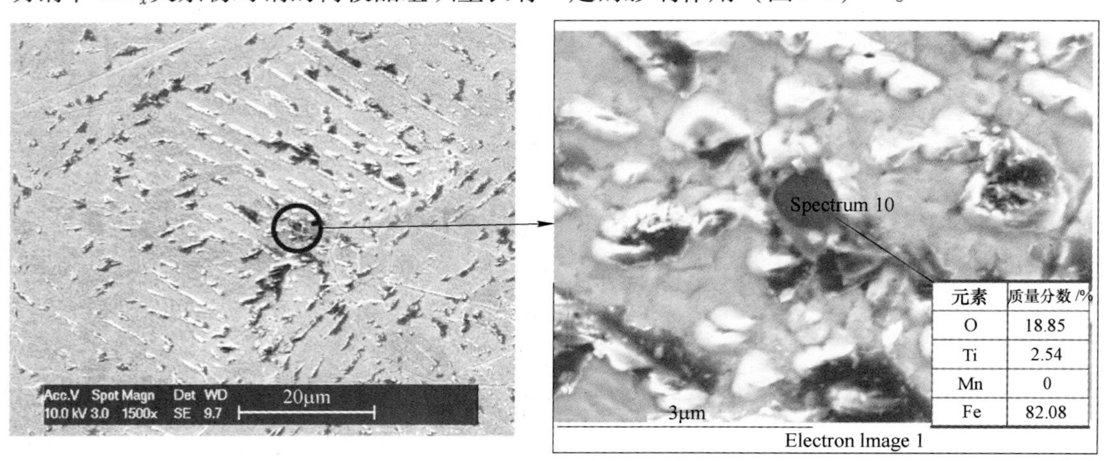

图 3-8　钢中 TiO_x 夹杂物与钢的树枝晶组织[12]

钛脱氧反应的方程和反应的 $\log K$ 如式（3-17）~式（3-24）[6]：

$$(Ti_2O_3) = 2[Ti] + 3[O] \quad (3\text{-}17)$$

$$\log K = 12.9 - 42991/T \quad (3\text{-}18)$$

$$(Ti_3O_5) = 3[Ti] + 5[O] \quad (3\text{-}19)$$

$$\log K = 19.90 - 68349/T \quad (3\text{-}20)$$

$$e_{O}^{Ti} = -1642/T + 0.3358 \quad (3\text{-}21)$$

$$e_{Ti}^{O} = -4915/T + 1.005 \quad (3\text{-}22)$$

$$e_{Ti}^{Ti} = 0.048 \quad (3\text{-}23)$$

$$e_{O}^{O} = 0.76 - 1750/T \quad (3\text{-}24)$$

1873K 下纯铁液中的 Ti-O 热力学平衡曲线如图 3-9 所示。Cha 等[13,14]通过实验和计算结果证明：当 $0.0004 < [\%Ti] < 0.36$ 时，钢中主要生成 Ti_3O_5；当 $0.5 < [\%Ti] < 6.2$ 时，钢中生成 Ti_2O_3 夹杂物。

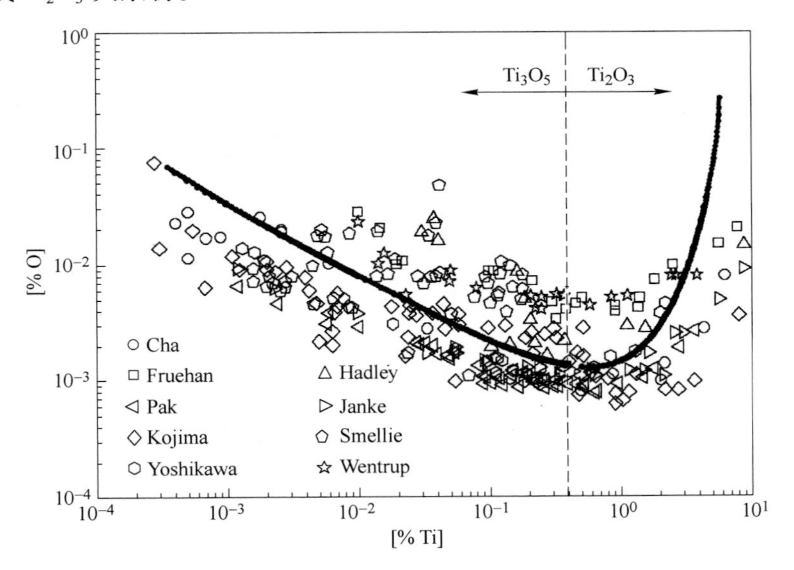

图 3-9　1873K 下纯铁液中 Ti-O 平衡曲线

此外，Pak 等[15]也进行了类似的研究，通过结合大量前人实验数据和自己的实验和计算结果，发现当 $0.25 < [\%Ti] < 4.75$ 时，钢中夹杂物主要为 Ti_2O_3；$0.0012 < [\%Ti] < 0.25$ 时，夹杂物主要为 Ti_3O_5。因此，如果钢中 Ti 的质量分数在 0.2%以下，最有可能生成的夹杂物是 Ti_3O_5。

3.1.1.4　Ca 脱氧钢中夹杂物的生成

钙脱氧反应的方程和反应的 $\log K$ 如式（3-25）~式（3-34）[6]：

$$(CaO) = [Ca] + [O] \quad (3\text{-}25)$$

$$\log K = -4.28 - 4700/T \quad (3\text{-}26)$$

$$e_{O}^{Ca} = 627 - 1.755 \times 10^6/T \quad (3\text{-}27)$$

$$e_{Ca}^{O} = 1570 - 4.405 \times 10^6/T \quad (3\text{-}28)$$

$$e_{Ca}^{Ca} = 0 \tag{3-29}$$

$$e_{O}^{O} = 0.76 - 1750/T \tag{3-30}$$

$$r_{Ca}^{O} = -2.596 \times 10^{6} + 6.080 \times 10^{9}/T \tag{3-31}$$

$$r_{Ca}^{CaO} = 1.809 \times 10^{5} - 5.075 \times 10^{8}/T \tag{3-32}$$

$$r_{O}^{Ca} = 3.61 \times 10^{4} - 1.013 \times 10^{8}/T \tag{3-33}$$

$$r_{O}^{CaO} = -2.077 \times 10^{6} + 4.864 \times 10^{9}/T \tag{3-34}$$

在精炼过程中，钙通常以两种方式进入钢液当中：一种是通过渣钢反应的方式通过还原传质进入钢液当中，另一种是通过钙处理时钙线的喂入进入钢液中。钙加入钢液中主要是为了对钢中夹杂物进行液态化改性。然而，钙本身也具有较强的脱氧能力[6,16-18]，通过实验测定了大量的一阶和二阶相互作用系数。1873K 下纯铁液中的 Ca-O 平衡曲线如图 3-10 所示，钙可以很容易地将溶解氧降低到 10ppm 以下。

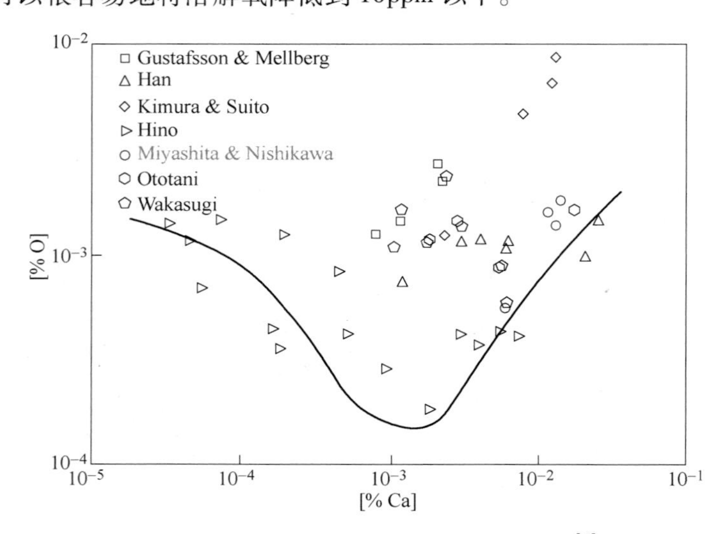

图 3-10　1873K 下纯铁液中 Ca-O 平衡曲线[6]

3.1.1.5　Si 脱氧钢中夹杂物的生成

硅是一种较强脱氧元素，单独用硅脱氧时，很容易生成固态 SiO_2，不利于脱氧产物的上浮去除。因此，可先用硅脱氧，向钢中加入硅铁、硅锰合金或硅钙钡合金对钢液进行脱氧。由于硅的脱氧能力较弱，脱氧后钢中的溶解氧较高，所以相对于铝脱氧不锈钢，硅脱氧不锈钢中经过上浮长大去除后，钢中仍然存在较多的夹杂物。但是硅脱氧后产生的硅酸盐夹杂物对钢材的性能的危害小于氧化物铝夹杂物，尽管硅脱氧钢中夹杂物数量较多，但是其生成的硅酸盐夹杂物对钢的危害较小，同样可以获得高性能的钢材产品。早在 1930 年就有学者对 Si 在钢中脱氧的夹杂物体系进行了研究，并初步确定了 Fe-Si-O 三元相图中夹杂物的类型，并发表了 Fe-Si-O 平衡图（见图 3-11）[19]。

硅脱氧反应的方程和反应的 $\log K$ 如式（3-35）~式（3-40）[20]：

$$(SiO) = [Si] + [O] \tag{3-35}$$

$$\log K = 11.40 - 30110/T \tag{3-36}$$

$$e_{O}^{Si} = -0.066 \tag{3-37}$$

$$e_{Si}^{O} = -0.119 \tag{3-38}$$

$$e_{Si}^{Si} = 0.103 \tag{3-39}$$

$$e_{O}^{O} = 0.76 - 1750/T \tag{3-40}$$

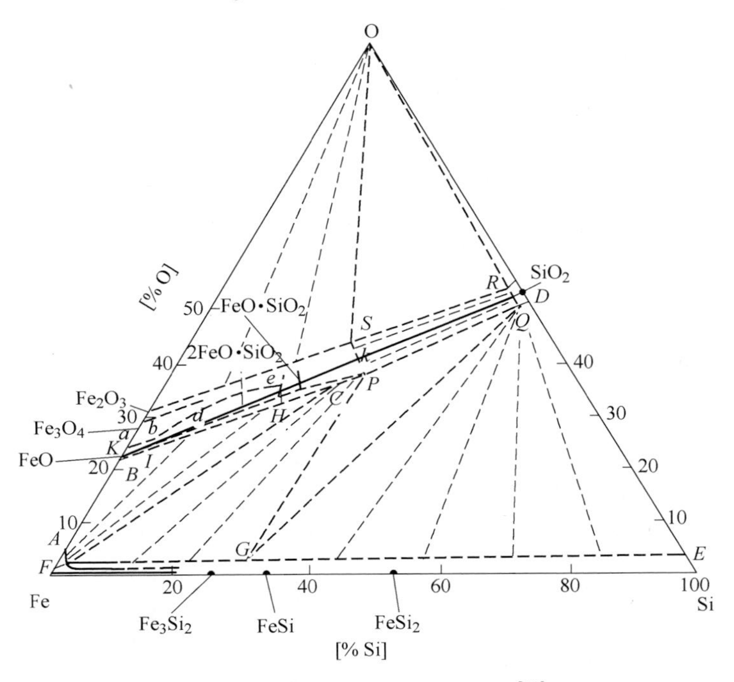

图 3-11　1930 年的 Fe-Si-O 相图[19]

1873K 下纯铁液中 Si-O 平衡曲线如图 3-12 所示。在 Si 含量从 0.001%到 10%的范围内，氧含量随着 Si 含量的增加而降低。当 Si 含量达到 1%左右时，氧含量可以降低到几十个 ppm，可见硅的脱氧能力较弱。

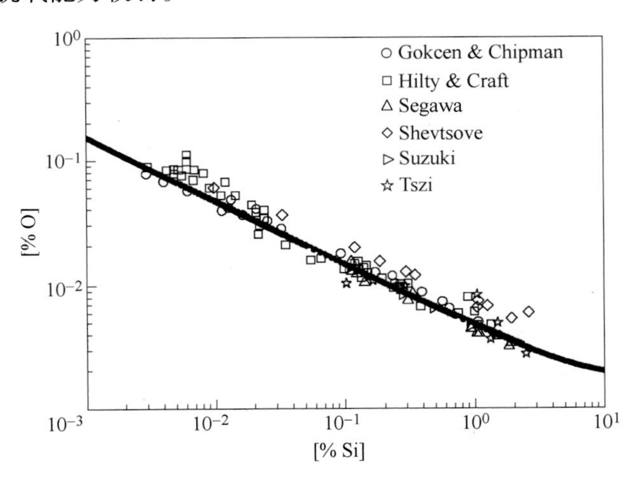

图 3-12　1873K 下纯铁液中 Si-O 平衡曲线

Park 等[21]研究了加入不同硅铁合金对不锈钢中夹杂物的影响，脱氧剂加入量和钢中夹杂物的形貌成分如图 3-13 所示。用高铝硅铁（Si 76.6%，Al 1.13%和 Fe 22.0%）对钢液进行脱氧，当钢中硅含量少于 1.3%时，钢中夹杂物主要为硅锰酸盐；当钢中硅含量达到 2.0%时，钢中夹杂物主要为硅镁酸盐。用低铝硅铁（Si 76.3%，Al 0.17%和 Fe 23.5%）对钢液进行脱氧，当钢中硅含量为 0.8%，夹杂物的形貌为均匀的液态夹杂物；随着硅含量增加到 1.3%，液态夹杂物中开始有 SiO_2 相析出；随着硅含量继续增加到 3.0%，最后，生成了不规则的（Mg，Mn）SiO_3 夹杂物。

钢液成分	夹杂物形貌	夹杂物成分
Si:0.7% Al_S:0.0013% T.O:0.0052%	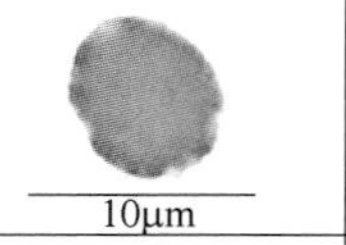 10μm	48MnO-38SiO_2-9MgO
Si:1.2% Al_S:0.0013% T.O:0.0047%	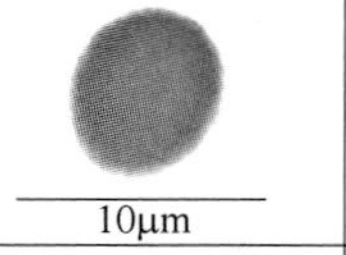 10μm	27MnO-47SiO_2-18Mg(Ca)O-7Al_2O_3
Si:2.1% Al_S:0.0013% T.O:0.0047%	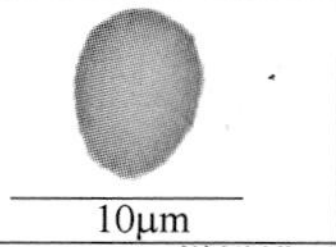 10μm	11MnO-46SiO_2-25Mg(Ca)O-16Al_2O_3
Si:2.9% Al_S:0.0016% T.O:0.0031%	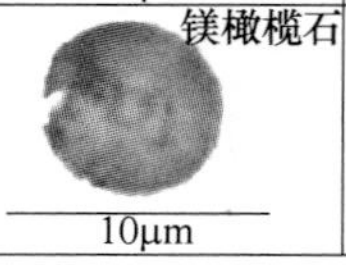 镁橄榄石 10μm	30Mg(Ca)O-42SiO_2-18Al_2O_3-5MgO

(a) 用高铝硅铁(Si 76.6%，Al 1.13%和 Fe 22.0%)对钢液进行脱氧

钢液成分	夹杂物形貌	夹杂物成分
Si:0.7% Al_S:0.0012% T.O:0.0041%	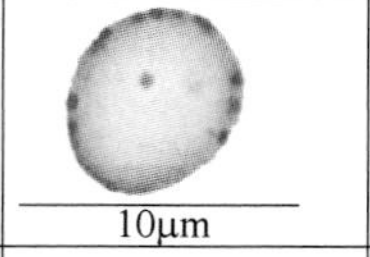 10μm	45MnO-42SiO_2-8MgO
Si:1.3% Al_S:0.0011% T.O:0.0033%	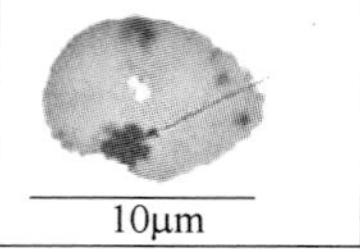 10μm	48SiO_2-34MnO-14MgO
Si:2.1% Al_S:0.0009% T.O:0.0033%	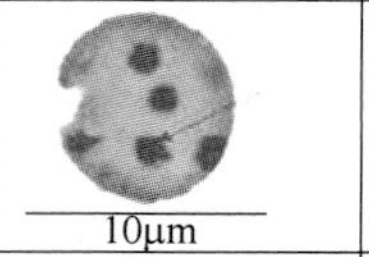 10μm	51SiO_2-31MnO-13MgO
Si:3.0% Al_S:0.0009% T.O:0.0014%	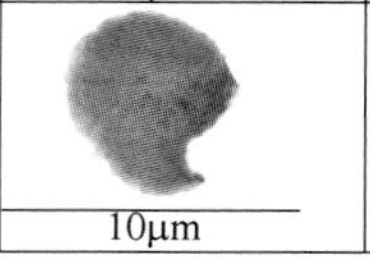 10μm	22MgO-55SiO_2-19MnO

(b) 用低铝硅铁(Si 76.3%，Al 0.17%和 Fe 23.5%)对钢液进行脱氧

图 3-13　加入不同脱氧剂后钢中夹杂物的形貌与成分[21]

3.1.1.6　Mn 脱氧钢中夹杂物的生成

锰是最早用于钢液脱氧的金属元素之一，脱氧能力较弱，但其为最常用的脱氧元素，几乎所有的钢都用锰来脱氧。因为锰可以增强硅和铝的脱氧能力，所以经常与硅和铝一起使用进行复合脱氧。关于 Mn 脱氧的研究已经有很长的历史。图 3-14（a）为 1933 年确定的 Fe-Mn-O 三元相图，从而确定了锰脱氧钢中可能生成的夹杂物类型[19]。图 3-14（b）~（d）为 1948~1955 年发表的使用不同 Mn 含量脱氧时钢中溶解氧的平衡曲线[22-24]。随着钢中 Mn 含量从 0.02%增加到 1%，钢中氧含量明显降低；同时，也已经发现钢中生成的液态氧化物和固态氧化物对钢中 Mn 与 O 平衡关系影响不同。

冶炼沸腾钢时，锰是无可替代的脱氧元素，因为其不会抑制碳氧反应，有利于获得良好的钢锭组织。锰脱氧反应的方程和反应的 log$K$ 如式（3-41）~式（3-52）[6]：

$$(Fe_tO)(l) + [Mn] \xlongequal{} (MnO)(l) + [O] \quad (3\text{-}41)$$

$$\log K = -2.93 + 6440/T \quad (3\text{-}42)$$

$$(Fe_tO)(s) + [Mn] = (MnO)(s) + [O] \quad (3\text{-}43)$$

$$\log K = -3.01 + 6990/T \quad (3\text{-}44)$$

$$(MnO)(l) = [Mn] + [O] \quad (3\text{-}45)$$

$$\log K = -5.53 + 12590/T \quad (3\text{-}46)$$

$$(MnO)(s) = [Mn] + [O] \quad (3\text{-}47)$$

$$\log K = -6.67 + 14880/T \quad (3\text{-}48)$$

$$e_O^{Mn} = -0.021 \quad (3\text{-}49)$$

$$e_{Mn}^{O} = -0.083 \quad (3\text{-}50)$$

$$e_{Mn}^{Mn} = 0 \quad (3\text{-}51)$$

$$e_O^{O} = 0.76 - 1750/T \quad (3\text{-}52)$$

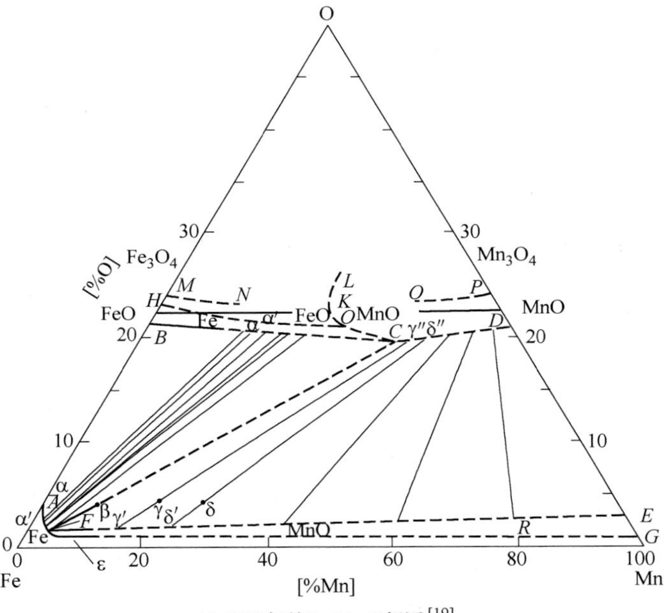

(a) 1930年的Fe-Mn-O相图[19]

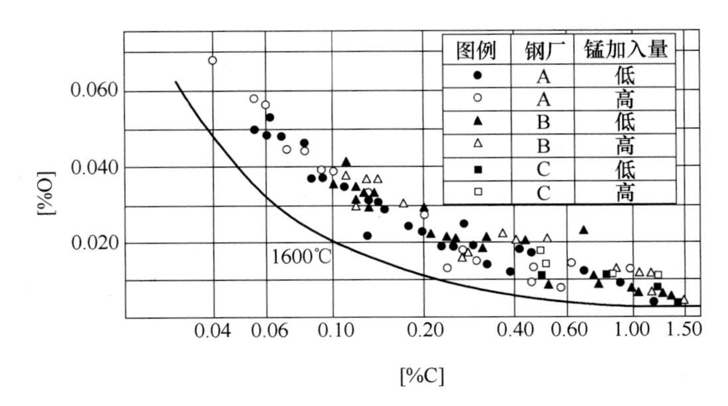

(b) 1948年得到的Mn加入量对C-O平衡的影响图[24]

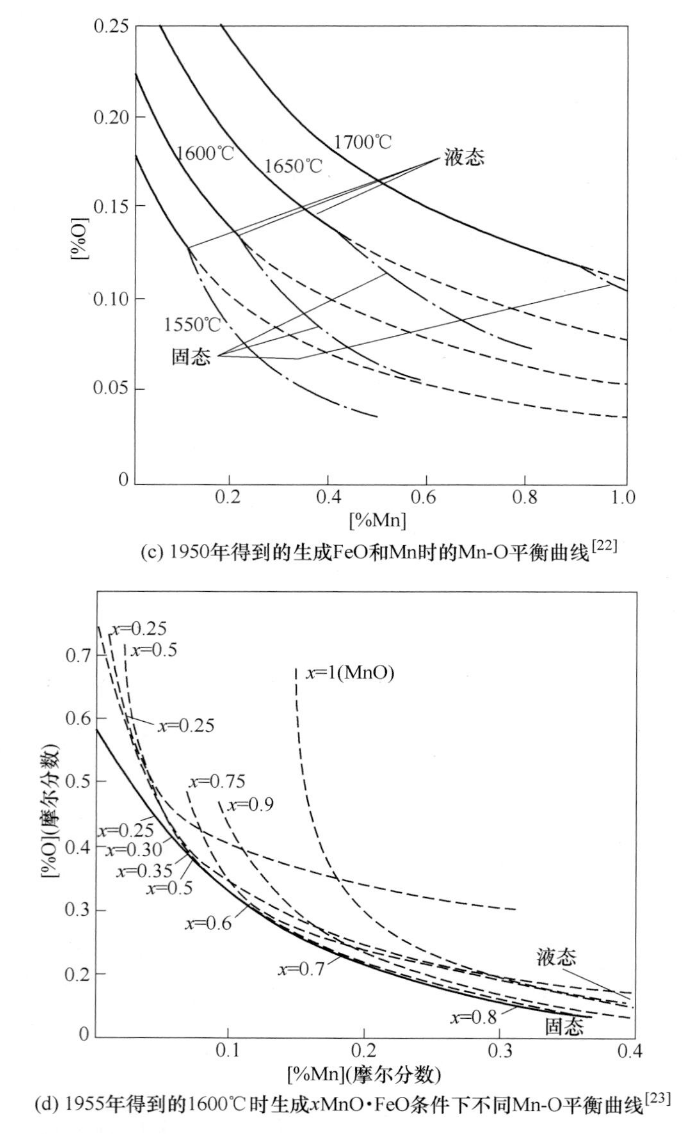

(c) 1950年得到的生成FeO和Mn时的Mn-O平衡曲线[22]

(d) 1955年得到的1600℃时生成xMnO·FeO条件下不同Mn-O平衡曲线[23]

图 3-14 不同学者得到的 Fe-Mn-O 相图

图 3-15[25] 为 1873K 下纯铁液中 Mn-O 平衡曲线。试验点和热力学计算都表明在 Mn 含量小于 1%时，氧含量随 Mn 含量增加而降低；超过 1%以后，氧含量开始回升，用锰脱氧最低可使氧含量降到 100ppm 左右。

3.1.1.7 Cr 脱氧钢中夹杂物的生成

铬是不锈钢获得不锈性和耐蚀性的最主要的元素。铁素体不锈钢在氧化性介质中，铬能使不锈钢表面上迅速生成氧化铬（例如 Cr_2O_3）的钝化膜，这层膜是非常致密和稳定的，即使一旦被破坏也能迅速修复[26]。一般说来，随钢中铬量的增加，铁素体不锈钢耐点蚀、耐缝隙腐蚀性能提高。然而，随铁素体不锈钢中铬量增加，钢的耐应力腐蚀性能下

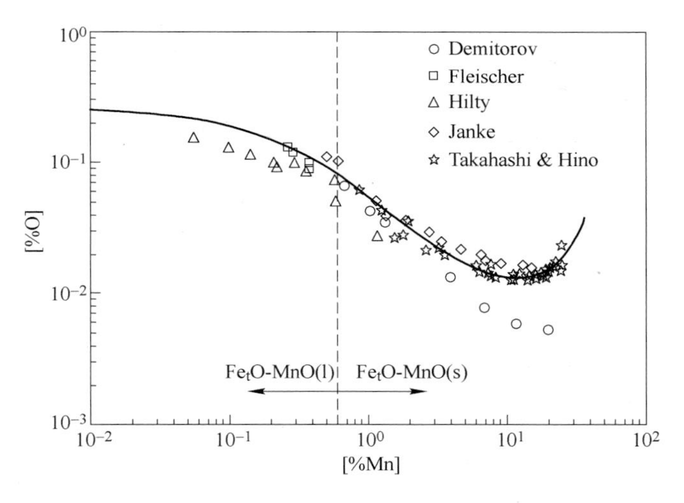

图 3-15 1873K 下纯铁液中 Mn-O 平衡曲线[25]

降。锰脱氧反应的方程和反应的 log$K$ 如式（3-53）~式（3-60）[20]：

$$(FeCr_2O_4) = [Fe] + 2[Cr] + 4[O] \tag{3-53}$$

$$\log K = 22.92 - 53420/T \tag{3-54}$$

$$(Cr_2O_3) = 2[Cr] + 3[O] \tag{3-55}$$

$$\log K = 19.42 - 44040/T \tag{3-56}$$

$$e_O^{Cr} = -0.055 \tag{3-57}$$

$$e_{Cr}^{O} = -0.189 \tag{3-58}$$

$$e_{Cr}^{Cr} = 0 \tag{3-59}$$

$$e_O^{O} = 0.76 - 1750/T \tag{3-60}$$

图 3-16 为 1873K 下纯铁液中 Cr-O 平衡曲线。

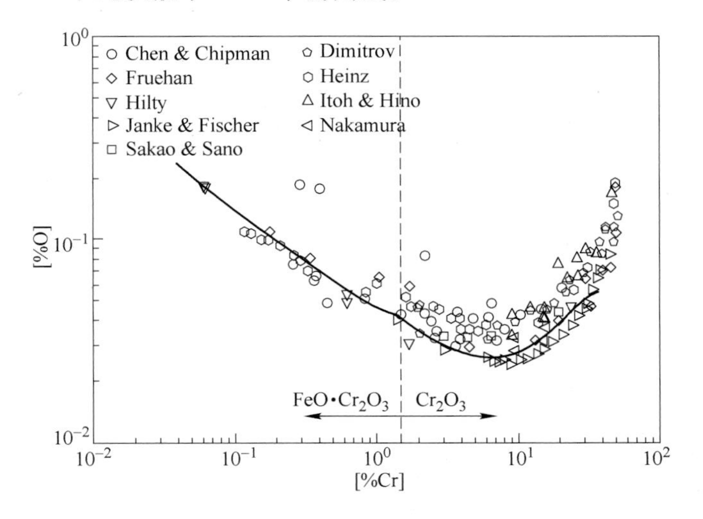

图 3-16 1873K 下纯铁液中 Cr-O 平衡曲线

3.1.1.8　Zr 脱氧钢中夹杂物的生成

锆是一个与钢中氧、氮和硫都有很强结合能力的元素。同时，锆的氧化物也有诱导晶内针状铁素体形核、细化晶粒的作用。锆脱氧反应的方程和反应的 logK 如式（3-61）~式（3-66）[20]：

$$(ZrO_2) = [Zr] + 2[O] \tag{3-61}$$

$$\log K = 21.8 - 57000/T \tag{3-62}$$

$$e_O^{Zr} = -2.1 \tag{3-63}$$

$$e_{Zr}^{O} = -12 \tag{3-64}$$

$$e_{Zr}^{Zr} = 0 \tag{3-65}$$

$$e_O^{O} = 0.76 - 1750/T \tag{3-66}$$

图 3-17 为 1873K 下纯铁液中 Zr-O 平衡曲线。

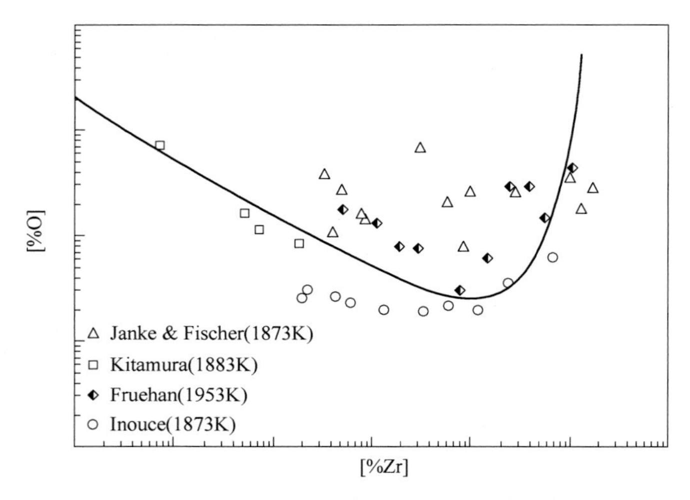

图 3-17　1873K 下纯铁液中 Zr-O 平衡曲线

3.1.1.9　La 脱氧钢中夹杂物的生成

镧是稀土元素，是钢和合金中的一个重要合金元素。镧是与氧和硫都有很强结合能力的元素。一般冶炼条件下，加入金属镧的收得率较低。而镧的氧化物有细化晶粒、改善钢的凝固组织的作用。镧脱氧反应的方程和反应的 logK 如式（3-67）~式（3-72）[27]：

$$(La_2O_3) = 2[La] + 3[O] \tag{3-67}$$

$$\log K = 21.14 - 70270/T \tag{3-68}$$

$$e_O^{La} = -0.97 \tag{3-69}$$

$$e_{La}^{O} = -8.45 \tag{3-70}$$

$$e_{La}^{La} = -0.01 \tag{3-71}$$

$$e_O^{O} = 0.76 - 1750/T \tag{3-72}$$

图 3-18 为 1873K 下纯铁液中 La-O 平衡曲线。

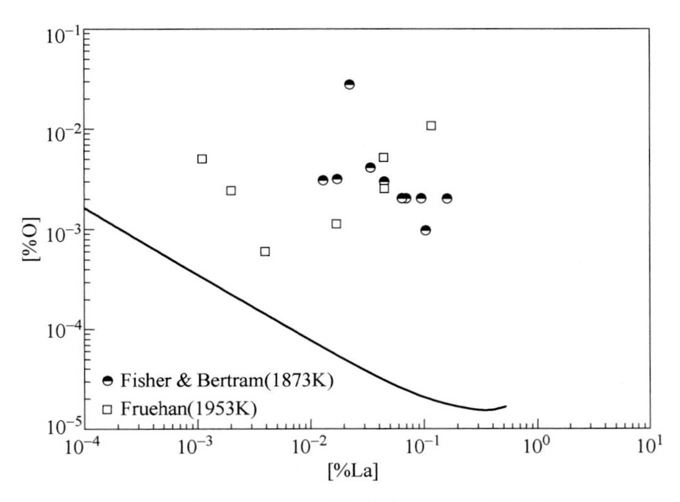

图 3-18 1873K 下纯铁液中 La-O 平衡曲线

3.1.1.10 Ce 脱氧钢中夹杂物的生成

铈是稀土元素，也是钢和合金中的一个重要合金元素。铈是与氧和硫都有很强结合能力的元素。与 La 的性质类似，加入金属铈的收得率较低。同时，铈的氧化物也有细化晶粒、改善钢的凝固组织的作用。铈脱氧反应的方程和反应的 $\log K$ 如式（3-73）~式(3-78)[28]：

$$(Ce_2O_3) = 2[Ce] + 3[O] \tag{3-73}$$

$$\log K = -17.2 \tag{3-74}$$

$$e_O^{Ce} = -64.0 \tag{3-75}$$

$$e_{Ce}^{O} = -106 \tag{3-76}$$

$$e_{Ce}^{Ce} = 0.004 \tag{3-77}$$

$$e_O^{O} = 0.76 - 1750/T \tag{3-78}$$

图 3-19 为 1873K 下纯铁液中 Ce-O 平衡曲线。

3.1.1.11 Nd 脱氧钢中夹杂物的生成

钕是稀土元素，也是钢和合金中的一个重要合金元素。钕是与氧和硫都有很强结合能力的元素。与 La 和 Ce 的性质类似，钕的夹杂物也有提升钢材性能的作用。钕脱氧反应的方程和反应的 $\log K$ 如式（3-79）~式（3-84）[29]：

$$(Nd_2O_3) = 2[Nd] + 3[O] \tag{3-79}$$

$$\log K = -13.5 \tag{3-80}$$

$$e_O^{Nd} = -16.4 \tag{3-81}$$

$$e_{Nd}^{O} = -147 \tag{3-82}$$

$$e_{Nd}^{Nd} = 0.017 \tag{3-83}$$

$$e_O^{O} = 0.76 - 1750/T \tag{3-84}$$

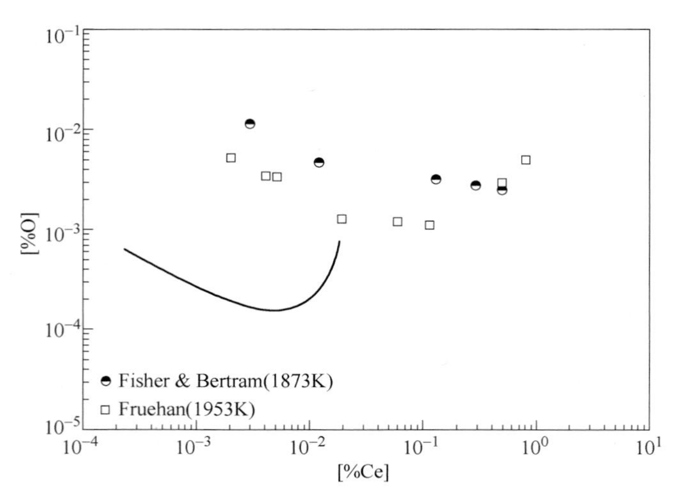

图 3-19　1873K 下纯铁液中 Ce-O 平衡曲线

图 3-20 为 1873K 下纯铁液中 Nd-O 平衡曲线。

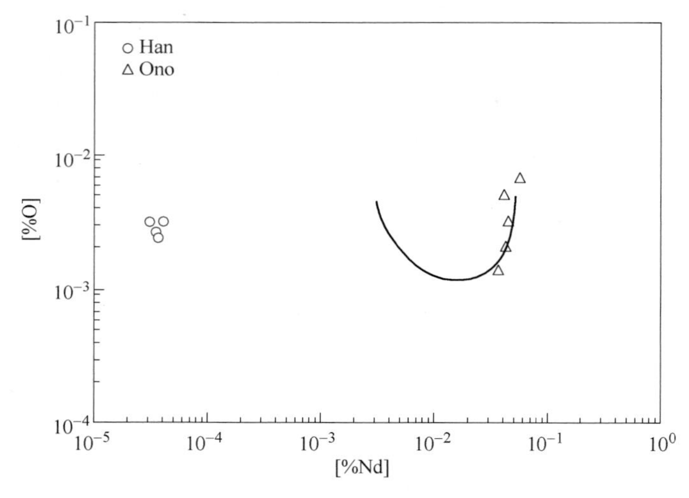

图 3-20　1873K 下纯铁液中 Nd-O 平衡曲线

3.1.1.12　Ba 脱氧钢中夹杂物的生成

金属钡与钢中的氧和硫都有很强的结合能力。金属钡的沸点较高，钢铁精炼过程中通常以加入硅钙钡线的方式进行钢液脱氧或改性夹杂物，控制夹杂物的熔点、形状、尺寸及分布，改善浇铸和铸造的工艺性能，提高钢材质量。钡脱氧反应的方程和反应的 $\log K$ 如式（3-85）~式（3-89）[30]：

$$(BaO) = [Ba] + [O] \tag{3-85}$$

$$\log K = -1.82 - 9980/T \tag{3-86}$$

$$e_{O}^{Ba} = 27.1 - 148000/T \tag{3-87}$$

$$e_{Ba}^{O} = 233 - 1270000/T \tag{3-88}$$

$$e_{O}^{O} = 0.76 - 1750/T \tag{3-89}$$

图 3-21 为 1873K 下纯铁液中 Ba-O 平衡曲线。

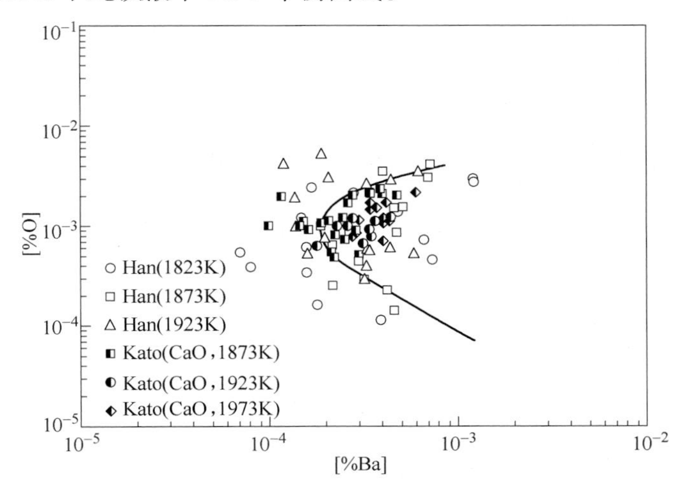

图 3-21　1873K 下纯铁液中 Ba-O 平衡曲线

3.1.1.13　B 脱氧钢中夹杂物的生成

硼是钢的重要合金元素之一，可以提高钢的淬透性，有强化晶界和提升钢的高温强度的作用。硼脱氧反应的方程和反应的 $\log K$ 如式（3-90）~式（3-95）[27]：

$$(B_2O_3) = 2[B] + 3[O] \tag{3-90}$$

$$\log K = -8.0 \tag{3-91}$$

$$e_{O}^{B} = -0.315 \tag{3-92}$$

$$e_{B}^{O} = -0.212 \tag{3-93}$$

$$e_{B}^{B} = 0.038 \tag{3-94}$$

$$e_{O}^{O} = 0.76 - 1750/T \tag{3-95}$$

图 3-22 为 1873K 下纯铁液中 B-O 平衡曲线。

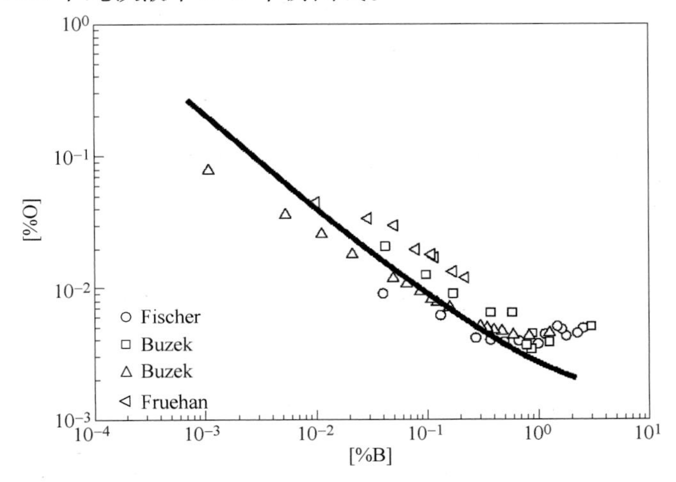

图 3-22　1873K 下纯铁液中 B-O 平衡曲线

3.1.1.14 Y 脱氧钢中夹杂物的生成

稀土元素钇是钢的重要合金元素之一，有较强的脱氧、脱硫能力，可以提高钢的淬透性，有强化晶界和提升钢的高温强度的作用。钇处理可以有效地减少钢中夹杂物含量，改善夹杂物的分布形态，改善钢的凝固组织。钇能减小钢中 Pb、Sn、As、P 等元素的有害性。钇脱氧反应的方程和反应的 $\log K$ 如式（3-96）~式（3-101）[31]：

$$(Y_2O_3) \xlongequal{} 2[Y] + 3[O] \tag{3-96}$$

$$\log K = 7.33 - 36160/T \tag{3-97}$$

$$e_O^Y = 3.14 - 17350/T \tag{3-98}$$

$$e_Y^O = 17.4 - 96293/T \tag{3-99}$$

$$e_Y^Y = 0.03 \tag{3-100}$$

$$e_O^O = 0.76 - 1750/T \tag{3-101}$$

图 3-23 为 1873K 下纯铁液中 Y-O 平衡曲线。

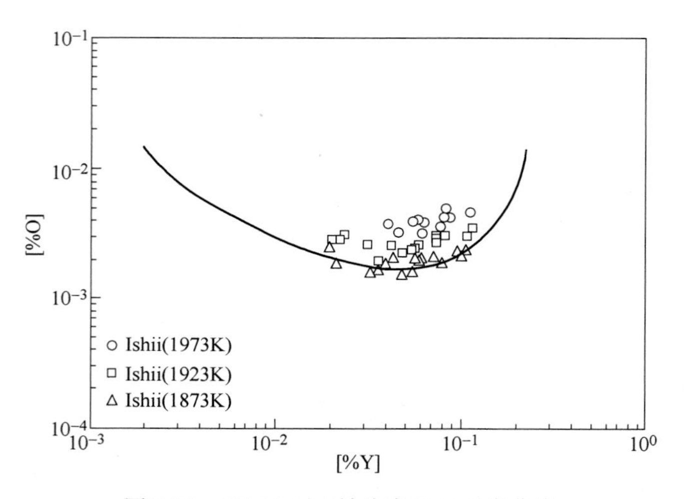

图 3-23 1873K 下纯铁液中 Y-O 平衡曲线

3.1.1.15 Hf 脱氧钢中夹杂物的生成

铪是钢和合金中的一个重要合金元素。铪可以加强钢晶界的析出强化，同时提升氧化物的黏附性能。铪脱氧反应的方程和反应的 $\log K$ 如式（3-102）~式（3-107）[32]：

$$(HfO_2) \xlongequal{} [Hf] + 2[O] \tag{3-102}$$

$$\log K = -35840/T + 11.39 \tag{3-103}$$

$$e_O^{Hf} = -5.85 \tag{3-104}$$

$$e_{Hf}^O = -65.2 \tag{3-105}$$

$$e_{Hf}^{Hf} = 0.007 \tag{3-106}$$

$$e_O^O = 0.76 - 1750/T \tag{3-107}$$

图 3-24 为 1873K 下纯铁液中 Hf-O 平衡曲线。

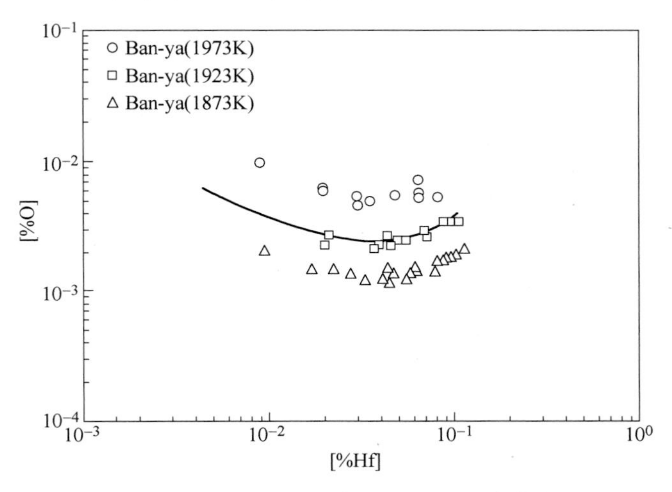

图 3-24 1873K 下纯铁液中 Hf-O 平衡曲线

3.1.1.16 V 脱氧钢中夹杂物的生成

钒是钢的优良脱氧剂。钢中加钒可细化组织晶粒，提高强度和韧性。钒与碳形成的碳化物，在高温高压下可提高抗氢腐蚀能力。钒脱氧反应的方程和反应的 $\log K$ 如式 (3-108)~式 (3-115)[20]：

$$(FeV_2O_4) = [Fe] + 2[Cr] + 4[O] \tag{3-108}$$

$$\log K = 18.70 - 48270/T \tag{3-109}$$

$$(V_2O_3) = 2[V] + 3[O] \tag{3-110}$$

$$\log K = 17.60 - 43390/T \tag{3-111}$$

$$e_O^V = 0.42 - 1050/T \tag{3-112}$$

$$e_V^O = 1.33 - 3350/T \tag{3-113}$$

$$e_V^V = 0.022 \tag{3-114}$$

$$e_O^O = 0.76 - 1750/T \tag{3-115}$$

图 3-25 为 1873K 下纯铁液中 V-O 平衡曲线。

3.1.1.17 Ta 脱氧钢中夹杂物的生成

钽是钢中重要的合金元素之一。钽可以提高钢的熔点、高温强度、碳化物的稳定性，有提升钢的质量和机械性能的作用。钽脱氧反应的方程和反应的 $\log K$ 如式 (3-116)~式 (3-121)[20]：

$$(Ta_2O_5) = 2[Ta] + 5[O] \tag{3-116}$$

$$\log K = 21.90 - 63100/T \tag{3-117}$$

$$e_O^{Ta} = 0.874 - 1830/T \tag{3-118}$$

$$e_{Ta}^O = 9.84 - 20700/T \tag{3-119}$$

$$e_{Ta}^{Ta} = -2.42 + 4737/T \tag{3-120}$$

$$e_O^O = 0.76 - 1750/T \tag{3-121}$$

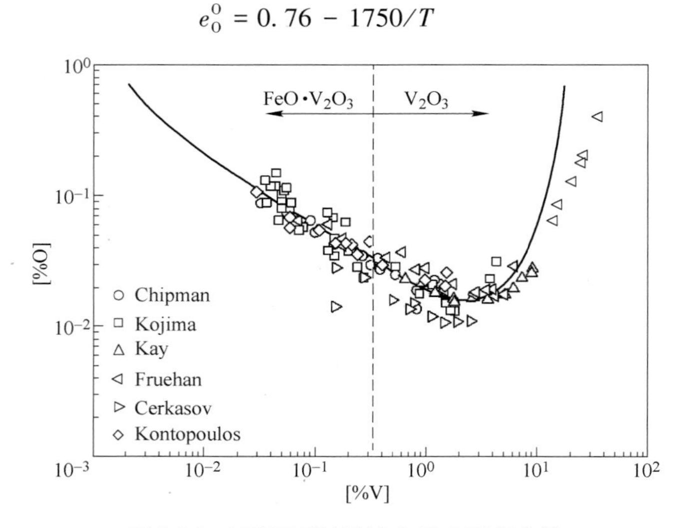

图 3-25　1873K 下纯铁液中 V-O 平衡曲线

图 3-26 为 1873K 下纯铁液中 Ta-O 平衡曲线。

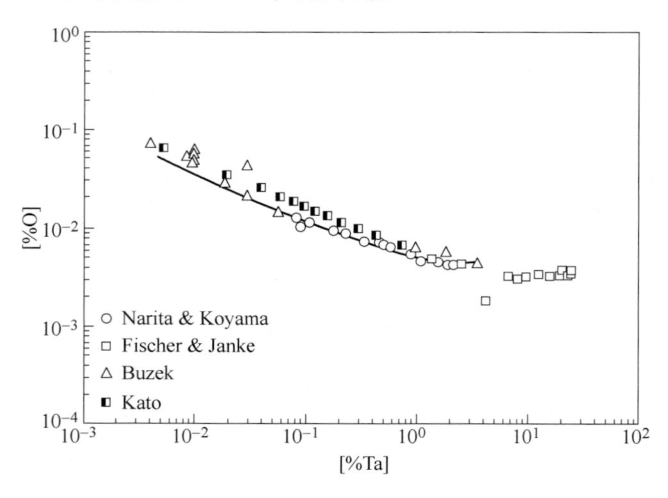

图 3-26　1873K 下纯铁液中 Ta-O 平衡曲线

3.1.1.18　Nb 脱氧钢中夹杂物的生成

铌是钢中重要的合金元素之一。铌可以细化钢的晶粒组织，降低钢的过敏感性及回火脆性，改善钢的焊接性能，提升高耐热钢的强度和抗腐蚀性。铌脱氧反应的方程和反应的 $\log K$ 如式（3-122）~式（3-129）[33]：

$$(NbO_2) \Longrightarrow [Nb] + 2[O] \tag{3-122}$$

$$\log K = 8.61 - 23870/T \tag{3-123}$$

$$(Nb_2O_5) \Longrightarrow 2[Nb] + 5[O] \tag{3-124}$$

$$\log K = 19.91 - 56050/T \tag{3-125}$$

$$e_{O}^{Nb} = -0.09 \tag{3-126}$$

$$e_{Nb}^{O} = -0.52 \tag{3-127}$$

$$e_{Nb}^{Nb} = 0.139 - 302/T \tag{3-128}$$

$$e_{O}^{O} = 0.76 - 1750/T \tag{3-129}$$

图 3-27 为 1873K 下纯铁液中 Nb-O 平衡曲线。

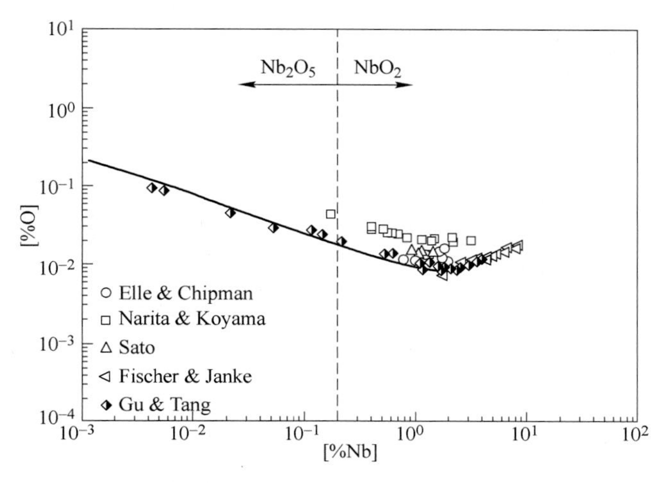

图 3-27　1873K 下纯铁液中 Nb-O 平衡曲线

3.1.2　二元脱氧纯铁液中夹杂物的生成

对于钢中夹杂物的改性，主要有两种方法。第一种为通过精炼过程的渣钢反应对钢中夹杂物进行变性处理。Suito[34-38]认为，如果存在足够充分的动力学条件，即钢液、精炼渣和夹杂物完全达到平衡，钢中夹杂物的成分应该与顶渣成分相同，因此，精炼渣对夹杂物的改性不可忽视。但是由于现场实际生产过程中，不能保证足够长的精炼时间和有利于渣钢传质反应的动力学条件，很难将钢中的大多数夹杂物改性。因此，人们往往采用第二种加入合金改性处理的方法，直接将合金加入钢液当中，合金可以迅速与钢中的夹杂物进行反应，达到改性夹杂物的目的。

3.1.2.1　钢中 $MgO-Al_2O_3$ 夹杂物的生成

铝脱氧钢中夹杂物的主要类型为 Al_2O_3 夹杂，由于现在 MgO-C 和 MgO-CaO-C 耐火材料的广泛应用，以及部分精炼渣中含有一定量的 MgO，因此，随着反应的进行，钢中镁含量逐渐增加，镁铝尖晶石夹杂物的生成很难避免。镁铝尖晶石夹杂物是一个泛称，并不专指 MgO 和 Al_2O_3 按分子 1∶1 组成的物质，而是指由 MgO 和 Al_2O_3 组成的物质。镁铝尖晶石属立方晶系，有规则的几何形状（菱形、长方形、梯形及其他）。镁铝尖晶石夹杂物具有高熔点、高硬度的特点，轧制过后夹杂物不变形，会导致产品产生缺陷[39-41]。图 3-28 为钢中镁铝尖晶石夹杂物形貌。

为了控制钢中 $MgO \cdot Al_2O_3$ 夹杂物的生成，很多研究者对这类夹杂物在钢中产生的机理进行了研究。根据前人的研究成果，钢中 $MgO \cdot Al_2O_3$ 夹杂物的产生机理目前主要有以

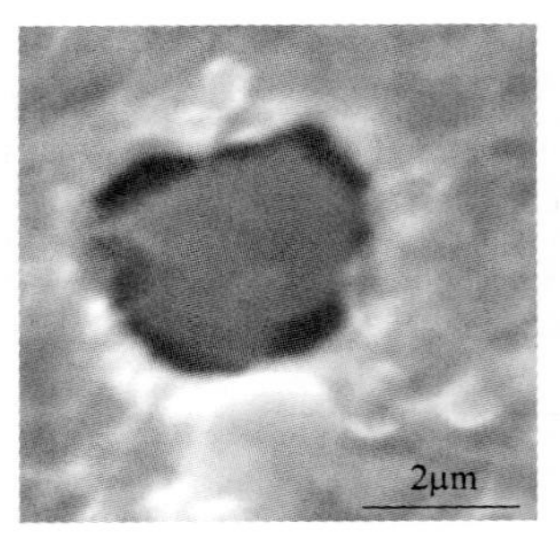

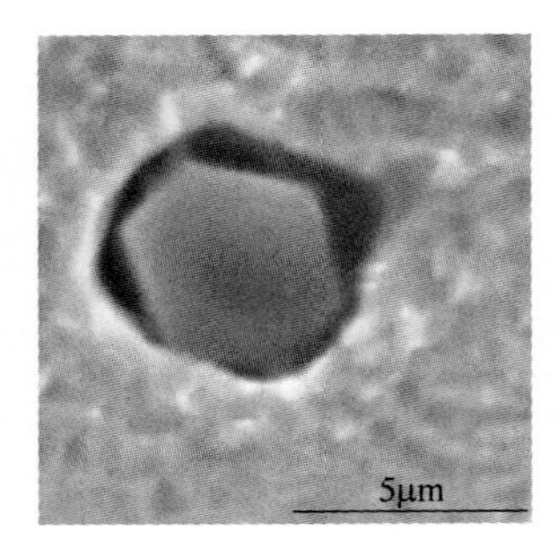

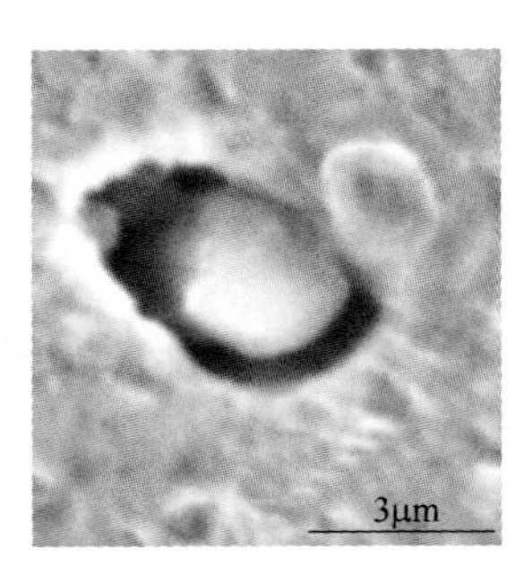

图 3-28 钢中镁铝尖晶石夹杂物形貌

下四种模型：（1）碳还原模型[42]；（2）铝置换模型[43]；（3）直接反应模型[6,44,45]；（4）晶体化模型[41]。由于钢种、冶炼工艺以及实际生产条件不同，钢中镁铝尖晶石夹杂物的产生机理也必然有所不同。

许多学者[6,41,44-47]都对钢中 Mg-Al-O 系夹杂物的热力学稳定相图进行了计算。图 3-29 为用这些数据计算的经典的纯铁液中 Mg-Al-O 系夹杂物的热力学稳定相图，用此图可以根据钢液成分对钢中夹杂物的成分类型进行预测。同时可以得出，当钢液中夹杂物的铝含量超过 0.001%时，只需要几个 ppm 的镁，就能生成镁铝尖晶石夹杂物。

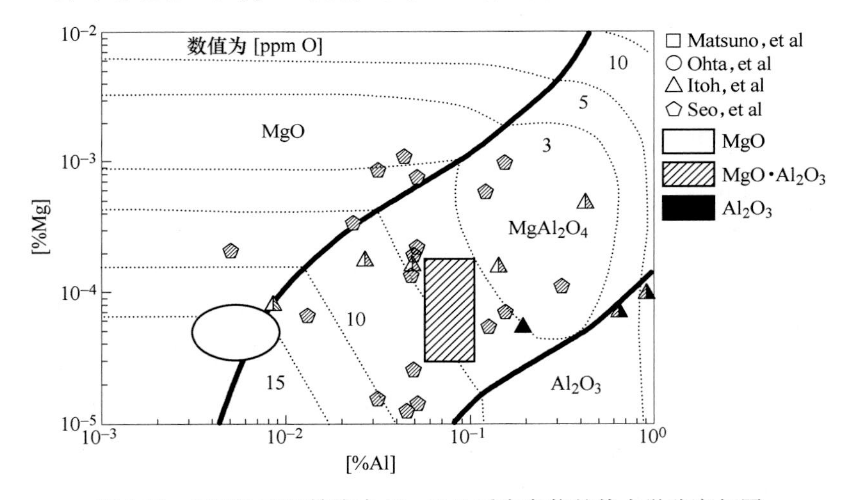

图 3-29 1873K 下纯铁液中 Mg-Al-O 系夹杂物的热力学稳定相图

Park 等[15,48-50]在不锈钢中镁铝尖晶石夹杂物的研究方面做了大量工作，包括：CaO-Al_2O_3-MgO 系炉渣对铁素体不锈钢中尖晶石夹杂物析出的影响，随着夹杂物中 MgO 含量的增加，尖晶石夹杂物的尺寸有明显减小趋势；解释了 16Cr-14Ni 奥氏体不锈钢中的 Al、Mg 脱氧平衡；解释了不锈钢中 MgO · Al_2O_3 夹杂物的形成机理。

3.1.2.2 钢中 Al_2O_3-TiO_x 夹杂物的生成

1873K 下纯铁液中 Al-Ti-O 系夹杂物的热力学稳定相图如图 3-30 所示。随着气氛中的氧分压逐渐降低，钢中 Al_2O_3-TiO_x 夹杂物的熔点逐渐降低，在炼钢温度的惰性气氛下，可以生成液态的 Al_2O_3-TiO_x 夹杂物。

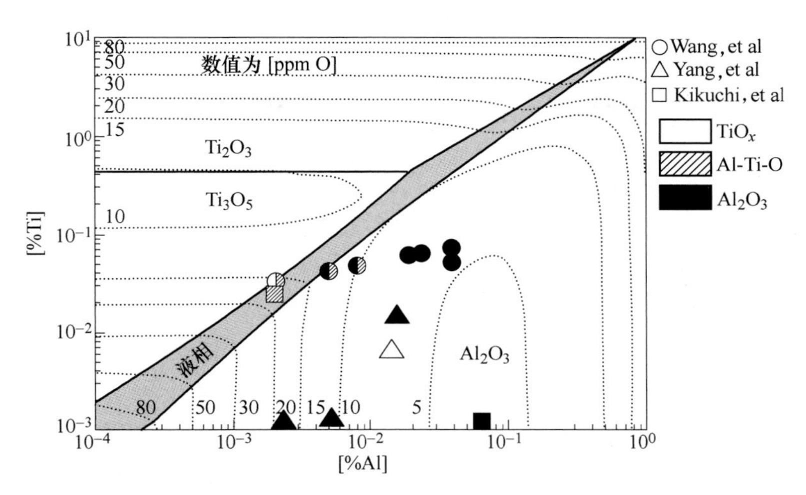

图 3-30 1873K 下纯铁液中 Al-Ti-O 系夹杂物的热力学稳定相图

Wang 等[51-53]对钢中 Al-Ti-O 系夹杂物的瞬态变化做了大量研究，如不同钛含量、不同钛铝比下钢中夹杂物形貌、成分、尺寸和结构随时间变化的演变：当钢液的 Ti/Al 为 1/4 时，钢中只是在加入 Ti 后的短时间内出现了 TiO_x 夹杂物，随着反应时间的进行，钢中稳定生成球形的 Al_2O_3；随着钢中 Ti/Al 逐渐增加为 1/1 时，夹杂物中含有 TiO_x 的成分逐渐增加，夹杂物的形貌变得有些不规则；随着钢中 Ti/Al 的比例增加到 15/1 时，逐渐出现了许多不规则的 Al_2TiO_5 夹杂物，主要以球形为主，不规则的占少数；当钢中 Ti/Al 的比例增加到 75/1 时，夹杂物主要为 TiO_x，且形状由近球形变得不规则。此外，研究并解释了先加入铝后加入钛生成 Al-Ti-O 系夹杂物的机理；同时还研究了钢中 Al-Ti-O 系夹杂物受到二次氧化的影响[54]。

图 3-31 为钢中典型 Al-Ti-O 系夹杂物形貌。图 3-31（a）为 Al 和 Ti 元素分布均匀的 Al-Ti-O 系夹杂物，其钢液成分位于 Al-Ti-O 系夹杂物的液相区；图 3-31（b）为 Al 和 Ti 元素分布不均匀的 Al-Ti-O 系夹杂物，其化学成分同样位于 Al-Ti-O 系夹杂物的液相区，没有得到均匀球形的液态夹杂物可能是由于反应时间不充足造成的。

(a)

(b)

图 3-31 钢中 Al-Ti-O 系夹杂物形貌

3.1.2.3　钢中 $MgO-TiO_x$ 夹杂物的生成

Ono 等[55]通过实验测定了反应 $MgTi_2O_4(s) = Ti + 2Mg + 4O$ 的 $\log K = -18.7(\pm1.2)$，以及相互作用系数为 $e_{Mg}^{Ti} = -18.4(\pm13.2)$。图 3-32 为计算的纯铁液中 Mg-Ti-O 系夹杂物的热力学稳定相图，图中存在 MgO、Ti_2O_3、Ti_3O_5 和 $MgTi_2O_4$ 四个稳定相的区域。同时，通过实验对此计算的稳定相图进行了验证。

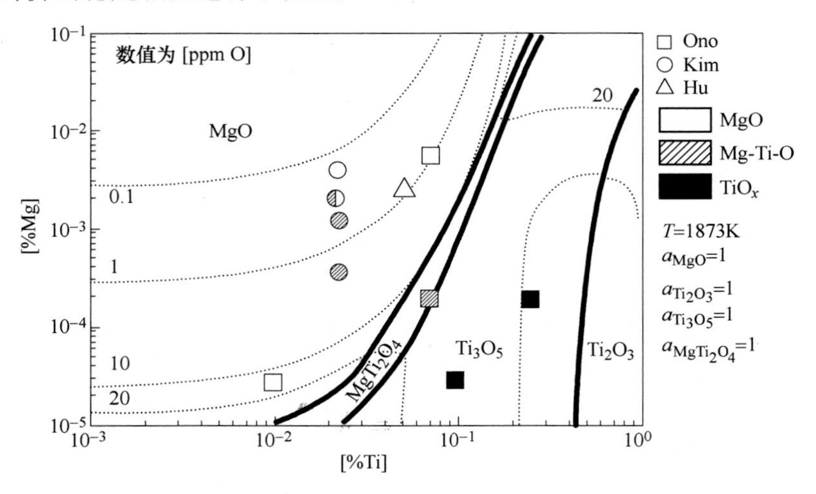

图 3-32　1873K 下纯铁液中 Mg-Ti-O 系夹杂物的热力学稳定相图

Kim 等[56]研究了 Mg 对 Mn-Si-Ti 脱氧钢中夹杂物形貌、尺寸及数量等特征的影响（图 3-33）。随镁含量的增加，夹杂物中氧化镁含量逐渐增加。当 Mg 含量为 0 时，夹杂物为

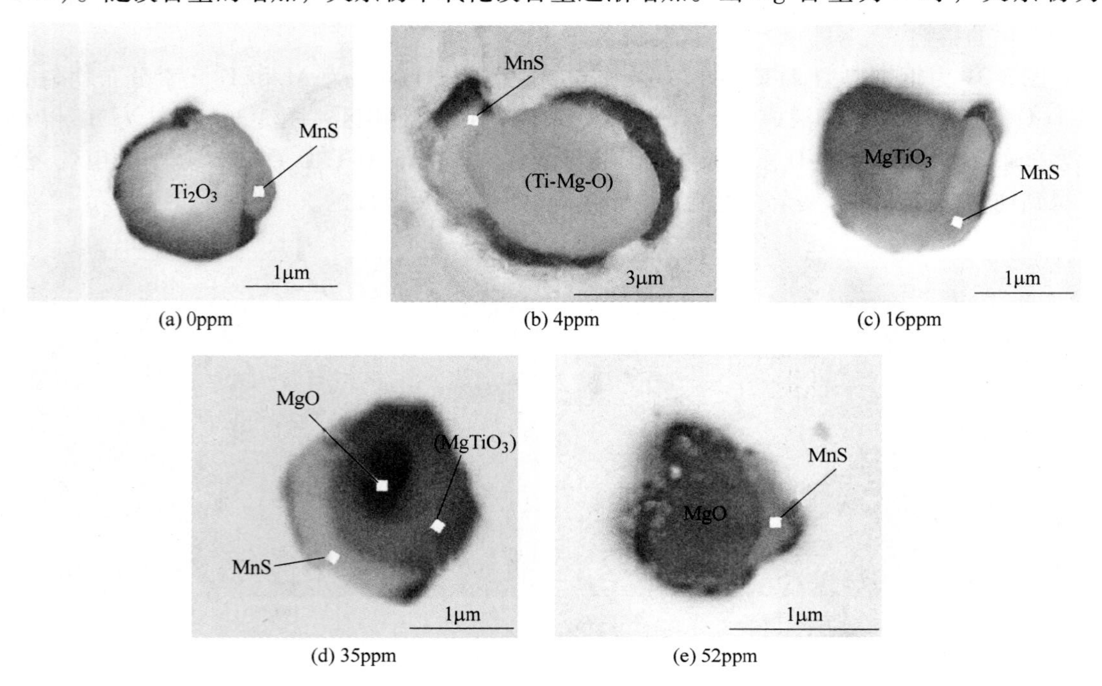

图 3-33　不同镁含量下典型夹杂物形貌

Ti_2O_3 周围有部分 MnS 析出；当钢中 Mg 含量为 4ppm 时，钢中夹杂物的主要为 Mg-Ti-O 夹杂物，当钢中 Mg 含量为 16ppm 时，钢中夹杂物的是主要成分为 $MgTiO_3$，同样包裹着 MnS 夹杂物；当钢中夹杂物为 35ppm 时，夹杂物主要为包裹着 MnS 的 Mg-Ti-O 夹杂物，当钢液中的 Mg 含量达到 54ppm 时，夹杂物核心开始变成 MgO，同时包裹着 MnS。

3.1.2.4　钢中 Al_2O_3-CaO 夹杂物的生成

铝脱氧钢中的夹杂物脱氧后产生大量的 Al_2O_3 夹杂物，此类夹杂物容易引起水口堵塞，同时轧制过后容易形成大尺寸点链状夹杂物，易导致裂纹[3,57]。此类夹杂物很难被全部去除，因此，需要进行钙处理将其改性为低熔点钙铝酸盐夹杂物，减小其对钢材性能的影响[34,58]。图 3-34[59] 为 Al_2O_3-CaO 二元相图。由图中可以看出，在 Al_2O_3、CaO · 6Al_2O_3、CaO · 3Al_2O_3、CaO · Al_2O_3、12CaO · 7Al_2O_3、3CaO · Al_2O_3 和 CaO 中，只有 12CaO · 7Al_2O_3 和 3CaO · Al_2O_3 在钢水温度下是液态的。

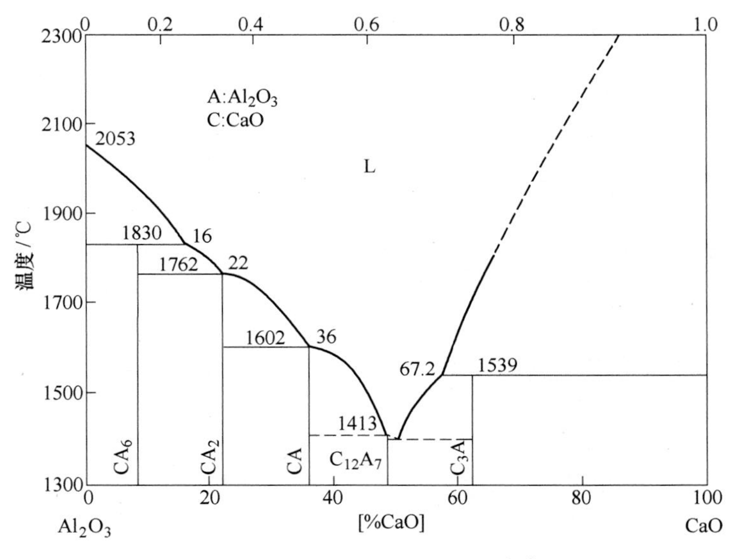

图 3-34　Al_2O_3-CaO 二元相图[59]

图 3-35 为 1873K 下纯铁液中 Al-Ca-O 系夹杂物的稳定相图。从图中可以看出钢水喂钙处理过程中，喂钙过多或者过少不但对改善水口结瘤无效，而且会加重水口结瘤的程度。这主要是因为在钙铝酸钙的多种化合物里，只有 12CaO · 7Al_2O_3 和 3CaO · Al_2O_3 在钢水温度下是液态，其他化合物都是固态的。只有合理地控制喂钙线量和精炼时间，才能把钢中的夹杂物控制成为液态夹杂物[60-62]。

图 3-36 为 1873K 下钢中有 Al_2O_3 系夹杂物钙处理前后的形貌变化[63]。钙处理之前，钢中夹杂物主要为棱角分明的 Al_2O_3 夹杂物，钙处理后夹杂物为球形的液态钙铝酸盐夹杂物。因此，钙处理可以成功改性 Al_2O_3 夹杂物，通过降低其熔点减小其危害。

作为和上述最新研究结果的对比，1996 年 Turkdogan 的书里[64]给出了图 3-37 的结果，该图仅仅显示了生成纯的 Al_2O_3 夹杂物和生成 CaO · Al_2O_3 夹杂物时钢中溶解氧和酸溶铝的关系。

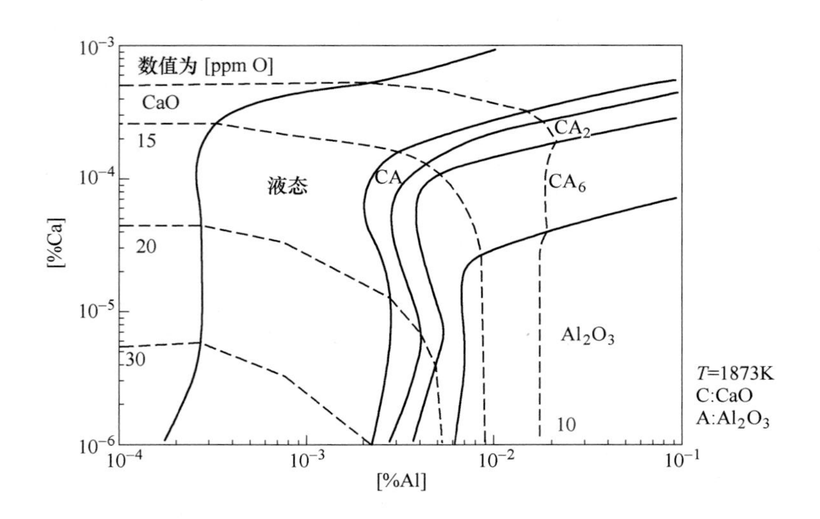

图 3-35 1873K 下纯铁液中 Al-Ca-O 系夹杂物的稳定相图

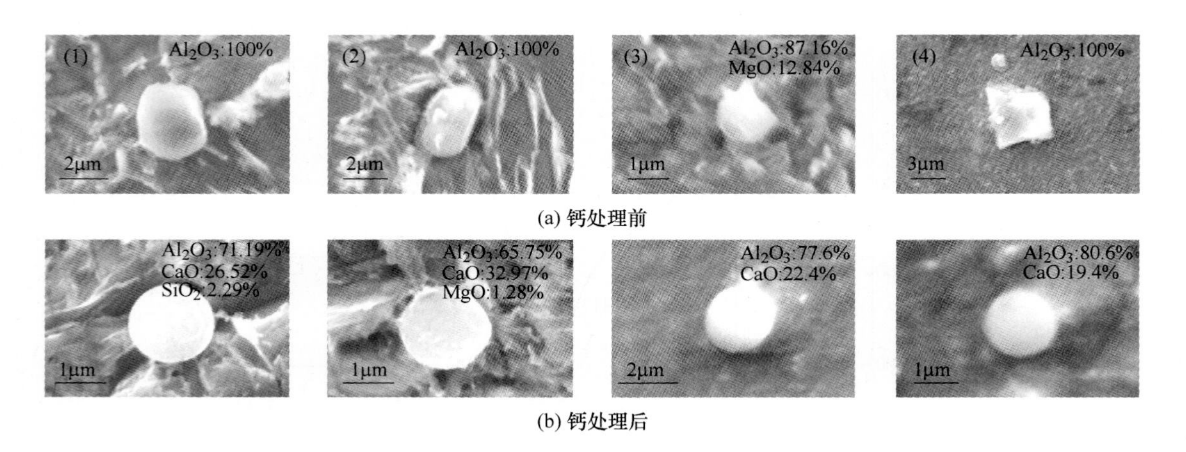

图 3-36 1873K 下钢中有 Al_2O_3 系夹杂物钙处理前后的形貌变化[63]

图 3-38 为 1996 年计算的铝脱氧钙处理过程夹杂物的转变相图[64]。该图给出了钢液中不同初始 Al 含量和 O 含量下，把夹杂物变性为液态需要的钙含量，但没有考虑钙处理喂钙线过多造成的影响。

3.1.2.5 钢中 SiO_2-MnO 系夹杂物的生成

图 3-39 和表 3-1 为某 Si-Mn 脱氧钢中 SiO_2-MnO 夹杂物的形貌和成分。夹杂物的主要成分是 SiO_2 和 MnO，同时存在少量 CaO、Al_2O_3 及 MgO。小尺寸夹杂物以 MnS 为主。在这些照片中可以发现夹杂物的颜色不同，反映了夹杂物 SiO_2 和 MnO 含量的不同。从图 3-40[65]可知，液态的 Si-Mn-O 复合氧化物中 SiO_2 和 MnO 的配比在不同的温度下不尽相同，关于这类复合夹杂物的形成机理还有待于进一步的研究。

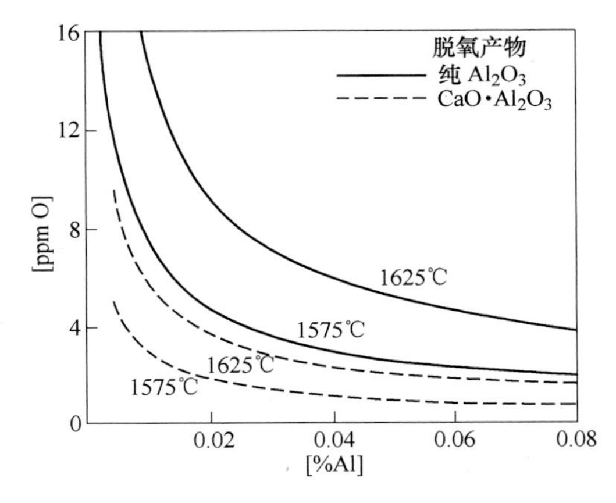

图 3-37 铝脱氧时生成 Al_2O_3 夹杂物和生成 $CaO \cdot Al_2O_3$ 夹杂物时钢中溶解氧和酸溶铝的平衡曲线[64]

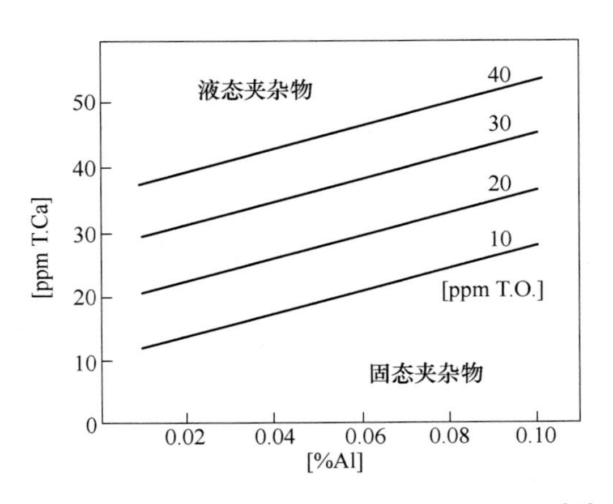

图 3-38 铝脱氧钙处理过程夹杂物的转变相图[64]

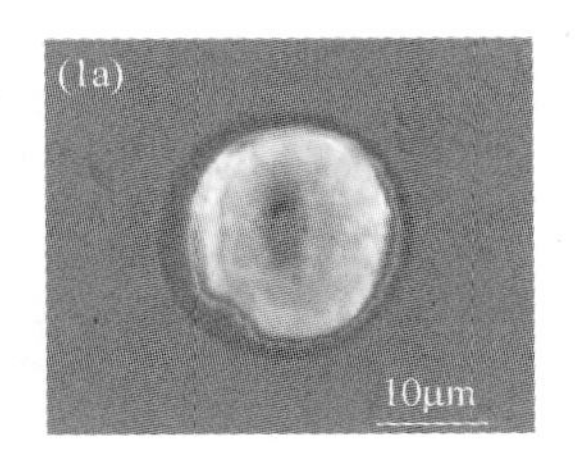

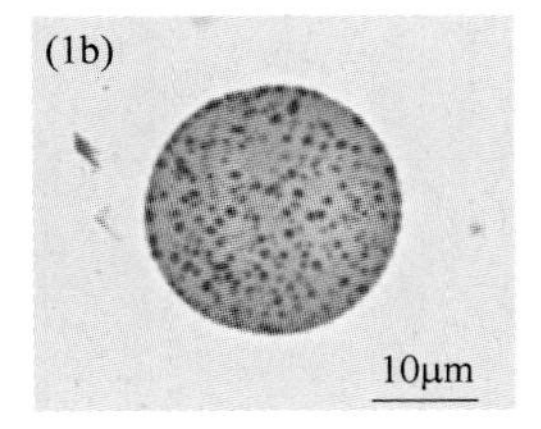

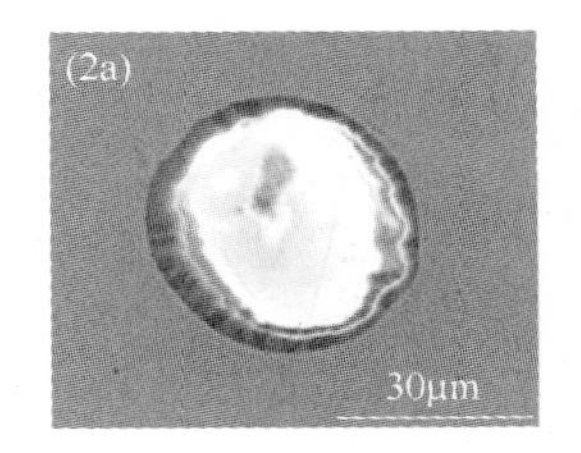

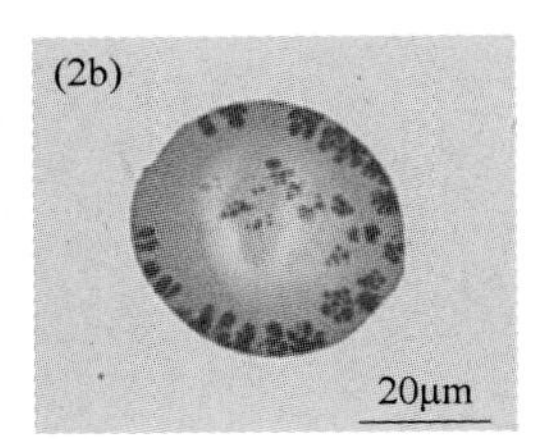

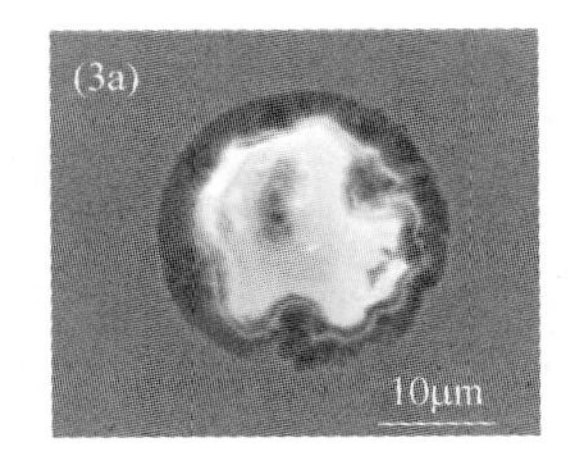

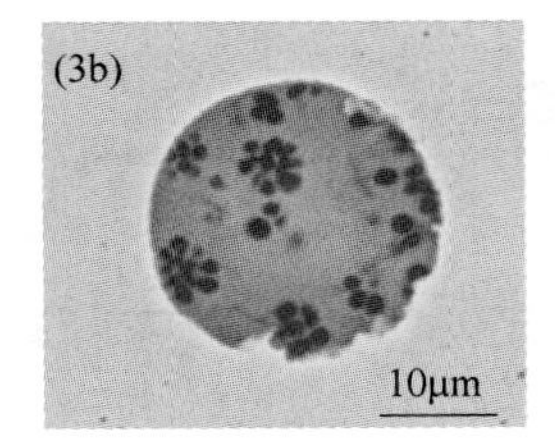

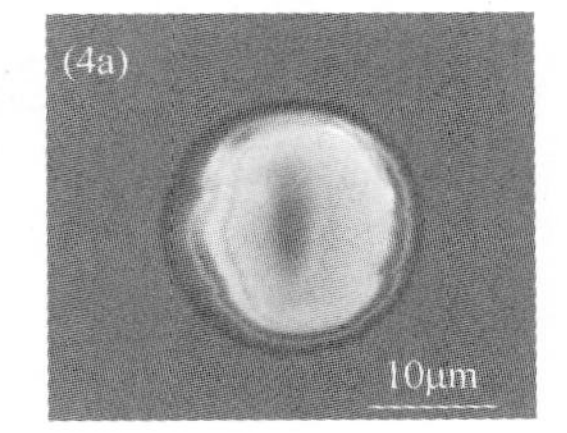

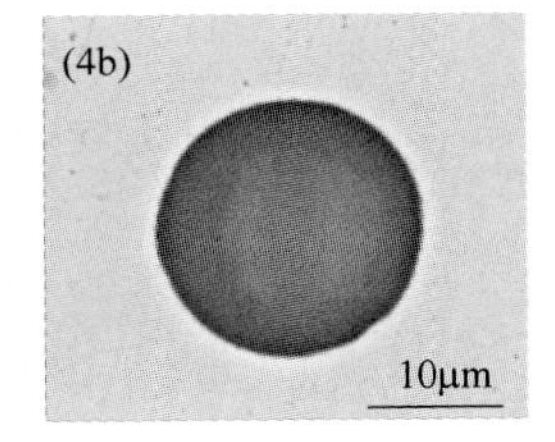

图 3-39 中间包大尺寸夹杂物照片

（a）二次电子照片；（b）对应的背散射照片

表 3-1 中间包大尺寸夹杂物成分 （wt%）

成分	SiO_2	MnO	MnS	Al_2O_3	CaO	MgO
（1）	66. 21	33. 79	0	0	0	0
（2）	66. 90	33. 10	0	0	0	0
（3）	65. 61	32. 58	0	1. 81	0	0
（4）	65. 92	24. 87	0	4. 68	2. 69	1. 84

复合脱氧能够提高元素的脱氧能力。图 3-41 为 1600℃下 Si-Mn 复合脱氧钢液中的平衡［O］含量[64]。当［Si］= 0. 12%、［Mn］= 0. 37%时，钢液中平衡的溶解氧含量约为 130ppm。这说明仅用硅锰脱氧会导致钢水中与硅锰相平衡的溶解氧较高。当［Mn］/［Si］> 2. 5 时，生成液态的 $MnO \cdot SiO_2$，夹杂物易上浮到渣相，钢水可浇性好，不堵塞水口[66]。

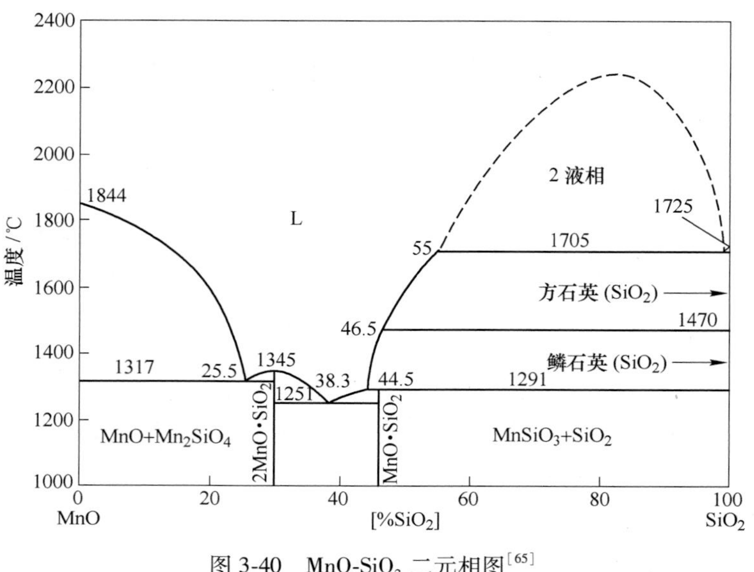

图 3-40　MnO-SiO_2 二元相图[65]

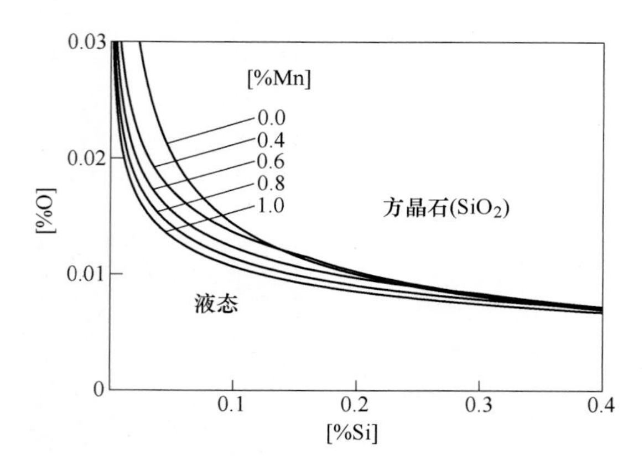

图 3-41　1600℃下 Si-Mn 复合脱氧钢液中的平衡［O］含量[64]

1979 年，Gatellier 和 Olette 计算了 1600℃下钢中 Si-Mn-O 脱氧平衡曲线，如图 3-42 所示[67]。由图可知，钢中生成纯 SiO_2、含 50%SiO_2 夹杂物、45%SiO_2 夹杂物、40%SiO_2 夹杂物、FeO · MnO 夹杂物所需要的钢中［Si］、［Mn］和［O］含量。

图 3-43 为本书作者计算的 1600℃下纯铁液中 Si-Mn-O 夹杂物生成相图。根据钢中［Si］、［Mn］和［O］含量可有效预测钢中固态 MnO 夹杂物、固态 SiO_2 夹杂物和液态夹杂物。

3.1.2.6　钢中 Al_2O_3-SiO_2 夹杂物的生成

也有一些企业采用硅铝复合脱氧对不锈钢进行脱氧。Hino 等[26]进行了不同铬含量钢液的脱氧平衡实验，重新对钢液中 Si、Al、O 的平衡关系进行了评价，并根据其研究结果和现行的热力学数据，得到 Si-Al 复合脱氧产物的稳定区图（图 3-44）。

Sridhar 等[68]研究了向钢液中加入 Si 和 Al 后，钢中夹杂物的瞬态变化情况，结果如图

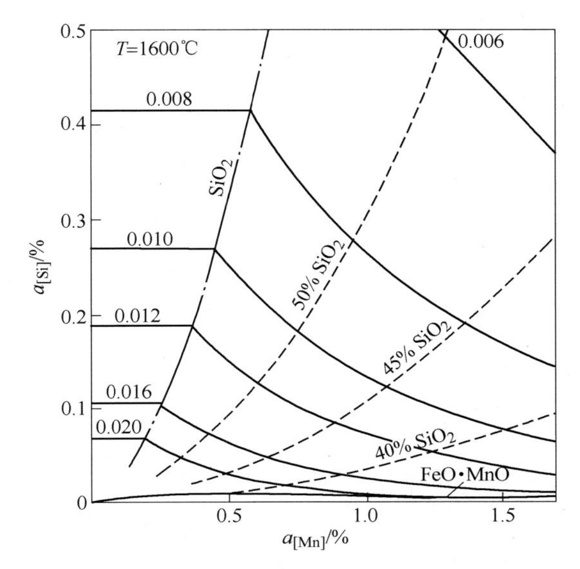

图 3-42　1979 年的 1600℃下钢中 Si-Mn-O 脱氧平衡曲线[67]
（图中实线是溶解氧的浓度，%）

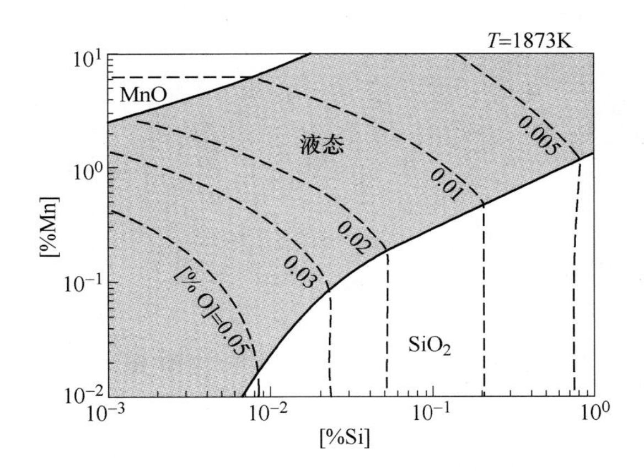

图 3-43　1873K 下纯铁液中 Si-Mn-O 脱氧平衡曲线

3-45 所示。图 3-45（a）中，加入 Si 和 Al 后 1min，钢中夹杂物的主要成分为 Al_2O_3 和 Al_2O_3-SiO_2 夹杂物。其中，Al_2O_3-SiO_2 夹杂物有一个 Al_2O_3-SiO_2 核心和一个 Al_2O_3 外层。随着反应时间从 1min 增加到图 3-45（b）和（c）中的 4min 和 8min，复合相的 Al_2O_3-SiO_2 夹杂物逐渐混匀为均一项的球形 Al_2O_3-SiO_2 夹杂物。同时，钢液中有棱角分明的 Al_2O_3 夹杂物生成。

3.1.2.7　其他二元脱氧过程中夹杂物的生成

图 3-46 为本书作者用 FactSage 计算的 1600℃下纯铁中 Al-Si-O 夹杂物生成相图。根据钢中［Si］、［Mn］和［O］含量可有效预测钢中固态 MnO 夹杂物、固态 SiO_2 夹杂物、固态莫来石夹杂物和液态夹杂物的生成。

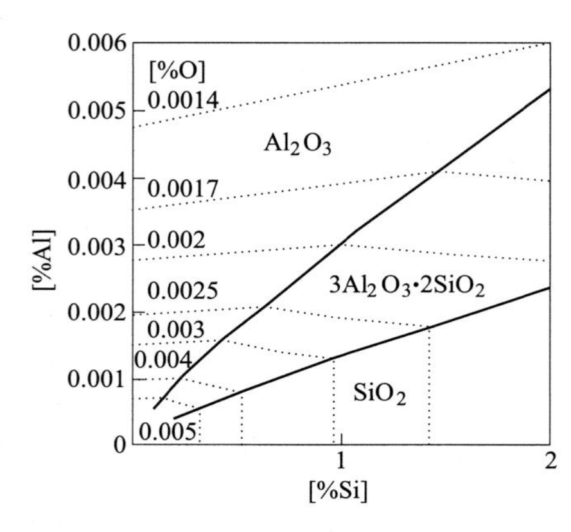

图 3-44　不锈钢中 Al-Si-O 系夹杂物平衡稳定相图

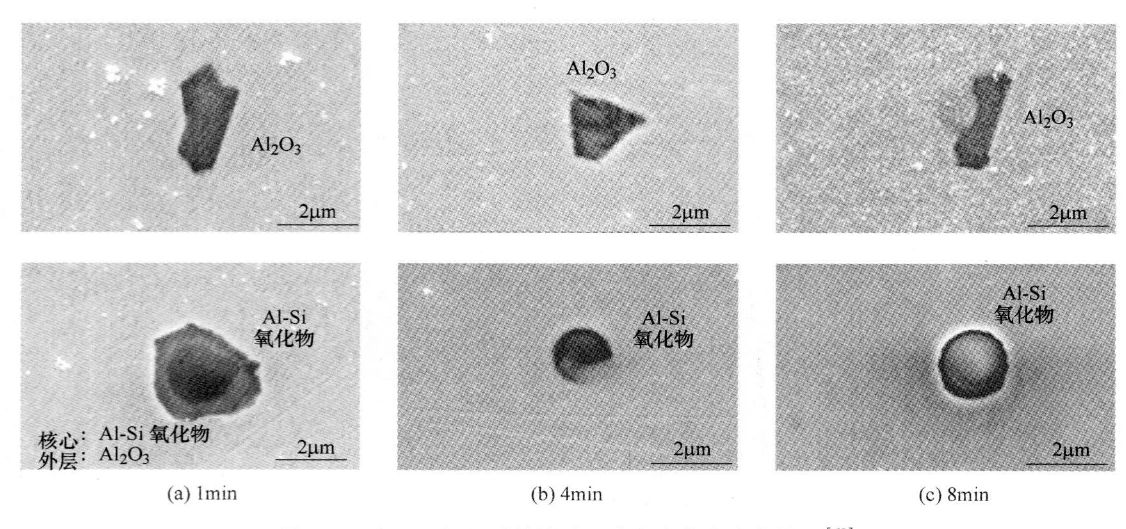

(a) 1min　　(b) 4min　　(c) 8min

图 3-45　加 Al 和 Si 后精炼过程中夹杂物的变化情况[68]

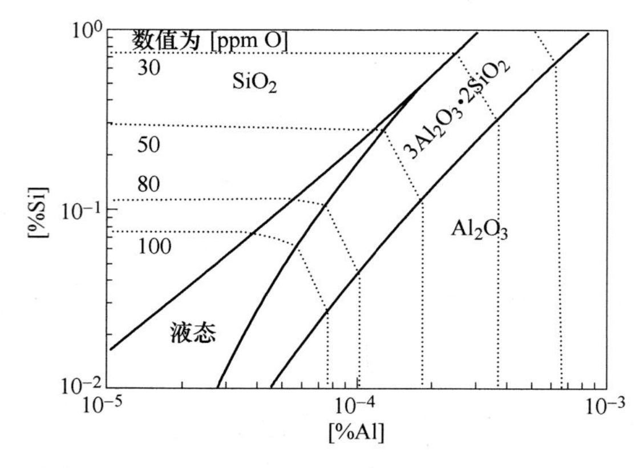

图 3-46　本书作者用 FactSage 计算的 1600℃下 Al-Si-O 系的脱氧曲线

图 3-47 为 1982 年 Olette 计算的 1600℃下钢中 Al-Si-O 夹杂物生成相图[69]。根据钢液

成分也可以对夹杂物的生成进行预测，但计算考虑了钢中 Al_2O_3、SiO_2 和莫来石三种固态夹杂物的生成，并没有考虑液态夹杂物的生成。

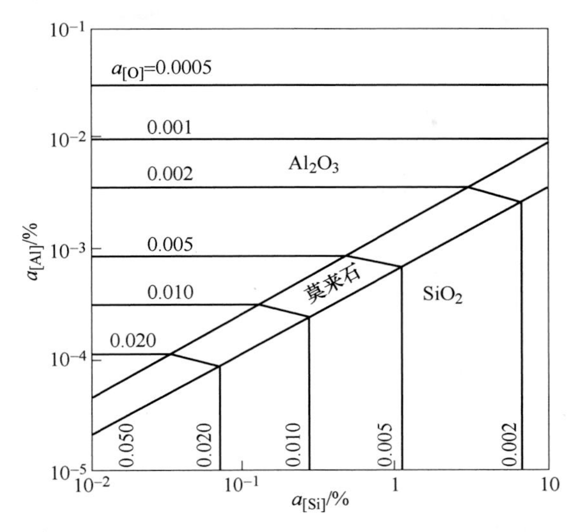

图 3-47 1982 年的 1600℃下 Al-Si-O 系的夹杂物生成相图[69]

图 3-48 为 1989 年 Oters 计算的 1600℃下钢中 Al-Mn-O 夹杂物生成相图[70]。图中计算了钢中生成 FeO · MnO、Al_2O_3 和锰尖晶石三种固态夹杂物需要的 Al、Mn 和 O 的活度。

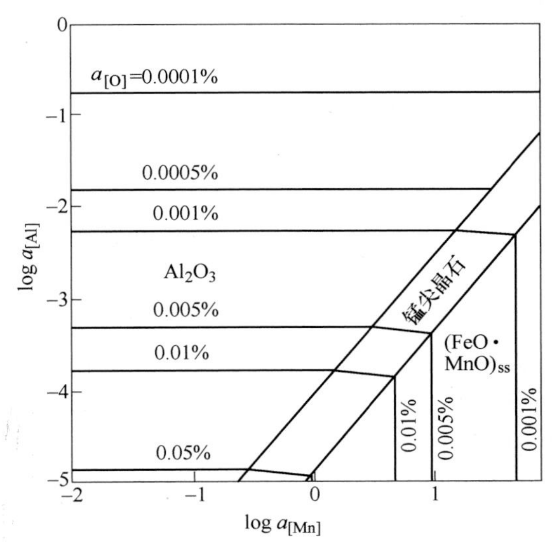

图 3-48 1989 年的 1600℃下 Al-Mn-O 系的夹杂物生成相图[70]

3.1.3 三元脱氧纯铁液中夹杂物的生成

3.1.3.1 钢中 $MgO-Al_2O_3-CaO$ 夹杂物的生成

如上所述，钢中的镁铝尖晶石夹杂物严重影响着钢材质量，通过搅拌以及吹入气泡上浮等除去夹杂物手段很难将这类夹杂物去除干净。因此，同样需要用钙处理的方法，将钢中的镁铝尖晶石夹杂物改性成为低熔点的钙铝酸盐夹杂物[6,20,39,41,47,71,72]。图 3-49 为 Al_2O_3-MgO-CaO 三元相图，在炼钢温度下只有灰色区域的 12CaO · $7Al_2O_3$ 和 3CaO · Al_2O_3 是液态夹杂物。

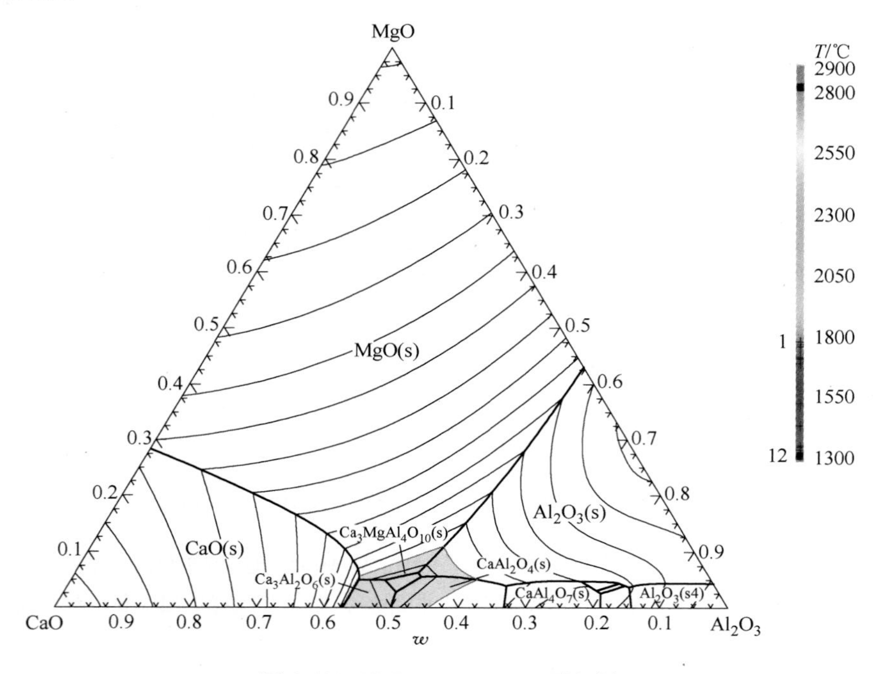

图 3-49　Al_2O_3-MgO-CaO 三元相图

目前，大多数对于钢中镁铝尖晶石夹杂物的改性主要是应用渣钢平衡实验、脱氧实验以及工业试验的方法。近日，随着高温共聚焦显微镜的应用，Al_2O_3-MgO-CaO 系夹杂物的结晶化行为也得到了进一步的研究[73]，如不同组成的夹杂物在不同的温度、冷却速率下的结晶化行为。

图 3-50[6] 为 1873K 下纯铁液中 Ca = 2ppm 时，Al-Mg-Ca-O 系夹杂物的稳定相图的计算结果。从图中可以看出，从热力学角度，钢中的 Ca 含量达到 2ppm 时，镁铝尖晶石夹杂物可以被改性成为低熔点的钙铝酸盐夹杂物。目前，国际上很多学者多认同这种观点。

热力学计算结果可以证明夹杂物是否会生成，而动力学则可以证明夹杂物要多久才能够稳定地生成。因此，动力学计算同样十分重要。图 3-51 为在轧板中发现的一些我们认为已经被成功改性的较大尺寸的钙铝酸盐夹杂物，轧制后仍有不变形的镁铝尖晶石夹杂物的核心，可见其没有被成功改性[47]。因此，仍需进一步研究镁铝尖晶石夹杂物的动力学改性的临界尺寸以及成功改性的时间。

3.1.3.2　钢中 MgO-Al_2O_3-TiO_x 夹杂物的生成

近年来的研究[47]表明，虽然从热力学上来讲，极少量钙的加入就可以成功地将镁铝尖晶石改性为液态低熔点夹杂物，但是因为动力学原因，钙处理钢中的大尺寸 MgO-Al_2O_3 尖晶石夹杂物时，只是在该夹杂物的外面包上了一层液态的 CaO-Al_2O_3 层，而夹杂物核心

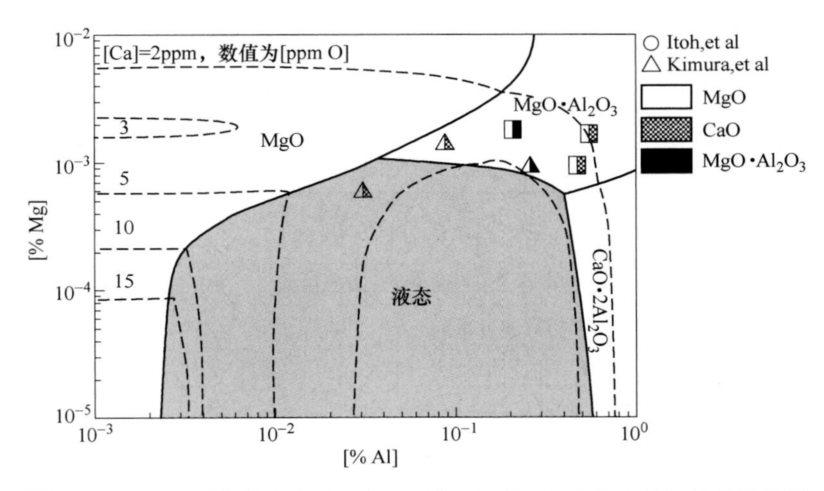

图 3-50 1873K 下纯铁液中 Ca = 2ppm 时，Al-Mg-Ca-O 系夹杂物的稳定相图

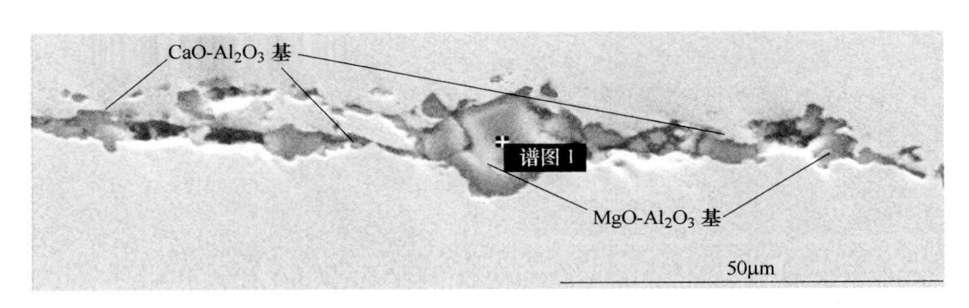

图 3-51 热轧板中有镁铝尖晶石核心的 Al-Mg-Ca-O 系夹杂物[47]

仍然是原始的 $MgO-Al_2O_3$ 尖晶石夹杂物，并没有真正变性为液态夹杂物。那么，是否可以通过钛处理的方法，将镁铝尖晶石夹杂物控制到低熔点区域，同样达到改性的目的呢？Park 等[74]计算的 $MgO-Al_2O_3-TiO_2$ 三元相图中确实存在一个液相区（图 3-52 中的深色区域），证明确实存在通过钛处理将镁铝尖晶改性的可能性。

要把夹杂物控制在目标成分范围内，需要对钢液成分进行控制。图 3-53 为计算的 1873K 下纯铁液中 Al-Mg-Ti-O 系夹杂物的平衡稳定相图。Ono 等[55,75,76]计算的 Al-Mg-Ti-O 系夹杂物的平衡稳定相图中仅考虑了 Al-Mg-Ti-O 系夹杂物中的 $MgAl_2O_4$、$MgTi_2O_4$ 和 Ti_2O_3 三种夹杂物，没考虑 Al_2TiO_5 和 Al-Mg-Ti-O 夹杂物等其他类型的夹杂物。随着钢中 Ti 含量的不断增加，钢中镁铝尖晶石夹杂物的生成区域逐渐减小，这说明向钢液中加 Ti 有利于夹杂物的液态化控制。同时，由于钛这种金属是近些年才逐渐被人们广泛应用，目前钢中 Al-Mg-Ti-O 之间的基础热力学数据测量[55,74-76]结果相差较大，正确性还有待进一步研究。

图 3-54 为通过 Mg-Al-Ti 复合脱氧实验得到的钢中典型 Mg-Al-Ti-O 夹杂物（Al_2O_3、MgO、TiO_x、Al-Ti-O、Mg-Ti-O、$MgAl_2O_4$ 和 Mg-Al-Ti-O）的形貌。其中，三元相图液态区域和钢中液态球形（高 Ti 低 MgAl）夹杂物的存在都说明了钛处理对镁铝尖晶石夹杂物改性的可能性。随着夹杂物中 TiO_x 含量的增加，夹杂物形貌逐渐从六面体形的镁铝尖晶石夹杂物逐渐演变成液态球形液态（高 Ti 低 MgAl）夹杂物。

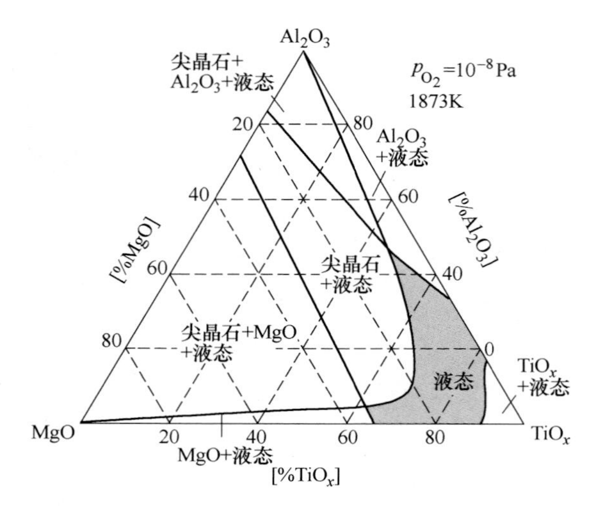

图 3-52　1873K 下钢中 $MgO-Al_2O_3-TiO_2$ 夹杂物控制的目标成分区域[74]

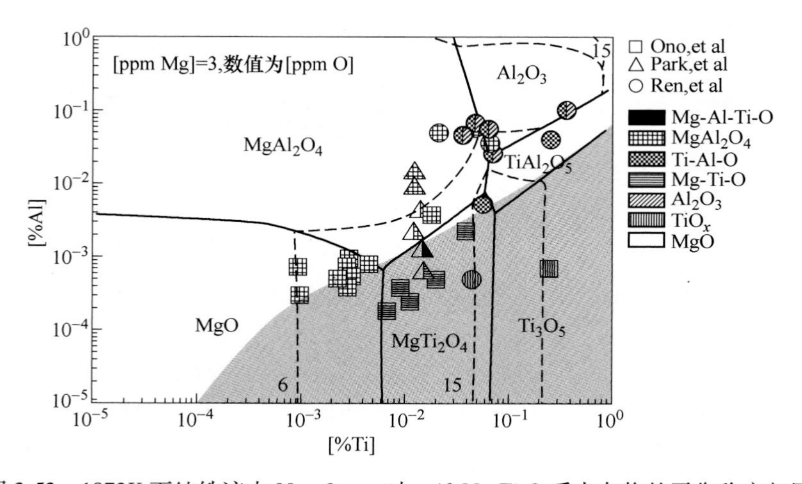

图 3-53　1873K 下纯铁液中 Mg=3ppm 时，Al-Mg-Ti-O 系夹杂物的平衡稳定相图

3.1.3.3　钢中 Al_2O_3-SiO_2-CaO 夹杂物的改性

即使是使用硅脱氧，但是由于合金、废钢、耐火材料和渣中具有一定的 Al 含量，Al 元素会不可避免地进入钢液中，且 Al 元素与氧有很强的结合能力，几个 ppm 的 Al 含量就可以使夹杂物中含有少量的 Al_2O_3。图 3-55 中的深色区域为 Si 脱氧后 Al_2O_3-CaO-SiO_2 系夹杂物控制的目标成分区域，即 CaO · SiO_2 和 CaO · Al_2O_3 · 2SiO_2 之间的低熔点区。该类夹杂物为低熔点夹杂物，在轧制过程中具有一定的变形能力，但这类夹杂物去除困难，要求较长的精炼时间，生产难度较大，成本较高。图 3-56 为电解提取的 Al_2O_3-SiO_2-CaO 夹杂物形貌，夹杂物为球形或半球形，尺寸大都在 5μm 以下，少数夹杂物在 10μm 以上。

图 3-57 为 1873K 下纯铁液中 Ca=1ppm 时，Al-Ca-Si-O 系夹杂物的热力学生成稳定相图。由图可知，当钢中 $\log a_{Al_2O_3}<-0.7$ 时，钢液中夹杂物为液态的低熔点夹杂物，因此，

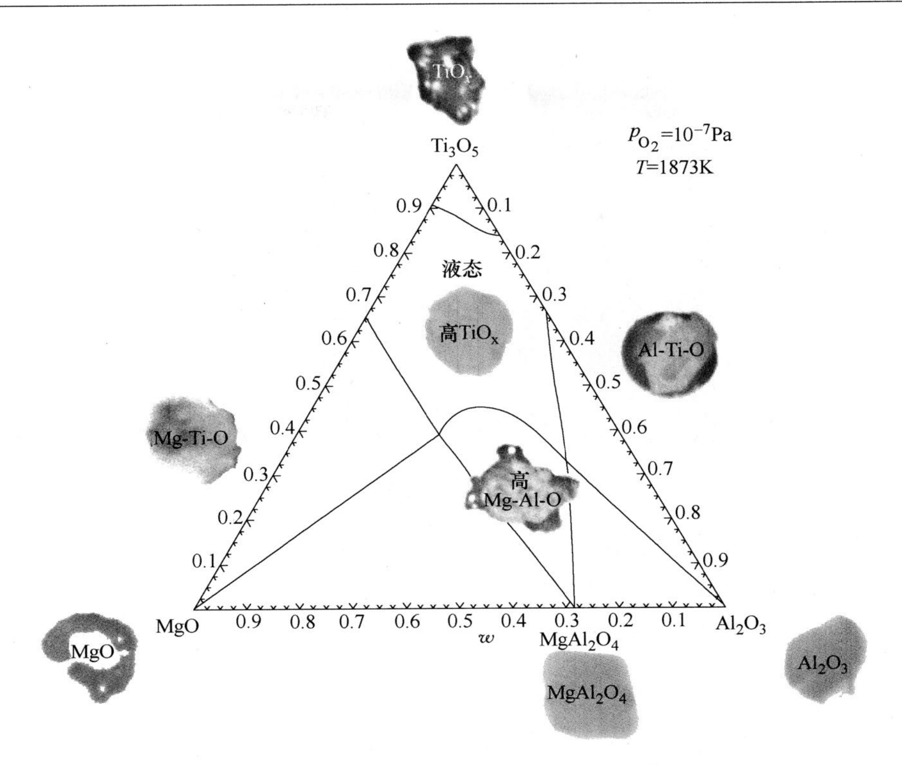

图 3-54 钢中 Ti-Mg-Al-O 系夹杂物典型形貌

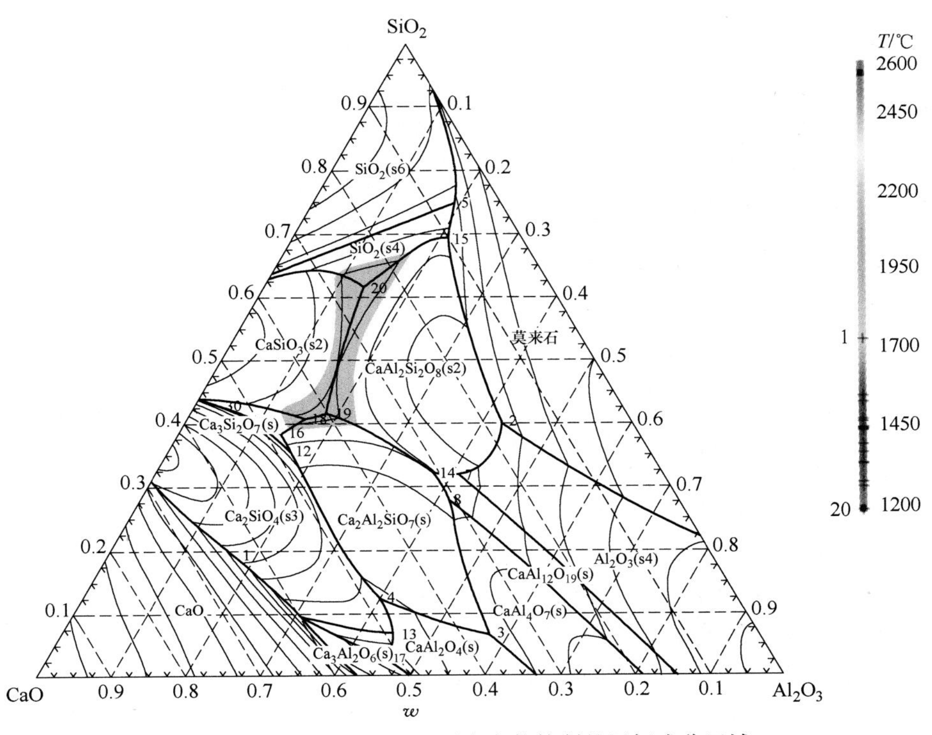

图 3-55 Al_2O_3-CaO-SiO_2 系夹杂物控制的目标成分区域

图 3-56　Al_2O_3-SiO_2-CaO 系夹杂物形貌

对于硅脱氧钢中低熔点夹杂物的控制，在保证一定 Si 含量和 Ca 含量的同时，Al 含量有效控制在 20ppm 以下非常关键。主要方法有：使用低铝废钢原料、使用微 Al 合金脱氧、严格控制渣中的 Al_2O_3 含量、使用镁碳砖质耐火材料，同时，使用低碱度渣有效控制钢中的 Al_s 含量。

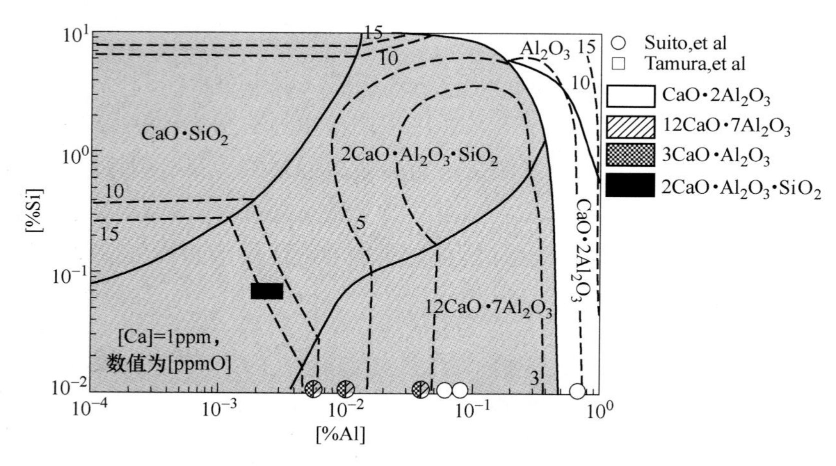

图 3-57　1873K 下纯铁液中 Ca = 1ppm 时，Al-Ca-Si-O 系夹杂物热力学稳定相图

3.1.3.4　钢中 Al_2O_3-SiO_2-MnO 夹杂物的改性

图 3-58（a）为 20 世纪 30~40 年代计算的 Al_2O_3-SiO_2-MnO 系相图，三元系来自 Snow 的研究[77]，二元系来自 Hall 和 Insley[78,79]。开始只是结合二元系相图对三元系相图进行初步的确定。图 3-58（b）为 1934 年 Herty 得到的 Al_2O_3-SiO_2-MnO 系三元相图[4]。此时，三元系中的不同成分渣系的熔点已经测定。图 3-58（c）为近年学者计算得到的 Al_2O_3-SiO_2-MnO 系三元相图，夹杂物的熔点曲线更加准确。

图 3-59 为 Fujisawa 在 1977 年计算的铝硅锰复合脱氧条件下钢中酸溶铝与氧化物相的关系[81,82]。图 3-60 为 Sakao 在 1983 年计算的 1550℃时钢中［%Mn］/［%Si］对铝氧平衡

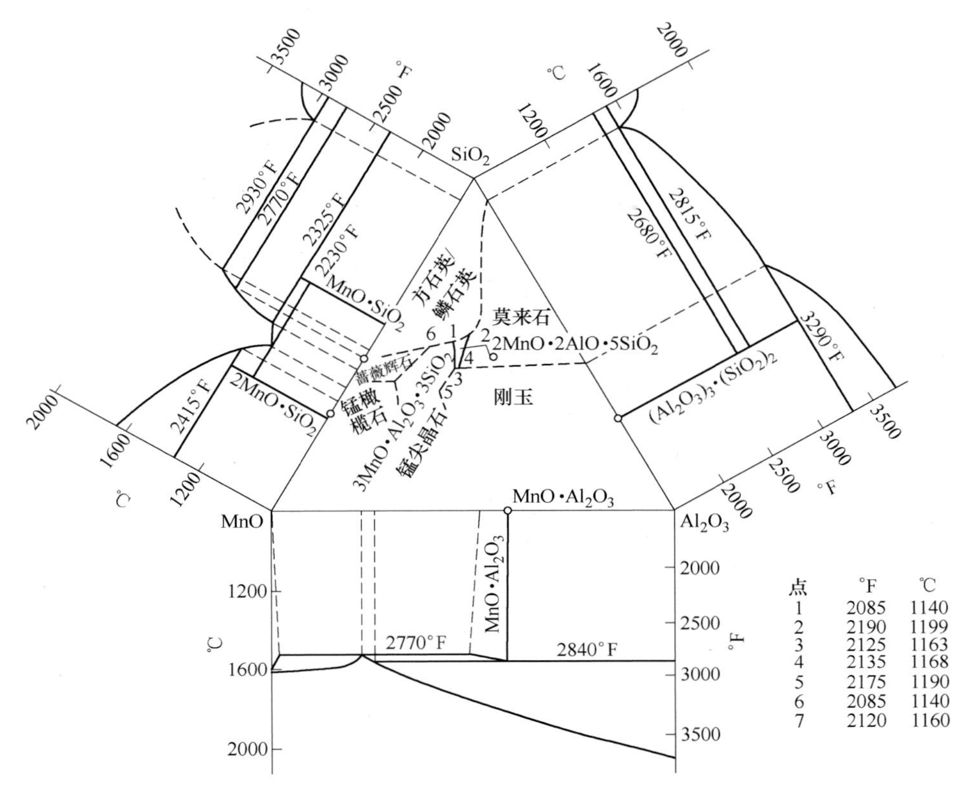

点	°F	℃
1	2085	1140
2	2190	1199
3	2125	1163
4	2135	1168
5	2175	1190
6	2085	1140
7	2120	1160

(a) 20世纪30～40年代计算的Al_2O_3-SiO_2-MnO系相图
（三元系来自 Snow[77]，二元系来自 Hall 和 Insley[78, 79]）

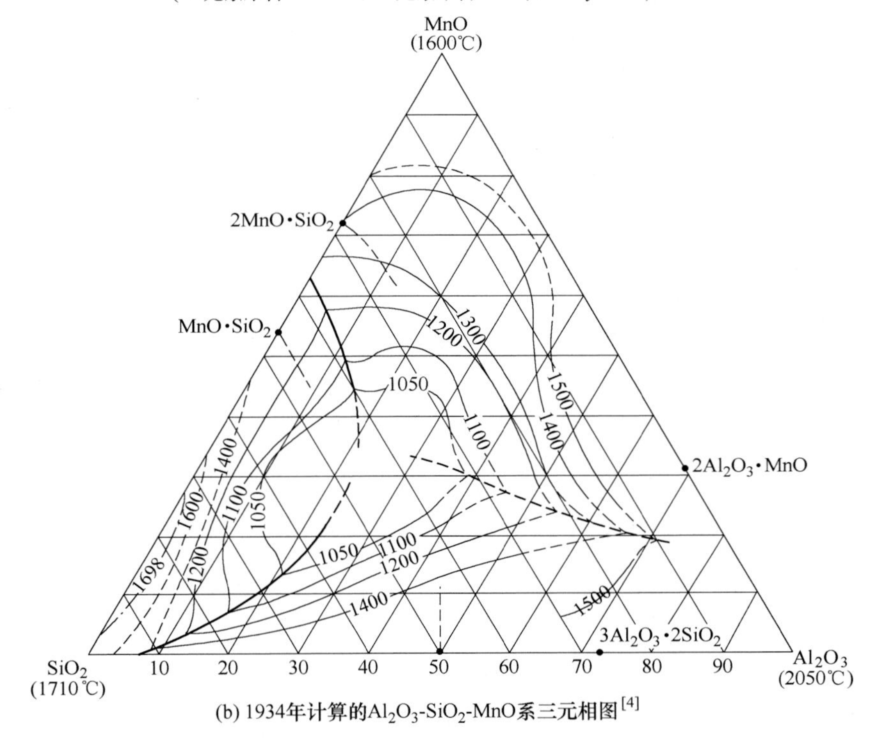

(b) 1934年计算的Al_2O_3-SiO_2-MnO系三元相图[4]

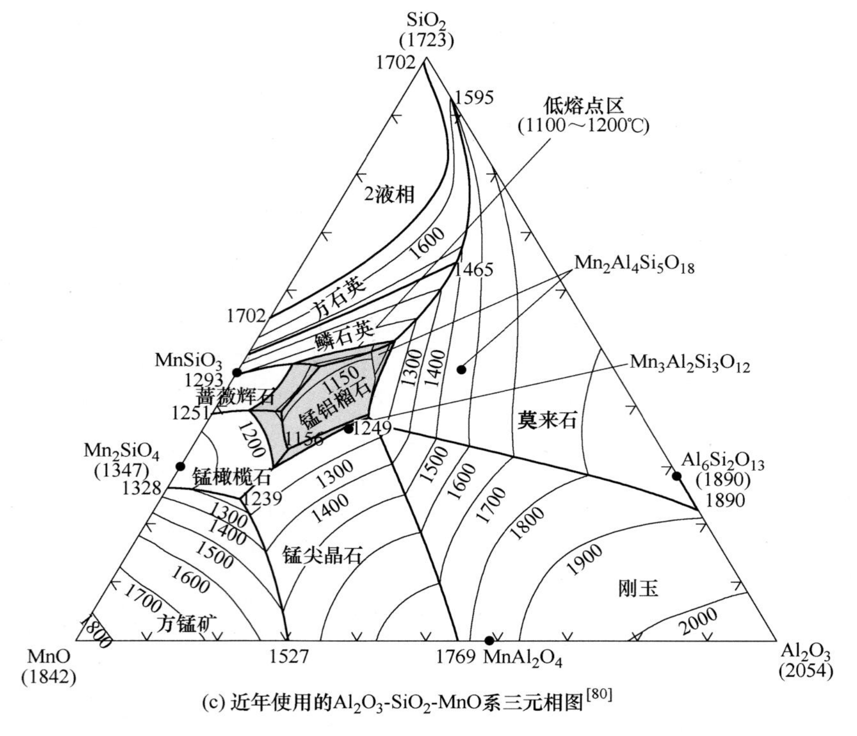

(c) 近年使用的Al_2O_3-SiO_2-MnO系三元相图[80]

图 3-58　Al_2O_3-SiO_2-MnO 系三元相图

曲线的影响[82]。根据钢中的［O］、［Al］和［Mn］/［Si］可预测不同温度下钢中 Al_2O_3、MnO · Al_2O_3、2SiO_2 · 3Al_2O_3 和液态氧化物的生成。

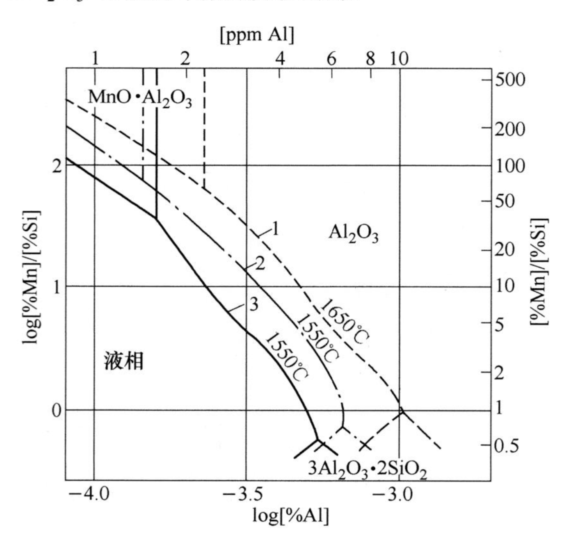

图 3-59　铝硅锰复合脱氧条件下钢中酸溶铝与氧化物相的关系（［%Mn］+［%Si］=1）[81,82]

图 3-61 为用热力学软件 FactSage 计算得到的 Al_2O_3-SiO_2-MnO 系三元相图。图中深色区域为 Si 脱氧后 Al_2O_3-SiO_2-MnO 系夹杂物控制的目标成分区域，即锰铝榴石（3MnO ·

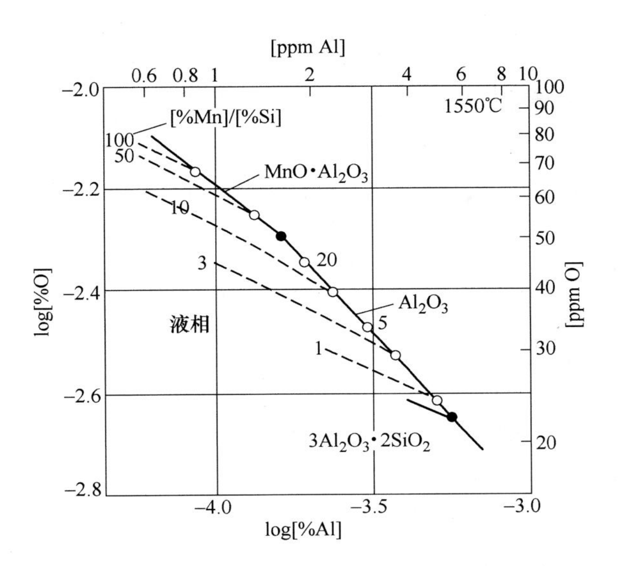

图 3-60 1550℃时钢中［%Mn］/［%Si］对铝氧平衡曲线的影响（［%Mn］+［%Si］=1）[82]

$Al_2O_3 \cdot 3SiO_2$）附近的低熔点区域。该类夹杂物为低熔点夹杂物，在轧制过程中具有一定的变形能力，夹杂物去除困难，要求较长的精炼时间，生产难度较大，成本较高。硅脱氧不锈钢在生产过程中需要严格控制各种原材料中的 Al 含量，采用镁质耐火材料，对原材料要求较高，采用低碱度精炼渣，炉渣硫容量不高。当然还有一些企业采用硅铝复合脱氧的方法，将两种方法的特点相结合。

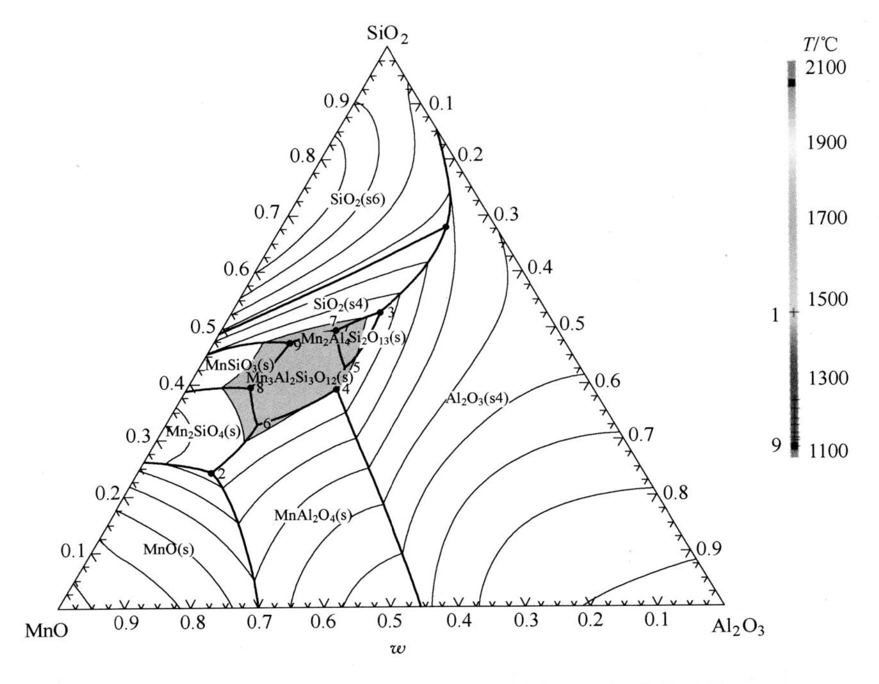

图 3-61 Al_2O_3-SiO_2-MnO 系夹杂物控制的目标成分区域

铁水中都含有少量的 Al，同时硅铁合金脱氧剂中也都有少量的 Al，由于 Al 与 O 结合的能力强于 Si 和 Mn，因此，许多用 Si-Mn 脱氧实际工业生产中，也需要考虑 Al 含量的影响。1873K 下时 Si-Mn-Al-O 系稳定相图如图 3-62 所示。随着钢中的 Mn 含量增加，液态夹杂物的稳定区域逐渐增加，因此在成分要求允许范围内，增加钢中 Mn 含量有利于钢中液态夹杂物的生成；同时，此类夹杂物的控制同样需要严格控制钢中 Al_s 含量在 20ppm 以下。

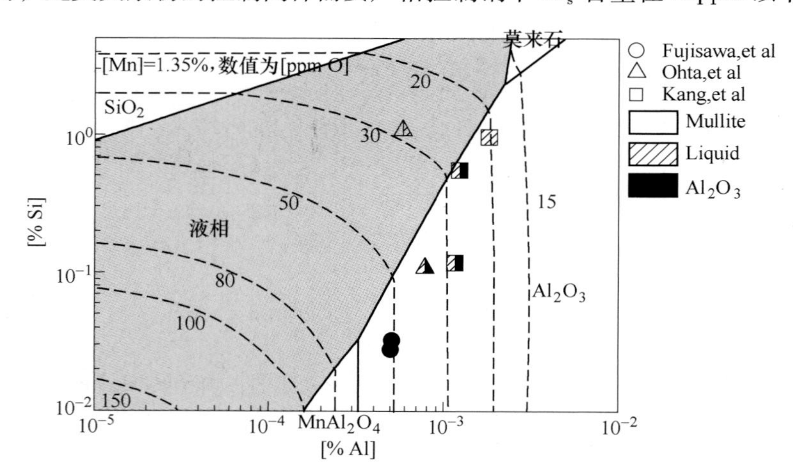

图 3-62 1873K 下纯铁液中 Mn = 1.35%时，Si-Mn-Al-O 系夹杂物平衡稳定相图

图 3-63 为本书作者用 FactSage 计算的 [%Al] = 0.0024 时 Al-Si-Mn 系夹杂物稳定相图。从图中可以看出，当 [%Si] = 0.12、[%Mn] = 0.37 时，[Mn]/[Si] = 3.1，夹杂物的稳定区域在液相区，有利于夹杂物的塑性化控制。

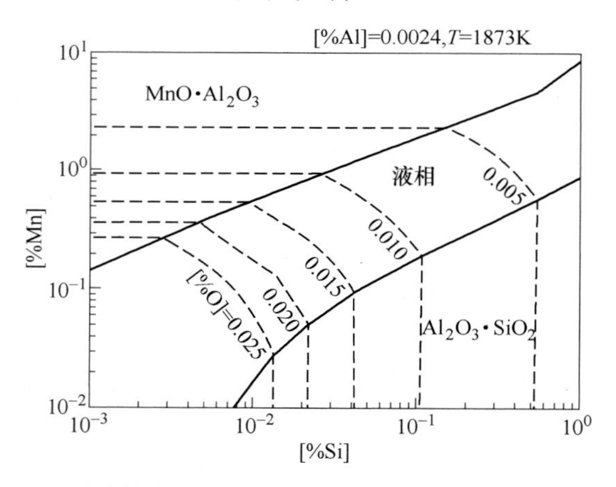

图 3-63 1873K 下纯铁液 Al-Si-Mn 系夹杂物稳定性相图（[%Al] = 0.0024）

图 3-64 为 Si/Mn 脱氧钢中典型夹杂物形貌。由图中二次电子扫描图片可知，钢中 Al_2O_3-MnO-SiO_2 系夹杂为球形夹杂物。由图 3-64 中夹杂物背散射扫描图片可知，钢中 Al_2O_3-MnO-SiO_2 系夹杂中的深色"梅花状"相为高 SiO_2 相。图 3-65 为大样电解得到的大于 50μm 的大颗粒夹杂物形貌，可见钢中 Al_2O_3-MnO-SiO_2 系夹杂物大都为液态球形夹杂物。

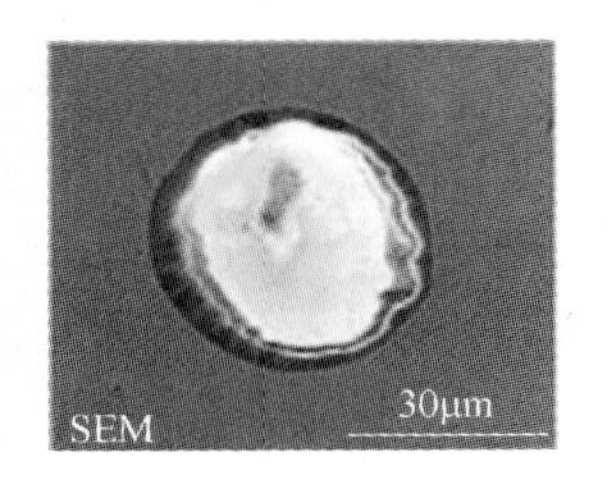

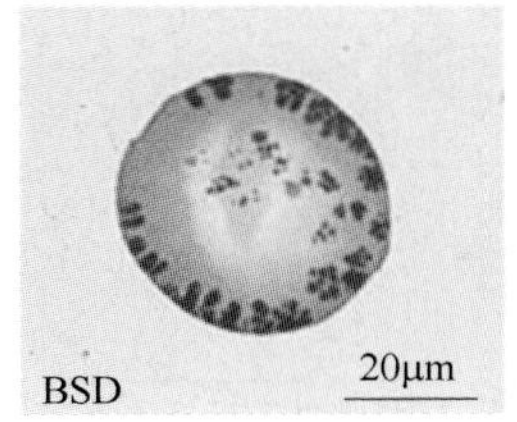

SiO_2:66.90%
MnO:33.10%

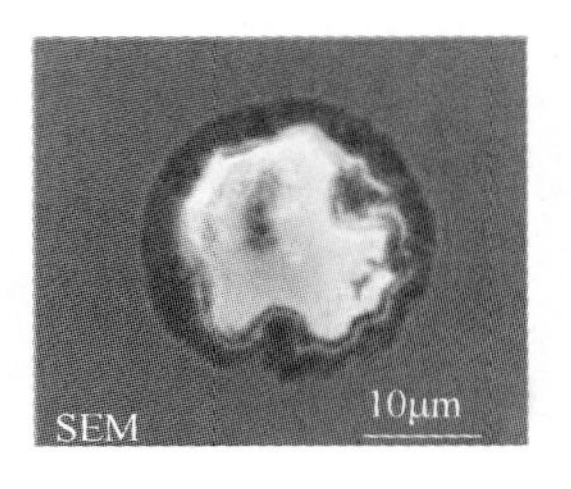

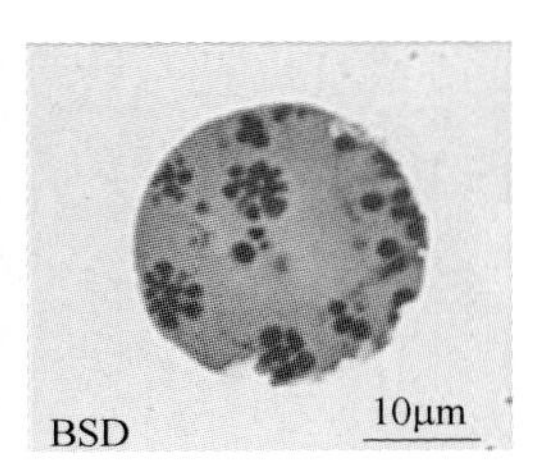

SiO_2:65.61%
MnO:32.58%
Al_2O_3:1.81%

图 3-64　Si/Mn 脱氧钢中典型夹杂物形貌

图 3-65　大样电解得到的大于 50μm 的大颗粒夹杂物形貌

3.2　实际钢液脱氧的热力学——合金元素对纯铁液中夹杂物生成的影响

图 3-66[63]中对比了纯铁液和管线钢钢液中 Ca-O 平衡曲线的变化规律。由图可知，当钢液中硫含量为 0ppm 时，随着钢中钙含量的增加，夹杂物的生成顺序分别为 $6Al_2O_3 \cdot CaO$、$2Al_2O_3 \cdot CaO$、液态夹杂物和 CaO，钢中的氧含量略有降低；在钙含量小于 2ppm 时，随着钢液中的硫含量从 0ppm 增加到 300ppm，钢中的氧含量变化不大，生成的夹杂物种类变化也不大；在钙含量大于 2ppm 时，随着钢液中的硫含量从 0ppm 增加到 300ppm，钢中的氧含量略有降低，钢中的 CaO 夹杂物逐渐不能生成，生成的夹杂物主要为液态夹杂物。由此可知，1873K 下管线钢中的不同的硫含量对管线钢钢液中的 Ca-O 平衡曲线影响较小。相比纯铁液来说，管线钢中的氧含量随钙含量增加变化更小。

图 3-67（a）为计算的 1873K 下纯铁液中 Al-Ca-O 系夹杂物稳定相区。在不同的 Al 和 Ca 含量下的纯铁液中，有 CaO、$3CaO \cdot Al_2O_3$、$12CaO \cdot 7Al_2O_3$、$CaO \cdot Al_2O_3$、$CaO \cdot 2Al_2O_3$、$CaO \cdot 6Al_2O_3$ 和 Al_2O_3 夹杂物。铝脱氧钢中 Al 含量较高时生成 Al_2O_3 堵塞水口现象，可以通过钙处理的方法将 Al_2O_3 改性为低熔点的 $3CaO \cdot Al_2O_3$ 和 $12CaO \cdot 7Al_2O_3$ 夹杂物。然而，喂入的钙线过多，可能会导致生成 CaO 夹杂物，同样影响产品质量。因此，喂入钙线量的过多和过少都会造成改性效果不好，不能生成低熔点钙铝酸盐夹杂物，因此需要精确控制喂入钙线量。

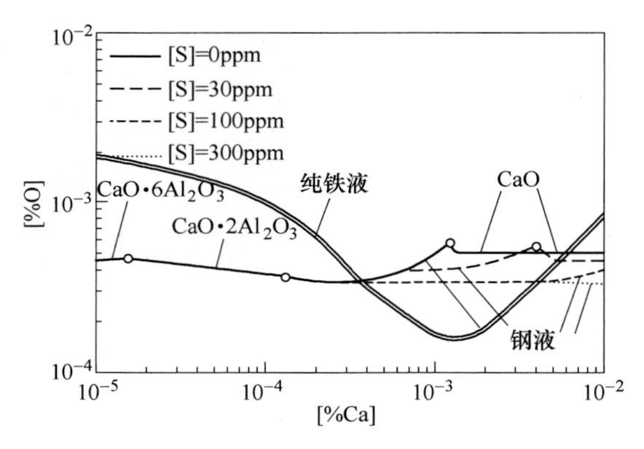

图 3-66　1873K 下 0.064%C-0.23%Si-1.6%Mn-0.04%Al-Ca-O-S 的管线钢钢液中不同 S 含量对 Ca-O 平衡曲线的影响[63]

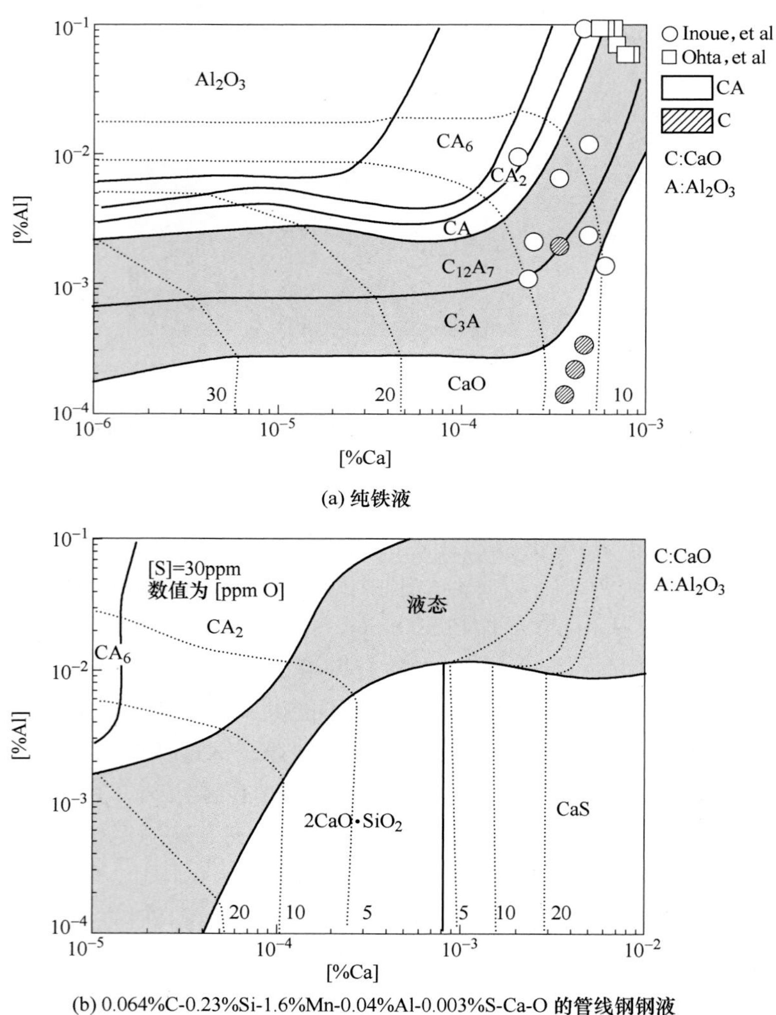

(b) 0.064%C-0.23%Si-1.6%Mn-0.04%Al-0.003%S-Ca-O 的管线钢钢液

图 3-67　1873K 下钢中非金属夹杂物稳定相图[63]

考虑实际钢液，以管线钢（1873K 下 0.064%C-0.23%Si-1.6%Mn-0.04%Al-Ca-O-S）为例，图 3-67（b）为管线钢钢液中夹杂物稳定相图[63]。当管线钢钢液中的 S 含量为 30ppm 时，管线钢钢液中生成夹杂物的种类为 $6Al_2O_3 \cdot CaO$、$2Al_2O_3 \cdot CaO$、液态夹杂物、$CaO \cdot SiO_2$ 和 CaS；当钢液中 Ca 含量较低，Al 含量较高时，钢液中生成高 Al_2O_3 含量的夹杂物；当钢液中 Ca 含量较高，Al 含量较低时，钢液中生成高 $CaO \cdot SiO_2$ 和 CaS 夹杂物；当钢液中 Ca 含量和 Al 含量的比值大概为 1∶10 时，钢中生成液态夹杂物。管线钢的钙处理过程加入过多或者过少的钙线都无法实现液态夹杂物液态化变性。值得注意，受到合金元素的影响，管线钢钢液中夹杂物生成计算结果与图 3-67（a）中纯铁液夹杂物的生成相图发生了非常大的变化。

热力学可用来表征化学反应能够进行的程度，是基于化学平衡。脱氧反应是炼钢过程中最重要的反应之一，与钢液洁净度和钢中非金属夹杂物性质密切相关。脱氧热力学能够为洁净度和夹杂物的控制提供方向性指导。然而教科书中展现的都是纯铁液条件下的脱氧热力学，其结果对实际钢种生产过程的指导有限，甚至可能造成一定的误导。因此，建立实际钢种脱氧热力学，有助于更精确地实现洁净钢生产质量的管控。下面以管线钢为例，对比纯铁液和实际钢种条件下的脱氧热力学。

铝是目前钢铁生产过程中最常用的脱氧剂之一，由于铝是极强的脱氧元素，所以它常被用为终脱氧剂。使用铝为脱氧剂，当钢液中铝的化学当量超过氧时，会生成 Al_2O_3 和 AlN。小尺寸的 Al_2O_3 和 AlN 可以起到促进形核和细化组织的作用，然而大尺寸的簇状 Al_2O_3 会导致堵塞水口，影响钢铁的生产。因此，加入适量的脱氧剂既可以节约成本，又可以提高钢的质量。图 3-68 为 1873K 下纯铁液和管线钢钢液中 Al-O 平衡关系。从图中可以看出，当纯铁液中的溶解 Al 含量小于 0.2%时，纯铁液中的溶解氧随着 Al 含量的增加而减少，当溶解 Al 含量达到 0.2%左右，氧含量可降到最低值 3ppm 左右。之后，随着 Al 含量的增加，钢中［O］含量又开始升高，因此，在冶炼 Al 含量大于 0.2%的高铝钢时，需要注意 Al 含量过高会使溶解氧含量回升。和纯铁液相比，管线钢中的 Al-O 平衡关系变化了很多，所以在指导生产实践时要以实际钢液为准，不能照搬纯铁液的研究结果。

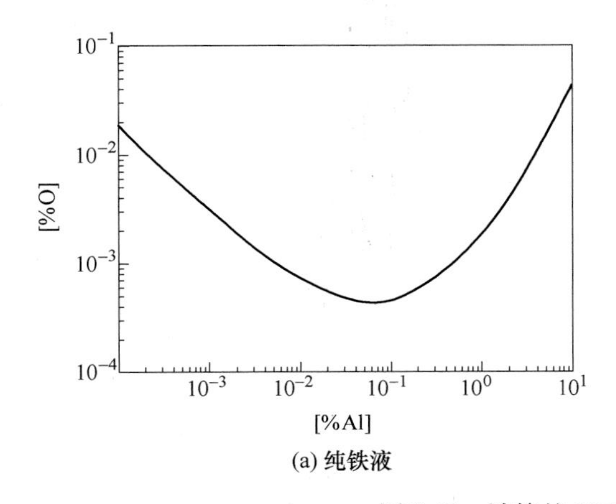

(a) 纯铁液

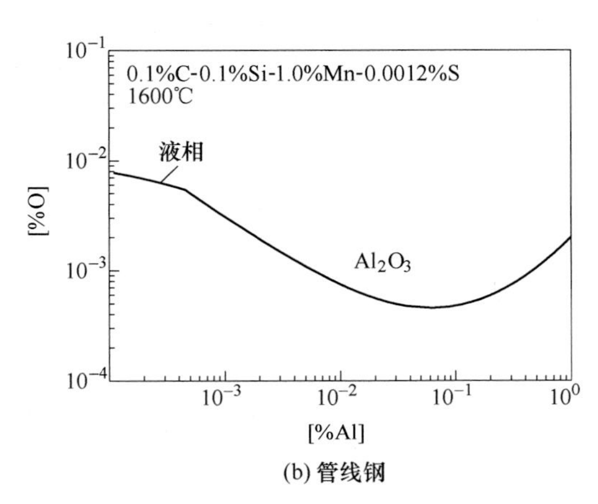

(b) 管线钢

图 3-68　计算的 1873K 下 Al-O 平衡曲线

钙元素很活泼，很容易与钢中的氧反应。同时钙的汽化点很低，蒸气压高，钙线被加入钢液中会产生大量的钙蒸气。钙通常被用于加入钢液中变性 Al 脱氧钢中生成的 Al_2O_3 夹杂物。图 3-69 为 1873K 下纯铁液中和 0.1%C-0.1%Si-1%Mn-0.04%Al-0.0012%S 管线钢成分下的 Ca-O 平衡曲线。可知，纯铁液和管线钢中［O］含量都随 Ca 含量的增加而先减小后增加，但整体上纯铁中的平衡［O］含量要低于管线钢，且［O］含量能够达到的最低值不同。纯铁中［O］含量最低可达 1.5ppm 左右，此时 Ca 约为 10.5ppm；而管线钢中最低为 3.5ppm 左右，且达到最低［O］的 Ca 含量要稍高于纯铁中。但当钢中 Ca 含量大于 100ppm 以后，管线钢和纯铁中的平衡［O］含量差别不大。

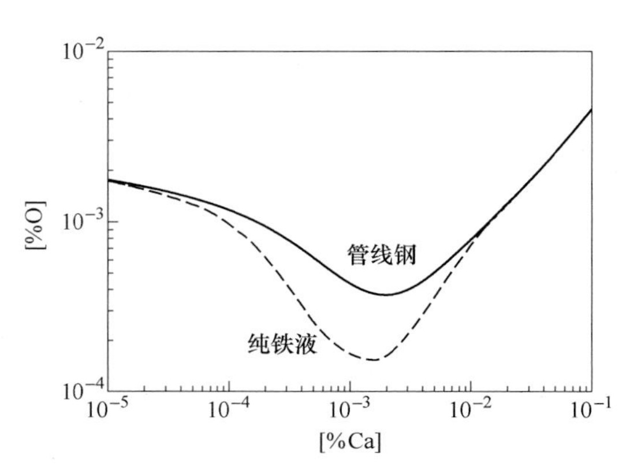

图 3-69　计算得到的 1873K 纯铁和管线钢成分条件下的 Ca-O 平衡曲线

镁元素也很活泼，容易与钢中的氧反应。由于镁质耐火材料的使用，钢中不可避免地会存在一定量的镁。图 3-70 为 1873K 下纯铁液和 0.1%C-0.1%Si-1%Mn-0.04%Al-0.0012%S 管线钢成分的 Mg-O 平衡曲线。与 Ca-O 平衡一样，纯铁液和管线钢中［O］含量也都随 Mg 含量的增加先减小后增加，纯铁中［O］含量最低可达 1.6ppm 左右，此时 Mg 约为 11ppm，而管线钢中最低为 4.5ppm 左右，且达到最低［O］的 Mg 含量要稍高于纯铁中。当 Mg 含量低于 3ppm，与管线钢成分体系下平衡的［O］含量要低于纯铁体系；而当 Mg 含量为 3～100ppm 之间时，与管线钢成分体系下平衡的［O］含量要更高；当钢中 Mg 含量大于 100ppm 以后，管线钢和纯铁中的平衡［O］含量差别不大。

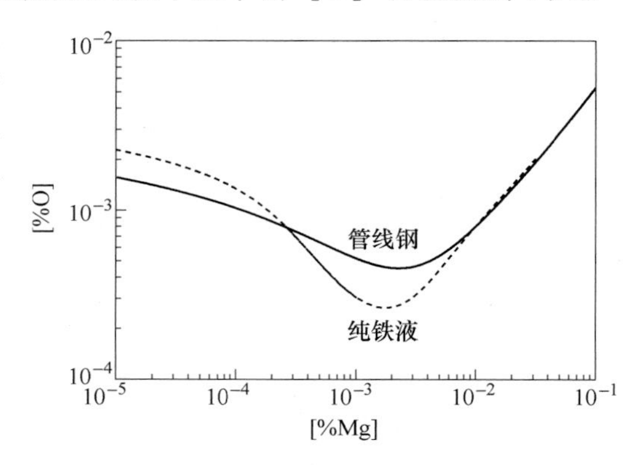

图 3-70　计算得到的 1873K 纯铁和管线钢成分条件下的 Mg-O 平衡曲线

图 3-71 为用 FactSage 热力学软件计算的 1873K 下 0.064%C-0.23%Si-1.6%Mn-0.04%Al-Ca-O-S 的管线钢钢液中 O 含量为 0ppm、0.1ppm、1ppm、10ppm 和 50ppm 时，Ca-S 平衡曲线变化规律。由图可知，钢中生成硫化物的种类为 CaS。当钢液中 O 含量为 0ppm 时，随着钢中 Ca 含量的增加，钢中的 S 含量迅速降低。随着钢液中的 O 含量从 0ppm 增加到 300ppm，钢中的 S 含量大幅度增加，但钢中 O 含量仍旧随着 Ca 含量的增加迅速降低。由此可知，1873K 下管线钢中的不同的 O 含量对管线钢钢液中 Ca-S 平衡曲线影响很大。

图 3-72 为计算的 1873K 下不含 Ca 和含 0.5ppm Ca 时 0.1%C-0.1%Si-1.0%Mn-0.0012%S-Mg-Al-O 管线钢中 Al-Mg-O 夹杂物生成相图。不含 Ca 情况下，当钢中的［Mg］含量很低时，钢中夹杂物主要为 Al_2O_3；当钢中的［Mg］含量超过 0.4ppm 时，钢中开始生成 $MgO \cdot Al_2O_3$ 夹杂物；当钢中的［Mg］含量超过约 8ppm 时，钢中夹杂物主要为 MgO。在钢中含 0.5ppm Ca 的情况下，当钢中［Mg］和［Al］含量都很低时，生成液相夹杂物，而在低［Mg］高［Al］时，则生成 $CaO \cdot 2Al_2O_3$ 夹杂物。

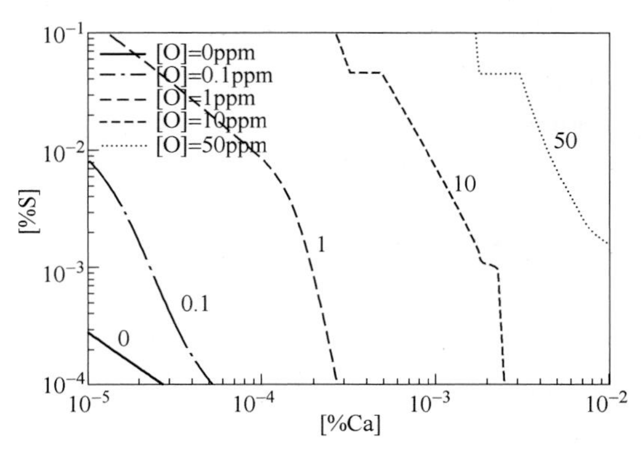

图 3-71 1873K 下 0.064%C-0.23%Si-1.6%Mn-0.04%Al-Ca-O-S 的管线钢钢液中不同 O 含量对 Ca-S 平衡曲线的影响

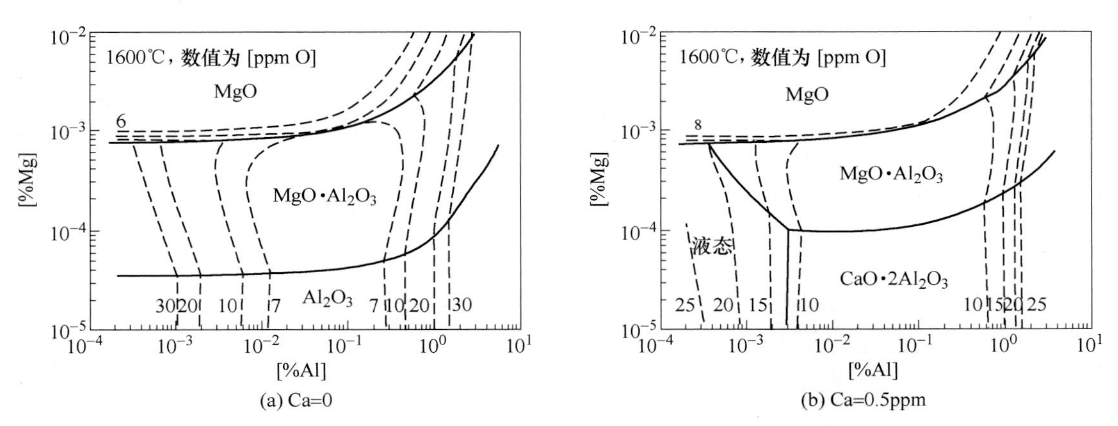

图 3-72 计算得到的 1873K 下 0.1%C-0.1%Si-1.0%Mn-0.0012%S-Mg-Al-O 的管线钢液中 Al-Mg-O 平衡曲线

3.3 钢中硫化物生成的热力学

硫化锰和硫化钙作为钢中常见的夹杂物，其形成机理及析出行为对实际生产具有重要意义。

3.3.1 MnS 夹杂物

MnS 夹杂物常用于改善易切削钢的切削性能，同时还能够抑制晶粒长大及促进晶内铁素体的析出。此外，通过提高 Mn/S 以使 MnS 固定 S，可以减少 FeS 等低熔点化合物在奥氏体晶界的生成，从而提高钢的高温塑性[83]。但是由于 MnS 具有良好的变形能力，在轧制过程中沿轧制方向延展成为大尺寸长条状，使得钢材力学性能呈各向异性，明显降低材料的横向性能[84]；并且这种长条状 MnS 夹杂物在厚板钢材使用过程中容易成为裂纹源及其扩展通道，降低材料的使用寿命[85]。因此，对钢中 MnS 夹杂物尺寸、形态、数量及分布等方面的控制显得尤为重要。

在 20 世纪 80 年代 Ito 等[86]对低碳钢中硫化物的形貌进行了分类：第 Ⅰ 类（球形）、

第Ⅱ类（扇形或者链状）、第Ⅲ类（多面体形）、第Ⅳ类（不规则形状），如图 3-73 所示。同时发现第Ⅱ类大多在枝晶间观察到并随着 S 含量和冷却速度的增加而增加，而其他几类主要出现在树枝晶周围并随着冷速的增加而减小，同时受 S 含量的影响较小。

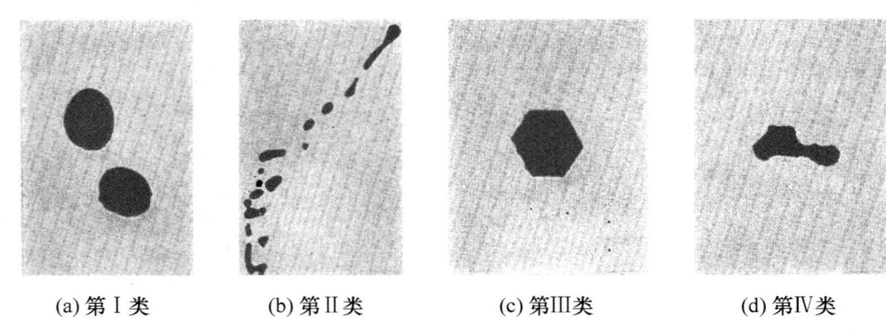

(a) 第Ⅰ类　(b) 第Ⅱ类　(c) 第Ⅲ类　(d) 第Ⅳ类

图 3-73　硫化物形貌分类

Oikawa 等[87]对 S 含量分别为 0.3%和 1.3%时的 MnS 形貌进行了研究，按形貌将 MnS 分别分为三类：（Ⅰ）偏晶/球状 MnS；（Ⅱ）共晶/树枝状 MnS；（Ⅲ）不规则共晶/多面体状 MnS，如图 3-74 和图 3-75 所示[88]，并认为第Ⅰ类硫化物是由亚稳态偏晶反应形成，第Ⅱ类硫化物是由稳定的共晶反应生成，第Ⅲ类硫化物则是由非稳态共晶（伪共晶）反应生成。

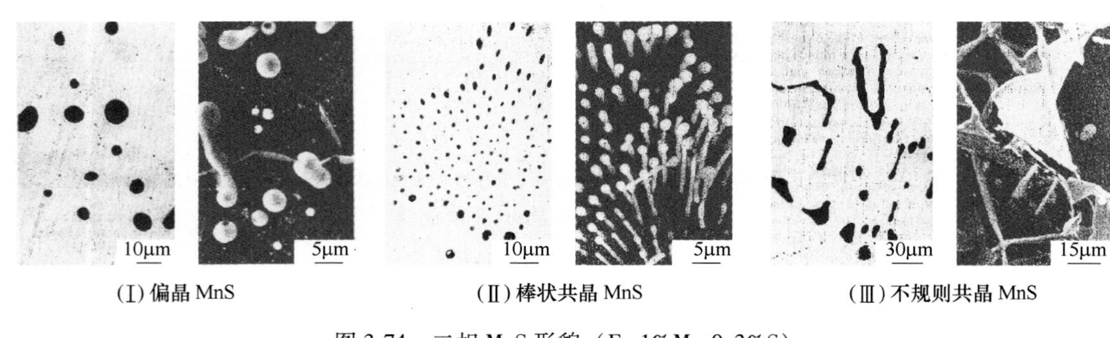

(Ⅰ) 偏晶 MnS　(Ⅱ) 棒状共晶 MnS　(Ⅲ) 不规则共晶 MnS

图 3-74　二相 MnS 形貌（Fe-1%Mn-0.3%S）

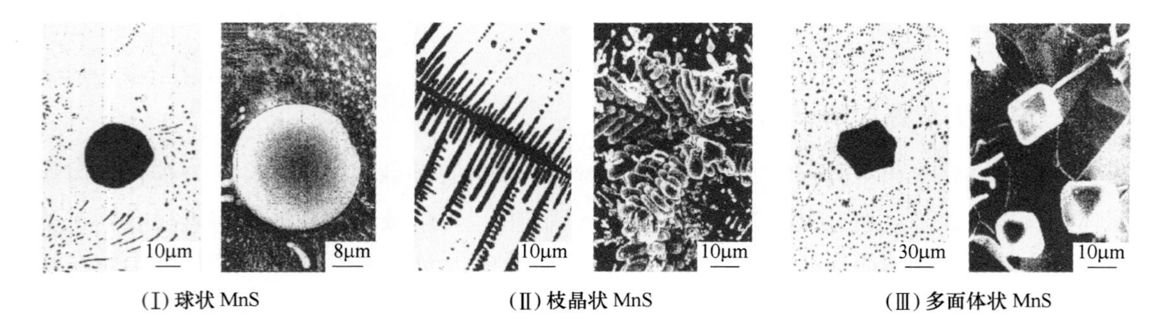

(Ⅰ) 球状 MnS　(Ⅱ) 枝晶状 MnS　(Ⅲ) 多面体状 MnS

图 3-75　主相 MnS 形貌（Fe-2.5%Mn-1.3%S）

MnS 夹杂物多在钢液凝固后析出，相关的热力学方程如下[89]：

$$\log[\%\mathrm{Mn}][\%\mathrm{S}]^{\mathrm{liq}} = -6050/T + 3.40 \tag{3-130}$$

$$\log[\%Mn][\%S]^{\alpha,\delta} = -12000/T + 4.90 \tag{3-131}$$

$$\log[\%Mn][\%S]^{\gamma} = -11200/T + 5.10 \tag{3-132}$$

式（3-130）~式（3-132）分别为 MnS 在钢液、铁素体和奥氏体中的溶解度表达式。图 3-76 为 MnS 在纯铁中的溶解度随温度的变化曲线。在钢液中，MnS 的溶解度很大，这也说明了 MnS 夹杂物基本上不会在钢液中生成。而当钢液凝固后，MnS 在铁素体或奥氏体中的溶解度急剧减少，使得 MnS 有生成和析出的条件，并且随着温度的降低，MnS 夹杂物的溶解度也将继续减小。

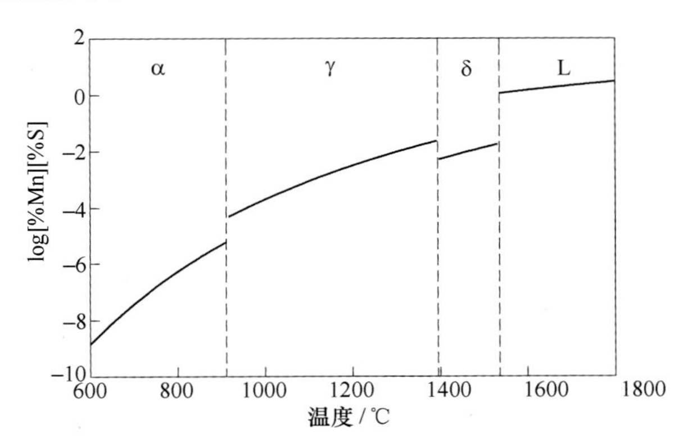

图 3-76　MnS 在纯铁中的溶解度

图 3-77 为不同温度条件下 MnS 在奥氏体中的析出条件。可以看出，随着温度的降低，析出 MnS 所需求的 Mn、S 含量减小，说明随着温度的降低，将更有利于 MnS 的析出。并且可以看出，在 MnS 析出过程中，S 含量为主导因素，可通过严格控制钢中的 S 含量来控制 MnS 夹杂物的析出。

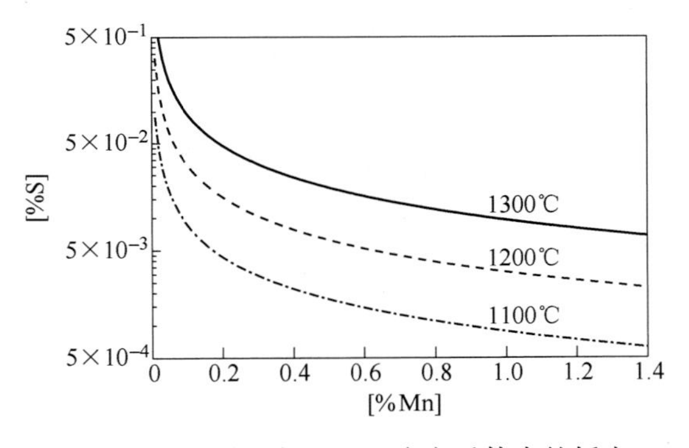

图 3-77　不同温度下 MnS 在奥氏体中的析出

3.3.2　CaS 夹杂物

钢液脱氧过程会产生大量的夹杂物，尤其是采用铝脱氧时生成的氧化铝夹杂物和镁铝尖晶石夹杂物，将严重危害产品的性能，还会造成水口结瘤[57,90]。人们往往采用钙处理方法，将氧化铝或镁铝尖晶石改性成为低熔点的钙铝酸盐或钙镁铝酸盐，来减少其对钢材的危害。然而，当钙处理过程不当时，钢液中喂入的过量钙线也可能与钢中的硫生成大尺寸、高熔点的 CaS 基夹杂物，同样会影响钢材质量和造成水口结瘤，因此对钢中 CaS 夹杂物进行研究是很有必要的。

式（3-133）和式（3-134）分别为 1873K 下 CaO 和 CaS 在钢液生成的吉布斯自由能，CaO 生成的吉布斯自由能略小于 CaS。可见，同样条件下，CaO 夹杂物比 CaS 夹杂物稍容易生成，但相差不大。

$$[Ca] + [O] = (CaO) \qquad \Delta G^{\ominus} = -326000\text{J/mol}^{[91]} \tag{3-133}$$

$$[Ca]+[S] = (CaS) \qquad \Delta G^{\ominus} = -319000 J/mol^{[91]} \qquad (3\text{-}134)$$

图 3-78 为 1873K 下钢液中 Ca-O 和 Ca-S 平衡曲线。由 Ca-O 平衡曲线可知，钢中 O 含量随 Ca 含量的增加而先增加后减小，O 含量最低可达 2ppm 左右。由 Ca-S 平衡曲线可知，钢中 S 含量同样随 Ca 含量的增加而先增加后减小，S 含量最低能降到 1ppm 左右。同时还能得出，当钢液中只有 Ca 和 O 或 Ca 和 S 成分位于平衡曲线上方时，CaO 和 CaS 才能够在钢液中分别生成。

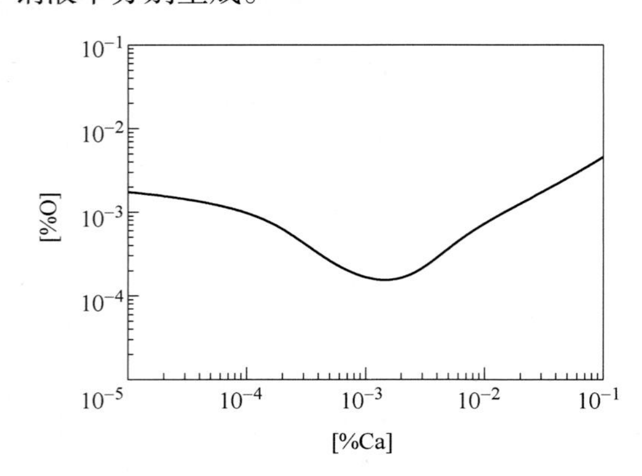

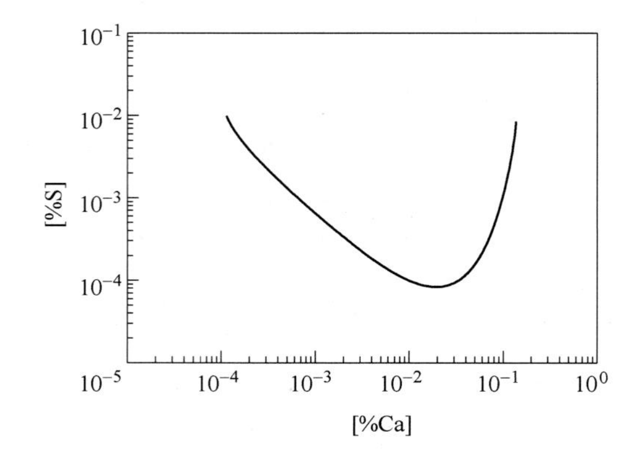

图 3-78 1873K 下钢液中 Ca-O 和 Ca-S 平衡曲线[92]

图 3-79[18] 为 1873K 下钢液中 CaO 和 CaS 热力学稳定相图。当钢液中存在一定量的 Ca、O 和 S 元素，且反应达到足够平衡时，当成分位于平衡曲线以上时，钢中 CaO 夹杂物能够生成且稳定存在；当成分位于平衡曲线以下时，钢中的 CaS 夹杂物可以生成且稳定存在。当钢中元素成分位于平衡曲线附近时，开始钢中 CaO 和 CaS 夹杂物都可以生成，但是，由于现场的实际精炼条件下很难保证反应达到热力学平衡，因此，很有可能出现 CaO 和 CaS 同时生成的情况，从而生成 CaO 和 CaS 混合相大颗粒夹杂物。

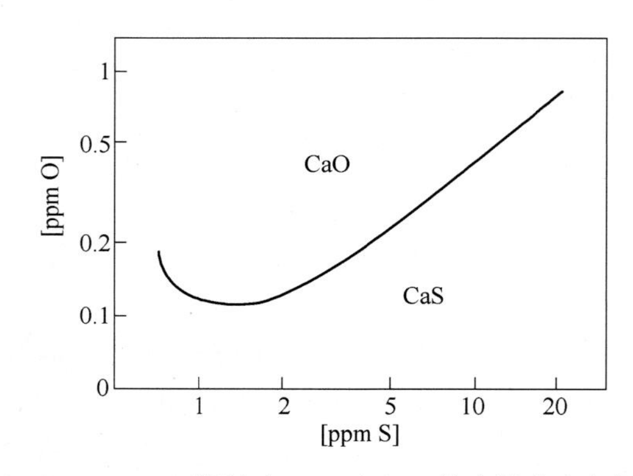

图 3-79 1873K 下钢液中 CaO 和 CaS 热力学稳定相图[18]

在钙处理过程中，向钢液中加入的硅钙线并不是越多越好，如果过量，钢中会生成 CaO 和 CaS 夹杂物，此类夹杂物容易在轧制过程中形成链条状，严重危害钢材质量[92]。因此，严格控制钢中的硅钙线加入量是抑制此类夹杂物生成的关键。图 3-80 为钢中 CaS 复合夹杂物形貌和面扫描结果。

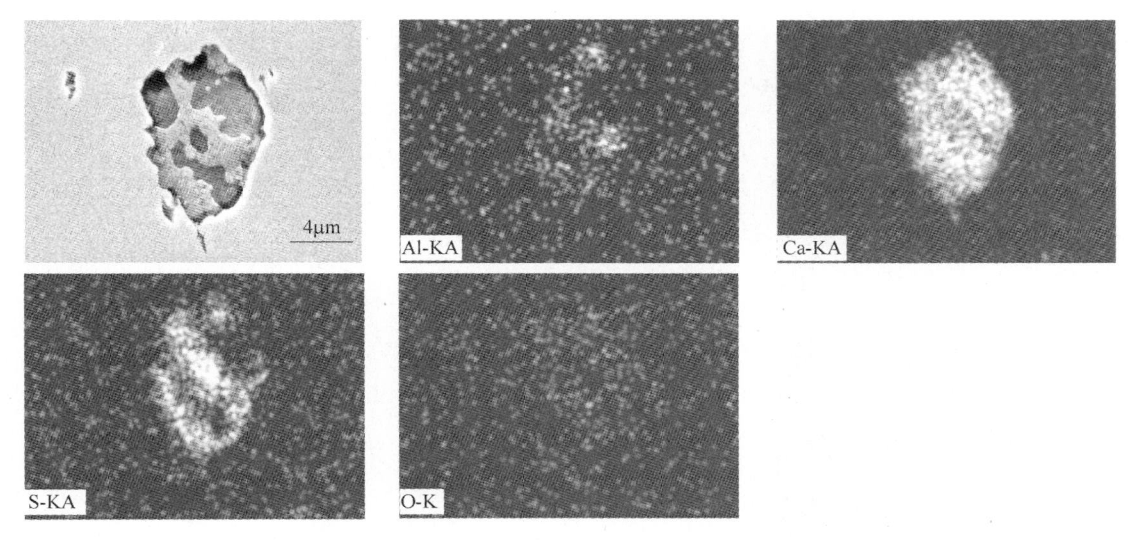

图 3-80 钢中的 CaS 夹杂物

3.4 钢中氮化物生成热力学

3.4.1 TiN 夹杂物

钛与氧、氮、碳都有极强的亲和力，与硫的亲和力比铁强，因此在钢铁冶金中，钛是一种良好的脱氧去气剂和氮、碳的稳定化元素。钛也是强铁素体形成元素，可显著提高钢的 A_1 和 A_3 转变温度。在普通低合金钢中能提高塑性和韧性。同时由于钛与钢中碳和氮形成氮化钛和碳化钛，起到细化晶粒的作用，在普通低合金钢和合金结构钢中能够改善钢的塑性和韧性。在高铬不锈钢中加入钛，不但能提高钢的抗蚀性（主要是抗晶间腐蚀）和韧性；还能阻止钢在高温时晶粒长大和改善钢的焊接性能。

钢液中的 Ti 和 N 有很强的结合能力，在钢铁冶炼过程中，TiN 的形成对钢材性能有利有弊。凝固过程中析出适量的 TiN 有利于凝固组织中等轴晶的形成，同时能起到细化晶粒、抑制奥氏体晶粒长大和实现沉淀强化等作用[93-95]。然而，在炼钢—连铸过程中过早或过多形成的 TiN 夹杂物一方面可能会造成水口结瘤，影响生产的顺行[96]；另一方面，也会对最终成品的疲劳性能、韧性及表面质量产生极大危害。

图 3-81 为钢中 TiN 夹杂物的微观形貌。(1)~(6) 为通过非水溶液电解法提取到的 TiN 夹杂物，其微观形貌为规则的立方体；(7)~(12) 是由电解侵蚀的方法而获得的 TiN 夹杂物形貌，也可看到其微观形貌为规则的立方体；(13)~(15) 为金相法观测到 TiN 夹杂物的二维形貌，其形状为规则的四边形。通过非水溶液电解和电解方法观测到的 TiN 夹杂物形貌相似，同时也与金相法观测的二维形貌相对应。

关于钢液中 Ti 与 N 反应生成 TiN 的热力学参数，JSPS[91]建议值为：

$$(\mathrm{TiN}) = [\mathrm{Ti}] + [\mathrm{N}] \tag{3-135}$$

$$\log K_{\mathrm{TiN}} = -19800/T + 7.78 \tag{3-136}$$

$$e_{\mathrm{Ti}}^{\mathrm{Ti}} = 0.048 \tag{3-137}$$

图 3-81　钢中 TiN 夹杂物的微观形貌

$$e_{\mathrm{Ti}}^{\mathrm{N}} = -19500/T + 8.37 \tag{3-138}$$

$$e_{\mathrm{N}}^{\mathrm{N}} = 0 \tag{3-139}$$

$$e_{\mathrm{N}}^{\mathrm{Ti}} = -5700/T + 2.45 \tag{3-140}$$

Kim 等[97]针对 JSPS 的不足，重新对钢液中 Ti 与 N 反应生成 TiN 的热力学参数进行了研究，结果如下：

$$\log K_{\mathrm{TiN}} = -15780/T + 5.63 \tag{3-141}$$

$$e_{\mathrm{Ti}}^{\mathrm{N}} = -29110/T + 14.3 \tag{3-142}$$

$$e_{\mathrm{N}}^{\mathrm{Ti}} = -8507/T + 4.18 \tag{3-143}$$

图 3-82 为钢液中［%Ti］-［%N］平衡曲线。当钢液中［%Ti］<0.15 时，随着钢液中 Ti 含量的增加，所对应的平衡 N 含量急剧减小；而当钢液中［%Ti］>0.25 时，随着钢液中 Ti 含量的增加，所对应的平衡 N 含量减少趋势趋缓。也就是说，在钢液中 Ti 含量较低（［%Ti］<0.15）时，通过降低钢液中的 N 含量可以有效控制 TiN 的生成；而在钢液中 Ti 含量较高（［%Ti］>0.25）时，通过降低钢液中的 N 含量控制 TiN 生成的能力有限。

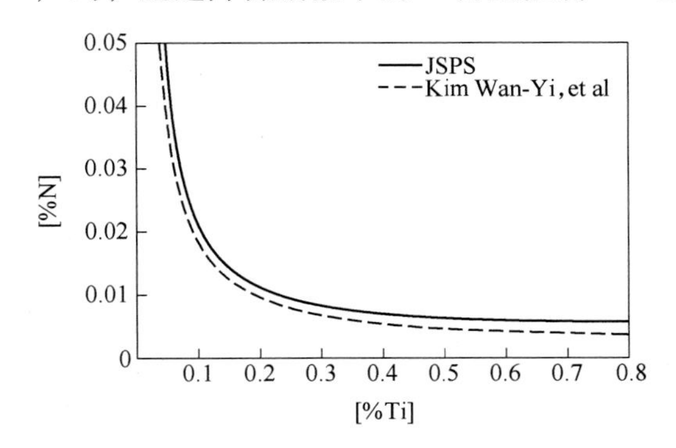

图 3-82　1873K 时钢液中 Ti-N 平衡曲线

当［%Ti］［%N］的浓度积位于图中曲线上方时，TiN 夹杂物可以稳定生成。因此，控制钢中的［%Ti］［%N］浓度积，可以调节钢中 TiN 的生成。在炼钢过程中，当钢液中的［%Ti］［%N］浓度积大于该温度下的平衡值时，将会生成 TiN 夹杂物，此时生成的 TiN 夹杂物一般尺寸较大（通常为微米级），该尺寸的 TiN 夹杂物既不能阻止奥氏体晶粒的长大，也起不到沉淀强化的作用，同时还会影响到钢材的表面质量和韧性。因此，不希望 TiN 夹杂物在钢液中生成。合理控制钢中氮、钛含量，防止浇铸过程中钢液吸氮等措施能防止 TiN 夹杂物在钢液中生成。

在冷却凝固过程中，特别是在固相线温度附近，析出的 TiN 不仅对钢材的疲劳性能影响极小，而且能起到细化晶粒、抑制奥氏体晶粒长大和实现沉淀强化等作用。TiN 在凝固过程中的析出可以通过比较平衡浓度积与实际浓度积来分析。钢液中［%Ti］［%N］的平衡浓度积和实际浓度积分别可以由式（3-144）、式（3-145）计算[93]：

$$K = [\%\mathrm{Ti}]_{\mathrm{eq}}[\%\mathrm{N}]_{\mathrm{eq}} = 10^{\log K_{\mathrm{TiN}}} = 10^{-\frac{19800}{T}+7.78} \tag{3-144}$$

$$\begin{aligned} Q &= [\%\mathrm{Ti}]_{\mathrm{s}}[\%\mathrm{N}]_{\mathrm{s}} \\ &= [\%\mathrm{Ti}]_0[1-(1-2\alpha_{\mathrm{Ti}}k_{\mathrm{Ti}})f_{\mathrm{s}}]^{\frac{k_{\mathrm{Ti}}-1}{1-2\alpha_{\mathrm{Ti}}k_{\mathrm{Ti}}}}[\%\mathrm{N}]_0[1-(1-2\alpha_{\mathrm{N}}k_{\mathrm{N}})f_{\mathrm{s}}]^{\frac{k_{\mathrm{N}}-1}{1-2\alpha_{\mathrm{N}}k_{\mathrm{N}}}} \end{aligned} \tag{3-145}$$

式中，K 为平衡浓度积，是关于温度的函数；Q 为实际浓度积，可以通过相关的偏析模型来计算得到；$[\%Ti]_{eq}$，$[\%N]_{eq}$ 分别为给定温度下平衡时的 Ti 和 N 含量；$[\%Ti]_s$，$[\%N]_s$ 分别为钢液中实际的 Ti 和 N 含量，这是由于凝固过程中偏析引起的；$[\%Ti]_0$，$[\%N]_0$ 分别为钢液中初始的 Ti 和 N 含量；k 为溶质平衡分配系数；α 为凝固参数；f_s 为固相分率，其与温度满足关系式[98]：

$$T = T_0 - \frac{T_0 - T_L}{1 - f_s \dfrac{T_L - T_S}{T_0 - T_S}} \tag{3-146}$$

由此可以得到 K-f_s 和 Q-f_s 关系曲线，如图 3-83 所示。可以看到，随着固相分率的增加，钢液的温度逐渐减低，由此导致平衡浓度积减少；而随着固相分率的增加，钢液中的 Ti、N 逐渐富集，从而使得钢液中的实际浓度积增大。当钢液中的实际浓度积大于平衡浓度积时，TiN 将在钢液中析出。

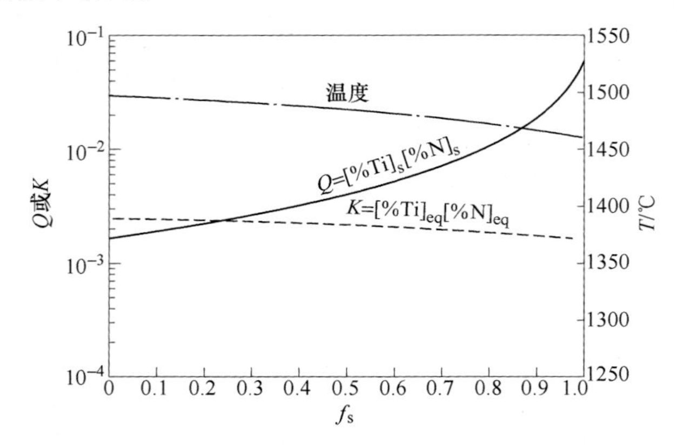

图 3-83　凝固过程 TiN 析出示意图

TiN 夹杂物在铁素体（α、δ），奥氏体（γ）和钢液（liq）中，生成的相关热力学数据如下[89]：

$$\log[\%Ti][\%N]^{liq} = -14000/T + 4.70 \tag{3-147}$$

$$\log[\%Ti][\%N]^{\alpha,\delta} = -16650/T + 4.80 \tag{3-148}$$

$$\log[\%Ti][\%N]^{\gamma} = -13860/T + 3.75 \tag{3-149}$$

图 3-84 为 TiN 在不同状态钢中的溶解度随温度变化曲线。随着温度的降低，TiN 在钢中的溶解度下降，即温度越低，越容易生成 TiN。在钢液凝固后析出的 TiN 夹杂物，尺寸细小而且弥散分布，不仅其不利影响很小，而且还能发挥其细化晶粒的作用，从而提高钢的强度和韧性。因此，合理调整钢液成分，使得 TiN 不在液态钢水中形成而在凝固后的固相中析出，可以减小 TiN 夹杂物对钢材机械性能的危害。

3.4.2　AlN 夹杂物

铝由于脱氧能力强，脱氧效率高，而且成本较低，是目前应用最广泛的炼钢脱氧剂。同时，随着高强钢的需求和发展，高铝钢尤其是 Al 含量超过 1%的高铝钢越来越被重视，而 AlN 夹杂物是高铝钢中典型的夹杂物。AlN 的产生是由于 Al 元素在钢中浓度富集引起的。AlN 夹杂物的析出可以导致板坯在轧制过程中产生横向裂纹。AlN 夹杂物的形成机理

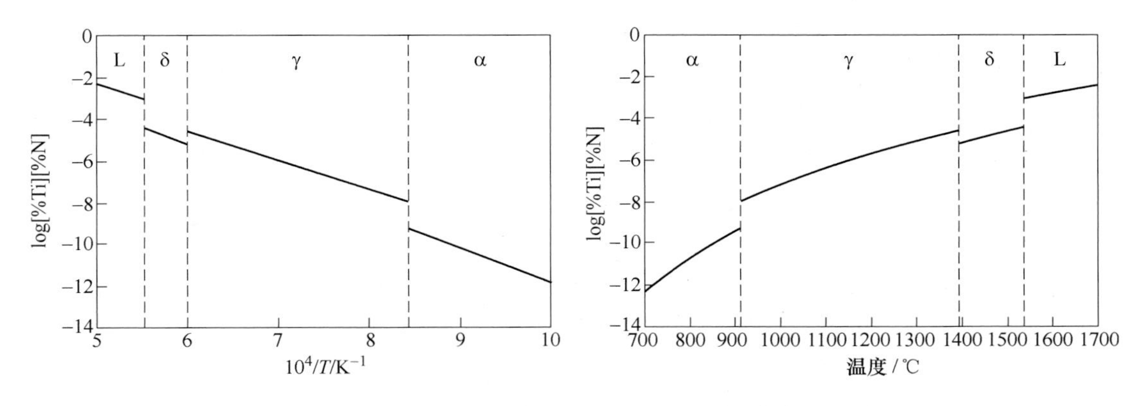

图 3-84 不同温度下 TiN 在钢中的生成条件

显得越来越重要。

关于钢液中 Al 与 N 反应生成 AlN 的热力学参数，JSPS[91] 建议值为：

$$(\mathrm{AlN}) = [\mathrm{Al}] + [\mathrm{N}] \tag{3-150}$$

$$\log K_{\mathrm{AlN}} = -12900/T + 5.62 \tag{3-151}$$

$$e_{\mathrm{Al}}^{\mathrm{Al}} = 80.5/T \tag{3-152}$$

$$e_{\mathrm{Al}}^{\mathrm{N}} = 0.015 \tag{3-153}$$

$$e_{\mathrm{N}}^{\mathrm{N}} = 0 \tag{3-154}$$

$$e_{\mathrm{N}}^{\mathrm{Al}} = 0.010 \tag{3-155}$$

Kim 等[97] 也对钢液中 Al 与 N 反应生成 AlN 的热力学参数进行了研究，结果如下：

$$\log K_{\mathrm{AlN}} = -16560/T + 7.4 \tag{3-156}$$

$$e_{\mathrm{Al}}^{\mathrm{Al}} = 111.0/T - 0.016 \tag{3-157}$$

$$e_{\mathrm{N}}^{\mathrm{Al}} = -332.2/T + 0.194 \tag{3-158}$$

Paek 等[99] 重新测量了钢液中 (AlN) ═[Al] + [N] 反应平衡常数，结果如下：

$$\log K_{\mathrm{AlN}} = -15850/\mathrm{T} + 7.03 \tag{3-159}$$

$$e_{\mathrm{Al}}^{\mathrm{Al}} = 0.043 \tag{3-160}$$

$$e_{\mathrm{N}}^{\mathrm{Al}} = 0.017 \tag{3-161}$$

$$e_{\mathrm{Al}}^{\mathrm{N}} = 0.033 \tag{3-162}$$

图 3-85 中，当钢液中［%Al］和［%N］浓度积在图中曲线上方时，AlN 夹杂物可以稳定生成。因此，将钢中的［%Al］和［%N］控制在曲线以下可以抑制钢中 AlN 的生成。当钢中 AlN 夹杂物的尺寸小于 1μm 时，能起到钉扎奥氏体晶界、抑制奥氏体晶粒长大、细化晶粒的作用；但大于 1μm 的 AlN 夹杂物对奥氏体晶粒长大影响不大。由于在钢液中生成的 AlN 夹杂物尺寸较大，将对钢产品的性能和质量会产生极大危害。

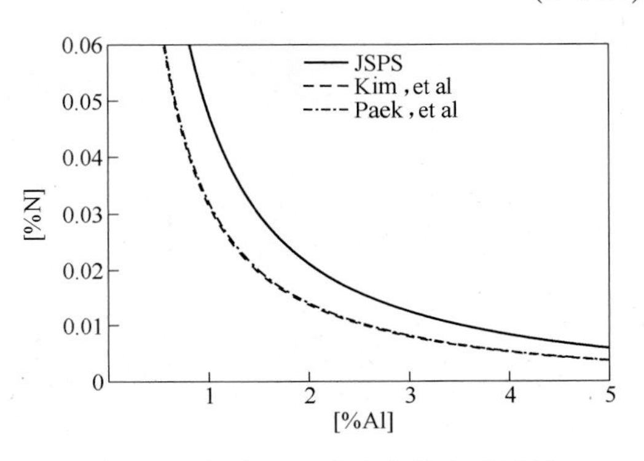

图 3-85 钢中 AlN 夹杂物的生成区域

图 3-86 为钢中 AlN 夹杂物的微观形貌。(1)~(12) 为通过非水溶液电解法提取到的 AlN 夹杂物，其微观形貌为规则的立方体、多棱柱或者规则的棱台状；(13)~(15) 是用电解侵蚀方法获得的 AlN 夹杂物形貌，也可看到其微观形貌为规则的多棱柱；(16)~(18) 为金相法观测到 AlN 夹杂物的二维形貌，其形状为规则的多边形。通过非水溶液电解和电解方法观测到的 TiN 夹杂物形貌相似，同时也与金相法观测的二维形貌相对应。

在冷却凝固过程中，AlN 析出的分析方法同 TiN 析出的分析方法。当钢液中 Al-N 实际浓度积大于平衡浓度积时，AlN 夹杂物将在钢液中生成。在固相线温度附近，析出的 AlN 能够起到细化晶粒、抑制奥氏体晶粒长大和实现沉淀强化等作用。而在凝固前期形成的 AlN 夹杂物尺寸较大，会对钢材的机械性能和表面质量产生严重的危害。

(1) (2) (3)
(4) (5) (6)
(7) (8) (9)
(10) (11) (12)

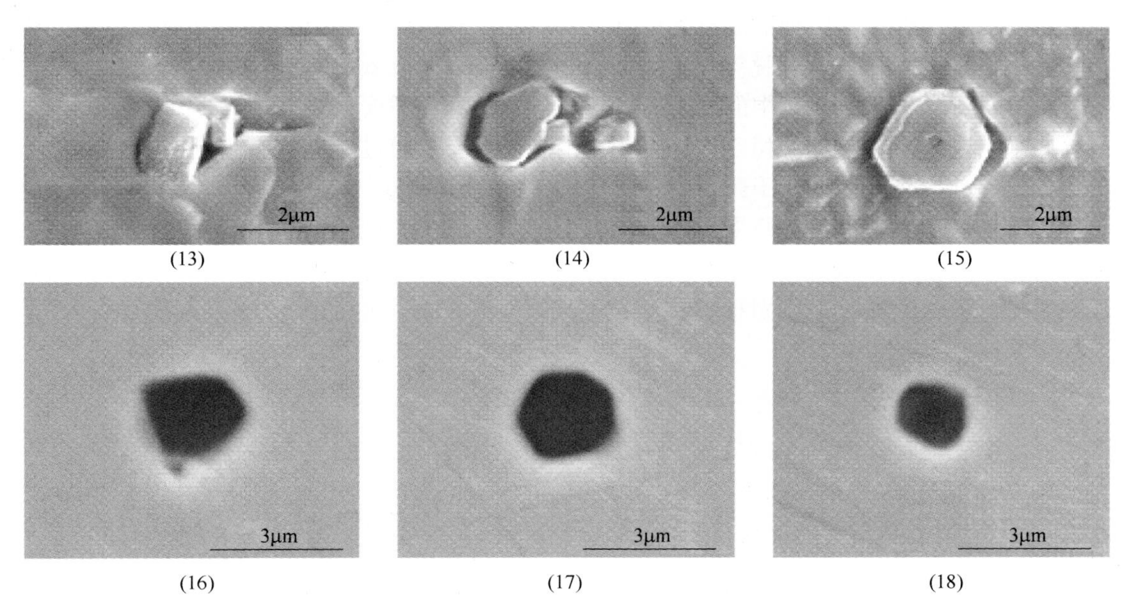

图 3-86 钢中 AlN 夹杂物的微观形貌

AlN 夹杂物在铁素体（α，δ）、奥氏体（γ）和钢液（liq）中生成的相关热力学数据如下[89]：

$$\log[\%\mathrm{Al}][\%\mathrm{N}]^{\mathrm{liq}} = -11700/T + 5.94 \tag{3-163}$$

$$\log[\%\mathrm{Al}][\%\mathrm{N}]^{\alpha,\ \delta} = -11420/T + 5.12 \tag{3-164}$$

$$\log[\%\mathrm{Al}][\%\mathrm{N}]^{\gamma} = -11085/T + 4.38 \tag{3-165}$$

图 3-87 为 AlN 在不同状态钢中的溶解度随温度的变化曲线。温度降低，AlN 在钢中的溶解度下降，因而容易生成 AlN。

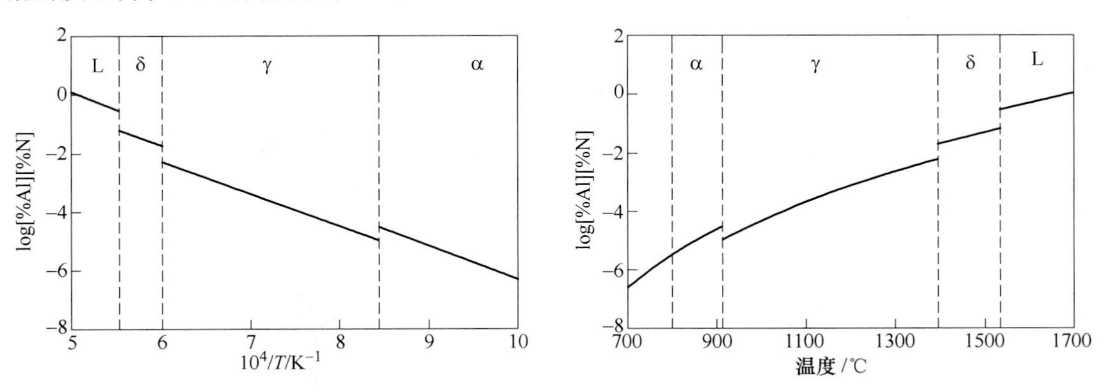

图 3-87 不同温度下 TiN 在钢中的生成条件

3.5 本章小结

本章详细讨论了钢液脱氧生成各种氧化物的热力学，以及钢中氮化物和硫化物析出的热力学。到目前为止的教科书和文献中，单合金元素脱氧的研究较多，多元素复合脱氧的研究也有一些，但是实际钢液成分条件下钢液脱氧问题还没有引起足够的重视。在钢水精炼过程中，多合金元素复合脱氧是不争的事实，多元复合脱氧时热力学研究还不完善，尤其是钙处理和稀土处理过程中的多合金元素脱氧热力学还需要深入研究和探讨；一些反应的吉布斯自由能和元素间的相互作用系数仍不准确，需要通过实验进一步测量更正。本章的讨论的一些结果也表明对于脱氧元素和溶解氧的平衡情况，纯铁液和实际钢液有很大的不同，不能用纯铁液的研究结果代替实际钢液的研究结果，这方面还需要做更多、更深入的研究，也是这一领域值得关注的问题之一。本章也简单讨论了钢中硫化物和氮化物生成的热力学问题。对于钢液凝固和固体钢温度变化过程中非金属夹杂物析出的热力学将在本书第 7 章进行详细论述。

参考文献

[1] Boylston H M. Carnegie. Mem. , Iron and Steel Inst. , 1916, 12: 102.

[2] Zhang L, Thomas B G. State of the art in the control of inclusions during steel ingot casting [J]. Metallurgical and Materials Transactions B, 2006, 37 (5): 733-761.

[3] Zhang L, Thomas B G. State of the art in evaluation and control of steel cleanliness [J]. ISIJ International, 2003, 43 (3): 271-291.

[4] Herty C H. The Physical Chemistry of Steel Making [M]. Mining and Metallurgical Advisory Boards, 1934.

[5] Yang W, Wang X, Zhang L, et al. Characteristics of alumina-based inclusions in low carbon Al-killed steel under no-stirring condition [J]. Steel Research International, 2013, 84 (5): 878-891.

[6] Itoh H, Hino M, Ban-ya S. Thermodynamics on the formation of spinel nonmetallic inclusion in liquid steel [J]. Metallurgical and Materials Transactions B, 1997, 28 (5): 953-956.

[7] 周德光，傅杰，李晶，等．轴承钢中镁的控制及作用研究 [J]. 钢铁，2002，37 (7): 23-25.

[8] 王厚昕，李阳，李正邦，等．焊丝钢新型脱氧剂的实验研究 [J]. 钢铁，2005，40 (5): 25-28.

[9] 李太全，包燕平，刘建华，等．镁对 X120 管线钢夹杂物的作用 [J]. 钢铁，2008，43 (11): 45-64.

[10] 赵辉，胡水平，武会宾，等．Mg 处理高钢级管线钢焊接热影响区晶内铁素体形核机制研究 [J]. 钢铁，2010，45 (2): 82-85.

[11] Williams R O. Further studies of the iron-chromium system [J]. Trans. Metal. Soc. AME, 1958, 8: 497-502.

[12] Kikuchi N, Nabeshima S, Kishimoto Y, et al. Micro-structure refinement in low carbon high manganese steels through Ti-deoxidation inclusion precipitation and solidification structure [J]. ISIJ International, 2008, 48 (7): 934-943.

[13] Cha W Y, Miki T, Sasaki Y, et al. Identification of titanium oxide phases equilibrated with liquid Fe-Ti alloy based on EBSD analysis [J]. ISIJ International, 2006, 46 (7): 987-995.

[14] Cha W Y, Nagasaka T, Miki T, et al. Equilibrium between titanium and oxygen in liquid Fe-Ti alloy coexisted with titanium oxides at 1873 K [J]. ISIJ International, 2006, 46 (7): 996-1005.

[15] Pak J J, Jo J O, Kim S I, et al. Thermodynamics of titanium and oxygen dissolved in liquid iron equilibrated with titanium oxides [J]. ISIJ International, 2007, 47 (1): 16-24.

[16] Miyashita Y, Nishikawa K. The deoxidation of liquid iron with calcium [J]. Tetsu-to-Hagane, 1971, 57 (13): 1969-1975.

[17] Han Q, Zhang X, Chen D, et al. The calcium-phosphorus and the simultaneous calcium-oxygen and calcium-sulfur equilibria in liquid iron [J]. Metallurgical and Materials Transactions B, 1988, 19 (4): 617-622.

[18] Taguchi K, Ono-Nakazato H, Nakai D, et al. Deoxidation and desulfurization equilibria of liquid iron by calcium [J]. ISIJ International, 2003, 43 (11): 1705-1709.

[19] Benedicks C, Lofquist H. Non-metallic Inclusions in Iron and Steel [M]. Champman & Hall's Centenary Year, 1930.

[20] The Japan Society for the Promotion of Science. Steelmaking Data Sourcebook [M]. New York: Gordon and Breach Science, 1988.

[21] Park J H, Kang Y B. Effect of ferrosilicon addition on the composition of inclusions in 16Cr-14Ni-Si stainless steel melts [J]. Metallurgical and Materials Transactions B, 2006, 5 (37): 791-797.

[22] Chipman J, Gero J B, Winkler T B. The manganese equilibirum under simple oxide slags [J]. Transactions of American Institute of Mining and Metallurgical Engineers (Trans. AIME), 1950, 188: 341.

[23] Cordier J A, Chipman J. Activity of sulphur in liquid Fe-Ni alloys [J]. Transactions of American Institute of Mining and Metallurgical Engineers (Trans. AIME), 1955, 203: 905.

[24] Fornander S. The Behavior of Oxygen in Liquid Steel during the Refining Period in the Basic Open-hearth Furnace [M]. Faraday Society, First in 1948, and then in 1961.

[25] Hino M. Thermodynamics for the Control of Non-metallic Inclusion Composition and Precipitation [M]. Tokyo, Japan, JSPS, 2004.

[26] Kanae Suzuki, Shiro Ban-ya, Mitsutaka Hino. Deoxidation equilibrium of chromium stainless steel with Si at the temperatures from 1823 to 1923K [J]. ISIJ International, 2001, 41 (8): 813-817.

[27] Hino M, Ito K. Thermodynamic Data for Steelmaking [M]. Sendai: Tohoku University Press, 2010.

[28] Han Q, Feng X, Feng S, et al. Equilibria between cerium or neodymium and oxygen in molten iron [J]. Metallurgical Transactions B, 1990, 21 (2): 295-302.

[29] Ono H, Tachiiri Y, Yamaguchi K, et al. Influence of neodymium on the deoxidation and desulfurization equilibria of liquid iron in the Fe-Nd-O-S (-Al) system at 1873K [J]. ISIJ International, 2009, 49 (11): 1656-1660.

[30] Kato S, Iguchi Y, Ban-ya S. Deoxidation equilibrium of liquid iron with barium [J]. Tetsu-to-Hagane, 1992, 78 (2): 253-259.

[31] Ishii F, Ban-ya S. Equilibrium between yttrium and oxygen in liquid iron and nickel [J]. ISIJ International, 1995, 35 (3): 280-285.

[32] Ban-ya S, Ishii F, Ohtaki D. Deoxidation equilibrium of hafnium in liquid iron, nickel and iron-nickel alloys [J]. ISIJ International, 1994, 34 (6): 484-490.

[33] Gu L, Tang Z. A study on Fe-Nb-O equilibria and their thermodynamic parameters [J]. Acta Metallurgica Sinica, 1985, 21 (2): A167-174.

[34] Hideaki S, Hajime I, Ryo I. Aluminium-oxygen equilibrium between $CaO-Al_2O_3$ melts and liquid iron [J]. ISIJ International, 1991, 31 (12): 1381-1388.

[35] Cho S W, Suito H. Magnesium deoxidation and nitrogen distribution in liquid nickel equilibrated with $CaO-Al_2O_3-MgO$ slags [J]. ISIJ International, 1994, 34 (9): 746-754.

[36] Inoue R, Suito H. Thermodynamics of O, N, and S in liquid Fe equilibrated with $CaO-Al_2O_3-MgO$ slags [J]. Metallurgical and Materials Transactions B, 1994, 25 (2): 235-244.

[37] Sakai H, Suito H. Liquid phase boundaries at 1873K in the ternary CaO-Al_2O_3-MO_x (MO_x: MgO, ZrO_2) and CaO-SiO_2-MO_x (MO_x: TiO_2, MgO, Al_2O_3) systems [J]. ISIJ International, 1996, 36 (2): 138-142.

[38] Suito H, Inoue R. Thermodynamics on control of inclusions composition in ultraclean steels [J]. ISIJ International, 1996, 36 (5): 528-536.

[39] Jung I-H, Decterov S A, Pelton A D. Computer applications of thermodynamic databases to inclusion engineering [J]. ISIJ International, 2004, 44 (3): 527-536.

[40] Sakata K. Technology for production of austenite type clean stainless steel [J]. ISIJ International, 2006, 46 (12): 1795-1799.

[41] Park J H, Todoroki H. Control of MgO · Al_2O_3 spinel inclusions in stainless steels [J]. ISIJ International, 2010, 50 (10): 1333-1346.

[42] Brabie V. Mechanism of reaction between refractory materials and aluminum deoxidized molten steel [J]. ISIJ International, 1996, 36 (1): S109-S112.

[43] Okuyama G, Yamaguchi K, Takeuchi S, et al. Effect of slag composition on the kinetics of formation of Al_2O_3-MgO inclusions in aluminum killed ferritic stainless steel [J]. ISIJ International, 2000, 40 (1): 121-128.

[44] Fujii K, Nagasaka T, Hino M. Activities of the constituents in spinel solid solution and free energies of formation of MgO, MgO · Al_2O_3 [J]. ISIJ International, 2000, 40 (11): 1059-1066.

[45] Seo W G, Han W H, Kim J S, et al. Deoxidation equilibria among Mg, Al and O in liquid iron in the presence of MgO-Al_2O_3 spinel [J]. ISIJ International, 2003, 43 (2): 201-208.

[46] Ohta H, Suito H. Deoxidation equilibria of calcium and magnesium in liquid iron [J]. Metallurgical and Materials Transactions B, 1997, 28 (6): 1131-1139.

[47] Yang S, Wang Q, Zhang L, et al. Formation and modification of MgO · Al_2O_3-based inclusions in alloy steels [J]. Metallurgical and Materials Transactions B, 2012, 43 (4): 731-750.

[48] Park J H, Kim D S. Effect of CaO-Al_2O_3-MgO slags on the formation of MgO-Al_2O_3 inclusions in ferritic stainless steel [J]. Metallurgical and Materials Transactions B, 2005, 36 (4): 495-502.

[49] Park J H. Solidification structure of CaO-SiO_2-MgO-Al_2O_3 (-CaF_2) systems and computational phase equilibria: Crystallization of $MgAl_2O_4$ spinel [J]. Calphad, 2007, 31 (4): 428-437.

[50] Park J H, Lee S B, Kim D S, et al. Thermodynamics of titanium oxide in CaO-SiO_2-Al_2O_3-MgO-CaF_2 slag equilibrated with Fe-11mass% Cr melt [J]. ISIJ International, 2009, 49 (3): 337-342.

[51] Wang C, Nuhfer N T, Ridhar S. Transient behavior of inclusion chemistry, shape, and structure in Fe-Al-Ti-O melts: Effect of titanium source and laboratory deoxidation simulation [J]. Metallurgical and Materials Transactions B, 2009, 41 (4): 1006-1021.

[52] Wang C, Nuhfer N T, Sridhar S. Transient behavior of inclusion chemistry, shape, and structure in Fe-Al-Ti-O melts: Effect of titanium/aluminum ratio [J]. Metallurgical and Materials Transactions B, 2009, 40 (6): 1022-1034.

[53] Wang C, Nuhfer N T, Ridhar S. Transient behavior of inclusion chemistry, shape and structure in Fe-Al-Ti-O melts: Effect of gradual increase in Ti [J]. Metallurgical and Materials Transactions B, 2010, 41 (5): 1084-1093.

[54] Wang C, Verma N, Kwon Y, et al. A study on the transient inclusion evolution during reoxidation of a Fe-Al-Ti-O melt [J]. ISIJ International, 2011, 51 (3): 375-381.

[55] Ono H, Ibuta T. Equilibrium relationships between oxide compounds in MgO-Ti_2O_3-Al_2O_3 with iron at 1873 K and variations in stable oxides with temperature [J]. ISIJ International, 2011, 51 (12): 2012-2018.

[56] Kim H S, Chang C H, Lee H G. Evolution of inclusions and resultant microstructural change with Mg addition in Mn/Si/Ti deoxidized steels [J]. Scripta Materialia, 2005, 53 (11): 1253-1258.

[57] 张立峰，王新华．洁净钢与夹杂物 [C]. 第十三届全国炼钢学术会议，2004：12-51.

[58] Park J H, Lee S B, Kim D S. Inclusion control of ferritic stainless steel by aluminum deoxidation and calcium treatment [J]. Metallurgical and Materials Transactions B, 2005, 36 (1): 67-73.

[59] Verein D E. Slag Atlas (2nd edition) [M]. Düsseldorf: Verlag Stahleisen GmbH, 1995.

[60] 李强，王新华，李海波，等．低合金高强钢中非金属夹杂物的改性 [J]. 北京科技大学学报，2012，34 (11)：1262-1267.

[61] 王新华，李秀刚，李强，等．X80 管线钢板中条串状 $CaO-Al_2O_3$ 系非金属夹杂物的控制 [J]. 金属学报，2013，49 (5)：553-561.

[62] 王新华，李强，黄福祥，等．X80/70 管线钢板条串状 $CaO-Al_2O_3$ 系 B 类夹杂物控制研究 [C]. 2012 年全国炼钢—连铸生产技术会论文集，2013：12-20.

[63] Ren Y, Zhang L, Li S. Transient evolution of inclusions during calcium modification in linepipe steels [J]. ISIJ International, 2014, 54 (12): 2772-2779.

[64] Turkdogan E T. Fundamental of Steelmaking [M]. The Institute of Materials, 1996: 196.

[65] Allibert M, Gaye H, Geiseler J, et al. Slag Atlas [M]. Verlag Stahleisen GmbH, 1995: 90.

[66] 蔡开科．连铸坯质量控制 [M]. 北京：冶金工业出版社，2010：40-41.

[67] Gatellier C, Olette M. Aspects fondamentaux des reactions entre elements metalliques et elements non-metalliques dans les aciers liquides [J]. Revue de Metallurgie, 1979, 76: 377-386.

[68] Kwon Y, Choi J, Sridhar S. The morphology and chemistry evolution of inclusions in Fe-Si-Al-O melts [J]. Metallurgical and Materials Transactions B, 2011, 42 (4): 814-824.

[69] Olette M, Gatellier C, Vasse R. Process in Ladle Steel Refining [M]. Toronto, 1982: 2. 8-2. 9.

[70] Oeters F. Metallurgy of Steelmaking [M]. Stahl and Eisen, 1989: 67.

[71] Jiang M, Wang X, Chen B, et al. Laboratory study on evolution mechanisms of non-metallic inclusions in high strength alloyed steel refined by high basicity slag [J]. ISIJ International, 2010, 50 (1): 95-104.

[72] Verma N, Pistorius P C, Fruehan R J, et al. Calcium modification of spinel inclusions in aluminum-killed steel: Reaction steps [J]. Metallurgical and Materials Transactions B, 2012, 43 (4): 830-840.

[73] Jung S S, Sohn I. Crystallization behavior of the $CaO-Al_2O_3-MgO$ system studied with a confocal laser scanning microscope [J]. Metallurgical and Materials Transactions B, 2012, 43 (6): 1530-1539.

[74] Park J H, Lee S B, Gaye H R. Thermodynamics of the formation of $MgO-Al_2O_3-TiO_x$ inclusions in Ti-stabilized 11Cr ferritic stainless steel [J]. Metallurgical and Materials Transactions B, 2008, 39 (6): 853-861.

[75] Ono H, Nakajima K, Maruo R, et al. Formation conditions of Mg_2TiO_4 and $MgAl_2O_4$ in Ti-Mg-Al complex deoxidation of molten iron [J]. ISIJ International, 2009, 49 (7): 957-964.

[76] Ono H, Nakajima K, Ibuta T, et al. Equilibrium relationship between the oxide compounds in $MgO-Al_2O_3-Ti_2O_3$ and molten iron at 1873 K [J]. ISIJ International, 2010, 50 (12): 1955-1958.

[77] Snow R B. Equilibrium relationships on the liquids surface in part of the $MnO-Al_2O_3-SiO_2$ system [J]. Journal of American Ceramic Society, 1943, 26: 1-40.

[78] Hall F P, Insley H. A compliation of phase-rule diagrams of interest to the ceramist and silicate tenologist [J]. Journal of American Ceramic Society, 1933, 16: 463-567.

[79] Hall F P, Insley H. A compliation of phase-rule diagrams of interest to the ceramist and silicate tenologist [J]. Journal of American Ceramic Society, 1938, 21: 113-164.

[80] Eisenhuttenleute (VDEh) V D. Slag Atlas (2nd edition) [M]. Verlag Stahleisen GmbH, 1995.

[81] Fujisawa T, Sakao H. Mn-Si-Al-O gleichgewicht in flussigem eisen [J]. Tetsu-to-Hagane, 1977, 63: 1494-1503.

[82] Sakao H, Wanibe Y, Fujisawa T. Deoxidation and Inclusions in Steelmaking [M]. ISIJ, Tokyo, 1983.

[83] Liu X, Wang X, Wang W, et al. Effect of the Mn/S mass ratio on the high temperature ductility of the low carbon steel under low strain rate [J]. Journal of University of Science and Technology Beijing, 2000, 22 (5): 427-430.

[84] Li Y M, Zhu F X, Cui F P, et al. Analysis of forming mechanism of lamination defect of steel plate [J]. Journal of Northeastern University, 2007, 28 (7): 1002-1005.

[85] Domizzi G, Anteri G, Ovejero-Garcia J. Influence of sulphur content and inclusion distribution on the hydrogen induced blister cracking in pressure vessel and pipeline steels [J]. Corrosion Science, 2001, 43 (2): 325-339.

[86] Ito Y, Masumitsu N, Matsubara K. Formation of manganese sulfide in steel [J]. Transactions of the Iron and Steel Institute of Japan, 1981, 21 (7): 477-484.

[87] Katsunari Oikawa, Shinichi Sumi, Kiyohito Ishida. Morphology control of MnS inclusions in steel during solidification by the addition of Ti and Al [J]. Zeitschrift fuer Metallkunde/Materials Research and Advanced Techniques, 1999, 90 (1): 13-18.

[88] Sims C E. Relative deoxidizing powers of some deoxidizing for steel [J]. Metals Transactions, 1949, 185: 814-824.

[89] Mitsutaka H, Kimihisa I. Thermodynamic Data for Steelmaking [M]. Sendai: Tohoku University Press, 2010.

[90] Yang S, Wang Q, Zhang L, et al. Formation and modification of $MgO-Al_2O_3$-based inclusions in alloy steels [A]. 101 Philip Drive, Assinippi Park, Norwell, MA 02061, United States: Springer Boston, 2012, 43: 731-750.

[91] JSPS. Steelmaking Data Sourcebook [M]. New York: Gordon and Breach Science Publisher, 1988.

[92] 李树森，任英，张立峰，等. 管线钢精炼过程中夹杂物 CaO 和 CaS 的研究 [J]. 北京科技大学学报，2014 (S1): 168-172.

[93] 成国光，朱晓霞，彭岩峰，等. 洁净钢氮化钛凝固细化技术的基础 [J]. 北京科技大学学报，2002 (3): 273-275, 279.

[94] 李永良，陈梦谪. 微钛钢中 TiN 析出对奥氏体晶粒长大的影响 [J]. 北京师范大学学报（自然科学版），1999 (1): 38-41.

[95] 史彩霞，成国光，石超民，等. 430 铁素体不锈钢 TiN 形核细化凝固组织的研究 [C]. 2006 年全国冶金物理化学学术会议，济南，2006: 4.

[96] 郑宏光，陈伟庆，刘青，等. 含钛不锈钢连铸浸入式水口结瘤的研究 [J]. 钢铁研究学报，2005 (1): 14-18.

[97] Kim W Y, Jo J O, Chung T I, et al. Thermodynamics of titanium, nitrogen and TiN formation in liquid iron [J]. ISIJ International, 2007, 47 (8): 1082-1089.

[98] Ma Z, Janke D. Characteristics of oxide precipitation and growth during solidification of deoxidized steel [J]. ISIJ International, 1998, 38 (1): 46-52.

[99] Paek M K, Jang J M, Kang H J, et al. Reassessment of AlN (s) = Al+N equilibration in liquid iron [J]. ISIJ International, 2013, 53 (3): 535-537.

4 钢液钙处理改性钢中非金属夹杂物

4.1 钢液钙处理简介

钙是一种常见的金属元素，质地稍软，银白色有光泽，地壳中钙含量为4.15%，占第五位。由于化学性质活泼，钙在自然界中很少以单质形式存在，常常在含钙矿物和氯化钙中出现，这也是常用的制备钙的原料。金属钙的制备方法主要分为两种：熔盐电解法和铝热还原法。目前，两种方式制得的钙的纯度都能达到98%以上。钙被广泛用于冶金工业、生物、医学等领域。钙可作为合金的脱氧剂、油类的脱水剂、冶金的还原剂、铁和铁合金的脱硫与脱碳剂以及电子管中的吸气剂等。在冶金过程中，常用铁皮包裹纯钙加入钢液中，也可以合金添加的形式加入钙，常见的含钙合金包括硅钙合金、硅锰钙合金等。

钙元素自1808年被Davy发现以来，经过一个世纪才被研究应用到炼钢过程之中。1906年，Watts将CaSi合金加入钢液中发现钢液的洁净度得到提高。早期研究表明，钙作为一种活泼的金属元素在钢中可以进行脱氧，提高钢液的洁净度。1938年，Sims采用硅钙粉进行脱氧实验，Grotts对其结果分析表明，硅钙粉的加入改善了铝脱氧钢的延展性。随后Egan和Forgeng发现钙能减少有害的Ⅱ类硫化物和Al_2O_3，但此时钙对夹杂物的改性作用仍存在较大争议。

直到1963年Opitz发明钙易切削钢，钙对夹杂物的改性作用才得到充分肯定[1]。随后，Hilty[2]对钙改性夹杂物机理进行了综合阐述，并通过实验进行了验证。对钢液进行钙处理以改性钢中非金属夹杂物，从20世纪60年代开始得到关注[3]，到了20世纪70年代，随着钢包喷粉技术和喂线技术的出现，钙处理应用在实际生产中取得重大进展，并于80年代开始得到推广应用。当前大多数厂家钙处理是通过喂线机向钢液中喂入一定量的含钙包芯线，把Ca加入熔池深部以消除高蒸气压的影响，使钙与钢液能有效地进行反应，高的钢液静压力增加了钙在钢液中的溶解度直到极限值，过饱和的钙以蒸气泡方式上升到熔池表面，在这个过程中与钢液中的硫、氧和其他氧化物进行反应。同时对钢液进行软吹，促进钙在钢液中的扩散和反应，达到改性夹杂物的目的。

对钢液进行钙处理，就是因为钢液中钙比铝活泼，可以把钢液中以Al_2O_3为代表的固体夹杂物中的Al部分置换出来，生成低熔点的、在钢液中表现为液态的钙铝酸盐，因此简称为夹杂物的低熔点控制。自20世纪80年代开始，日本学者对夹杂物低熔点控制（inclusions with low melting temperature）进行了深入的关注并予以广泛研究。他们认为在钢液中为液态的夹杂物在后续的轧制和加工过程中也易于变形。因此，把这方面的研究进一步强调为夹杂物的塑性化控制，或者是夹杂物变形能力控制（deformation ability of inclusions），基本上认为只要把夹杂物的熔点控制在钢液熔点以下就算成功[4]。

钙处理的目的是将钙加入钢液中来实现钢种的特定需求，比如改性MnS夹杂物、提高连铸过程钢液的可浇铸性，或者二者兼而有之。对于可浇铸性来说，铝脱氧方式形成的 Al_2O_3 对其影响很大。这些夹杂物会在连铸过程中附着在浸入式水口上，严重时就会由于水口堵塞导致无法浇铸[5,6]。为了避免 Al_2O_3 夹杂物在水口上附着，向钢液中喂入含钙的线，让溶解的钙与固态的 Al_2O_3 进行反应生成 $CaO-Al_2O_3$ 类夹杂物，使这类在炼钢温度下是液态的夹杂物聚合长大，并得以去除。

4.1.1　钙的性质

钙的熔点低，蒸气压高，在炼钢温度下为气态，如表 4-1 所示[7]，平均沸点为 1483℃。因此，加入钢中的绝大部分钙来不及参与反应，导致收得率低、成本高、生产水平不稳定，较难控制钙处理的效果。

表 4-1　钙的沸点和蒸发热的数据[7]

作　　者	发表时间	蒸发热		沸点/℃
		kcal/mol	kJ/mol	
H. Hartmann, R. Schnelder	1929	40.30	168.6	1439
K. K. Kelley	1935	—	—	1487
J. F. Elliott, M. Glelser	1960	35.84	150.0	1492
R. Hultgren	1963	36.39	152.2	1483
O. Kubaschewski, E. L. L. Evans	1967	36.00	150.6	1483
E. Schürmann, P. Fünders, H. Litterscheldt	1974	34.57	144.6	1511

此外，根据 Schürmann 的研究，钙蒸气压与温度的关系为：

$$\lg p_{Ca} = 4.55 - \frac{8026}{T} \tag{4-1}$$

1600℃的 $p_{Ca} \approx 0.186\text{MPa}$，在炼钢温度下钙不易溶解在钢液内。钙在钢液中的溶解度很难通过实验的方式准确测出。有部分研究结果表明，钙在铁液中的溶解度与温度相关，如图 4-1 所示。也有研究结果表明，钙的溶解度还与钙的蒸气压和钢液成分有关，并计算出在 1600℃，AISI 1045 钢种成分下钙的溶解度为 0.024%[8]。不过，当钢液中含有其他元素时，如硅、铝、镍等，钙的溶解度大大提高，所以可通过加入含钙合金提高钙的收得率。钙与钢中氧、硫结合能力强，有净化钢液效果好、价格低廉等优势，因此钙处理成为对夹杂物改性的最重要的手段。

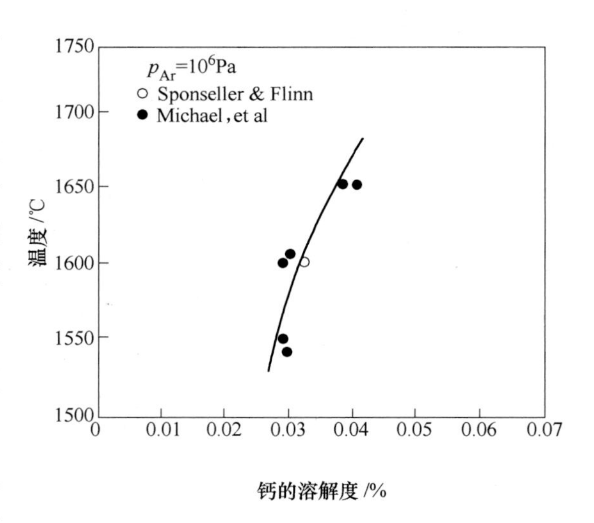

图 4-1　在铁液中钙的溶解度与温度的关系

4.1.2 钙的蒸发传质系数估算

当钙加入钢液后，一部分钙在钢液的表面挥发掉，另一部分溶解在钢液中并与其中的夹杂物发生反应，但是由于钙在钢中的溶解度很低，因此在这个过程中钙的含量仍然在不断降低，而这个动态的过程是造成钙处理后夹杂物转变的主要原因之一。图 4-2 将当前的钢中钙含量随时间的变化与之前文献中报道的钙的挥发行为进行了比较[9-13]。在 1600℃时，液态硅中初始的钙含量能够达到 700ppm，最后降低到 10ppm，其比例变化如图 4-2 中空心正方形所示。在钢液中，在加入钙的初始阶段钙的含量在 40ppm 左右，最后降低到 5ppm，如图 4-2 中半空心点所示。实心点是本实验里检测的钢中钙含量，其降低速率要比文献中更快，这可能是由于真空感应炉良好的动力学条件导致的。

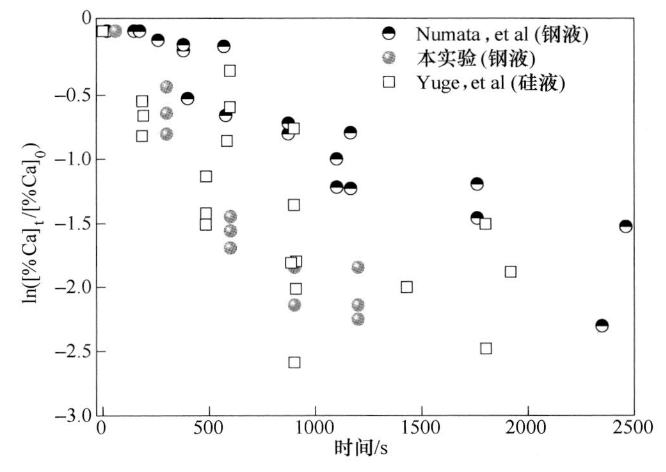

图 4-2 钢液和硅液中钙含量随时间的变化

在铝脱氧钢中，钢中的溶解氧含量可以根据 Al-O 平衡关系式计算得到：

$$2[\mathrm{Al}] + 3[\mathrm{O}] =\!=\!= (\mathrm{Al_2O_3}) \tag{4-2}$$

$$\Delta G = -1225417 + 393.86T(\mathrm{J/mol})^{[14]} \tag{4-3}$$

$$[\mathrm{O}\%] = \left\{\exp\left(\frac{\Delta G^{\ominus}}{RT}\right)\frac{a_{\mathrm{Al_2O_3}}}{f_{[\mathrm{Al}]}^{2}\,[\mathrm{Al}\%]^{2}f_{[\mathrm{O}]}^{3}}\right\}^{1/3} \tag{4-4}$$

式中，铝和氧的活度相互作用系数都假定为 1，并且计算中假定热力学达到平衡。采用 FactSage 7.0 热力学软件计算钙铝酸盐中 Al_2O_3 和 CaO 的活度，如图 4-3 所示。这样就可以计算出钢中溶解氧随着夹杂物中 Al_2O_3 含量的变化情况，于是能够根据夹杂物中 Al_2O_3 的含量来估计钢中的溶解氧含量，如图 4-4 所示。

测量的总氧含量由钢中的溶解氧和固定在氧化物中的氧两部分组成。同理，钢中的总钙包括钢液中的溶解钙和 CaS、CaO 夹杂物中固定的钙，如式（4-5）和式（4-6）所示。根据检测的钢液中 T. O. 和 T. Ca 含量、扫描电镜检测夹杂物中 CaO 的百分含量以及式（4-7）~式（4-10），计算出溶解在钢液中的钙的含量。

$$\mathrm{T.O.} = \mathrm{O_{dissolved}} + \mathrm{O_{oxide}} \tag{4-5}$$

$$\mathrm{T.Ca} = \mathrm{Ca_{in\ CaO}} + \mathrm{Ca_{in\ CaS}} + [\mathrm{Ca}] \tag{4-6}$$

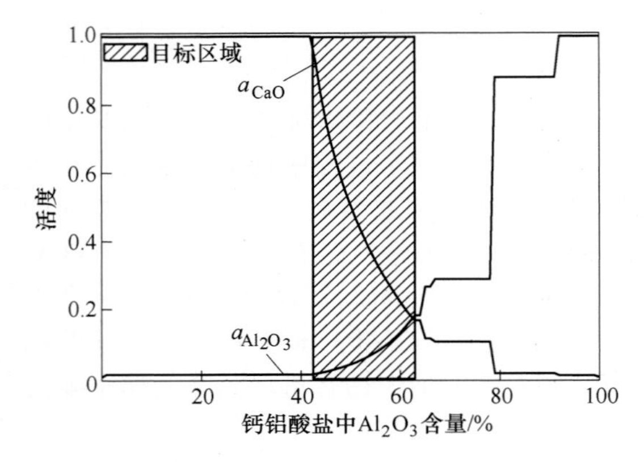

图 4-3　钙铝酸盐中 Al_2O_3 和 CaO 的活度

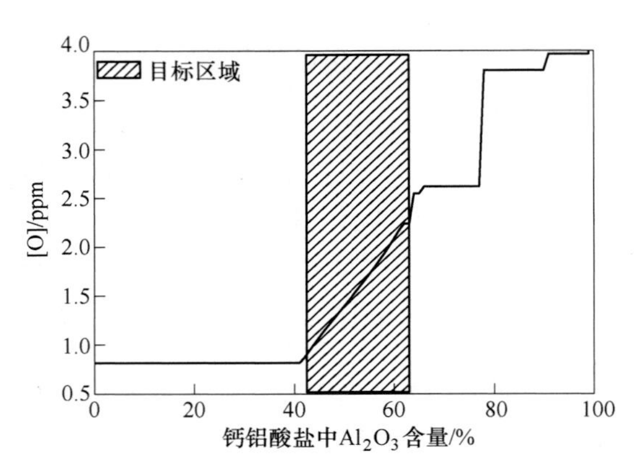

图 4-4　钢中溶解氧含量与钙铝酸盐中 Al_2O_3 含量的关系

$$O_{in\ CaO} = O_{oxide} \times (CaO_{in\ inclusions})\% \tag{4-7}$$

$$Ca_{in\ CaO} = 2.5 \times O_{in\ CaO} \tag{4-8}$$

$$Ca_{in\ CaS} = (m_{CaO}/CaO\%) \times CaS\% \times 40/72 \tag{4-9}$$

$$[Ca] = T.Ca - Ca_{in\ CaO} - Ca_{in\ CaS} \tag{4-10}$$

计算结果如表 4-2 所示。如果计算结果出现了负值，可能是由于将扫描电镜的检测结果转化为钙含量时出现误差造成的，则去掉该点的数据。

表 4-2　钢样中的总氧、溶解氧、溶解钙的含量　　(ppm)

实验编号		钢中元素含量				夹杂物中元素含量			
		T. Ca	T. O.	[O]	[Ca]	$O_{in\ CaO}$	$Ca_{in\ CaO}$	$Ca_{in\ CaS}$	$S_{in\ CaS}$
镁砂	1min	38	13.4	0.817	16.07	7.83	19.58	2.35	1.88
	5min	20	19.8	0.817	1.98	7.15	17.88	0.143	0.11
	10min	8	20.2	2.62	0.27	2.96	7.41	0.312	0.25
	20min	6	7	0.817	0.16	2.13	5.33	0.51	0.4
刚玉-Ⅰ	1min	34	9.7	0.817	16.32	3.26	8.15	9.52	7.62
	5min	22	16.4	1.25	9.97	4.01	10.03	2	1.6
	10min	8	35.1	3.8	1.29	2.61	6.54	0.174	0.14
	15min	4	40.2	4	0.74	1.26	3.16	0.1	0.08
	20min	4	13.7	3.8	0.98	1.17	2.92	0.1	0.08
刚玉-Ⅱ	1min	38	11.5	0.817	15.33	4.7	11.76	10.91	8.72
	5min	17	20.2	2.1	4.94	4.23	10.57	1.49	1.19
	10min	8	34.7	2.6	—	4.46	11.15	0.51	0.41
	15min	6	45	2.6	—	6.58	16.46	0.81	0.64
	20min	4	10.5	2.6	0.95	0.66	1.64	1.41	1.12

注：[Ca] =T. Ca$-Ca_{in\ CaO}-Ca_{in\ CaS}$；Ⅰ代表高气孔率坩埚；Ⅱ代表低气孔率坩埚。

在钙处理过程中，钢中的［Ca］才是改性 Al_2O_3 夹杂物的关键，而并非 T. Ca。因此，溶解钙的变化影响着夹杂物成分的变化，用 T. Ca 减去夹杂物中的钙来研究钙的变化趋势更加合理。溶解钙的降低与钙的挥发密切相关。钙从钢液表面的挥发可用式（4-11）表示：

$$-d[Ca]/dt = k_s A_s([Ca] - [Ca]_e) \quad (4\text{-}11)$$

式中，[Ca] 为钢液中溶解钙的浓度，%；$[Ca]_e$为最终的钙浓度，认为近似为0；k_s为传质系数，m/s；A_s为单位体积钢液与气相的界面面积，为 $1/h$，m^{-1}。

测量坩埚内部的钢液上表面到坩埚底的高度，得到冶炼过程中熔池的高度约为5cm，则 A_s 的值为 $20m^{-1}$。将表中的 [Ca] 值与对应的取样时间关系作图，并对数据点进行拟合，如图 4-5 所示。其中，实线是所有点的拟合结果，得到 k_s的值为 2.35×10^{-4}m/s。由于第二组实验的 5min 数据点与变化趋势差距较大，可能是转化误差导致，因此将该数据点去掉，再进行拟合，得到 k_s 的值为 3.53×10^{-4}m/s。因此，认为 k_s的值为一个范围更加合适，为 $(2.35 \sim 3.53) \times 10^{-4}$m/s。与之前的文献结果进行对比，拟合得到的 k_s在文献预测结果范围之内，k_s为当前真空感应炉中钙的蒸发传质系数。

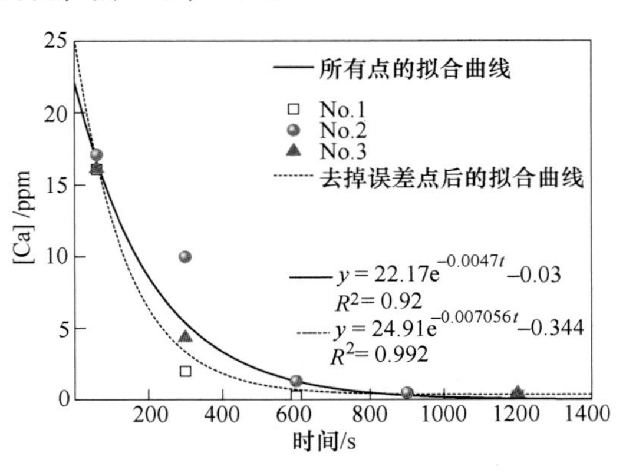

图 4-5 钢中 [Ca] 随时间的变化

4.1.3 钢中总钙和溶解钙的关系

一般而言，钢中总钙含量（T. Ca）是可以测量的，而溶解钙则很难测量，目前钢铁企业及研究机构测量得到的钢中的钙含量一般都是钢中的总钙含量，即钢中的溶解钙和夹杂物中的钙之和。有学者简单假设钢液中的溶解钙是总钙含量的1/10，但是，二者的关系受很多因素影响，本节对此进行详细的讨论。

在钙处理过程中，钢中溶解钙是改性 Al_2O_3 夹杂物的关键，因此研究钢中溶解钙的影响因素意义重大。采用 FactSage 热力学软件的 FactPS、FToxid 和 FTmisc 数据库，计算当前钢液条件下，钢中总钙、总氧、酸溶铝和温度等因素对溶解钙含量的影响，并进行相应的讨论。

图 4-6 为根据每个样品测量的钢液成分，采用 FactSage 热力学软件计算的钢中溶解钙含量与表 4-2 计算结果的对比情况，溶解钙的含量随时间先降低后升高。结果表明，二者的变化趋势基本一致。在钙处理初期，由于钢中存在过量的钙，尚未达到热力学平衡，因此在前两个样品中，采用 FactSage 预测的溶解钙含量与计算结果存在较大的误差。随着实验的进行，钢中溶解钙含量降低至 1ppm 以下，与 FactSage 的预测结果相近。因此，采用 FactSage 能够预测当前钢液成分下溶解钙的含量。

钢中溶解钙的含量与钢液成分密切相关。图 4-7 展示了钢中溶解钙与钢中总钙和总氧含量之间的关系，不同颜色代表溶解钙含量的高低。溶解钙与钢中总钙含量的变化趋势相同，但当钢中总钙含量固定时，随着钢中总氧含量的升高，溶解钙含量先升高后降低，因此存在一个总氧含量来对应着钢中溶解钙含量的最高值。对此，通过 FactSage 软件计算夹杂物随总氧含量变化的平衡析出来加以解释。

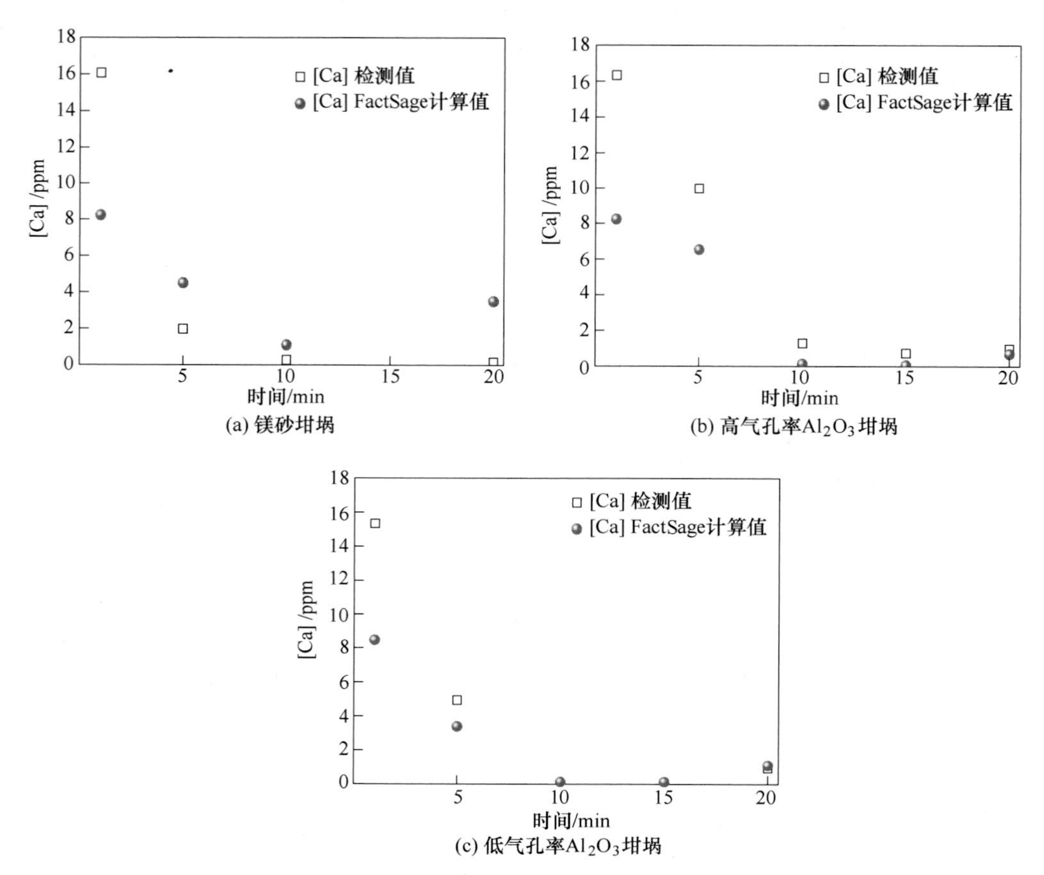

图 4-6 溶解钙的检测值与 FactSage 计算值对比

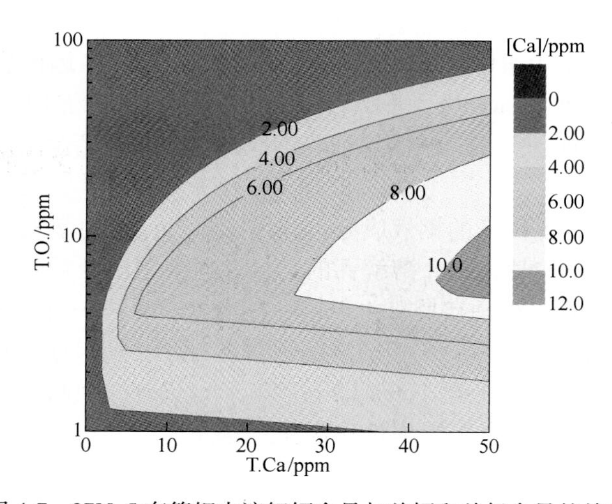

图 4-7 37Mn5 套管钢中溶解钙含量与总钙和总氧含量的关系

图 4-8 计算了钢中总钙含量为 30ppm 时，在 37Mn5 套管钢成分下，夹杂物和钢液成分随着总氧含量的变化。图中的 *A* 点表示液态夹杂物开始形成，*B* 点表示 CaS 夹杂物完全分

解。随着总氧含量升高到 *A* 点，CaS 分解向钢液中提供了［Ca］和［S］，钢中溶解钙的含量随之升高。在这个阶段，钢中的氧有利于促进 CaS 的分解，如式(4-12) 所示：

$$(CaS) \xrightarrow{[O]} [Ca] + [S] \qquad (4\text{-}12)$$

当总氧含量在 *AB* 区间升高时，溶解钙与氧和酸溶铝等反应生成液态夹杂物，消耗溶解钙。而 CaS 夹杂物继续分解，作为溶解钙的来源。因此，钢中溶解钙的含量变化不大。当总氧含量高于 *B* 点，CaS 完全分解，此时不再有溶解钙的来源，反应生成液态夹杂物会消耗溶解钙，使溶解钙含量随着氧含量升高而降低。图 4-7 中出现的溶解钙随氧含量升高的峰值区间，就是图 4-8 的 *AB* 区间。

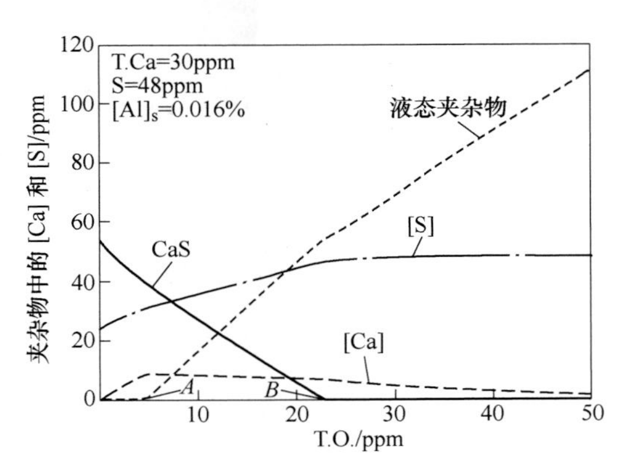

图 4-8　37Mn5 套管钢中夹杂物和钢液成分与总氧含量的变化关系

图 4-9 为溶解钙与钢中总钙和硫含量的关系。在总氧含量不变的条件下，随着硫含量的升高，溶解钙与硫结合为 CaS，使溶解钙含量降低。当钢中总钙含量低于 15ppm 时，溶解钙含量随硫含量变化不大，原因是 CaS 夹杂物很难形成，在这个总钙含量的区间内，硫含量对溶解钙影响不大。

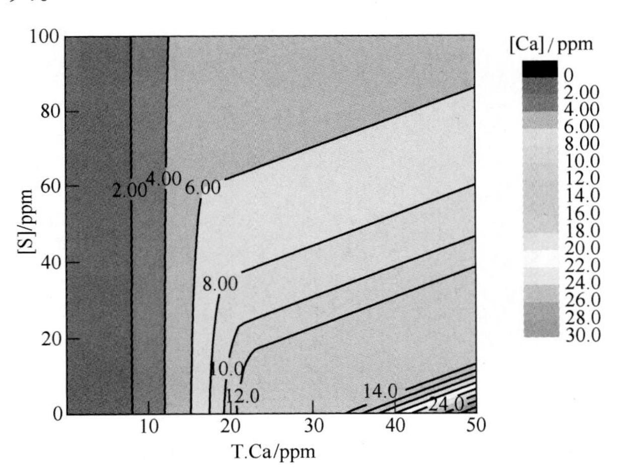

图 4-9　37Mn5 套管钢中溶解钙与硫和总钙含量的关系（T. O. = 13ppm）

图 4-10 为溶解钙与钢中总钙和酸溶铝含量的关系。在总氧含量不变的条件下，随着酸溶铝含量的升高，溶解钙含量降低，但变化在 5ppm 范围内。酸溶铝含量对于溶解钙的影响，主要是通过相互作用系数影响钙和硫的活度，间接影响 CaS 的生成。而在实际生产中，若发生二次氧化，酸溶铝含量的降低常常伴随着总氧含量的升高，会对溶解钙造成较大的影响。如果只考虑酸溶铝含量变化，在这个过程中没有新相生成，因此其对于溶解钙的影响有限。

图 4-11 展示了溶解钙与钢中总钙和温度的关系。在总氧含量不变的条件下，随着温度的降低，CaS 在冷却过程中析出，钢中溶解钙含量降低。当总钙含量低于 10ppm 时，受

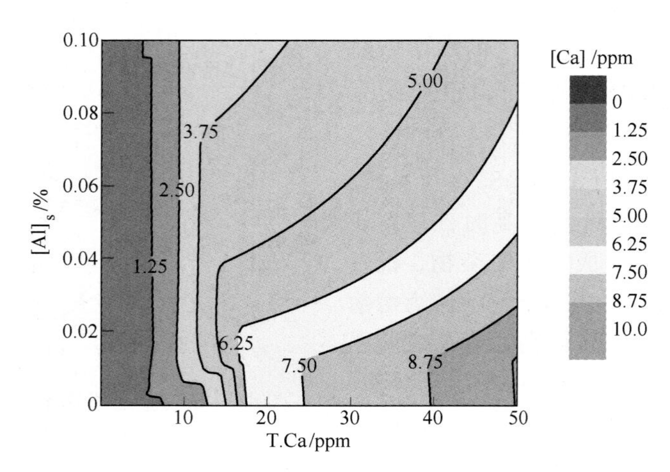

图 4-10　37Mn5 套管钢中溶解钙与酸溶铝和总钙含量的关系（T. O. = 13ppm）

限于钙含量和氧含量，CaS 夹杂物很难生成，因此在此区间内，温度对于溶解钙影响不大。

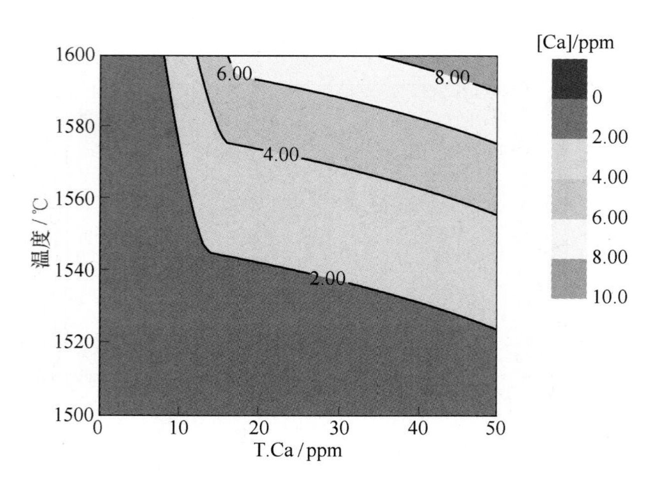

图 4-11　37Mn5 套管钢中溶解钙与温度和总钙含量的关系（T. O. = 13ppm）

在钙处理过程中，钢中溶解钙的变化行为如图 4-12 所示。在钙处理初期，钙溶解到钢液中，并且有一部分蒸发损失掉。当钢中存在过量的钙时，钙会迅速与钢中的硫、氧和 Al_2O_3 等反应生成 CaS、CaO 和钙铝酸盐。同时，由于钙蒸发导致钙含量持续降低，瞬态的 CaS 夹杂物也在分解，并且部分 CaS 会与氧发生反应。钙的蒸发与时间呈对数关系，因此溶解钙在初期降低较快，之后较为平缓。溶解钙的变化如图 4-12（a）所示。随着钢中钙含量的进一步降低，在钢液中溶解钙含量非常低，夹杂物最终转变为 CaO-Al_2O_3 和 CaO-Al_2O_3-（CaS），如图 4-12（b）所示。

4.1.4　钙处理的方式与目的

钙处理的主要方式有两个：一是向钢液中加入钙合金、喂含钙的线；二是加强高 CaO

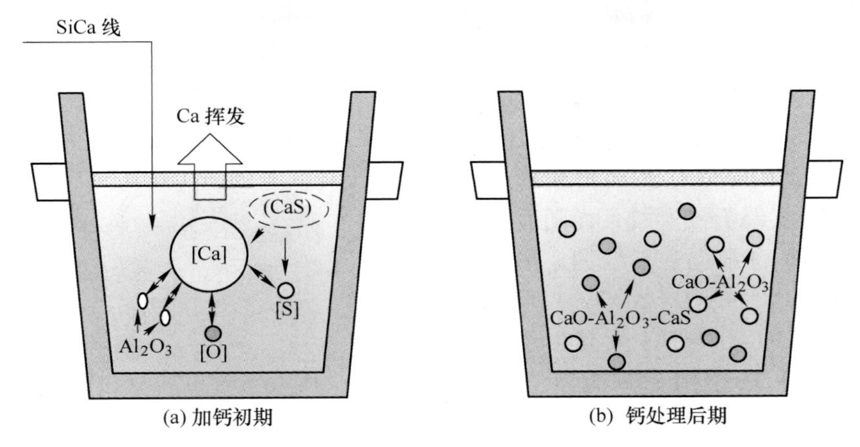

(a) 加钙初期　　(b) 钙处理后期

图 4-12　钙处理过程钢中溶解钙的变化

渣和钢液的钢渣反应。对于前者，加钙的方式从最开始将钙和铁粉混合投入到钢液中，逐渐发展为喷射法[15-17]、弹丸投射法[18]、喂包芯线法[19]和喷枪喂丝法等。当前钢包钙处理过程中，钙的加入方式主要有两种：喷吹法、喂线法。

喷吹法是利用 Ar 作为载流，通过喷枪将含 Ca 的粉剂喷入钢液深部，直接与钢液进行反应。由于粉剂直接喷入钢中，避免了炉渣、耐火材料的影响；粉剂并伴有氩气搅拌，极大地增强了反应的动力学条件[20]。Thyssen Niedechein 首次在工业中实现了 Ca-Si 粉的喷吹，随后斯堪的纳维亚喷枪法（SL 法）不但实现了脱氧脱硫，还可以进行夹杂物控制和微合金化。

喂线法[21]（wire feeding，即 WF 法），即合金芯线处理技术。它是在喷粉基础上开发出来的，是将各类金属元素及附加料制成粉剂，按一定配比，用薄带钢包覆，做成各种大小断面的线，卷成很长的包芯线卷，由喂线机根据工艺需要按一定的速度，将包芯线插入到钢包底部。包芯线的包皮迅速被熔化，线内粉料裸露出来与钢液直接接触进行化学反应，并通过氩气搅拌的动力学作用，有效地达到脱氧、脱硫、去除夹杂物、改变夹杂物形态以及准确微调合金成分等目的，从而提高钢的质量和性能。喂线工艺设备轻便、操作简单、冶金效果突出、生产成本低廉，能解决一些喷粉工艺难以解决的问题。因此，现代冶金过程的钢包钙处理主要采用喂线法。这里主要介绍喂线法。

喂线设备的布置如图 4-13 所示。它由 1 台线卷装载机、1 台辊式喂线机、1 根或多根导管及其操作控制系统等组成。

钢包处理所使用的线有金属实心线和包芯线两种。包芯线的质量直接影响其使用效果，因此，对包芯线的表观和内部质量都有一定要求。包芯线表观质量要求：（1）铁皮接缝的咬合程度；（2）外壳表面缺陷；（3）断面尺寸均匀程度。内部质量则要求：（1）质量误差要小；（2）填充率高且稳定；（3）压缩密度适当；（4）化学成分合格。

长期以来，很多学者心目中的钢液的钙处理只能通过向钢液中加入钙合金来实现。其实钙处理也发生在精炼渣和钢液以及夹杂物的反应过程。对于铝脱氧钢，在使用很高碱度渣的条件下，由于渣中的 CaO 很高，所以在渣和钢液的界面之间会发生 CaO 的分解反应，分解出来的溶解钙传递到钢水中，会置换 Al_2O_3 夹杂物中的铝而生成钙铝酸盐。以轴承钢为例（图 4-14），在出钢和 LF 精炼过程中强铝脱氧，最开始的夹杂物主要是纯的 Al_2O_3，由于钢液中酸溶铝含量较高，和钢包内衬的 MgO 发生置换反应，使钢中大量的 Al_2O_3 夹杂物变成了 $MgO \cdot Al_2O_3$ 尖晶石夹杂物，而随后夹杂物中的 CaO 含量也逐渐增加，形成了复合的 $CaO \cdot MgO \cdot Al_2O_3$ 夹杂物。夹杂物中 CaO 的增加主要是由于液态渣中的 CaO 在钢渣界面分解为 [Ca] 和 [O]，然后向钢液中传递，遇到夹杂物后会与夹杂物结合生成复合的夹杂物。这是典型的渣中 CaO 改变夹杂物成分的例子，很多钢种的精炼过程中都有这种现象。但是，这种渣钢之间的钙处理过程，很难控制生成液态的含 CaO 夹杂物，会大量生成固态的 $CaO \cdot MgO$、$CaO \cdot MgO \cdot Al_2O_3$ 夹杂物，造成水口结瘤和浇铸的困难[4]。

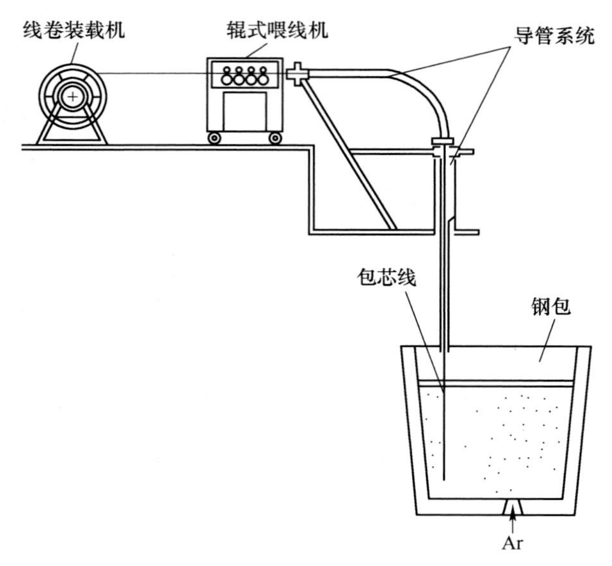

图 4-13　喂线设备布置示意图

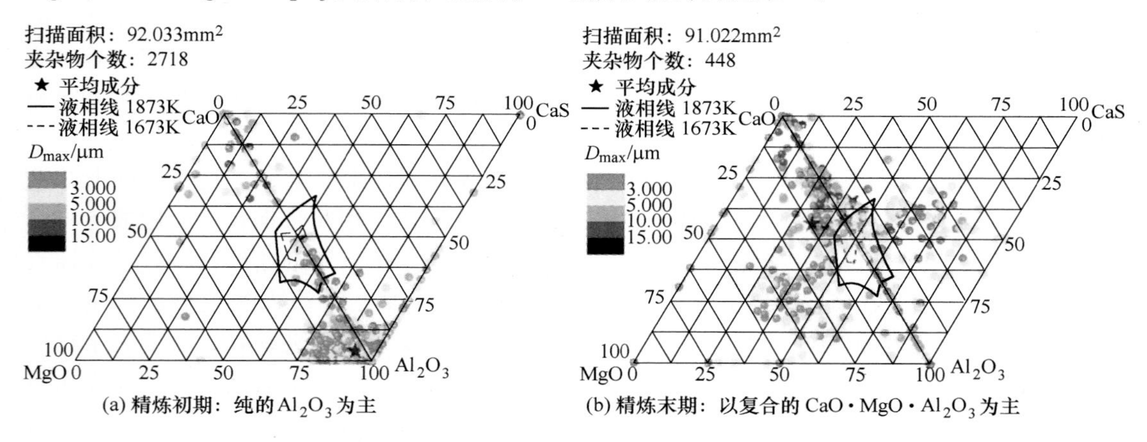

(a) 精炼初期：纯的 Al_2O_3 为主　(b) 精炼末期：以复合的 $CaO \cdot MgO \cdot Al_2O_3$ 为主

图 4-14　轴承钢 LF 精炼开始和末期夹杂物成分的变化

目前广泛使用的是通过弯管在渣面以上一定距离加入钙线的方法，由于 Ca 金属的活泼性，在喂钙线期间，钙线和渣及空气中的氧发生剧烈的氧化反应，使得钢液中的总氧含量增加 6ppm 甚至更高。而通过钢渣反应进行的钙处理则基本可以避免这一现象。但是，如前所述，在一些轧制后的产品中，往往出现链状的 $CaO \cdot MgO \cdot Al_2O_3$ 夹杂物。一些钢厂的轴承钢轧材中出现了这类大颗粒夹杂物。针对轴承钢浇铸水口结瘤物的调查发现，结瘤物中也含有很多的固体 $CaO \cdot MgO \cdot Al_2O_3$ 夹杂物。如果这些结瘤物在浇铸过程中脱落，就会造成严重的夹杂物缺陷。因此，对于轴承钢这类钢种，应该避免钢渣之间的钙处理反应。具体的措施包括 LF 之后的真空精炼之前进行扒渣处理，如果使用的是 VD，就需要进行浅真空处理，以减弱钢渣之间的反应[4]。

钙处理最初的目的，也是其最本质的目的只有一个，就是把钢液中的固体夹杂物改性为液态，这样在浇铸过程中就不会黏附在浸入式水口内壁和出口造成水口结瘤堵塞。合理的钙处理可以减轻水口结瘤，提高连浇炉数，在国内外的钢厂中已经得到广泛的应用。钙处理的“好处”都是学者慢慢地“发现”和“总结”的[4]。

屠宝洪[22]总结钢包钙处理的主要好处有：（1）降低氧化物夹杂物熔点，使之在浇铸温度下为液态，改善水口结瘤问题；（2）改善钢材的纵横向性能差异和 z 向性能；（3）改善焊接热影响区（HAZ）的敏感性；（4）防止大断面构件焊接时的层状撕裂；（5）提高高强管线钢在酸性或油性条件下抗氢致裂纹（HIC）能力；（6）提高钢材切削性能，延长刀具寿命等。总结起来，钙处理的意义为：通过对 Al_2O_3 较高的氧化物夹杂物的改性，降低其熔点，解决水口结瘤问题；改变簇状、串状 Al_2O_3 的形貌，形成球状化的钙铝酸盐，减小后续材料中出现应力集中问题，提高材料的机械性能；形成含 CaS 的复合硫化物，改变硫化物形貌，避免Ⅱ类 MnS 的出现，减弱钢材的各向异性，提高钢材抗 HIC 性能等。

图 4-15 为不同夹杂物在钙处理前后的变化简图。在较低 S 含量时，经钙处理 Al_2O_3 改性为低熔点钙铝酸盐，MnS 被改性为含 CaS 较高的Ⅰ类硫化物。在较高 S 含量时，Al_2O_3 改性为钙铝酸盐并作为形核核心外面包裹一层（Ca、Mn）S，MnS 改性为含有一定 CaS 的复合的硫化物或氧硫化物[23]。

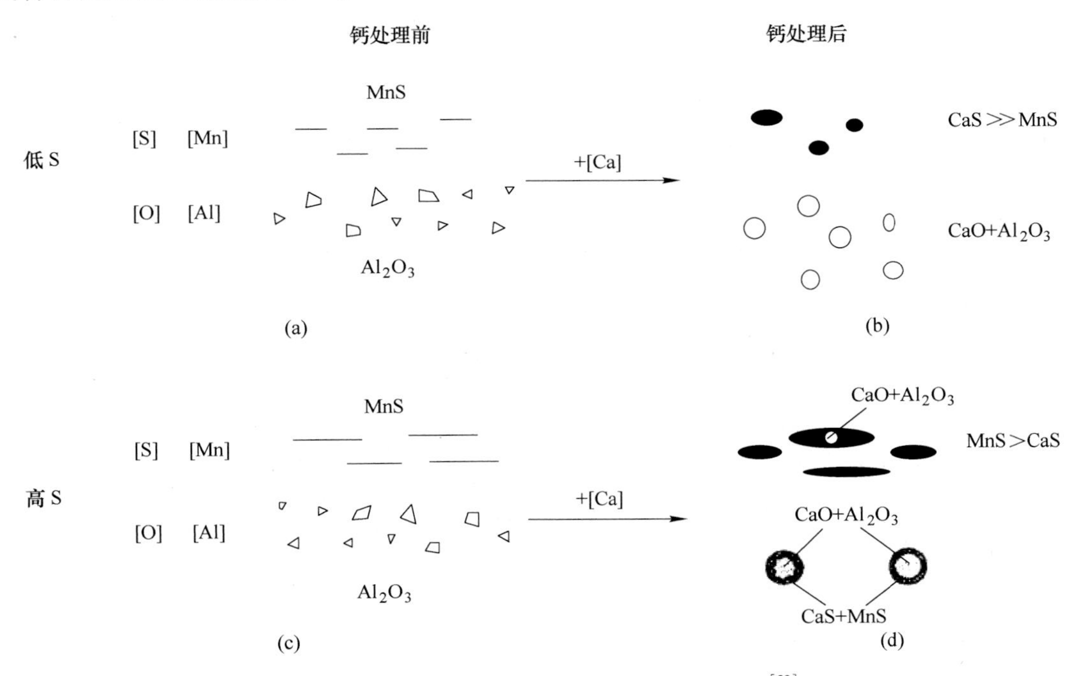

图 4-15 氧化物硫化物在轧制过程中变化简图[23]

Luyckx[24]对不同类型硫化物的分析表明：钙与钢中 O、S 都有很强的亲和力，可以在钢中极低氧含量的情况下通过与条带状的 MnS 中的 S 结合，将夹杂物转变为Ⅰ类硫化物，避免了Ⅱ类硫化物的生成。减弱了钢材的各向异性，提高了抗 HIC 性能、加工性等。

钙处理的主要作用是：对含 Al_2O_3 较高的氧化夹杂物进行改性，生成浇铸时为液态的钙铝酸盐，解决水口结瘤问题；改变夹杂物的形貌，使夹杂物形状基本转变为球状或近似球状；有利于减少夹杂物引起的应力集中问题。实际生产中含铝钢液钙处理的目标就是要将 Al_2O_3 夹杂尽可能地改性为低熔点钙铝酸盐并去除，硫化物改性为含有 CaS 核心的 CaS-MnS 复合夹杂物。而且希望残留在钢中的夹杂物尽可能少，尺寸尽可能小，这样对提高铸坯质量和顺利浇铸有利。图 4-16 给出了铝硅复合脱氧钢和铝脱氧钢的加钙量和连浇指数之间的关系。对于铝硅复合脱氧钢，在钙含量较低的时候连浇性能较好；而对于铝脱氧钢，图中的加钙范围内，加钙量和连浇指数呈负相关的关系。这也说明钙处理不能盲目进行，要根据具体的工艺和钢液成分来采用，具体将在后面章节详细论述。

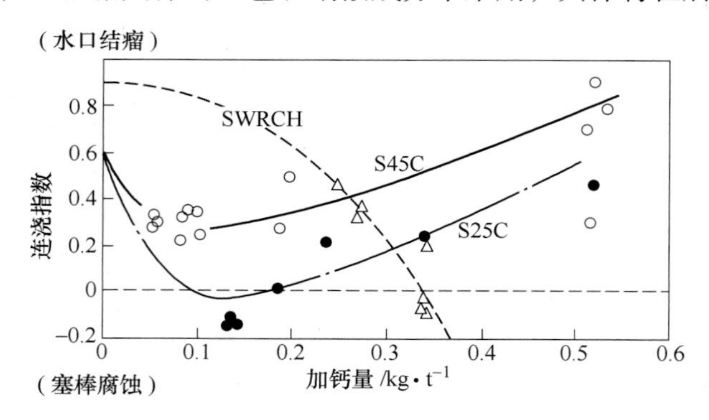

图 4-16 文献发表的钙的加入量与连浇指数的关系

钙对氧化物的改性机理在过去的几十年中已有大量研究。但由于夹杂物尺寸较小，在钢中无法对单个夹杂物进行更细致的研究，更多的研究则是通过对钙处理后钢中大量的夹杂物的整体表现进行研究。Verma[25,26]通过对钙处理后快速取样分析发现：钙加入后的短时间内夹杂物中存在较高的 CaS，随后 CaS 逐渐降低转变为钙铝酸盐。CaS 在改性过程中以一种过渡态夹杂物的形式存在。钙处理的机理为：在较低 S 含量（7ppm）时，钙加入后形成 CaO，然后 CaO 与 Al_2O_3 反应生成钙铝酸盐；在较高 S 含量（40ppm）时，钙加入钢水中后与 S 形成 CaS，随后 CaS 对 Al_2O_3 夹杂物进行改性。任英等[27]对不同 S 含量下的管线钢进行钙处理实验，研究钙处理后的夹杂物转变。实验结果表明，在加硅钙粉 1min 后，生成大量的 CaS，随后 CaS 不断减少。在低硫情况下，CaS 将消失；对高硫情况下，将有部分 CaS 稳定的存在。这表明了 CaS 在改性过程中作为过渡态夹杂物的作用。Taguchi[28]对 Ca-O、Ca-S 的平衡研究表明，钙加入钢液后先与 S 反应形成 CaS 的合理性，如图 4-17 所示。

从宏观角度看，钙加入钢液中对氧化物的改性有两种方式：（1）以元素的形式对氧化物进行改性。钙进入钢液中，随着钙的液化、气化，部分钙溶解进入钢液，部分气化形成钙气泡不断上浮。溶于钢液中的钙与夹杂物反应，附着于夹杂物上的钙气泡与夹杂物反应，对夹杂物进行改性。（2）钙进入钢液后与钢中的 O、S 反应形成 CaO 或 CaS 夹杂物，随后 CaO 或 CaS 再对夹杂物进行改性。

钙加入钢液中，钙与氧、硫的反应取决于二者的相对活度。有研究表明：1873K 下，钙首先与氧反应，直到氧的活度比硫低 19 倍时，钙将开始与硫发生反应[29]。钙线加入钢液简图如图 4-18 所示：钙线在一定深度时熔化破裂，在破裂周围钙的浓度很高，形成局

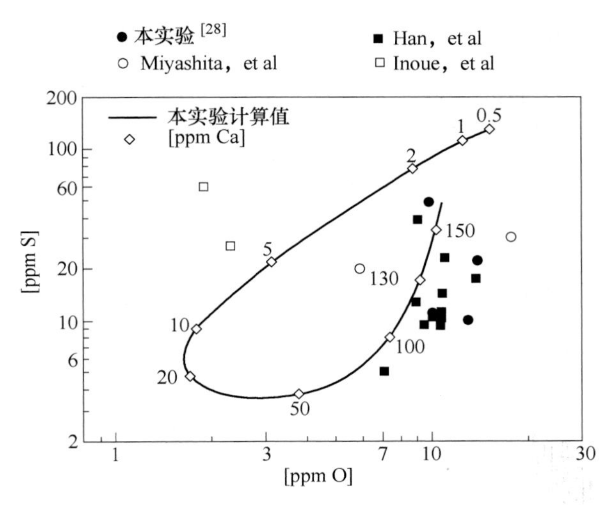

图 4-17 1873K 下，Ca 对铁液的脱氧脱硫平衡（a_{CaO}，$a_{CaS}=1$）[28]

部的“富钙”区域，导致氧的活度极低，这时钙将与钢中的硫结合，形成 CaS。但周围钢液仍是氧的活度相对较高，由于钙与氧的结合能力强于与硫的结合能力，随着钢液循环，CaS 到氧活度相对较高处，再对氧化物进行改性。这与 Pistorius 等[25]对钙处理后夹杂物的瞬态研究结果一致。

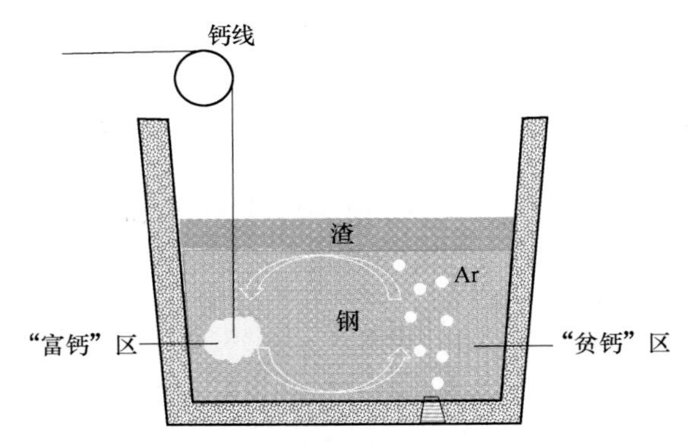

图 4-18 钙加入钢液后反应机理简图

从微观角度，钙对氧化物改性的研究大多基于未反应核模型。钙对夹杂物进行逐层改性，对钙处理后夹杂物进行线扫描、面扫描，可看出夹杂物出现分层结构，不同层有不同的成分组成。以 Al_2O_3 夹杂物为例，未完全改性的 Al_2O_3 从外到内 CaO/Al_2O_3 逐渐降低，比较有代表的模型为 Ye 的逐层反应模型[30]。对于改性的限制性环节，大多研究表明物质在反应产物层中的扩散是限制性环节，但对于夹杂物改性后的物相无法定量研究，大多只能通过元素含量比估计夹杂物的物相组成。

改性过程中的 CaS 是需要注意的夹杂物。Yang[31]对低碳铝镇静钢钙处理的夹杂物研究表明，存在三种类型的 CaS：与氧化物碰撞在一起的、环绕在氧化物周围的、与氧化物呈均相分布的。与氧化物碰撞在一起的形成时间可能是在钙加入后，环绕在氧化物周围的可能是在对 Al_2O_3 或镁铝尖晶石改性为钙铝酸盐的过程中形成，与氧化物呈均相分布的可能是在温降过程中形成。各类 CaS 形成机理简图如图 4-19 所示。

CaS 既是改性过程中的过渡产物，又可能是一定钢液条件下的稳定产物。钙处理过程中，CaS 的来源主要有：过多 Ca 加入产生；钢中 S 含量过高；改性的过渡态产物；钢在降温凝固过程析出[32]。对于钙处理改性解决水口结瘤问题，前两种成因是要极力避免的，早期形成的稳定的 CaS 同样不利于浇铸的顺利进行。

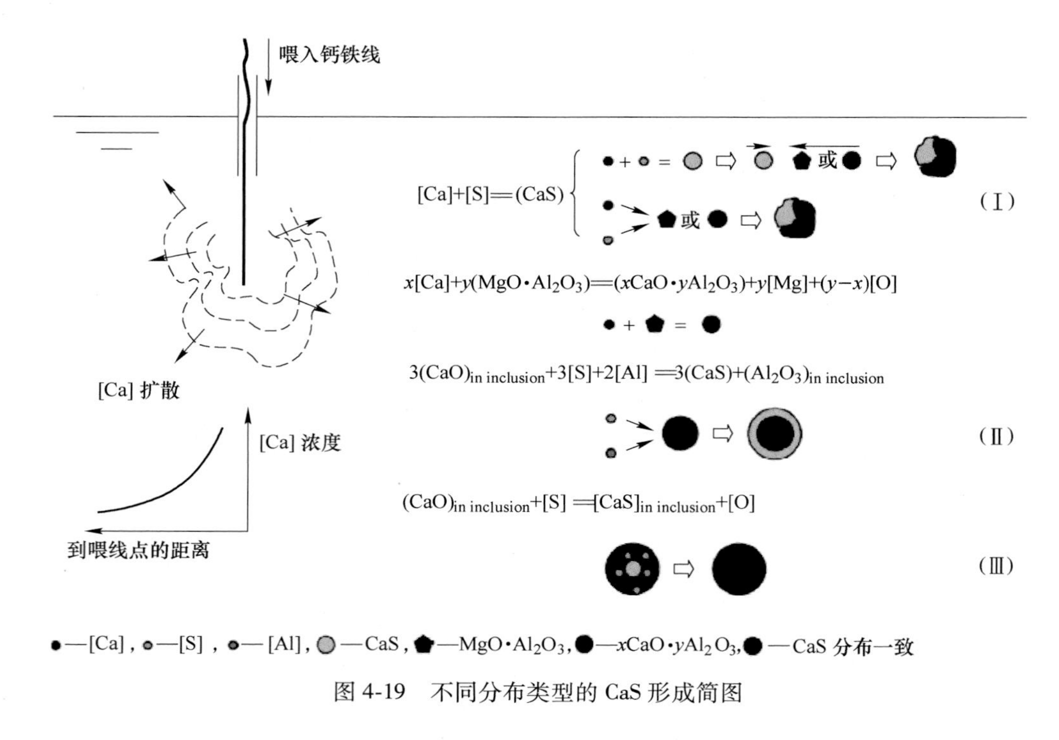

图 4-19　不同分布类型的 CaS 形成简图

由于钙处理在铝镇静钢消除水口结瘤方面有着极其重要的作用，因此，过去大多数研究都是以如何将夹杂物改性至低熔点、不堵塞水口为目的。关于钙处理过程的热力学计算也多以低熔点钙铝酸盐（如 $12CaO \cdot 7Al_2O_3$）为控制目标，而忽视了对夹杂物整体成分、夹杂物相合理性的控制。

对于夹杂物的低熔点控制，过多的假设夹杂物是纯 Al_2O_3 是不恰当的。夹杂物中不可避免地含有少量的 MgO、SiO_2 等组分。对夹杂物熔点分析[33]表明：夹杂物中少量的 MgO 等组分对熔点影响很大，从夹杂物熔点控制的角度看，少量的夹杂物组分也是不可忽略的。在钙处理 S 含量较高的钢种时，由于 CaS 先于 $12CaO \cdot 7Al_2O_3$ 出现，钙对夹杂物的改性程度面临选择。Hamoen[34]研究表明，造成水口结瘤趋势为：CaS>$MgO \cdot Al_2O_3$>$CaO \cdot yAl_2O_3$（$y \approx 1.5$），即完全改性为低熔点钙铝酸盐+CaS 比不完全改性的钙铝酸盐更容易造成水口结瘤，因此氧化物夹杂物的改性并非控制在低熔点的 $12CaO \cdot 7Al_2O_3$ 就好。Hilty 的研究表明，未完全改性至 $12CaO \cdot 7Al_2O_3$ 的夹杂物可浇性能已经很好，如图 4-20 所示。Fuhr[35]的结果同样表明，夹杂物在连铸时固相率达到 60%以上时，才导致连铸可浇性变差，如图 4-21 所示。改性产生的大颗粒的钙铝酸盐在轧制过程中可能形成条串状的 B 类夹杂物缺陷；反之，夹杂物在连铸过程中有一定的固相夹杂物作为 MnS 析出的形核核心，有助于控制轧制后 MnS 的形态，对钢材的机械性能有利。

王新华等[36-38]对于铝镇静钢的精炼及钙处理流程下对夹杂物的控制进行了研究，综合考虑了钢的洁净度，夹杂物的聚集、熔点、形貌等方面，结果并非是将夹杂物控制在熔点最低的区域是最有利的。因此，钙处理对夹杂物的改性并不一定要单纯控制熔点最低。夹杂物控制应以钢材的性能需要为目标，不堵塞水口只作为基本要求即可。通过对钙处理后夹杂物生成相的研究，确定合适的夹杂物目标成分，是对夹杂物改性控制的关键。

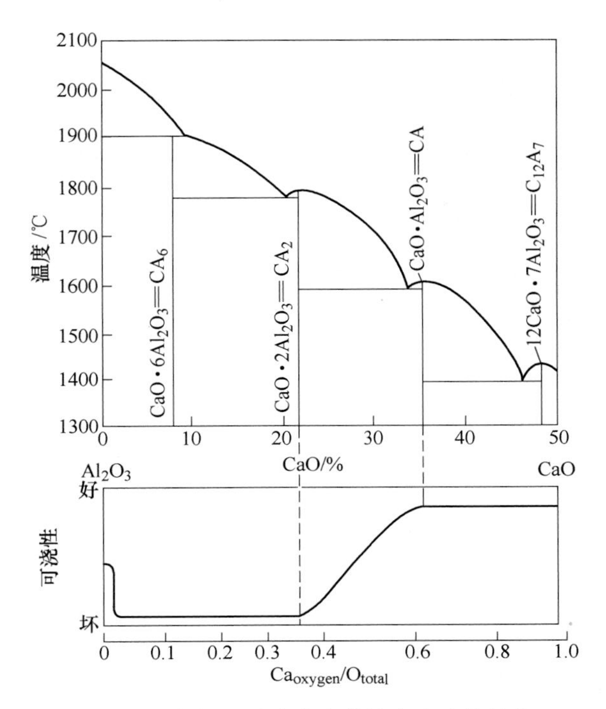

图 4-20　钙铝酸盐中夹杂物熔点和连铸性能

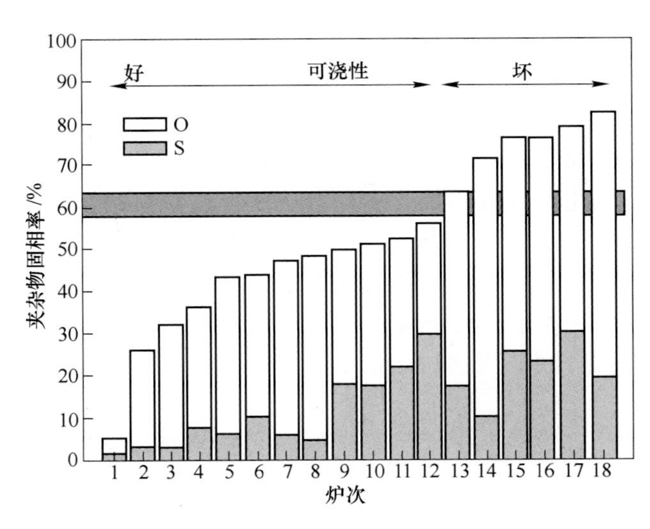

图 4-21　夹杂物固相率对连铸可浇性的影响

4.1.5　钙处理过程中钙的收得率

现场喂钙线时要控制钙线喂入位置、钙线喂入速度等，目的之一便是提高钙的收得率。钙的收得率主要衡量钙加入钢液后的效果。可按照式（4-13）衡量：

$$Ca_{收得率} = \frac{\%Ca_{加Ca后} - \%Ca_{加Ca前}}{\%Ca_{加入量}} \tag{4-13}$$

Ca 由于蒸气压高、沸点低，所以钙的利用率很低。统计表明，常规加钙法，Ca 的收得率仅为 1%～2%，喷吹法可达 10%，喂线法可达 10%～30%。钙的收得率与许多因素有关，如钢液成分、喂线温度、喂线速度等[22]。汪开忠对大量生产数据进行的统计表明，钢中 Al、S 含量在一定范围内的增加，钙的收得率提高；长时间地钢包静置，甚至是脱气搅拌，则降低钙的收得率。Basak[39]的研究表明，钢液温度增加，钙的收得率降低；钢中 Si 含量增加，收得率增大；喂线速度增加，收得率先增大后减小。他提出了衡量 Si、S 扩散的准数 Nr，衡量热量传递指数 *Bi* 参数等，通过参数预测了钙的收得率，与实际收得率误差在 5%以内，如图 4-22 所示。

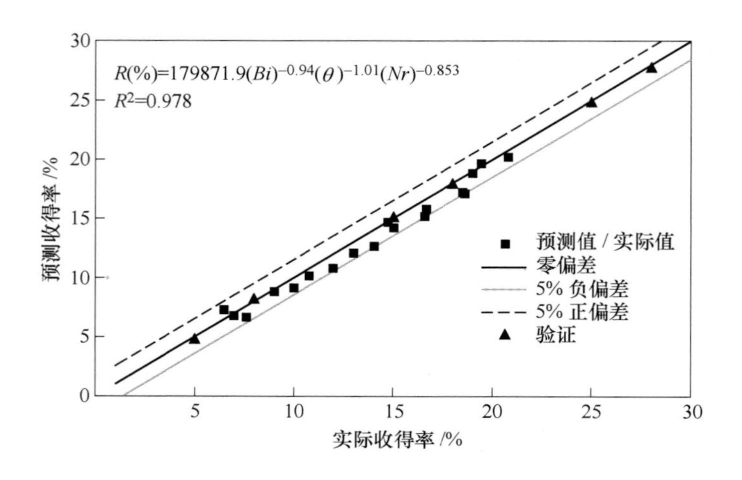

图 4-22　钙的收得率实际值与预测值比较[39]

钙处理过程由于喂线需穿过渣层或使钢液面裸露，伴随着钙与钢液剧烈反应，这极大地增加了钢液二次氧化的程度。钙处理后，钢中氧活度降低，钢液更易受到钢包渣、耐火材料的二次氧化[23,40,41]。二次氧化产生新的 Al_2O_3，降低钙铝酸盐中的 CaO 含量，使得钙处理过程逆向进行。另外，钢液在浇铸过程中，随着温度的降低，钢中元素溶解度降低，析出的氧和合金元素就会起反应，生成新的氧化物或者其他的化合物，也会成为夹杂物，同样会污染钢水，影响钢坯的质量；严重的时候，钢包水口也有结瘤的现象。

Yang[40]对钙处理后夹杂物在中间包的二次氧化进行的研究表明，液态的钙铝酸盐夹杂物由于二次氧化，夹杂物的钙铝比降低，“固态化”增加，如图 4-23 所示。

为此，Ito[42]提出两次钙处理法，LF 进行钙处理可对较大的夹杂物改性，在中间包进行第二次钙处理，对夹杂物进行第二次改性可克服二次氧化的影响。但在中间包的改性，夹杂物没有足够的时间上浮排出。Deng[43]提出的在 RH 后进行二次钙处理取得了较好的效果。部分研究者[44,45]提出由于钢液的二次氧化，钙的加入量应稍多于改性所需。不过钙处理后，钙在钢液中是不断气化、溶解钙含量不断减少的过程，钙处理时多加的钙对后期二次氧化产生的夹杂物改性的效果有待商榷。选择合适的耐火材料、钢包渣、中间包覆盖剂，进行保护浇铸，必要的时候进行两次钙处理，可能是更为合适的控制二次氧化影响的方法。

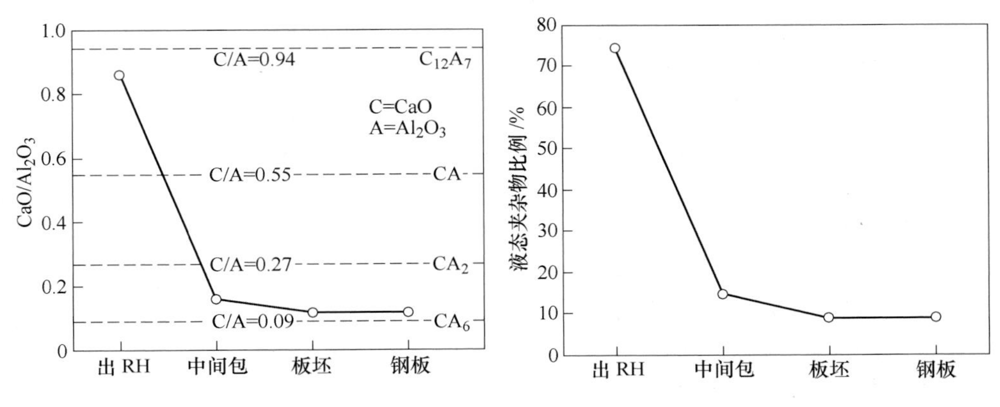

图 4-23 冶炼过程中 CaO/Al_2O_3 变化和“液态夹杂物”比例变化

4.1.6 钙处理过程的动力学研究

钙在加入钢中后伴随着溶解、液化、气化，与钢中氧、硫反应，与钢中夹杂物进行改性反应。钙处理过程的热力学计算可以揭示改性所需的钙加入量，但热力学的反应平衡需要在现有的动力学条件下实现。根据对动力学计算得到钙处理过程的夹杂物、钢液成分随时间的变化情况，确定一定性质的钙线的喂入位置、喂入速度、软吹参数等，可应用于现场实践。

钙从加入到钢液中气化为钙气泡并与 Al_2O_3 反应对其改性的过程如图 4-24 所示。钙在

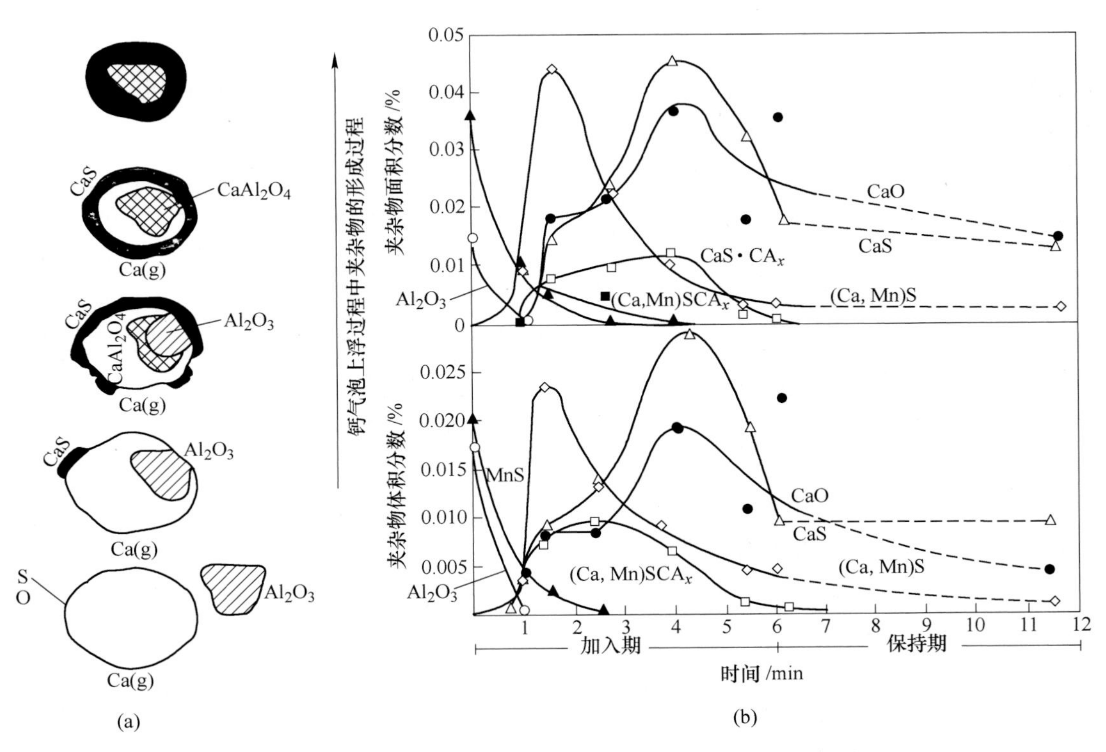

图 4-24 钙加入过程钙气泡对夹杂物的改性过程（a）及钙处理过程中夹杂物面积分数和体积分数的变化（b）

气化过程中形成气泡，钢中 O、S 附着在气泡上与之反应形成 CaS；同时钙气泡与 Al_2O_3 夹杂物碰撞并对其进行改性，产生钙铝酸盐；最终成为以钙铝酸盐为核心，外面包裹一层 CaS 的结构。

Sanyal[46]研究了包芯线在进入钢液后熔化的数学模型，可通过该模型预测钙线熔化位置，确定合理的钙线喂入速度。Lu[47]在研究过程中考虑了钙在钢液中的溶解，钙的脱氧、脱硫反应，对氧化物、硫化物的改性作用，反应趋向于 CaO-CaS 的平衡，得到钢中元素含量、夹杂物组分含量随时间变化关系。Higuchi[48]提出根据钙的气化速率、钙氧反应、钙硫反应建立的钙处理动力学模型，如图 4-25 所示。在铝脱氧后以不同的方式加入钙，假定钙从钢液中的蒸发，以及钢液中的钙与夹杂物的反应均满足一阶反应方程，建立动力学模型对钢中 Ca 含量和夹杂物中 CaO、CaS 含量进行预测。然而，该模型未考虑夹杂物尺寸对钙处理过程的影响。

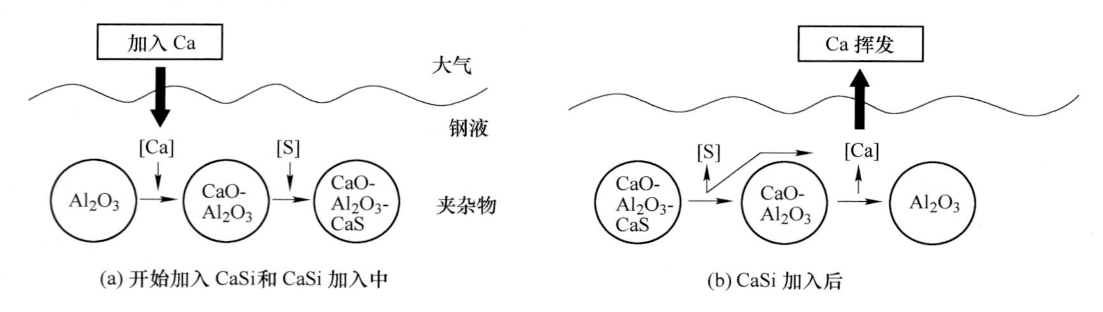

图 4-25　钙处理过程夹杂物成分改变机理

Ito[49]通过实验证实钙处理动力学条件的影响。缩短钙处理与铝脱氧时间、增大气体搅拌、增加钙处理后的反应时间都可增强钙处理反应效果。采用未反应核模型计算与实验结果比较，提出反应的限制性环节为反应产物层的传质过程。Ye[30]提出逐层反应模型，反应进程取决于 CaO、Al_2O_3 活度，致密的 CaS 限制了反应的进一步进行。Han[50]通过 CaO、Al_2O_3 在高温下的反应模拟了钙处理的过程，进而提出钙处理过程的控速环节为钙铝酸盐与氧化铝之间的反应。Lind[51,52]在高温低温区间分别做实验，测量了不同反应的平衡常数，得出在较高温度下（1420℃以上）化学反应为夹杂物变性的控制环节，在较低温度下传质为控制环节，并利用 Ye 的逐层模型，预测了 Al_2O_3 在改性过程中各层的位置、厚度，如图 4-26 所示。郭靖[53]研究了钙处理改性所需时间与粒径关系、钙处理后所需的软吹时间等。

钙处理动力学研究至今已取得不少成果，对喂钙线参数的影响、钢中夹杂物成分转变、单个夹杂物的改性规律均有涉及，动力学研究的主要成果归纳如表 4-3 所示。但所有反应都是基于扩散控制、未反应核模型等。对夹杂物的改性机理无直观结果证实，限制了钙处理动力学的研究。

表 4-3　钙处理过程动力学研究成果

年份	作者	模型	控制环节	备注
1994	Lu D Z[47]	溶解模型	—	喷射法加钙，夹杂物均相假设

续表 4-3

年份	作者	模型	控制环节	备注
1996	Higuchi[48]	气化、反应混合控制	—	夹杂物均相假设
1996	Ye[30]	未反应核模型	Ca/CaO 的内扩散	
1996	Ito[49]	未反应核模型	Ca 在产物层中传质	
2005	Park[54]	未反应核模型	Al 离子团的扩散	不锈钢
2006	Han[50]	未反应核模型	Al_2O_3 与钙铝酸盐间的反应	Al_2O_3/CaO 直接反应
2008	Visser[55]	计算机模拟钙处理	—	夹杂物均相假设
2010	Lind[52]	未反应核模型	较低温度下传质；较高温度 Al_2O_3 与钙铝酸盐间的反应	Al_2O_3/CaO 直接反应实验
2011	Numata[56]	气化、反应混合控制	—	加入钙合金以及 Al_2O_3-CaO 渣系
2012 2013	S. Yang[57] W. Yang[31]	未反应核模型	Mg 在钙铝酸盐中的扩散	MgO · Al_2O_3 改性
2014	郭靖[53]	未反应核模型	Al 在钙铝酸盐中的扩散	

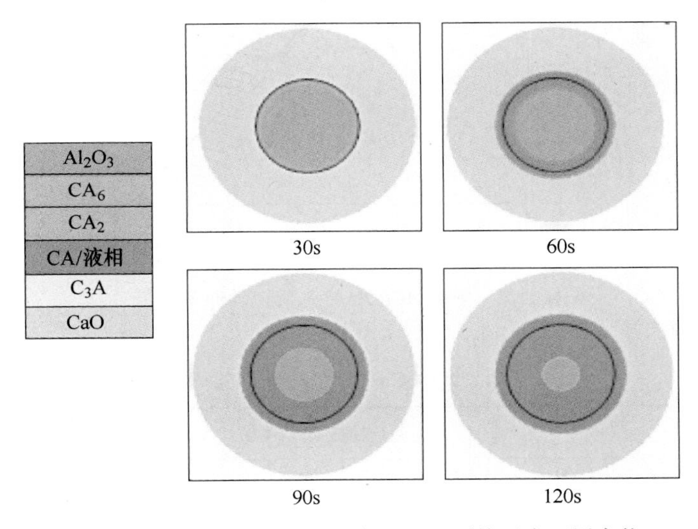

图 4-26　不同时间下的 CaO 与 Al_2O_3 颗粒反应逐层产物

4.1.7　目前工业实践中钙处理的加钙量准则

钙处理在应用以来的几十年中，已取得了大量的实践结果。钙处理过程是要保证钙的收得率和钙处理后钢液中的钙含量。保证收得率可以降低成本，提高效果；钢中合适的钙含量保证了平衡下夹杂物成分的控制。

由于在炼钢过程中无法直观地了解钙处理过程，通常是通过检测钢中易得的数据，间接地进行评估钙处理的效果。通常可用钙含量、T. Ca/T. O. 、T. Ca/Al_s、钢液中氧活度等指标评价对氧化物的改性效果，用 *ACR*、T. Ca/[%S] 等指数评估对硫化物的改性效果。

对于硫化物的钙处理改性，Osamu[58]对硫化物改性指标 ACR 定义为：

$$ACR_{Ca} = \frac{1}{1.25} \frac{[\%Ca_{eff}]}{[\%S]} \tag{4-14}$$

式中，$[\%Ca_{eff}] = [\%Ca] - [\%Ca_{asoxide}]$，并指出 $ACR>0.4$ 时，硫化物改性效果较好。夹杂物的延伸率与 ACR 指数的关系如图 4-27 所示。还有研究者研究 Ca/S 对夹杂物影响，如表 4-4 所示。

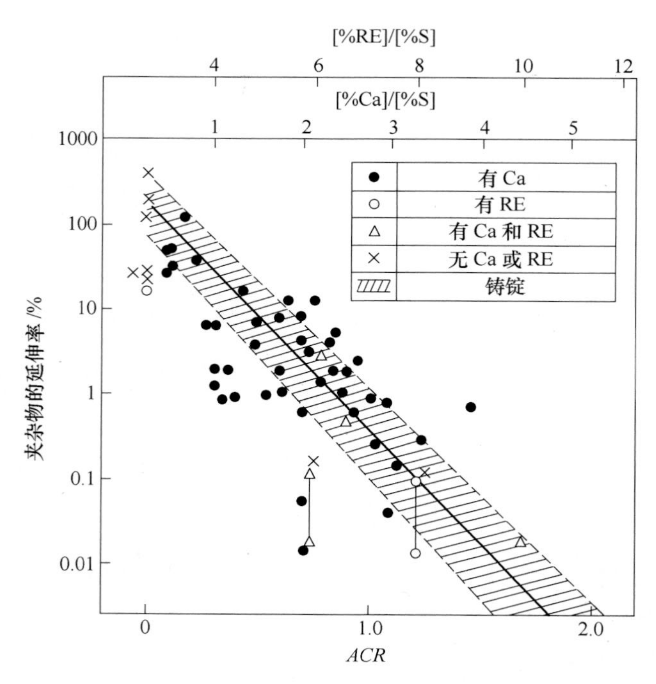

图 4-27　随着 ACR 增加夹杂物延伸率降低

表 4-4　钢中 Ca/S 对硫化物夹杂影响

Ca/S	夹杂物核心	外壳
0～0.2	Al_2O_3	MnS（Al 脱氧）
0.2～0.5	mCaO · $n$$Al_2O_3$	MnS
0.5～0.7	mCaO · $n$$Al_2O_3$	(Ca，Mn)S
1～2	mCaO · $n$$Al_2O_3$	CaS

注：控制钙处理钢中合适 Ca/S，以防止 CaS 析出造成结瘤。

对钙处理夹杂物的改性过程，前人根据热力学计算及现场经验总结了大量结果，直接或者间接地给出很多控制要求，在此进行总结，如表 4-5 所示。但这些简单指标只能反映当时钢中钙处理情况，并未考虑冶炼过程中的时间因素。在钢中 S 含量不同时，T. Ca 的意义也不尽相同。Al_s 可以间接衡量 Al_2O_3 的情况，但对夹杂物中的 SiO_2、MgO 等影响未予考虑。

表 4-5 钙处理研究实践

年份	研究者	操作条件	改性效果	备 注
1980	Faulring[59]	T. Ca/Al_s>0. 14	减少堵塞，流动性较好	$CaO \cdot Al_2O_3$
		T. Ca/T. O. ≥0. 6	液态钙铝酸盐	
		T. Ca/T. O. ≥0. 77	生成 $C_{12}A_7$	
1980	Haida[58]	ACR=0. 2~0. 4	硫化物不完全改性	
		ACR>1. 8	硫化物完全改性	
1996	Kusano[60]	T. Ca/T. Al≥0. 050	无水口结瘤	S45C 钢
		T. Ca/T. Al≥0. 085	夹杂物控制良好	S45C 钢
1998	Perez[61]	[S]<20ppm，Ca/S=2~5	控制 MnS 夹杂物	
1999	宋波[62]	$[\%Al]^2/[\%Ca]^3<1.98\times10^5$	液态钙铝酸盐夹杂	20Mn3 钢
2000	Geldenhuis[5]	0. 14kg/t	连铸可浇性良好	T. O. <27ppm
2005	魏军[63]	$5\times10^{-6}<a_{Ca}^3/a_{Al}^2<1\times10^{-4}$	无水口堵塞	CSP 低碳铝镇静钢
2006	Yuan[64]	T. Ca=17~23ppm	夹杂物连铸温度下“固相率”低	T. O. =12~21ppm Al_s=250~400ppm S=27~100ppm
2010	Bielefeldt[65]	T. Ca=10. 9~14. 2ppm	“液态窗口”	SAE8620 钢

冶炼钢液成分不同，钙处理工艺不同，要实现的目标也不同，因此钙处理的评价指标也应各异。大多间接指标并非适用其他条件，或者即使适用也并非最佳的钙处理条件。关于钙处理效果的评价应采用更全面、更直接的评价指标。如刘建华[45]认为 X70 管线钢钙处理评价指标应为：(1) 铸坯中心部位或轧后板带中心部位不存在单纯的 MnS 夹杂；(2) 中间包和结晶器中夹杂的 CaO/Al_2O_3 应该与 $12CaO\cdot7Al_2O_3$ 相近；(3) 钙处理后夹杂的 CaO/Al_2O_3 应稍高于 $12CaO\cdot7Al_2O_3$ 的夹杂。同时还必须注意钙处理应在精炼工序的后期进行，尽量防止钢液的二次氧化。这样针对不同钢种、与最终产品更为接近的评价指标，应当更多地被采用。

4.2 钢液钙处理过程中的化学反应

钙加入钢液后很快转变为蒸气，钙在钢液中的表现包括：钙的气化，溶解进入钢液，钙与夹杂物的反应，钙的脱氧、脱硫反应等。由于铁液中钙与氧和硫的固溶积很低，如表 4-6 所示，因此钙与钢中氧、硫结合能力强，能够起到净化钢液的作用。

$$Ca_{(s)} \rightarrow Ca_{(l)} \Rightarrow \begin{cases} \nearrow\ Ca_{(g)} \\ \rightarrow\ [Ca] \\ \searrow\ (CaO、CaS) \end{cases} \tag{4-15}$$

表 4-6 Fe-Ca-S 和 Fe-Ca-O 系统中的固溶积情况[66]

系统	作者	固溶积	杂质浓度	坩埚	加钙方式
Ca-S	Ozawa，et al	2.6×10^{-5} (1943K)	50~100ppm O	CaO MgO	钙+氩气
Ca-S	Suzuki，et al	7.9×10^{-7}	0. 2% Al 脱氧	MgO	铁皮包裹的钙线

续表 4-6

系统	作者	固溶积	杂质浓度	坩埚	加钙方式
Ca-S	Haida, et al	2.0×10^{-9}			热力学计算
Ca-O	Miyashita, et al	2.5×10^{-5}	40ppm S	MgO Al_2O_3	钙+氩气
Ca-O	Ozawa, et al	6.0×10^{-6}	30~40ppm S	Al_2O_3 CaO	
Ca-O	Kobayashi, et al	3.8×10^{-6}	40ppm S	MgO Al_2O_3 CaO	通过钢管加钙颗粒
Ca-O	Ototani, et al	5.9×10^{-9}	40ppm S	MgO Al_2O_3 CaO	铁皮包裹的钙线
Ca-O	Gustafsson	1.6×10^{-6} (1600)	10~20ppm O	CaO	钙+氩气
Ca-O	Suzuki, et al	2.5×10^{-8} (计算值)			从 Ca-S 系统热力学计算
Ca-O	Haida, et al	4.0×10^{-10} (计算值)			热力学计算

4.2.1 钙的脱氧反应

钢液内加入钙以后，会发生以下反应：

$$[\mathrm{Ca}] + [\mathrm{O}] = [\mathrm{CaO}] \qquad \lg K_{\mathrm{CaO}} = \lg \frac{a_{\mathrm{CaO}}}{a_{\mathrm{O}} a_{\mathrm{Ca}}} = \frac{25655}{T} - 7.65 \tag{4-16}$$

由式（4-16）可以推出：

$$a_{\mathrm{O}} a_{\mathrm{Ca}} = a_{\mathrm{CaO}} K_{\mathrm{CaO}}^{-1} = a_{\mathrm{CaO}} \times 10^{-25655/T + 7.65} \tag{4-17}$$

有很多钙脱氧反应的研究，且不同研究者对钙的脱氧平衡的研究结果差异较大[28,67-69]，如图 4-28 所示。这可能是由于很多研究在做 Ca-O 平衡实验测定钙的脱氧能力时，并未达到反应平衡所致。钙脱氧可以使钢液中的[O]含量充分低，但由于钢中钙的含量很少，活度很低，因此实际生产中，单纯地用钙进行脱氧几乎不存在。有研究表明，当钢中 Al 活度大于 0.01 时，钙的脱氧作用可忽略不计[70]。

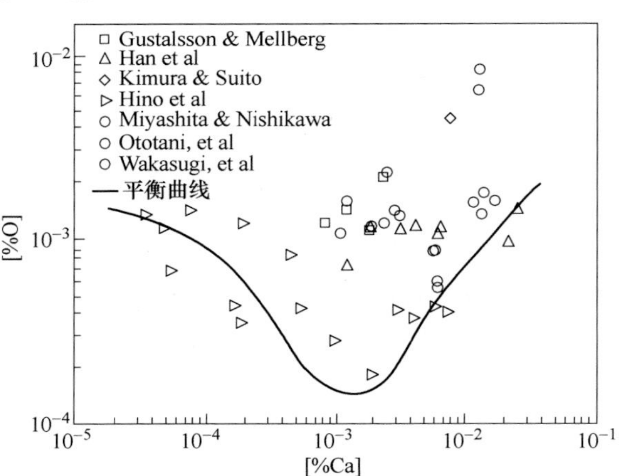

图 4-28　1873K 下纯铁液中[Ca]-[O]平衡曲线

另外，钙可以与其他脱氧元素进行复合脱氧。Suito[71]通过 Al_2O_3-MgO-CaO 炉渣与钢液平衡反应研究了 Al、Mg、Ca 复合脱氧。Taguchi[72]研究了铁液的 Al-Ca 复合脱氧，得到 Al-Ca 复合脱氧平衡相图，在一定的钙铝含量下的脱氧，脱氧产物完全可以直接为液态产物，如图 4-29 所示。Todoroki[73]对不同合金下脱氧产物的研究结果表明，Al

合金中含钙对夹杂物的控制有益。钙的脱氧反应通常不作为钙处理的主要目的，但钙作为复合脱氧剂使用可能有益。

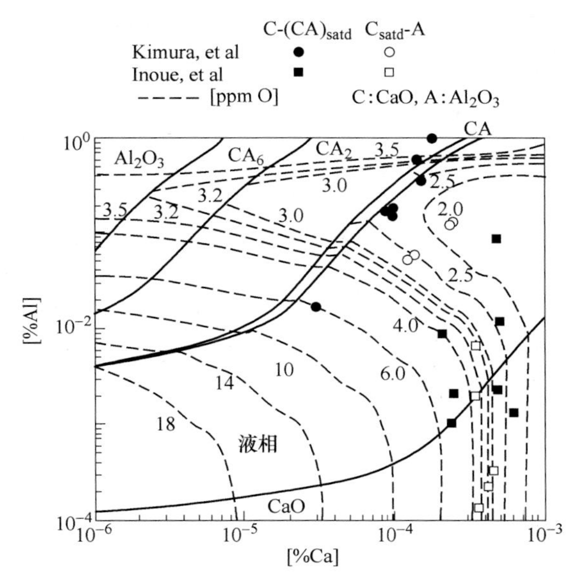

图 4-29　1873K 下 Al、Ca 的复合脱氧平衡图

4.2.2　钙的脱硫反应

钙也是很强的脱硫剂，钙与硫的反应为：

$$[\mathrm{Ca}] + [\mathrm{S}] = [\mathrm{CaS}] \quad \lg K_{\mathrm{CaS}} = \lg \frac{a_{\mathrm{CaS}}}{a_{\mathrm{S}} a_{\mathrm{Ca}}} = \frac{19980}{T} - 5.9 \tag{4-18}$$

在 Fe-Ca-S 系中，从式（4-18）可以推出钙的活度：

$$a_{\mathrm{Ca}} = a_{\mathrm{CaS}} K_{\mathrm{CaS}}^{-1} a_{\mathrm{S}}^{-1} = a_{\mathrm{CaS}} \times 10^{-28300/T+10.11} \times a_{\mathrm{S}}^{-1} \tag{4-19}$$

众多研究表明，钢中 S 的存在影响了钙处理改性效果[5,30,74-76]。大多数钢种在钙处理前都有铁水预脱硫，通过高碱度粉渣，喷粉+机械搅拌等方式进行脱硫。硫的存在可以提高钙处理时钙的收得率，钙与硫的反应可作为对氧化物改性的中间反应。但钢中过多的硫会影响钙处理的效果，产生大量的硫化钙，同样会造成水口结瘤，因此钙处理过程的脱硫作用更不是钙处理的目的。

不可否认，钙由于其很强的脱氧脱硫能力可以起到净化钢液的作用，但考虑到洁净钢冶炼技术的发展，钙处理过程的主要目的是控制夹杂物成分、形态、尺寸等，消除水口结瘤，控制夹杂物形态分布以保证生产的顺利进行，提高钢材的机械性能。

4.2.3　钙对 Al_2O_3 夹杂物的改性

Al 作为强脱氧剂加入钢液中可迅速降低钢液中溶解氧含量，但 Al 的脱氧产物主要为 Al_2O_3，Al_2O_3 熔点高、硬度大，未上浮去除存在于钢中的 Al_2O_3 夹杂物不但危害钢材质量，还易造成连铸过程中水口堵塞，影响连铸生产的顺利进行[77,78]。Ca 作为极为活泼的碱土金属元素，与氧有着更强的结合能力，可将高熔点的簇状 Al_2O_3 夹杂物转变为熔点较低的球状钙铝酸盐夹杂物，如图4-30所示。由CaO-Al_2O_3二元相图（图4-31）及不同钙铝酸盐性质表（表4-7）可知，存在在连铸状态下仍为液态的钙铝酸盐夹杂物。钙加入钢液中与Al_2O_3生成低熔点钙铝酸盐，一方面使大颗粒的钙铝酸盐更易上浮去除，提高了钢液洁净度；另一方面，避免了水口结瘤问题。大多数钙处理研究都是针对Al_2O_3改性进行的。

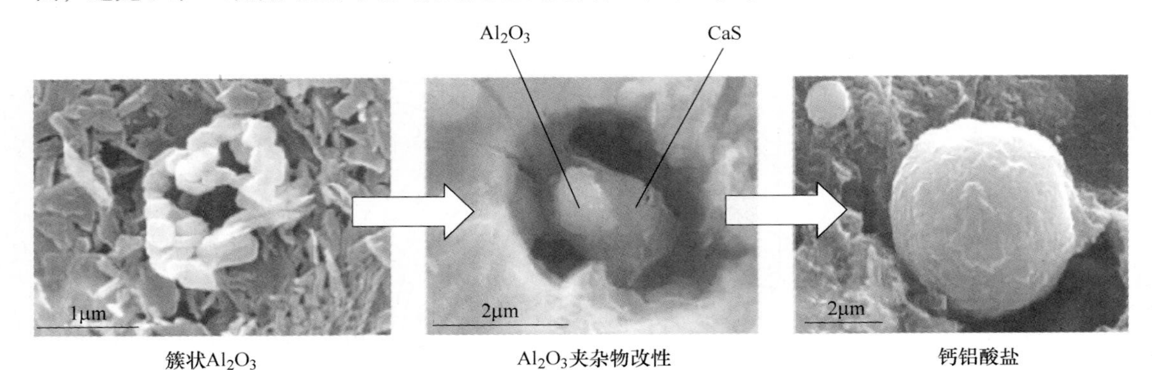

图4-30　Ca对Al_2O_3夹杂物的改性[25]

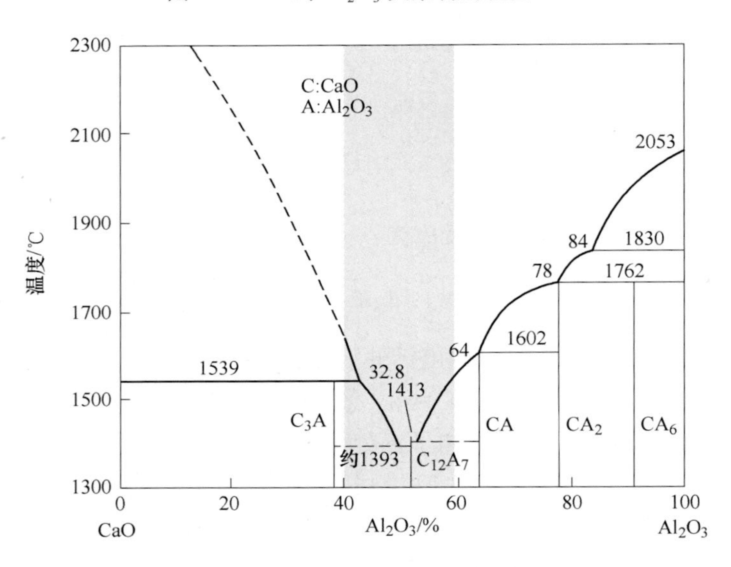

图4-31　CaO-Al_2O_3二元相图

表4-7　钙铝酸盐的物性参数

化合物	CaO/%	Al_2O_3/%	熔点/℃	密度/kg · m^{-3}	显微硬度/kg · mm^{-2}
3CaO · Al_2O_3(C_3A)	62	38	1535	3040	—
12CaO · 7Al_2O_3($C_{12}A_7$)	48	52	1455	2830	—
CaO · Al_2O_3(CA)	35	65	1605	2980	930
CaO · 2Al_2O_3(CA_2)	22	78	约1750	2980	1100
CaO · 6Al_2O_3(CA_6)	8	92	约1850	3380	2200
Al_2O_3	0	100	约2050	3960	3000~4000

20世纪70年代以来，研究者对钢液中加Ca改性夹杂物有着广泛的研究。Hilty和Farrell等[79]研究了钙对水口结瘤以及夹杂物改性的影响，并根据CaO-Al_2O_3二元相图提出钙加入后Al_2O_3的转变顺序为：$Al_2O_3 \rightarrow CA_6 \rightarrow CA_2 \rightarrow CA \rightarrow CA_x(liq)$。Saxena[80]通过向钢中喷吹CaO-$CaF_2$-Al粉，发现钢中的簇状$Al_2O_3$转变为低熔点的钙铝酸盐，证明钢中的CaO颗粒可与$Al_2O_3$直接碰撞形成钙铝酸盐。对材料各项性能的测试表明喷吹含Ca粉剂对提高钢液洁净度、力学性能都大有裨益[81-83]。

Larsen和Fruehan[74]指出钙在加入钢液中的同时与钢中O、S发生竞争性反应，钢中的S含量限制了钙对氧化夹杂物的改性，并提出由目标钙铝酸盐和钢中Al-S建立平衡关系。因此提出反应进程为：(1) Ca与夹杂物反应生成在一定硫含量下可稳定存在的钙铝酸盐；(2) 随后Ca与钢中的S反应生成CaS，钢液中S含量降低，达到进一步反应产生新的钙铝酸盐的条件；(3) Ca与夹杂物继续反应生成新的钙铝酸盐，如图4-32所示。Ye[30]提出钙对Al_2O_3改性按照$Al_2O_3 \rightarrow CA_6 \rightarrow CA_2 \rightarrow CA \rightarrow CA_x(liq)$顺序逐层反应模型，并认为随着$Al_2O_3$活度的降低，最外层析出的CaS阻止了改性反应的进一步进行，如图4-33所示。

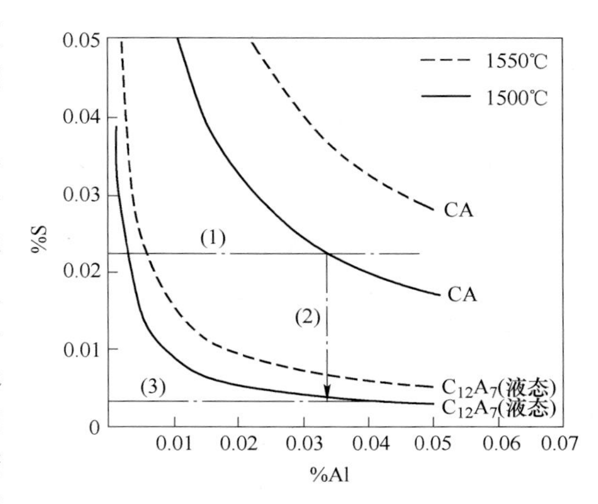

图4-32　%Al-%S条件下夹杂物$C_{12}A_7$、CA平衡曲线（$a_{CaS}=0.75$）[74]

Presern[84]和Korousic[85]等对CaO-Al_2O_3二元系进行热力学分析，将复合夹杂物中的CaO、Al_2O_3组分活度引入计算之中，建立了固态Al_2O_3夹杂物通过一系列过渡态的中间钙铝酸盐产物（CA_6、CA_2、CA）达到目标钙铝酸盐产物的模型。在充分考虑S元素的作用后，Holappa[75]、Janke[86]等提出了基于Fe-O-Ca-Al-S系的夹杂物“液态窗口”控制模型，达到良好改性的氧化夹杂物和无固相CaS的析出是进行“液态窗口”控制的关键。图4-34反映了不同T. O. 含量、S含量对实现夹杂物“液态化”的影响，在S含量较高时，“液态窗口”变窄，这表明较高的S含量不宜进行钙处理。

Geldenhuis[5]和Jung[87]通过软件计算得出了不同Ca加入条件下夹杂物的析出相图，如图4-35所示。Bielefeldt[65,88]采用FactSage对钙处理过程进行热力学计算，直接得到了“液态窗口”所需的钙含量，成功地应用到了SAE 8620钢中，计算结果与实验室实验、工业结果吻合，并强调了钢液中的S对钙处理过程的重要影响。S含量的高低决定了在转变为液态钙铝酸盐时析出CaS的多少。对于S含量较高的钢，通常可采用先钙处理后加硫的方式。

4.2.4　钙对MgO·Al_2O_3夹杂物的改性

镁铝尖晶石（MgO·Al_2O_3）最早在1987年由Yamada等[89]提出。镁铝尖晶石熔点高、不变形的特点，极大地危害了连铸的顺利进行和钢材性能。由于钢包耐火材料和炉渣

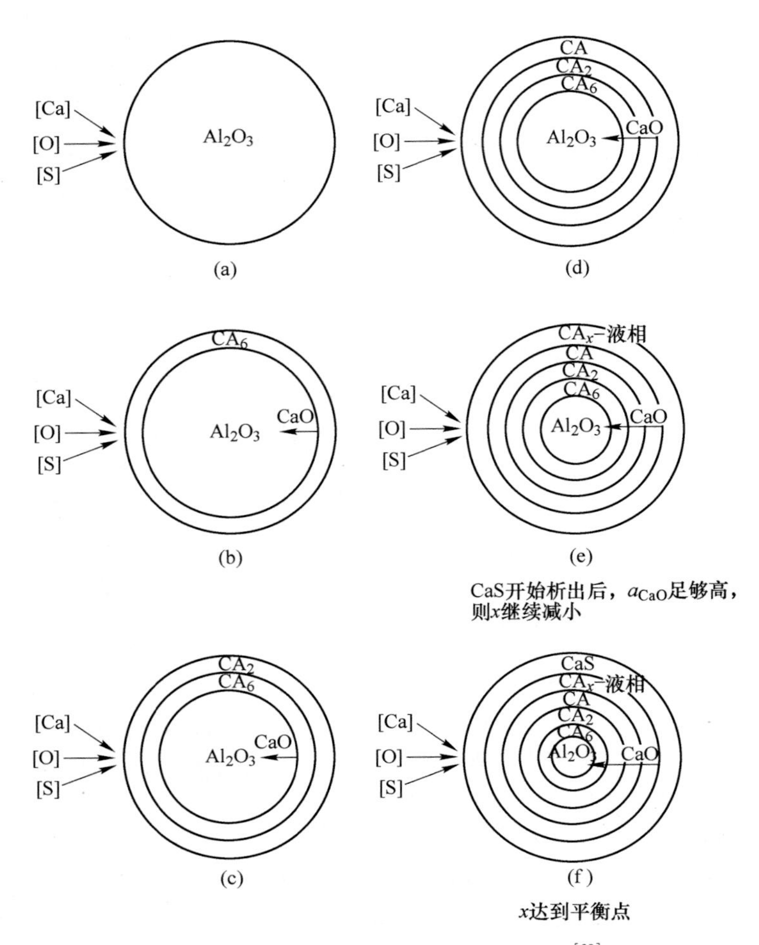

图 4-33　钙处理 Al_2O_3 夹杂物改性机理[30]

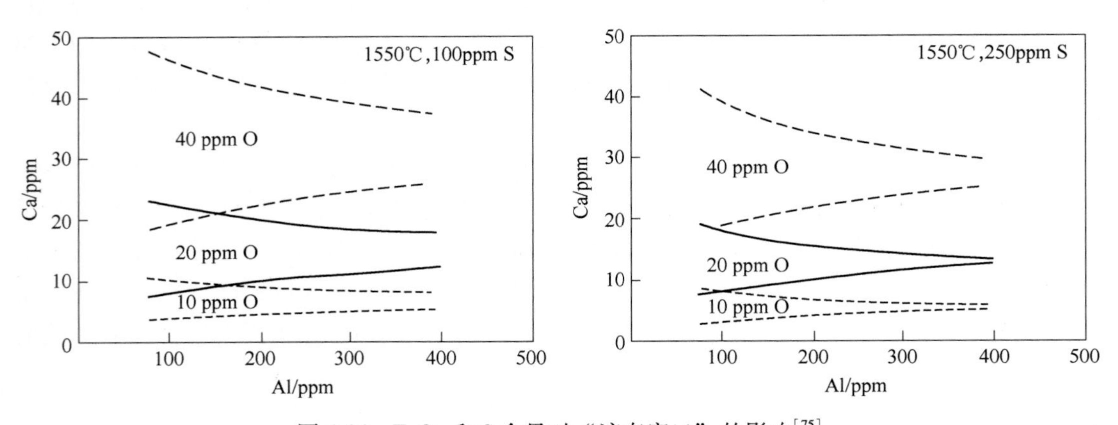

图 4-34　T. O. 和 S 含量对“液态窗口”的影响[75]

中含有较多的 MgO，还原产生的 Mg 进入钢中，与 Al_2O_3 结合容易形成镁铝尖晶石。Ito[90] 通过实验室实验和热力学计算得到了 Fe-Al-Mg-O 中夹杂物稳定区域，如图 4-36（a）所

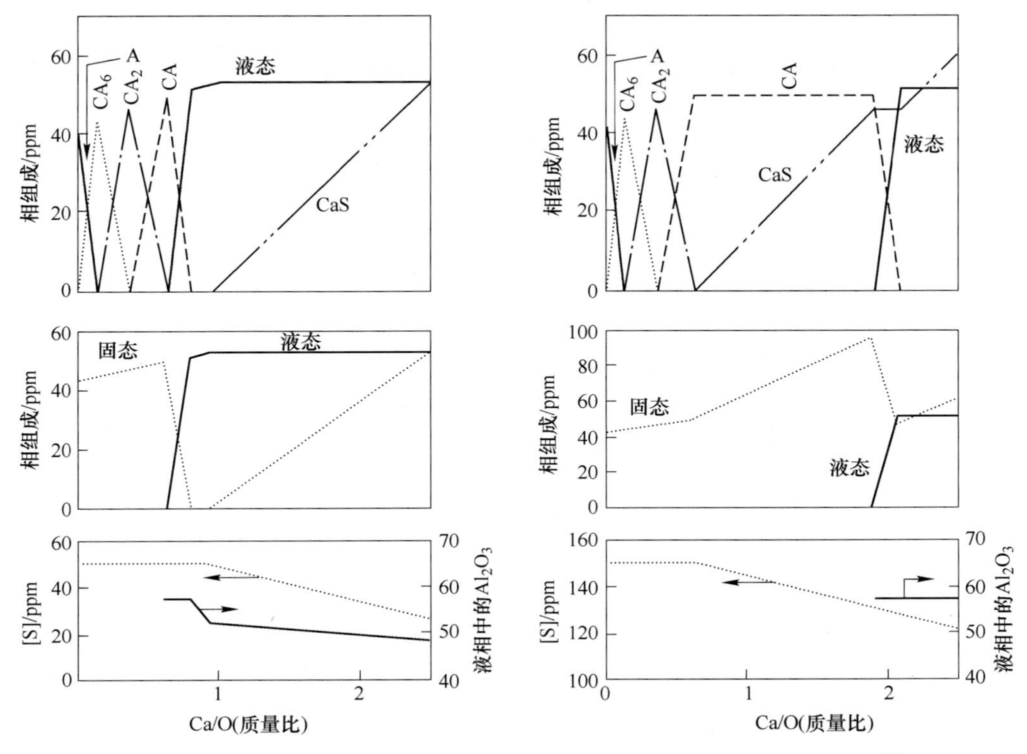

图 4-35 不同钙加入量对夹杂物相的影响（T. O. =20ppm，Al_t=0. 05%）[5]

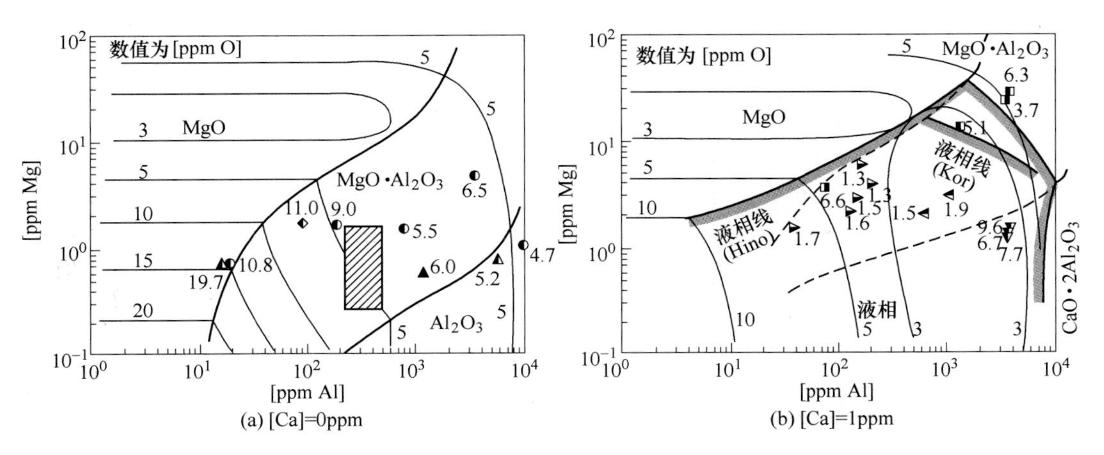

图 4-36 Mg-Al-O 平衡相图

示。由图可知，钢中几个 ppm 的 Mg 就能稳定地产生镁铝尖晶石夹杂物。

很多研究者对镁铝尖晶石的钙处理进行了大量的研究，起初对钙处理对镁铝尖晶石改性的有效性存在许多争议。Harkness 和 Dyson[91] 从实际生产数据来看，钙处理不能对镁铝尖晶石夹杂物进行有效改性，Kor[92] 的研究也得出了相似的结果。Dekkers[93] 等研究表明，钢中镁铝尖晶石夹杂物的存在影响了钙处理对夹杂物改性的有效性。然而 Hino[94] 通过热力学计算发现：钢中含有一定的 Ca 时，Al_2O_3-MgO-CaO 是比 MgO · Al_2O_3 更稳定的相，钙处理镁铝尖晶石从热力学角度看是可行的，如图 4-36（b）所示。

由 FactSage 计算得出的 Al_2O_3-MgO-CaO 三元相图表明：对于 MgO · Al_2O_3 尖晶石相加入钙即可产生“液态夹杂物”。如图 4-37 所示。Pistorius[33]通过系统研究 MgO 在钙处理过程中的影响得到：钙铝酸盐夹杂物中少量的 MgO 有助于扩大夹杂物“液态化”范围，进而有助于连铸的顺利进行（1550℃，夹杂物液态分数 50%以上），如图 4-38 所示。

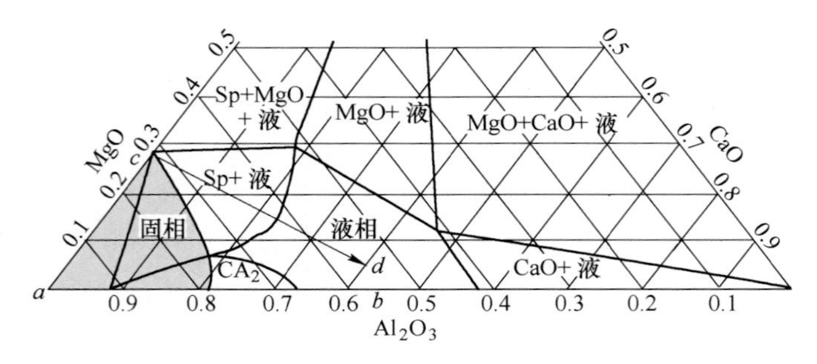

图 4-37 CaO-MgO-Al_2O_3 系夹杂物相图

Todoroki[73]研究硅铁中的 Al、Ca 对 304 不锈钢中夹杂物成分的影响表明：合金中较高的 Al 易于形成镁铝尖晶石，而 Ca 的存在抑制了这种趋势，使夹杂物向 Al_2O_3-MgO-CaO 方向转变，如图 4-39 所示。因此，加入的脱氧合金中含有一定的钙对夹杂物的改性是一个有益的方式。

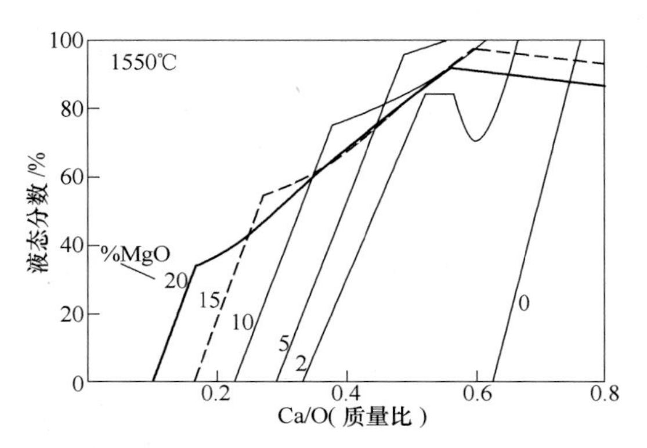

图 4-38 Al_2O_3-MgO-CaO 三元系 1550℃ 相图[33]

Pretorius 等[41]对 LCAK 钢进行钙处理研究表明：钙处理改性镁铝尖晶石夹杂物是有效的，但 Ca 的加入无法将尖晶石完全“液态化”；Ca 优先与尖晶石中的 Mg 反应。但反应产生的 Mg 进入钢液可能会产生新的镁铝尖晶石，要防止钢液的二次氧化，对 MgO · Al_2O_3 尖晶石改性过程中所需的 Ca 要少于 Al_2O_3。Ca 的加入并与尖晶石反应使 MgO 降低至一定含量，即可实现连铸的顺利进行。Verma[95]提出夹杂物中存在的少量的 MgO 对夹杂物液态化控制有益。电解提取出的夹杂物有分层结构，可能仅被部分改性。夹杂物改性过程形貌如图 4-40 所示。

Yang 等[57,96]在总结前人结果并进行实验研究的基础上提出：钙处理尖晶石后夹杂物尺寸有所增大；计算表明，Ca 对尖晶石中 MgO 的还原可能不是唯一的改性机理。大于 5μm 的夹杂物，钙处理后产生一个两层结构，外层为改性良好的钙铝酸盐夹杂物，内层仍为镁铝尖晶石夹杂物，如图 4-41 所示；小于 2μm 的夹杂物，钙处理后可完全转变为钙铝酸盐夹杂物。对夹杂物的改性程度取决于钢液条件及反应的动力学状况。改性过后的尖晶石夹杂物在轧制过程中表面的低熔点钙铝酸盐会随轧制变形，内部的尖晶石仍表现出原来的性质，如图 4-42 所示。

众多研究结果表明：钙处理对尖晶石夹杂物的改性是有效的。但受限于动力学条件，夹杂物无法完全改性，改性产生的具有分层结构夹杂物在轧制过程中仍存在尖晶石

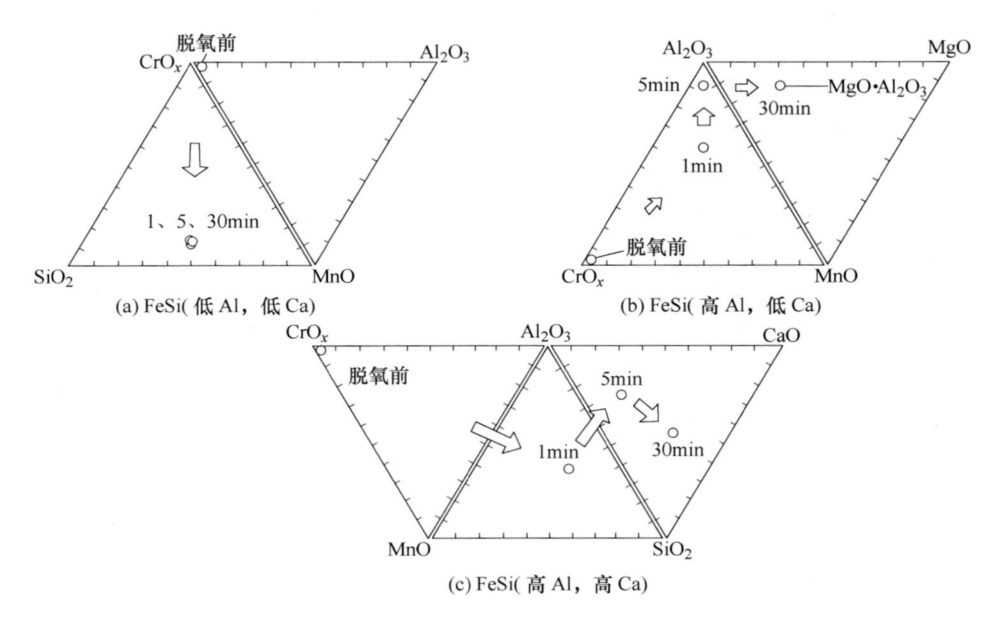

图 4-39 不同 FeSi 合金对夹杂物转变的影响

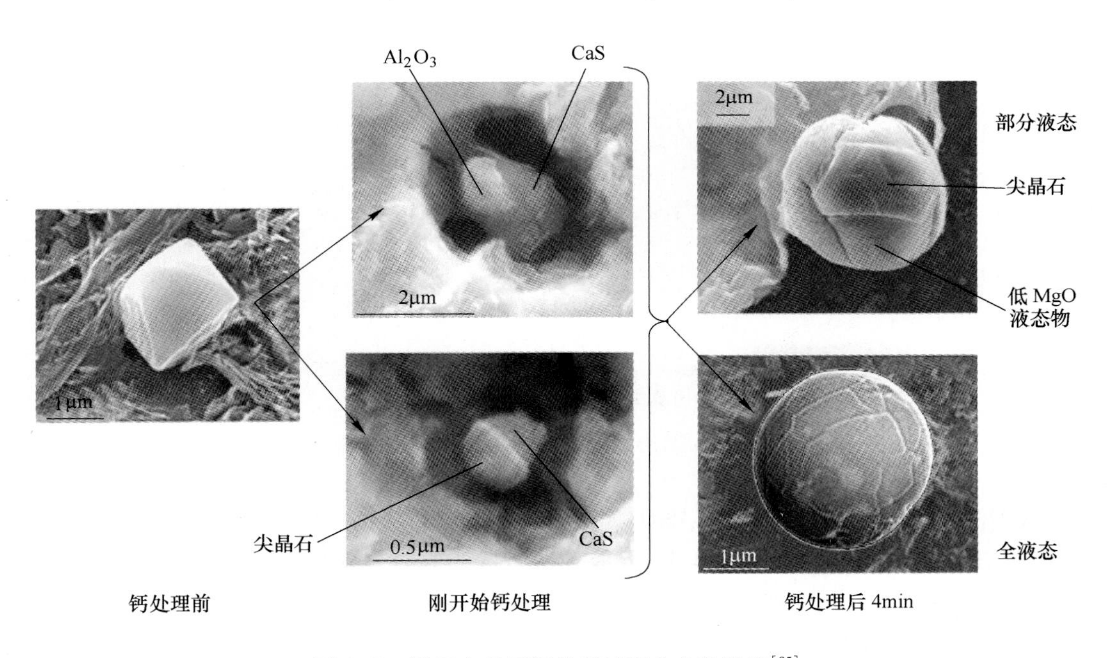

图 4-40 镁铝尖晶石钙处理过程夹杂物形貌[95]

相。而钙处理后的二次氧化产生新的镁铝尖晶石可能是影响对钙处理效果判断的原因。

4.2.5 钙对 $CaO-Al_2O_3-SiO_2-MnO-MgO$ 复合夹杂物的改性

在硅脱氧钢中，由于硅铁中的 Al 以及钢中 Si 对炉渣中 MgO、Al_2O_3 的还原，使 Mg、

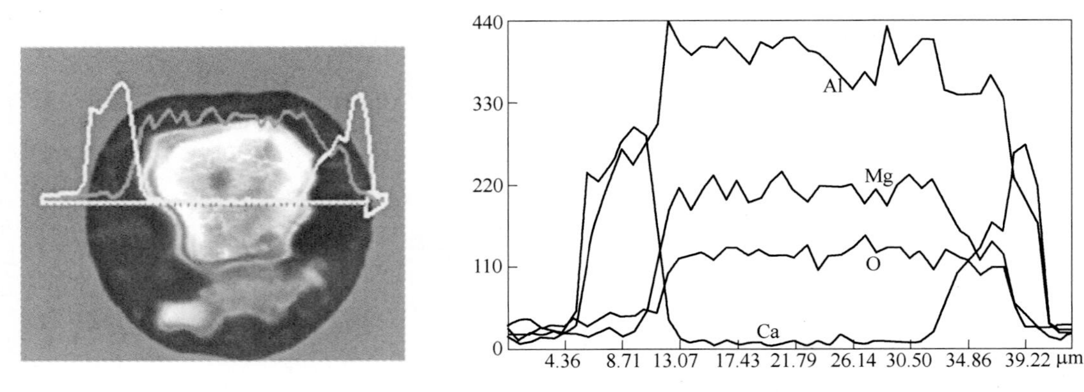

图 4-41　部分改性的 $MgO \cdot Al_2O_3$ 夹杂物线扫描结果

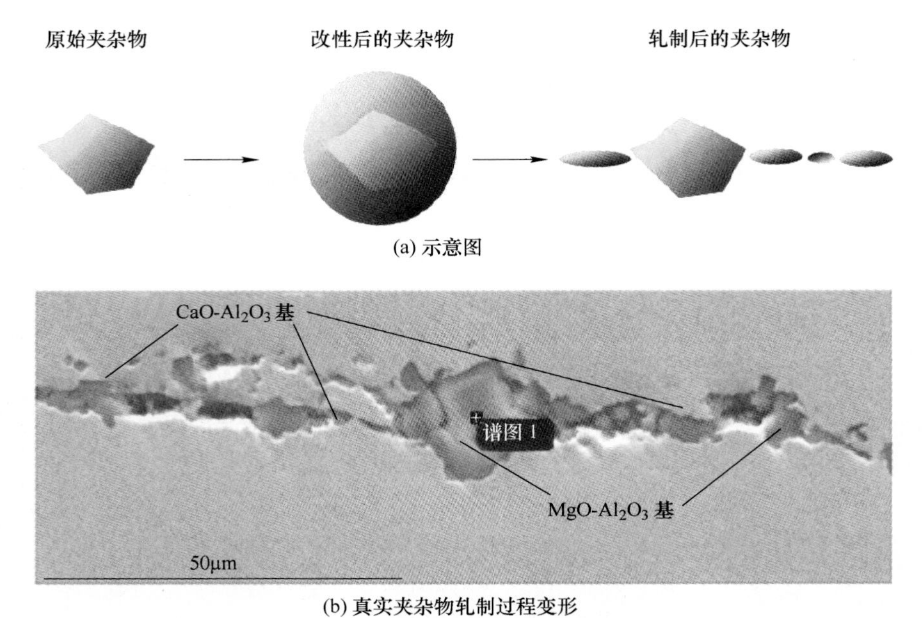

(a) 示意图

(b) 真实夹杂物轧制过程变形

图 4-42　含 $MgO \cdot Al_2O_3$ 核心的部分改性夹杂物轧制过程表现

Al 进入钢液，进而形成 $CaO\text{-}Al_2O_3\text{-}SiO_2\text{-}MnO\text{-}MgO$ 复合夹杂物。该复合夹杂物中的 $MgO \cdot Al_2O_3$ 夹杂物的产生机理[97]如图 4-43 所示，高熔点的复合夹杂物是造成表面缺陷的重要原因。同时，Tiekink[98]发现，Si 镇静钢中也会出现中间包钢液的非稳态流动（可能为结瘤造成），Ca 的加入有助于控制非稳态流动。对该类复合夹杂物的钙处理同样有必要。由于脱氧产物、钢中夹杂物的复杂性，至今无人研究 Si 脱氧钢钙的加入量。可能的方法是根据钢-夹杂物反应平衡对夹杂物成分进行判断，进而选择合适的钙加入量。

4.2.6　钙对硫化物的改性

Sims 根据铸态下硫化物的形状和分布不同，将硫化物分为三类：Ⅰ类硫化物：球状，颗粒较大，无规则分布，多与氧化物结合成为氧硫复合夹杂物；Ⅱ类硫化物：以三维网状

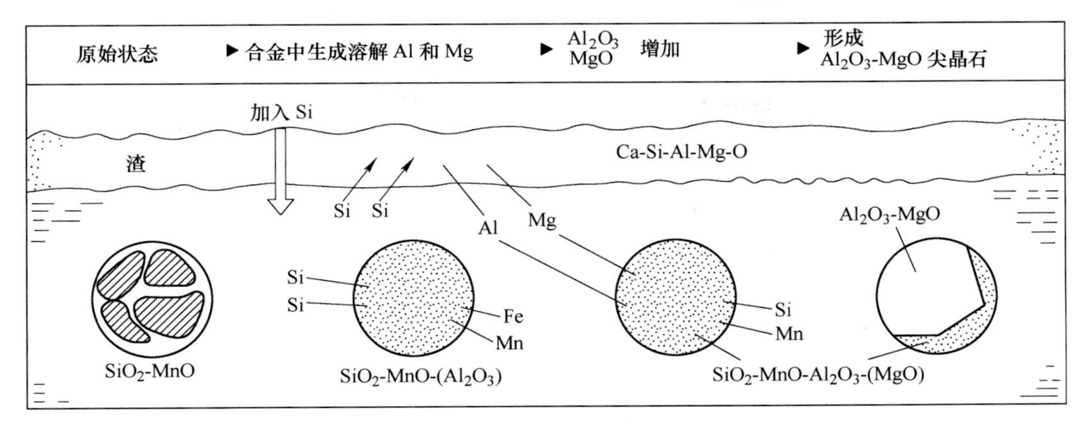

图 4-43　Si 脱氧钢中复合夹杂物中 $MgO \cdot Al_2O_3$ 的析出机理

分布在凝固的树枝晶臂间，多单相存在于 Al 镇静钢中；Ⅲ类，八角状，无规则分布。由于 MnS 为凝固后析出相，在轧制过程中变形能力强，沿晶界分布的Ⅱ类 MnS 极大地破坏了钢材性能，造成钢材的各向异性。常见的Ⅰ类、Ⅱ类硫化物形貌如图 4-44 所示[99]。

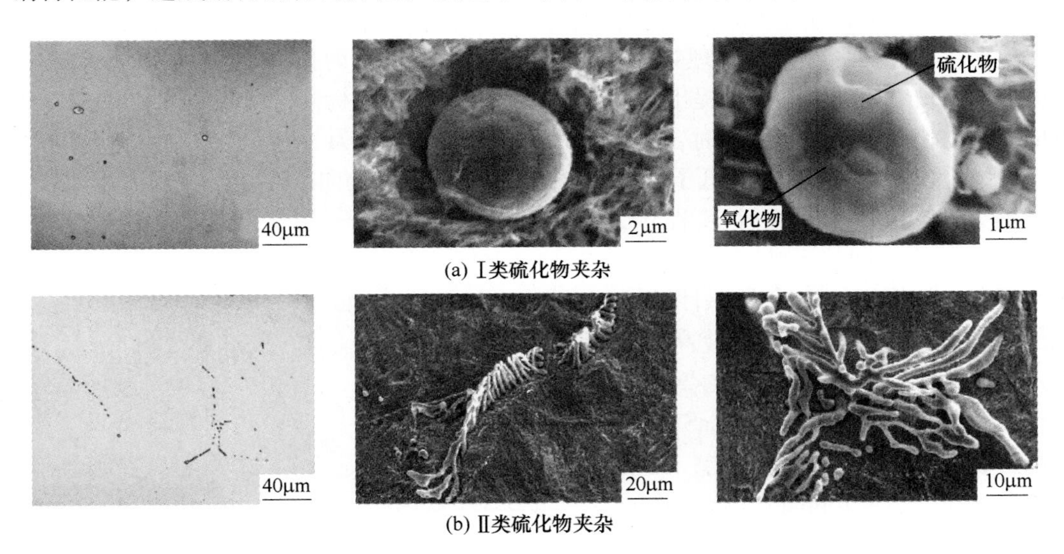

(a) Ⅰ类硫化物夹杂

(b) Ⅱ类硫化物夹杂

图 4-44　不同硫化物夹杂物的形貌

研究者对钙处理改性硫化物的作用有着更早的研究和实践[24,80-82,100,101]。对某些优质热轧中厚板钢种，为了减轻钢板的各向异性，提高冷弯强度和韧性等，也要向钢液中添加 Ca 以将钢中的 MnS 转变为 CaS 或 $CaO-Al_2O_3-CaS$ 的多元复合硫化物。此外，为减轻管线钢的氢致裂纹（HIC）、硫化物应力腐蚀裂纹（SCC），须通过钙处理将钢中的硫化锰夹杂转变成点状的硫化钙夹杂物。硫化物改性对其轧制变形长度的影响如图 4-45 所示[102]。

采用钙处理方法对钢中 MnS 夹杂物进行改性的原理[103]是：由于 Ca 与 S 的结合能力强于 Mn，在钢水凝固过程中提前形成的高熔点 CaS（熔点 2500℃）质点，可以抑制钢水在此过程中生成 MnS 的总量和聚集程度，并把 MnS 部分或全部改性为 CaS，即形成细小、单一的 CaS 相或 CaS 与 MnS 的复合相。由于减少了硫化锰夹杂物的生成数量，并在残余硫

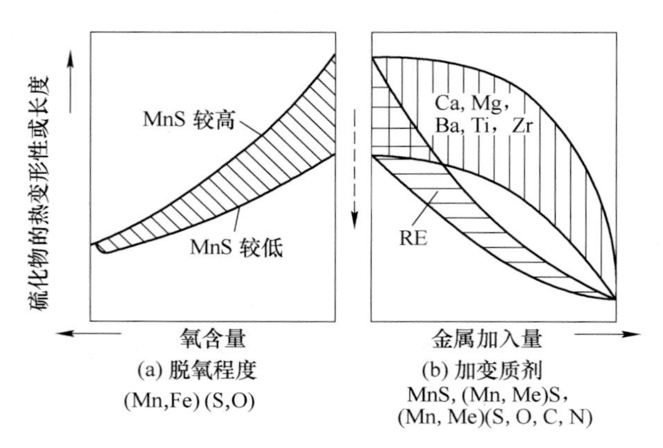

图 4-45　硫化物的长度与其成分关系[102]

化锰夹杂物基体中复合了细小的（10μm 左右）、不易变形的 CaS 或铝酸钙颗粒，使钢材在加工变形过程中原本容易形成长宽比很大的条带状 MnS 夹杂物变成长宽比较小且相对弥散分布的夹杂物，从而提高了钢材性能的均匀性。

钙处理硫化物在工业生产中有广泛的应用。谈盛康[104]研究钙处理含硫齿轮钢中夹杂物取得成功。肖国华[99]研究钙处理对齿轮钢中夹杂物形貌影响时提出了硫化物面积分数、单位面积硫化物个数等概念，并提出Ⅰ类、Ⅱ类硫化物的区分标准：当 3 个或 3 个以上硫化物的最小自由程均小于 10μm 时，视为Ⅰ类硫化物；否则视为Ⅱ类硫化物。吴华杰等[105]通过工业试验表明：钙的加入降低了硫化物的长宽比，使硫化物向球状、纺锤状方向发展。

钙处理对硫化物改性过程中，Ca/S（质量比）间接反映了硫化物的改性程度。管线钢抗 HIC 敏感性随钙硫比变化如图 4-46 所示，在较高的 S 含量下（20～50ppm），MnS 夹杂物的存在以及过度钙处理产生的 CaS 夹杂物都会破坏钢材的抗 HIC 性能；在较低的 S 含量下（<20ppm），硫化物的减少使得 HIC 敏感性较低。Perez[61]研究表明：控制钢中 S 含量小于 20ppm，Ca/S＝2～5 有助于对 MnS 进行控制。为了生产高抗拉强度的抗氢脆钢，必须合理地控制钢中的硫含量与钙硫比。图 4-47 表明：Ca/S 保持大于 2.0，且硫含量小于 0.001% 时能防止 HIC 的发生；而当硫含量为 0.004%，Ca/S>2.5 也能发生 HIC。

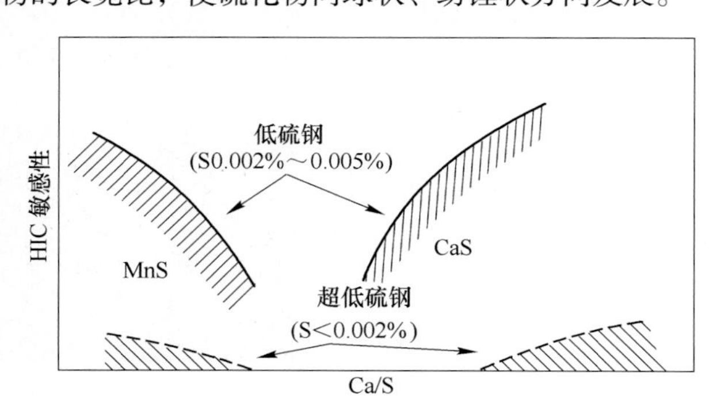

图 4-46　HIC 敏感性与 Ca/S 的关系

钙处理改性硫化物另一方面的意义在于提高钢材的加工性能，如切削性能。硫系易切削钢被认为是替代对环境有污染的铅系易切削钢的主流钢种。对于硫系易切削钢，由于硫含量高达 0.2%～0.5%，钢中硫化物的组成、形态、尺寸、分布对钢材的热加工性能有较大的影响。MnS 是易切削钢中一种重要的易切削相，由于在热加工时 MnS 几乎完全随钢材基体同步变形，恶化了钢材的冷加工性能，因此有必要对硫化物进行改性。钙处理变性硫化物改变其形貌，降低硫化物在热加工下的变形能力，这对提高钢材切削性能大有裨益。

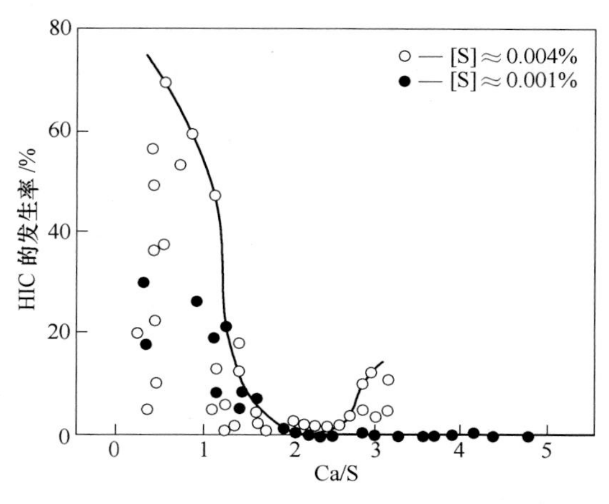

图 4-47 发生 HIC 率与 Ca/S 的关系

4.3 钙处理过程的热力学计算

钙处理钢液改性夹杂物，如钙加入量不足，就无法充分地对夹杂物进行改性；而过多的钙加入又会产生大量高熔点的 CaS 或 CaO 夹杂物，且多余的钙会与渣中的 Al_2O_3 和耐火材料发生反应，同样不利于洁净度控制和提高连浇性。因此，钙的加入量存在一个合适的范围，而这个范围有赖于对钙处理过程的热力学计算。过去 30 多年来，众多研究者对钙处理过程进行了热力学计算研究，热力学计算钙处理过程主要有两种方式。

4.3.1 基于反应平衡的经典热力学计算

该方法是在确定目标夹杂物成分种类后，根据熔渣活度模型得出 CaO、Al_2O_3 组分活度，根据钙处理过程反应得出 Al-O、Ca-O、Al-Ca、Al-S 等平衡关系，进而得出反应所需的钢液状态；再根据活度及 Wagner 模型得出目标夹杂物成分下所需的钢液成分条件，进而得到合适的钙的加入量。具体思路如图 4-48 所示。

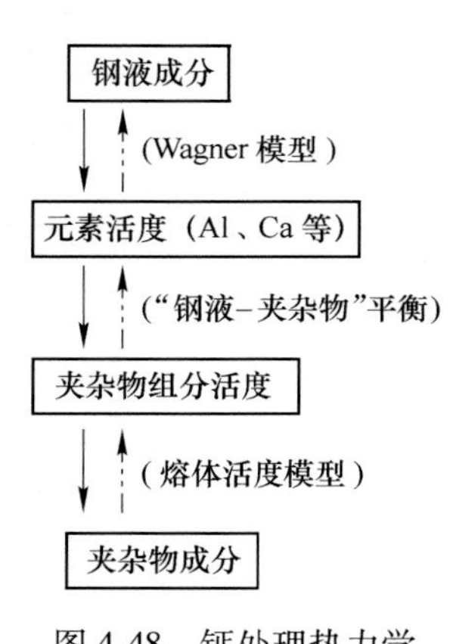

图 4-48 钙处理热力学计算思路流程

国内外对钙处理过程的热力学计算有大量研究。Faulring[70]对 Fe-Ca-Al-O 系的热力学计算得到了各种钙铝酸盐的生成条件。他提出钢中的钙铝活度比（h_{Ca}/h_{Al}）决定了钙铝酸盐夹杂物种类，并得到夹杂物析出相图，如图 4-49 所示。计算过程中产物都假想为纯的钙铝酸盐，改性过程中 S 的作用都未予充分考虑。

Davis[83]和 Larsen 等[74]通过对钢中 Al-S 平衡计算成功地得到了预测夹杂物成分的模型。Pielet[106]通过类似的计算得出不同钙铝酸盐所需的钢中 Al、Ca 含量，并开始考虑 S 对改性的影响，并发现过多的钙加入产生了大量的 CaS 同样会造成水口结瘤，在考虑 S 对夹杂物影响后，得出新的钙铝酸盐生成相图，如图 4-50 所示。Korousic[84,85]将不同钙铝酸盐中 CaO、Al_2O_3 的组分活度引入钙处理的计算中，完美地展现了钙处理按照一定顺序的逐级改性，并对钙铝酸盐种类进行预测，成为现阶段传统的钙处理过程计算的主要方法。Janke[86]得出的保证连铸顺利进行的钙铝酸盐“液态窗口”如图 4-51 所示。在钙处理改性过程中，Al-Ca 平衡确定了钙铝酸盐夹杂物类型，S 含量则决定了 CaS 是否析出。

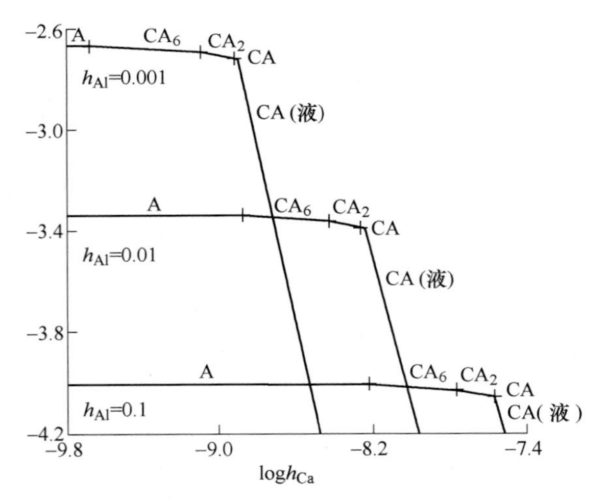

图 4-49 不同 h_{Al} 下，h_{Ca} 与钙铝酸盐产物关系图（1550℃）

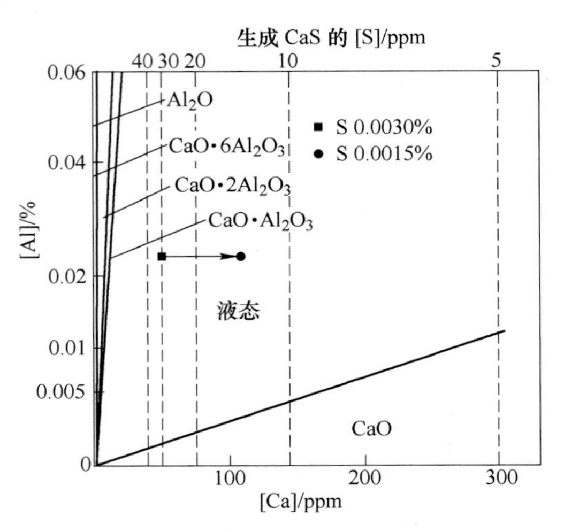

图 4-50 钙铝酸盐及硫化钙生成图

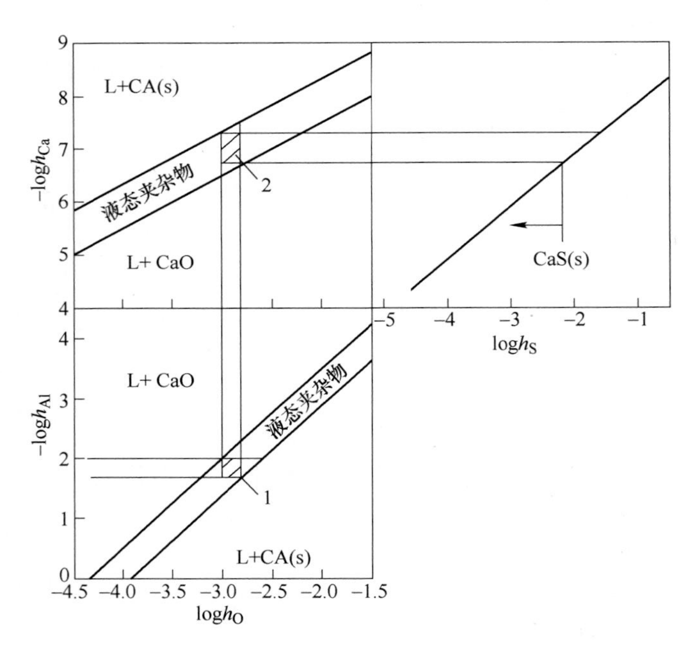

图 4-51 1600℃下“液态窗口”控制模型

江来珠[1,107]和宋波[62]等对易切削钢、气瓶钢的钙处理过程进行了热力学计算。魏军[63]在研究 CSP 低碳铝镇静钢钢水可浇性控制上完整地应用了当前最为常用的钙处理热力学计算方式。其计算过程中钙铝酸盐夹杂物组分活度取自 Bjorkvall 模型活度，不同夹杂物计算的 Al-O、Al-Ca、Ca-S、Al-S 活度关系可通过热力学计算获得。

韩志军[50]对此进行了总结，如表 4-8 所示。

表 4-8　$CaO-Al_2O_3$ 系中 $CaO-Al_2O_3$ 组分活度（1600℃）

项　目	C_3A		$C_{12}A_7$		CA	
	a_{CaO}	$a_{Al_2O_3}$	a_{CaO}	$a_{Al_2O_3}$	a_{CaO}	$a_{Al_2O_3}$
Ye（KTH 模型计算）	1	0.0065	0.53	0.027	0.085	0.30
Rein（实验测得）	1	0.0050	0.34	0.064	0.110	0.30
Fujisawa（实验测得）	1	0.0100	0.53	0.027	0.050	0.61
Korousic（模型计算）	1	0.0050	0.36	0.038	0.050	0.50
孙仲强（模型+计算）	1	0.0038	0.36	0.053	0.074	0.43
魏军（Bjorkvall 模型）	1	0.0041	0.37	0.036	0.110	0.18

在获得不同钙铝酸盐夹杂物中 CaO、Al_2O_3 组分活度后，钙处理的热力学计算过程如下：

（1）Al-O 平衡。钙处理以前，钢水中的氧含量由式（4-20）决定：

$$3[O] + 2[Al] = [Al_2O_3]$$

$$\lg K_{Al_2O_3} = \lg \frac{a_{Al_2O_3}}{a_{Al}^2 a_O^3} = \frac{61304}{T} - 20.3 \tag{4-20}$$

从式（4-20）推出：

$$a_O a_{Al}^{2/3} = a_{Al_2O_3}^{1/3} K_{Al_2O_3}^{-1/3} = a_{Al_2O_3}^{1/3} \times 10^{-20434/T+6.79} \tag{4-21}$$

将 $CaO-Al_2O_3$ 体系中不同钙铝酸盐组分活度代入式（4-21），得到不同夹杂物的[Al]-[O]平衡，如图 4-52 所示。

（2）Ca-Al 平衡。在进行钙处理时，从理论上讲，反应产物应该是 $CA_6 \rightarrow CA_2 \rightarrow CA \rightarrow C_{12}A_7 \rightarrow C_3A$。为进行理想的夹杂物变形处理，钢中加入的钙含量很关键。钢液中钙含量不足，Al_2O_3 无法转变为液态的铝酸钙；钙含量过大，有可能生成 CaS、CaO。在 Fe-Al-O-Ca 系中，存在以下的反应：

$$3[Ca] + (Al_2O_3) = 2[Al] + 3[CaO]$$

$$\lg K = \frac{15661}{T} - 2.58 \tag{4-22}$$

对上述反应进行计算得到不同钙铝酸盐所需的[Ca]-[Al]平衡关系如图 4-53 所示。

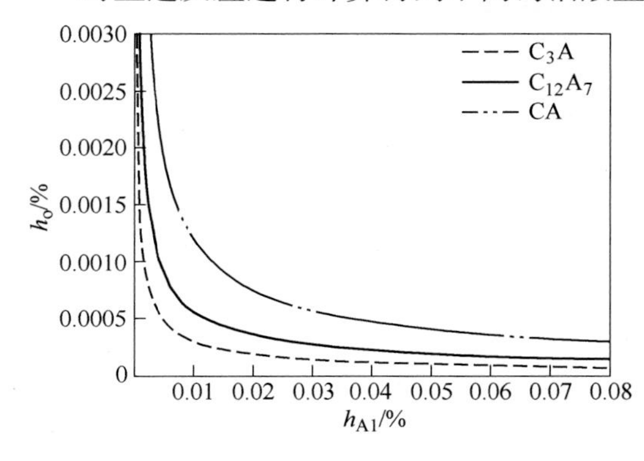

图 4-52　1600℃下不同夹杂物的[Al]-[O]平衡曲线

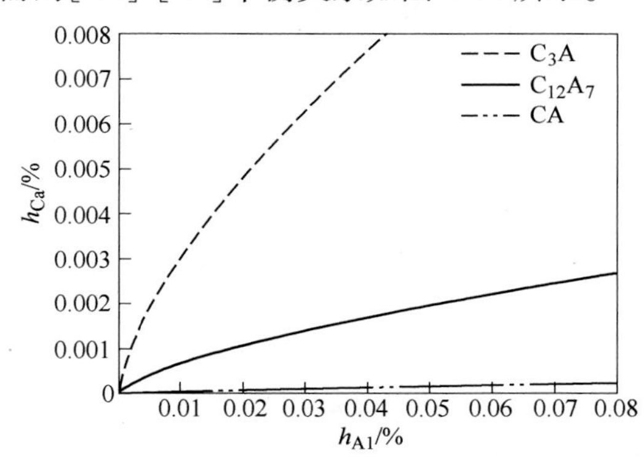

图 4-53　1600℃下不同夹杂物的[Ca]-[Al]平衡曲线

（3）S-Ca 平衡。由于钙与氧、硫具有很强的亲和力，所以如果钢液中存在硫或氧，钙就会与它们反应生成氧化物或硫化物存在于钢液中。龚坚工程师和王庆祥教授根据以下的反应方程式：

$$[\mathrm{Ca}] + [\mathrm{S}] \xlongequal{} [\mathrm{CaS}]$$

$$\lg K_{\mathrm{CaS}} = \lg \frac{a_{\mathrm{CaS}}}{a_{\mathrm{S}} a_{\mathrm{Ca}}} = \frac{19980}{T} - 5.9 \tag{4-23}$$

从硫和钙直接反应的角度出发，得出在 1873K 和 1823K 的 S-Ca 平衡曲线，如图 4-54 所示。

（4）S-Al 平衡。从前面的公式可以推导出以下的公式：

$$2[\mathrm{Al}] + 3[\mathrm{S}] + 3(\mathrm{CaO})_{\mathrm{incl}} \xlongequal{} (\mathrm{Al_2O_3})_{\mathrm{incl}} + 3(\mathrm{CaS})_{\mathrm{incl}} \tag{4-24}$$

式（4-24）表达了钙在钢中与氧和硫的竞争反应。在较高的 Al、S 含量下，钙向 CaS 生成方向进行。由 Larsen[74]估计的 MnS-CaS 系活度估计 CaS 活度约为 0.75。按上述分析方式计算不同夹杂物下的 Al-S 平衡，如图 4-55 所示。

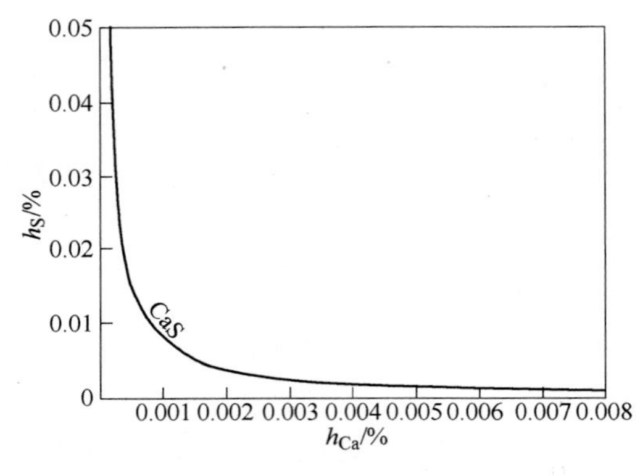

图 4-54 1600℃下的［Ca］-［S］平衡

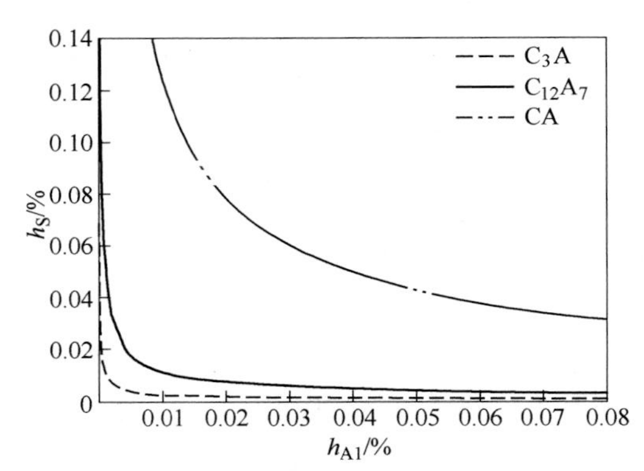

图 4-55 1600℃不同钙铝酸盐的［Al］-［S］平衡

据上述四个平衡对钙处理过程进行热力学判断，不同钙铝酸盐由于产物组分活度不同，会有不同的钢中元素平衡曲线。其中，随着 Al 活度增加，需要较低的氧活度、较高的钙活度来实现夹杂物的良好改性，较低的硫含量则保证了钙处理生成液态钙铝酸盐时无 CaS 析出。

4.3.2 通过“钢-夹杂物”相平衡计算对反应产物的预测

采用热力学软件 FactSage，基于吉布斯自由能最小的原理，对“钢-夹杂物”进行热力学平衡计算。图 4-56 为 Hung[87]用 FactSage 对 Al 镇静钢的喂钙线量的计算。不同 CaSi 线加入量的条件下，由图 4-56 可以判断出夹杂物改性较好的位置，因而可以直接对钙处理所需的加钙量进行精准的计算。Bielefeldt 采用 FactSage 计算了钙处理改性过程的“液态窗口”，同时展示出 Al_2O_3 实现良好改性所需的夹杂物成分条件（需要 CaO>35%、CaS<5%），如图 4-57 所示。

采用最小自由能的“钢-夹杂物”平衡计算的另一个优势在于，可以处理复杂的夹杂物情况。如 Si 脱氧钢产生的 $MnO\text{-}SiO_2\text{-}Al_2O_3$ 复合夹杂物，只要由夹杂物析出相图判断出最优的钙加入量即可。

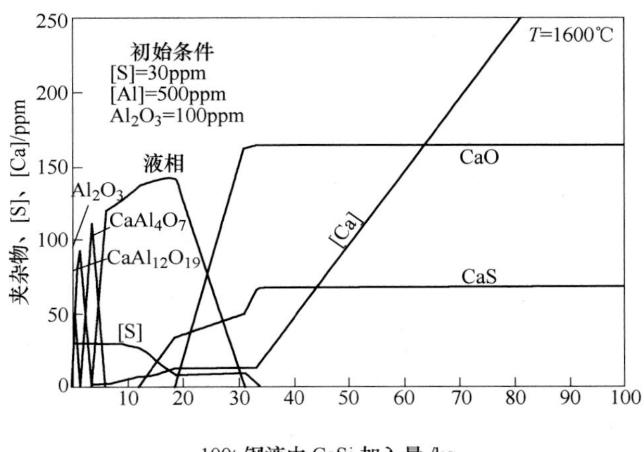

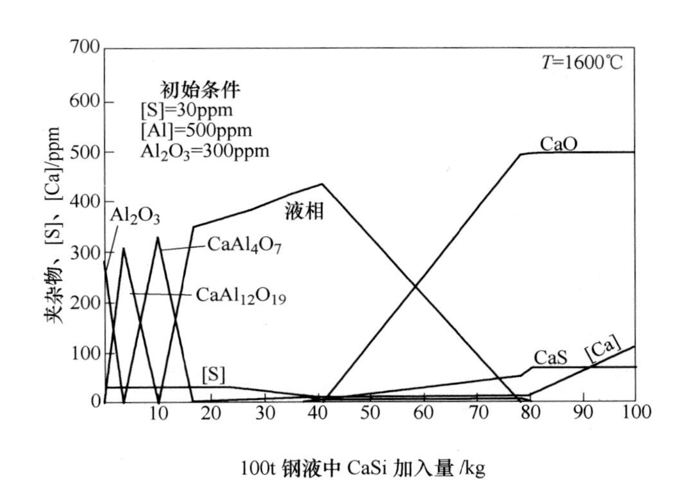

图 4-56　CaSi 加入 100t 钢水中对 Al_2O_3 改性过程各相产物析出情况

方文[108]对 Si 脱氧不锈钢用 FactSage 计算得到不同加钙量下的夹杂物析出相图，如图 4-58 所示。该图为不同钙加入量下，多次计算“钢液-夹杂物”反应平衡所得。由图可知，Ca 加入钢液后，夹杂物中 MnO 含量迅速降低，随后是 Al_2O_3，SiO_2 则开始升高，然后保持平稳，最后降低。钙的加入主要为了降低夹杂物中的 Al_2O_3 含量，提高轧制过程中夹杂物的变形能力。因此，在当前条件下 Ca 加入钢液开始与 SiO_2 反应时为钙加入量的最优点，反应后的夹杂物主要为 $CaO-SiO_2-Al_2O_3$ 系夹杂物，夹杂物中 Al_2O_3 含量可得到有效控制。

根据不同钢液成分（Al_s、T. S. 、T. O. ）做大量的平衡计算得出合适的钙加入量云图，可以直观地表达不同钢液条件下钙处理后钢中最优的钙含量，如图 4-59 所示。由图可以看出：随着 T. O. 增大，钙处理改性所需的 Ca 量增加；Al_s、T. S. 含量在达到一定含量后，随着 Al_s、T. S. 含量增加，所需钙含量增加。现场试验结果表明，钙处理在硅脱氧下对复合夹杂物的改性同样取得了良好的效果，有助于提高夹杂物的变形能力，减少表面缺陷。

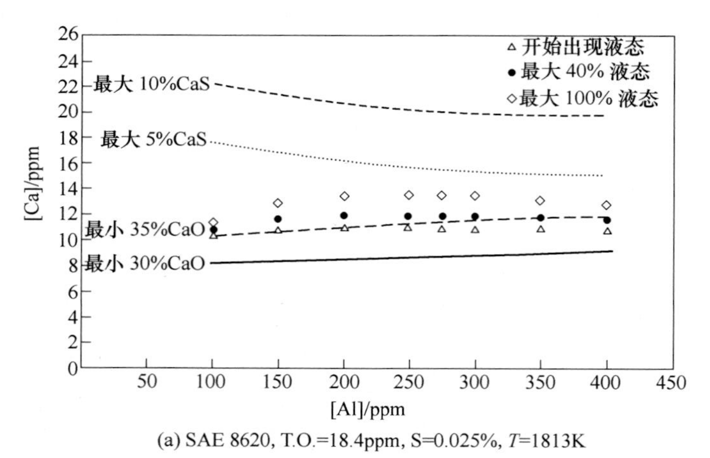

(a) SAE 8620, T.O.=18.4ppm, S=0.025%, T=1813K

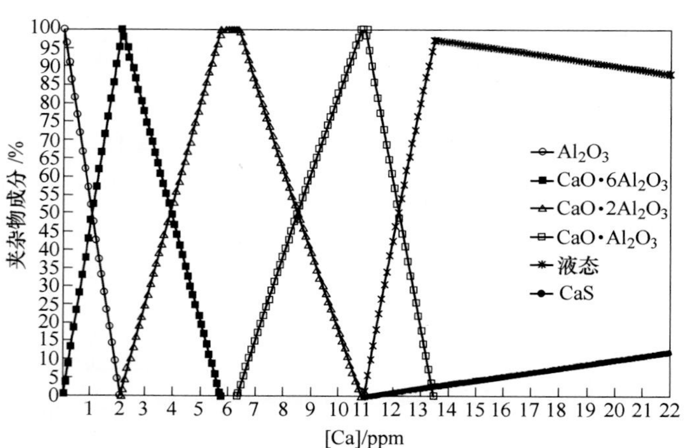

(b) SAE 8620, T.O.=18.4ppm, Al=275ppm, S=250ppm, T=1813K

图 4-57 SAE8620 钢中液态窗口和夹杂物计算相图

(Al = 275ppm, S = 250ppm, T = 1813K)

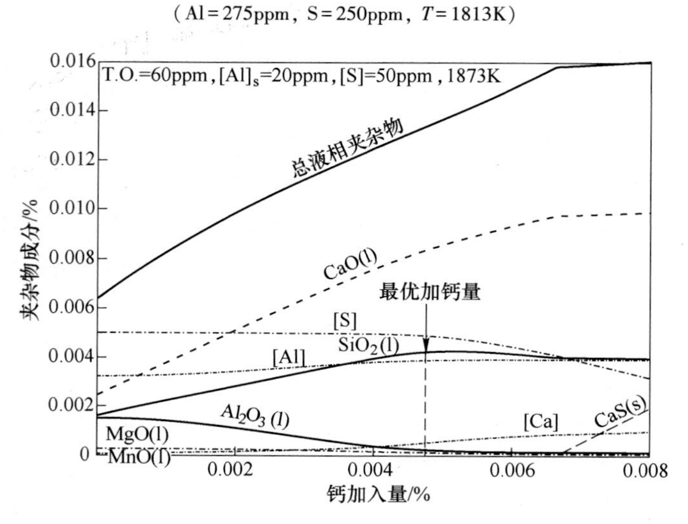

图 4-58 钙处理中夹杂物生成相图

综上所述，钙处理的热力学计算一般根据钢液的成分和冶炼温度来预测夹杂物的形成，包括 Al-S 平衡相图[31,84,109-111]、钙铝酸盐中 CaO 和 Al_2O_3 的活度[31,84,110-113]、夹杂物的改性[31,56,112-122]、液态窗口的应用[123-125]、氧硫复合夹杂物的析出相图[109,126,127]、CaS 的析出[27,117-119,124,126-128]等。此外，FactSage 等热力学计算软件也常被应用到相关的研究中，与实验的结果进行相互验证。总结见表 4-9。

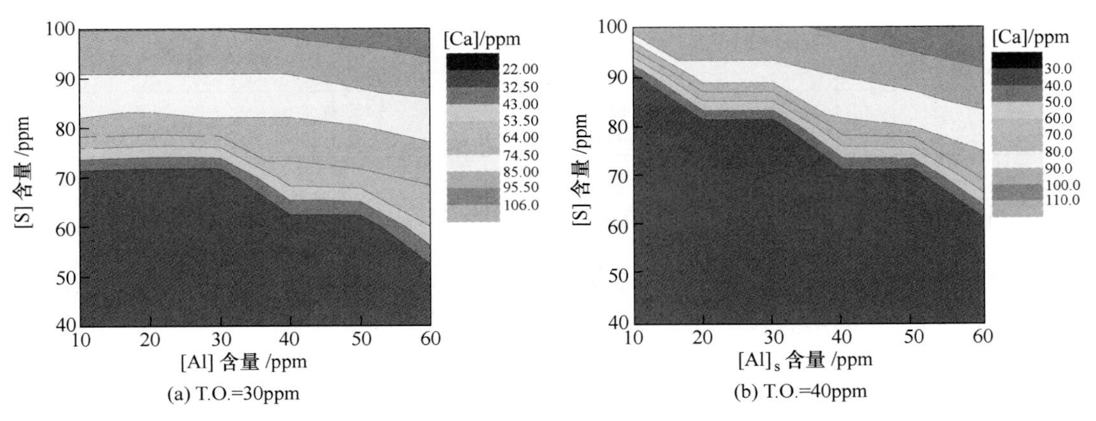

图 4-59 不同总氧条件夹杂物改性的最优钙加入量

表 4-9 对钙处理的热力学研究

作 者	研究内容	文 献
K. Larsen[109] Vasilij[84] Ye G[110] S. K. Choudhary[111] Yang W[31]	采用 Al-S 相图预测钙处理过程的夹杂物成分，根据钙铝酸盐中组元的活度计算钢中氧的活度	[31，84，109-111]
Y. Kusanoy	通过工业试验研究了钙处理对连浇性和产品缺陷指数的影响。用 T. Ca/T. O. 作为评价 Al_2O_3 夹杂物改性的改性指标，并通过热力学计算来加以验证	[129]
C. E. Cicutti	建立了热力学模型预测夹杂物的数量和种类。讨论了钙处理对耐火材料的侵蚀和水口堵塞造成的影响	[128]
K. Mizuno	研究了钙在硅铁合金中对尖晶石的改性	[114]
L. Holappa[123] B. Wagner[124] W. Bielefelds[125]	采用 FactSage 热力学软件建立了钙处理过程夹杂物的液态窗口	[123-125]
J. Park	研究了钙处理后夹杂物成分与元素活度之间的关系	[115]
P. Rozanski	采用 FactSage 热力学软件研究了钙处理过程夹杂物的改性效果	[116]
N. Verma	通过实验室研究和工业试验，观察了钙处理后夹杂物的瞬态变化，探究了钙处理对 Al_2O_3 和尖晶石的改性机理。同时对 CaS 对夹杂物改性的作用进行了解释	[117-119]
M. Humata	通过加入 Ca-Si 合金以及 $CaO\text{-}Al_2O_3$ 渣钢平衡反应研究了钙处理改性的效果	[56，120，121]

续表 4-9

作　者	研究内容	文　献
Yang S[122] Yang W[31]	镁铝尖晶石的形成和钙处理对其的改性机理	[31，122]
Guo J[126] Ren Y[27] Zhao D[127] B. Wagner[124]	研究了 CaS 在钙处理过程中的析出和改性的作用，并采用 FactSage 软件进行验证	[27，124，126，127]
Yang G	研究了不同钙含量和钙处理不同时间后夹杂物的瞬态变化，采用 FactSage 软件进行验证	[112，113]

4.3.3　钢液钙处理过程中精准加钙量计算

利用 FactSage 进行钙处理热力学计算，可实现一定条件下精准加钙量计算。选择 Equilibrium 模块，一定钢液成分在不同钙含量下，对“钢-夹杂物”反应做平衡计算，得到夹杂物的析出相图，如图 4-58 所示。在钙处理过程中，主要影响因素有钢液的洁净度水平、钢中铝含量、钢中硫含量等，在本节中，为简化例子，只考虑钢中 Al 含量、S 含量、夹杂物 Al_2O_3 的影响。图 4-60 显示，在［S］含量为 50ppm，［Al］含量 0.035%，Al_2O_3 总量为 64ppm 下，随着钢中 T. Ca 的增加，夹杂物按照 $A \to CA_6 \to CA_2 \to CA_x$ 顺序转变，在钙加入量大于一定值后，开始逐渐有固态的 CaS 析出，该图中无固态夹杂物产生的 T. Ca 范围即计算的“液态窗口”，在该钢液条件下，钢中合适的 T. Ca 含量为 16.6~32.4ppm。

对不同钢液条件下钙处理过程进行计算，如图 4-61 所示。随着 Al_2O_3 含量的增加，钢水需要的 T. Ca 含量增加，且液态窗口范围变宽。钢液中硫含量对钙铝酸盐的转变并无影响，硫含量仅影响 CaS 的生成。随着硫含量的增加，液态窗口范围变窄，因此有必要在脱硫后进行钙处理，以提高钙处理的效率。在计算中，固态钙铝酸盐消失所需的 T. Ca 含量为获得液态窗口所需的最低钙含量，开始产生固相 CaS 或 CaO 时的 T. Ca 含量为获得液态窗口的最高钙含量。

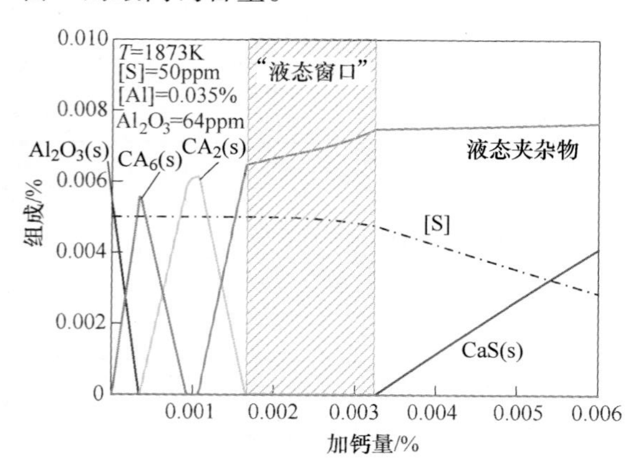

图 4-60　Ca 对 Al_2O_3 改性过程夹杂物析出相图

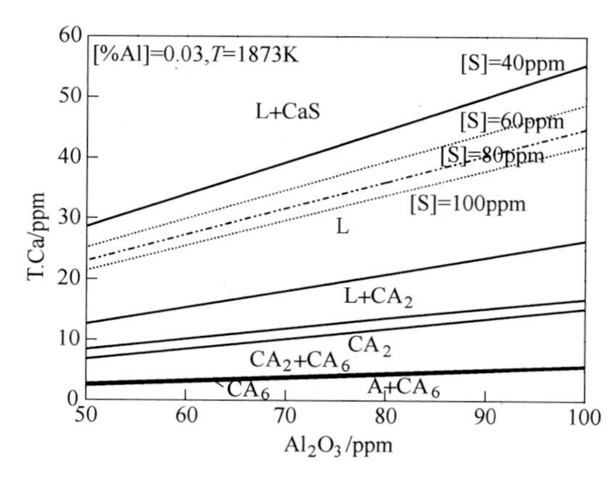

图 4-61　不同钢液成分下钙铝酸盐的产生条件

根据前文提到的获得液态窗口最小 T. Ca 含量和最大 T. Ca 含量方法，对不同钢液条件下获得液态窗口所需的钙含量进行计算。假定钙处理前夹杂物全部为纯 Al_2O_3，其计算结果云图如图 4-62 所示，其中［Al］=0.035%。而最优的加钙量点可根据实际情况在“液态窗口”进行选择。

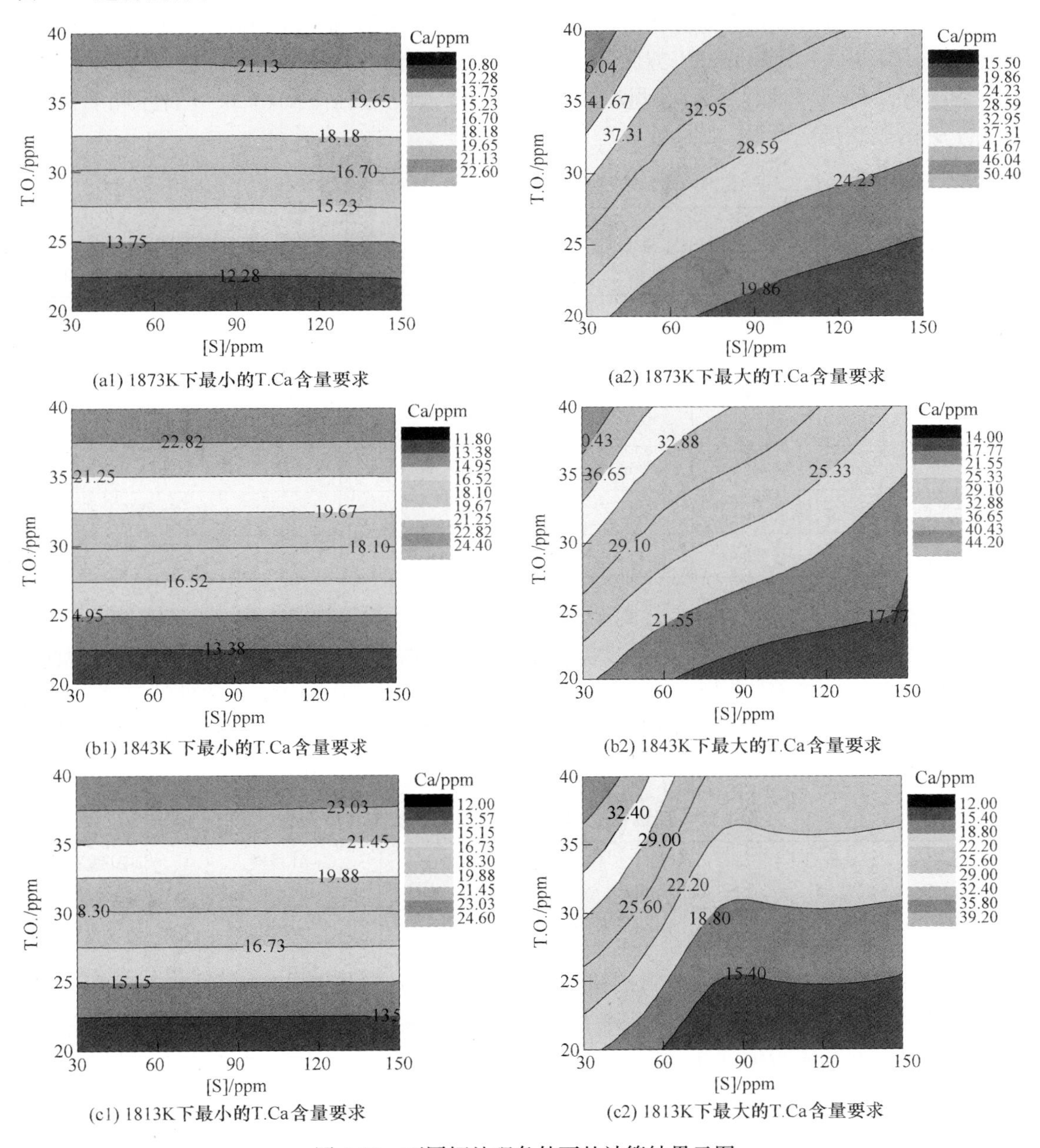

图 4-62　不同钙处理条件下的计算结果云图

4.3.4　精准加钙量热力学计算的工业应用

某钢厂生产的铝镇静钢成分如表 4-10 所示，生产工艺为 BOF→LF→钙处理→中间包→160mm×160mm 小方坯连铸。现场采用 Ca-Al 线进行钙处理，Ca-Al 线外层为 Fe 皮，中间层为 Al 皮，中心为压实的纯钙粉。对不同喂钙线量的 3 炉钢水进行提桶取样，分别在钙处理前及钙处理后软吹 10min 时刻取样。钙处理前后钢液成分如表 4-11 所示。由表 4-11 可以看出，钙处理前钢中的 T. Ca 含量基本在 10ppm 以下，钙处理后则为 24~70ppm。钙处理后钢中钙含量差异较大，这是由于钙性质活泼、现场操作不稳定所致。钙处理后钢中 T. O. 含量降低，一方面是由于钙与氧的结合能力更强，另一方面是由于夹杂物上浮去除所致。钙处理后 Al 含量增加，是由于喂入的钙铝线会增铝。S 含量略有降低，是由于钙的脱硫反应所致。

表 4-10　某厂生产的铝镇静钢成分

元素	C	Si	Mn	P	S	Al
含量/%	0. 20	0. 03	0. 80	0. 015	<0. 015	>0. 02

表 4-11　钙处理前后钢中 T. Ca、T. O.、Al、S 含量的变化

炉次	钙处理前/ppm				钙处理后/ppm			
	T. Ca	T. O.	Al	S	T. Ca	T. O.	Al	S
A	5	46. 1	303	15	70	28. 3	367	16
B	12	40. 3	222	37	38	25. 2	334	37
C	5	32. 6	323	57	24	20. 1	365	42

现场在 LF 过程喂入钙铝线，其中钙铝质量比为 1 ∶ 1，每米钙铝线含钙 50g、含铝 50g。根据现场实际情况，该类钙铝线实际收得率在 30%左右。根据钙处理时的钢水温度，以及钙处理前钢中 T. O. 含量、Al 含量、S 含量等指标，采用 FactSage 软件计算实现液态窗口所需的钙含量范围。根据现场收得率及钙铝线参数计算实际所需的钙铝线长度，计算结果如表 4-12 所示。

表 4-12　现场钙处理条件的热力学计算与实际操作

炉次	钙处理后温度/℃	钙的收得率/%	“液态窗口”所需钙量/ppm	Ca-Al 线喂入长度预测/m	Ca-Al 线实际喂入长度/m
A	1594	30	>26	>208	500
B	1571	30	22. 6~47. 4	197~334	350
C	1566	30	18. 2~33. 8	158~238	200

钙处理后夹杂物主要为 $CaO-Al_2O_3-CaS-MgO$ 系夹杂物，在三元系中的所在位置如图 4-63 所示。在当前计算中，未考虑钢中的 Mg 和钙处理前夹杂物中的 MgO 含量，热力学计算预测的夹杂物平均成分与实际夹杂物平均成分如图 4-63 所示。由表 4-12 看出，炉次 A 的钙铝线喂入长度远高于预测值，因此夹杂物偏离了低熔点区，夹杂物主要为 CaO-CaS 类夹杂物。炉次 B、C 实际喂入长度与热力学预测值相仿，夹杂物基本落入 $Al_2O_3-MgO-CaO$ 三元系的低熔点区。夹杂物中有较高的 CaS，可能是由于动力学原因所致。

钙处理后的夹杂物典型形貌如图 4-64 所示，绝大多数为球状或近似球状的钙铝酸盐，夹杂物中含有少量的 MgO、CaS 以及微量的 SiO_2、MnO 等，夹杂物尺寸大多小于 5μm，也有未完全改性的夹杂物，如图 4-64 所示。

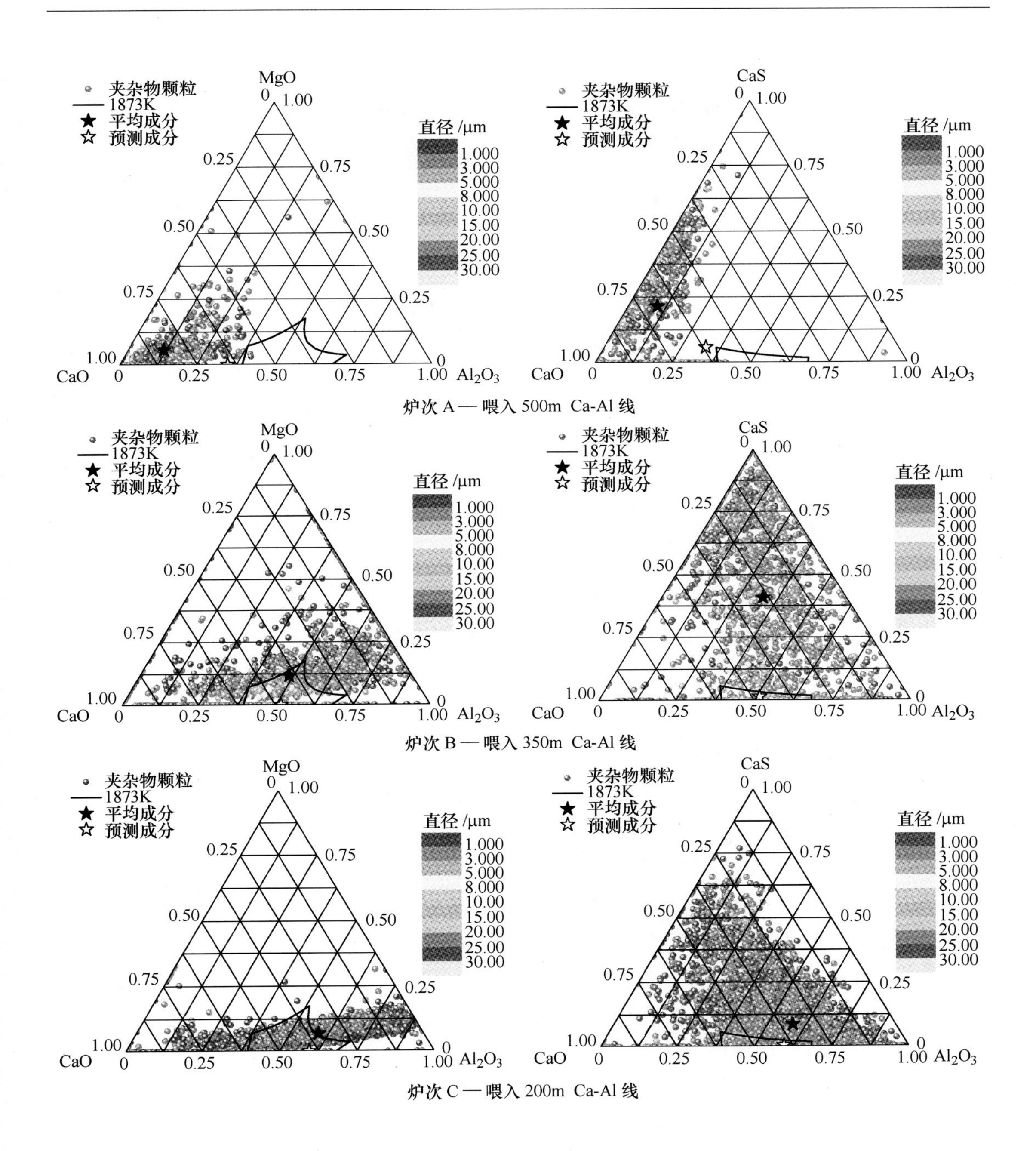

图 4-63 钙处理后夹杂物在三元相图中的分布

因此，通过 FactSage 对钢-夹杂物的平衡计算，可得到一定钢液条件下所需的钙含量范围，继而推得钙处理所需的精准的喂钙范围，通过预测结果与实践结果的不断比较，可对该模型不断修正。在此条件下可以综合考虑钙处理过程钢液成分、洁净度、钢液温度、钙处理参数等对实际喂钙线长度的影响，避免“一刀切”的做法造成的材料浪费和成本增加。

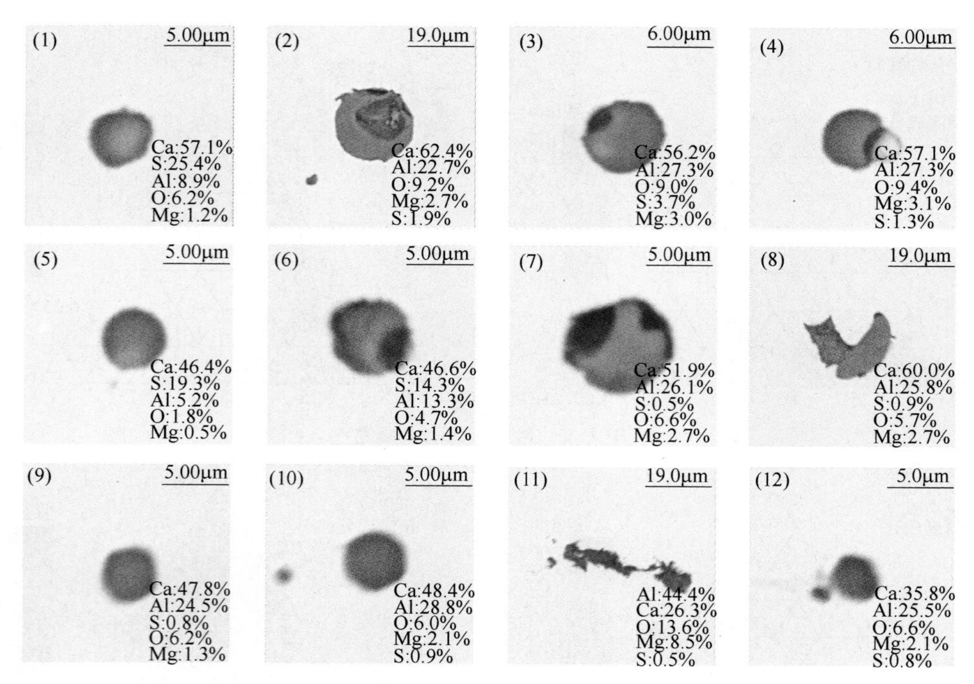

图 4-64　钙处理后夹杂物典型形貌

（1）~（4）炉次 A；（5）~（8）炉次 B；（9）~（12）炉次 C

4.4　钙处理过程中钢液成分对夹杂物成分的影响

在许多相关的钙处理文献中，都提到了加钙过程中钙的挥发现象。由于钙的沸点低于钢液温度，因此向钢液中加入钙合金后，会有一部分钙在钢液表面挥发。而在实验过程中，由于钙在钢液中溶解度较低，因此其含量也在不断减少，这样就很难保证钙的收得率。当硅钙合金被加入钢液后，首先溶解在钢中的钙会快速地与 Al_2O_3 和钢液中的硫发生反应，生成钙铝酸盐和 CaS。之后夹杂物中的 CaO 和 CaS 随着钢液中的钙含量降低而减少，钙的蒸发是其含量不断降低的主要原因。此外，CaS 也被认为是钙处理过程中的一种瞬态夹杂物，当 Ca 与 S 反应生成 CaS 后，其难以稳定存在于钢中，含量迅速降低。CaS 生成后又分解，将硫还回钢液中。这个反应机理目前还不清楚。有研究认为 Ca 的挥发是 CaS 含量降低的关键，也有结果表明 CaS 可以改性 Al_2O_3 夹杂物，在反应的过程中有所消耗。在实验中还发现了较多的均匀的钙铝酸盐-CaS 分布的夹杂物。上述两个原因可能都对 CaS 的分解有影响。根据当前的钢液成分，采用 FactSage 7.0 热力学软件对其进行计算，计算过程选择 FactPS、FToxid 和 FTmisc 数据库，并且将计算结果与实际检测结果进行对比。

根据 FactSage 7.0 的计算结果，将 CaS 的百分含量与钢中 T.Ca 和 T.O. 含量做成云图，如图 4-65（a）所示。当钢中的钙含量降低时，夹杂物中的 CaS 含量就会减少；而当 T.O. 含量升高时，CaS 含量也会降低。如果这两者同时发生，将会更有利于 CaS 的分解，如图 4-65（b）所示。前文已经提到过，钙的挥发以及钙加入钢液后的反应会消耗钢中的钙含量。而在真空感应炉的坩埚熔池内，由于电磁力作用使夹杂物的上浮，会在钢液表面形成夹杂物富集区域，局部总氧含量较高，促进 CaS 分解。这两个因素共同作用，就使夹杂物中 CaS 含量初期很高，之后就一直降低。

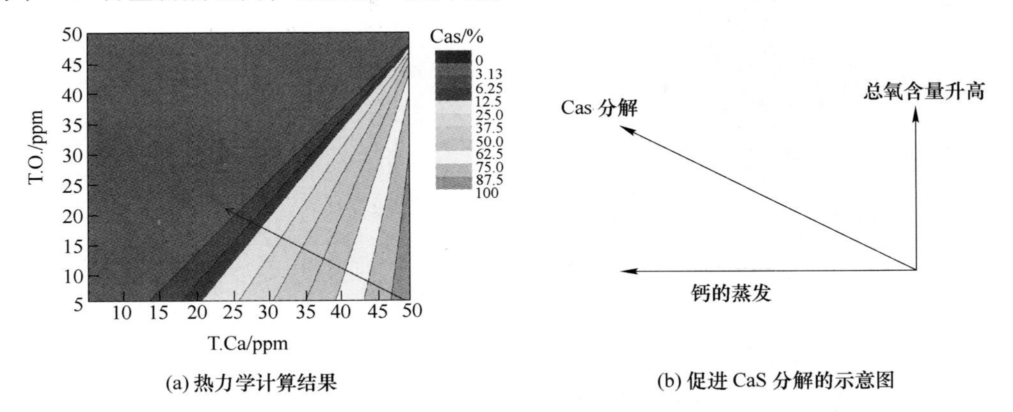

(a) 热力学计算结果 (b) 促进 CaS 分解的示意图

图 4-65 钙处理过程 CaS 分解的机理

钙处理后夹杂物的改性示意图如图 4-66 所示。在刚刚加入硅钙合金后，钢液中的钙含量相对较高，因此钙的挥发是 CaS 分解的主要原因。随着钙的消耗以及夹杂物的上浮，在钢液的上部夹杂物数量较多，提升了局部的 T. O. 含量，利于 CaS 与氧化物发生反应。在这个阶段，钙含量的降低和氧含量的升高都促进 CaS 的分解。CaS 全部分解后，Ca 含量继续降低，夹杂物中的 CaO 含量就会降低，最后夹杂物成为 Al_2O_3 含量较高的钙铝酸盐。

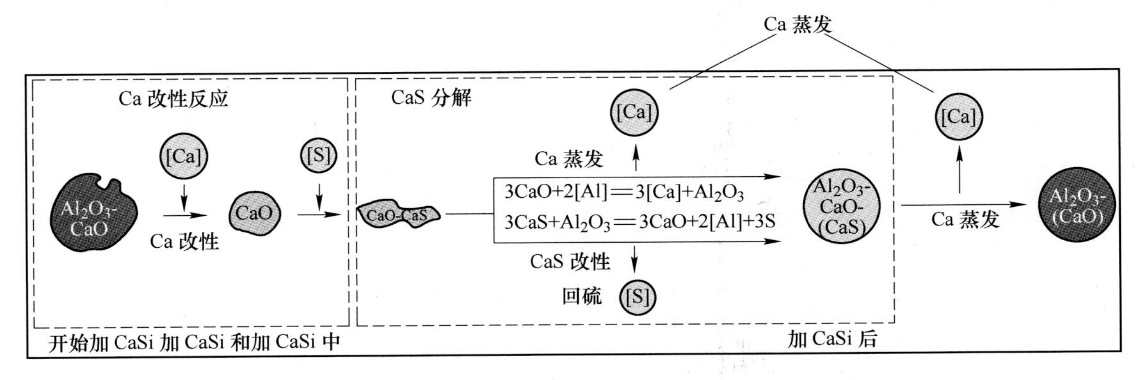

图 4-66 钙处理后夹杂物的改性机理

将实验所取样品中检测的 T. Ca 和 T. O. 含量投在云图中，得到理论计算预测的夹杂物含量，再将 EDS 检测的夹杂物平均成分与计算结果进行对比，如图 4-67 所示。研究中只考虑三种主要成分，分别是 CaS、CaO 和 Al_2O_3，并进行归一化。CaS 的检测结果和计算结果的趋势是一致的，其含量在初期较高，之后持续降低，如图 4-67（a）和（b）所示。不过预测值与实际有一些偏差，特别是在钙刚刚加入时，这很有可能是由于在加钙初期并未达到热力学平衡，此时动力学条件的影响导致采用热力学预测的结果有偏差。因此，从热力学的角度来准确预测瞬态夹杂物的行为是比较困难的。

图 4-67（c）和（d）为 Al_2O_3 的计算结果和实际检测的结果。在钙处理过程，夹杂物中

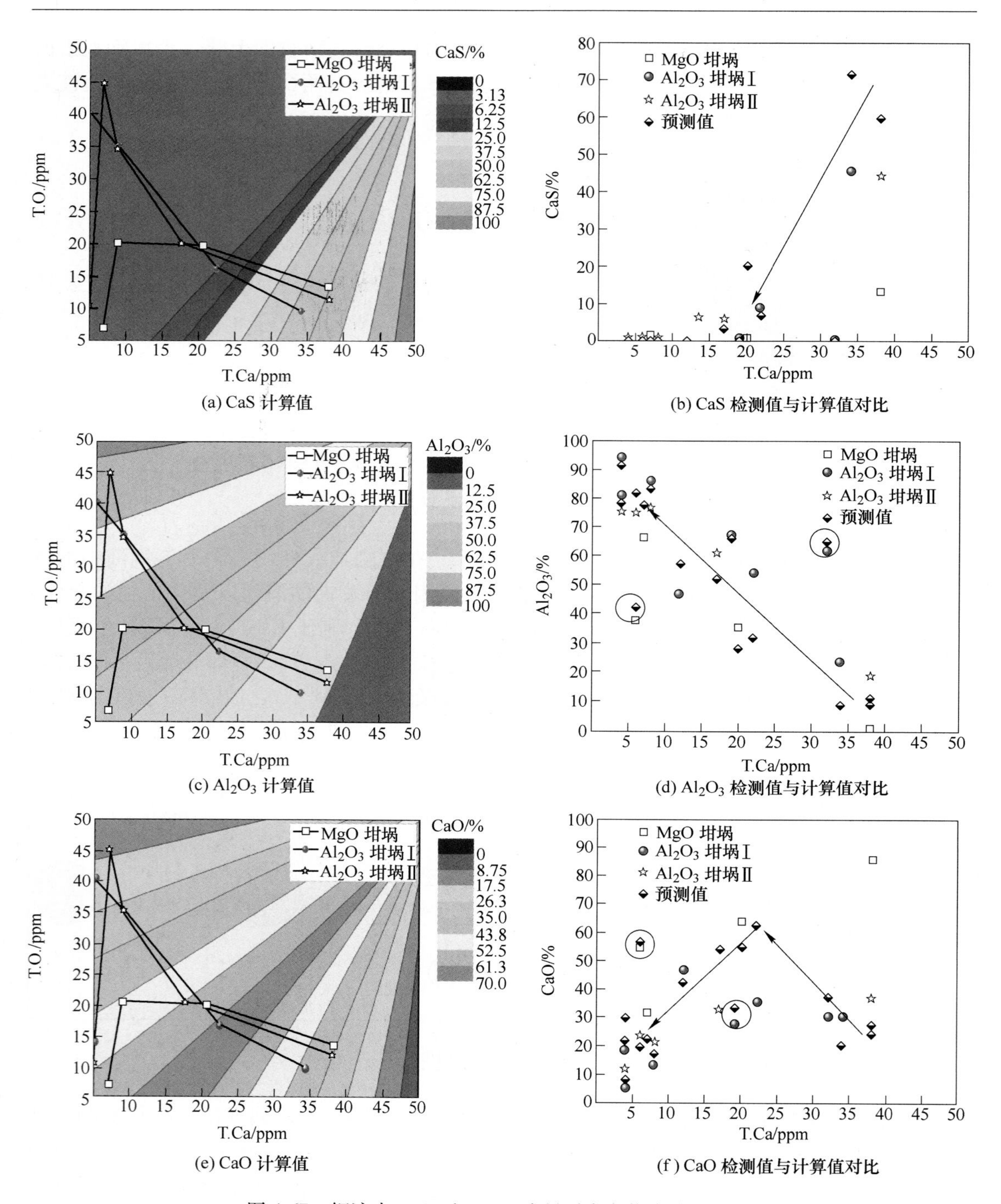

图 4-67　钢液中 T. Ca 和 T. O. 含量对夹杂物成分的影响

Al_2O_3 含量随着钢中钙的降低而上升，二者呈线性趋势，如图中箭头所示。但是为了能够得到更准确的热力学计算结果，同时考虑钢中的 T. O. 和 T. Ca 含量是很有必要的。如图中圆圈内的点所示，如果只考虑 T. Ca 的变化，圆圈内的点和趋势相差很大，但是当 T. O. 同时考虑进去后，就会发现预测结果和实际的检测结果是非常接近的。同样，在 CaO 的含量对比中，如果只考虑 T. Ca 含量的变化，这些圆圈内的点可能被当做坏点，但实际上并非如此，如图 4-67（e）和（f）所示。从热力学的角度来看，夹杂物中的 CaO 含量先升高后降低，这是由于初期 CaS 的分解以及对 Al_2O_3 的改性提高了 CaO 的含量，但是随着实验的进行，钙的含量不断降低，因此 CaO 的含量也随之减少。为了实现精准钙处理，需要将钢液中 T. Ca 和 T. O. 都加以考虑，这一点在实际的工业生产中也应予以重视。

将 T. Ca/T. O. 的比值作为衡量指标，研究其对夹杂物中 Al_2O_3 含量的影响，如图 4-68 所示。图中，黑色的点是当前的实验结果，其他点是相关学者的研究结果，图中的线是根据 FactSage 7.0 热力学软件计算得到的。当前实验和之前的文献结果趋势一致，与计算值也相符。不过采用刚玉坩埚的实验中 Al_2O_3 含量高于理论计算值，而采用镁砂坩埚的实验中 Al_2O_3 含量在理论计算值之下，这是由于计算过程没有考虑钢液和耐火材料的反应。当前实验中钢液中加入的钙是过量的，易与耐火材料发生反应，影响夹杂物的组分。因此，不同种类的耐火材料会明显影响夹杂物的成分以及钙处理的效果，特别是在喂钙过量的条件下，这一点在实际生产中也应予以重视。

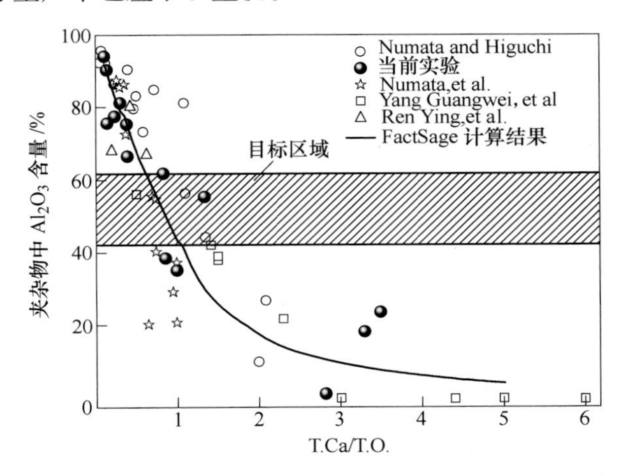

图 4-68 钢中 T. Ca/T. O. 对夹杂物中 Al_2O_3 含量的影响

图 4-69 给出了在镁砂坩埚的实验中，夹杂物中 MgO 含量与钢中 T. Mg/T. O. 的关系。可以看出对于过程样，二者呈线性关系，拟合的关系如式（4-25）所示。由于最后一个样品是浇铸钢液到锭模中获得，而过程样是由取样管穿过钢液表面得到，因此在图中 20min 样品中 MgO 的规律和过程样不一致。对于镁砂作为钙处理实验的炉衬材料时，夹杂物中的 MgO 含量可以根据钢中的 T. Mg 和 T. O. 含量加以估计，而刚玉坩埚的实验组中则 MgO 含量很低，在此不进行讨论。

$$\mathrm{MgO\%} = -19.148 + 34.128 \times \mathrm{T.\,Mg/T.\,O.}\ (R^2 = 0.989) \tag{4-25}$$

刚玉坩埚实验的钢液中 T. S. /T. O. 与夹杂物中 CaS/CaO 的关系如图 4-70 所示。在加钙的初期，钙含量和 T. S. /T. O. 均较高，因此 CaS 易于生成；之后钙和 T. S. /T. O. 值均降低，促进 CaS 分解。图中不同的线表示钢液中不同钙含量条件下得到的热力学计算结果。当 T. S. /T. O. <2 时，夹杂物中几乎不含 CaS；当 T. S. /T. O. >2 时，夹杂物中 CaS/($CaO+Al_2O_3$) 在很大程度上与钢中的 T. Ca 和 T. O. 含量有关。在刚玉坩埚检测的夹杂物结果与计算结果相似，验证了之前提出的 CaS 分解的机理。对于两组刚玉坩埚实验，不同之处在于坩埚气孔率，在高气孔率的坩埚中检测到更多的夹杂物，导致钢中总氧含量升高，因此也就越有利于 CaS 的分解，检测到 CaS 的含量就更低。因此，坩埚气孔率能够通过影响夹杂物的数量来间接影响夹杂物的成分，特别是对于 CaS。因此，为了进行更准确的热力学预测，除了钢液中 T. S. /T. O. 之外，耐火材料的性质、钢液中夹杂物的数密度都应当考虑。

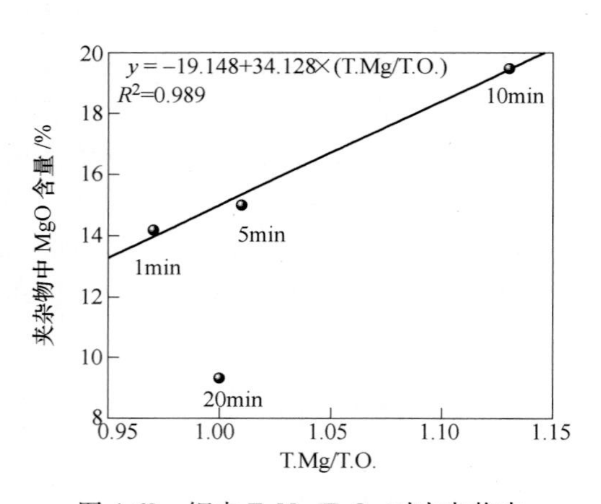

图 4-69 钢中 T. Mg/T. O. 对夹杂物中 MgO 含量的影响

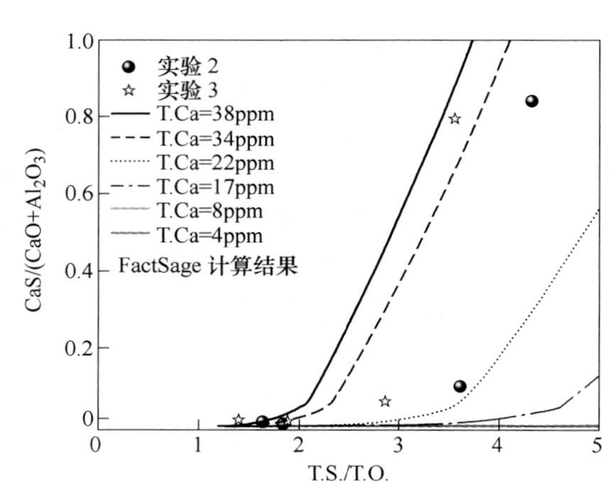

图 4-70 钢液中 T. S. /T. O. 对夹杂物中 CaS/CaO 的影响

4.5 钢中硫含量对钙处理改性夹杂物的影响

本实验主要目的是研究钢液中的硫含量对钙处理后夹杂物的影响。实验原料采用电解铁，成分如表 4-13 所示。钢熔化之后，首先加入 Fe_2O_3 来提高钢液中氧含量，再加入铝粒来使钢液中生成足够多的 Al_2O_3 夹杂物。在预实验中，确定不加 FeS 的钢液中能够生成液态钙铝酸盐夹杂物的加钙量。接下来在钢液熔化后，加入 FeS 对钢液进行增硫，使钢中的硫含量分别为 25ppm、50ppm、90ppm 和 180ppm，再进行钙处理，观察实验过程中夹杂物的瞬态变化。实验流程如图 4-71 所示，分别在加入合金后的 1min、3min、5min、7min 进行取样，在 10min 时将钢液浇铸到锭模。

表 4-13 电解铁的成分 (ppm)

C	S	Si	P	Al_s	Mn	Mg	T. O.	N	Fe
5	6	<5	4	18	1	4	70	5	Bal.

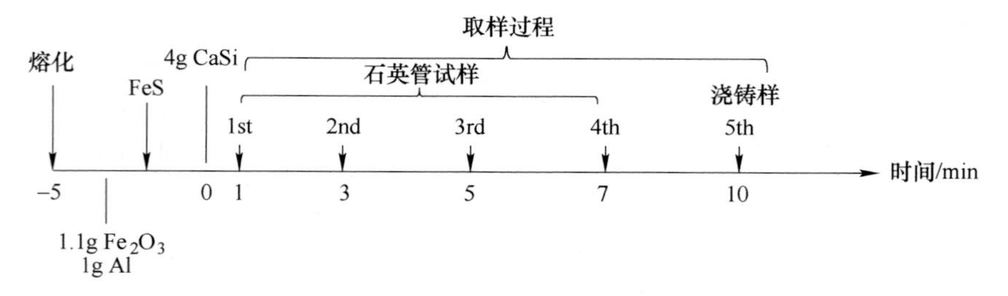

图 4-71 实验流程示意图

4.5.1 硫含量为 25ppm 对钙处理过程的影响

当钢液中硫含量为 25ppm 时，在加钙后 1min 样品里，夹杂物的主要成分是 CaO-CaS-Al_2O_3 和 CaO-(CaS)-Al_2O_3，多数的尺寸小于 3μm，夹杂物多数为球形，典型形貌和成分分布如图 4-72 和图 4-73 所示。夹杂物的平均尺寸为 1.52μm，最大尺寸为 9.38μm。

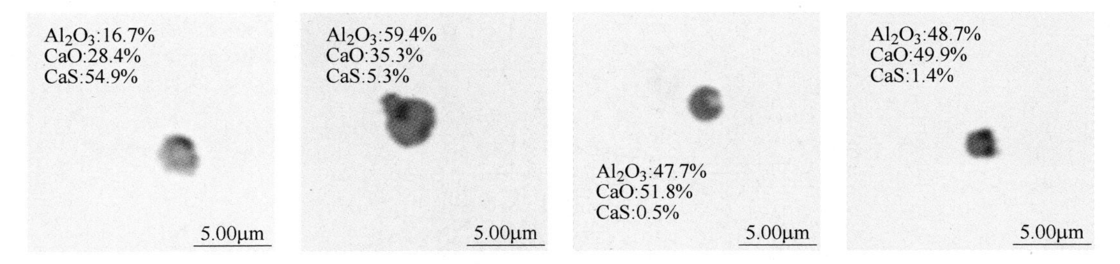

图 4-72 加钙后 1min 典型夹杂物的形貌和成分

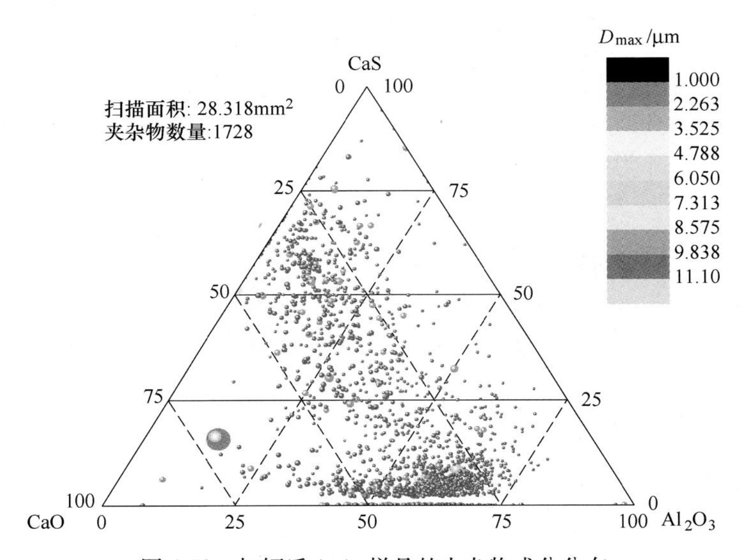

图 4-73 加钙后 1min 样品的夹杂物成分分布

在加钙后 3min 样品里，夹杂物中 CaS 含量降低，主要成分是 CaO-CaS-Al_2O_3 和 CaO-(CaS-)Al_2O_3，多数的尺寸小于 3μm，也发现少量纯 Al_2O_3 夹杂物，典型夹杂物形貌和成分分布如图 4-74 和图 4-75 所示。夹杂物的平均尺寸为 2.32μm，最大尺寸为 14.24μm。

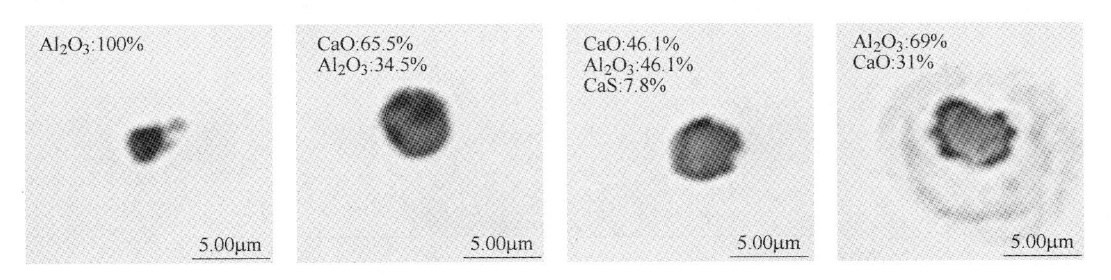

图 4-74 加钙后 3min 典型夹杂物的形貌和成分

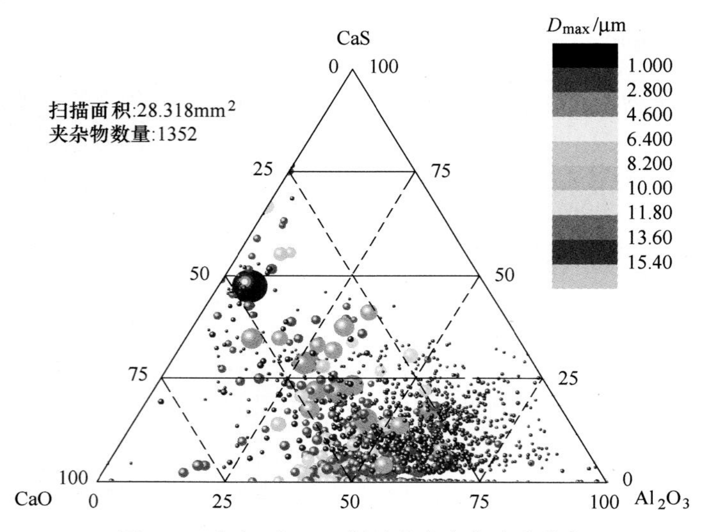

图 4-75　加钙后 3min 样品的夹杂物成分分布

在加钙后 5min 样品里，夹杂物中 CaS 含量进一步降低，主要夹杂物是球形的 CaO-(CaS-)Al_2O_3，多数的尺寸小于 3μm，夹杂物典型形貌和成分分布如图 4-76 和图 4-77 所示。夹杂物的平均尺寸为 2.59μm，最大尺寸为 13.36μm。

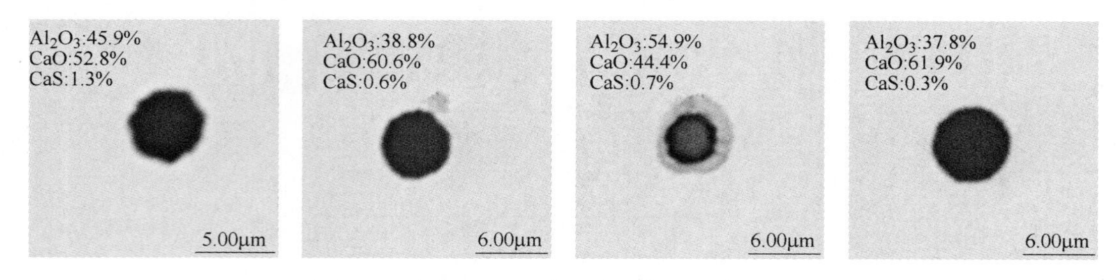

图 4-76　加钙 5min 后典型夹杂物的形貌和成分

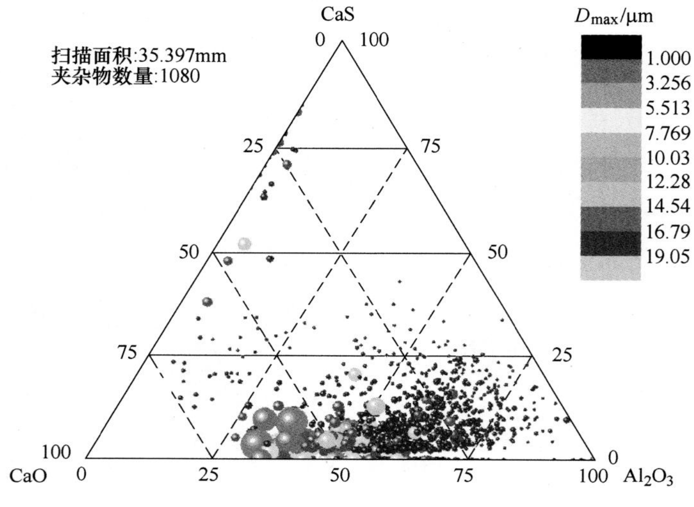

图 4-77　加钙后 5min 样品的夹杂物成分分布

在加钙后7min样品里，夹杂物中CaS含量进一步降低，主要夹杂物是球形的CaO-(CaS-)Al_2O_3，多数的尺寸小于3μm，能够检测到少量大尺寸的钙铝酸盐夹杂物，也有少量复合的CaO-(CaS-)Al_2O_3夹杂物。夹杂物典型形貌和成分分布如图4-78和图4-79所示。夹杂物的平均尺寸为2.74μm，最大尺寸为14.36μm。

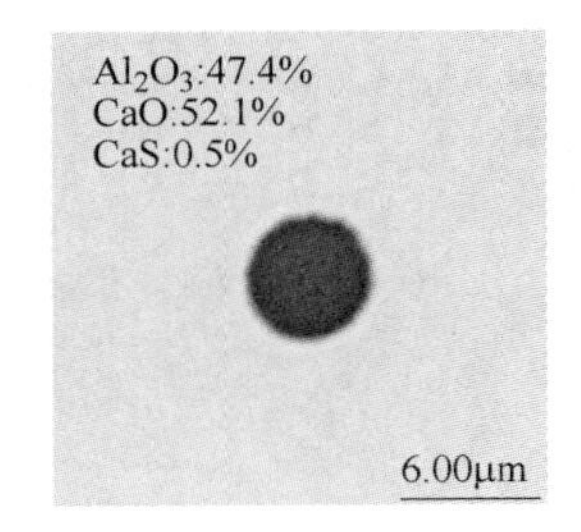

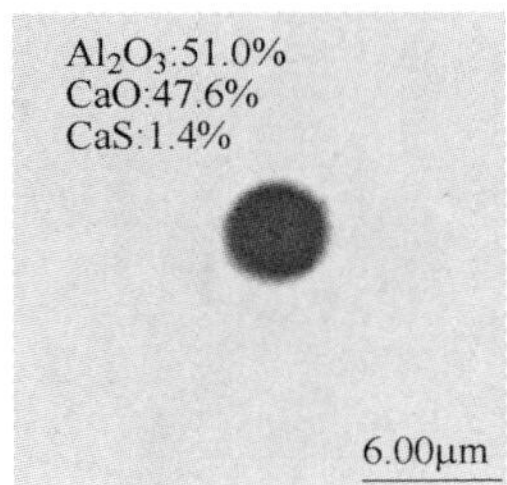

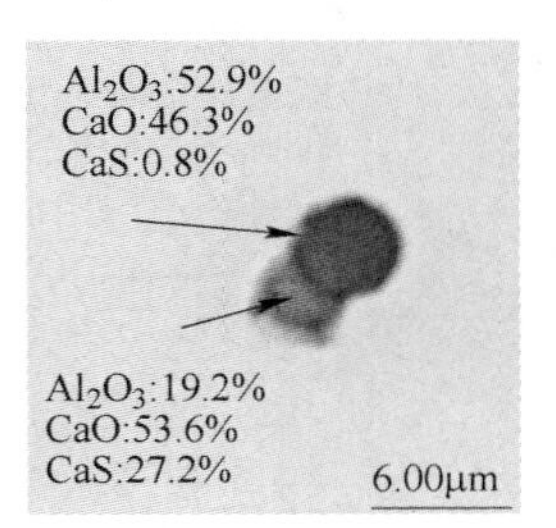

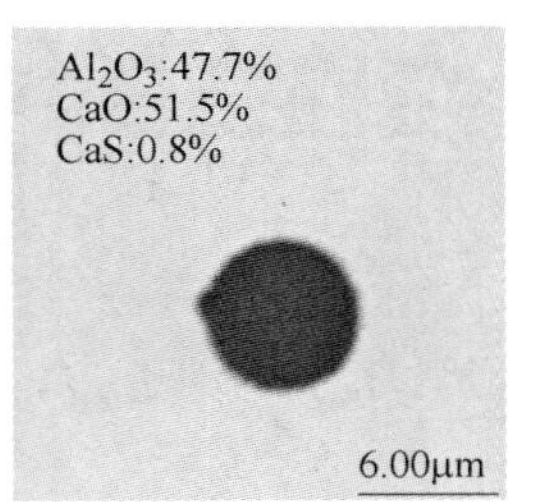

图4-78　加钙后7min典型夹杂物的形貌和成分

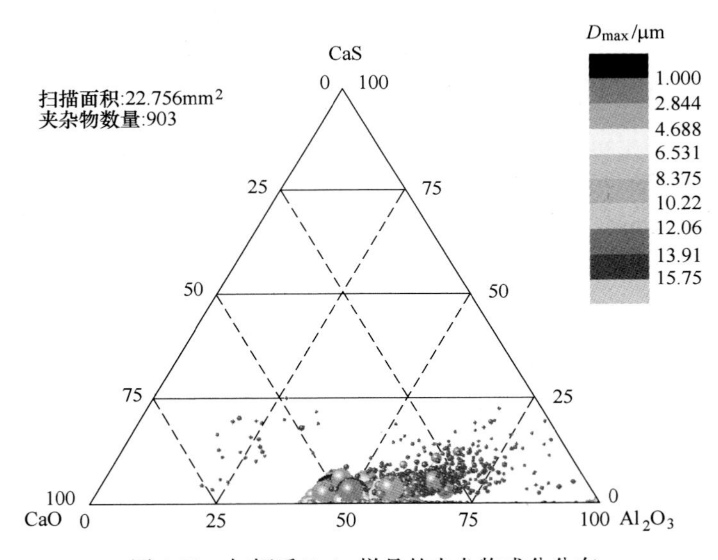

图4-79　加钙后7min样品的夹杂物成分分布

在加钙后10min样品里，夹杂物中Al_2O_3含量升高，主要夹杂物为球形的CaO-(CaS-)Al_2O_3，多数的尺寸小于3μm，能够检测到10μm以上的液态钙铝酸盐夹杂物，典型夹杂物形貌和成分分布如图4-80和图4-81所示。夹杂物的平均尺寸增大至3.02μm，最大夹杂物尺寸为9.83μm。

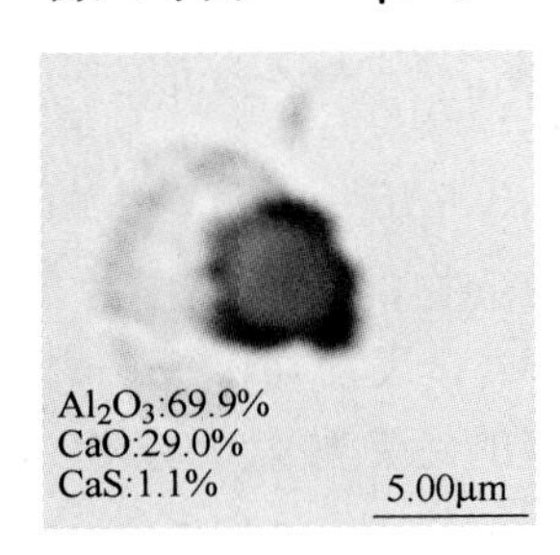

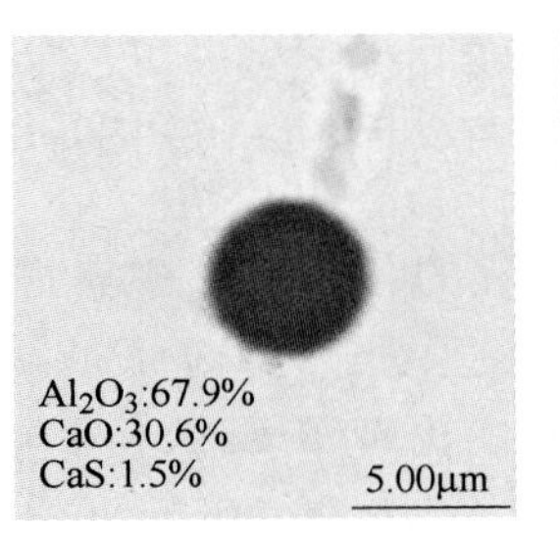

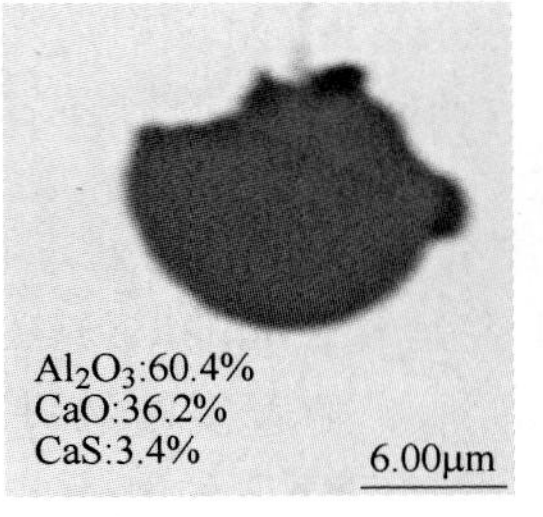

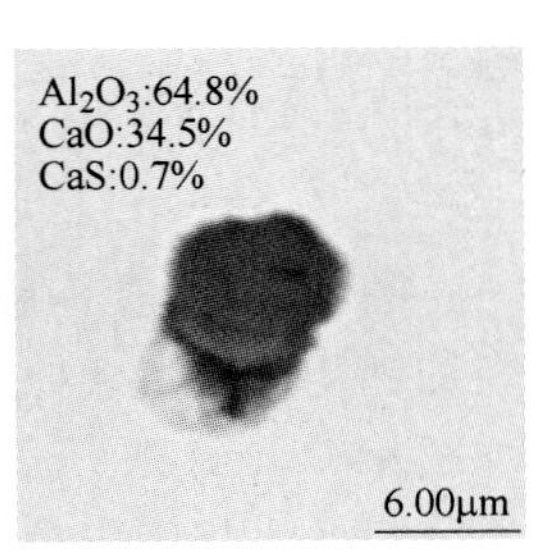

图4-80　加钙后10min典型夹杂物的形貌和成分

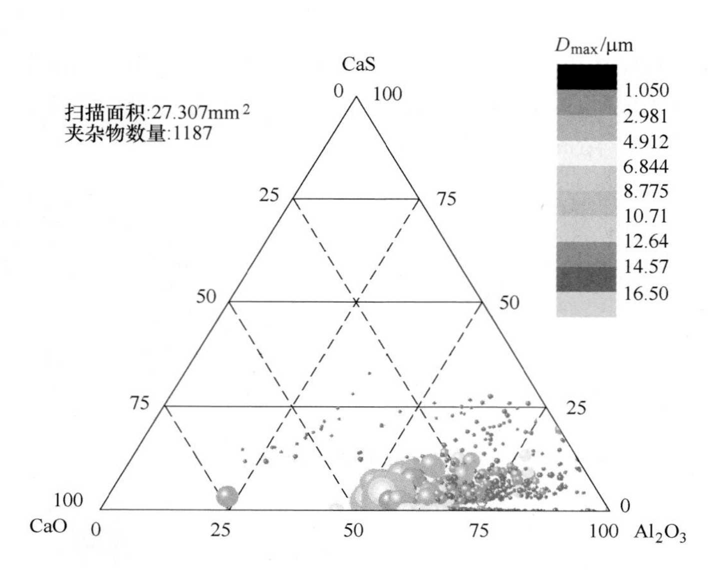

图 4-81 加钙后 10min 样品的夹杂物成分分布

实验过程中夹杂物的平均成分变化如图 4-82 所示。夹杂物中平均 CaS 含量在初始阶段能够达到 25%，之后持续降低，在最后的样品中 CaS 含量低于 5%，最终夹杂物主要类型为钙铝酸盐，其中 Al_2O_3 平均含量在 67%，控制其成分位于 1600℃液相区附近。

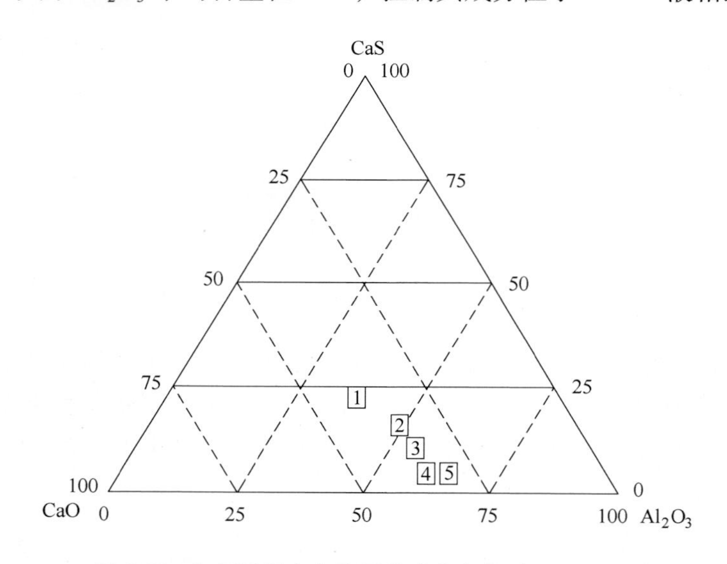

图 4-82 加钙后的夹杂物平均成分变化（S＝25ppm）

图 4-83 汇总了硫含量为 25ppm 钙处理过程的各个样品中典型夹杂物的面扫描图片。在加钙初期，夹杂物主要是复合相的 CaS-Al_2O_3、复合的 CaO-CaS-Al_2O_3，尺寸在 1～3μm，如图 4-83（a）、（b）所示。随着实验的进行，出现了 CaS 环状包裹的钙铝酸盐夹杂物，以及 CaS 不规则包裹的钙铝酸盐，如图 4-83（c）、（d）所示。最终样品中夹杂物多数转变为均匀的钙铝酸盐，如图 4-83（e）所示。

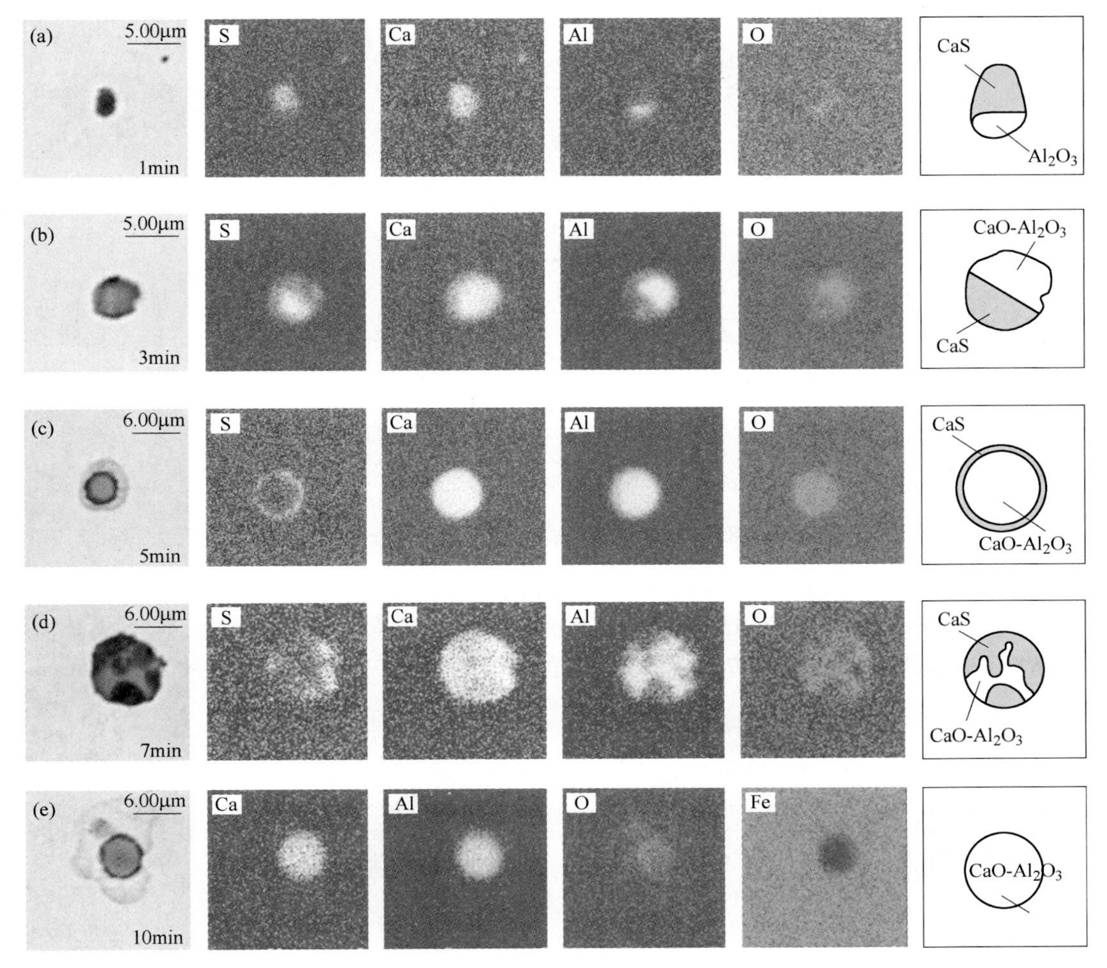

图 4-83 典型夹杂物的面扫描结果（S=25ppm）

4.5.2 硫含量为 90ppm 对钙处理过程的影响

当钢液中硫含量升高为 90ppm 时，在加钙后 1min 样品里，夹杂物的主要成分是 CaO-CaS-Al_2O_3 和 CaO-CaS，有少量钙铝酸盐和 CaS-Al_2O_3 夹杂物，夹杂物的尺寸较小，形状不规则，CaS 含量较高。典型夹杂物形貌和成分分布如图 4-84 和图 4-85 所示。夹杂物的平均尺寸为 2.46μm，最大尺寸为 15.53μm。

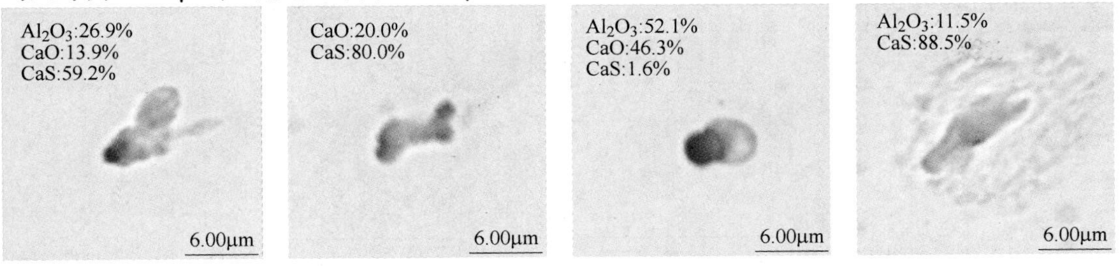

图 4-84 加钙后 1min 典型夹杂物的形貌和成分

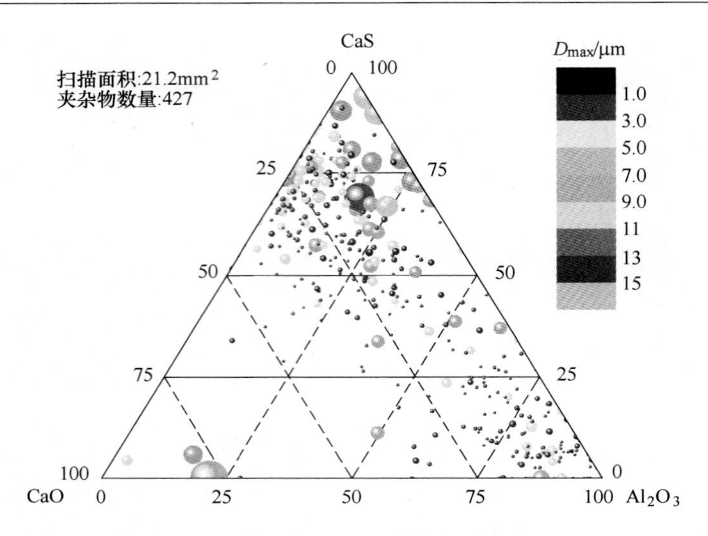

图 4-85　加钙后 1min 样品的夹杂物成分分布

在加钙后 3min 样品里，夹杂物中 CaS 含量降低，主要夹杂物是 $CaO-CaS-Al_2O_3$，夹杂物中 Al_2O_3 含量明显升高，部分高 CaS 含量的夹杂物尺寸较大，夹杂物形状不规则。典型夹杂物形貌和成分分布如图 4-86 和图 4-87 所示。夹杂物的平均尺寸为 2. 39μm，最大尺寸为 25. 79μm。

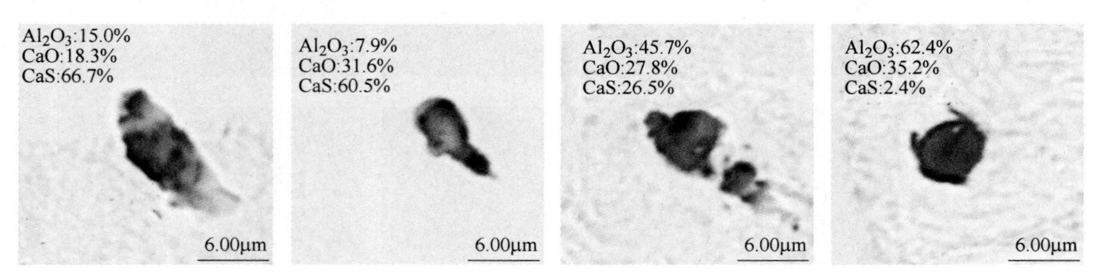

图 4-86　加钙后 3min 典型夹杂物的形貌和成分

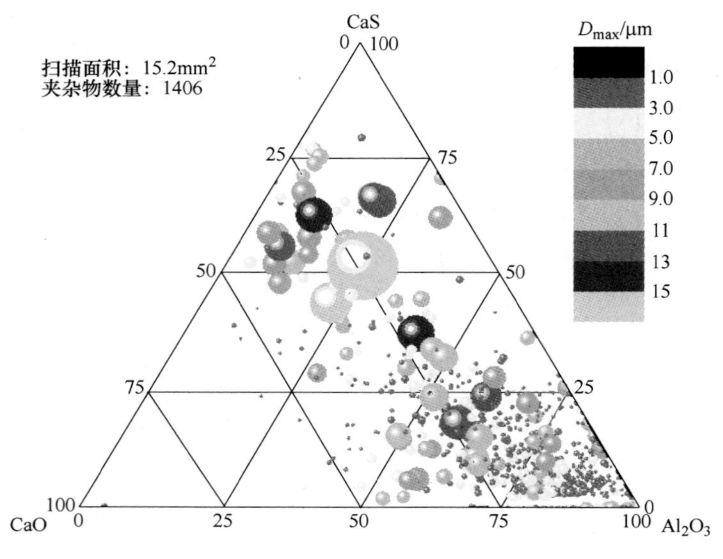

图 4-87　加钙后 3min 样品的夹杂物成分分布

在加钙后5min样品里，夹杂物中CaS含量进一步降低，Al_2O_3含量升高，夹杂物形状不规则，多数的尺寸小于3μm。典型夹杂物的形貌和成分分布如图4-88和图4-89所示。夹杂物的平均尺寸为2.14μm，最大尺寸为14.68μm。

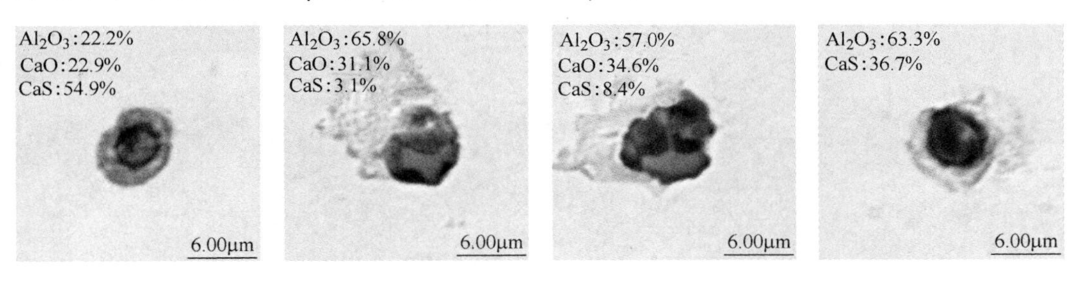

图4-88　加钙后5min典型夹杂物的形貌和成分

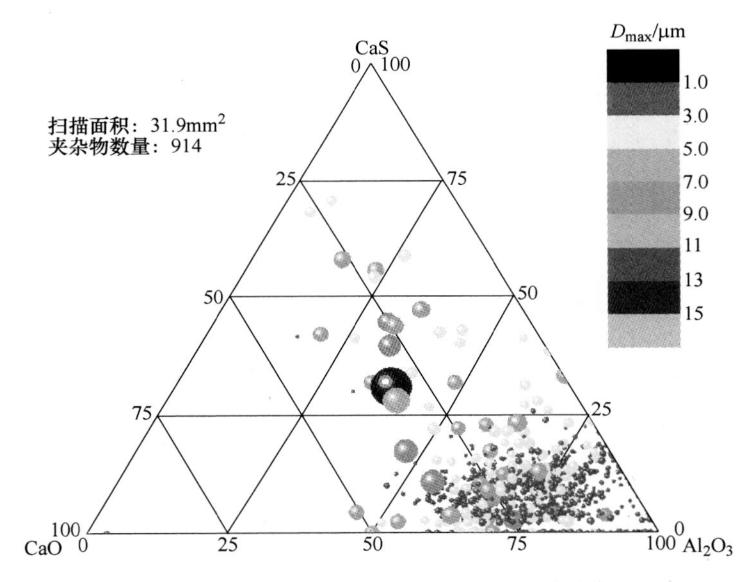

图4-89　加钙后5min样品的夹杂物成分分布

在加钙后7min样品里，夹杂物成分变化不大，主要夹杂物是$CaO-CaS-Al_2O_3$，Al_2O_3含量较高，形状不规则。典型夹杂物形貌和成分分布如图4-90和图4-91所示。夹杂物的平均尺寸为2.67μm，最大尺寸为16.42μm。

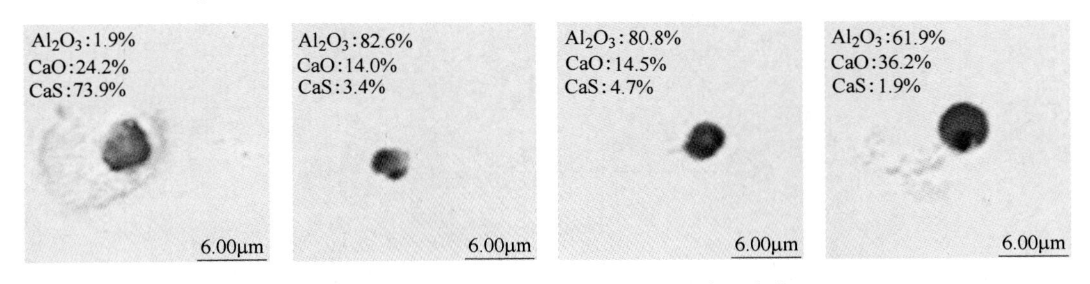

图4-90　加钙后7min典型夹杂物的形貌和成分

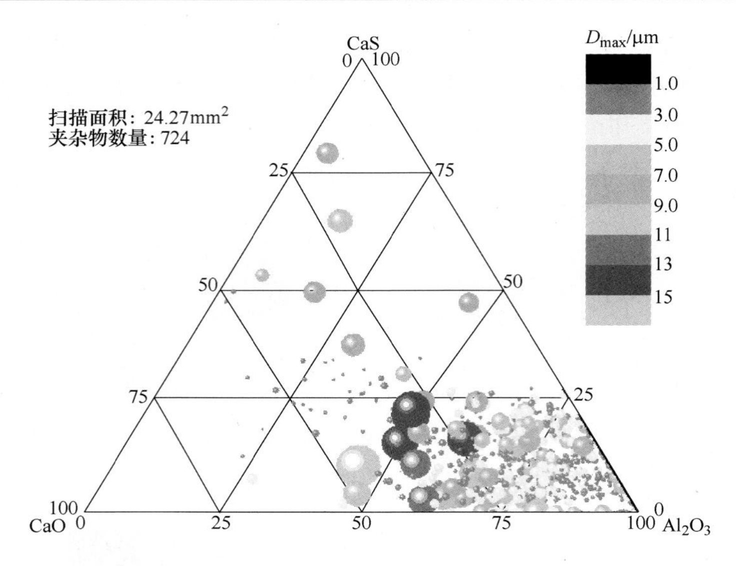

图 4-91　加钙后 7min 样品的夹杂物成分分布

在加钙后 10min 样品里，夹杂物成分变化不大，主要夹杂物为 CaO-(CaS)-Al_2O_3，夹杂物的尺寸增大，形状为球形。典型夹杂物的形貌和成分分布如图 4-92 和图 4-93 所示。夹杂物的平均尺寸增大至 4.12μm，最大夹杂物尺寸为 22.76μm。

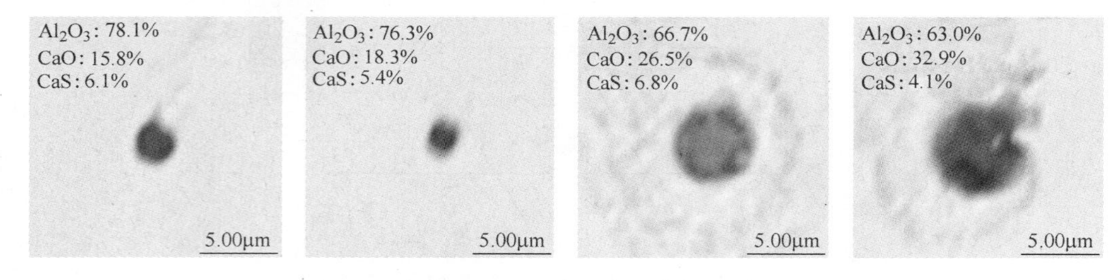

图 4-92　加钙后 10min 典型夹杂物的形貌和成分

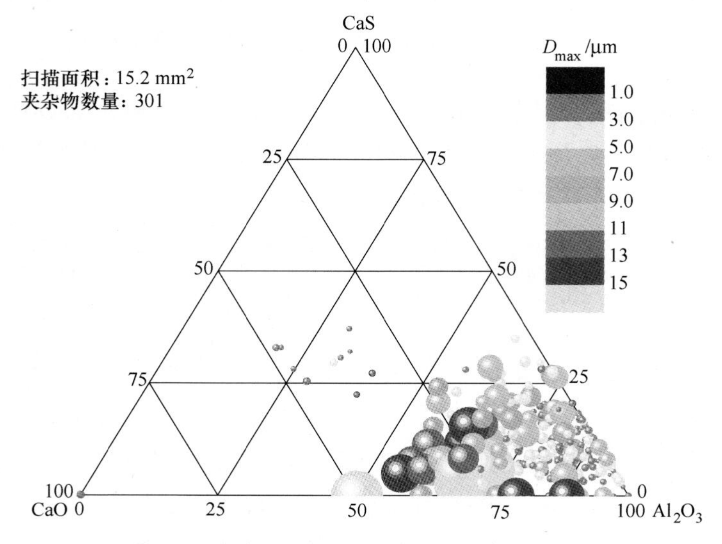

图 4-93　加钙后 10min 样品的夹杂物成分分布

实验过程中夹杂物的平均成分变化如图 4-94 所示。夹杂物中平均 CaS 含量在初始阶段能够达到 50%，在 3min 时急剧降低到 12%，同时 Al_2O_3 含量升高，之后夹杂物的平均成分变化不大，在最终的样品中 CaS 含量约为 10%，夹杂物主要类型为 CaO-CaS-Al_2O_3，夹杂物中 Al_2O_3 含量约为 80%，成分远离 1600℃液相区。

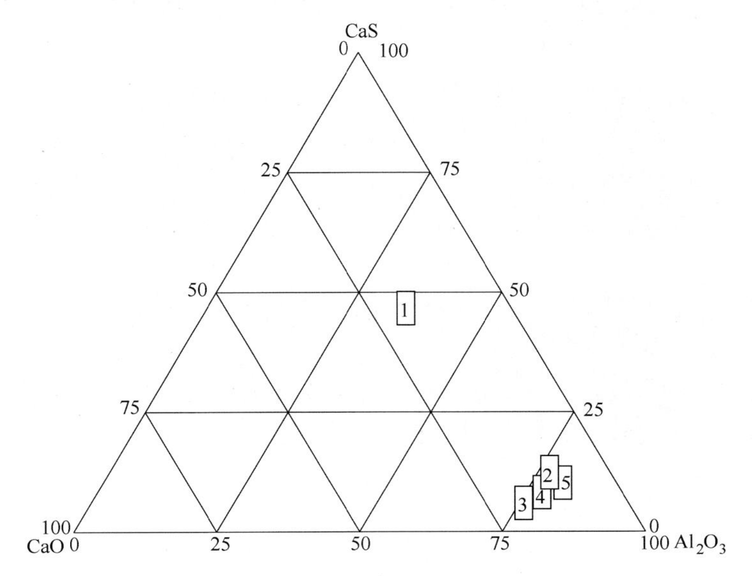

图 4-94　加钙后的夹杂物平均成分变化（S=90ppm）

图 4-95 汇总了硫含量为 90ppm 时，钙处理过程的各个样品中典型夹杂物的面扫描图片。在加钙初期，夹杂物主要是 CaS 包裹的钙铝酸盐和 CaS-Al_2O_3，尺寸在 1~3μm，如图 4-95（a）、（b）所示。随着实验的进行，出现了 CaS 环状包裹的钙铝酸盐夹杂物，以及 CaS 不规则包裹的钙铝酸盐，如图 4-95（c）~（e）所示。最终样品中夹杂物多数转变为均匀的钙铝酸盐，如图 4-95（f）所示。

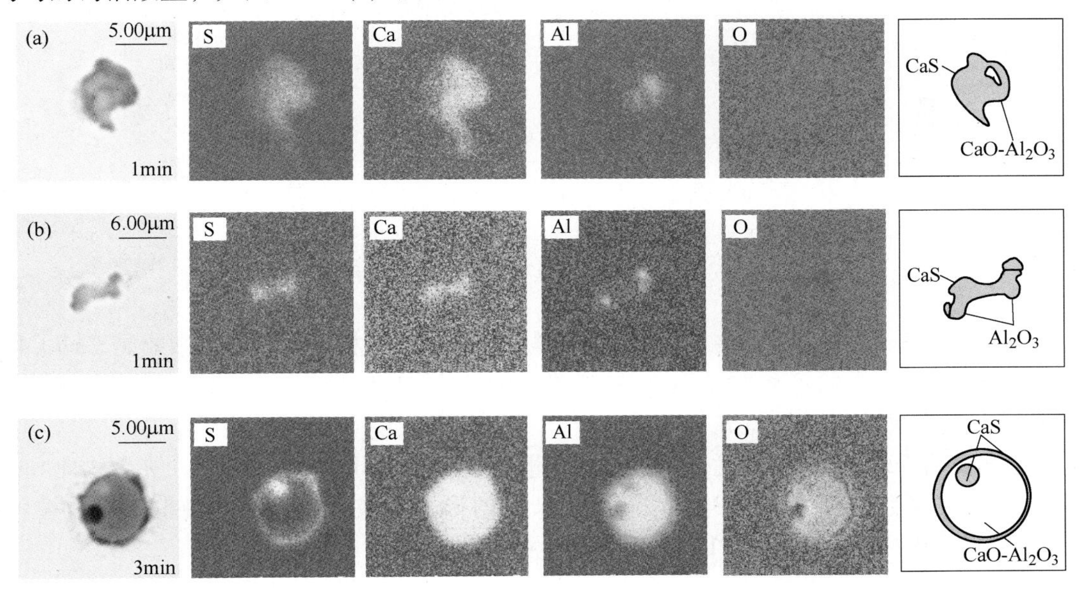

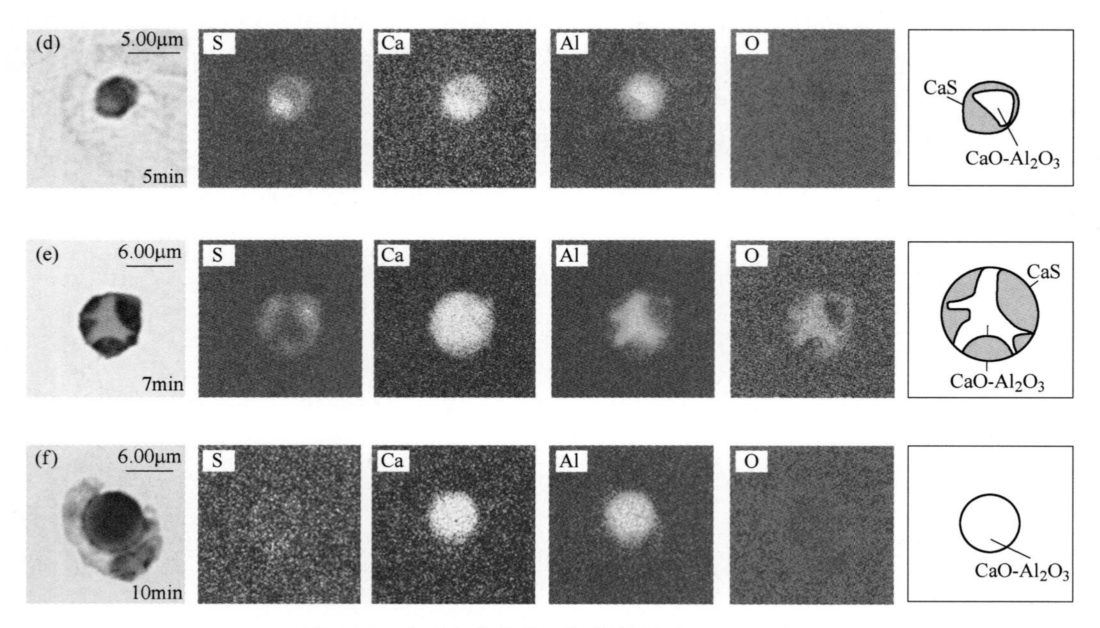

图 4-95　典型夹杂物的面扫描结果（S=90ppm）

（a）CaS-CaO-Al_2O_3；（b）CaS-Al_2O_3；（c）CaS 环状包裹的 CaO-Al_2O_3；（d）CaS 包裹的 CaO-Al_2O_3；（e）复合 CaS-CaO-Al_2O_3；（f）均匀的 CaO · Al_2O_3

4.5.3　硫含量为 180ppm 对钙处理过程的影响

当钢液中硫含量升高为 180ppm 时，在加钙后 1min 样品里，夹杂物的主要成分是 CaO-CaS-Al_2O_3，尺寸较小，夹杂物形状不规则，CaS 含量较高。典型夹杂物的形貌和成分分布如图 4-96 和图 4-97 所示。夹杂物的平均尺寸为 1.98μm，最大尺寸为 7.99μm。

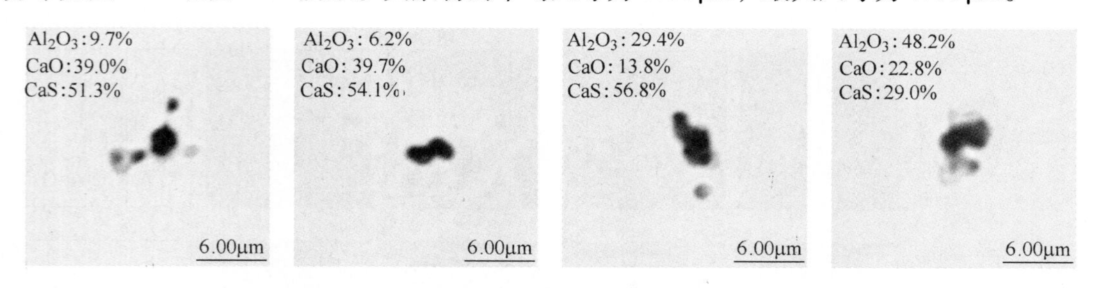

图 4-96　加钙后 1min 典型夹杂物的形貌和成分

在加钙后 3min 样品里，夹杂物与 1min 样品中检测结果相近，主要夹杂物是 CaO-CaS-Al_2O_3。典型夹杂物的形貌和成分分布如图 4-98 和图 4-99 所示。夹杂物的平均尺寸为 2.58μm，最大尺寸为 11.12μm。

在加钙后 5min 样品里，夹杂物中 CaS 含量明显降低，Al_2O_3 含量升高，夹杂物向 CaS-Al_2O_3 转变，多数的尺寸小于 3μm。典型夹杂物的形貌和成分分布如图 4-100 和图 4-101 所示。夹杂物的平均尺寸为 2.19μm，最大尺寸为 8.52μm。

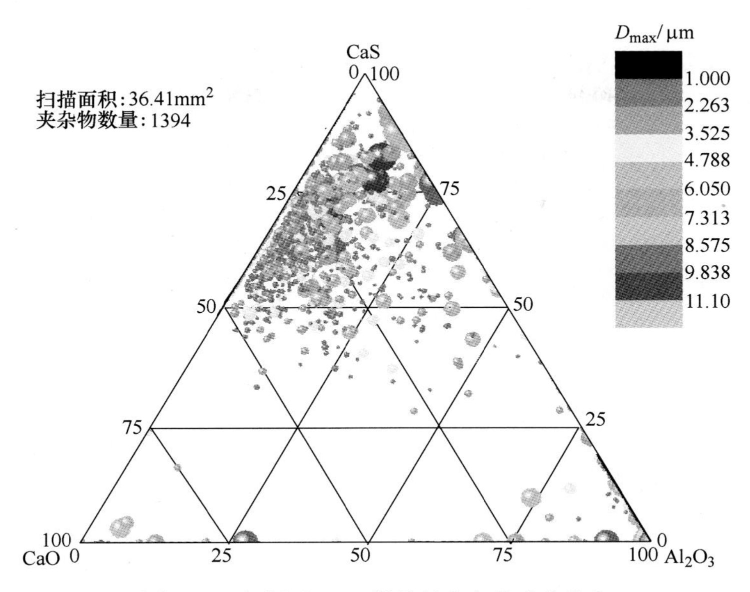

图 4-97　加钙后 1min 样品的夹杂物成分分布

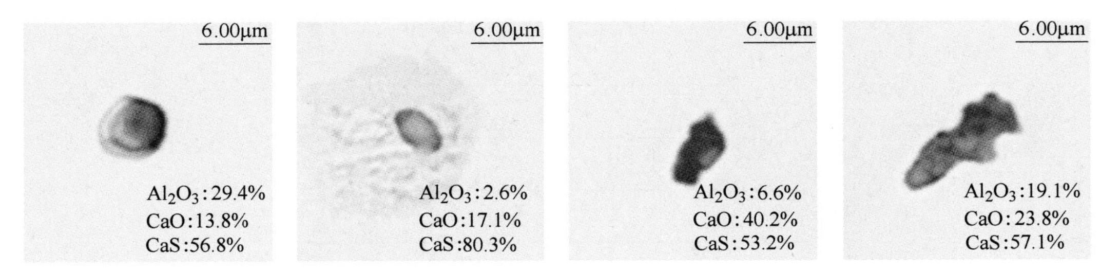

图 4-98　加钙后 3min 典型夹杂物的形貌和成分

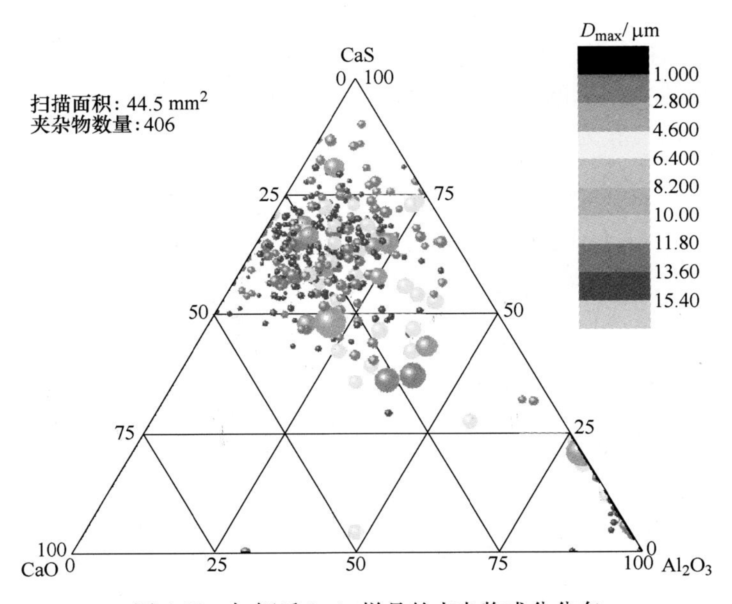

图 4-99　加钙后 3min 样品的夹杂物成分分布

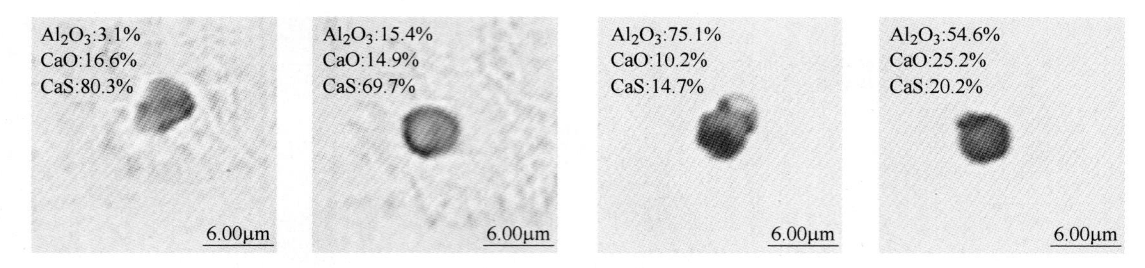

图 4-100　加钙后 5min 典型夹杂物的形貌和成分

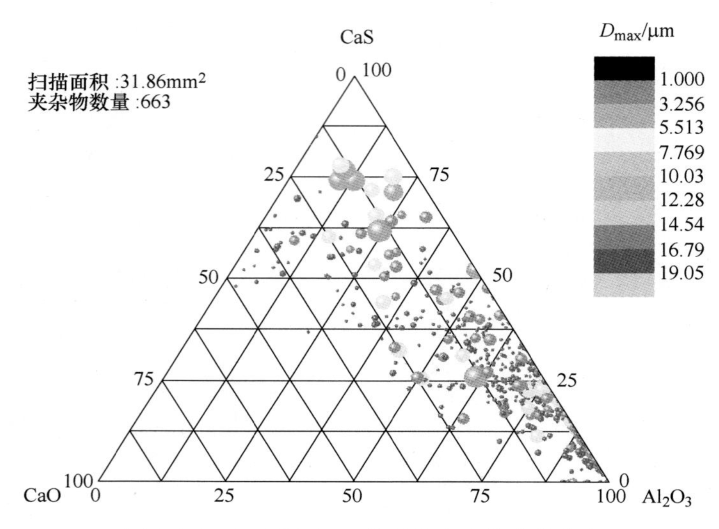

图 4-101　加钙后 5min 样品的夹杂物成分分布

在加钙后 7min 样品里，夹杂物转变为 $CaO\text{-}CaS\text{-}Al_2O_3$，CaS 含量进一步降低，$Al_2O_3$ 含量升高，夹杂物转变为小球形状。典型夹杂物的形貌和成分分布如图 4-102 和图 4-103 所示。夹杂物的平均尺寸为 1.99μm，最大尺寸为 11.82μm。

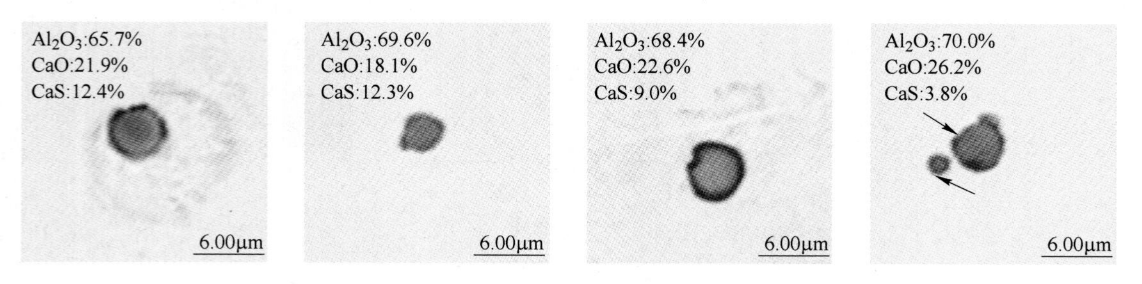

图 4-102　加钙后 7min 典型夹杂物的形貌和成分

在加钙后 10min 样品里，夹杂物成分变化不大，主要夹杂物为球形的 $CaO\text{-}(CaS\text{-})Al_2O_3$，夹杂物的尺寸增大。典型夹杂物的形貌和成分分布如图 4-104 和图 4-105 所示。夹杂物的平均尺寸增大至 2.76μm，最大夹杂物尺寸为 11.93μm。

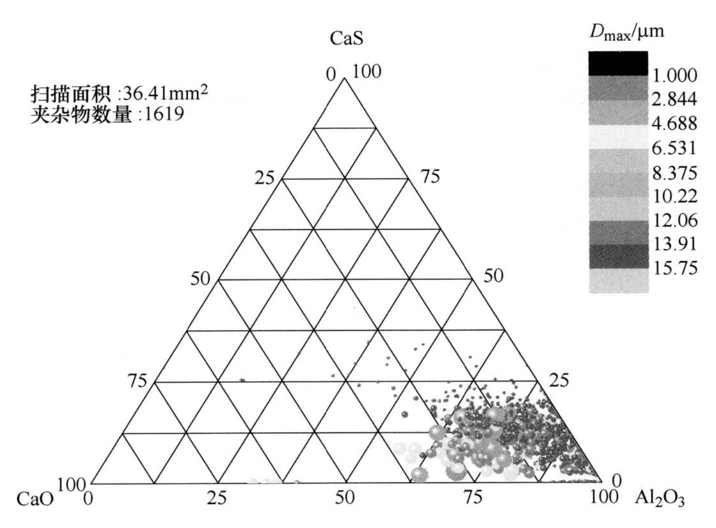

图 4-103　加钙后 7min 样品的夹杂物成分分布

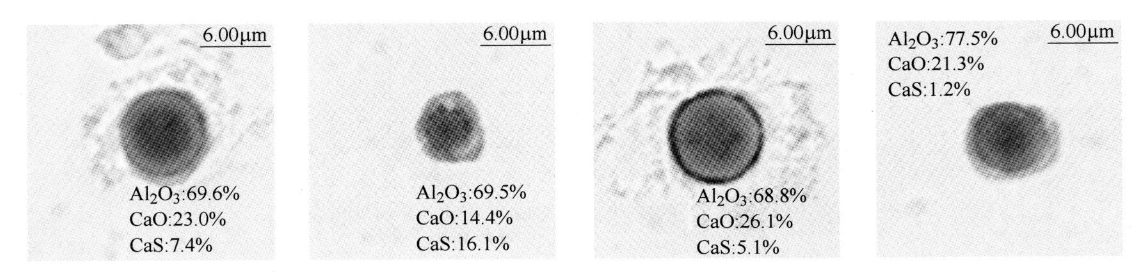

图 4-104　加钙后 10min 典型夹杂物的形貌和成分

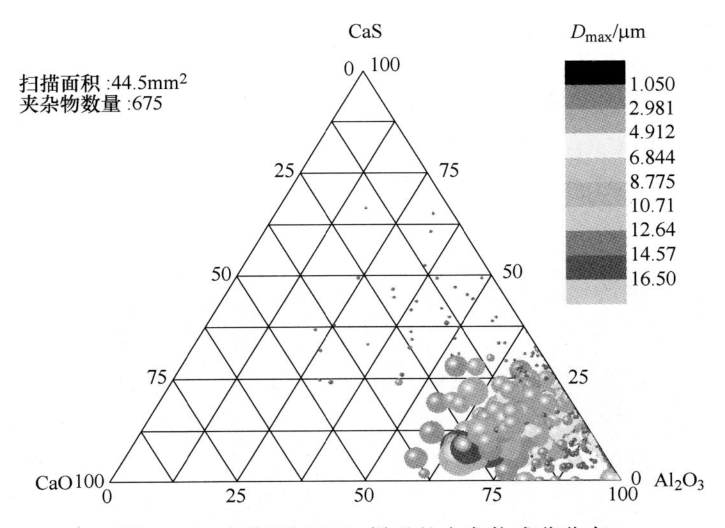

图 4-105　加钙后 10min 样品的夹杂物成分分布

实验过程中夹杂物的平均成分变化如图 4-106 所示。在加钙后的 3min 之内，夹杂物中

CaS 含量较高，平均含量能够达到 67%。随着钢中钙含量的降低，夹杂物中 CaS 含量在 5 min 时急剧降低到 25%，Al_2O_3 的含量升高至 70%。之后夹杂物的 CaS 含量进一步降低，在终点样中夹杂物 CaS 含量约为 12%，最终夹杂物主要类型为 CaO-CaS-Al_2O_3，夹杂物中 Al_2O_3 含量约为 80%，成分远离 1600℃液相区。结合低硫和中硫实验的夹杂物转变规律可知，钢液中硫含量越高，加钙初期夹杂物中 CaS 含量越高，而最终的夹杂物中 Al_2O_3 含量越高，这一点在后文将会详细讨论。

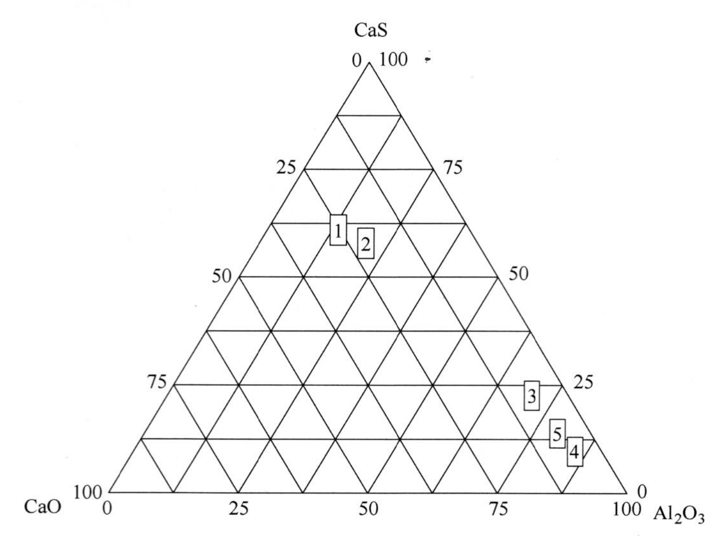

图 4-106　加钙后的夹杂物平均成分变化（S = 180ppm）

图 4-107 汇总了硫含量为 180ppm 时，钙处理过程的各个样品中典型夹杂物的面扫描图片，在加钙初期，夹杂物主要是 CaS 与 Al_2O_3 接触的复合夹杂物，CaS 包裹的钙铝酸盐和 CaS-Al_2O_3 两相夹杂物，尺寸在 1 ~ 3μm，如图 4-107（a）~（c）所示。随着实验的进行，夹杂物中 CaS 含量降低，夹杂物转变为含有较高 Al_2O_3 的均匀 CaS-CaO-Al_2O_3 和钙铝酸盐，夹杂物的尺寸约为 5μm，如图中（d）和（e）所示。夹杂物由复合的 CaS 与 Al_2O_3 夹杂物转变为均匀 CaS-CaO-Al_2O_3 和钙铝酸盐，一方面是由于钙的挥发促进 CaS 的分解，另一方面是 CaS 也会与 Al_2O_3 夹杂物发生反应，夹杂物的转变规律和机理将在后文进行详细讨论。

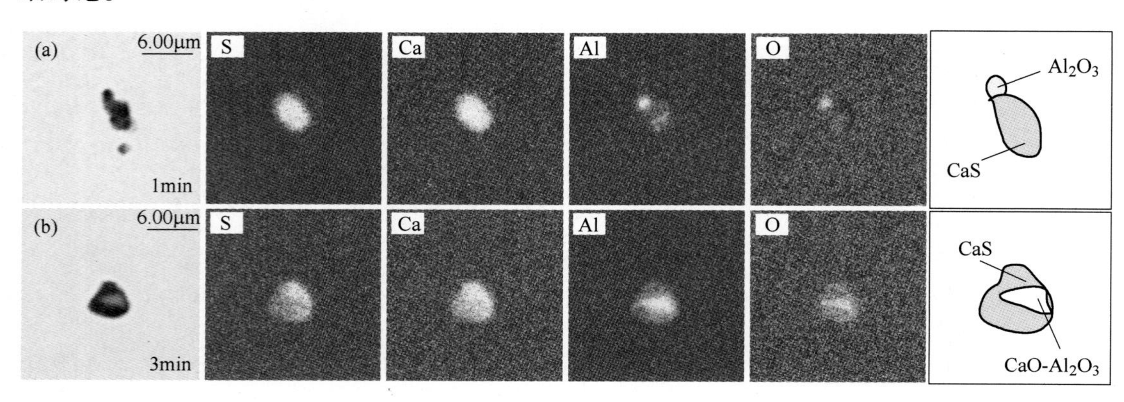

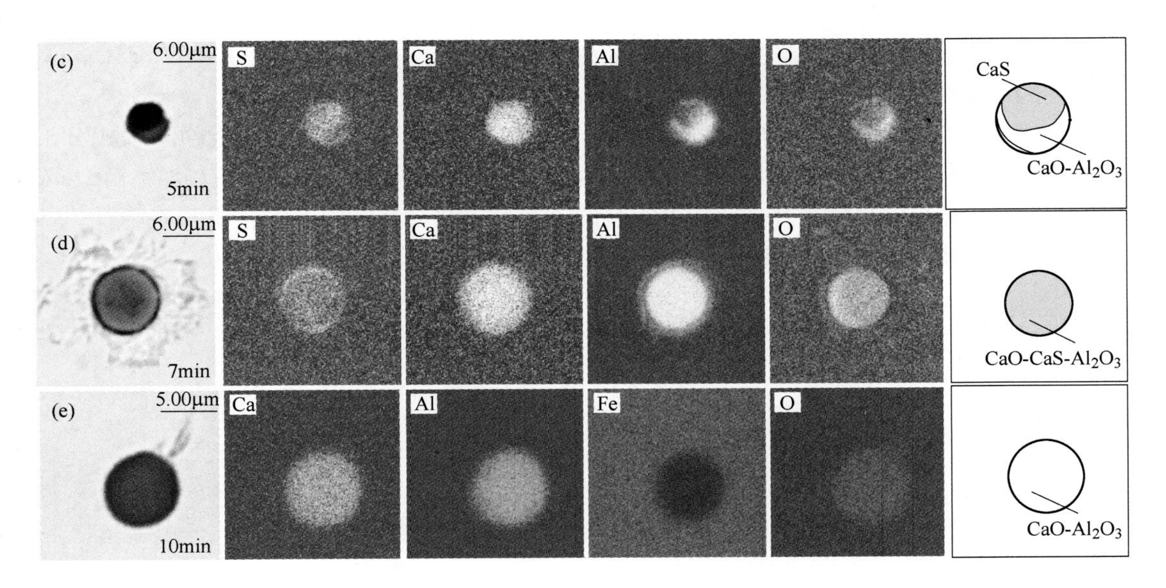

图 4-107 典型夹杂物的面扫描结果（S=180ppm）

（a）CaS-Al_2O_3；（b）CaS 包裹 CaO-Al_2O_3；（c）复合 CaS-CaO-Al_2O_3；
（d）均匀的 CaS-CaO-Al_2O_3；（e）均匀的 CaO · Al_2O_3

4.5.4 变硫含量的钙处理实验中钢液成分变化

加入硅钙合金后，钢液成分发生了变化，分别对钢中的 T. Ca、T. O. 、T. Mg 和 Al_s 含量进行了分析。在钙处理后，钢液中 T. Ca 含量升高到 40ppm 以上，随着实验的进行，钢中的钙含量持续降低，降低速率先快后慢，最终都降低到 5ppm 左右，如图 4-108 所示。钢中硫含量的变化如图 4-109 所示。在各组实验过程中，硫含量变化不大，与最初实验设计的结果相近。

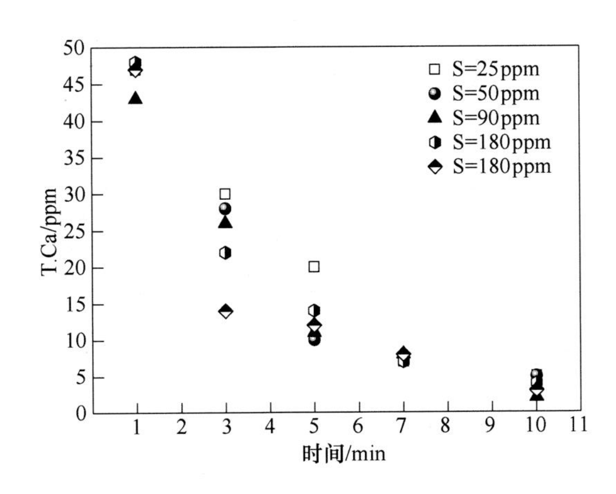

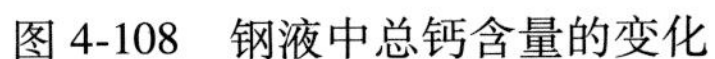
图 4-108 钢液中总钙含量的变化

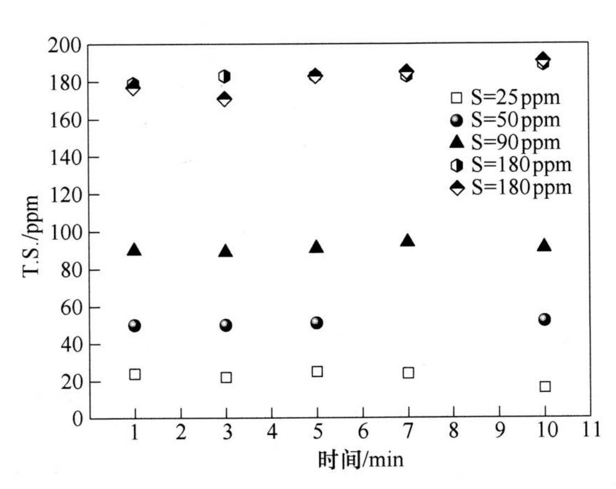

图 4-109 钢液中总硫含量的变化

钢中 T. O. 含量变化如图 4-110 所示。除硫含量为 25ppm 实验组之外，各组实验钢液中 T. O. 含量为持续升高的趋势，在硫含量为 180ppm 组中，总氧含量最高都高于 22ppm。在最终的样品中，T. O. 含量一般都低于 7min 样品。

为便于研究夹杂物成分的变化，本节将各组实验样品中检测到的夹杂物平均成分汇总。图 4-111 为夹杂物中 CaS 含量随时间的变化。随着钢液中硫含量升高，在加钙后 1 min 取到的样品，CaS 含量随之升高。随着实验的进行，各组夹杂物中 CaS 含量都在降低，即使是硫含量为 180ppm，最终夹杂物中 CaS 含量仍然降至 15%以下。

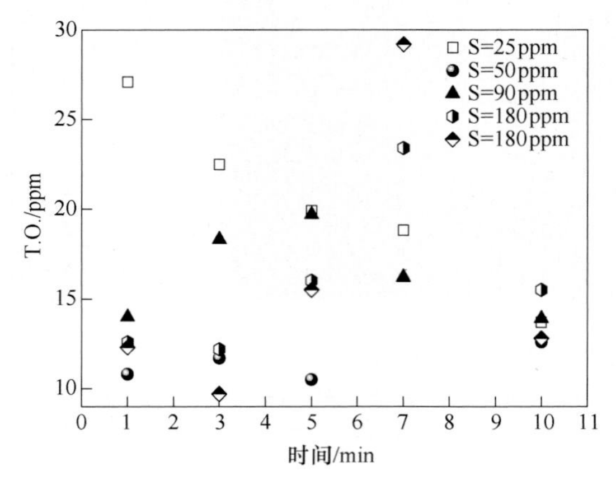

图 4-110　钢液中总氧含量的变化

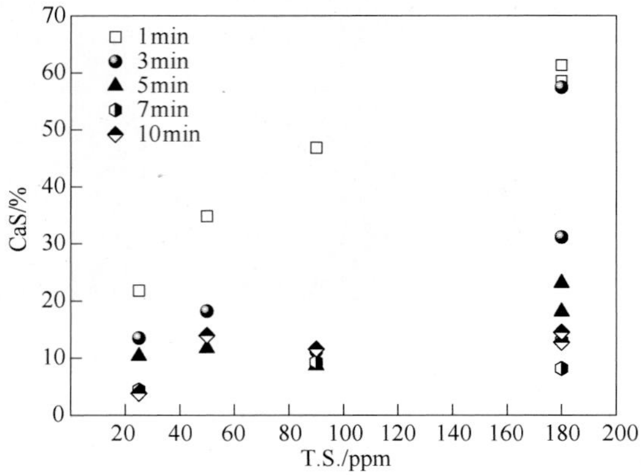

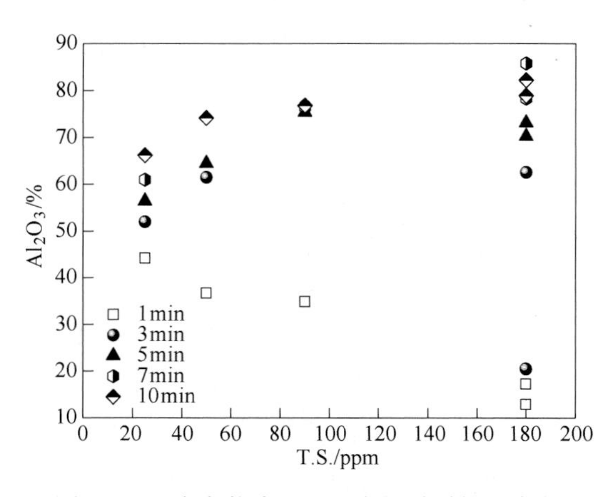

图 4-111　夹杂物中 CaS 含量随时间的变化

图 4-112 为夹杂物中 CaO 随时间变化情况。钢液中硫含量越低，夹杂物中的 CaO 含量就越高。对于硫含量为 180ppm，在加钙初期，生成了较多的 CaS，在转化过程中使 CaO 含量较高，但随着 CaS 的分解，CaO 含量就明显降低。

图 4-113 为夹杂物中 Al_2O_3 随时间变化情况。钢液中硫含量越高，夹杂物中的 Al_2O_3 含量就越高，钙处理的最终效果越差。对于硫含量为 180ppm，在加钙初期，由于生成了较多的 CaS，使得 Al_2O_3 含量较低；但随着 CaS 的分解，Al_2O_3 含量明显升高，最终夹杂物平均含量接近 80%，高于其他硫含量的组别。

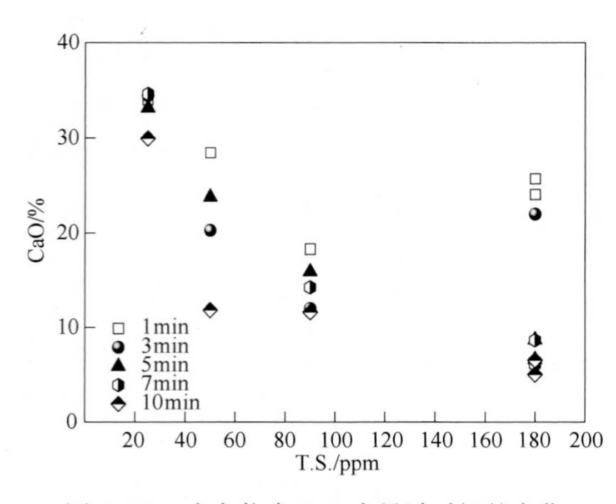

图 4-112　夹杂物中 CaO 含量随时间的变化

图 4-113　夹杂物中 Al_2O_3 含量随时间的变化

4.5.5 瞬态 CaS-CaO 夹杂物的形成机理

根据前文的研究结果可知，CaS 夹杂物在钙处理过程中是瞬态夹杂物。在钙处理的初期和后期夹杂物中 CaS 成分的变化对夹杂物的类型产生很大影响。本节对钙处理初期 CaS 夹杂物的形成机理进行探讨。

从钙加入钢液开始，钢液中的硫和氧相互竞争，与钢中的钙气泡和溶解钙进行反应，这种竞争对 CaS 和 CaO 的形成有直接影响。在钙处理初期，钢中的钙含量是过量的，在富钙区内，钢液中的硫和氧与钙的反应与 Langmuir 化学吸附过程相近[130]。Langmuir 化学吸附假定[131]：在吸附剂表面有一定数量的活化位置，每一个位置可以吸附一个分子，是单分子层吸附；吸附发生后，有足够强度的物理或化学价力使被吸附分子不能移动；吸附剂表面上各个吸附位置分布均匀；被吸附分子之间的作用力可以忽略。据此，在假定钢液中硫和氧分布均匀的前提下，CaS 和 CaO 的形成过程可以推断为：钢液中的硫原子和氧原子与钙气泡的逐层反应将按照 Langmuir 化学吸附的比例进行，由于钙的性质活泼，易于和硫、氧等元素反应，因此当硫原子和氧原子与钙气泡的表层接触后，会很快生成稳定的 CaS 或 CaO 分子，不会阻碍硫原子或氧原子继续与钙气泡的下一分子层反应，如图 4-114 所示。整个过程将逐层持续进行，直到钙气泡挥发离开钢液，或者钙气泡在钢液中被完全消耗。而形成的 CaS 和 CaO 分子将会聚集，生成可观察到的 CaS 和 CaO 夹杂物。

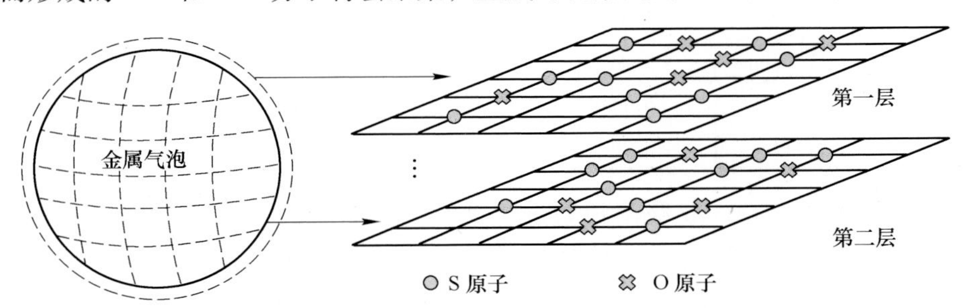

图 4-114 钙加入钢液后 CaS 与 CaO 的生成模型

综上所述，钙气泡的各分子层中的硫原子数量是相同的，氧原子的数量也是相同的。从分子层的角度来看，硫原子的覆盖率将与 CaS 夹杂物中硫的摩尔数成比例，从宏观角度来看，这就意味着硫原子的覆盖率将会与 CaS 夹杂物中硫的摩尔质量成比例[132]。同理，氧原子的覆盖率会与 CaO 夹杂物中氧的摩尔质量成比例。综上，含钙夹杂物中硫和氧的摩尔质量比是与最初形成过程中硫和氧的覆盖率比例密切相关，下面来验证这个结论。

实际检测的 CaO 和 CaS 中氧和硫的摩尔质量根据夹杂物中 CaO 和 CaS 的质量百分数计算。具体方法为：假定夹杂物均为球形，通过扫描得到的夹杂物面积来转化夹杂物直径，并假定这个数值为夹杂物的真实直径。根据 Aspex 电镜结果，对夹杂物直径以 1μm 为区间来进行划分，将单位面积上夹杂物的数量（二维数量）转化为单位体积夹杂物的数量（三维数量），如式（4-26）所示。并根据钙在 CaO 中所占的百分数，计算出每个区间内 CaO 中钙的含量，如式（4-27）所示。再对每个区间得到的 CaO 中钙的数值求和，得到 CaO 中钙的摩尔质量，并转化为 CaO 中氧的摩尔质量。同理，能够得到 CaS 中硫的摩尔质量。

$$n_{3D} = \frac{n_{2D}}{d_i} \times 10^{12} \tag{4-26}$$

$$m_{Ca\ in\ CaO} = \sum_{i=1}^{n} \frac{\rho_{inclusions} \times \frac{4}{3}\pi\left(\frac{d_i}{2}\right)^3 \times n_{3D}}{\rho_{steel} \times A} \times m_{CaO}\% \times \frac{40}{56} \times 10^6 \tag{4-27}$$

式中，n_{2D}为 Aspex 扫描的夹杂物数密度，个/mm^2；n_{3D}为转化为单位体积夹杂物的数量，个/m^3；d_i为假定夹杂物为球形，由面积折算的当量直径，μm；$\rho_{inclusion}$为夹杂物平均密度，3.5g/cm^3；A 为扫描面积，mm^2；ρ_{steel}为钢的平均密度，7.85g/cm^3；$m_{CaO}\%$为检测的夹杂物 CaO 的质量百分数，%；$m_{Ca\ in\ CaO}$为 CaO 中的 Ca，ppm。

根据上述公式，处理各组实验样品的检测数据。钢液中平衡的溶解钙一般是几个 ppm，但是在加钙初期，钢液中存在过量的钙一般会超过 20ppm。由于 1min 样品是加钙后最快取到的样品，此时钢液中钙含量完全过量，因此选取 1min 样品的检测结果进行计算，结果见表 4-14。

表 4-14　根据 Aspex 检测数据得到含钙夹杂物中的氧和硫的比例（1min 样品）

钢中初始硫含量	$Ca_{in\ inclusions}$	$Ca_{in\ CaO}$	$Ca_{in\ CaS}$	$O_{in\ CaO}$	$S_{in\ CaS}$	S/(S+O)
S=25ppm	6.41	4.40	2.01	1.76	1.61	0.31
S=50ppm	14.31	7.38	6.39	2.95	5.54	0.48
S=90ppm	3.75	1.34	2.41	0.54	1.93	0.64
S=180ppm	15.53	5.14	10.39	2.06	8.34	0.67
S=180ppm	11.74	3.29	8.45	1.32	6.79	0.72

根据上文提到的 Langmuir 吸附模型进行计算。对于理想的单元素 Langmuir 吸附，满足式（4-28）的关系。当被吸附的元素多于一种时，满足式（4-29）。对于当前情况，钢液中的硫和氧会同时与钙气泡进行反应，因此，采用式（4-29）来进行计算。

$$\frac{\theta_i}{1 - \theta_i} = K_i a_i \tag{4-28}$$

$$\frac{\theta_i}{1 - \sum_j \theta_j} = K_i a_i \tag{4-29}$$

式中，θ_i 为吸附剂的表面覆盖率；a_i为活度；K_i 为 Langmuir 平衡常数，与吸附剂和吸附质的性质以及温度有关，其值越大，表示吸附剂的吸附性能越强。

根据文献中给出的数据，硫和氧的 Langmuir 平衡常数分别为 130 和 300[130,132]。铝脱氧钢的钢液中氧活度由 Al-O 平衡可计算得到，当前钢中酸溶铝含量为 0.1%，氧活度为 4.6ppm。假定钢液中硫的活度与其浓度相等。根据上述公式，能够计算出硫的表面覆盖率比例与钢液中硫含量的理论关系，如图 4-115 中曲线所示。将表 4-14 中实际检测的结果投影到图中，如图中散点所示。采用 Langmuir 吸附模型的计算结果与实际检测结果的变化趋势一致。但是实际检测的结果均低于理论计算结果，这是由于 Langmuir 吸附模型只考虑了 CaO 和 CaS 的形成，忽略了 CaS 的分解。实际上检测的 CaS 含量是 CaS 的形成速率与分解速率共同作用的结果。加钙初期，CaS 的形成速率大于分解速率，CaS 大量生成，使 CaS

的含量较高。但与此同时，钙的蒸发会促进 CaS 的分解，CaS 与钢液中的氧反应也会促进 CaS 的分解，这部分分解的 CaS 难以定量测量，却真实存在，并影响着 CaS 的含量。因此，检测到 CaS 的结果偏低，使得硫的覆盖率比例低于 Langmuir 吸附模型的计算值。

将图 4-115 中检测值与计算值的偏差与钢液中硫含量的关系重新作图，如图 4-116 所示。随着钢液中硫含量升高，分解的 CaS 比例降低。对于每一炉次中相同时刻取到的样品，钙的蒸发对 CaS 分解影响有限，CaS 的分解将很大程度上取决于 CaS 与钢液中氧的反应，而且高硫条件下这个反应进行的程度要低于低硫条件。

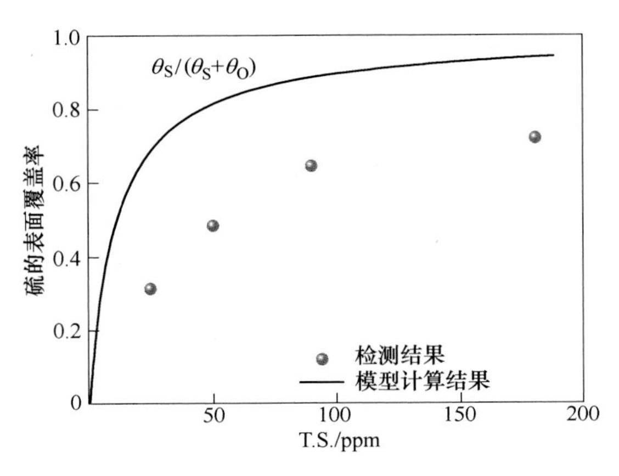

图 4-115　硫的表面覆盖率与钢液中硫含量的关系（1min 样品）

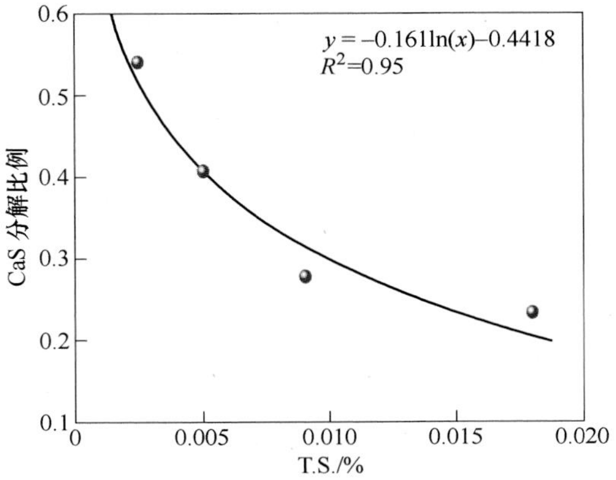

图 4-116　CaS 分解的比例与钢液中硫含量的关系（1min 样品）

吉布斯自由能常常用于描述反应能否发生。吉布斯自由能为负值并且绝对值越大，反应能够发生并进行的越彻底；反之，该反应将会逆向进行。根据加钙初期的钢液成分（$[Al]_s=0.1\%$，$[O]=4.6ppm$，$[Ca]\approx 30\sim 40ppm$），以及表 4-15 的热力学数据，采用式（4-30）~式（4-32）计算了 CaO 与硫反应的吉布斯自由能与钢液中硫含量的关系。结果如图 4-117 所示。

$$(CaO)+[S]=\!=\!=(CaS)+[O];\ \Delta G^{\ominus}=114521-29.8T \tag{4-30}$$

[133,134]

$$\Delta G_r=\Delta G^{\ominus}+RT\ln Q_r \tag{4-31}$$

$$Q_r=a_{CaS}f_O[\%O]/(a_{CaO}f_S[\%S]) \tag{4-32}$$

表 4-15　采用的一阶和二阶活度相互作用系数（1600℃）[135,136]

j	Al	Ca	S	O
e_O^j	-1.17	-515	-0.174	-0.2
e_{Al}^j	0.043	-0.047	0.035	-1.98
e_{Ca}^j	-0.072	-0.002	-140	-780
e_S^j	0.041	-110	-0.046	-0.27
$\gamma_{Ca}^{O}=6.5\times10^5$，$\gamma_{O}^{Ca}=-1.8\times10^4$，$\gamma_{O}^{O,Ca}=5.2\times10^5$，$\gamma_{Ca}^{Ca,O}=-9\times10^4$				

从图中的计算结果可知，在加钙初期，CaO 能够与钢液中硫发生反应。但是随着钙含量和硫含量的降低，该反应吉布斯自由能升高，说明反应正向进行的驱动力降低。因此，

在钙加入的初始阶段，CaS 与［O］反应的程度取决于钢液中硫和钙的含量。由于取样时间相同，钙的挥发对每组实验的影响相近，钢液中硫含量成为 CaS 分解比例的关键。在钢液中硫含量较高的时候，不利于 CaS 与［O］发生反应，因此高硫含量时 CaS 的分解比例较低，此时与 Langmuir 吸附模型的计算结果偏差较小。而低硫的时候 CaS 相对会易与钢液中［O］反应，会利于 CaS 分解，使检测结果比理论计算结果偏差更大。因此，CaS 的分解比例与钢液中硫的含量密切相关，CaS 的分解是导致检测结果与 Langmuir 吸附模型存在偏差的主要原因。

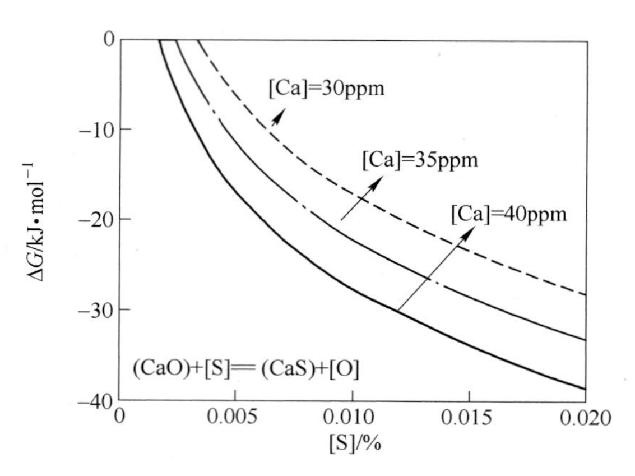

图 4-117　CaO 与钢液中硫反应的吉布斯自由能与钢液中硫含量的关系

根据上述讨论的结果，提出了加钙初期 CaS 夹杂物的形成以及分解机理，如图 4-118 所示。Langmuir 吸附模型表明，在钢液中硫和氧与钙气泡接触后，会生成 CaS 和 CaO 分子，CaS 和 CaO 分子聚集后形成 CaS 或者 CaS-CaO 复合夹杂物，由于钢液中硫含量和［O］

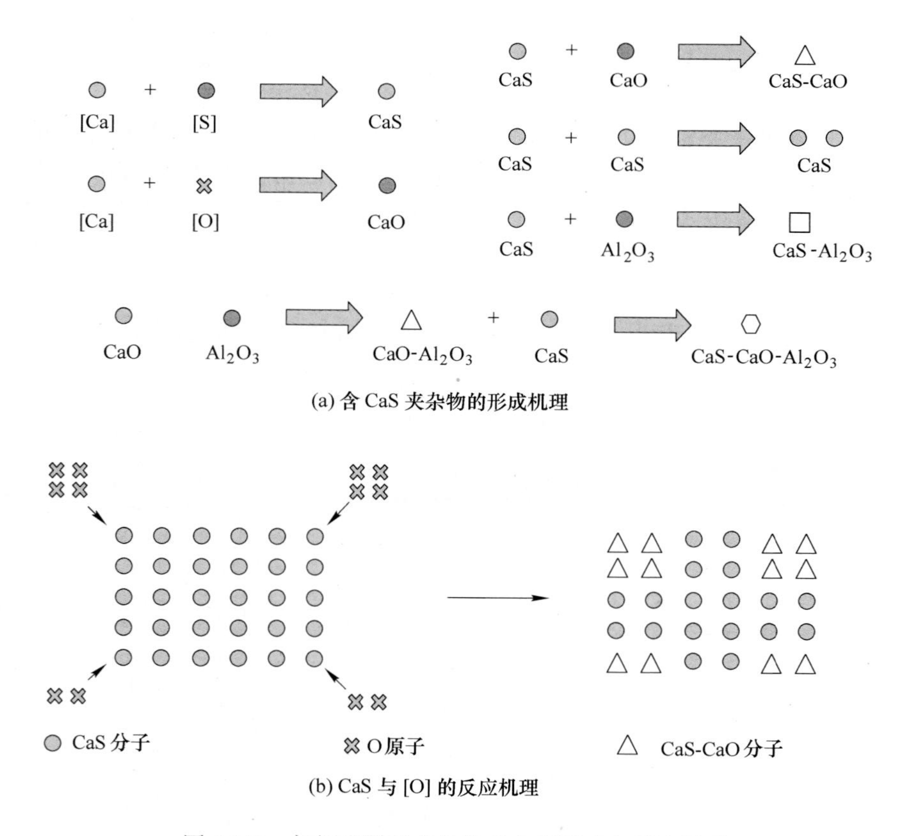

图 4-118　加钙后瞬时 CaS 和 CaO 的形成与反应机理

含量相差较大，因此难以形成纯的 CaO 夹杂物。当 CaS 与 Al_2O_3 或钙铝酸盐相遇后，会形成 CaS-Al_2O_3 和 CaS-CaO-Al_2O_3。同时，生成的 CaS 会进一步与钢液中［O］反应，形成复合的 CaS-CaO 夹杂物。图 4-119 给出了两个典型的复合 CaS-CaO 夹杂物，CaS-CaO 分布在 CaS 夹杂物的表面，或者形成了均匀的 CaS-CaO 夹杂物，两种夹杂物都验证了 CaS 与氧会发生反应。CaS 与钢液中氧的反应很好地解释了检测结果与 Langmuir 模型的计算结果产生误差的原因。

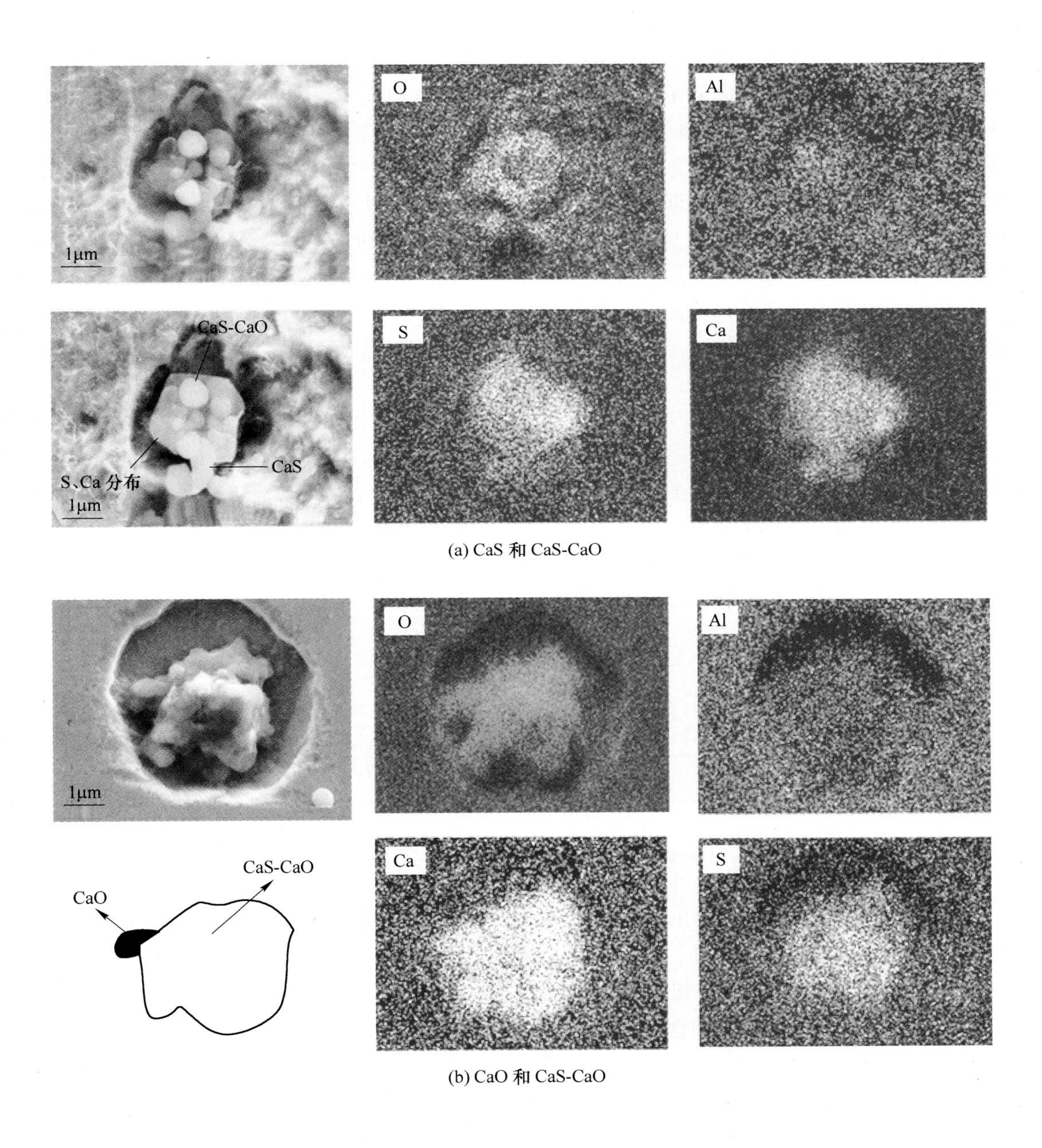

(a) CaS 和 CaS-CaO

(b) CaO 和 CaS-CaO

图 4-119 夹杂物的面扫描结果

4.5.6 硫含量对钙处理影响的热力学分析

从实验的结果来看，钢液中的硫含量升高，将会显著影响夹杂物中 Al_2O_3 的含量。上一节已经讨论过钙的挥发的影响，在实验的过程中，不断降低的钙含量会导致含钙夹杂物的含量降低，包括 CaO 和 CaS。如前文所述，瞬态 CaS 夹杂物的形成与分解又与钢液中硫含量密切相关，对夹杂物的成分产生很大的影响。对此，本节将从热力学角度加以解释。

图 4-120 为采用 FactSage 7.0 热力学软件计算的钢液中不同硫含量条件下，在钢中总氧含量为 10ppm，钢液温度是 1600℃的条件时，夹杂物成分随着钙含量降低的变化情况。计算选取了 FactPS、FToxid 和 FTmisc 数据库。由图 4-120 可见，随着钙含量的降低，夹杂物从 $CaS\text{-}CaO\text{-}Al_2O_3$ 转变为 $CaO\text{-}Al_2O_3$，最终变成高 Al_2O_3 含量的钙铝酸盐，这个结论与前文是一致的。钢液中的硫含量不同，会对夹杂物中的 Al_2O_3 含量造成影响，如图中不同线型所示。热力学计算的结果表明，硫含量越高，在钙铝酸盐夹杂物中 Al_2O_3 含量越高，最终是不利于夹杂物的改性，这与实验结果在趋势上是相同的。不过，FactSage 计算结果是假定热力学平衡为前提条件得到的，而实验结果表明，夹杂物的成分要更加偏向于 Al_2O_3。这可能是由于钢液中硫含量较高时，加入钙之后将 Al_2O_3 还原，同时生成较多的 CaS。随着实验的进行，钙在不断挥发，夹杂物成分在转变，初期形成的 CaS 多数分解，使夹杂物中 Al_2O_3 含量更高。

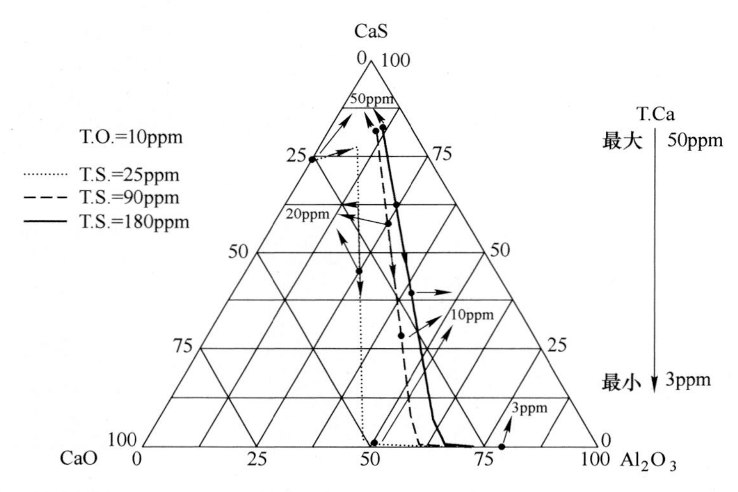

图 4-120　不同硫含量对钙处理过程夹杂物变化的理论计算结果

根据图 4-120 的结果，将 CaS 含量为 0 时的钢液中的钙和总氧含量的数据提取出来，得到钢中形成 CaS 的临界条件，如图 4-121 所示。当钢液存在较高的硫和钙，或者较低的总氧，则容易生成 CaS。从各组实验的总氧数据来看，相差不大。因此，在钢液中 Ca 相近时，硫含量越高，夹杂物中含有 CaS 的可能性就越大。

相关研究表明[27,118,130]，CaS 是钙处理过程中的瞬态夹杂物，这一点在本研究中也进行了验证。对于 CaS 的分解，不仅由于钢液中的钙含量降低以及 CaS 与钢液中的氧反应，还与 CaS 对 Al_2O_3 夹杂物的改性有关。对此，进行相应的热力学计算，研究钢液中不同硫含量对夹杂物中 Al_2O_3 含量的影响。CaS 对 Al_2O_3 夹杂物改性的反应见式（4-33）

和式（4-34）：

$$3(CaS)+(Al_2O_3)=3(CaO)+2[Al]+3[S]$$

$$\Delta G^{\ominus}=520807-133.1T^{[134]} \quad (4\text{-}33)$$

$$\Delta G_r=\Delta G^{\ominus}+RT\ln\left(\frac{a_{CaO}^3 f_{Al}^2 [Al]^2 f_S^3 [S]^3}{a_{CaS}^3 a_{Al_2O_3}}\right) \quad (4\text{-}34)$$

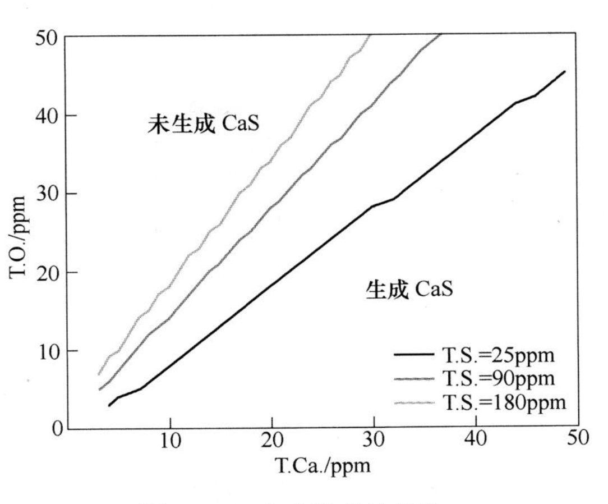

图 4-121　CaS 形成的条件

如上一节所述，采用 FactSage 7.0 热力学软件计算出钙铝酸盐中 Al_2O_3 和 CaO 的活度与其成分的变化关系，如图 4-122 所示。CaS 的活度假定为 1，铝和硫的活度作用系数根据表 4-15 中的数据可以求出。将对应的钢液成分代入式（4-34），能够得到 1600℃条件下夹杂物中 Al_2O_3 含量与钢中硫含量的关系，如图 4-123 所示。

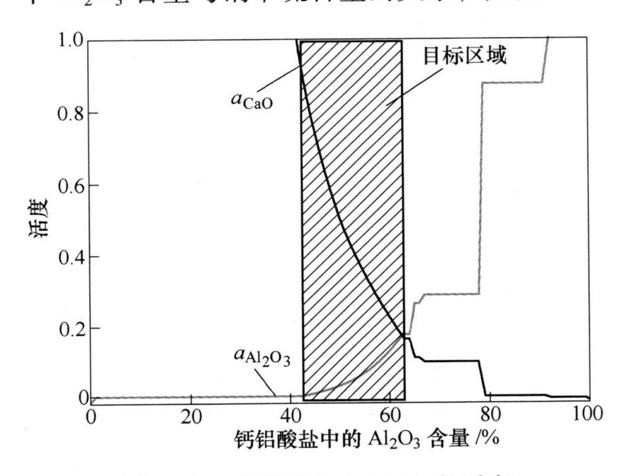

图 4-122　钙铝酸盐中 Al_2O_3 的活度

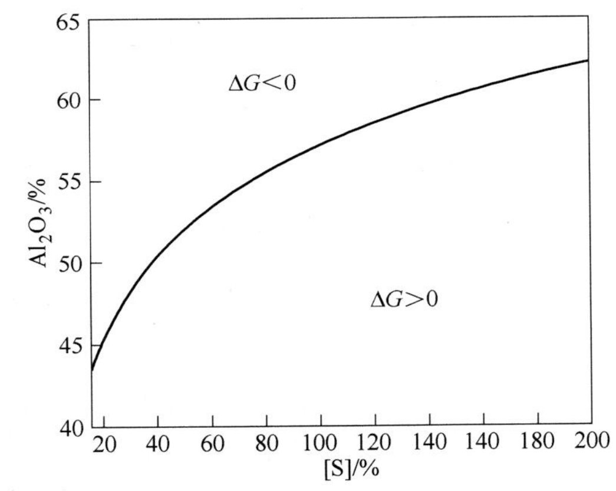

图 4-123　1600℃条件下夹杂物中 Al_2O_3 含量与钢中硫含量的关系

当 Al_2O_3 含量低于43%时，Al_2O_3 活度很低，该反应的吉布斯自由能一直大于0，反应难以正向进行。随着实验进行，钙含量不断降低，钢液中 Al_2O_3 含量升高，当 Al_2O_3 含量在 43%~66%时，钙铝酸盐中 Al_2O_3 和 CaO 的活度开始发生变化，此时能够求解出该反应完全达到平衡时，夹杂物中 Al_2O_3 含量和钢液中硫含量之间的对应关系。从热力学的角度来看，钙处理过程中，钢液中硫含量会影响钙铝酸盐中 Al_2O_3 的含量。钢中硫含量为 20ppm 时，热力学平衡时夹杂物的 Al_2O_3 含量为 43%，而同样温度下，当硫含量升高到 180ppm 时，夹杂物中 Al_2O_3 的含量最低能到 62%。因此，钢液中硫含量升高不利于 CaS 改性 Al_2O_3，会生成 Al_2O_3 含量较高的钙铝酸盐。

根据夹杂物的面扫描结果，将实验过程中典型的夹杂物总结在图 4-124 中。图中根据实验过程中钙含量的变化和钢液中硫含量的差异，划分了 9 个区域。每个区域内的主要夹杂物用不同类型的图案表示。在低硫实验的加钙初期，CaS 多数与钙铝酸盐或 Al_2O_3 形成双相夹杂物，随着实验进行，夹杂物逐渐转变为均匀的钙铝酸盐。当钢中硫含量在 50~

90ppm 范围时，加钙初期夹杂物主要是 CaS 部分或完全包裹 Al_2O_3 和钙铝酸盐；随着钙含量降低，夹杂物转变为均匀的钙铝酸盐、CaS-Al_2O_3 复合夹杂物以及双相的 CaS-钙铝酸盐；当钙含量进一步降低，夹杂物转变为均匀的钙铝酸盐、双相的 CaS-钙铝酸盐和 CaS 包裹的均匀 CaS-CaO-Al_2O_3。当钢液中硫含量为 180ppm 时，夹杂物演变规律与中硫组相近，只是在最后出现了大量均匀的 CaS-CaO-Al_2O_3。

	高 S(180ppm)	中 S(50～90ppm)	低 S(25ppm)
高 Ca（＞30ppm）			
中 Ca（10～30ppm）			
低 Ca（＜10ppm）			

Al_2O_3　　CaO-Al_2O_3　　CaS　　CaO-Al_2O_3-CaS

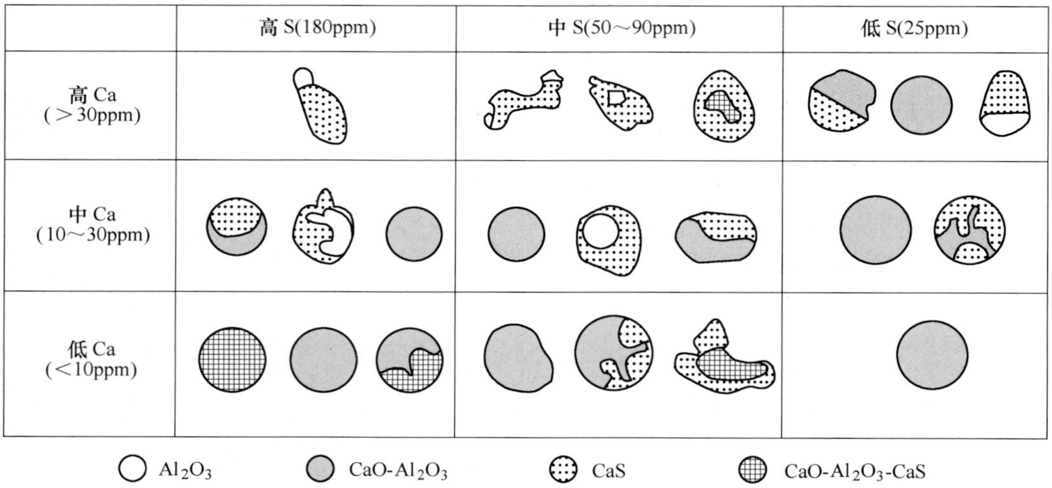

图 4-124　不同钙和硫含量下生成的主要夹杂物示意图

根据上文中热力学计算和含 CaS 夹杂物的形貌转变情况，总结出瞬态 CaS 夹杂物在钙处理过程中的变化规律，如图 4-125 所示。在低硫条件，受限于钢液中硫的含量，当过量的钙存在于钢液中，钙主要与钢液中的氧和 Al_2O_3 反应，生成 CaO-Al_2O_3、CaO-Al_2O_3(-CaS) 和少量 CaS-Al_2O_3。钙的挥发和 CaS 与 Al_2O_3 的反应是 CaS 含量降低的两个主要原因。在低硫条件下，利于 CaS 与 Al_2O_3 发生反应，同时钙也在挥发，因此低硫条件中 CaS-Al_2O_3 夹杂物很快都转变为钙铝酸盐，如图 4-125（a）所示。当钢液中硫含量升高，在加钙初期，大部分的钙与钢液中的硫反应生成 CaS。CaS 与 Al_2O_3 的改性反应也会发生，最终生成较多的高 Al_2O_3 含量的均匀 CaO-Al_2O_3-CaS，不过由于热力学条件限制，这个反应没有低硫条件下易于进行。高硫条件下的加钙初期生成的 CaS，主要随着钙的挥发而分解。此外，这也说明了在钙处理改性夹杂物的过程中，CaS 起到的作用有限，在加钙初期生成的 CaO 是改性夹杂物的关键，CaO 可以作为间接改性物，与 Al_2O_3 直接反应生成钙铝酸盐[52]，而且 CaO 在钢液中钙含量降低的过程中也会保持稳定，有效的保证了改性效果。高硫含量易于生成 CaS，瞬态的 CaS 夹杂物随着钢中钙含量的降低而分解，最终导致夹杂物中 Al_2O_3 含量升高，不利于将夹杂物改性至液相区，如图 4-125（b）所示。

当硫含量为 25ppm 时，实验过程中夹杂物的转变路径为复合的 CaS-Al_2O_3-CaO → Al_2O_3-CaO(-CaS)；当硫含量高于 90ppm，加钙初期 CaS 含量明显升高，夹杂物从 CaS-Al_2O_3 或 CaS-CaO(-Al_2O_3) 转变为 Al_2O_3(-CaO)(-CaS)。热力学计算结果表明，钢液中硫含量升高，在钙含量降低的过程中，会使最终的钙铝酸盐夹杂物中 Al_2O_3 含量升高。瞬态夹杂物 CaS 对夹杂物成分影响很大。CaS 的分解与钢中的钙、氧和硫含量密切相关，大部

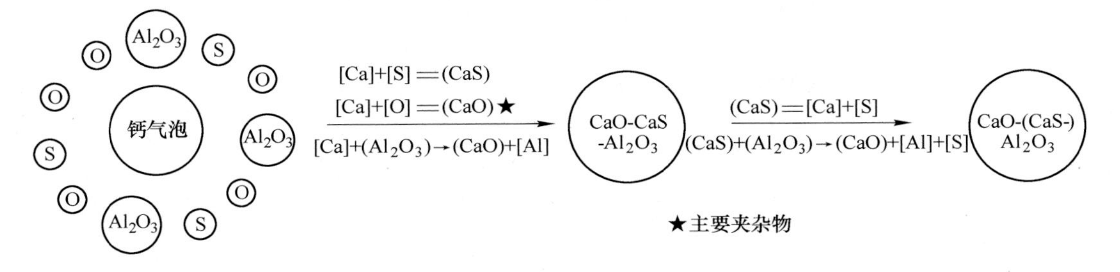

(a) 低硫条件

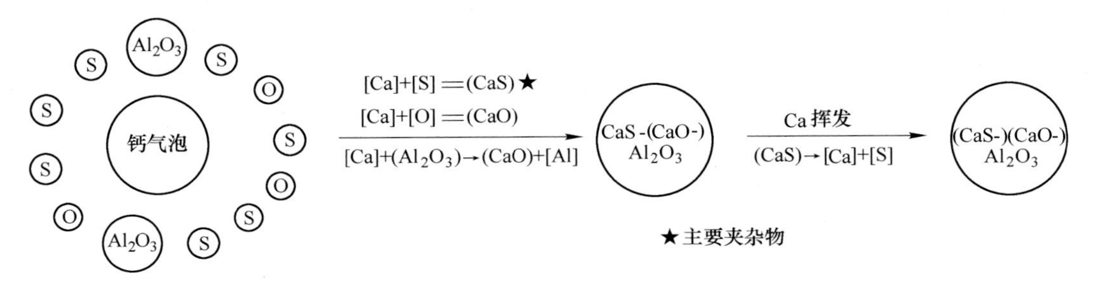

(b) 高硫条件

图 4-125 硫含量对钙处理过程的影响机理图

分 CaS 随着钙的挥发而分解。CaS 会与夹杂物中 Al_2O_3 发生改性反应，生成均匀的 Al_2O_3-CaO-CaS，但是反应消耗的 CaS 比例要远小于钙的挥发造成的损失。因此，钢中硫含量越高，加钙初期生成的 CaS 含量越高，而随着钢中钙含量降低，夹杂物中最终的 Al_2O_3 含量越高。加钙初期 CaO-CaS 夹杂物的形成符合朗格缪尔化学吸附。采用该模型计算的结果与实际检测结果趋势一致。由于朗格缪尔方程没有考虑 CaS 分解，因此理论计算的结果要高于实际检测值，CaS 的分解程度与钢液中硫含量密切相关，这部分可通过 CaS 与钢液中 [O] 反应的吉布斯自由能随硫含量的变化进行解释。CaO 是钙处理改性 Al_2O_3 的关键。夹杂物中 CaO 的含量与钢液中的钙、氧和硫含量密切相关。在加钙初期，低硫条件时，钢中过量的钙易于生成 CaO，这部分 CaO 受钙含量挥发影响不大，会形成稳定的钙铝酸盐，将夹杂物改性到低熔点区域。CaO 的含量受 T. S./T. O. 影响较大，随着 T. S./T. O. 的升高而降低。

4.6 二次氧化对钙处理改性后夹杂物的影响

4.6.1 不同二次氧化程度对钙处理效果的影响

本实验主要目的是研究二次氧化对钙处理后夹杂物的影响。实验原料采用电解铁，成分如表 4-13 所示。钢熔化之后，再加入 Fe_2O_3 来提高钢液中氧含量，加入铝粒来使钢液中有足够多的 Al_2O_3 夹杂物。通过加入 FeS 来调整钢液中硫的含量，使之分别为 10ppm、90ppm 和 180ppm，再进行钙处理，2min 后，向钢液中加入 0. 29gFe_2O_3 或开炉在空气条件下实验，来分别模拟轻度二次氧化和持续二次氧化。实验流程如图 4-71 所示，分别在加入合金后的 1min、3min、5min、8min 进行取样，在 10min 时将钢液浇铸到锭模。

当钢液中硫含量为 10ppm 时，在加钙后 1min 样品里，夹杂物的主要成分是 CaO-CaS，多数的尺寸小于 3μm，呈不规则形状或球状。典型夹杂物的形貌和成分分布如图 4-126 和图 4-127 所示。夹杂物的平均尺寸为 1.77μm，最大尺寸为 7.11μm。

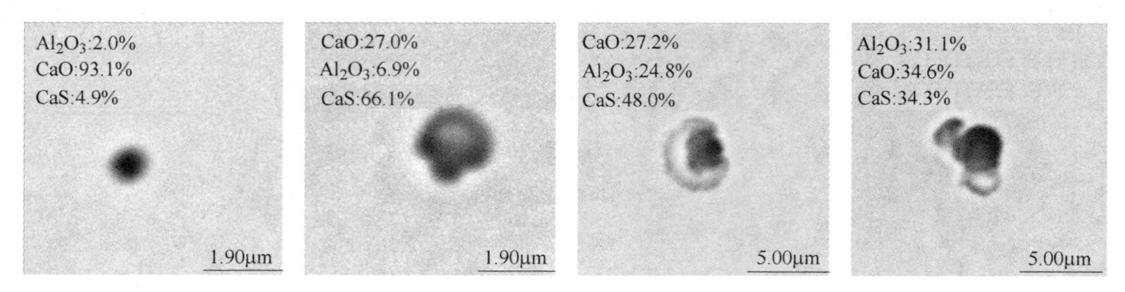

图 4-126　加钙后 1min 典型夹杂物的形貌和成分

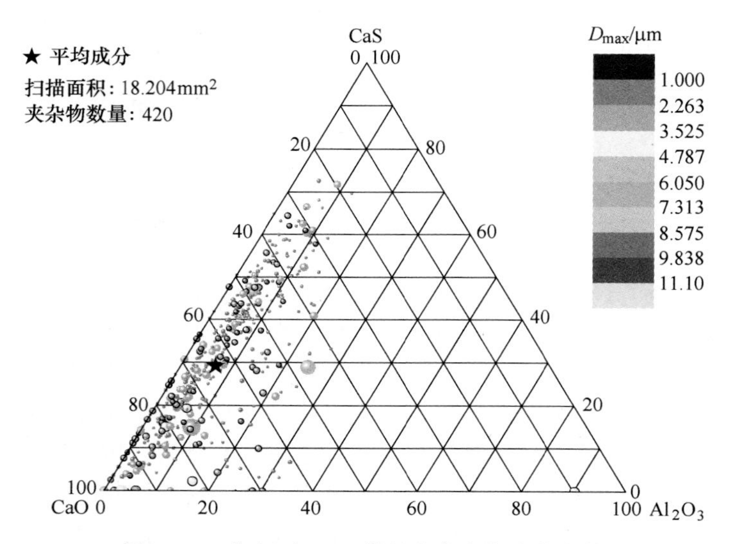

图 4-127　加钙后 1min 样品的夹杂物成分分布

在加入 Fe_2O_3 之后 3min 的样品中，夹杂物中 CaS 含量降低，夹杂物转变为球形的 CaO-CaS-Al_2O_3 和 CaO(-CaS)-Al_2O_3，多数的尺寸小于 2μm。典型夹杂物形貌和成分分布如图 4-128 和图 4-129 所示。夹杂物的平均尺寸为 1.86μm，最大尺寸为 9.99μm。

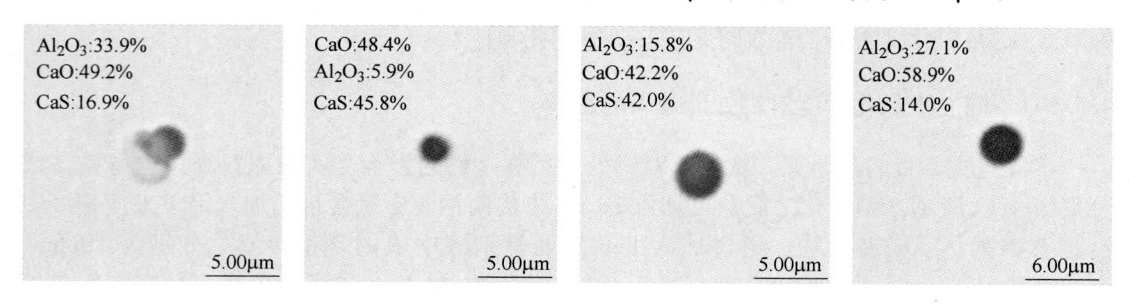

图 4-128　加入 Fe_2O_3 后 3min 典型夹杂物的形貌和成分

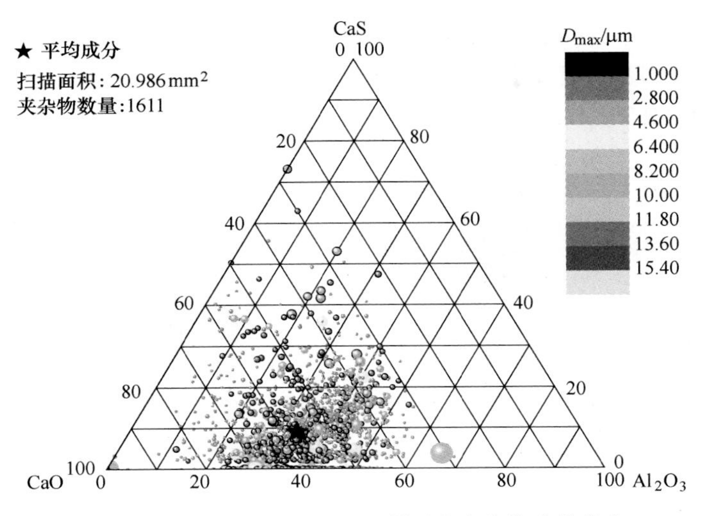

图 4-129　加入 Fe_2O_3 后 3min 样品的夹杂物成分分布

在加入 Fe_2O_3 之后 5min 的样品中，夹杂物中 CaS 平均含量低于 7%，主要夹杂物是球形的 CaO(-CaS)-Al_2O_3，多数的尺寸小于 3μm。典型夹杂物形貌和成分分布如图 4-130 和图 4-131 所示。夹杂物的平均尺寸为 2.4μm，最大尺寸为 9.36μm。

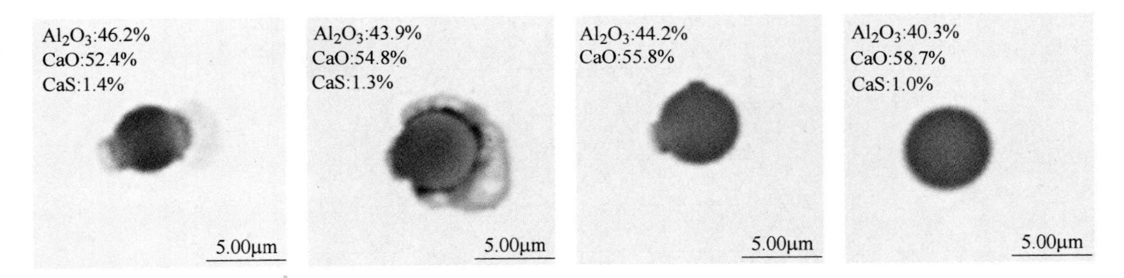

图 4-130　加入 Fe_2O_3 后 5min 典型夹杂物的形貌和成分

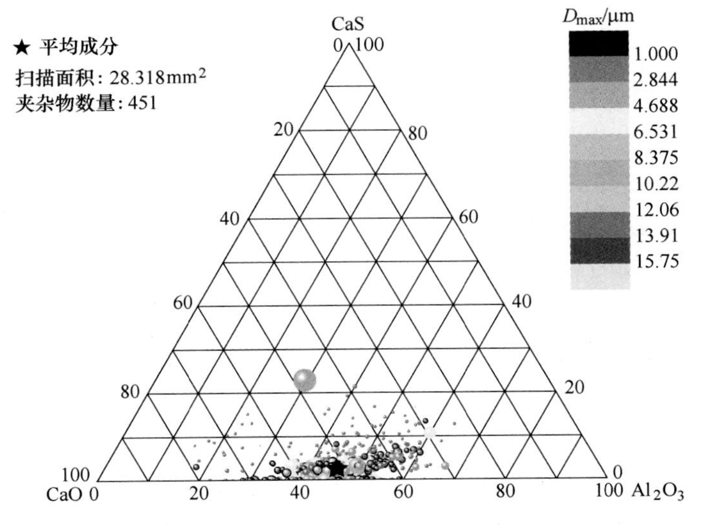

图 4-131　加入 Fe_2O_3 后 5min 样品的夹杂物成分分布

在加入 Fe_2O_3 之后 8min 的样品中，夹杂物中 Al_2O_3 含量升高，主要夹杂物为球状的 CaO(-CaS)-Al_2O_3，多数的尺寸小于 3μm。典型夹杂物形貌和成分分布如图 4-132 和图 4-133 所示。夹杂物的平均尺寸为 2.2μm，最大尺寸为 8.22μm。

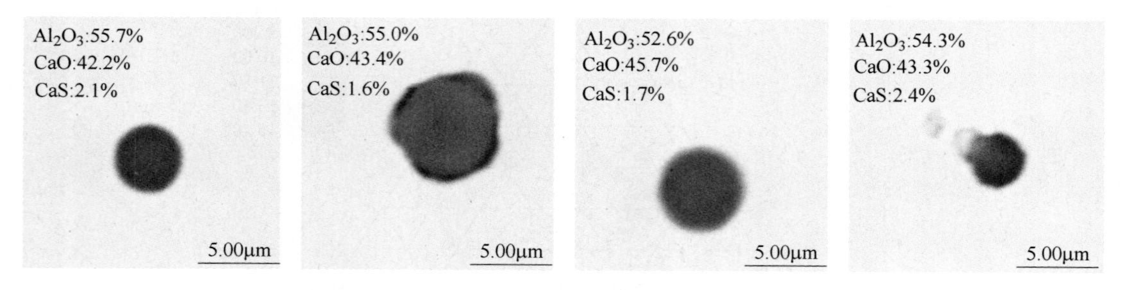

图 4-132　加入 Fe_2O_3 后 8min 典型夹杂物的形貌和成分

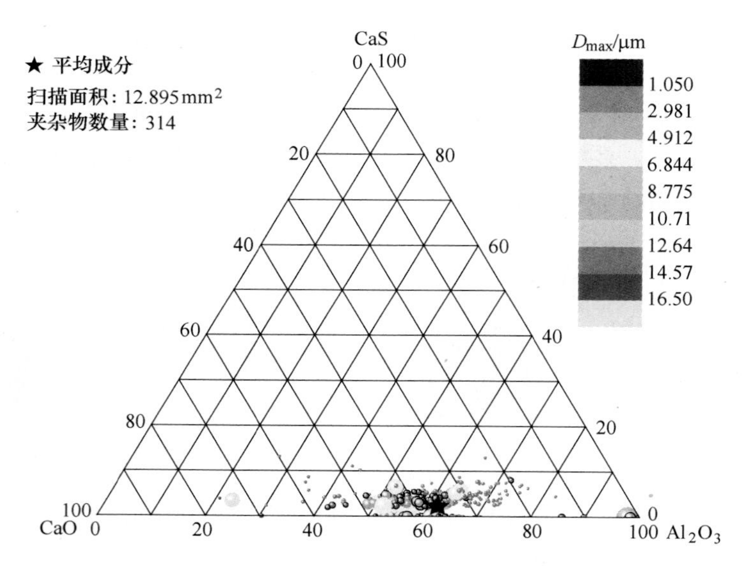

图 4-133　加入 Fe_2O_3 后 8min 样品的夹杂物成分分布

实验过程中夹杂物的平均成分变化如图 4-134 所示。夹杂物中平均 CaS 含量在初始阶段能够达到 27%，加入氧化剂之后，CaS 含量降低到 12.5%，Al_2O_3 含量升高至 37%，之后 CaS 含量持续降低，在最后的样品中 CaS 含量低于 5%，最终夹杂物主要类型为钙铝酸盐，成分位于 1600℃液相区附近。

实验过程中夹杂物的数密度和面积百分数变化如图 4-135 所示。当加入 Fe_2O_3 后，夹杂物的数密度和面积百分数明显升高，数密度从 20 个/mm^2 升高到 80 个/mm^2。随后数密度和面积百分数都在下降，最终样品夹杂物的数密度为 60 个/mm^2，面积百分数为 0.0075%。

当钢液中硫含量为 90ppm 时，实验过程中夹杂物的平均成分变化如图 4-136 所示。夹杂物中 CaS 平均含量在初始阶段能够达到 50%，Al_2O_3 的平均含量为 10%，在加入 Fe_2O_3 后，CaS 含量急剧降低到 20%，同时 Al_2O_3 的含量升高到 60%，之后夹杂物的平均成分变

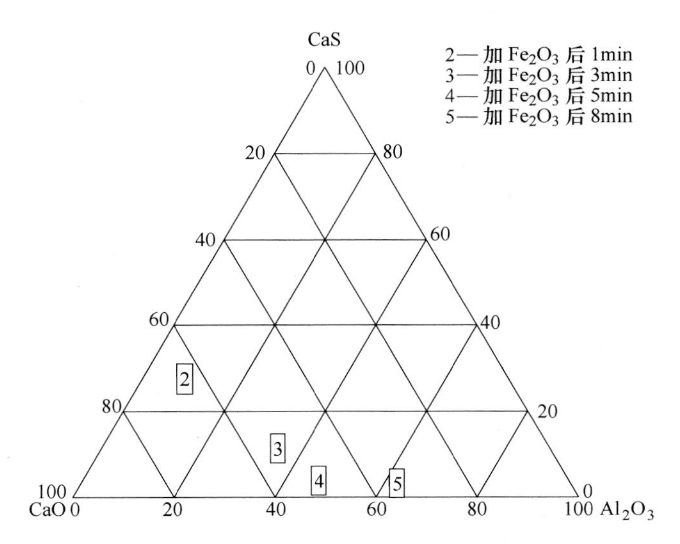

图 4-134 夹杂物平均成分的变化（S=10ppm）

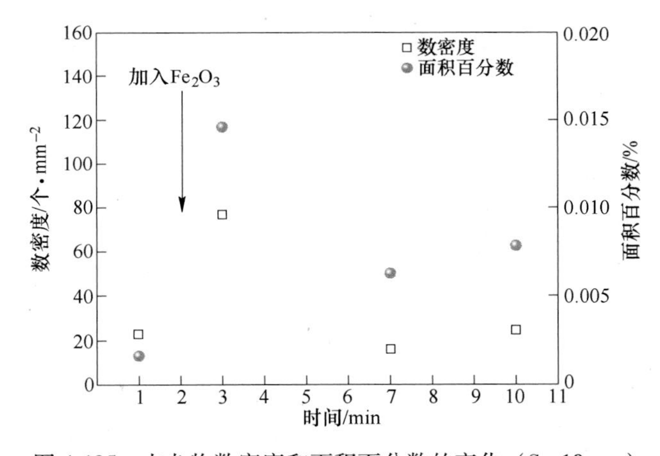

图 4-135 夹杂物数密度和面积百分数的变化（S=10ppm）

化不大，在最后的样品中 CaS 含量约为 15%，最终夹杂物主要类型为 CaO-CaS-Al_2O_3，夹杂物中 Al_2O_3 含量约为 80%，成分远离 1600℃液相区。

硫含量为 90ppm 时，实验过程中夹杂物的数密度和面积百分数变化如图 4-137 所示。当加入 Fe_2O_3 后，夹杂物的数密度略有升高，而面积百分数明显增大，说明生成了较多大尺寸夹杂物。随后数密度和面积百分数都在下降，最终样品夹杂物的数密度为 20 个/mm^2，面积百分数为 0.005%。

当钢中硫含量升高到 180ppm 时，实验过程中夹杂物的平均成分变化如图 4-138 所示。夹杂物中平均 CaS 含量在钙加入后 1min 之内能够达到 60%，在 3min 时急剧降低到 20%，Al_2O_3 的含量升高，之后夹杂物的 CaS 含量进一步降低，在最后的样品中 CaS 含量约为 12%，最终夹杂物主要类型为 CaO-CaS-Al_2O_3，夹杂物中 Al_2O_3 含量约为 80%，成分远离 1600℃液相区。

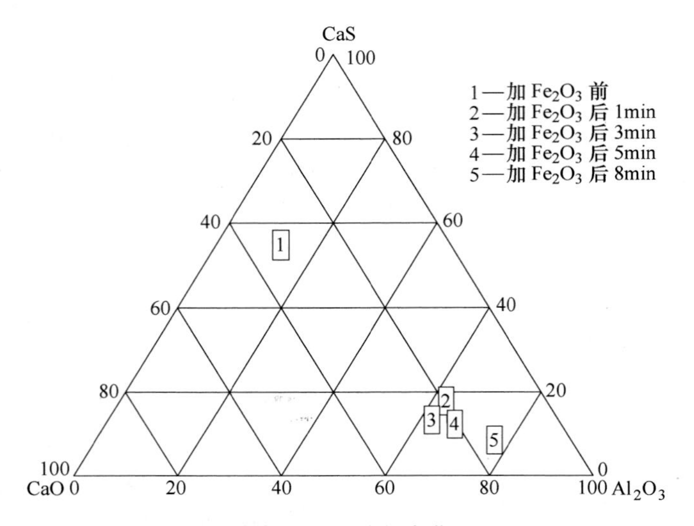

图 4-136　夹杂物平均成分的变化（S=90ppm）

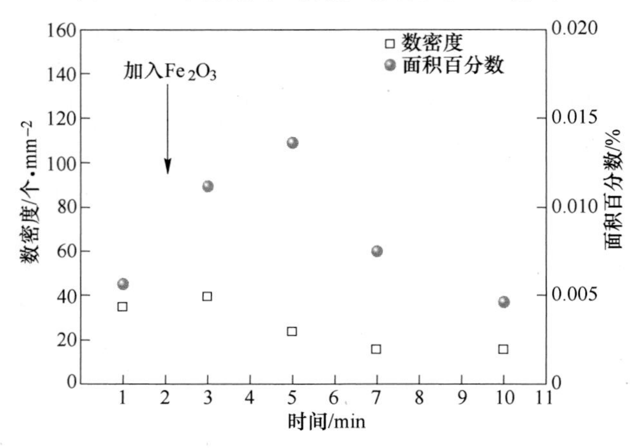

图 4-137　夹杂物数密度和面积百分数的变化（S=90ppm）

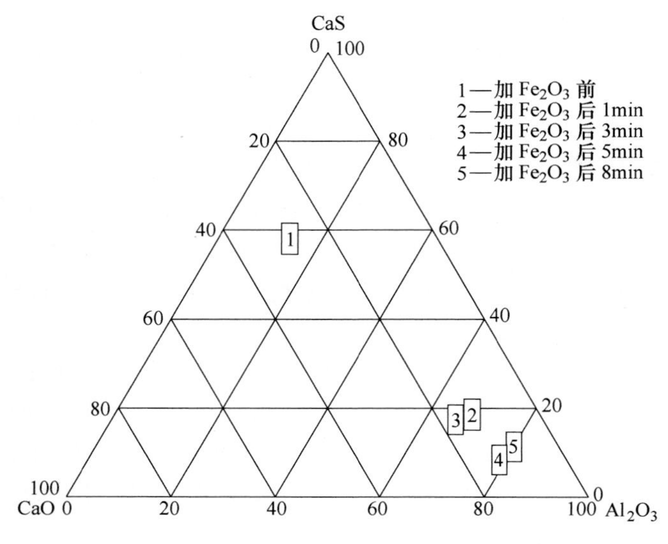

图 4-138　夹杂物平均成分的变化（S=180ppm）

硫含量为 180ppm 时，实验过程中夹杂物的数密度和面积百分数变化如图 4-139 所示。当加入 Fe_2O_3 后，夹杂物的数密度从 40 个/mm^2升高到 50 个/mm^2，面积百分数从 0.013%升高到 0.02%。随后数密度和面积百分数同时下降，最终样品夹杂物的数密度为 10 个/mm^2，面积百分数为 0.007%。

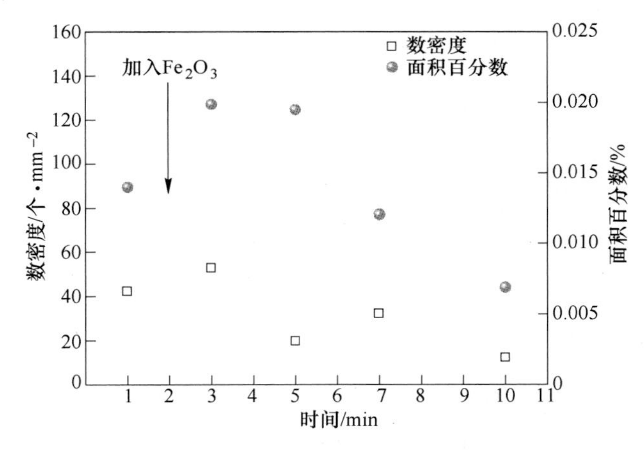

图 4-139　夹杂物数密度和面积百分数的变化（S=180ppm）

对轻度二次氧化实验组的 Al_s、T. Ca、T. O. 和 T. S. 含量进行分析，结果如表 4-16 所示。实验过程中，各组的 Al_s 含量由于加入了 Fe_2O_3 而持续降低，降低量约为 100ppm。T. Ca 含量随着实验进行而降低。三组实验的钢液中硫含量分别控制在 10ppm、90ppm 和 180ppm，与设计成分相近。钢中总氧含量在加入 Fe_2O_3 后升高，之后均呈下降趋势，如图 4-140 所示。

表 4-16　轻度二次氧化组的钢液成分变化

硫含量	取样信息	Al_s/%	T. Ca/ppm	T. O./ppm	T. S./ppm
10ppm	加钙 1min	0.11	36	12	10.1
	加 Fe_2O_3 1min	0.1	26	22.4	10.5
	加 Fe_2O_3 3min	0.1	8	10.5	11
	加 Fe_2O_3 8min	0.097	3	9	12.5
90ppm	加钙 1min	0.099	45	9.6	88.9
	加 Fe_2O_3 1min	0.098	23	17.6	90.7
	加 Fe_2O_3 3min	0.093	12	15	89.4
	加 Fe_2O_3 5min	0.093	9	11.9	94
	加 Fe_2O_3 8min	0.09	4	11.8	88.9
180ppm	加钙 1min	0.084	43	10.1	155.4
	加 Fe_2O_3 1min	0.082	34	23.8	176.1
	加 Fe_2O_3 3min	0.082	21	20.2	174
	加 Fe_2O_3 5min	0.081	13	19.4	172.7
	加 Fe_2O_3 8min	0.075	4	13.6	184.6

在加入 0.29g Fe_2O_3 后 1min，三组实验的钢中总氧含量分别升高了 10.4ppm、8ppm 和 13.7ppm。在氧化发生后，总氧含量持续降低，最终样品中总氧含量分别降低为 9ppm、11.8ppm 和 13.6ppm。硫含量越高，样品中总氧含量越高。总氧含量的变化趋势与表面形成的渣层密切相关。在加入 Fe_2O_3 后，钢中生成大量的 Al_2O_3 夹杂物，之后迅速与钢液中的钙反应生成液态钙铝酸盐，这层夹杂物受电磁力作用被推向坩埚壁附近。在二次氧化刚刚发生后，由于新的夹杂物生成，总氧含量和夹杂物数量都会明显升高。在随后的实验过程中，夹杂物不断上浮，被表层的液态渣吸附，导致样品中总氧含量和夹杂物数量都在降低。图 4-141 给出了不同钙铝酸盐与钢液的接触角。随着钙铝酸盐中 Al_2O_3 含量的升高，其与钢液的接触角将升高至大于 90°，夹杂物在钢液中不润湿，有利于夹杂物从钢液中去除。这与中硫和高硫组的夹杂物演变过程是一致的，因此总氧含量持续降低。对于低硫组实验，尽管夹杂物多数是液态的钙铝酸盐，与钢液的接触角小于 90°，但是表层的渣也是液态钙铝酸盐，与夹杂物本身性质相近，更加有利于夹杂物的吸附和去除。因此，相比于另外两组实验，低硫组的夹杂物去除效果更加显著，所以低硫组的总氧含量和夹杂物数量要低于中硫和高硫组。综上所述，轻度二次氧化发生后，总氧含量先升高，这是由于新生成大量的夹杂物；之后总氧含量持续降低，这是由于渣层对夹杂物的吸附导致。

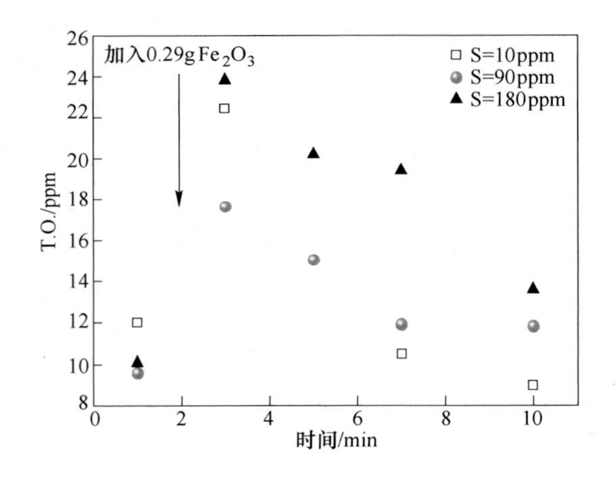

图 4-140　轻度二次氧化过程总氧含量的变化

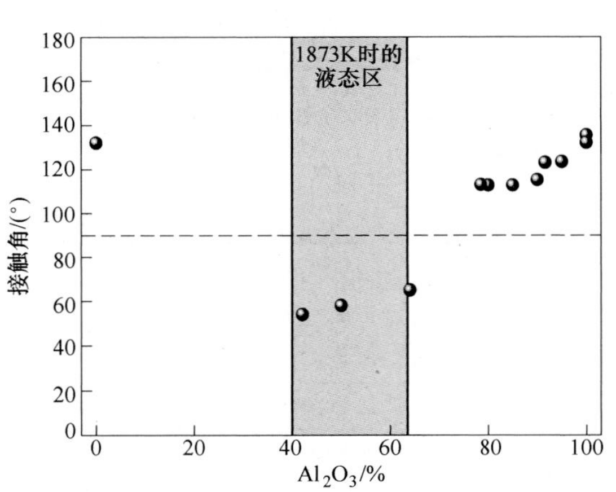

图 4-141　钙铝酸盐与钢液的接触角[137-139]

对持续二次氧化实验组的 Al_s、T. Ca、T. O. 和 T. S. 含量进行分析，结果如表 4-17 所示。由于持续二次氧化，各组的 Al_s含量均由初始的 0.1%降低至 0，铝的氧化速率先慢后快，将在后文进行解释。在 Al_s被完全氧化消耗后，钢中的硅开始被氧化，各组实验在最终的样品中硅含量相较于前几个样品均降低约 0.1%。T. Ca 含量随着实验进行而降低，趋势与之前的实验相近，最终的样品中钙含量降低为 0。三组实验的钢液中硫含量分别控制在 10ppm、90ppm 和 180ppm，与设计成分相近。钢中总氧含量在持续二次氧化过程中一直升高。

表 4-17 持续二次氧化组的钢液成分变化

硫含量	取样信息	Al_s/%	T. Ca/ppm	T. O. /ppm	T. S. /ppm	Si/%
10ppm	加钙 1min	0. 1	38	15. 1	9. 5	0. 24
	通空气 1min	0. 09	20	33. 4	12	0. 24
	通空气 3min	0. 038	8	76. 5	10	0. 24
	通空气 5min	0. 0006	6	95. 1	10. 5	0. 24
	通空气 8min	<0. 0001	<1	137. 2	10	0. 14
90ppm	加钙 1min	0. 097	25	12. 5	86. 8	0. 22
	通空气 1min	0. 089	19	19. 7	88. 5	0. 23
	通空气 3min	0. 07	18	23	90	0. 22
	通空气 5min	0. 041	7	41. 3	93	0. 22
	通空气 8min	<0. 0001	<1	109. 2	93	0. 11
180ppm	加钙 1min	0. 09	38	12. 2	174	0. 24
	通空气 1min	0. 078	11	24	174	0. 24
	通空气 3min	0. 056	9	31. 4	168	0. 24
	通空气 5min	0. 03	7	36	180	0. 24
	通空气 8min	0. 0002	<1	161. 1	181	0. 12

如图 4-142 所示，在通入空气后，低硫条件下，钢中总氧含量明显升高，呈线性趋势，最终样品中总氧含量为 137. 2ppm；在中硫和高硫组，样品中的总氧升高速率先慢后快，在通入空气 5min 后，钢中总氧含量迅速升高，最终样品的总氧含量分别能达到 109. 2ppm 和 161. 1ppm。在持续二次氧化过程中，钢中初始的硫含量越高，在过程样品中总氧含量越低。硫含量对钢中总氧含量的影响将在后文进行讨论。持续氧化过程的吸氧速率和吸氧量要远高于轻度二次氧化条件，在钢液表面形成的氧化渣层，在初始阶段能吸附部分夹杂物，使总氧增速较慢，随后这部分渣与空气一起氧化钢液，进一步加重二次氧化，使后期总氧含量明显升高。由于真空感应炉良好的动力学条件，持续氧化过程中夹杂物的去除效率较高，因此，样品中的总氧含量是钢液的吸氧量与去除的夹杂物中的氧的差值，这部分也将在后文进行详细讨论。

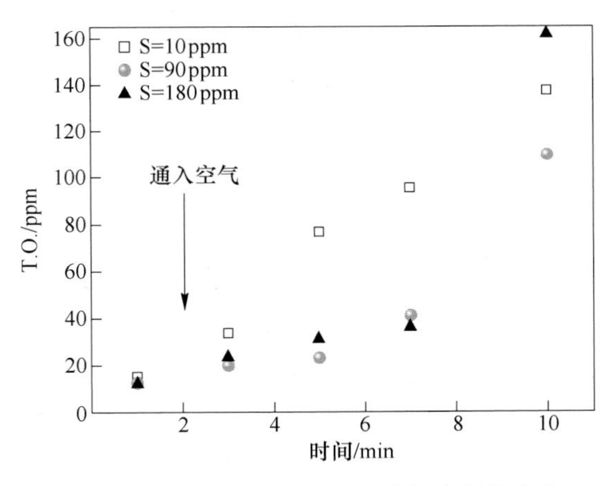

图 4-142 持续二次氧化过程总氧含量的变化

4. 6. 2 总氧含量对钙处理影响的热力学分析

二次氧化的过程不仅是单纯升高钢中总氧含量，当二次氧化发生后，钢液中的铝与进入钢液的氧发生反应，生成 Al_2O_3。氧化过程中，钢液酸溶铝含量降低，导致钢液中溶解氧的含量升高，会对夹杂物成分造成影响。前文已经讨论过钢液中的钙和硫含量对于钙处理过程的影响，本节采用 FactSage 软件计算，研究钢中总氧含量对钙处理效果的影响。

选取 FactPS、FToxid 和 FTmisc 数据库，计算条件如表 4-18 所示。在实验过程中，钙的含量不断降低，对应改变钢中总氧含量，可以得到一个夹杂物成分变化的区间，如图 4-143 所示。图 4-143 为随着 T. Ca/T. O. 变化，夹杂物的成分变化情况，其中每条线代表着一个固定的总氧值，钢中总钙的含量可根据 T. Ca/T. O. 计算出来。以 CaS 为例，当钢液中 T. Ca 含量均为 50ppm 时，T. O. 含量从 10ppm 升高到 20ppm，将会使 CaS 含量从 80%降低到 60%。

表 4-18　钢液中总氧含量对夹杂物成分影响的计算条件

T. Ca	T. O.	Al_s	T. S.	Fe	温度
3~50ppm	3~50ppm	0. 1%	180ppm	Bal.	1600℃

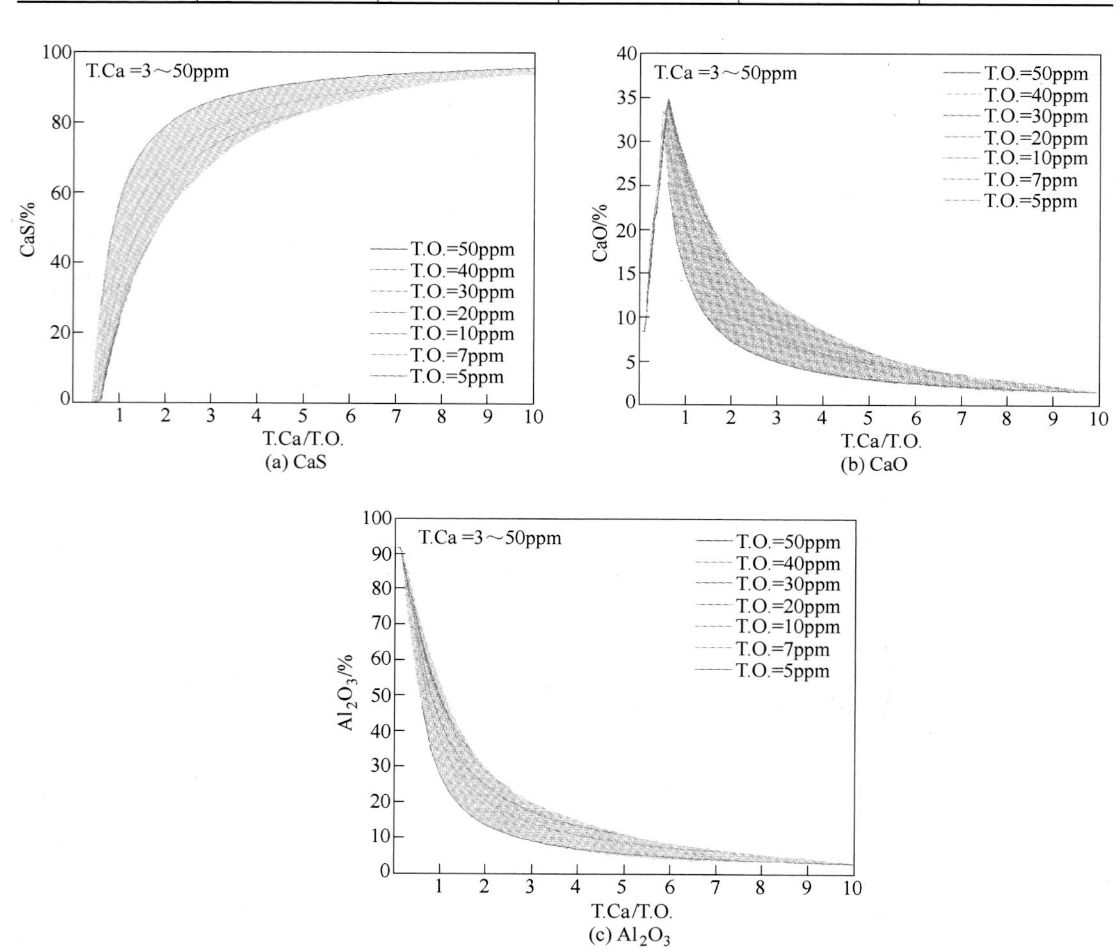

图 4-143　总氧变化对钙处理过程夹杂物成分的影响

在 T. Ca/T. O. <1 时，CaO 含量随着 T. Ca/T. O. 增大而升高，当 T. Ca/T. O. >1 后，CaS 开始生成，导致 CaO 的含量下降。以 T. Ca/T. O. =1 为例，当总氧含量从 3ppm 升高到 50ppm 时，夹杂物中 CaS 含量降低约 40%，Al_2O_3 含量升高约 30%，相对地，对 CaO 影

响较小，变化范围约为10%。Al_2O_3 随着 T. Ca/T. O. 的变化在前文已经讨论过，不再赘述。

钢中总氧含量对钙处理过程夹杂物的成分影响很大。图4-144对比了硫含量为180ppm时，轻度二次氧化和不发生二次氧化对检测的夹杂物平均成分的影响。从图中可以看出，当二次氧化发生后，夹杂物中CaS含量明显降低。这是由于加入 Fe_2O_3 后，会在钢液中形成 Al_2O_3 夹杂物，从而使T. O. 的含量升高，促进CaS夹杂物分解。

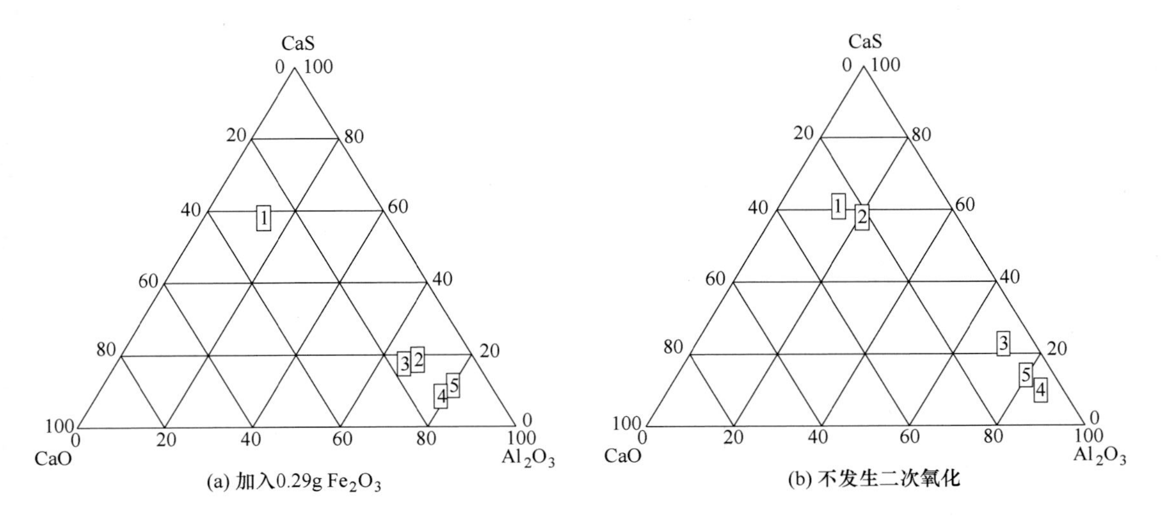

图4-144　二次氧化对夹杂物成分的影响（S=180ppm）

为了进一步研究CaO含量与T. Ca/T. O. 的关系，计算了钢中硫含量为25ppm时，夹杂物中CaO含量的变化情况，如图4-145所示。将图中对应不同总氧含量的实线拐点连接，可以将整个过程分为四个区域。在区域1内，夹杂物中CaO含量随着钙含量升高而升高，当T. Ca/T. O. 达到1.2时，CaO含量达到峰值，约为50%，此时总氧含量的变化对

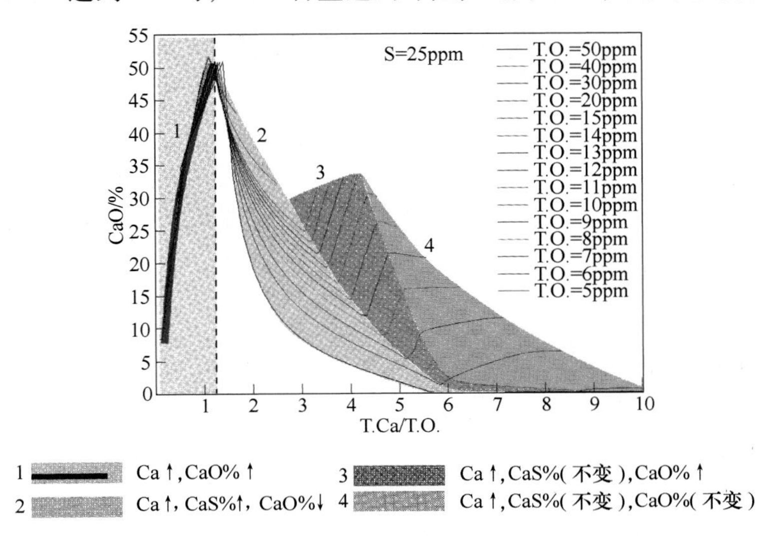

图4-145　钢中硫含量为25ppm时夹杂物中CaO含量随T. Ca/T. O. 的变化

CaO 影响不大。随着继续加入钙，由于 CaS 的形成，CaO 的百分含量降低，如区域 2 所示。当钢中的硫完全转变为 CaS 后，再增加钙含量，会继续生成 CaO，使之含量升高，如区域 3 所示。当钢液中的氧完全消耗后，继续加入钙，CaO 的含量将不再变化，如区域 4 所示。在区域 2，总氧是通过影响 CaS 的含量来影响 CaO 含量；而在区域 3，总氧与钢液中的钙结合来影响 CaO 含量。

4.6.3　硫含量对二次氧化的影响

由于生成瞬态的 CaS 夹杂物，钢液中硫含量对钙处理过程夹杂物的成分影响较大。在二次氧化过程中，新生成的 Al_2O_3 夹杂物会促进 CaS 分解，使夹杂物由高 CaS 含量的 (Al_2O_3-CaO-)CaS 向高 Al_2O_3 含量的 Al_2O_3(-CaO-CaS) 转变。硫含量对钢中夹杂物成分的影响在前文已有论述，本节讨论硫含量对持续二次氧化过程的影响。

在持续二次氧化过程中，氧化的阶段可分为：Al 氧化初期，Al 稳定氧化期和 Si 氧化期。因此，钢液的吸氧量可以通过测量钢液中 Al_s 含量和 [Si] 含量的变化来计算。在铝氧化期，假定所有进入钢液的氧都生成 Al_2O_3，根据式（4-35）能够得到当前阶段的吸氧量；同理，对于硅氧化期，根据式（4-36）可以计算当前阶段的吸氧量。钢液成分的变化参见表 4-17。

$$2[Al] + 3[O] \Longrightarrow (Al_2O_3) \tag{4-35}$$

$$[Si] + 2[O] \Longrightarrow (SiO_2) \tag{4-36}$$

各组实验的吸氧量随时间的变化关系如图 4-146 所示。图中半空心数据点是相关文献中在感应炉中的二次氧化实验数据[140]。吸氧速率可以对数据拟合的趋势线求导数得到。当钢中硫含量为 10ppm 时，铝氧化阶段初期的吸氧速率为 89ppm/min，铝稳定氧化阶段的吸氧速率为 200ppm/min；当钢液中硫含量为 90ppm，铝氧化阶段初期的吸氧速率为 72ppm/min，铝稳定氧化阶段的吸氧速率为 107ppm/min；当钢液中硫含量为 180ppm，铝氧化阶段的吸氧速率为 107ppm/min。在二次氧化的实验后期，由于表面渣层和空气同时氧化钢液，加剧二次氧化，因此吸氧速率进一步提高。当前的实验中，吸氧速率均高于文献中的结果，这可能是由于供氧方式和坩埚尺寸不同有关。

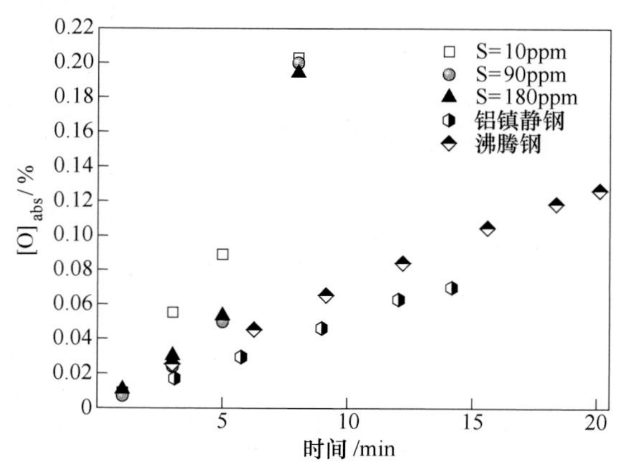

图 4-146　持续二次氧化过程吸氧量随时间的变化

对于铝脱氧钢，增加钢中的硫含量不会对吸氧速率造成影响[140]。而从图 4-146 可以看出，在钙处理的二次氧化过程中，低硫条件下钢液的吸氧速率要大于高硫含量的炉次。这与瞬态夹杂物 CaS 与氧的反应有关。根据 4.6 节的夹杂物转化方式，处理持续二次氧化过程的数据，得到 CaS 中的钙含量在含钙夹杂物中钙含量的变化情况，如图 4-147 所示。在实验过程中，钢中的钙含量是持续降低的。而由于二次氧化的发生，CaS 与氧发生反应，使得 CaS 含量进一步降低。在硫含量高于 90ppm 的实验中，5min 之后的样品几乎检测不到含钙夹杂物。因此，在氧化发生之后，CaS 夹杂物迅速与进入到钢中的氧以及钢中的 Al_2O_3 发生反应，特别是对于硫含量高于 90ppm 的条件，CaS 反应速率明显升高。

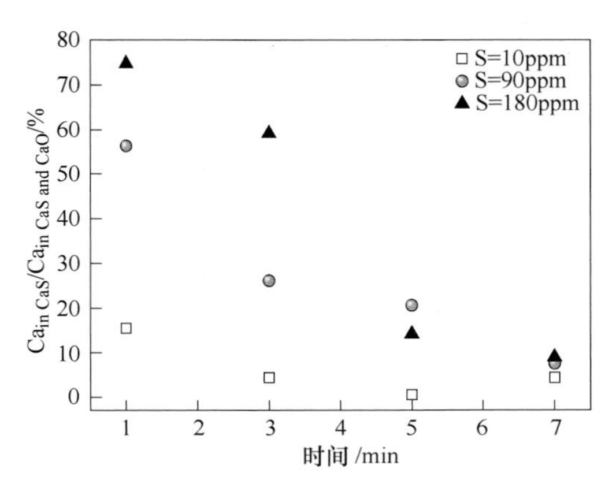

图 4-147 夹杂物的钙含量随时间变化

采用 FactSage 软件计算 CaS 与 Al_2O_3 反应，如图 4-148 所示。计算中假定钙以 CaS 形式存在，在氧化开始发生后，随着 Al_2O_3 夹杂物生成，CaS 会在钢液表面与之发生反应，生成液态的钙铝酸盐。在真空感应炉的条件下，铝脱氧钢的二次氧化是由于与在钢液表面形成的渣层受到搅动出现缝隙，使空气中的氧与钢液接触，发生氧化[140]。这部分由于 CaS 与 Al_2O_3 反应生成的钙铝酸盐，在一定程度上阻止了氧对钢液的直接氧化。随着钢中酸溶铝含量的降低，CaS 的反应速度进一步加快。图 4-148（b）计算了在钢中酸溶铝含量极低的条件下，CaS 与 Al_2O_3 反应的情况。此时会生成 CaO 和液态的钙铝酸盐，这些在钢液表面生成的夹杂物阻碍了直接氧化的进行，因此直到钢中 CaS 夹杂物完全分解，才会达到低硫条件下的吸氧速率。

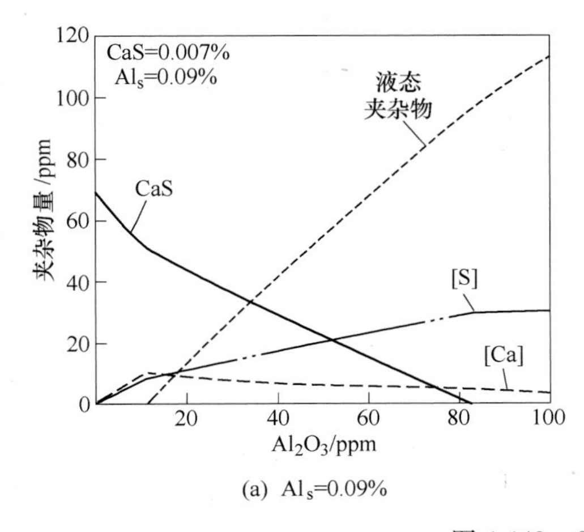

(a) Al_s=0.09%

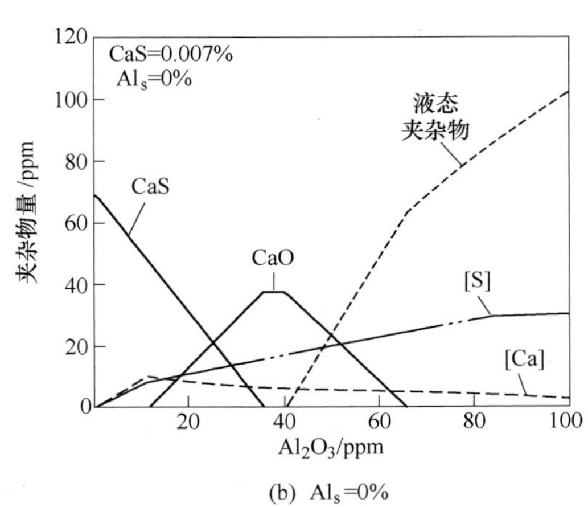

(b) Al_s=0%

图 4-148 CaS 与 Al_2O_3 反应

不同硫含量的钙处理后持续二次氧化实验的反应机理如图 4-149 所示。对于低硫条件，加钙后夹杂物中 CaS 含量较低，氧气接触钢液，以［O］形式氧化钢液，钢中的铝和钙与之反应，在表面生成钙铝酸盐夹杂物。当钢中硫含量升高后，加钙后生成较多

CaS 夹杂物，这部分 CaS 夹杂物作为直接反应物，在钢液表面与氧和 Al_2O_3 发生反应，如图 4-149（b）所示。反应生成的钙铝酸盐在一定程度上阻碍了氧对钢液的直接氧化。因此，钙处理的二次氧化速率与钢中硫含量存在一定关系，随着钢中硫含量升高，氧化速率会降低。

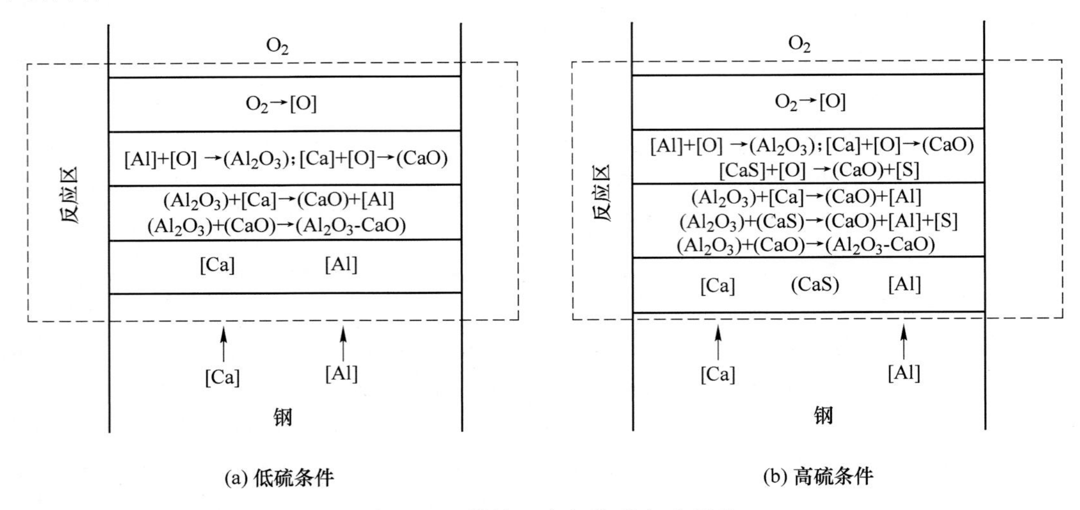

图 4-149　持续二次氧化反应示意图

本节讨论了二次氧化会对钙处理效果造成显著影响。当二次氧化发生后，会氧化钢液中的酸溶铝，使钢液中夹杂物数密度升高，夹杂物的转变规律与未发生二次氧化相似，只是最终的夹杂物成分中 Al_2O_3 含量升高。在实验过程中，夹杂物的数量和钢中总氧含量由于渣对夹杂物的吸附作用而降低。二次氧化条件下，除了高硫条件下第一个样品中有部分尺寸较大的 CaS 类夹杂物外，夹杂物的平均尺寸与总氧含量是正相关的趋势。

热力学计算结果表明，钢中总氧含量发生变化，会显著影响夹杂物中 CaS 和 Al_2O_3 的含量。当硫含量为 180ppm 时，当 T. Ca/T. O. >0. 7，会形成 CaS，夹杂物中 CaO 含量达到最高值。在钢液溶解的钙的范围内，随着 T. Ca/T. O. 升高，夹杂物中 CaS 含量升高，CaO 和 Al_2O_3 含量降低。当硫含量为 25ppm 时，当 T. Ca/T. O. >1. 2，会形成 CaS，随着 T. Ca/T. O. 升高，由于夹杂物 CaS 含量升高，CaO 含量降低，氧含量越低，CaO 含量越低；当硫被完全消耗后，随着钙含量升高，CaO 重新生成，含量升高；当钢液中氧和硫都与钙反应后，CaO 和 CaS 含量都不再变化。动力学模型验证了持续二次氧化过程夹杂物的转变规律，其中夹杂物的上浮去除对夹杂物和钢液成分影响较大，应当考虑在内。

4. 7　当前钙处理存在的问题和展望

关于钢液钙处理方面，本书作者在 2012~2019 年间曾经访问过国内 80 家钢铁企业，其中 2/3 的钢厂在炉外精炼过程中进行钙处理。但是如何有效地进行钙处理，迄今为止，有些钢厂做了理论探索，但在生产中应用效果不是很理想。也就是说，喂钙量的精准热力学计算和钙处理的动力学方面的理论研究还不完美。关于钙处理过程中加多少钙合金、喂多少钙线，基本处于下面几个情况：（1）一些钢厂认为喂钙量越多越好；（2）一些钢厂还发现如果不喂钙可以浇铸 5 炉，但喂钙之后反而水口更易于结瘤，导致连浇炉数下降；

（3）一些钢厂根据实际的结瘤情况来调整喂钙量，即如果水口结瘤严重了，就增加喂钙量；如果增加喂钙量导致水口结瘤更严重，就降低喂钙量，没有其他的理论依据；（4）一些钢厂的技术人员简单把钢中的钙铝比或者钢中的钙含量固定在一个固定值或者一定范围之内；（5）一些人做了简化，认为钢中的钙含量应该大致和钢的总氧含量相等。

上述这些情况都是不全面的。合理的喂钙量要和钢中总氧含量（氧化物夹杂物）、原始夹杂物的成分（特别是 Al_2O_3 的含量）、钢液成分（特别是钢中酸溶铝和硫含量）、温度等因素密切相关。如果每一炉的这些因素不同，喂钙量就不同。这是由喂钙过程中的化学反应的热力学决定的。从这一结论可以得出钢液成分和洁净度窄成分控制的重要性。成分变化越少、钢液的洁净度越稳定，加钙量越恒定，不至于每一炉都调整喂钙量。

图 4-150 为本书作者的课题组计算的具体钢液条件下，随着钙的加入钢中主要夹杂物的变化情况。这里存在一个加钙量的液态窗口。最低加钙量是指在此加钙量之前，钢中既有固态夹杂物也可能有液态夹杂物；而在此加钙量之后，随着更多钙的加入，夹杂物都是液态的；达到最大加钙量之后，如果继续增加喂钙量，就会生成固体的 CaS 和 CaO 夹杂物，而固体的 CaS 和 CaO 夹杂物会引起水口结瘤。因此，在钙处理过程中，加钙的多少有一个范围，加钙过多或者过少都会引起钢液中固体夹杂物的增多，从而增加水口结瘤的可能性，影响钢液的可浇性。

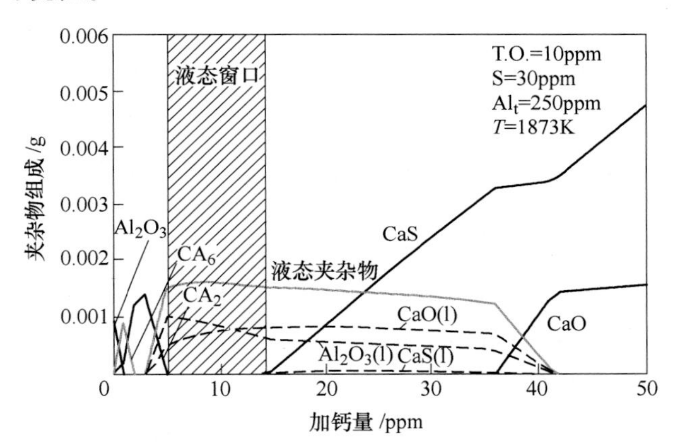

图 4-150 钙的加入量对钢液中夹杂物主要成分的调节和控制作用

钙处理最难实现的就是精准控制。由于钙本身化学性质活泼的特性以及较低的沸点，使其收得率常常很低并且不稳定。这样就难免出现加钙量的偏差。如果加入的钙太少，可浇性就会变差，夹杂物没有被改性到目标区域，起不到预期的效果；但是如果加入的钙过多，又会与渣中 Al_2O_3 反应或者与耐火材料中 Al_2O_3 反应（比如钢包的滑板或者水口部位），同样不利于钢液的洁净度控制。

在实际生产中，由于缺乏在线指导的建议，很难根据实际情况来进行调整。多数情况是按照以往的经验来指导生产，这就难免会出现偏差，一是由于经验操作误差导致效果不理想，二是制定的规则根本不适合特定钢种在当前冶炼条件下的生产。此外，其他的操作条件如果也不理想，比如钢液温度不稳定或者水口处出现二次氧化，都会导致钙处理的效果适得其反。再者，钙处理改性夹杂物，就会引入新的夹杂物到钢液中，由于合金的纯度，加钙方式等因素影响，钙处理过程会导致钢的洁净度有所下降，甚至于影响到前期良好的精炼效果。

因为精准加钙量控制的困难，现在又出现了否定钙处理冶金效果的趋势。诚然，“钙处理不当，还不如不处理”的观点没有问题，但进行合理的钙处理并非无迹可寻。其实，炉外精炼钙处理成功与否主要由四个方面确定：(1) 正确的含钙合金加入方式，加钙的过程中尽量避免增加钢水的总氧含量；(2) 精准加钙量的热力学计算；(3) 加钙后合适的软吹时间；(4) 连铸过程中有效的保护浇铸措施，防止从大气中吸氧是保证加钙处理效果持续到最后的关键。

到目前为止，很多钢铁企业还没有处理好这四点，也就不能轻易地否定钙处理效果。当然不是所有的钢种都需要进行钙处理。对于轴承钢和帘线钢，坚决不能进行钙处理，因为这类钢种对夹杂物的尺寸和成分非常敏感。在精炼过程中尽量去除钢中大颗粒夹杂物是解决这类钢中夹杂物问题的主要措施。管线钢由于需要对氧化物和硫化物进行改性，一般要进行钙处理。而对于弹簧钢、不锈钢等钢种，是否进行钙处理需要视具体情况而定[4]。

总而言之，钙处理是一个复杂的过程。要想更好地应用于生产，不仅需要透彻地理解理论，明确指导方向，同时要应用先进的辅助技术，来实现精准的钙处理操作。使钙处理的操作理论成熟应用并加以推广，还需要时间，这也是目前众多科研工作者努力和奋斗的目标之一。

过去的30多年，钙处理作为炉外精炼过程的重要技术取得了广泛的应用并取得良好效果。钙处理可以净化钢液、降低夹杂物总量，但更为人所重视的是钙处理过程对夹杂物的改性作用。

由于不同夹杂物有不同的性质，因此不同夹杂物对钢材性能的影响也不尽相同。钙处理作为对夹杂物改性的手段，是用一种以新的夹杂物替代原有夹杂物的精炼方式。因此，并非所有钢种都适宜钙处理，而应根据钢材性能要求选择合适的精炼工艺。

在钙处理过程中，通过热力学计算可以预测夹杂物改性所需的热力学条件。但由于无法在线测定部分钢液成分条件，只能通过取样分析、计算反推的办法，因此当前大多数钙处理加钙量还是凭经验进行。当前可借助FactSage对不同钙处理条件下最优的喂钙量进行精准的计算，避免“一刀切”的操作。半经验半理论的计算云图结果可直观地为现场钙处理作业提供指导。针对钙处理的动力学过程的研究则更少，对于钙处理的改性机理至今无法直观证实。改性模型中基于球状 Al_2O_3 未反应核模型并不符合改性簇状 Al_2O_3 解决水口结瘤问题的初衷；钙处理已证明对镁铝尖晶石或 Al_2O_3-SiO_2-MnO 等复合夹杂物有效，但并无动力学模型研究对此类夹杂物的改性。同时钙处理生产操作参数对其动力学的影响也还不完善。已开始对钙处理过程进行模拟，借助计算机可实现对复杂过程的模拟计算，有助于对钙处理计算水平的提升。

钙处理在线控制软件的开发顺应了时代的发展要求，即时反馈结果、在线给予建议的方式也使生产操作有的放矢。对于生产中数以万计的数据，软件更便于记录，不仅方便用户的回调，也有利于开发者升级更新数据库，更好地再投入使用来服务用户。在未来的工业发展中，应用数据集成的软件来指导自动化生产将会成为主流模式。认清钙处理的改性机理，建立准确的钙处理模型，并在现场有限的在线参数的指导下，借助于大数据集成的软件来指导生产，实现钙处理过程的在线控制和精准化控制，将是未来发展的方向。

参考文献

[1] 江来珠，孙培祯，崔崑．钙控制夹杂物形态及组成的研究进展［J］．钢铁，1989，24（11）：64-69.

[2] Hilty D，Popp V. Improving the influence of calcium on inclusion control［C］. Electric Furnace Proceedings，1969：27：52-66.

[3] Hilty D，Farrell J. Modification of inclusions by Ca. Part 1［J］. Iron and Steelmaker，1975，2（5）：17-22.

[4] 张立峰．钢中非金属夹杂物几个需要深入研究的课题［J］．炼钢，2016，32（4）：1-16.

[5] Geldenhuis J M A，Pistorius P C. Minimisation of calcium additions to low carbon steel grades［J］. Ironmaking & Steelmaking，2000，27（6）：442-449.

[6] Li S，Jin W，Zhang L，et al. Inclusions and nozzle clogging during steel continuous casting process［C］. Proccedings of AISTech 2007 Iron & Steel Technology Conference and Exposition，vol. Ⅱ，AIST，Warrandale，PA，2008：899-913.

[7] Lind M. Mechanism and kinetics of transformation of alumina inclusions in steel by calcium treatment［D］. Helsinki University of Technology，2006.

[8] Lu D Z，Irons G A，Lu W K. Kinetics and mechanisms of calcium dissolution and modification of oxide and sulphide inclusions in steel［J］. Ironmaking & Steelmaking，1994，21（5）：362-371.

[9] Yuge N，Hanazawa K，Nishikawa K，et al. Removal of phosphorus，aluminum and calcium by evaporation in molten silicon［J］. Tetsu-to-Hagane，1997，61（10）：1086-1093.

[10] Dong W，Peng X，Jiang D，et al. Calcium evaporation from metallurgical grade silicon by an electron beam melting［J］. Materials Science Forum，2011，675：41-44.

[11] Ikeda T，Maeda M. Purification of metallurgical silicon for solar-grade silicon by electron beam button melting［J］. ISIJ International，1992，32（5）：635-642.

[12] Numata M，Higuchi Y，Fukagawa S. The change of composition of inclusion druing Ca treatment［J］. Tetsu-to-Hagane，1998，84（3）：159-164.

[13] Higuchi Y，Numata M，Fukagawa S，et al. Inclusion modification by calcium treatment［J］. ISIJ International，1996，36（Supply）：S151-S154.

[14] Rohde L E，Choudhury A，Wahlster M. Arch Eisenhuttenwes，1971，42（2）：165-174.

[15] Forster E，Richter H，Spetzler E，et al. Method of desulfurization of a steel melt［P］. US，1976.

[16] Klapdar W，Richter H，Rommerswinkel H W，et al. Deoxidation，desulfurization with calcium［P］. US，1978.

[17] Kawawa T，Imai R. Advanced techniques of alloying elements into molten steel in the ladle（secondary steelmaking）［J］. Tetsu- to- Hagane，1977，63：1965-1974.

[18] Tamamoto S，Sasaki K，Nashiwa H，et al. Development of alloy bullets shooting method into molten steel in ladle（secondary steelmaking）［J］. Tetsu-to-Hagane，1977，63：2110-2125.

[19] Yamaji K，Dietrich O，Abe H，et al. Method of production of a wire-shaped composite addition material［P］. US，1980.

[20] 蒋梦龙，吴小蕾．钢包钙处理综述［J］．大型铸锻件，1986.

[21] 张秉英，知水，高峰，等．钢中喂线法新工艺［J］．钢铁研究学报，1989，1（2）：1-7.

[22] 屠宝洪．Ca-Si 芯线在炼钢中的应用［J］．钢铁研究学报，1990，2（4）：71-78.

[23] Holappa L E K，Helle A S. Inclusion control in high-performance steels［J］. Journal of Materials Processing Technology，1995，53：177-186.

[24] Luyckx L，Bell J，McLean A，et al. Sulfide shape control in high strength low alloy steels［J］. Metallurgical Transactions，1970，1（12）：3341-3350.

[25] Verma N, Pistorius P C, Fruehan R J, et al. Transient inclusion evolution during modification of alumina inclusions by calcium in liquid steel: Part Ⅱ. Results and discussion [J]. Metallurgical and Materials Transactions B, 2011, 42 (8): 720-729.

[26] Verma N, Pistorius P C, Fruehan R J, et al. Transient inclusion evolution during modification of alumina inclusions by calcium in liquid steel: Part Ⅰ. Background, experimental techniques and analysis methods [J]. Metallurgical and Materials Transactions B, 2011, 42 (8): 711-719.

[27] Ren Y, Zhang L, Li S. Transient evolution of inclusions during calcium modification in linepipe steels [J]. ISIJ International, 2014, 54 (12): 2772-2779.

[28] Taguchi K, Ono-Nakazato H, Nakai D, et al. Deoxidation and desulfurization equilibria of liquid iron by calcium [J]. ISIJ International, 2003, 43 (11): 1705-1709.

[29] Lis T. Modification of oxygen and sulphur inclusions in steel by calcium treatment [J]. Metalurgija, 2009, 48 (2): 95.

[30] Ye G, Jonsson P, Lund T. Thermodynamics and kinetics of the modification of Al_2O_3 inclusions [J]. ISIJ International, 1996, 36 (S): 105-108.

[31] Yang W, Zhang L, Wang X, et al. Characteristics of inclusions in low carbon Al-killed steel during ladle furnace refining and calcium treatment [J]. ISIJ International, 2013, 53 (8): 1401-1410.

[32] Pistorius P C, Roy D, Verma N. Examples of how fundamental knowledge can improve steelmaking: Desulphurisation kinetics calcium and modification [J]. Transactions of the Indian Institute of Metals, 2013, 66 (5-6): 519-523.

[33] Pistorius P C, Presoly P, Tshilombo K G. Magnesium: Origin and role in calcium-treated inclusions [J]. TMS Fall Extraction & Processing Meeting, 2006.

[34] Hamoen A, Tiekink W. Are liquid inclusions necessary to improve castability? [C]. Steelmaking Conference Proceedings, Iron and Steel Society of AIME, 1998: 81: 229-234.

[35] Fuhr F, Cicutti C, Walter G, et al. Relationship between nozzle deposits and inclusion composition in the continuous casting of steels [J]. Iron & Steelmaker, 2003, 30 (12): 53-58.

[36] Yu H, Wang X, Zhang J, et al. Characteristicsand metallurgical effects of medium basicity refining slag on low melting temperature inclusions [J]. Journal of Iron and Steel Research International, 2015, 22 (7): 573-581.

[37] Wang X, Li X, Li Q, et al. Control of stringer shaped non-metallic inclusions of $CaO-Al_2O_3$ system in API X80 linepipe steel plates [J]. Steel Research Int., 2014, 85 (2): 155-163.

[38] Yang J, Wang X, Jiang M, et al. Effect of calcium treatment on non-metallic inclusions in ultra-low oxygen steel refined by high basicity high Al_2O_3 slag [J]. Journal of Iron and Steel Research, International, 2011, 18 (7): 8-14.

[39] Basak S, Dhal R K, Roy G G. Efficacy and recovery of calcium during CaSi cored wire injection in steel melts [J]. Ironmaking and Steelmaking, 2010, 37 (3): 161-169.

[40] Yang G, Wang X, Huang F, et al. Influence of reoxidation in tundish on inclusion for Ca-treated Al-killed steel [J]. Steel Research Int., 2013, 85 (5): 784-792.

[41] Pretorius E B, Oltmann H G, Cash T. The effective modification of spinel inclusions by Ca treatment in LCAK steel [J]. Iron & Steel Technology, 2010, 7 (7): 31-44.

[42] Ito Y I, Nara S, Kato Y, et al. Shape control of alumina inclusions by double calcium addition treatment [J]. Tetsu-to-Hagane, 2007, 93 (5): 355-361.

[43] Deng Z, Zhu M. A new double calcium treatment method for clean steel refining [J]. Steel Research Int., 2013, 84 (6): 519-525.

[44] 于学斌，吴建鹏，时启龙，等. 残钙量对夹杂物变性效果的影响 [J]. 炼钢，2006，22 (1)：49-52.

[45] 刘建华，吴华杰，包燕平，等. 高级别管线钢钙处理效果评价标准 [J]. 北京科技大学学报，2010，32 (3)：312-318.

[46] Sanyal S, Chandra S, Kumar S, et al. An improved model of cored wire injection in steel melts [J]. ISIJ International, 2004, 44 (7): 1157-1166.

[47] Lu D Z, Irons G A, Lu W K. Kinetics and mechanisms of calcium dissolution and modification of oxide and sulphide inclusions in steel [J]. Ironmaking & Steelmaking, 1994, 21 (5): 362-371.

[48] Higuchi Y, Numata M, Fukagawa S, et al. Inclusion modification by calcium treatment [J]. ISIJ International, 1996, 36 (S): 151-154.

[49] Ito Y I, Suda M, Kato Y, et al. Kinetics of shape control of alumina inclusions with calcium treatment in line pipe steel for sour service [J]. ISIJ International, 1996, 36 (S): 148-150.

[50] Han Z J, Liu L, M. Lind, et al. Mechanism and kinetics of transformation of alumina inclusions by calcium treatment [J]. Acta Metallurgica Sinca (English Letters), 2006, 19 (1): 1-8.

[51] Lind M. Mechanism and kinetics of transformation of alumina inclusions in steel by calcium treatment [D]. Helsinki University of Technology, 2006.

[52] Lind M, Holappa L. Transformation of alumina inclusions by calcium treatment [J]. Metallurgical and Materials Transactions B, 2010, 41 (2): 359-366.

[53] 郭靖，程树森，程子建，等. 铝镇静钢钙处理后氧化铝夹杂物变性动力学模型 [J]. 北京科技大学学报，2014，36 (4)：424-431.

[54] Park J-H, Kim D-S, Lee S-B. Inclusion control of ferritic stainless steel by aluminum deoxidation and calcium treatment [J]. Metallurgical and Materials Transactions B, 2005, 36 (2): 67-73.

[55] Visser H J, Boom R, Biglari M. Simulation of the calcium treatment of aluminium killed steel [J]. Revue de Métallurgie, 2008, 105 (04): 172-180.

[56] Numata M, Higuchi Y. The change in composition of inlcusions in molten steel during simultaneous addition of Ca alloy and $CaO\text{-}Al_2O_3$ flux [J]. Tetsu-to-Hagane, 2011, 97 (5): 259-265.

[57] Yang S, Wang Q, Zhang L, et al. Formation and modification of $MgO \cdot Al_2O_3$-based inclusions in alloy steels [J]. Metallurgical and Materials Transactions B, 2012, 43 (4): 731-750.

[58] Haida O, Emi T, Kasai G, et al. Mechanism of sulfide shape control in continuously cast HSLA steel slabs treated with Ca and/or RE [J]. Tetsu-to-Hagane, 1980, 66 (3): 354-362.

[59] Faulring G M, Farrell J, Hilty D. Steel flow through nozzles: Influence of calcium [J]. Ironmaking and Steelmaking, 1980.

[60] Kusano Y, Kawauchi Y, Wajima M, et al. Calcium treatment technologies for special steel bars and wire rods [J]. ISIJ International, 1996, 36 (S): 77-80.

[61] Perez T E, Quintanilla H, Rey E. Effect of Ca/S ratio on HIC resistance of seamless line pipes [J]. Corrosion, 1998: 22-27.

[62] 宋波，韩其勇，王福明，等. 钢液喂 CaSi 变质 Al_2O_3 夹杂的热力学计算 [J]. 特殊钢，1999，20 (5)：20-22.

[63] 魏军，严国安，田志红，等. CSP 低碳铝镇静钢水可浇性控制 [J]. 北京科技大学学报，2005，27 (6)：66.

[64] Yuan F, Wang X, Yang X. Influence of calcium content on solid ratio of inclusions in Ca-treated liquid steel [J]. Journal of University of Science and Technology Beijing, 2006, 13 (6): 486-489.

[65] Bielefeldt W V, Vilela A C, Moraes C A, et al. Computational thermodynamics application on the calcium inclusion treatment of SAE 8620 steel [J]. Steel Research International, 2010, 78 (12): 857-862.

[66] The Japan Society for the Promotion of Science. Steelmaking Data Sourcebook [M]. New York: Gordon and Breach Science Publishers, 1988.

[67] Miyashita Y, Nishikawa K. The deoxidation of liquid iron with calcium [J]. Tetsu-to-Hagane, 1971, 57 (13): 1969-1975.

[68] Kimura T, Suito H. Calcium deoxidation equilibrium in liquid iron [J]. Metallurgical and Materials Transactions B, 1994, 25 (1): 33-42.

[69] Itoh H, Hino M, Ban-ya S. Deoxidation equilibrium of calcium in liquid iron [J]. Tetsu-to-Hagane, 1997, 83 (11): 695-700.

[70] Faulring G M, Ramalingam S. Inclusion precipitation diagram for the Fe-O-Ca-Al system [J]. Metallurgical Transactions B, 1980, 11 (1): 125-130.

[71] Ohta H, Suito H. Activities in CaO-MgO-Al_2O_3 slags and deoxidation equilibria of Al, Mg, and Ca [J]. ISIJ International, 1996, 36 (8): 983-990.

[72] Taguchi K, Ono-Nakazato H, Usui T, et al. Complex deoxidation equilibria of molten iron by aluminum and calcium [J]. ISIJ International, 2005, 45 (11): 1572-1576.

[73] Mizuno K, Todoroki H, Noda M, et al. Effect of Al and Ca in ferrosilicon alloys for deoxidation on inclusion composition in type 304 stainless steel [J]. ISS Transactions, 2001.

[74] Larsen K, Fruehan R J. Calcium modification of oxide inclusions [C]. Steelmaking Conference Proceedings, 1990: 497-504.

[75] Holappa L, Inen M H, Liukkonen M, et al. Thermodynamic examination of inclusion modification and precipitation from calcium treatment to solidified steel [J]. Ironmaking and Steelmaking, 2003, 30 (2): 111-117.

[76] Choudhary S K, Ghosh A. Thermodynamic evaluation of formation of oxide - sulfide duplex inclusions in steel [J]. ISIJ International, 2008, 48 (11): 1552-1559.

[77] Long M, Zuo X, Zhang L, et al. Kinetic modeling on nozzle clogging during steel billet continuous casting [J]. ISIJ International, 2010, 50 (5): 712-720.

[78] Zhang L, Thomas B G. State of the art in evaluation and control of steel cleanliness [J]. ISIJ International, 2003, 43 (3): 271-291.

[79] Hilty D, Farrell J. Modification of inclusions by Ca. Pt. 1 [J]. Iron and Steelmaker, 1975, 2 (5): 17-22.

[80] Saxena S K. Improving inclusion morphology, cleanness, and mechanical properties of aluminium-killed steel by injection of lime-based powder [J]. Ironmaking & Steelmaking, 1982, 9 (2): 50-57.

[81] Miyashita Y, Nishikawa K. The influence of the calcium treatment on the mechanical properties of low carbon Si-Mn steel [J]. Tetsu-to-Hagane, 1972, 58 (10): 1456-1462.

[82] Ono Y, Okamura Y, Seinosuke Yano, et al. Effect of calcium treatment on stress relief cracking in 80kg/mm^2class high tensile strength steel [J]. Tetsu-to-Hagane, 1981, 67 (10): 1777-1786.

[83] Davis I G, Morgan P C. Secondary-steelmaking developments on engineering steels at Stocksbridge Works, BSC [J]. Ironmaking & Steelmaking, 1985, 12 (4): 176-184.

[84] Presern V, Korousic B, Hastie J W. Thermodynamic conditions for inclusions modification in calcium treated steel [J]. Steel Research Int., 1991, 62 (7): 289-295.

[85] Korousic B. Fundamental thermodynamic aspects of the CaO-Al_2O_3-SiO_2 system [J]. Steel Research Int., 1991, 62 (7): 285-288.

[86] Janke D, Ma Z, Peter V, et al. Improvement of castabiiity and quality of continuously cast steel [J]. ISIJ International, 2000, 40 (1): 31-39.

[87] Jung I-H, Decterov S A, Pelton A D. Computer applications of thermodynamic databases to inclusion engineering [J]. ISIJ International, 2004, 44 (3): 527-536.

[88] Bielefeldt W V, Vilela A C F. Study of inclusions in high sulfur, Al-killed Ca-treated steel via experiments and thermodynamic calculations [J]. Steel Research Int., 2014, 85 (1): 1-11.

[89] Yamada K, Watanabe T, Ukuda K F. Removal of nonmetallic inclusion by ceramic filter [J]. Trans. Iron Steel Inst. Jpn, 1987, 27 (11): 873-877.

[90] Ito H, Hino M, Ban-ya S. Thermodynamics on the formation of non-metallic inclusion of spinel ($MgO \cdot Al_2O_3$) in liquid steel [J]. Tetsu-to-Hagane, 1998, 84 (2): 85-90.

[91] Harkness B, Dyson D. Inclusion control in stainless steel at Avesta Sheffield Ltd [C]. METEC Congress, 1994: 70-77.

[92] Kor G J W. Calcium treatment of steel for castability [C]. 1st International Calcium Treatment Symposium (Glasgow), 1988: 39-44.

[93] Dekkers B, Blanpain B, Wollants P. Nozzle plugging of calcium-treated steel [J]. AIST Transactions, 2004, 16 (8): 2-7.

[94] Ito H, Hino M, Ban-ya S. Thermodynamics on the formation of spinel nonmetallic inclusion in liquid steel [J]. Metallurgical and Materials Transactions B, 1997, 28 (5): 953-956.

[95] Verma N, Pistorius P C, Fruehan R J, et al. Calcium modification of spinel inclusions in aluminum-killed steel: Reaction steps [J]. Metallurgical and Materials Transactions B, 2012, 43 (4): 830-840.

[96] Yang S, Li J, Wang Z, et al. Modification of $MgO \cdot Al_2O_3$ spinel inclusions in Al-killed steel by Ca-treatment [J]. International Journal of Minerals, Metallurgy and Materials, 2011, 18 (1): 18-23.

[97] Murai T, Matsuno H, Sakurai E, et al. Separation mechanism of inclusion from molten steel during RH treatment [J]. Tetsu-to-Hagane, 1998, 84 (1): 13-18.

[98] Tiekink W, Bogert R V D, Breedijk T, et al. Some aspects of behaviour of calciumin silicon killed steels [J]. Ironmaking and Steelmaking, 2003, 30 (2): 146-150.

[99] 肖国华，董瀚，王毛球，等. 钙处理对齿轮钢中硫化物形貌的影响 [J]. 钢铁研究学报，2010 (7): 33-37.

[100] Bigelow L K, Flemings M C. Sulfide inclusions in steel [J]. Metallurgical Transactions B, 1975, 6 (2): 275-283.

[101] Ikeda T, Fujino N, Ichihashi H. Shape control mechanism of nonmetallic inclusions in steel by calcium treatment [J]. Tetsu-to-Hagane, 1980, 66 (14): 2040-2049.

[102] 董履仁，刘新华. 钢中硫化物夹杂物及其形态控制 [J]. 钢铁，1987, 22 (6): 51-56.

[103] 吴华杰，陆鹏雁，岳峰，等. 钙处理对中硫含量钢中硫化物形态影响的试验研究 [J]. 北京科技大学学报，2014, 36 (S1): 230-234.

[104] 谈盛康，吴晓东，张仰东. 钙处理对 20CrMo 齿轮钢硫化物夹杂的影响 [J]. 炼钢，2012 (2): 52-55.

[105] 吴华杰，陆鹏雁，岳峰，等. 钙处理对中硫含量钢中硫化物形态影响的试验研究 [J]. 北京科技大学学报，2014, (S1): 230-234.

[106] Pielet H M, Bhattacharya D. Thermodynamics of nozzle blockage in continuous casting of calcium-containing steels [J]. Metallurgical Transactions B, 1984, 15 (4): 743.

[107] 江来珠，崔崑. 易切削钢中 Ca-Al-O-Mn-S 系氧硫化物变性的热力学计算 [J]. 钢铁研究学报，1991, 3 (2): 57-61.

[108] 方文，任英，张立峰，等. Si 脱氧不锈钢精确钙处理热力学计算 [C]. 第十八届冶金反应工程学术会议论文集，重庆，2014: 60-67.

[109] Larsen K, Fruehan R J. Calcium modification of oxide inclusions [J]. ISS Transactions, 1991, 12: 125-132.

[110] Ye G, Jonsson P, Lund T. Thermodynamics and kinetics of the modification of Al_2O_3 inclusions [J]. ISIJ International, 1996, 36: S105-S108.

[111] Choudhary S, Ghosh A. Thermodynamic evaluation of formation of oxide-sulfide duplex inclusions in steel [J]. ISIJ International, 2008, 48 (11): 1552-1559.

[112] Yang G, Wang X. Inclusion evolution after calcium addition in low carbon Al-killed steel with ultra low sulfur content [J]. ISIJ International, 2015, 55 (1): 126-133.

[113] Yang G, Wang X, Huang F, et al. Influence of calcium addition on inclusions in LCAK steel with ultralow sulfur content [J]. Metallurgical and Materials Transactions B, 2015, 46 (1): 145-154.

[114] Mizuno K, Todoroki H, Noda M, et al. Effects of Al and Ca in ferrosilicon alloys for deoxidation on inclusion composition in type 304 stainless Steel [J]. Iron & Steelmaker, 2001, 28 (8): 93-101.

[115] Park J H, Lee S-B, Kim D S. Inclusion control of ferritic stainless steel by aluminum deoxidation and calcium treatment [J]. Metallurgical and Materials Transactions B, 2005, 36 (1): 67-73.

[116] Rozanski P, Paduch J. Modification of non-metallic inclusions in steels with enhanced machinability [J]. Archives of Metallurgy, 2003, 48 (3): 285-307.

[117] Verma N, Pistorius P C, Fruehan R J, et al. Calcium modification of spinel inclusions in aluminum-killed steel: Reaction steps [J]. Metallurgical & Materials Transactions B, 2012, 43 (4): 830-840.

[118] Verma N, Pistorius P C, Fruehan R J, et al. Transient inclusion evolution during modification of alumina inclusions by calcium in liquid steel: Part Ⅰ. Background, experimental techniques and analysis methods [J]. Metallurgical and Materials Transactions B, 2011, 42 (4): 711-719.

[119] Verma N, Pistorius P C, Fruehan R J, et al. Transient inclusion evolution during modification of alumina inclusions by calcium in liquid steel: Part Ⅱ. Results and discussion [J]. Metallurgical and Materials Transactions B, 2011, 42 (4): 720-729.

[120] Humata M, Higuchi Y. The change of composition of inclusions in molten steel during Ca and Mg addition [J]. Tetsu-to-Hagan, 2011, 97 (1): 1-6.

[121] Numata M, Higuchi Y. Change in inclusion composition during CaO flux powder blowing under reduced pressure [J]. ISIJ International, 2012, 52 (11): 2013-2018.

[122] Yang S, Wang Q, Zhang L, et al. Formation and modification of MgO center dot Al_2O_3-based inclusions in alloy steels [J]. Metallurgical and Materials Transaction B, 2012, 43 (4): 731-750.

[123] Holappa L, Hamalainen M, Liukkonen M, et al. Thermodynamic examination of inclusion modification and precipitation from calcium treatment to solidified steel [J]. Ironmaking & steelmaking, 2003, 30 (2): 111-115.

[124] Bielefeldt W V, Vilela A C F. Study of inclusions in high sulfur, Al-killed Ca treated steel via experiments and thermodynamic calculations [J]. Steel research, 2015, 86 (4): 375-385.

[125] Bielefelds W V, Vilela A C F, Moraes C A M, et al. Computational thermodynamics application on the calcium inclusion treatment of SAE 8620 steel [J]. Steel Research International, 2007, 78 (12): 857-862.

[126] Guo J, Cheng S, Cheng Z, et al. Thermodynamics for precipitation of CaS bearing inclusion and their deformation during rolling process for Al-killed Ca-treated steel [J]. Steel Research International, 2013, 84 (6): 545-553.

[127] Zhao D, Li H, Bao C, et al. Inclusion evolution during modification of alumina inclusions by calcium in liquid steel and deformation during hot rolling process [J]. ISIJ International, 2015, 55 (10):

2115-2124.

[128] Cicutti C E, Madias J, Gonzalez J C. Control of microinclusions in calcium treated aluminium killed steels [J]. Ironmaking & Steelmaking, 1997, 24 (2): 155-159.

[129] Kusano Y, Kawauchi Y, Wajima M, et al. Calcium treatment technologies for special steel bars and wire rods [J]. ISIJ International, 1996, 36 (Suppl) .

[130] Verma N, Pistorius P C, Fruehan R J, et al. Transient inclusion evolution during modification of alumina inclusions by calcium in liquid steel: Part Ⅱ. Results and discussion [J]. Metallurgical and Materials Transactions B, 2011, 42B (4): 720-729.

[131] Langmuir I. The adsorption of gases on plane surfaces of glass, mica and platinum [J]. Journal of Chemical Physics, 2015, 40 (12): 1361-1403.

[132] Belton G R, Hunt R W. How fast can we go? The status of our knowledge of the rates of gas-liquid metal reactions [J]. Metallurgical and Materials Transactions B, 1993, 24 (2): 241-258.

[133] Taguchi K, Hideki O N, Nakai D, et al. Deoxidation and desulfurization equilibria of liquid iron by calcium [J]. ISIJ International, 2003, 43 (11): 1705-1709.

[134] Hino M, Itoh K. Recommended Values of Equilibrium Constants for the Reactions in Steelmaking [M]. Tokoy, Japan, 1984.

[135] Hino M, Ito K. Thermodynamic Data for Steelmaking [M]. Sendai: Tohoku University Press, 2010.

[136] Kagan Y, Lyubutin I S. Steelmaking Data Sourcebook [M]. New York: Gordon and Breach Science Publishers, 1988.

[137] Cramb A W, Jimbo I. Interfacial considerations in continuous casting [J]. Iron and Steelmaker, 1989, 16 (6): 43-54.

[138] Shinozaki N, Echida N, Mukai K, et al. Wettability of Al_2O_3-MgO, ZrO_2-CaO, Al_2O_3-CaO substrates with molten iron [J]. Tetsu-to-Hagané, 1994, 80 (10): 14-19.

[139] Monaghan B J, Chapman M W, Nightingale S A. Liquid iron wetting of calcium aluminates [J]. ISIJ International, 2010, 50 (50): 1707-1712.

[140] Sasai K, Mizukami Y. Effect of stirring on oxidation rate of molten steel [J]. ISIJ International, 1996, 36 (4): 388-394.

5 精炼渣对钢中非金属夹杂物的影响

精炼过程渣钢反应对钢中夹杂物有着重要的改性处理作用。Suito[1]认为，当存在足够充分的动力学条件，即钢液、精炼渣和夹杂物完全达到平衡时，钢中夹杂物的成分应该与精炼渣成分接近，说明精炼渣对夹杂物的改性不可忽视。现场实际生产过程中，精炼渣改性夹杂物需要保证足够长时间的精炼时间和足够充分的渣钢传质动力学条件，从而实现钢中夹杂物的改性。

5.1 精炼渣物理性能对夹杂物的影响

5.1.1 精炼渣黏度对夹杂物吸附的影响

钢中非金属夹杂物上浮之后，必须进入精炼渣才能实现有效的去除。日本爱知制钢的研究显示[2-4]，钢中总氧随精炼渣碱度的升高而降低，如图 5-1 所示。对于超低氧钢的生产来说，精炼渣碱度控制在 5.0~7.0 有利于钢中氧含量的降低。Yoon 等[5]研究发现，对钢中总氧含量影响最大的是精炼渣中 CaO/Al_2O_3 的比值，随着渣中 CaO/Al_2O_3 范围从 2.0~4.4 减小到 1.2~2.0，总氧含量从原来的平均为 12ppm 降低到 8ppm，如图 5-2 所示；并提出提高渣中 Al_2O_3 含量可以增加精炼渣的流动性，有利于降低钢中总氧。

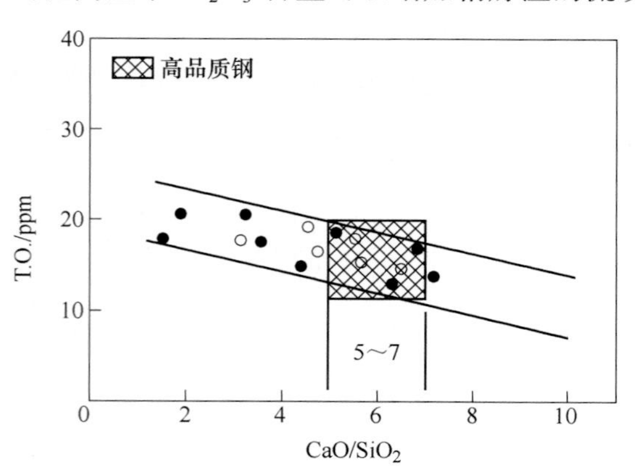

图 5-1 精炼渣碱度与 T. O. 的关系[2]

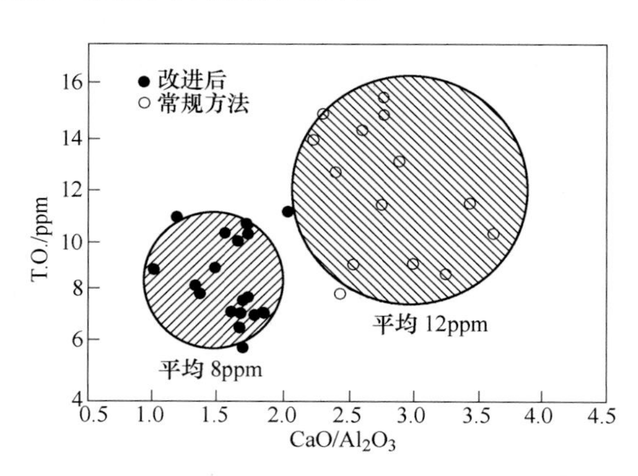

图 5-2 精炼渣 CaO/Al_2O_3 与 T. O. 的关系[2]

为了进一步确定精炼渣成分对钢中非金属夹杂物的去除效果，Valdez[6]研究了 $CaO-SiO_2-Al_2O_3$ 系精炼渣吸收固态氧化物夹杂的能力。研究发现，夹杂物在渣中溶解时间的决定因素是渣的过饱和度和黏度的比值（$\Delta C/\eta$）：精炼渣 $\Delta C/\eta$ 值越大，夹杂物在渣中的溶解时间越短、溶解速度越快，如图 5-3 所示[6]。Bruno 等[7]同样发现了铝镇静钢在精炼过程中，精炼渣对夹杂物的吸附效率与 $\Delta C/\eta$ 成正比，具体如图 5-4 所示。

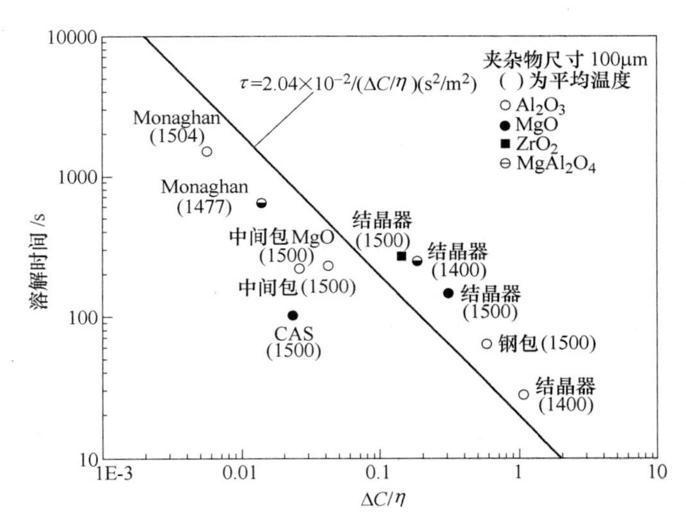

图 5-3　不同夹杂物在 $CaO-SiO_2-Al_2O_3$ 系渣中的溶解时间与 $\Delta C/\eta$ 的关系[6]

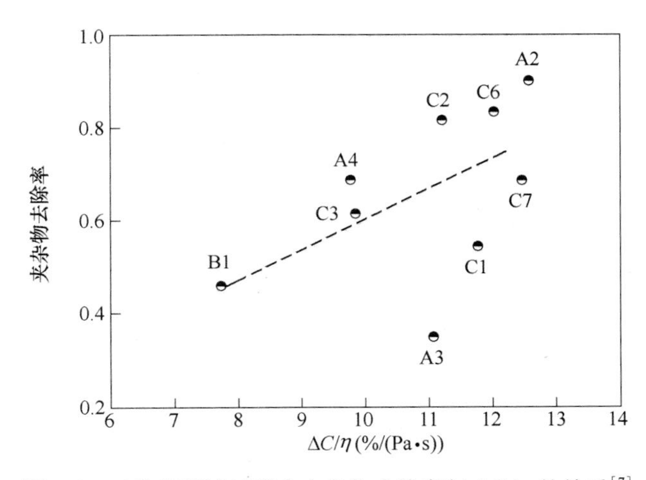

图 5-4　三种钢精炼过程中夹杂物去除率与 $\Delta C/\eta$ 的关系[7]

为了准确地评估精炼渣对钢中夹杂物的吸附能力，计算了 1873K 时不同成分的 $CaO-SiO_2-Al_2O_3$ 液态渣的 $\Delta C/\eta$ 值，结果如图 5-5 所示[8]。CaO 接近饱和、SiO_2 很少、Al_2O_3 饱和的精炼渣有利于 Al_2O_3 夹杂物的快速溶解去除。Choi 等[9]也研究了 Al_2O_3 在液态 $CaO-SiO_2-Al_2O_3$ 渣系中的溶解速度，如图 5-6 所示。结果表明，CaO 饱和的 $CaO-Al_2O_3$ 二元渣系有利于 Al_2O_3 夹杂物的快速溶解去除；在相同 SiO_2/Al_2O_3 比例的条件下，Al_2O_3 夹杂物的溶解速率随渣中 CaO 含量的升高而加快；在相同 CaO 含量的条件下，渣中 Al_2O_3 含量升高可以提升 Al_2O_3 夹杂物的溶解速率。

5.1.2　精炼渣润湿性对夹杂物吸附的影响

夹杂物在钢渣界面的分离去除与夹杂物和钢液间的润湿性以及夹杂物和熔渣之间的润湿性有密切的关系。夹杂物与钢液间接触角越大，与熔渣之间的接触角越小，越有利于夹

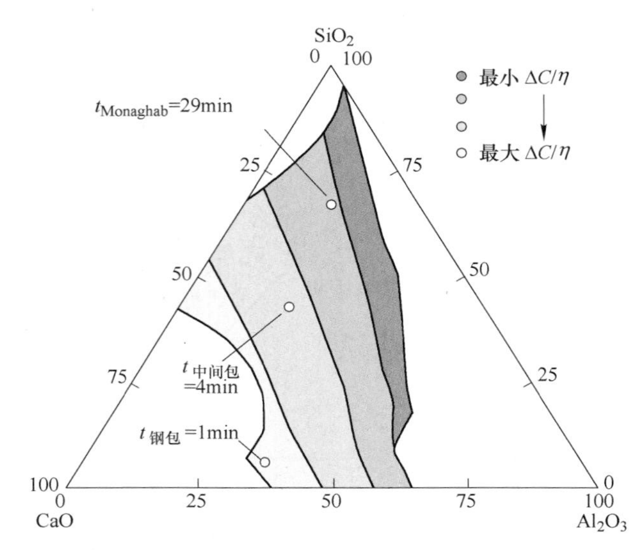

图 5-5　1873K 下不同成分 $CaO\text{-}SiO_2\text{-}Al_2O_3$ 渣系中 $\Delta C/\eta$ 分布[8]

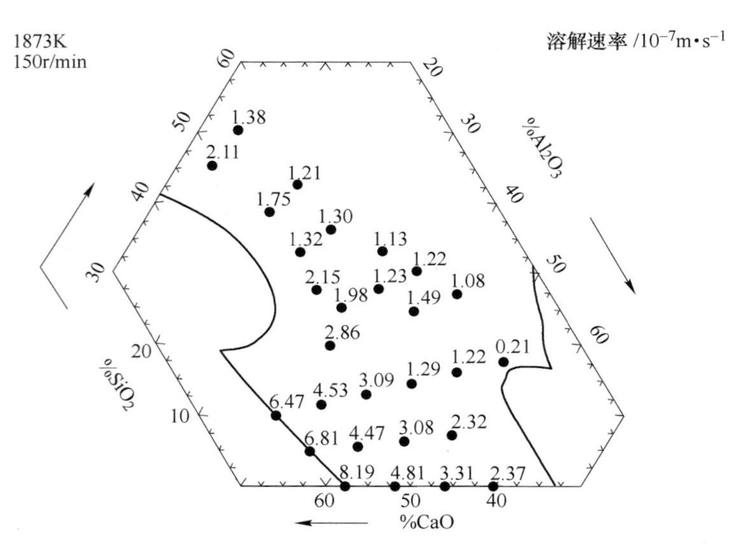

图 5-6　1873K 下 Al_2O_3 在 $CaO\text{-}SiO_2\text{-}Al_2O_3$ 渣中的溶解速率[9]

杂物的分离去除。钢液中大部分固态夹杂物与钢液之间均不润湿，而只有少数固态夹杂物与钢液之间润湿，如 TiO_2，此类夹杂物与钢液之间的接触角较小，该情况下夹杂物去除效率将明显偏低，且在钢液表面的夹杂物易重新被卷入钢液中，或者残留在钢液表面成为铸坯的表面缺陷[10]。防止钢液的二次氧化不仅减少了夹杂物的产生，同时也能保证钢液较低的氧含量，有利于钢液中原有夹杂物的去除。多数情况下熔渣对夹杂物润湿，因此钢液表面有精炼渣时夹杂物去除效率要比无精炼渣时的高。

夹杂物被熔渣吸附的效果以及是否容易被卷入钢液中，可用夹杂物与熔渣之间的黏附功来衡量[11]。夹杂物与熔渣之间的黏附功如式（5-1）所示。结合杨氏方程，可得式

(5-2)。接触角越小，表面张力越大，则夹杂物与熔渣之间黏附越牢固。

$$W = \gamma_{sg} + \gamma_{lg} - \gamma_{sl} \tag{5-1}$$

$$W = \gamma_{lg}(1 + \cos\theta) \tag{5-2}$$

式中，W 为夹杂物与熔渣之间的黏附功，J/m^2；γ_{sg}为夹杂物的表面张力，N/m；γ_{lg}为熔渣的表面张力，N/m；γ_{sl}为熔渣与夹杂物之间的界面张力，N/m；θ 为熔渣与夹杂物之间的接触角，(°)。

由式（5-1）可知，夹杂物在钢渣界面去除与夹杂物与熔渣之间的黏附功相关，而黏附功由夹杂物的表面张力、熔渣的表面张力、熔渣与夹杂物之间的界面张力和熔渣与夹杂物之间的接触角决定，因此，研究熔渣表面张力的影响很有意义。绝大多数物质的表面张力的温度系数（$d\gamma/dT$）为负值，但在一定温度范围内，部分合金的温度系数为正值，而温度对渣的表面张力的影响不大。

图 5-7 为不同渣系的表面张力随温度的变化[12-15]。从图中可以看出，随着温度的升高，渣的表面张力基本不变或者略微下降。图 5-8[16,17]为钢渣间的界面张力随温度的变化。可以得出，界面张力随着温度的升高而降低。图 5-9[18-20]为渣与固体间的接触角随温度的变化。可以看出，渣与固体钢以及渣与耐火材料间的接触角，都随着温度的升高而呈降低的趋势。

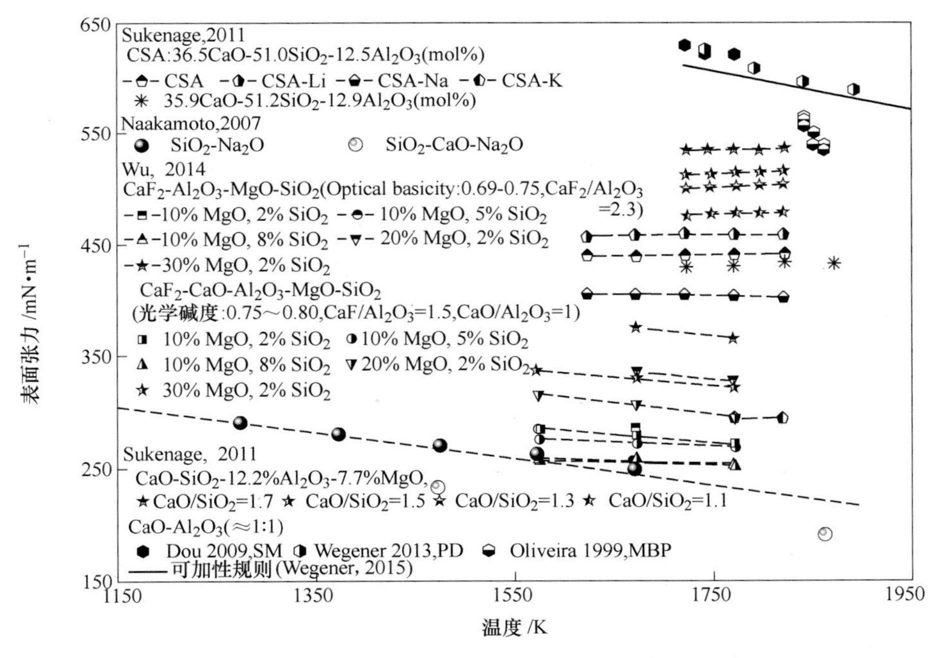

图 5-7 不同渣系的表面张力与温度的关系[12,13,15,21]

精炼和连铸过程中使用的渣的成分不同，渣的表面张力以及渣对夹杂物的接触角不同，两者之间的黏附功也将不同，进而导致夹杂物的去除效果不同。图 5-10 为钢包和中间包两种不同种类的渣的成分及其与各类夹杂物之间的接触角与黏附功的关系[11]。对于同一个渣，不同夹杂物与渣之间的接触角越小，两者之间的黏附功越大，在钢包和中间包内，均为钙铝酸盐黏附功最大，去除效率较高。对于两种不同类别的渣，黏附功与渣-夹

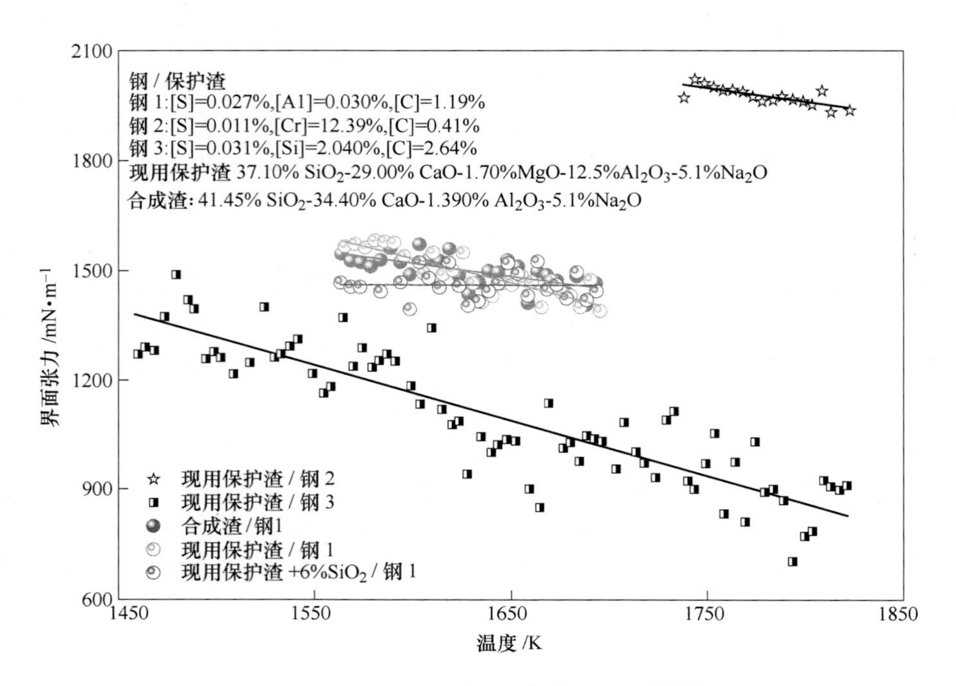

图 5-8 钢渣间界面张力随温度的变化[16,17]

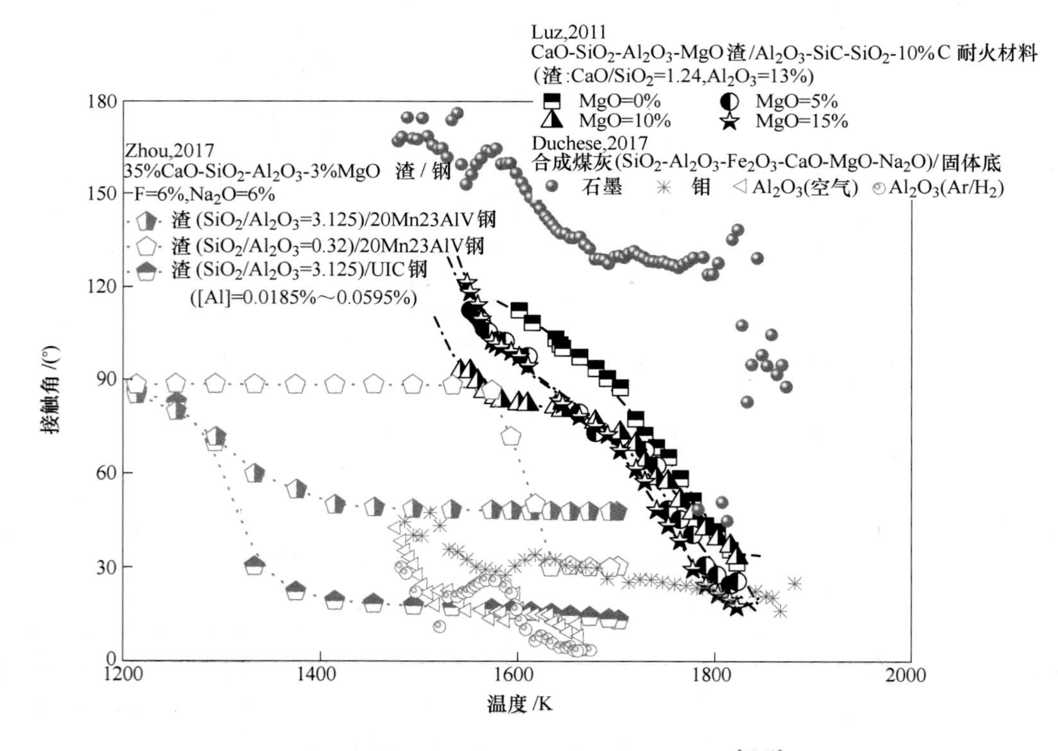

图 5-9 熔渣与固体的接触角随温度的变化[18-20]

杂物之间接触角和渣的表面张力均有关系。由图可见各类夹杂物与钢包渣的黏附功均比中间包的大，渣和夹杂物结合较牢固，因此钢包渣钢界面更有利于夹杂物的去除。

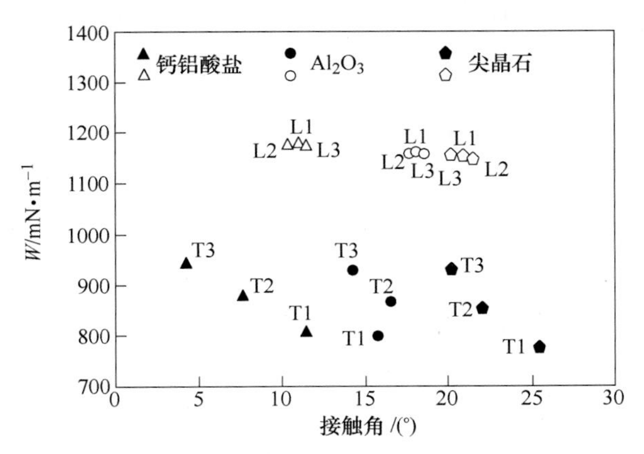

图 5-10　不同成分的渣与不同种类夹杂物之间接触角与黏附功关系

综上所述，夹杂物在渣中溶解时间的决定因素是渣的过饱和度和渣黏度的比值 $\Delta C/\eta$。$\Delta C/\eta$ 越大，夹杂物在渣中的溶解时间越短、溶解速度越快。夹杂物在钢渣界面的分离去除与夹杂物和钢液间的润湿性以及夹杂物和熔渣之间的润湿性有密切的联系。接触角越小，表面张力越大，则夹杂物与熔渣之间黏附越牢固，夹杂物越容易去除。

5.2　精炼渣对硅锰脱氧不锈钢中夹杂物的影响

5.2.1　精炼渣成分对夹杂物成分的影响

实验研究精炼渣成分对夹杂物影响的操作步骤如下：（1）将 150g 304 不锈钢铸坯钢样与 30g 炉渣料装入 MgO 坩埚中，并将坩埚放置于恒温区，封闭 Si-Mo 炉下端；（2）从 Si-Mo 炉下端通入高纯度的氩气和 3%氢气，排空 10min 后，准备升温；（3）分两段升温，首先从炉内温度升高到 1273K，保温 5min，然后将温度升高到 1873K，由此作为实际钢渣反应的计时起点，保温 2h；（4）当 Si-Mo 炉内钢液/炉渣反应达到预定时间以后，将坩埚由炉内取出，放入水中进行急冷，然后进行钢渣分离。其加入的炉渣具体成分如表 5-1 所示，精炼渣中碱度分别为 2.4、2、1.5、1.2 和 1，其中含 $CaF_2$20%。

表 5-1　实验反应前加入炉渣的化学组成　（%）

No.	CaO/SiO_2	SiO_2	CaO	MgO	CaF_2	合计
1	2.4	22.6	54.4	3	20	100
2	2.0	25.7	51.3	3	20	100
3	1.5	30.8	46.2	3	20	100
4	1.2	35.0	42.0	3	20	100
5	1.0	38.5	38.5	3	20	100

经过 2h 的钢渣反应之后，炉渣的成分发生了变化。表 5-2 给出了钢渣反应结束之后炉

渣的基本化学组成。选取实验反应后渣中的 MgO、Al_2O_3 和 CaS 随炉渣碱度的变化进行具体分析。随炉渣碱度增大，渣中 MgO 含量逐渐减小，说明炉渣碱度越小，耐火材料侵蚀越严重；随炉渣碱度增大，渣中的 Al_2O_3 含量逐渐减小，说明碱度越低越有利于 Al_2O_3 的去除；随炉渣碱度增加，渣中 S 含量逐渐增大，说明高碱度炉渣有利于钢液脱硫。

表 5-2 实验平衡反应后炉渣化学组成 (%)

No.	*R*	CaF_2	CaO	SiO_2	MgO	Al_2O_3	MnO	CaS	Cr_2O_3	Fe_2O_3	合计
1	2. 27	9. 32	56. 82	24. 98	7. 08	0. 50	0. 05	0. 09	0. 15	1. 01	100
2	1. 95	13. 95	52. 75	26. 99	5. 66	0. 23	0. 09	0. 09	0. 13	0. 10	100
3	1. 34	15. 59	41. 54	30. 91	8. 83	2. 45	0. 25	0. 07	0. 25	0. 11	100
4	1. 17	13. 76	37. 63	32. 05	13. 15	2. 15	0. 50	0. 04	0. 58	0. 13	100
5	1. 01	11. 94	33. 79	33. 48	16. 42	2. 60	0. 74	0. 05	0. 84	0. 14	100

经过 2h 的钢渣反应之后，钢液成分也发生了变化。实验后钢样中 T. O. 均比连铸坯母铁中的 T. O. 低。选取反应后炉渣碱度对钢液中 T. O. 的影响进行具体分析，结果如图 5-11 所示。由图可知：随炉渣碱度增加，钢中 T. O. 逐渐减小，由 41ppm 减小到 12ppm，因此高碱度渣有利于钢中 T. O. 含量的控制；随着炉渣碱度的增加，钢中 N 含量变化规律不明显。

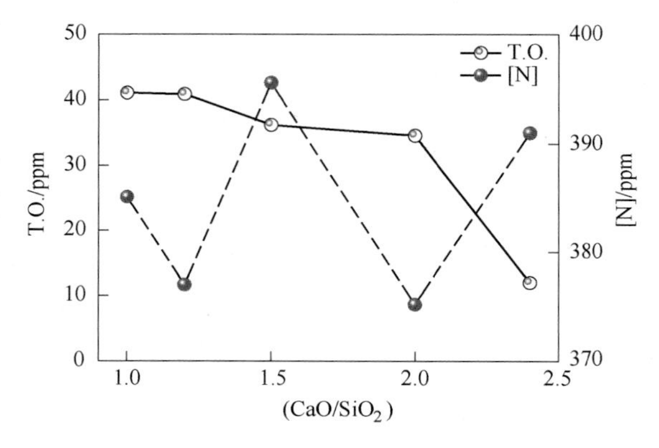

图 5-11 钢液成分随炉渣碱度的变化

炉渣碱度为 2. 4 时，平衡反应后，夹杂物形貌和成分分别如图 5-12 和表 5-3 所示。夹杂物中 Al_2O_3 平均含量为 11%，MgO 平均含量为 12. 62%，MnS 含量为 0%。此外，夹杂物中 CaO 消失，这个可能是由于渣钢平衡反应后钢中 Ca 含量本身很低造成的，随平衡反应进行，夹杂物中 CaO 含量减少。夹杂物尺寸基本在 3μm 以下。

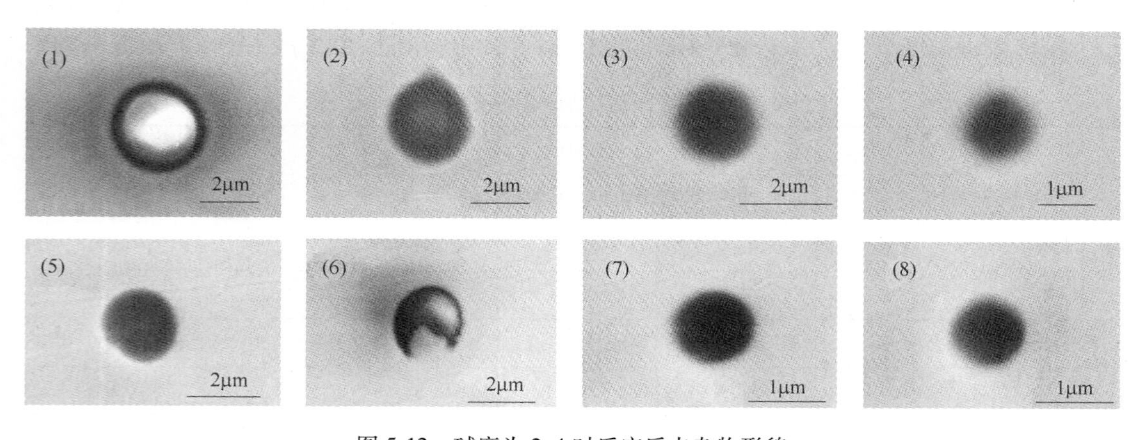

图 5-12 碱度为 2. 4 时反应后夹杂物形貌

表 5-3 碱度为 2.4 时反应后夹杂物成分 (%)

No.	MgO	Al_2O_3	SiO_2	MnO	MnS	合计
1	9.63	7.30	41.95	41.12	0.00	100
2	23.13	13.37	63.51	0.00	0.00	100
3	23.21	8.64	36.99	31.16	0.00	100
4	7.97	15.60	42.76	33.67	0.00	100
5	16.56	9.14	39.41	34.88	0.00	100
6	8.07	5.95	37.49	48.49	0.00	100
7	11.85	16.85	42.51	28.80	0.00	100
8	9.78	7.38	48.12	34.72	0.00	100

炉渣碱度为 2.0 时，平衡反应后，夹杂物形貌和成分分别如图 5-13 和表 5-4 所示。夹杂物中 Al_2O_3 平均含量约为 9.57%，MgO 平均含量约为 1.86%，MnS 含量为 0%。同样，夹杂物中 CaO 消失。夹杂物尺寸基本都在 3μm 以下。

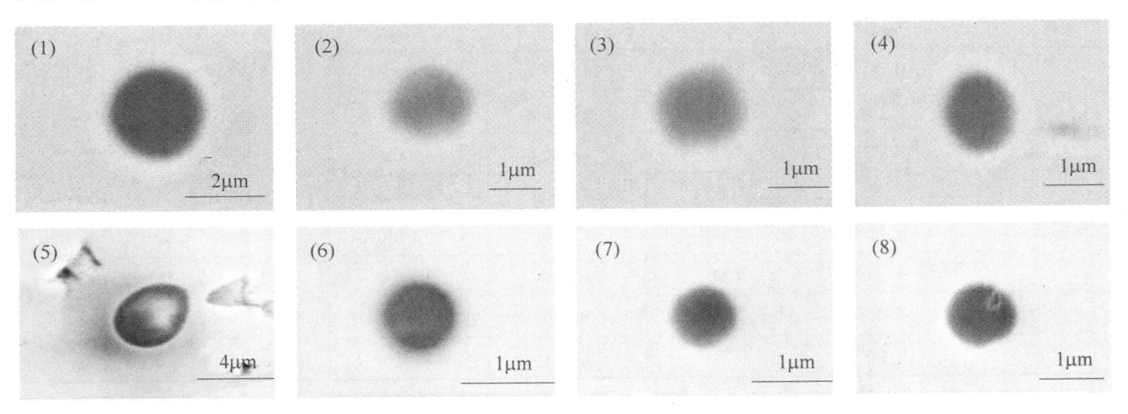

图 5-13 碱度为 2.0 时反应后夹杂物形貌

表 5-4 碱度为 2.0 时反应后夹杂物成分 (%)

No.	MgO	Al_2O_3	SiO_2	MnO	MnS	合计
1	6.02	10.09	42.57	41.32	0.00	100
2	0.00	1.95	47.42	48.33	2.30	100
3	0.00	13.73	48.41	37.85	0.00	100
4	0.00	4.52	41.61	53.87	0.00	100
5	14.79	15.69	36.60	32.91	0.00	100
6	1.84	4.21	44.07	49.89	0.00	100
7	1.58	23.50	41.37	33.55	0.00	100
8	0.00	9.55	45.78	44.67	0.00	100

炉渣碱度为 1.5 时，平衡反应后，夹杂物形貌和成分分别如图 5-14 和表 5-5 所示。夹杂物中 Al_2O_3 平均含量约为 0.51%，MgO 平均含量约为 2.92%，此时夹杂物基本为 MnO-

SiO_2 类型。夹杂物尺寸基本都在 3μm 以下。

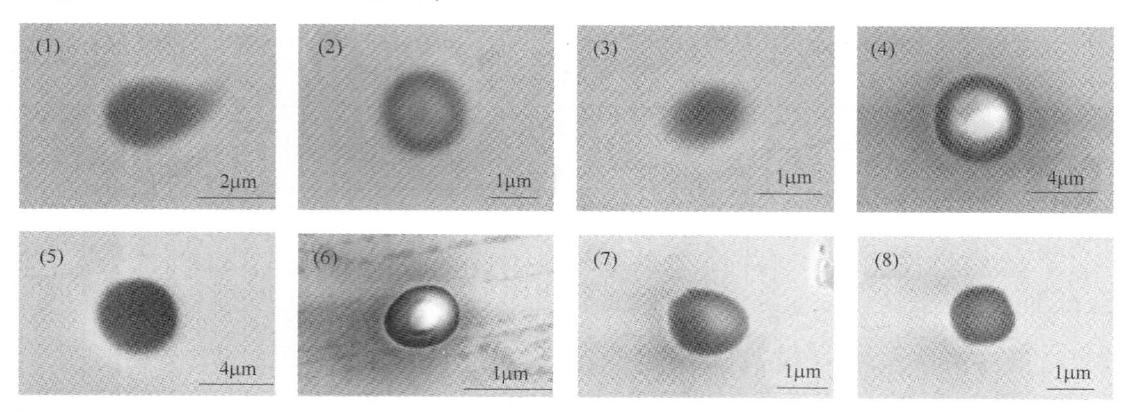

图 5-14 碱度为 1.5 时反应后夹杂物形貌

表 5-5 碱度为 1.5 时反应后夹杂物成分 (%)

No.	MgO	Al_2O_3	SiO_2	MnO	MnS	合计
1	0.00	0.00	47.87	46.55	5.58	100
2	0.00	0.00	41.93	53.95	4.12	100
3	0.00	0.00	47.25	46.62	6.13	100
4	7.50	1.83	47.35	43.32	0.00	100
5	0.00	0.00	43.16	52.28	4.56	100
6	4.74	0.00	46.20	46.64	2.42	100
7	4.65	0.00	50.84	41.43	3.08	100
8	0.00	0.00	42.61	49.16	8.24	100

炉渣碱度为 1.2 时，平衡反应后，夹杂物形貌和成分分别如图 5-15 和表 5-6 所示。夹杂物中 Al_2O_3 平均含量约为 0.11%，MgO 平均含量约为 1.28%，夹杂物同样为 MnO-SiO_2 类型，但是夹杂物中的 SiO_2 有所增加。夹杂物尺寸基本都在 5μm 以下。

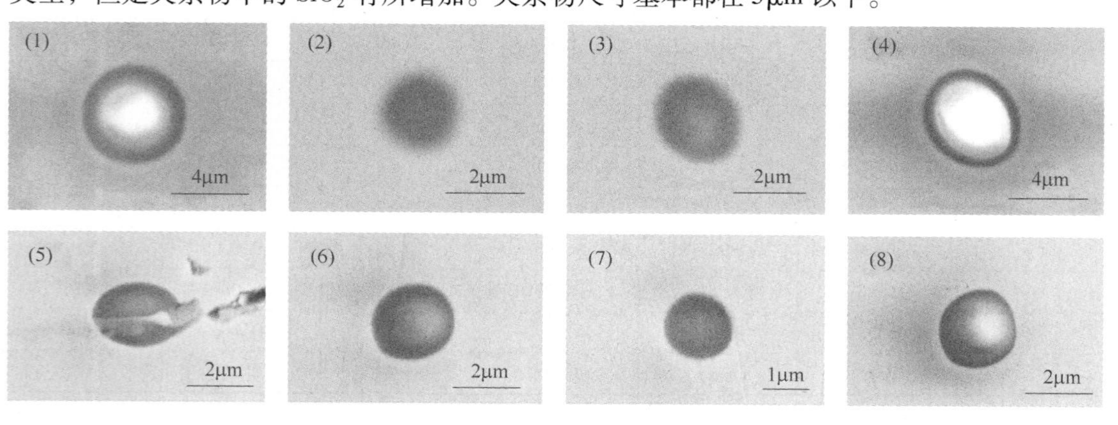

图 5-15 碱度为 1.2 时反应后夹杂物形貌

表 5-6　碱度为 1.2 时反应后夹杂物成分　　(%)

No.	MgO	Al_2O_3	SiO_2	MnO	MnS	合计
1	3.68	0.00	45.65	45.83	4.83	100
2	0.00	0.00	38.95	61.05	0.00	100
3	0.00	0.00	45.48	48.45	6.07	100
4	2.80	0.00	47.10	44.76	5.34	100
5	0.00	0.00	42.42	49.47	8.11	100
6	0.00	0.00	42.43	57.57	0.00	100
7	0.00	0.00	43.89	50.89	5.21	100
8	0.00	0.00	36.99	53.47	9.54	100

炉渣碱度为 1.0 时，平衡反应后，夹杂物形貌和成分分别如图 5-16 和表 5-7 所示。夹杂物中已无 Al_2O_3，MgO 平均含量也很低，MnS 含量有所增加。夹杂物尺寸基本都在 5μm 以下。

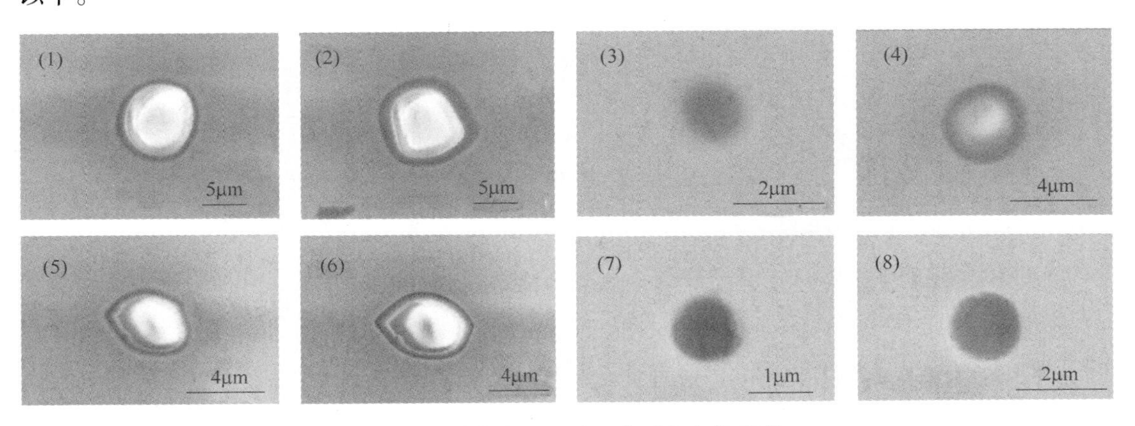

图 5-16　碱度为 1.0 时反应后夹杂物形貌

表 5-7　碱度为 1.0 时反应后夹杂物成分　　(%)

No.	MgO	Al_2O_3	SiO_2	MnO	MnS	合计
1	0.00	0.00	49.94	44.92	5.14	100
2	1.52	0.00	49.04	44.54	4.89	100
3	0.00	0.00	44.47	50.01	5.52	100
4	0.00	0.00	40.84	50.67	8.49	100
5	1.91	0.00	42.42	47.41	8.26	100
6	2.22	0.00	45.13	46.70	5.95	100
7	0.00	0.00	38.89	48.54	12.58	100
8	0.00	0.00	47.09	39.72	13.18	100

图 5-17 为炉渣碱度对钢中夹杂物平均成分的影响。由图可知，随炉渣碱度增加，夹杂物中 MnO 和 SiO_2 含量略有降低；随炉渣碱度增加，夹杂物中 Al_2O_3 含量逐渐增加，碱度控制在 1.5 以下，对减少夹杂物中的 Al_2O_3 含量有明显效果；随炉渣碱度增加，夹杂物中 MnS 含量明显减少，说明高碱度有利于脱硫；随炉渣碱度增加，夹杂物中 MgO 含量增加，与渣中 MgO 规律相反。

图 5-18 为反应后渣碱度和渣中 Al_2O_3 含量对夹杂物中 Al_2O_3 含量的影响。不同形状的符号代表不同学者的研究结果，不同符号尺寸和数字代表反应后夹杂物中 Al_2O_3 含量。由图可知，随着精炼渣碱度降低，夹杂物中 Al_2O_3 含量降低；同时，随着渣中 Al_2O_3 含量的降低，夹杂物中 Al_2O_3 含量降低。图中左下区域内的低碱度低 Al_2O_3 精炼渣有利于降低夹杂物中 Al_2O_3 含量。

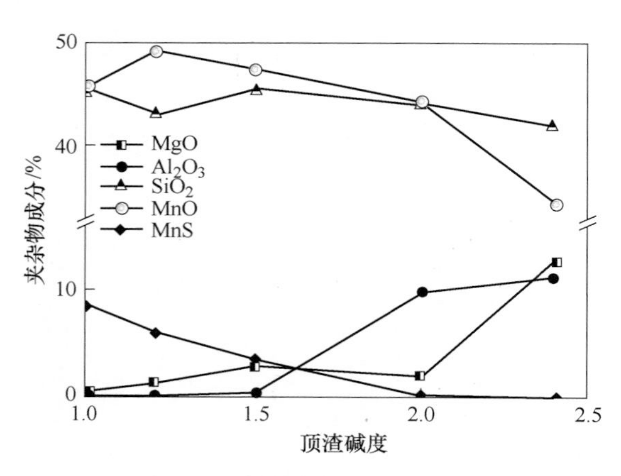

图 5-17　炉渣碱度对钢中夹杂物平均成分的影响

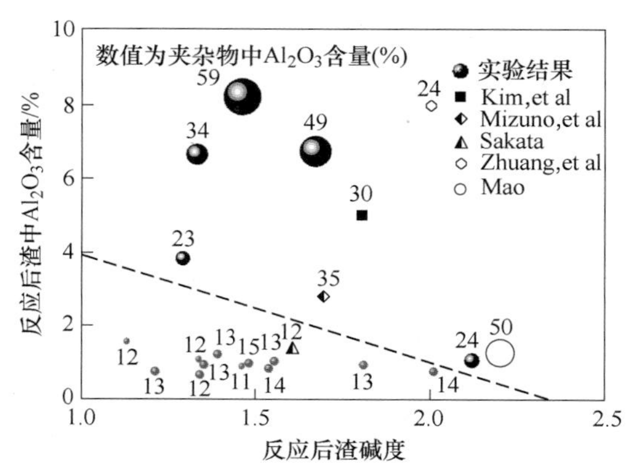

图 5-18　渣碱度和渣中 Al_2O_3 含量对夹杂物中 Al_2O_3 含量的影响

图 5-19 为反应后渣中 MgO 含量对夹杂物中 Al_2O_3 含量的影响。由图可知，随着渣中 MgO 含量的增加，夹杂物中 Al_2O_3 含量基本不变。但是由于 MgO 基耐火材料的使用，在初始渣中加入 10%～15% 的 MgO 有利于减小耐火材料的侵蚀，增加炉衬寿命。

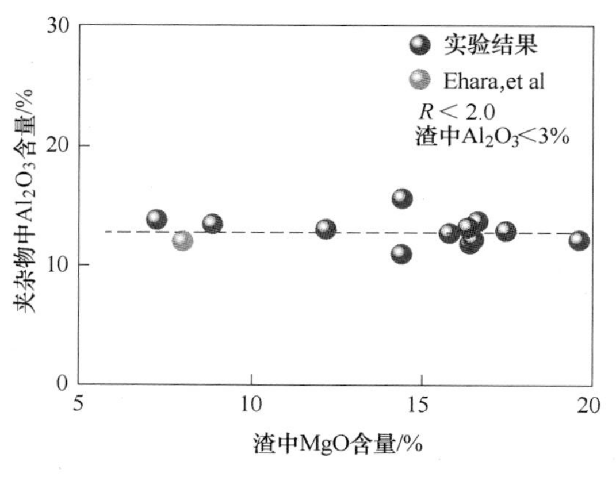

图 5-19　渣中 MgO 含量对夹杂物中 Al_2O_3 含量的影响

5.2.2　精炼渣成分对夹杂物影响的热力学计算

精炼过程渣、钢和夹杂物平衡反应示意图如图 5-20 所示。图中主要有如下化学反应：渣-钢反应 R1；钢-夹杂物反应 R2。为了简化模型的计算，做出如下假设：（1）假设渣-钢反应和钢-夹杂物反应达到平衡；（2）温度可以维持在固定的精炼温度。同时，模型没有考虑夹杂物的上浮去除和耐火材料的影响。通过 FactSage 热力学软件编写程序，主要计算过程步骤如下：（1）在 Microsoft Excel 中输入初始条件；（2）精炼渣和钢液反应；（3）钢液和夹杂物反应；（4）将反应后的渣、钢液和夹杂物成分输出到 Microsoft Excel 中。循环以上步骤，可实现大量计算从而得出不同精炼渣成分对钢液成分和夹杂物成分的影响。计算过程中选择 FactPS、FToxid、FTmisc 数据库。

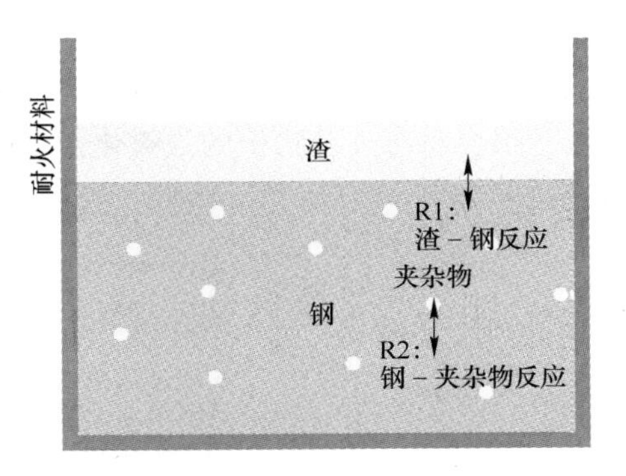

图 5-20　精炼过程渣、钢和夹杂物平衡反应示意图

为了优化 304 不锈钢的精炼渣成分从而提升 304 不锈钢的洁净度，用当前建立的渣-钢-夹杂物模型进行了大量的计算。$CaO-SiO_2-Al_2O_3-MgO-CaF_2$ 精炼渣系被广泛地应用于不锈钢的精炼，当前计算的精炼渣的成分范围如表 5-8 所示。计算的渣钢比为 1/50。

表 5-8　初始精炼渣成分　（%）

CaF_2	MgO	CaO	SiO_2	Al_2O_3
20	5	0~75	0~75	0~75

图 5-21 为预测的不同精炼渣成分对 304 不锈钢夹杂物中的 Al_2O_3 含量影响。不同颜色代表不锈钢夹杂物中不同的 Al_2O_3 含量。初始夹杂物中的强氧化性组分 SiO_2 和 MnO 很容易被钢中的［Al］还原，夹杂物中生成 Al_2O_3 的反应如式（5-3）和式（5-4）所示。因为高碱度会增加 304 不锈钢钢液中的［Al］含量，所以夹杂物中的 Al_2O_3 含量随精炼渣碱度的增加而增加。同时可知，低碱度有利于夹杂物中 Al_2O_3 含量的降低。

$$4[Al]+3(SiO_2)_{inclusion}=3[Si]+2(Al_2O_3)_{inclusion} \tag{5-3}$$

$$2[Al]+3(MnO)_{inclusion}=3[Mn]+(Al_2O_3)_{inclusion} \tag{5-4}$$

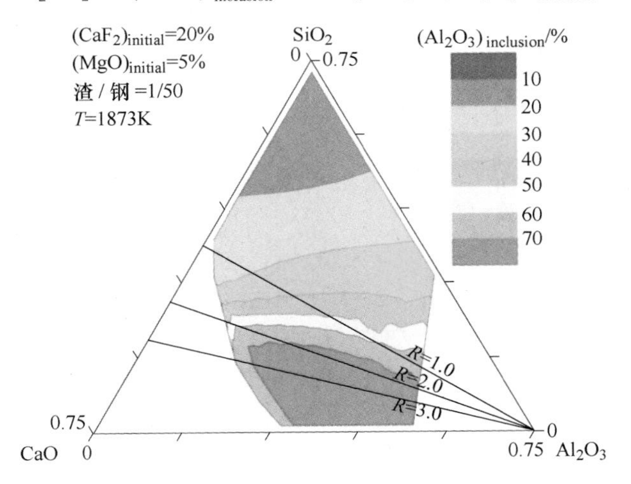

图 5-21　不同精炼渣成分对 304 不锈钢夹杂物中 Al_2O_3 的影响

图 5-22 为预测的不同精炼渣成分对 304 不锈钢夹杂物中 MgO 的影响。不同颜色代表不锈钢夹杂物中不同的 MgO 含量。由图可知，304 不锈钢夹杂物中 MgO 含量随精炼渣碱

度增加而显著增加。同时值得注意的是，304 不锈钢夹杂物中 MgO 含量的变化趋势与钢中［Al］含量的变化趋势基本一致，这是因为渣中的 MgO 会被钢中的［Al］还原，生成的［Mg］很容易与夹杂物中的强氧化性组分 SiO_2 和 MnO 发生反应（5-5）和（5-6），从而提升夹杂物中的 MgO 含量。因此，可以通过使用低碱度渣降低夹杂物中的 MgO 含量。

$$2[Mg]+(SiO_2)_{inclusion} = [Si]+2(MgO)_{inclusion} \tag{5-5}$$

$$[Mg]+(MnO)_{inclusion} = [Mn]+(MgO)_{inclusion} \tag{5-6}$$

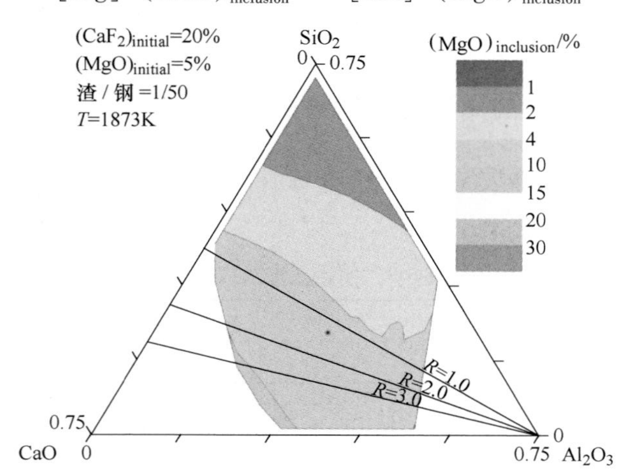

图 5-22　不同精炼渣成分对 304 不锈钢夹杂物中 MgO 的影响

有研究表明，304 不锈钢中 MnS 夹杂物的溶解会导致 304 不锈钢的表面侵蚀[22,23]。钢中的 MnS 主要在凝固过程中析出，反应式如式（5-7）所示[24]。图 5-23 为预测的不同精炼渣成分对 304 不锈钢中析出的 MnS 夹杂物的影响。不同颜色代表不锈钢夹杂物中析出的 MnS 夹杂物含量。低碱度条件下会析出更多的 MnS 夹杂物，这是因为 304 不锈钢中 MnS 含量的析出主要取决于钢中的 S 含量，而低碱度条件下不锈钢中的［S］含量较高。

$$[Mn] + [S] = (MnS)_{inclusion} \tag{5-7}$$

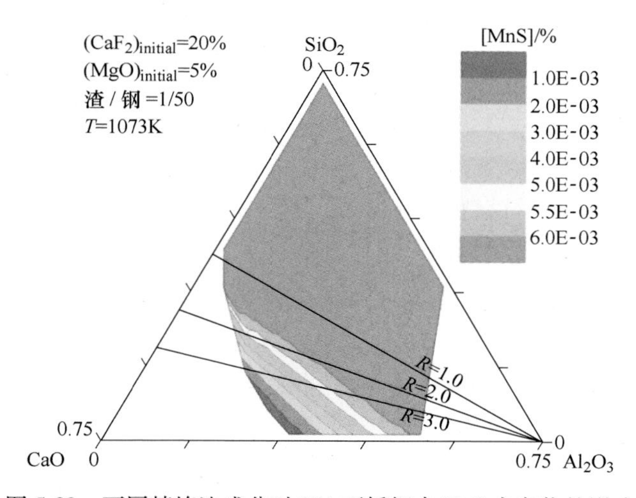

图 5-23　不同精炼渣成分对 304 不锈钢中 MnS 夹杂物的影响

5.2.3 本节小结

（1）随初始精炼渣碱度增加，夹杂物中 Al_2O_3 含量增加，说明碱度越低越有利于 Al_2O_3 的去除；随初始精炼渣碱度增加，钢中 T. O. 逐渐减小，夹杂物数量减小，说明高碱度有利于洁净度的提升。

（2）精炼渣碱度小于 1.5、MgO 含量为 10%～15%、不含 Al_2O_3 的精炼渣有利于 304 不锈钢夹杂物中 Al_2O_3 含量的降低。

5.3 精炼渣对轴承钢中夹杂物的影响

轴承钢被广泛应用于机械制造、铁路运输、汽车制造、国防工业等领域[25]。轴承的工作特点是承受强冲击和交变载荷，因此对轴承钢的成分均匀性、洁净度水平（夹杂物质量分数、类型、尺寸、分布）都提出了很高的要求[26]。其中，高寿命破坏阶段是内部夹杂物诱导破坏[27]。铝脱氧轴承钢中夹杂物包括 Al_2O_3、$MgO \cdot Al_2O_3$、钙铝酸盐及 MnS 和 TiN 等。D 类点状不变形夹杂物易导致裂纹萌生，是引起轴承钢探伤不合的主要原因[28]。超低氧轴承钢液中存在 $MgO \cdot Al_2O_3$、$CaO \cdot 2Al_2O_3$、$CaO \cdot 6Al_2O_3$ 等微小夹杂物粒子，由于熔点高和与钢液间表面张力较大，这些夹杂物粒子在连铸过程易导致水口结瘤。Brooksbank[29]建立了镶嵌应力模型，很好地解释了轴承钢中不变形的点状铝酸钙夹杂比氧化铝更有害的原因。Monnot 等[30]研究得到了不同类别夹杂物对轴承钢疲劳破坏性能的影响，尺寸在 15～45μm 范围的 $CaO-Al_2O_3$ 系球状不变形夹杂物对轴承钢疲劳性能影响最大。

生产轴承钢的工艺路线为电炉→LF→VD→连铸工序，在 LF 进站、LF 调成分后、LF 出站、VD 破真空、VD 软吹、VD 出站、中间包、铸坯和轧材各工序进行取样，对样品进行制样，研磨抛光。采用 ASPEX 全自动扫描电镜对扫描区域内 5μm 以上夹杂物的大小、面积、数量、成分等信息进行统计分析。

5.3.1 生产过程夹杂物的演变

5.3.1.1 高碱度精炼渣下轴承钢中的夹杂物

原工艺精炼渣系为 $CaO-Al_2O_3-MgO-SiO_2$ 高碱度还原渣系，该渣系是目前冶炼轴承钢最常用的渣系，在实际生产中取得了较好的精炼效果。渣中氧化铁活度低，可以有效地减少炉渣向钢中供氧。原工艺精炼渣所用碱度为 8 左右。

图 5-24 为原工艺全流程氧化物平均成分变化。可以看到，在 LF 精炼过程，夹杂物中的 CaO 含量基本小于 20%；而在 VD 精炼过程中，由于强烈的渣钢反应，导致夹杂物中的 CaO 含量急剧上升到 60%左右；虽然在浇铸过程中有所降低，但依旧维持在 20%以上。由此可知，钢中 D 类夹杂物生成的主要工序是在 VD 精炼过程，产生的可能原因包括两个方面：一个是精炼渣碱度过高，导致渣中 CaO 活度很大；另一个是强烈的搅拌，给渣钢反应提供了良好的动力学条件。图 5-25 为通过无水有机溶液电解得到的铸坯中的典型夹杂物，可见优化前主要为球状 $CaO-MgO-Al_2O_3$ 或 $CaO-Al_2O_3$ 复合夹杂，夹杂物中 CaO 含量都很高，且尺寸很大。

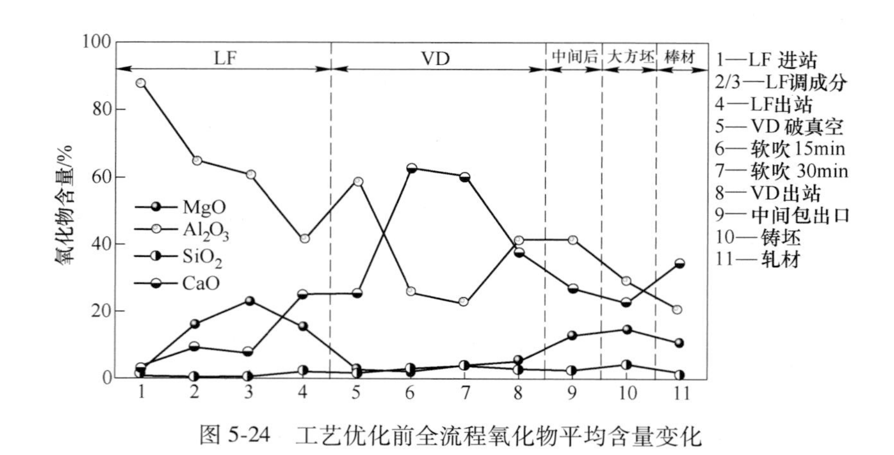

图 5-24　工艺优化前全流程氧化物平均含量变化

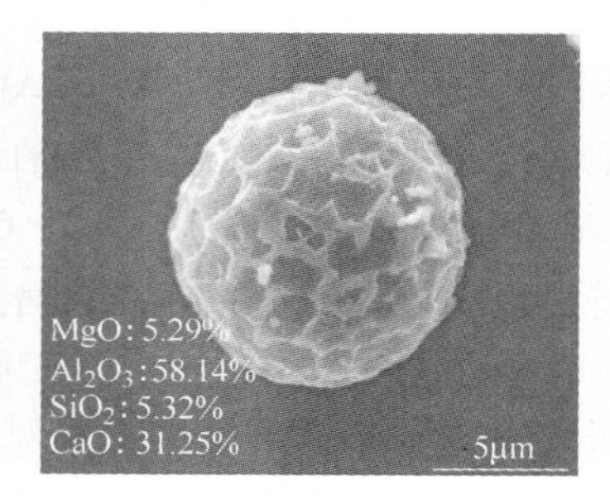

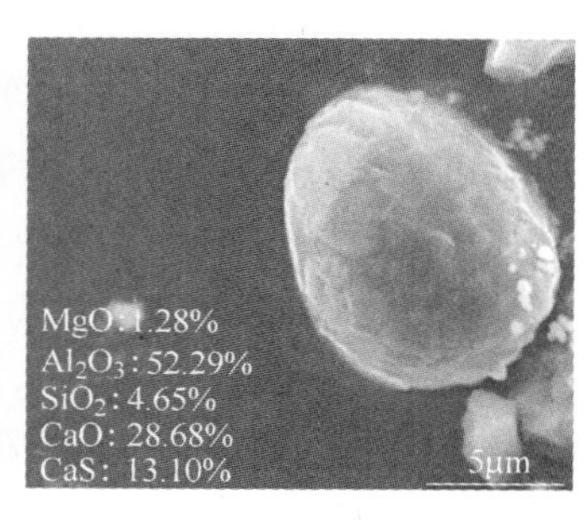

图 5-25　工艺优化前铸坯中典型夹杂物形貌及成分

5.3.1.2　低碱度精炼渣下轴承钢中的夹杂物

针对轴承钢中 D 类夹杂物的形成原因，提出优化控制措施，主要包括两个方面：（1）出钢后扒渣操作，为降低 VD 过程渣钢之间的反应程度，采取 VD 浅真空操作；（2）从降低总氧方面考虑，继续选择高碱度精炼渣，但为减少 D 类夹杂的生成，碱度进行适当降低，由 8 以上降低至 5~6。炉渣碱度的降低，减少了渣中 CaO 被钢中［Al］还原而进入钢液并与 Al_2O_3 和镁铝尖晶石反应生成钙铝酸盐和 CaO-Al_2O_3-MgO 复合相，减轻了 D 类夹杂的危害[31]。

轴承钢中夹杂物以氧化物为主，硫化物和氮化物较少。图 5-26 为工艺优化后全流程夹杂物中氧化物含量的变化，MgO 在 LF 阶段上升主要是钢液中的［Al］将耐火材料及钢渣中的 MgO 还原为［Mg］进入钢液，与钢中 Al_2O_3 反应生成 MgO · Al_2O_3[32]。与图 5-24 所示的优化前夹杂物平均成分相比，优化后 VD 阶段 CaO 含量比优化前显著降低，基本小于 15%，尤其在铸坯夹杂物中 CaO 平均含量小于 5%，夹杂物主要为 MgO · Al_2O_3 尖晶石。图 5-27 为优化后铸坯中的典型夹杂物形貌，可见为典型的尖晶石类夹杂物多面体形貌。

5.3.2　不同精炼渣下夹杂物成分对比

图 5-28 为优化工艺前后轧材中尺寸大于 5μm 的夹杂物成分在 CaO-Al_2O_3-MgO 三元相图上的分布对比结果。优化后夹杂物分布接近 MgO-Al_2O_3 二元相线上，平均成分中 CaO 含

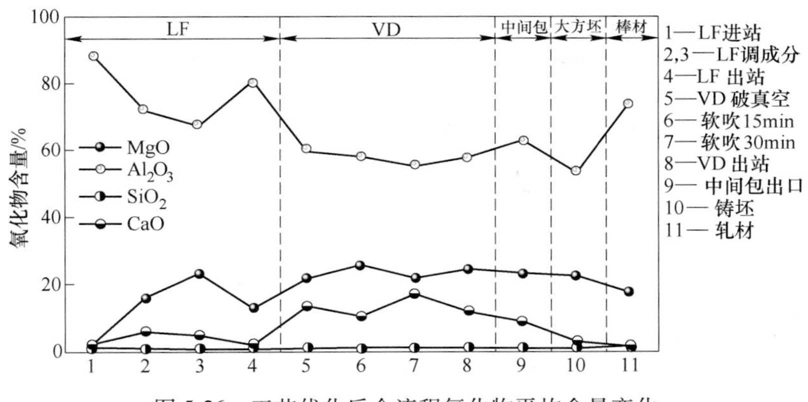

图 5-26 工艺优化后全流程氧化物平均含量变化

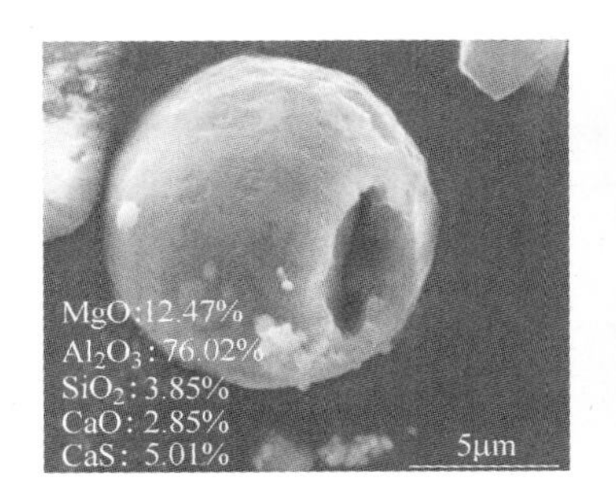

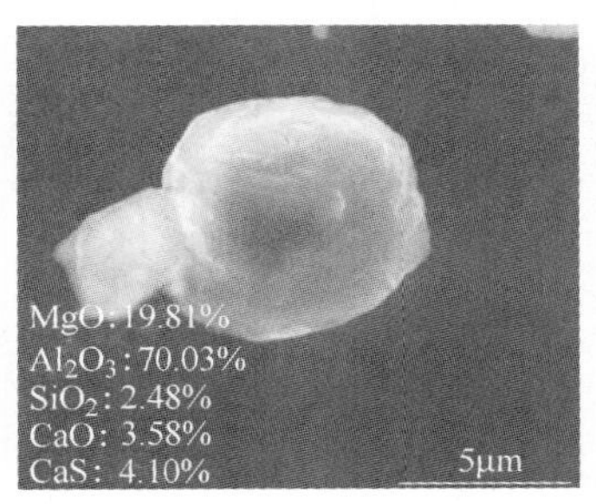

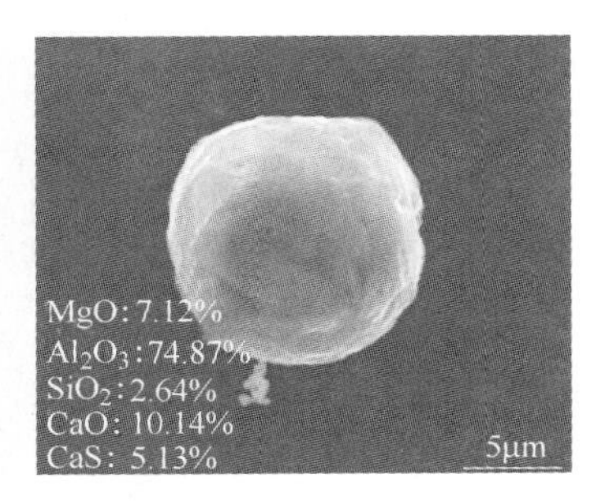

图 5-27 工艺优化后典型夹杂物形貌及成分

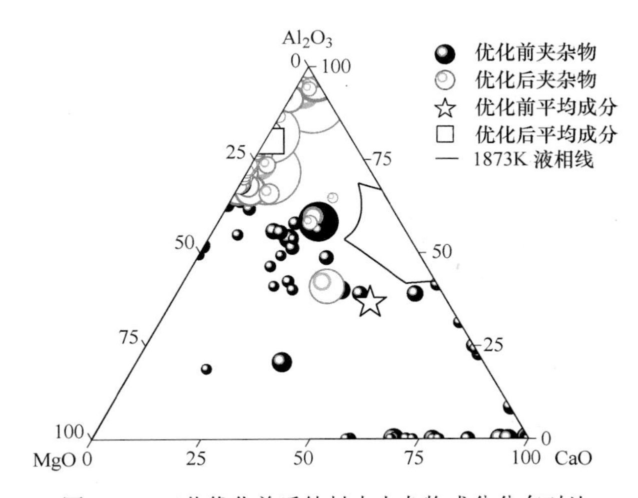

图 5-28 工艺优化前后轧材中夹杂物成分分布对比

量显著降低，这正符合减少 D 类夹杂物的初衷。尽管 $MgO \cdot Al_2O_3$ 夹杂熔点高，但是 $MgO \cdot Al_2O_3$ 夹杂尺寸要比 $CaO-Al_2O_3-MgO$ 类复合夹杂小得多，且易于上浮去除。此外，$CaO-Al_2O_3-MgO$ 系夹杂含 CaO 含量越高，对应的尺寸越大，凝固过程其表面越不容易析出 MnS 夹杂[33]，这不利于提高轴承钢疲劳寿命。因此，控制轴承钢中夹杂物为 $MgO \cdot Al_2O_3$

夹杂相比于 $CaO-Al_2O_3-MgO$ 类复合夹杂对提高轴承钢质量更有利[19,34,35]。

图 5-29 为优化工艺前后尺寸大于 5μm 夹杂物数密度和面积分数的对比。可以看到，优化前后钢中夹杂物数密度和面积分数差异不大。夹杂物数密度和面积分数在中间包阶段有所增加，主要是二次氧化的结果。

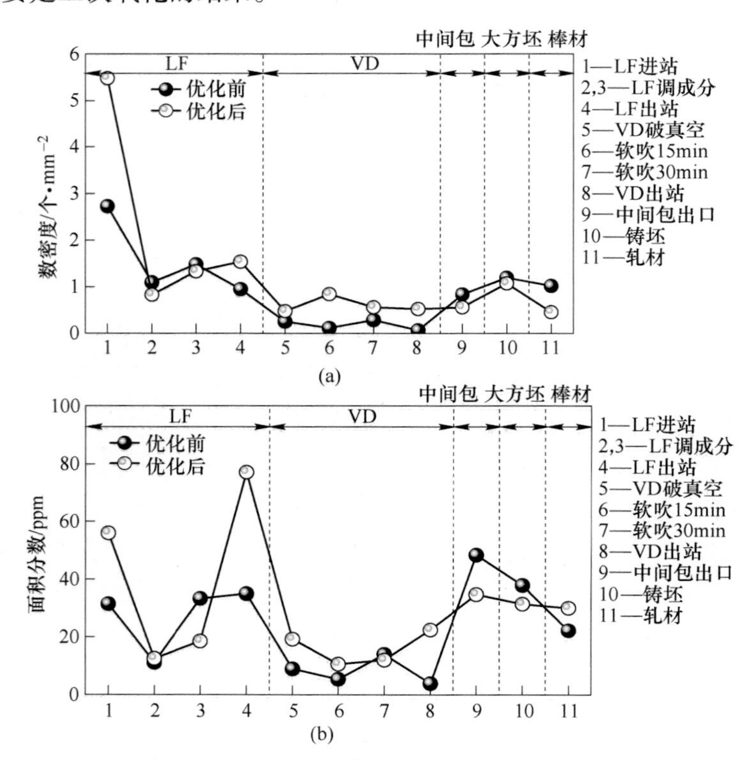

图 5-29 工艺优化前后全流程夹杂物数密度和面积分数对比

图 5-30 为优化工艺前后 T. O. 含量对比。相比于优化前，优化后钢中 T. O. 含量有所增加，原因是优化工艺 VD 浅真空操作使钢中夹杂物上浮去除效果变差；此外，炉渣碱度的降低使得脱氧能力下降，吸附 Al_2O_3 夹杂物能力变差。但是由于优化后 VD 搅拌强度相对更小，能够减少由于精炼渣的卷入而导致的外来夹杂物的增加。同时需要看到的是，优化后即使浇铸过程发生了一定的二次氧化增氧，中间包钢液和铸坯中的 T. O. 含量依旧能够保持在 7ppm 以内，尤其在最终轧材样中优化后的 T. O. 含量同样小于 5ppm，完全满足轴承钢对 T. O. 含量的要求。

利用 FactSage 商业软件计算了 1873K 条件下 $CaO-SiO_2-Al_2O_3$-5%MgO 四元渣系的 Al_2O_3 和 CaO 等活度线，如图 5-31 所示。液相区 A 内，一定 Al_2O_3 含量下，随着精炼渣碱度的增加，Al_2O_3 活度逐渐减小，CaO 活度逐渐增加，有利于精炼渣吸附 Al_2O_3，提高渣系脱氧能力。从降低总氧、减少 Al_2O_3 夹杂方面考虑，该钢厂选用高碱度精炼渣。但是同时高碱度带来 CaO 活度增加，会促进渣中 CaO 的还原，使得夹杂物中 CaO 含量增加。由于采用高碱度炉渣，原工艺条件下钢中 T. O. 含量基本控制在 5ppm 以下，达到很高的洁净度，因此认为 T. O. 不是造成 D 类夹杂物超标的原因。

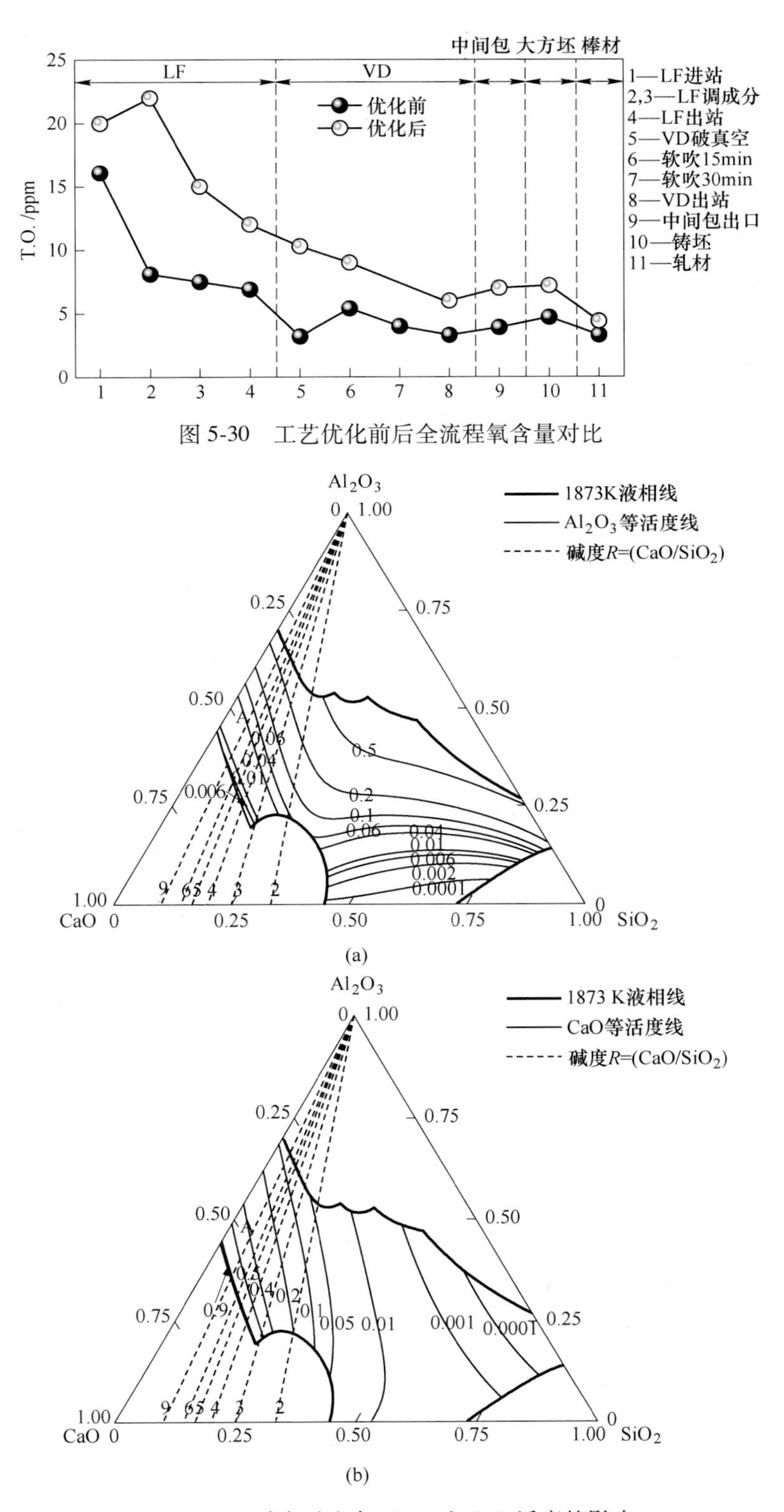

图 5-30 工艺优化前后全流程氧含量对比

(a)

(b)

图 5-31 碱度对渣中 Al_2O_3 和 CaO 活度的影响

5.3.3 本节小结

（1）原工艺下轴承钢中钙铝酸盐 D 类夹杂物生成的主要原因包括两个方面：一个是精炼渣碱度过高，导致渣中 CaO 活度很大；二是 VD 精炼过程的强烈的搅拌，给渣钢反应提供了良好的动力学条件。

（2）从精炼渣碱度和 VD 真空度两方面对工艺进行了优化，炉渣碱度由 8 以上降低至 5~6，使得最终产品夹杂物中的 CaO 含量由 30%左右降低至 5%以下，显著减少了钙铝酸盐和 $CaO-Al_2O_3-MgO$ 复合夹杂物的生成，使钢中夹杂物由钙铝酸盐类转变为镁铝尖晶石类，减轻了 D 类夹杂的危害。

5.4 本章小结

夹杂物在渣中溶解时间的决定因素是渣的过饱和度和渣黏度的比值 $\Delta C/\eta$。$\Delta C/\eta$ 越大，夹杂物在渣中的溶解时间越短，溶解速度越快。夹杂物在钢渣界面的分离去除，与夹杂物和钢液之间的润湿性以及夹杂物和熔渣之间的润湿性有密切的联系。接触角越小，表面张力越大，则夹杂物与熔渣之间黏附越牢固，夹杂物越容易去除。对于轴承钢来说，炉渣碱度由 8 以上降低至 5~6，使得最终产品夹杂物中的 CaO 含量由 30%左右降低至 5%以下，显著减少了钙铝酸盐和 $CaO-Al_2O_3-MgO$ 复合夹杂物的生成，使钢中夹杂物由钙铝酸盐类转变为镁铝尖晶石类，减轻了 D 类夹杂的危害。随初始精炼渣碱度增大，夹杂物中 Al_2O_3 含量增加，说明碱度越低越有利于夹杂物中 Al_2O_3 的降低；随初始精炼渣碱度增加，钢中 T. O. 逐渐减小，夹杂物数量减小，说明高碱度有利于洁净度的提升。精炼渣碱度小于 1.5、MgO 含量为 10%~15%、不含 Al_2O_3 的精炼渣，有利于 304 不锈钢夹杂物中 Al_2O_3 含量的降低。

参 考 文 献

[1] Hideaki Suito, Ryo Inoue. Thermodynamics on control of inclusions composition in ultraclean steels [J]. ISIJ International, 1996, 36 (5): 528-536.

[2] Eguchi J, Fukunaga M, Sugimoto T, Mizutani Y. Manufacture of high quality case-hardening low alloy steel for automobile use [J]. The Iron and Steel Institute of Japan, 1990: 644-650.

[3] 原永良，韩云龙. 喷吹 Ca-Si 粉钢中非金属夹杂物成因的探讨 [J]. 鞍钢技术，1986, 5 (3): 7-11.

[4] 吴根土. 连铸钢的可浇铸性和质量的改进 [J]. 浙江冶金，2006, 12 (4): 9-16.

[5] Yoon B H, Heo K H, Kim J S, Sohn H S. Improvement of steel cleanliness by controlling slag composition [J]. Ironmaking & Steelmaking, 2002, 29 (3): 214-217.

[6] Valdez M, Shannon G, Sridhar S. The ability of slags to absorb solid oxide inclusions [J]. ISIJ International, 2006, 46 (3): 450-457.

[7] Bruno H, Wagner V, Antônio C. Efficiency of inclusion absorption by slags during secondary refining of steel [J]. ISIJ International, 2014, 54 (7): 1584-1591.

[8] Martin Valdez, George S Shannon, Seetharaman Sridhar. The ability of slags to absorb solid oxide inclusions [J]. ISIJ International, 2006, 46 (3): 450-457.

[9] Choi Ja-Yong, Lee Hae-Geon, Kim Jeong-Sik. Dissolution rate of Al_2O_3 into molten CaO-SiO_2-Al_2O_3 slags [J]. ISIJ International, 2002, 42 (8): 852-860.

[10] Cramb A W, Jimbo I. Interfacial considerations in continuous casting [J]. Iron & Steelmaker, 1989, 16 (6): 43-55.

[11] Brian Joseph Monaghan, Hamed Abdeyazdan, Neslihan Dogan, Muhammad Akbar Rhamdhani, Raymond James Longbottom, Michael Wallace Chapman. Effect of slag composition on wettability of oxide inclusions [J]. ISIJ International, 2015, 55 (9): 1834-1840.

[12] Sohei Sukenaga, Tomoyuki Higo, Hiroyuki Shibata, Noritaka Saito, Kunihiko Nakashima. Effect of CaO/SiO_2 ratio on surface tension of CaO-SiO_2-Al_2O_3-MgO melts [J]. ISIJ International, 2015, 55 (6): 1299.

[13] Dong Y W, Jiang Z H, Cao Y L, Zhang H K, Shen H J. Effect of MgO and SiO_2 on surface tension of fluoride containing slag [J]. Journal of Central South University, 2014, 21 (11): 4104.

[14] Masashi Nakamoto, Toshihiro Tanaka, Lauri Holappa, Marko Hamalainen. Surface tension evaluation of molten silicates containing surface-active components (B_2O_3, CaF_2 or Na_2O) [J]. ISIJ International, 2007, 47 (2): 211.

[15] Sohei Sukenaga, Shinichiro Haruki, Yoshitaka Nomoto, Noritaka Saito, Kunihiko Nakashima. Density and surface tension of CaO-SiO_2-Al_2O_3-R_2O (R=Li, Na, K) melts [J]. ISIJ International, 2011, 51 (8): 1285-1289.

[16] Rosypalová S, Dudek R, Dobrovská J. Influence of SiO_2 on interfacial tension between oxide system and steel [C]. Proceedings of 21th International Metallurgical and Materials Conference, Ostrava, 2012: 109.

[17] Rosypalová S, Dudek R, Dobrovská J, Dobrovský L, Žaludová M. Interfacial tension at the interface of a system of molten oxide and molten steel [J]. Materiali in Tehnologije, 2014, 48 (3): 415-418.

[18] Marc A Duchesne, Robin W Hughes. Slag density and surface tension measurements by the constrained sessile drop method [J]. Fuel, 2017, 188 (15): 173-181.

[19] Shen Ping, Zhang Lifeng, Zhou Hao, Ren Ying, Wang Yi. Wettability between Fe-Al alloy and sintered MgO [J]. Ceramics International, 2017, 43 (10): 7646-7681.

[20] Luz A P, Ribeiro S, Domiciano V G, Brito M A M, Pandolfelli V C. Slag melting temperature and contact angle on high carbon containing refractory substrates [J]. Cerâmica, 2011, 57 (342): 140.

[21] Masashi Nakamoto, Toshihiro Tanaka, Lauri Holappa, Marko Hamalainen. Surface tension evaluation of molten silicates containing surface-active components (B_2O_3, CaF_2 or Na_2O) [J]. ISIJ International, 2007, 47 (2): 211-216.

[22] Schmuki P, Hildebrand H, Friedrich A, Virtanen S. The composition of the boundary region of MnS inclusions in stainless steel and its relevance in triggering pitting corrosion [J]. Corrosion Science, 2005, 47 (5): 1239-1250.

[23] Aya Chiba, Izumi Muto, Yu Sugawara, Nobuyoshi Hara. Effect of atmospheric aging on dissolution of MnS inclusions and pitting initiation process in type 304 stainless steel [J]. Corrosion Science, 2016, 106 (5): 25-34.

[24] Oikawa K, Sumi S I, Ishida K. The effects of addition of deoxidation elements on the morphology of (Mn, Cr) S inclusions in stainless steel [J]. Journal of Phase Equilibria, 1999, 20 (3): 215-223.

[25] 王硕明，吕庆，王洪利，等．转炉流程轴承钢连铸坯非金属夹杂物的行为 [J]．东北大学学报，2006，27 (2)：192-195.

[26] Ha H, Chan J, Kwon H. Effects of non-metallic inclusions on the initiation of pitting corrosion in 11% Cr ferritic stainless steel examined by micro-droplet cell [J]. Corrosion Science, 2007, 49 (3): 1266-1275.

[27] Oguma N, Lian B, Sakai T, et al. Long life fatigue fracture induced by interior inclusions for high carbon chromium bearing steels under rotating bending [J]. Journal of ASTM International, 2010, 7 (9): 1-9.

[28] Murakami Y. Metal fatigue: effects of small defects and nonmetallic inclusions [J]. Chromatographia, 2002, 70 (7): 1197-1200.

[29] Brooksbank D. Thermal expansion of calcium aluminate inclusions and relation to tessellated stresses [J]. J. Iron Steel Inst., 1970, 208 (5): 495-499.

[30] Monnot J, Heritier B, Cogne J. Effect of steel manufacturing process on the quality of bearing steels [C]. ASTM STP987, American Society for Testing Materials, Philadelphia, USA, 1988: 149-164.

[31] Sakata K. Technology for production of austenite type clean stainless steel [J]. ISIJ International, 2006, 46 (12): 1795-1799.

[32] Liu C, Huang F, Wang X. The effect of refining slag and refractory on inclusion transformation in extra low oxygen steels [J]. Metallurgical and Materials Transactions B, 2016, 47 (2): 999-1009.

[33] Chen Pengju, Zhu Chengyi, Li Guangqiang, Dong Yawen, Zhang Zhicheng. Effect of sulphur concentration on precipitation behaviors of MnS-containing inclusions in GCr15 bearing steels after LF refining [J]. ISIJ International, 2017, 57 (6): 1019-1028.

[34] 李敬想. GCr15 轴承钢夹杂物分析与控制研究 [D]. 重庆：重庆大学，2016：43-44.

[35] Huang Fuxiang, Zhang Lifeng, Zhang Ying, Ren Ying. Kinetic modeling for the dissolution of MgO lining refractory in Al-killed steels [J]. Metallurgical and Materials Transactions B, 2017, 48 (4): 1-12.

6 铁合金质量对钢中非金属夹杂物的影响

合金在钢的冶炼和制造过程中起到调整成分、脱氧和夹杂物改性等作用。以硅铁合金为例，硅铁是各种钢生产过程中使用最频繁的合金之一。其中，FeSi75 指约含有 75% Si 的硅铁产品，简称 75 硅铁，常作为脱氧剂和合金添加剂等工业原料广泛应用于钢铁工业中[1]。传统生产工艺中，硅铁是在矿热炉内，经碳热还原硅石制得。由于该过程使用了纯度较低的硅石、碳质还原剂以及废钢或铁矿石等原料，使得 Al、Ca、P、B 等杂质元素也被还原进入硅铁产品，导致 Al、Ca 等杂质元素含量偏高[2]，给钢铁工业应用硅铁合金带来生产安全隐患与产品质量等问题。这是因为硅铁在脱氧合金化过程中，Al、Ca 会在钢液中生成 Al_2O_3、$CaO\cdot Al_2O_3$ 等高熔点的脱氧产物粘在水口内壁上形成结瘤、堵塞水口，严重影响钢的质量和浇铸过程的顺利进行[3]。因此，为了使生产工艺顺行，提高钢材质量，需要严格控制硅铁的洁净度。近些年，人们开始意识到提高硅铁洁净度对钢铁工业生产有重要的意义，Todoroki [4]研究硅铁合金中的 Al、Ca 对 304 不锈钢中夹杂物成分影响表明：合金中较高的 Al 易于形成镁铝尖晶石，而 Ca 的存在抑制了这种趋势，使夹杂物向 Al_2O_3-MgO-CaO 方向转变，如图 6-1 所示。因此，加入的脱氧合金中含有一定的钙，对夹杂物的改性也是一个有益的方式。

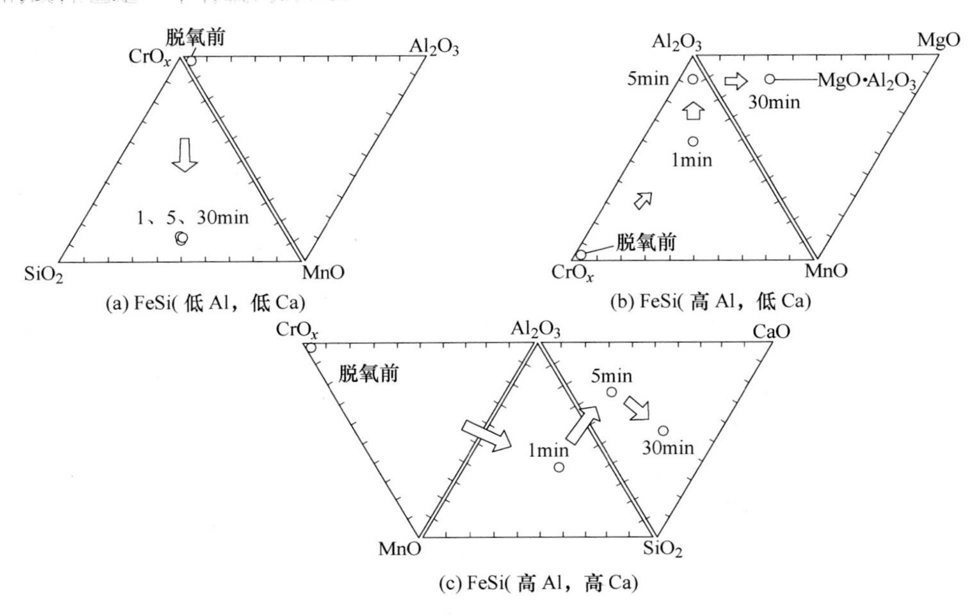

图 6-1　不同 FeSi 合金对夹杂物转变的影响

相关学者也针对硅铁合金中 Al、Ca 杂质去除展开了丰富的研究。Wijk 等[5]考查了硅铁合金中 Al 和 Ca 杂质对水口结瘤和液态钢脱氧过程中夹杂物生成的影响，同时还研究了 Al、Ca、Ti、P 杂质分布及赋存状态，得出结论：杂质元素主要以金属相的形式在 FeSi 合金中析出，很少以氧化物形式出现；硅铁的等级直接影响钢液中夹杂物的生成，从而影响钢的质量，由此可见硅铁提纯的必要性与重要性。工业上通常采用氯化精炼法脱除硅铁合金中的 Al、Ca 杂质，但由于其存在污染环境、腐蚀设备等缺点会逐渐被氧化精炼法取代[6]。氧化精炼法基本原理是利用氧化剂将硅铁合金中的杂质元素氧化，使其氧化物进入渣相，最终达到去除的效果[7]。常见的氧化渣剂有 SiO_2-CaO-Al_2O_3、Na_2O-SiO_2[8]、CaO-Fe_2O_3-SiO_2-CaF_2[9]、CaO-Fe_2O_3-SiO_2-CaF_2-Na_2O[10]等。Ananina 等[9]进行了氧化精炼去除硅铁合金中 Al 杂质的研究，利用一种在钢包中将原料和由熟石灰、铁矿石、石英砂、萤石组成的合成渣混在一起进行氧化精炼的方式将硅铁合金中 Al 含量控制在 0.2%~0.3%范围，除铝效果显著。陈佩仙和裴静娟[11]选择低熔点、低密度的 CaO-B_2O_3-Na_2O 吸附渣系，进行了硅铁合金吹氧脱铝精炼实验，可得到含酸溶铝小于 0.5%的 75 硅铁合格产品，取得了良好的脱除效果。但上述渣剂在精炼过程中都会引入一些新的杂质，如 Mg、Na 等，会对硅铁合金造成二次污染。

本章通过工业试验研究合金质量对管线钢和帘线钢中非金属夹杂物的影响，并讨论了使用 SiO_2、Fe_2O_3 渣剂氧化精炼去除硅铁合金中 Al、Ca 杂质的效果，为铁合金的规范使用和洁净化生产提供依据。

6.1 含钙硅铁质量对管线钢中夹杂物改性的影响

6.1.1 硅铁合金洁净度分析

硅铁用于钢液合金化和脱氧，但是硅铁合金中含有一定量的钙，可对钢中非金属夹杂物产生很大的影响。FeSi 合金中钙含量为 1.76%，Al 含量为 0.4%，Mg 含量为 0.58%，Si 含量为 70.3%。用含钙 FeSi 合金取代钙铁合金对钢液中的夹杂物进行改性，以期在工业生产中推广，降低生产成本。图 6-2 为实验室实验所用硅铁合金中的元素分布。其中，黑色的晶枝是 Si，浅灰色部分主要是铁硅的复合相，Ca、Mg 常复合在一起，S、O、Mn 的元素含量比较少。

6.1.2 含钙硅铁对管线钢中夹杂物的影响

图 6-3 为实验室硅铁加钙实验的加料和取样记录。实验是在硅钼炉中进行，将 200g 电解铁放在氧化镁坩埚内，外面套石墨坩埚，炉内通氩气，防止实验过程中的二次氧化。加热到 1600℃后开始计时，保温 20min 后，加铝粒 0.1851g，再保温 59min，在钢液成分均匀后取石英管样。本实验所有取样，包括石英管样及最后的铸锭，均采用了水淬的冷却方式。保温 60min 时，用薄铁皮包裹含钙硅铁，通过钼丝和耐材棒将其加入钢液底部。保温 70min 和保温 82min，即加入硅铁后 10min 和 22min，分别取石英管样。保温 90min 时，水淬，得到最后铸锭。每个样线切割磨抛后，使用 ASPEX 对夹杂物进行检测；同时每个样切氧氮棒和车屑，化验钢中 T.O.、[N] 及 T.Ca 含量。

实验室硅铁合金加钙实验过程中，钢中典型夹杂物的形貌变化如图 6-4 所示。F-1 为保温 59min，硅铁合金加入前的金相样，钢中主要典型夹杂物是黑色球状氧化铝。F-2 为

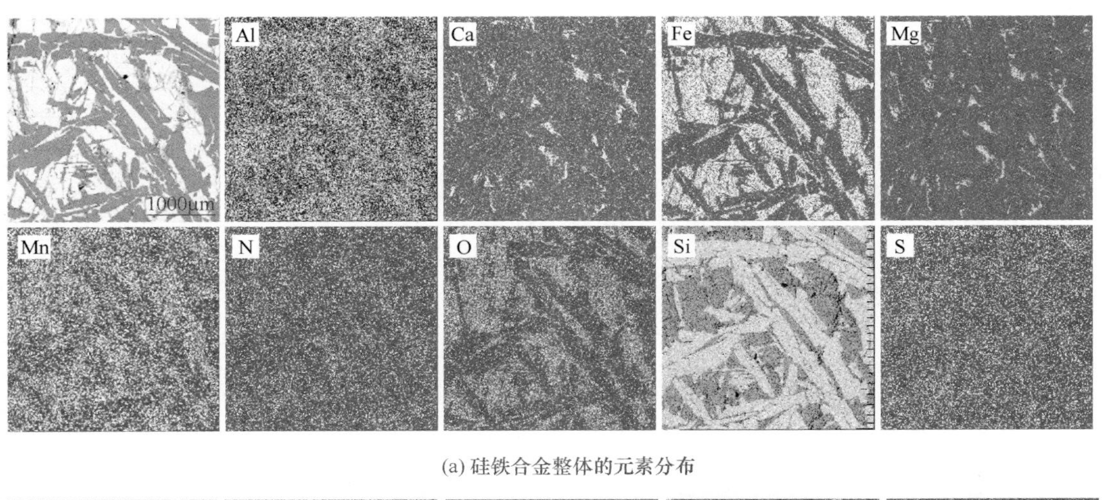

(a) 硅铁合金整体的元素分布

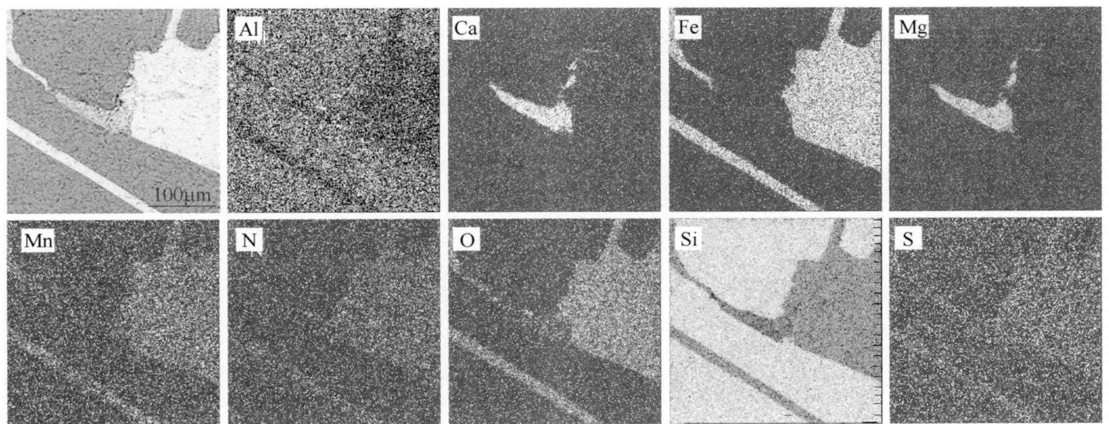

(b) 硅铁合金中含钙的相元素分布

图 6-2　硅铁合金中的元素分布

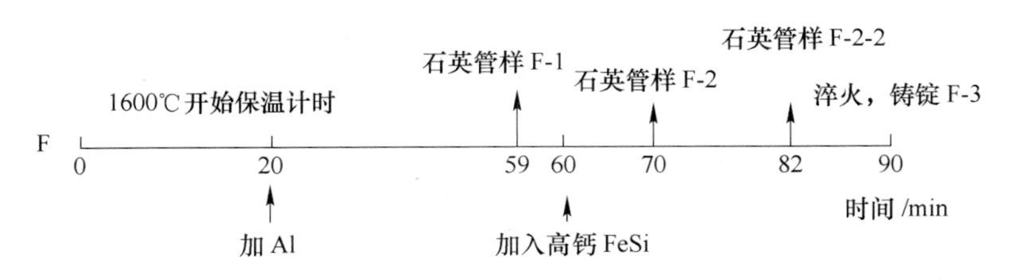

图 6-3　实验室硅铁合金加钙实验加料和取样记录

保温 70min，硅铁合金加入后 10min 的金相样，钢中典型夹杂物主要有两种：一种是形状不规则的、黑色的镁铝尖晶石；另一种是球状的、颜色稍浅的 MgO-CaO-Al_2O_3-CaS 复合夹杂物，夹杂物中 MgO 的含量与所使用的 FeSi 合金中 Mg 含量密切相关。在随后的 F-2-2（保温 82min，硅铁合金加入后 22min 的金相样）和 F-3（保温 90min，硅铁合金加入后 30min 后）钢中典型夹杂物没有再发现镁铝尖晶石，全部是 MgO-CaO-Al_2O_3-CaS 的复合夹杂物。

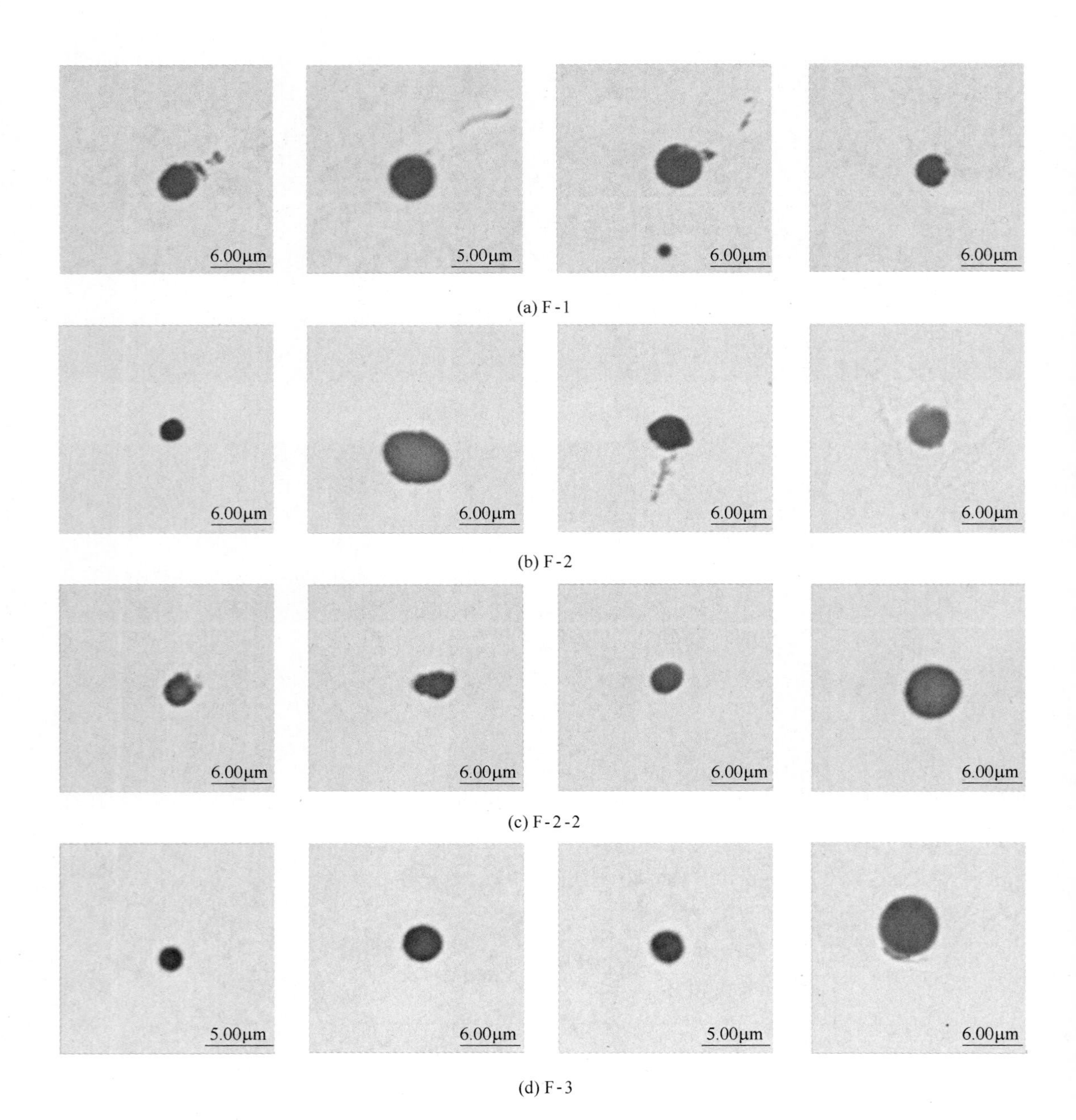

(a) F-1

(b) F-2

(c) F-2-2

(d) F-3

图 6-4　实验室硅铁合金加钙实验中典型夹杂物形貌的演变

实验室硅铁加钙实验中，夹杂物成分在 MgO-CaO-Al_2O_3 三元系相图及 CaS-CaO-Al_2O_3 三元系相图中的投影如图 6-5 所示。硅铁合金加入前，钢中夹杂物主要成分为 Al_2O_3。在加入硅铁 10min 后，夹杂物中 CaO、MgO 的含量迅速升高，平均成分落在 1600℃下 100%液相区边缘，但仍发现了部分镁铝尖晶石相。在随后的保温过程中，夹杂物的改性过程继续进行，虽然平均成分未发生明显变化，但镁铝尖晶石相消失。

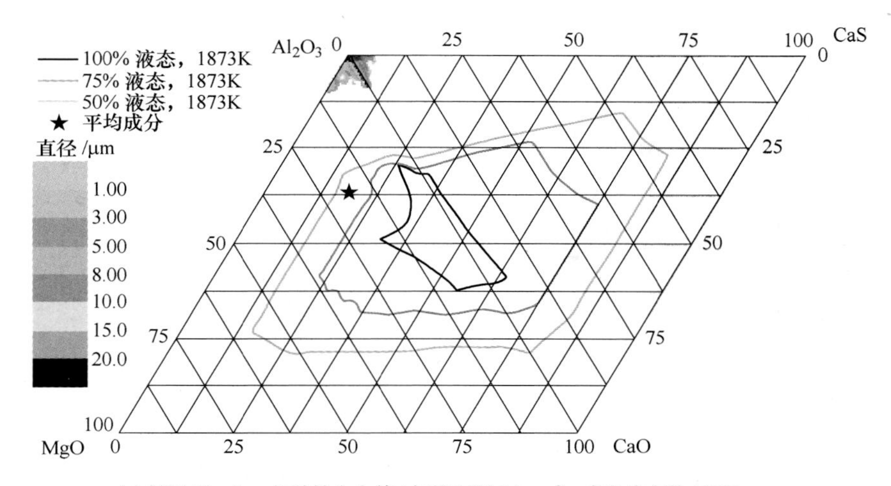

(a) 保温 59 min，加硅铁合金前 (扫描面积 8.1mm^2，夹杂物个数 1859)

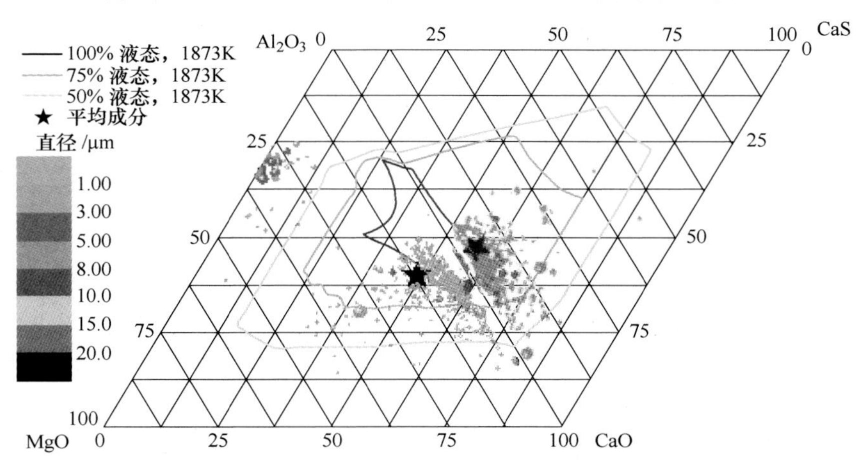

(b) 保温 70min，加硅铁合金后 10min(扫描面积 6.6mm^2，夹杂物个数 476)

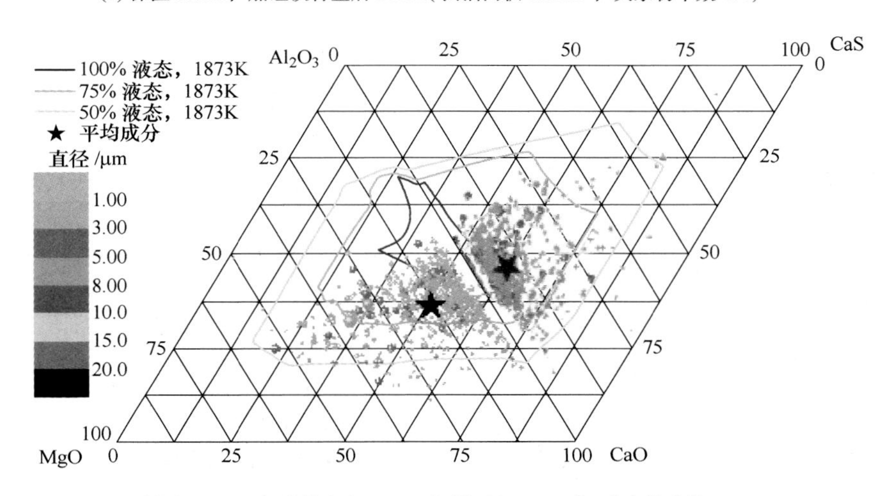

(c) 保温 82min，加硅铁合金 22min(扫描面积 9.1mm^2，夹杂物个数 734)

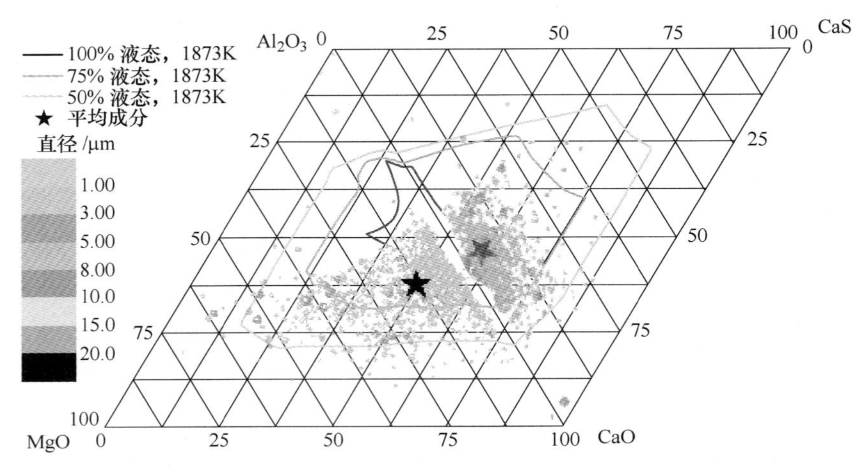

(d) 保温 90min，加硅铁合金后 30min(扫描面积 22.8mm²，夹杂物个数 1256)

图 6-5　实验室硅铁合金加钙实验中夹杂物的成分演变

图 6-6 为实验室硅铁合金加钙实验中夹杂物平均成分的具体变化。硅铁合金加入后 10min，夹杂物平均成分基本无变化，最终铸锭中 MgO 含量为 11.8%，Al_2O_3 含量为 33.5%，SiO_2 含量为 5.7%，CaO 含量为 44.0%，CaS 含量为 5.0%。

图 6-7 和图 6-8 分别为实验室硅铁合金加钙实验中 T. O. 和 [N] 的变化。T. O. 在整个冶炼过程中不断下降，从加合金前的 59.8ppm 降低到最终铸锭的 20.1ppm。加钙前后 [N] 有略微的升高，从 17.5ppm 升高到 19.9ppm，随后的时间里基本保持不变，最终铸锭中 [N] 为 20.2ppm。可见通过合金喂钙的形式，喂钙过程中吸气的现象不明显。图 6-9 为实验过程中 T. Ca 含量的变化。喂钙前钢中 T. Ca 是痕迹量，加硅铁 10min 后，钢中 T. Ca 含量为 18ppm；其后，随着钙的挥发，逐渐降低，最终铸锭中 T. Ca 含量为 13ppm。

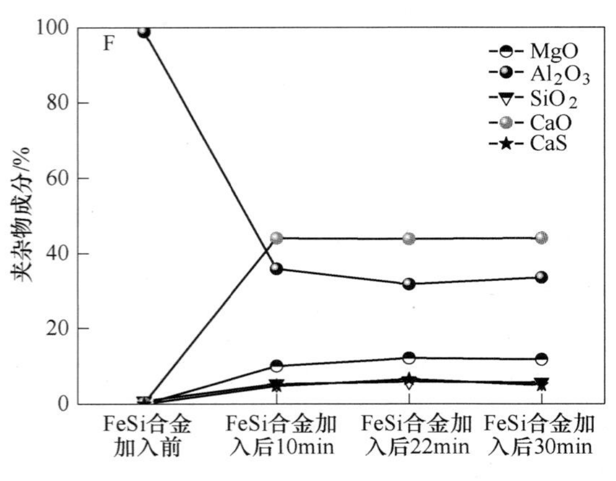

图 6-6　实验室硅铁合金加钙实验中夹杂物的平均成分演变

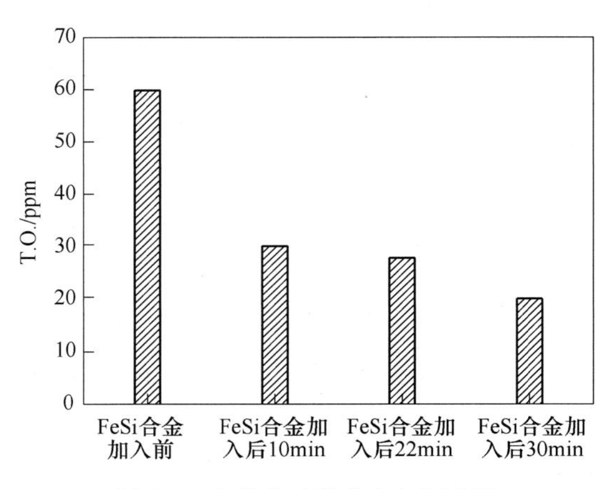

图 6-7　实验室硅铁合金加钙实验中 T. O. 的变化

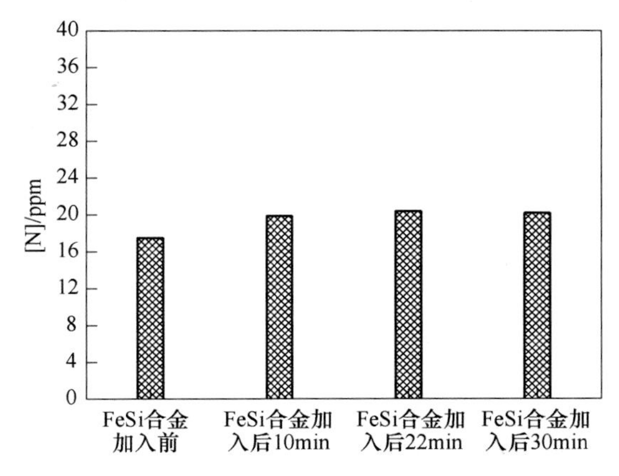

图 6-8　实验室硅铁合金加钙实验中［N］的变化

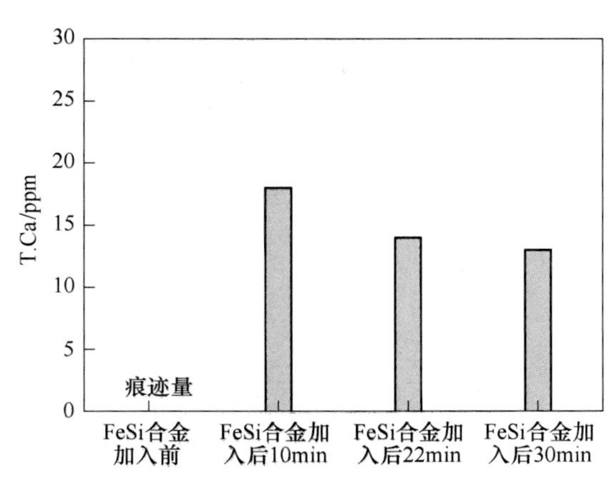

图 6-9　实验室硅铁合金加钙实验钢中 T. Ca 的变化

图 6-10 为实验室实验中夹杂物数密度和面积百分数的变化。由图可见，表征夹杂物数量的数密度和面积百分数在实验中所呈现的规律相同，加硅铁合金后 10min，夹杂物的数密度和面积百分数都显著下降，在随后的保温时间中，基本保持不变。图 6-11 和图 6-12 分别为实验过程中夹杂物平均尺寸和尺寸分布的变化。夹杂物平均尺寸在加硅铁合金 10min 后较加合金前有显著下降，随后基本不变；从图 6-12 夹杂物的尺寸分布可知，在加合金 10min 后，夹杂物的尺寸分布继续向小尺寸方向移动。

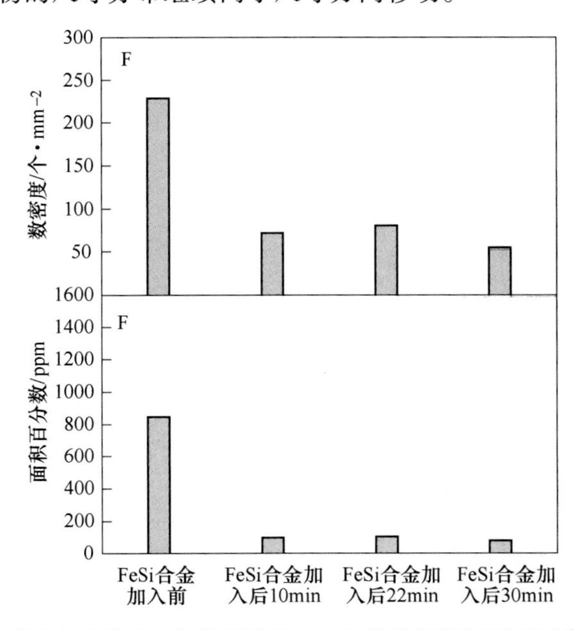

图 6-10　实验室硅铁合金加钙实验钢中夹杂物数密度和面积百分数的变化

为了研究硅铁合金中的钙对钢中非金属夹杂物的影响，通过 FactSage 对其进行了热力学计算，结果如图 6-13 所示。随着钢中 T. Ca 含量的增加，纯钙和含钙硅铁加入后夹杂物的改性路径为：$Al_2O_3 \rightarrow CaO \cdot 6Al_2O_3 \rightarrow CaO \cdot 2Al_2O_3 \rightarrow$ 液态 $CaO\text{-}Al_2O_3 \rightarrow CaO\text{-}CaS$。图

6-13（a）中纯钙加入后，钢中的［Si］含量基本不变，然而图 6-13（b）中的［Si］含量线性增加。说明硅铁中的钙加入后同样可以很好地改性管线钢中的夹杂物，同时还能够利用 Si 的合金化作用。

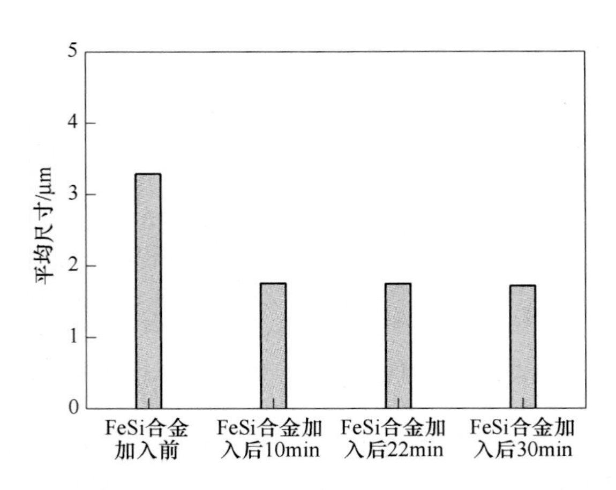

图 6-11 实验室硅铁合金加钙实验钢中夹杂物平均尺寸的变化

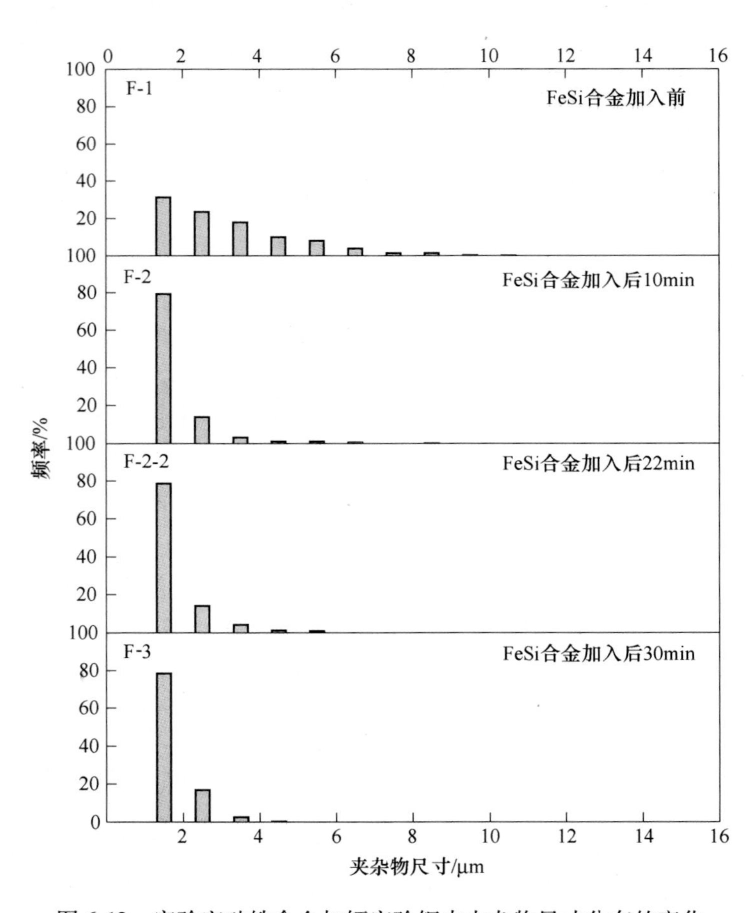

图 6-12 实验室硅铁合金加钙实验钢中夹杂物尺寸分布的变化

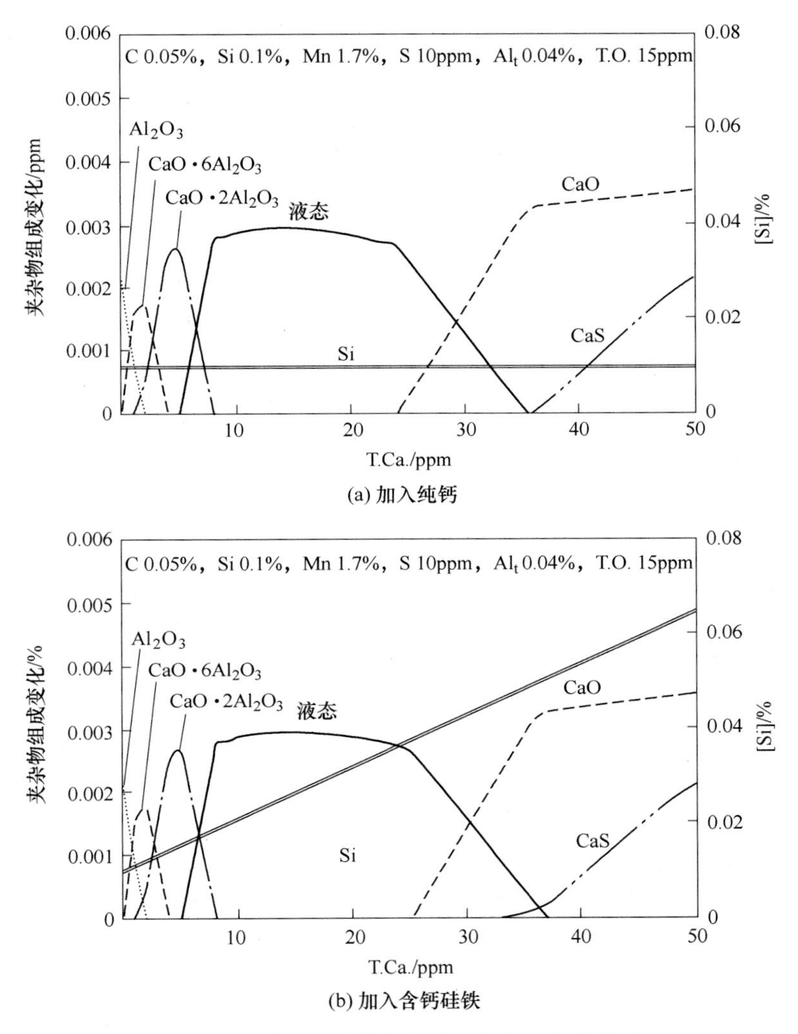

图 6-13 计算的硅铁合金对钢中夹杂物的影响

6.1.3 本节小结

硅铁合金中含有较高含量的 Al 和 Ca，其中 Ca 含量较高，可对钢中非金属夹杂物产生显著影响。在实验室条件下成功地用硅铁合金取代纯钙线合金实现了夹杂物的改性，夹杂物由最初的纯氧化铝夹杂物被改性为 $CaO-MgO-Al_2O_3-CaS$ 低熔点复合夹杂物。在使用硅铁合金加钙后钢中 T. O. 含量降低，可见使用硅铁合金取代纯钙线有助于改善喂钙线过程中的钢液剧烈翻腾，进而减少吸气的问题。此外，使用硅铁合金取代纯钙线，从安全生产和经济性方面考虑都是有利的。

6.2 帘线钢合金辅料中铝和钙含量分析及其对夹杂物的影响

对于优化前的生产，考察了同一浇次中随机四炉所用合金辅料的情况，各炉次生产过程中在 LF 精炼阶段合金和脱氧剂的加入量如表 6-1 所示。同时，详细检测分析了合金和脱氧剂中铝和钙的含量，如表 6-2 所示。

表 6-1　LF 精炼过程合金和脱氧剂加入量　(kg)

炉次	普通 SiC	CaC_2	Fe-Si 粉	中碳 Fe-Mn
第 1 炉	120	40	50	30
第 2 炉	55	45	25	30
第 3 炉	80	10	20	90
第 4 炉	50	35	30	90

表 6-2　转炉出钢和 LF 精炼过程合金和脱氧剂中铝和钙含量分析　(%)

样品名称	普通 SiC	高纯 SiC	(出钢) FeSi	高纯 FeSi	LF 普通 FeSi	LF 中碳 FeMn	(出钢) 低碳 FeMn	CaC_2	FeSi (粉)
总铝 Al_t	1.91	0.86	0.32	0.012	1.27	0.0068	<0.005	0.58	0.019
酸溶铝 Al_s	—	0.34	0.31	0.007	1.27	<0.01	<0.005	—	—
总钙 T. Ca	—	0.22	0.52	0.009	0.34	0.01	<0.005	—	<0.005
总氧 T. O.	7.9	4.7	0.044	0.012	—	0.073	0.08	—	—

对比发现，SiC 中 Al_t 含量最高，其值为 1.91%。假设物料中的 Al 全部进入钢液中，由 SiC 带入第一炉中的 Al 含量为：

$$(120\text{kg}\times1.91\%)/(90\text{t}\times1000\text{kg/t})\times10^6=25.47\text{ppm}$$

同理，由于 SiC、Fe-Si 粉、CaC_2、Fe-Mn 的加入而导致的四个试验炉次中 Al 的平均增加量的计算结果为：

SiC：(25.47+11.67+16.98+10.61)/4=16.18ppm

FeSi 粉：(0.11+0.06+0.04+0.07)/4=0.07ppm

CaC_2：(2.58+2.90+0.65+2.26)/4=2.09ppm

FeMn：(0.023+0.023+0.068+0.068)/4=0.045ppm

对比可知，加入 SiC 引起钢中 Al 的增加量显著高于加入 FeSi 粉、CaC_2 和 FeMn 对应的结果。因此，为了减少钢中 Al 含量的增加，应该适当提高脱氧剂 SiC 的纯度，降低 SiC 中的 Al 含量。如表 6-2 所示，高纯 SiC 中 Al 含量只有 0.86%。另外，在转炉出钢过程中加入的普通 FeSi 块中 Al 含量也高达 0.32%，如果采用 Al 含量 0.012%的高纯 FeSi 也能够有效减少钢中的增铝量。

同样，假设 SiC 中 T. Ca 含量为 0.22%，中碳锰铁中 T. Ca 含量为 0.01%，FeSi 粉中 T. Ca 含量为 0.005%，如果物料中的 Ca 全部进入钢液中，由于 SiC、FeSi 粉、中碳 FeMn 的加入而导致的四个炉次中 Ca 的平均增加量的计算结果分别为：

SiC：(2.93+1.34+1.96+1.22)/4=1.86ppm

FeSi 粉：(0.028+0.014+0.011+0.017)/4=0.017ppm

中碳 FeMn：(0.033+0.033+0.100+0.100)/4=0.067ppm

对比可知，仍然是 SiC 引起钢中 Ca 含量的增加最多。结合对 Al 含量的影响，可知为了减少合金辅料对钢中 Al 和 Ca 含量的带入，需重点提高 SiC 的洁净度。

图 6-14 为采用普通 SiC 生产帘线钢时 LF 进站和 LF 出站时的夹杂物成分分布。可见，在 LF 进站时钢中夹杂物主要是 SiO_2-MnO 系，而随着 LF 精炼过程 SiC 的多次加入，到 LF

出站时钢中夹杂物转变为 Al_2O_3-SiO_2-MnO 系，夹杂物中的 Al_2O_3 平均含量达 10%左右。

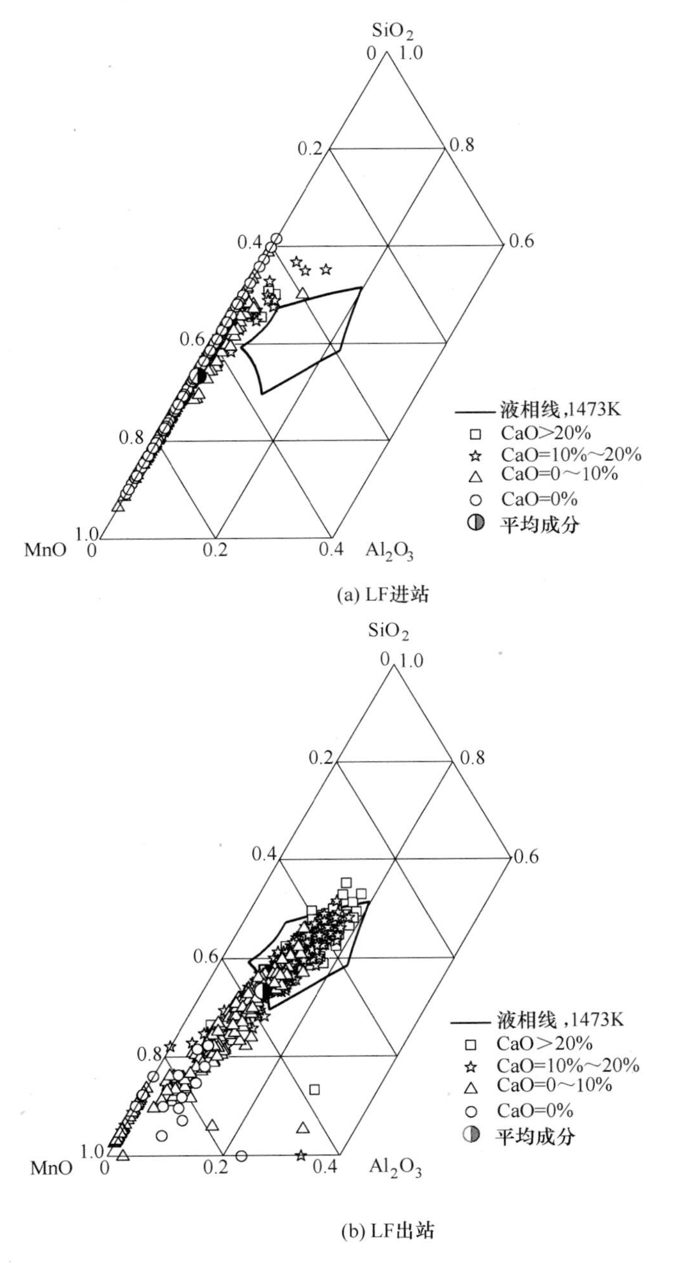

(a) LF进站

(b) LF出站

图 6-14 采用普通 SiC 生产帘线钢时 LF 进站和出站钢中夹杂物成分分布

图 6-15 为采用高纯 SiC 生产帘线钢时 LF 进站和 LF 出站时对应的钢中非金属夹杂物成分分布。可见，在 LF 进站时钢中夹杂物同样主要是 SiO_2-MnO 系，由于采用高纯 SiC，虽然 LF 精炼过程多次加入 SiC 进行炉渣扩散脱氧，但是到 LF 出站时钢中夹杂物仍然为 SiO_2-MnO 系，夹杂物中的 Al_2O_3 平均含量在 5%以下。说明合金辅料中的杂质元素含量会对钢中非金属夹杂物产生重要影响，在生产帘线钢时，尤其应注意合金辅料中 Al 的控制。

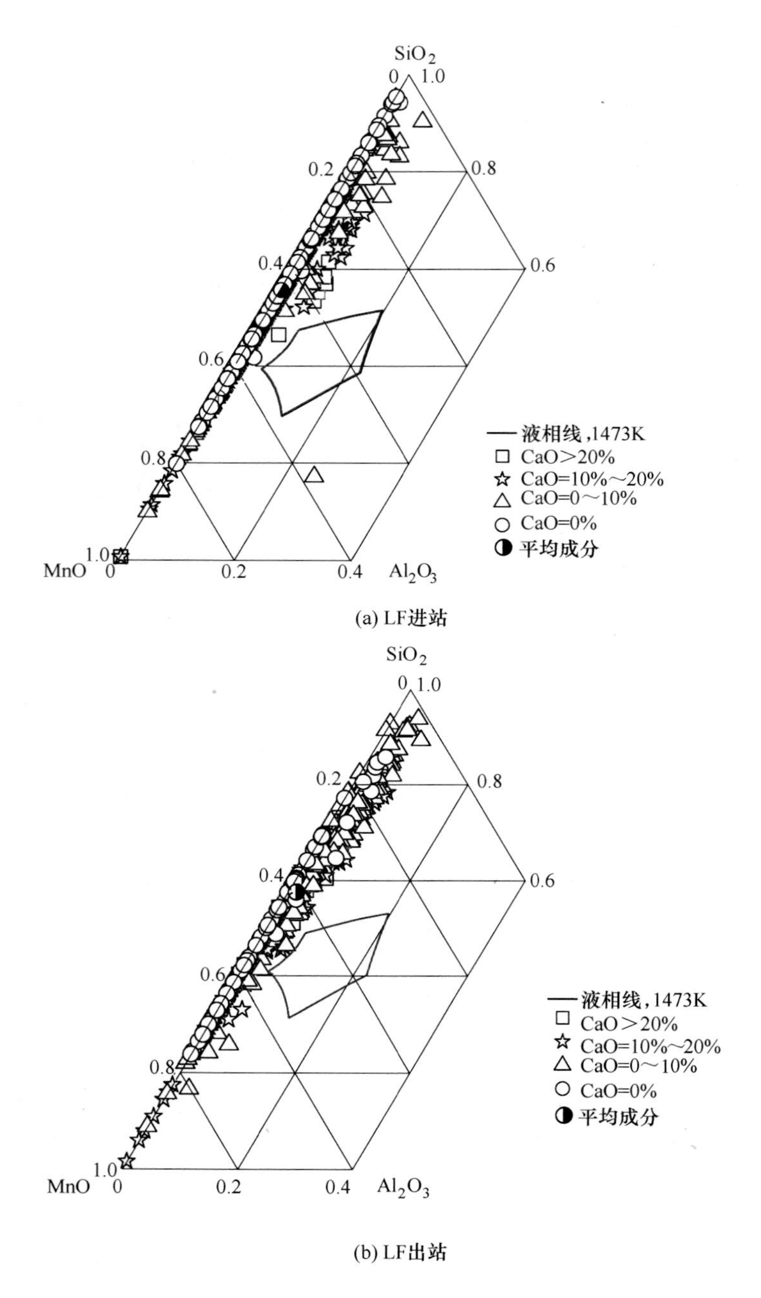

(a) LF进站

(b) LF出站

图 6-15　采用高纯 SiC 生产帘线钢时 LF 进站和出站钢中夹杂物成分分布

对某钢厂帘线钢生产过程中使用到的合金和辅料的洁净度和杂质元素含量进行检测，其对夹杂物影响的分析结果如下：（1）在合金和辅料中发现或多或少都存在 Al 和 Ca 等杂质元素，其中扩散脱氧剂 SiC 和 FeSi 合金中含有较高的 Al 含量；（2）采用不同纯度 SiC 开展帘线钢的生产实验，发现采用高纯 SiC 时夹杂物主要是 SiO_2-MnO 类，而采用普通纯度 SiC 时夹杂物主要为 Al_2O_3-SiO_2-MnO 类，夹杂物中 Al_2O_3 含量明显升高。

6.3　造渣氧化精炼去除硅铁合金中铝钙杂质的实验室研究

硅铁可作为脱氧剂、合金添加剂、发热剂应用于钢铁工业。硅铁合金中 Al、Ca 等杂质含量偏高，在钢铁冶炼过程中会形成 Al_2O_3、$CaO \cdot Al_2O_3$ 等高熔点的脱氧产物而造成连铸水口结瘤、堵塞，因此需要严格控制硅铁合金中的 Al、Ca 杂质含量。

氧化精炼法为工业上采用的去除硅铁合金中的杂质元素的方法，常见的渣剂有 SiO_2-CaO-Al_2O_3、CaO-Fe_2O_3-SiO_2-CaF_2、SiO_2-CaO-MgO-Al_2O_3、CaO-Fe_2O_3-SiO_2-CaF_2-Na_2O 等。为避免渣剂对硅铁合金的二次污染，本书作者课题组尝试采用 SiO_2、Fe_2O_3 渣剂，进行造渣氧化精炼去除硅铁合金中 Al、Ca 杂质的研究。

如图 6-16 所示，在同一温度范围内，处于下部的氧化物自由能值比处于上部的氧化物自由能值小，即下部的氧化物比上部的氧化物稳定，因此，理论上处于上部的氧化物可充当氧化剂将下部的元素氧化。向硅铁合金中添加 SiO_2 或 Fe_2O_3，由于 Si 是合金体系的溶剂，在氧化精炼过程中，主元素 Si 首先被氧化为 SiO_2，生成的 SiO_2 随后再与 Al、Ca 杂质

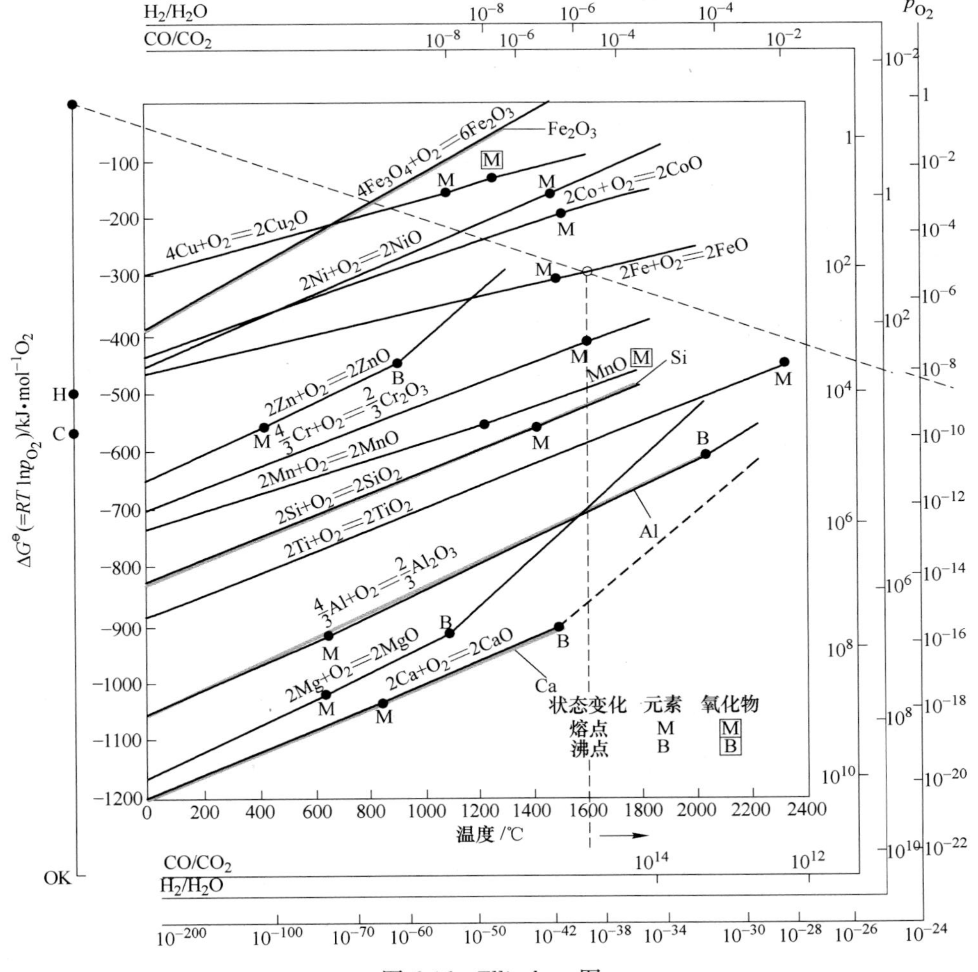

图 6-16　Ellingham 图

元素发生反应。主要反应方程式如下：

$$[Si]+(2Fe_2O_3)==(SiO_2)+4(FeO) \tag{6-1}$$

$$[Si]+(2FeO)==(SiO_2)+2[Fe] \tag{6-2}$$

$$\frac{4}{3}[Al]+(SiO_2)==[Si]+\frac{2}{3}(Al_2O_3) \tag{6-3}$$

$$2[Ca]+(SiO_2)==[Si]+2(CaO) \tag{6-4}$$

生成的 Al_2O_3 和 CaO 成为渣剂，相应地，还原得到的 Si 和 Fe 分别进入硅铁熔体中。

造渣精炼去除硅铁中 Al、Ca 杂质的原理如图 6-17 所示。在硅铁合金造渣精炼去除 Al、Ca 杂质的实验室研究时，选用某公司生产的 75 硅铁作为原料，其中 Al 含量为 0.965%，Ca 含量为 0.818%，其他杂质成分见表 6-3。SiO_2 和 Fe_2O_3 作为渣剂，实验中精炼温度为 1550℃，精炼时间为 30min，渣金比为 0.2，具体条件见表 6-4。实验结束之后，对样品进行形貌和成分的分析检测。

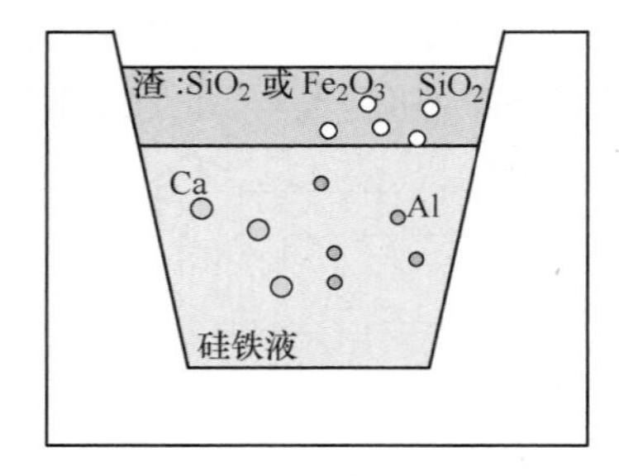

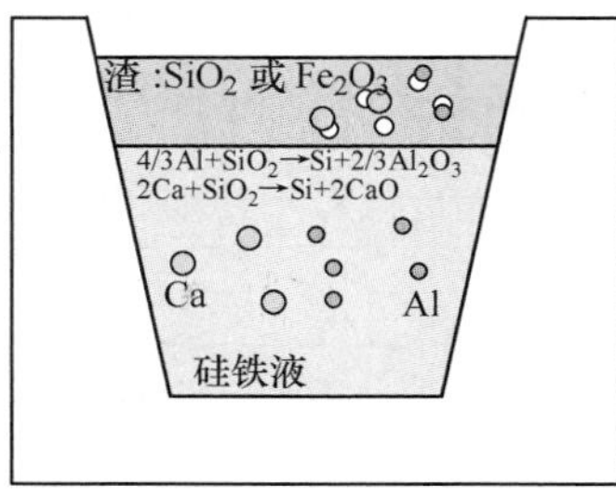

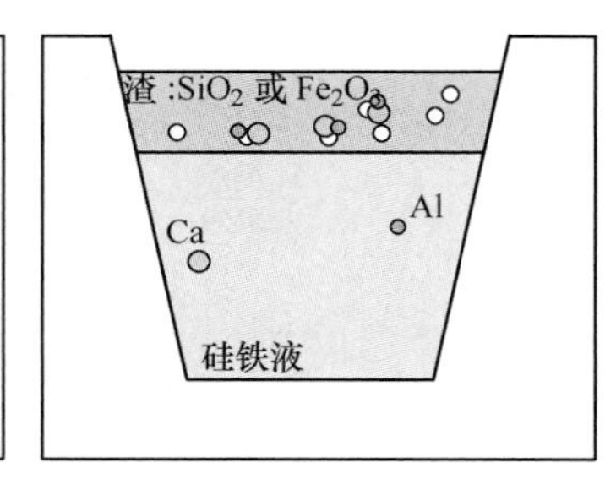

图 6-17　造渣精炼去除硅铁中 Al、Ca 杂质原理图

表 6-3　75 硅铁成分　　（%）

Si	Fe	Al	Ca	Mn	Cr	Ti
77.453	20.079	0.965	0.818	0.266	0.118	0.115
Mg	Ni	P	Cu	Zr	Sr	
0.08	0.035	0.030	0.022	0.011	0.009	

表 6-4　造渣精炼实验条件

No.	渣料组成	合金组成	渣金比	精炼温度/℃	时间/min
C-1	SiO_2	75%Si-Fe	0.2	1550	30
C-2	Fe_2O_3				

造渣精炼结束后，在硅铁合金的顶部都覆盖着渣剂，采用 SEM 对渣剂和硅铁合金的界面处进行形貌和元素面扫描分析检测，结果如图 6-18 和图 6-19 所示。可以看出渣相组成为 SiO_2-CaO-Al_2O_3，说明精炼过程中渣剂将硅铁合金中的 Al、Ca 氧化成为 Al_2O_3、CaO，并与 SiO_2 形成复合氧化渣层。

图 6-20 为原料硅铁合金的 SEM 形貌图。可以看出，Al、Ca 与 Si、Fe 等形成复合杂质相在硅铁合金的共晶相中析出，且数量较多。采用 SiO_2 造渣精炼后的 FeSi 合金，含有 Al、Ca 的杂质相数量减少，并以 Si-Fe-Ti-Sr 为主。图 6-21 为 SiO_2 精炼后硅铁的微观形貌。

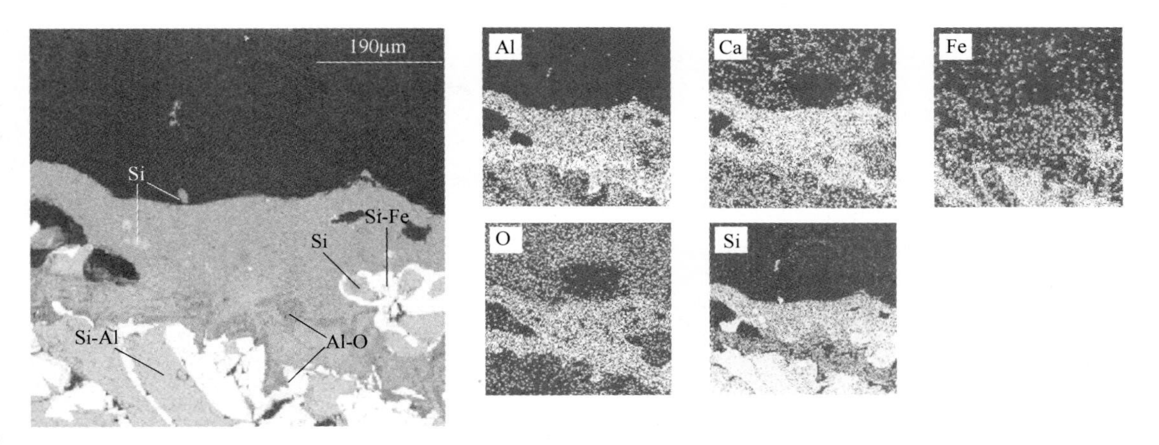

图 6-18 SiO_2 造渣精炼后硅铁合金与渣剂界面间的微观形貌

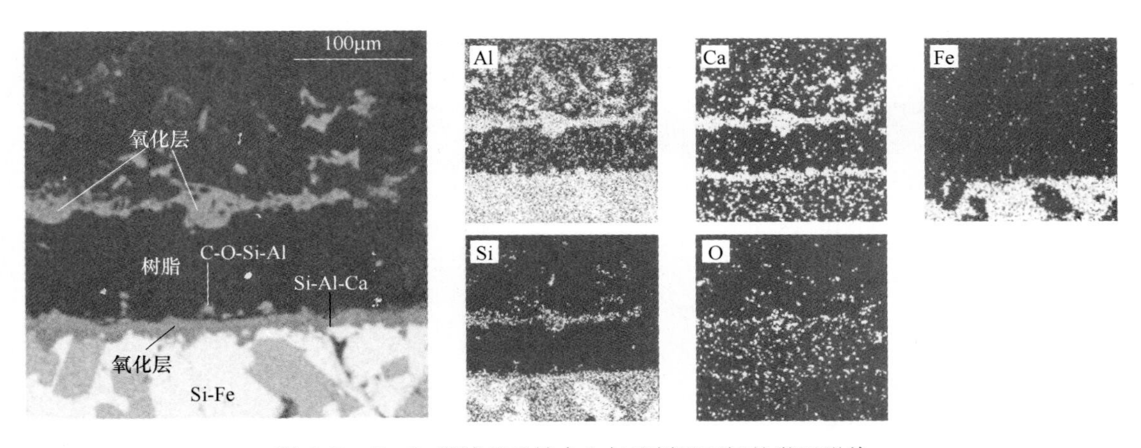

图 6-19 Fe_2O_3 精炼后硅铁合金与渣剂界面间的微观形貌

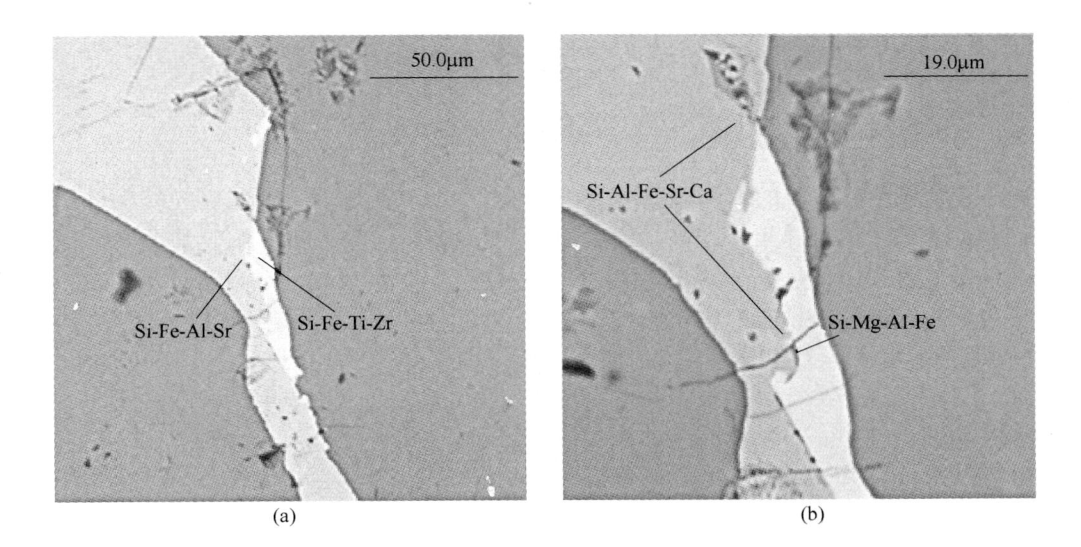

(a) (b)

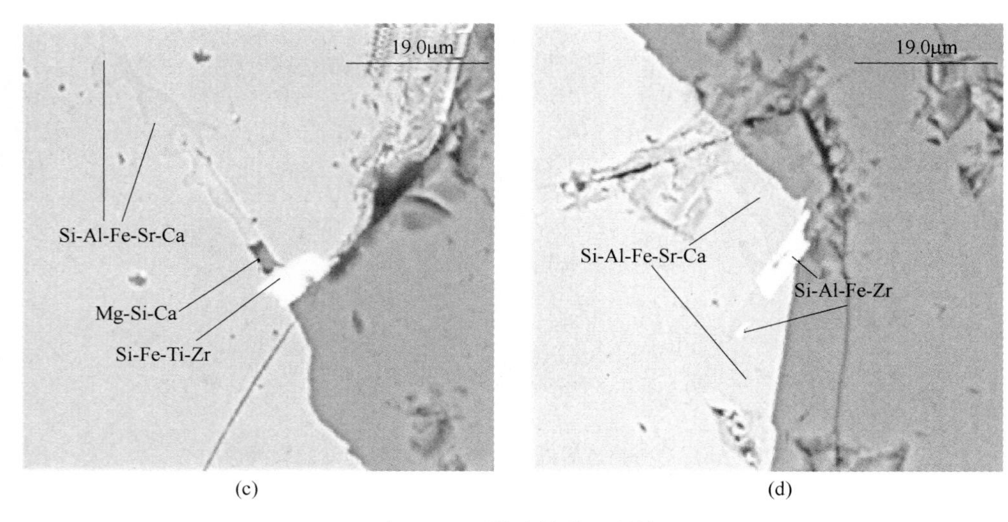

图 6-20　原始硅铁微观形貌

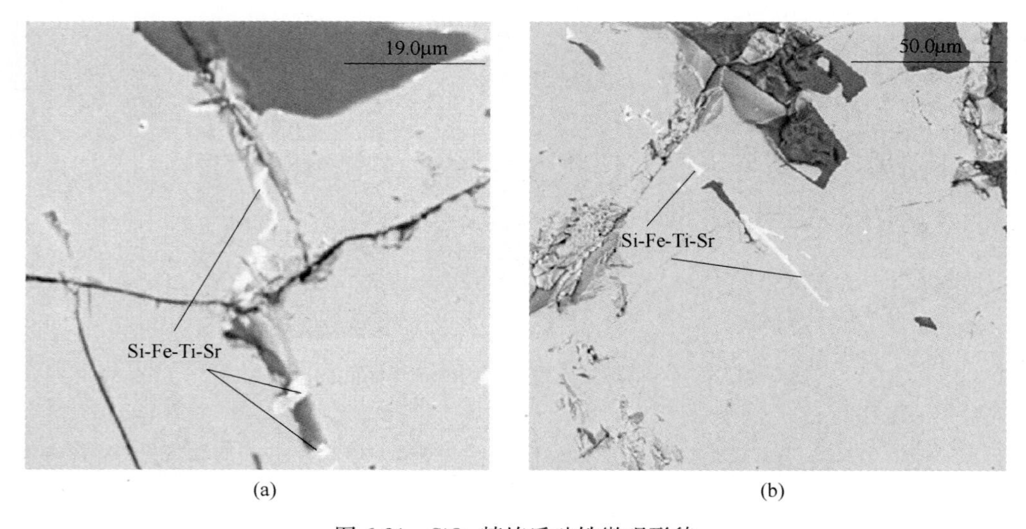

图 6-21　SiO_2 精炼后硅铁微观形貌

进一步分析精炼前后的 SiO_2 渣剂，如图 6-22 所示。精炼前，SiO_2 颗粒棱角分明；精炼后，SiO_2 成球状形貌并相互连接。依据面扫描结果中的 Al、Ca、Si 元素分布，证明了 SiO_2 渣剂精炼过程中可氧化硅铁合金中 Al、Ca 杂质，生成 Al_2O_3、CaO 进入渣相。

采用 ICP-AES 检测精炼后 Si-Fe 合金中 Al、Ca 杂质含量，发现：（1）SiO_2 渣剂精炼后，硅铁合金中 Al = 0. 54%、Al 的去除率为 58. 77%；Ca = 0. 059%、Ca 的去除率为 91. 8%。（2）Fe_2O_3 渣剂精炼后，硅铁合金中 Al = 0. 13%、Al 的去除率为 90. 07%；Ca < 0. 005%，Ca 的去除率大于 99. 31%，结果绘制成图 6-23。

本节采用 SiO_2 和 Fe_2O_3 进行硅铁合金造渣精炼，Al、Ca 杂质均可通过氧化反应生成氧化物进入渣相，从而降低硅铁合金中 Al、Ca 杂质的含量，Al、Ca 的去除率分别高达 90. 07%、99. 31%。还原得到的 Si、Fe 进入硅铁熔体中，未引入新的杂质造成硅铁二次污染。

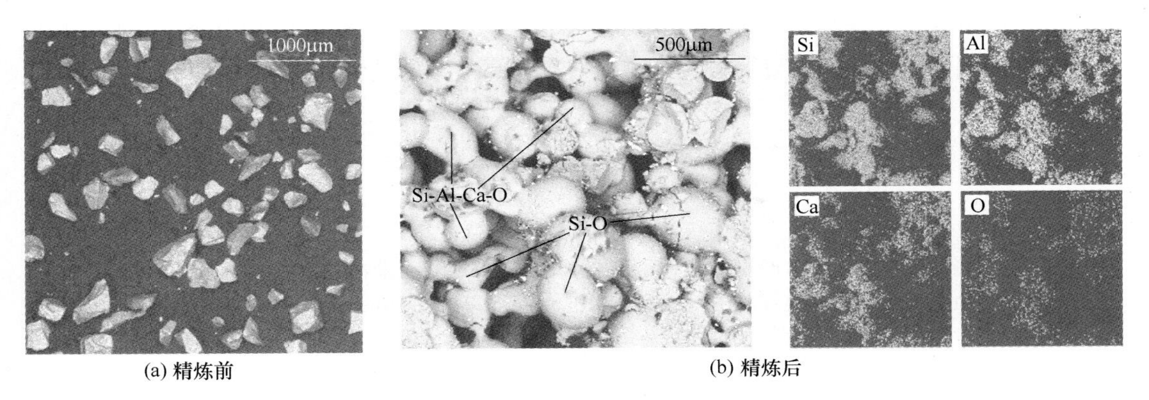

图 6-22　造渣精炼前后 SiO_2 渣剂的形貌及元素面扫描结果

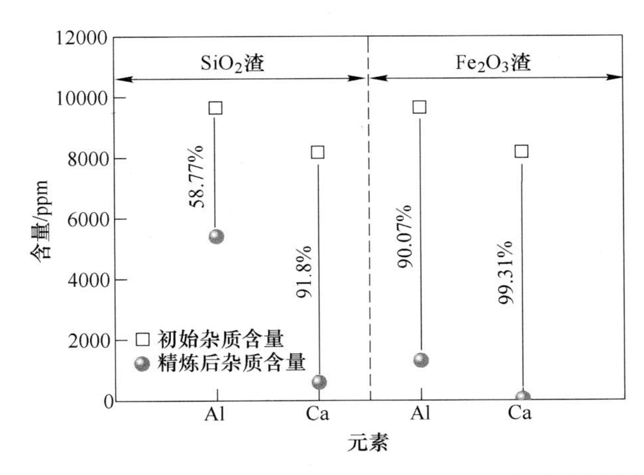

图 6-23　SiO_2 和 Fe_2O_3 渣剂造渣精炼对 Al 和 Ca 杂质的去除效果

6.4　本章小结

本章讨论了铁合金洁净度对钢洁净度和钢中非金属夹杂物的影响。目前在工业现场使用的各种铁合金中均会含有很多杂质元素以及杂质化合物。例如，使用最广泛的合金之一——硅铁合金中含有较高含量的 Al 和 Ca，其中 Ca 含量较高，这对钢中非金属夹杂物产生很大影响，使得夹杂物中含有较高含量的 Al_2O_3 和 CaO，甚至由于钢中酸溶铝含量增加而使 MgO 质耐火材料中的 Mg 进入钢液，从而也增加夹杂物中的 MgO。这成为很多硅脱氧钢中形成 $CaO-MgO-Al_2O_3$ 夹杂物的关键原因。

本章介绍了在管线钢中使用硅铁合金加钙的方法成功实现了夹杂物的改性，夹杂物由最初的纯氧化铝夹杂物被改性为 $CaO-MgO-Al_2O_3-CaS$ 低熔点复合夹杂物，这种方法在一定条件下可以取代钙处理的喂线工艺。本章也介绍了在帘线钢精炼过程中，使用的硅铁合金和 SiC 粉中由于溶解铝含量较高，使得钢液中酸溶铝和夹杂物中的 Al_2O_3 含量增加，严重危害钢的质量。

没有洁净的铁合金，就无法生产高质量的洁净钢。洁净铁合金生产的概念应该得到更多的重视。为了降低洁净铁合金的生产成本，本章介绍了采用 SiO_2、Fe_2O_3 造渣精炼提纯硅铁合金的方法。实验室实验表明，该方法不仅可以有效降低硅铁合金中的 Al、Ca 杂质含量，且渣剂成本低廉，可发展成为一种低成本、高效率的硅铁提纯方法。

参 考 文 献

[1] 赵乃成，张启轩. 铁合金生产实用技术手册［M］. 北京：冶金工业出版社，1998.

[2] Schei A，Tuset J K，Tveit H. Production of high silicon alloys［M］. Norway：Tapir Trondheim，1998.

[3] 张立峰，李燕龙，任英. 钢中非金属夹杂物的相关基础研究（Ⅰ）——非稳态浇铸中的大颗粒夹杂物及夹杂物的形核，长大，运动，去除和捕捉［J］. 钢铁，2013，48（11）：1-10.

[4] Mizuno K，Todoroki H，Noda M，et al. Effects of Al and Ca in ferrosilicon alloys for deoxidation on inclusion composition in type 304 stainless steel［J］. Iron & Steelmaker，2001，28（8）：93-101.

[5] Wijk O，Brabie V. The purity of ferrosilicon and its influence on inclusion cleanliness of steel［J］. ISIJ International，1996，36（Suppl.）：132-135.

[6] 梁连科. 工业硅炉外精炼过程的物理化学分析［J］. 铁合金，1988，5（2）：25-29.

[7] 丁伟中，徐建伦，唐恺. 硅铁和工业硅的氧化脱铝与脱钙［J］. 铁合金，1996，1（3）：1-4.

[8] Weiss T，Schwerdtfeger K. Chemical equilibria between silicon and slag melts［J］. Metallurgical & Materials Transactions B，1994，25（4）：497-504.

[9] Ananina S，Verushkin V，Iskhakov F，et. al. Production of ferrosilicon with a low impurity content［J］. Russian Metallurgy（Metally），2009，2009（8）：748-751.

[10] 蒋仁全. 硅铁合金降铝生产方法及效果［J］. 铁合金，2006，37（4）：17-19.

[11] 陈佩仙，裴静娟. 硅铁吹氧脱铝的试验研究［J］. 钢铁研究，2015，43（1）：28-32.

7 钢-渣-夹杂物-耐火材料-合金-空气六相多元体系下的钢、渣和夹杂物成分变化的动力学研究

7.1 相关文献研究成果

7.1.1 多组分耦合反应模型

目前已有很多学者研究了夹杂物形核长大及去除的动力学机理[1-47]，随着研究的不断深入，有学者基于双膜理论建立了耦合反应动力学模型，Kawai 和 Mori 等建立的动力学模型可对多个耦合反应进行定量处理，这些研究在不同程度上为了解和改善冶炼工艺奠定了理论基础。Kawai 和 Mori 等在建立相应模型时都假定钢液和渣相之间处于动态平衡，反应的动力学由反应物和产物在钢液和渣相之间的扩散传质控制。Robertson 和 Ohguchi 等[48,49]则运用更加具体的模型进行了类似的动力学计算，在引入由反应生成物 CO 气泡传递氧的副反应概念后提出了多相多组元的耦合反应动力学模型，并成功地将模型应用于铁水预处理和钢液精炼的动力学过程。

钢液-渣相反应属于典型的液液反应。液液反应机理的共同特点在于反应物来自两个不同的液相，在共同的相界面上发生界面化学反应，生成物再以扩散的方式从相界面传递到不同的液相中。液液反应的限制性环节一般分为两类：一类以扩散为限制性环节，另一类是以界面化学反应为限制性环节。对这两类不同的反应过程，温度、浓度、搅拌速度等外界条件对反应速度的影响也是不同的。而大量事实说明，在液液反应中，尤其是高温冶金反应中，大部分限制性环节处于扩散范围，只有一小部分反应属于界面化学反应类型[50]。

双膜理论能够有效地分析钢液-渣相反应的动力学。在进行钢液-渣相反应时，界面的两侧各存在一层被称为浓度边界层的边界薄膜，参加反应的反应物和生成物都需通过传质或扩散穿过各自所在相一侧的边界层。因此，钢液-渣相反应一般认为由以下几个步骤组成：（1）钢液组分由钢液内部穿过钢液侧浓度边界层向钢和渣的界面迁移；（2）渣的组分由渣相内部穿过渣相侧浓度边界层向钢液-渣相界面迁移；（3）迁移至相界面的反应物发生反应；（4）反应产物穿过渣相边界层由钢液-渣相界面向渣相内部迁移；（5）反应产物穿过钢液边界层由界面向钢液内部迁移。一般假设钢液-渣相反应的动力学由（1）、（3）、（4）三个步骤混合控制。

钢液中组分［M］穿过钢液侧边界层向钢液-渣相界面迁移过程属于流体流动中的传质过程，其在钢液侧边界层内的传质速率见式（7-1）：

$$J_M = k_m(c_M^b - c_M^*) \tag{7-1}$$

式中，J_M 为钢液组元 M 的传质通量，mol/(m^2 · s)；k_m 为钢液中的传质系数，m/s；c_M 为

钢液中组元 M 的浓度，mol/m³；上标 b 和 * 分别为钢液相和钢液-渣相界面。

钢液-渣相反应的机理模型只能讨论单个反应过程的动力学特征，实际上冶金过程中往往是几个多相反应同时进行，而有些化学反应向其化学势升高的方向进行，这是多个化学反应之间“耦合”产生“干涉效应”的结果。因此，将单个反应独立出来孤立地研究其反应的热力学和动力学特征是不全面的。

Robertson 等[49]的耦合反应动力学模型的主要思想是：化学反应仅在界面上进行，化学反应的通用反应式见式（7-2），其反应速度由钢液、渣相两侧的传质所控制，即双膜理论，相应方程见式（7-3）~式（7-5）：

$$[\mathrm{M}] + n[\mathrm{O}] = (\mathrm{MO}_n) \tag{7-2}$$

$$J_{\mathrm{M}} = \frac{\rho_{\mathrm{steel}} k_{\mathrm{m}}}{N_{\mathrm{M}}}\{[\%\mathrm{M}]^{\mathrm{b}} - [\%\mathrm{M}]^{*}\} \tag{7-3}$$

$$J_{\mathrm{MO}_n} = \frac{\rho_{\mathrm{slag}} k_{\mathrm{s}}}{N_{\mathrm{MO}_n}}\{(\%\mathrm{MO}_n)^{*} - (\%\mathrm{MO}_n)^{\mathrm{b}}\} \tag{7-4}$$

$$E_{\mathrm{M}} = (\%\mathrm{MO}_n)^{*}/([\%\mathrm{M}][\%\mathrm{O}]^{n}) = K_{\mathrm{M}} f_{\mathrm{M}} f_{\mathrm{O}}^{n}/\gamma_{\mathrm{MO}_n} \tag{7-5}$$

式中，J_{MO_n}为渣相组元 MO_n 的传质通量，mol/(m²·s)；ρ_{steel}，ρ_{slag}分别为钢液、炉渣的密度，kg/m³；k_{s}为渣相的传质系数，m/s；E_{M} 为修正后的反应平衡常数；N_{MO_n}为渣相中组元 MO_n 的摩尔质量，kg/mol；N_{M} 为钢液中组元 M 的摩尔质量，kg/mol；f_{M}，f_{O}分别为钢液中组元 M、O 的活度系数；K_{M} 为反应平衡常数；上标 b 和 * 分别代表钢液相、钢液-渣相界面；γ_{MO_n}为渣相组元 MO_n 的活度系数；[%M]，[%O] 分别为钢液中组元 M、O 的百分含量；($\%\mathrm{MO}_n$) 为渣相中组元 MO_n 的百分含量。

根据以上公式，可以用界面氧活度（即氧位）表示出各个元素的界面浓度，其表达式见式（7-6）和式（7-7）：

$$(\%\mathrm{MO}_n)^{*} = E_{\mathrm{M}}[\%\mathrm{M}]^{*} a_{\mathrm{O}\%}^{*n} \tag{7-6}$$

$$[\%\mathrm{M}]^{*} = \frac{\dfrac{\rho_{\mathrm{steel}} k_{\mathrm{m}} N_{\mathrm{MO}_n}}{\rho_{\mathrm{slag}} k_{\mathrm{s}} N_{\mathrm{M}}}[\%\mathrm{M}]^{\mathrm{b}} + (\%\mathrm{MO}_n)^{\mathrm{b}}}{\dfrac{\rho_{\mathrm{steel}} k_{\mathrm{m}} N_{\mathrm{MO}_n}}{\rho_{\mathrm{slag}} k_{\mathrm{s}} N_{\mathrm{M}}} + E_{\mathrm{M}} a_{\mathrm{O}\%}^{*n}} \tag{7-7}$$

式中，$a_{\mathrm{O}\%}^{*}$为界面层中 O 元素的活度。

将上式代入传质通量方程，就可以将传质通量表示为只含有界面氧活度这一未知数的通量式，根据氧衡算（即电中性条件）建立另一方程，便可以求出界面氧活度，如式（7-8）所示：

$$\sum J_{\mathrm{M}} - J_{\mathrm{O}} - J_{\mathrm{S}} = 0 \tag{7-8}$$

式中，J_{O}为钢液中 O 元素的传质通量，mol/(m²·s)；J_{S}为钢液中 S 元素的传质通量，mol/(m²·s)。

将求得的氧活度代入传质通量方程，便可以求出钢液中和渣中组元成分的瞬时浓度。模型得到的计算结果见图 7-1，钢液组元和渣相组元的瞬时浓度表达式分别如式（7-9）和式（7-10）所示：

$$-\frac{V_{\text{steel}}}{A_{\text{steel-slag}}}\frac{\mathrm{d}[\%\mathrm{M}]}{\mathrm{d}t}=k_{\mathrm{m}}\{[\%\mathrm{M}]^{\mathrm{b}}-[\%\mathrm{M}]^{*}\} \tag{7-9}$$

$$\frac{V_{\text{slag}}}{A_{\text{steel-slag}}}\frac{\mathrm{d}[\%\mathrm{MO}_n]}{\mathrm{d}t}=k_{\mathrm{s}}[(\%\mathrm{MO}_n)^{\mathrm{b}}-(\%\mathrm{MO}_n)^{*}] \tag{7-10}$$

式中，V_{steel}，V_{slag}分别为钢液、渣相体积，m^3；t 表示时间，s；$A_{\text{steel-slag}}$为钢液和渣相的接触面积，m^2。

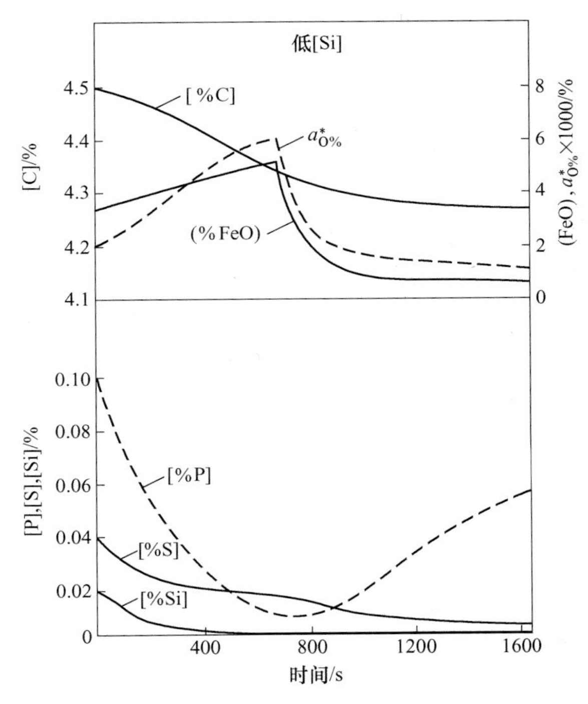

图 7-1 Robertson 等计算的低 Si 含量钢液成分（质量分数）随时间变化曲线[49]

设定一定的时间步长，便可以求出各个组元百分含量随时间的变化曲线。由于界面处氧活度的数值是由模型所考虑的反应共同决定的，因此体现了各反应之间的耦合影响，这也是多组分耦合反应模型的特征。模型用到的各项动力学参数见表 7-1。

表 7-1 Robertson 等建立动力学模型用到的参数[49]

动力学参数	参数	单位
钢液传质系数 k_{m}	0.4	mm/s
炉渣传质系数 k_{s}	0.2	mm/s
Si 的修正平衡常数 E_{Si}	10^{11}	—
P 的修正平衡常数 E_{P}	10^{9}	—
S 的修正平衡常数 E_{S}	0.015	—
Fe 的修正平衡常数 E_{Fe}	500	—
C 的修正平衡常数 E_{C}	2000	—
氧活度系数 f_{O}	1	—

续表 7-1

动力学参数	参数	单位
钢液中 Si 活度系数f_{Si}	12	—
炉渣中 Si 活度系数 γ_{Si}	0.1	—
Fe 活度系数 γ_{Fe}	0.7	—
FeO 活度系数 γ_{FeO}	3	—

由上述基本思想可以分别得到各个组元的传质通量方程、平衡常数方程、氧平衡方程。联立上述方程，采用二分法迭代求出界面氧活度，再通过平衡常数方程推导求解界面上钢液-渣相组元的浓度，将界面处钢液-渣相组元浓度代入传质通量方程，从而求解出铁水预处理过程中钢液-渣相组元随时间的变化曲线。在系数的选择方面，由于模型计算了低硅含量钢液中的成分组成，根据实验得到平衡常数 K_{Si} 的取值大约为 10^7，因此可算出修正后的平衡常数 E_{Si} 的取值约为 10^{11}。许允才等[51]在 Robertson 模型的基础上增加了炉渣碱度因素的影响，并计算了用 CaO 粉剂对铁水进行脱硫脱磷处理的实际过程中钢液成分的变化，模型结果与实际吻合较好。

Mori 等[52]模型的建立依然基于双膜理论，在他们的模型中不同的反应有不同的控速步骤，认为体系中反应速率由界面处的化学反应速率、金属相中的传质、渣相中的传质三个控速步骤中的一个或多个控制。为此，各个反应的总传质阻力为：

$$\frac{1}{k_M} = \frac{1}{k_s \rho_{slag}} + \frac{L_M^*}{k_m \rho_{steel}} + \frac{1}{k_{r,M}} \tag{7-11}$$

式中，k_M 表示各个反应的总传质系数，m/s；$k_{r,M}$表示各个反应的速率常数，s^{-1}；L_M^* 表示各个元素在界面处的钢液-渣相分配比。

Mori 等[52]利用此模型对 Cr_2O_3-CaO-SiO_2-Al_2O_3-CaF_2 渣系中 Cr_2O_3 的还原速率进行了模拟，模型中认为 CO 生成反应的速率受化学反应速率和碳在金属相中的传质控制，Cr_2O_3 的还原速率受界面处的化学反应速率、金属相中的传质、渣相中的传质混合控制。在得到与实验相吻合的模拟结果后，又利用模型研究了各个反应的控速步骤，发现在整个反应过程中 Cr_2O_3 的还原速率由其在渣相中的传质控制。在此基础上，Mori 又进行了利用 Fe-C-Al-Si 熔体还原不锈钢渣中 Cr_2O_3 的实验，并利用模型对 Cr_2O_3 还原动力学行为进行了研究，在讨论 Cr_2O_3 还原反应的控速步骤时，得出了和之前一样的结论。

Kitamura[53]利用耦合反应动力学模型研究了钢液、渣相、夹杂物以及耐火材料四元体系下脱氧产物的含量变化，其中耐火材料的反应只考虑向渣相中的溶解，模型的反应示意图如图 7-2 所示。夹杂物生成由两部分构成，一是铝合金和硅铁合金脱氧产生的部分脱氧产物，二是渣相卷入钢液的过程形成的夹杂物。同时夹杂物的上浮率和聚集率也被考虑进了模型中。在计算过程中利用了 FactSage 6.2 和 Visual C++等软件，各组元的活度数值由 ChemApp 软件计算。图 7-3 为以上模型的计算结果。

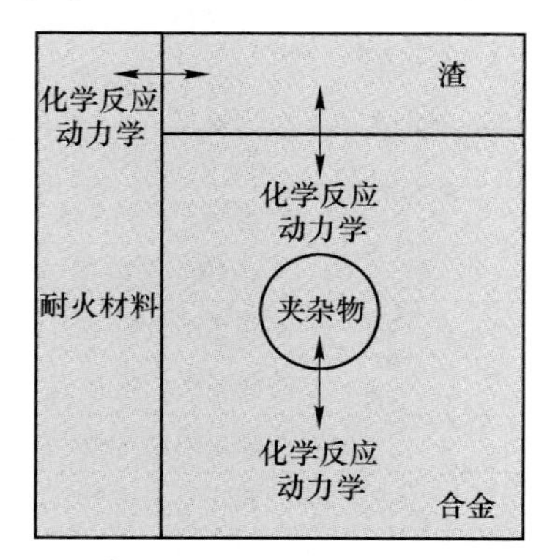

图 7-2　Kitamura 等建立的动力学模型反应示意图[53]

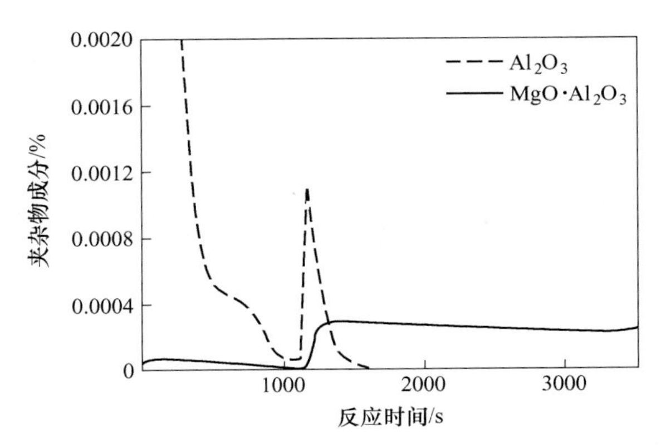

图 7-3 Kitamura 等建立的动力学模型计算的脱氧产物含量随时间变化曲线[53]

Harada 等[54,55]利用多相耦合模型研究了钢液、渣、夹杂物成分的动力学预测模型。模型考虑了钢液-渣相反应、钢液与卷渣形成的夹杂物之间的反应、耐火材料与渣的反应、夹杂物的团聚上浮、合金溶解等多个反应过程，模型的反应示意图如图 7-4 所示。

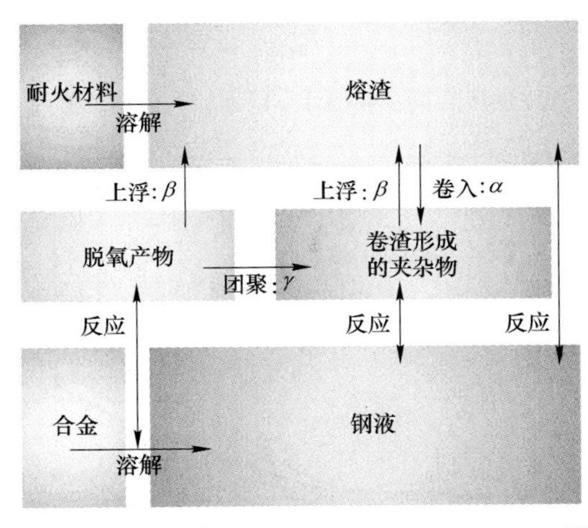

图 7-4 Harada 等建立的动力学模型反应示意图[54]

其中，钢液-渣相反应、钢液-夹杂物之间的反应利用耦合模型计算，耐火材料溶解根据液固反应方程计算，夹杂物的团聚率与上浮率选取不同范围的取值并进行对比，时间步长设置为 0. 1s，同时根据合金溶解的吉布斯自由能变化界定各反应时间的长短。模型计算了夹杂物的总量、成分、分布随时间变化的曲线，如图 7-5 和图 7-6 所示，其中夹杂物主要分为镁铝尖晶石夹杂物、氧化铝夹杂物以及卷渣形成的夹杂物三种类型。考虑到不同的卷渣率对钢与卷渣形成的夹杂物之间的反应有一定影响，作者考虑了不同的卷渣率及夹杂物上浮率对模型的影响。作者还根据模型计算了夹杂物的平均成分随时间的变化关系，并与实际结果做了对比，其中根据模型计算的夹杂物 Al_2O_3 含量与实际结果较为符合，夹杂物 CaO 及 MgO 的含量与实际结果相比仍有偏差，如图 7-7 所示。

在以上模型的基础上，Harada 等[56]进一步研究了加入耐火材料与钢液之间反应之后尖晶石类夹杂物的成分变化，其中耐火材料向钢液中溶解的速率表达式如下：

$$\frac{d[\%Mg]}{dt}=\frac{A_{steel\text{-}slag}\rho_{steel}k_{Mg}}{w_m}([\%Mg]^*-[\%Mg]) \tag{7-12}$$

$$k_{Mg}(l/D_{Mg})=1.3\,Re^{1/2}Sc^{1/3} \tag{7-13}$$

式中，w_m 为钢液重量，kg；l 为特征长度，假定等于钢渣与渣相接触面积的平方根，m；Re 为雷诺数；Sc 为施密特数；D_{Mg} 为 Mg 元素在钢液中的扩散系数，m^2/s；k_{Mg} 为 Mg 在钢液中的传质系数，m/s。

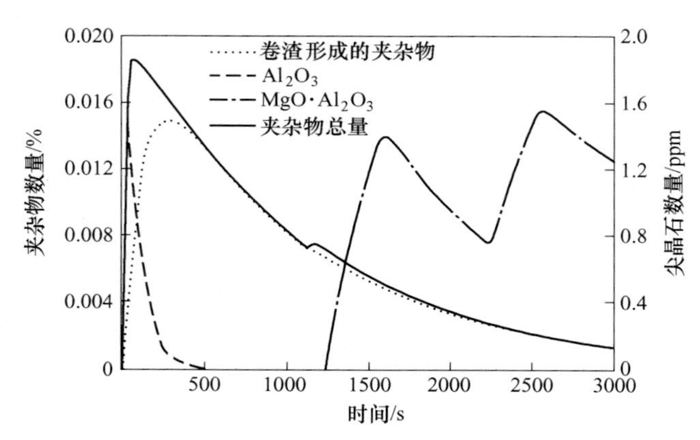

图 7-5　Harada 等建立的多相耦合模型计算得到的夹杂物总量随时间变化曲线[54]

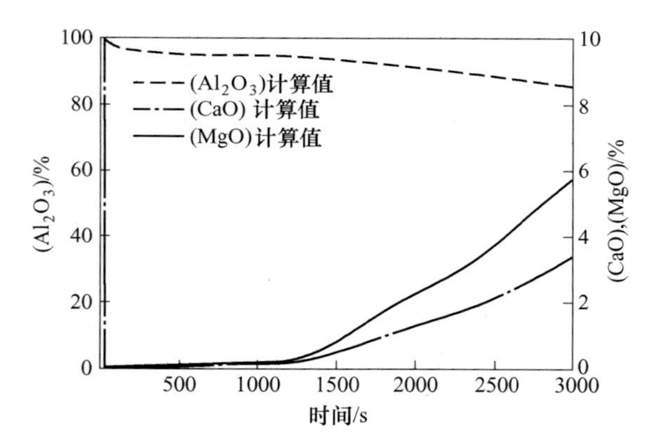

图 7-6　Harada 等建立的多相耦合模型计算得到的卷渣形成的夹杂物成分变化[54]

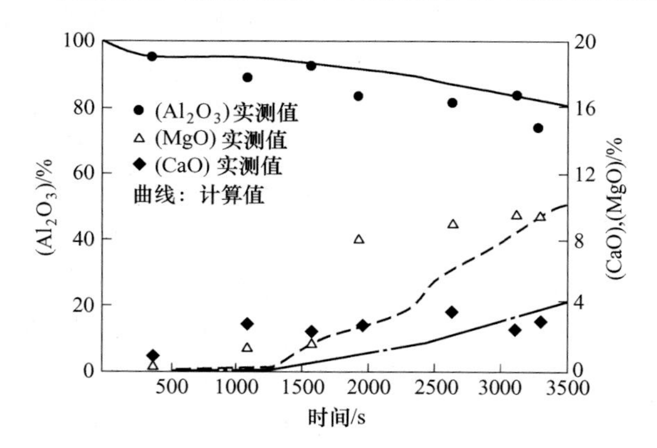

图 7-7　Harada 等建立的多相耦合模型计算得到的夹杂物平均成分变化[54]

根据 Stokes 定律，可以计算出夹杂物的上浮率。Harada 将夹杂物分为两大类：其一是内生夹杂物，包括 Al_2O_3 单颗粒夹杂物、簇状 Al_2O_3 夹杂物以及尖晶石类夹杂物；第二类是来自渣的夹杂物。模型得到的预测结果如图 7-8 所示。其中耐火材料中 Mg 向钢液中的传质系数根据公式 $k_{Mg}(l/D) = 1.3Re^{1/2}Sc^{1/3}$ 计算。模型中用到的动力学参数如表 7-2 所示。同时，Harada 还利用钢液-渣相-夹杂物-耐火材料四元系动力学模型研究了体系中不同渣成分对夹杂物成分的影响[57]。

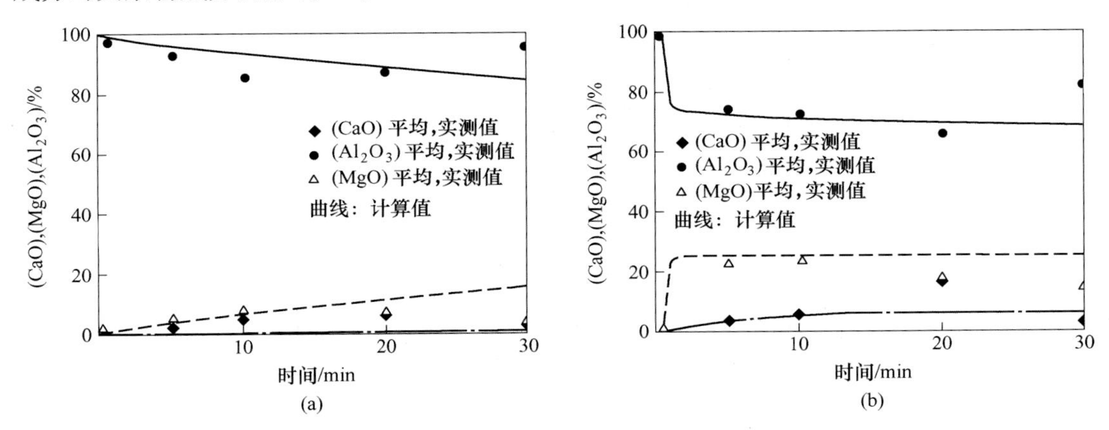

图 7-8 Harada 建立的动力学模型的夹杂物成分计算结果[56]

（a）（b）为不同炉次

表 7-2 Harada 等建立动力学模型用到的参数[56]

动力学参数	参数取值或计算公式	单位
钢液-渣相反应过程中的传质系数	$k_m = (0.006 \pm 0.002)\dot{\varepsilon}^{1.4 \pm 0.09}$ $\dot{\varepsilon} = \left(\frac{\dot{n}RT}{Wm}\right)\ln\left(\frac{P_t}{P_0}\right)$ $k_s = k_m/10$	m/s
钢液-夹杂物应过程中的传质系数	$k_m = 2\left(\frac{D_{Fe}\mu_{slip}}{\pi d_p}\right)^{1/2}$ $k_{inc} = k_{m\_inc}/10$	m/s
卷渣率 α	10^{-6}	%/s
夹杂物上浮率 β	0.1	%/s
夹杂物团聚率 γ	1	%/s
夹杂物半径 d	5	μm

Ende 等[58]在双膜理论的基础上建立了 EERZ 模型，并利用此模型计算了 RH 过程中的 C 和 O 含量变化。同时 Ende 等[59]也利用此模型计算了钢包精炼过程中的钢液和渣相成分变化，反应示意图见图 7-9。计算结果见图 7-10。计算结果和检测结果较为吻合。

Piva 等利用 FactSage 计算了硅锰脱氧钢中夹杂物中 MnO、SiO_2、Al_2O_3 及 MgO 含量的变化。模型考虑了钢液-渣相反应和钢液-夹杂物反应，其中渣成分为 $CaO-Al_2O_3-SiO_2-MgO$，

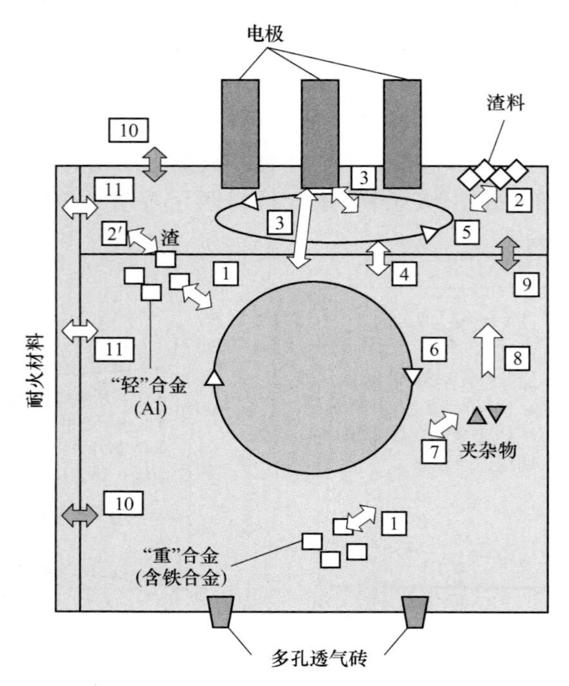

图 7-9　Ende 等建立的动力学模型钢包反应分区示意图[59]

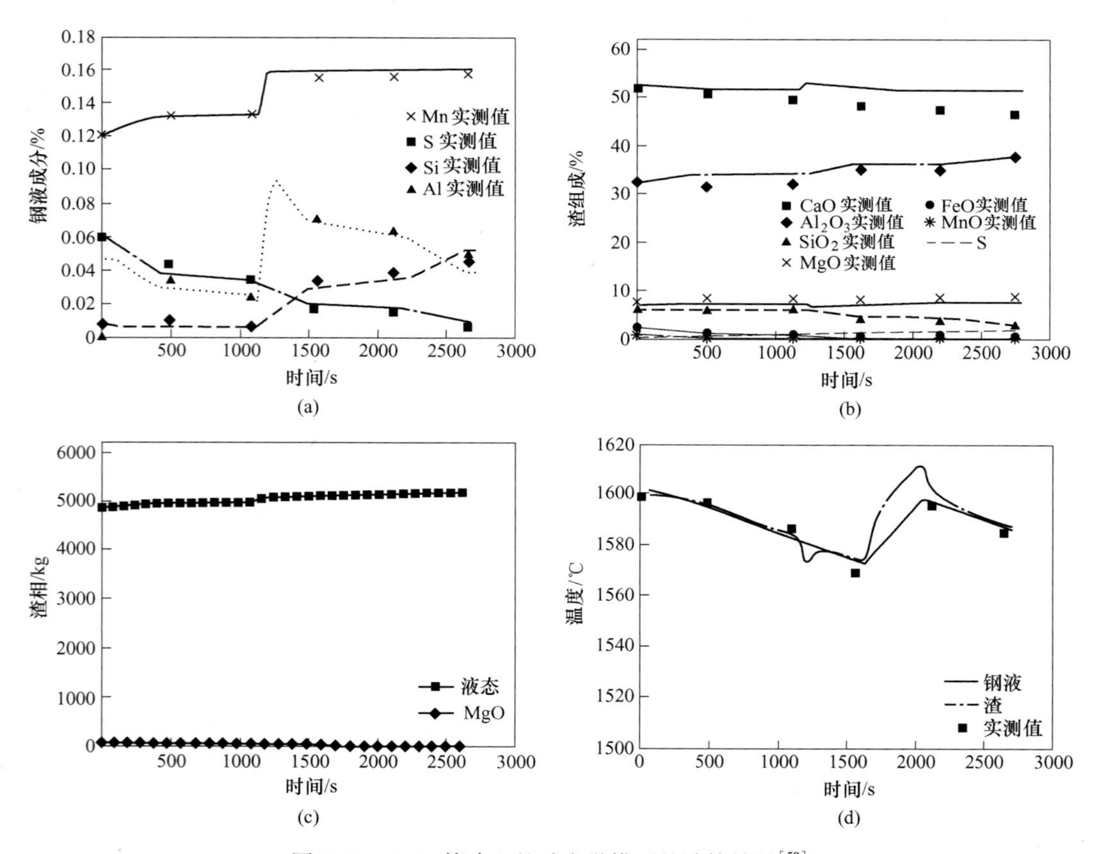

图 7-10　Ende 等建立的动力学模型的计算结果[59]

钢液-渣相反应过程中的传质系数为 0.006m/s，钢液-夹杂物反应过程中的传质系数为 0.001m/s。模型计算结果与实际检测结果的对比如图 7-11 所示。

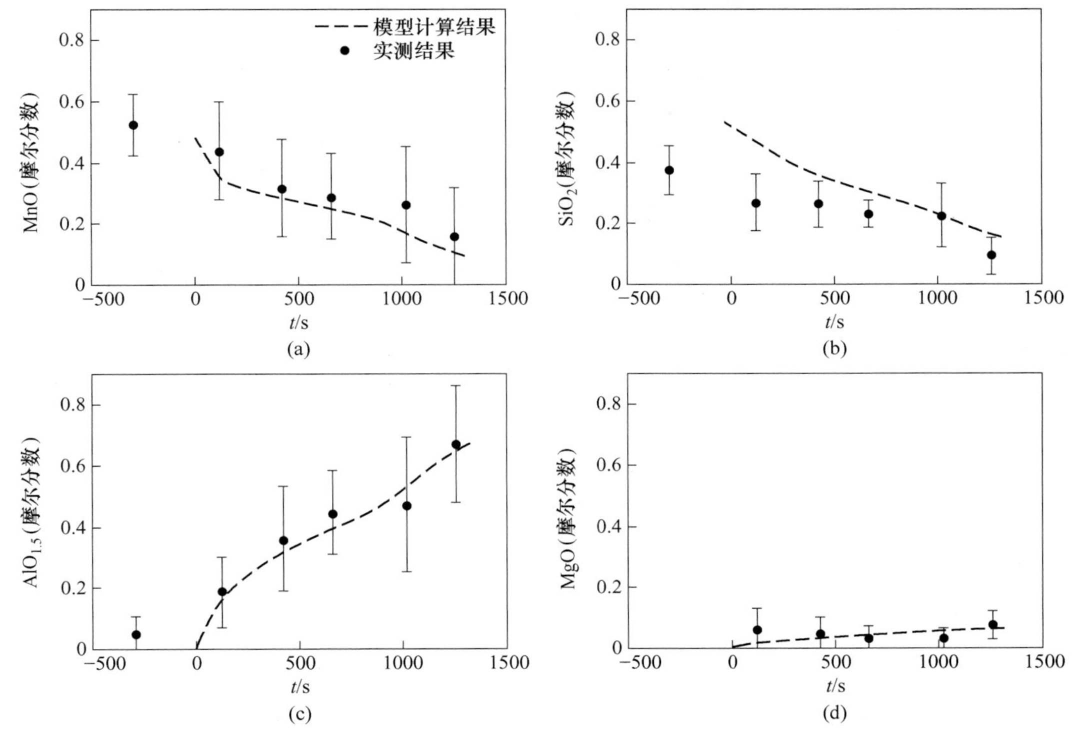

图 7-11 Piva 等建立的动力学模型的计算结果

卡内基梅隆大学的 Kumar 等[60] 利用 FactSage 软件计算了精炼过程中钢液及渣相成分随时间的变化。由于模型中使用的传质系数是根据实际检测结果拟合得到的，因此计算出的钢液及渣相成分变化与实际检测结果吻合较好。图 7-12 为 Kumar 等得到的钢液成分随

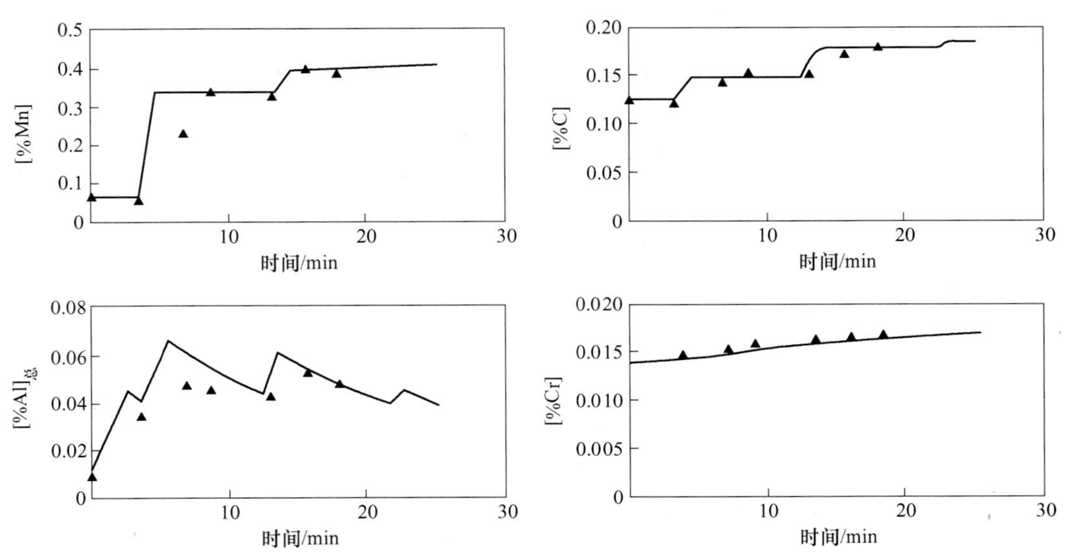

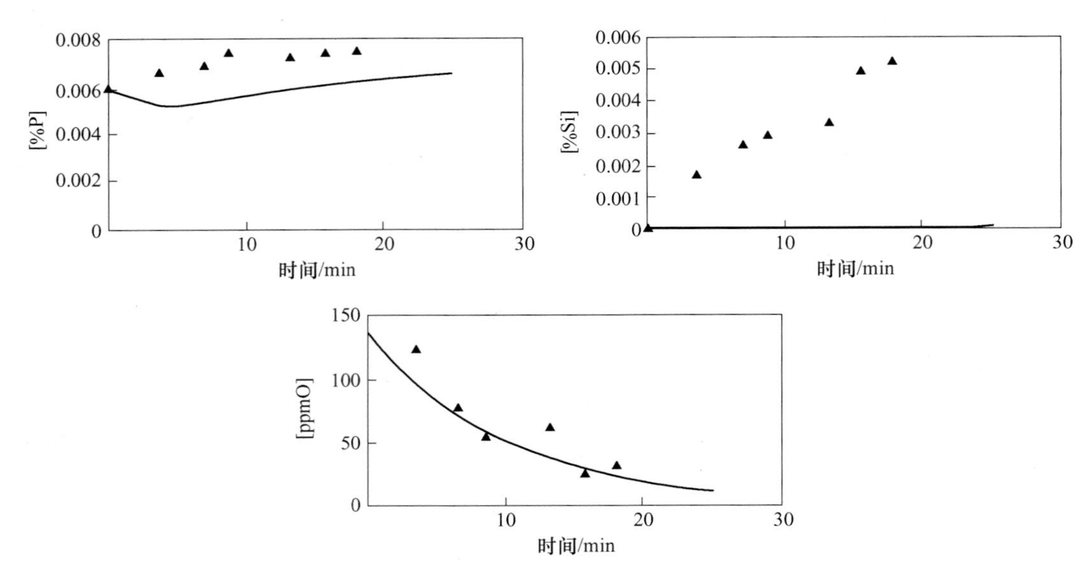

图 7-12 Kumar 等建立的动力学模型的计算结果与检测结果对比[60]

时间变化的计算结果与实际结果对比图，其中钢液中 Si 含量的计算结果与实际结果偏差较大，其原因是加入的合金导致钢液中 Si 含量变化，然而 FactSage 软件并不能将这点反映出来。

7.1.2 未反应核模型

未反应核模型是指基于界面化学反应发生在未反应核和反应界面之间，随着反应的进行，未反应核半径逐渐缩小的预测反应速率的模型。其几何表述如图 7-13 所示。将未反应核模型应用于夹杂物-钢液之间的反应时，其表示的反应步骤大致可概括为三步：首先是钢液中的组元通过钢液边界层进入夹杂物与钢液之间的反应界面，然后是组元在界面上进行化学反应，最后一步是组元进入夹杂物，继续向夹杂物内部扩散传质。其中第二步化学反应通常非常迅速，因此一般不计入反应的限制性环节。

东北大学的游梅英等[61]采用未反应核模型建立了夹杂物成分的动力学预测模型。模型考虑了钢液-渣相反应、钢液和夹杂物之间的反应，其中钢液-渣相反应运用双膜理论建立反应模型求出钢液成分，考虑的反应元素包括 Cr、Si、Mn、Mg、Ca、Ti、Al、C 和 Fe，除 CO 的形成反应由界面化学反应控制外，其他反应均由渣相或金属相的传质控制。在活度的选择上，钢液组元的活度利用相互作用参数法求解，炉渣组元的活度利用高阶亚正规溶液模型求解。作者同时考虑了 Si 和 Ti 元素在界面处的解离反应，但是为了简化计算，作者假设了所有组元在金属相和渣相内的传质系数分别相同且为定值，利用氧的质量平衡方程求解界面氧活度的公式如下：

$$\sum J_{M} - J_{O} - J_{FeO} = 0 \tag{7-14}$$

式中，J_{FeO}为渣中 FeO 的传质通量，mol/(m^2 · s)。

在钢液与夹杂物的反应中，应用了未反应核模型，同时作者考虑了两种情况，第一种是夹杂物中 MgO 的生成，第二种是 CaO 及 Al_2O_3 类夹杂物的形成。夹杂物成分的计算过程可以划分为两个阶段，第一阶段是炉渣中的氧化物被还原进入钢液，第二阶段是进入钢液的元素还原夹杂物中的组分，进而形成复合氧化物。在限制性环节方面，作者也考虑了两种情况，第一种是金属元素在夹杂物内的扩散是速率控制环节，第二种是金属元素从钢液进入到夹杂物内部是限制环节。当金属元素在夹杂物内的扩散是速率控制环节时，夹杂物内的扩散方程为：

$$\frac{\mathrm{d}(\mathrm{MgO})}{\mathrm{d}t}=\frac{D_{\mathrm{inc}}}{r^2}\frac{\mathrm{d}}{\mathrm{d}r}\left[r^2\frac{\mathrm{d}(\mathrm{MgO})}{\mathrm{d}r}\right] \tag{7-15}$$

式中，r 为夹杂物未反应核的半径，m；D_{inc}为夹杂物内部扩散系数，m^2/s。

假设夹杂物的平均半径为 1.5μm，夹杂物内部扩散系数为 $3.2\times10^{-13}m^2/s$，通过计算可得到夹杂物内部 MgO 达到饱和的扩散时间为 1s，时间非常短，因此可认为夹杂物内部扩散不是限制性环节。当金属元素从钢液进入到夹杂物内部是限制环节时，钢液与夹杂物之间的平衡关系式为：

$$\frac{\mathrm{d}}{\mathrm{d}t}\left[\frac{4\pi}{3}r^3(\mathrm{MgO})\rho_{\mathrm{inc}}\right]=4\pi r^2\frac{D_{\mathrm{Mg}}\rho_{\mathrm{steel}}}{r}\left\{[\mathrm{Mg}]-\frac{(\mathrm{MgO})^*}{L_{\mathrm{Mg}}}\right\} \tag{7-16}$$

式中，ρ_{inc}为夹杂物密度，kg/m^3；L_{Mg}为 Mg 在钢液和夹杂物之间的分配率。

当钢液向夹杂物内部传质为限制性环节时，夹杂物中 Al_2O_3、CaO、MgO 含量随时间的变化曲线如图 7-14～图 7-16 所示。其中夹杂物中 Al_2O_3 含量最高约为 4%，CaO 含量最高约为 42%，MgO 含量最高约为 26%。模型中所用的参数见表 7-3。

表 7-3 游梅英等建立动力学模型用到的参数[61]

动力学参数	参数取值或计算公式	单位
钢液传质系数 k_{m}	2.0×10^{-4}	m/s
炉渣中 SiO_2 传质系数 $k_{\mathrm{s,Si}}$	2.0×10^{-6}	m/s
炉渣传质系数 k_{s}	1.0×10^{-5}	m/s
夹杂物内 Mg 的扩散系数 D_{Mg}	3.2×10^{-13}	m^2/s
Mg 的分配率 L_{Mg}	4.0×10^{5}	—
夹杂物内 Al 的扩散系数 D_{Al}	3.5×10^{-9}	m^2/s
夹杂物内 Ca 的扩散系数 D_{Ca}	3.5×10^{-9}	m^2/s
Al 的分配率 L_{Al}	2.0×10^{5}	—
Ca 的分配率 L_{Ca}	2.0×10^{5}	—

李明等[36]在游梅英建立的模型基础上，通过热态模拟实验对模型中 Si 的传质系数进行了修正，采用作图法比较得到修正公式 $k_x=(14D_xV_g/d_c^2)^{0.5}$，计算得到 Si 元素在钢液中的传质系数为 0.0030m/s、0.0040m/s、0.0048m/s，与实际所得的传质系数有较好的吻合度。同时夹杂物的直径在 1.05～1.35μm 之间，没有发现较大尺寸的夹杂物。图 7-17 为利用修正后的模型得到的夹杂物成分预测结果。可以看出，模型计算的结果与实际检测结果有一定的偏差。

Okuyama 等[62]利用相同的模型研究了铝脱氧钢中尖晶石类夹杂物中 MgO 含量的变化，模型用到的参数见表 7-4。当 Mg 在夹杂物内的扩散为限制性环节时，夹杂物中 MgO 含量的变化如图 7-18 所示。当 Mg 在钢液中的扩散为限制性环节时，夹杂物中 MgO 含量的变

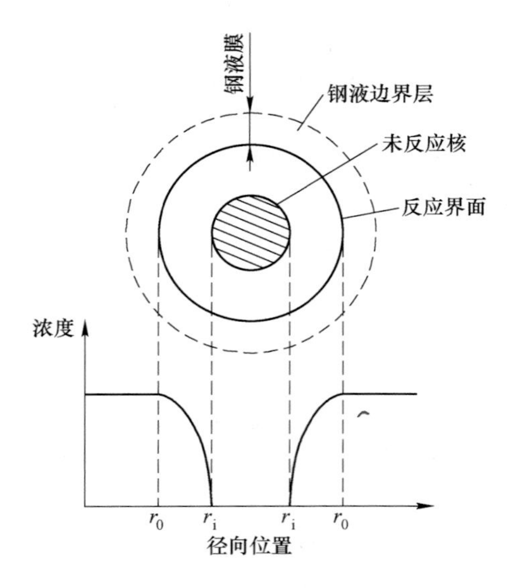

图 7-13　未反应核模型示意图

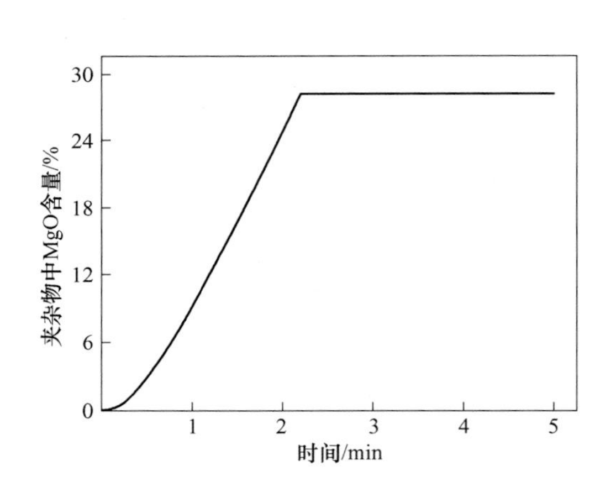

图 7-14　钢液向夹杂物内部传质为限制性环节时，夹杂物中 MgO 含量的变化[61]

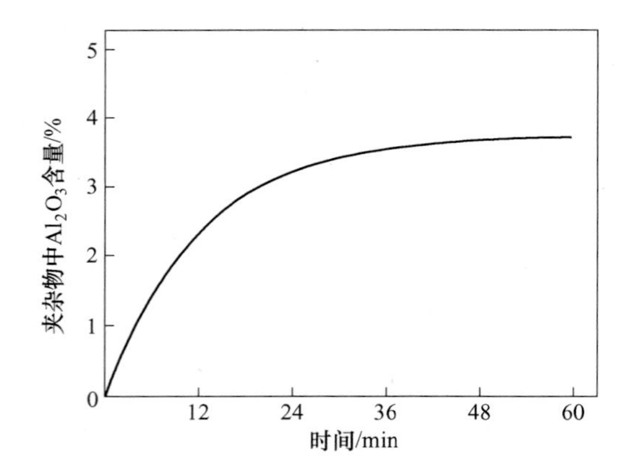

图 7-15　钢液向夹杂物内部传质为限制性环节时，夹杂物中 Al_2O_3 含量的变化[61]

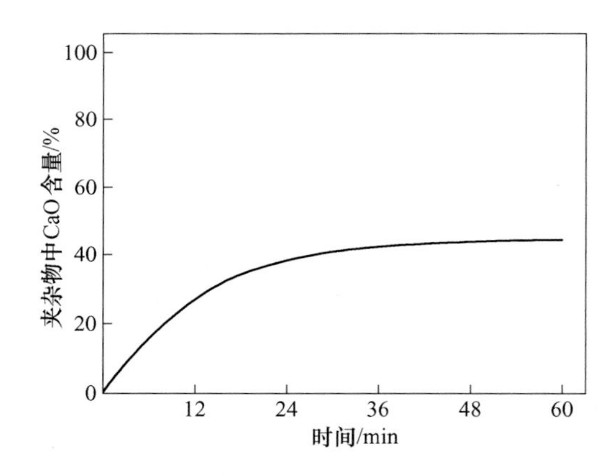

图 7-16　钢液向夹杂物内部传质为限制性环节时，夹杂物中 CaO 含量的变化[61]

化如图 7-19 所示。当钢液中的传质为限制性环节时，夹杂物中 MgO 含量的预测结果如图 7-20 所示。Mg 在夹杂物中的扩散系数取 $3.2\times10^{-13}m^2/s$，Al 在夹杂物中的扩散系数取 $3.5\times10^{-9}m^2/s$，夹杂物的平均直径取 3μm，MgO 在夹杂物中达到饱和浓度的扩散时间约为2s，因此不是限制性环节。在该模型中，钢液中的传质阻力为 0.71，渣中 MgO 的传质阻力为 0.0003，Al_2O_3 的传质阻力为 0.0039，SiO_2 的传质阻力为 32.0。从 Mg 在钢液中的含量随时间变化的曲线可以看出，夹杂物中 MgO 含量的变化趋势与钢液中 Mg 含量的变化趋势基本一致，因此在铝脱氧钢中影响尖晶石类夹杂物中 MgO 含量变化的限制性环节实质上为钢液-渣相反应。

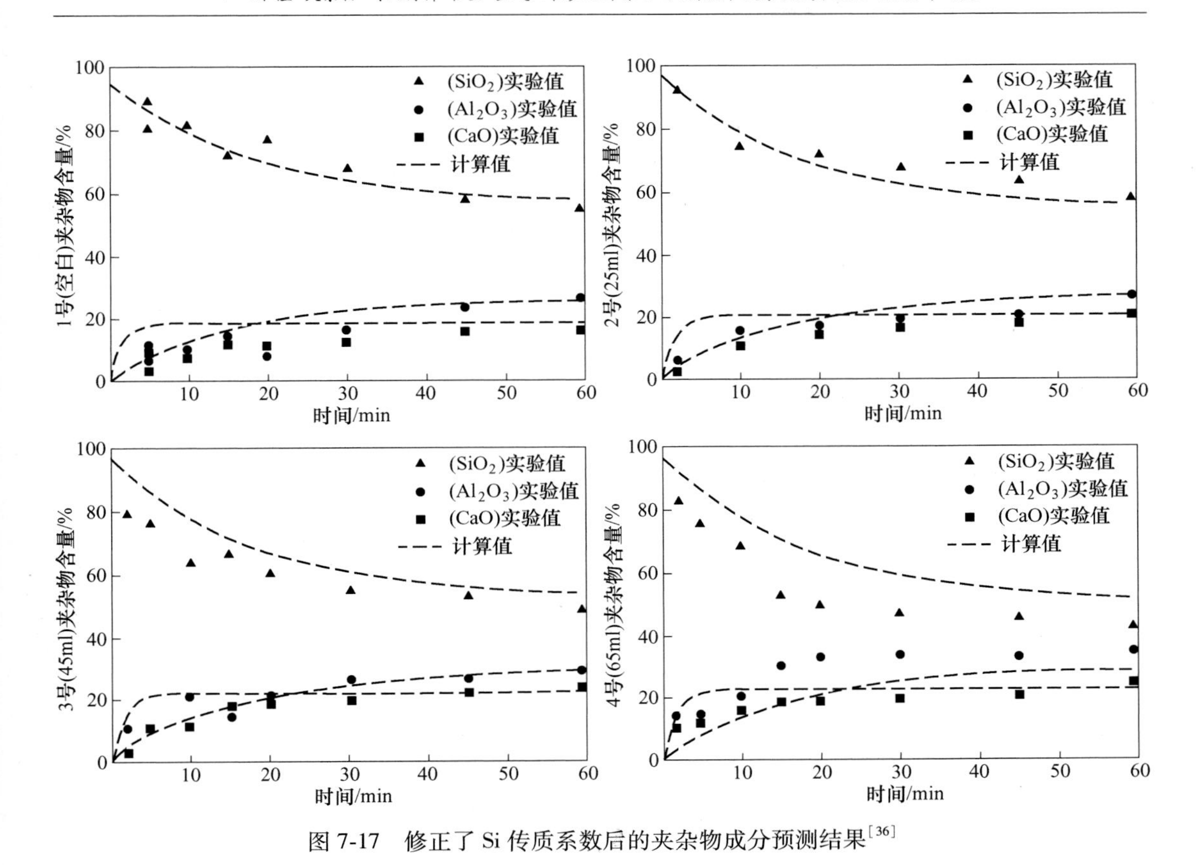

图 7-17　修正了 Si 传质系数后的夹杂物成分预测结果[36]

表 7-4　Okuyama 等建立动力学模型用到的参数[62]

动力学参数	参数取值或计算公式	单位
钢液传质系数 k_m	2.0×10^{-4}	m/s
炉渣中 SiO_2 传质系数 $k_{s,Si}$	2.0×10^{-6}	m/s
炉渣传质系数 k_s	1.0×10^{-5}	m/s
夹杂物内 Mg 的扩散系数 D_{Mg}	3.2×10^{-13}	m^2/s
Mg 的分配率 L_{Mg}	4.0×10^{5}	—
夹杂物内 Al 的扩散系数 D_{Al}	3.5×10^{-9}	m^2/s
夹杂物内 Ca 的扩散系数 D_{Ca}	3.5×10^{-9}	m^2/s
Al 的分配率 L_{Al}	2.0×10^{5}	—
Ca 的分配率 L_{Ca}	2.0×10^{5}	—
夹杂物平均半径 R_0	1.5	μm

来自韩国浦项科技大学的 Kang Youn-Bae 等[63]利用双膜理论计算了 TWIP 钢在 CaO-SiO_2 保护渣下的钢渣反应，计算假设化学反应为限制性环节。结晶器内部的 Al_2O_3 质量平衡示意图如图 7-21 所示。模型计算了 Al_2O_3 含量随钢液中 Al 含量、浇铸温度以及保护渣厚度的变化。

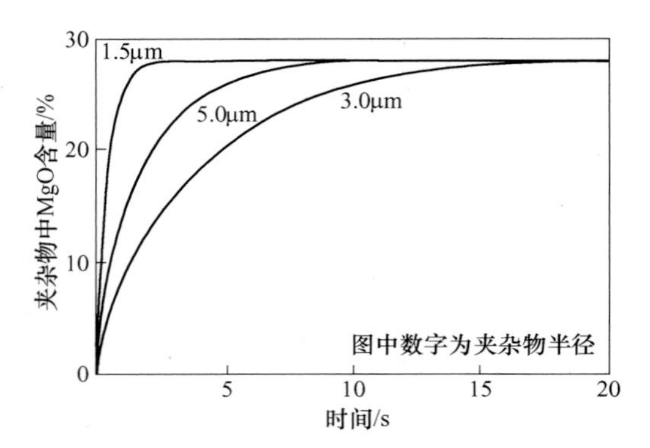

图 7-18　Mg 在夹杂物内的扩散是限制性环节时，夹杂物中 MgO 的含量变化[62]

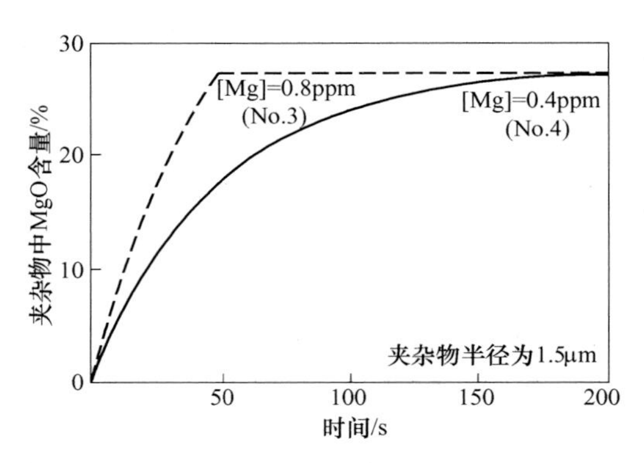

图 7-19　Mg 在钢液中的传质为限制性环节时，夹杂物中 MgO 的含量变化[62]

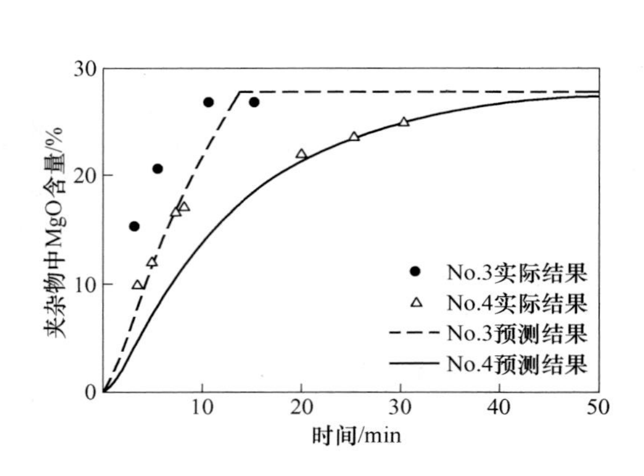

图 7-20　钢液中传质为限制性环节时夹杂物中 MgO 含量预测结果[62]

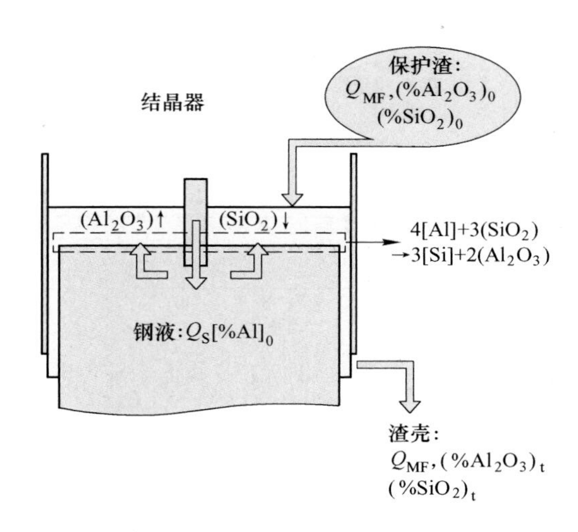

图 7-21　连铸过程中 Al_2O_3 质量平衡示意图[63]

Park 等[64]研究了在 SiO_2-Al_2O_3-CaO 渣中 SiO_2 组分被 Al-Fe 溶液中 Al 元素还原的过程。模型同时考虑了两种传质，第一种是只考虑钢液中存在界面膜向钢液中传质，第二种是考虑钢液和渣相中都存在界面膜向钢液及渣中传质，其示意图见图 7-22 和图 7-23。其中考虑渣相及钢液中都存在界面膜的计算结果较符合实际验证结果，见图 7-24 和图 7-25。图 7-24 和图 7-25 分别代表在不同的初始 Al 含量下，模型的计算结果与实验结果的对比。

从以上结果可以看出，预测模型得到的夹杂物成分变化趋势与实际检测结果是一致的，但是在具体数值上仍有很大偏差。造成这种偏差的原因：一是由于作者考虑到的影响夹杂物成分的因素不全面，二次氧化或是卷渣等因素也会造成夹杂物成分的变化；二是由于模型计算过程中动力学及热力学系数的计算不够精确。因此，想要得到精确的预测结果，考虑多方面的影响因素以及精确系数计算是急需解决的问题。

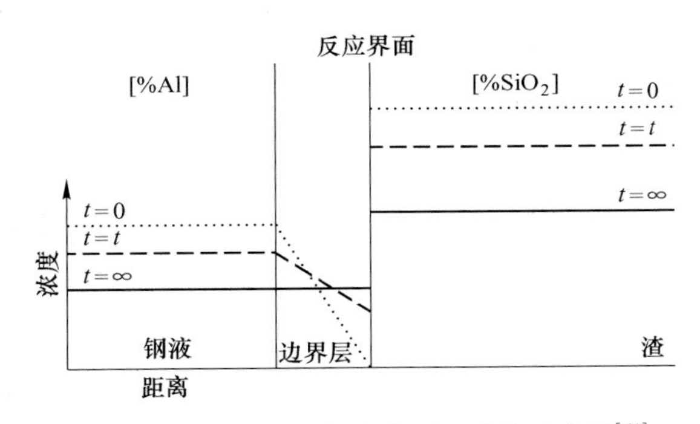

图 7-22 只考虑钢液侧存在界面膜的示意图[64]

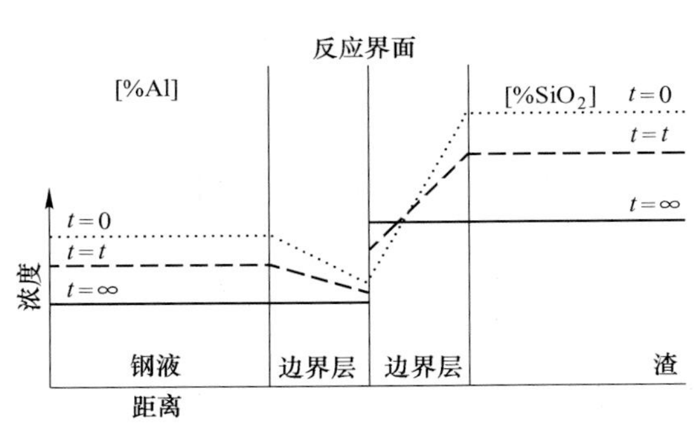

图 7-23 考虑钢液侧及渣侧都存在界面膜的示意图[64]

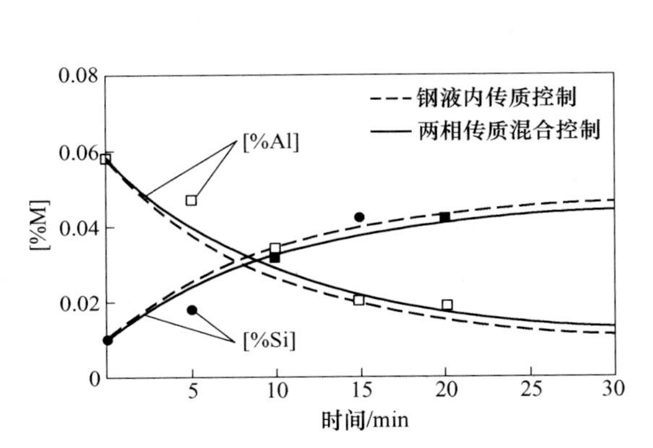

图 7-24 当初始 Al 含量为 0.057%时，钢液成分的计算结果与实验结果对比[64]

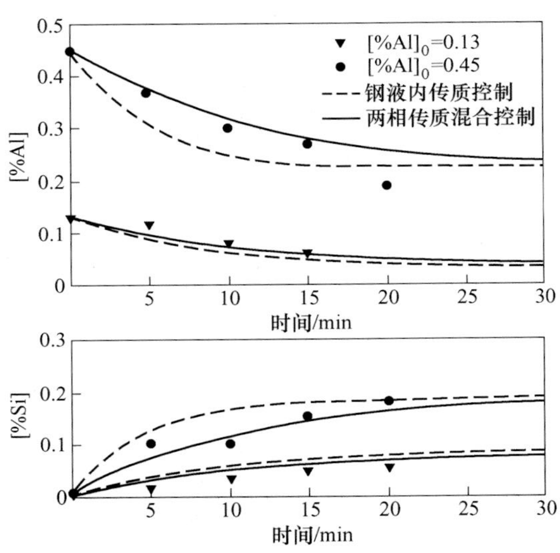

图 7-25 当初始 Al 含量为 0.13%和 0.45%时，钢液成分计算结果与实验结果对比[64]

7.1.3 其他模型

Higuchi 等[65]利用组分守恒方程计算了 Ca 处理后夹杂物中 CaO 及 CaS 含量的变化。作者考虑了 Ca 元素的挥发和钢液与夹杂物中 Ca 反应两个过程，其中 Ca 元素的挥发速率表达式如式（7-17）所示，钢液与夹杂物中 Ca 反应速率的表达式如式（7-18）所示。计算得到的夹杂物中 CaO 含量的变化趋势与预测结果较吻合，预测结果如图 7-26 和图 7-27 所示。

$$-\mathrm{d}[\%\mathrm{Ca}]/\mathrm{d}t = k_{\mathrm{m}}A_{\mathrm{s}}[\%\mathrm{Ca}] \tag{7-17}$$

$$-\mathrm{d}[\%\mathrm{Ca}]_{\mathrm{inc}}/\mathrm{d}t = k_{\mathrm{i}}([\%\mathrm{Ca}]_{\mathrm{inc}} - [\%\mathrm{Ca}]_{\mathrm{e}}) \tag{7-18}$$

式中，[%Ca] 表示钢液中组元 Ca 的百分含量；A_s表示单位体积钢液与空气接触面积的比值，m^{-1}；$[\%Ca]_{inc}$表示夹杂物中组元 Ca 的百分含量；$[\%Ca]_e$表示夹杂物中组元 Ca 的平衡浓度；k_i 表示表观速率常数，s^{-1}。

Choudhary 等[24]利用 FactSage 软件计算了温度降至液相线过程中夹杂物成分随温度变化的曲线，作者考虑了 MnO、SiO_2、Al_2O_3、CaO、MgO、Ti_xO、CaS、MnS 几种夹杂物的生成，其中 CaO 来自钢液-渣相反应及钙处理，MgO 来自钢液-渣相反应和耐火材料侵蚀，Ti_xO 的产生是由于某些特定钢种的钢液中包含了微量 Ti 元素。同时作者还计算了凝固过程中夹杂物的类型及含量变化。夹杂物成分随温度变化曲线及夹杂物类型预测结果分别如图 7-28 和图 7-29 所示。

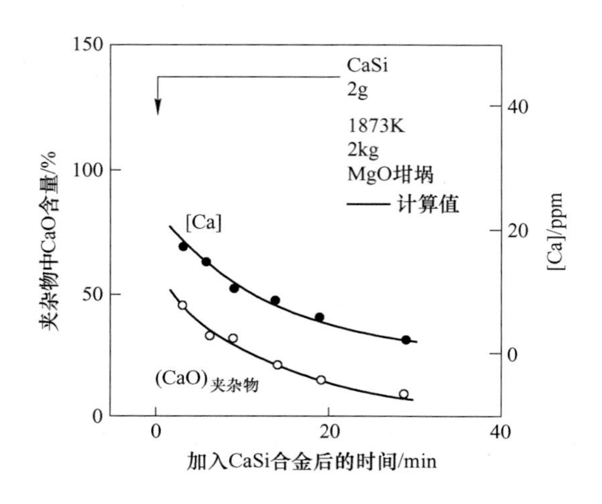

图 7-26　加入 CaSi 合金之后夹杂物中 CaO 含量变化及钢液中 Ca 含量变化[65]

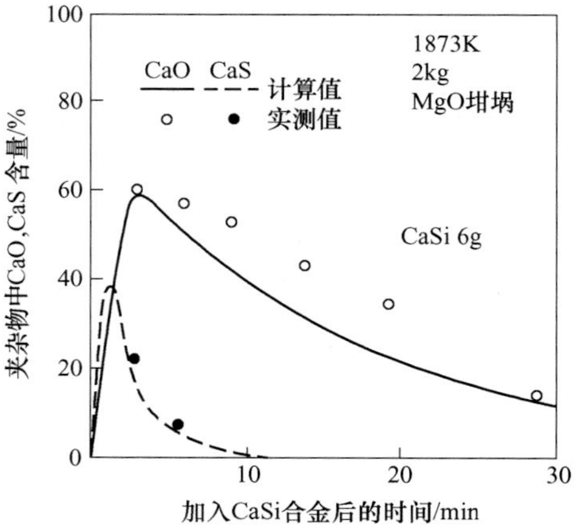

图 7-27　加入 CaSi 合金后夹杂物的成分变化[65]

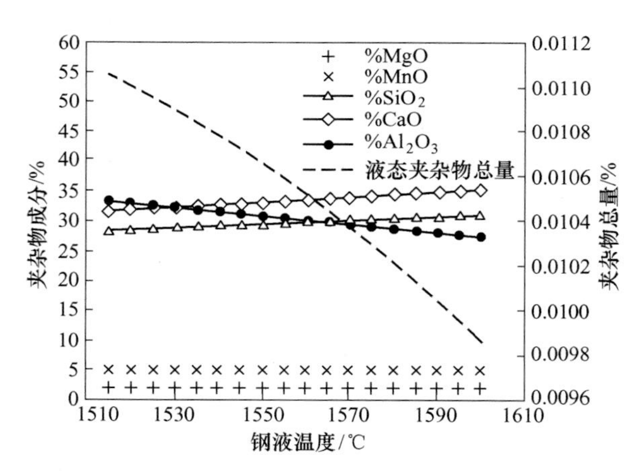

图 7-28　Choudhary 等建立的动力学模型计算的夹杂物成分变化[24]

Ren 等[66]利用 FactSage 计算了在 1273~1473K 温度范围内，304 不锈钢中 MnO · SiO_2 夹杂物向 MnO · Cr_2O_3 夹杂物转变的转化率，并与实际检测结果进行了对比，两者较为符合，如图 7-30 所示。

基于多相耦合动力学模型、未反应核模型以及其他模型得到的夹杂物成分预测结果仍

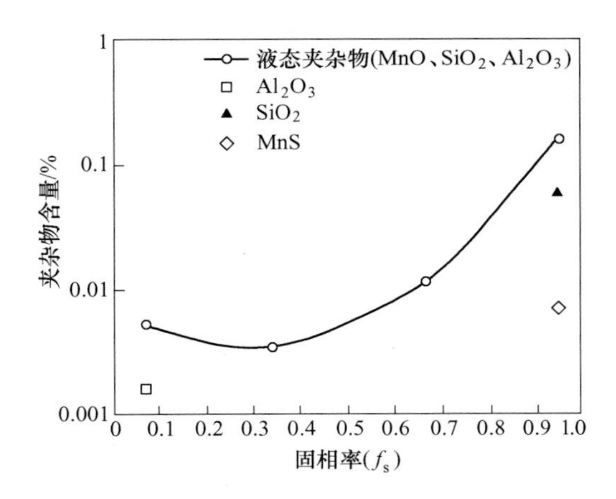

图 7-29 Choudhary 等建立的动力学模型计算的凝固过程中夹杂物类型及含量[24]

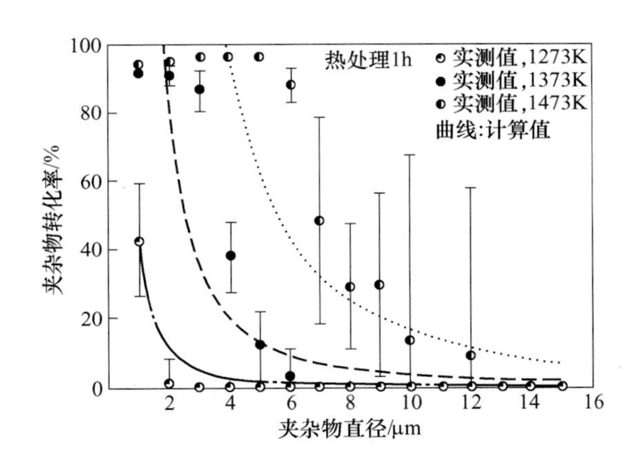

图 7-30 Ren 等计算的 $MnO \cdot SiO_2$ 夹杂物转化率与检测结果对比[66]

然有不完善的地方，尤其是在夹杂物成分的计算方面，因此，通过进一步考虑精炼过程中的二次氧化过程，以及更多的影响条件，可以更加准确地预测精炼过程中的工作状况，使生产始终处于最佳状态，从而确保钢成分的稳定性，为下步工序的生产提供有力保障，最终提高钢材的质量。

7.1.4 夹杂物成分变化动力学研究的进展

在精炼过程中，针对钢液、精炼渣、夹杂物成分变化进行计算的动力学模型主要可以分为三种：第一种是未反应核模型，这类模型的缺点是只能计算夹杂物成分随时间的变化，而不能计算钢液和精炼渣的成分变化；第二种是耦合反应模型，也是目前应用最广泛的一种模型；最后一类模型所使用的方法既与前两种模型不同，彼此之间又有差别，因此将这些模型统一归入第三类。表 7-5 总结了近年来部分国内外研究者在动力学预测模型方面的研究成果。

表 7-5 国内外学者关于夹杂物成分预测模型的部分研究成果

模型	作者	内容	主要参数	优缺点	文献
未反应核模型	Okuyama 等	利用未反应核模型建立了不锈钢中尖晶石夹杂物中 MgO 含量的预测模型	夹杂物平均直径取 3μm 夹杂物内部 Mg 元素扩散系数 $D_s=3.2\times10^{-13}m^2/s$ 夹杂物内部 Al 元素扩散系数 $D_s=3.5\times10^{-9}m^2/s$ 夹杂物与钢液间的平衡方程为： $\frac{d}{dt}\left(\frac{4\pi}{3}R_0^3(Mg)\rho_s\right)=4\pi R_0^2\frac{D_{Mg}\rho_m}{R_0}\left([Mg]-\frac{(MgO)'}{L_{Mg}}\right)$	优点：计算结果与实际检测结果的趋势较吻合 缺点：只考虑了钢液-渣相反应，计算结果与实际数值仍有较大偏差	[62]
	游梅英等	采用未反应核模型，计算了 MgO、Al_2O_3 和 CaO 三种夹杂物的成分变化	炉渣活度采用高阶亚正规溶液模型计算 钢液活度利用相互作用参数法计算 夹杂物半径 $R_0=1.5\mu m$ 夹杂物内部扩散系数 $D_s=3.2\times10^{-13}m^2/s$ 钢液中传质系数：$2.0\times10^{-4}m/s$ 渣相中传质系数：$1.0\times10^{-5}m/s$ 假设钢液-渣相反应中膜内组元浓度为常数 夹杂物与钢液间的平衡方程为： $\frac{d}{dt}\left(\frac{4\pi}{3}R_0^3(MgO)\rho_s\right)=4\pi R_0^2\frac{D_{Mg}\rho_m}{R_0}\left([Mg]-\frac{(MgO)'}{L_{Mg}}\right)$	优点：通过计算比较了不同的限制性环节 缺点：只考虑了钢液-渣相反应，且传质系数取值不准确，没有验证计算结果	[61]
	李明等	在游梅英等人的计算结果上，通过实验修正了 Si 在渣相中的传质系数，建立了夹杂物成分预测模型	炉渣活度采用高阶亚正规溶液模型计算 钢液活度利用相互作用参数法计算 钢液中除 Si 外各组元的传质系数：$2.0\times10^{-4}m/s$ 钢液中 Si 的传质系数：$k_x=\left(\frac{14D_xV_g}{d_c^2}\right)^{0.5}$ 渣相中除 Si 之外各组元的传质系数：$1.0\times10^{-5}m/s$ 渣相中 Si 的传质系数：$2.0\times10^{-6}m/s$ 假设钢液-渣相反应中膜内组元浓度为常数	优点：通过实验修正了 Si 在钢液和渣相中的传质系数 缺点：假设其他元素的传质系数相等，且没有考虑耐火材料溶解等因素	[36]

续表 7-5

模型	作者	内容	主要参数	优缺点	文献
未反应核模型	Han 等	利用未反应核模型计算了钙处理过程中 Al_2O_3 夹杂物的转化时间	反应的限制性环节是固态 Al_2O_3 的未反应核与液态钙铝酸盐间的反应 通过阿伦尼乌斯方程求解的反应速率常数： $\ln k = -\frac{61631}{T} + 22.8$	缺点：没有建立起成分随时间变化的模型	[14]
耦合反应模型	Shin-ya 等	利用耦合模型建立了钢液-炉渣-夹杂物-耐火材料四元体系下的夹杂物含量预测模型	钢液-渣相反应过程中钢液传质系数： $k_m = (0.006 \pm 0.002)\left[\frac{\dot{n}RT}{Wm}\ln\left(\frac{P_t}{P_0}\right)\right]^{(1.4 \pm 0.09)}$ 渣相传质系数：$k_s = k_m/10$ 钢液夹杂物反应中钢液传质系数：$k_m = 2\left(\frac{D_{Fe}u_{slip}}{\pi d_p}\right)^{1/2}$ 卷渣率：10^{-6}%/s	优点：考虑的影响因素较全面 缺点：模型没有预测夹杂物成分的变化	[53]
	Harada 等	利用耦合反应模型计算了钢液、渣、夹杂物、合金及耐火材料之间的反应，并对钢液、渣及夹杂物成分建立了预测模型	钢液-渣相反应过程中钢液传质系数： $k_m = (0.006 \pm 0.002)\left[\frac{\dot{n}RT}{Wm}\ln\left(\frac{P_t}{P_0}\right)\right]^{(1.4 \pm 0.09)}$ 渣相传质系数：$k_s = k_m/10$ 钢液夹杂物反应中钢液传质系数：$k_m = 2\left(\frac{D_{Fe}u_{slip}}{\pi d_p}\right)^{1/2}$ 卷渣率：10^{-6}%/s	优点：考虑了钢、渣、夹杂物、合金和耐火材料等多个因素 缺点：假设夹杂物直径为 10μm，得到的计算结果与实际相差较大	[54, 55]
		在上一个模型的基础上修正了部分系数，完善了精炼过程中夹杂物成分变化的动力学预测	夹杂物的上浮率：$u = \frac{d^2(\rho_{Fe} - \rho_i)g}{18\mu}$ 动力学黏度系数：$7.86\times10^{-7}m^2/s$ 扩散系数：$3.5\times10^{-9}m^2/s$ 夹杂物直径：10μm 簇状夹杂物直径：100μm	优点：对夹杂物中 Al_2O_3 的含量预测较准确 缺点：钢液中 Mg 和 Ca 含量的预测有偏差	[56]

续表 7-5

模型	作者	内容	主要参数	优缺点	文献
耦合反应模型	Cicutti 等	计算了铝脱氧钢在钙处理之后的钢液、精炼渣和夹杂物成分变化	搅拌强度计算公式：$\varepsilon = 371\frac{QT}{W}\left[\left(1-\frac{T_0}{T_S}\right)+\ln\left(1+\frac{h_L}{1.48}\right)\right]$ 传质系数表达式：$k = 0.00001\varepsilon^{0.3\sim1.4}$	缺点：没有考虑耐火材料向钢液中的溶解	[67]
	Bastida 等	计算了精炼过程中钢液、渣和夹杂物成分变化	传质系数表达式：$k_m = 0.013\varepsilon^{0.23}$ 有效搅拌功的公式： $\varepsilon = 14.23\frac{QT}{M}\lg\left(1+\frac{h_L}{1.48}\right)$	优点：总结了传质系数与搅拌强度之间的公式 缺点：只考虑了钢渣反应	[68]
	Kang 等	利用双膜理论计算了高 Mn 高 Al 钢的结晶器保护渣中 SiO_2 与 Al_2O_3 成分的变化	1773K 时 Al 元素在边界层的传质系数为（0.9~1.2）$\times10^{-4}$m/s 反应的活化能为 119kJ/mol	优点：计算了结晶器保护渣中的成分变化 缺点：只考虑了结晶器保护渣的成分变化	[63]
	Shin 等	利用耐火材料-渣-钢液-夹杂物四元体系模型计算了钢包内的成分变化	单位时间内钢液中有效反应区的深度：1.0×10^{-4}m/s 单位时间内渣中有效反应区的深度：2.5×10^{-5}m/s MgO 的传质系数：5.0×10^{-6}m/s	优点：优化了有效反应区的概念 缺点：没有考虑合金溶解等其他影响条件	[69]
	Park 等	利用双膜理论对比了只考钢液侧存在界面膜或钢液中及渣中同时存在界面膜的计算结果	钢液中 Al 元素的传质系数：3×10^{-4}m/s 钢液中 Si 元素的传质系数：3×10^{-4}m/s 渣中 Al_2O_3 元素的传质系数：3×10^{-5}m/s 渣中 SiO_2 元素的传质系数：3×10^{-5}m/s	优点：对比了单侧及双侧传质的结果 缺点：只考虑了 Al 和 Si 两种元素	[64]
	Ende 等	利用动力学模型计算了 RH 过程中 C 和 O 含量的变化	RH 的反应过程被分成 14 个有效反应区 循环流量的表达式为： $Q = 11.4G_{1/3}D_s^{4/3}\left[\ln\left(\frac{P}{P_{vac}}\right)\right]^{1/3}$	优点：建立了 RH 反应的动力学模型 缺点：只计算了 C 和 O 成分变化	[58]

续表 7-5

模型	作者	内容	主要参数	优缺点	文献
耦合反应模型	Ende 等	利用动力学模型计算了 LF 精炼过程中钢液、渣及夹杂物成分的变化	LF 的反应过程被分成 11 个有效反应区 钢液中的传质系数为 $k_m = 0.006\varepsilon^{1.4}$ 体系的总传质系数为 $k = \frac{0.08}{m}\sqrt{14.23\frac{QTA_{top}}{N^{\frac{1}{4}}}\lg\left(1+\frac{h}{1.5P_0}\right)}$	优点：计算了体系的总传质系数 缺点：渣中传质系数的计算是通过拟合得到的	[59]
其他模型	Choudhary 等	利用 FactSage 计算了凝固过程中夹杂物成分随温度的变化	偏平衡系数 $k_{Si}=0.77$，$k_{Mn}=0.77$，$k_{Al}=0.6$，$k_{Mg}=0.02$，$k_{Ca}=0.02$ 扩散系数 $D_{Si}=0.3\exp(-251458/RT)$， $D_{Mn}=0.055\exp(-249366/RT)$，$D_{Al}=5.9\exp(-241417/RT)$， $D_{Mg}=0.055\exp(-249366/RT)$，$D_{Ca}=0.055\exp(-249366/RT)$	优点：可得到夹杂物成分随温度变化的规律 缺点：不能计算夹杂物成分随时间变化的规律	[24]
	Babu 等	利用阿伦尼乌斯方程等建立总反应动力学方程，研究了低合金钢中夹杂物数量和成分变化	计算了夹杂物的数量和尺寸随时间变化，然后根据钢液的初始浓度与终点浓度之差计算了夹杂物的成分	优点：计算结果与实际趋势较吻合 缺点：过于简单，只考虑了初始钢液成分与终点钢液成分之差	[70]
	Higuchi 等	利用组分守恒方程计算了钙处理后的夹杂物动力学成分	Ca 元素的表观速率常数：$0.006s^{-1}$ S 元素的表观速率常数：$0.01s^{-1}$ Ca 的挥发速率：$-dCa/dt=k_sA_sCa$	优点：考虑了 Ca 的挥发及与夹杂物的反应 缺点：只考虑了 Ca、Al 元素，没有考虑其他成分影响因素	[65]
	Kumar 等	利用 FactSage 计算了精炼过程中钢液及渣相成分变化	钢液中传质系数：$2\times10^{-3}m/s$ 夹杂物上浮速率：$2.6\times10^{-3}m/s$ 时间步长：30s	优点：计算结果与实际检测结果吻合较好 缺点：由合金加入引起的部分元素的含量变化无法计算	[60]

7.2 钢液-渣相-夹杂物-耐火材料-合金-空气六相多元系条件下钢液、渣相、夹杂物成分变化动力学模型的建立

7.2.1 多相动力学模型概述

本节建立了“钢液-渣相-夹杂物-合金-耐火材料-空气”六相多元系耦合动力学模型，其反应示意图如图 7-31 所示。模型涉及的反应包括：钢液-渣相之间的反应、钢液-夹杂物之间的反应、耐火材料与渣相的相互作用、耐火材料与钢液的相互作用、合金与钢液中溶解氧之间的反应、空气对钢液的二次氧化以及夹杂物的上浮去除。

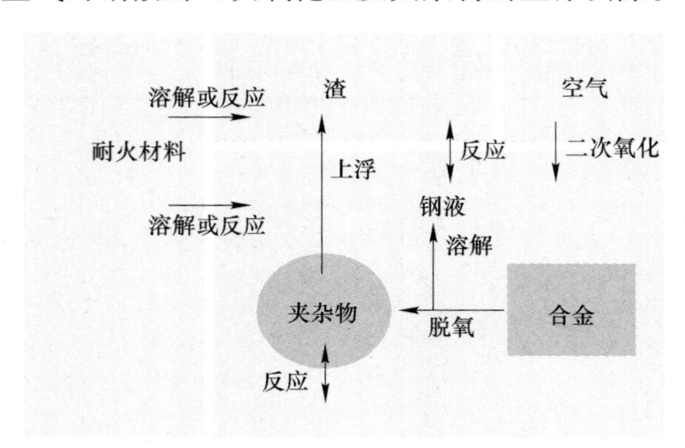

图 7-31 六相多元系模型反应示意图

本模型计算过程中采用的时间步长为 1s，使用的编程软件是 Visual C++和 Matlab。计算的第一步是判断是否加入了合金。如果加入，则可根据混匀时间计算相应组元的浓度变化；如果没有加入，则跳过此步骤进行第二步。第二步是计算钢-渣体系中的反应，首先根据 ΔG 判断发生哪些反应，然后计算钢渣界面处各组元的浓度，接下来求出钢液和渣相中各组元的浓度变化。第三步是计算耐火材料溶解，首先计算耐火材料向钢液中的溶解，然后重新计算钢液中的浓度变化，其次计算耐火材料向渣中的溶解，最后重新计算渣相中 MgO 浓度的变化。第四步是计算空气对钢液的二次氧化，根据公式求出钢液的吸氧速率，得到空气对钢液的二次氧化带来的钢液中溶解氧的增加量。第五步是计算钢液-夹杂物体系中的反应，计算过程与钢渣体系相似，只是在考虑接触面积和体积的时候与后者不同。第六步是利用斯托克斯公式计算夹杂物的上浮，由于夹杂物的上浮会导致夹杂物总量的减小，从而进一步导致钢液中总氧和其他含量的变化，因此在计算完夹杂物上浮之后需要再次计算钢液的成分。具体的计算过程如图 7-32 所示。

7.2.2 钢液-渣相之间的反应

钢液-渣相体系中的反应是多个化学反应相互耦合的过程，本节对钢液-渣相之间的多相耦合进行计算，对钢液成分及渣成分随时间的变化进行了预测。钢液-渣相反应示意图如图 7-33 所示，发生化学反应的通用反应式为：

$$[M] + n[O] = (MO_n) \qquad (7\text{-}19)$$

式中，[M] 代表钢液中的组元；(MO_n) 代表渣中的组元。

钢液-渣相反应过程的步骤为：

(1) 钢液中组元 M 由钢液穿过钢液一侧边界层向钢-渣界面迁移；

(2) 渣相中组元 MO_n 由渣相穿过渣相一侧边界层向渣-钢界面迁移；

(3) 在界面上发生化学反应；

(4) 渣相一侧的反应产物由钢-渣界面穿过渣相边界层向渣相内迁移；

(5) 钢液一侧的反应产物由钢-渣界面穿过钢液边界层向钢液内迁移。

钢液组元 M 在钢液侧边界层的传质通量为：

$$J_{\mathrm{M}} = \frac{1000\rho_{\mathrm{steel}}k_{\mathrm{m}}}{100N_{\mathrm{M}}}([\%\mathrm{M}]^{\mathrm{b}} - [\%\mathrm{M}]^{*}) \tag{7-20}$$

渣相组元 MO_n 在渣相边界层的传质通量为：

$$J_{\mathrm{MO}_n} = \frac{1000\rho_{\mathrm{slag}}k_{\mathrm{s}}}{100N_{\mathrm{MO}_n}}((\%\mathrm{MO}_n)^{*} - (\%\mathrm{MO}_n)^{\mathrm{b}}) \tag{7-21}$$

初始条件
no
$t<t_{\mathrm{cal}}$
计算是否加入合金
计算钢-渣体系中各组元的界面浓度
计算钢液中各组元的浓度变化
计算渣中各组元的浓度变化
计算耐火材料向钢液及渣中的溶解
计算空气对钢液的二次氧化
计算钢液-夹杂物体系中各组元的界面浓度
计算夹杂物成分变化
计算夹杂物上浮
计算钢液成分变化
$t=t+\Delta t$
End

图 7-32　计算过程示意图

式中，J_{M} 为钢液组元 M 在钢液侧边界层的传质通量，mol/(m^2·s)；J_{MO_n} 为渣相组元 MO_n 在渣相边界层的传质通量，mol/(m^2·s)；ρ_{steel}，ρ_{slag} 分别为钢液与渣相的密度，kg/m^3；N_{M}，N_{MO_n} 分别为组元 M 和组元 MO_n 的摩尔质量，g/mol；[%M]，(%MO_n) 分别为钢液和渣相中组元的质量分数。

(MO_n)
渣
渣相边界层
(MO_n)*
[M]*
钢液边界层
钢液
[M]

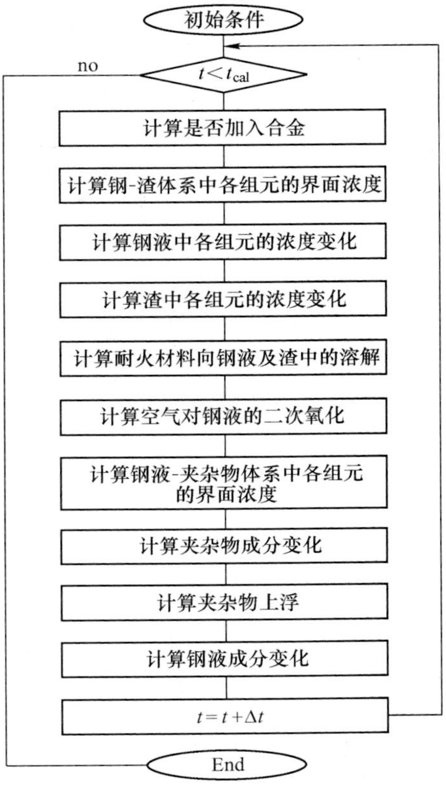

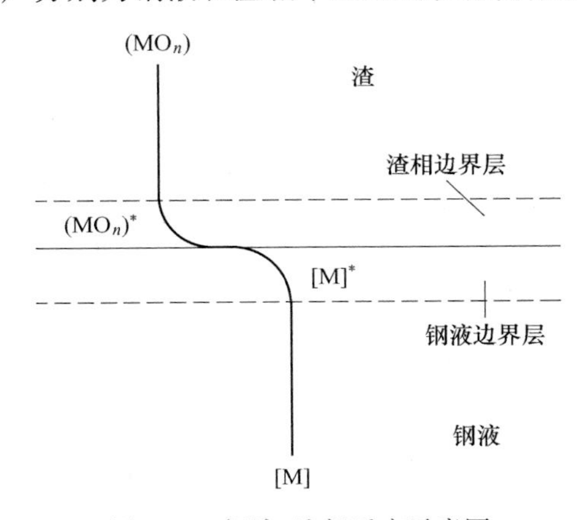

图 7-33　钢液-渣相反应示意图

根据双膜理论，假定界面两侧为稳态传质，即界面上无物质的积累，且钢液-渣相界面上化学反应很快，钢液及渣相中的传质为反应的限制性环节。因此，钢液组元 M 的物质流密度应等于渣相组元 MO_n 的物质流密度，式（7-22）是钢液组元 M 和渣相组元 MO_n 的传质通量守恒方程：

$$J_M = J_{MO_n} \tag{7-22}$$

为了求出界面浓度的数值，还需要通过电中性条件去建立另一个方程，即式（7-23）：

$$\sum J_M - J_O = 0 \tag{7-23}$$

式中，J_O为钢液中组元 O 的传质通量，mol/(m^2 · s)。

通过联立上述方程，可以求出界面处的各组元浓度。然后根据式（7-24）可以推导出钢液中各组元浓度随时间变化的表达式（式（7-25）），以及渣相中各组元浓度随时间变化的表达式（式（7-26））。钢液-渣相体系中哪些化学反应可以发生，可根据式（7-27）和式（7-28）计算的化学反应的自由能变化 ΔG 进行判断：

$$J_M = \frac{1}{A_{steel\text{-}slag}} \frac{dn_M}{dt} = -\frac{1000\rho_{steel}V_{steel}}{A_{steel\text{-}slag}N_M}\frac{d[\%M]}{100dt}$$

$$= \frac{1000k_m\rho_{steel}}{100N_M}([\%M]^b - [\%M]^*) \tag{7-24}$$

$$\frac{d[\%M]}{dt} = -\frac{A_{steel\text{-}slag}k_m}{V_{steel}}([\%M]^b - [\%M]^*) \tag{7-25}$$

$$\frac{d(\%MO_n)}{dt} = -\frac{A_{steel\text{-}slag}k_s}{V_{slag}}[(\%MO_n)^* - (\%MO_n)^b] \tag{7-26}$$

$$\Delta G = \Delta G^{\ominus} + RT\ln Q \tag{7-27}$$

$$Q = \frac{a_{MO_n}}{a_M a_O} \tag{7-28}$$

式中，$A_{steel\text{-}slag}$为钢液-渣相之间的接触面积，m^2；ρ_{steel}，ρ_{slag}分别为钢液与渣相的密度，kg/m^3；V_{steel}，V_{slag}分别为钢液体积和渣体积，m^3；[%M]，(%MO_n) 分别为钢液和渣相中组元的质量分数；N_M，N_{MO_n}分别为组元 M 和组元 MO_n 的摩尔质量，g/mol；k_m，k_s 分别为钢液和渣中的传质系数，m/s；d[%M]/dt，d(%MO_n)/dt 分别为钢液中组元 M 和渣相中组元 MO_n 的传质速率，s^{-1}；dn_M/dt 为钢液中组元 M 的传质速率，mol/s；$\Delta G^{\ominus}$为化学反应的标准自由能变化，J/mol；R 为气体常数，J/(mol · K)；T 为绝对温度，K；Q 为化学反应的浓度积；a_{MO_n}为渣中组元 MO_n 的活度；a_M 为钢液中组元 M 的活度；a_O为钢液中组元 O 的活度；上标 b，* 分别为钢液和渣相的内部以及二者的界面层。

当 ΔG=0 时，可以得到反应的平衡常数 K，见式（7-29）。钢液中组元的活度以及活度系数可根据式（7-30）和式（7-31）求出，其中活度系数使用二阶活度系数，计算所使用具体的活度系数值见表 7-6 和表 7-7[71,72]。在计算渣相中的组元活度时，假定炉渣是理想溶液，根据分子结构假说，炉渣的自由氧化物浓度就等于其活度，计算过程见式（7-32）和式（7-33）。通过化学反应的平衡常数可以求出各反应修正后的平衡常数 E，计算过程见式（7-34）和式（7-35）。

$$K = \exp\left(-\frac{\Delta G}{RT}\right) = \frac{a^*_{MO_n}}{a^*_M a_O^{*n}} \tag{7-29}$$

$$a_M^* = f_M [\%M]^* \tag{7-30}$$

$$\log f_M = \sum_j e_M^j [\%j] + \sum_j \sum_k r_M^{j,k} [\%j][\%k] + \cdots \tag{7-31}$$

$$a_{MO_n}^* = \frac{n_{MO_n}^*}{\sum n_{MO_n}^*} \tag{7-32}$$

$$n_{MO_n}^* = \frac{1000(\%MO_n)^* W_{slag}}{100 N_{MO_n}} \tag{7-33}$$

$$E = \frac{(\%MO_n)^*}{[\%M]^* [\%O]^{*n}} = \frac{K f_M f_O^n N_{MO_n} C}{\gamma_{MO_n}} \tag{7-34}$$

$$C = \sum \frac{(\%MO_n)^*}{N_{MO_n}} \tag{7-35}$$

式中，[%M]，[%j]，[%k] 分别为钢液中组元 M、j、k 的质量分数；上标 * 为钢液和渣相的界面层；$(\%MO_n)^*$ 为界面层中组元 MO_n 的质量分数；$[\%M]^*$ 为界面层中组元 M 的质量分数；$[\%O]^*$ 为界面层中氧元素的质量分数；$a_{MO_n}^*$ 为界面层中组元 MO_n 的活度；$n_{MO_n}^*$ 为界面层中组元 MO_n 物质的量，mol；$\sum n_{MO_n}^*$ 为界面层中组元物质的量的总和，mol；e 为一阶活度相互作用系数；r 为二阶活度相互作用系数；K 为化学反应的平衡常数；f_M 为钢液中 M 组元的活度系数；E 为修正后的平衡常数；C 为界面层中组元 MO_n 的质量分数与其分子量比值的总和，mol/g；N_{MO_n} 为组元 MO_n 的摩尔质量，g/mol。

表 7-6 一阶活度系数[71,72]

$e_O^O = 0.76 - 1750/T$	$e_O^{Mg} = 630 - 1.705 \times 10^6/T$	$e_O^{Ca} = -627 - 1.755 \times 10^6/T$	$e_O^{Al} = 1.9 - 5750/T$
$e_O^{Si} = -0.131$	$e_O^{Mn} = -0.021$	$e_O^S = -0.133$	$e_{Mg}^O = 958 - 2.592 \times 10^6/T$
$e_{Mg}^{Mg} = 0$	$e_{Mg}^{Al} = -0.12$	$e_{Mg}^{Si} = -0.09$	$e_{Al}^O = 3.21 - 9720/T$
$e_{Al}^{Mg} = -0.13$	$e_{Al}^{Al} = 80.5/T$	$e_{Al}^{Si} = 0.056$	$e_{Al}^{Ca} = -0.047$
$e_{Al}^S = 0.03$	$e_{Si}^{Si} = 34.5/T + 0.089$	$e_{Si}^{Ca} = -0.067$	$e_{Si}^{Mn} = 0.002$
$e_{Si}^{Al} = 0.058$	$e_{Si}^O = -0.23$	$e_{Si}^S = 0.056$	$e_{Mn}^{Si} = 0$
$e_{Mn}^{Mn} = 0$	$e_{Mn}^O = -0.083$	$e_{Mn}^S = -0.048$	$e_S^{Si} = 0.063$
$e_S^{Ca} = -269$	$e_S^{Mn} = -0.026$	$e_S^{Al} = 0.035$	$e_S^O = -0.27$
$e_S^S = 233/T - 0.153$	$e_{Ca}^{Si} = -0.097$	$e_{Ca}^{Ca} = -0.002$	$e_{Ca}^{Mn} = -0.0156$
$e_{Ca}^{Al} = -0.072$	$e_{Ca}^O = 1570 - 4.405 \times 10^6/T$	$e_{Ca}^S = -336$	

表 7-7 二阶活度系数[71,72]

$r_{Mg}^O = -1.904 \times 10^6 + 4.222 \times 10^9/T$	$r_{Mg}^{MgO} = 2.143 \times 10^5 - 5.156 \times 10^8/T$	$r_{Mg}^{Al_2O_3} = -230$
$r_O^{Mg} = 7.05 \times 10^4 - 1.696 \times 10^8/T$	$r_O^{MgO} = -2.513 \times 10^6 + 5.573 \times 10^9/T$	$r_O^{(Mg,\ Al)} = -150$
$r_{Al}^O = -107 + 2.75 \times 10^5/T$	$r_O^{CaO} = -2.077 \times 10^6 + 4.864 \times 10^9/T$	$r_{Al}^{Al_2O_3} = -0.021 - 13.78/T$
$r_O^{Al} = 0.0033 - 25.0/T$	$r_{Ca}^O = -2.596 \times 10^6 + 6.08 \times 10^9/T$	$r_O^{Ca} = 36100 - 1.013 \times 10^8/T$
$r_O^{Al_2O_3} = 127.3 + 3.273 \times 10^5/T$	$r_{Ca}^{CaO} = 1.809 \times 10^5 - 5.075 \times 10^8/T$	$r_{Ca}^{Al} = 0.0007$
$r_{Al}^{MgO} = -260$		

在 $t+1$ 秒，钢液中 M 组元的浓度可以由 M 组元在 t 秒的浓度与 t 时刻的浓度变化求出，见式（7-36）：

$$[\%M]_{t+1} = [\%M]_t + d[\%M]_t \tag{7-36}$$

式中，$[\%M]_{t+1}$ 和 $[\%M]_t$ 分别表示在 $t+1$ 时刻和 t 时刻组元 M 的质量分数；$d[\%M]_t$ 表示组元 M 的质量分数在 t 时刻的变化。

由于冶金反应是由多个环节组成的复杂多相过程，而炼钢反应在绝大多数条件下受传质限制，往往传质环节的速度决定了炼钢反应的速度，因此传质系数的合理选择对炼钢反应的模型非常重要。动力学的数据非常容易受到反应条件的影响，如容器的大小、尺寸和形状等。因此，在不同的反应条件下，体系中的传质系数也是不同的。

在本模型中，钢液-渣相反应过程中所考虑的钢液组元包括 Si、Mn、Mg、Ca、Al、S、O 七种元素，并假设钢液中的 S 元素只以溶解 S 和 CaS 的形式存在。由于在实际生产中吹氩流量是不断变化的，根据上述公式可求出对应的搅拌功率，从而可以进一步求出相对应的钢液传质系数。图 7-34 为根据不同公式计算得到的搅拌能与吹氩流量之间的关系。通过求出各个传质系数的平均值得到了本模型的钢液中传质系数表达式，见式（7-37）。渣中传质系数表达式见式（7-38）[54]。钢液-渣相反应所考虑的全部反应见表 7-8。各反应方程修正后的平衡常数见表 7-9，其中［%M］表示钢液中组元 M 的百分含量。

$$k_m = 0.0194\varepsilon^{0.688} \tag{7-37}$$

$$k_s = k_m/10 \tag{7-38}$$

式中，k_m 为钢液中的传质系数，m/s；k_s 为渣相的传质系数，m/s；ε 为吹氩过程中钢包内的搅拌功率，m^2/s^3。

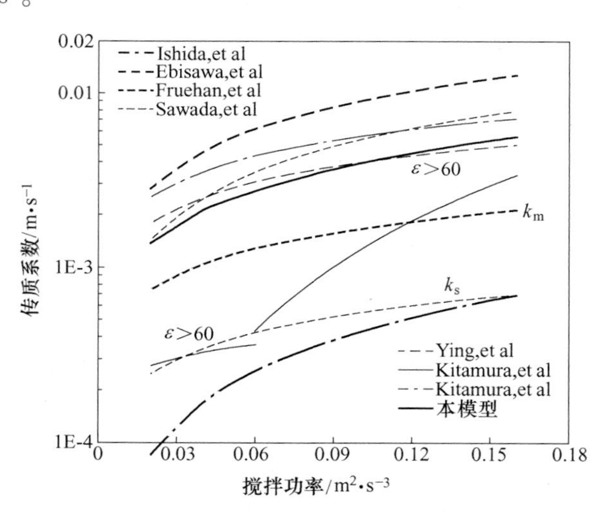

图 7-34 传质系数与搅拌功率的关系[79,94,128]

表 7-8 钢液-渣相体系中考虑的化学反应

编号	反应式	ΔG	文献
反应 1	$(CaO) = [Ca] + [O]$	$\Delta G^\ominus = 138240.86 + 63.0T$	[73]
反应 2	$3(CaO) + 2[Al] = (Al_2O_3) + 3[Ca]$	$\Delta G^\ominus = 733500 - 59.7T$	[74]

续表 7-8

编号	反应式	ΔG	文献
反应 3	$(Al_2O_3) = 2[Al] + 3[O]$	$\Delta G^{\ominus} = 1206220 - 390.39T$	[74]
反应 4	$(CaO) + [S] = (CaS) + [O]$	$\Delta G^{\ominus} = 102669 - 32.5T$	[75]
反应 5	$3(MnO) + 2[Al] = 3[Mn] + (Al_2O_3)$	$\Delta G^{\ominus} = -376800 + 1.5T$	[73]
反应 6	$3(SiO_2) + 4[Al] = 3[Si] + 2(Al_2O_3)$	$\Delta G^{\ominus} = -703190.01 + 121.8T$	[73]
反应 7	$(MgO) = [Mg] + [O]$	$\Delta G^{\ominus} = 89960 + 82.0T$	[73]
反应 8	$3(MgO) + 2[Al] = 3[Mg] + (Al_2O_3)$	$\Delta G^{\ominus} = 296752.4 + 21.7T$	[76]
反应 9	$(SiO_2) = [Si] + 2[O]$	$\Delta G = 581900 - 221.8T$	[16]
反应 10	$(MnO) = [Mn] + [O]$	$\Delta G = 288150 - 128.3T$	[16]

表 7-9 钢液-渣相体系中各反应的修正后的平衡常数

编号	E
反应 1	$E_1 = \dfrac{[\%Ca]^*[\%O]^*}{(\%CaO)^*} = \dfrac{K_1\gamma_{CaO}}{f_{Ca}f_O N_{CaO}C}$
反应 2	$E_2 = \dfrac{[\%Ca]^{*3}(\%Al_2O_3)^*}{(\%CaO)^{*3}[\%Al]^{*2}} = \dfrac{K_2\gamma_{CaO}^3 f_{Al}^2 N_{Al_2O_3}}{f_{Ca}^3\gamma_{Al_2O_3}N_{CaO}^3 C^2}$
反应 3	$E_3 = \dfrac{[\%Al]^{*2}[\%O]^{*3}}{(\%Al_2O_3)^*} = \dfrac{K_3\gamma_{Al_2O_3}}{f_O^3 f_{Al}^2 N_{Al_2O_3}C}$
反应 4	$E_4 = \dfrac{(\%CaS)^*[\%O]^*}{[\%S]^*(\%CaO)^*} = \dfrac{K_4 f_O\gamma_{CaS}N_{CaS}}{\gamma_{CaO}f_S N_{CaO}}$
反应 5	$E_5 = \dfrac{(\%Al_2O_3)^*[\%Mn]^{*3}}{[\%Al]^{*2}(\%MnO)^{*3}} = \dfrac{K_5 f_{Al}^2\gamma_{MnO}^3 N_{Al_2O_3}}{\gamma_{Al_2O_3}f_{Mn}^3 N_{MnO}^3 C^2}$
反应 6	$E_6 = \dfrac{(\%Al_2O_3)^{*2}[\%Si]^{*3}}{[\%Al]^{*4}(\%SiO_2)^{*3}} = \dfrac{K_6 f_{Al}^4\gamma_{SiO_2}^3 N_{Al_2O_3}^2}{\gamma_{Al_2O_3}^2 f_{Si}^3 N_{SiO_2}^3 C}$
反应 7	$E_7 = \dfrac{[\%Mg]^*[\%O]^*}{(\%MgO)^*} = \dfrac{K_7\gamma_{MgO}}{f_{Mg}f_O N_{MgO}C}$
反应 8	$E_8 = \dfrac{(\%Al_2O_3)^*[\%Mg]^{*3}}{[\%Al]^{*2}(\%MgO)^{*3}} = \dfrac{K_8 f_{Al}^2\gamma_{MgO}^3 N_{Al_2O_3}}{\gamma_{Al_2O_3}f_{Mg}^3 N_{MgO}^3 C^2}$
反应 9	$E_9 = \dfrac{[\%Si]^*[\%O]^{*2}}{(\%SiO_2)^*} = \dfrac{K_9\gamma_{SiO_2}}{f_{Si}f_O^2 N_{SiO_2}C}$
反应 10	$E_{10} = \dfrac{[\%Mn]^*[\%O]^*}{(\%MnO)^*} = \dfrac{K_{10}\gamma_{MnO}}{f_{Mn}f_O N_{MnO}C}$

7.2.3 钢液-夹杂物之间的反应

钢液-夹杂物体系之间的反应也是多个化学反应相互耦合的过程。钢液-夹杂物之间的反应示意图如图 7-35 所示，[M] 表示组元 M 在钢液中的浓度；$[M]^*$ 为组元 M 在钢液边界层的浓度；$(MO_n)_{inc}$ 表示组元 MO_n 在夹杂物中的浓度；$(MO_n)_{inc}^*$ 表示组元 MO_n 在夹杂物一侧边界层中的浓度。整个过程包括如下反应步骤：

（1）钢液中组元 M 由钢液穿过钢液一侧边界层向钢-夹杂物界面迁移；

（2）夹杂物中组元 MO_n 由夹杂物内部穿过夹杂物一侧边界层向夹杂物-钢界面迁移；

（3）在界面上发生化学反应；

（4）夹杂物一侧的反应产物由钢液-夹杂物界面穿过夹杂物边界层向夹杂物内部迁移；

（5）钢液一侧的反应产物由钢液-夹杂物界面穿过钢液边界层向钢液内迁移。

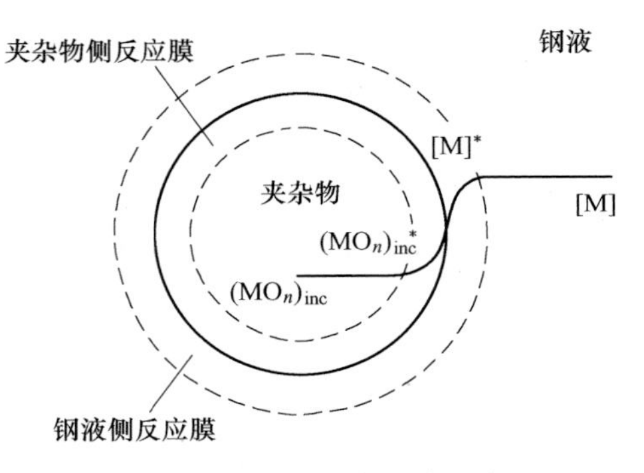

图 7-35 钢液-夹杂物反应示意图

假定钢液-夹杂物界面两侧为稳态传质，即界面上无物质的积累，且钢液-夹杂物界面上化学反应很快，钢液及渣相中的传质为反应的限制性环节。式（7-39）为钢液组元 M 的传质通量方程：

$$J_{M} = \frac{1000\rho_{steel}k_{m\_inc}}{100N_{M}}([\%M]^{b} - [\%M]^{*}) \tag{7-39}$$

式中，ρ_{steel}为钢液的密度，kg/m³；J_M 为钢液中组元 M 的传质通量，mol/(m² · s)；k_{m_inc}为钢液的传质系数，m/s；N_M 为钢液中组元 M 的摩尔质量，g/mol；[%M] 为钢液中组元的质量分数；上标 b 和 * 分别为钢液和夹杂物内部以及二者的界面层。

式（7-40）为夹杂物中组元 MO_n 的传质通量方程：

$$J_{(MO_n)_{inc}} = \frac{1000\rho_{inc}k_{inc}}{100N_{MO_n}}((\%MO_n)^{*}_{inc} - (\%MO_n)^{b}_{inc}) \tag{7-40}$$

式中，ρ_{inc}为夹杂物的密度，kg/m³；$J_{(MO_n)inc}$为夹杂物中组元 MO_n 的传质通量，mol/(m² · s)；N_{MO_n}为夹杂物中组元 MO_n 的摩尔质量，g/mol；k_{inc}为夹杂物内部的传质系数，m/s；$(\%MO_n)_{inc}$为夹杂物中组元 MO_n 的质量分数。

式（7-41）为钢液中组元 M 和夹杂物中组元 MO_n 的传质通量守恒方程：

$$J_{M} = J_{(MO_n)_{inc}} \tag{7-41}$$

为了求出钢液-夹杂物界面浓度的数值，还需要通过电中性条件去建立另一个方程，即式（7-42）：

$$\Sigma J_{O,\ M} - J_{O} = 0 \tag{7-42}$$

通过联立上述方程，可以求出界面处的各组元浓度。式（7-43）和式（7-44）分别为钢液组元 M 和直径为 d_i 的夹杂物中组元 MO_n 浓度随时间变化的表达式，二者均考虑了夹杂物尺寸变化对钢液成分的影响。式（7-45）为夹杂物体积的计算公式。式（7-46）[69]为二维夹杂物数密度与三维夹杂物数密度之间的转换公式。

$$\frac{d[\%M]}{dt} = -\sum_{j=1}^{all} n_j \frac{A_{steel\text{-}inc}k_{m\_inc}}{V_{steel}}([\%M]^{b} - [\%M]^{*}) \tag{7-43}$$

$$\frac{d(\%MO_n)_{inc,\ j}}{dt} = -\frac{A_{steel\text{-}inc}k_{inc}}{V_{inc,\ j}}[(\%MO_n)^{*}_{inc} - (\%MO_n)^{b}_{inc,\ i}] \tag{7-44}$$

$$V_{\text{inc}} = \frac{1}{6}\pi d_{\text{p}_j}^3 \tag{7-45}$$

$$n_{\text{3D}} = \frac{n_{\text{2D}}}{d_{\text{p}_j}} \times 10^{12} \tag{7-46}$$

式中，$A_{\text{steel-inc}}$为钢液与单个夹杂物之间的接触面积，m^2；V_{steel}，V_{inc}分别为钢液体积和单个夹杂物的体积，m^3；n_j 为反应器钢液中直径为 $d_{\text{p}j}$的夹杂物总个数；j 为夹杂物序数；n_{3D}为三维夹杂物的数密度，个/m^3；n_{2D}为二维夹杂物的数密度，个/m^2；$d_{\text{p}j}$为夹杂物直径，m。

对于假设钢液中夹杂物直径都相等的情况下，n_j 用 n 表示，$d_{\text{p}j}=d_{\text{p}}$，钢液组元 M 和夹杂物中组元 MO_n 浓度变化可由式（7-47）及式（7-48）计算得到。式（7-49）为夹杂物体积的计算公式。

$$\frac{\text{d}[\%\text{M}]}{\text{d}t} = -\frac{nA_{\text{steel-inc}}k_{\text{m\_inc}}}{V_{\text{steel}}}([\%\text{M}]^{\text{b}} - [\%\text{M}]^*) \tag{7-47}$$

$$\frac{\text{d}(\%\text{MO}_n)_{\text{inc}}}{\text{d}t} = -\frac{6k_{\text{inc}}}{d_{\text{p}}}[(\%\text{MO}_n)_{\text{inc}}^* - (\%\text{MO}_n)_{\text{inc}}^{\text{b}}] \tag{7-48}$$

$$V_{\text{inc}} = \frac{1}{6}\pi d_{\text{p}}^3 \tag{7-49}$$

模型假设钢液-渣相反应中的传质系数与钢液-夹杂物反应的传质系数不同，原因是两种反应的反应界面不一样，因此反应边界层厚度不同，导致传质系数有差异。钢液-渣相反应中的传质系数与吹氩流量和钢包尺寸等因素有关，而钢液-夹杂物反应中的传质系数与夹杂物直径有关。不同直径的夹杂物与钢液之间有不同的相对速度，如式（7-50）[54]所示。根据式（7-51）[66]可计算出钢液-夹杂物反应过程中钢液中不同组元的传质系数，其中模型假设 Mg、Ca 元素的扩散系数与 Al 元素扩散系数相同。温度对夹杂物的传质系数也有一定影响，如式（7-52）所示。当夹杂物的液相分数不同时，夹杂物内部的传质系数也不同。假设当温度高于夹杂物的液相线时，夹杂物内部的传质系数为钢液传质系数的 1/10；当温度低于夹杂物的固相线时，夹杂物内部的传质系数仅为钢液传质系数的 1/100。利用 FactSage 热力学计算及回归方程可以得到夹杂物的液相线及固相线的表达式，计算得到的表达式见式（7-53）及式（7-54）。钢液-夹杂物反应过程中所考虑的化学反应见表 7-10。钢液-夹杂物体系中修正后的反应平衡常数见表 7-11。

$$\left.\begin{aligned} Re_{\text{inc}} < 0.5,\ u_{\text{slip}} &= \frac{(\rho_{\text{m}} - \rho_{\text{inc}})d_{\text{p}}^2 g}{18\mu_{\text{m}}} \\ 0.5 \leqslant Re_{\text{inc}} < 1000,\ u_{\text{slip}} &= \left[\frac{g(\rho_{\text{m}} - \rho_{\text{inc}})}{9\mu_{\text{m}}^{0.5}\rho_{\text{m}}^{0.5}}\right]^{2/3} d_{\text{p}} \\ Re_{\text{inc}} \geqslant 1000,\ u_{\text{slip}} &= \left[\frac{g(\rho_{\text{m}} - \rho_{\text{inc}})d_{\text{p}}}{0.33\rho_{\text{m}}}\right]^{1/2} \end{aligned}\right\} \tag{7-50}$$

$$k_{\text{m\_inc}} = 2\left(\frac{Du_{\text{slip}}}{\pi d_{\text{p}}}\right)^{1/2} \tag{7-51}$$

$$\left.\begin{aligned} T > T_L,\quad k_{inc} &= k_{m\_inc}/10 \\ T_S < T < T_L,\quad k_{inc} &= k_{m\_inc}/20 \\ T < T_S,\quad k_{inc} &= k_{m\_inc}/100 \end{aligned}\right\} \tag{7-52}$$

$$T_S = 497.15 + 13.14 \times (\%Al_2O_3)_{inc} + 4.14 \times (\%CaO)_{inc} + 10.91 \times (\%CaS)_{inc} - 18.82 \times (\%MgO)_{inc} \tag{7-53}$$

$$T_L = 543.36 + 11.09 \times (\%Al_2O_3)_{inc} + 15.86 \times (\%CaO)_{inc} + 22.84 \times (\%CaS)_{inc} + 2.15 \times (\%MgO)_{inc} \tag{7-54}$$

式中，k_{m_inc}为钢-夹杂物反应中钢液的传质系数，m/s；k_{inc}为夹杂物本身内部反应的传质系数，m/s；D 为各组元在钢液的扩散系数，m^2/s；ρ_{steel}，ρ_{inc}分别为钢液、夹杂物的密度，kg/m^3；u_{slip}为钢液与夹杂物之间的相对速度，m/s；d_p为夹杂物直径，m；T 为夹杂物温度，K；T_L，T_S分别为夹杂物的液相线、固相线温度，K；Re_{inc}为夹杂物的雷诺数，$Re_{inc} = u_{slip} \cdot d_p\rho_{inc}/\mu_m$；$\mu_m$ 为钢液的动力学黏度，kg/(m · s)；$(\%i)_{inc}$为夹杂物中 i 的含量。

由于本模型中钢种使用铝脱氧，因此假设夹杂物的初始成分全部是 Al_2O_3，钢液-夹杂物反应过程中所考虑的元素包括 Al、Mg、Ca、Si、S、O 六种元素，由于夹杂物中 Mn 含量很少，因此暂时不考虑 Mn 元素对体系的影响。钢液-夹杂物体系中可能发生的反应见表 7-10。假设夹杂物为球形，其直径等于实际检测结果中的夹杂物平均直径，单个夹杂物体积可根据球体积公式求出，夹杂物总量可根据实际检测结果中的钢液 T. O. 含量、FactSage 计算的溶解氧含量以及夹杂物的平均成分求出。各反应方程修正后的平衡常数见表 7-11。

表 7-10　钢液-夹杂物体系中考虑的化学反应

编号	反应式	ΔG	文献
反应 11	$2[Al] + 3[O] = (Al_2O_3)_{inc}$	$\Delta G^\ominus = -1206220 + 390.39T$	[76]
反应 12	$3[Mg] + (Al_2O_3)_{inc} = 3(MgO)_{inc} + 2[Al]$	$\Delta G^\ominus = -296752.4 - 21.7T$	[73]
反应 13	$3[Ca] + (Al_2O_3)_{inc} = 3(CaO)_{inc} + 2[Al]$	$\Delta G^\ominus = -733500 + 59.7T$	[73]
反应 14	$[Ca] + [S] = (CaS)_{inc}$	$\Delta G^\ominus = -530900 + 116.2T$	[75]
反应 15	$[Mg] + [O] = (MgO)_{inc}$	$\Delta G^\ominus = -89960 - 82.0T$	[16]
反应 16	$[Ca] + [O] = (CaO)_{inc}$	$\Delta G^\ominus = -138240.86 - 63.0T$	[16]
反应 17	$3[Si] + 2(Al_2O_3)_{inc} = 3(SiO_2)_{inc} + 4[Al]$	$\Delta G^\ominus = 703190.01 - 121.8T$	[16]
反应 18	$[Si] + 2[O] = (SiO_2)_{inc}$	$\Delta G^\ominus = -581900 + 221.8T$	[16]

表 7-11　钢液-夹杂物体系中各反应的修正后的平衡常数

编号	E
反应 11	$E_{10} = \dfrac{(\%Al_2O_3)^*_{inc}}{[\%Al]^{*2}[\%O]^{*3}} = \dfrac{K_{10} f_O^3 f_{Al}^2 N_{Al_2O_3} C}{\gamma_{inc\_Al_2O_3}}$
反应 12	$E_{12} = \dfrac{(\%MgO)^{*3}_{inc}[\%Al]^{*2}}{[\%Mg]^{*3}(\%Al_2O_3)^*_{inc}} = \dfrac{K_{12} f_{Mg}^3 \gamma_{inc\_Al_2O_3} N_{MgO}^3 C^2}{\gamma_{inc\_MgO}^3 f_{Al}^2 N_{Al_2O_3}}$

续表 7-11

编号	E
反应 13	$E_{13}=\dfrac{(\%CaO)_{inc}^{*3}[\%Al]^{*2}}{[\%Ca]^{*3}(\%Al_2O_3)_{inc}^{*}}=\dfrac{K_{13}f_{Ca}^{3}\gamma_{inc\_Al_2O_3}N_{CaO}^{3}C^{2}}{\gamma_{inc\_CaO}^{3}f_{Al}^{2}N_{Al_2O_3}}$
反应 14	$E_{14}=\dfrac{(\%CaS)_{inc}^{*}}{[\%Ca]^{*}[\%S]^{*}}=\dfrac{K_{14}f_{S}f_{Ca}N_{CaS}C}{\gamma_{inc\_CaS}}$
反应 15	$E_{15}=\dfrac{(\%MgO)_{inc}^{*}}{[\%Mg]^{*}[\%O]^{*}}=\dfrac{K_{15}f_{Mg}f_{O}N_{MgO}C}{\gamma_{inc\_MgO}}$
反应 16	$E_{16}=\dfrac{(\%CaO)_{inc}^{*}}{[\%Ca]^{*}[\%O]^{*}}=\dfrac{K_{16}f_{Ca}f_{O}N_{CaO}C}{\gamma_{inc\_CaO}}$
反应 17	$E_{17}=\dfrac{[\%Al]^{*4}(\%SiO_2)_{inc}^{*3}}{(\%Al_2O_3)_{inc}^{*2}[\%Si]^{*3}}=\dfrac{K_{17}\gamma_{inc\_Al_2O_3}^{2}f_{Si}^{3}N_{SiO_2}^{3}C}{f_{Al}^{4}\gamma_{inc\_SiO_2}^{3}N_{Al_2O_3}^{2}}$
反应 18	$E_{18}=\dfrac{(\%SiO_2)_{inc}^{*}}{[\%Si]^{*}[\%O]^{*2}}=\dfrac{K_{18}f_{Si}f_{O}^{2}N_{SiO_2}C}{\gamma_{inc\_SiO_2}}$

7.2.4 合金的溶解

在钢包精炼过程中，为了达到指定钢种的目标成分，通常需要添加合金物料对钢液成分进行调节。合金溶解进钢液中能直接引起钢液成分的变化，而钢液成分的变化又会影响渣相和夹杂物成分的变化，进而也间接影响耐火材料与体系间的化学反应。

据文献研究[77,78]，当合金加入钢液中时，合金颗粒的表面会形成一层凝固壳，阻碍合金的溶解。随着温度的升高，凝固壳内部的合金颗粒由于熔点较低已经完全熔化。随后凝固壳逐渐熔化并消失，当凝固壳消失时，熔化的合金便进入到钢液中。因此可以认为，合金颗粒的溶解时间等于凝固壳的熔化时间。合金溶解时间的计算表达式见式(7-55)[77]：

$$t_{alloy}=\frac{c_{p,A}\rho_{A}d_{A}}{\pi h}\frac{T_{solid}-T_{0}}{T_{M}-T_{S}} \tag{7-55}$$

式中，t_{alloy}为合金在钢液中的溶解时间，s；$c_{p,A}$为合金的比热容，J/(kg · K)；ρ_A为合金的密度，kg/m^3；d_A为合金颗粒的直径，m；h 为合金颗粒表面的热传导系数，W/(m^2 · K)，可根据式（7-56）计算得到；T_{solid}为钢液的凝固温度，K；T_M 为钢液的温度，K；T_0 为合金颗粒的初始温度，K。

模型假设合金颗粒的运动速度 u_A 远小于钢液平均速度 u_m，则钢液平均速度与合金颗粒速度的差值可约等于钢液的平均速度，即 $u_m-u_A\approx u_m$。式（7-56）[77]是努塞尔数 Nu 的计算公式，其中雷诺数 Re 可根据式（7-57）计算得到，普朗特数 Pr 可根据式（7-58）[134]计算得到。

$$Nu=\frac{d_{A}h}{\lambda_{m}}=2+(0.4Re^{1/2}+0.06Re^{2/3})Pr^{0.4} \tag{7-56}$$

$$Re=\frac{\rho_{A}d_{A}\left|u_{m}-u_{A}\right|}{\mu} \tag{7-57}$$

$$Pr = \frac{c_{p,\mathrm{M}}\mu_{\mathrm{m}}}{\lambda_{\mathrm{m}}} \tag{7-58}$$

式中，Nu 为努塞尔数；Re 为雷诺数；Pr 为普朗特数；u_A 为合金颗粒的运动速度，m/s；u_m 为钢液的平均速度，m/s；μ_m 为钢液的动力学黏度，Pa · s；$c_{p,M}$ 为钢液的比热容，J/(kg · K)；λ_m 为钢液的热导率，W/(m · K)。

合金元素在钢液中的含量变化与该元素加入量的比值就是该合金元素的收得率。收得率的数值越大，表示该元素的利用率越高。式（7-59）为精炼过程中 Al 元素收得率的计算公式。

$$\eta = \frac{(\mathrm{Al_{t1}}\% - \mathrm{Al_{t0}}\%)W_{\mathrm{steel}}}{100W_{\mathrm{Al}}} \tag{7-59}$$

式中，η 为 Al 元素的收得率；$Al_{t1}\%$为加入合金后，钢中 Al_t的质量分数；$Al_{t0}\%$为加入合金前，钢中 Al_t的质量分数；W_{Al}为加入 Al 合金的总量，kg；W_{steel}为钢液重量，kg。

7.2.5　MgO 质耐火材料与钢液及渣相的相互作用

在炼钢过程中，耐火材料大量应用于砌筑精炼处理设备的内衬。耐火材料对钢材的洁净度有一定影响，在炼钢及精炼过程中应该尽可能降低耐火材料对钢水洁净度的危害。

在本模型中，假定耐火材料成分为 MgO，而其溶解将会对渣相成分、钢液成分及夹杂物成分产生一定的影响。在精炼过程中 MgO 质耐火材料与钢液及渣相之间有不同的化学反应。

7.2.5.1　MgO 质耐火材料和渣相的相互作用

MgO 质耐火材料与渣相的相互作用会造成渣中 MgO 含量的增加，很多文献已经证明了这一点[72,79-88]。假设 MgO 质耐火材料与渣相的相互作用过程中，在界面处渣相一侧会形成边界层，如图 7-36 所示。耐火材料与渣相相互作用包括如下反应步骤：（1）MgO 质耐火材料在耐火材料-渣相界面上溶解；（2）MgO 由渣相-耐火材料界面穿过渣相边界层向渣相内部迁移。

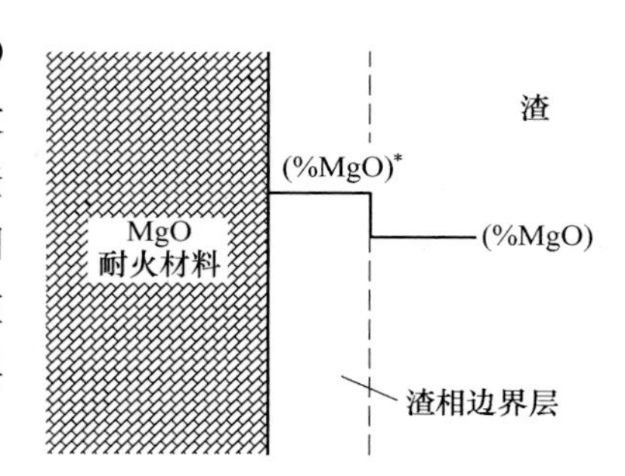

图 7-36　MgO 耐火材料与渣相相互作用的示意图

而由于耐火材料中 MgO 的含量很高，因此可以假设边界层内的 MgO 浓度处于饱和状态，MgO 在渣相中的饱和浓度可根据图 7-37 中的四元系相图得到。当温度为 1873K 时，MgO 在渣系中的饱和浓度为 7.72%。

假设在 MgO 质耐火材料与渣相的相互作用过程中，界面侧为稳态传质，即界面上无物质的积累。耐火材料向渣中传质为主要限制性环节，耐火材料不断溶解的驱动力是边界层内与渣相中的 MgO 浓度差。MgO 质耐火材料溶解引起的渣中 MgO 浓度变化速率可由式(7-60)[54]求出：

$$\frac{\mathrm{d}(\%\mathrm{MgO})}{\mathrm{d}t} = \frac{A_{\mathrm{ref\_slag}}k_{\mathrm{ref\_MgO}}}{V_{\mathrm{slag}}}[(\%\mathrm{MgO})^{*}_{\mathrm{ref}} - (\%\mathrm{MgO})^{\mathrm{b}}] \tag{7-60}$$

式中，$(\%MgO)^{*}_{ref}$为边界层内 MgO 的饱和浓度；$(\%MgO)^{b}$为渣相中 MgO 的浓度；A_{ref_slag}为耐火材料与渣相的接触面积，为渣层厚度与钢包周长的乘积，m^2；V_{slag}为渣相体积，m^3；k_{ref_MgO}为 MgO 从耐火材料向渣中的传质系数，m/s。

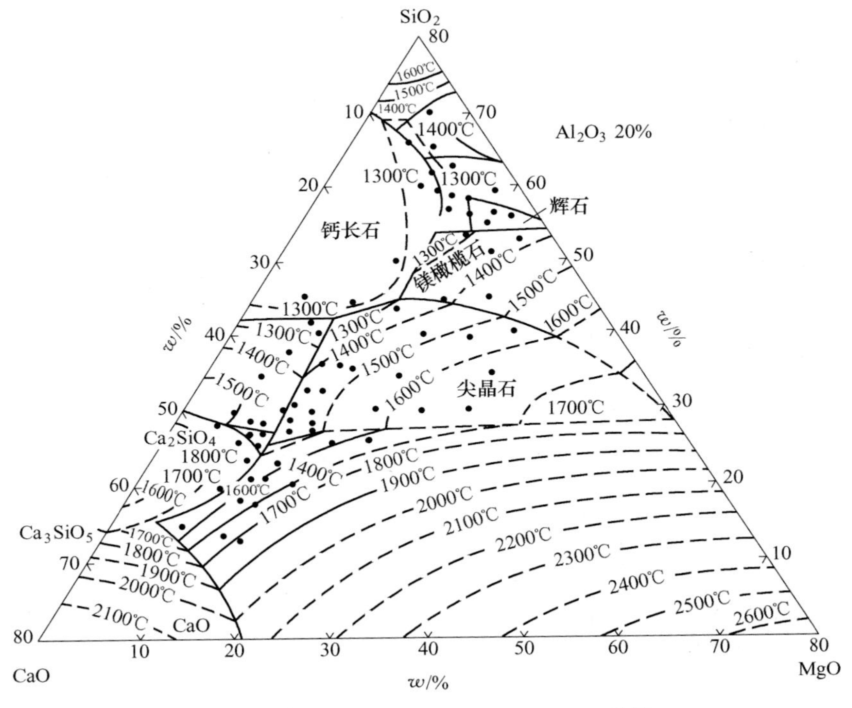

图 7-37 CaO-SiO$_2$-MgO-Al$_2$O$_3$ 四元相图[141]

MgO 从耐火材料中向渣中传质的传质系数可以根据式（7-61）~式（7-64）求出。整理可以得到 MgO 从耐火材料中向渣中传质的传质系数的表达式，见式（7-65）。其中，模型假设渣相沿钢包壁的流动速度$u_{wall,slag}$与钢包中钢液沿钢包壁面流动速度$u_{wall,steel}$之间的关系式为式（7-66）。

$$St\ Sc^{0.644} = 0.0791Re^{-0.30} \tag{7-61}$$

$$St = \frac{k_{ref\_MgO}}{u_{wall,\ slag}} \tag{7-62}$$

$$Sc = \frac{\nu}{D_{MgO}} \tag{7-63}$$

$$Re = \frac{u_{wall,\ slag}l}{\nu} \tag{7-64}$$

$$k_{ref\_MgO} = 0.0791Re^{-0.30}Sc^{-0.644}u \tag{7-65}$$

$$u_{wall,\ slag} = \frac{1}{5}u_{wall,\ steel} \tag{7-66}$$

式中，Re 为雷诺数；Sc 为施密特数；St 为斯坦顿数；k_{ref_MgO}为 MgO 从耐火材料向渣中的传质系数，m/s；l 为特征长度，假定其数值等于耐火材料与渣相接触面积的平方根，m；

D_{MgO}为 MgO 在渣中的扩散系数，m^2/s；ν 为渣相的运动黏度，$\nu=\mu/\rho$，m^2/s；$u_{wall,slag}$为渣相沿钢包壁的流动速度，m/s；$u_{wall,steel}$为钢液沿钢包壁面流动速度，m/s。

利用钢包数值模拟仿真可以得到钢液沿钢包壁面流动速度 $u_{wall,steel}$。根据流体流动计算得到的结果见图 7-38，随着吹氩流量的增加，钢液沿钢包壁面流动速度增加。通过回归方程可以得到吹氩流量与钢包壁面附近钢液速度的表达式：

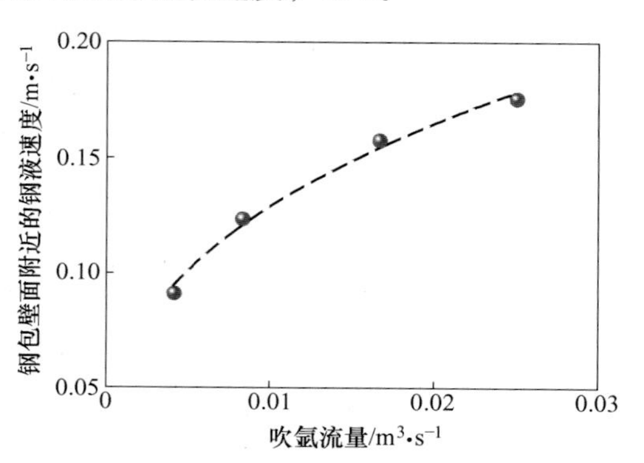

图 7-38　吹氩流量与钢包壁面附近钢液速度的关系

$$u_{wall,\ steel} = 0.6624Q^{0.3558} \tag{7-67}$$

式中，$u_{wall,steel}$为钢包壁面附近的钢液速度，m/s；Q 为钢包的吹氩流量，m^3/s。

很多文献中采用钢液上升速度来计算 MgO 由耐火材料中向渣中的传质系数。为了对比文献中的钢液上升速度与本模型中采用的渣相沿钢包壁流动速度的区别，本节列出了 Sawada[89]（式（7-68））、Sahai[90]（式（7-69）和式（7-70））、Thomas[77]（式（7-71））提出的几种计算钢液速度 u_0 的公式。其中，式（7-69）中的湍流运动黏度 ν_t可根据式（7-70）求出。采用三种不同公式计算的钢液上升速度对比结果见表 7-12。从计算结果中可以看出，钢液上升速度明显大于渣相沿钢包壁的流动速度。而考虑到在炼钢过程中 MgO 耐火材料与渣相之间的接触发生在钢包壁附近，本模型中采用渣相沿钢包壁的流动速度来计算 MgO 向渣中的传质系数更加合理。

$$u_0 = 19.9\frac{Q}{d_c^2}\left(\frac{gd_c^5}{Q^2}\right)^{0.24}\left(\frac{H}{d_c}\right)^{0.2} \tag{7-68}$$

$$u_0 = \left[\left(\frac{6}{\pi}\right)^{2/3}\frac{(0.8)^2 gC_D}{18C_\mu C_0^4 K_1^3}\frac{Q\nu_t}{R}\right]^{0.25} \tag{7-69}$$

$$\nu_t = 5.5\times10^{-3}H\left[\frac{(1-f)gQ}{d_c}\right]^{1/3} \tag{7-70}$$

$$u_0 = 8.64\times10^6 Q^{0.25} \tag{7-71}$$

式中，$(\%MgO)^*_{ref}$为渣相中 MgO 的饱和浓度；ρ_s为渣相的密度，kg/m^3；Q 为吹气流量，m^3/s；d_c为熔池直径，m；g 为重力加速度，m/s^2；C_D为气泡的阻力系数；C_μ为耗散率常数；C_0，K_1为比例常数；R 为熔池半径，m；ν_t为湍流运动黏度，m^2/s；f 为羽流区气体的体积分数；H 为熔池深度，m。

表 7-12　三个不同公式计算的钢液上升速度对比

吹氩流量 Q /$Nm^3\cdot s^{-1}$	钢液上升速度/$m\cdot s^{-1}$		
	式（7-68）[89]	式（7-69）[91]	式（7-71）[77]
0.020	1.74	1.25	1.03
0.0083	1.10	0.93	0.82
0.0042	0.77	0.74	0.70

7.2.5.2　MgO 质耐火材料和钢液的相互作用

MgO 质耐火材料与钢液之间的相互作用的示意图如图 7-39 所示。耐火材料在钢液中溶解的计算过程采用耦合反应模型，其中由于 MgO 质耐火材料是固相，因此假设耐火材料中 MgO 的活度为 1。

模型假设在钢液一侧的钢液-耐火材料界面处存在界面层，界面层到钢液侧为稳态传质，即从界面层到钢液中的传质为反应的限制性环节；化学反应在界面处发生，且反应速度很快，界面处无物质的积累。耐火材料与钢液相互作用包括如下反应步骤：

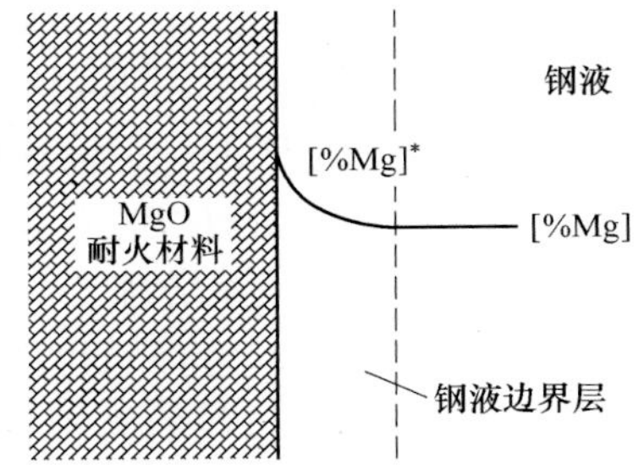

图 7-39　MgO 质耐火材料向钢液中溶解的示意图

（1）钢液中组元 M 由钢液内穿过钢液一侧边界层向钢液-耐火材料界面迁移；

（2）MgO 质耐火材料在耐火材料-钢液界面上溶解；

（3）在钢液-耐火材料界面上发生化学反应；

（4）反应产物由钢液-耐火材料界面穿过钢液边界层向钢液内部迁移。

式（7-72）为耐火材料棒材与钢液间相互作用的溶解速率，式（7-73）可以进一步求出钢液中 Mg 元素浓度随时间的变化[92]。其中，耐火材料与钢液的接触面积为钢包壁面和钢包底与耐火材料的接触面积之和。

$$J_{\mathrm{Mg}} = \frac{1000k_{\mathrm{Mg}}\rho_{\mathrm{steel}}}{100N_{\mathrm{M}}}\{[\%\mathrm{M}]^{\mathrm{b}} - [\%\mathrm{M}]^{*}\} \tag{7-72}$$

$$\frac{\mathrm{d}[\%\mathrm{M}]}{\mathrm{d}t} = -\frac{A_{\text{lining-steel}}k_{\mathrm{Mg}}}{V_{\mathrm{steel}}}\{[\%\mathrm{M}]^{\mathrm{b}} - [\%\mathrm{M}]^{*}\} \tag{7-73}$$

式中，k_{Mg}为耐火材料中的 Mg 向钢液中的传质系数，m/s；ρ_{steel}为钢液的密度，kg/m^3；N_{M}为组元 M 和组元 MO_n 的摩尔质量，g/mol；J_{M} 代表组元 M 的传质通量，mol/(m^2 · s)；上标 b 和 * 分别为钢液的内部和钢液与渣相之间的界面层；V_{steel}代表钢液的体积，m^3；[%M] 为钢液中组元的质量分数；$A_{\text{lining-steel}}$为耐火材料与钢液的接触面积，m^2。

在计算耐火材料与钢液之间的传质系数时，可根据式（7-74）推导得出传质系数的公式。需要指出的是，由于钢包垂直壁面附近与钢包底部附近的钢液速度不同，因此应分别计算两处耐火材料与钢液之间的传质系数。本模型假设耐火材料与钢包垂直壁面的传质为 Model Ⅰ，耐火材料与钢包底部的传质为 Model Ⅱ。对于 Model Ⅰ，其接触面积为钢包垂直壁面与耐火材料的接触面积，传质系数计算使用式（7-75）和式（7-76）。对于钢包垂直壁面，其特征长度为垂直壁面面积的开方，此外 $u_{\mathrm{wall,steel}}$的值由流体流动的计算得到，具体过程参见上一节内容。对于 Model Ⅱ，耐火材料与钢液之间的接触面积是钢包底面的面积，其传质系数可以由式（7-75）和式（7-77）进行计算。

$$k_{\mathrm{ref\_Mg}} = 1.3\,Re^{1/2}Sc^{1/3}D_{\mathrm{Mg}}/L \tag{7-74}$$

式中，Re 为雷诺数；Sc 为施密特数；$k_{\mathrm{ref_Mg}}$为耐火材料向钢液中的传质系数，m/s；L 为特征长度，m；D_{Mg}为 Mg 元素在钢液中的扩散系数，m^2/s。

$$Sc = \frac{\nu}{D_{\mathrm{Mg}}} \tag{7-75}$$

$$Re = \frac{u_{\mathrm{wall,\ steel}} L_{\mathrm{wall,\ steel}}}{\nu} \tag{7-76}$$

$$Re = \frac{u_{\mathrm{bottom,\ steel}} L_{\mathrm{bottom,\ steel}}}{\nu} \tag{7-77}$$

式中，ν 为渣相的运动黏度，m^2/s；D_{Mg}为 Mg 元素在钢液中的扩散系数，m^2/s；$u_{\mathrm{wall,steel}}$为 Model Ⅰ中的特征速度，即钢包垂直壁面附近的钢液速度，m/s；$u_{\mathrm{bottom,steel}}$为 Model Ⅱ中的特征速度，即钢包底部的钢液速度，m/s；$L_{\mathrm{wall,steel}}$为 Model Ⅰ中的特征长度，本模型假定其等于钢包垂直壁面面积的平方根，m；$L_{\mathrm{bottom,steel}}$为 Model Ⅱ中的特征长度，本模型假定其等于钢包底部面积的平方根，m。

对于钢包包底，特征长度为包底壁面面积的开方。利用钢包数值模拟仿真可以得到钢包底部的钢液速度 $u_{\mathrm{bottom,steel}}$。根据流体流动计算得到的结果见图 7-40，随着吹氩流量的增加，钢包底部的钢液速度也随之增加。通过回归方程可以得到吹氩流量与钢包包底附近的钢液速度之间的表达式，见式(7-78)。表 7-13 为耐火材料与钢液之间相互作用过程中的反应，模型主要考虑了 MgO 质耐火材料的自身分解反应和 MgO 质耐火材料与钢液中［Al］$_s$之间的反应。

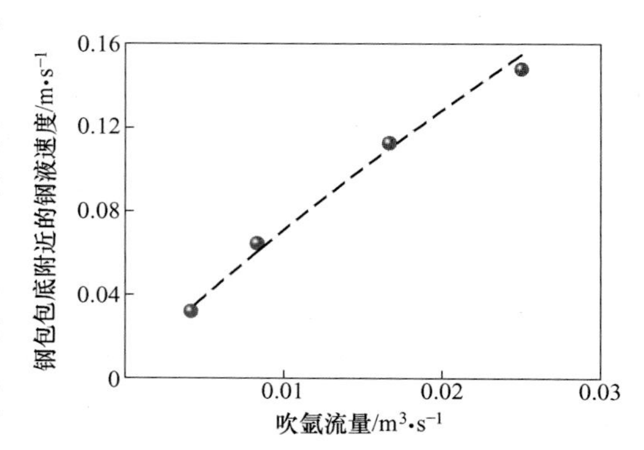

图 7-40　吹氩流量与钢包包底附近的钢液速度的关系

$$u_{\mathrm{bottom,\ steel}} = 3.6359Q^{0.8555} \tag{7-78}$$

式中，$u_{\mathrm{bottom,steel}}$为钢包包底附近的钢液速度，m/s；$Q$ 为钢包的吹氩流量，Nm^3/s。

表 7-13　耐火材料与钢液之间相互作用时考虑的化学反应

编号	反应式	ΔG	文献
反应 19	$MgO(s) = [Mg] + [O]$	$\Delta G^{\ominus} = 89960 + 82.0T$	[16]
反应 20	$3MgO(s) + 2[Al] = Al_2O_3(s) + 3[Mg]$	$\Delta G^{\ominus} = 296752.4 + 21.7T$	[16]

7.2.6　空气对钢液的二次氧化

空气氧化是炼钢过程中钢液二次氧化的来源之一[93]。为了研究钢液的二次氧化对体系成分造成的影响，本模型考虑了精炼过程中空气对钢液造成的二次氧化。空气对钢液造成二次氧化的示意图见图 7-41。假设在吹氩形成的气柱上部，渣被吹开一定的面积，在此裸露面积内钢液与空气直接接触发生二次氧化。反应式及其反应的自由能变化见表 7-14。

表 7-14　空气对钢液的二次氧化考虑的反应

编号	反应式	ΔG	文献
反应 21	$O_2 = 2[O]$	$\Delta G = -170700 + 37.1T$	[50]

羽流区（plume）在钢液表面处的半径可以由式（7-79）[94]计算得到。假设空气中的氧气溶解于钢液造成溶解氧的增加，反应的限制性环节是氧在气相中的传质[95,96]。空气中氧元素的传质通量如式（7-80）所示，钢液中氧元素的传质通量可由式（7-81）计算得到。

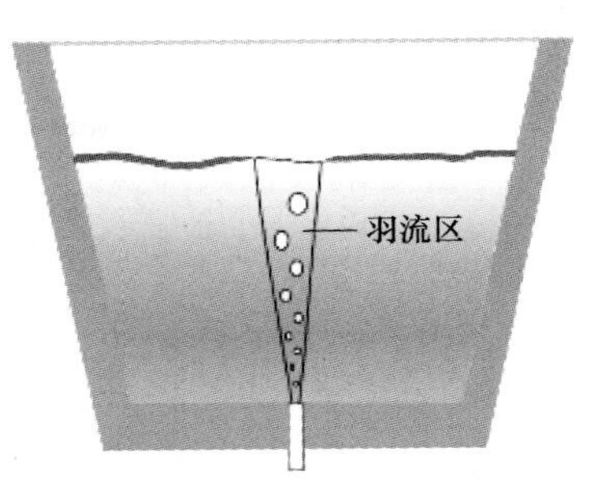

图 7-41 空气对钢液的二次氧化示意图

$$R_{\mathrm{P}} = 0.55Q^{0.2}H^{0.5} \tag{7-79}$$

$$J_{\mathrm{O_2}} = k_{\mathrm{O_2}} \frac{(P_{\mathrm{O_2}} - P_{\mathrm{O_2^*}})}{RT} \tag{7-80}$$

$$J_{\mathrm{O}} = -\frac{V_{\mathrm{steel}}}{A_{\mathrm{plume}}} \frac{1000\rho_{\mathrm{steel}}\mathrm{d}[\%\mathrm{O}]}{100M_{\mathrm{O}}\mathrm{d}t} \tag{7-81}$$

式中，R_{P}为钢液表面处羽流区半径，m；Q 为吹氩流量，L/min；H 为熔池深度，m；$J_{\mathrm{O_2}}$为空气中氧气的传质通量，mol/(m^2 · s)；J_{O} 为钢液中氧元素的传质通量，mol/(m^2 · s)；$k_{\mathrm{O_2}}$为氧气的传质系数，m/s；$P_{\mathrm{O_2}}$，$P_{\mathrm{O_2}^*}$分别为在渣层表面和钢渣界面处的氧分压，其中本模型假定钢渣界面处的氧分压等于 0，Pa；ρ_{steel}为钢液密度，kg/m^3；V_{steel}为钢液体积，m^3；R 为气体常数，J/(mol · K)；T 为绝对温度，K；d[%O]/dt 为氧元素在钢液中的传质速率；M_{O}为氧元素的摩尔质量，g/mol。

式（7-82）为氧气向钢液中传质的传质通量守恒方程，整理可得到钢液与空气直接接触时的吸氧速率，见式（7-83）[95]。氧气在气相中的传质速率表达式可根据式（7-84）[95]求出。本模型所采用的工况是双孔吹氩，计算传质系数时所需的其余公式见式（7-85）~式（7-87）。

$$J_{\mathrm{O}} = 2J_{\mathrm{O_2}} \tag{7-82}$$

$$\frac{\mathrm{d}[\%\mathrm{O}]}{\mathrm{d}t} = \frac{M_{\mathrm{O}}A_{\mathrm{plume}}k_{\mathrm{O_2}}(P_{\mathrm{O_2}} - P_{\mathrm{O_2^*}})}{5V_{\mathrm{steel}}\rho_{\mathrm{steel}}RT} \tag{7-83}$$

$$k_{\mathrm{O_2}} = 0.664\,Re^{1/2}Sc^{1/3}D_{\mathrm{O_2}}/L_{\mathrm{eye}} \tag{7-84}$$

$$Re = L_{\mathrm{eye}}u_{\mathrm{eye}}/\nu_{\mathrm{gas}} \tag{7-85}$$

$$Sc = \nu_{\mathrm{gas}}/D_{\mathrm{O_2}} \tag{7-86}$$

$$L_{\mathrm{eye}} = \left(\frac{A_{\mathrm{plume}}}{2\pi}\right)^{1/2} \tag{7-87}$$

式中，$D_{\mathrm{O_2}}$为氧气在气相中的扩散系数，m^2/s；u_{eye}为钢液在表面裸露区的水平方向平均速度，由钢包流体流动计算得到（见图 7-42），m/s；A_{plume}为渣层被吹氩形成的气柱吹开的面积，可以由流体流动的计算得到（见图 7-43），m^2；L_{eye}为渣层被气柱吹开的面积半径，m；ν_{gas}为气相的运动黏度，m^2/s；Re 为雷诺数；Sc 为施密特数。

利用钢包数值模拟仿真可以得到吹氩流量与钢液在表面裸露区的水平方向平均速度之间的关系，见图 7-42。图 7-43 为利用钢包数值模拟仿真得到的吹氩流量与渣层被氩气柱吹开面积之间的关系。从图中可以看出，随着吹氩流量的增大，钢液在表面裸露区的水平方向平均速度和渣层被氩气柱吹开面积都增加。通过回归方程可以得到吹氩流量与钢液在表面裸露区的水平方向平均速度的表达式，见式（7-88）。通过回归方程可以得到吹氩流量与渣层被吹开的面积之间的表达式，见式（7-89）。

$$u_{eye} = 0.09 + 17.07Q - 432.53Q^2 \tag{7-88}$$

$$A_{plume} = 0.29 + 124.36Q \tag{7-89}$$

式中，u_{eye}为钢液在表面裸露区水平方向的平均速度，m/s；A_{plume}为渣层被吹氩形成的气柱吹开的面积，m^2；Q 为钢包的吹氩流量，m^3/s。

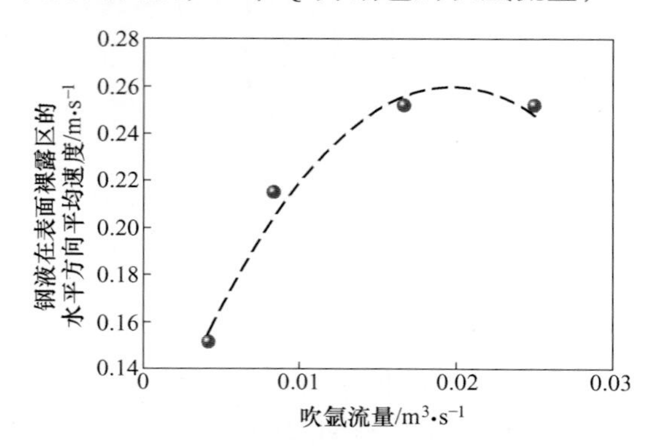

图 7-42　吹氩流量与钢液在表面裸露区水平方向平均速度的关系

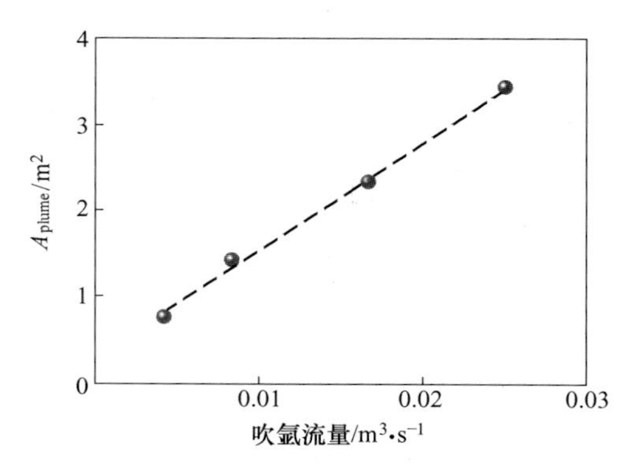

图 7-43　吹氩流量与渣层被吹氩形成的气柱吹开的面积之间的关系

7.2.7　夹杂物的上浮去除

非金属夹杂物在钢液中上浮至钢液表面是去除夹杂物的主要途径，而夹杂物的上浮速度与其尺寸大小有着很大的关系。假设夹杂物在钢液中均匀分布，且仅能在钢包吹氩形成的羽流区内去除。夹杂物的实际运动速度 u_{inc} 等于夹杂物与钢液之间的相对速度 $u_{slip,j}$ 与钢液在羽流区的上升速度 u_0 之和。其中钢液在羽流区的上升速度 u_0 远大于夹杂物与钢液之间的相对速度 $u_{slip,j}$，可以得到 $u_{inc} = u_0 + u_{slip,j} \approx u_0$。不同尺寸夹杂物的上浮速率可由式（7-90）和式（7-91）求出。

$$\frac{dn_j}{dt} = -\frac{2(u_0 + u_{slip,j})}{H}\frac{V_{plume}n_j}{V_{steel}} \tag{7-90}$$

$$V_{plume} = \frac{2\pi R_P^2 H}{3} \tag{7-91}$$

式中，g 为重力加速度，m/s^2；n_j 为反应器内夹杂物的总个数（见式（7-43）和式（7-47）），当夹杂物直径相同时，n_j用 n 表示；ν_{inc}为夹杂物的上浮速度，m/s；μ_m 为钢液的动力学黏度，Pa · s；H 为熔池深度，m；u_{inc}为夹杂物的实际运动速度，m/s；u_0 为钢液在羽流区的平均上升速度，m/s；$u_{slip,j}$为夹杂物与钢液之间的相对速度，m/s；V_{plume}为羽流区的体积，m^3；V_{steel}为钢液体积，m^3；R_P为羽流区半径，m；d_{inc}为夹杂物直径，μm；ρ_{inc}为夹杂物密度，kg/m^3；Re_{inc}为夹杂物的雷诺数，$Re_{inc} = u_{slip} \cdot d_p \cdot \rho/\mu$；$\rho_{steel}$为钢液密度，$kg/m^3$。

利用钢包数值模拟仿真可以得到吹氩流量与羽流区的体积分数之间的关系，其中羽流区的体积分数 $\alpha_{volume} = V_{plume}/V_{steel}$，计算结果见图 7-44。从图中可以看出，随着吹氩流量的增加，羽流区的体积分数增加。通过回归方程可以得到吹氩流量与羽流区的体积分数之间的表达式，见式（7-92）。整理可得不同尺寸夹杂物的上浮速率与羽流区的体积分数之间的关系式，见式（7-93）。

$$\alpha_{\text{plume}} = 2.39 + 573.12Q \tag{7-92}$$

$$\frac{\mathrm{d}n_j}{\mathrm{d}t} = -\frac{2(u_0 + u_{\text{slip},\ j})}{H}\frac{\alpha_{\text{plume}}}{100}n_j \tag{7-93}$$

式中，n_j 为反应器内夹杂物的总个数（见式（7-43）），当夹杂物直径相同时，n_j 用 n 表示；α_{plume}为羽流区的体积分数,%；u_0 为钢液在羽流区的平均上升速度，m/s；$u_{\text{slip},j}$为夹杂物与钢液之间的相对速度，m/s；H 为熔池深度，m；Q 为钢包的吹氩流量，m^3/s。

利用钢包数值模拟仿真可以得到吹氩流量与钢液在羽流区的平均上升速度 u_0 之间的关系，计算结果见图 7-45。从图中可以看出，随着吹氩流量的增加，钢液在羽流区的平均上升速度先增大后减小。通过回归方程可以得到吹氩流量与钢液在羽流区的平均上升速度 u_0 之间的表达式，见式（7-94）。

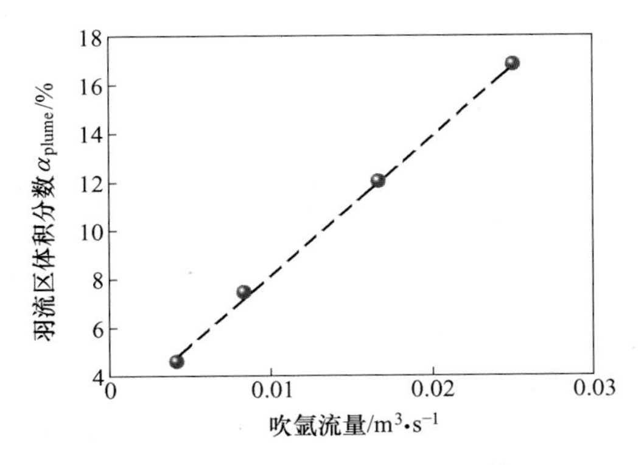

图 7-44 吹氩流量与羽流区的体积分数之间的关系

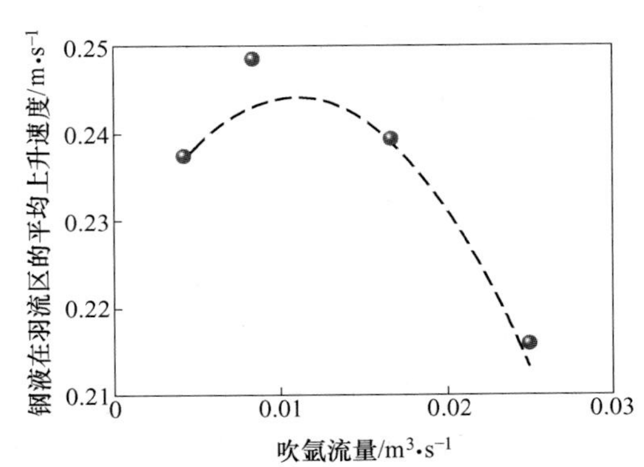

图 7-45 吹氩流量与钢液在羽流区的平均上升速度之间的关系

$$u_0 = 0.22 + 3.48Q - 158.08Q^2 \tag{7-94}$$

式中，u_0 为钢液在羽流区的平均上升速度，m/s；Q 为钢包的吹氩流量，m^3/s。

7.2.8 本节小结

（1）本节以耦合反应模型为基础，考虑了钢液与渣相之间的反应、钢液与夹杂物之间的反应、耐火材料与渣相的相互作用、耐火材料与钢液的相互作用、合金与钢液中溶解氧之间的反应、空气对钢液的二次氧化以及夹杂物的上浮去除对体系成分的影响，建立了“钢液-渣相-夹杂物-耐火材料-合金-空气”六相多元系动力学模型。

（2）本节利用钢包流动计算了吹氩流量与搅拌能、钢包壁面附近的钢液速度、钢包底部的钢液速度、羽流区钢液的水平速度、渣层被吹氩形成的气柱吹开的面积、气柱区的体积分数、钢液在羽流区的平均上升速度之间的关系。对于钢液-渣相之间的反应，利用钢包流动数值模拟可以得到钢液中的传质系数表达式为 $k_{\text{m}} = 0.0194\varepsilon^{0.688}$，不同吹氩流量下钢液中的传质系数取值见表 7-15。本节通过将钢包流场与多相反应动力学模型相结合，优化了动力学模型中的计算参数。

表 7-15 不同吹氩流量下钢液中传质系数的取值

吹氩流量 $Q/Nm^3 \cdot s^{-1}$	钢液中的传质系数 $k_m/m \cdot s^{-1}$
0.020	5.96×10^{-4}
0.0083	3.37×10^{-4}
0.0042	2.22×10^{-4}

7.3 动力学模型在管线钢精炼过程中的验证

7.3.1 管线钢全流程钢液、渣相、夹杂物演变的调查研究

本节以某钢厂管线钢为调研对象，在炼钢过程中对钢水进行系统取样，并采用 Aspex 等设备对钢液、渣相和夹杂物的成分进行全面的研究与分析。

7.3.1.1 生产工艺流程、取样方法、研究方法

某厂生产管线钢连铸坯的工艺流程为：铁水→KR→BOF→LF→RH→CC，如图 7-46 所示。为了调研各个工序的冶炼效果，在各工序进行了系统取样。取样钢种为 X65，钢种成分见表 7-16。精炼过程一共有三次合金及辅料的加入，分别是 LF 精炼 3min 时进行调渣，LF 精炼 25min 时进行合金化，RH 精炼 70min 时喂硅钙线进行夹杂物改性。取样时间及合金加入示意图见图 7-47。钢液温度在 LF 精炼过程中因电极加热而升高到 1624℃，在 RH 精炼过程中下降到 1580℃。在 LF 精炼过程中，分别于钢水进站、通电化渣后、调渣结束、合金化结束以及出站前 5 个时间节点取钢样和渣样，同时记录辅料及合金的加入时间及加入量；在 RH 过程中，分别于进站、循环 3min、破空、软吹 3min、软吹 9min、静置 9min（出站）中 10 个时间节点取钢样和渣样，并记录各个步骤的时间点和循环气流量；在中间包，于开浇 20min 在入口和出口处取钢样，并于钢包开浇 1/2 时间取渣样。对于铸坯，截

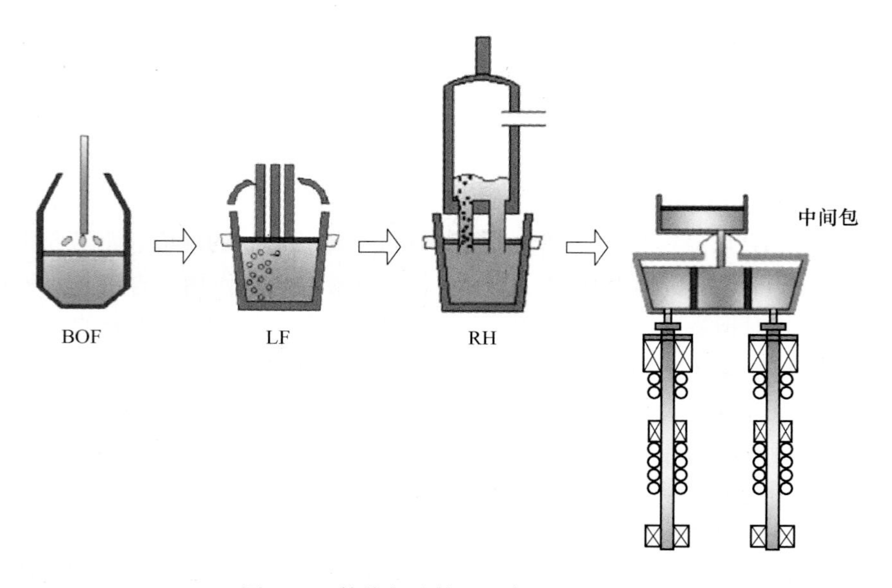

图 7-46 管线钢连铸坯生产流程示意图

取一块厚度为 120mm 的横断面试样。提桶样、饼样及铸坯样的切样方式及观察面的处理如图 7-48～图 7-50 所示。其中铸坯需要沿宽度方向 1/4 处切取样品，然后从内弧到外弧将样品切成 15 个 15. 3mm × 15. 3mm 的金相样进行分析。

表 7-16　X65 钢成分　（%）

C	Si	Mn	P	S	Al	Al_s
0. 0698	0. 2010	1. 4900	0. 0120	0. 0009	0. 0362	0. 0288
Nb	**V**	**Ti**	**Cr**	**B**	**Ca**	**N**
0. 0502	0. 0064	0. 0175	0. 2070	0. 0001	0. 0045	0. 0049

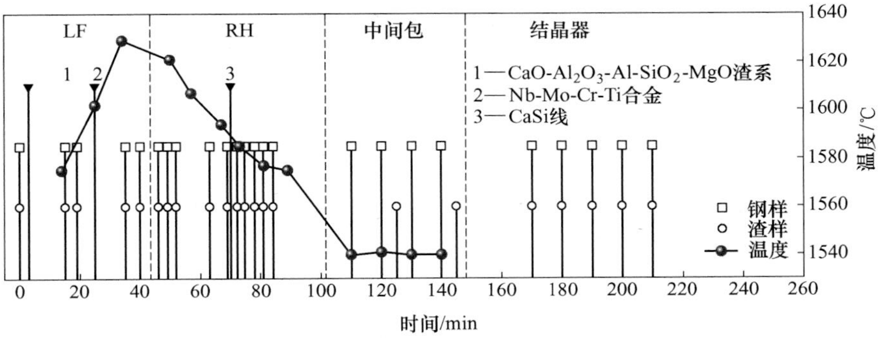

图 7-47　取样时间及合金加入示意图

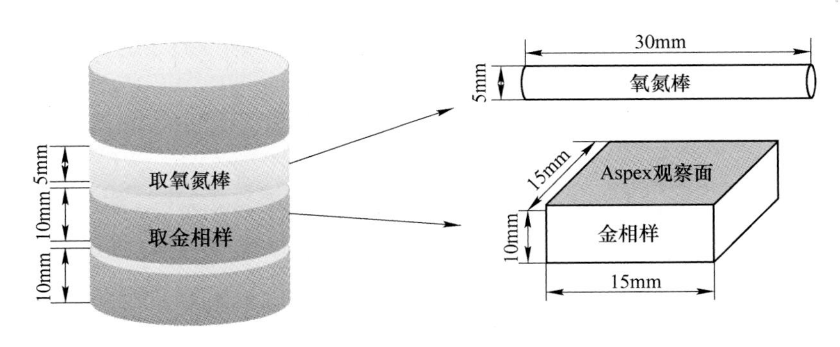

图 7-48　提桶样的切样方式及观察面

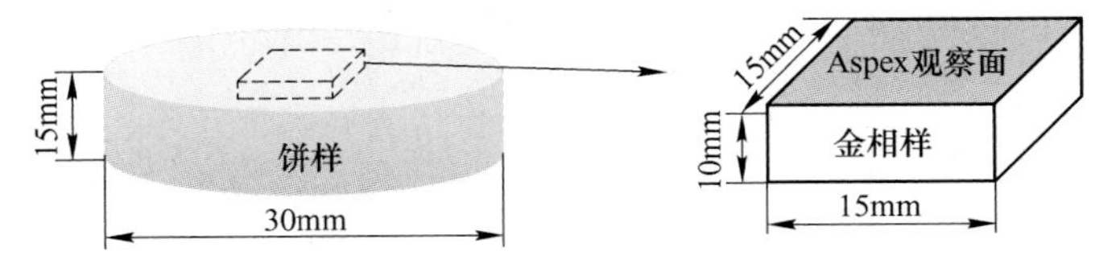

图 7-49　饼样的切样方式及观察面

渣成分随时间变化见图 7-51 和图 7-52。其中，渣中 CaO 含量在前期的突然增加是由于 LF 调渣过程中加入了高 CaO 的精炼渣，渣中 SiO_2 含量和 MnO 含量的下降是由于钢液-渣相之间的反应造成的。渣中 Al_2O_3 含量的增加是由于脱氧合金的加入以及钢液-渣相之间的反应，渣中 MgO 含量的变化是由于耐火材料与渣相之间相互作用以及钢液-渣相之间的反应共同作用造成的。

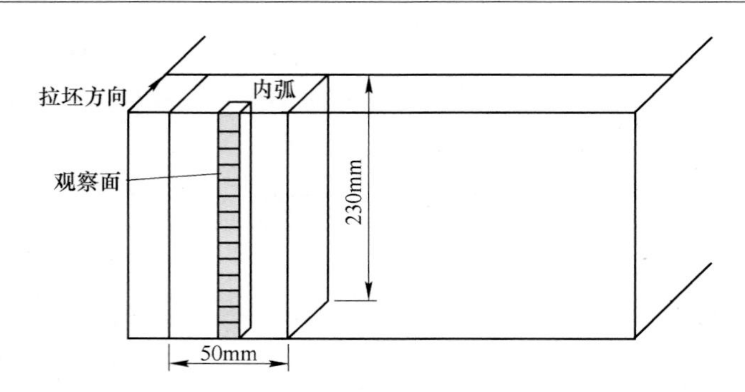

图 7-50　铸坯的切样方式及观察面

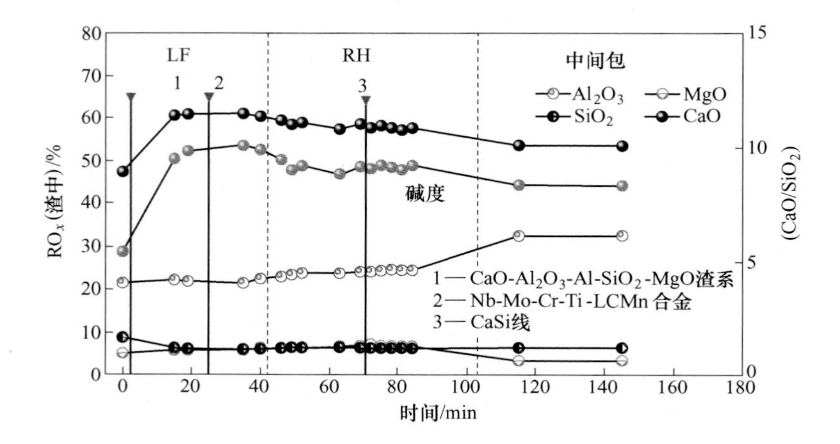

图 7-51　炉渣碱度变化及成分变化

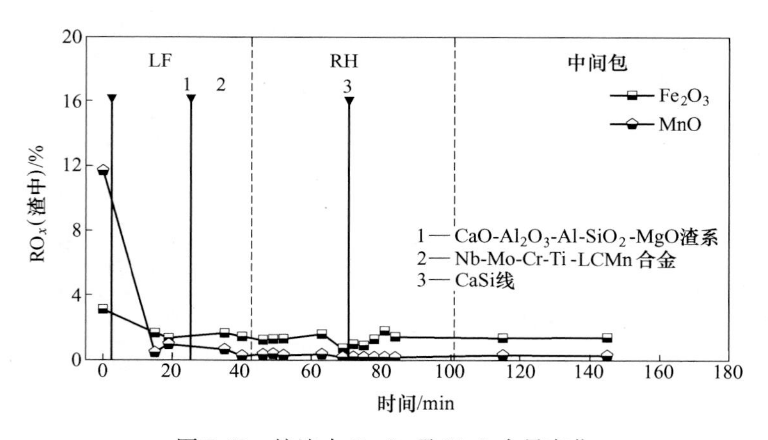

图 7-52　炉渣中 Fe_2O_3 及 MnO 含量变化

7.3.1.2　LF 精炼过程钢水中夹杂物成分的变化

图 7-53 为 LF 进站钢水试样中非金属夹杂物的典型形貌，图 7-54 为夹杂物的组成及尺寸分布。从图中可以看出，夹杂物形貌主要是点状和簇群状，主要成分是 Al_2O_3，夹杂物的平均直径为 1.83μm，夹杂物的数密度为 32.44 个/mm^2。

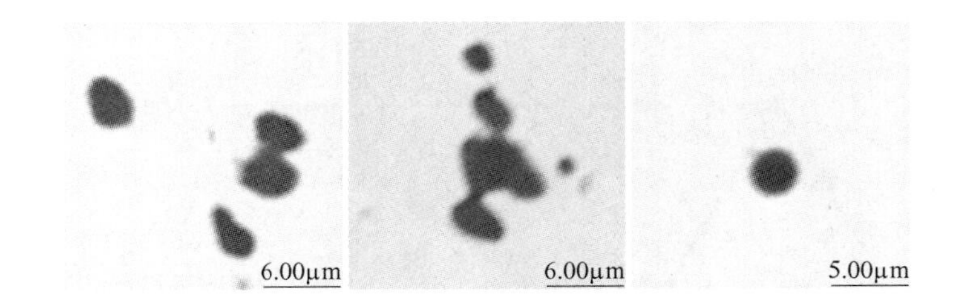

图 7-53 LF 进站钢中夹杂物典型形貌

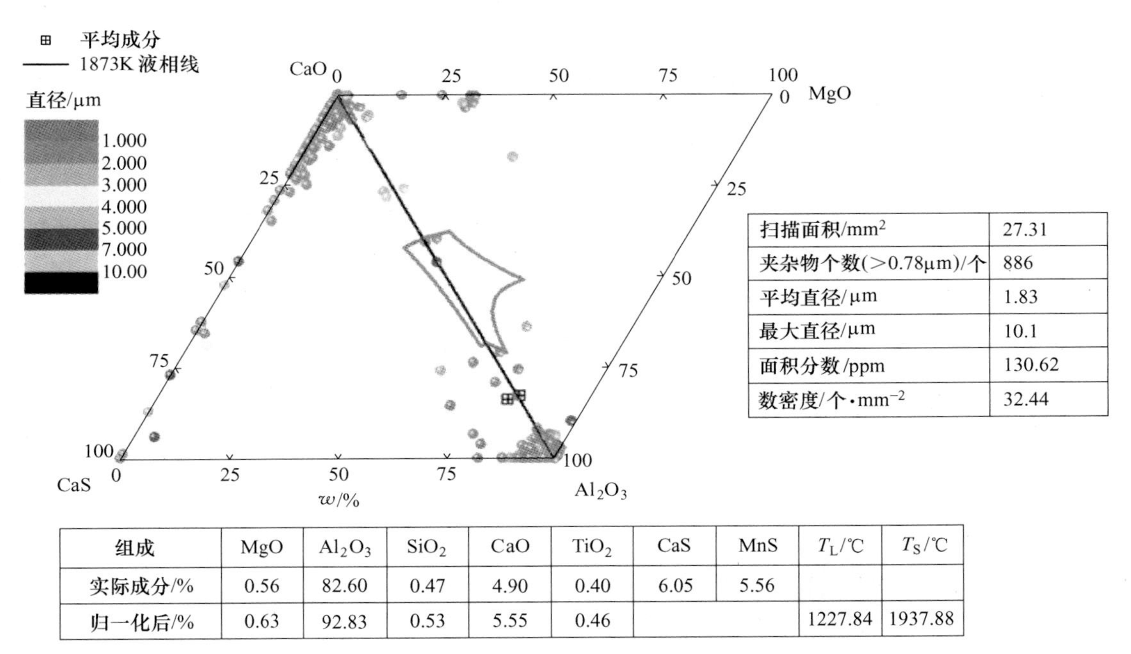

扫描面积/mm^2	27.31
夹杂物个数(>0.78μm)/个	886
平均直径/μm	1.83
最大直径/μm	10.1
面积分数/ppm	130.62
数密度/个·mm^{-2}	32.44

组成	MgO	Al_2O_3	SiO_2	CaO	TiO_2	CaS	MnS	T_L/℃	T_S/℃
实际成分/%	0.56	82.60	0.47	4.90	0.40	6.05	5.56		
归一化后/%	0.63	92.83	0.53	5.55	0.46			1227.84	1937.88

图 7-54 LF 进站钢中夹杂物的组成及尺寸分布

图 7-55 为 LF 通电化渣后钢中大尺寸夹杂物的典型形貌，图 7-56 为 LF 通电化渣后钢中夹杂物组成及尺寸分布。从图中可以看出，夹杂物的主要成分为 Al_2O_3-CaO-CaS，数密度为 57.64 个/mm^2。与 LF 进站样品相比，夹杂物中 CaS 含量从 6%增加到 30%，CaO 含量也有所增加，夹杂物的平均直径为 1.2μm，与前一个样品相比略有减小。

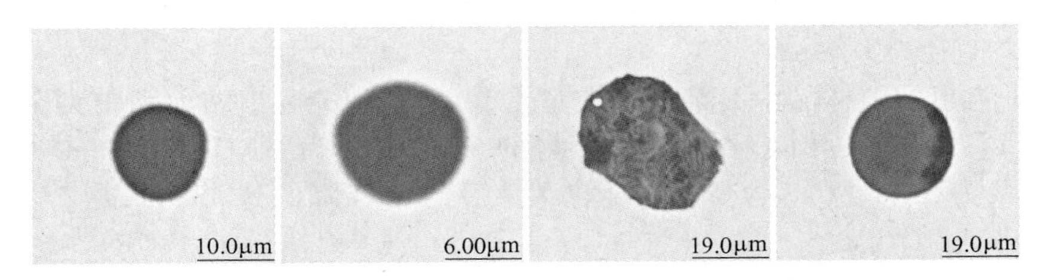

图 7-55 LF 通电化渣后钢中夹杂物典型形貌

图 7-57 为 LF 调渣后样品中大尺寸夹杂物的典型形貌，夹杂物的主要成分为 Al_2O_3-CaO-MgO-CaS。图 7-58 为 LF 调渣后样品的夹杂物组成及尺寸分布。从图中可以看出，与

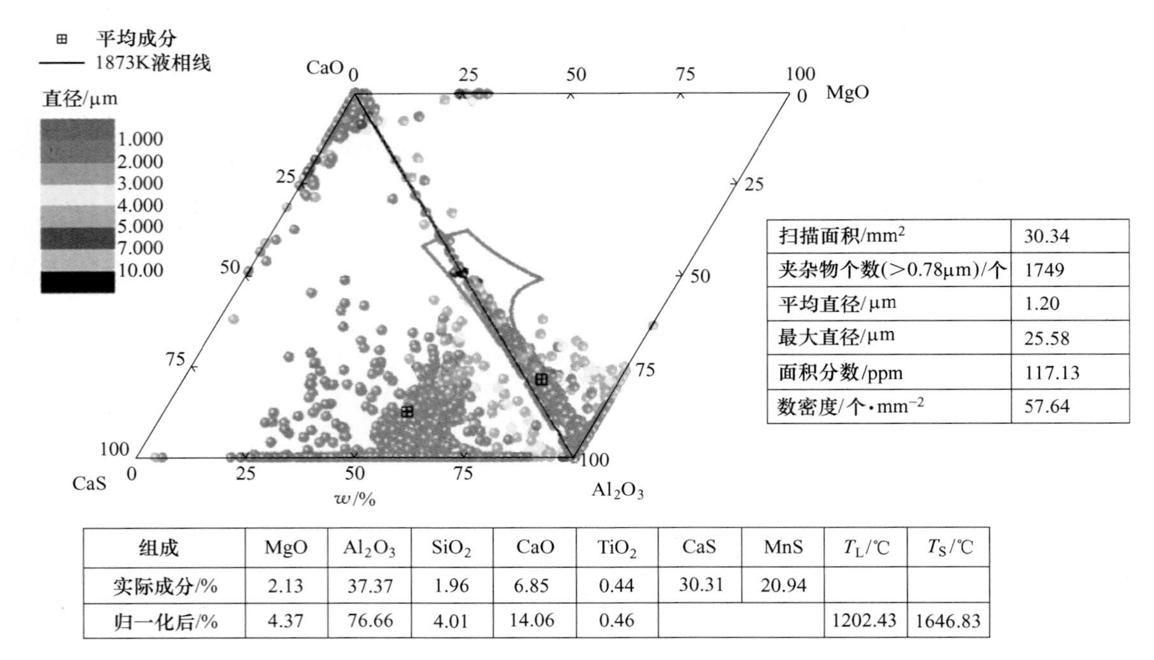

扫描面积/mm²	30.34
夹杂物个数(>0.78μm)/个	1749
平均直径/μm	1.20
最大直径/μm	25.58
面积分数/ppm	117.13
数密度/个·mm⁻²	57.64

组成	MgO	Al_2O_3	SiO_2	CaO	TiO_2	CaS	MnS	T_L/℃	T_S/℃
实际成分/%	2.13	37.37	1.96	6.85	0.44	30.31	20.94		
归一化后/%	4.37	76.66	4.01	14.06	0.46			1202.43	1646.83

图 7-56　LF 通电化渣后钢中夹杂物的组成及尺寸分布

前一个样品相比，夹杂物中 MgO 含量和 CaO 含量增加，Al_2O_3 含量降低，夹杂物平均直径为 1.43μm。

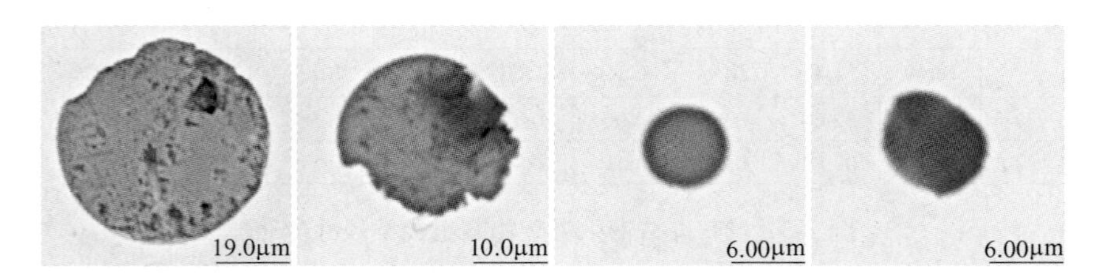

图 7-57　LF 调渣后钢中夹杂物典型形貌

图 7-59 为合金化结束后样品中夹杂物的典型形貌，夹杂物的主要成分为 Al_2O_3-CaO-MgO-CaS，Al_2O_3 含量在不断下降。图 7-60 为 LF 合金化结束后样品中夹杂物的组成及尺寸分布。夹杂物中 CaS 含量为 39%，CaO 含量为 13%，MgO 含量约为 6%，Al_2O_3 含量为 31%，其平均直径为 1.44μm。

图 7-61 为出站前样品中夹杂物的典型形貌，图 7-62 为出站前钢中夹杂物的组成及尺寸分布。从图中可以看出，夹杂物的主要成分为 Al_2O_3-CaO-MgO-CaS，其中 Al_2O_3 的含量为 35%，CaS 含量从合金化结束后的 39%降低到 33%，夹杂物的平均直径为 1.47μm。

从以上图可以看到，LF 进站时的钢水样品中大部分夹杂物是 Al_2O_3，夹杂物多为一次脱氧产物，从形貌上推断 Al_2O_3 夹杂物多是树枝状和团簇状。LF 化渣后，部分夹杂物的化学成分落入 1873K 区域内，大部分夹杂物的 Al_2O_3 含量仍较高。大尺寸夹杂物出现在 Al_2O_3-CaO 系的区域内。从形貌上，夹杂物转变成球形，部分夹杂物核心是镁铝尖晶石。

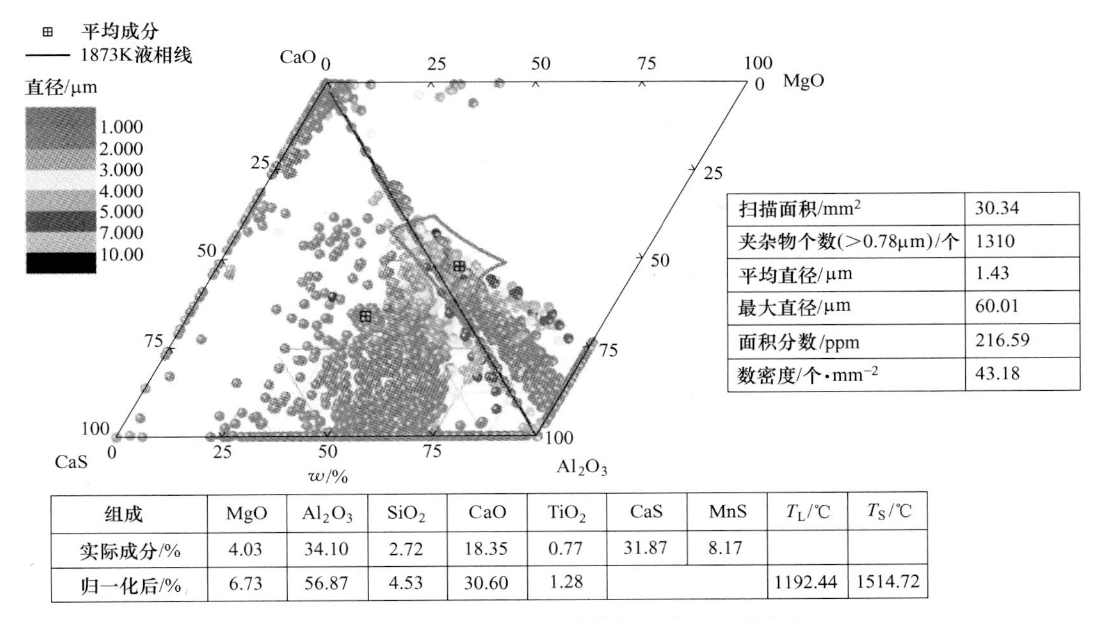

扫描面积/mm^2	30.34
夹杂物个数(>0.78μm)/个	1310
平均直径/μm	1.43
最大直径/μm	60.01
面积分数/ppm	216.59
数密度/个·mm^{-2}	43.18

组成	MgO	Al_2O_3	SiO_2	CaO	TiO_2	CaS	MnS	T_L/℃	T_S/℃
实际成分/%	4.03	34.10	2.72	18.35	0.77	31.87	8.17		
归一化后/%	6.73	56.87	4.53	30.60	1.28			1192.44	1514.72

图 7-58　LF 调渣后钢中夹杂物的组成及尺寸分布

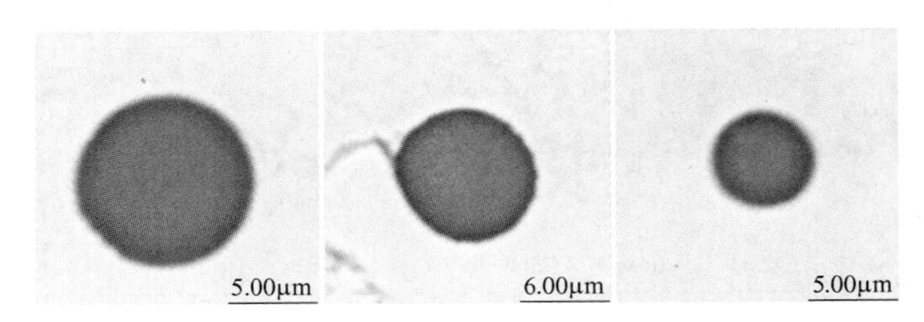

图 7-59　LF 合金化结束钢中夹杂物典型形貌

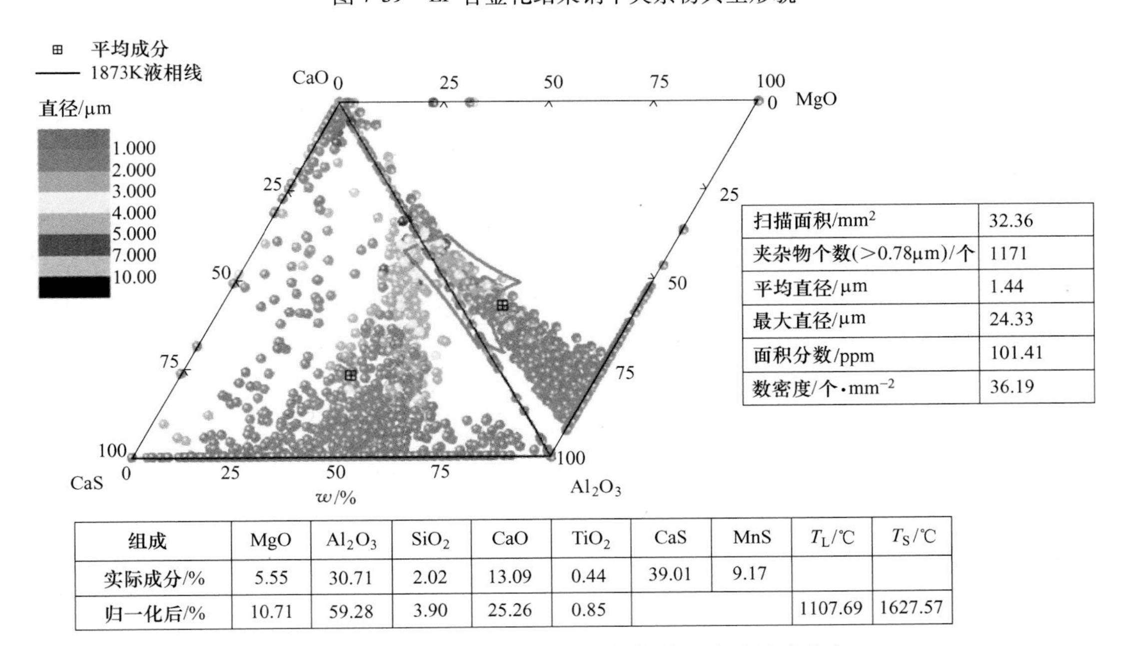

扫描面积/mm^2	32.36
夹杂物个数(>0.78μm)/个	1171
平均直径/μm	1.44
最大直径/μm	24.33
面积分数/ppm	101.41
数密度/个·mm^{-2}	36.19

组成	MgO	Al_2O_3	SiO_2	CaO	TiO_2	CaS	MnS	T_L/℃	T_S/℃
实际成分/%	5.55	30.71	2.02	13.09	0.44	39.01	9.17		
归一化后/%	10.71	59.28	3.90	25.26	0.85			1107.69	1627.57

图 7-60　LF 合金化结束钢中夹杂物的组成及尺寸分布

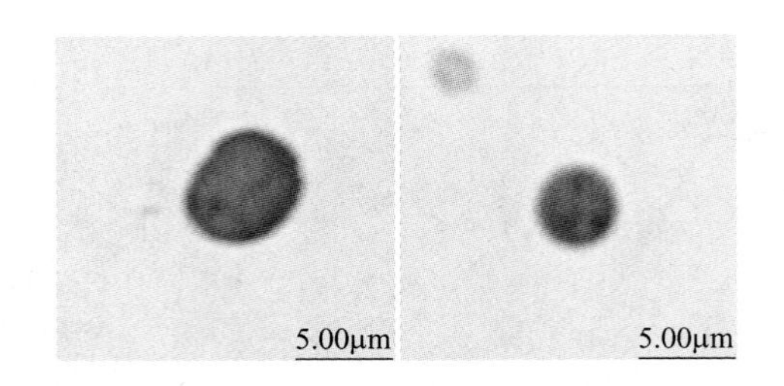

图 7-61　LF 出站前钢中夹杂物典型形貌

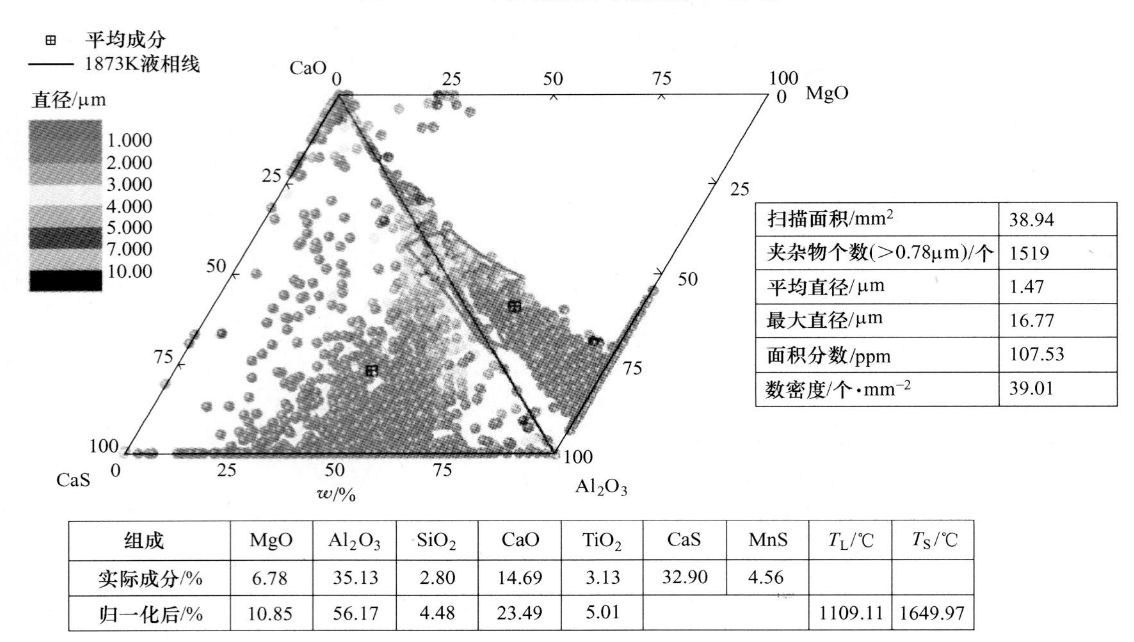

扫描面积/mm^2	38.94
夹杂物个数(>0.78μm)/个	1519
平均直径/μm	1.47
最大直径/μm	16.77
面积分数/ppm	107.53
数密度/个·mm^{-2}	39.01

组成	MgO	Al_2O_3	SiO_2	CaO	TiO_2	CaS	MnS	T_L/℃	T_S/℃
实际成分/%	6.78	35.13	2.80	14.69	3.13	32.90	4.56		
归一化后/%	10.85	56.17	4.48	23.49	5.01			1109.11	1649.97

图 7-62　LF 出站前钢中夹杂物的组成及尺寸分布

7.3.1.3　RH 精炼过程钢水中夹杂物成分的变化

图 7-63 为 RH 进站钢水试样中大尺寸夹杂物的典型形貌，夹杂物的主要成分为 Al_2O_3-CaO-MgO-CaS。图 7-64 为 RH 进站钢水试样中夹杂物的组成及尺寸分布。夹杂物中 Al_2O_3 含量为 31%，CaS 含量为 22%，CaO 含量为 29%，MgO 含量约为 5%，夹杂物的平均直径为 1.67μm。

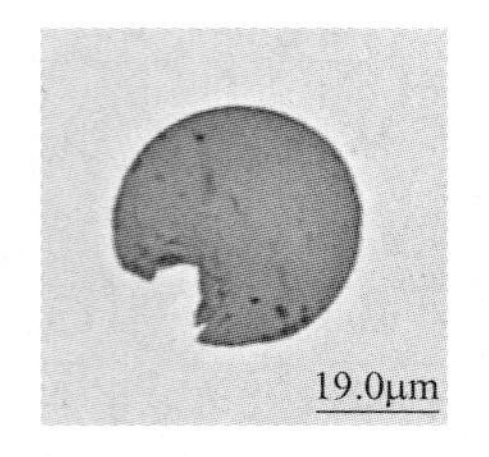

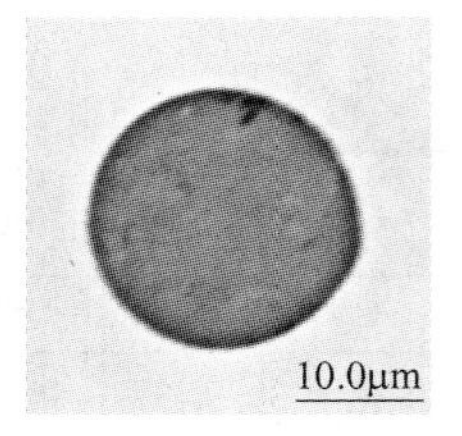

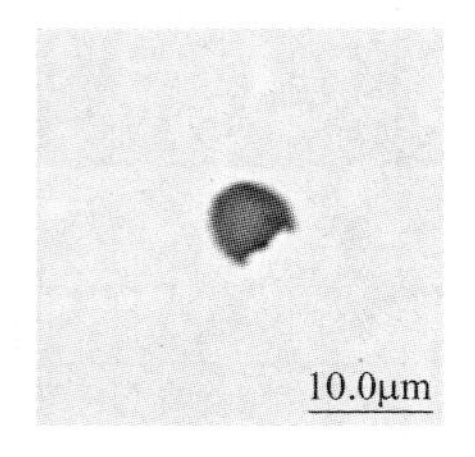

图 7-63　RH 进站钢中夹杂物的典型形貌

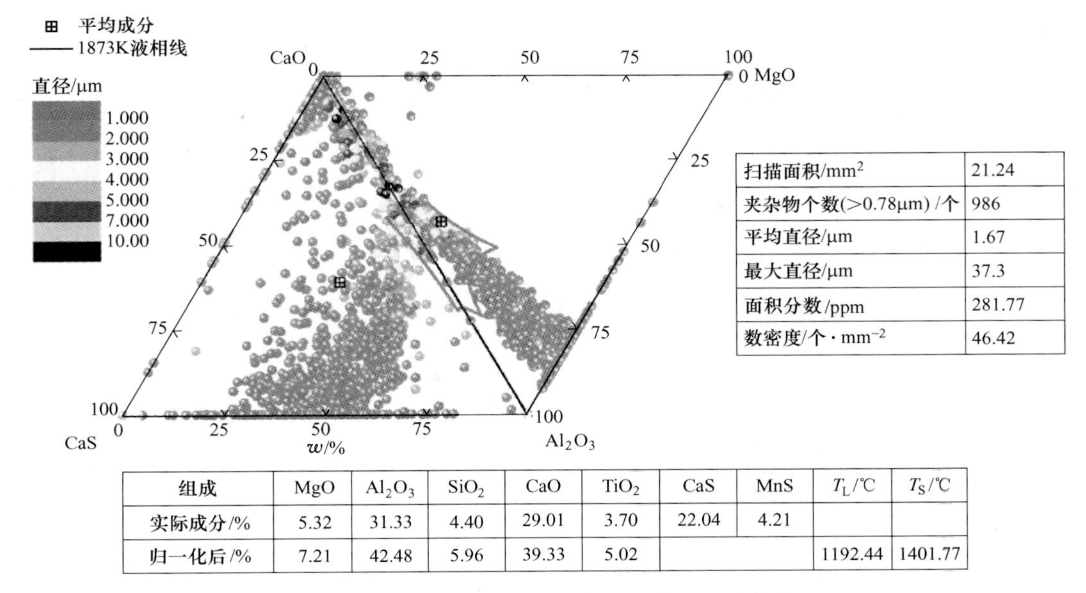

扫描面积/mm^2	21.24
夹杂物个数(>0.78μm) /个	986
平均直径/μm	1.67
最大直径/μm	37.3
面积分数/ppm	281.77
数密度/个 · mm^{-2}	46.42

组成	MgO	Al_2O_3	SiO_2	CaO	TiO_2	CaS	MnS	T_L/℃	T_S/℃
实际成分/%	5.32	31.33	4.40	29.01	3.70	22.04	4.21		
归一化后/%	7.21	42.48	5.96	39.33	5.02			1192.44	1401.77

图 7-64 RH 进站钢中夹杂物的组成及尺寸分布

图 7-65 为 RH 循环 3min 钢水试样中夹杂物的典型形貌，夹杂物的主要成分为 Al_2O_3-CaO-MgO-CaS。图 7-66 为 RH 循环 3min 样品钢水试样中夹杂物的组成及尺寸分布。与进

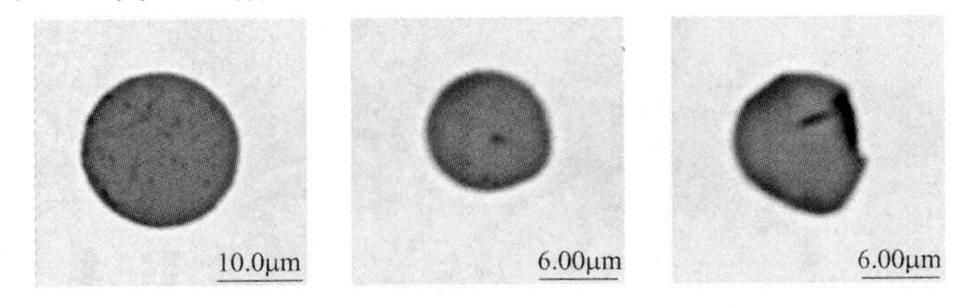

图 7-65 RH 循环 3min 钢中夹杂物的典型形貌

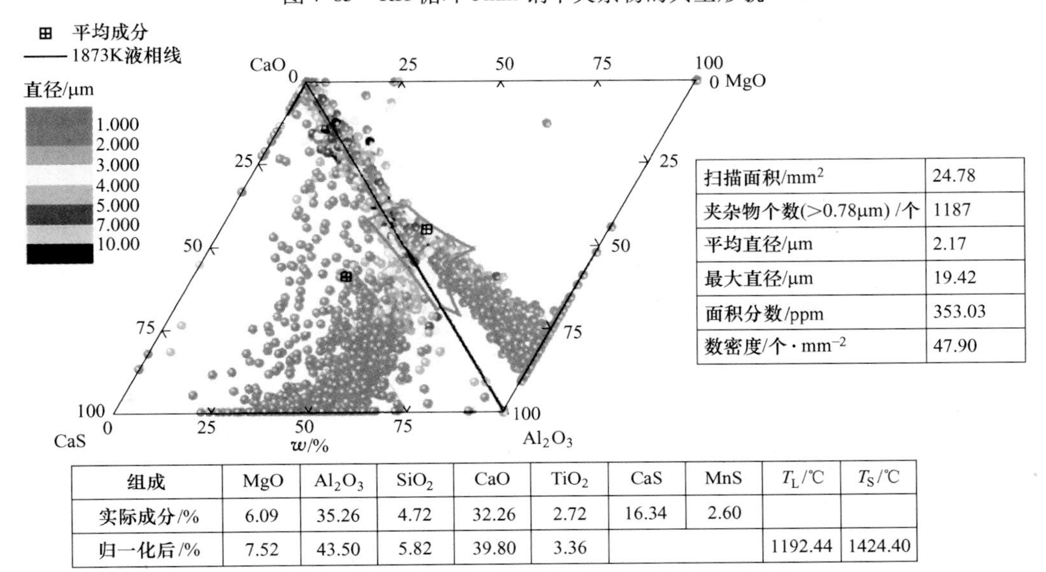

扫描面积/mm^2	24.78
夹杂物个数(>0.78μm) /个	1187
平均直径/μm	2.17
最大直径/μm	19.42
面积分数/ppm	353.03
数密度/个 · mm^{-2}	47.90

组成	MgO	Al_2O_3	SiO_2	CaO	TiO_2	CaS	MnS	T_L/℃	T_S/℃
实际成分/%	6.09	35.26	4.72	32.26	2.72	16.34	2.60		
归一化后/%	7.52	43.50	5.82	39.80	3.36			1192.44	1424.40

图 7-66 RH 循环 3min 钢中夹杂物的组成及尺寸分布

站样品相比，夹杂物中 CaS 含量降低到 16%，夹杂物的平均直径略有增加。

图 7-67 为 RH 破真空钢水试样中夹杂物的典型形貌，夹杂物的主要成分为 Al_2O_3-CaO-MgO-CaS。图 7-68 为 RH 破真空钢水试样中夹杂物的组成及尺寸分布。夹杂物中 CaS 含量下降到 7%，Al_2O_3 含量、CaO 含量分别为 43%和 34%，夹杂物的平均直径为 2.14μm。

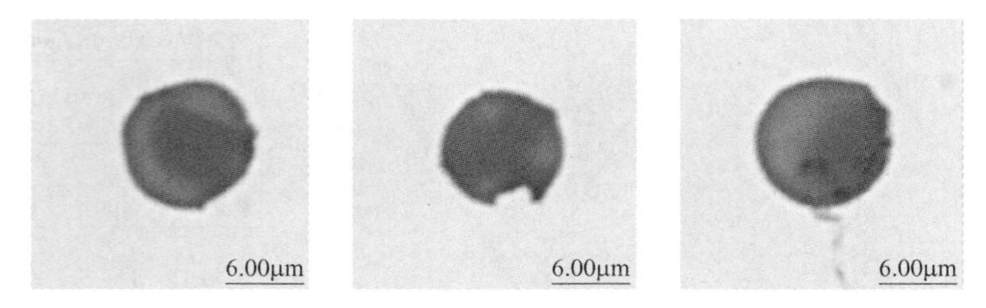

图 7-67 RH 破真空钢中夹杂物的典型形貌

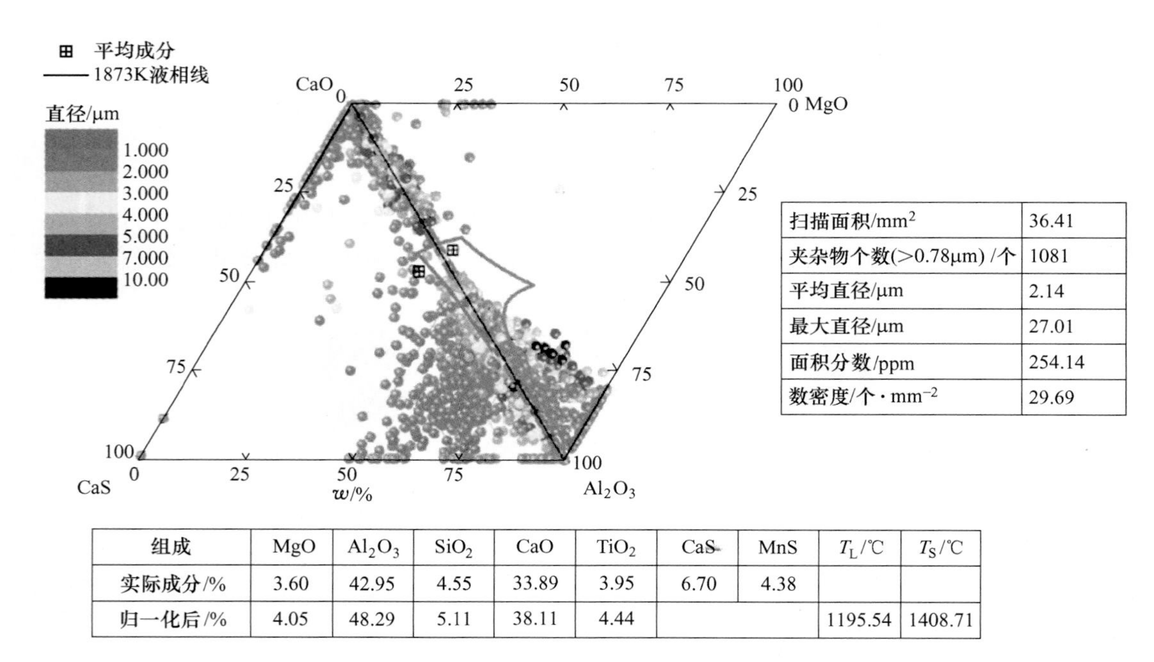

扫描面积/mm²	36.41
夹杂物个数(>0.78μm) /个	1081
平均直径/μm	2.14
最大直径/μm	27.01
面积分数/ppm	254.14
数密度/个 · mm⁻²	29.69

组成	MgO	Al_2O_3	SiO_2	CaO	TiO_2	CaS	MnS	T_L/℃	T_S/℃
实际成分/%	3.60	42.95	4.55	33.89	3.95	6.70	4.38		
归一化后/%	4.05	48.29	5.11	38.11	4.44			1195.54	1408.71

图 7-68 RH 破真空钢中夹杂物的组成及尺寸分布

图 7-69 为 RH 软吹 3min 钢水试样中夹杂物的典型形貌，夹杂物的主要成分为 Al_2O_3-CaO-MgO-CaS。图 7-70 为 RH 软吹 3min 钢水试样中夹杂物的组成及尺寸分布。加入 Si-Ca 线之后，夹杂物中 CaS 含量增加到 11%，CaO 含量增加到 55%，Al_2O_3 含量降低到 18%。与上一个样品相比，夹杂物的平均直径显著降低，为 1.36μm。

图 7-71 为 RH 软吹 9min 钢水试样中夹杂物的典型形貌，夹杂物的主要成分为 Al_2O_3-CaO-MgO-CaS。图 7-72 为 RH 软吹 9min 钢水试样中夹杂物的组成及尺寸分布。从图中可以看出，夹杂物中 Al_2O_3 含量为 27%，CaS 含量为 15%，CaO 含量为 43%，MgO 含量约为 5%，夹杂物的平均直径为 1.62μm。

图 7-73 为 RH 静置 9min 钢水试样中夹杂物的典型形貌，夹杂物的主要成分为 Al_2O_3-CaO-MgO-CaS。图 7-74 为 RH 静置 9min 钢水试样中夹杂物的组成及尺寸分布。在 RH 精炼

图 7-69 RH 软吹 3min 钢中夹杂物的典型形貌

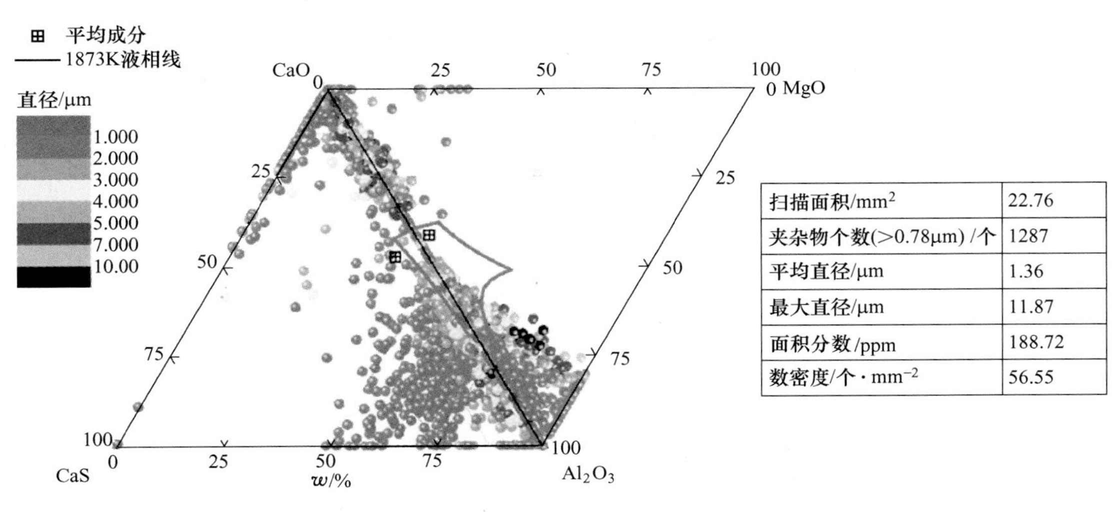

扫描面积/mm^2	22.76
夹杂物个数(>0.78μm) /个	1287
平均直径/μm	1.36
最大直径/μm	11.87
面积分数/ppm	188.72
数密度/个 · mm^{-2}	56.55

组成	MgO	Al_2O_3	SiO_2	CaO	TiO_2	CaS	MnS	T_L/℃	T_S/℃
实际成分/%	2.71	18.49	5.22	55.26	5.80	10.97	1.56		
归一化后/%	3.10	21.14	5.96	63.17	6.63			1212.03	2065.06

图 7-70 RH 软吹 3min 钢中夹杂物的组成及尺寸分布

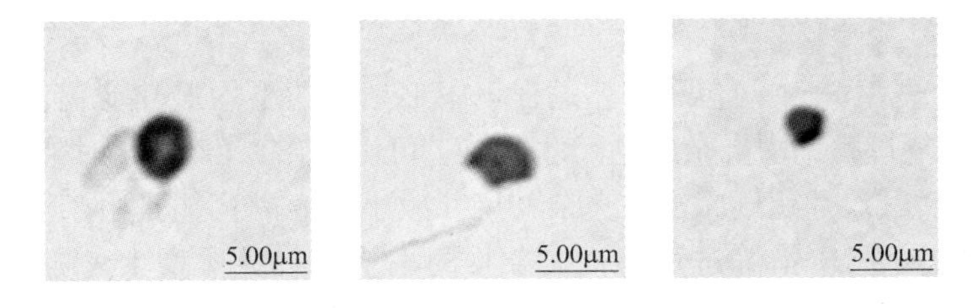

图 7-71 RH 软吹 9min 钢中夹杂物的典型形貌

过程中，CaO 含量不断上升，CaS 含量先下降然后在喂入 Si-Ca 线之后逐渐上升。

RH 破空后喂 Si-Ca 线，导致 Al_2O_3-MgO-CaO 系夹杂物化学成分在软吹后变化较大，CaO 含量由 34%增加到 55%。Al_2O_3-CaS-CaO 系夹杂物在喂 Si-Ca 线之后，CaO 含量和 CaS 含量分别增加了 21.4%和 8.3%。两类夹杂物的尺寸逐渐减低，尤其是在 RH 真空循环脱气阶段（总计 17min），在软吹阶段夹杂物尺寸最小，静置时略有增大，因此 RH 精炼是去除大颗粒夹杂物的有效方法。

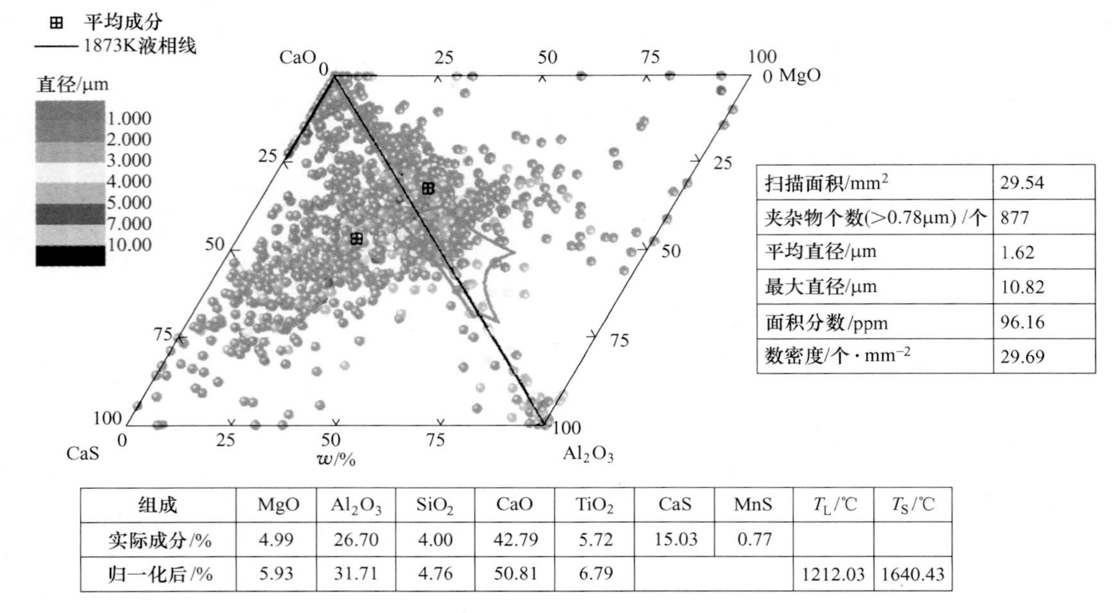

扫描面积/mm^2	29.54
夹杂物个数(>0.78μm) /个	877
平均直径/μm	1.62
最大直径/μm	10.82
面积分数/ppm	96.16
数密度/个 · mm^{-2}	29.69

组成	MgO	Al_2O_3	SiO_2	CaO	TiO_2	CaS	MnS	T_L/℃	T_S/℃
实际成分/%	4.99	26.70	4.00	42.79	5.72	15.03	0.77		
归一化后/%	5.93	31.71	4.76	50.81	6.79			1212.03	1640.43

图 7-72　RH 软吹 9min 钢中夹杂物的组成及尺寸分布

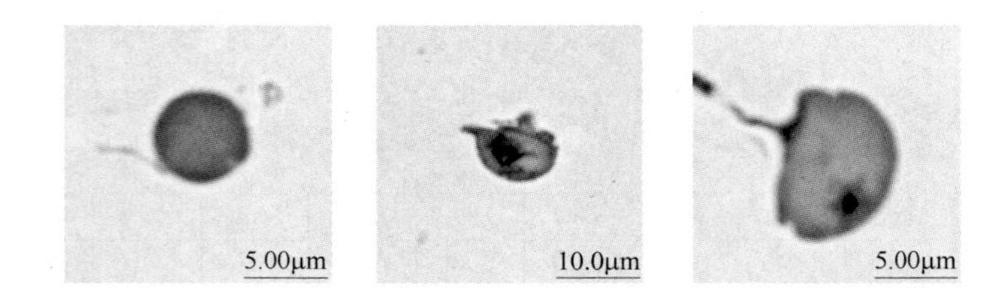

图 7-73　RH 静置 9min 钢中夹杂物的典型形貌

7.3.1.4　流程各阶段钢中夹杂物尺寸及成分的演变

图 7-75 为 LF—RH—中间包—铸坯过程钢中夹杂物的平均尺寸变化，图 7-76 为 LF—RH—中间包—铸坯过程钢中夹杂物的尺寸分布。可以看出，LF 进站时夹杂物的平均直径约为 1.8μm，随后其尺寸逐渐减小，夹杂物尺寸减小的原因可能是由于 LF 精炼前期加入了钢芯铝脱氧。进入 RH 精炼过程后，夹杂物的平均直径突然增大，随着精炼过程的进行，尺寸逐渐减小到 1.6μm 左右。

图 7-77 为 LF—RH—中间包—铸坯过程钢中夹杂物的数密度变化。从图中可以看出，大于 3μm 的夹杂物在 RH 初期及中间包和铸坯样品中较多，与夹杂物平均尺寸变化的结果相吻合。图 7-78 为 LF—RH—中间包—铸坯过程钢中夹杂物的面积分数变化，可以看出，在 RH 精炼初期，夹杂物面积分数显著增加，且平均尺寸增大，说明 RH 精炼过程中钢液可能受到了二次氧化。

图 7-79～图 7-82 为 LF—RH—中间包—铸坯过程钢中夹杂物平均成分随时间的变化。从图中可以看出，在 LF 过程中，夹杂物中 Al_2O_3 含量不断降低，这是因为随着精炼过程

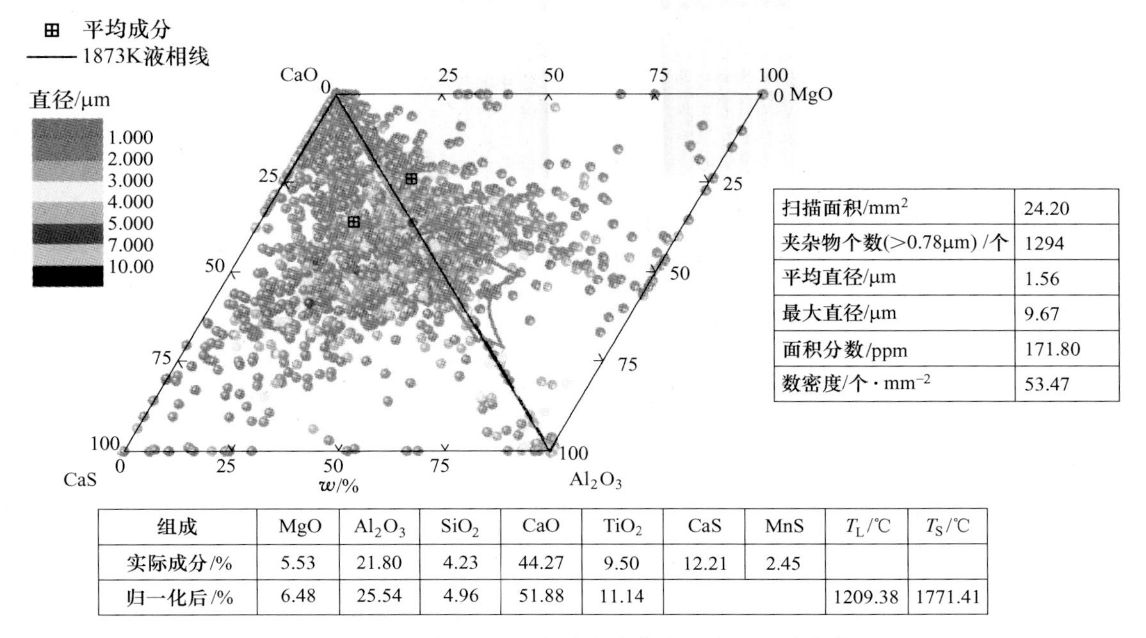

扫描面积/mm^2	24.20
夹杂物个数(>0.78μm) /个	1294
平均直径/μm	1.56
最大直径/μm	9.67
面积分数/ppm	171.80
数密度/个 · mm^{-2}	53.47

组成	MgO	Al_2O_3	SiO_2	CaO	TiO_2	CaS	MnS	T_L/℃	T_S/℃
实际成分/%	5.53	21.80	4.23	44.27	9.50	12.21	2.45		
归一化后/%	6.48	25.54	4.96	51.88	11.14			1209.38	1771.41

图 7-74　RH 静置 9min 钢中夹杂物的组成及尺寸分布

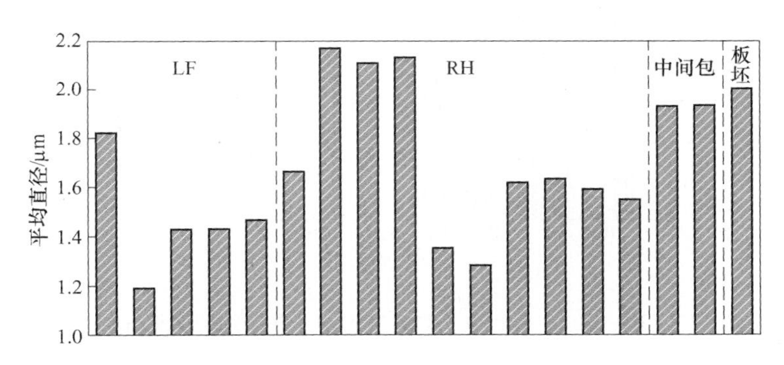

图 7-75　LF—RH—中间包—铸坯过程钢中夹杂物的平均尺寸变化

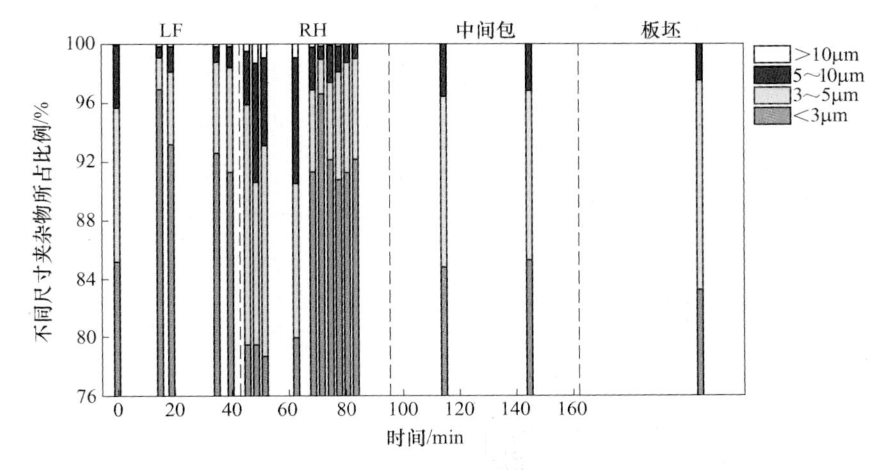

图 7-76　LF—RH—中间包—铸坯过程钢中夹杂物的尺寸分布

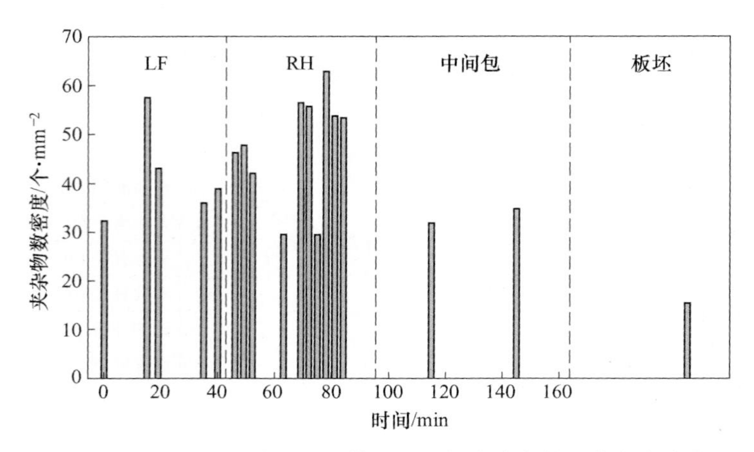

图 7-77　LF—RH—中间包—铸坯过程钢中夹杂物的数密度变化

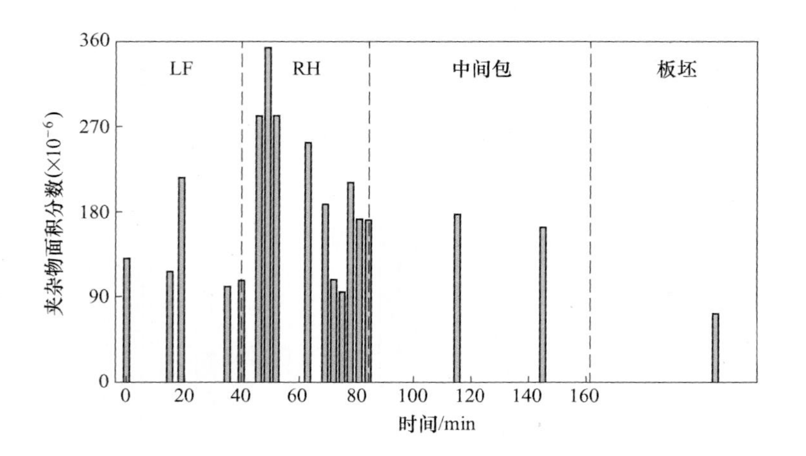

图 7-78　LF—RH—中间包—铸坯过程钢中夹杂物的面积分数变化

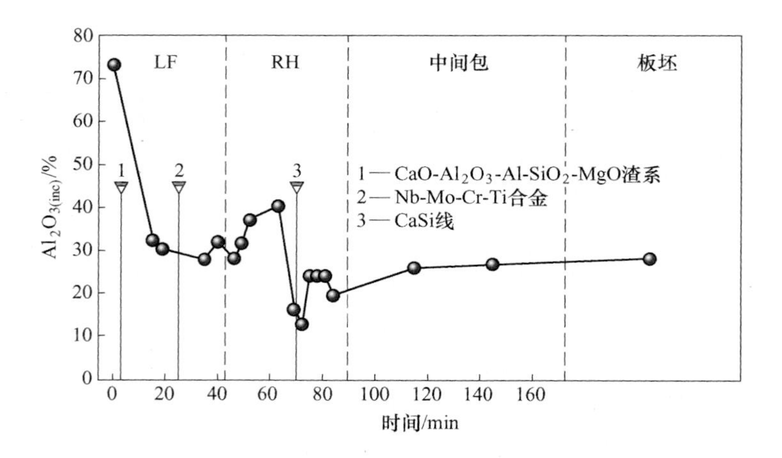

图 7-79　LF—RH—中间包—铸坯过程钢中夹杂物 Al_2O_3 含量变化

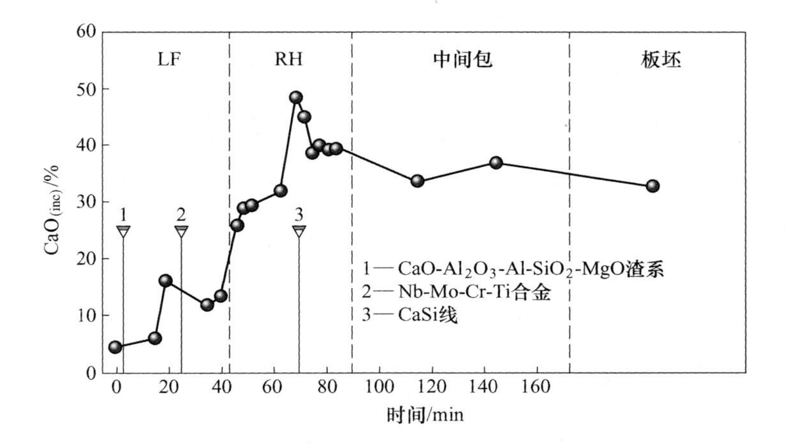

图 7-80 LF—RH—中间包—铸坯过程钢中夹杂物中 CaO 含量变化

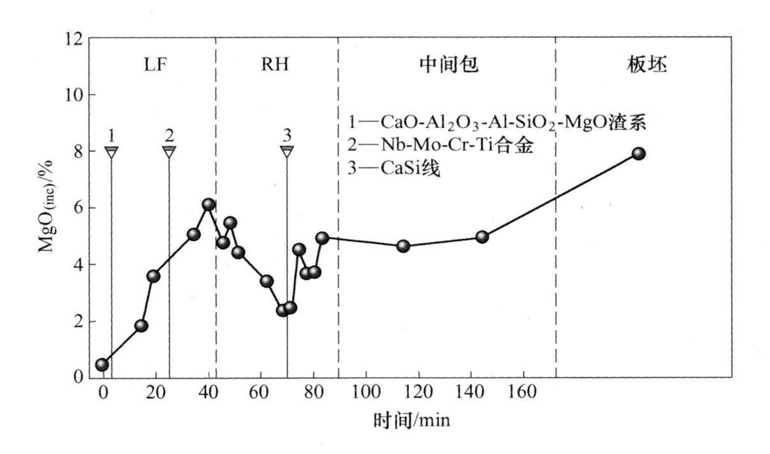

图 7-81 LF—RH—中间包—铸坯过程钢中夹杂物中 MgO 含量变化

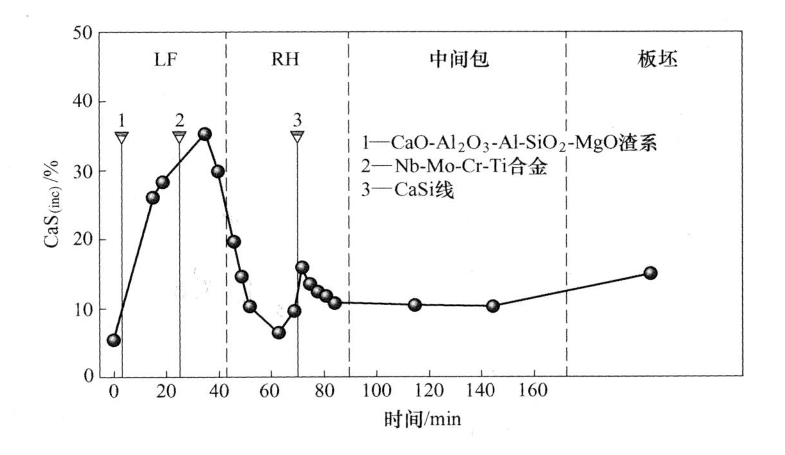

图 7-82 LF—RH—中间包—铸坯过程钢中夹杂物中 CaS 含量变化

的进行，MgO 含量在 LF 精炼过程中的变化与 CaO 含量一样，也在不断增加，这是由于耐火材料及渣中的 MgO 传质进入钢液中造成的。CaS 含量在 LF 阶段随时间不断增加，这也是由于钢液-夹杂物之间的相互作用造成的。

7.3.1.5 小结

（1）LF 进站前的钢中夹杂物主要成分是 Al_2O_3 和 CaO，夹杂物多为一次氧化脱氧产物；从形貌上推断刚刚进站的钢水中 Al_2O_3 夹杂物多是树枝状和团簇状。LF 化渣后，部分夹杂物的化学成分落入 1873K 夹杂物的液相区内，大部分夹杂物的 Al_2O_3 含量仍较高，夹杂物中 CaS 含量增加。大尺寸夹杂物出现在 Al_2O_3-CaO 系的区域内。从形貌上，夹杂物转变成球形，其核心是镁铝尖晶石。

（2）在 RH 精炼过程中，加入 CaSi 线之后夹杂物中 CaO 含量由 33%增大到 55%；夹杂物中 CaS 含量先降低到 7%，软吹加入 CaSi 线之后增加到 15%；夹杂物中 Al_2O_3 含量在破空后从 35%增加到 43%，加入 CaSi 线之后下降到 18%。在 RH 软吹阶段，夹杂物平均尺寸显著减小，静置时略有增大；RH 精炼是去除大颗粒夹杂物的有效方法。

7.3.2 动力学模型的验证：LF 炉精炼工业试验数据和动力学模型的对比

为了验证动力学模型的准确性，本模型将 LF 精炼工业实验的实际检测结果与动力学模型计算结果进行了对比。在计算钢液-渣相反应时，钢包高度和钢包直径可以根据厂里的钢包砌筑图得到，从而计算出钢渣接触面积。同时模型假设钢液的初始重量和渣的初始重量分别为 150t 和 2.5t，根据钢液密度和渣密度可计算出熔池深度和渣层厚度。表 7-17 和表 7-18 分别为钢液及渣相的初始成分。钢液中初始总氧（T.O.）含量为 31.8ppm，初始的溶解铝 $[Al]_s$ 含量为 0.0036%，精炼渣是 CaO-Al_2O_3-SiO_2-MnO-MgO 系渣，其中 CaO 含量为 48.63%，Al_2O_3 含量为 22.01%。

表 7-17 钢液初始成分 （%）

C	Si	Mn	P	S	T. Mg	T. Ca
0.0698	0.2010	1.4900	0.0120	0.0009	0.0004	0.0009
Nb	V	Ti	Cr	B	T. O.	Al_s
0.0502	0.0064	0.0175	0.2070	0.0001	0.00318	0.0036

表 7-18 钢包精炼渣初始成分 （%）

CaO	Al_2O_3	MgO	SiO_2	MnO	Fe_2O_3
48.63	22.01	5.19	9.00	11.98	3.18

在 LF 精炼过程中，180s 时加入了精炼渣与钢芯铝，1500s 时加入了锰铁及硅铁等合金。合金及辅料的具体成分与加入量见表 7-19 和表 7-20。合金溶解过程中的计算参数见表 7-21。

表 7-19 LF 精炼过程中加入的辅料成分

辅料名称	成分/%						加入量/kg	加入时间/s
	P	S	SiO_2	CaO	$[Al]_s$	Al_2O_3		
石灰	0	0.02	0.70	99.29	0	0	980	180
渣改质剂	0.05	0.13	12.35	6.88	25.61	54.98	107	
精炼渣	0.03	0.20	7.48	92.29	0	0	150	

表 7-20 精炼过程中加入合金的成分

合金	成分/%								加入量/kg	加入时间/s
	C	Si	Mn	P	S	$[Al]_s$	Fe	其他		
钢芯铝	0	0	0	0.04	0.03	43.91	56.02	0	263	180
低碳锰铁	0.33	0.8	83.34	0.15	0.02	0	15.36	0	84	1500
硅铁	1.86	74.52	0.02	0.02	0.01	0	23.57	0	354	1500
钼铁	0.06	0.11	0	0.04	0.12	0	37.95	Mo：61.72	20	
铌铁	0.13	0	0	0	0.01	0	35.49	Nb：64.37	120	
钛铁	0.10	4.40	1.54	0.07	0.02	7.48	15.13	Ti：71.26	104	
中碳铬铁	1.62	0.88	0	0.04	0.02	0	40.33	Cr：57.11	144	

表 7-21 合金溶解的计算参数

计 算 参 数	取 值
合金的比热容 $c_{p,A}$	0.88×10^3J/(kg·K)
合金的密度 ρ_A	4900kg/m^3
合金颗粒的直径 d_A	0.03m
钢液的凝固温度 T_{solid}	1756.9K
钢液的温度 T_M	1873K
合金颗粒的初始温度 T_0	298K
钢液的动力学黏度 μ_m	0.0067Pa·s
钢液的比热容 $C_{p,M}$	820J/(kg·K)
钢液的热导率 λ_m	40.3W/(m·K)

钢液-渣相反应过程中所用的具体计算参数见表 7-22。其中，钢包高度为 4.4m，熔池深度为 3.16m，钢液温度假设为 1873K，初始钢液重量为 150t，初始渣重量为 2.5t，吹氩流量分别为强吹氩 1200NL/min，中吹氩 500NL/min 和软吹氩 200NL/min。

表 7-22 钢液-渣相反应的计算参数

计算参数	取 值
钢液密度	7000kg/m^3
渣相密度	3000kg/m^3
钢包高度	4.4m
熔池深度	3.16m

续表 7-22

计算参数	取　值
上口直径	3.01m
下口直径	2.79m
钢液温度	1873K
氩气温度	298K
钢液重量	150t
渣重量	2.5t
吹氩流量	1200NL/min，500NL/min，200NL/min
吹氩孔间的夹角	135°
合金加入时间	180s，1500s
辅料加入时间	180s

钢液-夹杂物反应过程中所用的计算参数见表 7-23，其中夹杂物的总量可根据实际检测中的钢液 T. O. 含量求出，夹杂物直径可根据 Aspex 的检测结果求出。模型假设夹杂物为球形，夹杂物密度为 $3500kg/m^3$。根据球形体积公式可以求出单个夹杂物的体积以及夹杂物的总数量。其中模型假设钢液中各组元的扩散系数见表 7-23。耐火材料向渣中溶解过程中使用的计算参数见表 7-24。

表 7-23　钢液-夹杂物反应的计算参数

计 算 参 数	取　值
钢液密度 ρ_{steel}	$7000kg/m^3$
夹杂物密度 ρ_{inc}	$3500kg/m^3$
钢液与单个夹杂物的接触面积 $A_{steel\text{-}inc}$	$1.26\times10^{-11}m^2$
单个夹杂物体积 V_{inc}	$4.15\times10^{-18}m^3$
夹杂物数量 n_j	6.42×10^{12}
钢液温度 T_2	1873K
钢液重量 w_m	150t
夹杂物总量	62.9ppm
熔池深度 H	3.16m
夹杂物直径 d_p	2μm
钢液的动力学黏度 μ_m	0.0067Pa · s
钢液中 Al 元素的扩散系数 D_{Al}	$3.5\times10^{-9}m^2/s$[97]
钢液中 Mg 元素的扩散系数 D_{Mg}	$3.5\times10^{-9}m^2/s$[97]
钢液中 Ca 元素的扩散系数 D_{Ca}	$3.5\times10^{-9}m^2/s$[97]
钢液中 O 元素的扩散系数 D_O	$2.7\times10^{-9}m^2/s$[97]
钢液中 Si 元素的扩散系数 D_{Si}	$4.1\times10^{-9}m^2/s$[97]
钢液中 S 元素的扩散系数 D_S	$4.1\times10^{-9}m^2/s$[97]

表 7-24 耐火材料向渣中溶解的计算参数

计 算 参 数	取 值
渣相密度 ρ_s	$3000kg/m^3$
MgO 在渣中的扩散系数 D	$1.12\times10^{-9}m^2/s$[98]
渣相的运动黏度 ν	$3\times10^{-5}m^2/s$[97]
熔池深度 H	3. 16m
重力加速度 g	$9.8m/s^2$
耐火材料与渣相的接触面积 A_{ref_slag}	$0.99m^2$
气泡的阻力系数 C_D	8/3
比例常数 C_0	0. 537
比例常数 K_1	$0.18m^{1/3}$
耗散率常数 C_μ	0. 09
羽流区气体的体积分数 f	4. 76%

表 7-25 为计算空气对钢液的二次氧化过程中用到的各项参数及取值。其中模型假设钢渣界面处的氧分压为零，渣层表面处的氧分压等于大气压中的氧分压。夹杂物上浮计算中所用的具体参数见表 7-26。

表 7-25 空气对钢液的二次氧化过程中的计算参数

参 数	取 值
渣层表面处的氧分压 P_{O_2}	0.2×10^5Pa
钢渣界面处的氧分压 $P^*_{O_2}$	0Pa
氧气在气相中的扩散系数 D_{O_2}	$1.75\times10^{-4}m^2/s$
熔池深度 H	3. 16m
吹氩流量 Q	1200NL/min，500NL/min，200NL/min
钢液体积 V_{steel}	$21.43m^3$
气相的运动黏度 ν_{gas}	$0.00126m^2/s$

表 7-26 夹杂物上浮计算的参数

参 数	取 值
钢液的动力学黏度 μ	0. 0067Pa · s
熔池深度 H	3. 16m
夹杂物密度 ρ_{inc}	$3500kg/m^3$
钢液密度 ρ_{steel}	$7000kg/m^3$

图 7-83～图 7-85 为钢渣反应过程中钢液成分变化的计算结果与实际检测结果对比。图 7-83 为钢液中的酸溶铝 $[Al]_s$ 含量随时间的变化。从图中可以看出，$[Al]_s$ 含量的两次突然增加是由于加入合金导致的，而 $[Al]_s$ 含量的缓慢减少则是由于渣钢反应造成的。图 7-84 为钢液中总镁含量（T. Mg）、总钙含量（T. Ca）和总硫含量（T. S.）随时间的变化。其中，总镁含量（T. Mg）的变化是由于渣钢反应以及耐火材料向钢液中的溶解导致的，

而 T. Ca 含量变化的原因是渣钢反应，钢液中 T. S. 含量的下降是由于钢液中的溶解 S 与渣中的 CaO 反应生成 CaS 进入渣相导致的。图 7-85 为钢液中 T. O. 含量的变化。其中，T. O. 的变化是由于钢渣反应、钢液-夹杂物反应和夹杂物上浮去除三者共同作用导致的。

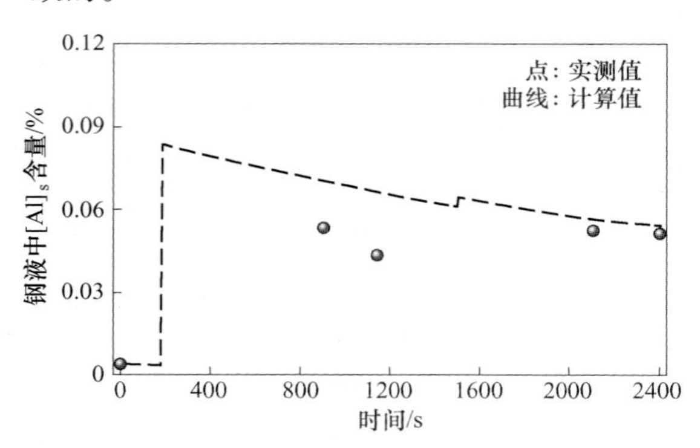

图 7-83　钢液中酸溶铝含量随时间的变化

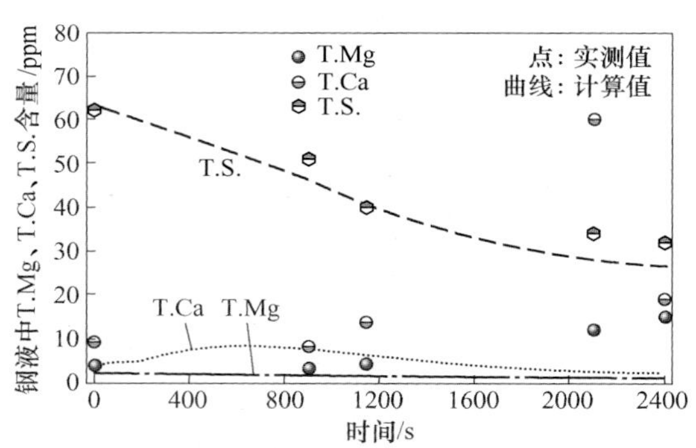

图 7-84　钢液中 T. Mg、T. Ca、T. S. 含量随时间的变化

图 7-86 和图 7-87 为钢渣反应过程中渣相成分变化的计算结果。图 7-86 中渣相中 CaO 含量在前期的增加是由于石灰和精炼渣的加入，图 7-87 中各组元含量的减少是由于钢液-渣相之间的反应造成的，其中渣中 MgO 含量的变化还受到耐火材料与渣相之间相互作用的影响。

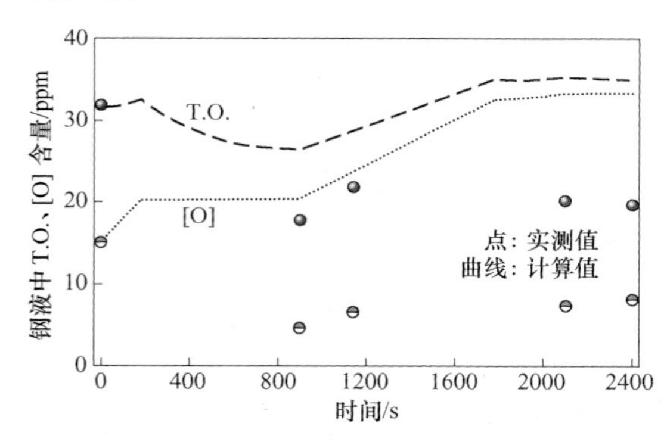

图 7-85　钢液中 T. O. 及［O］含量随时间变化

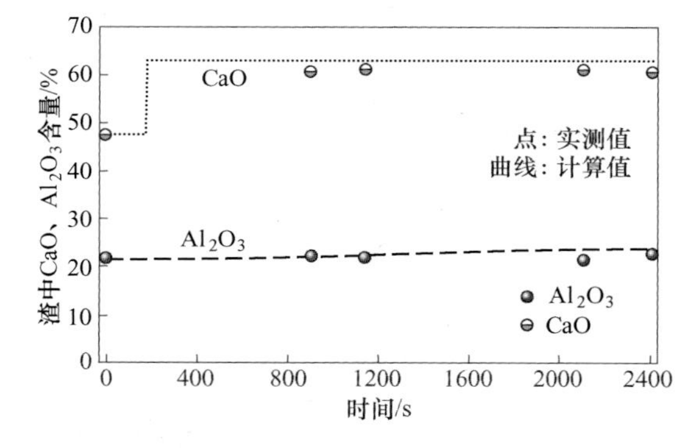

图 7-86　渣相中 CaO 和 Al_2O_3 含量随时间的变化

图 7-88 为夹杂物中 Al_2O_3 和 CaS 含量随时间的变化曲线。图 7-89 为夹杂物中 CaO 和 MgO 含量随时间的变化曲线。图 7-90 为夹杂物的总量随时间的变化，其中包括氧化物夹杂的总量与硫化物夹杂的总量随时间的变化。硫化物夹杂在前期的增加是由于夹杂物中 CaS 含量的增加导致的，随后的下降则是由于夹杂物的上浮去除造成的。从夹杂物含量变化的计算结果中可以看出，夹杂物中的 Al_2O_3 含量不断下降，这是因为钢液中的［Mg］将夹杂物中的 Al_2O_3 还原。图 7-89 中夹杂物中 MgO 含量变化也间接证明了这一点。夹杂物中 CaO 含量的降低和 CaS 含量的增加是由于钢液中的［Ca］与［S］反应生成了 CaS。钢液成分、渣成分和夹杂物成分随时间变化的实测值和预测值吻合较好，这表明本节介绍的动力学模型可以用于预测 LF 精炼过程中钢、渣和夹杂物成分的变化。

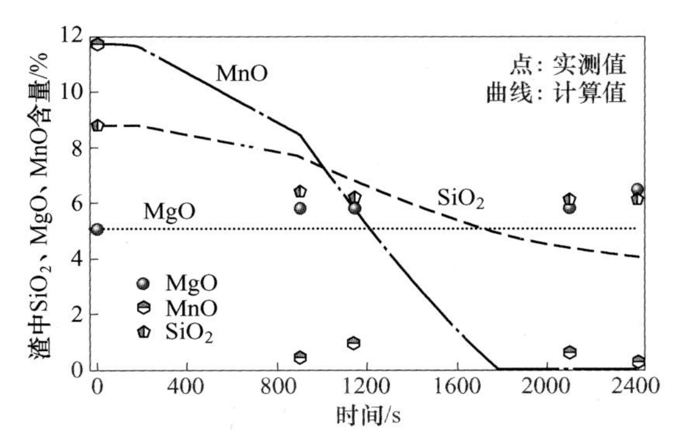

图 7-87　渣相中 SiO_2、MgO 和 MnO 含量随时间的变化

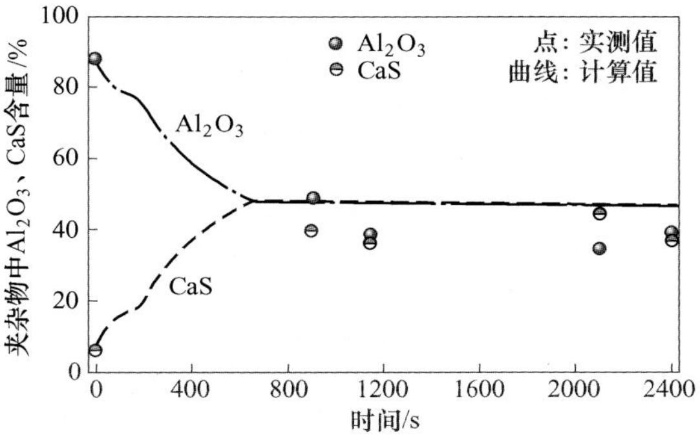

图 7-88　夹杂物中 Al_2O_3 和 CaS 含量随时间的变化

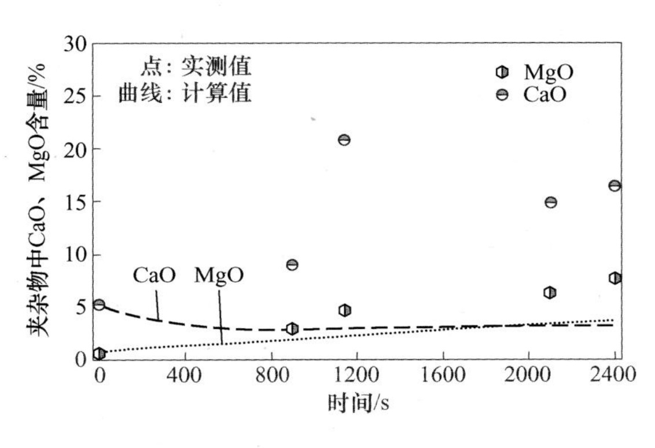

图 7-89　夹杂物中 CaO 和 MgO 含量随时间的变化

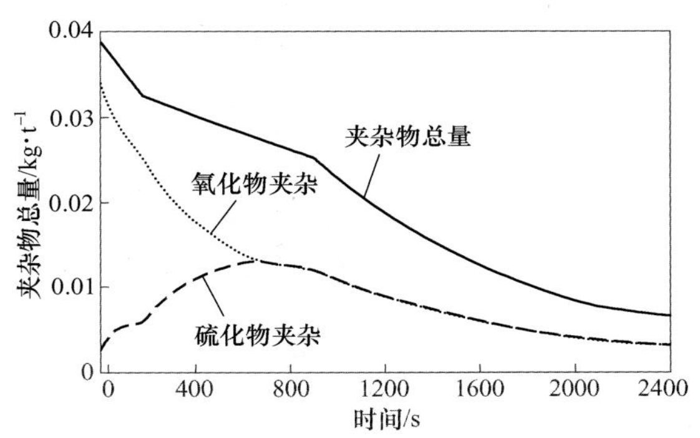

图 7-90　夹杂物的总量随时间的变化

7.4　钢液–渣相–夹杂物–耐火材料–合金–空气六相多元系动力学模型的应用

7.4.1　精炼渣碱度对夹杂物成分的影响

本节中使用的钢液初始成分见表 7-16，不同渣碱度下使用的具体渣成分含量见表 7-27。通过计算不同渣碱度下的夹杂物成分变化，得到了夹杂物成分在不同碱度下随时间的变化曲线。图 7-91 为不同渣碱度条件下夹杂物中 Al_2O_3 的含量变化。从图中可以看出，随着渣碱度的增加，夹杂物中 Al_2O_3 含量逐渐增加，其原因是渣中 SiO_2 含量的降低导致钢中［Al］$_s$含量升高，因此导致夹杂物中 Al_2O_3 含量随之增加。图 7-92～图 7-94 为不同渣碱度下夹杂物中 MgO、CaO 和 CaS 含量随时间的变化。夹杂物中的 MgO、CaO 含量都随着渣碱度的增加而降低，这是由于渣碱度的变化影响了渣中 SiO_2 含量，导致钢液中［Al］$_s$含量变化，进而影响了夹杂物中 MgO 和 CaO 含量。

表 7-27　计算中使用的不同碱度的渣成分

CaO/%	Al_2O_3/%	SiO_2/%	MnO/%	MgO/%	R
61.33	22.21	10.22	0.45	5.78	6
62.62	22.21	8.95	0.45	5.78	7
63.61	22.21	7.95	0.45	5.78	8

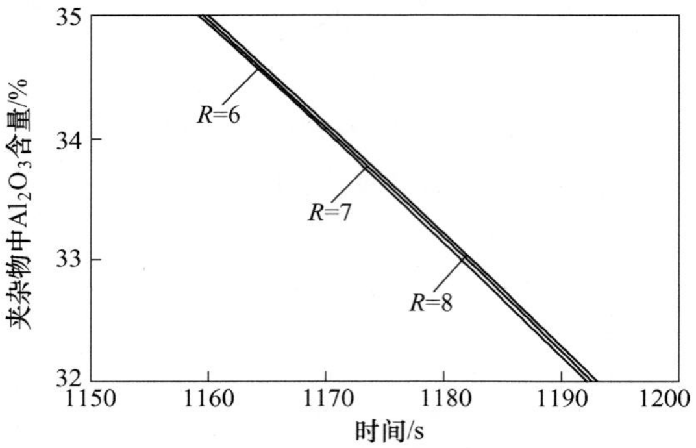

图 7-91　渣的不同碱度对夹杂物中 Al_2O_3 含量的影响

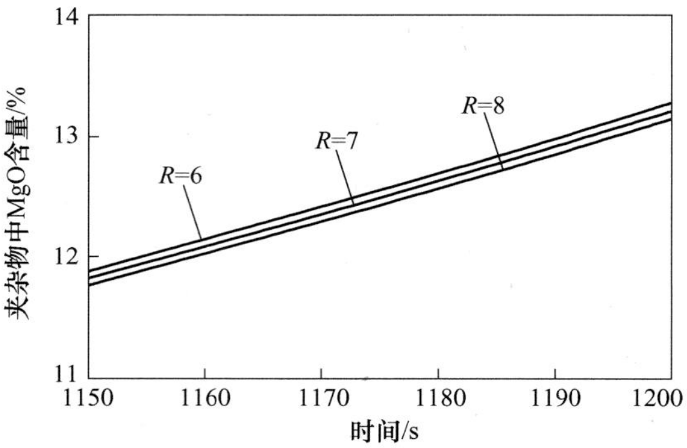

图 7-92　渣的不同碱度对夹杂物中 MgO 含量的影响

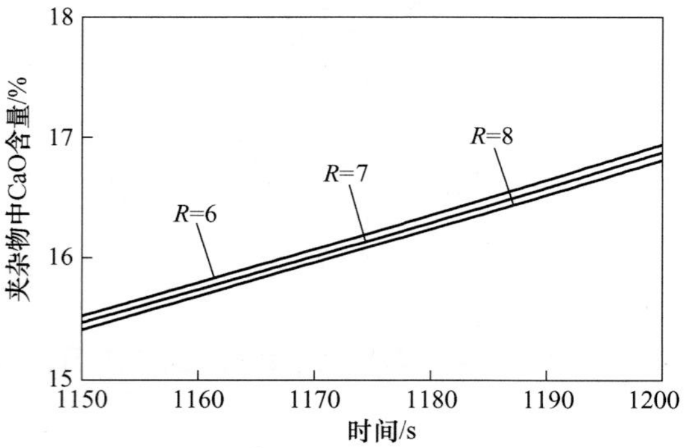

图 7-93　渣的不同碱度对夹杂物中 CaO 含量的影响

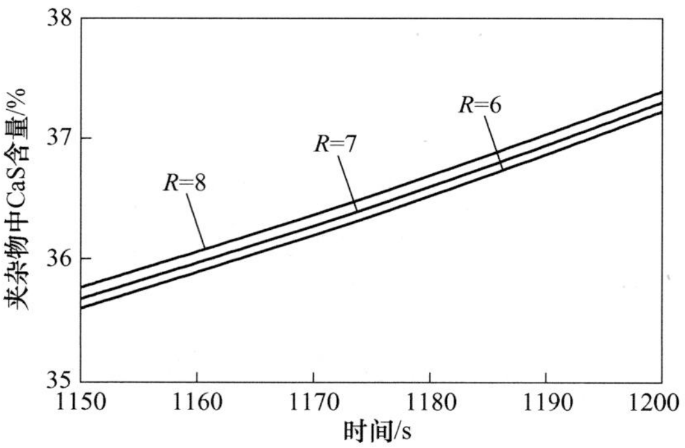

图 7-94　渣的不同碱度对夹杂物中 CaS 含量的影响

通过改变渣中 SiO_2 含量并对夹杂物成分进行计算，可以得到在不同 SiO_2 含量的渣条件下夹杂物成分随时间的变化曲线。表 7-28 为计算中使用的不同 SiO_2 含量的渣成分具体数值。从图 7-95 中可以看出，随着渣中 SiO_2 含量的增加，夹杂物中 Al_2O_3 含量逐渐降低。图 7-96~图 7-98 为渣中不同 SiO_2 含量条件下夹杂物中 MgO、CaO 和 CaS 含量的变化。渣中不同 SiO_2 含量对夹杂物成分产生影响的原因与渣碱度变化影响夹杂物成分的原因相同，都是渣中 SiO_2 含量的变化造成钢液-渣相之间的反应变化，因而对钢液中 $[Al]_s$含量产生影响，继而间接影响了钢液-夹杂物之间的反应，造成了夹杂物中各组元的含量变化。

表 7-28　计算中使用的不同 SiO_2 含量的渣成分

CaO/%	Al_2O_3/%	SiO_2/%	MnO/%	MgO/%	*R*
66. 40	23. 72	2	0. 45	5. 78	33. 2
64. 93	23. 19	4	0. 45	5. 78	16. 2
63. 46	22. 66	6	0. 45	5. 78	10. 6

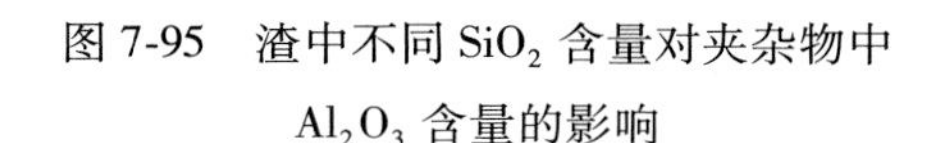

图 7-95　渣中不同 SiO_2 含量对夹杂物中 Al_2O_3 含量的影响

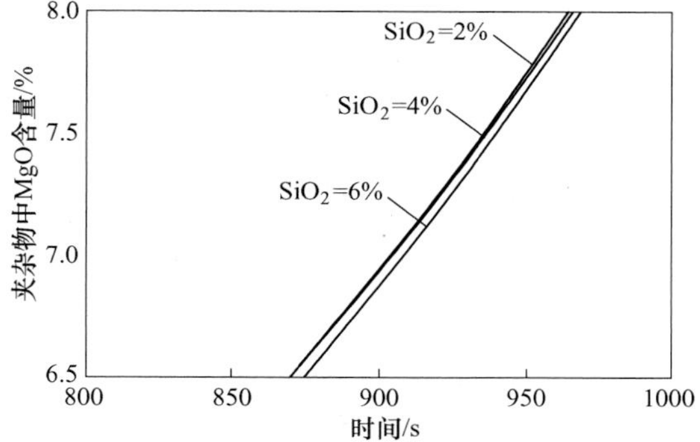

图 7-96　渣中不同 SiO_2 含量对夹杂物中 MgO 含量的影响

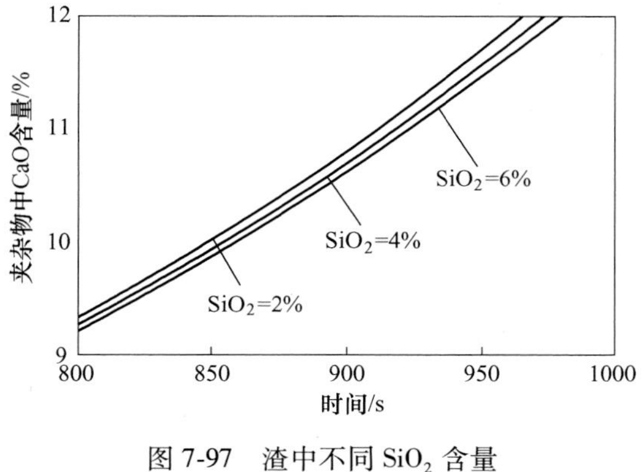

图 7-97　渣中不同 SiO_2 含量对夹杂物中 CaO 含量的影响

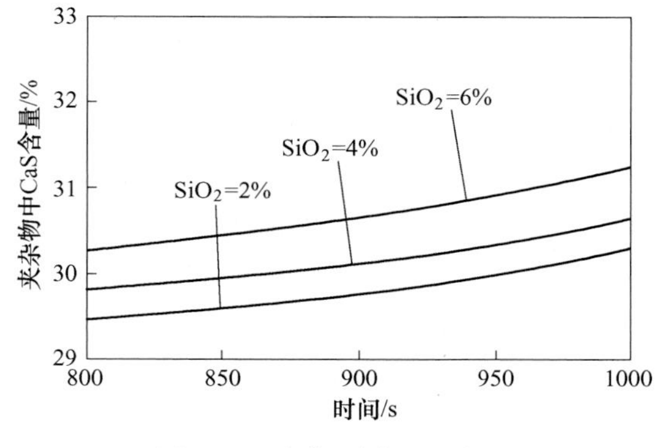

图 7-98　渣中不同 SiO_2 含量对夹杂物中 CaS 含量的影响

7. 4. 2　钢液二次氧化及夹杂物上浮速率的影响因素

由于不同的吹氩流量会导致钢液中羽流区半径的变化，因此会间接造成钢液和空气的接触面积增加，所以本节研究了不同吹氩流量对钢液的二次氧化的影响。图 7-99 为当吹氩流量分别为 100L/min、500L/min、1000L/min 和 1500L/min 时钢液中 T. O. 含量的变化。从图中可以看出，随着吹氩流量的增加，钢液中 T. O. 含量也随之增加。这主要是由于吹氩流量增加，钢液中羽流区半径增大，钢液跟空气的接触面积增大，导致吸氧速率升高，钢液中溶解氧［O］含量随之升高而导致的。

根据前面的计算可以知道，钢包精炼过程中夹杂物的上浮去除速率受尺寸大小的影响。本节进一步研究了不同夹杂物尺寸对上浮去除速率的影响，图 7-100 为不同尺寸夹杂物的上浮去除对钢液中夹杂物总量产生的影响。从图中可以看出，随着夹杂物尺寸的增加，夹杂物总量减少，这表明夹杂物的上浮去除速率增加，其结果与式（7-81）和式（7-82）一致。

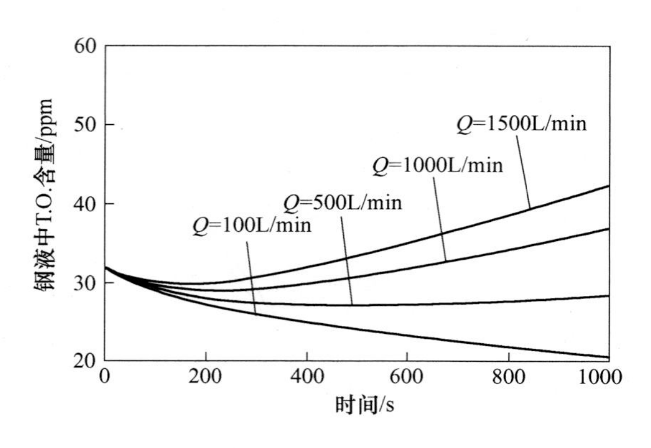

图 7-99　不同吹氩流量对钢液中 T. O. 含量的影响

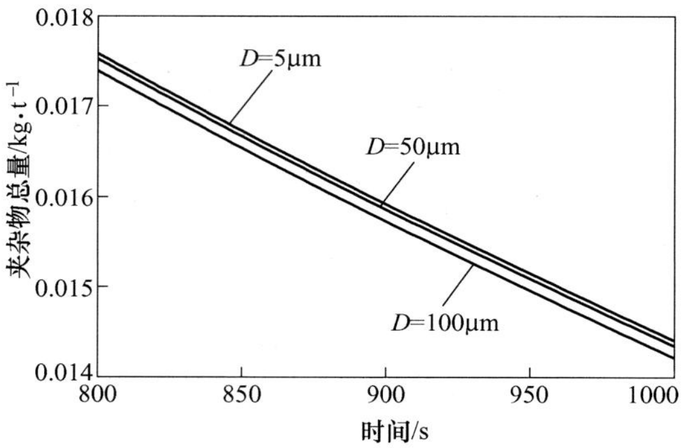

图 7-100　不同直径的夹杂物上浮对夹杂物总量的影响

7.4.3　卷渣类夹杂物与钢液反应的动力学研究

卷渣是钢包精炼、连铸中间包、结晶器操作过程中常见的问题，在固体钢产品中发现很多卷渣类的夹杂物[69]。但是，很多被认定为卷渣类的夹杂物其成分与渣的原始成分并不完全相同。这主要是卷渣进入钢液形成夹杂物后，夹杂物还一直和钢液之间发生反应并在钢液中运动。钢包出流水口的旋涡卷渣、注流冲击中间包液面造成钢渣界面的剪切力和表面波动、中间包水口卷渣等都是卷渣类夹杂物的形成原因。本节利用前节建立的动力学模型，讨论卷渣类夹杂物随着其在钢液中的存在时间而发生的成分变化。

计算假设夹杂物的初始成分与钢包渣、中间包覆盖剂以及结晶器保护渣相同，夹杂物的尺寸分别假设为 5μm、50μm 和 100μm。模型假设夹杂物的直径和成分均相同，根据式（7-25）和式（7-26）能够求出钢液组元和夹杂物组元浓度随时间的变化。

在钢包浇注时，随着钢包液面的降低而产生旋涡，从而引发钢包渣卷入钢液，造成宏观夹杂物的产生。钢包卷渣容易对钢材质量造成严重影响。表 7-29 为计算使用的钢包渣类夹杂物的初始成分。表 7-30 为计算中考虑的钢液-夹杂物之间可能发生的反应。因为钢包渣类夹杂物多为氧化物夹杂，因此本节没有考虑硫化夹杂物的生成。

表 7-29　钢包渣类夹杂物的初始成分

夹杂物成分	CaO	Al_2O_3	MgO	SiO_2
精炼渣中初始含量/%	63.85	23.35	6.07	6.73

表 7-30　钢液–夹杂物之间可能发生的反应

编号	反应式	ΔG
1	$2[Al] + 3[O] = (Al_2O_3)$	$\Delta G^{\ominus} = -1206220 + 390.39T$
2	$3[Mg] + Al_2O_3(s) = 3MgO(s) + 2[Al]$	$\Delta G^{\ominus} = -296752.4 - 21.7T$
3	$3[Ca] + Al_2O_3(s) = 3CaO(s) + 2[Al]$	$\Delta G^{\ominus} = -733500 + 59.7T$
4	$[Mg] + [O] = MgO(s)$	$\Delta G^{\ominus} = -89960 - 82.0T$
5	$[Ca] + [O] = CaO(s)$	$\Delta G^{\ominus} = -138240.86 - 63.0T$
6	$2/3Al_2O_3(s) + [Si] = 4/3[Al] + SiO_2(s)$	$\Delta G^{\ominus} = 234396.67 - 40.6T$
7	$[Si] + 2[O] = SiO_2(s)$	$\Delta G^{\ominus} = -581900 + 221.8T$

图 7-101（a）为夹杂物总量为 20ppm 时钢包渣类夹杂物中 Al_2O_3 含量随夹杂物尺寸的变化，5μm 夹杂物中 Al_2O_3 含量在反应初期的增加是由于钢液中的溶解 Al 与夹杂物中 SiO_2 反应造成的。图 7-101（b）~（d）为当夹杂物总量为 20ppm 时，不同尺寸的钢包渣类夹杂物中 MgO、CaO 和 SiO_2 含量随时间的变化。

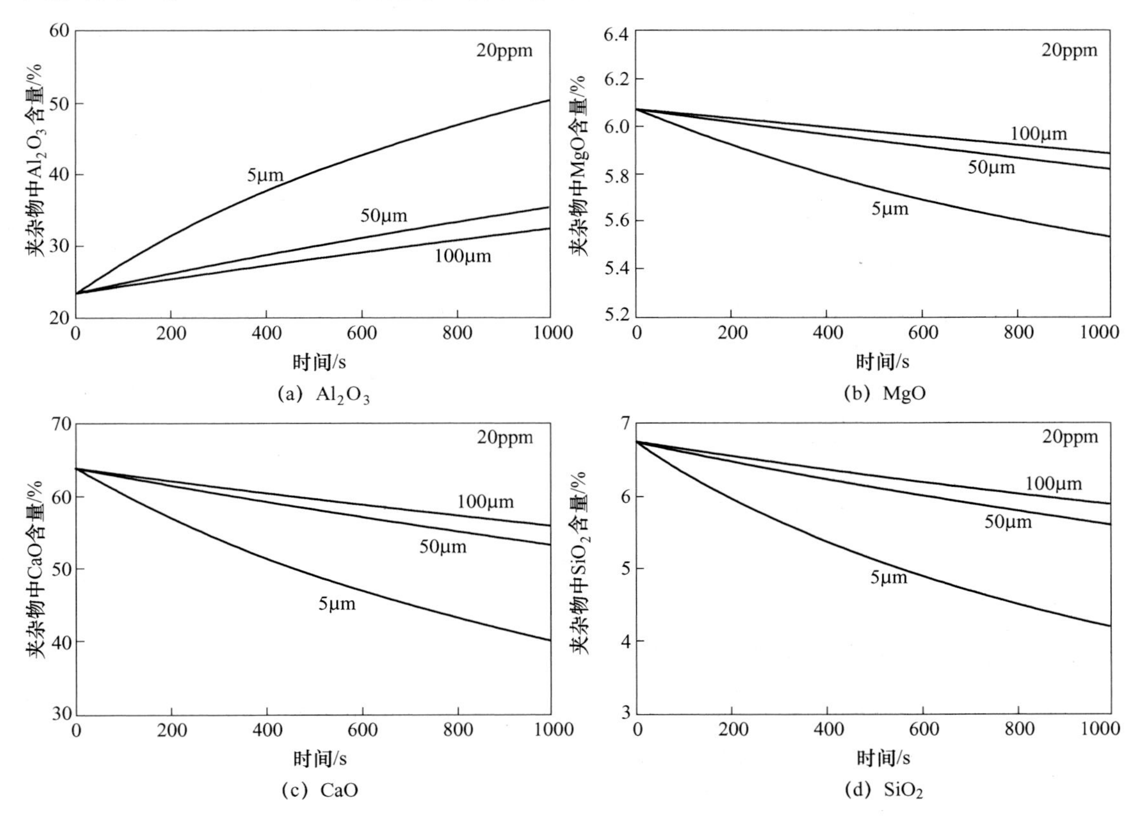

图 7-101　总量为 20ppm 的钢包渣类夹杂物尺寸变化对夹杂物中 Al_2O_3、MgO、CaO、SiO_2 含量的影响

图 7-102（a）~（d）为钢包渣类夹杂物尺寸变化对夹杂物中 Al_2O_3、MgO、CaO 和 SiO_2 含量的影响。从图中可以看出，夹杂物的成分一直处于变化状态。当 $t=600s$ 时，直径为 5μm 的夹杂物中 Al_2O_3 含量为 40%左右，MgO 含量为 5.9%左右，CaO 含量为 57%左右，

SiO_2 含量为 5%左右；直径为 50μm 的夹杂物中 Al_2O_3 含量为 31%左右，MgO 含量为 5.7%左右，CaO 含量为 47%左右，SiO_2 含量为 6%左右；直径为 100μm 的夹杂物中 Al_2O_3 含量为 28%左右，MgO 含量为 5.9%左右，CaO 含量为 59%左右，SiO_2 含量为 6.2%左右；直径为 300μm 的夹杂物中 Al_2O_3 含量为 26%左右，MgO 含量为 6%左右，CaO 含量为 60%左右，SiO_2 含量为 6.4%左右。随着夹杂物尺寸的增加，夹杂物中的 Al_2O_3 和 SiO_2 含量变化减慢；而对于夹杂物中的 MgO 和 CaO 含量，随着夹杂物尺寸的增加，其含量变化先加快后变慢。

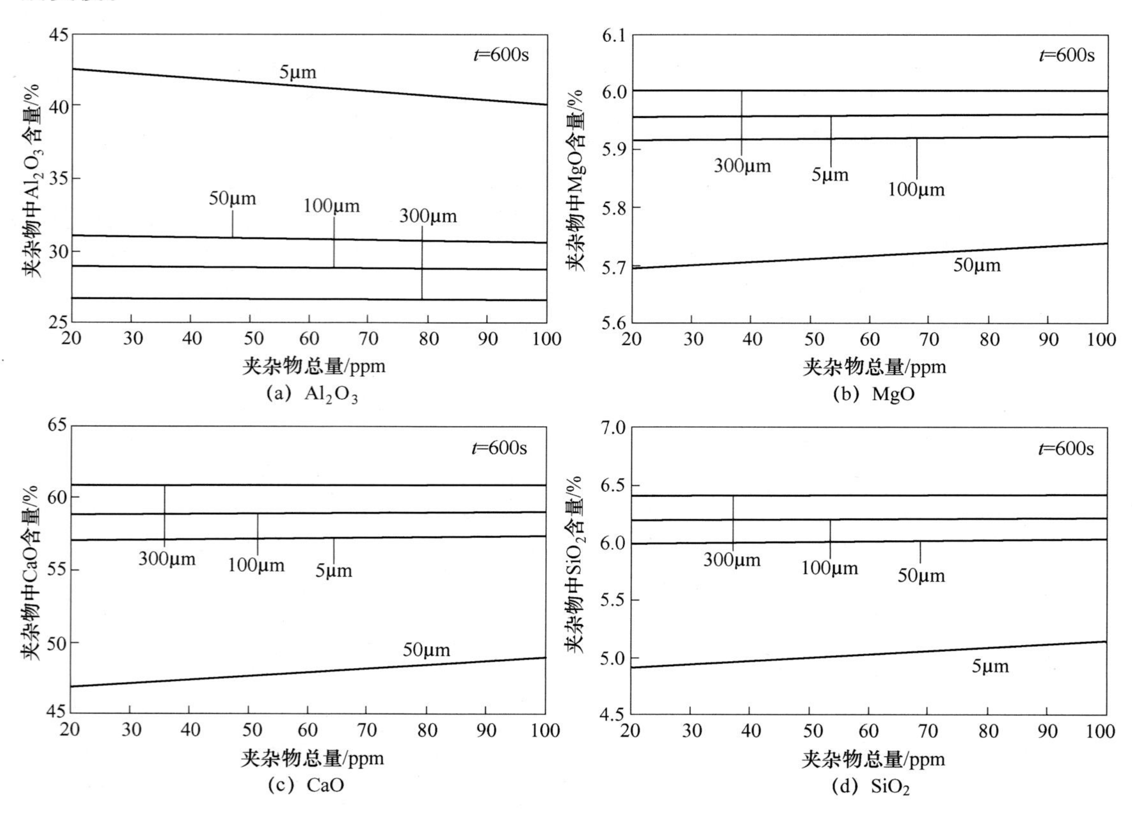

图 7-102　钢包渣类夹杂物尺寸变化对夹杂物中 Al_2O_3、MgO、CaO、SiO_2 含量的影响

7.5　本章小结及未来展望

本章通过多相反应耦合计算方法，考虑了钢液与渣相之间的反应、钢液与夹杂物之间的反应、耐火材料与渣相的相互作用、耐火材料与钢液的相互作用、合金与钢液中溶解氧之间的脱氧反应、空气对钢液的二次氧化以及夹杂物的上浮去除对体系成分的影响，建立了“钢液-渣相-夹杂物-耐火材料-合金-空气”六相多元系动力学模型，实现了对 LF 精炼过程中钢、渣和夹杂物成分变化的有效预测。通过对动力学模型中计算参数的优化，提升了计算结果的准确性。对于钢液-渣相之间的反应，利用钢包流动数值模拟得到的钢液中传质系数与搅拌能的关系式为 $k_m = 0.0194\varepsilon^{0.688}$，同时得到搅拌能与吹氩流量之间的关系式为 $\varepsilon = 0.30534Q + 2.28\times10^{-4}$。本章通过管线钢工业试验调查了钢液、精炼渣和夹杂物随时

间的变化并与动力学模型结果进行了对比。本章还讨论了 MgO 质耐火材料与钢液之间相互作用的计算模型。模型假设在耐火材料向钢液溶解的过程中，在钢液一侧的界面处存在一个界面层，且钢液中的传质为限制性环节。

本章针对“钢液-精炼渣-非金属夹杂物-耐火材料-合金-空气”六相多元体系下的钢、渣和夹杂物成分变化的动力学进行了系统的研究，能够预报钢、渣和夹杂物成分随精炼时间的变化。与文献相比，本章的研究考虑了最多的相及影响因素。但是，这一领域的研究还有很多需要拓展、值得期待的内容，包括：（1）使用渣还原剂的情况下，系统变成了七相多元，模型需要进一步的完善和改进；（2）传质系数的确定还需要进一步的研究，目前的模型基本假设精炼渣中的传质系数是钢液中的 1/10，夹杂物基体内的传质系数是钢液中的 1/100，这一假设是非常粗糙的，没有合理的证据支撑，这主要是因为针对渣的流动状态的研究还不多；（3）目前的研究是针对单一尺寸的夹杂物，如果夹杂物尺寸有一个分布，那么就需要做更进一步的研究和探讨；（4）夹杂物成分的变化和尺寸的变化（夹杂物碰撞聚合和长大）结合起来将是这一领域的一个大的突破，目前这方面的研究还未见详细的报道；（5）夹杂物成分和尺寸的变化相耦合并与钢水的三维流动相耦合将是又一个大的突破，把夹杂物的碰撞聚合与钢水的三维流动耦合起来已经有很多研究成果了（见本书第 10 章的内容），但是把夹杂物的尺寸变化、成分变化和三维流动同时耦合起来的研究还未见任何报道，这将是这一领域非常值得期待的研究成果。如果能够做到这一点，我们就能够实现针对钢水精炼过程中钢液成分、渣成分、夹杂物尺寸和成分在冶金反应器空间点上随时间变化关系的预测，即能够实现针对钢洁净度的在线预报和智能控制。

参 考 文 献

[1] Turkdogan E T. Nucleation, growth and floatation of oxide inclusions in liquid steel [J]. Transactions of The Iron and Steel Institute of Japan, 1966, 20 (4): 914-919.

[2] Shirabe K, Szekely J. A mathematical model of fluid flow and inclusion coalescence in the RH vacuum degassing system [J]. Transactions ISIJ, 1983, (23): 465-474.

[3] 李静媛，魏成富，分形在钢中夹杂物研究方面的应用 [C]. 全国第七届钢质量和夹杂物学术年会论文集，1991: 368-375.

[4] Sinha A K, Sahai Y. Mathematical modeling of inclusion transport and removal in continuous casting tundishes [J]. ISIJ International, 1993, 33 (5): 556-566.

[5] Jonsson L, Jonsson P G. Modeling of fluid flow conditions around the slag/metal interface in a gas-stirred ladle [J]. ISIJ International, 1996, 36 (9): 1127-1134.

[6] 盛东源，倪满森，邓开文，等. 中间包钢液流动、温度控制和夹杂物行为的数学模拟 [J]. 金属学报，1996, 32 (7): 742-747.

[7] Lehmann J, Rocabois P, Gaye H. Kinetic model of non-metallic inlcusions' precipitation during steel solidification [J]. Journal of Non-Crystalline Solids, 2001, 28 (2): 61-71.

[8] Wei J, Yu N. Mathematical modeling of decarburization and degasser during vacuum circulation refining process of molten steel: Mathematical model of the process [J]. Steel Research International, 2002, 73 (4): 135-142.

[9] Lee S, Kim H, Sakai E, et al. The effect of particle size distribution of fly-ash-cement system on the fluidity of cement pastes [J]. Cement and Concrete Research, 2003, 33 (7): 763.

[10] Park Y G, Yi K W. A new numerical model for predicting carbon concertration during RH degasser treatment [J]. ISIJ International, 2003, 43 (9): 1403-1409.

[11] Zhang L, Pluschkell W. Nucleation and growth kinetics of inclusions during liquid steel deoxidation [J]. Ironmaking and Steelmaking, 2003, 30 (2): 106-110.

[12] 李瑜．钢中夹杂物外形的分维计算和研究 [D]．北京：北京科技大学，2003.

[13] 宁新林，李宏，张炯明．钢中夹杂物的分形维数 [J]．钢铁研究学报，2005，17 (6)：59-62.

[14] Han Z, Liu L. Mechanism and kinetics of transformation of alumina inclusions by calcium treatment [J]. Acta Metallurgica Sinica, 2006, 19 (1): 1-8.

[15] Lei H, He J. A dynamic model of alumina inclusion collision growth in the continuous caster [J]. Journal of Non-Crystalline Solids, 2006, 35 (2): 3772-3780.

[16] Murakata Y, Sung M, Sassa K, et al. Visualization of collision bahavior of particles simulationg inclusions in a turbulent molten steel flow and its theorectical analysis [J]. ISIJ International, 2006, 47 (5): 633-637.

[17] Zhang B W, Li B W. Growth kinetics of single inclusion particle in molten melts [J]. Acta Metallurgica Sinica (English Letters), 2006, 20 (2): 129-138.

[18] 李宏，温娟，张炯明，等．应用 DLA 模型模拟钢中夹杂物集团凝聚 [J]．北京科技大学学报，2006，28 (4)：343-347.

[19] 雷洪，赫冀成．板坯连铸机内钢液流动和夹杂物碰撞长大行为 [J]．金属学报，2007，43 (11)：1195-1200.

[20] 雷洪，赫冀成．连铸结晶器内簇状夹杂物分型生长的 Monte-Carlo 模拟 [J]．金属学报，2008，44 (6)：698-702.

[21] 雷洪，杨柳，赫冀成．湍流状态下钢液中夹杂物的分形长大过程 [J]．工业加热，2008，37 (5)：14-17.

[22] 岳强，陈舟，邹宗树．钢液中非金属夹杂物团聚的机理分析 [J]．钢铁，2008，43 (11)：37-40.

[23] Arai H, Matsumoto K, Shimasaki S, et al. Model experiment on inclusion removal by bubble flotation accompanied by particle coagulation in turbulent flow [J]. ISIJ International, 2009, 49 (7): 965-974.

[24] Choudhary S K, Ghosh A. Mathematical model for prediction of composition if inclusions formed during solidification of liquid steel [J]. ISIJ International, 2009, 49 (12): 1819-1827.

[25] Lei H, Geng D, He J. A continuum model of solidification and inclusion collision-growth in the slab continuous casting caster [J]. ISIJ International, 2009, 49 (10): 1575-1582.

[26] Sun Y, Cheng R F, Ding Y, et al. Mechanisms of the generation of agglomerations in ceramic suspensions and influence on ceramic structures and properties [J]. Journal of the Chinese Ceramic Society, 2009, 37 (2): 19.

[27] 程子建，舒志浩，赵晶晶，钢液中夹杂物的碰撞长大及去除率 [C]．2009 特钢年会论文集，2009：256-259.

[28] 耿佃桥，雷洪，赫冀成．RH 装置内夹杂物聚合与去除的三维数值模拟 [J]．钢铁研究学报，2009，21 (12)：10-24.

[29] Lei H, Nakajima K, He J. Mathematical model for nucleation, Ostwald ripening and growth of inclusion in molten steel [J]. ISIJ International, 2010, 50 (12): 1735-1745.

[30] 罗志国，倪冰，狄瞻霞，等．吹氩板坯连铸结晶器内夹杂物去除的数值模拟 [J]．过程工程学报，2010，10 (1)：35-40.

[31] 姚瑞凤．钢中非金属夹杂物聚集生长的动力学研究［D］．唐山：河北理工大学，2010.

[32] 姚瑞凤，张彩军．钢中非金属及杂物的碰撞行为研究［J］．河南冶金，2010，18（2）：7-8.

[33] Xu L, Study on the relationship of narrow particle size fraction and properties of cement［C］. 13th International Congress on the Chemistry of Cement, Madrid, 2011.

[34] Lei H, He J. Nucleation and growth kinetics of mgo in molten steel［J］. Journal of Materials Science & Technology, 2012, 28（7）: 642-646.

[35] 郭洛方，李宏，王耀，等．应用分形理论研究钢液中固态夹杂物的凝聚及上浮特性［J］．物理测试，2012，30（4）：22-26.

[36] 李明．不锈钢中非金属夹杂物成分动力学预报模型［D］．沈阳：东北大学，2012.

[37] 李小明，史雷刚，王尚杰，等．钢液中夹杂物的行为特点和去除［J］．热加工工艺，2012，41（9）：55-58.

[38] 岳强，陈怀昊，姚成虎，等．钢液中非金属夹杂物碰撞、长大的研究进展［J］．钢铁研究学报，2012，24（9）：1-5.

[39] 王国承，范晨光，李明周，等．分子动力学在钢铁冶金中的应用和展望［J］．材料导报，2013，（1）：134-139.

[40] 张立峰，钢中非金属夹杂物的相关基础研究［C］．第十七届全国炼钢学术会议，2013：779-797.

[41] 张立峰，李燕龙，任英．钢中非金属夹杂物的相关基础研究-非稳态浇铸中的大颗粒夹杂物及夹杂物的形核、长大、运动、去除和捕捉［J］．钢铁，2013，48（11）：1-10.

[42] Rimbert N, Claudotte L, et al. Modeling the dynamics of precipitation and agglomeration of oxide inclusions in liquid steel［J］. Industrial and Engineering Chemistry Research, 2014, 53: 8630-8639.

[43] 陈林根，夏少军，谢志辉，等．钢铁冶金过程动态数学模型的研究进展［J］．热科学与技术，2014，13（2）：95-125.

[44] 王强，石月明，李一明，等．感应加热中间包夹杂物的运动及去除［J］．东北大学学报，2014，35（10）：1442-1446.

[45] 王耀，李宏，郭洛方．钢液中 Al_2O_3 夹杂物颗粒布朗碰撞聚合的三维可视化数值模拟研究［J］．太原理工大学学报，2014，45（2）：151-156.

[46] 温良英，邓梦娇，张丹阳，等，非金属夹杂物聚合长大和去除控制［C］．第十八届全国炼钢学术会议论文集，2014：51-54.

[47] 岳强，陈怀昊，孔辉，等．钢液中 Al_2O_3 夹杂物碰撞生长的动力学模型［J］．过程工程学报，2014，14（1）：101-107.

[48] Ohguchi S, Robertson D. Kinetic model for refining by submerged powder injection. Ⅰ. -Transitory and permanent contact reactions［J］. Ironmaking and Steelmaking, 1984,（11）: 262-273.

[49] Ohguchi S, Robertson D G C, Deo B, et al. Simultaneous dephosphorization of desulphurization of molten pig iron［J］. Ironmaking and Steelmaking, 1984, 11（4）: 202-213.

[50] 张家芸．冶金物理化学［M］．北京：冶金工业出版社，2004.

[51] 许允才，钟良才．铁水预处理过程耦合反应的动力学解析［J］．炼钢，1987，（4）：63-68.

[52] Mori K, Kawai Y, Fukami Y. Rate of dephosphorization and desulfurization of hot by CaO based fluxes containing Fe-oxide and Mn-oxide as oxidant［J］. Transactions ISIJ, 1988,（28）: 364-371.

[53] Kitamura S. Analysis of steelmaking reactions by coupled reaction model［C］, TMS2014, 2014: 317-324.

[54] Harada A, Maruoka N, Shibata H, et al. A kinetic model to predict the compositions of metal, slag and inclusions during ladle refining: Part 1. Basic concept and application［J］. ISIJ International, 2013, 53（12）: 2110-2117.

[55] Harada A, Maruoka N, Shibata H, et al. A kinetic model to predict the compositions of metal, slag and inclusions during ladle refining: Part 2. Condition to control the inclusion composition [J]. ISIJ International, 2013, 53 (12): 2118-2125.

[56] Harada A, Maruoka N, Shibata H, et al. Kinetic analysis of compositional changes in inclusions during ladle refining [J]. ISIJ International, 2014, 54 (11): 2569-2577.

[57] Harada A, Matsui A, Nabeshima S, et al. Effect of slag composition on MgO · Al_2O_3 spinel-type inclusions in molten steel [J]. ISIJ International, 2017, 57 (9): 1546-1552.

[58] Ende M-A V, Kim Y-M, Cho M-K, et al. A kinetic model for the Ruhrstahl Heraeus (RH) degassing process [J]. Metallurgical and Materials Transactions B, 2011, 42 (3): 477-489.

[59] Ende M-A V, Jung I-H. A kinetic ladle furnace process simulation model: Effective equilibrium reaction zone model using FactSage macro processing [J]. Metallurgical and Materials Transactions B, 2016: 1-9.

[60] Kumar D, Ahlborg K C, Pistorius P C. Application of kinetic model for industrial scale ladle refining process [C], AISTech2017, 2017: 2693-2705.

[61] 游梅英. 不锈钢液中非金属夹杂物成分的动力学计算 [D]. 沈阳: 东北大学, 2009.

[62] Okuyama G, Yamaguchi K, Takeuchi S, et al. Effect of slag composition on the kinetics of formation of Al_2O_3-MgO inclusions in aluminum killed ferritic stainless steel [J]. ISIJ International, 2000, 40 (2): 121-128.

[63] Kang Y B, Kim M S, Lee S W, et al. A reaction between high Mn-high Al steel and CaO-SiO_2-type molten mold flux: Part Ⅱ. Reaction mechanism, interface morphology, and Al_2O_3 accumulation in molten mold flux [J]. Metallurgical and Materials Transactions B, 2013, 44 (2): 309-316.

[64] Park J, Sridhar S, Fruehan R J. Kinetics of reduction of SiO_2 in SiO_2-Al_2O_3-CaO slags by Al in Fe-Al (-Si) melts [J]. Metallurgical and Materials Transactions B, 2014, 45 (4): 1380-1388.

[65] Higuchi Y, Numata M, Fukagawa S, et al. Inclusion modification by calcium treatment [J]. ISIJ International, 1996, 36 (Supplement): 151-154.

[66] Ren Y, Zhang L, Pistorius P C. Transformation of oxide inclusions in type 304 stainless steels during heat treatment [J]. Metallurgical and Materials Transactions B, 2017: 1-12.

[67] Cicutti C, Capurro C, Cerrutti G. Development of a kinetic model to predict the evolution of inclusions composition during the production of aluminum killed, calcium treated steels [C]. The 9th International Conference on Clean Steel, Budapest, 2015.

[68] Najera-Bastida A, Morales Rodolfo D, Garcia-Demedices L, et al. Kinetic model of steel refining in a ladle furnace [J]. Steel Research International, 2007, 78 (2): 141-150.

[69] Shin J H, Chung Y, Park J H. Refractory-slag-metal-inclusion multiphase reactions modeling using computational thermodynamics: Kinetic model for prediction of inclusion evolution in molten steel [J]. Metallurgical and Materials Transactions B, 2017, 48 (1): 1-14.

[70] Babu S S, David S A, Vitek J M, et al. Model for inclusion formation in low alloy steel welds [J]. Science and Technology of Welding and Joining, 1999, 4 (5): 276-284.

[71] Ito H, Hino M, Ban-ya S. Thermodynamics on the formation of spinel nonmetallic inclusion in liquid steel [J]. Metallurgical and Materials Transactions B, 1997, 28 (5): 953-956.

[72] Zhang L, Ren Y, Duan H, et al. Stability diagram of Mg-Al-O system inclusions in molten steel [J]. Metallurgical and Materials Transactions B, 2015, 46 (4): 1809-1825.

[73] Park J H, Todoroki H. Control of MgO · Al_2O_3 spinel inclusions in stainless steels [J]. ISIJ International, 2010, 50 (10): 1333-1346.

[74] Suito H, Inoue R. Thermodynamics on control of inclusions composition in ultraclean steels [J]. ISIJ In-

ternational, 1996, 36 (5): 528-536.

[75] Choudhary S K, Ghosh A. Thermodynamic evaluation of formation of oxide-sulfide duplex inclusions in steel [J]. ISIJ International, 2008, 48 (11): 1552-1559.

[76] Tang H, Li J. Thermodynamic analysis on the formation mechanism of $MgO \cdot Al_2O_3$ spinel type inclusions in casing steel [J]. International Journal of Minerals, Metallurgy, and Materials, 2010, 17 (1): 32-38.

[77] Aoki J, Thomas B G, Peter J, et al. Experimental and theoretical investigation of mixing in a bottom gas-stirred ladle [C], The Iron and Steel Technology Conference and Exposition, Nashville, 2004.

[78] Zhang L, Oeters F. Mathematical modelling of alloy melting in steel melts [J]. Steel Research, 1999, 70 (4+5): 128-134.

[79] Sigworth G K, Elliott J F. The thermodynamics of liquid dilute iron alloys [J]. Metal Science, 1974, 8 (1): 298-310.

[80] Shim J D, Ban-ya S. The solubility of magnesia and ferric-ferrous equilibrium in liquid Fe_tO-SiO_2-CaO-MgO slags [J]. Tetsu-to-Hagane, 1981, 67 (10): 1735-1744.

[81] Taira S, Nakashima K, Mori K. Kinetic behavior of dissolution of sintered alumina into CaO-SiO_2-Al_2O_3 slags [J]. ISIJ International, 1993, 33 (1): 116-123.

[82] Matsuno H, Kikuchi Y. The origin of MgO type inclusion in high carbon steel [J]. Tetsu-to-Hagane, 2002, 88 (1): 48-50.

[83] Fruehan R J, Li Y, Brabie L. Dissolution of magnesite and dolomite in simulated EAF slags [C]. ISSTech 2003 Conference Proceedings, Indianapolis, 2003: 799-812.

[84] Zhang L, Thomas B G. State of the art in evaluation and control of steel cleanliness [J]. ISIJ International, 2003, 43 (3): 271-291.

[85] Jansson S, Brabie V, Jonsson P. Corrosion mechanism and kinetic behaviour of MgO-C refractory material in contact with CaO-Al_2O_3-SiO_2-MgO slag [J]. Scandinavian Journal of Metallurgy, 2005, 34 (5): 283-292.

[86] Jansson S, Brabie V, Jonsson P. Magnesia-carbon refractory dissolution in Al-killed low carbon steel [J]. Ironmaking and Steelmaking, 2006, 33 (5): 389-397.

[87] Um H, Lee K, Chung Y. Corrosion behavior of MgO-C refractory in ferromanganese slags [J]. ISIJ International, 2012, 52 (1): 62-67.

[88] Kasimagwa I, Brabie V, Jonsson P G. Slag corrosion of MgO-C refractories during secondary steel refining [J]. Ironmaking and Steelmaking, 2014, 41 (2): 121-131.

[89] Sawada I, Ohashi T. Numerical analysis of the two phase flow in the bottom-gas blowing ladle [J]. Tetsu-to-Hagane, 1987, 73 (6): 669-676.

[90] Sahai Y, Guthrie R T L. Hydrodynamics of gas stirred melts: Part I. Gas/liquid coupling [J]. Metallurgical Transactions B, 1982, 13B (6): 193-203.

[91] Zhang L, Taniguchi S. Fundamentals if inclusions removal from liquid steel by bubble flotation [J]. International Materials Reviews, 2000, 45 (2): 59-82.

[92] Harada A, Miyano G, Maruoka N, et al. Dissolution behavior of mg from MgO into molten steel deoxidized by Al [J]. ISIJ International, 2014, 54 (10): 2230-2238.

[93] 杨叠，邓小旋，王新华，等．二次氧化对低碳铝镇静钢中间包钢水洁净度的影响［J］．钢铁，2013, 48 (1): 38-41.

[94] Krishnapisharody K, Irons G A. A unified approach to the fluid dynamics of gas-liquid plumes in ladle metallurgy [J]. ISIJ International, 2010, 50 (10): 1413-1421.

[95] Sasai K, Mizukami Y. Effects of tundish cover powder and teeming stream om oxidation rate if molten steel in tundish [J]. ISIJ International, 1998, 38 (4): 332-338.

[96] Sasai K, Mizukami Y. Reoxidation behavior of molten steel in tundish [J]. ISIJ International, 2000, 40 (1): 40-47.

[97] 陈家祥. 炼钢常用图表数据手册 [M]. 2版. 北京: 冶金工业出版社, 2010.

[98] Amini S, Brungs M, Jahanshahi S, et al. Effects of additives and temperature on the dissolution rate and diffusivity of MgO in CaO-Al_2O_3 slags under forced convection [J]. ISIJ International, 2006, 46 (11): 1554-1559.

3 第三部分

钢中非金属夹杂物相关的界面现象

8　钢铁冶金过程化学反应的界面现象

8.1　界面润湿性的基本概念

8.1.1　润湿行为

界面是两个接触相的分界面。当两个相接触时，形成了一个使每一相的物理或化学性质不连续性的面，即界面，表面是气体和凝聚相（固体或液体）的界面[1]。钢铁冶金过程在很大程度上受界面相互作用的影响。在冶炼过程中，高温反应发生在或通过以下界面，即熔渣-钢液、熔渣-耐火材料、钢液-夹杂物、熔渣-夹杂物、熔渣-气体、钢液-气体的界面。通常，这些高温相互作用可以归类为“润湿现象”。润湿可以分为三类，包括扩散、浸入和黏附润湿，如图 8-1 所示。因此，界面润湿用自由能变化量表达，界面的润湿性通常用界面张力以及接触角来衡量。

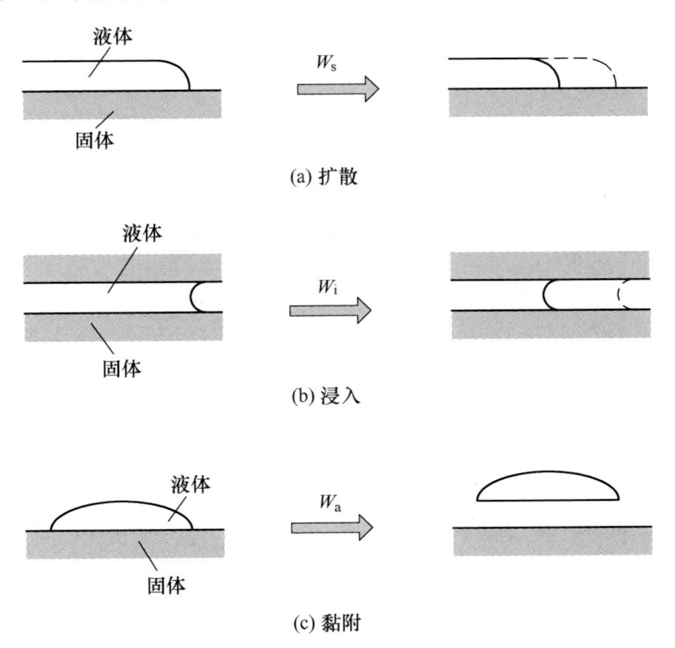

图 8-1　润湿的分类

$$W_s = \gamma_{sg} - \gamma_{lg} - \gamma_{sl} = \gamma_{lg}(\cos\theta - 1) \tag{8-1}$$

$$W_i = \gamma_{lg}\cos\theta \tag{8-2}$$

$$W_a = \gamma_{sg} + \gamma_{lg} - \gamma_{sl} = \gamma_{lg}(\cos\theta + 1) \tag{8-3}$$

式中，W 为黏附功，J；γ 为表面张力，N/m；θ 为接触角，(°)。

8.1.2　界面张力

在一般情况下，界面张力和界面自由能是通用的，且在数值上是相等的。两者的区别在于界面张力是从力学角度进行分析，即在液体界面由于分子的相互作用而存在一种总是倾向于使界面分子进入到体相内，使界面积缩小的收缩力；而界面自由能则是从能量角度进行分析，即形成界面所需要的功。界面张力可以看做是单位面积的界面自由能。通常将气-液间的界面张力称为表面张力。吉布斯（Gibbs）首先提出了一个假想的二维分割界面（即所谓的吉布斯界面或吉布斯表面），从热力学角度解释了宏观界面行为，提出了表面过剩量[2]。表面过剩量与两相间有限厚度的界面区的组成和性质变化有关。图 8-2（a）为在 α 和 β 两相间的物理界面 θ，图 8-2（b）为溶质 i 的浓度 c_i(mol/m^3）分布。从热力学角度对多组元体系表面张力 γ 定义如式（8-4）所示[1]。表面张力也可以看做是作用于单位长度上的力。从力学上分析，对表面张力平衡的表面如图 8-3 所示[3]。界面的形状或曲面内外的压力的平衡关系可以用 Laplace 关系式（8-5）描述。

$$\gamma = \left(\frac{\mathrm{d}U}{\mathrm{d}A}\right)_{S,\ V,\ n_i} = \left(\frac{\mathrm{d}F}{\mathrm{d}A}\right)_{S,\ P,\ n_i} = \left(\frac{\mathrm{d}G}{\mathrm{d}A}\right)_{T,\ P,\ n_i} \tag{8-4}$$

$$P_1 - P_2 = \gamma\left(\frac{1}{R_1} + \frac{1}{R_2}\right) \tag{8-5}$$

式中，dA 为在恒温恒压条件下可逆地增加表面积，m^2；dU，dF，dG 分别为内能、Helmholtz 自由能和 Gibbs 自由能，J；P_1，P_2 分别为在弯曲表面两侧的压力，Pa；γ 为表面张力，N/m；R_1，R_2 分别为 P_1侧正的主要的曲率半径，m。

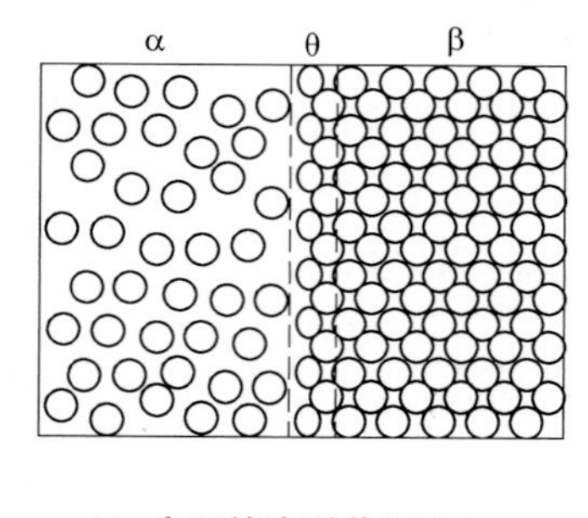

(a) α和β两相间的物理界面θ

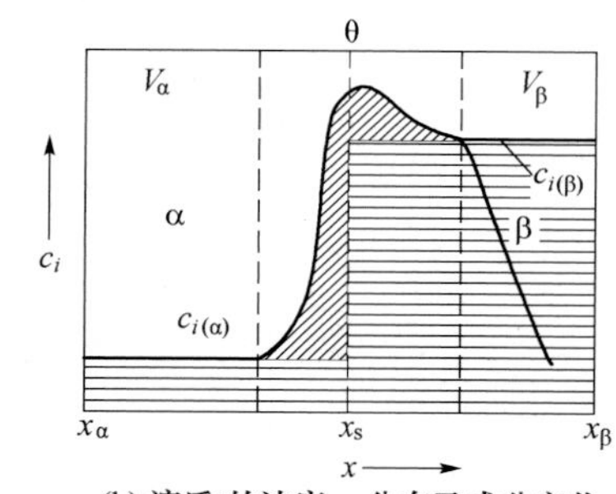

(b) 溶质i的浓度 c_i 分布及成分变化

图 8-2　物理界面[1]

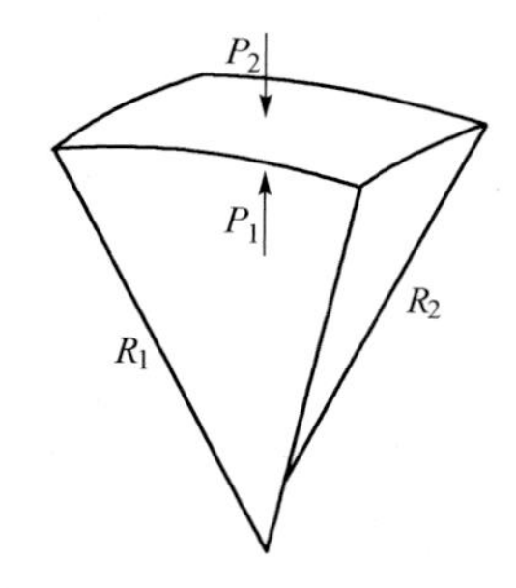

图 8-3　曲面上的压力差[3]

在钢铁冶炼过程中，界面张力是高温熔融过程最重要的热物理性能之一，是在熔体表面形成 Marangoni 对流的驱动力[4]，同时也对钢液中气泡的形成和长大以及脱氧产物的形核、凝聚和去除等都有较大影响。

8.1.3　接触角

两相之间的接触角（或润湿角）如图 8-4 所示。接触角是指在三相交点处所做的气-液界面的切线穿过液体与固-液或液-液交界线之间的夹角 θ[5]。接触角是三相交界处各界面张力的相互作用的结果。因此，接触角的大小由界面张力的大小决定[6]。通常定义 θ>90°为不润湿，θ<90°为润湿，θ = 90°为润湿与不润湿的分界值，θ = 0°为完全润湿，θ = 180°为

完全不润湿。接触角的基本理论模型有 5 种，如表 8-1 所示。

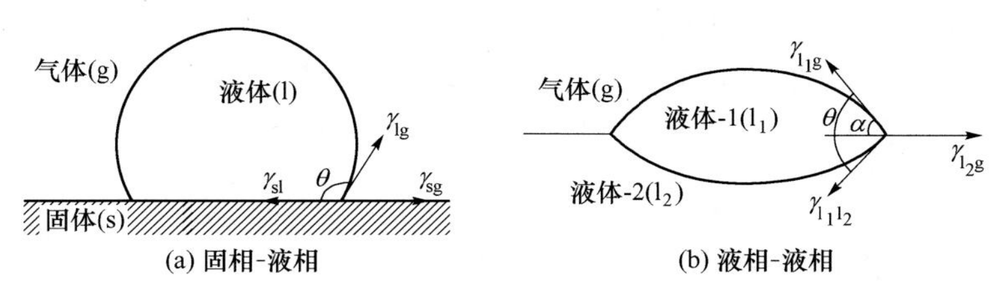

图 8-4 界面张力与接触角的示意图

表 8-1 接触角的基本理论模型

基本理论模型	公 式	备 注	文献
Young（杨氏）模型	$\gamma_{sg}=\gamma_{sl}+\gamma_{lg}\cos\theta$ γ_{sl}——固液界面张力，N/m； γ_{sg}——气固界面张力，N/m； γ_{lg}——气液界面张力，N/m	理想状态下的基本方程	[7, 8]
Wenzel 模型	定义粗糙度因子 r $r=\frac{S_a}{S_p}$ 表观接触角与本征接触角关系如下： $\cos\theta_{app}=r\frac{\gamma_{sg}-\gamma_{sl}}{\gamma_{lg}}=r\cos\theta$ θ_{app}——表观接触角，(°)； θ——本征接触角，(°)	固体表面是化学均一的粗糙表面	[9]
Cassie 模型	$\cos\theta_{app}=f_1\cos\theta_1+f_2\cos\theta_2$ $f_1+f_2=1$ f_1——组分 1 在固体表面的面积分数； f_2——组分 2 在固体表面的面积分数； θ_1——组分 1 与液体之间的接触角，(°)； θ_2——组分 2 与液体之间的接触角，(°)	复合组分的固体	[10]
力学平衡模型	$\gamma_{sg}-\gamma_{ls}=\gamma_{lg}\cos\theta+\frac{\kappa}{R}$ κ——线能量； R——接触面积的半径	三维液滴平衡的最小自由能的线能量	[11]
Choi-Lee 模型	$\cos\theta(t)=\cos\theta_0+[\cos\theta_{e,app}^{\infty}-(\cos\theta_{e,app}^{\infty}-\cos\theta_{e,app}^{0})\exp(-kt)]\times[1-\exp(-mt^b)]$ $\theta(t)$——t 时刻的接触角，(°)； θ_0——$t=0$ 时刻的接触角，(°)； $\theta_{e,app}^{\infty}$——$t=\infty$ 时刻的平衡接触角，(°)； $\theta_{e,app}^{0}$——初始平衡接触角，(°)； k——常数； m——与液滴的表面张力与黏度有关的系数； b——与基片表面粗糙度有关的系数	适用于实际液相在固体表面铺展过程的模型	[12]

钢液与耐火材料的接触角可以用于评估耐火材料的抗侵蚀性能。在不润湿的情况下，接触角值越大，耐火材料的抗侵蚀性越好。当夹杂物与耐火材料的接触角较小时，有利于耐火材料壁对夹杂物的吸附。而钢液与夹杂物间的接触角能够影响夹杂物在钢液中的行为，如夹杂物的上浮、去除等。当夹杂物与钢液间的接触角很小时，夹杂物很难上浮去除。

8.1.4　界面润湿性的测量方法

冶金过程中的界面现象越来越受到大家的关注，因此准确测量界面润湿性是必要的。对于表面张力的测定，其测定方法可以分为静态法和动态法两大类。静态法主要有毛细管上升法、滴重法、Wilhelmy 吊片法、吊环法、滴外形法等；动态法主要有最大气泡压力法、振荡射流法和电磁悬浮法[13]。静态法测量表面张力针对的都是静止的表面，能够在表面处建立热力学和力学平衡；动态法测量时，不断生成新的表面，在表面处不能建立热力学或者力学平衡。原则上，许多表面张力测量方法都是可行的，但是需要在高温的实验条件下选择测量方法。因此，绝大多数的测量值都是用座滴法、悬滴法、滴重法、最大气泡压力法或者吊片法等中的一种测量得到的。Korenko[14]总结了适用于高温体系下的测量方法。表 8-2 为常用界面张力测量方法以及测量原理。座滴法可以在测量表面张力的同时，根据液滴形貌，进行数字化图像处理分析，直接测量得到接触角的值。因此，在实际测量过程中，座滴法是最常使用的测量方法之一。Sobczak[15]总结了使用座滴法测量液/固体系的高温润湿性的影响因素，包括固体的表面性质（表面粗糙度、化学成分的均匀性）、测量气氛（尤其是气氛中的氧分压值）、测量过程的界面反应、实验测量的装置和步骤（液滴的对称性、液滴的蒸发、液滴的运动以及液滴的成像等）。使用座滴法测量时的控制参数如表 8-3 所示。

表 8-2　常用界面润湿性测量方法[14,16-19]

测量方法	示意图	测量原理	备注	参考文献
Wilhelmy 吊片法	平衡 F t ρ_B ρ_A θ	$\gamma = \dfrac{\Delta_{max}F}{P\cos\theta}$ $\Delta_{max}F$——在分离过程中使用的最大力，N； P——三相接触线的周长，m	接触角 θ 需要已知	[14]
环法	F θ	$\gamma = \dfrac{F}{P\cos\theta} f$ 当 $\theta=0$ 时， $f = 0.725 + \dfrac{9.075 \times 10^{-4}F}{\pi^3 \Delta\rho g R^3} - \dfrac{1.679r}{R} + 0.04534$ F——用天平测量的最大力，N； R——环的半径，m； $\Delta\rho$——密度差，kg/m^3		[14]

续表 8-2

测量方法	示意图	测量原理	备注	参考文献
分离法	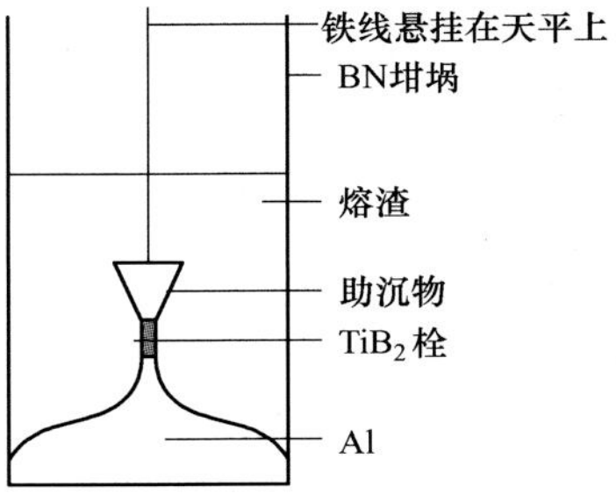 铁线悬挂在天平上 BN坩埚 熔渣 助沉物 TiB_2栓 Al	$$\gamma = \frac{k\Delta W_{max}}{2\pi r}$$ $k = 0.992 + 2.546 \times 10^{-6}a^{-1} - 6.605a + 73.25a^2 - 454.0a^3$ $$a = r^3 \frac{\Delta\rho g}{\Delta W_{max}}$$ ΔW_{max}——最大的分离力，N； $\Delta\rho$——密度差，kg/m^3； r——半径，m； g——重力加速度，m/s^2		[14]
最大气泡压力法	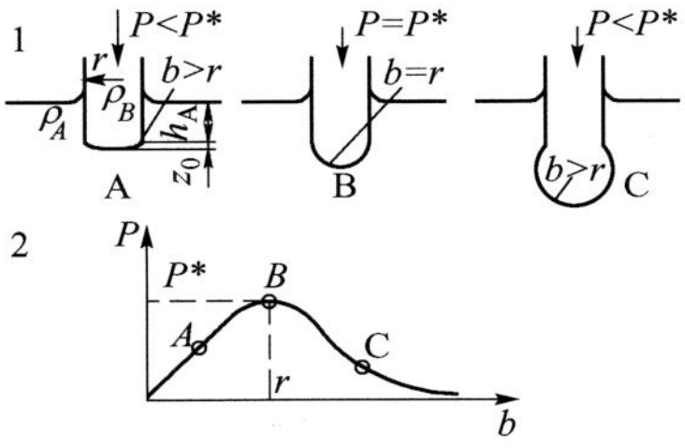 1 $P<P^*$ r ρ_B $b>r$ ρ_A h_A z_0 A；$P=P^*$ $b=r$ B；$P<P^*$ $b>r$ C 2 P P^* B A C r b	$$\gamma = \frac{\Delta Pr}{2}\left[1 - \frac{3r\Delta\rho g}{\Delta P} - \frac{(r\Delta\rho g)^2}{6\Delta P^2}\right]$$ $\Delta\rho$——密度差，kg/m^3； r——半径，m； ΔP——压力差，Pa； g——重力加速度，m/s^2	不适用于黏稠熔体和高挥发性体系	[14]
毛细管法	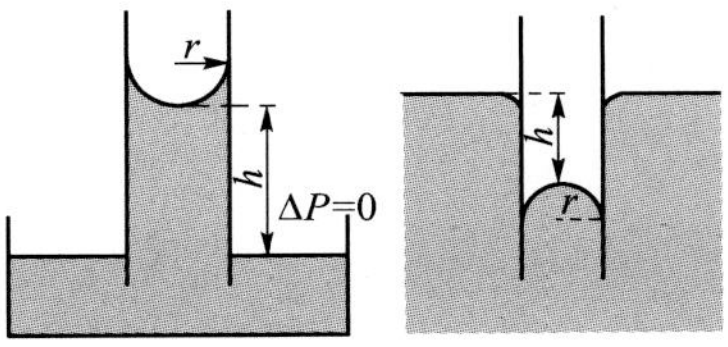 r h $\Delta P=0$ h r	$$\gamma = \frac{\Delta\rho ghr}{2\cos\theta}\left(1 + \frac{r}{h} - 0.1288\frac{r^2}{h^2} + 0.1312\frac{r^3}{h^3}\right)$$ $\Delta\rho$——密度差，kg/m^3； r——半径，m； h——高度，m； g——重力加速度，m/s^2	不适用于测量液液间的界面张力	[14]
滴重法	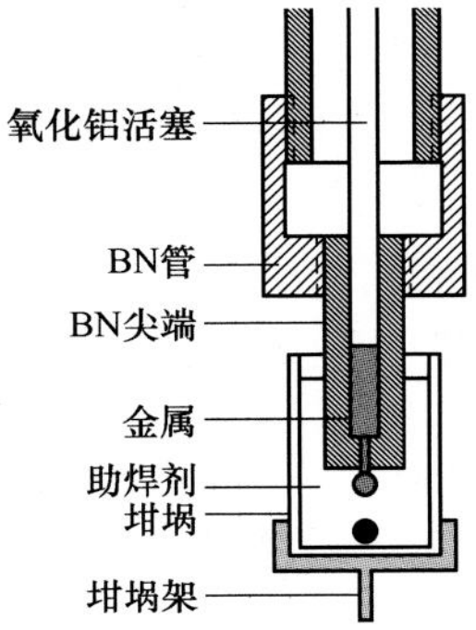 氧化铝活塞 BN管 BN尖端 金属 助焊剂 坩埚 坩埚架	$$\gamma = \frac{\Delta Wg}{2\pi r_0 f}$$ ΔW——分离液滴的质量差，kg； r_0——孔的半径，m； g——重力加速度，m/s^2	仪器的振动对结果的影响很大	[14]

续表 8-2

测量方法	示意图	测量原理	备注	参考文献
座滴法	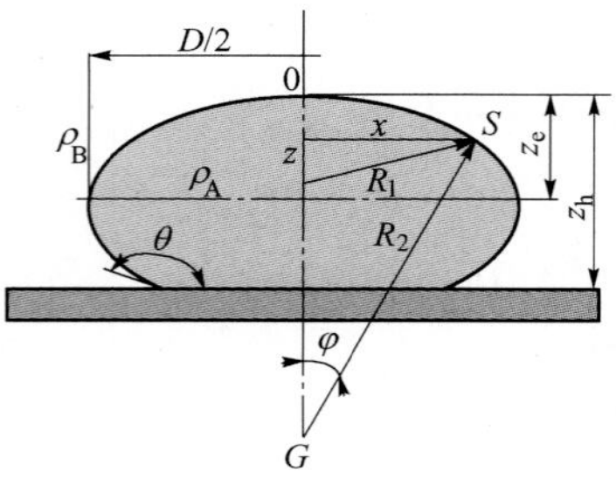 D/2 0 ρ_B ρ_A x S z R_1 R_2 z_e z_h θ φ G	$$\frac{\sin\theta}{\frac{x}{b}}+\frac{1}{\frac{R_1}{b}}=2+\frac{\Delta\rho g b^2}{\gamma}\frac{z}{b}$$ R_A ——曲率半径，m^{-1}； $\Delta\rho$ ——密度差，kg/m^3； x ——围绕 z 轴的点 S 的旋转半径，m； b ——曲率顶点处的曲率半径，m^{-1}； g ——重力加速度，m/s^2		[18，19]
悬滴法	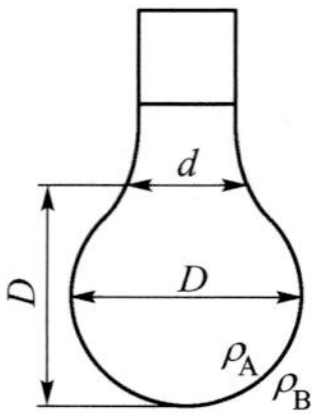 d D D ρ_A ρ_B	$$\gamma=\frac{\Delta\rho g D^2}{H}$$ $\Delta\rho$ ——密度差，kg/m^3； D ——赤道直径，m； H ——形状参数； g ——重力加速度，m/s^2	不能测量液液间界面张力	[18]
振荡射流法	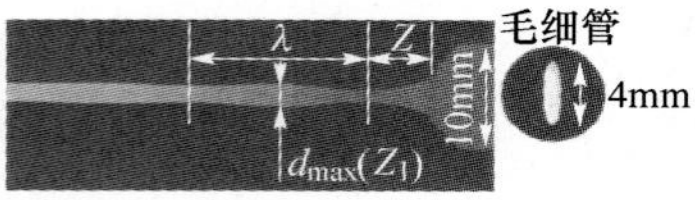 λ Z 毛细管 10mm 4mm $d_{max}(Z_1)$	$$\gamma=K\frac{4\rho Q^2\left[1+\frac{37}{24}\left(\frac{b}{r_s}\right)^2\right]}{6r_s\lambda^2+10\pi^2 r_s^3}$$ ρ——液体密度，kg/m^3； Q——射流流量，m^3/s； λ——射流波长，m； r_s——射流的平均半径，m		[17]
电磁浮选法	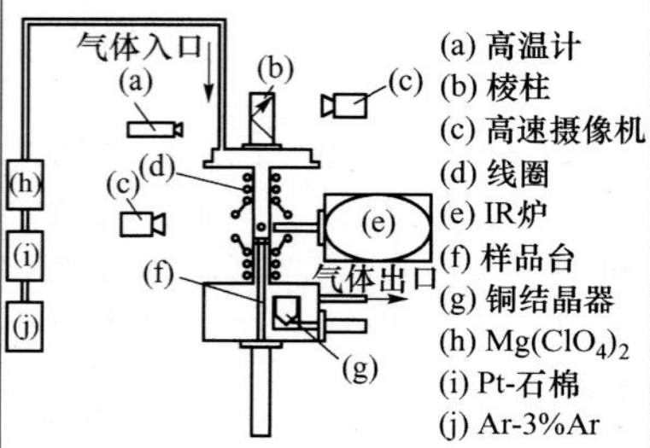 气体入口 气体出口 (a) 高温计 (b) 棱柱 (c) 高速摄像机 (d) 线圈 (e) IR炉 (f) 样品台 (g) 铜结晶器 (h) $Mg(ClO_4)_2$ (i) Pt-石棉 (j) Ar-3%Ar	$$\gamma=\frac{3}{8}\pi M\left\{\frac{1}{5}\sum_{m=-2}^{2}v_{2,m}^2-v_t^2\left[1.905+1.200\left(\frac{z_0}{a}\right)^2\right]\right\}$$ $$z_0=\frac{g}{8\pi^2 v_t^2}\qquad a=\sqrt[3]{\frac{3M}{4\rho\pi}}$$ M ——液滴质量，kg； $v_{2,m}$ ——$l=2$ 时的表面振动频率； v_t ——转移频率； ρ ——液体密度，kg/m^3； g ——重力加速度，m/s^2	无需与容器接触的表面张力测量方法	[16，19]

表 8-3　座滴法测量高温润湿性时，不同阶段的相关建议[15]

项目	步　骤	建　议
实验前	基片表面粗糙度（R_a，R_t）的控制	R_a<100nm（尽可能低），对于单晶基片 R_a<10nm
	基片的表面化学均匀性的控制	俄歇显微镜，ESCA，XPS
	基片表面缺陷（空隙）的控制	光学显微镜，SEM*，AFM*
	金属和基片的质量控制	精确度 0.01mg
	金属样品的清洗	丙酮中进行机械和超声波清洗（10~15min）
	控制基片表面的水平位置	倾斜小于 2°
	真空体系是否存在泄漏	检查并排除泄漏
	*控制大气的化学成分	*用 He 气进行质谱分析
	*对照实验	*Cu/Al_2O_3（单晶基片）
实验中	同时测量接触角 θ 和液滴尺寸（H、D）	液滴形貌分析
	测量二维滴形对称性	测量左侧和右侧接触角
	温度控制	热电偶
	*同时测量 θ、γ_{lv}、H、D 和液滴对称	*液滴形貌分析
	*大气化学成分监测	*质谱（残留气体分析）
	*控制 3D 滴形对称性（在两个垂直部分的横向接触角）	*液滴绕轴线旋转
实验后	控制金属/基片的总质量	精确度 0.01mg
	控制滴形状的对称	视觉观察
	基片表面化学成分的控制	俄歇显微镜，ESCA，XPS
	三线位置和液滴/基片界面的控制，以确定向基片的溶解或渗透	光学显微镜，SEM*

注：*—可选的操作。

8.2　钢铁冶金过程中界面润湿性的影响因素

从界面张力的热力学定义可以得出，界面张力主要受体系的组成及其性质的影响。温度是影响物质性质的重要因素。而界面张力决定了接触角。因此，本节主要从成分、温度两方面讨论其对钢铁冶金过程中界面润湿性的影响。

8.2.1　成分对界面润湿性的影响

8.2.1.1　成分对表面张力的影响

在钢铁冶炼过程中，钢液中常常含有多种杂质元素，包括典型的非金属元素以及少量金属元素。

图 8-5 为二元铁合金的表面张力的变化[20]。钢液中最常见的非金属元素是元素周期表第

ⅥA 族的元素，这些元素都是表面活性元素，在加入铁液中后，随着铁液中表面活性元素含量的升高，铁液的表面张力会迅速降低，如图 8-5（a）所示。而钢液中其他非表面活性元素对钢液的表面张力的影响非常小。对于钢中的脱氧元素如 Al、Si 等，对于钢液的表面张力的影响主要是通过降低钢中的氧含量来间接影响的。仅考虑这些元素本身对钢液表面张力的影响，如图 8-5（b）所示，随着这些金属元素含量的增加，表面张力略微下降。

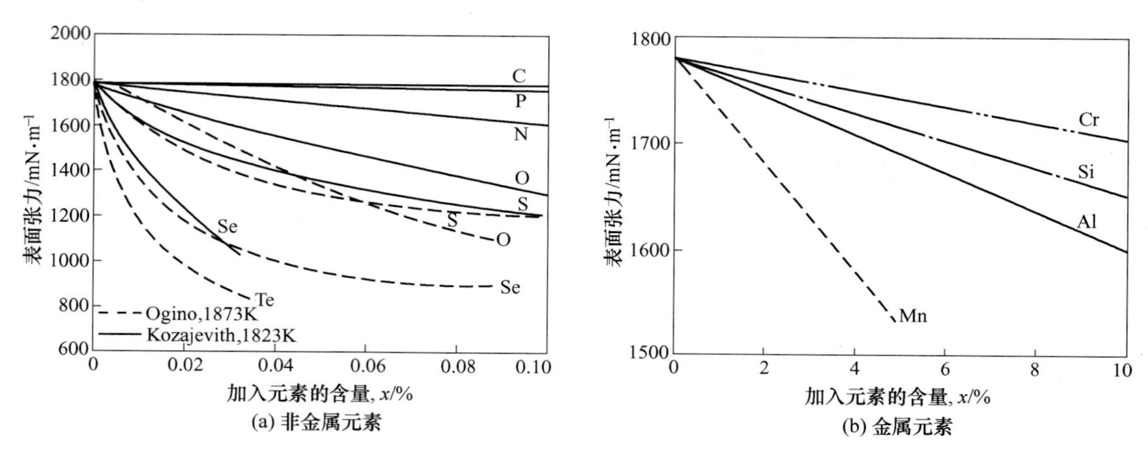

图 8-5　合金元素对铁液表面张力的影响[20]

通常 P_2O_5、B_2O_3、Na_2O 和 CaF_2 等是许多炉渣体系中的表面活性组分，能够迅速降低熔渣的表面张力。图 8-6 为 FeO 基熔渣的表面张力[20]。对于方铁矿，Na_2O 和 P_2O_5 是高表面活性组分，加入 SiO_2、TiO_2 和 MnO 均使表面张力缓慢降低，而加入 Al_2O_3 则会使得表面张力稍微增加。图 8-7 为 1883 ~ 1953K 时，组分对 $CaO\text{-}Al_2O_3$ 熔渣的表面张力的影响[20]。从图中可以看出，等分子量 $CaO\text{-}Al_2O_3$ 混合物的表面张力几乎不受 ZrO_2 和 MgO 的影响，但随着 SiO_2、TiO_2、CaF_2 和 NaF 的添加而降低。

图 8-8 为 $CaO\text{-}SiO_2\text{-}Al_2O_3$ 渣系的表面张力随渣成分的变化[21]。CaO/SiO_2 比一定时，Al_2O_3 的增加能略微增加渣系的表面张力，而当 CaO/Al_2O_3 比一定时，SiO_2 的增加则降低渣系的表面张力。

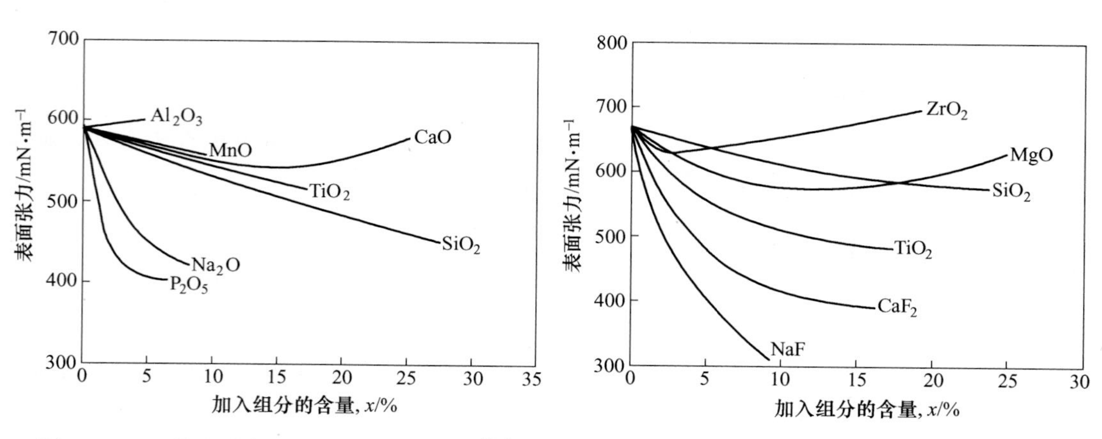

图 8-6　FeO 基渣系表面张力随成分的变化[20]　　图 8-7　$CaO\text{-}Al_2O_3$ 基渣系表面张力随成分的变化[20]

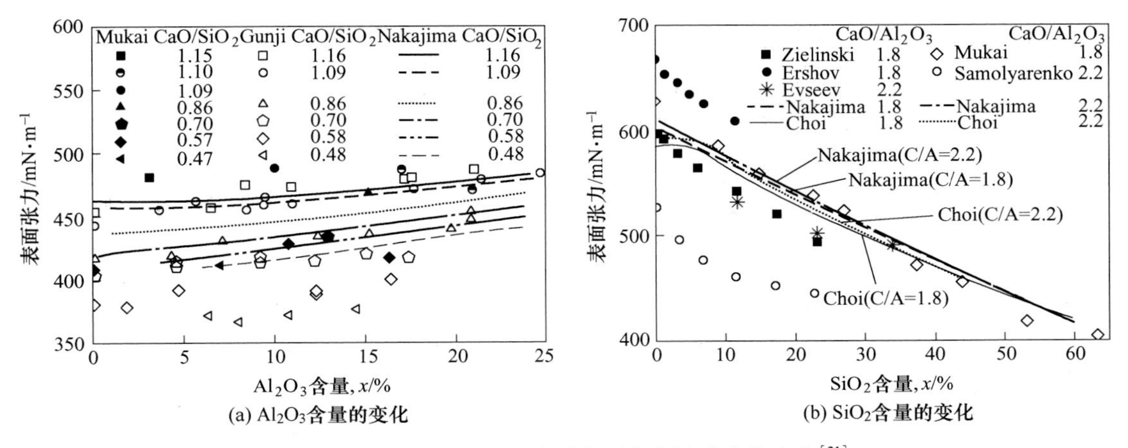

图 8-8 $CaO-SiO_2-Al_2O_3$ 渣系表面张力随成分的变化[21]

8.2.1.2 成分对界面张力的影响

渣和钢液间的界面张力与铁液的表面张力变化规律近似。渣钢之间的界面张力显著低于钢液的表面张力。

图 8-9（a）为 $CaO-SiO_2-Al_2O_3$、$CaO-MgO-Al_2O_3$ 和 $CaO-SiO_2-MgO-Al_2O_3-CaF_2$ 渣与铁液间的界面张力随铁液中元素含量的变化[20]。从图中可以得出钢中的非表面活性杂质元素基本都能使钢渣间的界面张力降低。而钢中表面活性元素 O 和 S，即使是在其含量很小的情况下，也能够迅速降低钢渣间的界面张力，如图 8-9（b）和（c）所示[22]。

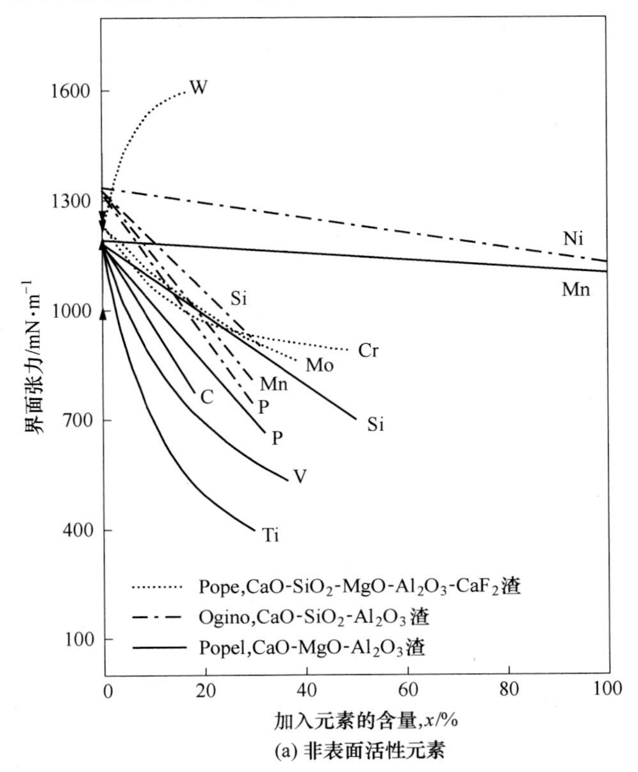

(a) 非表面活性元素

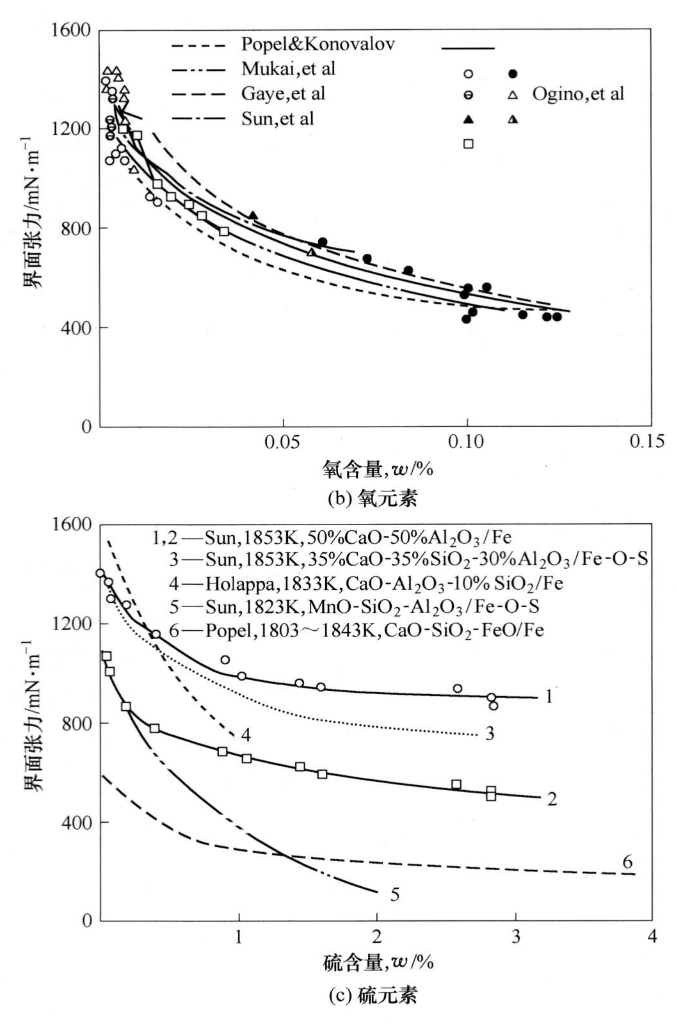

(b) 氧元素

(c) 硫元素

图 8-9 钢中元素对钢渣间界面张力的影响[20,22]

图 8-10 为钢液与 $CaO-SiO_2$、$CaO-SiO_2-Al_2O_3$ 和 $CaO-MgO-Al_2O_3$ 系熔渣的界面张力随渣成分的变化[23]。从图 8-10（a）中可以得出，对于 $CaO-SiO_2$ 系熔渣，$CaO-SiO_2$ 比一定，当向炉渣中添加其他组分时，大部分添加物，如 MgO、B_2O_3、TiO_2、BaO 或 ZrO 等对钢液与熔渣的界面张力的影响较小。对于 $CaO-SiO_2-Al_2O_3$ 和 $CaO-MgO-Al_2O_3$ 系熔渣，分别如图 8-10（b）和图 8-10（c）所示，Na_2O、P_2O_5 作为渣中的表面活性元素，能够迅速降低渣钢间的界面张力。同时，渣钢间的界面张力也随着 FeO 含量、MnO 含量的增加而迅速降低。添加 FeO 时界面张力的降低主要是由于 FeO 的增加使得钢液中的氧含量增加（FeO→Fe+O）。而在加入 MnO 时，由于 MnO 与 Fe 之间的反应（MnO+Fe→Mn+FeO），可以间接增加钢液中的氧含量，进而导致界面张力的降低。

8.2.1.3 成分对接触角的影响

钢中不同元素对钢液与夹杂物间的接触角的影响程度不同。钢液成分的变化将导致固

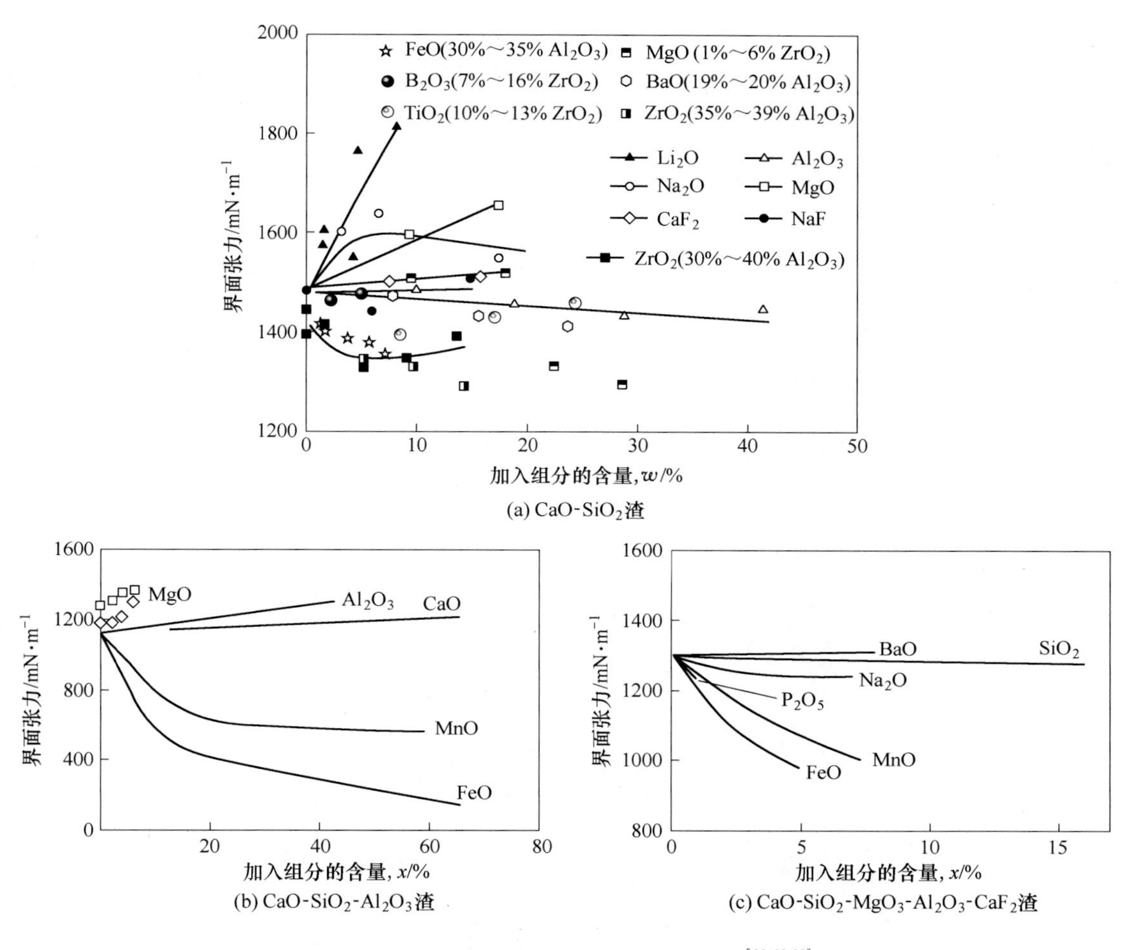

图 8-10 1853K 下钢液与熔渣的界面张力[20,23-25]

液之间的界面张力的变化，进而引起接触角的变化。此外，钢中的某些元素能够通过影响固液界面间的化学反应来改变接触角。

图 8-11 为铁液中部分元素含量的变化对铁液与 Al_2O_3 间接触角的影响。

图 8-11（a）为第六主族元素对接触角的影响[26,27]。从图中可以得出，随着铁液中氧含量的增加，接触角值减小；随着硒和碲含量的增加，接触角增大；而硫元素对接触角的影响不大。图 8-11（b）为部分非表面活性元素对钢液与 Al_2O_3 间接触角的影响，随着其含量的增加，接触角都呈减小的趋势。同时，钢液与不同固体氧化物间的接触角不同，如图 8-12 所示[28-30]。随时间的增加，接触角都有不同程度的减小，其原因主要是在固液界面发生界面反应，新的反应产物使得接触角变小。

熔渣的成分及其含量对接触角的影响较为复杂。冶金过程中最常见的渣系为 CaO-Al_2O_3-SiO_2 渣系，在此，仅以该渣系为例，分析其成分对接触角的影响。图 8-13[12] 为在 1873K 时，该渣系成分的变化对其与 Al_2O_3 间的接触角的影响。在 CaO-Al_2O_3-SiO_2 渣系中，当 $Al_2O_3/SiO_2<2.92$ 时，接触角随渣中 CaO 含量的增加先减小再增大；而当 Al_2O_3/

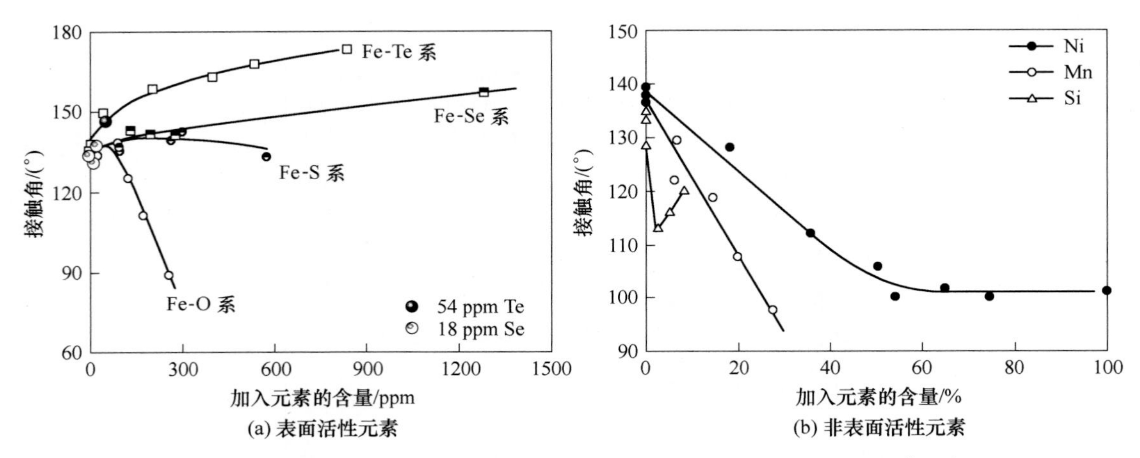

图 8-11　铁液中部分元素含量的变化对铁液与 Al_2O_3 间接触角的影响[26,27]

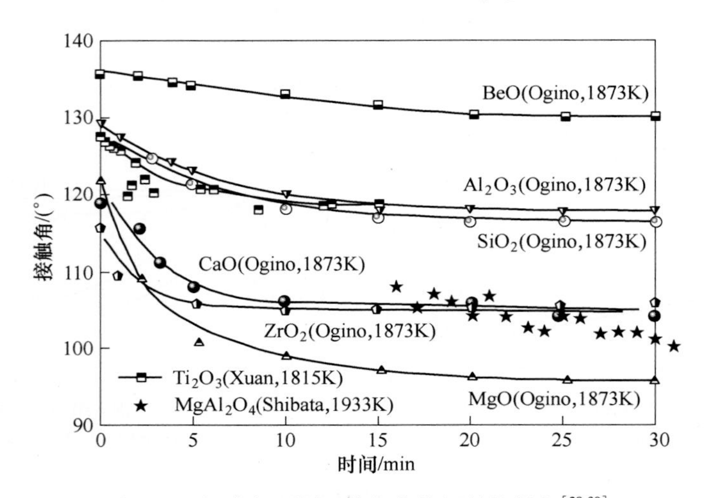

图 8-12　钢液与不同固体氧化物间的接触角[28-30]

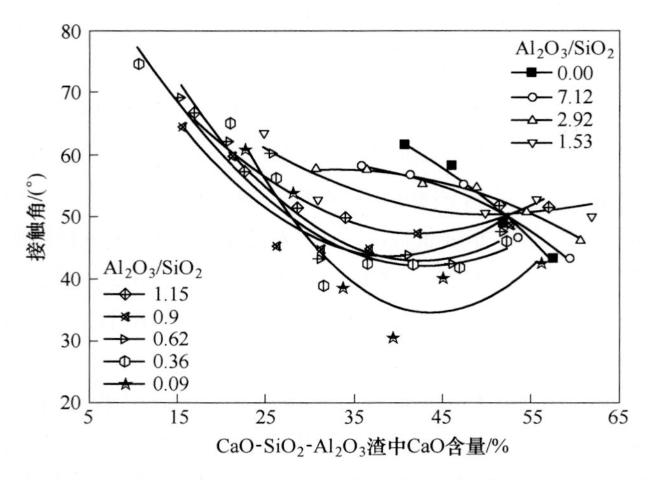

图 8-13　1873K 下 Al_2O_3 与 $CaO-Al_2O_3-SiO_2$ 渣系的接触角随渣中 CaO 含量的变化[12]

SiO_2>2.92 和 Al_2O_3=0 时，接触角随渣中 CaO 含量的增加则逐渐减小。而当 CaO 含量一定时，在 Al_2O_3/SiO_2>2.92 的范围内，随着 Al_2O_3/SiO_2 的减小，接触角呈减小的趋势。图 8-14 为 1873K 下 Fe-O-Si 合金与熔渣的接触角随渣成分的变化[31]。对于 CaO-Al_2O_3-SiO_2 渣系，当 CaO/Al_2O_3 比值一定（约为 1）且钢中氧活度较小时，随着渣中 SiO_2 含量的增加，接触角减小。对于 CaO-Al_2O_3-SiO_2-FeO_x 渣系，当 CaO/Al_2O_3≈1 且钢中氧活度较小时，接触角随着渣中 SiO_2 含量的增加，接触角减小；当钢中氧活度较大时，接触角随着渣中 SiO_2 含量增加而增大。

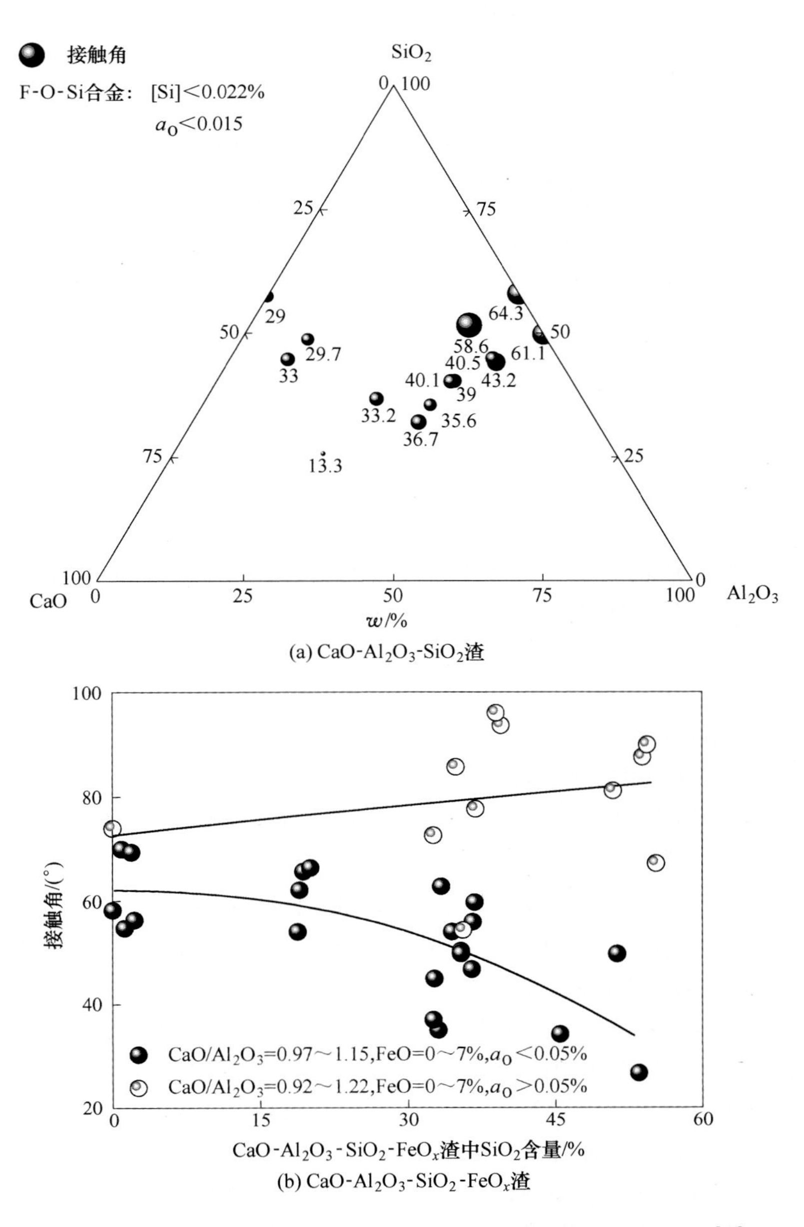

图 8-14 1873K 下 Fe-O-Si 合金与熔渣的接触角随渣成分的变化[31]

8.2.2　温度对界面润湿性的影响

绝大多数物质的表面张力的温度系数（$d\gamma/dT$）都为负值，但在一定温度范围内，部分合金的温度系数为正值。图 8-15 为不同铁合金的表面张力随温度的变化[32,33]。从图中得出，Fe-C 合金、氧含量很低的 Fe-O 合金和 Fe-S 合金的温度系数为负值，而其他则为正值。

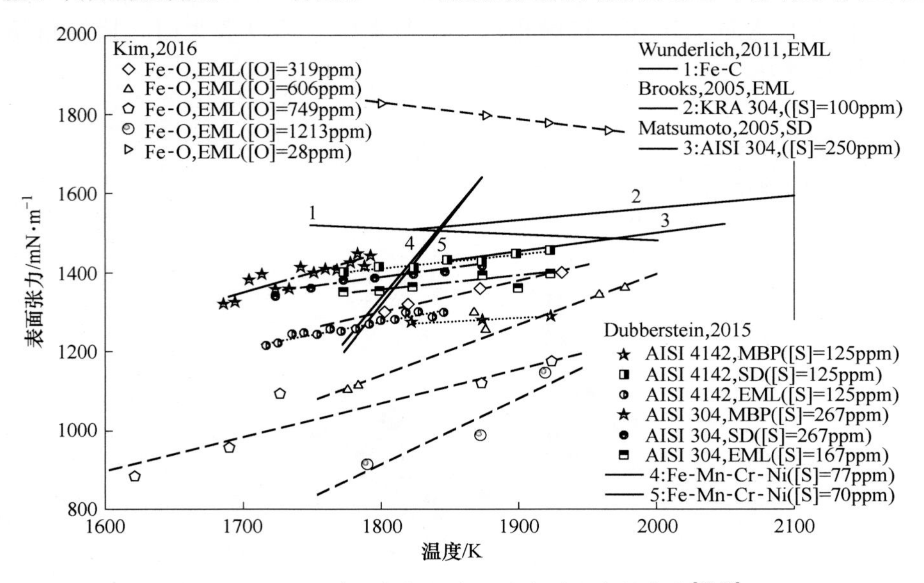

图 8-15　Fe-O 合金与钢的表面张力随温度的变化[32,33]

钢液中不可避免地都含有一定的表面活性元素，如氧元素和硫元素。Belton 根据 Gibbs 和 Langmuir 吸附等温模型，提出了求解含有表面活性元素的液态 Fe-i 二元体系的表面张力模型：

$$\gamma_0 - \gamma = RT\Gamma_i \ln(1 + K_{ad} a_i) \tag{8-6}$$

式中，γ_0 为纯铁液的表面张力，N/m；Γ_i 为饱和元素 i 的表面吸附，mol/m^2；K_{ad}为元素 i 的吸附平衡常数；a_i 为元素 i 的活度。

Sahoo 等对式（8-6）进行了修改，考虑了温度对吸附系数（K_{ad}）的影响：

$$K_{ad} = k_i e^{-\Delta H^\ominus/RT} \tag{8-7}$$

$$\gamma = \gamma_0 - A(T - T_m) - RT\Gamma_i \ln(1 + k_i e^{-\Delta H^\ominus/RT}) \tag{8-8}$$

式中，A 为纯铁的表面张力的温度系数，N/(m·K)；T_m为纯铁的熔化温度，K；k_i 为与元素 i 相关的常数；$\Delta H^\ominus$为标准吸附焓，J/mol。

对于 Fe-O 和 Fe-S 体系，可以用式（8-6）~式（8-8）求解其表面张力随温度和表面活性元素含量的变化，计算使用的参数如表 8-4 所示[34-36]，计算结果如图 8-16 和图 8-17 所示。从图 8-16 中可以得出，当 Fe-O 合金中氧含量较高时，合金中氧活度较高，表面张力随着温度的升高而升高；而当氧含量较低时，表面张力随着温度的升高而降低，与图 8-15中的趋势一致。在钢液中，表面张力将取决于可溶解氧或硫的含量，而不是总量，因为钢中夹杂物对表面张力的影响可以忽略。大多数钢中含有诸如 Al、Si、Mn 和 Cr 等元素，这些元素可以降低溶解氧，使钢中的溶解氧含量不可能太高。除非在钢液中含有过剩氧，否则可以认为氧对钢液表面张力没有影响。因此，对于大部分钢液，S 元素对表面张力的影响为主要的。图 8-18[34,37] 为部分钢种的表面张力的温度系数随钢中硫含量的变化。图 8-18 中的 1~7 是 Lee[34] 通过公式计算得到的。对于 Fe-S 合金，使温度系数发生改变的硫的临界含量在 47~60ppm，温度在 1809~1840K。图 8-18 中的数据点为 Brooks[37] 对大量钢种实际测得的数据。对于铁素体钢，临界硫含量小于 30ppm，而对于奥氏体钢，临界硫含量小于 60ppm。

表 8-4　用于计算 Fe-O/Fe-S 体系表面张力的参数值[34-36]

γ_0 /N·m^{-1}	A/N·(m·K)$^{-1}$	R/J·(mol·K)$^{-1}$	T_m /K	Fe-S 合金			F-O 合金	
				$\Gamma_S/10^{-6}$ mol·m^{-2}	k_S	$\Delta H^{\ominus}$ /J·mol^{-1}	$\Gamma_O/10^{-6}$ mol·m^{-2}	K_{ad}
1.94	0.00051	8.314	1810	13.0	9960/T-2.75	-1.66×10^5	18.6	$\dfrac{(4.27\pm0.04)\times10^4}{T}-(10.1\pm0.3)$

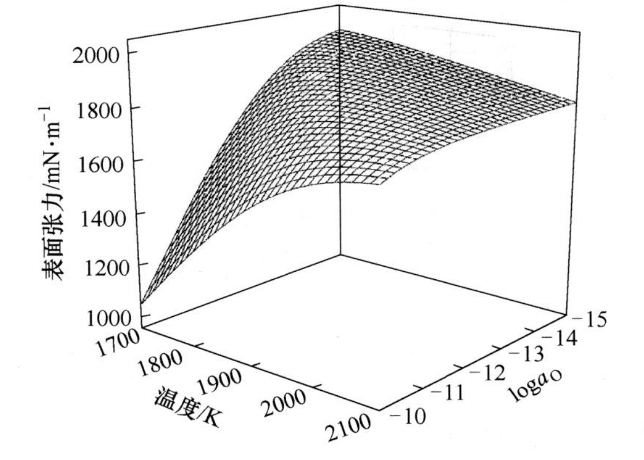

图 8-16　Fe-O 合金表面张力随温度以及钢中氧活度的变化

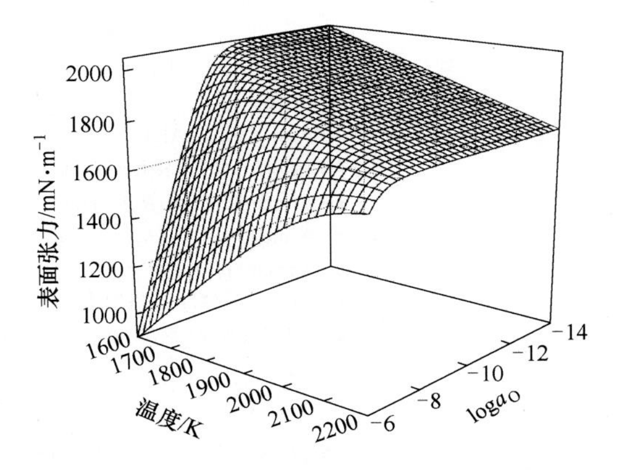

图 8-17　Fe-S 合金表面张力随温度以及钢中氧活度的变化

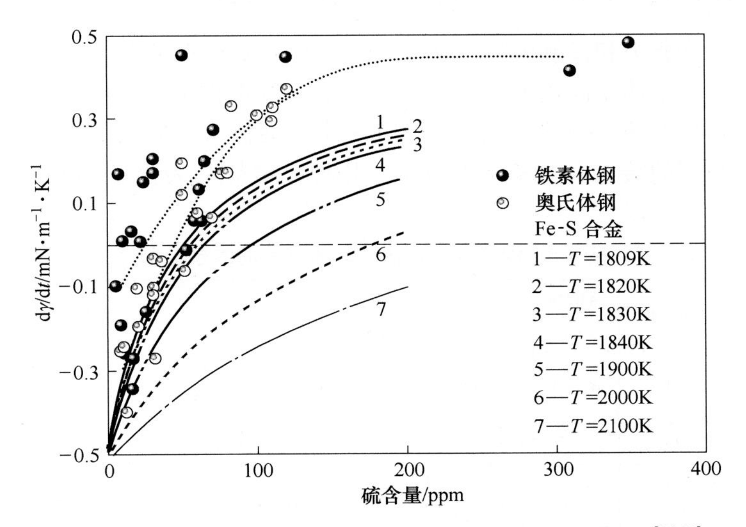

图 8-18　Fe-S 合金、铁素体钢和奥氏体钢的表面张力系数[34,37]

渣的表面张力也受温度影响。图 5-7 为不同渣系的表面张力随温度的变化[38-42]。从图中可以看出，随着温度的升高，渣的表面张力基本不变或者略微下降。图 5-8[43,44]为钢渣间的界面张力随温度的变化，可以得出，界面张力都随着温度的升高而降低。温度对接触角的影响，包括钢与固体氧化物以及渣与耐火材料的接触角随温度的变化如图 8-19 和图 5-9 所示。从图 8-19[45,46]中可以得出，钢液与固体氧化物间的接触角随温度的变化不大。图 5-9[47-49]为渣与固体间的接触角随温度的变化，渣与固体钢以及渣与耐火材料间的接触角都随着温度的升高而呈降低的趋势。

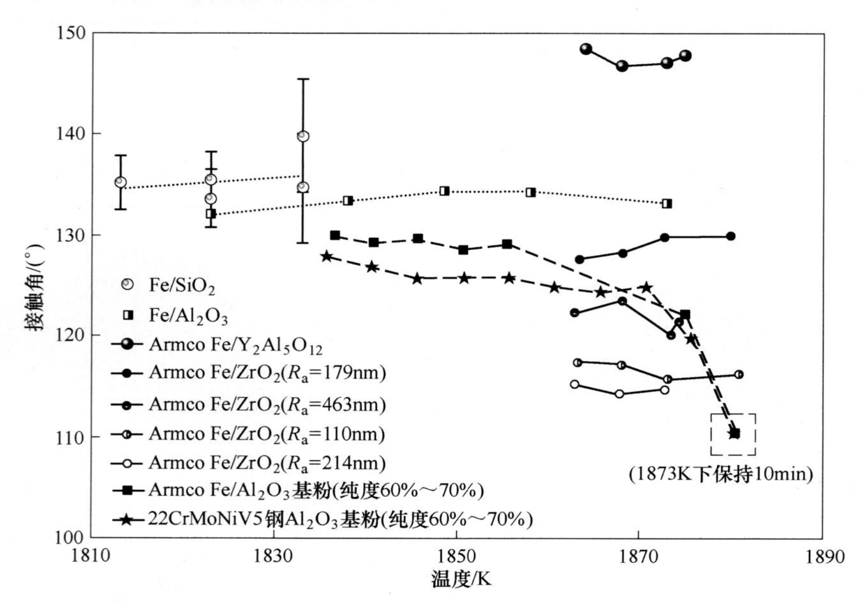

图 8-19 钢液与固体氧化物间的接触角随温度的变化[45,46]

8.3 钢铁冶金过程中几种常见物质间的界面润湿性

表面张力、界面张力和接触角在测定过程中受多种因素的影响，不同的实验条件下，不同学者测量得到的结果偏差也较大。在此，总结了部分钢铁冶金过程中常见物质的表面张力、界面张力以及接触角。钢液或纯铁液与几种常见固体基片之间的接触角如表 8-5 所示。熔渣与固体基片之间的接触角如表 8-6 所示。几种主要样品表面张力和界面张力如表 8-7 所示。

表 8-5 钢液或纯铁液与固体基片间的接触角

作者	温度/℃	氧化物	粗糙度/nm	钢	成分/ppm	气氛	接触角/(°)	年代	文献
Xuan	1542	Al_2O_3	$R_a=5$	纯铁	[O]=67	Ar (P_{O_2} = 10^{-16} ~ 10^{-13})	105② 103③	2015	[30]
Mukai	1550	Al_2O_3	—①	Fe-16%Cr	[O]=≤70	Ar-15%H_2	150	2002	[50]
Kapilashrami	1550	Al_2O_3	—①	纯铁		Ar(P_{O_2} ≤ 10^{-13})	132	2003	[51]
Shin	1550	Al_2O_3	$R_a=333$	Fe-19%Cr-10%Ni	[O]=70	H_2	95	2008	[52]

续表 8-5

作者	温度/℃	氧化物	粗糙度/nm	钢	成分/ppm	气氛	接触角/(°)	年代	文献
Zhao	1600	Al_2O_3	—①	电解铁	—①	Ar	125②/③	2003	[53]
Shibata	1660	Al_2O_3	$R_a<1$	纯铁	[O]=17	Ar($P_{O_2}=10^{-13}$)	105③	2009	[29]
Shibata	1660	MgO	<1	纯铁	17	Ar($P_{O_2}=10^{-13}$)	90③	2009	[29]
Heikkinen	1550	MgO	—①	钢	—①	—①	127	2010	[54]
Heikkinen	1600	MgO	—①	钢	—①	—①	96	2010	[54]
Xuan	1542	MgO	5	纯铁	67	Ar ($P_{O_2}=10^{-16}\sim10^{-13}$)	99② 90③	2015	[30]
Shen	1550	MgO	—①	Fe-Al 合金(18ppm/370ppm Al)	—①	Ar+H_2	133.5/134.6	2017	[55]
Cramb	1600	SiO_2	—①	纯铁	—①	—①	115	1989	[56]
Cramb	1550	SiO_2	—①	纯铁	—①	—①	110	1989	[56]
Kapilashrami	1550	SiO_2	—①	纯铁	极低	Ar($P_{O_2}<10^{-12}$)	135	2003	[45]
Lee	1350	CaO	112	Fe-4%C	—①	Ar	147②	2004	[57]
Yoshikawa	1550	CaO	—	电解铁	130	Ar-10%H_2	118②	2011	[58]
Xuan	1542	Ti_2O_3	3000	纯铁	67	Ar($P_{O_2}=10^{-14}$)	128② 121③	2015	[30]
Nakashima	1600	ZrO_2	±1000	电解铁	420	Ar	93② 90③	1993	[59]
Nakashima	1600	ZrO_2	±1000	电解铁	420	Ar-50%H_2	124② 116③	1993	[59]
Nakashima	1600	ZrO_2	±1000	电解铁	420	H_2	125② 123③	1993	[59]
Cramb	1550	MnO	—①	纯铁	—①	—①	113	1989	[56]
Cramb	1500	SiC	—①	0.16%C	—①	—①	60	1989	[56]
Naidich, Yunes	1550	石墨	—①	纯铁	—①	真空	37~51	1981, 2006	[60, 61]
Cramb	1460	石墨	—①	0.16%C	—①	—①	120	1989	[56]
Sun, Yunes	1300~1500	石墨	—①	纯铁	—①	Ar	59~66	1998, 2006	[60, 62]
Wu, Yunes	1600	石墨	—①	纯铁	—①	Ar	97② 62 (30min)	1998, 2006	[60, 63]
Zhao	1600	石墨	—①	电解铁	—①	Ar	64② 38③	2003	[53]
Zhao, Yunes	1600	石墨	—①	纯铁	—①	Ar	64② 38(9min)	2003, 2006	[53, 60]
Yunes	1550	石墨	—①	纯铁	—①	真空/H_2/He	0/37/51	2006	[60]
Heikkinen	1550	石墨	—①	钢	—①	真空	0~50	2010	[54]

续表 8-5

作者	温度/℃	氧化物	粗糙度/nm	钢	成分/ppm	气氛	接触角/(°)	年代	文献
Amadeh	1550	TiN	—①	超低碳钢	—①	—①	110③	2001	[64]
Xuan	1542	TiN	<250	纯铁	—①	Ar	130② 88③	2015	[65]
Xuan	1542	TiN	<250	钢	—①	Ar	110② 50③	2015	[65]
Ogino	1600	BeO	较粗糙	纯铁	—①	H_2	136② 130③	1973	[28]
Zhang	1550	MgAlON	3000	纯铁	—①	$CO-CO_2-Ar$	130	2006	[66]
Heikkinen	1550	MgO-C (92. 2-5)	—①	低合金钢	—①	Ar	108. 5	2010	[54]
Heikkinen	1550	MgO-C (92. 2-5)	—①	超低碳钢	—①	Ar	111. 6	2010	[54]
Heikkinen	1550	MgO-C (92. 2-5)	—①	不锈钢	—①	Ar	116. 8	2010	[54]
Ikram-ul-haq	1550	Al_2O_3-C (C：10~30)	—①	纯铁	—①	Ar	135~140② 130~135③	2010	[67]
Shibata	1660	$MgO-Al_2O_3$ (摩尔比 1∶1)	1	纯铁	17	Ar ($P_{O_2}=10^{-13}$)	105③	2009	[29]
Fukami	1560	$MgO-Al_2O_3$ (摩尔比 1∶1)	—①	电解铁	80	Ar	108②/③	2009	[68]
Kaplashrami	1550	$Al_2O_3-SiO_2$ (74-26)	—①	纯铁	极低	$Ar-CO-CO_2$ ($P_{O_2}=9.9\times10^{-3}$)	119② 74 (180s)	2004	[69]

注：气体百分比数值代表体积百分比，固体百分比数值代表质量百分比。
①文中未明确给出的参数；②初始接触角；③平衡接触角。

表 8-6　熔渣与固体基片间的接触角

作者	基片	粗糙度/nm	温度/℃	渣成分及含量/wt%	气氛	接触角/(°)	年代	参考文献
Seo	Al_2O_3	—①	1400	$CaO-SiO_2-Al_2O_3$ (28. 9-55. 2-15)	—①	106② 55③	2001	[70]
Choi	Al_2O_3	553	1600	$CaO-Al_2O_3-SiO_2$	Ar	38~75	2003	[12]
Shen	Al_2O_3	<100	1200	$SiO_2-MnO-TiO_2-FeO_x$ (39-44-11-6)	Ar	40② 12③	2009	[71]
Abdeyazdan, Monaghan	Al_2O_3	1000	1500	$CaO-Al_2O_3-SiO_2-MgO$	Ar	19~20③	2015	[72]
Aneziris	MgO (97. 5)	3920	1116	SiO_2-FeO (39. 4-50. 5)	Ar (P_{O_2}=30~40)	36. 2③	2008	[73]
Shen	MgO	<100	1200	$SiO_2-MnO-TiO_2-FeO_x$ (39-44-11-6)	Ar	42② 8③	2009	[71]

续表 8-6

作者	基片	粗糙度 /nm	温度 /℃	渣成分及含量 /wt%	气氛	接触角 /(°)	年代	参考文献
Parry	MgO		1300~1450	$CaO-Al_2O_3-SiO_2-MgO$	空气	42~55	2009	[74]
Heo	MgO	—①	1600	$CaO-SiO_2$ (45-55)	Ar-10%H_2	10②	2012	[75]
Park	MgO	<0.5	1600	$CaO-SiO_2$ (50-50)	Ar	5③	2014	[76]
Park	MgO	470	1600	$CaO-SiO_2$ (50-50)	Ar	5③	2014	[76]
Yu	MgO	200~400	1250	Fe_2O_3-CaO (摩尔比 1：1)	Ar	29.8② 4.5③	2015	[65]
Seo	SiO_2	—①	1400	$CaO-SiO_2-Al_2O_3$ (29.8-55.2-15)	—①	135② 76③	2001	[70]
Seo	TiO_2	—①	1400	$CaO-SiO_2-Al_2O_3$ (29.8-55.2-15)	—①	38② 20③	2001	[70]
Shen	石墨	<100	1200	$SiO_2-MnO-TiO_2-FeO_x$ (39-44-11-6)	Ar	156② 125③	2009	[71]
Parry	石墨	—①	1600	$CaO-Al_2O_3-SiO_2$	—①	102	2009	[74]
Parry	石墨	—①	1600	$CaO-Al_2O_3-SiO_2-MgO$	—①	116~123	2009	[74]
Parry	石墨	—①	1600	$CaO-Al_2O_3-SiO_2$	—①	102	2009	[74]
Parry	石墨	—①	1600	$CaO-Al_2O_3-SiO_2-FeO$	—①	103~117	2009	[74]
Heo	石墨	—①	1600	$CaO-SiO_2$ (45-55)	Ar-10%H_2	115②	2012	[75]
Safarian	SiC	—①	1600	$CaO-SiO_2$ (SiO_2：47~60)	Ar ($P_{O_2}=10^{-17}$)	10~50	2009	[77]
Safarian	SiC	—①	1600	$CaO-SiO_2$ (SiO_2：47~60)	CO ($P_{O_2}=10^{-18}$)	10~50	2009	[77]
Cramb	Si_3N_4	—①	1550	$CaO-SiO_2-MgO$ (10-56-34)	—①	50	1989	[56]
Cramb	Si_3N_4	—①	1550	Na_2O-SiO_2-MgO	—①	20	1989	[56]
Abdeyazdan, Monaghan	$MgO-Al_2O_3$ (摩尔比 1：1)	1000	1500	$CaO-Al_2O_3-SiO_2-MgO$	Ar	14~18③	2015	[72]
Abdeyazdan, Monaghan	$CaO-Al_2O_3$ (摩尔比 1：1)	1000	1500	$CaO-Al_2O_3-SiO_2-MgO$	Ar	5~11③	2015	[72]
Heikkinen	MgO-C	—①	1550	$Al_2O_3-CaO-SiO_2-MgO$ (25-62-7-2)	Ar	22	2010	[54]
Heo	MgO-C (C：4)	—①	1600	$CaO-SiO_2$ (45-55)	Ar-10%H_2	40②	2012	[75]
Heo	MgO-C (C：17)	—①	1600	$CaO-SiO_2$ (45-55)	Ar-10%H_2	92②	2012	[75]
Heo	MgO-C (C：17)	—①	1600	$CaO-SiO_2-Al_2O_3$ (40-50-10)	Ar-10%H_2	50②	2012	[75]

续表 8-6

作者	基片	粗糙度 /nm	温度 /℃	渣成分及含量 /wt%	气氛	接触角 /(°)	年代	参考文献
Yuan	MgO-C (C：≥18) (钢厂镁碳砖)	—①	1510	$CaO-SiO_2-MgO-FeO$ (53-16-9-17)	—①	22③	2013	[78]
Parry	Fe	—①	1350~1450	$CaO-SiO_2-Al_2O_3$	$Ar-5\%H_2$	40~60③	2008	[79]
Parry	Fe	50	1350~1450	$MnO-SiO_2$ (58. 5-38. 5)	$Ar-5\%H_2$	5~9③	2008, 2009	[74, 79]
Parry	Fe	50	1350~1450	$CaO-SiO_2-Al_2O_3$ (22. 1-63. 1-14. 2)	$Ar-5\%H_2$	44~60③	2009	[74]
Shatokha	Fe	—①	1150~1250	$CaO-SiO_2-FeO$ (22-14-63)	Ar	5~60	2015	[80]
Parry	Pt	50	1350~1450	$MnO-SiO_2$ (58. 5-38. 5)	$Ar-5\%H_2$	12~15③	2009	[74]
Parry	Pt	50	1350~1450	$CaO-SiO_2-Al_2O_3$ (22. 1-63. 1-14. 2)	$Ar-5\%H_2$	15③	2009	[74]
Parry	Ni	50	1350~1450	$MnO-SiO_2$ (58. 5-38. 5)	$Ar-5\%H_2$	3③	2009	[74]
Parry	Ni	50	1350~1450	$CaO-SiO_2-Al_2O_3$ (22. 1-63. 1-14. 2)	$Ar-5\%H_2$	59~60③	2009	[74]
Zhou	ULC 钢片	—①	1300~1527	结晶器保护渣 (低碱度)	真空充氩	48	2017	[48]
Zhou	20Mn23AlV 钢片	—①	1300~1527	结晶器保护渣 (低碱度)	真空充氩	15	2017	[48]
Zhou	20Mn23AlV 钢片	—①	1300~1527	结晶器保护渣 (高碱度)	真空充氩	32	2017	[48]

注：气体百分比数值代表体积百分比，固体百分比数值代表质量百分比。
①文中未明确给出的参数；②初始接触角；③平衡接触角。

表 8-7　表面张力和界面张力

作者	样　品	氧硫含量 /ppm	温度 /℃	表（界）面张力 $/mN \cdot m^{-1}$	年代	参考文献
Jones, Parry	γ-Fe	—	1360~1400	2170	1970, 2009	[74, 81]
Jones, Parry	δ-Fe	—	1440	2040	1970, 2009	[74, 81]
Kasama, Cramb	Fe	—	1600	1890	1980, 1989	[56, 82]
Takiuchi	Fe	O=11 S=34	1550	1875	1991	[83]
Takiuchi	Fe	O=20. 4	1550	1889	1991	[83]
Jun	Fe	O=19. 2	1550	1929	1998	[84]

续表 8-7

作者	样　品	氧硫含量 /ppm	温度 /℃	表（界）面张力 /mN · m^{-1}	年代	参考文献
Parry, Jones	Ni	—	1357~1437	1940	2009, 1970	[74, 81]
Parry, Jones	Pt	—	1310	2340	2009, 1970	[74, 81]
Nogi, Ogino	Al_2O_3	—	1600	750	1982, 1973	[85, 86]
Ikemiya, Tanaka	Al_2O_3	—	—	610	1993, 2003	[87, 88]
Hanao	Al_2O_3	—	—	1024−0. 177T	2007	[89]
Cramb, Halden	Al_2O_3-Fe(l)	—	1570	2300（界）	1989, 2002	[56, 90]
Cramb, Halden	MgO-Fe(l)	—	1725	1600（界）	1989, 2002	[56, 90]
Parry	Fe-(MnO-SiO_2)	—	1350~1450	1580~1720（界）	2009	[74]
Parry	Fe-(CaO-Al_2O_3-SiO_2)	—	1350~1450	1700~1980（界）	2009	[74]
Parry	Ni-(MnO-SiO_2)	—	1350~1450	1480	2009	[74]
Parry	Ni-(CaO-Al_2O_3-SiO_2)	—	1350~1450	1750~1770	2009	[74]
Parry	Pt-(MnO-SiO_2)	—	1350~1450	1880~1890	2009	[74]
Parry	Pt-(CaO-Al_2O_3-SiO_2)	—	1350~1450	1930	2009	[74]
Dumay	(Fe-Si)-(CaO-Al_2O_3-SiO_2)	—	1450	772~1404	1995	[91]
Ikemiya, Tanaka	MgO	—	—	660	1993, 2003	[87, 88]
Hanao	MgO	—	—	1770−0. 636T	2007	[89]
Ikemiya, Tanaka	CaO	—	—	670	1993, 2003	[87, 88]
Hanao	CaO	—	—	791−0. 0935T	2007	[89]
Ikemiya, Tanaka	SiO_2	—	—	310	1993, 2003	[87, 88]
Hanao	SiO_2	—	—	243. 2+0. 031T	2007	[89]
Ikemiya, Tanaka	Na_2O	—	—	310	1993, 2003	[87, 88]
Hanao	Na_2O	—	—	438−0. 116T	2007	[89]
Ikemiya, Tanaka	MnO	—	—	630	1993, 2003	[87, 88]
Kalisz	MnO	—	—	988−0. 179T	2014	[92]
Cramb	CaO-SiO_2	—	1600	485	1989	[56]
Cramb, Ogino	FeO	—	1600	570	1989, 1977	[56, 93]

续表 8-7

作者	样品	氧硫含量/ppm	温度/℃	表（界）面张力/mN · m⁻¹	年代	参考文献
Ikemiya, Tanaka	FeO	—	—	550	1993, 2003	[87, 88]
Liu	TiO_2	—	—	1384.3−0.6254*T*	2014	[94]
Mills, Parry	$CaO-SiO_2-Al_2O_3$	—	1350~1450	425	1995, 2009	[74]
Hanao	CaF_2	—	—	1604.6−0.72*T*	2007	[89]
Mills, Parry	$MnO-SiO_2$	—	1350~1450	465	1995, 2009	[74]
Masanori	SiO_2-CaO-10%~20%Na_2O	—	1500	405~369	2016	[95]
Masanori	SiO_2-CaO-10%CaF_2-2%~7.3%Na_2O	—	1500	388~354	2016	[95]
Masanori	SiO_2-CaO-20%CaF_2-0~13.7%Na_2O	—	1500	391~298	2016	[95]
Masanori	SiO_2-CaO-10%~25%NaF（碱度 0.86）	—	1500	331~253	2016	[95]
Masanori	SiO_2-CaO-8%~25%NaF（碱度 0.72）	—	1500	361~278	2016	[95]
Masanori	SiO_2-CaO-15%~25%NaF（碱度为 1）	—	1500	314~268	2016	[95]
Yu	$CaO-Fe_2O_3$-2%(Al_2O_3, SiO_2, MgO, TiO_2)	—	1250	630~645	2015	[96]
Monaghan	$CaO-SiO_2-Al_2O_3$（碱度 0.34~0.68）	—	1550	408~472	2015	[72]
Monaghan	$CaO-SiO_2-Al_2O_3$-6.3%MgO（碱度 0.81~1.22）	—	1550	594~597	2015	[72]
Yoon	$CaO-SiO_2-Al_2O_3$-MgO（非饱和渣）	—	1650	510	2017	[97]
Yoon	$CaO-SiO_2-Al_2O_3$-MgO（饱和渣）	—	—	460	2017	[97]

注：与温度相关的表面张力表达式中，温度 *T* 的单位为 K。

8.4 钢液、熔渣与耐火材料的相互作用

耐火材料作为钢铁冶炼过程中高温反应容器的内衬，熔渣与钢液对耐火材料的侵蚀将影响其在冶炼过程中的寿命，同时耐火材料的侵蚀也可能导致钢中夹杂物的产生，进而影响钢液的洁净度。在冶炼过程中，钢液与熔渣界面处对耐火材料的侵蚀最严重，其次是熔渣对耐火材料的侵蚀，而钢液对耐火材料的侵蚀最小。实际冶炼过程中，在钢包、中间包、塞棒、水口等部位的渣线处的耐火材料同时受到钢液与熔渣的侵蚀作用，通常是冶炼过程中侵蚀最为严重的区域。钢液、熔渣与耐火材料间的润湿性与耐火材料使用时发生的各种现象有着密切的联系。通常可以通过测定钢液与耐火材料或者熔渣与耐火材料的接触角的值来大体估计耐火材料的抗侵蚀性能。一般来说，难润湿的耐火材料其抗侵蚀性较高，但易润湿的耐火材料其抗侵蚀性不一定低[98]。

8.4.1 熔渣对耐火材料的侵蚀

熔渣渗透到耐火材料中，然后将难熔颗粒分散在炉渣中，是耐火材料的损毁机理之一。氧化物的侵蚀不仅是由氧化物的溶解引起的，也是液相渗透到氧化物中的结果。首先，通过使用 FactSage 热力学软件分别计算了不同碱度的 $CaO-SiO_2-Al_2O_3$ 熔渣对 MgO 耐

火材料与 $CaO-SiO_2-MgO$ 熔渣对 Al_2O_3 耐火材料的溶解度，其结果如图 8-20 和图 8-21 所示。从图中可以得出，对于 $CaO-SiO_2-Al_2O_3$ 熔渣，随着熔渣的碱度降低，MgO 耐火材料的溶解度增加；而对于 $CaO-SiO_2-MgO$ 熔渣，随着熔渣的碱度降低，Al_2O_3 耐火材料的溶解度降低。通过熔渣表面张力计算公式，求出了饱和溶解耐火材料的熔渣与初始熔渣的表面张力。饱和溶解耐火材料前后的熔渣表面张力的差值随熔渣碱度的变化如图 8-22 和图 8-23 所示。其变化趋势与耐火材料在渣中的溶解度的变化趋势一致，两者间差值越大，耐火材料的溶解度越大。

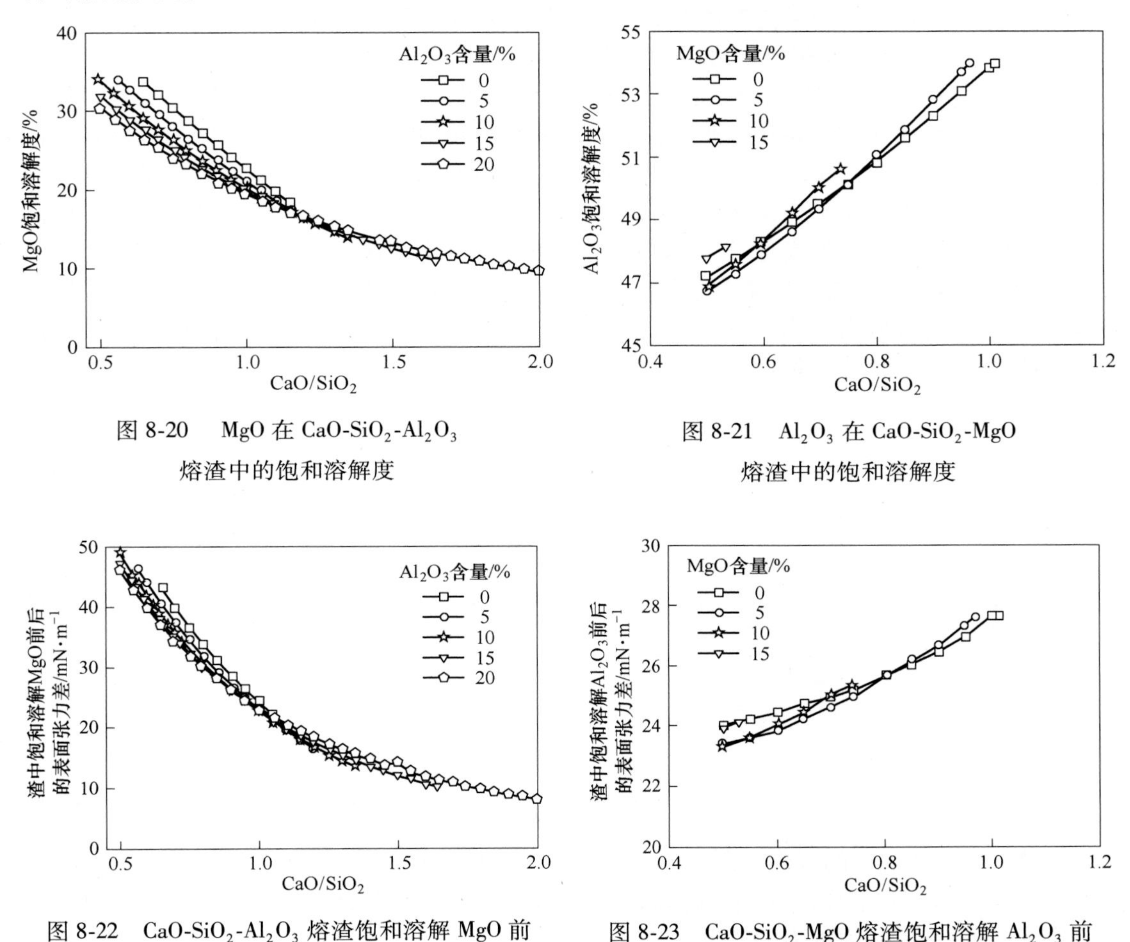

图 8-20　MgO 在 $CaO-SiO_2-Al_2O_3$ 熔渣中的饱和溶解度

图 8-21　Al_2O_3 在 $CaO-SiO_2-MgO$ 熔渣中的饱和溶解度

图 8-22　$CaO-SiO_2-Al_2O_3$ 熔渣饱和溶解 MgO 前后的表面张力的差值

图 8-23　$CaO-SiO_2-MgO$ 熔渣饱和溶解 Al_2O_3 前后的表面张力的差值

熔渣渗透到耐火材料中，与炉渣和耐火材料之间的润湿性密切相关，主要是在毛细管力的作用下通过耐火材料的开口气孔、晶界和裂纹进行渗透。毛细管力是熔渣渗透的驱动力。熔渣与耐火材料基质之间的润湿性是影响毛细管力的重要因素之一。较大的接触角使得炉渣难以穿透耐火材料中的孔隙和裂纹。比较熔渣对碳质和非碳质耐火材料的渗透情况，非碳质耐火材料的渗透程度是碳质耐火材料的 10 倍以上。但这并不是影响渗透深度的唯一因素，耐火材料中温度梯度对渗透深度也有影响。当温度达到临界温度 T_c时，其为渣的凝固温度，黏度增加，渗透深度降低[99]。

许多学者从理论上分析了熔渣对耐火材料的渗透深度，式（8-9）为熔渣渗透的驱动力。Heo[75]的研究结果表明，随着基片中碳含量的减小，固液间接触角明显减小，熔渣向内部的驱动力增大。式（8-10）~式（8-12）为不同学者得出的渗透深度的计算公式[100]。对于水平渗透，Siebring 得出的计算公式如式（8-10）所示。Wanibe 得出的计算公式（8-11）同 Siebring 的公式相比，变化不大。而对于垂直渗透，Siebring 和 Wanibe 都得出了在平衡状态下的渗透深度计算式，如式（8-12）所示。Washburn[101]提出了熔渣通过耐火材料的开口气孔、晶界和微裂纹渗透时的渗透速率 dL/dt 的计算公式，如式（8-13）所示。因为在初始渗透阶段，由渗透炉渣引起的静水压力 ρgL 与毛细管压力相比可以忽略。对式（8-13）在 t 时间内进行积分，可以得到和 Wanibe 相同的计算公式。根据式(8-11)和式(8-12)，当其他条件不变，仅改变润湿性时，可以得出渗透深度随润湿性的变化，如图 8-24 所示。不论是水平渗透还是垂直渗透，随着接触角的降低，熔渣表面张力的增加，渗透深度呈增加的趋势。Riaz[102]比较了用模型计算得出的渗透深度和实验值，得出计算值均大于实验值，尤其是平衡态下的垂直渗透模型。图 8-25 为实际测量得出的渗透深度随熔渣与耐火材的接触角的变化[103,104]。对于 LF 精炼渣，较低碱度的炉渣更容易润湿衬底，熔渣对耐火材料的渗透深度更深。而 $CaO\text{-}SiO_2\text{-}Al_2O_3$ 渣对纯 TiO_2 耐火材料的渗透比对 SiO_2 和 Al_2O_3 耐火材料严重。总的来说，渣与耐火材料间的接触角越小，渣的渗透越严重，与理论计算的趋势一致。

$$\Delta P = \frac{2\gamma_{lg}\cos\theta}{r} \tag{8-9}$$

$$L_{水平} = \sqrt{\frac{r\gamma_{lg}\cos\theta}{\eta}t} \tag{8-10}$$

$$L_{水平} = \sqrt{\frac{r\gamma_{lg}\cos\theta}{2\eta}t} \tag{8-11}$$

$$L_{垂直} = \frac{2\gamma_{lg}\cos\theta}{r\rho g} \tag{8-12}$$

$$\frac{dL_{垂直}}{dt} = \frac{r^2\left(\frac{2\gamma_{lg}\cos\theta}{r} - \rho gL\right)}{8\eta h} \tag{8-13}$$

式中，ΔP 为毛细现象的吸附压强，Pa；γ_{lg} 为液体的表面张力，N/m；θ 为接触角，(°)；r 为基片内毛细孔的半径，m；L 为渗透深度，m；η 为熔渣的黏度，Pa · s；t 为时间，s；ρ 为密度，kg/m^3；g 为重力加速度，m/s^2。

由式（8-9）~式（8-12）可得，润湿性是影响渣在耐火材料中的渗透深度的主要因素之一。因此，从熔渣渗透侵蚀耐火材料的角度分析，难润湿的耐火材料具有更高的抗侵蚀能力。钢铁冶炼过程中常用碳质耐火材料，是因为碳能降低渣与耐火材料的润湿性，提高其抗渣侵蚀性。图 8-26 和图 8-27[75]为渣与不同碳含量的耐火材料的润湿性和渗透性。随着碳含量的减少，渣与耐火材料间的润湿性增加，渣向耐火材料内部渗透的深度也增加。被渣渗透后的耐火材料含有大量低熔点相，使得其强度降低，易被冲刷剥落，造成耐火材料的损毁。但耐火材料中的碳渗入到钢液中后，会影响钢的洁净度。因此，碳含量需要控制在合适的水平[105]。

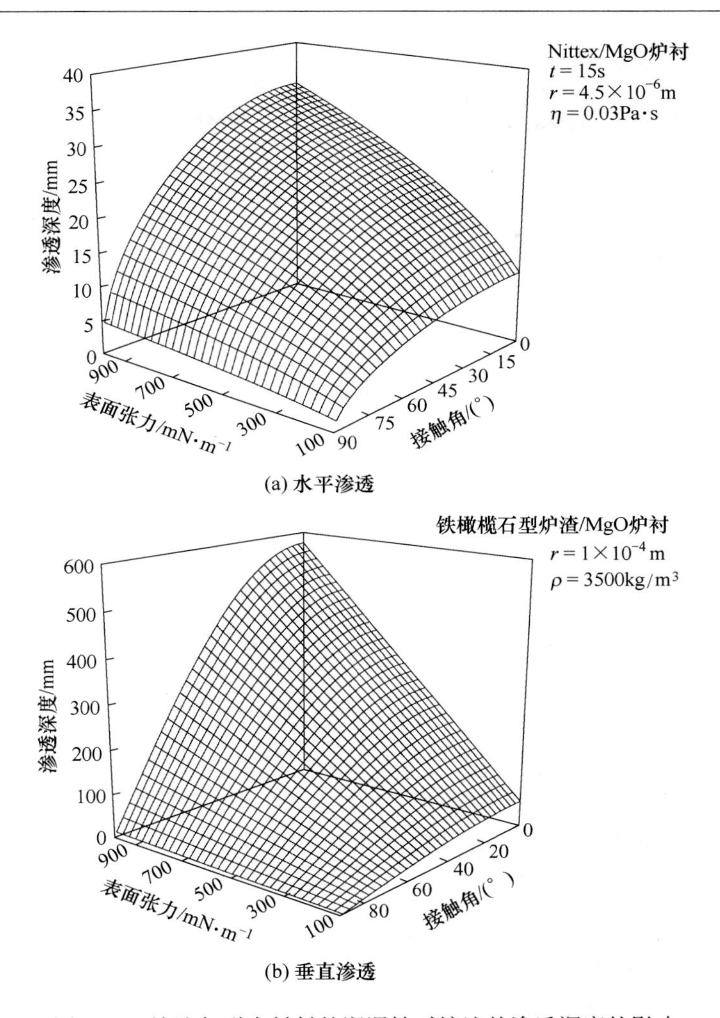

(a) 水平渗透

(b) 垂直渗透

图 8-24　熔渣与耐火材料的润湿性对熔渣的渗透深度的影响

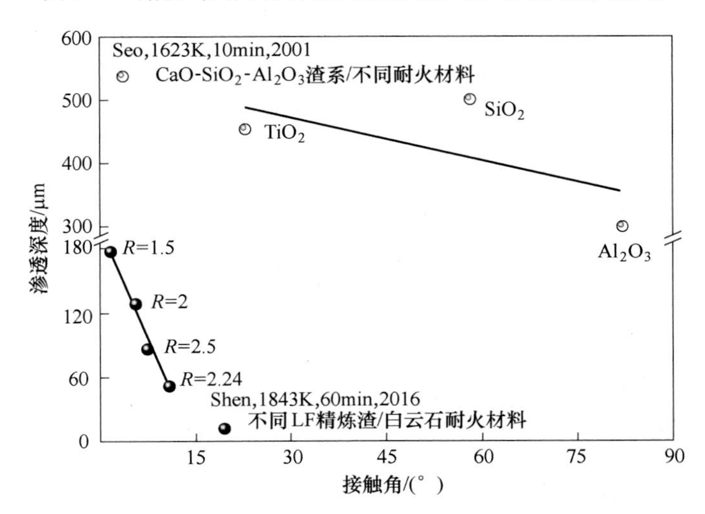

图 8-25　实际测量得出的熔渣与耐火材料的润湿性对熔渣的渗透深度的影响[103,104]

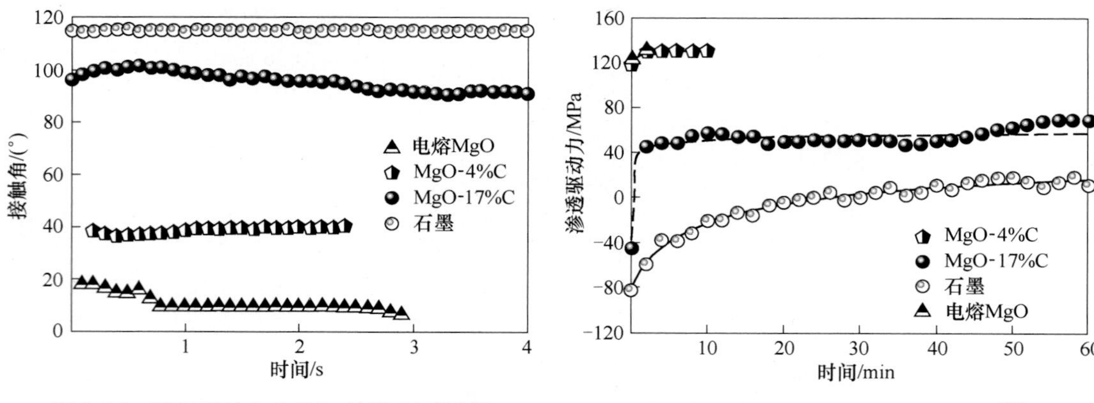

图 8-26　1873K 下 $CaO-SiO_2$ 熔渣在不同碳含量的基片上接触角变化[75]

图 8-27　熔渣向基片内渗透驱动力[75]

此外，熔渣与耐火材料间的界面反应也能够改变熔渣与耐火材料的润湿性。一般情况下，界面反应使得界面张力减小，接触角减小，提高了体系的润湿性。对于含碳耐火材料与高氧化性渣体系，耐火材料中的碳能与熔渣反应，使体系反应润湿。图 8-28 为含 FeO 熔渣与石墨间的接触角随时间的变化[71,106]，可以用反应生成的 CO 含量来表征 FeO 与石墨间的反应程度。随着时间的增加，熔渣与耐火材料的接触角减小。接触角值的波动是由熔渣中的 FeO 与石墨发生反应产生气体引起的。渣与耐火材料之间的反应明显改善了渣与耐火材料间的润湿性。若使用含碳耐火材料基片，则反应有可能使渣与耐火材料间的接触角小于 90°，即由不润湿向润湿转变。根据式（8-9）~式（8-12），此时熔渣可向耐火材料中渗透。

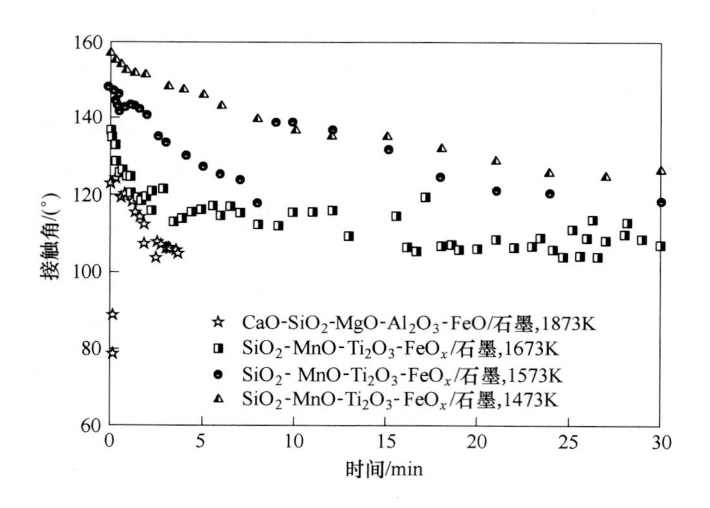

图 8-28　熔渣与石墨基片的接触角随时间的变化[71,106]

8.4.2　钢液对耐火材料的侵蚀

纯铁液与耐火材料之间的接触角通常大于 90°，不润湿且与耐火材料间不易发生明显化学反应，也不易渗入耐火材料中造成耐火材料的损毁。但有研究表明[103]，纯铁液可以通过耐火材料中的开口气孔形成局部接触角，此时铁液与耐火材料间的受力示意图如图8-29（a）所示。在微小的局部区域，铁液能与耐火材料中的低熔点相润湿，铁液可沿低熔点相区域向耐火材料内部渗透，如图8-29（b）所示，但渗透程度有限。

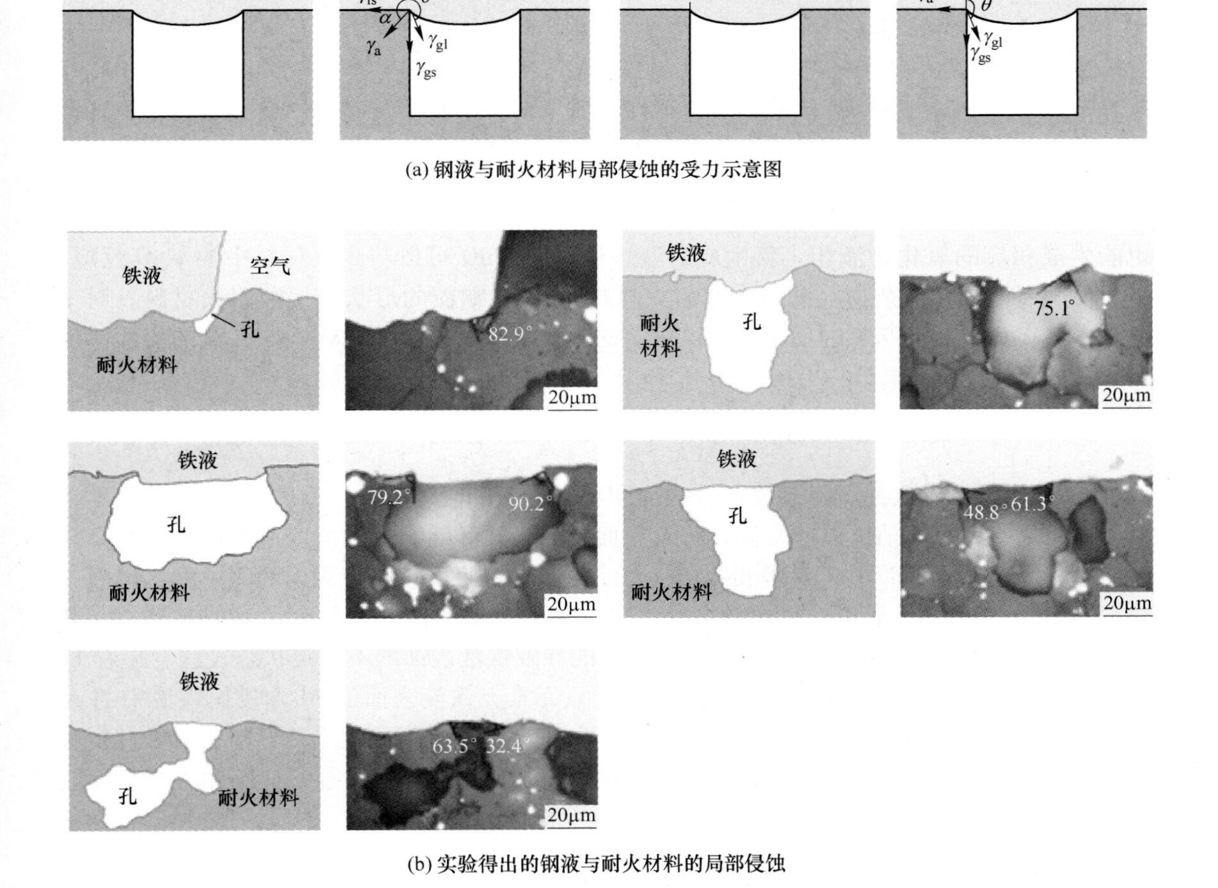

(a) 钢液与耐火材料局部侵蚀的受力示意图

(b) 实验得出的钢液与耐火材料的局部侵蚀

图 8-29　钢液与耐火材料的局部侵蚀[103]

对于含碳耐火材料，随着碳含量的减少，熔渣与耐火材料之间的润湿性增加，加重了熔渣对耐火材料的侵蚀，但却能减轻钢液对耐火材料的侵蚀。因石墨与钢液之间的润湿性较好，耐火材料中碳含量的减小将使钢液与耐火材料之间的润湿性降低，润湿性的降低减轻了两者之间的反应[107]，同时石墨向钢液中的溶解量也减少，从而降低了钢液对耐火材料的侵蚀。Zhao 等[53]测得的不同碳含量的 Al_2O_3-C 耐火材料与纯铁液间的接触角，如图8-30所示。耐火材料中碳含量的增加明显降低了接触角，在碳含量从71.43%增加到83.33%时，接触角的变化较大，从不润湿转变为润湿状态，使得耐火材料更容易被钢液侵蚀。

钢液中通常含有 Mn、Al 等合金元素，当合金元素含量较高时，其可以与耐火材料中的部分氧化物发生反应，如高 Mn 钢与 MgO 耐火材料生成 MnO，同时合金元素与氧反应时

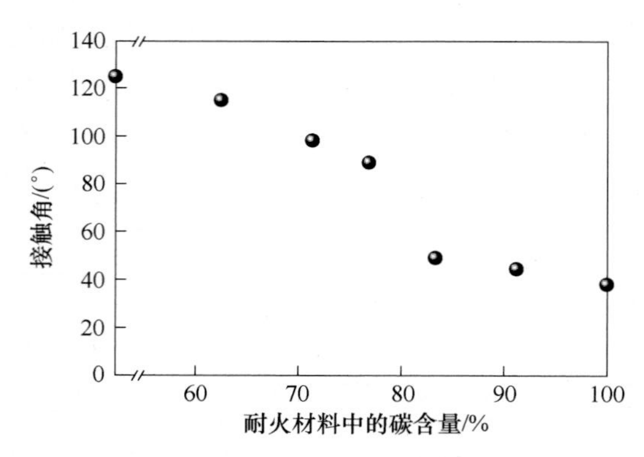

图 8-30　不同碳含量的 Al_2O_3-C 基片与纯铁液滴在 1873K 下的接触角[53]

也能生成相应的氧化物渣相。新生成的液态渣相如 MnO 可以与耐火材料中的 MgO 反应，生成低熔点的复合夹杂物，进而改变耐火材料中 MgO 颗粒的形状，侵蚀耐火材料。对于铁液在耐火材料表面与氧的反应，可以用氧的表面活性来衡量。Lee[108]定义氧的表面活度 J_O 如下：

$$J_O = -\left(\frac{\partial\gamma}{\partial X_O}\right)_{X_{Fe}\to 1} = (RT\Gamma_{Fe}^{0})\,\nu_O^{\infty} \tag{8-14}$$

式中，Γ_{Fe}^{0} 为纯铁对氧的吸附系数；ν_O^{∞} 为无限稀释时氧的吸附系数。

众所周知，这些值可以非常高，并且界面处的表面活性物质的浓度通常比钢液中高几千倍。在 1823K 时，Lee[108]计算得出的 J_O 值约为 1，这意味着铁液表面的氧浓度比钢液中高约 1030 倍。表面上较高的氧含量会导致出现氧的过饱和度，使得有足够的驱动力在铁液表面上形成 FeO。铁液表面氧的活化趋势可能导致铁液表面的不稳定状态，这意味着 Fe 在热力学上易在表面上氧化成 FeO。Al 作为脱氧元素，铁液表面的 Al 含量比铁液中的 Al 含量约高 1.7 倍。因此，可以认为铁液表面较高的 Al、O 浓度能促进 Al_2O_3 在耐火材料和铁液之间的界面处形成。实际浇铸过程中，在浇铸初期形成的 FeO 层可以与耐火材料反应形成熔体层，侵蚀耐火材料。

8.4.3　界面处的 Marangoni 效应对耐火材料的侵蚀

钢渣界面耐火材料的局部腐蚀是钢铁冶炼过程中耐火材料使用寿命短的重要因素之一。Marangoni 效应在钢渣界面处的耐火材料的局部侵蚀中起重要作用。Marangoni 对流是由通过沿着两个相邻流体相（气-液或液-液）的界面的浓度梯度或温度梯度引起的。这种界面的对流伴随着较高的流速，使得相关相之间或与相邻相间的界面处的质量传递急剧增加。

图 8-31 为固液界面处耐火材料的侵蚀示意图[109,110]。由于炉渣易润湿耐火材料，所以熔渣以高度为 h(cm) 的凹入（毛细管上升）的方式向耐火材料运动，如图 8-31（a）所示。钢液含有一定的溶解氧和硫含量，相比之下钢液难润湿耐火材料。随着耐火材料的溶解和钢液中氧含量的增加，炉渣-钢液界面的张力（$\gamma_{st/sl}$）降低，当氧含量较高时，在耐火材料附近出现较低的界面张力。由于距离耐火材料更远的界面张力较高，钢液将被熔渣从耐火材料中略微排开，熔渣填充在钢液与耐火材料的间隙中。随着钢液表面的高度增

加，钢液由于重力而返回。这种循环对流加速了质量传递，从而加速了渣-金界面的局部侵蚀。因此，钢液向下弯曲了高度为 h(cm) 的凸起（毛细管凹陷），如图 8-31（b）所示。熔渣在耐火材料和钢液之间滑移。

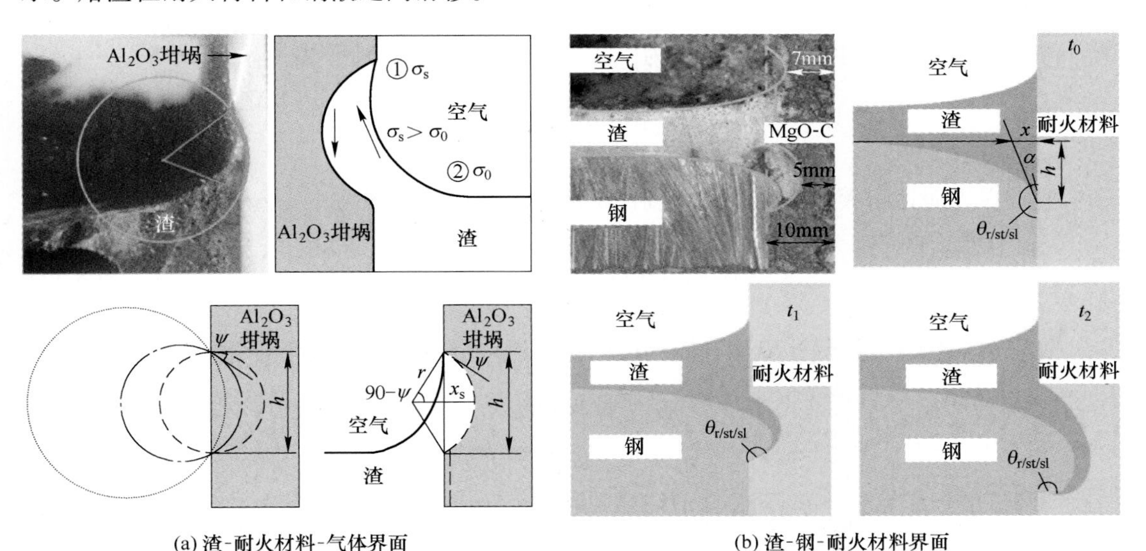

(a) 渣-耐火材料-气体界面　　(b) 渣-钢-耐火材料界面

图 8-31　耐火材料侵蚀示意图[109,110]

实际冶炼过程中，在含碳耐火材料的渣线处，界面张力的变化使得渣-钢界面上下波动[111]。在初始状态（图 8-32（a）），耐火材料表面存在一层易润湿耐火材料中的氧化物的渣膜，氧化物易溶解到渣中，使得渣线材料表面富含石墨。由于石墨很难被渣膜润湿，但易被钢液润湿，使得熔渣被钢液排开，进而使得渣钢界面上升，如图 8-32（b）所示。随后耐火材料中的石墨溶解到钢液中，使得耐火材料裸露出大量的氧化物。由于钢液难润湿氧化物，而熔渣易润湿氧化物，这使得熔渣向下渗入到耐火材料与钢液之间再次形成渣膜。如此反复进行，造成渣线位置的局部侵蚀[112]。

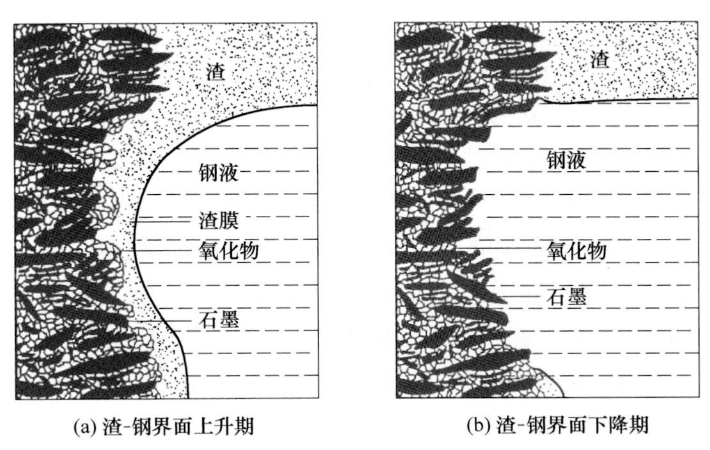

(a) 渣-钢界面上升期　　(b) 渣-钢界面下降期

图 8-32　渣线材料侵蚀过程示意图[111]

对于平底容器中，由 Marangoni 效应引起的液体的流速为：

$$v_M = \frac{d}{4\eta}\left(\frac{d\gamma}{dC}\mathrm{grad}C + \frac{d\gamma}{dT}\mathrm{grad}T\right) \tag{8-15}$$

当温度梯度不变时，液体的流速为：

$$v_M = \frac{d}{4\eta}\left(\frac{d\gamma}{dC}\mathrm{grad}C\right) \tag{8-16}$$

假设在界面处耐火材料的溶解为线性扩散时，其侵蚀速率为：

$$v_s = 360\frac{\rho_{sl}}{\rho_r}\beta(C_s - C_0) \tag{8-17}$$

对于渣-耐火材料-气体界面，流动层的平均厚度以及平均传质系数分别为[109]：

$$d = \frac{h\tan\theta_0}{2} \tag{8-18}$$

$$\beta = 360\frac{\sqrt{\pi/2}\rho_{sl}}{\rho_r}\left[\frac{4D_{sl}\sin(90-\psi)^2\tan\theta}{\left(\pi\frac{180-2\psi}{180}\right)^2 h\eta_{st}}\right]^{1/2}\left(\frac{D_{sl}\rho_{sl}}{\eta_{sl}}\right)^{1/3}\times \left[\frac{d\gamma}{dC_{[O]}}(C^{I}_{[O]} - C^{II}_{[O]}) + \frac{d\gamma}{dT}(T^{I} - T^{II})\right] \tag{8-19}$$

对于渣-钢-耐火材料界面，流动层的平均厚度及平均传质系数分别为[110]：

$$d = h\tan(180 - \theta_{r/sl/st}) \tag{8-20}$$

$$\beta = 360\frac{\rho_{sl}}{\rho_r}\left[\frac{4D_{sl}\tan(180-\theta_{r/sl/st})}{\pi^3 h\eta_{st}}\left(\frac{D_{sl}\rho_{sl}}{\eta_{sl}}\right)^{1/3}\right]^{1/2}\times \left[\frac{d\gamma_{st/sl}}{dC_{[O]}}(C^{I}_{[O]} - C^{II}_{[O]}) + \frac{d\gamma_{st/sl}}{dT}(T^{I} - T^{II})\right] \tag{8-21}$$

式中，γ 为表面张力，N/m；ρ 为密度，kg/m；v_M 为 Marangoni 效应引起的液体的流速，m/s；d 为流动层的平均厚度，m；η 为热力学黏度，Pa · s；C 为浓度，kg/m；T 为温度，K；v_s 为耐火材料侵蚀速率，m/s；D_{sl} 为耐火材料在渣中的扩散系数，m^2/s；θ_0，$\theta_{r/sl/st}$ 分别为渣与耐火材料的接触角，以及钢与耐火材料的接触角，(°)。

图 8-33[110,113]为熔渣表面张力对耐火材料侵蚀的影响。平底容器的三相界面处的耐火材料的侵蚀明显比容器底部严重，且受表面张力的梯度的影响，而底部的侵蚀几乎不受表面张力的影响，表明 Marangoni 效应对耐火材料的侵蚀具有较大的影响。图 8-34[101,110,113,114]为耐火材料的侵蚀速度随三相接触角的变化。随着接触角的增加，耐火材料的侵蚀呈减弱趋势，与式（8-17）~式（8-21）在其他条件不变，仅改变接触角时得出的变化规律一致。

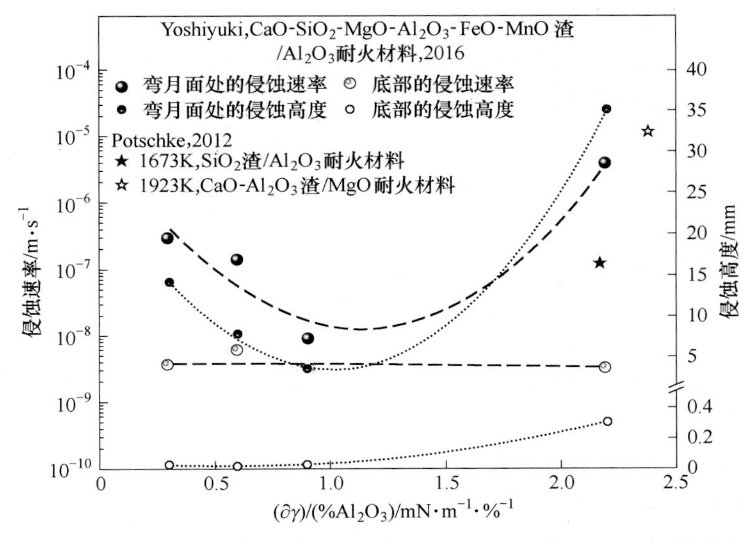

图 8-33 表面张力梯度对耐火材料侵蚀速率及侵蚀高度的影响[110,113]

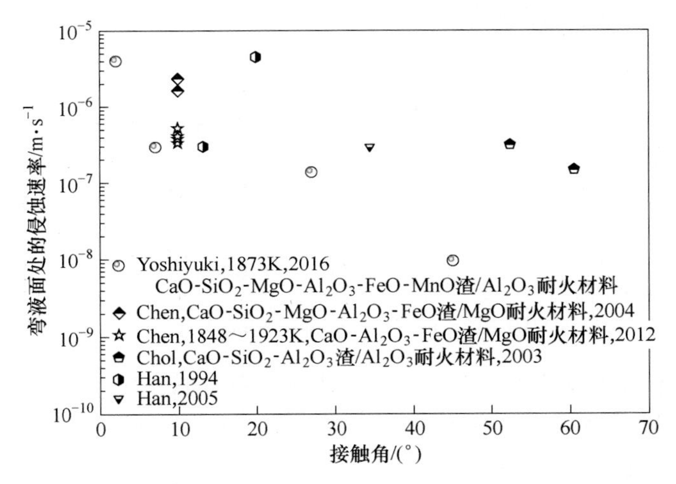

图 8-34 渣与耐火材料间接触角对耐火材料侵蚀速率的影响[101,110,113,114]

8.5 界面润湿性对钢中夹杂物的影响

8.5.1 界面润湿性对钢中夹杂物形核的影响

新相的形核可以通过两种方式进行：均质形核和非均质形核。尽管在炼钢过程中存在一些非均质形核发生，但有研究指出，在实践中大多数脱氧夹杂物形核都是均匀发生的[115]。即使在临界过饱和值较高的情况下，仍然发生显著的均质形核。无论脱氧剂的平均浓度如何，在刚加入钢液中时其局部浓度都非常高。因此，很容易达到临界过饱和度，即使有时仅在局部达到。只要达到过饱和的速率比非均质形核可以从钢液中去除溶质的速度快，则会发生均质形核。

对于经典形核理论，当钢液中脱氧产物形核时，在均质形核中，从钢液中生成半径为 r 的球形脱氧反应产物时，总的自由能变化是生成脱氧产物的体积自由能变化和钢液中生成脱氧产物新相的表面能之和：

$$\Delta G = 4\pi r^2 \gamma_{sl} + \frac{4}{3}\pi r^3 \Delta G_V \tag{8-22}$$

式中，r 为脱氧产物半径，m；γ_{sl} 为脱氧产物与钢液间界面张力，N/m；ΔG_V 为钢液中生成脱氧产物的体积自由能变化，J/m^3。

$$\Delta G_V = \frac{-RT\ln S_O}{V_O} \tag{8-23}$$

式中，V_O 为脱氧产物的摩尔体积，m^3/mol；S_O 为过饱和度；T 为绝对温度，K；R 为常数，8.314J/(mol · K)。

均质形核生成稳定核心的临界半径 r^* 及对应的临界自由能变化 $\Delta G^*_{均}$ 分别如式（8-24）和式（8-25）所示。而非均质形核生成稳定核心所需要的临界自由能变化是在均质形核的基础上乘以一个关于非均质形核核心与钢液中已存在的第二相粒子之间接触角的函数 $f(\theta)$，如式（8-27）所示。脱氧产物核心与钢液中第二相粒子在构造上的差异越小，则两者之间的接触角越小，形核越容易[116]。

$$r^* = -\frac{2\gamma_{sl}}{\Delta G_V} = \frac{2\gamma_{sl} V_O}{RT\ln S_O} \tag{8-24}$$

$$\Delta G^*_{均} = \frac{16\pi\gamma_{sl}^3}{3\Delta G_V^2} = \frac{16\pi\gamma_{sl}^3 V_O^2}{3(RT\ln S_O)^2} \tag{8-25}$$

$$\Delta G^*_{非} = \frac{16\pi\gamma_{sl}^3}{3\Delta G_V^2} f(\theta) = \frac{16\pi\gamma_{sl}^3 V_O^2}{3(RT\ln S_O)^2} f(\theta) \tag{8-26}$$

$$f(\theta) = \frac{1}{4}(2 - 3\cos\theta + \cos^3\theta) \tag{8-27}$$

式中，$\Delta G^*_{均}$ 为均质形核生成临界半径脱氧产物离子的临界自由能变化，J；$\Delta G^*_{非}$ 为非均质形核生成临界半径脱氧产物离子的临界自由能变化，J；θ 为非均质形核核心与钢液中已存在的第二相粒子之间接触角，(°)。

1cm^3 的铁液每秒的形核率 I 为：

$$I = A\exp\left(\frac{-\Delta G^*}{k_B T}\right) = A\exp\left[\frac{16\pi\gamma_{sl}^3 V_O^2}{3k_B (RT\ln S_O)^2}\right] \tag{8-28}$$

$$\ln I = \frac{16\pi\gamma_{sl}^3 V_O^2}{3k_B R^2 T^3}\left[\frac{1}{(\ln S_O^*)^2} - \frac{1}{(\ln S_O)^2}\right] \tag{8-29}$$

式中，k_B 为玻耳兹曼常数，1.381×10^{-16} erg/K（1erg = 10^{-7}J）；T 为绝对温度，K；A 为常数，对于 Al_2O_3，$A = 10^{26}$cm^{-3}/s。

当形核率 $I = 1$ 时，S_O 的值定义为临界过饱和度 S^*，根据式（8-29）其计算公式如下：

$$S^* = \exp\left(\frac{V_O}{RT}\sqrt{\frac{16\pi\gamma_{sl}^3}{3k_B T\ln A}}\right) \tag{8-30}$$

根据 Wasai 和 Mukai 的模型，铁液与 Al_2O_3 的界面张力与 Al_2O_3 的形核半径的关系如下：

$$\frac{\gamma_0}{\gamma}=\frac{1}{V\left(\frac{2\Gamma}{r}+\frac{1}{V}\right)} \tag{8-31}$$

式中，γ_0，γ 分别为夹杂物半径为 r 以及夹杂物半径为无穷大时，钢液与夹杂物间的界面张力，N/m；Γ 为表面过剩量，mol/m^2。

式（8-28）和式（8-30）是关于界面张力的函数。较大的界面张力 γ_{sl} 意味着较高的过饱和度 S^* 和一个较低的形核率 I。图 8-35[117,118] 为各种非金属夹杂物的形核率 I 和界面张力 γ_{sl} 之间的关系。当增加界面张力 γ_{sl} 时，形核率 I 降低，表明小的界面张力 γ_{sl} 促进形核。因此，快速形核需要小的界面张力 γ_{sl}。界面张力与临界过饱和度的关系如图 8-36[26,119] 所示，界面张力的降低能够降低临界过饱和度。Suito 和 Ohta[117] 认为，较短的形核时间可导致非金属夹杂物的尺寸分布更均匀。

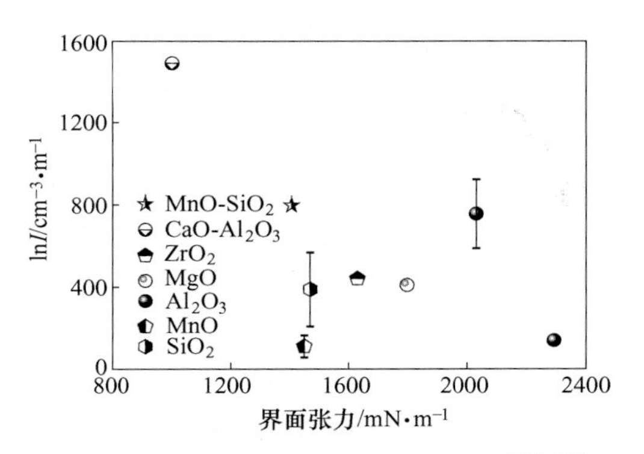

图 8-35　形核率 I 与界面张力的关系[117,118]

图 8-37[118,120] 为根据式（8-24）和式（8-31）所得。从图中可知，当钢液中的过饱和度一定时，Al_2O_3 夹杂物的临界形核半径随着界面张力的降低而减小，而 Al_2O_3 夹杂物的实际形核半径也随界面张力的降低而减小，且在界面张力较大时，界面张力的降低对形核半径的影响较大。对于实际钢液，由于钢中含有表面活性元素，如 O 和 S 元素，使得钢液与夹杂物间的界面张力低于纯铁液的值，通常在 1000~2000mN/m 之间，此时，夹杂物的临界形核半径随界面张力的变化不大，而实际形核半径基本都低于 10^{-8}m。因此，对于夹杂物的形核，较低的界面张力能促进夹杂物的形核，同时减小夹杂物的形核半径。

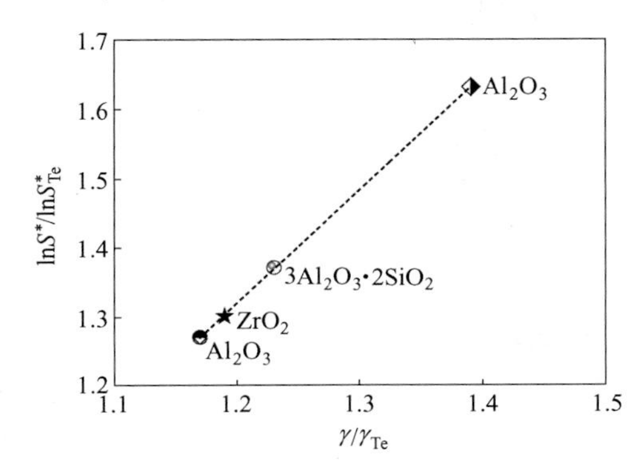

图 8-36　加 Te 后，夹杂物的临界过饱和度与界面张力变化的关系[26,119]

（γ 和 γ_{Te} 分别为钢液中添加 Te 和不加 Te 时的界面张力）

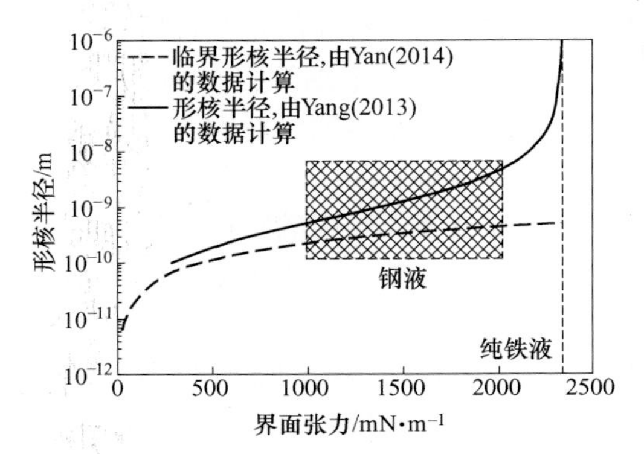

图 8-37　夹杂物形核半径随界面张力的变化[118,120]

8.5.2　界面润湿性对钢中夹杂物聚合长大的影响

炼钢过程中需要对钢中非金属夹杂物进行严格的控制，因此，需要对夹杂物的形核过程进行研究；同时，夹杂物在钢液中的碰撞、聚合、长大和去除将大大地影响钢的洁净度。关于脱氧产物长大，有较为简化的假设，但实际长大过程是较为复杂的过程，其长大机理主要包括：扩散长大、布朗运动造成的凝聚成长、上浮过程中的凝聚碰撞和由粒子间的相互作用引起的长大。

在仅考虑扩散长大时，钢液中的脱氧产物凝集上浮过程中的聚集时间为[121]：

$$t = X^5RT/(r^2KVD_V) \tag{8-32}$$

式中，X 为横截面半径，$X=r/3$，cm；K 为形状因子，10～100；D_V为体积扩散率，cm^2/s。

实验结果表明[26,119]，在钢液中加入 Te 能够减小钢中夹杂物的尺寸，其主要原因是 Te 是表面活性元素，钢液中加入 Te 能使得钢液与夹杂物间的界面张力迅速减小。因此，改变钢液与夹杂物的界面张力能够影响夹杂物尺寸。在仅考虑扩散长大时，根据式（8-32）可知，夹杂物的尺寸与夹杂物的聚集时间相关。在钢液中加入 Te 后，界面张力降低，夹杂物的聚集时间降低，Al_2O_3 夹杂物的聚集时间约降低 6s，而 ZrO_2 夹杂物约降低 30s。

在钢液内，夹杂物粒子间很容易发生相互碰撞而凝聚成更大尺寸的夹杂物粒子，碰撞后大尺寸的夹杂物较碰撞前上浮速度大，更易于上浮去除，所以夹杂物颗粒间的碰撞凝聚是夹杂物去除的一种重要形式。铁液中夹杂物的碰撞凝聚的方式有 Brawnian 碰撞、Stoke 碰撞和湍流碰撞。当两个夹杂物彼此间的距离很小时（纳米级），碰撞行为也可以通过范德华力来推动[122,123]，在求解范德华力时，Hamaker 常数是非常重要的参数。当夹杂物尺寸相同时，Hamaker 常数越大，范德华力越大。同时，对于湍流碰撞，Hamaker 常数也非常重要。Nakajima[124,125]等提出的关于 Hamaker 常数的计算公式也与夹杂物与钢液的润湿性相关，图 8-38 为玄吉昌[126]总结得出的钢液与夹杂物的接触角和 Hamaker 常数的关系，表明 Hamaker 常数随着接触角值的增大而增加。在考虑由夹杂物颗粒间的相互作用引起的夹杂物长大时，应考虑毛细管力。Coley[127]研究了铁液表面张力以及接触角对钢液中毛细管力的影响，研究结果表明，当接触角一定时，毛细管力随着铁液表面张力的降低而增加，而在表面张力一定时，随着接触角值的增加，毛细管力先降低再增加，在接触角值为 90°时达到最小值。非润湿性夹杂物间能够自发形成空腔而产生引力。通过比较 Sasai[123]、Mizoguchi[128]、郑立春[119,129]以及玄吉昌[125]等关于夹杂物间的相互作用力可得，对于 Al_2O_3 夹杂物，范德华力的影响最小，而毛细管力以及由空腔形成的引力的影响较大。Nakamoto[130]的研究也表明钢液与 Al_2O_3 间的不润湿性以及由空腔产生的力是促使 Al_2O_3 聚合的主要因素。因此，对于夹杂物的聚集，不可忽视由空腔产生的引力的影响。该引力是钢液表面张力和钢液与气体界面压降的总和，如式（8-33）所示，其随钢液表面张力的增加而增加。聚集度是衡量夹杂物聚集的一个重要指标，郑立春[119,129]研究了润湿性对其的影响，结果如图 8-39 所示。随着钢液表面张力以及钢液与夹杂物间的界面张力的降低，钢液与夹杂物间的接触角的增大，夹杂物的聚集度增加。

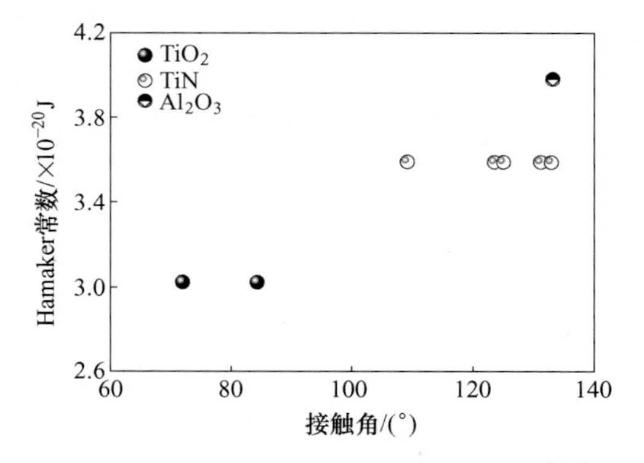

图 8-38 Hamaker 常数与接触角的关系[126]

$$F = 2\pi\gamma_{lg} + \pi l^2 \Delta P = \pi\gamma_{lg}\left[2 + l^2\left(\frac{1}{r} - \frac{1}{l}\right)\right] \tag{8-33}$$

式中，l，r 分别为形成的空腔的两个特征半径，m。

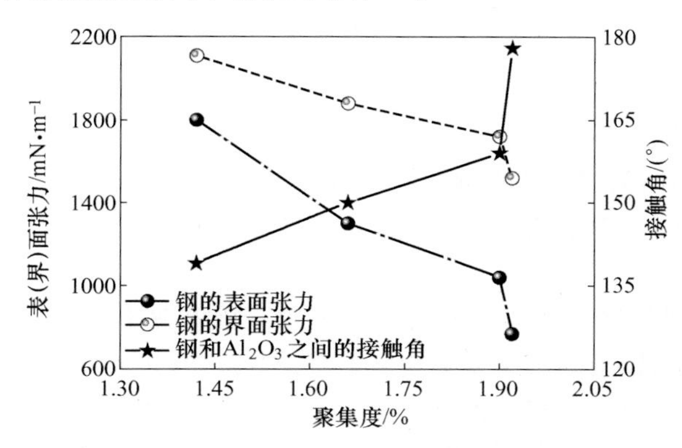

图 8-39 Al_2O_3 夹杂物聚集度和润湿性的关系[119,129]

8.5.3 界面润湿性对钢中夹杂物上浮去除和钢渣界面去除的影响

考虑脱氧产物与钢液间的润湿性的影响时，夹杂物在静止熔池中上升速度为[131]：

$$v = \frac{2}{3\eta}\left(\frac{r^2 g\Delta\rho}{3} - \frac{W_{ad} - 2\gamma_{sv}}{\pi}C_a\right) \tag{8-34}$$

式中，v 为脱氧产物的上升速度，cm/s；g 为重力加速度，980cm/s^2；η 为铁液黏度，P(1P=0.1Pa·s)；$\Delta\rho$ 为铁液与脱氧产物的密度差，g/cm^3；W_{ad}为钢液与夹杂物间的黏附功，mN/m；γ_{sv}为夹杂物的表面张力，mN/m。

在静止熔池中脱氧产物的去除速度随着颗粒表面张力的增加而增加。当 Al_2O_3 夹杂物（$r=10^{-3}$cm，$\Delta\rho=3.13$g/cm^3，$\gamma_{sv}=750$mN/m）在铁液中上浮时，钢液加入 Te 后，其上浮速率变为原来的 1.42 倍。从式（8-34）也可以得出，加入表面活性元素 Te 能够促进脱氧产物的上浮[26,119]。

夹杂物在钢渣界面的分离与夹杂物和钢液间的润湿性以及夹杂物和熔渣之间的润湿性密切相关。Kalisz 等[132]指出，在渣钢界面，当夹杂物表面形成液膜时，夹杂物穿过渣层时其表面自由能的变化与夹杂物的尺寸、夹杂物的位置以及渣-钢、渣-夹杂物和钢-夹杂物间的界面张力有关。与钢液接触角值较大的固态夹杂物比接触角较小的液态夹杂物分离的更彻底。夹杂物在耐火材料和钢液界面处也可以分离。当钢液与耐火材料和夹杂物都不润湿时，夹杂物在耐火材料界面处的去除有较大的驱动力。夹杂物与钢液间接触角越大，与熔渣之间的接触角越小，则越有利于夹杂物的分离去除。钢液中大部分固态夹杂物与钢液之间均不润湿，只有少数固态夹杂物与钢液之间润湿，如 TiO_2。钢液中表面活性元素 Se 和 Te 含量的增加将促进夹杂物与钢液之间接触角增大，从而有利于夹杂物的去除。对于如 TiO_2 的夹杂物或在钢液中氧含量较高时，夹杂物与钢液之间的接触角较小，在钢渣界面的夹杂物的去除效率明显较低，且容易重新被卷入钢液中，或残留在钢液表面形成铸坯表面缺陷[56]。防止钢液的二次氧化，不仅减少了夹杂物的产生，同时也能保证钢液较低的氧含量，有利于钢液中原有夹杂物的去除。多数情况下熔渣对夹杂物润湿，因此钢液表面有渣时夹杂物去除效率要比无渣时的高。夹杂物被熔渣吸附的效果以及是否容易被卷入钢液中，可用夹杂物与熔渣之间的黏附功来衡量[72]。夹杂物与熔渣之间的黏附功如式（8-35）所示。接触角越小，表面张力越大，则夹杂物与熔渣之间黏附越牢固。

$$W_{ad} = \gamma_{sg} + \gamma_{lg} - \gamma_{sl} = \gamma_{lg}(1 + \cos\theta) \tag{8-35}$$

式中，W_{ad}为夹杂物与熔渣之间的黏附功，J/m^2；γ_{sg}为夹杂物的表面张力，N/m；γ_{lg}为熔渣的表面张力，N/m；γ_{sl}为熔渣与夹杂物之间的界面张力，N/m；θ 为熔渣与夹杂物之间的接触角，(°)。

图 8-40[133]为不同类型夹杂物与钢液的接触角。液态夹杂物与钢液的润湿性比固态夹杂物好，在钢渣界面相较于固态夹杂物更不容易去除。当夹杂物运动到钢渣界面时，其运动行为主要受到浮力、曳力、流体的上升阻力以及界面阻力（即界面毛细管力）的影响，如图 8-41 所示[134]。Sridhar[134,135]得出了不同形貌的夹杂物在界面处的界面阻力，其计算结果表明，随着体系的界面能的降低，球形和片状夹杂物的去除率增加。当改变夹杂物与熔渣间界面的张力时，界面张力越小，在相同时间内，夹杂物的去除率越大。杨树峰等[136,137]研究了不同润湿性下夹杂物在界面的捕获情况。其结果表明，润湿性对夹杂物的运动行为有显著的影响，随着熔渣与夹杂物间的界面润湿性的增加，夹杂物颗粒在界面处运动的最大位移增加，如图 8-42 所示。

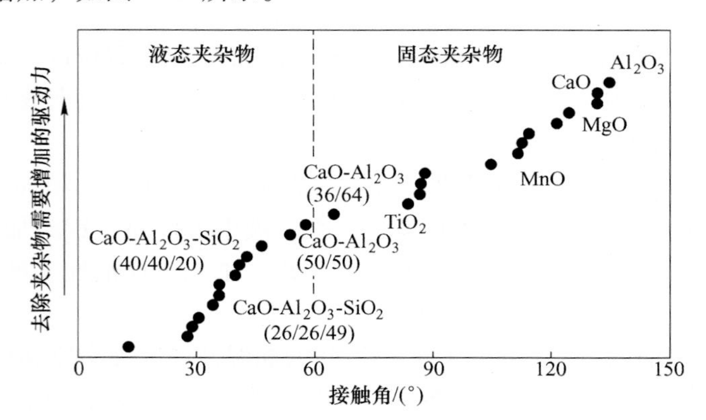

图 8-40 不同类型夹杂物与钢液间的接触角[133]

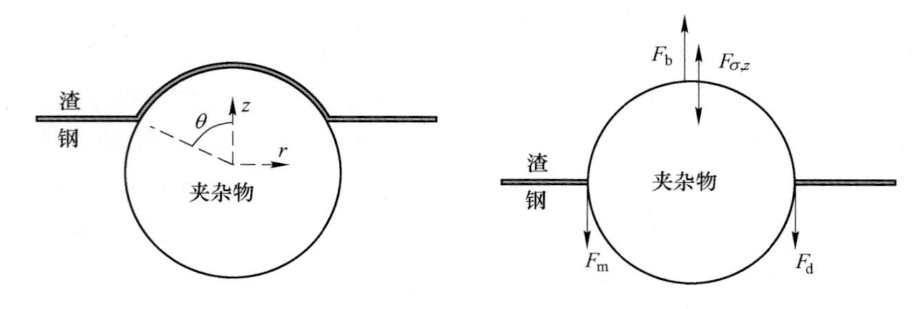

图 8-41 钢渣界面夹杂物颗粒的受力示意图[134]

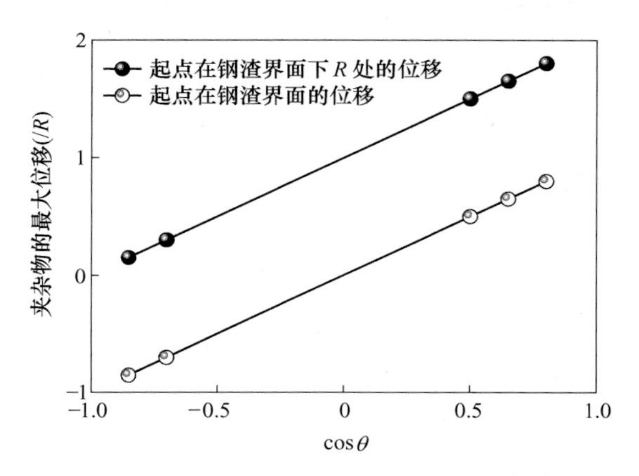

图 8-42　润湿性对夹杂物在钢渣界面的运动距离的影响[137]

8.5.4　界面润湿性对钢中夹杂物空间分布的影响

钢液中夹杂物的分布主要受夹杂物的物性参数、夹杂物之间的聚合作用和夹杂物与钢液的润湿性的影响。由界面润湿性对夹杂物聚集的影响的分析可得，降低钢液表面张力和钢液与夹杂物间的界面张力使得夹杂物的聚集度增加，使得夹杂物的空间尺寸增加。在钢液中，作用在夹杂物粒子上的力主要有重力、浮力、界面张力、黏滞阻力，这些力会影响夹杂物的上浮速度，进而影响夹杂物的空间分布。夹杂物与钢液的界面张力降低时，可以促进夹杂物的上浮速度，降低钢液中夹杂物的空间数密度。

在钢液凝固过程中，粒子-界面间的相互作用对夹杂物的分布具有较大的影响。在凝固前沿夹杂物粒子的具体受力分析如图 8-43 所示[138]，主要包括界面间的力 F_I、黏性力 F_D 和界面张力梯度差引起的力 F_σ。界面润湿性主要影响 F_I 和 F_σ，其具体求解公式为：

$$F_I = 2\pi R\Delta\gamma\alpha = \Delta\gamma_0\left(\frac{a_0}{h}\right)^2 = (\gamma_{ps} - \gamma_{sl} - \gamma_{pl})\left(\frac{a_0}{h}\right)^2 \tag{8-36}$$

$$F_\sigma = -\frac{8}{3}\pi R^2 K \tag{8-37}$$

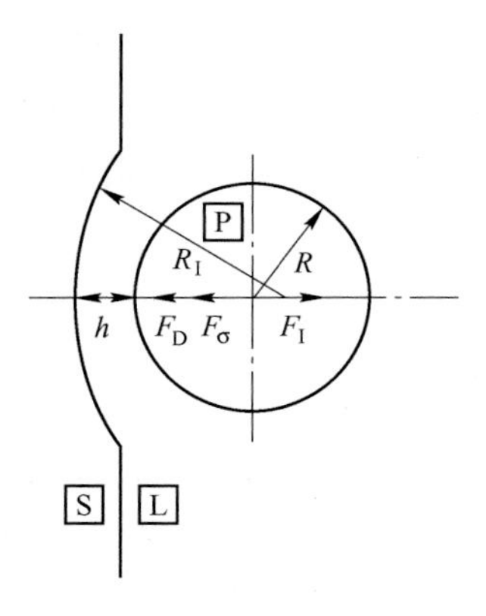

图 8-43　夹杂物在凝固前沿的受力示意图[138]

式中，R 为夹杂物半径，m；$\Delta\gamma$，$\Delta\gamma_0$ 分别为夹杂物与界面之间的距离 h 以及距离最小时的界面能变化，N/m；γ_{ps}，γ_{sl} 和 γ_{pl} 分别为夹杂物与固相、夹杂物与液相以及固相与液相间的界面张力，N/m；a_0 为原子间距，m；α 为界面的形状因子；K 为界面张力的梯度，N/m^2。

对于界面间的力 F_I，由于 $\Delta\gamma_0>0$，故而 F_I 对凝固前沿的夹杂物具有推动作用。而由于界面张力的梯度 K 为正，因此 F_σ 对于夹杂物具有吸附作用。当钢液中添加了表面活性元素后，界面润湿性降低（图 8-44）[26]，γ_{sl} 和 γ_{pl} 均降低，使得 F_I 增加，夹杂物受凝固前沿的推动作用，进而降低了凝固后夹杂物分布的均匀性，与 Malfliet 等的实验结果一致，如图 8-45 所示。

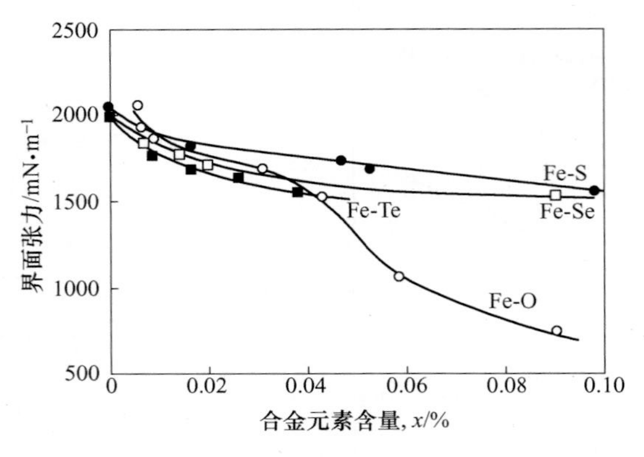

图 8-44　表面活性元素对界面张力的影响[26]

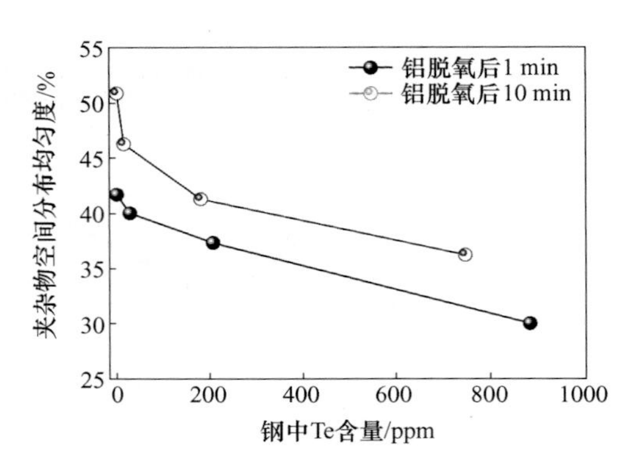

图 8-45　Te 元素对 Al_2O_3 夹杂物空间分布均匀度的影响[138]

8.6　本章小结

界面现象是冶金过程化学反应的重要物理现象。本章讨论了冶金过程中界面现象的基本概念，总结了不同学者发表的不同夹杂物和钢液之间的接触角、表面张力及界面张力的大量数据，讨论了钢液成分和温度对界面润湿性的影响。本章也讨论了界面张力和接触角对熔渣及钢液对耐火材料侵蚀的影响。在非金属夹杂物方面，简单讨论了表面张力、界面张力及接触角对夹杂物形核、聚合长大的影响和对夹杂物在钢渣界面行为的影响，最后简单讨论了夹杂物在凝固前沿的界面现象。

与夹杂物相关的界面现象值得做深入的研究。本书的第 9、11、12、14 章将分别对夹杂物之间碰撞的界面现象、夹杂物在钢渣界面的行为、夹杂物与气泡相互作用的界面现象、夹杂物在钢凝固前沿的行为和捕捉做详细的讨论。

参考文献

[1] Seetharaman S, McLean A, Guthrie R, et al. Treatise on Process Metallurgy [M]. Elsevier, 2013.

[2] Gibbs J W. Trans. Conn. Acad., 1878, 3: 343.

[3] Sakao H, Mukai K. Interfacial phenomena in iron and steelmaking processes [J]. Tetsu-to-Hagané, 1977, 63 (3): 513.

[4] Ozawa S, Takahashi S, Suzuki S, et al. Relationship of surface tension, oxygen partial pressure, and temperature for molten iron [J]. Japanese Journal of Applied Physics, 2011, 50 (50): 11RD05.

[5] 秦之铮. 利用接触角计测角评价油层润湿性 [J]. 石油勘探与开发, 1987 (3): 80.

[6] 石洪志, 植田滋. 纯铁、铝镇静钢和钛镇静钢的界面特性机理 [J]. 钢铁研究学报, 2004, 16: 25.

[7] Young T. An essay on the cohesion of fluids [J]. Philos. Trans. R. Soc., London, 1805, 95: 65.

[8] Chau T T, Bruckard W J, Koh P T L, et al. A review of factors that affect contact angle and implications for flotation practice [J]. Advances in Colloid & Interface Science, 2009, 150 (2): 106.

[9] Wenzel R N. Surface roughness and contact angle [J]. Journal of Physical & Colloid Chemistry, 1948, 53 (9): 1466.

[10] Cassie A B D. Contact angles [J]. Discussions of the Faraday Society, 1948, 3 (5): 11.

[11] Zhang L, Taniguchi S. Fundamentals of inclusion removal from liquid steel by bubble flotation [J]. International Materials Reviews, 2000, 45 (2): 59.

[12] Ja Yong C, Hae Geon L. Wetting of solid Al_2O_3 with molten CaO-Al_2O_3-SiO_2 [J]. ISIJ International, 2003, 43 (9): 1348.

[13] Matsushita T, Watanabe T, Hayashi M, et al. Thermal, optical and surface/interfacial properties of molten slag systems [J]. International Materials Reviews, 2011, 56 (5-6): 287.

[14] Korenko M, Šimko F. Measurement of interfacial tension in liquid-bliquid high-temperature systems [J]. Journal of Chemical and Engineering Data, 2010, 55 (11): 4561.

[15] Sobczak N, Singh M, Asthana R. High-temperature wettability measurements in metal/ceramic systems-some methodological issues [J]. Current Opinion in Solid State & Materials Science, 2005, 9 (4): 241.

[16] Fujii H, Matsumoto T, Nogi K, et al. Surface tension of molten silicon measured by the electromagnetic levitation method under microgravity [J]. Metallurgical & Materials Transactions A, 2000, 31 (6): 1585.

[17] Wegener M, Muhmood L, Sun S, et al. Surface tension measurements of calcia-alumina slags: A comparison of dynamic methods [J]. Metallurgical and Materials Transactions B, 2015, 46 (1): 316.

[18] Egry I, Brillo J. Surface tension and density of liquid metallic alloys measured by electromagnetic levitation† [J]. Journal of Chemical & Engineering Data, 2009, 54 (9): 2347.

[19] Choe J, Kim H G, Jeon Y, et al. Surface tension measurements of 430 stainless steel [J]. ISIJ International, 2014, 54 (9): 2104-2108.

[20] Nakashima K, Mori K. Interfacial properties of liquid iron alloys and liquid slags relating to iron-and steel-making processes [J]. ISIJ International, 1992, 32 (1): 11.

[21] Choi J Y, Lee H G. Thermodynamic evaluation of the surface tension of molten CaO-SiO_2-Al_2O_3 ternary slag [J]. ISIJ International, 2002, 42 (3): 221.

[22] Tanaka T, Goto H, Nakamoto M, et al. Dynamic changes in interfacial tension between liquid Fe alloy and molten slag induced by chemical reactions [J]. ISIJ International, 2016, 56 (6): 944.

[23] Sun H, Nakashima K, Mori K. Interfacial tension between molten iron and CaO-SiO_2 based fluxes [J]. ISIJ International, 1997, 37 (4): 323.

[24] Sun H, Nakashima K, Mori K. Influence of slag composition on slag-iron interfacial tension [J]. ISIJ International, 2006, 46 (3): 407.

[25] Park S C, Gaye H, Lee H G. Interfacial tension between molten iron and CaO-SiO_2-MgO-Al_2O_3-FeO slag system [J]. Ironmaking & Steelmaking, 2009, 36 (1): 3.

[26] Ogino K, Nogi K, Yamase O. Effects of selenium and tellurium on the surface tension of molten iron and the wettability of alumina by molten iron [J]. ISIJ International, 1983, 23 (3): 234.

[27] Ogino K, Suetaki T, Niioka K, et al. Effect of alloying elements on interfacial tension between molten steel and slag: Fundamental study on interfacial phenomena in iron and steel-making processes IV [J]. Tetsu-to- Hagane, 1967, 53 (7): 769.

[28] Ogino K, Adachi A, Nogi K. The wettability of solid oxides by liquid iron [J]. Tetsu-to-Hagane, 1973, 59 (9): 1237.

[29] Shibata H, Watanabe Y, Nakajima K, et al. Degree of undercooling and contact angle of pure iron at 1933K on single-crystal Al_2O_3, MgO, and $MgAl_2O_4$ under argon atmosphere with controlled oxygen partial pressure [J]. ISIJ International, 2009, 49 (7): 985.

[30] Xuan C, Shibata H, Sukenaga S, et al. Wettability of Al_2O_3, MgO and Ti_2O_3 by liquid iron and steel [J].

ISIJ International, 2015, 55 (9): 1882.

[31] Gaye H, Lucas L D, Olette M, et al. Metal-slag interfacial properties: Equilibrium values and "dynamic" phenomena [J]. Canadian Metallurgical Quarterly, 2014, 23 (2): 179.

[32] Han G K, Choe J, Inoue T, et al. Surface tension of super-cooled Fe-O liquid alloys [J]. Metallurgical & Materials Transactions B, 2016, 47 (4): 2079.

[33] Dubberstein T, Heller H P, Klostermann J, et al. Surface tension and density data for Fe-Cr-Mo, Fe-Cr-Ni, and Fe-Cr-Mn-Ni steels [J]. Journal of Materials Science, 2015, 50 (22): 7227.

[34] Lee S M, Kim S J, Kang Y B, et al. Numerical analysis of surface tension gradient effect on the behavior of gas bubbles at the solid/liquid interface of steel [J]. ISIJ International, 2012, 52 (10): 1730.

[35] Lee J, Morita K. Effect of carbon and sulphur on the surface tension of molten iron [J]. Steel Research, 2002, 73 (9): 367.

[36] Morohoshi K, Uchikoshi M, Isshiki M, et al. Surface tension of liquid iron as functions of oxygen activity and temperature [J]. ISIJ International, 2011, 51 (10): 1580.

[37] Brooks R F, Quested P N. The surface tension of steels [J]. Journal of Materials Science, 2005, 40 (9-10): 2233.

[38] Sukenaga S, Higo T, Shibata H, et al. Effect of CaO/SiO_2 ratio on surface tension of CaO-SiO_2-Al_2O_3-MgO melts [J]. ISIJ International, 2015, 55 (6): 1299.

[39] Dong Y W, Jiang Z H, Cao Y L, et al. Effect of MgO and SiO_2 on surface tension of fluoride containing slag [J]. Journal of Central South University, 2014, 21 (11): 4104.

[40] Nakamoto M, Tanaka T, Holappa L, et al. Surface tension evaluation of molten silicates containing surface-active components (B_2O_3, CaF_2 or Na_2O) [J]. ISIJ International, 2007, 47 (2): 211.

[41] Sukenaga S, Haruki S, Nomoto Y, et al. Density and surface tension of CaO-SiO_2-Al_2O_3-R_2O (R = Li, Na, K) melts [J]. ISIJ International, 2011, 51 (8): 1285-1289.

[42] Nakamoto M, Tanaka T, Holappa L, et al. Surface tension evaluation of molten silicates containing surface-active components (B_2O_3, CaF_2 or Na_2O) [J]. ISIJ International, 2007, 47 (2): 211-216.

[43] Rosypalová S, Dudek R, Dobrovská J. Influence of SiO_2 on interfacial tension between oxide system and steel [C]. Proceedings of 21th International Metallurgical and Materials Conference, Ostrava, 2012: 109.

[44] Rosypalová S, Dudek R, Dobrovská J, et al. Interfacial tension at the interface of a system of molten oxide and molten steel [J]. Materiali in Tehnologije, 2014, 48 (3): 415-418.

[45] Kapilashrami E, Seetharaman S, Lahiri A K, et al. Investigation of the reactions between oxygen-containing iron and SiO_2 substrate by X-ray sessile-drop technique [J]. Metallurgical & Materials Transactions B, 2003, 34 (5): 647.

[46] Amondarain Z, Kolbeinsen L, Luis A J. Wetting behavior of sintered nanocrystalline powders by armco Fe and 22CrNiMoV5-3 steel grade using sessile drop wettability technique [J]. ISIJ International, 2011, 51 (5): 733.

[47] Duchesne M A, Hughes R W. Slag density and surface tension measurements by the constrained sessile drop method [J]. Fuel, 2017, 188: 173.

[48] Zhou L, Li J, Wang W, et al. Wetting behavior of mold flux droplet on steel substrate with or without interfacial reaction [J]. Metallurgical & Materials Transactions B, 2017: 1.

[49] Luz A P, Ribeiro S, Domiciano V G, et al. Slag melting temperature and contact angle on high carbon containing refractory substrates [J]. Cerâmica, 2011, 57 (342): 140.

[50] Mukai K, Li Z, Zeze M. Surface tension and wettability of liquid Fe-16mass%Cr-O alloy with alumina [J]. Materials Transactions, 2002, 43 (7): 1724.

[51] Kapilashrami E, Jakobsson A, Seetharaman S, et al. Studies of the wetting characteristics of liquid iron on dense alumina by the X-ray sessile drop technique [J]. Metallurgical & Materials Transactions B, 2003, 34 (2): 193.

[52] Shin M, Lee J, Joo-Hyun P. Wetting characteristics of liquid Fe-19%Cr-10%Ni alloys on dense alumina substrates [J]. ISIJ International, 2008, 48 (12): 1665.

[53] Zhao L, Sahajwalla V. Interfacial phenomena during wetting of graphite/alumina mixtures by liquid iron [J]. ISIJ International, 2003, 43 (1): 1.

[54] Heikkinen E P, Kokkonen T, Mattila R, et al. Influence of sequential contact with two melts on the wetting angle of the ladle slag and different steel grades on magnesia-carbon refractories [J]. Steel Research International, 2010, 81 (12): 1070.

[55] Shen P, Zhang L, Zhou H, et al. Wettability between Fe-Al alloy and sintered MgO [J]. Ceramics International, 2017, 43 (10): 7674-7681.

[56] Cramb A W, Jimbo I. Interfacial considerations in continuous casting [J]. Iron & Steelmaker, 1989, 16 (6): 43.

[57] Lee J, Morita K. Dynamic interfacial phenomena between gas, liquid iron and solid CaO during desulfurization [J]. ISIJ International, 2004, 44 (2): 235.

[58] Yoshikawa T, Motosugi K, Tanaka T, et al. Wetting behaviors of steels containing Al and Al-S on solid CaO [J]. Tetsu-to-Hagane, 2011, 97 (7): 361.

[59] Nakashima K, Takihira K, Miyazaki T, et al. Wettability and interfacial reaction between molten iron and zirconia substrates [J]. Journal of the American Ceramic Society, 1993, 76 (12): 3000.

[60] Yunes R P J, Hong L, Saha-Chaudhury N, et al. Dynamic wetting of graphite and SiC by ferrosilicon alloys and silicon at 1550℃ [J]. ISIJ International, 2006, 46 (11): 1570.

[61] Naidich J V. The wettability of solids by liquid metals [J]. Progress in Surface & Membrane Science, 1981, 14: 353.

[62] Sun H, Mori K, Sahajwalla V, et al. Carbon solution in liquid iron and iron alloys [J]. High Temperature Materials & Processes, 1998, 17 (4): 257.

[63] Wu C, Sahajwalla V. Influence of melt carbon and sulfur on the wetting of solid graphite by Fe-C-S melts [J]. Metallurgical & Materials Transactions B, 1998, 29 (2): 471.

[64] Amadeh A, Heshmati Manesh S, Labbe J C, et al. Wettability and corrosion of TiN, TiN-BN and TiN-AlN by liquid steel [J]. Journal of the European Ceramic Society, 2001, 21 (3): 277.

[65] Xuan C, Shibata H, Zhao Z, et al. Wettability of TiN by liquid iron and steel [J]. ISIJ International, 2015, 55 (8): 1642.

[66] Zhang Z T, Matsushita T, Seetharaman S, et al. Investigation of wetting characteristics of liquid iron on dense MgAlON-based ceramics by X-ray sessile drop technique [J]. Metallurgical & Materials Transactions B, 2006, 37 (3): 421.

[67] Muhammad I U H, Khanna R, Koshy P, et al. High-temperature interactions of alumina-carbon refractories with molten iron [J]. ISIJ International, 2010, 50 (6): 804.

[68] Fukami N, Wakamatsu R, Shinozaki N, et al. Wettability between porous $MgAl_2O_4$ substrates and molten iron [J]. Journal of the Japan Institute of Metals, 2009, 50 (11): 2552.

[69] Kaplashrami E, Sahajwalla V, Seetharaman S. Investigation of the wetting characteristics of liquid iron on mullite by sessile drop technique [J]. ISIJ International, 2004, 44 (4): 653.

[70] Seo S M, Kim D S, Paik Y H. Wetting characteristics of $CaO-SiO_2-Al_2O_3$ ternary slag on refractory oxides, Al_2O_3, SiO_2 and TiO_2 [J]. Metals & Materials International, 2001, 7 (5): 479.

[71] Shen P, Fujii H, Nogi K. Wettability of some refractory materials by molten SiO_2-MnO-TiO_2-FeO_x slag [J]. Materials Chemistry & Physics, 2009, 114 (2-3): 681.

[72] Monaghan B J, Abdeyazdan H, Dogan N, et al. Effect of slag composition on wettability of oxide inclusions [J]. ISIJ International, 2015, 55 (9): 1834.

[73] Aneziris C G, Hampel M. Microstructured and electro-assisted high-temperature wettability of MgO in contact with a silicate slag-based on fayalite [J]. International Journal of Applied Ceramic Technology, 2008, 5 (5): 469.

[74] Parry G, Ostrovski O. Wetting of solid iron, nickel and platinum by liquid MnO-SiO_2 and CaO-Al_2O_3-SiO_2 [J]. ISIJ International, 2009, 49 (6): 788.

[75] Heo S H, Lee K, Chung Y. Reactive wetting phenomena of MgO-C refractories in contact with CaO-SiO_2 slag [J]. Transactions of Nonferrous Metals Society of China, 2012, 22 (S3): 870.

[76] Park J, Lee K, Pak J J, et al. Initial wetting and spreading phenomena of a CaO-SiO_2 liquid slag on MgO substrates [J]. ISIJ International, 2014, 54 (9): 2059.

[77] Safarian J, Tangstad M. Wettability of silicon carbide by CaO-SiO_2 [J]. Metallurgical & Materials Transactions B, 2009, 40 (6): 920.

[78] Yuan Z, Wu Y, Zhao H, et al. Wettability between molten slag and MgO-C refractories for the slag splashing process [J]. ISIJ International, 2013, 53 (4): 598.

[79] Parry G, Ostrovski O. Wettability of solid metals by molten CaO-SiO_2-Al_2O_3 slag [J]. Metallurgical and Materials Transactions B, 2008, 39 (5): 681.

[80] Shatokha V, Korobeynikov I. Wettability of solid iron by molten CaO-SiO_2-FeO slags [C]. 2nd International Conference " Advances in Metallurgical Processes & Materials", 2015.

[81] Jones H. The surface energy of solid metals [J]. Metal Science, 1970, 5 (1): 15.

[82] Kasama A, McLean A, Miller W. Temperature dependence of the surface tension of liquid copper [J]. Canadian Metallurgical Quarterly, 1980, 19 (4): 399.

[83] Takiuchi N, Taniguchi T, Shinozaki N, et al. Effect of oxygen on the surface tension of liquid iron and the wettability of alumina by liquid iron [J]. Journal of the Japan Institute of Metals, 1991, 55 (1): 44.

[84] Jun Z, Mukai K. The surface tension of liquid iron containing nitrogen and oxygen [J]. ISIJ International, 1998, 38 (10): 1039.

[85] Ogino K, Nogi K, Koshida Y. Effect of oxygen on the wettability of solid oxide with molten iron [J]. Tetsu-to-Hagane, 1973, 59 (10): 1380.

[86] Nogi K, Ogino K. Role of interfacial phenomena in deoxidation process of molten iron [J]. Canadian Metallurgical Quarterly, 1982, 22 (1): 19.

[87] Ikemiya N, Umemoto J, Hara S, et al. Surface tensions and densities of molten Al_2O_3, Ti_2O_3, V_2O_5 and Nb_2O_5 [J]. ISIJ International, 1993, 33 (1): 156.

[88] Tanaka T. Fundamental physical chemistry of interfacial phenomen-surface tension [J]. Bulletin of the Iron & Steel Institute of Japan, 2003, 8 (2): 22.

[89] Hanao M, Tanaka T, Kawamoto M, et al. Evaluation of surface tension of molten slag in multi-component systems [J]. ISIJ International, 2007, 47 (7): 935.

[90] Halden F A, Kingery W D. Surface tension at elevated temperatures. II. Effect of C, N, O and S on liquid iron surface tension and interfacial energy with Al_2O_3 [J]. Journal of Physical Chemistry, 2002, 59 (6): 557.

[91] Dumay C, Cramb A W. Density and interfacial tension of liquid Fe-Si alloys [J]. Metallurgical & Materials Transactions B, 1995, 26 (1): 173.

[92] Kalisz D. Modeling physicochemical properties of mold slag [J]. Archives of Metallurgy and Materials, 2014, 59 (1): 149.

[93] Ogino K, Hara S. Density, surface tension and electrical conductivity of calcium fluoride based fluxes for electroslag remelting (secondary steelmaking) [J]. Tetsu-to-Hagane, 1977, 63 (13): 2141.

[94] Liu Y, Lv X, Bai C, et al. Surface tension of the molten blast furnace slag bearing TiO_2: Measurement and evaluation [J]. ISIJ International, 2014, 54 (10): 2154.

[95] Suzuki M, Tanaka S, Hanao M, et al. Evaluating composition dependence in surface tension of Si-Ca-Na-O-F reciprocal oxide-fluoride melts [J]. ISIJ International, 2016, 56 (1): 63-70.

[96] Yu B, Lv X, Xiang S, et al. Wetting behavior of calcium ferrite melts on sintered MgO [J]. ISIJ International, 2015, 55 (8): 1558-1564.

[97] Yoon T, Lee K, Lee B, et al. Wetting, spreading and penetration phenomena of slags on $MgAl_2O_4$ spinel refractories [J]. ISIJ International, 2017.

[98] 刘新田，侯铁翠. 钢液对耐火材料的润湿角测定 [J]. 炼钢，1990，(5)：46.

[99] Jansson S, Brabie V, Jönsson P. Corrosion mechanism and kinetic behaviour of MgO-C refractory material in contact with CaO-Al_2O_3-SiO_2-MgO slag [J]. Scandinavian journal of metallurgy, 2005, 34 (5): 283.

[100] 陈肇友. 炉外精炼用耐火材料提高寿命的途径及其发展动向 [J]. 耐火材料，2007，41（1）：1-12.

[101] Chen Y. Numerical and experimental study of marangoni flow on slag-line dissolution of refractory [J]. Materials Science & Engineering, 2012.

[102] Riaz S, Mills K C, Bain K. Experimental examination of slag/refractory interface [J]. Ironmaking & Steelmaking, 2002, 29 (2): 107.

[103] Shen P, Zhang L, Wang Y. Wettability between liquid iron and tundish lining refractory [J]. Metallurgical Research & Technology, 2016, 113 (5): 503.

[104] Seo S-M, Kim D-S, Paik Y H. Wetting characteristics of CaO-SiO_2-Al_2O_3 ternary slag on refractory oxides, Al_2O_3, SiO_2 and TiO_2 [J]. Metals & Materials International, 2001, 7 (5): 479.

[105] 朱伯铨，张文杰. 低碳镁碳砖的研究现状与发展 [J]. 武汉科技大学学报，2008，31（3）：233.

[106] Siddiqi N, Bhoi B, Paramguru R K, et al. Slag-graphite wettability and reaction kinetics, Part 1 Kinetics and mechanism of molten FeO reduction reaction [J]. Ironmaking & Steelmaking, 2000, 27 (5): 367.

[107] Valdez M E, Uranga P, Fuchigami K, et al. Controlled undercooling of liquid iron in contact with Al_2O_3 substrates under varying oxygen partial pressures [J]. Metallurgical & Materials Transactions B, 2006, 37 (5): 811.

[108] Lee Y S, Jung S M, Min D J. Interfacial reaction between Al_2O_3-SiO_2-C refractory and Al/Ti-killed steels [J]. ISIJ International, 2014, 54 (4): 827.

[109] Lian P, Huang A, Gu H, et al. Towards prediction of local corrosion on alumina refractories driven by Marangoni convection [J]. Ceramics International, 2017.

[110] Pötschke J, Brüggmann C. Premature wear of refractories due to Marangoni-convection [J]. Steel Research International, 2012, 83 (7): 637.

[111] Mukai K, Toguri J M, Stubina N M, et al. A mechanism for the local corrosion of immersion nozzles [J]. ISIJ International, 1989, 29 (6): 469.

[112] 阮国智，李楠，吴新杰. 耐火材料在渣-铁（钢）界面局部蚀损机理 [J]. 材料导报，2005，19（2）：47.

[113] Ueshima Y. Evaluation of local dissolution rates and wetting behaviors of solid alumina in liquid slag with the Marangoni number [J]. ISIJ International, 2016, 56 (8): 1506.

[114] Chen Y, Brooks G, Nightingale S, et al. Marangoni effect in refractory slag line dissolution [C]. 4th International Symposium on Advance in Refractories for the Metallurgical Industries, 2004.

[115] Beskow K, Sichen D. Experimental study of the nucleation of alumina inclusions in liquid steel [J]. Scandinavian journal of metallurgy, 2003, 32 (6): 320.

[116] 王新华. 钢铁冶金 炼钢学 [M]. 北京: 高等教育出版社, 2007.

[117] Suito H, Ohta H. Characteristics of particle size distribution in early stage of deoxidation [J]. ISIJ International, 2006, 46 (1): 33.

[118] Yan P, Guo M, Blanpain B. In situ observation of the formation and interaction behavior of the oxide/oxysulfide inclusions on a liquid iron surface [J]. Metallurgical and Materials Transactions B, 2014, 45 (3): 903.

[119] Zheng L, Malfliet A, Wollants P, et al. Effect of interfacial properties on the characteristics and clustering of alumina inclusions in molten iron [J]. Transactions of the Iron & Steel Institute of Japan, 2016, 55 (6): 1891.

[120] Yang W, Duan H, Zhang L, et al. Nucleation, growth, and aggregation of alumina inclusions in steel [J]. JOM, 2013, 65 (9): 1173.

[121] Kingery W D, Berg M. Study of the initial stages of sintering solids by viscous flow, evaporation-condensation, and self-diffusion [J]. Journal of Applied Physics, 1955, 26 (10): 1205.

[122] Mizoguchi T, Ueshima Y, Sugiyam M, et al. Influence of unstable non-equilibrium liquid iron oxide on clustering of alumina particles in steel [J]. ISIJ International, 2013, 53 (4): 639.

[123] Sasai K, Mizukami Y. Mechanism of alumina adhesion to continuous caster nozzle with reoxidation of molten steel [J]. ISIJ International, 2001, 41 (11): 1331.

[124] Mu W, Jönsson P, Nakajima K. Prediction of the intragranular ferrite nucleation in steels with Ti-oxide and tin additions [C]. International Conference on High Temperature Capillarity, 2015.

[125] Xuan C, Karasev A V, Jönsson P G, et al. Attraction force estimations of Al_2O_3 particle agglomerations in the melt [J]. Steel Research International, 2017, 88 (2): 262.

[126] Xuan C. Wettability and agglomeration characteristics of non-metallic inclusions [D]. KTH Royal Institute of Technology, 2016.

[127] Mu W, Dogan N, Coley K S. Agglomeration of non-metallic inclusions at the steel/Ar interface: Model application [J]. Metallurgical and Materials Transactions B, 2017, 48 (4): 2092-2103.

[128] Mizoguchi T, Ueshima Y, Sugiyama M, et al. Influence of unstable non-equilibrium liquid iron oxide on clustering of alumina particles in steel [J]. ISIJ international, 2013, 53 (4): 639.

[129] Zheng L, Malfliet A, Wollants P, et al. Effect of alumina morphology on the clustering of alumina inclusions in molten iron [J]. ISIJ International, 2016, 56 (6): 926.

[130] Nakamoto M, Tanaka T, Suzuki M, et al. Effects of interfacial properties between molten iron and alumina on neck growth of alumina balls at sintering in molten iron [J]. ISIJ International, 2014, 54 (6): 1195.

[131] Prokhorenko K K. Vaprosy Proizvodstva Stali [M]. Naukova Dumka, 1965.

[132] Kalisz D. Calculation of assimilation process of non-metallic inclusions by slag [J]. Journal of Casting & Materials Engineering, 2017, 1 (2): 43-47.

[133] Abraham S, Bodnar R, Raines J. Inclusion engineering and the metallurgy of calcium treatment [J]. Journal of Iron & Steel Research International, 2013, 1 (2): 1243-1257.

[134] Shannon G, Sridhar S. Modeling Al_2O_3 inclusion separation across steel-slag interfaces [J]. Scandinavian Journal of Metallurgy, 2005, 34 (6): 353.

[135] Valdez M, Shannon G S, Sridhar S. The ability of slags to absorb solid oxide inclusions [J]. ISIJ International, 2006, 46 (3): 450.

[136] Liu C, Yang S, Li J, et al. Motion behavior of nonmetallic inclusions at the interface of steel and slag. Part I: Model development, validation, and preliminary analysis [J]. Metallurgical and Materials Transactions B, 2016, 47 (3): 1882.

[137] Yang S, Liu W, Li J. Motion of solid particles at molten metal-liquid slag interface [J]. JOM, 2015, 67 (12): 2993.

[138] Zheng L, Malfliet A, Wollants P, et al. Effect of surfactant Te on the behavior of alumina inclusions at advancing solid-liquid interfaces of liquid steel [J]. Acta Materialia, 2016, 120: 443-452.

9 钢中非金属夹杂物之间的聚合

钢液中与非金属夹杂物相关的界面现象主要包括四个：（1）夹杂物与夹杂物之间的界面现象——夹杂物的聚合；（2）夹杂物在钢-渣界面处的界面现象——夹杂物在钢-渣界面的分离；（3）夹杂物与气泡之间的界面现象——气泡浮选去除夹杂物；（4）夹杂物与钢液凝固前沿的界面现象——夹杂物被钢液凝固前沿的捕捉。本章主要讨论第一个界面现象，其他三个界面现象将分别在第11～13章详细描述。

9.1 夹杂物聚合现象概述

固体粒子在液体中的聚合现象广泛地存在于工业生产中，例如选矿、石油化工、食品药品制造、钢铁等。了解液体中固体粒子的聚合机理，对于预测和控制液体中固体粒子的行为具有重要意义。在炼钢生产过程中，固体夹杂物粒子通常与钢液是不润湿的，即接触角大于90°，例如Al_2O_3与钢液的接触角为137°，SiO_2与钢液的接触角为102°。由于钢液的高温和不透明性以及夹杂物粒子尺寸多在微米级别，很难对钢液中夹杂物粒子间的相互作用机理进行直接的观测研究。然而，对于水溶液中疏水粒子间的相互作用已有很多实验测量和理论研究。

前人的实验测量结果表明，在疏水粒子间存在强远程吸引力，这是用经典的DLVO理论或Lifshitz理论所不能解释的。基于不同非润湿性表面和不同溶液条件下的广泛观察，针对该强远程吸引力提出了四种相互作用的理论模型，分别为扰动水结构模型（disturbed water structure）、静电作用模型（electrostatic correlations）、微气泡连接模型（bridging sub-microscopic bubbles）和空腔形成模型（formation of spontaneous cavity）。

Yaminsky和Yushchenko等[1, 2]对固体粒子在非润湿性液体中的相互靠近过程进行了实验分析和理论计算。结果表明，当固体粒子在非润湿性液体中相互靠近时，会自发地形成一个空腔，测量的空腔直径和粒子间的黏附力与毛细理论预测结果相一致。Pashley等[3]测量了电中性和疏水表面之间的吸引力，并报道了空腔作用与疏水表面之间的相互作用有关。Christenson和Claesson[4]研究了中性碳氢化合物和碳氟化合物表面在水中的相互作用，发现一旦碳氟化合物表面接触就会自发形成空腔，而碳氢化合物表面仅在接触分离后才能形成空腔。Parker等[5]通过实验研究和理论计算结果表明，在中性疏水表面间的远程吸引力来源于空腔。

Singh等[6]采用实验的方法证明了空腔是疏水界面间长距离相互作用的来源之一。同时，Sasai讨论了钢中的［O］和［S］含量对Al_2O_3夹杂物聚合的影响，结果表明，［O］和［S］作为表面活性元素，会降低钢液的表面张力，从而减弱夹杂物的聚合性能[7]。

Braun等[8]报道称，当两个Al_2O_3夹杂物粒子相互接触时，由于表面张力的作用，将会使得Al_2O_3夹杂物粒子间保持接触，而促进Al_2O_3夹杂物生长的驱动力为减小夹杂物间的表面积。Nakamoto 等[9]研究了界面性质，如界面张力、润湿性等对 Al_2O_3在钢液中聚合的影响。通过实验和理论计算发现，相对于氩气，Al_2O_3球更易于在钢液中聚合。基于毛细作用，对 Al_2O_3聚合模型进行计算，结果表明，钢液与 Al_2O_3间的不润湿性以及空腔与外界间的压力差是促使 Al_2O_3聚合的主要因素。图 9-1 为理论计算时采用的 Al_2O_3聚合模型。

关于夹杂物在钢液中形核和生长的数学模型，也已有大量的研究。Lei 等[10]建立了夹杂物在钢液中的形核、Ostwald 熟化、布朗碰撞生长、Stokes 碰撞生长和湍流碰撞生长模型。Jin 等[11]建立了脱氧初期 Al_2O_3团簇的形核和生长模型。Zhang 和 Pluschkell[12]建立了固态夹杂物在脱氧过程中的形核和生长动力学模型。Wakoh 等[13]通过实验和数学模型研究了脱氧瞬间 Al_2O_3夹杂物的行为。Suito 和 Ohta[14]通过实验和模型建立研究了脱氧初期夹杂物的粒度分布特性。Zhang 等[15]和 Ling 等[16]针对中间包内不同区域夹杂物的行为，分别讨论了 Brownian 碰撞、Stokes 碰撞和湍流碰撞对夹杂物聚合的影响。

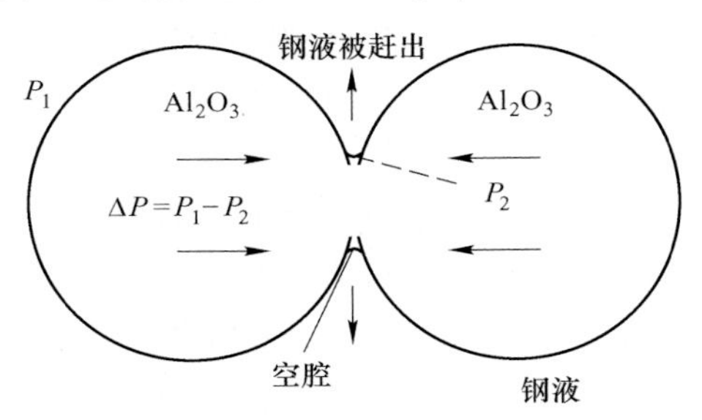

图 9-1 Al_2O_3粒子的聚合模型[9]

Tselishchev 和 Val'tsifer[17]基于液桥（liquid bridge）连接的两个粒子间毛细模型研究了粒子尺寸和粒子接触类型对毛细力的影响。Megias-Alguacil 和 Gauckler[18]采用理论计算研究了润湿性固体粒子间凸形液桥的相关行为，分析了粒子间距、润湿角和液体体积的影响。Payam 和 Fathipour[19]通过能量分析，建立了球体间毛细力模型。Simons 等[20]研究了润湿性粒子间的聚合行为，分析了使得液桥断裂所需的能量。关于液桥形貌，可以通过精确求解 Laplace-Young 方程得到，也可以采用环形近似（Toroid approximation）得到。该研究对比了两种方法计算的使液桥断裂所需的能量结果的差异，近似计算结果与精确计算结果间的差异小于 14%。

Carambassis 等[21]通过实验测量了宏观疏水表面间的长程作用力，认为在疏水表面间存在的微小气泡是导致长程作用力的原因。Peng 等[22]对疏水性表面存在的纳米级气泡的实验研究和模拟研究进行了总结。首先，对于疏水性表面存在纳米级气泡的实验观察进展和不同实验方法的观察结果进行了汇总；针对纳米气泡的稳定性和微观接触角进行重点讨论，着重分析了线张力（line tension）、杂质层理论（impurity layer theory）、三相接触理论（three-phase contact line theory，TPCL theory）、动态平衡模型理论（dynamic equilibrium model theory）和致密气层理论（dense gas layer theory）。Sakamoto 等[23]原位测量了采用物理吸附而获得的非润湿性表面的相互吸引力，认为该长距离吸引是由于液体中微小气泡的聚合形成气体空腔导致的。

Tozawa 等[24]采用分形理论推导了团簇状 Al_2O_3夹杂物在钢液中的上浮速度公式，结果表明，采用分析理论获得的夹杂物上浮速度与团簇尺寸的关系小于传统方法；采用分析理论计算的大于 100μm 的夹杂物上浮速度小于传统方式。此外，该研究还建立了中间包内团簇状 Al_2O_3夹杂物的聚合和上浮模型，可以很好地与工业生产结果相吻合。Sumitomo 等[25]采用实验和数学模型的方法对比了三种不同搅拌条件下固体粒子在液体中的聚合和破碎过程。基于气泡的破裂过程，建立了粒子的破碎模型。通过实验和模型计算，表明在同样能量输入速率条件下聚合数量由搅拌器机械搅拌、底吹气搅拌和 RH 吹气搅拌依次降低。

Yin 等[26]通过高温共聚焦实验手段原位观测了钢液表面 Al_2O_3 夹杂物的聚合行为，他们指出，Al_2O_3 夹杂物粒子间的毛细作用力是促使夹杂物聚合的远程吸引力。该远程作用力首先使得 Al_2O_3 夹杂物粒子碰撞生成中间聚合物，然后使得在中间聚合物间生成松散的 Al_2O_3 团簇，最后使得松散的 Al_2O_3 团簇变成致密的 Al_2O_3 夹杂物。Mu 等[27]建立了修正的 Kralchevsky-Paunov 模型，并且同采用高温共聚焦显微镜的原位实验数据进行了验证。该模型被应用于定量评估不同夹杂物在钢液-氩气界面聚合时的毛细引力的大小。结果表明，夹杂物密度和接触角对毛细力的影响远大于钢液表面张力的影响。同时，还讨论了夹杂物在钢液内部的聚合行为，并且计算了不同夹杂物的凝聚系数，夹杂物在钢液-氩气界面的毛细引力计算结果和夹杂物在钢液内部的凝聚系数计算结果具有很好的一致性。此外，该模型还得到影响夹杂物聚合作用的因素由强到弱依次为：夹杂物数密度>夹杂物尺寸>夹杂物成分。Kang 等[28]通过高温共聚焦显微镜和观测分析工业试验样品中的夹杂物，讨论了不同类型夹杂物在钢液中的相互作用。相比于固态的尖晶石和液态的钙铝酸盐，Al_2O_3 夹杂物更容易聚合和快速的长大。图 9-2 为不同夹杂物间距随时间的变化关系。可以看到，Al_2O_3 夹杂物间的距离随着时间的增加快速减小，说明发生了聚合，而尖晶石和钙铝酸盐夹杂物间的距离随时间的推移而几乎没有变化。

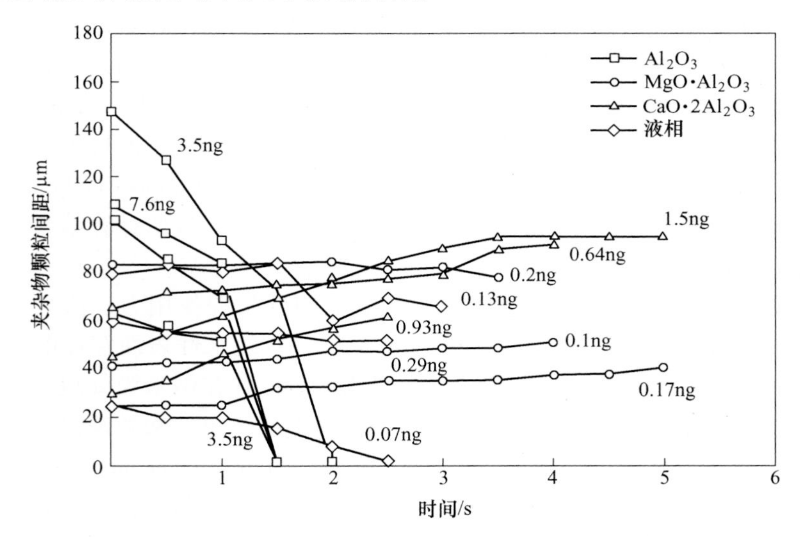

图 9-2　不同夹杂物间距随时间的变化关系[28]

Xuan 等[29]研究了 Al_2O_3 粒子在钢液中的聚合过程，考虑了范德华力、Al_2O_3 与钢液间的润湿性以及固体 Al_2O_3 烧结的影响。通过采用 Fowkes 模型，建立了 Hamaker 常数与钢液界面张力的关系式。通过计算 Al_2O_3 与非润湿性钢液间的液桥力，进一步对比了钢液脱氧过程中范德华力与液桥力间的大小，发现液桥力虽然比范德华力大，但不足范德华力的 7 倍，而前人研究结果表明，液桥力比范德华力大多个数量级，这是由于重新计算 Hamaker 常数而得到的结果。因此，在夹杂物聚合过程中，即使范德华力较弱，但不能被忽略。而在二次氧化过程中，由于液桥力的减弱和液态 FeO 的生成，将使得液桥力与毛细力相当，共同作为 Al_2O_3 团簇形成的相互吸引力。最后对于固体 Al_2O_3 烧结的过程，发现在 1873K

含镍 10%的铁液中，固体 Al_2O_3烧结的表观自扩散系数为 $1.95\times10^{-14}m^2/s$。

Bratton[30]对 $MgAl_2O_4$尖晶石在 1050～1300℃空气中的烧结动力学过程进行了研究。结果表明，$MgAl_2O_4$尖晶石的烧结过程满足体积扩散控速机理，并且通过实验测量了扩散系数。Kingery 和 Berg[31]对固体粒子通过黏性流、蒸发-凝结和自扩散三种方式进行聚合的过程进行了研究。在该研究中，提出了两种聚合模型，分别为填充模型和逼近模型，如图 9-3 所示，并且针对不同的模型，给出了相应的几何关系式。填充模型认为物质通过迁移，在固体粒子间进行填充，完成固体粒子的聚合过程，如图 9-3（a）所示；逼近模型认为通过固体粒子间的逼近，使得固体粒子接触处进行挤压，完成固体粒子的聚合过程，如图 9-3（b）所示。

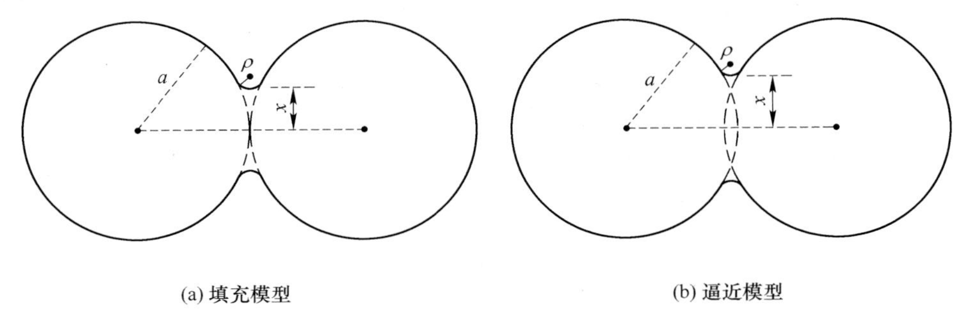

(a) 填充模型　(b) 逼近模型

图 9-3　固体粒子聚合过程中的两种烧结模型[31]

Singh[32]通过实验的方法研究了存在液相条件下的 Al_2O_3烧结行为，结果表明，增加液相的比例，有利于 Al_2O_3的烧结；同时，小尺寸的粒子，更容易烧结。Mizoguchi 等[33]对钢水中提取到的 Al_2O_3团簇进行分析，发现在 Al_2O_3团簇的连接处有少量的液态 FeO 存在，如图 9-4 所示。由此提出了 Al_2O_3团簇的形成机理为：（1）由于钢液中较高的氧势，将在钢液中生成 Al_2O_3和 FeO 悬浮物；（2）FeO 作为 Al_2O_3连接的桥梁，起到促进 Al_2O_3聚集的作用；（3）由于 Al 具有较强的还原性，将会置换 FeO 中 Fe 而生成 Al_2O_3，起到促进 Al_2O_3烧结的作用；（4）生成的 Fe 逐渐迁移出 Al_2O_3以减少界面能，至此完成 Al_2O_3团簇的形成过程。

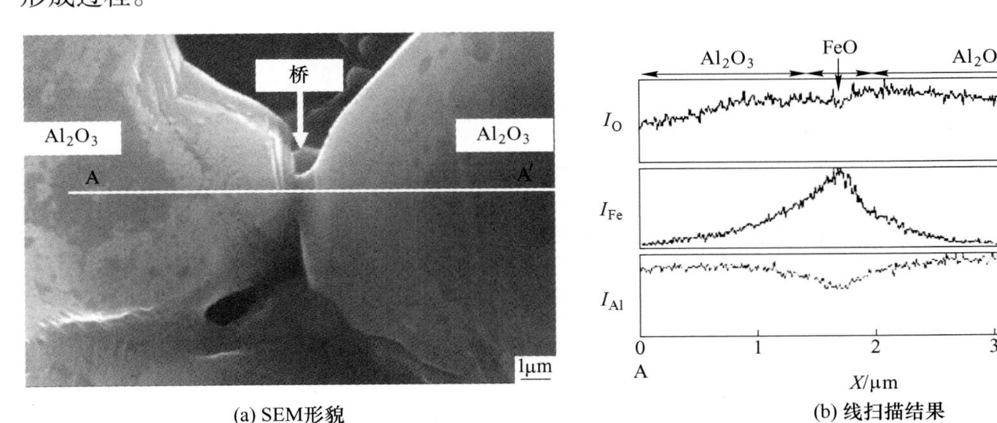

(a) SEM形貌　(b) 线扫描结果

图 9-4　Al_2O_3团簇连接处的 SEM 形貌与线扫描结果[33]

Johnson 和 Cutler[34]采用实验的方法研究了不同 Al_2O_3粉末在空气中的等温烧结动力学过程，结果表明，Al_2O_3粉末在空气中的等温烧结过程为晶界空穴扩散控速。Deng 等[35]通过实验室实验研究了引流砂的烧结过程，结果表明，二氧化硅相和铬铁矿相间的相互化学反应是导致引流砂烧结的主要机理，该反应会使得生成液态氧化物相，从而连接固体氧化物粒子。二氧化硅含量和引流砂的粒子尺寸是影响液相生成的主要原因。

固体粒子在液体中聚合广泛地存在于自然界和工业生产之中。了解固体粒子在液体中聚合机理，对于预测和控制粒子的聚合过程至关重要。大多数情况下，聚合的固体粒子是与液体不润湿的。具体到冶金炼钢生产过程中，固体夹杂物粒子与钢液通常是不润湿的，如 Al_2O_3、SiO_2等。大量研究结果表明[1, 2]，当非润湿性固体粒子在液体中相互靠近到一定距离时，液体将会自发地从固体粒子间隙中流出，形成一个空腔。

由于空腔的形成将会在钢液与空腔间产生弯液面，而关于弯液面形貌的精确描述需要复杂的数值计算过程，因此为了优化计算过程、适当减少计算量，文献中[36-38]通常将弯液面形貌简化为由圆弧旋转而成的圆环面，并且将该方法称为圆环面近似。在此简化模型中，忽略了夹杂物粒子与钢液间的接触角，认为夹杂物粒子与弯液面相切。

但是，在夹杂物聚合的实际过程中，非润湿性夹杂物粒子与弯液面间的夹角大于 90°，弯液面与夹杂物相切，夹杂物粒子-空腔-钢液三相接触点与夹杂物粒子中心如图 9-5 所示。本节将对 Al_2O_3夹杂物粒子在钢液中的聚合过程进行讨论，用到的参数如表 9-1 所示。

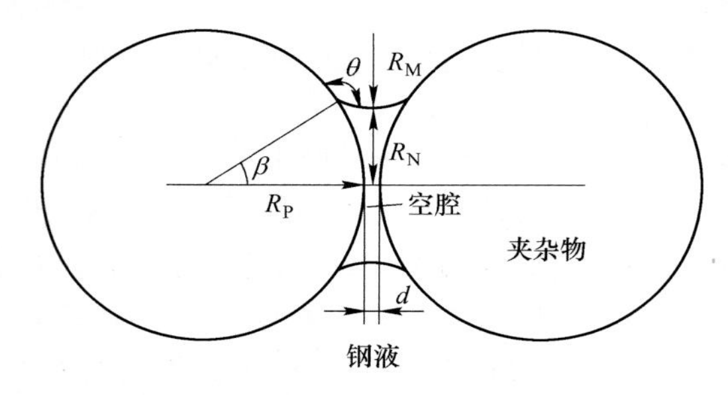

图 9-5　考虑钢液与夹杂物粒子间接触角的夹杂物聚合模型中的几何关系

表 9-1　钢液与 Al_2O_3夹杂物的物性参数

参　数	符号	取值	单位	参考文献
钢液的比表面能	σ_L	1.80	N/m	[39]
接触角	θ	137	(°)	[39]
钢液与空腔间的压差	Δp	3.86×10^3	Pa	[39]
夹杂物粒子半径	R_P	5.0×10^{-6}	m	—

9.2　钢中非金属夹杂物聚合过程模型

9.2.1　几何关系的建立

如图 9-5 所示，通过几何关系，可以计算得到：

$$R_M = \frac{R_P(1 - \cos\beta) + d/2}{\cos(\theta - \beta)} \tag{9-1}$$

$$R_N = R_P\sin\beta - R_M[1 - \sin(\theta - \beta)] \tag{9-2}$$

式中，β 为考虑夹杂物粒子与钢液间接触角时的三相接触点与夹杂物粒子中心连线的圆心角，(°)。

固体夹杂物粒子与空腔的表面面积和钢液与空腔间弯液面的面积分别为：

$$S_{PC} = 2\pi R_P^2(1 - \cos\beta) \tag{9-3}$$

$$S_{LC} = 4\pi R_M\left[(R_M + R_N)\arcsin\frac{R_P - R_P\cos\beta + d/2}{R_M} - (R_P - R_P\cos\beta + d/2)\right] \tag{9-4}$$

空腔的体积可以通过积分下式得到：

$$V = 2\pi\int_0^{R_P - R_P\cos\beta + d/2}\left[(R_M + R_N) - \sqrt{R_M^2 - x^2}\right]^2 dx - \frac{2\pi}{3}R_P^3(\cos^2\beta - 3\cos\beta + 2) \tag{9-5}$$

式中，V 为空腔体积，m^3。

9.2.2　能量变化分析

空腔形成时，由夹杂物粒子-钢液界面转变为夹杂物粒子-空腔界面会使得界面能降低，这是形成空腔的驱动力：

$$\Delta E_1 = 2S_{PC}(\sigma_S - \sigma_{LP}) = 2S_{PC}\sigma_L\cos\theta \tag{9-6}$$

同时形成新的钢液-空腔界面，是需要做功的：

$$\Delta E_2 = \sigma_L S_{LC} \tag{9-7}$$

此外，还需要考虑克服压力做功，其表达式如下：

$$\Delta E_3 = \Delta p V \tag{9-8}$$

式中，ΔE_3为形成空腔所需要克服的压力功，J；Δp 为钢液与空腔间的压差，Pa。

因此，空腔形成时的总的自由能变为：

$$\Delta E = 2S_{PC}\sigma_L\cos\theta + \sigma_L S_{LC} + \Delta p V \tag{9-9}$$

式中，ΔE 为形成空腔时的总自由能变，J。

由式（9-9）可以看到，影响夹杂物聚合过程自由能变的主要物性参数有钢液的比表面能、夹杂物与钢液的接触角和钢液与空腔间的压差。Sasai[39] 通过实验的方法测量了钢液中 Al_2O_3粒子间的凝聚力，根据其实验结果，钢液与空腔间的压差为 3.86×10^3Pa。

图 9-6 为通过数值计算得到的夹杂物粒子半径为 5μm、不同夹杂物粒子表面间距条件下空腔形成过程中总自由能变随空腔颈半径的关系曲线。

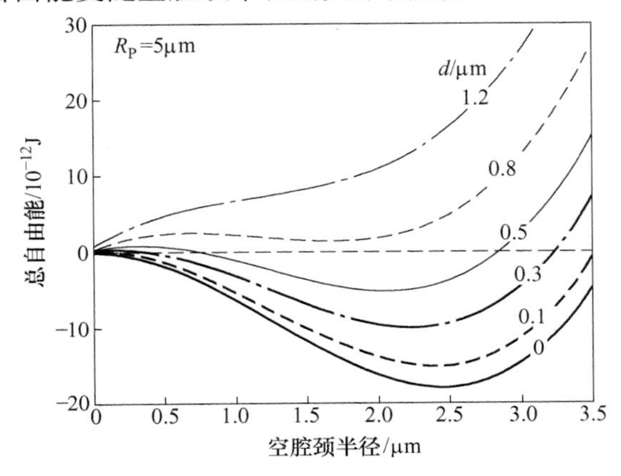

图 9-6　夹杂物聚合模型中不同夹杂物粒子间距条件下总自由能变随空腔颈半径的变化

9.2.3　活化态与稳定态

当夹杂物粒子相互靠近时，总自由能变随着空腔颈半径的增加而先增加后减小最后再次增加。总自由能变首先达到一个极大值点，该处所处的状态定义为活化态；自由能变大小表示形成空腔时所需要的能垒，定义为活化能；与之对应的空腔颈半径定义为活化半径。随着空腔颈半径的增加，自由能变减小，到达一个最小值点。该处的系统能量最低，处于热力学稳定状态，定义为稳定态；与之对应的空腔颈半径定义为稳定半径。

图 9-7 和图 9-8 为活化能及活化半径和稳定能及稳定半径随夹杂物粒子表面间距的变化关系。当夹杂物粒子表面间距为 0 时，活化能为 0 且稳定能最小。夹杂物粒子表面间距减小，活化能和活化半径均减小，表明夹杂物间的间隔越小，空腔越容易形成。稳定能随着夹杂物粒子表面间距的减小而降低，而稳定半径随着夹杂物粒子表面间距的减小而增加，表明夹杂物间的间隔越小，空腔越稳定。

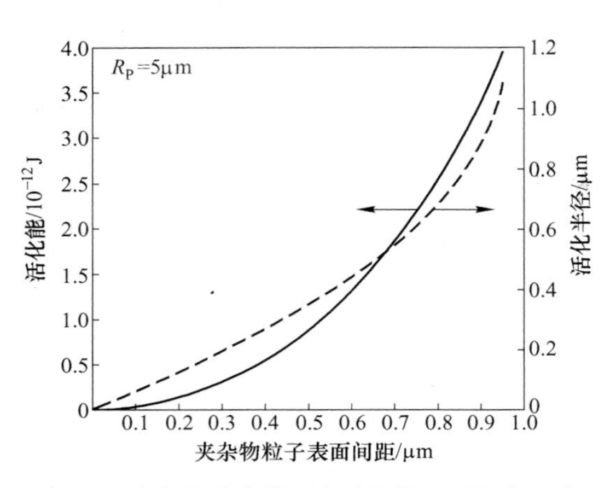

图 9-7　夹杂物聚合模型中活化能及活化半径随夹杂物粒子表面间距的变化

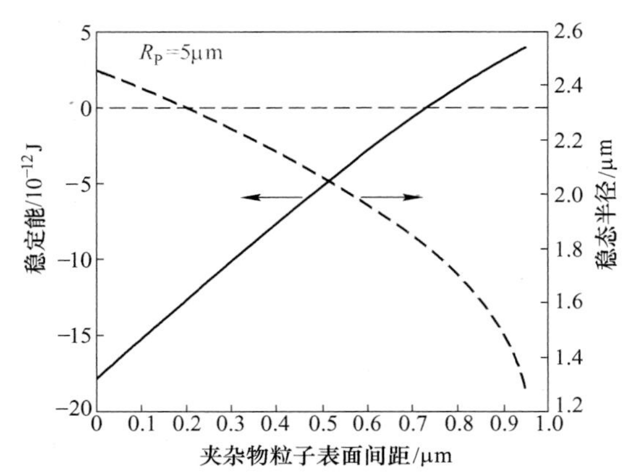

图 9-8　夹杂物聚合模型中稳定能及稳态半径随夹杂物粒子表面间距的变化

9.2.4　平衡态

两个夹杂物粒子相互接触时，体系能够达到的能量最低，也是最稳定的状态。将两个夹杂物粒子相互接触时的稳定能大小定义为平衡能，与之相对应的空腔颈半径为平衡半径。

图 9-9 为平衡能及平衡半径随夹杂物粒子半径的变化关系。图中的实线为数值计算结果，虚线为数据拟合结果。对于平衡能和平衡半径的拟合曲线方程式分别为：

$$E_{S,0} = 0.710R_P^2 \tag{9-10}$$

$$R_{N,0} = 0.492R_P \tag{9-11}$$

由前文分析可知，平衡能是在夹杂物粒子接触条件下体系中总自由能的减小量。忽略压力功的影响，平衡能主要是界面能的降低。因此，在固定的界面张力条件下，平衡能是界面面积的一次函数，即夹杂物粒子半径的二次函数。当夹杂物粒子半径小于 10μm 时，拟合结果和计算结果吻合得很好；而当夹杂物粒子半径增大到 100μm 时，拟合结果将略大于计算结果，这是由于在计算总自由能变时引入克服压力做功导致的。关于压力功对空腔形成的影响，将在后文进行讨论。

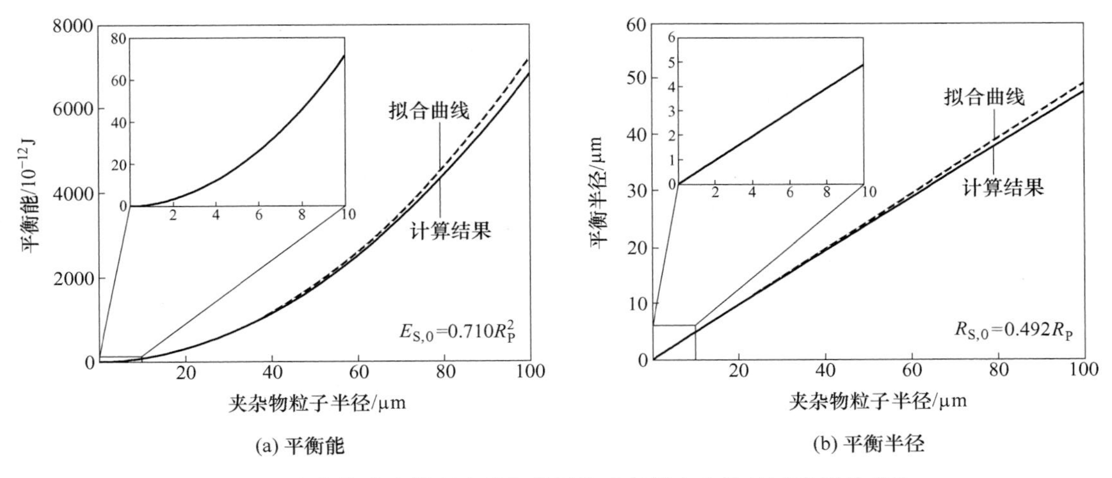

(a) 平衡能 (b) 平衡半径

图 9-9 夹杂物聚合模型中平衡能平衡半径随夹杂物粒子半径的变化

与不考虑夹杂物粒子和钢液间接触角的模型相比，本模型计算的稳定能和稳定半径更大。例如，对于半径为 5μm 的夹杂物粒子，本模型计算的稳定能和稳定半径分别为 13.95×10^{-12}J 和 2.46μm，而在不考虑夹杂物粒子和钢液间接触角的模型中对应值分别为 17.75×10^{-12}J 和 2.12μm。

9.2.5 临界聚合间距

夹杂物粒子相距较远时，形成空腔过程中总自由能变恒为正值，此时钢液间填充夹杂物粒子间隙，夹杂物粒子间不会形成空腔，从而无法完成聚合。只有当夹杂物粒子间的距离小于某一特定值时，形成空腔过程中总自由能变为负值，此时夹杂物粒子间将能够形成空腔，并且稳定存在，从而完成夹杂物粒子的聚合过程。夹杂物粒子间的临界聚合间距为夹杂物粒子间能够形成空腔的临界间距，即稳定能为零时所对应的夹杂物粒子表面间距；与之相对应的空腔颈半径为临界聚合半径。

图 9-10 为夹杂物临界聚合间距及临界聚合半径随夹杂物粒子半径的变化关系。同样，图中的实线为数值计算结果，虚线为数据拟合结果。对于临界聚合间距和临界聚合半径的拟合曲线方程式分别为：

$$d_e = 0.146R_P \tag{9-12}$$

$$R_{N,c} = 0.360R_P \tag{9-13}$$

同样可以看到：临界聚合间距和临界聚合半径均与夹杂物粒子半径近似呈正比例关系。夹杂物粒子半径小于 10μm 时，拟合结果和计算结果吻合得很好；而夹杂物粒子半径增大到 100μm 时，拟合结果略大于计算结果，这也是由于在计算总自由能变时引入克服压力做功导致的，将在后文中进行讨论。

同样，与不考虑夹杂物粒子和钢液间接触角的模型相比，本模型计算的临界聚合间距和临界聚合半径更大。例如，对于半径为 5μm 的夹杂物粒子，本模型计算的稳定能和稳定半径分别为 0.73μm 和 1.80μm，而在不考虑夹杂物粒子和钢液间接触角的模型中对应值分别为 0.58μm 和 1.55μm。

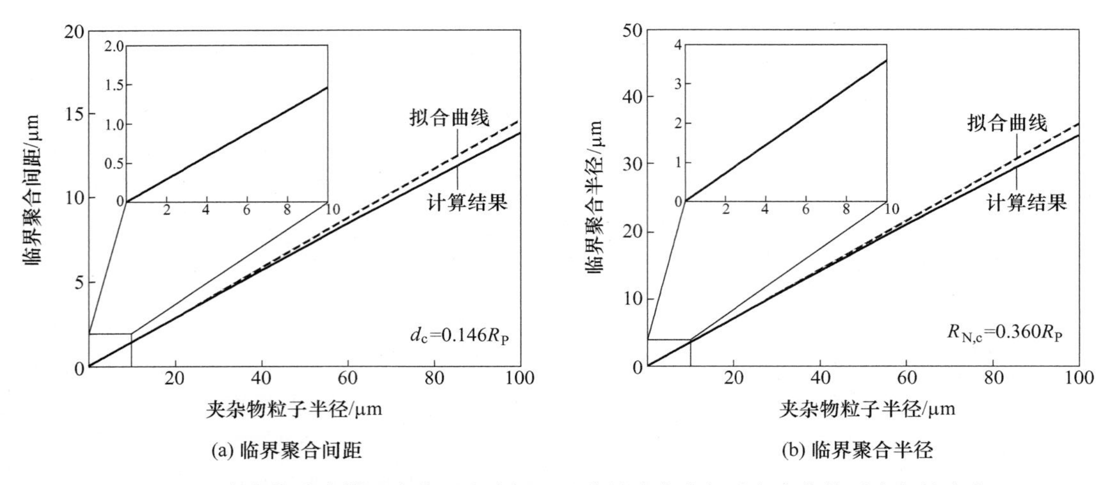

图 9-10　夹杂物聚合模型中临界聚合间距及临界聚合半径随夹杂物粒子半径的变化

9.2.6　固体夹杂物粒子聚合机理

根据上述能量分析，提出夹杂物粒子聚合机理如下：在钢液中，弥散分布的夹杂物粒子由于随机运动而相互靠近，夹杂物粒子间距大于临界聚合间距时，夹杂物粒子间依然充满钢液，不会有空腔形成；而在夹杂物粒子间距小于临界聚合间距时，只要夹杂物间的能量扰动大于该间距条件下空腔形成的活化能，空腔将在夹杂物粒子间形成；由图 9-8 所示，稳定能随着夹杂物粒子表面间距的减小而降低，即夹杂物间距越小，体系的能量越低，因此，空腔形成后夹杂物粒子将会自发靠近，以降低体系中的总自由能；最终，夹杂物粒子相互接触，此时体系的自由能最低，是空腔形成的最终状态，即平衡态。夹杂物粒子间形成空腔的过程如图 9-11 所示。夹杂物粒子间的空腔达到平衡态后，烧结过程会使得夹杂物粒子发生黏结，关于夹杂物粒子间的烧结过程还有待进一步研究。

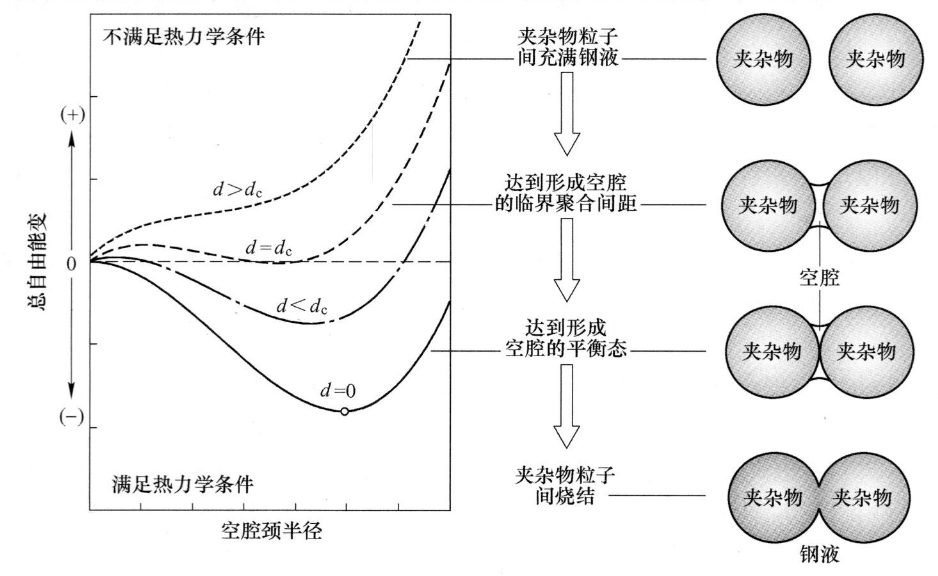

图 9-11　固体夹杂物粒子聚合机理

9.2.7 模型验证

基于本章所建立的夹杂物聚合模型，实现了对夹杂物聚合过程稳定态和形成空腔的临界聚合间距的预测和计算。然而，由于钢液的高温、不透明以及夹杂物尺寸很小，很难直接对其过程进行实验验证。2014 年，Sasai[39]通过实验方法模拟了夹杂物在钢液中聚合时形成空腔的过程。在该实验中，一对直径为 8mm 的 Al_2O_3圆棒被平行放入温度为 1600℃的钢液中，之后保持 Al_2O_3圆棒始终浸入在钢液内进行冷却，最后在钢液凝固后观察横截面的形貌，如图 9-12 所示。该实验进行了多次，得到了不同圆棒间距的实验结果。虽然经过了凝固过程，钢液体积发生了收缩，很难定量测得空腔颈半径，但可以清楚地看到，空腔颈半径随着 Al_2O_3圆棒间距的减小而增大。同时也可清楚地看到，当 Al_2O_3圆棒间距为 0.4mm 时，有空腔形成；而当 Al_2O_3圆棒间距为 0.5mm 时，没有空腔形成。

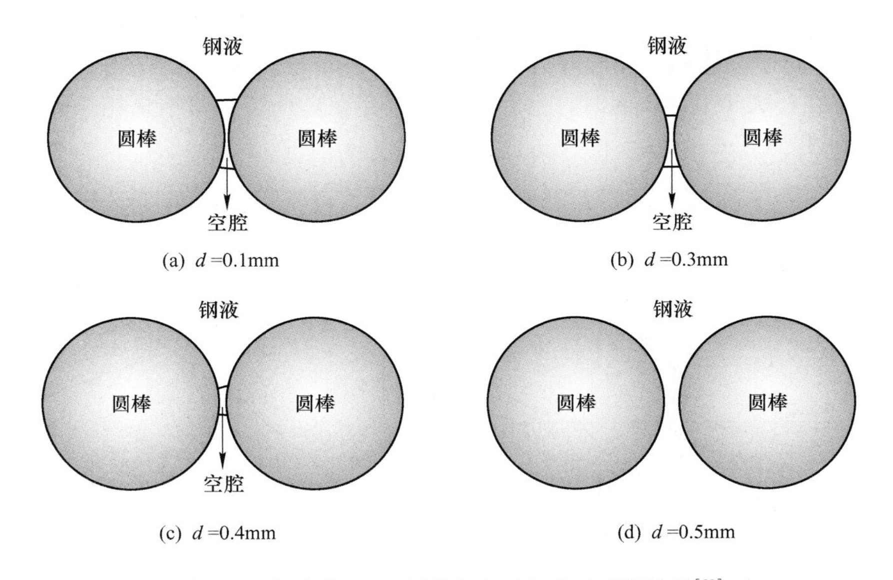

图 9-12 钢液中 Al_2O_3圆棒间空腔的实验观测结果[39]

两个等径的 Al_2O_3圆棒浸入在钢液中，因为圆棒的长度（50mm）远远大于圆棒间距（≤ 1.0mm），所以该实验模型可以简化为二维问题。因此，Al_2O_3圆棒与空腔间的表面面积、钢液与空腔间的弯液面面积和空腔体积可以通过下式计算得到：

$$S_{CY} = 2\beta R_{CY} \tag{9-14}$$

$$S_{LC} = 4\left(\theta - \beta - \frac{\pi}{2}\right) R_{CY} \tag{9-15}$$

$$V_{CY} = 2\int_0^{R_{CY}-R_{CY}\cos\beta+d/2} \left[(R_M + R_N) - \sqrt{R_M^2 - x^2} \right] dx - (2\beta - \sin 2\beta) R_{CY}^2 \tag{9-16}$$

式中，R_{CY}为圆棒半径，m；S_{CY}为圆棒-空腔间的一维面积，m；S_{LC}为钢液-空腔间的一维面积，m；V_{CY}为空腔的二维面积，m^2。

类似地，空腔形成过程中的总自由能变为：

$$\Delta E = 2S_{CY}\sigma_L\cos\theta + \sigma_L S_{LC} + \Delta p V_{CY} \tag{9-17}$$

图 9-13 为不同间距条件下 Al_2O_3圆棒间空腔形成过程中总自由能变随空腔颈半径的变化关系。计算用到的物性参数见表 9-1，即 Sasai 建议使用值。由该图可以看到，随着 Al_2O_3圆棒间距的增加，总自由能变最小值所对应的空腔颈半径，也就是稳定半径在减小，这和实验结果的变化趋势是一致的。此外可以看到，当 Al_2O_3圆棒间距小于等于 0.4mm 时，其自由能变最小值小于 0，也就是稳定能小于 0，说明在该条件下空腔可以稳定的存在；而当 Al_2O_3圆棒间距大于等于 0.5mm 时，其自由能变最小值将大于 0，也就是稳定能大于 0，说明在该条件下空腔不能够稳定存在。这也和实验结果相吻合，因此验证了本模型的正确性。

图 9-14 为空腔在圆棒间形成时所对应的稳定能及稳态半径随圆棒表面间距的变化。随着圆棒间距的增加，空腔所对应的稳定颈半径减小，这和实验变化趋势一致；实验测量颈半径与计算结果之间的偏差是由于在实验过程中，空腔是在钢液凝固后进行观测的，凝固过程中发生钢液收缩，从而导致测量结果偏大。当圆棒间距为 0.46mm 时，形成空腔的稳定能为 0，即对于圆棒间空腔形成的临界间距为 0.46mm。圆棒间距小于 0.46mm 时，空腔可以稳定存在；大于 0.46mm 时，空腔不能稳定存在。这与实验结果相一致，也说明了本模型的正确性。

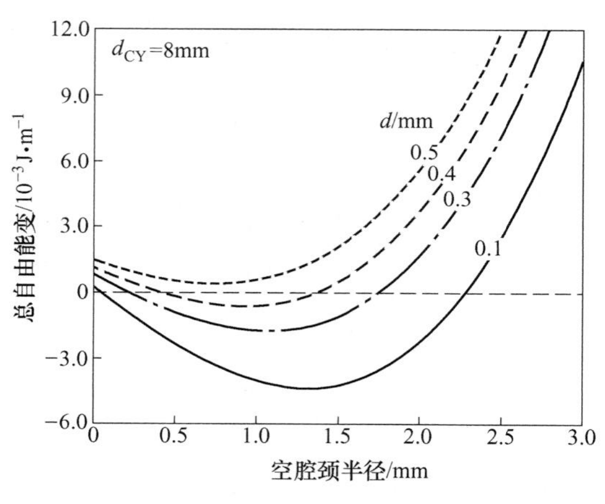

图 9-13 空腔在圆棒间形成时总自由能变随空腔颈半径的变化

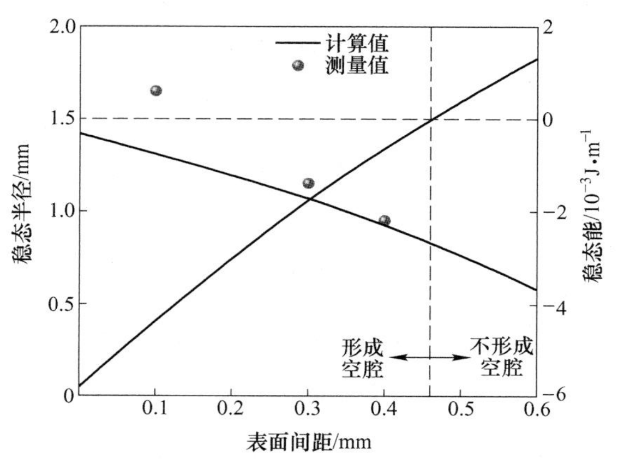

图 9-14 圆棒间空腔所对应的稳定能及稳态半径随圆棒表面间距的变化

9.3 钢中非金属夹杂物聚合的影响因素

9.3.1 压力差的影响

如前文所述，夹杂物聚合过程中空腔的形成主要包括三部分能量的变化：（1）夹杂物-钢液界面转变为夹杂物-空腔界面（ΔE_1），是空腔形成的驱动力，主要与界面现象有关；（2）形成新的钢液-空腔界面（ΔE_2），这是需要做功的，是空腔形成的阻力，同样主要与界面现象有关；（3）形成空腔所需要克服的压力功（ΔE_3），也是空腔形成的阻力。图 9-15为空腔形成时各部分能量的变化情况。其中，夹杂物的半径为 5μm，间距为 0.5μm。可以看到，相比 ΔE_1和 ΔE_2，ΔE_3的数值很小。也就是说，对于微米级的夹杂物，在其聚合过程中，主要是界面现象起主导作用，可以忽略压力功的影响。这也解释了，当夹杂物半径小于 10μm 时，平衡能以及临界聚合间距与夹杂物半径的拟合结果可以和计算结果很好地吻合。此外，由于夹杂物-钢液界面转变为夹杂物-空腔界面，能量降低，因此 ΔE_1 为负值；而形成新的钢液-空腔界面，能量增加，因此 ΔE_2 为正值。当夹杂物粒子表面间距较小时，增大夹杂物粒子表面间距，ΔE_1 减小的速度大于 ΔE_2 增加的速度，因此总能量减小；而当夹杂物粒子表面间距增大到某一定值后，继续增大夹杂物粒子表面间距，ΔE_1 减小的速度将小于 ΔE_2 增加的速度，因此总能量将会增加，如图 9-15 所示。

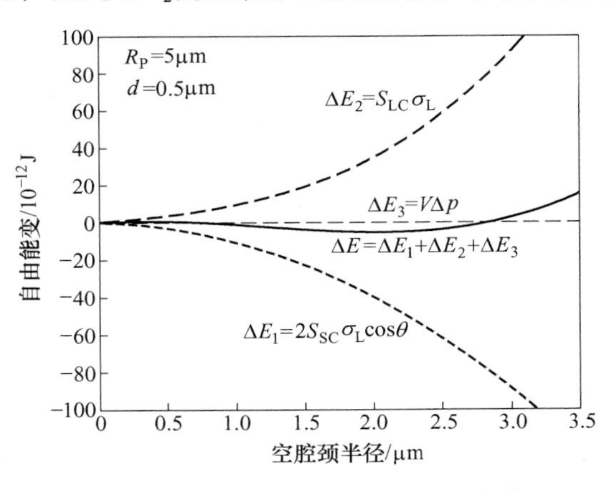

图 9-15 空腔形成时各部分能量的变化

空腔形成时，阻力主要包括两部分：（1）形成新的钢液-空腔界面所需要做的功（ΔE_2）；（2）形成空腔所需要克服的压力功（ΔE_3）。图 9-16（a）为当夹杂物半径为 5μm 时，不同压力差 Δp 所对应的压力功的值。显然，压力差越大，所需克服的压力功也越大。需要注意的是，即使压力差（$\Delta p=10^5$Pa）接近于大气压时，形成空腔所需要克服的压力功依然比形成新的钢液-空腔界面所需要做的功小两个数量级，是可以忽略的。而当夹杂物半径为 5mm 时，形成空腔所需要克服的压力功与形成新的钢液-空腔界面所需要做的功处于同一数量级（图 9-16（b）），因此，是不可以忽略的。这也是导致夹杂物在较大尺寸时，平衡能以及临界聚合间距与夹杂物半径的拟合结果与计算结果存在偏差的原因。

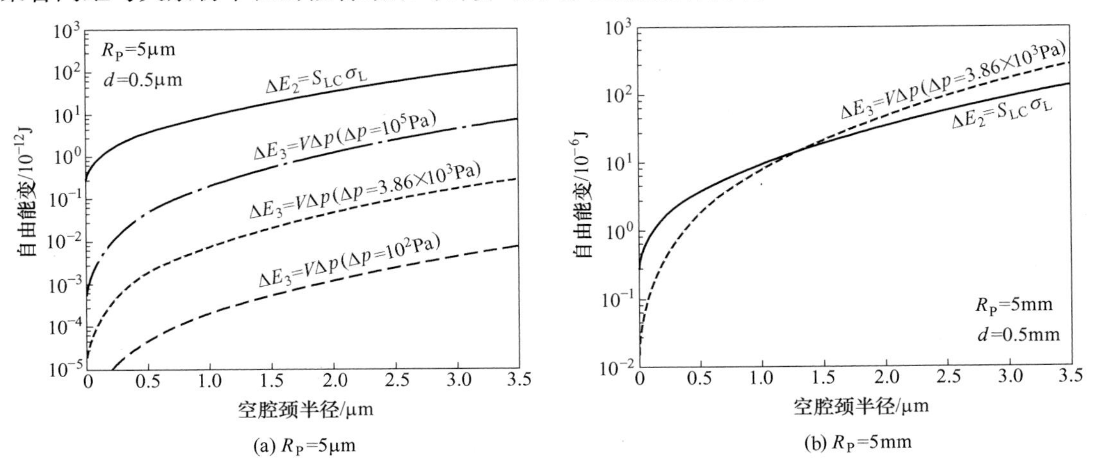

(a) R_P=5μm (b) R_P=5mm

图 9-16 空腔形成时阻力所对应能量的变化

9.3.2 与范德华力的对比

范德华力（van der Waals force）广泛存在于粒子间。由于范德华力而导致的引力势能可以由式（9-18）计算得到：

$$E_{VDW}=-\frac{A_{131}}{12}\left(\frac{1}{x^2+2x}+\frac{1}{x^2+2x+1}+2\ln\frac{x^2+2x}{x^2+2x+1}\right) \tag{9-18}$$

式中，A_{131}为 Hamaker 常数，Al_2O_3在 1600℃钢液中的取值为 2.3×10^{-20}J[40]；x 为无量纲（指量纲为 1，下同）间距，$x=d/2R_P$。

图 9-17 为稳定能与范德华引力势能的对比关系。可以看到，在空腔形成过程中，稳定能的大小远远大于范德华引力势能，因此，空腔形成主要是由界面现象控制的。

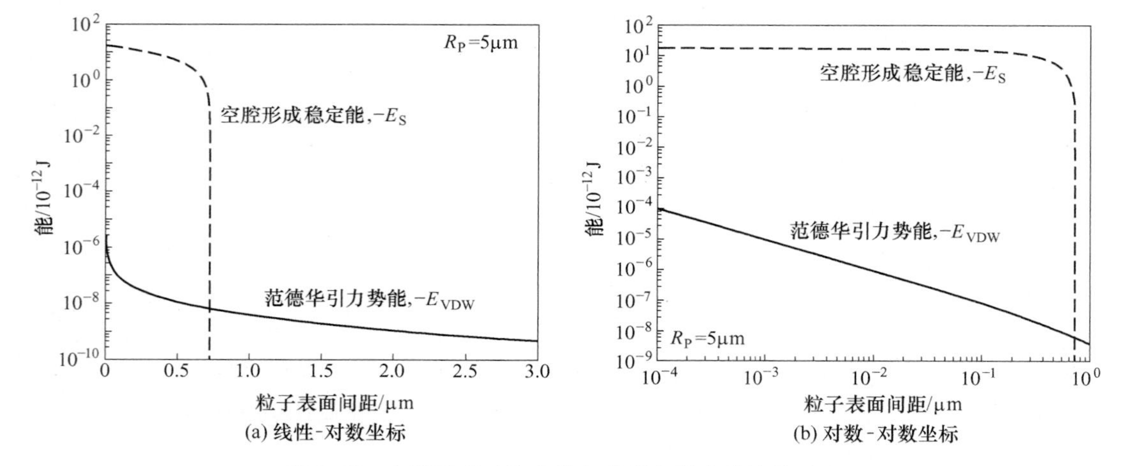

图 9-17　空腔形成时稳定能与范德华引力势能的对比

图 9-18 为活化能与范德华引力势能的对比关系。当夹杂物粒子表面间距在纳米级时，范德华引力势能与活化能相近，可以作为克服能垒的动力。当夹杂物粒子表面间距增大后，活化能大小将远远大于范德华引力势能，此时，范德华力对空腔的形成影响很小。

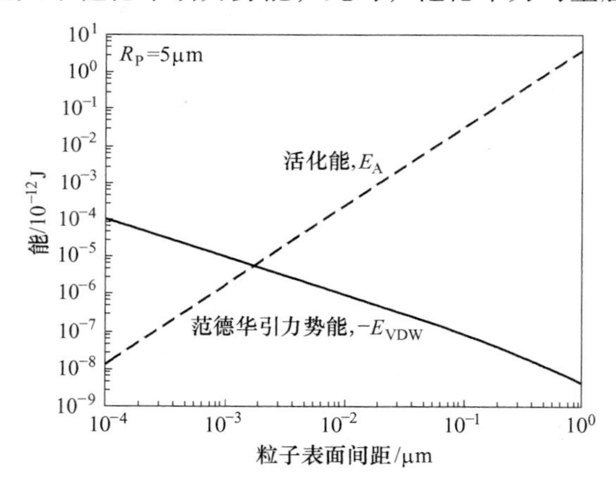

图 9-18　空腔形成时活化能与范德华引力势能的对比

9.3.3　钢液湍流的影响

夹杂物在钢液中的聚合行为与钢液的流场密切相关，尤其是夹杂物所处位置的湍流情况。假设夹杂物具有的能量与其所在位置的湍动能相同，则两个夹杂物粒子所具有的能量为：

$$E_{\text{Inc}} = 2m_{\text{Inc}}k = \frac{8}{3}\pi R_P^3\rho_{\text{Inc}}k \tag{9-19}$$

式中，m_{Inc}为夹杂物的质量；k为夹杂物所在位置的湍动能；ρ_{Inc}为夹杂物的密度，Al_2O_3夹杂物密度取值为$3500kg/m^3$。

通过将式（9-10）和式（9-19）联立，可以获得不同尺寸夹杂物在钢液中聚合时，空腔可以稳定存在的临界湍动能，如图9-19所示。可以看到，夹杂物半径与临界湍动能呈反比例关系。在图中的左下方，夹杂物间形成的空腔可以稳定存在；而在图中的右上方，在该湍流条件下夹杂物形成空腔时，由于湍流的影响，夹杂物间的空腔不能稳定存在而分离。夹杂物尺寸越小，空腔可以稳定存在的临界湍动能越大，说明小尺寸夹杂物更容易在钢液中聚合。同时，对于微米级的夹杂物，其所对应的临界湍动能大于$1m^2/s^2$；而在实际生产过程中，钢液中的湍动能不会达到$1m^2/s^2$，所以，微米级的夹杂物可以在实际生产过程中稳定地形成空腔而发生聚合。对于毫米级的夹杂物，其所对应的临界湍动能在$0.1 \sim 0.01m^2/s^2$之间；而这在钢包吹氩等冶金过程中是可以满足的，因此不易在夹杂物间形成空腔，所以在钢液中观察到的大尺寸夹杂物多为单个出现。

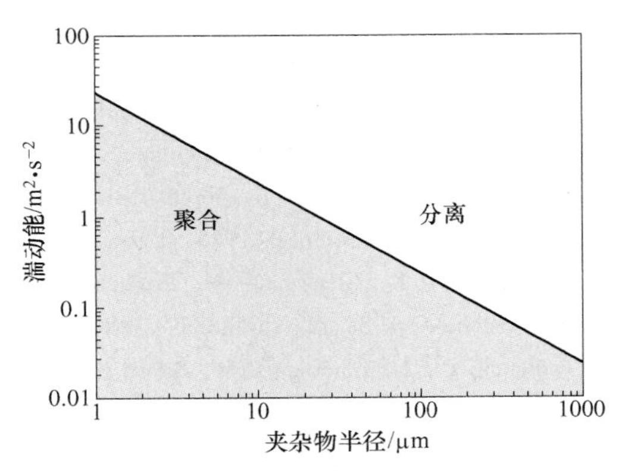

图9-19　湍流对夹杂物聚合的影响

9.4　本章小结

本章建立了夹杂物聚合过程模型，通过分析夹杂物聚合过程中的能量的变化，提出夹杂物聚合过程中的活化态与稳定态、平衡态、临界聚合间距等概念，并且推导了夹杂物聚合过程临界间距与夹杂物半径间的关系表达式，最后通过与实验数据进行对比，验证了本模型的正确性。得到结论如下：

（1）考虑夹杂物与钢液间接触角和空腔形成过程中压力功的夹杂物聚合模型可以更准确地定量分析夹杂物聚合过程。

（2）活化能和活化半径随着夹杂物粒子表面间距的减小而减小，表明夹杂物间的间隔越小，形成空腔的能垒越小，空腔越容易形成；夹杂物粒子表面间距减小，稳定能降低而稳定半径增大，表明夹杂物间的间隔越小，体系的能量越低，空腔越稳定。

（3）当夹杂物粒子相互接触时，体系的能量最低，定义为平衡态。平衡能是夹杂物粒子半径的二次函数，对于Al_2O_3夹杂物在钢液中的聚合过程，满足：$E_{S,0}=0.710R_P^2$。

（4）当夹杂物粒子表面间距为临界聚合间距时，空腔形成过程的稳定能为0，只有在夹杂物粒子表面间距小于临界聚合间距时，形成空腔过程中能量才会降低，空腔才能稳定存在。临界聚合间距是夹杂物粒子半径的一次函数，对于Al_2O_3夹杂物在钢液中的聚合过程，满足：$d_c=0.146R_P$。

（5）在精炼和连铸过程中，钢液的湍流很难将已经聚合在一起的微米尺寸的夹杂物分开。

参考文献

[1] Yaminsky V V, et al. Cavity formation due to a contact between particles in a nonwetting liquid [J]. Journal of Colloid and Interface Science, 1983, 96 (2): 301-306.

[2] Yushchenko V S, Yaminsky V V, Shchukin E D. Interaction between particles in a nonwetting liquid [J]. Journal of Colloid and Interface Science, 1983, 96 (2): 307-314.

[3] Pashley R M, et al. Attractive forces between uncharged hydrophobic surfaces: Direct measurements in aqueous solution [J]. Science, 1985, 229 (4718): 1088-1089.

[4] Christenson H K, Claesson P M. Cavitation and the interaction between macroscopic hydrophobic surfaces [J]. Science, 1988, 239 (4838): 390-392.

[5] Taniguchi P J L, Claesson P M, Attard P. Bubbles, cavities, and the long-ranged attraction between hydrophobic surfaces [J]. Journal of Physical Chemistry, 1994, 98 (34): 8468.

[6] Singh S, et al. Superhydrophobicity: Drying transition of confined water [J]. Nature, 2006, 442 (7102): 526.

[7] Sasai K. Effect of oxygen and sulfur in molten steel on the agglomeration property of alumina inclusions in molten steel [J]. ISIJ International, 2018, 58 (3): 469-477.

[8] Braun T B, Elliott J F, Flemings M C. The clustering of alumina inclusions [J]. Metallurgical Transaction B, 1979, 10 (2): 171-184.

[9] Nakamoto M, et al. Effects of interfacial properties between molten iron and alumina on neck growth of alumina balls at sintering in molten iron [J]. ISIJ International, 2014, 54 (6): 1195-1203.

[10] Lei H, Nakajima K, He J. Mathematical model for nucleation, Ostwald ripening and growth of inclusion in molten steel [J]. ISIJ International, 2010, 50 (12): 1735-1745.

[11] Jin Y, Liu Z, Takata R. Nucleation and growth of alumina inclusion in early stages of deoxidation: numerical modeling [J]. ISIJ International, 2010, 50 (3): 371-379.

[12] Zhang L, Pluschkell W. Nucleation and growth kinetics of inclusions during liquid steel deoxidation [J]. Ironmaking and Steelmaking, 2003, 30 (2): 106-110.

[13] Wakoh M, Sano N. Behavior of alumina inclusions just after deoxidation. ISIJ International, 2007, 47 (5): 627-632.

[14] Suito H, Ohta H. Characteristics of particle size distribution in early stage of deoxidation [J]. ISIJ International, 2006, 46 (1): 33-41.

[15] Zhang L, Taniguchi S, Cai K. Fluid flow and inclusion removal in continuous casting tundish [J]. Metallurgical and Materials Transactions B, 2000, 31 (2): 253-266.

[16] Ling H, Zhang L, Li H. Mathematical modeling on the growth and removal of non-metallic inclusions in the molten steel in a two-strand continuous casting tundish [J]. Metallurgical and Materials Transactions B, 2016, 47 (5): 2991-3012.

[17] Tselishchev Y G, Val'tsifer V A. Influence of the type of contact between particles joined by a liquid bridge on the capillary cohesive forces [J]. Colloid Journal, 2003, 65 (3): 385-389.

[18] Megias-Alguacil D, Gauckler L J. Analysis of the capillary forces between two small solid spheres binded by a convex liquid bridge [J]. Powder Technology, 2010, 198 (2): 211-218.

[19] Payam A F, Fathipour M. A capillary force model for interactions between two spheres [J]. Particuology, 2011, 9 (4): 381-386.

[20] Simons S J R, Seville J P K, Adams M J. Analysis of the rupture energy of pendular liquid bridges [J]. Chemical Engineering Science, 1994, 49 (14): 2331-2339.

[21] Carambassis A, et al. Forces measured between hydrophobic surfaces due to a submicroscopic bridging bubble [J]. Physical Review Letters, 1998, 80 (24): 5357-5360.

[22] Peng H, Birkett G R, Nguyen A V. Progress on the surface nanobubble story: what is in the bubble? why does it exist? [J]. Advances in Colloid and Interface Science, 2015, 222: 573-580.

[23] Sakamoto M, et al. Origin of long-range attractive force between surfaces hydrophobized by surfactant adsorption [J]. Langmuir, 2002, 18 (15): 5713-5719.

[24] Tozawa H, et al. Agglomeration and flotation of alumina clusters in molten steel [J]. ISIJ International, 1999, 39 (5): 426-434.

[25] Sumitomo S, et al. Comparison of agglomeration behavior of fine particles in liquid among various mixing operations [J]. ISIJ International, 2018, 58 (1): 1-9.

[26] Yin H, et al. " In-situ" observation of collision, agglomeration and cluster formation of alumina inclusion particles on steel melts [J]. ISIJ International, 1997, 37 (10): 936-945.

[27] Mu W, Dogan N, Coley K S. Agglomeration of non-metallic inclusions at the steel/ar interface: model application [J]. Metallurgical and Materials Transactions B, 2017: 1-12.

[28] Kang Y, et al. Observation on physical growth of nonmetallic inclusion in liquid steel during ladle treatment [J]. Metallurgical and Materials Transactions B, 2011, 42 (3): 522-534.

[29] Xuan C, et al. Attraction force estimations of Al_2O_3 particle agglomerations in the melt [J]. Steel Research International, 2017, 88 (2): 262-270.

[30] Bratton R J. Initial sintering kinetics of $MgAl_2O_4$ [J]. Journal of the American Ceramic Society, 1969, 52 (8): 417-419.

[31] Kingery W D, Berg M. Study of the initial stages of sintering solids by viscous flow, evaporation-condensation, and self-diffusion [J]. Journal of Applied Physics, 1955, 26 (10): 1205-1212.

[32] Singh V K. Sintering of alumina in the presence of liquid phase [J]. Transactions of the Indian Ceramic Society, 1978, 37 (2): 55-57.

[33] Mizoguchi T, et al. Influence of unstable non-equilibrium liquid iron oxide on clustering of alumina particles in steel [J]. ISIJ International, 2013, 53 (4): 639-647.

[34] Johnson D L, Cutler I B. Diffusion sintering: II, Initial sintering kinetics of alumina [J]. Journal of the American Ceramic Society, 1963, 46 (11): 545-550.

[35] Deng Z, et al. Mechanism study of the blocking of ladle well due to sintering of filler sand [J]. Steel Research International, 2016, 87 (4): 484-493.

[36] Erle Michael A, Dyson D C, Morrow Norman R. Liquid bridges between cylinders, in a torus, and between spheres [J]. AIChE Journal, 1971, 17 (1): 115-121.

[37] Dörmann M, Schmid H J. Simulation of capillary bridges between particles [J]. Procedia Engineering, 2015, 102: 14-23.

[38] Lian G, Seville J. The capillary bridge between two spheres: New closed-form equations in a two century old problem [J]. Advances in Colloid and Interface Science, 2016, 227: 53-62.

[39] Sasai K. Direct measurement of agglomeration force exerted between alumina particles in molten steel [J]. ISIJ International, 2014, 54 (12): 2780-2789.

[40] Taniguchi S, et al. Model Experiment on the coagulation of inclusion particles in liquid steel [J]. ISIJ International, 1996, 36 (Suppl): S117-S120.

10　钢液中非金属夹杂物形核和长大的理论及数值模拟

10.1　钢液中非金属夹杂物的形核热力学

10.1.1　均质形核

根据经典的均质形核理论，夹杂物粒子若要在钢液中析出核心，其浓度必须要达到饱和。从过饱和状态析出夹杂物粒子时，体系总的自由能变化由两部分组成：一部分是形核前后体系中的体积自由能的改变，这部分是能量的减小项，也是形核的驱动力；另一部分是形成相界面而以界面能的形式储存在体系中能量，是能量的增加项，也是形核的阻力。在过饱和钢液中析出体积为 V、表面积为 S、单位面积界面能为 σ、单位体积自由能变化为 ΔG_V的夹杂物粒子，则体系总的自由能变化 ΔG 为：

$$\Delta G = V\Delta G_V + S\sigma \tag{10-1}$$

式中，右端第一项为负值，其绝对值越大，越有利于形核；而第二项的为正值，其绝对值越大，越不利于形核。

假设钢液中夹杂物粒子为球形，其球半径为 r，则由式（10-1）可得：

$$\Delta G = \frac{4}{3}\pi r^3\Delta G_V + 4\pi r^2\sigma \tag{10-2}$$

图 10-1 为夹杂物在钢液中均质形核时自由能变化的示意图。钢液中生成的夹杂物核心越小，需要的能量也越小。同时 ΔG 随 r 的变化曲线有一最高值，表明生成的夹杂物核心只有达到一定的尺寸后，才能在钢液中稳定存在并继续长大。对应于最高值的 r 称为临界形核半径 r_c，其物理意义为夹杂物在钢液中能够稳定存在的最小半径，可通过式（10-2）求导后得到：

$$\frac{\partial \Delta G}{\partial r} = 4\pi r_c^2\Delta G_V + 8\pi r_c\sigma = 0 \tag{10-3}$$

$$r_c = -\frac{2\sigma}{\Delta G_V} \tag{10-4}$$

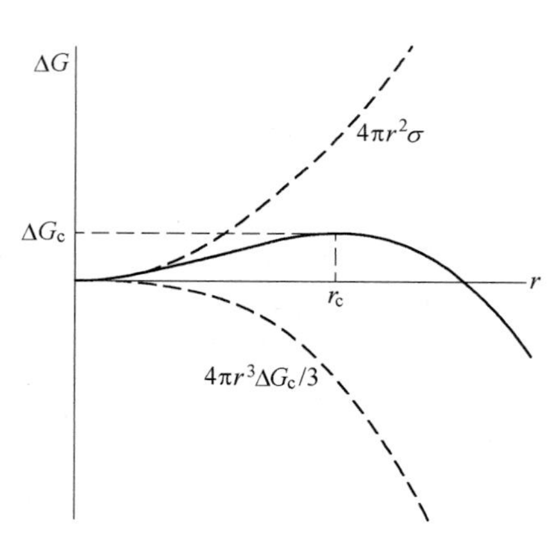

图 10-1　夹杂物均质形核时自由能变化示意图

将式（10-4）代入式（10-2），可以求出与 r_c相对应的 ΔG，用 ΔG_c表示，称为形核的临界形核功，则：

$$\Delta G_c = \frac{16}{3}\frac{\pi\sigma^3}{\Delta G_V^2} \tag{10-5}$$

钢液内部微观结构内存在着能量涨落，这种能量涨落将能够满足夹杂物粒子形核时所需要的能量。

钢液中生成夹杂物时单位体积自由能变化 ΔG_V 可由下式计算得到：

$$\Delta G_V = \frac{RT\ln(J/K)}{V} = \frac{2.303RT\lg(J/K)}{V} \tag{10-6}$$

代入式（10-4）得：

$$r_c = -\frac{2\sigma}{\Delta G_V} = \frac{2\sigma V}{2.303RT\lg(K/J)} \tag{10-7}$$

又因为：

$$\frac{K}{J} = \frac{\dfrac{1}{[M]_{eq}^m[O]_{eq}^n}}{\dfrac{1}{[M]^m[O]^n}} = \frac{[M]^m[O]^n}{[M]_{eq}^m[O]_{eq}^n} \tag{10-8}$$

定义过饱和度 S：

$$S = \frac{K}{J} = \frac{[M]^m[O]^n}{[M]_{eq}^m[O]_{eq}^n} \tag{10-9}$$

将过饱和度 S 代入式（10-7）得到：

$$r_c = \frac{2\sigma V}{2.303RT\lg(K/J)} = \frac{2\sigma M}{2.303\rho RT\lg S} \tag{10-10}$$

由式（10-10）可以得到，夹杂物在钢液中均质形核时，影响临界形核半径 r_c 的主要因素有钢液与夹杂物间的界面张力 σ、夹杂物的密度 ρ 和反应物的过饱和度 S。若要促进夹杂物在钢液中的均质形核，需要减小钢液与夹杂物间的界面张力、增加夹杂物密度、提高反应物的过饱和度。

夹杂物粒子在单位时间及单位体积内析出的晶核数量可以由 Turnbull 和 Fisher[1] 及 Hollomon 和 Turnbull[2] 提出的均质形核公式求得：

$$I = Ae^{-\frac{\Delta G_c}{RT}} \tag{10-11}$$

式中，A 为频率因子，可由下式求得：

$$A = n'\left(\frac{\sigma}{kT}\right)^{1/2}\left(\frac{2V}{9\pi}\right)^{1/3} n\frac{kT}{h} \tag{10-12}$$

式中，n' 为临界晶核表面的原子数；n 为母相单位体积内的原子数；V 为母相中单个原子占有的体积；k 为玻耳兹曼常数；h 为普朗克常数。

Turpin 和 Elliott[3] 提出，在均质形核过程中，当形核速率 $I=1$ 时所对应的必要的过饱和度定义为临界过饱和度 ΔG_{hom}^{crit}，由此可以推导得到以自由能形式表示的临界过饱和度表达式：

$$\Delta G_{hom}^{crit} = -2.7v(\sigma^3/kT\log A)^{1/2} \tag{10-13}$$

当考虑钢液中 Al_2O_3 形核时，体系中 Gibbs 自由能变化不仅包括 Al-O 反应的 Gibbs 自由能变化，还应该包括 Al_2O_3 形核过程 Gibbs 自由能的变化。只有当钢液中成分达到 Al_2O_3 形核所必需的过饱和度时，钢液中的 Al_2O_3 才能形核。Turpin 和 Elliott[3] 提出，相对于不考虑形核（界面张力 $\sigma=0$）时的平衡而言，在考虑到界面张力对形核的影响时，形核所必要 Gibbs 自由能，即临界过饱和度，可由下式表示：

$$\begin{aligned}\Delta G_{hom}^{crit} &= G - G_{eq} \\ &= -RT\ln[(f_O[\%O])^3(f_{Al}[\%Al])^2] - \\ &\quad \{RT\ln[(f_O[\%O])_{eq}^3(f_{Al}[\%Al])_{eq}^2]\}\end{aligned} \tag{10-14}$$

表 10-1　Al_2O_3在不同界面张力下的临界形核半径与临界过饱和度

σ/N · m^{-1}	0.5	1.0	1.5	2.0
r_c/nm	0.84	0.60	0.49	0.42
ΔG_{hom}^{crit}/kJ · mol^{-1}	-29.6	-83.8	-153.9	-236.9

考虑到 Al-O 反应的一阶活度相互作用系数和二阶活度相互作用系数的关系为：

$$\begin{aligned}\log f_{Al} &= e_{Al}^{Al}[\%Al] + e_{Al}^{O}[\%O] + \\ &\quad r_{Al}^{O}[\%O]^2 + r_{Al}^{Al_2O_3}[\%Al][\%O]\end{aligned} \tag{10-15}$$

$$\begin{aligned}\log f_{O} &= e_{O}^{Al}[\%Al] + e_{O}^{O}[\%O] + \\ &\quad r_{O}^{Al}[\%Al]^2 + r_{O}^{Al_2O_3}[\%Al][\%O]\end{aligned} \tag{10-16}$$

将活度系数式（10-14）整理得到：

$$\begin{aligned}\Delta G_{hom}^{crit} = &-2.303RT\{(2e_{Al}^{Al} + 3e_{O}^{Al})([\%Al] - [\%Al]_{eq}) + \\ &(2e_{Al}^{O} + 3e_{O}^{O})([\%O] - [\%O]_{eq}) + \\ &2(\log[\%Al] - \log[\%Al]_{eq}) + 3(\log[\%O] - \log(\%O)_{eq}) + \\ &2r_{Al}^{O}([\%O]^2 - [\%O]_{eq}^2) + 3r_{O}^{Al}([\%Al]^2 - [\%Al]_{eq}^2) + \\ &(2r_{Al}^{Al_2O_3} + 3r_{O}^{Al_2O_3})([\%Al][\%O] - [\%Al]_{eq}[\%O]_{eq})\}\end{aligned} \tag{10-17}$$

在给定温度 $T(T=1873\text{K})$ 和铝含量［%Al］条件下，可以得到不同界面张力 σ 下 Al_2O_3 形核时，钢液中的氧含量［%O］：

$$\begin{aligned}\Delta G_{hom}^{crit} = &-2.303RT\{(2e_{Al}^{O} + 3e_{O}^{O})([\%O] - [\%O]_{eq}) + \\ &3(\log[\%O] - \log[\%O]_{eq}) + 2r_{Al}^{O}([\%O]^2 - [\%O]_{eq}^2) + \\ &(2r_{Al}^{Al_2O_3} + 3r_{O}^{Al_2O_3})[\%Al]([\%O] - [\%O]_{eq})\}\end{aligned} \tag{10-18}$$

图 10-2 为不同界面张力条件下，Al_2O_3在钢液中形核所需的临界值，同时也包含了不同研究者的测量结果。可以看到，在一定的 Al 含量条件下，随着界面张力 σ 的增加，Al_2O_3 在钢液中形核时所需的 O 含量也增加，表明界面张力 σ 越大，Al_2O_3的形核越困难。通过对比计算结果和测量结果，能够看出 Al_2O_3 在钢液中均质形核是需要一定过饱和度的，并且可以估计在形核时 Al_2O_3 与钢液间的界面张力值在 0.5~1.5N/m 之间。

Wasai 和 Mukai[5] 指出，钢液与 Al_2O_3间的界面张力 σ 随 Al_2O_3粒子半径 r 的关系可以依据 Defay 和 Prigogine[6] 给出的气体和液滴间的表面张力随液滴半径的关系来描述：

$$\sigma/\sigma_0 = (1/V_A)/[(2\Gamma/r) + (1/V_A)] \tag{10-19}$$

式中，σ 为半径为 r 的氧化铝粒子的界面张力；σ_0为 r 为无穷大（零曲率）时的界面张力（钢液与 Al_2O_3的界面张力 σ_0等于 2.328N/m）；Γ 为表面超额，可以表示为 $\Gamma = N^{-1/3}V_A^{-2/3}$（$N$ 为阿伏伽德罗常数）。

图 10-3 为 Al_2O_3的形核半径对 Al_2O_3与钢液间界面张力的影响。Al_2O_3形核半径越小，Al_2O_3与钢液间界面张力也越小。特别是当形核半径小于 10^{-8}m 时，Al_2O_3与钢液间界面张力随形核半径的减小而快速减小。

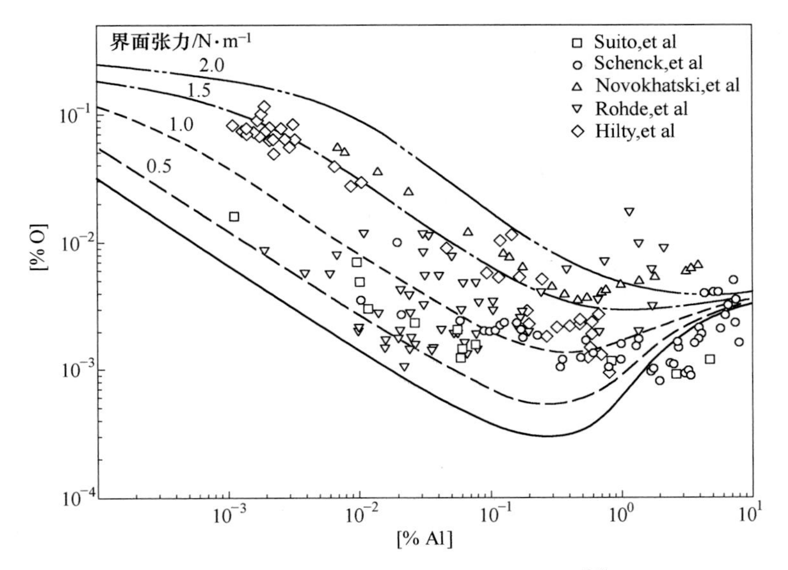

图 10-2 界面张力对 Al_2O_3形核的影响[4]

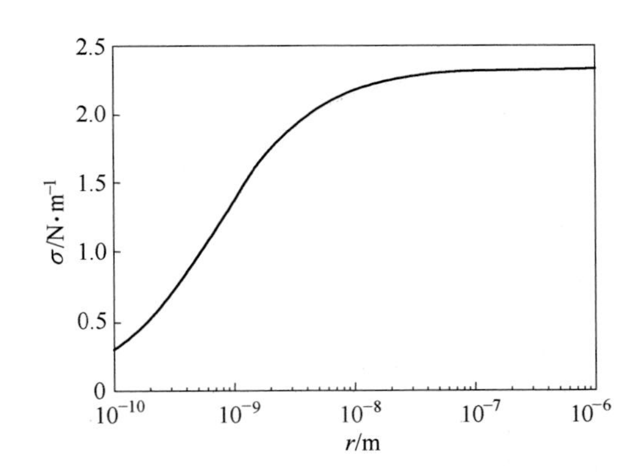

图 10-3 Al_2O_3与钢液间界面张力随 Al_2O_3形核半径的变化曲线

仿照界面张力对 Al_2O_3在钢液中形核影响的推导方法，可以获得不同形核半径条件下，Al_2O_3形核时钢液中的 Al-O 平衡关系，如图 10-4 所示。形核半径越大，钢液中 Al_2O_3形核所需的 Al 含量和 O 含量越高，表明形核半径越大，越不容易形核。同时，通过钢液中的 Al 含量和 O 含量可以预估 Al_2O_3的形核半径，对比计算结果和不同研究者的测量结果（表 10-2），可以估计 Al_2O_3形核时的半径大约在 0. 3~1. 5nm 之间。

表 10-2 不同形核半径对应的界面张力与临界过饱和度

r/nm	0. 1	0. 5	1. 0	2. 5	5. 0
σ/N · m^{-1}	0. 294	0. 976	1. 376	1. 832	2. 045
ΔG_{hom}^{crit} /kJ · mol^{-1}	-13. 1	-79. 4	-132. 8	-202. 6	-240. 7

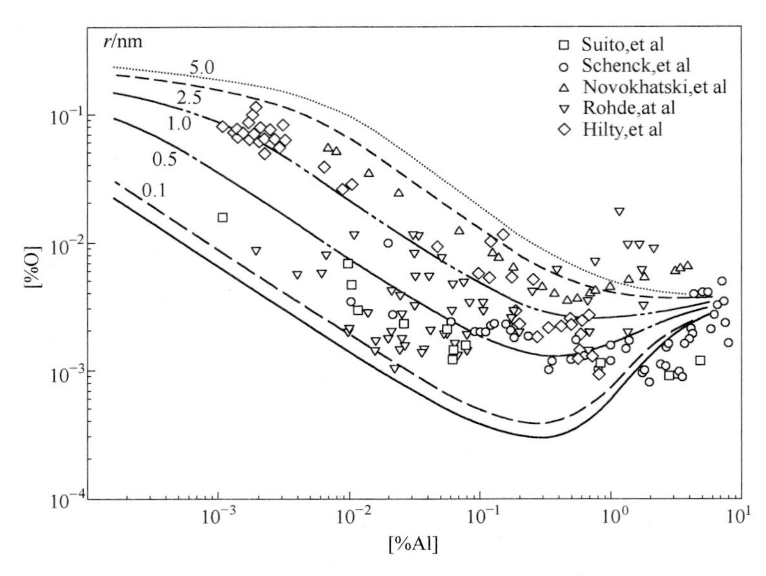

图 10-4 形核半径对 Al_2O_3 形核的影响[4]

10.1.2 非均质形核

当夹杂物粒子在钢液中不是由于浓度过饱和而形核，而是借助于外来物质的帮助，如依附在钢液中已存在的第二相粒子上，或者依附在容器的表面上形核时，称为非均质形核。实际生产中夹杂物的形核多为非均质形核，故形核可以在很小的过饱和度条件下进行。钢液中已存在的第二相粒子或容器表面之所以能够促进夹杂物的非均质形核，是因为非均质形核比均质形核的界面能较低，即形核时的阻力较小，因而形核时所需要的临界半径和临界形核功也较小。

如图 10-5 所示，假设一形状为球冠状，曲率半径为 r 的夹杂物团簇依附在钢液中已存在的第二相粒子（第二相粒子的曲率半径远大于夹杂物团簇的曲率半径，即近似认为第二相粒子表面为平面）表面上形核时，如果夹杂物团簇能够稳定存在，或者可以继续长大，那么它就能成为一个夹杂物核心了，此时必须满足这样的一个关系式：

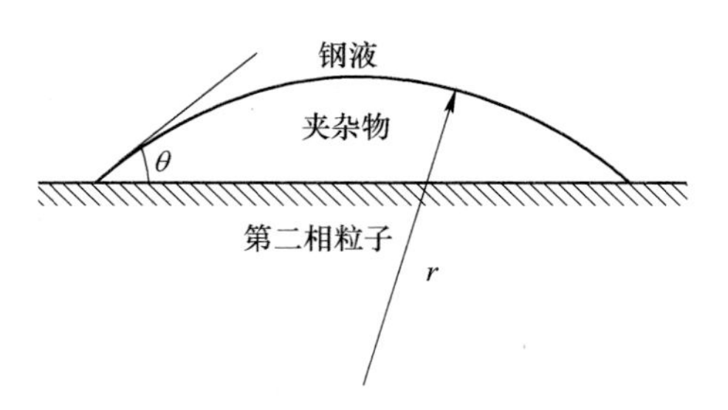

图 10-5 夹杂物粒子在钢液中非均质形核示意图

$$\sigma_{PS} - \sigma_{PI} \geqslant \sigma_{SI}\cos\theta \tag{10-20}$$

式中，σ_{PS}，σ_{PI}和σ_{SI}分别代表第二相粒子与钢液、第二项粒子与夹杂物团簇以及夹杂物团簇与钢液之间的界面张力（或界面能）；θ 为夹杂物团簇与第二相粒子的接触角（或称润湿角）。

接触角 θ 是一个很重要的参量，它可以判别第二相粒子或其他界面是否能促进夹杂物形核以及促进程度如何。推而广之，它也是判别异相间沿其界面相互扩展程度的一个参量。当夹杂物团簇的曲率半径 r 一定时，接触角越小，越有利于夹杂物的形核。

由相关的数学知识可求出图 10-5 中对应球冠体积以及底面和侧面面积，代入式（10-1），可求得非均质形核时体系总的自由能变化 $\Delta G'$：

$$\begin{aligned}\Delta G' &= \frac{1}{3}\pi r^3(2-3\cos\theta+\cos^3\theta)\Delta G_V + 2\pi r^2(1-\cos\theta)\sigma_{SI} + \pi r^2(1-\cos^2\theta)(\sigma_{PI}-\sigma_{PS}) \\ &= \frac{1}{3}\pi r^3(2-3\cos\theta+\cos^3\theta)\Delta G_V + \pi r^2(2-3\cos\theta+\cos^3\theta)\sigma_{SI} \\ &= (2-3\cos\theta+\cos^3\theta)\left(\frac{1}{3}\pi r^3\Delta G_V + \pi r^2\sigma_{SI}\right) \end{aligned} \tag{10-21}$$

参考均质形核过程中求临界形核半径 r_c 和临界形成功 ΔG_c 的方法，可以求出非均质形核时的临界形核半径 r'_c 和临界形核功 $\Delta G'_c$：

$$r'_c = -\frac{2\sigma_{SI}}{\Delta G_V} = \frac{2\sigma_{SI}M}{2.303\rho RT\lg s} \tag{10-22}$$

$$\Delta G'_c = \frac{16}{3}\frac{\pi\sigma_{SI}^3}{\Delta G_V{}^2}\left[\frac{(2+\cos\theta)\ (1-\cos\theta)^2}{4}\right] = \Delta G_c\left[\frac{(2+\cos\theta)\ (1-\cos\theta)^2}{4}\right] \tag{10-23}$$

比较均质形核与非均质形核过程可以看出，虽然非均质形核临界形核半径 r'_c 与均质形核临界形核半径 r_c 表达式相同，但 r'_c 是球冠对应的曲率半径，而 r_c 则是球半径，显然非均质形核时形成的夹杂物核心体积要小，即较小的夹杂物团簇就可以在第二相粒子上形成夹杂物核心。而非均质形核时的临界形核功 $\Delta G'_c$ 与均质形核时的临界形核功 ΔG_c 相比只差一个关于接触角的函数 $[(2+\cos\theta)(1+\cos\theta)^2]/4$。当 $\theta=\pi$ 时，该函数值等于 1，即 $\Delta G'_c=\Delta G_c$；而 $\theta=0$ 时，该函数值等于 0，此时 $\Delta G'_c=0$。可见，θ 越小，则 $\Delta G'_c$ 比 ΔG_c 也便越小，说明夹杂物粒子与第二相粒子的浸湿性越好，夹杂物粒子越容易在第二相粒子上非均质形核。

10.2　钢液中非金属夹杂物的扩散长大

夹杂物生长是脱氧和去除夹杂物的一个基本环节。钢液中夹杂物的生长方式主要有扩散长大[7-12]、Ostwald ripening[9,10,12-14]以及碰撞聚合[7-10,12-14]。

夹杂物形核后，参与反应的元素，如杂质元素 [O]、[S] 和合金元素 [M]，以化学计量数扩散到夹杂物晶核表面，在夹杂物晶核表面反应并以产物的形式析出。扩散长大，一般出现在早期冶炼环节，化学反应是其显著特征，因此它属于化学长大。当向钢液中加入脱氧元素时，假定脱氧反应产物的晶核均匀分布于钢液中，晶核数就是钢液单位体积中的颗粒数，每个颗粒都以自己为中心形成一个球形扩散区，并与大小相等的相邻球形扩散区相切。另外，可进一步假定钢液中正在长大的脱氧产物粒子与钢液界面存在着局部平衡，单位体积钢液中存在着半径相等的脱氧产物颗粒数，各个颗粒在自己的扩散区域长大。Turkgogan[11] 通过研究得到脱氧产物颗粒半径随时间的变化关系。如图 10-6 所示，单位体积内脱氧产物颗粒数越多，最终脱氧产物的尺寸越小。当颗粒数为 $10^5/cm^3$ 时，脱氧产物颗粒的长大过程约在数秒内就能完成；而当颗粒数为 $10^3/cm^3$ 时，要完成颗粒的长大需要 6~7min。

关于脱氧过程中颗粒的数值，宫下芳雄[15] 研究发现：当采用 0.5% 的硅脱氧后，经过

1~3min，钢液中半径在 1.5μm 以上的脱氧产物颗粒数达 $10^7/cm^3$。在脱氧过程的初期，由于钢液中氧的浓度差较大，生成的脱氧产物颗粒多，此时扩散长大具有一定的重要性。除极个别情况外，脱氧产物的扩散长大不会成为脱氧反应的限制性环节。

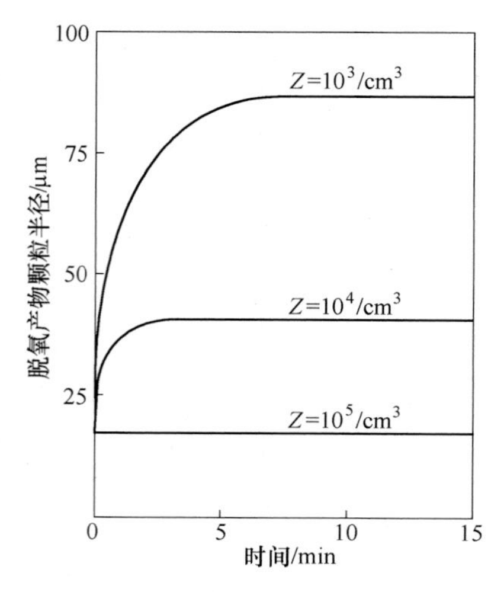

图 10-6 扩散长大时脱氧产物尺寸随时间的变化

本书作者将 Kampmann 和 Kahlweit 于 20 世纪 70 年代提出的化学溶液里分子扩散长大的数值方法引入到钢中夹杂物的形核和长大的数值计算中，并在 Kampmann 所给公式的基础上增加了碰撞项，同时开发了尺寸分组模型（size grouping model），实现了对 6 个数量级（从亚纳米到百微米）的夹杂物的尺寸演化进行计算的可能。使用该尺寸分组模型，相邻组别间夹杂物的体积比设为 2.0，这样 80 个夹杂物分组就可以把亚纳米到百微米的夹杂物都包含在内，从而可以计算在已知钢水搅拌强度条件下的夹杂物形核和长大的过程，进而预测夹杂物尺寸分布随时间的变化。夹杂物在形核之前只有假分子组（group of pseudo-molecules），只存在分子的扩散长大，没有碰撞长大。在夹杂物形核以后，不但有分子的扩散长大，还有已经析出的夹杂物之间的碰撞过程。

奥斯瓦尔德熟化（Ostwald ripening）又称为溶解—析出长大[16]，是指较小的颗粒溶解并在较大颗粒表面析出的生长模式。Ostwald 在 1990 年研究合金烧结时最早发现这一现象，其热力学基础是 Thomoson-Freundlich 关系，即颗粒越小表面自由能越大，从而溶解度越大。在材料学中，奥斯瓦尔德熟化是理解固液烧结、枝晶重熔的基础。

Lifshiz 和 Slyozov、Wagner 建立了奥斯瓦尔德熟化理论，称为 LSW 理论。根据 Wagner 对溶解控制的颗粒熟化（粗化）[16,17]，颗粒平均半径计算表达式为：

$$\overline{R}(t)^2-\overline{R}(0)^2=\frac{64}{81}\frac{K_T C_0 \gamma V_m^2}{RT}t \tag{10-24}$$

式中，K_T为颗粒原子的动力学转移常数；C_0为液体中元素的浓度；R 为气体常数。

对扩散控制的颗粒熟化，颗粒的平均半径为：

$$\overline{R}(t)^3-\overline{R}(0)^3=\frac{8}{9}\frac{\gamma C_0 D V_m^2}{RT}t \tag{10-25}$$

利用上述理论，坂上六郎计算估计[18]，一个 SiO_2夹杂物长大到 2μm 需要 13min，长大到 3μm 需要 45min，此过程说明奥斯瓦尔德熟化非常缓慢，可以忽略。

10.3 钢液中非金属夹杂物的碰撞聚合长大

在流动的钢液中，夹杂物颗粒间时刻存在着碰撞聚合现象[19,20]。图 10-7 显示了帘线钢生产过程中 Mn-Si-Al 系夹杂物碰撞聚合过程。钢液中小尺寸夹杂物颗粒相互碰撞聚合成大尺寸夹杂物，较碰撞前更容易上浮，所以颗粒间的碰撞聚合过程是夹杂物去除的一种重要形式。对于夹杂物颗粒间的碰撞聚合过程，国内外研究者已进行了大量的研究工作，如表 10-3 所示。

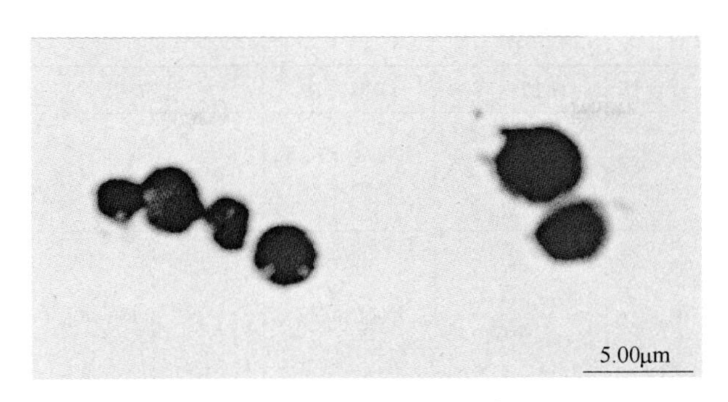

图 10-7 帘线钢生产过程中 Mn-Si-Al 系夹杂物碰撞聚合现象

表 10-3 夹杂物碰撞聚合过程国内外主要研究工作

年份	研究者	冶金容器	模拟内容	模拟方法	湍流模型		备 注
1956	Saffman, Turner[21]	—	流体-液滴	数值积分	—	—	只考虑湍流碰撞
1974	Linder[8]	ASEA-SKF	钢液-夹杂物	数值计算	k-ε	$\mu_t=\rho C_\mu k^2/\varepsilon$	只考虑湍流碰撞，研究脱氧速率
1975	Nakanishi, Szekely[22]	RH	钢液-夹杂物	欧拉-欧拉	k-W	$\mu_t = \rho k/\sqrt{W}$	只考虑湍流碰撞
1989	Ilegbusi, Szekely[23]	中间包	钢液-夹杂物	欧拉-欧拉	k-ε	$\mu_t=\rho C_\mu k^2/\varepsilon$	考虑电磁场的影响，只考虑湍流碰撞，忽略 Brownian 碰撞和 Stokes 碰撞
1993	Sinha, Sahai[24]	中间包	钢液-夹杂物	欧拉-欧拉	k-ε	$\mu_t=\rho C_\mu k^2/\varepsilon$	只考虑湍流碰撞，忽略 Brownian 碰撞和 Stokes 碰撞
1997	Miki, Thomas[25]	RH	钢液-夹杂物	欧拉-欧拉，欧拉-拉格朗日	k-ε	$\mu_t=\rho C_\mu k^2/\varepsilon$	考虑湍流碰撞、Stokes 碰撞和气泡的作用
1999	Tozawa, Kato[26]	中间包	钢液-夹杂物	欧拉-欧拉	k-ε	$\mu_t=\rho C_\mu k^2/\varepsilon$	考虑湍流碰撞、Brownian 碰撞和 Stokes 碰撞
1999	Miki, Thomas[27]	中间包	钢液-夹杂物	欧拉-欧拉，欧拉-拉格朗日	k-ε	$\mu_t=\rho C_\mu k^2/\varepsilon$	考虑湍流碰撞和 Stokes 碰撞，忽略 Brownian 碰撞
1999	Zhang[19,20]	中间包	钢液-夹杂物	单相流模型	k-ε	$\mu_t=\rho C_\mu k^2/\varepsilon$	考虑湍流碰撞、Stokes 碰撞和 Brownian 碰撞，将夹杂物碰撞聚合与流体流动独立开来

续表 10-3

年份	研究者	冶金容器	模拟内容	模拟方法	湍流模型		备　注
2001	Nakaoka, Taniguchi[28]	圆柱形容器	NaCl 水溶液-聚乙烯甲苯乳液	欧拉-欧拉+物理模型	k-ε	$\mu_t=\rho C_\mu k^2/\varepsilon$	只考虑湍流碰撞，忽略 Brownian 碰撞和 Stokes 碰撞
2002	Sheng[29]	钢包	钢液-氩气-夹杂物	欧拉-欧拉	k-ε	$\mu_t=\rho C_\mu k^2/\varepsilon$	考虑湍流碰撞、Stokes 碰撞和 Brownian 碰撞，同时加入气泡的作用
2002, 2003, 2004, 2010	Zhang[30,31], Zhang, Lee[32], Lei[33]	ASEA-SKF 钢包	钢液-氩气-Al_2O_3夹杂物	欧拉-欧拉	k-ε	$\mu_t=\rho C_\mu k^2/\varepsilon$	考虑 Ostwald-Ripening 熟化、夹杂物 Brownian 碰撞和湍流碰撞
2005	Wang[34]	钢包	钢液-氩气-夹杂物	欧拉-欧拉	k-ε	$\mu_t=\rho C_\mu k^2/\varepsilon$	考虑 Stokes 碰撞、Brownian 碰撞和湍流碰撞，同时加入气泡的作用
2006, 2007, 2009, 2010	Lei[35-38]	结晶器钢包	钢液-氩气-夹杂物	欧拉-欧拉	k-ε	$\mu_t=\rho C_\mu k^2/\varepsilon$	考虑湍流碰撞、Stokes 碰撞和湍流碰撞，同时加入气泡的作用
2008	Kwon, Zhang[39]	钢包	钢液-氩气-夹杂物	欧拉-欧拉	k-ε	$\mu_t=\rho C_\mu k^2/\varepsilon$	考虑 Stokes 碰撞、Brownian 碰撞和湍流碰撞，同时加入气泡的作用
2012	Xu, Thomas[40]		微合金钢析出相粒子	颗粒尺寸分组法	—	—	考虑析出相颗粒间的形核、长大过程
2013	Ling, Zhang[41]	中间包	钢液-Al_2O_3夹杂物	欧拉-欧拉	k-ε	$\mu_t=\rho C_\mu k^2/\varepsilon$	考虑湍流碰撞，忽略 Stokes 碰撞和 Brownian 碰撞
2013, 2014	Lou, Zhu[42,43]	钢包	钢液-氩气-夹杂物	欧拉-欧拉	k-ε	$\mu_t=\rho C_\mu k^2/\varepsilon$	考虑湍流碰撞、剪切碰撞和 Stokes 碰撞，同时加入气泡的作用

10.3.1　夹杂物颗粒之间的碰撞

对于钢中夹杂物颗粒间碰撞的研究思路是从夹杂物粒子碰撞的概率统计出发，建立不同碰撞机理条件下的碰撞模型。根据碰撞理论，在单位时间和单位体积内，直径为 r_i和 r_j 的两类夹杂物的碰撞次数可表示为：

$$N_{i,j}=\beta(r_i,r_j)n_in_j \tag{10-26}$$

式中，$\beta(r_i,\ r_j)$ 为半径为 r_i和 r_j的两类夹杂物颗粒的碰撞常数；n_i，n_j分别为直径为 r_i和 r_j 的两类夹杂物颗粒的数密度，即单位体积内含有的夹杂物个数。

夹杂物颗粒间的碰撞机理主要有布朗碰撞、斯托克斯碰撞和湍流碰撞，如图 10-8 所示。

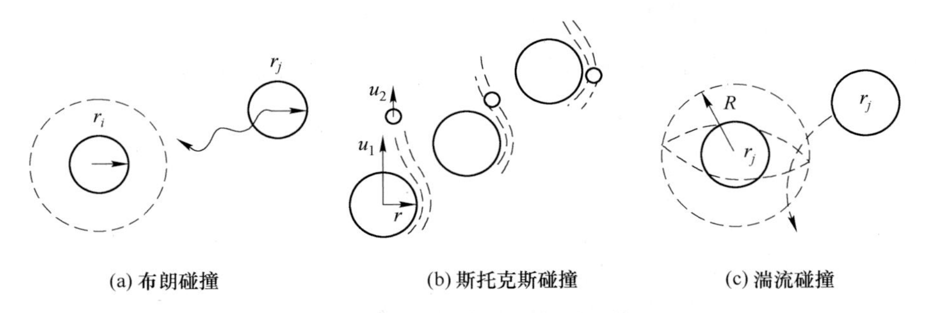

图 10-8　钢液中夹杂物颗粒间的碰撞机理

（1）布朗碰撞。布朗碰撞反映的是夹杂物颗粒在钢液中做无规则的热运动而产生的碰撞。一旦围绕某一粒子发生聚合，其邻域内自由粒子的数密度将减少，此时会存在数密度梯度，于是布朗运动将促进周围粒子向聚合中心迁移，形成典型的布朗扩散问题。除布朗碰撞以外，宏观的流体动力因素也会促进粒子间的碰撞聚合过程。这是因为随流体一起运动的粒子彼此之间的运动速度不尽相同，速度差导致相邻粒子间彼此追赶，发生碰撞聚合。粒子间产生不同运动速度的动力因素主要有两个：

1）流场速度梯度。对于直径非常小的粒子，其跟踪流场的能力非常强，以至于当地流场的速度即可视为粒子的运动速度。当流场存在速度梯度时，就构成了相邻粒子具有不同速度的成因。

2）粒子间的惯性差别。悬浮粒子的有效直径一般情况下都存在相当宽的分布区间，差别很大，如果不同直径粒子的密度大致相同，则直径越大，粒子跟踪流场的能力越差；若两个粒子的直径显著不同，相距很近，在近似相同的流场背景下，则会产生明显的速度差异，并形成追赶发生碰撞。

Brownian 碰撞模式下的碰撞常数为[44]：

$$\beta_{\mathrm{B}}(r_i,r_j)=\frac{2kT}{3\mu_{\mathrm{m}}}\left(\frac{1}{r_i}+\frac{1}{r_j}\right)(r_i+r_j) \tag{10-27}$$

（2）斯托克斯碰撞。夹杂物颗粒在钢液内运动时，自身存在一个上浮速度，上浮速度大小与其尺寸有关。其中，大颗粒夹杂物上浮速度大，在上浮过程中可能追上小颗粒夹杂物而与之碰撞形成更大尺寸夹杂物颗粒，因而上浮速度加快，更容易捕获其他夹杂物颗粒。夹杂物颗粒直径越大，上浮速度越快；颗粒间直径差值越大，碰撞机会增加，碰撞后形成的更大尺寸夹杂物颗粒就更容易上浮。Stokes 碰撞模式下的碰撞常数为[13]：

$$\beta_{\mathrm{S}}(r_i,r_j)=\frac{2g\pi(\rho_{\mathrm{m}}-\rho_{\mathrm{p}})}{9\mu_{\mathrm{m}}}\left|r_i^2-r_j^2\right|(r_i+r_j)^2 \tag{10-28}$$

（3）湍流碰撞。湍流碰撞指的是夹杂物被夹带入湍流漩涡中，彼此间接触发生的碰撞。湍流碰撞是夹杂物颗粒聚合长大的重要形式。中间包内湍动能耗散率值大的区域，很容易发生湍流碰撞，湍流碰撞模式下的碰撞常数为[21]：

$$\beta_{\mathrm{T}}(r_i,r_j)=1.3\,(r_i+r_j)^2\sqrt{\varepsilon/\nu} \tag{10-29}$$

综上，夹杂物颗粒间总的碰撞常数$\beta(r_i, r_j)$计算公式为：

$$\beta(r_i, r_j) = \beta_B(r_i, r_j) + \beta_S(r_i, r_j) + \beta_T(r_i, r_j) \tag{10-30}$$

湍流碰撞公式（10-29）所示的 Saffman-Turner 模型只适用于夹杂物颗粒半径远小于 Kolmogorff 尺寸情况。其中，Kolmogorff 尺寸表示湍流场中湍流涡的最小尺寸，其计算表达式为：

$$\eta = \left(\frac{\nu^3}{\varepsilon}\right)^{\frac{1}{4}} \tag{10-31}$$

但当夹杂物颗粒尺寸接近或大于 Kolmogorff 尺寸时，颗粒的运动将脱离湍流涡的限制做不规则运动，此时夹杂物颗粒的碰撞将不服从式（10-29）所示的湍流碰撞规律。为了修正这一情况，Murakata 等[45]对式（10-29）所示的 Saffman-Turner 模型进行了修正，修正结果为：

$$N_{ij} = 1.294\,(r_i + r_j)^3\,(\varepsilon/\nu)^{\frac{1}{2}} n_i n_j \left(1 + \frac{\tau_p}{\tau_\eta}\right)^x \tag{10-32}$$

式中，N_{ij}为修正后的夹杂物颗粒碰撞速率；r_i，r_j分别为标号 i 和 j 的夹杂物颗粒半径；$\tau_p = \frac{2r_i^2\rho_p}{9\mu}$ 为颗粒的弛豫时间；$\tau_\eta = \sqrt{\frac{\varepsilon}{\nu}}$ 为 Kolmogorff 涡的消亡时间；x 代表常数，Murakata 研究确定 x 值为 4.52。

式（10-32）表示的含义为：当夹杂物颗粒的半径很小且远小于 Kolmogorff 尺寸时，夹杂物颗粒的弛豫时间远小于 Kolmogorff 尺度涡消亡时间，此时 τ_p/τ_η 相对于 1 来说可以忽略，从而与 Saffman-Turner 模型的式（10-29）等价；但当夹杂物颗粒尺寸接近或大于 Kolmogorff 尺寸时，τ_p/τ_η相对于 1 来说不能忽略，此时采用式（10-32）表示湍流碰撞夹杂物颗粒的碰撞速率。

钢液中夹杂物颗粒间碰撞长大过程，不单单取决于不同夹杂物颗粒之间的碰撞，更重要的是夹杂物颗粒之间的聚合过程，即不同夹杂物颗粒碰撞后能否有效地黏合或聚合在一起。因此，对夹杂物颗粒间碰撞后聚合的机理性和规律性也有不少的研究工作。

10.3.2　夹杂物颗粒之间的碰撞聚合

钢液中单位时间和单位体积内不同夹杂物颗粒间的碰撞次数可由式（10-26）来表示，但并不是所有的碰撞都能使夹杂物颗粒聚合在一起而形成新的大尺寸夹杂物，即存在夹杂物颗粒碰撞的有效概率问题。对于此类问题的研究，1975 年 Nakanishi 和 Szekely[22]最早对 Saffman-Turner[21]提出的类似式（10-29）的湍流碰撞模型进行了修正，主要引进了一个聚合修正系数α_T，修正后的通用表达式如式（10-33）所示：

$$\beta_T(v_i, v_j) = \alpha_T \cdot 1.3\,(r_i + r_j)^3 \left(\frac{\varepsilon}{\nu}\right)^{\frac{1}{2}} \tag{10-33}$$

式中，v_i，v_j分别表示半径为r_i和r_j的夹杂物颗粒体积；α_T为有效碰撞概率，也就是聚合概率。通过研究 ASEA-SKF 炉中钢液用 Al 脱氧的速率，确定α_T=0.3~0.6。

根据 Higashitani（1983 年）等[46]的理论推导，湍流碰撞的聚合概率α_T是N_T的函数，其中，N_T表示黏性力与范德华力的比值。

$$\alpha_T = 0.732\left(\frac{5}{N_T}\right)^{0.242} \tag{10-34}$$

$$N_T = \frac{6\pi\mu r_i^3\ (4\varepsilon/15\pi\nu)^{0.5}}{A} \tag{10-35}$$

式中，r_i表示夹杂物颗粒的半径；A 为 Hamaker 常数，它是计算夹杂物颗粒间范德华力的重要参数，对应表达式为[47]：

$$A = \pi^2 q_1^2 \beta_{11} \tag{10-36}$$

式中，q_1为单位体积内的分子数；β_{11}为两个原子间相互作用的 London 方程中的常数因子。

为了研究钢液中夹杂物颗粒间的聚合概率，确定夹杂物颗粒在钢液中的 Hameker 常数，1996 年 Taniguchi[48]等应用 Higashitani 的模型并且通过水模拟实验确定了 SiO_2粒子和 Al_2O_3粒子在钢液中的 Hamaker 常数。其中，颗粒 1 在介质 3 中的 Hamaker 常数计算表达式为[47]：

$$A_{131} = (\sqrt{A_{11}} - \sqrt{A_{33}})^2 \tag{10-37}$$

式中，A_{11}，A_{33}分别表示材料 1 和材料 3 的内在属性值，将水的 Hamaker 常数 $A_{33} = 4.0\times 10^{-20}$J 代入式（10-37），可以计算出 PSL（polystyrene latex-聚苯乙烯胶乳）、SiO_2和 Al_2O_3粒子 Hamaker 内在属性值A_{11}。PSL、SiO_2和 Al_2O_3粒子在水中的 Hamaker 值A_{131}可以通过种群平衡方程（population balance equation）理论计算并且与实验数据进行拟合比较而得到。同时根据上面计算出的 PSL、SiO_2和 Al_2O_3粒子 Hamaker 内在属性值 A_{11}可以估算这些粒子在钢液中的 Hamaker 值。由于范德华力受温度的影响较小[49]，在计算 Hamaker 常数的式（10-36）中的β_{11}不随温度变化，而 q_1在不同温度下的比值等价于相应密度的比值。比如，298K 与 1873K 温度下的 Hamaker 常数的关系式为：

$$\frac{A(1873K)}{A(298K)} = \left[\frac{q_1(1873K)}{q_1(298K)}\right]^2 = \left(\frac{\rho_{1873K}}{\rho_{298K}}\right)^2 \tag{10-38}$$

基于上述过程可计算 Hamaker 值，如表 10-4 所示[48]。同时，表 10-5 给出了不同溶液和粒子体系常见的 Hamaker 常数值。

表 10-4　计算得到三种粒子在水和钢液中的 Hamaker 常数

Hamaker 常数	PSL	SiO_2	Al_2O_3
$A_{131}/10^{-20}$在水中（298K）	1.2	0.12	0.48
$A_{11}/10^{-20}$在真空中（298K）	9.6	5.5	7.2
$A_{131}/10^{-20}$在钢液（1873K）	—	3.1	2.3

注：不同温度下密度比：$\rho_{1873K}/\rho_{298K} = 0.89$（钢）；1（$SiO_2$）；0.96（$Al_2O_3$），$A_{33}$(298K) $= 4.0\times 10^{-20}$（水）；21.2×10^{-20}（钢）。

表 10-5　不同溶液体系中颗粒的 Hamaker 常数值

年份	研究者	研究对象	Hamaker 常数 $/\times 10^{20}$J	参考文献
1980	Hough and White	聚苯乙烯乳胶粒子-水	0.95	[50]
1988	Horn, et al.	CSP 颗粒-NaCl 水溶液①	6.7	[51]

续表 10-5

年份	研究者	研究对象	Hamaker 常数 /×10^20 J	参考文献
1996	Taniguchi, et al.	Al_2O_3颗粒-钢液	2.3	[52]
		SiO_2颗粒-钢液	3.1	
		聚苯乙烯乳胶粒子-水	1.2	
		SiO_2颗粒-水	0.12	
		Al_2O_3颗粒-水	0.48	
1997	Bergström	真空条件下 Al_2O_3颗粒	15.2	[53]
		Al_2O_3颗粒-水	3.67	
		真空条件下 SiO_2颗粒	6.50	
		SiO_2颗粒-水	0.46	
2000	Fernández-Varea, et al.	Si_3N_4颗粒-水	4.57	[54]
		MgO 颗粒-水	2.02	
2001	Nakaoka, et al.	聚乙烯甲苯颗粒-水	0.8	[55]
2003	Leong and Ong	Al_2O_3颗粒-水	0.57	[56]
2004	Runkana, et al.	赤铁矿粒子-水	2.4	[57]
2005	Bonnefoy, et al.	氢氧化物-水	0.459	[58]
2006	Farmakis, et al.	SiO_2颗粒-水	1.02	[59]
2008	Zhang, et al.	TiO_2颗粒-水	9.1	[60]
		Fe_2O_3颗粒-水	3.4	
		ZnO 颗粒-水	1.9	
2009	Liu, et al.	SiO_2颗粒-流化床（SiO_2-Al_2O_3-Fe_2O_3）	6.5	[61]
2011	Faure, et al.	SiO_2-水	0.8	[62]
		Si_3N_4颗粒-水	1.2	
2013	Mizoguchi, et al.	Al_2O_3颗粒-钢液	0.45	[63]

① CSP, Crystal sapphire platelets, Al_2O_3颗粒。

在实际操作中，在钢液内进行搅拌时钢液中夹杂物颗粒间的碰撞聚合概率并不为 1，而与湍流强度有关。表 10-6 给出了不同研究者对湍流碰撞条件下夹杂物聚合系数的定义。Miki 等[25]把 Al_2O_3夹杂物颗粒的碰撞聚合概率考虑在内，研究了 RH 精炼脱气过程中夹杂物的去除率和 Al_2O_3夹杂物尺寸分布随时间变化的问题。Tozawa 等[26]对连铸中间包中夹杂物的聚合与上浮进行了数值模拟，同时提出 Al_2O_3簇状夹杂物的分形结构，并且在计算过程中考虑了聚合概率 α_T的影响。

表 10-6　湍流碰撞条件下夹杂物聚合系数定义

研究者	表达式	参考文献
Nakaoka, et al	$\alpha = 0.727\left[\dfrac{\mu a_1^3\ (\varepsilon/\nu)^{1/2}}{A_{131}}\right]^{-0.242}$	[55]
雷洪，等		[35, 37]

续表 10-6

研究者	表达式	参考文献
Miki，Thomas	$\alpha = 0.738\left[\frac{\mu(r_i + r_j)^3(\varepsilon/\nu)^{1/2}}{A}\right]^{-0.242}$	[25，27]
Zhang，Lee		[64，65]
王立涛，等		[34]
本书作者	$\alpha = 0.738\left[\frac{\mu(\min(r_i, r_j))^3(\varepsilon/\nu)^{1/2}}{A_{131}}\right]^{-0.242}$	[66]

Zhang 等[19]对连铸中间包的三维流场进行了模拟，讨论了夹杂物颗粒聚合、上浮及黏附壁面等过程，通过把夹杂物数密度等价转换成全氧含量与工业实验数据进行比较来确定实际冶炼中间包内 Al_2O_3 夹杂物颗粒的聚合概率，相应结果如图 10-9 所示。

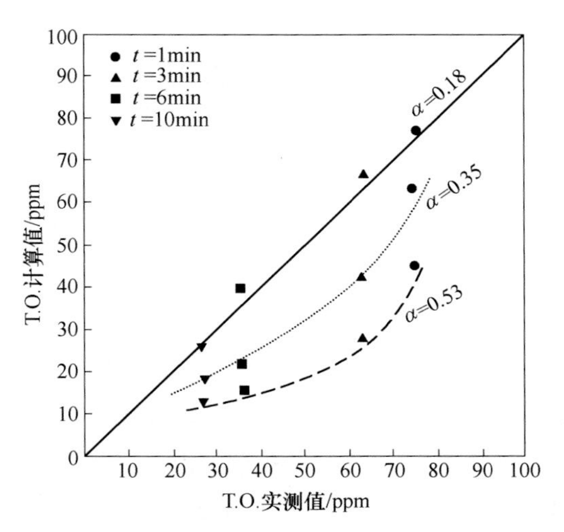

图 10-9 通过调整理论计算使其与实验数据吻合来确定聚合概率

由图可知，当 α_T 为 0.18 时，理论计算结果与实验结果误差较小，所以聚合概率 α_T 的最佳值应为 0.18。

由以上对钢液中夹杂物颗粒聚合概率的研究可知，对钢液中不同类型夹杂物颗粒的碰撞聚合概率的研究内容涉及极少，大多只有偏重于 SiO_2 和 Al_2O_3 纯氧化物类型的夹杂物颗粒，并且只有 Al_2O_3 夹杂物颗粒的研究结果较为详细，而 SiO_2 颗粒聚合概率的具体值还未见报道。对 Al_2O_3 夹杂物颗粒聚合概率的研究结果大致归纳如表 10-7 所示。

表 10-7 Al_2O_3 夹杂物颗粒的聚合概率 α_T

作　者	冶炼炉	Al_2O_3 夹杂物颗粒聚合概率 α_T
Nakanishi[22]	ASEF-SKF 精炼	0.3~0.6
Miki[25]	RH 精炼	0.27~0.63
Zhang[19]	连铸中间包	0.18

10.3.3 夹杂物颗粒碰撞聚合的数学模型

最早建立数学模型研究颗粒聚合过程的是 Smoluchowski，他采用种群平衡方程（population balance equation）来研究胶体粒子的聚合动力学。其中，含有 k 个基本粒子的夹杂物颗粒（此处简称为第 k 组夹杂物颗粒）的数密度变化表达式为：

$$\frac{dn_k}{dt} = \frac{1}{2}\sum_{i=1,i+j=k}^{i=k-1} N_{ij} - \sum_{i=1}^{\infty} N_{ik} \tag{10-39}$$

式中，右端第一项表示第 k 组夹杂物颗粒的生成项，也就是第 i 组和第 j 组夹杂物颗粒碰

撞生成第 k 组夹杂物颗粒的生成速率（$k=i+j$），或简称为第 k 组夹杂物颗粒的生成项；右端第二项表示第 k 组夹杂物颗粒与第 i 组（$1\leqslant i<\infty$）颗粒碰撞长大而使第 k 组夹杂物颗粒减少的速率，或称之为第 k 组夹杂物颗粒的消去项。其中，N_{ij}表示第 i 和 j 组夹杂物颗粒的碰撞速率。

Miki 和 Thomas 等[25,27]在 Smoluchowski 方程的基础上引入斯托克斯碰撞和湍流碰撞，将式（10-39）修正为：

$$\frac{\mathrm{d}n_k}{\mathrm{d}t}=\frac{1}{2}\sum_{i=1}^{i=k-1}[\beta_{\mathrm{S}}(r_i,\ r_{k-i})+\alpha_{\mathrm{T}}\beta_{\mathrm{T}}(r_i,\ r_{k-i})]\,n_in_{k-i}-\sum_{i=1}^{i=i_{\max}}[\beta_{\mathrm{S}}(r_i,\ r_k)+\alpha_{\mathrm{T}}\beta_{\mathrm{T}}(r_i,\ r_k)]\,n_in_k-S \tag{10-40}$$

其中：

$$r_k^3=r_i^3+r_{k-i}^3 \tag{10-41}$$

$$S=\frac{n_kU_{\mathrm{float}}\mathrm{d}t}{L} \tag{10-42}$$

$$U_{\mathrm{float}}=\frac{g}{18\mu}(\rho_{\mathrm{m}}-\rho_{\mathrm{p}})D_{\mathrm{k}}^2 \tag{10-43}$$

式（10-40）中右端前两项同式（10-39）一样，依次是第 k 组夹杂物颗粒的生成项与消去项；S 为第 k 组夹杂物颗粒上浮去除速率；n_k为第 k 组夹杂物颗粒的数密度；U_{float}为第 k 组夹杂物颗粒 Stokes 终端上浮速度；L 为钢液的熔池深度；ρ_{m}，ρ_{p}分别为钢液流体和夹杂物颗粒的密度；D_{k}为夹杂物颗粒的直径；μ 为钢液的黏度。

Zhang 等[19]用堰和坝把连铸中间包分成了两个研究区域，并在这两个研究区域分别建立了夹杂物去除的数学模型。其中，将夹杂物碰撞聚合长大、上浮去除、夹杂物在壁面和包底的黏附等因素考虑在内的区域Ⅱ中夹杂物去除数学模型为：

$$\frac{\mathrm{d}n(r)}{\mathrm{d}t}=\frac{1}{2}\int_0^r n(r_i)\alpha\beta(r_i,r_j)n(r_j)\left(\frac{r}{r_j}\right)^2\mathrm{d}r_i-n(r)\int_0^{r_{\max}}n(r_j)\alpha\beta(r,r_j)\mathrm{d}r_j-\frac{n(r)}{L}V_{\mathrm{float}}-Mr^2n(r) \tag{10-44}$$

$$M=-\frac{0.62\varepsilon^{3/4}\times10^{-2}}{\nu^{5/4}}A \tag{10-45}$$

式（10-44）右端前两项分别是半径为 r 的夹杂物颗粒的碰撞聚合生成项与消去项；第三项是半径为 r 的夹杂物颗粒上浮去除项；第四项是半径为 r 的夹杂物颗粒在炉衬壁面和底部的黏附速率；$n(r)$ 为半径 r 的夹杂物颗粒数密度；A 为夹杂物颗粒的表面积。

Nakaoka 等[28]认为 Smoluchowski 模型并不满足夹杂物颗粒间的质量守恒定律，为此需要对其进行修正，对应的修正结果为：

$$\frac{\mathrm{d}n_k}{\mathrm{d}t}=\frac{1}{2}\sum_{i=1,i+j=k}^{i=k-1}(1+\delta_{ij})N_{ij}-\sum_{i=1}^{\infty}(1+\delta_{ik})N_{ik} \tag{10-46}$$

式中，δ_{ij}为克罗内克 Delta 函数，当 $i=j$ 时，$\delta_{ij}=1$；当 $i\neq j$ 时，$\delta_{ij}=0$。

Nakaoka 等[28]同时将夹杂物颗粒的碰撞聚合概率 α 考虑在内，从而对方程（10-46）进行无量纲化处理，修正后的结果为：

$$\frac{dn_k^*}{dt^*}=\frac{1}{2}\sum_{i=1,i+j=k}^{i=k-1}(i^{1/3}+j^{1/3})^3(1+\delta_{ij})n_i^*n_j^*-\sum_{i=1}^{N_M}(i^{1/3}+j^{1/3})^3(1+\delta_{ik})n_i^*n_k^* \tag{10-47}$$

式中，$n_k^*=n_k/N_0$；$t^*=1.3\alpha\cdot a^3(\varepsilon/\nu)^{1/2}N_0t$；$N_0$为初始时刻基本粒子的数密度；$a$ 为基本粒子的半径；N_M为夹杂物颗粒中包含基本粒子个数最多的最大数目。

然而，有的学者认为上述建立的夹杂物颗粒碰撞聚合的数学模型只是夹杂物颗粒在钢液中传输方程的源项。雷洪等[36-38,67,68]通过将夹杂物颗粒碰撞聚合模型作为源项引入夹杂物颗粒的传输方程，研究了立弯式连铸机和板坯连铸机中 Al_2O_3夹杂物颗粒的体积浓度和数密度的分布规律。以 Nakaoka 等[28]建立的夹杂物颗粒的传输方程为例，得到的夹杂物颗粒传输方程表达式为：

$$\begin{aligned}\frac{\partial n_k}{\partial t}+\frac{\partial u_i n_k}{\partial x_i}=&\frac{\partial}{\partial x_i}\left(D_t\frac{\partial n_k}{\partial x_i}\right)+\sum_{j=k-2}^{k-1}\xi_{j,k-1}1.3\alpha(r_j+r_{k-1})^3(\varepsilon/\nu)^{1/2}n_jn_{k-1}+\\&\sum_{j=1}^{k-2}\xi_{j,k}1.3\alpha(r_j+r_k)^3(\varepsilon/\nu)^{1/2}n_jn_k-\\&\sum_{j=k-1}^{M}(1+\delta_{jk})1.3\alpha(r_j+r_k)^3(\varepsilon/\nu)^{1/2}n_jn_k\end{aligned} \tag{10-48}$$

其中：

$$D_t=\frac{\mu_t}{\rho_m}=0.09\frac{k^2}{\varepsilon} \tag{10-49}$$

$$\xi_{j,k-1}=\frac{V_j+V_{k-1}}{V_k} \tag{10-50}$$

$$\xi_{j,k}=\frac{V_j}{V_k} \tag{10-51}$$

式（10-48）中，x_i为坐标方向；u_i为夹杂物颗粒在 x_i方向上的运动速度；D_t为湍流扩散率，其计算公式如式（10-49）所示；$\xi_{j,k-1}$和 $\xi_{j,k}$为保证夹杂物颗粒碰撞后体积守恒而对夹杂物颗粒数密度进行修正的比例因子；V_k为第 k 组夹杂物颗粒的体积。

Zhang 和 Lee[32]避开了过去研究夹杂物生成时对初始夹杂物尺寸分布（initial particle size distribution）的依赖，并结合热力学、经典的均质形核理论、夹杂物颗粒碰撞和聚合的动力学得到了通用的夹杂物形核和长大模型（general nucleation-growth model）。通过运用此模型，Zhang 和 Pluschkell[30]研究了低碳铝镇静钢（LCAK）中 Al_2O_3夹杂物颗粒形核和长大动力学过程。

从上述夹杂物颗粒碰撞聚合数学模型可知，若想求出以上偏微分方程的解析解是非常困难的，因为此类方程属于复杂的非线性偏微分方程[69]，只有在极少数特殊情况下才有解析解[70,71]。因此，通过数值算法求解以上偏微分方程式是一种有效可行的方法。但如果计算的夹杂物颗粒的半径越大，则所需要的计算量就越大，因为夹杂物粒径每增大 10 倍，需要跟踪的基本粒子数目就需要增加 1000 倍，这样的计算量非常大，计算效率也低下，以至于在很多情况下缺乏可操作性，无法应用到实际问题[72]。同时，如果将夹杂物颗粒碰撞聚合模型代入式（10-48）传输方程中作为源项处理会使求解更为复杂，这样的计算量和计算机耗时将更加巨大。对种群平衡方程（population balance equation，简称为 PBE 方程）的求解方法有多种：基于小波变换法[73]、离散技术法[74]、基于有限元伽辽金 h-p 方法[75]、直接求积矩方法[76,77]、Monte Carlo 常数法[78]和颗粒尺寸分组法（particle size grouping method，简称为 PSG 方法）[79,80]。

目前，冶金学者对 PBE 方程的求解大多数采用 PSG 方法[19,25-28,30,32,36-38,67,68]。PSG 方法可以有效地降低求解 PBE 方程的计算量。Nakaoka 等[28]对 PSG 方法的描述为：把所有夹杂物颗粒分成 M 组，并且每一组都有自己的特征体积，如第 k 组的特征体积为 $V_k(1\leq k\leq M)$，设定颗粒组从一组转变为下一组的临界条件为：$R_V=V_k/V_{k-1}=\text{const}$。具体的颗粒尺寸分布的 PSG 方法描述如图 10-10 所示。

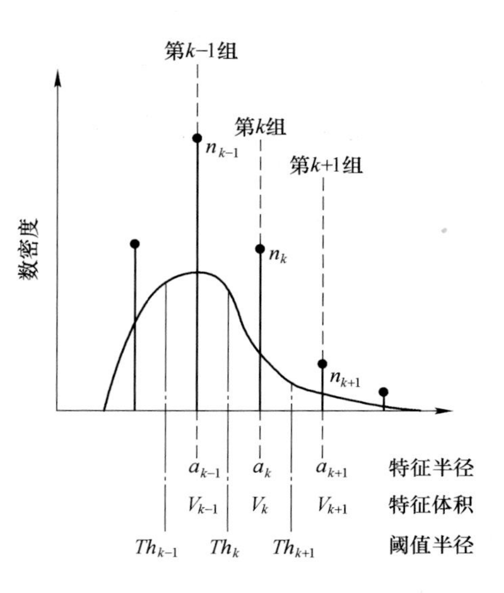

图 10-10　夹杂物颗粒尺寸分布的 PSG 方法

由图可知，任意夹杂物颗粒尺寸 k 组由特征夹杂物颗粒半径 a_k 表示，并且位于阈值半径 Th_k 与 Th_{k+1} 之间，Th_k 代表颗粒尺寸由第 $k-1$ 组进入第 k 组的临界阈值，即当碰撞新生成的夹杂物颗粒半径 $Th_k<a_i<Th_{k+1}$ 时，夹杂物颗粒 a_i 属于第 k 组，其他以此类推。此类 PSG 方法计算的精确度也比较高，计算结果如图 10-11 所示[50]。

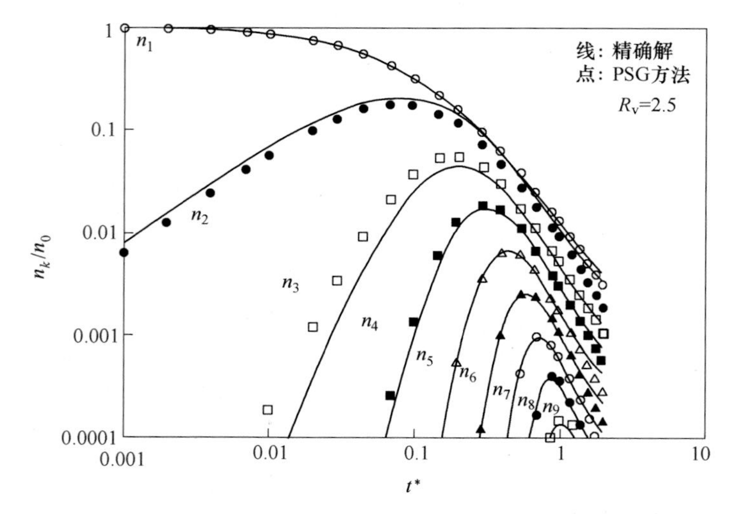

图 10-11　当临界比值 $R_V=2.5$ 时的 PSG 方法计算的夹杂物颗粒数密度分布

由图 10-11 可知，PSG 方法与精确解基本吻合，是一种非常有效的计算方法。

10.4 钢液脱氧过程中非金属夹杂物形核和初期长大的动力学

众所周知，在钢液中一次脱氧反应发生的非常短促，大量微小的氧化物粒子在几秒内就能析出。提高精炼水平以获得高洁净度的优质产品，依然是工业生产的主要任务之一。目前认为，夹杂物演变的机制为：脱氧剂的加入和溶解、氧化物粒子的形核、析出以及快速长大。这一阶段主要由脱氧元素和氧元素的扩散控制。Ostwald 熟化作用使得大尺寸的夹杂物继续长大而小尺寸的夹杂物消失。小尺寸夹杂物通过布朗运动的随机碰撞而长大。在夹杂物粒子长大到足够大之后，湍流碰撞和 Stokes 碰撞将是夹杂物的进一步长大的有效途径。上浮、气泡捕获和钢液流动将把大尺寸夹杂物输送到顶部炉渣或钢包的耐火材料壁面并且从金属熔体中去除。小尺寸夹杂物将仍然存在于钢液中，并进入下一个工序。夹杂物的这种演变会受到钢液精炼过程中的吸氧和炉渣乳化作用的影响。

脱氧过程中夹杂物形核长大的起点是脱氧元素（以 Al 为例）和氧元素（O），以及二者形成的 Al_2O_3假分子。在形核以前，由元素扩散控制假分子团的形成，一旦假分子团的尺寸大于临界形核尺寸，则形核成 Al_2O_3夹杂物粒子。夹杂物粒子的长大主要由碰撞聚合和元素扩散两种方式。Al_2O_3分子的半径为 0.293nm，最后形成的大颗粒夹杂物尺寸可以达到 300μm，跨了 6 个数量级。夹杂物最后在钢渣界面、气泡表面、凝固前沿被捕捉。这些现象是发生在米级别的冶金反应器内的，而且伴随着高温钢水的三维流动、传热和凝固。所以，这是发生在跨越 10 个数量级的物理和化学反应现象（图 10-12）。

在低碳铝镇静钢中观察到的内生夹杂物具有多种形态，例如树枝状氧化铝团簇（图 10-13（a））或珊瑚状氧化铝（图 10-13（b））。值得注意的是，在团簇状夹杂物中一次晶、二次晶和单颗粒的共同特征是它们的直径范围始终为 1~4μm（图 10-13（c））。

多年来，夹杂物粒子的聚合始终是冶金研究的方向之一。目前的数学模型依赖于粒子初始分布作为计算初始条件，而不能以形核为初始出发点。本节将针对形核和初始长大进行数值解析。该过程是基于经典形核理论并采用了 Kampmann 和 Kahlweit 提出的析出（precipitation）的概念[81-83]，他们研究了化学溶液中由扩散控制的、以单分子（monomor）为起点的长大现象并做了数值解析。尽管研究中没有考虑夹杂物的碰撞长大，同时由于当时计算机能力的限制他们仅仅计算到长大到几百个分子的大小，但是该研究对于数值模拟研究形核和析出现象有重要的指导意义。

10.4.1 形核的热力学基础

钢液的脱氧反应可以写为：

$$n[\mathrm{Me}] + m[\mathrm{O}] \longrightarrow (\mathrm{Me}_n\mathrm{O}_m) \tag{10-52}$$

对于铝作为脱氧剂的情况下为：

$$2[\mathrm{Al}] + 3[\mathrm{O}] \longrightarrow (\mathrm{Al_2O_3}) \tag{10-53}$$

该反应通过过饱和钢液中氧化铝粒子的析出和形核的氧化铝粒子长大而进行，直至达到平衡。通过假设溶解的“假分子”$[Al_2O_3]$ 附着在真实的（Al_2O_3）形核物上，也可以“虚拟地”描述溶解的物质铝和氧向生成物的转移。

$$[\mathrm{Al_2O_3}] \longrightarrow (\mathrm{Al_2O_3}) \tag{10-54}$$

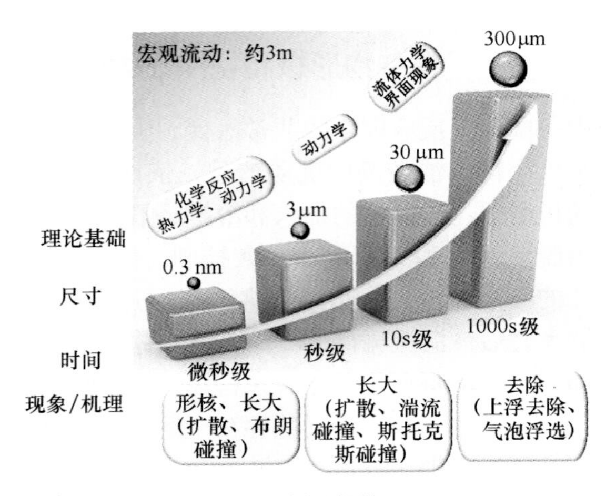

(a) 图示机理

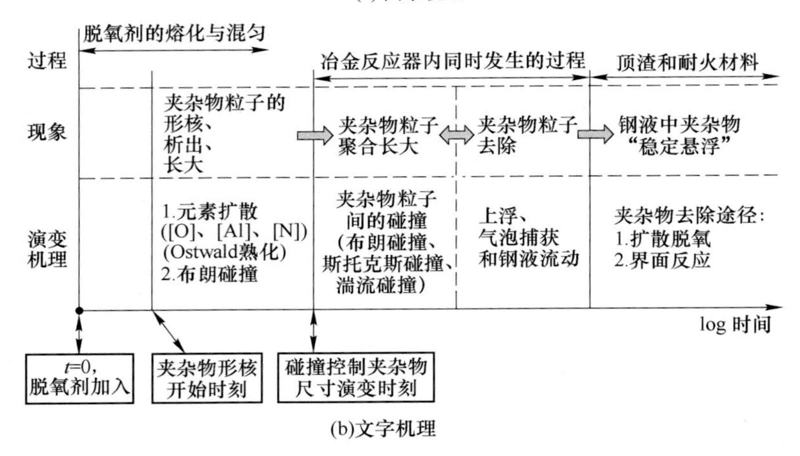

(b)文字机理

图 10-12　脱氧过程中夹杂物形核、长大和去除的物理现象、发生尺度及控制机理

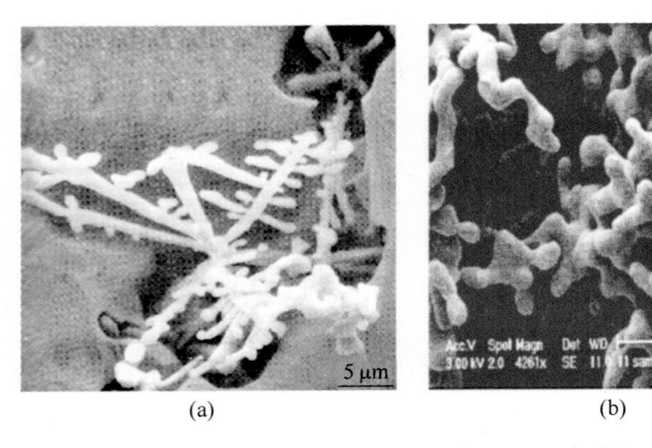

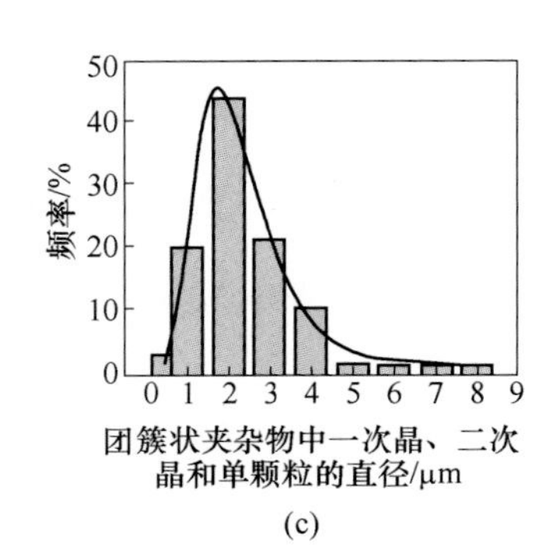

(a)　　(b)　　(c)

图 10-13　氧化铝夹杂物形貌

则钢液的实际过饱和度为：

$$\Pi = \frac{c_{[Al_2O_3],t}}{c_{[Al_2O_3],eq}} \tag{10-55}$$

根据经典的均质形核理论，当吉布斯自由能变 ΔG 为零时，第二相（产物）从母相（反应物）开始形成：

$$d\Delta G/dr = 0 \tag{10-56}$$

对于球形粒子，释放的体积自由能必须与产生的表面能相平衡，见式（10-2）。

单位体积自由能变 ΔG_V 为：

$$\Delta G_V = -\frac{RT\ln\Pi}{V_m} \tag{10-57}$$

求解式（10-56）和式（10-2）得到：

$$\Delta G_V = -2\sigma/r_c \tag{10-58}$$

形核的临界半径 r_c 可以由式（10-57）和式（10-58）计算得到：

$$r_c = \frac{2\sigma V_m}{RT\ln\Pi} \tag{10-59}$$

如果 $r>r_c$，将发生形核，析出稳定的粒子并开始长大。随着过饱和度的增加和表面张力的降低，形核的临界尺寸减小。在脱氧过程中由于过饱和度随着时间而改变，因此临界形核尺寸也随着时间而改变。

将式（10-55）代入式（10-59）得到：

$$c_{[Al_2O_3]} = c_{[Al_2O_3],eq}\exp\left(\frac{2\sigma V_m}{RTr}\right) \tag{10-60}$$

这是众所周知的吉布斯-汤姆森（Gibbs-Thomson）方程。它表明夹杂物粒子尺寸越大，对应的溶质浓度越低；反之亦然。之后，小尺寸夹杂物消失，大尺寸夹杂物长大。Ostwald 熟化作用将影响析出物的粒度分布。

10.4.2　形核与长大的动力学

在钢液铝脱氧过程中，氧化铝夹杂物形核和长大的计算模型基于以下假设：（1）该模型的基本单位是假分子。在形核之前，通过单个假分子的随机扩散形成一组假分子（“胚胎”）；（2）碰撞仅仅发生在形核的夹杂物粒子之间而不包括假分子组之间；（3）吉布斯-汤姆逊（Gibbs-Thomson）方程适用于各种尺寸的粒子；（4）考虑了 Ostwald 熟化作用，通过这种机制，假分子从小尺寸的夹杂物中溶解，扩散并聚集到一些大尺寸的夹杂物上；（5）该系统为等温系统；（6）夹杂物粒子和假分子为球形；（7）界面张力与尺寸无关；（8）夹杂物尺寸的计算上限设定为 36μm，认为大尺寸的夹杂物立即被顶渣去除。

单个假分子的半径为：

$$r_1 = (3V_m/4\pi N_A)^{1/3} \tag{10-61}$$

每个夹杂物或者（假分子团）的标记数 i 是指其含有分子的个数，则组 i 的半径 r_i 可以用假分子的个数来表示：

$$r_i = r_1 i^{1/3}\ r_i = r_1 i^{1/3} \tag{10-62}$$

并且其表面积 A_i 为：

$$A_i = 4\pi r_1^2 i^{2/3} \tag{10-63}$$

形成稳定夹杂物粒子所需的假分子的临界数量为$i=i_c$，对应的粒子半径为r_c，可以通过耦合式（10-59）、式（10-61）和式（10-62）得到：

$$i_c=\frac{32\pi}{3}V_m^2N_A\left(\frac{\sigma}{RT}\right)^3\left(\frac{1}{\ln\Pi}\right)^3 \tag{10-64}$$

由假分子数密度N_i表示的过饱和度Π为：

$$\Pi\equiv\frac{N_1}{N_{1,eq}}=N_1^*=N_s^*-\sum_{i=i_c}^{\infty}N_i^*i \tag{10-65}$$

钢液中假分子的数量N_1等于它们的总数N_s减去析出夹杂物消耗的数量。因此N_1、N_s和Π是时间的函数。带星号的物理量表示无量纲量。组N_i尺寸随时间的演变由粒子数平衡方程控制：

$$\frac{dN_i}{dt}=-\left(\beta_{1i}N_iN_1+\alpha_iA_iN_i+\phi N_i\sum_{j=i_c}^{\infty}\delta_{ij}N_j\right)+\left(\beta_{1,\ i-1}N_1N_{i-1}+\alpha_{i+1}A_{i+1}N_{i+1}+\frac{1}{2}\phi\sum_{j=j_c}^{i-i_c}\delta_{j,\ i-j}N_jN_{i-j}\right) \tag{10-66}$$

式中，β、α和δ为速率常数；ϕ为碰撞效率即表10-6中讨论的参数，但是在本节的计算中简化为1.0。

假分子在球形浓度场中的扩散速率由速率常数β_{1i}控制：

$$\beta_{1i}=4\pi D_1r_i \tag{10-67}$$

由质量平衡得到，分子从夹杂物粒子上解离的速率常数为：

$$\alpha_i=\beta_{1,i}N_1/A_i \tag{10-68}$$

由于初始形核和长大的夹杂物粒子较小，粒子之间的碰撞考虑布朗碰撞和湍流碰撞，且只发生在形核析出后的真实粒子之间，碰撞速率常数为式（10-27）和式（10-29）之和，即：

$$\delta_{ij}=\frac{2kT}{3\mu}\left(\frac{1}{r_i}+\frac{1}{r_j}\right)(r_i+r_j)+1.3(r_i+r_j)^3(\varepsilon/\nu)^{1/2} \tag{10-69}$$

采用Runge-Kutta方法求解式（10-65）和式（10-66）。作为初始条件，N_s^*是无量纲时间的函数，基于Kampmann和Kahlweit研究，假设假分子在体系内是通过一级等温反应生成的：

$$N_s^*(t^*)=N_{s,eq}^*[1.0-\exp(-Bt^*)] \tag{10-70}$$

式中，$N_{s,eq}^*$为反应产生的最终假分子数。

采用以下参数来求解这些方程模拟钢液的脱氧：$V_m=3.8\times10^{-5}m^3/mol$，$T=1873K$，$N_{s,eq}^*=100$，$B=0.1$，$D_1=3.0\times10^{-9}m^2/s$（钢液中氧的扩散系数），$N_{1,eq}=2.634\times10^{23}m^{-3}$。对应于钢液中3ppm的溶解氧，$\rho_L=7000kg/m^3$，$\rho_p=2700kg/m^3$，$\mu_L=0.0067kg/(m\cdot s)$，$Al_2O_3$粒子与钢液间的界面张力$\sigma=0.5N/m$。因此，$r_1=2.47\times10^{-10}m$，$\beta_{11}=9.31\times10^{-18}m^3/s$，$t^*=\beta_{11}N_{1,eq}t=2.45\times10^6t$。该模型适用于典型炼钢条件下的铝脱氧过程，冶金容器为ASEA-SKF精炼过程中的50t低碳钢钢包，其中钢液的湍动能耗散率为$1.22\times10^{-2}m^2/s^3$，加铝之前的总氧约为300ppm，最终平衡时的溶解氧约为3ppm。

10.4.3 夹杂物形核长大的动力学数值模拟结果

通过比较假分子扩散速率常数 β_{1i} 和计算的碰撞速率常数 δ_{ij}，可以得到以下夹杂物形状演变的结论：(1) 当 $r<1\mu m$ 时，粒子的长大主要由假分子的扩散（Ostwald 熟化）和粒子的布朗碰撞主导。布朗碰撞的不规则热运动与流体流动无关，并且没有方向性。因此，夹杂物倾向于向各个方向长大，形成球形产物；(2) 当 $r>2\mu m$ 时，粒子的长大受湍流碰撞支配。夹杂物形貌趋于锯齿状，最终成为团簇状。因此，1～2μm 是夹杂物的长大机制发生改变的尺寸临界值，这就解释了为什么实际上夹杂物团簇的最小特征尺寸大约为 1～2μm。

夹杂物形状演变的基本步骤如图 10-14 所示。由于扩散和布朗碰撞，夹杂物长大为半径 1～2μm 球形。之后，由于钢液的湍流碰撞，形成团簇状的夹杂物。随着时间的推移，在 Ostwald 熟化作用下，夹杂物粒子表面轮廓逐渐趋于平滑。此外，夹杂物粒子由于钢液流动传输到缺少核心的区域，将迅速长大，形成大尺寸的树枝状结构。

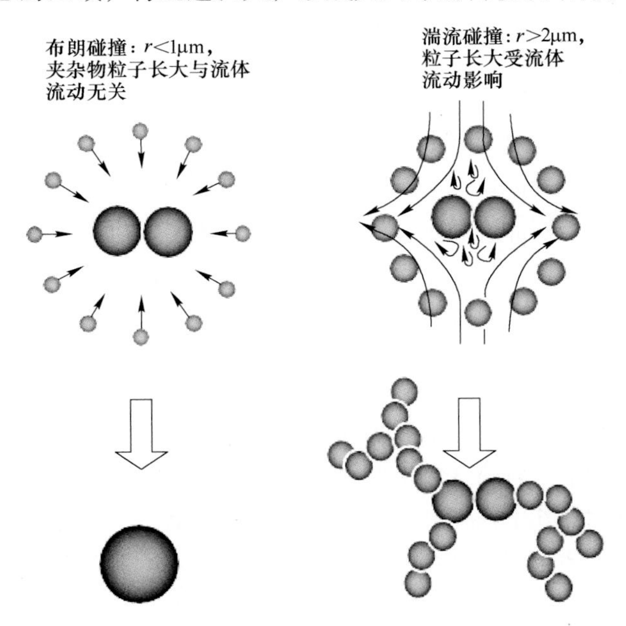

图 10-14 氧化铝形成过程示意图

图 10-15 为过饱和度 Π，临界形核尺寸 i_c 和假分子无量纲数密度随时间的变化关系。加入脱氧剂铝之后，铝与氧反应形成假分子。仅在随机扩散的作用下形成假分子组。随着铝的进一步加入和扩散，假分子的浓度不断增加。过饱和度 Π 在时间 t_1^* 时达到 1。随着过饱和度 Π 的进一步增大，临界形核半径 r_c 减小（式（10-59））。在孕育时刻 t_2^*（t_2 = 0.53μs）、假分子组半径等于 r_c（$i_c=42$；$r_c=0.83$nm）后，该尺寸的粒子开始形核，析出并且开始长大。过饱和度 Π 逐渐增加，并且在 $t_3^*=8.07$（$t_3=3.40$μs）时达到最大值（46.7）。与此同时，形核尺寸减小至其最小值（$i_c=10$；$r_c=0.515$nm）。形核仅发生在时间段 t_2^*～t_4^*（0.53～6.58μs）之间。在 t_4^* 时刻之后，将不会有新的粒子形核。随着时间的推移，过饱和度 Π 趋近于 1（平衡）。残留在钢液中的稳定粒子将通过假分子的扩散以

及与其他夹杂物粒子的碰撞而继续长大，或者通过 Ostwald 熟化而溶解。因此，夹杂物粒子的总数在时刻 t_4后逐渐减少。

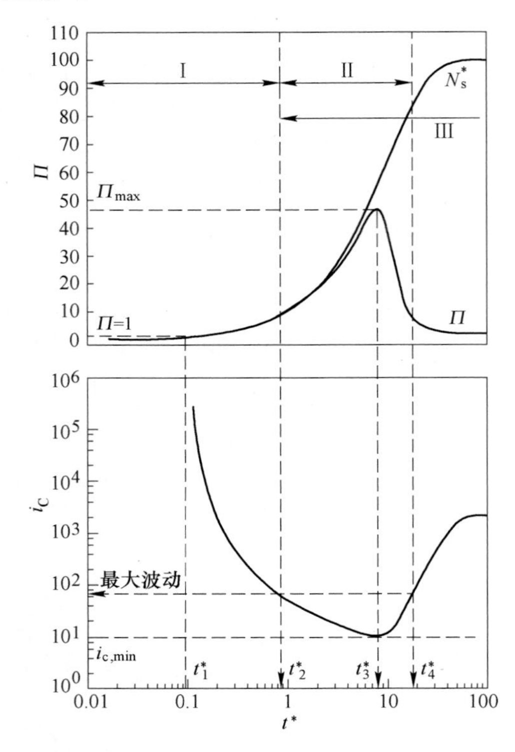

图 10-15　过饱和度 Π，临界形核尺寸 i_c和假分子无量纲数密度 N_s^* 随时间的变化关系

图 10-16 为计算的不同时刻夹杂物粒子数量的演变规律。随着时间的推移，小尺寸夹杂物的数密度逐渐减小，而大尺寸夹杂物在扩散和布朗碰撞的作用下数密度则增加。遗憾的是，夹杂物演变计算由于目前计算机的能力的限制，无法直接求得。为了简化计算程序而引入了尺寸组的概念，其中任意相邻的两组间的尺寸比为 2. 5 倍，因此总共 50 组将足以覆盖尺寸范围从 0. 239nm 到几十微米的夹杂物。这种方法大大缩短计算时间。当前计算可以得到最大的粒子尺寸 为 36μm，同时假设更大尺寸的夹杂物粒子将在很短时间内从钢液中去除。

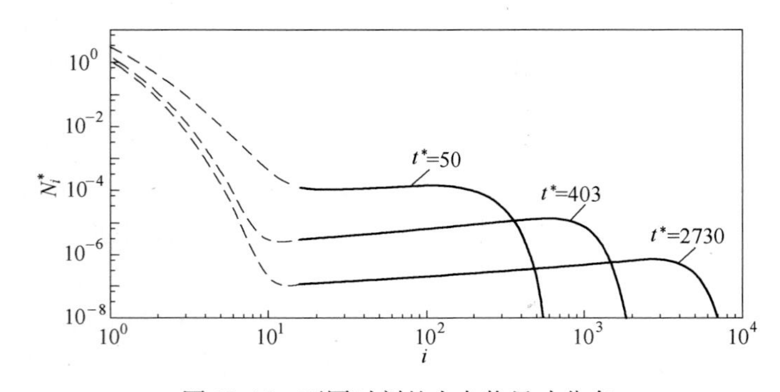

图 10-16　不同时刻的夹杂物尺寸分布

改进后的计算结果如图 10-17 所示。如前文所述，在 t_2时刻之后，夹杂物可以通过假分子的扩散以及与其他夹杂物粒子的碰撞而析出长大。这将导致开始出现尺寸分布范围。随着时间的推移，这种尺寸分布范围将越来越广。6s 后，夹杂物的最大直径约为 2μm，这与工业实践大致相符。夹杂物长大到几十微米大约需要 100s，这与 Kawawa 和 Ohkubo 的研究结果相吻合。显然，当前的理论已经能够成功地将夹杂物的宏观碰撞扩展到包含其形核和析出的早期阶段。

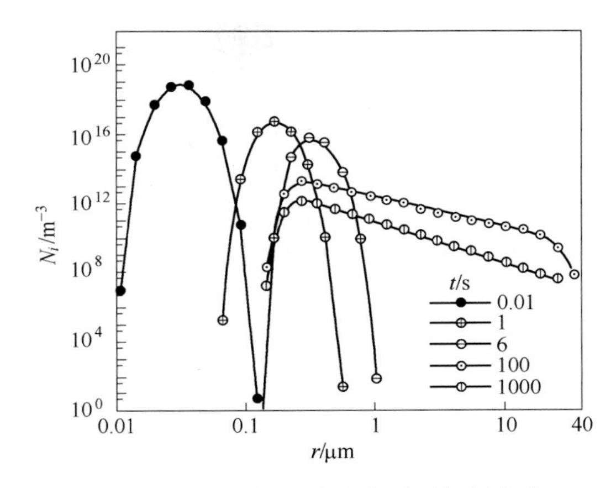

图 10-17　夹杂物尺寸分布随时间的变化

10.4.4　本节小结

基于经典均质形核理论、热力学分析和数值模拟建立了钢液中铝脱氧的计算模型。该模型计算了由于扩散、Ostwald 熟化、布朗碰撞和湍流碰撞引起的氧化铝夹杂物的形核和尺寸分布随时间演变。对于实际生产，形核速率非常快，主要发生在 1~10μs 之间。计算的稳定形核直径只有 1~2nm。在此之后，稳定夹杂物粒子的尺寸分布将通过假分子的扩散（Ostwald 熟化）和碰撞而长大。因此，脱氧进行地非常迅速。半径小于 1μm 夹杂物的长大主要受假分子的扩散和布朗碰撞的控制，此时夹杂物往往为球形。半径大于 2μm 夹杂物的长大主要受湍流碰撞的控制。此时夹杂物倾向于形成最小特征尺寸为 1~2μm 的团簇状。当夹杂物尺寸增加，湍流碰撞在其长大过程中占主导地位时，夹杂物的尺寸分布将大大扩展，形成可上浮去除的宏观夹杂物。由这些现象计算的夹杂物尺寸范围与实验测量结果大致相符。脱氧剂成分、脱氧剂的传输、界面张力、扩散系数、初始氧含量、温度对夹杂物的形核和长大的影响还需要进一步研究。此外，还需要进一步确定控制过饱和度变化的是一级反应速率方程（式（10-70））。

采用数值方法研究了钢液脱氧过程中固体夹杂物的形核和长大现象。结果表明，原子的扩散，Ostwald 熟化和布朗运动共同控制着小尺寸夹杂物粒子的长大过程。夹杂物粒子的初始析出阶段仅持续约 10s。当夹杂物粒径超过 1μm 的临界值时，长大过程将由碰撞和聚合主导。这些长大机制的效率取决于其间形成的夹杂物粒度分布。由于目前计算机的计算能力有限，还不能够综合评估夹杂物的形核和长大过程。

10.5　RH 真空吹气过程钢中非金属夹杂物碰撞长大过程的模拟仿真

10.5.1　RH 真空吹气过程中的钢液流动

根据已有水模型实验结果验证的数学模型，对实际 RH 钢液-氩气体系进行模拟，实现 RH 内部流场的可视化。钢包容量约 210t，吹气孔数为 4，吹气流量为 2000NL/min，详细几何尺寸列于表 10-8 中。模拟计算用网格如图 10-18 所示，网格总数约 48 万。

图 10-19 为 RH 内部的速度分布云图和速度等值面（v=0.21m/s）分布图。可以看出，两浸渍管内的速度较大，流体在钢包及真空室内分别形成涡流。钢包内，流体沿下降管进入钢包内，在冲击钢包底部的过程中速度逐步衰减，之后沿底部向四周扩展，到达钢包壁面沿壁面向上运动，一部分流体汇集到下降管区域继续在钢包内循环，一部分流体到达上升管区域进入真空室，从而实现流体在真空室与钢包间的循环，促进整个精炼过程的高效完成。

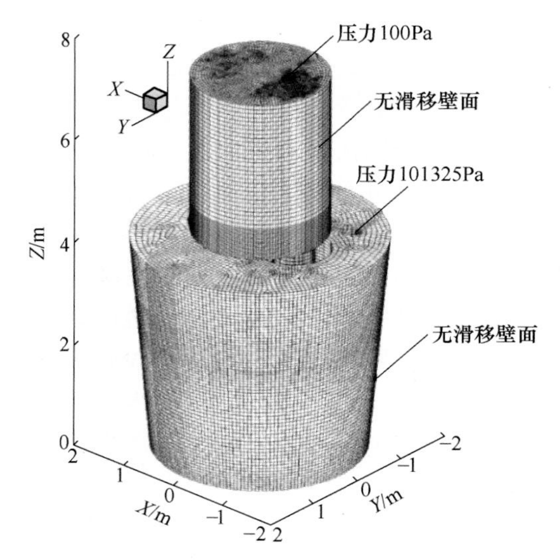

图 10-18 计算用网格划分

气泡在上升管内的分布情况如图 10-20 所示。气泡在上升过程中，其所处位置的静压力逐渐降低，气泡直径逐渐增大；气泡上浮进入到真空室内时，流体中的搅拌能较大，气泡直径受到限制；继续上浮直至脱离钢液进入气相。因此，气泡在整个上浮过程中，气泡直径呈现先增大后减小的趋势。

表 10-8 生产用 RH 装置尺寸

项　目	尺　寸
钢包上口直径/mm	3959
钢包底部直径/mm	3324
钢包高度/mm	4060
真空室内径/mm	2144
真空室高度/mm	8225
浸渍管长度/mm	1075
吹气孔内径/mm	6

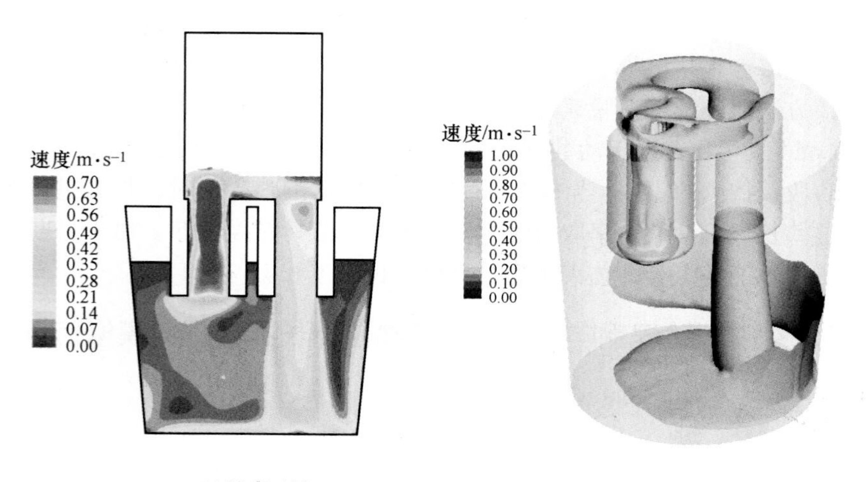

(a) 速度云图　　(b) 速度等值面

图 10-19 RH 内钢液流流动速度分布

10.5.2　RH 真空处理过程中钢中非金属夹杂物的分析检测

为研究 IF 钢生产过程中 RH 精炼钢水的洁净度变化，研究其脱氧阶段的钢中夹杂物演变，对取得的钢液提桶样进行切割、镶样、磨抛，制备金相样，并在 ASPEX 扫描电镜下进行自动扫描观察，统计得到加铝 2min 的样品中不同直径（d_{max}>1μm）的夹杂物的数密度分布，如图 10-21 所示。

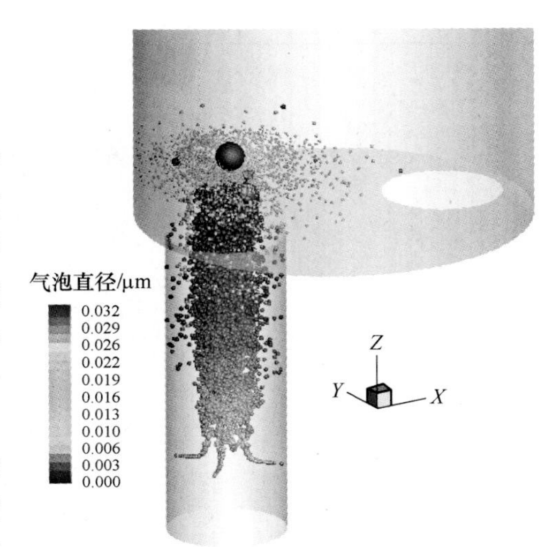

图 10-20　上升管内气泡分布

图 10-22 显示了 RH 精炼过程中 Al_2O_3 夹杂物形貌的变化情况。加 Al 脱氧后，铝和钢液中的溶解氧迅速反应，生成大量团簇状夹杂物；随着钢液的循环，大型团簇状（>100μm）夹杂物逐渐被打散，形成大量小型链状（<10μm）；组成这类链状夹杂物的点状夹杂物尺寸较小，在镇静过程中，由于 Ostwald 熟化的作用，夹杂物尺寸逐渐增大。其形成过程如图 10-23 所示。

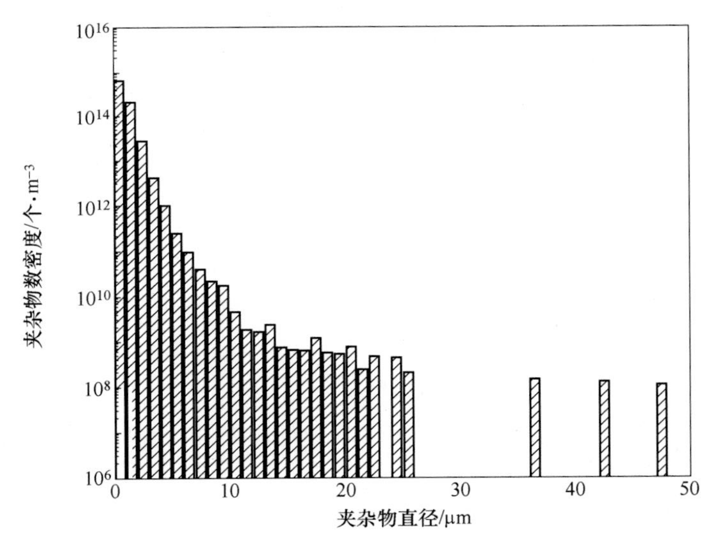

图 10-21　加铝 2min 的样品中不同直径（d_{max}>1μm）的夹杂物的数密度分布

RH 精炼过程中典型夹杂物如图 10-24 所示。在刚加完铝的钢液中，局部区域钢液［Al］含量过高，因而会生成大量的簇状 Al_2O_3 夹杂物，这些大尺寸的 Al_2O_3 夹杂物会随着精炼的进行逐渐上浮到渣相而从钢液中去除。如钢液中仍存在大量弥散的 Al_2O_3 夹杂物，向铝脱氧钢中加入钛铁后，随着精炼过程钢液成分的变化，则可能会形成 Al-Ti-O 系夹杂物。图 10-25 为在电镜下观察到的两个夹杂物之间的聚合现象，包括 Al_2O_3 夹杂物与 Al_2O_3 夹杂物之间的聚合以及 Al_2O_3 与 Al-Ti-O 系夹杂物之间的聚合。图 10-26 为一个捕捉了夹杂物的气泡。

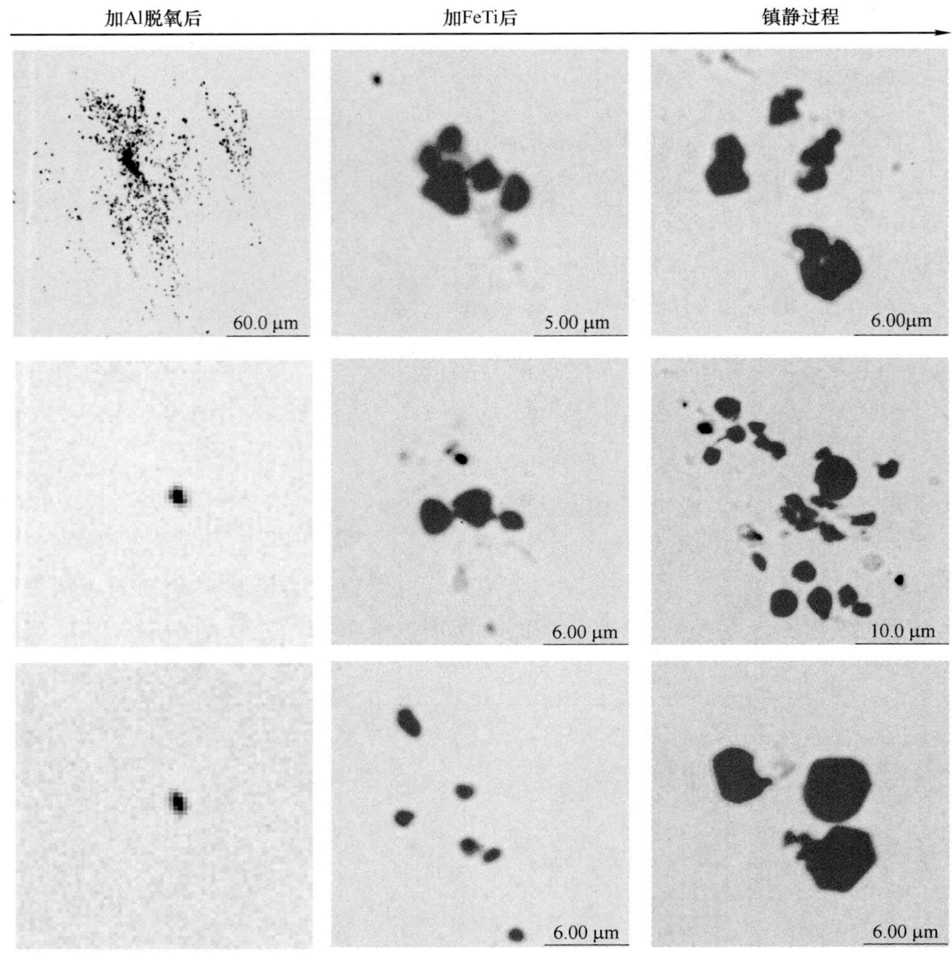

图 10-22　RH 过程中夹杂物形貌的变化

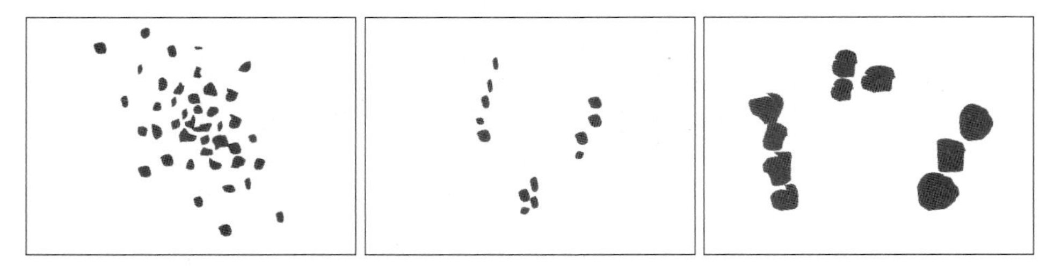

图 10-23　RH 过程中夹杂物形貌的演变机理

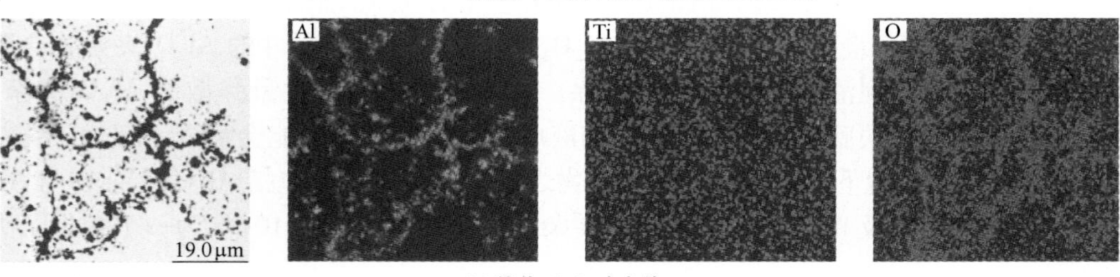

(a) 簇状Al_2O_3夹杂物

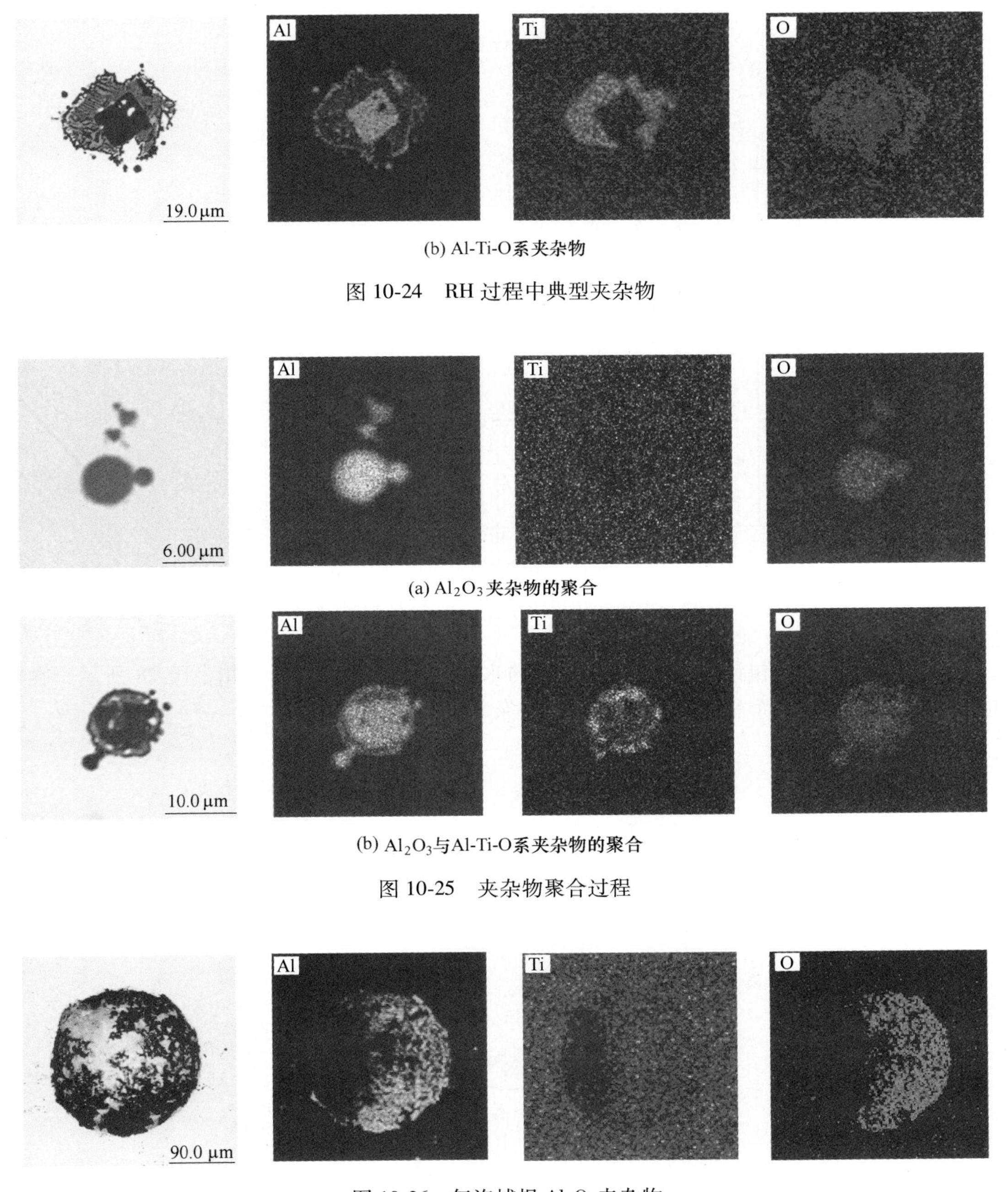

(b) Al-Ti-O系夹杂物

图 10-24 RH 过程中典型夹杂物

(a) Al_2O_3夹杂物的聚合

(b) Al_2O_3与Al-Ti-O系夹杂物的聚合

图 10-25 夹杂物聚合过程

图 10-26 气泡捕捉 Al_2O_3夹杂物

10.5.3 RH 真空处理过程中钢中非金属夹杂物碰撞、长大及去除的模拟仿真

本节通过数值模拟的方法对 RH 真空精炼过程中夹杂物碰撞聚合长大过程进行模拟研究。根据尺寸将直径在 1~115.1μm 的夹杂物分为 16 组，每组的特征直径、直径范围及夹杂物数密度如图 10-27 所示。

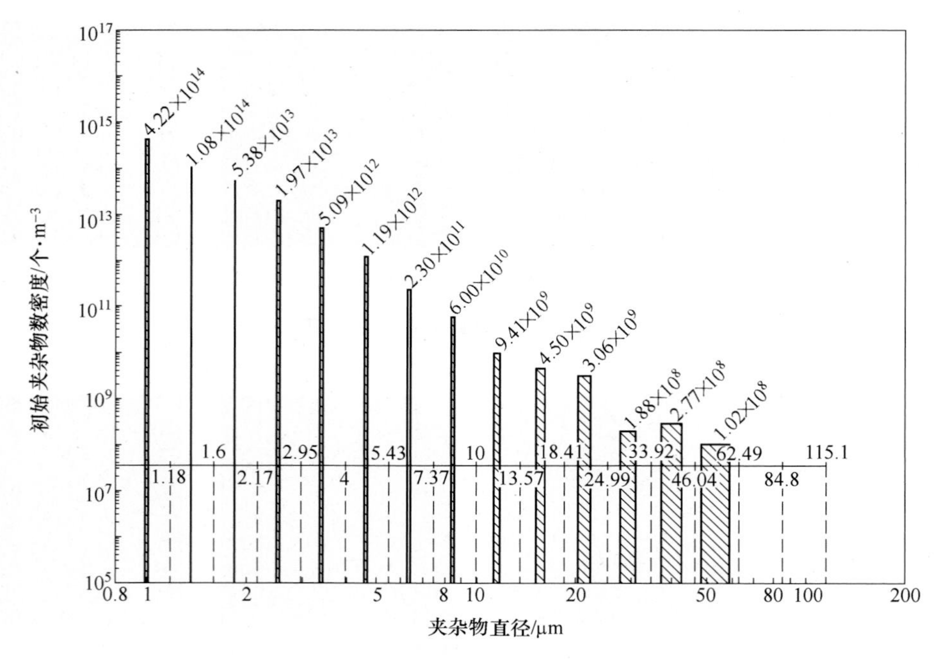

图 10-27　初始夹杂物特征直径及其对应的数密度分布

将钢包内距离钢包钢液面以下 300mm 的水平面作为监测平面，如图 10-28 所示，在模拟计算中实时输出整个平面上各个尺寸的夹杂物浓度值。

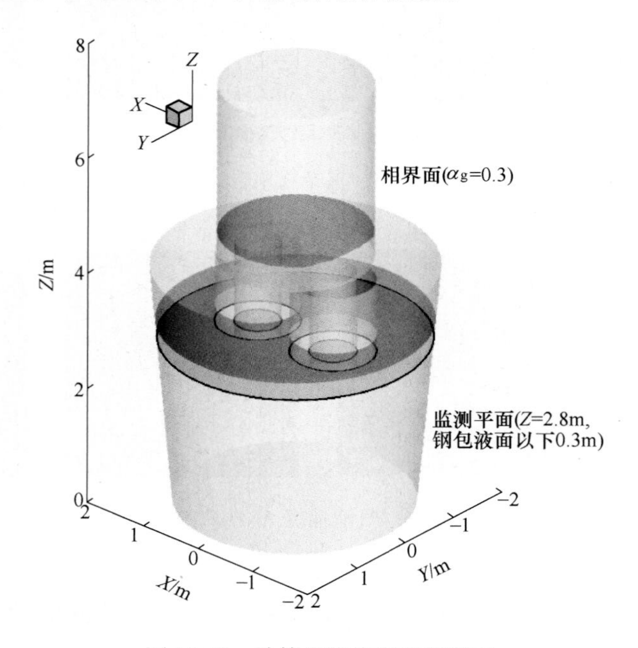

图 10-28　计算用网格和监测平面

基于上述数学模型，得到了监测平面上平均夹杂物数密度值，不同特征直径的夹杂物数密度变化如图 10-29 所示。随着精炼过程的进行，1μm 的夹杂物数密度逐渐减小，其余尺寸的夹杂物数密度存在先减小再增加最后减小的演变规律，且随着夹杂物尺寸的增加，夹杂物数密度增加阶段的趋势更明显。这同样是由于碰撞过程导致大尺寸夹杂物的逐渐增加，然而随着整个循环精炼过程的进行，夹杂物逐渐在上表面去除，因此最终各个尺寸的夹杂物均会逐渐减小。

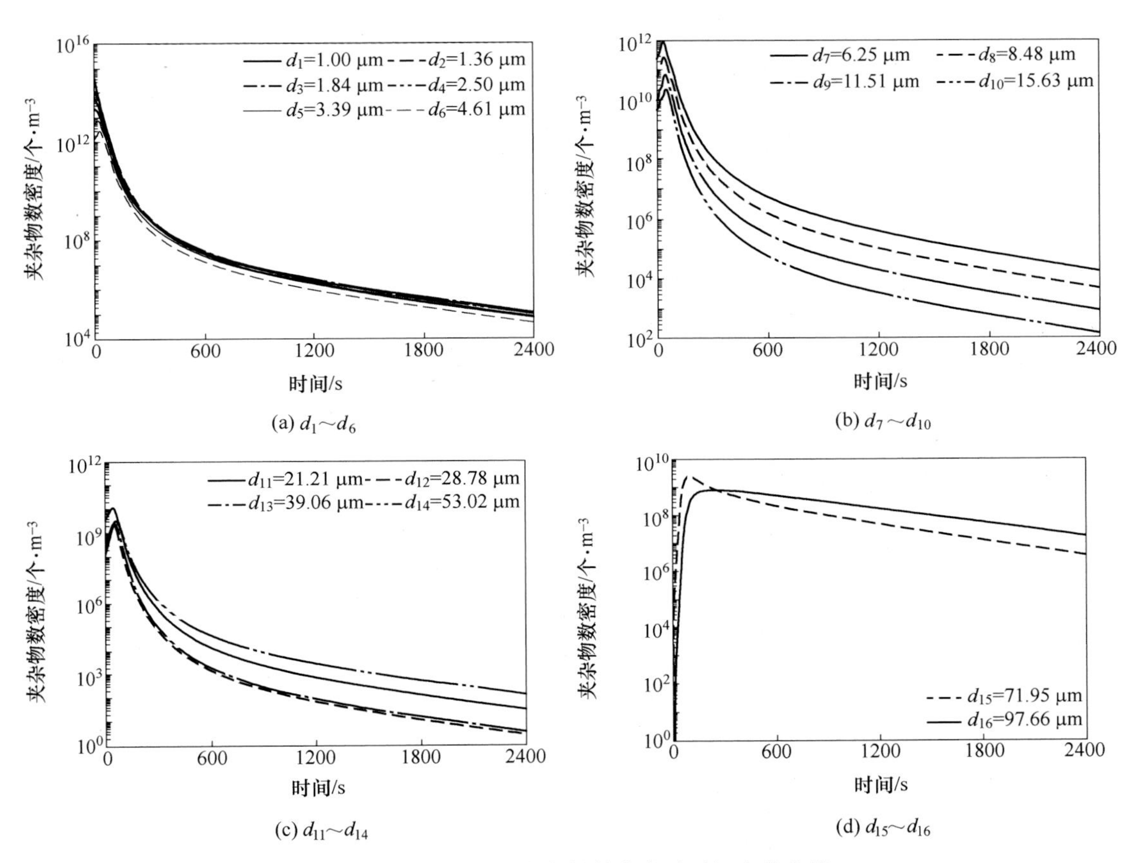

图 10-29 各组直径夹杂物数密度随时间变化曲线

图 10-30 反映了几个特定时刻、不同尺寸的夹杂物数密度分布规律。随着精炼时间的增加，小尺寸夹杂物逐渐减少，大尺寸夹杂物逐渐增多。精炼 3min 后，钢液中尺寸为 30μm 左右的夹杂物数量最少。小尺寸夹杂物数密度的降低速率更快，600s 之后，尺寸为 1μm 的夹杂物与尺寸为 97. 66μm 的夹杂物数密度基本持平。同时也可以看出，若精炼时间足够长，各个尺寸的夹杂物都会明显减少。

图 10-31 和图 10-32 分别给出了当前分组条件下，夹杂物特征直径为 1μm 和 97. 66μm 两组夹杂物在 RH 中心截面上的数密度分布云图。随着 RH 精炼过程的进行，小尺寸夹杂物（d_1 = 1μm）的数密度逐渐减小，大尺寸夹杂物（d_{16} = 97. 66μm）的数密度逐渐增加。这是由于各尺寸间的夹杂物进行碰撞聚合，小尺寸的夹杂物与其他尺寸的夹杂物进行碰撞，逐渐生成大尺寸的夹杂物。在真空室及下降管出口的钢包内最先出现浓度变化，并且随着循环的进行，RH 内部各区域的夹杂物浓度差异逐渐减小。各种尺寸的夹杂物在浸渍

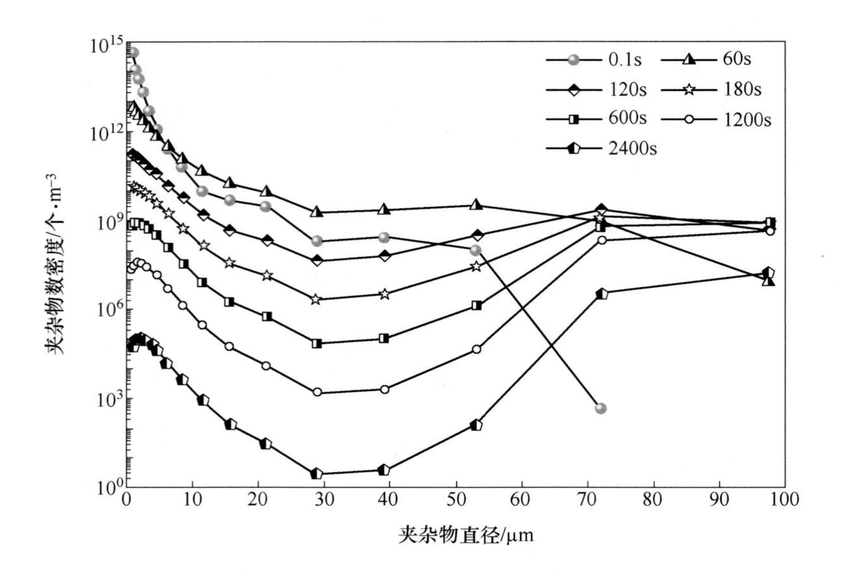

图 10-30　不同时刻各组直径夹杂物数密度变化

管与钢包壁面间的浓度值均较小，这是因为去除条件的设定，使靠近钢包内钢液面的夹杂物被上浮去除。

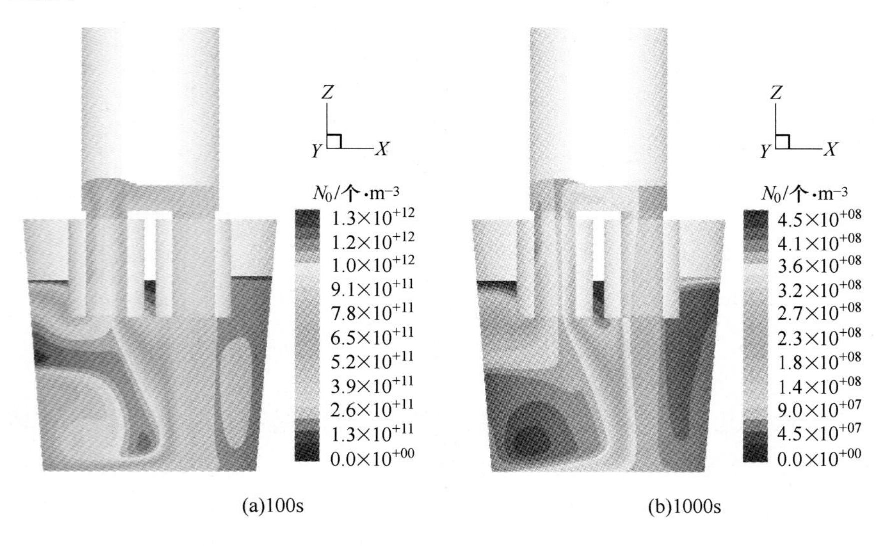

(a)100s　　(b)1000s

图 10-31　$Y=0$ 平面 $d_1=1\mu m$ 夹杂物数密度变化

根据钢中夹杂物尺寸及其对应的数密度，换算成钢水中的总氧含量，计算公式如下：

$$\mathrm{T.O.} = \sum_{i}^{M} N_i V_i \frac{\rho_p M_O}{\rho_l M_{Al_2O_3}} \times 10^6 \tag{10-71}$$

式中，N_i为第 i 组夹杂物的数密度，个/m^3；V_i为第 i 组夹杂物的体积，m^3；M_O为氧元素的摩尔质量，g/mol；$M_{Al_2O_3}$ 为 Al_2O_3夹杂物的摩尔质量，g/mol。

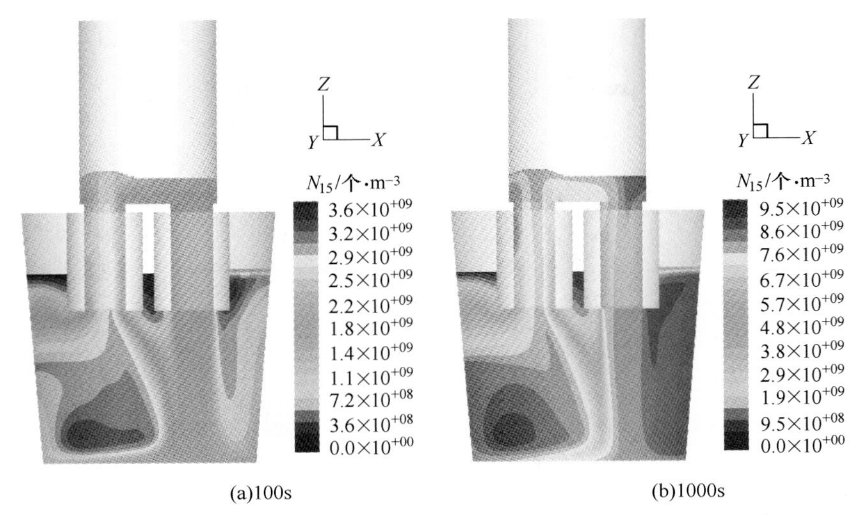

图 10-32 $Y=0$ 平面 $d_{16}=97.66\mu m$ 夹杂物数密度变化

图 10-33 给出了监测平面上的总氧含量变化。钢中总氧含量在 180s 内从 213ppm 下降到 134ppm，之后下降速率逐渐缓慢，在 600s 后总氧含量降低到 60ppm，在 1200s 后总氧含量达到 20ppm 以下。

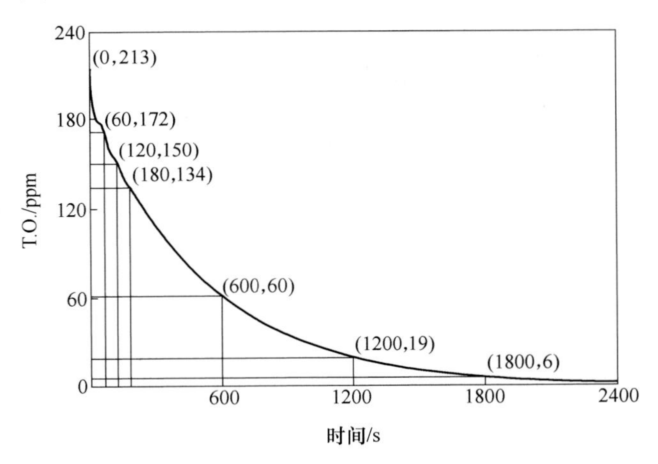

图 10-33 监测平面总氧随时间变化

10.6 连铸中间包内钢中非金属夹杂物碰撞长大过程的模拟仿真

10.6.1 连铸中间包内的钢液流动

以 35t 连铸中间包为例，详细说明夹杂物颗粒间的碰撞聚合过程。如图 10-34 所示，中间包入口冲击区底部设置一冲击板，其截面积为 500mm×500mm，左右两侧从底至顶各设置一挡墙，挡墙上各开一个圆台形开孔，开孔角度沿水平方向，中间包出口上方均采用塞棒控流，正常浇铸时液面高度为 925mm，中间包模型基本参数如表 10-9 所示。同时，表 10-10 详细总结了中间包内相关的研究工作。

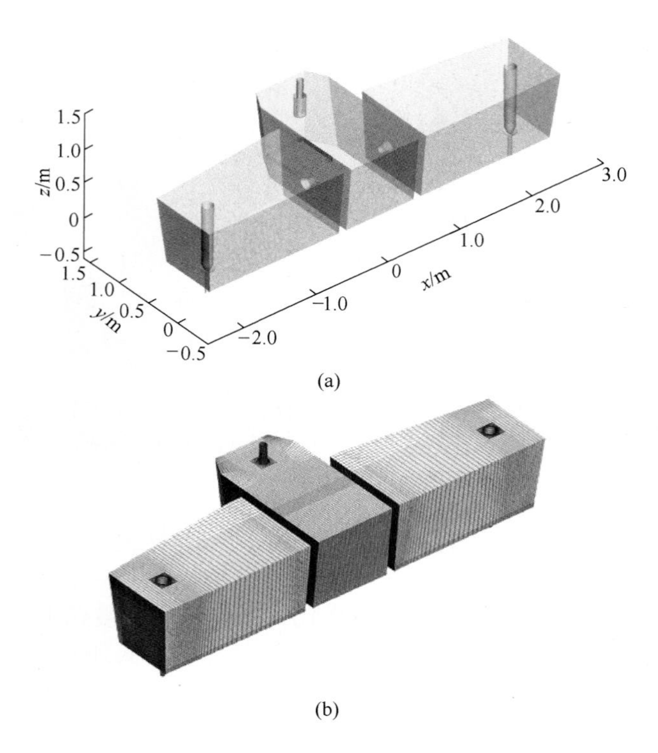

图 10-34　中间包基本尺寸及计算所用网格

表 10-9　中间包模型参数

名　称	参　数	名　称	参　数
中间包容量/t	35	过热度/K	30~35
两个水口间距/mm	4200	入口速度/m · s^{-1}	0. 81
下水口直径/mm	50	入口湍动能/m^2 · s^{-2}	0. 003249
钢液深度/mm	925	入口湍动能耗散率/m^2 · s^{-3}	0. 02025
钢包长水口内径/mm	100	上表面热通量/kW · m^{-2}	15[84]
钢包长水口外径/mm	160	包底热损失/kW · m^{-2}	1. 4[84]
大包长水口浸入深度/mm	250~300	长墙热损失/kW · m^{-2}	3. 2[84]
塞棒直径/mm	146	短墙热损失/kW · m^{-2}	3. 8[84]
圆台形水平开孔直径/mm	90、160	耐火材料表面热损失/kW · m^{-2}	1. 75[84]
拉速/m · min^{-1}	0. 9~1. 0	壁面耐火材料厚度/m	0. 2
铸坯断面/mm^2	170×1010	上表面渣厚度/m	0. 05
中间包入口温度/K	1763	耐火材料导热系数/W · (m · K)$^{-1}$	1. 5[84]
浇铸温度/K	1743~1763	耐火材料比热容/J · (kg · K)$^{-1}$	1260[85]

表 10-10 连铸中间包内相关研究总结

年份	研究者	研究条件		参考文献
		等温	非等温	
1981	Kemeny, et al	PM（钢液流动、RTD 和夹杂物运动）	—	[86]
1985	Debroy, Sychterz	MM（钢液流动、RTD 和夹杂物运动）	—	[87]
1986	Robertson, Perkins	PM（RTD）	MM（温度分布）	[88]
	Lai, et al	PM（LDV 测定流速）	—	[89]
1987	He, Sahai	PM+MM（钢液流动和 RTD）	—	[90]
1988~1992	Ilegbusi, Szekely	MM（钢液流动、RTD 和夹杂物运动）	MM（温度分布）	[23, 91, 92]
	Chakraborty, Sahai	PM+MM（钢液流动和 RTD）	MM（温度分布）	[93-96]
	Yeh, et al	PM+MM（钢液流动和 RTD）	—	[97]
1993	Singh, Koria	PM（钢液流动和 RTD）	—	[98-102]
	Kaufmann, et al	MM（钢液流动和夹杂物运动）	—	[103]
	Joo, et al	—	PM+MM（钢液流动和夹杂物运动）	[104-106]
1994	Shen, et al	PM（LDV 测定流速）	—	[107]
	Chen, Pehlke	MM（钢液流动和 RTD）	—	[108]
	Bolger, Saylor	物理模拟（RTD）	—	[109]
1996	Sahai, Emi	MM（RTD 和夹杂物运动）	—	[110]
1997	Mazumdar, et al	PM（RTD）	—	[111]
1998	Ramirez, et al	PM+MM（钢液流动和 RTD）	—	[112]
	Sheng, et al	—	PM+MM（钢液流动和温度分布）	[113]
1999	Zong, et al	PM（钢液流动和 RTD）	—	[114]
	Miki, Thomas	MM（钢液流动、温度分布和夹杂物运动）	MM（钢液流动、温度分布和夹杂物运动）	[27]
2000~2001	Morales, et al	PM+MM（钢液流动和 RTD）	MM（钢液流动和温度分布）	[115-117]
	Odenthal, et al	PM+MM（钢液流动，采用 PIV 测定流速）	—	[118, 119]
	Zhong, et al	MM（钢液流动和夹杂物运动）	—	[19]
2002	Jha, et al	MM（钢液流动和 RTD）	—	[120]
2004	Zamora, et al	—	PM+MM（钢液流动，采用 PIV 测定流速）	[121]
2005	Kim, et al	PM+MM（RTD 和夹杂物运动，采用 PIV 测定流速）	—	[122]
2005, 2010	Zhang, et al	MM（钢液流动和夹杂物运动）	MM（钢液流动和温度分布预测）	[123-127]
2007	Zhong, et al	PM+MM（不同控流装置条件下钢液流动和 RTD）	—	[128]

续表 10-10

年份	研究者	研究条件		参考文献
		等温	非等温	
2008	Alizadeh，et al	—	PM+MM（研究换钢种浇铸时中间包内的钢液的混合、热传输过程以及结晶器内铸坯凝固过程）	[129]
2009	Yang，et al	PM+MM（五种水平连铸中间包内 RTD、示踪剂扩散、内衬侵蚀以及夹杂物的去除）	—	[130，131]
2010~2012	Chattopadhyay，et al	PM+MM（渣的流动行为、气泡运动以及采用 PIV 测定流速）	PM+MM（钢液流动、夹杂物去除和温度的变化）	[132-134]
2013	Lekakh，Robertson	PM+MM（RTD、示踪剂传输和吹氩过程研究）	—	[135]
	Warzecha，et al	MM+PI（针对多流中间包研究不同控流装置对夹杂物去除的影响）	—	[136]
2014	Chen，et al	PM+MM（钢液流动、RTD 和夹杂物去除过程）	—	[137]
	Wang，et al	—	MM（中间包进行感应加热时钢液流动、夹杂物碰撞长大和去除过程研究）	[138]
2015	Chen，et al	MM（钢液流动、RTD 和示踪剂混合过程）	—	[139]

注：PM 表示物理模拟（physical model）；MM 表示数值模拟（mathematical model）；PI 表示工厂试验取样研究（plant investigation）。

图 10-35 和图 10-36 分别显示了中间包内 $X=0$、$Y=205$mm 面上流场分布和流线分布。钢液经钢包长水口流出后首先冲击中间包包底，然后分为两个流股，一部分钢液沿着包底流动，同时表层钢液沿着宽面向下运动，在挡墙圆台形开孔下方右侧形成漩涡；剩余钢液沿着右侧壁面流向中间包上表面，形成右侧漩涡。由图 10-36 可知，钢液从圆台形开孔流出后，在热浮力的作用下，向中间包上表面运动，然后沿着窄面向下运动，在左右两侧各形成一个大的漩涡，上述过程大大延长了钢液的停留时间，有利于夹杂物的上浮和被表层覆盖渣的吸附去除。

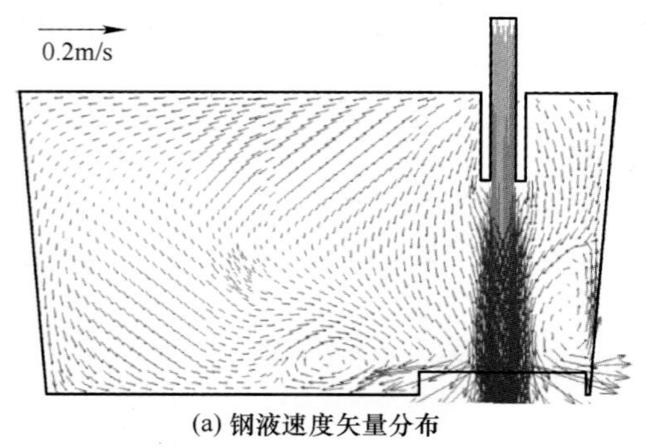

(a) 钢液速度矢量分布

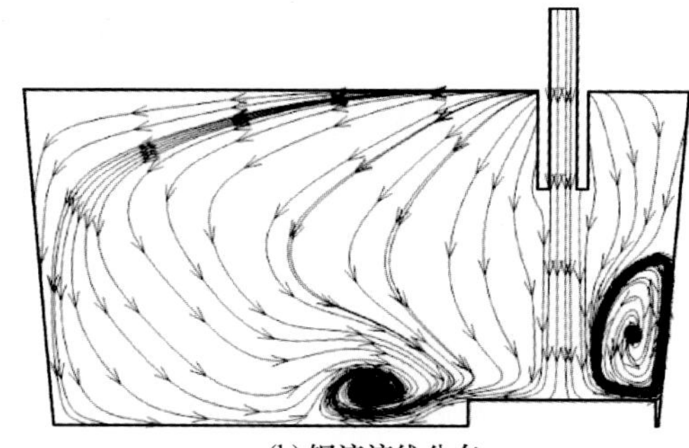
(b) 钢液流线分布

图 10-35　$X=0$ 面上流场分布

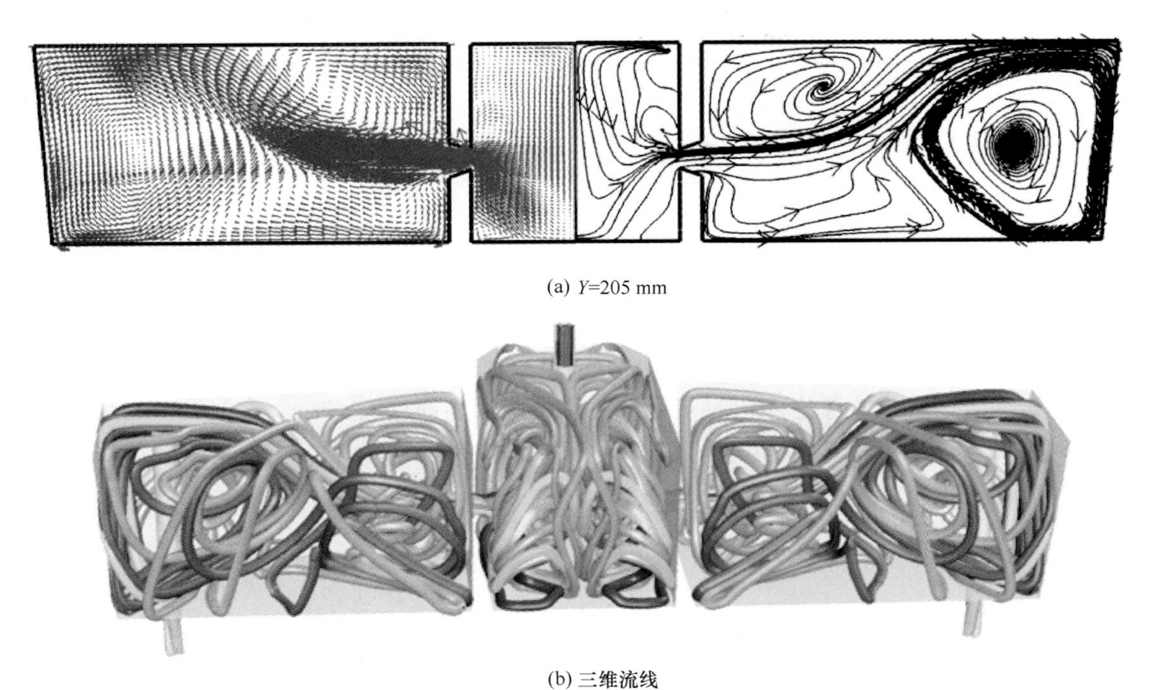

(a) Y=205 mm

(b) 三维流线

图 10-36 $Y=205$mm 面上流场分布和三维流线分布

图 10-37 显示了中间包内温度整体分布。中间包内低温区主要存在于挡墙外侧角部区域和窄面角部区域，最小值为 1747K。由图 10-38 可知，竖直方向上钢液温度呈层状分布，中间包入口冲击区温度显著高于挡墙两侧，普遍较挡墙两侧高 5K 左右。根据计算可知，中间包入口温度为 1763K，最大温差为 16K，出口温度为 1754K，进出口温差为 9K。

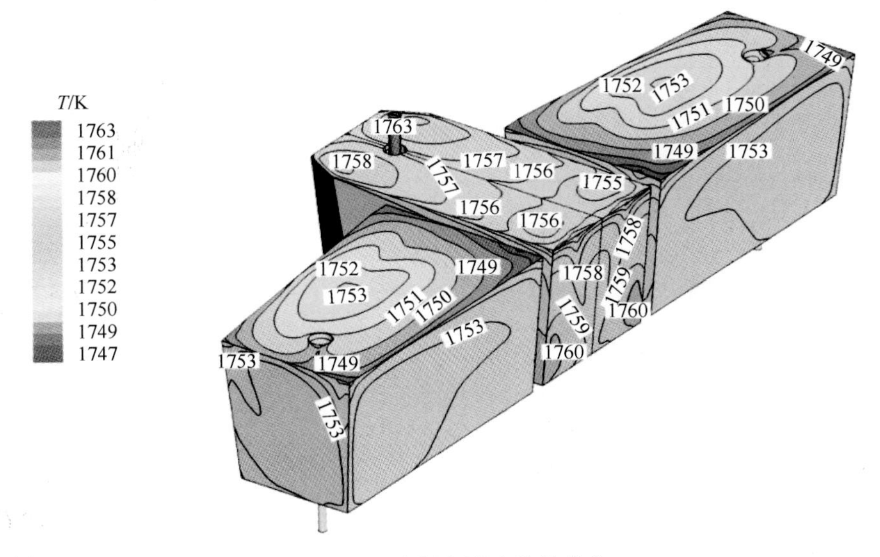

图 10-37 中间包温度整体分布

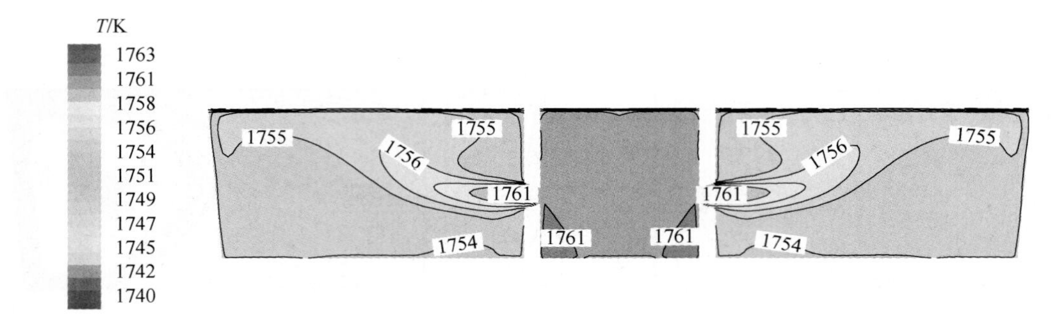

图 10-38　$Y=205\text{mm}$ 面上温度分布

图 10-39 和表 10-11 分别显示了中间包内钢液停留时间曲线及其计算结果。由其结果可知：中间包内钢液的理论停留时间为 784s，平均停留时间为 625s，全混流所占体积为 72.5%，过渡区所占体积为 7.2%，死区所占体积为 20.3%。

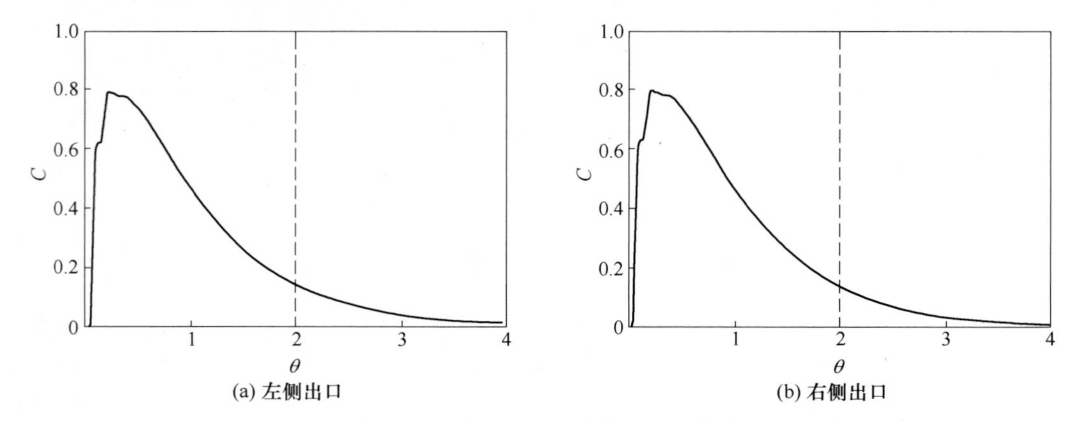

图 10-39　中间包内钢液停留时间曲线

表 10-11　钢液停留时间计算结果

出口	理论停留时间/s	最小停留时间/s	峰值时间/s	平均停留时间/s	过渡区体积比例/%	全混流体积比例/%	死区比例/%
左侧	784	51.5	61.5	625	7.2	72.5	20.3
右侧	784	51.5	61.5	625	7.2	72.5	20.3

10.6.2　连铸中间包内钢中非金属夹杂物分析检测

为了得到中间包入口处夹杂物尺寸分布和初始数密度分布。对 LF 精炼最后一个试样（静置 10min）进行磨样和抛光，通过 ASPEX 扫描电镜检测试样中夹杂物的成分、数量和尺寸分布，然后将试样表面磨掉 1mm，重复上述过程，尽可能得到夹杂物尺寸分布。总扫描面积为 270.0mm^2，有效夹杂物数量大于 25000 个，对应尺寸范围为 1.00~61.35μm。

图 10-40 显示了 LF 静置 10min 试样中夹杂物典型形貌和对应成分。由于转炉出钢时采用 Si-Mn 脱氧及 LF 精炼过程中渣钢反应，夹杂物成分主要为 $MnO\text{-}SiO_2\text{-}CaO\text{-}Al_2O_3$，且含

有少量的 MgO，夹杂物形状主要为球形。同时夹杂物中含有几乎纯的 Al_2O_3，其形状不规则，这类夹杂物具有较高熔点，若在钢液内不能完全去除，可能引起最终的产品缺陷，并且该类夹杂物易于黏附在水口内壁，堵塞水口，实际操作中对其来源应加以控制。表 10-12显示了夹杂物平均成分含量。夹杂物平均密度为 4413kg/m^3。

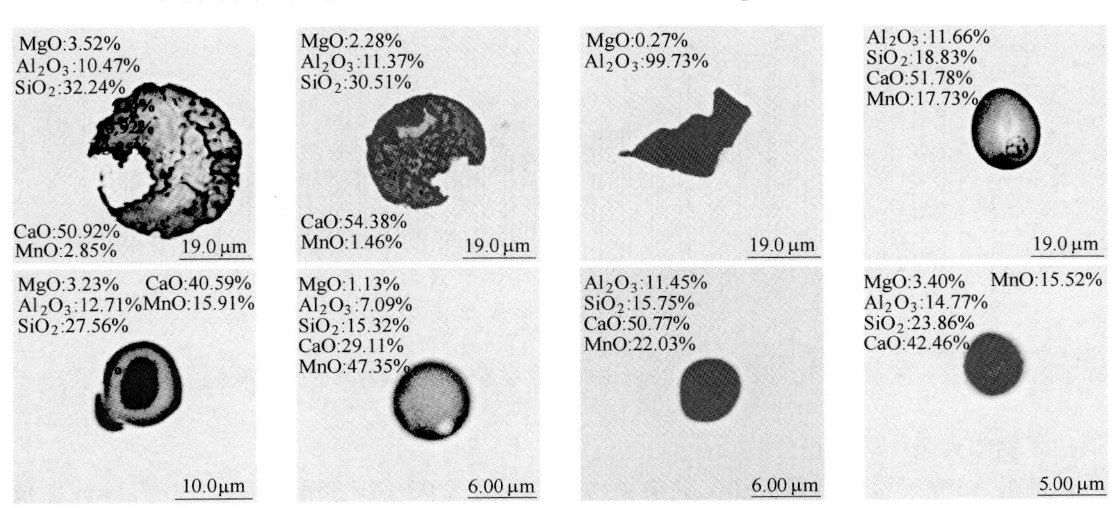

图 10-40 LF 静置 10min 试样中夹杂物典型形貌

表 10-12 夹杂物平均密度

成分	质量百分比/%	密度/kg · m^{-3}	平均密度/kg · m^{-3}
MnO	62.99	5450	4413
SiO_2	19.21	2500	
CaO	11.85	3350	
Al_2O_3	5.91	3970	
MgO	0.04	3580	

基于检测结果可知，二维条件下夹杂物数密度表达式为：

$$n_{2D} = \frac{n_{2D,i}}{A_0} \tag{10-72}$$

式中，n_{2D}为二维条件下夹杂物数密度值，个/mm^2，对应结果如图 10-41 所示；A_0为扫描面积，mm^2。

根据张立峰等的研究[140]，通过式（10-73）可将二维条件下夹杂物数密度转换为三维条件下的对应结果。

$$n_{3D} = \frac{n_{2D}}{d_{I,2D}} \times 10^{12} \tag{10-73}$$

式中，n_{3D}为单位体积内夹杂物数密度值，个/m^3；$d_{I,2D}$为二维条件下夹杂物直径，μm。

由于二维条件下的检测平面很少通过三维条件下夹杂物直径所在平面，使得二维条件下夹杂物直径小于其三维条件下对应直径，因此二维条件下得到钢的洁净度在一定程度上

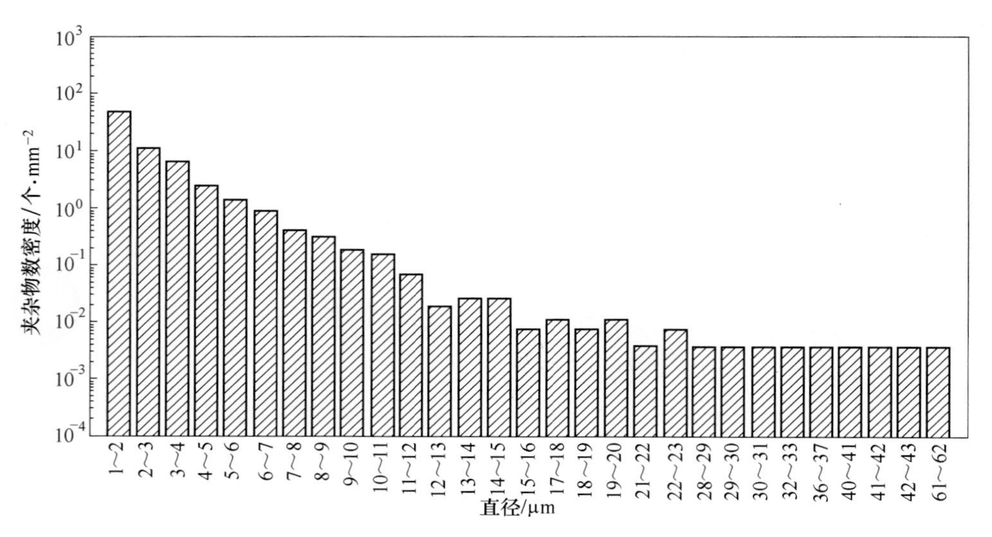

图 10-41　LF 静置 10min 试样中二维条件下夹杂物数密度分布

低估了钢中夹杂物的体积分数。

通过 ASPEX 检测结果可知，夹杂物尺寸范围为 1.00~61.35μm，尺寸小于 1μm 夹杂物对应总氧含量小于 1ppm，因此忽略 1μm 以下夹杂物颗粒间的碰撞聚合过程。假设基本粒子半径 $a=0.5\mu m$，采用 PSG 法对三维条件下夹杂物尺寸范围进行重新划分。其中重新划分后的夹杂物尺寸范围为 16 组，相邻组别间体积比为 2.5，如式（10-74）所示：

$$R_V = \frac{V_{i+1}}{V_i} = 2.5 \tag{10-74}$$

图 10-42 和图 10-43 分别显示了三维条件下夹杂物原始数密度分布和采用 PSG 法时夹杂物数密度分布。由图 10-42 可知，随着直径增大，夹杂物数密度逐渐降低，当夹杂物直径大于 28μm 时，对应数密度值基本不变。对于三维条件下夹杂物原始数据，尺寸小于 14μm 夹杂物数密度值为 4.3×10^{13} 个/m³，大于 14μm 夹杂物数密度值为 5.3×10^{9} 个/m³，根据式（10-75）计算得到由夹杂物数密度转换为对应总氧含量值为 49.8ppm。采用 PSG 法时，尺寸小于 13.57μm 夹杂物数密度值为 4.5×10^{13} 个/m³，大于 13.57μm 夹杂物数密度值为 5.2×10^{9} 个/m³，由夹杂物数密度转换得到对应总氧含量为 49.5ppm。上述条件下夹杂物数密度和总氧含量基本一致，因此当前夹杂物尺寸分组和体积比满足计算要求。

$$\text{T.O.} = \sum_{i=1}^{k} \frac{n_i\rho_{\text{I}}\dfrac{4}{3}\pi r_i^3 \times 10^{-18}}{\rho_{\text{steel}}} \times 10^6 \times \left(\frac{16}{71}[\text{MnO\%}] + \frac{32}{60}[\text{SiO}_2\%] + \frac{16}{56}[\text{CaO\%}] + \frac{48}{102}[\text{Al}_2\text{O}_3\%] + \frac{16}{40}[\text{MgO\%}]\right) \tag{10-75}$$

式中，k 为夹杂物组别，n_i为第 i 组夹杂物数密度，个/m³；ρ_{I}为夹杂物密度，kg/m³；r_i为第 i 组夹杂物颗粒半径，μm；ρ_{steel}为固态条件下钢的密度，7800kg/m³。

为了简化数据处理过程和计算方便，引入无量纲浓度（$C_i=n_i/n_0$）定义各组别夹杂物

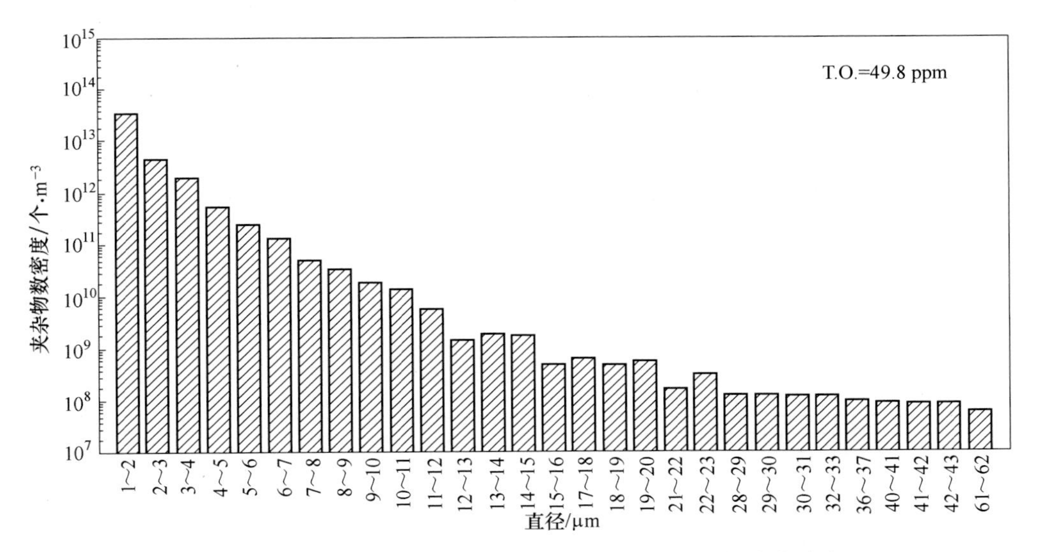

图 10-42 LF 静置 10min 试样中三维条件下夹杂物数密度分布

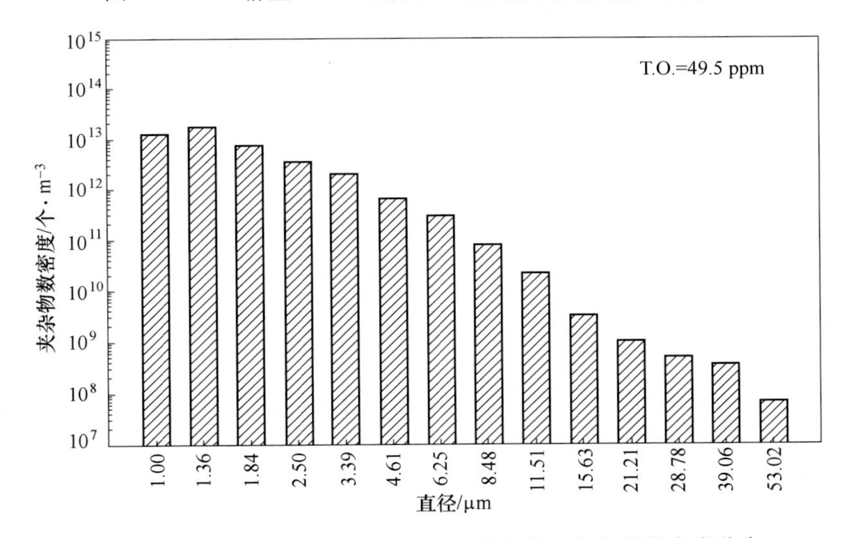

图 10-43 采用 PSG 法处理得到的三维条件下夹杂物数密度分布

浓度，其中 n_i 为第 i 组夹杂物颗粒数密度值，n_0 为初始时刻具有平均直径 $\bar{d}_{\text{initial}}$ 时夹杂物数密度值，通过 C_i 随时间的变化可反映出第 i 组夹杂物颗粒数密度对夹杂物总体积的贡献。n_0 和 $\bar{d}_{\text{initial}}$ 的计算表达式如式（10-76）和式（10-77）所示：

$$\bar{d}_{\text{initial}} = \left(\frac{\sum_{i=1}^{M} d_{i,0}^3 n_{i,0}}{\sum_{i=1}^{M} n_{i,0}} \right)^{\frac{1}{3}} \tag{10-76}$$

$$n_0 = \frac{V_{\text{T}}}{\frac{1}{6} \pi \bar{d}_{\text{initial}}^3} \tag{10-77}$$

式中，M 为采用 PSG 法时最大组别数 16；$d_{i,0}$为初始时刻第 i 组夹杂物颗粒直径，μm；$n_{i,0}$为初始时刻第 i 组夹杂物颗粒数密度，个/m³；V_T为初始时刻夹杂物总体积，m³。根据图 10-26 结果计算得到初始时刻夹杂物平均直径为 2. 27μm，数密度值为 4. 5×10¹³个/m³。由此可得初始时刻中间包入口处夹杂物数密度值和无量纲浓度值分布，如表 10-13 所示。

表 10-13 夹杂物数密度和初始浓度分布

组别	直径范围/μm	特征直径/μm	数密度/个 · m⁻³	无量纲初始浓度
1	<1. 18	1. 00	1.32×10^{13}	2.93×10^{-1}
2	1. 18~1. 60	1. 36	1.74×10^{13}	3.86×10^{-1}
3	1. 60~2. 17	1. 84	7.74×10^{12}	1.72×10^{-1}
4	2. 17~2. 95	2. 50	3.61×10^{12}	8.02×10^{-2}
5	2. 95~4. 00	3. 39	2.04×10^{12}	4.53×10^{-2}
6	4. 00~5. 43	4. 61	6.57×10^{11}	1.46×10^{-2}
7	5. 43~7. 37	6. 25	2.98×10^{11}	6.63×10^{-3}
8	7. 37~10. 00	8. 48	8.10×10^{10}	1.80×10^{-3}
9	10. 00~13. 57	11. 51	2.30×10^{10}	5.11×10^{-4}
10	13. 57~18. 41	15. 63	3.29×10^{9}	7.32×10^{-5}
11	18. 41~24. 99	21. 21	1.04×10^{9}	2.31×10^{-5}
12	24. 99~33. 92	28. 78	5.11×10^{8}	1.14×10^{-5}
13	33. 92~46. 04	39. 06	3.76×10^{8}	8.37×10^{-6}
14	46. 04~62. 49	53. 02	6.93×10^{7}	1.54×10^{-6}
15	62. 49~84. 80	71. 95	0. 00	0. 00
16	84. 80~115. 10	97. 66	0. 00	0. 00

10. 6. 3 连铸中间包内钢中非金属夹杂物碰撞长大及去除

在 Eulerian-Eulerian 框架下考虑钢液内夹杂物传输过程，将夹杂物颗粒间的碰撞聚合过程作为其在钢液中传输方程的源项处理，模拟夹杂物颗粒在钢液内的碰撞长大和去除过程，相应的传输方程为：

$$\frac{\partial C_k}{\partial t} + \frac{\partial}{\partial x_j}(u_{i,1}C_k) = \frac{1}{\rho}\frac{\partial}{\partial x_j}\left(\Gamma\frac{\partial C_k}{\partial x_j}\right) + S_\Phi \tag{10-78}$$

式中，$u_{i,1}=(u_x,\ u_y,\ u_z-U_i)$ 为夹杂物颗粒运动速度，m/s；u_x，u_y，u_z分别为钢液在 x、y、z 方向上的速度值，m/s；U_i为第 i 组夹杂物颗粒斯托克斯上浮速度，m/s；S_Φ为夹杂物颗粒碰撞长大源项，对应表达式如下所示。

$$S_\Phi = \frac{2V_{k-1}}{V_k}\beta(r_{k-1},r_{k-1})C_{k-1}C_{k-1} + \sum_{i=1}^{k-1}\frac{V_i}{V_k}\beta(r_i,r_k)C_iC_k - \sum_{i=k}^{M-1}(1+\delta_{ik})\beta(r_i,r_k)C_iC_k \tag{10-79}$$

式中，等号右侧前两项分别为夹杂物颗粒的生成项和消失项；M 为采用 PSG 法时夹杂物尺寸范围对应的最大组别数，根据现场取样分析确定 M 值为 16。

当 $k=1$ 时，第 1 组夹杂物颗粒只存在消失项，无生成项，同时当 $k=M$ 时，第 16 组夹杂物颗粒只存在生成项，无消失项。此时二者碰撞长大源项显著不同于其他组别结果，对应表达式如下：

$$\frac{dC_1}{dt} = -\sum_{i=1}^{M-1}(1+\delta_{i1})\beta(r_i,r_1)C_iC_1 \tag{10-80}$$

$$\frac{dC_M}{dt} = \frac{2V_{M-1}}{V_M}\beta(r_{M-1},r_{M-1})C_{M-1}C_{M-1} \tag{10-81}$$

夹杂物碰撞聚合过程控制机理主要为布朗碰撞、斯托克斯碰撞和湍流碰撞。对于布朗碰撞和斯托克斯碰撞表达式在前文已说明，在此不再赘述；对于湍流碰撞常数其表达式为[19,21]：

$$\beta_T(r_i,r_j) = 1.3\alpha\sqrt{\pi}\,(r_i+r_j)^3\,(\varepsilon/\nu)^{1/2} \tag{10-82}$$

式中，湍流碰撞聚合系数 α 表示为：

$$\alpha = 0.738\left[\frac{\mu\,(\min(r_i,r_j))^3\,(\varepsilon/\nu)^{1/2}}{A}\right]^{-0.242} \tag{10-83}$$

对于钢渣界面处夹杂物去除过程，只考虑自身上浮速度时，无法真实反映实际去除过程。2000 年，张立峰等[141]详细总结和讨论了钢中夹杂物和气泡间的相互作用过程，主要包括气泡和夹杂物间靠近、气泡和夹杂物间形成液态薄膜、夹杂物颗粒在气泡表面的碰撞和滑移、薄膜破裂和夹杂物颗粒吸附于气泡表面。将上述过程引入钢液-渣相-夹杂物三相体系，重新定义钢渣界面处夹杂物的去除过程。如图 10-44 所示，夹杂物颗粒在钢渣界面处相互作用过程主要分为：

（1）夹杂物向钢渣界面处运动；

（2）夹杂物与钢渣界面发生碰撞同时夹杂物与渣相间形成钢液薄膜；

（3）钢液薄膜发生破裂且形成稳定三相接触线（three phase contact line，TPCL）；

（4）夹杂物与渣相碰撞过程中薄膜未破裂夹杂物将返回钢液内部。

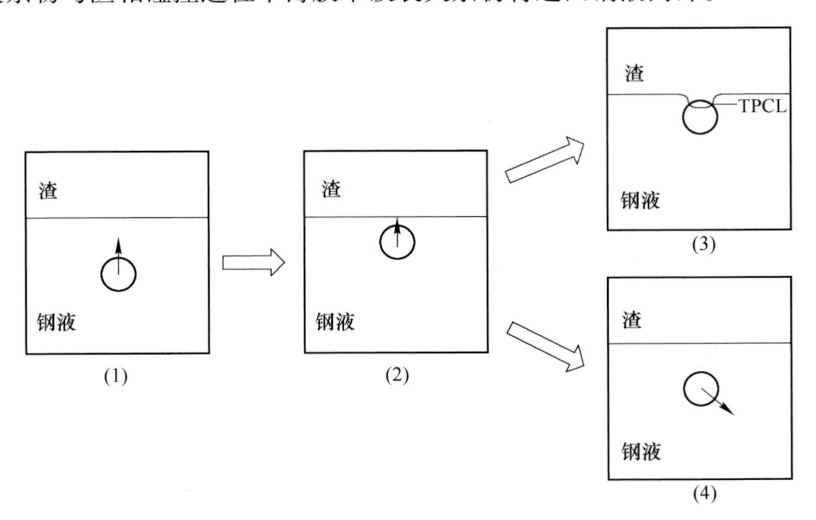

图 10-44 夹杂物在钢渣界面处的运动行为

上述过程中存在两个重要参数：夹杂物颗粒与钢渣界面处碰撞时间 t_C，表示夹杂物与钢渣界面开始碰撞至夹杂物颗粒在钢渣界面处震荡的时间；薄膜破裂时间 t_F，表示渣相和夹杂物间薄膜形成至薄膜破裂的时间。若 $t_C \geqslant t_F$，薄膜破裂时夹杂物将被渣相吸附；若 $t_C<$

t_F，在薄膜破裂前夹杂物将脱离渣相重新返回钢液内部。

采用标准 k-ε 模型时，计算得到与钢液有关的参数，如速度值、湍动能、湍动能耗散率等均为时均值，尚未考虑湍流脉动过程的影响。为此引入随机数 ξ 考虑湍流脉动对夹杂物去除过程的影响。渣相和夹杂物颗粒间的相对速度 u_R如下所示。

$$u_R = U_i + u_z' \tag{10-84}$$

式中，u_z' 为钢渣界面处竖直方向上湍流脉动速度，m/s。对应表达式为：

$$u_z' = \xi\sqrt{\frac{2}{3}k} \tag{10-85}$$

式中，ξ 为−1～1 之间符合正态分布的随机数；k 为钢液湍动能值，m^2/s^2。

张立峰[141]通过对比不同的模型，得到渣相和夹杂物间碰撞时间为：

$$t_C = \left(\frac{d_I^3\rho_I}{12\sigma_{MS}}\right)^{1/2}\left\{\pi + 2\arcsin\left[1 + \frac{12u_R^2\sigma_{MS}\rho_I}{d_I^3g^2(\rho_I - \rho_M)^2}\right]^{-\frac{1}{2}}\right\} \tag{10-86}$$

式中，d_I为夹杂物颗粒直径，μm；σ_{MS}为钢液和渣相间的界面张力，N/m。

对于渣相和夹杂物颗粒间形成的钢液薄膜破裂时间对应表达式为[142]：

$$t_F = \frac{3}{64}\mu_M\frac{\phi^2}{m\sigma_{MS}h_{cr}^2}d_I^3 \tag{10-87}$$

$$\phi = \arccos\left[1 - 1.02\left(\frac{\pi d_I\rho_I u_R^2}{12\sigma_{MS}}\right)^{\frac{1}{2}}\right] \tag{10-88}$$

式中，h_{cr}为钢液薄膜破裂的临界厚度，m；m 为常数，对于夹杂物颗粒其值为 1。

Schulze 和 Birzer[143]拟合回归得到薄膜临界厚度 h_{cr}、界面张力 σ_{MS}和接触角 θ 间的经验表达式，如下所示：

$$h_{cr} = 2.33\times10^{-8}\left[1000\sigma_{MS}(1-\cos\theta)\right]^{0.16} \tag{10-89}$$

基于上述讨论，钢渣界面处夹杂物去除条件定义为：

（1）当 $u_R \leqslant 0$ 时，夹杂物颗粒无法达到钢渣界面处被吸收；

（2）当 $u_R>0$ 且 $t_C<t_F$时，夹杂物与渣相碰撞过程中液态薄膜未破裂，因此夹杂物从渣相界面处重新返回钢液内无法去除；

（3）当 $u_R>0$ 且 $t_C \geqslant t_F$时，夹杂物与渣相碰撞过程中液态薄膜发生破裂，此时形成渣-钢液-夹杂物稳定三相接触线，夹杂物将被渣相吸收从钢液中去除。相应的去除通量表达式为：

$$Flux = \begin{cases} -\rho_M u_R C_i & u_R > 0, t_C \geqslant t_F \\ 0 & u_R > 0, t_C < t_F \\ 0 & u_R \leqslant 0 \end{cases} \tag{10-90}$$

图 10-45 显示了钢液流场计算稳定时 $Y=205$mm 面上钢液湍动能耗散率的分布。挡墙的使用很好地将强湍流限制在中间包入口区，同时圆台形开孔出口附近湍动能耗散率值显著大于其他区域，最大值为 $10^{-2.6}m^2/s^3$。中间包左右两侧大的循环区内湍动能耗散率值较小，最小值为 $10^{-6.0}m^2/s^3$。根据式（10-82）可知，夹杂物颗粒间的湍流碰撞常数与钢液湍动能耗散率值呈正比例关系。因此，圆台形开孔出口附近区域夹杂物颗粒间的碰撞聚合过程显著较其他区域激烈，左右两侧大的循环区内夹杂物颗粒间的碰撞聚合过程较弱。

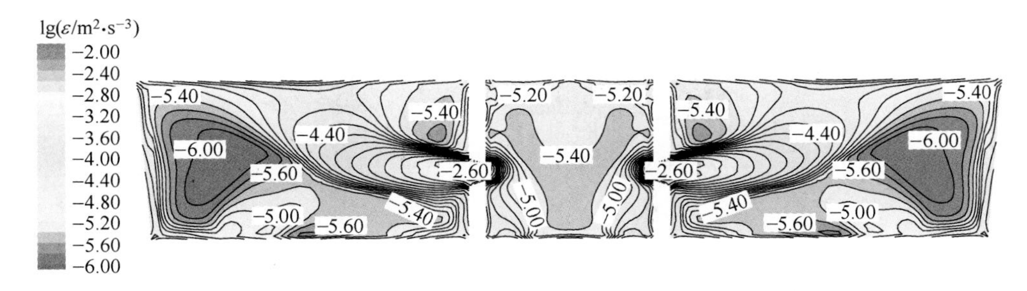

图 10-45 $Y=205$mm 面上钢液湍动能耗散率分布

为了确定夹杂物碰撞长大过程何时达到稳定，输出中间包出口位置夹杂物数密度随时间的变化，如图 10-46~图 10-49 所示。随着碰撞过程的进行，1.00~15.63μm 夹杂物数密度逐渐减小，计算至 1000s 时，已基本达到稳定；对于 21.21~53.02μm 范围内夹杂物，开始阶段其生成速率大于消失速率，使得夹杂物数密度呈增大趋势，当其生成速率小于消失速率时，夹杂物数密度逐渐减小，直至达到稳定；对于 97.66μm 夹杂物颗粒，其生成过程显著慢于其他组别对应结果，由于该组别夹杂物颗粒只有生成项，无碰撞消失项，因此夹杂物数密度先增大后达到稳定。

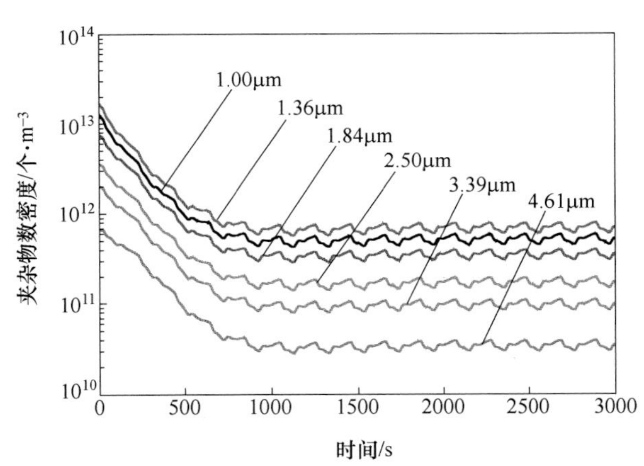

图 10-46 聚合系数以 $\min(r_i, r_j)$ 为基准时 1.00~4.61μm 范围夹杂物数密度随时间的变化

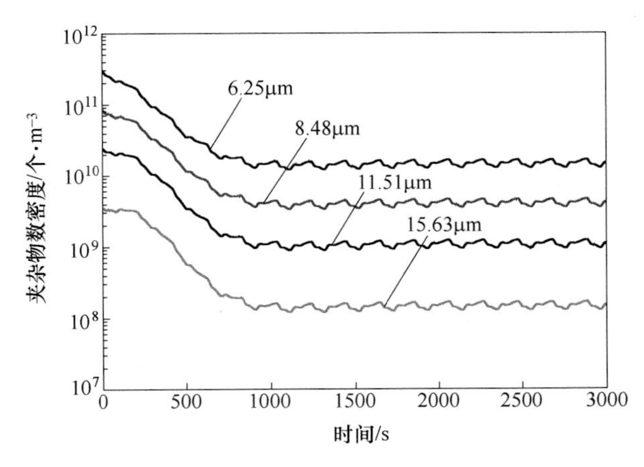

图 10-47 聚合系数以 $\min(r_i, r_j)$ 为基准时 6.25~15.63μm 范围夹杂物数密度随时间的变化

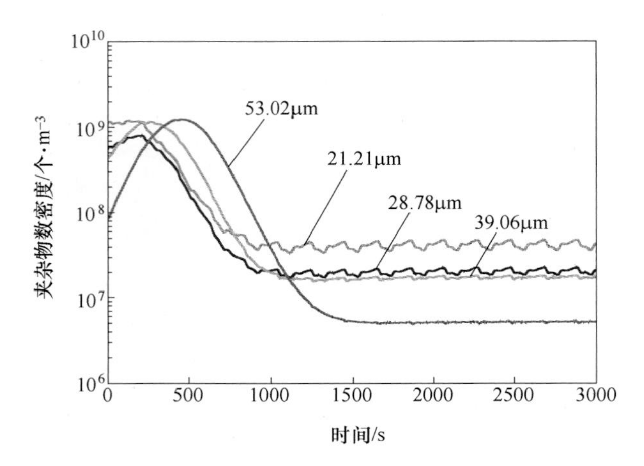

图 10-48　聚合系数以 $\min(r_i,\ r_j)$ 为基准时 21.21~53.02μm 范围夹杂物数密度随时间的变化

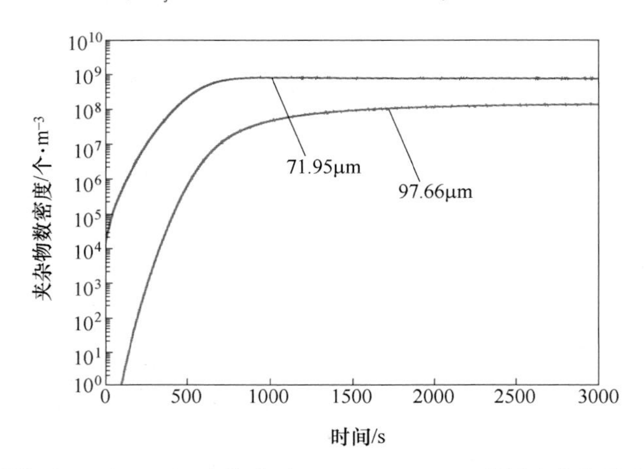

图 10-49　聚合系数以 $\min(r_i,\ r_j)$ 为基准时 71.95~97.66μm 范围夹杂物数密度随时间的变化

图 10-50 显示了中间包出口位置夹杂物质量浓度转化得到的 T.O. 含量随时间的变化。由于渣钢界面处夹杂物的去除，出口位置 T.O. 含量先逐渐降低，随着中间包入口处各组别夹杂物的流入，500s 后 T.O. 含量呈增大趋势，当中间包入口处夹杂物流入、出口位置夹杂物流出、钢渣界面处夹杂物去除以及钢中夹杂物颗粒间碰撞长大过程达到平衡时，T.O. 含量达到稳定，计算稳定时 T.O. 含量呈小幅度脉动变化。此处定义 T.O. 含量稳定在其最终值±1%范围内所对应时刻为计算平衡时间。由图可知，2440s 时中间包出口位置 T.O. 含量基本达到稳定，对应值为 41.4ppm，其中，T.O. 含量最终值为 2500~3000s 范围内 T.O. 含量的平均值。由于中间包内钢液停留时间为 625s，因此钢中 T.O. 含量平衡时间为钢液停留时间的 3.9 倍，如式（10-91）所示：

$$t_e = 3.9t_m \tag{10-91}$$

式中，t_m为中间包内钢液平均停留时间，s；t_e为出口位置处 T.O. 含量达到平衡时间，s。

为了验证数值模拟结果的正确性，对中间包出口上方 10min 试样进行反复磨样和抛光，采用 ASPEX 自动扫描电镜进行夹杂物检测，其主要目的为尽可能得到夹杂物尺寸范围和数密度分布。其中，总的扫描面积为 183mm²，夹杂物尺寸范围为 1.00~108.63μm，

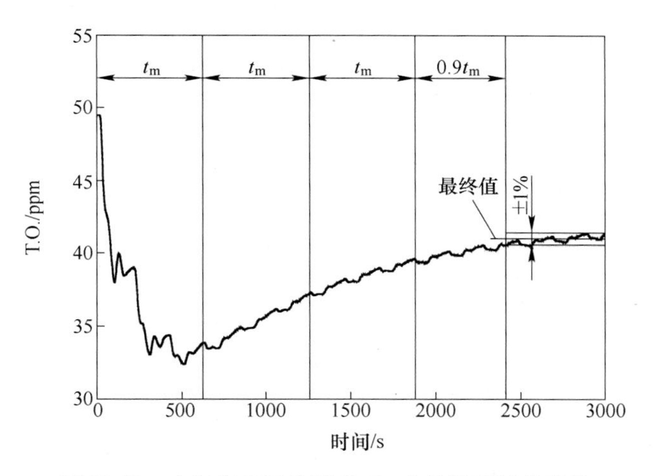

图 10-50 中间包出口位置 T. O. 含量随时间的变化

相应结果如图 10-51 所示。当尺寸范围为 1.00~53.02μm 时，夹杂物数密度计算值小于其测量值，其主要原因可能为当前中间包在浇铸过程中存在一定的二次氧化，使得测量值较大。对于最大两个组别夹杂物，计算预测值很好地反映了测量值结果，图 10-52 给出了这两个组别夹杂物的典型形貌。总的来说，模拟结果与测量结果吻合较好，表明当前所建数学模型可准确模拟中间包内夹杂物碰撞长大和去除过程。

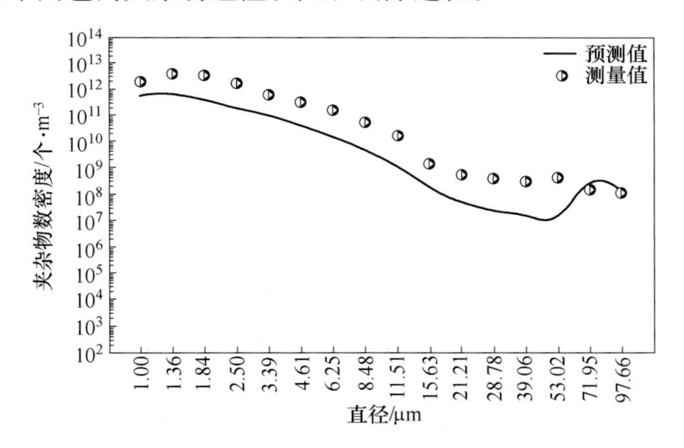

图 10-51 中间包出口上方 10min 试样夹杂物数密度测量值和预测值对比

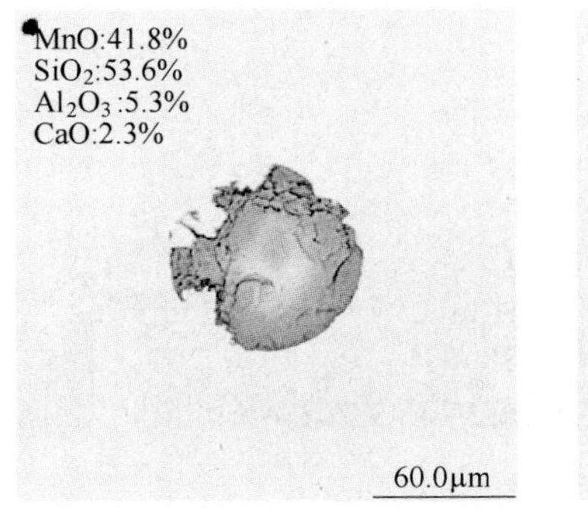

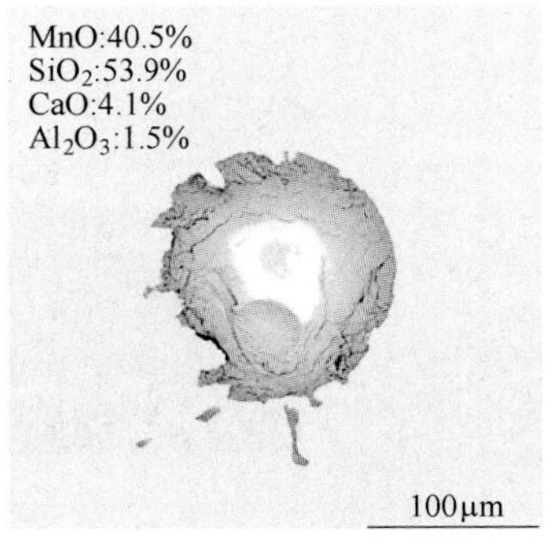

图 10-52 中间包出口上方 10min 试样中最大两个组别夹杂物典型形貌

实际炼钢过程中各工序是连续进行的，从钢包长水口流入中间包新的钢液与中间包内原有钢液混合，在此过程中夹杂物颗粒间相互碰撞的同时，新生成的夹杂物颗粒与中间包入口处钢液一起流动。所以，中间包内夹杂物颗粒间的碰撞聚合过程一直持续存在，并且为多个复杂过程的结合。

图 10-53～图 10-55 分别显示了中间包内 $Y=205$mm 面上不同时刻三个组别夹杂物颗粒

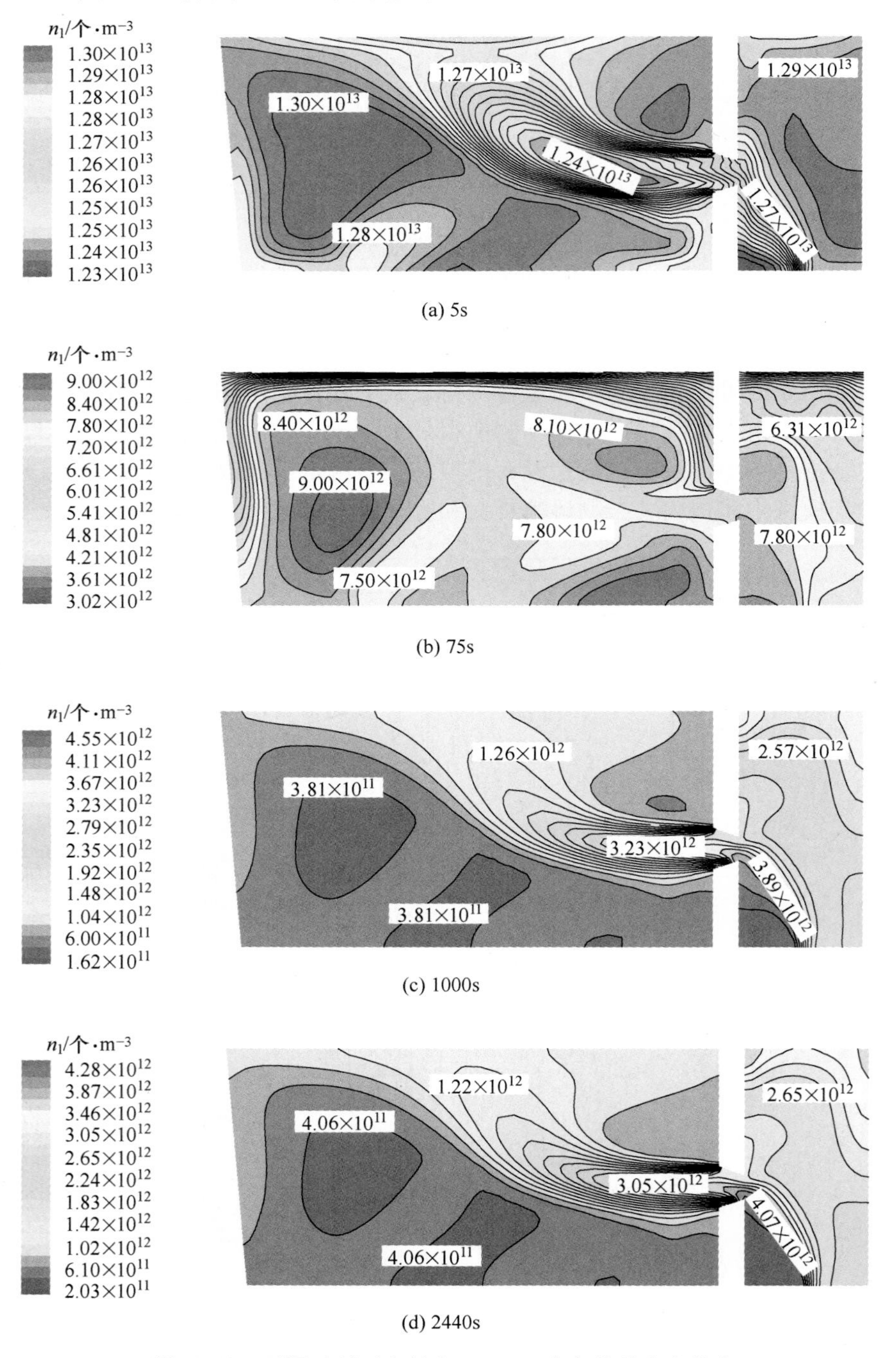

图 10-53　不同时刻下直径为 1.00μm 夹杂物数密度分布

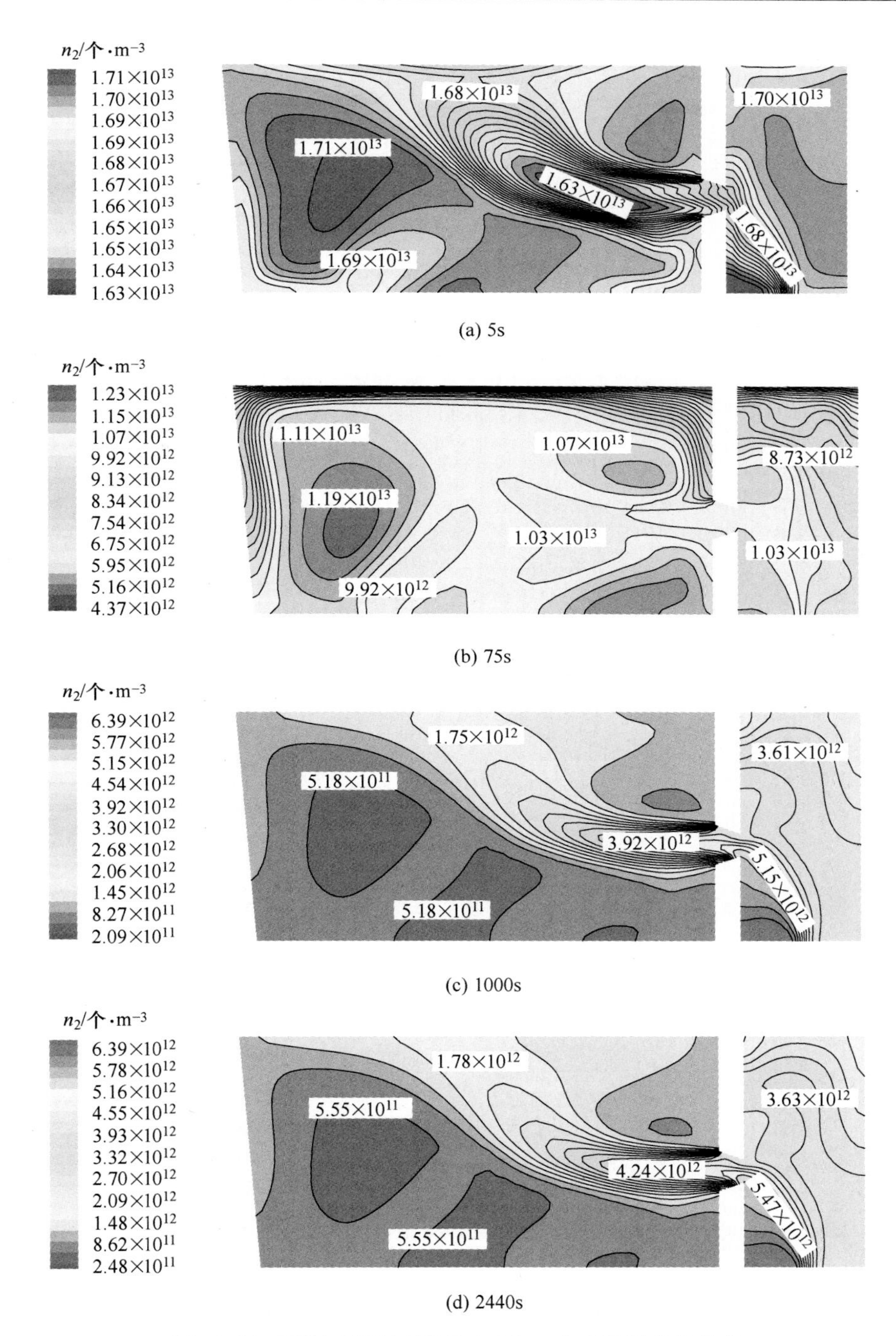

图 10-54 不同时刻下直径为 1.36μm 夹杂物数密度分布

的数密度分布，相应的尺寸分别为 1.00μm、1.36μm 和 4.61μm。由图 10-45 可知，挡墙的设置将强湍流很好地限制在挡墙上开孔出口区域和中间包入口冲击区角部位置，这为夹杂物颗粒间的碰撞聚合过程创造了有利条件。

开始时刻（5s 时），小尺寸夹杂物颗粒逐渐碰撞生成大尺寸夹杂物，如图 10-53 所示，

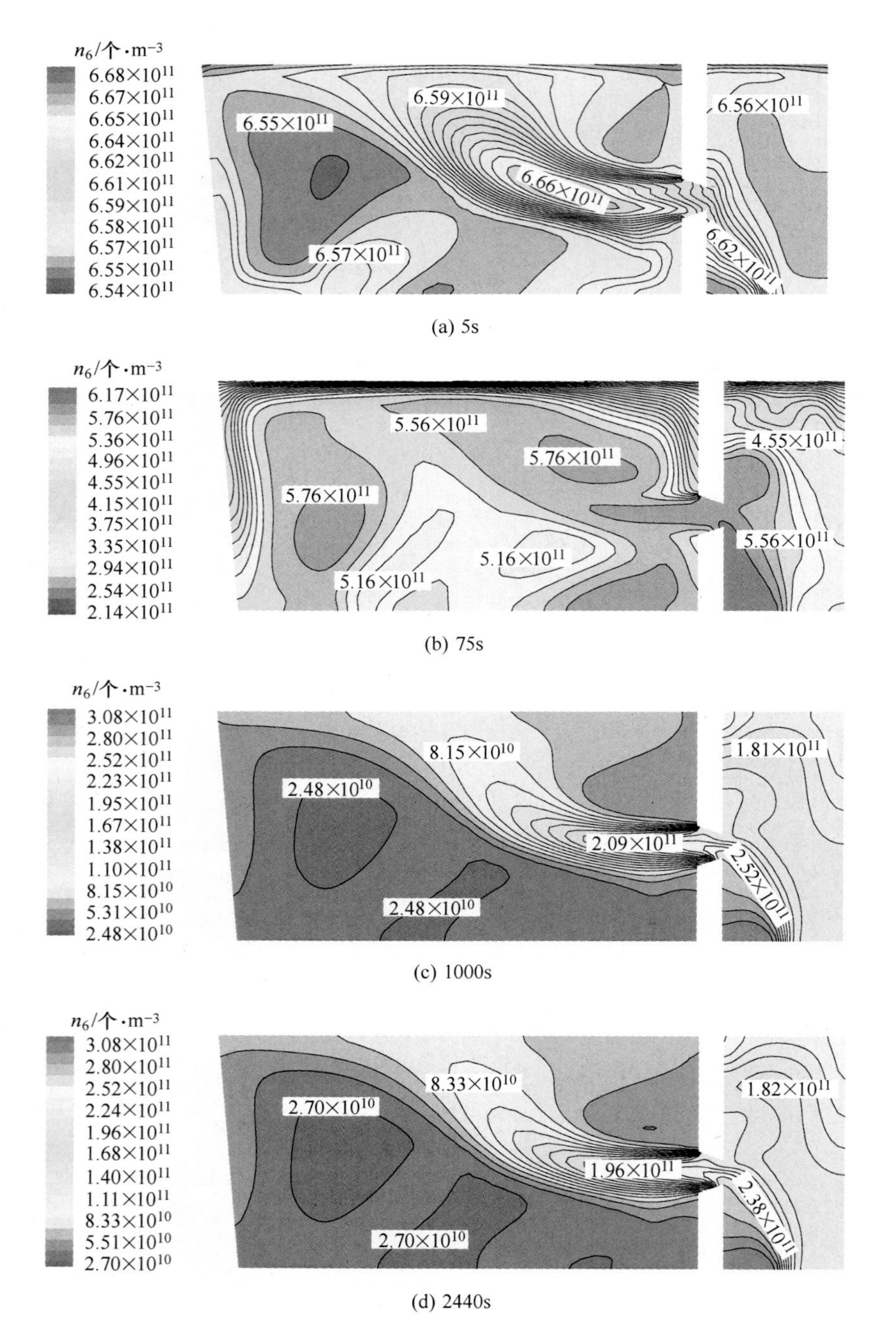

(a) 5s

(b) 75s

(c) 1000s

(d) 2440s

图 10-55　不同时刻下直径为 4.61μm 夹杂物数密度分布

上述区域内 4.61μm 夹杂物颗粒数密度显著高于其他区域，其中最大值为 6.66×10^{11} 个/m³，高于初始时刻对应的数密度值 6.57×10^{11} 个/m³。对于 1.00μm 和 1.36μm 夹杂物颗粒，上述区域内其消去速率快于生成速率，使得夹杂物数密度较低，如图 10-54 和图 10-55 所示，二者最小值分别为 1.24×10^{13} 个/m³和 1.63×10^{13} 个/m³。对于左右两个循环区，钢液湍流运动较弱，使得 1.00μm 和 1.36μm 夹杂物颗粒数密度值分布最大。随着时间的延长，1.00~4.61μm 夹杂物颗粒生成速率小于其消失速率，75s 时该尺寸范围内夹杂物数密度减小。当模拟计算至 1000s 时，上述尺寸范围内夹杂物数密度趋于稳定，与钢液湍动能耗散率值分布较为一致，即挡墙开孔出口区域和中间包入口冲击区角部位置值较高，左右循环区内对应值较低。

对于 97.66μm 尺寸夹杂物颗粒，只有生成项，无消失项，夹杂物数密度变化主要受其生成过程控制，相应结果如图 10-56 所示。由于该尺寸夹杂物颗粒生成速率慢于其他组别，5s 时其数密度分布基本为 0。计算至 75s 时，夹杂物数密度最大值由 2.20×10^{-4}个/m^3 增大至 4.30×10^{-1}个/m^3。随着碰撞过程的进行，该尺寸夹杂物颗粒随着钢液逐渐流向中间包出口区，1000s 时入口冲击区夹杂物数密度值显著低于其他区域，这与其他组别夹杂物颗粒数密度和湍动能耗散率的分布显著不同。当模拟计算达到稳定时，夹杂物最大数密度位于左右循环区内，对应值为 1.33×10^{8}个/m^3。基于上述分析可知，连铸生产中虽然中间包液面一直稳定不变，但中间包内夹杂物数密度和尺寸随时间发生变化，一直处于非稳态。

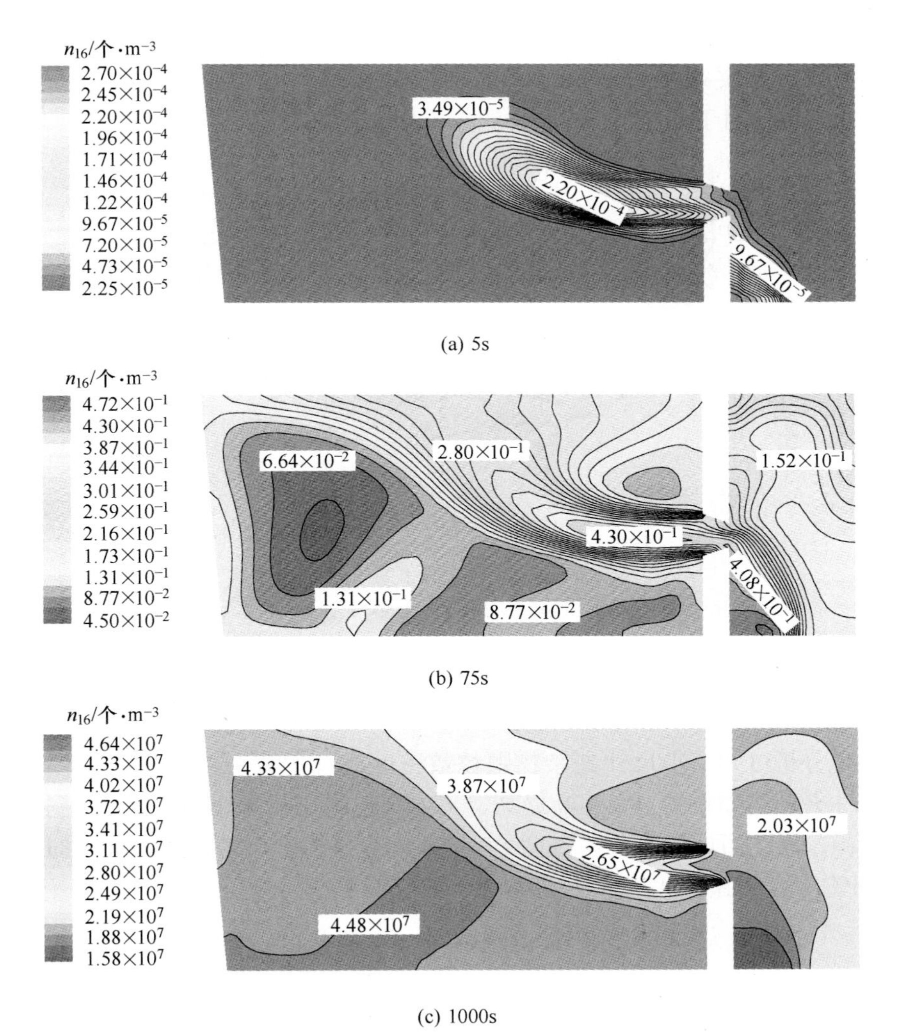

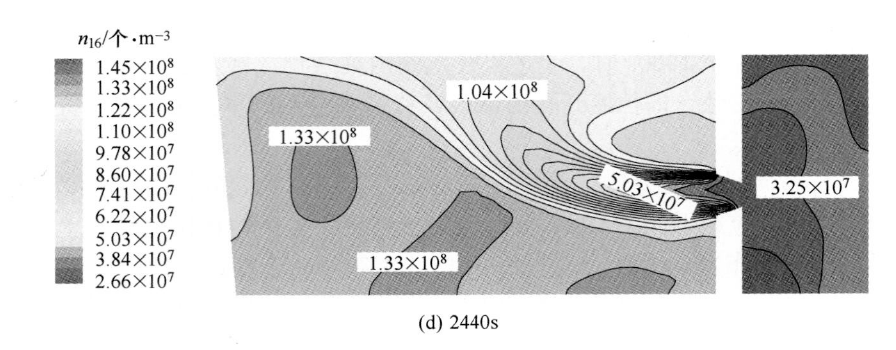

(d) 2440s

图 10-56 不同时刻下直径为 97. 66μm 夹杂物数密度分布

图 10-57 显示了不同时刻中间包出口位置夹杂物数密度随其尺寸的分布。初始时刻，夹杂物颗粒间碰撞长大过程尚未充分进行，夹杂物数密度保持其原始分布，均小于 71. 95μm。随着冶炼过程的进行，大尺寸夹杂物颗粒逐渐生成，125s 时 71. 95μm 夹杂物数密度为 7. 24×10^5个/m^3，625s 时 97. 66μm 夹杂物数密度为 4. 52×10^6个/m^3。根据式（10-61），最大尺寸夹杂物颗粒由 71. 95μm 夹杂物碰撞生成，且不会与其他组别夹杂物颗粒碰撞消失，使得其数密度一直呈增大趋势。对于其他组别夹杂物颗粒，其数密度先增大后逐渐减小。

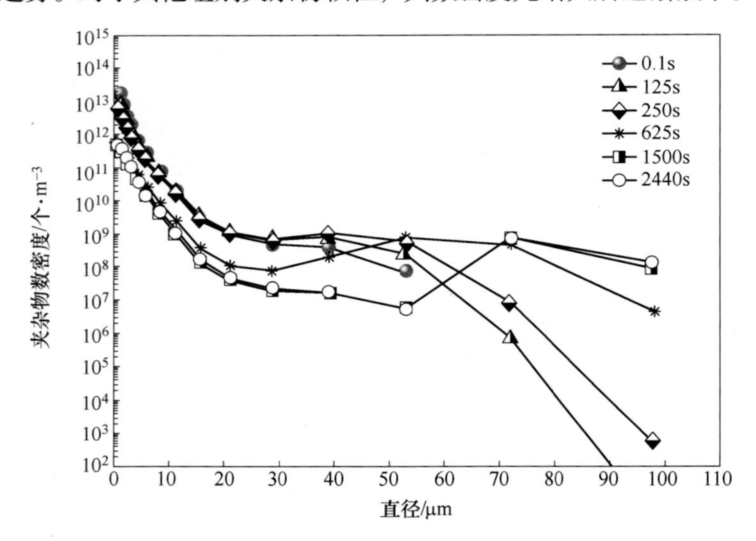

图 10-57 不同时刻中间包出口位置夹杂物数密度随其直径的分布

通过上述分析可知，小尺寸夹杂物颗粒数密度对总的夹杂物质量或体积贡献逐渐降低，而大尺寸夹杂物颗粒的贡献逐渐提高。当中间包出口位置 T. O. 含量达到稳定时，其值为 41. 4ppm，因此当计算中考虑 Stokes 碰撞、湍流碰撞和上表面上浮去除时，夹杂物去除率为 16. 3%，相应结果如表 10-14 所示。

表 10-14 计算稳定时中间包内夹杂物去除率计算

工　况	入口/ppm	出口/ppm	去除率/%
考虑 Stokes 碰撞、湍流碰撞和上浮去除	49. 5	41. 4	16. 3

钢渣界面处夹杂物去除过程主要与夹杂物密度、接触角、界面张力等因素有关。当夹杂物类型不同时，如炼钢温度下液态 $12CaO \cdot 7Al_2O_3$、固态 Al_2O_3夹杂物和渣相间的碰撞时间 t_C以及钢液薄膜破裂时间 t_F均不同，使得夹杂物在渣钢界面处的去除效率不同。表10-15 分别给出了钢中常见三类夹杂物的基本参数。其中，$12CaO \cdot 7Al_2O_3$夹杂物接触角为54.3°，在钢渣界面处具有较好的润湿性，而 Al_2O_3夹杂物润湿性最差，SiO_2次之。

表 10-15　钢液内 Al_2O_3、SiO_2和 $12CaO \cdot 7Al_2O_3$夹杂物基本参数

夹杂物	Hamaker 常数 /($\times 10^{20}$J)	ρ_I/kg·m^{-3}	σ_{MS}/N·m^{-1}	μ_M/Pa·s	θ/(°)
Al_2O_3	2.3[52]	3990	1.389[144]	0.0067	144[145]
SiO_2	3.1[52]	2500	1.409[144]	0.0067	115[145,146]
$12CaO \cdot 7Al_2O_3$	0.85[53]	2700[147]	1.409[144]	0.0067	54.3[145]

图 10-58 显示了中间包出口位置上述三类夹杂物质量浓度转化得到的 T.O. 含量随时间的变化。当中间包上表面去除条件中加入湍流脉动影响时，T.O. 含量均呈脉动下降趋势。随着中间包入口位置各组别夹杂物流入，T.O. 含量逐渐增大。当中间包入口流入、上表面去除、夹杂物颗粒间碰撞长大以及出口位置流出达到平衡时，T.O. 含量达到稳定。根据式（10-87）可知，夹杂物在钢渣界面处的接触角 θ 与夹杂物和渣相间液态薄膜破裂时间 t_F呈反比关系；即接触角 θ 越小，薄膜破裂时间 t_F越大，夹杂物将难于从钢渣界面处去除。由于 $12CaO \cdot 7Al_2O_3$夹杂物和钢液间具有较好的润湿性，使其 T.O. 含量显著高于 Al_2O_3和 SiO_2夹杂物对应结果。相比于 SiO_2夹杂物，Al_2O_3在钢渣界面处润湿性较差，因此 Al_2O_3夹杂物在钢渣界面处容易去除，对应 T.O. 含量最低。如表 10-16 所示，计算稳定时 $12CaO \cdot 7Al_2O_3$夹杂物去除率最小，对应值为 26.6%，较 Al_2O_3夹杂物低 12.6%。

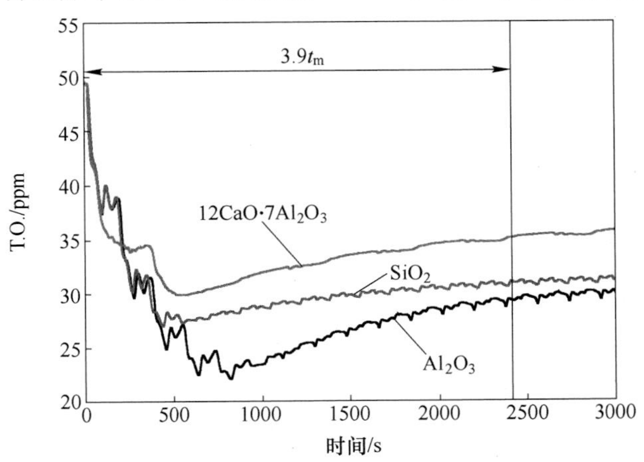

图 10-58　中间包出口位置 T.O. 含量随时间的变化

表 10-16　计算稳定时钢液内 Al_2O_3、SiO_2和 $12CaO \cdot 7Al_2O_3$夹杂物去除率计算

夹杂物	入口处 T.O./ppm	出口位置 T.O. /ppm	去除率/%
Al_2O_3	49.5	30.1	39.2
SiO_2	49.5	31.4	36.5
$12CaO \cdot 7Al_2O_3$	49.5	36.3	26.6

与SiO_2和Al_2O_3夹杂物相比，液态12CaO · $7Al_2O_3$夹杂物难于从钢渣界面处去除，小尺寸和中等尺寸夹杂物逐渐碰撞生成大尺寸夹杂物，使得71.95μm和97.66μm尺寸12CaO · $7Al_2O_3$夹杂物数密度大于相同尺寸下的SiO_2和Al_2O_3夹杂物数密度结果，如图10-59所示。对于1.00~53.02μm尺寸范围，夹杂物数密度呈相反分布趋势。而Hamaker常数对后两种类型夹杂物碰撞长大过程影响较大，促进了大尺寸夹杂物的生成。

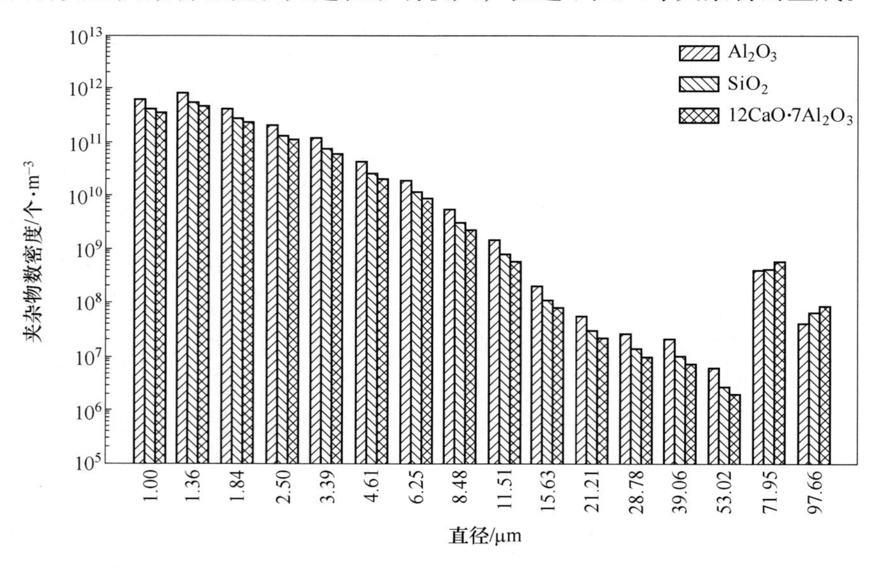

图10-59　2440s时中间包出口位置不同类型夹杂物数密度分布

参 考 文 献

[1] Turnbull D, Fisher J C. Rate of nucleation in condensed systems [J]. The Journal of Chemical Physics, 1949, 17 (1): 71-73.

[2] Hollomon J H, Turnbull D. Nucleation [J]. Progress in Metal Physics, 1953, 4: 333-388.

[3] Turpin M L, Elliott J F. Nucleation of oxide inclusions in iron melts [J]. ISIJ, 1966, 204 (3): 217-225.

[4] Yang W, Duan H, Zhang L, et al. Nucleation, growth, and aggregation of alumina inclusions in steel [J]. JOM, 2013, 65 (9): 1173-1180.

[5] Wasai K, Mukai K. Thermodynamics of nucleation and supersaturation for the aluminum-deoxidation reaction in liquid iron [J]. Metallurgical and Materials Transactions B, 1999, 30 (6): 1065-1074.

[6] Defay R, Bellemans A, Prigogine I. Surface Tension and Adsorption [M]. Wiley, 1966.

[7] Kawawa T, Ohkubo M. A kinetics study on deoxidation of steel [J]. Trans. ISIJ, 1968, 8 (4): 203-219.

[8] Linder S. Hydrodynamics and collisions of small particles in a turbulent metallic melt with special reference to deoxidation of steel [J]. Scand. J. Metallurgy, 1974, 3 (4): 137-150.

[9] Miyashita Y, Nishikawa K. Measurement of the size distribution of nonmetallic inclusions in steel [J]. Trans. ISIJ, 1968, 8 (3).

[10] Suzuki M, Yamaguchi R, Murakami K, et al. Inclusion particle growth during solidification of stainless steel

[J]. ISIJ International, 2001, 41 (3): 247-256.

[11] Turkdogan E T. Nucleation, growth, and flotation of oxide inclusions in liquid steel [J]. Iron Steel Inst., 1966, 204 (9): 914.

[12] Turkdogan E T. Deoxidation of steel [C]. Proceedings of International Symposium on Chemical Metallurgy of Iron and Steel, 1973: 153-170, 202-204.

[13] Lindborg U, Torssell K. A collision model for the growth and separation of deoxidation products [J]. Trans. Metall. Soc. AIME, 1968, 242: 94-102.

[14] Nogi K. Wetting phenomena in materials processing [J]. Tetsu-to-Hagané, 1998, 84 (1): 1-6.

[15] Miyashita Y. Change of the dissolved oxygen content in the process of silicon deoxidation [J]. Tetsu-to-Hagané, 1966, 52 (7): 1049.

[16] 果世驹. 粉末烧结理论 [M]. 北京: 冶金工业出版社, 1998.

[17] Fischmeister H, Grimvall G. Ostwald ripening-a survey [A]. In: Sintering and Related Phenomena [M], Springer, 1973: 119-149.

[18] 坂上六郎, 川崎千歳, 铃木いせ子, et al. 溶鉄のシリコン脱酸について [J]. 鉄と鋼, 日本鉄鋼協會々誌, 1969, 55 (7): 550-575.

[19] Zhang L, Taniguchi S, Cai K. Fluid flow and inclusion removal in continuous casting tundish [J]. Metallurgical and Materials Transactions B, 2000, 31 (2): 253-266.

[20] 张立峰, 蔡开科. 连铸中间包钢水流动及夹杂物去除的研究 [C]. 1999 中国钢铁年会, 1999: 7.

[21] Saffman P G, Turner J S. On the collision of drops in turbulent clouds [J]. Journal of Fluid Mechanics, 1956, 1 (1): 16-30.

[22] Nakanishi K, Szekely J. Deoxidation kinetics in a turbulent flow field [J]. Trans. ISIJ, 1975, 15 (10): 522-530.

[23] Ilegbusi O J, Szekely J. Effect of magnetic field on flow, temperature and inclusion removal in shallow tundishes [J]. ISIJ International, 1989, 29 (12): 1031-1039.

[24] Sinha A K, Sahai Y. Mathematical modeling of inclusion transport and removal in continuous casting tundishes [J]. ISIJ International, 1993, 33 (5): 556-566.

[25] Miki Y, Shimada Y, Thomas B G, et al. Model of inclusion removal during RH degassing of steel [C]. Steelmaking Conference Proceedings, Iron and Steel Society of AIME, 1997: 80: 37-46.

[26] Tozawa H, Kato Y, Sorimachi K, et al. Agglomeration and flotation of alumina clusters in molten steel [J]. ISIJ International, 1999, 39 (5): 426-434.

[27] Miki Y, Thomas B G. Modeling of inclusion removal in a tundish [J]. Metallurgical and Materials Transactions B, 1999, 30 (4): 639-654.

[28] Nakaoka T, Taniguchi S, Matsumoto K, et al. Particle-size-grouping method of inclusion agglomeration and its application to water model experiments [J]. ISIJ International, 2001, 41 (10): 1103-1111.

[29] Sheng D, Söder M, Jönsson P, et al. Modeling micro-inclusion growth and separation in gas-stirred ladles [J]. Scandinavian Journal of Metallurgy, 2002, 31 (2): 134-147.

[30] Zhang L, Pluschkell W. Nucleation and growth kinetics of inclusions during liquid steel deoxidation [J]. Ironmaking & Steelmaking, 2003, 30 (2): 106-110.

[31] Zhang L, Pluschkell W, Thomas B G. Nucleation and growth of alumina inclusions during steel deoxidation [C]. Steelmaking Conference Proceedings, 2002: 85: 463-476.

[32] Zhang J, Lee H G. Numerical modeling of nucleation and growth of inclusions in molten steel based on mean processing parameters [J]. ISIJ International, 2004, 44 (10): 1629-1638.

[33] Lei H, Nakajima K, He J. Mathematical model for nucleation, Ostwald ripening and growth of inclusion in

molten steel [J]. ISIJ International, 2010, 50 (12): 1735-1745.

[34] Wang L, Zhang Q, Peng S, et al. Mathematical model for growth and removal of inclusion in a multi-tuyere ladle during gas-stirring [J]. ISIJ International, 2005, 45 (3): 331-337.

[35] Geng D, Lei H, He J. Numerical simulation for collision and growth of inclusions in ladles stirred with different porous plug configurations [J]. ISIJ International, 2010, 50 (11): 1597-1605.

[36] Lei H, Geng D, He J. A continuum model of solidification and inclusion collision-growth in the slab continuous casting caster [J]. ISIJ International, 2009, 49 (10): 1575-1582.

[37] Lei H, He J. A dynamic model of alumina inclusion collision growth in the continuous caster [J]. Journal of Non-crystalline Solids, 2006, 352 (36): 3772-3780.

[38] 雷洪，赫冀成. 板坯连铸机内钢液流动和夹杂物碰撞长大行为 [J]. 金属学报, 2007, 43 (11): 1195-1200.

[39] Kwon Y J, Zhang J, Lee H G. A cfd-based nucleation-growth-removal model for inclusion behavior in a gas-agitated ladle during molten steel deoxidation [J]. ISIJ International, 2008, 48 (7): 891-900.

[40] Xu K, Thomas B G. Particle-size-grouping model of precipitation kinetics in microalloyed steels [J]. Metallurgical and Materials Transactions A, 2012, 43 (3): 1079-1096.

[41] Ling H, Zhang L. Numerical simulation of the growth and removal of inclusions in the molten steel of a two-strand tundish [J]. JOM, 2013, 65 (9): 1155-1163.

[42] Lou W, Zhu M. Numerical simulations of inclusion behavior in gas-stirred ladles [J]. Metallurgical and Materials Transactions B, 2013, 44 (3): 762-782.

[43] Lou W, Zhu M. Numerical simulations of inclusion behavior and mixing phenomena in gas-stirred ladles with different arrangement of tuyeres [J]. ISIJ International, 2014, 54 (1): 9-18.

[44] Taniguchi S, Kikuch A. Mechanisms of collision and coagulation between fine particles in fluid [J]. Tetsu-to-Hagané, 1992, 78 (4): 527-535.

[45] Murakata Y, Sung M G, Sassa K, et al. Visualization of collision behavior of particles simulating inclusions in a turbulent molten steel flow and its theoretical analysis [J]. ISIJ International, 2007, 47 (5): 633-637.

[46] Higashitani K, Yamauchi K, Matsuno Y, et al. Turbulent coagulation of particles dispersed in a viscous fluid [J]. Journal of Chemical Engineering of Japan, 1983, 16 (4): 299-304.

[47] Visser J. On hamaker constants: A comparison between Hamaker constants and Lifshitz-van der Waals constants [J]. Advances in Colloid and Interface Science, 1972, 3 (4): 331-363.

[48] Taniguchi S, Kikuchi A, Ise T, et al. Model experiment on the coagulation of inclusion particles in liquid steel [J]. ISIJ International, 1996, 36: S117-S120.

[49] Osborne-Lee I W. Calculation of hamaker coefficients for metallic aerosols from extensive optical data [A]. In: Particles on Surfaces [M]. Springer, 1989: 77-90.

[50] Hough D B, White L R. The calculation of hamaker constants from liftshitz theory with applications to wetting phenomena [J]. Advances in Colloid and Interface Science, 1980, 14 (1): 3-41.

[51] Horn R G, Clarke D R, Clarkson M T. Direct measurement of surface forces between sapphire crystals in aqueous solutions [J]. Journal of Materials Research, 1988, 3 (3): 413-416.

[52] Taniguchi S, Kikuchi A, Ise T, et al. Model experiment on the coagulation of inclusion particles in liquid steel [J]. ISIJ International, 1996, 36 (Suppl): S117-S120.

[53] Bergström L. Hamaker constants of inorganic materials [J]. Advances in Colloid and Interface Science, 1997, 70: 125-169.

[54] Fernández-Varea J M, Garcia-Molina R. Hamaker constants of systems involving water obtained from a die-

lectric function that fulfills the F sum rule [J]. Journal of Colloid and Interface Science, 2000, 231 (2): 394-397.

[55] Nakaoka T, Taniguchi S, Matsumoto K, et al. Particle-size-grouping method of inclusion agglomeration and its application to water model experiments [J]. ISIJ International, 2001, 41 (10): 1103-1111.

[56] Leong Y K, Ong B C. Critical zeta potential and the hamaker constant of oxides in water [J]. Powder Technology, 2003, 134 (3): 249-254.

[57] Runkana V, Somasundaran P, Kapur P C. Mathematical modeling of polymer-induced flocculation by charge neutralization [J]. Journal of Colloid and Interface Science, 2004, 270 (2): 347-358.

[58] Bonnefoy O, Gruy F, Herri J M. Van der Waals interactions in systems involving gas hydrates [J]. Fluid Phase Equilibria, 2005, 231 (2): 176-187.

[59] Farmakis L, Lioris N, Koliadima A, et al. Estimation of the hamaker constants by sedimentation field-flow fractionation [J]. Journal of Chromatography A, 2006, 1137 (2): 231-242.

[60] Zhang Y, Chen Y, Westerhoff P, et al. Stability of commercial metal oxide nanoparticles in water [J]. Water Research, 2008, 42 (8): 2204-2212.

[61] Liu K Y, Rau J Y, Wey M Y. Collection of SiO_2, Al_2O_3 and Fe_2O_3 particles using a gas-solid fluidized bed filter [J]. Journal of Hazardous Materials, 2009, 171 (1): 102-110.

[62] Faure B, Salazar-Alvarez G, Bergström L. Hamaker constants of iron oxide nanoparticles [J]. Langmuir, 2011, 27 (14): 8659-8664.

[63] Mizoguchi T, Ueshima Y, Sugiyama M, et al. Influence of unstable non-equilibrium liquid iron oxide on clustering of alumina particles in steel [J]. ISIJ International, 2013, 53 (4): 639-647.

[64] 张建, 李海键. 气体搅拌条件下基于计算流体动力学的钢液中夹杂物的长大与去除模型 [C]. 2003 中国钢铁年会. 北京: 中国金属学会, 2003: 613-624.

[65] Zhang J, Lee H. Numerical modeling of nucleation and growth of inclusions in molten steel based on mean processing parameters [J]. ISIJ International, 2004, 44 (10): 1629-1638.

[66] Ling Haitao, Zhang Lifeng, Li Hong. Mathematical modeling on the growth and removal of non-metallic inclusions in the molten steel in a two-strand tundish [J]. Metallurgical and Materials Transactions B, 2016, 47B (5): 2991-3012.

[67] Lei H, He J. Numerical simulation for collision and aggregation of inclusions in a slab continuous caster [J]. Steel Research International, 2007, 78 (9): 704-707.

[68] Lei H, Wang L, Wu Z, et al. Collision and coalescence of alumina particles in the vertical bending continuous caster [J]. ISIJ International, 2002, 42 (7): 717-725.

[69] Prakash A, Bapat A P, Zachariah M R. A simple numerical algorithm and software for solution of nucleation, surface growth, and coagulation problems [J]. Aerosol Science and Technology, 2003, 37 (11): 892-898.

[70] Gelbard F, Seinfeld J H. Numerical solution of the dynamic equation for particulate systems [J]. Journal of Computational Physics, 1978, 28 (3): 357-375.

[71] Peterson T W, Gelbard F, Seinfeld J H. Dynamics of source-reinforced, coagulating, and condensing aerosols [J]. Journal of Colloid and Interface Science, 1978, 63 (3): 426-445.

[72] Vanni M. Approximate population balance equations for aggregation-breakage processes [J]. Journal of Colloid and Interface Science, 2000, 221 (2): 143-160.

[73] Liu Y, Cameron I T. A new wavelet-based method for the solution of the population balance equation [J]. Chemical Engineering Science, 2001, 56 (18): 5283-5294.

[74] Kumar S, Ramkrishna D. On the solution of population balance equations by discretization-Ⅲ. Nucleation,

growth and aggregation of particles [J]. Chemical Engineering Science, 1997, 52 (24): 4659-4679.

[75] Schwarzer H C, Schwertfirm F, Manhart M, et al. Predictive simulation of nanoparticle precipitation based on the population balance equation [J]. Chemical Engineering Science, 2006, 61 (1): 167-181.

[76] Marchisio D L, Fox R O. Solution of population balance equations using the direct quadrature method of moments [J]. Journal of Aerosol Science, 2005, 36 (1): 43-73.

[77] Zucca A, Marchisio D L, Barresi A A, et al. Implementation of the population balance equation in CFD codes for modelling soot formation in turbulent flames [J]. Chemical Engineering Science, 2006, 61 (1): 87-95.

[78] Lin Y, Lee K, Matsoukas T. Solution of the population balance equation using constant-number Monte Carlo [J]. Chemical Engineering Science, 2002, 57 (12): 2241-2252.

[79] Ulrich G D. Theory of particle formation and growth in oxide synthesis flames [J]. Combustion Science and Technology, 1971, 4 (1): 47-57.

[80] Zhu Y, Hinds W C, Kim S, et al. Concentration and size distribution of ultrafine particles near a major highway [J]. Journal of the Air & Waste Management Association, 2002, 52 (9): 1032-1042.

[81] Kampmann L. On the theory of precipitations III [J]. Berichte der Bunsen-Gesellschaft physikalische Chemie, 1973, 77 (5): 304-310.

[82] Kampmann L, Kahlweit M. On the theory of precipitations I [J]. Berichte der Bunsen-Gesellschaft physikalische Chemie, 1967, 71 (1): 78-87.

[83] Kampmann L, Kahlweit M. On the theory of precipitations II [J]. Berichte der Bunsen-Gesellschaft physikalische Chemie, 1970, 74 (5): 456-462.

[84] Chakraborty S, Sahai Y. Mathematical modeling of melt flow and heat transfer in continuous casting tundishes [C]. The Sixth International Iron and Steel Congress, Nagoya, Japan, 1990: 3: 189-196.

[85] Panjkovic V, Truelove J. Computational fluid dynamics modelling of iron flow and heat transfer in the iron blast furnace hearth [C]. Second International Conference on CFD in the Minerals and Process Industries. CSIRO, Melbourne, Australia, 1999: 399-404.

[86] Kemeny F, Harris D J, McLean A, et al. Fluid flow studies in the tundish of a slab caster [C]. Continuous Casting of Steel, Second Process Technology Conference, 1981, 2: 232-245.

[87] Debroy T, Sychterz J A. Numerical calculation of fluid flow in a continuous casting tundish [J]. Metallurgical Transactions B, 1985, 16 (3): 497-504.

[88] Robertson T, Perkins A. Physical and mathematical-modeling of liquid steel temperature in continuous-casting [J]. Ironmaking and Steelmaking, 1986, 13 (6): 301-310.

[89] Lai K Y M, Salcudean M, Tanaka S, et al. Mathematical modeling of flows in large tundish systems in steelmaking [J]. Metallurgical Transactions B, 1986, 17 (3): 449-459.

[90] He Y, Sahai Y. The effect of tundish wall inclination on the fluid flow and mixing: A modeling study [J]. Metallurgical Transactions B, 1987, 18 (1): 81-92.

[91] Ilegbusi O J, Szekely J. Fluid flow and tracer dispersion in shallow tundishes [J]. Steel Research, 1988, 59 (9): 399-405.

[92] Ilegbusi O J, Szekely J. Effect of externally imposed magnetic-field on tundish performance [J]. Ironmaking & Steelmaking, 1989, 16 (2): 110-115.

[93] Chakraborty S, Sahai Y. Effect of varying ladle stream temperature on the melt flow and heat transfer in continuous casting cundishes [J]. ISIJ International, 1991, 31 (9): 960-967.

[94] Chakraborty S, Sahai Y. Role of near-wall node location on the prediction of melt flow and residence time distribution in tundishes by mathematical modeling [J]. Metallurgical Transactions B, 1991, 22 (4):

429-437.

[95] Chakraborty S, Sahai Y. Mathematical modelling of transport phenomena in continuous casting tundishes. I: Transient effects during ladle transfer operations [J]. Ironmaking and Steelmaking, 1992, 19 (6): 479-487.

[96] Chakraborty S, Sahai Y. Effect of holding time and surface cover in ladles on liquid steel flow in continuous casting tundishes [J]. Metallurgical Transactions B, 1992, 23 (2): 153-167.

[97] Yeh J L, Hwang W S, Chou C L. Physical modelling validation of computational fluid dynamics code for tundish design [J]. Ironmaking and Steelmaking, 1992, 19 (6): 501-504.

[98] Singh S, Koria S C. Model study of the dynamics of flow of steel melt in the tundish [J]. ISIJ International, 1993, 33 (12): 1228-1237.

[99] Singh S, Koria S C. Physical modelling of steel flow in continuous casting tundish [J]. Ironmaking and Steelmaking, 1993, 20 (3): 221-230.

[100] Koria S C, Singh S. Physical modeling of the effects of the flow modifier on the dynamics of molten steel flowing in a tundish satish [J]. ISIJ International, 1994, 34 (10): 784-793.

[101] Singh S, Koria S C. Study of fluid flow in tundishes due to different types of inlet streams [J]. Steel Research, 1995, 66 (7): 294-300.

[102] Singh S, Koria S C. Tundish steel melt dynamics with and without flow modifiers through physical modelling [J]. Ironmaking and Steelmaking, 1996, 23 (3): 255-263.

[103] Kaufmann B, Niedermayr A, Sattler H, et al. Separation of nonmetallic particles in tundishes [J]. Steel Research, 1993, 64 (4): 203-209.

[104] Joo S, Guthrie R I L. Inclusion behavior and heat-transfer phenomena in steelmaking tundish operations. Part I: Aqueous modeling [J]. Metallurgical Transactions B, 1993, 24 (5): 755-765.

[105] Joo S, Han J W, Guthrie R I L. Inclusion behavior and heat-transfer phenomena in steelmaking tundish operations. Part II: Mathematical model for liquid steel in tundishes [J]. Metallurgical Transactions B, 1993, 24 (5): 767-777.

[106] Joo S, Han J W, Guthrie R I L. Inclusion behavior and heat-transfer phenomena in steelmaking tundish operations. Part III: Applications—computational approach to tundish design [J]. Metallurgical Transactions B, 1993, 24 (5): 779-788.

[107] Shen F, Khodadadi J M, Pien S J, et al. Mathematical and physical modeling studies of molten aluminum flow in a tundish [J]. Metallurgical and Materials Transactions B, 1994, 25 (5): 669-680.

[108] Chen H S, Pehlke R D. Mathematical modeling of tundish operation and flow control to reduce transition slabs [J]. Metallurgical and Materials Transactions B, 1996, 27 (5): 745-756.

[109] Bolger D, Saylor K. Development of a turbulence inhibiting pouring pad/flow control device for the tundish [C]. Steelmaking Conference, 1994: 77: 225-233.

[110] Sahai Y, Emi T. Melt flow characterization in continuous casting tundishes [J]. ISIJ International, 1996, 36 (6): 667-672.

[111] Mazumdar D, Yamanoglu G, Guthrie R I L. Hydrodynamic performance of steelmaking tundish systems: A comparative study of three different tundish designs [J]. Steel Research, 1997, 68 (7): 293-300.

[112] Lopez-Ramirez S, Palafox-Ramos J, Morales R D, et al. Effects of tundish size, tundish design and casting flow rate on fluid flow phenomena of liquid steel [J]. Steel Research, 1998, 69 (10-11): 423-428.

[113] Sheng D, Kim C S, Yoon J K, et al. Water model study on convection pattern of molten steel flow in continuous casting tundish [J]. ISIJ International, 1998, 38 (8): 843-851.

[114] Zong J H, Yi K W, Yoon J K. Residence time distribution analysis by the modified combined model for the design of continuous refining vessel [J]. ISIJ International, 1999, 39 (2): 139-148.

[115] Morales R D, Palafox-Ramos J, Barreto J d J, et al. Melt flow control in a multistrand tundish using a turbulence inhibitor [J]. Metallurgical and Materials Transactions B, 2000, 31 (6): 1505-1515.

[116] Morales R D, Diaz-Cruz M, Palfox-Ramos J, et al. Modelling steel flow in a three-strand billet tundish using a turbulence inhibitor [J]. Steel Research, 2001, 72 (1): 11-16.

[117] Morales R D, Lopez-Ramirez S, Palafox-Ramos J, et al. Mathematical simulation of effects of flow control devices and buoyancy forces on molten steel flow and evolution of output temperatures in tundish [J]. Ironmaking and Steelmaking, 2001, 28 (1): 33-43.

[118] Odenthal H J, Pfeifer H, Klaas M. Physical and mathematical modelling of tundish flows using digital particle image velocimetry and CFD-methods [J]. Steel Research, 2000, 71 (6-7): 210-219.

[119] Boiling R, Odenthal H J, Pfeifer H. Transient fluid flow in a continuous casting tundish during ladle change and steady-state casting [J]. Steel Research International, 2005, 76 (1): 71-80.

[120] Jha P K, Dash S K, Kumar S. Effect of outlet positions, height of advanced pouring box, and shroud immersion depth on mixing in six strand billet caster tundish [J]. Ironmaking and Steelmaking, 2002, 29 (1): 36-46.

[121] Zamora A V, Palafox-Ramos J, Morales R D, et al. Inertial and buoyancy driven water flows under gas bubbling and thermal stratification conditions in a tundish model [J]. Metallurgical and Materials Transactions B, 2004, 35 (2): 247-257.

[122] Kim H B, Isac M, Guthrie R I L, et al. Physical modelling of transport phenomena in a delta-shaped, four-strand tundish with flow modifiers [J]. Steel Research International, 2005, 76 (1): 53-58.

[123] Zhang C, Wang L, Cai K, et al. Influence of flow control devices on metallurgical effects in large-capacity tundish [J]. Revue de Metallurgie, Cahiers d'Informations Techniques, 2002, 99 (23): 174-175.

[124] Zhang L. Validation of the numerical simulation of fluid flow in the continuous casting tundish [J]. International Journal of Minerals, Metallurgy and Materials, 2005, 12 (2): 116-122.

[125] Zhang L. Effect of thermal buoyancy on fluid flow and inclusion motion in tundish without flow control devices. Part II: Inclusion motion [J]. Journal of Iron and Steel Research (International), 2005, 12 (5): 11-17.

[126] Zhang L, Zhi J, Mou J, et al. Effect of thermal buoyancy on fluid flow and inclusion motion in tundish without flow control devices. Part I: Fluid flow [J]. Journal of Iron and Steel Research (International), 2005, 12 (4): 20-27.

[127] Zhang L. Transient fluid flow phenomena in continuous casting tundishes [J]. Iron and Steel Technology, 2010, 7 (7): 55-69.

[128] Zhong L, Li B, Zhu Y, et al. Fluid flow in a four-strand bloom continuous casting tundish with different flow modifiers [J]. ISIJ International, 2007, 47 (1): 88-94.

[129] Alizadeh M, Edris H, Pishevar A R. Behavior of mixed grade during the grade transition for different conditions in the slab continuous casting [J]. ISIJ International, 2008, 48 (1): 28-37.

[130] Yang S, Zhang L, Li J, et al. Fluid flow and steel cleanliness in a continuous casting tundish and mold [C]. AISTech 2011 Iron & Steel Technology Conference and Exposition, Vol. II, AIST, Warrandale, PA, (Indianapolis, IN), 2011: 717-729.

[131] Yang S, Zhang L, Li J, et al. Structure optimization of horizontal continuous casting tundishes using mathematical modeling and water modeling [J]. ISIJ International, 2009, 49 (10): 1551-1560.

[132] Chattopadhyay K, Isac M, Guthrie R I L. Physical and mathematical modelling to study the effect of ladle

shroud misalignment on liquid metal quality in a tundish [J]. ISIJ International, 2011, 51 (5): 759-768.

[133] Chattopadhyay K, Hasan M, Isac M, et al. Physical and mathematical modeling of inert gas-shrouded ladle nozzles and their role on slag behavior and fluid flow patterns in a delta-shaped, four-strand tundish [J]. Metallurgical and Materials Transactions B, 2010, 41 (1): 225-233.

[134] Chattopadhyay K, Isac M, Guthrie R I L. Modelling of non-isothermal melt flows in a four strand delta shaped billet caster tundish validated by water model experiments [J]. ISIJ International, 2012, 52 (11): 2026-2035.

[135] Lekakh S N, Robertson D G C. Analysis of melt flow in metallurgical vessels of steelmaking processes [J]. ISIJ International, 2013, 53 (4): 622-628.

[136] Warzecha M, Merder T, Warzecha P, et al. Experimental and numerical investigations on non-metallic inclusions distribution in billets casted at a multi-strand continuous casting tundish [J]. ISIJ International, 2013, 53 (11): 1983-1992.

[137] Chen D, Xie X, Long M, et al. Hydraulics and mathematics simulation on the weir and gas curtain in tundish of ultrathick slab continuous casting [J]. Metallurgical and Materials Transactions B, 2014, 45 (2): 392-398.

[138] Wang Q, Li B, Tsukihashi F. Modeling of a thermo-electromagneto-hydrodynamic problem in continuous casting tundish with channel type induction heating [J]. ISIJ International, 2014, 54 (2): 311-320.

[139] Chen C, Jonsson L T I, Tilliander A, et al. A mathematical modeling study of tracer mixing in a continuous casting tundish [J]. Metallurgical and Materials Transactions B, 2015, 46 (1): 169-190.

[140] Zhang L, Rietow B, Thomas B G, et al. Large inclusions in plain-carbon steel ingots cast by bottom teeming [J]. ISIJ International, 2006, 46 (5): 670-679.

[141] Zhang L, Taniguchi S. Fundamentals of inclusion removal from liquid steel by bubble flotation [J]. International Materials Reviews, 2000, 45 (2): 59-82.

[142] Schulze H J. Hydrodynamics of bubble-mineral particle collisions [J]. Mineral Procesing and Extractive Metallurgy Review, 1989, 5 (1-4): 43-76.

[143] Schulze H J, Birzer J O. Stability of thin liquid films on langmuir-blodgett layers on silica surfaces [J]. Colloids and Surfaces, 1987, 24 (2): 209-224.

[144] Bouris D, Bergeles G. Investigation of inclusion re-entrainment from the steel-slag interface [J]. Metallurgical and Materials Transactions B, 1998, 29 (3): 641-649.

[145] 孙丽媛．非金属夹杂物在钢渣界面的去除行为研究 [D]. 北京：北京科技大学，2013.

[146] 王炬．水口结瘤堵塞机理的探讨 [J]. 鞍山钢铁学院学报，1986，1：23-29.

[147] 孙会兰，于海燕，王波，等．12CaO · 7Al_2O_3溶出动力学 [J]. 中国有色金属学报，2008，18 (10)：1920-1925.

11 钢中非金属夹杂物在钢-渣界面的分离行为

11.1 夹杂物在钢-渣界面行为概述

在炼钢生产过程中，去除钢中的非金属夹杂物是二次精炼的主要目标之一，而精炼渣吸附去除是去除夹杂物的主要手段。通常，夹杂物粒子与精炼渣相润湿而与钢液相不润湿，夹杂物粒子能够穿过钢-渣界面进入渣相；同时由于局部湍流的影响，夹杂物粒子也会在钢-渣界面重新进入钢液相。因此，了解夹杂物粒子在钢-渣界面的行为对于控制和改善钢液的洁净度具有重要的意义。

Strandh 等[1, 2]基于夹杂物粒子在钢-渣界面的运动方程提出了夹杂物粒子在钢-渣界面分离的理论模型，其中考虑了曳力、浮力、虚拟质量力和回弹力。认为夹杂物粒子在钢-渣界面存在三种运动行为，即停留、振动和穿过，如图 11-1 所示。结果表明，界面张力和精炼渣黏度是影响夹杂物粒子在钢-渣界面分离的关键参数，夹杂物粒子与精炼渣的润湿性越好、精炼渣黏度越低，越有利于夹杂物粒子从钢-渣界面分离进入渣相。

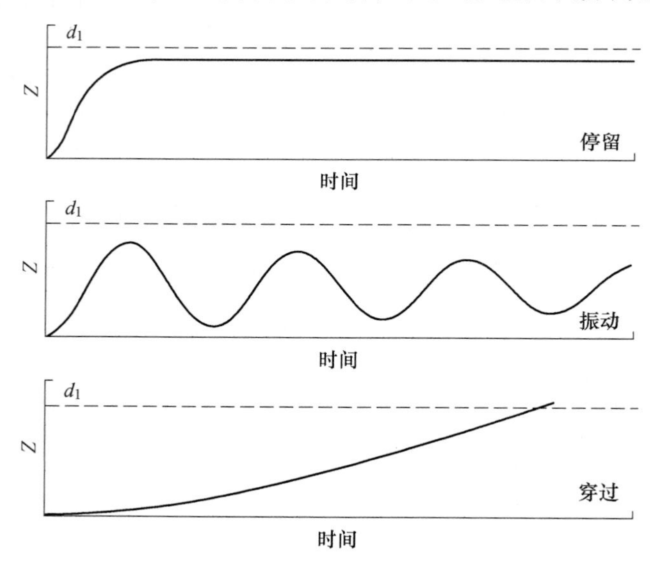

图 11-1 夹杂物粒子在钢-渣界面的三种行为[1, 2]

Valdez 等[3]采用 Strandh 等[1, 2]提出的夹杂物粒子在钢-渣界面分离的理论模型研究了不同精炼渣对钢液中固体夹杂物捕获的影响。结果表明，精炼渣与夹杂物粒子间的界面张力越大，越不利于夹杂物粒子在钢-渣界面的分离。

Yang 等[4, 5]建立了夹杂物粒子在钢-渣界面动力学行为的数学模型，在该模型中考虑了不同雷诺数（Re）对夹杂物粒子受力和分离行为的影响。认为 $Re<1$ 时，夹杂物粒子穿

越钢-渣界面不会有液膜生成；而 $Re \geq 1$ 时，会在夹杂物粒子与渣相间产生钢液膜，如图 11-2 所示。

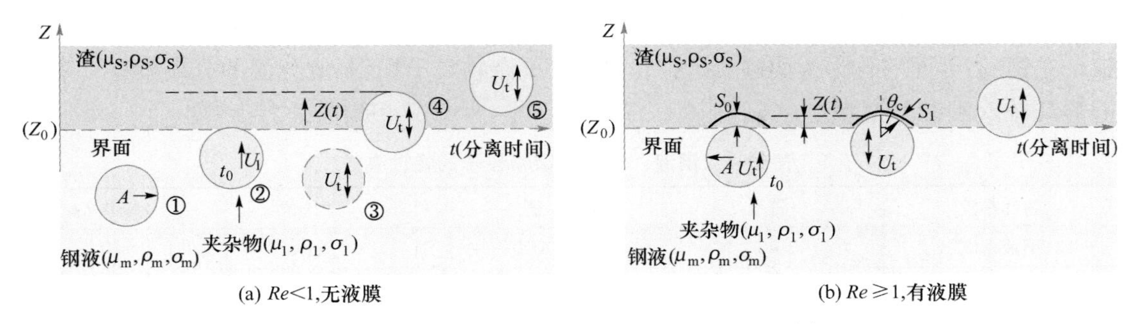

(a) $Re<1$,无液膜 (b) $Re\geq1$,有液膜

图 11-2 夹杂物粒子在钢-渣界面行为示意图[5]

Bouris 和 Bergeles[6]研究了夹杂物在钢-渣界面分离的机理，并引入夹杂物粒子分离去除的临界条件，该临界条件是剪切应力的函数。通过与湍流喷发理论（turbulent burst theory）相耦合，计算了夹杂物粒子在钢-渣界面的去除速率和再卷入速率，发现小尺寸夹杂物粒子更容易被钢-渣界面捕获而不利于分离。Shannon 等[7]建立了夹杂物粒子接近钢-渣界面行为的计算模型，该模型考虑了夹杂物粒子接近钢-渣界面时液膜的变形、排干和破裂过程。

Reis 等[8]研究了精炼渣对夹杂物的吸收能力，结果表明，相比于固态夹杂物，精炼渣吸收液态夹杂物较弱；而对于固液混合夹杂物，夹杂物的固态分数对精炼渣吸收夹杂物的影响很小；具有较高化学驱动力和较低有效黏度的精炼渣有利于吸收夹杂物。Gutierrez 等[9]采用数值模拟的方法研究了夹杂物在中间包上水口和浸入式水口的沉积过程。需要指出的是，该研究认为夹杂物只要到达水口壁面就会沉积在表面，这是需要改进的。

Hartland[10]对刚性小球靠近可变形的流体-液体界面时液膜的形貌进行了理论研究，通过考虑压力梯度作用建立了液膜形貌随时间变化的偏微分方程，其实验结果介于假设界面不可移动和完全移动时模型的预测值之间。Stoos 和 Leal[11]对球形粒子垂直向两相界面运动过程进行了数值计算。在该计算中，考虑了流体间不同的黏度比、毛细管数和邦德数的影响，更为重要的是考虑了不同条件下两相界面的形貌。

Lee 等[12, 13]通过理论计算研究了小球在平的流体-流体界面附近的运动，计算了小球在不同黏度比的流体-流体界面条件下垂直于和平行于界面运动时的阻力和水动力力矩。Berdan 和 Leal[14]通过数值计算求解 Stokes 方程，研究了固体小球平行运动和旋转运动靠近流体-流体界面时，界面的变形情况。Lee 和 Leal[15]进一步讨论了不同黏度比、毛细管数和邦德数条件下固体小球垂直于平面时的运动。

Hartland[16]采用实验和理论计算的方法研究了固体小球靠近可变形液-液界面时的行为，发现固体小球与液-液界面间的液膜排干过程是关于竖直方向轴对称的，液膜在边缘处是最薄的，在中心处仅次于边缘。Jacques 等[17]通过能量分析，研究了固体粒子在液-液界面分离的过程，讨论了不同条件下的热力学稳定性和可行性。结果表明，在固体粒子间形成液桥比液体完全包裹固体粒子更容易发生；接触角对粒子在液-液界面行为和粒子的分离有重要的影响。

11.2　固体夹杂物在钢-渣界面分离的物理意义

精炼渣吸附溶解是炼钢过程中去除夹杂物的主要方式之一，本节以 Al_2O_3 固体夹杂物粒子在钢-渣界面的行为为例进行研究，建立了夹杂物粒子在钢-渣界面的分离模型，采用的物性参数如表 11-1 所示。

表 11-1　钢液、渣和夹杂物粒子的物性参数

物性参数	符号	值	单位	参考文献
钢液密度	ρ_M	7020	kg/m^3	[18]
渣相密度	ρ_S	3500	kg/m^3	
夹杂物粒子密度	ρ_P	3990	kg/m^3	
钢-渣界面张力	σ_{MS}	1.0	N/m	

固体夹杂物粒子运动到钢-渣界面时，会在夹杂物粒子周围形成轴对称的弯液面，如图 11-3 所示。在平衡状态下，微米尺寸夹杂物粒子（忽略重力和浮力，这将在下文讨论）对应的钢-渣界面为水平面。而当夹杂物粒子脱离钢-渣界面时，由于界面的变形，将会产生毛细力。由于毛细力是关于竖直方向轴对称的，因此毛细力在水平方向的分力为零，仅在竖直方向存在分力：

$$F^* = \frac{F}{2\pi R_P \sigma_{MS}} = \sin\alpha\sin(\theta - \alpha) \tag{11-1}$$

式中，F^* 为无量纲毛细力；F 为毛细力，N；R_P 为夹杂物粒子半径，m；σ_{MS} 为钢-渣界面的界面张力，N/m；θ 为夹杂物粒子在钢-渣界面处的三相接触角，(°)；α 为表示夹杂物粒子与钢-渣间相对位置的圆心角，(°)，如图 11-3 所示。

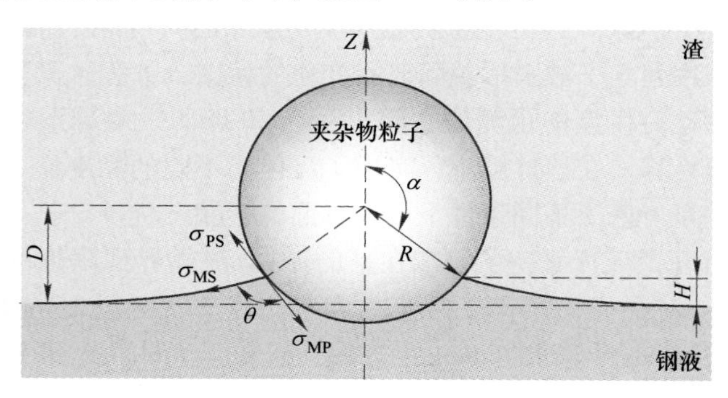

图 11-3　固体夹杂物粒子在钢-渣界面行为示意图

在固体夹杂物粒子分离过程中，毛细力作用方向与夹杂物粒子的运动方向相反。图 11-4 为无量纲毛细力随圆心角的变化关系曲线。其中，假设夹杂物粒子在钢-渣界面处的三相接触角为 120°。以下规定竖直向上为正方向。因此，毛细力为负，表示夹杂物粒子向上运动进入渣相；反之，则表示夹杂物向下运动进入钢液相。平衡状态下，圆心角等于三相接触角（$\alpha_0 = \theta$），净毛细力为零。固体夹杂物粒子向上运动进入渣相时，毛细力为负数，当圆心角等于 $\alpha_{F,S} = (\pi + \theta)/2$ 时，毛细力达到极小值：

$$F_{\mathrm{s}}^{*}=\frac{F_{\mathrm{s}}}{2\pi R_{\mathrm{P}}\sigma_{\mathrm{MS}}}=-\frac{1}{2}-\frac{1}{2}\cos\theta \tag{11-2}$$

固体夹杂物粒子向下运动进入钢液相时，毛细力为正数，当圆心角等于 $\alpha_{\mathrm{F,M}}=\theta/2$ 时，毛细力达到极大值：

$$F_{\mathrm{M}}^{*}=\frac{F_{\mathrm{M}}}{2\pi R_{\mathrm{P}}\sigma_{\mathrm{MS}}}=\frac{1}{2}(1-\cos\theta) \tag{11-3}$$

如果夹杂物粒子的运动是由受力控制的，夹杂物粒子在钢-渣界面的黏附就是稳定的直至毛细力达到极值，此时，钢-渣界面对夹杂物粒子产生的毛细力将不足以使夹杂物粒子继续黏附在钢-渣界面，增大（夹杂物粒子向上运动进入渣相）或减小（固体夹杂物粒子向下运动进入钢液相时）圆心角，夹杂物粒子将从钢-渣界面分离。因此，夹杂物粒子从钢-渣界面分离进入渣相和钢液相的临界条件分别为 $\alpha_{\mathrm{F,S}}=(\pi+\theta)/2$ 和 $\alpha_{\mathrm{F,M}}=\theta/2$，如图 11-4 所示。

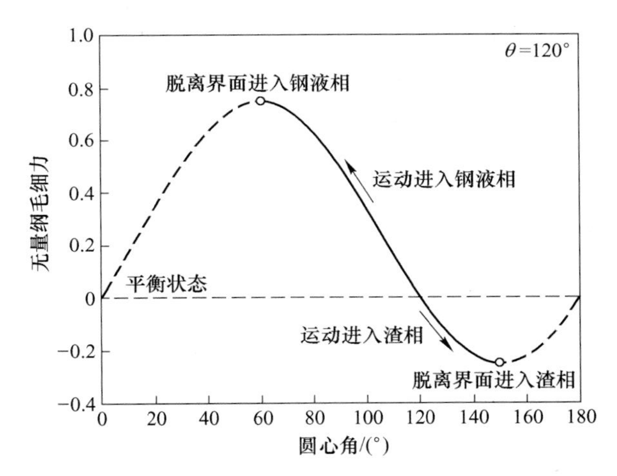

图 11-4 无量纲毛细力随圆心角的变化关系

夹杂物粒子相对于钢-渣界面间的位置可以通过定义夹杂物粒子中心到无限远处钢-渣水平界面间的竖直距离来进行表征：

$$D^{*}=\frac{D}{R_{\mathrm{P}}}=\frac{H}{R_{\mathrm{P}}}-\cos\alpha \tag{11-4}$$

式中，D^* 为无量纲距离；D 为夹杂物粒子中心到无限远处钢-渣水平界面间的竖直距离，m；H 为在钢液-渣-夹杂物粒子三相接触线处的弯液面高度，m，可以通过 Derjaguin 方程[19]计算得到：

$$H^{*}=\frac{H}{R_{\mathrm{P}}}=\sin\alpha\sin(\alpha-\theta)\left\{\ln\frac{4}{\varepsilon\sin\alpha[1+\cos(\theta-\alpha)]}-\gamma\right\},\varepsilon\ll 1 \tag{11-5}$$

式中，H^* 为无量纲弯液面高度；γ 为欧拉常数，其值为 $\gamma\approx 0.577$；ε 为无量纲邦德数（Bond number），其定义为重力与界面张力的比值：

$$\varepsilon=R_{\mathrm{P}}\sqrt{\frac{\Delta\rho g}{\sigma_{\mathrm{MS}}}} \tag{11-6}$$

式中，g 为重力加速度，其值为 $g \approx 9.8\mathrm{m/s^2}$；$\Delta\rho$ 为钢液相与渣相的密度差，$\Delta\rho = \rho_M - \rho_S = 4520\mathrm{kg/m^3}$。

对于尺寸为微米级别的夹杂物，满足条件 $\varepsilon \ll 1$，表明夹杂物粒子在钢-渣界面的行为由毛细力主导，夹杂物粒子的重力和浮力是可以忽略不计的。

如果夹杂物粒子在钢-渣界面的行为是由位移控制的，则夹杂物粒子在钢-渣界面的分离将由相对位置来表征。图 11-5 为无量纲相对位置随圆心角的变化关系曲线，其中，假设夹杂物粒子在钢-渣界面处的三相接触角为 120°，夹杂物粒子的半径为 50μm。平衡状态下，圆心角等于三相接触角、弯液面高度为 0（$\alpha_0 = \theta$，$H^* = 0$），则夹杂物粒子相对于钢-渣界面的距离为 $D_0^* = -\cos\theta$。当夹杂物粒子向上运动进入渣相时，其将在相对位置的极大值 $D^* = D_S^*$ 处分离，对应的圆心角为 $\alpha = \alpha_{D,S}$；而当夹杂物粒子向下运动进入钢液相时，其将在相对位置的极小值 $D^* = D_M^*$ 处分离，对应的圆心角为 $\alpha = \alpha_{D,M}$。

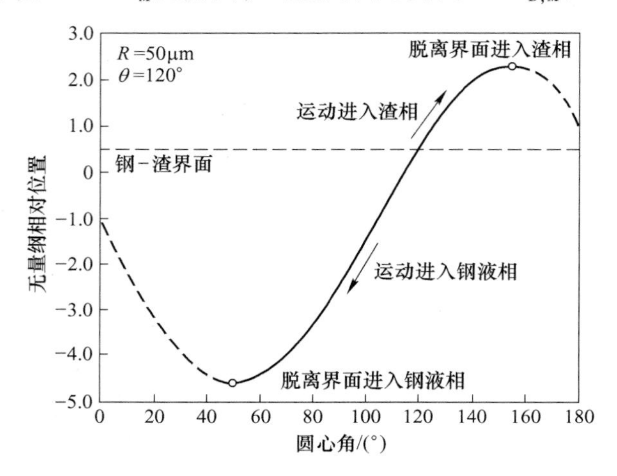

图 11-5　无量纲相对位置随圆心角的变化关系

为了计算临界圆心角 $\alpha_{D,S}$ 和 $\alpha_{D,M}$ 的具体取值，无量纲距离 D^* 可以表示为如下参数形式：

$$D^* = D^*(\alpha, \theta, \varepsilon) \tag{11-7}$$

对于给定 θ 和 ε 取值，函数 $D^*(\alpha)$ 在 $\alpha_{D,S}$ 达到极大值和在 $\alpha_{D,M}$ 达到极小值：

$$\frac{\mathrm{d}}{\mathrm{d}\alpha} D^*(\alpha, \theta, \varepsilon) = 0 \tag{11-8}$$

$$\alpha_{D,S} = \alpha_{\max}(\theta, \varepsilon) \tag{11-9}$$

$$\alpha_{D,M} = \alpha_{\min}(\theta, \varepsilon) \tag{11-10}$$

前人研究表明[20, 21]，$\alpha_{F,M}$ 和 $\alpha_{F,S}$ 分别接近于 $\alpha_{D,M}$ 和 $\alpha_{D,S}$，因此 $\alpha_{F,M}$ 和 $\alpha_{F,S}$ 可以分别表示为以下形式：

$$\alpha_{D,S} = \alpha_{F,S} + \delta\alpha_S = (\pi + \theta)/2 + \delta\alpha_S \tag{11-11}$$

$$\alpha_{D,M} = \alpha_{F,M} + \delta\alpha_M = \theta/2 + \delta\alpha_M \tag{11-12}$$

式中，$\delta\alpha_S$ 和 $\delta\alpha_M$ 分别为一小量。参考式（11-4）、式（11-5）、式（11-11）和式（11-12），对式（11-8）进行一阶泰勒级数展开，得到：

$$\left.\frac{\mathrm{d}H^*}{\mathrm{d}\alpha}\right|_{\alpha=\theta/2}+\sin\frac{\theta}{2}+\left.\frac{\mathrm{d}^2H^*}{\mathrm{d}\alpha^2}\right|_{\alpha=\theta/2}\delta\alpha_{\mathrm{M}}+\cos\frac{\theta}{2}\delta\alpha_{\mathrm{M}}=0 \tag{11-13}$$

$$\left.\frac{\mathrm{d}H^*}{\mathrm{d}\alpha}\right|_{\alpha=(\pi+\theta)/2}+\sin\left(\frac{\pi+\theta}{2}\right)+\left.\frac{\mathrm{d}^2H^*}{\mathrm{d}\alpha^2}\right|_{\alpha=(\pi+\theta)/2}\delta\alpha_{\mathrm{S}}+\cos\left(\frac{\pi+\theta}{2}\right)\delta\alpha_{\mathrm{S}}=0 \tag{11-14}$$

通过代数计算可以得到:

$$\delta\alpha_{\mathrm{S}}=\frac{\cos\frac{\theta}{2}}{\sin\frac{\theta}{2}-\ln\left[\frac{\varepsilon}{4}\cos\frac{\theta}{2}\left(1+\sin\frac{\theta}{2}\right)\right]-\gamma-1} \tag{11-15}$$

$$\delta\alpha_{\mathrm{M}}=\frac{\sin\frac{\theta}{2}}{\ln\left[\frac{\varepsilon}{4}\sin\frac{\theta}{2}\left(1+\cos\frac{\theta}{2}\right)\right]+\gamma+1-\cos\frac{\theta}{2}} \tag{11-16}$$

则夹杂物粒子在位移控制条件下从钢-渣界面分离进入渣相和钢液相的临界圆心角分别为:

$$\alpha_{\mathrm{D,S}}=\alpha_{\mathrm{F,S}}+\delta\alpha_{\mathrm{S}}=\frac{\pi+\theta}{2}+\frac{\cos\frac{\theta}{2}}{\sin\frac{\theta}{2}-\ln\left[\frac{\varepsilon}{4}\cos\frac{\theta}{2}\left(1+\sin\frac{\theta}{2}\right)\right]-\gamma-1} \tag{11-17}$$

$$\alpha_{\mathrm{D,M}}=\alpha_{\mathrm{F,M}}+\delta\alpha_{\mathrm{M}}=\frac{\theta}{2}+\frac{\sin\frac{\theta}{2}}{\ln\left[\frac{\varepsilon}{4}\sin\frac{\theta}{2}\left(1+\cos\frac{\theta}{2}\right)\right]+\gamma+1-\cos\frac{\theta}{2}} \tag{11-18}$$

由上述分析可知，在受力控制条件下夹杂物粒子从钢-渣界面分离的临界角可以通过解析的方法得到精确解；而对于受位移控制条件下对应的临界角不能够得到精确值，只能通过理论计算来求解得到近似值。此外，研究还通过数值计算的方法，求解了受位移控制条件下夹杂物粒子从钢-渣界面分离的临界角，如表 11-2 所示。在受力控制条件下夹杂物粒子从钢-渣界面分离的临界角与夹杂物粒子大小无关；而在位移控制条件下夹杂物粒子从钢-渣界面分离进入钢液相的临界角随着夹杂物尺寸的增大而减小，进入渣相的临界角随着夹杂物尺寸的增大而增大。无论是受力控制还是位移控制，三相接触角越大，夹杂物粒子从钢-渣界面分离进入钢液相与进入渣相的临界角均越大。相比于受力控制，在位移控制条件下夹杂物粒子从钢-渣界面分离进入钢液相所需的临界角更小，而进入渣相所需的临界角更大；并且夹杂物粒子尺寸越大，二者之间的差值越大。在位移控制条件下理论计算的进入钢液相的临界角比数值计算临界角偏小，而理论计算的进入渣相的临界角比数值计算临界角偏大；同时，夹杂物粒子尺寸越大，理论近似计算结果偏差越大，但对于尺寸小于 100μm 的夹杂物粒子，该相对偏差小于 2.0%。

表 11-2 夹杂物粒子从钢-渣界面分离的临界角

三相接触角 /(°)	夹杂物半径 /μm	受力控制		位移控制-理论计算		位移控制-数值计算	
		钢液相	渣相	钢液相	渣相	钢液相	渣相
120	1	60.0	150.0	54.2	153.1	54.3	153.1
	5	60.0	150.0	52.8	153.8	53.0	153.7
	10	60.0	150.0	52.0	154.1	52.2	154.1
	50	60.0	150.0	49.2	155.4	49.7	155.2
140	1	70.0	160.0	63.6	162.0	63.7	162.0
	5	70.0	160.0	62.1	162.4	62.2	162.4
	10	70.0	160.0	61.2	162.7	61.4	162.6
	50	70.0	160.0	58.0	163.4	58.6	163.3
160	1	80.0	170.0	73.2	171.0	73.3	171.0
	5	80.0	170.0	71.6	171.1	71.8	171.1
	10	80.0	170.0	70.6	171.2	70.9	171.2
	50	80.0	170.0	67.2	171.5	67.8	171.5

11.3 分离功与临界分离速度

分离功是指将黏附在钢-渣界面的固体夹杂物粒子从界面处分离进入渣相或钢液相所需的功。其物理意义可以认为是夹杂物粒子从界面分离所需克服的能垒，类比于化学反应中的活化能。分离功可以通过积分毛细力-位移曲线得到：

$$W = \int_{D_0}^{D_1} F \mathrm{d}D = 2\pi\sigma_{\mathrm{MS}} R_{\mathrm{P}}^2 \int_{D_0^*}^{D_1^*} F^* \mathrm{d}D^* \tag{11-19}$$

式中，W 为固体夹杂物粒子从钢-渣界面处分离时所对应的分离功，J。

平衡态是求解分离功的初始态，此时，无量纲相对位置为 $D_0^* = -\cos\theta$，对应的圆心角、弯液面高度和毛细力分别为 $\alpha_0 = \theta$、$H^* = 0$ 和 $F^* = 0$。

当夹杂物粒子的运动是由受力控制时，夹杂物粒子向上运动从钢-渣界面分离进入渣相的临界条件为 $\alpha_{\mathrm{F,S}} = (\pi + \theta)/2$，则分离功可以通过求解下式得到：

$$W_{\mathrm{F,S}}^* = \frac{W_{\mathrm{F,S}}}{\pi\sigma_{\mathrm{MS}} R_{\mathrm{P}}^2} \int_{D_0^*}^{D_1^*} F^* \mathrm{d}D^* = 2\int_{\theta}^{(\theta+\pi)/2} \sin\alpha \sin(\alpha - \theta)\left(\frac{\mathrm{d}H^*}{\mathrm{d}\alpha} + \sin\alpha\right) \mathrm{d}\alpha \tag{11-20}$$

式中，$W_{\mathrm{F,S}}^*$为受力控制条件下固体夹杂物粒子从钢-渣界面分离进入渣相时所对应的无量纲分离功。通过求解上述积分，可以得到解析解：

$$W_{\mathrm{F,S}}^* = \left(1 - \sin\frac{\theta}{2}\right)^2 \left\{\frac{1}{2}\left(7\sin^2\frac{\theta}{2} 8\sin\frac{\theta}{2} + 3\right) - \left(1 + \sin\frac{\theta}{2}\right)^2 \left(\ln\left[\frac{\varepsilon}{4}\cos\frac{\theta}{2}\left(1 + \sin\frac{\theta}{2}\right)\right] + \gamma\right)\right\} \tag{11-21}$$

同理，夹杂物粒子向下运动从钢-渣界面分离进入钢液相的临界条件为 $\alpha_{\mathrm{F,S}} = (\pi + \theta)/2$，对应分离功的解析解为：

$$W_{F,M}^{*}=\left(1-\cos\frac{\theta}{2}\right)^{2}\left\{\frac{1}{2}\left(7\cos^{2}\frac{\theta}{2}+8\cos\frac{\theta}{2}+3\right)-\left(1+\cos\frac{\theta}{2}\right)^{2}\left(\ln\left[\frac{\varepsilon}{4}\sin\frac{\theta}{2}\left(1+\cos\frac{\theta}{2}\right)\right]+\gamma\right)\right\} \tag{11-22}$$

式中，$W_{F,M}^{*}$为受力控制条件下固体夹杂物粒子从钢-渣界面分离进入钢液相时所对应的无量纲分离功。

当夹杂物粒子在钢-渣界面处的行为由位移主导时，向上运动从钢-渣界面分离进入渣相的临界条件为 $D^{*}=D_{S}^{*}$，此时对应的圆心角为 $\alpha=\alpha_{D,S}$，则分离功可以表述为下式：

$$\begin{aligned}W_{D,S}^{*}&=\int_{\theta}^{\alpha_{D,S}}\sin\alpha\sin(\alpha-\theta)\left(\frac{dH^{*}}{d\alpha}+\sin\alpha\right)d\alpha\\&=\int_{\theta}^{\alpha_{F,S}+\delta\alpha_{S}}\sin\alpha\sin(\alpha-\theta)\left(\frac{dH^{*}}{d\alpha}+\sin\alpha\right)d\alpha=W_{F,S}^{*}+\Delta W_{S}^{*}\end{aligned} \tag{11-23}$$

式中，$W_{D,S}^{*}$为受位移主导条件下固体夹杂物粒子从钢-渣界面分离进入渣相时所对应的无量纲分离功，J；ΔW_{S}^{*}为位移主导条件下与受力控制条件下固体夹杂物粒子从钢-渣界面分离进入渣相时所对应的无量纲分离功之差，如下式：

$$\Delta W_{S}^{*}=\int_{\alpha_{F,S}}^{\alpha_{D,S}}\sin\alpha\sin(\alpha-\theta)\left(\frac{dH^{*}}{d\alpha}+\sin\alpha\right)d\alpha \tag{11-24}$$

由于 $\delta\alpha_{S}=\alpha_{D,S}-\alpha_{F,S}$是一小量，采用梯形公式来近似计算 ΔW_{S}^{*}，计算结果如下：

$$\Delta W_{S}^{*}\approx\frac{2\cos^{4}\frac{\theta}{2}}{\sin\frac{\theta}{2}-\ln\left[\frac{\varepsilon}{4}\cos\frac{\theta}{2}\left(1+\sin\frac{\theta}{2}\right)\right]-\gamma-1} \tag{11-25}$$

则受位移主导条件下固体夹杂物粒子从钢-渣界面分离进入渣相时所对应的无量纲分离功为：

$$W_{D,S}^{*}=\left(1-\sin\frac{\theta}{2}\right)^{2}\left\{\frac{1}{2}\left(7\sin^{2}\frac{\theta}{2}8\sin\frac{\theta}{2}+3\right)-\left(1+\sin\frac{\theta}{2}\right)^{2}\left(\ln\left[\frac{\varepsilon}{4}\cos\frac{\theta}{2}\left(1+\sin\frac{\theta}{2}\right)\right]+\gamma\right)\right\}+\frac{2\cos^{4}\frac{\theta}{2}}{\sin\frac{\theta}{2}-\ln\left[\frac{\varepsilon}{4}\cos\frac{\theta}{2}\left(1+\sin\frac{\theta}{2}\right)\right]-\gamma-1} \tag{11-26}$$

同理，在位移主导条件下夹杂物粒子向下运动从钢-渣界面分离进入钢液相的临界条件为 $D^{*}=D_{M}^{*}$，此时对应的圆心角为 $\alpha=\alpha_{D,M}$，则分离功为：

$$W_{D,M}^{*}=\left(1-\cos\frac{\theta}{2}\right)^{2}\left\{\frac{1}{2}\left(7\cos^{2}\frac{\theta}{2}+8\cos\frac{\theta}{2}+3\right)-\left(1+\cos\frac{\theta}{2}\right)^{2}\left(\ln\left[\frac{\varepsilon}{4}\sin\frac{\theta}{2}\left(1+\cos\frac{\theta}{2}\right)\right]+\gamma\right)\right\}+$$

$$\frac{2\sin^4\frac{\theta}{2}}{\cos\frac{\theta}{2}-\ln\left[\frac{\varepsilon}{4}\sin\frac{\theta}{2}\left(1+\cos\frac{\theta}{2}\right)\right]-\gamma-1} \tag{11-27}$$

表 11-3 为计算的夹杂物粒子在钢-渣界面的无量纲分离功。对于受力控制，分离功通过解析的方法得到精确解；而对于位移控制，分离功分别通过理论近似计算和数值计算得到。关于三相接触角和夹杂物粒子尺寸对无量纲分离功的影响将在下文讨论。由于在位移控制条件下比受力控制条件下夹杂物粒子从钢-渣界面分离进入钢液相所需的临界角更小，而进入渣相所需的临界角更大，即位移控制条件下比受力控制条件下夹杂物粒子更不容易从钢-渣界面分离。因此，位移控制条件下对应的临界分离功比受力控制条件下的分离功大。对比位移控制条件下的理论计算结果与数值计算结果，可以发现，夹杂物粒子从钢-渣界面分离无论是进入钢液相还是进入渣相，理论计算结果都比数值计算结果偏大，但相对误差小于 2.0%。三相接触角越大，夹杂物粒子从钢-渣界面分离进入渣相的理论计算结果与数值计算结果之间的偏差越小。

表 11-3　夹杂物粒子在钢-渣界面无量纲分离功

三相接触角 /(°)	夹杂物半径 /μm	受力控制		位移控制-理论计算		位移控制-数值计算	
		钢液相	渣相	钢液相	渣相	钢液相	渣相
120	1	6.169	0.721	6.301	0.734	6.288	0.731
	5	5.264	0.620	5.426	0.637	5.414	0.634
	10	4.874	0.577	5.055	0.595	5.042	0.593
	50	3.968	0.476	4.212	0.500	4.196	0.497
140	1	8.477	0.163	8.663	0.166	8.648	0.165
	5	7.222	0.141	7.452	0.144	7.437	0.144
	10	6.682	0.132	6.938	0.135	6.922	0.134
	50	5.427	0.110	5.775	0.114	5.752	0.114
160	1	10.167	0.011	10.393	0.012	10.377	0.012
	5	8.653	0.010	8.934	0.010	8.917	0.010
	10	8.001	0.009	8.314	0.010	8.296	0.010
	50	6.487	0.008	6.915	0.008	6.888	0.008

如前所述，分离功的物理意义是将夹杂物粒子从钢-渣界面分离时需要克服的能垒。假设夹杂物粒子从界面分离克服的能垒是由其在钢-渣界面的动能来提供，夹杂物粒子在钢-渣界面的动能为：

$$E_k=\frac{1}{2}m_P v_P^2=\frac{1}{2}\left(\frac{4}{3}\pi R_P^3\rho_P\right)v_P^2 \tag{11-28}$$

式中，m_P 为夹杂物粒子的质量，kg；v_P 为夹杂物粒子在钢-渣界面的速度，m/s；ρ_P 为夹杂物粒子的密度，kg/m^3。

通过联立夹杂物粒子在钢-渣界面的动能公式与夹杂物在钢-渣界面分离功公式，可以计算得到夹杂物粒子在钢-渣界面分离的临界速度：

$$|v_{cr}| = \sqrt{\frac{3\sigma_{MS} W^*}{2\rho_P R_P}} \tag{11-29}$$

式中，v_{cr}为夹杂物粒子在钢-渣界面分离的临界速度，m/s。

需要指出的是，由式（11-29）计算得到的临界速度仅表示大小，其方向需要依据相对于钢-渣界面的运动来确定。当夹杂物粒子由钢-渣界面分离进入渣相时，速度为正值；而由钢-渣界面分离进入钢液相时，速度为负值。

表 11-4 为计算的夹杂物粒子从钢-渣界面分离的临界速度。三相接触角越大，夹杂物粒子从钢-渣界面分离进入钢液相的临界速度越大，而进入渣相的临界速度越小。例如，三相接触角为 120°时，夹杂物粒子进入钢液相的临界速度是进入渣相的临界速度的 3 倍；而三相接触角为 160°时，夹杂物粒子进入钢液相的临界速度是进入渣相的临界速度的 30 倍。说明夹杂物粒子在钢-渣界面处的三相接触角越大，夹杂物粒子越容易进入渣相。在实际生产过程中，夹杂物粒子在钢-渣界面处的三相接触角通常远大于 90°，因此，精炼渣易于吸附去除夹杂物。夹杂物粒子尺寸越大，对比位移控制条件下的理论计算临界分离速度与数值计算算临界分离速度发现，夹杂物粒子从钢-渣界面分离无论是进入钢液相还是进入渣相，理论计算值比数值计算值均大，但相对误差均小于 2.0%。

表 11-4　夹杂物粒子从钢-渣界面分离的临界速度

三相接触角/(°)	夹杂物半径/μm	受力控制		位移控制-理论计算		位移控制-数值计算	
		钢液相	渣相	钢液相	渣相	钢液相	渣相
120	1	48.16	16.46	48.67	16.62	48.62	16.58
	5	19.89	6.83	20.20	6.92	20.18	6.90
	10	13.54	4.66	13.78	4.73	13.77	4.72
	50	5.46	1.89	5.63	1.94	5.62	1.93
140	1	56.45	7.83	57.07	7.90	57.02	7.87
	5	23.30	3.26	23.67	3.30	23.65	3.29
	10	15.85	2.22	16.15	2.25	16.13	2.25
	50	6.39	0.91	6.59	0.93	6.58	0.92
160	1	61.82	2.07	62.51	2.09	62.46	2.08
	5	25.51	0.87	25.92	0.88	25.89	0.87
	10	17.34	0.59	17.68	0.60	17.66	0.60
	50	6.98	0.24	7.21	0.25	7.20	0.25

11.4　固体夹杂物在钢-渣界面分离的临界条件

在钢液中，固体夹杂物粒子跟随流体流动能力通常采用斯托克斯数（Stokes number）来表征。斯托克斯数是固体粒子松弛时间和流体特征时间之比：

$$St = \frac{\tau_P}{\tau_f} = \frac{2\rho_P R_P^2/9\mu_f}{l/v_P} = \frac{2\rho_P R_P^2 v_P}{9\mu_f l} \tag{11-30}$$

式中，St 为斯托克斯数；τ_P为夹杂物粒子松弛时间，$\tau_P = 2\rho_P R^2/9\mu_f$，s；$\tau_f$为流体特征时间，$\tau_f = l/v_P$，s；$\mu_f$为流体的动力学黏度，Pa·s；$l$ 为流体的特征长度，m。

斯托克斯数越小，固体粒子惯性越小，越容易跟随流体运动；$St<1$，表明固体粒子会紧随着流体运动。对于炼钢生产过程中的夹杂物粒子，其尺寸通常为微米级，满足 $St<1$ 条件，因此假设夹杂物粒子的速度与其所在位置的钢液速度相等。

对于湍流流动，流体的瞬时速度通常认为包含两部分，即时均速度和脉动速度：

$$v_z = \bar{v}_z + v'_z \tag{11-31}$$

在 k-ε 和 k-w 湍流模型中，脉动速度是取决于湍动能的标准正态分布的随机数，在竖直方向满足：

$$v'_z = \xi\sqrt{\overline{v'^2_z}} = \xi\sqrt{2k/3} \tag{11-32}$$

式中，k 为湍动能，m^2/s^2；ξ 为一服从标准正态分布的随机数：

$$\xi(x) = \frac{1}{\sqrt{2\pi}} e^{-x^2/2} \tag{11-33}$$

如前所述，当夹杂物粒子在钢-渣界面的速度大于夹杂物在钢-渣界面分离的临界速度时，夹杂物粒子将从钢-渣界面分离进入渣相，如图 11-6 所示。因此，夹杂物粒子在钢-渣界面的分离概率为：

$$P(v_z > v_{cr}) = P\left(\xi > \frac{v_{cr} - v_z}{\sqrt{2k/3}}\right) = 1 - \Phi\left(\frac{v_{cr} - v_z}{\sqrt{2k/3}}\right) \tag{11-34}$$

式中，$\Phi(x)$ 为标准正态分布函数：

$$\Phi(x) = \frac{1}{\sqrt{2\pi}}\int_{-\infty}^{x} e^{-t^2/2}dt \tag{11-35}$$

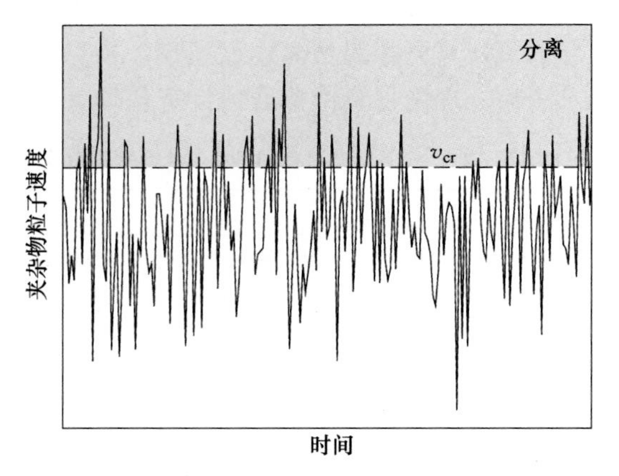

图 11-6　固体夹杂物粒子在钢-渣界面瞬时速度与临界分离速度

由式（11-2）可以建立起夹杂物粒子在界面分离与钢液界面处流动状态的关系。图 11-7 为计算得到的夹杂物粒子在钢-渣界面分离进入渣相的概率分布云图。其中，假设夹杂物粒子半径为 50μm，三相接触角为 140°。云图的颜色表示分离概率：1 区代表夹杂物粒子从界面分离的概率为 100%，表明夹杂物粒子一定从界面分离；2 区代表夹杂物粒子从界面分离的概率接近于 0，表明夹杂物粒子依然被界面捕获。当湍动能小于 $10^{-2}m^2/s^2$ 时，夹杂物粒子在钢-渣界面的行为是相对确定的，流体的时均速度小于分离的临界速度（0.92m/s），夹杂物粒子黏附在界面上；否则，夹杂物粒子将会从界面分离进入渣相。而随着湍动能的增加，夹杂物粒子在钢-渣界面行为的不确定性也会增加。例如，湍动能为 $5\times10^{-1}m^2/s^2$，流体时均速度为 0.1m/s 时，分离概率接近于 5%；流体时均速度为 0.92m/s 时，分离概率约为 50%。

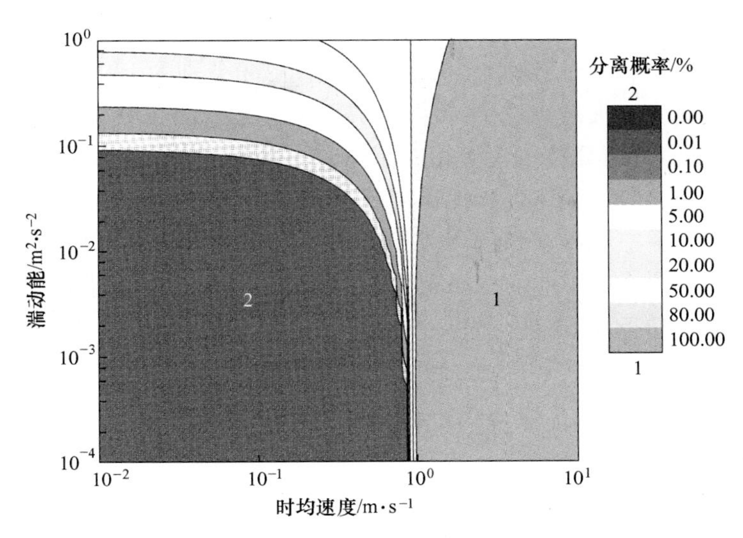

图 11-7　夹杂物粒子在钢-渣界面分离进入渣相的概率分布云图

（假设夹杂物粒子半径为 50μm，三相接触角为 140°）

11.5　三相接触角的影响

图 11-8 为三相接触角对无量纲分离功的影响，其中假设夹杂物粒子半径为 50μm。三相接触角是夹杂物粒子在钢-渣界面行为的主要影响因素之一。由图 11-8 可以看到，随着三相接触角的增加，无量纲分离功减小；并且三相接触角越大，减小的幅度也越大。当三相接触角小于 120°时，无量纲分离功在同一数量级；而大于 120°时，无量纲分离功急剧减小，从 120°时的 5×10^{-1}减小到 170°时的 8×10^{-3}。

图 11-9 为三相接触角对临界分离速度的影响。同样，随着三相接触角的增加，临界分离速度减小；并且三相接触角越大，减小的幅度也越大。这表明，三相接触角越大，夹杂物越容易从钢-渣界面分离。当三相接触角小于 120°时，临界分离速度在 2~10m/s 之间；而大于 120°时，临界分离速度急剧减小，如三相接触角为 160°时，临界分离速度为 0.25m/s。

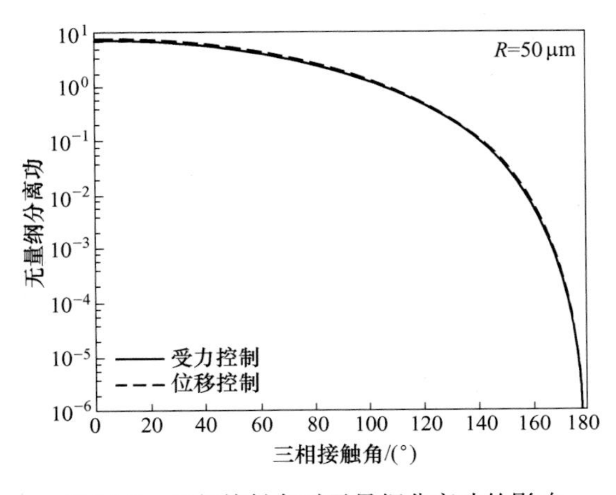

图 11-8　三相接触角对无量纲分离功的影响

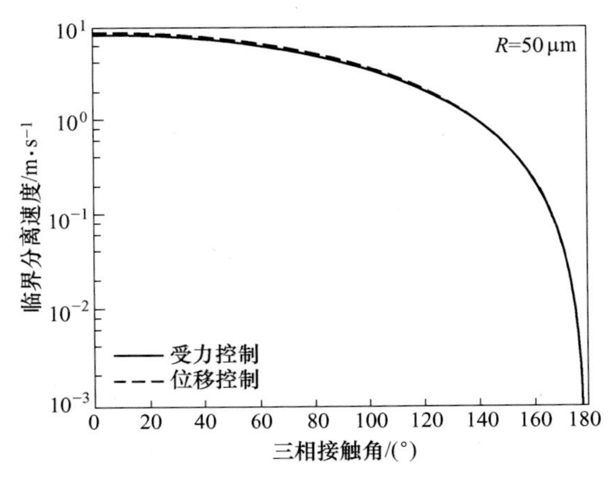

图 11-9　三相接触角对临界分离速度的影响

图 11-10 为不同三相接触角条件下夹杂物粒子在钢-渣界面分离进入渣相的概率分布云图。其中，假设夹杂物粒子半径为 50μm，三相接触角分别为 120°和 160°。由前文讨论可知，三相接触角越大，夹杂物粒子从钢-渣界面分离进入渣相的临界速度越小，对应的使夹杂物粒子从钢-渣界面分离进入渣相的流体时均速度也越小。湍动能反映了流体脉动速度的大小，湍动能越大，流体的脉动速度也越大，由于夹杂物粒子从钢-渣界面分离进入渣相的临界速度随着三相接触角的增大而减小，因此，夹杂物粒子在钢-渣界面分离概率随着三相接触角的增大而对应的湍动能减小。总之，三相接触角越大，夹杂物粒子黏附在钢渣界面的区域（2 区）越小，而夹杂物粒子在钢-渣界面的不确定性区域（10%～80%）和分离进入渣相的区域（1 区）越大。

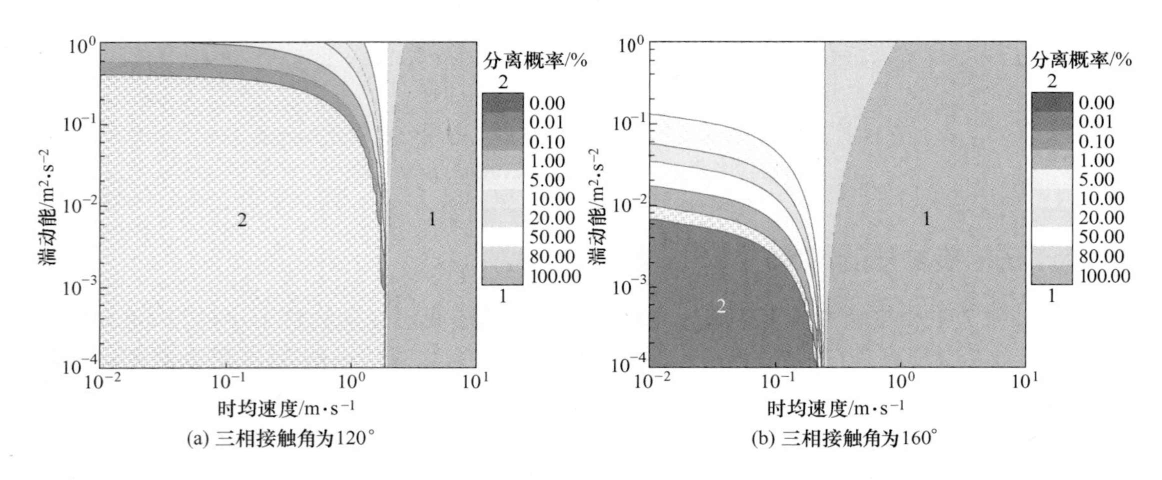

(a) 三相接触角为120°　　(b) 三相接触角为160°

图 11-10　不同三相接触角条件下夹杂物粒子在钢-渣界面分离进入渣相的概率分布云图
（假设夹杂物粒子半径为 50μm）

11.6　夹杂物粒子尺寸的影响

图 11-11 为夹杂物粒子尺寸对无量纲分离功的影响，其中假设三相接触角为 160°。随着夹杂物半径的增大，无量纲分离功减小；并且发现无量纲分离功与夹杂物半径的对数近似于直线关系。同时，由于在位移控制条件下夹杂物分离所对应的圆心角比受力控制条件下的大，因此在位移控制条件下的无量纲分离功要大于受力控制，但需要说明的是，两者间的偏差小于 5%。

图 11-12 为夹杂物粒子尺寸对临界分离速度的影响。同样，夹杂物半径越大，临界分离速度越小，表明大尺寸夹杂物比小尺寸夹杂物更容易从钢-渣界面分离。同时发现，临界分离速度的对数与夹杂物半径的对数近似于直线关系。

图 11-13 为夹杂物粒子半径分别为 1μm 和 5μm，三相接触角为 160°时，夹杂物粒子在钢-渣界面的分离进入渣相的概率分布云图。夹杂物粒子尺寸越大，夹杂物粒子从钢-渣界面分离进入渣相的临界速度越小。

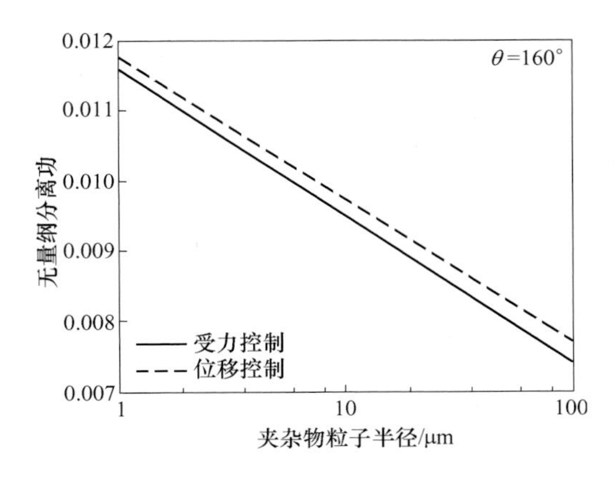

图 11-11 夹杂物粒子尺寸对无量纲分离功的影响

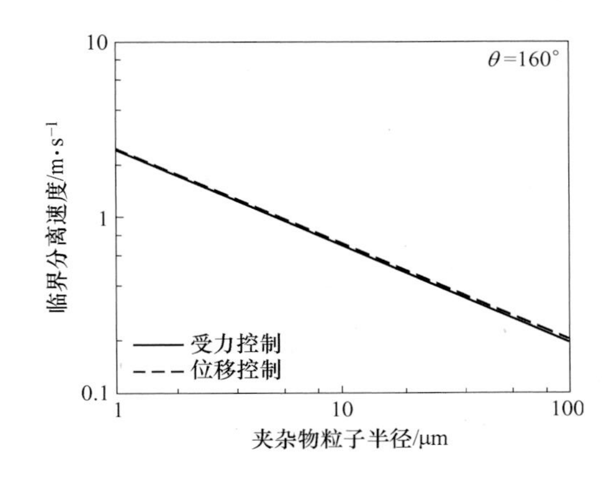

图 11-12 夹杂物粒子尺寸对临界分离速度的影响

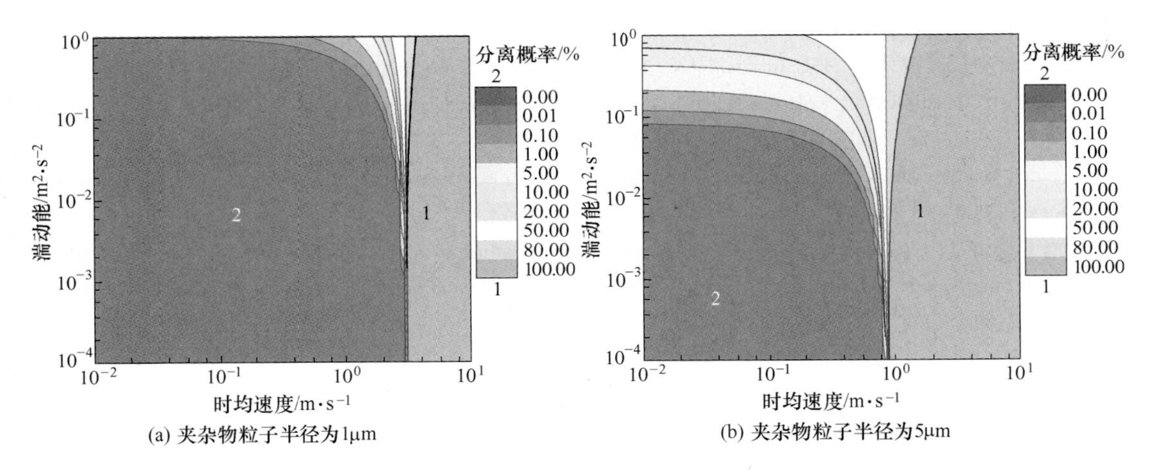

图 11-13 不同夹杂物粒子尺寸条件下夹杂物粒子在钢-渣界面分离进入渣相的概率分布云图（三相接触角为 160°）

11.7 本章小结

本章对夹杂物粒子在钢-渣界面分离的过程进行了理论分析，考虑了夹杂物粒子在钢-渣界面形成的弯液面，提出了分别在受力控制和位移控制下的分离条件，计算推导了分离功和临界速度的解析表达式。通过与局部流场相耦合，建立了分离概率与时均速度和湍动能的函数关系。得到结论如下：

（1）通过分析夹杂物粒子在钢-渣界面的毛细力及其相对界面的位置，得到了夹杂物粒子从钢-渣界面分离的临界条件。

（2）通过对夹杂物所受毛细力沿平衡位置到分离临界位置进行积分，得到夹杂物粒子从钢-渣界面分离的分离功，其物理意义表示夹杂物粒子从钢-渣界面分离所需克服的能垒，类比于化学反应中的活化能。

（3）假设夹杂物粒子从钢-渣界面分离的能量由其动能提供，可以推导得到夹杂物粒

子从钢-渣界面分离的临界速度大小为 $|v_{cr}| = \sqrt{\dfrac{3\sigma_{MS}W^*}{2\rho_P R_P}}$。

（4）由于夹杂物尺寸多为微米级，认为夹杂物运动速度近似等于流体流速，结合湍流理论中的湍动能概念，建立了夹杂物分离概率与时均速度和湍动能的函数关系：$P(v_z - v_{cr}) = 1 - \Phi\left(\dfrac{v_{cr} - v_z}{\sqrt{2k/3}}\right)$。

（5）三相接触角越大，夹杂物粒子越容易从钢-渣界面分离而进入渣相；大尺寸夹杂物粒子比小尺寸夹杂物粒子更容易从钢-渣界面分离。

参考文献

[1] Strandh J, Nakajima K, Eriksson R, et al. Solid inclusion transfer at a steel-slag interface with focus on tundish conditions [J]. ISIJ International, 2005, 45 (11): 1597-1606.

[2] Strandh J, Nakajima K, Eriksson R, et al. A mathematical model to study liquid inclusion behavior at the steel-slag interface [J]. ISIJ International, 2005, 45 (12): 1838-1847.

[3] Valdez M, Shannon G S, Sridhar S. The ability of slags to absorb solid oxide inclusions [J]. ISIJ International, 2006, 46 (3): 450-457.

[4] Yang S, Li J, Liu C, et al. Motion behavior of nonmetal inclusions at the interface of steel and slag. Part II: Model application and discussion [J]. Metallurgical and Materials Transactions B, 2014, 45 (6): 2453-2463.

[5] Liu C, Yang S, Li J, et al. Motion behavior of nonmetallic inclusions at the interface of steel and slag. Part I: Model development, validation, and preliminary analysis [J]. Metallurgical and Materials Transactions B, 2016, 47 (3): 1882-1892.

[6] Bouris D, Bergeles G. Investigation of inclusion re-entrainment from the steel-slag interface [J]. Metallurgical and Materials Transactions B, 1998, 29 (3): 641-649.

[7] Shannon G, White L, Sridhar S. Modeling inclusion approach to the steel/slag interface [J]. Materials Science and Engineering: A, 2008, 495 (1): 310-315.

[8] Reis B H, Bielefeldt W V, Vilela A C F. Efficiency of inclusion absorption by slags during secondary refining of steel [J]. ISIJ International, 2014, 54 (7): 1584-1591.

[9] Gutierrez E, Garcia-Hernandez S, de Jesus Barreto J. Mathematical modeling of inclusions deposition at the upper tundish nozzle and the submerged entry nozzle [J]. Steel Research International, 2016, 87 (11): 1406-1416.

[10] Hartland S. The profile of the draining film between a rigid sphere and a deformable fluid-liquid interface [J]. Chemical Engineering Science, 1969, 24 (6): 987-995.

[11] Stoos J A, Leal L G. Particle motion in axisymmetric stagnation flow toward an interface [J]. AIChE Journal, 1989, 35 (2): 196-212.

[12] Lee S H, Chadwick R S, Leal L G. Motion of a sphere in the presence of a plane interface. Part 1: An approximate solution by generalization of the method of lorentz [J]. Journal of Fluid Mechanics, 1979, 93 (4): 705-726.

[13] Lee S H, Leal L G. Motion of a sphere in the presence of a plane interface. Part 2: An exact solution in bi-

polar co-ordinates [J]. Journal of Fluid Mechanics, 1980, 98 (1): 193-224.

[14] Berdan C, Leal L G. Motion of a sphere in the presence of a deformable interface. I: Perturbation of the interface from flat: The effects on drag and torque [J]. Journal of Colloid and Interface Science, 1982, 87 (1): 62-80.

[15] Lee S H, Leal L G. Motion of a sphere in the presence of a deformable interface. II: A numerical study of the translation of a sphere normal to an interface [J]. Journal of Colloid and Interface Science, 1982, 87 (1): 81-106.

[16] Hartland S. The approach of a rigid sphere to a deformable liquid/liquid interface [J]. Journal of Colloid and Interface Science, 1968, 26 (4): 383-394.

[17] Jacques Malcolm T, Hovarongkura A David, Henry Joseph D. Feasibility of separation processes in liquid-liquid solid systems: Free energy and stability analysis [J]. AIChE Journal, 1979, 25 (1): 160-170.

[18] Verein Deutscher E. Slag atlas [M]. Verlag Stahleisen, 1995: 616.

[19] Nguyen A V. Empirical equations for meniscus depression by particle attachment [J]. Journal of Colloid and Interface Science, 2002, 249 (1): 147-151.

[20] Anachkov S E, Lesov I, Zanini M, et al. Particle detachment from fluid interfaces: Theory vs. Experiments [J]. Soft Matter., 2016, 12 (36): 7632-7643.

[21] Chateau X, Pitois O. Quasistatic detachment of a sphere from a liquid interface [J]. Journal of Colloid and Interface Science, 2003, 259 (2): 346-353.

12 气泡浮选去除钢中非金属夹杂物的理论

12.1 气泡与钢产品缺陷

钢中非金属夹杂物会对钢材的质量造成不利的影响，尽可能多地去除钢液中的夹杂物是炼钢的主要任务之一。目前，已开发出了许多方法用于去除钢液中的夹杂物，其中向钢液中喷吹气体是有效的方式之一。该方法可用于实现温度和成分的均匀化，同时有助于去除钢液中的夹杂物和溶解杂质。喷吹气体在钢液精炼和连铸过程中被广泛采用，例如钢包吹氩处理、RH 真空处理和连铸结晶器浸入式水口（SEN）的喷吹气体等。为了更有效地去除钢液中的夹杂物，需要满足两个条件：细小的气泡和良好的混匀。小气泡能生成更大的气-液界面面积，提高了夹杂物被气泡捕捉的概率；良好的混匀条件提高了元素和夹杂物粒子传输的效率。关于水模型中气泡浮选去除固体粒子的模拟研究已有大量的报道[1]，关于热态金属中通过吹气去除非金属夹杂物的相关研究也有所报道[2-9]。通过气泡去除钢液中的非金属夹杂物的过程受很多因素的影响，包括液体的流动和夹杂物、气泡、钢液和炉渣的物性等。气泡的聚合和破裂使得整个过程变得更加复杂，模型的建立也难以考虑所有的因素在内[3-9]。虽然关于钢液中气泡去除夹杂物的理论研究还很少，但在其他三个领域广泛涉及类似的过程[10-13]：选矿过程的气泡浮选矿物颗粒、空气中的雨滴浮选粉尘、废水净化处理过程。需要指出的是，将选矿过程得到的结果直接应用到“钢液-夹杂物-气泡”体系中是有一定的局限性：在这两个体系中，气泡与粒子的尺寸、湍流的强度、液体的表面张力、粒子和气泡间的接触角是不同的。

在精炼过程中，吹气工艺着力于实现两个条件：生成细小的气泡和创造良好的混匀环境[1,2,14-16]。在精炼过程中，小气泡增大了气-液界面面积以及提高了气泡对夹杂物的捕捉概率[1,2]。良好的混匀提高了合金元素和夹杂物的传输效率。在浸入式水口和连铸结晶器内吹气将从以下几个方面影响钢液的质量：

（1）有助于减少水口结瘤；

（2）影响结晶器内的流动模式；

（3）当气体流量过大时，会加剧液面波动甚至造成保护渣乳化；

（4）捕获在钢液中的夹杂物，促进夹杂物去除[2,17-19]；

（5）捕获的气泡和簇状夹杂物进入凝固坯壳，最终导致线状缺陷，如表面线状缺陷（line defect）、表面气孔缺陷、皮下针孔缺陷及轧材内部缺陷等[17,18,20-22]。

结晶器液相穴糊状区凝固前沿捕捉的气泡一般小于 3mm，被称为针孔缺陷（pinholes）或者气孔缺陷（blowholes）。有报道指出，大多数气泡都在连铸板坯或者方坯的皮下宽度中心处[23,24]。如图 12-1[17,25]所示，在连铸坯表层，在宽度方向，多数针孔缺陷在宽度中心处，针孔大小为 0.3~0.4mm[26]，这解释了为什么在轧板中心有时候会出现白色带状缺陷。在弧形连铸机生产的板坯内弧沿着厚度方向有一个气泡数量的峰值（图 12-1）。板坯中 93%的气泡是氩气泡，其余是氮气泡和氢气泡[17,25]。在 1853K 温度下氩在纯铁中的溶解度为 11×10^{-9}L/100g，在 1803K 温度下氩在 0.5%C-Fe 的钢中的溶解度是 0.55×10^{-9}L/100g，在 1673K 温度下在 4.5%C-Fe 的钢中的溶解度是 0.2×10^{-9}L/100g[27]。有学者针对连铸板坯中针孔缺陷的形成提出了如下机理：（1）浸入式水口注入的气泡被凝固前沿捕捉，特别是对于小于 1mm 的气泡，或者是被弯月面凝固钩捕捉的大气泡。（2）在冷却和凝固过程中，气体在钢中的溶解度降低，所以会析出 CO 气泡、N_2 气泡（高氮钢）、H_2 气泡（含氢高的钢）。（3）结晶器钢水的二次氧化[24]。二次氧化会造成局部钢液含氧量高，在凝固过程中，氧的溶解度降低，CO 气泡就会析出；或者当二次氧化严重时可以直接把空气中的 O_2和 N_2 气泡卷入钢中。由机理（3）造成的针孔/气孔一般大于 0.2mm，由机理（1）和（2）造成的缺陷一般小于 0.2mm。机理（2）和机理（3）因为是在固体钢中的行为，所以不能捕捉大量的夹杂物。而机理（1）造成的气泡缺陷因为是在液体钢中就开始发生了，一般捕捉有大量的夹杂物。

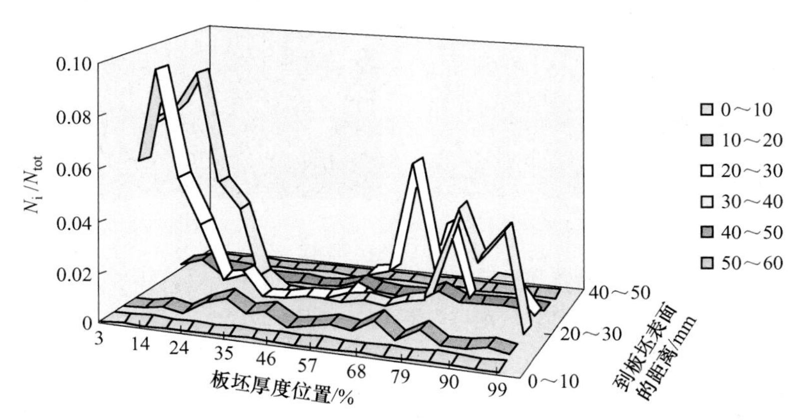

图 12-1 X 射线检测得出的连铸坯宽度和厚度上氩气泡的分布[17,25]

在非润湿性接触面产生的表面张力作用下，大多数固体夹杂物倾向于聚集在两相或者三相界面上，例如耐火材料表面和气泡表面[23,28-31]，如图 12-2 所示[23,32,33]。气泡在钢液中运动时不只气泡表面可以捕捉夹杂物，其尾流也会捕获一些夹杂物。在结晶器钢液凝固的糊状区也会出现这种情况，并最后在连铸坯中保留下来，如图 12-3 所示。

携带有大量夹杂物的气泡被凝固前沿捕捉后，在轧制过程中会产生线状缺陷（line defects），主要有鼓泡或者起皮（blisters）和线条缺陷（slivers）。相关研究指出，在连铸板坯中 55%的氩气泡在其尾流中携带有大于 100μm 的群落状夹杂物（clusters），且被凝固前沿捕捉的一个气泡可以携带 40～320 个[23]，甚至几千个夹杂物[19,30]。轧材产品表面的线状缺陷宽度为数十微米至毫米，长度可达 0.1～1m[34]。严重的线状缺陷是由于板坯表面附近（离表面小于 15mm）捕捉非金属夹杂物团簇造成的。如果表面缺陷包含气泡，则称为"铅笔管"缺陷（pencil pipe）、气孔缺陷、气泡缺陷或孔洞缺陷[34]。例如，汽车板用连铸坯在轧制后的退火过程中，气泡被拉长，同时气体膨胀导致内部压力升高，使得表面鼓起，从而产生表面条纹。这种管状表面缺陷具有光滑的略微凸起的表面，通常宽为 1mm、

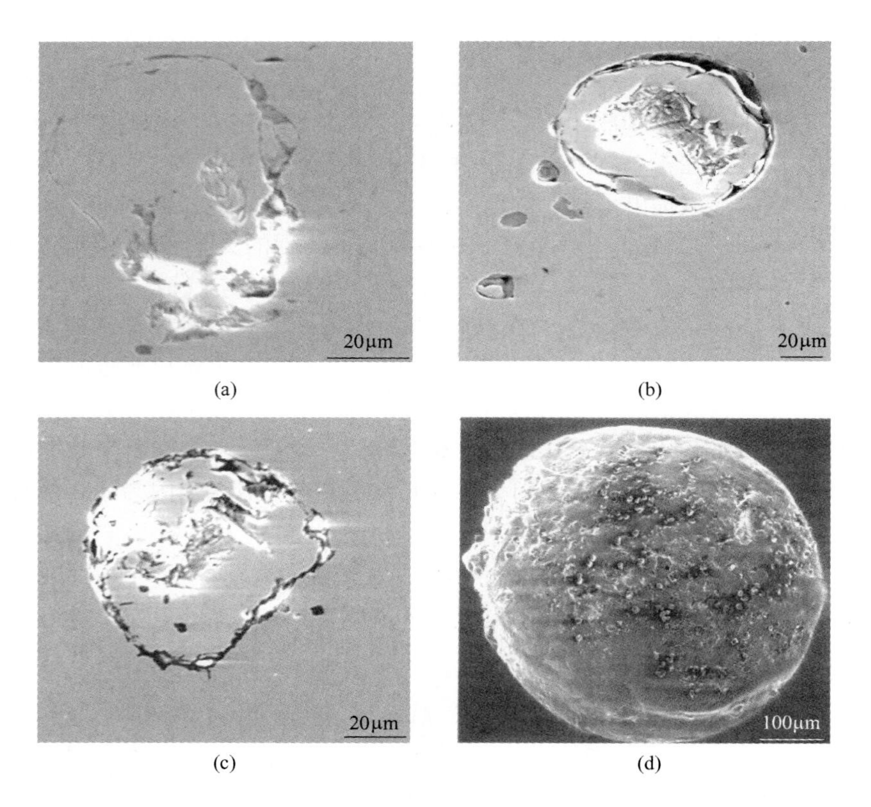

图 12-2　在模铸铸锭内沿着气泡形状表面聚集的夹杂物（（a），（b），（c））[33]及连铸坯内气泡坑内堆积的夹杂物（d）[32]

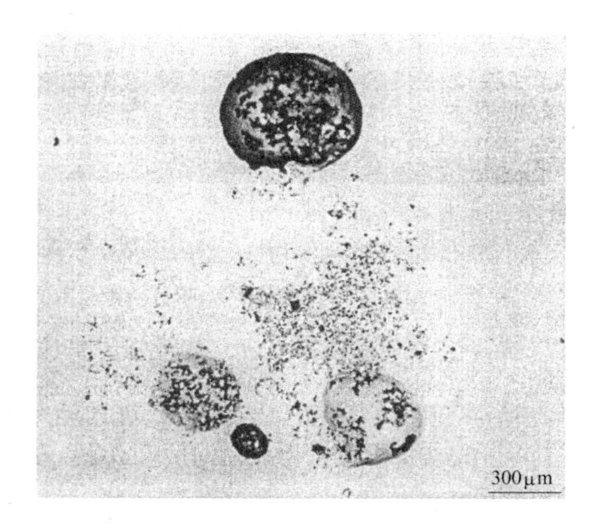

图 12-3　连铸坯中气泡及其尾流捕捉夹杂物的金相照片[17]

长为 150~300mm 甚至可达 1m[34,35]，如图 12-4（b）、（c）所示[29,34]。这些表面缺陷应该来自连铸坯表层 15mm 以内的非金属夹杂物。汽车板表面的 slivers 缺陷会引起板材表面不美观及成型缺陷。冷轧板线状缺陷（slivers）主要成分是铁的氧化物[36-38]、三氧化二铝[35-39]和外来氧化物夹杂[29,34-40]，如图 12-4 所示。有学者通过 SrO_2 示踪试验[36-38]、La_2O_3 试验[35]及对比线状缺陷的成分和保护渣的成分[39]得出线状缺陷来自结晶器卷渣[41-43]，结晶器保护渣不能均匀熔化，因此含有高熔点相和低黏度氧化物，这些相易于卷入钢液。连铸刚刚开浇时，结晶器保护渣不能迅速地形成液渣层，造成润滑不好，且含有固体粉末、半熔融和熔融的保护渣成分，这一混合成分很容易在第一块铸坯中被捕捉[44]。捕捉有夹杂物的气泡在连铸坯热处理过程中受热胀大，而后在轧制过程中在轧板表面形成鼓泡缺陷[45]。鼓泡缺陷一般在板材的对应于连铸坯内弧的那一表面上，在立弯式连铸机轧制成的板材中生成几率较小[45]。如果这些线状缺陷含有脆性夹杂物，例如尖晶石夹杂物，在轧材抛光过程中有可能脱落形成划痕缺陷[46]。图 12-4（c）展示了一个严重的线状缺陷，板材的外表面已经脱落了[34]。

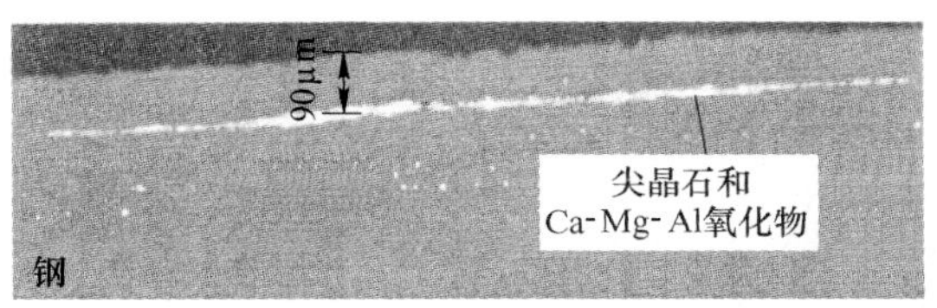

(a) 轧材皮下线条状夹杂物

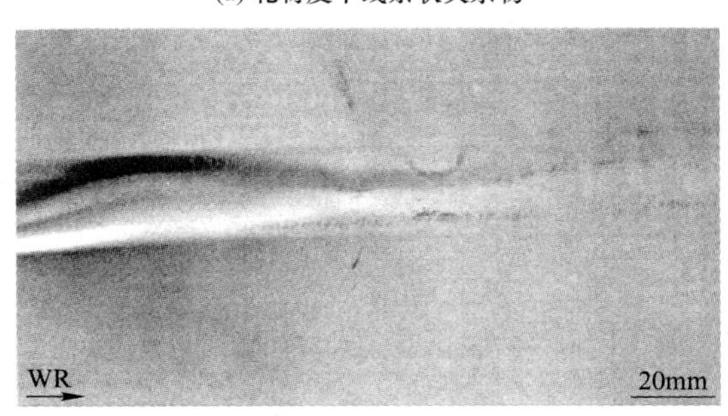

(b) 轧材表面起层

(c) 轧材表面脱皮

图 12-4 轧材皮下线条状夹杂物[29]和轧材表面起层和脱皮缺陷[34]

一些学者专门研究了气泡浮选去除金属液体中非金属夹杂物的效果。Okumura 等向熔融铜液中吹入气体研究铜液中 SiO_2 粒子的去除，结果如图 12-5 所示[5]。随着吹入气体流量的增大，夹杂物的去除速率增大。该研究结果也表明吹气搅拌去除夹杂物的效果要优于机械搅拌的情况。Kim 等向铝脱氧钢液中吹入氩气，研究了其对氧化铝夹杂物去除的影响，结果如图 12-6 所示[47]。该研究表明随着吹氩流量的提高，夹杂物去除速率增大。但是，如果吹气时间过长会造成夹杂物增多，这是由于过大流量和过长时间的吹气会引起二次氧化及耐火材料的侵蚀，甚至引起卷渣，造成夹杂物的再次升高。

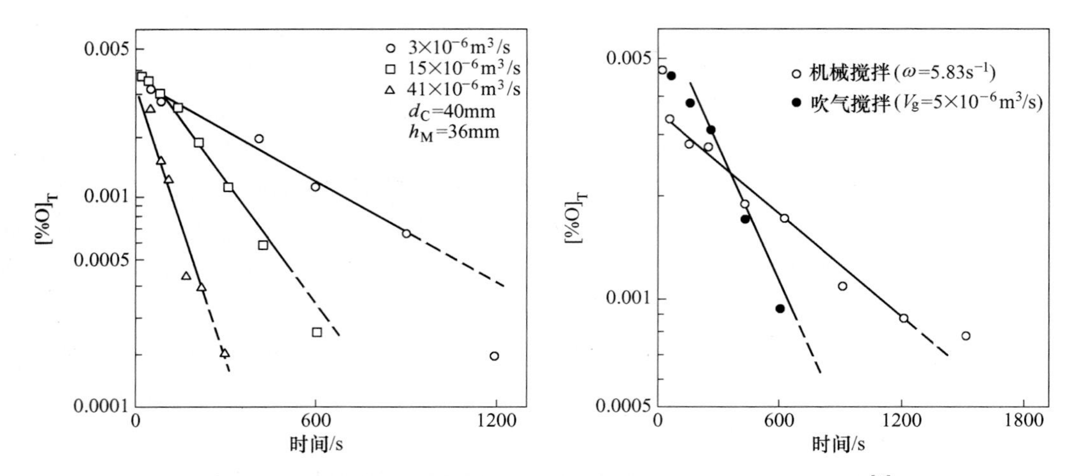

图 12-5　吹气搅拌和机械搅拌对从熔融铜去除 SiO_2 夹杂物的速率[5]

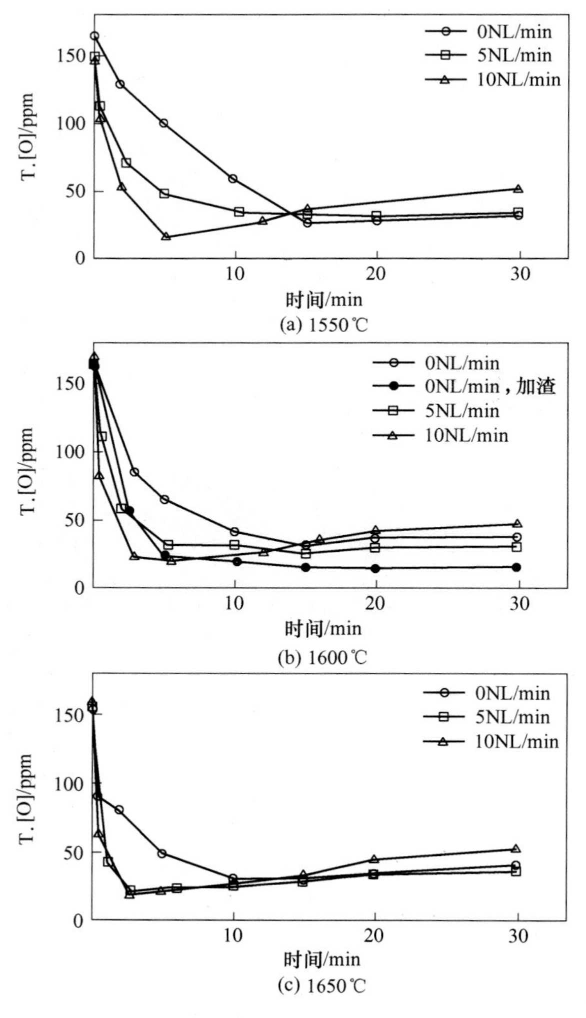

图 12-6　在铝脱氧钢中吹氩对氧化铝夹杂物去除速率的影响

12.2 气泡在钢液中的一些物理参数

12.2.1 气泡尺寸

气体可以通过不同的装置注入钢液，如喷嘴、喷枪和透气砖等。气泡尺寸可以通过计算其受力平衡得到。表 12-1 为计算气泡尺寸所用到的公式[2,48-51]。图 12-7 为根据表 12-1 中的公式计算得到的钢液中氩气泡的直径随吹气量的变化；曲线 6 为其他五条曲线的平均值，曲线 6 的拟合结果给出了气泡直径与气体流量的关系式：

$$d_B = 0.624Q_g^{0.406} \tag{12-1}$$

式中，气泡直径和气体流量均为国际标准单位。计算使用的相关物理参数见表 12-2。

表 12-1 计算气泡直径与吹气量关系的公式[2]

作 者	公 式	备 注
Meersmann	$d_B = \left[\frac{3\sigma d}{g\rho} + \left(\frac{9\sigma^2 d_n^2}{g^2\rho^2} + B\frac{Q_g^2 d_n}{g}\right)^{\frac{1}{2}}\right]^{\frac{1}{3}}$	Siemes 得出 $B=15$，Davidson 得出 $B=13.7$，Lubson and Mori 得出 $B=10$，Meersman 得出 $B=26$。本书建议使用平均值 16.17
Mori 等、Davidson	$d_B = \left[13.7\left(\frac{Q_g^2 d_n}{g}\right)\right]^{0.1445}$	$Q_g=(40\sim1000)\times10^{-6}\mathrm{m^3/s}$
Mori 等	$d_B = \left(\frac{6\sigma d_n}{g\rho}\right)^{\frac{1}{3}}$	$Q_g<40\times10^{-6}\mathrm{m^3/s}$
Hoefele 和 Brimacombe	$d_B = \left(\frac{6.828}{\pi}Q_g^{1.2}g^{-0.6}\right)^{\frac{1}{3}}$	$Q_g>200\times10^{-6}\mathrm{m^3/s}$
Sano 和 Mori	$d_B = \left[\left(\frac{6\sigma d_n}{\rho g}\right)^2 + 0.0242(Q_g^2 d_n)^{0.867}\right]^{1/6}$	

表 12-2 二氧化硅夹杂物粒子、氩气和钢液的物理参数[2]

物性参数	数 值
$\rho(Fe)$	$7000\mathrm{kg/m^3}$
$\rho_P(SiO_2)$	$2800\mathrm{kg/m^3}$
$\rho_g(Ar)$	$1.784\mathrm{kg/m^3}$（0℃，0.1MPa）
$\mu(Fe)$	$0.007\mathrm{kg/(m\cdot s)}$
σ，σ_{lg}，$\sigma_{Fe\text{-}Ar}$	1.4N/m
σ_{sg}，$\sigma_{SiO_2\text{-}Ar}$	0.6N/m
σ_{ls}，$\sigma_{Fe\text{-}SiO_2}$	1.0N/m

由图 12-7 可以看出，随着气体流量的上升，气泡直径增大。在当前的生产实践中，使用喷嘴和透气砖向钢液中吹入气体时，其气体流量在 $(40\sim200)\times10^{-6}\mathrm{m^3/s}$ 之间。因此，

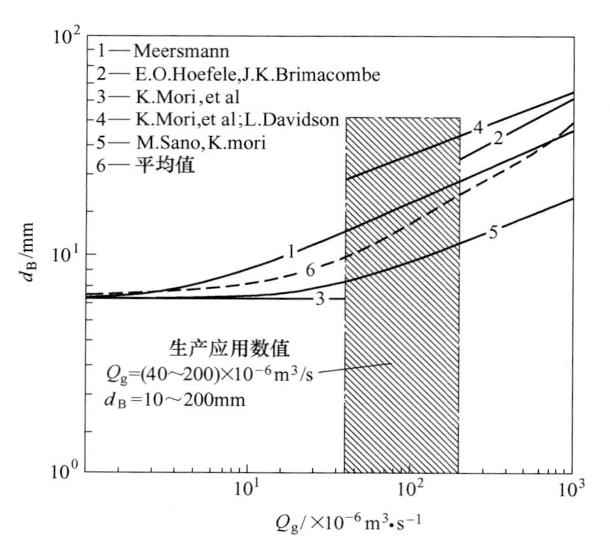

图 12-7　氩气流量和氩气泡直径的关系[2]

由图 12-7 可以得到，在该条件下气泡的平均尺寸在 10~20mm 之间，这和 Xie 等[52]的研究结果相一致。气泡尺寸对夹杂物去除有重要的影响。

气泡的大小受其韦伯数[53]的控制。当韦伯数超过某一临界值时，气泡将会破碎成小气泡。另外，气泡尺寸与钢液的搅拌功率密切相关[48,54-56]。一些学者报道了气泡最大尺寸与搅拌功率的关系式（表 12-3）。如果气泡尺寸大于某一临界值，即最大尺寸，气泡将破碎成小气泡。表 12-3 中的公式显示了一个共同特性：大的搅拌功率更容易生成小气泡。根据 Sevik 和 Park 推导的表达式[55]计算的气泡最大尺寸与搅拌功率的关系结果如图 12-8 所示。部分冶金反应器内的搅拌功率强度也标注在该图中。

表 12-3　钢液搅拌功率和气泡最大直径的关系[2]

作　者	公　　式	备　　注
Schulze	$d_{\text{Bmax}} = \left[\dfrac{2.11 \times \sigma \times 10^3}{\rho \times 10^{-3}(\varepsilon \times 10^4)^{0.66}}\right]^{0.6} \times 10^{-2}$	d_{Bmax}，m；ε，m^2/s^3；σ，N/m；ρ，kg/m^3
Sevik 和 Park	$d_{\text{Bmax}} \approx We_{\text{cr}}^{0.6}\left(\dfrac{\sigma \times 10^3}{\rho \times 10^{-3}}\right)^{0.6}(\varepsilon \times 10)^{-0.4} \times 10^{-2}$	$We_{\text{cr}} \approx 0.59$ 或者 $We_{\text{cr}} \approx 1.3$ d_{Bmax}，m；ε，W/t；σ，N/m；ρ，kg/m^3
Liepe	$d_{\text{Bmax}} \approx We_{\text{cr}}^{0.6}\left(\dfrac{\sigma \times 10^3}{\rho \times 10^{-3}}\right)^{0.6}(\varepsilon \times 10)^{-0.4} \times 10^{-2}$	$We_{\text{cr}} \approx 1.0$
Evans 等	$d_{\text{Bmax}} \approx \left[\dfrac{We_{\text{cr}}\sigma \times 10^3}{2(\rho \times 10^{-3})^{1/3}}\right]^{3/5}(\varepsilon \times 10)^{-2/5} \times 10^{-2}$	$We_{\text{cr}} \approx 1.2$ d_{Bmax}，m；ε，W/t；σ，N/m；ρ，kg/m^3

12.2.2　气泡形貌与上浮速度

在钢水二次精炼过程中，气泡尺寸大概在 10~20mm 之间；在连铸结晶器中，气泡的尺寸约为 5mm[28]。需要指出的是，上述分析中的气泡直径为等效圆球直径。气泡的形貌由于气泡的尺寸不同而发生改变。气泡尺寸由小到大，其形貌依次为球形、椭球形和球冠

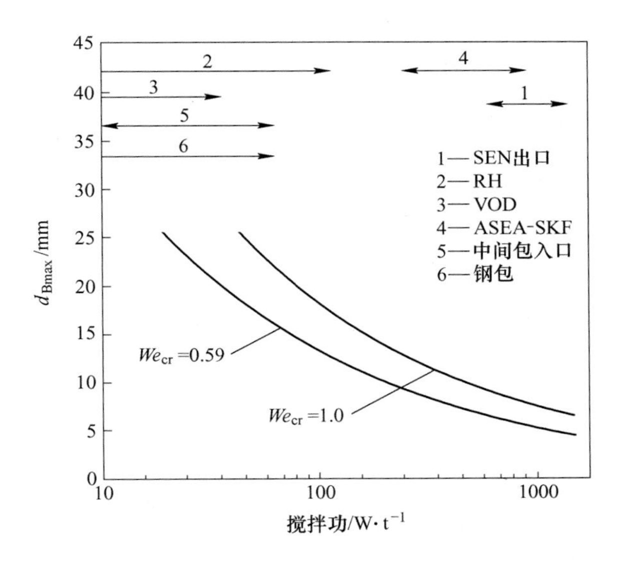

图 12-8 液体搅拌功率和气泡最大直径的关系[2]

状。气泡的长高比可以通过经验公式计算得到[57]：

$$e = 1 + 0.163Eo^{0.757} \tag{12-2}$$

$$Eo = \frac{(\rho_1 - \rho_b)gd_b^2}{\sigma_1} \tag{12-3}$$

式中，e 为气泡的长高比；Eo 为 Eotvos 数，代表浮力和界面张力之比；ρ_1 和 ρ_b 分别为钢液和气泡的密度，kg/m^3；g 为重力加速度，$g = 9.8\text{m/s}^2$；d_b 为气泡的直径，m；σ_1 为钢液的表面张力，N/m。

图 12-9 为气泡长高比随气泡直径的变化关系[28]。可以看出，当气泡直径小于 3mm 时，气泡长高比接近于 1，因此可认为气泡为球形；当气泡直接在 3~10mm 之间时，气泡形貌转变为椭球形；气泡直径进一步增加，大于 10mm 时，气泡将为球冠状。在钢液中，气泡的典型形貌为球冠状[58,59]。

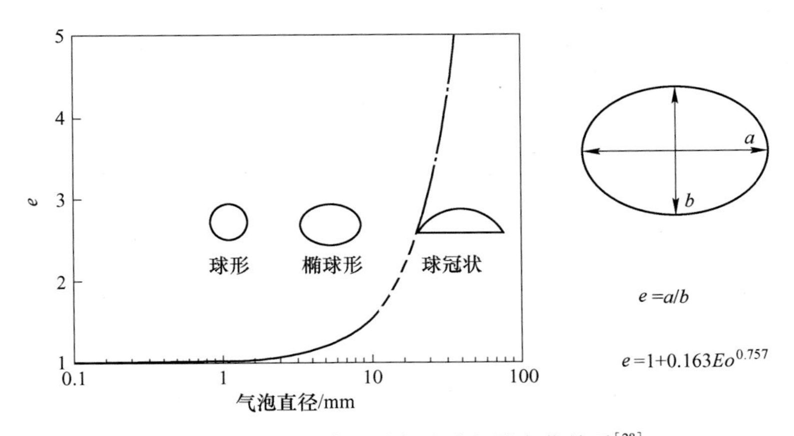

图 12-9 气泡长高比随气泡直径的变化关系[28]

气泡在钢液中的上浮速度很难准确测量，通常采用经验公式进行估测。本书作者对前人研究结果进行了总结（见表12-4），同时对气泡进行受力分析，积分得到气泡所受的曳力，最后计算了气泡的上浮速度。

表12-4　计算气泡上浮速度的模型[2]

作　者	公　式	备　注
Grace, et al.	$u_B = \frac{\mu}{\rho d_B} M^{-0.149}(J - 0.857)$	the meaning of M and J refers to the paper of J. R. Grace, et al
V. G. Levich	$u_B = \left[\frac{1}{36} g\left(\frac{\rho}{\mu}\right)^{\frac{1}{2}}\right]^{\frac{2}{3}} d_B$	$Re_B = 500 \sim 1200$
F. N. Peebles, H. J. Garber	$u_B = \left[\frac{1}{13.65} g\left(\frac{\rho}{\mu}\right)^{0.684}\right]^{0.760} d_B^{1.28}$	$500 < Re_B < 1200$
	$u_B = 1.909\left(\frac{\sigma}{\rho}\right)^{\frac{1}{2}} d_B^{-1/2}$	$1200 < Re_B < Re_B^*$，$Re_B^* = 3.10\left(\frac{\rho\sigma^3}{g\eta^4}\right)^{1/4}$，对于1600℃的钢液 $Re_B^* = 3690$
R. Clift, J. R. Grace, M. E. Weber	$u_B = \left(2.14\frac{\sigma}{\rho d_B} + 0.505 g d_B\right)^{1/2}$	$d_B > 1.3$mm
	$u_B = 0.138 g^{0.82}\left(\frac{\rho}{\mu}\right)^{0.639} d_B^{1.459}$	$d_B < 1.3$mm
R. M. Davies, G. Taylor	$u_B = 1.02\left(\frac{g d_B}{2}\right)^{1/2}$	$Re_B^* > Re_B$

气泡上浮速度由气泡所受浮力和曳力平衡计算得到，如式（12-4）所示：

$$\frac{18\mu_l C_D Re}{24 d_b^2 \rho_b} u_b + \frac{\rho_b - \rho_l}{\rho_b} g = 0 \tag{12-4}$$

式中，μ_l 为钢液的运动黏度，Pa · s；u_b 为气泡上浮速度，m/s；C_D 为曳力系数，本书采用Kuo和Wallis模型[60]：

$$\left.\begin{aligned}
C_D &= \frac{16}{Re}, \quad Re \leqslant 0.49 \\
C_D &= \frac{20.68}{Re^{0.643}}, \quad 0.49 < Re \leqslant 100 \\
C_D &= \frac{6.3}{Re^{0.385}}, \quad Re > 100, \ We \leqslant 8, \ Re \leqslant \frac{2065.1}{We^{2.6}} \\
C_D &= \frac{We}{3}, \quad Re > 100, \ We \leqslant 8, \ Re > \frac{2065.1}{We^{2.6}} \\
C_D &= \frac{8}{3}, \quad Re > 100, \ We > 8
\end{aligned}\right\} \tag{12-5}$$

式中，Re，We 分别为雷诺数和韦伯数：

$$Re = \frac{\rho_l d_b u_b}{\mu_l} \tag{12-6}$$

$$We = \frac{\rho_l d_b u_b^2}{\sigma_{lb}} \tag{12-7}$$

式中，σ_{lb}为钢液与气泡间的界面张力，N/m。

图 12-10 中实线所示为由式（12-4）计算得到的气泡在钢液中的上浮速度，同时图中的圆点为相关研究所报道的结果。可以看出，计算结果与报道结果吻合的很好。图 12-10 也表明，当气泡当量直径小于 3mm 和大于 20mm 时，其上浮速度随着直径的增大而增大；但是当气泡的当量直径在 3~20mm 之间时，其上浮速度和其当量直径的大小无关。

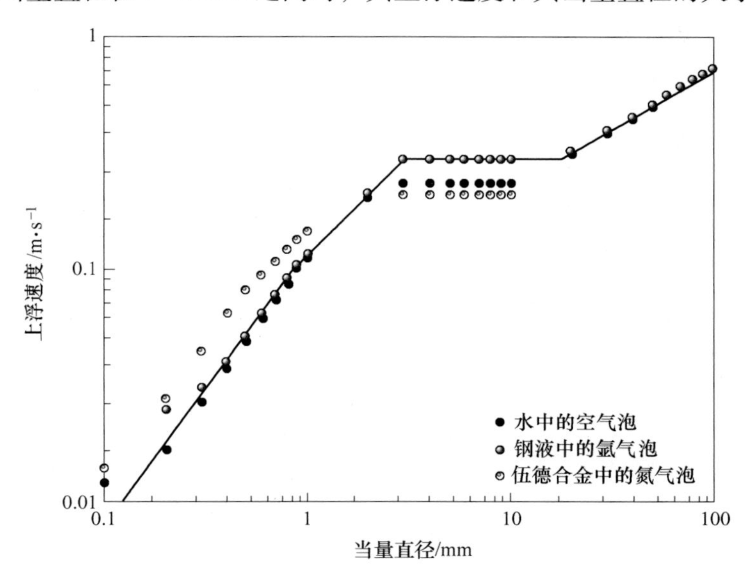

图 12-10 气泡上浮速度与气泡尺寸的关系

12.2.3 临界薄膜厚度

当夹杂物粒子接近气泡时，二者之间有液膜存在，液膜变薄过程最初主要是受流体流动的作用，但随着膜厚的进一步减小，即小于 0.1mm 时，液膜变薄过程主要受界面处分子力的控制。如果夹杂物粒子完全不润湿，液膜将不能稳定存在，因此将在达到临界厚度h_{cr}后破裂。气泡与夹杂物间液膜排干的速度是夹杂物被气泡表面捕捉的关键步骤。因此有必要对液膜排干和临界薄膜厚度进行研究。

薄膜破裂有两种机理：振动模型与孔洞形成模型。振动模型认为存在液膜振动，破裂通常发生在临界厚度处，分子间范德华力将导致液膜破裂；孔洞形成模型认为在气泡和夹杂物粒子间形成孔洞是液膜破裂的关键步骤。实验表明，当液膜厚度逐渐减小到几百微米后，液膜将自发破裂并收缩，从而支持了孔洞形成模型。液膜开始变得不稳定的最大厚度取决于液体的性质，同时也取决于黏附面的表面性质。气泡的振动及与夹杂物粒子的碰撞等现象都对液膜产生瞬态孔洞有影响。

有研究实验测量了在洁净水体系中球形粒子与气泡间的临界薄膜厚度，结果表明其值在 20~220nm 之间。对于洁净液体体系中球形粒子间的液膜排干与破裂过程，范德华力是主要的驱动力，然而，对于含杂质液体体系中带尖角粒子（如氧化铝夹杂物）间的液膜排干与破裂过程更可能形成孔洞。

12.2.3.1　Hwang 等的振动模型[61-65]

Williams 和 Davis[61]、Sharma 和 Ruckenstein[62]、Hwang 等[63-65]针对振动模型推导了长波非线性方程并且通过数值计算进行了求解。他们得到的临界液膜厚度可以表示为：

$$h_{cr} = 0.6d_p\left(\frac{3\mu u_R}{8k\sigma}\right)^{1/2} \tag{12-8}$$

式中，h_{cr}为液膜破裂的临界厚度；d_p 为夹杂物粒子的直径，m；u_R 为夹杂物和气泡的相对速度，m/s；μ 为钢液黏度，kg/(m·s)；σ 为表面张力，N/m；k 为常数，取值为 4。

12.2.3.2　Sharma 和 Ruckenstein 的孔洞形成模型[66-68]

由于外部振动和干扰对薄膜的作用，使在薄膜中产生小的、瞬态孔洞成为可能。然而，并非所有的瞬态孔洞都会导致液膜破裂；只有当自由能变大于临界值时才使薄膜的破裂成为可能。如图 12-11 所示，假设薄膜破裂后形成的孔洞是为半径为 r 的圆柱，则生成孔洞的自由能变（界面能、表面能和重力势能）为：

$$\begin{aligned}\Delta F &= F_{hole} - F_{film} \\ &= (S_0 - \pi r^2)(\sigma_{gL} + \sigma_{SL}) + 2\pi rh\sigma_{gL} + \pi r^2(\sigma_S + \sigma_g) - \\ &\quad S_0(\sigma_{gL} + \sigma_{SL}) + \frac{1}{2}\pi\rho g r^2 h^2\end{aligned} \tag{12-9}$$

假设 $\sigma_{gL} \approx \sigma_L$、$\sigma_g \approx 0$ 和 $\sigma_L\cos\theta + \sigma_{SL} = \sigma_S$，得到：

$$\begin{aligned}\Delta F &= \pi r^2\sigma_L\cos\theta + (2\pi rh - \pi r^2)\sigma_L + \frac{1}{2}\pi\rho g r^2 h^2 \\ &= \pi\sigma_L[2rh - r^2(1 - \cos\theta)] + \frac{1}{2}\pi\rho g r^2 h^2\end{aligned} \tag{12-10}$$

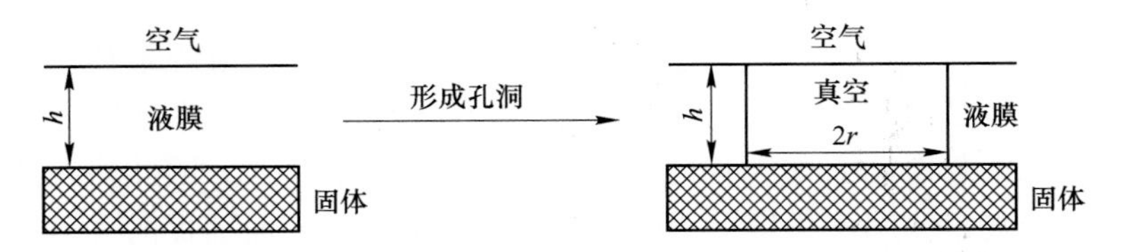

图 12-11　在粒子和气泡之间的圆柱状孔洞形成示意图（圆柱半径为 r）

针对自由能变存在三个区域：

(1) 稳定区，$\Delta F>0$ 及$\partial\Delta F/\partial r>0$；

(2) 不稳定区，$\Delta F>0$ 及$\partial\Delta F/\partial r<0$；

(3) 破裂区，$\Delta F<0$ 及$\partial\Delta F/\partial r<0$。

如果给定 θ 和 r，由 $\Delta F = 0$ 得：

$$\rho g r^2 h^2 + 4\sigma_L rh - 2\sigma_L r^2(1 - \cos\theta) = 0$$

对于不润湿夹杂物粒子 $\theta>90°$，所以 $\cos\theta<0$，$1-\cos\theta>0$，因此液膜临界厚度为：

$$h_{cr} = \frac{-2\sigma_L + \sqrt{4\sigma_L^2 + 2\rho g\sigma_L(1 - \cos\theta)r^2}}{\rho g r} \tag{12-11}$$

如果孔洞尺寸已知，就可以得到液膜临界厚度。通常，孔洞尺寸小于夹杂物尺寸。假设孔洞直径为夹杂物直径的 1/10，则可以得到临界液膜厚度与夹杂物尺寸的函数关系，如图 12-12 所示[61-73]。

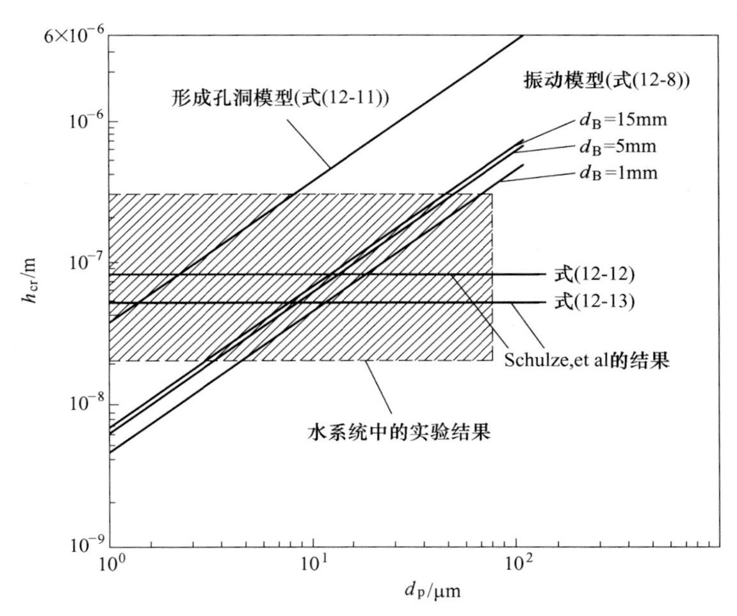

图 12-12　根据不同学者提出的理论计算得到的临界液膜厚度和粒子直径的关系[2]

12.2.3.3　实验结果拟合[72]

通过拟合实验数据，Schulze 和 Birzer[72]得到了两个关于临界液膜厚度与表面张力、接触角以及 Hamaker 常数的经验关系式：

$$h_{cr} = 2.33 \times 10^{-8}[1000\sigma(1 - \cos\theta)]^{0.16} \tag{12-12}$$

$$h_{cr} = 3.79 \times 10^{-8}A_{13B}^{0.16} \tag{12-13}$$

式中，A_{13B}为夹杂物粒子–液体–气泡体系的 Hamaker 常数（下标 1 代表夹杂物粒子，3 代表液体，B 代表气泡）。同时 Hamaker 常数可以由下式表述[74]：

$$A = \pi^2 q_1^2 \beta_{11} \tag{12-14}$$

式中，q_1 为单位体积内的分子数；β_{11}为两个原子间相关作用 London 方程中的常数。

A 的取值通过 q_1 与温度相关[74]，因此，通过式（12-15）可以计算 A_{13B}的取值。依据 Taniguchi[74]的研究，有 $A_{11}=5.5\times10^{-20}$J 和 $A_{33}=16.79\times10^{-20}$J。因此，对于 1873K 钢液中二氧化硅 A_{13B}的取值约为 7.18×10^{-20}J。

$$A_{13B} = -\sqrt{A_{33}}(\sqrt{A_{11}} - \sqrt{A_{33}}) \tag{12-15}$$

对比不同方法计算的 h_{cr}（图 12-12）的结果可以看出，对于某些尺寸范围内的夹杂物粒子，不同模型计算的临界液膜厚度能够与实验结果吻合很好。由孔洞形成模型计算的临界液膜厚度是振动模型计算结果的 3~5 倍，说明在同样条件下，如果形成孔洞，液膜将更容易破裂。

12.2.4　线张力

在界面热力学中，线张力（line tension）是一个具有明确定义的物理量。Gibbs[75]首先提出了线张力概念，认为其为界面相交和接触线上的二维界面张力。在 Boruvka 和 Neumann[76]提出了广义毛细理论中，定义线张力为在“粒子-气泡-液体”三相接触线（three phase contact line，TPCL）上的一维作用力或者为单位 TPCL 长度上的自由能[75,76]。线张力在很多领域有着重要的应用：不润湿与润湿间的转变、新相的生成和凝结成核，在这些领域多相接触线将生成或消失。

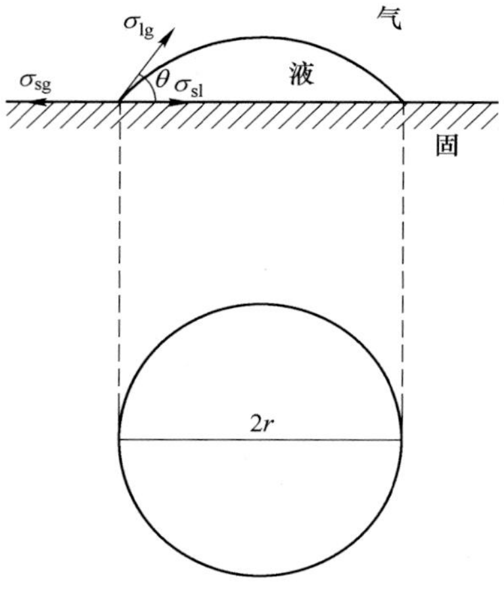

图 12-13　“粒子-气泡-液体”三相接触线的示意图及受力分析

对于弧形表面和弧形 TPCL 的三相体系（图 12-13）的热力学平衡条件，在 TPCL 上任一点的力学平衡可以表述为[76]：

$$\sigma_{lg}\cos\theta = \sigma_{sg} - \sigma_{sl} - \kappa/r \tag{12-16}$$

式中，θ 为接触角；r 为 TPC 圆半径。

式（12-16）称为修正 Young's 方程，其考虑了线张力对三相线平衡的作用。当 $r \to \infty$ 时：

$$\sigma_{lg}\cos\theta_{\infty} = \sigma_{sg} - \sigma_{sl} \tag{12-17}$$

此即为经典 Young's 方程。

联立式（12-16）和式（12-17）得到：

$$\cos\theta = \cos\theta_{\infty} - \frac{\kappa}{\sigma_{lg}}\frac{1}{r} \tag{12-18}$$

因此，可以通过测量 TPCL 圆半径对接触角的影响来准确测定线张力的大小，即，对 θ 与 r^{-1} 作图，该直线的斜率为比例系数 $-\kappa/\sigma_{lg}$。

Gaydos 和 Neumann[77]对报道的线张力取值做了综述。所有实验体系中的线张力大小均在 $10^{-6} \sim 10^{-12}$J/m 之间，其值可正可负。Neumann 等[78-80]和 Schulze 等[81]的实验结果表明线张力为正数，并且在 1～10μJ/m 之间。由于他们的实验设计严格基于三相线，并且采用不同试验方法却得到了相同的数量级和正负性，因此，认为线张力在 1～10μJ/m 之间，并且为正值是合理的。

Neumann 等[79,82]采用理论分析的方法研究了线张力的影响因素并且推导得到了以下关系式：

$$\kappa = \Phi(\sigma_{sl}) \tag{12-19}$$

因为静态接触角取决于 $-\kappa/\sigma_{lg}$，因此可以认为：

$$\kappa = \Phi(\theta_{Y}) \tag{12-20}$$

式中，θ_{Y} 可以由下式给出：

$$\theta_{Y} = \arccos[(\sigma_{sg} - \theta_{sl})/\sigma_{gl}] \tag{12-21}$$

把文献中静态接触角与线张力的实验数据[78,79,81,83]整理在图 12-14 中，最佳拟合曲线满足下式：

$$\kappa = 4.663 - 4.854\cos\theta_Y - 8.526\cos^2\theta_Y + 10.751\cos^3\theta_Y \tag{12-22}$$

式中，线张力单位为 μJ/m。

对于钢液中二氧化硅夹杂物与氩气泡，由式（12-22）计算的线张力值为 5.0μJ/m。

本书作者对线张力的物理表达式进行了尝试性研究。假设线张力受到气泡浮选过程中主要物性参数的影响，例如三相 Hamaker 常数（夹杂物粒子-液体-气泡）、界面张力、液体和固体夹杂物粒子的密度、液体黏度、三相边界形貌、以及液体和固体夹杂物粒子的其他物性，建立线张力与三相 Hamaker 常数、界面张力和液体黏度的关系，即：

$$\kappa \propto f(A_{13B}, \sigma_{sl}, \mu)$$

通过量纲分析得到：

$$\kappa = C(A_{13B}\sigma_{sl})^{1/2} \tag{12-23}$$

式中，C 为无量纲参数，并且所有参数均采用国际标准单位。同时，假设无量纲参数 C 的表达式为：

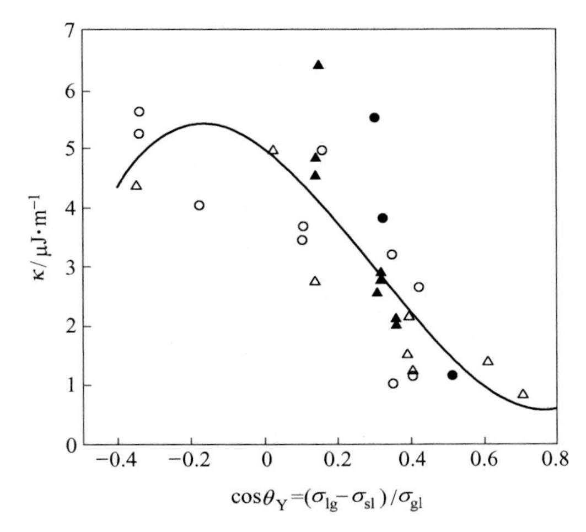

图 12-14 线张力和静态接触角的关系[2]

$$C = d_1^{-1}(g\rho_p^2/\mu^2)^{1/3}$$

式中，d_1 被称为紧密堆积液体分子界面间距，可以由下式表示：

$$d_1 = 0.91649\left(\frac{M_1}{NL\rho}\right) \tag{12-24}$$

式中，M_1 为液体分子量；N 为每个分子中包含的原子数；L 为 Avogadro 常数（6.023×10^{23}）。d_1 曾经被用来估算 Hamaker 常数[84]。

因此，线张力可以表示为：

$$\kappa = \frac{1}{4}\frac{1}{d_1}\left(\frac{g\rho_p^2}{\mu^2}\right)^{1/3}(A_{13B}\sigma_{sl})^{1/2} \tag{12-25}$$

对于气泡浮选去除钢液中二氧化硅夹杂物，$d_1 = 0.217$，$A_{13B} = 7.18\times10^{-20}$ J，$\mu = 0.007$kg/(m·s)，$\rho_p = 2800$kg/m^3，$\sigma = 1.4$N/m，则线张力 κ 的计算值为 1.23μJ/m。由式（12-22）和式（12-25）计算的线张力值在 1~10μJ/m 之间，与 Schulze 等[84]的实验结果相符。虽然式（12-25）不是通过严格的物理推导而来，但却是首次提出的计算 TPCL 上线张力的公式。

线张力将在下文中被用来计算 TPCL 扩展时间。在炼钢和精炼过程中涉及的表面现象中也会用到线张力，包括夹杂物、炉渣和耐火炉衬间的相互作用、夹杂物间的碰撞与聚合等。

12.2.5 与时间相关的参数

12.2.5.1 碰撞时间 t_C

如果夹杂物在气泡的运动轨迹之内，气泡与夹杂物间将可能发生碰撞。由于气-液界面是可变形的，因此碰撞将导致凹陷，紧接着在气泡表面碰撞处将产生振动。碰撞时间被认为是开始于气泡的变形并且终止于气泡恢复至其原始形貌。

表 12-5 总结了不同学者推导的关于碰撞时间的关系式。用这些公式计算得到的钢液中二氧化硅夹杂物与氩气泡间碰撞时间如图 12-15 所示。Philippoff 首先建立了水体系中等高径圆筒形粒子的碰撞时间模型。Evans 通过求解相撞粒子垂直于变形气泡表面的谐振动方程得到碰撞时间。Ye 和 Miller 通过考虑气泡与粒子运动对碰撞时间的影响对 Evans 的模型进行了修正[85]。Schulze 修正了 Evans 模型，考虑了气泡与粒子运动以及光滑变形气-液界面对碰撞时间的影响。Bergelt 等[85]基于实验结果修正了 Evans 模型。Schulze 通过分析瞬态角、回弹力以及碰撞粒子周围液体的共振对碰撞时间进行了进一步修正。这些模型的计算结果相差很大。把 Ye 等[86]、Bergelt 等[85]和 Schulze 等[84]的结果做平均值，如图 12-15 所示。该平均值与 Evans 推导结果非常接近。随着粒子尺寸的增加，碰撞时间增加。分析同样表明，碰撞时间几乎与气泡尺寸无关。

表 12-5　文献中关于粒子和气泡碰撞时间的公式[2]

作　者	公　式	因　数	备　注
Philippoff (1952)	$t_C=\left(\frac{d_p^3\rho_p}{12\sigma}\right)^{1/2}\frac{\pi}{\phi_{Philippoff}}$	$\phi_{Philippoff}=\left[\frac{d_p^2}{8L^2}+\frac{1}{\ln(4L/d_p)-e}\right]^{1/2}$ 式中，e 为欧拉数，$e=0.5772$； L 为气-液界面的微管长度，$L=\sqrt{\frac{\sigma}{\rho g}}$	非球形粒子
Evans (1954)	$t_C=\left(\frac{\pi m}{2\sigma_L}\right)^{1/2}=\left(\frac{\pi^2\rho_p}{12\sigma}\right)^{1/2}d_p^{3/2}$		球形粒子
Ye 和 Miller (1988)	$t_C=\left(\frac{d_p^3\rho_p}{12\sigma}\right)^{1/2}\phi_{Ye}$	$\phi_{Ye}=\pi+2\arcsin\left[1+\frac{12u_R^2\sigma\rho_p}{d_p^3g^2(\rho_p-\rho)^2}\right]^{-1/2}$	球形粒子
Schulze (1989)	$t_C=\left[\frac{d_p^3(\rho_p+j\rho)}{24\sigma}\right]^{1/2}\frac{\pi}{\phi_{Schulze}}$	$\phi_{Schulze}=\frac{\left(\ln\frac{L}{d_p\alpha_m}+0.25-e\right)^{1/2}}{\left(\ln\frac{L}{d_p\alpha_m}+0.5-e\right)\sqrt{2}}$ $j=1.5$，说明液体谐振对粒子碰撞的影响； α_m 为实验确立的最大变形角	球形粒子
Bergelt, et al. (1992)	$t_C=1.94\left(\frac{\pi d_p^3\rho_p}{6\sigma}\right)^{1/2}$		球形粒子
Schulze, et al. (1997)	$t_C=\left(\frac{d_p^3(2\rho_p+\rho)}{48\sigma}\right)^{1/2}\frac{\pi}{\phi_{Schulze}^*}$	$\phi_{Schulze}=0.478+0.040\ln\frac{d_p}{L}+\left(0.020+0.030\ln\frac{d_p}{L}\right)$ 其中，$We=\left[\frac{d_p^3(2\rho_p+\rho)u_R^2}{48\sigma L^2}\right]^{1/2}$	球形粒子和非球形粒子

12.2.5.2　碰撞过程液膜排干时间 t_{FC}

基于 Schulze 的研究[10]，假设粒子与气泡间的液膜近似为无限大平板（粒子越小或边界越圆滑，该假设越准确），同时假设毛细压力是液-气界面液膜变薄的驱动力，通过求解

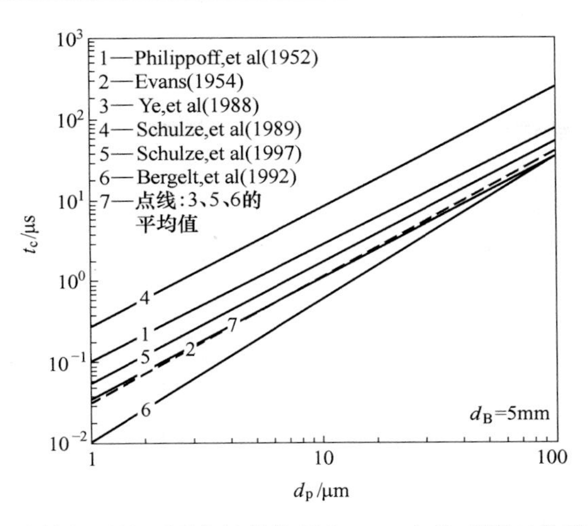

图 12-15 计算得到的不同直径的粒子和 5mm 气泡碰撞时的碰撞时间[2]

Reynolds 方程得到碰撞过程中液膜排干时间为：

$$t_{FR} = \frac{3}{64}\mu \frac{\alpha^2}{k\sigma h_{cr}^2} d_p^3 \tag{12-26}$$

式中，t_F 为薄膜破裂时间，s；d_p 为夹杂物粒子的直径，m；ρ_p 为夹杂物粒子的密度，kg/m^3；θ 为夹杂物粒子与钢液间的接触角，（°）；α 为气泡表面变形部分与不变形部分间对应圆心角的角度，rad；h_{cr}为液膜破裂的临界厚度；k 为常数，取值为 4；α 为气泡表面球形变形到非球形变形转变间的夹角（单位为弧度），如图 12-16 所示。根据 Schulze[10] 实验结果，α 通常在 12°~22°之间。

α 的计算公式为[2]：

$$\alpha = \arccos\left[1 - 1.02\left(\frac{\pi d_p \rho_p u_R^2}{12\sigma}\right)^{1/2}\right] \tag{12-27}$$

在式（12-26）中，h_{cr}为液膜破裂的临界厚度。式（12-13）可以用来计算 h_{cr}的值，从而能够通过式（12-26）计算碰撞过程中的液膜破裂时间。

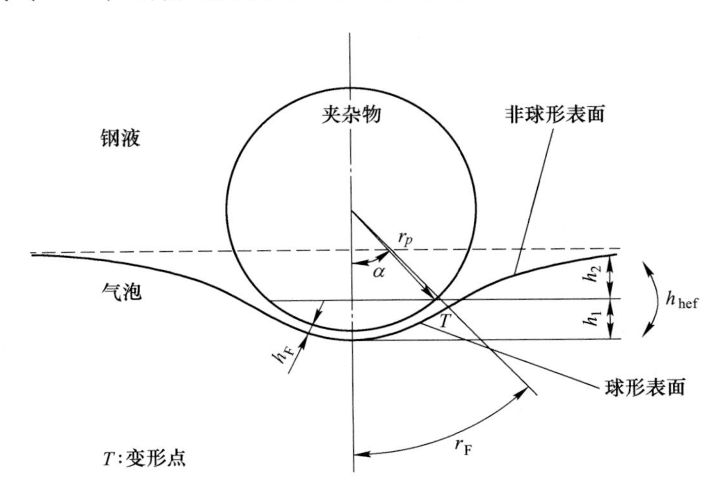

图 12-16 球形粒子撞击气液界面时从初始界面（虚线）到实际界面（实线）的变形

12.2.5.3　滑动时间

在粒子和气泡的碰撞过程中，部分粒子不能被气泡表面黏附，要么被弹回到钢液中，要么沿着气泡表面滑动。在滑动过程中，如果液膜破裂并扩展形成稳定的 TPCL，粒子也将会被气泡表面黏附。因此，有必要研究粒子在气泡表面的滑动时间。

Sutherland 建立了计算滑动时间的模型，在该模型中滑动时间被定义为在层流条件下粒子在气泡表面滑动所经历的时间，其研究忽略了固体粒子沉降。Dobby 和 Finch[13] 对 Sutherland 模型进行了修正，考虑了固体粒子沉降作用，得到了在中等雷诺数流动中滑动时间的表达式。Yoon 和 Luttrell[12] 采用经验流函数计算了中等雷诺数流动中的滑动时间，但是忽略了固体粒子的沉降作用。考虑到在中等雷诺数流动条件下气泡表面周围液体流场是前后不对称的，Nguyen 等[87-90] 基于 Navier-Stokes 方程的半解析解开发了滑动时间模型。表 12-6 总结了计算滑动时间的公式。在本书中，将采用 Nguyen 等[87-90] 提出的公式。

表 12-6　文献中发表的滑动时间的计算表达式[2]

作　者	公　式	备　注
Sutherland（1948）	$t_S = \dfrac{2(d_B + d_p)\ln\left(\cot\dfrac{\theta_o}{2}\right)}{u_R\left[2 + \left(\dfrac{d_B}{d_B + d_p}\right)^3\right]}$	关于滑动时间的第一个模型（层流条件）
Dobby 和 Dinch（1986）	$t_S = \dfrac{(d_B + d_p)\ln\left(\cot\dfrac{\theta_o}{2}\right)}{u_R\left[2 + \left(\dfrac{d_B}{d_B + d_p}\right)^3\right] - 2u_p}$	考虑固体粒子沉降（中等雷诺数流动）
Luttrell 和 Yoon（1989）	$t_S = \dfrac{\theta_C - \theta_o}{360}\dfrac{\pi(d_B + d_p)}{\overline{u_{p\theta}}}$	$0.2<Re_B<400$，$u_{p\theta}$ 为粒子中心气泡顶部的液体流速
	$t_S = \dfrac{(d_B + d_p)\ln\left(\cot\dfrac{\theta_n}{2}\right)}{u_B\dfrac{d_p(45 + 8Re_B^{0.72})}{15d_B}}$	$0.2<Re_B<400$
Nguyen（1998）	$t_s = \dfrac{d_p + d_B}{2u_B(1 - B^2)A}\ln\left[\dfrac{\tan\dfrac{\theta_C}{2}}{\tan\dfrac{\theta_o}{2}}\left(\dfrac{\csc\theta_C + B\cot\theta_C}{\csc\theta_o + B\cot\theta_o}\right)^B\right]$	认识到气泡表面周围流场（雷诺数）前后不对称对滑动时间的重要性

为了计算滑动时间，需要确定两个参数。第一个参数是粒子在气泡表面开始滑动时对应的角度；Nguyen[90] 指出该角度的最小值在 10°～30°之间，对于层流为 30°。由于在炼钢过程中的流动状态不是层流，因此近似选择为 20°。另一个参数是最大碰撞角 θ_C，当大于该角度时，粒子与气泡间将不会发生碰撞。基于 Dobby 和 Finch[13] 的黏附理论，最大碰撞角的实验回归方程为：

$$\theta_C = 9 + 8.1 \times 10^{-3}\rho_p + \theta_1(0.9 - 0.09 \times 10^{-3}\rho_p) \tag{12-28}$$

式中，θ_1 为与气泡雷诺数相关的角度[86]：

$$\begin{cases} \theta_1 = 78.1 - 7.37\log Re_B, & 20 < Re_B < 400 \\ \theta_1 = 98.0 - 12.49\log(10Re_B), & 1 < Re_B < 20 \\ \theta_1 = 90.0 - 2.5\log(100Re_B), & 0.1 < Re_B < 1 \end{cases} \tag{12-29}$$

Nguyen 和 Kmet[91]还得出结论，碰撞角强烈地依赖于粒子大小和气泡运动的雷诺数，并且可以通过下式来预估：

$$\theta_C = \arccos D \tag{12-30}$$

式中：

$$\begin{gathered} D = \{[(X + C)^2 + 3Y^2]^{1/2} - (X + C)\}/3Y \\ X = 1.5 + [9Re_B/(32 + 9.888Re_B^{0.694})] \\ Y = 3Re_B/(8 + 1.736Re_B^{0.518}) \\ C = (u_p/u_B)(d_B/d_p)^2 \end{gathered} \tag{12-31}$$

12.2.5.4　滑动过程中的液膜排干时间 t_{FS}

在滑动过程中，气泡要么不变形要么变形很小，并且滑动的驱动力是滑动角的函数[10]。因此，此时的液膜破裂时间将不同于碰撞过程。目前，尚无研究来确定滑动过程中的液膜排干时间。在一些研究中，碰撞过程中的液膜排干时间被用来近似等于滑动过程中的液膜排干时间。实际上，由于没有气泡表面变形，可以假定滑动过程液膜排干时间远大于碰撞过程液膜排干时间。然而，滑动过程的液膜排干时间没有可用值，因此，由碰撞过程液膜排干时间代替滑动过程液膜排干时间，即：

$$t_{FS} = t_{FC} \tag{12-32}$$

12.2.5.5　三相接触线扩展时间

三相接触线扩展时间是指液膜破裂开始扩展到稳定所需要的时间，需要进行数值求解。但目前还没有简单的表达式。

如图 12-17 所示，存在一给定的半径（临界 TPCL 半径），当大于该半径时将发生 TPCL 扩展；表明 TPCL 扩展并不是始于半径为 0 时，而是在临界 TPCL 半径时。TPCL 开始扩展的临界半径为：

$$r_{cr} = \frac{d_p}{2} \frac{\dfrac{2\kappa}{d_p\sigma_{lg}}}{\sqrt{\left(\dfrac{2\kappa}{d_p\sigma_{lg}}\right)^2 + (\cos\theta_D - \cos\theta_Y)^2}} \tag{12-33}$$

式中，θ_D 为临界状态 $r=r_{cr}$时的动态接触角。θ_D 很难通过实验和计算进行预测，但是由于其很小，可以近似假设 $\theta_D = 0$[61]。由于式（12-21）给出了 θ_Y，因此 r_{cr}的取值可以计算得到。

因此，与粒子中心相对的临界对向角可以用下式表示（图 12-17）：

$$\alpha_{cr} = \arcsin\left(\frac{r_{cr}}{r_p}\right) \tag{12-34}$$

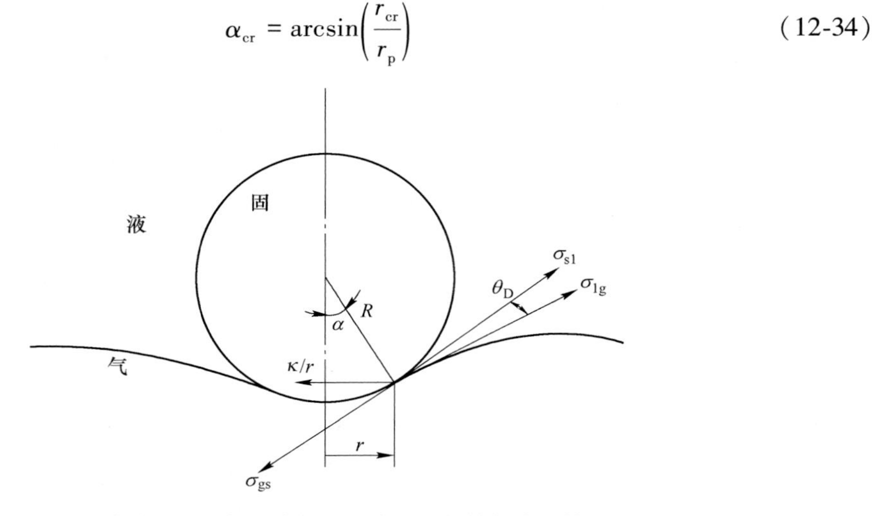

图 12-17 当小粒子与气泡接触时形成的三相接触线的扩张过程

Stechemesser 和 Nguyen[91] 得到的 TPCL 扩展时间 t_{TPCL} 为：

$$t_{TPCL} = \frac{d_p}{2a\sigma}\int_{\alpha_{cr}}^{\alpha_{TPCL}} \frac{1}{\cos\theta_Y - \cos\alpha + \dfrac{2\kappa}{d_p\sigma}\cot\alpha}\mathrm{d}\alpha \tag{12-35}$$

由于没有对式（12-35）积分的解析解，因此需要通过数值计算进行求解。本书作者计算得到的 α_{cr} 和 α_{TPCL} 的结果如图 12-18 所示。

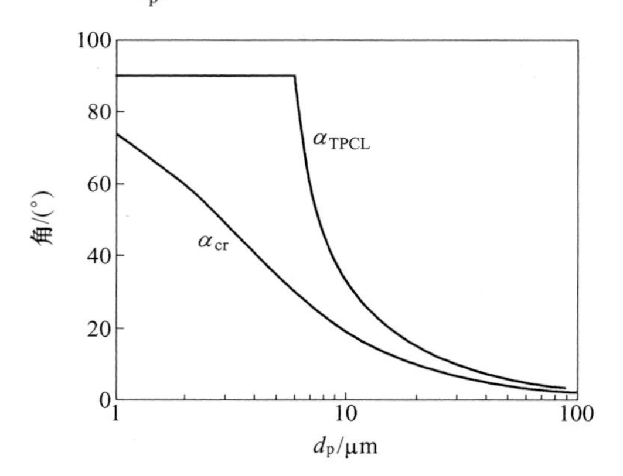

图 12-18 “钢液-氩气泡-SiO_2”夹杂物体系的 α_{cr} 和 α_{TPCL} 的值

12.2.5.6 诱发时间

诱发时间（induction time）是从气泡与粒子间液膜排干开始到液膜破裂、形成稳定的 TPCL 所经历的时间，即 $t_I = t_F + t_{TPCL}$。在碰撞过程为 $t_I = t_{FC} + t_{TPCL}$，而在滑动过程为 $t_I = t_{FS} + t_{TPCL}$。

Jowett[93] 通过研究两个固体圆盘之间液体的排干过程尝试求解液膜减薄问题，发现诱发时间取决于粒子的尺寸，表示为：

$$\begin{cases} t_I = 常数(层流) \\ t_I \propto d_p^{1.5}(湍流) \end{cases} \tag{12-36}$$

在 Tsekov 和 Radoev[94] 研究中，通过理论分析和气泡浮选实验得到了诱发时间的表达式：

$$t_I = C_1 d_p^{0.6} \tag{12-37}$$

式中，C_1 取决于粒子接触角、气泡尺寸和液体其他物性。

Ahmed 和 Jamson[93] 认为诱发时间与气泡大小成正比例关系，表明小气泡将促进更快的黏附。他们得到的诱发时间可以表示为：

$$t_I = C_2 d_B d_p^{0.6} \tag{12-38}$$

式中，C_2 取决于粒子接触角和液体其他物性。

因为对于 t_{FS} 和 t_{TPCL} 没有可用的取值，所以假设 $t_I = t_{FC}$。

12.3　气泡-夹杂物的黏附机理及黏附概率

12.3.1　气泡-夹杂物作用机理

假设钢液中夹杂物-气泡作用机理与选矿过程水中粒子-气泡间的相互作用相似。钢液中气泡浮选去除夹杂物的过程可以分为以下几个子步骤（图 12-19）：

（1）夹杂物向气泡表面的移动；

（2）夹杂物与气泡间形成液膜；

（3）夹杂物在气泡表面的振动和滑动；

（4）液膜破裂，形成动态三相接触线（TPCL）；

（5）在外部压力作用下，气泡-夹杂物聚合物的稳定化；

（6）气泡-夹杂物聚合物的浮选去除。

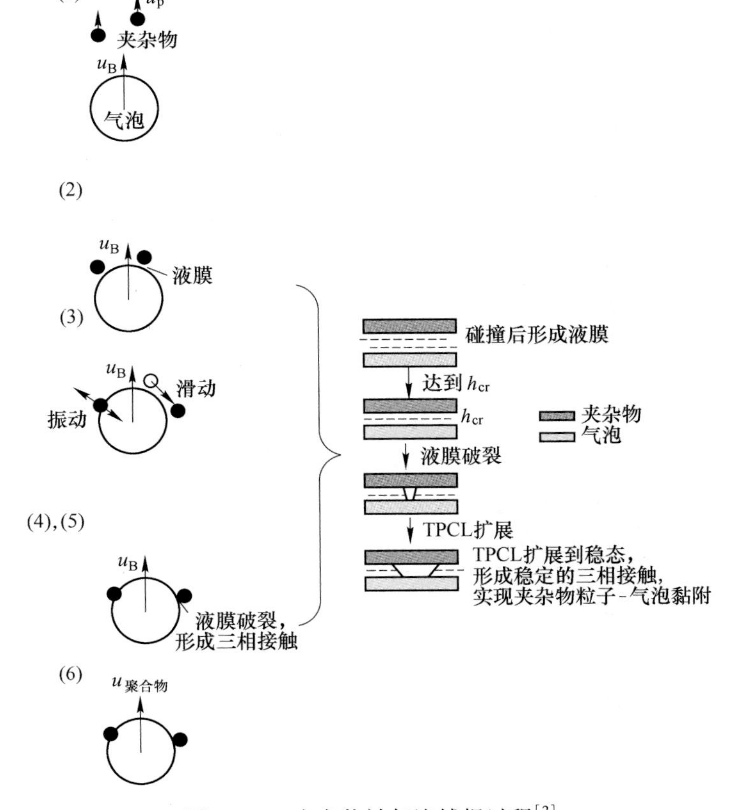

图 12-19　夹杂物被气泡捕捉过程[2]

在上述子步骤中，夹杂物在气泡表面的黏附，即步骤（2）~（4）是主要环节。Nguyen[88]对粒子–气泡黏附过程进行了详细的分析，并认为对于有效的粒子–气泡黏附过程中以下三个步骤尤为重要，同样也如图 12-19 所示，即：

（1）液膜变薄到破裂的临界厚度 h_{cr}；

（2）液膜破裂，形成 TPCL 核心（临界润湿半径为 r_{cr}的孔洞）；

（3）TPCL 线由临界半径扩展为稳定润湿边界。

对以下时间间隔进行定义：

碰撞时间 t_C 为夹杂物与气泡表面碰撞后，夹杂物在气泡表面振动的时间；

滑动时间 t_S 为夹杂物在气泡表面滑动所经历的时间；

液膜排干时间 t_F 为气泡与夹杂物间液膜排干到临界厚度发生破裂所需要的时间；

TPCL 扩展时间 t_{TPCL}为 TPCL 由临界半径扩展为稳定润湿边界所需要的时间；

诱发时间 t_I 为从气泡与夹杂物间开始形成液膜到液膜破裂形成稳定 TPCL 所需要的时间（$t_I = t_F + t_{TPCL}$）。

钢液中夹杂物黏附在气泡表面的过程也可以理解为：夹杂物接近气泡，发生碰撞，并形成钢液薄膜；夹杂物在气泡表面存在两种运动模式，即振动和滑动；最终夹杂物将会黏附在气泡表面上或者从气泡表面滑离。在此期间，存在以下可能性：

（1）如果 $t_C \geq t_I$，夹杂物将在碰撞过程中黏附在气泡表面；

（2）如果 $t_C < t_I$，夹杂物将在气泡表面反弹或沿着气泡表面滑动；

（3）如果 $t_S \geq t_I$，夹杂物将在滑动过程中黏附在气泡表面；

（4）如果 $t_S < t_I$，夹杂物将从气泡表面滑离并且不能被黏附。

12.3.2　从时间角度探讨夹杂物在气泡表面的黏附概率

图 12-20 为钢液中诱发时间、液膜排干时间和碰撞时间与氩气泡直径和 SiO_2 夹杂物粒子直径的关系曲线。碰撞时间和诱发时间随着夹杂物尺寸的增加而增加，滑动时间呈现出

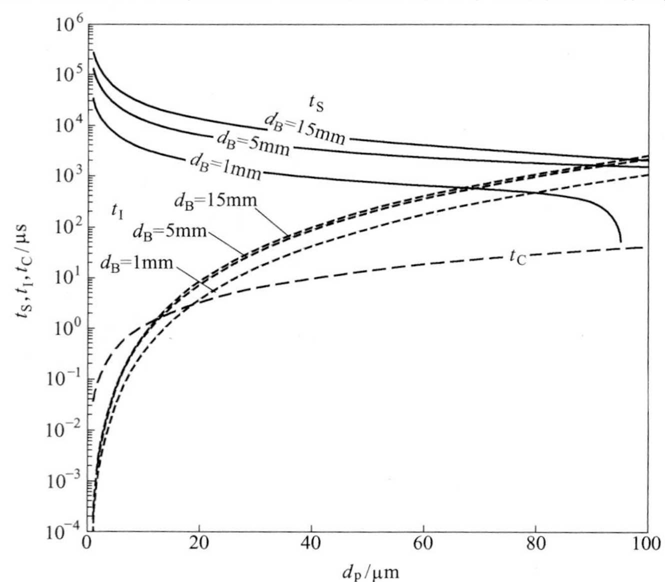

图 12-20　计算得到的不同尺寸的粒子和气泡的碰撞时间、滑动时间和诱发时间[2]

相反的趋势。大气泡比小气泡有更长的滑动时间和诱发时间。在此基础上，定义了两个临界夹杂物直径：在 $t_C = t_I$ 时的夹杂物直径为 d_{pcr1}；在 $t_S = t_I$ 时的夹杂物直径为 d_{pcr2}。表 12-7 为计算得到的临界夹杂物直径，由此可以分析得出：(1) 当气泡直径为 1mm 时，对于小于 18.5μm 的夹杂物将在碰撞过程中黏附于气泡表面，18.5~79.5μm 之间的夹杂物将在滑动过程中发生黏附，大于 79.5μm 的夹杂物将从气泡表面滑离而不会黏附在气泡上。(2) 当气泡直径为 5mm 时，小于 13.5μm 的夹杂物将在碰撞过程中发生黏附；13.5~92μm 之间的夹杂物将在滑动过程中发生黏附；大于 92μm 的夹杂物将从气泡表面滑离而不会黏附在气泡上；当气泡直径为 15mm 时，小于 12.5μm 的夹杂物将在碰撞过程中发生黏附；大于 12.5μm 的夹杂物将能在滑动过程中发生黏附。因此，小气泡有利于夹杂物在碰撞过程中黏附，而大气泡有利于夹杂物在滑动过程黏附。需要指出的是，大气泡对应更长的诱发时间，更难形成快速黏附。

表 12-7　夹杂物粒子的两个临界尺寸

$t_C = t_I$		$t_S = t_I$	
d_B/mm	d_{pcr1}/μm	d_B/mm	d_{pcr2}/μm
1	18.5	1	79.5
5	13.5	5	92
15	12.5	15	100

根据 Tsekov 和 Radoev[94] 研究，黏附概率由下式给出：

$$\begin{cases} P_{AC} = 1 - \dfrac{t_I}{t_C} = 1 - \dfrac{t_{FC} + t_{TPCL}}{t_C} \\ P_{AS} = 1 - \dfrac{t_I}{t_S} = 1 - \dfrac{t_{FS} + t_{TPCL}}{t_S} \end{cases} \tag{12-39}$$

根据式 (12-39) 和图 12-20 得到从时间角度分析出来的夹杂物在气泡上的黏附概率（图 12-21）。可以看出，大气泡对夹杂物的黏附概率大于小气泡，在碰撞过程中的黏附概率和滑动过程中的黏附概率差异较大。

图 12-20、图 12-21 和表 12-7 结果表明，大气泡对应着较大的 P_{AS}、较小的 P_{AC}。然而，这并不能证明大气泡更有利于浮选去除夹杂物，因为还存在另一个重要参数——碰撞概率，它对去除过程产生重要影响，将在下节进行讨论。由图 12-20、图 12-21 和表 12-7 还可以看出，在碰撞过程中只有一小部分夹杂物会黏附到气泡上，而在滑动过程中大多数夹杂物将黏附到气泡上，即在实际浮选过程中，夹杂物有效地黏附到气泡表面更可能是在滑动过程发生，这与 Schulze[10] 和 Nguyen[90] 的结论一致。

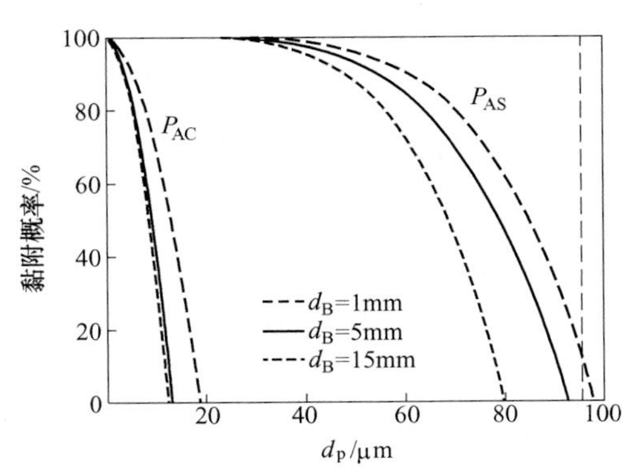

图 12-21　从时间角度分析得到的夹杂物在气泡上的黏附概率
（P_{AC}，P_{AS} 分别对应于碰撞过程和滑动过程）

12.4 层流条件下气泡与夹杂物的相互作用

12.4.1 研究现状

Chipfunhu 等[95]通过实验的方法研究了 0.2~50μm 的粒子在气泡浮选过程中接触角的影响。结果表明，对于给定尺寸的粒子，只有接触角达到某一最小临界值时，才能被气泡捕获。粒子与气泡的碰撞率和在碰撞时具有足够的动量形成三相接触线，是这一现象发生的决定性因素。此外，在该研究的粒子尺寸范围内，随着粒子尺寸的减小，粒子被气泡捕获的临界接触角增加。Gregory 等[96]研究了长条形固体粒子被水中静止气泡黏附的过程，认为存在两种黏附方式：一种是强黏附，即固体粒子侧面与气泡表面进行黏附；另一种是弱黏附，即固体粒子横截面与气泡表面进行黏附。

Ji 等[97]通过将气泡总量平衡方程（bubble population balance model，BPBM）与欧拉两相流模型进行耦合，建立了气泡破裂和弥散行为的数学模型，研究了不同搅拌方式和吹气流量对气体体积分数和气泡尺寸分布的影响。Nguyen 等[98]通过数值计算的方法求解粒子在气泡周围层流中的运动方程，分析了粒子-气泡的碰撞概率，并且与 generalized sutherland equation（GSE）的结果进行了比较。只有对于小于 10μm 的粒子，两者的结果相近；而对于较大的粒子，两者存在明显的差异。

Ivanov 等[99]推导了存在外部流场条件下液滴和固体球状粒子在界面处的平衡状态。由于固体粒子表面张力和比表面自由能的差别，杨氏方程（Young′s equation）并不能使粒子满足受力平衡。因此，对存在外部流场条件下的接触角进行了重新正确的定义。Kralchevsky 等[100]通过匹配渐近展开分析的方法推导了附着气泡或液滴的形貌以及其外侧弯液面的形貌，并且与数值计算结果进行了对比。结果表明，当毛细数很小时，该方法推导的计算结果和数值计算结果可以很好地吻合。Ibrahim 等[101]建立了在空气湍流的作用下微小粒子从表面脱附过程的修正模型，考虑了有效表面粗糙度的影响，并且通过原子力显微镜对该作用进行了定量研究。

Tanno 等[102]采用水-硅油体系对气泡上浮过程中钢-渣界面金属液滴的形成进行了研究，讨论了气泡尺寸、界面张力、上层液体黏度和下层液体密度对下层液体液柱形成的影响。窄长状的液柱有利于金属液滴的形成；大尺寸的气泡利于形成较高的液柱，从而形成较大的金属液滴；界面张力的大小对液柱和金属液滴的形成影响很小；随着下层液体密度的增加，液柱的高度降低，不利于液滴的形成。Brabcová 等[103]通过建立实验装置研究了单个气泡和单个粒子间的相互作用，该实验装置将气泡固定于给定的流场之中，然后让粒子接近气泡，通过两个相互交叉分布的高速摄像仪观测粒子的三维运动轨迹和与气泡间的碰撞过程。此外，还建立了理论模型来描述粒子的运动轨迹和速度。

Blanco 和 Magnaudet[104]通过数值模拟的方法，研究了不同雷诺数下，椭球形气泡周围的流场，发现在一定的雷诺数条件下将在气泡周围产生涡流。Hoogstraten 等[105]通过求解 Navier-Stokes 流动方程研究了单个球冠状气泡在不可压缩牛顿流体中垂直上浮过程。在该研究中，假设气泡表面为自由滑移边界条件。该模拟的气泡形貌与尾流流态可以与实验结果很好地符合，但气泡上浮速度有所偏差，其原因可能与流体转变为非牛顿流体有关。

Liu 和 Schwarz[106]采用计算流体力学对湍流环境中自由移动气泡表面气泡-固体粒子间

的碰撞概率进行了建模。采用三维 k-ε 湍流模型研究了湍流对气泡-固体粒子间的碰撞概率。此外，还采用三维低湍流雷诺数剪切应力传输湍流模型研究了湍流和气泡壁对碰撞概率的影响[107]。

Gao 等[108]采用离散元法（discrete element method，DEM）模拟了气泡对疏水粒子的捕获过程。粒子-粒子间和粒子-气泡间的相互作用采用线性弹簧阻尼模型进行模拟。在该模型中考虑了重力、曳力和疏水力。Maxwell 等[109]采用三维 DEM 方法模拟分析了多粒子与静止气泡的碰撞动力学和粒子在气泡表面的滑动过程。在该研究中，对粒子与气泡间的碰撞时间和滑动时间进行了讨论分析。Moreno-Atanasio[110]采用 DEM 模拟分析了不同的疏水力模型对气泡捕获粒子过程的影响。

Arlabosse 等[111]通过数值模拟的方法研究了牛顿流体中由于热分层而导致的气泡周围的热毛细流。Nguyen 等[112]总结了在气泡浮选过程中湍流对气泡-粒子间相互作用的影响。首先对湍流的随机性描述和微米级的粒子及毫米级的气泡在湍流中的运动进行了回顾；然后对已有的气泡-粒子湍流碰撞和分离研究进行了总结。目前关于气泡-粒子湍流碰撞的定量模型报道较少，而已有的气泡-粒子湍流分离模型存在着很多的不足。因此，定量化的湍流对气泡-粒子间相互作用还需要进一步的研究。

12.4.2 碰撞概率与黏附概率

碰撞概率 P_C 定义为夹杂物与气泡发生碰撞的概率；黏附概率 P_A 定义为在滑动过程中夹杂物被黏附的概率；脱离概率 P_D 定义为在 TPCL 形成后夹杂物从气泡表面脱离的概率。夹杂物黏附在气泡表面的总概率（即捕捉概率）可以通过这些概率的乘积得到：

$$P = P_C P_A (1 - P_D) \tag{12-40}$$

本节忽略 TPCL 形成后夹杂物从气泡表面脱离的概率[10,12,83]，即 $P_D = 0$。Wei 等[113]的实验结果表明，在水溶液中几乎所有能够到达气泡表面的非润湿粒子均会被黏附。二氧化硅夹杂物与钢液不润湿，其与钢液的接触角为 115°，因此认为在高温条件下也会发生类似的行为。

12.4.2.1 碰撞概率 P_C

如图 12-22 所示，如果在无穷远处距气泡轴为 d_{OC}的流线，在气泡“赤道”处恰好距离气泡中心的距离为 $r_p+d_B/2$，则定义 d_{OC}为碰撞半径。显然，对于在气泡上浮柱体轨迹内的夹杂物，只有在碰撞直径 d_{OC}内的夹杂物才会与其发生碰撞，那些位于该区域之外的夹杂物将不会接触气泡。碰撞概率定义为与气泡发生碰撞的夹杂物数量与在气泡运动柱体轨迹内所有夹杂物的总数量之间的比例。因此，该值可以由碰撞直径 d_{OC} 所对应的面积 S_{OC} 与气泡直径 d_B 对应的面积 S_B 的比率来确定：

$$P_C = \frac{S_{OC}}{S_B} = \left(\frac{d_{OC}}{d_B}\right)^2 \tag{12-41}$$

d_{OC} 的取值通过计算流线来确定。式（12-41）中的分母实际上应该是（$d_B + d_p$）；但考虑到 $d_B \gg d_p$，式（12-41）依然成立。

但是，在实际过程中，由于各种原因，夹杂物的运动轨迹将偏离流线，因此应该对各种碰撞及其相关概率进行定义[10]，夹杂物粒子与气泡的碰撞主要包括下面几种：

（1）理想碰撞。夹杂物靠近气泡时，其速度大小和方向均不改变。该模型仅适用于尺寸与气泡大致相同的大颗粒夹杂物，并且由理想碰撞模型得到的碰撞概率是碰撞概率的最大值[10]：

$$P_{\mathrm{id}} = \left(1 + \frac{d_{\mathrm{p}}}{d_{\mathrm{B}}}\right)^2 \tag{12-42}$$

当 $d_{\mathrm{p}} \leqslant d_{\mathrm{B}}$ 时，$0 \leqslant P_{\mathrm{id}} \leqslant 1$。

（2）拦截碰撞，P_{CS}。夹杂物沿着气泡流线运动而方向不发生改变。

（3）惯性碰撞，P_{in}。与拦截碰撞相比，惯性碰撞导致碰撞概率升高。

（4）重力碰撞。重力导致更多夹杂物发生碰撞。

（5）气泡后方湍流区域内的碰撞。

（6）扩散碰撞。由扩散和夹杂物湍流运动导致的碰撞。

（7）群碰撞。通过气泡群拦截夹杂物，其气泡间距小于固体夹杂物直径。

拦截碰撞和惯性碰撞将在下文详细讨论。

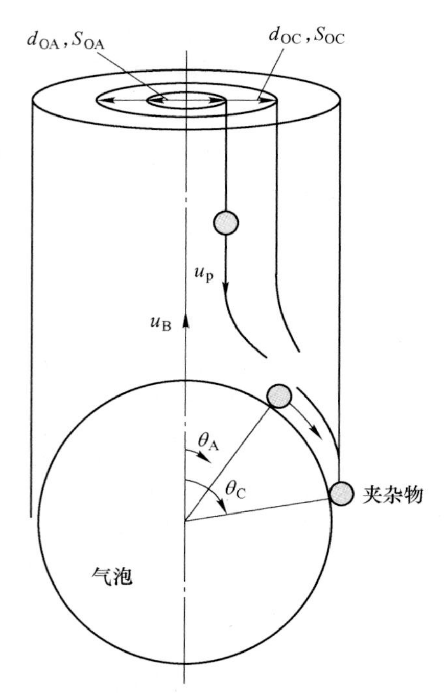

图 12-22 夹杂物和气泡碰撞及捕捉示意图

12.4.2.2 拦截碰撞 P_{CS}

该碰撞表明夹杂物运动轨迹与气泡周围流体的流线是一致的（图 12-23（a））。因此，碰撞概率只取决于以雷诺数决定的流函数为特征的气泡流场。基于拦截碰撞，通过求解流

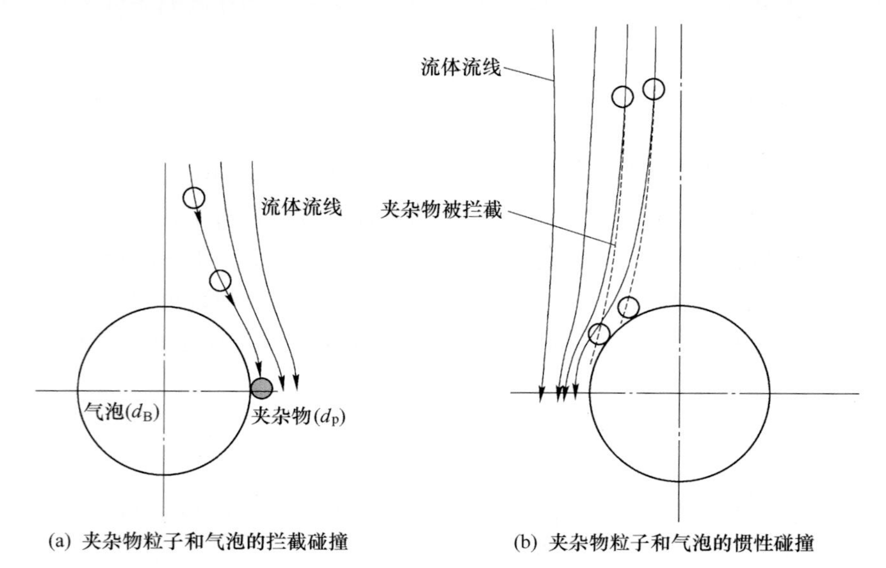

(a) 夹杂物粒子和气泡的拦截碰撞　(b) 夹杂物粒子和气泡的惯性碰撞

图 12-23 夹杂物粒子和气泡的拦截碰撞和惯性碰撞

函数来确定 P_{CS} 的表达式。

表 12-8 总结了由不同研究者推导的 P_{CS} 表达式。无量纲常数 G 定义为：

$$G=\frac{u_p}{u_B}=\frac{g(\rho_p-\rho_F)d_p^2}{18\mu u_B} \tag{12-43}$$

由于 $u_p \ll u_B$，则 $G\approx 0$，尤其对应于小夹杂物与大气泡碰撞的情况。尽管气泡尺寸的影响趋势相同，但根据这些表达式计算的具体结果之间相差很大（图 12-24）。

表 12-8　计算拦截碰撞概率的公式[2,10,12,87,114-118]

作　者	公　式	备　注
Sutherland (1948)	$P_{CS}=\frac{-G}{1-G}\left(1+\frac{d_p}{d_B}\right)^2+\frac{3}{1+G}\frac{d_p}{d_B}\approx\frac{3d_p}{d_B}$	缓慢行进，势流中气泡表面近乎静止
Gaudin (1957)	$P_{CS}=\frac{1.5}{1-G}\left(\frac{d_p}{d_B}\right)^2\approx 1.5\left(\frac{d_p}{d_B}\right)^2$	缓慢行进，斯托克斯流
Szekely (1976)	$P_{CS}=\left(1+2\frac{d_p}{d_B}\right)^2-1\approx 4\frac{d_p}{d_B}$	势流
Anfruna 和 Kitchener (1977)	$P_{CS}=\frac{1+(d_p/d_B)^2}{1+G}\left[G+\frac{2}{(1+d_p/d_B)^2}\psi_o^*\right]$	$0<Re_B\leqslant 400$ ψ_o^* 由表面涡度和气泡雷诺数决定
Weber (1981)	$P_{CS}=\frac{1}{1-G}\left(\frac{d_p}{d_B}\right)^2\left[1.5+\frac{(9/32)Re_B}{1+0.249Re_B^{0.56}}+C\sin^2\theta_C\right]$	$0<Re_B\leqslant 300$， $60°\leqslant\theta_C\leqslant 90°$
Weber, Paddock (1983)	$P_{CS}=\frac{1}{1-G}\left(\frac{d_p}{d_B}\right)^2\left[1.5+\frac{(9/32)Re_B}{1+0.249Re_B^{0.56}}\right]$	硬球 $0<Re_B\leqslant 300$
	$P_{CS}=\frac{1}{1-G}\left(\frac{d_p}{d_B}\right)\left[1+\frac{2}{1+(37/Re_B)^{0.85}}\right]$	移动表面气泡 $0<Re_B\leqslant 400$
Schulze (1989)	$P_{CS}=\frac{1}{1-G}\frac{\psi_o}{2u_B}d_B^2=\frac{1}{1-G}\psi_o^*$	$1<Re_B\leqslant 400$
Yoon, Luttrell (1989)	$P_{CS}=\frac{1}{1-G}\left(\frac{d_p}{d_B}\right)^2\left(\frac{3}{2}+\frac{4Re_B^{0.72}}{15}+C\right)\approx\left(\frac{d_p}{d_B}\right)^2\left(\frac{3}{2}+\frac{4Re_B^{0.72}}{15}\right)$	$0<Re_B\leqslant 400$
Nguyen, et al (1991)	$P_{CS}=\frac{-G}{1-G}\left(1+\frac{d_p}{d_B}\right)^2+\frac{1}{1+G}\frac{d_p}{d_B}\approx\frac{d_p}{d_B}$	移动表面的缓慢流
Nguyen, et al (1992)	$P_{CS}=\frac{1}{1-G}\left(\frac{d_p}{d_B}\right)^2\left[1.5+\frac{(9/32)Re_B}{1+0.249Re_B^{0.56}}\right]+Cf(Re_B)$	$0<Re_B\leqslant 300$，$f(Re_B)$ 为气泡雷诺数的函数
Nguyen, et al (1994, 1998)	$P_{CS}=\frac{2u_BD}{9(u_B\pm u_p)Y}\left(\frac{d_p}{d_B}\right)^2\left[\sqrt{(X+C)^2+3Y^2}+2(X+C)\right]^2$	无量纲数 X，Y，C，D 由气泡雷诺数决定 $0<Re_B\leqslant 300$

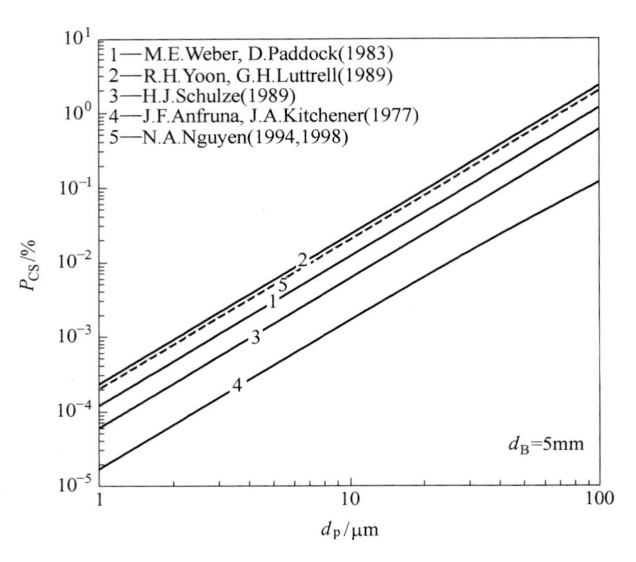

图 12-24 计算得到的夹杂物粒子和 5mm 气泡之间大的拦截碰撞的概率

首个计算碰撞概率的模型是由 Sutherland[115]针对层流流场推导而来的，为其他所有的碰撞概率模型的建立提供了基础。与其他模型不同的是，Nguyen 等[89,91,114]是基于 Navier-Stokes 方程的半解析结果建立的碰撞模型，该模型考虑了在中等 Reynolds 数下气泡表面液体流动的前后不对称性。因此，在本研究采用 Nguyen[89,91,114]提出的模型。图 12-25 为 Nguyen 等[89,91,114]得到的结果，可以看出，对于拦截碰撞而言，小的气泡和大的夹杂物有更高的碰撞概率；此外，碰撞概率非常小，10μm 夹杂物和 5mm 气泡的碰撞概率仅为 0.02%，如果气泡直径大于 15mm，P_{CS}将小于 1%；而如果气泡直径为 1mm，则 P_{CS}的最大值为 11%。因此，为了得到较大的碰撞概率，气泡直径应该小于 5mm。

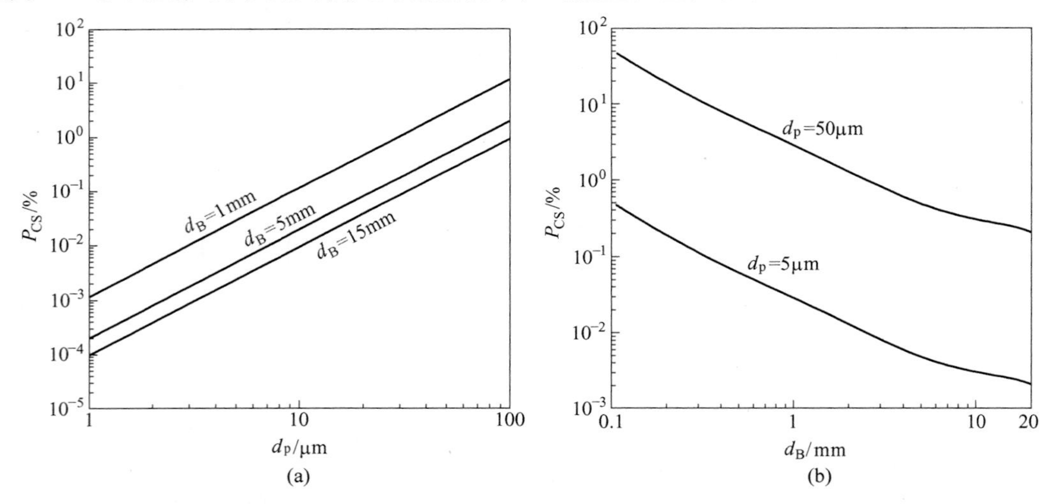

图 12-25 计算得到的夹杂物粒子和气泡之间的碰撞概率

12.4.2.3 惯性碰撞概率 P_{in}

惯性碰撞表明夹杂物粒子运动轨迹偏离流体流线（图 12-23（b）），即惯性碰撞适用于浮力起作用的大颗粒夹杂物粒子。文献中对惯性碰撞概率的研究结果见表12-9。

表12-9　文献发表的夹杂物与气泡的惯性碰撞概率的公式

作　者	公　式	备　注
Flint 和 Howarth [119]	$P_{in} = \frac{G}{1+G}$	G 的定义见式（12-43）
	$P_{in} = \begin{cases} \left(\frac{K}{K+0.06}\right)^2 & K \geqslant 0.08 \\ 0 & K < 0.08 \end{cases}$	$K = \frac{2}{9}\frac{\rho}{\rho_p}\left(\frac{d_p}{d_B}\right)^2 Re_B$
Chen [120]	$P_{in} = \left(\frac{St}{St+0.5}\right)^2$	$St = \frac{2}{9}\frac{\rho_p}{\rho}\left(\frac{d_p}{d_B}\right)^2 Re_B$
Schulze[10]	$P_{in} = \frac{1}{1-G}\left(1+\frac{d_p}{d_B}\right)^2\left(\frac{St}{St+a}\right)^b$	中等雷诺数流动条件下，a 和 b 的取值取决于气泡雷诺数

Schulze 提出了在中等流动条件下，惯性碰撞概率 P_{in} 的近似表达式[10]：

$$P_{in} = \frac{1}{1-G}\left(1+\frac{d_p}{d_B}\right)^2\left(\frac{St}{St+a}\right)^b \tag{12-44}$$

式中，a 和 b 的取值取决于气泡雷诺数[10]。

由式（12-44）计算的 P_{in} 如图10-26（a）所示。可以看到，当气泡直径大于1mm时，P_{in} 小于1%。为了比较 P_{CS} 和 P_{in}，P_{in}/P_{CS} 如图12-26（b）所示。可以看出，对于相同尺寸的气泡和相同尺寸的夹杂物粒子，$P_{in} \ll P_{CS}$。即使夹杂物尺寸为100μm，P_{in}/P_{CS} 依然小于0.1%。

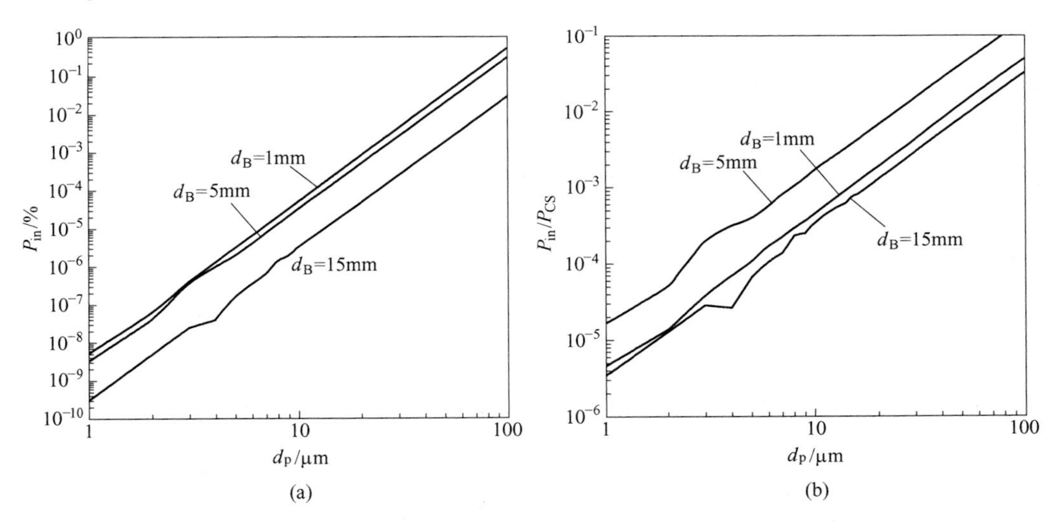

图12-26　计算得到惯性碰撞概率

Schulze[10] 提出的总体碰撞概率可以表示为：

$$P_C = P_{CS} + \left[1 - \frac{P_{CS}}{\left(1+\frac{d_p}{d_B}\right)^2}\right]P_{in} \tag{12-45}$$

对于 $d_p \ll d_B$，该式可简化为：$P_C = P_{CS} + (1 - P_{CS})P_{in}$。对于 $P_{in} \ll P_{CS}$，又可简化为 P_{CS}。因此，总碰撞概率可以近似认为是 P_{CS}，即：

$$P_C \approx P_{CS} \tag{12-46}$$

12.4.2.4　黏附概率 P_A

在 12.3.2 节已经对夹杂物粒子–气泡间的黏附过程进行了详细分析[88]，对于有效的黏附，需要三个关键性基本步骤：（1）液膜的减薄；（2）液膜的破裂；（3）TPCL 的扩展。步骤（2）液膜的破裂和 TPCL 的形成是浮选去除细小粒子的关键性环节。这是因为线张力导致的压力阻止 TPCL 核心的形成和 TPCL 的扩展，线张力将在临界 TPCL 形成过程中发挥作用，尤其是对于细小的粒子。

Nguyen 等[88]提出了夹杂物粒子–气泡黏附概率的新模型，在该模型中考虑了三个基本步骤：

$$P_A = P_F P_R P_{TPC} \tag{12-47}$$

式中，下标 F、R 和 TPC 分别代表步骤（1）~（3）。

由式（12-34）和式（12-35）以及图 12-18 可以清楚地看到，即使气泡和夹杂物之间发生了碰撞，但由于液膜不发生破裂，部分夹杂物将不会黏附在气泡上；只有当对向角大于临界中心角 α_{cr} 时，才会有液膜的破裂形成 TPCL，即存在液膜破裂概率 P_R。α_{TPC} 存在（式（12-35）和图 12-18）表明，只有当 $\alpha \geqslant \alpha_{TPC}$ 时，才能够形成稳定的润湿 TPCL 边界，因此，在由临界半径 r_{cr} 到形成稳定边界的 TPCL 扩展过程中存在 P_{TPC}。

由于对上述三个基本步骤还尚未研究清楚，因此尚不能对夹杂物粒子–气泡黏附概率进行全面计算，只能忽略步骤（2）和（3）；这种简化将高估夹杂物粒子–气泡黏附概率，式（12-47）将转化为：

$$P_A = P_F \tag{12-48}$$

显然，并不是所有与气泡相碰撞的夹杂物粒子均能被黏附。在气泡表面存在一个极角的最大值，当大于该角度时，碰撞的夹杂物粒子将不会被黏附而是滑离气泡表面，该角称为临界黏附角。

因此，黏附概率可以表示为：

$$P_A = \left(\frac{\sin\theta_A}{\sin\theta_C}\right)^2 \tag{12-49}$$

考虑到中等雷诺数下气泡表面周围流场的前后不对称性，通过求解 Navier-Stokes 方程的半解析结果，Nguyen 计算的黏附概率为[121]：

$$P_A = \frac{X + C + Y\cos\theta_A}{X + C + Y\cos\theta_C}\left(\frac{\sin\theta_A}{\sin\theta_C}\right)^2 \tag{12-50}$$

式中，X，Y，C 取决于气泡雷诺数，见式（12-31）；碰撞角 θ_C 也取决于气泡雷诺数，见式（12-30）。

如果式（12-50）中的第一项等于 1，其可简化为 Dobby 和 Finch 方程[83]：

$$P_A = \left(\frac{\sin\theta_A}{\sin\theta_C}\right)^2 \tag{12-51}$$

可以看到，式（12-51）给出了 P_A 的最大值；并且当 θ_A 接近于 θ_C 时，式（12-51）是

合理的，例如对于润湿性很差的夹杂物粒子。然而，在实际中，θ_A总是小于θ_C的。

Yoon 和 Luttrell[12]通过假设$\theta_C=90°$，采用了更简单的表达式来计算P_A，即：

$$P_A = \sin^2\theta_A \tag{12-52}$$

θ_A的取值可以通过将滑动时间方程中的滑动时间用诱发时间来代替而计算得到。本研究采用 Nguyen 等[88-90]的滑动时间方程，即：

$$t_I = \frac{d_p + d_B}{2u_B(1 - B^2)A}\ln\left[\frac{\tan\frac{\theta_C}{2}}{\tan\frac{\theta_A}{2}}\left(\frac{\mathrm{cosec}\theta_C + B\cot\theta_C}{\mathrm{cosec}\theta_A + B\cot\theta_A}\right)^B\right] \tag{12-53}$$

图 12-27 为由式（12-50）计算的黏附概率P_A。具有以下特征：（1）随着夹杂物粒子尺寸的减小，P_A增加；（2）随着气泡尺寸的增加，P_A增加；（3）当气泡尺寸大于 1mm 时，P_A大于 80%。

式（12-40）给出了气泡对夹杂物的捕捉概率，其结果如图 12-28 所示。显然：（1）夹杂物尺寸越大，捕捉概率越大；（2）虽然气泡尺寸越大，黏附概率越大（图 12-27），但捕捉概率越小，表明小气泡更有利于气泡浮选去除钢水中的夹杂物。

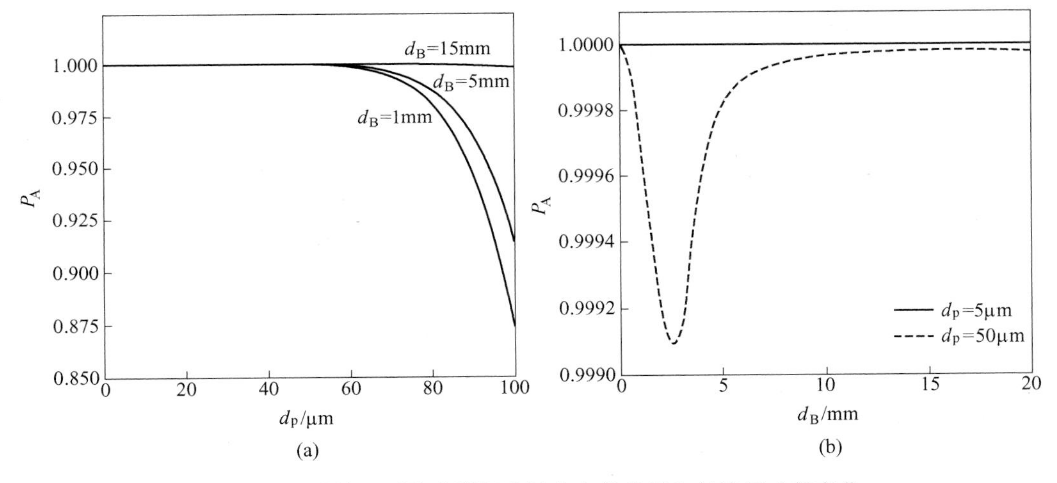

图 12-27　计算得到的黏附概率随夹杂物粒子和气泡尺寸的变化

12.4.3　层流条件下气泡浮选去除夹杂物数学模型

本节建立了钢液-二氧化硅夹杂物-氩气泡体系的气泡浮选去除钢液中夹杂物的简化模型。做如下假设：（1）气泡尺寸相同，均匀分布在钢液中，并以固定速度上浮（图 12-10）；（2）忽略湍流的影响；（3）夹杂物粒子具有固定的尺寸并均匀分布在钢液中，其不会影响气泡的运动；（4）夹杂物粒子只能通过气泡浮选去除，忽略其他去除方式，包括上浮去除、和其他夹杂物粒子的碰撞聚合等；（5）气泡尺寸与气体流量无关，意味着假定采用某种特定的气体注射装置来产生固定尺寸的气泡；（6）当在气泡与夹杂物间形成了稳定的黏附，夹杂物将被认为从钢液中去除，由于气泡上浮速度很快，因此此假设是合理的。

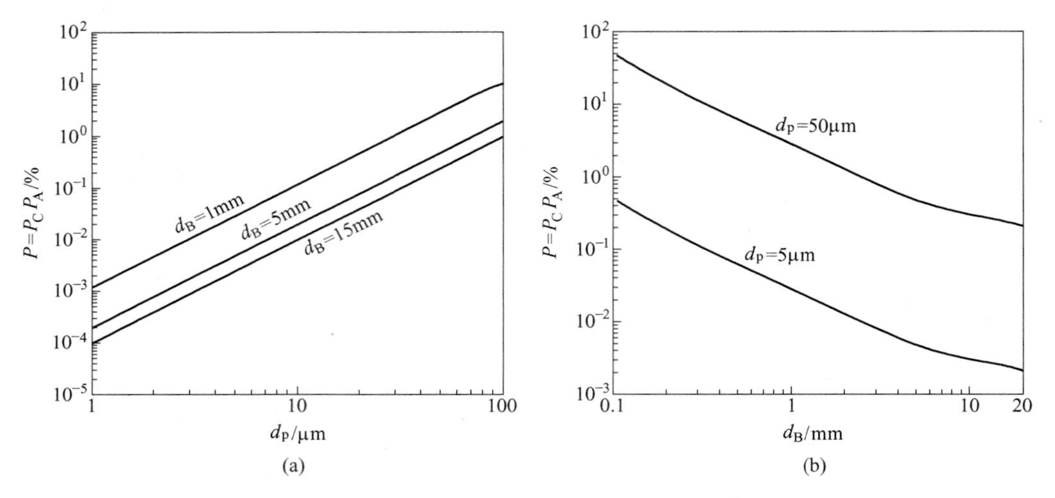

图 12-28　夹杂物粒子被气泡浮选捕捉概率

基于上述假设，每个气泡的碰撞次数为：

$$N_1 = V_S n_t P = \frac{\pi}{4} d_B^2 H n_t P \tag{12-54}$$

单位时间单位体积的钢液内注入的气泡数为：

$$N_B = \frac{6Q_G}{\pi d_B^3} \frac{T_F}{T_0} \frac{1}{V} \tag{12-55}$$

每秒内捕捉夹杂物的有效个数为：

$$N_T = N_1 N_B = \frac{3}{2} \frac{H}{V} \frac{T_F}{T_0} Q_G \frac{P}{d_B} n_t = C_3 n_t \tag{12-56}$$

式中：

$$C_3 = \frac{3}{2} \frac{H}{V} \frac{T_F}{T_0} Q_G \frac{P}{d_B} \tag{12-57}$$

则夹杂物的去除速率可以表示为：

$$-\frac{dn_t}{dt} = C_3 n_t \tag{12-58}$$

通过对时间 $t=0(n_t=n_0)$ 到 $t=t(n_t=n_t)$ 进行积分，得到：

$$n_t = n_0 e^{-C_3 t} \tag{12-59}$$

则在 t 时刻，夹杂物去除效率的百分比为：

$$\eta = \frac{n_0 - n_t}{n_0} \times 100\%$$

所以：

$$\eta = (1 - e^{-C_3 t}) \times 100\% \tag{12-60}$$

对固定的气体流量和固定的时间，气泡尺寸对浮选去除夹杂物的影响如图 12-29（a）所示，可以看出，气泡尺寸越小，去除效率越高。如果气泡直径大于 20mm，则 $\eta<10\%$。因此，气泡浮选去除夹杂物的过程中，大于 20mm 的气泡不能有效地去除夹杂物。时间对

气泡浮选去除夹杂物的影响如图 12-29（b）所示。显然，随着时间的推移，更多的夹杂物将会被去除。该图还表明，在忽略湍流影响的前提下，由于大夹杂物具有较高的捕捉概率，因此，大夹杂物比小夹杂物更容易被气泡浮选去除（图 12-28）。从图 12-29（c）可以看出，增加气体流量有利于气泡浮选去除钢液中的夹杂物。

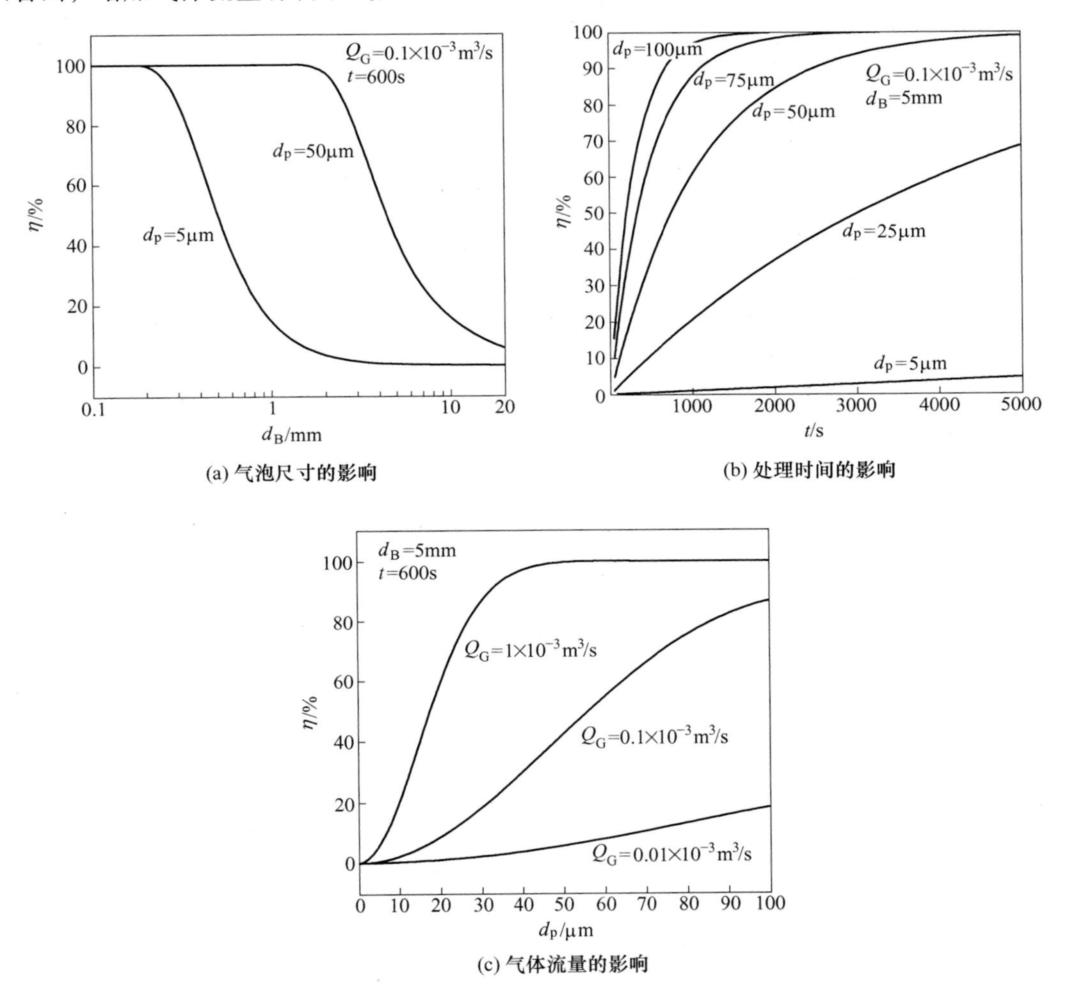

图 12-29　气泡尺寸、处理时间和气体流量对浮选去除夹杂物的影响

评价气泡浮选去除夹杂物效果的另一个参数是去除单位体积钢液内 99%夹杂物需要注入气体的总体积 V_T。去除 99%夹杂物所需的时间为 V_T/Q_g，代入式（12-60）得到：

$$\eta = (1 - e^{-C_3 V_T/Q_G}) \times 100\% \tag{12-61}$$

则：

$$V_T = -\frac{2}{3}\frac{T_0}{T_F}\frac{V}{H}\frac{d_B}{P}\ln\left(\frac{1}{1-0.99}\right) \tag{12-62}$$

V_T 与气泡尺寸和夹杂物尺寸的函数关系如图 12-30 所示。V_T值越大，气泡浮选去除夹杂物越困难。该图再一次表明小气泡更有利于去除夹杂物。

通过上述讨论可以得出一个重要的结论，即在钢液中忽略湍流影响的前提下，小气泡更有利于气泡浮选去除夹杂物。当气泡直径大于 5mm 时，夹杂物去除效率很低。但是，很小的气泡将导致两点不足：（1）小气泡需要更长的上浮时间，如图 12-31 所示。而在实际生产过程中，如果精炼时间太长，则钢液的温度损失大且耐火材料熔损也高，增加生产成本。因此，应该存在一个最佳的气泡尺寸，不仅可以提高浮选去除夹杂物的效率，而且还能缩短精炼时间。（2）在冶金体系中，小气泡可能会被钢液的回流区捕获，或者从钢/渣界面处再次卷入。根据 Thomas 等[122]的结果，连铸结晶器自由表面附近钢液的水平速度约为 0. 11~0. 25m/s，根据 Hsiao 等[123]的研究，在钢包体系中该速度约为 0. 1m/s。因此，为了避免再次卷入，气泡上升速度应大于该速度，意味着气泡直径应大于 1mm。所以，最佳的气泡尺寸为 1~5mm。在精炼和连铸过程中，为了采用气泡浮选去除钢中夹杂物，气泡尺寸应为 1~5mm，以便在冶金熔池中获得较高的气泡-夹杂物捕捉概率（图 12-28）。

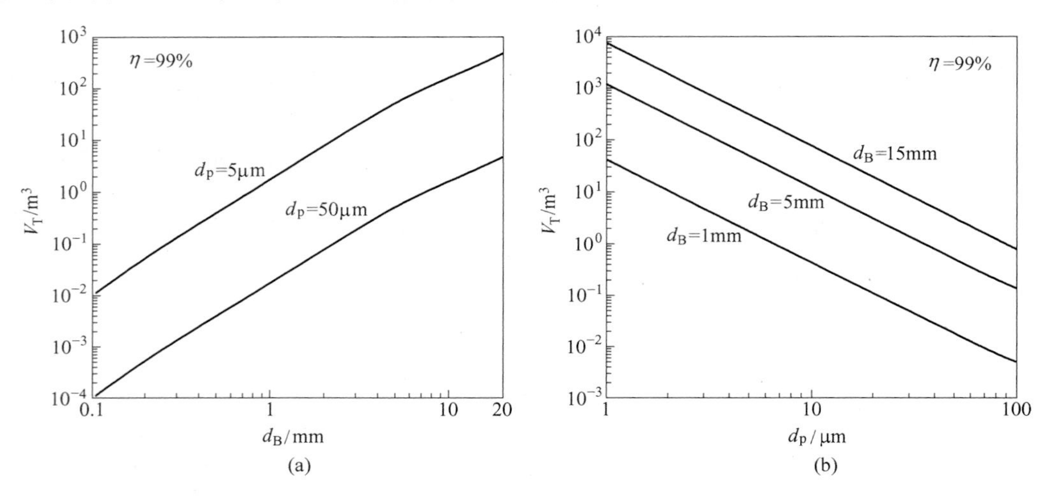

图 12-30　去除 99%的夹杂物所需气体的总体积 V_T 与气泡尺寸和夹杂物尺寸的关系

在钢液体系中生成小气泡主要有两种方法。一种是通过特殊设计的喷嘴来喷吹气体，以便产生细小气泡。例如，Szekely[3] 使用一种特殊的“细孔喷嘴”来去除熔融铝中的夹杂物。大多炼钢厂采用透气砖来喷吹气体以获得细小的气泡[6]；然而，即使采用上述设备，气泡直径仍大于 10mm。另一种生成细小气泡的方式是搅拌，强搅拌会将大气泡分解成小气泡。气泡尺寸与搅拌功率的关系已在上文讨论（表 12-3 和图 12-8），根据 Sevik 和 Park[55] 推导的表达式计算结果如图 12-8 所示。部分冶金体系中的湍流强度也在该图中进行了显示。可以看到，在连铸结晶器的浸入式水口注入气体是可行的。浸入式水口中的强湍流会将气体分解成直径为 5mm 的小气泡；然而，小气泡可能被液相穴糊状区捕获并保留在钢凝固坯壳中形成缺陷。由浸入式水口中的流动状态

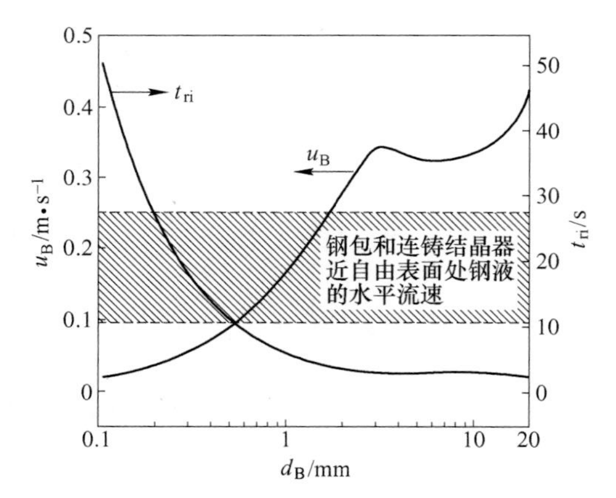

图 12-31　钢液中气泡尺寸与上升速度和时间的关系

可以推测[123]，在连铸过程中，从钢包到中间包的长水口也有类似的强搅拌，如果在此处注入气体，长水口内的强湍流也会将气体分解成小气泡；当钢液从长水口流向中间包的出口时，小气泡也将有充分的时间上升到中间包的自由液面。因此，在钢包到中间包的长水口处注入气体可以通过气泡浮选有效去除钢液中的夹杂物。

12.4.4 本节小结

本节对气泡浮选去除钢液中夹杂物的基本原理进行了综述。对气泡-夹杂物间相互作用机理、气泡尺寸与上浮速度、气泡与夹杂物间液膜的形成和破裂、碰撞时间、液膜排干时间、滑动时间以及碰撞与黏附概率等进行了讨论。建立了层流条件下简单的气泡浮选去除夹杂物的数学模型，并讨论了气体流量、气泡大小和时间对夹杂物去除的影响。本节得到了两个与炼钢生产实践有关的基本结论：去除夹杂物的最佳气泡尺寸为1~5mm；在钢包到连铸中间包的长水口处注入气体是气泡浮选去除夹杂物的好位置。

但是本节只讨论了层流条件下钢液中气泡浮选去除夹杂物的情况，部分方程仅限于中等湍流条件（气泡雷诺数在1~600之间，仅适用于气泡直径小于1.2mm[13]），然而，这些方程却被用于直径为0.1~20mm的气泡。本节也做了一些简化，如$t_I \approx t_{FC}$、$P_A \approx P_F$。这些简化的合理性需要进一步研究。本节的研究没有考虑气泡-夹杂物聚合物的稳定性以及脱离概率。这些现象存在于实际过程当中，但还未被研究清楚，因而在大多数已发表文献中被忽略。

本节的研究忽略了湍流对气泡和夹杂物运动及二者碰撞、黏附和捕捉过程的影响，忽略了对气泡-夹杂物聚合物的稳定性的影响，这将在下一节中进行讨论。

12.5 湍流条件下气泡与夹杂物相互作用的理论基础

12.5.1 气泡周围的流场

本节采用计算流体力学软件计算了气泡周围稳态二维轴对称湍流钢液流场。气泡固定在对称轴上，其上表面顶点位于对称轴高度的中心，计算域的高度和宽度分别为$200d_B$和$100d_B$。在计算过程中，忽略了由于钢液湍流流动和夹杂物运动而导致的气泡变形，认为气泡形貌为前文所述的球形、椭球形和球冠状。然后通过求解二维连续性方程、Navier-Stokes方程和标准k-ε湍流双方程来模拟钢液的湍流流动。

本研究认为气泡以上浮速度沿对称轴向上运动，因此计算域的上表面和侧面分别设置为速度入口，其大小为气泡的上浮速度，方向与气泡上浮方向相反，即垂直向下。计算域的下表面设置为压力出口，其表压力值设置为0。对于球形和椭球形气泡，本研究分别讨论了钢液与气泡间界面处边界条件为零剪切应力壁面和无滑移壁面时的流场。对于球冠状气泡，假设钢液与气泡间界面处边界条件为零剪切应力壁面。

需要指出的是，在本研究中，为了研究湍流对气泡周围的流场以及气泡对夹杂物捕获的影响，特别设定计算域中的湍动能值为固定值。

12.5.1.1 球形气泡周围的流场

当气泡直径小于3mm时，气泡为球形。图12-32为气泡直径为1mm时不同湍动能条件下气泡周围的钢液流场，其中气泡表面边界条件是零剪切应力壁面。无论湍动能的大小，在气泡后方均不会形成尾流。此外，湍动能越大，气泡后方钢液的流速越大。

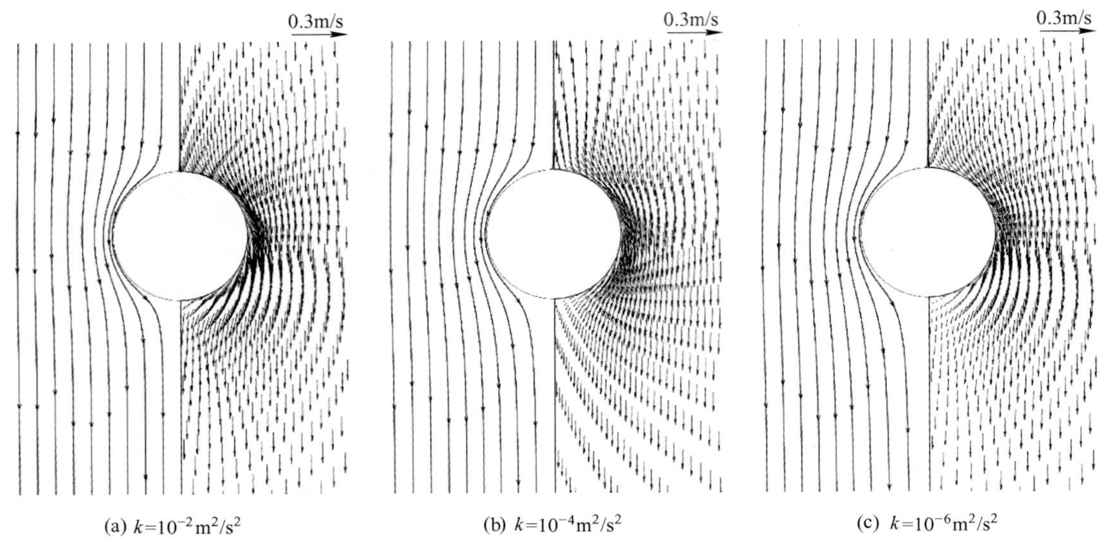

图 12-32　不同湍动能条件下气泡表面为零剪切应力时气泡周围的流场（$d_B=1mm$）

为了定量对比湍动能对气泡流场的影响，本研究对气泡表面的流速进行了输出，其结果如图 12-33 所示。其中，横坐标为以气泡顶点为起点，气泡中心为圆心的所对应位置的圆心角。可以看出，一方面，在气泡的水平截面处钢液的流速最大；另一方面，湍动能越大，气泡表面钢液流速越大。

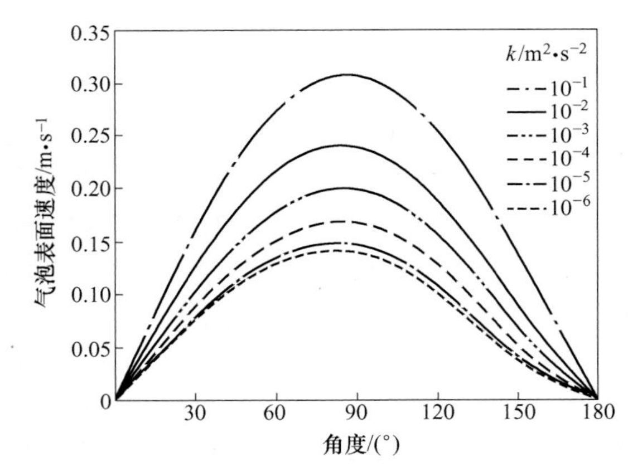

图 12-33　不同湍动能条件下气泡表面为零剪切应力时气泡表面速度分布（$d_B=1mm$）

当气泡表面边界条件为无滑移壁面时，直径为 1mm 的气泡在不同湍动能条件下周围的钢液流场如图 12-34 所示。强湍动能条件下（$k=10^{-2}m^2/s^2$），不会在气泡后方产生尾流；而随着湍动能的减小，尾流会在气泡下游产生，并且湍动能越大，尾流区域越大。在本研究中，定义尾流区域为钢液流速方向与气泡上浮方向一致的区域，即速度为竖直向上的区域。

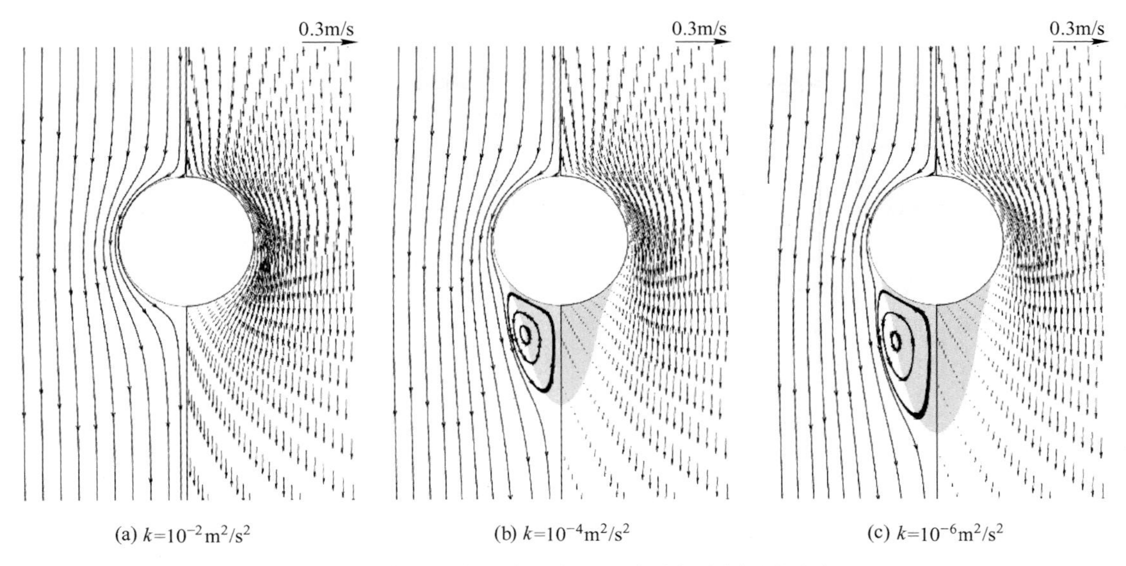

(a) $k=10^{-2}m^2/s^2$　　(b) $k=10^{-4}m^2/s^2$　　(c) $k=10^{-6}m^2/s^2$

图 12-34　不同湍动能条件下气泡表面为无滑移时气泡周围的流场（$d_B=1mm$）

本研究定量研究了湍动能对尾流区域大小的影响，定义无量纲尾流体积为尾流体积与气泡体积之比。如图 12-35 所示，湍动能大于 $10^{-2}m^2/s^2$ 时，在直径为 1mm 气泡的后方没有尾流生成，尾流体积为 0；湍动能由 $10^{-3}m^2/s^2$ 减小到 $10^{-6}m^2/s^2$ 时，无量纲尾流区域体积由 0.14 增加到 0.48。

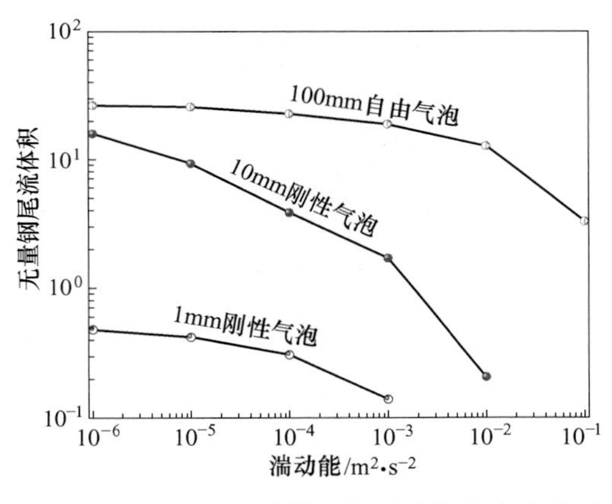

图 12-35　无量纲尾流体积与湍动能的变化关系

12.5.1.2　椭球形气泡周围的流场

当气泡直径在 3~10mm 之间时，气泡为椭球形。图 12-36 和图 12-37 分别为气泡表面为零剪切应力壁面和无滑移边界条件时，等效直径为 10mm 的气泡在不同湍动能的条件下的钢液流场。同样，气泡边界条件为零剪切应力壁面时，无论湍动能的大小，均不会在气泡下游形成尾流。但随着湍动能的减小，气泡表面以及气泡后方的钢液流速增大。气泡表面为无滑移壁面边界条件时，同样，湍动能越小，越有利于气泡后方尾流的形成。

12.5.1.3　球冠状气泡周围的流场

气泡形貌会随着气泡尺寸的增加，依次由球形变为椭球形，最后当气泡直径大于 10mm 时，气泡为球冠状。图 12-38 为气泡直径为 100mm 时，不同湍动能条件下钢液周围的流场。钢液与气泡间界面处边界条件为零剪切应力壁面。可以看到，无论湍流强弱，均会在气泡后方形成尾流，只是随着湍流的减弱，尾流区域增大，与球形和椭球形气泡在无滑移壁面边界条件下的计算结果相似。

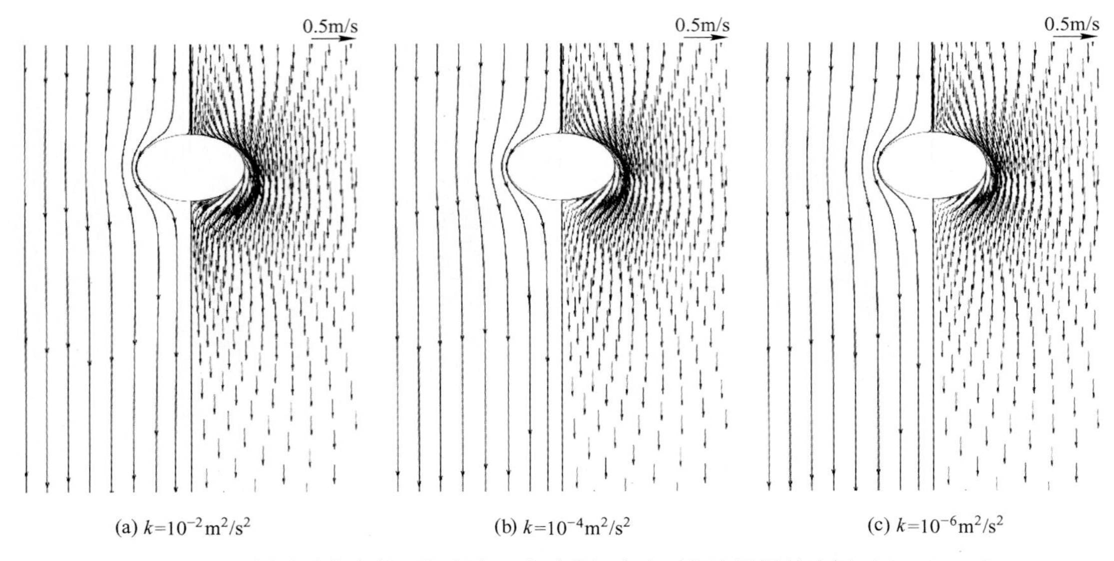

图 12-36　不同湍动能条件下气泡表面为零剪切应力时气泡周围的流场（$d_B = 10mm$）

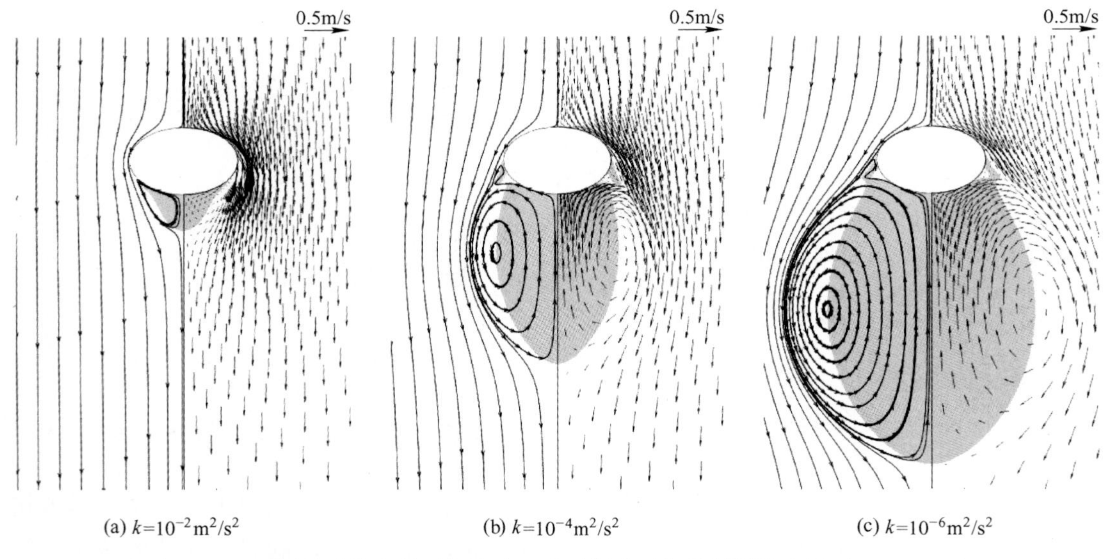

图 12-37　不同湍动能条件下气泡表面为无滑移时气泡周围的流场（$d_B = 10mm$）

12.5.2　气泡与夹杂物间的相互作用

如前文所述，在钢液中，夹杂物被气泡捕获而被浮选去除的整个过程包含以下几个子过程：（1）夹杂物向气泡靠近并发生碰撞；（2）在夹杂物与气泡间形成液膜；（3）夹杂物在气泡表面振动与滑移；（4）形成动态三相接触使液膜破裂；（5）夹杂物与气泡聚合物稳定化；（6）夹杂物与气泡聚合物的上浮，如图 12-19 所示[2]。

当夹杂物与气泡发生碰撞时，在气泡表面和夹杂物之间将会形成一液态薄膜，夹杂物沿着该薄膜滑动。如果在夹杂物离开气泡表面之前薄膜发生破裂，夹杂物将会被气泡黏附

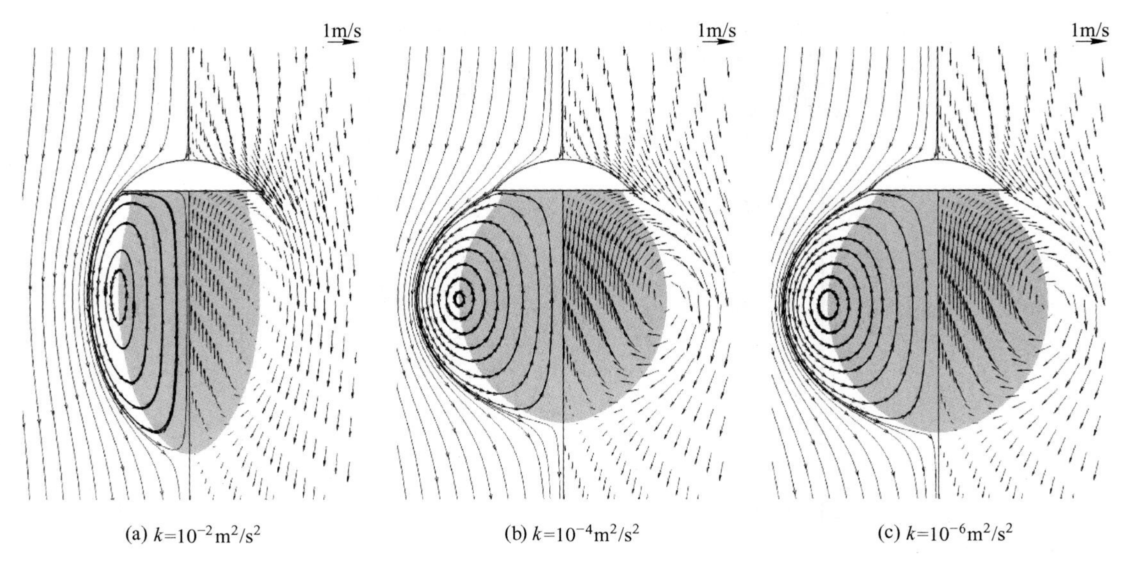

图 12-38　不同湍动能条件下气泡表面为零剪切应力时气泡周围的流场（$d_B=100mm$）

捕获；否则，夹杂物将与气泡分离，不能被气泡黏附捕获。薄膜破裂时间可以由式（12-26）和式（12-27）计算得到。图 12-39 为不同气泡尺寸对应的液膜破裂时间随夹杂物直径的变化曲线。夹杂物尺寸越大，液膜破裂时间越长，夹杂物直径的对数与液膜破裂时间的对数近似成直线关系。

图 12-40 为不同夹杂物直径和气泡直径对应的薄膜破裂时间的云图。同样可以看到，夹杂物尺寸越大，液膜破裂时间越长。相较于夹杂物尺寸，气泡尺寸对液膜破裂时间的影响较小，气泡尺寸从 1mm 增加到 100mm 时液膜破裂时间在同一数量级。

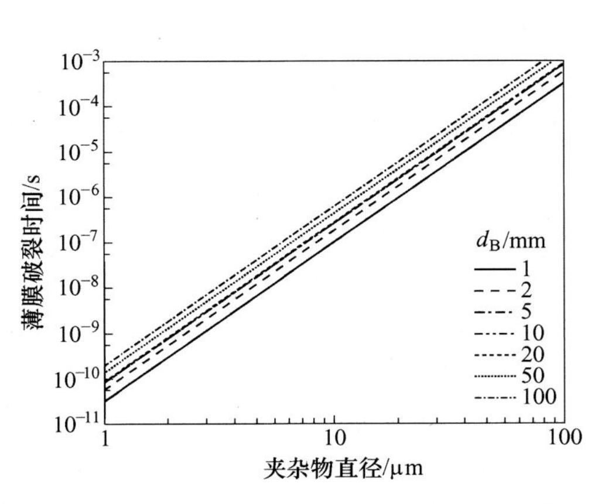

图 12-39　薄膜破裂时间与夹杂物直径间的关系

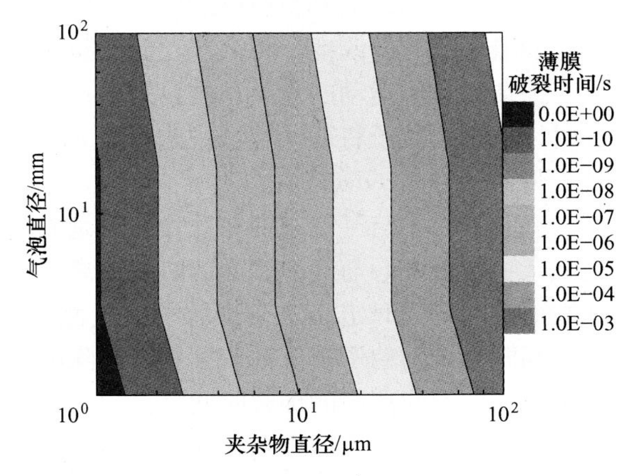

图 12-40　不同夹杂物直径和气泡直径对应的薄膜破裂时间

12.5.3　湍流条件下气泡浮选去除夹杂物的数学模型

夹杂物在气泡周围流场中的运动模型是在气泡周围的湍流流场计算稳定后进行计算

的，通过分析夹杂物与气泡间的相互作用时间，进而判断夹杂物是否被气泡捕获。对于夹杂物的运动，本研究采用离散相模型（discrete phase model，DPM）进行建模，将夹杂物假设为离散相粒子，通过积分求解其在拉格朗日坐标下的牛顿第二定律而得到其运动轨迹：

$$\frac{d\boldsymbol{u}_{p,i}}{dt}=\frac{18\mu_l C_{D,p}Re_p}{24d_p^2\rho_p}(\boldsymbol{u}_l-\boldsymbol{u}_{p,i})+\frac{\rho_p-\rho_l}{\rho_l}\boldsymbol{g}+\frac{1}{2}\frac{\rho_l}{\rho_p}\frac{d}{dt}(\boldsymbol{u}_l-\boldsymbol{u}_{p,i})+\frac{\rho_l}{\rho_p}\boldsymbol{u}_l\cdot\nabla\boldsymbol{u}_l \tag{12-63}$$

$$C_{D,p}=\frac{24}{Re_p}(1+0.186Re_p^{0.6529}) \tag{12-64}$$

$$Re_p=\frac{\rho_l d_p|\boldsymbol{u}_l-\boldsymbol{u}_{p,i}|}{\mu_l} \tag{12-65}$$

式中，$\boldsymbol{u}_{p,i}$为第 i 个夹杂物的运动速度，m/s；$C_{D,p}$为夹杂物粒子曳力系数；Re_p 为夹杂物粒子雷诺数。

式（12-63）右侧的四项分别代表曳力、重力、虚拟质量力和压力梯度力。对于钢液中的小尺寸固体夹杂物粒子（≤200μm），升力可以忽略不计，因此，在本研究中未考虑升力对夹杂物粒子运动的影响。

为了将湍流的脉动作用引入到夹杂物粒子的运动中，本研究采用了随机游走模型（“Random Walk”Model）。在模型中，钢液的瞬时速度为钢液的时均速度与脉动速度之和，而脉动速度是以局部湍动能为依据的高斯分布随机数，如下式所示：

$$\boldsymbol{u}_l=\bar{\boldsymbol{u}}_l+\boldsymbol{u}'_l=\bar{\boldsymbol{u}}_l+\xi\sqrt{\frac{2k}{3}}\boldsymbol{e}_R \tag{12-66}$$

式中，$\bar{\boldsymbol{u}}_l$ 和 $\boldsymbol{u}'_l$ 分别为时均速度和脉动速度，m/s；k 为湍动能，m^2/s^2；ξ 为正态分布随机数。随着随机数的改变，将会产生新的瞬时脉动速度。

夹杂物粒子运动的边界条件设置为：当夹杂物粒子到达计算域的上表面、侧面和下表面时，夹杂物粒子将从计算域中逃脱（escape）；当夹杂物粒子到达气泡表面时，夹杂物粒子将被反弹（reflect）。

夹杂物粒子与气泡间的相互作用是通过判断夹杂物粒子与气泡表面的距离进行判定，当夹杂物粒子中心与气泡表面的法向距离小于夹杂物粒子半径时，认为夹杂物粒子沿着气泡表面滑动，同时定义夹杂物粒子沿气泡表面的滑动时间为夹杂物与气泡的相互作用时间。判断夹杂物粒子被气泡表面黏附去除的标准为：夹杂物与气泡间的相互作用时间大于夹杂物与气泡间薄膜的破裂时间（式（12-26）），如图 12-41 所示。

在气泡运行轨迹后方会存在一个钢液流速方向与气泡上浮速度方向相同的区域，定义该区域为气泡的尾流区域，速度方向垂直向上。为了考虑气泡尾流对夹杂物粒子的捕获作用，这里假设当夹杂物粒子在气泡的尾流区域中滞留的时间大于 3s 时，夹杂物粒子被气泡尾流捕获。假定 3s 的原因是，对于尺寸大于 0.5mm 的气泡 3s 足以让其由钢包底部上浮到钢包上表面渣层（图 12-10），夹杂物也会随着气泡上浮到渣层而被去除。图 12-42 为气泡尾流示意图以及尾流捕获夹杂物示意图。

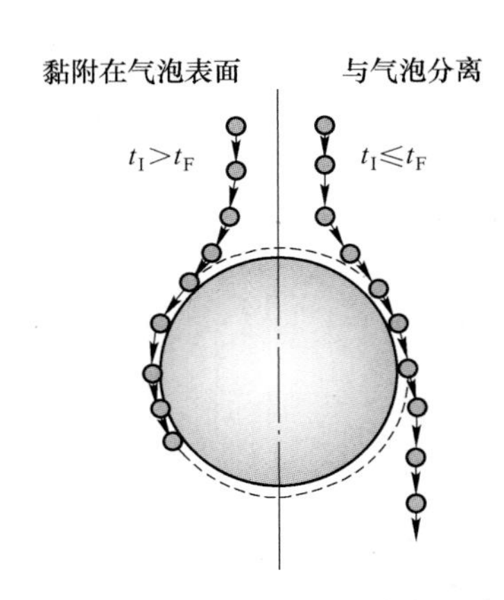

图 12-41　气泡表面捕获夹杂物示意图

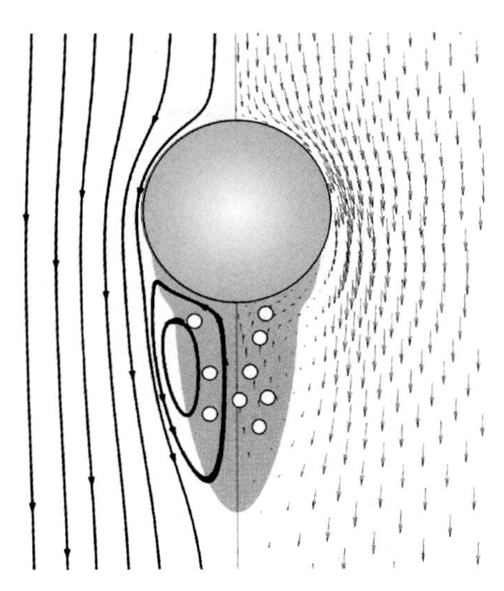
图 12-42　气泡尾流捕获夹杂物示意图

为了方便研究气泡对夹杂物粒子的捕获概率，夹杂物粒子在距离气泡上表面为 $5d_B$ 的水平面上均匀地注入钢液中。在湍流条件下远离气泡所经过区域的夹杂物粒子由于湍流的脉动作用也可能会被气泡表面捕获或被尾流捕获，因此夹杂物粒子注入的范围为半径为 $20d_B$ 的圆形区域。在每个夹杂物粒子运动轨迹计算过程中，夹杂物粒子被气泡表面或尾流捕获的条件通过用户自定义程序（UDF）进行判断。如果夹杂物粒子被气泡表面或尾流捕获，夹杂物粒子将从计算域中抹除，并且输出被抹除夹杂物粒子的相关信息。夹杂物粒子被气泡表面或尾流捕获的概率通过下式计算得到：

$$P = \frac{N}{N_0} \tag{12-67}$$

式中，P 为夹杂物粒子被气泡捕获的概率；N 和 N_0 分别为被气泡捕获的夹杂物粒子个数和气泡扫过的钢液体积中的所有夹杂物粒子个数。

12.5.3.1　球形气泡

图 12-43 为夹杂物粒子在直径为 1mm 零剪切应力气泡表面流场中的运动轨迹，湍动能分别为 $10^{-2}m^2/s^2$、$10^{-4}m^2/s^2$ 和 $10^{-6}m^2/s^2$。图中还对比了不同直径的夹杂物粒子的运动，左侧对应的夹杂物粒子直径为 1μm、右侧为 100μm。可以看到，流场的湍动能越强，夹杂物粒子的运动轨迹越杂乱无章，这是由于强湍流条件下，钢液流动的脉动速度大增强了夹杂物粒子运动的随机性。而当湍动能减小时，湍流的脉动作用减小，夹杂物粒子将跟随钢液的流动而运动。由前文可知，夹杂物粒子尺寸越小，其跟随性越好，因此，小尺寸的（1μm）夹杂物粒子比大尺寸的（100μm）夹杂物粒子更能接近于钢液流动的流线。

图 12-44 为直径 1mm 的零剪切应力气泡，在不同湍动能条件下气泡表面捕获夹杂物粒子的概率。图中圆点为模拟计算结果，实线为通过数学插值获得的结果。可以清楚地看到，随着湍动能的增加，气泡表面对夹杂物的捕获概率增加。在强湍动能条件下，远离气泡的夹杂物粒子将有与气泡相互作用的机会，增强了气泡表面对夹杂物的捕获概率；同

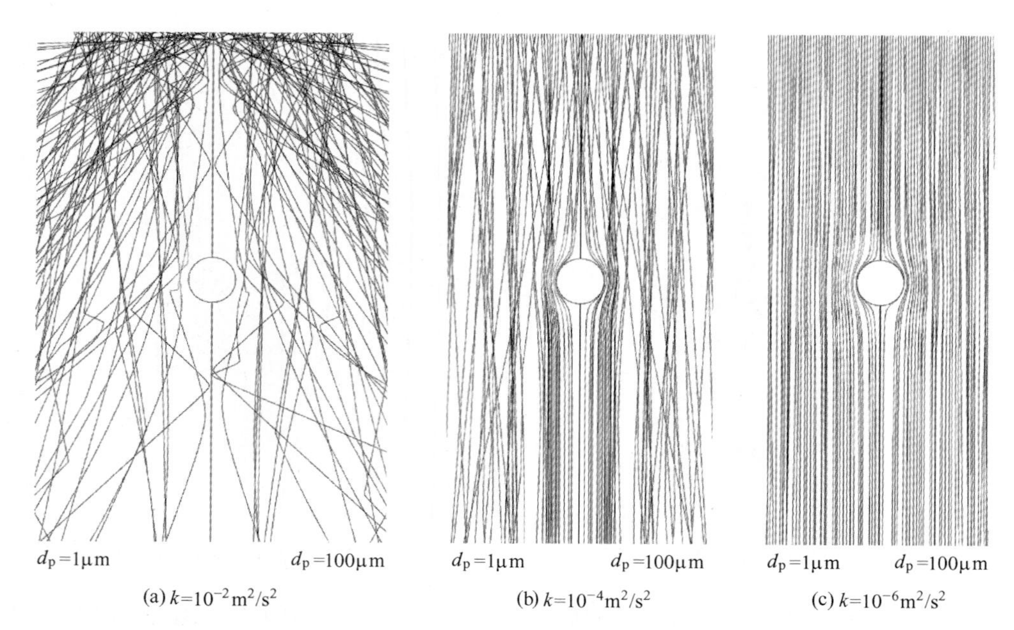

图 12-43　不同湍动能条件下气泡表面为零剪切应力时夹杂物粒子的运动轨迹（d_B = 1mm）

时，也可以发现，夹杂物尺寸越大，气泡表面对其捕获的概率呈增加的趋势。

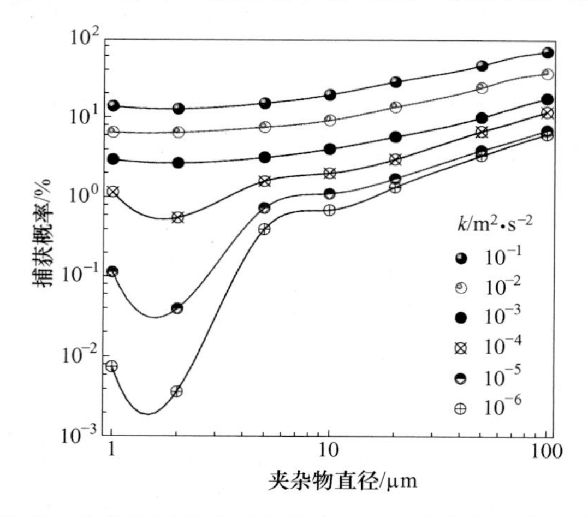

图 12-44　气泡表面为零剪切应力时气泡表面对夹杂物的捕获概率（d_B = 1mm）

图 12-45 为夹杂物粒子在不同湍动能条件下无滑移气泡表面流场中的运动轨迹。依然可以看到，流场的湍动能越强，夹杂物粒子的运动轨迹越杂乱无章；湍动能越弱，夹杂物粒子越容易跟随钢液的流动而运动。

不同湍动能条件下夹杂物粒子被直径为 1mm 无滑移气泡表面捕获的概率如图 12-46 所示。湍动能越强，气泡表面对夹杂物的捕获概率越大；同时，气泡表面对大尺寸夹杂物的捕获概率大于小尺寸夹杂物的捕获概率。

当采用无滑移壁面条件时，将会形成尾流。图 12-47 为气泡直径为 1mm 时，气泡尾流对不同尺寸夹杂物的捕获概率。相比于气泡表面捕获去除，气泡尾流对夹杂物的捕获概率很小。

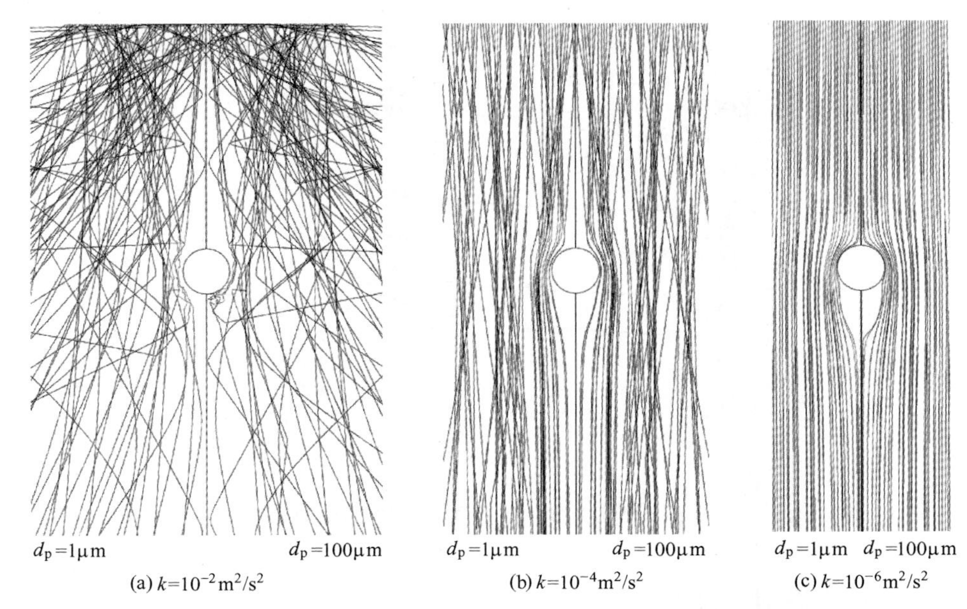

(a) $k=10^{-2}m^2/s^2$　(b) $k=10^{-4}m^2/s^2$　(c) $k=10^{-6}m^2/s^2$

图 12-45　不同湍动能条件下气泡表面为无滑移时夹杂物粒子的运动轨迹（$d_B=1mm$）

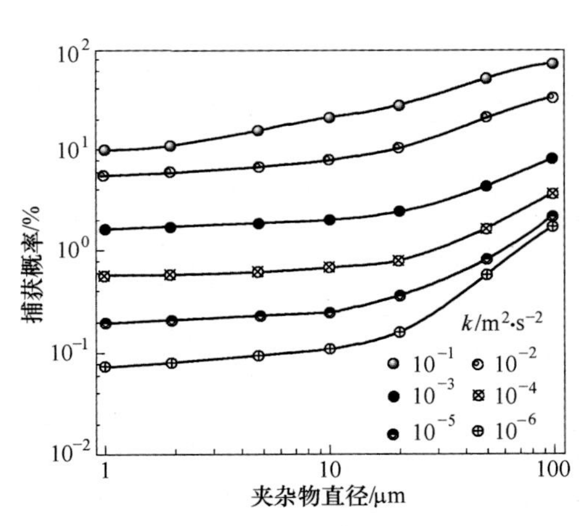

图 12-46　气泡表面为无滑移时气泡表面对夹杂物的捕获概率（$d_B=1mm$）

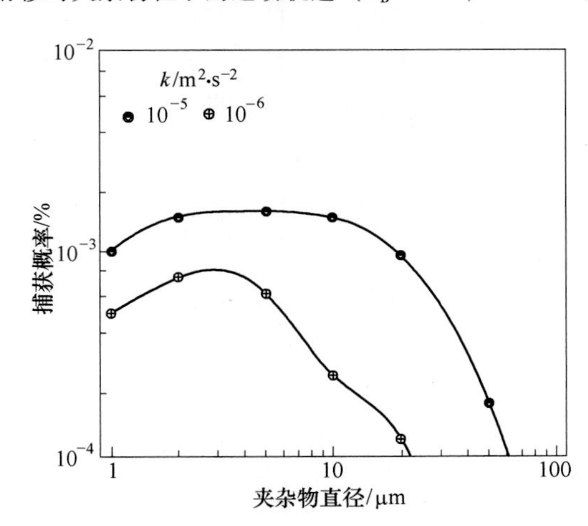

图 12-47　气泡表面为无滑移时气泡尾流对夹杂物的捕获概率（$d_B=1mm$）

气泡对夹杂物的总捕获概率为气泡表面捕获概率与气泡尾流捕获概率之和。图 12-48为气泡表面为无滑移壁面、气泡直径为 1mm 时，气泡对不同尺寸夹杂物的总捕获概率。由于气泡尾流捕获夹杂物概率远小于气泡表面捕获概率，气泡对夹杂物的总捕获概率近似等于气泡表面对夹杂物的捕获概率。

12.5.3.2　椭球形气泡

由于椭球形气泡周围的流场与球形气泡周围的流场相似，因此夹杂物粒子在椭球形气泡周围的运动轨迹与球形气泡周围的运动轨迹相似，如图 12-49 所示。湍动能越强，夹杂物粒子运动的随机性越强；夹杂物尺寸越小，其跟随性越好。

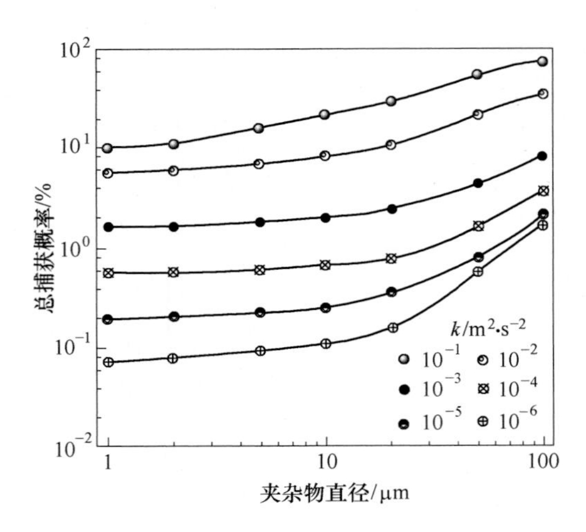

图 12-48　气泡表面为无滑移时气泡对夹杂物的总捕获概率（$d_B=1$mm）

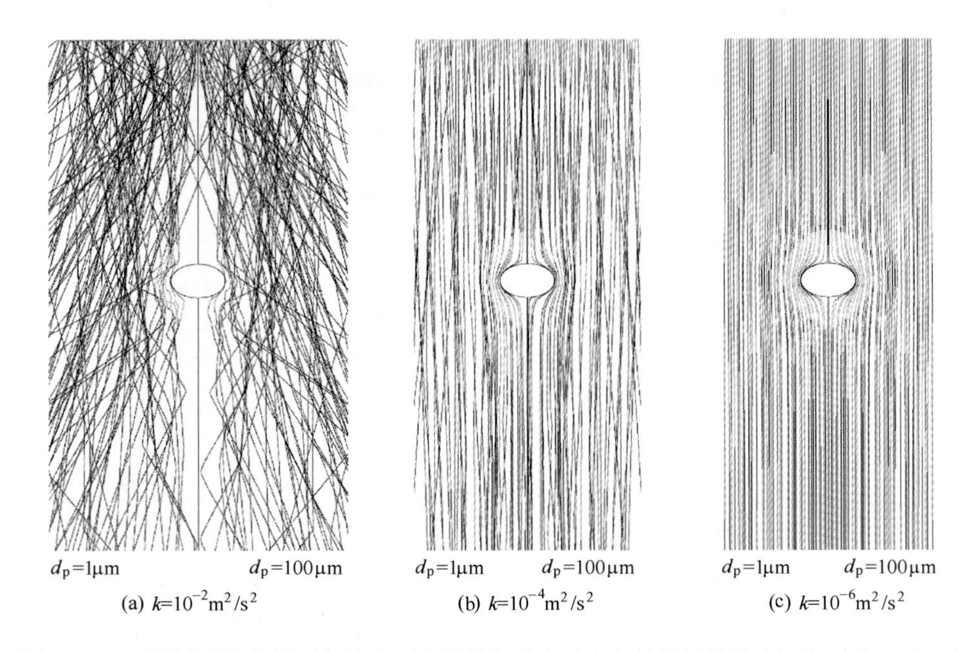

(a) $k=10^{-2}$m²/s²　(b) $k=10^{-4}$m²/s²　(c) $k=10^{-6}$m²/s²

图 12-49　不同湍动能条件下气泡表面为零剪切应力时夹杂物粒子的运动轨迹（$d_B=10$mm）

图 12-50 为不同湍动能条件下等效直径为 10mm 的零剪切应力气泡表面捕获夹杂物粒子的概率。湍动能越强，气泡表面捕获夹杂物的概率越大；同时，夹杂物粒子尺寸越大，气泡表面对其捕获概率也越大，并且湍动能越小，夹杂物粒子尺寸效应越明显。

图 12-51 为夹杂物粒子在等效直径 10mm 的无滑移气泡表面流场中的运动轨迹。这里需要指出的是，大尺寸的夹杂物粒子更容易进入气泡的尾流区域，尤其是在弱湍流条件下（$k<10^{-4}$m²/s²）。

图 12-52 为气泡等效直径为 10mm 时，不同湍流强度条件下无滑移气泡表面对不同尺寸夹杂物的捕获概率。一方面，由于在强湍动能条件下，远离气泡的夹杂物粒子也将有可

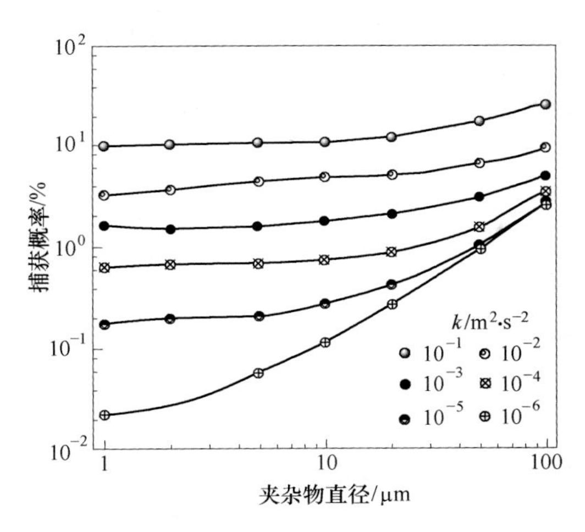

图 12-50 气泡表面为零剪切应力时气泡表面对夹杂物的捕获概率（$d_B = 10mm$）

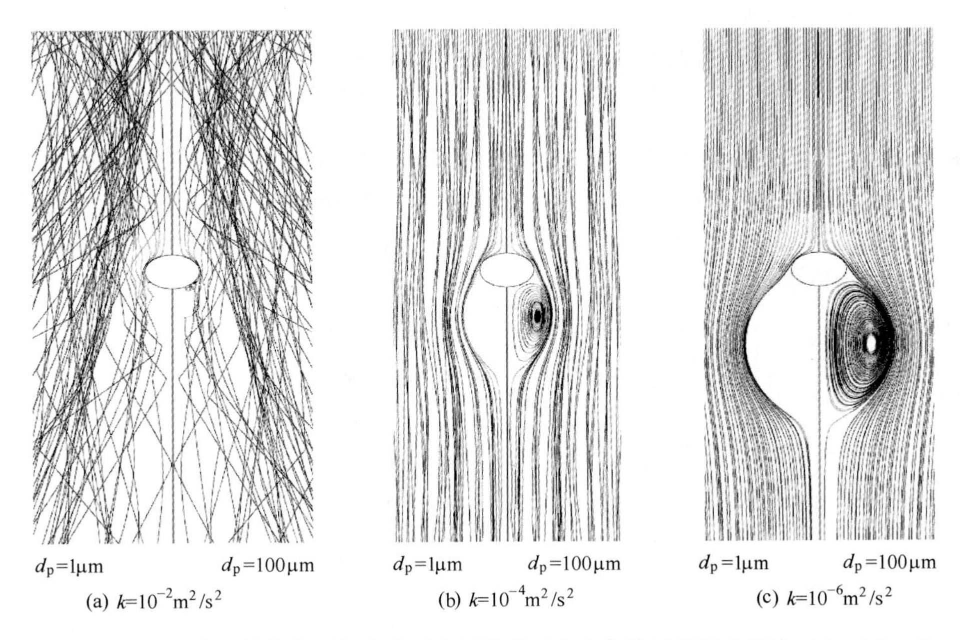

图 12-51 不同湍动能条件下气泡表面为无滑移时夹杂物粒子的运动轨迹（$d_B = 10mm$）

能运动到气泡表面而被捕获，所以，湍动能越强，气泡表面捕获夹杂物概率越大。另一方面，气泡表面捕获夹杂物概率虽然随着夹杂物粒子尺寸的增大而增大，但相比于湍动能的影响，增加的幅度很小。

图 12-53 为气泡等效直径为 10mm 时，气泡尾流对不同尺寸夹杂物的捕获概率。湍动能大于 $10^{-3}m^2/s^2$ 时，夹杂物粒子虽然可以进入气泡尾流区域，但由于其随机运动很强也将很快逃出尾流区域，因此认为其不被尾流捕获。湍动能为 $10^{-3}m^2/s^2$ 时，夹杂物粒子被气泡尾流捕获概率在 0.1%左右，并且尾流捕获概率不随夹杂物粒子尺寸的增大而明显增加。湍动能为 $10^{-4}m^2/s^2$ 时，1～20μm 夹杂物粒子对应的尾流捕获概率在 0.1%左右，而直

径为 50μm 和 100μm 夹杂物粒子对应的尾流捕获概率增大到 0.6%和 1.3%。湍动能越小，尾流捕获夹杂物概率随夹杂物粒子尺寸的增加越明显，湍动能小于 $10^{-5}m^2/s^2$ 时，尾流能够捕获的夹杂物尺寸为 50μm 和 100μm。

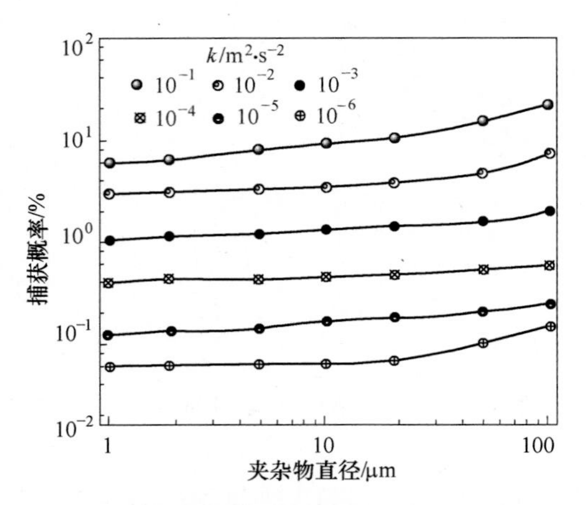

图 12-52　气泡表面为无滑移时气泡表面对夹杂物的捕获概率（d_B = 10mm）

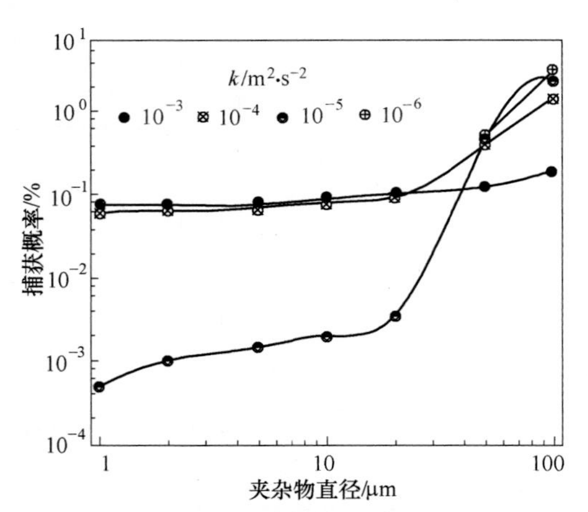

图 12-53　气泡表面为无滑移时气泡尾流对夹杂物的捕获概率（d_B = 10mm）

图 12-54 为气泡表面为无滑移壁面气泡等效直径为 10mm 时，不同湍动能条件下，气泡对不同尺寸夹杂物的总捕获概率。夹杂物尺寸小于 20μm 时，不同尺寸夹杂物的总捕获概率相近。夹杂物尺寸大于 20μm 时，夹杂物尺寸越大，总捕获概率越大；湍动能越大，气泡捕获夹杂物概率越大。

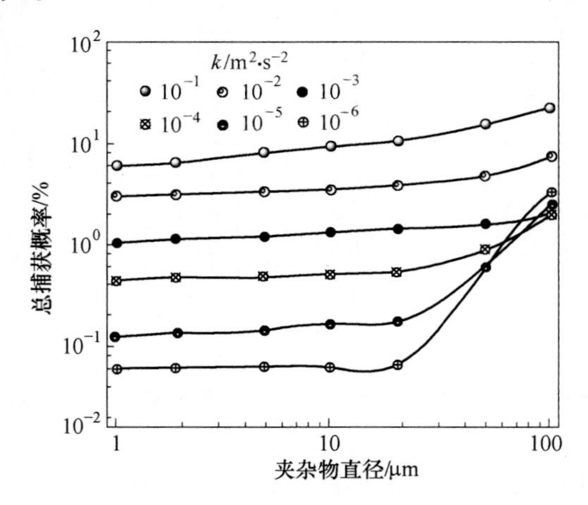

图 12-54　气泡表面为无滑移时气泡对夹杂物的总捕获概率（d_B = 10mm）

12.5.3.3　球冠状气泡

图 12-55 为在不同湍动能条件下夹杂物在直径为 100mm 的气泡周围流场中的运动情况。同样，当湍动能为 $10^{-2}m^2/s^2$ 时，夹杂物的运动是很杂乱和随机的。这是由于在强湍流的作用下脉动速度影响较大导致的。而当湍动能为 $10^{-6}m^2/s^2$ 时湍流的作用很小，主要是夹杂物与气泡的相对速度起主导作用。因此，夹杂物的运动较为规律，几乎与流场相似。

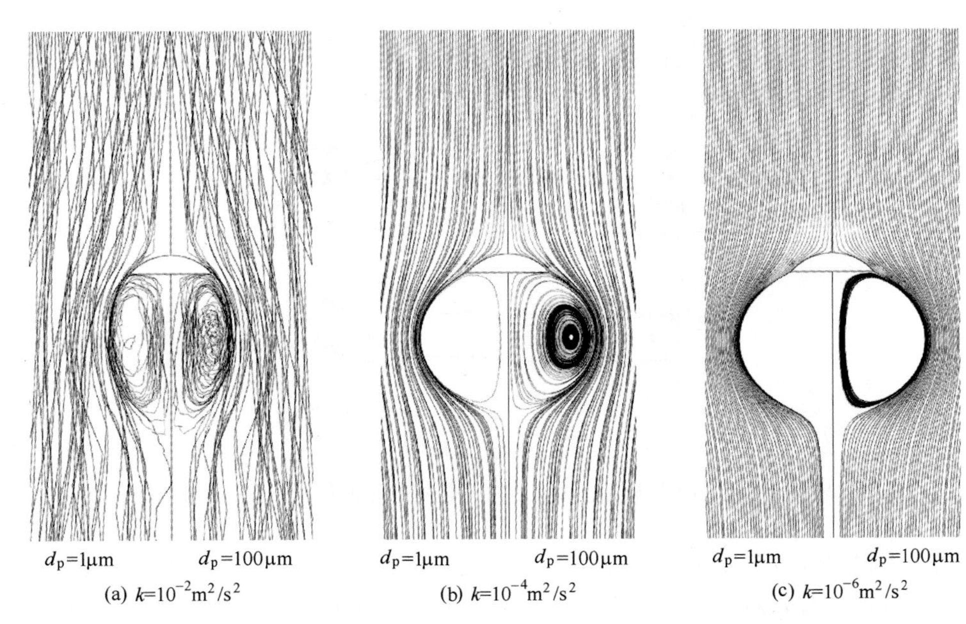

图 12-55 不同湍动能条件下气泡表面为零剪切应力时夹杂物粒子的运动轨迹（d_B = 1mm）

图 12-56~图 12-58 分别为不同湍流强度条件下气泡表面对夹杂物的捕获概率、气泡尾流对夹杂物的捕获概率和总捕获概率。其中，气泡直径为 100mm。可以看到，气泡表面对夹杂物的捕获主要与湍动能有关，湍动能越大，表面捕获概率越大。湍动能大于 $10^{-3}m^2/s^2$ 时，表面捕获概率随着夹杂物尺寸的增加先增加后减小。对于小尺寸夹杂物，气泡尾流捕获夹杂物主要与湍动能相关；而对于大尺寸夹杂物，还与夹杂物尺寸有关，尤其是当湍动能小于 $10^{-5}m^2/s^2$ 时。对于总捕获概率，随着湍动能的增加和夹杂物尺寸的增加，总捕获概率增加。但对于强湍流条件下夹杂物的总捕获概率略有下降，而且随着夹杂物尺寸的增大，总捕获概率先增加后降低。

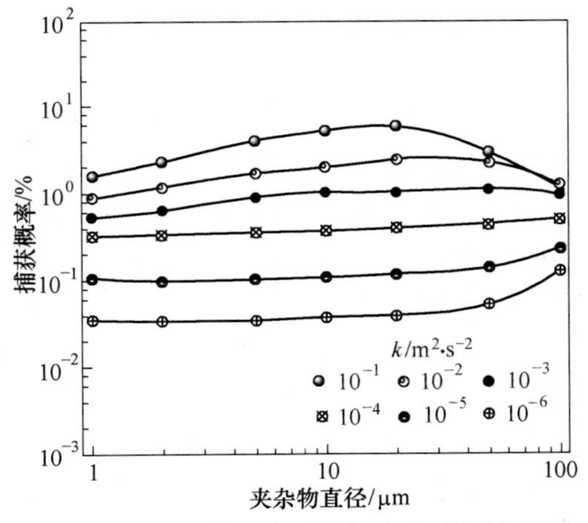

图 12-56 气泡表面为零剪切应力时气泡表面对夹杂物的捕获概率（d_B = 100mm）

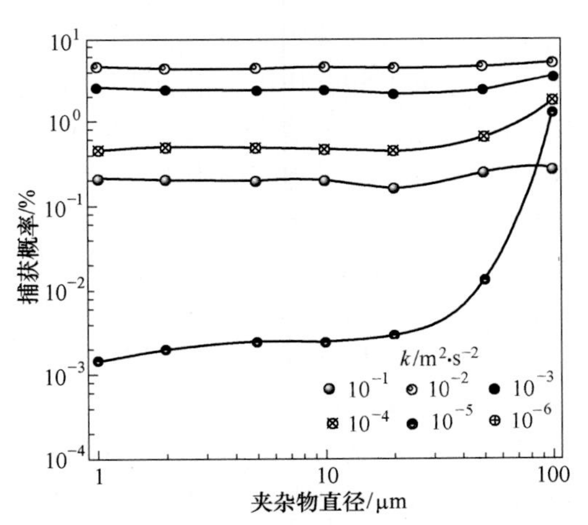

图 12-57 气泡表面为无滑移时气泡尾流对夹杂物的捕获概率（d_B = 100mm）

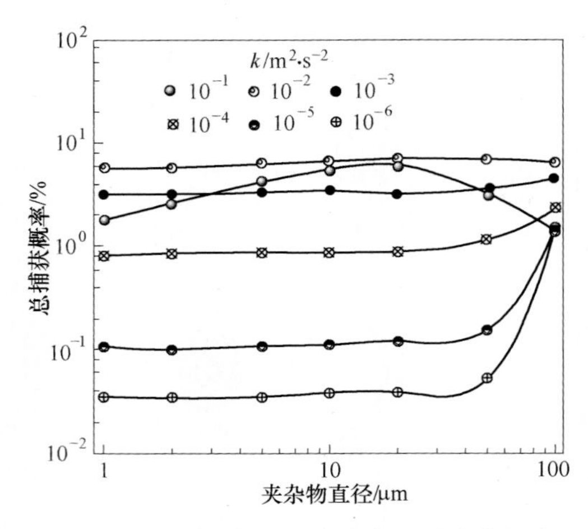

图 12-58　气泡表面为无滑移时气泡对夹杂物的总捕获概率（d_B = 100mm）

湍动能不仅影响着气泡周围的流场，同样也影响着夹杂物在气泡周围的运动，从而影响夹杂物被气泡去除过程。图 12-59 为不同湍流条件下气泡对夹杂物的总捕获概率。可以看到，在强湍流条件下（$k=10^{-1}\mathrm{m^2/s^2}$），夹杂物的去除概率随着气泡尺寸的增加而减小，尤其是对于大尺寸气泡。当湍流强度为 $10^{-2}\mathrm{m^2/s^2}$ 和 $10^{-3}\mathrm{m^2/s^2}$ 时，夹杂物的去除概率随着气泡尺寸的增加先减小而后略微增加，这是由于气泡形貌的改变而导致的；而在弱湍流条件下（$k \leqslant 10^{-4}\mathrm{m^2/s^2}$），夹杂物的去除概率随着气泡尺寸的增加先减小而后略微增加最后再减小，同样，这也与气泡形貌的改变有着密切的关系。同时，可以看到，在弱湍流条件下小尺寸夹杂物（$d_p \leqslant$ 10μm）的去除概率相近，而随着夹杂物尺寸的增大，去除概率迅速增加，这是由于气泡尾流更容易捕获大尺寸的夹杂物而导致的。

12.5.4　本节小结

本节建立了湍流条件下气泡浮选去除夹杂物的数值模型，首先模拟了不同气泡在不同湍动能条件下气泡周围的流场。然后将不同尺寸夹杂物注入该流场中，研究夹杂物的运动以及与气泡间的相互作用，最后统计被气泡表面捕获和被气泡尾流捕获的夹杂物数量，最终获得了不同尺寸气泡在不同湍动能条件下对不同尺寸夹杂物的捕获概率。对于球形气泡和椭球形气泡，当气泡表面为零剪切应力边界条件时，无论湍动能大小，均不会产生气泡尾流；当气泡表面为无滑移边界条件时，湍动能越小，气泡下游的尾流区域越大，湍动能为 $k=10^{-1}\mathrm{m^2/s^2}$，将不再产生尾流。对于球冠状气泡，即使气泡表面为零剪切应力，无论湍动能的大小，均会产生气泡尾流，并且湍动能越小，气泡下游的尾流区域越大。对于球形气泡，夹杂物尺寸越大，其对应的气泡捕获概率越大；湍动能越大，气泡捕获夹杂物概率越大。对于椭球形气泡，夹杂物尺寸小于 20μm 时，不同尺寸夹杂物的总捕获概率相近，并且湍动能越大，气泡捕获夹杂物概率越大；夹杂物尺寸大于 20μm 时，夹杂物尺寸越大，总捕获概率越大。对于球冠状气泡，当湍动能为 $10^{-1}\mathrm{m^2/s^2}$ 时，气泡捕获夹杂物概率随着夹杂物尺寸的增大而先增加后减小；湍动能小于 $10^{-2}\mathrm{m^2/s^2}$，夹杂物尺寸小于 50μm 时，夹杂物的总捕获概率与夹杂物尺寸关系不大，并且湍动能越小，气泡捕获夹杂物概率越小。湍动能小于 $10^{-4}\mathrm{m^2/s^2}$，夹杂物尺寸大于 50μm 时，夹杂物尺寸越大，总捕获概率越大。

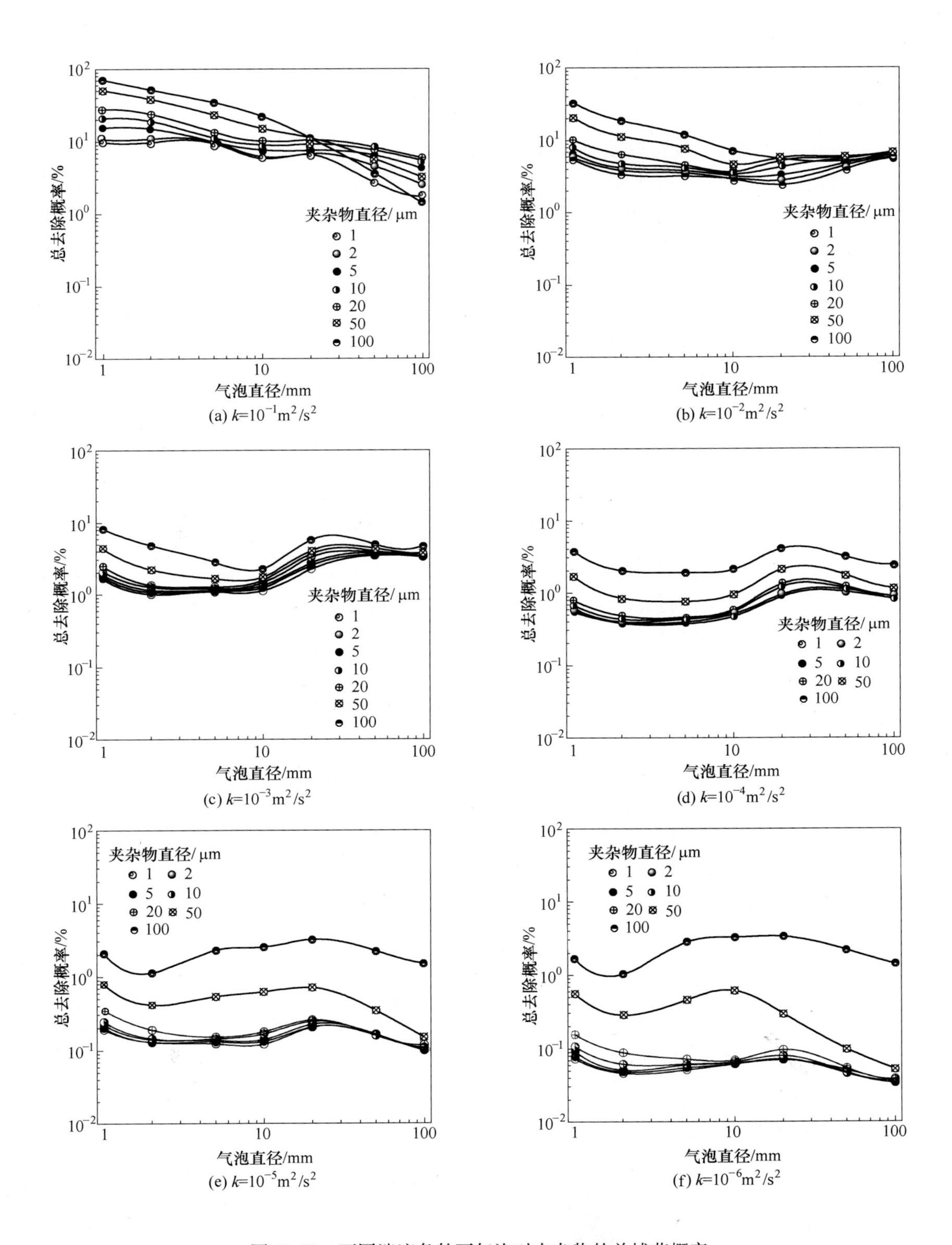

图 12-59 不同湍流条件下气泡对夹杂物的总捕获概率

12.6 钢包吹氩过程中湍流条件下气泡浮选去除夹杂物的数值模拟

12.6.1 研究现状

钢包底吹氩搅拌不仅可以使钢液成分和温度均匀，更能促进钢中夹杂物上浮和去除。吹氩去除钢中夹杂物是一个复杂的多相流过程，许多学者[124,125]利用数值模拟方法对其进行了深入研究，探讨了夹杂物去除的机理和效果。Wang 等[8]通过数学模型研究了夹杂物被气泡捕捉的效率。气泡尺寸对夹杂物去除有很大影响，张立峰研究[126]表明，小尺寸气泡比大尺寸气泡对流场的混匀效果好，因为小尺寸气泡使流体脉动速度和湍动能耗散速率更大。赵晶晶等[127]通过对夹杂物与气泡间的理论计算也表明，小气泡比大气泡更有利于夹杂物的去除。薛正良等[128]和王立涛等[129]分析了钢液中吹氩时夹杂物粒子去除的效率与氩气泡直径、夹杂物直径、透气砖面积、透气砖孔径、吹氩流量和吹氩时间的关系，结果表明大夹杂物粒子比小夹杂物粒子更容易被气泡俘获而去除，直径小的气泡比直径大的气泡俘获夹杂物粒子的概率高。表 12-10 总结了钢包精炼过程中夹杂物长大和去除的一些典型研究结果。

表 12-10 夹杂物碰撞机理与去除机理

时间	研究者	冶金过程	采用方法	主要研究内容
1972	Iyengar, Philbrook[130]	钢包静置	数学模型	建立了自然对流条件下的夹杂物生长和去除模型
1992	Miki, et al[131]		物理实验	通过实验室实验研究了电磁搅拌对钢液中夹杂物去除的影响
1996	Wang, et al[8]	钢包吹氩	数学模型	通过数学模型研究了最有利于浮选去除夹杂物尺寸
2001	Nakaoka, et al[132]		数学模型	采用 PSG 方法建立了夹杂物聚合过程模型
2001	Söder, et al[133]	钢包吹氩	理论分析	利用静态数学模型，研究了吹氩搅拌过程中夹杂物的长大和去除机理
2001	Beskow, et al[134]	脱氧过程 钢包吹氩	数值模拟	基于计算流体力学模拟了钢包吹氩的脱氧过程
2002	Sheng, et al[135]	钢包吹氩	数值模拟	模拟了钢包吹氩过程中夹杂物的生长和去除过程
2004	Zhang, Lee[136]		数学模型	建立了夹杂物形核、生长模型，研究了夹杂物粒径分布规律
2004	Söder, et al[137]	钢包吹氩	理论分析	利用静态数学模型和计算流体力学，研究了吹氩搅拌过程中夹杂物的长大和去除机理
2005	Aoki, et al[138]	钢包吹氩	数值模拟	研究了吹氩过程中夹杂物的去除，考虑了气泡对夹杂物的捕捉
2008	Kwon, et al[139]	脱氧过程 钢包吹氩	数值模拟	建立了钢液脱氧过程中在吹氩搅拌钢包内的夹杂物形核—长大—去除行为模型
2009	Arai, et al[140]		数学模型/水模型	采用 PSG 方法研究湍流中夹杂物尺寸分布规律
2010	Qu, et al[141]	浇铸过程	水模型/数值模拟	研究了浇铸过程中吹氩对钢液流场和夹杂物去除的影响
2010	Geng, et al[142]	钢包吹氩	数值模拟	研究了不同吹氩口布置对夹杂物碰撞和长大的影响

续表 12-10

时间	研究者	冶金过程	采用方法	主要研究内容
2010	Ek，et al[143]	钢包吹氩	数值模拟	研究了氩气流量对钢包吹氩过程中混匀和夹杂物去除的影响
2010	Chichkarev，et al[144]	钢包吹氩	数学模型	建立了钢包吹氩过程中的夹杂物聚合和去除模型
2012	Bellot，et al[145]	钢包吹氩	数值模拟	采用 CFD-PBE 耦合模型研究了钢包吹氩过程的夹杂物行为
2012	Xu，Thomas[146]		数学模型	采用 PSG 方法研究夹杂物聚集过程中的尺寸分布规律
2012	Felice，et al[147]	钢包吹氩	数值模拟	采用 PBE 模拟研究了钢包吹氩搅拌过程中夹杂物的行为，考虑了夹杂物的聚合、上浮分解和去除
2013	Lou，Zhu[148]	钢包吹氩	数值模拟	采用 CFD-PBE 耦合模型建立了钢包吹氩过程的夹杂物行为模型，考虑了夹杂物的碰撞和去除，研究了氩气流量和气泡大小的影响
2014	Lou，Zhu[149]	钢包吹氩	数值模拟	采用 CFD-PBE 耦合模型建立了钢包吹氩过程的夹杂物行为模型，研究了吹氩孔数量、分布的影响
2014	Bellot，et al[150]	钢包吹氩	数值模拟	采用 CFD-PBE 耦合模型研究了钢包吹氩过程的夹杂物行为，考虑了夹杂物的运动、聚合、上浮和捕捉

Kwon 等[139]基于计算流体力学建立了钢液脱氧过程中在吹氩搅拌钢包内的夹杂物形核—长大—去除行为模型。在该模型中，考虑了夹杂物的均质形核与奥斯瓦尔德熟化(Ostwald Ripening)、夹杂物的碰撞聚集和夹杂物的去除。其中，夹杂物的碰撞聚合考虑了布朗碰撞、湍流碰撞、斯托克斯碰撞和速度梯度碰撞；夹杂物的去除考虑了斯托克斯上浮、黏附在钢包壁去除和气泡浮选去除。日本的 Miki 等[131]对钢液中的夹杂物进行了实测，吹氩前夹杂物总数为 8×10^{13}个/m^3，吹氩后为 3×10^{11}个/m^3，去除率为 99.625%，因此，吹氩能使夹杂物数量明显减少。

Söder 等[133]对气体搅拌钢包内夹杂物的长大和去除进行了研究，结果表明：湍流碰撞和斯托克斯碰撞是夹杂物长大的主要方式，而层流剪切碰撞是可以被忽略的；夹杂物的去除方式主要是熔渣吸附和气泡浮选，大于 25μm 的夹杂物主要是通过自身的斯托克斯上浮被熔渣吸附而去除，而较小尺寸的夹杂物主要是通过气泡浮选而去除[133]。

Felice 等[147]用总量平衡方程（PBE）描述了钢包吹氩搅拌过程中夹杂物的行为。图 12-60 为 Felice 等[147]计算得到的在钢包吹氩过程中夹杂物的尺寸的演变行为。可以看出，随着吹氩时间的增加，小尺寸的夹杂物长大为大尺寸的夹杂物，同时夹杂物也会去除。对于夹杂物的长大，该研究考虑三种机理：（1）夹杂物间的湍流随机碰撞；（2）夹杂物间的湍流剪切碰撞；（3）夹杂物间的斯托克斯碰撞。对于夹杂物的去除，该研究考虑六种机理：（1）钢包壁面对夹杂物的去除；（2）夹杂物自身的上浮去除；（3）气泡与夹杂物碰撞而上浮去除；（4）气泡与夹杂物的湍流随机碰撞而去除；（5）气泡与夹杂物的湍流随机剪切而去除；（6）夹杂物被气泡尾流捕捉而去除。表 12-11 总结了夹杂物碰撞机理和去除机理。

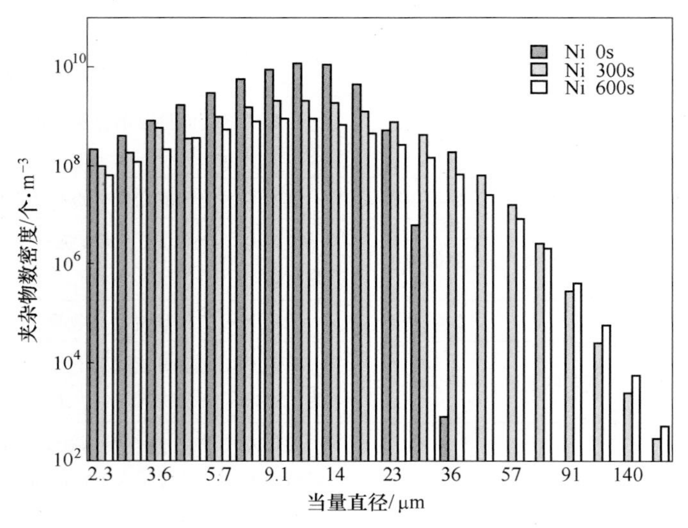

图 12-60　吹氩过程中夹杂物尺寸的变化[147]

表 12-11　夹杂物碰撞机理与去除机理[147]

过程	作用方式	表 达 式
碰撞机理	（1）夹杂物间的湍流随机碰撞	$\beta_{ij}^{TS} = 1.294\zeta_{eff}^{p\text{-}p}(\varepsilon/\nu)^{0.5}(r_i + r_j)^3$
	（2）夹杂物间的湍流剪切碰撞	$\beta_{ij}^{TR} = \frac{\pi}{4}(d_i + d_j)^2 u_{rel}$
	（3）夹杂物间的斯托克斯碰撞	$\beta_{ij}^{S} = \frac{2g\pi(\rho_l - \rho_{ine})}{9\zeta}(r_i + r_j)^3 \mid r_i + r_j \mid E_s^{p\text{-}p}$
去除机理	（1）钢包壁面对夹杂物的去除	$S_i^{Wall} = \frac{0.0062\varepsilon^{3/4}}{\nu^{5/4}}\frac{A_s}{V_{cell}}n(V_i)$
	（2）夹杂物自身的上浮去除	$S_i^{F} = (u_i^s + C_{up}u_i^T)\frac{A_s}{V_{cell}}n(V_i)$
	（3）气泡与夹杂物碰撞而上浮去除	$S_i^{BF} = \frac{\pi}{4}(d_i^2 + d_g^2)(u_g - u_p)E_s^{g\text{-}p}\frac{6\alpha_g}{\pi d_g^3}n(V_i)$
	（4）气泡与夹杂物的湍流随机碰撞而去除	For $d_i>\eta$，$S_i^{TR} = C\frac{\pi}{4}(d_i+d_g)^2(\varepsilon d_i)^{1/3}\frac{6\alpha_g}{\pi d_g^3}n(V_i)$ For $d_i\leqslant\eta$，$S_i^{TR} = C\frac{\pi}{4}(d_i+d_g)^2(\varepsilon\eta)^{1/3}\left(\frac{d_i}{\eta}\right)\frac{6\alpha_g}{\pi d_g^3}n(V_i)$
	（5）气泡与夹杂物的湍流随机剪切而去除	$S_i^{TS} = 1.294\zeta_{shear}^{p\text{-}g}(\varepsilon/\nu)^{0.5}(r_i+r_j)^3\frac{6\alpha_g}{\pi d_g^3}n(V_i)$
	（6）夹杂物被气泡尾流捕捉去除	$S_i^{Wake} = \lambda\alpha_g(u_g - u_p)\frac{A_s}{V_{cell}}n(V_i)$

Qu 等[141]通过物理模拟和数学模拟研究了浇铸过程中吹氩对钢液流场和夹杂物去除的影响。结果表明，相对于多个吹氩口，单个吹氩口更有利于浇铸过程中夹杂物的去除，并且当吹氩口所在的轴截面与出钢口所在的轴截面垂直时，对夹杂物的去除尤为有利；当出钢量大于 50%时，建议停止吹氩，以防钢液暴露在空气中而造成二次氧化。

12.6.2　钢包吹氩过程中钢液流场的计算

本研究采用商业计算流体力学软件通过耦合用户自定义程序（user-defined function，UDF）来实现对钢液中流场的模拟。模型的几何尺寸和网格划分如图 12-61 所示。网格数量为 384000。计算过程中用到的钢液和氩气的物性参数如表 12-12 所示。

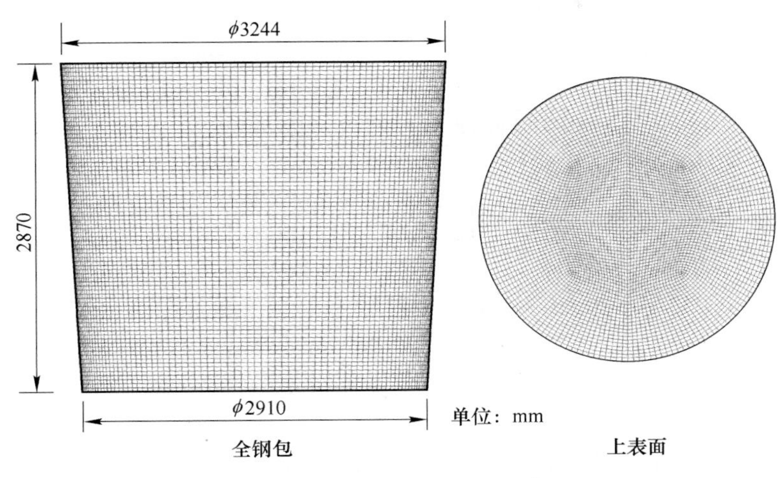

图 12-61　计算中的网格划分

表 12-12　钢液和氩气的物性参数

物性参数	符号	值	单位	参考文献
钢液密度	ρ_l	7020	kg/m^3	[151]
钢液黏度	μ_l	0.0067	Pa·s	
氩气密度（标况下）	ρ_{0b}	1.784	kg/m^3	
界面张力	σ_{lb}	1.4	N/m	

流体的压力-速度修正采用 pressure-implicit with splitting of operators（PISO）[152] 算法，该求解算法对非稳态流动问题或者包含比平均网格倾斜度更高的网格非常适用，可以减少收敛所需的迭代步数，减少计算时间。连续性方程、动量方程以及湍流 k-ε 方程的残差收敛标准设置为 10^{-6}。瞬态计算采用二阶隐式时间离散格式，时间步长为 0.005s。

对于钢包底面和侧壁采用无滑移（Non-slip）壁面边界条件，并且采用标准壁面函数来对近壁面处的湍流特性进行计算。氩气泡通过钢包底部的透气砖注入钢液中，透气砖直径为 100mm，氩气泡运动到钢包底部和侧壁将会被反弹（reflect）回钢液中。钢包上表面设置为自由剪切（free shear）壁面边界条件，氩气泡到达上表面将发生逃逸（escape），从计算域中抹除。

本模型的计算路线如图 12-62 所示。对于钢液的流动以及气泡的运动行为采用软件进行计算，其中耦合了曳力、浮力、虚拟质量力和压力梯度力。但对于曳力系数的确定、升力的耦合以及由气泡运动引起的湍动能源项等将通过编写用户自定义程序来进行耦合计算。此外，气泡的直径和密度、钢液和气泡的体积分数也将通过用户自定义程序在每个时间步迭代过程中进行修正。

通过建立的上述模型，模拟了 150t 钢包内吹氩过程中的钢液流场和气泡运动情况。其

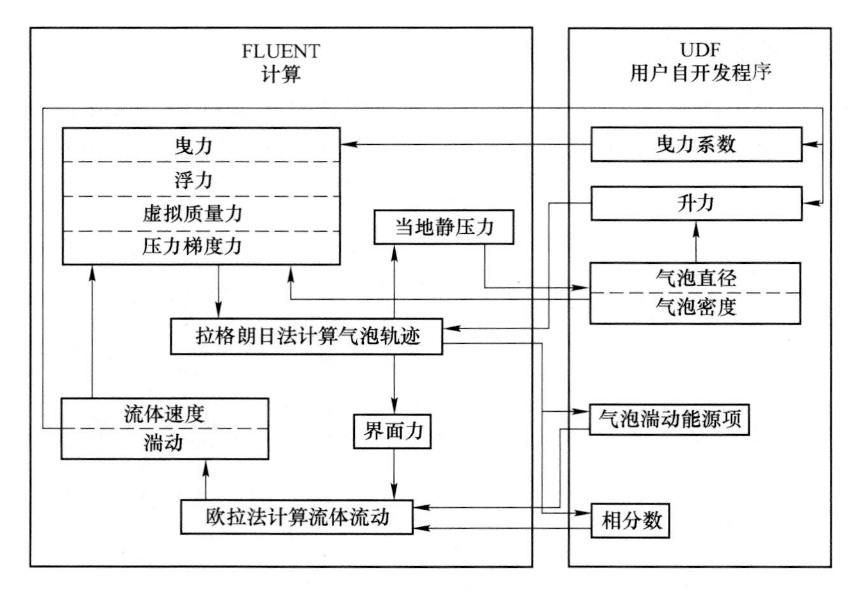

图 12-62　流场模型计算路线

几何尺寸如图 12-61 所示，透气砖位于距中心 0.68R 的位置处，氩气流量为 220NL/min。图 12-63 为吹氩钢包内钢液纵截面的速度矢量图。当气泡注入钢液后，由于浮力的作用将向上运动，形成气柱，从而带动钢液向上流动，这是钢包吹氩过程的驱动力。当钢液流动到上表面后，将继续沿着水平径向流动，直到钢包壁，之后沿着钢包壁向下流动。从而将在钢液中形成两个循环流。一个是远离吹氩位置侧的大循环流，其带动了钢液中大部分钢液的流动；另一个是靠近吹氩位置上部与钢包壁相邻的地方，这是一个小的循环。此外，还可以看到，在钢包侧壁和钢包底面的交界处，钢液的流动很弱，是流动的死区。

图 12-64 为吹氩钢包内钢液流动的流线图。可以清楚地看到，在钢包右侧存在一个大的循环流。

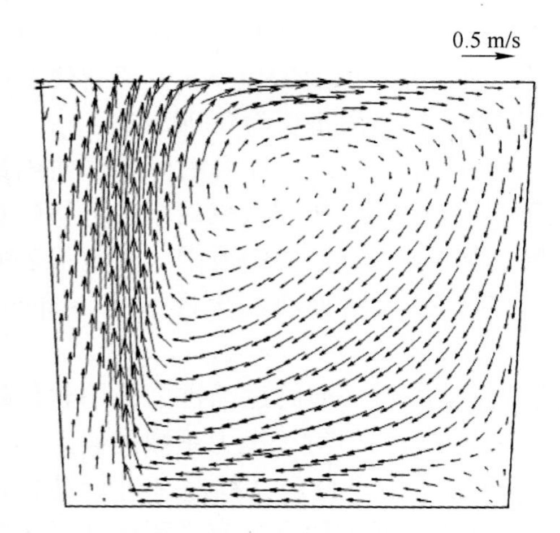

图 12-63　150t 吹氩钢包内钢液流动的速度矢量图
（Q_b = 220NL/min，r/R = 0.68）

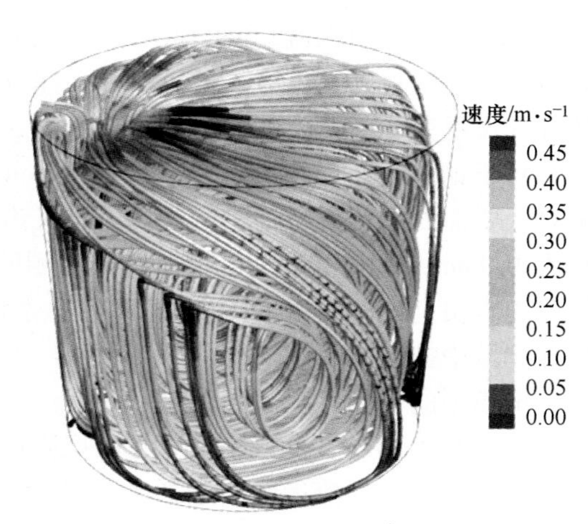

图 12-64　150t 吹氩钢包内钢液流动的流线图
（Q_b = 220NL/min，r/R = 0.68）

图 12-65 为钢包吹氩过程中氩气泡的运动行为。可以看到，氩气泡从透气砖注入钢液中后，在浮力的作用下向上运动；同时，由于钢液湍流流动的影响，氩气泡逐渐分散开来。在钢包右侧存在一个大的循环流，使得气柱向钢包壁侧弯曲。由于钢液静压力的作用，气泡在上升过程中密度降低，体积增大。

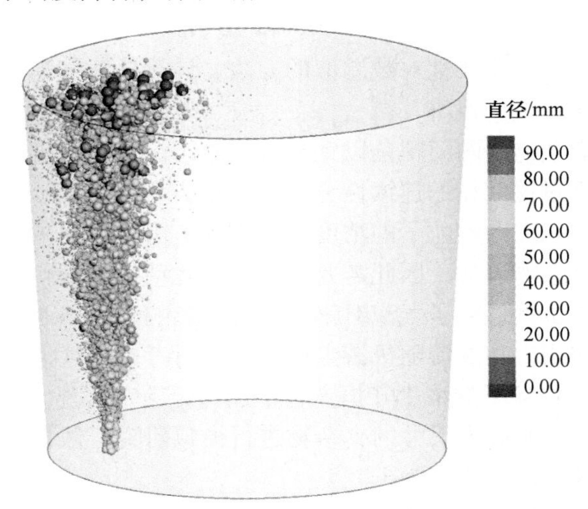

图 12-65　150t 氩气泡在钢包内的分布及气柱的形成
（Q_b=220NL/min，r/R=0.68）

12.6.3　吹氩钢包内气泡浮选去除夹杂物的数值模拟

本模型将夹杂物粒子视为钢液中的组分，同样采用组分传输方程（species transport equation）对夹杂物粒子的运动和去除过程进行求解，夹杂物粒子的浓度守恒方程为：

$$\frac{\partial}{\partial t}(\rho_l C_I) + u_x \frac{\partial(\rho_l C_I)}{\partial x} + (u_y + u_S)\frac{\partial(\rho_l C_I)}{\partial y} + u_z \frac{\partial(\rho_l C_I)}{\partial z} = \nabla \cdot \left(\frac{\mu_t}{Sc_I}\right)\nabla C_I + S_I \tag{12-68}$$

式中，ρ_l 为钢液密度，kg/m³；u_x，u_y 和 u_z 分别为钢液在 x、y 和 z 方向上的速度，m/s；C_I 为单位质量钢液中夹杂物粒子的数量浓度，kg^{-1}；Sc_I 为夹杂物粒子的湍流施密特数（turbulent Schmidt number），取值为 $Sc_I=1$；u_S 为夹杂物粒子的 Stokes 上浮速度，m/s。

$$u_S = \frac{g(\rho_l - \rho_I)d_I^2}{18\mu_l} \tag{12-69}$$

式中，g 为重力加速度，$g=9.8\text{m/s}^2$；ρ_I 为夹杂物的密度，kg/m³；μ_l 为钢液的运动黏度，Pa·s；d_I 为夹杂物粒子的直径，m。

气泡浮选去除夹杂物将通过源项来进行考虑：

$$S_I = -\frac{1}{\Delta V_{cell}}\sum_i^{N_{b,cell}}\left[P(d_{b,i},\ d_I,\ k)\ \frac{\pi\ (d_{b,i} + d_I)^2}{4}\rho_l C_I |u_l - u_{b,i}|\Delta t\right] \tag{12-70}$$

式中，ΔV_{cell} 为计算单元格的体积，m³；$d_{b,i}$ 为第 i 个气泡直径，m；k 为夹杂物粒子所在单元格的湍动能，m²/s²；u_l 为钢液的速度，m/s；$u_{b,i}$ 为第 i 个气泡的速度，m/s；Δt 为时间步长，s；$P(d_{b,i}, d_I, k)$ 为第 i 个气泡对夹杂物的捕获概率，其值是气泡直径、夹杂物直径和湍动能的函数。

本研究分别计算了气泡直径为 1mm、2mm、5mm、10mm、20mm、50mm 和 100mm，夹杂物直径为 1μm、2μm、5μm、10μm、20μm、50μm 和 100μm，湍动能为 $10^{-1}m^2/s^2$、$10^{-2}m^2/s^2$、$10^{-3}m^2/s^2$、$10^{-4}m^2/s^2$、$10^{-5}m^2/s^2$ 和 $10^{-6}m^2/s^2$ 条件下的气泡对夹杂物的捕获概率，本研究中，将通过三维线性对数差值的方法，计算任意气泡直径、夹杂物直径和湍动能条件下的气泡捕获夹杂物概率。

钢包吹氩过程中夹杂物去除模拟是以钢包吹氩稳态流场为基础的。在计算得到稳态钢包流场后，将不会继续对钢液相的连续性方程、动量方程和湍流 k-ε 方程进行求解，而是在已有的稳态流场中加入夹杂物粒子的浓度守恒方程。需要指出的是，在本模型中，主要考虑了气泡浮选去除夹杂物过程，因此需要对气泡的运动行为进行准确的模拟。气泡依然被假设为离散型粒子，虽然忽略了气泡对钢液流场的影响，但稳态钢液流场对气泡运动行为的影响将通过相间作用力和湍流随机游走模型来进行考虑。气泡对夹杂物的浮选去除将通过编译 UDF，在夹杂物粒子的浓度守恒方程中加入源项来实现。本研究忽略吹氩过程中夹杂物的生成和长大，仅对固定尺寸的夹杂物进行模拟研究。假设初始状态为夹杂物粒子均匀分布在钢液内，其无量纲浓度为 1。

对于边界条件，忽略钢包底部和钢包侧壁耐火材料对夹杂物的黏附去除及侵蚀脱落生成外来夹杂物，即在钢包底部和钢包侧壁设置夹杂物浓度的通量为 0。对于钢液的上表面，分别考虑了两种边界条件：一种是忽略精炼渣对夹杂物去除的影响，认为夹杂物浓度在钢液上表面的通量为 0，对应于仅考虑气泡浮选去除夹杂物；另一种是认为夹杂物粒子只要接触到精炼渣便会被吸附去除，即认为夹杂物浓度在钢液上表面的取值为 0。关于吹氩钢包内夹杂物去除模型的计算路线如图 12-66 所示。

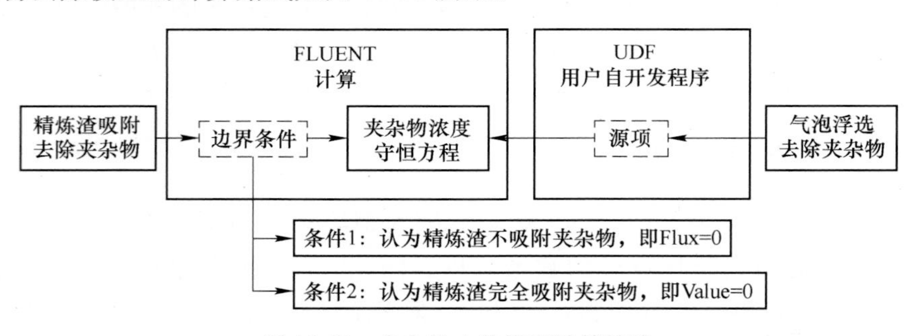

图 12-66　夹杂物去除模型计算路线

需要指出的是，上述两种钢液上表面边界条件对应了精炼渣去除夹杂物的两种极端状态，而在实际过程中，精炼渣去除夹杂物与很多因素有关，包括钢-渣间的界面张力，夹杂物粒子在钢-渣界面的接触角等。本书第 11 章建立了夹杂物粒子在钢-渣界面的分离模型，求解了夹杂物分离概率作为流体流动时均速度和湍动能的函数关系。在本章关于钢包吹氩流场的模拟中，没有考虑钢液上表面的渣层，认为钢液上表面为无剪切应力壁面，会使得计算的钢液上表面流动偏弱，从而会导致对预测夹杂物粒子在界面的分离行为造成较大偏差，因此，本研究未对夹杂物粒子在钢-渣界面的分离模型与钢包吹氩流场进行耦合计算。

本研究所用到的钢液、氩气和夹杂物的物性参数见表 12-13。

表 12-13　钢液、氩气和夹杂物粒子的物性参数

物性参数	符号	值	单位	参考文献
钢液密度	ρ_l	7000	kg/m^3	[151]
钢液黏度	μ_l	0.0067	Pa · s	
氩气密度（标况）	ρ_{0b}	1.784	kg/m^3	
夹杂物密度	ρ_I	3990	kg/m^3	

图 12-67 所示为仅考虑气泡浮选去除夹杂物而不考虑精炼渣吸附去除夹杂物条件下，

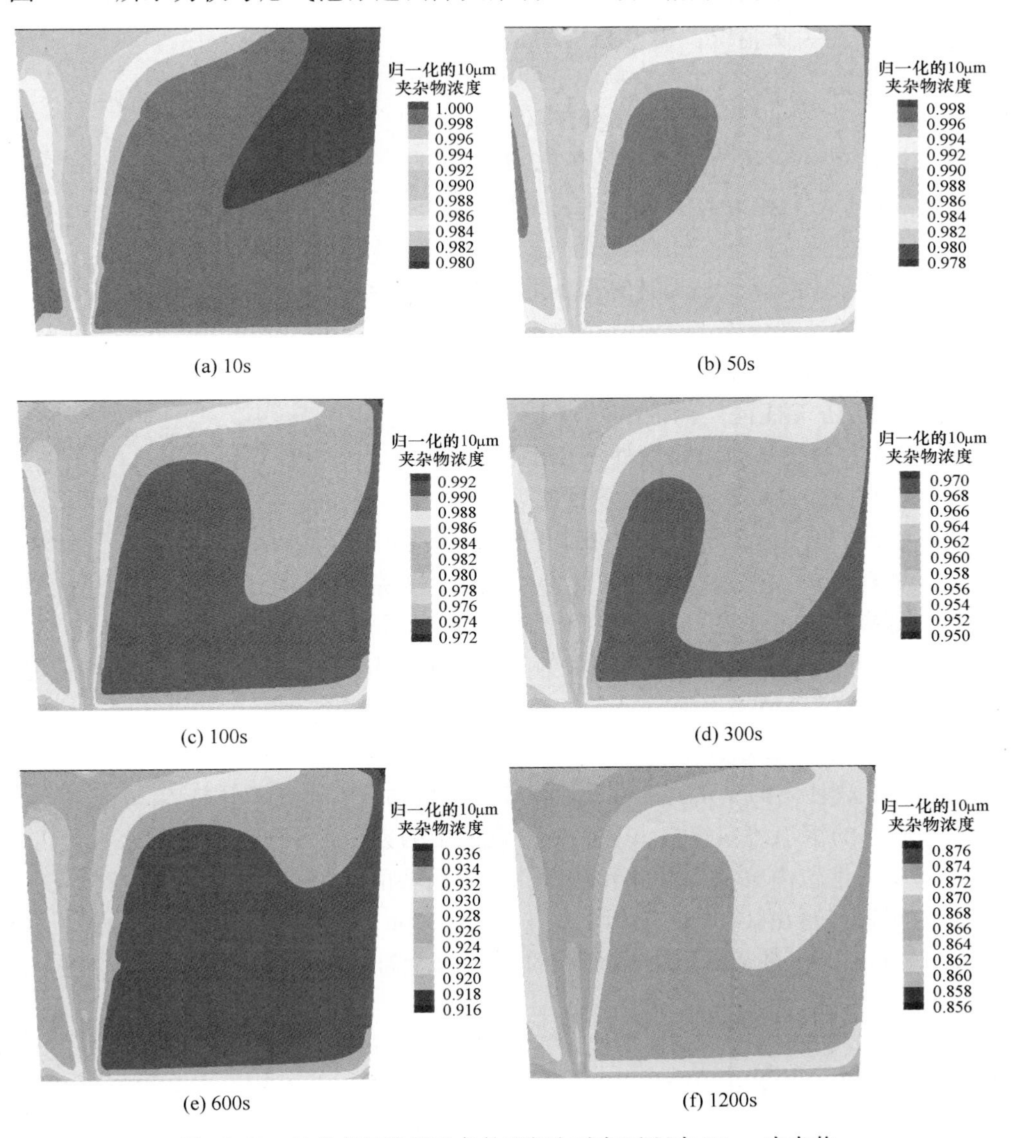

图 12-67　仅考虑气泡浮选条件下钢包吹氩过程中 10μm 夹杂物无量纲浓度随时间变化的云图（Q_b = 220NL/min，r/R = 0.68）

夹杂物粒子无量纲浓度随时间变化的云图。其中夹杂物粒子的直径为 10μm，氩气流量为 220NL/min，吹氩位置位于距中心 0.68R 处。可以看到，气柱内的夹杂物粒子的浓度最低，这是由于在气柱内富集了大量的气泡，夹杂物粒子被气泡浮选而去除；随着钢液的流动，夹杂物粒子在钢液中也逐步混匀，气柱内含有较低夹杂物浓度的钢液流向上表面，而钢包下部含有较高夹杂物浓度的钢液流向气柱；在气柱内，气泡对夹杂物浮选去除，夹杂物浓度降低。需要指出的是，在图 12-67（a）~（f）中的图例是不同的，随时间的推移，钢包内的夹杂物浓度降低，因此，为了更加直观地展示钢包内夹杂物浓度的分布而采用了不同的图例。

图 12-68 对比了仅考虑气泡浮选时，不同尺寸夹杂物粒子的去除情况。需要指出的是，本研究计算结果表明不同尺寸夹杂物粒子的去除速率相近，这和 12.4.5 节层流条件下的结果不一样。层流条件下的计算结果见图 12-29（b），在忽略湍流对气泡浮选去除夹杂物的影响条件下，大尺寸夹杂物被气泡捕获概率大于小尺寸夹杂物的捕获概率，从而计算得到的大尺寸夹杂物的去除速率大于小尺寸夹杂物。

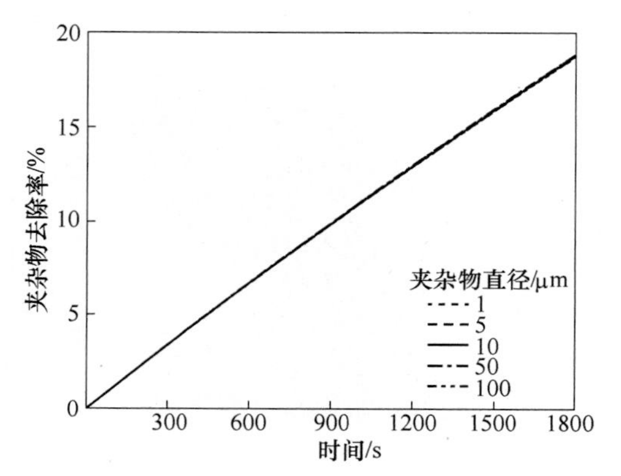

图 12-68　仅考虑气泡浮选条件下不同尺寸夹杂物的去除率随时间变化的关系（Q_b = 120NL/min，r/R = 0.68）

在本研究中，考虑了湍流对气泡浮选去除夹杂物的影响，在气柱内，钢液的湍动能在 $10^{-1}m^2/s^2$ 左右，而在此湍动能条件下单个气泡对不同尺寸夹杂物粒子的捕获概率相接近，同时，气泡浮选去除夹杂物主要集中在气柱内，因此，在钢包吹氩条件下气泡浮选对不同尺寸夹杂物粒子的去除速率相近。此外还发现，夹杂物的去除率与吹氩时间近似于正比例关系，即夹杂物的去除速率近似于常数。

图 12-69 和图 12-70 分别为吹氩流量为 120NL/min 和 320NL/min 条件下，仅考虑气泡浮选去除夹杂物过程中夹杂物粒子无量纲浓度随时间变化的云图，夹杂物粒子的直径假设为 10μm。不同吹氩流量条件下，夹杂物浓度分布的云图相似。气柱内是气泡浮选去除夹杂物场所，因此气柱内的夹杂物浓度最低，在钢液流动的作用下，气柱内的钢液流向上表面，而钢包底部的钢液流向气柱，从而使得钢液中的夹杂物浓度逐渐降低。增大吹氩流量，会改变吹入钢包内气泡的尺寸和数量，但更重要的是会影响钢包内钢液的流场，如前文所述，吹氩流量由 120NL/min 增大到 320NL/min，钢液的平均速度将由 0.118m/s 增大到 0.164m/s，促进了钢液中夹杂物的运动和混匀，同时也加快了气泡浮选去除夹杂物。

图 12-71 为在仅考虑气泡浮选条件下，吹氩流量对夹杂物去除的影响。无论吹氩流量的大小，夹杂物的去除率与吹氩时间均近似于正比例关系。吹氩流量由 120NL/min 增大到 320NL/min，在 1200s 时夹杂物的浮选去除率由 10.2%增加到 14.9%。

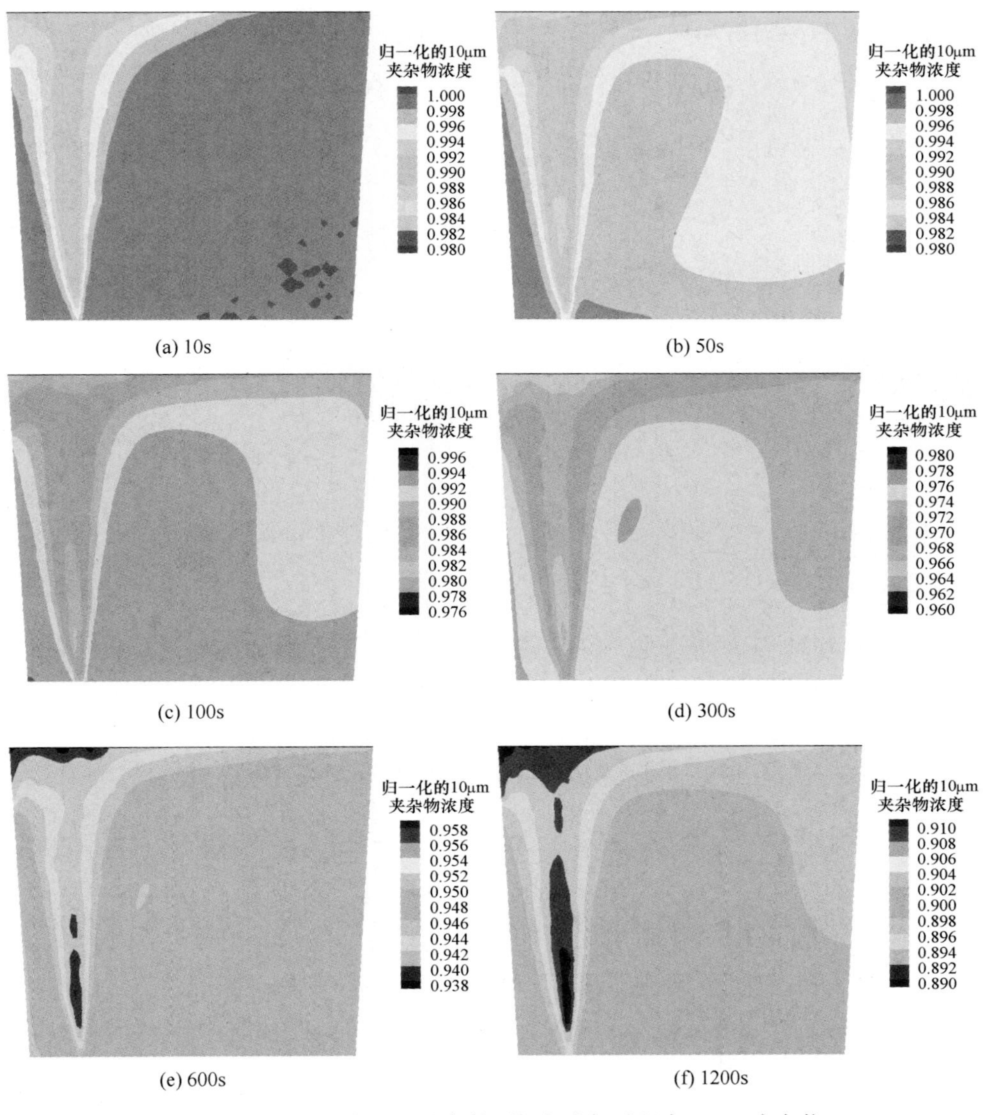

图 12-69 仅考虑气泡浮选条件下钢包吹氩过程中 10μm 夹杂物无量纲浓度随时间变化的云图（Q_b = 120NL/min，r/R = 0.68）

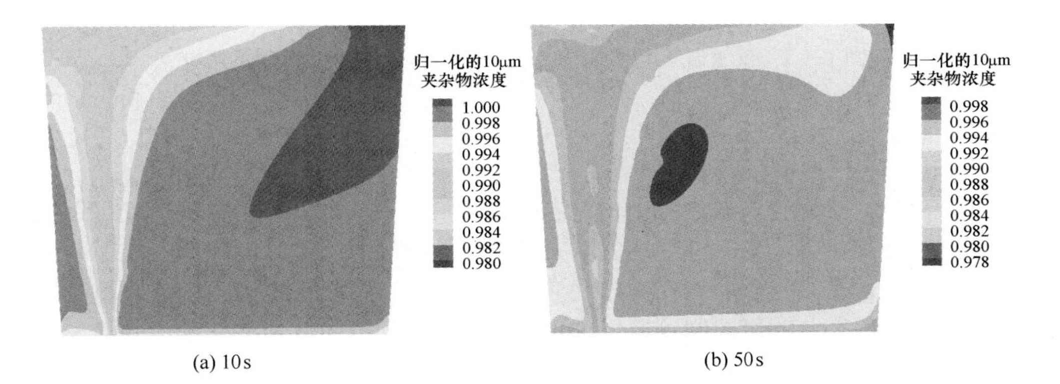

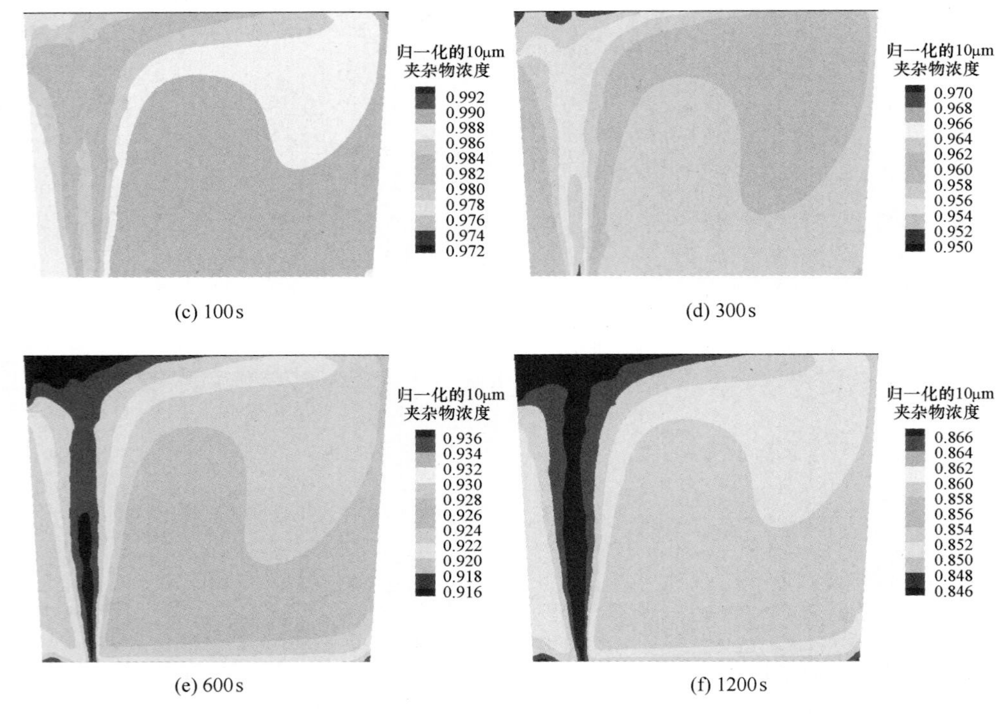

图 12-70　仅考虑气泡浮选条件下钢包吹氩过程中 10μm 夹杂物无量纲浓度随时间变化的云图（Q_b=320NL/min，r/R=0.68）

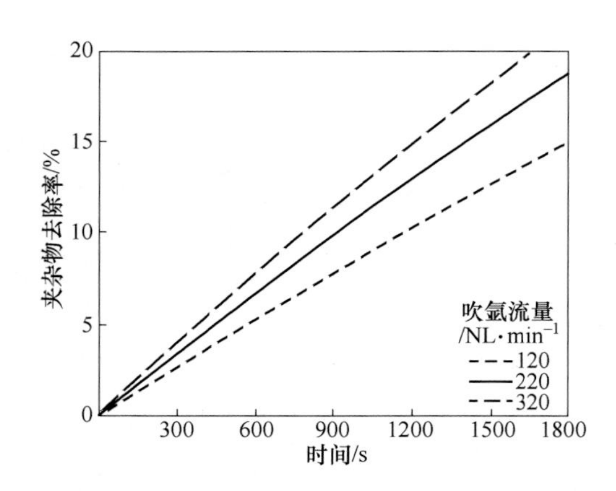

图 12-71　仅考虑气泡浮选条件下吹氩流量对夹杂物去除率的影响

12.6.4　本节小结

本节首先计算了钢包吹氩过程中钢包内的流场，并采用组分传输方程建立了钢包吹氩过程的夹杂物去除模型，对气泡浮选去除夹杂物以源项的形式进行考虑，对比了两种不同的上表面去除条件。结果表明：仅考虑气泡浮选去除夹杂物而不考虑精炼渣吸附去除夹杂物时，夹杂物去除率与吹氩时间近似于正比例关系，并且不同尺寸夹杂物的去除速率相差不大；同时考虑气泡浮选去除夹杂物和精炼渣吸附去除夹杂物时，会使得夹杂物去除速率过快，不能准确反映实际情况，这是由于假设夹杂物粒子只要接触到渣层，便会被去除。

12.7　连铸结晶器内湍流条件下气泡浮选去除夹杂物的数值模拟

表12-14为对文献中连铸结晶器内流动现象研究的总结。1970年Szekely等[153]已开始了结晶器内钢液二维流场的数学模拟。1989年Takatani等[154]发表了结晶器内三维流场的模拟结果。针对连铸结晶器内流动现象的研究逐渐从二维到三维、从单相流到钢液-氩气和钢液-氩气-渣相多相流。针对结晶器内钢液中夹杂物的模拟，也从计算夹杂物的浓度场到计算夹杂物的运动轨迹、模拟夹杂物的碰撞聚合、模拟夹杂物和气泡的相互作用及浮选去除，并把这些微观现象和钢液的宏观流动结合起来，研究夹杂物的长大、去除以及被凝固前沿的捕捉。

12.7.1　连铸结晶器内湍流条件下气泡对夹杂物的捕捉概率

层流条件下（图12-72（a））气泡对夹杂物的捕捉概率并不适用于湍流条件（图12-72（b））。由于湍流的随机效应，一方面，在d_{OS}柱内的部分夹杂物可能不会与气泡发生相互作用；另一方面，远离d_B+d_p柱形域内的部分夹杂物也可能会与气泡表面发生相互作用，碰撞并黏附在气泡表面上。为了模拟这种效应，夹杂物被注入直径为15～20倍气泡直径的柱形域内以便准确计算黏附概率，如图12-72（b）所示，捕捉概率由下式计算：

$$P=\frac{\sum_i P_iA_i}{A_{B+P}}=\frac{\sum_i\left\{\frac{N_{0,i}}{N_{T,i}}[\pi(R_i+\Delta R)^2-\pi R_i^2]\right\}}{\frac{\pi(d_B+d_p)^2}{4}}\tag{12-71}$$

式中，i为环形区域内注入的夹杂物数量。

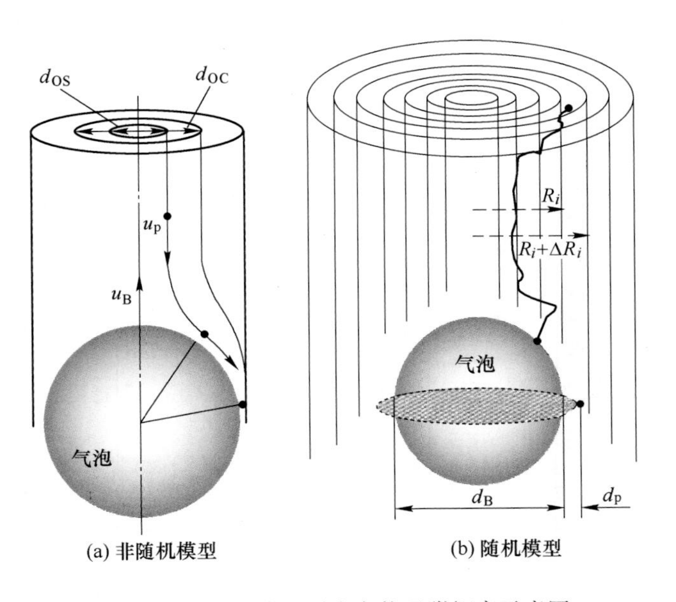

(a) 非随机模型　　(b) 随机模型

图12-72　气泡表面对夹杂物吸附概率示意图

表 12-14　文献中关于结晶器流动现象的研究

年份	研究者	模拟内容	模拟方法	湍流模型		备　注
1970	Szekely[153]	钢液-温度-夹杂物	传输方程	—	—	首次对结晶器内流场与传热、夹杂物上浮去除现象定量描述
1973	Szekely[155]	流场-温度场	—	Kolmogorov-Prandtl	$\mu_t = C_\mu \rho k^{1/2} \lambda_\mu$	单相-钢液
1974	Lait[156]	温度场+示踪实验	一维有限差分模型	—	—	研究低碳方坯和不锈钢连铸过程坯壳形态
1989	Takatani[154]	钢液-温度-凝固-磁场+水模型	欧拉	k-ε	$\mu_t = \rho C_\mu k^2/\varepsilon$	—
1990	Thomas[157]	钢液+水模型	欧拉	k-ε	$\mu_t = \rho C_\mu k^2/\varepsilon$	单相-钢液
1991	Bessho[158]	钢液-气泡-夹杂物	欧拉-欧拉-欧拉+水模型	k-ε	$\mu_t = \rho C_\mu k^2/\varepsilon$	两相-钢液和气泡
1992	Sawada[159]	钢液	欧拉+水模型	Large-eddy simulation	$\mu_{T,1} = \rho_1 (C_S \Delta)^2 \mid S \mid$	单相-钢液
1992	Voller[160]	钢液	—	—	—	热焓法计算炼钢过程流体现象
1993	Hershey[161]	水口内流场	欧拉	k-ε	$\mu_t = \rho C_\mu k^2/\varepsilon$	单相-钢液
1994	Thomas[162]	钢液-气泡	欧拉-欧拉	k-ε	$\mu_t = \rho C_\mu k^2/\varepsilon$	考虑过热度耗散
1994	Ho[163]	钢液-夹杂物	欧拉-拉格朗日	k-ε	$\mu_t = \rho C_\mu k^2/\varepsilon$	SOLA-SURE-表征钢液面波形变化
1995	Aboutalebi[164]	流场-凝固-溶质偏析	欧拉	低雷诺数 k-ε	$\mu_t = C_\mu \mid f_\mu \mid \rho k^2/\varepsilon$	简化成二维模型； 圆坯和方坯
1996	Moon[165]	现场实验	—	—	—	考虑单条形磁场不同位置
1997	Hwang[166]	钢液-磁场	欧拉	k-ε	$\mu_t = \rho C_\mu k^2/\varepsilon$	采用自适应网格； 单条形磁场
1997	Seyedein[167]	钢液+凝固	欧拉	低雷诺数 k-ε	$\mu_t = C_\mu \mid f_\mu \mid \rho k^2/\varepsilon$	凝固采用热焓-多孔介质法
1998	Panaras[168]	钢液	欧拉	k-ε	$\mu_t = \rho C_\mu k^2/\varepsilon$	关注液面波动； 采用自适应网格
1998	Yang[169]	钢液-凝固-宏观偏析	欧拉	k-ε	$\mu_t = \rho C_\mu k^2/\varepsilon$	考虑热浮力；潜热释放等效为有效热容

续表 12-14

年份	研究者	模拟内容	模拟方法	湍流模型		备注
1999	Anagnostopoulos[170]	钢液-液面波动	欧拉-欧拉	k-ε	$\mu_t=\rho C_\mu k^2/\varepsilon$	采用“简化界面技术”（SLIC）追踪钢液面变化
2000	Kim[171]	钢液+磁场+凝固	欧拉	低雷诺数 k-ε	$\mu_t = C_\mu \lvert f_\mu \rvert \rho k^2/\varepsilon$	区域制动磁场；凝固采用热焓-多孔介质法
2000	Nam[172]	钢液-磁场-凝固	欧拉	k-ε	$\mu_t=\rho C_\mu k^2/\varepsilon$	薄板坯内传输现象，凝固采用有效热容法
2001	Takatani[173]	钢液-气泡-凝固	欧拉-拉格朗日+水模型	LES	$\mu_{T,1} = \rho_1(C_S\Delta)^2 \lvert S \rvert$	多相-钢液和氩气泡，未考虑保护渣
2001	Park[174]	钢液-磁场-凝固	欧拉	k-ε	$\mu_t=\rho C_\mu k^2/\varepsilon$	考虑热浮力
2001	Bai[175]	钢液-气泡	欧拉-欧拉+水模型	k-ε	$\mu_t=\rho C_\mu k^2/\varepsilon$	考虑滑板控流，PIV 测量
2001	Yamamura[176]	钢液-夹杂物+磁场	欧拉-拉格朗日+现场实验	k-ε	$\mu_t=\rho C_\mu k^2/\varepsilon$	考虑单条形磁场
2001	Harada[177]	钢液+流场	欧拉+水银模拟	LES	$\mu_{T,1} = \rho_1(C_S\Delta)^2 \lvert S \rvert$	考虑不同类型电磁制动
2002	Kubo[178]	钢液-气泡	欧拉-拉格朗日；欧拉-欧拉	k-ε	$\mu_t=\rho C_\mu k^2/\varepsilon$	氩气泡分别作为离散相和连续相处理
2003	Miki[179]	钢液-气泡	欧拉-拉格朗日+铸坯数据	LES	$\mu_t = \rho L_S^2 \lvert \bar{S} \rvert$ $L_S = \min(kd,\ C_S V^{1/3})$	考虑 FC-Mold 磁场
2003	Li[180]	钢液+气泡+夹杂物+磁场	欧拉-欧拉-拉格朗日	k-ε	$\mu_t=\rho C_\mu k^2/\varepsilon$	考虑气泡和双条形磁场对流场和夹杂物影响
2003	Tan[181]	钢液-凝固	欧拉	k-ε	$\mu_t=\rho C_\mu k^2/\varepsilon$	单相钢液凝固-热焓-多孔介质法
2004	Qiu[182]	钢液+凝固	欧拉	低雷诺数 k-ε	$\mu_t = C_\mu \lvert f_\mu \rvert \rho k^2/\varepsilon$	讨论热浮力和枝晶间对流的相对影响程度
2005	Pfeiler[183]	钢液-气泡-夹杂物	欧拉-拉格朗日-拉格朗日	k-ε	$\mu_t=\rho C_\mu k^2/\varepsilon$	考虑钢液与气泡和夹杂物之间的单向和双向作用
2006	Pfeiler[184]	钢液-夹杂物+凝固	欧拉-拉格朗日	k-ε	$\mu_t=\rho C_\mu k^2/\varepsilon$	夹杂物被凝固坯壳捕获，考虑其大小与一次枝晶关系
2007	Zhang[185]	钢液+气泡	欧拉-拉格朗日+水模型	k-ε	$\mu_t=\rho C_\mu k^2/\varepsilon$	

续表 12-14

年份	研究者	模拟内容	模拟方法	湍流模型		备　注
2007	Shamsi[186]	钢液	欧拉	k-ε	$\mu_t=\rho C_\mu k^2/\varepsilon$	计算低碳钢铸坯温度分布，避免应力和裂纹产生
2008	Zhang[187]	钢液+气泡	欧拉-拉格朗日	k-ε	$\mu_t=\rho C_\mu k^2/\varepsilon$	考虑不同水口堵塞
2008	Chaudhary[188]	钢液	欧拉+水模型	k-ε	$\mu_t=\rho C_\mu k^2/\varepsilon$	考虑水口底部结构
2008	Yu[189]	钢液-夹杂物+磁场	欧拉-拉格朗日	k-ε	$\mu_t=\rho C_\mu k^2/\varepsilon$	考虑传热
2009	Lei[190]	钢液-夹杂物	欧拉-欧拉	k-ε	$\mu_t=\rho C_\mu k^2/\varepsilon$	夹杂物为连续相，考虑夹杂物碰撞长大
2010	Tian[191]	钢液+凝固+磁场	欧拉	低雷诺数 k-ε	$\mu_t = C_\mu \mid f_\mu \mid \rho k^2/\varepsilon$	潜热释放采用等效热容法
2010	Torres-Alonso[192,193]	钢液-液面波动+水模型	欧拉-欧拉	k-ε	$\mu_t=\rho C_\mu k^2/\varepsilon$	采用 PIV 测量流场
2010	Wang, Zhang[194,195]	钢液-空气	VOF	k-ε	$\mu_t=\rho C_\mu k^2/\varepsilon$	采用动网格模拟钢包开浇过程
2011	Liu[196]	钢液-凝固+磁场	欧拉	k-ε	$\mu_t=\rho C_\mu k^2/\varepsilon$	比较 CSP 和 FTSP 结晶器内传输现象，并考虑磁场
2011	Miki[197]	钢液-凝固-磁场-气泡-夹杂物	欧拉-拉格朗日	k-ε	$\mu_t=\rho C_\mu k^2/\varepsilon$	考虑流股对凝固前沿的冲刷作用
2011	Zhang[198]	钢液-气泡+磁场	欧拉-拉格朗日	k-ε	$\mu_t=\rho C_\mu k^2/\varepsilon$	考虑水口堵塞下磁场对流场的作用
2012	Kadir[199]	钢液；钢液-气泡+水模型	欧拉； 欧拉-欧拉	k-ε	$\mu_t=\rho C_\mu k^2/\varepsilon$	单相模拟-水口底部结构； 两相模拟-水口结构和气泡对流场影响
2012	Zhang[200]	钢液-凝固-夹杂物	欧拉	k-ε	$\mu_t=\rho C_\mu k^2/\varepsilon$	考虑夹杂物在方坯整个断面上分布
2012	Lopez[201]	钢液-保护渣+凝固	VOF	k-ε	$\mu_t=\rho C_\mu k^2/\varepsilon$	考虑保护渣的熔化与凝固
2013	Ismael[202]	空气-渣-钢液	VOF+水模型	k-ε	$\mu_t=\rho C_\mu k^2/\varepsilon$	
2013	Li[203]	钢液-气泡	欧拉-欧拉	LES	$\mu_{T,l} = \rho_l (C_S\Delta)^2 \mid S \mid$	
2013	Saul[204]	空气-渣-钢液+凝固	VOF 模型	k-ε	$\mu_t=\rho C_\mu k^2/\varepsilon$	考虑弧形板坯结晶器
2014	Hugo[205]	钢液-空气	VOF	k-ε	$\mu_t=\rho C_\mu k^2/\varepsilon$	未考虑凝固
2014	Thomas[206]	钢液-夹杂物	欧拉-拉格朗日	—	—	凝固坯壳由壁面替代，考虑流股动能在其上的衰减
2014	Singh[207]	流场+磁场	欧拉	LES	$\mu_{T,l} = \rho_l (C_S\Delta)^2 \mid S \mid$	考虑 FC-Mold 磁场影响

本研究使用了以下参数：$\rho = 7020\text{kg/m}^3$、$\rho_p = 2800\text{kg/m}^3$、$\rho_g = 1.6228\text{kg/m}^3$、$\sigma = 1.40\text{N/m}$、$\theta = 112°$、$\mu = 0.0067\text{kg/(m·s)}$、$d_p = 1 \sim 100\mu\text{m}$ 和 $d_B = 1 \sim 10\text{mm}$。这些参数代表典型的球形固体夹杂物，如钢液中的氧化铝。

图 12-73 为计算的钢液中不同夹杂物在气泡表面所对应的碰撞时间（表 12-4）和液膜排干时间（式（12-26））。图 12-73（a）表明，对于润湿性夹杂物（具有小的接触角），液膜破裂时间很长，而对于炼钢过程中常见的非润湿性夹杂物（接触角大于 90°），液膜破裂时间很短（60~67μs）。图 12-73（b）表明碰撞时间和液膜排干时间都随着夹杂物尺寸的增加而增加，但液膜排干时间增加得更快。对小于 10μm 的夹杂物，碰撞时间大于液膜排干时间；因此夹杂物一旦与其碰撞就会黏附在气泡表面上，并且这种黏附与滑动过程无关。

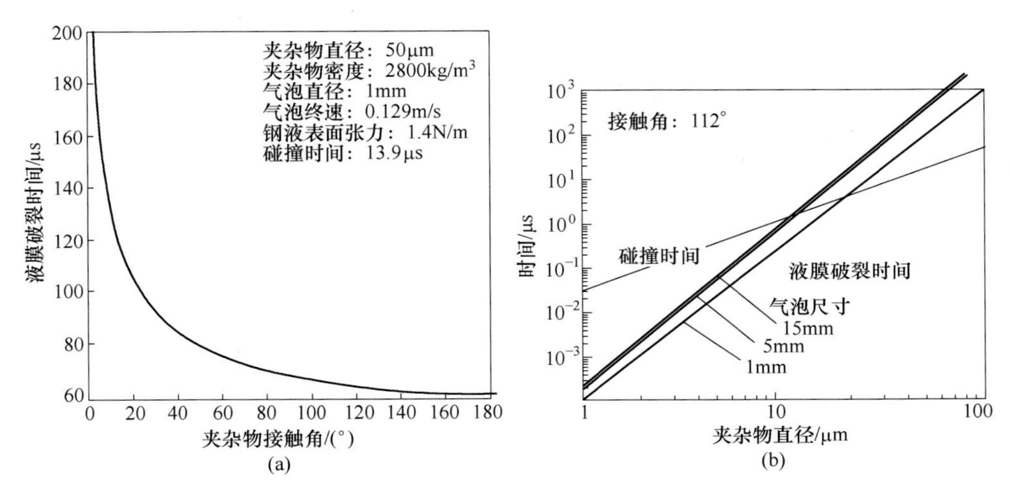

图 12-73 不同气泡尺寸与夹杂物碰撞时间和液膜排干时间的关系

图 12-74（a）为从 100μm 夹杂物中心到 1mm 气泡表面的法向距离与夹杂物靠近该气泡的时间间隔之间函数关系的计算结果。距离小于夹杂物半径（50μm）的时间间隔表示夹杂物和气泡间的相互作用时间（滑动时间），如图 12-74（b）所示。如果该滑动时间大于液膜破裂时间（式（12-26）和图 12-39、图 12-40），夹杂物会稳定地黏附在气泡表面。大夹杂物需要更长的相互作用时间来黏附到气泡表面，数量级为毫秒。

计算得到的气泡（$d_B = 1\text{mm}$，2mm，4mm，6mm，10mm）对夹杂物（$d_p = 5\mu\text{m}$，10μm，20μm，35μm，50μm，70μm，100μm）的黏附概率如图 12-75（a）所示，该结果为基于不考虑随机效应的夹杂物轨迹计算结果得到的。为计算连续尺寸分布的夹杂物和气泡的黏附概率，对这些数据进行了回归计算，其结果如表 12-15 所示。得到回归方程，如式（12-72）所示，该结果也包含在图 12-75 中：

$$P = C_A d_p^{C_B} \tag{12-72}$$

式中，C_A和 C_B分别为：

$$C_A = 0.268 - 0.0737 d_B + 0.00615 d_B^2 \tag{12-73}$$

$$C_B = 1.077 d_B^{-0.334} \tag{12-74}$$

式中，d_B的单位为 mm，d_p的单位为 μm。

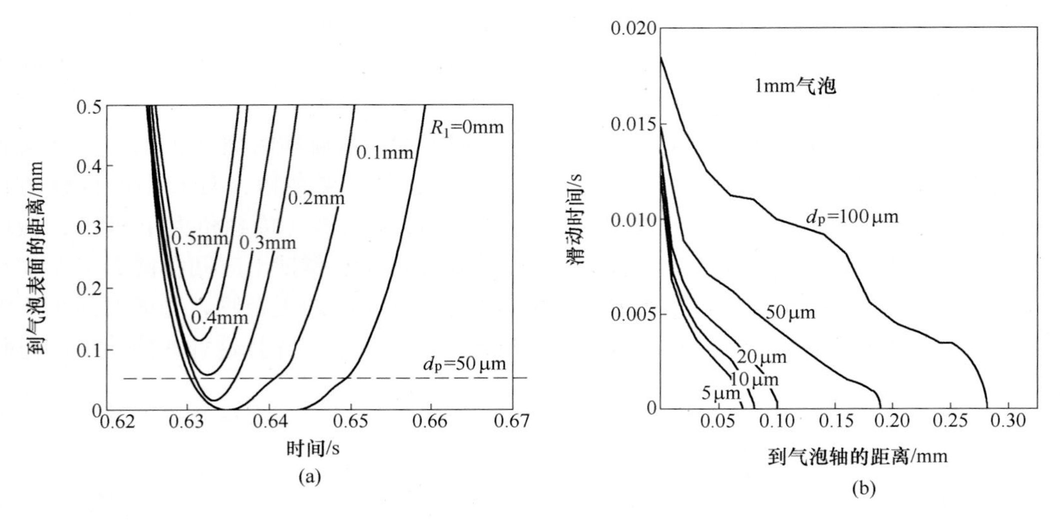

图 12-74　从 100μm 夹杂物中心到 1mm 气泡表面的法向距离（a）与时间间隔（b）的计算结果

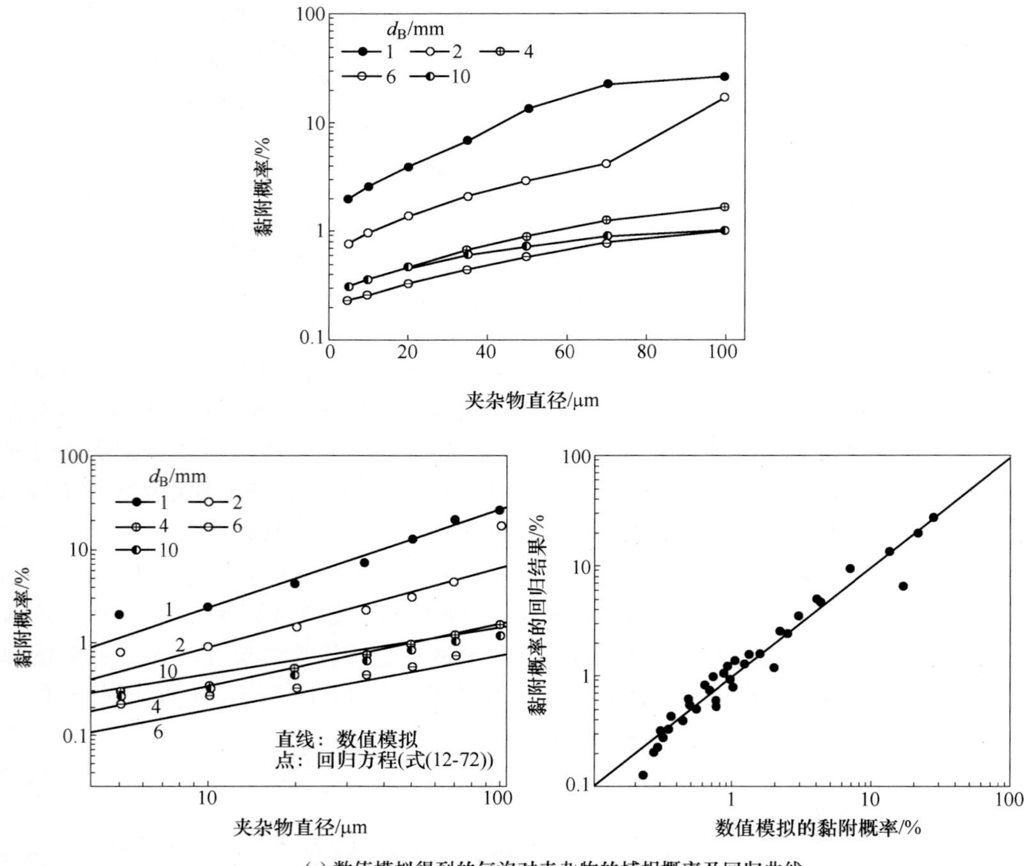

(a) 数值模拟得到的气泡对夹杂物的捕捉概率及回归曲线

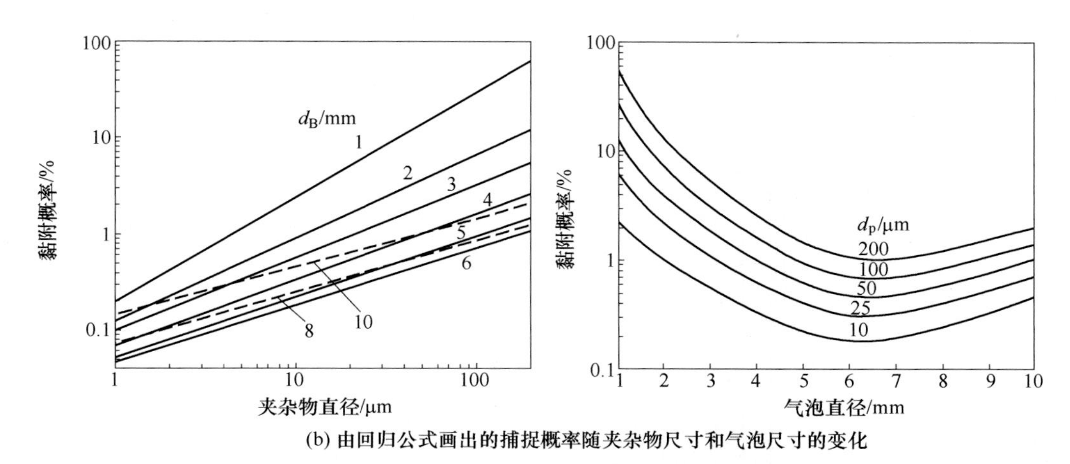

(b) 由回归公式画出的捕捉概率随夹杂物尺寸和气泡尺寸的变化

图 12-75　计算得到的气泡对夹杂物的黏附概率

表 12-15　大于 1mm 气泡对夹杂物黏附概率的回归公式

气泡直径/mm	黏附概率/%
1	$P = 0.189d_p^{1.082}$
2	$P = 0.125d_p^{0.817}$
4	$P = 0.0570d_p^{0.722}$
5	$P = 0.0523d_p^{0.634}$
10	$P = 0.130d_p^{0.444}$

式（12-72）应在下列条件下使用：（1）气泡尺寸应在 1~10mm 之间；（2）液体湍动能应小于 $10^{-2}m^2/s^2$。对于湍动能大于 $10^{-2}m^2/s^2$ 的气泡表面对夹杂物的黏附概率，如氩气搅拌钢包，已在其他研究中进行了报道[208]。在连铸结晶器中，气泡尺寸小于 5mm，湍动能数量级为 $10^{-3}m^2/s^2$。因此，式（12-72）可以使用。图 12-75（a）表明回归方程与数值模拟计算结果基本吻合。根据式（12-72），计算的黏附概率是气泡尺寸和夹杂物尺寸的函数，如图 12-75（b）所示。当气泡尺寸小于 6mm 时，小气泡和大夹杂物具有大的黏附概率。尺寸为 1mm 的小气泡对应的夹杂物黏附概率高达 30%，而对于大于 5mm 的气泡对应的夹杂物黏附概率小于 1%。然而，当气泡尺寸大于 7mm 时，黏附概率随着气泡尺寸的增加而增加。尺寸为 7mm 左右的气泡的形状和终端速度（图 12-9 和图 12-10）主导着类球形气泡周围的流场和粒子运动。模拟结果表明，较大的类球形气泡比小的球形气泡能捕获更多的夹杂物，Aoki 等的研究也证实了这一点[208]。

表 12-16 列出了考虑湍流的随机效应条件下，夹杂物在气泡表面的黏附概率。通过“随机游走”模型模拟的随机效应会略微地增加夹杂物在气泡表面的黏附概率。图 12-76 表明湍流随机效应使得尺寸为 50μm 的夹杂物从 4 倍于气泡直径的圆柱形区域内与尺寸为 1mm 的气泡可能发生碰撞并黏附在气泡表面。最大的黏附概率在离气泡轴约为 2mm 位置处。另外，模拟结果表明，在不考虑湍流随机效应的情况下，即忽略随机游走模型（图 12-72（a）），只有并且全部在 0.34mm 圆柱内注入的 50μm 夹杂物都黏附在气泡上，而在 0.34mm 圆柱外注入的夹杂物根本不会接触到气泡。由于随机模型需要额外的计算量，因此没有对所有尺寸的气泡和夹杂物进行计算。随机黏附概率由上述两种情况估计为非随机黏附概率的 16.5/11.6=1.4 倍。

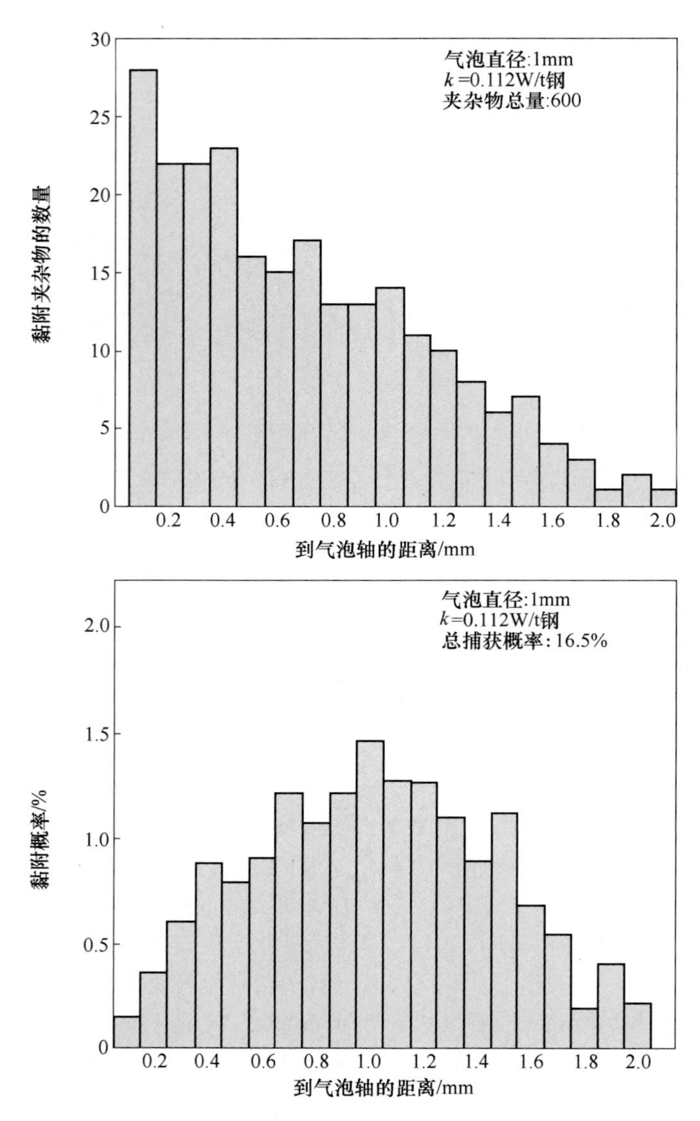

图 12-76　考虑湍流随机效应的 1mm 气泡对 50μm 夹杂物的黏附概率

表 12-16　考虑随机效应的 1mm 气泡对夹杂物的黏附概率

案　例		1	2	
平均湍动能/$m^2 \cdot s^{-2}$		1.62×10^{-4}	1.06×10^{-8}	
平均湍动能耗散率/$m^2 \cdot s^{-3}$		1.43×10^{-3}	2.74×10^{-7}	
气泡速度/$m \cdot s^{-1}$		1.292	1.620	
气泡直径/mm		1	1	
夹杂物直径/μm		50	50	100
黏附概率/%	非随机模型	11.6	13.1	27.8
	随机模型	16.5	—	29.4

12.7.2　连铸结晶器内的流场和气泡运动

通过求解连续性方程、Navier-Stokes 方程和标准湍动能及其耗散率方程，模拟了浸入式水口和连铸结晶器内的三维单相稳态湍流流场[209,210]。气泡在上表面和 2.55m 长的结晶器计算域的底部开口处逸出，而在其他表面将被反射回来。从底部逸出的气泡被认为最终会被凝固壳捕获。在本研究中，浸入式水口内径为 80mm、出口倾角为向下倾斜 15°、出口尺寸为 65mm×80mm、浸入式水口的浸入深度为 300mm、连铸坯的拉速为 1.2m/min（相当于 3.0t/min 的通钢量）。本研究模拟了一半结晶器（半宽 0.65m ×厚度 0.25m）。计算的浸入式水口出口处湍动能及其耗散率的质量平均值分别为 $0.20m^2/s^2$ 和 $5.27m^2/s^3$。通过上水口和上滑板注入钢液的氩气流量为 10～15NL/min。根据之前的多相流模拟结果[211]，在该氩气流量条件下，本研究结晶器中的流体流态仍然为双环流。然而，如果氩气流量过大，结晶器中的流态将变成单环流[30,210]。因此，本研究忽略气泡向流体的动量传递的简化可以粗略地表示在本结晶器内实际的多相流动状态。

结晶器中心截面上的速度矢量分布如图 12-77 所示，表明为双环流流态。上环流流向窄面的弯液面，而下环流使得钢液向下流向液芯。计算的连铸结晶器内湍动能及其耗散率的质量平均值分别为 $1.65\times10^{-3}m^2/s^2$ 和 $4.22\times10^{-3}m^2/s^3$。

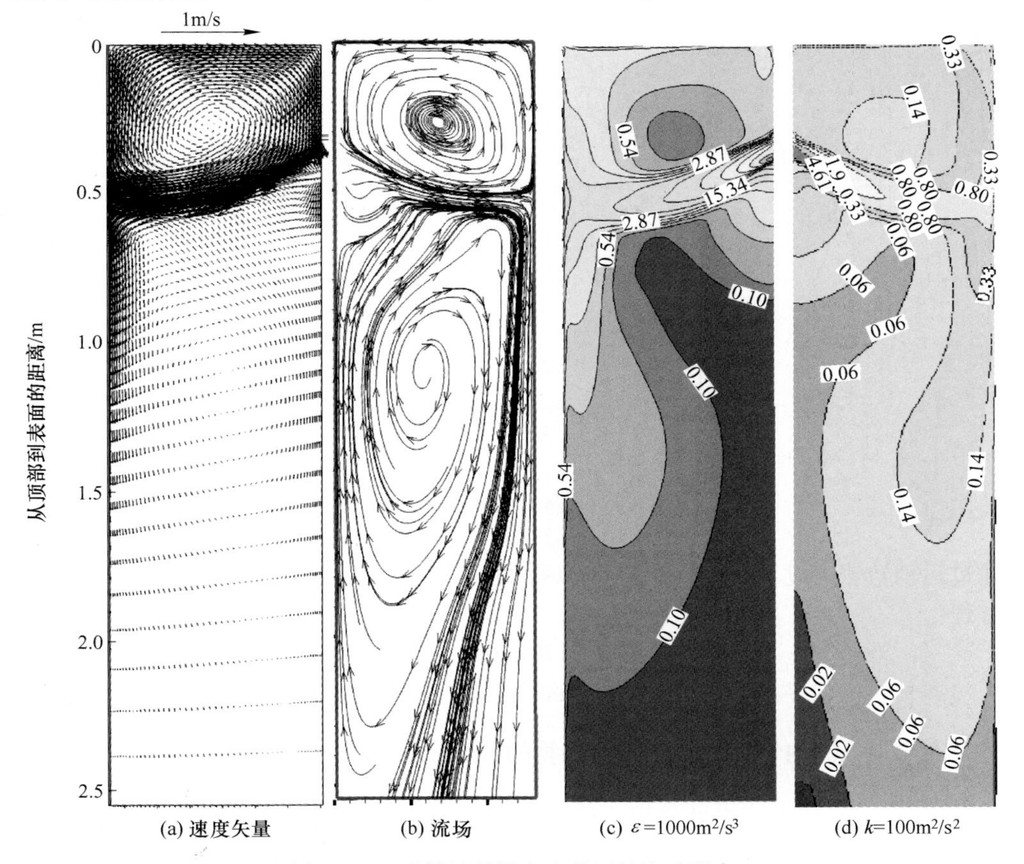

图 12-77　连铸结晶器中心截面的流动形态

结晶器内气泡运动的典型轨迹如图 12-78 所示。在钢液中小气泡比大气泡穿透熔池更深。根据图 12-8，最大的气泡尺寸约为 5mm。大于 1mm 的气泡主要在上环流中运动并快速去除。尺寸为 0. 2mm 的气泡在从上表面逸出或被底部捕获之前，在钢液中的运动轨迹长度为 6. 65m 和停留时间为 71. 5s，而尺寸为 0. 5mm 的气泡为 3. 34m 和 21. 62s，尺寸为 1mm 的气泡为 1. 67m 和 9. 2s，尺寸为 5mm 的气泡为 0. 59m 和 0. 59s。对 5000 个每种尺寸的气泡的运动轨迹长度（L_B）和停留时间（t_B）取平均值，其结果如图 12-79 所示，并且得到以下回归方程：

$$L_B = 9.683\exp\left(-\frac{1000d_B}{0.418}\right) + 0.595 \tag{12-75}$$

$$t_B = 195.6\exp\left(-\frac{1000d_B}{0.149}\right) + 23.65\exp\left(-\frac{1000d_B}{0.139}\right) + 2.409\exp\left(-\frac{1000d_B}{8.959}\right) \tag{12-76}$$

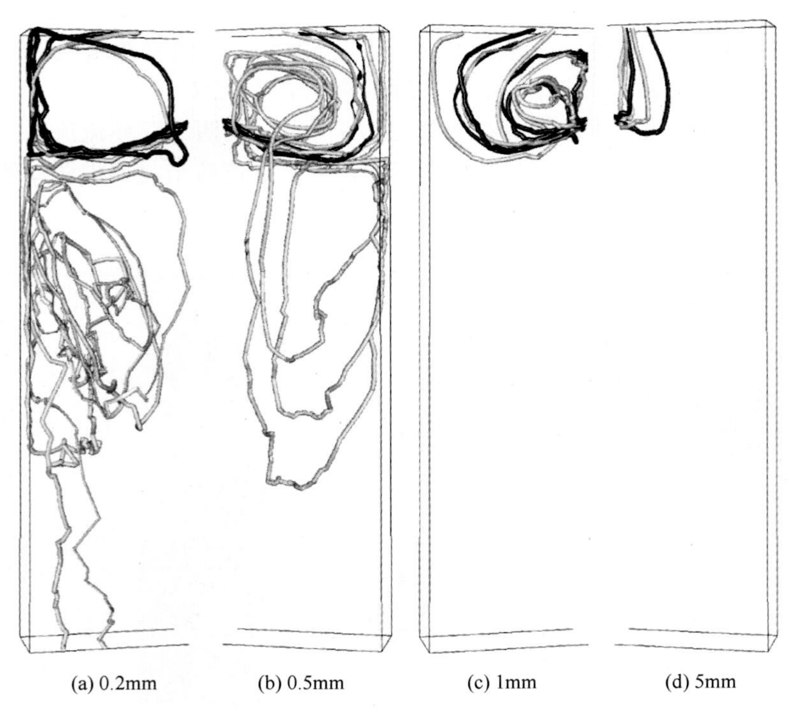

图 12-78　结晶器内气泡运动的典型轨迹

通过运动轨迹长度和停留时间，可以得到平均气泡表观速度为 $w_B = L_B/t_B$，得到以下回归方程：

$$w_B = 0.170(1000d_B)^{0.487} \tag{12-77}$$

大气泡具有大的平均速度，对于 10mm 气泡其速度可达到 0. 5m/s。

12. 7. 3　连铸结晶器内气泡浮选去除夹杂物的数学模拟

本节建立了钢液-氧化铝夹杂物-氩气泡体系的气泡浮选去除夹杂物模型。该模型采用了以下假设：（1）气泡具有相同的尺寸，气泡尺寸和气体流量是独立的；（2）夹杂物具有一定的尺寸分布并且均匀地分布在钢液中，并且它们尺寸很小而不会对气泡运动或流场

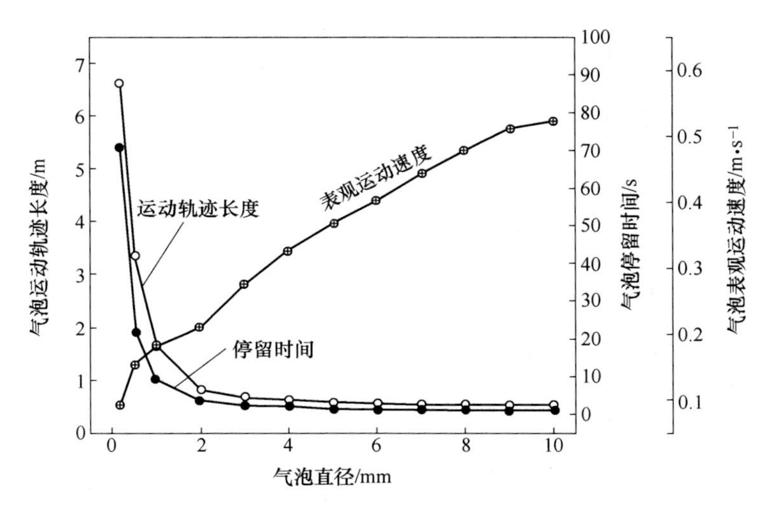

图 12-79　结晶器内的气泡运动轨迹长度、停留时间与表观运动速度

造成影响；（3）只考虑气泡浮选去除夹杂物，忽略夹杂物之间的碰撞和上浮去除；（4）只要在气泡与夹杂物间发生稳定的黏附，一旦黏附夹杂物就不会从气泡表面分离，并且由于气泡运动速度快，一旦夹杂物黏附于气泡上即认为夹杂物从系统中去除。

黏附在直径为 d_B 的单个气泡（序列号 j）上的直径为 $d_{p,i}$ 的夹杂物 i 的数量 $N_{A,i}$ 为：

$$N_{A,i} = \left(\frac{\pi}{4}d_{B,j}^2\right) L_{B,j}\, n_{p,i}\Big|_j \frac{P_i}{100} \tag{12-78}$$

式中，L_B 由式（12-75）给出，$P(\%)$ 由式（12-72）给出，$n_{p,i}|_j$ 为注入气泡 j 时，直径为 $d_{p,i}$ 的夹杂物的数密度，可由下面的递推方程表示：

$$n_{p,i}\big|_j = n_{p,i}\big|_{j-1} \times \frac{100 - P_i}{100} \times \frac{\left(\frac{\pi}{4}d_B^2\right) L_B}{V_M} \tag{12-79}$$

推导该方程时，为了考虑很多气泡同时去除夹杂物而导致的夹杂物浓度的变化，在每个气泡计算之后都更新夹杂物数密度分布。

在式（12-79）中，在时间 t_B 内进入结晶器的钢液体积由下式给出：

$$V_M = \frac{V_C}{60} S t_{B,j} \tag{12-80}$$

式中，S 为板坯的横截面面积（$=0.25\times1.3\text{m}^2$）。

黏附于单个气泡而去除的尺寸为 i 的夹杂物数密度（$1/\text{m}^3$）为：

$$n_{A,i} = \frac{N_{A,i}}{V_M} \tag{12-81}$$

假设所有夹杂物都是 Al_2O_3，那么被单个气泡 j 去除的氧含量（ppm）可以表示为：

$$\Delta O_j = \sum_i \left[n_{A,i}\left(\frac{\pi}{6}d_{p,i}^3\right)\frac{\rho_P}{\rho}\frac{48}{102} \times 10^6 \right] \tag{12-82}$$

将式（12-78）~式（12-81）代入式（12-82），可以得到：

$$\Delta O_j = 1.16 \times 10^5 \times \frac{1}{V_C S} \frac{d_{B,j}^2 L_{B,j}}{t_{B,j}} \frac{\rho_p}{\rho} \sum_i (n_{p,i} \mid _j P_i d_{p,i}^3) \tag{12-83}$$

由于假定钢液中的所有气泡具有相同的尺寸，因此在时间 t_B 内进入钢液直径为 d_B 的气泡总数为：

$$n_B = \frac{1}{2} \frac{Q_G \frac{T_M}{273}}{\frac{\pi}{6} d_B^3} t_B \tag{12-84}$$

式中，系数 1/2 是由于模拟一半结晶器而采用。

所有气泡对总氧的去除可以表述为：

$$\Delta O = \sum_{j=1}^{n_B} \Delta O_j \tag{12-85}$$

图 12-80（a）为在中间包出口上方和连铸板坯中夹杂物尺寸分布的测量结果和计算的几种不同气泡尺寸对应的气泡浮选去除夹杂物后的尺寸分布情况。对应的夹杂物去除率如图 12-80（b）所示。如果气泡大于 5mm，当采用气体流量为 15NL/min 时，气泡浮选去除的夹杂物将少于 10%。相当于减少 3ppm 总氧，如图 12-81 所示。对于相同的气体流量，小气泡能够去除更多的夹杂物。具体而言，直径为 1mm 气泡几乎能够去除所有大于 30μm 的夹杂物。然而，并不是所有这么小的气泡都能从钢液上表面逸出。那些被凝固坯壳捕获的气泡会对钢材造成严重缺陷。对于大于 10mm 的气泡，继续增加气泡尺寸对夹杂物去除率的影响很小。

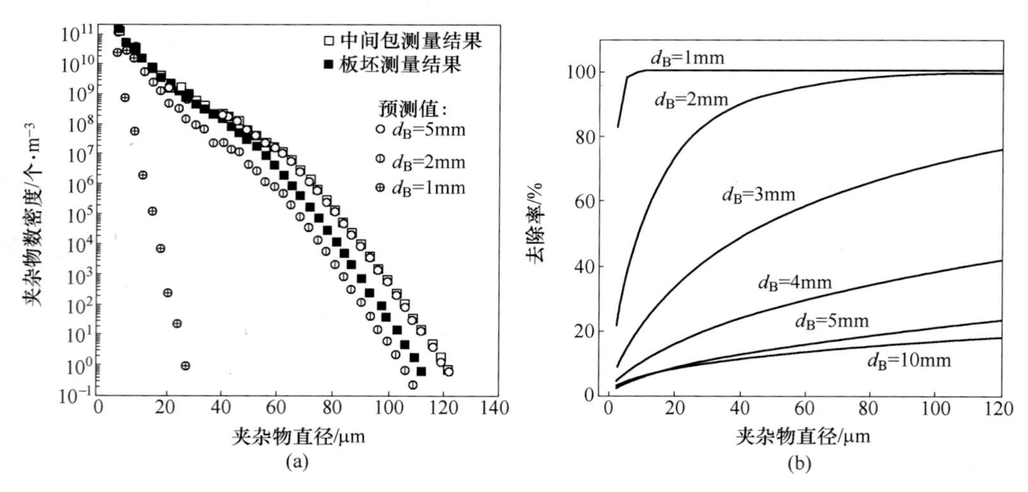

图 12-80　不同尺寸气泡浮选的夹杂物尺寸分布（气体流量为 15NL/min）

增加气体流量会使得气泡浮选去除更多的夹杂物，如图 12-81 所示。考虑了气泡浮选时，湍流随机运动会略微促进夹杂物的去除。对于本研究的连铸条件，气体流量为 15NL/min、气泡尺寸约为 5mm，假设在多孔耐火材料上存在大量活性透气孔，每孔的气体流量小于 0.5mL[212]。如图 12-81 所示，大约 10%的总氧通过气泡浮选去除。之前的研究结果表明在连铸结晶器区域由于钢液流动将夹杂物带入保护渣而去除约 8%的夹杂物[213]。因此，通过流动携带和气泡浮选去除夹杂物的总去除率约为18%。测量的中间包中夹杂物质量分数为66.8ppm，而连铸坯中平均值为51.9ppm，对应着结晶器中的去除率为22%（图12-80（a））。预测结果和测量结果大致吻合，所存在的偏差是因为本研究未考虑部分夹杂物被浸入式水口壁捕获导致结瘤以及部分夹杂物上浮到保护渣去除。

如图12-80和图12-81所示，减小气泡尺寸能更有效地去除夹杂物。然而，如前所述，小气泡（如小于1mm）可能在通过下回流区时被凝固坯壳捕获。因此，应该存在一个最佳的气泡尺寸，不仅有较高的夹杂物去除效率，而且还有较低的被捕获率。结果表明，最佳尺寸为2~5mm之间。

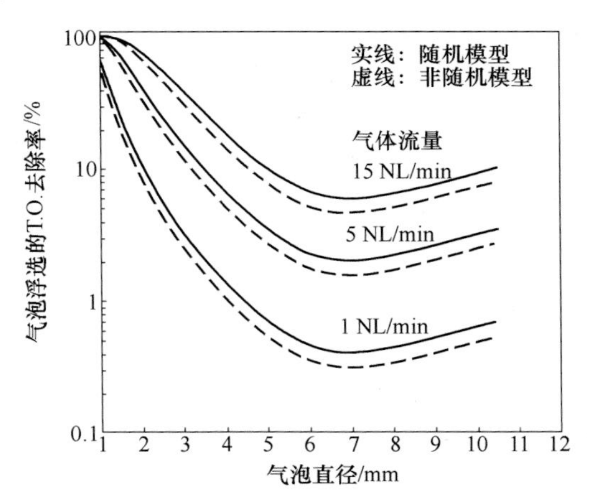

图12-81　气泡浮选去除夹杂物的计算结果

由于气泡表面捕获了很多夹杂物，黏附夹杂物的气泡的表观密度增加。根据本研究的连铸结晶器内的流体流动和夹杂物情况，计算的气泡表观密度随着气泡尺寸的增加而减小（图12-82（a））。气泡最大表观密度仅在5.0kg/m^{3}左右。尽管这比原来的氩气密度1.6228kg/m^{3}大得多，但仍然远小于钢液，因此，捕获了大量夹杂物的气泡在连铸结晶器中的运动和停留时间的影响不大。黏附在每个气泡上的夹杂物也具有尺寸分布，如图12-82（b）所示。预测得到将会有数千个夹杂物黏附在气泡表面，这与图12-82（c）中的测量结果相符合。大气泡比小气泡能捕获更多的夹杂物（图12-82（b）），但这并不足以弥补其数量少，以及被捕获时造成更大危害的缺点。

12.7.4　本节小结

本节针对连铸过程中气泡浮选去除钢液中的夹杂物进行了数值模拟仿真，讨论了微观尺度上夹杂物-气泡之间的相互作用，也讨论了与微观尺度现象进行耦合的宏观尺度上的流动现象，与测量结果对比进行了验证，并应用于预测板坯连铸结晶器内夹杂物尺寸分布的变化。在本研究的连铸结晶器中，气泡的平均尺寸估计为5mm。小气泡和大夹杂物具有大的黏附概率。直径小于1mm的气泡具有高达30%的夹杂物黏附概率，而大于5mm的气泡其黏附概率小于1%。湍流的随机效应（采用随机游走模型）提高了气泡对夹杂物的捕捉概率。在连铸结晶器中，小气泡比大气泡在熔池中的穿透深度更深。大于1mm的气泡主要在上环流中运动，运动轨迹长度为0.6~1.7m、停留时间为0.6~9.2s。小气泡在从上

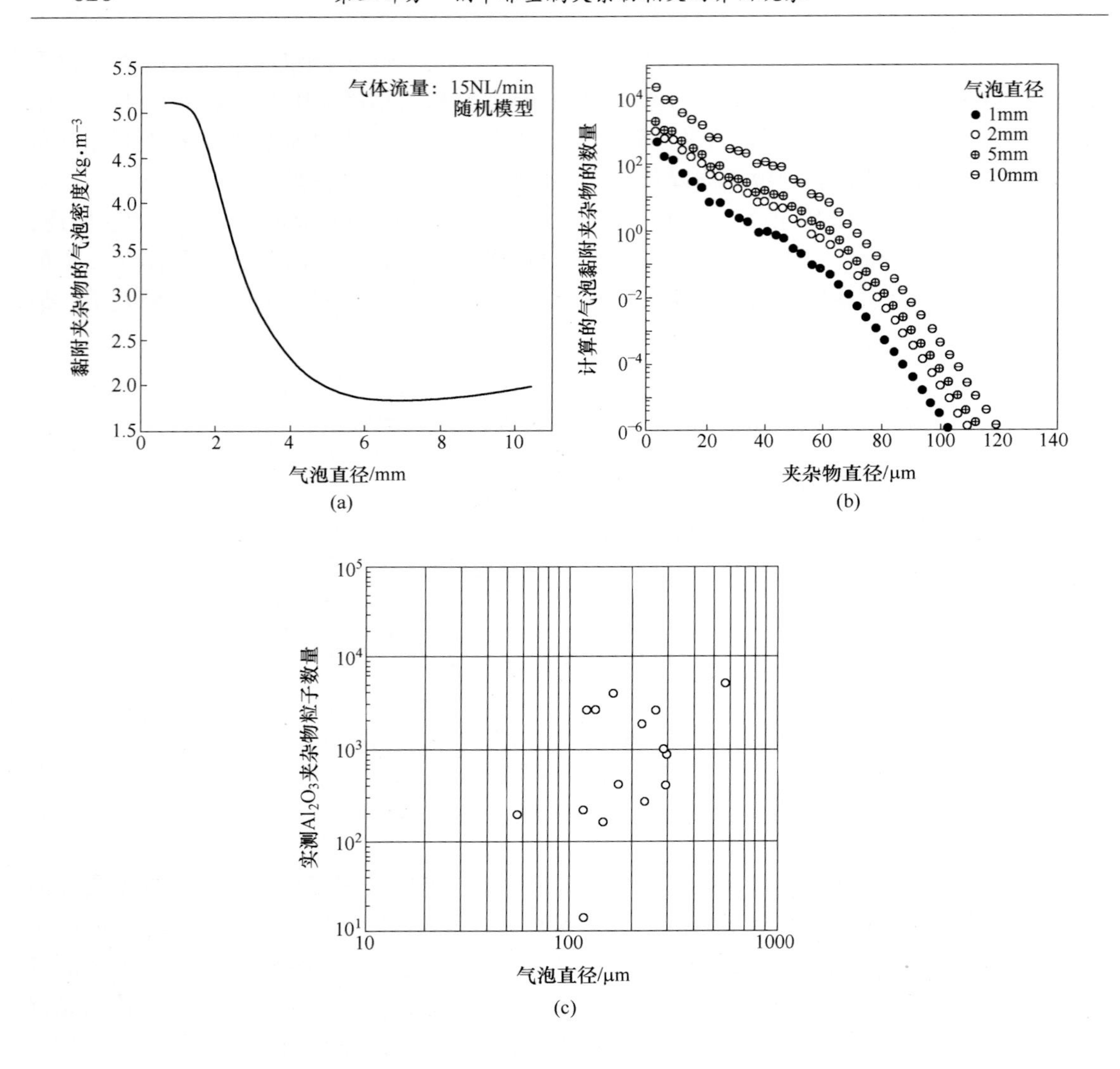

图 12-82　计算的黏附夹杂物的气泡密度（a）和钢中气泡黏附夹杂物的数量（b，c[19]）

表面逸出或被底部捕获之前，运动轨迹长度大于 6m，同时停留时间超过 60s。在连铸结晶器中，如果气泡直径为 5mm，预测气泡浮选可以去除约 10%的夹杂物，相当于总氧降低约 3ppm。结合钢液流动去除约 8%的夹杂物，去除总量与测量的连铸结晶器中约 22%的夹杂物去除率相当。只要小气泡不被凝固坯壳捕获，气泡浮选过程中小气泡能更有效地去除夹杂物。大气体流量有利于气泡浮选去除夹杂物。在连铸结晶器中浮选去除夹杂物的最佳的气泡尺寸在 2~4mm 之间。

参考文献

[1] Zhang L, Taniguchi S. Water model study on inclusion removal by bubble flotation from liquid steel by bubble

flotation under turbulent condition [J]. Ironmaking and Steelmaking, 2002, 29 (5): 326-336.

[2] Zhang L, Taniguchi S. Fundamentals of inclusions removal from liquid steel by bubbles flotation [J]. International Materials Reviews, 2000, 45 (2): 59-82.

[3] Szekely A G. The removal of solid particles from molten aluminum in the spinning nozzle inert gas flotation process [J]. Metallurgical and Materials Transaction B, 1976, 7B (3): 259-270.

[4] Engh T A, Sandberg H, Hultkvist A, et al. Si deoxidation of steel by injection of slags with low SiO_2 activity [J]. Scandinavian Journal of Metallurgy, 1972, 1: 103-114.

[5] Okumura K, Kitazawa M, Hakamada N, et al. Rate of SiO_2 inclusion removal from molten copper to slag under gas injection stirring condition [J]. ISIJ International, 1995, 35 (7): 832-837.

[6] Anagbo P E, Brimacombe J K. Plume characteristics and liquid circulation in gas injection through a porous plug [J]. Metallurgical Transactions B, 1990, 21B: 637-648.

[7] Wang L, Lee H G, Hayes P. A new approach to molten steel refining using fine gas bubbles [J]. ISIJ International, 1996, 36 (1): 17-24.

[8] Wang L, Lee H, Hayes P. Prediction of the optimum bubble size for inclusion removal from molten steel by flotation [J]. ISIJ International, 1996, 3 (1): 7-16.

[9] Cramb A W, Jimbo I. Interfacial considerations in continuous casting [J]. Iron and Steelmaker, 1989, 16 (6): 43-55.

[10] Schulze H J. Hydrodynamics of bubble-mineral particle collisions [J]. Mineral Processing and Extractive Metallurgy Review, 1989, 5 (1-4): 43-76.

[11] Evans L F. Bubble-mineral attachment in flotation [J]. Industrial and Engineering Chemistry, 1954, 46 (11): 2420-2424.

[12] Yoon R H, Luttrell G H. The effect of bubble size on fine particle flotation [J]. Mineral Processing and Extractive Metallurgy Review, 1989, 5 (1-4): 101-122.

[13] Dobby G S, Finch J A. A model of particle sliding time for flotation size bubbles [J]. Journal of Colloid and Interface Science, 1986, 109 (2): 493-498.

[14] Pan W, Uemura K, Koyama S. Cold model experiment on entrapment of inclusions in steel by inert gas bubbles [J]. Tetsu-to-Hagane, 1992, 78 (8): 87-94.

[15] Zhang L. Mathematical simulation of fluid flow in gas-stirred liquid systems [J]. Modelling and Simulation in Materials Science and Engineering, 2000, 8 (4): 463-476.

[16] Wang L, Lee H G, Hayes P. Modeling of air ingress and pressure distribution in ladle shroud system for continuous casting of steel [J]. Steel Research, 1995, 66 (7): 279-286.

[17] Abbel G, Damen W, de Gendt G, et al. Argon bubbles in slabs [J]. ISIJ, 1996, 36: S219-S222.

[18] Emling W H, Waugaman T A, Feldbauer S L, et al. Subsurface mold slag entrainment in ultra-low carbon steels [C]. Steelmaking Conference Proceedings, Warrendale, PA, Chicago, 1994: 371-379.

[19] Kiriha L, Tosawa H, Sorimachi K. Behavior of alumina cluster in ultra low carbon steel during steelmaking process [J]. CAMP-ISIJ, 2000, 13: 120.

[20] Li G, Suito H. Electrochemical measurement of critical supersaturation in Fe-O-M (M=Al, Si, and Zr) and Fe-O-Al-M (M=C, Mn, Cr, Si, and Ti) melts by solid electrolyte galvanic cell [J]. ISIJ International, 1997, 37 (8): 762-769.

[21] Knoepke J, Hubbard M, Kelly J, et al. Pencil blister reduction at inland steel company [C]. Steelmaking Conference Proceedings, ISS, Warrendale, PA, 1994: 381-388.

[22] Thomas B G, Denissov A, Bai H. Behavior of argon bubbles during continuous casting of steel [C]. Steelmaking Conference Proceedings, ISS, Warrendale, PA, 1997: 375-384.

[23] Miki Y. Study on the inclusion removal and bubble behavior in the molten steel [J]. Kawasaki Steel, 2001.
[24] Salmon P H, Hamill P E. Pinhole formation in continuous cast steel [C]. Proceedings of the Continuous Casting Symposium of the 102 AIME Annual Meeting, Chicago, Illinois, USA, AIME, 1973: 257-280.
[25] Damen W, Abbel G, de Gendt G. Argon bubbles in slabs, a non-homogeneous distribution [J]. La Revue de Metallurgie-CIT, 1997, 94 (6): 745-750.
[26] Kasai N. Influence of molten steel flow on inclusion behavior in a continuous casting mold [C]. Fluid Flow in Continuous Casting Mold and Behavior of Non-Metallic Inclusions, Iguchi, ISIJ, 2002: 243-264.
[27] Ishii K, Sasaki Y, Kashiwaya Y, et al. Argon solubility in molten iron [J]. Metallurgical and Materials Transaction B, 2000, 31B (1): 216-218.
[28] Zhang L, Aoki J, Thomas B G. Inclusion removal by bubble flotation in a continuous casting mold [J]. Metallurgical and Materials Transactions B, 2006, 37 (3): 361-379.
[29] Yin H, Tsai H T. Application of cathodoluminescence microscopy (CLM) in steel research [C]. ISSTech2003 Conference Proceedings, ISS, Warrandale, PA, 2003: 217-226.
[30] Zhang L, Thomas B G. State of the art in evaluation and control of steel cleanliness [J]. ISIJ International, 2003, 43 (3): 271-291.
[31] Zhang L, Pluschkell W. Nucleation and growth kinetics of inclusions during liquid steel deoxidation [J]. Ironmaking and Steelmaking, 2003, 30 (2): 106-110.
[32] Miki Y, Takeuchi S. Internal defects of continuous casting slabs caused by asymmetric unbalanced steel flow in mold [J]. ISIJ International, 2003, 43 (10): 1548-1555.
[33] Zhang L, Rietow B, Eakin K, et al. Large inclusions in plain-carbon steel ingots cast by bottom teeming [J]. ISIJ International, 2006, 46 (5): 670-679.
[34] Gass R, Knoepke H, Moscoe J, et al. Conversion of Ispat Inland's No. 1 slab caster to vertical bending [C]. ISSTech2003 Conference Proceedings, ISS, Warrandale, PA, 2003: 3-18.
[35] Rocabois P, Pontoire J N, Delville V, et al. Different slivers type observed in solla steel plants and improved practice to reduce surface defects on cold roll sheet [C]. ISSTech2003 Conference Proceedings, ISS, Warrandale, PA, 2003: 995-1006.
[36] Byrne M, Fenicle T W, Cramb A W. The sources of exogenous inclusions in continuous cast, aluminum-killed steels [C]. Steelmaking Conference Proceedings, Warrendale, PA, 1985: 451-461.
[37] Byrne M, Fenicle T W, Cramb A W. The sources of exogenous inclusions in continuous cast, aluminum-killed steels [J]. ISS Trans., 1989, 10: 51-60.
[38] Byrne M, Fenicle T W, Cramb A W. The sources of exogenous inclusions in continuous cast, aluminum-killed steels [J]. Iron and Steelmaker, 1988, 15 (6): 41-50.
[39] Jungreithmeier A, Pissenberger E, Burgstaller K, et al. Production of ULC IF steel grades at Voestalpine Stahl GmbH, Linz [C]. ISSTech2003 Conference Proceedings, ISS, Warrandale, PA, 2003: 227-240.
[40] Leach J C C. Production of clean steel [C]. International Conference on Production and Application of Clean Steels, London, Balatonfured, Hungary, 1970: 105-114.
[41] Tsai H T, Sammon W J, Hazelton D E. Characterization and countermeasures for sliver defects in cold rolled products [C]. Steelmaking Conference Proceedings, Warrendale, PA, 1990: 49-59.
[42] Chakraborty S, Hill W. Reduction of aluminum slivers at Great Lakes No. 2 CC [C]. 77th Steelmaking Conference Proceedings, ISS, Warrendale, PA, 1994: 77: 389-395.
[43] Uehara H, Osanai H, Hasunuma J, et al. Continuous casting technology of hot cycle operations of tundish for clean steel slabs [J]. La Revue de Metallurgie-CIT, 1998, 95 (10): 1273-1285.
[44] Obman A R, Germanoski W T, Sussman R C. Surface and subsurface defects on stainless steel first slabs

[C]. 64th Steelmaking Conference Proceedings, ISS, Warrendale, PA, 1981: 254-258.

[45] Saito K, Nakato H, Yamasaki H, et al. Control of flow pattern in CC mold by four-spout immersion nozzle [C]. 9th PTD Conference, Warrendale, PA, 1990: 128-133.

[46] Ichinoe M, Mori H, Kajioka H, et al. Production of clean steel at Yawata Works [C]. International Conference on Production and Application of Clean Steels, London, Balatonfured, Hungary, 1970: 137-166.

[47] Kim J S, Kawakami M, Tanida K. Effect of ar bubbling on removal rate of alumina inclusion in Al deoxidized steel [J]. Tetsu-to-Hagane, 1995, 81 (3): 167-172.

[48] Oeters F. Metallurgy of Steelmaking [M]. Berlin: VSHD, 1994: 225-240.

[49] Mori K, Sano M, Sato T. Size of bubble formed at single nozzle immersed in molten iron [J]. Transactions of the Iron and Steel Institute of Japan, 1979, 19 (9): 553-558.

[50] Hoefele E O, Brimacombe J K. Flow regimes in submerged gas injection [J]. Metallurgical Transactions B, 1979, 10B (4): 631-648.

[51] Sano M, Mori K. Bubble formation from single nozzles in liquid metals [J]. Transactions of the Japan Institute of Metals, 1976, 17 (6): 344-352.

[52] Xie Y, Orsten S, Oeters F. Behaviour of bubbles at gas blowing into liquid Wood's metal [J]. ISIJ International, 1992, 32 (1): 66-75.

[53] Schubert H. On the turbulence-controlled microprocesses in flotation machines [J]. International Journal of Mineral Processing, 1999, 56 (1-4): 257-276.

[54] Schulze H J. Developments in Mineral Processing: Physico-chemical Elementary Processes in Flotation-An Analysis from the Point of View of Colloid Science Including Process Engineering Considerations [M]. Berlin: Springer, 1984: 41-206.

[55] Sevik M, Park S H. The splitting of drops and bubbles by turbulent fluid flow [J]. Journal of Fluids Engineering, Transactions of the ASME, 1973, 95 (1): 53-60.

[56] Evans G M, Jameson G J, Atkinson B W. Prediction of the bubble size generated by a plunging liquid jet bubble column [J]. Chemical Engineering Science, 1992, 47 (13-14): 3265-3272.

[57] Wellek R M, Agrawal A K, Skelland A H P. Shape of liquid drops moving in liquid media [J]. AIChE Journal, 1966, 12 (5): 854-862.

[58] Sahai Y, Guthrie R. Hydrodynamics of gas stirred melts. Part Ⅰ: Gas/liquid coupling [J]. Metallurgical Transactions B, 1982, 13 (2): 193-202.

[59] Tokonaga H, Iguchi M, Tatemichi H. Turbulence structure of bottom-blowing bubbling jet in a molten Wood's metal bath [J]. Metallurgical and Materials Transactions B, 1999, 30 (1): 64-66.

[60] Kuo J T, Wallis G B. Flow of bubbles through nozzles [J]. International Journal of Multiphase Flow, 1988, 14 (5): 547-564.

[61] Williams M B, Davis S H. Nonlinear theory of film rupture [J]. Journal of Colloid and Interface Science, 1982, 90 (1): 220-228.

[62] Sharma A, Ruckenstein E. An analytical nonlinear theory of thin film rupture and its application to wetting films [J]. Journal of Colloid and Interface Science, 1986, 113 (2): 456-479.

[63] Hwang C C, Chang S H, Chen J L. On the rupture process of thin liquid film [J]. Journal of Colloid and Interface Science, 1993, 159 (1): 184-188.

[64] Chen J L, Hwang C C. Effects of inertia on the rupture process of a thin liquid film [J]. Journal of Colloid and Interface Science, 1994, 167 (1): 214-216.

[65] Hwang C C, Chang S H. Rupture theory of thin power-law liquid film [J]. Journal of Applied Physics, 1993, 74 (4): 2965-2967.

[66] Sharma A, Ruckenstein E. Energetic criteria for the breakup of liquid films on nonwetting solid surfaces [J]. Journal of Colloid and Interface Science, 1990, 137 (2): 433-445.

[67] Padday J F. Cohesive properties of thin films of liquids adhering to a solid surface [J]. Special Discussions of the Faraday Society 1970, 1: 64-74.

[68] Sharma A, Ruckenstein E. Dewetting of solids by the formation of holes in macroscopic liquid films [J]. Journal of Colloid and Interface Science, 1989, 133 (2): 358-368.

[69] Yoon R H, Yordan J L. The critical rupture thickness of thin water films on hydrophobic surfaces [J]. Journal of Colloid and Interface Science, 1991, 146 (2): 565-572.

[70] Schulze H J. Einige untersuchungen über das zerreißen dünner flüssigkeitsfilme auf feststoffoberflächen [J]. Colloid and Polymer Science Kolloid Zeitschrift and Zeitschrift für Polymere, 1975, 253 (9): 730-737.

[71] Hewitt D, Fornasiero D, Ralston J, et al. Aqueous film drainage at the quartz/water/air interface [J]. Journal of the Chemical Society, Faraday Transactions, 1993, 89 (5): 817-822.

[72] Schulze H J, Birzer J O. Stability of thin liquid films on Langmuir-Blodgett layers on silica surfaces [J]. Colloids and Surfaces, 1987, 24 (2-3): 209-224.

[73] Fisher L R, Mitchell E E, Hewitt D, et al. The drainage of a thin aqueous film between a solid surface and an approaching gas bubble [J]. Colloids and Surfaces, 1991, 52: 163-174.

[74] Taniguchi S, Kikuchi A, Ise T, et al. Model experiment on the coagulation of inclusion particles in liquid steel [J]. ISIJ International, 1996, 36 (Suppl): S117-S120.

[75] Gibbs J W. The Collected Works [M]. New York: Longmans, 1928.

[76] Boruvka L, Neumann A W. Generalization of the classical theory of capillarity [J]. The Journal of Chemical Physics, 1977, 66 (12): 5464-5476.

[77] Gaydos J, Neumann A W. The shapes of liquid menisci near heterogeneous walls and the effect of line tension on contact angle hysteresis [J]. Advances in Colloid and Interface Science, 1994, 49: 197-248.

[78] Duncan D, Li D, Gaydos J, et al. Correlation of line tension and solid-liquid interfacial tension from the measurement of drop size dependence of contact angles [J]. Journal of Colloid and Interface Science, 1995, 169 (2): 256-261.

[79] Li D, Neumann A W. Determination of line tension from the drop size dependence of contact angles [J]. Colloids and Surfaces, 1990, 43 (2): 195-206.

[80] Amirfazli A, Kwok D Y, Gaydos J, et al. Line tension measurements through drop size dependence of contact angle [J]. Journal of Colloid and Interface Science, 1998, 205 (1): 1-11.

[81] Nguyen A V, Stechemesser H, Zobel G, et al. Order of three-phase (solid-liquid-gas) contact line tensin as probed by simulation of three-phase contact line expansion on small hydrophobic spheres [J]. Journal of Colloid and Interface Science, 1997, 187 (2): 547-550.

[82] Li D, Gaydos J, Neumann A W. The phase rule for systems containing surfaces and lines. 1. Moderate curvature [J]. Langmuir, 1989, 5 (5): 1133-1140.

[83] Israelachvili J N. Van der Waals dispersion force contribution to works of adhesion and contact angles on the basis of macroscopic theory [J]. Journal of the Chemical Society, Faraday Transactions 2: Molecular and Chemical Physics, 1973, 69: 1729-1738.

[84] Nguyen A V, Schulze H J, Stechemesser H, et al. Contact time during impact of a spherical particle against a plane gas-liquid interface: Theory [J]. International Journal of Mineral Processing, 1997, 50 (1-2): 97-111.

[85] Bergelt H, Stechemesser H, Weber K. Experimental investigation of collision time of a spherical particle colliding with a liquid/gas interface [J]. International Journal of Mineral Processing, 1992, 34 (4):

321-331.

[86] Dobby G S, Finch J A. Particle size dependence in flotation derived from a fundamental model of the capture process [J]. International Journal of Mineral Processing, 1987, 21 (3-4): 241-260.

[87] Nguyen Van A, Kmet S. Collision efficiency for fine mineral particles with single bubble in a countercurrent flow regime [J]. International Journal of Mineral Processing, 1992, 35 (3-4): 205-223.

[88] Nguyen A V, Schulze H J, Ralston J. Elementary steps in particle-bubble attachment [J]. International Journal of Mineral Processing, 1997, 51 (1-4): 183-195.

[89] Nguyen A V, Kmet S. Probability of collision between particles and bubbles in flotation: The theoretical inertialess model involving a swarm of bubbles in pulp phase [J]. International Journal of Mineral Processing, 1994, 40 (3-4): 155-169.

[90] Nguyen A V, Ralston J, Schulze H J. On modelling of bubble-particle attachment probability in flotation [J]. International Journal of Mineral Processing, 1998, 53 (4): 225-249.

[91] Stechemesser H, Nguyen A V. Time of gas-solid-liquid three-phase contact expansion in flotation [J]. International Journal of Mineral Processing, 1999, 56 (1-4): 117-132.

[92] Nguyen Van A. On the sliding time in flotation [J]. International Journal of Mineral Processing, 1993, 37 (1-2): 1-25.

[93] Ahmed N, Jamson G J. Flotation kinetics [J]. Mineral Processing and Extractive Metallurgy Review, 1989, 5: 77-99.

[94] Tsekov R, Radoev B. Surface forces and dynamic effects in thin liquid films on solid interfaces [J]. International Journal of Mineral Processing, 1999, 56 (1): 61-74.

[95] Chipfunhu D, Zanin M, Grano S. Flotation behaviour of fine particles with respect to contact angle [J]. Chemical Engineering Research and Design, 2012, 90 (1): 26-32.

[96] Lecrivain G, Petrucci G, Rudolph M, et al. Attachment of solid elongated particles on the surface of a stationary gas bubble [J]. International Journal of Multiphase Flow, 2015, 71: 83-93.

[97] Ji J H, Liang R Q, He J C. Numerical simulation on bubble behavior of disintegration and dispersion in stirring-injection magnesium desulfurization process [J]. ISIJ International, 2017, 57 (3): 453-462.

[98] Nguyen C M, Nguyen A V, Miller J D. Computational validation of the generalized sutherland equation for bubble-particle encounter efficiency in flotation [J]. International Journal of Mineral Processing, 2006, 81 (3): 141-148.

[99] Ivanov I B, Kralchevsky P A, Nikolov A D. Film and line tension effects on the attachment of particles to an interface: Ⅰ. Conditions for mechanical equilibrium of fluid and solid particles at a fluid interface [J]. Journal of Colloid and Interface Science, 1986, 112 (1): 97-107.

[100] Kralchevsky P A, Ivanov I B, Nikolov A D. Film and line tension effects on the attachment of particles to an interface: Ⅱ. Shapes of the bubble (drop) and the external meniscus [J]. Journal of Colloid and Interface Science, 1986, 112 (1): 108-121.

[101] Ibrahim A H, Dunn P F, Qazi M F. Experiments and validation of a model for microparticle detachment from a surface by turbulent air flow [J]. Journal of Aerosol Science, 2008, 39 (8): 645-656.

[102] Tanno M, Liu J, Gao X, et al. Influence of the physical properties of liquids and diameter of bubble on the formation of liquid column at the interface of two liquid phases by the rising bubble [J]. Metallurgical and Materials Transactions B, 2017, 48 (6): 2913-2921.

[103] Brabcová Z, Karapantsios T, Kostoglou M, et al. Bubble-particle collision interaction in flotation systems [J]. Colloids and Surfaces A: Physicochemical and Engineering Aspects, 2015, 473: 95-103.

[104] Blanco A, Magnaudet J. Structure of the axisymmetric high-reynolds number flow around an ellipsoidal

bubble of fixed shape [J]. Physics of Fluids, 1995, 7 (6): 1265.

[105] Hoogstraten H W, Rass W B, Hartholt G P, et al. A numerical model of the flow past a spherical-cap bubble rising in a fluidized bed [J]. Industrial and Engineering Chemistry Research, 1998, 37 (1): 247-252.

[106] Liu T Y, Schwarz M P. CFD-based modelling of bubble-particle collision efficiency with mobile bubble surface in a turbulent environment [J]. International Journal of Mineral Processing, 2009, 90 (1): 45-55.

[107] Liu T Y, Schwarz M P. CFD-based multiscale modelling of bubble-particle collision efficiency in a turbulent flotation cell [J]. Chemical Engineering Science, 2009, 64 (24): 5287-5301.

[108] Gao Y, Evans G M, Wanless E J, et al. Dem simulation of single bubble flotation: Implications for the hydrophobic force in particle-bubble interactions [J]. Advanced Powder Technology, 2014, 25 (4): 1177-1184.

[109] Maxwell R, Ata S, Wanless E J, et al. Computer simulations of particle-bubble interactions and particle sliding using discrete element method [J]. Journal of Colloid and Interface Science, 2012, 381 (1): 1-10.

[110] Moreno-Atanasio R. Influence of the hydrophobic force model on the capture of particles by bubbles: A computational study using discrete element method [J]. Advanced Powder Technology, 2013, 24 (4): 786-795.

[111] Arlabosse P, Lock N, Medale M, et al. Numerical investigation of thermocapillary flow around a bubble [J]. Physics of Fluids, 1999, 11 (1): 18.

[112] Nguyen A V, An-Vo D-A, Tran-Cong T, et al. A review of stochastic description of the turbulence effect on bubble-particle interactions in flotation [J]. International Journal of Mineral Processing, 2016, 156 (1): 75-86.

[113] Wei P, Uemura K I, Koyama S. Cold mold experiment on entrapment of inclusions in steel by insert gas [J]. Tetsu-to-Hagané, 1992, 78 (8): 1361-1368.

[114] Nguyen A V. Collision between fine particles and single air bubbles in flotation [J]. Journal of Colloid and Interface Science, 1994, 162 (1): 123-128.

[115] Sutherland K L. Physical chemistry of flotation. Ⅵ: Kinetics of the flotation process [J]. Journal of Physical and Colloid Chemistry, 1948, 52 (2): 394-425.

[116] Weber M E, Paddock D. Interceptional and gravitational collision efficiencies for single collectors at intermediate reynolds numbers [J]. Journal of Colloid and Interface Science, 1983, 94 (2): 328-335.

[117] Weber M E. Collision efficiencies for small particles with a spherical collector at intermediate reynolds numbers [J]. Journal of Separation Process Technology, 1981, 2 (1): 29-33.

[118] Anfruns J F, Kitchener J A. Rates of capture of small particles in flotation [J]. Transactions of the Institution of Mining and Metallurgy, Section C: Mineral Processing and Extractive Metallurgy, 1977, 86: 9-15.

[119] Flint L R, Howarth W J. The collision efficiency of small particles with spherical air bubbles [J]. Chemical Engineering Science, 1971, 26 (8): 1155-1168.

[120] Chen J J J. Second Australian Asian Pacific Course and Conference on Aluminum Refining Melt Treatment and Casting [C]. Australia: Melbourne, 1991: 1-20.

[121] Nguyen A V. Hydrodynamics of liquid flows around air bubbles in flotation: A review [J]. International Journal of Mineral Processing, 1999, 56 (1-4): 165-205.

[122] Thomas B G, Mika L J, Najjar F M. Simulation of fluid flow inside a continuous slab-casting machine [J]. Metallurgical Transactions B, 1990, 21 (2): 387-400.

[123] Hsiao Tse C, Lehner T, Kjellberg B. Fluid flow in ladles-experimental results [J]. Scandinavian Journal of Metallurgy, 1980, 9 (3): 105-110.

[124] 郭永谦，李京社，黄婷．钢包底吹氩过程夹杂物去除数值模拟研究 [J]．河南冶金，2012，20 (6): 10-12.

[125] 巨建涛，王睿，折媛，等．钢包底吹氩去除钢中夹杂物的数值模拟 [J]．过程工程学报，2015，1 (1): 68-73.

[126] Zhang L. Mathematical simulation of fluid flow in gas-stirred liquid systems [J]. Modelling and Simulation in Materials Science and Engineering, 2000, 8 (4): 463-475.

[127] 赵晶晶，程树森．精炼时利用小气泡搅拌去除钢液中的氢和夹杂物 [J]．特殊钢，2010，31 (2): 29-32.

[128] 薛正良，王义芳，王立涛，等．用小气泡从钢液中去除夹杂物颗粒 [J]．金属学报，2003 (4): 431-434.

[129] 王立涛，薛正良，张乔英，等．钢包炉吹氩与夹杂物去除 [J]．钢铁研究学报，2005 (3): 34-38,55.

[130] Iyengar R K, Philbrook W O. A mathematical model to predict the growth and elimination of inclusions in liquid steel stirred by natural convection [J]. Metallurgical Transactions B, 1972, 3 (7): 1823-1830.

[131] Miki Y, Kitaoka H, Sakurayab T. Mechanism for separating inclusions from molten steel stirred with a rotating electro-magnetic field [J]. ISIJ International, 1992, 32 (1): 142-149.

[132] Nakaoka T, Taniguchi S, Matsumoto K, et al. Particle-size-grouping method of inclusion agglomeration and its application to water model experiments [J]. ISIJ International, 2001, 41 (10): 1103-1111.

[133] Söder M, Jonsson P, Jonsson L, et al. A static model approach to study growth and removal of inclusions in gas and induction stirred ladles [C]. 84th Steelmaking Conference, 2001: 673-685.

[134] Beskow K, Jonsson L, Sichen D, et al. Study of the deoxidation of steel with aluminum wire injection in a gas-stirred ladle [J]. Metallurgical and Materials Transactions B, 2001, 32 (2): 319-328.

[135] Sheng D, Söder M, Jönsson P, et al. Modeling micro-inclusion growth and separation in gas-stirred ladles [J]. Scandinavian Journal of Metallurgy, 2002, 31 (2): 134-147.

[136] Zhang J, Lee H G. Numerical modeling of nucleation and growth of inclusions in molten steel based on mean processing parameters [J]. ISIJ International, 2004, 44 (10): 1629-1638.

[137] Söder M, Jonsson P, Jonsson L. Inclusion growth and removal in gas-stirred ladles [J]. Steel Research International, 2004, 75 (2): 128-138.

[138] Aoki J, Zhang L, Thomas B G. Modeling of inclusion removal in ladle refining [C]. AISTech 2005 Iron and Steel Technology Conference, Warrendale, PA, 2005: 51 (1): 319-332.

[139] Kwon Y, Zhang J, Lee H. A CFD-based nucleation-growth-removal model for inclusion behavior in a gas-agitated ladle during molten steel [J]. ISIJ International, 2008, 48 (7): 891-900.

[140] Arai H, Matsumoto K, Shimasaki S, et al. Model experiment on inclusion removal by bubble flotation accompanied by particle coagulation in turbulent flow [J]. ISIJ International, 2009, 49 (7): 965-974.

[141] Qu T, Jiang M, Liu C, et al. Transient flow and inclusion removal in gas stirred ladle during teeming process [J]. Steel Research International, 2010, 81 (6): 434-445.

[142] Geng D Q, Lei H, He J. Numerical simulation for collision and growth of inclusions in ladles stirred with different porous plug configurations [J]. ISIJ International, 2010, 50 (11): 1597-1605.

[143] Ek M, Wu L, Valentin P, et al. Effect of inert gas flow rate on homogenization and inclusion removal in a gas stirred ladle [J]. Steel Research International, 2010, 81 (12): 1056-1063.

[144] Chichkarev E A. Modeling the coagulation and removal of nonmetallic inclusions during the injection of an

inert gas into a melt [J]. Metallurgist, 2010, 54 (3): 236-243.

[145] Bellot J P, Felice V D, Daoud I L A, et al. A coupled CFD-PBE approach applied to the simulation of the inclusion behavior in a steel ladle [J]. CFD Modeling and Simulation in Materials Processing, 2012, 53 (12): 73-80.

[146] Xu K, Thomas B G. Particle-size-grouping model of precipitation kinetics in microalloyed steels [J]. Metallurgical and Materials Transactions A, 2012, 43 (3): 1079-1096.

[147] Felice V, Daoud I, Dussoubs B, et al. Numerical modelling of inclusion behaviour in a gas-stirred ladle [J]. ISIJ International, 2012, 52 (7): 1273-1280.

[148] Lou W, Zhu M. Numerical simulations of inclusion behavior in gas-stirred ladles [J]. Metallurgical and Materials Transactions B, 2013, 44 (3): 762-782.

[149] Lou W, Zhu M. Numerical simulations of inclusion behavior and mixing phenomena in gas-stirred ladles with different arrangement of tuyeres [J]. ISIJ International, 2014, 54 (1): 9-18.

[150] Bellot J, Felice V D, Dussoubs B, et al. Coupling of CFD and PBE calculations to simulate the behavior of an inclusion population in a gas-stirring ladle [J]. Metallurgical and Materials Transactions B, 2014, 45 (1): 13-21.

[151] Aoki J, Thomas B, Peter J, et al. Experimental and theoretical investigation of mixing in a bottom gas-stirred ladle [C]. AISTech 2004 Iron and Steel Technology Conference, 2004: 15 (17): 1-12.

[152] ANSYS FLUENT 14.0 [M]. Canonsburg, PA: ANSYS, Inc, 2011.

[153] Szekely J, Stanek V. On heat transfer and liquid mixing in the continuous casting of steel [J]. Metallurgical Transactions, 1970, 1: 119-126.

[154] Takatani K, Nakai K, Kasai N, et al. Analysis of heat transfer and fluid flow in the continuous casting mold with electromagnetic brake [J]. ISIJ International, 1989, 29 (12): 1063-1068.

[155] Szekely J, Yadoya R T. The physical and mathematical modelling of the flow field in the mold region in continuous casting systems: Part Ⅱ. The mathematical representation of the turbulent flow field [J]. Metallurgical Transactions, 1973, 4 (5): 1379-1388.

[156] Lait J E, Brimacombe J K, Weinberg F. Mathematical modelling of heat flow in the continuous casting of steel [J]. Ironmaking and Steelmaking, 1974, 1 (2): 90-97.

[157] Thomas B G, Mika L J, Najjar F M. Simulation of fluid flow inside a continuous slab-casting machine [J]. Metallurgical Transactions. B, Process Metallurgy, 1990, 21 (2): 387-399.

[158] Bessho N, Yoda R, Yamasaki H, et al. Numerical analysis of fluid flow in continuous casting mold by bubble dispersion model [J]. ISIJ International, 1991, 31 (1): 40-45.

[159] Sawada I, Kishida Y, Okazawa K, et al. Numerical analysis of molten steel flow in a continuous casting mold by use of large eddy simulation [J]. Tetsu-to-Hagane, 1992, 79 (2): 160-166.

[160] Swaminathan C R, Voller V R. A general enthalpy method for modeling solidification processes [J]. Metallurgical Transactions B, 1992, 23 (5): 651-664.

[161] Hershey D E, Thomas B G, Najjar F M. Turbulent flow through bifurcated nozzles [J]. International Journal for Numerical Methods in Fluids, 1993, 17 (1): 23-47.

[162] Thomas B G, Huang X, Sussman R C. Simulation of argon gas flow effects in a continuous slab caster [J]. Metallurgical and Materials Transactions B, 1994, 25 (4): 527-547.

[163] Ho Y-H, Chen C-H, Hwang W-S. Analysis of molten steel flow in slab continuous caster mold [J]. ISIJ International, 1994, 34 (3): 255-264.

[164] Aboutalebi M R, Hasan M, Guthrie R I L. Coupled turbulent flow, heat, and solute transport in continuous casting processes [J]. Metallurgical and Materials Transactions B, 1995, 26 (4): 731-744.

[165] Moon K H, Shin H K, Kim B J, et al. Flow control of molten steel by electromagnetic brake in the continuous casting mold [J]. ISIJ International, 1996, 36 (Suppl): S201-S203.

[166] Hwang Y-S, Cha P-R, Nam H-S, et al. Numerical analysis of the influences of operational parameters on the fluid flow and meniscus shape in slab caster with EMBr [J]. ISIJ International, 1997, 37 (7): 659-667.

[167] Seyedein S H, Hasan M. A three-dimensional simulation of coupled turbulent flow and macroscopic solidification heat transfer for continuous slab casters [J]. International Journal of Heat and Mass Transfer, 1997, 40 (18): 4405-4423.

[168] Panaras G A, Theodorakakos A, Bergeles G. Numerical investigation of the free surface in a continuous steel casting mold model [J]. Metallurgical and Materials Transactions B, 1998, 29 (5): 1117-1126.

[169] Yang H, Zhang X, Deng K, et al. Mathematical simulation on coupled flow, heat, and solute transport in slab continuous casting process [J]. Metallurgical and Materials Transactions B, 1998, 29 (6): 1345-1356.

[170] Anagnostopoulos J, Bergeles G. Three-dimensional modeling of the flow and the interface surface in a continuous casting mold model [J]. Metallurgical and Materials Transactions B, 1999, 30 (6): 1095-1105.

[171] Kim D-S, Kim W-S, Cho K-H. Numerical simulation of the coupled turbulent flow and macroscopic solidification in continuous casting with electromagnetic brake [J]. ISIJ International, 2000, 40 (7): 670-676.

[172] Nam H, Park H-S, Yoon J K. Numerical analysis of fluid flow and heat transfer in the funneltype mold of a thin slab caster [J]. ISIJ International, 2000, 40 (9): 886-892.

[173] Takatani K, Tanizawa Y, Mizukami H, et al. Mathematical model for transient fluid flow in a continuous casting mold [J]. ISIJ International, 2001, 41 (10): 1252-1261.

[174] Park H-S, Nam H, Yoon J K. Numerical analysis of fluid flow and heat transfer in the parallel type mold of a thin slab caster [J]. ISIJ International, 2001, 41 (9): 974-980.

[175] Bai H, Thomas B. Effects of clogging, argon injection, and continuous casting conditions on flow and air aspiration in submerged entry nozzles [J]. Metallurgical and Materials Transactions B, 2001, 32 (4): 707-722.

[176] Yamamura H, Toh T, Harada H, et al. Optimum magnetic flux density in quality control of casts with level DC magnetic field in continuous casting mold [J]. ISIJ International, 2001, 41 (10): 1229-1235.

[177] Harada H, Toh T, Ishii T, et al. Effect of magnetic field conditions on the electromagnetic braking efficiency [J]. ISIJ International, 2001, 41 (10): 1236-1244.

[178] Kubo N, Ishii T, Kubota J, et al. Two-phase flow numerical simulation of molten steel and argon gas in a continuous casting mold [J]. ISIJ International, 2002, 42 (11): 1251-1258.

[179] Miki Y, Takeuchi S. Internal defects of continuous casting slabs caused by asymmetric unbalanced steel flow in mold [J]. ISIJ International, 2003, 43 (10): 1548-1555.

[180] Li B, Tsukihashi F. Numerical estimation of the effect of the magnetic field application on the motion of inclusion in continuous casting of steel [J]. ISIJ International, 2003, 43 (6): 923-931.

[181] Tan L, Shen H, Liu B, et al. Numerical simulation of surface oscillation in continuous casting mold [J]. Acta Metallurgica, 2003, 39 (4): 435-438.

[182] Qiu S, Liu H, Peng S, et al. Numerical analysis of thermal-driven buoyancy flow in the steady macro-solidification process of a continuous slab caster [J]. ISIJ International, 2004, 44 (8): 1376-1383.

[183] Pfeiler C, Wu M, Ludwig A. Influence of argon gas bubbles and non-metallic inclusions on the flow behavior in steel continuous casting [J]. Materials Science and Engineering A, 2005, 413-414: 115-120.

[184] Pfeiler C, Thomas B G, Wu M, et al. Solidification and particle entrapment during continuous casting of steel [J]. Steel Research International, 2008, 79 (8): 599-607.

[185] Zhang L, Yang S, Cai K, et al. Investigation of fluid flow and steel cleanliness in the continuous casting strand [J]. Metallurgical and Materials Transactions B, 2007, 38 (1): 63-83.

[186] Shamsi M R R I, Ajmani S K. Three dimensional turbulent fluid flow and heat transfer mathematical model for the analysis of a continuous slab caster [J]. ISIJ International, 2007, 47 (3): 433-442.

[187] Zhang L, Wang Y, Zuo X. Flow transport and inclusion motion in steel continuous-casting mold under submerged entry nozzle clogging condition [J]. Metallurgical and Materials Transactions B, 2008, 39 (4): 534-550.

[188] Chaudhary R, Lee G G, Thomas B G, et al. Transient mold fluid flow with well- and mountain-bottom nozzles in continuous casting of steel [J]. Metallurgical and Materials Transactions B, 2008, 39 (6): 870-884.

[189] Yu H, Zhu M. Numerical simulation of the effects of electromagnetic brake and argon gas injection on the three-dimensional multiphase flow and heat transfer in slab continuous casting mold [J]. ISIJ International, 2008, 48 (5): 584-591.

[190] Lei H, Geng D, He J. A continuum model of solidification and inclusion collision-growth in the slab continuous casting caster [J]. ISIJ International, 2009, 49 (10): 1575-1582.

[191] Tian X, Zou F, Li B, et al. Numerical analysis of coupled fluid flow, heat transfer and macroscopic solidification in the thin slab funnel shape mold with a new type EMBr [J]. Metallurgical and Materials Transactions B, 2010, 41 (1): 112-120.

[192] Torres-Alonso E, Morales R D, García-Hernández S, et al. Cyclic turbulent instabilities in a thin slab mold. Part Ⅰ: Physical model [J]. Metallurgical and Materials Transactions B, 2010, 41 (3): 583-597.

[193] Torres-Alonso E, Morales R D, García-Hernández S. Cyclic turbulent instabilities in a thin slab mold. Part Ⅱ: Mathematical model [J]. Metallurgical and Materials Transactions B, 2010, 41 (3): 675-690.

[194] Wang Y, Zhang L. Transient fluid flow phenomena during continuous casting: Part Ⅰ. Cast start [J]. ISIJ International, 2010, 50 (12): 1777-1782.

[195] Wang Y, Zhang L. Transient fluid flow phenomena during continuous casting: Part Ⅱ. Cast speed change, temperature fluctuation, and steel grade mixing [J]. ISIJ International, 2010, 50 (12): 1783-1791.

[196] Liu H, Yang C, Zhang H, et al. Numerical simulation of fluid flow and thermal characteristics of thin slab in the funnel-type molds of two casters [J]. ISIJ International, 2011, 51 (3): 392-401.

[197] Miki Y, Ohno H, Kishimoto Y, et al. Numerical simulation on inclusion and bubble entrapment in solidified shell in model experiment and in mold of continuous caster with DC magnetic field [J]. Tetsu-to-Hagane, 2011, 97 (8): 423-432.

[198] Wang Y, Zhang L. Fluid flow-related transport phenomena in steel slab continuous casting strands under electromagnetic brake [J]. Metallurgical and Materials Transactions B, 2011, 42 (6): 1319-1351.

[199] Gursoy K A, Yavuz M M. Mathematical modeling of liquid steel flow in continuous casting machines [C]. International Iron and Steel Symposium, 2012: 99-105.

[200] Zhang L, Wang Y. Modeling the entrapment of nonmetallic inclusions in steel continuous-casting billets [J]. JOM, 2012, 64 (9): 1063-1074.

[201] Lopez P E R, Bjorkvall J. Experimental validation and industrial application of a novel numerical model for continuous casting of steel [C]. Ninth International Conference on CFD in the Minerals and Process Industries: Melbourne, Australia, 2012: 1-6.

[202] Calderon-Ramos I, Barreto J d J, Garcia-Hernandez S. Physical and mathematical modelling of liquid steel fluidynamics in a billet caster [J]. ISIJ International, 2013, 53 (5): 802-808.

[203] Liu Z, Li B, Jiang M, et al. Modeling of transient two-phase flow in a continuous casting mold using Euler-Euler large eddy simulation scheme [J]. ISIJ International, 2013, 53 (3): 484-492.

[204] Garcia-Hernandez S, Barreto J d J, Morales R D, et al. Numerical simulation of heat transfer and steel shell growth in a curved slab mold [J]. ISIJ International, 2013, 53 (5): 809-817.

[205] Arcos-Gutierrez H, Barrera-Cardiel G, Barreto J d J, et al. Numerical study of internal sen design effects on jet oscillations in a funnel thin slab caster [J]. ISIJ International, 2014, 54 (6): 1304-1313.

[206] Thomas B G, Yuan Q, Mahmood S, et al. Transport and entrapment of particles in steel continuous casting [C]. 101 Philip Drive, Assinippi Park, Norwell, MA 02061, United States: Springer Boston, 2014: 45: 22-35.

[207] Singh R, Thomas B G, Vanka S P. Large eddy simulations of double-ruler electromagnetic field effect on transient flow during continuous casting [J]. Metallurgical and Materials Transaction B, 2014, 45 (3): 1098-1115.

[208] Aoki J, Zhang L, Thomas B G. Modeling of inclusion removal in ladle refining [C]. ICS 2005-the 3rd International Congress on the Science and Technology of Steelmaking, Warrandale, PA, Charlotte, 2005: 319-322.

[209] Zhang L, Thomas B G. Fluid flow and inclusion motion in the continuous casting strand [C]. Steelmaking National Symposium, Mexico, Mich, 2003.

[210] Thomas B G, Zhang L. Mathematical modeling of fluid flow in continuous casting [J]. ISIJ International, 2001, 41 (10): 1181-1193.

[211] Thomas B G, Zhang L, Shi T. Effect of argon gas distribution on fluid flow in the mold using time-averaged k-ε models [C]. Continuous Casting Consortium, University of Illinois at Urbana-Champaign: Champaign, IL, USA, 2001: 1-50.

[212] Bai H, Thomas B G. Bubble formation during horizontal gas injection into downward flowing liquid [J]. Metallurgical and Materials Transaction B, 2001, 32B: 1143-1159.

[213] Zhang L, Thomas B G, Cai K, et al. Inclusion investigation during clean steel production at Baosteel [C]. ISSTech2003, Warrandale, PA, 2003: 141-156.

13 非金属夹杂物在钢凝固前沿的行为

在连铸过程中,钢水通过浸入式水口从中间包出口传输到结晶器中。钢水在从中间包到结晶器的传输过程中可能发生二次氧化，二次氧化的程度由水口密封性、保护气氛（氩气）的效率及水口结瘤的程度等多种因素决定。吸收的氧气和钢中溶解元素（例如溶解铝）之间将发生反应并产生新的夹杂物，这也是一个新夹杂物的形核和长大的过程。在结晶器内，结晶器区域的流动模式由水口入口几何形状、连铸速度、结晶器的几何形状、氩气流量等因素来决定，而流动模式又影响着凝固坯壳的形成、夹杂物的捕获和各种缺陷的产生。夹杂物最终要么流动到顶面渣层从钢水中去除，要么运动到凝固前沿被捕获而成为铸坯中的缺陷[1,2]。连铸结晶器区域内有关夹杂物的现象如图 13-1 和表 13-1 所示。由于连

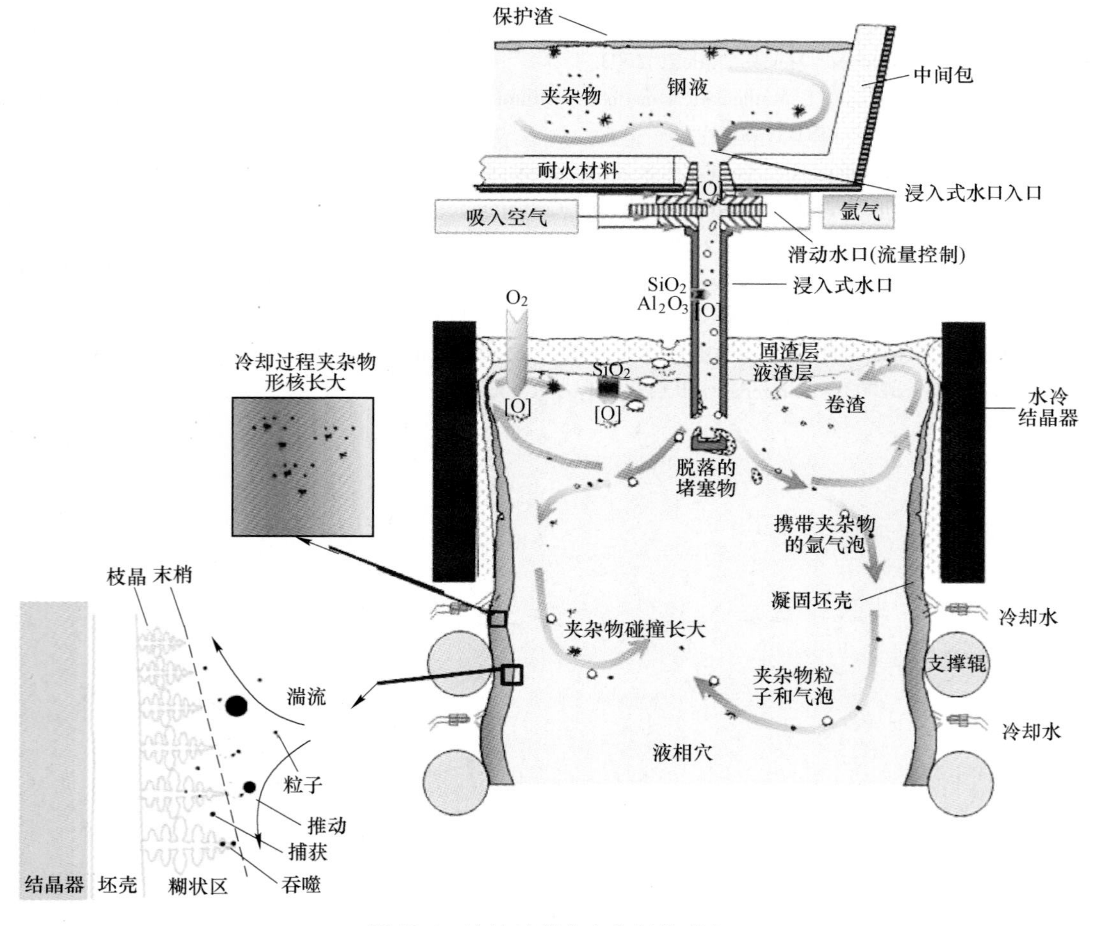

图 13-1　连铸过程夹杂物相关现象

铸是钢液完成固液转变的最后一个环节，因此研究夹杂物在连铸过程的运动特征，通过优化连铸操作参数尽可能地去除夹杂物或有目的地控制夹杂物在凝固坯壳中的分布对提高最终产品的质量有着重要的影响。

表 13-1 连铸结晶器区域内的夹杂物相关现象

夹杂物的来源	夹杂物去向
● 从结晶器浸入式水口进来、来自中间包钢水的夹杂物； ● 从空气吸收氧气生成的新夹杂物，空气吸入可以发生在中间包和结晶器之间（如中间包上水口和滑板），也可以在结晶器的渣相中通过如下反应发生： $O_2 = 2[O]$ (1) $3[O]+2[Al] = (Al_2O_3)$ (2) ● 在渣钢反应中生成的新夹杂物，例如： $3/2(SiO_2)+2[Al] = (Al_2O_3)+3/2[Si]$ (3) ● 从连铸浸入式水口的塞棒材料中脱落的夹杂物； ● 从水口内衬耐火材料和钢水之间的相互作用生成的新夹杂物，如反应（3），或者是炉衬材料进入钢水形成外来夹杂物； ● 钢水中通过碰撞（如湍流碰撞）和扩散长大的夹杂物； ● 凝固过程中在凝固坯壳内析出的新夹杂物	● 夹杂物被捕获于连铸浸入式水口的炉衬耐火材料中； ● 夹杂物运动（通过流动运输）到顶渣层且被渣相吸收（界面现象）； ● 夹杂物吸附于气泡表面；气泡运动到顶渣层逸出并同时带走夹杂物； ● 夹杂物被捕获于凝固坯壳中形成缺陷

13.1 非金属夹杂物在钢凝固前沿行为的研究现状

夹杂物在钢基体中的分布取决于凝固过程中夹杂物与凝固前沿之间的相互作用。早在1964年，Uhlmann等[3]通过实验和理论分析研究了外来粒子和凝固前沿之间的相互作用，并提出了“临界速度”（critical velocity，v_{cr}）的概念。即当凝固前沿的速度大于此临界速度时，夹杂物会被凝固前沿吞噬（engulf）；小于此临界速度时，夹杂物会被凝固前沿推动（push）。Omenyi[4]在1976年利用有机溶液和聚四氟乙烯等外来粒子观察了粒子在固液相界面的行为，并根据凝固速度总结了粒子行为在凝固前沿的三种表现形式：（1）凝固速度较大时，粒子与凝固前沿接触后立即被捕获；（2）凝固速度有所降低后，夹杂物在凝固前沿被推动一段距离后被捕获；（3）凝固速度足够小时，夹杂物被凝固前沿推动，处于准稳态过程，不发生捕获现象。图13-2为统计得到的尼龙粒子在有机联苯凝固前沿的行为分布。其中，阴影部分上方表示被凝固前沿捕获的粒子，对应（1）；阴影部分覆盖的夹杂物行为对应形式（2）；阴影部分下方表示凝固速度足够小，夹杂物行为遵循形式（3）。从图中还可看出，该系统下临界速度不是突变的。

Shibata[5]利用高温共聚焦显微镜在高温下熔融硅脱氧钢观察夹杂物在凝固前沿的行为。结果发现当温度为1800K，凝固前沿速度为2.6μm/s时，液态球形夹杂物（25%CaO-25%SiO_2-50%Al_2O_3）被凝固前沿往钢液中推动。如图13-3所示，凝固前沿与球形夹杂物接触后，接触点逐渐形成一个凸起。文中利用夹杂物和熔融钢液导热系数不同进行了解释，由于夹杂物导热系数小于后者，所以当夹杂物出现在凝固前沿时，夹杂物与凝固前沿之间空隙内的钢液得不到及时的热量补充，从而凝固速度大于周围基体的凝固速度，导致凸起的产生。前人通过理论分析得出了凝固前沿捕获夹杂物可能会有凸起的现象[6,7]，Shibata在其研究中不仅观察到了这一现象，而且又通过数值模拟进行了验证，强调了夹杂物和基体的导热系数不同也会影响夹杂物在凝固前沿的行为。

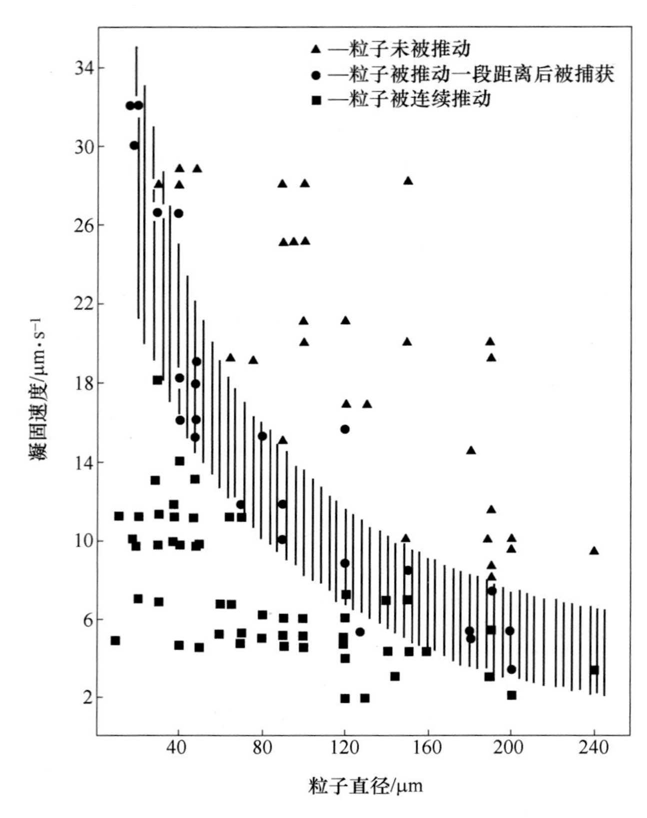

图 13-2　有机联苯/尼龙系统中粒径与临界速度的关系[4]

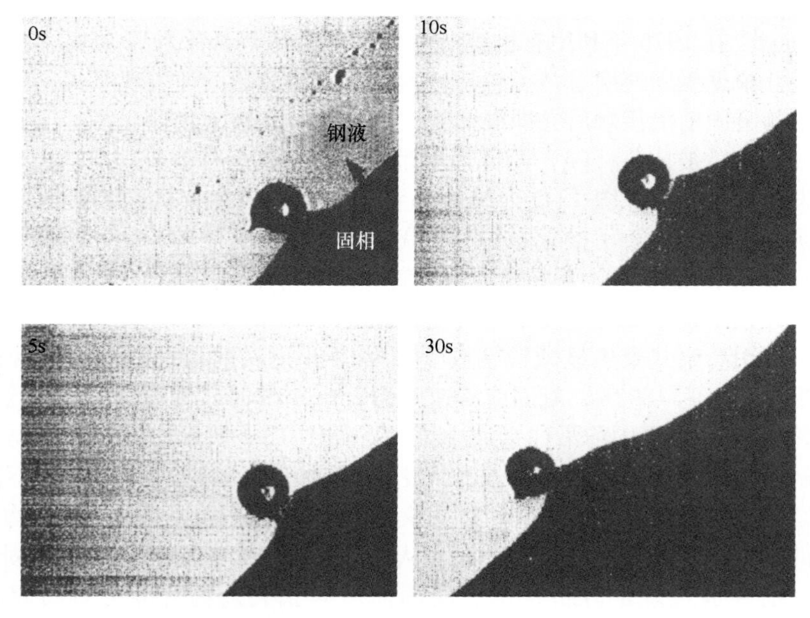

图 13-3　高温共聚焦显微镜下观察到的球形夹杂物在凝固前沿的行为[5]

除了以上夹杂物类型、夹杂物和基体间导热系数差异会导致不同夹杂物行为的产生，夹杂物尺寸、夹杂物、液相和固相之间的表面能差异、夹杂物形状、液相的密度等也会影响夹杂物在凝固前沿的行为，相关研究成果总结于表 13-2。

表 13-2 粒子在凝固前沿行为的研究

作者	基体-粒子	主要结论	年份	文献
Bolling，Cissé	水-惰性粒子	粒子被凝固前沿捕获主要是因为流体拖曳力的作用，且粒子尺寸越大，发生捕获的临界速度越小，与夹杂物的类型无关	1971	[8-10]
Stefanescu	Al-Mg 基体，Al-Ni 基体；SiC 粒子	讨论在冶金系统中温度梯度、凝固界面速度、夹杂物密度和流体黏度对夹杂物捕获/推动行为的影响	1988	[6]
Shangguan	SCN 基体；SiC 粒子	根据不同系统和生长条件，构建了复杂的夹杂物行为示意图	1992	[7]
Stefanescu	99.999%Al；500μm 球形 ZrO_2	在微重力环境下，夹杂物捕获/推动行为发生转变的速度区间是 0.5～1μm/s，小于地面实验得到的 1.9～2.4μm/s，表明自然对流会增大临界速度	1998	[1]
Catalina	Al-ZrO_2；SCN-聚苯乙烯；联苯-玻璃球	本质上讲粒子与凝固前沿的相互作用是非稳态过程，只有当凝固速度远低于临界速度时才能达到稳态	2000	[11]

13.2 非金属夹杂物在钢凝固前沿的受力分析

夹杂物是被凝固前沿捕获还是推动最终取决于作用在粒子上的力[7,12-15]。通常认为，作用在粒子上的力可分为两种，即排斥力（repulsive force，F_I）和拖曳力（drag force，F_D），前者推着粒子向凝固前沿反方向运动，后者的方向与排斥力方向相反，推着粒子向凝固前沿运动。综合二者可得出粒子速度[16]：

$$m_p \frac{dv_p}{dt} = F_I - F_D \tag{13-1}$$

式中，v_p 为粒子速度，m/s；m_p 为粒子质量，kg。

排斥力来自粒子与凝固前沿接触时的范德华力，拖曳力则是受到粒子周围低压区域控制。在连铸凝固过程，钢液流向粒子与凝固前沿之间的空隙时会造成黏滞损失，造成局部区域低压，产生指向凝固前沿的拖曳力。假定粒子与凝固前沿之间的距离处于某一临界位置，在这一位置时，粒子受到的排斥力足够将粒子推向流体内部，则粒子运动过程会引起钢液进一步填充粒子空隙，导致拖曳力增大，阻止粒子向钢液内部运动，如图 13-4 所示[17]。

由于圆球与平板之间存在范德华力，排斥力可由下式表示[7]：

$$F_I = \pi d_p \Delta\gamma \left(\frac{a}{a+d}\right)^2 \tag{13-2}$$

式子，d_p 为粒子半径；$\Delta\gamma$ 为粒子与固相之间的界面自由能差；a 为基体物质的分子直径；d 为粒子与凝固前沿之间的距离。

$\Delta\gamma$ 可由下式计算：

$$\Delta\gamma = \gamma_{PS} - (\gamma_{PL} + \gamma_{SL}) \tag{13-3}$$

式中，γ_{PS}为粒子-固相之间界面自由能；γ_{PL}为粒子-液相之间界面自由能；γ_{SL}为固相-液相之间界面自由能。

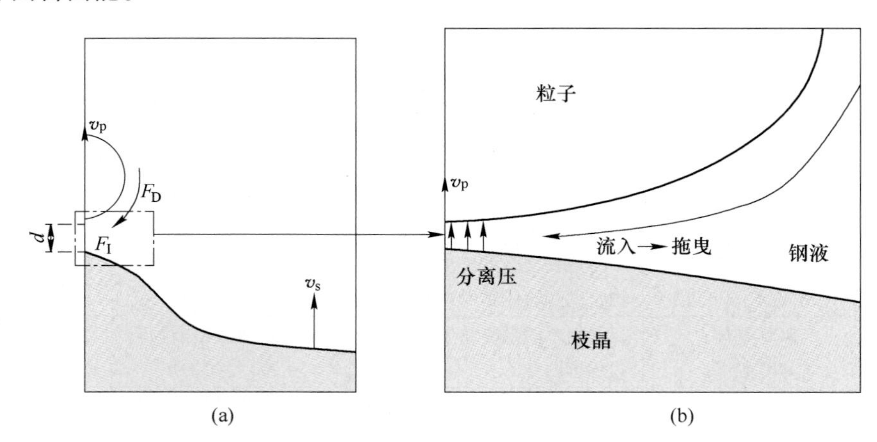

图 13-4　作用在粒子上的排斥力和拖曳力[17]

对于一个具有高界面自由能的系统（如钢液），凝固前沿粒子的运动主要受粒子-固相-液相三者之间的界面自由能差决定[18]。Kennedy[19]提出对粒子运动有显著影响的是粒子和凝固相之间的自由能。当两者界面自由能差小于零时，即使是凝固速率非常小，粒子也会被凝固相捕捉；当界面自由能大于零时，粒子会被推向远离凝固前沿的地方[14,20-22]。对于悬浮在液相中的粒子，这是非常有用的判断标准，然而在湍流中却影响很小，例如连铸过程。

式（13-1）中的拖曳力在不同条件下表示形式不一样，如表 13-3 所示。从表中可以发现凝固前沿和粒子的形状对拖曳力有很大的影响。

表 13-3　不同条件下拖曳力的表达式

表　达　式	描　述	文献
$F_D = 6\pi\eta v_p \dfrac{R_p^2}{d}$	球形粒子和平面状的凝固前沿	[23]
$F_D = 6\pi\eta v_p \dfrac{R_p^2}{d}\left(\dfrac{R_I}{R_I - R_p}\right)^2$	球形粒子和凹形的凝固前沿	[7]
$F_D = 6\pi\eta v_p \dfrac{R_p^2}{d}\left(\dfrac{k_p}{k_L}\right)^2$	球形粒子和凹形的凝固前沿	[24]
$F_D = \sqrt{6}\pi\eta v_p \dfrac{R_p^2}{d}\left(\dfrac{R_p}{d}\right)^{(20\delta-9)/6}\left(\dfrac{k_p}{k_L}\right)^2$	球形粒子和非平面凝固前沿	[11]
$F_D = \sqrt{3}\pi\eta v_p\left(\dfrac{R_p}{d}\right)^{10\delta/3}$	圆柱形粒子和平面凝固前沿	[11]
$F_D = 3\sqrt{2}\pi\eta v_p\left(\dfrac{R_p}{d}\right)^{3/2}$	圆柱形粒子和平面状的凝固前沿	[25]
$F_D\left(d, \dfrac{k_p}{k_L}\right) = 2.67\eta v_p \dfrac{k_p}{k_L}\left(\dfrac{R_p}{d}\right)^{1.86} + 12.6\eta v_p\left(\dfrac{R_p}{d}\right) + 56\eta v_p$	球形粒子和凹形的凝固前沿	[24]

注：η 为流体动力学黏度；v_p 为粒子速度；R_p 为粒子半径；d 为粒子与凝固前沿的距离；R_I 为粒子与凝固前沿正对着的界面的曲率半径；k_p 为导热系数；k_L 为流体的导热系数。

夹杂物在凝固前沿受到多种力的综合作用，这些力除了上文提到的拖曳力，还包括处于边界层区域作用在粒子上的力、主体流动力（拖曳力 F_D、升力、压力梯度、Basset 力和附加质量力）、横向阻力 F_f（由枝晶界面的流体流动引起的）、重力（浮力）和作用于界面的力（范德华界面力 F_I、润滑阻力 F_{lub}、表面能量梯度力 F_{grad}）。

升力（lift force）以 Saffman lift force 为例：粒子在靠近壁面处的流体中运动，由于近壁面存在速度梯度、压力梯度或者温度梯度，由梯度差而产生的力会作用在粒子上，该类型的力称为 Saffman force，如图 13-5 所示，表达式如下：

$$F_s = 1.62\mu(u - u_p)\sqrt{\frac{\partial u}{\partial x_i}\frac{d_p^2}{\sqrt{\nu}}}\frac{\pi d_p^3}{6}\rho_p \tag{13-4}$$

式中，μ 为流体黏度；ν 为流体的运动黏度。

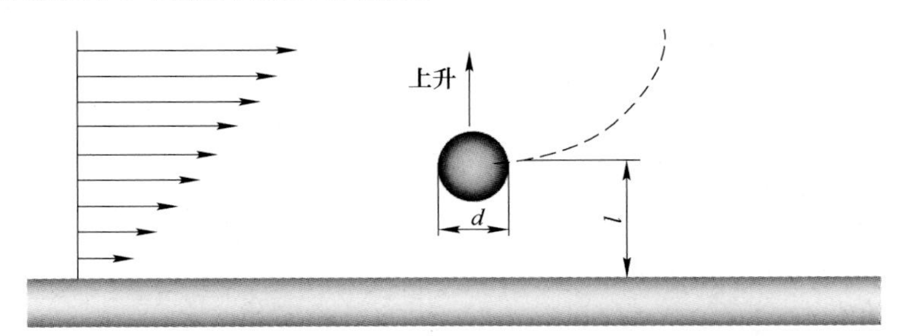

图 13-5　Saffman 力示意图

粒子在流体中运动时，部分流体附着在粒子周围。当粒子进行加速运动时，附着部分的流体也要进行加速运动，因此，需要更大的力才能使粒子进行加速运动。为了便于理解，我们可以认为多出的这部分力是粒子质量增加引起的，所以称为虚拟质量力，表达式如下：

$$F = \frac{1}{2}\frac{\rho}{\rho_p}\frac{d}{dt}(\boldsymbol{u} - \boldsymbol{u}_p)\frac{\pi\rho_p d_p^3}{6} \tag{13-5}$$

13.3　非金属夹杂物在凝固前沿被捕获或者推动的临界速度

连铸过程中，钢液的凝固前沿通常都是树枝晶状的[26]。图 13-6 为夹杂物粒子在枝晶

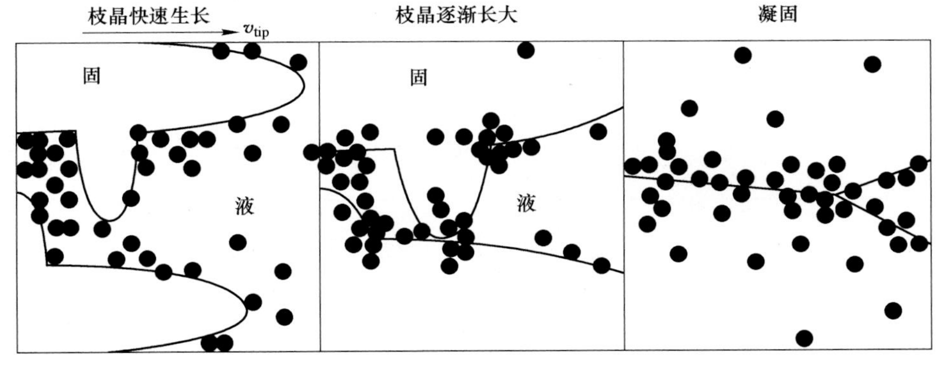

图 13-6　夹杂物被凝固前沿树枝晶捕获[27]

间三种不同位置的情况，分别为在树枝晶顶端、一次枝晶之间、二次枝晶之间。有些粒子被树枝晶主干边部首先长出来的枝晶捕获，那么该粒子最终会留在该凝固位置；还有一部分粒子是在最后的凝固完全时留在了晶粒之间[27]。所以，在树枝晶型的凝固中，在分析夹杂物被捕获的临界速度时，一定要考虑树枝晶顶端生长速度和树枝晶主干的生长速度。

作为表征树枝晶特征的重要参数，一次枝晶间距 λ_1 可由下式表示：

$$\lambda_1 = NR^m G^n \tag{13-6}$$

式中，R 为枝晶顶端生长速率；G 为温度梯度；m，n 为系数。

对于不同的钢种，一次枝晶间距的表达式是不一样的，如表 13-4 所示。

表 13-4　一次枝晶间距表达式

钢　种	范围 $G(\times10^{-3}$℃$/\mathrm{m})$ $R(\times10^{6}\mathrm{m/s})$	表达式 $\lambda_1/\mu\mathrm{m}$	文　献
0.59%C	$G=3\sim10.8$ $R=8\sim20.8$	$\lambda_1=3960R^{-0.26}G^{-0.72}$	[28]
1.48%C		$\lambda_1=4760R^{-0.24}G^{-0.72}$	[28]
0.4%C-1%Cr-0.23%Mo	$G=0.5\sim4.4$ $R=6\sim130$	$\lambda_1=1467R^{-0.2}G^{-0.4}$	[29]
0.64%C-28%Mn	$G=2\sim20$ $R=8\sim141$	$\lambda_1=1242R^{-0.19}G^{-0.39}$	[30]
0.63%C-10%Mn-15%Ni		$\lambda_1=1274R^{-0.17}G^{-0.36}$	[30]
0.68%C-28%Cr		$\lambda_1=1379R^{-0.25}G^{-0.31}$	[30]
0.03%C-18%Ni-12%Co		$\lambda_1=2210R^{-0.37}G^{-0.43}$	[30]
0.5%~0.6%C-0.57%Mn	$G=1.8\sim16$ $R=4\sim56$	$\lambda_1=1750R^{-0.14}G^{-0.50}$	[31]

目前研究夹杂物被凝固坯壳捕捉的模型考虑了临界速度、粒子尺寸、一次枝晶间距、液相分数等。许多理论模型和实验都对凝固前沿临界生长速度及其影响因素进行了探讨，不同表达式列于表 13-5。

表 13-5　一些学者计算夹杂物被捕捉的临界速度的公式

学　者	计 算 公 式	文　献
Uhlmann	$v_{\mathrm{cr}} = \dfrac{n+1}{2}\left(\dfrac{La_0V_0D}{KTR^2}\right)$	[3]
Chernov	$v_{\mathrm{cr}} = \dfrac{0.14B_3}{\eta R_1}\left(\dfrac{\sigma_{\mathrm{sl}}}{B_3R_1}\right)^{\frac{1}{3}},\ \dfrac{\lambda^2}{I} > R_1$ $v_{\mathrm{cr}} = \dfrac{0.15B_3}{\eta R_1 I},\ \dfrac{\lambda^2}{I} < R_1$	[32]
Pötschke	$v_{\mathrm{cr}} = \dfrac{1.3\Delta\sigma}{\eta}\left[16\left(\dfrac{R}{a_0}\right)^2\dfrac{k_{\mathrm{p}}}{k_1}\left(15\dfrac{k_{\mathrm{p}}}{k_1}+\chi^2\right)+\chi^2\right]^{-\frac{1}{2}}$ $\chi = \dfrac{C_0\mid m_1\mid\Delta\sigma}{k_0G\eta D}$	[33]
Stefanescu	$v_{\mathrm{cr}} = \left[\dfrac{2\Delta\gamma a_0^2}{3\mu_1 d(k_{\mathrm{p}}/k_1)}\right]^{1/2}$	[1]

续表 13-5

学 者	计算公式	文 献
Stefanescu	$v_{cr} = \dfrac{\Delta\sigma a_0}{6(n-1)\eta\alpha R}\left(2 - \dfrac{k_p}{k_l}\right)$	[6]
Shangguan	$v_{cr} = \dfrac{a_c k_l \Delta\sigma_o}{3\mu k_p(n-1)}\left(\dfrac{n-1}{n}\right)^n$	[7]
Bolling	$v_{cr} = \left(\dfrac{4\Psi(a)KT\sigma_{sl}A_0}{9\pi\eta^2 R_1^3}\right), \ R_1 < R_b$	[8]
Kim	$v_{cr} = \dfrac{\Delta\sigma a_0(kR_1 + 1)}{18\eta R_1}$	[34]
Li	$v_{cr} = \dfrac{1}{3}\left(0.442\dfrac{2\alpha_1 d_0}{\sigma_{select}}t^{-2}\right)^{\frac{1}{3}}$	[35]
Park	$v_{cr} = \dfrac{1}{6\pi R}\left[\dfrac{L_v A^3 G}{(6\pi)^3 T_m}\right]^{1/4} u_{max}(\gamma, \ k_p/k_m)$	[36]
Kaptay	$v_{cr} = 0.157\dfrac{\Delta\sigma^{2/3}\sigma_{sl}^{1/3}}{\eta}\left(\dfrac{a}{R}\right)^{4/3}$	[37]
Kaptay	$v_{cr} = \dfrac{V_{CR}^0}{\sqrt{1 + \dfrac{k_{ML}}{6}Mu}}$	[38]

13.4 连铸过程中非金属夹杂物在结晶器和液相穴的运动、去除及被凝固前沿捕捉的理论基础

炼钢过程中，夹杂物主要来源于脱氧反应产物、钢水与耐火材料的界面反应产物、浸入式水口的堵塞物、钢包精炼渣或者连铸保护渣等。这些夹杂物如果进入最后凝固的铸坯中，将会对铸坯内部质量和表面质量产生不利的影响。连铸是炼钢过程最后一个环节，也是去除残留在钢液中夹杂物最后的机会。大部分夹杂物的密度要比钢液密度小，因此当钢液进入结晶器开始凝固阶段时，夹杂物仍然有机会上浮，并被结晶器保护渣吸附去除。尽管如此，仍有部分夹杂物被流股带到液相穴深处来不及上浮去除即被凝固坯壳捕获。目前，很多研究都在关注凝固过程中夹杂物的捕获，但是受困于连铸高温、不透明的现实条件，人们很难设计实验去研究实际连铸过程中夹杂物被凝固坯壳捕获情况。随着计算机计算能力的提升和物理模型的开发，人们越来越多地利用数值模拟研究连铸过程凝固坯壳对夹杂物的捕获。为了研究夹杂物的运动与去除，数学模型首先要计算湍流场、夹杂物运动路径、凝固前沿生长过程，然后再确定夹杂物被坯壳捕获的条件。有关结晶器内流场的研究成果列于表 13-6。

表 13-6 结晶器流场模拟计算研究

学者	数学模型	主要结论	年份	文献
Thomas	k-ε 模型；欧拉-欧拉模型	氩气对流场的影响随着通入的氩气分数的增大而增大，随着氩气泡直径的减小而增大	1994	[39]
Bai	k-ε 模型	对于单相流场模拟，改变拉速不会改变流场特征，如水口射流角度/回流区和偏流量	2001	[40]

续表 13-6

学者	数学模型	主要结论	年份	文献
Zhang	k-ε 模型	由于湍流的脉动性，进入结晶器内的氩气运动是随机性的，且有时会表现不对称	2007	[41]
Zhang	k-ε 模型	一侧堵塞的水口在结晶器流场中产生了非对称的温度场	2008	[42]
Chaudhary	k-ε 模型	浇铸时使用凸底的水口更易产生非对称的流场和过大的液面速度	2008	[43]
Ismael	k-ε 模型；VOF 模型	水口向结晶器内弧侧偏离 1°可以在结晶器中产生对称的流场，并且液面波动较平稳	2013	[44]
Li	LES	结晶器湍流场包含多个涡流，结晶器上回流区域存在两种典型的流场特征，即顺时针或者逆时针方向流动的涡流	2013	[45]
Hugo	k-ε 模型；VOF 模型	水口出口处的流股振荡产生于水口内部，而且振荡会随着拉速的提高和水口浸入深度的增大而加剧，因此为了控制流股振荡很有必要研究水口内部结构	2014	[46]

13.4.1　钢液凝固计算模型

结晶器是钢液开始凝固的地方，初生坯壳在此形成，因此结晶器内的传热是带有凝固的传热。从 Fe-C 相图可以看出，高温钢液由液态向固态的转变过程存在糊状区（mushy zone），即液相和固相同时存在的过渡区。凝固枝晶的生长就是在两相区内完成的，目前模拟枝晶生长的方法主要有相场法（phase-field model）、元胞自动机法（cellular automaton model）和随机方法（stochastic model）。其中，相场法能够较好地重现合金凝固过程枝晶生长，缺点是计算耗时，且只能对局部有限数量的枝晶进行模拟；元胞自动机法是经典的概率模型，比较适合模拟分析微观组织的演变过程。目前多采用热焓-多孔介质法（enthalpy-porosity method）来处理流动、传热和凝固的计算。热焓-多孔介质法不直接计算凝固前沿，该模型视液固共存的糊状区为多孔介质，其孔隙度等于液相体积分数。

对于液相分数，当温度高于液相线时，液相分数为 1；当温度低于固相线时，液相分数为 0；当温度高于固相线低于液相线时，液相分数可由杠杆原理得到，表达式如下：

$$\begin{cases} \beta = 0 & T < T_{\text{solidus}} \\ \beta = 1 & T > T_{\text{liquidus}} \\ \beta = \dfrac{T - T_{\text{solidus}}}{T_{\text{liquidus}} - T_{\text{solidus}}} & T_{\text{solidus}} < T < T_{\text{liquidus}} \end{cases} \tag{13-7}$$

传热控制微分方程如下：

$$\frac{\partial}{\partial t}(\rho H) + \frac{\partial}{\partial x_i}(\rho u_i H) = \frac{\partial}{\partial x_i}(k_{\text{eff}}) \frac{\partial T}{\partial x_i} + Q \tag{13-8}$$

$$H = h_{\text{ref}} + \int_{T_{\text{ref}}}^{T} c_{\text{p}} \mathrm{d}T + \beta L \tag{13-9}$$

式中，Q 为传热方程源项；k_{eff} 为有效导热系数，W/(m · K)；H 为热焓；L 为凝固潜热；h_{ref} 为相对于温度 T_{ref} 的参考热焓。

流体的凝固会导致一定的压力损失，由此引起的动量损失将添加到动量、湍流方程的源项。

动量方程要增加的源项如下：

$$S_m = -\frac{(1-\beta)^2}{(\beta^3+\varepsilon)}A_{mush}(\boldsymbol{u}-\boldsymbol{u}_p) \tag{13-10}$$

湍流方程中要增加的源项如下：

$$S_\phi = -\frac{(1-\beta)^2}{(\beta^3+\varepsilon)}A_{mush}\phi \tag{13-11}$$

式中，为防止除数为零，将 ε 设为一较小的数，0.001；$\boldsymbol{u}_p$ 为拉速；A_{mush} 用于定义糊状区速度阻尼的幅值，该值越大，糊状区对速度的衰减越大，普遍认为该值的大小与金属的组织结构有关[47,48]。

有关结晶器内凝固坯壳的数值模拟研究结果列于表 13-7。

表 13-7 结晶器凝固坯壳模拟研究

学者	计算方法	主要内容	主要结论	年份	文献
Lait	一维有限差分模型	不锈钢板坯和低碳钢方坯中温度场和液相穴轮廓	采用放射性元素进行示踪实验验证计算坯壳厚度正确性；得到结晶器中坯壳厚度与浇铸时间的关系式	1974	[49]
Voller	热焓法	多种冶金过程合金凝固现象	热焓法适用于多种冶金过程凝固的计算，且计算过程稳定高效	1992	[50]
Seyedein	热焓-多孔介质法	拉速、过热度、水口浸入深度对流场、坯壳厚度、糊状区生长速度	拉速对坯壳生长影响最大，钢水过热度只对流股冲击窄面附近的坯壳生长影响较大	1997	[51]
Nam，Park	等效热容法	薄板坯连铸热对流和水口类型的影响	结晶器漏斗形底部温度最高，对铜板的性能损害最大，易在内部产生裂纹；双侧孔水口且出水口向下倾角为60°时，液面流速较稳定，生成的坯壳厚度较均匀	2000，2001	[52，53]
Qiu	热焓-多孔介质法	热浮力流的影响	若计算中考虑热浮力的影响，凝固前沿平行拉坯方向速度分量变大；随着凝固的进行，热浮力对温度场的影响也会发生变化	2004	[54]
Pfeiler	热焓-多孔介质法	板坯凝固坯壳计算与验证；网格无关性讨论	为准确得到坯壳厚度变化，糊状区网格必须细化，粗化的网格会使得计算的坯壳厚度过大	2006	[55]
Shamsi	热焓-多孔介质法	连铸板坯结晶器热流密度和铸坯表面温度	低碳钢浇铸时，从高温铁素体到奥氏体的转变存在较大的体积收缩，因此会在内部产生较大的应力而产生裂纹，通过计算得到合理的铸坯表面温度分布可避免裂纹的产生	2007	[56]

续表 13-7

学者	计算方法	主要内容	主要结论	年份	文献
Liu	热焓-多孔介质法	CSP 和 FTSP 结晶器内流场和凝固现象	水口结构对出口射流有很大影响，进而影响过热度的耗散和凝固坯壳的均匀生长；电磁制动对增大结晶器出口窄面坯壳的厚度能力有限	2011	[57]
Pan	热焓-多孔介质法	厚板坯内钢液凝固行为	采用传统双侧孔浇铸厚板时，厚度越大，生成的坯壳分布越不均匀，生产特厚板应该采用优化的水口结构	2013	[58]
Saul	热焓-多孔介质法	弧形板坯结晶器内传热与坯壳生成	坯壳的生长很大程度上取决于流股射流的冲刷作用，传统计算坯壳厚度的平方根定律由于没有考虑湍流的影响，所以无法得到结晶器内坯壳厚度变化特征	2013	[59]

13.4.2 连铸坯凝固前沿夹杂物运动及捕捉的研究进展

模拟夹杂物运动可采用欧拉法（Eulerian）和拉格朗日法（Lagrangian），前者将夹杂物视为连续相，后者将夹杂物视为离散相。由于夹杂物在钢液中所占的体积分数非常小，因此研究夹杂物的运动通常采用拉格朗日法。单个夹杂物在钢液中的受力平衡微分方程如下：

$$\frac{\mathrm{d}u_{pi}}{\mathrm{d}t}=\frac{18\mu}{\rho_p d_p^2}\frac{C_D Re_p}{24}(u_i-u_{pi})+\frac{\rho_p-\rho}{\rho}g_i+\frac{1}{2}\frac{\rho}{\rho_p}\frac{\mathrm{d}}{\mathrm{d}t}(u_i-u_{pi})+\frac{\rho}{\rho_p}u_i\frac{\partial u_i}{\partial x_i} \tag{13-12}$$

等式右边第一项为夹杂物的单位质量拖曳力，第二项为重力和浮力的合力，第三项为虚拟质量力，第四项为压力梯度力。

Re_p 为相对雷诺数（夹杂物雷诺数），其定义为：

$$Re_p=\frac{\rho d_p|u_{pi}-u_i|}{\mu} \tag{13-13}$$

C_D 为曳力系数，与雷诺数有关，计算如下：

$$C_D=\frac{24}{Re_p}(1+0.15Re_p^{0.678}),\ Re_p\leqslant 1000$$
$$C_D=0.44,\ Re_p>1000 \tag{13-14}$$

有关夹杂物在结晶器内运动的数值模拟成果列于表 13-8。

表 13-8 夹杂物在结晶器流场中运动模拟研究

学者	主要内容	主要结论	年份	文献
Huang	方坯内夹杂物运动	夹杂物的直径、磁感应强度的大小及磁场的位置都会影响夹杂物的运动轨迹和分布	2000	[60]
Li	电磁制动下夹杂物运动	由于液面附近的磁场抑制了上回流的发展，夹杂物接触钢液面机会变小，因此施加磁场后夹杂物通过钢液面去除的比例减小	2003	[61]

续表 13-8

学者	主要内容	主要结论	年份	文献
Yuan	瞬态流场下夹杂物运动与去除	下回流的湍动能变化使得进入液相穴的夹杂物分布不均匀；≤40μm 夹杂物通过钢液面去除率约为 8%，与夹杂物密度和大小无关	2004	[62]
Pfeiler	夹杂物与流场之间相互作用的讨论	考虑夹杂物与流场的相互作用，模拟得到的夹杂物进入结晶器后分布更加分散	2005	[63]
Zhang	水口堵塞下夹杂物运动	水口一侧堵塞下，夹杂物在计算区域停留时间要远大于水口不堵塞的情况；水口堵塞时，大于 200μm 的保护渣颗粒易被卷入流场中	2008	[42]
Lei	欧拉法模拟夹杂物运动与分布	在结晶器出口处的凝固坯壳内，夹杂物体积分数和数量密度分布极不均匀，存在阶跃现象，这与冲击点处凝固坯壳的重熔有关	2010	[64]
Zhang	电磁制动下夹杂物运动	电磁制动对夹杂物去除影响较小，但是会影响夹杂物在铸坯中的分布；施加磁场后，夹杂物向铸坯表层运动，中心处洁净度得到提高	2011	[65]
Liu	流场偏流和电磁制动下夹杂物运动与去除	在自由液面下 350mm 处施加一静磁场，能提高细小非金属夹杂物颗粒的去除率，此时滑板开启率的变化和磁场大小的改变对夹杂物去除的影响较小	2011	[66]

关于夹杂物被连铸坯凝固前沿捕捉，Thomas 研究了夹杂物被坯壳捕获的临界条件[67]：(1) 当夹杂物粒径小于凝固前沿的一次枝晶间距时，夹杂物进入枝晶间糊状区，并最终被坯壳捕获；(2) 当夹杂物粒径大于凝固前沿的一次枝晶间距时，对凝固前沿夹杂物进行受力分析，夹杂物在凝固前沿受到的力如图 13-7 所示；沿着坯壳凝固方向，若夹杂物上排

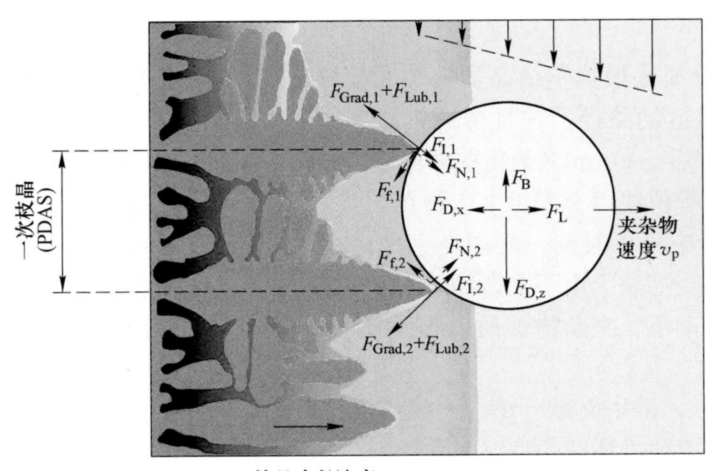

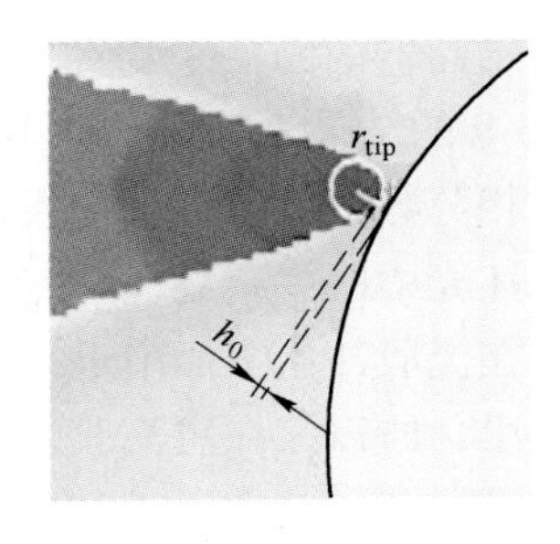

图 13-7　枝晶前沿作用于夹杂物上的力

F_D—拖曳力；F_{Grad}—表面能量梯度力；F_I—范德华界面力；

F_{Lub}—润滑阻力；F_L—升力；F_B—浮力；F_N—反应力；F_f—摩擦力

斥力大于吸引力，夹杂物被重新带到液相流场中；若夹杂物上排斥力小于吸引力，且存在切向流场（cross-flow）使夹杂物做旋转运动，此时认为夹杂物被重新带入液相流场中；否则，认为夹杂物被坯壳捕获。

图 13-8 为进入结晶器内不同粒径的球形渣滴在不同边界面上的分布情况。渣滴直径从 100μm 增大到 400μm，通过钢液面去除率从 2.5%增大到 51%。另外对 400μm 的渣滴来说，夹杂物的捕获位置呈现局部聚集的现象，原因是满足能够捕获大夹杂物的切向流场速度范围很小，在凝固前沿只有很少的部分满足条件。

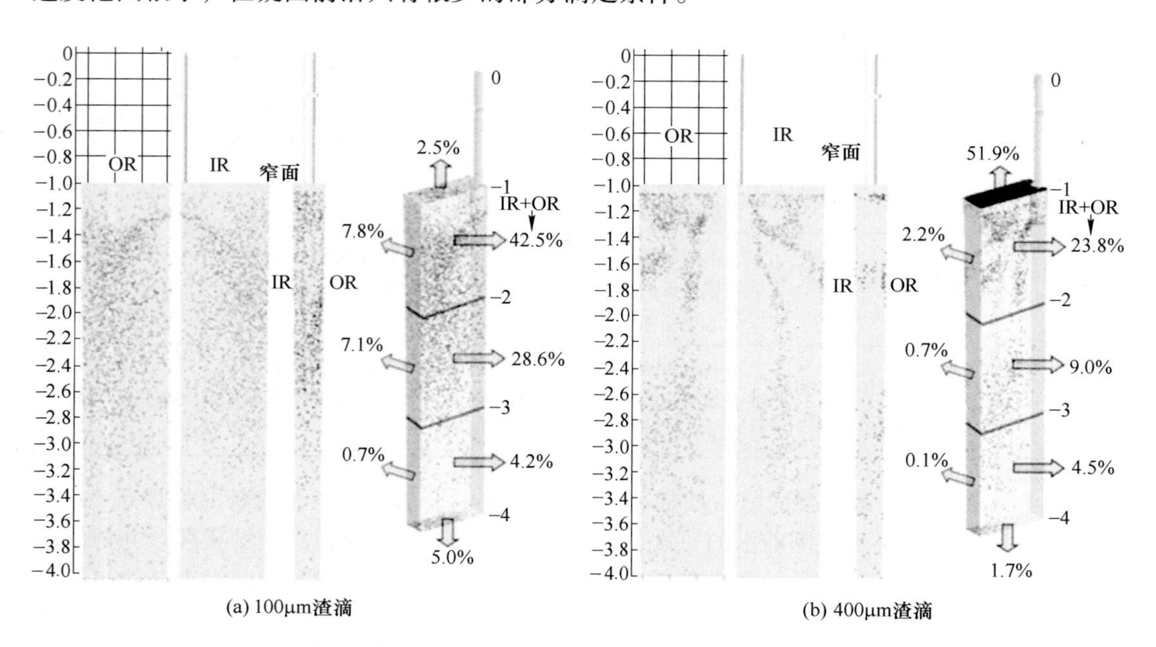

图 13-8　夹杂物尺寸对夹杂物分布的影响[67]

Pfeiler[68]采用热焓-多孔介质法模拟了结晶器内坯壳凝固，另外采用离散相模型计算进入结晶器内的夹杂物和气泡运动路径，并且考虑钢液和夹杂物/气泡之间的相互作用。图 13-9 的结果为粒子注入 14s 后，10μm 夹杂物在凝固坯壳和钢液中的浓度分布。黑色线为固相分数为 0.8 的等值线，等值线以上表示夹杂物在糊状区或钢液中，等值线以下表示凝固坯壳中的夹杂物。从结果中可以看到，凝固坯壳中的夹杂物浓度主要受到流股的影响，在流股冲击窄面附近被坯壳捕获。由于夹杂物粒径较小，夹杂物与钢液之间的相对速度很小，所以，在主流股的带动下，夹杂物被很快带到窄面处，并被固相分数为 0.8 的凝固前沿捕获。

在 Pfeiler 另一项研究中[55]，采用文献［67］的夹杂物捕获条件，得到了不同粒径下夹杂物被固相分数为 0.5 的凝固前沿捕获的情况，如图 13-10 所示。

粒径最小的 10μm 夹杂物小于一次枝晶间距，因此最容易被凝固前沿捕获。另外，由于受到的浮力较小，夹杂物与钢液之间的相对速度很小，夹杂物还未来得及上浮去除就被流股带到凝固前沿，并被坯壳捕获。因此，与粒径为 100μm 和 400μm 夹杂物相比，10μm 的夹杂物捕获位置在较深的液相穴中。由于流股撞击点以下的一次枝晶间距逐渐大于

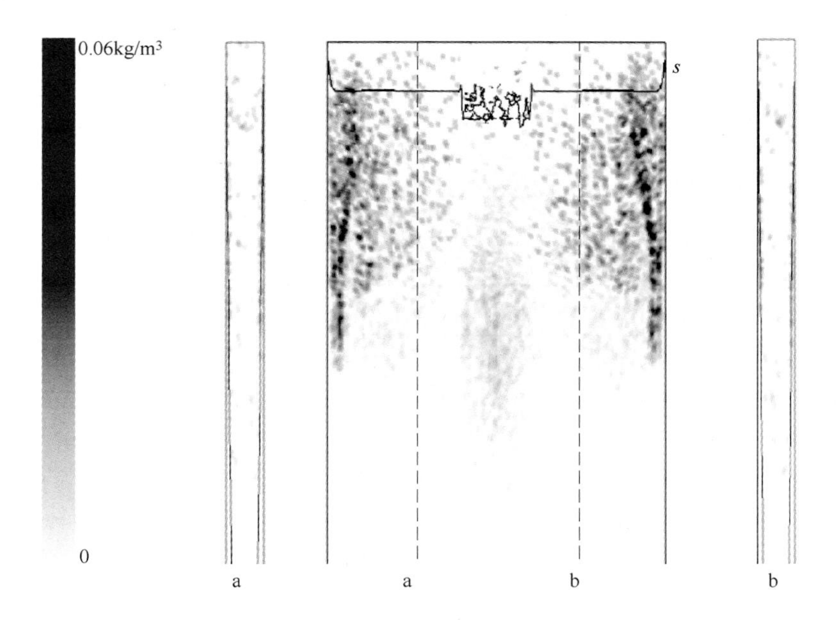

图 13-9 不同位置上的夹杂物浓度分布[68]

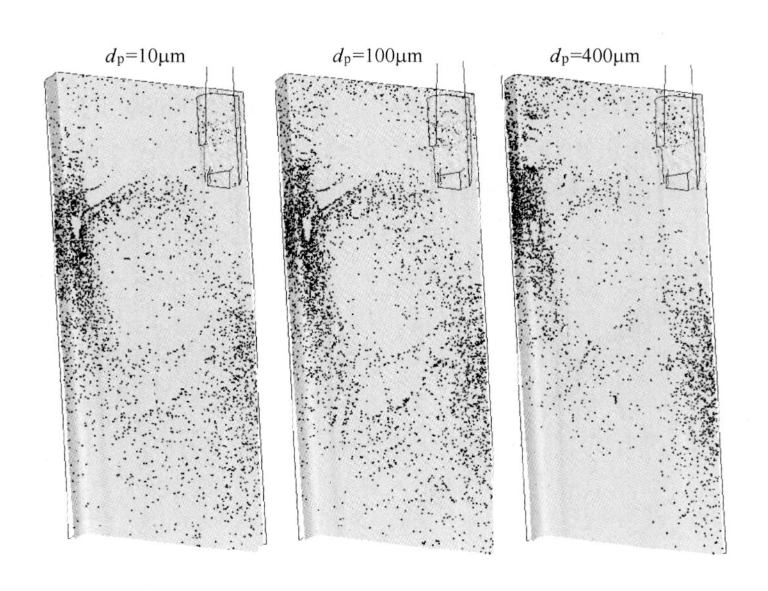

图 13-10 不同粒径的夹杂物在凝固坯壳上的捕获位置[55]

100μm，因此对于 100μm 的夹杂物来说，夹杂物被凝固前沿捕获主要在流股撞击点以下。在撞击点以上，当夹杂物受到的合力方向指向凝固前沿时，夹杂物则会被坯壳捕获。400μm 的大粒径夹杂物大于一次枝晶间距，且受到的浮力较大，因此，通过钢液面去除的数量也是最多的。图 13-11 为上浮去除的夹杂物在钢液面上的分布。可以看出，夹杂物粒径越大，上浮去除的夹杂物越多。

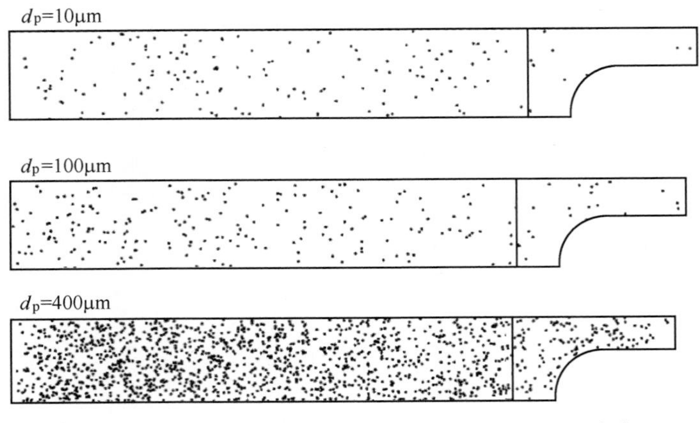

图 13-11　不同粒径的夹杂物在钢液面上去除情况[55]

13.5　连铸小方坯中夹杂物空间分布的预报[69]

本书作者的学术梯队建立了三维数学模型，对连铸小方坯液相穴的流场和钢水凝固进行了耦合计算，预测夹杂物在整个铸坯断面上分布，并与工业实验结果进行了对比。图 13-12 为计算区域示意图。为确保完全凝固，钢液面以下计算区域长度为 12m。方坯断面 150mm×150mm，拉速 1.6m/min，液相线温度和固相线温度分别为 1518℃和 1427℃，浇铸时钢水过热度为 30℃。每次计算，从浸入式水口入口处投放 50000 个夹杂物，进入计算区域内的夹杂物一旦进入液相分数小于 0.6 的单元格内，即默认被坯壳捕获。夹杂物路径计算采用离散相模型，凝固计算采用热焓-多孔介质模型。

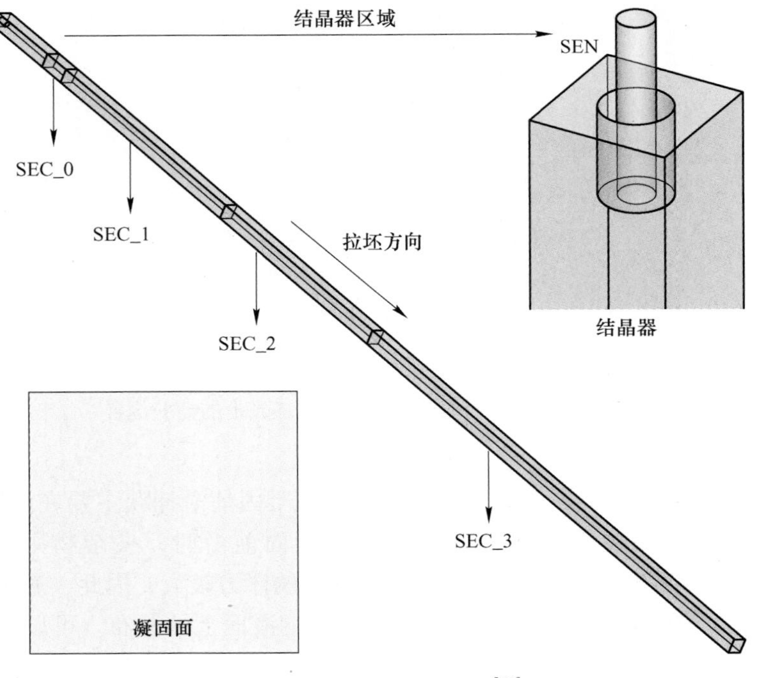

图 13-12　计算区域示意图[69]

图 13-13 为流场和速度场云图。在结晶器内存在较大的回流区域，结晶器内向下的流场速度相对较大，这一点对夹杂物的上浮去除不利。另外，随着距钢液面距离增大，沿拉坯方向流场流速逐渐变得均匀。

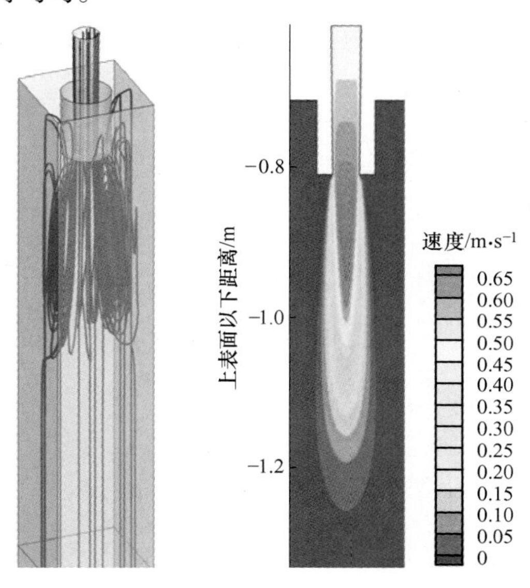

图 13-13 流场流线图和速度场云图[69]

沿拉坯方向，坯壳厚度逐渐增大，钢液完全凝固位置在液面以下 8m 左右，如图 13-14 所示。

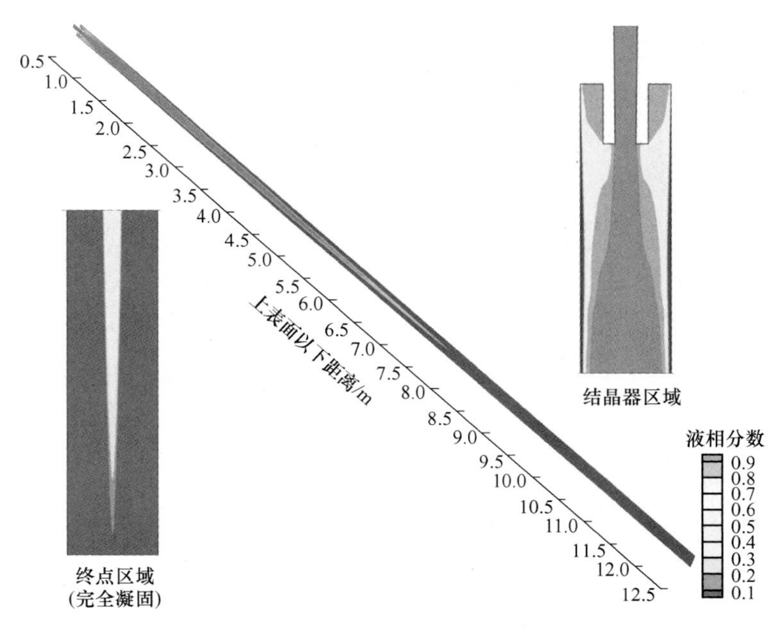

图 13-14 中心面上液相分数分布云图[70]

图 13-15 为粒径为 5μm 的夹杂物在凝固坯壳中的分布。结果表明，夹杂物从钢液开始凝固到最后完全凝固被坯壳持续捕获。

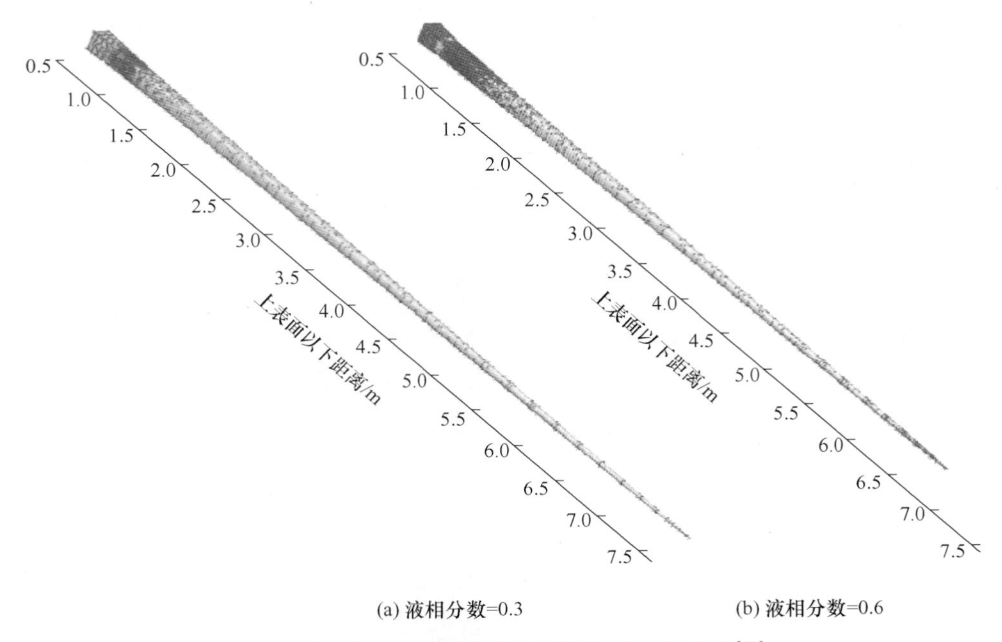

(a) 液相分数=0.3　　(b) 液相分数=0.6

图 13-15　拉坯方向夹杂物在凝固坯壳上的分布[70]

图 13-16 为将夹杂物在坯壳中的位置投影到二维平面上的结果。在流场和凝固耦合计算前提下，夹杂物在整个方坯断面上各个位置均有可能被坯壳捕获。

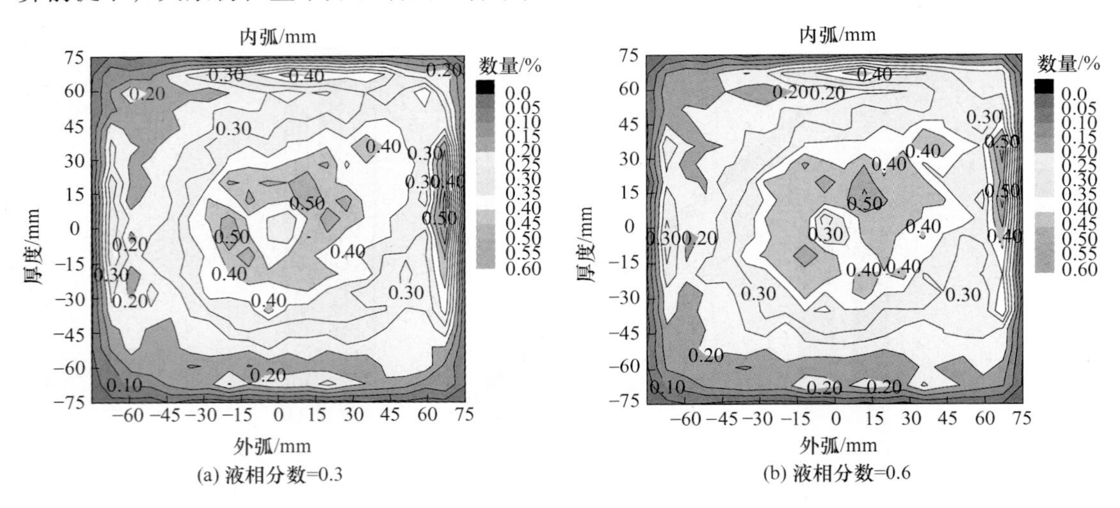

(a) 液相分数=0.3　　(b) 液相分数=0.6

图 13-16　模拟计算的夹杂物在铸坯断面上分布[70]

为了验证夹杂物分布正确性，本研究进行了工业实验，对断面为 150mm×150mm 的方坯断面进行了夹杂物全断面 ASPEX 扫描。图 13-17 为铸坯断面上的总氧分布和 5μm 氧化类夹杂物数量百分比分布。可以看出，夹杂物在整个断面上均有分布，这与图 13-16 计算结果规律一致。研究中只考虑了单一的液相分数临界值作为夹杂物被捕获的依据，若考虑夹杂物尺寸与一次枝晶间距的影响，计算结果与实验结果会吻合更好。

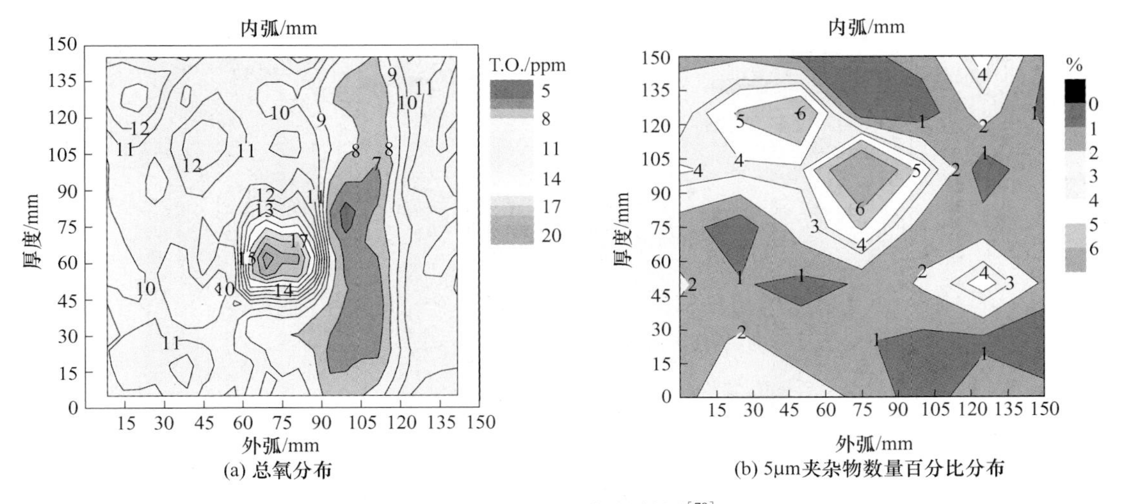

(a) 总氧分布　(b) 5μm夹杂物数量百分比分布

图 13-17　ASPEX 扫描结果[70]

鉴于计算机的计算能力，许多研究只关注夹杂物在铸坯表层（20mm 以内）的分布[71,72]，在做模型时，计算区域高度较短，只考虑结晶器和连铸机部分垂直段，所以该方法无法得到内弧和外弧上夹杂物分布的差异及整个铸坯断面上的夹杂物信息。因此，根据连铸机的特点，考虑弯曲段、矫直段、空冷段等，不仅能够得到全凝固的坯壳形态，还最终能计算出夹杂物在整个铸坯断面上的分布、数量、大小等，更具有现实的指导意义。

13.6　连铸板坯中非金属夹杂物数量、大小和位置分布的预报

13.6.1　数学模型

基于某钢厂实际直弧形连铸机建立三维模型，如图 13-18 所示。模型包括中间包底部、浸入式水口、结晶器、垂直段、弯曲段及水平段等。依据现场实际冷却水量的不同，将模型划分为 Loop1 到 Loop21 段。图 13-18 显示了模型所用网格，为了准确地计算凝固坯壳的厚度，在铸坯的边部对网格进行了加密处理。整个模型采用结构化的六面体网格，总数在 402 万个左右。具体尺寸及模拟所用物性参数如表 13-9 所示。

表 13-9　模型尺寸及物性参数

参　数	值	参　数	值
铸坯断面	1000mm×230mm	钢液密度	7020kg/m^3
结晶器工作高度	800mm	钢液黏度	0.0067kg/(m·s)
水口出口角度	向下 15°	比热容	750kg/(kg·K)
水口出口截面	70mm×90mm	导热系数	温度的函数，见式（13-15）
水口浸入深度	150mm	液相线温度	1805K
连铸机半径	9500mm	固相线温度	1783K
垂直段高度	2560mm	凝固潜热	270000J/kg
拉速	1.8m/min	结晶器窄面热流密度	$4727318-822880\sqrt{t}$ W/m^2
过热度	20K	结晶器宽面热流密度	$3851709-554809\sqrt{t}$ W/m^2

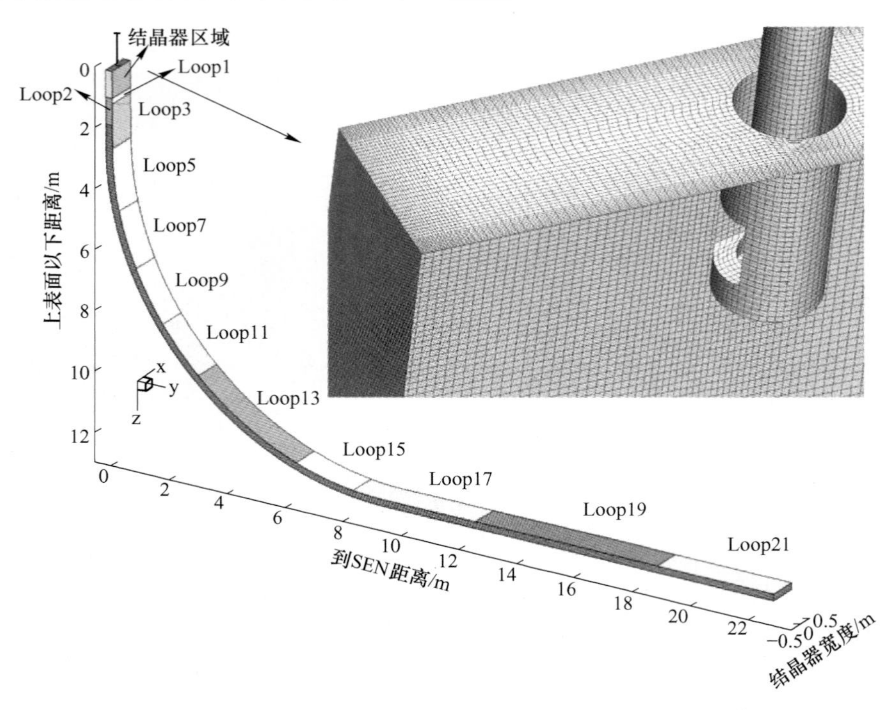

图 13-18　计算域和网格分布示意图

计算域包括弯月面到凝固终点的范围，此范围内温度跨度较大，因此钢的导热系数不能取液态钢下的常数，具体表达式如下：

$$\lambda = 133.44 - 0.276T + 4.49 \times 10^{-4}T^2 - 4.95 \times 10^{-7}T^3 + 2.81 \times 10^{-10}T^4 - 5.94 \times 10^{-14}T^5 \quad (13\text{-}15)$$

入口采用速度入口边界条件，大小根据实际拉速确定，入口过热度为 20K。出口采用自由出口边界条件，上表面采用自由表面边界条件，表面剪切应力为零，传热边界条件假定为绝热边界条件。其余壁面为无滑移壁面边界条件。结晶器宽面和窄面的传热边界条件采用热流边界条件，具体值可简化为钢液在结晶器内的平均停留时间的函数[57]，其表达式如下：

$$q = a - b\sqrt{t} \quad (13\text{-}16)$$

式中，a 和 b 的具体值参见表 13-9。

二冷段则通过等效换热系数来计算传热，计算公式如式（13-17）和式（13-18）所示[73]，具体计算值如图 13-19 所示[74]。空冷段传热条件为与周围环境进行辐射传热。

$$h_{eq} = 0.581W^{0.451}(1 - 0.0075T_{spray}) \quad (13\text{-}17)$$

$$q_s = h_{spray}(T_{slab} - T_{spray}) \quad (13\text{-}18)$$

式中，W 为冷却水流量，L/min；T_{slab}，T_{spray} 分别为铸坯表面温度和冷却水温度，K；h_{spray} 为换热系数，W/(m²·K)。

在流场、温度场及凝固耦合计算稳定后，在入口处投入直径分别为 1μm、3μm、5μm、10μm、30μm、50μm、100μm 和 200μm 的夹杂物进行夹杂物运动及捕获计算，每个尺寸夹杂物投放个数为 15360 个。假设夹杂物一旦接触上表面就被去除，且夹杂物运动到凝固前沿（钢液体积分数小于 0.6 且流速小于 0.07m/s）后被凝固坯壳捕获。夹杂物的去除以及去除位置的输出通过用户自定义程序（UDF）实现。夹杂物在其他壁面假设为反弹的边界条件。计算所采用的时间步为 0.001s，总计算时间在 2400s 左右。

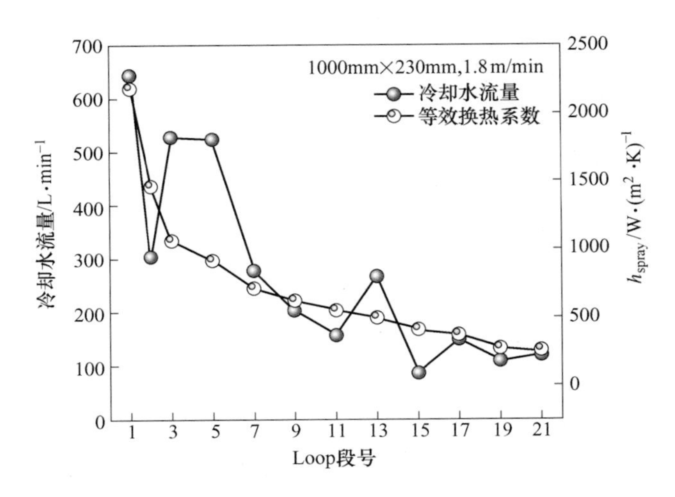

图 13-19　不同 Loop 段冷却水流量及等效换热系数分布[74]

13.6.2　模型验证

为了验证凝固模型的准确性，图 13-20 对比了窄面中心处凝固坯壳厚度的计算值与漏钢坯壳厚度的测量值。可以看出，本研究采用的 LES 模型能够较好地预测坯壳厚度分布。相比于标准 k-ε 模型[75]，LES 模型能够捕捉坯壳厚度生长的不均匀性。从对比结果可以得到使用液相线温度 T_l 代表的凝固坯壳厚度与测量值较符合，这与理论上用固相线温度 T_s 代表的凝固坯壳厚度不符合。造成这个现象的原因除了测量误差外，还可能是因为连铸过程中发生漏钢时钢液从漏钢点流出，在原先初始凝固坯壳上重新凝固形成坯壳，使得测量的坯壳厚度比实际值大。

通过 ASPEX 自动扫描电镜检测夹杂物分布来验证夹杂物捕获模型的正确性。将铸坯边部从内弧到外弧切成 23 个 10mm×10mm 小方块打磨抛光后进行电镜检测，ASPEX 自动扫描电压为 20kV，扫描面积在 25mm² 左右。按照夹杂物检测位置，将捕获的夹杂物进行统计。图 13-21 对比了宽度 1/4 处内弧到外弧 1μm 夹杂物以及铸坯边部内弧到外弧 3μm 夹杂物数密度检测结果与预测结果。结果表明，本研究采用的夹杂物捕获条件能够较准确地预测夹杂物的捕获位置。

13.6.3　板坯连铸过程流场、温度场及凝固坯壳分布

流场、温度场及凝固坯壳的分布是预测夹杂物在铸坯中分布的基础。图 13-22 显示了连铸过程中三种典型的瞬态流场。从图中可看出，LES 模型能够准确捕获钢液湍流运动的不规则性。结晶器内的流场具有不对称性，左右两侧流场速度会发生周期性的变化。t=1680s 时，靠近结晶器左侧窄面处的钢液流速明显大于右侧；t=1872s 时，结晶器左右两

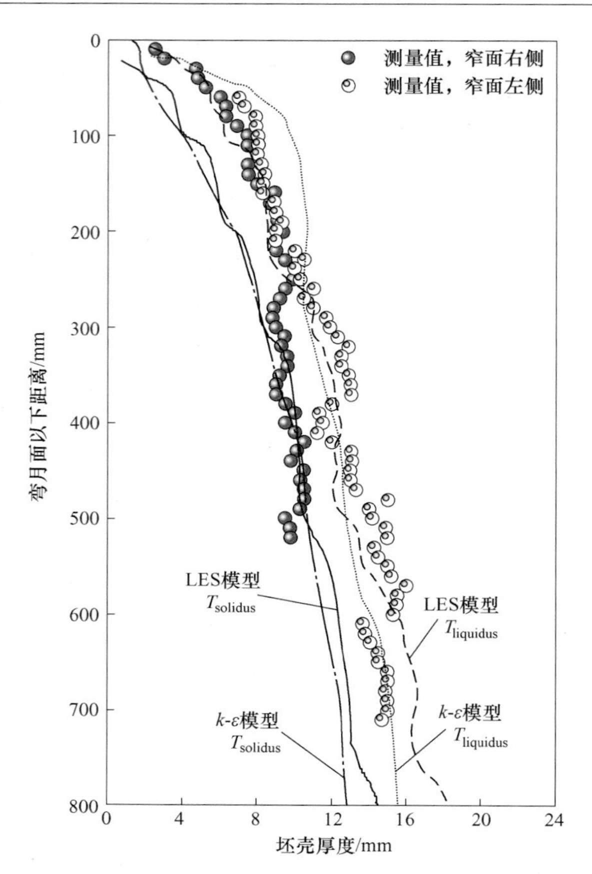

图 13-20　窄面中心凝固坯壳厚度计算值与测量值对比图

侧流场速度基本一致；而 $t=1952$s 时，结晶器右侧流场速度明显大于左侧。$t=1680.3$s 时，距离上表面 3m 左右的流股继续向右侧窄面流动，撞击右侧窄面后继续往左侧窄面运动，依次反复撞击窄面，造成深部熔池流场的左右摆动。图 13-22 显示了不同时刻下结晶器内的温度分布。可以看出与流场分布相类似，温度场分布也具有不对称性。温度分布的不对称性造成了坯壳生长的不对称性，这与实际坯壳厚度分布有较好的对应。

窄面以及外弧侧中心线处凝固坯壳厚度分布如图 13-23 所示。可以看出弯月面附近坯壳生长速度较快，且随着拉坯法向逐渐降低。凝固坯壳的生长主要依靠于流场以及温度场的分布，由于窄面上撞击点附近的凝固前沿被射流强烈冲刷，产生巨大过热度，导致坯壳厚度较薄，容易发生漏钢。

图 13-24 显示了凝固终点的三维形貌。可以看出凝固终点呈“W”形，且位于距弯月面 18.55m 左右处。由于板坯宽度远大于厚度，所以在宽度方向上传热速度出现较大差异，因此铸坯中心凝固速度慢，最后凝固终点呈现“W”形。从凝固终点的位置分布可知，模型计算域长度至少得大于 18.55m 才能实现铸坯全断面的分布预测。

13.6.4　连铸板坯非金属夹杂物的空间分布

结晶器中的非金属夹杂物可以通过上浮到弯月面处被去除，或者随钢液运动进入熔池深处最终被凝固坯壳捕获而形成缺陷。因此，建立从弯月面到凝固终点的全凝固模型对于

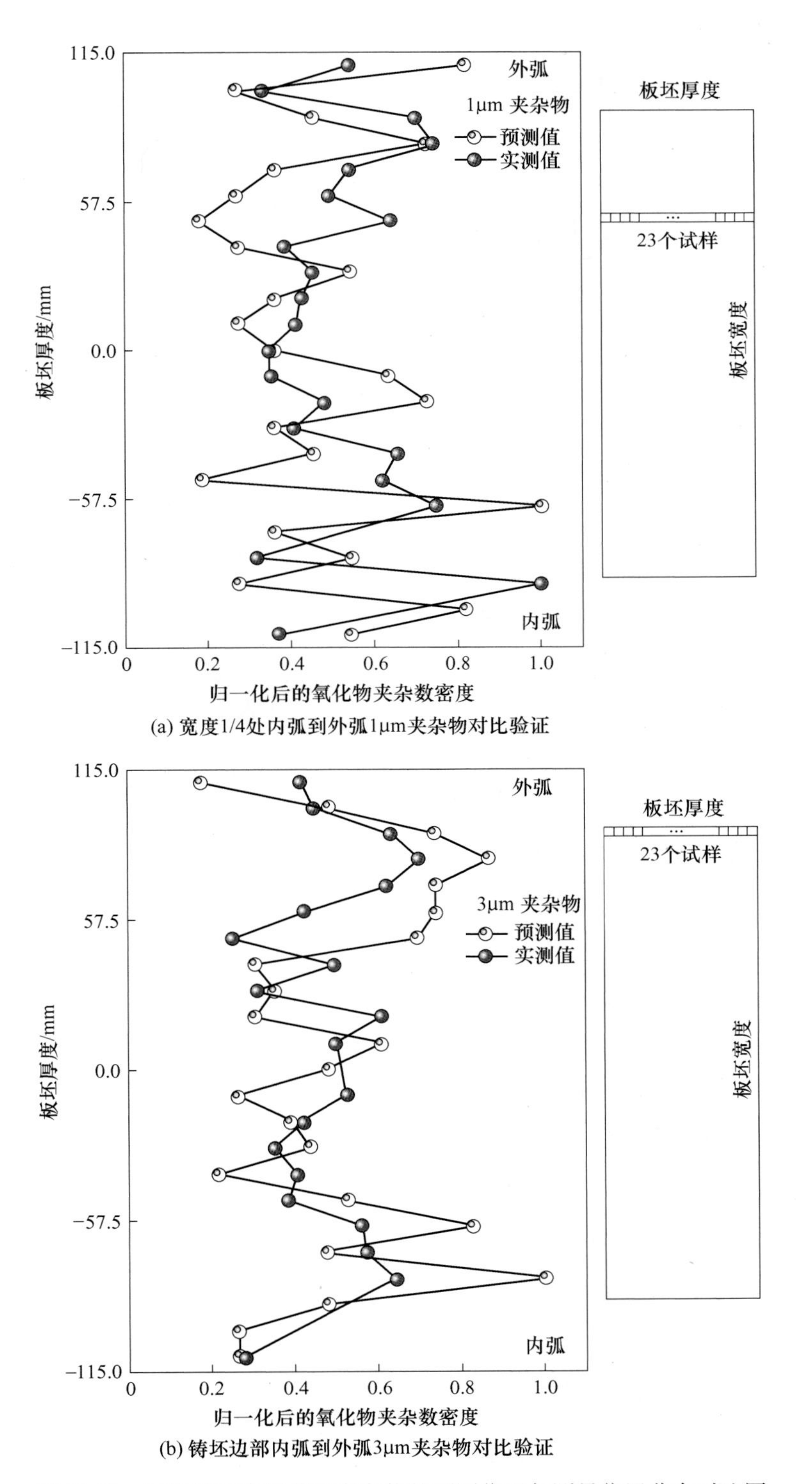

(a) 宽度1/4处内弧到外弧1μm夹杂物对比验证

(b) 铸坯边部内弧到外弧3μm夹杂物对比验证

图 13-21 被凝固坯壳捕获的夹杂物的预测位置与测量位置分布对比图

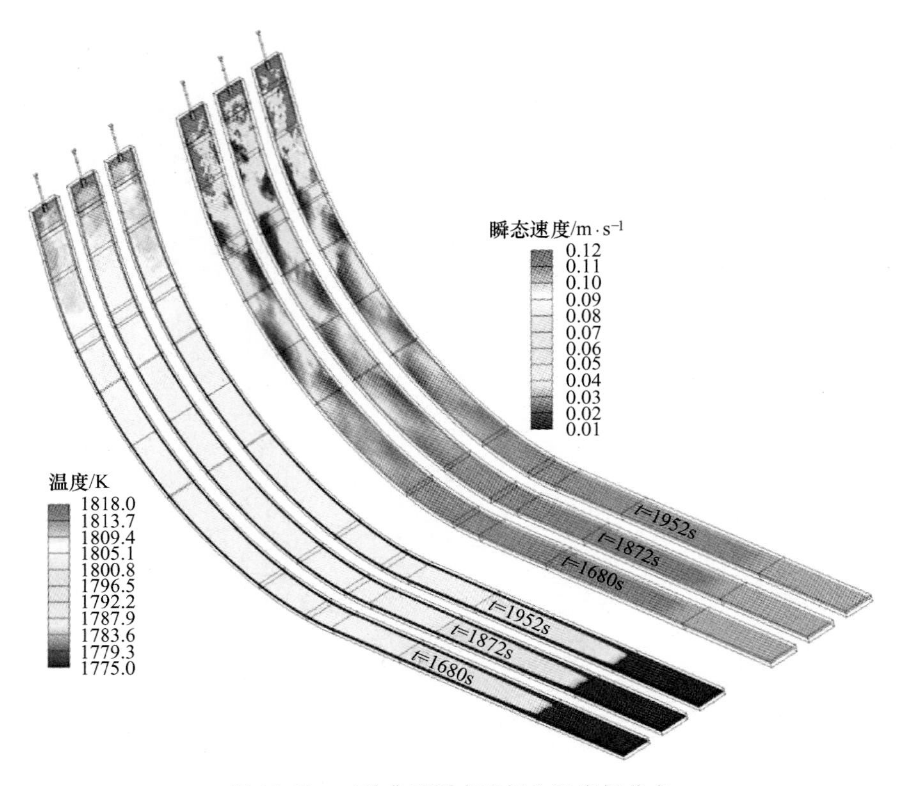

图 13-22　三种典型瞬态流场和温度场分布

预测整个铸坯断面上夹杂物分布是必须的。通过统计夹杂物在结晶器中的去向分布得出只有 13. 42%的夹杂物能够通过上浮在上表面处去除，而 86. 58%的夹杂物最终被凝固坯壳捕获而留在铸坯内形成缺陷。绝大部分夹杂物密度都小于钢液密度，因此能够在钢液中上浮到上表面去除。图 13-25 为不同直径夹杂物在上表面的上浮去除率的对比。结果表明，夹杂物在上表面的上浮去除率随着夹杂物直径的增大而增大，特别是当夹杂物直径大于 30μm 后，上浮去除率大幅增大。夹杂物上浮的驱动力为浮力，夹杂物直径越大，所受的浮力越大，即通过上浮去除的几率越大。连铸结晶器作为炼钢过程中去除夹杂物的最后一个环节，因此可以通过改善流场分布，增大夹杂物的停留时间，增大上浮去除率，从而提高铸坯质量。

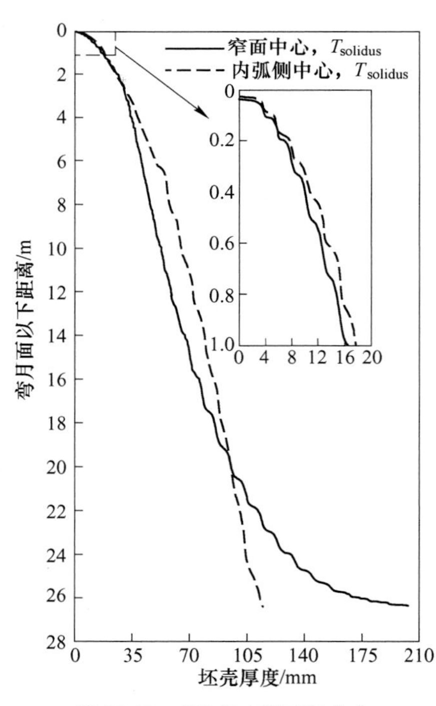

图 13-23　凝固坯壳厚度分布

图 13-26 显示了夹杂物在上表面上浮去除以及被凝固坯壳捕获去除的位置分布。可以看出，本研究所采用的数学模型可以成功地预测铸坯整个断面

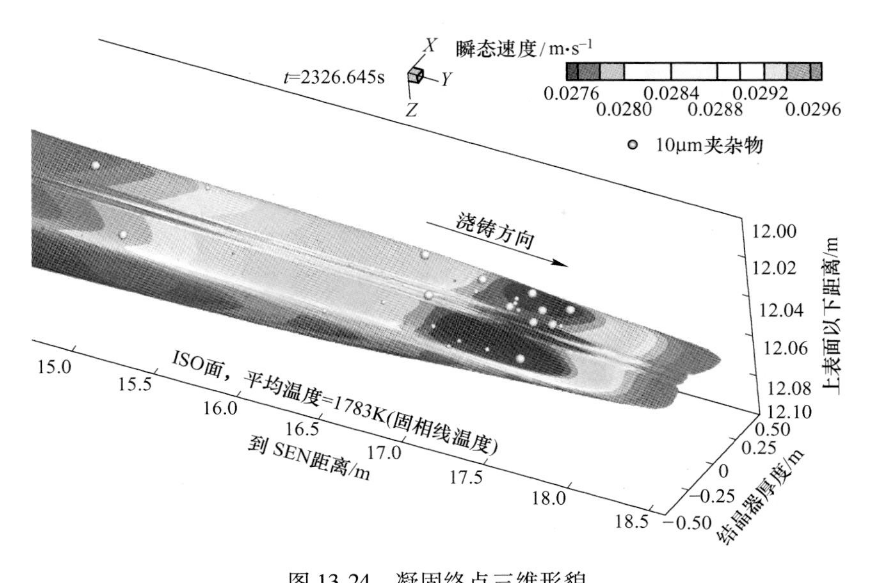

图 13-24　凝固终点三维形貌

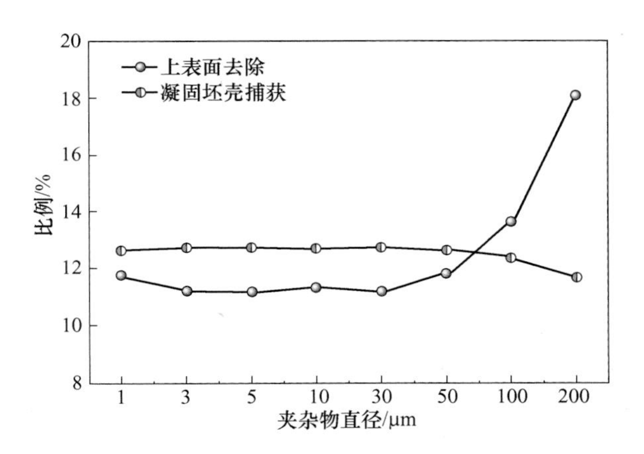

图 13-25　不同直径夹杂物在上表面去除及被凝固坯壳捕获比例分布

上夹杂物的分布。图 13-26（a）显示了被凝固坯壳捕获的夹杂物位置的三维分布。可以发现，水平段内很难发现大于 30μm 的夹杂物，这表明大于 30μm 的夹杂物几乎全部被垂直段以及弯曲段的凝固坯壳捕获或者通过上浮去除。图 13-26（b）为不同直径夹杂物的捕获位置沿拉坯方向投影的二维分布结果。可以看出，小尺寸夹杂物在内外弧、左右窄面侧分布较均匀，但大尺寸夹杂物在内弧侧分布大于外弧侧分布，这是由于直弧型连铸机包含的弯曲段结构造成的。在弯曲段内，大尺寸夹杂物受到浮力较大，更容易上浮被内弧侧凝固坯壳捕获，使得内弧侧夹杂物分布较外弧侧多。图 13-26（c）为不同直径夹杂物在上表面的去除位置分布。可以看出，夹杂物在上表面的去除位置分布较为分散，且不同直径夹杂物之间没有明显区别。钢液射流从水口射出后很快撞击窄面，然后分成上环流与下环流两个流股，夹杂物随着流股一起运动，因此在上表面去除位置较为分散平均。

为了分析统计不同直径夹杂物在铸坯上的分布规律，将投影的二维捕获位置分布进行数分数频率分析，结果如图 13-27 所示。厚度方向坐标负数表示外弧侧。从图中结果可以

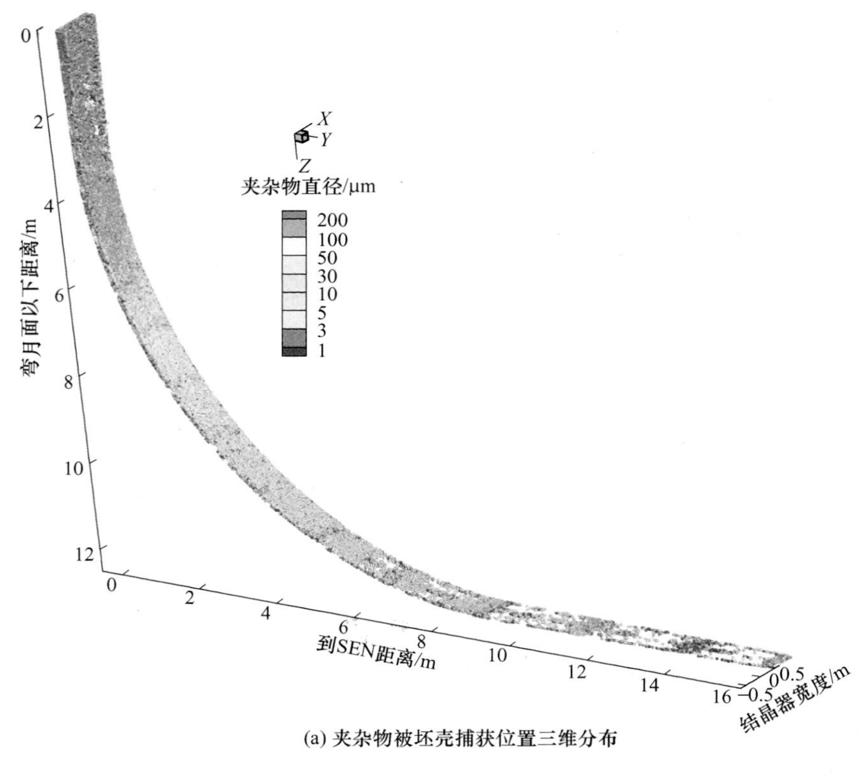

(a) 夹杂物被坯壳捕获位置三维分布

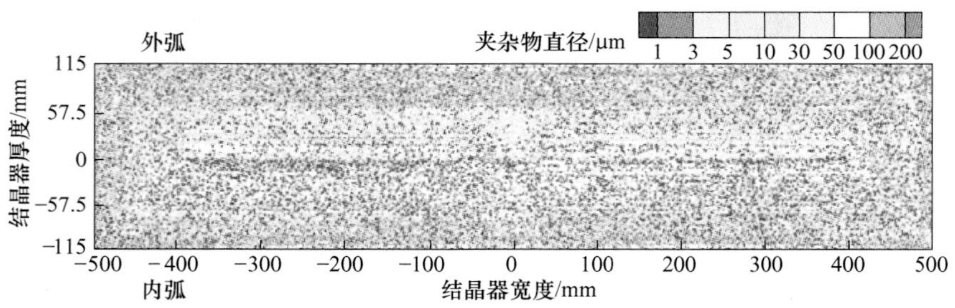

(b) 夹杂物被坯壳捕获位置二维分布

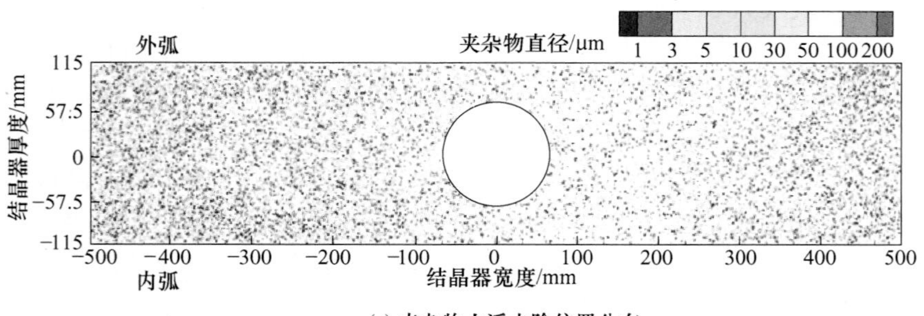

(c) 夹杂物上浮去除位置分布

图 13-26　夹杂物上浮去除及被坯壳捕获位置分布

看出，铸坯中夹杂物分布存在两个条状聚集区：一个位于铸坯中心，且随着夹杂物直径的增大，聚集现象减弱；另一个位于距内弧 1/4 宽度处，且随着夹杂物直径的增大，聚集现象愈加明显。夹杂物聚集现象与直弧形连铸机的结构直接相关。小尺寸夹杂物可以随钢液运动通过弯曲段，最终在水平段中被捕获。由于弯曲段的存在，大尺寸夹杂物更容易被内弧侧坯壳捕获。结果还表明，小尺寸夹杂物容易在铸坯左侧边部聚集，这可能是由于流场的不对称分布造成的。此外，每个直径的夹杂物都会在铸坯边部分布较多，这也与实际铸坯中表层夹杂物数密度较大相对应。

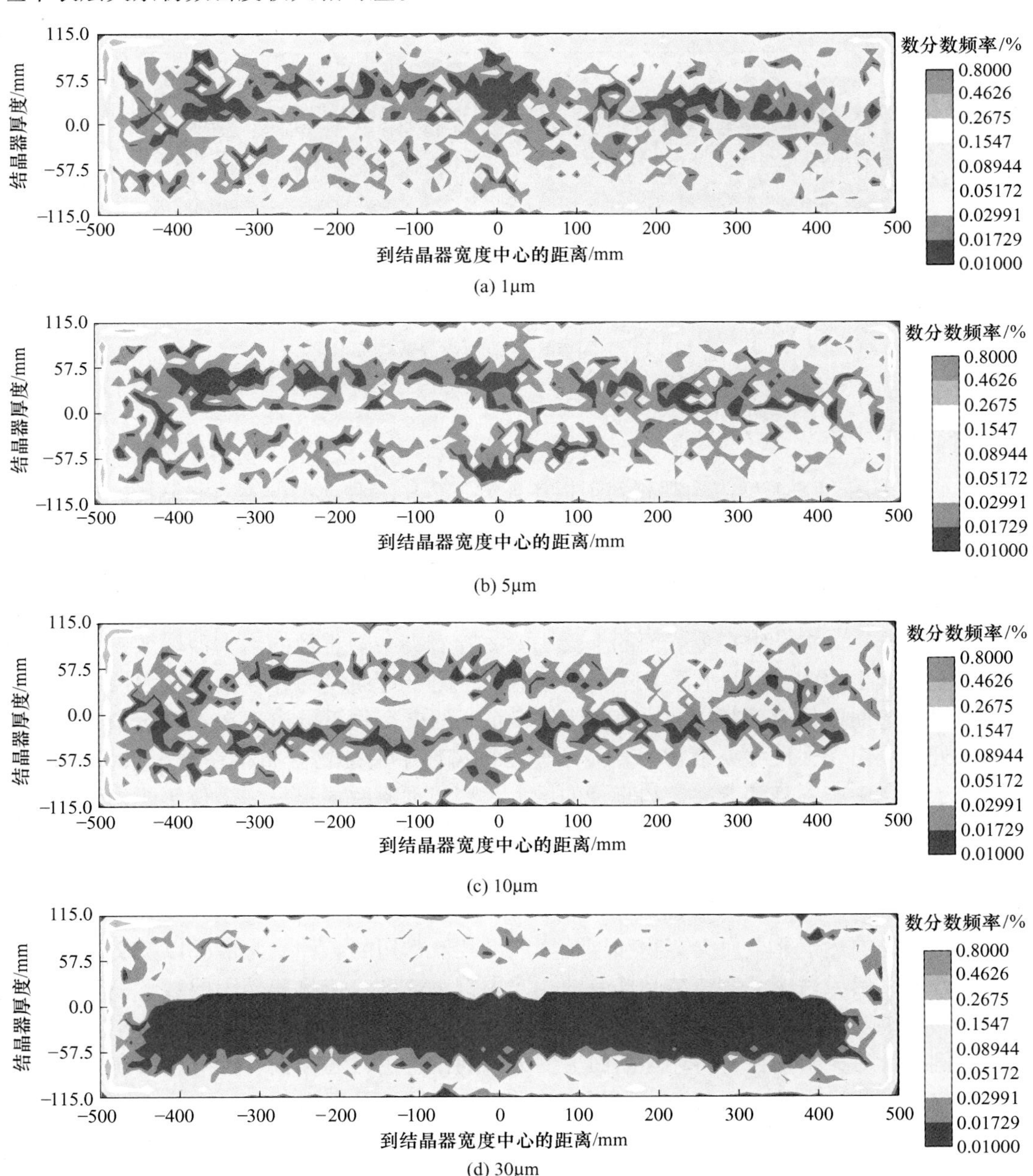

(a) 1μm

(b) 5μm

(c) 10μm

(d) 30μm

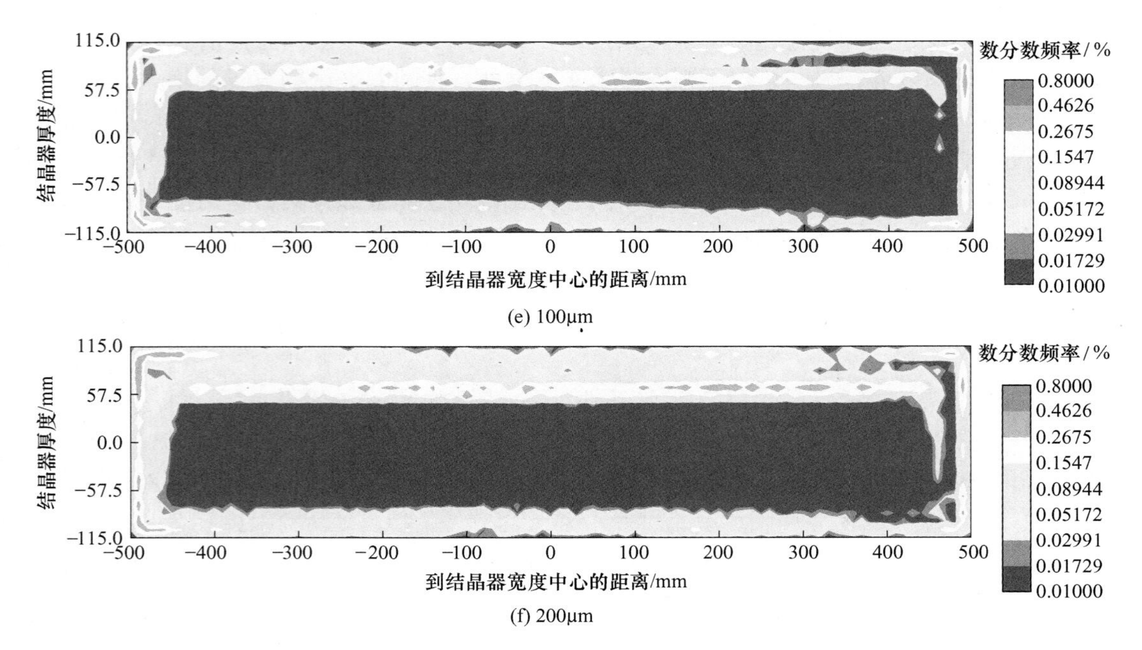

图 13-27　不同直径夹杂物数分数频率分布

13.6.5　本节小结

本研究采用 LES 模型成功观测到了板坯连铸过程中三种典型的不对称流场。流场的周期性变化使得深部流场左右摆动，不对称的流场造成了温度场分布的不对称及坯壳的不均匀生长，也是造成铸坯中夹杂物分布不均匀的原因之一；通过耦合 LES 模型、传热凝固模型、DPM 模型建立连铸过程全凝固大涡模拟模型成功预测了铸坯中非金属夹杂物数量、大小和位置分布；夹杂物在上表面的上浮去除率随着夹杂物直径的增大而增大，特别是当夹杂物直径大于 30μm 后，上浮去除率大幅增大；由于弯曲段的存在，使得大尺寸夹杂物在垂直段和弯曲段处全部被捕获，直径大于 30μm 的夹杂物不会出现在水平段中，即连铸坯中心处不会出现大尺寸夹杂物；直弧形连铸机铸坯中夹杂物分布存在两个条状聚集区：一个位于铸坯中心，且随着夹杂物直径的增大，聚集现象减弱；另一个位于距内弧 1/4 宽度处，且随着夹杂物直径的增大，聚集现象愈加明显。

13.7　本章小结

本章首先综述了非金属夹杂物和钢凝固前沿相互作用的各种受力情况以及文献发表的临界速度值，然后讨论了连铸结晶器及液相穴内钢水流动、传热和凝固的数学模型，展示了模拟的结果及与测量值的对比。基于上面这些理论及数学模型，本章以连铸小方坯及大板坯为例，针对夹杂物在连铸坯全断面上的分布的位置进行了预报。针对连铸坯全断面上的夹杂物数量和尺寸的空间分布进行预报的学术文章还不是很多，在这方面应该做更加深入的研究，特别应该针对下面几点进行理论分析及智能预报：（1）钢凝固前沿对夹杂物的捕捉条件，该捕捉条件和钢液成分、温度、流动情况和夹杂物成分及尺寸的定量关系，以及该捕捉条件如何与钢水流动、传热和凝固相耦合；（2）针对铸坯全断面上的夹杂物的数量及尺寸的预报已经成为可能，并能够得到进一步的完善和优化，但是针对铸坯全断面上的夹杂物的成分分布以及该分布与铸坯温度的变化关系还没有进行详细的研究，这将是这一领域最值得期待的科研成果。如果能实现铸坯全断面上的夹杂物的数量、大小和成分的全面预报，就能利用该预报模型优化连铸操作，实现连铸产品中夹杂物的定制化制造，即实现针对连铸产品中非金属夹杂物的智能控制。

参考文献

[1] Stefanescu D M, Juretzko F R, Dhindaw B K, et al. Particle engulfment and pushing by solidifying interfaces: Part Ⅱ. Microgravity experiments and theoretical analysis [J]. Metallurgical and Materials Transactions A, 1998, 29 A (6): 1697-1706.

[2] Mukai K. Engulfment and pushing of foreign particles such as inclusions and bubbles at solidifying interface [J]. Tetsu-to-Hagane, 1996, 82 (1): 8-14.

[3] Uhlmann D R, Chalmers B, Jackson K A. Interaction between particles and a solid-liquid interface [J]. Journal of Applied Physics, 1964, 35 (10): 2986-2993.

[4] Omenyi S N, Neumann A W. Thermodynamic aspects of particle engulfment by solidifying melts [J]. Journal of Computation Physics, 1976, 47 (9): 3956-3962.

[5] Shibata H, Yin H, Yoshinaga S, et al. In-situ observation of engulfment and pushing of nonmetallic inclusions in steel melt by advancing melt/solid interface [J]. ISIJ International, 1998, 38 (2): 149-156.

[6] Stefanescu D M, Dhindaw B K, Kacar S A, et al. Behavior of ceramic particles at the solid-liquid metal interface in metal matrix composites [J]. Metallurgical Transactions A, 1988, 19 A (11): 2847-2855.

[7] Shangguan D, Ahuja S, Stefanescu D M. Analytical model for the interaction between an insoluble particle and an advancing solid/liquid interface [J]. Metallurgical Transactions A, 1992, 23 A (2): 669-680.

[8] Bolling G F, Cissé J. A theory for the interaction of particles with a solidifying front [J]. Journal of Crystal Growth, 1971, 10 (1): 56-66.

[9] Cissé J, Bolling G F. A study of the trapping and rejection of insoluble particles during the freezing of water [J]. Journal of Crystal Growth, 1971, 10 (1): 67-76.

[10] Cissé J, Bolling G F. The steady-state rejection of insoluble particles by salol grown from the melt [J]. Journal of Crystal Growth, 1971, 11 (1): 25-28.

[11] Catalina A V, Mukherjee S, Stefanescu D M. Dynamic model for the interaction between a solid particle and an advancing solid/liquid interface [J]. Metallurgical and Materials Transactions A, 2000, 31 (10): 2559-2568.

[12] Sasikumar R, Ramamohan T R. Distortion of the temperature and solute concentration fields due to the presence of particles at the solidification front-effects on particle pushing [J]. Acta Metallurgica et Materialia, 1991, 39 (4): 517-522.

[13] Rempel A W, Worster M G. Interaction between a particle and an advancing solidification front [J]. Journal of Crystal Growth, 1999, 205 (3): 427-440.

[14] Hadji L. Thermal force induced by the presence of a particle near a solidifying interface [J]. Physical Review E—Statistical, Nonlinear, and Soft Matter Physics, 2001, 64 (5I): 051502/1-051502/6.

[15] Azouni M A, Casses P. Thermophysical properties effects on segregation during solidification [J]. Advances in Colloid and Interface Science, 1998, 75 (2): 83-106.

[16] Garvin J W, Udaykumar H S. Particle-solidification front dynamics using a fully coupled approach. Part Ⅱ: Comparison of drag expressions [J]. Journal of Crystal Growth, 2003, 252 (1-3): 467-479.

[17] Garvin J W, Yang Y, Udaykumar H S. Multiscale modeling of particle-solidification front dynamics. Part Ⅱ: Pushing-engulfment transition [J]. International Journal of Heat and Mass Transfer, 2007, 50 (15-16): 2969-2980.

[18] Wu S, Nakae H. Nucleation effect of alumina in Al-Si/Al_2O_3 composites [J]. Journal of Materials Science Letters, 1999, 18 (4): 321-323.

[19] Kennedy A R, Clyne T W. Migration behaviour of reinforcing particles during the solidification processing of MMCS [C]. Proceedings of the 2nd International Conference on the Processing of Semi-Solid Alloys and Composites, Cambridge, 1993: 376-381.

[20] Visser J. Concept of negative Hamaker coefficients-1. History and present status [J]. Advances in Colloid and Interface Science, 1981, 15 (2): 157-169.

[21] Van Oss C J, Visser J, Absolom D R, et al. Concept of negative Hamaker coefficients-2. Thermodynamics, experimental evidence and applications [J]. Advances in Colloid and Interface Science, 1983, 18 (3-4): 133-148.

[22] Omenyi S N, Neumann A W. Thermodynamic aspects of particle engulfment by solidifying melts [J]. Journal of Applied Physics, 1976, 47 (9): 3956-3962.

[23] Uhlmann D R, Chalmers B, Jackson K A. Interaction between particles and a solid-liquid interface [J]. Journal of Applied Physics, 1964, 35: 2986-2993.

[24] Garvin J W, Udaykumar H S. Drag on a particle being pushed by a solidification front and its dependence on thermal conductivities [J]. Journal of Crystal Growth, 2004, 267 (3-4): 724-737.

[25] Leal L G. Laminar flow and convection transfer processes [A]. In: Scaling Principles and Asymptotic Analysis, 1992.

[26] Wang Z, Mukai K, Lee I J. Behavior of fine bubbles in front of the solidifying interface [J]. ISIJ International, 1999, 39 (6): 553-562.

[27] Wilde G, Perepezko J H. Experimental study of particle incorporation during dendritic solidification [J]. Materials Science and Engineering A, 2000, 283 (1): 25-37.

[28] Jacobi H, Schwerdtfeger K. Dendrite morphology of steady state unidirectionally solidified steel [J]. Metallurgical Transactions A, 1976, 7A (6): 811-820.

[29] Suzuki A, Nagaoka Y. Dendrite morphology and arm spacing of steels [J]. J. Jap. Inst. Metals, 1969, 33 (6): 658-663.

[30] Taha M A, Jacobi H, Imagumbai M, et al. Dendrite morphology of several steady state unidirectionally solidified iron base alloys [J]. Metallurgical transactions A, 1982, 13A (12): 2131-3141.

[31] Imagumbai M. Behaviors of manganese-sulfide in aluminum-killed steel solidified uni-directionally in steady state-dendrite structure and inclusions [J]. ISIJ International, 1994, 34 (11): 896-905.

[32] Chernov A A, Temkin D E. Theory of the capture of solid inclusions during the growth of crystals from the melt [J]. Soviet Physics—Crystallography, 1976, 21 (4): 369.

[33] Pötschke J, Rogge V. On the behaviour of foreign particles at an advancing solid-liquid interface [J]. Journal of Crystal Growth, 1989, 94 (3): 726-738.

[34] Hino M, Nagasaka T, Higuchi K, et al. Thermodynamic estimation on the reduction behavior of iron-chromium ore with carbon [J]. Metallurgical and Materials Transactions B, 1998, 29 (2): 351-360.

[35] Li Q, Beckermann C. Evolution of sidebranch spacings in three-dimensional dendritic growth [C]. TMS1999, Warrendale, PA, 1999: 111-120.

[36] Park M S, Golovin A, Davis S H. The encapsulation of particles and bubbles by an advancing solidification front [J]. Journal of Fluid Mechanics, 2006, 560: 415-436.

[37] Kaptay G. Interfacial criterion of spontaneous and forced engulfment of reinforcing particles by an advancing solid/liquid interface [J]. Metallurgical and Materials Transactions A, 2001, 32 (4): 993-1005.

[38] Kaptay G. Reduced critical solidification front velocity of particle engulfment due to an interface active solute in the liquid metal [J]. Metallurgical and Materials Transactions A, 2002, 33 (6): 1869-1873.

[39] Thomas B G, Huang X, Sussman R C. Simulation of argon gas flow effects in a continuous slab caster [J]. Metallurgical and Materials Transactions B, 1994, 25 (4): 527-547.

[40] Bai H, Thomas B G. Turbulent flow of liquid steel and argon bubbles in slide-gate tundish nozzles: Part Ⅱ. Effect of operation conditions and nozzle design [J]. Metallurgical and Materials Transactions B, 2001, 32 (2): 269-284.

[41] Zhang L, Yang S, Cai K, et al. Investigation of fluid flow and steel cleanliness in the continuous casting strand [J]. Metallurgical and Materials Transactions B, 2007, 38 (1): 63-83.

[42] Zhang L, Wang Y, Zuo X. Flow transport and inclusion motion in steel continuous-casting mold under submerged entry nozzle clogging condition [J]. Metallurgical and Materials Transactions B, 2008, 39 (4): 534-550.

[43] Chaudhary R, Lee G G, Thomas B G, et al. Transient mold fluid flow with well-and mountain-bottom nozzles in continuous casting of steel [J]. Metallurgical and Materials Transactions B, 2008, 39 (6): 870-884.

[44] Calderon-Ramos I, Barreto J d J, Garcia-Hernandez S. Physical and mathematical modelling of liquid steel fluidynamics in a billet caster [J]. ISIJ International, 2013, 53 (5): 802-808.

[45] Liu Z, Li B, Jiang M, et al. Modeling of transient two-phase flow in a continuous casting mold using Euler-Euler large eddy simulation scheme [J]. ISIJ International, 2013, 53 (3): 484-492.

[46] Arcos-Gutierrez H, Barrera-Cardiel G, Barreto J d J, et al. Numerical study of internal SEN design effects on jet oscillations in a funnel thin slab caster [J]. ISIJ International, 2014, 54 (6): 1304-1313.

[47] Voller V R, Brent A D, Prakash C. Modelling the mushy region in a binary alloy [J]. Applied Mathematical Modelling, 1990, 14 (6): 320.

[48] Gu J P, Beckermann C. Simulation of convection and macrosegregation in a large steel ingot [J]. Metallurgical and Materials Transactions A, 1999, 30 (5): 1357-1366.

[49] Lait J E, Brimacombe J K, Weinberg F. Mathematical modelling of heat flow in the continuous casting of steel [J]. Ironmaking and Steelmaking, 1974, 1 (2): 90-97.

[50] Swaminathan C R, Voller V R. A general enthalpy method for modeling solidification processes [J]. Metallurgical Transactions B, 1992, 23 (5): 651-664.

[51] Seyedein S H, Hasan M. A three-dimensional simulation of coupled turbulent flow and macroscopic solidification heat transfer for continuous slab casters [J]. International Journal of Heat and Mass Transfer, 1997, 40 (18): 4405-4423.

[52] Nam H, Park H-S, Yoon J K. Numerical analysis of fluid flow and heat transfer in the funneltype mold of a thin slab caster [J]. ISIJ International, 2000, 40 (9): 886-892.

[53] Park H-S, Nam H, Yoon J K. Numerical analysis of fluid flow and heat transfer in the parallel type mold of a thin slab caster [J]. ISIJ International, 2001, 41 (9): 974-980.

[54] Qiu S, Liu H, Peng S, et al. Numerical analysis of thermal-driven buoyancy flow in the steady macro-solidification process of a continuous slab caster [J]. ISIJ International, 2004, 44 (8): 1376-1383.

[55] Pfeiler C, Thomas B G, Wu M, et al. Solidification and particle entrapment during continuous casting of

steel [J]. Steel Research International, 2006, 77 (7) .

[56] Shamsi M R R I, Ajmani S K. Three dimensional turbulent fluid flow and heat transfer mathematical model for the analysis of a continuous slab caster [J]. ISIJ International, 2007, 47 (3): 433-442.

[57] Liu H, Yang C, Zhang H, et al. Numerical simulation of fluid flow and thermal characteristics of thin slab in the funnel-type molds of two casters [J]. ISIJ International, 2011, 51 (3): 392-401.

[58] Pan F, Sun H, Zhang J. Metallurgical behavior of the ultrathick-slab continuous casting mould [C]. AISTech 2013 Iron and Steel Technology Conference, Pittsburgh, PA, United States, 2013, 2: 1531-1538.

[59] Garcia-Hernandez S, Barreto J d J, Morales R D, et al. Numerical simulation of heat transfer and steel shell growth in a curved slab mold [J]. ISIJ International, 2013, 53 (5): 809-817.

[60] 黄军涛，赫冀成. 方坯结晶器电磁制动夹杂物运动轨迹的数值模拟 [J]. 东北大学学报，2000，21 (1)：97-99.

[61] Li B, Tsukihashi F. Numerical estimation of the effect of the magnetic field application on the motion of inclusion in continuous casting of steel [J]. ISIJ International, 2003, 43 (6): 923-931.

[62] Yuan Q, Thomas B G, Vanka S P. Study of transient flow and particle transport in continuous steel caster molds: Part II. Particle transport [J]. Metallurgical and Materials Transactions B, 2004, 35 (4): 703-714.

[63] Pfeiler C, Wu M, Ludwig A. Influence of argon gas bubbles and non-metallic inclusions on the flow behavior in steel continuous casting [J]. Materials Science and Engineering A, 2005, 413-414: 115-120.

[64] 雷洪，张红伟，陈芝会，等. 连铸结晶器内钢液流动、凝固和夹杂物的分布 [J]. 钢铁，2010，45 (5)：24-29.

[65] Wang Y, Zhang L. Fluid flow-related transport phenomena in steel slab continuous casting strands under electromagnetic brake [J]. Metallurgical and Materials Transactions B, 2011, 42 (6): 1319-1351.

[66] 刘太楷，张小伟，邓康，等. 板坯连铸结晶器偏流下电磁制动去除夹杂物的模拟分析 [J]. 连铸，2011 (1)：5-9.

[67] Thomas B G, Yuan Q, Mahmood S, et al. Transport and entrapment of particles in steel continuous casting [A]. 101 Philip Drive, Assinippi Park, Norwell, MA 02061, United States: Springer Boston, 2014, 45: 22-35.

[68] Pfeiler C, Wu M, Ludwig A, et al. Simulation of inclusion and bubble motion in a steel continuous caster [C]. Modeling of Casting, Welding and Advanced Solidification Processes, 2006, 2: 737-744.

[69] Zhang L, Wang Y. Modeling the entrapment of nonmetallic inclusions in steel continuous-casting billets [J]. JOM, 2012, 64 (9): 1063-1074.

[70] Wang Y. Fluid flow related phenomena and inclusion motion in continuous casting strands [D]. Missouri University of Science and Technology, 2010.

[71] Song X, Cheng S, Cheng Z. Numerical computation for metallurgical behavior of primary inclusion in compact strip production mold [J]. ISIJ International, 2012, 52 (10): 1824-1831.

[72] Lei S, Zhang J, Zhao X, et al. Numerical simulation of molten steel flow and inclusions motion behavior in the solidification processes for continuous casting slab [J]. ISIJ International, 2014, 54 (1): 94-102.

[73] Morales R D, Pez A G, Olivares I M. Heat transfer analysis during water spray cooling of steel rods [J]. ISIJ International, 1990, 30 (1): 48-57.

[74] 王强强. 连铸过程多相流、传热凝固及夹杂物运动捕获的研究 [D]. 北京：北京科技大学，2017.

[75] Wang Q, Zhang L. Influence of FC-mold on the full solidification of continuous casting slab [J]. JOM, 2016, 68 (8): 2170-2179.

14 固体钢加热和冷却过程中钢中非金属夹杂物的演变行为

14.1 国内外研究现状综述

钢中非金属夹杂物的控制已经成为钢种生产的关键任务之一。钢中非金属夹杂物的成分、形态、尺寸，以及分布直接影响钢产品的质量和产品性能[1-5]。钢中非金属夹杂物的控制不是钢中存在的所有问题，但是所有钢中都存在非金属夹杂物的问题。因此，实现冶炼全流程钢中非金属夹杂物的精准控制非常重要[6-9]。从转炉或电炉出钢开始，可以通过脱氧对氧化物夹杂的生成进行控制；在精炼反应器中，可通过钙处理和炉渣精炼对钢中的氧化物夹杂进行改性，降低夹杂物对钢材的危害，保证连铸生产的顺行；在连铸过程中，可通过保护浇铸的手段防止钢液成分和氧化物夹杂成分发生转变，减少新氧化物夹杂的生成。可见，冶炼过程液态钢水中各类氧化物夹杂和控制技术已日臻成熟，已经形成了一系列关于钢液脱氧、精炼渣改性夹杂物、合金处理改性夹杂物等成熟的夹杂物控制方法，可以实现从钢水精炼到连铸钢液中非金属夹杂物的成分控制。

国内外学者已经针对钢液中夹杂物的控制开展了大量的研究。对于钢液中夹杂物的控制主要存在两种不同的技术方法：第一种是首先用铝脱氧，通过铝的极强的脱氧能力，很容易将钢中总氧降低到很低的水平[10]，配合使用高碱度精炼渣，尽可能地减少钢中夹杂物的总量。然后，通过钙处理的方法将钢液中剩余的高 Al_2O_3夹杂物改性为液态钙铝酸盐，从而减小其对钢材的危害[5]。通常，铝脱氧钢的二次氧化会导致钢中酸溶铝含量的下降和夹杂物中 Al_2O_3含量的上升[1]。为了避免钢液中高 Al_2O_3夹杂物的生成，可以采用第二种夹杂物控制方法，即先通过硅锰合金对钢液进行脱氧，再配合使用低碱度精炼渣降低夹杂物中少量的 Al_2O_3。由于硅锰合金和低碱度精炼渣的脱氧能力较弱，很难将钢中总氧降低到很低的水平，导致钢中夹杂物的数量较多。但是，相对于铝脱氧钢，硅锰脱氧后产生的夹杂物具有更好的变形能力，对钢材性能的影响较小。同时，硅锰钢脱氧钢二次氧化会导致其夹杂物中 SiO_2和 MnO 含量上升[2]。

在钢液凝固过程中，随着温度的降低，钢和夹杂物之间的平衡也会随之变化，从而导致凝固过程中夹杂物的成分转变。后续的热处理过程不仅能够改变钢材的组织结构与性能，同时也可能会导致固态钢基体中的合金元素与氧化物夹杂发生反应，从而造成钢基体成分偏析、原有氧化物夹杂的改性以及新氧化物夹杂的析出，这也为实现对钢中氧化物夹杂的有效控制拓展了一条新的技术思路与方向。同时，热处理过程中钢基体中氧化物夹杂的变化会直接影响最终钢材产品的性能和质量。但是前人在这方面开展的研究较少。研究热处理对钢中氧化物夹杂的影响，对提高产品的洁净度和性能具有重要的指导作用和现实意义。

14.1.1 热处理过程固态不锈钢中非金属夹杂物的变化

在不锈钢的热处理过程中，由于钢中有很高含量的合金元素，钢中氧化物夹杂可能与钢基体反应，从而导致氧化物夹杂成分发生很大的变化。早在 1967 年，Takahashi 等[11]就报道了 18Cr-8Ni 不锈钢中夹杂物在 1073～1473K 的热处理过程中的转变，如图 14-1 所示。夹杂物可能会从热处理前的 MnO-SiO_2转变为热处理后的 MnO-Cr_2O_3，其实验条件为空气气氛，文章中没有报道夹杂物的数量变化关系，所以无法判断夹杂物转变是由于原始夹杂物的自身转变引起的，还是由于加热过程中二次氧化析出了较多夹杂物。

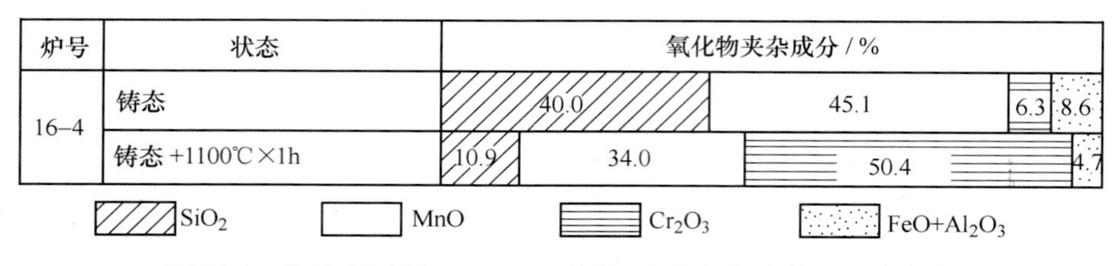

图 14-1　热处理过程 17Cr-9Ni 不锈钢中夹杂物成分和尺寸变化

Takano 等[12]对 17Cr-9Ni 不锈钢的热处理过程夹杂物变化进行了研究，其实验同样是在空气条件下进行的，通过在前人基础上对热处理前后不锈钢样品中夹杂物数量和尺寸分布进行分析，结果如图 14-2 所示。发现 Al-Ca 脱氧的不锈钢样品在空气气氛条件下进行热处理，夹杂物基本不会发生变化。然而，对 Si-Mn 脱氧的不锈钢样品在空气气氛下进行热处理会生成大量的 MnO-Cr_2O_3夹杂物。

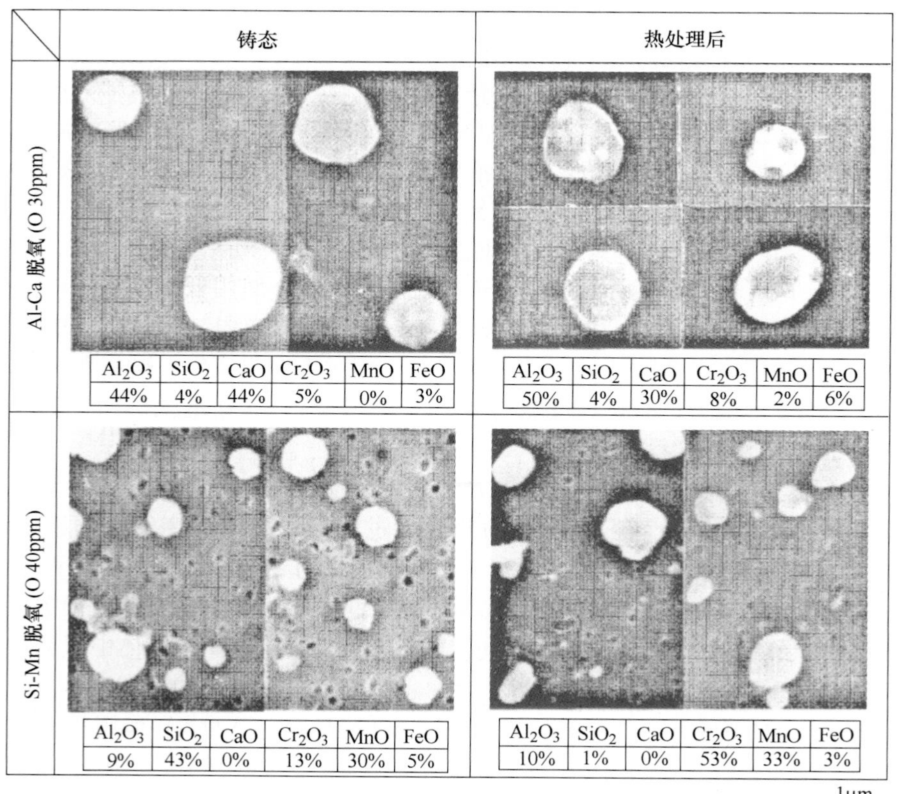

(a) 成分

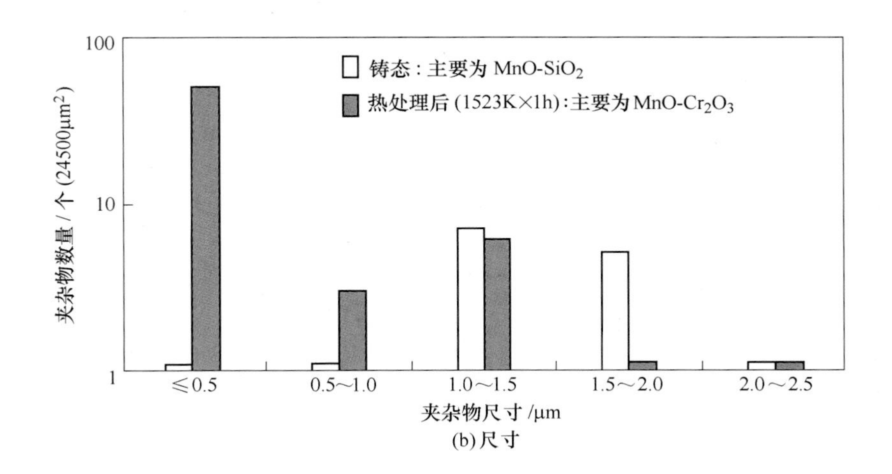

(b) 尺寸

图 14-2 热处理过程 17Cr-9Ni 不锈钢中夹杂物成分和尺寸变化[12]

Takano 等[12]还对比了铝脱氧和硅锰脱氧奥氏体不锈钢的晶粒组织，发现硅锰脱氧奥氏体不锈钢晶粒组织明显细化。这主要是由于硅锰脱氧奥氏体不锈钢在 1250℃下的热处理过程会生成小尺寸 $MnO-Cr_2O_3$夹杂物，这些 500nm 以下的夹杂物可以钉扎奥氏体晶界，从而起到了抑制晶粒长大的作用，如图 14-3 所示。然而，已有研究结果还存在一些不足之处：（1）只是在最终的样品中观察到了小尺寸 $MnO-Cr_2O_3$夹杂物在奥氏体晶界上生成的现象，并没有揭示和确定热处理过程小尺寸 $MnO-Cr_2O_3$夹杂物钉扎晶界的过程和机理；（2）没有确定有细化晶粒效果的小尺寸 $MnO-Cr_2O_3$夹杂物的生成条件；（3）没有提出钢液成分、热处理温度、时间和气氛等影响因素对 $MnO-Cr_2O_3$夹杂物细化 304 不锈钢晶粒组织的影响。

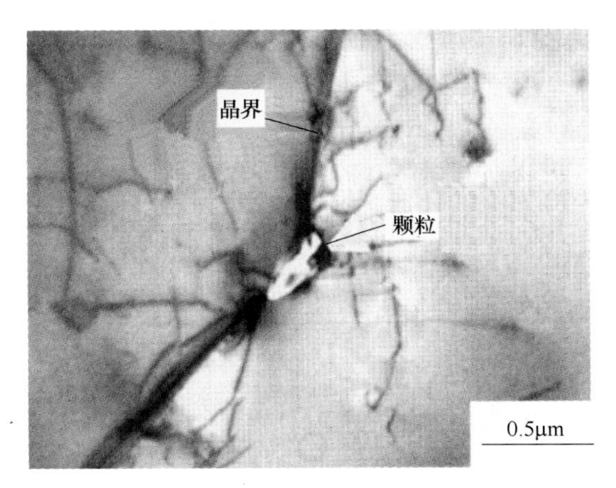

(a)

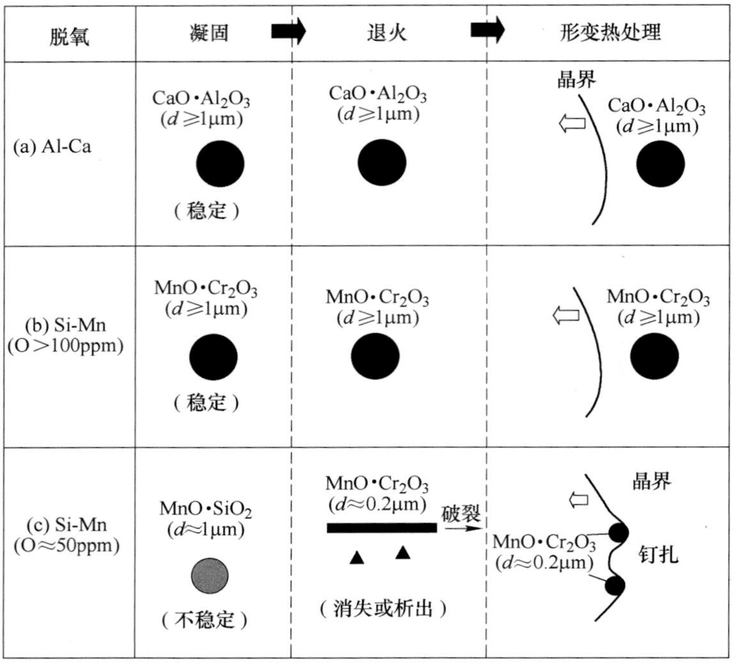

脱氧	凝固 ➡	退火 ➡	形变热处理
(a) Al-Ca	$CaO·Al_2O_3$ ($d\geqslant1\mu m$)（稳定）	$CaO·Al_2O_3$ ($d\geqslant1\mu m$)	晶界 $CaO·Al_2O_3$ ($d\geqslant1\mu m$)
(b) Si-Mn (O>100ppm)	$MnO·Cr_2O_3$ ($d\geqslant1\mu m$)（稳定）	$MnO·Cr_2O_3$ ($d\geqslant1\mu m$)	$MnO·Cr_2O_3$ ($d\geqslant1\mu m$)
(c) Si-Mn (O≈50ppm)	$MnO·SiO_2$ ($d\approx1\mu m$)（不稳定）	$MnO·Cr_2O_3$ ($d\approx0.2\mu m$) 破裂（消失或析出）	晶界 $MnO·Cr_2O_3$ ($d\approx0.2\mu m$) 钉扎

(b)

图 14-3　奥氏体不锈钢中 $MnO-Cr_2O_3$夹杂物钉扎晶界[12]

Shibata 等[13,14]研究了 $MnO-SiO_2$渣系和 Fe-Cr 合金的固态加热反应，同样发现了热处理过程夹杂物由 $MnO-SiO_2$到 $MnO-Cr_2O_3$的转变过程，还研究了不锈钢中 Si、Mn、Ni 和 Cr 对热处理过程夹杂物成分变化的影响，确定了不锈钢与夹杂物反应的转变条件，如图 14-4 所示。此外，通过热力学计算对不锈钢中夹杂物的变化进行了讨论。但是其实验仍旧是在空气条件下进行的，无法判断原有试样中内生夹杂物是否发生了转变。

状态	氧化物形貌	平均成分（摩尔分数）
铸态	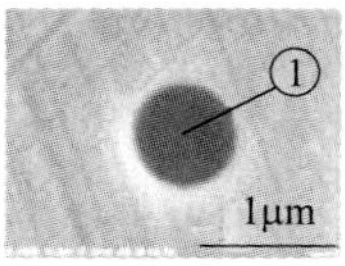 ① 1μm	① 47%MnO-47%SiO_2-6%Cr_2O_3
热处理后	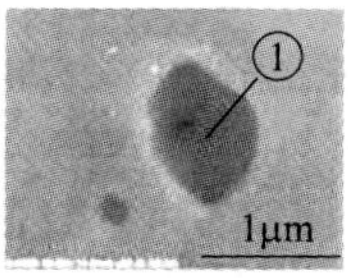 ① 1μm	① 55%MnO-45%Cr_2O_3

(a)

热处理时间		铸态	5min	10min	60min
Fe-10%Cr	低 Si (0.08%)	○	◑	◑	●
	高 Si (0.30%)	○	○	○	○
Fe-5%Cr	低 Si (0.03%)	○ ●	●	●	●
	中 Si (0.15%)	○	○	○	●
	高 Si (0.43%)	○	○	○	○
Fe-1%Cr	低 Si (0.03%)	○	○	○	○
	高 Si (0.36%)	○	○	○	○

○:$MnO-SiO_2$ 型

◑:$MnO-SiO_2$ 型和 $MnO-Cr_2O_3$ 型

●:$MnO-Cr_2O_3$ 型

(b)

图 14-4 热处理前后 Fe-Cr 不锈钢中典型夹杂物[13]

Taniguchi 等[15]研究了热处理过程 Al-Ca 脱氧 SUS440B 不锈钢中不同成分夹杂物的成分转变，结果如图 14-5 所示。发现 Al-Ca 脱氧 SUS440B 不锈钢中夹杂物成分都位于玻璃相区域，热处理过程中夹杂物的成分变化很小。原因是热处理过程中夹杂物并没有与钢基体发生明显的反应，夹杂物的微小成分变化主要是由于夹杂物自身结晶引起的。

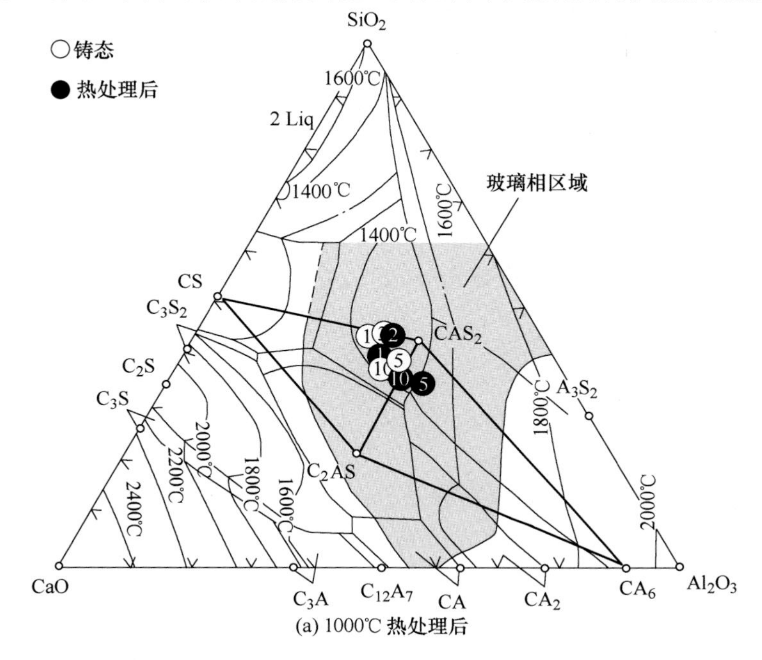

(a) 1000℃ 热处理后

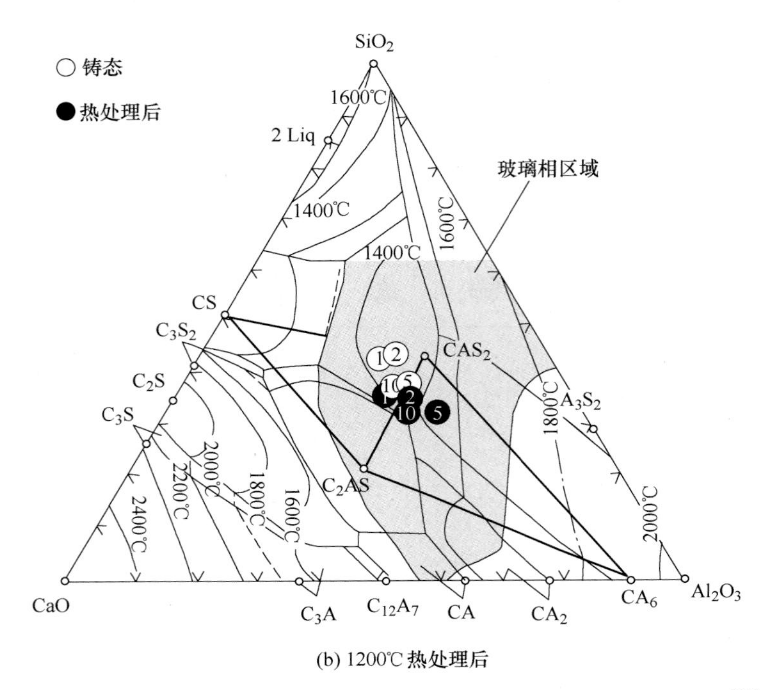

(b) 1200℃热处理后

图 14-5　热处理过程 Al-Ca 脱氧 SUS440B 不锈钢中夹杂物的成分转变[15]

任英等研究了热处理对 304 不锈钢中夹杂物的影响，结果如图 14-6 所示[16]。研究发现，在 1373K 下的氩气保护气氛的热处理过程中，304 不锈钢夹杂物的演变机理为：在热处理之前，钢中夹杂物主要为球形液态 $MnO-SiO_2$ 夹杂物。热处理过程中，钢中［Cr］元素逐渐向钢/$MnO-SiO_2$ 夹杂物界面传质，随后［Cr］还原 $MnO-SiO_2$ 夹杂物中 SiO_2 和 MnO，在 $MnO-SiO_2$ 夹杂物表面生成 $MnO \cdot Cr_2O_3$ 尖晶石夹杂物，同时生成的［Si］和［Mn］从反应界面传质回钢中。最终，$MnO-SiO_2$ 夹杂物被完全变性为纯 $MnO \cdot Cr_2O_3$ 尖晶石夹杂物，结果如图 14-6 所示[16]。此外，建立了一个热处理过程夹杂物转变动力学模型，可以有效预测不同温度下的热处理过程中夹杂物的转变率，动力学模型计算结果与实验结果吻合较好，结果如图 14-7 所示[16]。

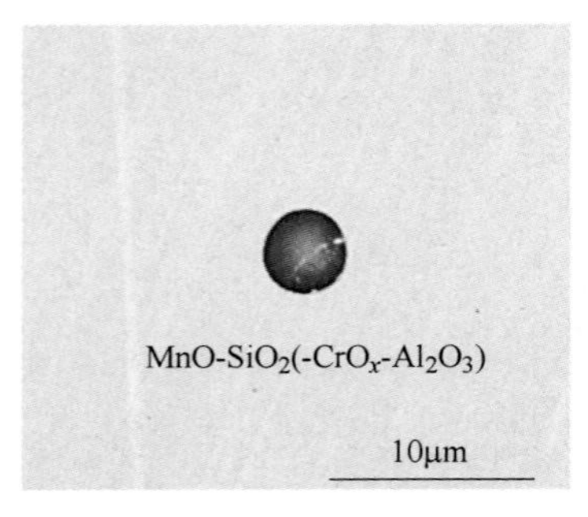

(a) 0min

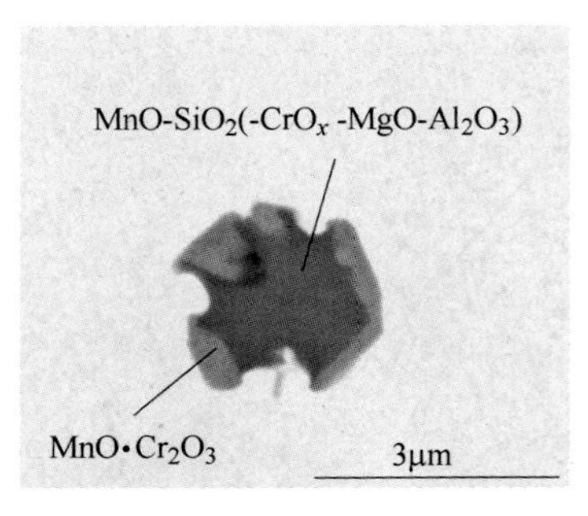

(b) 15min

(c) 60min

图 14-6　固态 304 不锈钢热处理过程中典型夹杂物转变[16]

14.1.2　微合金钢加热过程中非金属夹杂物转变的研究

在普通的碳钢中，由于钢中合金元素含量较少，加热和热处理过程中钢中非金属夹杂物的转变程度相对不锈钢来说较小。Wang 等[17]发现 Al-Ca 脱氧有 Ti 合金化的 EH36 船板钢在氩气条件 1200℃ 下热处理过程中，钢中 Al-Ca-O 夹杂物的含量降低，热处理前元素均匀分布的 Al-Ti 氧化物中析出了高 Al_2O_3 相和高 TiO_x 相。在三元相图中，夹杂物的基本成分从热处理前的集中分布，变成了热处理后的分散在高 Al_2O_3 相和高 TiO_x 相两个位置分布。同时，生成了较多的 TiN 夹杂物，结果如图 14-8 所示。

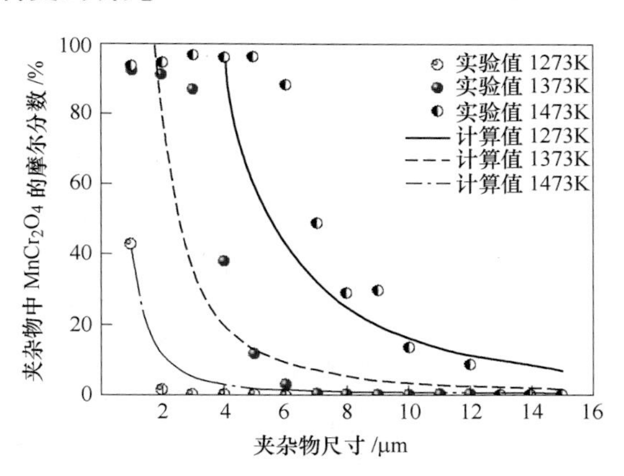

图 14-7　304 不锈钢热处理过程氧化物转变动力学模型计算结果与实验结果的对比[16]

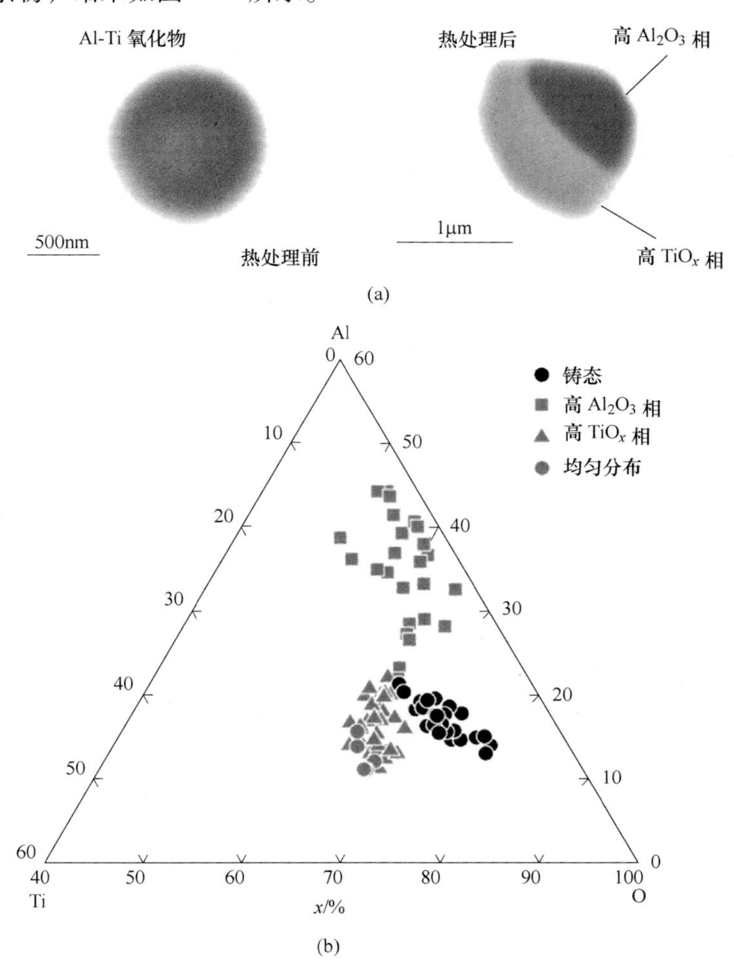

图 14-8　1300℃下热处理过程 Al-Ti 脱氧钢中夹杂物的转变[17]

刘成松等[18]研究了氩气气氛 1200℃下 Fe-Al-Ca 合金和 Al_2O_3-CaO-FeO 氧化物间的固态反应，结果如图 14-9 所示。对比热处理前、热处理 10h 和热处理 50h，在反应后的渣钢界面上发现渣中氧化物向钢中逐渐传质和扩散的过程，并且揭示了传质机理为渣中 FeO 发生了分解反应，生成的过量的 O 传质进入钢中与钢中 Al 元素发生反应，生成了 Al_2O_3夹杂物。同时，渣中 12CaO · $7Al_2O_3$与钢中 Al 反应，导致生成的 Ca 元素传质进入钢中。

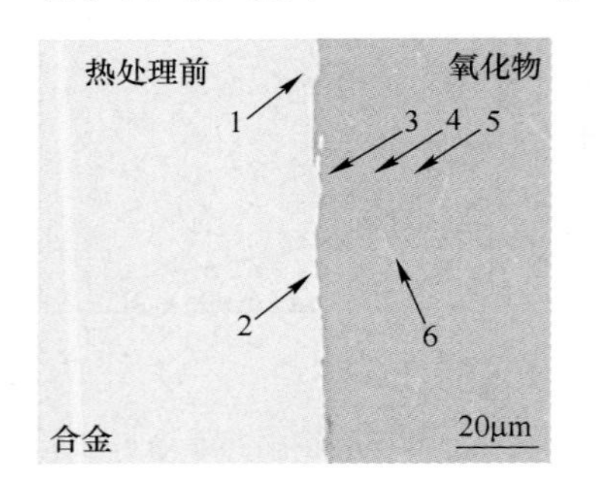

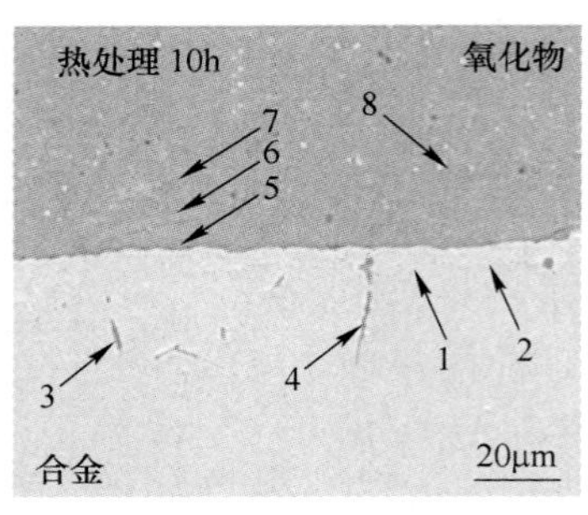

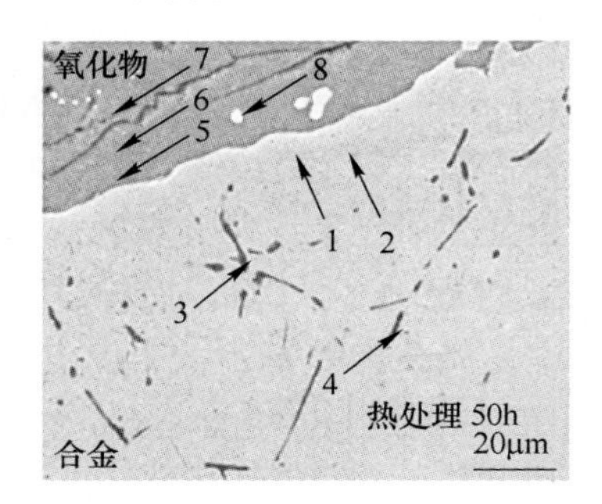

位置	质量分数/%		
	Al_2O_3	CaO	FeO
1	99.2	0.8	0
2	99.4	0.6	0
3	51.4	48.0	0.6
4	52.7	46.9	0.4
5	51.9	47.6	0.5
6	35.6	32.8	31.6

位置	质量分数/%		
	Al_2O_3	CaO	FeO
1	99.5	0.5	0
2	99.7	0.3	0
3	70.2	29.8	0
4	61.9	38.1	0
5	51.8	47.9	0.3
6	50.9	48.9	0.2
7	52.1	47.5	0.4
8	Fe 74.2，Al 10.3，Ca 13.1，O 2.4		

位置	质量分数/%		
	Al_2O_3	CaO	FeO
1	99.6	0.4	0
2	99.5	0.5	0
3	62.9	37.1	0
4	64.1	35.9	0
5	52.4	47.5	0.1
6	51.7	48.1	0.2
7	52.1	47.8	0.1
8	Fe 95.6，Al 2.1，Ca 1.8，O 0.5		

(a) 成分

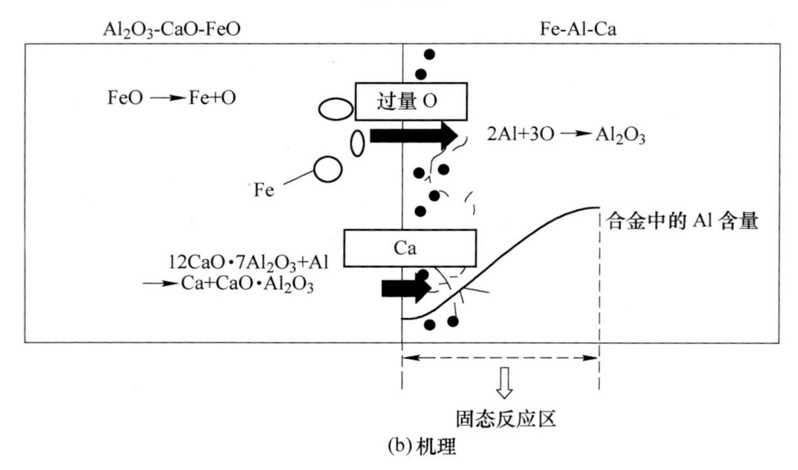

(b) 机理

图 14-9　1200℃下 Fe-Al-Ca 合金和 Al_2O_3-CaO-FeO 氧化物间的固态反应[18]

张立峰等[19]通过对工业生产管线钢过程进行取样调研，将钢水试样取出后迅速水冷，研究了管线钢冶炼过程中夹杂物的演变，如图 14-10 所示。钢液钙处理后，大部分夹杂物

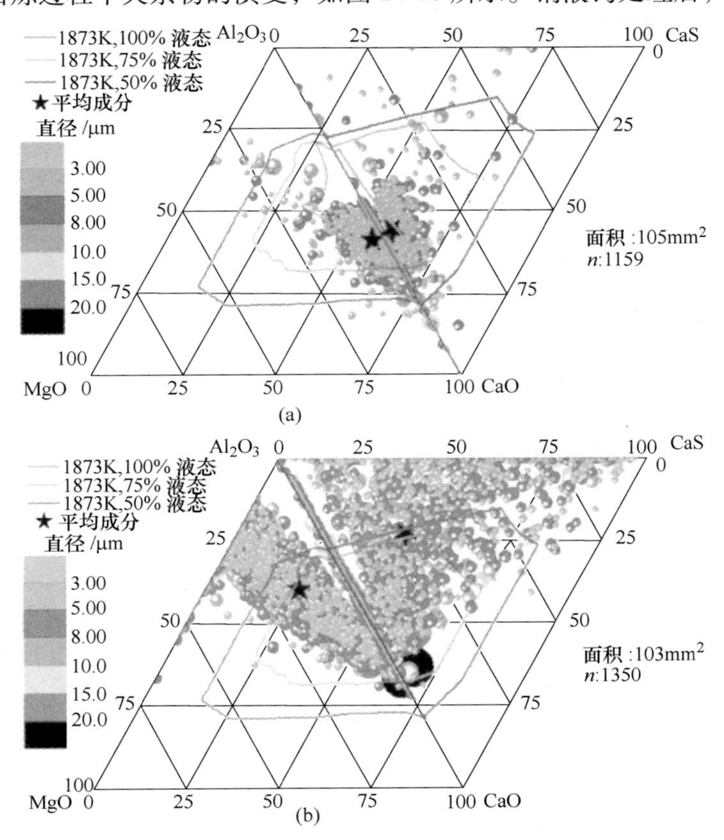

图 14-10　管线钢钢水中（a）和铸坯中（b）夹杂物的成分分布[19]

进入低熔点区，夹杂物主要为液态钙铝酸盐。铸坯中夹杂物平均成分中 Al_2O_3 含量明显增加，夹杂物中 CaO 含量降低，同时夹杂物中 CaS 含量增加，大部分夹杂物成分偏离低熔点区。此时凝固的铸坯中夹杂物平均成分为 Al_2O_3 含量较高的 Al_2O_3-CaO 夹杂物。此现象说明凝固和冷却过程中夹杂物中 CaO 发生了向 CaS 夹杂物的转变。从钢液到铸坯过程钢中 T. O. 只有小幅度的增加，说明此夹杂物的转变过程不是由于二次氧化引起的，而可能是由于钢液凝固和冷却过程钢和夹杂物之间的热力学反应变化引起的。热力学计算研究表明，对于管线钢凝固和冷却过程中夹杂物成分变化，随着温度的降低，平衡状态下夹杂物中 CaO 迅速降低转变成 CaS，MgO 含量略有增加，Al_2O_3 含量呈波动变化，如图 14-11 所示。

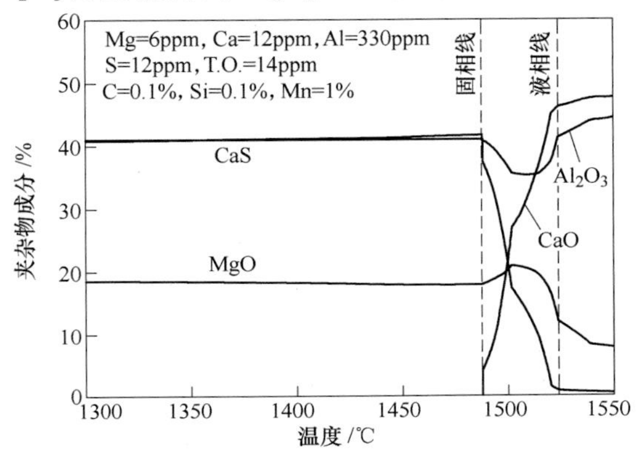

图 14-11　不同温度下管线钢中夹杂物成分的变化热力学计算[19]

Kim 等[20]研究了氩气气氛 1200℃下 Fe-Si-Mn 合金和 $CaO-SiO_2-Al_2O_3-MgO-MnO$ 氧化物间发生的固态反应，结果如图 14-12 所示。在反应界面处，金属中 Mn 含量增加，说明渣中 Mn 向钢中传质；钢中 Si 含量降低，说明了钢中 Si 向渣中传质。在渣相的界面处也发现了类似的实验现象。张学良等[21]研究了氩气气氛、不同温度下 Fe-Si-Mn 合金和 $SiO_2-MnO-FeO$ 氧化物间的固态反应，观察了热处理不同温度和不同时间，渣相向钢中传质的过程，同时研究了渣中元素向钢中的传质系数，结果如图 14-13 所示。

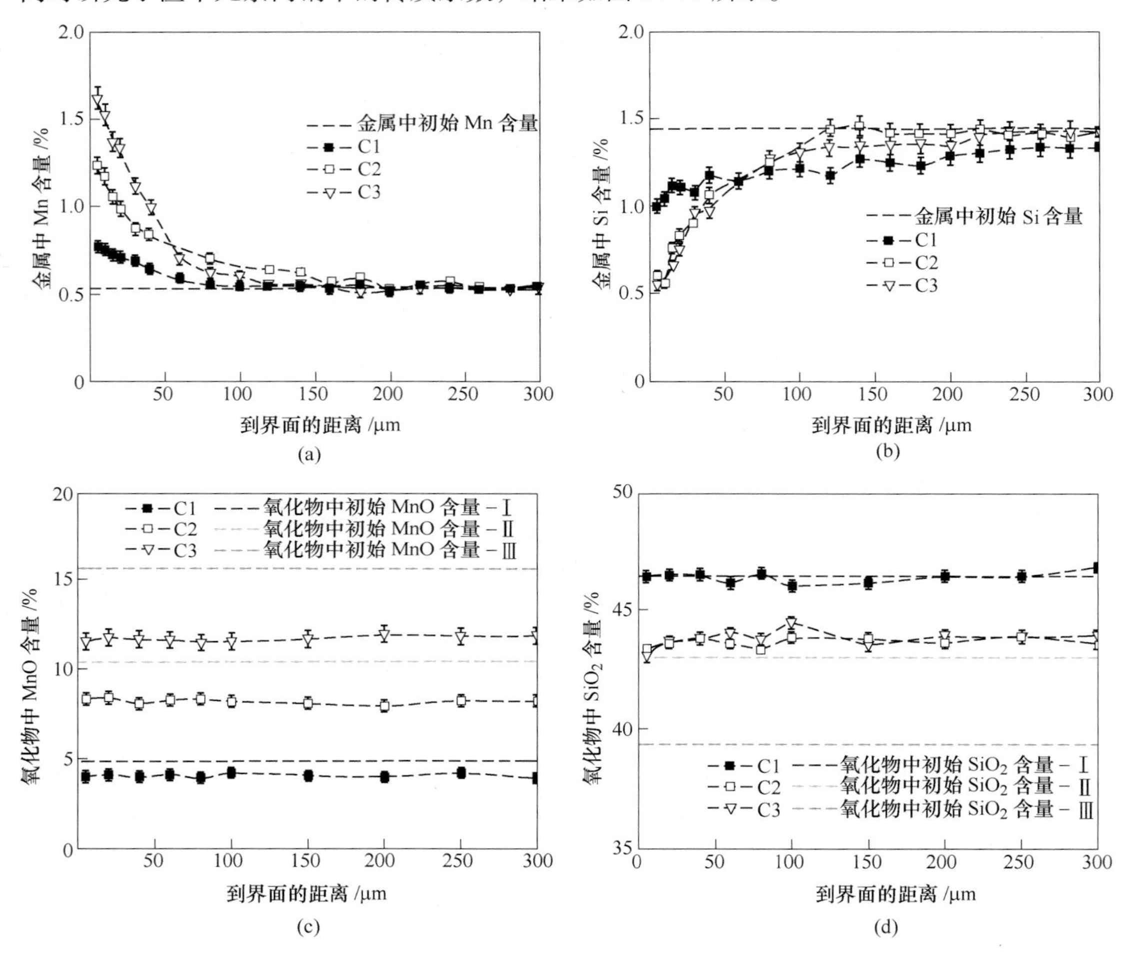

图 14-12　1200℃下 Fe-Si-Mn 合金和 $CaO-SiO_2-Al_2O_3-MgO-MnO$ 氧化物间的固态反应[20]

张立峰等初步研究了热处理温度下弹簧钢中夹杂物成分演变，结果如图 14-14 所示[22]。由于此弹簧钢为铝硅脱氧，在剧烈的渣钢反应后，热处理前夹杂物主要成分为 $Al_2O_3-SiO_2$，含有少量的 CaO。随着热处理的进行，弹簧钢中部分夹杂物中 Al_2O_3 含量明显上升，夹杂物的成分向着 $Al_2O_3-SiO_2-CaO$ 相图中 Al_2O_3 的角落移动。这说明夹杂物中部分 SiO_2 和 CaO 被钢中的 Al 元素还原。

综上所述，尽管在热处理过程固态钢中氧化物夹杂变化方面做了一些研究，但仍然有一些关键问题没有得到很好解决，归纳起来主要包括：（1）在实验条件方面，已有研究热处理的实验大都是在空气气氛下进行的，很难确定氧化物夹杂是由于热处理过程二次氧化

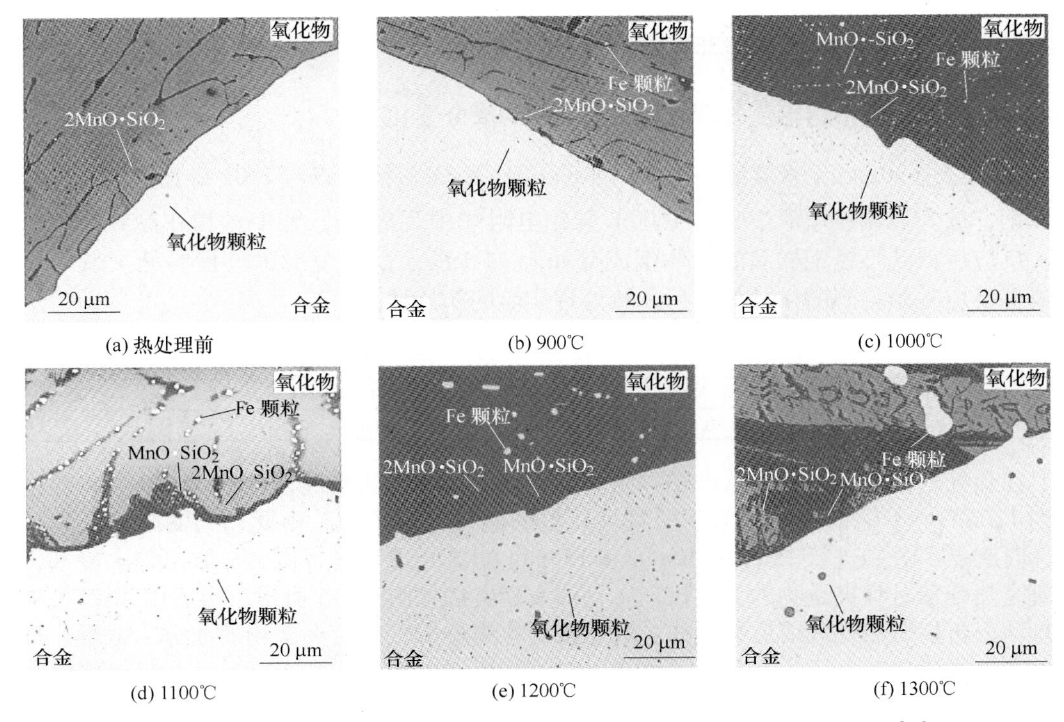

(a) 热处理前　(b) 900℃　(c) 1000℃

(d) 1100℃　(e) 1200℃　(f) 1300℃

图 14-13　1200℃下 Fe-Si-Mn 合金和 SiO_2-MnO-FeO 氧化物间的固态反应[21]

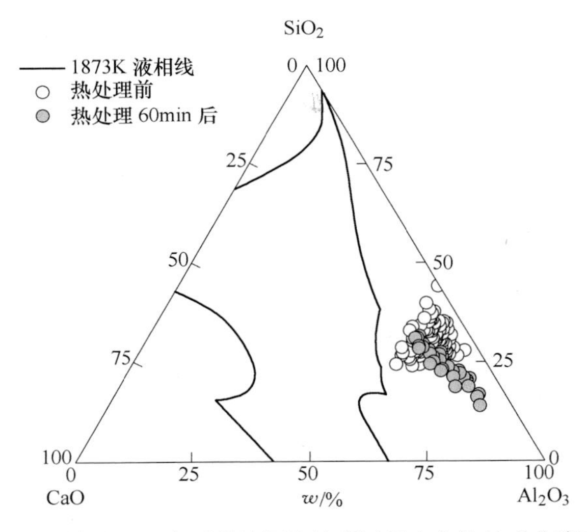

图 14-14　热处理温度下弹簧钢热处理过程夹杂物的成分演变[22]

新生成的，还是热处理过程原有氧化物夹杂与钢基体反应导致氧化物夹杂成分转变引起的；（2）在研究内容方面，没有研究热处理时间和热处理温度对氧化物夹杂的影响，无法准确地确定热处理过程氧化物夹杂的变化机理；（3）在热力学方面，初步计算了钢成分变化对氧活度的影响，没有确定热处理过程固态钢基体与氧化物夹杂反应的完整热力学条件；（4）在动力学方面，没有建立热处理过程钢基体与氧化物夹杂反应的动力学模型，无法预测热处理过程钢中氧化物夹杂的反应速率。

14.2　不锈钢热处理过程非金属夹杂物的演变

14.2.1　实验观察不锈钢热处理过程中夹杂物的成分变化

实验选用 30g 二元碱度约为 1.0 的 $CaO-SiO_2-MgO$ 系精炼渣与 150g 硅锰脱氧 18Cr-8Ni 不锈钢，放入氧化镁坩埚中，在 1600℃ 硅钼电阻炉中反应 2h，整个过程在高纯氩气下进行，反应后得到不锈钢样品的具体钢成分如表 14-1 所示。整个冶炼过程参见文献［23］。将渣钢反应实验得到的样品作为后续热处理实验的初始样品。

表 14-1　不锈钢热处理前初始成分　（%）

C	Si	Mn	T. S.	T. O.	Ni	Cr
0.05	0.2	0.94	0.002	0..004	8	18

在热处理试验中，首先从硅钼电阻炉下端通入高纯度的氩气，排空 30min 后将温度升高到 1200℃。不锈钢在 1200℃ 下的氩气环境的硅钼电阻炉中，由此作为实际热处理反应的计时起点，分别进行 15min、60min 和 150min 的热处理。然后将试样取出淬火冷却，用于研究热处理过程夹杂物的变化机理。具体实验方法如图 14-15 所示。然后用 ASPEX 夹杂物自动分析仪对热处理前后的试样进行夹杂物检测分析，确定夹杂物的成分、数量、尺寸和分布，电镜加速电压为 10kV，每个试样检测 $20mm^2$ 以上。通过场发射电镜对试样中的夹杂物进行检测，确定热处理过程典型夹杂物的形貌和不同相的成分。

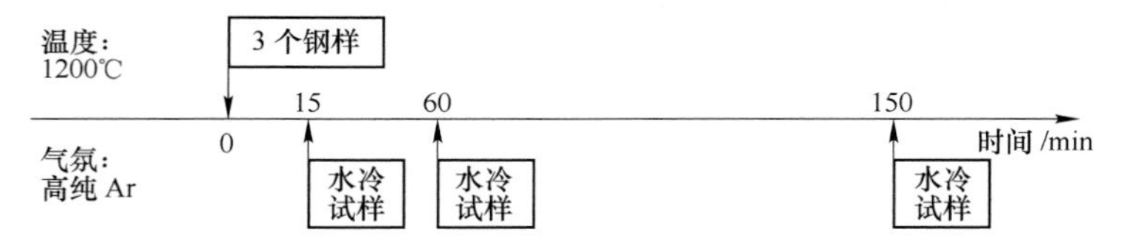

图 14-15　不锈钢热处理实验方法

图 14-16 为 1200℃ 下热处理前后夹杂物的成分演变。为了确定不同时刻夹杂物的成分组成，各相图中坐标均为摩尔分数。从图 14-16（a）中可以看出，热处理前夹杂物中 MnO/SiO_2 的摩尔比为 2∶1，此时夹杂物主要成分为 $2MnO \cdot SiO_2$ 和少量的 CrO_x，这主要是由钢液成分决定的。热处理 15min 后（图 14-16（b）），夹杂物中 SiO_2 含量降低且 Cr_2O_3 含量明显增加，夹杂物成分向 $MnO \cdot Cr_2O_3$ 夹杂物方向转变。在热处理温度下反应 60min 后（图 14-16（c）），小尺寸的 $MnO-SiO_2-CrO_x$ 夹杂物完全变性为 $MnO \cdot Cr_2O_3$ 夹杂物，并且夹杂物中 MnO/Cr_2O_3 的摩尔比为 1∶1。夹杂物中 SiO_2 含量逐渐下降至消失，夹杂物中 MnO 含量也略有下降，这是夹杂物中 SiO_2 和 MnO 被不锈钢中的［Cr］元素还原造成的。所有 10μm 以下的夹杂物都明显可以检测到此类夹杂物的转变。由图 14-16（d）可知，热处理 150min 后钢中夹杂物基本全部转变为 $MnO \cdot Cr_2O_3$ 夹杂物，包括较大尺寸的夹杂物。通过对比热处理前后夹杂物的成分变化，说明热处理过程不锈钢中夹杂物从 $2MnO \cdot SiO_2$ 向 $MnO \cdot Cr_2O_3$ 转变。此处需要注意的是，通常情况下，在高温时，由于与氧反应的标准自由能更低，与氧结合的元素活泼顺序为 Si>Mn>Cr，即 Si 可以分别把 MnO 和 Cr_2O_3 中的 Mn 和 Cr 还原出来。然而，在实际热处理过程中，由于钢中元素的含量为［Cr］18%、［Mn］1% 和［Si］0.2%，钢中极高的［Cr］含量和较高的［Mn］，导致其与氧反应的实际自由能更低，因而钢中［Cr］把夹杂物中 SiO_2 全部还原，把夹杂物中 MnO 部分还原。

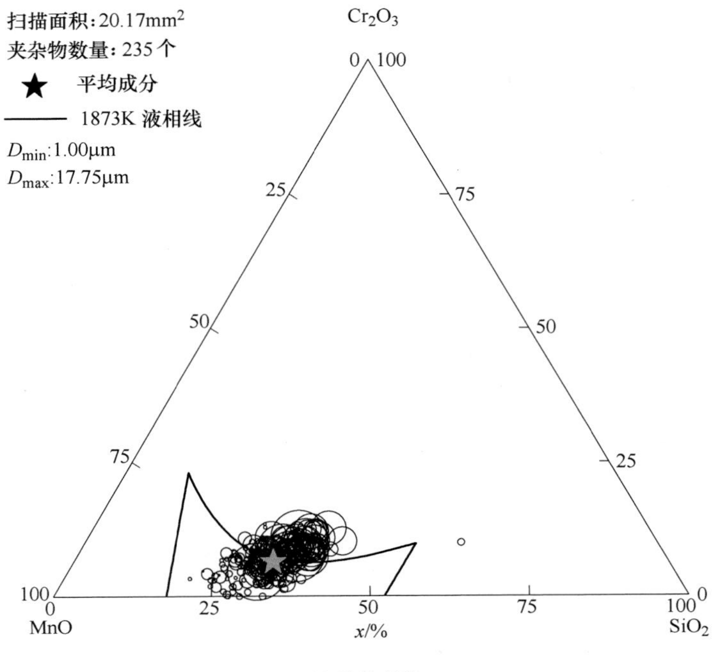

(a) 热处理前

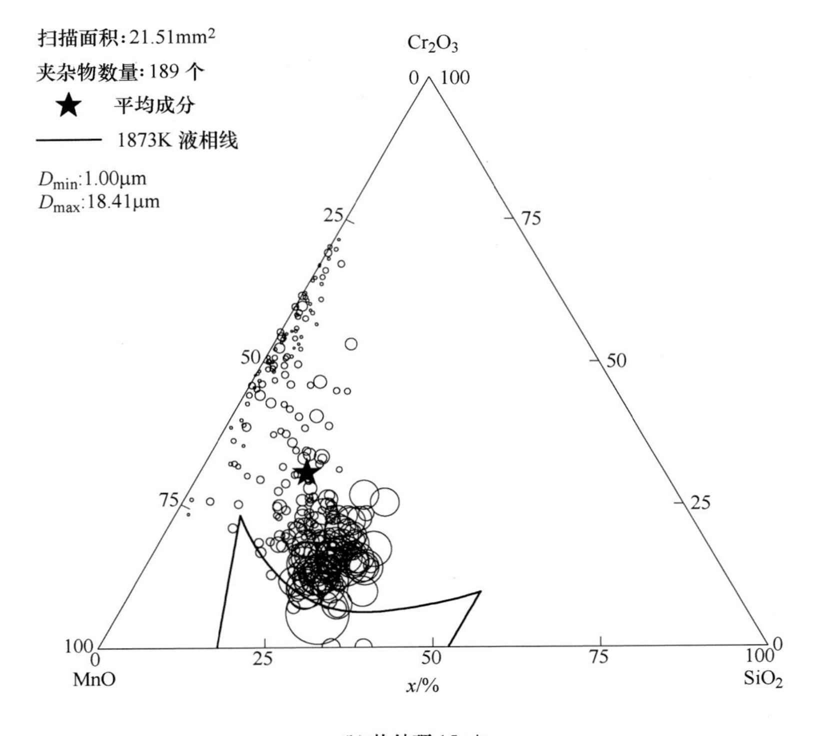

(b) 热处理 15min

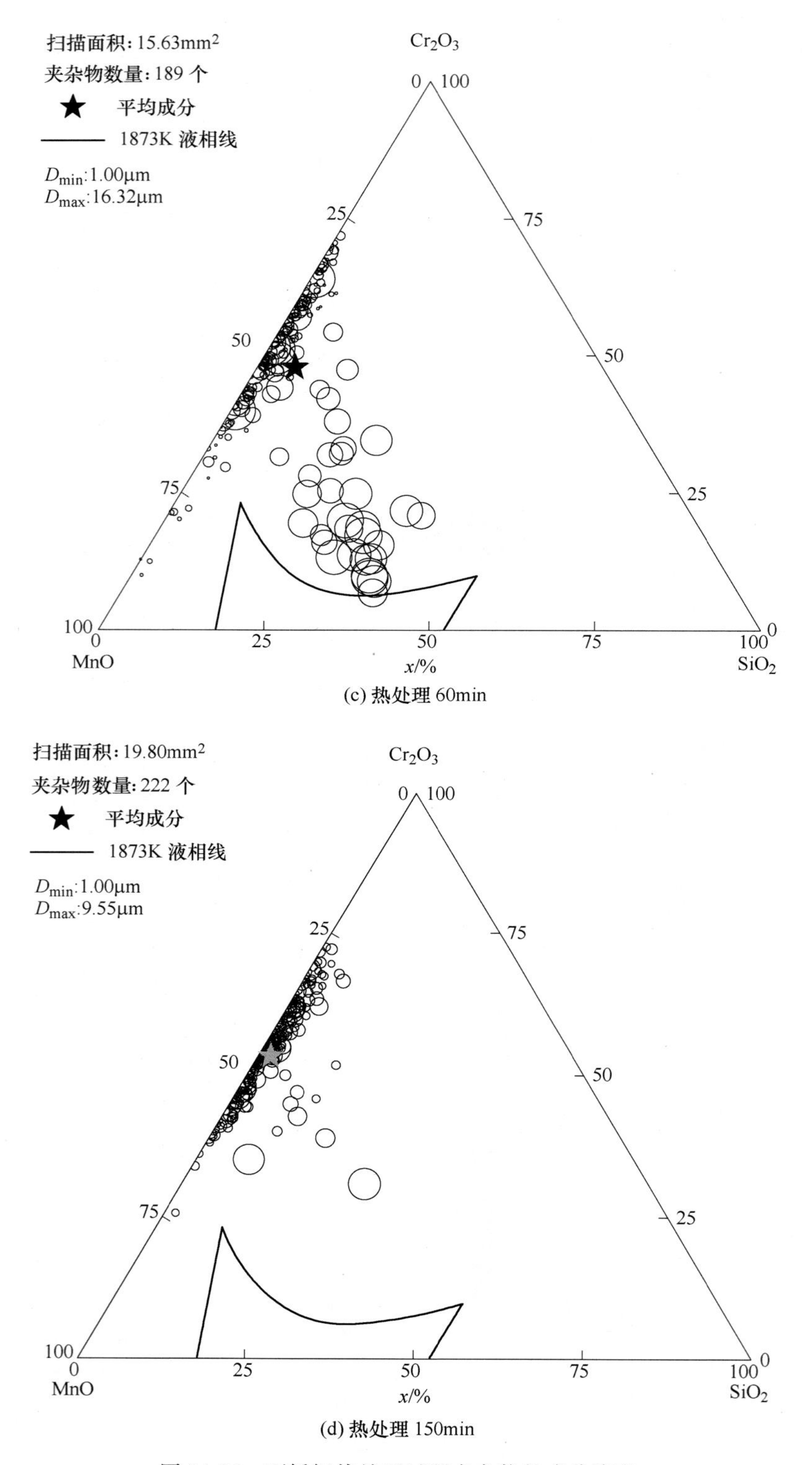

(c) 热处理 60min

(d) 热处理 150min

图 14-16　不锈钢热处理过程夹杂物的成分演变

图 14-17 为不锈钢热处理前后夹杂物成分和尺寸的关系。在热处理前（图 14-17（a）），夹杂物主要成分为 $MnO-SiO_2-CrO_x$，随着夹杂物的尺寸从 1μm 增加到 10μm 以上，夹杂物成分非常均匀，小尺寸的夹杂物成分略有变化，可能是由于其尺寸较小，电镜检测过程受到钢基体影响较大造成的。1200℃下热处理 60min 后（图 14-17（b）），Cr_2O_3 含量明显增加，夹杂物中 SiO_2 含量显著降低，MnO 含量略有降低。同时，尺寸越小的夹杂物成分转变越明显，这主要是因为小尺寸的夹杂物反应动力学条件更好。

由于初始试样和冷却后的试样从高温到冷却过程都非常快，因此，可以认为夹杂物在凝固和冷却过程变化都比较小。热处理前后不锈钢中典型夹杂物面扫描如图 14-18 所示。热处理之前（图 14-18（a）），检测到的钢中夹杂物主要成分为 $MnO-SiO_2$ 且含有少量的 CrO_x 和少量 MnS 的夹杂物，夹杂物形状为球形，其成分均匀，说明反应前为液态硅锰酸盐夹杂物。在 1200℃下热处理反应 60min 以后（图 14-18（b）），检测到的小尺寸夹杂物中

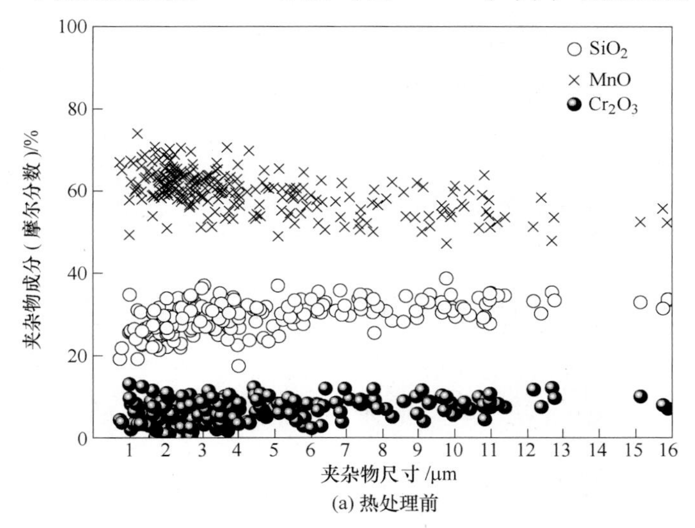

(a) 热处理前

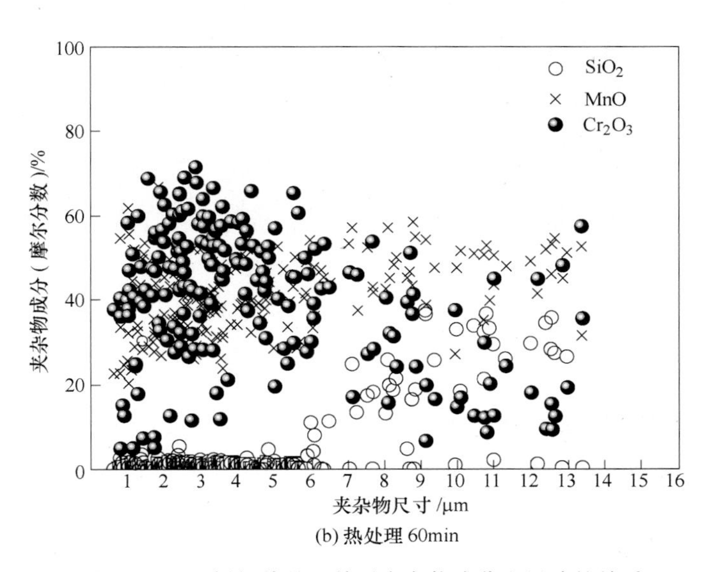

(b) 热处理 60min

图 14-17　不锈钢热处理前后夹杂物成分和尺寸的关系

SiO_2含量很低，绝大部分硅锰酸盐夹杂物逐渐被变性成纯 MnO · Cr_2O_3尖晶石夹杂物。由面扫描结果可知，此时夹杂物中 S 含量很低，证实了新生成的浅色相为 MnO · Cr_2O_3而不是 MnS。本研究发现的不锈钢热处理过程夹杂物转变的现象，与之前文献报道的由 Si-Mn-O 夹杂物向 Mn-Cr-O 转变结果规律一致[11,13]。

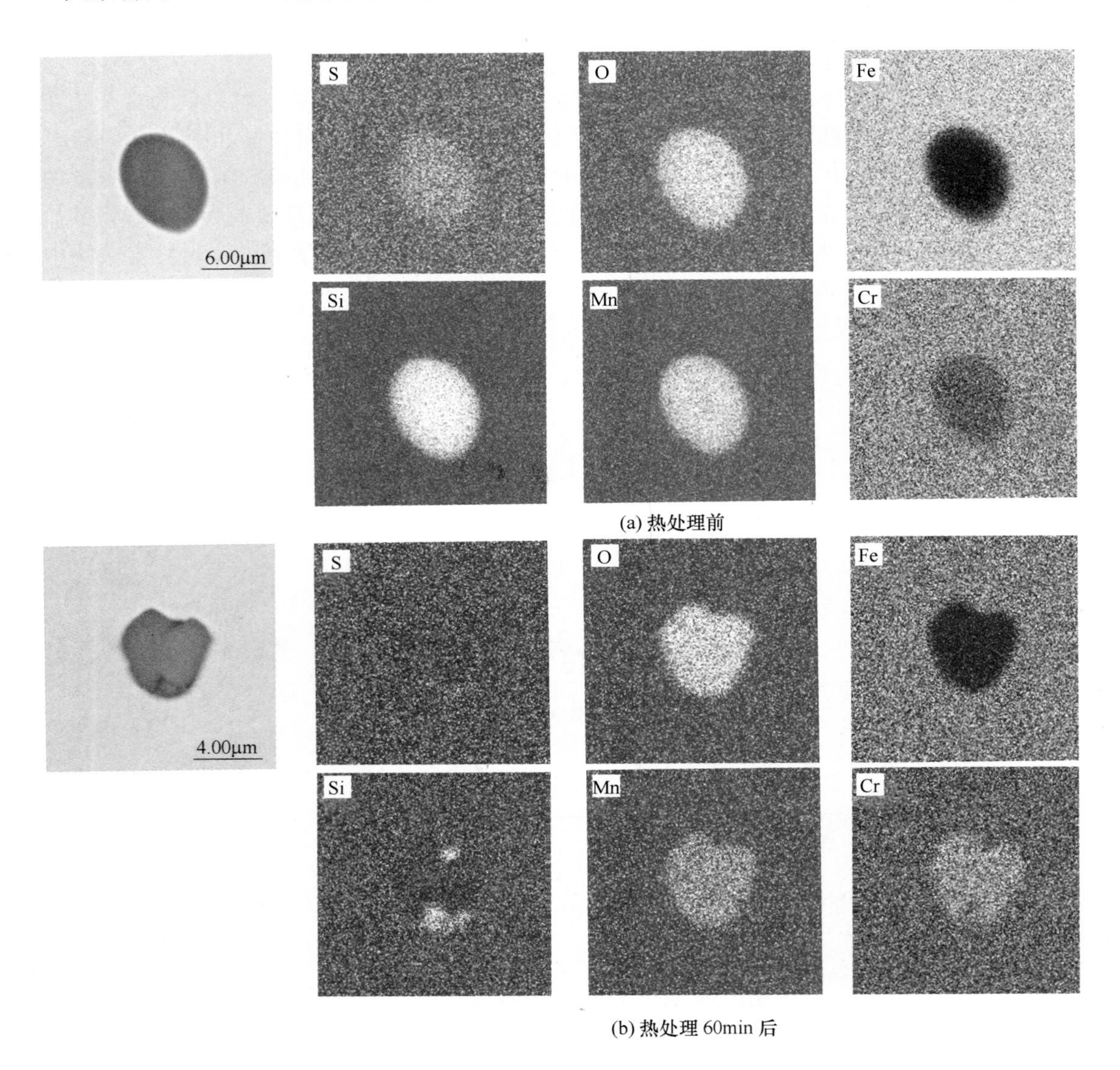

(a) 热处理前

(b) 热处理 60min 后

图 14-18　热处理过程典型夹杂物面扫描结果

图 14-19 为热处理 60min 后典型夹杂物线扫描结果。图 14-19（a）为热处理 60min 后的小尺寸夹杂物。由图可知，夹杂物中没有 SiO_2，小尺寸夹杂物完全转变为了 MnO-Cr_2O_3尖晶石夹杂物。图 14-19（b）为热处理 60min 后的大尺寸夹杂物，可以很明显地看到大尺寸夹杂物的 SiO_2-MnO 核心相被 MnO-Cr_2O_3外层包裹。图中的线扫描结果显示夹杂物中 S 含量很低，证明了夹杂物的浅色外层相确实不是 MnS。

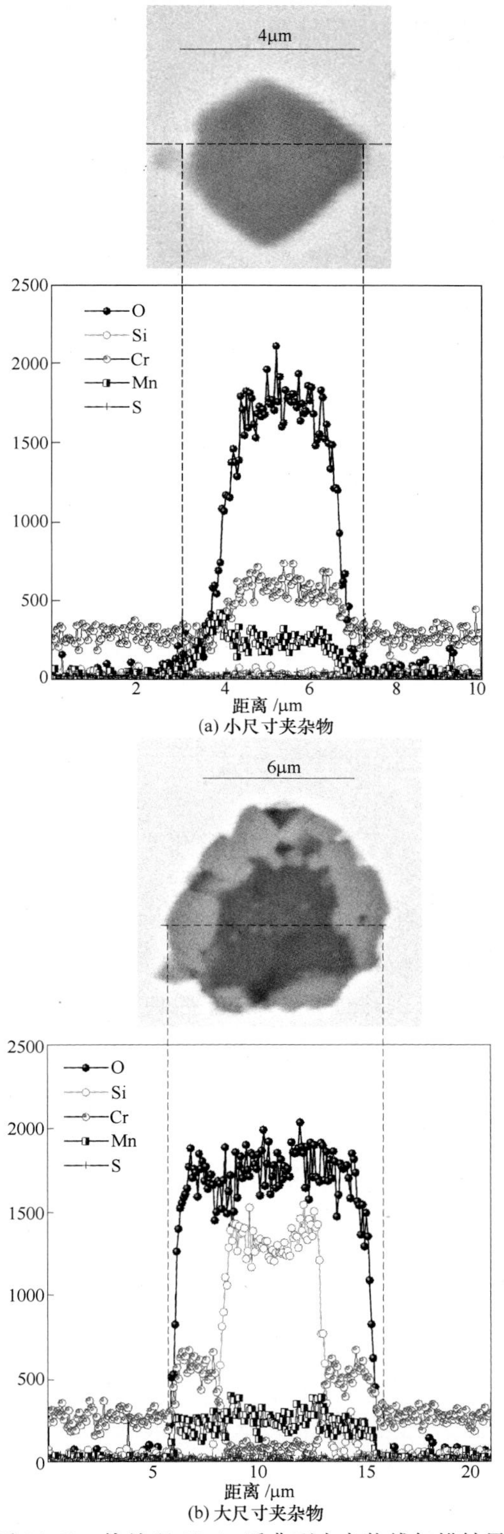

(a) 小尺寸夹杂物

(b) 大尺寸夹杂物

图 14-19 热处理 60min 后典型夹杂物线扫描结果

14.2.2　热处理过程夹杂物转变热力学计算

通过 FactSage 7.0 计算的夹杂物自身随温度变化过程中新相的析出相图，选用的数据库为 FactPS 和 FToxid，选取的生成物为固态夹杂物和液态夹杂物，计算步长为 2K。图 14-20 为夹杂物相自身在不同热处理温度下 25%SiO_2-60%MnO-10%CrO_x-5%MnS 新相析出和转变的相图。由图可知，在 1320℃以上，夹杂物主要为液态夹杂物。随着温度的降低，夹杂物中 MnO 和 SiO_2反应生成 2MnO · SiO_2，然后开始有少量固态的 MnS 夹杂物析出。整个过程中有少量固态的 CrO_x夹杂物。此结果说明热处理温度下夹杂物自身析出转变没有 MnO-Cr_2O_3尖晶石夹杂物的生成，同时夹杂物中 SiO_2含量也不会降低。

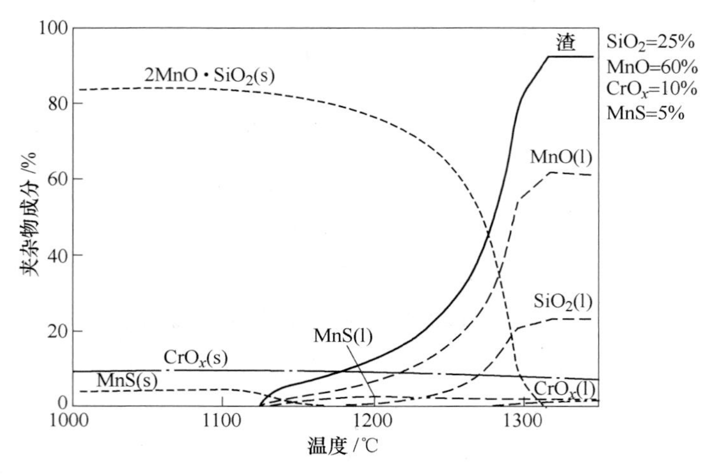

图 14-20　夹杂物自身随温度变化过程中新相的析出

图 14-21 为考虑夹杂物自身随温度变化过程中新相析出的计算结果与实验结果的对比。在 1200℃条件下，热力学计算得到新析出的夹杂物主要成分为 MnO 60%、SiO_2 25%、CrO_x 10%、MnS 5%，而测量得到热处理 150min 后夹杂物主要成分为 MnO-CrO_x-MnS，二者差别很大，说明本实验发现的不锈钢中夹杂物的成分转变并不是夹杂物自身随温度变化

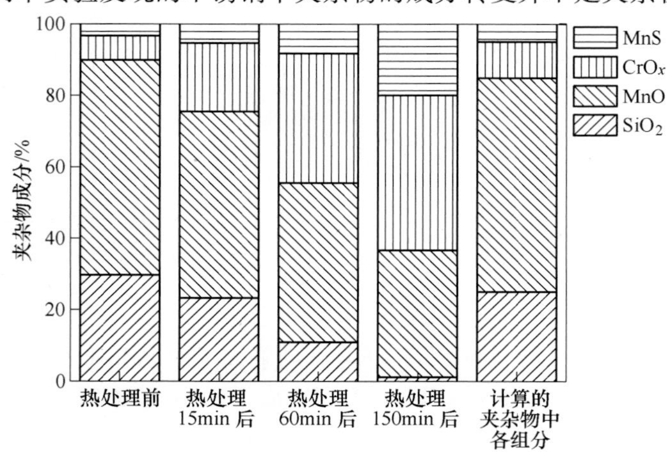

图 14-21　考虑夹杂物自身随温度变化过程中新相的析出计算结果与实验结果的对比

引起的。同时，热力学计算结果与热处理前夹杂物中初始成分很相近，说明在当前实验条件下非金属夹杂物相自身随温度变化过程主要引起不同相的析出，并不会显著改变夹杂物的成分。

通过 FactSage 7.0 计算的不同温度热处理过程不锈钢中夹杂物的析出相图，选用的数据库为 FactPS、FToxid 和 FSstel，选取的生成物为固态夹杂物、液态夹杂物以及固态和液态钢基体相，计算步长为 2K。图 14-22（a）为考虑不同温度下不锈钢基体中夹杂物的析出相图。在 1300℃以上时夹杂物主要为液态 $MnO-SiO_2$ 含量很高的夹杂物，1200~1300℃的温度区间内都可以生成 $MnO \cdot Cr_2O_3$ 尖晶石夹杂物，这与图 14-18 中观察到的结果一致。同时，在 1300℃以下都会析出少量的 MnS 夹杂物。为了更加清晰地揭示夹杂物的成分转

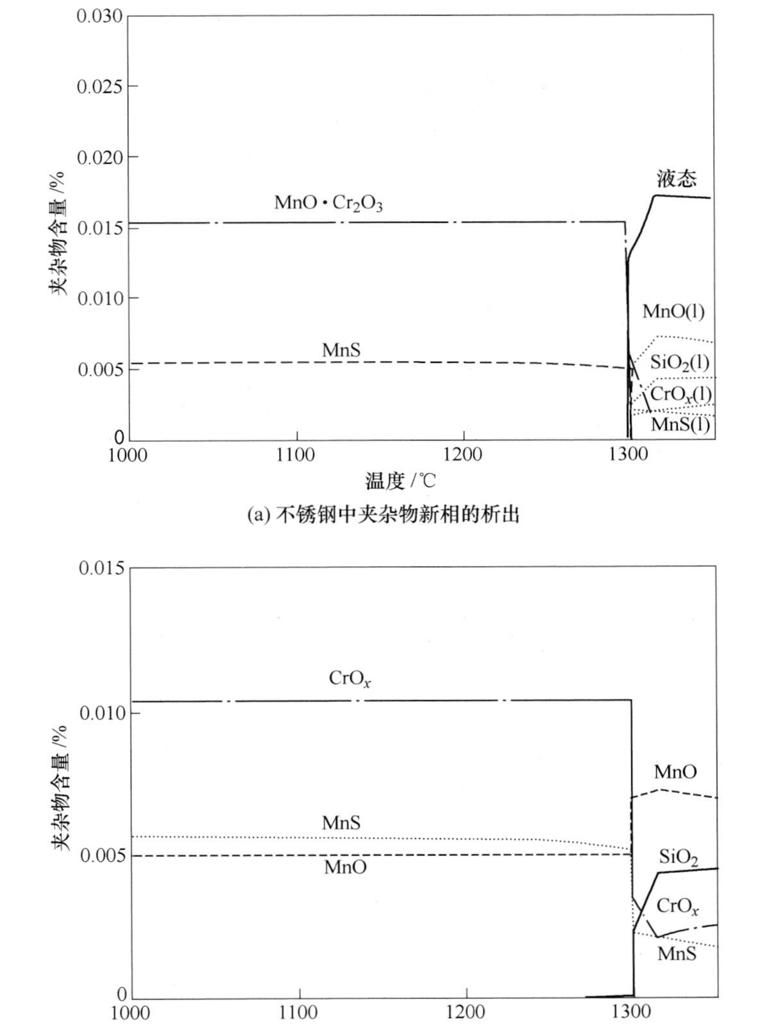

(a) 不锈钢中夹杂物新相的析出

(b) 不锈钢中夹杂物表观成分随温度的变化

图 14-22　考虑不同温度热处理过程钢中夹杂物的析出相图

（钢液成分：T. O. =40ppm，T. S. =20ppm，C=0.05%，Si=0.2%，Mn=1%，Cr=18%，Ni=8%）

变过程，将夹杂物相转变结果转换成了成分变化结果，如图 14-22（b）所示。由图可知，随着温降到达 1300℃以下，夹杂物中的 SiO_2 含量降低至消失，夹杂物中 MnO 部分降低，夹杂物中 CrO_x 含量显著增加，说明了在热处理温度下，钢中［Cr］将夹杂物中 SiO_2 和部分 MnO 还原生成了 CrO_x。同时，夹杂物中 MnS 含量略有上升。

图 14-23 为同时考虑不同温度热处理过程钢基体中夹杂物的析出计算结果与实验结果的对比。在 1200℃条件下，热力学计算得到新析出的夹杂物主要成分为 MnO 23%、SiO_2 0%、CrO_x 50%、MnS 27%。而测量得到的热处理 150min 后夹杂物主要成分为 MnO 36%、SiO_2 1%、CrO_x 43%、MnS 20%。二者结果相近但又不完全吻合，说明热处理过程不锈钢中合金元素确实可能与钢中非金属夹杂物发生显著反应。计算结果和实际结果的不同可能是由于热处理过程 MnS 析出不完全并且初始钢中夹杂物的成分没有完全与钢液达到平衡造成的。

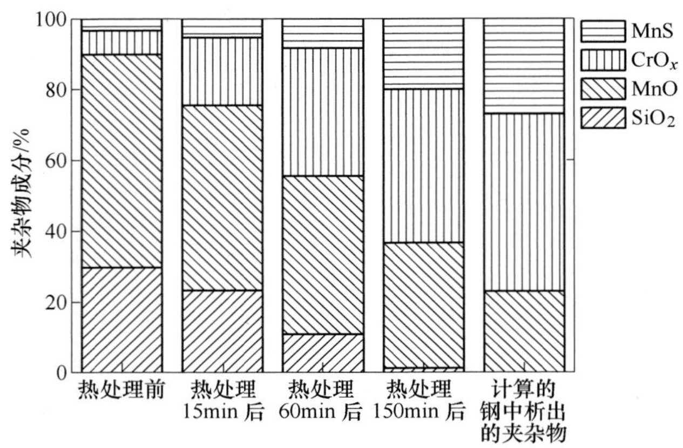

图 14-23　同时考虑钢和夹杂物转变时不同温度热处理过程夹杂物的析出计算结果与实验结果的对比

FactSage 计算的 1200℃下不同 Si 和 Mn 含量的不锈钢中夹杂物的生成相图如图 14-24 所示，选用的数据库为 FactPS、FToxid 和 FSstel。计算结果发现钢中氧和硫含量对相图的

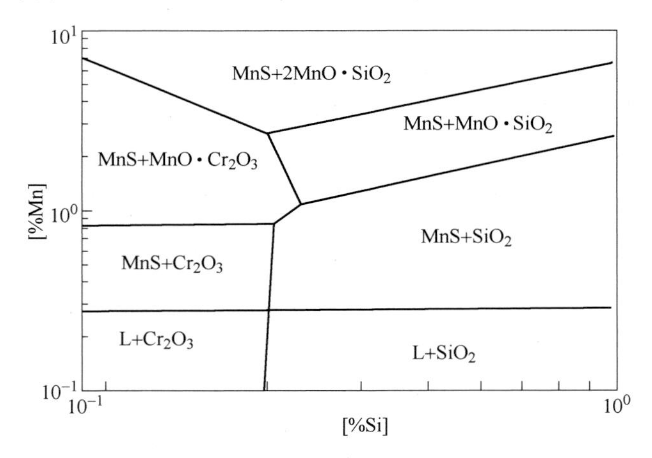

图 14-24　1200℃下不锈钢中夹杂物生成相图

（T=1200℃，C=0.05%，S=0.002%，Si=0.2%，Mn=1%，O=0.004%，Cr=18%，Ni=8%）

生成区域影响很小。根据钢中［Si］和［Mn］含量不同，可能会生成 $MnO \cdot Cr_2O_3$、$2MnO \cdot SiO_2$、$MnO \cdot SiO_2$、SiO_2、Cr_2O_3、MnS 和液态夹杂物。当前实验的钢液成分位于相图的 $MnO \cdot Cr_2O_3$ 和 MnS 稳定生成区域，因此，与之前图 14-16 得到的结果一致。同时，夹杂物中 MnO/SiO_2 比例主要由钢液成分决定。然而，由计算结果可知，无论热处理前夹杂物中 MnO/SiO_2 比例是多少，最终夹杂物都会转变成 $MnO \cdot Cr_2O_3$ 夹杂物。

14.2.3 热处理过程夹杂物的转变机理

图 14-25 为 1200℃ 下热处理过程不锈钢中典型夹杂物的形貌演变。其中，图 14-25（a）~（c）为小尺寸夹杂物热处理过程的演变，图 14-25（d）~（f）为大尺寸夹杂物热处理过程的演变。热处理前，夹杂物主要为 $2MnO \cdot SiO_2$ 的液态近球形夹杂物，同时含有少量的 MnS 和 CrO_x。热处理反应过程中，开始有 $MnO \cdot Cr_2O_3$ 尖晶石夹杂物生成并在初始的球形 $2MnO \cdot SiO_2$ 夹杂物上长大，说明热处理过程钢中［Cr］与夹杂物发生反应。注意到初始的球形 $2MnO \cdot SiO_2$ 夹杂物没有紧紧地被 $MnO \cdot Cr_2O_3$ 尖晶石夹杂物包围，而是在球形 $2MnO \cdot SiO_2$ 夹杂物表面有一些开口的区域使得钢基体和球形 $2MnO \cdot SiO_2$ 夹杂物直接进行接触，这可能是反应时［Cr］、［Si］和［Mn］元素传质的反应界面。同时，MnS 含量较高的夹杂物中开始有纯的 MnS 相析出。随着热处理反应的进行，大尺寸夹杂物的形貌逐渐地趋于棱角分明的菱形或者六面体形状，这也反映了其尖晶石晶体结构；小尺寸夹杂物转变为纯的 $MnO \cdot Cr_2O_3$ 夹杂物。由此可知，热处理温度下 304 不锈钢中夹杂物转变反应如下：

$$2MnO \cdot SiO_2(l) + 2[Cr] = MnO \cdot Cr_2O_3(s) + [Si] + [Mn] \tag{14-1}$$

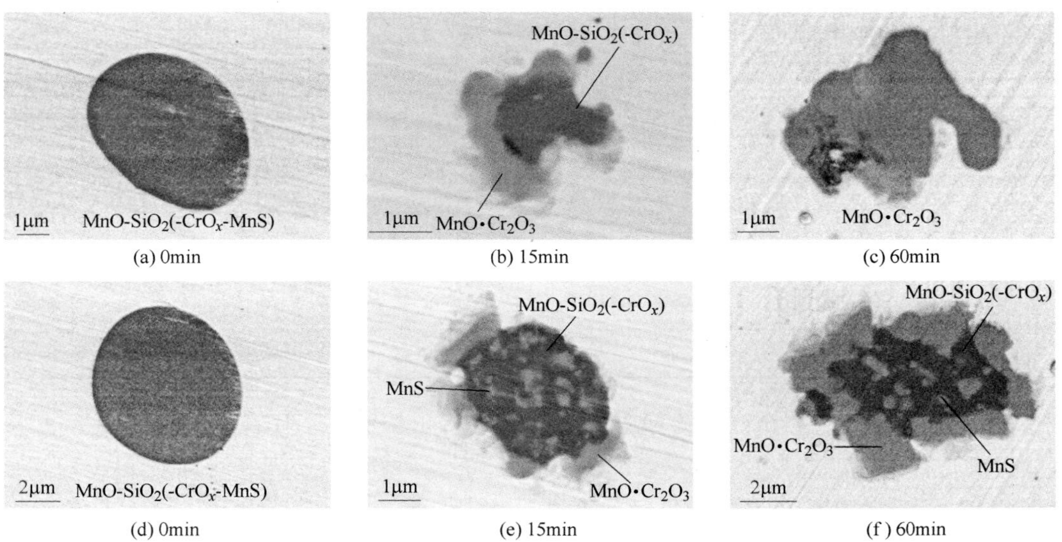

图 14-25　1200℃下热处理过程中不同时刻不锈钢中典型夹杂物的形貌演变

因此，对于反应前没有 MnS 的 $MnO\text{-}SiO_2\text{-}CrO_x$ 夹杂物，热处理过程夹杂物反应机理为钢中［Cr］与 $MnO\text{-}SiO_2$ 夹杂物发生反应，在夹杂物表面生成锯齿状的 $MnO \cdot Cr_2O_3$ 尖晶石夹杂物，同时［Si］和［Mn］元素被还原进入钢基体；针对反应前含有少量 MnS 的 MnO-

SiO_2-CrO_x-MnS 夹杂物，热处理过程夹杂物反应机理为［Cr］与 MnO-SiO_2夹杂物发生反应，在夹杂物表面生成锯齿状的 MnO · Cr_2O_3尖晶石夹杂物，同时初始 MnO-SiO_2-CrO_x-MnS 夹杂物中的 MnS 由于夹杂物的自身冷却开始析出 MnS 相，并且逐渐长大。反应最终生成 MnO · Cr_2O_3尖晶石夹杂物，部分夹杂物含有少量的 MnS 相，具体如图 14-26 所示。

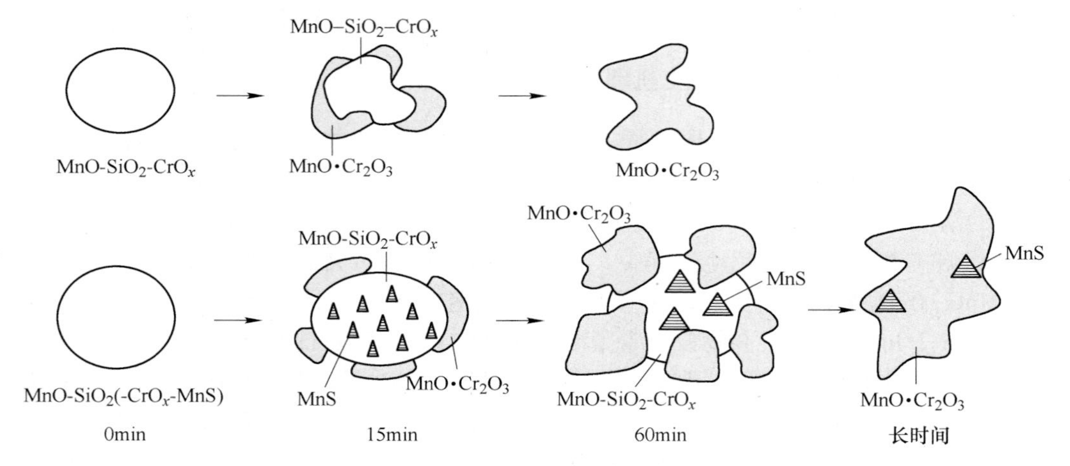

图 14-26 热处理过程中不锈钢中夹杂物转变机理示意图

14.3 管线钢加热和冷却过程非金属夹杂物的演变

14.3.1 管线钢冷却过程夹杂物的演变

为了研究管线钢凝固和冷却过程夹杂物的演变，对 X70 管线钢钙处理后的水冷样品和铸坯进行了分析，如表 14-2 所示。钢中的 Al_t和 Al_s含量在 0.04%左右，钢中的 T. Ca 含量为 8~10ppm，T. S. 含量为 12ppm。由此可知，在凝固和冷却过程中管线钢钢成分大致变化不大。

表 14-2 X70 管线钢钙处理后的样品和铸坯钢成分 （%）

试样	C	Si	Mn	P	T. S. /ppm	Al_t	Al_s	T. Ca/ppm	T. N.
软吹结束	0.0690	0.2040	1.6500	0.0103	12	0.0416	0.0414	10	0.0028
铸坯	0.0700	0.2000	1.6500	0.0110	12	0.0370	0.0364	8	0.0036

使用 ASPEX 对过程试样和铸坯中的夹杂物进行了检测，X70 管线钢钙处理后的水冷样品中夹杂物成分如图 14-27 所示。由图可知，钙处理前夹杂物主要成分为 Al_2O_3-CaO 液态夹杂物，夹杂物中 CaS 含量较低，绝大多数夹杂物成分位于 50%液相区域。夹杂物平均直径为 2.8μm，夹杂物最大直径 13.4μm，夹杂物数密度为 4.5 个/mm^2，夹杂物面积分数为 29.8ppm。

图 14-28 为 X70 管线钢钙处理后的水冷样品中典型夹杂物形貌。图中夹杂物主要为球形或近球形的液态钙铝酸盐，含有少量的 MgO 和 SiO_2。图 14-29 为 X70 管线钢钙处理后的水冷样品中典型夹杂物面扫描结果。钙处理后的钢液中，夹杂物中 CaO 和 Al_2O_3分布较为均匀。夹杂物中含有少量的 CaS，且夹杂物中 CaS 含量分布并不均匀。

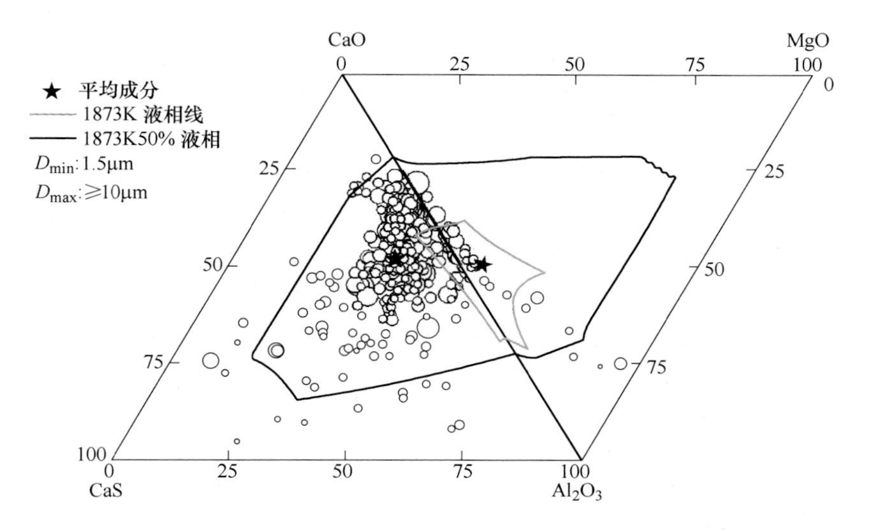

图 14-27　X70 管线钢钙处理后的水冷样品中夹杂物成分
（扫描面积 78.89mm²，$CaO-Al_2O_3-CaS$：308 个，$CaO-Al_2O_3-MgO$：26 个）

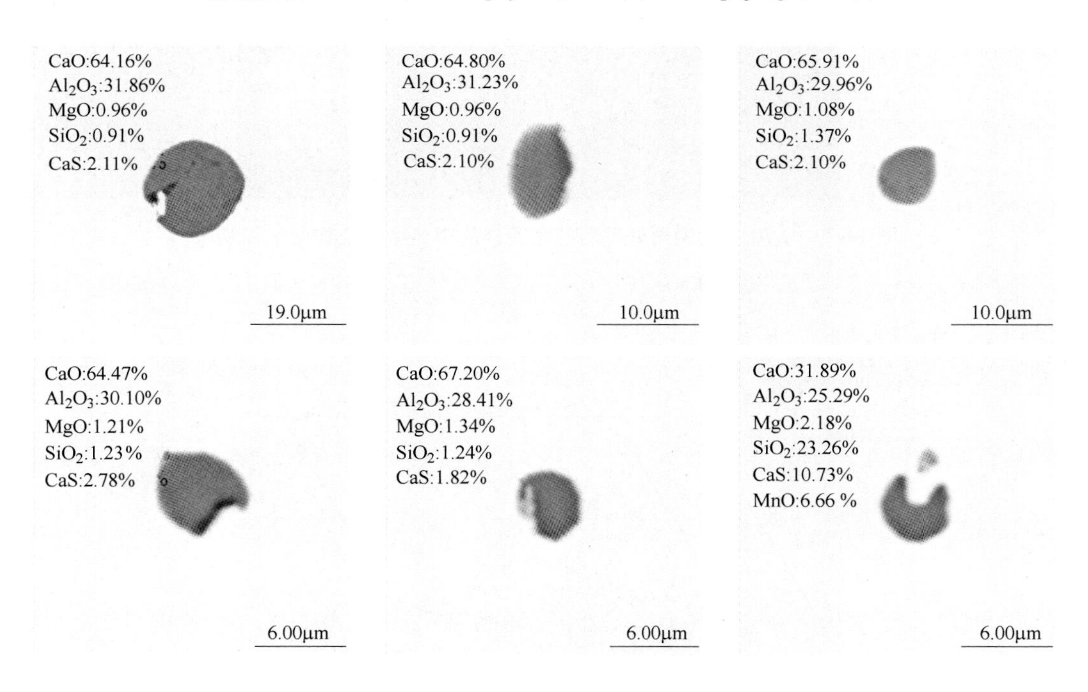

图 14-28　X70 管线钢钙处理后的水冷样品中典型夹杂物形貌

X70 管线钢铸坯中夹杂物成分如图 14-30 所示。由图可知，铸坯中夹杂物主要成分为 Al_2O_3-CaS 固态夹杂物，夹杂物中 CaS 含量明显增加，绝大多数夹杂物成分位于 50%液相区域以外，同时检测到夹杂物中含有少量的 $MgO \cdot Al_2O_3$。夹杂物平均直径为 2.6μm，夹杂物最大直径 13.1μm。夹杂物数密度为 8.5 个/mm²，钢中夹杂物数量明显增加，这是凝固过程 CaS 新相析出造成的。夹杂物面积分数增加为 47.2ppm。

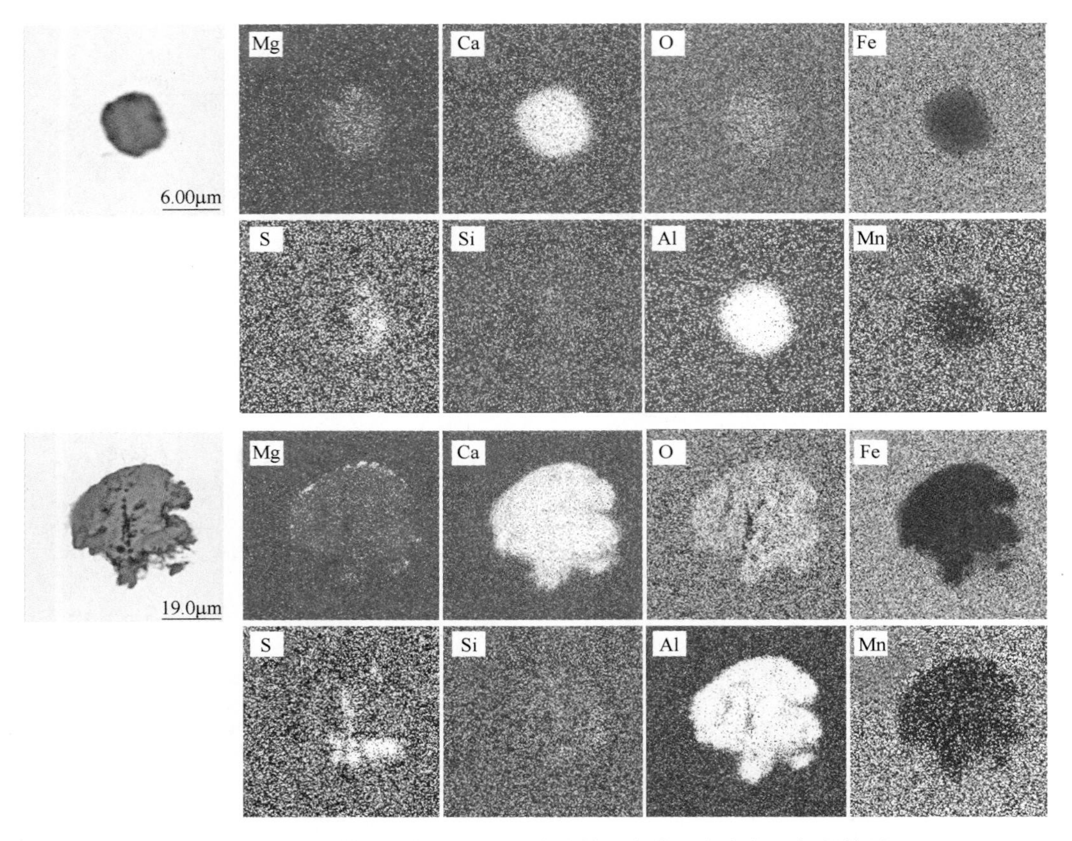

图 14-29　X70 管线钢钙处理后的水冷样品中典型夹杂物面扫描结果

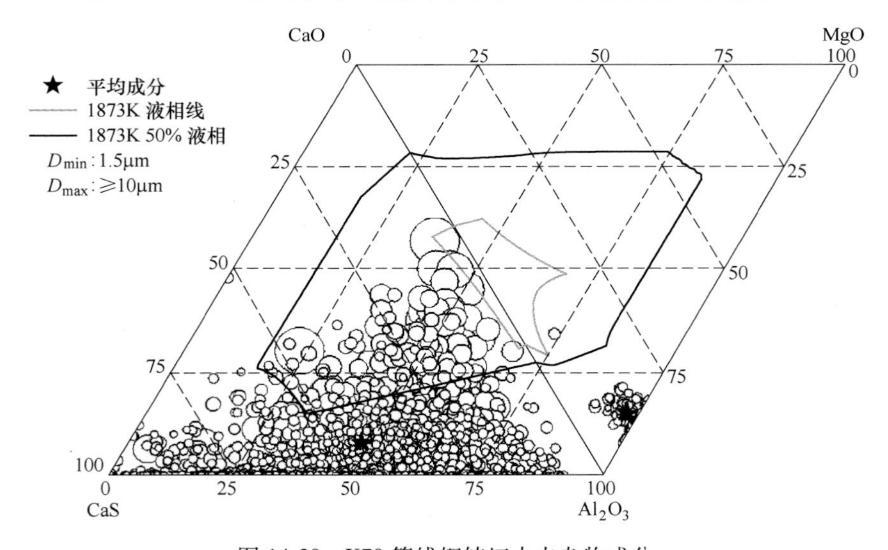

图 14-30　X70 管线钢铸坯中夹杂物成分

（扫描面积 234.63mm^2，CaO-Al_2O_3-CaS：1915 个，CaO-Al_2O_3-MgO：73 个）

图 14-31 为 X70 管线钢铸坯中典型夹杂物形貌。图中夹杂物主要为球形或近球形，部分夹杂物为钙铝酸盐夹杂物，部分夹杂物转变为了 Al_2O_3-CaS 夹杂物。图 14-32 为 X70 管

线钢铸坯中典型夹杂物面扫描结果。铸坯中的夹杂物主要为 CaS 包裹着 Al_2O_3-CaO 核心，夹杂物中的 CaS 外层是因为原来的夹杂物转变或凝固析出形成的。

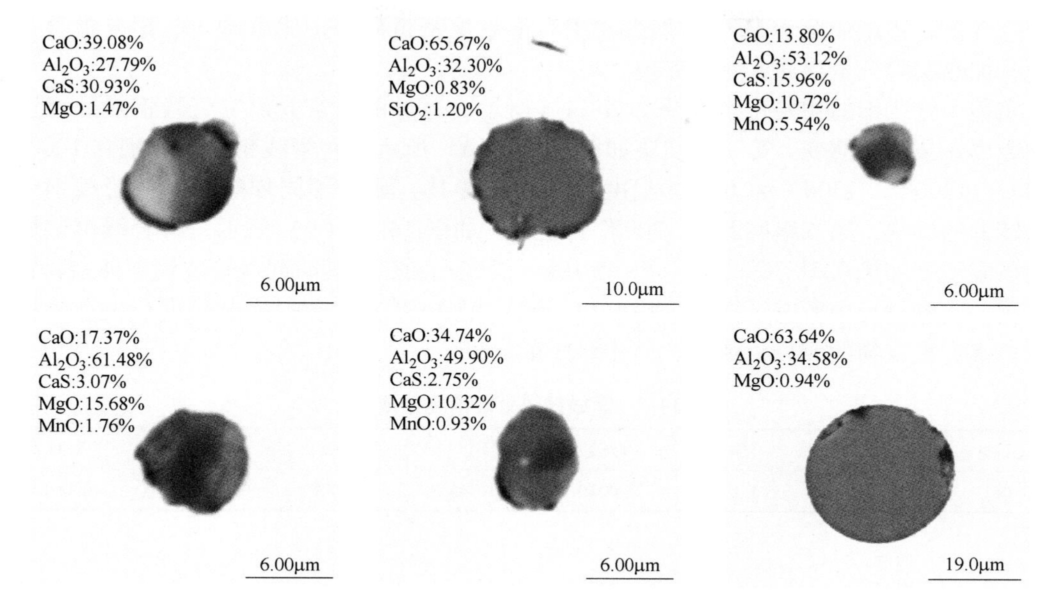

图 14-31 X70 管线钢铸坯中典型夹杂物形貌

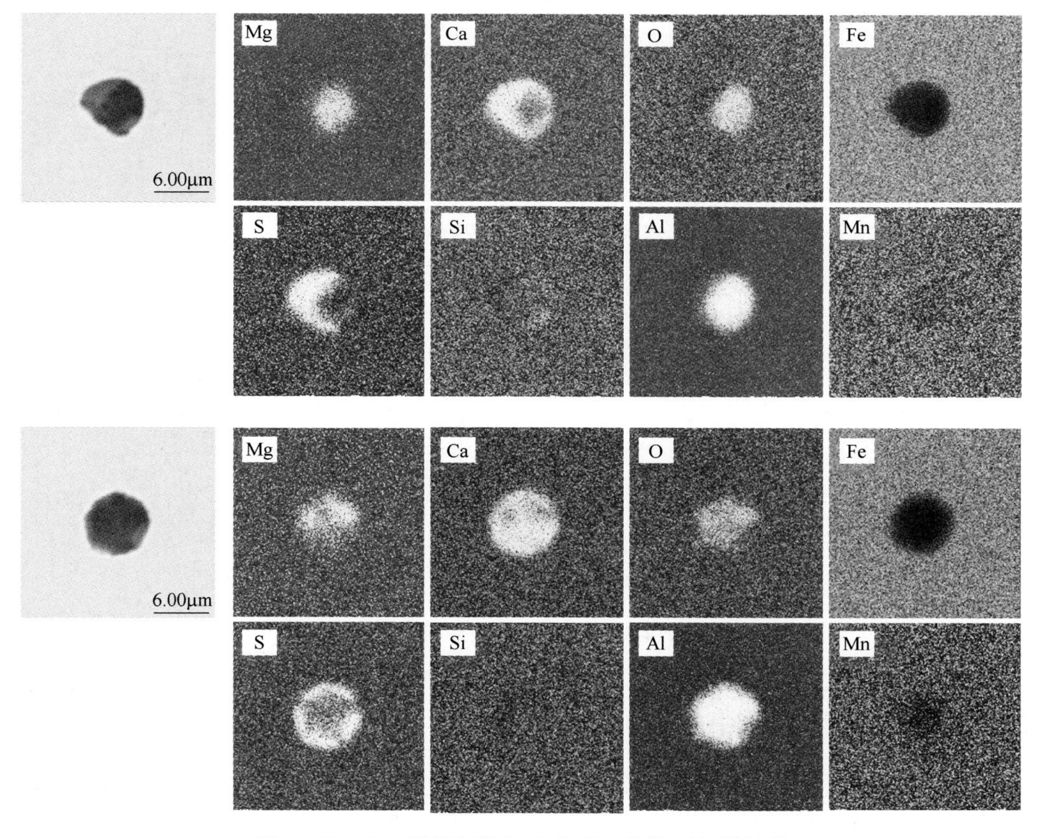

图 14-32 X70 管线钢铸坯中典型夹杂物面扫描结果

取某钢厂管线钢稳态浇铸过程中中间包试样作为实验样品，快速水冷，保持样品中夹杂物的原始形态和成分。管线钢热处理实验在 Si-Mo 炉内进行，实验前向炉内通入高纯氩气排空气体，将试样置于 MgO 坩埚内并用石墨坩埚密封保护，然后放入硅钼电阻管式炉中进行加热实验，全程通入氩气保护。

实验用管线钢的初始化学成分如表 14-3 所示，通过两组实验研究管线钢热处理过程中非金属夹杂物的演变。第一组实验如图 14-33（a）所示，将管线钢样品分别在 1000℃、1100℃、1200℃、1300℃和 1400℃温度条件下加热 1h，研究不同加热温度对管线钢中夹杂物转变的影响；第二组实验在 1200℃下进行，如图 14-33（b）所示，将管线钢试样分别在该温度下加热 0.5h、2h、3h、5h 和 10h，研究不同热处理时间对管线钢中夹杂物转变的影响。实验过程中所有试样均采用水冷，然后用 ASPEX 自动扫描电镜进行夹杂物检测分析，确定夹杂物的成分、数量、尺寸和分布。

表 14-3　管线钢热处理前初始成分　（%）

C	Si	Mn	T. S.	Al_t	T. Ca	Mg	T. O.
0.05	0.20	1.0	0.0010	0.045	0.0009	0.0004	0.0015

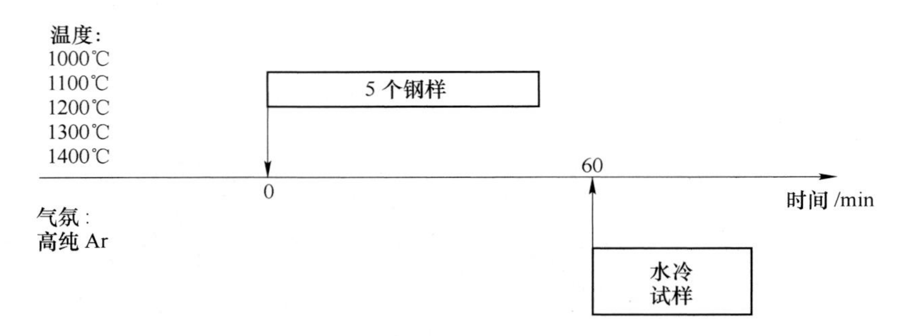

(a) 热处理温度对管线钢中夹杂物转变的影响

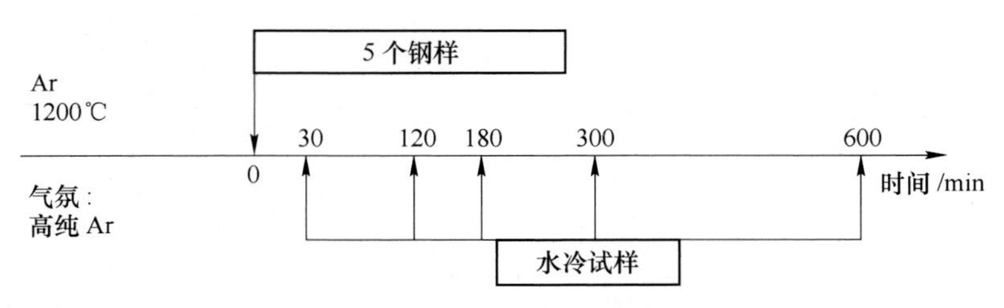

(b) 热处理时间对管线钢中夹杂物转变的影响

图 14-33　管线钢热处理实验方案

14.3.2　加热温度对管线钢中夹杂物转变的影响

图 14-34 为管线钢不同温度热处理过程中非金属夹杂物的成分分布。样品的扫描面积大于 $25mm^2$，夹杂物的观察尺寸大于 1μm，将所有观察到的夹杂物投入 CaO-Al_2O_3-CaS-

MgO 四元相图中，同时使用 FactSage 热力学软件计算了 1873K（1600℃）下的液相线和 50%液相线。如图 14-34（a）所示，热处理前管线钢中夹杂物成分均匀，主要为 $CaO\text{-}Al_2O_3$ 型夹杂物，含少量的 CaS 和 MgO，且夹杂物位于低熔点区，其平均组成靠近 1600℃液相线，由初始钢液成分决定。如图 14-34（b）所示，1000℃热处理 1h 后，夹杂物中 CaO 含量降低，Al_2O_3 和 CaS 含量增加，出现小颗粒的 $CaS\text{-}Al_2O_3$ 和 $MgO\text{-}Al_2O_3$ 型夹杂物。如图 14-34（c）所示，1100℃热处理 1h 后，夹杂物中 CaS 和 Al_2O_3 含量进一步增加，逐渐偏离液相区，其平均组分靠近 50%液相线。如图 14-34（d）所示，在 1200℃加热 1h 后，夹杂物成分变化更加明显，大量小尺寸的 $CaS\text{-}Al_2O_3$ 和 $MgO\text{-}Al_2O_3$ 型夹杂物形成，且大部分夹杂物为固态，位于 50%液相区外。随着加热温度进一步升高至 1300℃，如图 14-34（e）所示，小尺寸的夹杂物几乎完全变性为 $CaS\text{-}Al_2O_3\text{-}MgO$ 型夹杂物，夹杂物中 CaO 含量较热处理前显著降低，CaS 和 Al_2O_3 含量显著提高。将管线钢试样在 1400℃保温 1h 后，夹杂物基本转变完全，大尺寸 $CaO\text{-}Al_2O_3$ 类夹杂物发生转变，最终夹杂物组成为 $CaS\text{-}Al_2O_3\text{-}MgO$，几乎不含 CaO。

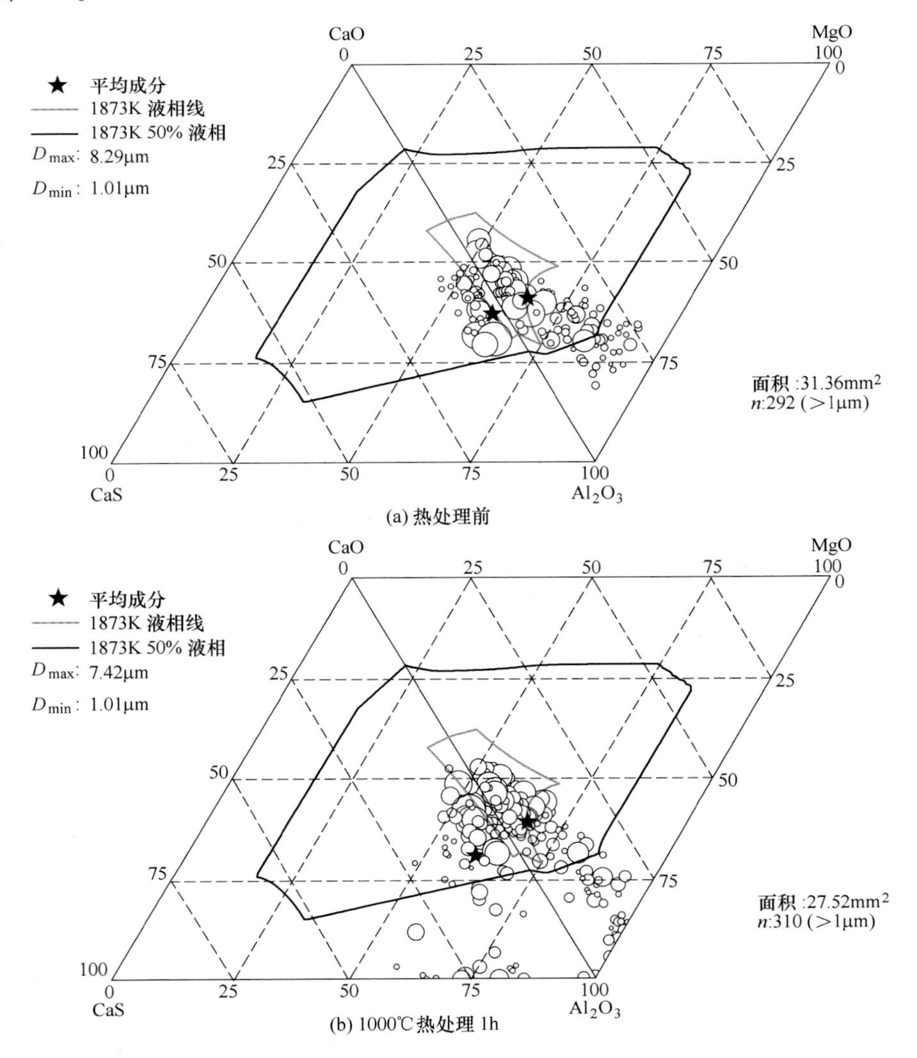

(a) 热处理前

(b) 1000℃热处理 1h

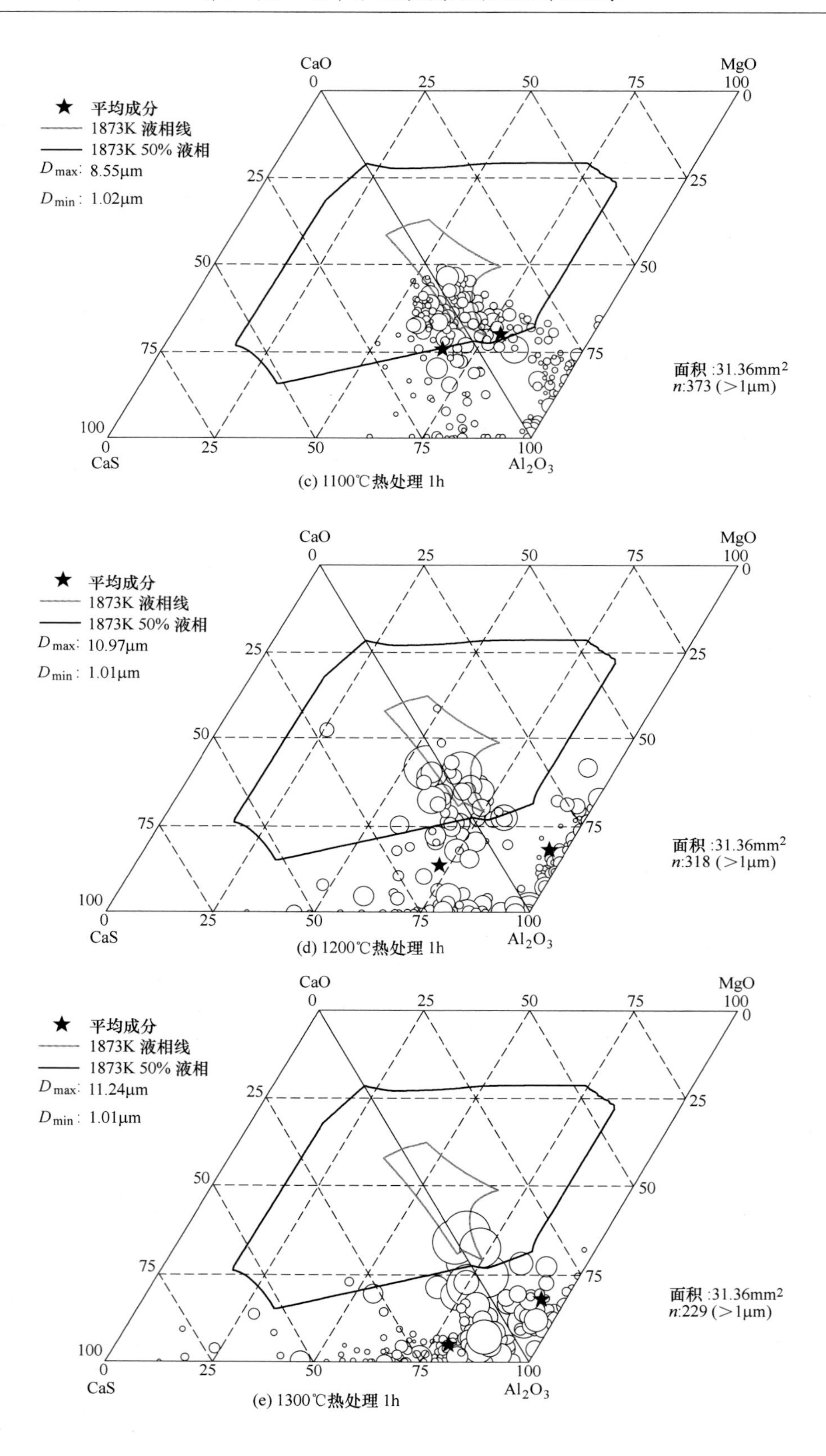

(c) 1100℃热处理 1h

(d) 1200℃热处理 1h

(e) 1300℃热处理 1h

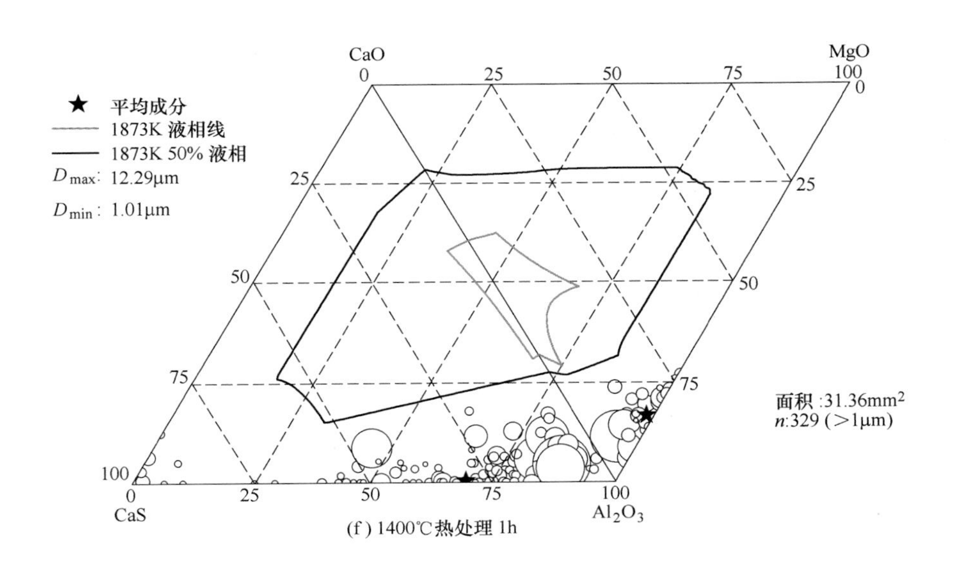

(f) 1400℃热处理 1h

图 14-34 管线钢不同温度热处理过程中夹杂物的成分分布

图 14-35 为管线钢不同温度热处理过程中夹杂物成分和数密度随夹杂物直径之间的变化关系。热处理实验中，观察到的夹杂物的尺寸范围为 1~10μm 以上，所有试样中夹杂物的数密度随着夹杂物尺寸的增加而降低，且以 1~2μm 尺寸范围内的小颗粒夹杂物为主。图 14-35（a）表明，管线钢热处理前，夹杂物成分主要是 CaO-Al_2O_3，含极少量 CaS 和 MgO，且随夹杂物直径的增加，夹杂物成分非常均匀，小尺寸成分略有变化。夹杂物中 CaO 的摩尔分数约为 50%，Al_2O_3的摩尔分数约为 40%，CaO 和 Al_2O_3的摩尔比约为 1.2，MgO 和 CaS 的摩尔分数分别低于 10%和 5%。图 14-35（b）为 1000℃下加热 1h 后的管线钢试样，结果表明，对于尺寸大于 5μm 的夹杂物，其化学成分几乎不变。然而，对于尺寸小于 5μm 的夹杂物，可以明显看出夹杂物中 Al_2O_3 和 CaS 的含量增加，CaO 含量降低。且夹杂物的尺寸越小，变化趋势越明显。如图 14-35（c）所示，管线钢试样在 1100℃加热 1h 后，夹杂物成分转变较 1000℃明显，CaO 含量降至 40%以下，Al_2O_3继续升高，约为 50%，而 CaS 和 MgO 也分别有不同程度的增加。图 14-35（d）、（e）分别为 1200℃及 1300℃温度条件下处理 1h 后管线钢中夹杂物成分与尺寸之间的关系，可以发现，较高温度下大尺寸的夹杂物逐渐发生转变，温度越高，夹杂物发生转变的现象越明显，Al_2O_3的摩尔分数超过 60%，而 CaO 则低于 10%，且 1300℃热处理 1h 后，小尺寸夹杂物成分基本达到稳定。将管线钢试样置于 1400℃保温 1h 后，如图 14-35（f）所示，夹杂物中 CaO 几乎消失，各尺寸范围内夹杂物中 CaS、Al_2O_3 和 MgO 含量基本稳定，夹杂物中 Al_2O_3 的摩尔分数为 70%以上，CaS 的摩尔分数约 10%，MgO 约为 10%~20%，此时夹杂物由 CaO-Al_2O_3型完全变性为 CaS-Al_2O_3-MgO 型。

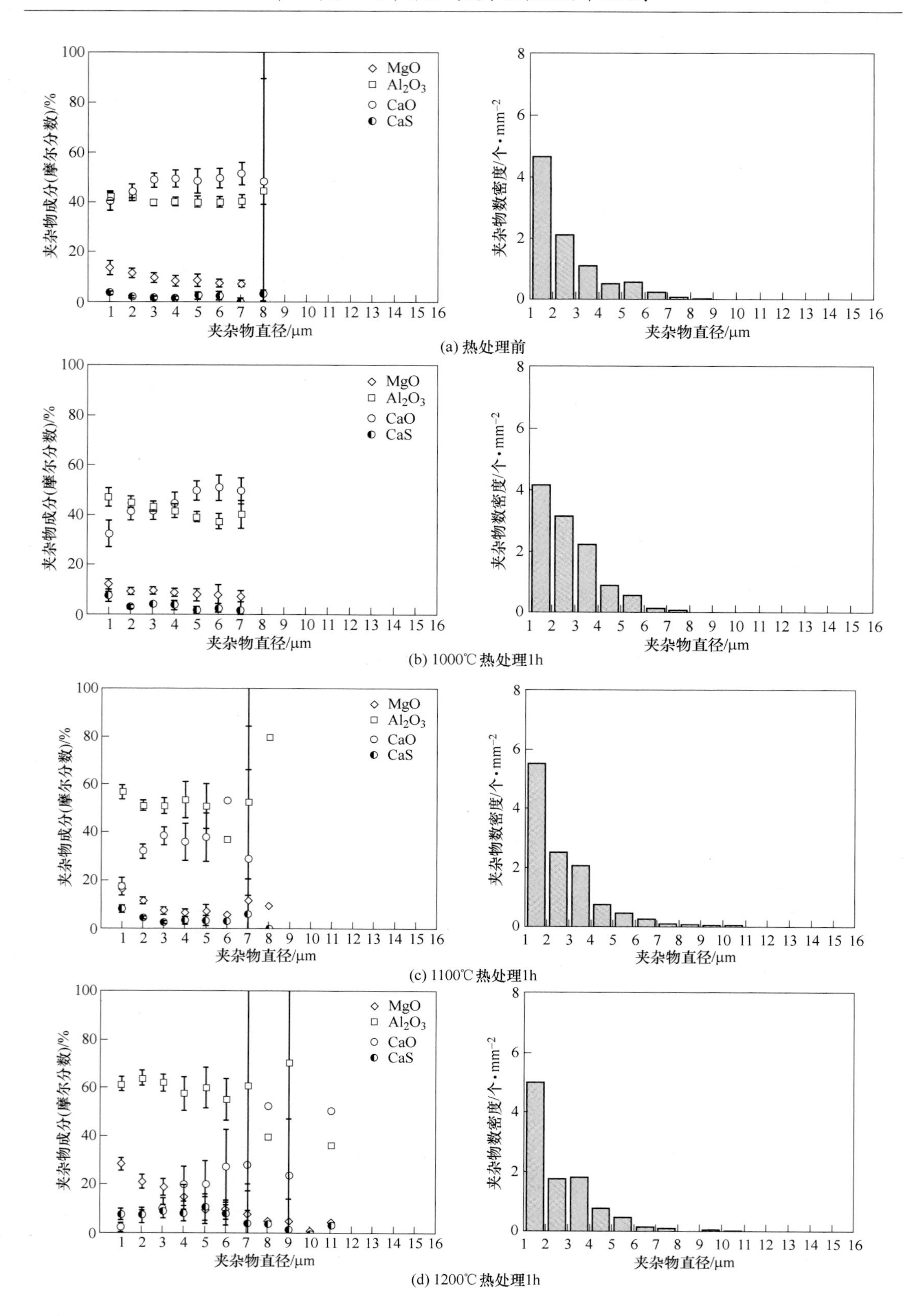

(a) 热处理前

(b) 1000℃热处理1h

(c) 1100℃热处理1h

(d) 1200℃热处理1h

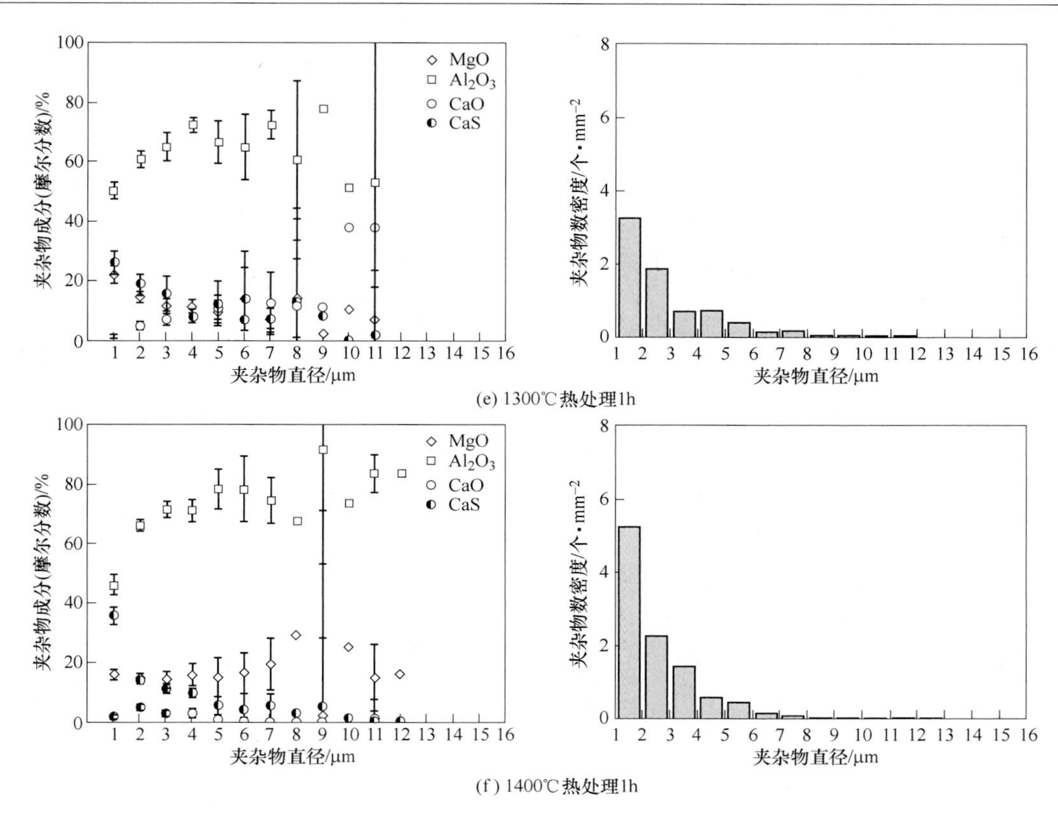

(e) 1300℃热处理1h

(f) 1400℃热处理1h

图 14-35 管线钢不同温度热处理过程中夹杂物成分和数密度与夹杂物直径之间的关系

图 14-36 为管线钢不同温度热处理过程中典型夹杂物的面扫描结果。热处理前管线钢中典型夹杂物的面扫描结果如图 14-36（a）所示。此时夹杂物主要为钙铝酸盐，夹杂物中元素分布均匀，以 Al、Ca 为主，是一个均相，含极少量的 Mg 和 S。图 14-36（b）、（c）分别为 1000℃及 1100℃热处理 1h 后的管线钢试样，其面扫描结果与热处理前相比元素分布未发现明显的差异。然而，在相同的加热时间内，当热处理温度高于 1200℃时，从面扫描结果可以观察到夹杂物发生明显转变。图 14-36（d）～（f）分别为 1200～1400℃下典型夹杂物的面扫描结果。可以看出 $CaO-Al_2O_3$类夹杂物逐渐向 $CaS-Al_2O_3$型夹杂物转变，且 CaS 从夹杂物表面析出。

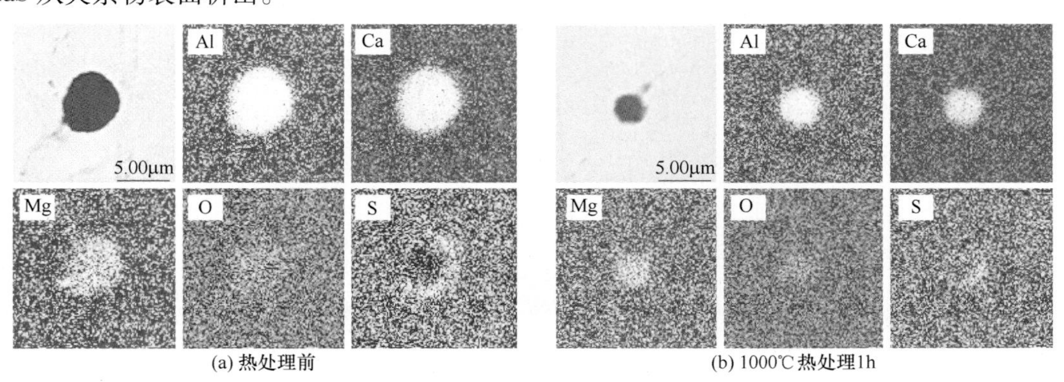

(a) 热处理前

(b) 1000℃热处理1h

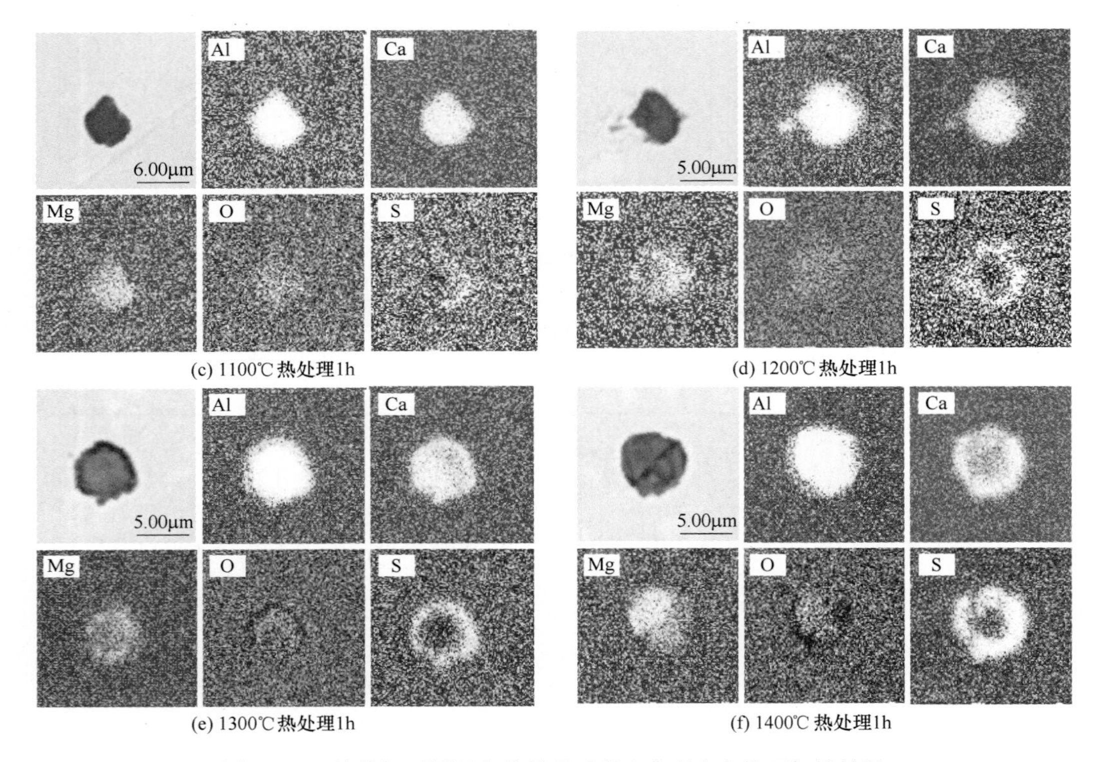

图 14-36　管线钢不同温度热处理过程中典型夹杂物面扫描结果

1300℃和 1400℃热处理 1h 后的典型夹杂物线扫描结果分别如图 14-37（b）、（c）所示。夹杂物内部 CaO 含量逐渐降低，表面 CaS 含量增加，最终夹杂物由 CaS 及 Al_2O_3-MgO 两部分组成，内部为 Al_2O_3-MgO 复合相，几乎不含 CaO，CaS 包裹在 Al_2O_3-MgO 复合相表面。

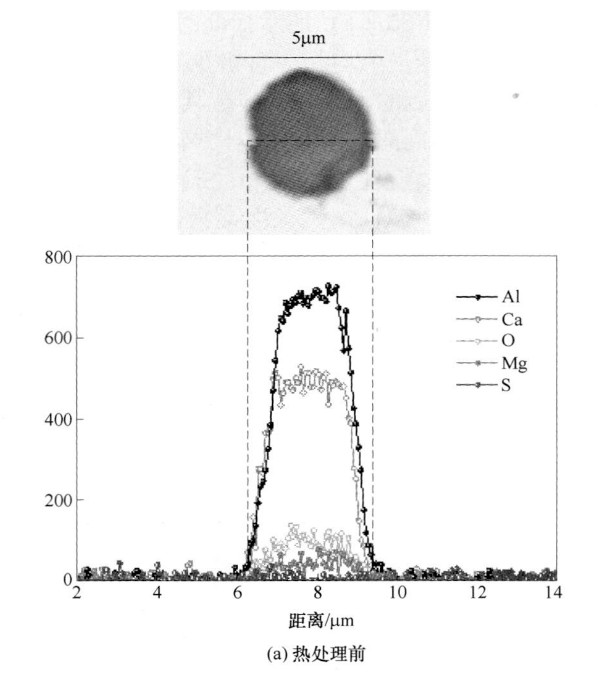

(a) 热处理前

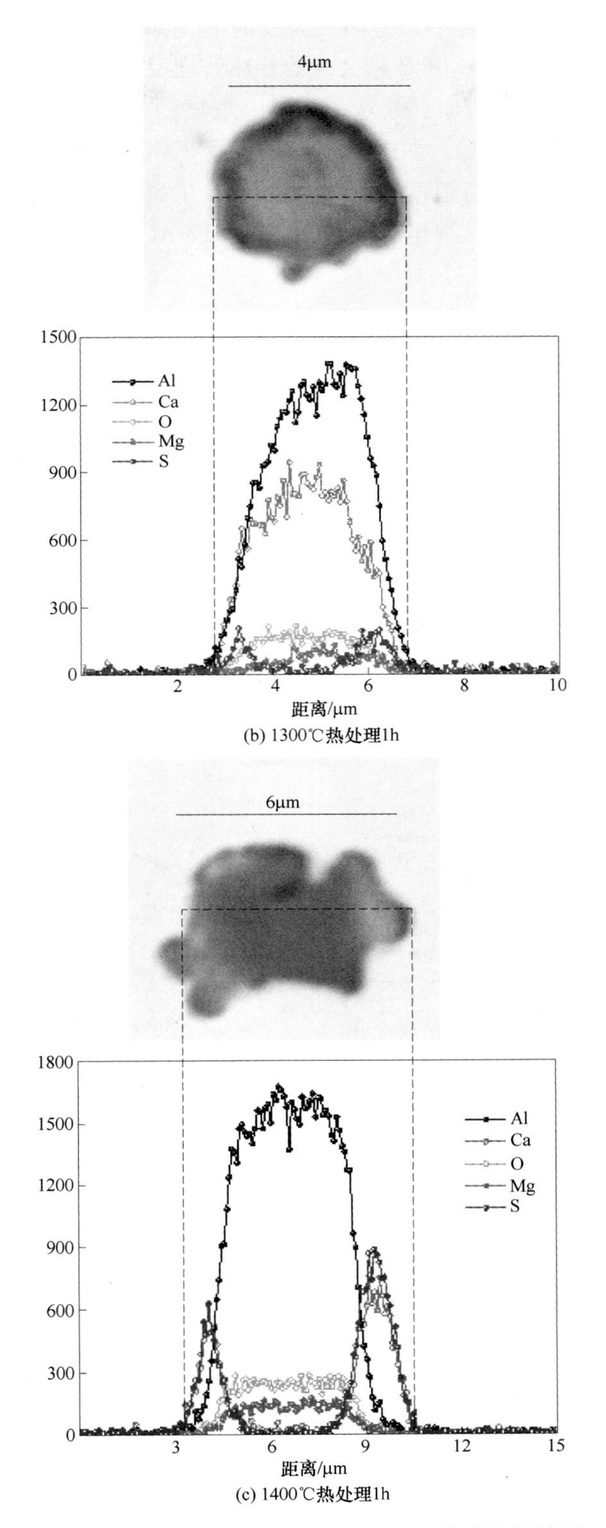

(b) 1300℃热处理1h

(c) 1400℃热处理1h

图 14-37 管线钢热处理过程中典型夹杂物线扫描结果

管线钢不同温度热处理过程中非金属夹杂物的演变如图 14-38 所示。图 14-38（a）为夹杂物平均成分随温度的变化。可以看出，随着热处理温度的提高，夹杂物中 CaO 含量降低，Al_2O_3、CaS 和 MgO 含量增加。此外，还可以观察到当热处理温度低于 1200℃时，主要发生 CaO 和 Al_2O_3的成分转变，如式（14-2）所示。钢中［Al］与夹杂物中 CaO 反应，使夹杂物中 Al_2O_3含量增加；当温度高于 1200℃时，主要表现为 CaO 和 CaS 的成分变化，如式（14-3）所示。最终夹杂物组成为：70%～80% Al_2O_3，15%～20% CaS，5%～10% MgO，基本不含 CaO。

$$3(CaO) + 2[Al] \longrightarrow (Al_2O_3) + 3[Ca] \tag{14-2}$$

$$(CaO) + [S] \longrightarrow (CaS) + [O] \tag{14-3}$$

图 14-38（b）～（d）为不同热处理温度下夹杂物数密度、面积分数和平均尺寸的变化。当热处理温度低于 1200℃保温 1h 后，夹杂物数密度及面积分数无明显变化，表明在加热过程中试样没有发生氧化。然而，当加热温度高于 1200℃时，夹杂物的数密度略微降低，面积分数和平均尺寸增加，这可能与夹杂物在高温下的重熔和聚集有关。在高于 1200℃的温度下，夹杂物可能部分或完全重熔，促进了小尺寸液态夹杂物或部分液态夹杂物的聚集。

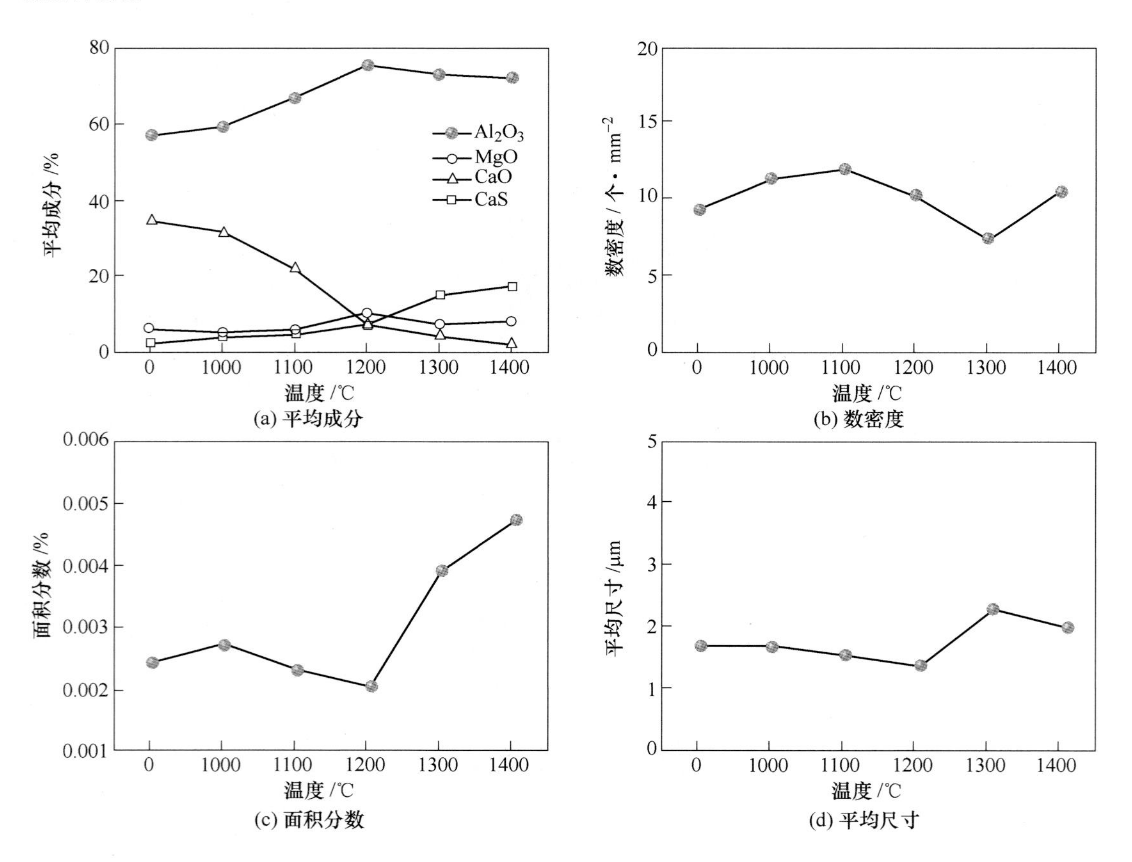

(a) 平均成分　　(b) 数密度

(c) 面积分数　　(d) 平均尺寸

图 14-38　管线钢不同温度热处理过程中非金属夹杂物的演变

14.3.3　温度变化对管线钢中夹杂物转变影响的热力学计算

图 14-39 为不同温度热处理过程中管线钢夹杂物的析出相图。计算采用 FactSage 热力学软件，选取 Equilib 模块和 FactPS、FToxide 和 FSstel 等数据库。图 14-39（a）为夹杂物的相转变结果。可以观察到当温度为 1873K 时，夹杂物呈液态，主要为 Al_2O_3 和 CaO 组成的钙铝酸盐夹杂物，与管线钢热处理前夹杂物的组成接近。在液相线温度附近，开始析出固体 $MgO \cdot Al_2O_3$ 尖晶石相。当温度处于液相线和固相线温度之间时，CaS 和尖晶石相大量形成，此外有 $CaO \cdot Al_2O_3$ 相析出。随着温度的降低，$CaO \cdot Al_2O_3$ 相进一步转变为 $CaO \cdot 2Al_2O_3$ 和 $CaO \cdot 2MgO \cdot 8Al_2O_3$ 相。为了更加清晰地揭示夹杂物的成分转变，将夹杂物相转变结果转换为夹杂物成分的变化，如图 14-39（b）所示。液态钢中夹杂物主要为 $CaO\text{-}Al_2O_3$，含少量 MgO，与热处理前观察到的现象基本一致。随温度降低，Al_2O_3、CaS 和 MgO 的含量增加而 CaO 的含量下降，与热处理过程中观察到的现象一致，表明在热处理过程中，$CaO\text{-}Al_2O_3$ 型夹杂物向 $CaS\text{-}Al_2O_3\text{-}MgO$ 型发生转变。然而，实验观察到的夹杂物实际转变温度与热力学计算结果之间存在差异，可能与固体钢中夹杂物的动力学传质过程有关。

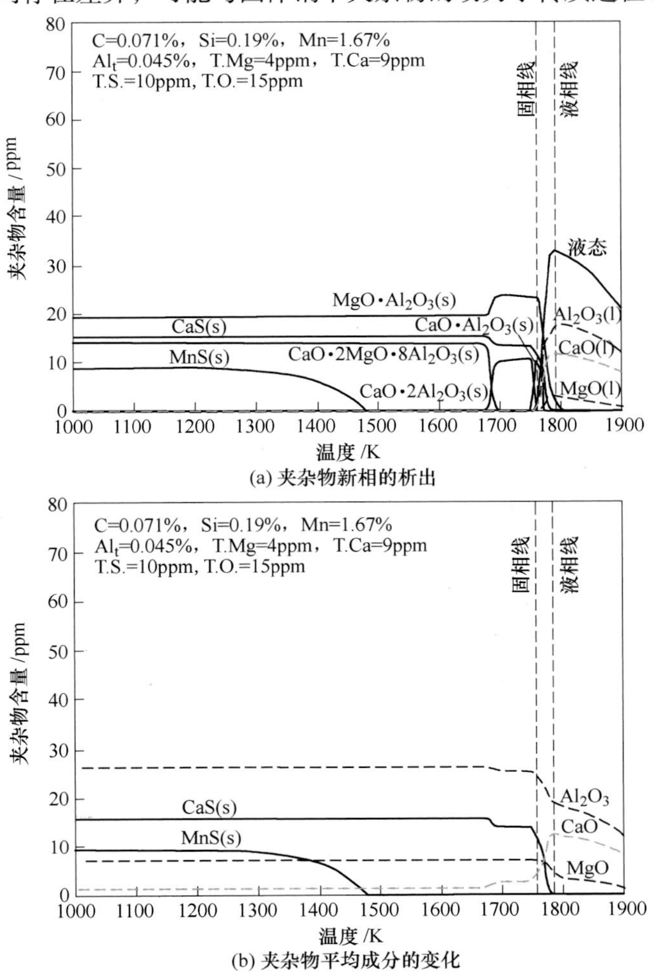

图 14-39　管线钢不同温度热处理过程中夹杂物的析出相图

图 14-40（a）为不同热处理温度下夹杂物的实验结果和由 FactSage 计算出的预测值。可以看出不同温度下夹杂物的转变路径类似，然而实验观察到的 CaS 含量小于计算值，出现该偏差的原因是由于热力学计算是基于平衡条件，而实际热处理过程中未达到热力学平衡。管线钢中不同 T. Ca 含量对热处理过程中夹杂物转变的影响如图 14-40（b）所示。计算结果表明，钢中 T. Ca 含量低于 10ppm 时，$CaO-Al_2O_3$型夹杂物在计算温度范围内可完全变性为 $CaS-Al_2O_3-MgO$，且钢中 T. Ca 越高，转变结束时夹杂物中 CaS 含量越高。当 T. Ca 含量大于 10ppm 时，$CaO-Al_2O_3$型夹杂物仅部分转化，$CaO-Al_2O_3$型夹杂物仍然存在，且大多数夹杂物呈液态，位于 1873K 下夹杂物的 50%液相区间。图 14-40（c）为不同 T. O. 含量对管线钢热处理过程中夹杂物转变的影响。可以看出对于计算范围内的 T. O. 含量，夹杂物都能完全转化为 $CaS-Al_2O_3-MgO$，即理论上管线钢中 45ppm Al_t和 10ppm T. S. 能使 $CaO-Al_2O_3$在加热温度下完全变性，且钢中 T. O. 含量越低，夹杂物的变化趋势更加明显。钢中 T. S. 含量对夹杂物转变的影响如图 14-40（d）所示。结果表明，钢中 T. S. 由 5ppm 增加至 20ppm，夹杂物的转变无明显变化，因此该范围内钢中 T. S. 的影响可忽略不计。

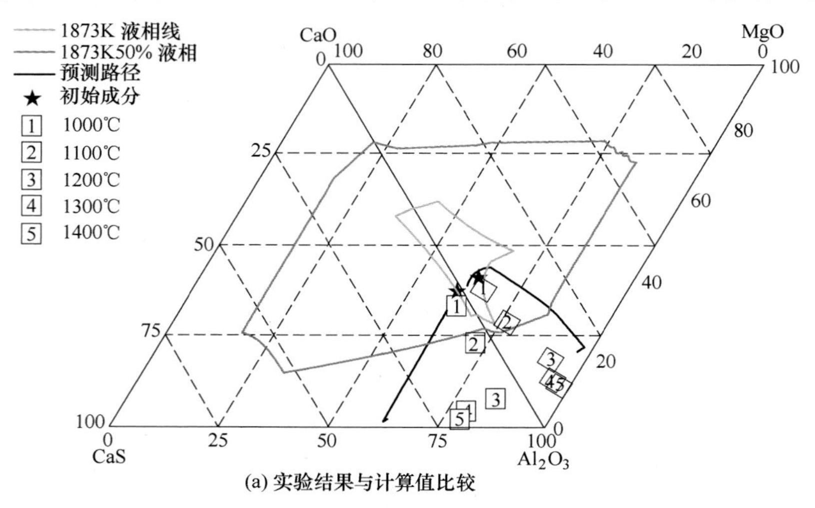

(a) 实验结果与计算值比较

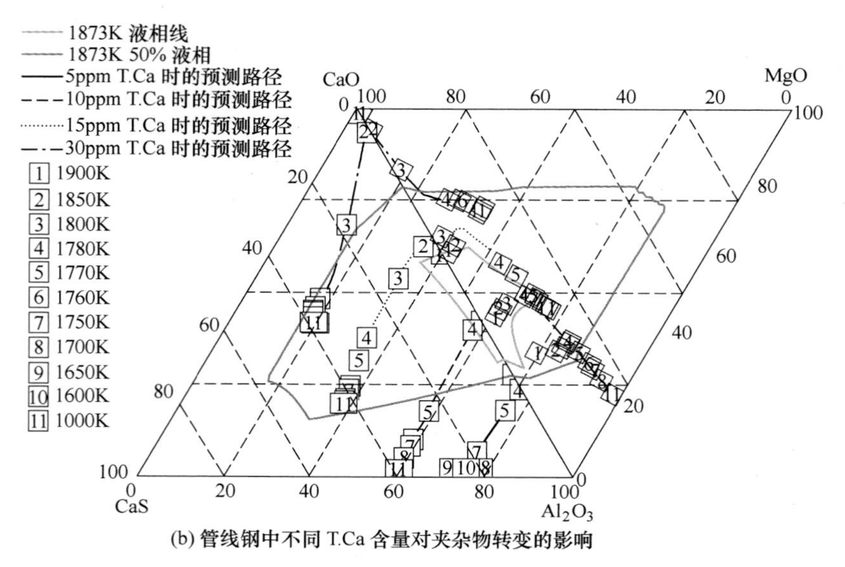

(b) 管线钢中不同 T.Ca 含量对夹杂物转变的影响

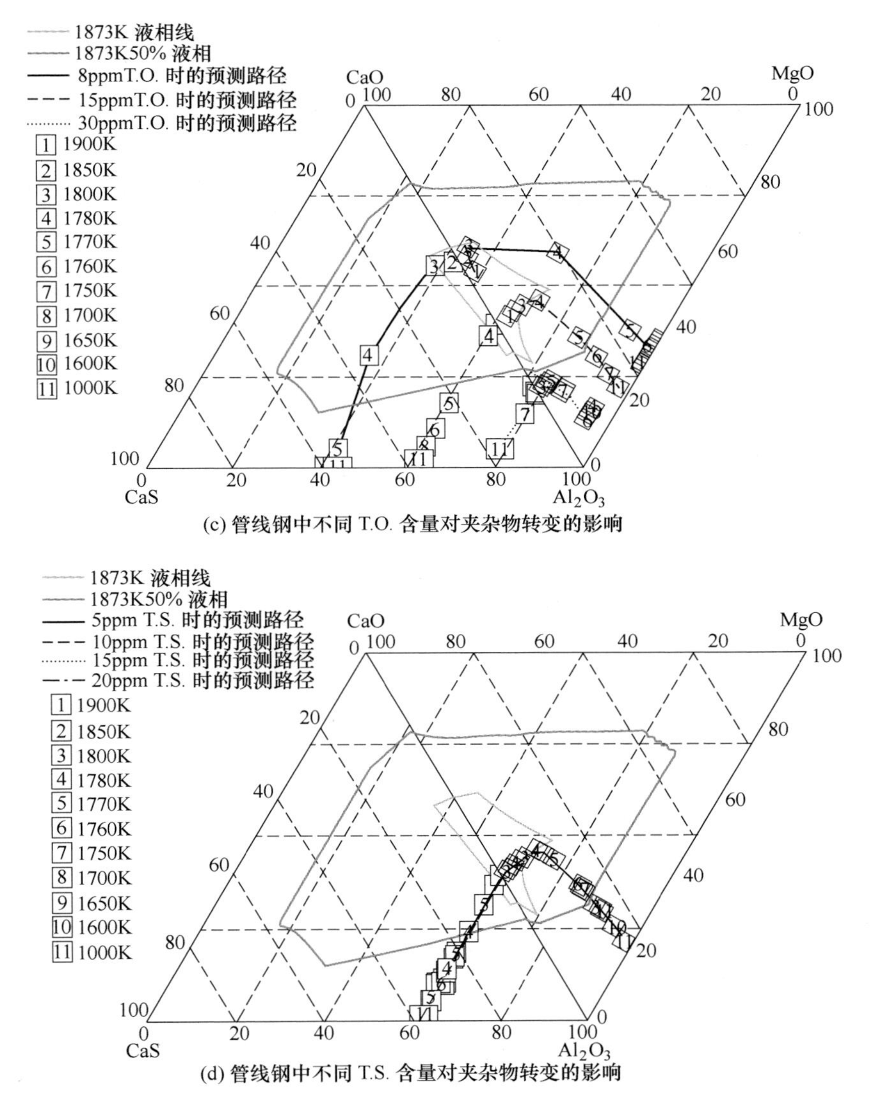

(c) 管线钢中不同 T.O. 含量对夹杂物转变的影响

(d) 管线钢中不同 T.S. 含量对夹杂物转变的影响

图 14-40　不同元素含量对管线钢热处理过程中夹杂物转变的影响

14.4　本章小结

在 1200℃下的氩气保护气氛的热处理过程中，随着反应时间的增加，$2MnO \cdot SiO_2$逐渐向 $MnO \cdot Cr_2O_3$尖晶石转变，且由于小尺寸夹杂物动力学条件较好，其转变速率快于大尺寸夹杂物。不锈钢热处理过程氧化物的演变规律为：在热处理之前，钢中夹杂物主要为球形液态 $2MnO \cdot SiO_2$夹杂物。在热处理过程中，钢中［Cr］元素在钢基体/$MnO\text{-}SiO_2$夹杂物界面将 $2MnO \cdot SiO_2$夹杂物中的 SiO_2和 MnO 还原，在 $2MnO \cdot SiO_2$夹杂物表面生成 $MnO \cdot Cr_2O_3$尖晶石夹杂物。同时，MnS 含量较高的夹杂物中开始有纯的 MnS 相析出。最终，$2MnO \cdot SiO_2$夹杂物被完全变性为纯 $MnO \cdot Cr_2O_3$尖晶石夹杂物。热力学计算结果表明，当前实验条件下非金属夹杂物相自身随温度变化过程主要引起不同相的析出，很难显著地改变夹杂物的成分。在热处理温度下不锈钢中夹杂物会由 MnO-SiO_2向 MnO · Cr_2O_3尖晶石夹杂物的转变行为，主要是由于钢基体和夹杂物之间反应热力学发生变化引起的。

热处理前，管线钢中夹杂物主要为 CaO-Al_2O_3，含少量 MgO 和 CaS。凝固冷却和热处理过程中，夹杂物向 Al_2O_3-CaS 转变，且夹杂物内部 CaO 含量降低，主要为 Al_2O_3-MgO 复合相。随着热处理温度的提高和热处理时间的延长，夹杂物转化为 CaS-Al_2O_3-MgO，且 CaS 包裹在 Al_2O_3-MgO 复合相表面。该过程与夹杂物尺寸、热处理温度和热处理时间有关。热力学计算结果与实验现象吻合，证实了管线钢热处理过程中非金属夹杂物的转变。此外，热力学计算还表明钢中 T. Ca 和 T. O. 等元素含量对管线钢热处理过程中夹杂物的转变有重要影响，而 T. S. 含量的影响可忽略不计。计算值与实验结果之间的偏差可能由实验过程中固体钢中动力学传质条件不足引起。

参 考 文 献

[1] Zhang L, Thomas B G. State of the art in evaluation and control of steel cleanliness [J]. ISIJ International, 2003, 43 (3): 271-291.

[2] Li S, Zhang L, Ren Y, et al. Transient behavior of inclusions during reoxidation of Si-killed stainless steels in continuous casting tundish [J]. ISIJ International, 2016, 56 (4): 584-593.

[3] 张立峰，李燕龙，任英. 钢中非金属夹杂物的相关基础研究（Ⅰ）——非稳态浇铸中的大颗粒夹杂物和钢液中夹杂物的形核长大、运动碰撞、捕捉去除 [J]. 钢铁，2013，48 (11)：1-10.

[4] 张立峰，李燕龙，任英. 钢中非金属夹杂物的相关基础研究（Ⅱ）——夹杂物检测方法及脱氧热力学基础 [J]. 钢铁，2013，48 (12)：1-8.

[5] Park J H, Todoroki H. Control of MgO · Al_2O_3 spinel inclusions in stainless steels [J]. ISIJ International, 2010, 50 (10): 1333-1346.

[6] Ren Y, Zhang L, Ling H, et al. A reaction model for prediction of inclusion evolution during reoxidation of Ca-treated Al-killed steels in tundish [J]. Metallurgical and Materials Transactions B, 2017, 48 (3): 1433-1438.

[7] Huang F, Zhang L, Zhang Y, et al. Kinetic modeling for the dissolution of MgO lining refractory in Al-killed steels [J]. Metallurgical and Materials Transactions B, 2017, 48 (4): 1-12.

[8] Ren Y, Zhang Y, Zhang L. A kinetic model for Ca treatment of Al-killed steels using FactSage macro processing [J]. Ironmaking & Steelmaking, 2017, 44 (7): 497-504.

[9] Ren Y, Zhang L. Thermodynamic model for prediction of slag-steel-inclusion reactions of 304 stainless steels [J]. ISIJ International, 2017, 57 (1): 68-75.

[10] Deng Z, Zhu M. Deoxidation mechanism of Al-killed steel during industrial refining process [J]. ISIJ International, 2014, 54 (7): 1498-1506.

[11] Takahashi I, Sakae T, Yoshida T. Changes of the nonmetallic inclusion by heating-study on the nonmetallic inclusion in 18-8 stainless steel (Ⅱ) [J]. Tetsu-to-Hagane, 1967, 53 (3): 350-352.

[12] Takano K, Nakao R, Fukumoto S, et al. Grain size control by oxide dispersion in austenitic stainless steel [J]. Tetsu-to-Hagane, 2003, 89 (5): 616-622.

[13] Shibata H, Tanaka T, Kimura K, et al. Composition change in oxide inclusions of stainless steel by heat treatment [J]. Ironmaking and Steelmaking, 2010, 37 (7): 522-528.

[14] Shibata H, Kimura K, Tanaka T, et al. Mechanism of change in chemical composition of oxide inclusions in Fe-Cr alloys deoxidized with Mn and Si by heat treatment at 1473K [J]. ISIJ International, 2011, 51 (12): 1944-1950.

[15] Taniguchi T, Satoh N, Saito Y, et al. Investigation of compositional change of inclusions in martensitic stainless steel during heat treatment by newly developed analysis method [J]. ISIJ International, 2011, 51 (12): 1957-1966.

[16] Ren Y, Zhang L, Pistorius P C. Transformation of oxide inclusions in type 304 stainless steels during heat treatment [J]. Metallurgical and Materials Transactions B, 2017, 48 (5): 2281-2292.

[17] Wang Q, Zou X, Matsuura H, et al. Evolution of inclusions during the 1473K (1200℃) heating process of EH36 shipbuilding steel [J]. Metallurgical and Materials Transactions B, 2018, 49 (1): 18-22.

[18] Liu C, Yang S, Li J, et al. Solid-state reaction between Fe-Al-Ca alloy and Al_2O_3-CaO-FeO oxide during heat treatment at 1473K (1200℃) [J]. Metallurgical and Materials Transactions B, 2017, 48 (2): 1348-1357.

[19] Yang W, Guo C, Zhang L, et al. Phase transformation of inclusions in linepipe steels during solidification and cooling [J]. Metallurgical and Materials Transactions B, 2017, 48 (5): 2267-2273.

[20] Kim S-J, Tago H, Kim K-H, et al. Diffusion behavior of Mn and Si between liquid oxide inclusions and solid iron-based alloy at 1473K [J]. Metallurgical and Materials Transactions B, 2018, 49 (3): 977-987.

[21] Zhang X, Yang S, Liu C, et al. Effect of heat-treatment temperature on the interfacial reaction between oxide inclusions and Si-Mn killed steel [J]. JOM, 2018, 70 (6): 958-962.

[22] 张立峰. 连铸坯凝固和加热过程中非金属夹杂物的演变 [C]. 第十四届全国炼钢学术会议, 成都, 2018.

[23] Ren Y, Zhang L, Fang W, et al. Effect of slag composition on inclusions in Si-deoxidized 18Cr-8Ni stainless steels [J]. Metallurgical and Materials Transactions B, 2016, 47 (2): 1024-1034.

15 钢轧制和加工过程中钢中非金属夹杂物的变形

钢中非金属夹杂物是造成钢铁产品质量问题的一个重要因素。钢中非金属夹杂物按在钢热加工过程中的变形性能可分为塑性夹杂物、脆性夹杂物和不变形夹杂物。塑性夹杂物在钢热加工时会沿加工方向延伸成条带状，一般认为 FeS、MnS 以及 SiO_2 含量较低（40%～60%）的低熔点硅酸盐夹杂属于这一类；脆性夹杂物在钢热加工时不变形，但会沿加工方向破裂成串，Al_2O_3、尖晶石型复合氧化物等高熔点、高硬度夹杂物就属于这一类；不变形夹杂物在钢热加工时将保持原来的球状，这类夹杂物有 SiO_2、SiO_2 含量较高（>70%）的硅酸盐、钙铝酸盐、高熔点的硫化物（如 CaS）以及氮化物等。图 15-1 为不同非金属夹杂物的变形情况示意图[1]。

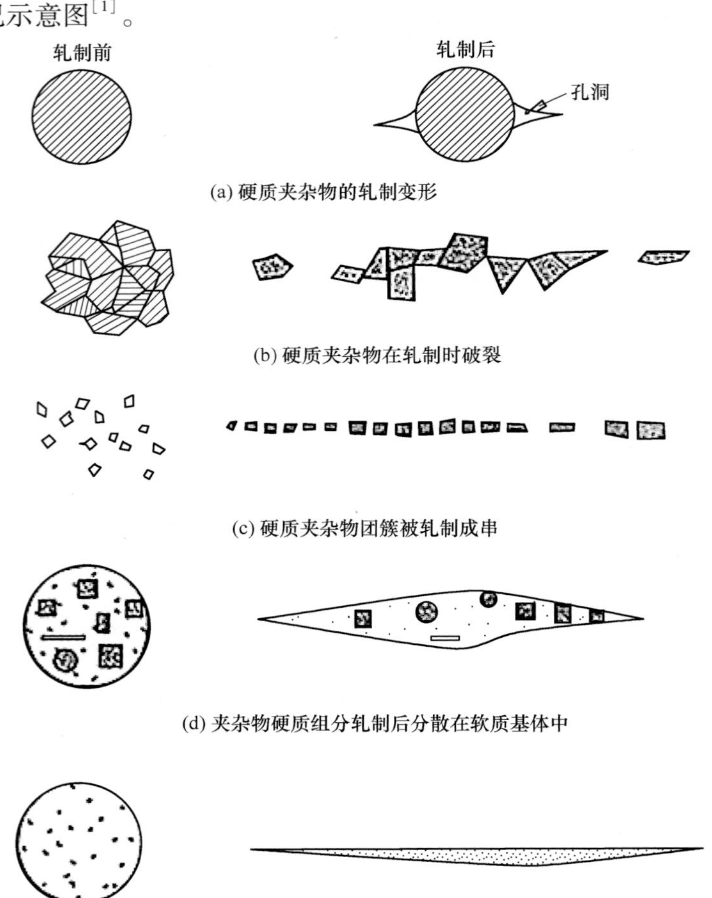

图 15-1　不同非金属夹杂物的变形示意图[1]

由于性能要求以及生产工艺和服役环境的差异，不同的钢种对夹杂物的变形性能有不同的要求。目前大部分高端特殊钢线材都是采用 Si-Mn 脱氧，如帘线钢、切割丝钢和弹簧钢等，此外一些型材如重轨钢由于所用原辅料中铝的存在，这类钢种中的夹杂物主要是 Al_2O_3-SiO_2-CaO-MnO 系。这些高品质钢材除对非金属夹杂物的含量、尺寸和空间分布有严格要求之外，对夹杂物的变形性能也有严格要求。例如，对用于汽车子午线轮胎钢丝的帘线钢和用于硅钢片切割的切割丝用钢，要求钢中非金属夹杂物尺寸小且具有良好的变形性能，以防止钢丝在冷拔及合股过程中的断裂；对用于汽车发动机进排气阀门弹簧钢丝的弹簧钢和高速列车用的高速重轨钢，同样要求钢中非金属夹杂物具有良好的变形性能，以保证钢种高的疲劳寿命。因此，提高这类钢中非金属夹杂物的变形性能是提升钢材品质的关键之一。但同时，作为 Al 脱氧钢中的代表钢种，管线钢一般希望钢中非金属夹杂物的变形性能差一些，以减少 B 类夹杂物的生成，避免氢致裂纹的发生。

15.1 夹杂物变形的评价方法

当前研究中常定义不同的变形指数来表征钢中非金属夹杂物的变形能力。其中用得比较多的是直接用轧材中夹杂物的长宽比来表示[2,3]。此外，夹杂物在钢材热加工过程中的变形能力还可用 Malkiewicz 等[4]提出的夹杂物变形指数来表示，其意义为夹杂物的延伸率与钢材的延伸率之比，定义如下：

$$\nu = \frac{\varepsilon_{\mathrm{i}}}{\varepsilon_{\mathrm{s}}} = \frac{2}{3}\frac{\ln\lambda}{\ln h} \tag{15-1}$$

$$\varepsilon_{\mathrm{i}} = \frac{2}{3}\ln\lambda = \frac{2}{3}\ln\frac{b}{a} \tag{15-2}$$

$$\varepsilon_{\mathrm{s}} = \ln h = \ln\frac{A_0}{A_1} \tag{15-3}$$

式中，ν 为夹杂物变形指数；ε_{i} 为夹杂物的延伸率；ε_{s} 为钢基体的延伸率；b，a 分别为热加工后夹杂物在钢材试样纵截面上的长轴和短轴尺寸；A_0，A_1 分别为热加工前和热加工后钢件的截面积。

变形指数 ν 在 0~1 之间变化。当 $\nu=0$ 时，表示非金属夹杂物根本不变形而只有钢基体变形，因而在钢变形时夹杂物和基体之间产生滑动，界面结合力下降，沿金属变形方向会产生裂纹和空洞；当 $\nu=1$ 时，表示非金属夹杂物的变形率与金属基体的变形率相同，变形时金属与夹杂物一起形变并保持良好的结合。Rudnik[5]研究发现，变形指数 $\nu=0.5\sim1.0$ 时，在钢与夹杂物的界面上很少产生形变裂纹；当 $\nu=0.03\sim0.5$ 时，经常产生带有锥形间隙的鱼尾形裂纹；而当 $\nu=0\sim0.03$ 时，锥形间隙与热撕裂成为常见缺陷。

Kiessling[6]总结了不同类型夹杂物在不同温度下的形变因子（图 15-2），指出刚玉、铝酸钙、尖晶石和方石英等夹杂物在钢材常规热加工温度下无塑性变形能力，而硫化锰在 1000℃以下的变形能力与钢基体相同。

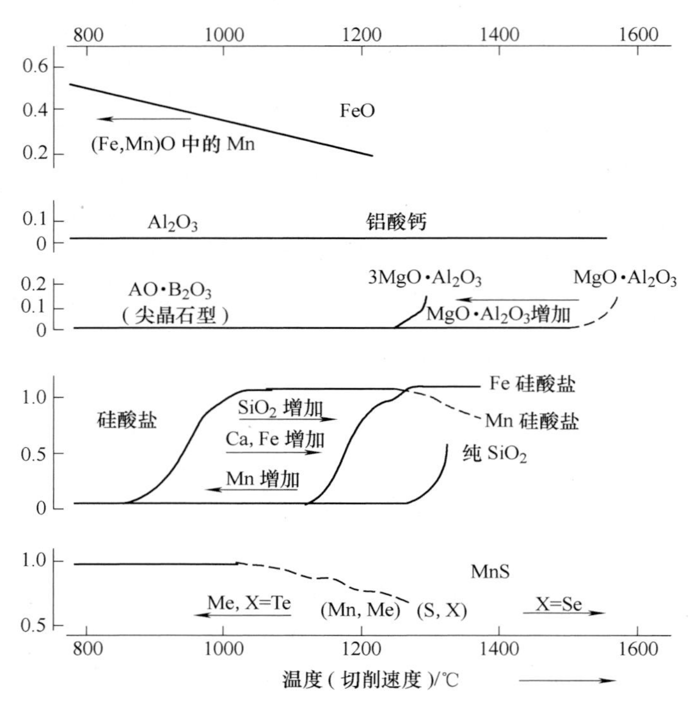

图 15-2　不同类型夹杂物在不同温度下的形变因子[6]

15.2　夹杂物变形的影响因素

15.2.1　物理性能的影响

15.2.1.1　熔化温度

传统上通常认为应将夹杂物成分控制到低熔点区以获得良好的夹杂物塑性[7,8]。如图15-3 所示[9]，钢中夹杂物的变形能力与夹杂物的熔化温度有关，在轧制温度下随着夹杂物熔点的降低，其变形性能越来越好[10-15]。当夹杂物熔点低于 1500℃时，其变形能力就比同温度下钢的变形能力好[16]。

如图 15-4 中阴影区域所示，CaO-MgO-Al_2O_3系中的低熔点区处于 12CaO · 7Al_2O_3附近区域，SiO_2-MnO-Al_2O_3系中的低熔点区处于锰铝榴石（3MnO · Al_2O_3 · 3SiO_2）及其附近区域，SiO_2-CaO-Al_2O_3系中的低熔点区处于钙长石（CaO · Al_2O_3 · 2SiO_2）-鳞石英-假硅灰石（CaO · SiO_2）-钙铝黄长石（2CaO · Al_2O_3 · SiO_2）所包含的区域。前者主要针对铝脱氧钢中夹杂物类型，后两者主要针对硅锰脱氧钢中的夹杂物类型。

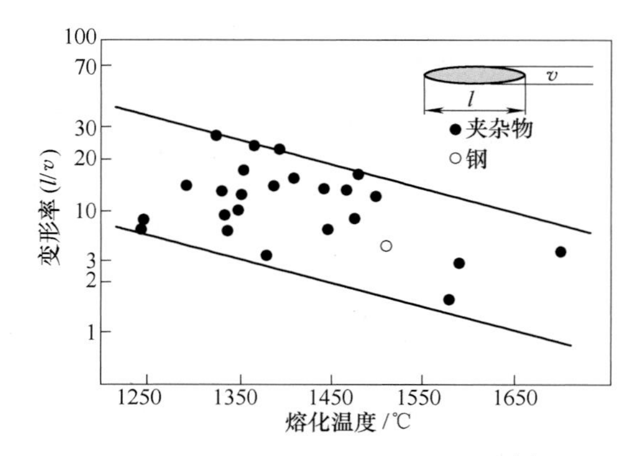

图 15-3　熔化温度与变形率的关系[9]

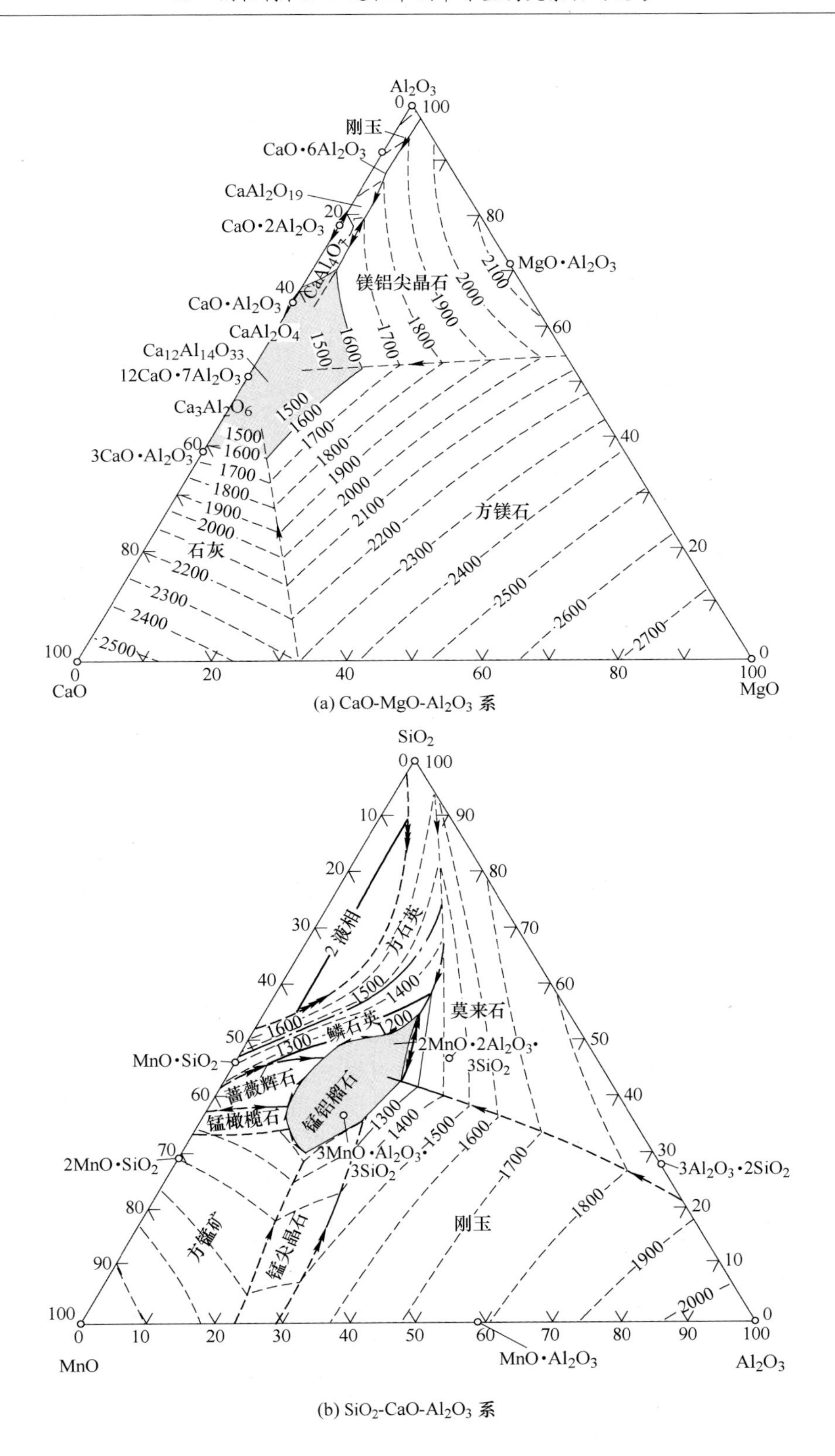

(a) $CaO-MgO-Al_2O_3$ 系

(b) $SiO_2-CaO-Al_2O_3$ 系

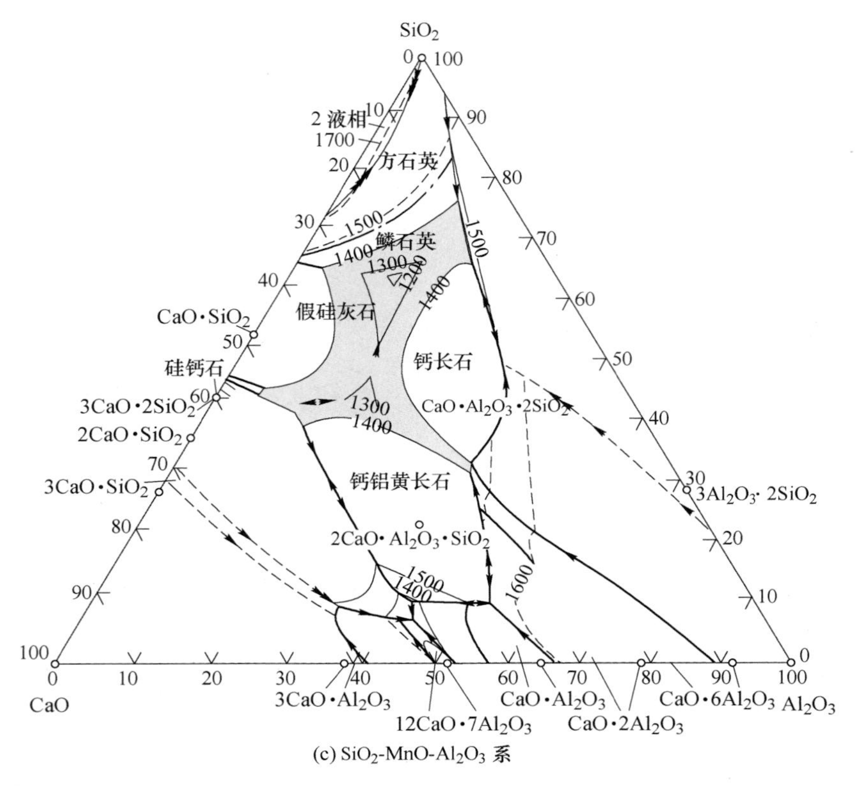

(c) SiO_2-MnO-Al_2O_3 系

图 15-4　不同三元系的低熔点区

帘线钢中不变形的夹杂物是在拉丝和合股过程中引起断丝的重要原因，即使细小的脆性夹杂物颗粒也会在成品帘线钢的动态疲劳性能试验或在轮胎的实际应用中导致早期断裂[17]。研究表明[18]，如果夹杂物中 Al_2O_3 含量大于 40%，夹杂物熔点远远高于低熔点区温度，在拉拔过程中几乎不发生变形，容易造成断丝，非常不利于帘线钢的生产及使用。同时，夹杂物中 Al_2O_3和 MnO 含量取决于渣-钢间的氧势。如氧势高，则夹杂物中 MnO 含量高；反之，当系统氧势低时，渣中 CaO 和 Al_2O_3会有少部分被还原进入钢液，夹杂物 CaO 和 Al_2O_3 含量增加，MnO 含量减少[19]。传统认为图 15-4 中阴影区域的熔点较低（≤1623K），夹杂物的变形性能较好，在制作帘线拔丝及合股过程中不会造成断丝[18,20]。

对于典型硅锰脱氧钢的弹簧钢和重轨钢，由于产品只经过热轧变形，热加工温度较高，将夹杂物控制到低熔点区来提升其变形性能是可以理解的。但是对于帘线钢和切割丝用钢，夹杂物产生的危害主要是冷拔过程的断丝。冷拔加工过程的环境温度往往接近室温，钢中夹杂物早已完全凝固，这时强调通过降低夹杂物熔化温度来提升钢丝的冷拉拔性能就不完全正确。要降低断丝率可在控制夹杂物尺寸的基础上提高钢丝冷加工过程中夹杂物的变形性能，即低温变形性。

此外，对于帘线钢中 MnS 夹杂物，其数量、大小、形态会影响钢的各方面性能[21-24]。MnS 夹杂物能够包裹氧化物夹杂形成复合夹杂物，这类夹杂物在轧制过程中会发生塑性变形，不会影响帘线钢的拉拔过程，但从铸坯到盘条的过程中会经历热处理，会使得复合夹杂物形态发生变化，包裹在外层的 MnS 会慢慢消失，如果被包裹的氧化物夹杂不变形，此处会发生应力集中，造成产品损害[9]。

钢中生成的TiN夹杂物有尖利棱角、不易变形，在粒度相同的情况下，TiN夹杂物的危害性要远远大于氧化物夹杂，6μm的TiN对钢材质量的恶化作用相当于25μm的氧化物夹杂[25,26]。而TiN在轧制过程中不会变形，与最终产品钢帘线的断丝现象有很大关系[27]。即使非常小的TiN夹杂物颗粒也会对帘线钢的拉拔性能产生破坏性影响，在帘线钢盘条中是绝不允许出现该类型夹杂物，因此要严格控制TiN的生成[8,28]。

15.2.1.2 黏度

除了熔点，Bernard[1]提出夹杂物的变形能力取决于轧制时夹杂物和钢基体之间的流变应力差，并且得到一些学者的认可[29]。夹杂物的流变应力由式（15-4）计算，其与黏度和应变速率有关。对于低合金碳钢基体，其流变速率可由式（15-5）表达。

$$\sigma_i = 3\dot{\varepsilon}\eta \tag{15-4}$$

$$\sigma_m = 3.37 \times 10^6 \exp\frac{5000}{T}\varepsilon^{0.23}(0.276\dot{\varepsilon})^{0.133[(T-273)/1000]} \tag{15-5}$$

式中，σ_i为夹杂物流变应力；σ_m为钢基体流变应力；η为夹杂物黏度；ε为应变；$\dot{\varepsilon}$为应变速率。

图15-5[29]为热变形过程中不同夹杂物和钢基体的流变应力比较。存在一个临界温度值，当温度低于临界值时，夹杂物比钢基体硬，此时夹杂物不易变形；当温度高于临界值时，夹杂物比钢基体软，此时夹杂物容易变形。

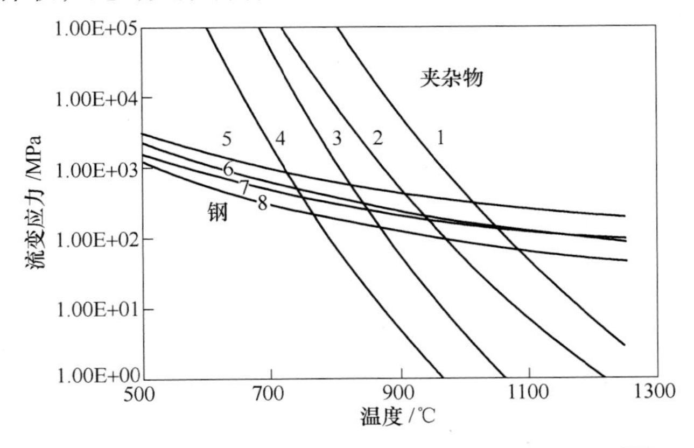

图15-5 夹杂物和钢基体的流变应力随温度的变化[29]

根据Bernard[1]的研究，夹杂物的黏度是温度的函数，如式（15-6）所示：

$$\eta = \frac{a}{10}T\exp\frac{10^3 b}{T} \tag{15-6}$$

式中，a，b为黏度参数，随夹杂物成分不同而不同。

结合式（15-4）~式（15-6）可知，夹杂物变形性能与其黏度有关。Bernard研究了SiO_2-MnO-Al_2O_3和SiO_2-CaO-Al_2O_3系氧化物在高温下的变形能力与黏度关系。如图15-6所示[1]，在三元相图内定义了4个成分区域，在靠近相图中SiO_2角附近（①和④区），夹杂物由于黏度太大而难以变形；②区夹杂物容易发生再结晶，它们也不易变形；③区夹杂物黏度低，具有更好的变形性能，并且可见低熔点区包含于低黏度区。然而对夹杂物黏度和变形性能的关系只在热轧温度下进行了研究。

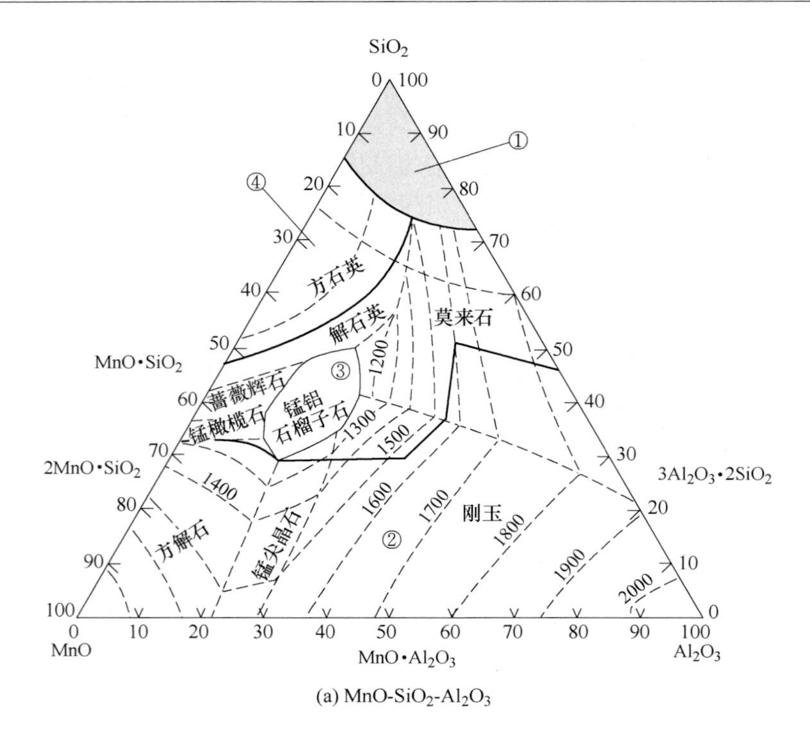

(a) MnO-SiO2-Al2O3

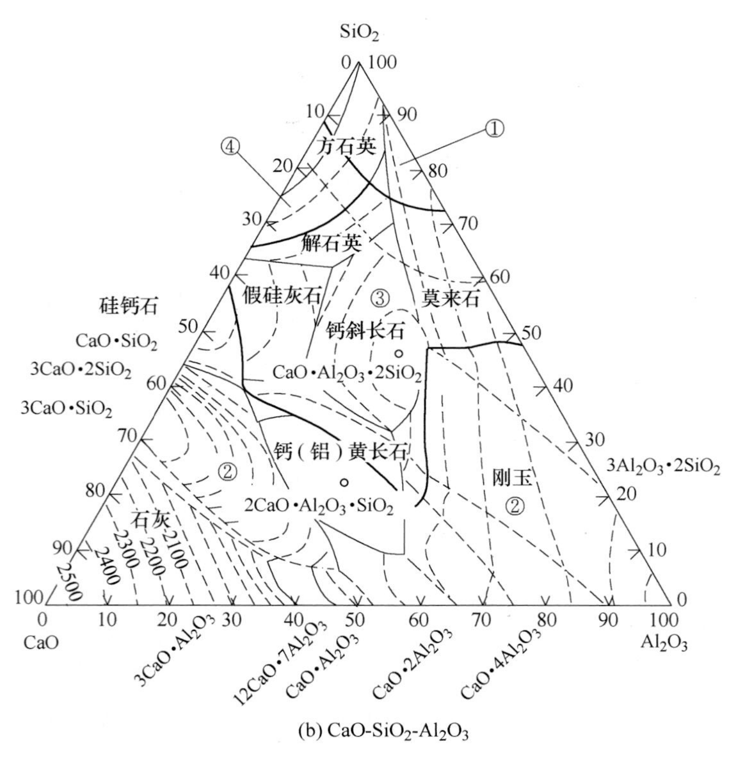

(b) CaO-SiO2-Al2O3

图 15-6　根据不同黏度夹杂物变形性能分布[1]

（其中③区具有最佳的变形性能）

15.2.1.3　热膨胀系数

不同形态的夹杂物混杂在金属内部，破坏了金属的连续性和完整性。夹杂物同金属之间的结合情况不同、弹性和塑性的不同以及热膨胀系数的差异，常使金属材料的塑性、韧性、强度、疲劳极限和耐蚀性等受到显著影响，同时也常常影响加工零件的表面质量和加工工具的寿命。钢中非金属夹杂物的热膨胀系数常被用来研究钢产生应力或者气隙裂纹的过程。Brooksbank 和 Andrews 在 1970 年代就开始了这方面的研究[30-32]，并发表了一些夹杂物热膨胀系数的数值，如图 15-7 所示[31]。夹杂物的膨胀系数在有温度变化的钢轧制和加工过程中一定也会对夹杂物的变形产生影响。但是，夹杂物的膨胀系数和变形行为的定量关系方面的数据还不多见。

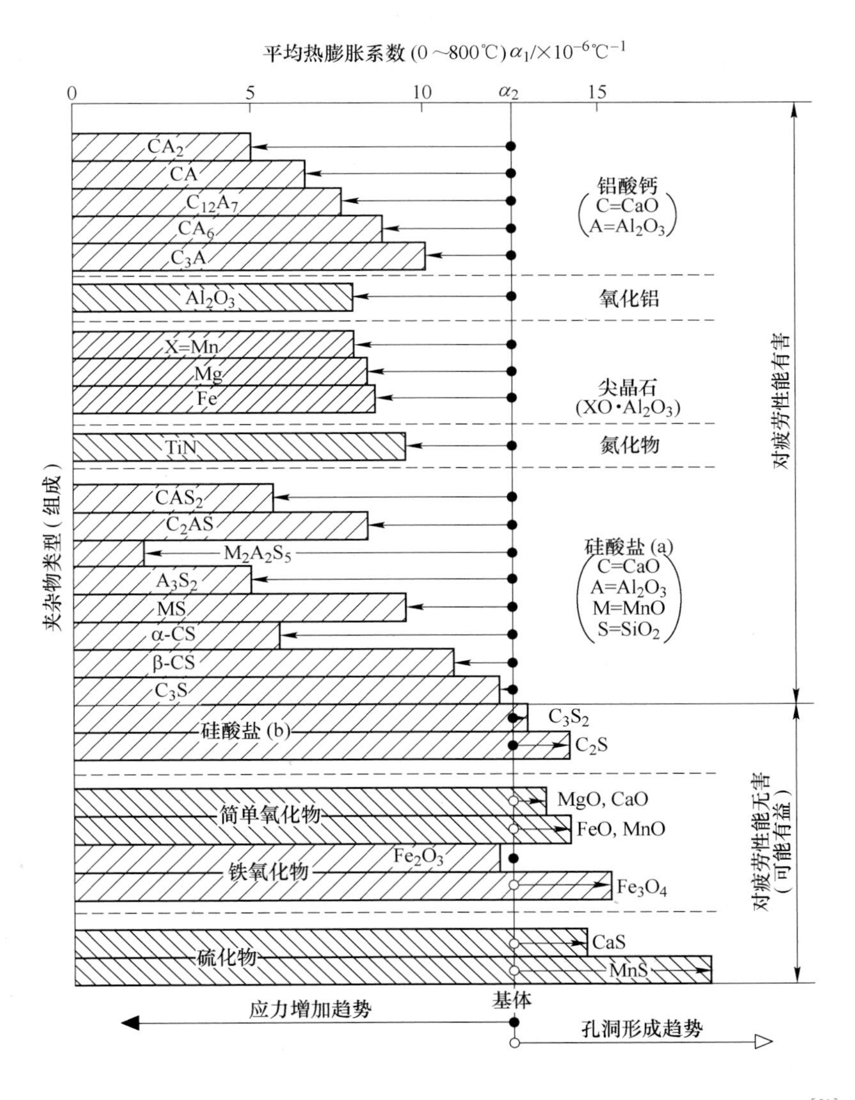

图 15-7　含 1%C 的 Cr 基轴承钢中非金属夹杂物的膨胀系数和钢性能的关系[31]

15.2.1.4　杨氏模量

Kimura 等[33]实验室研究了包括 Al_2O_3、ZrO_2、$ZrSiO_4$、SiO_2在内的不同氧化物夹杂在热轧和冷拔过程中的破碎行为，报告称氧化物夹杂的破碎程度受氧化物的抗压强度影响，而抗压强度又是通过杨氏模量来表征，因此他认为氧化物的塑性能够通过氧化物的杨氏模量和平均原子体积来进行预测，如图 15-8 所示[30]。由于杨氏模量随温度变化，可以通过杨氏模量同时考虑热加工和冷加工过程，因此其适用性更强。

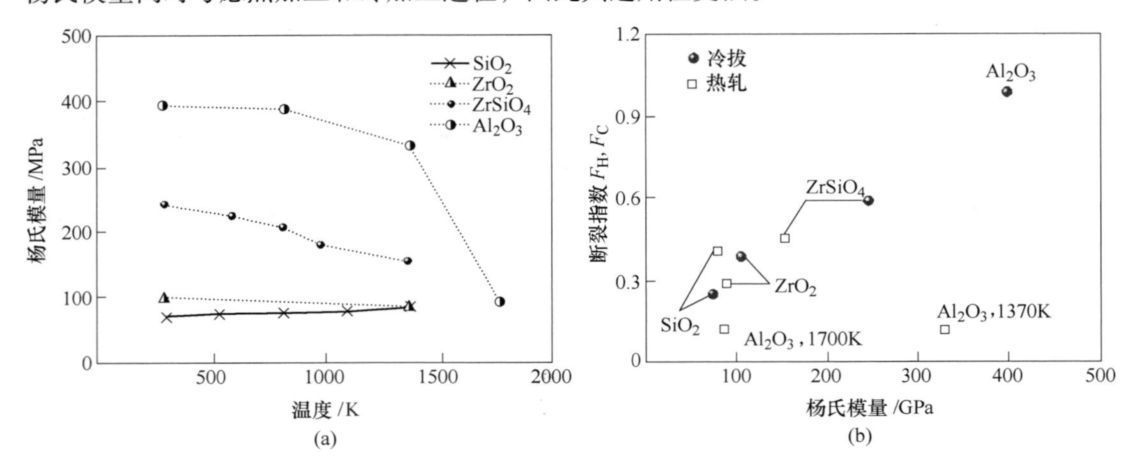

图 15-8　氧化物杨氏模量与温度的关系（a）以及氧化物破碎指数与杨氏模量的关系（b）[30]

15.2.2　工艺参数的影响

15.2.2.1　精炼渣成分的影响

耐火材料和精炼渣成分对帘线钢中夹杂物成分均有显著影响，夹杂物成分可以用渣-钢-夹杂物之间的平衡热力学来预测[34-36]。当渣-钢-夹杂物间达到热力学平衡时，夹杂物的成分与钢渣的成分趋于一致。实际生产过程中，由于冶炼时间的限制，绝对的钢液与夹杂物之间的平衡是少见的，但局部的渣/钢、钢/夹杂物、炉衬/钢/渣、炉衬与钢液间的准平衡态可以实现。通过控制精炼渣成分、内衬耐火材料和一定的脱氧条件，夹杂物成分的准确控制是可以实现的[37-43]。

如图 15-9 所示[44-46]，当夹杂物中 Al_2O_3含量为 20%左右时，不变形夹杂物指数达到最低，因此，通过控制夹杂物中 Al_2O_3含量可达到控制夹杂物变形性能的目的。而夹杂物中 Al_2O_3含量与钢中酸溶铝含量有密切关系，如图 15-10 所示，酸溶铝含量控制在 2～6ppm，可以达到夹杂物中含 Al_2O_3 20%的要求。同时，钢中酸溶铝含量与精炼渣碱度、渣中 Al_2O_3含量有很大关系，如图 15-11 和图 15-12 所示[9]。由图可知，渣中 Al_2O_3含量越高，钢液中酸溶铝含量呈整体上升趋势；精炼渣碱度越高，酸溶铝含量呈整体上升趋势。综合考虑精炼渣碱度和渣中 Al_2O_3对 $[Al]_s$的影响可知：顶渣碱度对钢中酸溶铝含量作用的效果比顶渣中 Al_2O_3含量对其作用的效果更显著，碱度要控制在 1.0 左右，Al_2O_3含量要控制在 5%～10%。钢中 T. O. 含量在一定程度上能够表征夹杂物的数量，所以必须控制 T. O. 水平。如图 15-13 所示，T. O. 含量随着碱度增加而降低。

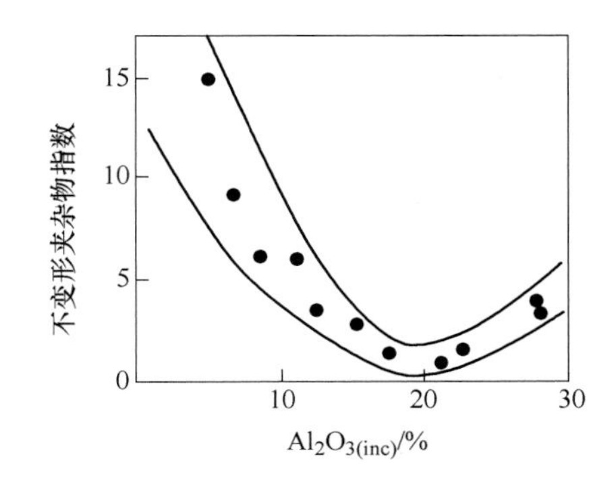

图 15-9　不变形夹杂物指数与夹杂物 Al_2O_3 含量的关系[44,47,48]

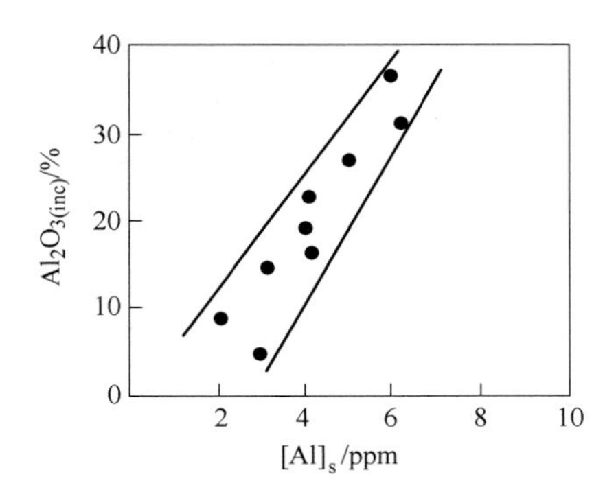

图 15-10　夹杂物 Al_2O_3 含量与酸溶铝含量的关系[9]

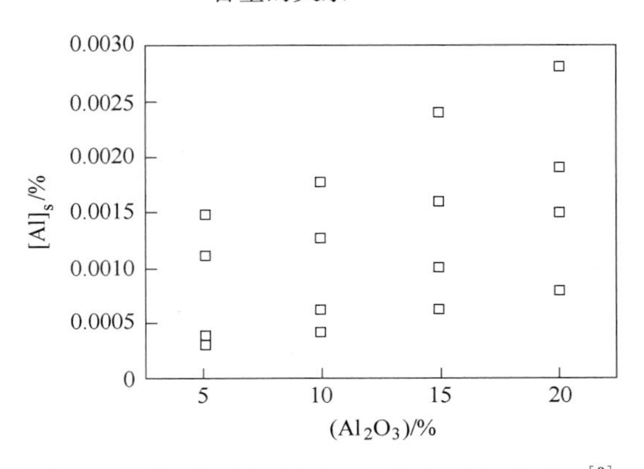

图 15-11　酸溶铝含量与渣中 Al_2O_3 含量的关系[9]

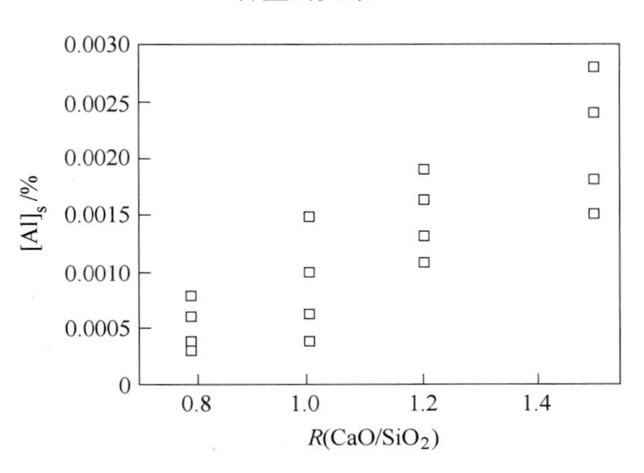

图 15-12　酸溶铝含量与渣碱度的关系[9]

目前精炼渣成分对帘线钢中夹杂物塑性化的影响主要有两种观点：（1）精炼渣碱度应控制在 1.0 左右，渣中 Al_2O_3 含量应低于 3%；（2）精炼渣碱度应控制在 0.7～1.0 之间，精炼渣 Al_2O_3 含量应低于 8%[49]。但随着精炼渣碱度的降低，MgO 的饱和值升高很快，会加重渣对镁质耐火材料的侵蚀，应适当提高渣的碱度，故实际工业生产一般采用前者[48]。日本住友金属工业公司在帘线钢的生产中采用钙硅石渣系（46% CaO-2% Al_2O_3-47%SiO_2- 5%CaF_2），川崎和神户制钢则采用组成为 45% CaO-10% Al_2O_3-45% SiO_2 的精炼渣。国内某钢厂采用（30%～40%）CaO-（6%～10%）Al_2O_3-（30%～50%）SiO_2 渣系进行夹杂物的控制，均取得了良好的效果。

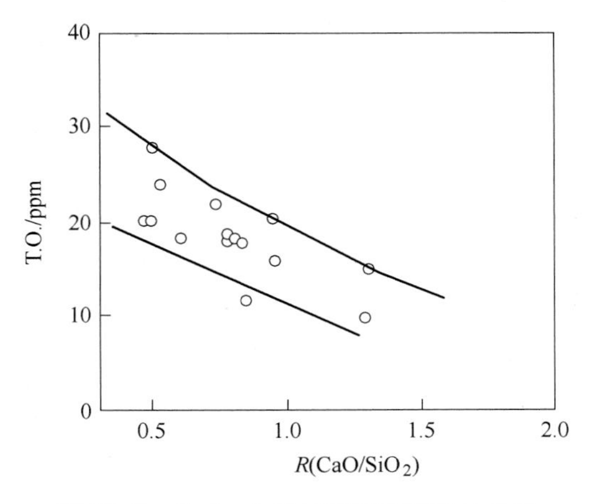

图 15-13　T. O. 含量与精炼渣碱度的关系

15.2.2.2　耐火材料的影响

赵昊乾、陈伟庆等[50]研究了不同材质坩埚和精炼渣成分对帘线钢夹杂物成分及变形性能的影响。结果表明：MgO 坩埚冶炼的帘线钢中夹杂物变形率高于 ZrO_2、SiO_2、Al_2O_3 坩埚，夹杂物的平均熔点相对较低。采用 SiO_2坩埚冶炼时，钢中夹杂物几乎不变形，其中 SiO_2含量大于 90%；采用 Al_2O_3坩埚，个别夹杂物中 Al_2O_3的含量达到 40%左右，形成不变形夹杂物，不适合冶炼帘线钢。所以工业生产过程所使用的钢包耐火材料中 Al_2O_3含量和 SiO_2含量必须严格控制。

浇铸过程中采用的浸入式水口一般为铝碳质的耐火材料，由于水口与钢液接触过程中 Al_2O_3-C 质耐火材料发生脱碳反应，使得水口内层表面 Al_2O_3含量升高，在钢液的冲刷、侵蚀作用下，水口耐火材料容易脱落进入钢液，而进入钢液中的耐火材料 Al_2O_3含量较高，使钢中出现高 Al_2O_3含量的夹杂物，污染钢液。

15. 2. 2. 3　凝固过程中成分偏析的影响

钢液在连铸凝固过程中，S、Mn 元素会在凝固前沿的枝晶间聚集，造成某一处元素含量很高。由于帘线钢中 Mn 元素含量在 0. 5%左右，如果钢中 S 含量控制不好，或比较高时，超过一定值，会使凝固前沿元素富集区达到 MnS 夹杂物的析出条件，析出 MnS 夹杂物。在假定钢液成分及温度均匀的理想条件下，正常 TiN 夹杂物不会在液相区和两相区生成，只能在固相区且只有在温度低于一定值下才会生成。实际钢液凝固时，溶质原子在固、液两相间因溶解度不同将发生再分配，结果导致铸坯产生宏观偏析，Ti 和 N 发生富集，当元素富集区［%Ti］［%N］浓度积达到 4.96×10^{-5}时，就会有 TiN 夹杂物析出[9,51]。

15. 3　钢材轧制过程夹杂物变形模拟

在实际的钢轧制实验中很难获取轧制过程夹杂物周边的应力分布和夹杂物形态的动态连续的变化特征[52]，常规上都是采取离线解剖的方法来分析轧制前后夹杂物的变形，而数值模拟方法为研究轧制过程中夹杂物应力分布及其形态的动态变化提供了很好的手段。

有限元方法广泛应用于钢材轧制过程中夹杂物及周围钢基体的变形特征数值模拟研究。Luo 等[29,53]发展了刚-黏塑二维有限元模型，获得了不同温度和不同压下量条件下夹杂物沿轧制方向的形状变化，分别针对 MnO-Al_2O_3-SiO_2（A 类）和 CaO-Al_2O_3-SiO_2（B 类）两个类型夹杂物进行了模拟。图 15-14 为采用的宏观模型的网格情况。由于夹杂物距铸坯表层位置的差异，在轧制过程中夹杂物呈现出不同的变形量和延伸角度，如图 15-15 所示，靠近铸坯中心的夹杂物轧制后基本沿轧制方向变形，而铸坯表层的夹杂物轧制后会发生一定的旋转。

此外还模拟了轧制温度对夹杂物变形的影响，图 15-16 为 A 和 B 两种夹杂物的相对塑性指数即变形指数与轧制温度之间的关系。夹杂物的变形指数随轧制温度的升高而升高，并且存在一个夹杂物变形指数快速变化的过渡区，这可以由钢基体和夹杂物之间的流变应力差异来解释。随着温度的进一步升高，曲线变得平缓，不同夹杂物的变形指数逐渐趋于同一值。此外，低的轧制速率下夹杂物的变形指数更高。

图 15-17 为不同轧制温度下的轧制过程中夹杂物周围的有效应变分布情况。图 15-17 很好地体现了硬质夹杂物和软质夹杂物的变形特征，即软质夹杂物在高温时沿轧制方向延

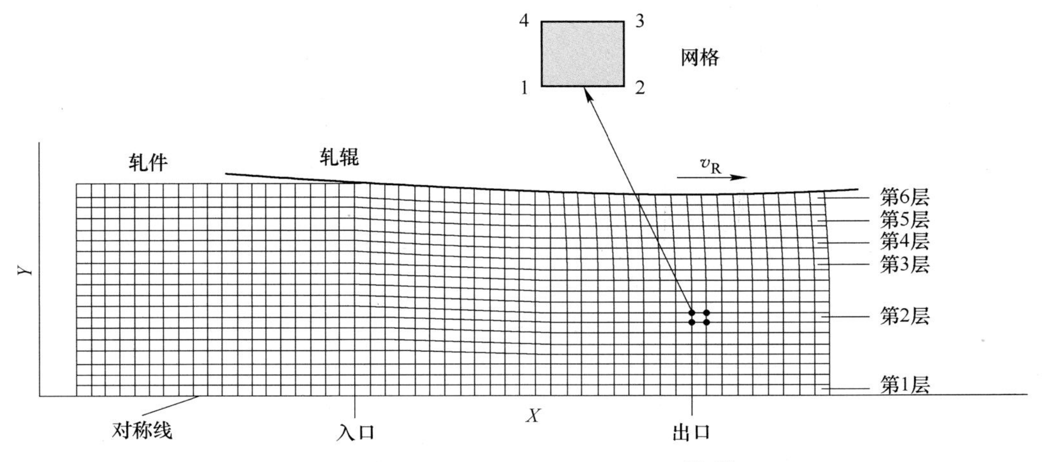

图 15-14 轧制宏观模型有限元网格[29,53]

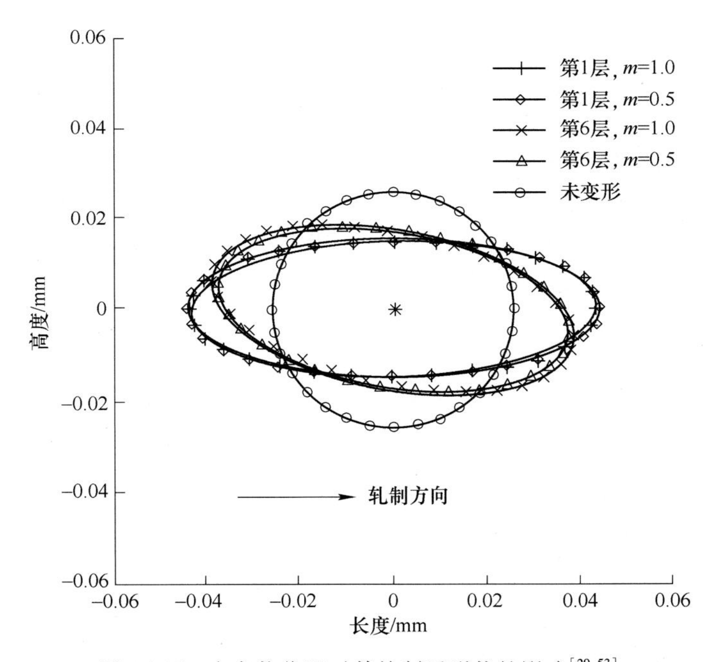

图 15-15 夹杂物位置对其轧制后形状的影响[29,53]

伸，而硬质夹杂物基本不变形。并且，夹杂物对周围钢基体的局部变形有影响，对于靠近夹杂物处的基体应变，这两种夹杂物表现出相反的应变分布。在低温时，大的应变出现在水平和垂直的对称轴，而高温时大的应变出现在45°方向。

Hwang 等[54]和 Ervasti 等[55]模拟了钢板轧制过程中刚性夹杂物周围孔洞的形成和发展。喻海良课题组对轧制过程夹杂物的变形也开展了大量研究[56-59]，包括建立夹杂物和钢基体间包含一过渡层的有限元模型来分析冷轧过程夹杂物的变形和周围应力的分布情况。程子健也利用显式动力学非线性有限元软件 ABAQUS，模拟了硬夹杂物和软夹杂物的变形行为和孔洞的形成、演变过程[60]。

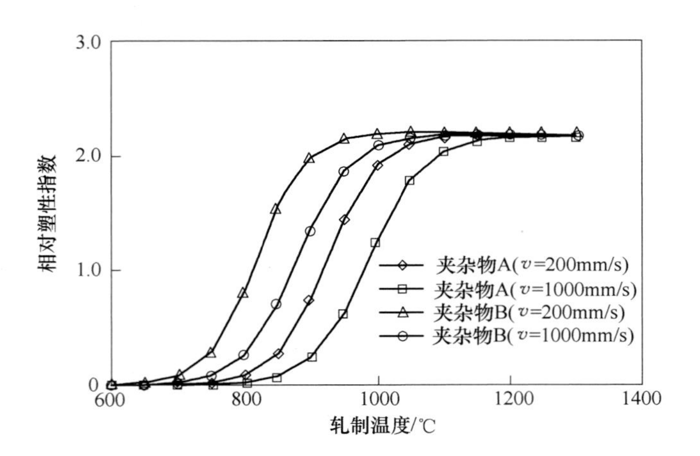

图 15-16　夹杂物相对塑性指数与轧制温度的关系[29,53]

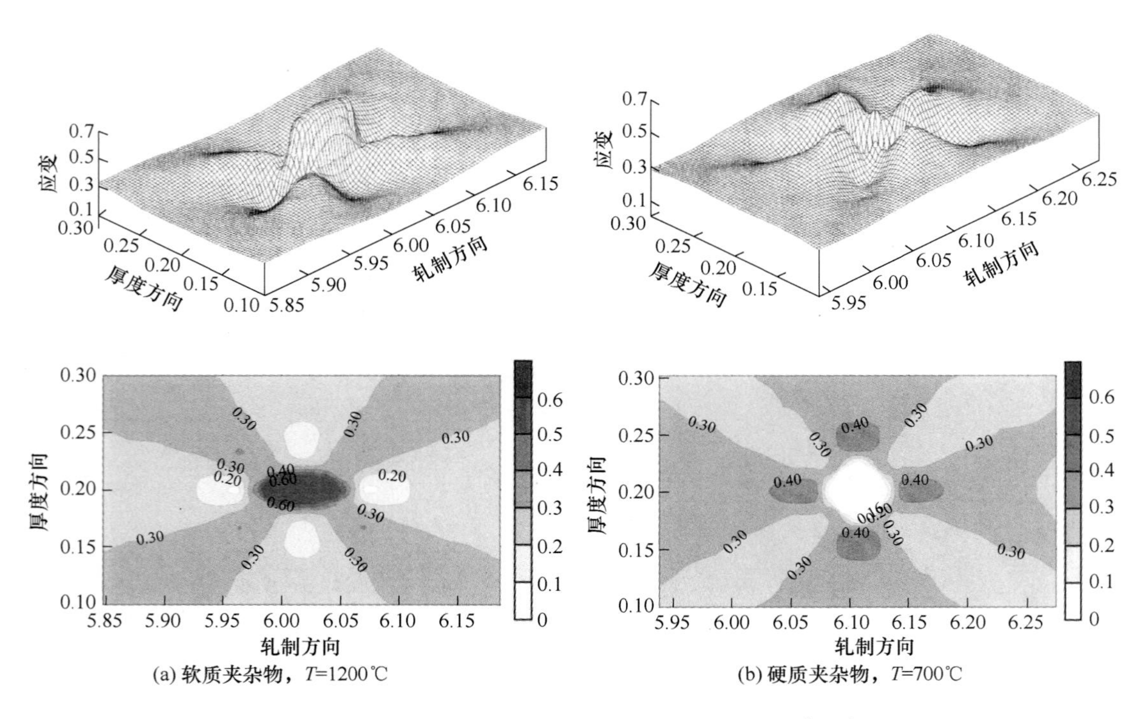

图 15-17　夹杂物及其周围基体中的有效应变分布[29,53]

热轧条件下，高温高压力的钢基体绕过不变形夹杂物而沿着轧制方向流动，导致锥形孔腔的形成，同时，锥形的孔腔又不断地被上下流动的金属所填充。因此，夹杂物周围孔洞的形成是一个“长大”和“愈合”的动态平衡过程。

图 15-18 展示了不同位置处 Al_2O_3夹杂物周围孔洞的演化过程[60]。可以看出，不同位置处夹杂物周围孔洞的变化规律基本一致：F1～F3，孔洞面积是逐渐缩小的；F4～F5，孔洞面积逐渐地扩大；最后一个道次 F6，孔洞面积又逐渐缩小。同时还可以发现，越靠近

带钢表面，孔洞面积越大。夹杂物前后孔洞的面积大小也略有差别。如图 15-19 所示，对于五种不同位置处的夹杂物，它们的前后孔洞面积在 F1 ~ F3 都是逐渐缩小的，F4 ~ F5，面积开始扩大，F6 面积又缩小。最终形成的孔洞，都是靠近表面的孔洞大于靠近中心的孔洞。

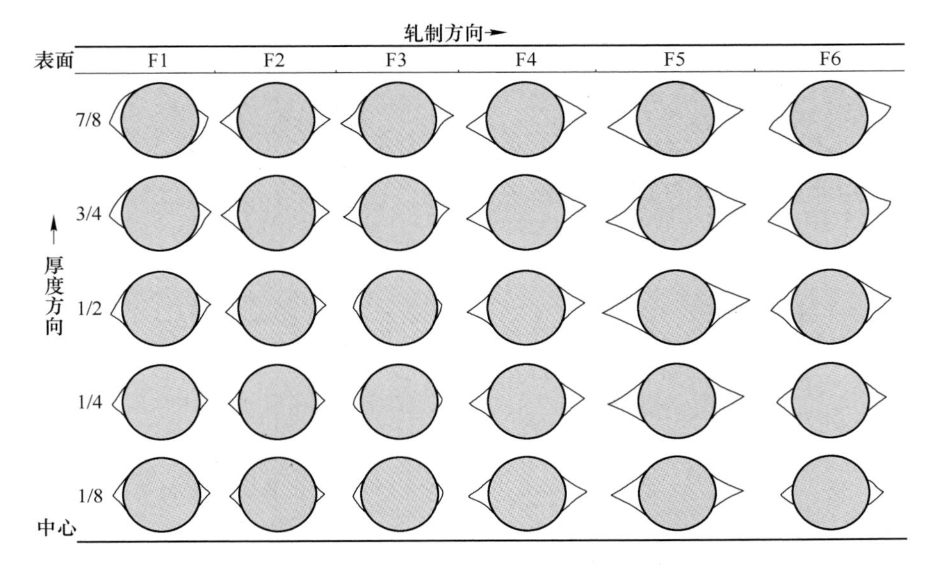

图 15-18 轧制过程夹杂物周围孔洞的变化（F1 ~ F6 为道次）[60]

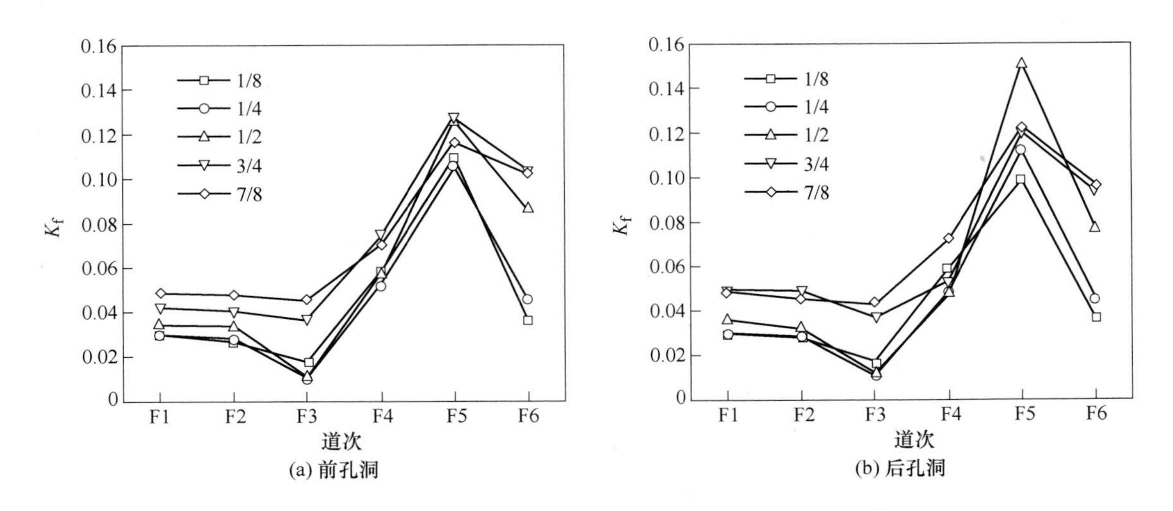

图 15-19 不同位置处夹杂物孔洞面积相对比例的变化[60]

图 15-20 为 F1 道次 1/2 位置处的夹杂物周围应力变化过程。在孔洞形成初期，夹杂物-钢基体界面尚未完全剥离，在夹杂物心部存在一个较大的应力集中区域（图 15-20（a）~（c））。随着孔洞的形成和进一步发展，应力集中区域转移到夹杂物-钢基体界面处（图 15-20（d）、（e））。其他位置的夹杂物周围的应力分布与图 15-20 类似。在每个道次的轧制过程中，应力变化的趋势与也是一致的。

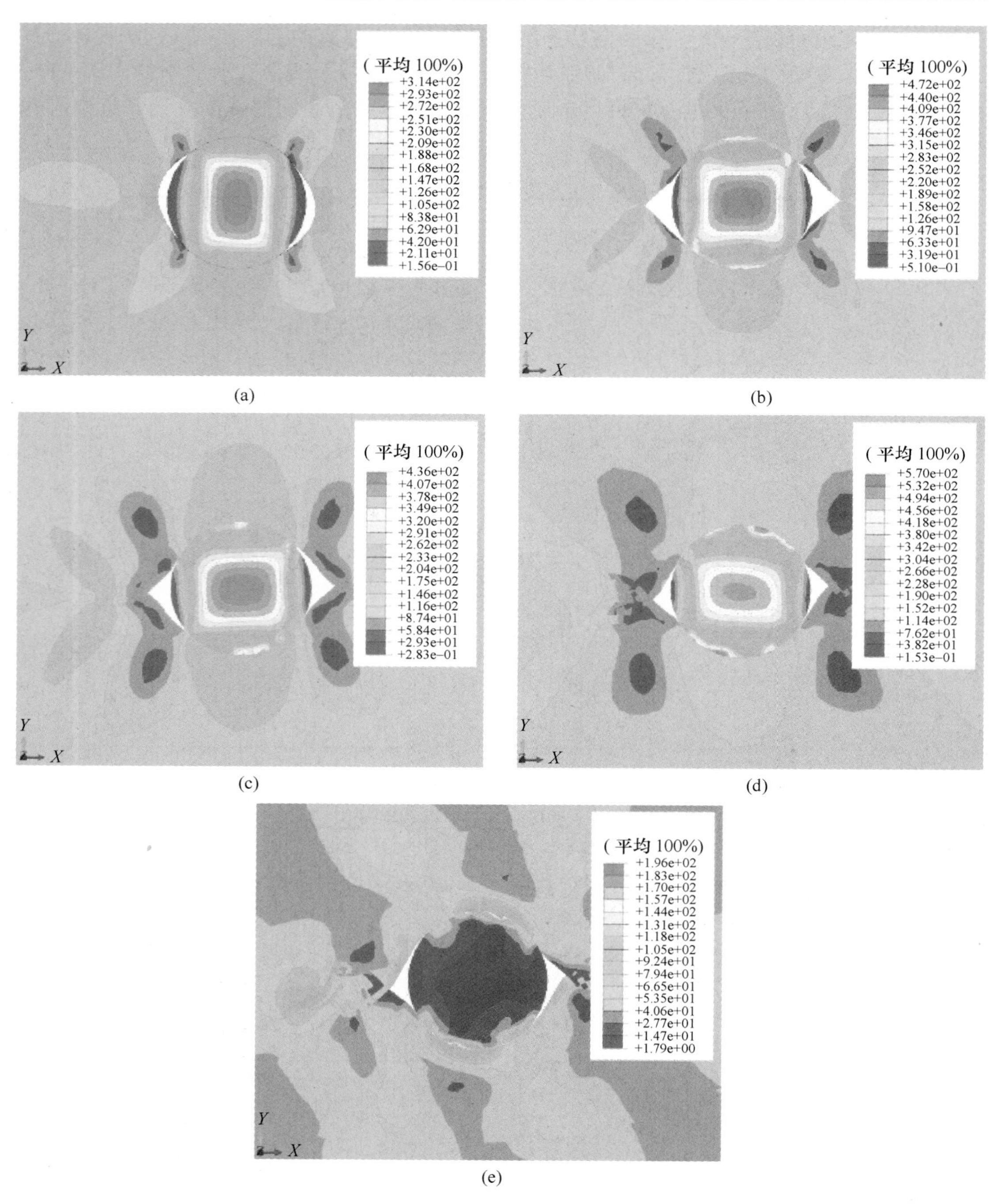

图 15-20 F1 道次 1/2 位置处的夹杂物周围应力分布[60]

15.4 帘线钢轧制过程夹杂物的变形

帘线钢的一个关键问题是冷拔及合股过程中主要由夹杂物引起的钢丝断裂。目前针对帘线钢洁净度和夹杂物的控制方面已有许多研究，如前面所述的精炼渣的调整等，这些研究主要是集中于浇铸之前的过程而不是轧制过程。一般来说，帘线钢中夹杂物主要分为SiO_2-MnO-Al_2O_3和SiO_2-CaO-Al_2O_3两类。在同一类型中，夹杂物具体成分也可能差别很大。夹杂物熔点和塑性的差异将导致对钢材性能的不同作用。虽然断丝主要发生于冷拔过程，其中的夹杂物却是遗传于热轧过程。用于冷拉拔的盘条常由铸坯通过四道次轧制而来。通过更深地理解不同类型夹杂物在热轧过程中的行为，将能够更好地优化炼钢和精炼工艺参数以提高盘条和最终产品的性能。本节对含不同类型夹杂物的帘线钢铸坯工业轧制过程中氧化物夹杂的演变进行分析。

15.4.1　实验方法

铸坯通过四个道次被热轧成盘条，轧制过程如图15-21所示。图中列出了各道次中间轧材、盘条的断面尺寸和累积压下量以及每道次开轧温度。累积压下量根据式（15-7）定义。在轧制前，铸坯被加热到1020℃，然后在轧制过程中轧制温度被控制在约900~940℃之间。由于两炉铸坯断面的差异，热轧过程中，第一炉轧制过程各道次的压缩比分别为5.4、20.3、88.4和947，第二炉轧制过程各道次的压缩比分别为10.3、50.5、169.7和1818.3。各道次轧材的累积压下量第一炉分别为81.40%、96.20%、98.87%和99.89%，第二炉分别为90.31%、98.02%、99.41%和99.95%。

$$\varepsilon_{AR} = \frac{A_{billet} - A_{rod}}{A_{billet}} \times 100\% \tag{15-7}$$

式中，ε_{AR}为累积压下量，%；A_{billet}为铸坯横截面积，mm^2；A_{rod}为轧材的横截面积，mm^2。

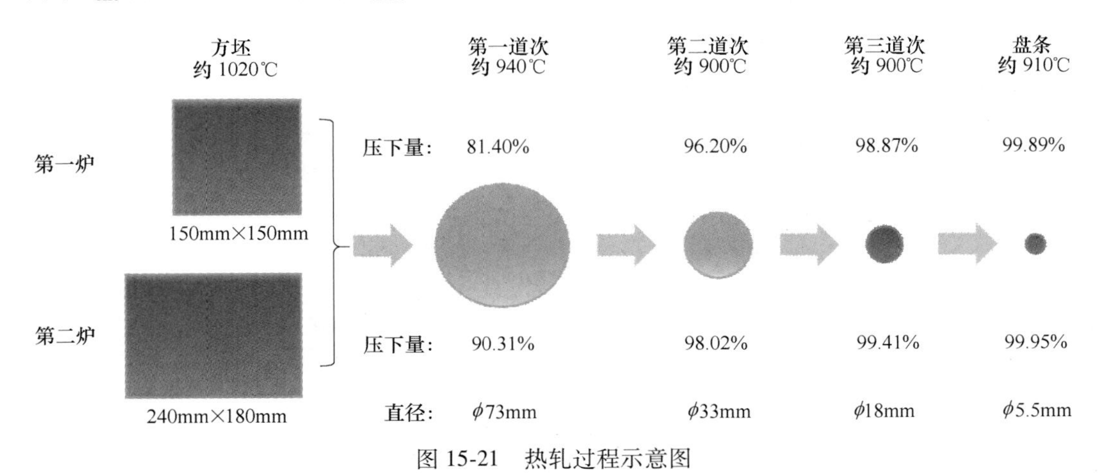

图15-21　热轧过程示意图

分别从铸坯和各道次轧材中取样，对试样进行研磨抛光后采用ASPEX自动扫描电镜进行夹杂物检测。铸坯及第一至第三道次轧材中的检测位置为在厚度或者直径1/4处的纵截面，而盘条中的检测位置为过横截面中心的纵截面。ASPEX检测过程中，加速电压设置为20keV，且只检测了3μm以上的夹杂物。为了更好地对铸坯和轧材中的夹杂物进行比较，采用的夹杂物直径为等效直径，定义如下：

$$D_e = \sqrt{\frac{4A}{\pi}} \tag{15-8}$$

式中，D_e为夹杂物等效直径，μm；A 为 ASPEX 检测到的夹杂物的面积，μm^2。

因为各道次钢的变形度不同，根据 Malkiewicz 等的研究[4]，每道次轧制后夹杂物的变形指数定义为式（15-1）。

15.4.2 铸坯中的氧化物夹杂

氧化物夹杂定义为那些 MnS 摩尔分数小于 10%的夹杂物。如果氧化物中 CaO 的摩尔分数大于 MnO，这个氧化物归为 SiO_2-CaO-Al_2O_3系；反之，则归于 SiO_2-MnO-Al_2O_3系。采用较高碱度精炼的第一炉和采用低碱度精炼的第二炉铸坯中的氧化物夹杂成分分布分别如图 15-22 和图 15-23 所示。在第一炉中，2/3 的夹杂物处于 SiO_2-CaO-Al_2O_3系，并且归一化后 Al_2O_3的质量分数大约 20%，此外 1/3 的夹杂物处于 SiO_2-MnO-Al_2O_3系中。在两个相图中，夹杂物都大致处于低熔点区。在第二炉中，主要是 SiO_2-MnO-Al_2O_3系夹杂物，夹杂物中 Al_2O_3的质量分数小于 10%。大量存在的是高 SiO_2含量、小尺寸高熔点的 SiO_2-MnO 夹杂物。此外，也存在一些相对大尺寸的低熔点 SiO_2-MnO 夹杂物。在 SiO_2-CaO-Al_2O_3三元系中，氧化物夹杂物可以分为两类：一类是高熔点的高 SiO_2含量的氧化物，这些氧化物尺寸基本小于 4μm；另一类是相对低熔点的较大尺寸 SiO_2-CaO-Al_2O_3系氧化物。

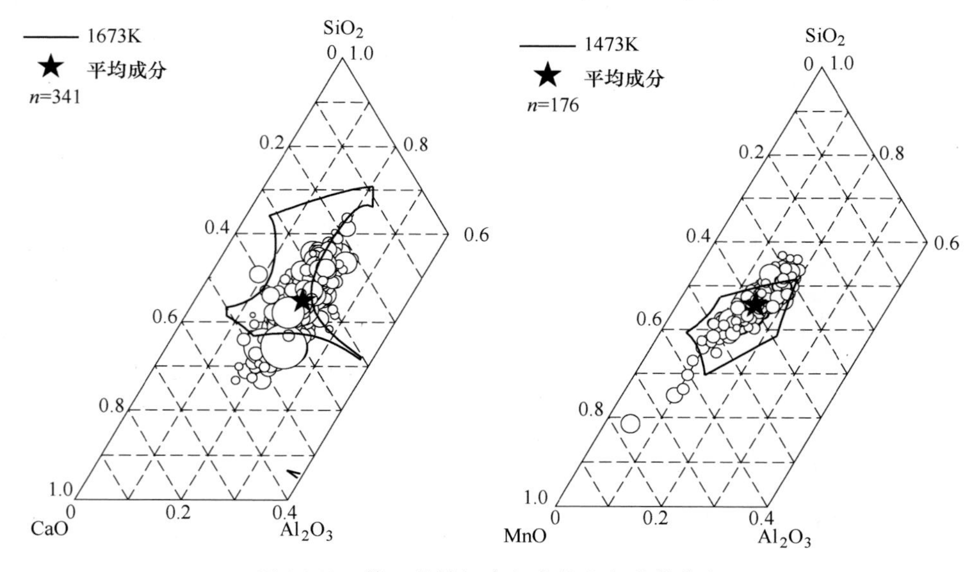

图 15-22　第一炉铸坯中氧化物夹杂成分分布

15.4.3 热轧过程氧化物夹杂成分变化

热轧过程氧化物夹杂的平均成分如图 15-24 所示，可见轧制过程夹杂物中 MgO 和 Al_2O_3 含量变化不大。而第一炉夹杂物中 MgO 和 Al_2O_3平均含量比第二炉高，这是因为第一炉钢中 Al_s含量更高。更高的 Al_s含量会促使耐火材料或者渣中 MgO 的还原，造成钢中溶解 Mg 含量的升高，从而在溶解 Mg 与夹杂物反应后导致夹杂物中 MgO 含量的增加。在第一炉中，在第二道轧制之前，随着轧制的进行夹杂物中 SiO_2和 MnO 含量降低而 CaO 含量增加。在第二道轧制后，随着轧制的进行夹杂物中 SiO_2含量增加，而 CaO 含量降低，同

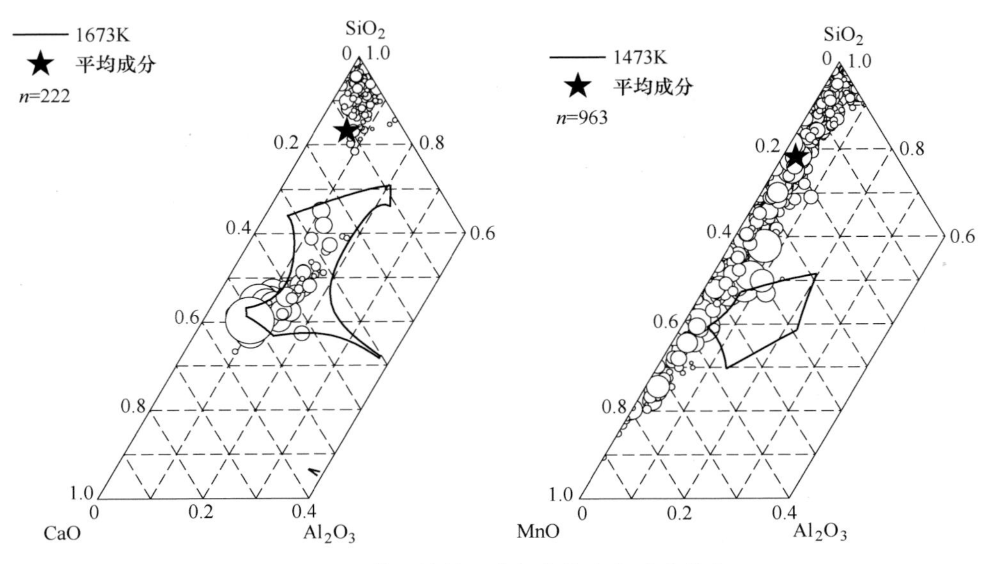

图 15-23 第二炉铸坯中氧化物夹杂成分分布

时 MnO 含量保持不变。在第二炉中，除第一道次外，在轧制过程中，夹杂物中 SiO_2 和 MnO 含量降低而 CaO 含量增加。轧制过程夹杂物成分的变化可以归因于热轧过程夹杂物的变形和新的夹杂物的形成。

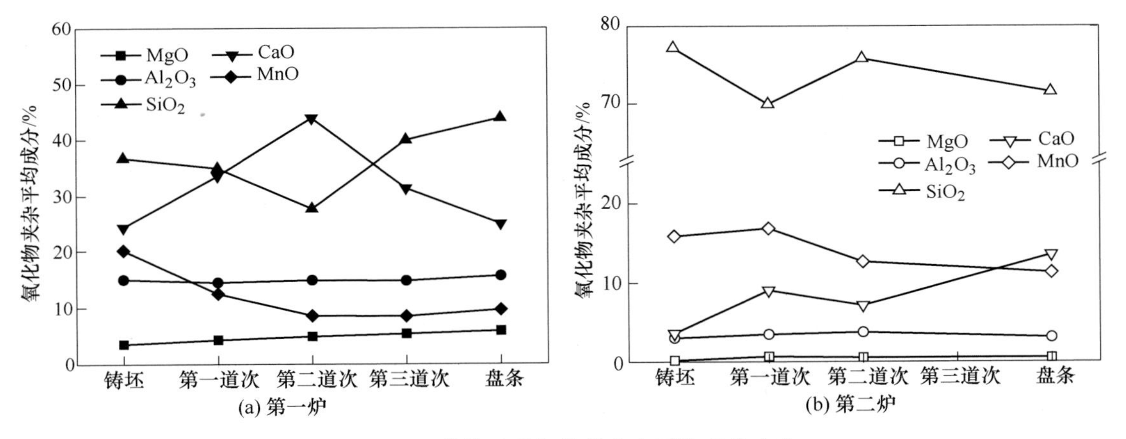

图 15-24 热轧过程氧化物夹杂平均成分变化

第一道次轧材中一些大尺寸氧化物夹杂的形貌如图 15-25 所示。一些铸坯中的大尺寸 SiO_2-MnO-CaO-Al_2O_3系夹杂物轧制后沿轧制方向延伸。由于第一道次压下率相对较小，大部分长条状氧化物此时并未断裂。第二炉轧制后同样观察到一些成分不均匀夹杂物，图中区域 1 所示的 SiO_2相在轧制过程中未发生变形，而区域 2 中的 SiO_2-MnO 相则发生了较大的变形，从而形成这种“眼睛”形状的夹杂物。根据王昆鹏等的研究[61]，这种形貌的夹杂物是由铸坯中形成的双相夹杂物经过轧制压下后转变而来。

图 15-26 为第一炉各道次不同尺寸氧化物中各组分的平均摩尔分数变化，在此图以及后面相关图片中的误差限表示平均成分中的 95%置信区间。铸坯中，夹杂物中 MgO、Al_2O_3

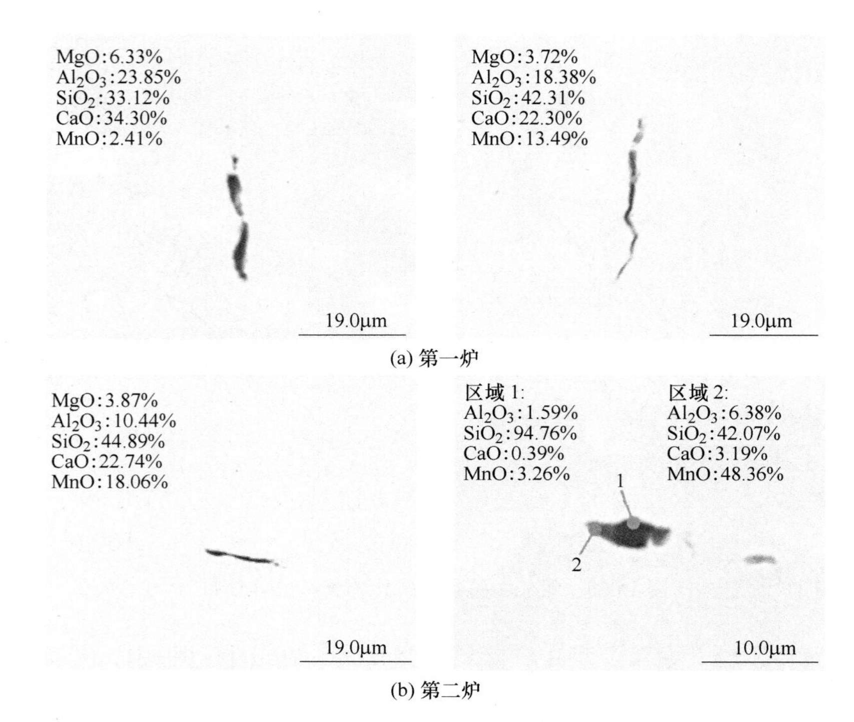

(a) 第一炉

(b) 第二炉

图 15-25　第一道次轧材中大尺寸夹杂物形貌

和 SiO_2在不同尺寸下基本保持不变。对于 7μm 以上的夹杂物，夹杂物主要组分是 SiO_2和 CaO，二者具有相似的摩尔分数。随着直径的减小，CaO 的摩尔分数降低，同时 MnO 的摩尔分数增加，当尺寸小于 5μm 后二者基本保持不变。SiO_2、CaO 和 MnO 的摩尔分数分别约为 40%、25%和 20%。热轧过程中，夹杂物的等效直径减小，这可能是由夹杂物破碎造成的。在第一道次轧材中，各组分摩尔分数随尺寸的变化趋势与在铸坯中相似，除了 1μm 夹杂物的结果。在第二道次轧材中呈现出不同的现象，SiO_2的摩尔分数降至大约 30%，而 CaO 的摩尔分数增至 40%以上。在盘条中，1μm 夹杂物中 SiO_2的摩尔分数显著大于 CaO 的摩尔分数，这可能由夹杂物中 SiO_2相的低变形量和新 SiO_2相的生成造成。需要注意的是，由于盘条中检测到的夹杂物数量有限，夹杂物结果可能不能完全体现盘条中的实际夹杂物情况。总体上，热轧过程中，由于夹杂物的破碎，内生夹杂物尺寸会减小至检测限以下而导致检测不到，检测到的夹杂物中 CaO/SiO_2越大，也越接近精炼渣成分。说明内生夹杂物具有良好的变形性能，而大尺寸夹杂物可能来源于卷渣。

第二炉各道次不同尺寸氧化物中各组分的平均摩尔分数变化如图 15-27 所示，可见与第一炉结果有很大不同。铸坯中，小尺寸夹杂物中 SiO_2的摩尔分数远大于其他组分，但是随着直径的增加其值显著减小。同时，MnO 的摩尔分数首先随着尺寸增大而增加，直到尺寸大于 5μm 时再减小。这一现象应该是由 SiO_2-MnO 相中析出 SiO_2相造成的。夹杂物尺寸越小，反应越完全，从而导致更高的 SiO_2含量。在尺寸小于 5μm 的夹杂物中 CaO 含量很小，然而在 6μm 的夹杂物中其值增加到 20%，这应该是由精炼渣卷入造成的。整体上看，第一和第二道次轧材中小尺寸夹杂物的变化趋势同样与铸坯中的相类似。热轧过程中，各尺寸范围夹杂物中 SiO_2含量基本保持不变，说明热轧过程中 SiO_2类夹杂物变形较差。5μm

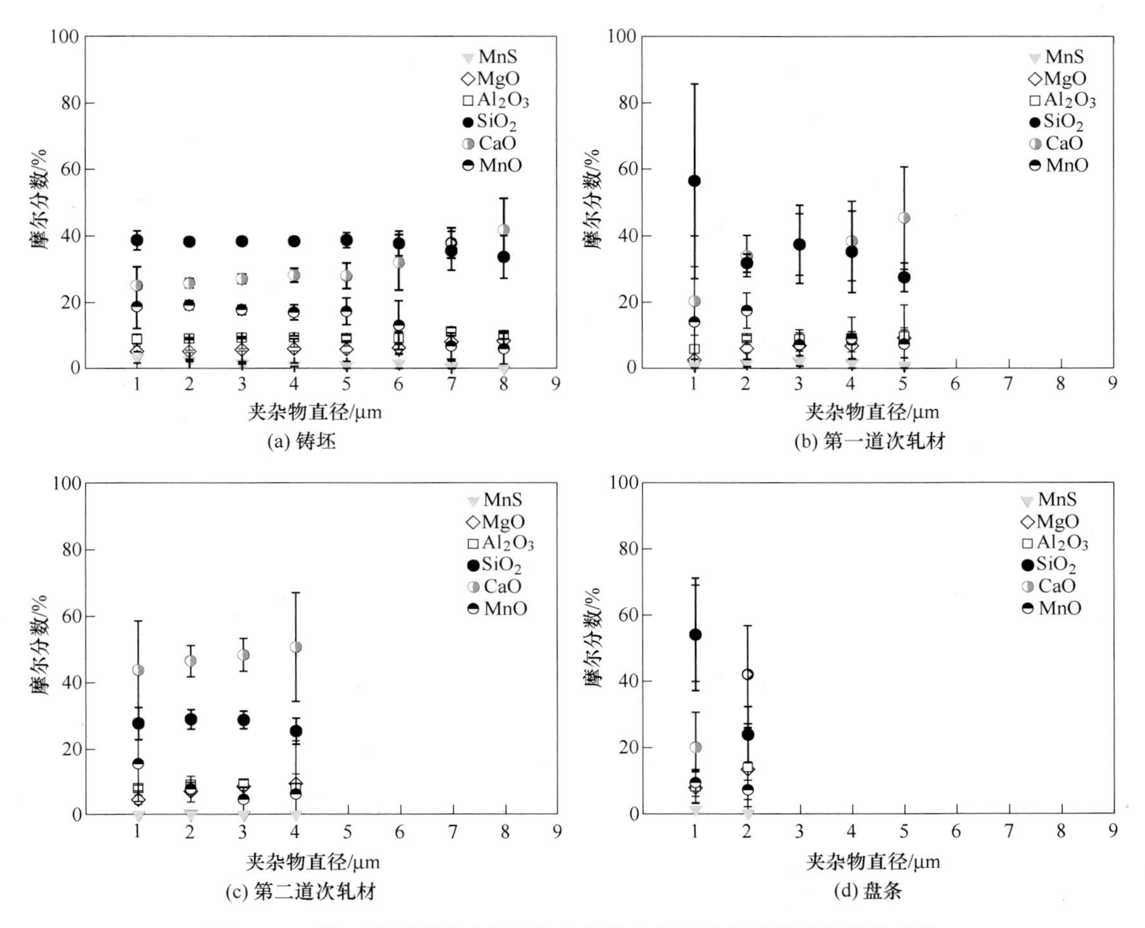

图 15-26　第一炉不同尺寸氧化物夹杂物中各组分的平均摩尔分数变化

以上的夹杂物主要由 SiO_2和 CaO 组成，夹杂物中 CaO/SiO_2接近于精炼渣，说明这可能是来源于卷渣。不同于前面几道次，盘条中，对于 3μm 以下的夹杂物，随着夹杂物直径的增加，夹杂物中的 SiO_2的摩尔分数增加而 CaO 和 MnO 的摩尔分数减小；对于 5μm 的夹杂物，其主要组分依旧是 SiO_2 和 CaO。这些现象同样能够通过轧制过程夹杂物的变形来解释。

15.4.4　热轧过程氧化物夹杂数量和尺寸变化

由于两炉铸坯的尺寸不一样，轧制过程中两炉轧材的压缩比也不同，其中铸坯的压缩比均认为是 1。图 15-28 为热轧过程中不同压缩比条件下氧化物夹杂的面积数密度变化。可见，轧材中的氧化物夹杂数密度要小于铸坯中氧化物数密度。这个现象的产生可能有两个原因：一个是因为本研究中只考虑最大直径为 3μm 以上的夹杂物，轧制过程中被轧碎后小于 3μm 的夹杂物粒子不能被检测到；另一个原因是因为在热轧过程中会有更多的 MnS 析出，由于只考虑 MnS 摩尔分数小于 10%的粒子，因此这可能导致氧化物夹杂数量的降低。在前三个道次中，第一炉中的氧化物夹杂数密度更小，表明第一炉中的夹杂物更容易被轧成小尺寸粒子。

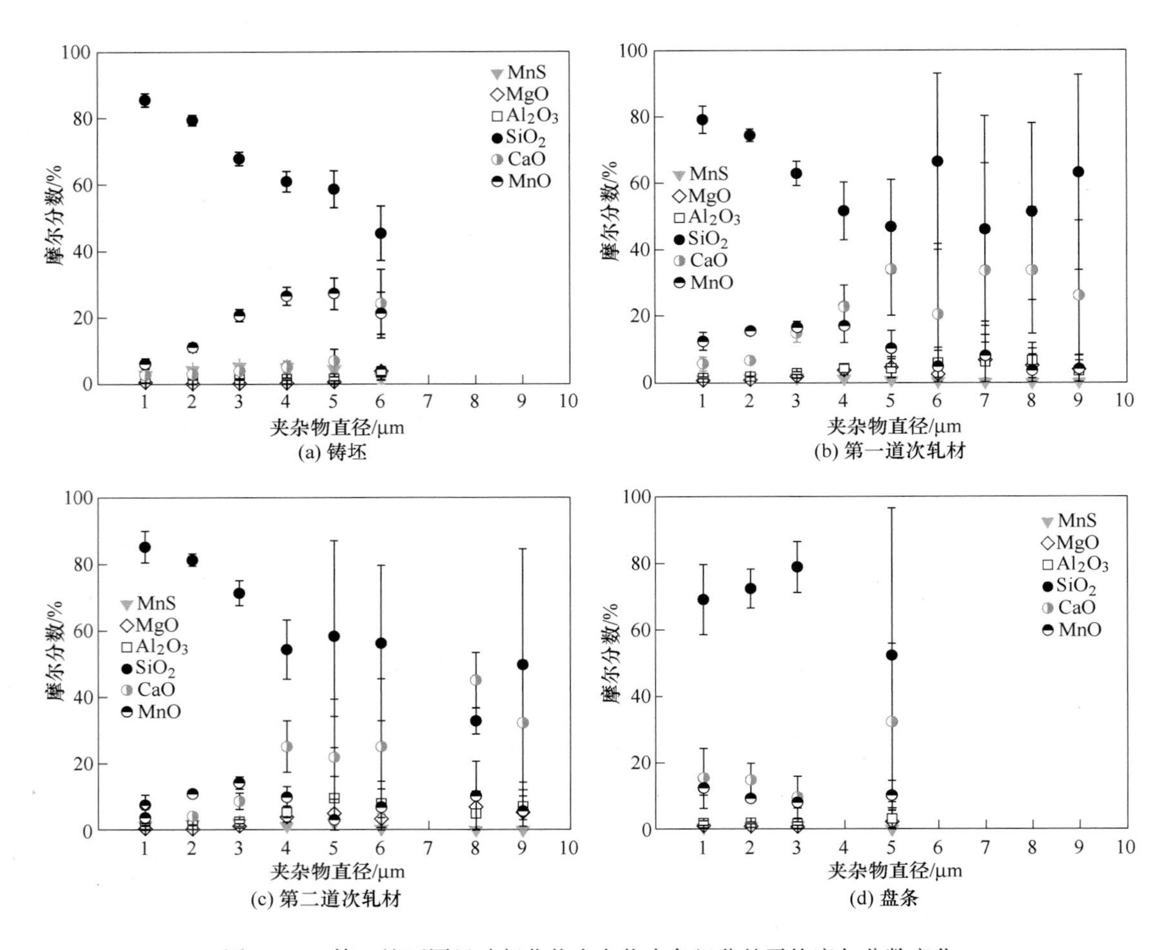

图 15-27　第二炉不同尺寸氧化物夹杂物中各组分的平均摩尔分数变化

热轧过程中不同压缩比条件下氧化物夹杂的平均等效直径变化如图 15-29 所示。本图以及后面图中的误差限表示 95%的置信区间。在压缩比小于 100 时，两炉中的氧化物夹杂的平均等效直径差别不大，并且随着压缩比增加变化不大。然而当压缩比增加到 1000 以上时，氧化物夹杂的平均等效直径明显减小，尤其是第一炉中氧化物平均等效直径降低至 1.3μm。值得注意的是，第一炉轧制过程中夹杂物的等效直径波动较大，这可能是由于第一炉中检测到的夹杂物数量更少以及夹杂物不均匀的延长和破碎所致。

15.4.5　热轧过程氧化物夹杂的变形

热轧过程各阶段氧化物夹杂的平均变形指数如图 15-30 所示，可见第一炉中夹杂物的真实延伸率和变形指数都要大于第二炉。夹杂物平均变形指数随着钢基体的累积压下率的增加而降低，这与其他报道的实验结果[4]和模拟结果[55]均一致。夹杂物的真实延伸率理论上应是随着轧制的进行而增加，但是实际上除了第一炉中第三道次外却是降低。夹杂物真实延伸率降低的一个重要原因应该是轧制过程中夹杂物的破碎，尤其是塑性夹杂物的断裂。由图还可见，第一炉中夹杂物变形指数的波动要大于第二炉。

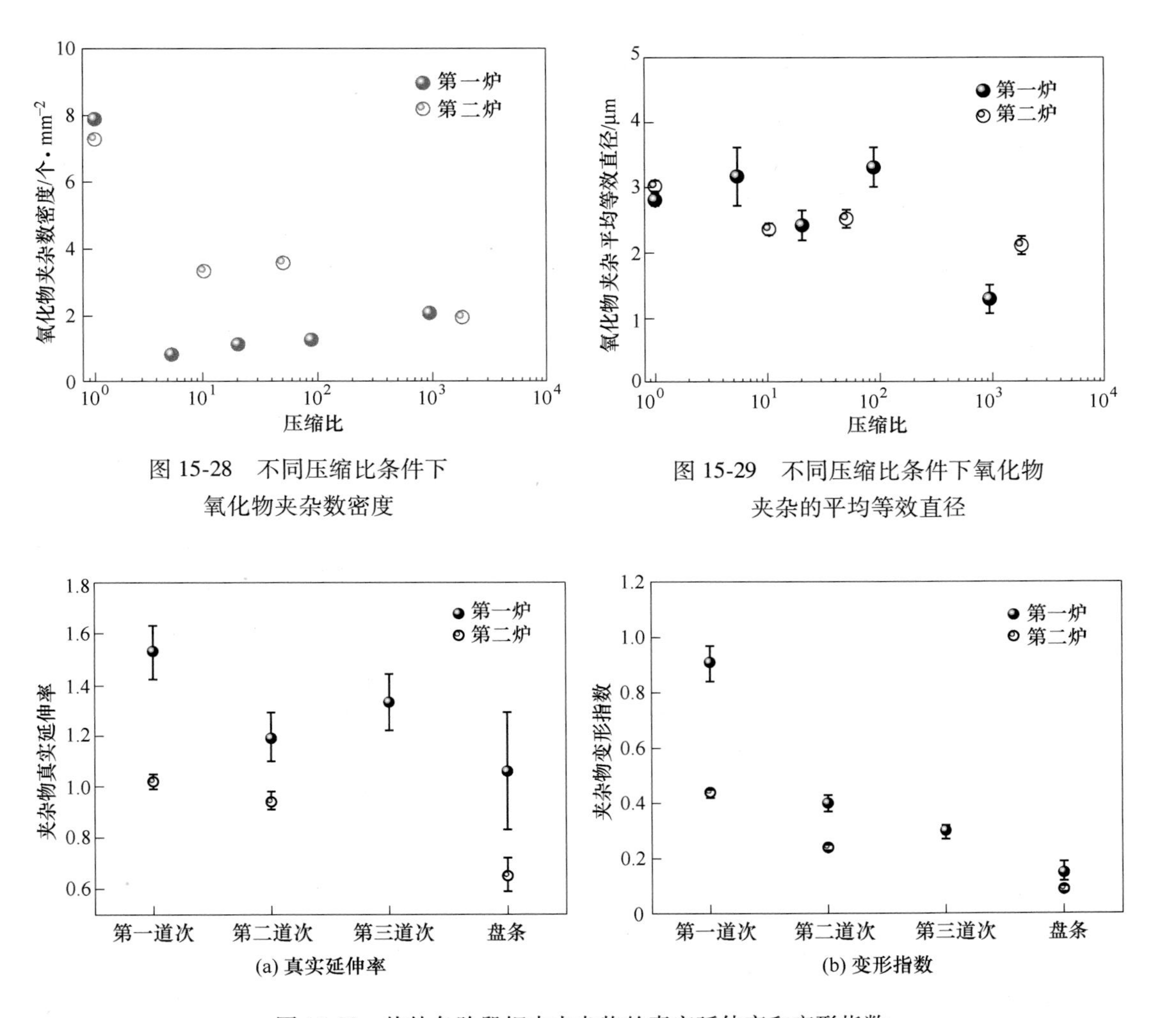

图 15-28　不同压缩比条件下氧化物夹杂数密度

图 15-29　不同压缩比条件下氧化物夹杂的平均等效直径

图 15-30　热轧各阶段钢中夹杂物的真实延伸率和变形指数

图 15-31 给出了盘条中观察到的一些 SiO_2类型夹杂物的形貌。可见它们呈现出“眼睛”或椭圆形的形状，且尺寸很小，基本都在 1μm 左右。

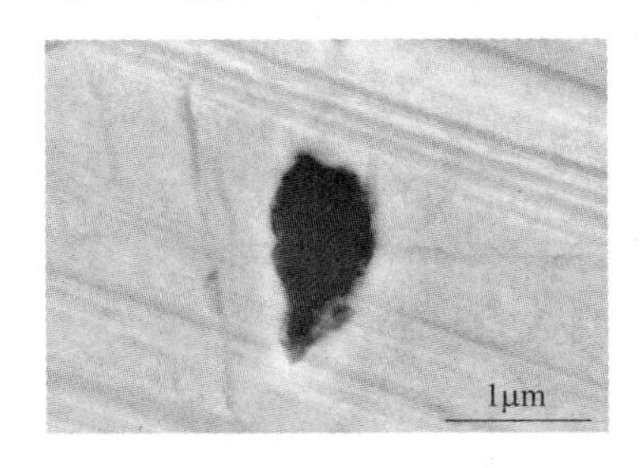

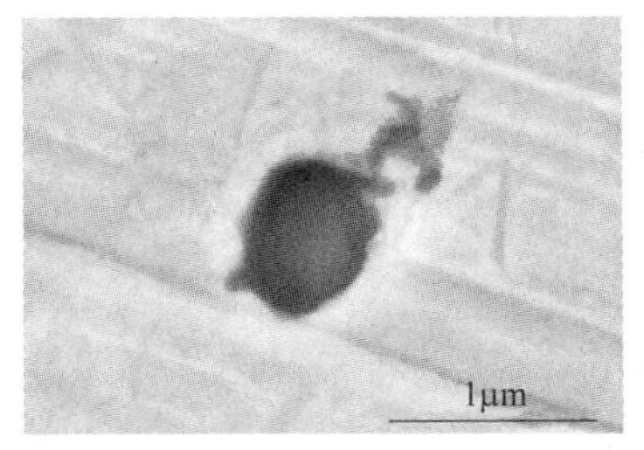

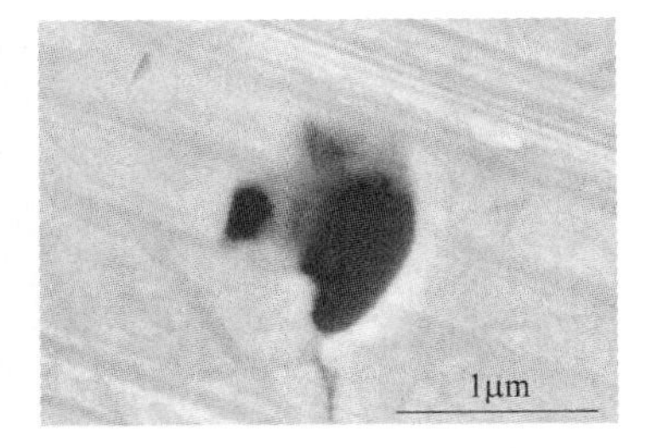

图 15-31　盘条中 SiO_2类型夹杂物形貌

根据实验观察和分析，帘线钢中不同类型夹杂物在热轧过程中形貌变化也存在着明显的差异，图 15-32 给出了示意图。对于 $CaO-SiO_2-Al_2O_3$系夹杂物，由于尺寸较大，熔点较低，在热轧过程中具有较好的变形性，在轧制初始时呈现为较粗的长条状夹杂物，随着轧制压缩比的增加发生断裂。对于较低熔点的 SiO_2-MnO 类夹杂物，其热轧过程中的变形性能同样很好，由于这类夹杂物尺寸要更小，因此在热轧初始其被轧成较为细小的长条状，随着压缩比的增加，更容易断裂成多个夹杂物。而对于 SiO_2类型夹杂物，由于其熔点高，在热轧过程中不易变形，因此轧制过程随着压缩比的增加，逐渐转变为椭圆形和长条形，但是不容易断裂。此外，对于低熔点 SiO_2-MnO 包裹 SiO_2的双相夹杂物，在热轧过程中，外层的低熔点 SiO_2-MnO 沿轧制方向延伸，而内核的 SiO_2基本不怎么变形，在轧制初始这类夹杂物呈现"眼睛"的形状，随着轧制压缩比的增加，外层的 SiO_2-MnO 逐渐被轧制破碎成碎小颗粒，因此此时通过电镜检测基本只能检测到 SiO_2含量。

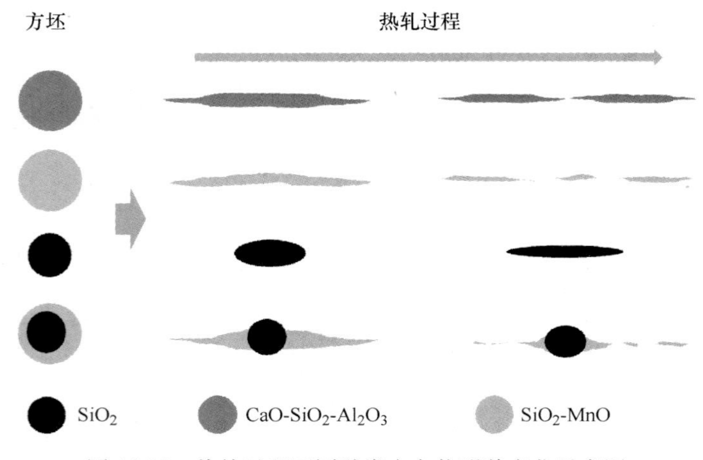

图 15-32　热轧过程不同种类夹杂物形貌变化示意图

15.4.6　氧化物夹杂的变形性能评估

图 15-33 为轧制过程钢的压缩比对氧化物夹杂长宽比的影响。由于夹杂物的变形，轧材中夹杂物的长宽比要比铸坯中更大。整体上看，热轧过程随着钢压缩比的增加，夹杂物的长宽比降低，这可能是由轧制过程夹杂物的破碎引起。因此，利用第一道次轧材中夹杂物的长宽比来表征热轧过程夹杂物的变形能力更为合理。对比来看，第一炉中氧化物的平均长宽比要大于第二炉，表明第一炉中夹杂物在热轧过程中具有更好的变形性能，这与两个炉次中夹杂物的不同性质有关。

第一道次热轧后夹杂物变形指数与夹杂物中 Al_2O_3含量和（$MgO+Al_2O_3$）含量的关系如图 15-34 所示。其中，含量定义为在（$MgO+Al_2O_3+SiO_2+CaO+MnO$）组分总和中所占的质量分数，图中各点的上下限表示了平均值的 95%置信区间。由图可见，第二炉夹杂物中 Al_2O_3含量和（$MgO+Al_2O_3$）含量均大于第一炉，且在热轧过程中变形指数也要大于第一炉。在图 15-34（a）中将两炉数据合起来看，可见随着夹杂物中 Al_2O_3含量的增加，夹杂物变形指数整体上呈现出先增大后降低的趋势，变形最好的夹杂物 Al_2O_3约为 15%，这与文献中的 20% Al_2O_3[7] 有差别，可能是此处考虑了更多的夹杂物组分所致。当同时考虑（$MgO+Al_2O_3$）的含量时，随着（$MgO+Al_2O_3$）含量的增加，夹杂物变形指数呈现先增加后降低的变化趋势，对于第一炉，最高值出现在 20%左右的（$MgO+Al_2O_3$），而对于第二

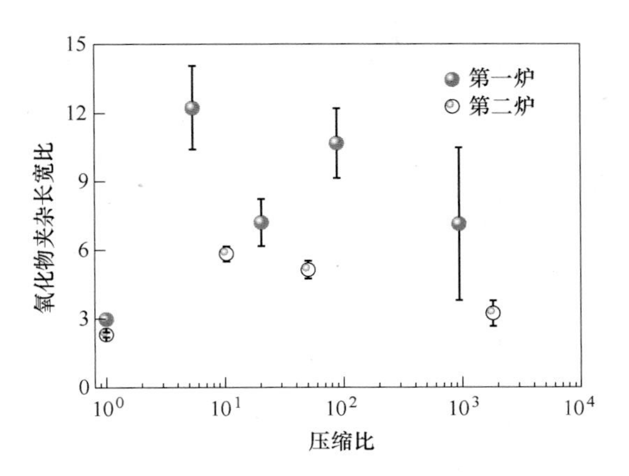

图 15-33 钢的压缩比对氧化物夹杂长宽比的影响

炉，最高值出现在（$MgO+Al_2O_3$）≈13%时，但相比于第一炉，整体变化比较平稳。由此可见，热轧过程夹杂物的变形性能与夹杂物成分密切相关。

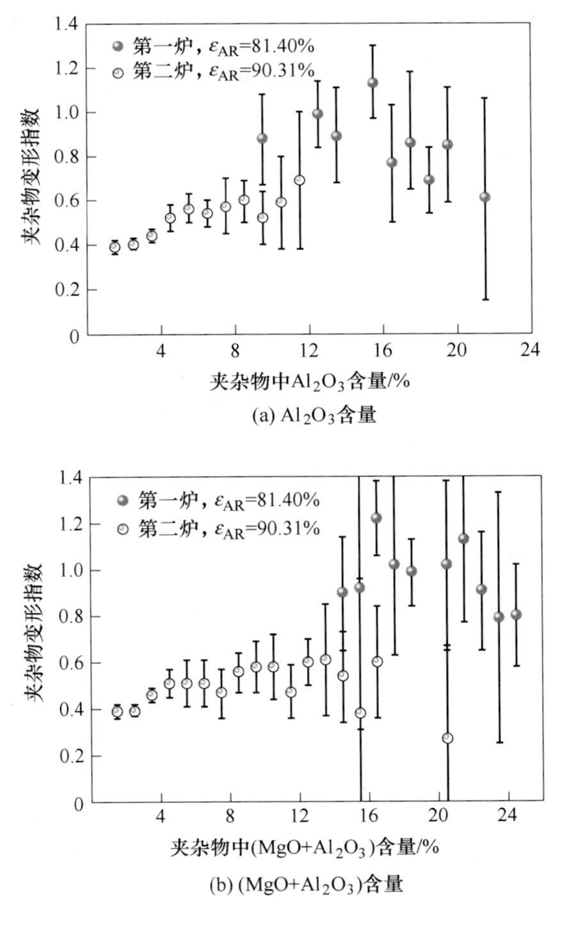

图 15-34 夹杂物中 Al_2O_3 含量和（$MgO+Al_2O_3$）含量对变形性能的影响

在夹杂物固相线温度以上，虽然夹杂物不是纯液态，但是夹杂物应具有一定的变形性。为了对此加以验证，对夹杂物变形能力与其熔化温度之间的关系进行了分析。采用热力学软件 FactSage 7.0 对夹杂物的固相线温度和液相线温度进行了计算。图 15-35 为第二炉第一道次轧材中氧化物夹杂长宽比与熔化温度的关系。由图可见，夹杂物长宽比基本上与夹杂物的固相线和液相线温度成反比，即随着夹杂物熔点的降低，夹杂物热轧过程中的变形能力增强。这主要是因为第一道次轧制过程中轧制温度高达 940～1020℃，使得钢中的氧化物夹杂一定程度上软化，也更容易变形。因此，将夹杂物控制到低熔点确实有利于热轧过程夹杂物的变形，这与以往的认识一致。

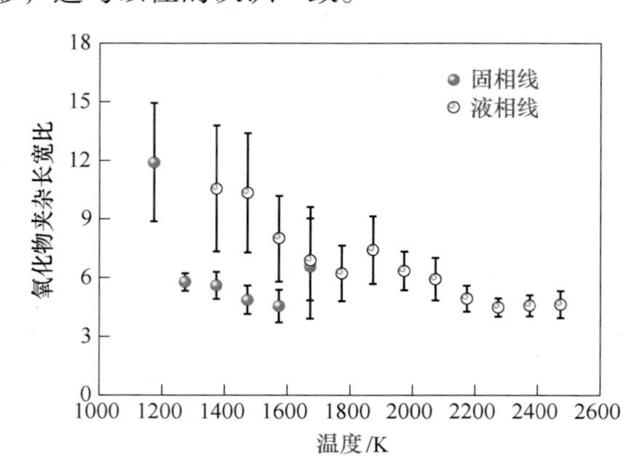

图 15-35　第二炉第一道次轧材中氧化物夹杂长宽比与熔点的关系

然而，钢丝的冷拔一般在室温下进行，这个温度远低于夹杂物的熔点，并且部分造成冷拔断丝的夹杂物也具有较低的熔点。因此，只用熔点来评估冷拔或冷轧过程中夹杂物的变形性能不太合理或者说不太全面。

15.4.7　冷拔过程夹杂物变形能力分析

在夹杂物变形过程中，首先应发生弹性变形，在应力超过弹性极限后再发生塑性变形。弹性变形是可恢复的，当应力消失后，夹杂物的形状又恢复到变形前的状态，而塑性变形是不可恢复的。因此如果在钢轧制后发现夹杂物不变形，则可认为在轧制过程中只发生了夹杂物的弹性变形；而观察到钢加工后夹杂物形貌发生了不可逆变化，说明夹杂物一定发生了塑性变形。

杨氏模量是指在材料弹性形变范围内应力与应变的比值，它是描述固体材料弹性变形抗力的力学参数，可以用来表征塑性变形开始时的困难程度。杨氏模量越大，由弹性变形转变为塑性变形所需的应力也就越大。材料的硬度是指施加外力时材料塑性变形的内在阻力。材料的硬度本质上是衡量其塑性的指标[62]。因此，夹杂物的变形能力应该与杨氏模量和硬度都有关，杨氏模量和硬度越小，夹杂物的变形能力越好。

硬度是一个宏观的概念，它既受内在性质的制约，又受外在性质的影响，因此，大多数夹杂物硬度的精确测量是不容易的。同时受限于材料的组成和种类，硬度的计算也很复杂。Jiang 等[63]从统计的角度发现杨氏模量与维氏硬度在低温下呈现良好的线性关系，因此，可以用杨氏模量代替硬度来对夹杂物的变形能力进行评估。

本书作者根据 Ashizuka 的研究[64]，通过一些学者测量和总结的杨氏模量值采用拟合的方式得到了 $MgO-Al_2O_3-SiO_2-CaO$ 系夹杂物杨氏模量计算的经验公式[65]。通过式（15-9）和式（15-10）可以实现帘线钢中夹杂物杨氏模量的计算。

$$E = 39811V^{-2.9} \tag{15-9}$$

式中，E 为杨氏模量，GPa；V 为平均原子体积，$10^{-6}m^3/mol$。可由式（15-10）[33]计算：

$$V = \frac{M}{\rho n} \tag{15-10}$$

式中，M 为摩尔质量，kg/mol；ρ 为密度，kg/m^3；n 为组成氧化物的原子个数。

根据上述两式计算得到的 $Al_2O_3-SiO_2-CaO$ 系和 $Al_2O_3-SiO_2-MnO$ 系夹杂物的低温杨氏模量分布云图如图 15-36 所示[65]。可知在这两个体系中低熔点区并不是杨氏模量最低的区域，其中 SiO_2 具有最低的杨氏模量而 Al_2O_3 具有最高的杨氏模量。由于冷拔过程中夹杂物变形能力与杨氏模量大小成反比，为了提高冷拔过程夹杂物的变形，降低夹杂物引起的断丝率，应将夹杂物控制到图中所示的深色区域，即要求具有很高的 SiO_2 含量和极低的 Al_2O_3 含量。由图还可知，由于具有最大的杨氏模量，Al_2O_3 对帘线钢中氧化物的变形性能最为有害，这也是帘线钢生产过程中需要严格控制钢中 Al 含量的原因。

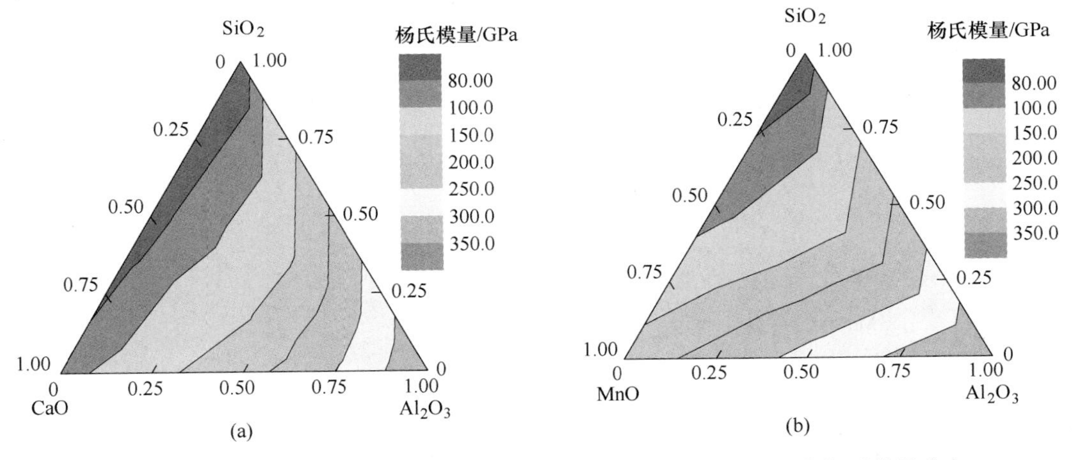

图 15-36　$Al_2O_3-SiO_2-CaO$ 系（a）和 $Al_2O_3-SiO_2-MnO$ 系（b）夹杂物杨氏模量分布

15.5　硅钢轧制过程夹杂物的变形

硅钢性能方面要求低铁损和高磁感，包括夹杂物、织构和晶粒尺寸在内的许多因素都会对硅钢磁性能产生影响。由于会影响其他两个因素，夹杂物在里面起着关键的作用。一方面，夹杂物会阻碍磁畴壁的移动从而直接恶化磁性能；另一方面，夹杂物会阻碍晶界的运动，促进有害取向晶粒的形核，从而间接影响磁性能。氧化物尺寸对磁性能影响较大，因此，硅钢中夹杂物的变形性能也会对其性能产生影响。

本节研究氧化物夹杂对无取向硅钢磁性能的影响机理。针对两炉成分相似而夹杂物不一样的无取向硅钢，采用自动扫描电镜统计分析了轧制前后夹杂物的成分、形貌和尺寸，考察了氧化物夹杂的变形性能及其对晶粒尺寸和磁性能的影响。

轧制过程取样及检测示意图如图 15-37 所示。图中阴影部分为夹杂物检测面，以等效直径来表示夹杂物尺寸，以长宽比来表征夹杂物的变形。

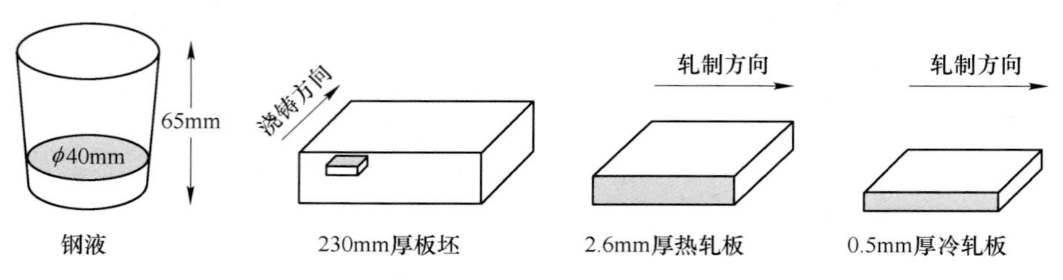

图 15-37　铸坯和轧板中夹杂物检测面示意图

两炉中间包钢液中夹杂物成分分布如图 15-38 所示。图中散点尺寸表示夹杂物尺寸，五角星为平均尺寸。可见，第一炉中夹杂物主要为 SiO_2-Al_2O_3-CaO，夹杂物中 CaO 平均含量约为 10%；而第二炉夹杂物中 CaO 含量要明显低于第一炉，夹杂物主要是高 SiO_2 的 SiO_2-Al_2O_3夹杂物。两炉夹杂物中 MnO 含量都很低。

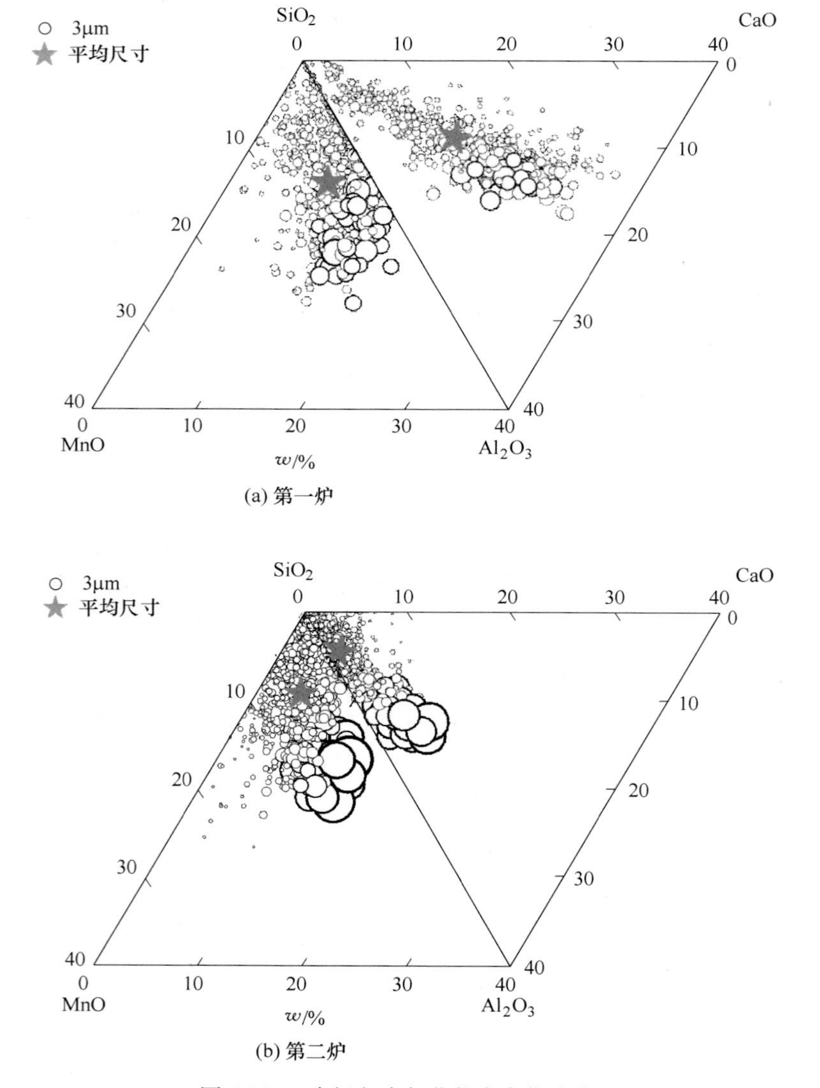

图 15-38　中间包中氧化物夹杂物成分

15.5.1 轧制过程氧化物夹杂的变形和断裂

热轧试样中典型氧化物夹杂的形貌和成分如图 15-39 所示。可见，第一炉夹杂物被轧制成链状，具有更大的延伸率；而第二炉夹杂物被轧制成椭圆形，延伸率更小。Bernard 详细描述了热加工过程夹杂物的形貌[66]。本研究中两个炉次中夹杂物为具有不同变形性能的单相夹杂物。许多因素都会对夹杂物的变形性能产生影响，如轧制温度、夹杂物尺寸、应变和应变速率以及氧化物成分等。因为试样的轧制工艺相同，所以轧制温度、应变和应变速率等不应该是造成变形性能差异的原因。Segal[67] 研究表明，5μm 以下的夹杂物的变形与尺寸有关。然而如图 15-40 所示，大尺寸夹杂物看起来具有更小的延伸率，尤其是对于第一炉。产生这个现象的原因可能是热轧过程中夹杂物发生了破碎，不同成分氧化物可能呈现出不同的变形行为。

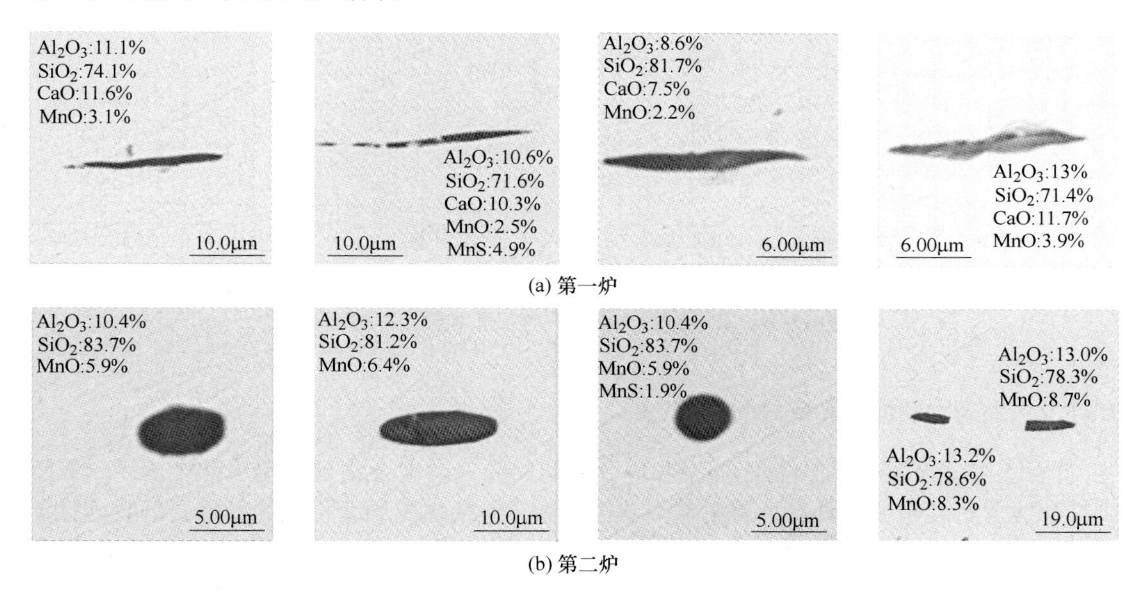

图 15-39 热轧试样中典型夹杂物的形貌和成分

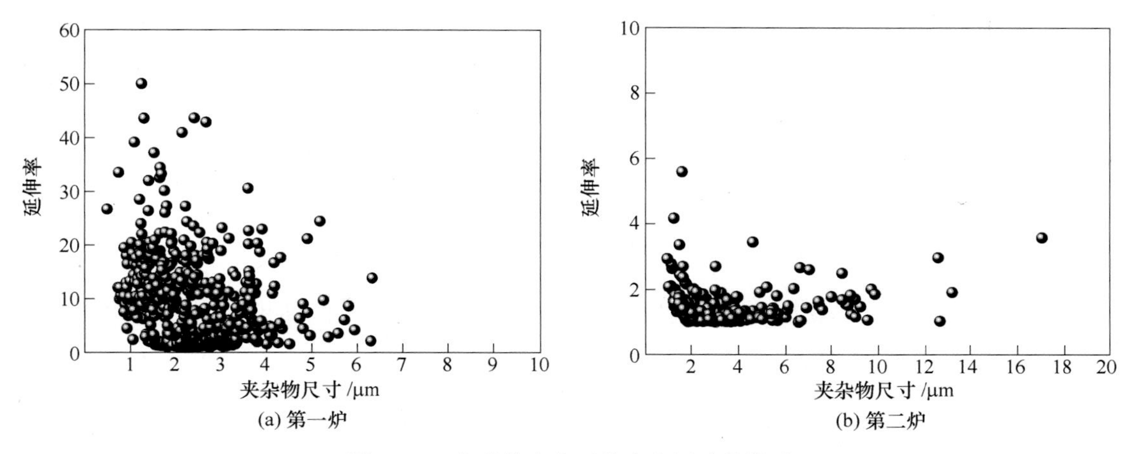

图 15-40 氧化物夹杂延伸率和尺寸的关系

轧制过程夹杂物平均尺寸和延伸率变化如图 15-41 所示。由图 15-41（a）可见，第一炉夹杂物平均尺寸从铸坯到热轧板减小了差不多 1μm，而第二炉基本上没什么变化，原因是因为第一炉夹杂物在热轧过程中发生了断裂。由图 15-41（b）可见，铸坯中夹杂物的延伸率大约为 1，表明两炉铸坯中夹杂物为球形。然而，热轧之后夹杂物发生了变形，第一炉夹杂物平均延伸率约为 9，远大于第二炉的值。第一炉中夹杂物延伸率从热轧试样到冷轧退火试样发生了降低，原因可能是因为在从刚性到流体行为的过渡温度以下，锰硅铝酸盐夹杂物的硬度远大于钢基体[68]，因此，在室温下进行的冷轧过程中，夹杂物更容易破碎。

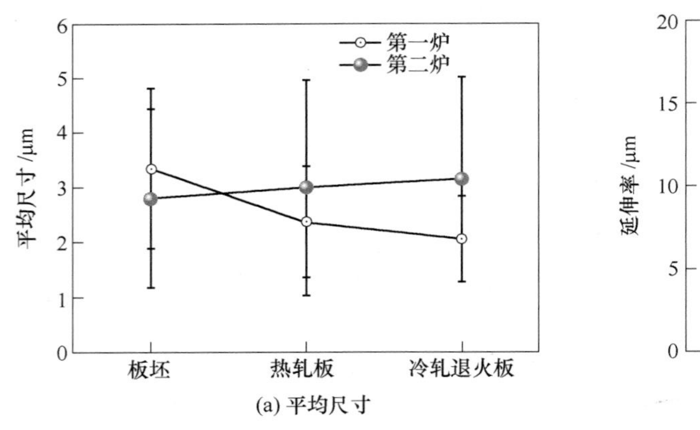

(a) 平均尺寸

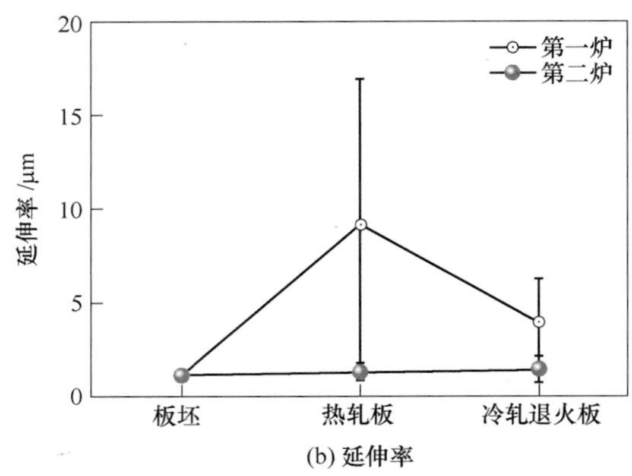

(b) 延伸率

图 15-41　轧制过程夹杂物平均尺寸和延伸率的比较

15.5.2　夹杂物延伸率和成分的关系

图 15-42 为第一炉夹杂物延伸率和成分之间的关系。夹杂物延伸率由颜色表示，表明夹杂物成分对其延伸率具有显著影响。有报道称与夹杂物变形性相关的最重要的物理性能是黏度[21]。当夹杂物的黏度低于钢基体的黏度时，夹杂物会发生变形，否则保持不变。Bernard[66]研究了 $CaO-Al_2O_3-SiO_2$ 和 $MnO-Al_2O_3-SiO_2$ 三元系夹杂物成分与黏度之间的关系，并且给出了一种计算黏度的方法。在本研究中夹杂物为四元，利用 FactSage 7.0 热力学软件对氧化物夹杂黏度进行了计算。热轧温度设定为 1000℃，在热轧温度下钢基体的黏度大约为 1.2×10^7 Pa · s[69]。第一炉和第二炉氧化物夹杂黏度和延伸率之间的关系如图 15-43 所示。在图 15-43（a）中，第一炉中大部分夹杂物的黏度都小于钢基体，因此表现为更大的延伸率，而且随着氧化物黏度的降低，其延伸率增加；如图 15-43（b）所示，第二炉中大部分夹杂物的黏度高于钢基体，因此表现为比第一炉更小的延伸率。

15.5.3　夹杂物对组织和磁性能的影响

第一炉热轧试样纵截面微观组织如图 15-44 所示。由背散射图像可见，氧化物夹杂被轧成链状，其中一些甚至破碎成多个夹杂物。如图 15-44（b）所示，这些链状夹杂物可以钉扎晶界，这种二相粒子对晶界的钉扎作用被称为齐纳拖曳。以往的研究[70-73]在考虑齐纳拖曳时都假设二相粒子为球形，然而许多球形夹杂物都被沿轧制方向轧成了链状，尤其是第一炉。文献中也报道了夹杂物的钉扎力与其长宽比之间存在着紧密的联系[74-76]。因此，

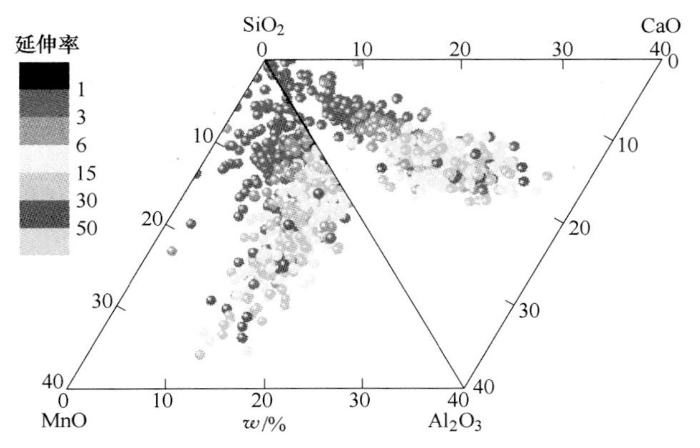

图 15-42　第一炉夹杂物延伸率与成分之间的关系

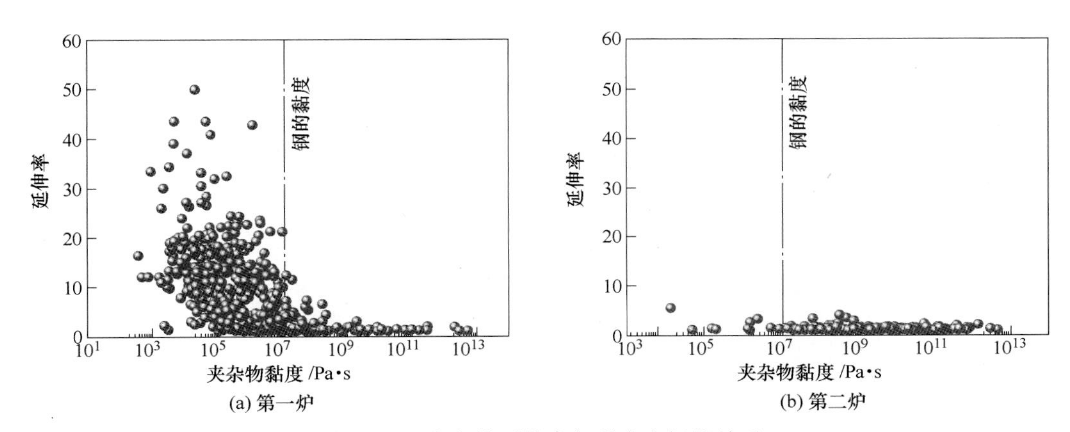

图 15-43　夹杂物延伸率与黏度之间的关系

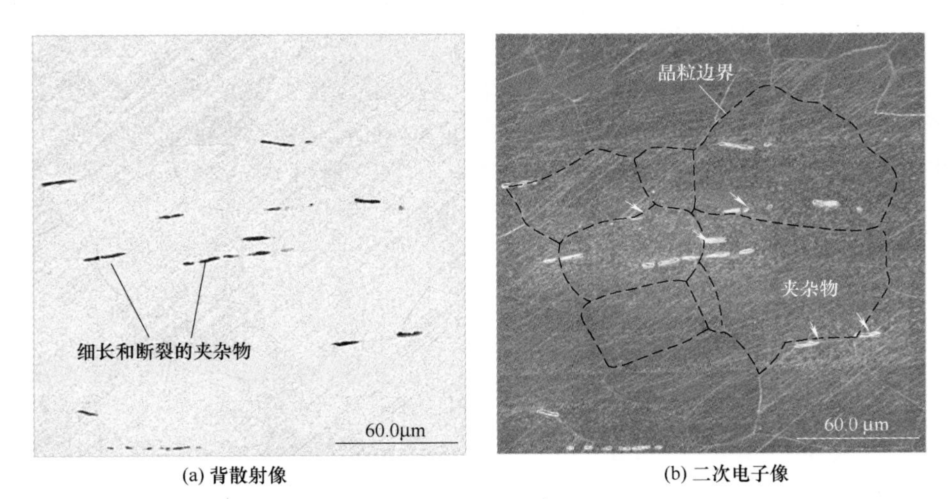

图 15-44　第一炉热轧试样纵截面微观组织和夹杂物

有必要考虑夹杂物的形状因素。Li 等[74]通过理论分析和肥皂泡模型实验，发现各向异性夹杂物的钉扎力对夹杂物的取向很敏感。对于椭圆形夹杂物，如果夹杂物长轴与晶界运动方向垂直，夹杂物引起的阻碍晶粒长大的拖曳力将随着夹杂物长宽比的增大而增大。轧制后，在再结晶过程中晶界主要向法线方向移动，因此，在再结晶和晶粒长大过程中第一炉中具有更大延伸率的夹杂物将对晶界提供更强的钉扎力。图 15-45 为退火试样横截面组织，第一炉和第二炉的平均晶粒尺寸分别为 28. 8±14. 5μm 和 33. 0±16. 5μm，证明链状夹杂物对晶粒长大具有更强的钉扎作用。

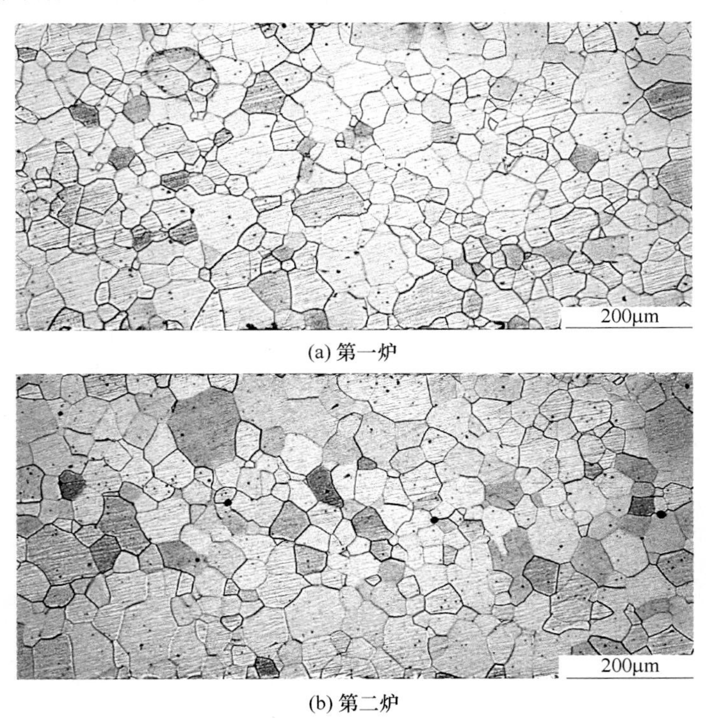

(a) 第一炉

(b) 第二炉

图 15-45　退火试样截面微观组织

图 15-46 为退火试样铁损和磁感强度。第一炉的退火卷铁损要高于第二炉，同时第一炉试样的磁感强度低于第二炉。因此，为了增加无取向硅钢的磁性能，应该降低夹杂物的变形性能。夹杂物中 CaO 含量需要控制到 4%以下，以确保热轧温度下氧化物的黏度大于钢基体。

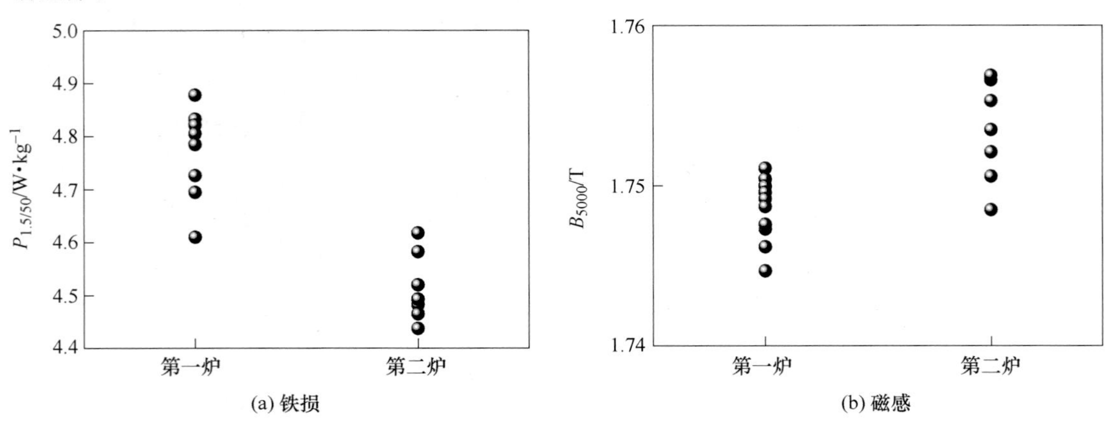

(a) 铁损　　(b) 磁感

图 15-46　磁性能对比

15.6 本章小结

本章讨论了在轧制和加工过程中钢中非金属夹杂物的变形行为。文献中关于这方面的研究还不完善。本章总结了文献中关于夹杂物熔化温度、黏度、热膨胀系数和杨氏模量对其变形行为的影响，也总结了精炼渣成分、耐火材料及凝固过程中成分偏析对夹杂物变形行为的影响。然后，针对帘线钢轧制和拉拔过程中钢中氧化物夹杂物的变形能力及硅钢轧制过程中钢中夹杂物的变形能力进行了分析。研究发现，夹杂物熔化温度、黏度和杨氏模量均对其变形能力有影响，目前还不能确定一个单一的参数来表征夹杂物的变形能力。但是，有两个因素肯定对夹杂物的变形能力有影响，一是夹杂物的尺寸，二是夹杂物中 Al_2O_3 和 MgO 的含量。夹杂物越小，其成分上 Al_2O_3 和 MgO 的含量越少，夹杂物的变形能力越好。在轧制和加工过程中钢中非金属夹杂物的变形行为还需要更加深入的研究，是钢中非金属夹杂物研究的关注点之一。

参考文献

[1] Gerard B, Paul R, Georges U. Investigation of the plasticity of oxide inclusions [J]. Revue de Metallurgie-CIT, 1981, 78 (5): 421-433.

[2] Maiti R, Hawbolt E B. The effect of hot rolling on the inclusion morphology of a semi-killed and a calcium treated X-70 pipeline steel [J]. Journal of Materials for Energy Systems, 1985, 6 (4): 251-262.

[3] Yamamoto K I, Yamamura H, Suwa Y. Behavior of non-metallic inclusions in steel during hot deformation and the effects of deformed inclusions on local ductility [J]. ISIJ International, 2011, 51 (12): 1987-1994.

[4] Malkiewicz T, Rudnik S. Deformation of non-metallic inclusions during rolling of steel [J]. Journal of the Iron and Steel Institute, 1963, 201: 33-38.

[5] Rudnik S. Discontinuities in hot-rolled steel caused by non-metallic inclusions [J]. Journal of the Iron and Steel Institute, 1966, 204 (4): 374-376.

[6] Kiessling R. The influence of non-metallic inclusions on the properties of steel [J]. Journal of Metals, 1989 (10): 48-54.

[7] Maeda S, Soejima T, Saito T. Shape control of inclusions in wire rods for high tensile tire cord by refining with synthetic slag [C]. 72nd Steelmaking Conference Proceedings, Chicago, ISS, 1989: 379-385.

[8] Chen S H, Jiang M, He X F, et al. Top slag refining for inclusion composition transform control in tire cord steel [J]. International Journal of Minerals Metallurgy and Materials, 2012, 19 (6): 490-498.

[9] 陈书浩. 帘线钢中非金属夹杂物控制研究 [D]. 北京：北京科技大学，2011.

[10] Bernard G, Riboud P V, Urbain G. Investigation of the plasticity of oxide inclusions [J]. Revue de Metallurgie, Cahiers d'Informations Techniques, 1981, 78 (5): 421-433.

[11] Malm S. On the precipitation of slag inclusions during solidification of high-carbon steel, deoxidized with aluminium and mish metal [J]. Scand. J. of Metals, 1976, 15: 248-257.

[12] 林勤，宋波，郭兴敏，等. 钢中稀土微合金化作用与应用前景 [J]. 稀土，2001，22 (4)：31-36.

[13] Nishi T, Shinme K. Formation of spinel inclusions in molten stainless steel under Al deoxidation with slags [J]. Tetsu-to-Hagane, 1998, 84 (12): 837-843.

[14] Mizuno K, Todoroki H, Noda M, et al. Effects of Al and Ca in ferrosilicon alloys for deoxidation on inclusion composition in type 304 stainless steel [J]. Iron & Steelmaker, 2001, 28 (8): 93-101.

[15] Kawawa T, Ohkubo M. A kinetics on deoxidation of steel [J]. Trans. ISIJ, 1968, 8: 203-219.

[16] Kawahara J, Tanabe K, Banno T, et al. Advance of valve spring steel [J]. Wire Journal International, 1992, 25 (11): 55-61.

[17] 张清珍. 影响钢帘线动态疲劳性能主要因素的探讨 [J]. 金属制品, 1993, 19 (2): 18-20.

[18] 耿继双, 郭大勇, 王秉喜, 等. 合成渣精炼法控制帘线钢中的非金属夹杂物 [J]. 鞍钢技术, 2007 (4): 6-8.

[19] 赵继宇, 吴健鹏, 易卫东, 等. 帘线钢钢中夹杂物塑性化控制技术 [J]. 河南冶金, 2006, 14 (B09): 92-96.

[20] 薛正良, 于学斌, 刘振清, 等. 钢帘线用高碳钢 (82B) 氧化物夹杂控制热力学 [J]. 炼钢, 2002 (2): 31-34.

[21] Derin B, Suzuki M, Tanaka T. Sulphide capacity prediction of molten slags by using a neural network approach [J]. ISIJ International, 2010, 50 (8): 1059-1063.

[22] Orimoto T, Noda T, Ichida M, et al. Desulfurization technology in the blast furnace raceway by $MgO-SiO_2$ flux injection [J]. ISIJ International, 2008, 48 (2): 141-146.

[23] Taniguchi Y, Sano N, Seetharaman S. Sulphide capacities of $CaO-Al_2O_3-SiO_2-MgO-MnO$ slags in the temperature range 1673-1773K [J]. ISIJ International, 2009, 49 (2): 156-163.

[24] 陆钢, 赵沛. 超低硫钢精炼工艺 [J]. 北京科技大学学报, 2000, 22 (4): 320-323.

[25] Saleil J, Leroy F, Gaye H, et al. Inclusion control in calcium treated steels [J]. ASTM Special Technical Publication, 1989 (1042): 69-79.

[26] 傅杰, 柳得橹. 微合金钢中 TiN 的析出规律研究 [J]. 金属学报, 2000, 36 (8): 801-804.

[27] Shinsho Y, Nozaki T, Sorimachi K. Influence of secondary steelmaking on occurrence of non-metallic inclusions in high-carbon steel for tire cord [J]. Wire Journal International, 1988, 21 (9): 145.

[28] 赵克文, 蔡开科. 含 Ti 不锈钢中氮化钛夹杂的研究 [J]. 金属学报, 1986, 25 (3): 80-85.

[29] Luo C, Ståhlberg U. Deformation of inclusions during hot rolling of steels [J]. Journal of Materials Processing Technology, 2001, 114 (1): 87-97.

[30] Brooksbank D, Andrews K W. Stress associated with duplex oxide-sulphie inclusions in steel [J]. The Journal of the Iron and Steel Institute, 1970, 208 (Pt6): 582-586.

[31] Brooksbank D, Andrews K W. Stress fields around inclusions and their relation to mechanical properties [J]. The Journal of the Iron and Steel Institute, 1972, 210 (Pt4): 246-255.

[32] Brooksbank D, Andrews K W. Stress associated with inclusions in steel: A photoelastic analogue and the effects of inclusions in proximity [J]. The Journal of the Iron and Steel Institute, 1972, 210 (Pt10): 765-776.

[33] Kimura S, Hoshikawa I, Ibaraki N, et al. Fracture behavior of oxide inclusions during rolling and drawing [J]. Tetsu-to-Hagane, 2002, 88 (11): 755-762.

[34] Baker T J, Charles J A. Morphology of manganese sulphide [J]. The Journal of the Iron and Steel Institute, 1972, 210: 702.

[35] Elliott J, Gleiser M, Ramakrishna V. Thermochemistry for steelmaking [J]. Chemical Physics and Chemistry, 1963: 846.

[36] Matsuno H, Kikuchi Y. Shape control of inclusions in high nickel content steel [J]. ISIJ International, 1995, 35 (11): 1368-1373.

[37] 卢翔宇, 李波, 王永顺, 等. 喂 Ca-Si 丝对钢中夹杂物变性的研究 [J]. 包钢科技, 2004, 29

(B12): 28-31.
[38] 龚坚，王庆祥．钢液钙处理的热力学分析［J］．炼钢，2003，19（3）：56-59.
[39] Ogawa K. Slag refining for production of clean steel [C]. Nishiyama Memorial Seminar, ISS, Tokyo, 1992, 143: 137-166.
[40] Miyashita Y. Change of the dissolved oxygen content in the process of silicon deoxidation [J]. Tetsu-to-Hagane, 1966, 52 (7): 1049.
[41] Lee K R, Suito H. Reoxidation of aluminum in liquid iron with $CaO-Al_2O_3-Fe_tO$ (≤3 mass%) slags [J]. ISIJ International, 1995, 35 (5): 480-487.
[42] Kim J W, Kim S K, Kim D S, et al. Formation mechanism of Ca-Si-Al-Mg-Ti-O inclusions in type 304 stainless steel [J]. ISIJ International, 1996, 36 (Suppl): S140-S143.
[43] Itoh H, Hino M, Ban-ya S. Thermodynamics on the formation of non-metallic inclusion of spinel ($MgO \cdot Al_2O_3$) in liquid steel [J]. Journal Iron and Steel Institute of Japan, 1998, 84: 85-90.
[44] Maeda S, Soejima T, Saito T. Shape control of inclusions in wire rods for high tensile tire cord by refining with synthetic slag [C]. Steelmaking Conference Proceedings, 1989: 72: 379-385.
[45] Runner D L, Maeda S, Gale J P, et al. Start-up of tire cord through USS/Kobe's billet caster [C]. Steelmaking Conference Proceedings, Iron and Steel Society of AIME, 1998, 81: 129-136.
[46] 易卫东，赵继宇．夹杂物对钢帘线断丝的影响及其控制［J］．钢铁，2002，37（增刊）：676-678.
[47] Luc P. Wire break during steel card stranding [J]. Wire Journal International, 1980, 3: 1298-1305.
[48] 周兆保，李素梅，程官江．安钢转炉渣中 MgO 的饱和溶解度分析［J］．耐火材料，2000，34（4）：48.
[49] 王立峰，张炯明，王新华，等．低碱度顶渣控制帘线钢中 $MnO-Al_2O_3-SiO_2$ 类夹杂物成分的实验研究［J］．北京科技大学学报，2003（6）：528-531.
[50] 赵昊乾，陈伟庆．坩埚材质及顶渣成分对帘线钢夹杂物成分的影响［J］．钢铁研究学报，2012，24（3）：12-16.
[51] 李玉华，郑建强，林国强．帘线钢中钛夹杂物形貌和析出尺寸的计算［J］．南钢科技与管理，2012（1）：1-4.
[52] Nugent E, Calhoun R, Mortensen A. Experimental investigation of stress and strain fields in a ductile matrix surrounding an elastic inclusion [J]. Acta Materialia, 2000, 48 (7): 1451-1467.
[53] Luo C, Ståhlberg U. An alternative way for evaluating the deformation of MnS inclusions in hot rolling of steel [J]. Scandinavian Journal of Metallurgy, 2002, 31 (3): 184-190.
[54] Hwang Y, Chen D. Analysis of the deformation mechanism of void generation and development around inclusions inside the sheet during sheet rolling processes [J]. Proceedings of the Institution of Mechanical Engineers, Part B: Journal of Engineering Manufacture, 2003, 217 (10): 1373-1381.
[55] Ervasti E, Ståhlberg U. Void initiation close to a macro-inclusion during single pass reductions in the hot rolling of steel slabs: A numerical study [J]. Journal of Materials Processing Technology, 2005, 170 (1-2): 142-150.
[56] Yu H L, Liu X H, Bi H Y, et al. Deformation behavior of inclusions in stainless steel strips during multi-pass cold rolling [J]. Journal of Materials Processing Technology, 2009, 209 (1): 455-461.
[57] Yu H L, Bi H Y, Liu X H, et al. Behavior of inclusions with weak adhesion to strip matrix during rolling using FEM [J]. Journal of Materials Processing Technology, 2009, 209 (9): 4274-4280.
[58] Yu H L, Bi H Y, Liu X H, et al. Strain distribution of strips with spherical inclusion during cold rolling [J]. Transactions of Nonferrous Metals Society of China, 2008, 18 (4): 919-924.
[59] Yu H L, Liu X H, Li X W. Fe analysis of inclusion deformation and crack generation during cold rolling

with a transition layer [J]. Materials Letters, 2008, 62 (10-11): 1595-1598.

[60] 程子健. 酒钢 CSP 流程 SPCC 夹杂物控制机理与工艺优化研究 [D]. 北京: 北京科技大学, 2013.

[61] Wang K, Jiang M, Wang X, et al. Formation mechanism of SiO_2-type inclusions in Si-Mn-killed steel wires containing limited aluminum content [J]. Metallurgical and Materials Transactions B, 2015, 46 (5): 2198-2207.

[62] Tabor D. The hardness of solids [J]. Review of Physics in Technology, 1970, 1 (3): 145-179.

[63] Jiang X, Zhao J, Jiang X. Correlation between hardness and elastic moduli of the covalent crystals [J]. Computational Materials Science, 2011, 50 (7): 2287-2290.

[64] Ashizuka M, Aimoto Y, Okuno T. Mechanical properties of sintered silicate crystals (part 1) [J]. Journal of the Ceramic Society of Japan, 1989, 97 (5): 544-548.

[65] Zhang L, Guo C, Yang W, et al. Deformability of oxide inclusions in tire cord steels [J]. Metallurgical and Materials Transactions B, 2018, 49 (2): 803-811.

[66] Bernard G, Riboud P V, Urbain G. Tude de la plasticité d' inclusions d' oxydes [J]. Rev. Met. Paris, 1981, 78 (5): 421-434.

[67] Segal A, Charles J A. Influence of particle size on deformation characteristics of manganese sulphide inclusions in steel [J]. Metals Technology, 1977, 4 (1): 177-182.

[68] Baker T J, Gave K B, Charles J A. Inclusion deformation and toughness anisotropy in hot-rolled steels [J]. Metals Technology, 1976, 3 (1): 183-193.

[69] Kurosaki Y, Shiozaki M, Higashine K, et al. Effect of oxide shape on magnetic properties of semiprocessed nonoriented electrical steel sheets [J]. ISIJ International, 1999, 39 (6): 607-613.

[70] Hillert M. Inhibition of grain growth by second-phase particles [J]. Acta Metallurgica, 1988, 36 (12): 3177-3181.

[71] Manohar P A, Ferry M, Chandra T. Five decades of the Zener equation [J]. ISIJ International, 1998, 38 (9): 913-924.

[72] Gao J, Thompson R G, Patterson B R. Computer simulation of grain growth with second phase particle pinning [J]. Acta Materialia, 1997, 45 (9): 3653-3658.

[73] Kim B N, Kishi T. Finite element simulation of Zener pinning behavior [J]. Acta Materialia, 1999, 47 (7): 2293-2301.

[74] Li W B, Easterling K E. The influence of particle shape on Zener drag [J]. Acta Metallurgica et Materialia, 1990, 38 (6): 1045-1052.

[75] Chang K, Feng W, Chen L Q. Effect of second-phase particle morphology on grain growth kinetics [J]. Acta Materialia, 2009, 57 (17): 5229-5236.

[76] Vanherpe L, Moelans N, Blanpain B, et al. Pinning effect of spheroid second-phase particles on grain growth studied by three-dimensional phase-field simulations [J]. Computational Materials Science, 2010, 49 (2): 340-350.

16 浇铸过程中钢中非金属夹杂物造成的水口结瘤

16.1 水口结瘤概述

连铸过程中钢水经过浸入式水口进入结晶器，包括铝脱氧钢中的 Al_2O_3 和高熔点的钙铝酸盐等夹杂物会在水口内壁黏结堆积，造成水口部分或完全堵塞。浸入式水口结瘤是影响连铸生产的一个重要问题[1-5]。首先，结瘤导致不得不更换水口，从而影响生产的连续性甚至造成停浇，使得成本增加、生产效率降低以及产品质量下降；结瘤改变钢水在水口及水口出口的流动形态，造成由浸入式水口流出的钢水偏流，从而影响钢水在结晶器内的流动，导致产生铸坯表面质量缺陷，严重时会造成漏钢；脱落的结瘤物不仅干扰流动，还容易被凝固前沿捕捉成为铸坯中的大尺寸夹杂物，或者进入结晶器保护渣中改变渣的成分，也可造成铸坯缺陷；由于水口结瘤，必须通过节流装置进行补偿（增大开口度），这会造成结晶器液面波动，也容易产生铸坯缺陷。

水口结瘤的机理有以下几种：

（1）钢液自身的氧化铝夹杂物和其他高熔点的夹杂物，这些夹杂物会在流动过程沉积到水口壁面上，这是水口结瘤物的主要来源[6]。

（2）钢液与水口耐火材料间的化学反应，造成水口内壁脱碳层的形成，反应生成氧化性气体 CO，氧化钢液中的 [Al]，生成的 Al_2O_3 和钢液自身的氧化铝一起沉积在水口壁面，造成水口结瘤[7]。

（3）水口内壁负压或者高温作用下浸入式水口接缝处形成空隙，空气通过水口耐火材料接缝处的缝隙进入钢液，空气中的氧气将氧化钢液中的酸溶铝，生成的氧化铝附着在水口内壁上[8]。

（4）水口预热不足形成冷凝钢网状结构造成水口结瘤。Hilty[9]通过研究发现，当水口保温措施不当或者浸入式水口预热不够，导致浸入式水口处有较多的热损失，当钢液流经水口时形成温度梯度，导致钢中 [Al] 和 [O] 过饱和，使得反应 $2[Al]+3[O]=Al_2O_3$ 向右进行，Al_2O_3 夹杂物析出并向水口壁面沉积；在水口开始浇铸时，由于预热不够及钢液向外传热过大会造成钢液在水口内壁凝固，形成凝钢网状结构捕捉夹杂物结瘤。

（5）其他各种复合氧化物引起水口结瘤。水口结瘤物中有许多不是来源于钢液脱氧产物的非金属夹杂物，例如卷入的结晶器保护渣与脱氧产物结合形成复合夹杂物。有研究者发现[10]结晶器上循环流动状态导致保护渣被卷进水口出口附近，与脱氧产物聚合一起形成结瘤物；另外有研究者[11]在结瘤物中发现了钙铝酸盐类和 CaS 夹杂物，主要是钙处理不合理导致形成部分高熔点的夹杂物造成的。

根据结瘤物的种类可将水口结瘤分为三种类型：（1）钢液中夹杂物在水口壁面上结瘤；（2）夹杂物黏结和凝钢混合结瘤；（3）钢水凝结结瘤。其中，钢水凝结水口结瘤主要是由于水口预热不足引起，通过加强管理和强化操作应能够避免。很多研究者对水口结瘤物的宏观形态进行了分析和观察，发现实际生产中出现的水口结瘤现象基本都是前两种情况。铝脱氧钢水口结瘤物一般由三层结构组成，分别为脱碳层、致密氧化铝层和疏松堆积氧化铝层。图 16-1 为铝碳质水口脱碳层、致密氧化铝层及疏松堆积氧化铝层的水口照片[12]。水口本体脱碳层位于水口内壁表层，厚约 0.5～1.0mm，脱碳层的形成主要是因为水口耐火材料中碳在浇铸温度下极易被氧化，在水口内壁表面形成凸凹不平的脱碳层，经常出现 Al_2O_3 与凝钢小颗粒的混合黏结；致密网状氧化铝层紧挨水口耐火材料脱碳层，主要是耐火材料本身的 Al_2O_3 和钢液中的 Al_2O_3 聚集黏结在水口壁面产生的，其结构呈现为致密的网状，氧化铝颗粒间含有较多的微细铁粒；疏松堆积状氧化铝层结构疏松，Al_2O_3 的沉积主要靠钢水的涡流作用将悬浮在钢液中的氧化铝推至水口壁。与钢水接触的氧化铝颗粒具有较高的界面能，逐步烧结积聚黏结成链状或簇状，黏附在水口壁上造成水口堵塞。随着氧化铝层的不断烧结，致密度不断提高。

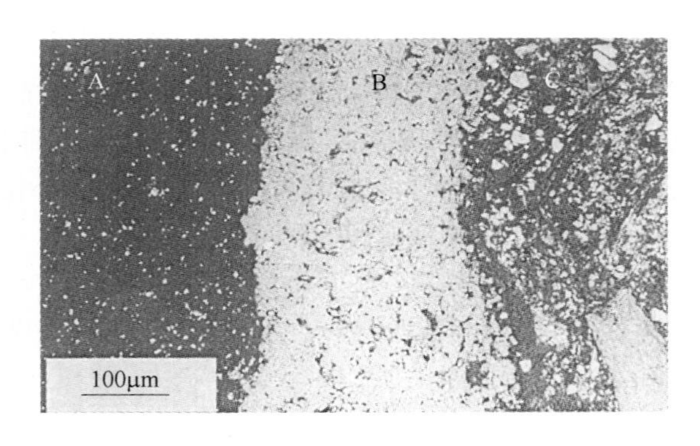

图 16-1 水口结瘤物的结构[12]

表 16-1 列出了文献中防止水口堵塞的具体措施。通过以上水口结瘤机理的分析可知，减少管线钢水口结瘤最有效的方法是提高钢水洁净度，减少钢水中易引起结瘤的高熔点夹杂物的数量；优化保护浇铸措施，减少或避免钢水二次氧化生成高熔点 Al_2O_3 等。

表 16-1 预防水口结瘤的具体措施

预防措施	具 体 功 能	文献
提高钢水洁净度	采用真空精炼手段，减少钢液中夹杂物	[13]
	防止二次氧化，长水口保护浇铸，中间包覆盖剂，紧固水口接缝处	[14]
	中间包流场优化去除夹杂物	[15，16]
	电磁中间包去除夹杂物	[17]
	防止卷渣，保护浇铸	[18]
浸入式水口氩气保护	氩气薄层可以阻止易堵塞夹杂物接触水口壁面	[19]
	氩气会冲洗掉附着在水口壁面上的夹杂物	[20]
	吹入氩气后水口内压力增加，减少空气吸入	[21]
	氩气能阻止钢液与耐火材料的反应	[22]

续表 16-1

预防措施	具 体 功 能	文献
水口结构优化设计	吹入氩气后水口内压力增加，减少空气吸入	[23]
	增加水口耐火材料接缝处密实度，防止吸入空气	[24]
	采用环状梯形水口改变流动状态，平整水口壁面	[25]
改善水口材质	低热导率的低碳或无碳材料，防止钢水温度过低，甚至凝固	[26]
	使用不含 SiO_2 或者无碳材料，防止水口材料反应，形成 Al_2O_3，减少脱碳引起水口表面粗糙度	[27]
	采用 BN、ZrO_2、Si_3N_4 等材料，减少接触角，避免由于界面张力使 Al_2O_3 夹杂物黏附在耐火材料表面上	[28]
钢水钙处理	将高熔点夹杂物改性成低熔点的铝酸钙类夹杂物	[29，30]
采用电磁水口	实现低过热度浇铸	[31]
	通过电磁力减少水口入口处湍流回旋区，改变钢水流动形态	[32]
控制钢水浇铸温度	中间包电磁感应加热、等离子加热等	[33]

水口结瘤是铝脱氧钢连铸过程中都会遇到的问题。所谓的某钢种的可浇性不好，就是指浇铸过程中大量夹杂物黏附在水口上而造成水口结瘤，严重的情况下甚至几乎堵塞水口，造成浇铸困难。毋庸置疑，水口结瘤是夹杂物引起的。图 16-2 为国内某厂连铸过程中使用直筒型水口浇铸小方坯，45 钢连浇 240t 钢水后水口严重的结瘤情况[34]。水口下部几乎堵死，只剩下旁边有一个很小的侧孔还能流出钢液。这种情况下，结晶器的流动是不对称的、混乱的，液面波动也是严重的。

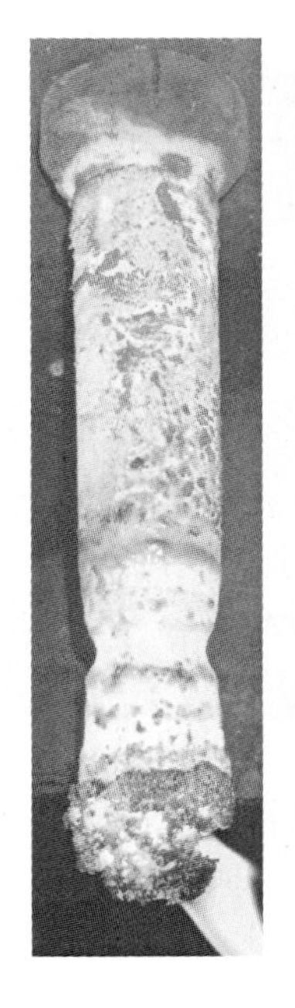

图 16-2 某厂连铸过程中使用直筒型水口浇铸小方坯的结瘤情况[34]

关于水口结瘤，有下面几个需要强调的问题：

（1）不只是 Al_2O_3 夹杂物能引起水口结瘤，钢液里所有的固体夹杂物都会黏附在水口上形成水口结瘤。本书作者过去十几年的研究发现，对于不同钢种，钢中的 Al_2O_3 夹杂物、$MgO \cdot Al_2O_3$ 夹杂物、高熔点的 $CaO \cdot Al_2O_3$ 和 $CaO \cdot MgO \cdot Al_2O_3$ 夹杂物、CaS 夹杂物、TiN 夹杂物、AlN 夹杂物都能引起水口结瘤。纯的 Al_2O_3 夹杂物引起的水口结瘤主要出现在低碳铝镇静钢和 IF 超低碳铝镇静钢的浇铸过程中；高熔点的 $CaO \cdot Al_2O_3$ 和 $CaO \cdot MgO \cdot Al_2O_3$ 夹杂物引起的水口结瘤主要出现轴承钢等钢种上；$MgO \cdot Al_2O_3$ 夹杂物引起的水口结瘤对很多铝脱氧钢都存在（图 16-2 展示的就是 $MgO \cdot Al_2O_3$ 夹杂物引起的水口结瘤）；TiN 夹杂物引起的水口结瘤主要出现在含钛不锈钢上；AlN 引起的水口结瘤主要发生在高铝钢的连铸过程中。

（2）水口结瘤是夹杂物黏附、熟化和新的夹杂物形核长大的共同作用的结果。水口结瘤首先是大量的高熔点夹杂物黏附在浸入式水口内壁形成，主要是几个微米的小夹杂物黏附在水口内壁上逐渐形成大量的结瘤物。因此，尽量去除钢中的大颗粒夹杂物并不能解决水口结瘤问题，尽量去除钢液中的所有非金属夹杂物（包括小夹杂物）是解决问题的核心。但是，这个任务并不好完成。即使是总氧仅为 5~6ppm 的轴承钢，在浇铸过程中还是会发生结瘤现象。这里需要强调一点，夹杂物不是简单地黏附在水口内壁上，黏附后的夹杂物还会发生熟化现象（Ostwald-ripening），即不同的夹杂物慢慢地烧结在一起，夹杂物边缘会慢慢地变得平滑，形成大量珊瑚状的夹杂物结构。此外，还存在新形核长大的夹杂物，钢中的合金元素和溶解氧（或者是空气吸入的氧）反应，在水口内壁上形核成新的夹杂物并长大。图 16-3 所示的多个片状 $MgO \cdot Al_2O_3$ 形成的花朵状的结瘤夹杂物和图16-4[35] 所示的片状 Al_2O_3 和 $MgO \cdot Al_2O_3$ 夹杂物，肯定不可能是钢水中夹杂物简单的黏附，而是新的夹杂物在水口壁面或者其他夹杂物上非均质形核并长大形成的。

图 16-3　45 钢浇铸过程中水口结瘤物发现的花朵状 $MgO \cdot Al_2O_3$ 夹杂物

（5.65% MgO，73.67% Al_2O_3，2.33% SiO_2，6.40% CaO）

（3）水口预热的好坏直接影响水口结瘤的严重程度。本书作者和多个钢厂的合作研究表明，水口内壁和结瘤物之间首先存在一个很厚的凝钢层，凝钢层呈多孔网状（图 16-5）。

图 16-4　轴承钢浇铸过程中水口结瘤物发现的片状 $MgO \cdot Al_2O_3$ 夹杂物[35]

这是因为水口即使是预热后，水口内壁的温度也远远低于钢水的温度和钢的液相线温度。二者的温度差造成钢水附着在水口内壁上凝固，由于水口内壁是耐火材料，预热后的水口内壁微观上是不平的，所以形成网状的凝钢层。网状凝钢层的空洞大的有几个毫米，小的也有几百微米，因此夹杂物会很容易被这些凝钢层捕捉。图 16-5（b）显示了很多 Al_2O_3 夹杂物都黏附在凝钢层的网孔中，形成结瘤层。所以，水口预热的优劣直接影响了水口结瘤的发生，水口预热的温度应尽可能高一些，凝钢层应该尽力避免或者是尽量薄一些，这样会显著改善水口结瘤的严重性。这一点值得钢厂的技术人员关注。

(a) 把结瘤处的夹杂物冲刷掉之后的多孔网状凝钢层

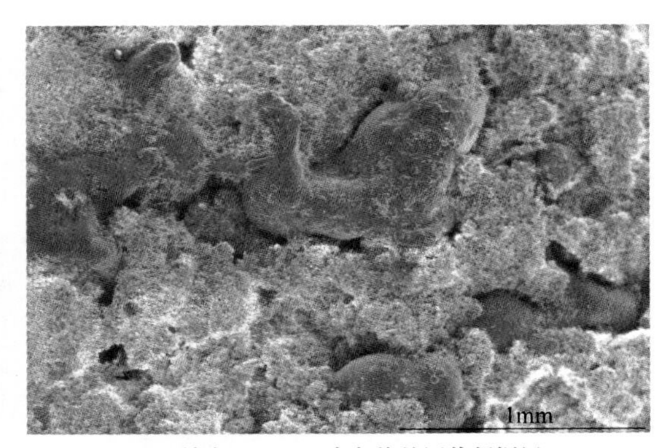

(b) 填充了 Al_2O_3 夹杂物的网状凝钢层

图 16-5　某厂浇铸 IF 钢过程中水口结瘤物和水口内壁的多孔网状凝钢层和填充了 Al_2O_3 夹杂物的网状凝钢层

（4）在水口附近吸气的二次氧化也是加重水口结瘤的重要原因之一。本书作者的研究很多次发现，在水口凝钢和结晶器钢水中有大量的纯的肺泡状和珊瑚状 Al_2O_3 夹杂物（图 16-6）。这些夹杂物主要是由于局部钢液的氧含量急剧升高，钢中的酸溶铝和这部分氧发生反应造成的。完善水口部位的保护浇铸，减少吸气也是解决水口结瘤的一个重要方面。

16.2　IF 钢浇铸过程钢包长水口结瘤研究

某厂浇铸 IF 钢时，钢包长水口和中间包水口结瘤问题时有发生，钢的主要成分见表 16-2。图 16-7 为该钢种浇铸了 5 炉（1000t）之后的钢包长水口结瘤宏观形貌。可以看出，

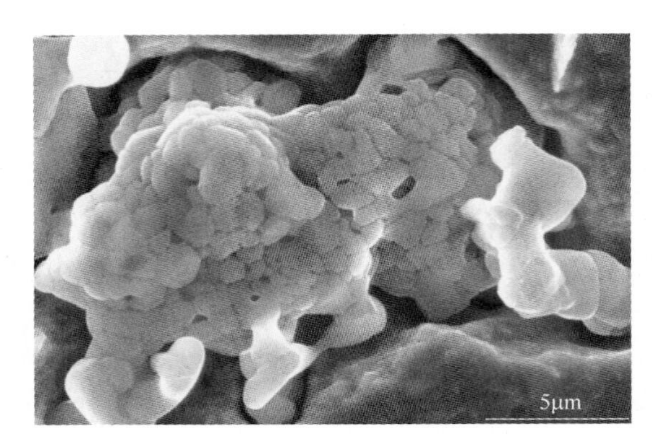

图 16-6　钢水吸气造成的纯的肺泡状的纯 Al_2O_3 夹杂物

结瘤很严重，结瘤物本身在水口内侧结成管状，该结瘤物管的管壁厚度一般为 10mm 左右，而水口原始耐火材料的管壁厚度为 25mm 左右。水口结瘤严重影响了正常浇铸生产的进行。

表 16-2　SPHC 钢主要成分

成分	C	Si	Mn	P	S	Al	N
含量/%	0.04~0.09	0.05	≤0.4	≤0.02	≤0.025	≥0.01	≤0.006

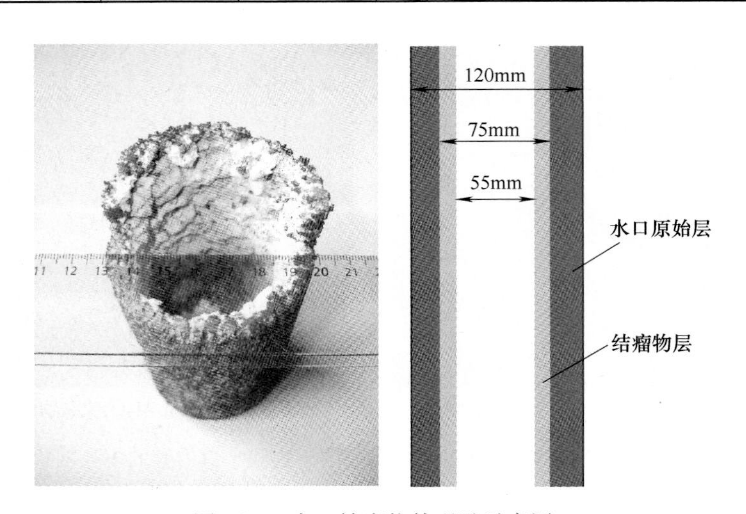

图 16-7　水口结瘤物外观及示意图

16.2.1　结瘤物常规观察

直接观察结瘤物，可以发现结瘤物结构由外向内分为四层：致密层 0.5~1mm，网状钢层 2~3mm，冷钢凝结层 0~5mm，铝氧化物堆积层 2~5mm（图 16-8）。

致密层：外侧为灰色和银灰色，内侧为褐色和黑灰色。断面呈层片状，与网状层间有清晰界面，比较平缓。图 16-9 中结瘤物外侧的灰色薄片层即为此致密层。

网状钢层：在水口内表面延伸方向由直径 0.2~0.4mm 网丝状钢骨架形成 1~3mm 的

不规则网格，在水口径向钢骨架形成1mm以下不规则网格与钢冷凝层相连，靠近冷凝层的网格比靠近致密层的网格密集。网状钢层内部是结瘤的夹杂物，与钢凝结层之间有不规则错落的界面（图16-10）。

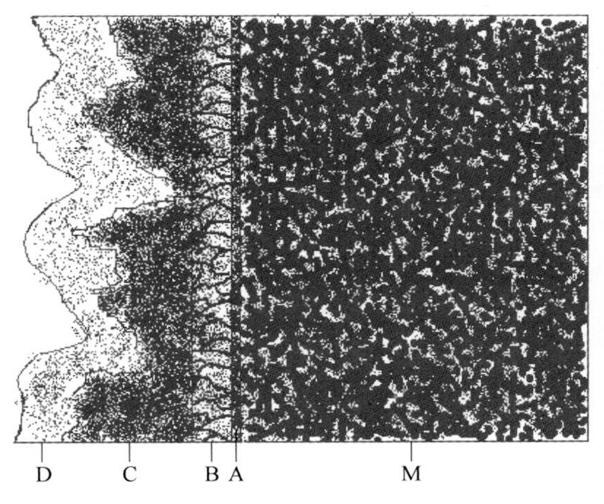

图16-8　结瘤物结构示意图

M—水口耐火材料；A—致密层；B—网状钢层；
C—冷钢凝结层；D—夹杂物堆积层

图16-9　结瘤物致密层

冷钢凝结层：由网状层钢骨架融合长大而成，与网状层形成的界面比较平缓，与铝氧化物堆积层的界面凹凸不平，呈丘陵状。此层钢骨架的直径约2mm甚至更大，远大于网状钢层的骨架直径。钢骨架有少部分山谷直通致密层，钢骨架内也是夹杂物的结瘤物（图16-11）。

图16-10　结瘤物网状钢层

（经冲水处理已经把耐火材料部分去除）

图16-11　冷钢凝结层

（黑色部分是冷钢，白色部分是结瘤的夹杂物）

夹杂物堆积层：堆积层外部突兀不平，呈丘陵状，山峰与山谷落差有5~10mm，中间夹有极少量与凝结层相连的钢珠。夹杂物堆积层与钢冷凝层的界面也呈丘陵状跌宕起伏（图16-12）。

图 16-12　夹杂物堆积层

16.2.2　致密层

16.2.2.1　致密层外侧（靠近水口部分）

该层主要结构为岩石状三氧化二铝和类球状铁的氧化物，中间有空洞和深坑。在深坑、孔洞及粗糙的表面分布有树枝状 Al_2O_3。分析其成因，岩石状三氧化二铝为浸入式水口原始材料的脱落物，类球状铁氧化物为钢水在冷凝过程氧化而形成，或者是当钢水中当地酸溶铝被空气中的氧完全反应完毕后，钢和空气中的氧形成的氧化物。树枝状 Al_2O_3 为钢水中的酸溶铝二次氧化后形成的沉淀析出物。扫描电镜分析得到的具体结瘤物的形貌和主要成分示于图 16-13。

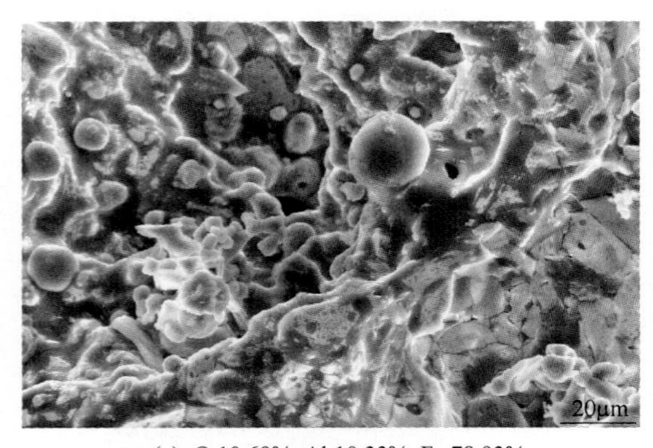

(a) O 10.69%, Al 10.33%, Fe 78.93%

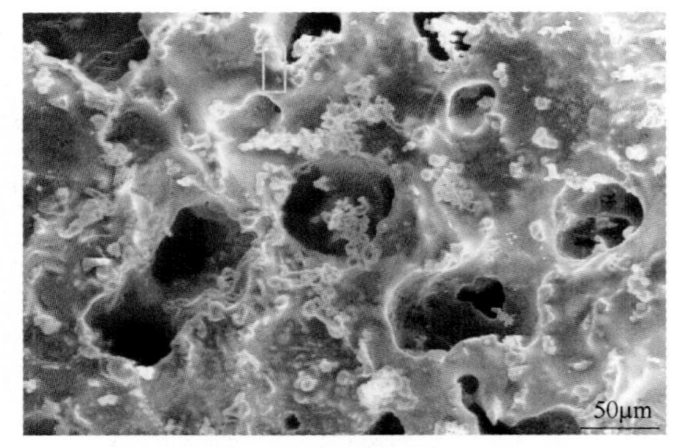

(b) O 67.99%, Na 4.71%, Al 14.14%, Si 13.15%

图 16-13　致密层外侧形貌及主要成分（摩尔分数）

在基体的填充物中发现与颗粒不同的成分，如图 16-13（b）所示。Si 和 Na 这两种成分在夹杂物析出过程是无法产生的，致密层外侧以外的其他部位铝氧化物夹杂物中没有上述成分。由此确认，致密层外表面基体部分主要是水口的耐火材料原始成分，而同时也堆积有夹杂物黏附其上。

16.2.2.2　致密层内侧（靠近网状钢层侧）

该层最主要的成分是铁的氧化物，表现为大小不等的球状，另有一小部分树枝状 Al_2O_3。铁的氧化物与 Al_2O_3 相伴而生，其成因是水口烘烤时脱碳后，内表面凹凸不平，同时水口使用温度低，钢水呈球状凝结。钢水凝结过程铝被吸入的空气氧化，凝结析出呈树枝状夹杂，散布于凝固的钢球及水口表层的凹陷。图 16-14 为扫描电镜分析得到的致密层内侧形貌与主要成分。

(a) O 70.97%, Fe 29.03%

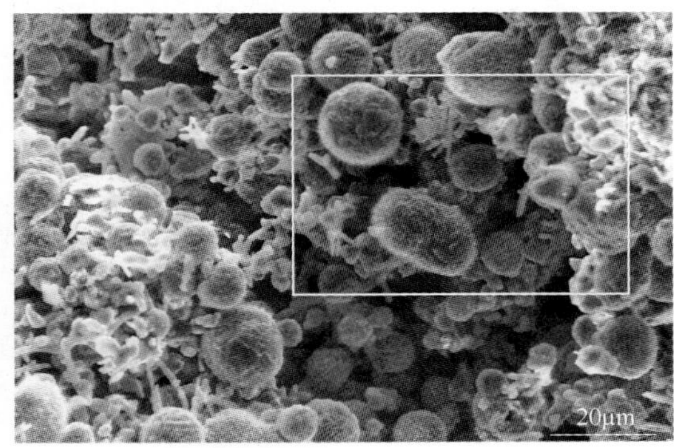

(b) O 59.47%, Al 19.20%, Fe 21.33%

图 16-14　致密层内侧形貌与主要成分（摩尔分数）

16.2.3　网状层

网状层由致密层内侧的结瘤物发展而成。冷钢向水口内部生长成树枝状，树枝之间结网生成网状层。酸溶铝在网之间进一步氧化成树枝状 Al_2O_3 堆积物，与钢水凝固形成的网丝同时生长，并填充在网格中间。扫描电镜观察到的网状层形貌如图 16-15 所示。

16.2.4　冷钢凝结层

冷钢凝结层由网状层网丝向内生长聚合形成丘陵状突起，在树枝状 Al_2O_3 堆积密集的地方形成冷凝层山谷。钢水凝结与铝氧化形成 Al_2O_3 夹杂析出同时进行，在凝结层山峰剖面中可以看见密布的树枝状 Al_2O_3 夹杂团，如图 16-16 所示。凝结层形成后，水口内的结瘤物形成 8~12mm 的结瘤，减缓了钢水向外的热传递，冷凝层长大减缓。

图 16-16 中的独立的大量点状夹杂物其实是珊瑚状和树枝状夹杂物，三维观察条件下可以看出这些点状夹杂物连成一体。将凝结层切割、打磨、抛光，用 36% HCl 酸浸蚀 60s，钢珠内部树枝状 Al_2O_3 夹杂清晰可见，如图 16-17 所示。在钢珠内部夹杂物中发现少量铁铝共生的氧化物夹杂，同时在钢珠内部发现一些铁、铝及钙共生的氧化物夹杂。

16.2.5　夹杂物堆积层

冷钢凝结层山峰长大，结瘤物内表面呈突兀的丘陵状。表面铁氧化物突起的晶粒间缝隙成了树枝状 Al_2O_3 形核堆积的支点。钢水流经丘陵状结瘤物表面时，复杂的流动加剧了树枝状 Al_2O_3 的堆积。由于支点和紊流的存在以及冷凝层长大减缓的影响，Al_2O_3 堆积迅

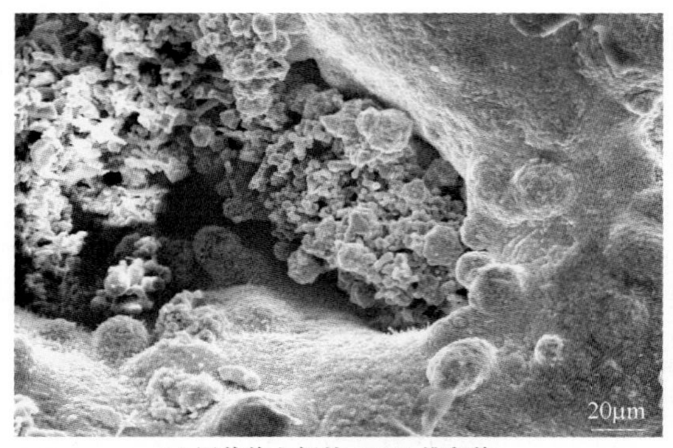

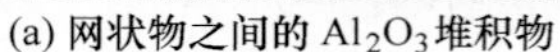
(a) 网状物之间的 Al_2O_3 堆积物

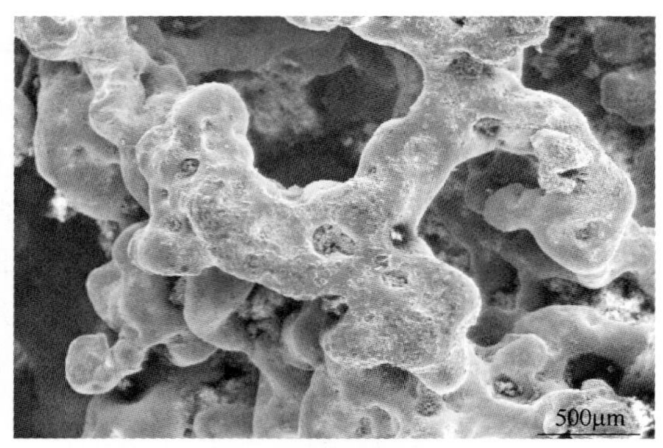

(b) 凝钢网格

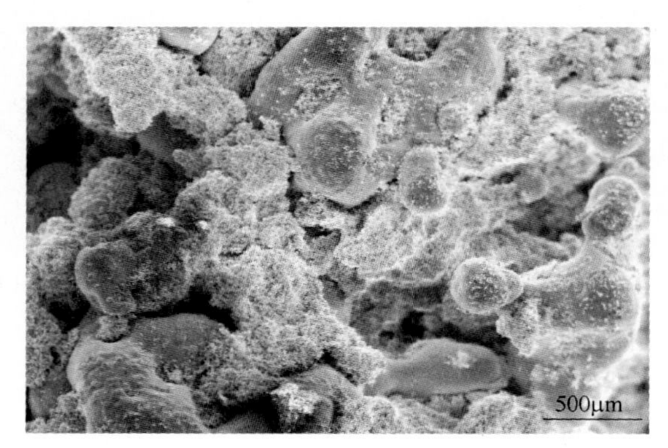

(c) 凝钢网格及网丝

图 16-15　网状层形貌与成分

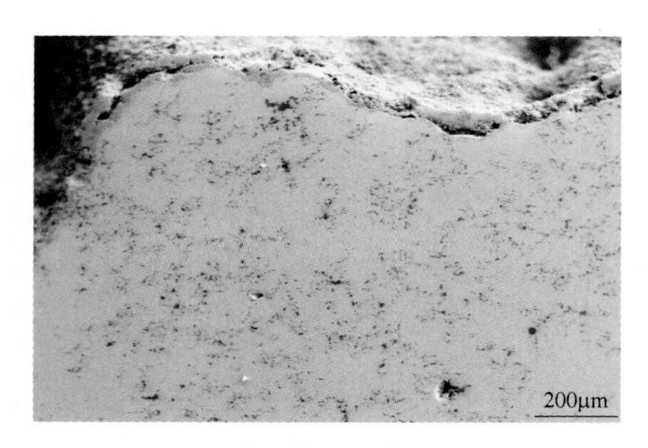

图 16-16　扫描电镜观察得到的冷钢凝结层二维形貌

速由凝结层的山谷覆盖到山峰，并不断堆积。堆积层主要成分是 Al_2O_3，表面呈珊瑚状，如图 16-18 所示。理论分析得知，树枝状和珊瑚状 Al_2O_3 主要来自二次氧化，而群落状 Al_2O_3 除了来自二次氧化外还可能来自脱氧产物。对珊瑚状 Al_2O_3 表面进一步放大观察，表现出的形态主要有树枝状和群落状两种，各种形态的个体交织在一起，如图 16-19 和图 16-20 所示。局部 Al_2O_3 向水口内部生长成树状。

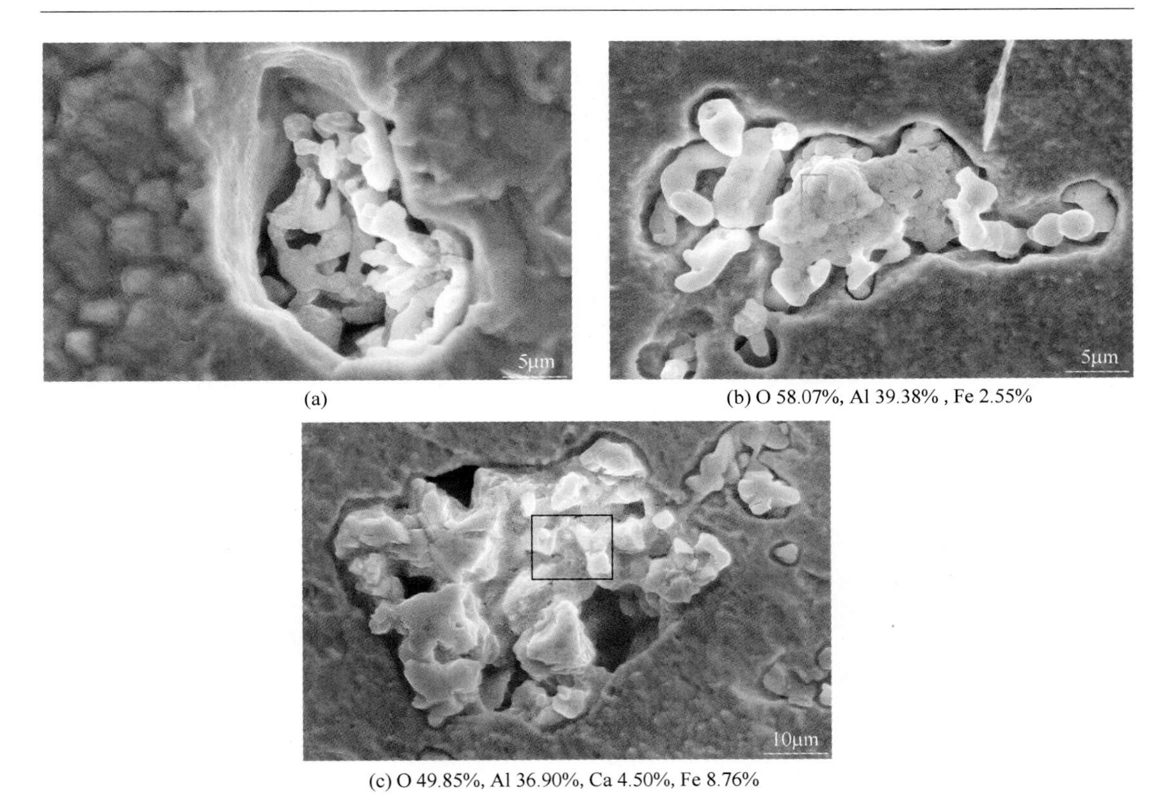

(a)　(b) O 58.07%, Al 39.38% , Fe 2.55%

(c) O 49.85%, Al 36.90%, Ca 4.50%, Fe 8.76%

图 16-17　扫描电镜观察的冷钢凝结层酸浸后的三维夹杂物形貌和主要成分

(a)　(b)

图 16-18　扫描电镜观察的夹杂物堆积层的形貌

16. 2. 6　钢冷凝层与夹杂物堆积层间界面

钢冷凝层与夹杂物堆积层的界面在宏观上呈丘陵状，绵延起伏。微观上，冷凝层凝固的前沿有三种形貌：乱石堆状、墙面状和泥土状。Al_2O_3 夹杂物在凝结层驻足随其表面不同而异。乱石堆表面晶粒间缝隙较大，晶粒间有 5～10μm 的不规则间隙，Al_2O_3 颗粒易被此间隙捕捉。钢水带着夹杂物颗粒经过缝隙时，Al_2O_3 颗粒极易被卡在缝隙间，完成最开始的堆积，如图 16-21 所示。

(a)　　(b)

图 16-19　扫描电镜观察的夹杂物堆积层内的树枝状夹杂物

(a)　　(b)

图 16-20　扫描电镜观察的夹杂物堆积层内的树枝状夹杂物和其他夹杂物连接在一起

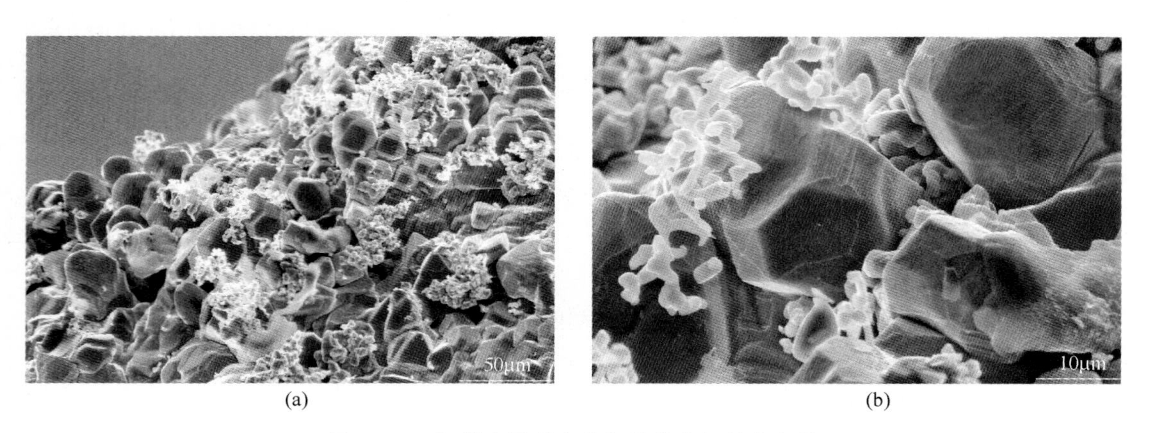

(a)　　(b)

图 16-21　扫描电镜观察的钢晶体之间的夹杂物

墙面状和泥土状表面相对乱石堆状表面成为 Al_2O_3 形核点的可能性要低得多。在一些特殊的部位，钢水在凝固过程将 Al_2O_3 颗粒捕获而成为其进一步堆积的支点，如图 16-22 所示。

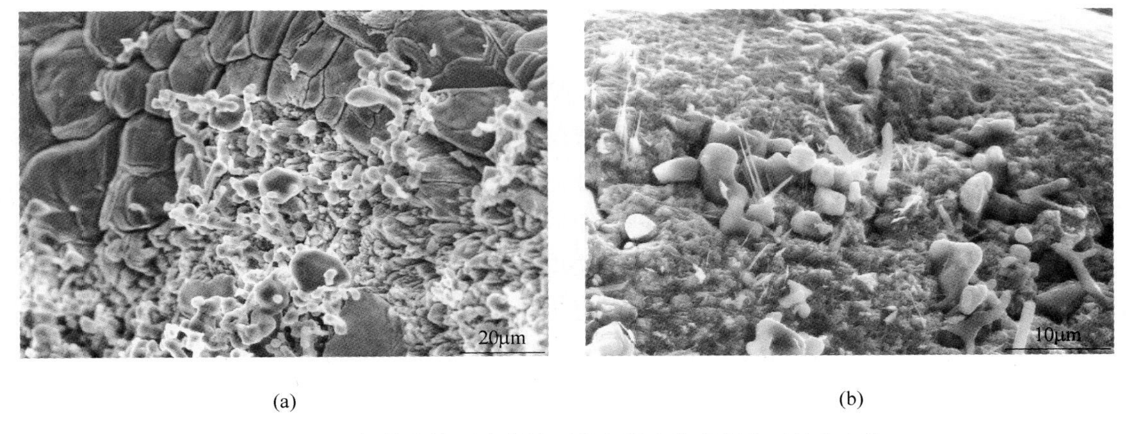

(a) (b)

图 16-22 扫描电镜观察的墙面状和泥土状冷钢表面的夹杂物

一些凝结层表面会形成一种铁铝混合物，质量百分比中铝约 10%~20%，铁约 30%~50%，这些结构发展成蜂窝状，成为 Al_2O_3 颗粒堆积的支点（图 16-23）。

(a) O 61.60%, Al 14.83%, Mn 0.30%, Fe 23.26% (b)

(c)

图 16-23 冷钢凝结层和夹杂物堆积层之间的夹杂物和钢晶体形貌（含 Fe 较高的夹杂物）

16.2.7　IF 钢浇铸水口结瘤小结

浇铸 IF 钢这类典型的强铝脱氧钢且不进行钙处理的条件下，水口结瘤的起因是水口烘烤时，表面氧化脱碳，水口颗粒间形成间隙为 Al_2O_3 堆积提供了支点。同时水口在使用时温度偏低，为钢珠的凝结提供了条件。连铸操作过程中应该严格控制好水口的烘烤过程，保证使用温度，做好水口预热工作。水口材质是水口内部是否结瘤的主要影响因素之一，要给予足够的重视，建议考虑使用表面涂铬的水口，改善水口工作条件。如保护浇铸不完善，水口吸气，会造成钢水中铝氧化。树枝状 Al_2O_3 夹杂主要为钢水中铝的二次氧化产物。连铸操作过程中应该下大力气做好保护浇铸工作，减少钢水的二次氧化。

16.3　GCr15 轴承钢水口结瘤分析

16.3.1　轴承钢产品夹杂物缺陷与水口结瘤的关系

某厂提供轧材缺陷样具体信息如图 16-24 所示。根据某厂提供轧材缺陷信息，对引起缺陷的夹杂物进行成分和尺寸分析。图 16-25 为第二炉轧材缺陷样中较大尺寸夹杂物的形貌及成分，图 16-26 为夹杂物成分在三元相图中的投影。可见尺寸大于 10μm 夹杂物占绝大部分，部分夹杂物大于 100μm，少量夹杂物尺寸为 7～10μm，夹杂物主要为大尺寸含 Al_2O_3 较高的 $CaO-Al_2O_3-MgO$ 夹杂物和 CaO，氧化铝夹杂硬而脆，轧制过程不易变形，轧制后为串状或点状，容易引起应力集中。

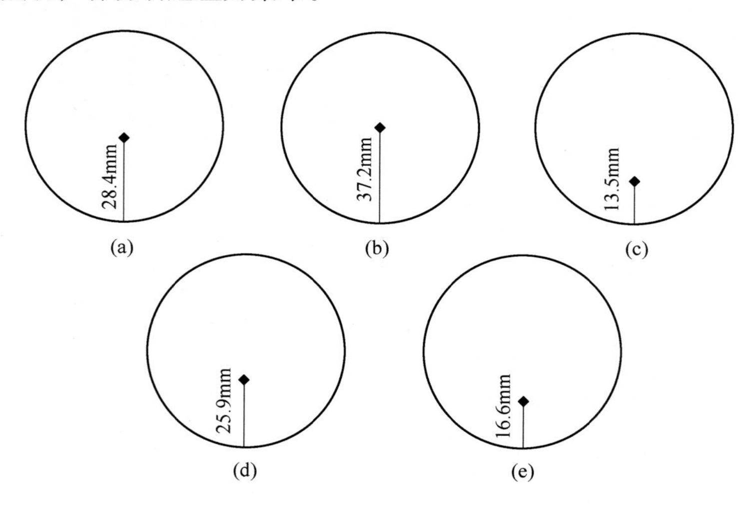

图 16-24　轧材缺陷位置

图 16-27 为第六炉缺陷样中缺陷位置典型夹杂物形貌及面扫描照片，表 16-3 为图中对应位置的成分。图中夹杂物 A 呈串状，尺寸为毫米级，为 Al_2O_3 夹杂物和 $MgO-Al_2O_3$ 夹杂物，外面半包裹着 MnS 和 CaS；夹杂物 C 尺寸约为 300μm，为 $CaO-MgO-Al_2O_3$ 复合夹杂物，同时含有少量示踪元素 La。

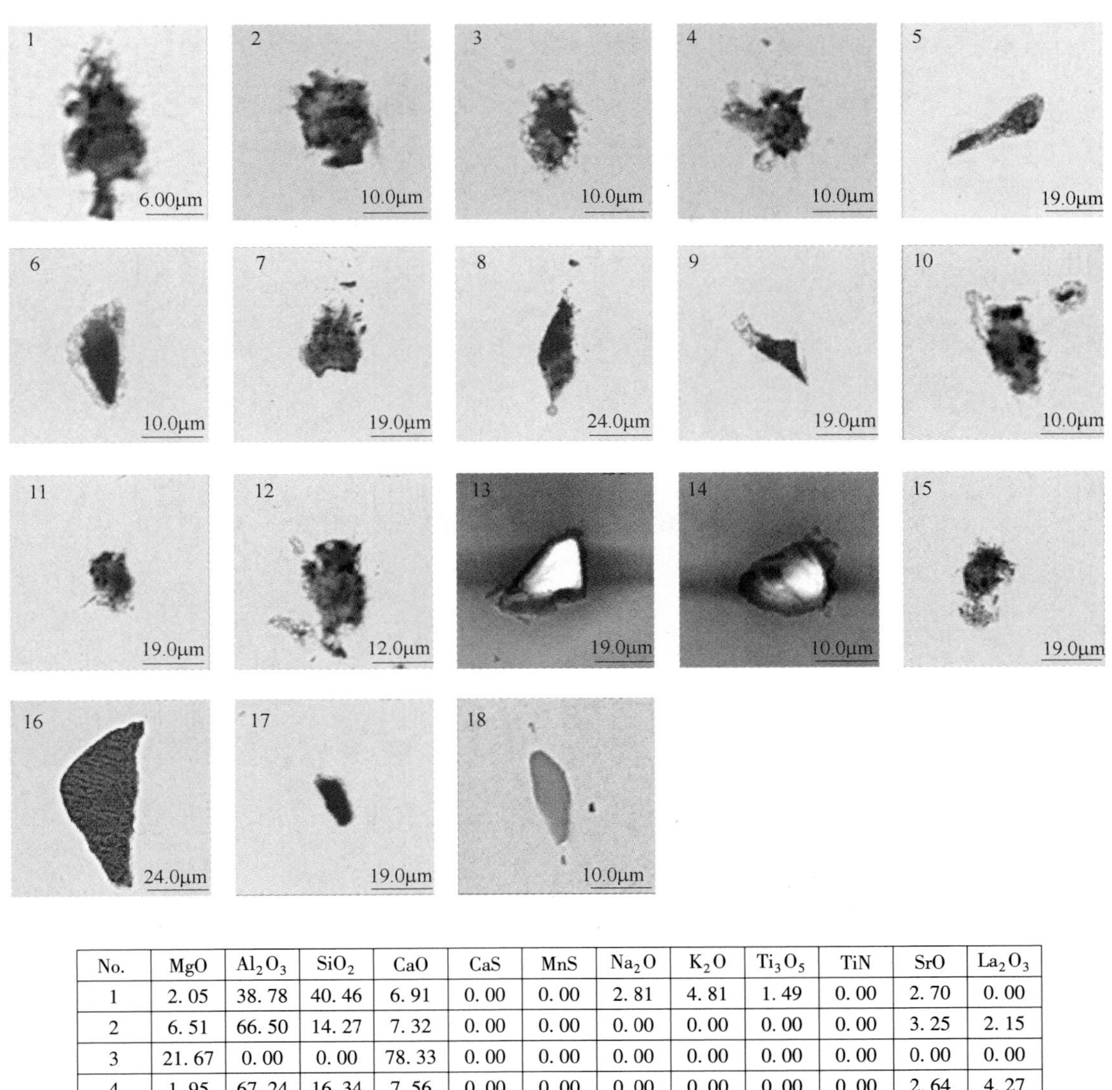

No.	MgO	Al_2O_3	SiO_2	CaO	CaS	MnS	Na_2O	K_2O	Ti_3O_5	TiN	SrO	La_2O_3
1	2. 05	38. 78	40. 46	6. 91	0. 00	0. 00	2. 81	4. 81	1. 49	0. 00	2. 70	0. 00
2	6. 51	66. 50	14. 27	7. 32	0. 00	0. 00	0. 00	0. 00	0. 00	0. 00	3. 25	2. 15
3	21. 67	0. 00	0. 00	78. 33	0. 00	0. 00	0. 00	0. 00	0. 00	0. 00	0. 00	0. 00
4	1. 95	67. 24	16. 34	7. 56	0. 00	0. 00	0. 00	0. 00	0. 00	0. 00	2. 64	4. 27
5	0. 00	85. 61	0. 00	2. 94	0. 00	0. 00	0. 00	0. 00	0. 00	5. 00	0. 00	6. 45
6	2. 37	71. 98	12. 88	5. 44	0. 00	0. 00	0. 00	4. 54	0. 00	0. 00	2. 78	0. 00
7	3. 32	32. 93	6. 52	30. 16	15. 90	5. 13	0. 00	0. 00	0. 00	0. 00	2. 48	3. 57
8	0. 00	90. 42	3. 78	2. 80	0. 00	0. 00	0. 00	0. 00	0. 00	3. 01	0. 00	0. 00
9	0. 00	93. 03	2. 64	2. 34	0. 00	0. 00	0. 00	0. 00	0. 00	0. 00	1. 98	0. 00
10	4. 21	24. 96	14. 99	51. 19	0. 00	0. 00	0. 00	0. 00	0. 00	0. 00	0. 00	4. 64
11	13. 39	70. 46	5. 46	5. 80	0. 00	0. 00	1. 87	1. 41	0. 00	0. 00	0. 00	1. 62
12	5. 58	72. 66	7. 20	8. 05	0. 00	0. 00	0. 00	2. 36	0. 00	0. 00	4. 15	0. 00
13	0. 00	100. 00	0. 00	0. 00	0. 00	0. 00	0. 00	0. 00	0. 00	0. 00	0. 00	0. 00
14	0. 00	92. 12	7. 88	0. 00	0. 00	0. 00	0. 00	0. 00	0. 00	0. 00	0. 00	0. 00
15	0. 00	73. 44	5. 56	5. 56	0. 00	0. 00	0. 00	0. 00	0. 00	0. 00	0. 00	15. 44
16	0. 00	89. 88	10. 12	0. 00	0. 00	0. 00	0. 00	0. 00	0. 00	0. 00	0. 00	0. 00
17	2. 51	84. 40	4. 23	1. 45	0. 65	3. 31	0. 00	0. 00	0. 00	0. 00	3. 45	0. 00
18	0. 00	0. 00	0. 00	0. 00	0. 00	98. 60	0. 00	0. 00	0. 00	0. 00	0. 00	1. 40

图 16-25　第二炉缺陷样典型夹杂物形貌及成分（%）

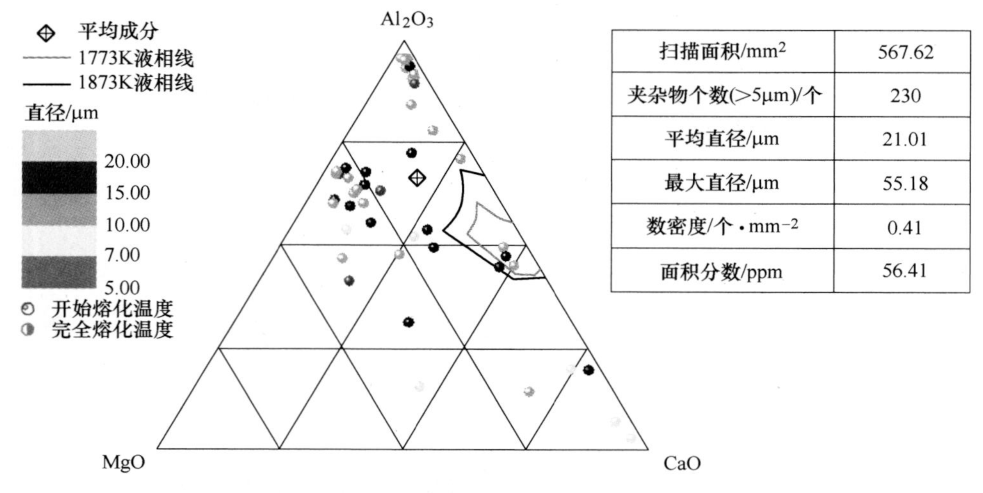

扫描面积/mm^2	567.62
夹杂物个数(>5μm)/个	230
平均直径/μm	21.01
最大直径/μm	55.18
数密度/个·mm^{-2}	0.41
面积分数/ppm	56.41

图 16-26　第二炉轧材缺陷样夹杂物三元相图

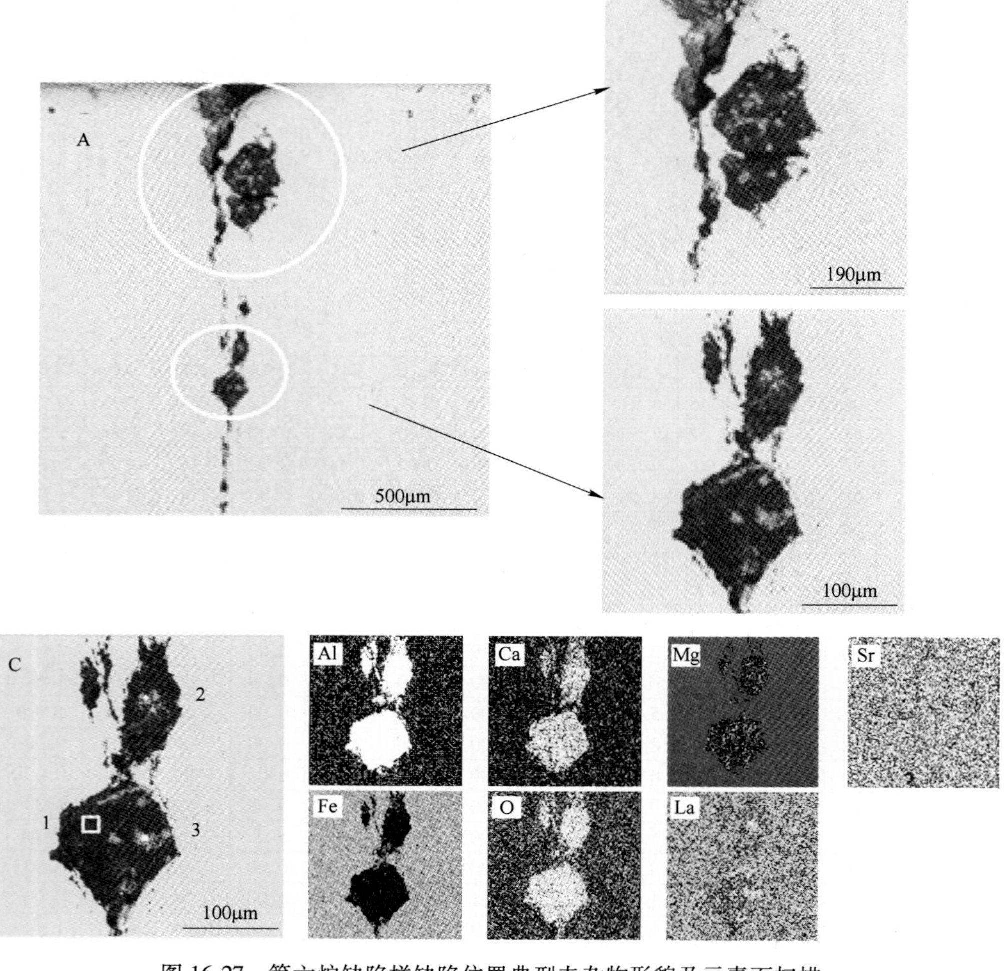

图 16-27　第六炉缺陷样缺陷位置典型夹杂物形貌及元素面扫描

表 16-3 第六炉轧材缺陷样夹杂物成分 (%)

No.	MgO	Al_2O_3	SiO_2	CaO	CaS	MnS	Na_2O	K_2O	Ti_3O_5	TiN	SrO	La_2O_3
1	17.90	50.73	0.00	22.13	0.00	0.00	0.00	0.00	0.00	0.00	1.39	7.85
2	0.00	25.30	1.10	29.91	0.00	0.00	0.00	0.00	0.00	0.00	0.00	43.69
3	1.25	31.98	1.80	30.99	0.00	0.00	0.00	0.00	0.00	0.00	0.00	33.97

将第二炉和第六炉中间包、铸坯、轧材、轧材缺陷样以及水口结瘤试样中主要的三种成分 Al_2O_3、MgO、CaO 按照质量比投影到三元相图中，分别如图 16-28 和图 16-29 所示。可见，缺陷样中夹杂物成分和水口结瘤物相吻合，水口结瘤物脱落是造成轧材缺陷的主要原因。

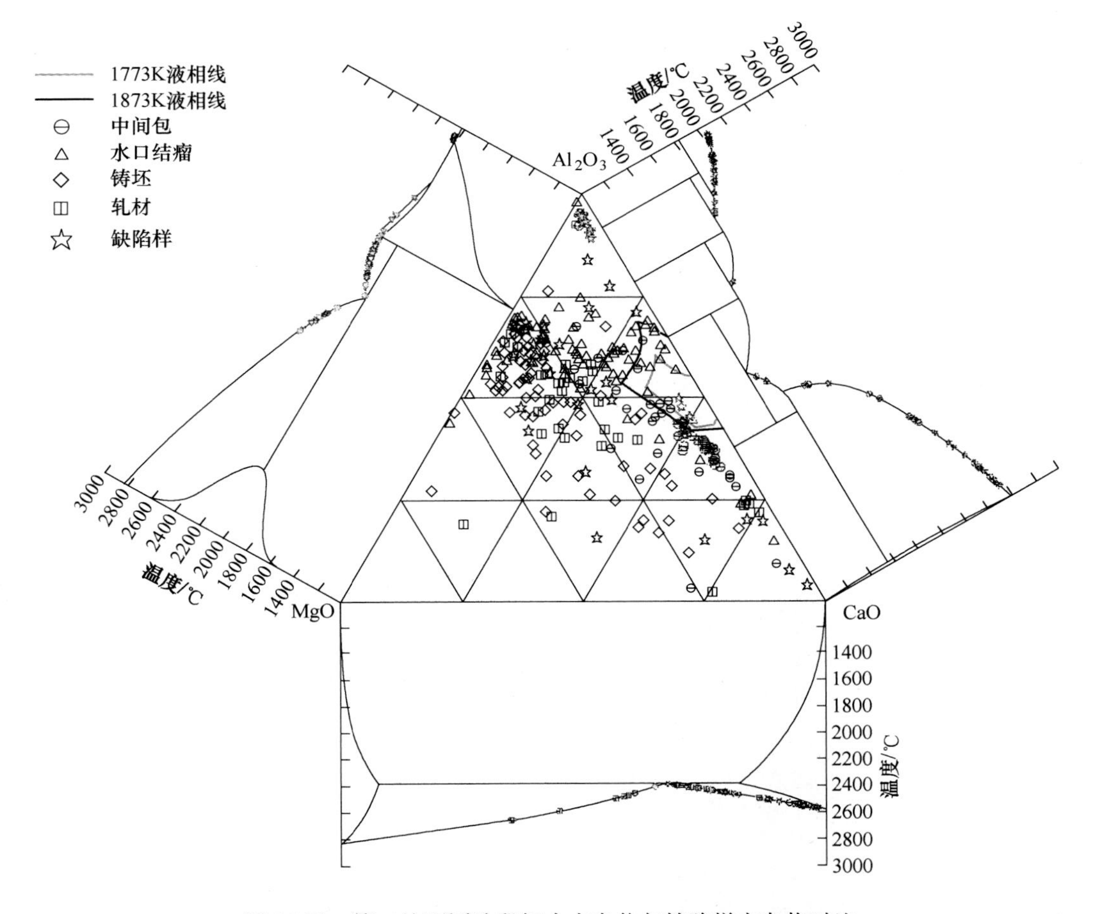

图 16-28 第二炉不同阶段钢中夹杂物与缺陷样夹杂物对比

16.3.2 水口形状对夹杂物的影响

对四孔水口与直筒型水口浇铸过程夹杂物吸附情况分别进行模拟，夹杂物粒径为 5mm，总数为 20160 个，水口入口处投放。模拟结果如图 16-30 所示。由图中可以看出，

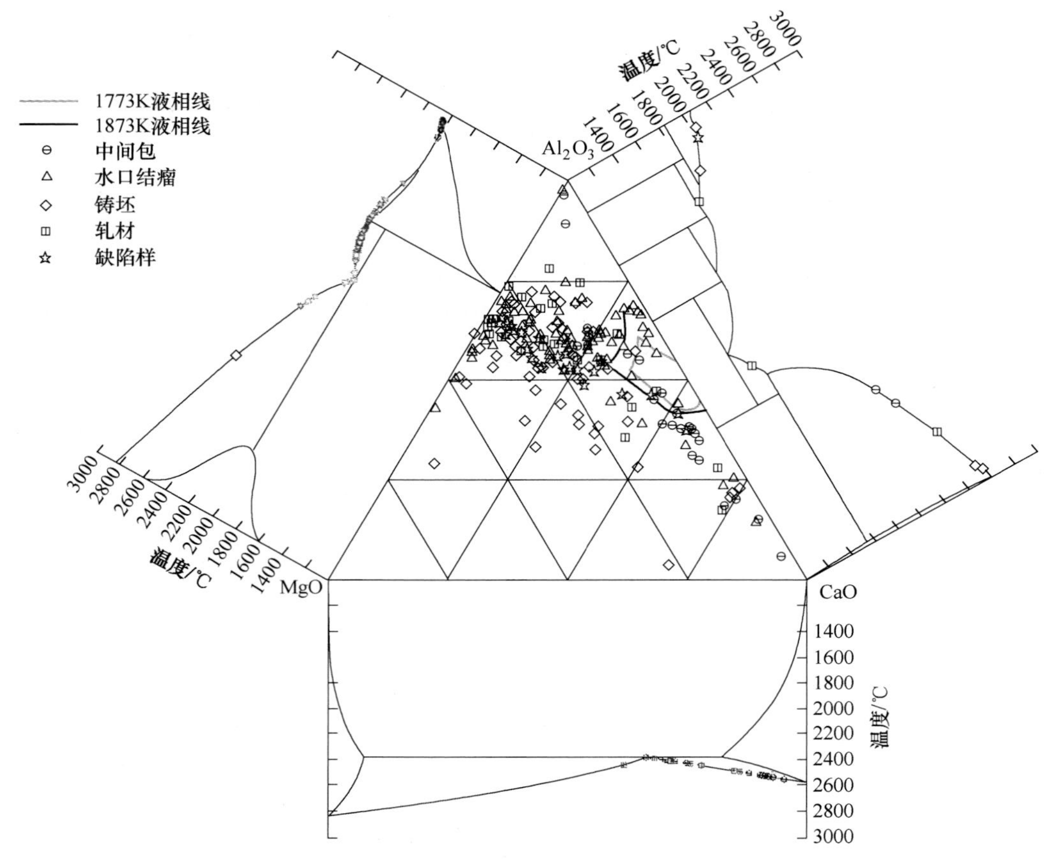

图 16-29　第六炉不同阶段钢中夹杂物与缺陷样夹杂物对比

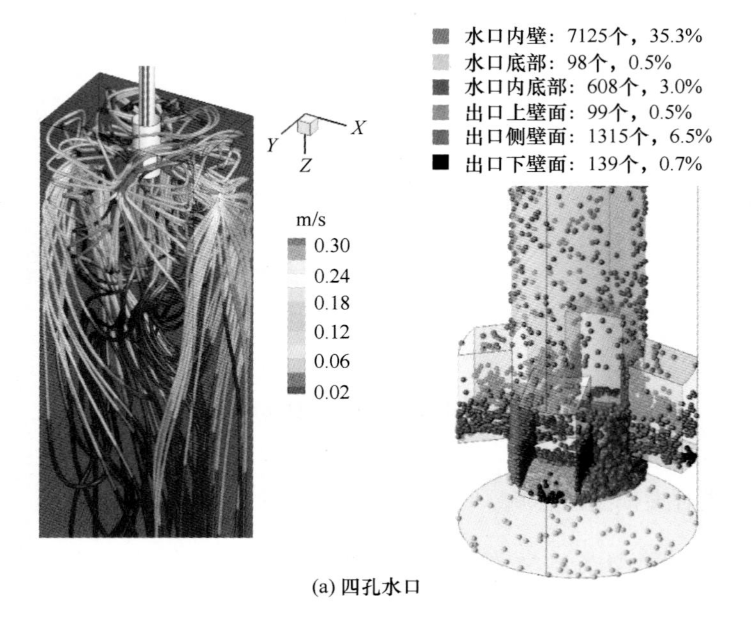

(a) 四孔水口

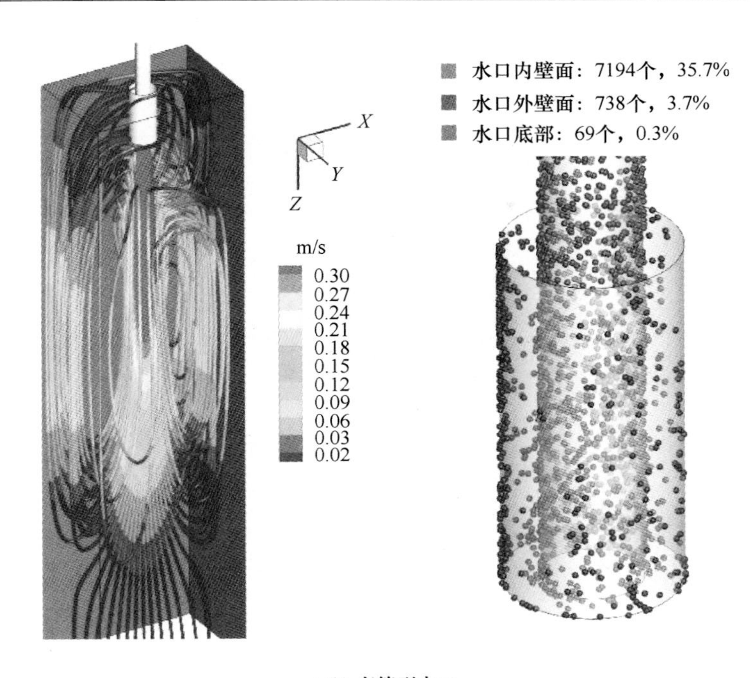

(b) 直筒型水口

图 16-30 水口中夹杂物吸附情况模拟图

直筒型水口夹杂物吸附总个数 7971 个，小于四孔水口 9384 个，四孔水口主要吸附在水口内壁、水口内底部和出口侧壁面。直筒型水口夹杂物吸附位置主要是水口内壁面和水口外壁面。直筒型水口夹杂物吸附位置和吸附数量均少于四孔水口，采用直筒型水口代替四孔水口可以有效地减轻水口结瘤。

16.3.3 轴承钢水口结瘤物分析

国内某钢厂轴承钢浇铸过程水口结瘤现象较严重，图 16-31 为整个水口样品的实际照片，浸入式水口总长度为 900mm，出口孔长度为 20mm。浸入式水口结瘤照片如图 16-32 所示，明显可以看出水口内部存在一层较厚的水口结瘤物。为揭示导致轧材探伤不合及水口结瘤原因，并提出有效的控制措施，开展此次研究。为了更全面分析结瘤物形貌，对水口不同位置的结瘤物进行观察。

图 16-31 水口整体实际照片

图 16-32　浸入式水口结瘤照片

采用高分辨率扫描电镜观察水口结瘤物三维形貌，从图 16-33 可知，结瘤物整体呈珊瑚状，而在高倍数进行观察发现，结瘤物是由许多多边形小颗粒黏结在一起形成，呈现簇状。

(a) 整体形貌

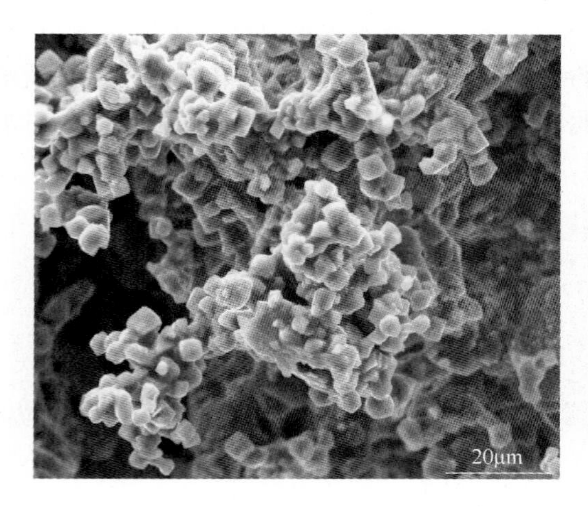

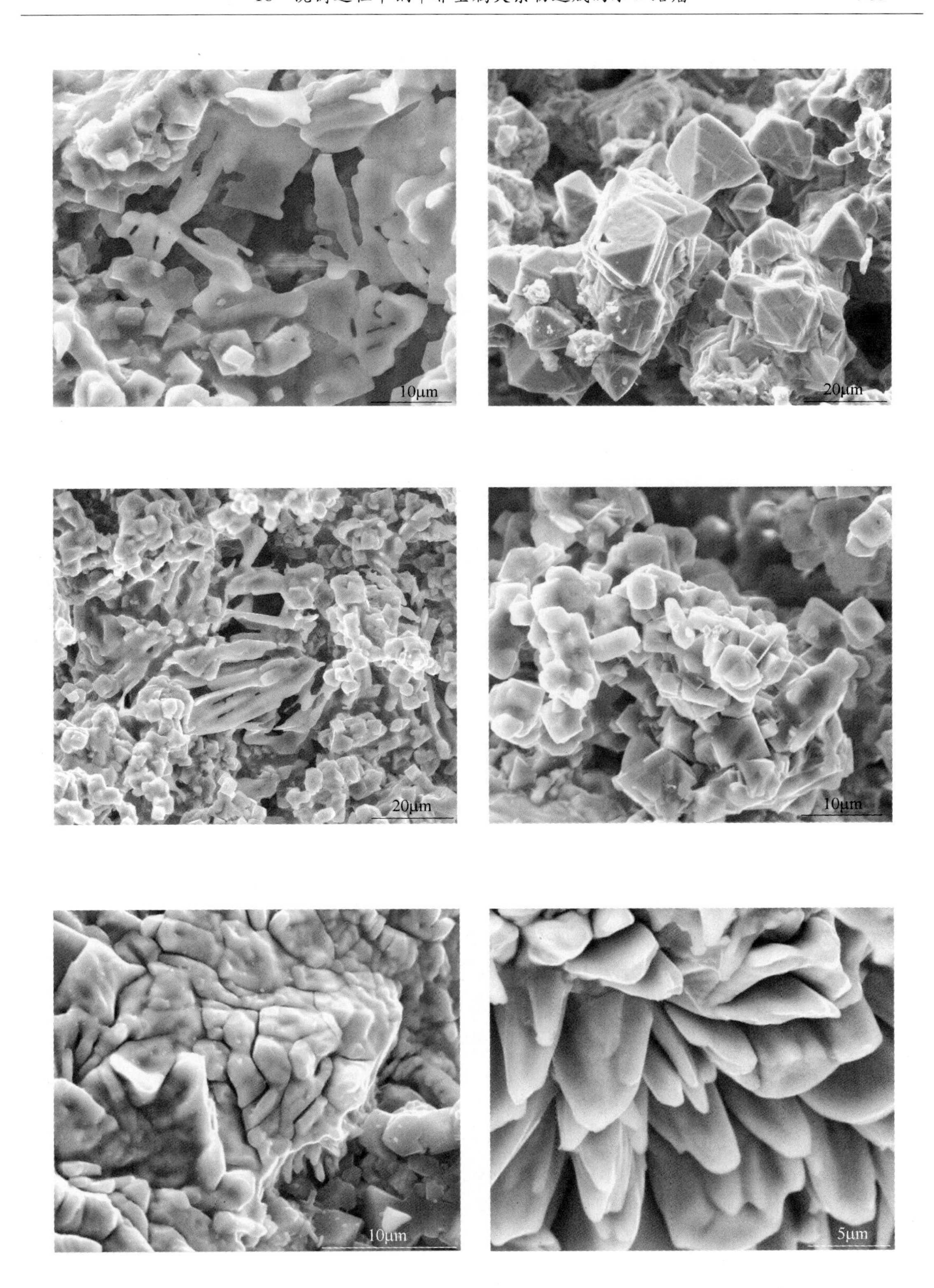
10μm
20μm
20μm
10μm
10μm
5μm

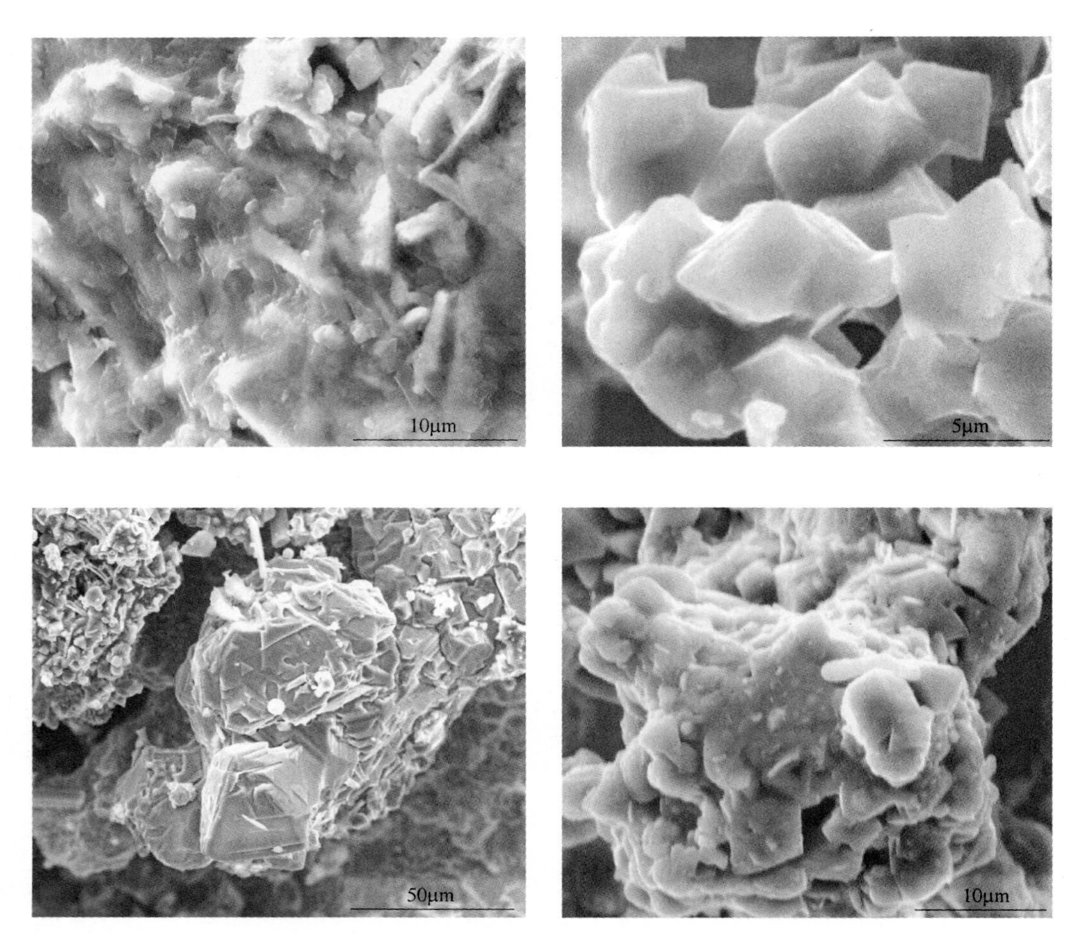

(b) 局部不同形貌

图 16-33　水口结瘤物三维形貌

为了更全面分析结瘤物形貌，对水口不同位置的结瘤物进行观察，具体取样位置如图 16-34 所示，浅色标记为水口结瘤物成分分析和形貌观察取样位置，共取 5 个样。1 表示渣线处，2 表示渣线下方约 40mm 处水口内壁，3 表示水口出口上方约 40mm 处内壁，4 表示水口出口下方外壁，5 表示水口底部。

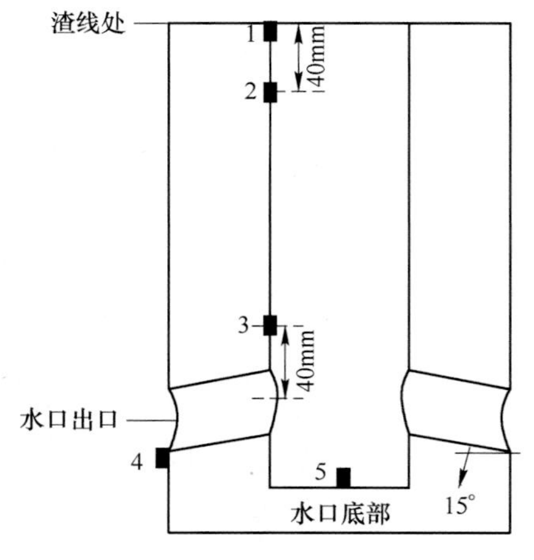

图 16-34　水口结瘤成分分析和形貌观察取样位置

采用高分辨率扫描电镜观察水口结瘤物三维形貌，位置 1、3、5 处的结果分别如图 16-35～图 16-37 所示，对应成分分别列于表 16-4～表 16-6。结瘤物整体呈珊瑚状，而在高倍数进行观察发现，结瘤物是由许多多边形小颗粒黏结在一起形成，呈现簇状。成分主要是镁铝尖晶石、钙铝酸盐和 Al_2O_3-SiO_2-MgO-CaO 复合相。

表 16-4 样品 1 渣线处水口内壁结瘤物主要成分表 (%)

编号	Na_2O	MgO	Al_2O_3	SiO_2	CaO
(1)	0.78	34.20	63.40	0.60	1.02
(2)	0.73	5.61	63.22	1.77	28.66

表 16-5 样品 3 水口出口上方内壁结瘤物主要成分表 (%)

编号	MgO	Al_2O_3	CaO
(1)	22.97	58.11	18.93

表 16-6 样品 5 水口内壁底部结瘤物主要成分表 (%)

编号	Na_2O	MgO	Al_2O_3	SiO_2	CaO
(2)	1.63	31.33	64.85	1.55	0.65
(3)	3.12	17.86	60.54	6.94	11.54

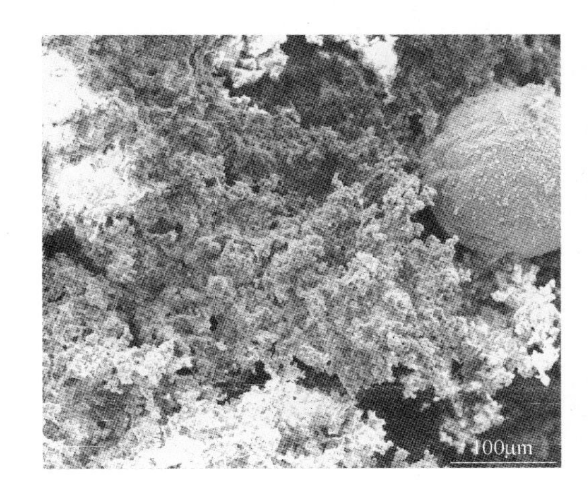

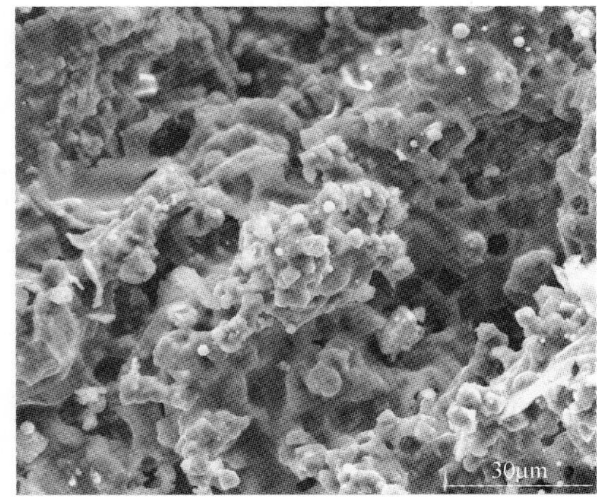

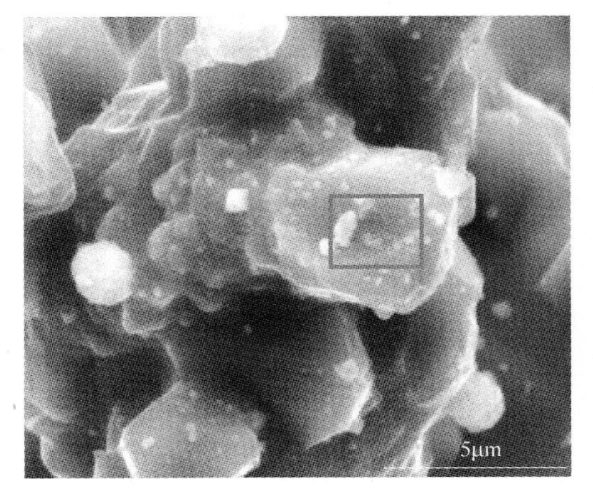

(a)

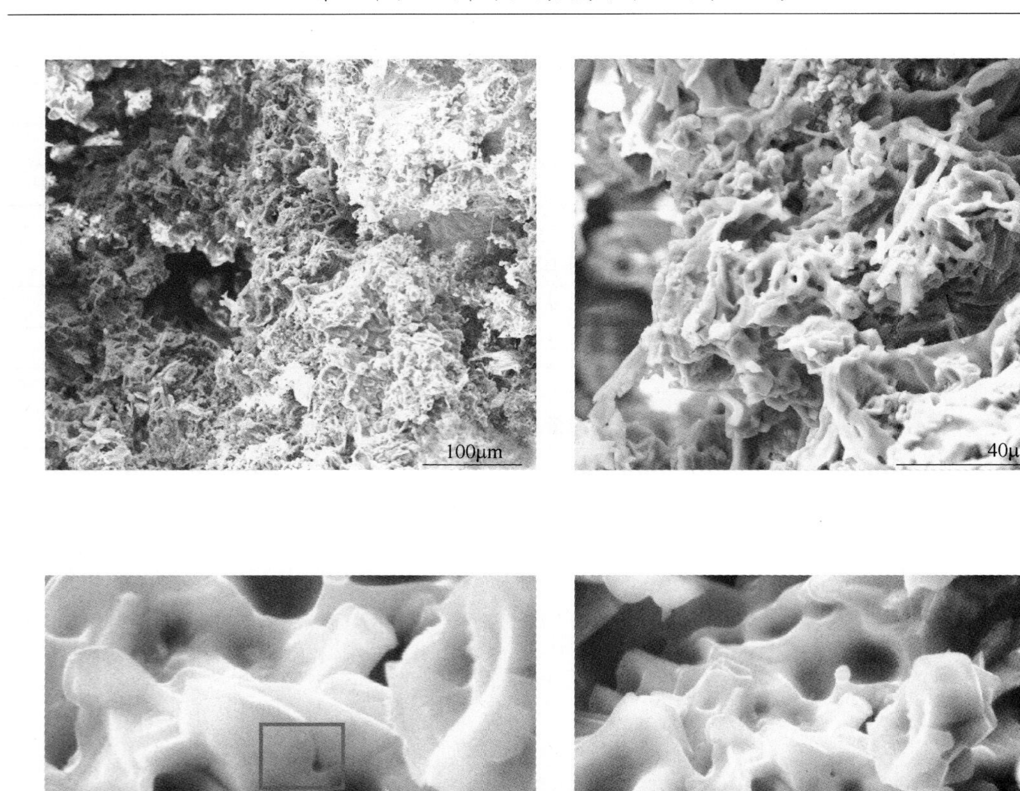

(b)

图 16-35　样品 1 渣线处水口内壁结瘤物形貌

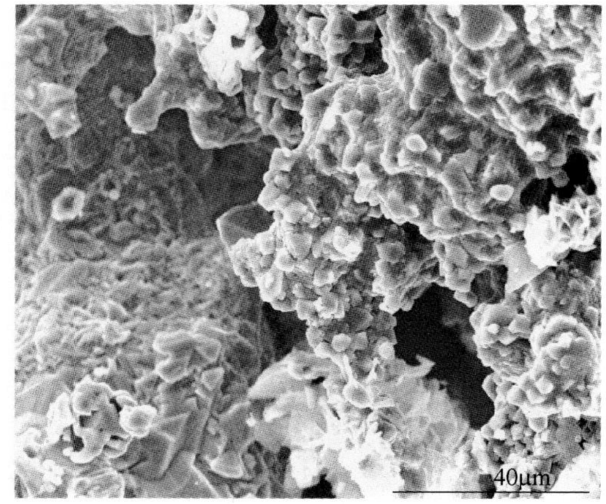

图 16-36　样品 3 水口出口上方内壁结瘤物形貌

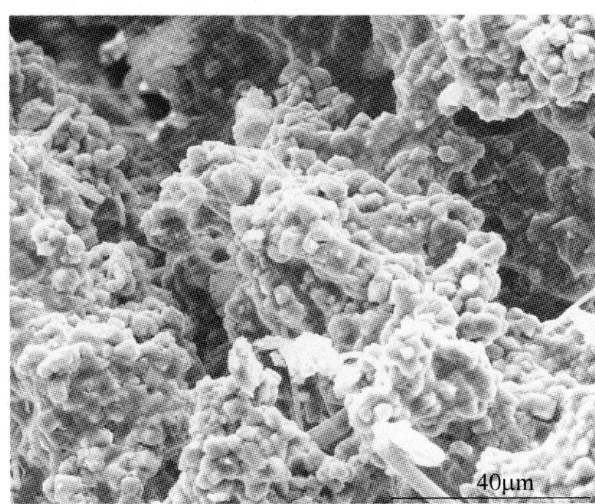

(a)

(b)

图 16-37　样品 5 水口内壁底部结瘤物形貌

将结瘤物成分投放到 Al_2O_3-CaO-MgO 三元相图中，如图 16-38 所示。结瘤物主要是镁铝尖晶石、钙铝酸盐，部分落在低熔点区内。

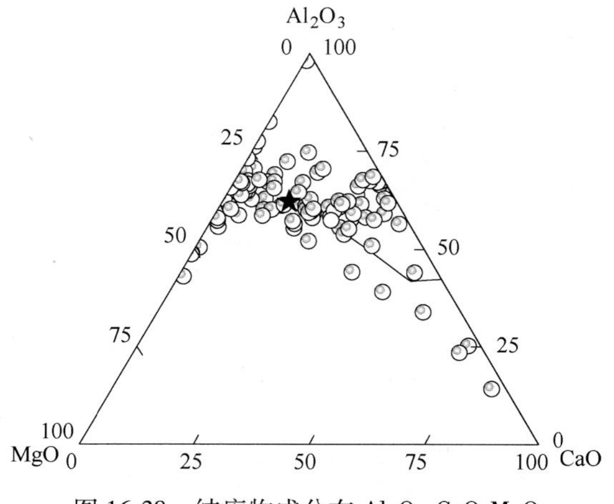

图 16-38　结瘤物成分在 Al_2O_3-CaO-MgO 三元相图中的分布

将结瘤物采用用冷镶方法镶好，如图 16-39 所示，然后置于电镜下观察，发现结瘤物呈现分层现象。根据电镜检测结果可知结瘤物最内层为凝钢和结瘤物，结瘤物成分为 MgO-Al_2O_3-SiO_2-CaO 相，外层为水口本体，Al_2O_3 含量很高。结瘤物由外层、中间层以及内层构成，分别对应水口本体、Al_2O_3 致密层和夹杂物堆积层。

采用扫描电镜对结瘤物横截面不同位置进行面扫描，分析其元素分布，结果如图 16-40 和图 16-41 所示，水口结瘤物成分主要

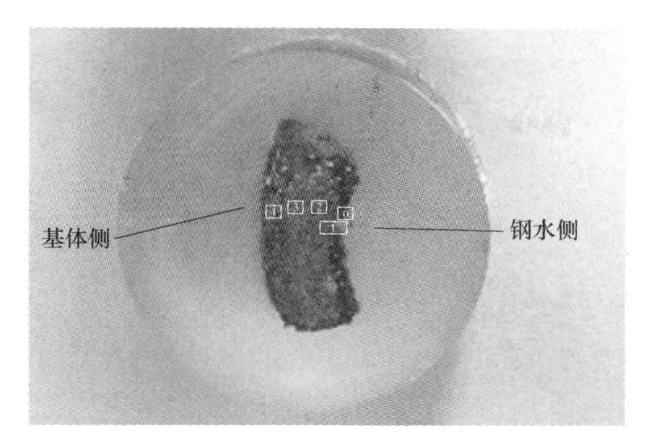

图 16-39　冷镶水口结瘤物分层样

为 MgO-CaO-Al_2O_3 复合相，SiO_2 含量很低，结瘤物之间存在凝钢，结瘤物成分与钢液内部夹杂物成分相近，水口本体为 Al_2O_3-C 成分。

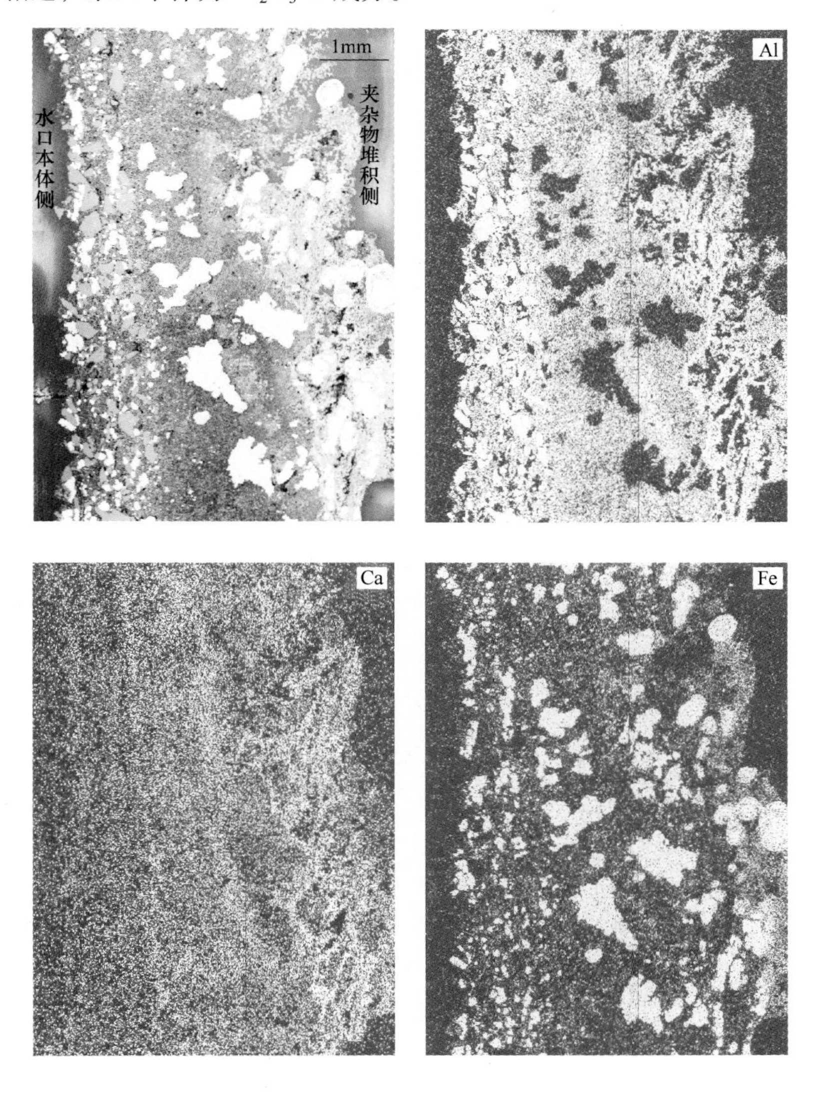

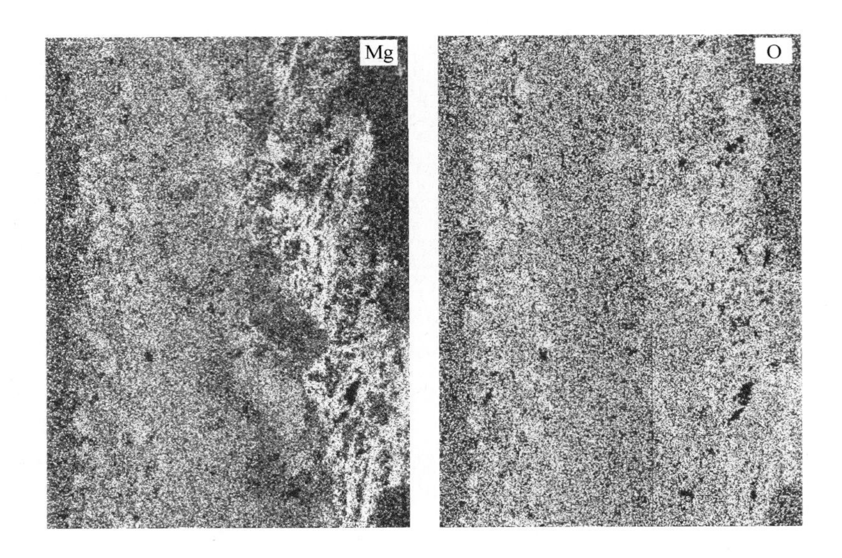

图 16-40 样品 1 结瘤物分层面扫描照片

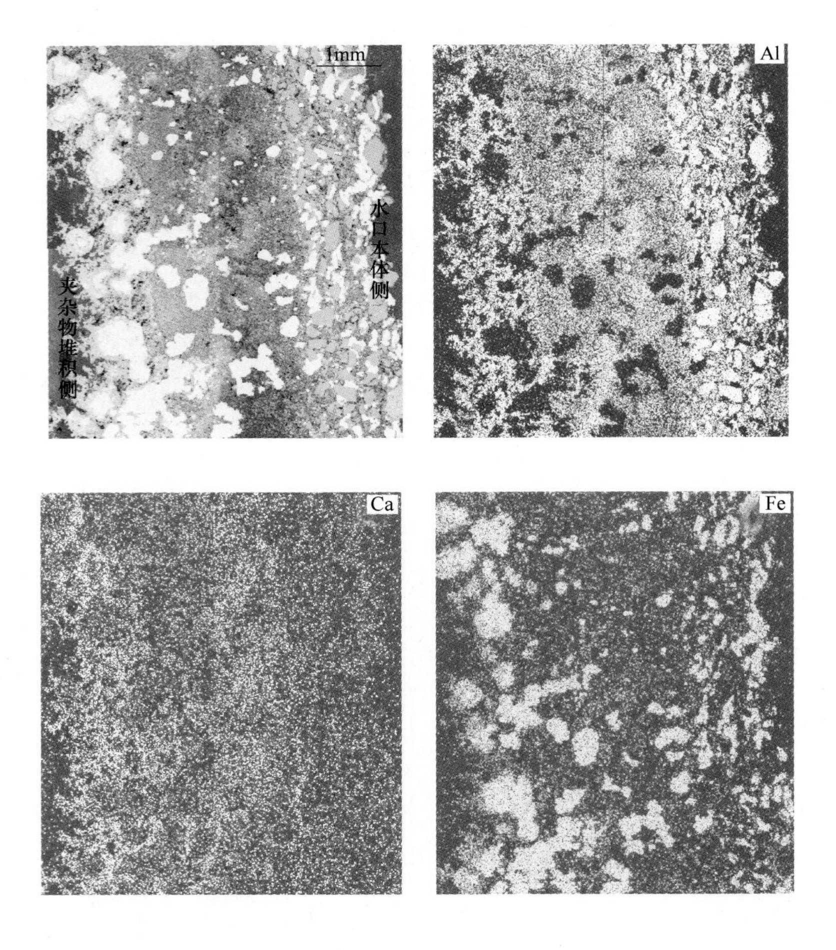

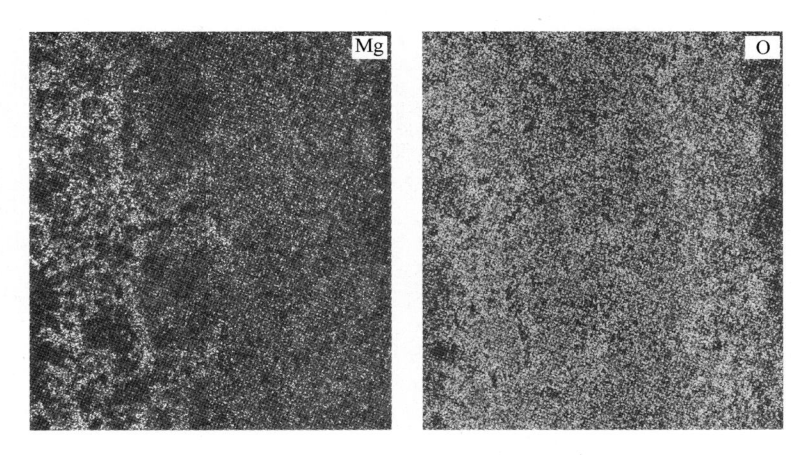

图 16-41 样品 2 结瘤物分层面扫描照片

阴极发光仪是利用非破坏性的阴极发光技术，对固体样品的成分、结构和组成进行定性分析的手段。阴极发光仪工作部分如图 16-42 所示，其基本原理为电子束轰击到样品上，激发样品中发光物质产生荧光，又称阴极发光。阴极射线致发光现象是由于矿物中含杂质元素或微量元素，或者是矿物晶格内有结构缺陷引起的。目前，阴极发光仪已经在快速判别石英碎屑的成因和方解石胶结物的生长组构、鉴定自生长石和自生石英以及描述胶结过程等方面得到了广泛的应用。

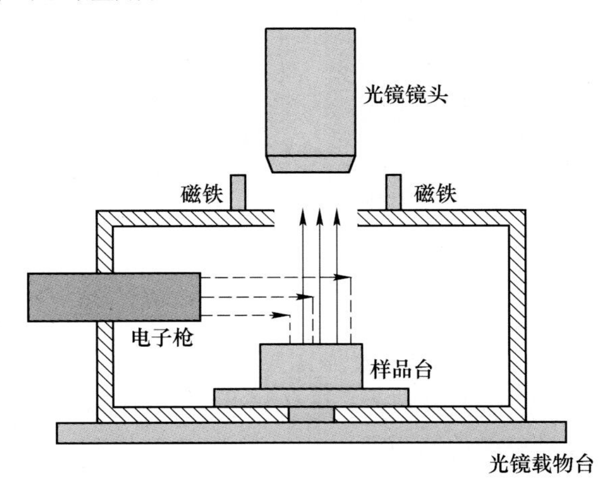

图 16-42 阴极发光仪工作部分示意图

图 16-43 和图 16-44 分别为采用阴极发光仪检测得到的结瘤物分层结果。图中，暗红色为水口本体 Al_2O_3-C 成分，黄绿色为夹杂物堆积层，主要是钙铝酸盐（绿色）和镁铝尖晶石（黄色），可知夹杂物主要是钙铝酸盐，含少量镁铝尖晶石。

16.3.4 GCr15 轴承钢水口结瘤小结

轴承钢水口结瘤物整体呈珊瑚状，在高倍数进行观察发现，结瘤物是由许多多边形小颗粒黏结在一起形成，呈现簇状；成分主要是镁铝尖晶石、钙铝酸盐和 MgO-CaO-Al_2O_3 复

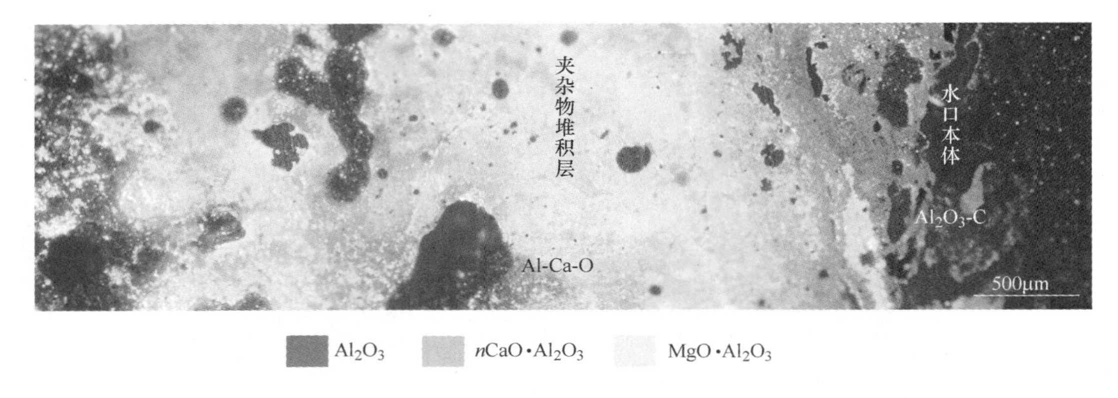

图 16-43　结瘤物分层样品阴极发光仪检测结果

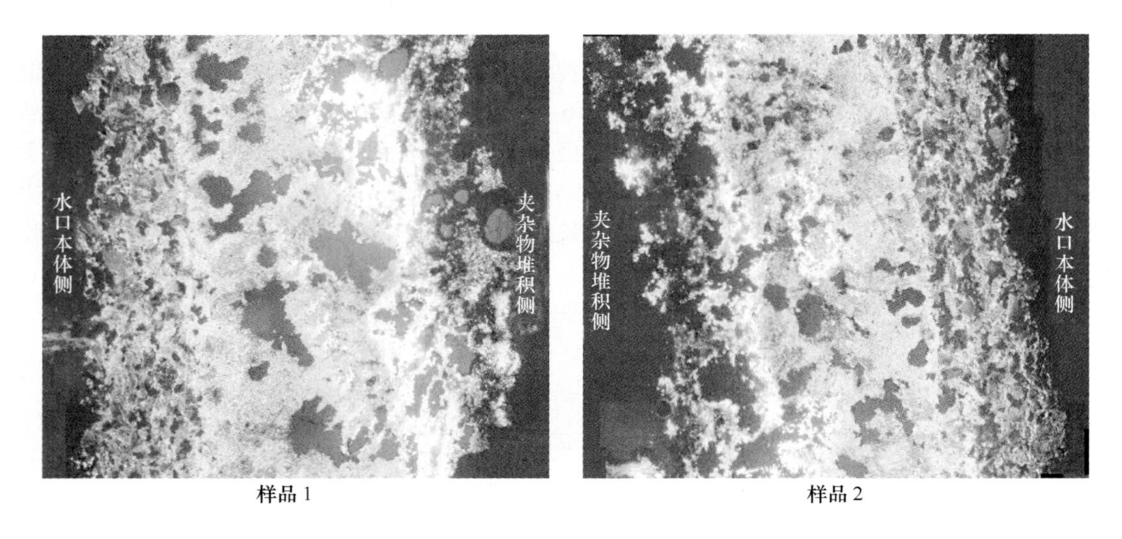

图 16-44　结瘤物分层样品阴极发光仪照片

合相。引起该钢厂浸入式水口结瘤的主要原因是大尺寸的 D 类夹杂物，主要是钙铝酸盐（个别含有一定量 MgO）和镁铝尖晶石，有的含有少量 SiO_2 和 CaS。D 类点状不变形夹杂在轧制过程不易变形，容易导致应力集中，最终影响轴承钢质量水平。为减少轴承钢的水口结瘤，首先要进一步降低钢中的含量，其次尽可能地减少夹杂物中的 CaO 含量。对于 IF 钢的水口结瘤物和轴承钢的水口结瘤物可以看出，轴承钢的水口结瘤物更加致密，所以密度也比较大，在钢液中不易上浮。结瘤物较为致密主要是因为夹杂物中 CaO 较高所致。为了避免夹杂物中的 CaO 含量过高，就要尽量避免炉外精炼过程中的渣钢反应。具体措施为：（1）出钢过程中不加渣，出钢完毕后加渣，降低出钢过程钢渣的混合；（2）真空过程使用 VD 时，应进行扒渣操作，尽量扒除钢包渣，这样在真空搅拌过程中就不会有太强烈的渣钢反应。因此，对于轴承钢的夹杂物控制有两个指标：（1）一是总氧含量尽量低。实践表明，总氧为 3ppm 以下的轴承钢的性能要比总氧为 5ppm 的轴承钢好得多，连铸过程水口结瘤也不严重；（2）尽量降低夹杂物中的 CaO 含量。

16.4 管线钢连铸过程浸入式水口结瘤物调研

防止水口结瘤是管线钢进行钙处理的原因之一。在众多钢厂浇铸管线钢时很少有水口被完全堵塞的情况，但是这并不意味着水口壁面上没有夹杂物引起的结瘤物。特别是在钙加入量不合理的情况下，夹杂物没有被很好的变性为低熔点夹杂物，则会发生水口结瘤现象。本研究针对 X80 管线钢连浇几炉后的铝碳质浸入式水口取样，发现了水口结瘤现象。本节对水口结瘤物的特征及结瘤机理进行研究，从而确定钢中非金属夹杂物的成分控制依据。

水口结瘤物的分析方法主要可以分为以下三个方面：(1) 形态分析——研究结瘤物的大小、形貌、分布、数量及性质等，其中包括岩相法、扫描电镜和透射电镜分析法等。(2) 成分分析——结瘤物的组成和含量分析，其中有电子探针、离子探针、激光探针、化学分析及光谱分析、阴极发光仪等。(3) 结构分析——主要通过研究水口本体及结瘤物的结构，从而推测结瘤的形成机理，例如使用扫描电镜和阴极发光仪分析等。借助扫描电镜、能谱仪和阴极发光仪等实验手段分析了管线钢浸入式水口结瘤物形貌、结构和组成，以及结瘤后水口本体和结瘤物的结构，从而推测水口结瘤的形成机理。

16.4.1 结瘤物宏观观察

图 16-45 为整个水口样品的示意图和实际照片，原厂水口总长度为 85cm 左右，渣线以下高度 25cm 左右。图 16-46 所示为水口结瘤部位宏观照片，在水口内壁和水口底部都能明显地观察到结瘤物。图 16-47 为切割水口位置示意图。首先沿图中所示位置将水口横向切割为两段，然后再将下段沿出口面的中心所在面切为两部分，旋转切割面 90°将上段切成两部分。图 16-48 所示为水口内壁结瘤物的局部图，结瘤物主要呈灰黑色和白色，形状不规则，底部和侧面显示出明显的冲击痕迹，其中还含有许多大小不等的钢液凝块。可见，在水口的侧面出口及其周围附着有大量的夹杂物和凝钢颗粒，而水口底部也有大量的夹杂物黏结。水口底部的夹杂物厚度也有 10～20mm。水口的内壁也附着有大量的夹杂物，厚度在 5～20mm 之间。

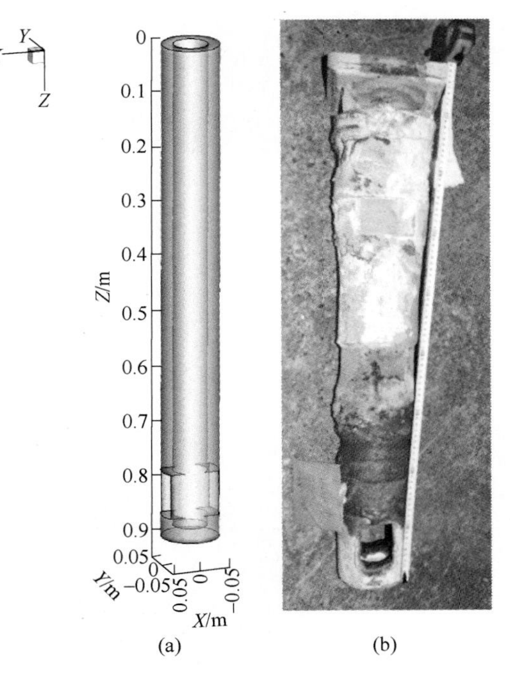

图 16-45 水口整体模型和实际照片

16.4.2 结瘤物电镜形貌及成分分析

取水口本体试样，经过喷金后在电镜下观察，形貌如图 16-49 所示，其中字母和数字标识的区域的成分如表 16-7 所示。结合图表可知，水口为铝碳质，本体成分为 Al_2O_3 和石墨混合物，还含有少量 SiO_2 和 CaO 杂质。

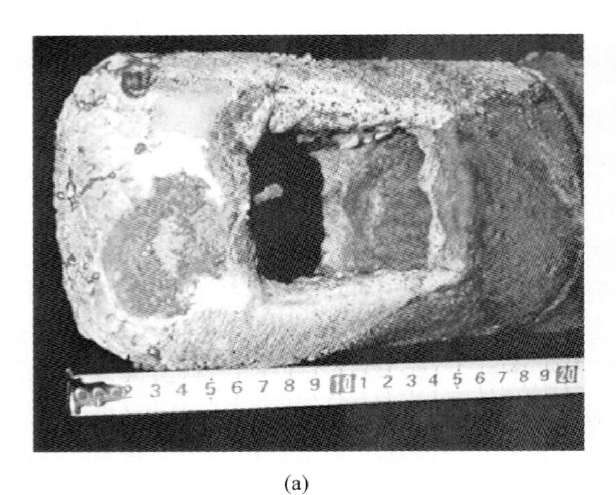

(a)

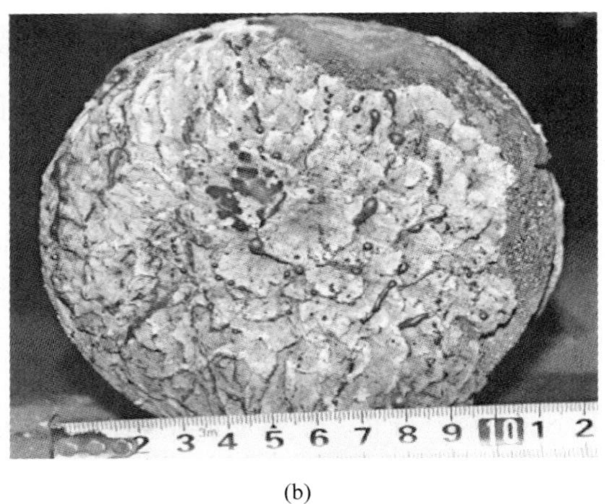

(b)

图 16-46　水口结瘤宏观照片

(a)

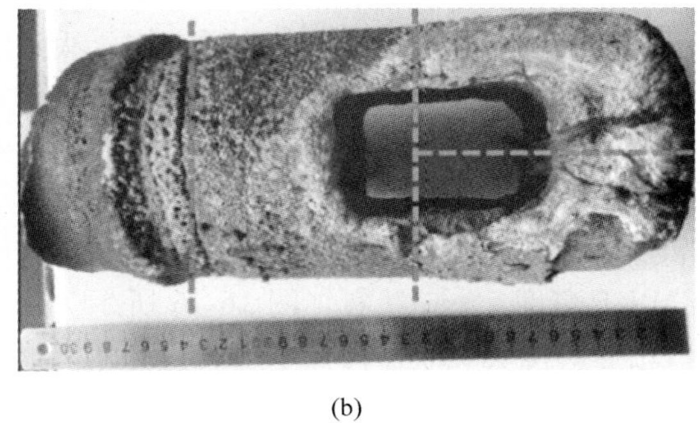

(b)

图 16-47　切割水口位置示意图

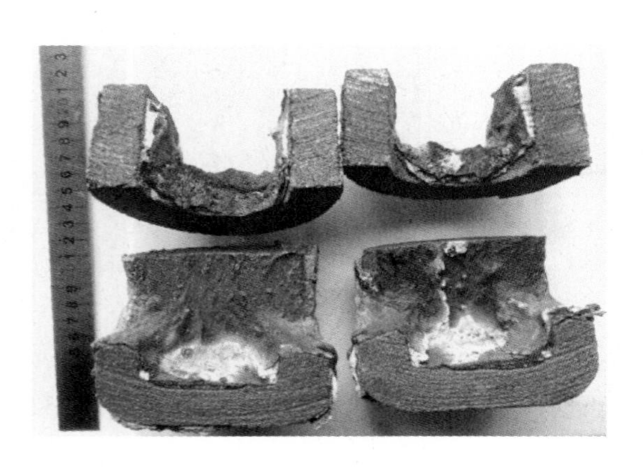

图 16-48　水口内壁结瘤物

图 16-49　水口本体形貌与成分

表 16-7　水口本体成分　（%）

No.	Al_2O_3	CaO	SiO_2	MgO	MnO	C
A	6.43	0.00	0.00	0.00	3.38	90.19
B	87.92	2.86	3.09	1.80	0.00	4.33
1	96.54	0.00	1.38	1.44	0.00	0.64
2	95.92	0.00	1.36	1.53	1.18	0.00

图 16-50 所示为结瘤物取样位置示意图。在水口出口处、出口同一高度的内侧内壁、水口底部的内壁和外壁分别取结瘤物样品，分层样品用树脂进行冷镶磨平并在表面喷金，其他样品不镶嵌而在表面直接喷金，使用电子显微镜对样品进行观察，并用 EDS 测试其成分。

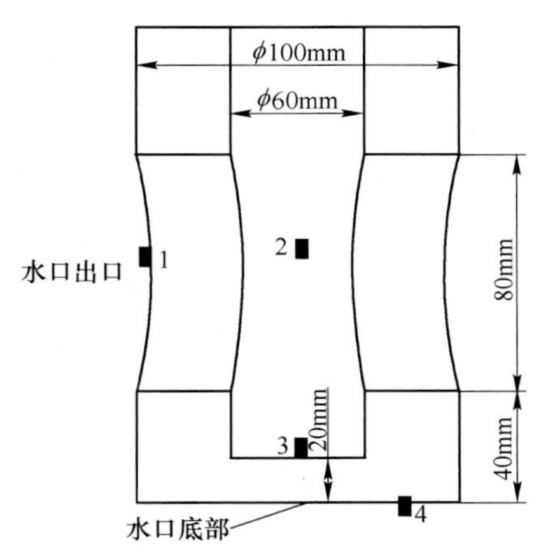

图 16-50　水口结瘤物取样位置示意图
1—水口出口处；2—出口高度内侧；
3—水口底部内壁；4—水口底部外壁

图 16-51 为水口出口处试样（试样 1）在不同放大倍数下观察到的结瘤物形貌，图中数字标识位置的结瘤物的成分如表 16-8 所示。为了更加清晰地观察结瘤物的形貌，对试样 1 中某些局部位置的结瘤物形貌进行了更高倍数的观察，结果如图 16-52 所示。每行 3 个图片为同一位置从左至右依次放大。结合结瘤物形貌与成分可知，出口处结瘤物形状分布很不规则，结瘤物以氧化铝和钙铝酸盐为主，大部分夹杂物液相线温度主要集中在 1600℃左右。同时，分布着较多的镁铝尖晶石。部分区域含有少量的 Fe，是由于凝钢所致。

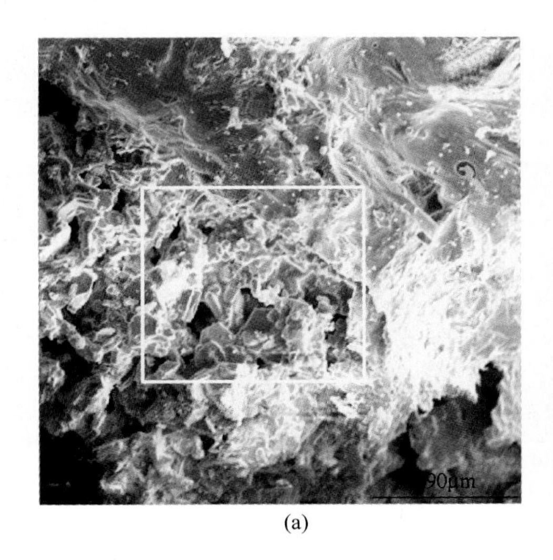

(a)

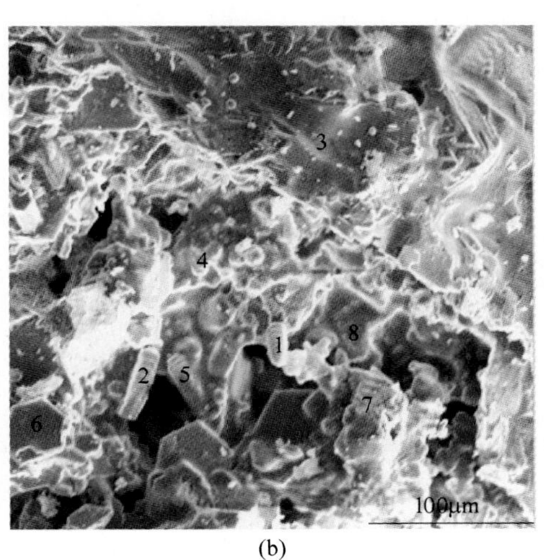

(b)

图 16-51　水口出口处试样中结瘤物形貌

表 16-8　水口出口处试样中结瘤氧化物成分（%）及氧化物熔点

No.	Al_2O_3	CaO	SiO_2	MgO	MnO	Fe	C	固相点/℃	液相点/℃
1	64.16	8.28	0.00	21.91	2.39	3.26	0.00	1317.9	1547.3
2	69.76	24.33	0.00	1.88	0.73	3.30	0.00	1317.9	1635.8
3	55.33	42.90	0.00	1.23	0.00	0.00	0.54	1309.1	1391.4
4	57.98	11.84	0.00	21.76	2.20	6.21	0.00	1317.9	1538.2
5	68.10	28.21	0.00	1.94	0.00	1.75	0.00	1369.9	1561.1
6	81.75	13.36	0.00	2.76	0.00	2.12	0.00	1708.3	1747.0
7	55.24	27.12	0.00	13.12	2.29	2.24	0.00	1280.6	1502.8
8	36.07	52.80	0.00	0.00	0.00	11.13	0.00	1540.8	1967.2

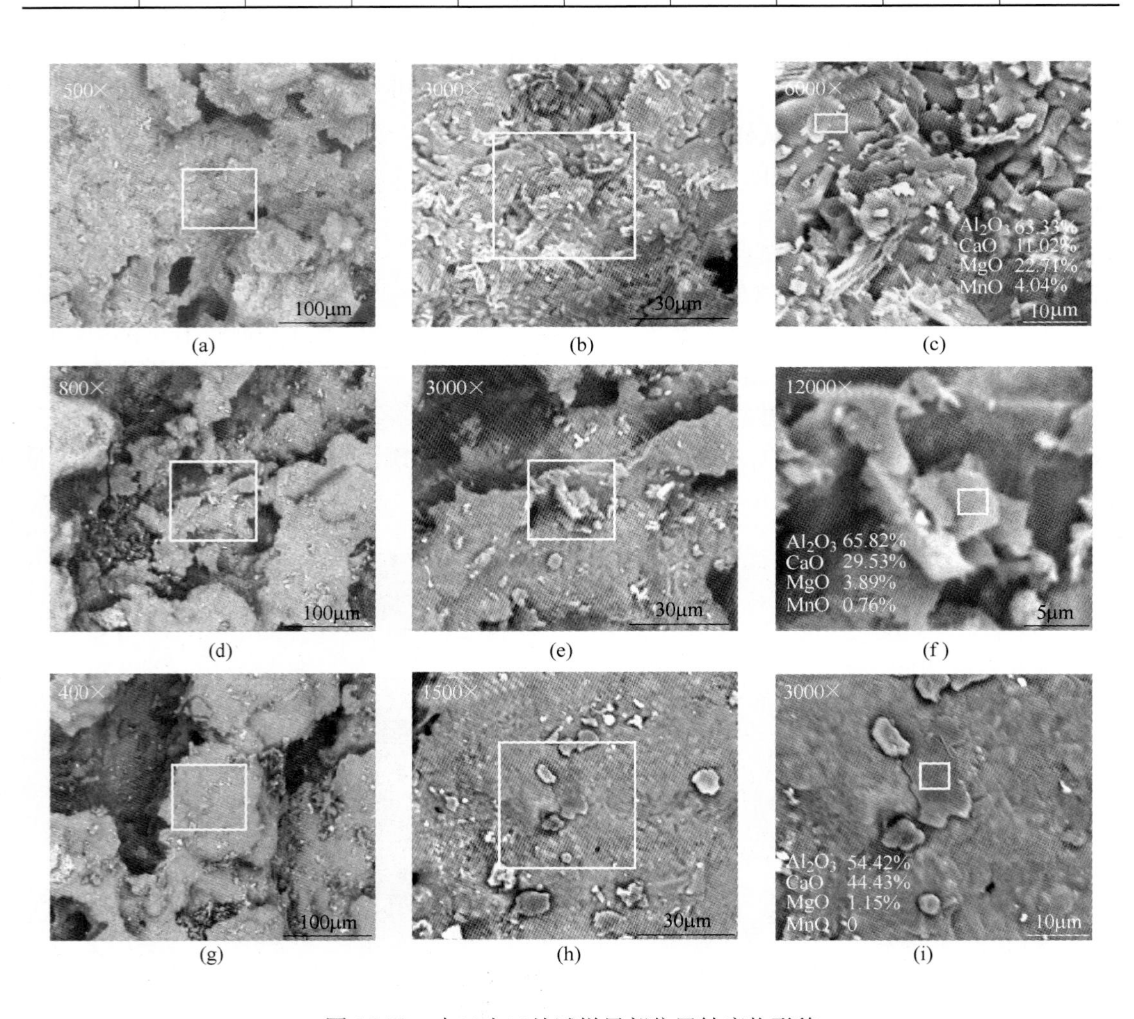

图 16-52　水口出口处试样局部位置结瘤物形貌

图 16-53 为水口出口高度内侧内壁试样（试样 2）在不同放大倍数下观察到的结瘤物

形貌，其中字母所标识区域的氧化物平均成分和数字标识的位置的成分如表 16-9 所示。试样 2 中局部位置的结瘤物形貌如图 16-54 所示。分析可知，结瘤物呈现明显的冲击痕迹，表层的结瘤物呈烧结状，表层以下则是冲积形成的沟道，表层的结瘤物中 Mg 含量高于表层以下的区域，即镁铝尖晶石的含量较高。结瘤物以 Al_2O_3-CaO-MgO 为主，大部分夹杂物液相线温度主要集中在 1400℃左右。这是由于冷凝钢形成的网状结构表面上沉积了一些夹杂物引起的。

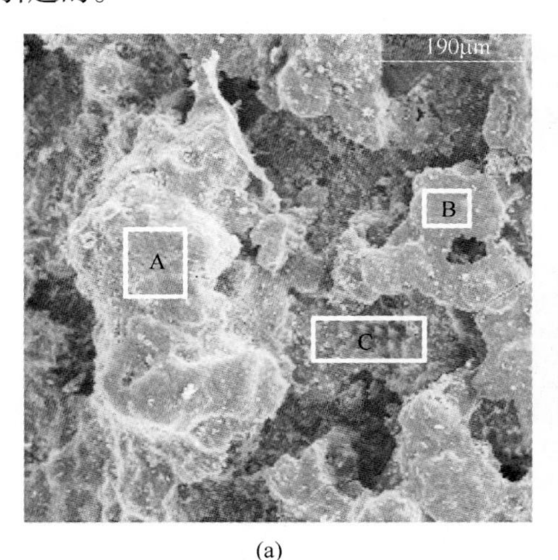

(a)

(b)

图 16-53　水口出口高度内侧内壁试样中结瘤物形貌

表 16-9　水口出口高度内侧内壁试样中结瘤氧化物成分（%）及氧化物熔点

No.	Al_2O_3	CaO	SiO_2	MgO	MnO	Fe	C	固相点/℃	液相点/℃
A	53. 27	29. 69	1. 32	9. 35	0. 00	6. 38	0. 00	1332. 7	1408. 7
B	54. 95	30. 45	0. 00	7. 62	0. 00	6. 98	0. 00	1347. 6	1395. 3
C	58. 69	31. 92	1. 27	3. 35	0. 00	4. 17	0. 59	1332. 7	1501. 5
1	55. 85	29. 69	0. 00	8. 61	0. 00	5. 39	0. 46	1347. 6	1387. 5
2	51. 16	27. 10	0. 00	10. 43	0. 00	10. 82	0. 49	1347. 6	1468. 9
3	58. 79	34. 27	0. 00	5. 60	0. 00	1. 34	0. 00	1309. 1	1435. 1
4	52. 18	21. 19	0. 00	13. 45	1. 30	11. 88	0. 00	1317. 9	1497. 1
5	94. 26	1. 74	0. 00	1. 72	0. 00	0. 69	1. 58	1777. 1	2015. 5
6	47. 68	39. 62	0. 00	3. 32	0. 00	8. 18	1. 21	1309. 1	1319. 4

图 16-55 为水口底部内壁试样（试样 3）在不同放大倍数下观察到的结瘤物形貌，其中字母所标识的区域的氧化物平均成分和数字标识的位置的成分如表 16-10 所示。试样 3 中某些部位的夹杂物形貌如图 16-56 所示。分析可知，底部内壁结瘤物呈细小的珊瑚状，为夹杂物堆积所致，结瘤物以 Al_2O_3 为主，同时含有一定量的 Al_2O_3-CaO-MgO，大部分夹杂物液相线温度主要集中在 1900℃左右，个别区域含有 Fe。

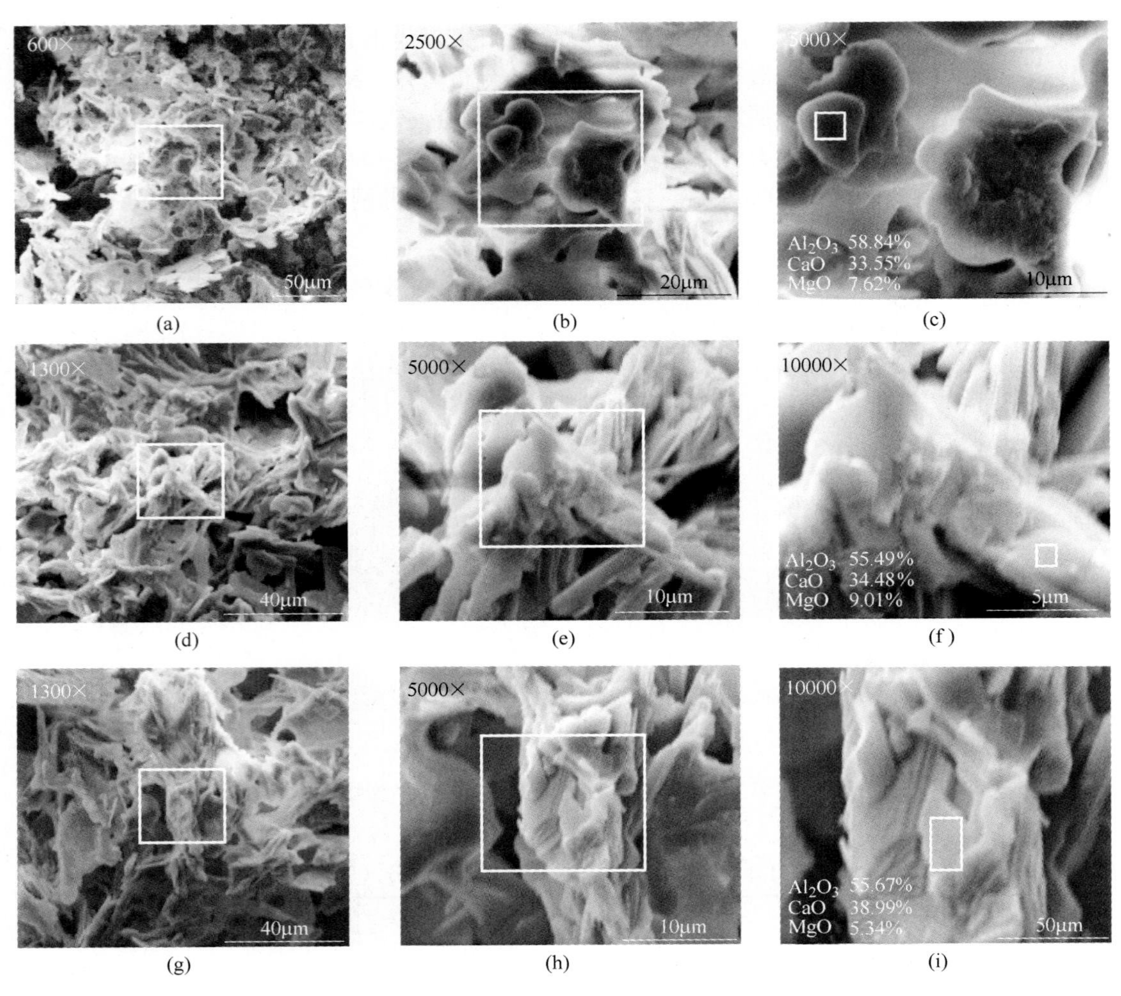

图 16-54　水口出口高度内侧内壁试样局部位置结瘤物形貌

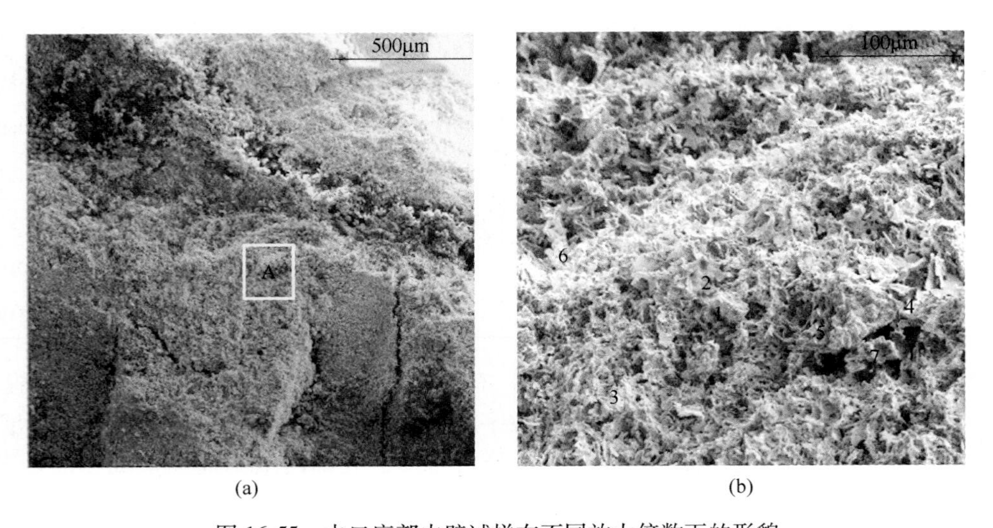

图 16-55　水口底部内壁试样在不同放大倍数下的形貌

表 16-10 水口底部内壁试样中结瘤氧化物成分（%）及氧化物熔点

No.	Al_2O_3	CaO	SiO_2	MgO	MnO	Fe	C	固相点/℃	液相点/℃
A	83.95	4.95	0.00	4.30	0.00	5.25	1.55	1777.1	1910.0
1	68.38	1.82	0.00	3.00	0.00	25.50	1.30	1777.1	1973.3
2	85.02	4.88	0.00	3.58	3.26	0.00	3.26	1694.6	1911.6
3	88.43	3.61	0.00	4.91	0.00	0.00	3.04	1777.1	1935.1
4	84.49	0.00	0.00	0.00	0.00	4.33	11.18	2053.9	2053.9
5	68.25	5.92	0.00	3.21	0.00	21.05	1.56	1714.1	1863.9
6	71.77	14.58	0.00	0.00	5.12	0.00	8.53	1681.9	1717.2
7	76.36	19.21	0.00	0.00	2.95	0.00	1.47	1480.3	1736.4

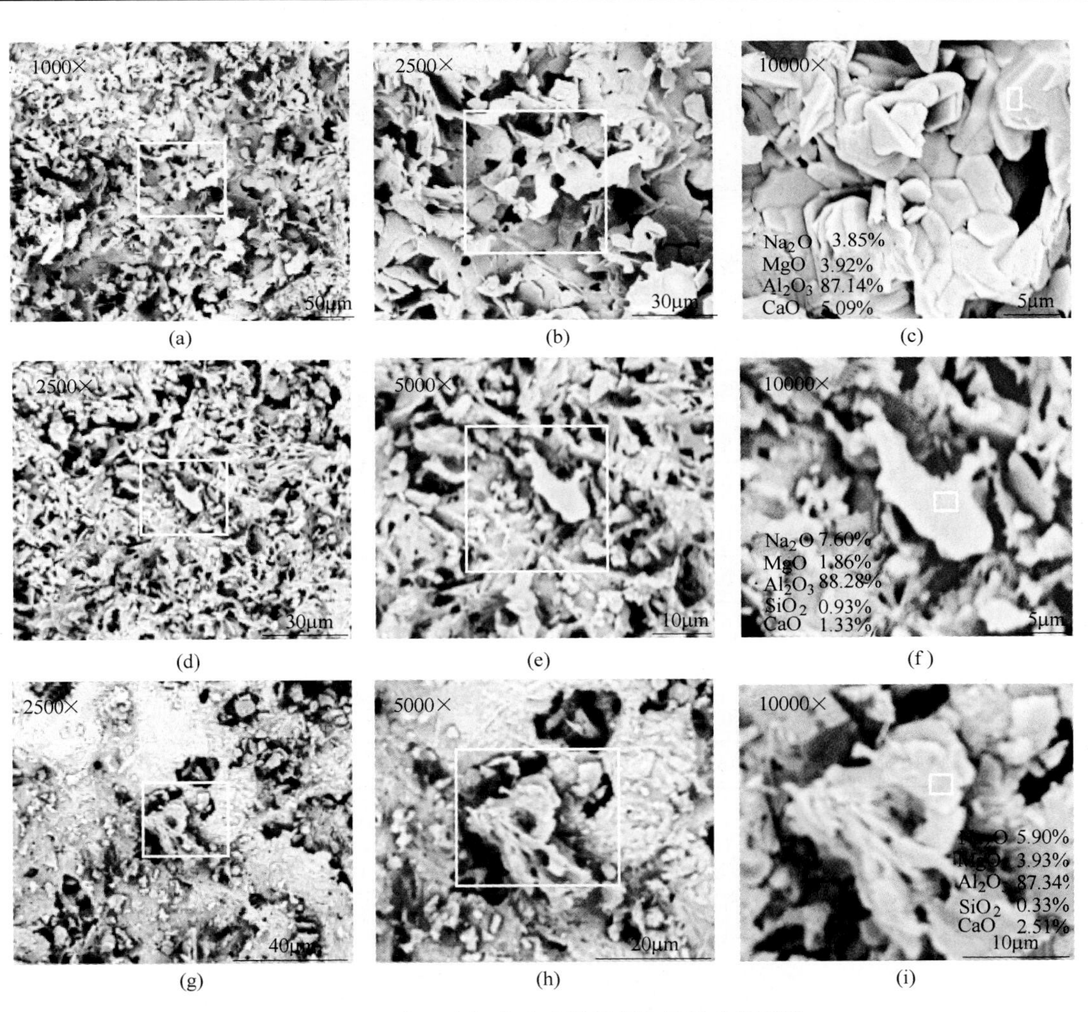

图 16-56 水口底部内壁试样局部位置结瘤物形貌

图 16-57 为水口底部外壁试样（试样 4）在不同放大倍数下观察到的结瘤物形貌，其中数字标识的位置的氧化物成分如表 16-11 所示。试样 4 中某些部位的夹杂物形貌如图

16-58 所示。可知，底部外壁结瘤物表面呈现出明显的凝结状，为堆积物骤冷所致。内部则类似固体的堆积物漂浮在液态堆积物表面后凝结；结瘤物主要成分为钙铝酸盐和镁铝尖晶石，大部分夹杂物液相线温度集中在 1550℃左右。外壁的结瘤物中镁铝尖晶石的含量明显比内壁高，同时从宏观照片可以看到底部外壁有些地方分布着凝结的钢珠。

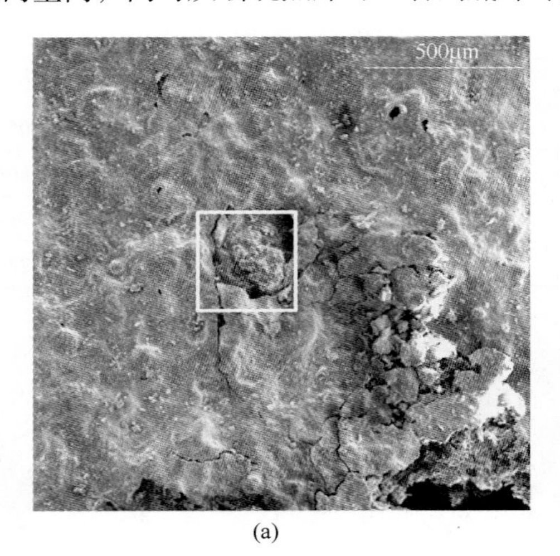

(a)

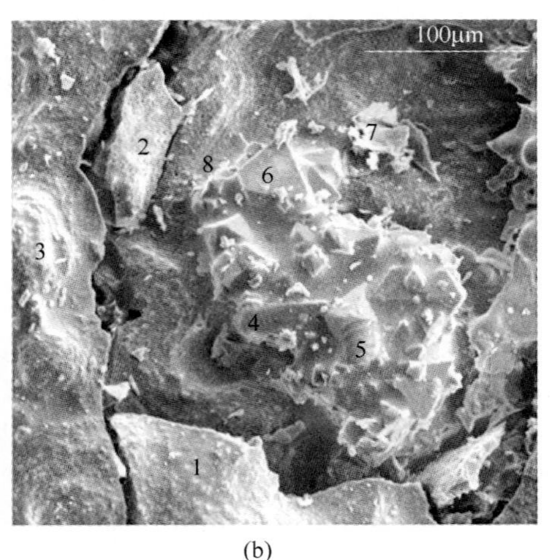

(b)

图 16-57　水口底部外壁试样在不同放大倍数下结瘤物形貌

表 16-11　水口底部外壁试样中结瘤物成分（%）及氧化物熔点

No.	Al_2O_3	CaO	SiO_2	MgO	MnO	Fe	C	固相点/℃	液相点/℃
1	52.91	37.43	0.00	8.04	1.21	0.40	0.00	1242.6	1415.5
2	28.32	52.60	0.00	7.67	7.15	0.00	4.26	1329.9	2049.9
3	45.51	39.92	0.00	10.77	2.64	0.00	1.16	1272.6	1668.3
4	62.60	11.13	0.00	25.76	0.00	0.00	0.52	1369.9	1587.8
5	65.37	0.87	0.00	32.44	0.70	0.00	0.62	1292.1	1513.5
6	56.97	29.21	0.00	12.63	0.00	0.66	0.53	1347.6	1495.8
7	57.71	26.18	0.00	15.58	0.00	0.00	0.53	1369.9	1555.8
8	43.61	20.47	16.91	11.62	0.00	0.00	7.39	1172.1	1531.4

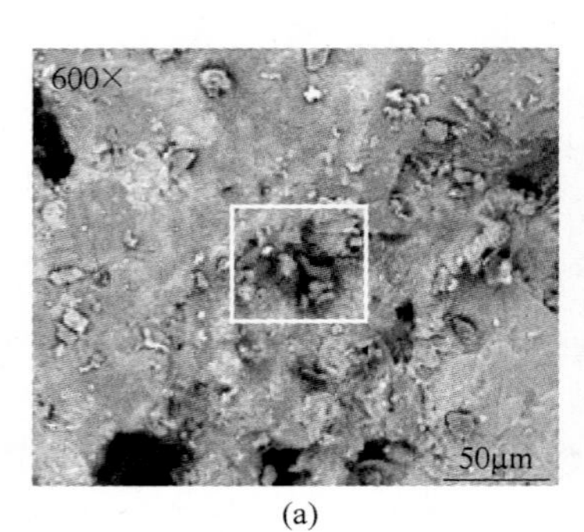

(a)

(b)

(c)

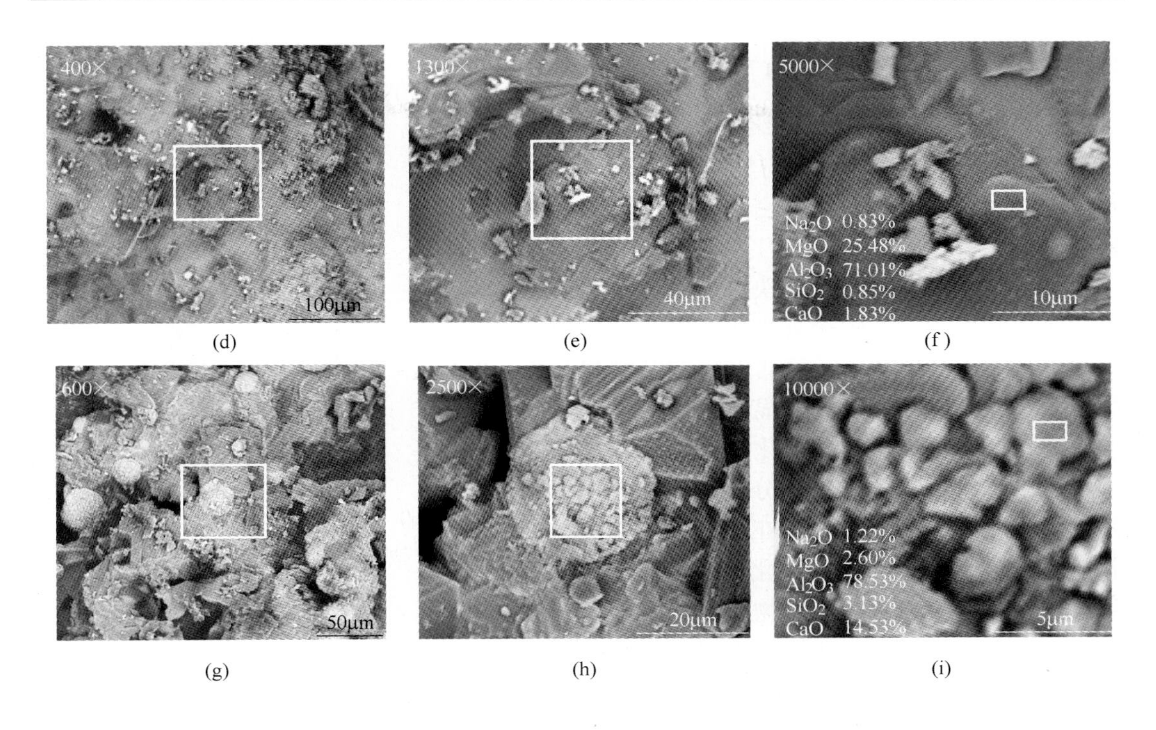

(d) (e) (f)

(g) (h) (i)

图 16-58 水口底部外壁试样局部位置结瘤物形貌

将四个结瘤位置的结瘤物成分投放到 Al_2O_3-CaO-MgO 三元相图中，如图 16-59 所示。出口同一高度内侧即试样 2 中水口结瘤物成分部分落在了液相区内，说明水口结瘤物也存在部分的低熔点相。水口出口位置、水口底部和水口外壁即试样 1、试样 3 和试样 4 位置的结瘤物在炼钢温度下大部分都落在液相区外，即主要为高熔点夹杂物，这是因为管线钢钙处理过程中喂钙线量不合适造成的，这也是需要针对管线钢夹杂物变性进行精准喂钙量研究的原因。

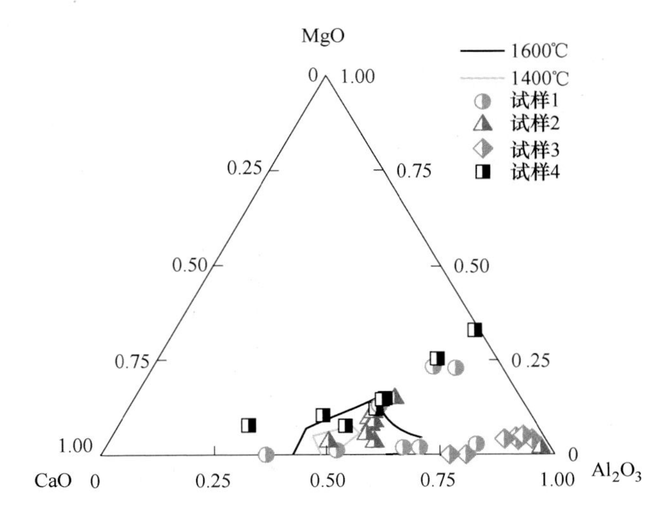

图 16-59 不同位置结瘤物成分在 Al_2O_3-CaO-MgO 相图中的分布

16.4.3　结瘤物分层结构分析

图 16-60 为水口本体和结瘤物的宏观结构。由图可知，水口本体和结瘤物呈明显的分层结构：水口本体脱碳层、氧化铝致密层和夹杂物堆积疏松层。

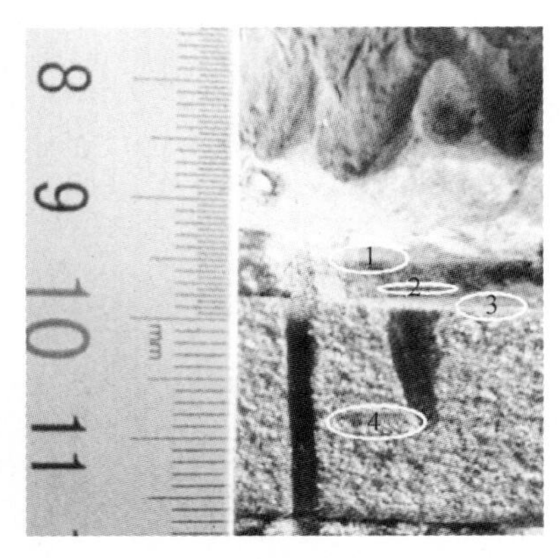

图 16-60　水口本体和结瘤物的宏观结构
1—夹杂物堆积疏松层；2—Al_2O_3 致密层；3—脱碳层；4—水口本体

对结瘤后的水口切取一块试样，对试样进行冷镶和预磨抛光，经喷金处理后，放入扫描电镜下观察。图 16-61 为水口底部内壁的结瘤物分层的电镜观察结果，从图中明显可看出结瘤分成三层，即水口本体脱碳层、氧化铝致密层和夹杂物堆积疏松层。层与层之间的分界较为明显，脱碳层是块状颗粒不规则地分布在黏结剂基体中；网状氧化铝致密层大部分为氧化铝，组织致密；最靠近钢水的部分为钢中夹杂物在氧化铝层外堆积形成，组织比较疏松。图中看似致密是因为冷镶树脂渗透进了堆积物中的空隙所致，同时这也是导致夹杂物堆积疏松层中会检测到一定的碳含量的原因。图 16-61 中字母所标识的区域的平均成分和数字标识的位置的成分如表 16-12 所示。图 16-62 为结瘤物各层整体的成分面扫结果，面扫描结果与图 16-61 中各位置单点成分分析结果一致。

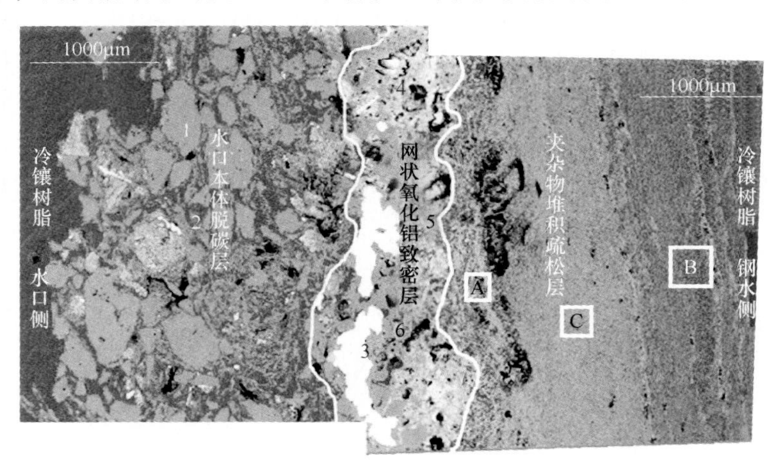

图 16-61　水口底部内壁的结瘤物分层示意图

表 16-12　结瘤物各层成分　（%）

No.	Al_2O_3	CaO	SiO_2	MgO	MnO	Fe	C
1	96.16	0.00	0.86	1.56	0.35	0.40	0.67
2	5.35	0.00	0.00	0.00	18.84	18.92	56.89
3	0.18	0.00	7.66	0.00	2.24	89.53	0.39
4	0.18	0.00	3.78	0.00	1.51	94.23	0.29

续表 16-12

No.	Al_2O_3	CaO	SiO_2	MgO	MnO	Fe	C
5	80.27	0.00	6.37	3.65	3.84	5.87	0.00
6	96.92	0.00	0.88	1.59	0.00	0.00	0.61
A	74.68	12.77	0.00	3.33	0.00	6.89	2.32
B	80.10	11.68	0.00	4.42	0.00	1.67	2.12
C	72.30	16.69	2.92	2.99	0.00	3.95	1.15

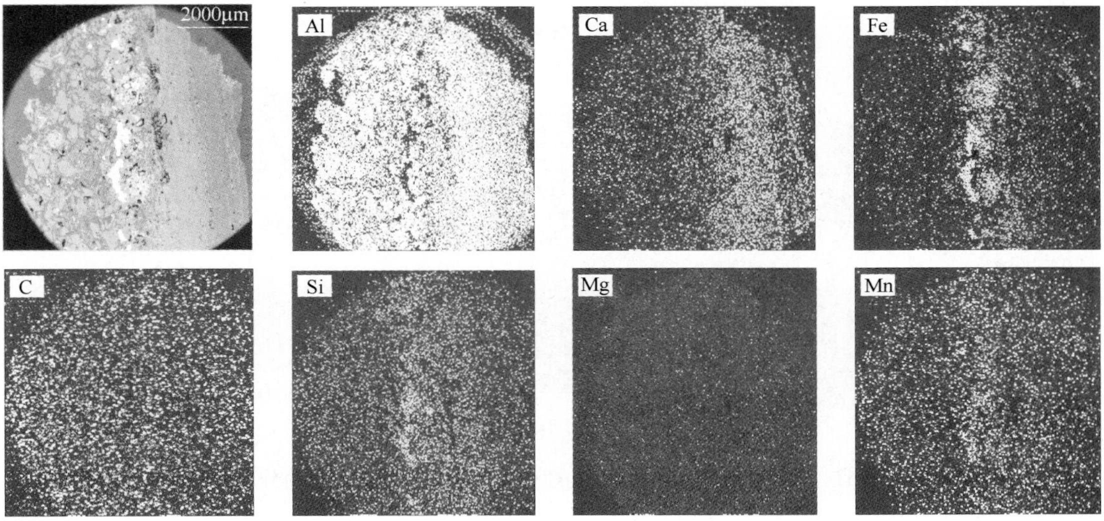

图 16-62 水口底部内壁的结瘤物各层面扫结果

通过阴极发光仪对水口底部内壁的结瘤物进行观察，结果如图 16-63 所示。图中红色为氧化铝，绿色为钙铝酸盐，黄色为镁铝尖晶石。按照图像颜色从左向右，可以依次清晰地看到铝碳质的水口本体，以及氧化铝夹杂物层、钙铝酸盐夹杂物层和镁铝尖晶夹杂物石层的三层结构，揭示了氧化铝、钙铝酸盐和镁铝尖晶石在水口内壁上的沉积顺序。阴极发光仪结果与图 16-61 中使用扫描电镜观察到的结果一致。

综合考虑上述分析结果，水口各层的示意图如图 16-64 所示，在水口本体的表面发生脱碳反应后生成脱碳层，有些块状的氧化铝被从本体中脱离出来，而钢中的氧化铝也在上面聚集黏附，共同形成了较薄的致密氧化铝层，在平面方向上呈网状，这层中间会出现少量凝结的钢珠，钢液中的夹杂物在外面粗糙的表面黏附，形成夹杂物堆积层。

（1）水口本体脱碳层：脱碳层紧邻水口本体，在电子显微镜下与水口本体无明显界线。脱碳层厚度随水口位置的不同而不同，沿钢液流经方向厚度呈增加趋势，其最大厚度不超过 1mm。脱碳层主要由 Al_2O_3 和 C 基体组成，最初紧密结合的氧化铝与碳基体经过脱碳反应，变成块状的氧化铝弥散分布在碳基体中，其中的 Fe 是由于钢液渗入所致。

（2）网状氧化铝致密层：网状氧化铝层紧邻脱碳层，厚度为 1mm 左右，组织结构为致密的网络状，颗粒间互相烧结。该层中的氧化铝较纯的部分来自脱碳反应的产物，其他部分来自钢中 Al_2O_3 的附着凝结。观察到有钢珠分布在烧结的氧化铝中，同时发现少量冷

(a)

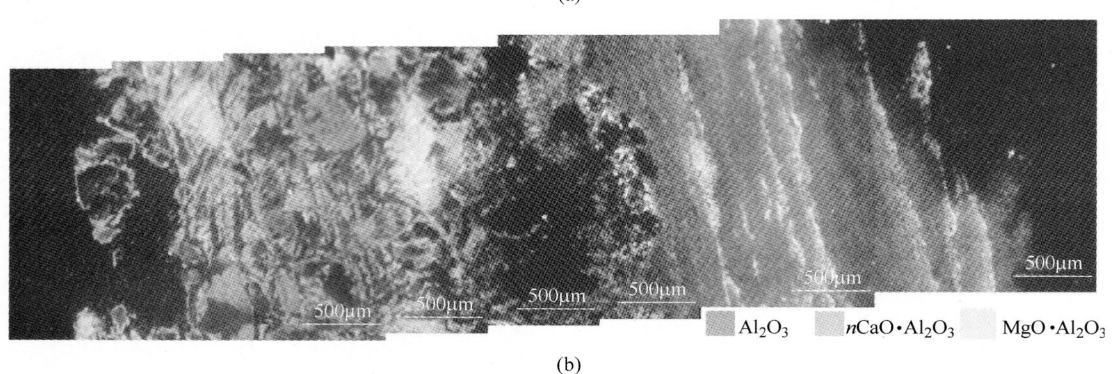

(b)

图 16-63　采用阴极发光仪检测到的水口底部内壁侧结瘤物的分层结构

凝的钢液，而这部分凝钢的形成可能是由于水口预热不足所致。

（3）夹杂物堆积疏松层：由于氧化铝致密层烧结形成的表面比较粗糙，夹杂物在其上面容易附着沉积，形成结构疏松的夹杂物堆积层。该层组织结构与致密层之间有明显区别，呈现疏松的网状，颗粒较粗且之间没有互相烧结现象。主要成分为 Al_2O_3 以及钙铝酸盐，来自钢中夹杂物的附着堆积。该层含有较多的气孔，氧化铝的粒径较小，氧化铝颗粒间有一定量的铁珠。由于致密层与疏松层之间存在间隙，制样过程中填充了树脂，导致夹杂物堆积疏松层中会检测到一定的碳含量。

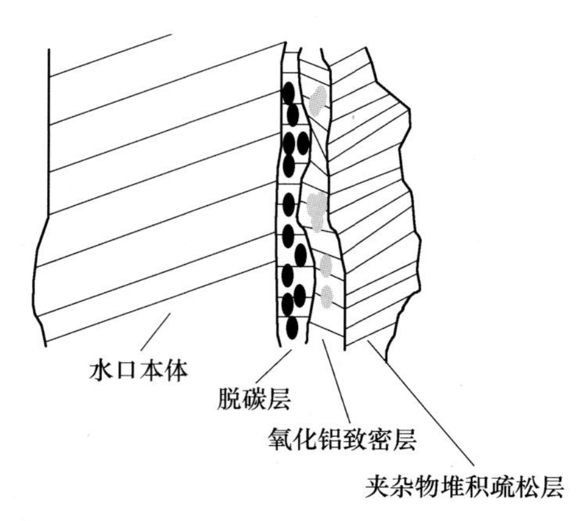

图 16-64　结瘤物各层示意图

（4）水口本体：水口本体基本没有受到浇铸过程的影响，保持其原有的结构和成分。水口本体成分为 Al_2O_3 和石墨混合物，还含有少量 Si 杂质。

通过对管线钢浇铸过程水口的结瘤物调查研究，发现结瘤物主要为高熔点夹杂物，揭示了管线钢连铸过程中钢中氧化铝、钙铝酸盐和镁铝尖晶石在水口内壁上的分层沉积现象。管线钢水口结瘤的主要原因是钙处理过程中喂钙线量不合理和不稳定造成的。针对这一问题，建立管线钢钢中夹杂物变性的精准喂钙量模型，可实现管线钢的钙处理过程中夹杂物变性的精准和稳定控制，避免由于非金属夹杂物引起水口结瘤和产品缺陷。

16.4.4 管线钢水口结瘤小结

管线钢连铸浸入式水口结瘤的起因是浸入式水口烘烤时，表面氧化脱碳，水口颗粒间形成间隙为 Al_2O_3 堆积提供了支点。同时水口在使用时温度偏低，为钢珠的凝结提供了条件。连铸操作过程中应该严格控制好浸入式水口的烘烤过程，保证使用温度。通过宏观分析可以看出，浸入式水口存在结瘤现象，水口内壁结有 5~20mm 厚的夹杂物，水口侧面出口及其周围也结有大量夹杂物，水口底部也有较多夹杂物堆积附着。出口处的结瘤物以氧化铝和钙铝酸盐为主，同时分布着镁铝尖晶石，部分区域含有少量的 Fe。出口高度内侧内壁结瘤物以 Al_2O_3-CaO-MgO 为主，其中也有大量的 Fe。底部内壁结瘤物呈细小的珊瑚状，为夹杂物堆积所致，结瘤物以 Al_2O_3 为主，同时含有一定量的 Al_2O_3-CaO-MgO，个别区域含有部分 Fe。底部外壁结瘤物主要成分为钙铝酸盐和镁铝尖晶石，有一些钢珠分布其上。对水口本体进行分析可以看出，水口本体中有块状的 Al_2O_3 和石墨混合物。水口出口位置、水口底部内侧和水口外壁的结瘤物在炼钢温度下大部分都落在液相区外，即主要为高熔点夹杂物。使用阴极发光仪观察水口结瘤物的形貌和成分，发现结瘤物的结构大致可以分为三层：脱碳层、网状氧化铝致密层和夹杂物堆积疏松层。脱碳层紧邻水口本体，在电子显微镜下与水口本体无明显界线，脱碳层厚度随水口位置的不同而不同，一般沿钢液流经方向厚度会逐渐变大，其最大厚度不超过 1mm。网状氧化铝致密层紧邻脱碳层，厚度为 1mm 左右，组织结构为致密的网络状，颗粒间互相烧结，主要成分为 Al_2O_3，其中有凝钢存在。夹杂物堆积疏松层组织结构呈现疏松网状，颗粒较粗且颗粒之间没有互相烧结现象。该层含有较多的气孔，氧化铝的粒径较小，氧化铝颗粒间有一定量的凝钢颗粒。

16.5 本章小结

浸入式水口结瘤是影响连铸生产的一个重要问题，严重的水口结瘤会导致成本的增加、生产率的降低以及产品质量的下降。本章总结了水口结瘤的几种机理，包括钢水中夹杂物在水口的聚集沉积、钢液与水口耐火材料间的化学反应、水口连接处空气的二次氧化、水口预热不足等，并相应地总结了预防水口结瘤的具体措施。本书作者根据过去十几年的研究，提出了关于水口结瘤需要强调的几个问题：（1）不只是 Al_2O_3 夹杂物能引起水口结瘤，钢液里所有的固体夹杂物都会黏附在水口上形成水口结瘤；（2）水口结瘤是夹杂物黏附、熟化和新的夹杂物形核长大的共同作用的结果；（3）水口预热的好坏直接影响水口结瘤的严重程度；（4）在水口附近吸气的二次氧化是加重水口结瘤的重要原因之一。

此外，本章分别对 IF 钢浇铸过程水口结瘤、GCr15 轴承钢浸入式水口结瘤以及管线钢连铸过程浸入式水口结瘤进行了调研分析。通过对水口解剖及不同位置取样，采用扫描电镜和阴极发光仪等设备分别对水口不同位置结瘤物表面及截面进行了检测，分析了结瘤物的形貌、成分以及分层情况。通过对水口结瘤物特征的分析，得到上述不同钢种连铸过程水口结瘤机理，据此提出水口结瘤的控制方法。由于钢种、浇铸条件以及生产管理的差异，不同钢铁企业生产过程中产生水口结瘤的原因也不尽相同，因此应具体问题具体分析。但只有对水口结瘤从机理上加深认识，才能够针对具体的案例提出合理的解决方法。

参 考 文 献

[1] Long M, Zuo X, Zhang L, et al. Kinetic modeling on nozzle clogging during steel billet continuous casting [J]. ISIJ International, 2010, 50 (5): 712-720.

[2] Zhang L, Thomas B G. State of the art in the control of inclusions during steel ingot casting [J]. Metallurgical and Materials Transactions B, 2006, 37 (5): 733-761.

[3] Zhang L, Thomas B G. Alumina inclusion behavior during steel deoxidation [C]. 7th European Electric Steelmaking Conference, Venice, Italy, Associazione Italiana di Metallurgia, Milano, Italy, 2002: 2. 77-2. 86.

[4] Zhang L, Cai K. Effect of tundish constructure on cleaness of molten steel [J]. Steelmaking, 1997 (6): 45-48.

[5] Zhang L. Fluid flow and inlcusion removal in molten steel continuous casting stands [J]. Fifth International Conference on CFD in the Process Industries CSIRO, Melbourne, Australia, 2006: 1-9.

[6] Pielet H M, Bhattacharya D. Thermodynamics of nozzle blockage in continuous casting of calcium-containing steels [J]. Metallurgical Transactions B, 1984, 15 (3): 547-562.

[7] Andersson M, Appelberg J, Tilliander A, et al. Some aspects on grain refining additions with focus on clogging during casting [J]. ISIJ International, 2006, 46 (6): 814-823.

[8] Kim D S, Song H S, Lee Y D, et al. Clogging of the submerged entry nozzle during the casting of titanium bearing stainless steels [C]. 80th Steelmaking Conference, 1997: 145-152.

[9] Farrell J W, Hilty D C. Steel flow through nozzles: Influence of deoxidizers. (retroactive coverage) [C]. Electric Furnace Proceedings, 1971: 29: 31-46.

[10] Thomas B G, Huang X, Sussman R C. Simulation of argon gas flow effects in a continuous slab caster [J]. Metallurgical and Materials Transactions B, 1994, 25 (4): 527-547.

[11] 李树森，任英，张立峰，等. 管线钢精炼过程中夹杂物 CaO 和 CaS 的研究 [J]. 北京科技大学学报，2014，36 (S1)：168-172.

[12] Vermeulen Y, Coletti B, Blanpain B, et al. Material evaluation to prevent nozzle clogging during continuous casting of Al killed steels [J]. ISIJ International, 2002, 42 (11): 1234-1240.

[13] Lankford W T, Samways N L, Craven R F, et al. The making, shaping and treating of steel [C]. Association of Iron and Steel Engineers. Secondary Steelmaking or Ladle Metallurgy, Pittsburgh, PA, 1985: 671-690.

[14] Szekeres E S. Review of strand casting factors affecting steel product cleanliness [J]. Clean Steel 4, 1992: 756-776.

[15] Uemura K I, Takahashi M, Koyama S, et al. Filtration mechamism of non-metallic inclusions in steel by ceramic loop filter [J]. ISIJ International, 1992, 32 (1): 150-156.

[16] Sinha A K, Sahai Y. Mathematical modeling of inclusion transport and removal in continuous casting tundishes [J]. ISIJ International, 1993, 33 (5): 556-566.

[17] Taniguchi S, Brimacombe J K. Application of pinch force to the separation of inclusion particles from liquid steel [J]. ISIJ International, 1994, 34 (9): 722-731.

[18] Byrne M, Fenicle T W, Cramb A W. The sources of exogenous inclusions in continuous cast, aluminum-killed steels [J]. ISS Transactions, 1989, 10: 51-60.

[19] Meadowcr T R, Milbourn R J. New process for continuously casting aluminum killed steel [J]. Journal of Metals, 1971, 23 (6): 11.

[20] Heaslip L J, Sommerville I D, McLean A, et al. Model study of fluid flow and pressure distribution during

sen injection-potential for reactive metal additions during continuous casting [J]. Iron & Steelmaker, 1987, 14 (8): 49-64.

[21] Sasaka I, Harada T, Shikano H, et al. Improvement of porous plug and bubbling upper nozzle for continuous casting [C]. Steelmaking Conference Proceeding, 1991: 74: 349-356.

[22] Tai M, Chen C, Chou C. Development and benefits of four-port submerged nozzle for bloom continuous casting [J]. Continuous Casting'85, 1985: 19.

[23] Cameron S R. The reduction of tundish nozzle clogging during continuous casting at Dofasco [C]. Steelmaking Conference Proceedings, 1992: 75: 327-332.

[24] Dawson S. Tundish nozzle blockage during the continuous casting of aluminum-killed steel [C]. Steelmaking Conference Proceedings, 1990: 73: 15-31.

[25] Tsukamoto N, Ichikawa K, Iida E, et al. Improvement of submerged nozzle design based on water model examination of tundish slide gate [C]. Steelmaking Conference Proceedings, 1991: 74: 803-808.

[26] Evich L I, Kalita G E, Sizova E K, et al. Experience in the use of chamotte nozzles in slide gates in teeming of stainless steel [J]. Refractories, 1985, 26 (11-12): 636-638.

[27] 马传凯，温铁光，姜振生．无碳防堵塞浸入式水口的开发 [J]. 钢铁，2004，39 (S9)：652-654.

[28] Tuttle R B, Smith J D, Peaslee K D. Interaction of alumina inclusions in steel with calcium-containing materials [J]. Metallurgical and Materials Transactions B, 2005, 36 (6): 885-892.

[29] Lu D, Irons A, Lu W. Kinetics and mechanisms of calcium dussolution and modification of oxide and sulphide inclusions in steel [J]. Ironmaking & Steelmaking, 1994, 21 (5): 362-371.

[30] Holappa L, Hamalainen M, Liukkonen M, et al. Thermodynamic examination of inclusion modification and precipitation from calcium treatment to solidified steel [J]. Ironmaking and Steelmaking, 2003, 30 (2): 111-115.

[31] Ayata K, Mori H, Taniguchi K, et al. Low superheat teeming with electromagnetic stirring [J]. ISIJ International, 1995, 35 (6): 680-685.

[32] Kadar L, Biringer P P, Lavers J D. Modification of the nozzle flow using injected dc current [J]. IEEE Transactions on Magnetics, 1995, 31 (3): 2080-2083.

[33] 韩至成．电磁冶金学 [M]. 北京：冶金工业出版社，2001.

[34] Liu S, Niu S, Liang M, et al. Investigation on nozzle clogging during steel billet continuous casting process [C]. Proccedings of AISTech 2007 Iron & Steel Technology Conference and Exposition, Vol. Ⅱ, AIST, Warrandale, PA, 2007: 771-780.

[35] 杨文，张立峰，胡玉新，等．轴承钢中夹杂物分析 [J]. 北京科技大学学报，2014，36 (Suppl. 1)：182-188.

17 第二相粒子冶金

17.1 第二相粒子冶金概述

钢中的大尺寸非金属夹杂物粒子严重危害钢材产品的性能和质量，通常会通过各种措施尽可能去除钢中的大尺寸夹杂物，以提高钢材的洁净度。然而，钢中的夹杂物不可能被完全去除，只有采用改性处理的方法减小其危害。其实，钢中的夹杂物、析出物、外来粒子等因其尺寸、成分、形状、位置，以及变形能力、硬度和熔点等物理化学性能的差异，对钢的制造过程、成品的组织和性能产生的影响有好有坏。通过对钢中夹杂物、凝固析出物和外来粒子进行恰当的控制，可以细化组织、提高钢材韧性和强度等性能。

最早有学者在焊缝金属中发现了存在小尺寸夹杂物[1,2]，这些夹杂物有改变焊缝的组织和性能的作用。Kanazawa 等[3]提出钢中细小弥散的 TiN 粒子阻止奥氏体晶粒长大，生成了更多的晶内铁素体，从而可提升焊缝热影响区（heat affected zone，HAZ）的强度和韧性，如图 17-1 所示。Kasamatsu 等[4]研究提出了提升焊缝热影响区性能的最优 Ti 和 N 的含量。这种利用钢中 TiN 粒子来提升钢材焊接性能的技术，被称为第一代“氧化物冶金”。这说明细小弥散分布的夹杂物对钢材性能的影响与一般炼钢工艺条件下的大尺寸的氧化物夹杂对钢的危害有着本质的区别。通过对钢中夹杂物的合理控制利用，不但不会危害产品质量，甚至可以提升产品的性能。这一技术一经提出就受到了各国学者的广泛关注和跟踪研究，人们也逐渐考虑如何在焊接及其他冶金过程中充分利用此技术提升钢材产品性能。

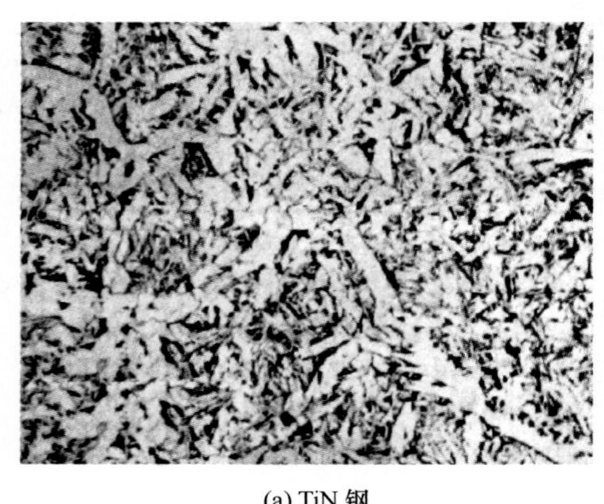

(a) TiN 钢

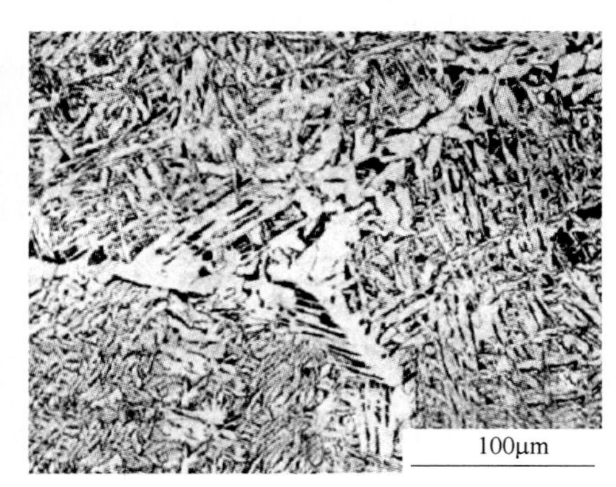

(b) 不含 Ti 钢

图 17-1　TiN 钢和不含 Ti 钢晶界处组织对比[3]

1990 年在日本名古屋召开的国际钢铁大会上，日本冶金界学者首次提出了“氧化物冶金”的概念[5-7]。如图 17-2 所示，通过在钢中形成细小弥散分布的钛的氧化物粒子作为非均匀形核质点，在焊接冷却过程中诱导奥氏体晶粒内部晶内铁素体（Intra-granular ferrite，IGF）形成，使原来的奥氏体晶粒被生成的针状铁分割成细小的铁素体晶粒，从而改善焊接热影响区晶粒和组织。Harrsion 和 Farrar[8] 发现低合金高强度钢中 1μm 左右的夹杂物可以在焊接的冷却过程中诱发钢中晶内铁素体形核，改善焊缝热影响区的强度和韧性。这种用 Ti 脱氧钢中产生的大量 TiO_x 夹杂物，细化钢材组织，提升产品性能的技术，被称为“第二代氧化物冶金”[9]。

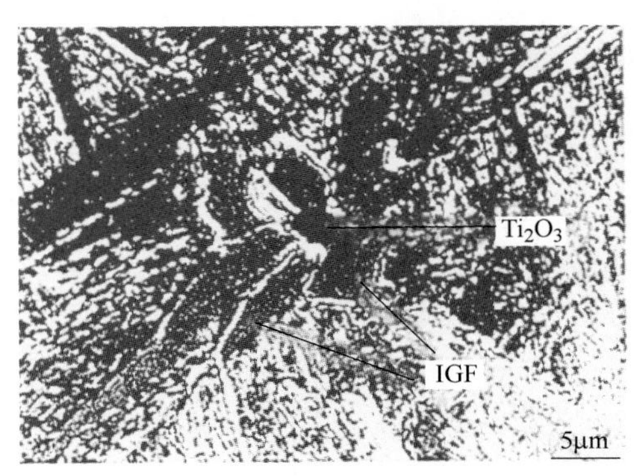

(a) Ti_2O_3 粒子诱导晶内铁素体形核

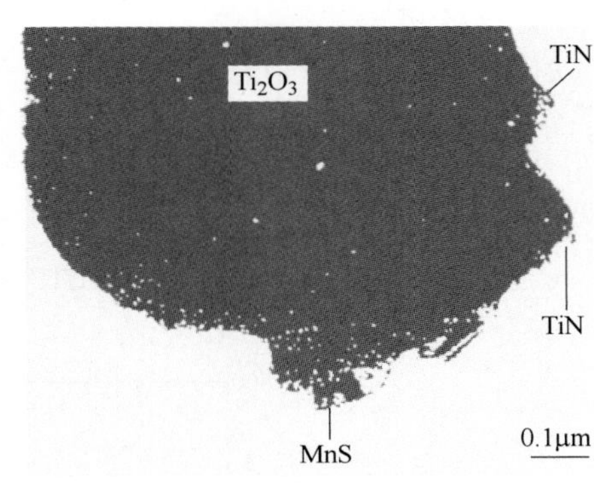

(b) Ti_2O_3 粒子上析出的 MnS 和 TiN

图 17-2 钢中 Ti_2O_3 粒子诱导晶内铁素体细化晶粒[5-7]

HTUFF（super high HAZ toughness technology with fine microstructure impacted by fine particles）是日本新日铁公司开发的“通过细小的粒子得到微细的组织和超高的 HAZ 韧性”技术的简写，被新日铁称为第三代氧化物冶金技术。该技术是针对 490～590MPa 建筑、造船、海洋结构和管线用厚板钢大线能量焊接过程而开发的。与前两代氧化物冶金技术不同，HTUFF 技术主要是利用 1400℃高温下稳定、细小、弥散分布的含 Mg 或 Ca 的氧化物、硫化物和 TiN 夹杂物（图 17-3[9-11]）的钉扎作用阻止焊接热影响区奥氏体晶粒在高温下的长大。同时，由于 MgO 和 MgS 与 α-Fe 之间的低错合度，因而也可以部分利用夹杂物在冷却过程中促进晶内铁素体形核，细化 HAZ 组织，提高韧性[11]。图 17-4[9,12] 为 HTUFF 钢和 TiN 钢抑制奥氏体晶粒长大效果对比。在 1400℃下保温 20s 以上，TiN 粒子的固溶作用导致 TiN 钢晶粒尺寸迅速长大，HTUFF 钢的奥氏体晶粒尺寸变化很小，HTUFF 钢在高温下对晶粒的钉扎作用远优于 TiN 粒子。HUTTF 工艺是一项关联众多规格厚板、影响钢铁公司整体技术水平的共性强的钢铁生产核心技术[9]。利用 HUTFF 技术和其他技术的结合，新日铁开发了具有多种性能优异的集装箱钢板、船板、建筑用钢板和海洋结构用钢[13-16]。

2004 年，日本 JFE 钢铁公司提出技术“大线能量焊接热影响区韧性改善技术”（JFE EWEL 技术），来改善大线能量焊接过程造船、桥梁、建筑等用高强度、厚钢板热影响区的韧性。传统钢焊接热影响区组织如图 17-5（a）所示，在熔合线附近的区域温度达到 1400℃以上，并且晶粒变得粗大。冷却过程中在奥氏体晶界产生的侧板条铁素体，奥氏体晶粒内生成上贝氏体，导致焊接区域韧性急剧下降。JFE EWEL 技术改进后的钢材焊接热影响区组织如图 17-5（b）所示，熔合线附近区域生成晶粒较为细小的晶内铁素体，粗晶粒的区域明显减小，细晶粒区域明显增大。JFE EWEL 技术路线如图 17-6 所示[12]。主要包括：通过控制 Ti、N 添加量和比例提升 TiN 的固溶温度在 1450℃以上，强化 TiN 的高温

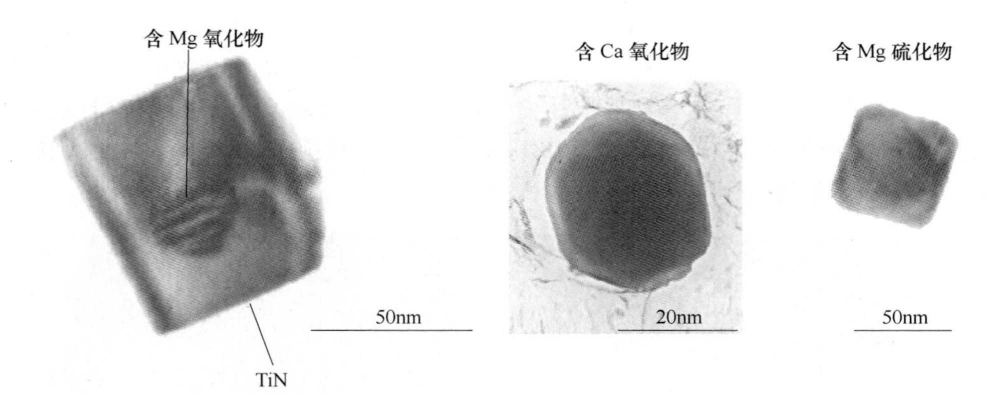

图 17-3　HTUFF 钢中的钉扎粒子[9-11]

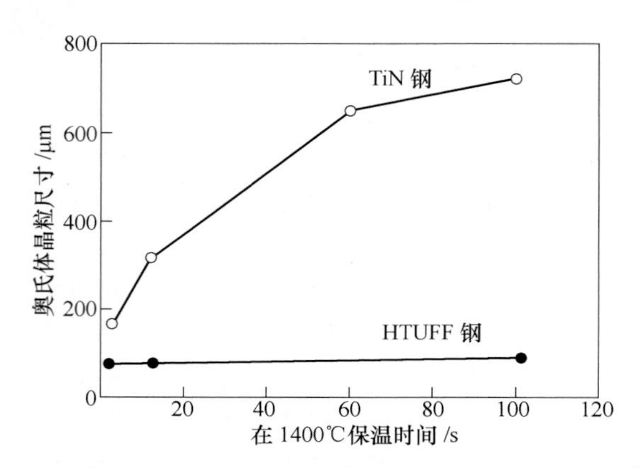

图 17-4　HTUFF 钢和 TiN 钢抑制奥氏体晶粒长大效果对比[9,12]

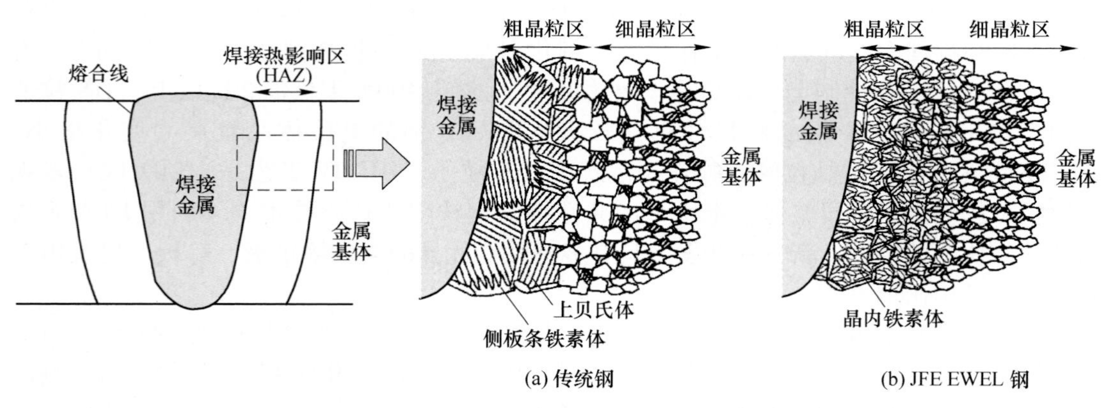

图 17-5　焊接热影响区微观组织示意图[9,12]

钉扎作用降低 HAZ 粗晶粒尺寸；在线加速冷却速率技术（Super OLAC）可以在减小碳当量的增加，得到高强度的厚钢板，同时为焊接过程改善韧性提供了基础[11]。JFE EWEL 技术一经开发成功，就被迅速地应用于造船用高强度钢板、建筑用高强度钢板、桥梁用高强度钢板、储罐压力容器用高强度钢板和天然气输送用 UOE 钢管的制造[9,17-21]。

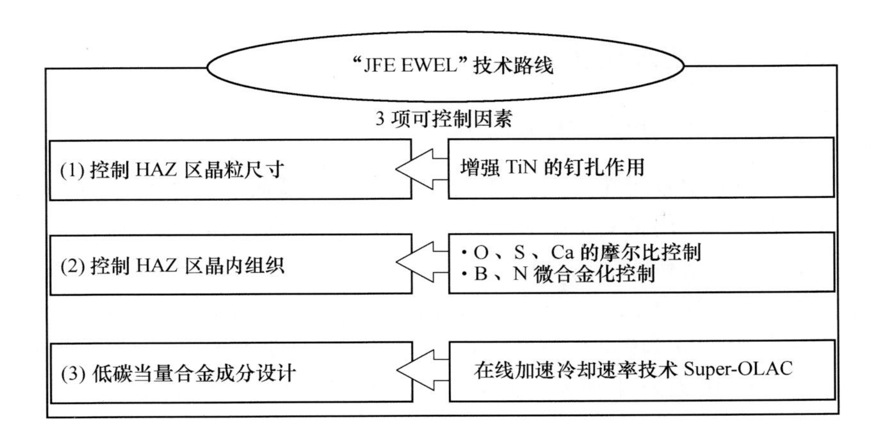

图 17-6　JFE EWEL 技术路线示意图[11,12]

目前，通过对第二相粒子控制提升钢材性能的应用最广泛的技术路线主要有两种思路（图 17-7）：一种是利用钢中形成的纳米级第二相粒子（氧/硫/氮/碳化物），通过钉扎高温下晶界的移动对晶粒的长大进行抑制；另一种是通过钢中形成的微米级第二相粒子（氧/硫/氮/碳化物）促进晶内铁素体的形核来细化钢的组织，从而提升产品性能。

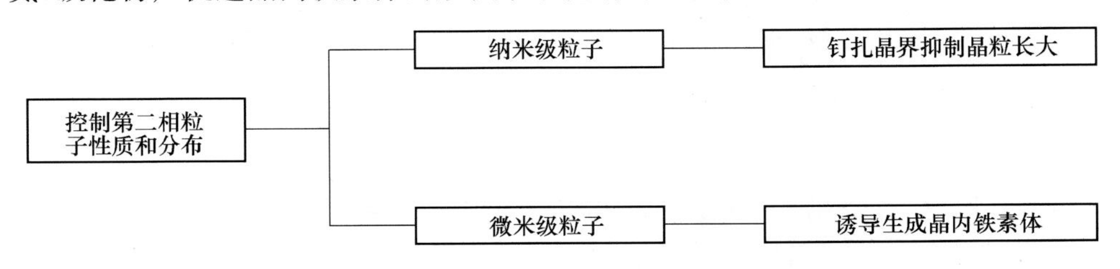

图 17-7　第二相粒子冶金的技术路线示意图（改自 Ogibayashi 结果[22]）

北京科技大学王新华教授[23-26]利用非金属夹杂物对低合金钢晶粒细化方面进行了大量研究，分别研究了 Ti 脱氧钢、Al-Ti 脱氧钢、Mg-Ti 脱氧钢和 Al-Zr 脱氧钢中夹杂物粒子诱导钢中晶内针状铁素体形核，并用贫锰区理论和错配度理论等进行了解释。宝钢杨健等[9]开发了利用微细夹杂物改善厚板大线能量焊接热影响区韧性的技术，钢中微米级析出物的数量密度大大增加，可以促进晶内针状铁素体的形成；通过纳米析出物的钉扎作用以有效地抑制焊接热影响区原奥氏体晶粒长大，从而提升焊接热影响区冲击韧性。刘中柱等[11,27]曾经对氧化物冶金技术进行了总结综述，介绍了氧化物冶金技术提出的背景、主要内容、对钢的组织性能的影响，总结了国内外氧化物冶金开发的新进展、新技术和新应用。Sarma 等[28]曾对钢中第二相粒子诱导针状铁素体的形核进行了系统的综述，介绍了第二相粒子诱导针状铁素体的形核机理和应用，以及其影响因素。

现在，人们大多称其为“夹杂物冶金”“氧化物冶金”等。其实，这些名词都不是很准确，因为夹杂物和氧化物都不能涵盖可以控制和利用的夹杂物、凝固析出物和外来粒子等所有第二相粒子。因此，这种通过对第二相粒子的控制从而提升钢材产品的某方面性能的技术，应称为“第二相粒子冶金”。

17.2　第二相粒子冶金理论基础

17.2.1　第二相粒子对晶粒长大的钉扎作用

日照钢铁和宝钢的学者对第二相粒子对精轧晶界模型研究进行了很好的总结[29]。第二相粒子对晶界的钉扎作用主要发生在晶粒长大过程中，利用弥散分布的第二相粒子细化基体组织进而提高金属材料的强度和韧性已成为工业常用的工艺手段，各种钉扎力模型已经应用于解释陶瓷材料和冶金工艺过程中的回复、再结晶以及晶粒长大现象。在晶粒长大过程中，晶界运动导致组织转变，晶界与第二相粒子相互作用，第二相粒子的钉扎使得第二相粒子对晶界的作用力发生改变。晶界的运动速度以及形貌会发生变化，如图 17-8 所示[29]。

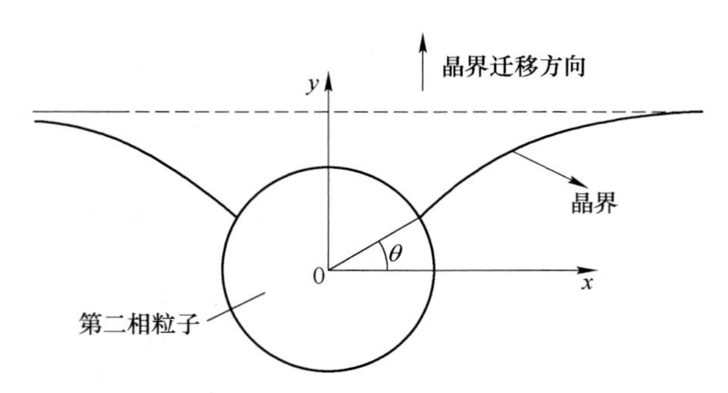

图 17-8　第二相粒子与晶界相互作用示意图[29]

1948 年，Zener[30]提出了钉扎力 F_z 的概念，对第二相粒子对晶界的作用第一次进行了量化。析出物对晶粒长大的针扎作用可用 Zener 公式表示：

$$R = \frac{4r}{3\phi} \tag{17-1}$$

式中，R 为晶粒尺寸，μm；r 为析出相半径，μm；ϕ 为析出相体积分数，%。

由 Zener 公式可以推导出：析出相越细小，体积分数越高，对晶粒的针扎作用越强。随着温度的提高，一般析出相可能会固溶于铁基体中，通过对析出相的选择、控制钢的成分和过程参数的控制，可保证高温下析出相仍然具有细小的尺寸和较高的体积分数。Reed-Hill[31]根据 Zener 的钉扎力结论，假设了单一静止的球形第二相粒子与非共格界面的相互作用，根据不同的析出相形貌，对球形第二相粒子的假设进行了修正，给出了当第二相粒子为非球形时的钉扎力表达式。Ryum[32]分两种情况分析的椭球形第二相粒子与晶界间相互作用的结果与 Zener 模型值相差较大，且差值随着椭球体离心率的增大而增大。Ringer[33]考虑了方形第二相粒子共格析出时的情况，最大钉扎力约是相同体积球体时的 2 倍。Ashby[34]研究了第二相粒子共格析出时对晶界迁移的影响，共格析出时的最大钉扎力为非共格时的 2 倍，说明将钉扎力理论模型应用于实际材料时，应该考虑析出相与基体材料的物性差异。Grewal[35]研究发现当第二相粒子含量达到 10%左右时，晶界对第二相粒子有拖曳作用。Hunderi[36]发现当第二相粒子含量较高时，第二相粒子会沿着晶界三叉线或四相交点同时与 3 个晶界发生作用。Louat[37]则认为，与晶界运动相向的二相粒子促进晶界的运动，背向的二相粒子抑制晶界的运动，晶界$\pm r$处的二相粒子对晶界的作用相互抵消，作用力为零，只有与晶界的距离大于r的二相粒子对晶界才有作用力，即 Louat 效应。Hunderi[38]重新考虑了这种效应，认为与晶界运动相向的二相粒子与晶界相互作用的最大距离仍是r，而与晶界运动背向的二相粒子与晶界的作用距离大于r。王学伦等[39]发现二相粒子与晶界的作用范围随二相粒子与晶界相对位置的改变而改变，并对其进行了定量计算。

表 17-1[29]总结了球形二相粒子钉扎晶界的几种典型物理模型。析出相不但在高温情况下可以对钢基体起到针扎作用，而且在钢的冷却过程中，第二相粒子也有一定的作用。在不同温度下钢的晶粒尺寸平均值不同，在连续冷却过程中钢的晶粒存在动态长大的趋势。

表 17-1　球形二相粒子钉扎晶界物理模型比较[29]

作者	模　型	物理基础	参考文献
Zener	$(F_Z)_{max}=\pi r\gamma$	几何关系	[30]
Gladman	$(F_Z)_{max}=3.96r\gamma$	功能转化，假设的晶界方程	[40]
Ashby	$(F_Z)_{max}=2\pi r\gamma$	功能转化，假设的晶界方程	[41]
Hellman	$(F_Z)_{max}=\pi r\gamma$	几何关系，平衡状态下的晶界方程	[42]
Worner	$(F_Z)_{max}=\pi r\gamma$	功能转化，Hellman 的晶界方程	[43]
王学伦	$(F_Z)_{max}=2\pi r\gamma$，$(F_Z)_{mean}=4r\gamma$	功能转化，动态下的晶界方程	[39]

17.2.2　第二相粒子诱导针状铁素体的形核

第二相粒子通过诱导针状铁素体可以提升钢材产品性能。图 17-9[44]为在第二相粒子表面形核的针状铁素体形貌。可以看到，针状铁素体由第二相粒子向外生长，诱导晶内铁素体形核的第二相粒子尺寸大于没有作为形核的第二相粒子尺寸。

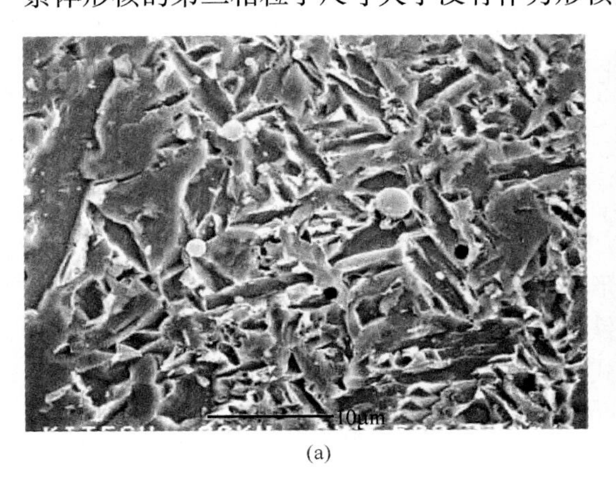

(a)

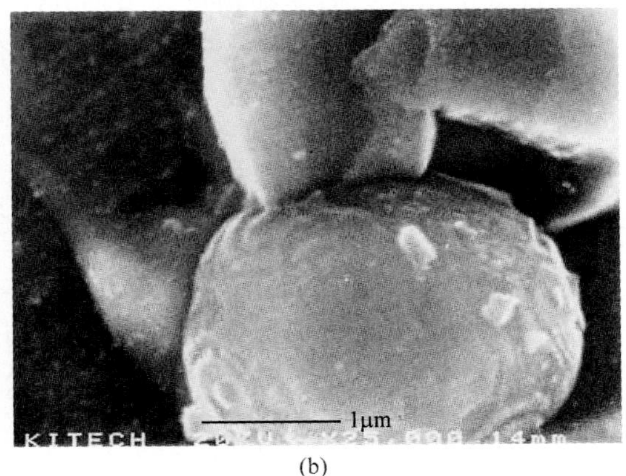

(b)

图 17-9　在夹杂物表面形核的针状铁素体形貌[44]

根据典型形核理论，计算以第二相粒子为核心的奥氏体/铁素体相变形能量平衡时需要考虑式（17-2）中四个项。右边的第一项表示以体积V_α的奥氏体/铁素体相变过程中的自由能，右边的第二项表示由于新的奥氏体/铁素体的自由能，右边的第三项表示第二相粒子/铁素体界面产生而增加的自由能，右边第四项代表奥氏体和第二相粒子界面消失时对球形能量平衡的影响。然而，很难确定第二相粒子诱导晶内铁素体过程中哪一项起主要作用。目前对于第二相粒子诱导晶内针状铁素体的形核机理主要有以下四种：界面能平衡理论、低错配度理论、热收缩理论和贫锰区理论。尽管上述四种机制都能够一定程度上对其做出解释，但都有其局限性，不足以完整解释第二相粒子诱导晶内针状铁素体的形核过程。针状铁素体的形核机理受到第二相粒子性质的影响，第二相粒子不同其形核机理也不同，也可能不仅仅是单一机制，而是上述数种机制共同作用的结果。通常是根据具体钢种中的具体第二相粒子选择其中的一种或多种理论进行综合解释[45]。

$$\Delta G_{het} = -(\Delta G_V - \Delta G_S)V_\alpha + \sigma_{\alpha/\gamma}A_{\alpha/\gamma} + \sigma_{\alpha/i}A_i - \sigma_{\gamma/i}A_i \tag{17-2}$$

式中，ΔG_{het}为异相形核的自由能变化；ΔG_V 为单位体积奥氏体铁素体相变的驱动能；ΔG_S 为单位体积铁素体相变产生的应变能；σ 为单位表面能；A 为界面面积。

17.2.2.1 界面能平衡理论

Ricks 等[46]发现针状铁素体在第二相粒子表面形核能高于在晶界上形核能且低于均质形核能，第二相粒子可以提供为晶内针状铁素体的形核质点，这种理论被称为界面能平衡理论。图 17-10 为第二相粒子尺寸与晶界形核能量的关系。由图可知，随第二相粒子半径增加，晶内针状铁素体在第二相粒子异质形核时需要的能量逐渐减少，当夹杂物半径增加到 0.5μm 以上时，异质形核所需能量变化不大[46]。晶内针状铁素体与晶界铁素体是竞争析出的，但夹杂物尺寸增加到一定值后，晶内针状铁素体析出的可能性变化不大[44,47-49]。

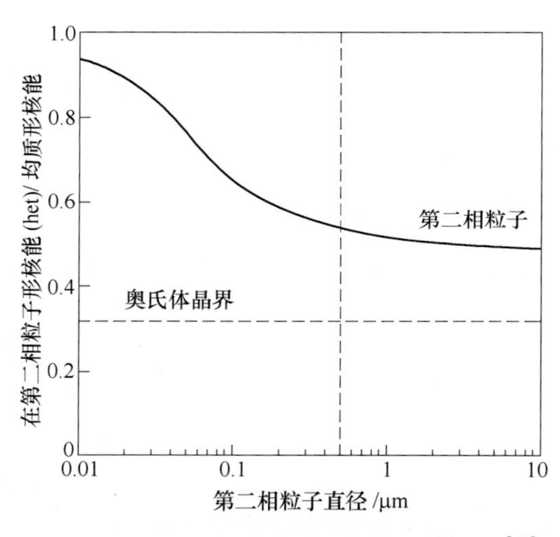

图 17-10 夹杂物直径与晶界形核能量关系[46]

17.2.2.2 低错配度理论

Bramfitt[50]提出了低错配度理论揭示第二相粒子冶金作用，基本原理是随第二相粒子与铁素体或奥氏体错配度降低，针状铁素体形核所需能量降低，从而针状铁素体更容易在第二相粒子上形核和长大，即第二相粒子与铁素体或奥氏体有着共格或半共格关系越好的对针状铁素体的形成越有利。晶格错配度公式如式（17-3）所示[50]：

$$\delta_{(hkl)_n}^{(hkl)_s} = \sum_{i=1}^{3}\left(\frac{\left|d_{[uvw]_s^i}\cos\theta - d_{[uvw]_n^i}\right|}{3d_{[uvw]_n^i}}\right) \times 100 \tag{17-3}$$

式中，δ 为错配度；s 为基底晶面；n 为结金相镜面；$(hkl)_s$ 为基底的一个低指数面；$[uvw]_s$ 为 $(hkl)_s$ 上的一个低指数方向；$(hkl)_n$ 为基底的一个低指数面；$[uvw]_n$ 为 $(hkl)_n$ 上的一个低指数方向；$d_{[uvw]_s}$为沿 $[uvw]_s$ 方向的原子间距；$d_{[uvw]_n}$为沿 $[uvw]_n$ 方向的原子间距；θ 为 $[uvw]_s$ 方向和 $[uvw]_n$ 方向的夹角。

图 17-11[28,50]（a）为 TiC 与奥氏体界面的结晶关系，图 17-11（b）为 WC 与奥氏体界面的结晶关系。奥氏体与 TiC 的错配度远小于与 WC 的错配度，因此 TiC 比 WC 更有利于晶内针状铁素体的形成。一些常见的夹杂物的晶格参数及其与铁素体的错配度如表 17-2[11] 所示。然而，低错配度机制同样存在着一定的局限性，其无法解释与铁素体的晶格错配度很高的 Ti_2O_3 粒子同样能诱发针状铁素体形核的现象[51]。

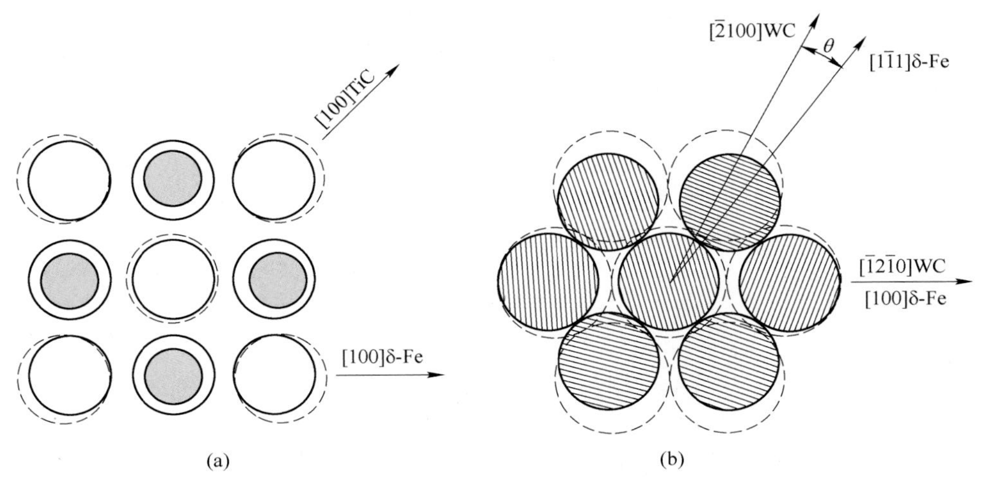

图 17-11 TiC、WC 与奥氏体界面的结晶关系[28,50]

表 17-2 夹杂物的晶格参数及其与铁素体的错配度[11]

夹杂物	晶格结构	晶格参数 a/nm	$a/a_{\alpha\text{-Fe}}$	错配度
VC	面心立方	0. 4192	1. 463	0. 032
VN	面心立方	0. 4130	1. 441	0. 018
NbC	面心立方	0. 4458	1. 555	0. 1
TiC	面心立方	0. 4329	1. 510	0. 076
TiN	面心立方	0. 4230	1. 476	0. 047
TiO	面心立方	0. 4180	1. 459	0. 031
MgO	面心立方	0. 4213	1. 470	
MgS	面心立方	0. 5191	1. 811	
MnS	面心立方	0. 5224	1. 823	0. 089
CaS	面心立方	0. 5686	1. 984	
$Cu_{1.8}S$	面心立方	0. 5564	1. 941	
CaO	面心立方	0. 4810	1. 678	0. 160
TiO_2	四方	4. 5940	c=2. 958	0. 133
Ti_2O_3	六角	5. 1400	c=13. 660	0. 268

注：晶格参数 $a_{\alpha\text{-Fe}}$ 为 0. 2866nm。

17. 2. 2. 3 热膨胀系数差异理论

第二相粒子与奥氏体间热膨胀系数的不同会影响晶内铁素体的形核行为。热膨胀系数差异理论的基本原理是冷却过程中，因钢中第二相粒子与奥氏体热膨胀系数的差异，在第二相粒子周边会产生一个应力应变场。应力应变场的形成为铁素体在第二相粒子表面形核提供了所需的能量，从而使铁素体在第二相粒子上析出长大。应力应变能的主要影响因素有：（1）钢的弹性模数；（2）钢基体过冷度；（3）第二相粒子和奥氏体的热膨胀系数差异。图 17-12 为常见第二相粒子的平均膨胀系数，绝大多数的第二相粒子的热膨胀系数比奥氏体钢低得多。因此随着冷却过程，第二相粒子周围的膨胀应变会逐渐增强，在第二相粒子颗粒周围发生奥氏体到铁素体相变有利于减轻这种膨胀应变。热膨胀应变作用与冷却速度有很紧密的联系，加速冷却有利于促进铁素体的有效形核[28]。

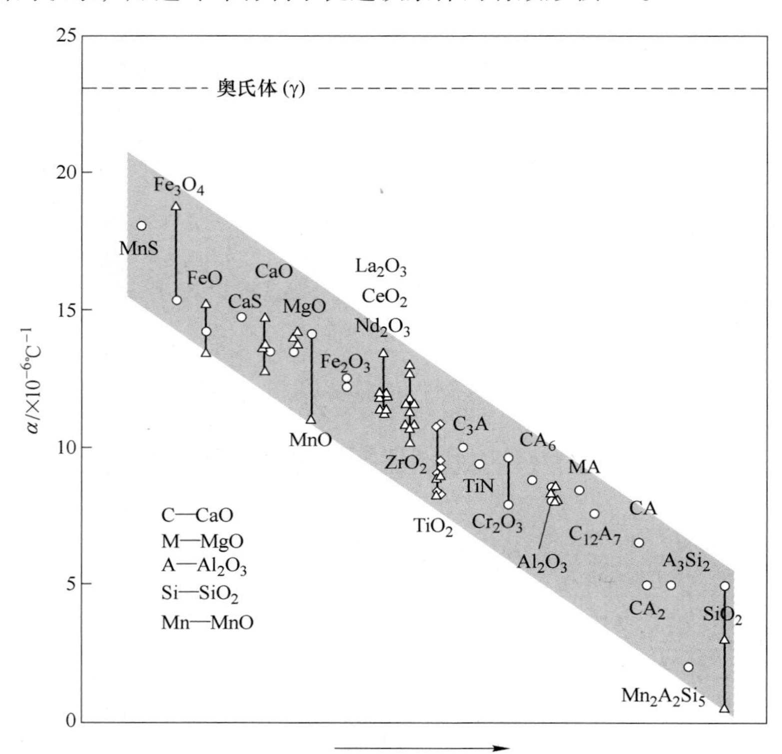

图 17-12　常见第二相粒子的平均膨胀系数[28]

17.2.2.4　溶质元素贫乏区理论

溶质元素贫乏区理论的基本原理是：钢中的溶质元素按其对奥氏体（γ）相区域大小的影响，可以分为 γ 相区域扩大元素（如 C、Mn 等）和 γ 相区域缩小元素（如 P、Sn 等）。在焊接加热过程，第二相粒子周围钢基体中的 Mn、B 元素被第二相粒子吸附。由于这些元素在奥氏体钢中扩散较慢，距离第二相粒子较远基体中元素无法及时补充到邻近区域，造成第二相粒子周围形成一个 Mn、B 等元素的贫乏区，这些奥氏体稳定元素贫乏区大大降低了第二相粒子周围奥氏体的稳定性。此外，提高奥氏体/铁素体相变温度，有利于晶内针状铁素体形核。同样元素贫乏区机制也有其局限性，比如纯 MnS 粒子无法诱导晶内针状铁素体（AF）形核[27]。

贫锰区理论常用于揭示 TiO_x 粒子诱导 AF 形核。图 17-13 为 Ti_2O_3 第二相粒子周围形成的贫锰区示意图。Ti_2O_3 粒子能够吸收 Mn 元素在周围形成贫锰区，使第二相粒子周围的奥氏体不稳定容易发生向铁素体的转变，促进了针状铁素体在第二相粒子上的形核长大[8,24,52,53]。

图 17-14 为贫锰区内 Mn 的浓度对不同尺寸第二相粒子表面晶内铁素体形核所需能量的影响。贫锰区内较低的 Mn 浓度可以减小第二相粒子表面晶内铁素体形核需要的能量。大于 1μm 的第二相粒子周围的 Mn 浓度极低时，晶内针状铁素体在第二相粒子表面形核比在晶界形核更容易[54]。

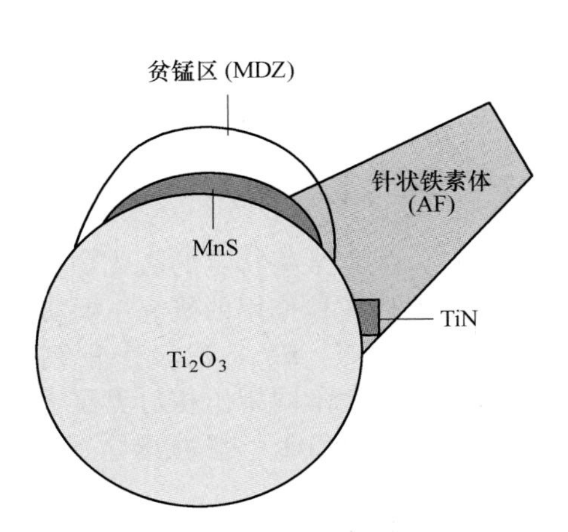

图 17-13 Ti_2O_3 粒子周围形成的 Mn、B 的贫乏区示意图[53]

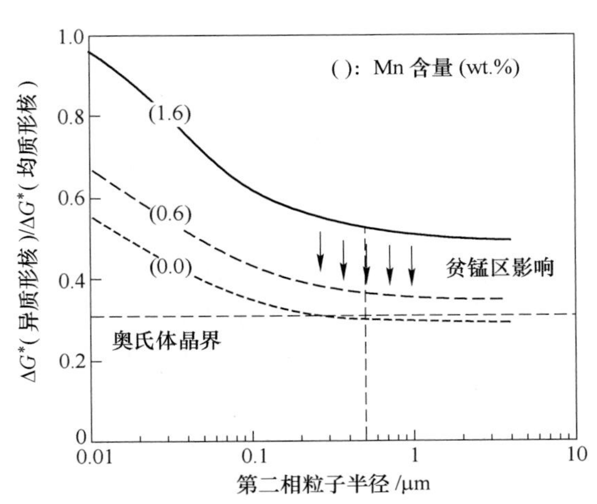

图 17-14 贫锰区内 Mn 浓度对不同尺寸第二相粒子表面晶内铁素体形核需要的能量的作用[54]

17.3 第二相粒子冶金的影响因素

钉扎奥氏体晶界技术和诱导晶内针状铁素体形核技术都需要控制钢中的第二相粒子符合一定条件以细化晶粒，提高产品强度和韧性。因而，控制第二相粒子性质是控制第二相粒子冶金技术的关键，只有合适的第二相粒子（包括第二相粒子粒子的成分、尺寸及分布、数量、弥散程度等方面）才能起到细化晶粒的作用。此外，影响第二相粒子的主要因素还有钢液成分、冷却方式、奥氏体晶粒尺寸等。

17.3.1 第二相粒子性质

17.3.1.1 第二相粒子的来源

有氧化物冶金效果的第二相粒子有三种主要来源：

（1）炼钢温度下钢液中合金化后产生的第二相粒子粒子，包含氧化物、硫化物、氮化物等粒子。

（2）钢液凝固过程中析出的第二相粒子，如钢液凝固和轧制过程中新析出的细小弥散的氧化物、硫化物、氮化物和碳化物粒子。前两种合金化后钢中自身生成的第二相粒子和钢液凝固过程中自身析出的第二相粒子的研究较为广泛，目前已经形成了比较成熟的技术并且可以广泛地应用于实际生产当中。

（3）外部添加第二相粒子。为了得到细化的铸态晶粒，向钢液中添加大量细小的、弥散分布的第二相粒子，使其在凝固结晶过程中成为奥氏体非均质形核核心，从而起到细化晶粒组织的作用。

Masayoshi 和 Kszuhiko[55]开发了一种用等离子喷吹向浇铸的钢液中喷射氧化物细小颗粒的方法，开始了粒子增强钢铁强韧度的研究。该方法靠等离子喷射把氧化物、氮化物和碳化物等粉末颗粒喷射到钢液中，并发现加入粒子平均尺寸为纳米级和微米级 Al_2O_3、ZrO_2、TiO_2 和 CeO_2 粒子后，钢的强度、硬度和冲击韧性均显著提高。目前有关外部加入法的研究报道尚不多见，但外加颗粒对钢的组织细化和提高其性能均有良好的作用，从而越来越受到人们的关注。但是这种外部加入法在现代冶金生产工艺中还存在不足，纳米粒子的预分散问题还没有很好地解决，导致纳米粒子在钢中的分布不是十分均匀，目前该生产工艺的大多数研究仅处于实验室阶段。

17.3.1.2　第二相粒子的种类

并非所有第二相粒子都能作为晶内铁素体的形核核心，只有某些特定的氧化物夹杂及少量的硫化物和氮化物夹杂才能促进其形成。目前晶内铁素体形核作用的研究主要集中在 SiO_2、MnS、CuS、Al_2O_3、Ti_2O_3、Al_2O_3、TiO_2、ZrO_2、TiN、VN、REO_x 以及多种氧硫化物的复合第二相粒子等。在模拟焊接过程钢加热到不同温度时，不同析出相对奥氏体晶粒尺寸的钉扎作用如图 17-15 所示[3]。图 17-16 为典型的 TiO_x[56] 和 ZrO_2[26] 颗粒诱导晶内铁素

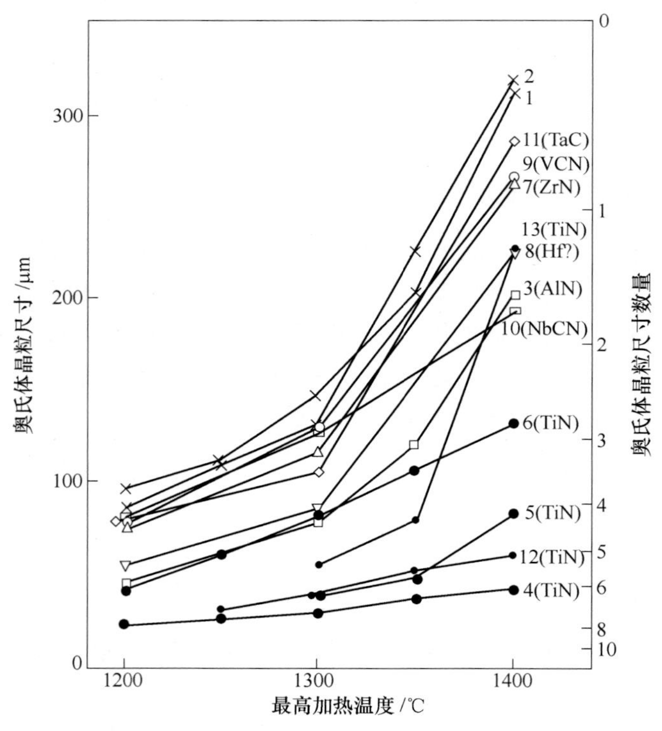

图 17-15　焊接过程不同第二相粒子对高温奥氏体晶粒的钉扎作用[3,27]

（1~13 为试样编号）

体形核形貌。不同的第二相粒子作为形核核心促进晶内铁素体形核的机理也不尽相同。图17-17[11]为不同脱氧产物对凝固后钢在1400℃保温时晶粒尺寸的影响，Zr氧化物有较好的降低奥氏体晶粒尺寸的作用。

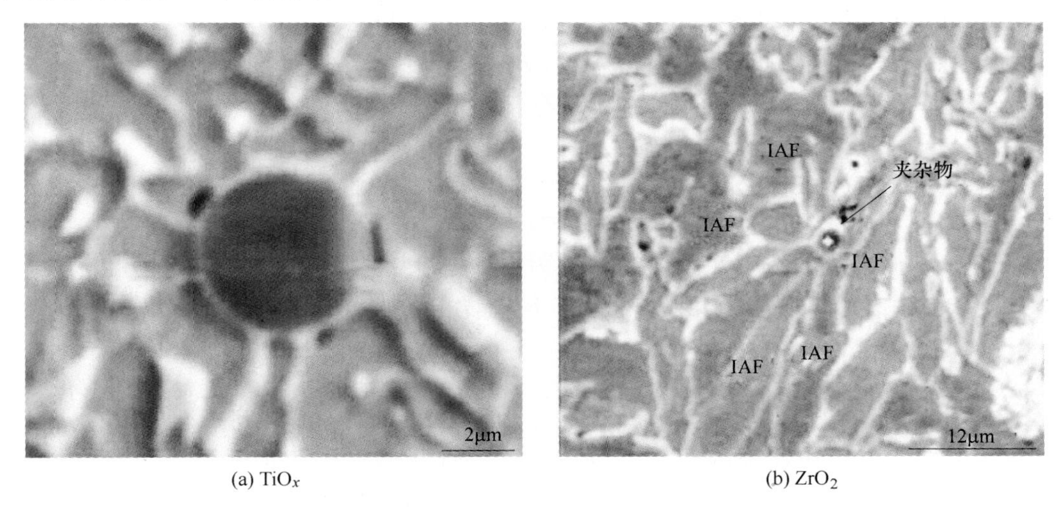

图 17-16　典型的 TiO_x 和 ZrO_2 颗粒诱导晶内铁素体形核形貌[26,56]

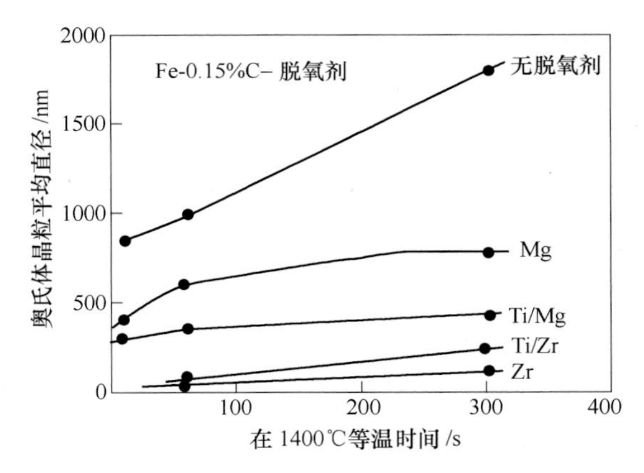

图 17-17　不同脱氧产物对凝固后钢在1400℃保温时晶粒尺寸的影响[11]

17.3.1.3　第二相粒子的尺寸

第二相粒子能否在钢中诱发针状铁素体形核，不仅取决于化学成分，其粒子尺寸也是非常重要的影响因素。许多学者对有利于晶内针状铁素体形成的最佳第二相粒子尺寸进行了研究[57,58]，Barbaro 等[59]发现当第二相粒子尺寸在0.4~0.6μm时其诱导针状铁素体形核的效果较好；Ricks 等[46]研究确定的针状铁素体形核核心的 Ti_2O_3 粒子是直径0.4~2μm。Lee 等[60]通过研究发现在0.2~1μm的范围内随着粒子尺寸增加，第二相粒子诱导针状铁素体形核的能力逐渐增大，如图17-18所示。在0.4~0.8μm范围第二相粒子形核能力显著增加，当第二相粒子尺寸为1μm时促进晶内铁素体形核能力基本达到最大[61]。

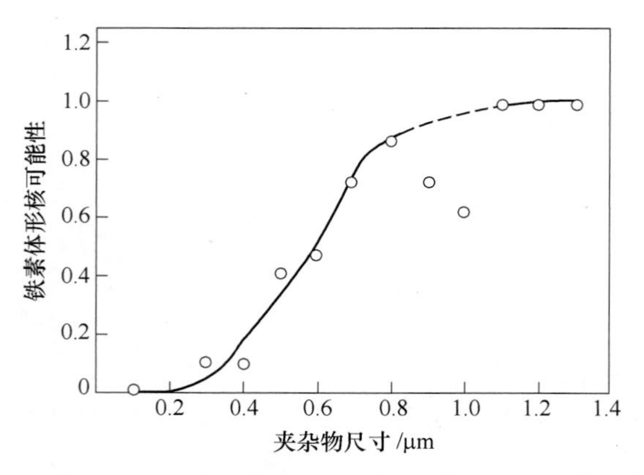

图 17-18　第二相粒子 AF 形核能力与尺寸的关系[60,61]

17.3.1.4　第二相粒子的数量和分布

钢中的有效第二相粒子的数量和分布是促进针状铁素体的重要影响因素[62]。Kim 等[63]认为针状铁素体比例与尺寸小于 2μm 的第二相粒子数量成线性关系；国旭明等[64]发现钢中均匀分布的 0.2~0.6μm 的第二相粒子有利于针状铁素体的生成，主要是因为增加第二相粒子数量，可以增加第二相粒子表面积，有利于针状铁素体的形成。但是，过多的第二相粒子会使晶界的面积增加，阻碍形成针状铁素体。因此，理想的第二相粒子体积分数存在一个范围值。Shim 等[65]还根据 Lee 等[60]的实验数据拟合得出奥氏体平均尺寸与钢中第二相粒子径的经验公式（17-4）。Goto 等[66]借助于 DeHoff 方程对氧化物的体积分数进行了推算（式（17-5））。根据公式可以得出，如果第二相粒子尺寸在 0.25~0.80μm 之间时，有利于 AF 形核的第二相粒子数量应该在 $1.3\times10^7 \sim 1.0\times10^8$ 个/mm³。由于第二相粒子统计存在复杂性和不确定性，目前关于合理的第二相粒子的数量和分布的还有待进一步的研究。

$$g = 0.1541\left(\frac{6}{\pi N_V d^2}\right)^{0.18127} \tag{17-4}$$

$$N_V = \frac{2N_a}{\pi d} \tag{17-5}$$

式中，g 为奥氏体晶粒平均尺寸，mm；d 为第二相粒子颗粒平均径，mm；N_V 为单位体积内第二相粒子数量，个/mm³；N_a 为单位面积内第二相粒子数量，个/mm²。

17.3.2　冷却方式

冷却速度和冷却时间对焊缝区域的针状铁素体的形核有着重要影响。较短的冷却时间内容易得到马氏体或贝氏体组织；随着冷却时间的增加，形成的组织主要为晶界、侧板条或针状铁素体；要得到高含量的针状铁素体，就必须严格控制冷却时间和相变过程。当冷却速度较慢时，主要块状铁素体和珠光体相变。不同钢液成分下有利于针状铁素体形核最佳冷却速度不同，应当根据具体钢液成分来确定其最佳冷却速度[67-70]。图 17-19[71] 为 900℃下奥氏体化冷却速率对中碳钢组织生成的影响，在冷却速率为 0.5~2.5℃/s 时有利于针状铁素体的生成。

图 17-20 为 Kang 等[52]提出的有利于第二相粒子周围贫锰区晶内针状铁素体形核的热处理工艺。为有利于提升晶内针状铁素体的形核的热力学条件有：（1）在连铸过后，要在 Ti_3O_5 向 Ti_3O_5 转变的温度下进行再加热，从而增大第二相粒子对周围 Mn 元素的吸收，形成贫锰区；（2）轧制过后在奥氏体转变成铁素体转变温度以上进行二次热处理，从而提升晶内针状铁素体在第二相粒子上的形核能力，减少在奥氏体晶界上的形核。

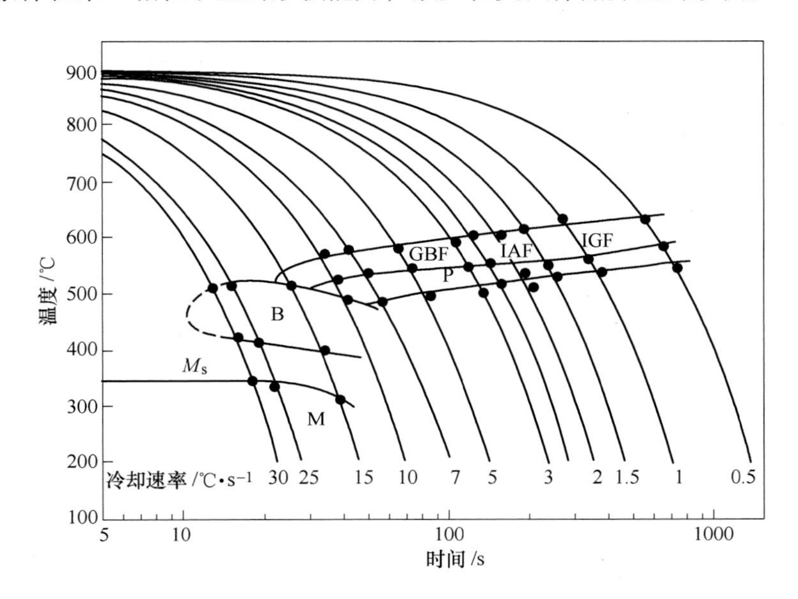

图 17-19　900℃下奥氏体化 10min 后冷却速率对中碳钢组织生成的影响[71]

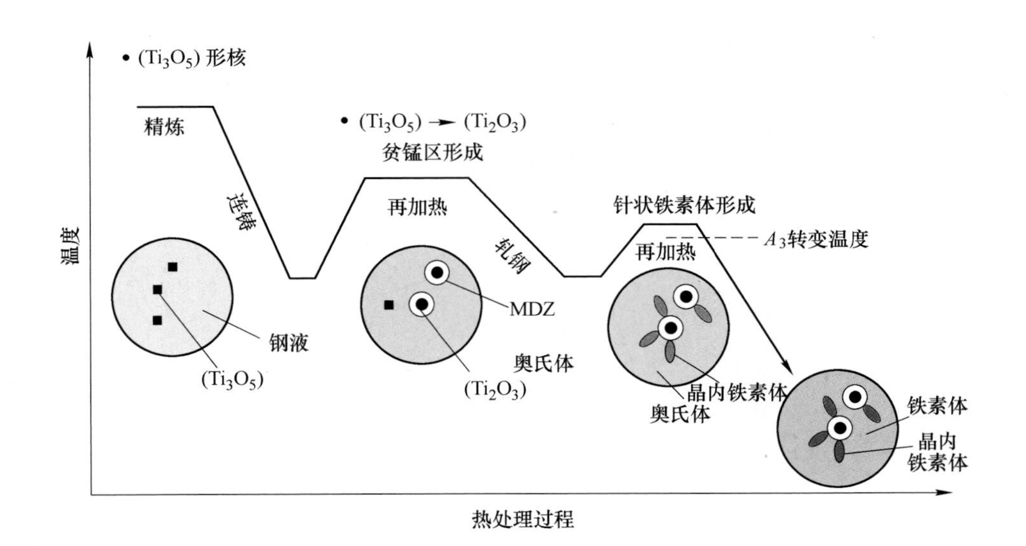

图 17-20　有利于第二相粒子周围贫锰区境内针状铁素体形核的热处理工艺[52]

17.3.3 奥氏体晶粒尺寸

钢中晶内针状铁素体形成不仅与第二相粒子的性质、冷却速率、钢液成分有关，还与原奥氏体晶粒大小有关。奥氏体向铁素体转变过程中需要一个表面提供异质形核所需要的界面形成新相。因此，在晶界表面形成的铁素体的类型，取决于金属内晶界的总表面积和晶内第二相粒子颗粒的总表面积。针状铁素体在第二相粒子上的形核能力和显微组织中针状铁素体的体积百分数随着第二相粒子总表面积与晶界总表面的比值的增加而增加。因此，较大尺寸的夹杂物有利于晶内针状铁素体的形成[61]。图 17-21 为在焊接金属中奥氏体晶粒尺寸对针状铁素体形成的影响[72]。针状铁素体的体积百分数随着奥氏体晶粒尺寸的增加而增加。当晶粒尺寸超过最佳形核尺寸时钢中针状铁素体含量下降，从而导致钢材性能的恶化[61,73]。

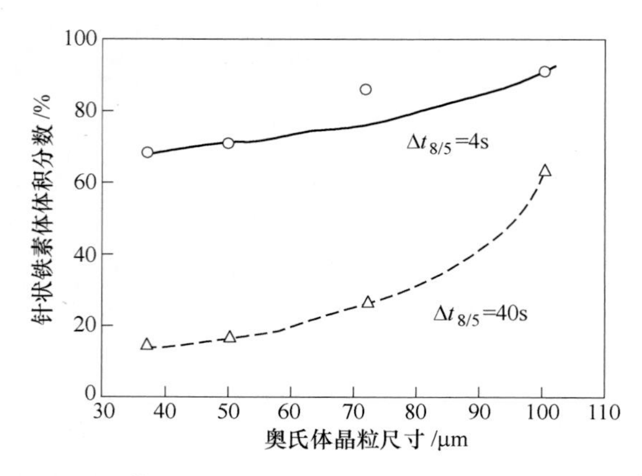

图 17-21　奥氏体晶粒尺寸和冷速对针状铁素体形核的影响[61,72]

Lee 等[74]发现了在加入 Ca 元素和不加入 Ca 元素的钛脱氧钢中的针状铁素体相对形核能力与奥氏体晶粒大小之间基本上符合 C 曲线关系，如图 17-22 所示，确定在其实验条件下得到的最佳奥氏体晶粒尺寸在 180μm 左右。Lee 等[57]实验发现在其实验条件下，100μm 以上的初始奥氏体晶粒时有利于针状铁素体的稳定形成。因此，想要确定有利于针状铁素

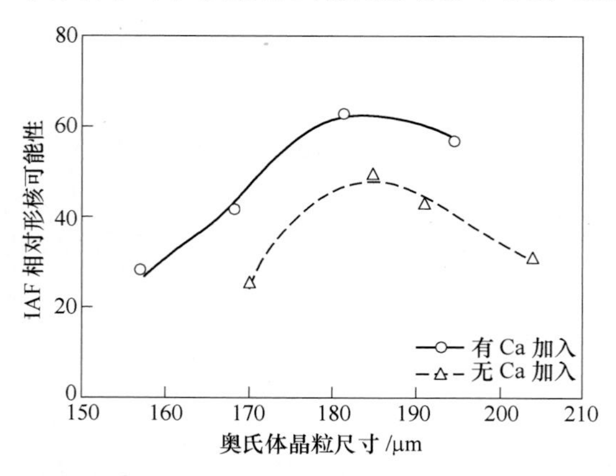

图 17-22　平均奥氏体晶粒尺寸对针状铁素体相对形核能力的影响[61,74]

体形核的最佳初始奥氏体晶粒尺寸，需要根据其钢液成分和第二相粒子性质等条件具体而定[61]。

17.4 本章小结

（1）通过控制第二相粒子提升钢材性能，应用最广泛的技术路线主要有两种思路：一种是利用钢中形成的纳米级第二相粒子钉扎晶界；另一种是通过钢中微米级第二相粒子促进晶内铁素体的形核，从而细化钢的组织、提升产品性能。

（2）对于第二相粒子诱导晶内针状铁素体的形核机理主要有以下四种：界面能平衡理论、低错配度理论、热收缩理论和贫锰区理论。尽管上述四种机制都能够在一定程度上对其做出解释，但都有局限性。通常是根据具体钢种中的具体第二相粒子选择其中的一种或多种理论进行综合解释。

（3）第二相粒子冶金技术仍停留在试验阶段，目前主要是应用在大线焊接技术上，其理论解释需要进一步完善。

参考文献

[1] Kato K. Investigation of nonmetallic inclusions in mild steel weld metals [J]. IIW DOC ll-A, 1965, 65 (158).

[2] Cloor K, Christensen N, Maehle C, et al. Nonmetallic inclusions in weld metal [J]. IIW DOC ll-A, 1963, 106 (63).

[3] Kanazawa S, Nakashima A, Okamoto K. Improved toughness of weld fussion zone by fine TiN particles and development of a steel for large heat input welding [J]. Tetsu-to-Hagane, 1975, 61 (11): 2589-2603.

[4] Kasamatsu Y, Takashima S, Hosoya T. Effect of titanium and nitrogen on toughness of heat-affected zone of steel plate with tensile strength of $50kg/mm^2$ in high heat input welding [J]. Tetsu-to-Hagane, 1979, 8: 1232-1241.

[5] Mizoguehi S, Takamura J C. Control of oxides as inoculant [C]. Proceedings of the 6th International Iron and Steel Congress, Nagoya, 1990: 598-604.

[6] Mizoguehi S, Takamura J C. Roles of oxides in steels performance-metallurgy of oxides in steels [C]. Proceedings of the 6th International Iron and Steel Congress, Nagoya, 1990: 591-597.

[7] Sawai T, Wako M, Ueshima Y, et al. Effect of Zr on the precipitation of MnS in low carbon steels [C]. Proceedings of the 6th International Iron and Steel Congress, Nagoya, 1990: 605-611.

[8] Harrison P L, Farrar R A. Influence of oxygen-rich inclusions on the $\gamma \to \alpha$ phase transformation in high-strength low-alloy (HSLA) steel weld metals [J]. Journal of Materials Science, 1981, 16 (8): 2218-2226.

[9] 杨健，祝凯，王聪，等．改善厚板大线能量焊接性能的氧化物冶金的研究进展 [C]. 第十五届全国炼钢学术会议文集，2008：568-572.

[10] Kojima A, Kiyose A, Uemori R. Super high HAZ toughness technology with fine microstructure impacted by fine particles [J]. Nippon Steel Technical Report, 2004, 90: 2-6.

[11] 刘中柱，桑原守．氧化物冶金技术的最新进展及其实践 [J]. 炼钢，2007，23（4）：1-6.

[12] Suzuki S, Ichimiya K, Akita T. High tensile strength steel plates with excellent HAZ toughness for ship-

building [J]. JFE Technical Report, 2005 (5): 19-24.

[13] Minagawa M, Ishida K, Funatsu Y, et al. 390 MPa yield strength steel plate for large heat-input welding for large container ships [J]. Nippon Steel Technical Report, 2004 (380): 6-8.

[14] Nagahara M, Fukami H. 530N/mm^2 tensile strength grade steel plate for multi-purpose gas carrier [J]. Nippon Steel Technical Report, 2004 (380): 9-11.

[15] Kojima A, Koshii K, Hada T, et al. Development of high HAZ toughness steel plates for box columns with high heat input welding [J]. Nippon Steel Technical Report, 2004 (380): 33-37.

[16] Nagai Y, Fukami H, Inoue H, et al. YS 500N/mm^2 high strength steel for offshore structures with good CTOD properties at welded joints [J]. Nippon Steel Technical Report, 2004 (380): 12-16.

[17] Suzuki S, Ichimiya K, Akita T. High tensile strength steel plates for shipbuilding with excellent HAZ toughness [J]. JFE Technical Report, 2004 (5): 19-24.

[18] Kimura T, Sumi H, Kitani Y. High tensile strength steel plates and welding consumables for architectural construction with excellent toughness in welded joints [J]. JFE Technical Report, 2004 (5): 38-44.

[19] Nishimura K, Matsui K, Tsumura N. High performance steel plates for bridge construction [J]. JFE Technical Report, 2004 (5): 25-30.

[20] Hayashi K, Araki K, Abe T. High performance steel plates for tanks and pressure vessels [J]. JFE Technical Report, 2004 (5): 56-62.

[21] Ishikawa N, Endo S, Kondo J. High performance UOE linepipes [J]. JFE Technical Report, 2005 (9): 19-24.

[22] Ogibayashi S. Advances in technology of oxide metallurgy [J]. Nippon Steel Technical Report, 1994, 61: 70-76.

[23] Yang C, Lv N, Wang X, et al. Deoxidization thermodynamics of Ti-Al systems in molten steel at 1873 K and precipitation of inclusions [J]. Joumal of University of Science and Technology Beijing, 2009, 31 (11): 1390-1393.

[24] Hu Z, Yang G, Jiang M, et al. Effect of trace Mg-deoxidizing time on the characteristics of inclusions in Ti-deoxidized steel [J]. Journal of University of Science and Technology Beijing, 2012, 34 (40): 1123-1129.

[25] Yang C, Jiang M, Wang X, et al. Study of the Ti-Mn-Al-Si-O-S complex inclusions inducing intragranular acicular ferrite [C]. 2nd International Conference on Advanced Engineering Materials and Technology, Zhuhai, 2012: 620-627.

[26] Jiang M, Hu Z, Wang X, et al. Characterization of microstructure and non-metallic inclusions in Zr-Al deoxidized low carbon steel [J]. ISIJ International, 2013, 53 (8): 1386-1391.

[27] 刘中柱，桑原守．氧化物冶金技术的最新进展及其实践 [J]. 炼钢，2007，23 (3): 7-13.

[28] Sarma D S, Karasev A V, Jonsson P G. On the role of non-metallic inclusions in the nucleation of acicular ferrite in steels [J]. ISIJ International, 2009, 49 (7): 1063-1076.

[29] 王学伦，宋介中，王巍．二相粒子/析出相钉扎晶界模型研究进展 [J]. 钢铁研究学报，2010，22 (12): 1-6.

[30] Zener C. Theory of growth of sphercial precipitates from solid solution [J]. Transaction of the Metallurgical Society of AIME, 1948, 175 (15): 47-50.

[31] Reed-Hill R E. Physical Metallurgy Principles [M]. 3rd Ed. USA: PWS-Kent Publishing, 1992: 262.

[32] Ryum N, Hunderi O, Nes E. On grain boundary drag from second phase particles [J]. Sci. Metall., 1983, 17 (11): 1281.

[33] Ringer S P, Li W B, Easterling K E. On the interaction and pinning of grain boundaries by cubic shaped

precipitate particles [J]. Acta Metall., 1989, 37 (3): 831.
[34] Ashby M F, Harper J, Lewis J. The interaction of crystal boundaries with second-phase particles [J]. Transaction of the Metallurgical Society of AIME, 1969, 245 (2): 413.
[35] Grewal G, Ankem S. Modeling matrix grain growth in the presence of growing second-phase particles in two phase alloy [J]. Acta Metall. Mater., 1990, 38 (9): 1607.
[36] Hunderi O, Ryum N. The interaction between spherical particles and triple lines and quadruple points [J]. Acta Metall. Mater., 1992, 40 (3): 543.
[37] Louat N. The resistance to normal grain growth from a dispersion of spherical particles [J]. Acta Metall., 1982, 30 (7): 1291.
[38] Hunderi O, Nes N, Ryum N. On the Zener drag-addendum [J]. Acta Metall., 1989, 37 (1): 129.
[39] Wang X L, Wei Y H, Wang W, et al. Calculation of second phase particle-grain boundary interaction range [J]. Acta Metallurgica Sinica (English letters), 2008, 21 (1): 8.
[40] Gladman T. On the theory of the effect of precipitate particles on grain growth in metals [J]. Proc. Roy. Soc., 1966, A294: 298.
[41] Ashby M F, Harper J, Lewis J. The interaction of crystal boundaries with second-phase particles [J]. Transaction of the Metallurgical Society of AIME, 1969, 245 (2): 413.
[42] Hellman P, Hillert M. On the effect of second-phase particles on the grain growth [J]. Scand J. Metallurgy, 1975, 4: 211.
[43] Worner C H, Cobo A. On the grain growth inhibit ion by second phase particles [J]. Acta Metall., 1987, 35 (11): 2801.
[44] Lee T K, Kim H J, Kang B Y, et al. Effect of inclusion size on the nucleation of acicular ferrite in welds [J]. ISIJ International, 2000, 40 (12): 1260-1268.
[45] Porter D A, Easterling K E. Phase Transformation in Metals and Alloys [M]. London: Van Nostrand Reinhold, 1981, vol. Ⅳ.
[46] Ricks R A, Howell P R, Barritte G S. The nature of acicular ferrite in HSLA steel weld metals [J]. J. Mat. Sci., 1982, 17: 732-740.
[47] Grong Ø, Grong A O, Nylund H K, et al. Catalyst effects in heterogeneous nucleation of acicular ferrite [J]. Metallurgical and Materials Transactions A, 1995, 26 (3): 525-534.
[48] Fujimura H, Tsuge S, Komizo Y, et al. Effect of oxide composition on solidification structure of Ti added ferritic stainless steel (transformations and microstructures) [J]. Tetsu-to-Hagane, 2001, 87 (11): 707-712.
[49] Furuhara T, Yamaguchi J, Sugita N, et al. Nucleation of proeutectoid ferrite on complex precipitates in austenite [J]. ISIJ International, 2003, 43 (10): 1630-1639.
[50] Bramfitt B. The effect of carbide and nitride on the heterogeous nucleation behavior of liquid iron [J]. Metallurgical and Materials Transactions B, 1970, 1 (7): 1987-1995.
[51] Gregg J M, Bhadeshia H K D H. Acta Mater., 1997, 45: 739.
[52] Kang Y-B, Lee H-G. Thermodynamic analysis of Mn-depleted zone near Ti oxide inclusions for intragranular nucleation of ferrite in steel [J]. ISIJ International, 2010, 50 (4): 501-508.
[53] Yamamoto K, Hasegawa T, Takamura J I. Effect of boron on intra-granular ferrite formation in Ti-oxide bearing steels [J]. ISIJ International, 1996, 36 (1): 80-86.
[54] Byun J S, Shim J H, Cho Y W, et al. Acta Mater., 2003, 51: 1593.
[55] Masayoshi H, Kszuhiko T. Strengthening of steel by the method of spraying oxide particles into molten steel stream [J]. Metallurgical Transactions, 1978, 9 (3): 383-388.

[56] Hu Z, Yang C, Jiang M, et al. In situ observation of intragranular acicular ferrite nucleated on complex titanium-containing inclusions in titanium deoxidized steel [J]. Acta Metallurgica Sinica, 2011, 47 (8): 971-977.

[57] Lee J L. Evaluation of the nucleation potential of intragranular acicular ferrite in steel weldments [J]. Acta Metallurgica et Materialia, 1994, 42 (10): 3291-3298.

[58] Thewlis G. Transformation kinetics of ferrous weld metals [J]. Materials Science and Technology, 1994, 10 (2): 110-125.

[59] Barbaro F J, Krauklis P, Easterling K E. Formation of acicular ferrite at oxide particles in steels [J]. Materials Science and Technology, 1989, 5 (11): 1057-1068.

[60] Lee J L, Pan Y T. Microstructure and toughness of the simulated heat-affected zone in Ti-and Al-killed steels [J]. Materials Science and Engineering, 1991, 136: 109-119.

[61] 胡春林. Ti-Mg 复合脱氧对 16Mn 钢焊接 HAZ 组织及性能的影响 [D]. 北京：北京科技大学，2013.

[62] Zhang Z, Farrar R A. Role of non-metallic inclusions in formation of acicular ferrite in low alloy weld metals [J]. Materials Science and Technology, 1996, 12 (3): 237-260.

[63] Kim B, Uhm S, Lee C, et al. Effects of inclusions and microstructures on impact energy of high heat-input submerged-arc-weld metals [J]. Journal of Engineering Materials and Technology, 2005, 127 (2): 204-213.

[64] 国旭明，钱百年，王玉. 夹杂物对微合金钢熔敷金属针状铁素体形核的影响 [J]. 焊接学报，2007，28 (12)：5-11.

[65] Shim J H, Oh Y J, Suh Y W. Ferrite nucleation potency of nonmetallic inclusions in medium carbon steels [J]. Acta Material, 2001, 4 (2): 2115-2122.

[66] Goto H, Miyazawa K I, Tanaka K. Effect of oxygen content on size distribution of oxides in steel [J]. ISIJ International, 1995, 35 (3): 286-291.

[67] Furuhara T, Maki T. Acceleration of ferrite nucleation at inclusion by prior hot deformation of austenite [J]. CAMP-ISIJ, 1998, 11 (6): 465-473.

[68] Madariaga I, Gutierrez I, Andrés C G, et al. Acicular ferrite formation in a medium carbon steel with a two stage continuous cooling [J]. Scripta Materialia, 1999, 41 (3): 229-235.

[69] Byun J S, Shim J H, Suh J Y, et al. Inoculated acicular ferrite microstructure and mechanical properties [J]. Materials Science and Engineering: A, 2001, 319: 326-331.

[70] Ishikawa F, Takahashi T, Ochi T. Intragranular ferrite nucleation in medium-carbon vanadium steels [J]. Metallurgical and Materials Transactions A, 1994, 25 (5): 929-936.

[71] Yang Z, Wang F, Wang S, et al. Intragranular ferrite formation mechanism and mechanical properties of non-quenched-and-tempered medium carbon steels [J]. Steel Research International, 2008, 79 (5): 390-395.

[72] Barbaro F J, Krauklis P, Easterling K E. Intragranular ferrite formation second phase particles in C-Mn steels [J]. Materials Processing and Performance, 1991: 235-240.

[73] Karasev A V, Suito H. Effects of oxide particles and solute elements on austenite grain growth in Fe-0.05mass% C and Fe-10mass% Ni alloys [J]. ISIJ International, 2008, 48 (5): 658-666.

[74] Lee J L, Pan Y T. The formation of intragranular acicular ferrite in simulated heat-affected zone [J]. ISIJ International, 1995, 35 (8): 1027-1033.

第四部分 典型钢种钢中非金属夹杂物控制

18 铝脱氧钙处理冷镦钢（方坯）中非金属夹杂物的控制

前述各章讨论了关于钢中非金属夹杂物的基础理论以及影响夹杂物生成、长大和去除的控制因素。对于不同的钢种，因为化学成分、脱氧剂和工艺等因素的不同，钢中非金属夹杂物的种类也不同，对钢中非金属夹杂物控制的目标也不同。因为篇幅有限，本书仅介绍两种非常典型的钢种中非金属夹杂物在全流程的演变规律并分析其影响因素，一种是铝脱氧钙处理的冷镦钢（小方坯），另一种是硅锰脱氧无钙处理的不锈钢（宽板坯）。

冷镦钢是一种在室温条件下，利用金属塑性成型工艺，生产互换性较高的标准件用钢[1,2]。用冷镦的方法生产标准件，生产效率高，产品收得率也高，是一种无切削的产品加工方式。同时，冷镦标准件具有足够的冲击韧性，质量优良，缺口敏感性较低，能较好地抵抗应力腐蚀及化学腐蚀，耐寒冷，抗延迟破坏性良好。因此，冷镦钢被广泛用于生产螺钉、螺母、销钉等标准件，应用于汽车、电子、机械、轻钢结构和工程建筑等行业。冷镦钢在冶炼过程中要保证具有洁净度高、夹杂物少、危害小，同时钢中S和P等杂质元素含量应尽量少，也要控制钢中Si的含量，以保证产品质量。SWRCH系列是我国钢铁企业根据客户要求用日本钢铁行业标准生产的钢种，相当于我国的ML系列。SWRCH00X的冷镦钢牌号，00表示平均含碳量，X表示不同的脱氧方法，R表示沸腾钢，K表示镇静钢，A表示铝镇静钢[3]。SWRCH22A钢种的成分要求如表18-1所示。

表18-1　某钢厂生产的铝脱氧冷镦钢SWRCH22A化学成分　（%）

C	Si	Mn	P	S	Al
0.20	0.03	0.80	0.015	<0.015	>0.02

国内某钢厂生产SWRCH22A冷镦钢的流程为：120t转炉→LF精炼炉→Ca-Al线钙处理→中间包→160mm×160mm小方坯连铸，如图18-1所示。

18.1　钢中总氧以及氮含量

生产全流程钢中氧、氮含量如图18-2所示。转炉出钢脱氧后，氧氮含量均较低。随着转炉出钢合金加入，造渣料的加入氧含量明显增加。在LF精炼过程中，钢中T.O.含量不断降低，这是由于夹杂物的上浮去除等造成。浇铸过程氧含量有所回升，这是由于浇铸过程二次氧化造成。对于氮含量，转炉出钢时氮含量为25~30ppm，随着冶炼的进行，钢中氮含量不断增加，LF过程增氮14.7ppm，主要原因是钢水吸氮。在浇铸过程，氮含量增加11.5ppm。浇铸过程中的吸氮可间接表征浇铸过程中钢水二次氧化的程度，先进厂家可将浇铸过程吸氮控制在1ppm以内。

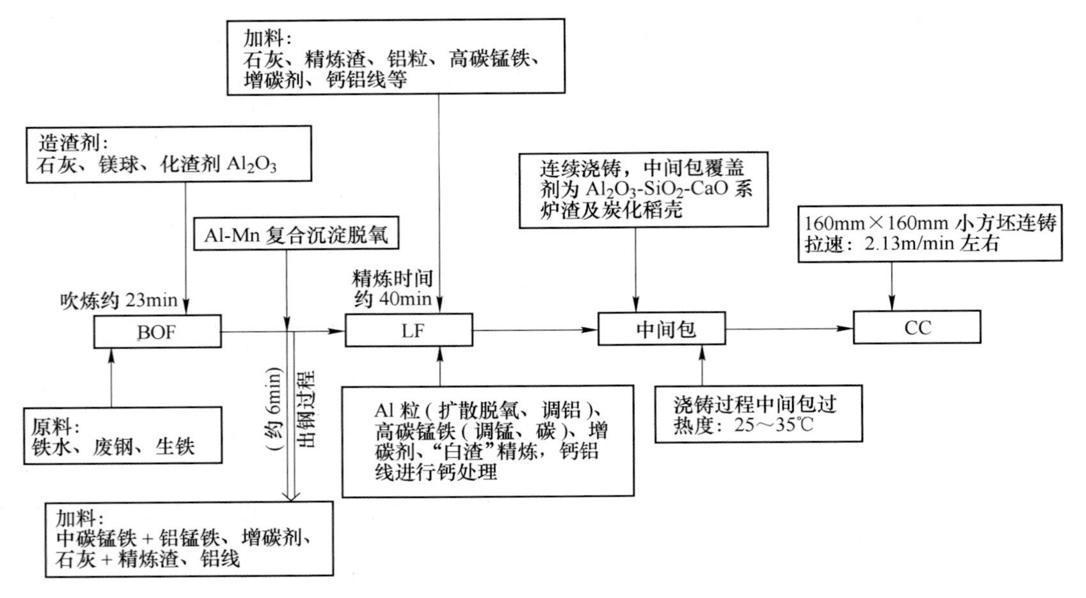

图 18-1　国内某钢厂冷镦钢生产工艺流程

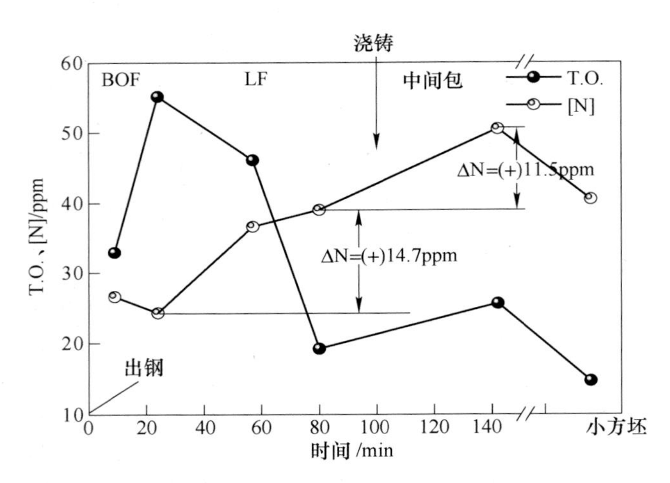

图 18-2　LF 精炼炉→中间包→小方坯钢中氧、氮含量变化

对铸坯氧、氮含量进行测定，在铸坯宽度中心处，从内弧至外弧等距离取 9 个氧氮棒进行氧氮测定，测定结果如图 18-3 和图 18-4 所示。铸坯中心 T. O. 含量较高，靠近边部较低，铸坯平均总氧含量为 14. 7ppm。氮含量有内弧到外弧呈马鞍状，氮含量较为稳定，平均含量为 40. 5ppm。

18. 2　钢中非金属夹杂物形貌和成分的演变规律

分别在 LF 进站、LF 合金化、LF 出站、中间包（钢包浇铸 1/2）、铸坯阶段取样，采用精磨抛光、盐酸浸蚀、部分非水溶液电解、完全非水溶液电解方法四种方法和场发射电镜全面、立体揭示了 SWRCH22A 冷镦钢生产流程中夹杂物形貌以及演变规律。此外，用

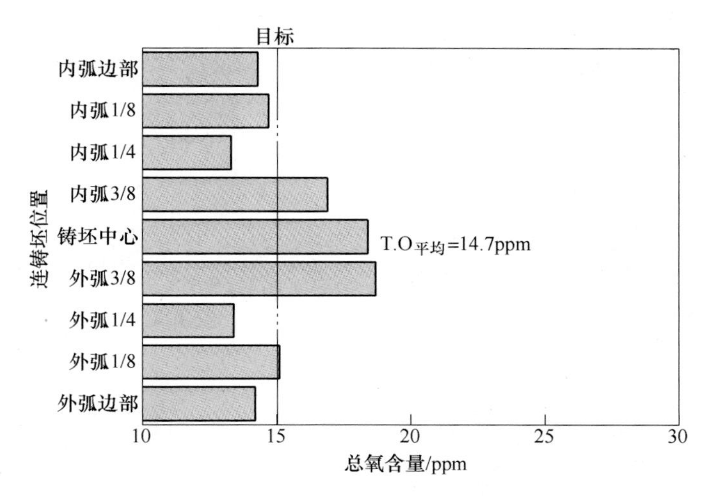

图 18-3 连铸小方坯中总氧含量沿厚度的分布

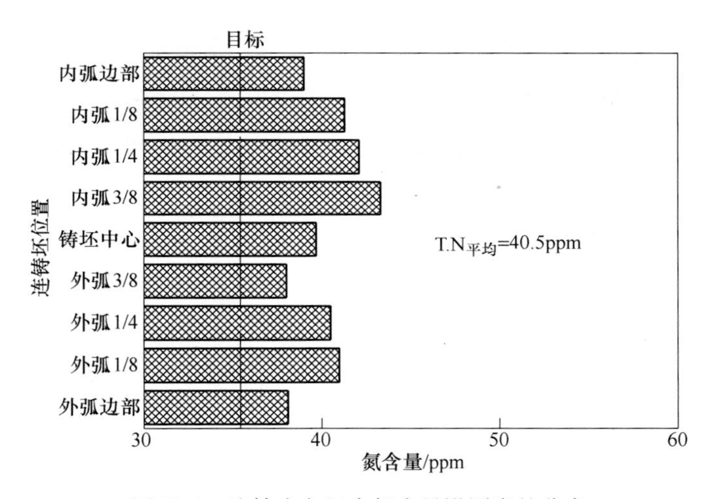

图 18-4 连铸小方坯中氮含量沿厚度的分布

ASPEX 自动扫描电镜扫描冷镦钢中 1μm 以上夹杂物，对夹杂物的成分、形貌、尺寸分布、数量密度、面积分数等进行统计分析。

转炉出钢过程中加铝脱氧，所以出钢之后钢中主要夹杂物为纯 Al_2O_3，形状呈簇状，大尺寸的可达几百微米。LF 进站钢样经过非水溶液电解 30min 后，钢中夹杂物部分或完全裸露出来，夹杂物呈球形，成分主要为 Al_2O_3 和 MnS，MnS 为钢液冷却过程析出生成。而采用精磨抛光、盐酸浸蚀方法处理后的夹杂物成分不含 MnS，因为经盐酸浸蚀后，夹杂物表面 MnS 与盐酸反应消失，而钢样精磨抛光后观察到的区域为夹杂物内部。LF 进站钢样经过非水溶液电解 30min 夹杂物形貌、成分分布如图 18-5 所示。

LF 进站钢中夹杂物在 Al_2O_3-MgO-CaO、Al_2O_3-CaS-CaO 三元系中的分布如图 18-6 所示。LF 进站夹杂物仍主要为纯 Al_2O_3，形貌上看，簇状夹杂物有所熟化。尺寸有所减小是由于经过吹氩站后大尺寸夹杂物的上浮去除所致。

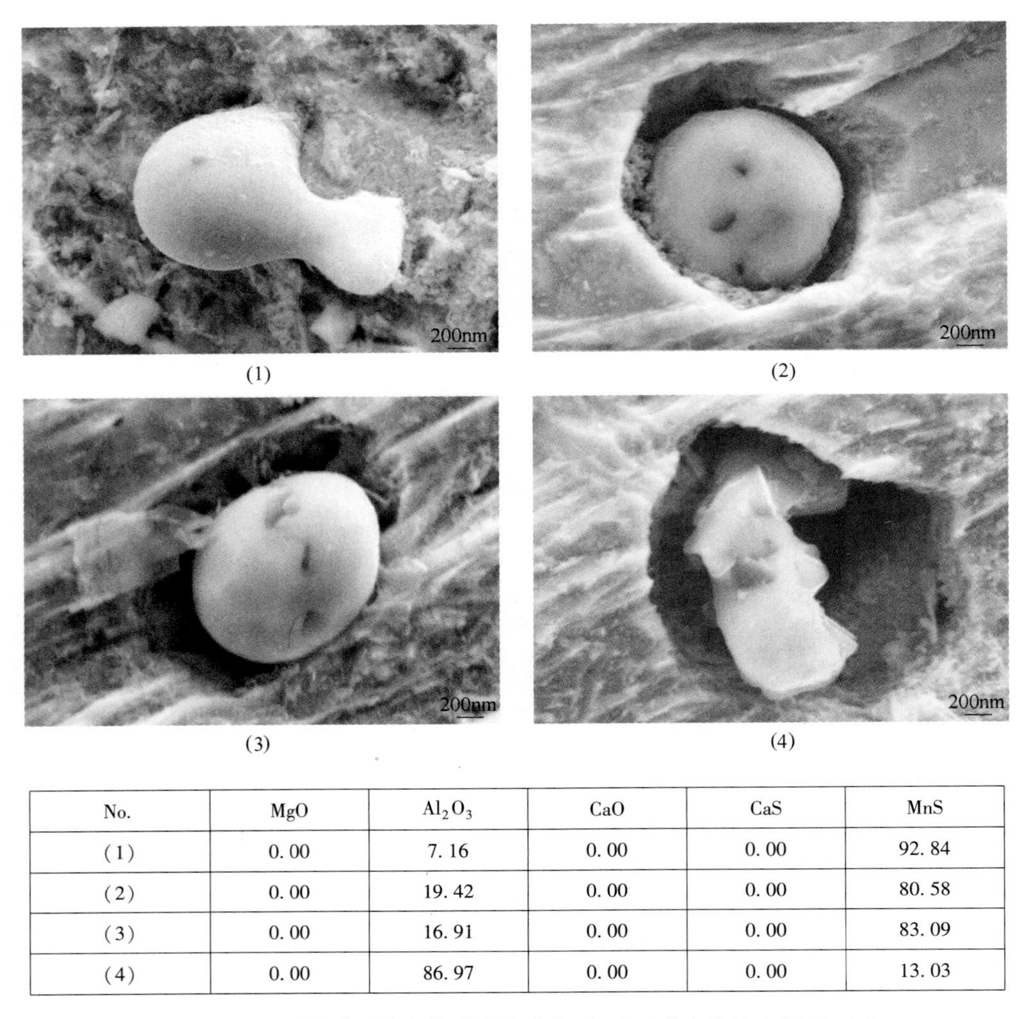

No.	MgO	Al_2O_3	CaO	CaS	MnS
(1)	0.00	7.16	0.00	0.00	92.84
(2)	0.00	19.42	0.00	0.00	80.58
(3)	0.00	16.91	0.00	0.00	83.09
(4)	0.00	86.97	0.00	0.00	13.03

图 18-5　LF 进站典型夹杂物形貌及成分（%）（非水溶液电解 30min）

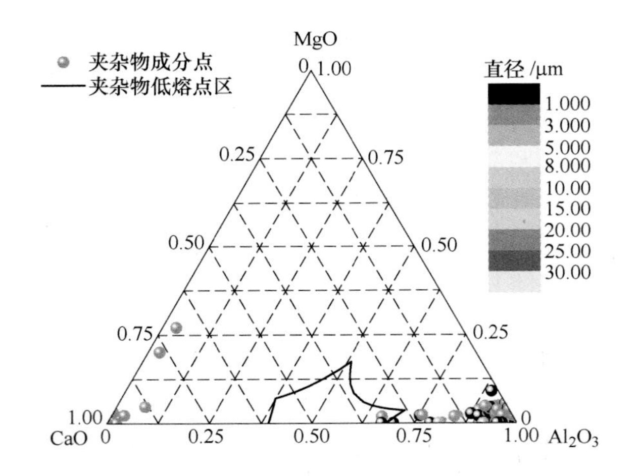

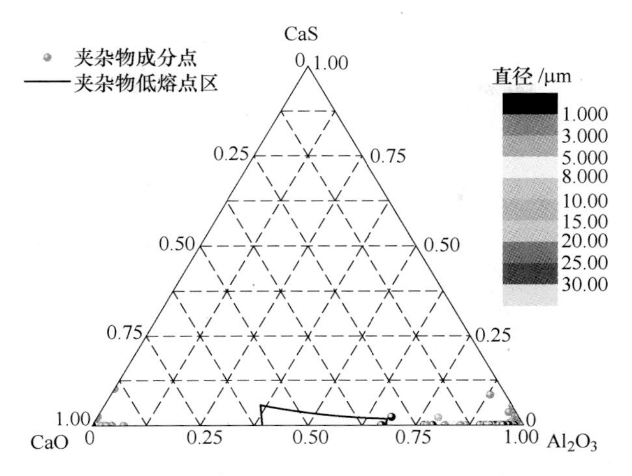

图 18-6　LF 进站夹杂物成分在三元系中的分布

图 18-7 为 LF 合金化后钢样经非水溶液电解后夹杂物整体形貌，图 18-8 为单个夹杂物形貌、成分。夹杂物主要为球形 Al_2O_3-MgO-CaO，同时存在 MnS 包裹着的 Al_2O_3-MgO 复合夹杂物，如图 18-8（5）所示。

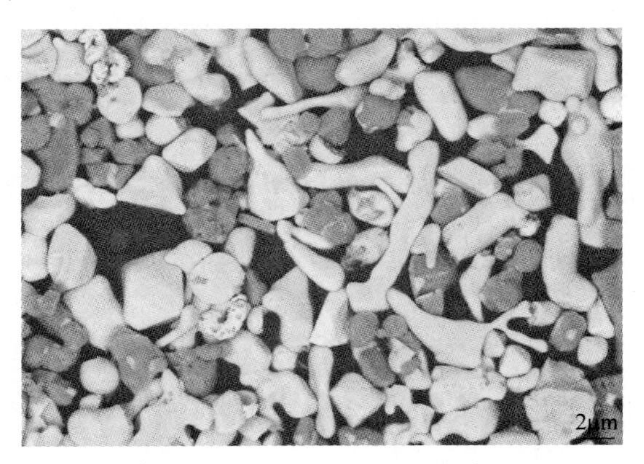

图 18-7　LF 炉精炼合金化后钢中夹杂物整体形貌

（BSED 模式，非水溶液电解，白色为 MnS，黑色为氧化物）

(1)-BSED

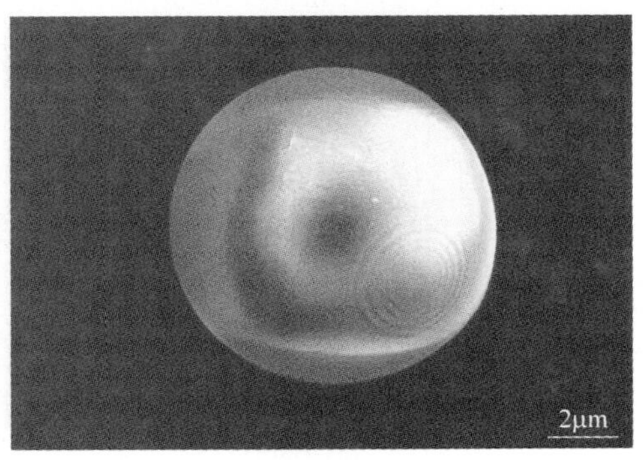

(1)-SEM

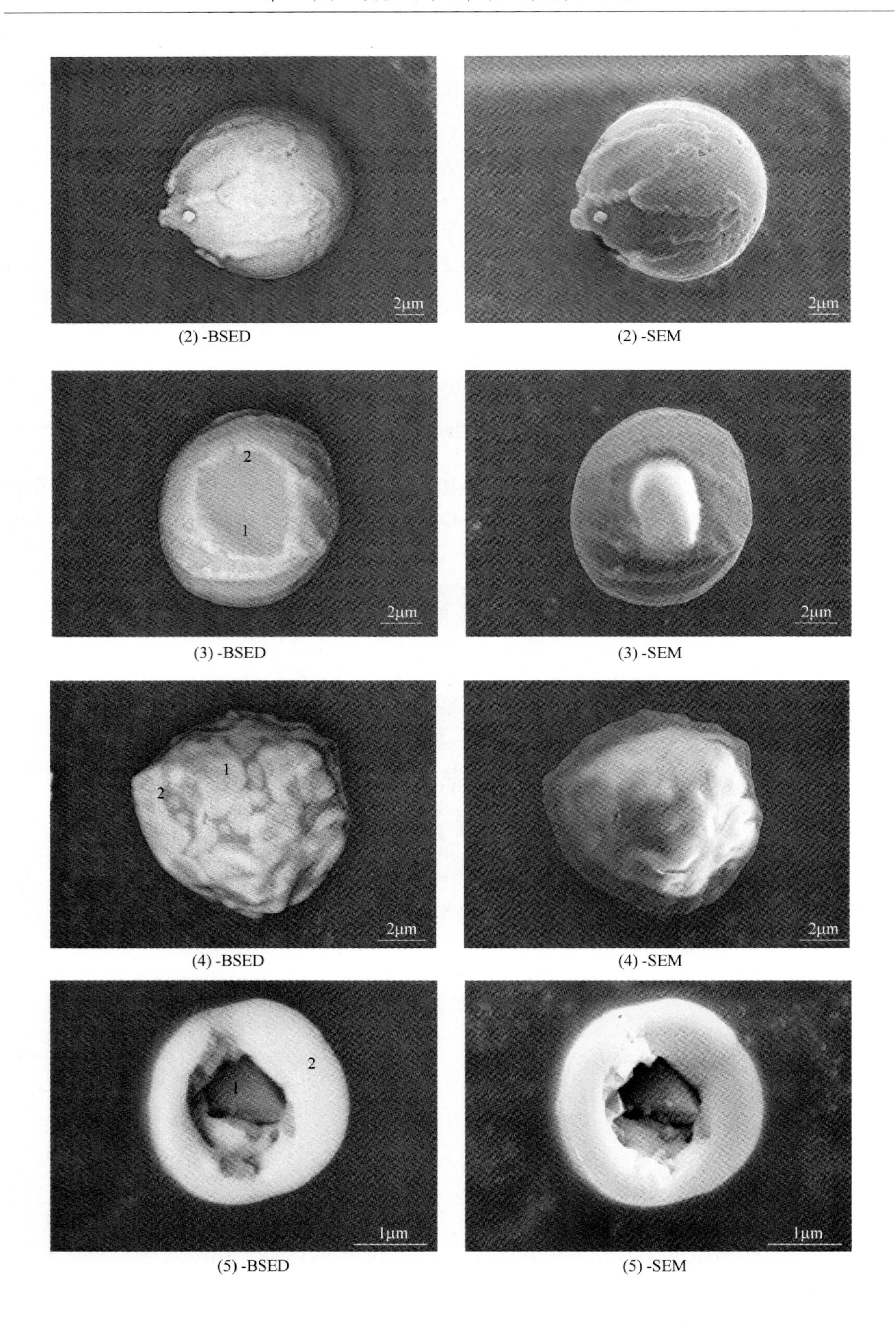

(2) -BSED　(2) -SEM

(3) -BSED　(3) -SEM

(4) -BSED　(4) -SEM

(5) -BSED　(5) -SEM

No.	MgO	Al_2O_3	CaO	CaS	MnS
(1)	24.25	60.83	14.92	0.00	0.00
(2)	51.63	27.37	19.53	1.47	0.00
(3)-1	55.26	22.68	22.07	0.00	0.00
(3)-2	49.30	21.36	28.09	1.24	0.00
(4)-1	51.71	32.49	14.96	0.85	0.00
(4)-2	47.91	31.84	20.08	0.17	0.00
(5)-1	38.69	61.31	0.00	0.00	0.00
(5)-2	0.00	0.00	0.00	0.00	100.00

图 18-8　LF 炉精炼合金化后钢中典型夹杂物形貌及成分（%）（非水溶液电解）

图 18-9 为一个复合夹杂物元素面扫描分布图。夹杂物中心为 Al_2O_3-MgO-CaO，外面包裹着 CaS。

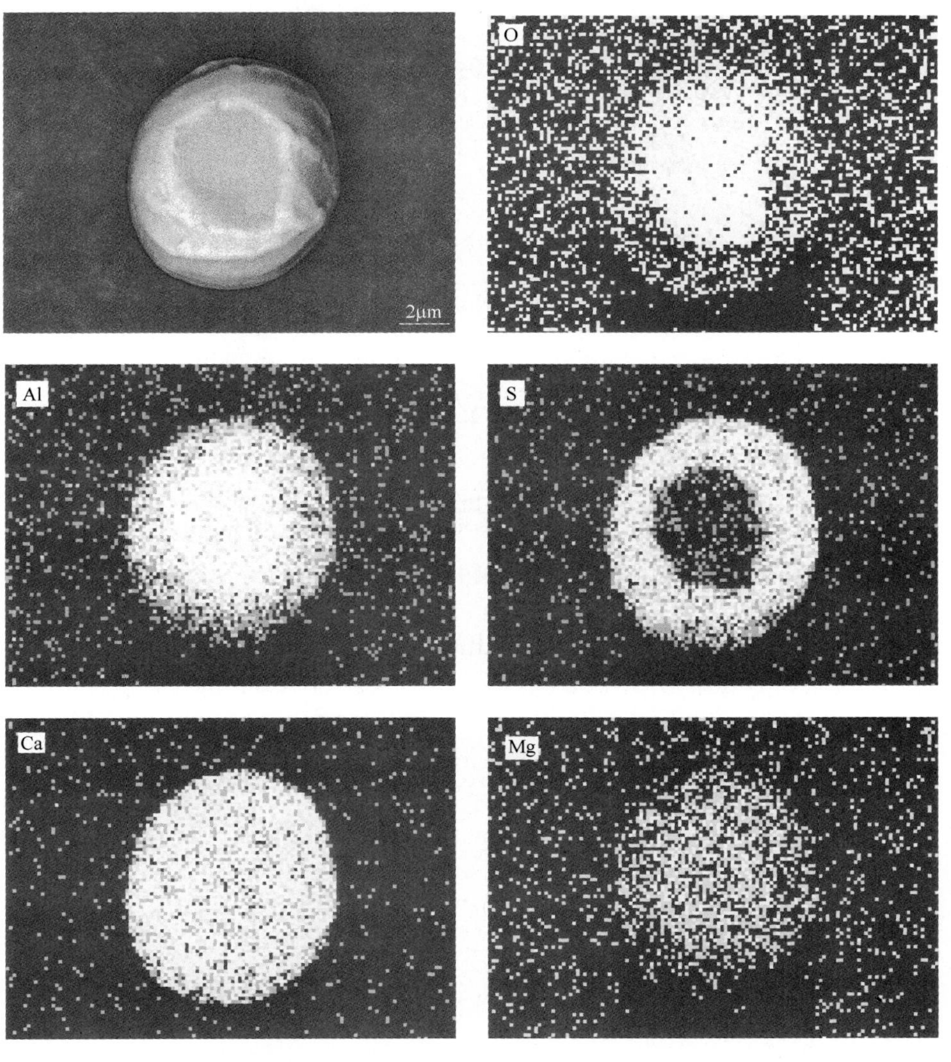

图 18-9　LF 炉精炼合金化后钢中典型夹杂物面扫描（非水溶液电解）

LF 炉精炼合金化后钢中夹杂物主要为含 Al_2O_3 较高的 Al_2O_3-MgO-CaO 复合夹杂物，近似为球状，尺寸基本在 20μm 以下。这是渣钢反应对钢中夹杂物反应影响的产物，从成分上看，出现部分 MgO · Al_2O_3 尖晶石夹杂物。夹杂物在 Al_2O_3-MgO-CaO、Al_2O_3-CaS-CaO 三元系中的分布如图 18-10 所示。

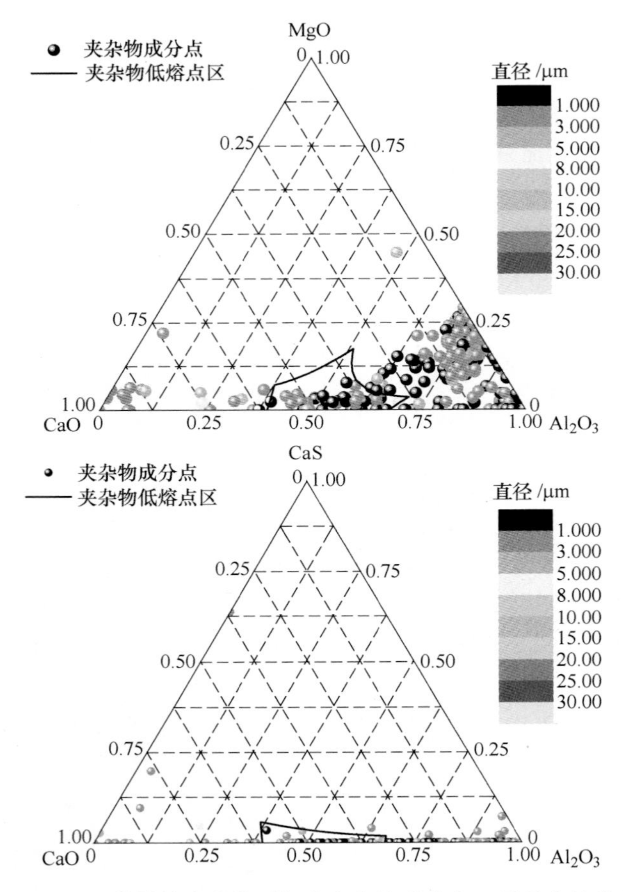

图 18-10　LF 炉精炼合金化后钢中夹杂物成分在三元系中的分布

图 18-11 为非水溶液电解 30min 后 LF 炉出站钢样中夹杂物形貌和成分。夹杂物形状为球形或椭球形，夹杂物类型有 Al_2O_3-(CaO-)CaS、Al_2O_3-CaO(-CaS)，部分夹杂物含有 MnS。

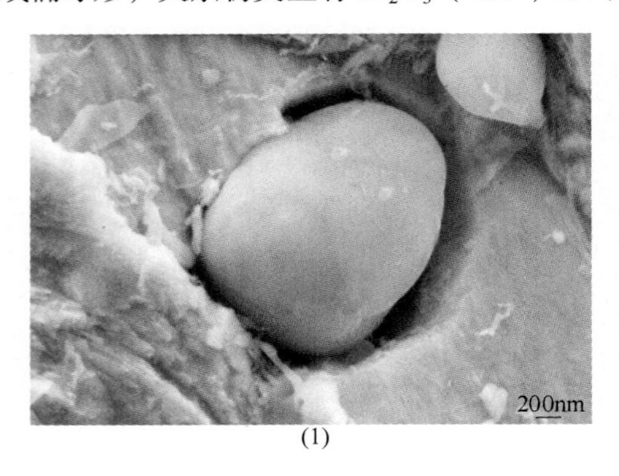

(1)

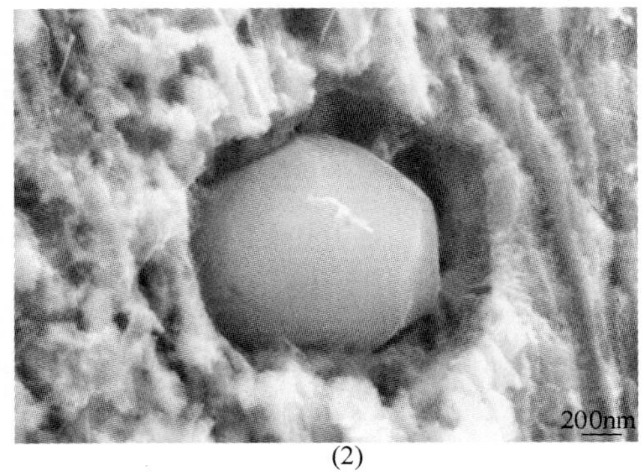

(2)

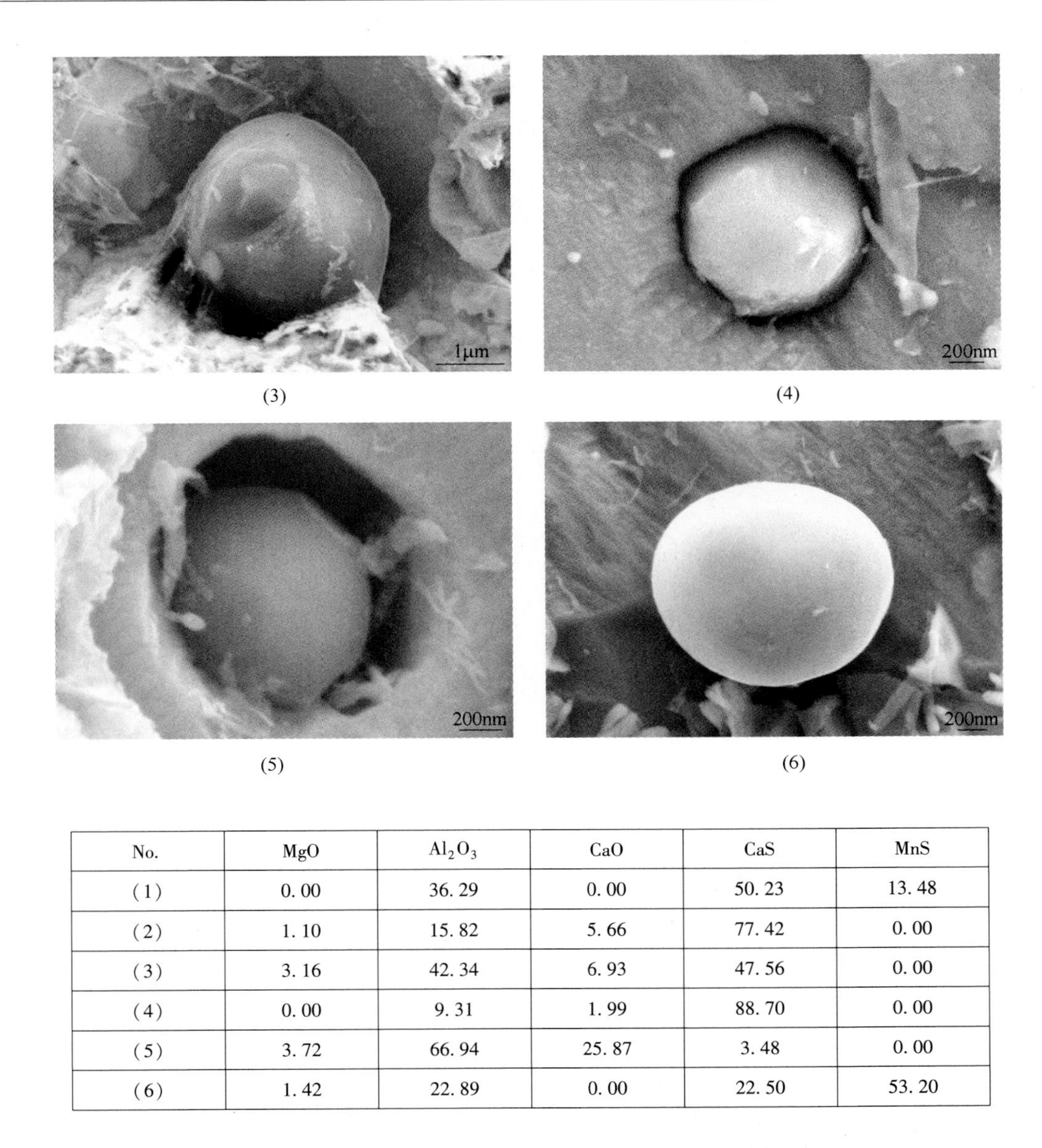

No.	MgO	Al_2O_3	CaO	CaS	MnS
(1)	0.00	36.29	0.00	50.23	13.48
(2)	1.10	15.82	5.66	77.42	0.00
(3)	3.16	42.34	6.93	47.56	0.00
(4)	0.00	9.31	1.99	88.70	0.00
(5)	3.72	66.94	25.87	3.48	0.00
(6)	1.42	22.89	0.00	22.50	53.20

图 18-11　LF 炉出站典型夹杂物形貌及成分（%）（非水溶液电解 30min）

LF 炉出站钢中非金属夹杂物主要为 Al_2O_3-MgO-CaO-CaS 复合夹杂物，多数为近似球状的钙铝酸盐夹杂物，也有少部分未被改性完好的纯 Al_2O_3 夹杂物。在经过钙处理后，夹杂物成分向 CaO 方向偏移，夹杂物中含有较多的 CaS。这表明喂钙量不合理，喂钙过多，使得夹杂物中的 CaO 过高，偏离了低熔点区。夹杂物在 Al_2O_3-MgO-CaO、Al_2O_3-CaS-CaO 三元系中的分布如图 18-12 所示。

图 18-13 为非水溶液电解 10min 后中间包（钢包浇铸 1/2 时）钢样中夹杂物形貌、成分。夹杂物形状为球形或椭球形，夹杂物类型有（MgO-）Al_2O_3-CaO-CaS、（MgO-）Al_2O_3-CaO(-CaS)，部分夹杂物含有 MnS。

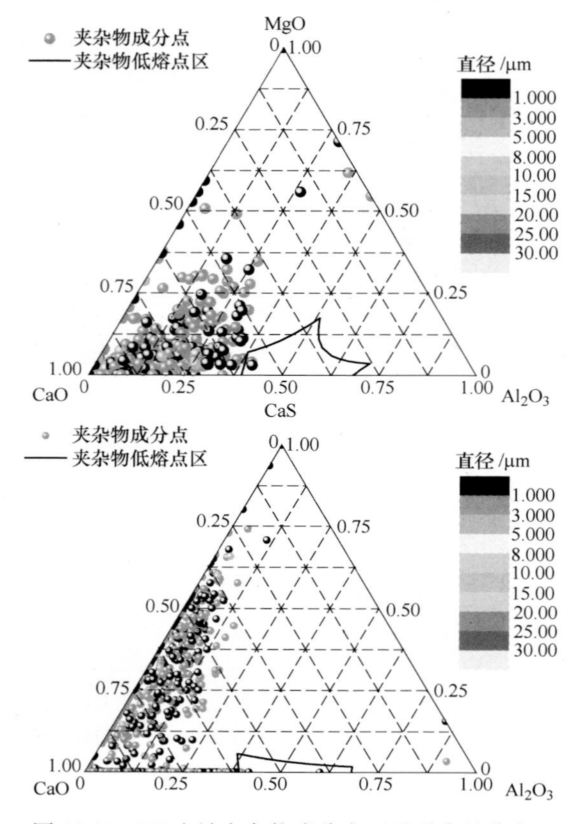

图 18-12　LF 出站夹杂物成分在三元系中的分布

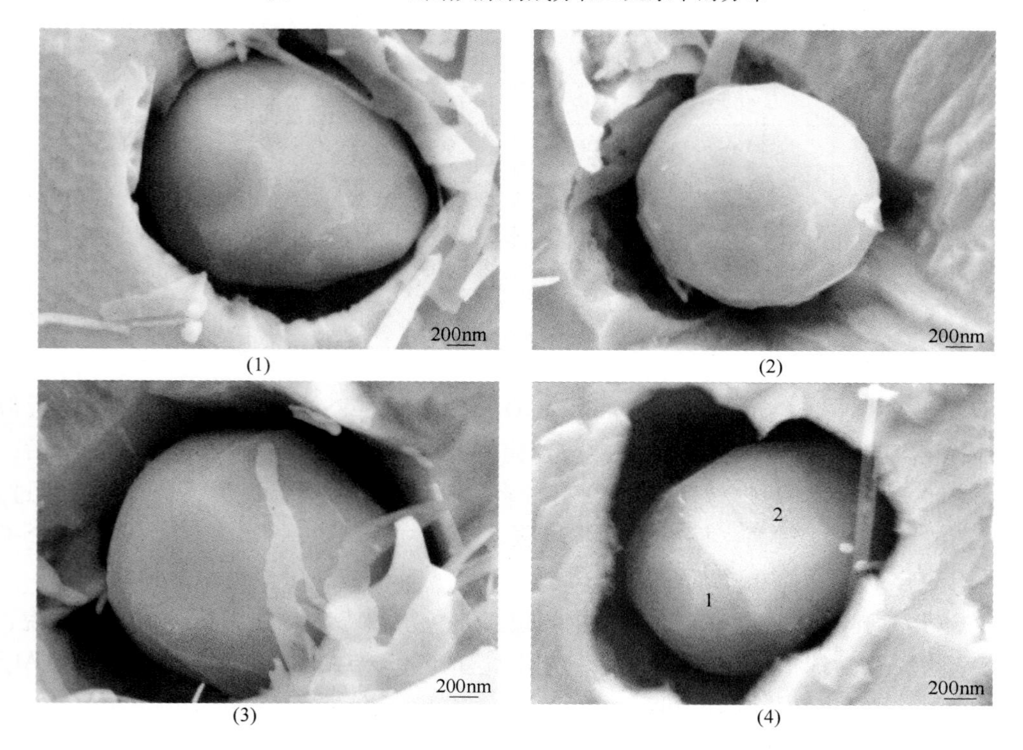

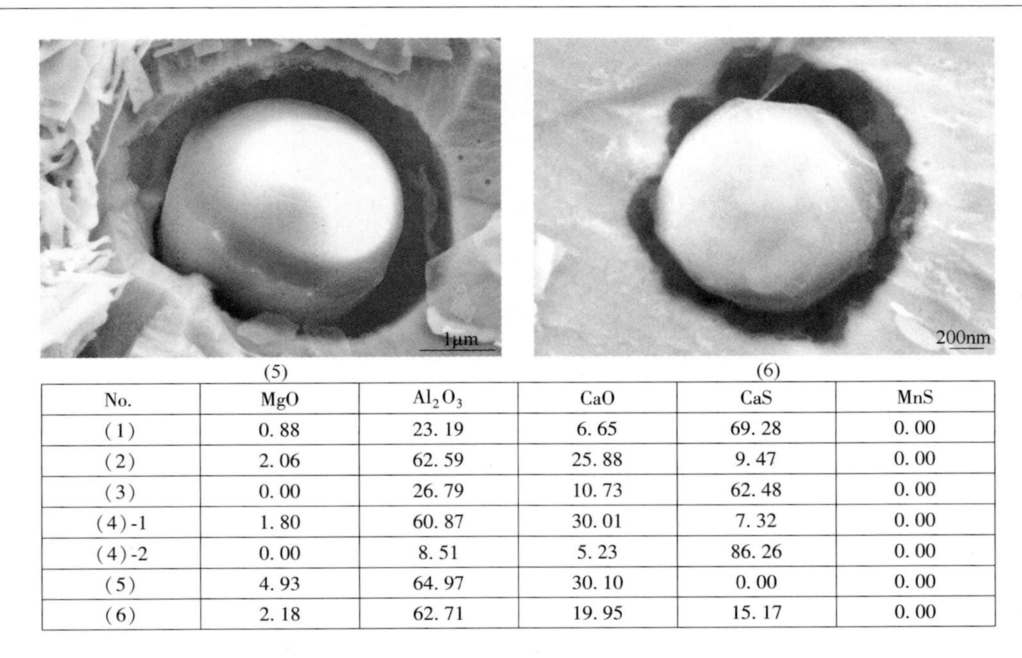

No.	MgO	Al_2O_3	CaO	CaS	MnS
(1)	0.88	23.19	6.65	69.28	0.00
(2)	2.06	62.59	25.88	9.47	0.00
(3)	0.00	26.79	10.73	62.48	0.00
(4)-1	1.80	60.87	30.01	7.32	0.00
(4)-2	0.00	8.51	5.23	86.26	0.00
(5)	4.93	64.97	30.10	0.00	0.00
(6)	2.18	62.71	19.95	15.17	0.00

图 18-13　中间包钢水典型夹杂物形貌和成分（%）（非水溶液电解 10min）

夹杂物主要有两类：一类为（MgO-）Al_2O_3-CaO（-CaS）和（MgO-）Al_2O_3-（CaO-）CaS 复合夹杂物，一类为 MgO-Al_2O_3-CaO，部分夹杂物表面存在斑点。图 18-14 为钢包浇铸 1/2 复合夹杂物面扫描结果，夹杂物浅色部分为 CaS，深色部分为 Al_2O_3-CaO。

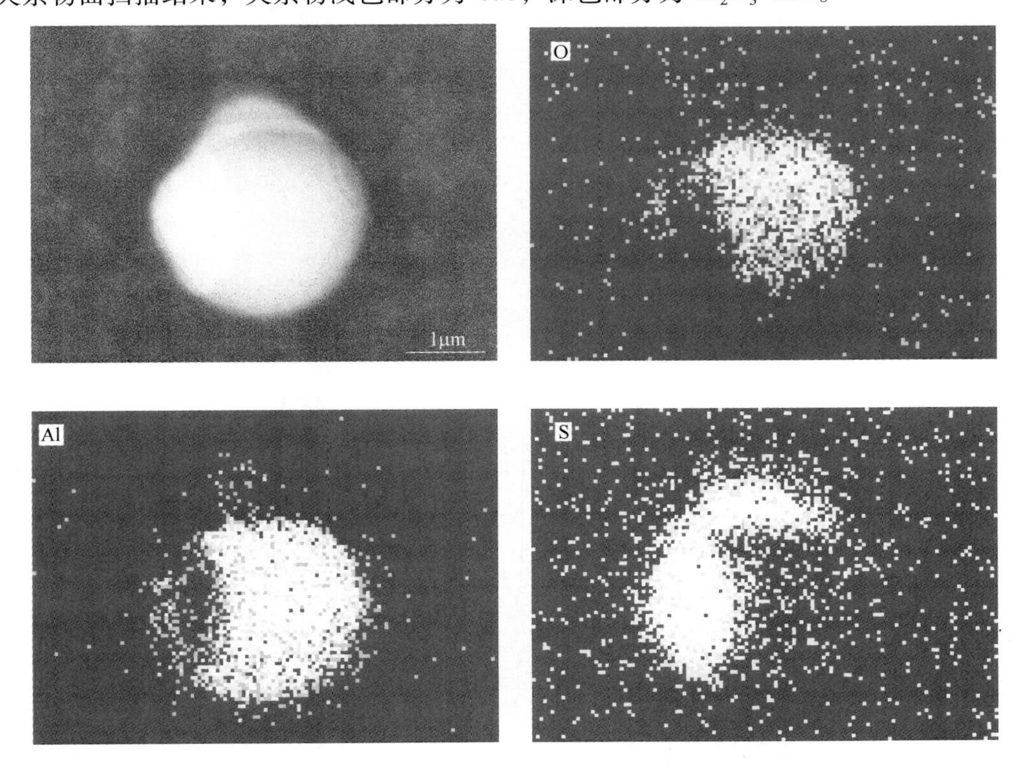

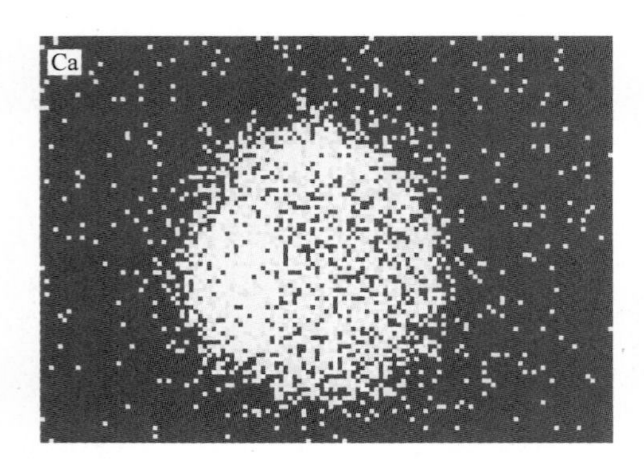

图 18-14　中间包钢水典型夹杂物面扫描（非水溶液电解）

中间包夹杂物主要为 Al_2O_3-MgO-CaO-CaS 复合夹杂物，多数为近似球状的钙铝酸盐夹杂物。尺寸较小，大多数夹杂物尺寸在 10μm 以内。夹杂物在 Al_2O_3-MgO-CaO、Al_2O_3-CaS-CaO 三元系中的分布如图 18-15 所示。

图 18-16 为非水溶液电解 10min 后铸坯中夹杂物形貌和成分。夹杂物形状为球形、多面体以及不规则形状，夹杂物类型主要为（MgO-）（Al_2O_3-）CaS-MnS，钢液在凝固冷却过程中析出 MnS 导致夹杂物中 MnS 含量较高。

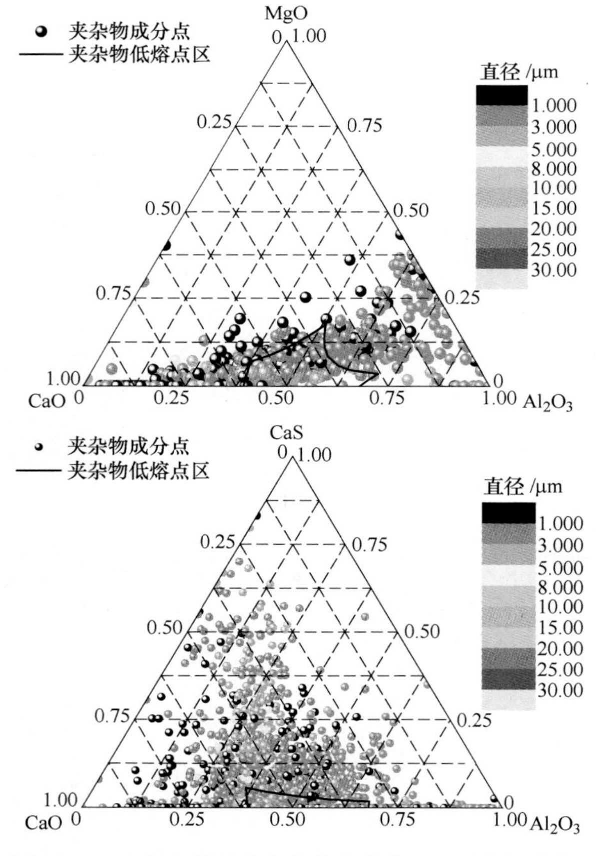

图 18-15　中间包样品中夹杂物成分在三元系中的分布

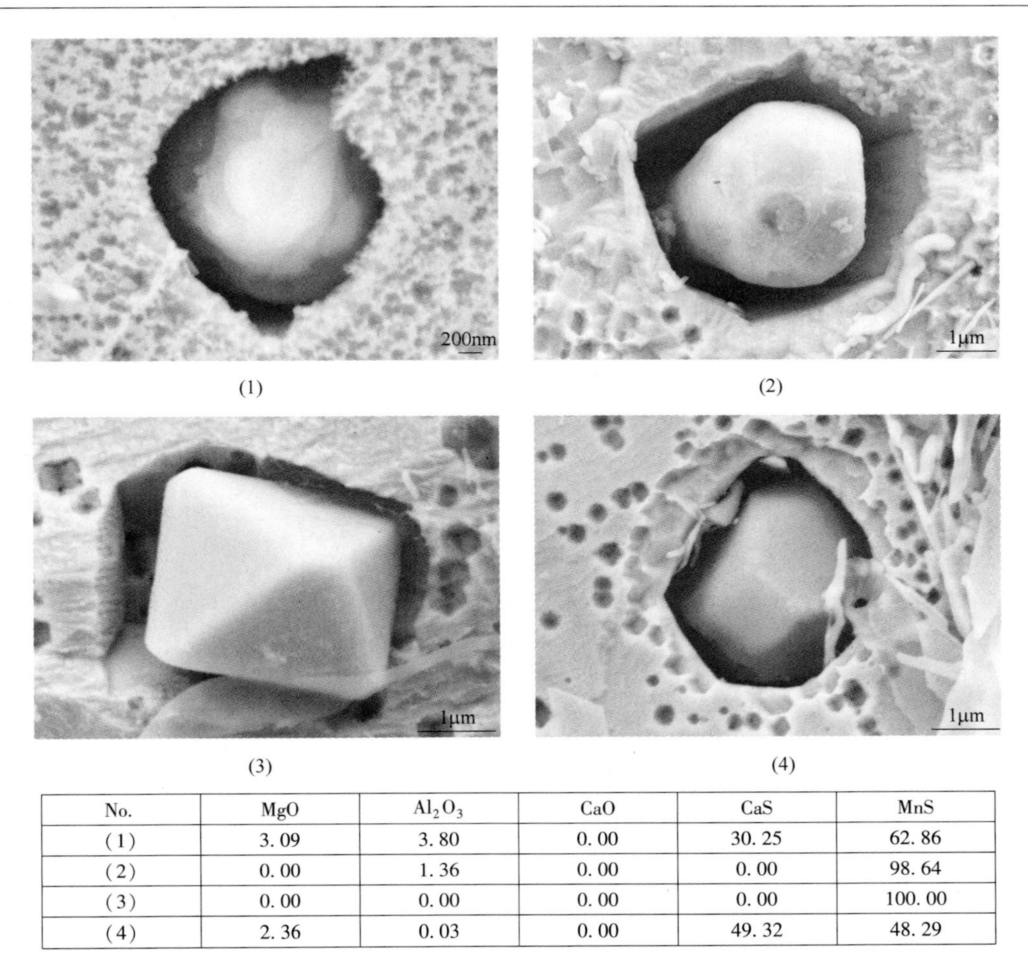

(1) (2) (3) (4)

No.	MgO	Al_2O_3	CaO	CaS	MnS
(1)	3.09	3.80	0.00	30.25	62.86
(2)	0.00	1.36	0.00	0.00	98.64
(3)	0.00	0.00	0.00	0.00	100.00
(4)	2.36	0.03	0.00	49.32	48.29

图 18-16 铸坯典型夹杂物形貌及成分（%）（非水溶液电解 10min）

铸坯中发现了很多基体为 3~5μm 的椭圆体、后面带着尾巴的夹杂物，其椭圆形基体的成分 $MgO-Al_2O_3(-CaO)$，细长尾巴的成分为 CaS-MnS（图 18-17）。初步估计这些夹杂物是固体的 $MgO-Al_2O_3(-CaO)$ 夹杂物在凝固前沿的糊状区运动时，向重力方向反方向运动，尾部留下了一定的疏松区域，在钢的冷却过程中 CaS 和 MnS 沿着疏松区域析出，形成了一定长度的尾巴。这一假设需要进一步的研究进行验证。

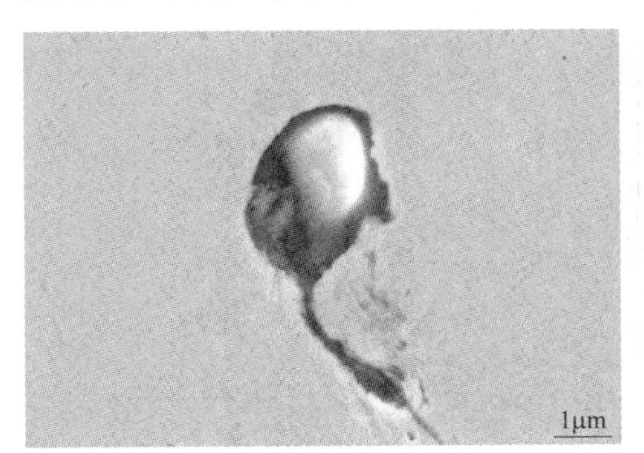

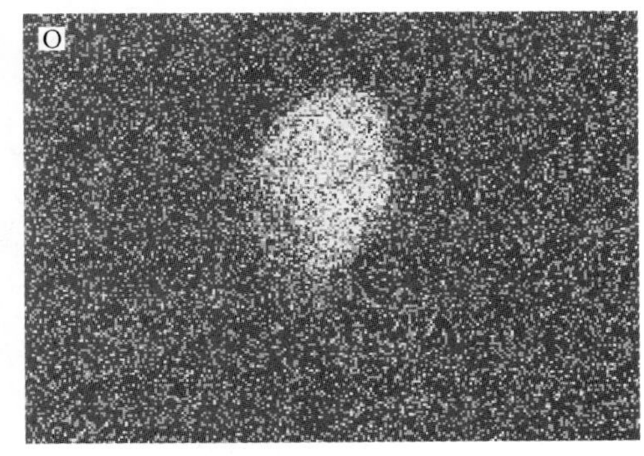

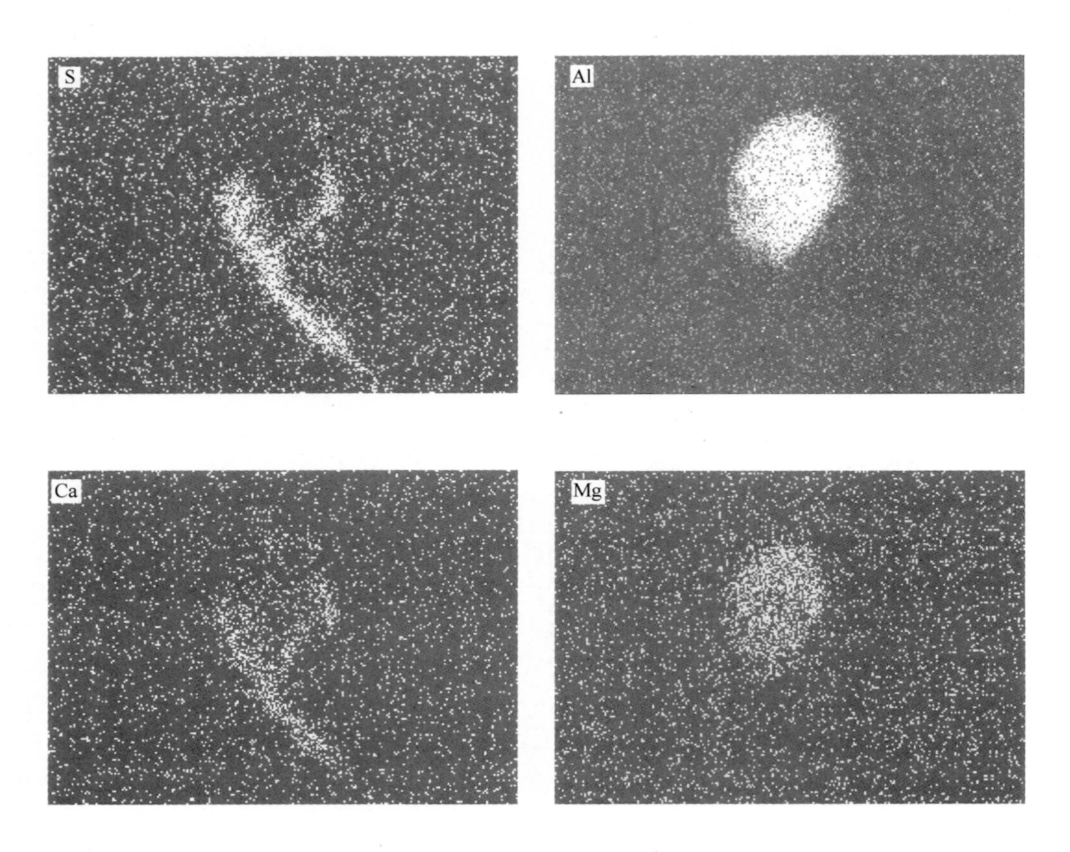

图 18-17 铸坯中典型夹杂物面扫描

图 18-18 为经非水溶液电解后连铸坯中夹杂物的形貌，图 18-19 为单个夹杂物形貌、成分。夹杂物类型有 MnS、Al_2O_3、(MgO-)Al_2O_3-CaO(-CaS) 和 (MgO-)Al_2O_3-(CaO-) CaS 复合夹杂物、MgO-Al_2O_3-CaO。

图 18-18 连铸坯中夹杂物的形貌（BSED 模式，非水溶液电解）

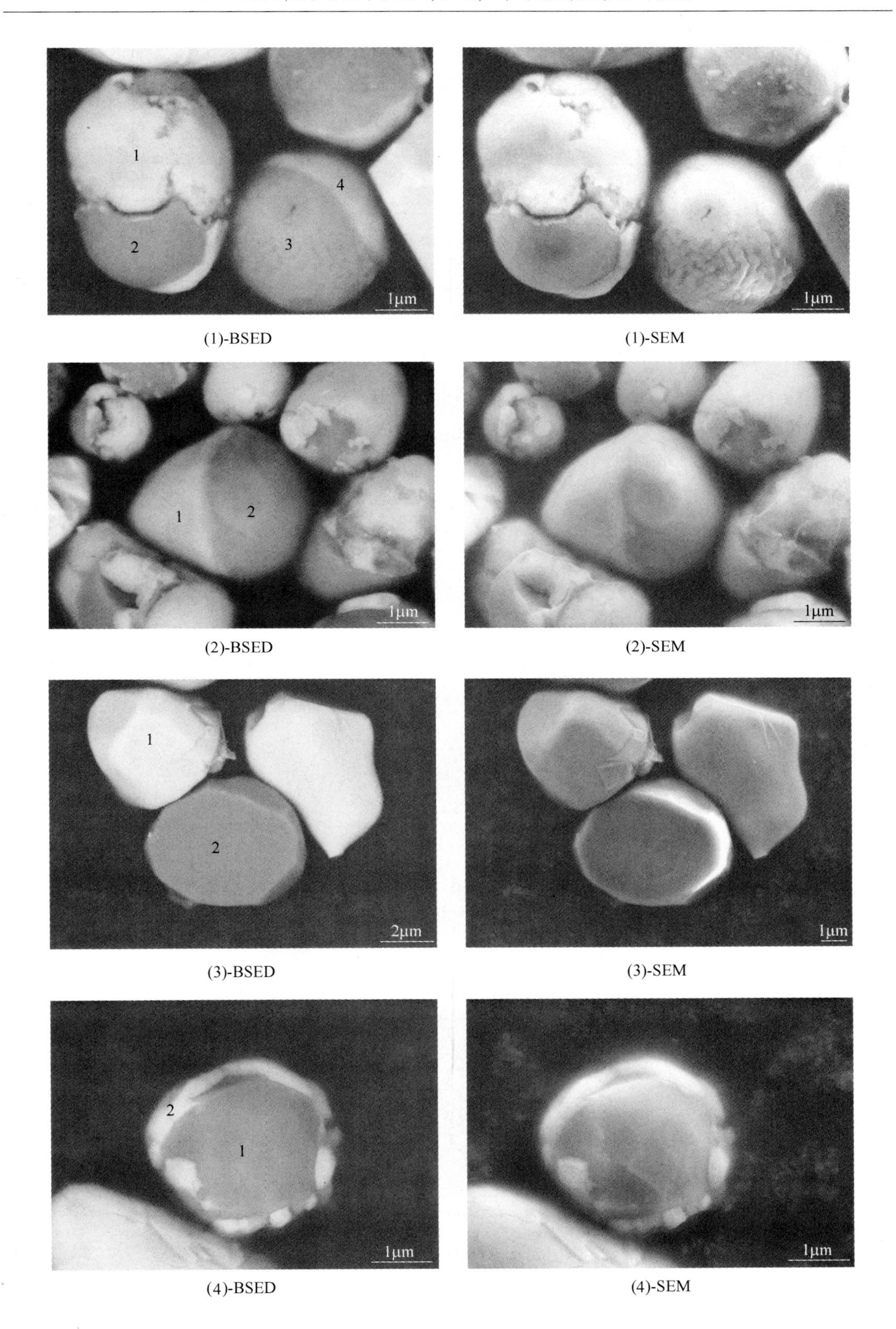

(1)-BSED (1)-SEM

(2)-BSED (2)-SEM

(3)-BSED (3)-SEM

(4)-BSED (4)-SEM

No.	MgO	Al_2O_3	CaO	CaS	MnS
(1)-1	0. 00	0. 00	0. 00	77. 45	22. 55
(1)-2	31. 02	65. 10	0. 00	3. 88	0. 00
(1)-3	4. 20	52. 34	39. 39	4. 07	0. 00
(1)-4	0. 00	0. 00	0. 00	100. 00	0. 00
(2)-1	0. 00	2. 39	0. 00	97. 61	0. 00
(2)-2	4. 14	52. 83	43. 03	0. 00	0. 00
(3)-1	0. 00	0. 00	0. 00	0. 00	100. 00
(3)-2	0. 00	100. 00	0. 00	0. 00	0. 00
(4)-1	8. 58	81. 48	9. 95	0. 00	0. 00
(4)-2	0. 00	20. 71	0. 00	18. 32	60. 98

图 18-19　连铸坯中典型夹杂物的形貌和成分（%）（非水溶液电解）

连铸坯中夹杂物主要为 Al_2O_3-MgO-CaO-CaS 复合夹杂物，多数为近似球状的钙铝酸盐夹杂物，尺寸较小，大多数夹杂物尺寸在 10μm 以内。夹杂物在 Al_2O_3-MgO-CaO、Al_2O_3-CaS-CaO 三元系中的分布如图 18-20 所示。

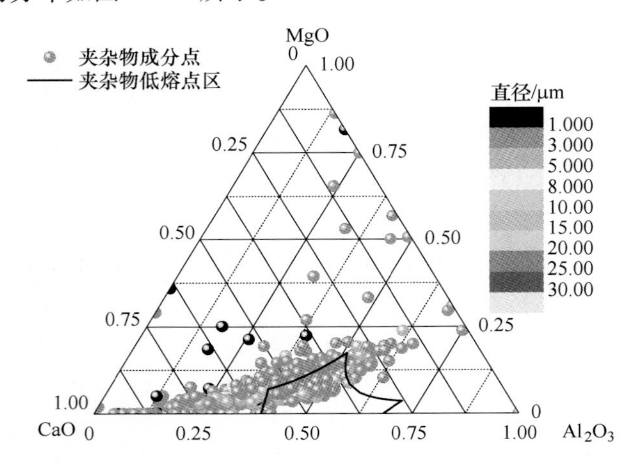

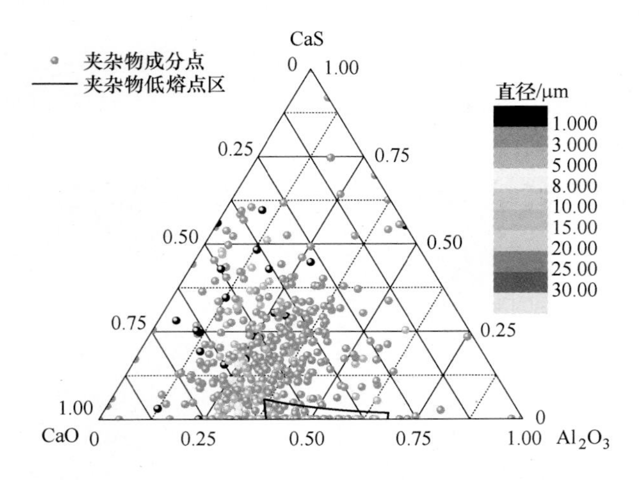

图 18-20　铸坯中夹杂物成分在三元系中的分布

全流程夹杂物成分的变化规律如图 18-21 所示。转炉出钢 Al 脱氧后夹杂物主要为纯 Al_2O_3 夹杂物；LF 进站时刻夹杂物尺寸有所减小，成分变化不大；随着 LF 渣精炼的进行，夹杂物逐渐偏离纯 Al_2O_3 夹杂物，逐渐转变为含 Al_2O_3 较高的 Al_2O_3-CaO-MgO 复合夹杂物；经钙处理后，夹杂物向 CaO 一侧偏移，同时钙处理产生较多的 CaS 夹杂物；LF 出站后至浇铸过程中，由于二次氧化，夹杂物成分又逐渐偏移回 Al_2O_3 方向，铸坯中的夹杂物基本落入 Al_2O_3-MgO-CaO 三元系低熔点区。

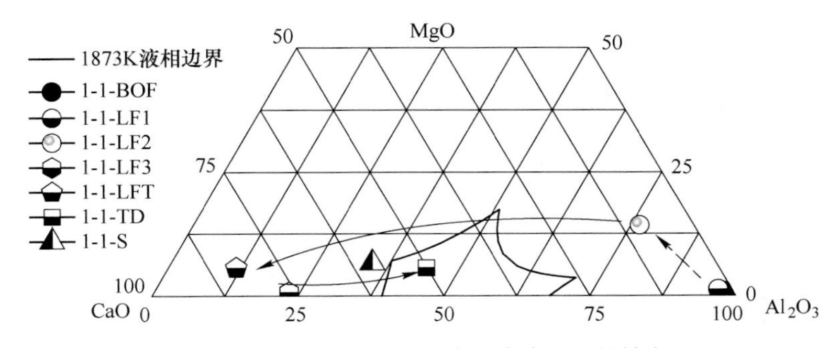

图 18-21 夹杂物平均成分随冶炼过程的转变

钢中夹杂物平均成分在全流程各阶段定量的平均结果变化如图 18-22 所示。图中同时展示了不同冶炼时刻实现夹杂物 50%液相所需的最低温度，计算结果表明：在连铸温度下（1530℃左右），夹杂物的平均液相百分数远高于 50%，实现了夹杂物的低熔点化控制，有助于克服水口结瘤和后续轧制产生夹杂物缺陷[4]。

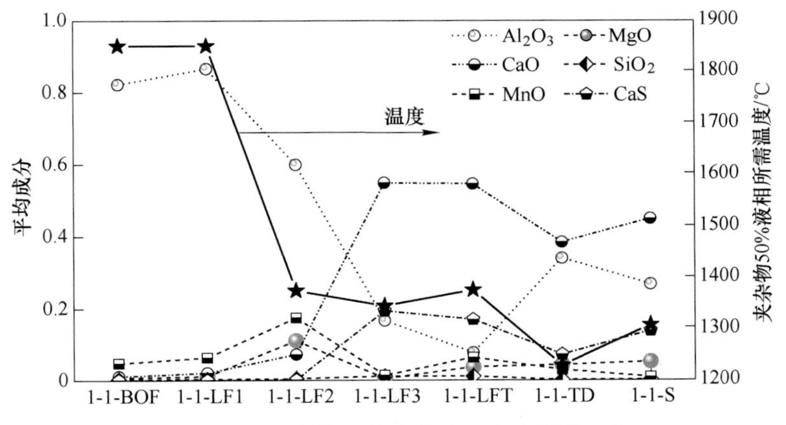

图 18-22 夹杂物平均成分随冶炼过程的变化

18.3 脱氧热力学计算

针对 SWRCH22A 冷镦钢钢液成分，应用热力学计算软件对脱氧过程中钢中夹杂物生成的热力学进行了计算。图 18-23 为 1873K 下 SWRCH22A 冷镦钢中 Al-O 平衡曲线。随着钢液中的酸溶铝含量的增加，与之平衡的溶解氧含量先降低后增加。当钢中酸溶铝含量在 1.8ppm 以上时，钢中夹杂物为 Al_2O_3；当钢中酸溶铝含量在 1.8ppm 以下时，钢中夹杂物先后转变为液态夹杂物和固态 $MnO \cdot Al_2O_3$ 夹杂物。钢中平衡的溶解氧含量最低可达约 4. 7ppm。

图 18-24 为 1873K 下 SWRCH22A 冷镦钢和纯铁液中 Ca-O 平衡曲线。对于冷镦钢和纯铁液，随着钢液中的溶解钙含量增加，钢中平衡的溶解氧含量先降低后增加。但是同一溶解钙含量下，冷镦钢中平衡状态下溶解氧含量要高于纯铁液平衡时溶解氧含量。冷镦钢中平衡的溶解氧含量最低可达约 4. 9ppm，纯铁液中平衡的溶解氧含量最低可达约 1. 5ppm。

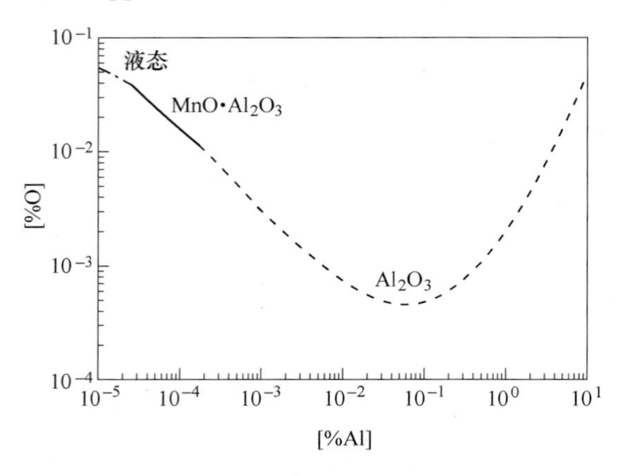

图 18-23　1873K 下 0. 2%C-0. 76%Mn-Fe 下 Al-O 平衡曲线

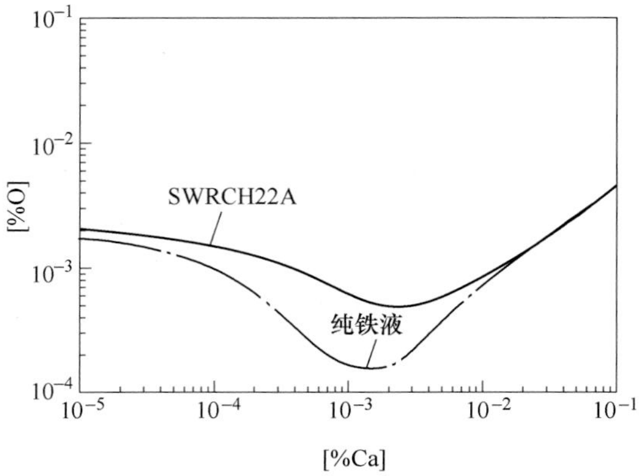

图 18-24　1873K 下 0. 2%C-0. 76%Mn-Fe 下 Ca-O 平衡曲线

图 18-25 为 1873K 下 SWRCH22A 冷镦钢和纯铁液中 Mg-O 平衡曲线。对于冷镦钢和纯铁液，随着钢液中的溶解镁含量增加，钢中平衡的溶解氧含量先降低后增加。冷镦钢中平衡的溶解氧含量最低可达约 5ppm，纯铁液中平衡的溶解氧含量最低可达约 2. 6ppm。

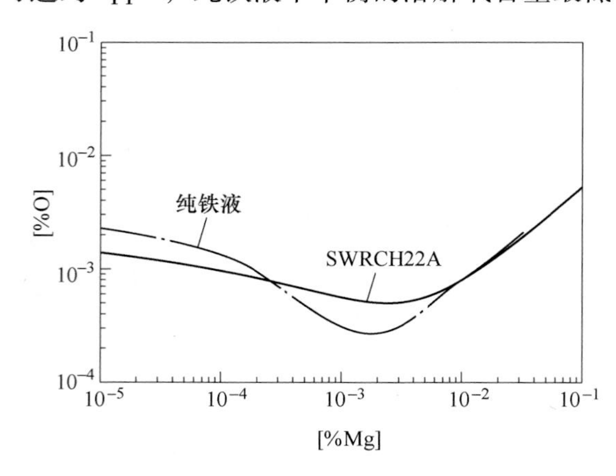

图 18-25　1873K 下 0. 2%C-0. 76%Mn-Fe 下 Mg-O 平衡曲线

图 18-26 为计算的 0. 2%C-0. 76%Mn-Fe 冷镦钢中 Al-Mg-O 夹杂物生成相图。当钢中的溶解镁含量极低时，钢中夹杂物主要为 Al_2O_3；当钢中的溶解镁含量超过 0. 4ppm 时，钢中开始生成 $MgO \cdot Al_2O_3$ 夹杂物；当钢中的溶解镁含量超过约 8ppm 时，钢中夹杂物主要

为 MgO。

图 18-27 为计算的 0.2%C-0.76%Mn-Fe 冷镦钢中 Al-Ca-O 夹杂物生成相图。当钢液中溶解钙含量较低时，钢中夹杂物主要为固态 $CaO \cdot 2Al_2O_3$ 和 $CaO \cdot Al_2O_3$ 夹杂物，证明此时钙处理改性不充分；当钢液中溶解钙含量超过 1.5ppm 时，钢中生成的夹杂物主要为液态钙铝酸盐，此阴影区域即为钙处理的目标成分区域；当钢液中的溶解钙超过约 13ppm 时，钢中开始生成固态 CaO 夹杂物，说明该种情况下钙处理过程中加钙过量。

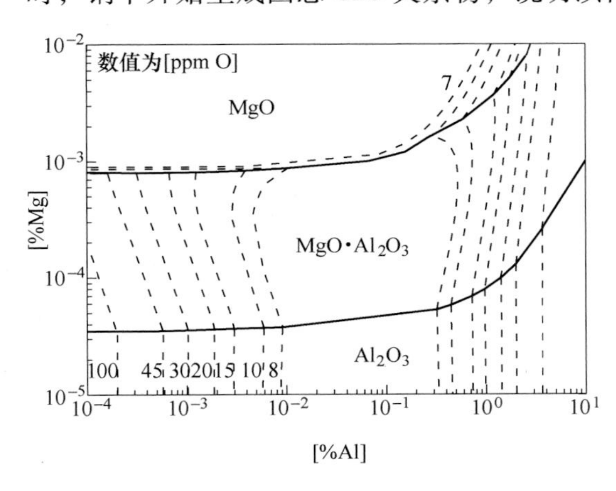

图 18-26　1873K 下 0.2%C-0.76%Mn-Fe 冷镦钢中 Al-Mg-O 夹杂物生成相图

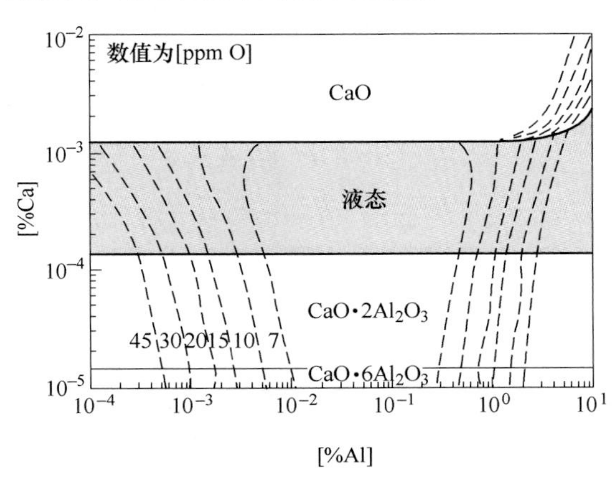

图 18-27　1873K 下 0.2%C-0.76%Mn-Fe 冷镦钢中 Al-Ca-O 夹杂物生成相图

18.4　钙处理对钢中非金属夹杂物的影响

应用热力学原理，基于吉布斯自由能最小的原理，对“钢液-夹杂物”进行热力学平衡计算。从而可以计算精准的喂钙量。Bielefeldt[5,6] 采用 FactSage 计算的钙处理改性的“液态窗口”，计算结果展示，实现良好改性所需的夹杂物成分条件需要 CaO>35%，CaS<5%，Bielefeldt 的钙处理热力学计算在 SAE8620 钢种中取得成功的应用，现场试验结果与热力学计算预测吻合。另一方面，借助热力学软件计算“钢液-夹杂物”反应平衡，有助于解决复杂的夹杂物改性问题。

本研究根据“钢-夹杂物”反应平衡相图，得到 SWRCH22A 冷镦钢“液态窗口”的加钙范围，因而可以对钙处理所需的加钙量进行精确计算，如图 18-28 所示。其中，Ca-min 为实现无固态钙铝酸盐所需的最小钙量；Ca-max 为无 CaS 产生的最大钙量。

本研究根据热力学计算的 Ca-min 和 Ca-max，可以得到不同处理条件下的所需加钙量。影响加钙量的主要因素为钢中［%Al］、［%S］，T.O. 含量和处理温度。把计算得到的冷镦钢 SWRCH22A 加钙量的结果（其中 Al=0.035%）绘制成云图，如图 18-29 所示。

针对该厂冷镦钢生产现场采用 Ca-Al 线进行钙处理，Ca-Al 线为外层 Fe 皮，中间层 Al 皮，中心为压实的纯钙粉。对不同喂钙线量的三炉钢水进行提桶取样，分别在钙处理前及钙处理后软吹 10min 时刻取样。现场钢水成分如表 18-1 所示，表 18-2 为调研阶段三个炉次现场钙处理前后钢水成分对比。可以看出，钙处理前钢中 T.Ca 含量基本在 10ppm 以下，钙处理后则为 24~70ppm。钙处理后钢中钙含量差异较大是由于钙性质活泼而现场操

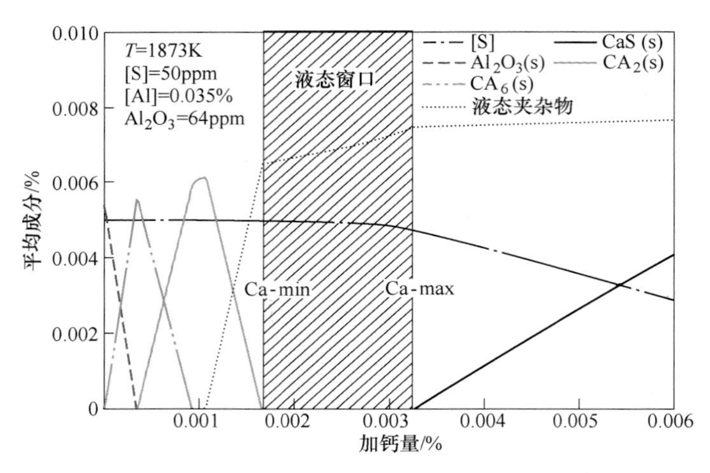

图 18-28 夹杂物平均成分随加钙量的变化[7]

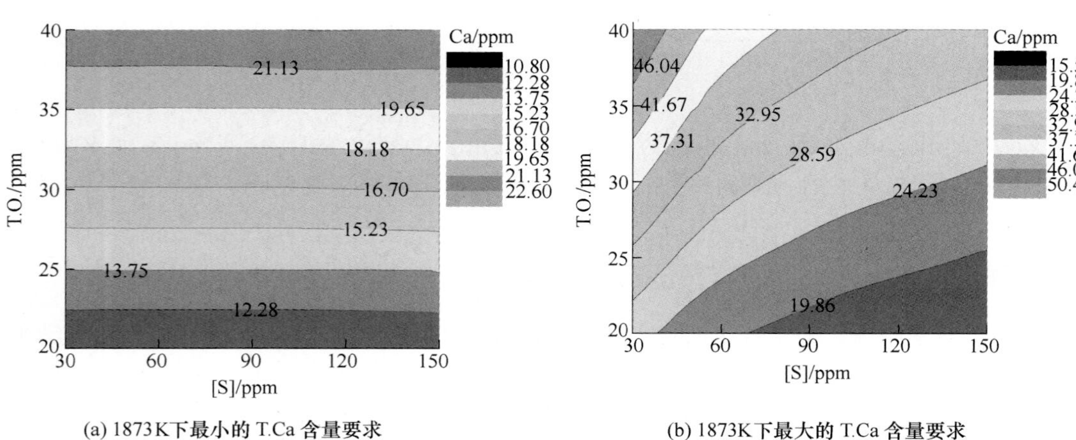

(a) 1873K下最小的 T.Ca 含量要求

(b) 1873K下最大的 T.Ca 含量要求

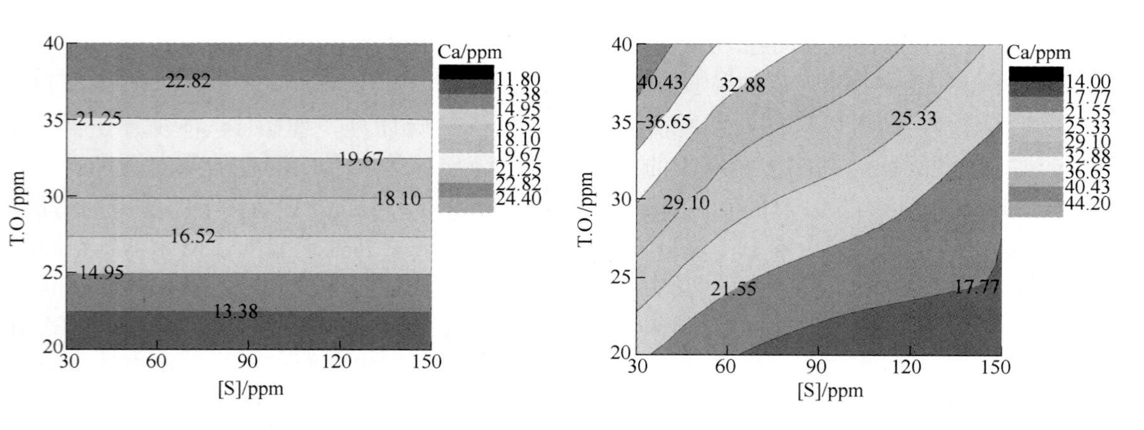

(c) 1843K下最小的 T.Ca 含量要求

(d) 1843K下最大的 T.Ca 含量要求

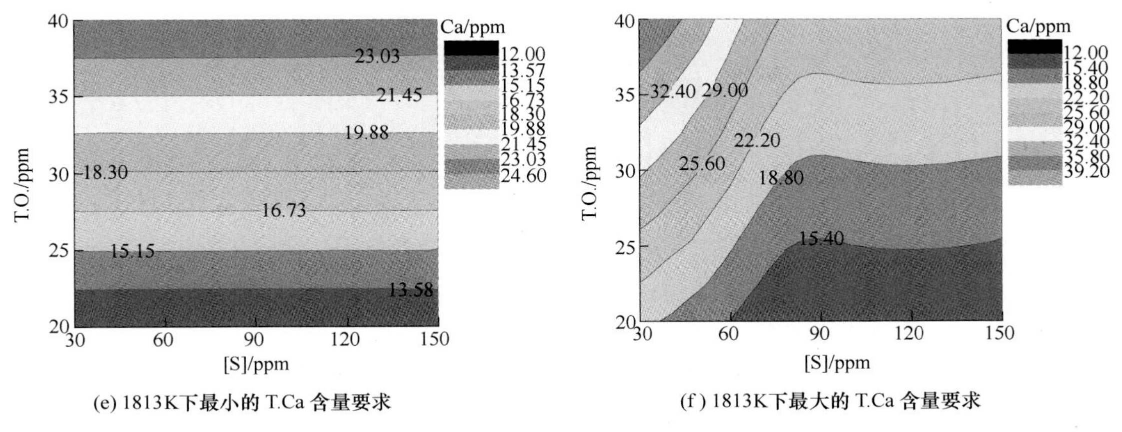

(e) 1813K下最小的 T.Ca 含量要求 (f) 1813K下最大的 T.Ca 含量要求

图 18-29 不同钙处理条件下的计算结果云图

作不稳定所致。钙处理后钢中 T. O. 含量降低，这一方面是由于钙与氧的结合能力更强，另一方面是由于夹杂物上浮去除所致。钙处理后酸溶铝含量增加，是由于喂入的钙铝线会增铝。S 含量略有降低，是由于钙的脱硫反应所致。

表 18-2 钙处理前后钢中 T. Ca、T. O. 、Al、S 含量的变化

炉次	Ca 处理前/ppm				Ca 处理后/ppm			
	T. Ca	T. O.	Al_s	S	T. Ca	T. O.	Al_s	S
A	5	46. 1	303	15	70	28. 3	367	16
B	12	40. 3	222	37	38	25. 2	334	37
C	5	32. 6	323	57	24	20. 1	365	42

现场在 LF 过程喂入钙铝线，其中钙铝质量比为 1 : 1，每米 Ca-Al 线含钙 50g，含铝 50g。根据现场实际情况，该类钙铝线实际收得率在 30%左右。根据钙处理时的钢水温度，以及钙处理前钢中 T. O. 含量、Al 含量、S 含量等指标，计算实现液态窗口所需的钙含量范围。根据现场收得率及钙铝线参数计算实际所需的钙铝线长度，计算结果如表 18-3 所示。

表 18-3 现场钙处理条件的热力学计算与实际操作

炉次	钙处理后温度/℃	钙的收得率/%	“液态窗口”所需钙量/ppm	Ca-Al 线喂入长度预测/m	Ca-Al 线实际喂入长度/m
A	1594	30	>26	>208	500
B	1571	30	22. 6~47. 4	197~334	350
C	1566	30	18. 2~33. 8	158~238	200

钙处理后夹杂物主要为 $CaO-Al_2O_3$(−CaS-MgO) 系夹杂物，在三元系中的所在位置如图 18-30 所示。在当前计算中，未考虑钢中 Mg 和钙处理前夹杂物中 MgO 的影响，热力学计算预测的夹杂物平均成分与实际夹杂物平均成分略有差异。由表 18-3 看出，炉次 A 的钙铝线喂入长度远高于预测值，因此夹杂物偏离了低熔点区，夹杂物主要为 CaO-CaS 类夹

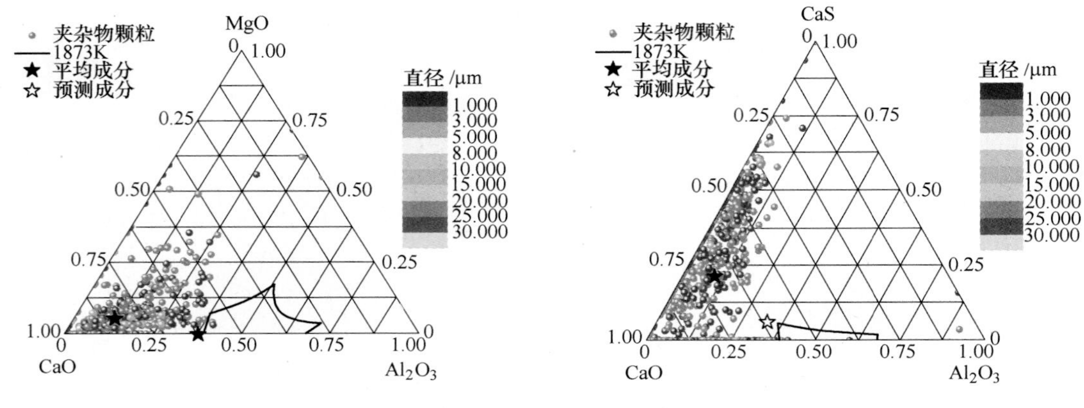

(a) 炉次 A—喂入 500m Ca-Al 线

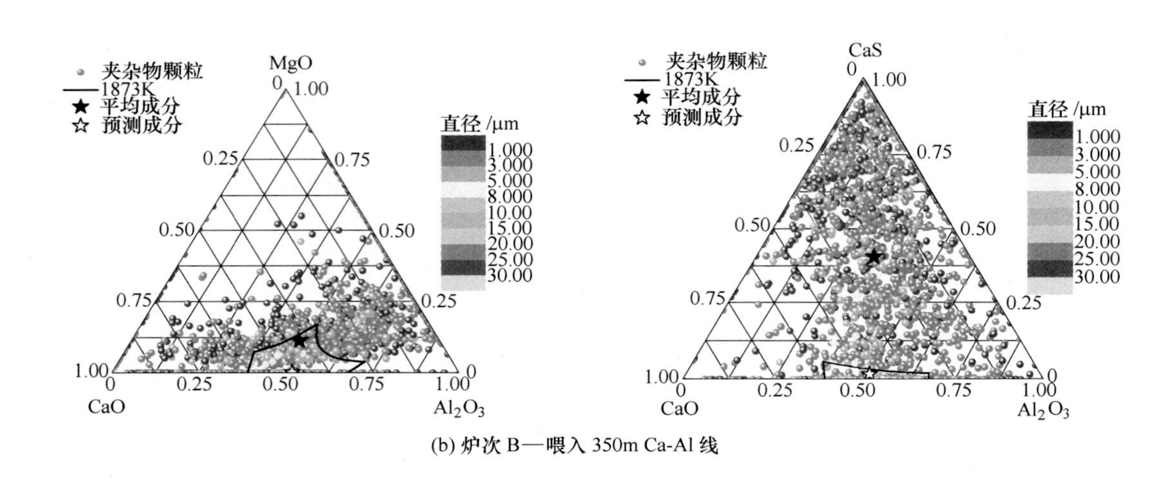

(b) 炉次 B—喂入 350m Ca-Al 线

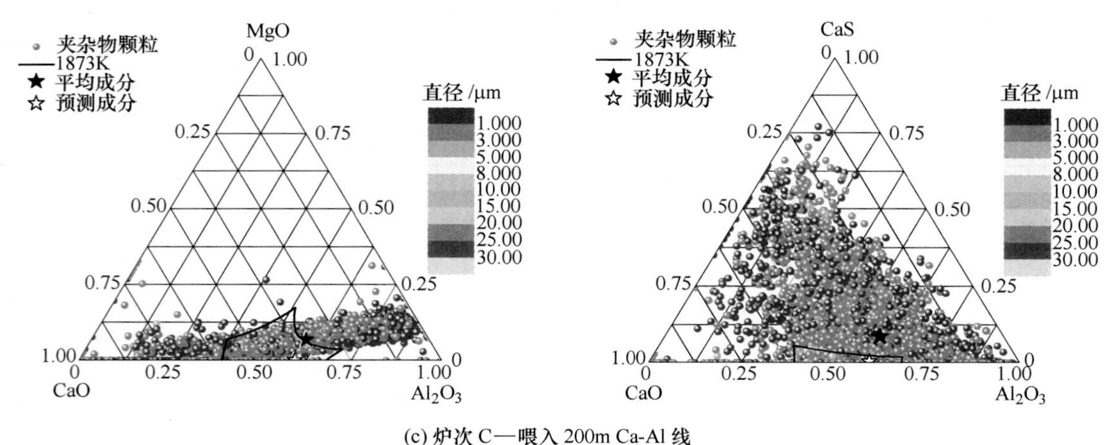

(c) 炉次 C—喂入 200m Ca-Al 线

图 18-30　钙处理后钢中夹杂物在三元相图中的分布

杂物。炉次 B、C 实际喂入长度与热力学预测值相仿，夹杂物基本落入 Al_2O_3-MgO-CaO 三元系的低熔点区。

全流程洁净度调研中可以看出，钢水在经过钙处理后，钢中夹杂物大部分偏出低熔点区，偏向 CaO 一侧，表现为钙处理过量；由于后续浇铸过程出现的二次氧化，夹杂物又反向 Al_2O_3 侧偏移，导致夹杂物基本落入低熔点区。但当前二次氧化很严重且具有较强的偶然性，因此建议在减轻且稳定二次氧化情况后，根据热力学计算结果减少钙处理的喂钙线量，降至每炉 250m 左右。根据钙处理后较多的 CaS 夹杂物，建议适当延长软吹时间，促进夹杂物的良好改性。

18.5　二次氧化对钢中非金属夹杂物的影响

浇铸过程的二次氧化对钢水洁净度有着极大的危害。一方面，二次氧化使得钢水中的 T. O. 和［N］含量明显升高，增加了夹杂物的总量；另一方面，对于铝镇静钢，二次氧化导致产生大量的 Al_2O_3 夹杂物，这些高熔点夹杂物将引发水口结瘤并危害产品质量。

对于浇铸过程的二次氧化，Sasai 等做了大量研究[8-11]。通过钢水成分等一些数据表征，建立数学模型可对钢水二次氧化因素进行定量分析。中间包二次氧化主要分为两类：一类是空气吸入造成的二次氧化，主要有钢包长水口吸气、中间包液面裸露吸气等，这类二次氧化通常伴随着吸氮，钢中氮含量明显增加。另一类为钢包渣或耐火材料等方面对钢水的氧化，主要包括钢包下渣氧化、中间包渣氧化、中间包耐火材料对钢水氧化等，这类二次氧化主要是出现渣-钢、耐火材料-钢之间氧的传递，并无吸氮表现。钢水二次氧化产生铝损、增氮等表现。根据不同时刻不同位置这类指标的变化，可以评估出不同二次氧化因素的影响程度。

已有报道表明，日本在中间包使用“断气”技术，隔绝空气，采用中间包加热、无中间包覆盖剂、小的中间包容量等技术，这些技术的使用避免了浇铸过程两类因素对钢水的二次氧化。当前国内常用的中间包浇铸过程措施包括：钢包长水口垂直对中、钢包长水口适当吹氩、浇铸前中间包充氩、浇铸过程堵住中间包包孔、合适的覆盖剂选择等。

该厂冷镦钢生产全流程钢水洁净度及夹杂物研究结果表明，钢中 T. O. 含量在 LF 出站相似的情况下，铸坯 T. O. 含量差异很大，表明存在明显的二次氧化。浇铸过程平均吸氮 15ppm 以上，表明钢水二次氧化严重。由于二次氧化主要发生在浇铸过程，因此在控制夹杂物改善钢水洁净度的首要任务是控制钢水二次氧化程度，为后续精炼优化提供基础。

某炉次从 LF 出站→中间包浇铸→铸坯过程：假定：（1）LF 出站后的夹杂物为 CaO-Al_2O_3-MgO-CaS 夹杂物，忽略夹杂物中少量的 SiO_2、MnO 等组分；（2）二次氧化造成的铝损均转变为 Al_2O_3 夹杂物，T. Mg 和 T. Ca 减少是由于 MgO、CaO 和 CaS 夹杂物上浮去除造成；（3）CaO 和 CaS 上浮去除程度相同。对此炉次 LF 出站到铸坯过程的钢成分进行化验，假定元素的氧化全部转变为夹杂物。在上述三条假定下推得，在二次氧化后，将产生大量新的高熔点夹杂物，如表 18-4 所示。

表 18-4　浇铸过程中二次氧化对钢水及夹杂物的影响

位置	元素含量/ppm			增氧/ppm	夹杂物组分含量/%			
	$[Al]_s$	T. Mg	T. Ca	Δ[O]	Al_2O_3	MgO	CaO	CaS
LF 出站	410	7	39		27	4	44	25
二次氧化	(-40)	(-3)	(-18)	(+29)				
正常铸坯	370	4	21		68	0.5	20	11.5

LF 出站→中间包浇铸→铸坯过程，夹杂物成分在 Al_2O_3-MgO-CaO 三元系中的分布如图 18-31 所示。在 LF 出站至铸坯过程存在严重的二次氧化，夹杂物成分逐渐向 Al_2O_3 角部偏移，这是由于钢中铝含量较高，大量的铝被氧化所致。在控制浇铸二次氧化后，钙处理的策略也应调整。当前钙处理过重，只是由于二次氧化影响才导致夹杂物落入低熔点区，但二次氧化程度有极大的偶然性，因此夹杂物控制并不稳定。

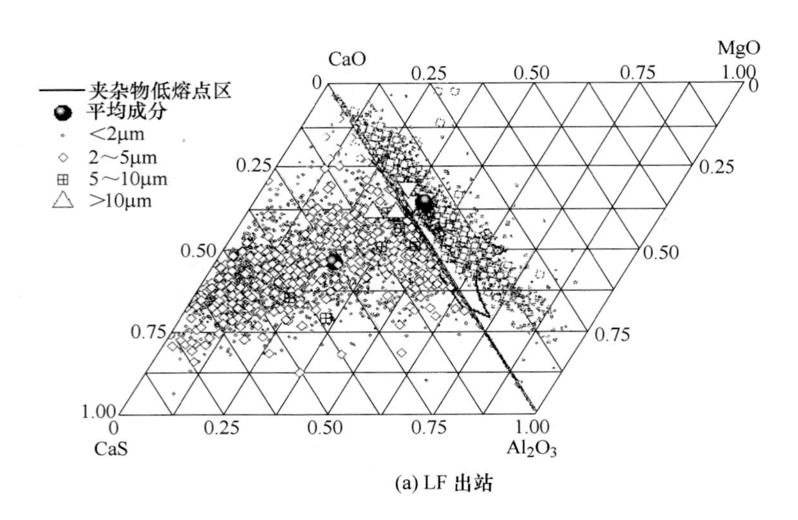

(a) LF 出站

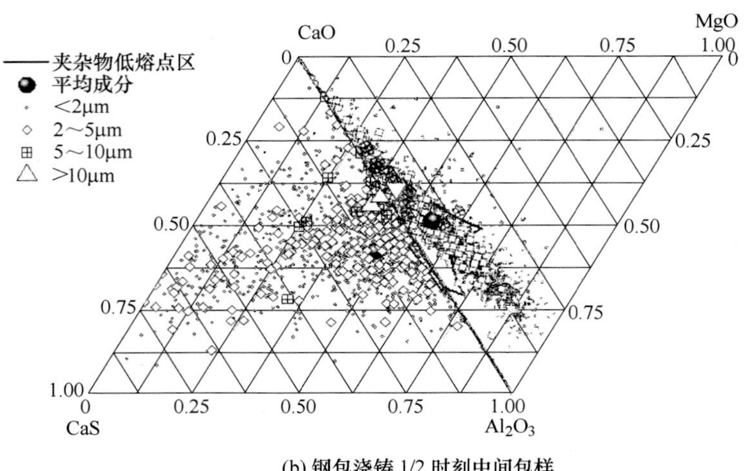

(b) 钢包浇铸 1/2 时刻中间包样

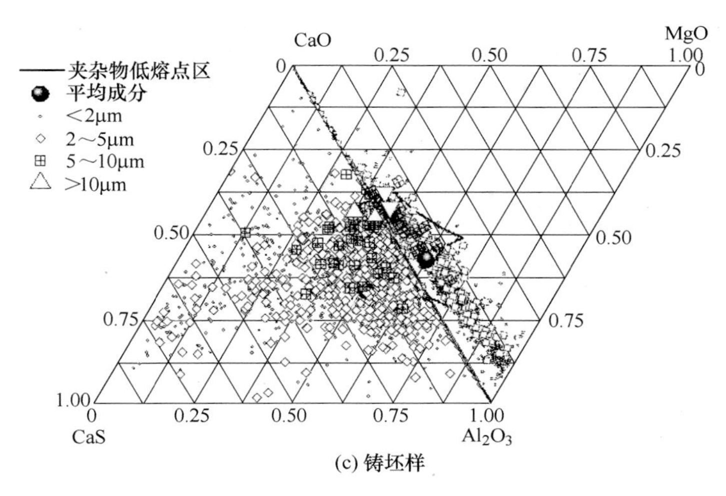

图 18-31 浇铸过程夹杂物成分的变化

由于二次氧化，钢水存在铝损、增氧、吸氮。根据 Sasai[11] 的二次氧化吸氧-吸氮关系模型，可对二次氧化进行定量计算，如式（18-1）所示。钢中 T. O. 和［N］含量在浇铸过程变化如表 18-5 所示。LF 出站到连铸开浇过程的洁净度变化总氧含量升高 44. 5ppm，氮含量升高达 56. 6ppm，严重地恶化了钢水洁净度。根据 Sasai 研究结果：中间包过程二次氧化主要分为两类：（1）空气对钢液的氧化：以自由氧的形式对钢液的氧化主要包括中间包入口钢水的二次氧化以及中间包钢液面与空气接触的氧化等。（2）炉渣或耐火材料中氧活度较高的组分对钢液的氧化：主要包括中间包覆盖剂对钢液的氧化、耐火材料剥落及钢包下渣对钢液的氧化等。

$$[O]_{Abs} = \frac{100M_O k_G(P_{O_2} - P_{O_2}|_{G\text{-}F})}{\rho RTk_R \cdot [N]_E} \ln \frac{([N]_E + [N]_{Out})([N]_E - [N]_{In})}{([N]_E - [N]_{Out})([N]_E + [N]_{In})} \quad (18\text{-}1)$$

式中，$[N]_E$，$[N]_{In}$，$[N]_{Out}$分别为中间包平衡氮含量（$[N]_E$ 在 1570℃下为 0. 0403%）、中间包入口处氮含量和中间包出口氮含量；k_G 为气相传质系数为 4. 18cm/s，k_R = 0. 1585cm/(s · mass%)。

表 18-5 非稳态浇铸过程 T. O. 和［N］含量变化

位置	T. O. /ppm	[N]/ppm	ΔT. O. /ppm	Δ[N]/ppm
LF 出站	25. 2	30. 8		
头坯 0. 5m 处	69. 7	87. 4	(+44. 5)	(+56. 6)
正常铸坯	30. 1	66. 3	(+4. 9)	(+35. 5)

假定 LF 出站氧氮含量等于中间包入口处氧氮含量，头坯 0. 5m 处氧氮含量等于中间包出口处氧氮含量，结合当前连铸过程的吸氮量，代入计算得中间包氧气对其二次氧化影响为 $[O]_{Abs}$ = 2. 49×10^{-6}P_{O_2}%。在中间包吹氩情况下，氧分压可降低至大气压的 1%，计算得 $[O]_{Abs}$ = 25. 2ppm。随着钢液面气相中氧气分压的增大，钢液吸氧变得更为严重。根据钢中铝损、吸氮量的研究，可对两类氧化方式的影响程度进行定量评估。

中间包钢液二次氧化过程中产生高熔点的 Al_2O_3 夹杂物不可避免地会影响到夹杂物的

成分，借助热力学软件模拟计算钢液在二次氧化过程中夹杂物的转变方式，计算结果如图 18-32 所示。随着二次氧化的发生，钢中酸溶铝含量不断降低，形成 Al_2O_3 夹杂物。钙处理后，钢中钙含量不断降低，由于没有新的 CaO 生成，因此夹杂物的 CaO/Al_2O_3 不断降低，当夹杂物 $w(CaO):w(Al_2O_3)<1:1$ 时，开始有固态夹杂物析出。根据该炉次 LF 出站时刻 T. O. 含量在 25ppm，夹杂物中 $w(CaO)/w(Al_2O_3)$ 比为 1.5，中间包二次氧化吸氧 30ppm 时，开始有固态的 $CaO \cdot 2Al_2O_3$ 产生，这种 Al_2O_3 含量较高的钙铝酸盐夹杂物对产品质量以及生产顺行都有较大危害。

由于二次氧化通常在局部发生并非平衡过程，因此吸氧量远小于 30ppm 时就可以产生固态夹杂物。结合式（18-1），可对二次氧化产生固态夹杂物的临界吸氮量进行计算，计算结果如图 18-32 所示。在当前钢液成分条件下，中间包氧分压若达到 0.21，吸氮量 3.5ppm 以上将会产生固态夹杂物。而随着氧分压的降低，钢中产生固态夹杂物的临界吸氮量不断增加，因此，浇铸过程充入保护气体，降低氧分压对控制钢液二次氧化意义重大。

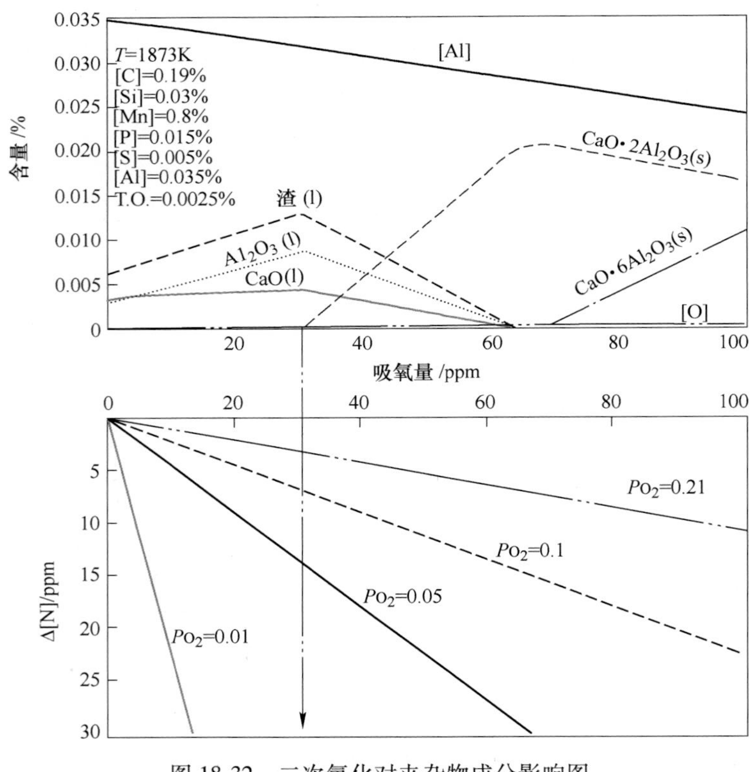

图 18-32　二次氧化对夹杂物成分影响图

对不同钢液成分吸氧对夹杂物组分影响进行计算，在钢中氧含量较低时，过高的 S 含量会生成固态的 CaS，氧含量超高一定临界值会产生固态钙铝酸盐 $CaO \cdot 2Al_2O_3$。但在实际生产过程中钢液的吸氧量难以检测，吸氮量通常间接地衡量二次氧化程度。根据产生固相夹杂物的临界吸氧量，结合 Sasai 吸氧-吸氮模型，可对钢液产生固相夹杂物的临界吸氮量（$[N]_{cr}$）进行计算。临界吸氮量计算结果如图 18-33 所示。

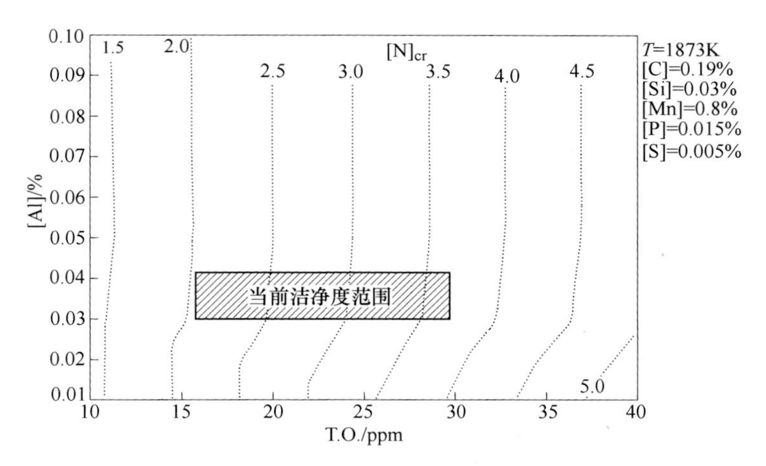

图 18-33　不同钢液成分下的临界吸氮量计算结果

计算结果表明，铝含量较低时，随着铝含量的增加，临界吸氮量有所降低；当铝含量大于 0.03%时，钢中铝含量的增加对临界吸氮量几乎无影响。这是因为在铝含量较高时，铝含量将不再是二次氧化产生 Al_2O_3 的限制性因素。随着钢中 T. O. 含量的增加，临界吸氮量不断降低，高洁净度的钢液需要更严格的吸氮控制。

当前条件下计算的临界吸氮量是在反应平衡条件下所得。精炼结束到浇铸过程中，二次氧化通常产生大量细小的 Al_2O_3 夹杂物，这类夹杂物与钢液中其他夹杂物的反应平衡在实际中缺少足够的动力学条件，因此实际需要控制的吸氮量需要比平衡条件下计算的值更低。

18.6　冷镦钢中非金属夹杂物控制的关键问题

（1）从动力学和夹杂物吸附去除角度考虑，建议适当降低炉渣中的 CaO/Al_2O_3 比，将精炼渣中 CaO/Al_2O_3 控制在 1.7～2.0 范围内。碱度过大使得渣的流动性变差，对夹杂物的吸附能力降低，建议将碱度控制在 6～10 之间。渣的氧化性（FeO+MnO）建议控制在 2%以内。

（2）国内其他厂家多用镁质或钙镁质中间包耐火材料选型。镁质耐火材料中 MgO 含量大于 85%，钙镁质耐火材料中 MgO 含量大于 75%，建议将中间包耐火材料中的 SiO_2 降低至 5%以下，SiO_2 较高会使钢液中的酸溶铝氧化，生成氧化铝，对耐火材料有所侵蚀，同时又向钢液中引入了夹杂物。

（3）优化钙处理、加强保护浇铸。实际喂钙量可由当前的 300～350m 降至 250m。浇铸过程应长水口处吹氩（压力可适当大于 0.2MPa），中间包孔隙、包盖缝隙密封等方式来防止钢液的二次氧化；中间包可使用炭化稻壳保温；现场要加强并保持保护浇铸工艺的实施。

参考文献

［1］张先鸣．我国冷镦钢的现状和发展［J］．金属制品，2009（2）：43-47.

［2］先越蓉．冷镦钢的生产和发展［J］．特殊钢，2005（3）：31-34.

[3] 林慧国．世界钢号手册［M］. 北京：机械工业出版社，1985.

[4] Fuhr F, Cicutti C, Walter G, et al. Relationship between nozzle deposits and inclusion composition in the continuous casting of steels [J]. Iron & Steelmaker, 2003, 30 (12): 53-58.

[5] Bielefeldt W V, Vilela A C F. Study of inclusions in high sulfur, Al-killed Ca-treated steel via experiments and thermodynamic calculations [J]. Steel Research International, 2014, 85 (1): 1-11.

[6] Bielefeldt W V, Vilela A C, Moraes C A, et al. Computational thermodynamic study of inclusions formation in the continuous casting of SAE8620 steel [J]. Steel Research International, 2010, 78 (12): 857-862.

[7] Jung I-H, Decterov S A, Pelton A D. Computer applications of thermodynamic databases to inclusion engineering [J]. ISIJ International, 2004, 44 (3): 527-536.

[8] Sasai K, Mizukami Y. Oxidation rate of molten steel by argon gas blowing in tundish oxidizing atmosphere [J]. Tetsu-to-Hagane, 2011, 97 (12): 604-610.

[9] Sasai K, Mizukami Y. Oxidation rate of molten steel by argon gas blowing in tundish oxidizing atmosphere [J]. ISIJ International, 2011, 51 (7): 1119-1125.

[10] Sasai K, Mizukami Y. Effects of tundish cover powder and teeming stream on oxidation rate of molten steel in tundish [J]. ISIJ International, 1998, 38 (4): 332-338.

[11] Sasai K, Mizukami Y. Reoxidation behavior of molten steel in tundish [J]. ISIJ International, 2000, 40 (1): 40-47.

19 硅锰脱氧不锈钢(宽板坯)中非金属夹杂物的控制

不锈钢是指在大气、水、酸、碱和盐等溶液或其他腐蚀介质中具有一定化学稳定性的钢。通常为含有10%~30%铬的铁铬合金，有时还配合加入镍、钼、铝、钛、铜和氮等元素。由于不锈钢具有优良的耐腐蚀性，目前已经被广泛应用于在石油、化工、化肥、食品、医疗、国防、餐具等各个领域。奥氏体不锈钢其产量和用量占不锈钢总量的70%。硅锰脱氧304不锈钢作为最典型的奥氏体不锈钢钢种，典型化学成分如表19-1所示。

表19-1　304不锈钢的化学成分含量　(%)

C	Si	Mn	Cr	Ni	S
约0.05	约1.0	≤2.0	约18.0	约8.0	约0.04

硅锰脱氧304不锈钢冷轧产品对表面质量和美观程度提出了很高的要求。然而钢中非金属夹杂物对不锈钢产品的性能和表面质量影响很大，细小的高 Al_2O_3 含量夹杂物由于变形能力较差，可引起抛光后产品的表面形成点状缺陷；高熔点和高硬度 $MgO-Al_2O_3$ 尖晶石夹杂物会引起裂纹，导致产品成型和使用过程中的失效；MgO 和 Al_2O_3 含量较高的大尺寸的 $MgO-Al_2O_3-SiO_2-CaO$ 夹杂物轧制后导致冷轧产品表面线鳞状缺陷[1,2]。因此，研究硅锰脱氧304不锈钢生产过程中夹杂物的性质特点及其演变规律，对降低不锈钢产品缺陷和提升其性能具有重要意义。

某厂304不锈钢工艺流程为EAF→AOD→LF→连铸→热轧→退火→酸洗→冷轧，如图19-1所示。AOD分为氧化期和还原期，AOD氧化期通过吹入氧气和氩气进行脱碳和杂质元素的去除。AOD还原期采用硅铁和硅锰合金对渣中的氧化铬进行还原以及对钢液进行脱氧，通过加入石灰和萤石对钢液进行脱硫。钢包精炼过程通过电极加热进行化渣和升温，通过精炼渣成分调整对钢液成分和夹杂物成分进行改性控制，通过吹氩和钢包镇定促进夹杂物上浮去除。中间包过程进行保护浇铸，防止钢液发生二次氧化。铸坯断面尺寸为2040mm×200mm，拉速0.8~1.0m/min。

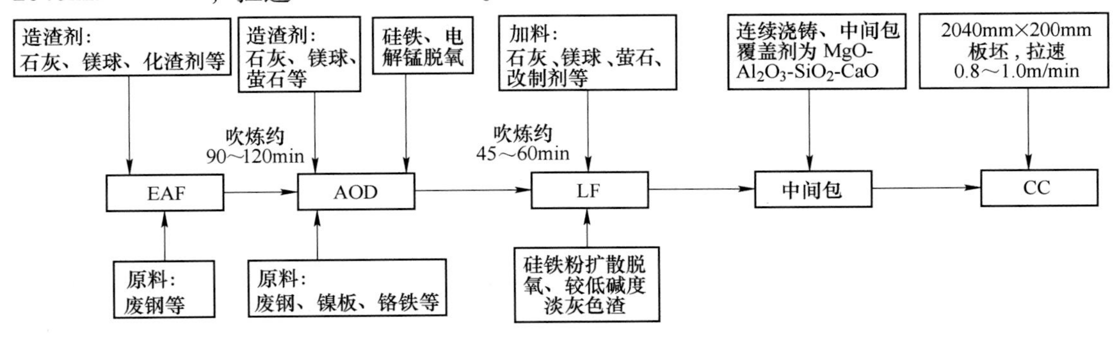

图19-1　不同钢液成分下的临界吸氮量计算结果

19.1　精炼渣和钢液化学成分

对硅锰脱氧钢而言，为了避免钢中 Al_2O_3 夹杂物的生成，选用的精炼渣为 SiO_2-CaO-MgO-CaF_2 系。由图 19-2 可知，从电炉出钢开始到 AOD 还原结束，精炼渣间度基本保持在 1.9 左右。LF 钢包精炼过程中，随着精炼渣成分的调整，精炼渣碱度控制为 1.7 左右。因为过高碱度的精炼渣会导致渣中的少量 Al_2O_3 向钢中传质，导致钢中 Al 含量和夹杂物中 Al_2O_3 含量升高；低碱度的精炼渣中的 SiO_2 会与钢中的 Al 反应，降低钢的 Al 含量。由于中间包采用的覆盖剂为 MgO-Al_2O_3-SiO_2-CaO，浇铸中点时碱度约为 6.5，中间包浇铸终期时碱度 6 左右。

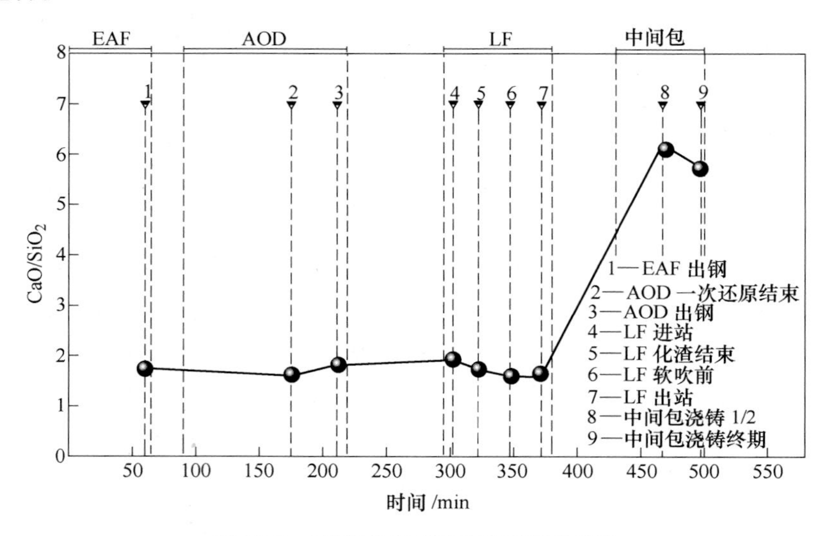

图 19-2　精炼渣碱度随冶炼过程的变化

渣中（FeO+MnO）含量是反映精炼渣氧化性的重要参数。图 19-3 所示为精炼渣（FeO+

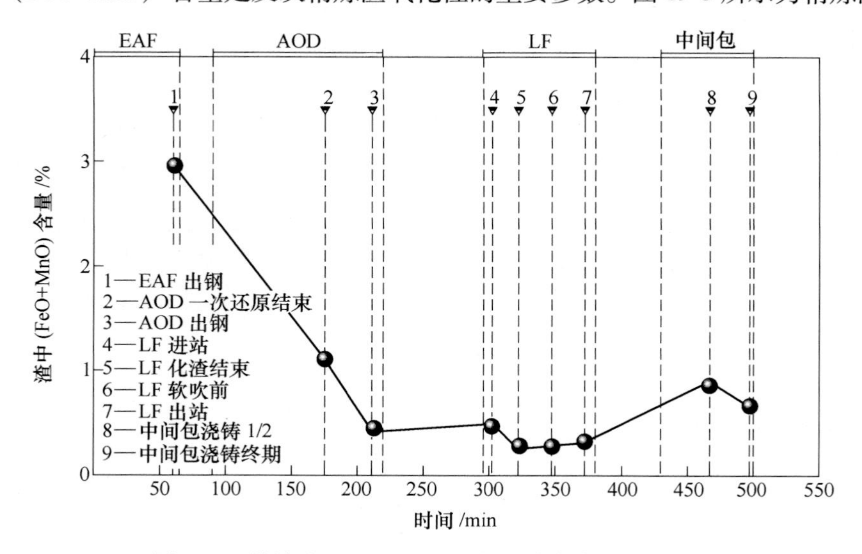

图 19-3　精炼渣（FeO+MnO）含量随冶炼过程的变化

MnO）含量随冶炼过程的变化。由图可见，由 EAF 至 AOD 过程，随着脱氧剂的加入，精炼渣中（FeO+MnO）含量逐步降低，由约 3%降低至 0.4%。在 LF 精炼过程中，炉渣中（FeO+MnO）含量呈现略有降低的趋势。在中间包过程，渣中（FeO+MnO）含量均较 LF 精炼过程有所升高，但也基本在 1%以内。

图 19-4 为钢液中 Al、Ca、Mg 含量随冶炼过程的变化。钢中酸溶铝含量随着冶炼时间在 5~10ppm 内波动变化，AOD 对钢液进行加合金脱氧后，钢中 Al 含量明显增加，说明脱氧合金中可能存在一定含量的 Al。除了个别的钢中的 Mg 含量范围多数情况处于 5~15ppm，变化规律与钢中 Al 含量变化规律一致，说明钢中的 Mg 含量可能是由于钢中的 Al 元素对渣和耐火材料中的 MgO 还原进入钢液的。从 AOD 到 LF 精炼过程，钢中的钙含量呈现逐渐降低的趋势，这可能是由于夹杂物上浮去除以及渣钢反应使得钢中 Ca 含量降低造成的。其中个别钙含量过高可能是由于取样卷渣造成的。

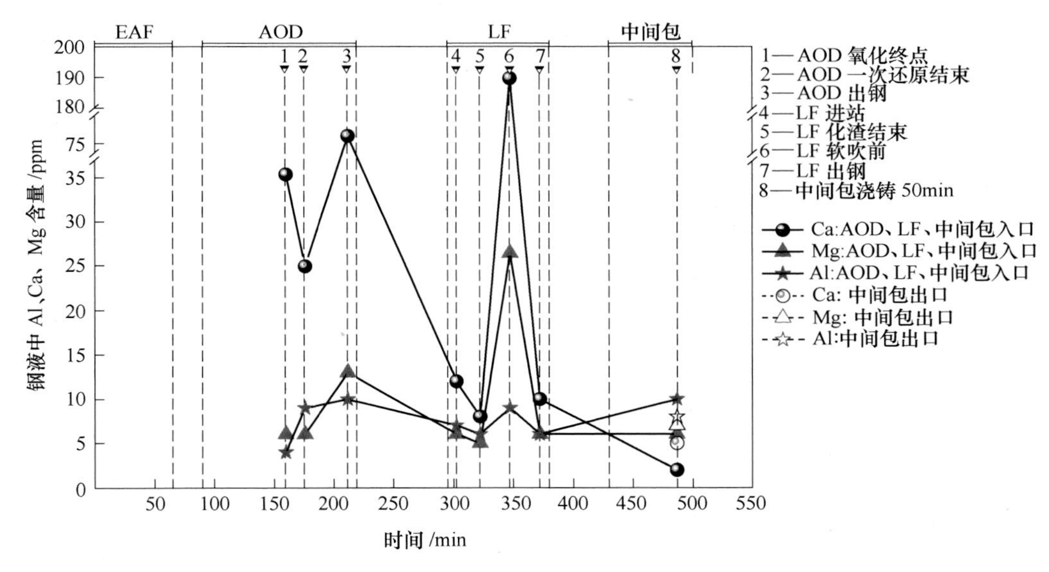

图 19-4 钢液中 Al、Ca、Mg 含量随冶炼过程的变化

铸坯从内弧到外弧中 Al、Ca、Mg 含量变化如图 19-5 所示。钢中 Al 含量约在 7.5ppm 上下波动，且 Al 含量沿厚度方向分布均匀；钢中 Mg 元素含量在靠近外弧 1/4 处相比较高，约为 16ppm，而在铸坯表面、靠近内弧 1/4、1/2 处 Mg 元素含量在 6ppm 左右波动变化；钢中 Ca 元素含量分布情况与 Mg 元素类似在 3ppm 左右波动变化；靠近外弧 1/4 处 Mg 和 Ca 含量过高，这可能是由于分析试样中存在较大尺寸的 SiO_2-CaO-MgO-Al_2O_3 夹杂物造成的。

钢水冶炼过程中 T. O. 和［N］含量变化结果分别如图 19-6 和图 19-7 所示。对于钢中的 T. O. 含量，从 EAF 至 AOD 氧化终点，T. O. 含量随着吹氧进行大幅升高至 550ppm 水平。随着还原期脱氧合金的加入，钢中 T. O. 逐渐降低至 LF 进站 40ppm 以下。在 LF 精炼过程中钢中 T. O. 含量呈现逐渐降低的趋势，说明 LF 精炼过程中钢中夹杂物去除较好。在连铸过程中，从浇铸开始到浇铸结束的过程中，钢中进入 T. O. 含量呈现逐渐降低趋势，说明浇铸开始过程中存在一定的二次氧化。从中间包入口至中间包出口，钢中 T. O. 含量

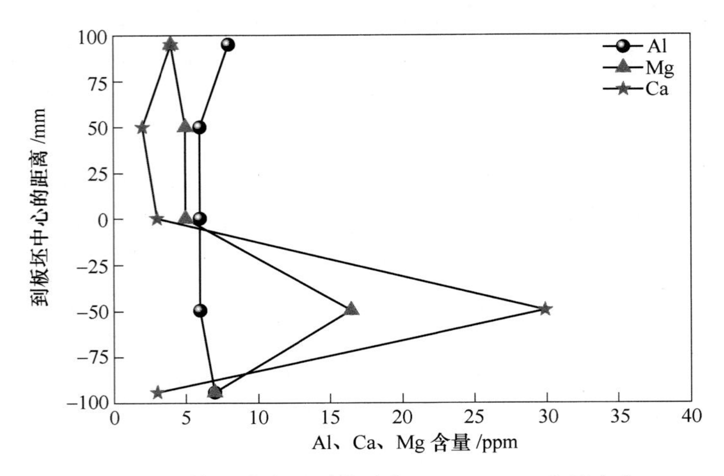

图 19-5　铸坯从内弧到外弧中 Al、Ca、Mg 含量变化

略有增加，说明中间包过程钢中存在一定的二次氧化。对于钢中的 N 含量，AOD 过程由于部分氮气的吹入，钢中的 N 含量明显增加，随后在 AOD 后期吹入氩气使得钢中 N 含量显著降低。之后钢中 N 含量基本保持约为 430ppm。

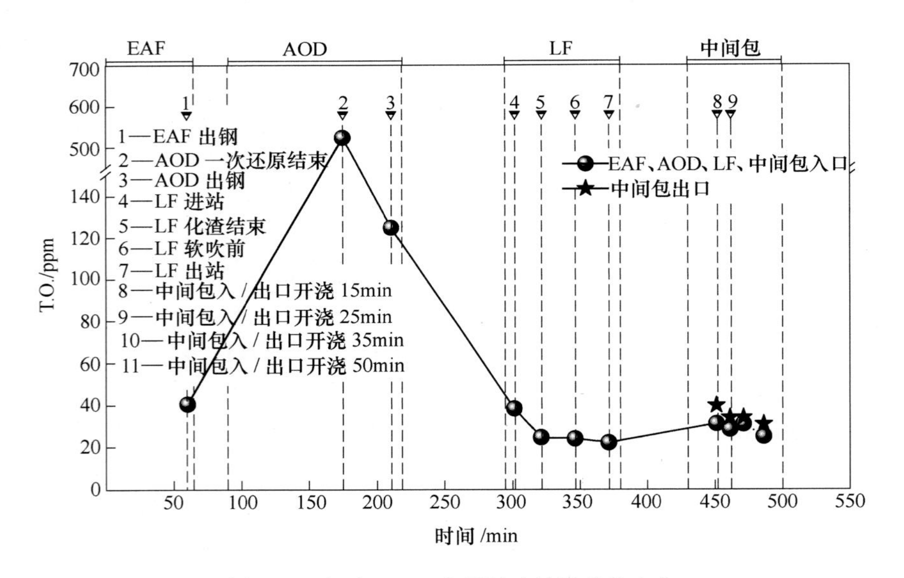

图 19-6　钢中 T. O. 含量随冶炼过程的变化

为了深入研究铸坯洁净度水平，对稳态浇铸的铸坯宽度方向和铸坯厚度方向分别取了约 50 个和 13 个样品进行 T. O. 和［N］含量的分析，结果如图 19-8 所示。铸坯中沿宽度方向 T. O. 含量在 26ppm 左右略有振动，总体呈现平稳趋势，在铸坯一侧距离中心约 350mm 的位置，钢中 T. O. 含量升高至 32ppm 左右，这可能是由于钢中存在较大尺寸夹杂物造成的。铸坯中沿厚度方向 T. O. 含量与沿宽度方向 T. O. 含量相当，也在 26ppm 上下波动。铸坯中沿宽度方向［N］含量在 425±5ppm 范围波动，总体呈现平稳趋势。

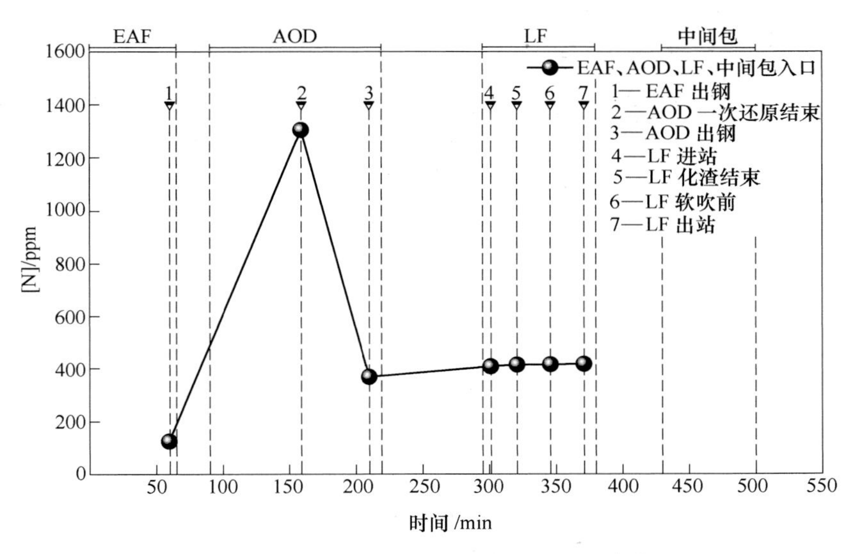

图 19-7 钢中［N］含量随冶炼过程的变化

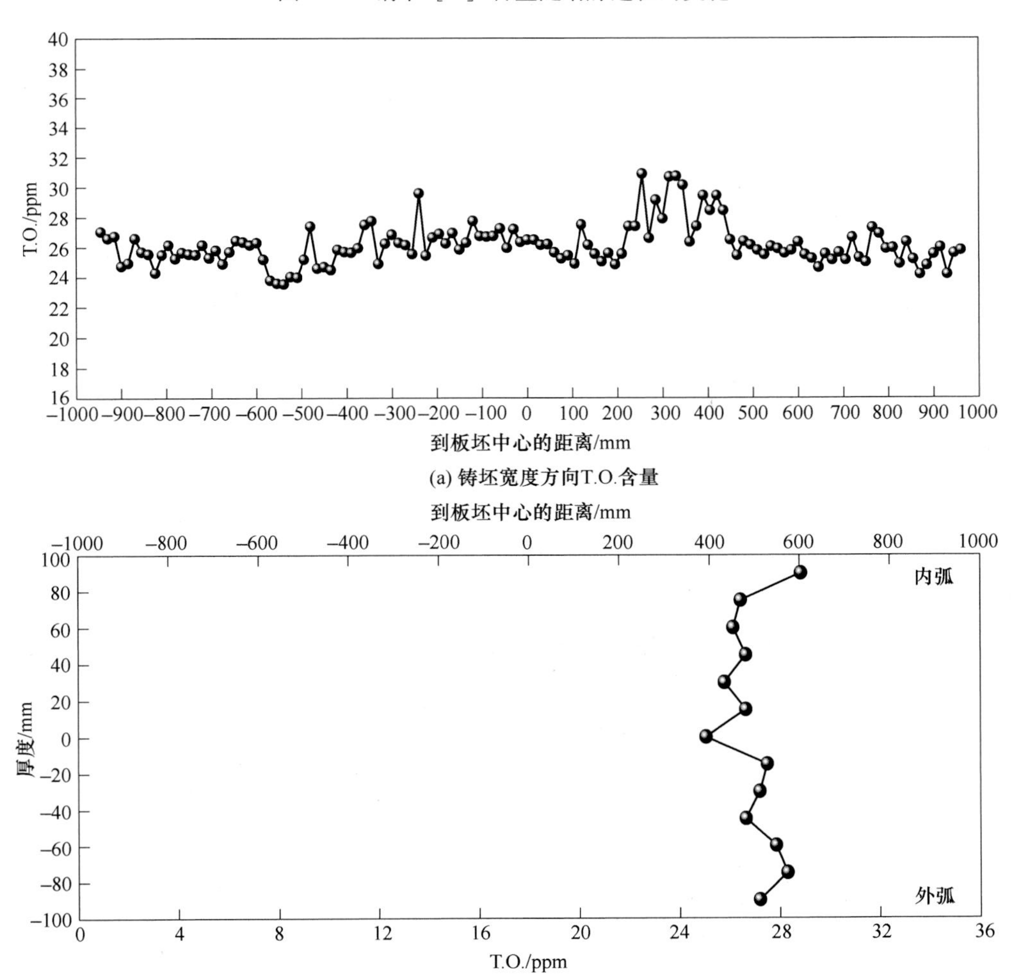

(a) 铸坯宽度方向T.O.含量

(b) 铸坯厚度方向T.O.含量

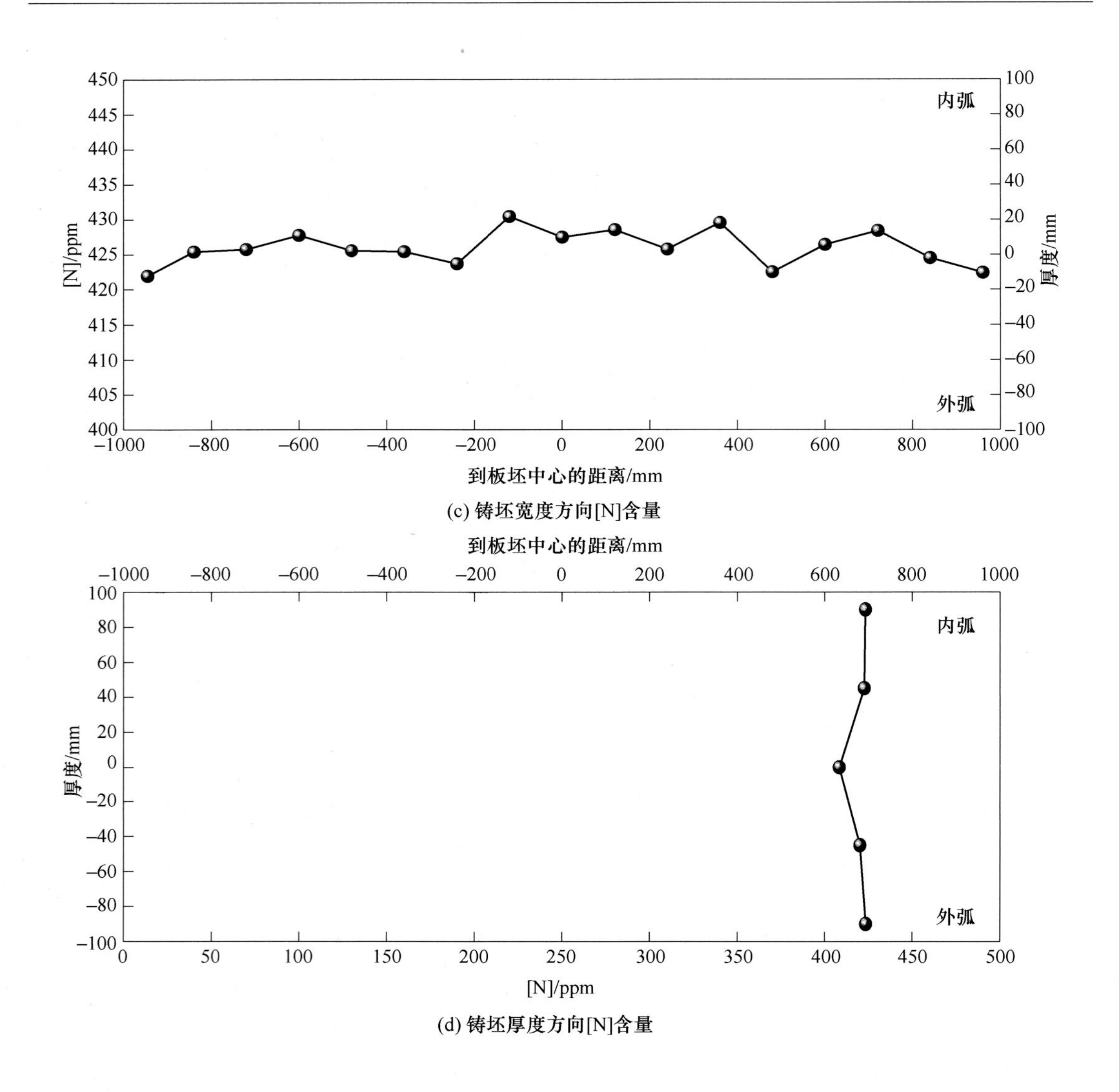

(c) 铸坯宽度方向[N]含量

(d) 铸坯厚度方向[N]含量

图 19-8　稳态浇铸铸坯中 T. O. 和［N］含量的分布

19. 2　钢中非金属夹杂物形貌和成分的演变规律

为了研究硅锰脱氧奥氏体不锈钢冶炼过程中夹杂物的演变规律，发现夹杂物控制存在的问题，有必要对钢中夹杂物进行全流程调研。AOD 进站时钢中夹杂物形貌和成分如图 19-9 和图 19-10 所示。本节中夹杂物的投影规则为：若%MgO>%SiO_2+%MnO，则投至 Al_2O_3-MgO-CaO 相图中；若%MgO<%SiO_2+%MnO，%CaO>%MnO 则投至 Al_2O_3-SiO_2-CaO 相图中；%CaO<%MnO 则投至 Al_2O_3-SiO_2-MnO 相图中。EAF 出站和 AOD 进站时钢中夹杂物主要是 Cr_2S_3 及 MnS 硫化物和 CaO-SiO_2 类氧化物。可见，在 AOD 进站时氧化物夹杂类型主要为 CaO-SiO_2 类，数量较少。夹杂物数密度较高为 45. 52 个/mm^2，这主要是因为脱氧前存在较多的 Cr_2S_3 及 MnS 硫化物。

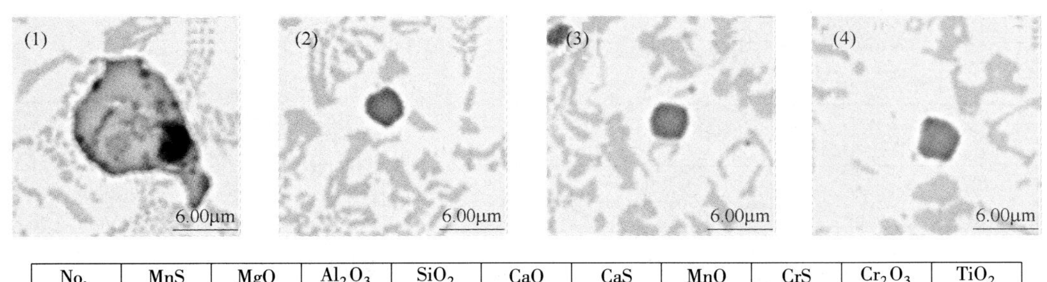

No.	MnS	MgO	Al_2O_3	SiO_2	CaO	CaS	MnO	CrS	Cr_2O_3	TiO_2
(1)	0.00	0.00	3.66	47.36	17.60	0.00	9.04	0.00	10.73	11.61
(2)	64.06	0.00	0.00	0.00	0.00	0.00	0.00	35.94	0.00	0.00
(3)	69.80	0.00	0.00	0.00	0.00	0.00	0.00	30.20	0.00	0.00
(4)	68.26	0.00	0.00	0.00	0.00	0.00	0.00	31.74	0.00	0.00

图 19-9 AOD 进站样品夹杂物形貌和成分（%）

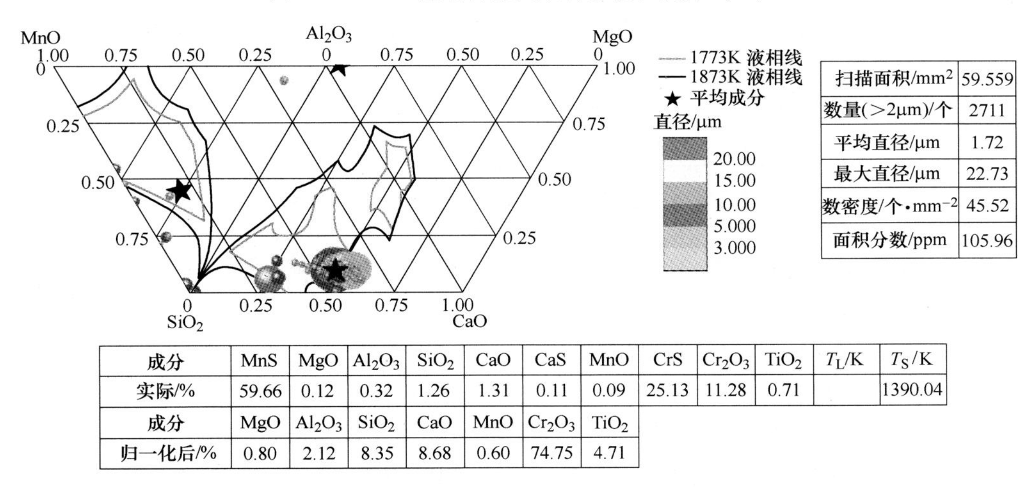

扫描面积/mm^2	59.559
数量(>2μm)/个	2711
平均直径/μm	1.72
最大直径/μm	22.73
数密度/个·mm^{-2}	45.52
面积分数/ppm	105.96

成分	MnS	MgO	Al_2O_3	SiO_2	CaO	CaS	MnO	CrS	Cr_2O_3	TiO_2	T_L/K	T_S/K
实际/%	59.66	0.12	0.32	1.26	1.31	0.11	0.09	25.13	11.28	0.71		1390.04

成分	MgO	Al_2O_3	SiO_2	CaO	MnO	Cr_2O_3	TiO_2
归一化后/%	0.80	2.12	8.35	8.68	0.60	74.75	4.71

图 19-10 AOD 进站样品夹杂物成分分布

AOD 吹氧结束时钢中夹杂物形貌和成分如图 19-11 和图 19-12 所示。AOD 氧化终点夹杂物主要也是 CrO_x-CaO-SiO_2 类，由于大量氧气的吹入，夹杂物中 CrO_x 含量显著升高。此时夹杂物中的 MgO 和 Al_2O_3 含量极低，夹杂物的平均直径较之前略有降低。

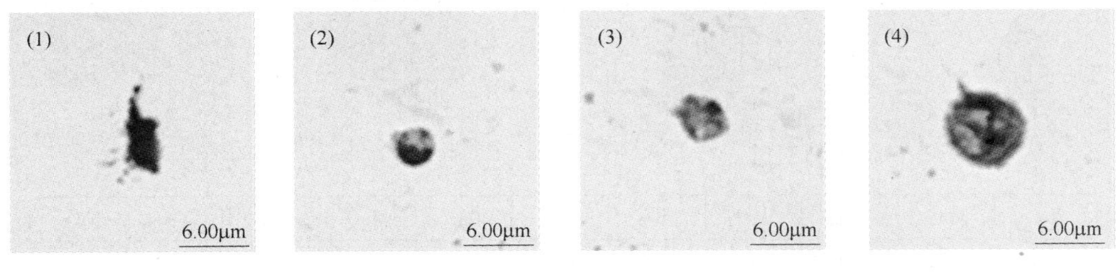

No.	MnS	MgO	Al_2O_3	SiO_2	CaO	CaS	MnO	CrS	Cr_2O_3	TiO_2
(1)	0.00	0.00	0.00	0.00	26.57	0.00	5.59	0.00	67.84	0.00
(2)	3.22	2.13	1.89	17.18	42.99	0.00	2.90	0.00	29.69	0.00
(3)	0.00	0.00	0.00	11.42	18.23	0.00	17.60	0.00	52.74	0.00
(4)	0.00	0.00	0.00	3.81	14.11	0.00	21.56	0.00	60.52	0.00

图 19-11 AOD 氧化终点样品夹杂物形貌和成分（%）

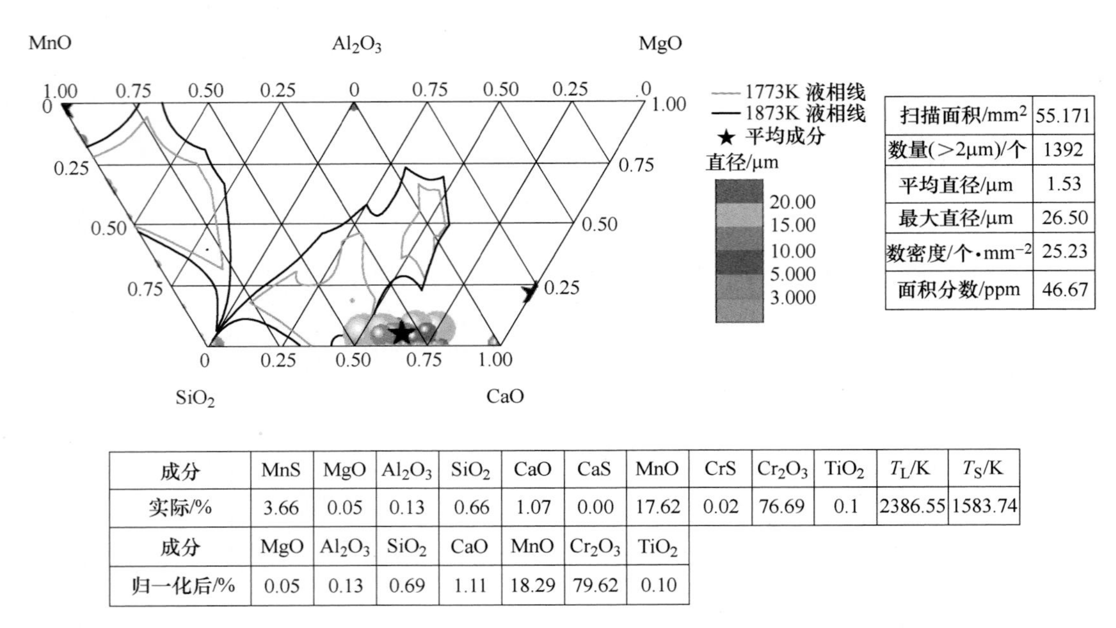

扫描面积/mm²	55.171
数量(>2μm)/个	1392
平均直径/μm	1.53
最大直径/μm	26.50
数密度/个·mm⁻²	25.23
面积分数/ppm	46.67

成分	MnS	MgO	Al_2O_3	SiO_2	CaO	CaS	MnO	CrS	Cr_2O_3	TiO_2	T_L/K	T_S/K
实际/%	3.66	0.05	0.13	0.66	1.07	0.00	17.62	0.02	76.69	0.1	2386.55	1583.74
成分	MgO	Al_2O_3	SiO_2	CaO	MnO	Cr_2O_3	TiO_2					
归一化后/%	0.05	0.13	0.69	1.11	18.29	79.62	0.10					

图 19-12　AOD 氧化终点样品夹杂物成分分布

AOD 一次还原结束至 AOD 出钢时，钢中夹杂物形貌和成分如图 19-13～图 19-16 所示。AOD 一次还原结束之后夹杂物主要为 $CaO-SiO_2-MnO$ 类，其中 $MnO-SiO_2$ 的夹杂物尺寸相对较小，夹杂物中的 MnO 含量明显增加。这主要是因为加入了大量硅锰脱氧合金，生成了很多细小的 $CaO-SiO_2-MnO$ 夹杂物造成的。夹杂物中 $CaO-SiO_2$ 类夹杂物有较大尺寸出现。值得注意的是，AOD 出钢钢中出现个别的 Al_2O_3 类夹杂物，这主要是由于脱氧合金中存在一定含量的 Al 造成的。直至 AOD 出钢，夹杂物最大尺寸增加，可能是因为吹炼过程卷渣造成的，夹杂物的成分变化并不明显。

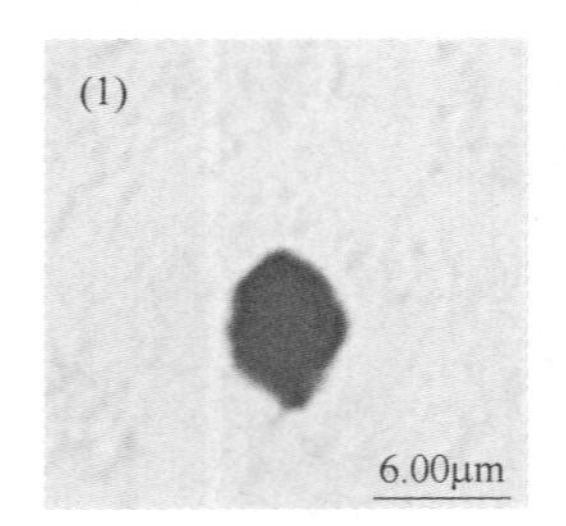

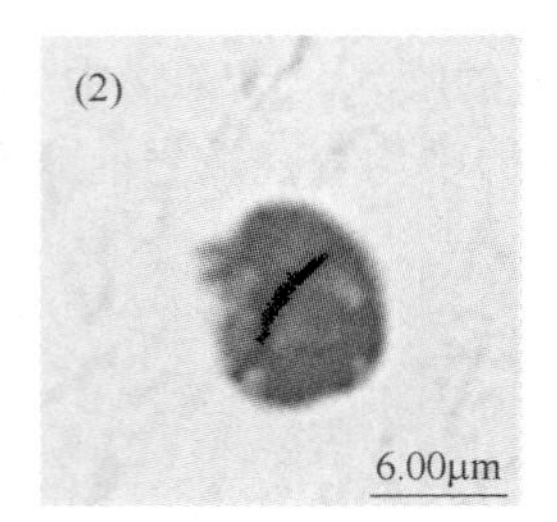

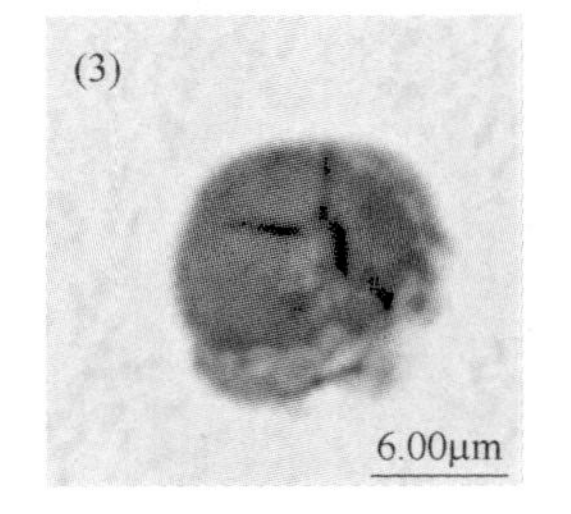

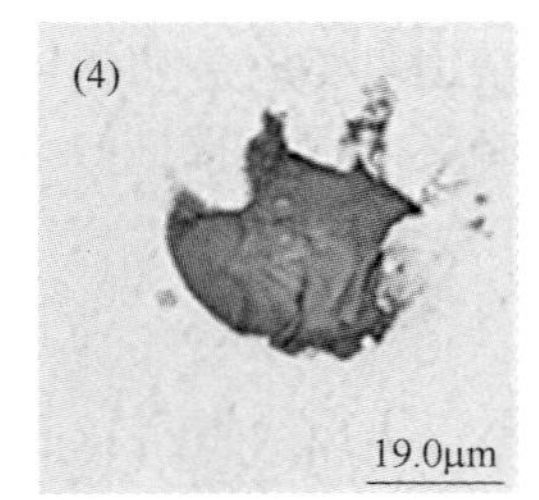

No.	MnS	MgO	Al_2O_3	SiO_2	CaO	CaS	MnO	CrS	Cr_2O_3	TiO_2
(1)	3.89	0.00	0.00	41.53	0.00	0.00	54.58	0.00	0.00	0.00
(2)	2.23	2.66	3.72	38.81	50.63	1.96	0.00	0.00	0.00	0.00
(3)	0.00	2.73	3.64	43.79	43.86	0.00	3.86	0.00	0.00	2.12
(4)	0.00	0.00	2.26	45.62	13.06	0.00	39.06	0.00	0.00	0.00

图 19-13　AOD 一次还原结束样品夹杂物形貌和成分（%）

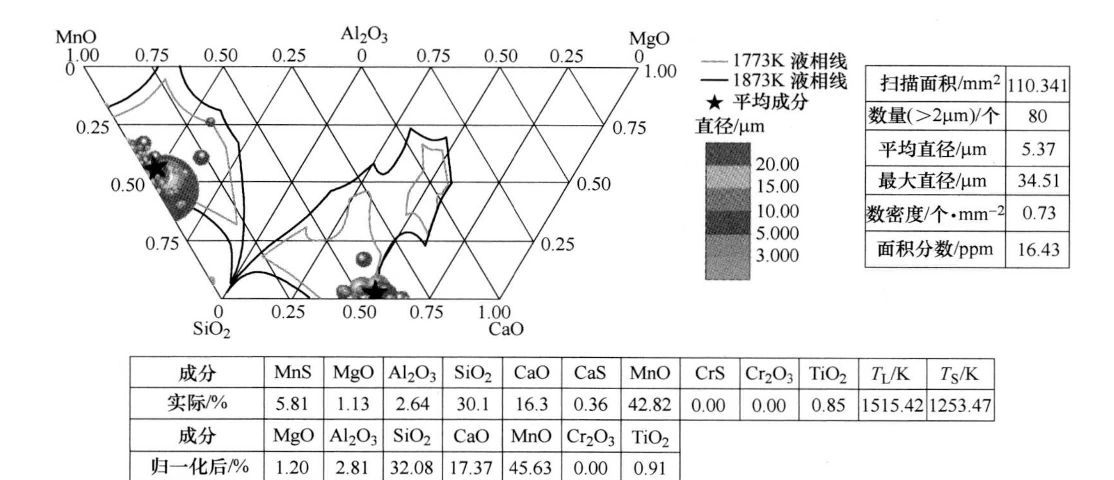

扫描面积/mm^2	110.341
数量(>2μm)/个	80
平均直径/μm	5.37
最大直径/μm	34.51
数密度/个·mm^{-2}	0.73
面积分数/ppm	16.43

成分	MnS	MgO	Al_2O_3	SiO_2	CaO	CaS	MnO	CrS	Cr_2O_3	TiO_2	T_L/K	T_S/K
实际/%	5.81	1.13	2.64	30.1	16.3	0.36	42.82	0.00	0.00	0.85	1515.42	1253.47
成分	MgO	Al_2O_3	SiO_2	CaO	MnO	Cr_2O_3	TiO_2					
归一化后/%	1.20	2.81	32.08	17.37	45.63	0.00	0.91					

图 19-14 AOD 一次还原结束样品夹杂物成分分布

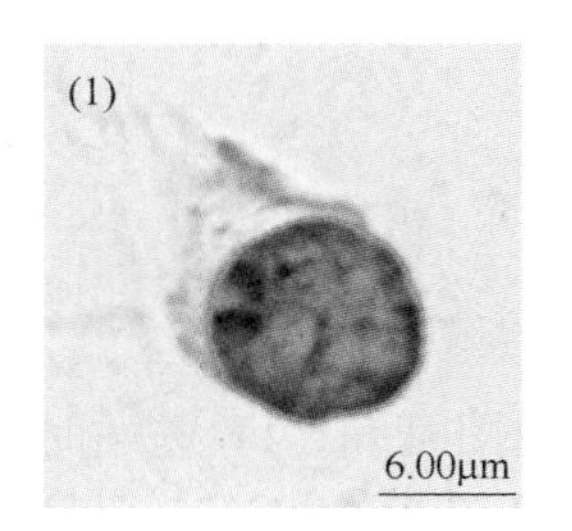

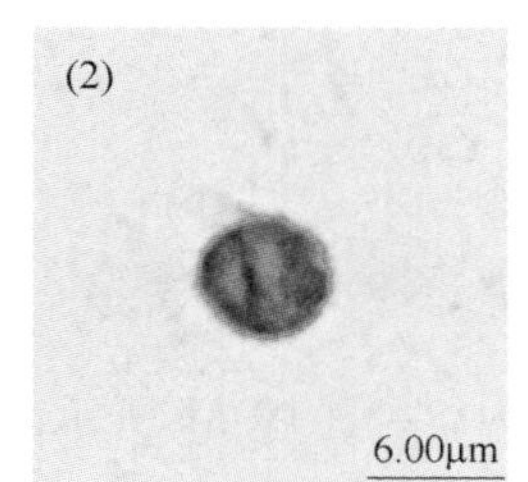

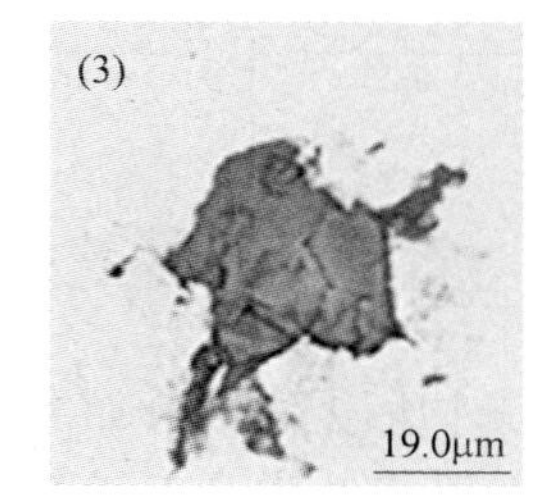

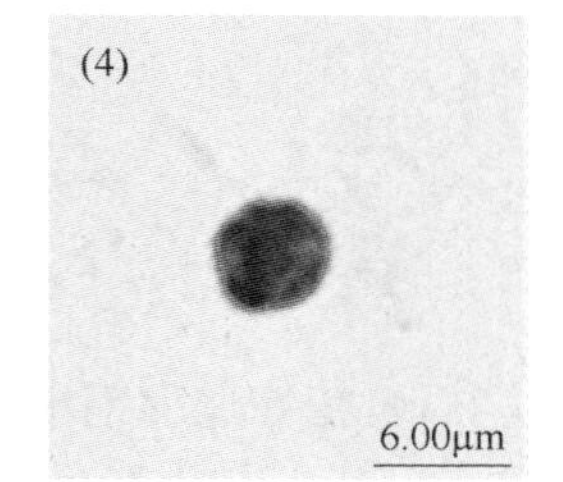

No.	MnS	MgO	Al_2O_3	SiO_2	CaO	CaS	MnO	CrS	Cr_2O_3	TiO_2
(1)	0.00	2.91	4.00	37.64	42.91	0.00	12.54	0.00	0.00	0.00
(2)	0.00	3.86	0.00	25.94	65.36	4.83	0.00	0.00	0.00	0.00
(3)	0.00	0.00	0.00	48.70	11.60	0.00	39.69	0.00	0.00	0.00
(4)	0.00	3.06	2.65	40.72	48.97	0.00	4.60	0.00	0.00	0.00

图 19-15 AOD 出钢样品夹杂物形貌和成分（%）

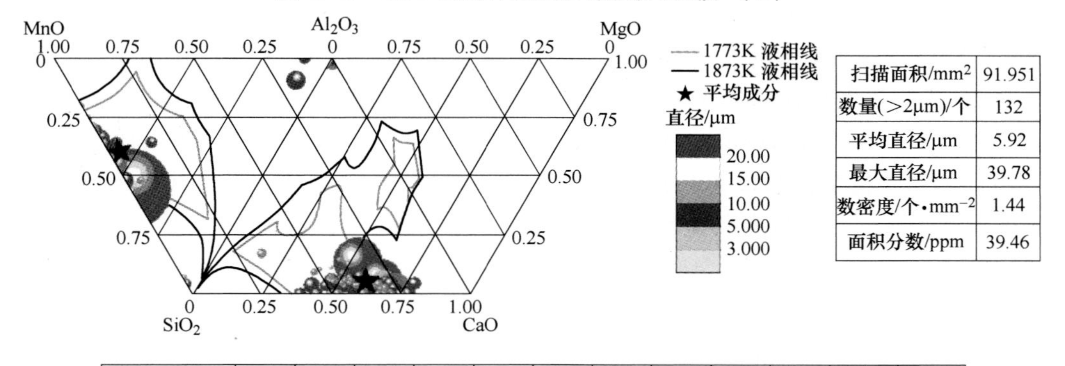

扫描面积/mm^2	91.951
数量(>2μm)/个	132
平均直径/μm	5.92
最大直径/μm	39.78
数密度/个·mm^{-2}	1.44
面积分数/ppm	39.46

成分	MnS	MgO	Al_2O_3	SiO_2	CaO	CaS	MnO	CrS	Cr_2O_3	TiO_2	T_L/K	T_S/K
实际/%	2.4	1.76	4.66	29.03	30.52	0.28	30.45	0.06	0.00	0.82	1586.79	1327.32
成分	MgO	Al_2O_3	SiO_2	CaO	MnO	Cr_2O_3	TiO_2					
归一化后/%	1.81	4.79	29.85	31.39	31.31	0.00	0.84					

图 19-16 AOD 出钢样品夹杂物成分分布

图 19-17 为 AOD 精炼过程夹杂物平均成分分布演变。由图可知，在整个 AOD 精炼过程中钢中夹杂物平均成分在 Al_2O_3-SiO_2-MnO 相图中大都位于 1500℃液相区，Al_2O_3-SiO_2-CaO 相图中夹杂物平均成分位于 1500℃液相区边缘。AOD 整个精炼过程氧化物夹杂主要为 CaO-SiO_2-MnO 类，夹杂物中 MgO 和 Al_2O_3 含量较低。

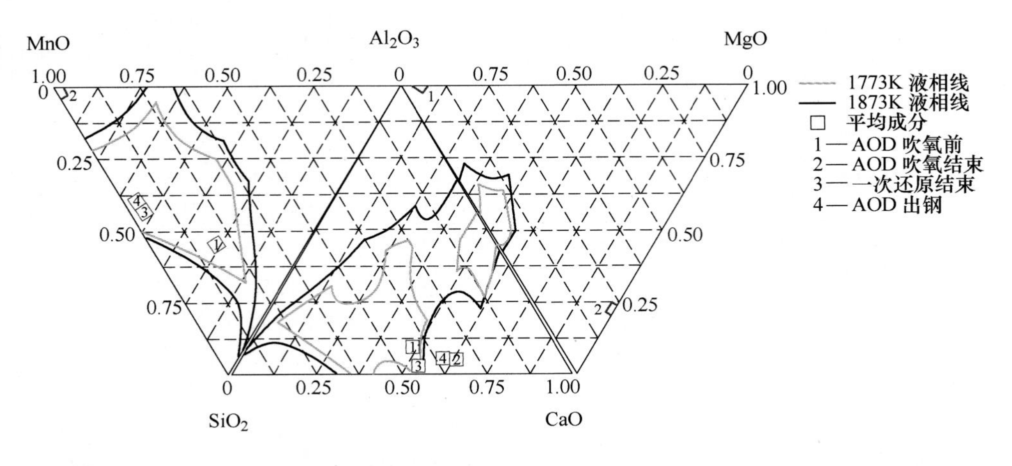

图 19-17　AOD 精炼过程夹杂物平均成分演变

LF 精炼过程钢中夹杂物形貌和成分如图 19-18～图 19-21 所示。由图可知，LF 进站时较小尺寸夹杂物增加，主要夹杂物为 CaO-SiO_2-MnO-Al_2O_3-MgO 类，夹杂物中 Al_2O_3 含量升高，出现个别的含量较高的 Al_2O_3、MgO 夹杂物。LF 化渣结束，样品夹杂物主要为 CaO-SiO_2-MnO-Al_2O_3-MgO 类。高 MgO 含量夹杂物个数增加，该类含 MgO 含量的夹杂物含有少量的 CaO，这可能是由于为了保护炉衬而在炉衬耐火材料中加入的 MgO 含量较高造成的。在 Al_2O_3-SiO_2-MnO 相图中，夹杂物多数位于 1500℃液相区，在 Al_2O_3-SiO_2-CaO 相图中约一半数量的夹杂物位于 1500℃液相区，且位于液相区之外的夹杂物的尺寸相对较大。但在 Al_2O_3-MgO-CaO 相图中的夹杂物由于含有较高的 MgO 远离 1500℃液相区。LF 弱搅拌前夹杂物在各相图中的投影与 LF 化渣结束样品相类似，夹杂物主要为 CaO-SiO_2-MnO-Al_2O_3-MgO 类，仍然存在部分含高 MgO 含量的夹杂物。由图 19-21 所示，LF 出站样品夹杂物主要为 CaO-SiO_2-MnO-Al_2O_3-MgO 类，含高 MgO 含量的夹杂物数量增加，在 Al_2O_3-SiO_2-MnO 相图中夹杂物部分位于 1500℃液相区，在 Al_2O_3-SiO_2-CaO 相图中多数夹杂物位于 1500℃液相区之外，且夹杂物尺寸较大。

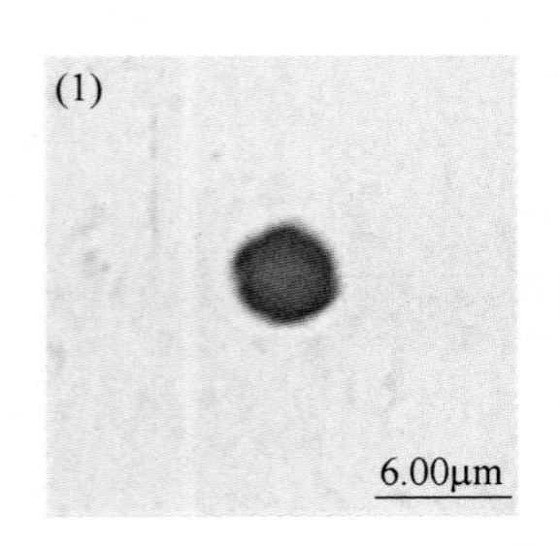

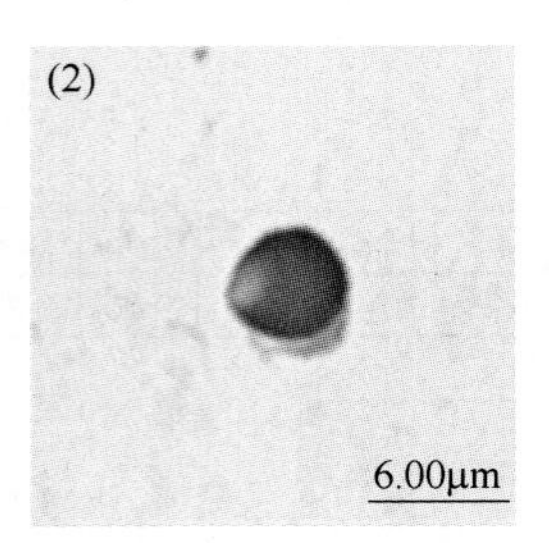

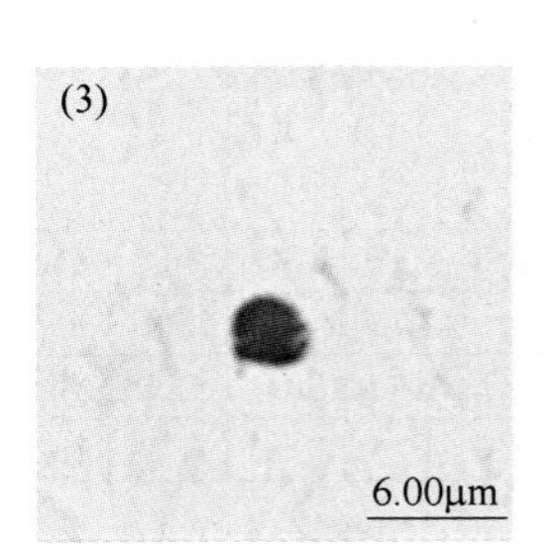

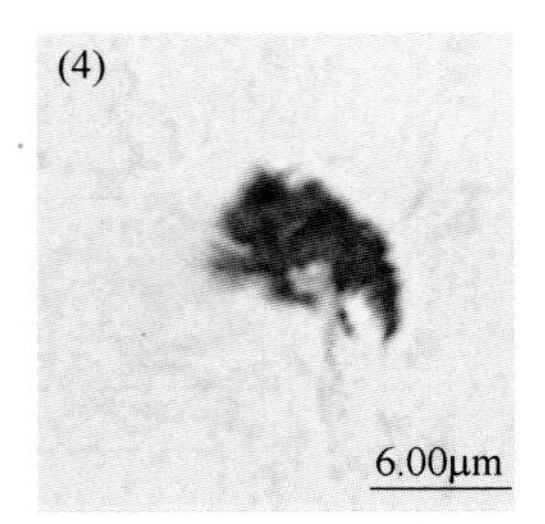

No.	MnS	MgO	Al_2O_3	SiO_2	CaO	CaS	MnO	CrS	Cr_2O_3	TiO_2
(1)	0.00	10.53	3.92	29.40	54.98	0.00	1.17	0.00	0.00	0.00
(2)	0.00	20.10	7.72	32.90	36.71	0.00	2.57	0.00	0.00	0.00
(3)	0.00	27.72	6.51	31.06	28.11	0.00	6.60	0.00	0.00	0.00
(4)	2.10	4.42	4.12	28.84	59.27	1.25	0.00	0.00	0.00	0.00

图 19-18　LF 化渣结束样品夹杂物形貌和成分（%）

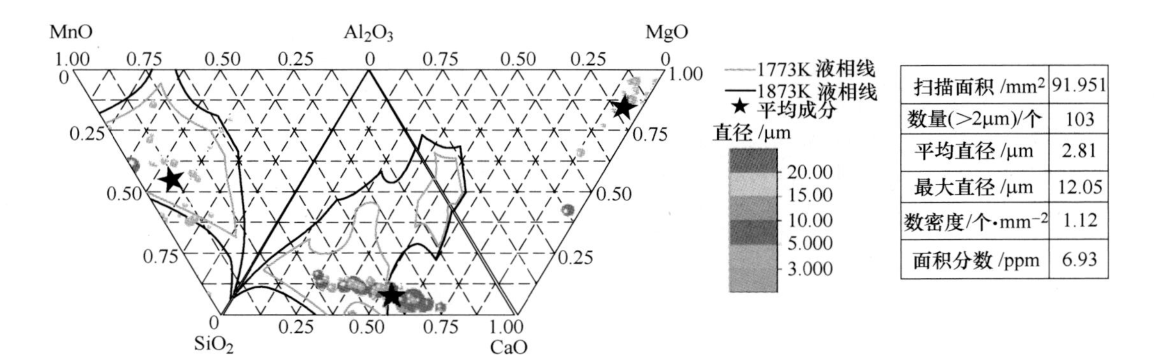

成分	MnS	MgO	Al_2O_3	SiO_2	CaO	CaS	MnO	CrS	Cr_2O_3	TiO_2	T_L/K	T_S/K
实际 /%	0.21	22.39	5.8	27.36	22.49	0.01	20.15	0.00	0.00	1.6	2184.71	1510.06
成分	MgO	Al_2O_3	SiO_2	CaO	MnO	Cr_2O_3	TiO_2					
归一化后 /%	22.44	5.81	27.42	22.54	20.19	0.00	1.60					

图 19-19　LF 化渣结束样品夹杂物成分分布

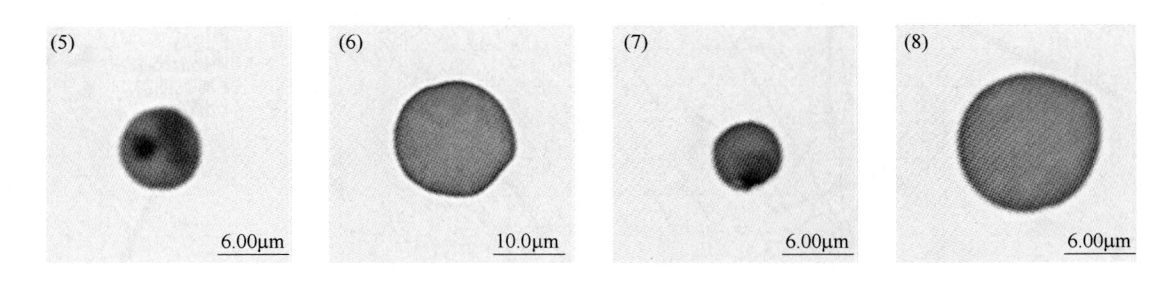

No.	MnS	MgO	Al_2O_3	SiO_2	CaO	CaS	MnO	CrS	Cr_2O_3	TiO_2
(5)	0.00	53.08	3.47	17.41	23.67	0.00	2.37	0.00	0.00	0.00
(6)	0.00	8.80	4.49	33.21	53.50	0.00	0.00	0.00	0.00	0.00
(7)	0.00	34.87	2.78	26.42	33.89	0.00	2.04	0.00	0.00	0.00
(8)	0.00	9.22	3.32	33.87	53.60	0.00	0.00	0.00	0.00	0.00

图 19-20　LF 出站样品夹杂物形貌和成分（%）

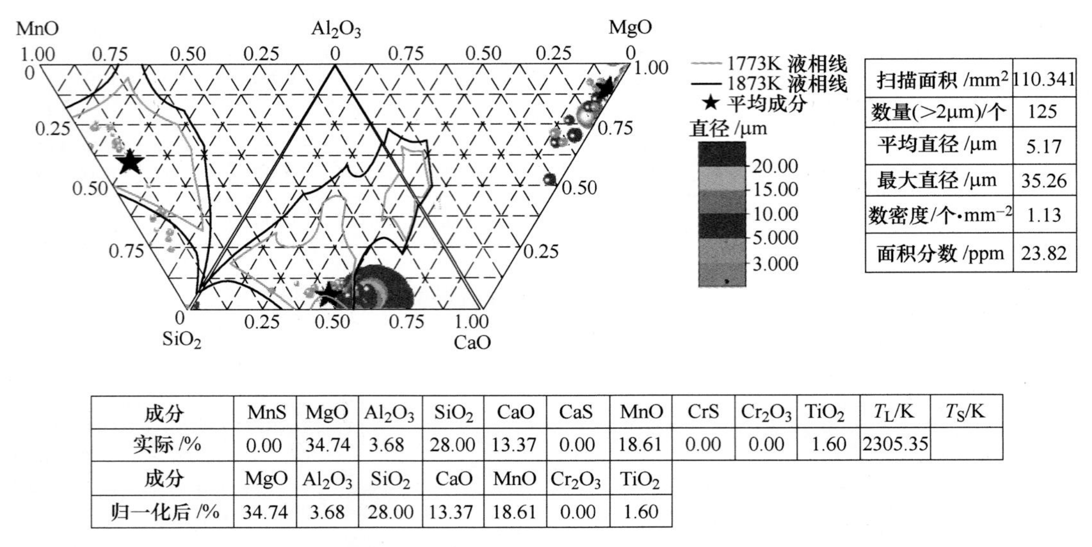

扫描面积 /mm²	110.341
数量(>2μm)/个	125
平均直径 /μm	5.17
最大直径 /μm	35.26
数密度/个·mm⁻²	1.13
面积分数 /ppm	23.82

成分	MnS	MgO	Al_2O_3	SiO_2	CaO	CaS	MnO	CrS	Cr_2O_3	TiO_2	T_L/K	T_S/K
实际 /%	0.00	34.74	3.68	28.00	13.37	0.00	18.61	0.00	0.00	1.60	2305.35	

成分	MgO	Al_2O_3	SiO_2	CaO	MnO	Cr_2O_3	TiO_2
归一化后 /%	34.74	3.68	28.00	13.37	18.61	0.00	1.60

图 19-21　LF 出站样品夹杂物成分分布

LF 精炼过程夹杂物平均成分变化如图 19-22 所示。在 LF 精炼过程中夹杂物的平均成分变化较小，夹杂物主要为 CaO-SiO_2-MnO-Al_2O_3 类。部分夹杂物含有高含量的 MgO，且该类夹杂物含有约 10%的 CaO。在 Al_2O_3-SiO_2-MnO 相图中夹杂物平均成分位于 1500℃液相区，在 Al_2O_3-SiO_2-CaO 相图中夹杂物平均成分位于 1500℃液相区边缘，在 Al_2O_3-MgO-CaO 相图中夹杂物平均成分位于 1500℃液相区之外，且远离该液相区。同时值得关注的是，在当前精炼渣碱度下，夹杂物中的 Al_2O_3 含量并没有显著增加。

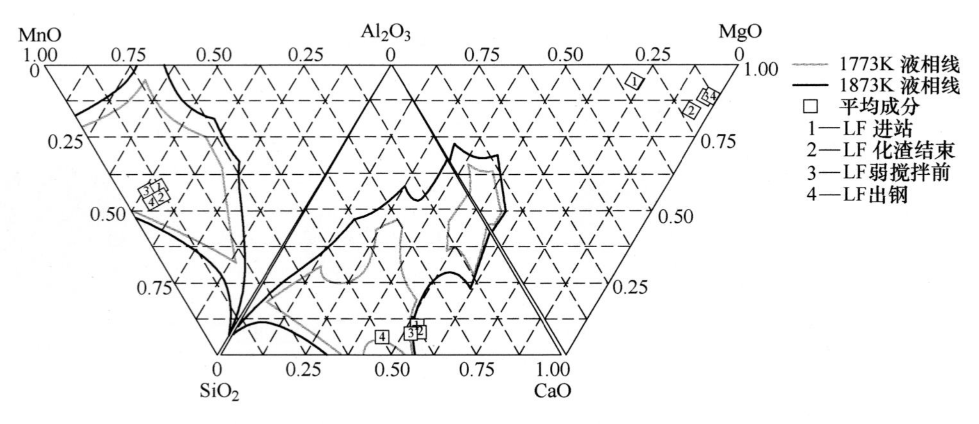

图 19-22　LF 精炼过程夹杂物平均成分演变

对开浇 25min 中间包出口对应位置样品夹杂物的形貌和成分进行了调研分析，结果如图 19-23 和图 19-24 所示。中间包入口样品夹杂物成分分布，夹杂物主要为 CaO-SiO_2-MnO-Al_2O_3-MgO 类。还有一些高 MgO 含量的夹杂物，该类夹杂物含有很少量的 Al_2O_3 和 CaO，个别含有约 30%的 CaO，这说明之前 LF 精炼过程生成的 MgO 含量较高的夹杂物进入了连铸过程，并存在在最后的铸坯当中。在 Al_2O_3-SiO_2-MnO 相图中夹杂物多数位于 1500℃液相区，在 Al_2O_3-SiO_2-CaO 相图中夹杂物多数位于 1500℃ 液相区内，少数位于液相区边缘。在 Al_2O_3-MgO-CaO 相图中夹杂物平均成分位于 1500℃ 液相区之外，平均含有约 70%～80% 的 MgO 且远离该液相区。中间包出口位置与入口位置相比夹杂物数密度显著增加。其中 Al_2O_3-SiO_2-MnO 类夹杂物明显增加，这是因为连铸过程二次氧化，钢中的 Mn 含量为 1% 以上，导致钢中生成了更多细小的 Al_2O_3-SiO_2-MnO 类夹杂物造成的。

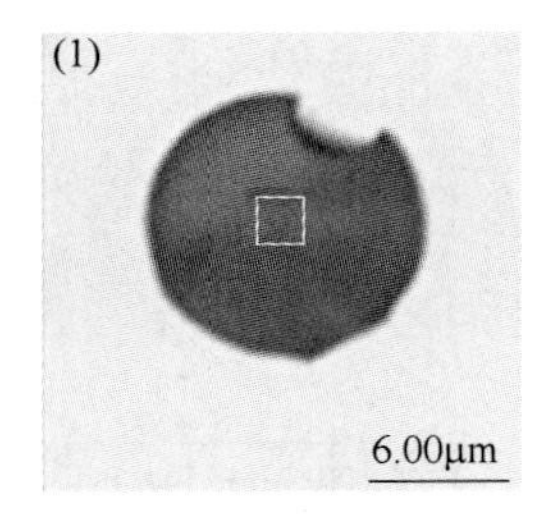

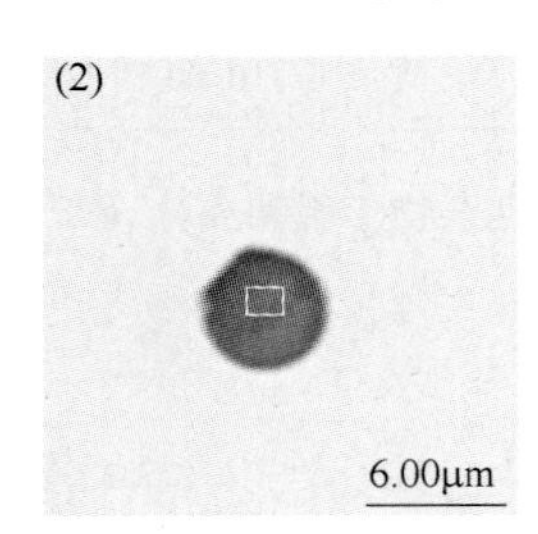

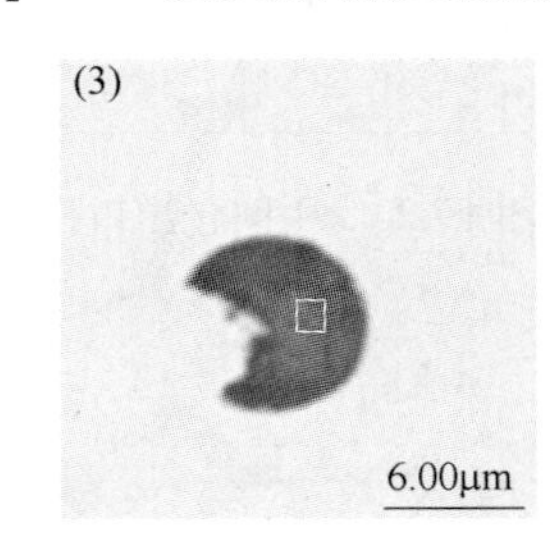

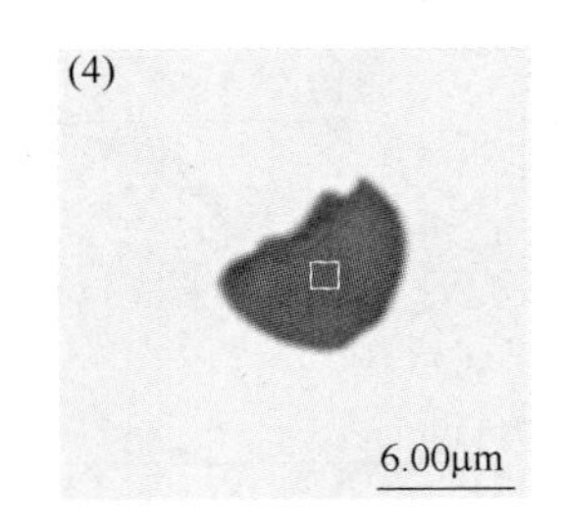

No.	MnS	MgO	Al_2O_3	SiO_2	CaO	CaS	MnO	CrS	Cr_2O_3	TiO_2
(1)	0. 00	26. 46	45. 48	12. 47	11. 67	0. 00	3. 93	0. 00	0. 00	0. 00
(2)	0. 00	27. 52	57. 93	5. 42	0. 00	0. 00	7. 18	0. 00	0. 00	1. 95
(3)	0. 00	20. 36	52. 32	11. 26	10. 74	0. 00	5. 32	0. 00	0. 00	0. 00
(4)	0. 00	82. 53	3. 43	10. 71	0. 00	0. 00	3. 32	0. 00	0. 00	0. 00

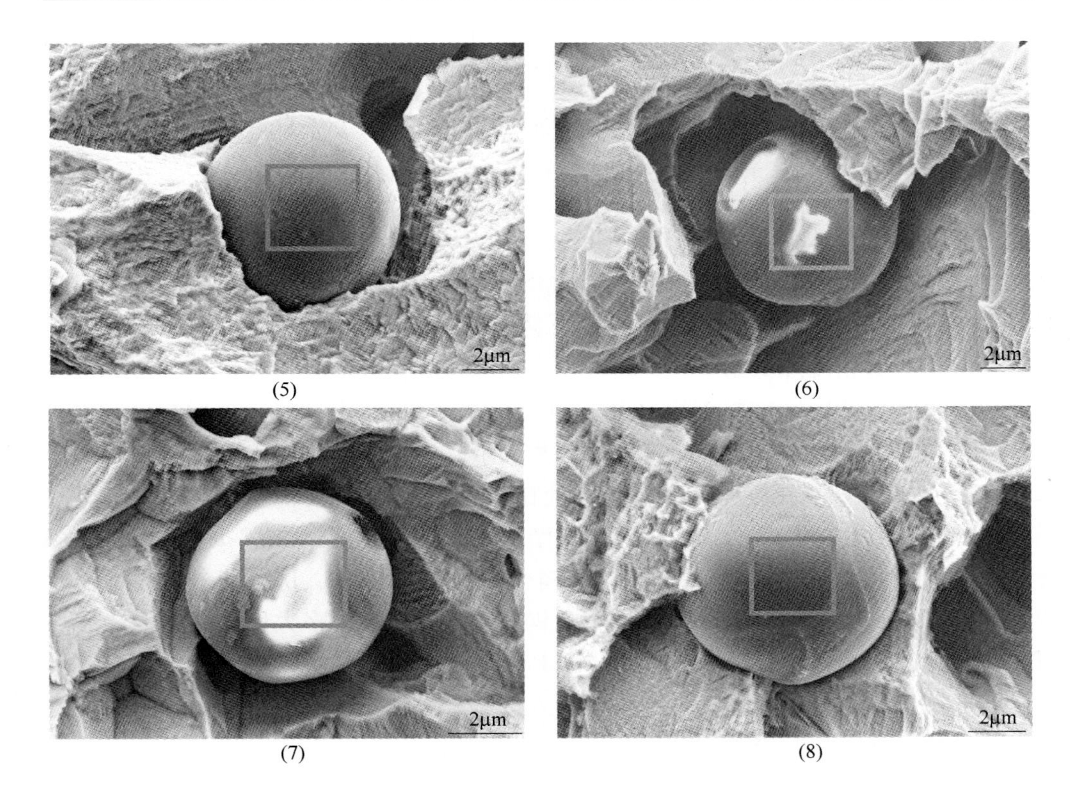

(5) (6)

(7) (8)

No.	MgO	Al_2O_3	SiO_2	CaO	TiO_x	MnS	MnO
(5)	3. 67	23. 03	36. 84	36. 46	0. 00	0. 00	0. 00
(6)	5. 12	20. 87	35. 07	38. 94	0. 00	0. 00	0. 00
(7)	6. 27	19. 65	31. 43	38. 12	2. 41	2. 11	0. 00
(8)	3. 88	18. 53	34. 58	41. 37	0. 00	1. 65	0. 00

图 19-23　中间包出口样品夹杂物形貌和成分（%）

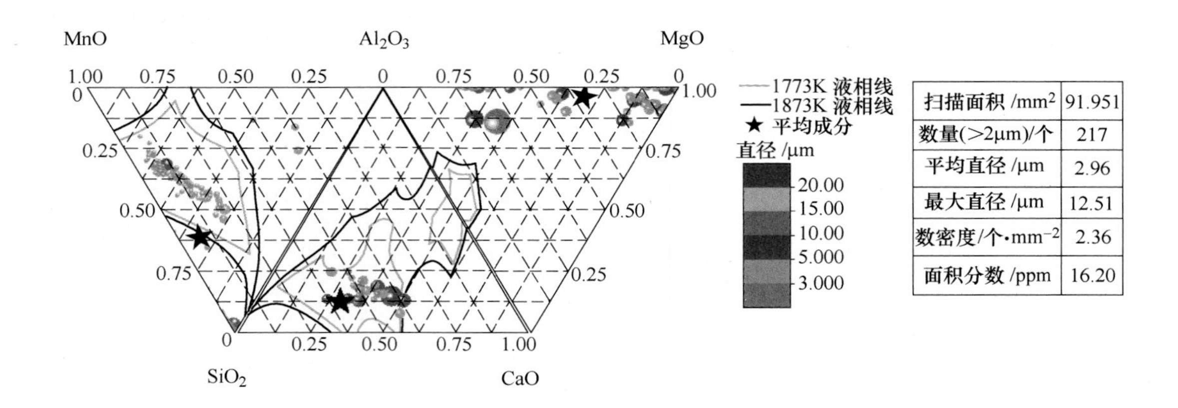

扫描面积 /mm²	91.951
数量(>2μm)/个	217
平均直径 /μm	2.96
最大直径 /μm	12.51
数密度/个·mm⁻²	2.36
面积分数 /ppm	16.20

成分	MnS	MgO	Al_2O_3	SiO_2	CaO	CaS	MnO	CrS	Cr_2O_3	TiO_2	T_L/K	T_S/K
实际 /%	0.00	17.5	13.45	36.19	6.59	0.00	24.45	0.00	0.00	1.83	1691.67	1364.62

成分	MgO	Al_2O_3	SiO_2	CaO	MnO	Cr_2O_3	TiO_2
归一化后 /%	17.50	13.45	36.19	6.59	24.45	0.00	1.83

图 19-24　中间包出口样品夹杂物成分分布

全流程夹杂物面积分数和数密度变化如图 19-25 和图 19-26 所示。在 EAF 阶段，由于吹氧去除杂质元素，夹杂物面积分数高达 1350ppm，数密度高达 160 个/mm^2 左右。进入 AOD 阶段夹杂物面积分数和数密度大幅下降，在 AOD 氧化终点夹杂物面积分数约为 55ppm 且夹杂物数密度降低至 25 个/mm^2 左右，随着脱氧合金的加入，AOD 还原阶段夹杂物面积分数降低约 20ppm。在 AOD 出钢、LF 进站和 LF 出站阶段夹杂物面积分数均有所增加，说明发生了一定的二次氧化，在浇铸过程夹杂物面积分数维持在约 20ppm 的水平。从 AOD 出站开始夹杂物数密度变化较小，且处在一个较低的水平上，约为 3 个/mm^2，整个冶炼流程夹杂物数密度降低显著。全流程夹杂物平均直径变化如图 19-27 所示，在 EAF 阶段至 AOD 氧化期降低，进入 AOD 还原期夹杂物平均直径升高，这可能是生成了较多尺寸夹杂物的 CaO-SiO_2-Al_2O_3 类液态夹杂物，且钢中卷渣形成了较多大尺寸夹杂物造成的。在 LF 精炼阶段大尺寸夹杂物数量降低，说明 LF 精炼对夹杂物的去除取得了较好的效果。中间包浇铸过程中，出口夹杂物平均直径小于入口，这也反映了中间包连铸过程发生了二次氧化，新生成了较多小尺寸的夹杂物。

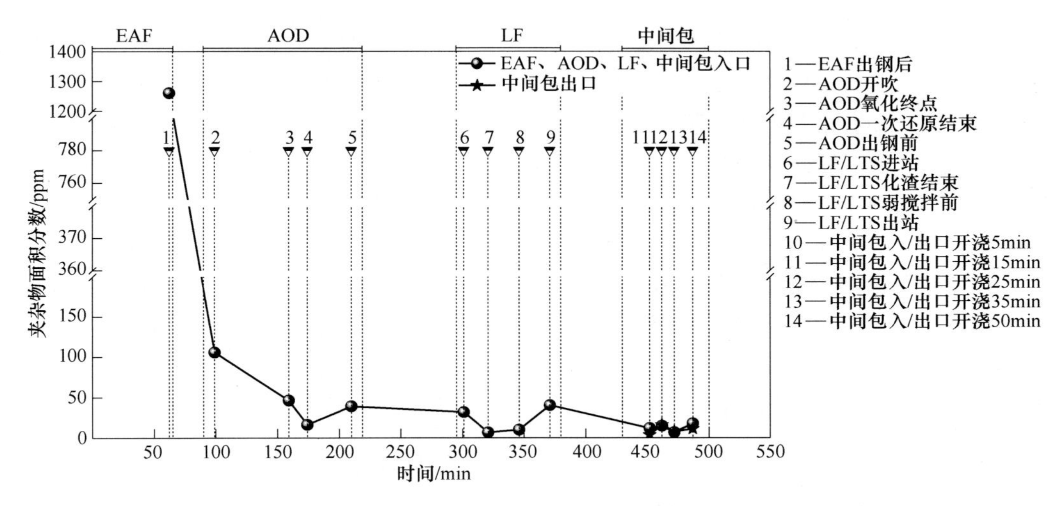

图 19-25 全流程夹杂物面积分数变化

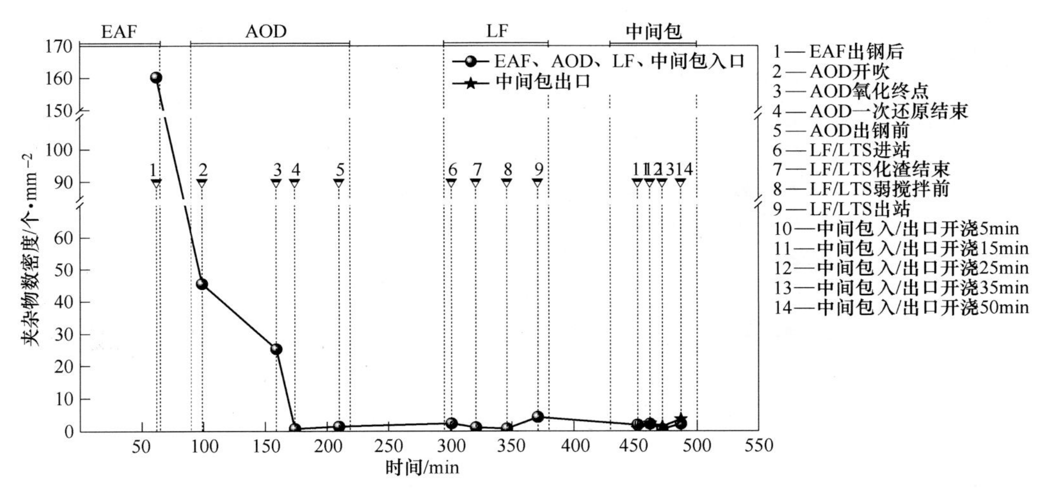

图 19-26 全流程夹杂物数密度变化

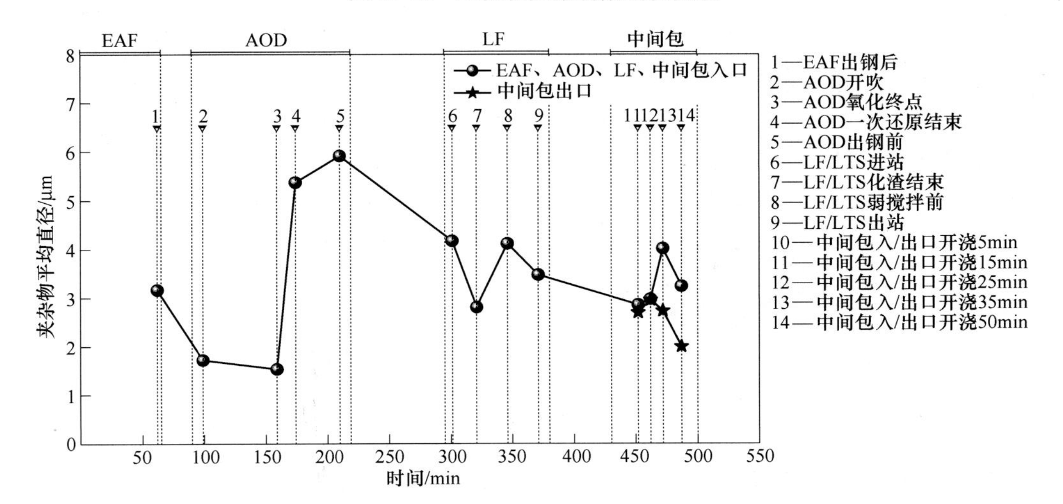

图 19-27 全流程夹杂物平均直径变化

图 19-28 和图 19-29 为全流程夹杂物平均成分变化。虽然采用硅锰脱氧，但钢中夹杂物 Al_2O_3 的含量从 AOD 开始加入合金时开始逐步上升，最高达到 LF 进站时的 10%左右，说明夹杂物中 Al 的来源应为 AOD 所加合金。AOD 中加入 FeSi 合金后，夹杂物中 SiO_2 的含量显著增加。304 不锈钢成品中（中间包出口），夹杂物中 SiO_2 含量为 30%左右。AOD 氧化期结束后，夹杂物中 CaO 的含量显著增加，这与添加料有直接关系，中间包出口夹杂物中 CaO 含量为 10%以内。AOD 氧化期加入 HCFeMn，夹杂物中 MnO 的含量显著增加，中间包出口夹杂物中 MnO 含量为 40%左右。钢中夹杂物 MgO 的含量从 AOD 还原结束时开始逐步上升，至 LF 弱搅拌前达到 30%左右。由于发现了纯 MgO 夹杂，说明夹杂物中 Mg 的来源除了精炼渣、耐火砖以外，大部分应来自 AOD 所加 MgO 渣料。随着精炼的进行，MgO 与钢中 Ca、Si、Al 的氧化物结合生成 $MgO-Al_2O_3-SiO_2-CaO$ 类复合夹杂物。

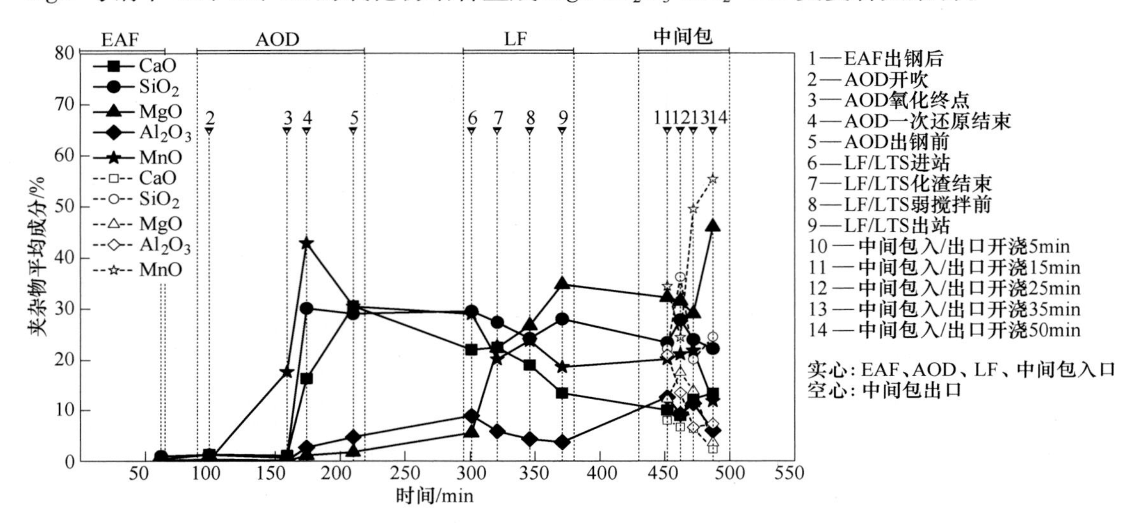

图 19-28 全流程夹杂物平均成分变化

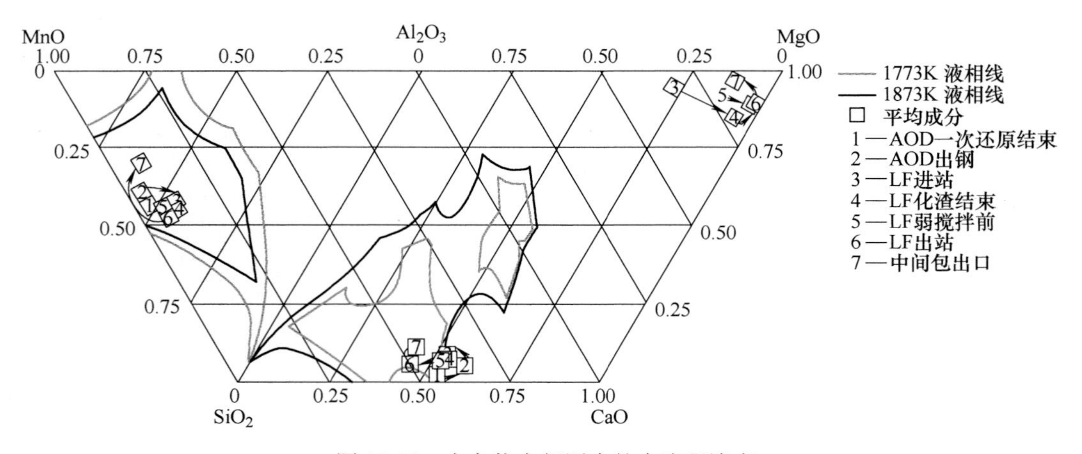

图 19-29 夹杂物在相图中的全流程演变

将各钢样夹杂物平均成分中 MgO、Al_2O_3、SiO_2、CaO、MnO、Cr_2O_3、TiO_2 成分归一化，将归一化结果代入 FactSage 计算各样品夹杂物固相线和液相线温度，结果如图 19-30

所示。随着冶炼过程进行，夹杂物液相线温度在 AOD 精炼后期变化不大，在 LF 精炼阶段都较高。整个冶炼过程，夹杂物固相线温度较为稳定，基本保持在 1300～1500℃之间。中间包浇铸阶段入口处的夹杂物液相线温度均高于出口处，说明二次氧化生成的 $MnO-Al_2O_3-SiO_2$ 夹杂物熔点更低。

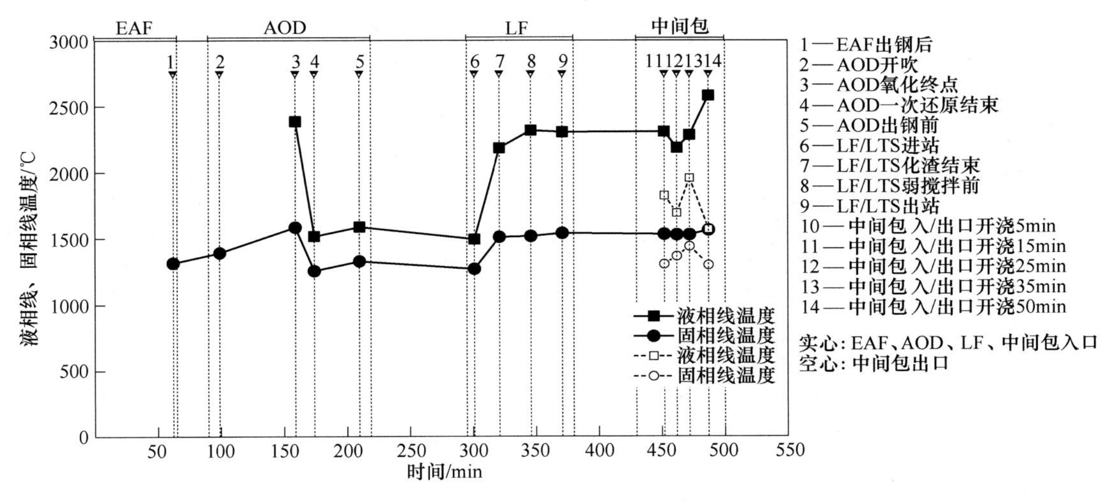

图 19-30　全流程夹杂物液相线、固相线温度

19.3　沿铸坯厚度方向钢中非金属夹杂物成分的变化

图 19-31～图 19-33 为近铸坯内弧表层处夹杂物成分分布。铸坯内弧处夹杂物数量较少，主要为 $Al_2O_3-SiO_2-MnO-CaO-MgO$ 类，夹杂物中 $MgO-Al_2O_3$ 尖晶石类含量较高，在 $Al_2O_3-SiO_2-MnO$ 相图中夹杂物位于1500℃液相区内，在 $Al_2O_3-SiO_2-CaO$ 相图中夹杂物位于1500℃液相区内。铸坯中同样发现了平均含有约 65%的 MgO 及 35%的 Al_2O_3 高熔点夹杂物，这类夹杂物最终对钢质量危害很大。

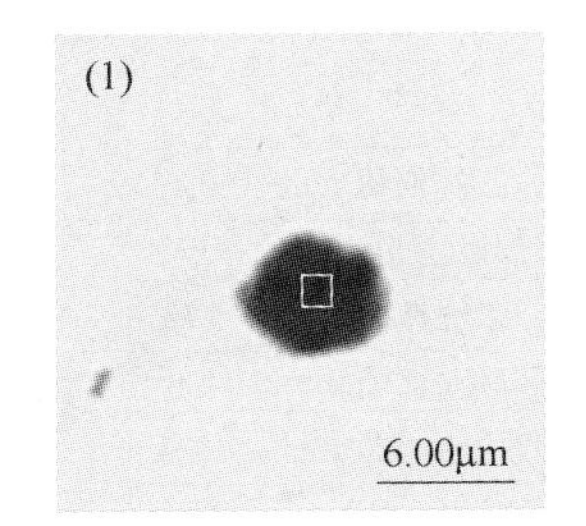

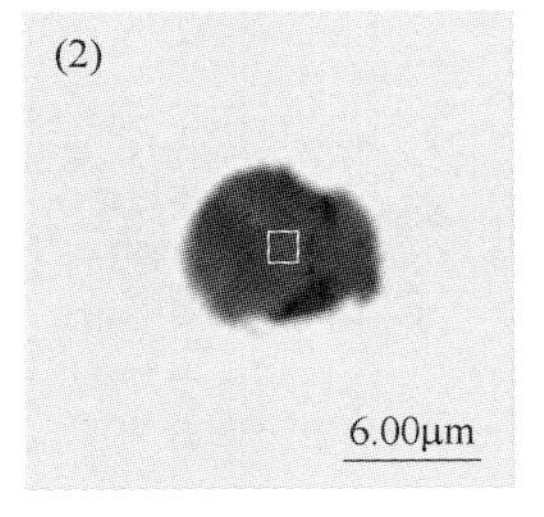

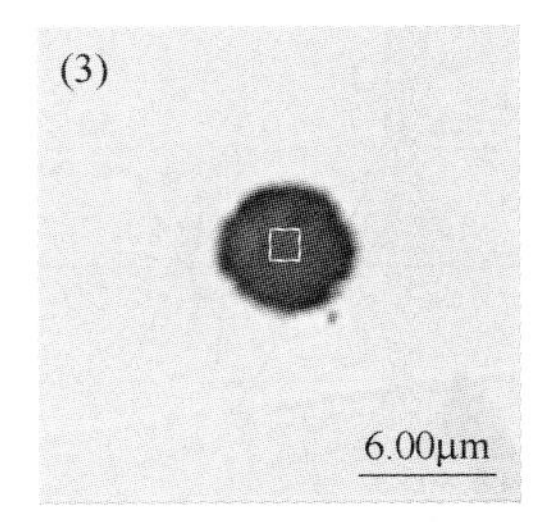

(4)

6.00μm

No.	MnS	MgO	Al_2O_3	SiO_2	CaO	CaS	MnO	CrS	Cr_2O_3	TiO_2
(1)	0.00	52.67	7.65	29.52	5.83	0.00	4.33	0.00	0.00	0.00
(2)	0.00	33.18	10.52	31.16	16.75	0.00	8.39	0.00	0.00	0.00
(3)	0.00	32.74	6.25	33.89	9.99	0.00	14.15	0.00	0.00	2.99
(4)	0.00	65.02	4.39	15.43	3.09	0.00	10.19	0.00	0.00	1.88

图 19-31　近铸坯内弧表层处夹杂物成分（%）

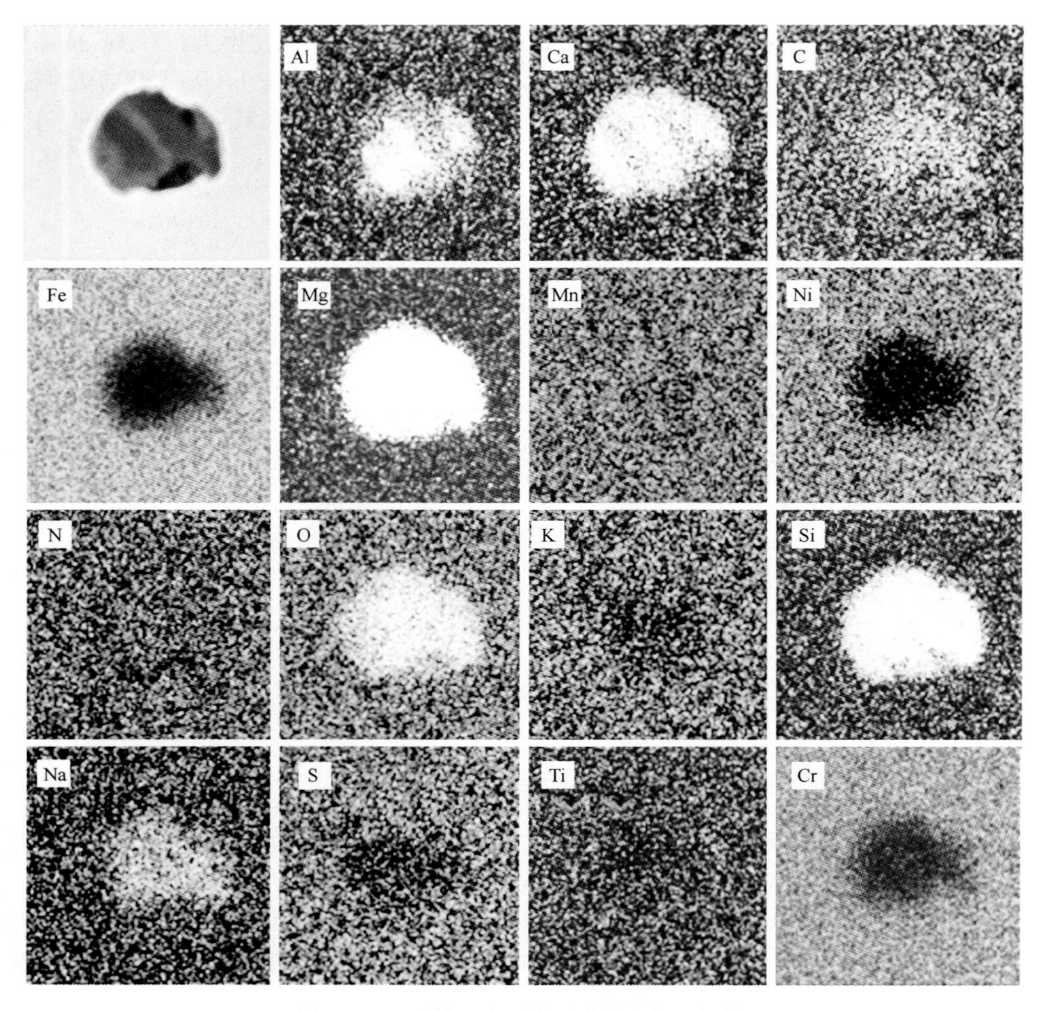

图 19-32　近铸坯内弧表层处夹杂物面扫描

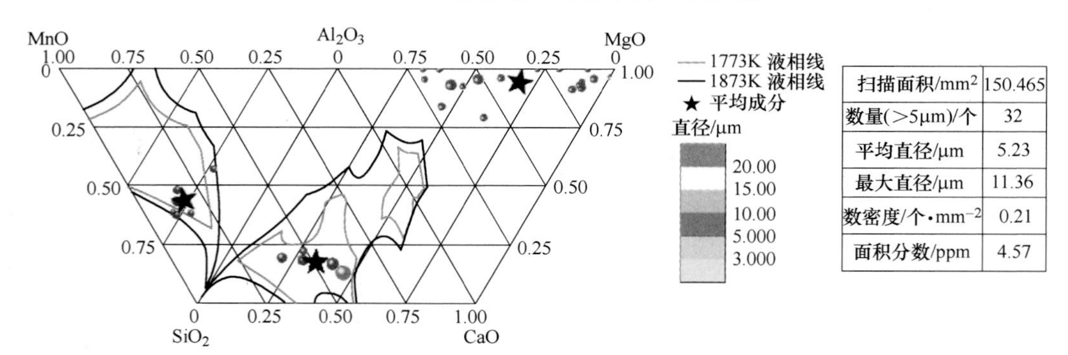

成分	MnS	MgO	Al_2O_3	SiO_2	CaO	CaS	MnO	CrS	Cr_2O_3	TiO_2	T_L/K	T_S/K
实际/%	0.13	39.73	19.62	20.91	8.54	0.00	10.15	0.00	0.00	0.92	2417.11	1570.22

成分	MgO	Al_2O_3	SiO_2	CaO	MnO	Cr_2O_3	TiO_2
归一化后/%	39.78	19.65	20.94	8.55	10.16	0.00	0.92

图 19-33　近铸坯内弧表层处夹杂物成分分布

图 19-34～图 19-36 为铸坯厚度中心处夹杂物形貌和成分。夹杂物主要类型仍为 Al_2O_3-SiO_2-MnO-CaO-MgO 类和高 MgO-Al_2O_3 尖晶石类。铸坯中心处夹杂物数量高于表层。同时发现了平均含有约 50%的 MgO 及 50%的 Al_2O_3 高熔点夹杂物。

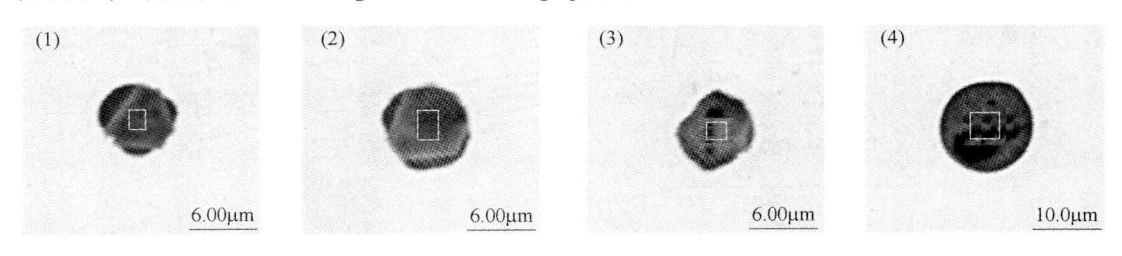

No.	MnS	MgO	Al_2O_3	SiO_2	CaO	CaS	MnO	CrS	Cr_2O_3	TiO_2
(1)	0.00	13.11	42.62	8.27	4.16	0.00	27.21	0.00	0.00	4.64
(2)	0.00	18.46	50.05	4.81	2.52	0.00	24.16	0.00	0.00	0.00
(3)	0.00	26.31	52.88	0.00	0.00	0.00	20.80	0.00	0.00	0.00
(4)	0.00	23.68	10.54	36.54	16.06	0.00	13.18	0.00	0.00	0.00

图 19-34　铸坯厚度 8/15 处夹杂物形貌和成分（%）

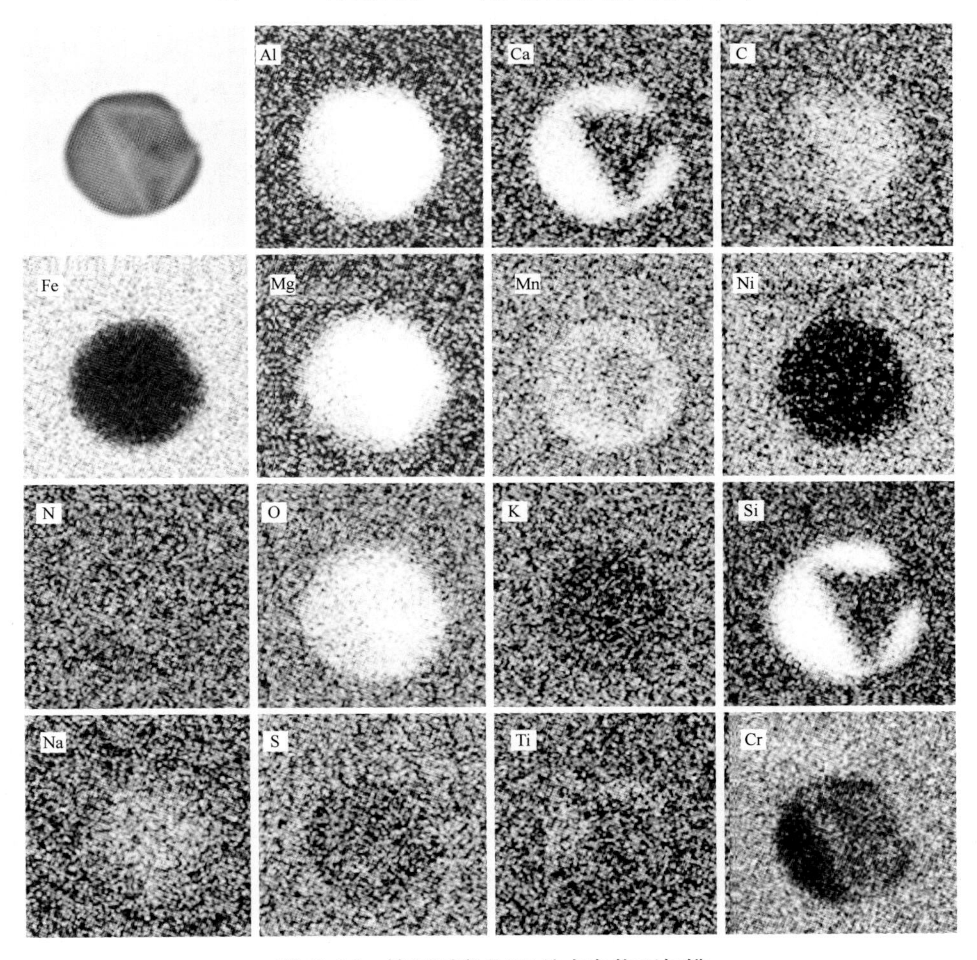

图 19-35　铸坯厚度 8/15 处夹杂物面扫描

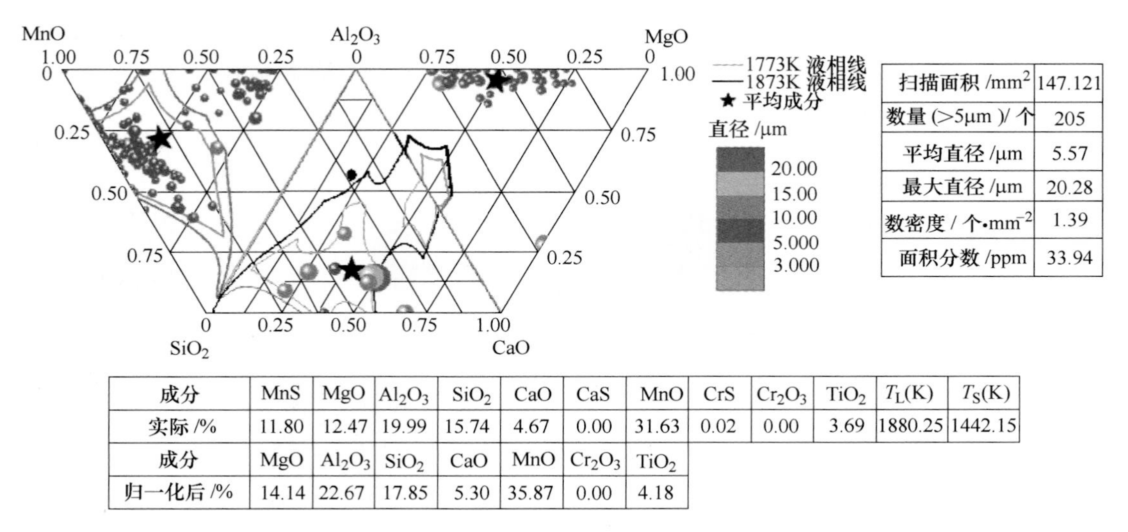

扫描面积 /mm²	147.121
数量 (>5μm)/ 个	205
平均直径 /μm	5.57
最大直径 /μm	20.28
数密度 / 个·mm^{-2}	1.39
面积分数 /ppm	33.94

成分	MnS	MgO	Al_2O_3	SiO_2	CaO	CaS	MnO	CrS	Cr_2O_3	TiO_2	T_L(K)	T_S(K)
实际 /%	11.80	12.47	19.99	15.74	4.67	0.00	31.63	0.02	0.00	3.69	1880.25	1442.15

成分	MgO	Al_2O_3	SiO_2	CaO	MnO	Cr_2O_3	TiO_2
归一化后 /%	14.14	22.67	17.85	5.30	35.87	0.00	4.18

图 19-36　铸坯厚度 8/15 处夹杂物成分分布

将沿厚度方向从内弧到外弧 15 个试样的平均成分投影到三元相图，如图 19-37 所示。夹杂物主要为两类，即 Al_2O_3-SiO_2-MnO-CaO-MgO 类和 MgO-Al_2O_3 尖晶石类。从铸坯内弧到外弧，夹杂物平均成分比较集中，在 Al_2O_3-SiO_2-MnO 相图中夹杂物平均成分分布集中在 1500℃液相区之内，在 Al_2O_3-SiO_2-CaO 相图中夹杂物多数位于 1500℃液相区内。铸坯中心处的夹杂物中 MnO 含量较高。同时从内弧到外弧均发现了高熔点 MgO-Al_2O_3 夹杂物。

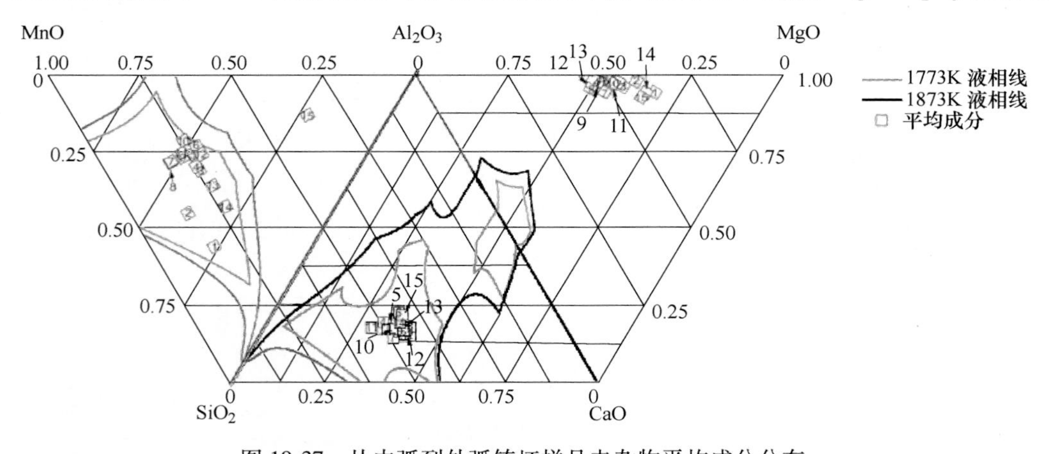

图 19-37　从内弧到外弧铸坯样品夹杂物平均成分分布

为了研究夹杂物在铸坯从内弧到外弧的分布规律，将夹杂物的数密度和不同组分含量以云图的形式表示，结果如图 19-38 和图 19-39 所示。图 19-38 为铸坯从内弧到外弧夹杂物数密度分布云图。由图可知，更多的大尺寸的夹杂物主要集中在铸坯中部和偏上的位置。这主要是因为在铸坯凝固过程中小尺寸的夹杂物被凝固前沿捕捉，而大尺寸的夹杂物被铸坯的凝固前沿推向了中部，且随着浮力的作用，小于钢液密度的夹杂物上浮最终被凝固捕捉。

图 19-39 为铸坯从内弧到外弧夹杂物中 MgO、Al_2O_3、SiO_2、CaO、MnO 含量的变化。

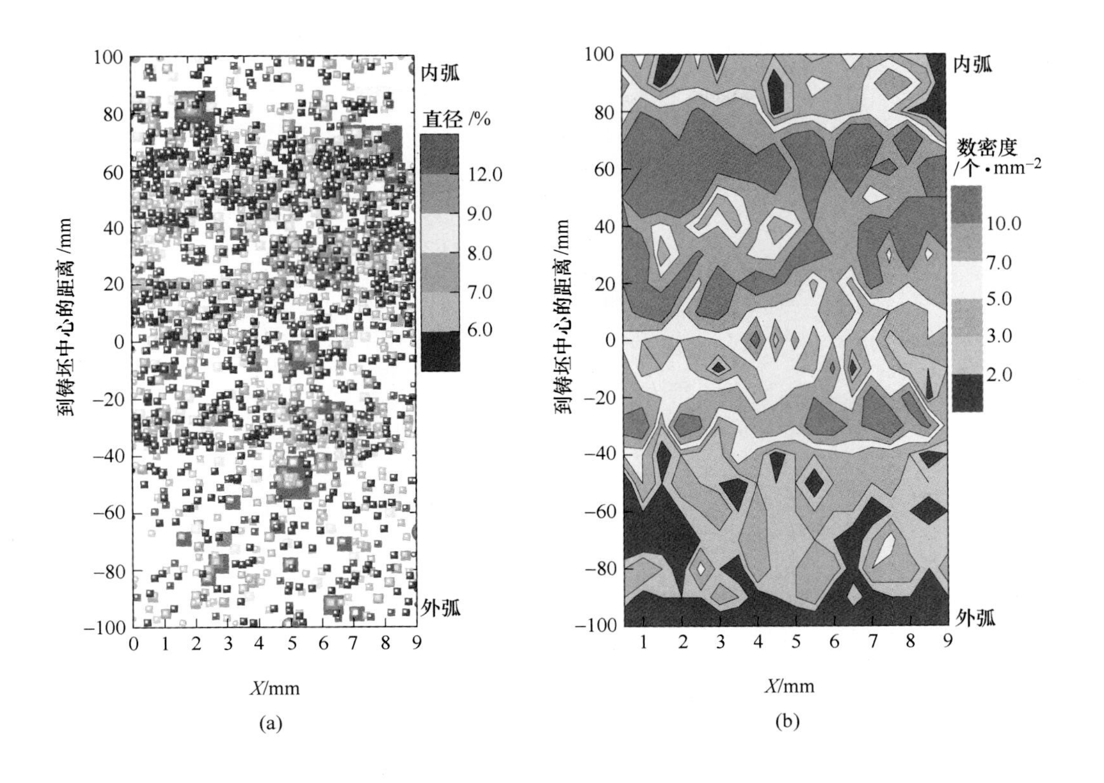

图 19-38 铸坯从内弧到外弧夹杂物数密度分布云图

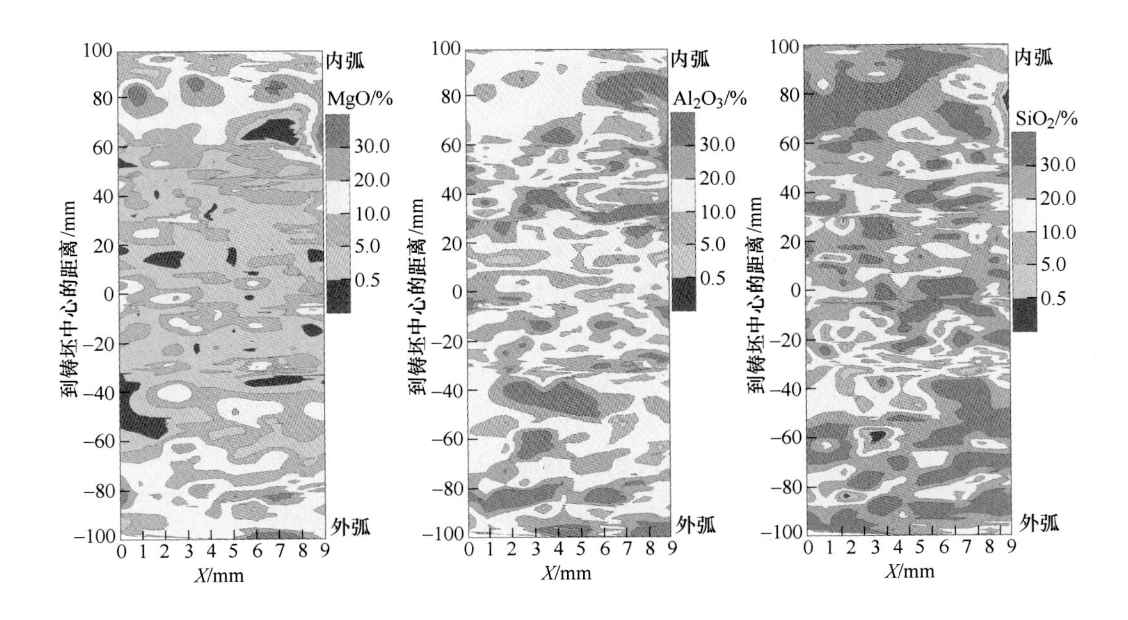

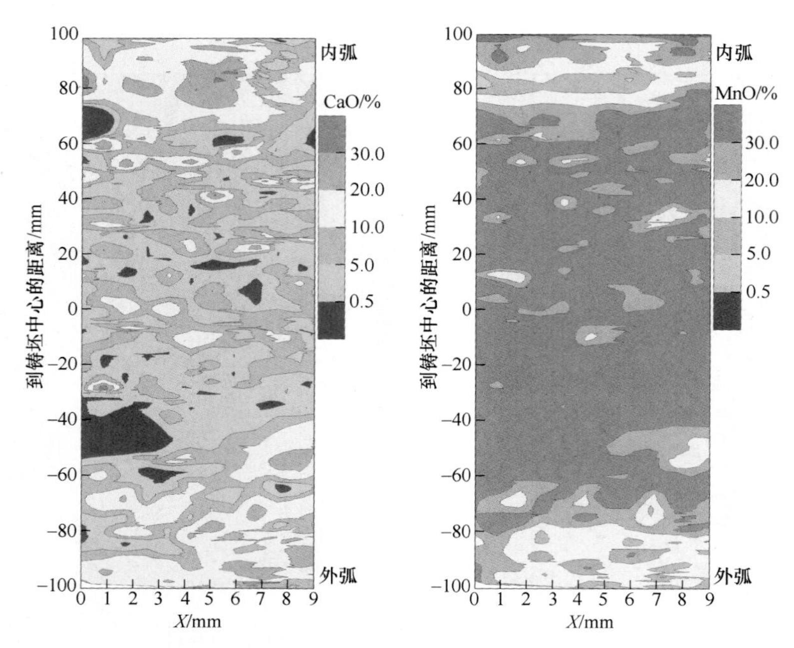

图 19-39 铸坯从内弧到外弧夹杂物中 MgO、Al_2O_3、SiO_2、CaO、MnO 含量的变化

铸坯边部夹杂物中的 MgO 含量高于芯部，这可能是因为 MgO 含量较高的夹杂物尺寸较小，更容易被铸坯凝固前沿捕捉导致的。铸坯中夹杂物 Al_2O_3 和 SiO_2 含量总体较高，从内弧到外弧分布较为均匀。夹杂物中 CaO 和 MnO 分布呈现了相反的趋势，夹杂物 CaO 含量内部低于表面，夹杂物 MnO 含量内部高于表面。这可能是由于凝固冷却过程夹杂物成分发生了一定程度的转变造成的。

19.4 精炼过程夹杂物中 MgO 和 Al_2O_3 含量变化及来源分析

研究表明，随着钢中还原脱氧合金的加入，钢中 Al 含量显著增加，说明合金中可能存在较高含量的 Al。同时钢中的 Al 含量对渣和耐火材料中的 MgO 进行还原，造成了钢中夹杂物中的 MgO 含量增加。因此，合金中的 Al 含量是夹杂物中 Al_2O_3 含量增加的重要原因之一。表 19-2 为 304 不锈钢冶炼过程加入合金中的酸溶铝（Al_s）含量。金属锰和高碳锰铁合金中铝含量很低，不是酸溶铝的主要来源；低碳低铝硅铁合金中酸溶铝含量 0.015%和 0.019%，含量较低；硅铁中酸溶铝含量为 1.28%，含量很高，可能为铝的主要来源。每炉（120t 钢水）加入 3t 的硅铁合金，相当于加入了 38.4kg 的金属铝，可使钢中铝含量达到 0.032%，若全部转化为夹杂物生成 72.5kg 的 Al_2O_3 夹杂物，占钢水重量的 0.06%。

表 19-2 304 不锈钢冶炼过程加入合金中的酸溶铝含量

合 金	酸溶铝含量/%
金属锰	<0.005
高碳锰铁	<0.005
硅铁	1.2800
低碳低铝硅铁	0.0150
高碳铬铁	0.0190

硅铁合金中含有一定量的铝和钙元素，不同成分下的 FeSi 合金对硅锰脱氧不锈钢冶炼过程中夹杂物的变化影响很大，如图 19-40 所示[3]。合金中的酸溶铝会促进 $MgO \cdot Al_2O_3$ 的形成，溶解高则抑制 $MgO \cdot Al_2O_3$ 的形成。硅铁中的铝和钙都是夹杂物中 Al_2O_3 和 CaO 夹杂物的主要来源之一，通过使用低铝低钙硅铁和高铝高钙硅铁都可以有效减小不锈钢中镁铝尖晶石夹杂物的生成。铁合金质量对钢中非金属夹杂物的影响在本书第 6 章进行了详细的论述。

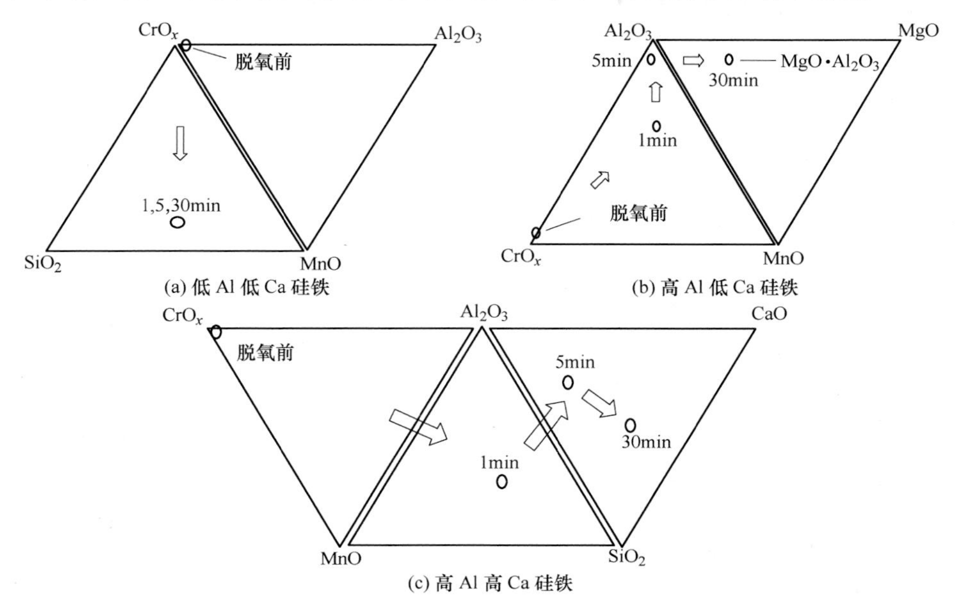

图 19-40 硅铁合金成分对不锈钢中夹杂物的影响[3]

精炼渣碱度对钢中的 Al、Mg 含量以及夹杂物中的 Al_2O_3、MgO 含量影响很大。图 19-41[4] 为精炼渣成分对不锈钢夹杂物中 Al_2O_3 含量的影响。不同学者的研究结果也被总结进

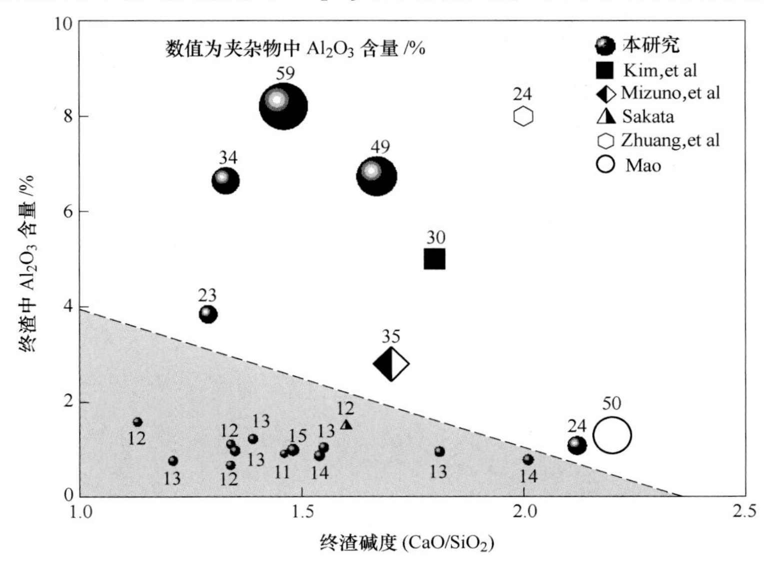

图 19-41 精炼渣成分对不锈钢夹杂物中 Al_2O_3 含量的影响[4]

入本图中。不同数字代表反应后夹杂物中 Al_2O_3 含量。随着精炼渣碱度降低，夹杂物中 Al_2O_3 含量降低；同时，随着渣中 Al_2O_3 含量的降低，夹杂物中的 Al_2O_3 含量降低。为了降低反应后不锈钢夹杂物中的 Al_2O_3 含量，精炼过程应当采用在图中的阴影区域的低碱度低 Al_2O_3 精炼渣。精炼渣对钢中非金属夹杂物的影响在本书第 5 章进行了详细的论述。

19.5 奥氏体不锈钢中非金属夹杂物控制的关键问题

（1）细小的高 Al_2O_3 含量夹杂物由于变形能力较差，可引起的抛光后产品表面形成点状缺陷；高熔点和高硬度 $MgO-Al_2O_3$ 尖晶石夹杂物会引起裂纹，导致产品成型和使用过程中的失效；MgO 和 Al_2O_3 含量较高的大尺寸的 $MgO-Al_2O_3-SiO_2-CaO$ 夹杂物轧制后导致冷轧产品表面线鳞状缺陷。奥氏体不锈钢中，氧化物夹杂的成分控制目标是 SiO_2-MnO，夹杂物中 Al_2O_3、MgO 和 CaO 的含量要尽可能的低。

（2）硅铁合金中含有一定量的铝和钙元素，硅铁中的铝和钙都是夹杂物中 Al_2O_3 和 CaO 夹杂物生成的主要原因之一。同时钢中的铝含量对渣和耐材中的 MgO 含量进行还原，造成了钢中夹杂物中的 MgO 含量增加。

（3）高碱度精炼渣的使用会导致夹杂物中 Al_2O_3-MgO 夹杂物的上升，为了降低反应后不锈钢夹杂物中的 MgO 和 Al_2O_3 含量，精炼过程应当采用低碱度低 Al_2O_3 精炼渣。

（4）对硅锰脱氧不锈钢进行钙处理会导致硅锰脱氧不锈钢夹杂物中高 CaO 夹杂物的明显增加。硅锰脱氧不锈钢钙处理后，夹杂物主要成分为 SiO_2-CaO 夹杂物。因此，对于一般级别的奥氏体不锈钢应该避免硅钙线处理和硅钙合金的加入。

参 考 文 献

[1] Hojo M, Nakao R, Umezaki T, et al. Oxide inclusion control in ladle and tundish for producing clean stainless steel [J]. Transactions of the Iron & Steel Institute of Japan, 1996, 36 (Suppl): S128-S131.

[2] Kim J W, Kim S K, Kim D S, et al. Formation mechanism of Ca-Si-Al-Mg-Ti-O inclusions in type 304 stainless steel [J]. ISIJ International, 1996, 36 (Suppl) .

[3] Mizuno K, Todoroki H, M. Noda, et. al. Effect of Al and Ca in ferrosilicon alloys for deoxidation on inclusion composition in Type 304 stainless steel [J]. Iron & Steelmaker, 2001, 28 (8): 93-101.

[4] Ren Y, Zhang L, Fang W, et al. Effect of slag composition on inclusions in Si-deoxidized 18Cr-8Ni stainless steels [J]. Metallurgical and Materials Transactions B, 2016, 47 (2): 1024-1034.

附录

冷镦钢中非金属夹杂物图集

现在钢厂生产冷镦钢 SWRCH22A 的常见炼钢工艺流程为:

铁水、废钢 → 转炉冶炼 → 挡渣出钢 → 脱氧合金化 → LF 精炼 → 连铸（方坯、保护浇铸、电磁搅拌、塞棒控流） → 精整

国内某钢厂的冷镦钢 SWRCH22A 主要生产流程为:

120 t 转炉 → LF 精炼炉 → Ca-Al 线钙处理 → 中间包 → 160 mm×160 mm 小方坯连铸

附录 1 LF 精炼前钢液中非金属夹杂物图集

附录 1.1 传统抛光观察

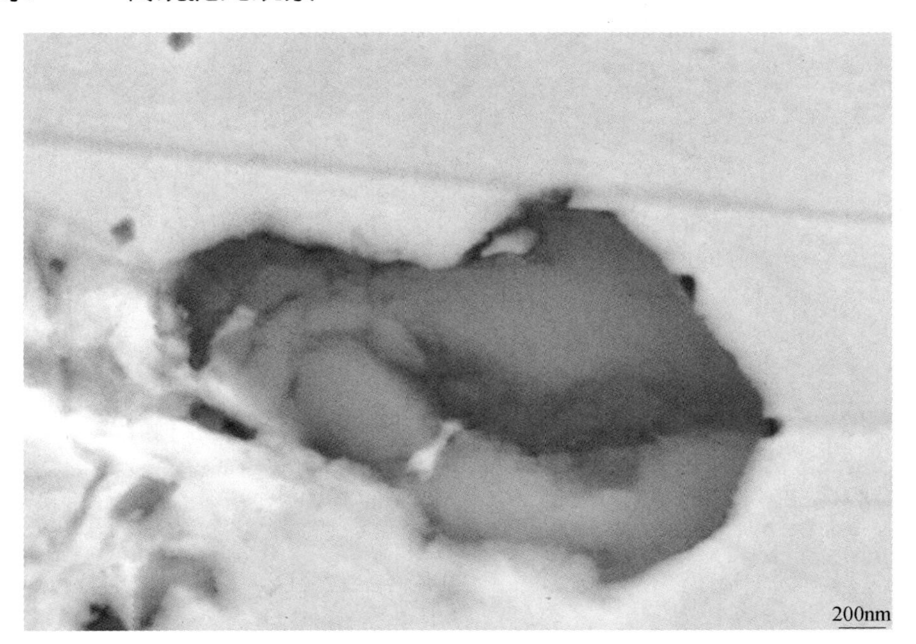

成分（质量分数）：Al_2O_3 100%

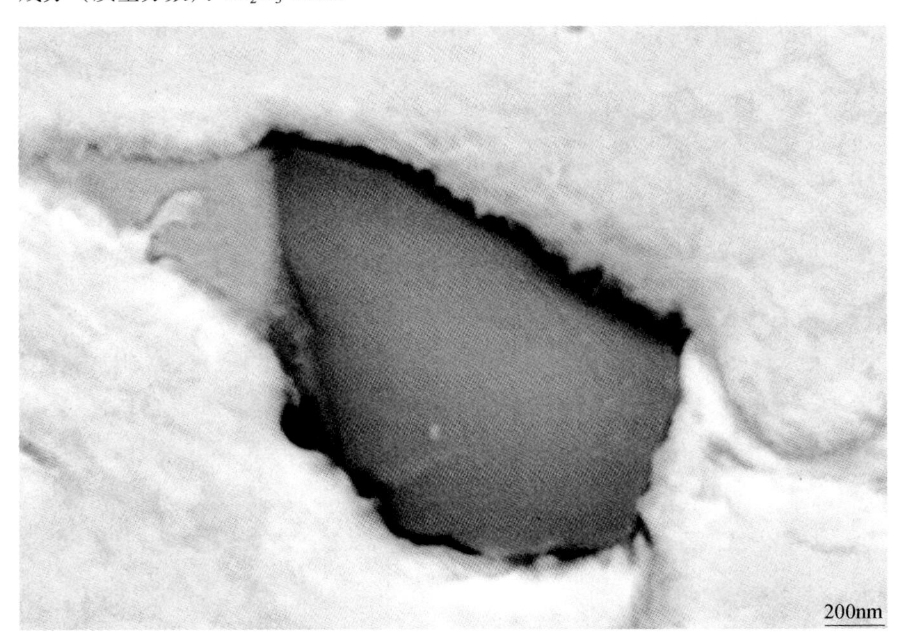

成分（质量分数）：Al_2O_3 100%

☞ LF 精炼前-传统抛光观察

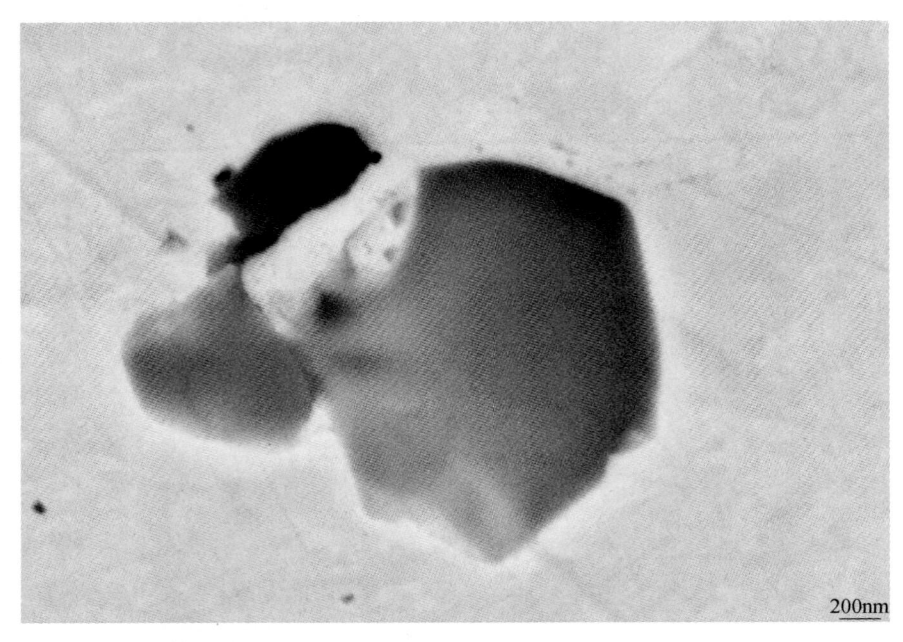

成分（质量分数）：Al_2O_3 100%

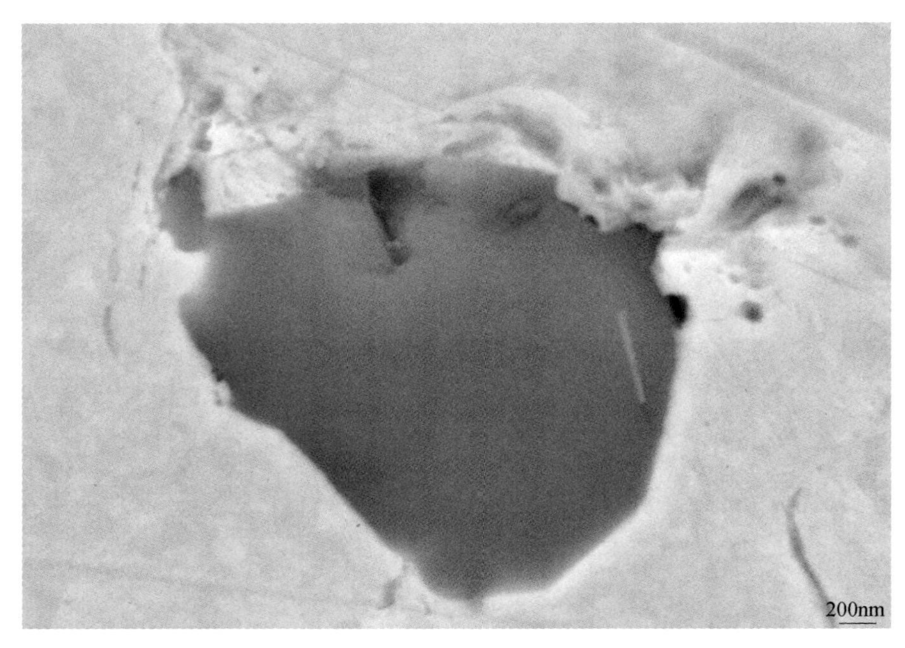

成分（质量分数）：Al_2O_3 100%

☞ LF 精炼前-传统抛光观察

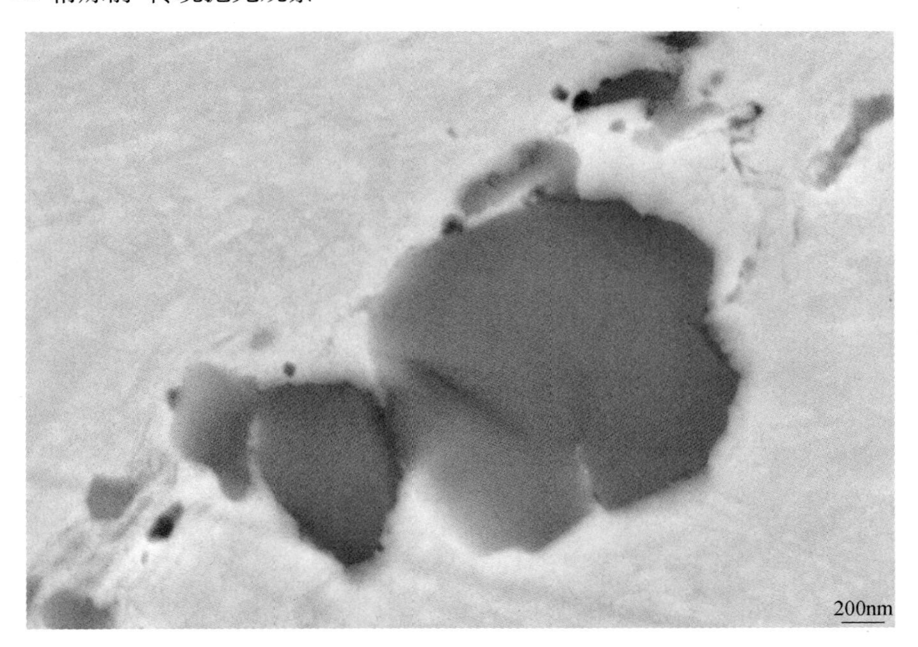

成分（质量分数）：Al_2O_3 100%

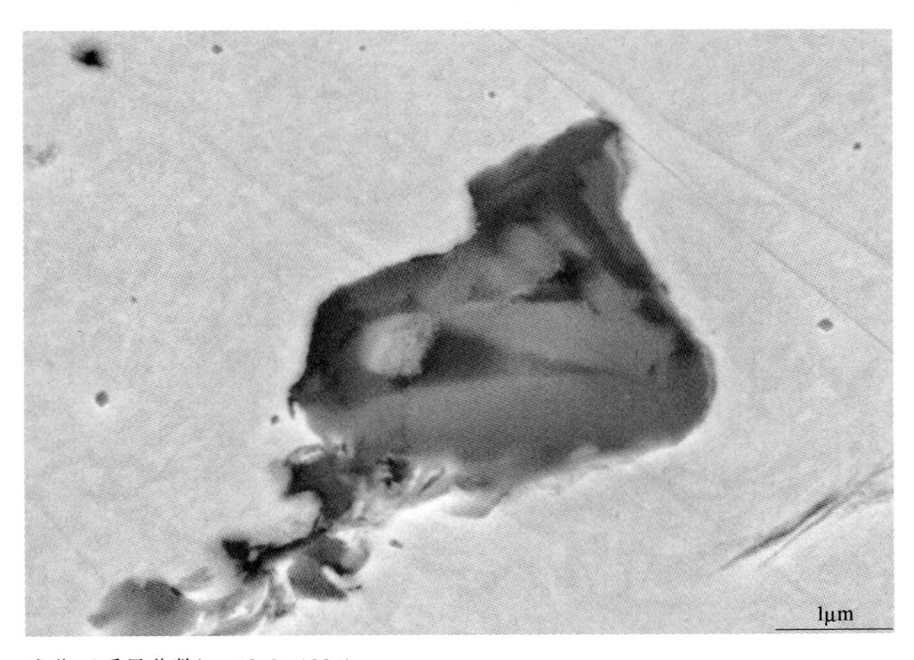

成分（质量分数）：Al_2O_3 100%

附录 1.2　酸蚀

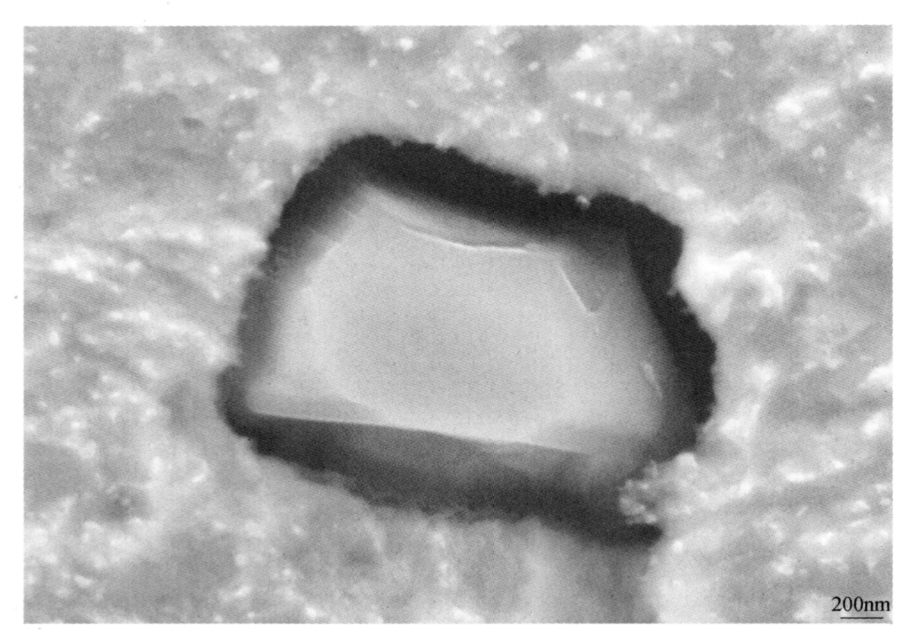

成分（质量分数）：Al_2O_3 87.78%，MgO 12.22%

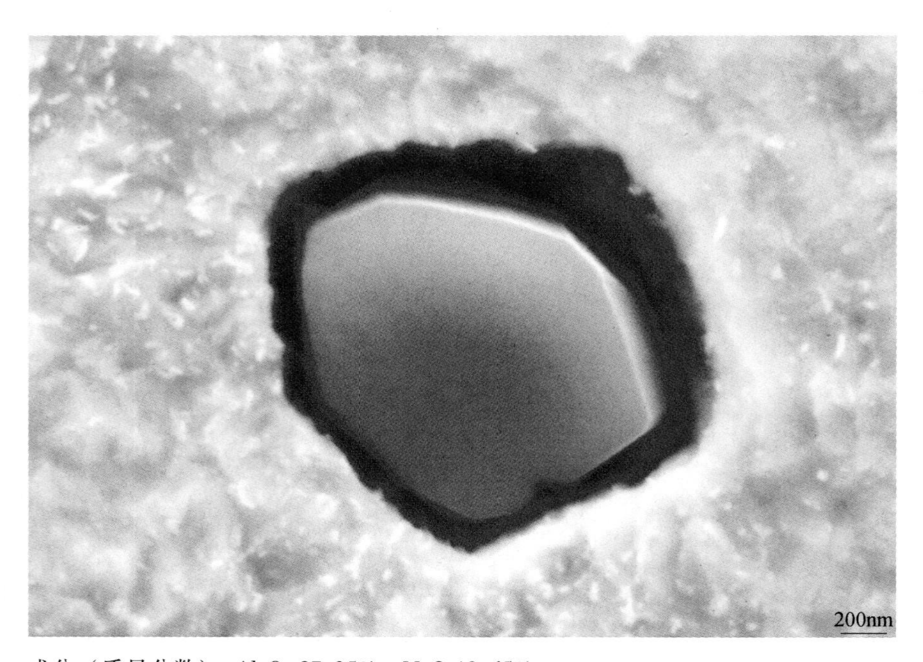

成分（质量分数）：Al_2O_3 87.35%，MgO 12.65%

☞ LF 精炼前-酸蚀

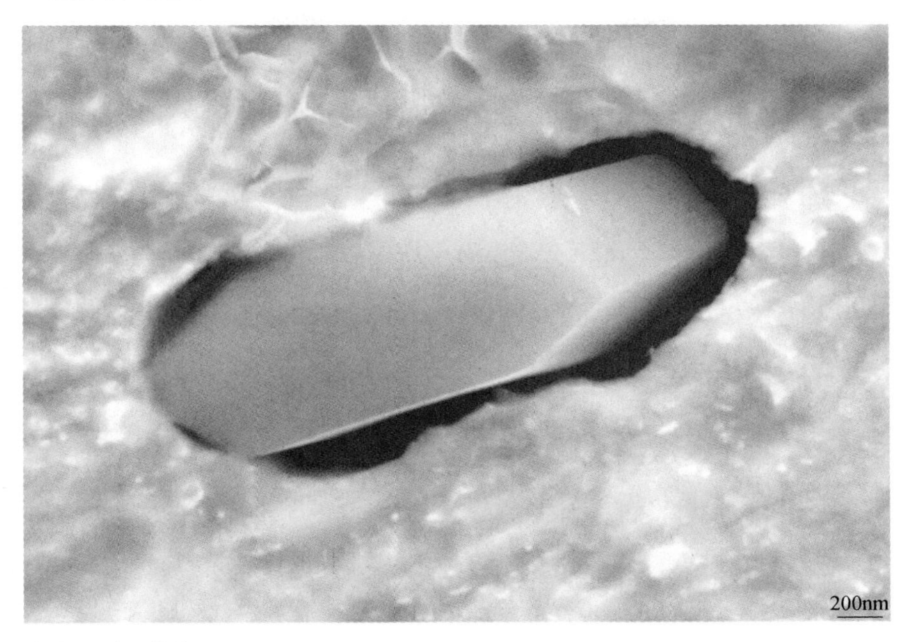

成分（质量分数）：Al_2O_3 100%

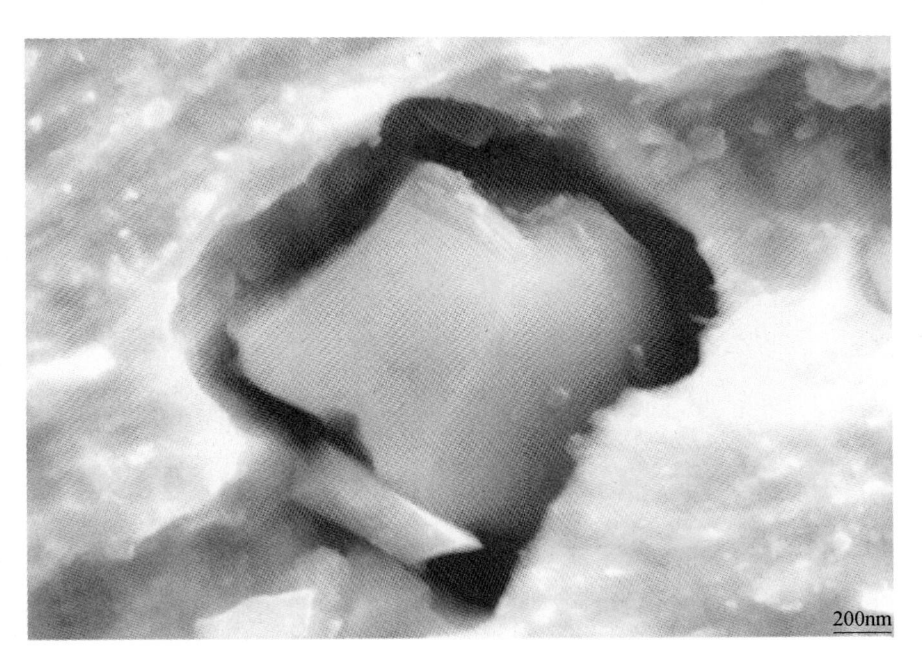

成分（质量分数）：Al_2O_3 100%

☞ LF 精炼前-酸蚀

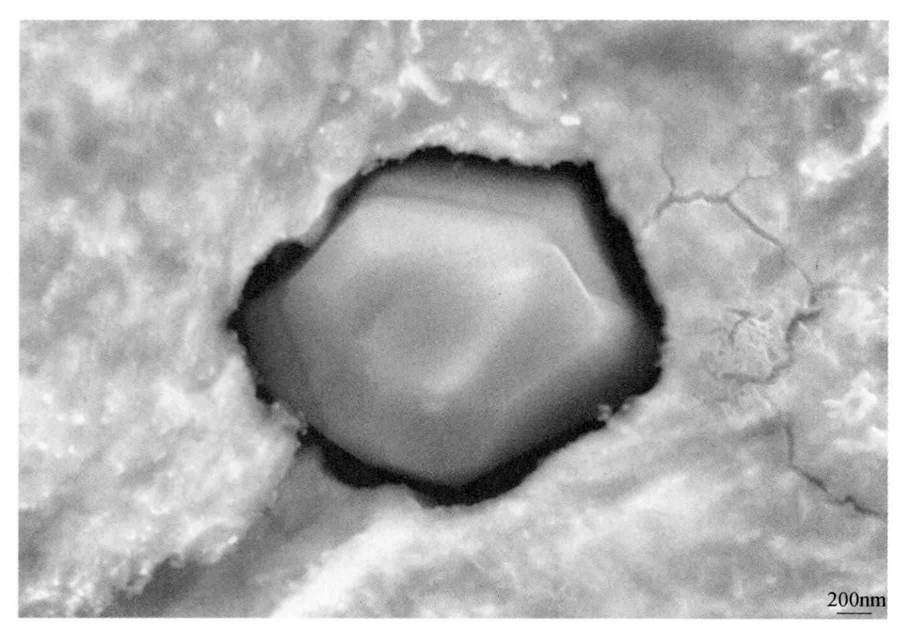

成分（质量分数）：Al_2O_3 90. 91%，MgO 9. 09%

附录 1. 3　非水溶液电解侵蚀

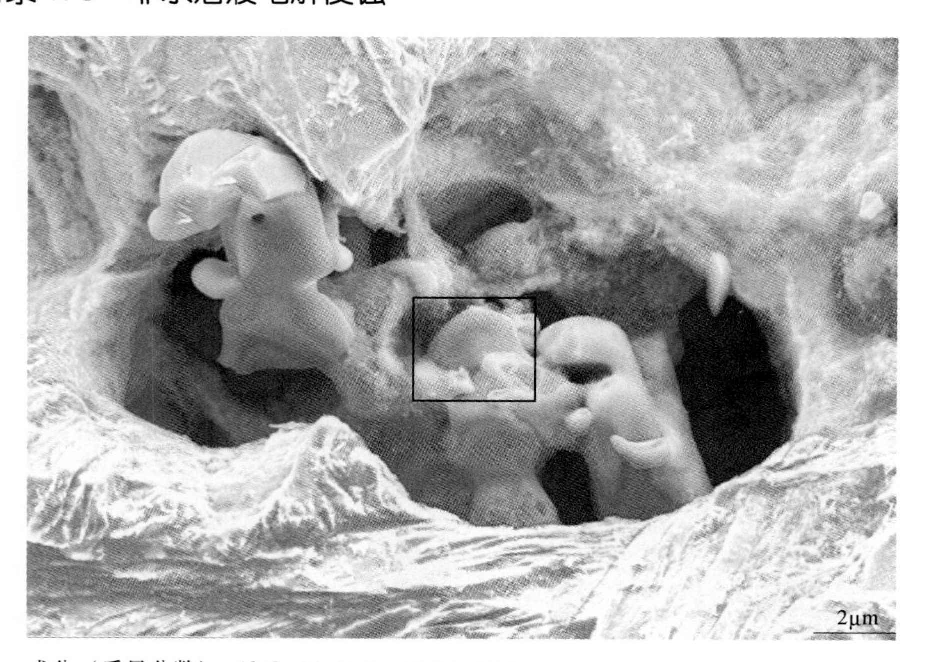

成分（质量分数）：Al_2O_3 94. 11%，MnS 5. 89%

☞ LF 精炼前-非水溶液电解侵蚀

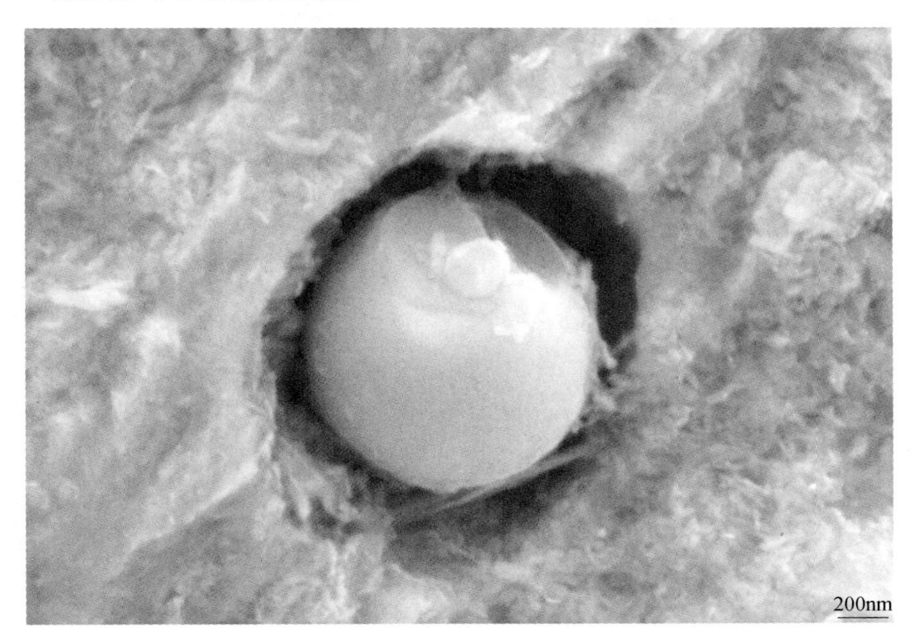

成分（质量分数）：Al_2O_3 100%

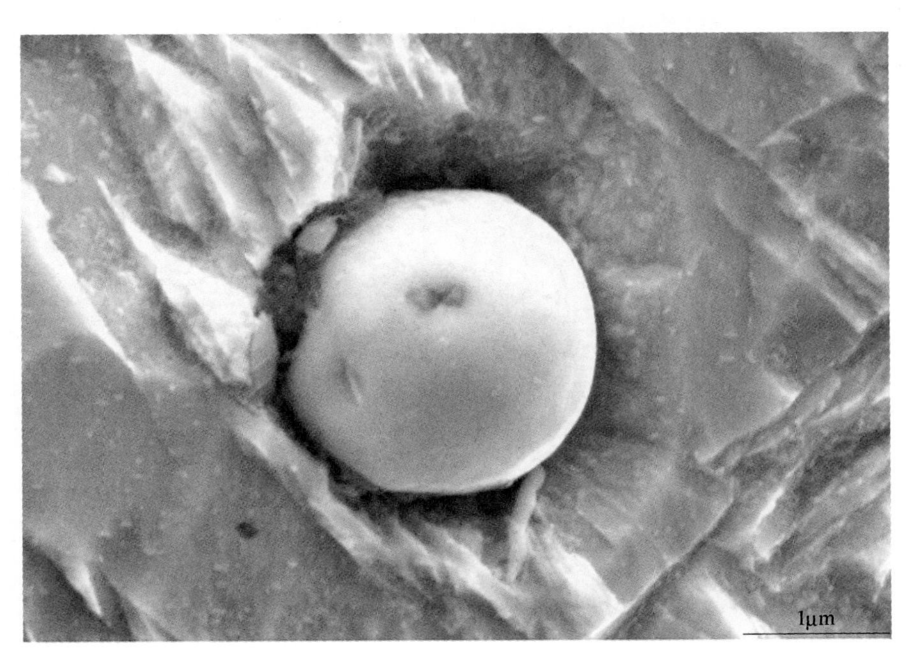

成分（质量分数）：Al_2O_3 11.01%，MnS 88.99%

附录 1.4　非水溶液电解

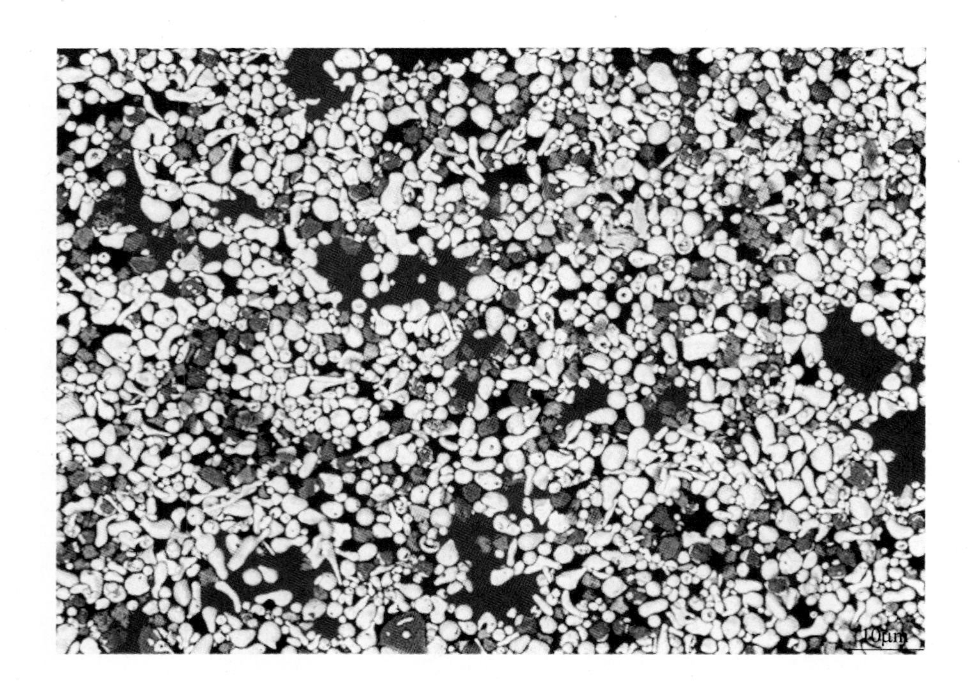

☞ LF 精炼前-非水溶液电解

☞ LF 精炼前-非水溶液电解

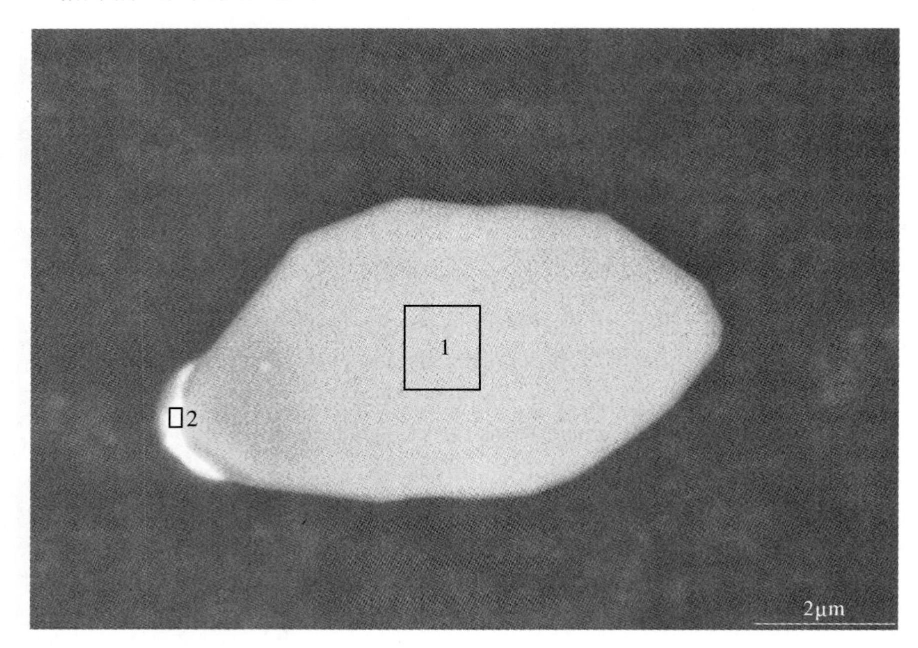

成分（质量分数）：

1：Al_2O_3 100%

2：Al_2O_3 60.69%，MnS 39.31%

（说明：2 点的成分由于电子束透过 MnS 析出相打到 Al_2O_3基体，实际应该为纯 MnS 析出相）

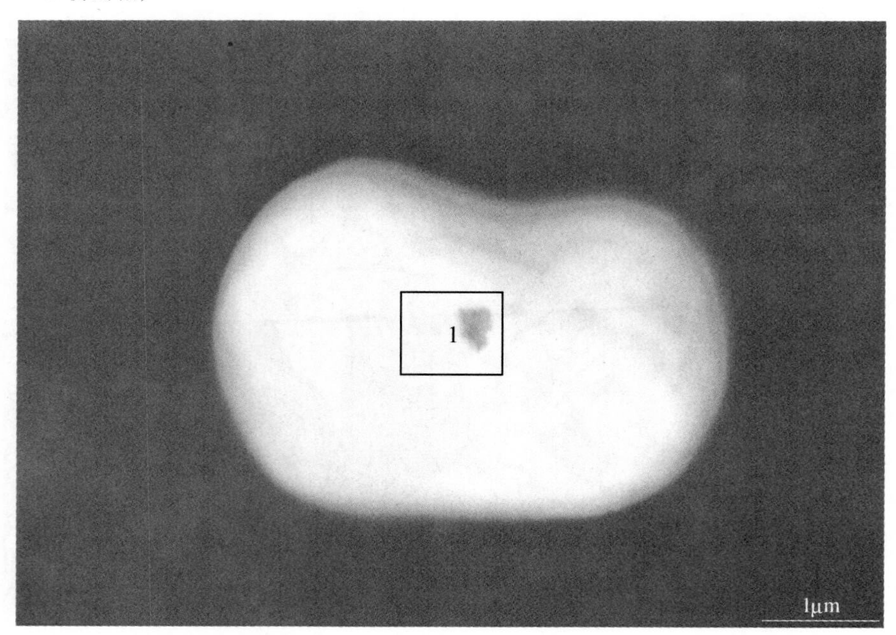

成分（质量分数）：Al_2O_3 9.10%，MnS 90.90%

☞ LF 精炼前-非水溶液电解

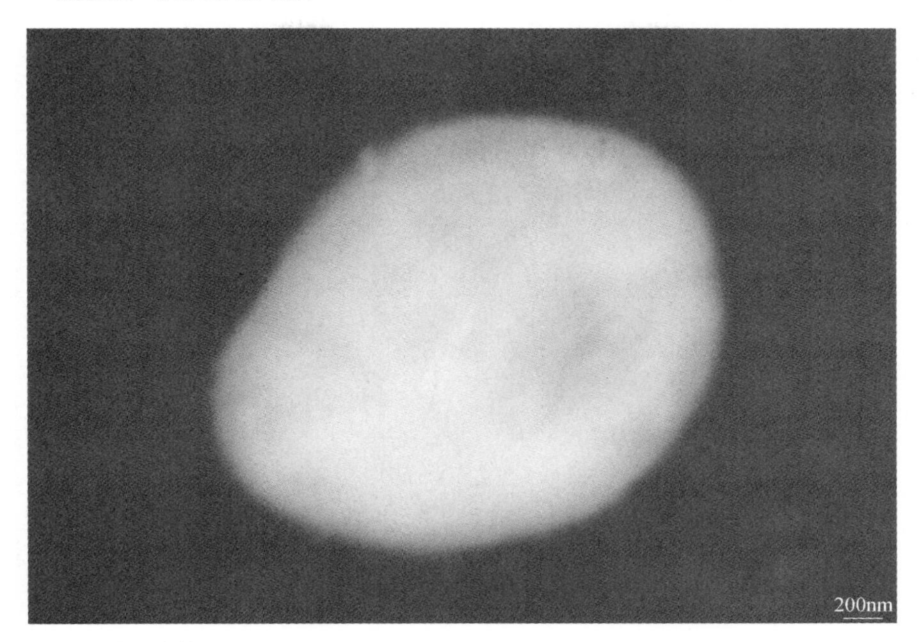

成分（质量分数）：Al_2O_3 6. 80%，MnS 93. 20%

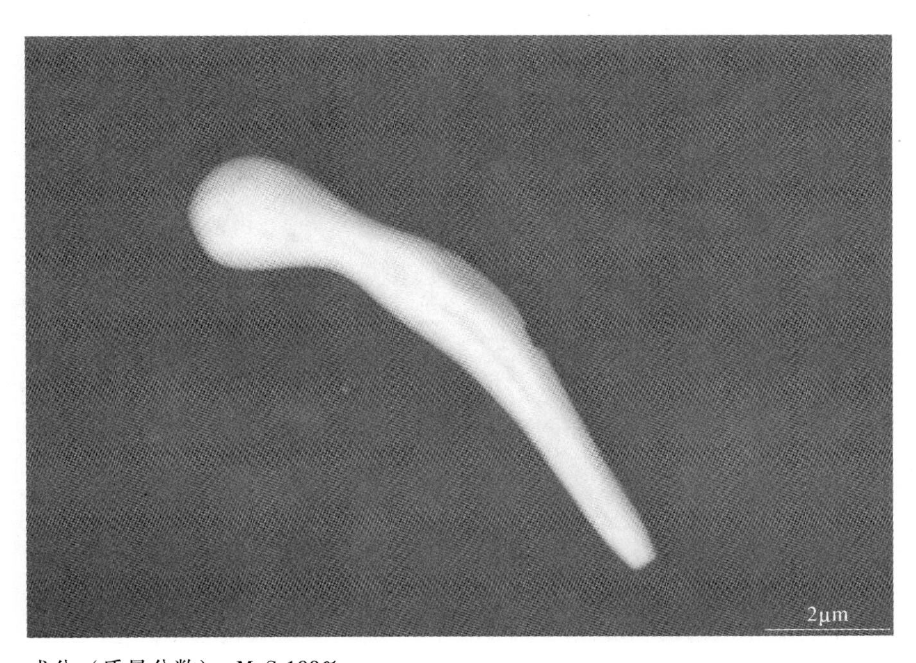

成分（质量分数）：MnS 100%

☞ LF 精炼前-非水溶液电解

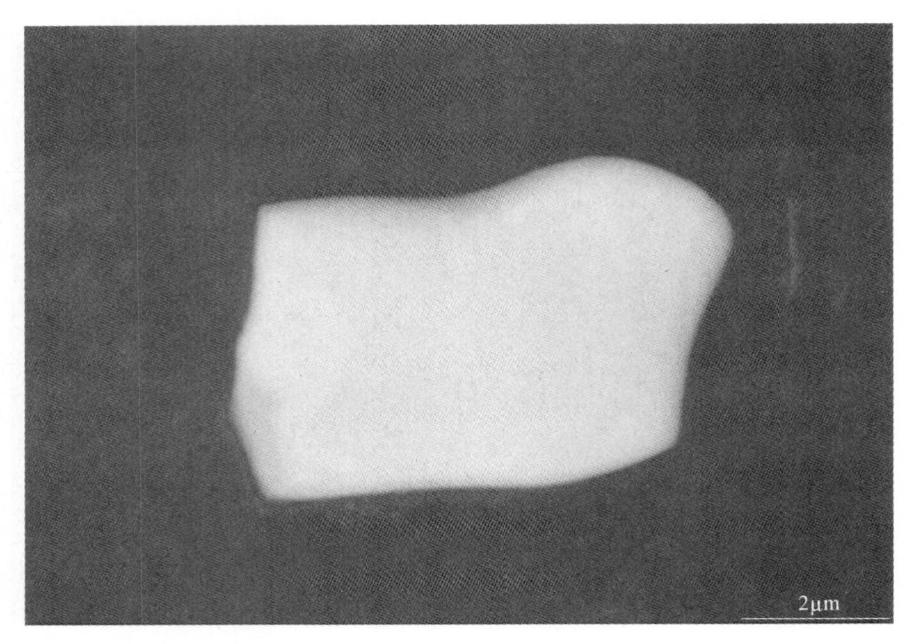

成分（质量分数）：MnS 100%

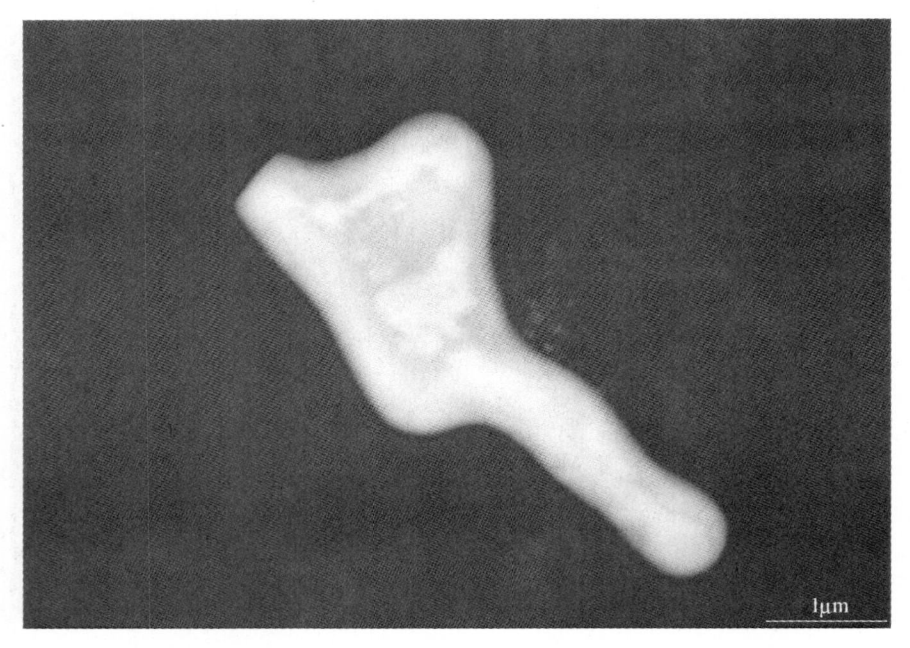

成分（质量分数）：MnS 100%

☞ LF 精炼前-非水溶液电解

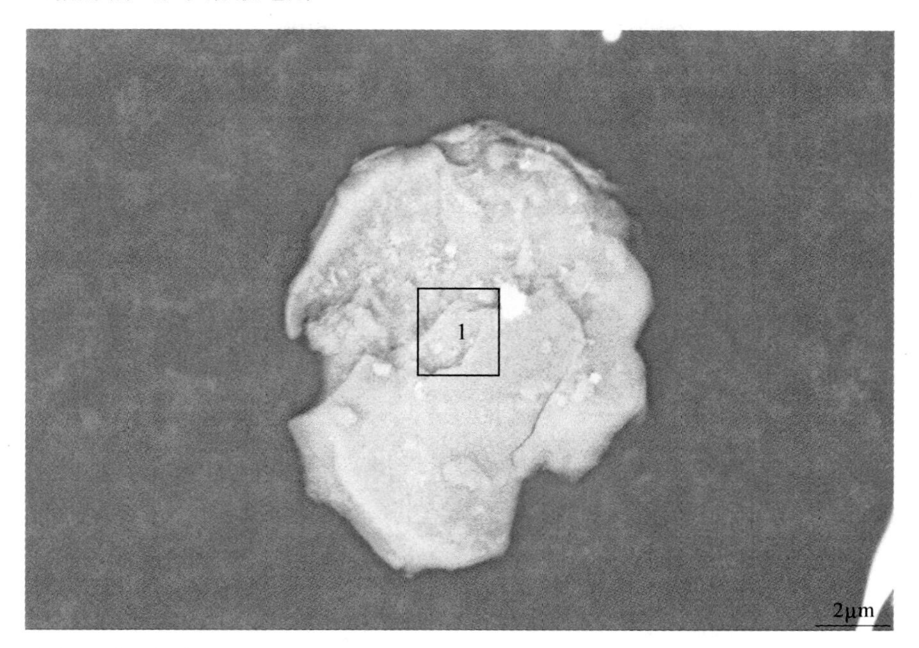

成分（质量分数）：Al_2O_3 5.78%，MgO 94.22%

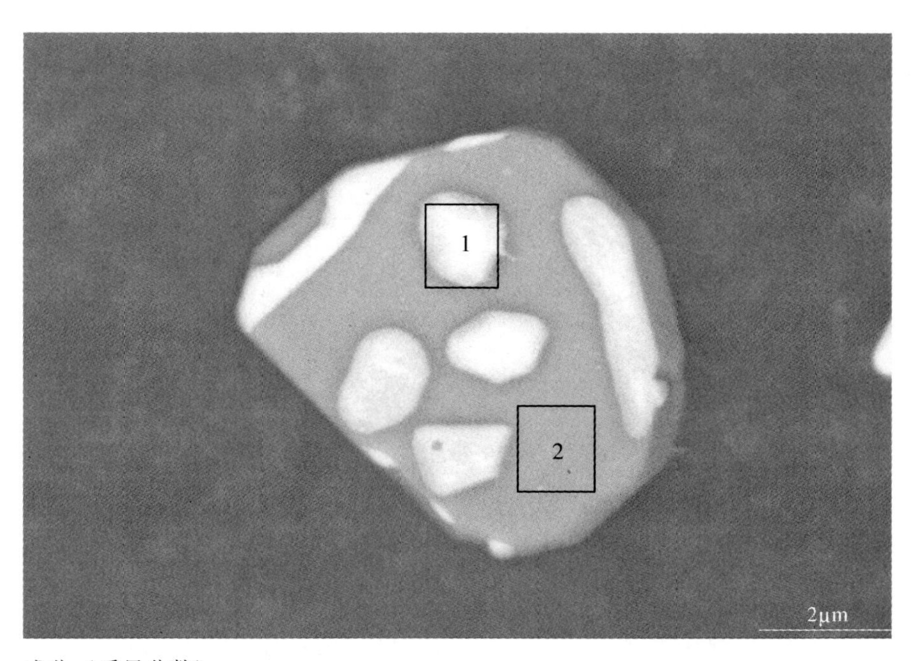

成分（质量分数）：

1：Al_2O_3 63.66%，MnS 36.34%

2：MnS 100%

☞ LF 精炼前-非水溶液电解

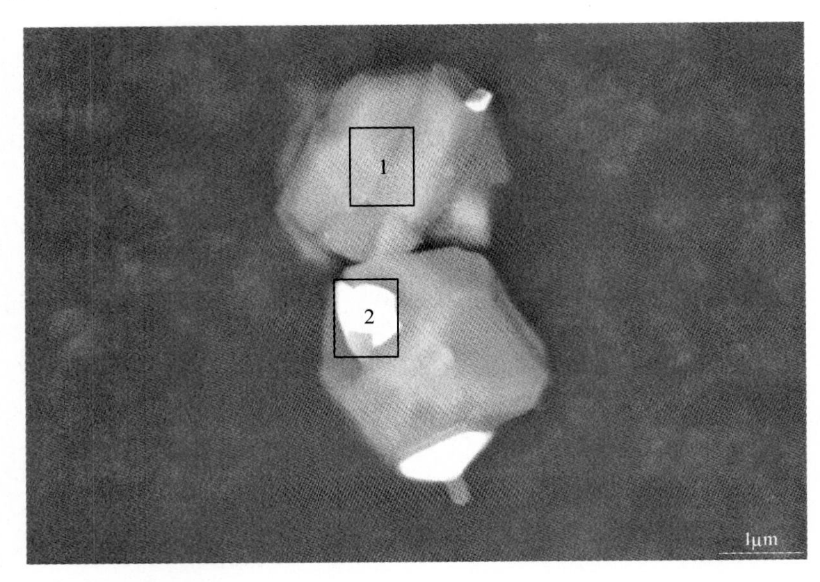

成分（质量分数）：

1：Al_2O_3 100%

2：Al_2O_3 58.28%，MnS 41.72%

（说明：2 点的成分由于电子束透过 MnS 析出相打到 Al_2O_3 基体，实际应该为纯 MnS 析出相）

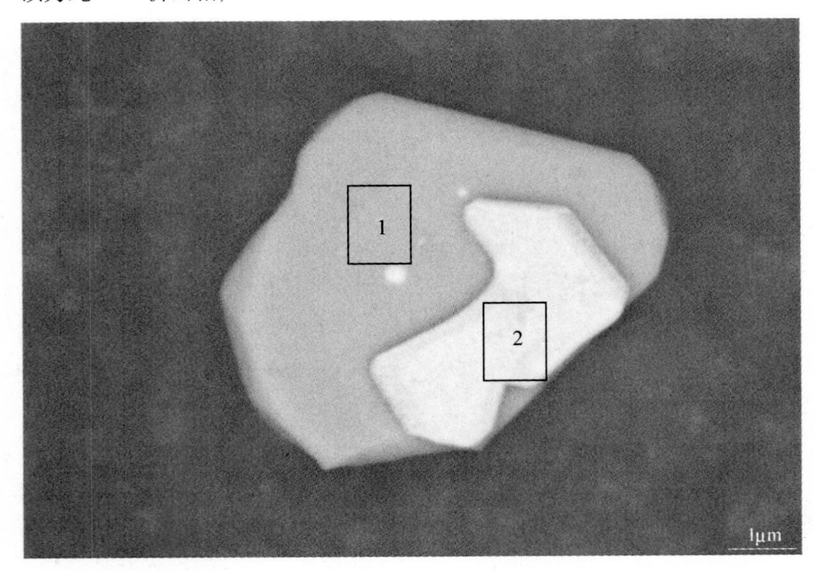

成分（质量分数）：

1：Al_2O_3 100%

2：Al_2O_3 54.20%，MnS 45.80%

（说明：2 点的成分由于电子束透过 MnS 析出相打到 Al_2O_3 基体，实际应该为纯 MnS 析出相）

附录 2　LF 精炼合金化后钢液中非金属夹杂物图集

附录 2.1　传统抛光观察

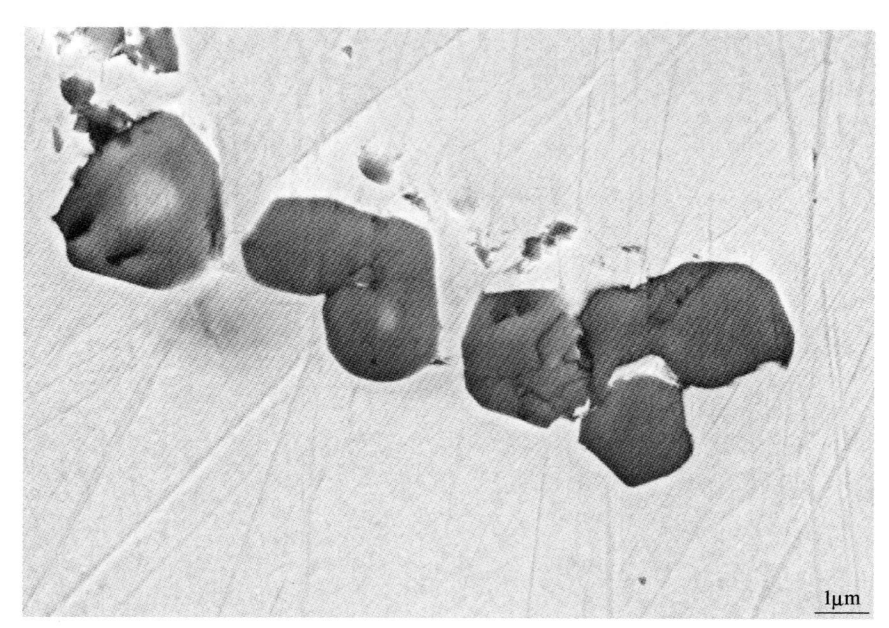

成分（质量分数）：Al_2O_3 100%

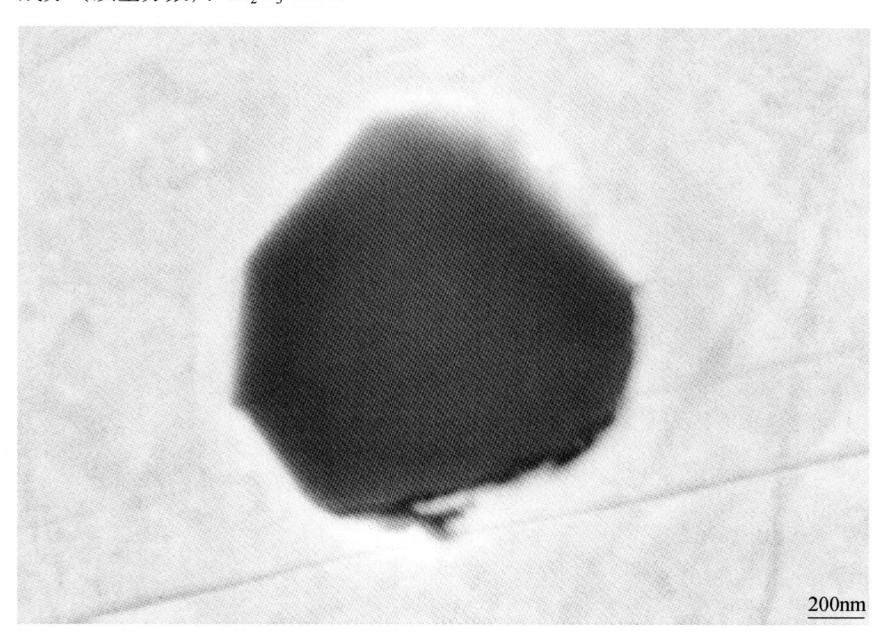

成分（质量分数）：Al_2O_3 100%

☞ LF 精炼合金化后-传统抛光观察

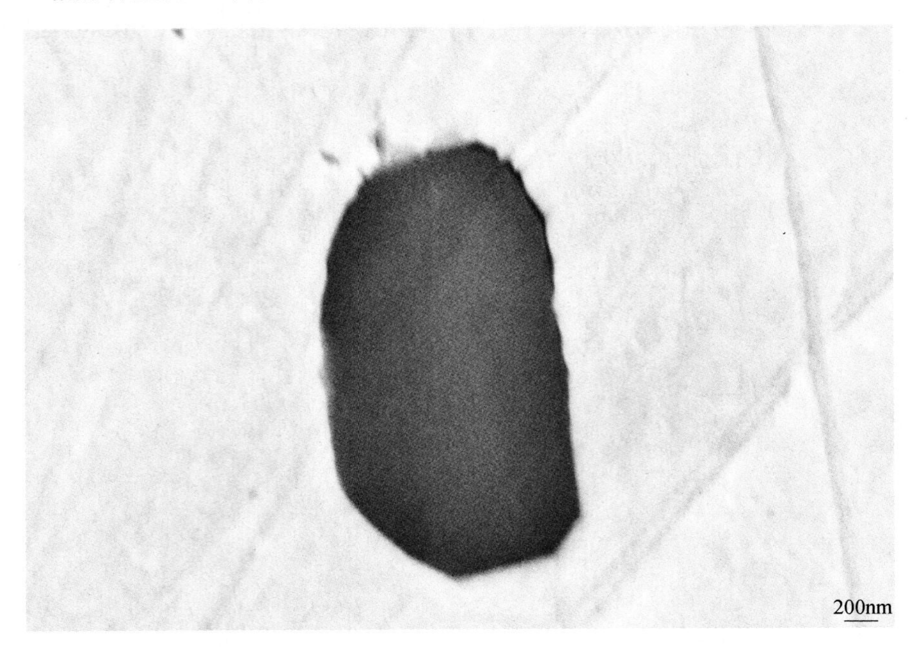

成分（质量分数）：Al_2O_3 100%

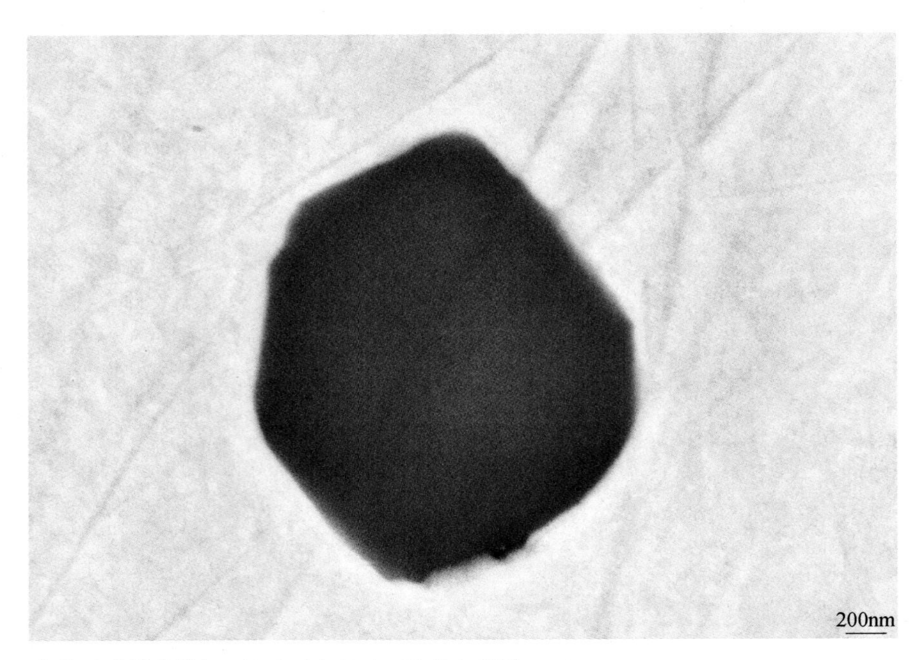

成分（质量分数）：Al_2O_3 95. 13%，MnS 4. 87%

☞ LF精炼合金化后-传统抛光观察

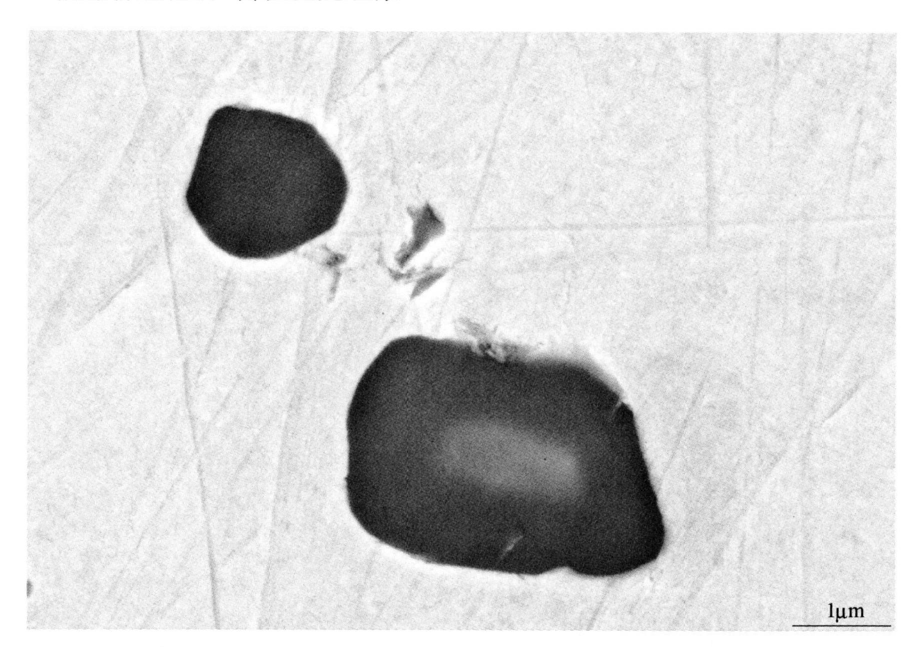

成分（质量分数）：Al_2O_3 100%

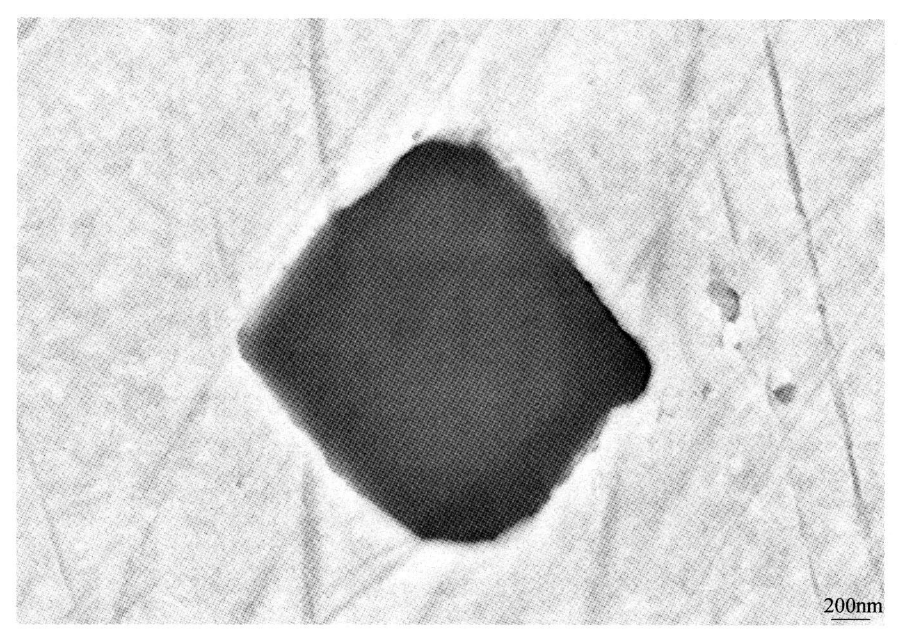

成分（质量分数）：Al_2O_3 100%

☞ LF 精炼合金化后-传统抛光观察

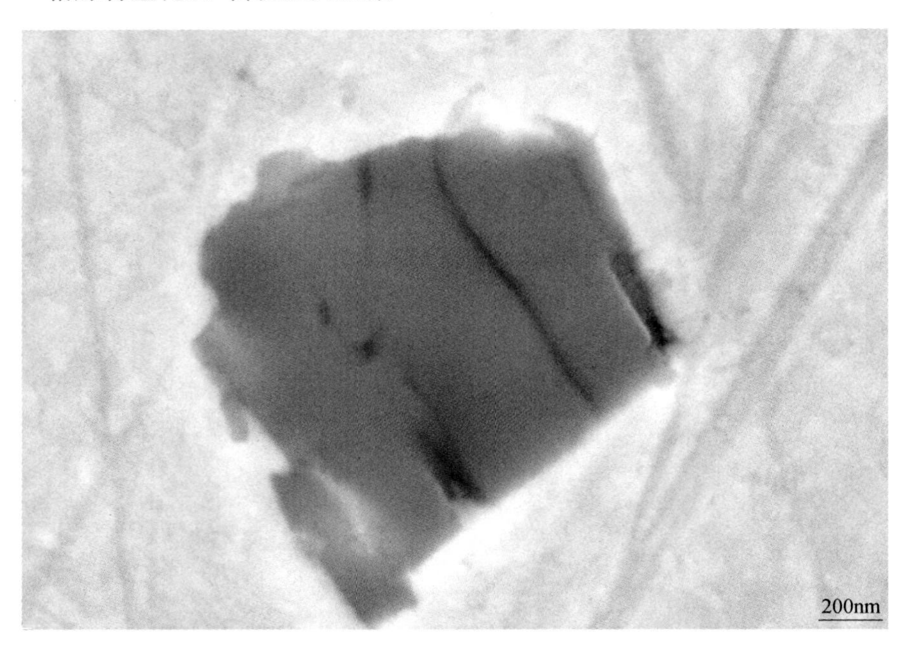

成分（质量分数）：Al_2O_3 100%

附录 2.2　酸蚀

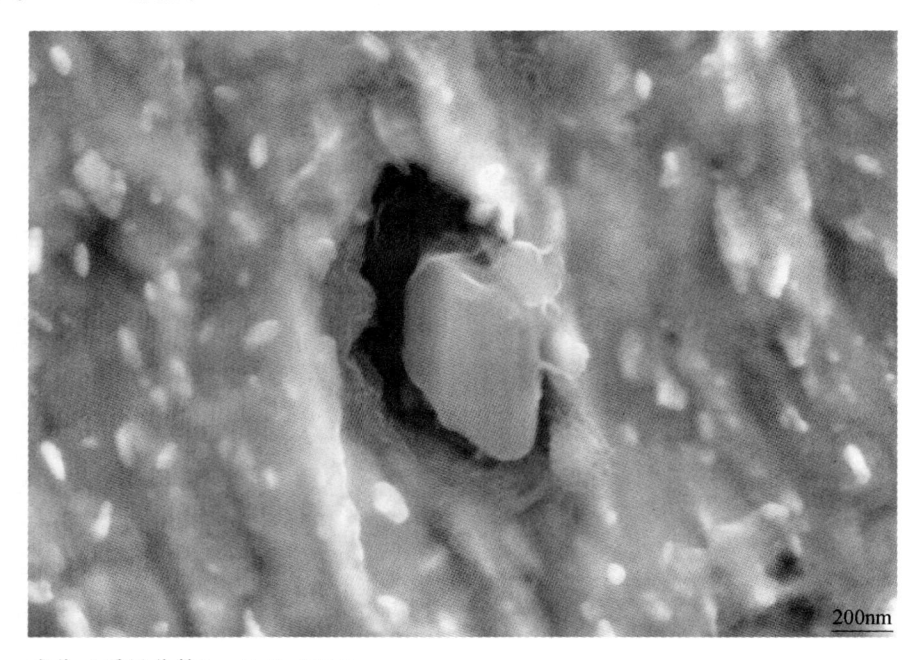

成分（质量分数）：Al_2O_3 100%

☞ LF 精炼合金化后-酸蚀

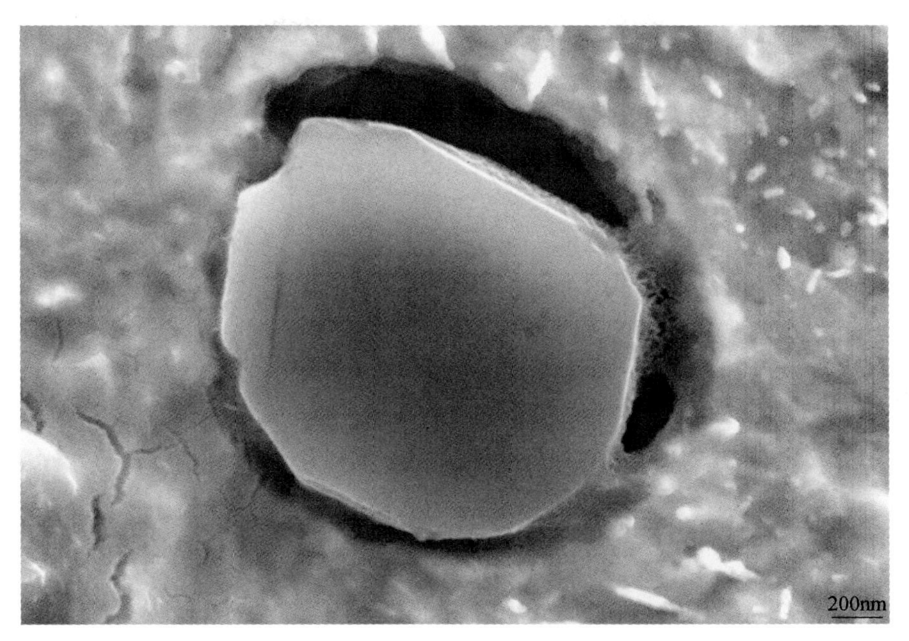

成分（质量分数）：Al_2O_3 95. 81%，MgO 4. 19%

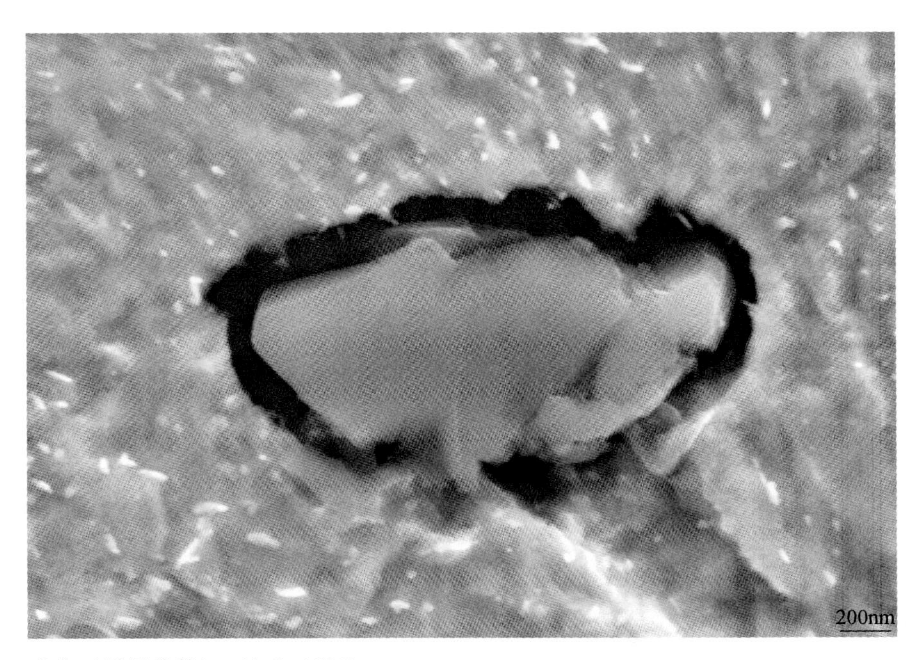

成分（质量分数）：Al_2O_3 100%

☞ LF 精炼合金化后-酸蚀

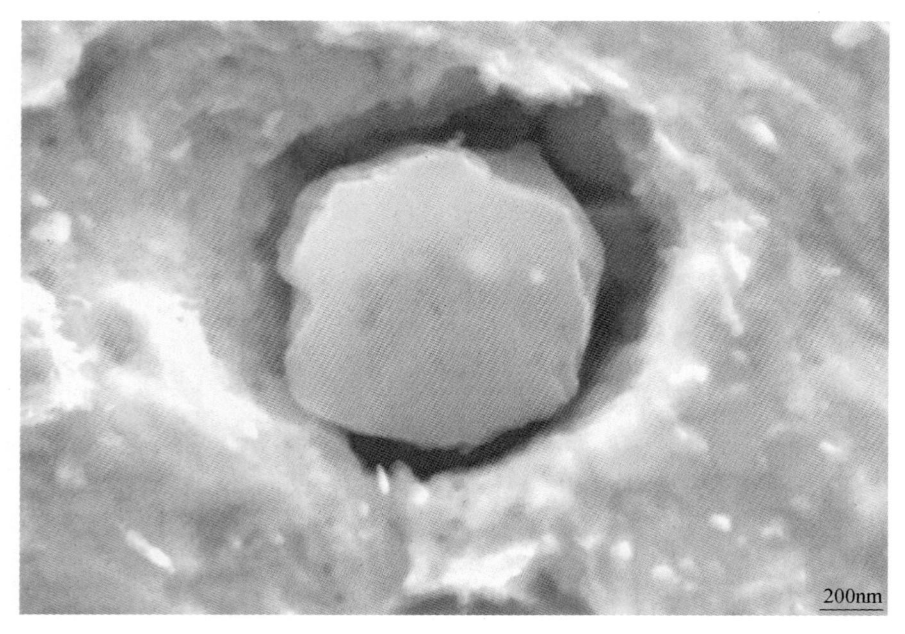

成分（质量分数）：Al_2O_3 100%

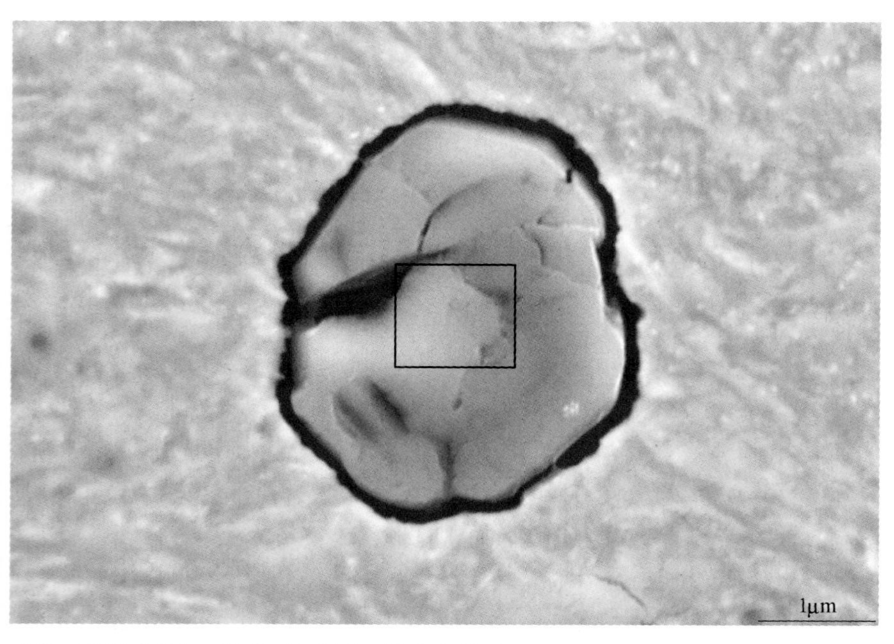

成分（质量分数）：Al_2O_3 96.01%，MgO 3.99%

☞ LF精炼合金化后-酸蚀

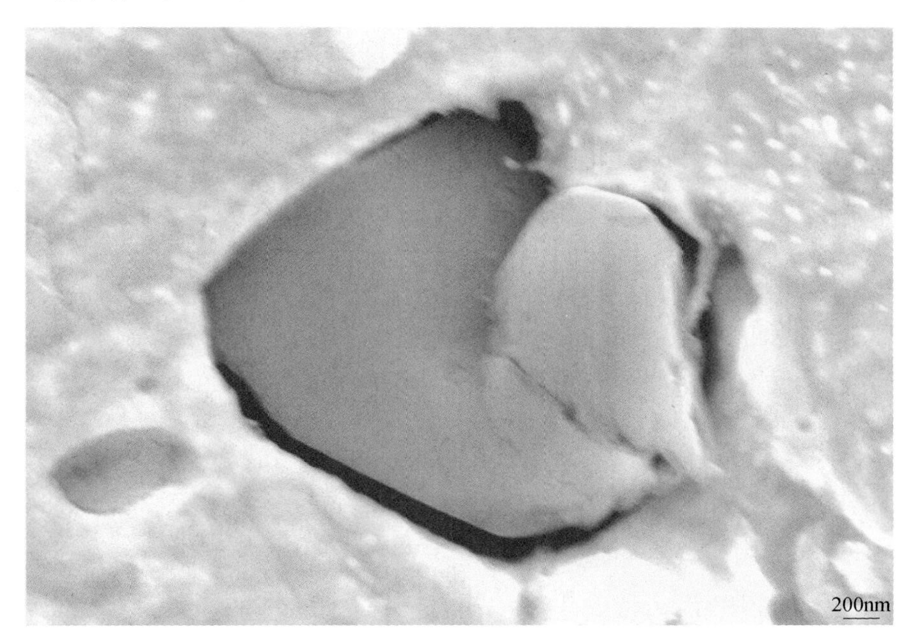

成分（质量分数）：Al_2O_3 100%

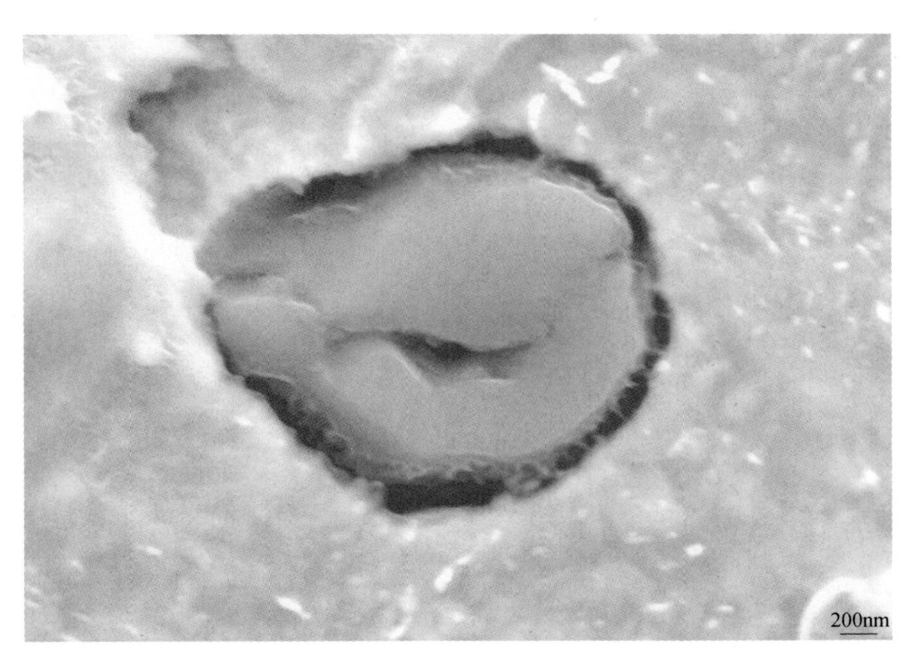

成分（质量分数）：Al_2O_3 100%

☞ LF 精炼合金化后-酸蚀

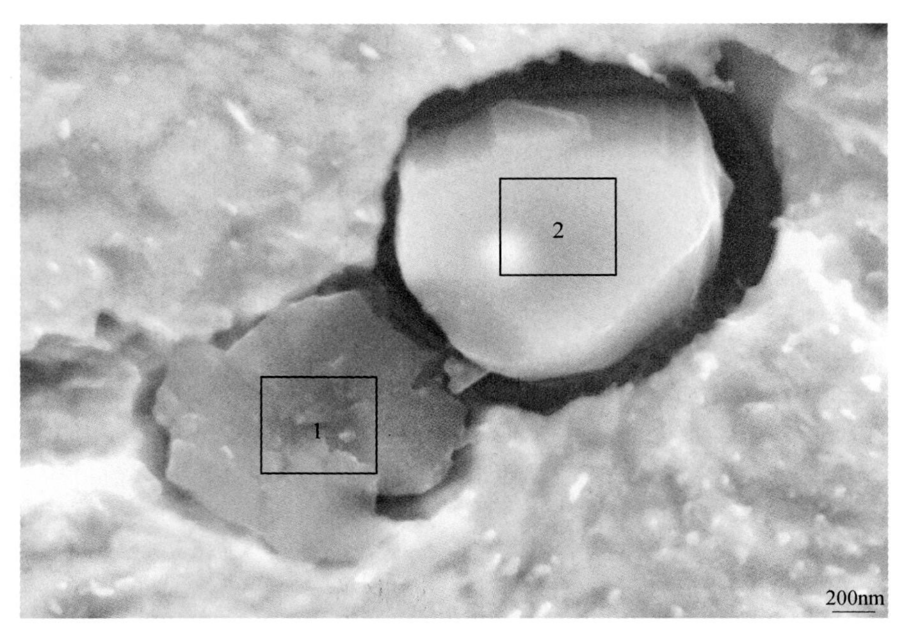

成分（质量分数）：
1：Al_2O_3 100%
2：Al_2O_3 95.41%，MnS 4.59%

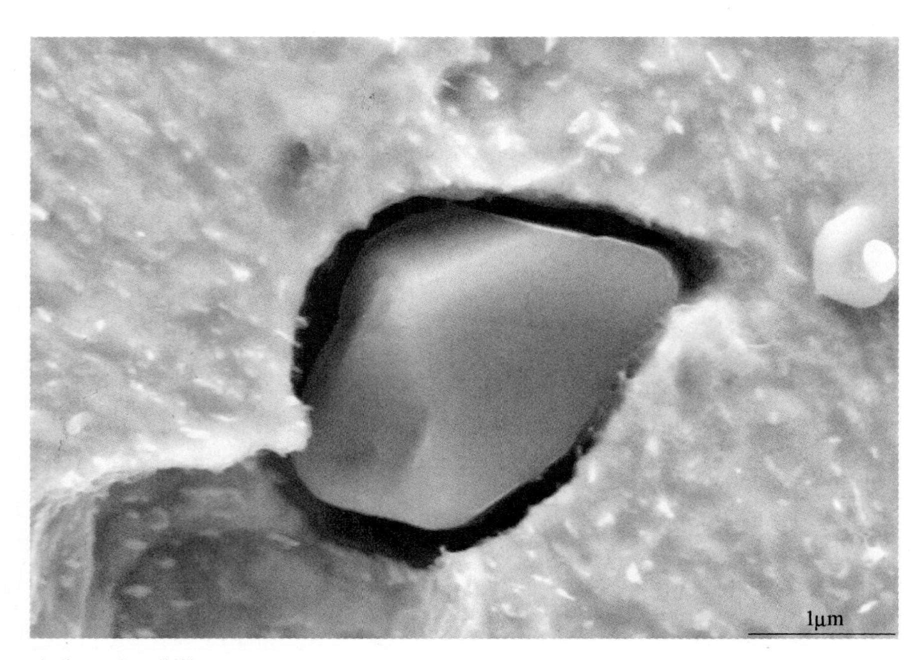

成分（质量分数）：Al_2O_3 100%

☞ LF精炼合金化后-酸蚀

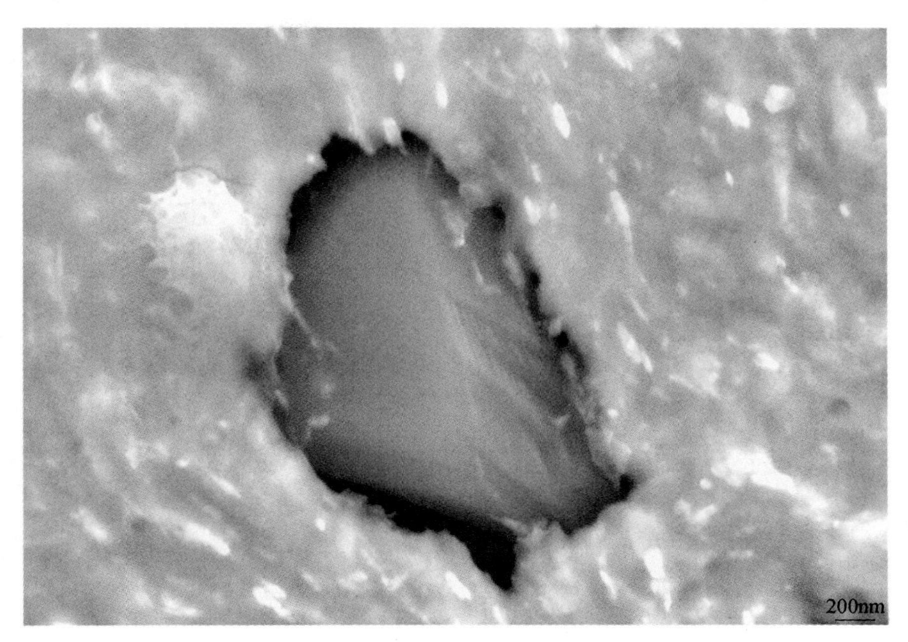

成分（质量分数）：Al_2O_3 100%

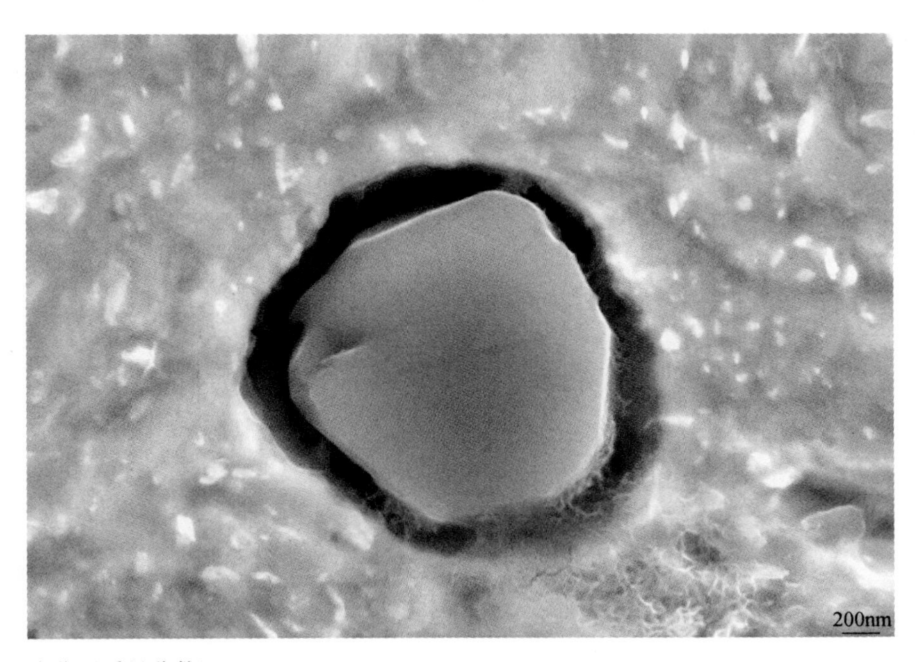

成分（质量分数）：Al_2O_3 100%

附录 2.3　非水溶液电解侵蚀

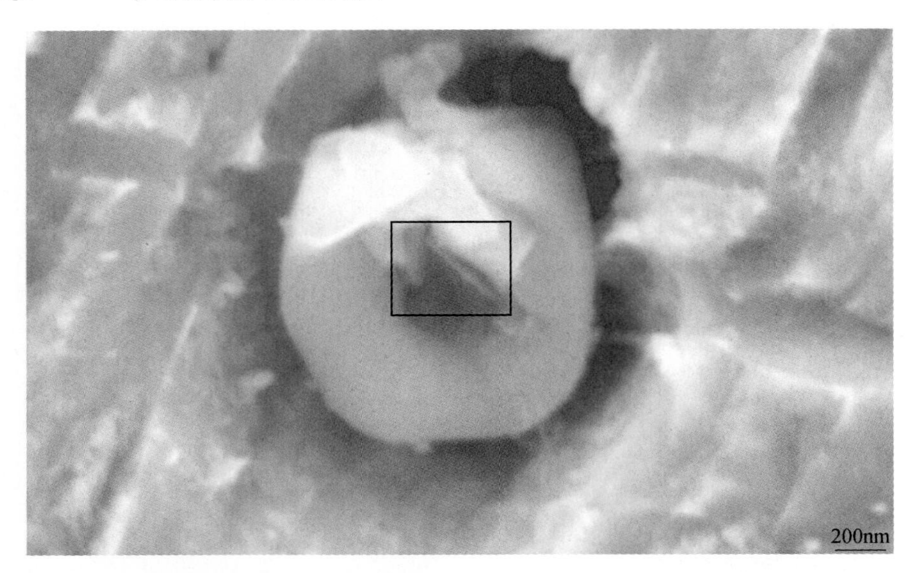

成分（质量分数）：Al_2O_3 99.52%，MnS 0.48%

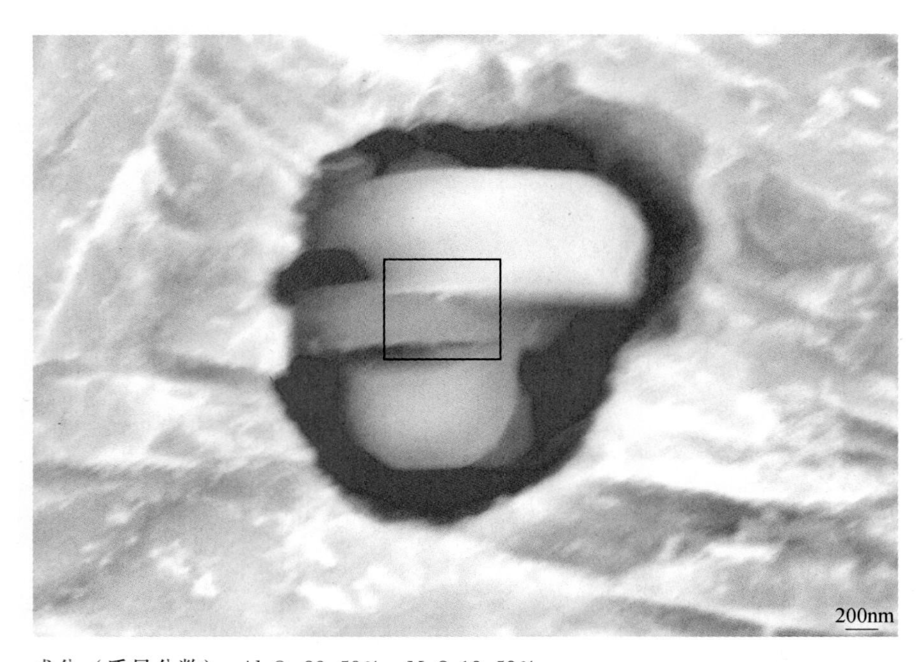

成分（质量分数）：Al_2O_3 89.50%，MgO 10.50%

☞ LF 精炼合金化后-非水溶液电解侵蚀

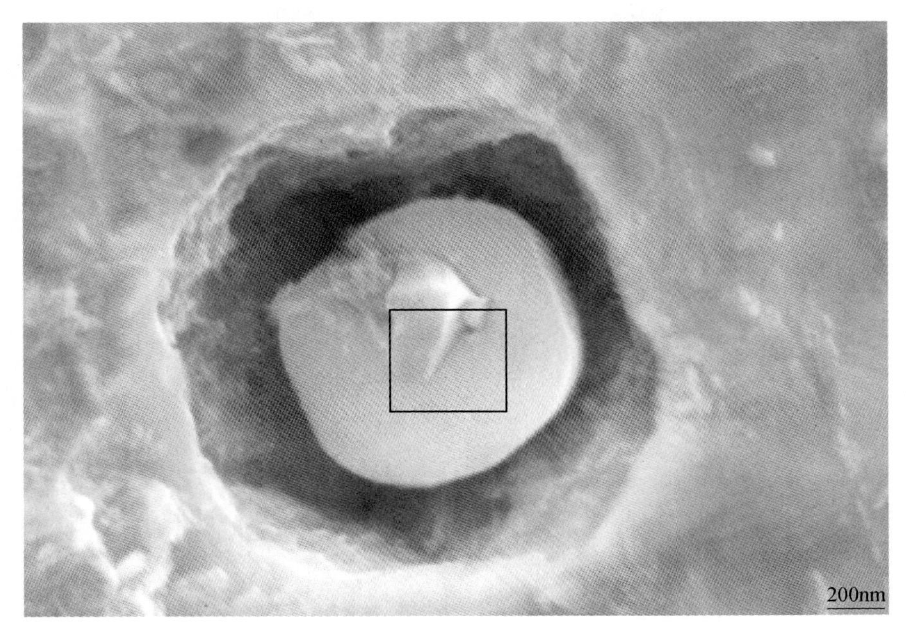

成分（质量分数）：Al_2O_3 59. 72%，MnS 40. 28%

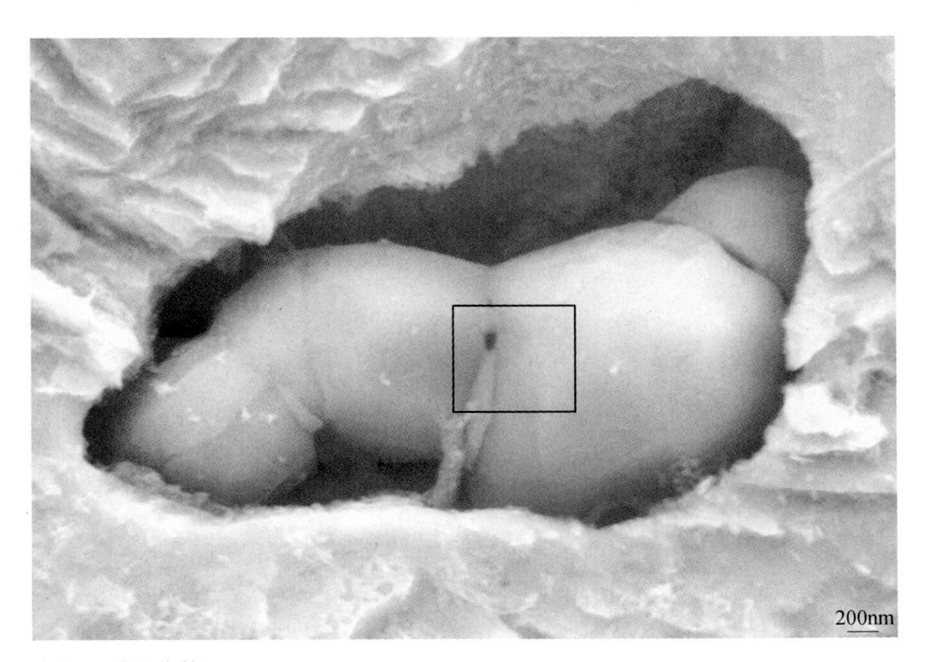

成分（质量分数）：Al_2O_3 87. 51%，MgO 12. 49%

☞ LF 精炼合金化后-非水溶液电解侵蚀

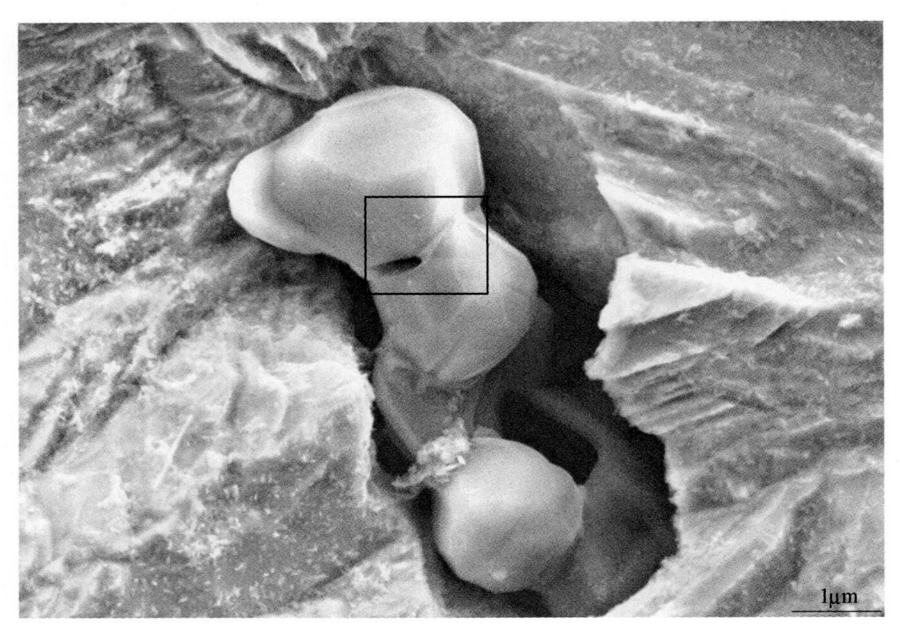

成分（质量分数）：Al_2O_3 87.76%，MgO 12.24%

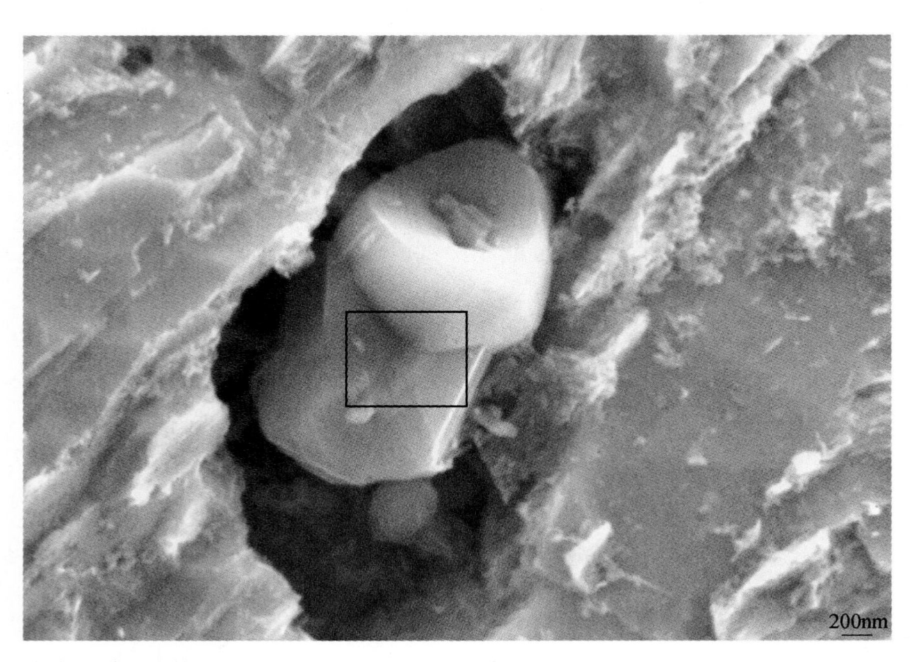

成分（质量分数）：Al_2O_3 28.25%，MgO 4.42%，MnS 67.33%

附录 2.4　非水溶液电解

☞ LF 精炼合金化后-非水溶液电解

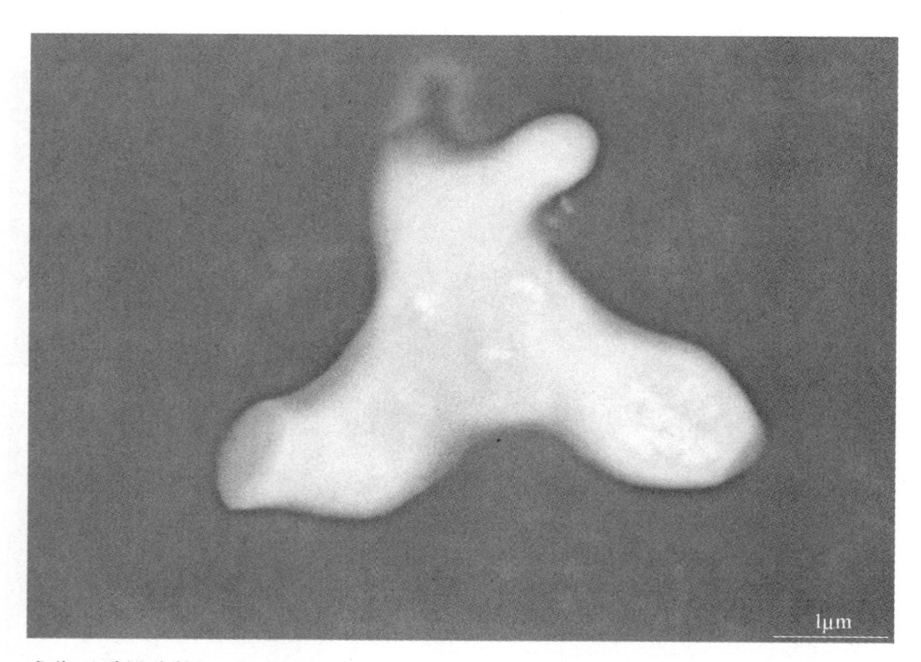

成分（质量分数）：MnS 100%

☞ LF 精炼合金化后-非水溶液电解

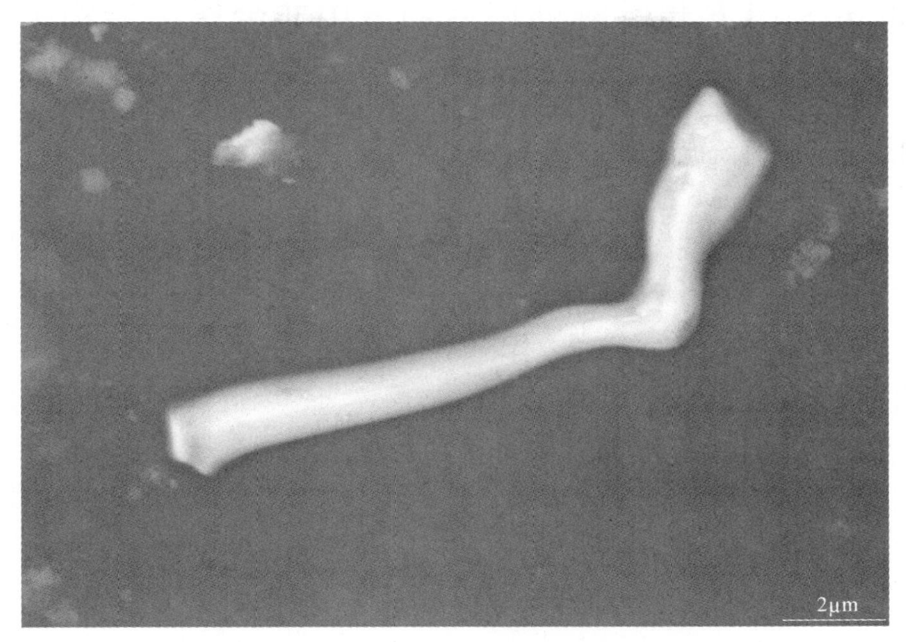

成分（质量分数）：MnS 100%

成分（质量分数）：MnS 100%

附录 3　LF 精炼钙处理后钢液中非金属夹杂物图集

附录 3.1　传统抛光观察

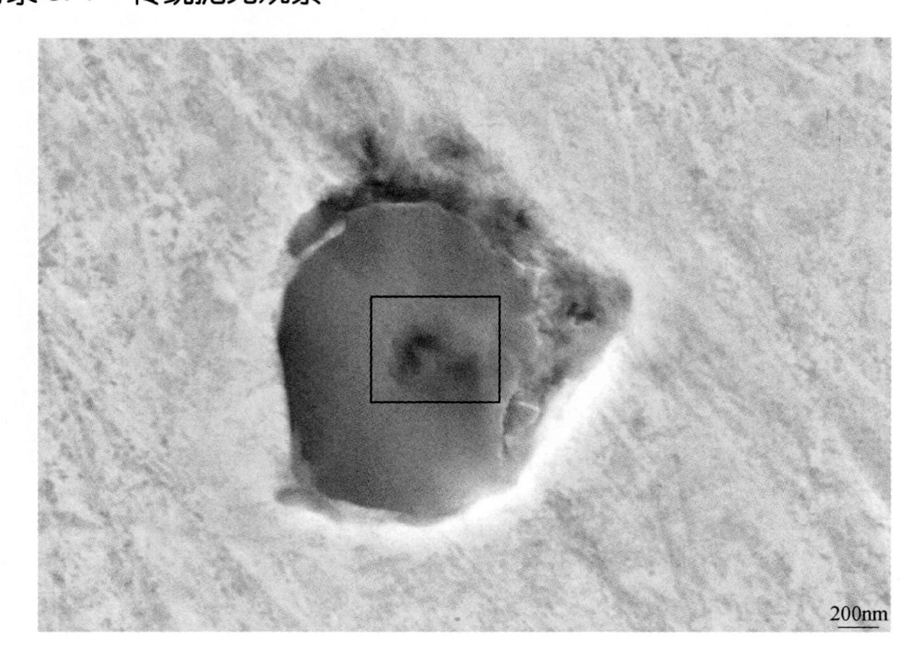

成分（质量分数）：Al_2O_3 48. 42%，MgO 2. 41%，CaO 8. 87%，CaS 40. 30%

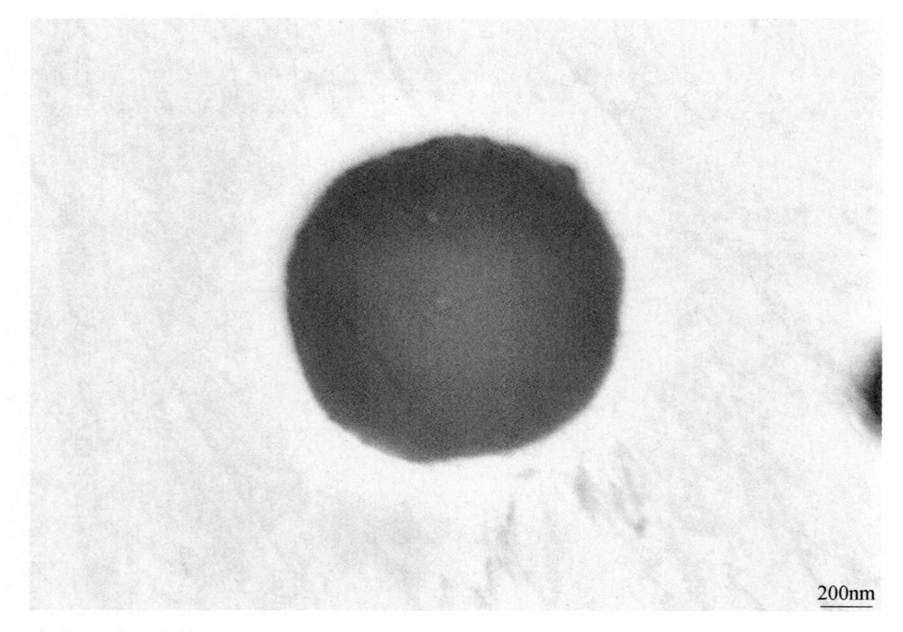

成分（质量分数）：Al_2O_3 55. 48%，CaO 23. 87%，CaS 20. 65%

☞ LF 精炼钙处理后-传统抛光观察

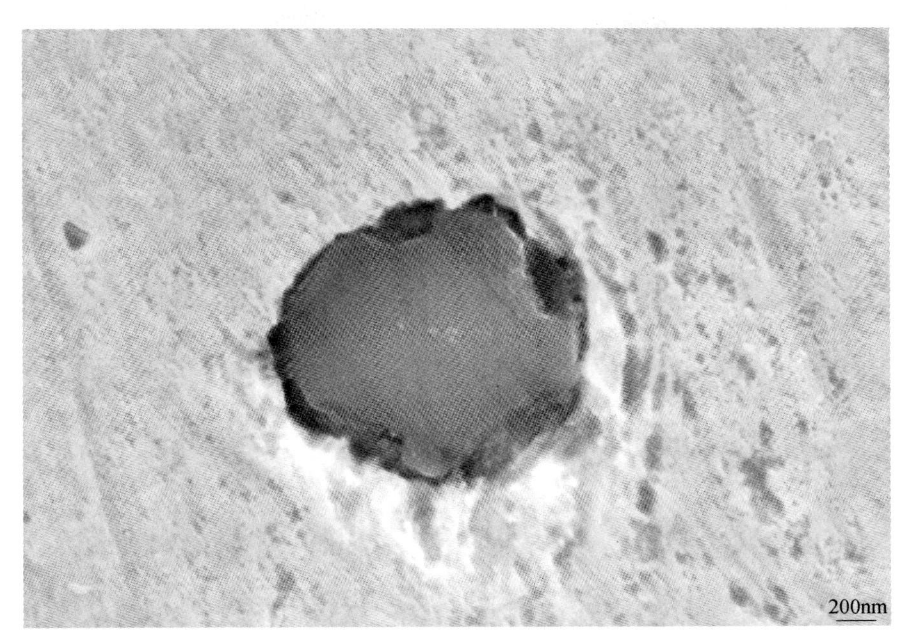

成分（质量分数）：Al_2O_3 64.74%，MgO 3.62%，CaO 28.22%，CaS 3.42%

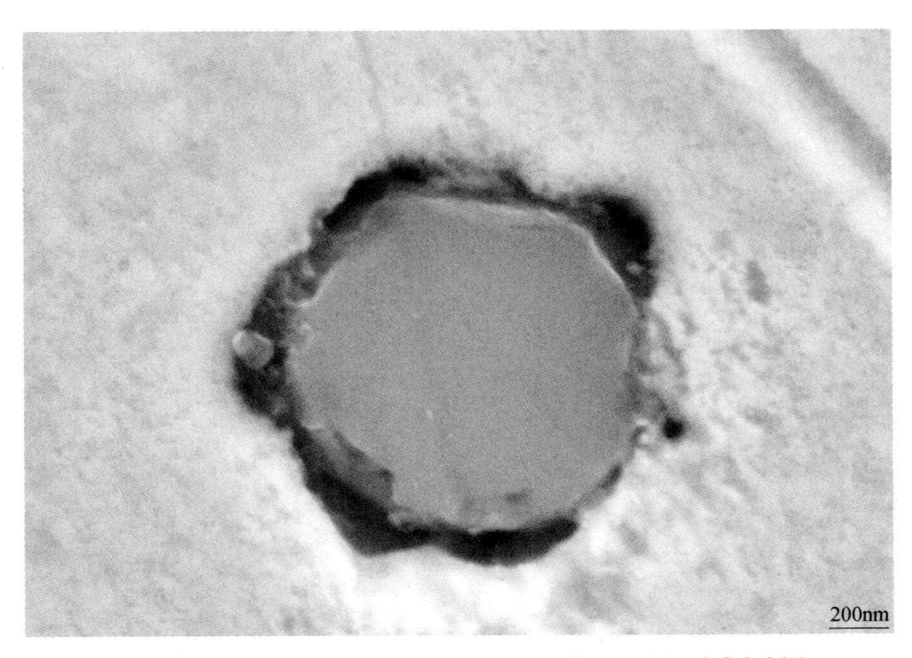

成分（质量分数）：Al_2O_3 65.86%，MgO 2.36%，CaO 28.55%，CaS 3.24%

☞ LF 精炼钙处理后-传统抛光观察

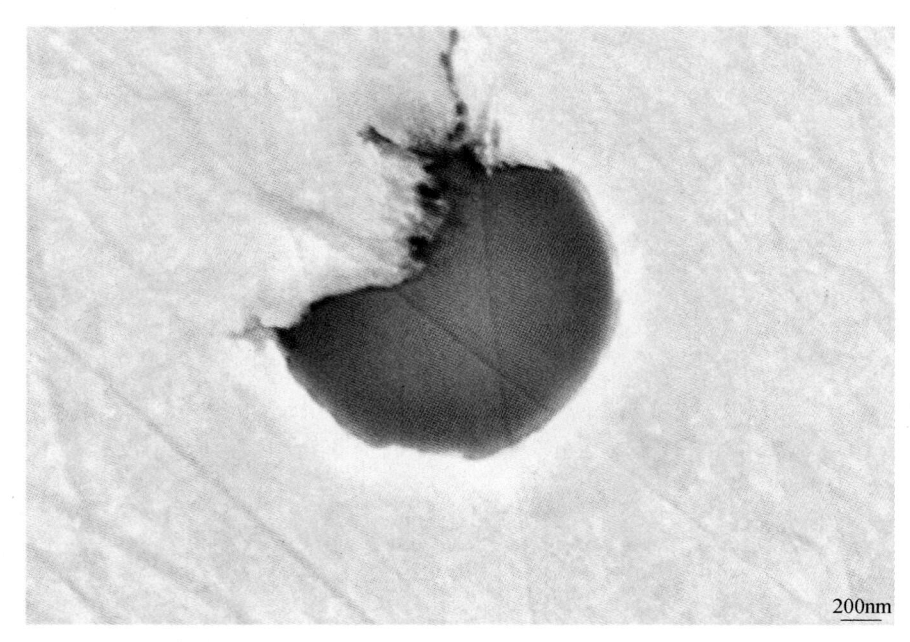

成分（质量分数）：Al_2O_3 68. 05%，MgO 3. 89%，CaO 28. 06%

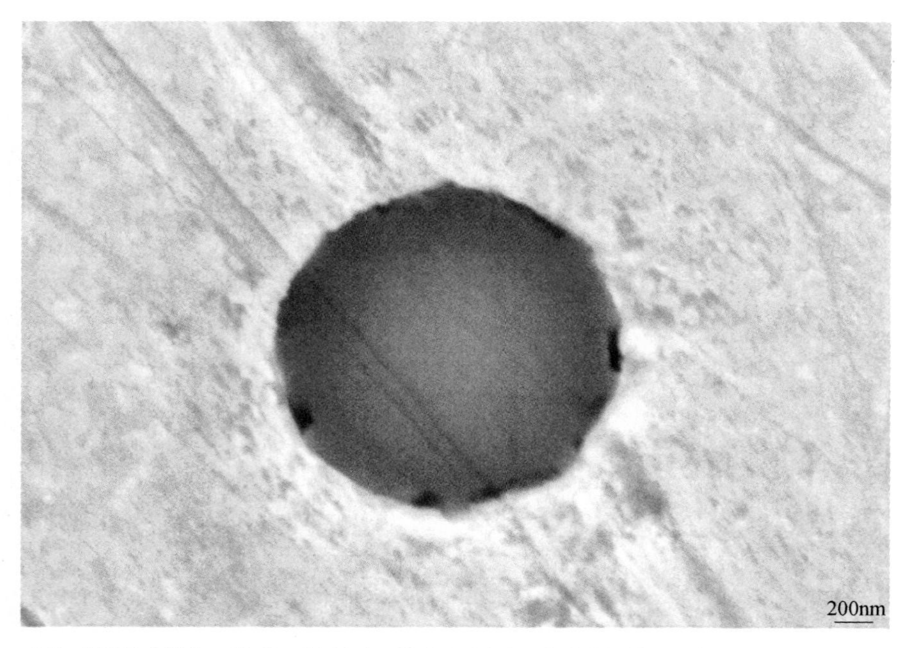

成分（质量分数）：Al_2O_3 64. 24%，MgO 3. 72%，CaO 30. 39%，CaS 1. 65%

附录 3.2　酸蚀

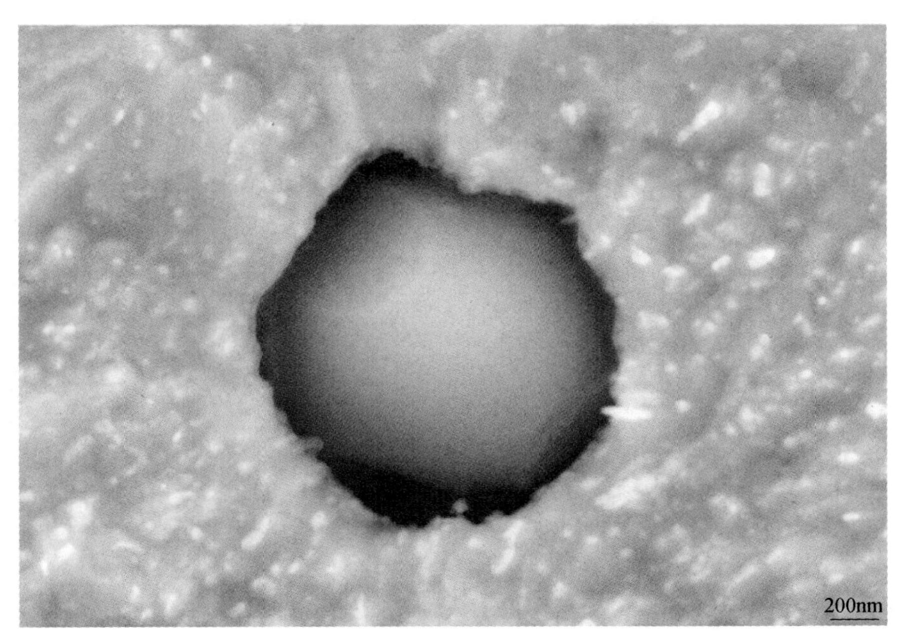

成分（质量分数）：Al_2O_3 62.48%，MgO 3.72%，CaO 33.81%

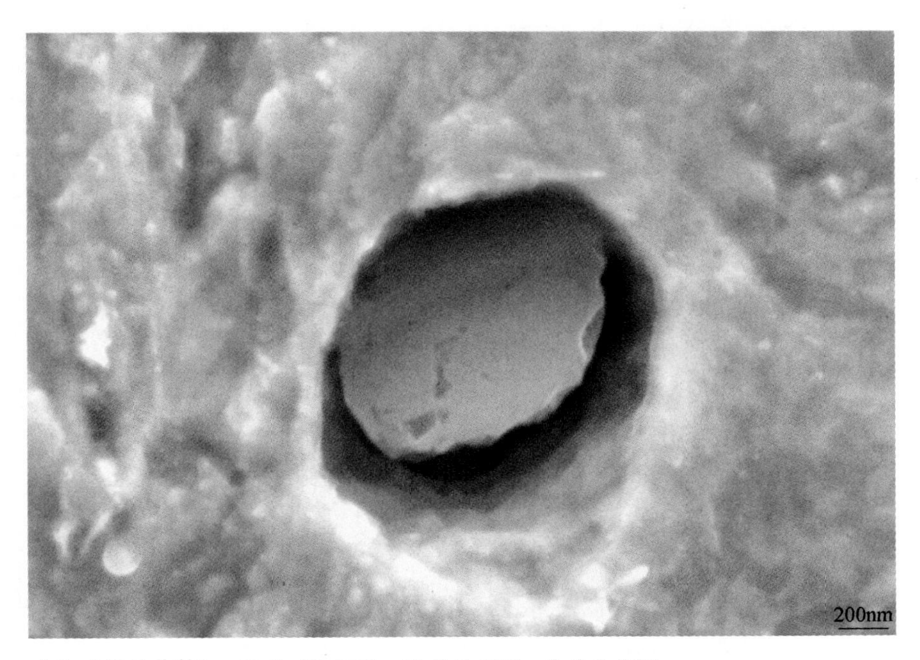

成分（质量分数）：Al_2O_3 89.03%，MgO 7.10%，CaO 3.86%

☞ LF 精炼钙处理后-酸蚀

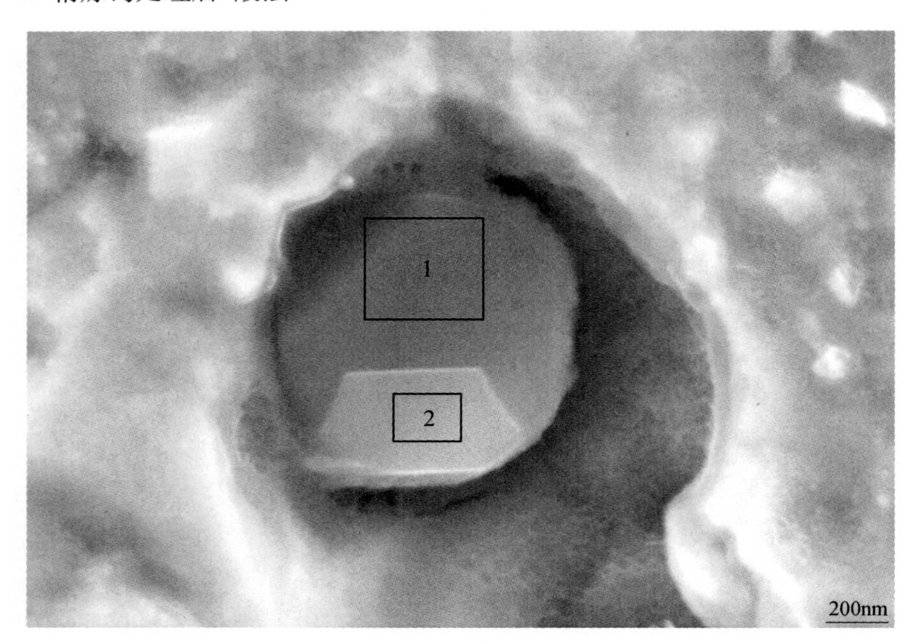

成分（质量分数）：

1：Al_2O_3 68. 16%，CaO 31. 84%

2：Al_2O_3 80. 43%，MgO 14. 79%，CaO 4. 79%

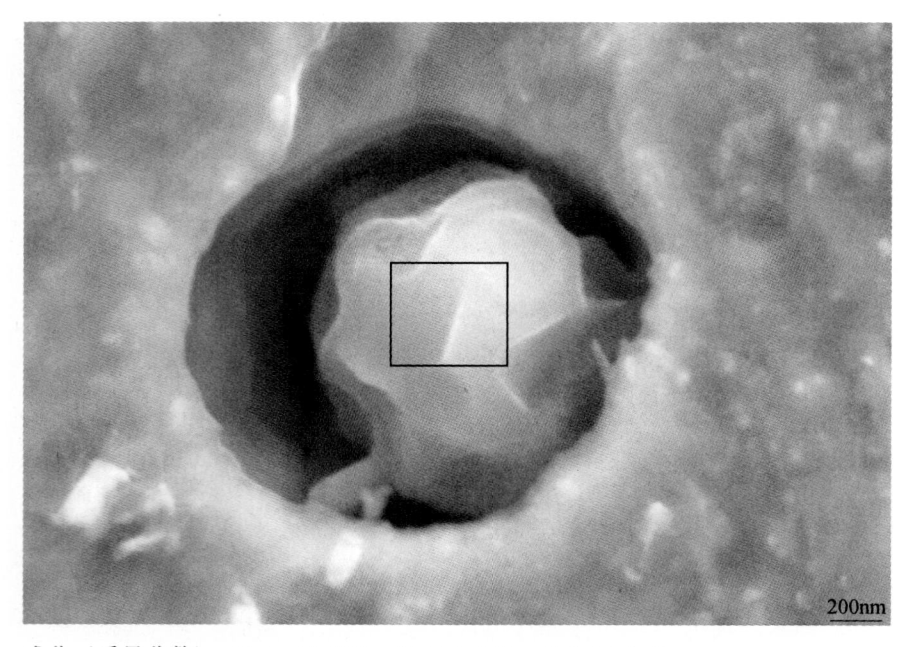

成分（质量分数）：Al_2O_3 69. 04%，MgO 4. 47%，CaO 26. 49%

☞ LF 精炼钙处理后-酸蚀

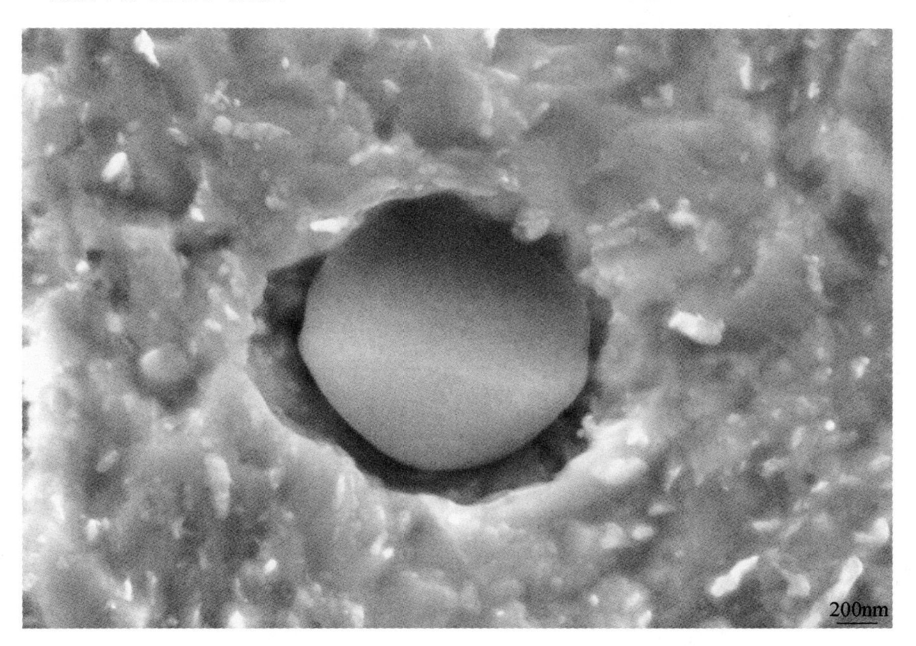

成分（质量分数）：Al_2O_3 68.06%，MgO 4.37%，CaO 27.58%

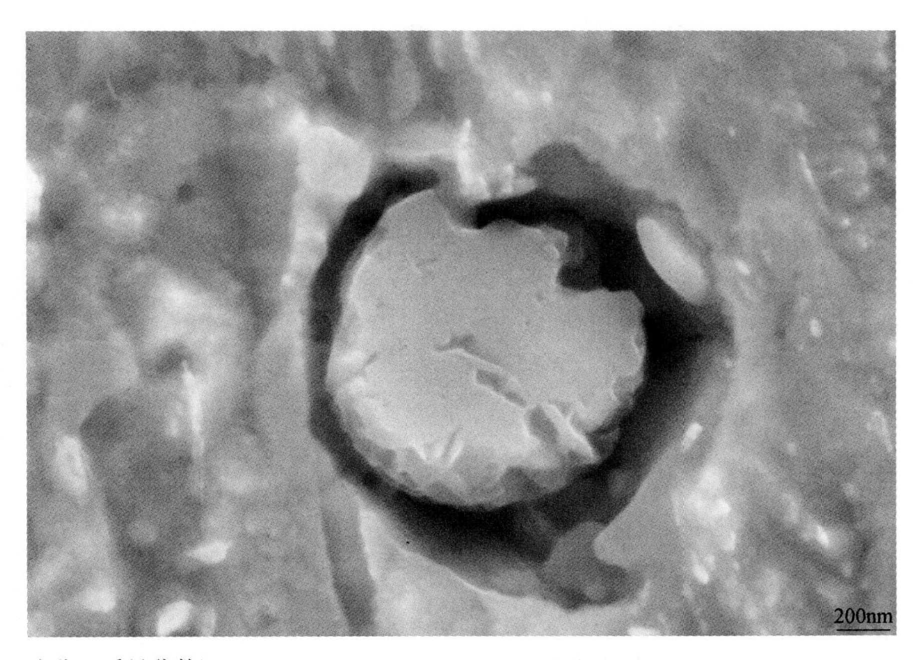

成分（质量分数）：Al_2O_3 88.24%，MgO 6.02%，CaO 5.74%

☞ LF 精炼钙处理后-酸蚀

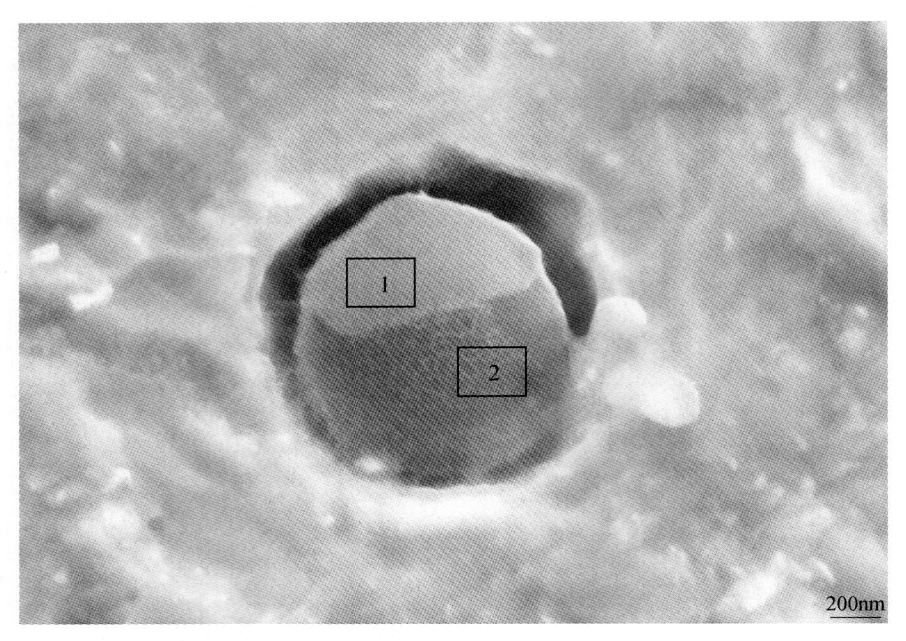

成分（质量分数）：

1：Al_2O_3 85. 55%，MgO 10. 79%，CaO 3. 66%

2：Al_2O_3 73. 26%，MgO 3. 38%，CaO 3. 66%

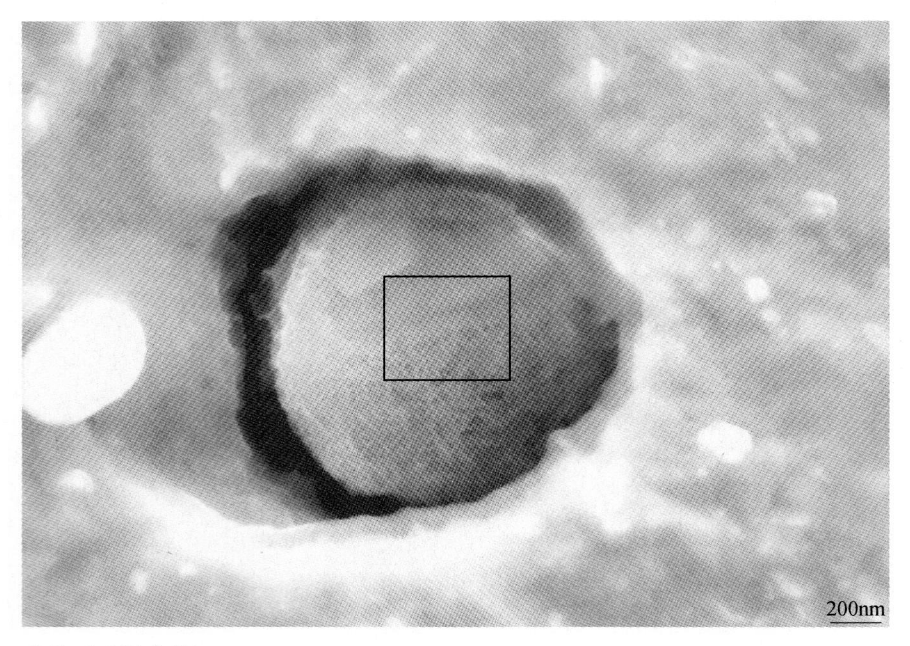

成分（质量分数）：Al_2O_3 71. 56%，MgO 5. 94%，CaO 22. 50%

☞ LF精炼钙处理后-酸蚀

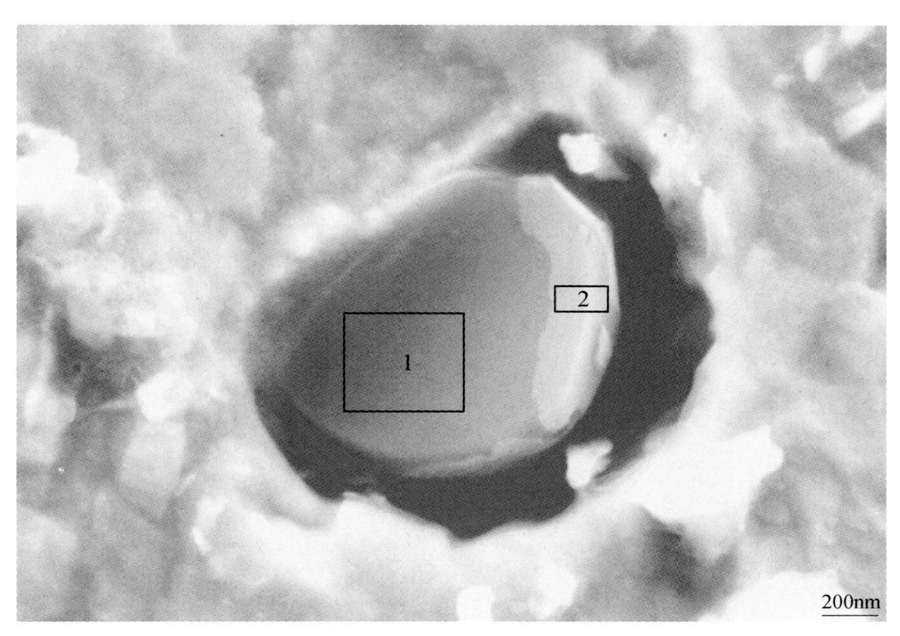

成分（质量分数）：

1：Al_2O_3 73. 17%，CaO 26. 83%

2：Al_2O_3 78. 23%，MgO 10. 95%，CaO 10. 82%

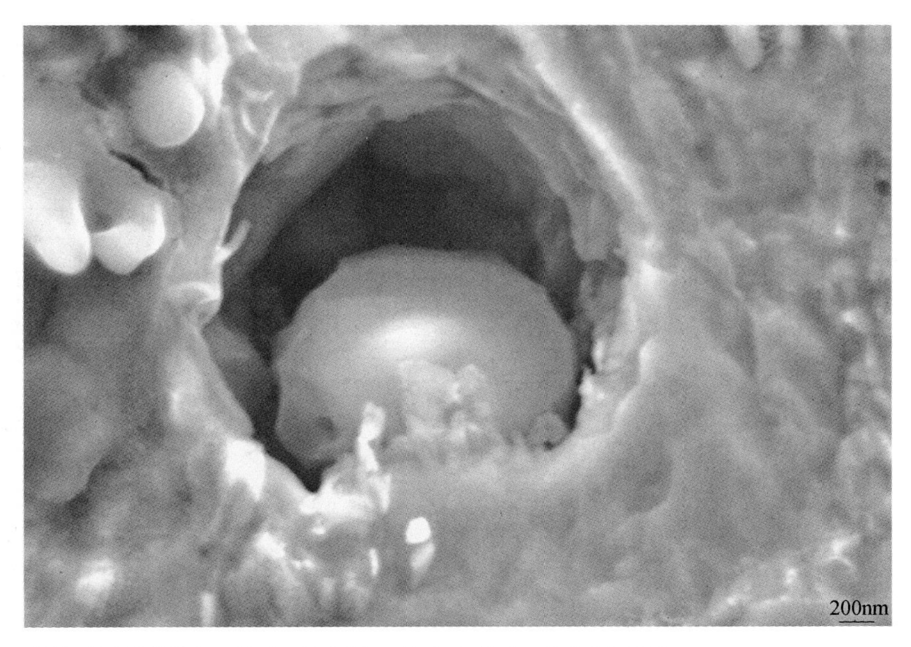

成分（质量分数）：Al_2O_3 62. 94%，MgO 4. 18%，CaO 32. 88%

☞ LF 精炼钙处理后-酸蚀

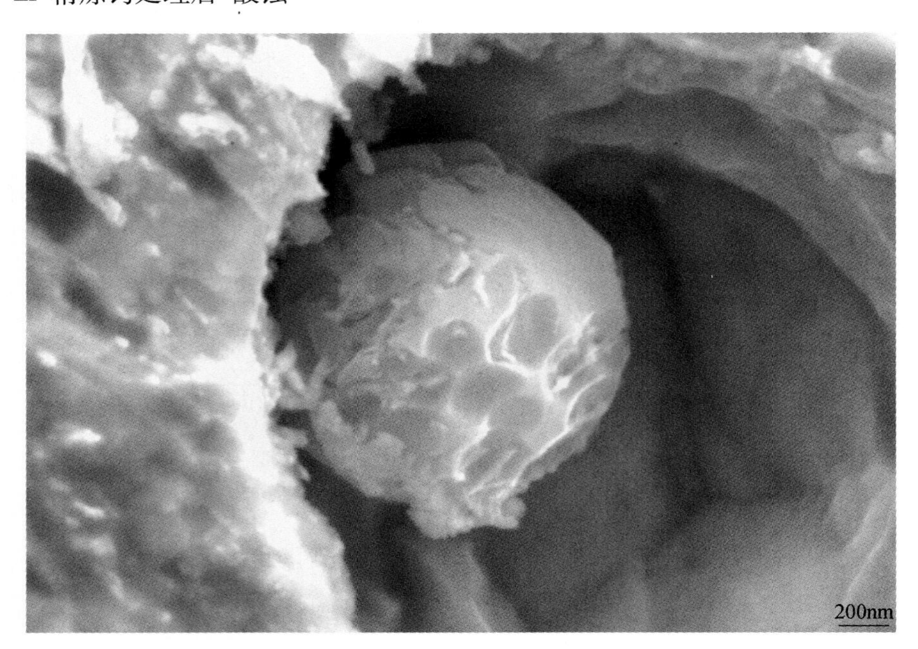

成分（质量分数）：Al_2O_3 71.91%，CaO 28.09%

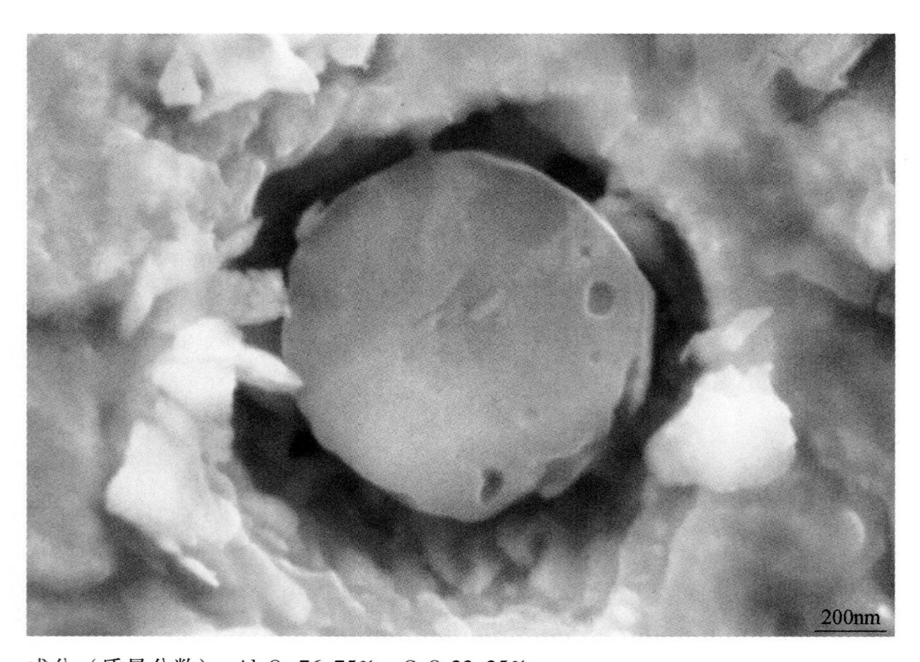

成分（质量分数）：Al_2O_3 76.75%，CaO 23.25%

☞ LF精炼钙处理后-酸蚀

成分（质量分数）：Al_2O_3 63.45%，CaO 36.55%

附录3.3　非水溶液电解侵蚀

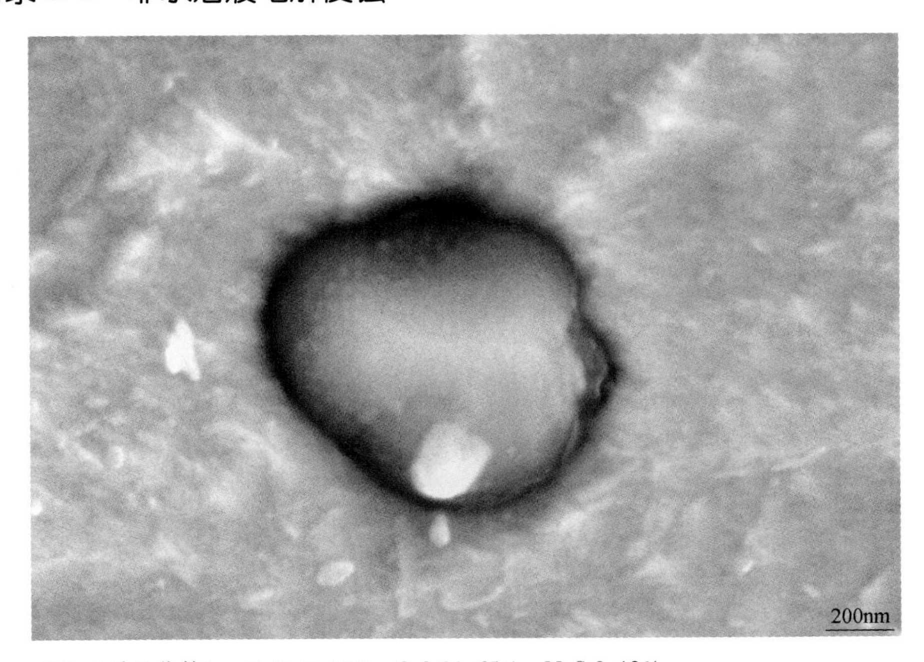

成分（质量分数）：Al_2O_3 8.17%，CaS 91.65%，MnS 0.18%

☞ LF 精炼钙处理后-非水溶液电解侵蚀

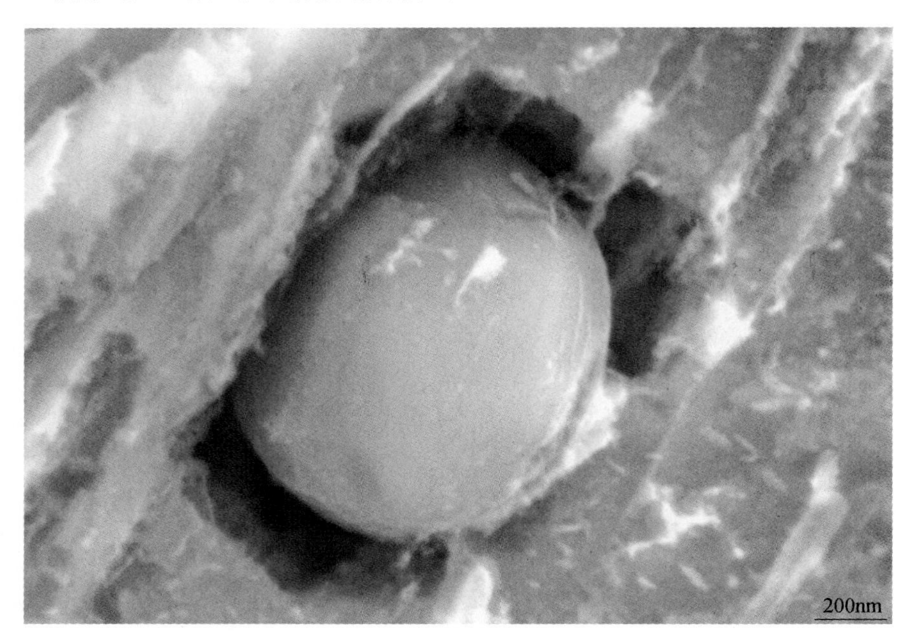

成分（质量分数）：Al_2O_3 8.87%，MgO 2.32%，CaS 53.39%，MnS 35.42%

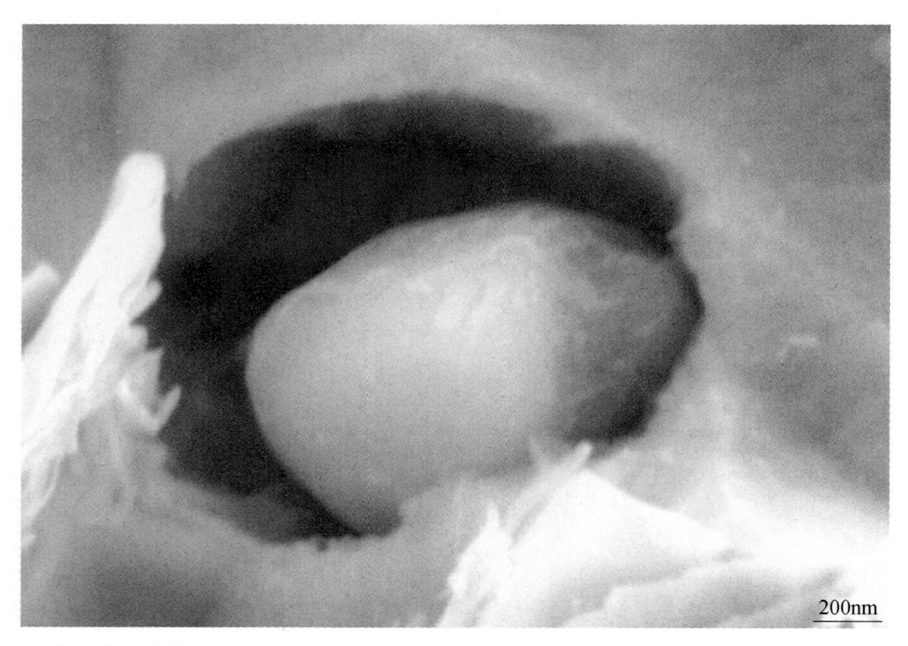

成分（质量分数）：Al_2O_3 9.33%，CaS 90.67%

附录3.4 非水溶液电解

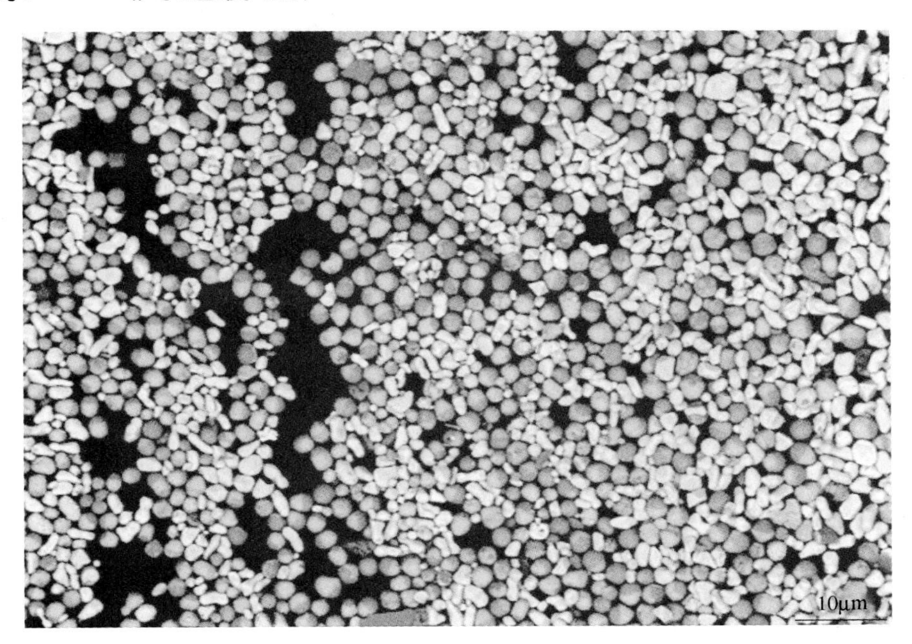

☞ LF 精炼钙处理后-非水溶液电解

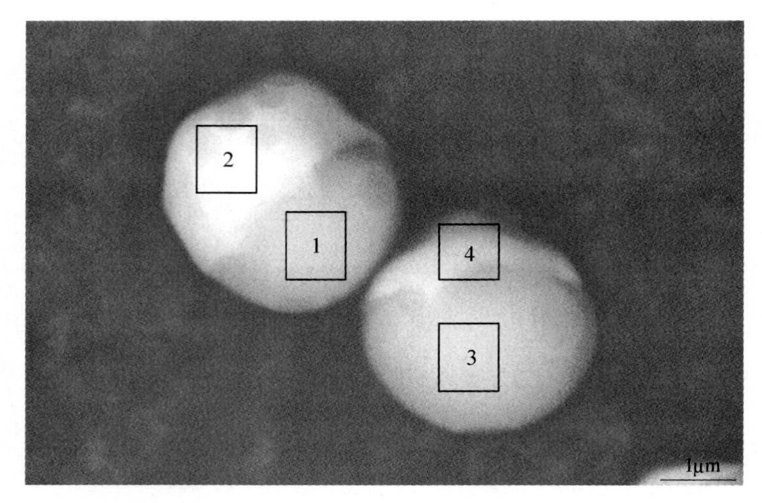

成分（质量分数）：
1：CaO 33.10%，Al_2O_3 64.73%，MgO 2.17%
2：Al_2O_3 11.94%，CaS 88.06%
3：CaO 34.51%，Al_2O_3 61.97%，MgO 3.52%
4：CaO 42.53%，Al_2O_3 4.42%，CaS 53.05%
（说明：2 和 4 点的成分由于电子束透过 CaS 析出相打到 CaO-Al_2O_3 基体，实际应该为纯 CaS 析出相）

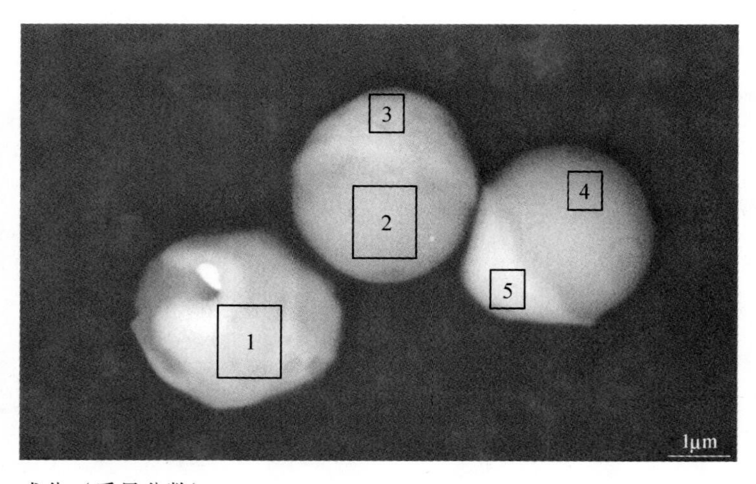

成分（质量分数）：
1：CaO 8.51%，Al_2O_3 53.66%，MgO 5.61%，CaS 32.22%
2：CaO 32.46%，Al_2O_3 63.84%，MgO 3.70%
3：Al_2O_3 6.89%，CaS 93.11%
4：CaO 33.45%，Al_2O_3 62.11%，MgO 4.44%
5：CaO 9.65%，Al_2O_3 26.41%，CaS 63.94%
（说明：3 和 5 点的成分由于电子束透过 CaS 析出相打到 CaO-Al_2O_3-MgO 基体，实际应该为纯 CaS 析出相）

☞ LF精炼钙处理后-非水溶液电解

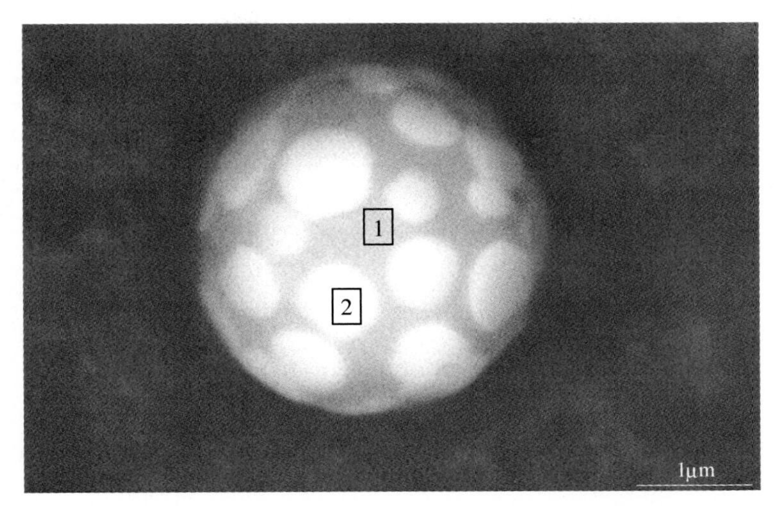

成分（质量分数）：

1：CaO 23.68%，Al_2O_3 65.72%，MgO 4.51%，CaS 6.09%

2：CaO 11.19%，Al_2O_3 36.77%，MgO 2.43%，CaS 49.60%

（说明：2点的成分由于电子束透过CaS析出相打到CaO-Al_2O_3-MgO基体，实际应该为纯CaS析出相）

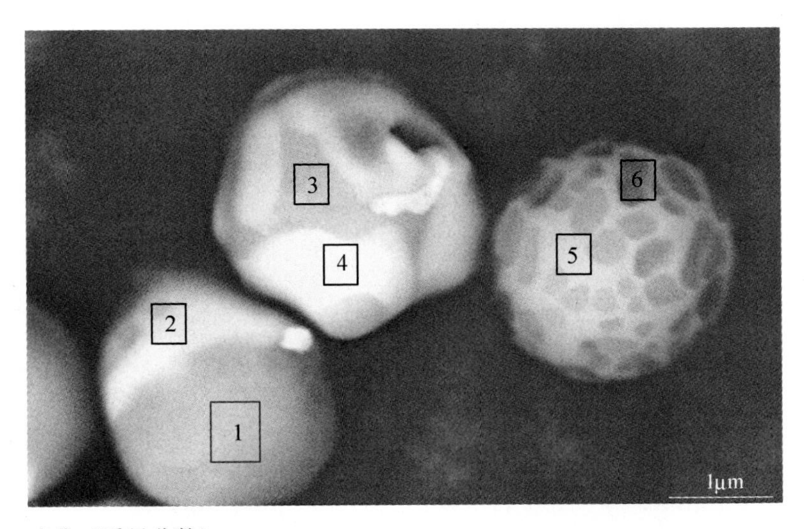

成分（质量分数）：

1：CaO 27.21%，Al_2O_3 70.06%，MgO 2.73%

2：Al_2O_3 7.24%，CaS 92.76%

3：CaO 17.91%，Al_2O_3 74.70%，MgO 2.55%，CaS 4.84%

4：CaO 8.10%，Al_2O_3 22.12%，CaS 69.78%

5：CaO 28.74%，Al_2O_3 62.07%，MgO 4.16%，CaS 5.04%

6：CaO 32.75%，Al_2O_3 63.07%，MgO 4.18%

（说明：2和4点的成分由于电子束透过CaS析出相打到Al_2O_3或CaO-Al_2O_3-MgO基体，实际应该为纯CaS析出相）

☞ LF 精炼钙处理后-非水溶液电解

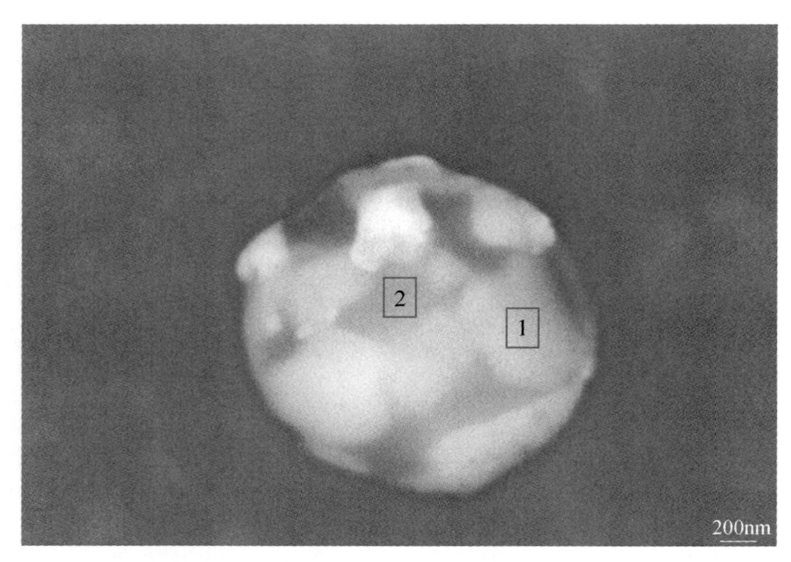

成分（质量分数）：

1：CaO 12.99%，Al_2O_3 50.19%，MgO 1.50%，CaS 35.33%

2：CaO 19.79%，Al_2O_3 70.34%，MgO 2.45%，CaS 7.41%

（说明：1 点的成分由于电子束透过 CaS 析出相打到 CaO-Al_2O_3-MgO 基体，实际应该为纯 CaS 析出相）

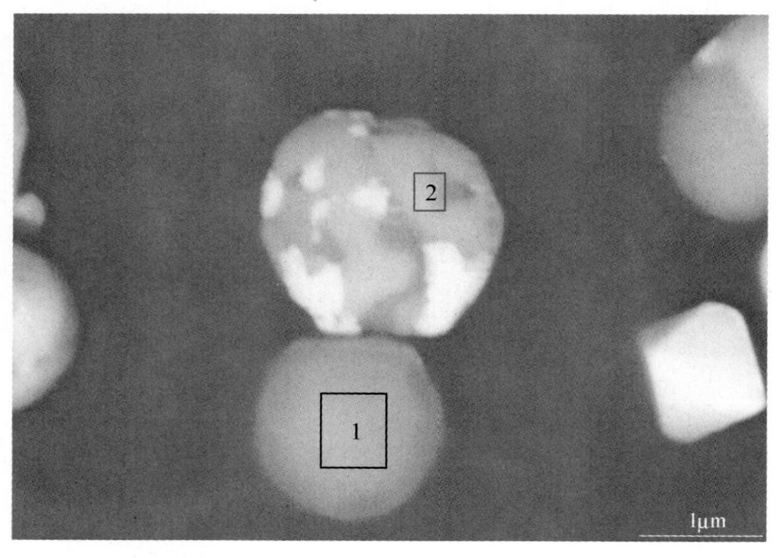

成分（质量分数）：

1：CaO 27.72%，Al_2O_3 65.90%，MgO 3.07%，CaS 3.31%

2：Al_2O_3 51.65%，MgO 1.73%，CaS 45.38%，MnS 1.24%

☞ LF精炼钙处理后-非水溶液电解

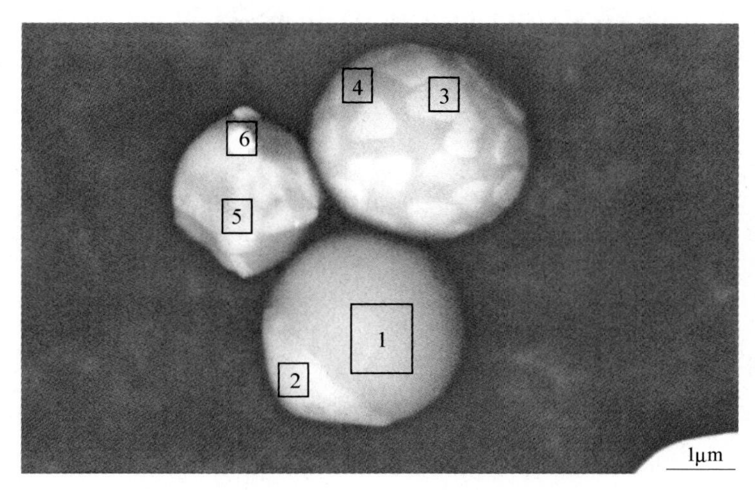

成分（质量分数）：
1：CaO 33.67%，Al_2O_3 63.78%，MgO 2.55%
2：CaO 13.74%，Al_2O_3 17.28%，CaS 68.98%
3：CaO 18.53%，Al_2O_3 44.63%，MgO 3.04%，CaS 33.80%
4：CaO 27.11%，Al_2O_3 62.18%，MgO 4.08%，CaS 6.63%
5：CaO 19.96%，Al_2O_3 48.06%，MgO 1.57%，CaS 30.41%
6：Al_2O_3 14.51%，CaS 73.83%，MnS 11.66%
（说明：2和3点的成分由于电子束透过CaS析出相打到CaO-Al_2O_3或CaO-Al_2O_3-MgO基体，实际应该为纯CaS析出相）

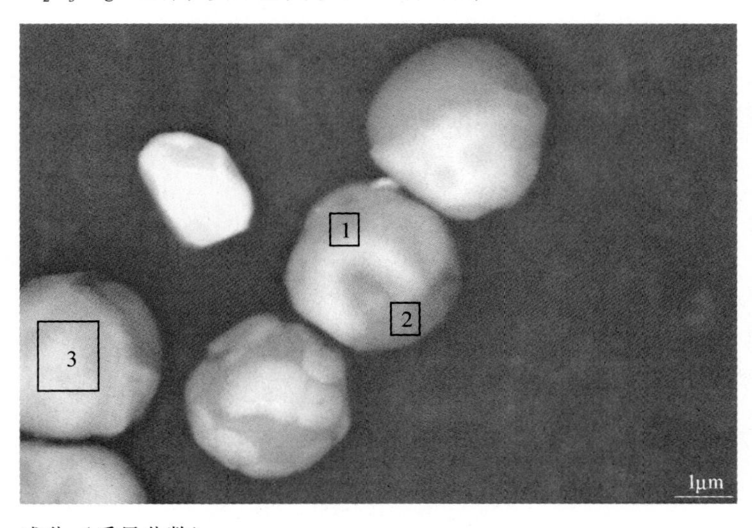

成分（质量分数）：
1：CaO 5.67%，Al_2O_3 44.86%，MgO 3.13% ，CaS 46.34%
2：CaO 21.70%，Al_2O_3 72.04%，MgO 6.26%
3：CaO 22.98%，Al_2O_3 49.37%，MgO 3.68%，CaS 23.97%
（说明：1和3点的成分由于电子束透过CaS析出相打到CaO-Al_2O_3-MgO基体，实际应该为纯CaS析出相）

附录4　连铸中间包钢液中非金属夹杂物图集

附录4.1　传统抛光观察

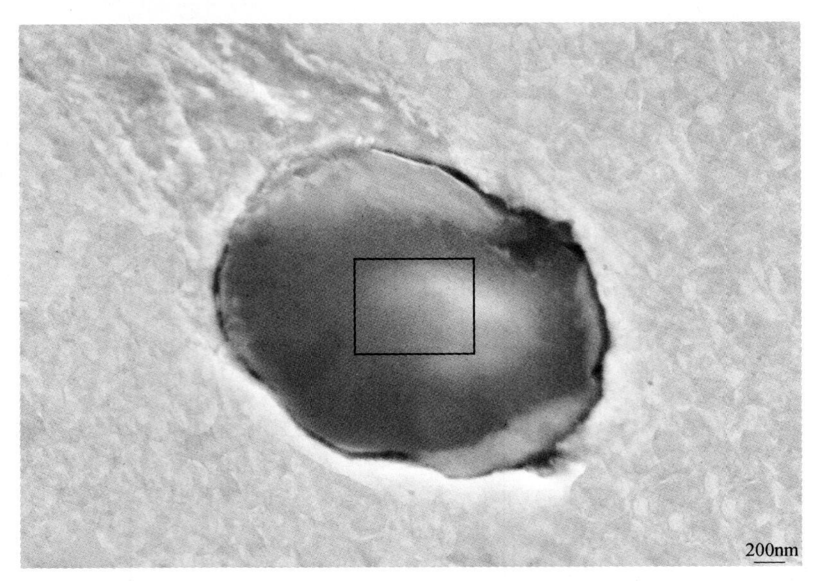

成分（质量分数）：Al_2O_3 87.11%，MgO 1.64%，CaO 11.26%

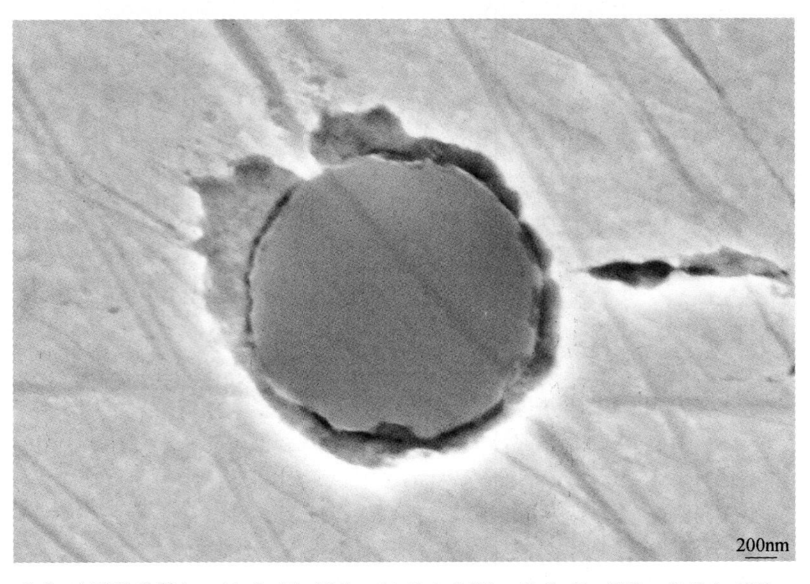

成分（质量分数）：Al_2O_3 54.05%，MgO 1.06%，CaO 43.41%，CaS 1.48%

☞ 连铸中间包-传统抛光观察

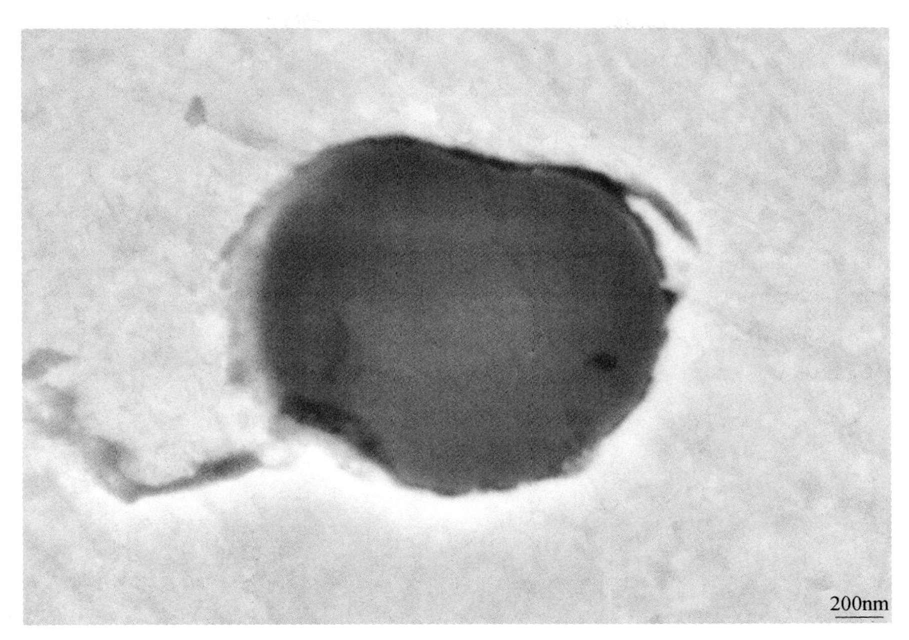

成分（质量分数）：Al_2O_3 65.55%，CaO 31.69%，CaS 2.77%

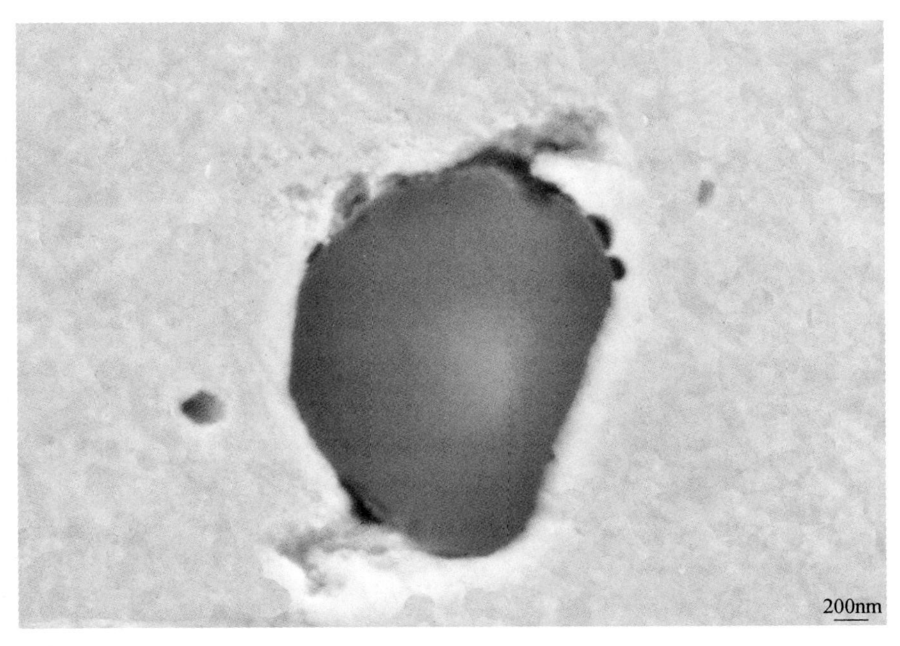

成分（质量分数）：Al_2O_3 65.25%，MgO 2.19%，CaO 32.56%

☞ 连铸中间包-传统抛光观察

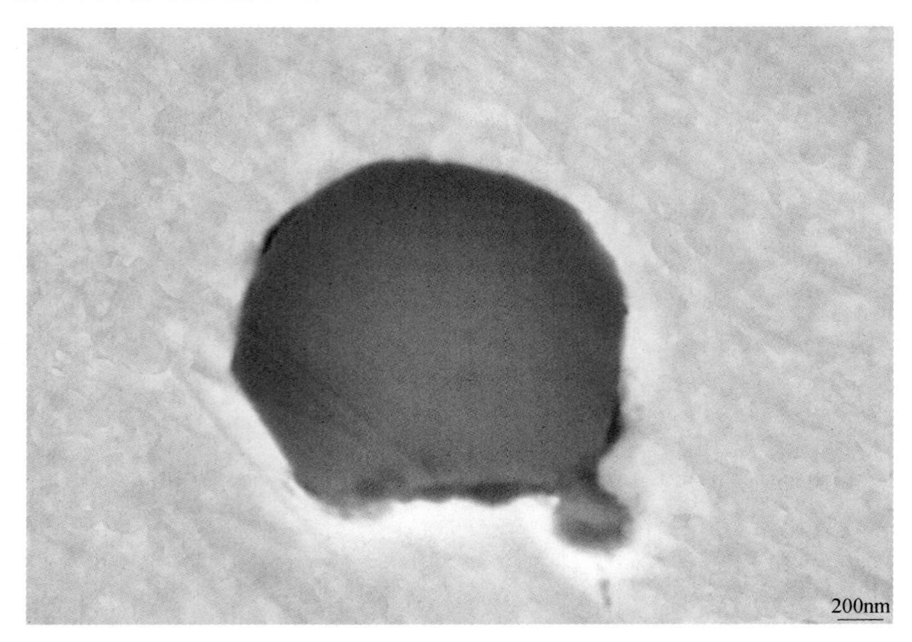

成分（质量分数）：Al_2O_3 58.19%，CaO 29.38%，CaS 12.43%

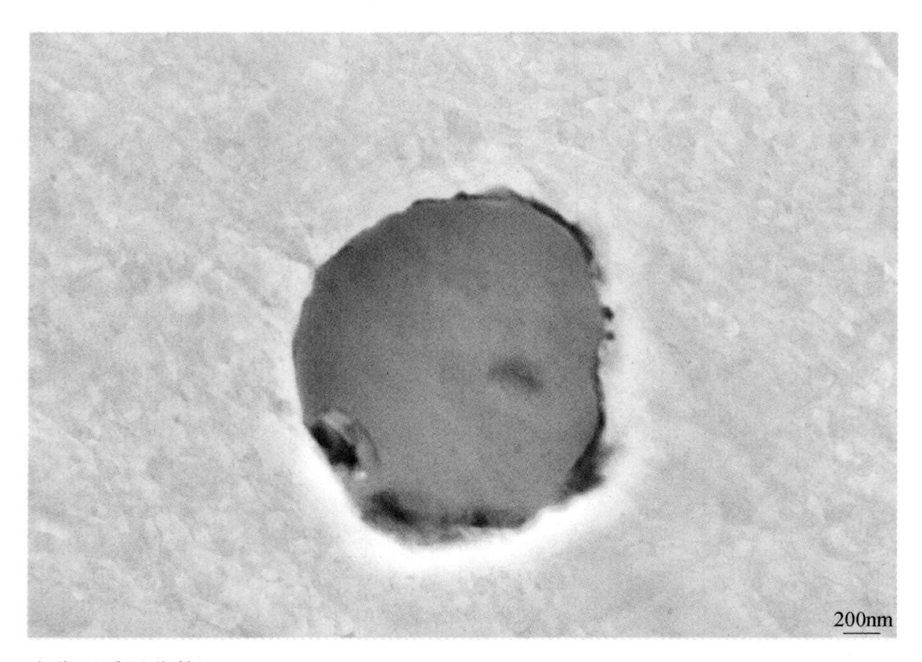

成分（质量分数）：Al_2O_3 70.88%，MgO 1.18%，CaO 27.94%

☞ 连铸中间包-传统抛光观察

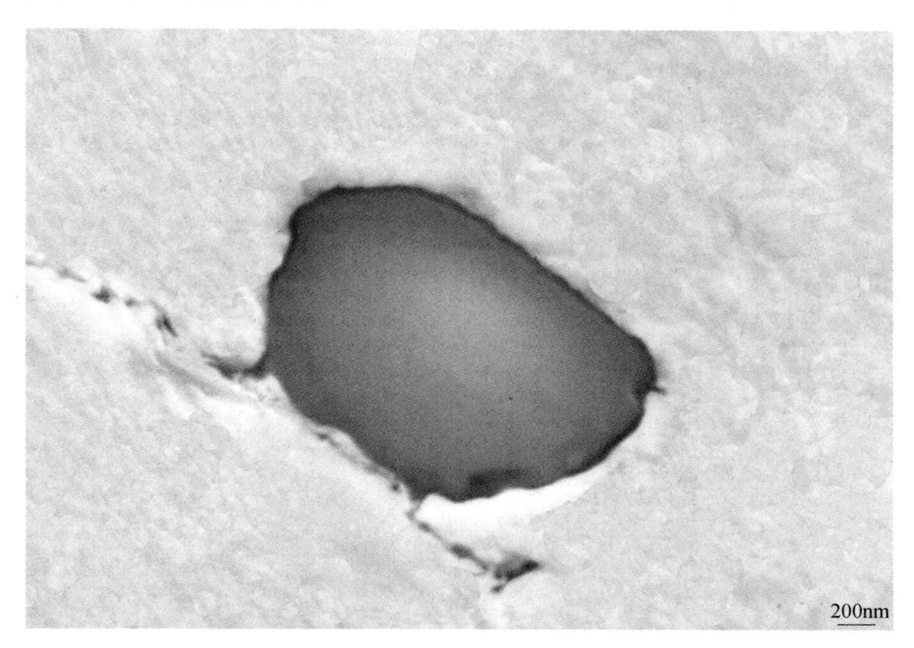

成分（质量分数）：Al_2O_3 64. 33%，MgO 1. 65%，CaO 34. 02%

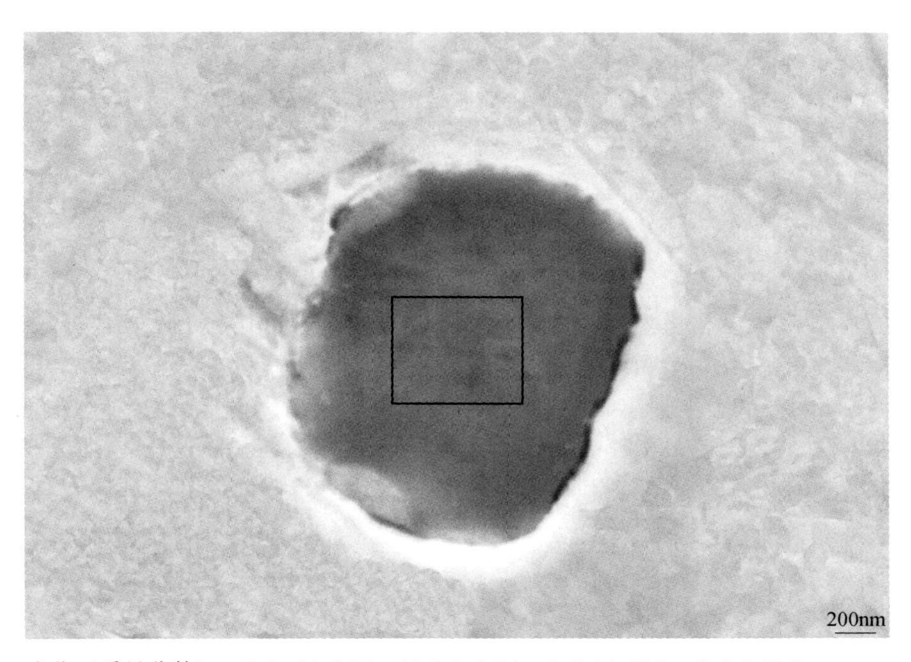

成分（质量分数）：Al_2O_3 81. 26%，MgO 2. 36%，CaO 11. 45%，CaS 4. 93%

☞ 连铸中间包-传统抛光观察

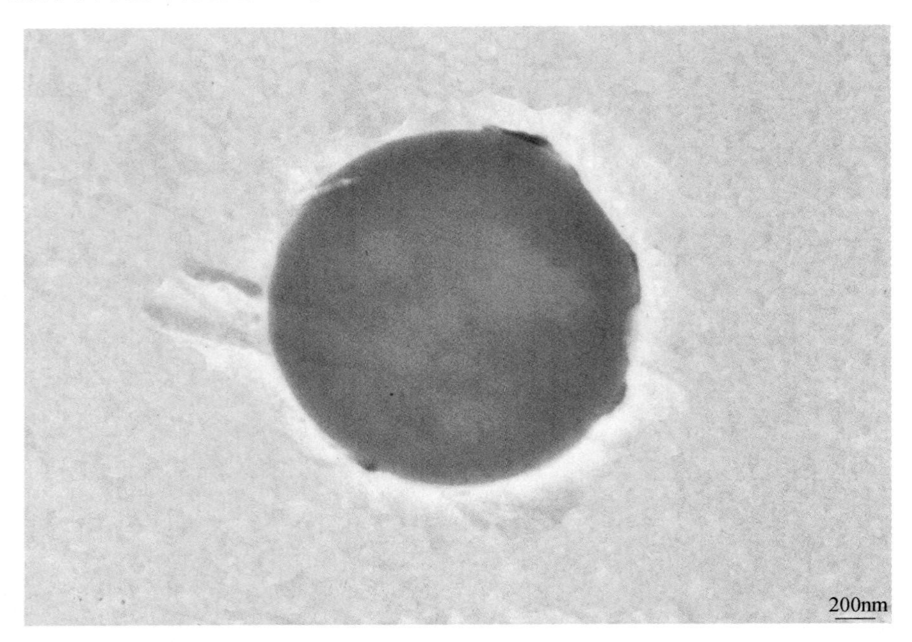

成分（质量分数）：Al_2O_3 79. 68%，MgO 2. 81%，CaO 15. 53%，CaS 1. 99%

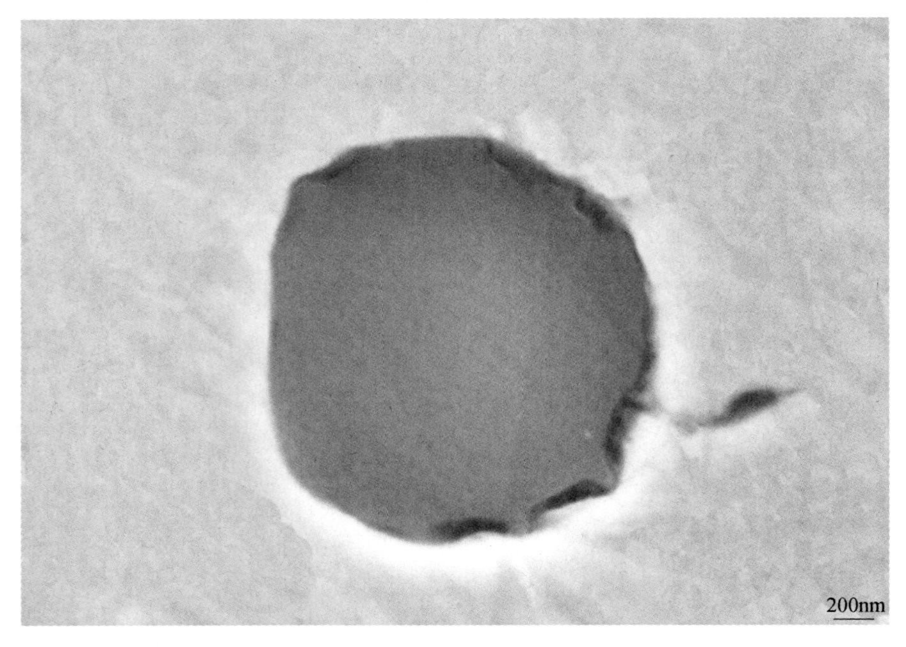

成分（质量分数）：Al_2O_3 64. 77%，MgO 1. 65%，CaO 33. 58%

☞ 连铸中间包-传统抛光观察

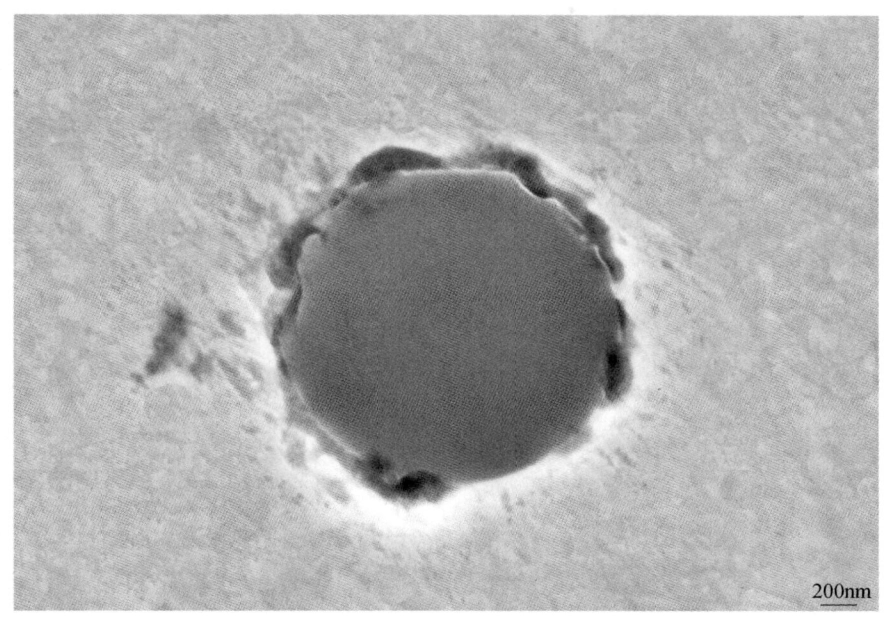

成分（质量分数）：Al_2O_3 54.05%，MgO 1.06%，CaO 43.41%，CaS 1.48%

附录 4.2　酸蚀

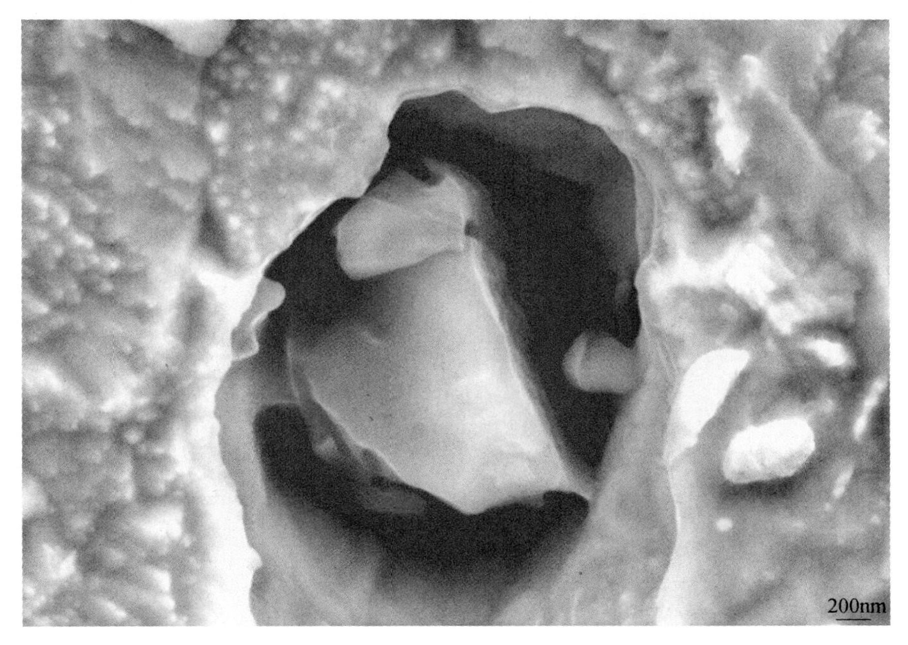

成分（质量分数）：Al_2O_3 62.48%，MgO 2.41%，CaO 35.11%

☞ 连铸中间包-酸蚀

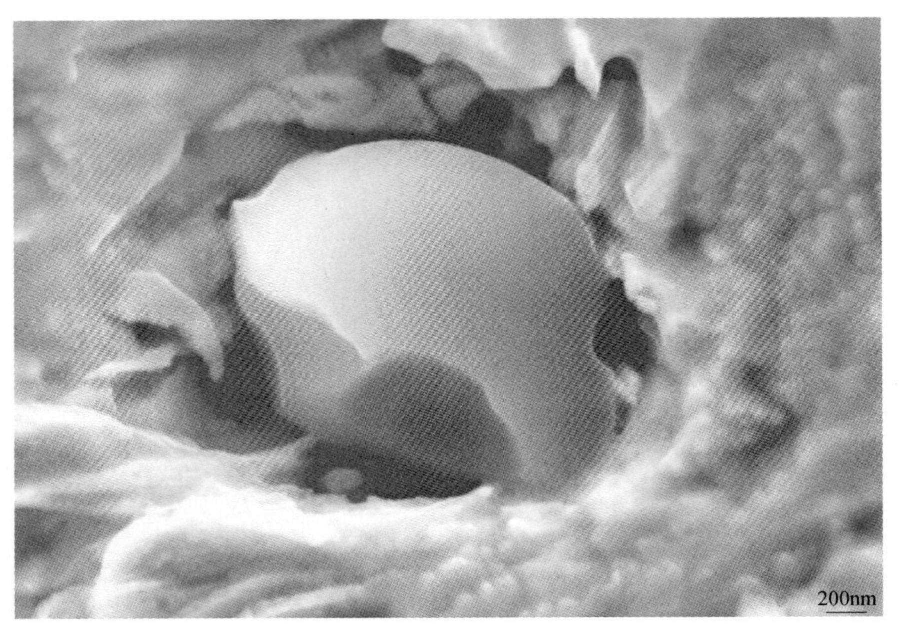

成分（质量分数）：Al_2O_3 58. 80%，MgO 1. 93%，CaO 39. 27%

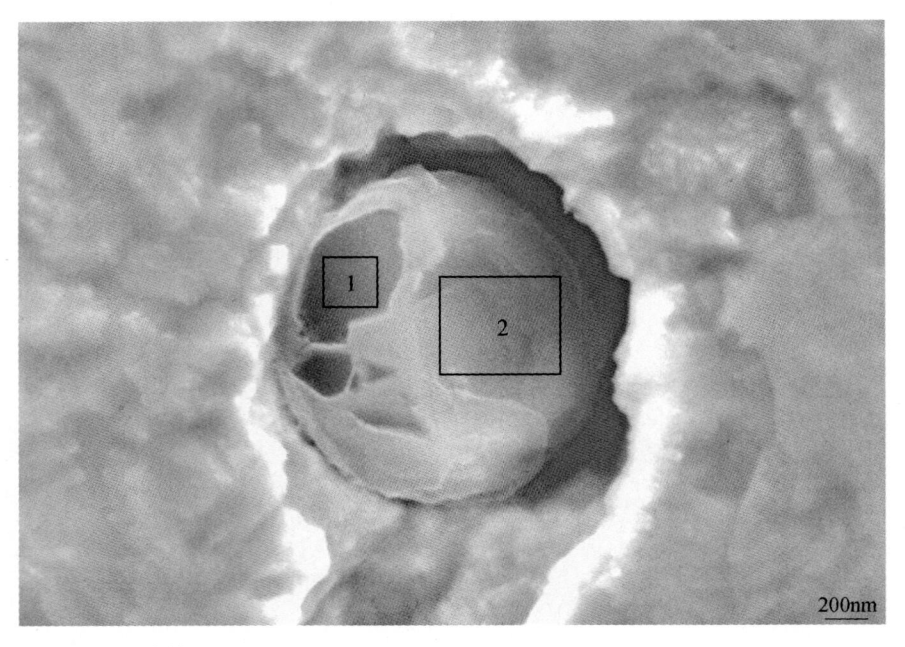

成分（质量分数）：

1：Al_2O_3 73. 86%，MgO 1. 00%，CaO 25. 14%

2：Al_2O_3 73. 25%，MgO 1. 79%，CaO 24. 96%

☞ 连铸中间包-酸蚀

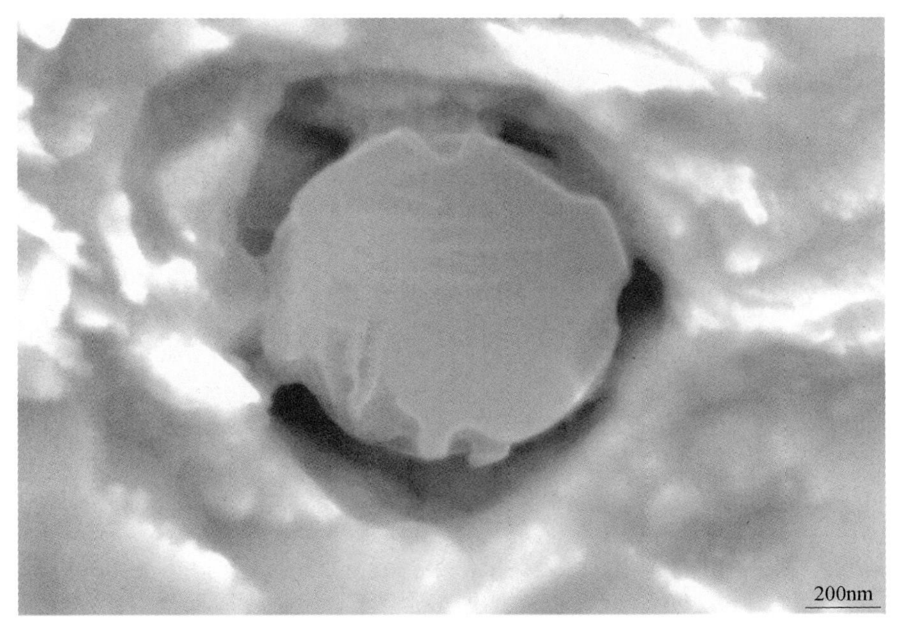

成分（质量分数）：Al_2O_3 75.80%，CaO 24.20%

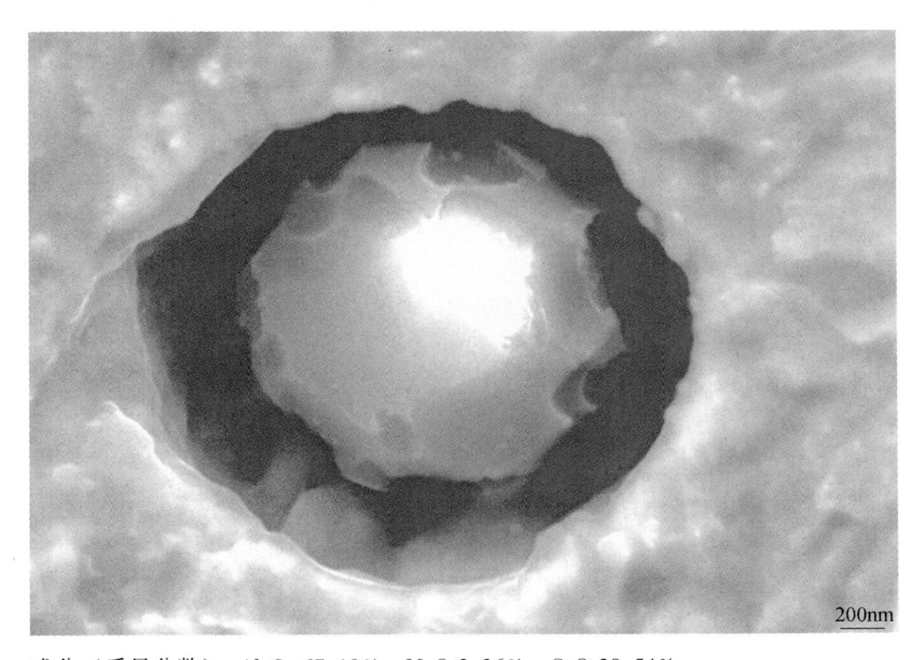

成分（质量分数）：Al_2O_3 67.10%，MgO 2.36%，CaO 30.54%

☞ 连铸中间包-酸蚀

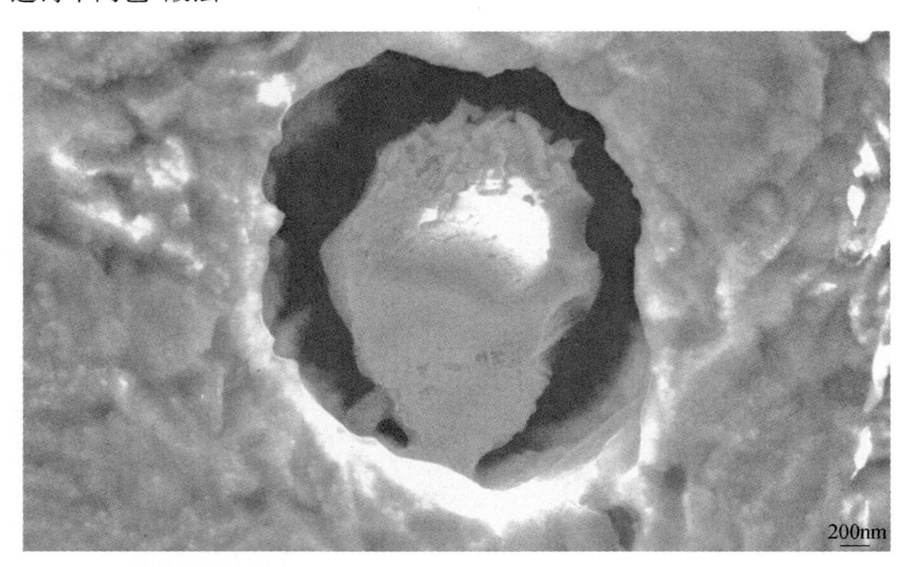

成分（质量分数）：Al_2O_3 77.66%，CaO 22.34%

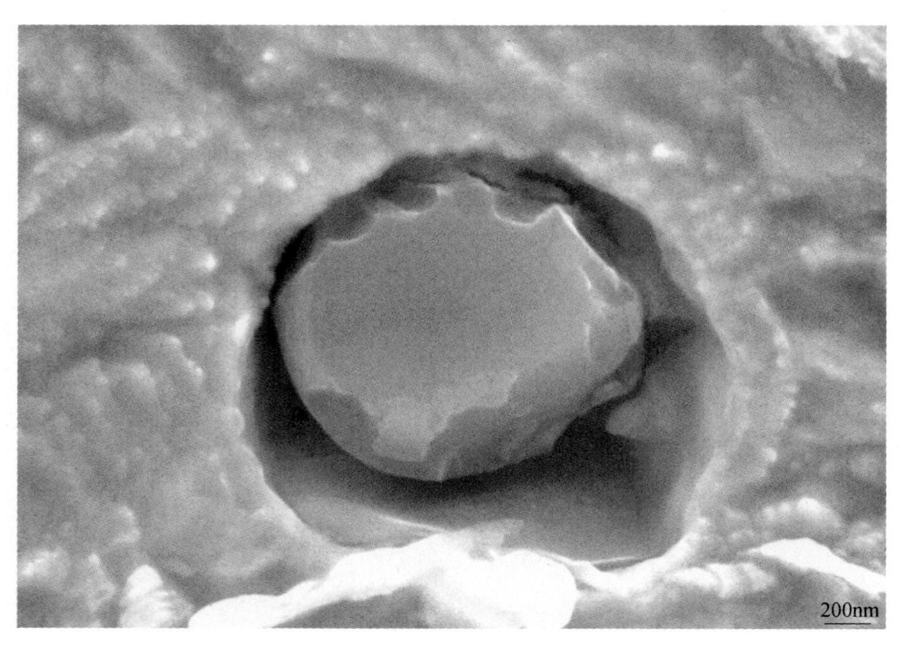

成分（质量分数）：Al_2O_3 72.75%，CaO 27.25%

☞ 连铸中间包-酸蚀

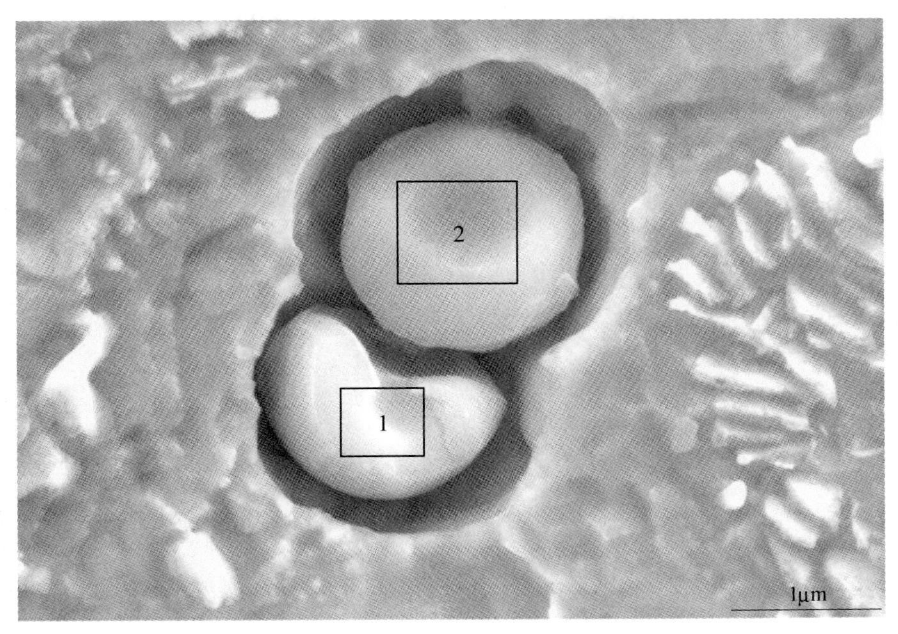

成分（质量分数）：

1：Al_2O_3 72.12%，MgO 1.97%，CaO 25.91%

2：Al_2O_3 66.79%，CaO 33.21%

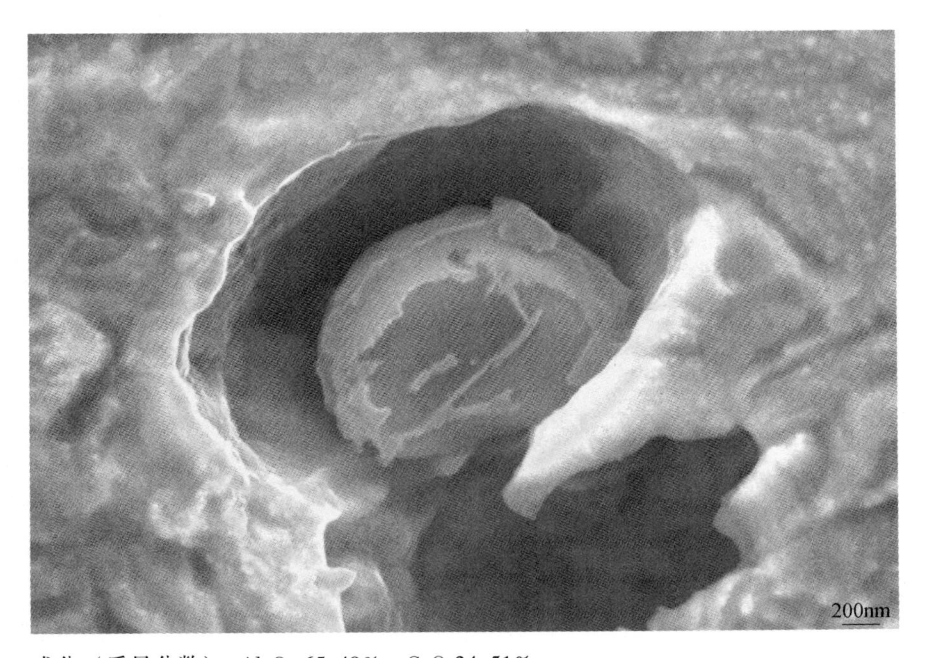

成分（质量分数）：Al_2O_3 65.49%，CaO 34.51%

☞ 连铸中间包-酸蚀

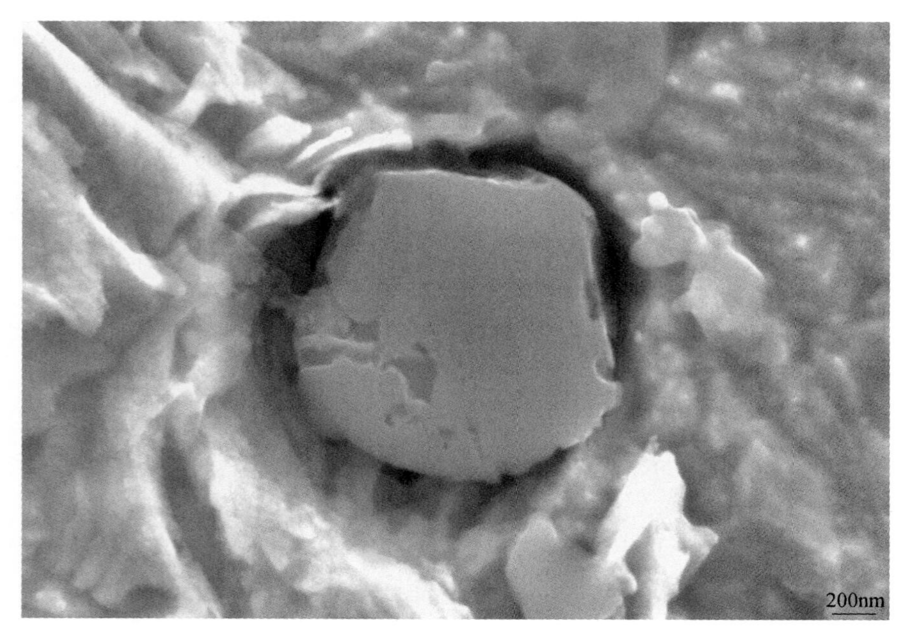

成分（质量分数）：Al_2O_3 74. 80%， CaO 25. 20%

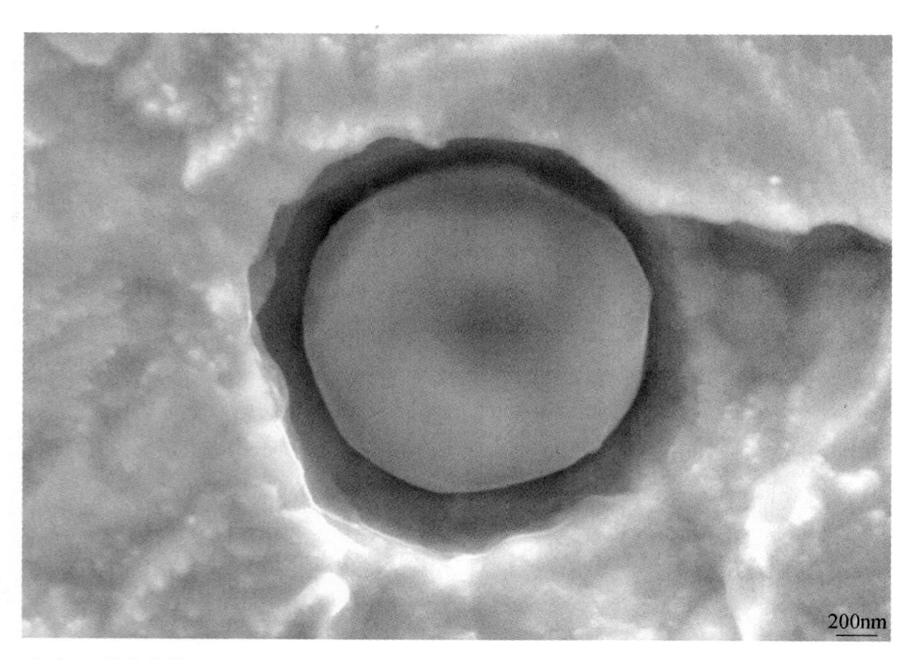

成分（质量分数）：Al_2O_3 62. 91%， CaO 37. 09%

☞ 连铸中间包-酸蚀

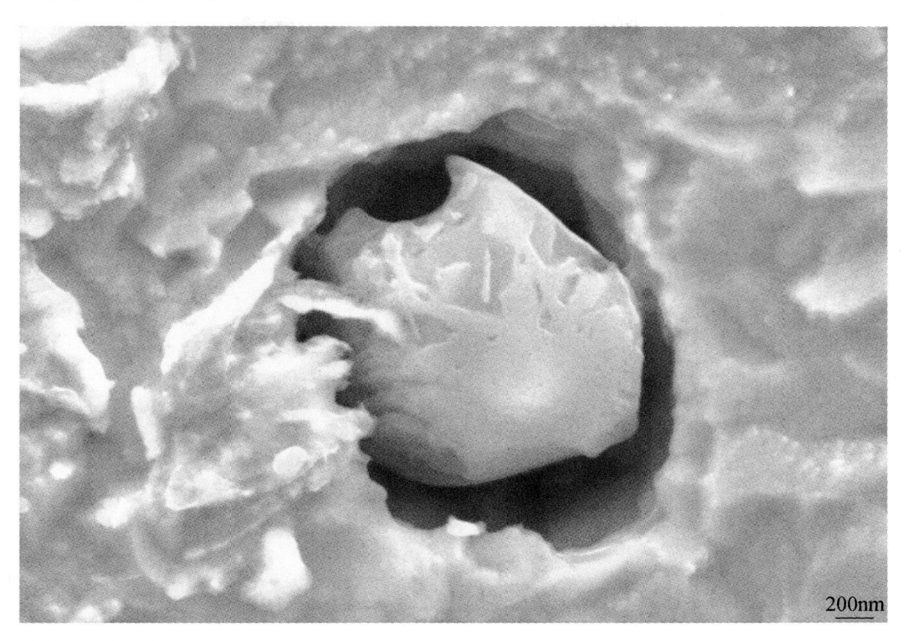

成分（质量分数）：Al_2O_3 78.38%，MgO 4.98%，CaO 16.64%

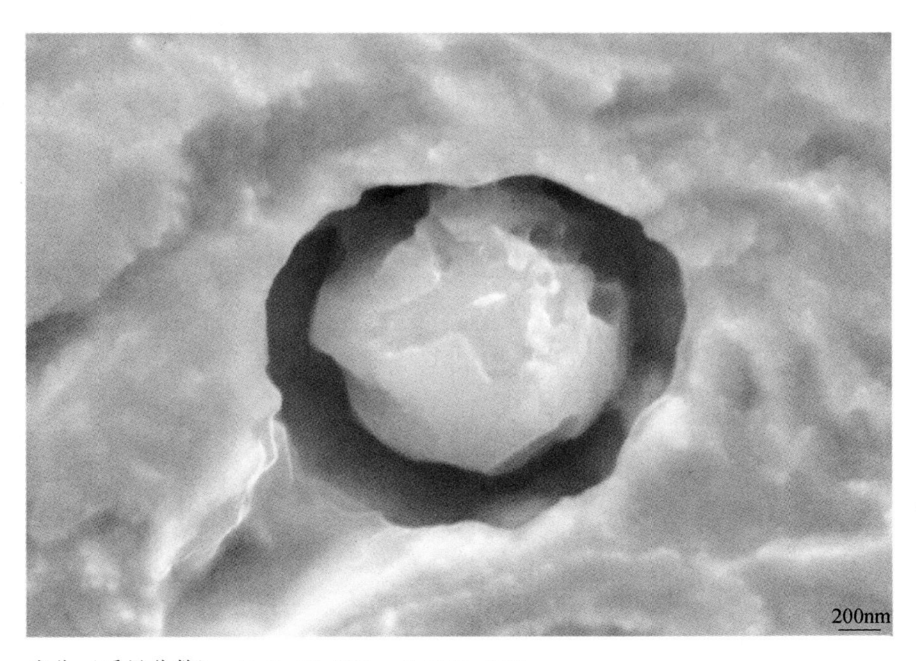

成分（质量分数）：Al_2O_3 68.99%，CaO 31.01%

☞ 连铸中间包-酸蚀

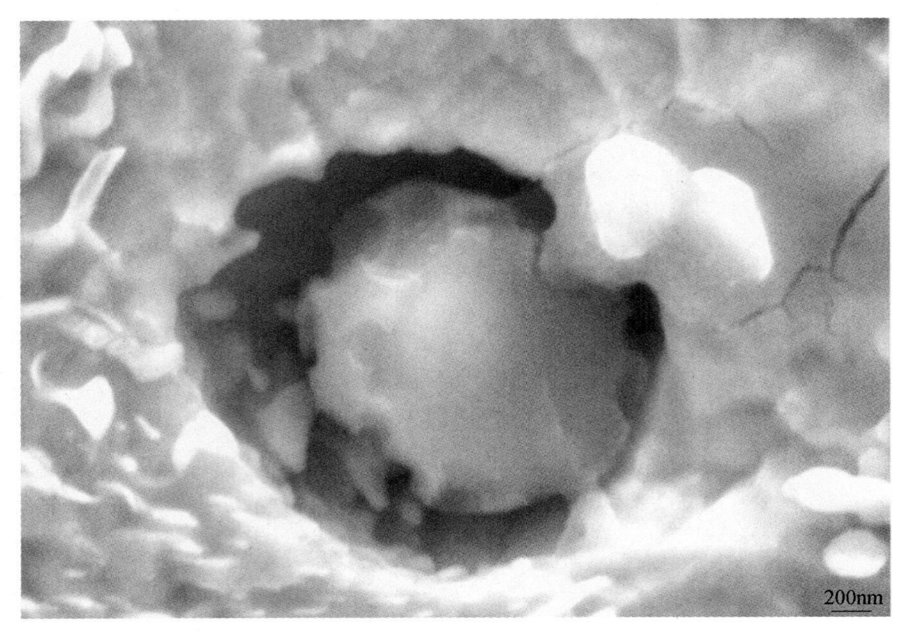

成分（质量分数）：Al_2O_3 70.79%，CaO 29.21%

附录 4.3　非水溶液电解侵蚀

成分（质量分数）：CaO 24.62%，Al_2O_3 71.84%，MgO 2.01%，CaS 1.52%

☞ 连铸中间包-非水溶液电解侵蚀

成分（质量分数）：Al_2O_3 65.66%，MgO 4.49%，CaO 12.57%，CaS 17.27%

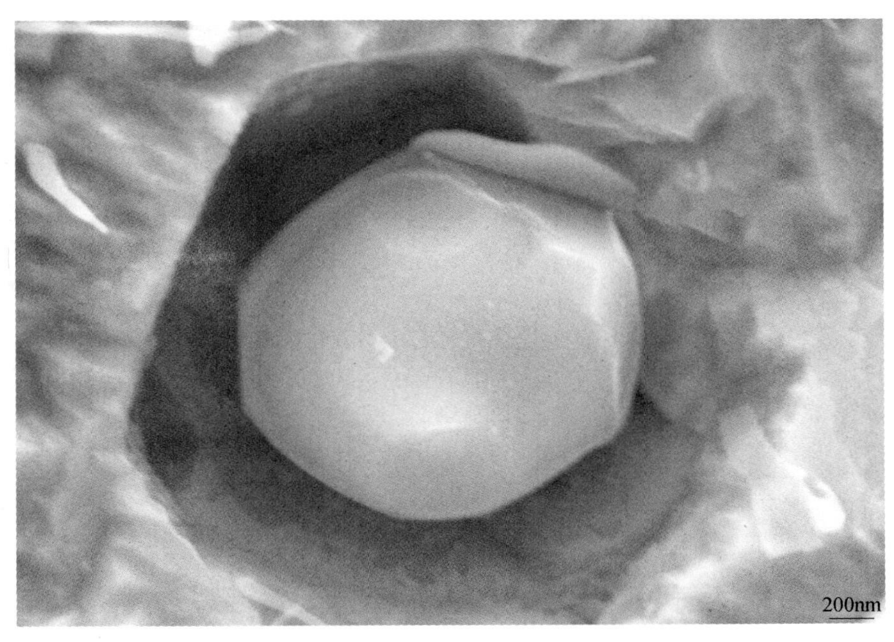

成分（质量分数）：Al_2O_3 64.71%，MgO 1.70%，CaO 29.14%，CaS 4.45%

☞ 连铸中间包-非水溶液电解侵蚀

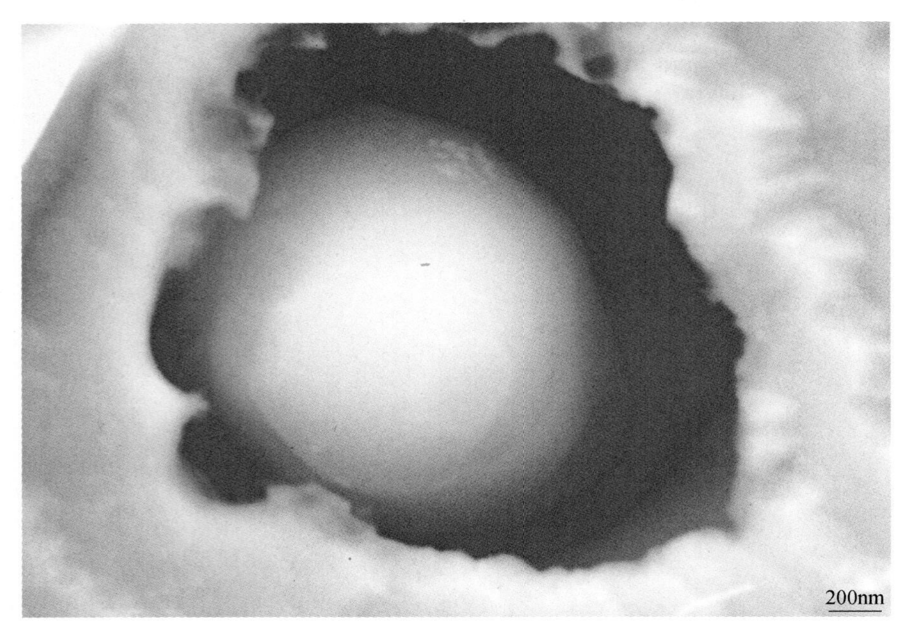

成分（质量分数）：Al_2O_3 13. 32%，CaS 86. 68%

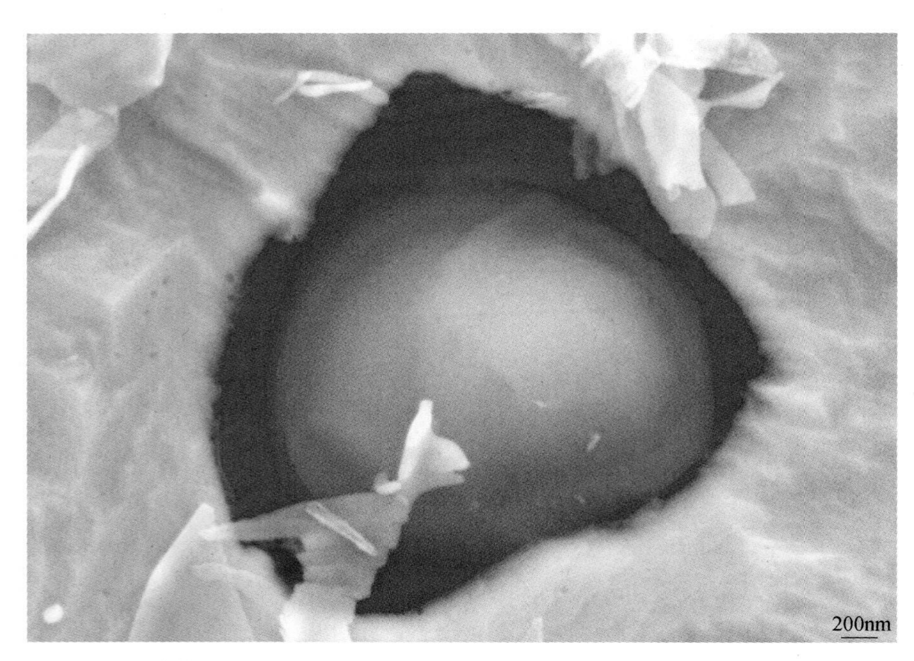

成分（质量分数）：Al_2O_3 21. 67%，CaO 9. 84%，CaS 68. 49%

☞ 连铸中间包-非水溶液电解侵蚀

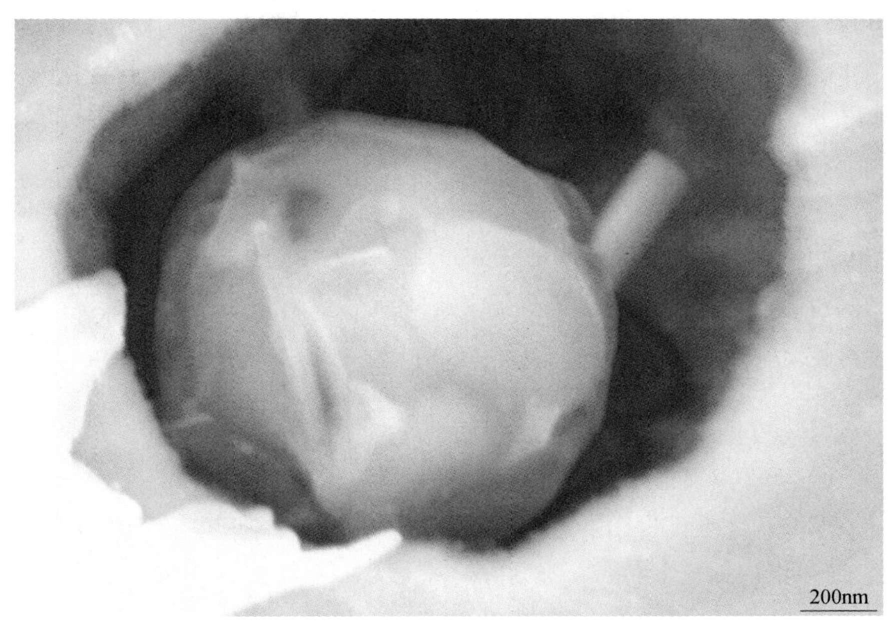

成分（质量分数）：Al_2O_3 62.74%，MgO 1.82%，CaO 19.01%，CaS 16.43%

附录4.4　非水溶液电解

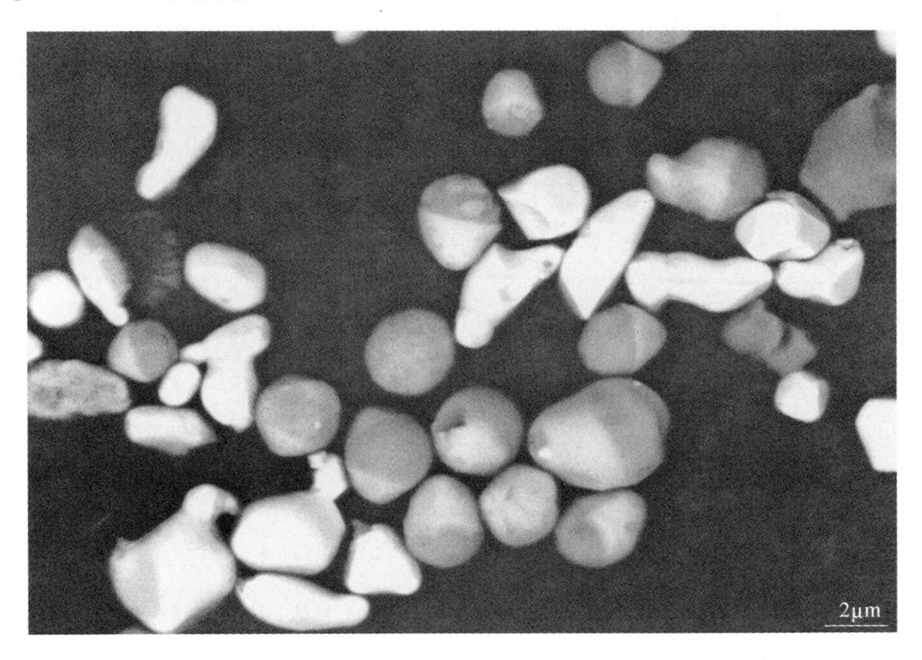

☞ 连铸中间包-非水溶液电解

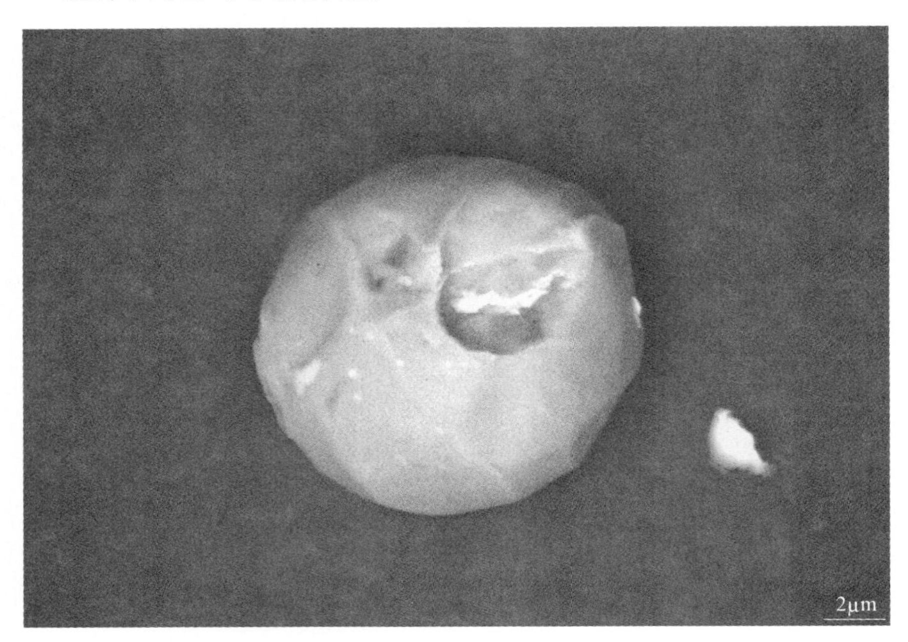

成分（质量分数）：Al_2O_3 95. 04%，MgO 4. 96%

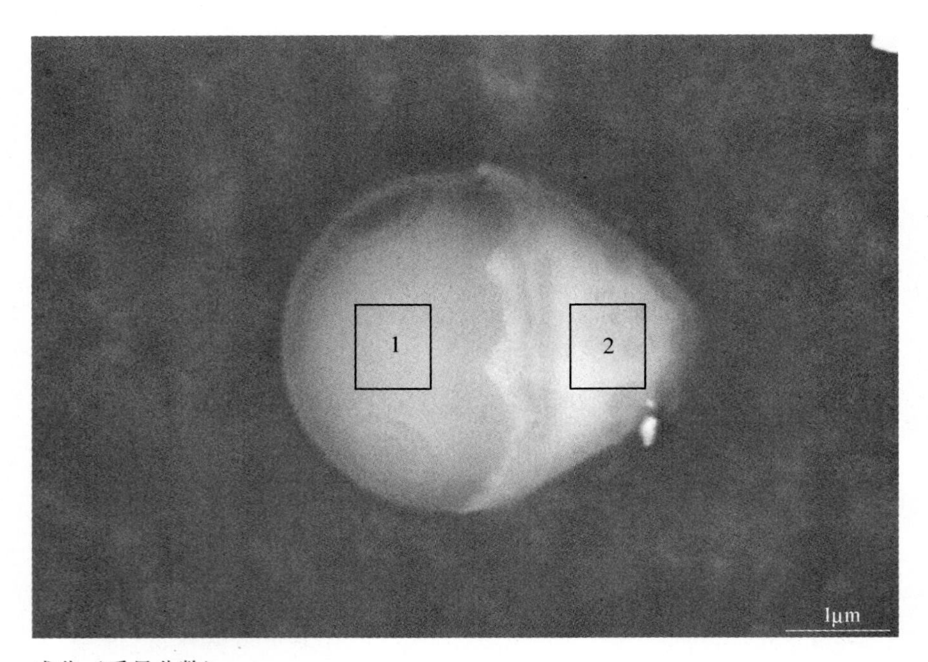

成分（质量分数）：

1：Al_2O_3 62. 28%，MgO 3. 56%，CaO 34. 16%

2：Al_2O_3 6. 73%，CaS 93. 27%

（说明：2 点的成分由于电子束透过 CaS 析出相打到 Al_2O_3 基体，实际应该为纯 CaS 析出相）

☞ 连铸中间包-非水溶液电解

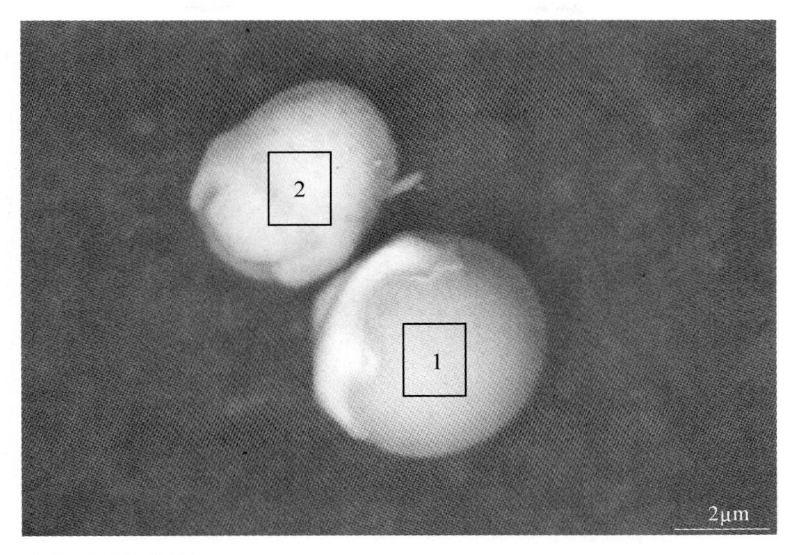

成分（质量分数）：

1：Al_2O_3 61.41%，MgO 4.80%，CaO 33.79%

2：Al_2O_3 8.38%，CaS 91.62%

（说明：2点的成分由于电子束透过CaS析出相打到Al_2O_3基体，实际应该为纯CaS析出相）

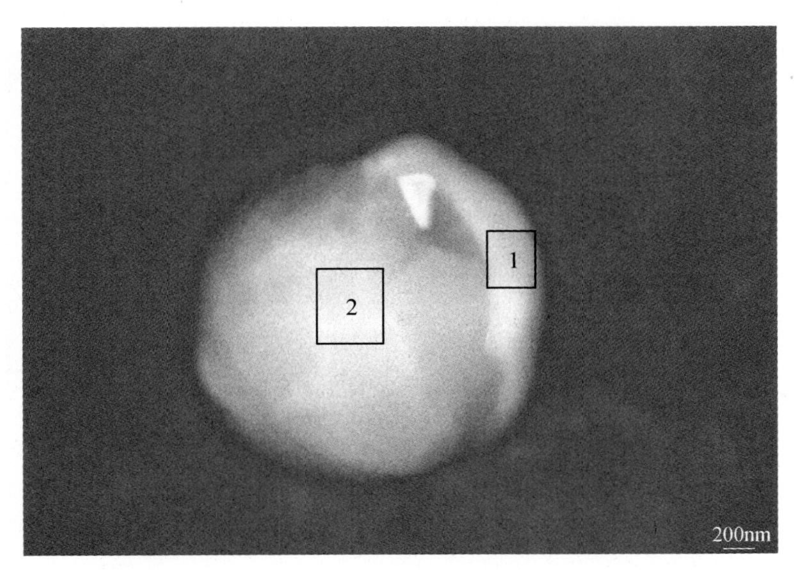

成分（质量分数）：

1：Al_2O_3 12.19%，CaO 1.63%，CaS 86.18%

2：Al_2O_3 72.33%，MgO 3.24%，CaO 24.43%

（说明：1点的成分由于电子束透过CaS析出相打到Al_2O_3-CaO基体，实际应该为纯CaS析出相）

☞ 连铸中间包-非水溶液电解

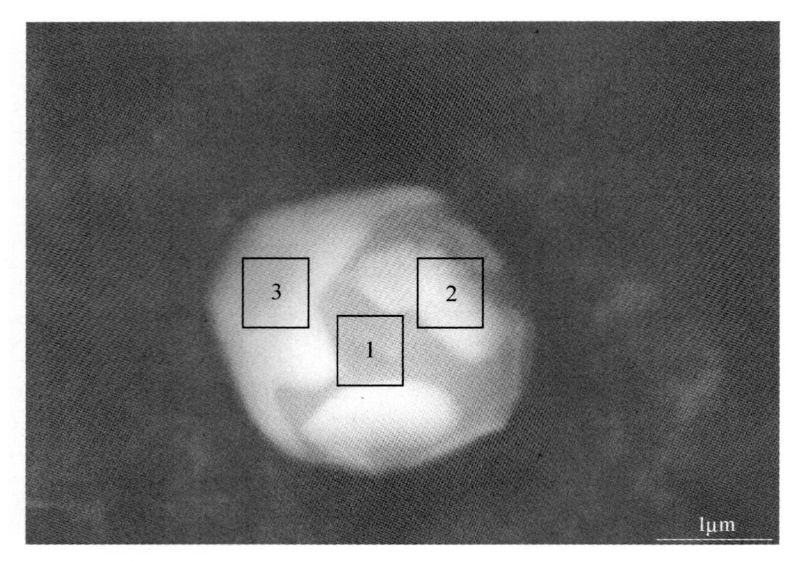

成分（质量分数）：

1：CaO 17.30%，Al_2O_3 70.98%，MgO 7.41%，CaS 4.31%

2：CaO 12.42%，Al_2O_3 48.10%，MgO 4.34%，CaS 35.15%

3：Al_2O_3 4.37%，CaS 95.63%

（说明：2 和 3 点的成分由于电子束透过 CaS 析出相打到 CaO-Al_2O_3-MgO 或Al_2O_3基体，实际应该为纯 CaS 析出相）

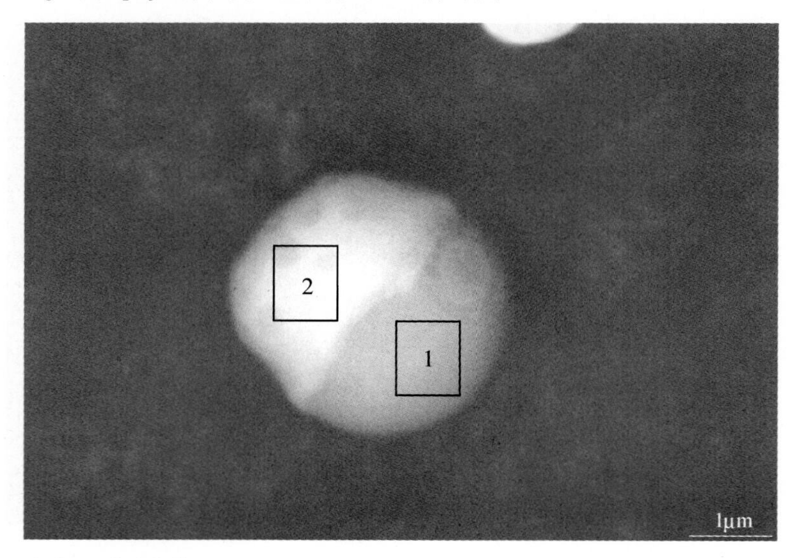

成分（质量分数）：

1：Al_2O_3 6.11%，CaS 93.89%

2：Al_2O_3 68.82%，MgO 3.09%，CaO 28.09%

（说明：1 点的成分由于电子束透过 CaS 析出相打到 Al_2O_3基体，实际应该为纯 CaS 析出相）

☞ 连铸中间包-非水溶液电解

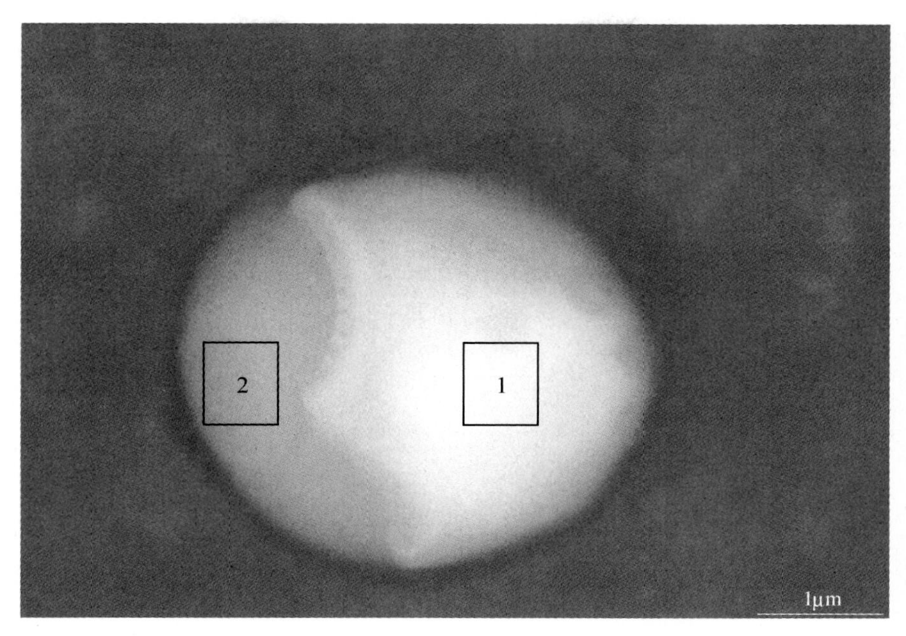

成分（质量分数）：

1：Al_2O_3 10.52%，CaS 89.48%

2：Al_2O_3 65.52%，MgO 4.44%，CaO 30.04%

（说明：1点的成分由于电子束透过 CaS 析出相打到 Al_2O_3 基体，实际应该为纯 CaS 析出相）

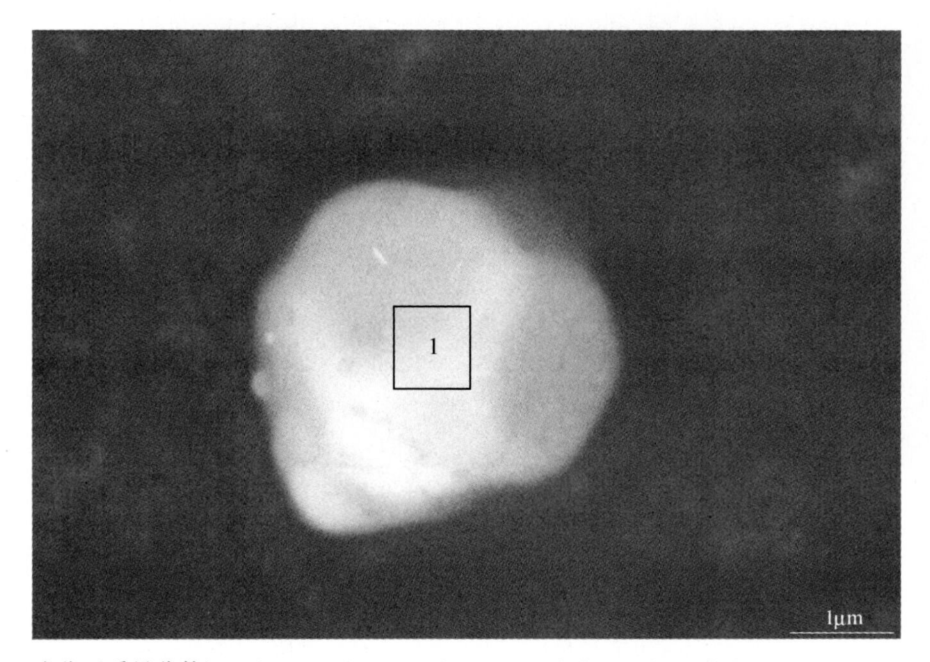

成分（质量分数）：Al_2O_3 57.60%，MgO 3.42%，CaO 20.52%，CaS 18.36%

☞ 连铸中间包-非水溶液电解

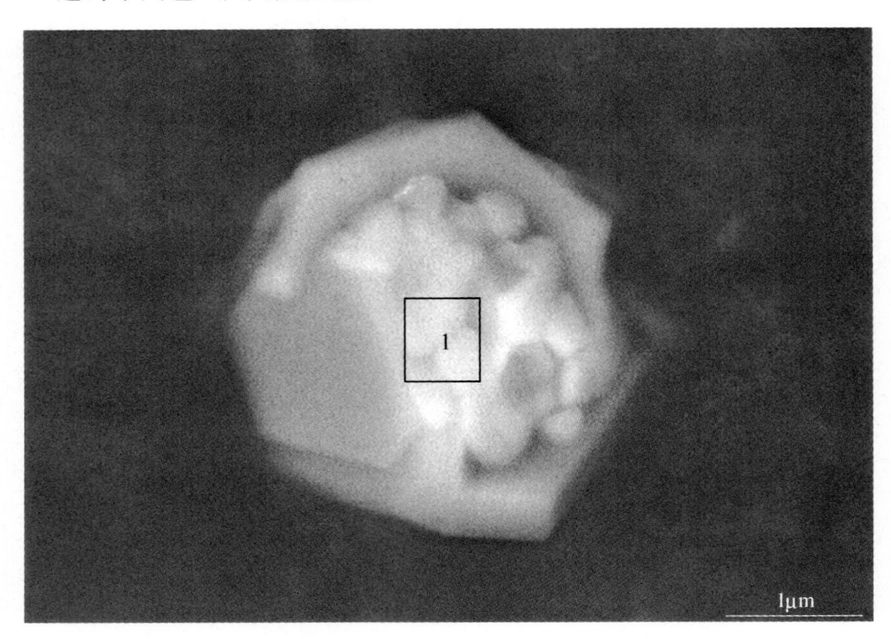

成分（质量分数）：Al_2O_3 75.10%，MgO 3.60%，CaO 11.22%，CaS 10.08%

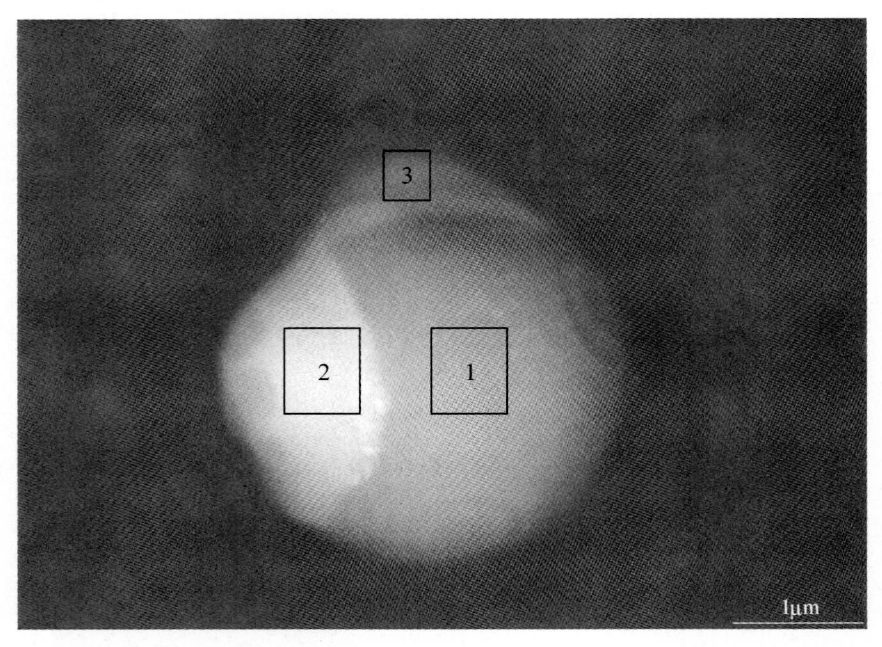

成分（质量分数）：

1：CaO 31.30%，Al_2O_3 63.04%，MgO 3.37%，CaS 2.29%

2：Al_2O_3 4.18%，CaS 95.82%

3：Al_2O_3 4.72%，CaS 95.28%

（说明：2 和 3 点的成分由于电子束透过 CaS 析出相打到 Al_2O_3 基体，实际应该为纯 CaS 析出相）

附录 5　连铸坯中非金属夹杂物图集

附录 5.1　传统抛光观察

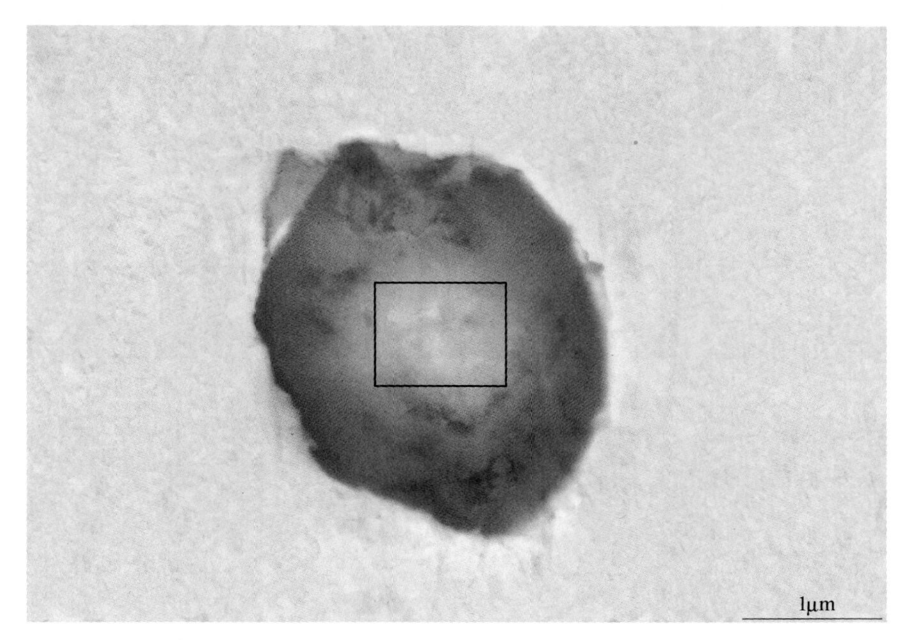

成分（质量分数）：Al_2O_3 82.65%，MgO 13.59%，CaO 0.21%，CaS 3.54%

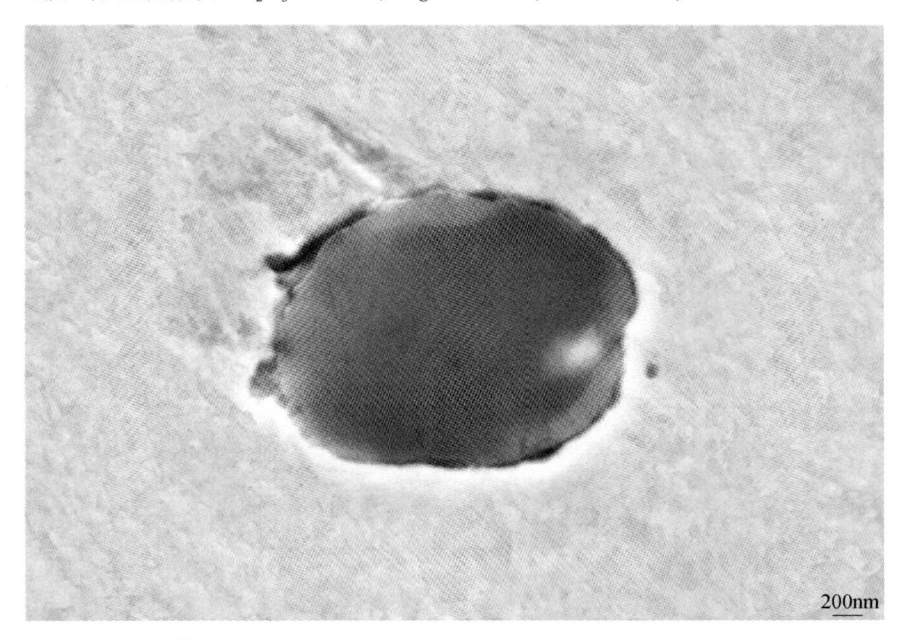

成分（质量分数）：Al_2O_3 79.00%，MgO 2.43%，CaO 15.16%，CaS 3.42%

☞ 连铸坯中-传统抛光观察

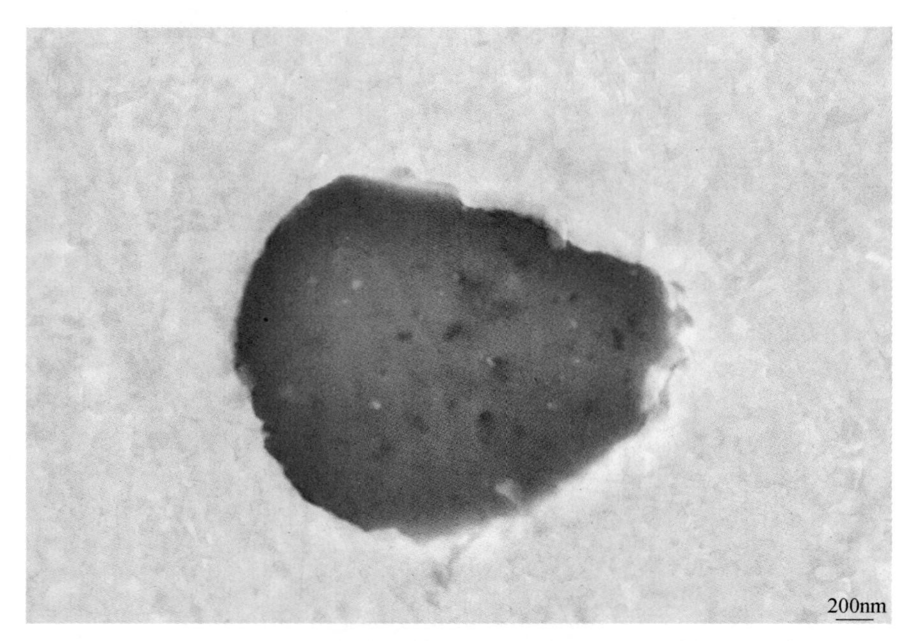

成分（质量分数）：Al_2O_3 82. 77%，MgO 14. 38%，CaO 0. 33%，CaS 2. 52%

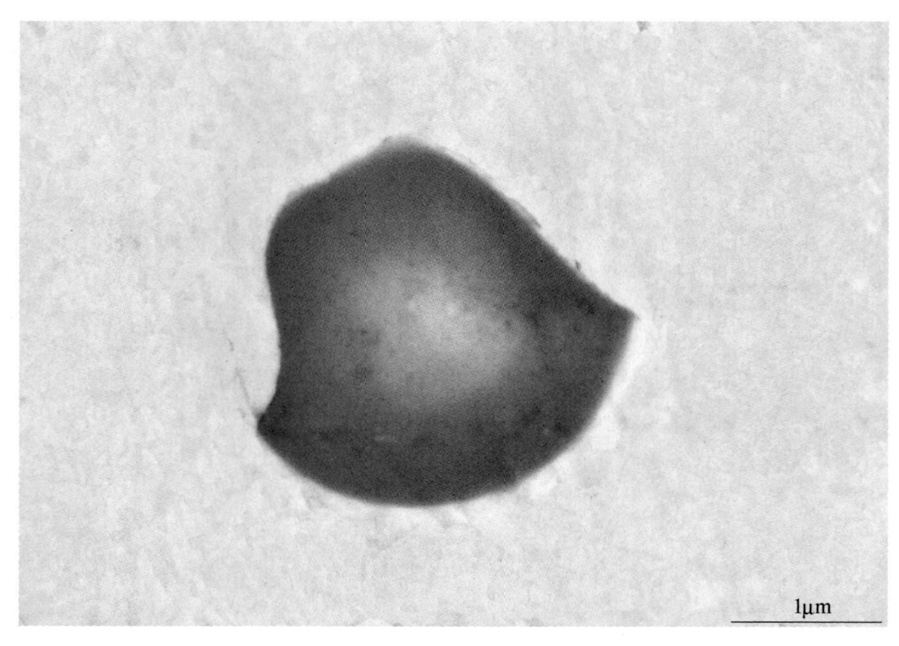

成分（质量分数）：Al_2O_3 80. 93%，MgO 16. 97%，CaS 2. 10%

☞ 连铸坯中-传统抛光观察

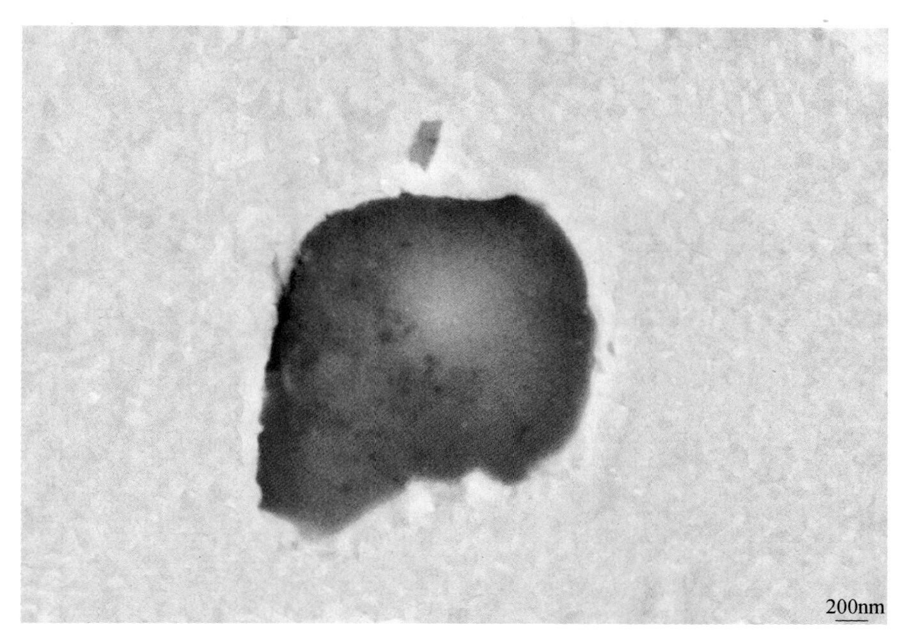

成分（质量分数）：Al_2O_3 84.78%，MgO 11.62%，CaO 1.10%，CaS 2.50%

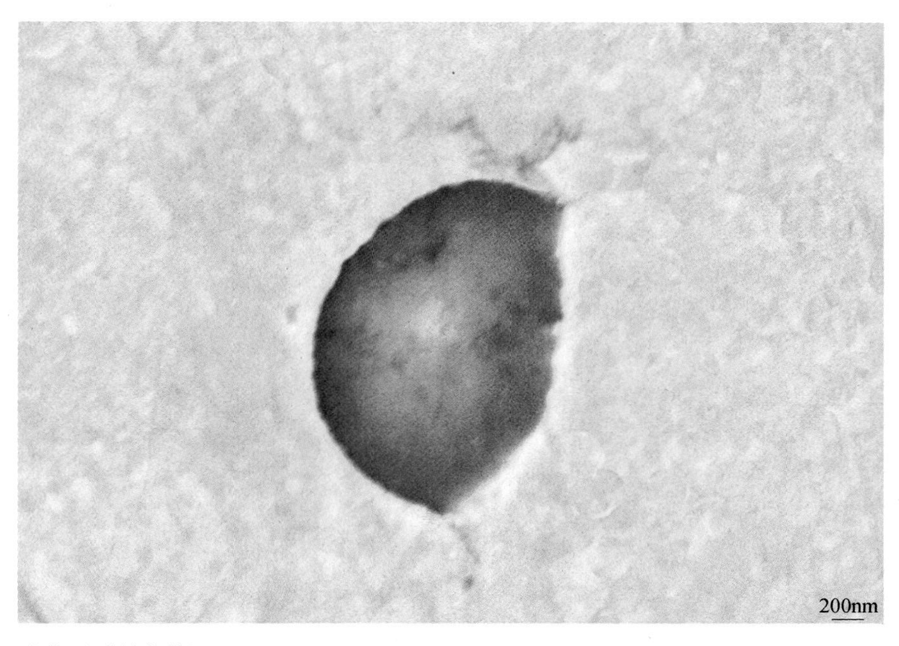

成分（质量分数）：Al_2O_3 85.65%，MgO 11.10%，CaS 3.24%

☞ 连铸坯中-传统抛光观察

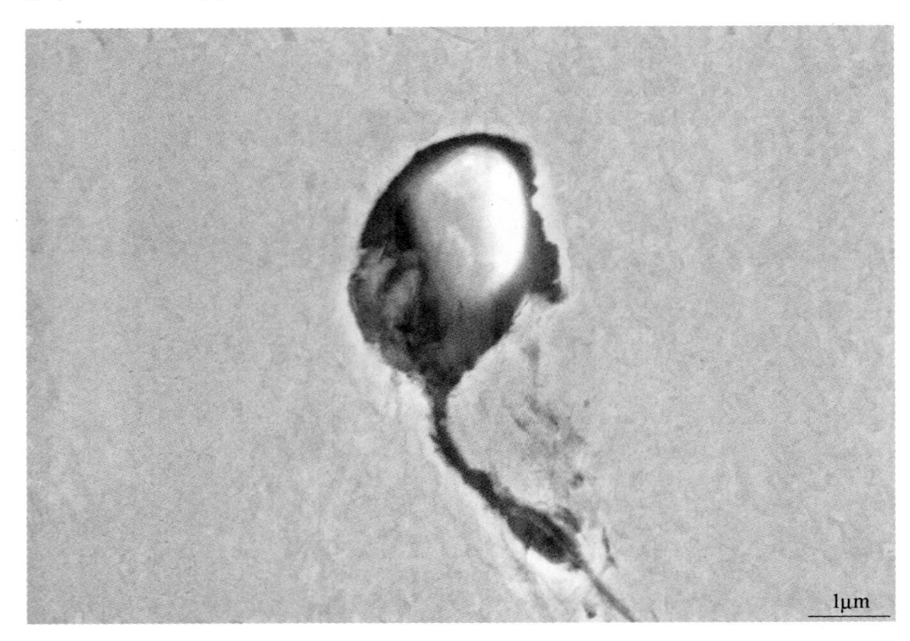

成分（质量分数）：Al_2O_3 84.03%，MgO 9.71%，CaO 4.41%，CaS 1.85%

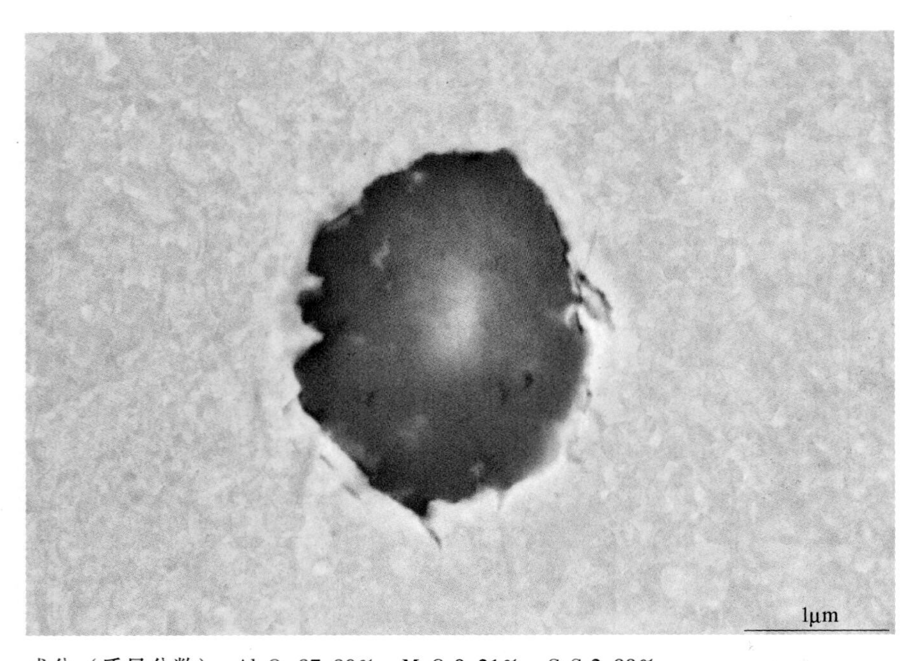

成分（质量分数）：Al_2O_3 87.80%，MgO 9.21%，CaS 2.99%

☞ 连铸坯中-传统抛光观察

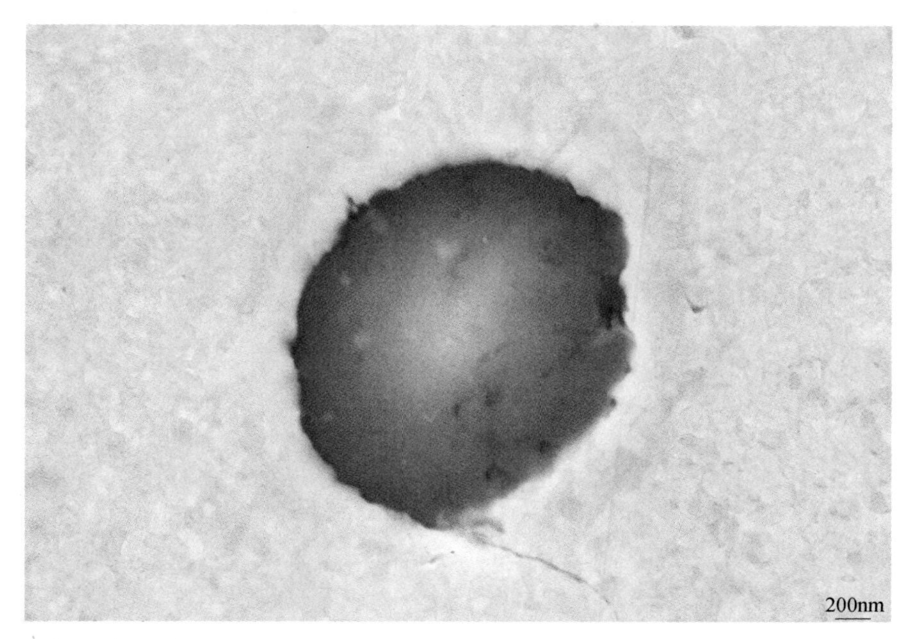

成分（质量分数）：Al_2O_3 89.58%，MgO 8.92%，CaS 1.50%

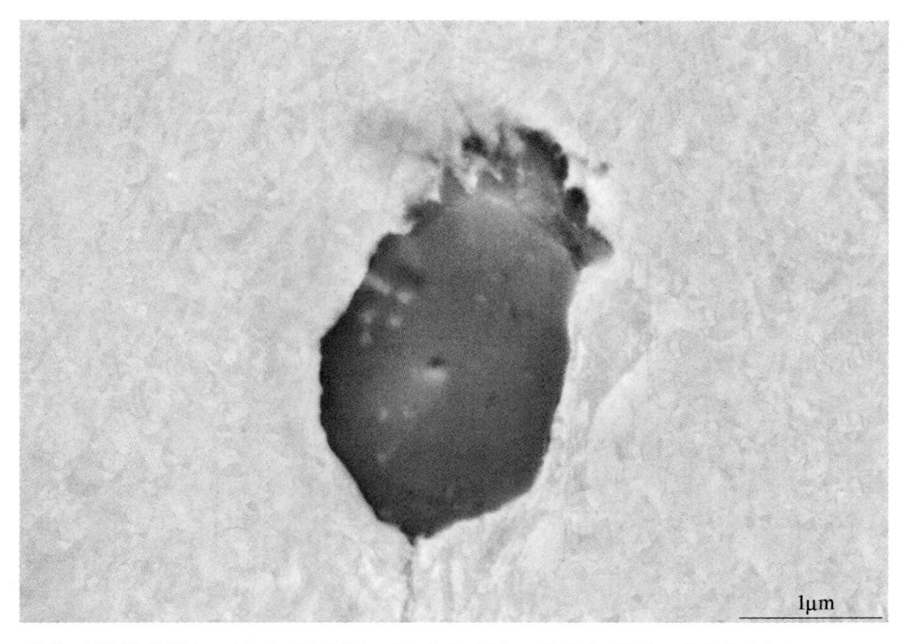

成分（质量分数）：Al_2O_3 87.35%，MgO 9.17%，CaO 0.22%，CaS 3.26%

附录 5.2　酸蚀

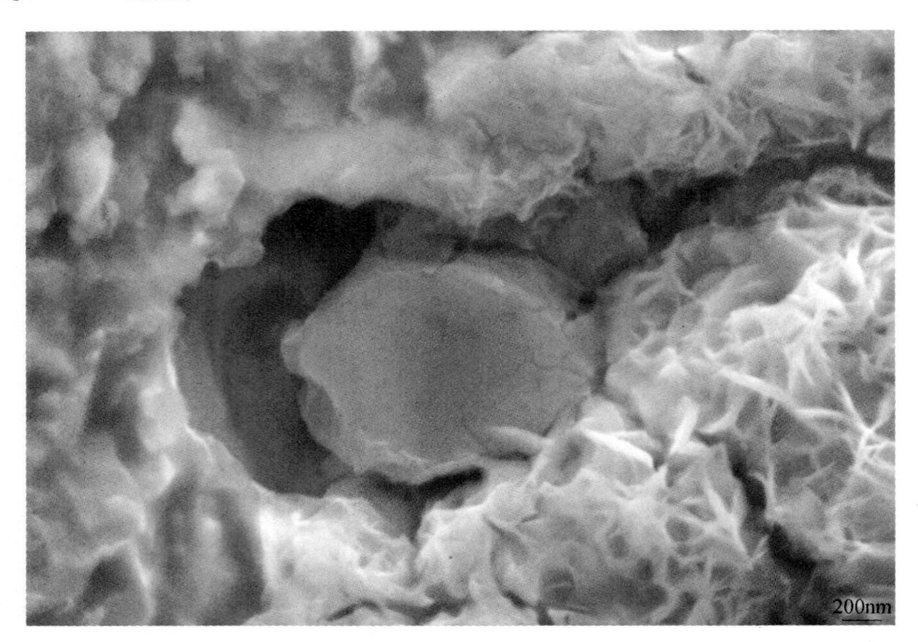

成分（质量分数）：Al_2O_3 86.38%，MgO 11.45%，CaO 0.49%，CaS 1.67%

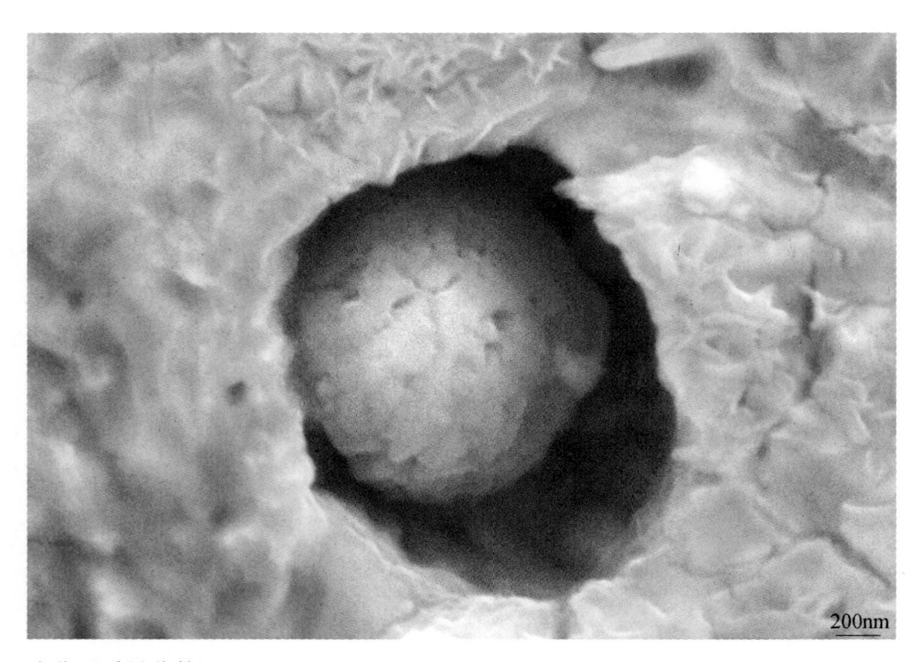

成分（质量分数）：Al_2O_3 90.32%，MgO 8.30%，CaS 1.38%

☞ 连铸坯中-酸蚀

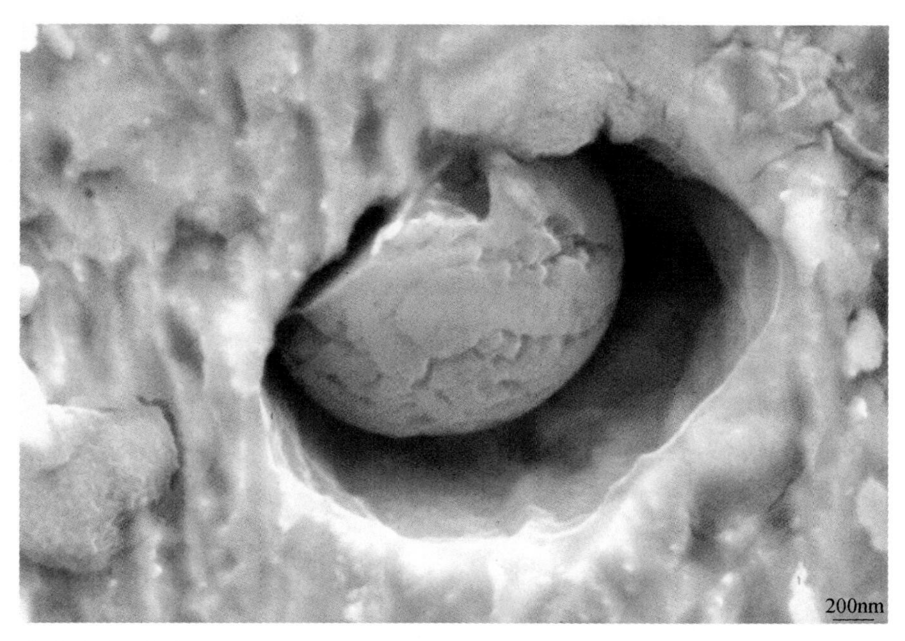

成分（质量分数）：Al_2O_3 89.76%，MgO 8.83%，CaO 1.41%

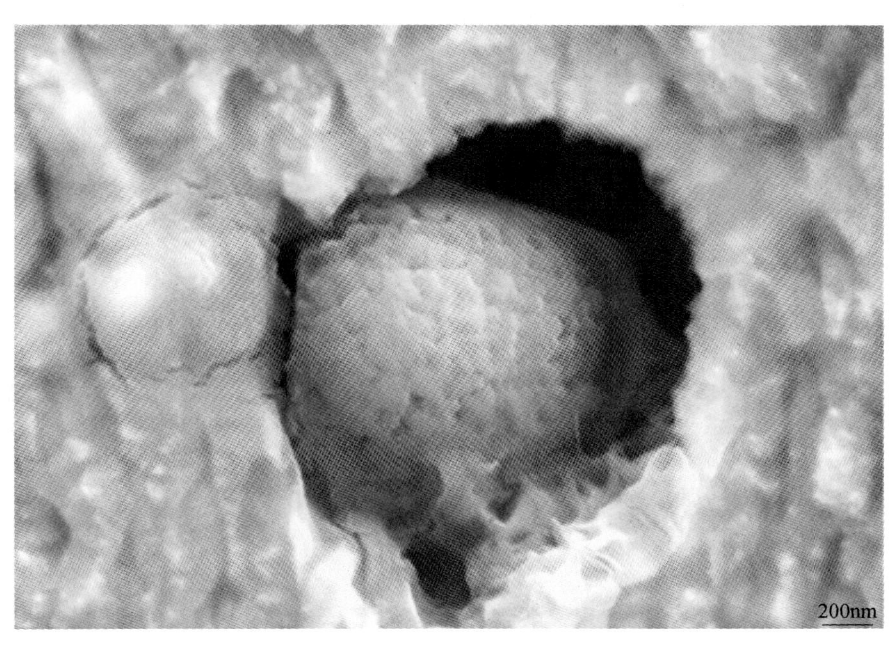

成分（质量分数）：Al_2O_3 94.77%，MgO 5.23%

☞ 连铸坯中-酸蚀

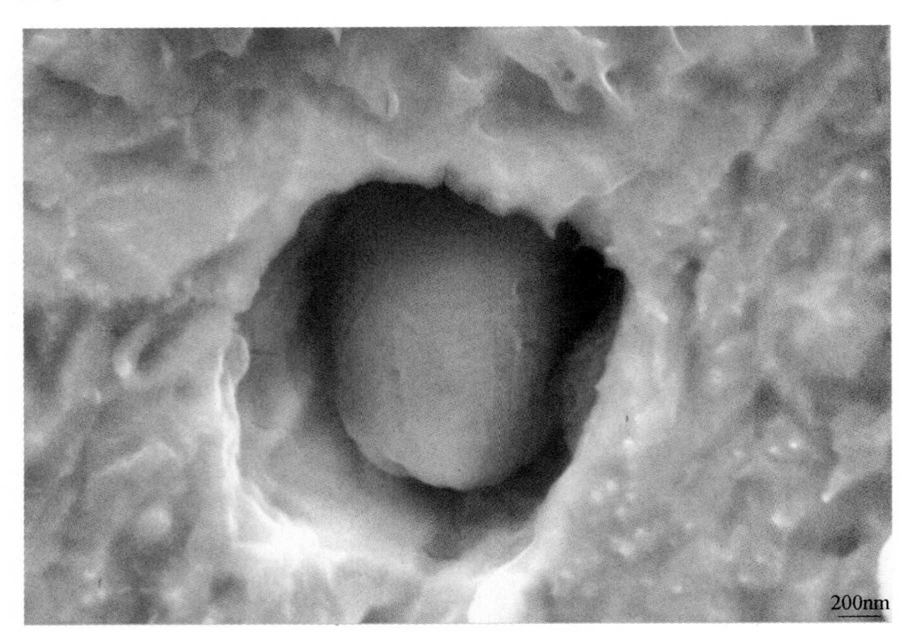

成分（质量分数）：Al_2O_3 88.20%，MgO 11.80%

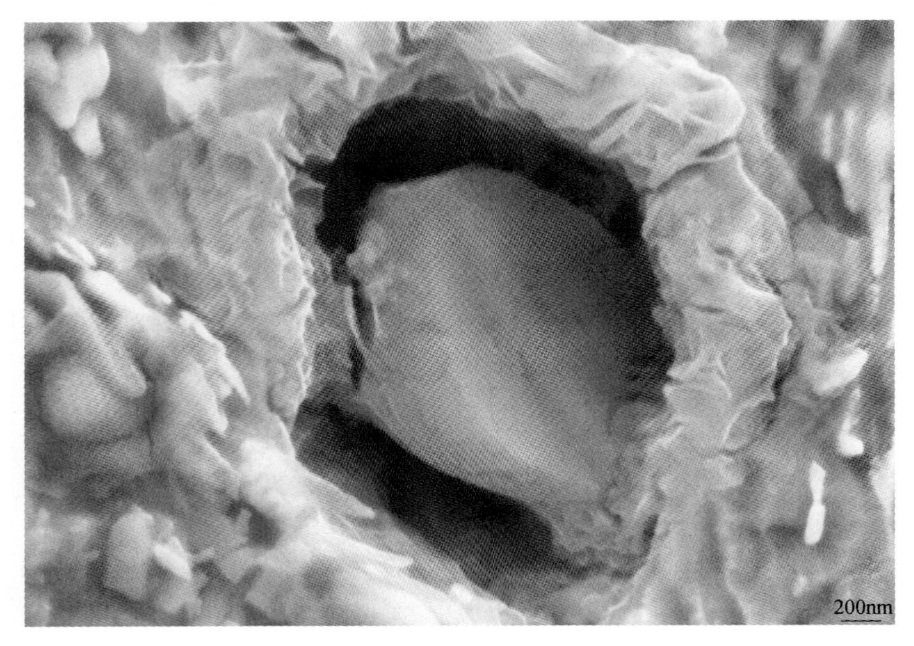

成分（质量分数）：Al_2O_3 88.24%，MgO 10.06%，CaO 0.07%，CaS 1.63%

☞ 连铸坯中-酸蚀

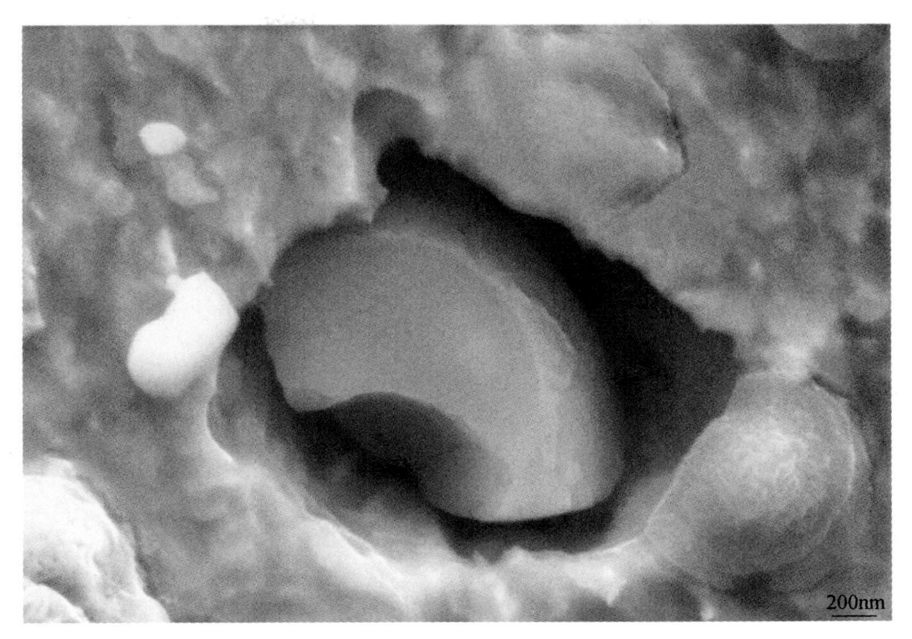

成分（质量分数）：Al_2O_3 78.59%，MgO 17.69%，CaO 1.22%，CaS 2.50%

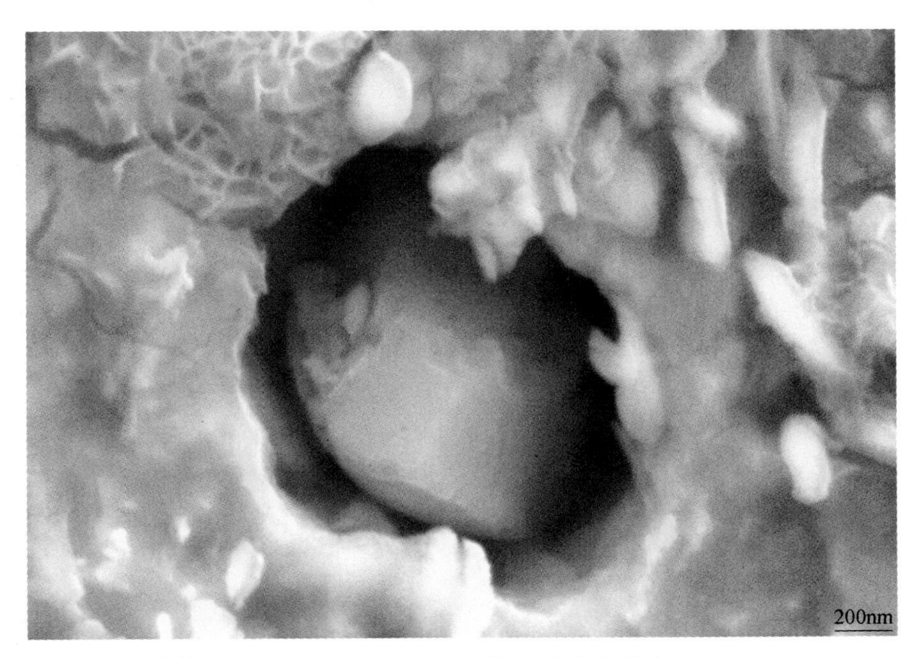

成分（质量分数）：Al_2O_3 88.68%，MgO 9.69%，CaO 1.62%

☞ 连铸坯中-酸蚀

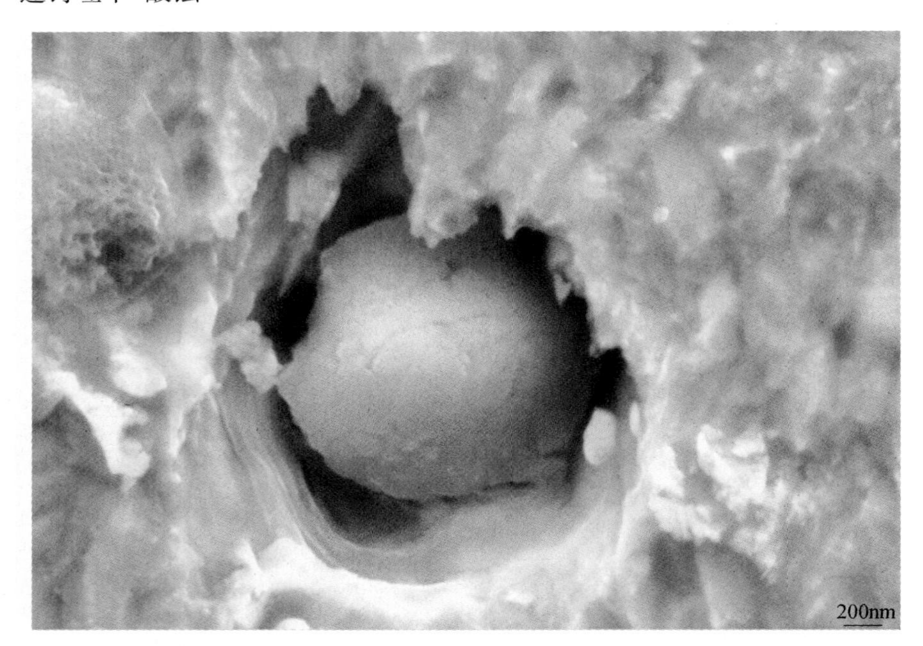

成分（质量分数）：Al_2O_3 92. 40%，MgO 7. 60%

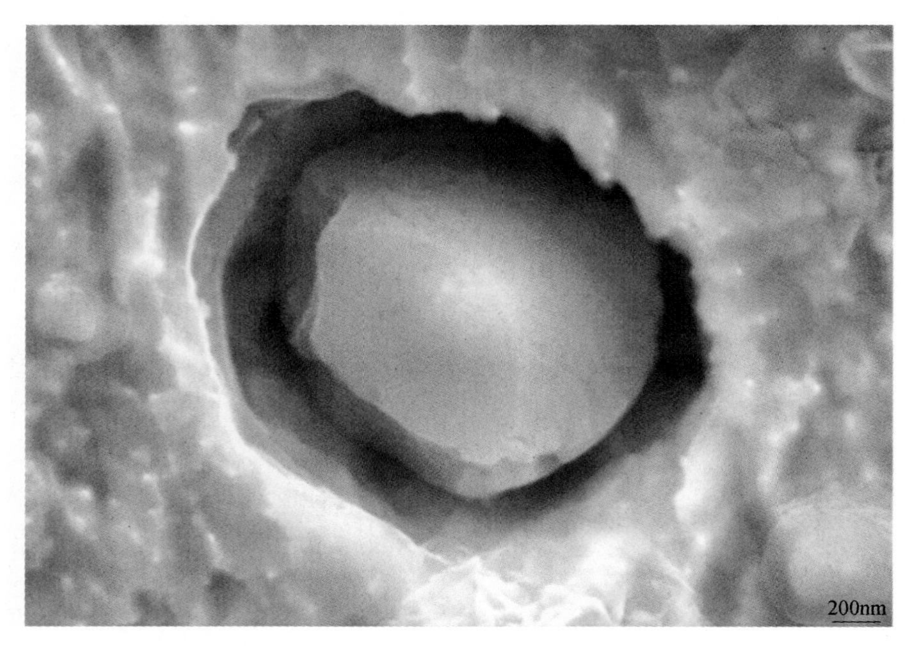

成分（质量分数）：Al_2O_3 82. 79%，MgO 14. 35%，CaO 2. 86%

☞ 连铸坯中-酸蚀

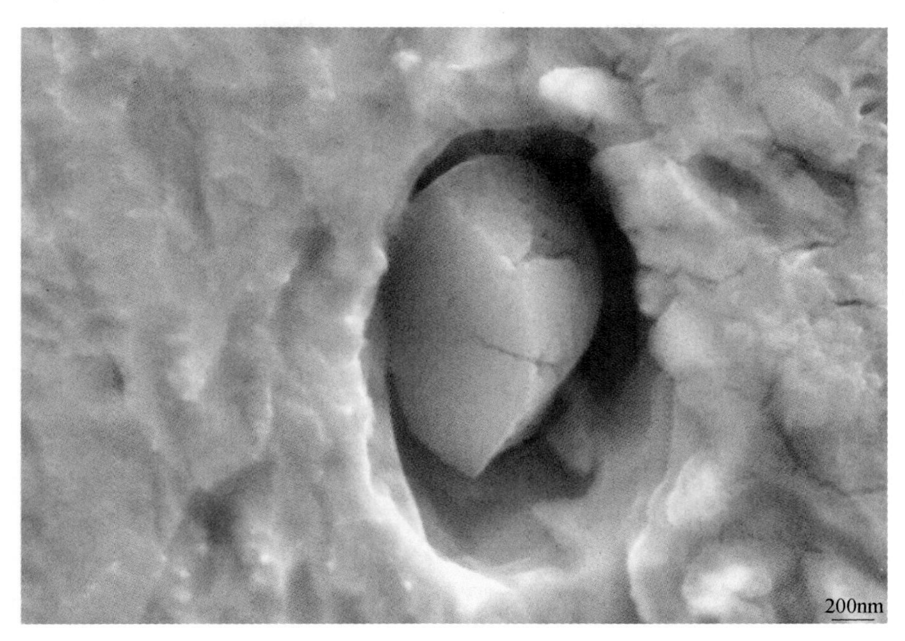

成分（质量分数）：Al_2O_3 81.37%，MgO 16.01%，CaO 2.62%

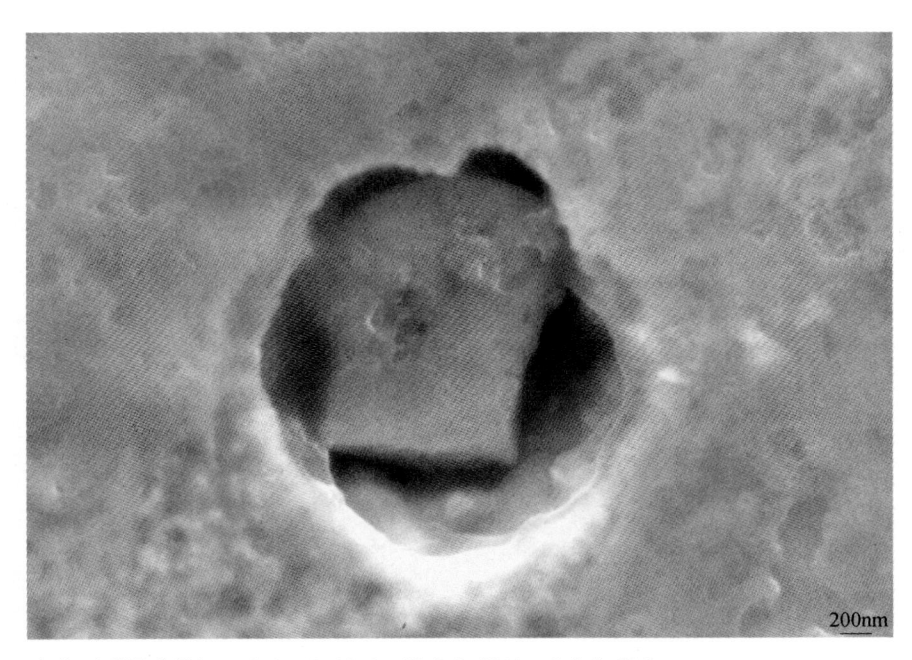

成分（质量分数）：Al_2O_3 89.19%，MgO 9.20%，CaS 1.61%

附录 5.3　非水溶液电解侵蚀

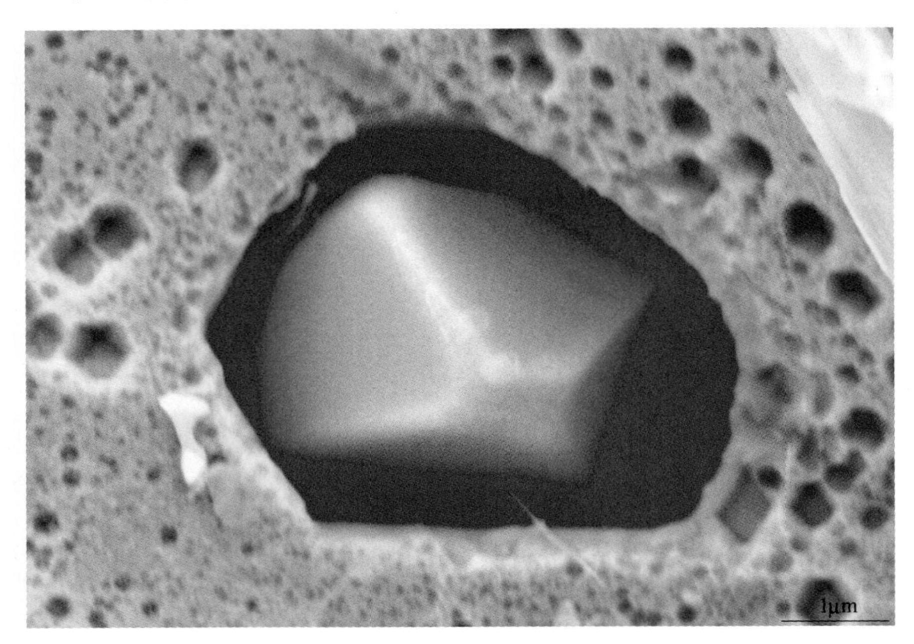

成分（质量分数）：CaS 92.39%，MnS 7.61%

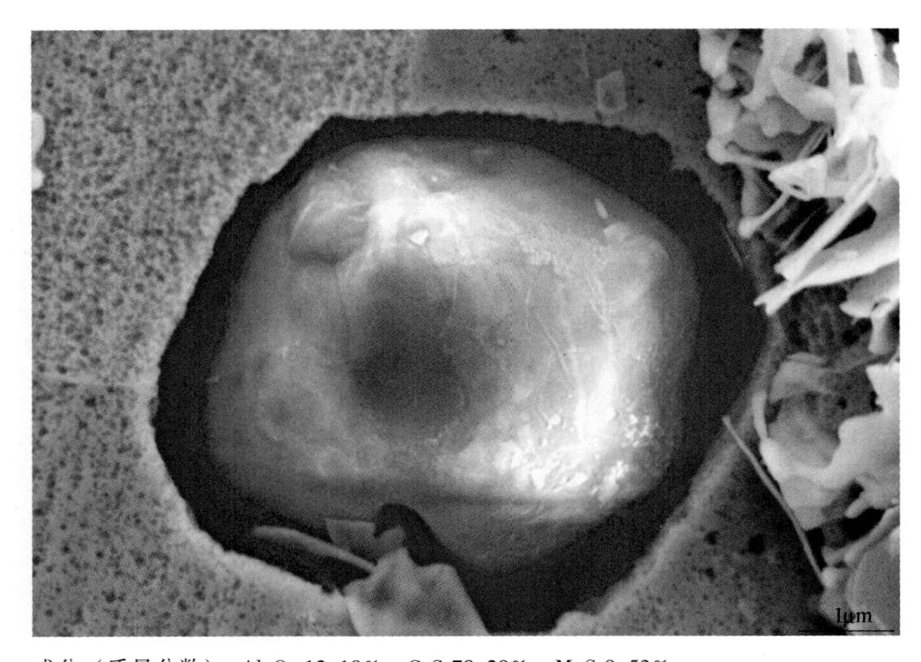

成分（质量分数）：Al_2O_3 12.18%，CaS 78.29%，MnS 9.53%

☞ 连铸坯中-非水溶液电解侵蚀

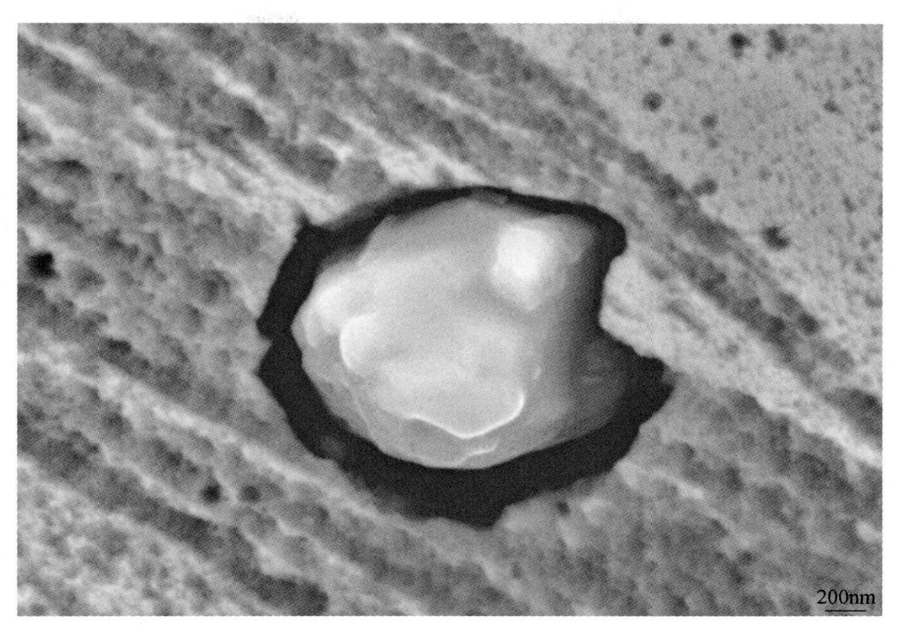

成分（质量分数）：Al_2O_3 3.03%，MgO 2.15%，CaS 30.22%，MnS 64.60%

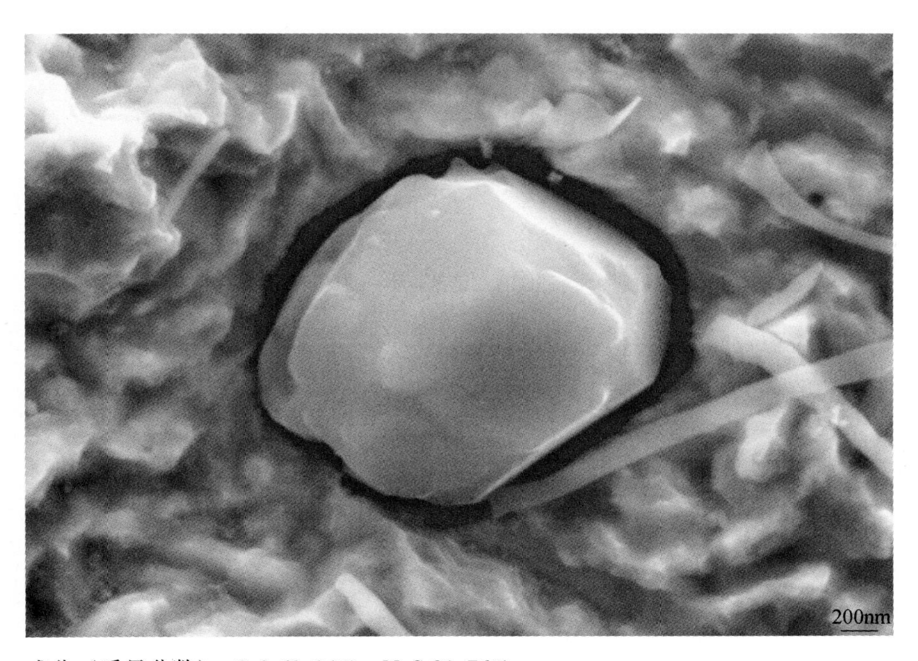

成分（质量分数）：CaS 68.24%，MnS 31.76%

☞ 连铸坯中-非水溶液电解侵蚀

成分（质量分数）：MnS 100%

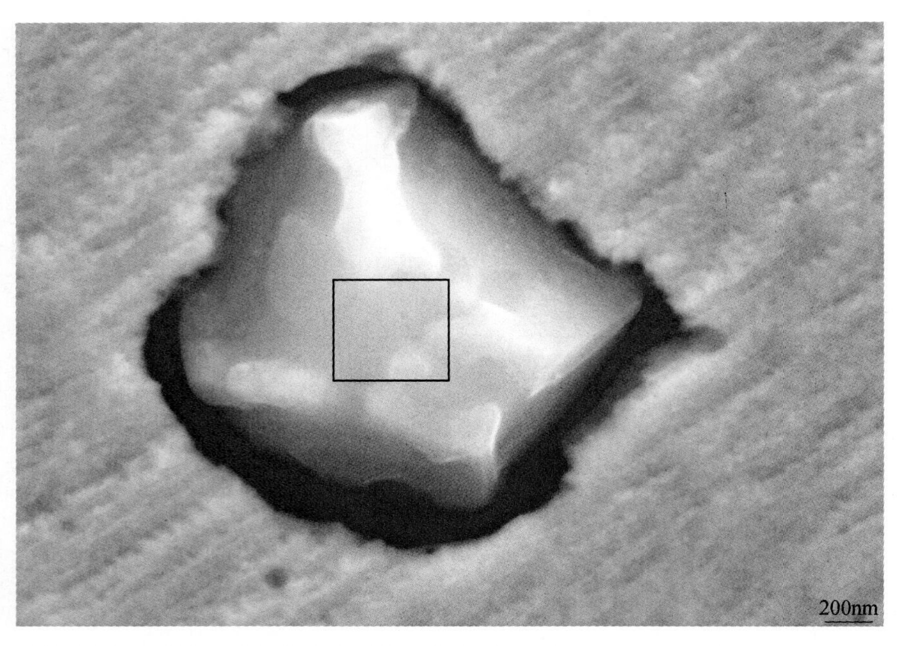

成分（质量分数）：CaS 49. 37%，MnS 50. 63%

☞ 连铸坯中-非水溶液电解侵蚀

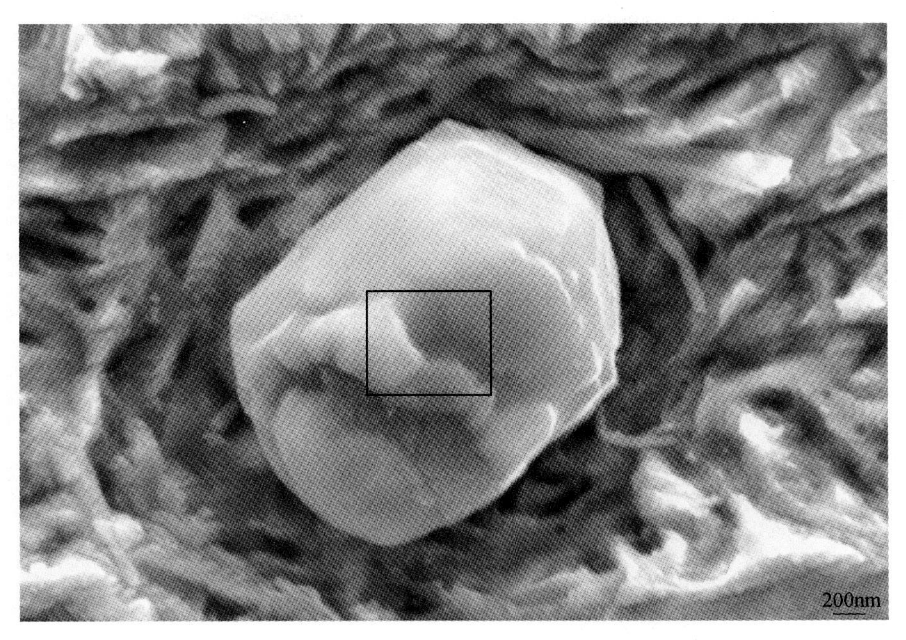

成分（质量分数）：Al_2O_3 7.79%，MgO 2.17%，CaS 40.93%，MnS 49.12%

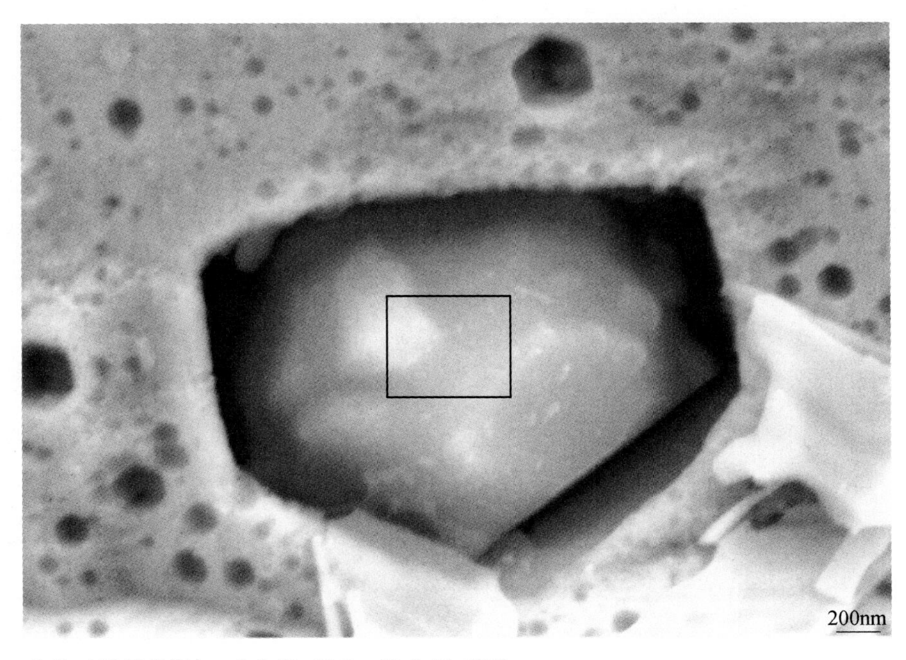

成分（质量分数）：CaS 53.93%，MnS 46.07%

附录 5.4　非水溶液电解

☞ 连铸坯中-非水溶液电解

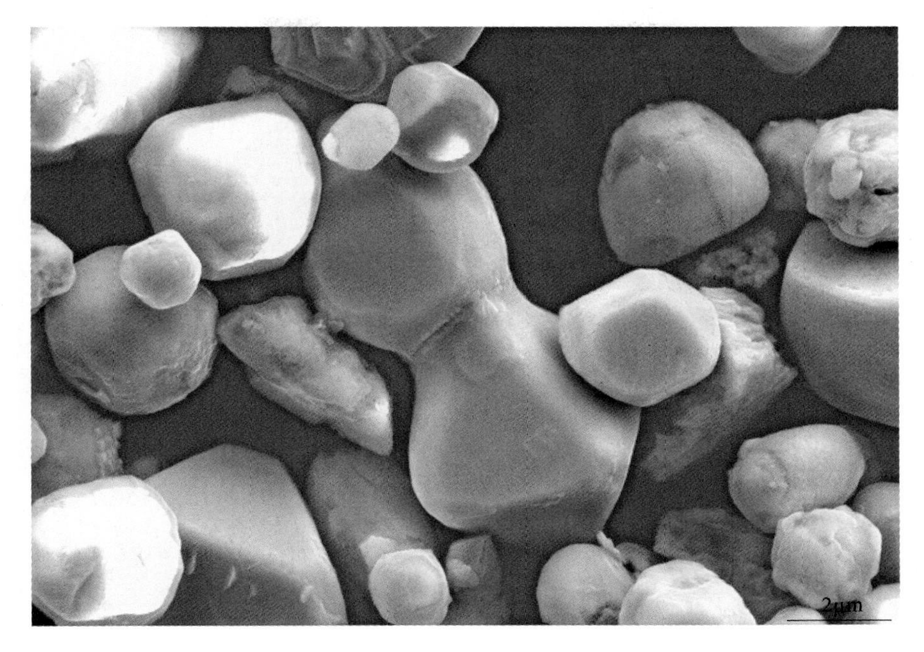

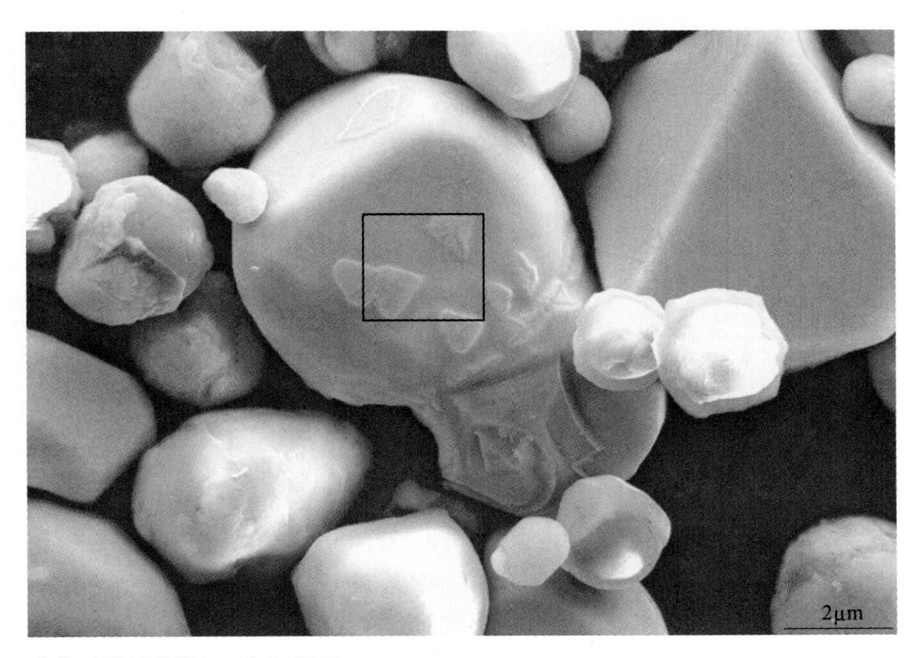

成分（质量分数）：MnS 100%

☞ 连铸坯中-非水溶液电解

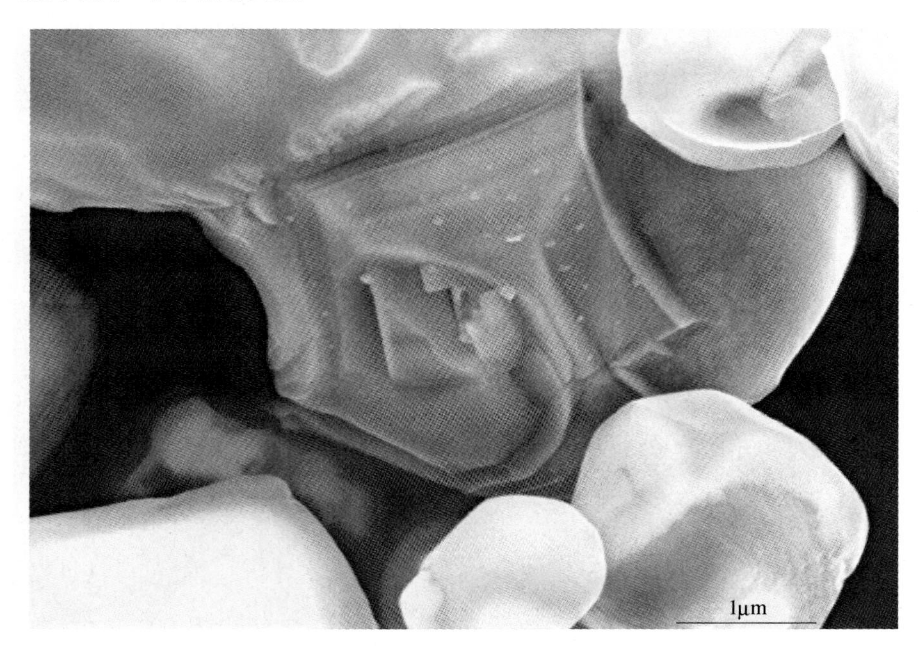

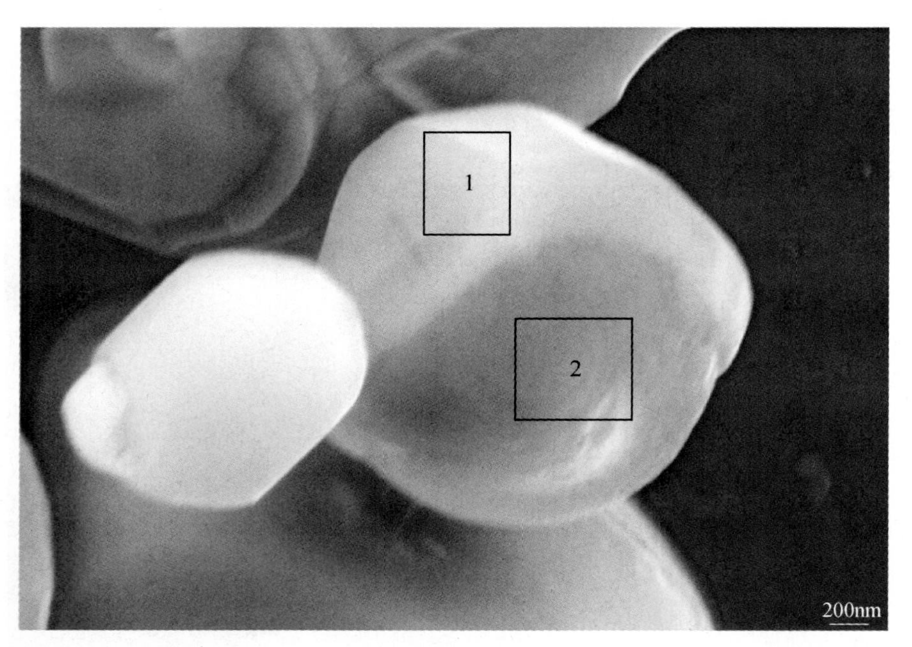

成分（质量分数）：

1：Al_2O_3 4.44%，MgO 7.79%，CaS 16.07%，MnS 71.70%

2：Al_2O_3 74.03%，MgO 20.96%，CaO 0.44%，CaS 4.57%

（说明：1 点的成分由于电子束透过 CaS 和 MnS 复合析出相打到 Al_2O_3基体，实际应该为 CaS 和 MnS 复合析出相）

☞ 连铸坯中-非水溶液电解

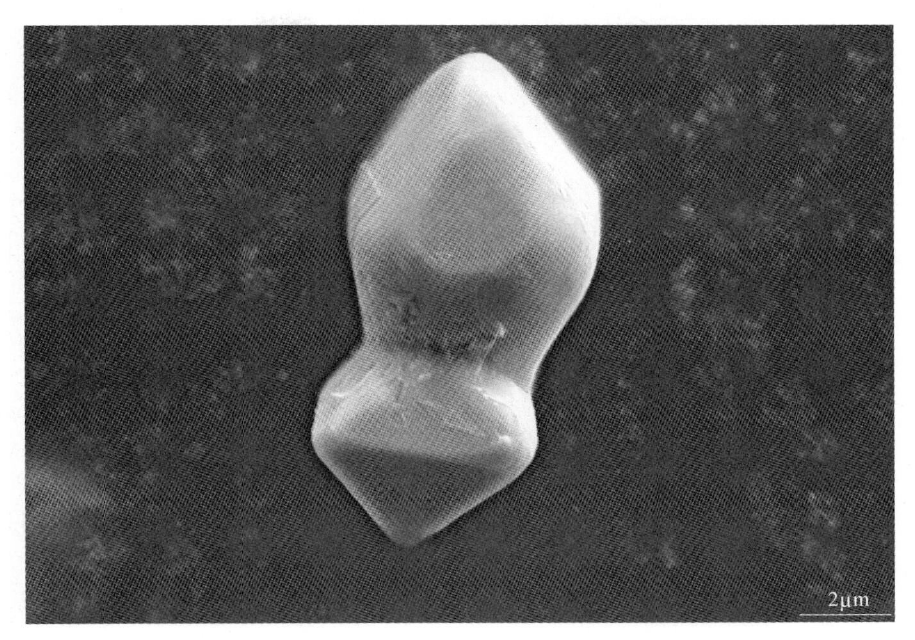

成分（质量分数）：MnS 100%

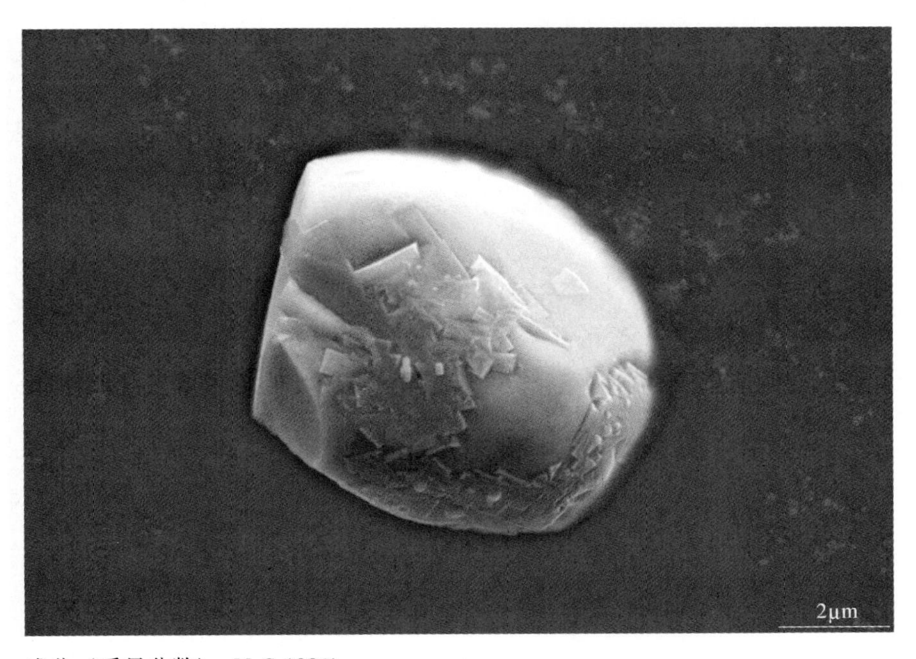

成分（质量分数）：MnS 100%

☞ 连铸坯中-非水溶液电解

成分（质量分数）：MnS 100%

成分（质量分数）：MnS 100%

☞ 连铸坯中-非水溶液电解

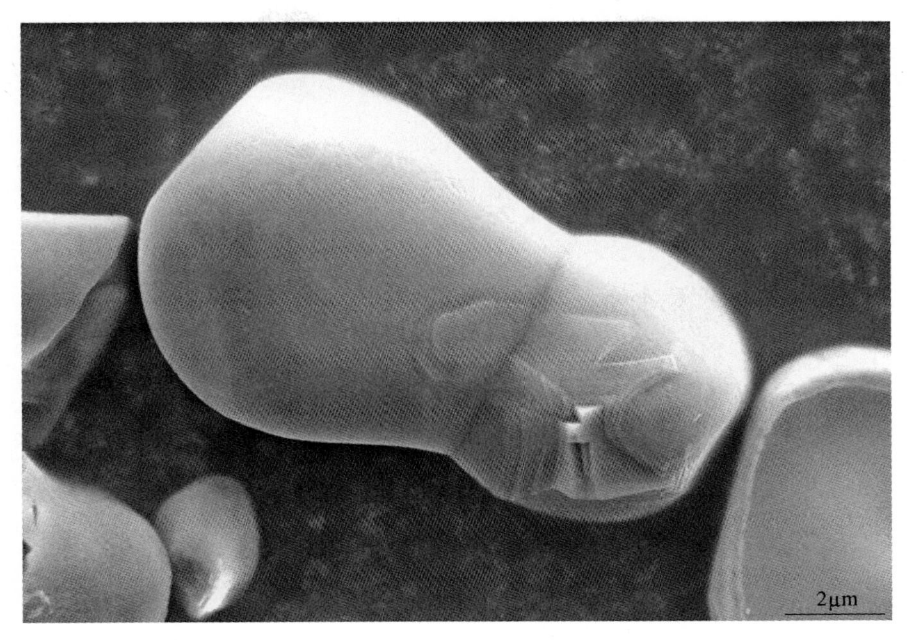

成分（质量分数）：MnS 100%

成分（质量分数）：MnS 100%

☞ 连铸坯中-非水溶液电解

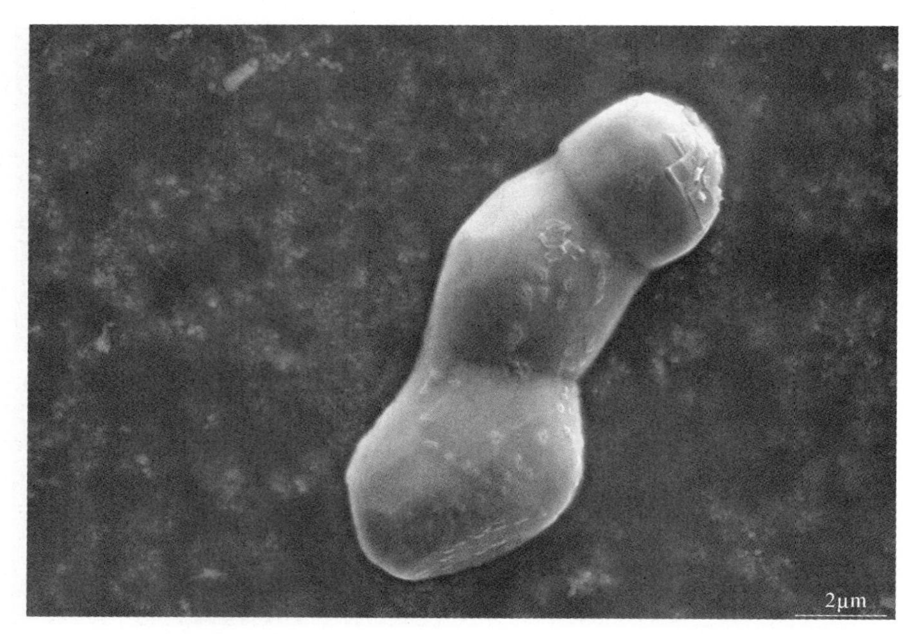

成分（质量分数）：MnS 100%

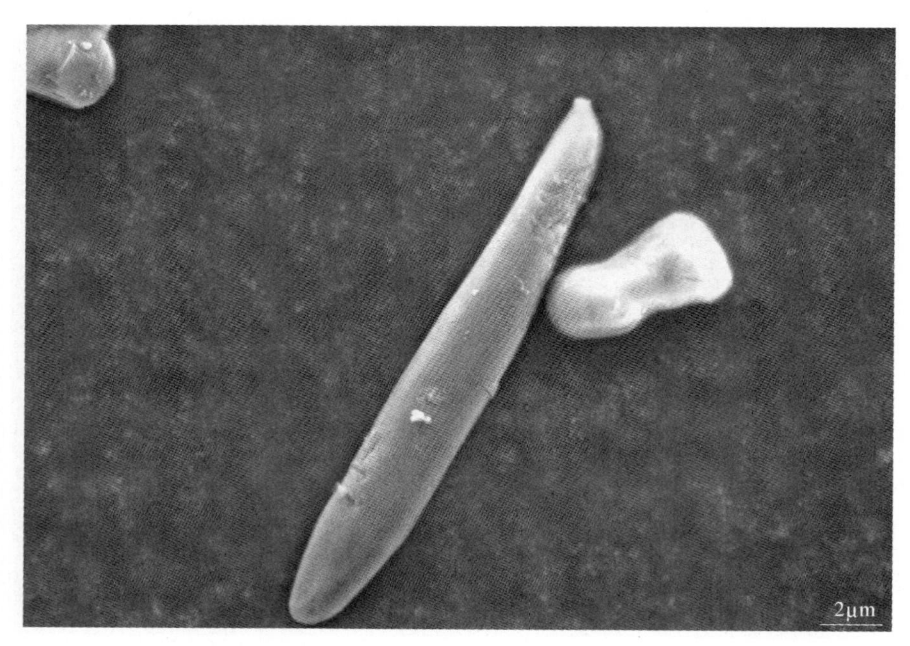

成分（质量分数）：MnS 100%

☞ 连铸坯中-非水溶液电解

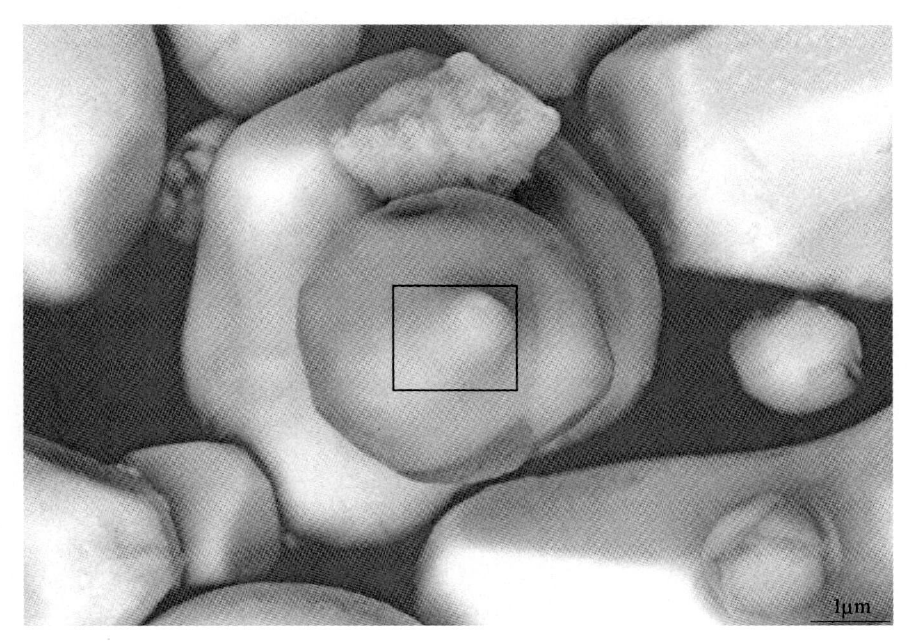

成分（质量分数）：CaS 100%

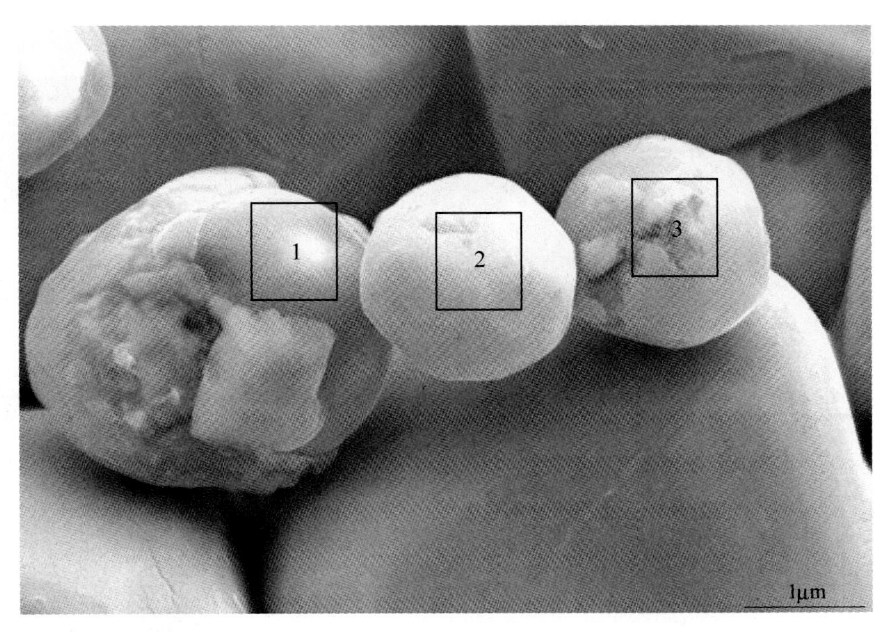

成分（质量分数）：

1：Al_2O_3 82.10%，MgO 13.28%，CaS 4.62%

2：MnS 100%

3：Al_2O_3 53.24%，MgO 5.46%，CaS 23.52%，MnS 17.78%

☞ 连铸坯中-非水溶液电解

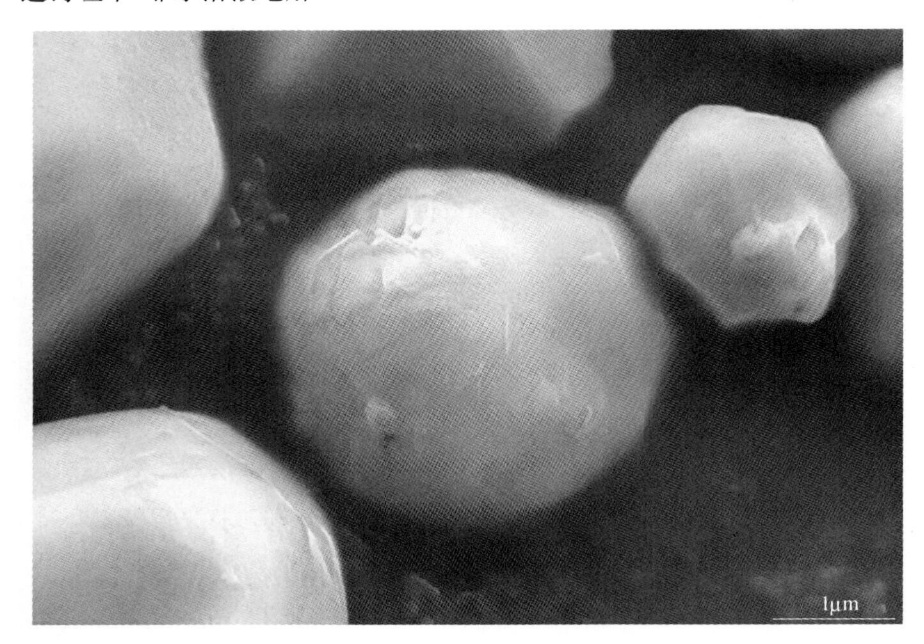

☞ 连铸坯中-非水溶液电解

☞ 连铸坯中-非水溶液电解

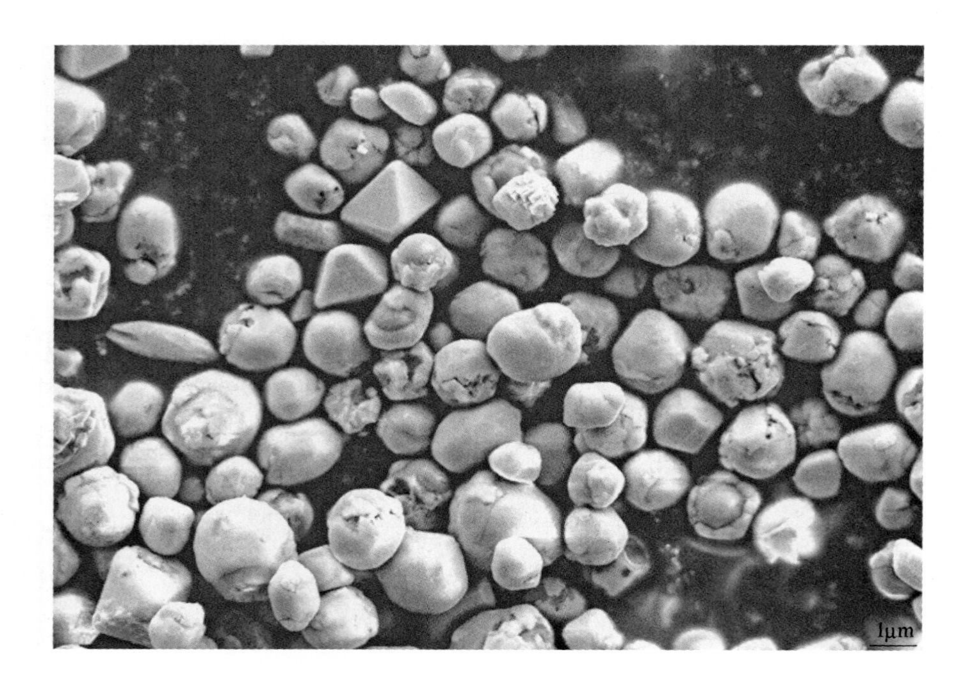

☞ 连铸坯中-非水溶液电解

☞ 连铸坯中-非水溶液电解

☞ 连铸坯中-非水溶液电解

成分（质量分数）：

1：CaO 1.83%，Al_2O_3 72.82%，MgO 20.10%，CaS 5.25%

2：Al_2O_3 16.81%，MgO 3.46%，CaS 13.99%，MnS 65.75%

（说明：2 点的成分由于电子束透过 CaS 和 MnS 复合析出相打到 Al_2O_3基体，实际应该为 CaS 和 MnS 复合析出相）

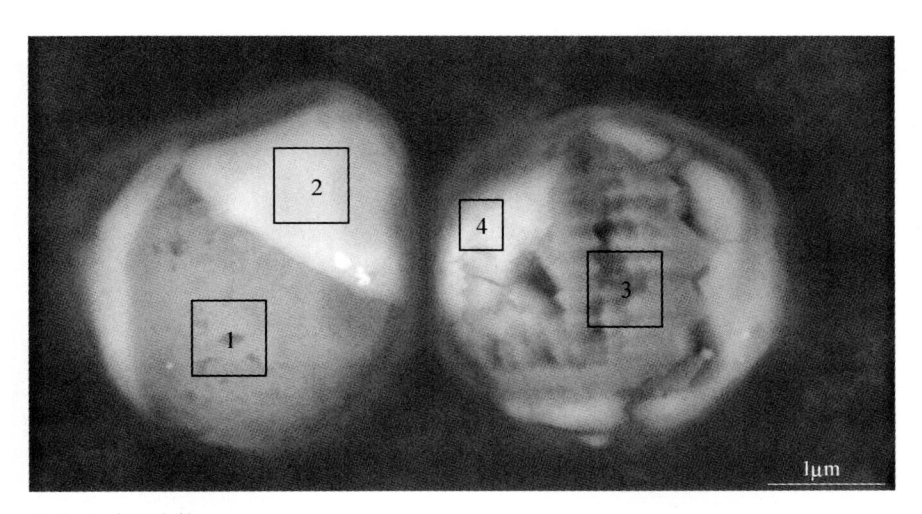

成分（质量分数）：

1：CaO 47.55%，Al_2O_3 52.45%

2：CaS 100%

3：Al_2O_3 64.13%，MgO 35.87%

4：Al_2O_3 14.14%，MgO 6.20%，CaS 79.66%

（说明：4 点的成分由于电子束透过 CaS 析出相打到 Al_2O_3基体，实际应该为纯 CaS 析出相）

☞ 连铸坯中-非水溶液电解

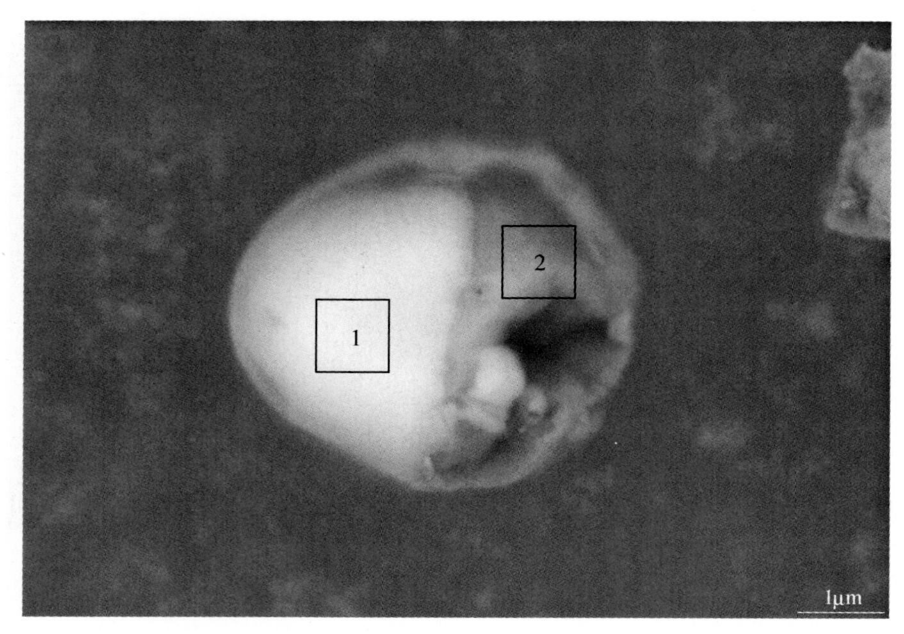

成分（质量分数）：
1：CaS 100%
2：Al_2O_3 55. 00%，CaO 45. 00%

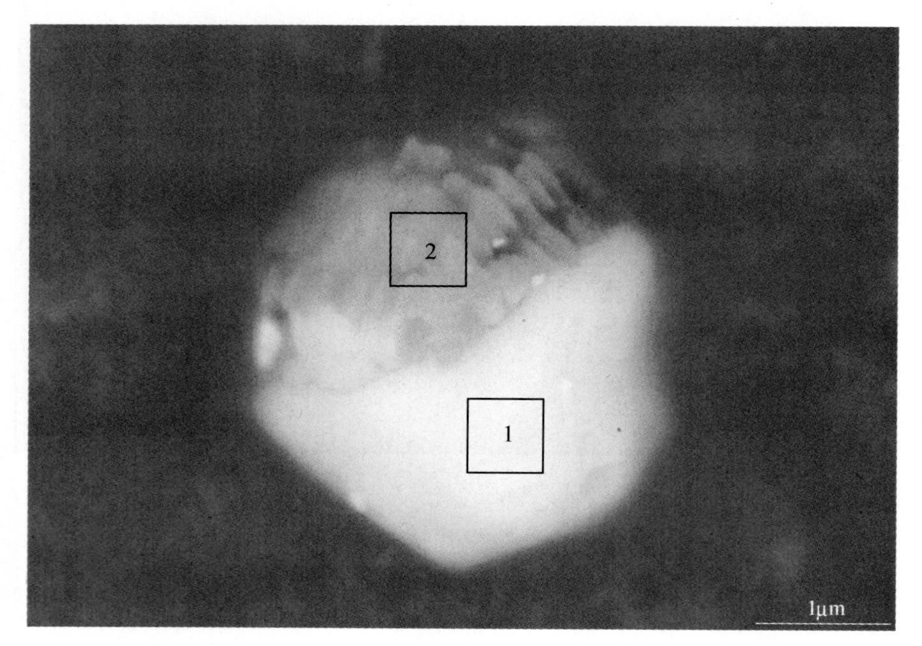

成分（质量分数）：
1：CaS 100%
2：Al_2O_3 57. 65%，MgO 27. 08%，CaO 15. 27%

☞ 连铸坯中-非水溶液电解

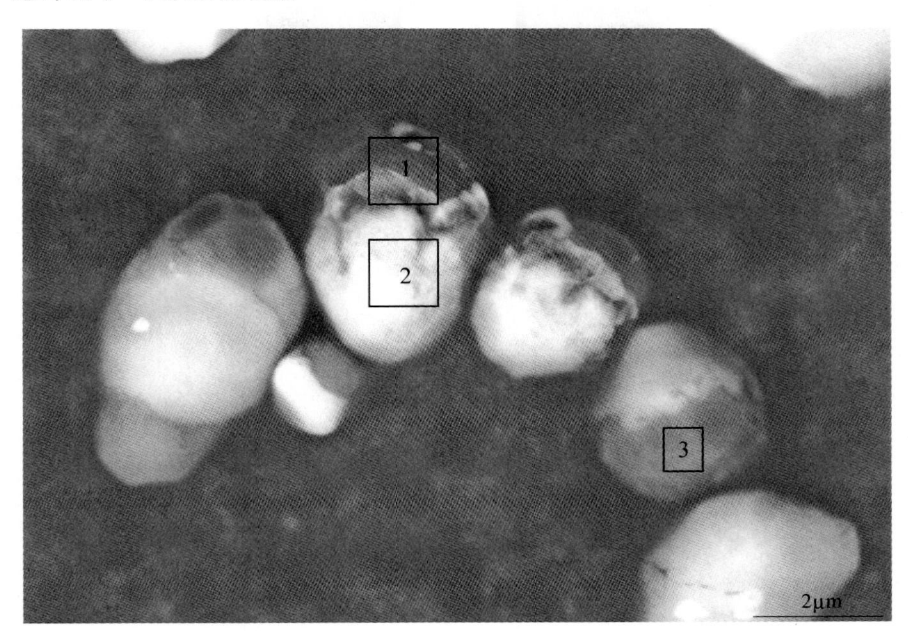

成分（质量分数）：

1：Al_2O_3 67.17%，MgO 32.83%

2：MnS 30.96%，CaS 69.04%

3：Al_2O_3 73.44%，MgO 26.56%